소음 · 진동

기사 · 산업기사

PREFACE

ENGINEER NOISE & VIBRATION

본서는 한국산업인력공단 최근 출제기준에 맞추어 구성하였으며 소음 · 진동기사 및 산업기사 필기시험을 준비하는 수험생 여러분들이 효율적으로 공부할 수 있도록 필수내용만 정성껏 담았습니다.

본 교재의 특징

1 최근 출제경향에 맞추어 핵심이론과 필수기출계산문제 및 풀이 수록
2 각 단원별로 출제비중 높은 계산문제 상세풀이 수록
3 최근 핵심필수문제(이론 · 계산) 및 최근 기출문제풀이의 상세한 해설 수록

차후 실시되는 시험문제들의 해설을 통해 미흡하고 부족한 점을 계속 수정 · 보완해 나가도록 하겠습니다.

끝으로, 이 책을 출간하기까지 끊임없는 성원과 배려를 해주신 예문사 관계자 여러분, 주경야독 윤동기 대표님, 인천의 멘토 이해민님, 아들 서지운, 미소천사 이가현님에게 깊은 감사를 전합니다.

저자 **서 영 민**

소음 · 진동 기사 출제기준(필기)

직무분야	환경 · 에너지	중직무분야	환경	자격종목	소음 · 진동기사	적용기간	2022.1.1.~2026.12.31.
○직무내용 : 쾌적하고 정온한 자연환경과 생활환경을 보전하기 위하여 공장, 공사장, 사업장, 항공기, 철도, 도로 및 생활환경에서 발생하는 소음 · 진동을 조사, 측정, 예측, 분석 및 평가하여 현황파악 및 개선대책을 제시하며, 관련 법규 등에서 규정된 소음 · 진동의 배출허용기준, 규제기준 및 관리기준 이내로 관리하고, 방음 · 방진시설 설계 · 시공 · 유지관리 및 개선하는 직무이다.							
필기검정방법		객관식	문제수	80	시험시간	2시간	

필기과목명	문제수	주요항목	세부항목	세세항목
소음진동 계획	20	1. 소음 · 진동 측정 계획수립	1. 수행 목적 파악	1. 소음 · 진동 관련 용어 가. 소음과 관련된 용어 나. 진동과 관련된 용어 2. 소음 · 진동의 물리적 성질 가. 소음의 물리적 성질 나. 진동의 물리적 성질 다. 소음 및 진동에너지의 친환경적 활용 3. 소음 · 진동 측정 대상
			2. 대상지역 현황조사 및 측정 계획	1. 대상지역 현황조사 2. 측정 방법 계획
			3. 영향 범위 조사	1. 소음 · 진동 피해지역 구분 가. 소음의 피해 나. 진동의 피해 2. 소음 · 진동 영향범위 가. 소음의 영향 나. 진동의 영향
			4. 음장의 종류와 특성	1. 음장의 종류 2. 음장의 특성
		2. 소음 · 진동 예비 조사분석	1. 측정자료 검토	1. 측정 목적, 대상, 방법 2. 측정자료 항목의 적합성 3. 소음 · 진동 측정 법적 기준
			2. 측정자료 분석	1. 발생원 특성에 따른 기여율
		3. 소음 · 진동 예비 조사평가	1. 평가계획 수립	1. 소음 · 진동 자료 평가방법 2. 소음 · 진동 자료 평가계획
			2. 측정자료 평가	1. 대상소음도 · 진동레벨 2. 보정치 적용 평가 3. 원인 분석 · 평가

필기과목명	문제수	주요항목	세부항목	세세항목
소음진동 계획	20		3. 측정결과서 작성	1. 소음 · 진동 측정결과서 2. 소음 · 진동 측정자료 평가표
		4. 현황조사 모니터링	1. 영향조사	1. 소음 · 진동의 피해와 영향 2. 소음 · 진동 노출시간
			2. 발생원조사	1. 발생원의 성상 및 특성 가. 소음의 발생원과 특성 나. 진동의 발생원과 특성 2. 발생원별 종류(유형) 3. 발생원별 분석 및 측정 조건 4. 실내음의 음향특성
			3. 전파경로조사	1. 전파경로 형태 및 특성 2. 전파경로 유형 3. 전파경로 분석 4. 소음 · 진동 감쇠요인 가. 소음원 형태에 따른 감쇠 요인 나. 진동원 형태에 따른 거리 감쇠 다. 기타 소음, 진동감쇠 5. 비감쇠 및 감쇠진동
			4. 사전예측	1. 조사대상별 관련 자료 조사 2. 방음 · 방진 자재 조사
			5. 음향생리와 감각평가	1. 청각기관의 구조와 기능 2. 소음 · 진동의 평가척도
		5. 소음 · 진동 측정	1. 측정방법 파악	1. 소음 · 진동 측정목적 2. 소음 · 진동 측정방법
			2. 측정계획 수립	1. 측정계획 수립
			3. 배경 · 대상 소음 · 진동 측정	1. 환경조건 확인 및 측정
			4. 발생원 측정	1. 발생원 소음 · 진동 측정
소음 측정 및 분석	20	1. 소음 측정	1. 주변 환경 조사	1. 소음 피해 예상 지점 2. 대상소음 파악 3. 대상소음지역 파악 4. 소음 영향 조사
			2. 소음 측정 장비 선정	1. 소음 측정방법 2. 소음 측정장비
			3. 소음 측정 장비 교정	1. 소음 측정장비 교정
		2. 소음 분석	1. 소음분석 계획 수립	1. 소음측정 목적, 대상, 기준별 계획
			2. 소음측정 자료 분류	1. 소음측정 목적, 대상, 기준별 자료 분류

필기과목명	문제수	주요항목	세부항목	세세항목
소음 측정 및 분석	20		3. 소음 보정자료 파악	1. 배경소음 보정 2. 소음 가동시간율 보정 3. 소음 관련 시간대 보정 4. 충격소음 보정 5. 발파소음횟수 보정 6. 잔향음 보정
		4. 소음방지기술	1. 소음 방지	1. 방지계획 및 고려사항 2. 방음자재(종류, 기능, 친환경 등)
		5. 소음공정시험 기준	1. 측정이론 및 원리	1. 측정이론 2. 측정원리
			2. 총칙	1. 총칙 2. 목적, 적용범위 3. 용어의 정의 등
			3. 환경기준의 측정방법	1. 측정점 및 측정조건 2. 측정기기의 사용 및 조작 3. 측정시간 및 측정지점수 4. 측정자료 분석 5. 평가 및 측정자료의 기록 등
			4. 배출허용기준의 측정 방법	1. 측정점 및 측정조건 2. 측정기기의 사용 및 조작 3. 측정시간 및 측정지점수 4. 측정자료 분석 5. 평가 및 측정자료의 기록 등
			5. 규제기준의 측정방법	1. 생활소음 2. 발파소음 3. 동일건물 내 사업장소음 등
			6. 소음한도의 측정방법	1. 도로교통소음 2. 철도소음 3. 항공기소음 등
진동 측정 및 분석	20	1. 진동 측정	1. 주변 환경 조사	1. 진동 피해 예상지점 2. 대상진동 파악 3. 대상진동지역 파악 4. 진동 영향 조사
			2. 진동 측정 장비 선정	1. 진동측정장비 2. 진동측정방법
			3. 진동 측정 장비 교정	1. 진동측정장비 교정
			4. 진동 측정 자료 기록	1. 진동 발생원별 기록
		2. 진동 분석	1. 진동 분석 계획 수립	1. 진동측정 목적, 대상, 기준별 계획
			2. 진동 측정 자료 분류	1. 진동측정 목적, 대상, 기준별 자료 분류

필기과목명	문제수	주요항목	세부항목	세세항목
진동 측정 및 분석	20		3. 진동 보정자료 파악	1. 배경진동 보정 2. 진동 가동시간율 보정 3. 진동 관련 시간대 보정 4. 발파 진동횟수 보정
		3. 진동 정밀분석	1. 진동 분석장비 운용	1. 진동 분석장비 운용 2. 진동 분석기능 검토
			2. 진동 분석프로그램 운용	1. 진동분석 프로그램
			3. 진동측정 결과 분석	1. 진동측정 결과분석
		4. 진동방지기술	1. 진동방지	1. 방진원리 및 고려사항 가. 방진원리, 진동방지계획 나. 진동방지 시 고려사항
			2. 방진시설	1. 방진시설의 설계(자재, 설계, 효과분석 등)
		5. 진동공정시험기준	1. 총칙	1. 총칙 2. 목적, 적용범위 3. 용어의 정의 등
			2. 배출허용기준의 측정방법	1. 측정점 및 측정조건 2. 측정기기의 사용 및 조작 3. 측정시간 및 측정지점수 4. 측정자료 분석 5. 평가 및 측정자료의 기록 등
			3. 규제기준의 측정방법	1. 생활진동 2. 발파진동 등
			4. 진동한도의 측정방법	1. 도로교통 진동 2. 철도진동 등
소음진동 평가 및 대책	20	1. 소음진동 관계법규	1. 소음진동관리법	1. 총칙 2. 공장 소음 · 진동의 관리 3. 생활 소음 · 진동의 관리 4. 교통 소음 · 진동의 관리 5. 항공기소음의 관리 6. 방음시설의 설치 기준 등 7. 확인검사대행자 8. 보칙 9. 벌칙(부칙포함)
			2. 소음진동 관리법 시행령	1. 시행령 전문(부칙 및 별표 포함)
			3. 소음진동관리법 시행규칙	1. 시행규칙 전문(부칙 및 별표, 서식포함)

필기과목명	문제수	주요항목	세부항목	세세항목
소음진동 평가 및 대책	20		4. 소음진동 관련법	1. 소음진동 관리와 관련된 기타 법규 내용(환경정책기본법, 학교보건법, 주택법, 건축법, 산업안전보건법, 소음진동 관련 환경부 및 국토교통부 고시, KS규격 등)
		2. 소음진동 방지대책	1. 소음방지대책	1. 소음방지대책 가. 음원, 전파경로, 수음측 대책 2. 소음저감량 및 방지 대책 수립
			2. 차음 및 흡음기술 등	1. 차음이론과 설계 2. 방음벽의 이론과 설계 3. 흡음이론과 설계 4. 방음실 및 방음덮개이론과 설계 5. 소음기의 이론과 설계 6. 흡음덕트 이론과 설계 7. 방지시설의 설계 및 효과분석 8. 음향진동시험실 설계
			3. 실내소음저감기술	1. 실내소음 저감방법 및 대책 2. 건축음향 설계
			4. 진동방지대책	1. 가진력의 발생과 대책 2. 완충 및 방진지지 3. 차진 및 제진대책 4. 손실계수와 감쇠계수
		3. 소음 · 진동 예측평가	1. 자료입력	1. 소음 · 진동 예측모델
			2. 결과산출 및 검토	1. 해석결과 산출 2. 개선효과 예측 3. 방음 · 방진 대책
			3. 자료분석	1. 해석모델의 신뢰성 확인 2. 방음 · 방진 방안 선정
			4. 종합평가	1. 소음 · 진동 비교평가 2. 소음 · 진동 적합성 판정 3. 예측모델 신뢰성 평가
		4. 소음정밀 평가보완	1. 소음 측정 · 분석 자료 평가	1. 소음 측정 · 분석 자료 평가
			2. 소음 측정 · 분석 평가 자료 적합성 검토	1. 소음 평가결과 적합성 2. 소음원의 종류별 평가방법
		5. 진동 정밀평가 보완	1. 진동 측정 · 분석 자료 평가	1. 진동 측정 · 분석 자료 평가
			2. 진동 측정 · 분석 평가 자료 적합성 검토	1. 진동 평가결과 적합성 2. 진동원의 종류별 평가방법

소음 · 진동 산업기사 출제기준(필기)

직무 분야	환경 · 에너지	중직무 분야	환경	자격 종목	소음 · 진동 산업기사	적용 기간	2024.1.1.~2025.12.31.

○직무내용 : 쾌적하고 정온한 자연환경과 생활환경을 보전하기 위하여 공장, 공사장, 사업장, 항공기, 철도, 도로 및 생활환경에서 발생하는 소음 · 진동을 측정, 시뮬레이션, 분석 및 평가하여 현황파악 및 개선대책을 제시하며, 관계법규에서 규정된 소음진동의 배출허용기준, 규제기준 및 한도 이내로 관리하고, 방음 · 방진시설을 설계 · 시공 · 유지관리 및 개선하는 직무이다.

필기검정방법	객관식	문제수	80	시험시간	2시간

필기과목명	문제수	주요항목	세부항목	세세항목
소음진동 개론	20	1. 소음, 진동의 용어와 물리적 성질	1. 소음, 진동의 용어	1. 소음과 관련된 용어 2. 진동과 관련된 용어
			2. 소음, 진동의 물리적 성질	1. 소음의 물리적 성질 2. 진동의 물리적 성질
		2. 소음, 진동 발생원과 전파특성 및 음장	1. 소음, 진동 발생원과 특성	1. 소음의 발생원과 특성 2. 진동의 발생원과 특성
			2. 소음, 진동 감쇠 요인	1. 소음원 형태에 따른 감쇠 요인 2. 진동원 형태에 따른 거리감쇠 3. 기타 소음, 진동감쇠
			3. 비감쇠 및 감쇠진동	1. 비감쇠 2. 감쇠진동
			4. 음장의 종류와 특성	1. 음장의 종류 2. 음장의 특성
			5. 실내음의 음향특성	1. 실내음의 종류 2. 실내음의 특징
		3. 음향생리와 감각평가	1. 청각기관의 구조와 기능	1. 청각기관의 구조 2. 청각기관의 기능
			2. 소음, 진동의 평가척도	1. 소음의 평가척도 2. 진동의 평가척도
		4. 소음, 진동의 영향	1. 소음의 영향 및 피해	1. 소음의 영향 2. 소음의 피해
			2. 진동의 영향 및 피해	1. 진동의 영향 2. 진동의 피해

필기과목명	문제수	주요항목	세부항목	세세항목
소음진동 공정시험 기준	20	1. 측정원리	1. 측정기초이론 및 원리	1. 측정기초이론 2. 측정원리
		2. 소음측정	1. 총칙	1. 총칙 2. 목적, 적용범위 3. 용어의 정의 등
			2. 환경기준의 측정방법	1. 측정점 및 측정조건 2. 측정기기의 사용 및 조작 3. 측정시간 및 측정지점 수 4. 측정자료 분석 5. 평가 및 측정자료의 기록 등
			3. 배출허용기준의 측정방법	1. 측정점 및 측정조건 2. 측정기기의 사용 및 조작 3. 측정시간 및 측정지점수 4. 측정자료 분석 5. 평가 및 측정자료의 기록 등
			4. 규제기준의 측정방법	1. 생활소음 2. 발파소음 3. 동일건물 내 사업장소음 등
			5. 소음한도의 측정방법	1. 도로교통소음 2. 철도소음 3. 항공기소음 등
			6. 공동주택 내 층간소음 측정방법	1. 공동주택 내 층간소음
		3. 진동측정	1. 총칙	1. 총칙 2. 목적, 적용범위 3. 용어의 정의 등
			2. 배출허용기준의 측정방법	1. 측정점 및 측정조건 2. 측정기기의 사용 및 조작 3. 측정시간 및 측정지점수 4. 측정자료 분석 5. 평가 및 측정자료의 기록 등
			3. 규제기준의 측정방법	1. 생활진동 2. 발파진동 등
			4. 진동한도의 측정방법	1. 도로교통 진동 2. 철도진동 등
소음진동 방지기술	20	1. 소음진동 방지대책	1. 소음진동 방지계획	1. 소음방지계획 2. 소음방지대책시 고려사항 3. 진동방지계획 4. 진동방지대책시 고려사항

필기과목명	문제수	주요항목	세부항목	세세항목
소음진동 방지 기술	20		2. 발생원인 및 대책	1. 소음발생원과 그 대책 2. 진동발생원과 그 대책
			3. 방음, 방진자재	1. 방음자재의 종류 2. 방음자재의 기능 3. 방진자재 4. 방진기본설계 5. 방진효과 분석 6. 친환경 방음자재
		2. 차음 및 흡음기술 등	1. 차음, 흡음이론과 설계	1. 차음이론 2. 흡음이론 3. 차음, 흡음대책 및 설계
			2. 소음기의 이론과 설계	1. 소음기의 이론 2. 소음대책과 소음기 설계
			3. 방음벽의 이론과 설계	1. 방음벽 이론 2. 방음대책 및 방음설계
			4. 방음실 및 방음덮개 이론과 설계	1. 방음실 및 방음덮개이론 2. 방음실 및 방음덮개대책과 설계
			5. 흡음덕트 이론과 설계	1. 흡음덕트 이론 2. 흡음덕트 설계
			6. 방지시설의 설계 및 효과분석	1. 방지시설의 기본설계 2. 방지시설의 효과분석
		3. 소음저감기술	1. 실내소음 저감방법 및 대책	1. 실내소음 저감방법 2. 실내소음 저감대책
소음진동 관계 법규	20	1. 소음진동관리법	1. 총칙 2. 공장 소음 · 진동의 관리 3. 생활 소음 · 진동의 관리 4. 교통 소음 · 진동의 관리 5. 항공기소음의 관리 6. 방음시설의 설치 기준 등 7. 확인검사대행자 8. 보칙 9. 벌칙(부칙포함)	
		2. 소음진동 관리법 시행령	1. 시행령 전문(부칙 및 별표 포함)	
		3. 소음진동관리법 시행규칙	1. 시행규칙 전문(부칙 및 별표, 서식 포함)	
		4. 소음진동 관련법	1. 소음진동 관리와 관련된 기타 법규 내용(환경정책기본법, 학교보건법, 주택법, 산업안전보건법, 소음진동 관련 환경부 및 국토교통부 고시, KS규격 등)	

이책의 차례

PART 01 소음 · 진동 계획

소음

진동

PART 02 소음측정 및 분석

CONTENTS

PART 03 진동측정 및 분석

PART 04 소음 · 진동 평가 및 대책

핵심 필수문제(409문항)

CONTENTS

PART 06 기출문제풀이

ENGINEER NOISE & VIBRATION

PART 01

소음 · 진동 계획

ENGINEER NOISE & VIBRATION

001 역학적 인자

(1) F(Force) : 힘

① 질량 1kg인 물체에 $1m/sec^2$의 가속도가 작용하면 $1N(1kg \times 1m/sec^2)$의 힘이 발생한다는 의미이며, Newton의 가속도 법칙(제2법칙)으로 물체 질량에 가속도가 작용하면 힘이 발생한다.

② 관련식

$$F = m \times a$$

여기서, F : 힘(N), m : 질량(kg), a : 가속도(m/sec^2)

(2) P(Pressure) : 압력

① 물체의 단위면적에 작용하는 수직방향의 힘을 말한다.

② 관련식

$$P = \frac{F}{A}$$

여기서, P : 압력(N/m^2), F : 힘(N), A : 단위면적(m^2)

③ 압력단위환산

$$1N/m^2 = 1Pa(Pascal) = 10^{-5}bar = 10dyne/cm^2 = 10\mu bar$$
$$= 1.020 \times 10^{-1}mmH_2O = 9.869 \times 10^{-6}atm$$

(3) W(Weight) : 무게(중량)

① 무게는 물체가 지구의 중력에 의해 끌리는 힘이고 질량은 물체를 구성하는 물질의 양이다.

② 관련식

$$W = m \times g$$

여기서, W : 무게(kg_f), m : 질량(kg), g : 중력가속도($9.8m/sec^2$)

(4) E(Energy) : 일(에너지)

① 물체가 힘(F)에 의해 거리 L만큼 이동하면 그 물체는 일을 얻어 에너지를 갖는다. 즉, 일과 에너지는 가역적 관계에 있다.(에너지 = 힘×이동거리)

② 관련식

$$E = F \times L$$

여기서, E : 에너지(J), F : 힘(N), L : 거리(m)

(5) W(Power) : 출력(동력)

① 단위시간당 한 일을 말한다. 즉, 일이 얼마나 빠르게 이루어지는가를 의미한다.

② 관련식

$$W = \frac{E}{t}$$

여기서, W : 출력(Watt, J/sec), E : 에너지(J), t : 시간(sec)

必수문제

01 **바닥면적이 $200m^2$이고, 천장높이가 5m인 교실이 있다. 교실 바닥 면적이 받는 공기압력(N/m^2)의 크기는?(단, 공기밀도는 $1.25kg/m^3$)**

풀이

압력$(P) = \frac{F}{A}$

$F = m \times a$

a = 중력가속도($9.8m/sec^2$)

m : 질량 $\rightarrow \rho = \frac{m}{V}$ 에서

$m = \rho \cdot V = 1.25kg/m^3 \times 1,000m^3 = 1,250kg$

$= 1,250kg \times 9.8m/sec^2 = 12,250N$

A = 면적($200m^2$)

$= \frac{12,250N}{200m^2} = 61.25N/m^2(Pa)$

소음 · 진동 관련 용어

(1) 소음 관련 용어 정의

① **소음**

기계 · 기구 · 시설, 그 밖의 물체의 사용 또는 공동주택 등 환경부령으로 정하는 장소에서 사람의 활동으로 인하여 발생하는 강한 소리를 말한다.

② **IEC 규격**

국제전기표준회에서 제정된 소음측정기에 관한 규격을 말한다.

③ **소음 · 진동 배출시설**

소음 · 진동을 발생시키는 공장의 기계 · 기구 · 시설, 그 밖의 물체로서 환경부령으로 정하는 것을 말한다.

④ **소음 · 진동 방지시설**

소음 · 진동 배출시설로부터 배출되는 소음 · 진동을 없애거나 줄이는 시설로서 환경부령으로 정하는 것을 말한다.

⑤ **방음시설**

소음 · 진동 배출시설이 아닌 물체로부터 발생하는 소음을 없애거나 줄이는 시설로서 환경부령으로 정하는 것을 말한다.

⑥ **방진시설**

소음 · 진동 배출시설이 아닌 물체로부터 발생하는 진동을 없애거나 줄이는 시설로서 환경부령으로 정하는 것을 말한다.

⑦ **소음발생 건설기계**

건설공사에 사용하는 기계 중 소음이 발생하는 기계로서 환경부령으로 정하는 것을 말한다.

⑧ **소음원**

소음을 발생하는 기계 · 기구, 시설 및 기타 물체 또는 환경부령으로 정하는 사람의 활동을 말한다.

⑨ **반사음**

한 매질 중의 음파가 다른 매질의 경계면에 입사한 후 진행방향을 변경하여 본래의 매질 중으로 되돌아오는 음을 말한다.

⑩ **배경소음**

한 장소에 있어서의 특정의 음을 대상으로 생각할 경우 대상소음이 없을 때 그 장소의 소음을 대상소음에 대한 배경소음이라 한다.

⑪ **대상소음**

배경소음 외에 측정하고자 하는 특정의 소음을 말한다.

⑫ **정상소음**

시간적으로 변동하지 아니하거나 또는 변동폭이 작은 소음을 말한다.

⑬ 변동소음

시간에 따라 소음도 변화폭이 큰 소음을 말한다.

⑭ 충격음

폭발음, 타격음과 같이 극히 짧은 시간 동안에 발생하는 높은 세기의 음을 말한다.

⑮ 지시치

계기나 기록지상에서 판독한 소음도로서 실효치(rms값)를 말한다.

⑯ 소음도

소음계의 청감보정회로를 통하여 측정한 지시치를 말한다.

⑰ 등가소음도

임의의 측정시간 동안 발생한 변동소음의 총 에너지를 같은 시간 내의 정상소음의 에너지로 등가하여 얻어진 소음도를 말한다.

⑱ 측정소음도

공정시험기준에서 정한 측정방법으로 측정한 소음도 및 등가소음도 등을 말한다.

⑲ 배경소음도

측정소음도의 측정위치에서 대상소음이 없을 때 이 시험기준에서 정한 측정방법으로 측정한 소음도 및 등가소음도 등을 말한다.

⑳ 대상소음도

측정소음도에 배경소음을 보정한 후 얻어진 소음도를 말한다.

㉑ 평가소음도

대상소음도에 보정치를 보정한 후 얻어진 소음도를 말한다.

㉒ 지발발파

수초 내에 시간차를 두고 발파하는 것을 말한다. 단, 발파기를 1회 사용하는 것에 한한다.

㉓ KS(Korean Industrial Standards)

대한민국 산업 전 분야의 제품 및 시험, 제작 방법 등에 대하여 규정하는 국가의 한국산업표준이다.

㉔ ISO(International Standardization Organization)

표준화(Standardization)를 위한 각종 분야의 제품/서비스의 국제적 교류를 용이하게 하고, 상호 협력을 증진시키는 국제표준화 기구이다.

(2) 진동 관련 용어 정의

① 진동

기계 · 기구 · 시설, 그 밖의 물체의 사용으로 인하여 발생하는 강한 흔들림을 말한다.

② 진동원

진동을 발생하는 기계 · 기구, 시설 및 기타 물체를 말한다.

③ 배경진동

한 장소에 있어서의 특정의 진동을 대상으로 생각할 경우 대상진동이 없을 때 그 장소의 진동을 대상진동에 대한 배경진동이라 한다.

④ 대상진동

배경진동 이외에 측정하고자 하는 특정의 진동을 말한다.

⑤ 정상진동

시간적으로 변동하지 아니하거나 또는 변동폭이 작은 진동을 말한다.

⑥ 변동진동

시간에 따른 진동레벨의 변화폭이 크게 변하는 진동을 말한다.

⑦ 충격진동

단조기의 사용, 폭약의 발파 시 등과 같이 극히 짧은 시간 동안에 발생하는 높은 세기의 진동을 말한다.

⑧ 지시치

계기나 기록지상에서 판독하는 진동레벨로서 실효치(rms값)를 말한다.

⑨ 진동레벨

진동레벨의 감각보정회로(수직)를 통하여 측정한 진동가속도레벨의 지시치를 말하며, 단위는 dB(V)로 표시한다. 진동가속도레벨의 정의는 $20\log(a/a_o)$의 수식에 따르고, 여기서 a는 측정하고자 하는 진동의 가속도 실효치(단위 m/s^2)이며, a_o는 기준진동의 가속도 실효치로 $10^{-5}m/s^2$으로 한다.

⑩ 측정진동레벨

공정시험기준에 정한 측정방법으로 측정한 진동레벨을 말한다.

⑪ 배경진동레벨

측정진동레벨의 측정위치에서 대상진동이 없을 때 이 시험기준에서 정한 측정방법으로 측정한 진동레벨을 말한다.

⑫ 대상진동레벨

측정진동레벨에 배경진동의 영향을 보정한 후 얻어진 진동레벨을 말한다.

⑬ 평가진동레벨

대상진동레벨에 보정치를 보정한 후 얻어진 진동레벨을 말한다.

Reference KS-ISO 규격(KSI ISO 5128 : 2014)

(1) 적용범위

① 도로에서 사용하는 모든 종류의 자동차 내부에서 재현 가능하고 비교 가능한 소음레벨 및 소음 스펙트럼의 측정조건을 규정한다.

② 운전자 또는 승객이 개방된 객실은 포함하나 KSI ISO 5131이 취급하는 농업용 트랙터 및 들에서 사용하는 기계는 제외한다.

(2) 결과의 사용

① 차량 내부 소음이 소음 규정에 적합한지 여부의 결정

② 소음 노출 데이터와 연계하여 청력 손상 위험의 추정

③ 대화 간섭도(Speech Interference)의 평가

④ 소음 저감 절차를 연구할 목적의 더욱 정교한 측정 프로그램 방향의 제시

003 소음 · 진동 배출시설

(1) 소음배출시설

① 동력기준 : 시설 및 기계 · 기구

시설 및 기계 · 기구	기준	비고
압축기	7.5kW 이상	나사식 압축기 37.5kW 이상
송풍기	7.5kW 이상	
단조기	7.5kW 이상	기압식은 제외
금속절단기	7.5kW 이상	
유압식 외의 프레스	7.5kW 이상	유압식 절곡기 제외
유압식 프레스	22.5kW 이상	유압식 절곡기 제외
탈사기	7.5kW 이상	
분쇄기	7.5kW 이상	파쇄기와 마쇄기 포함
변속기	22.5kW 이상	
기계체	7.5kW 이상	
원심분리기	15kW 이상	
혼합기	37.5kW 이상	콘크리트 플랜트 및 아스팔트 플랜트의 혼합기는 15kW 이상으로 함
공작기계	37.5kW 이상	
제분기	22.5kW 이상	
제재기	15kW 이상	
목재가공기계	15kW 이상	
인쇄기계	37.5kW 이상	활판인쇄기 15kW 이상, 오프셋인쇄기 75kW 이상
압연기	37.5kW 이상	
도정시설	22.5kW 이상	주거 · 상업 · 녹지지역에 있는 시설로 한정
성형기	37.5kW 이상	압출 · 사출 포함
주조기계	22.5kW 이상	다이캐스팅기 포함
콘크리트관 및 파일의 제조기계	15kW 이상	
펌프	15kW 이상	주거 · 상업 · 녹지지역에 있는 시설로 한정, 소화전 제외
금속가공용 인발기	22.5kW 이상	습식신선기 및 합사 · 연사기 포함
초지기	22.5kW 이상	
연탄제조용 윤전기	7.5kW 이상	

② 대수기준 : 시설 및 기계 · 기구

시설 및 기계 · 기구	기준	비고
공업용 재봉기	100대 이상	
시멘트벽돌 및 블록 제조기계	4대 이상	
자동제병기		
제관기계		
자동포장기	2대 이상	
직기	40대 이상	
방적기계		합연사공정만 있는 사업장의 경우 5대 이상으로 함

③ 그 밖의 시설 및 기계 · 기구 기준

기구	기준	비고
단조기	0.5톤 이상	낙하 해머 무게 기준
발전기	120kW 이상	수력발전기는 제외
연삭기	3.75kW 이상	2대 이상
석재 절단기	7.5kW 이상	동력을 사용하는 것

(2) 진동배출시설(동력을 사용하는 시설 및 기계 · 기구로 한정)

시설 및 기계 · 기구	기준	비고
프레스	15kW 이상	유압식은 제외
분쇄기	22.5kW 이상	파쇄기와 마쇄기를 포함
단조기	22.5kW 이상	
도정시설	22.5kW 이상	주거지역 · 상업지역 및 녹지지역에 있는 시설로 한정
목재가공기계	22.5kW 이상	
성형기	37.5kW 이상	압출 · 사출 포함
연탄제조용 윤전기	37.5kW 이상	
시멘트벽돌 및 블록 제조기계	4대 이상	

004 소음의 물리적 성질

(1) 소리(Sound)와 소음(Noise)

① 소리

㉠ 물체의 진동에 의하여 발생한 파동으로서 인간의 청력기관이 감지할 수 있는 공기압력의 변화이다.

㉡ 소리는 물리적 측면에서 음파라고 한다.(소음 · 진동의 물리적 측면은 물체의 진동을 일으키는 공기파장의 이동현상이며, 음파가 공기라는 매질의 밀도 변화를 통해서 전달되는 신호를 말한다.)

㉢ 탄성체를 통해서 전달되는 밀도 변화에 의해서 발생한다.

㉣ 인간의 의사전달에 있어서 매우 중요한 역할을 한다.

② 소음

㉠ 인간에게 불쾌감을 주고, 작업능률을 저하시키는 소리이다.

㉡ 인간이 감각적으로 원하지 않는 소리(Unwanted sound)의 총칭이다.

㉢ 소음은 주관적으로 심리적 · 감각적인 면이 내포된다.

㉣ 인간의 일상생활을 방해하고 청력저하를 초래하는 요소이다.

㉤ 소음은 주로 기계의 진동, 회전, 마찰, 충격 등에 의하여 발생하며 불규칙적이고, 여러 가지 주파수로 구성된 복합음이다.

③ 음의 종류

㉠ 순음은 한 개의 주파수 성분을 갖는 진폭이 일정한 음을 말한다.

㉡ 복합음은 주파수가 다른 여러 개의 순음들이 합해진 음이며 일정한 주기를 갖는 복합음은 순음의 집합을 말한다.

㉢ 단음은 하나의 기본음과 그 정수배의 배음으로 구성된 음을 말한다.

(2) 음의 용어

① 파동(Wave)

㉠ 매질 자체가 이동하는 것이 아니고 음이 전달되는 매질의 변형운동으로 이루어지는 에너지 전달이다.

㉡ 매질의 운동에너지와 위치에너지의 교번작용으로 이루어진다.

㉢ 파동과 더불어 전달되는 것은 매질이 아니고 매질의 상태변화에 의한 것이다. 즉, 파동에 의해 운반되는 것은 물질이 아니고 에너지이다.

② 파동의 종류

모든 파동은 매질입자의 진동방향과 파동의 진행방향 사이의 상호관계에 따라 두 가지(종파, 횡파)로 구분된다.

㉠ 종파

ⓐ 파동의 진행방향과 매질의 진동방향이 평행한 파동이다.

ⓑ 물체의 체적(부피) 변화에 의해 전달되는 파동이다.

ⓒ 소밀파, P파, 압력파라고도 한다.

ⓓ 종파의 대표적 파동은 음파, 지진파의 P파이다.

ⓔ 종파는 매질이 있어야만 전파된다.

ⓕ 음파는 공기 등의 매질을 통하여 전파하는 소밀파(압력파)이며, 순음의 경우 그 음압은 정현파적으로 변한다.

㉡ 횡파

ⓐ 파동의 진행방향과 매질의 진동방향이 수직한 파동이다.

ⓑ 물체의 형상탄성변화에 의해 전달되는 파동이다.

ⓒ 고정파, S파라고도 한다.

ⓓ 횡파의 대표적 파동은 물결파(수면파), 전자기파(광파, 전파), 지진파의 S파이다.

ⓔ 횡파는 매질이 없어도 전파된다.

③ 파면

파동의 위상이 같은 점들을 연결한 면을 의미한다.

④ 음선

음의 진행방향을 나타내는 선으로 파면에 수직한다.

⑤ 음파의 특성

㉠ 매질을 구성하고 있는 입자들의 압축과 팽창(이완)에 의해서 에너지가 전달되는 파동 현상이 음파이다.

㉡ 어느 매질(기체 · 액체 · 고체)에나 존재가 가능하다.

㉢ 한 매질 내의 음파는 다른 매질로 전파되어 이동되기도 한다.

㉣ 매질이 기체 내의 음파를 소리, 고체 내의 음파를 진동이라 한다.

㉤ 소리와 진동은 매질의 탄성에 의해 발생되는 압력파이다.

⑥ 음파의 발생

㉠ 음파는 매질 내에 순간 또는 연속적인 진동(충격)을 가함으로써 발생한다.

㉡ 진동원에 의해 근접한 매질 입자에 운동에너지가 가해진다.

㉢ 운동에너지를 가진 입자가 주위 매질 입자와 탄성 충돌에 의해 에너지가 전달된다.

㉣ 매질 입자는 평형위치에서 왕복운동만 할 뿐, 입자 자체가 음파를 따라 진행하는 것은 아니다.

⑦ 음파의 종류

㉠ 평면파

긴 실린더의 피스톤운동에 의해 발생하는 파와 같이 음파의 파면들이 서로 평행한 파, 즉 음원이 크기를 가지고 있어도 그 크기에 비해 아주 멀리 떨어진 지점에서는 점음원으로 간주할 수 있으며 파면은 평행(평면)이 되는 파동이다.

㉡ 발산파

음원으로부터 거리가 멀어질수록 더욱 넓은 면적으로 퍼져나가는 파이다.

㉢ 구면파

공중에 있는 점음원과 같이 음원에서 모든 방향으로 동일한 에너지를 방출할 때 발생하는 파이다. 즉 파장과 비교하여 치수가 작은 음원으로부터 방사된 음원이 구면을 이루며 확산된다.

㉣ 진행파

음파의 진행방향으로 에너지를 전송하는 파이다.

㉤ 정재파

둘 또는 그 이상의 음파의 구조적 간섭에 의해 시간적으로 일정하게 음압의 최고와 최저가 반복되는 패턴의 파이다.

Reference 평면파의 파동방정식

$$\frac{\partial^2 u}{\partial t^2} = c^2 \frac{\partial^2 u}{\partial x^2}$$

여기서, u : 매질입자변위, t : 시간

x : 음파의 진행방향, c : 파동의 전파속도

(3) 음의 회절

① 정의

음파의 진행속도가 장소에 따라 변하고 진행방향이 변하는 현상으로 차단벽이나 창문의 틈, 벽의 구멍을 통하여 전달이 되기 쉬운데, 이것을 회절이라 한다. 음장에 장애물이 있는 경우 장애물 뒤쪽으로 음(파동에너지)이 전파되는 현상이다.

② 특징

㉠ 음의 회절은 파장과 장애물의 크기에 따라 다르다. 파장이 길수록 회절이 잘된다. 즉 장애물의 치수보다 파장이 긴 음은 장애물을 쉽게 넘어 회절이 잘된다.

㉡ 소리의 주파수는 파장에 반비례하므로 낮은 주파수는 고주파음에 비하여 회절하기가 쉽다.(주파수가 높아서 파장이 장애물 크기와 비슷한 정도 이하가 되면 음이 장애물 뒤로 전달되지 않는다.)

㉢ 물체가 작을수록(구멍이 작을수록) 소리는 잘 회절된다.

㉣ 음파는 회절현상에 의해 차음벽의 효과가 실험치보다 낮게 나타난다.

ⓜ 라디오의 전파가 큰 건물의 뒤쪽에서도 수신되는 현상과 관련이 있다.

③ 휴겐스의 원리(Huyghens Principle)

㉠ 하나의 파면상의 모든 점이 파원이 되어 각각 2차적인 구면파를 사출하여 그 파면들을 둘러싸는 면이 새로운 파면을 만드는 현상이다.

㉡ 어느 순간의 파면이 주어지면 다음 순간의 파면은 주어진 파면상의 각 점이 각각 독립한 파원이 되어 발생하는 2차적인 구면파에 공통으로 접하는 면이 포락이 된다는 의미이다.

㉢ 음파가 진행하는 모양을 그림으로 구하는 방법을 나타내는 원리로, 음파가 장애물 뒤로 전달되는 회절현상의 좋은 예이다.

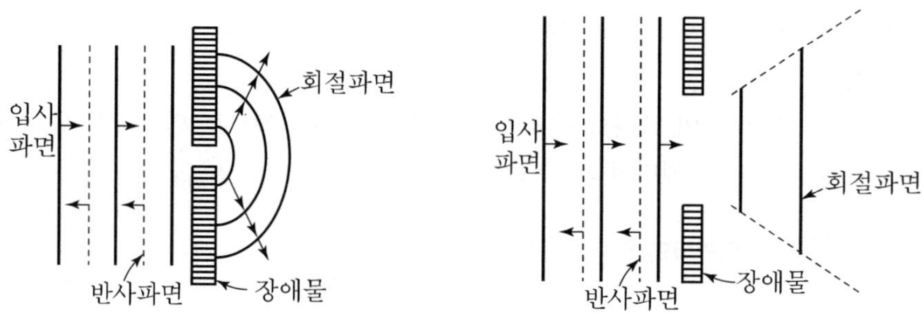

[틈새에서의 구면파 및 평면파의 회절]

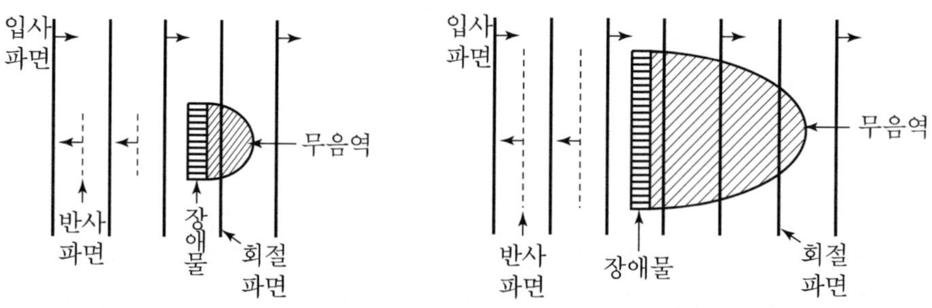

[장애물에 의한 음의 회절]

(4) 음의 굴절

① 개요

㉠ 음의 굴절은 음파가 한 매질에서 다른 매질로 통과 시 음의 진행방향(음선)이 구부러지는 현상이다. 즉, 소리가 전파할 때 매질의 밀도변화로 인하여 음파의 진행방향이 변하는 것을 말한다.

㉡ 매질 간에 음속 차이가 클수록, 높이에 따른 풍속 차이가 클수록 굴절도 커진다.

② Snell의 법칙(굴절의 법칙)

입사각과 굴절각의 sin비는 각 매질에서의 전파속도의 비와 같다.

$$\frac{C_1}{C_2} = \frac{\sin\theta_1}{\sin\theta_2}$$

여기서, C_1, θ_1 : 매질 I에서 음속 및 입사각
C_2, θ_2 : 매질 II에서 음속 및 굴절각

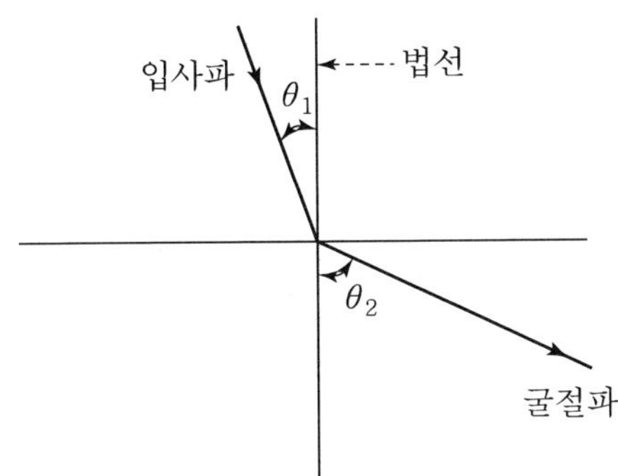

③ 굴절에 영향을 미치는 요소

㉠ 온도차에 의한 굴절

ⓐ 지표면이 대기보다 온도가 높은 경우 지표면에서의 음속이 대기(상공) 쪽의 음속보다 빨라지므로 음파는 위쪽으로 구부러져 음은 지표에 전달되기 어려우며, 지표면이 대기(상공)보다 온도가 낮은 경우 지표면의 음속이 대기(상공)의 음속보다 느리므로 음파는 아래쪽으로 굴절되어 음이 지표에 전달되기 쉽다.

ⓑ 대기의 온도차에 의한 굴절은 온도가 낮은 쪽으로 굴절한다.

ⓒ 낮에는 지표면의 온도가 상공에 비해 높으므로 음선이 상공 쪽으로 굴절하여 거리감쇠가 커진다.

ⓓ 밤에는 지표면의 온도가 상공에 비해 낮으므로 음선이 지표면 쪽으로 굴절하여 거리감쇠가 낮시간대에 비해 작으며 소리가 크게 들린다.

㉡ 풍속차에 의한 굴절

ⓐ 지표면과 상공 사이에 풍속차가 있을 경우 발생한다.

ⓑ 음원보다 상공의 풍속이 클 때 풍상 측에서는 상공으로 굴절하여 거리감쇠가 커서 음이 작게 들린다.

ⓒ 음원보다 상공의 풍속이 클 때 풍하 측에서는 지표면으로 굴절하여 거리감쇠가 작아 음이 크게 들린다.

㉢ 바람에 의한 음압레벨 변동

ⓐ 풍하에서는 암역(음영대 : Shadow Zone) 경계에 가까운 곳에서 최소가 된다.

ⓑ 바람이 약하고 맑은 밤에는 레벨변동이 5dB 정도이다.

ⓒ 바람이 강하고 맑은 구간에는 레벨변동이 15~20dB 정도이다.

ⓓ 상공에서 지표면으로의 전반에는 빠른 변동과 함께 몇 초 이상의 주기로 큰 변동을 수반한다.

ⓔ 바람이 불어가는 방향으로 음이 전달되는 경우 지표면보다 대기(상공) 쪽의 음속이 빨라지고, 바람이 불어오는 방향으로 음이 전달되는 경우 음의 전달방향과 바람의 방향이 반대가 되므로 바람이 없을 때의 음파에서 풍속을 뺀 속도로 전달된다.

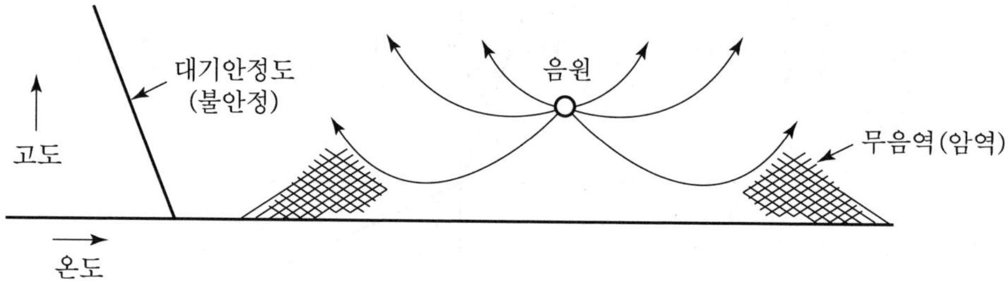

[낮시간대 굴절(온도)]

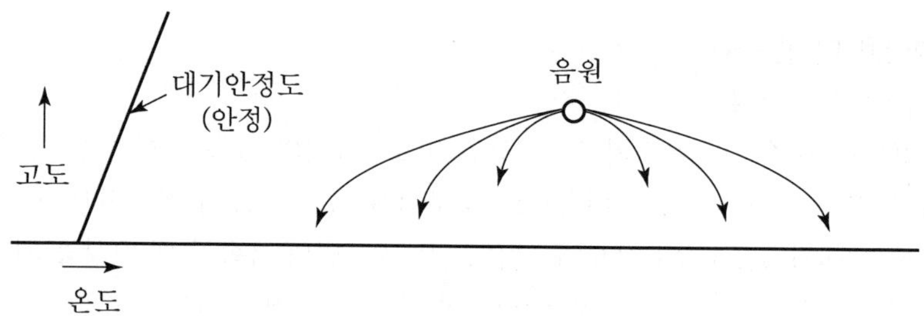

[밤시간대 굴절(온도)]

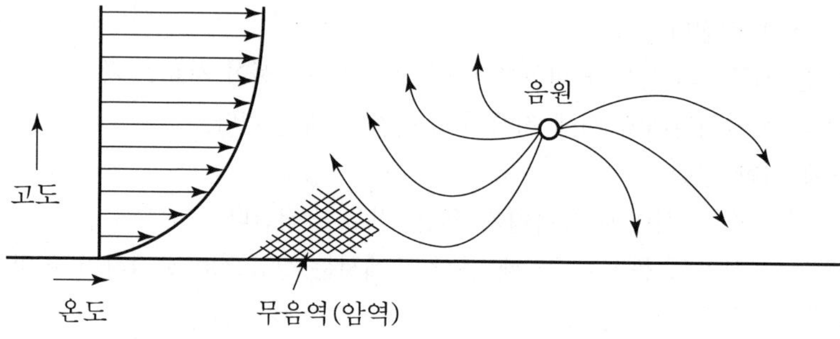

[바람에 의한 굴절]

(5) 음의 간섭

① 정의

두 개 이상의 음파가 겹쳐서 더해질 때, 파동의 합성에 의해 동위상으로 겹치면 진폭이 증대되고 역위상으로 겹치면 진폭이 감소하는 것을 말한다. 즉, 서로 다른 파동 사이의 상호작용으로 나타나는 현상이다.

② 종류

㉠ 보강간섭

여러 파동이 마루는 마루끼리, 골은 골끼리 만나 그 합성파의 진폭이 개개의 어느 파의 진폭보다 커지는 간섭이다.

㉡ 소멸간섭

여러 파동이 마루는 골과 골은 마루와 만나 그 합성파의 진폭이 개개의 어느 파의 진폭보다 작아지는 간섭이다. 즉, 두 파동이 서로 반대방향으로 진행하다가 중첩될 때 합성파의 변위는 두 파동의 변위의 합으로 나타난다.

㉢ 맥놀이

ⓐ 주파수가 약간 상이한 2개의 음원이 만날 때 소리가 간섭을 일으켜 보강간섭과 소멸간섭이 교대로 이루어져 큰 소리와 작은 소리가 주기적으로 반복되는 현상, 즉 주파수(진동수)가 약간 다른 두 음을 동시에 듣게 되면 합성된 음의 크기가 오르내리는 현상이다.

ⓑ 맥놀이 주파수는 2개 주파수 차이의 절대치이다.

ⓒ 저음으로 갈수록 1Hz의 차이가 크며 고음으로 갈수록 차이가 좁아져 별 차이를 못 느낀다.

㉣ 파동의 독립성

서로 반대방향으로 진행하던 두 파동이 만나는 경우, 서로 겹칠 경우에만 파형이 변하고 두 파동이 서로 간섭 없이 지나치면 만나기 전의 모양을 그대로 유지하면서 서로 독자적으로 진행하는 것을 말한다.

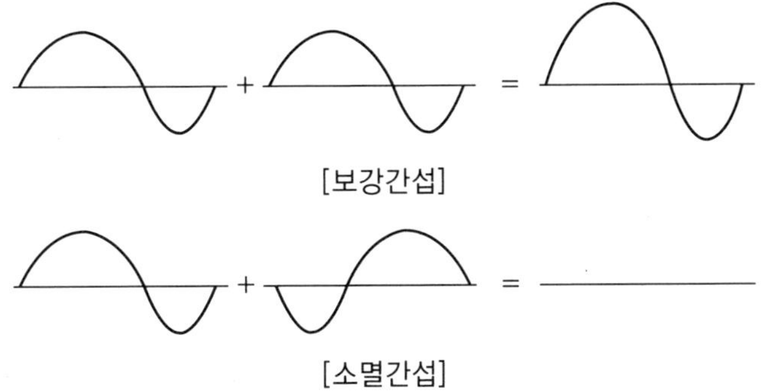

[보강간섭]

[소멸간섭]

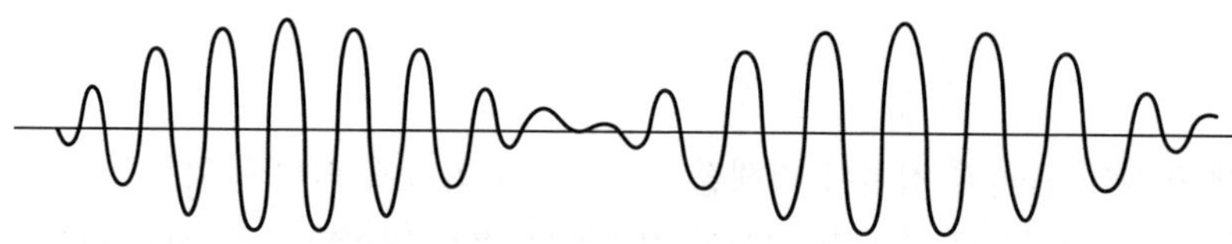

[맥놀이(Beat)]

(6) 음의 반사와 투과 및 흡수

음의 반사, 투과, 흡수에는 음향에너지의 보존법칙(입사=반사+투과+흡수)이 성립한다.

① **반사율**

㉠ 입사음 세기에 대한 반사음 세기의 비이다.

㉡ 입사음의 세기를 I_i라 하고 반사음의 세기를 I_r이라고 하면 I_r/I_i을 반사율이라고 한다.

㉢ 경계면에 수직으로 입사하는 음의 반사율(α_r)은 매질의 고유음향 임피던스 ρC에 의해 정해진다.

㉣ 음파가 거울과 같은 매질에 입사할 때의 입사각과 반사각은 같다(반사법칙).

㉤ 반사율(α_r)

$$\alpha_r = \frac{\text{반사된 음의 세기}}{\text{입사음의 세기}} = \frac{I_r}{I_i} = \left(\frac{\rho_2 C_2 - \rho_1 C_1}{\rho_2 C_2 + \rho_1 C_1}\right)^2$$

여기서, $\rho_1 C_1$: 입사 측 매질의 고유음향 임피던스
$\rho_2 C_2$: 경계면으로부터 다른 매질의 고유음향 임피던스

㉥ 관 내를 음파가 통과할 때 관의 단면적이 급변하면 음파의 반사가 일어난다.

㉦ 2개의 매질이 있는 경계면에서는 음향 임피던스가 급변하여 음파의 반사가 일어난다.

㉧ 파장에 비해 장애물의 크기가 작으면 음파는 방해 없이 통과한다.

㉨ 입사음의 파장이 자재 표면의 요철에 비해 클 때는 정반사가 일어나고, 작을 때는 난반사가 되어 음이 확산된다.

㉩ 기공이 많은 자재는 반사음이 작기 때문에 흡음률이 대체로 크다.

② **투과율(흡수율)**

㉠ 투과율

음입사 시 경계면에서 반사되지 않는 음파는 제2의 매질 속을 지나고 수직으로 투과하는 경우 투과음의 세기를 I_t라 하면 I_t/I_i을 투과율이라고 한다. 따라서, 투과율이 0에 가까울수록 차음성능이 좋은 것을 의미한다.

㉡ 흡수율(흡음률)

어떤 경계면에 대하여 반사되어 돌아오지 않는 비율을 말한다. 즉, 흡수음의 세기를 I_a라 하면 흡수율은 $\dfrac{(I_a+I_t)}{I_i}$로 표현된다.

㉢ 관련식

$$
\begin{aligned}
\text{투과율}(\tau : \text{흡수율}) &= \frac{I_t}{I_i} = \frac{I_i - I_r}{I_i} = 1 - \frac{I_r}{I_i} \\
&= 1 - \left(\frac{\rho_2 C_2 - \rho_1 C_1}{\rho_2 C_2 + \rho_1 C_1}\right)^2 \\
&= \frac{4(\rho_2 C_2 \times \rho_1 C_1)}{(\rho_2 C_2 + \rho_1 C_1)^2}
\end{aligned}
$$

투과손실(TL)

$$TL = 10\log\frac{1}{\tau} = 10\log\frac{I_i}{I_t}\,(\text{dB})$$

$$\tau(\text{투과율}) = \frac{I_t}{I_i}$$

투과손실은 차음구조에 있어서 입사파와 투과파의 음압레벨 차이므로 투과손실값이 커질수록 차음성능이 좋은 것을 의미한다.

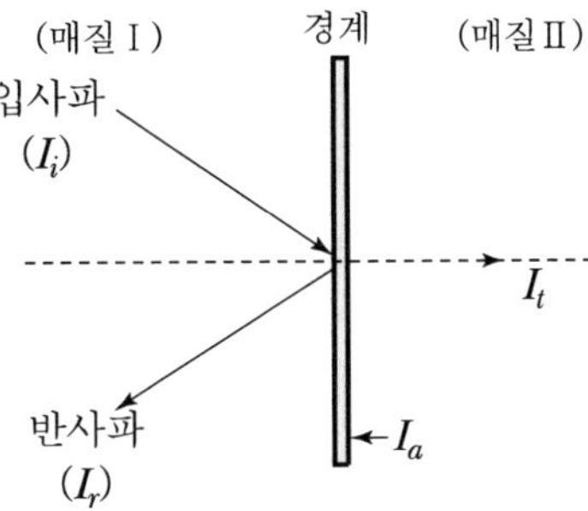

[경계면에서 음의 입사, 반사, 투과]

(7) 마스킹 효과(음폐효과)

① 개요

㉠ 두 음이 동시에 있을 때 한쪽이 큰 경우 작은 음은 더 작게 들리는 현상. 즉, 큰 음, 작은 음이 동시에 들릴 때, 큰 음만 듣고 작은 음은 잘 듣지 못하는 현상으로 음의 간섭에 의해 일어난다.

㉡ 마스킹 소음의 대역폭은 어느 한계(한계대역폭) 이상에서는 그 중심주파수에 있는 순음에 대해 영향을 미치지 못한다.

㉢ 마스킹 효과에서는 마스킹하는 음이 클수록 마스킹 효과는 커지나, 그 음보다 높은 주파수의 음은 낮은 주파수의 음보다 마스킹되기 쉽다.

② 특징

㉠ 주파수가 낮은 음(저음)은 높은 음(고음)을 잘 마스킹(음폐)한다.

㉡ 두 음의 주파수가 비슷할 때는 마스킹 효과가 더욱더 커진다.

㉢ 두 음의 주파수가 같을 때는 맥동현상에 의해 마스킹 효과가 감소한다.

㉣ 음이 강하면 음폐되는 양도 커진다.

③ 이용

작업장 배경음악 및 자동차 내부의 오디오 음악

(8) 도플러(Doppler) 효과

① 음원이 움직일 때 들리는 소리의 주파수가 음원의 주파수와 다르게 느껴지는 효과이다. 즉, 발음원이 이동 시 그 진행방향 쪽에서는 원래 발음원의 음보다 고음이 되고, 반대쪽에서는 저음이 되는 현상이다.(기차역에서 기차가 지나갈 때 기차가 역 쪽으로 올 때에는 기차음이 고음으로 들리고, 기차가 역을 지나친 후에는 기차음이 저음으로 들린다.)

② 진동원, 관측점 또는 매질이 이동할 때 관측되는 파동의 주파수가 변화하는 성질을 도플러 효과라고 한다.

(9) 선행음 효과(하스효과)

① 일반적인 스테레오 시스템에서 좌우 두 개의 스피커로 주파수와 음압이 동일한 음을 동시에 재생할 경우 인간의 귀에는 두 소리가 정중앙에서 재생되는 것처럼 느껴지지만, 이 상태에서 우측 스피커의 신호를 약간 지연시키면 음상이 왼쪽 스피커 방향으로 옮겨가는 현상을 말한다.

② 지연음이 원음에 비해 10dB 이하의 레벨을 갖고 있을 때 유효하다.

(10) 칵테일파티 효과

다수의 음원이 공간적으로 산재하고 있을 때 그 안에 특정한 음원, 예를 들어 특정인의 음성에 주목하게 되면 여러 음원으로부터 분리되어 특정음만 들리게 되는 심리현상을 일컫는다.

(11) 양이효과

인간의 두 귀로 음원의 방향감과 입장감을 느끼게 하여 음의 입체감을 만들어 내는 효과를 말한다.

(12) 순음(Pure Tone) 및 복합음(Multiple Tone)

① 순음이란 오직 한 개의 주파수를 갖는 진폭의 일정한 소리로서 그 음압의 파형은 정현파이다.

② 복합음은 여러 개의 정현파음이 합성된 것으로 복합음을 구성하는 음 중 주파수가 가장 낮은 음을 기본음이라 한다. 이보다 높은 주파수음들은 상음(Over Tone)이라 하고, 상음이 기본음의 정수배로 될 때를 배음이라 한다.

③ 복합음의 파형은 순음의 파형보다 복잡하지만 주기적으로 안정된 파형이 반복되는 소리, 즉 복합음의 1주기파형은 시시각각 변화하지만 이 변화는 보통 일정한 주기로 규칙적으로 반복된다.

④ 모든 상음성분의 주파수가 기본주파수의 정수배인 복합음을 단음이라 한다.

⑤ 잡음은 일정한 파형이 없으며 일정한 소리의 높이로 감각을 주지 않는다.

必수문제

01 배 위에서 사공이 물속에 있는 해녀에게 큰 소리로 외쳤을 때 음파의 입사각이 60°, 굴절각은 45°였다면 이때의 굴절률은?

풀이

$$\text{굴절률} = \frac{\sin\theta_1}{\sin\theta_2} = \frac{\sin 60°}{\sin 45°} = \frac{\frac{\sqrt{3}}{2}}{\frac{\sqrt{2}}{2}} = \sqrt{\frac{3}{2}} = 1.2247$$

必수문제

02 배 위에서 물속에 있는 사람에게 큰소리로 외쳤다. 이때 음파의 입사각은 60°, 굴절률이 $\sqrt{\frac{3}{2}}$ 일 경우 굴절각은?

풀이

$$\text{굴절률} = \frac{\sin\theta_1}{\sin\theta_2}$$

$$\sqrt{\frac{3}{2}} = \frac{\sin 60°}{\sin\theta_2}$$

$$\theta_2 = \sin^{-1}\left(\frac{\sin 60°}{\sqrt{\frac{3}{2}}}\right) = 45°$$

03 입사 측의 음향 임피던스를 Z_1, 투과 측의 음향 임피던스를 Z_2라 하면, 경계면에서 수직입사하는 음파의 반사율 r_0는 다음과 같이 주어진다. Z_1은 Z_2의 $1/5$이라면 투과에너지 I_t와 반사에너지 I_r의 비 I_r/I_t는?(단, 경계면에서 음파의 흡수는 일어나지 않는다.)

$$r_0 = \left(\frac{Z_2 - Z_1}{Z_2 + Z_1}\right)^2$$

풀이

$I_i = (Z_1 + Z_2)^2,\ I_r = (Z_1 - Z_2)^2,\ I_t = 4Z_1Z_2$

$$\frac{I_r}{I_t} = \frac{(Z_1 - Z_2)^2}{4Z_1Z_2} = \frac{(1/5Z_2 - Z_2)^2}{4\times\frac{1}{5}Z_2\times Z_2} = \frac{4}{5}$$

Reference

$$I_t = I_i - I_r = (Z_1 + Z_2)^2 - (Z_1 - Z_2)^2$$
$$= Z_1^{\ 2} + 2Z_1Z_2 + Z_2^{\ 2} - Z_1^{\ 2} + 2Z_1Z_2 - Z_2^{\ 2}$$
$$= 4Z_1Z_2$$

必 수문제

04 음파가 방음벽에 수직입사할 때 반사율(α)이 0.99876이다. 벽체의 투과손실(dB)은?(단, 벽체에 의한 흡음은 무시한다.)

풀이

투과손실(TL) $= 10\log\frac{1}{\tau}$ (dB)

τ(투과율) $= 1 -$ 반사율(α) $= 1 - 0.99876 = 1.24\times10^{-3}$

$$TL = 10\log\frac{1}{1.24\times10^{-3}} = 29.07\text{dB}$$

必 수문제

05 나무로 된 벽이 있다. 이 벽은 입사에너지가 $3E_0$일 때 반사되는 에너지가 $0.5E_0$이고 흡수되는 에너지가 E_0, 통과하는 에너지는 $1.5E_0$이다. 이때 흡음률(α)은?

풀이

흡음률(흡수율 : α) $= \dfrac{\text{흡수에너지}(I_a) + \text{투과에너지}(I_t)}{\text{입사에너지}(I_i)} = \dfrac{E_0 + 1.5E_0}{3E_0} = \dfrac{2.5E_0}{3E_0} = 0.833$

06 어느 벽체의 투과손실이 32dB이라면 이 벽체의 투과율(τ)은 얼마인가?

풀이

투과손실$(TL) = 10\log\frac{1}{\tau}$

투과율$(\tau) = 10^{-\frac{TL}{10}} = 10^{-\frac{32}{10}} = 6.3 \times 10^{-4}$

必수문제

07 공기의 고유음향 임피던스는 20℃에서 428rayls이고, 물의 고유음향 임피던스는 20℃에서 1.48×10^6rayls이다. 음에너지가 공기에서 물로 투과할 때의 투과율을 구하시오.

풀이

투과율$(\tau) = \dfrac{4(\rho_2 C_2 \times \rho_1 C_1)}{(\rho_2 C_2 + \rho_1 C_1)^2}$

$\rho_2 C_2$: 물의 고유음향 임피던스

$\rho_1 C_1$: 공기의 고유음향 임피던스

$= \dfrac{4(1.48 \times 10^6 \times 428)}{(1.48 \times 10^6 + 428)^2} = 1.156 \times 10^{-3}$

必수문제

08 공기 중의 어떤 음원에서 발생한 소리가 콘크리트벽($\rho = 900$kg/m³, $E = 2.0 \times 10^9$N/m²)에 수직입사할 때 이 벽체의 반사율은?(단, 공기의 밀도 = 1.2kg/m³, 음속 = 340m/sec)

풀이

반사율$= \left(\dfrac{\rho_2 C_2 - \rho_1 C_1}{\rho_2 C_2 + \rho_1 C_1}\right)^2$

$\rho_1 C_1$: 공기의 고유음향 임피던스 = 1.2kg/m³ × 340m/sec = 408rayls

$\rho_2 C_2$: 콘크리트벽의 고유음향 임피던스 = 900kg/m³ × 1,490.7m/sec = 1,341,630rayls

$\rho_2 = 900$kg/m³

C_2(음속)$= \sqrt{\dfrac{E(\text{영률 : N/m}^2)}{\rho}} = \sqrt{\dfrac{2.0 \times 10^9 \text{N/m}^2}{900\text{kg/m}^3}} = 1{,}490.7$m/sec

$= \left(\dfrac{1{,}341{,}630 - 408}{1{,}341{,}630 + 408}\right)^2 = 0.99 ≒ 1.0$

09 **주파수가 각각 1,000Hz, 1,100Hz인 두 음파가 중첩되어 맥놀이가 발생하였다. 이 맥놀이의 파장은 몇 m인가?(단, 온도는 30℃이다.)**

풀이

음속(C)=주파수(f)×파장(λ)

$$\lambda = \frac{C}{f}$$

$C = 331.42 + (0.6 \times t) = 331.42 + (0.6 \times 30℃) = 349.42\text{m/sec}$

(주파수는 맥놀이 주파수를 의미)

맥놀이 주파수 = 1,100 − 1,000 = 100Hz(1/sec)

맥놀이 파장$(\lambda) = \dfrac{349.42\text{m/sec}}{100(1/\text{sec})} = 3.5\text{m}$

005 음의 단위 및 소음의 기초 용어

(1) 파장(Wave length)

① 정의

정현파의 파동에서 마루와 마루 간의 거리 또는 위상의 차이가 360°가 되는 거리를 말한다.

② 표시기호 : λ

③ 단위 : m(길이 단위)

(2) 주파수(Frequency)

① 정의

1초 동안의 cycle 수, 즉 소밀이 1초 동안에 반복되는 횟수이며 가청주파수 범위는 20~20,000Hz이다.(주파수가 높은 음은 고음, 주파수가 낮은 음은 저음이라 한다.)

② 표시기호 : f

③ 단위 : Hz(cycle/sec : 계산 시에는 1/sec로 함)

(3) 주기(Period)

① 정의

한 파장이 전파되는 데 소요되는 시간, 즉 소밀파가 1파장 진행하는 데 소요되는 시간을 말한다.

② 표시기호 : T

③ 단위 : sec

④ 주기와 주파수 관계

$$T = \frac{1}{f}\,(\text{sec})$$

(4) 음속(Speed of Sound)

① 정의

소밀파가 진행하는 속도, 즉 음파가 1초 동안에 전파하는 거리를 말한다.

② 표시기호 : C

③ 단위 : m/sec

④ 음속 및 주파수, 파장 관계

$$\text{음속}(C : \text{m/sec}) = \text{주파수}(f : 1/\text{sec}) \times \text{파장}(\lambda : \text{m})$$

⑤ 매질이 공기인 상태에서의 음속

공기인 매질의 음속은 온도에 따라 영향을 받는다.

$$t℃\text{일 때 음속}(C) = 331.42 + (0.6 \times t)(\text{m/sec})$$

절대온도로 표현하면 다음과 같다.

$$C = 20.06\sqrt{T}$$

여기서, T : 절대온도($273 + t$℃)

⑥ 매질이 고체, 액체인 상태에서의 음속

$$C = \sqrt{\frac{E}{\rho}}\ (\text{m/sec})$$

여기서, E : 영률(N/m^2)
ρ : 매질의 밀도(kg/m^3)

⑦ 각 매질(재질)에서의 음속

㉠ 공기 ➡ 약 340m/sec
(헬륨 : 약 1,000m/sec, 수소 : 약 1,400m/sec, 산소 : 약 310m/sec)

㉡ 물 ➡ 약 1,400m/sec

㉢ 나무 ➡ 약 3,300m/sec

㉣ 유리 ➡ 약 3,700m/sec

㉤ 강철 ➡ 약 5,000m/sec

Reference

1. 음의 운동에너지(E)

$$E = \frac{1}{2}\rho\delta_v u^2$$

여기서, ρ : 음 매질의 밀도
δ_v : 음 매질의 미소체적
u : 음 매질의 입자속도

2. 현의 미소 횡진동 시 전파속도(C)

$$C = \sqrt{\frac{T}{\rho}}$$

여기서, T : 장력
ρ : 단위길이당 질량

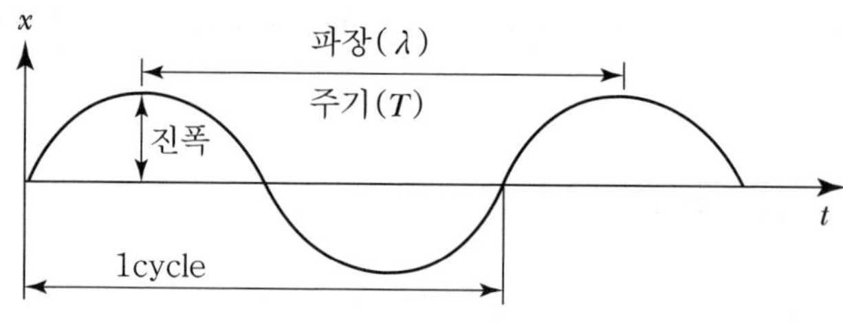

[정현파의 파동]

(5) 변위(Displacement)

① 정의

진동하는 입자(공기)의 어떤 순간의 위치와 그것의 평균위치와의 거리를 말한다.

② 표시기호 : D

③ 단위 : m(길이 단위)

(6) 진폭(Amplitude)

① 정의

진동하는 입자에 의해 발생하는 최대 변위치, 즉 진동의 중심값에서의 최대 변동값을 말한다.

② 표시기호 : A or P_{max}

③ 단위 : m(길이 단위)

(7) 입자속도(Particle Velocity)

① 정의

매질의 미소부분의 시시각각 움직이는 속도, 즉 시간에 대한 입자변위의 미분값을 말한다.

② 표시기호 : v

③ 단위 : m/sec

(8) 고유음향 임피던스(Specific Acoustic Impedance)

① 정의

주어진 매질에서 입자속도에 대한 응답의 비를 말한다. 즉, 매질의 특성을 나타내는 값이다.

② 표시기호 : $Z(\rho C)$

③ 관련식 및 단위

$$Z = \rho C = \frac{P}{v} \quad (\text{rayls : kg/m}^2\ \text{sec},\ \text{N} \cdot \text{sec/m}^3)$$

여기서, Z : 고유음향 임피던스(rayls)
ρ : 매질의 밀도(kg/m^3)
C : 매질의 음전달속도(m/sec)
P : 음의 압력(N/m^2)
v : 입자속도(m/sec)

(9) 매질

① 정의

파동을 전달하는 물질로 매질의 탄성과 관성으로 인해 전달이 일어난다. 일반적으로 기체(공기), 액체, 고체 등의 물질이 음파의 매질이 될 수 있고 탄성이 없는 진공 중에서는 음파가 존재하지 않는다.

② 각 매질의 특성

㉠ 공기를 매질로 하는 소리를 공기음, 고체 중을 전파하는 소리를 고체음, 물을 매질로 하는 소리를 수중음이라 한다.

㉡ 고체는 유체와 달리 전단응력이나 굽힘응력을 받을 수 있기 때문에 종파나 횡파가 모두 전달 가능하다.

㉢ 액체 · 기체에서는 음파의 진행방향에 수직한 방향의 탄성을 무시할 수 있기 때문에 횡파는 존재하지 않는다.

(10) 음압(Sound Pressure)

① 정의

음이 존재 시 음이 갖고 있는 음에너지에 의해 매질에는 미소한 압력변화가 생기는데, 이 압력변화부분을 음압이라 한다. 즉, 음파에 의해 매질 입자는 진동을 일으켜 입자가 밀집된 부분에서는 압력이 상승하고, 희박한 부분에서는 평균압력보다 감소하며, 음압이 크면 큰 음으로 들리고 음압이 작으면 작은 음으로 들린다.

② 표시기호 : P

③ 단위 : N/m^2(Pa), μbar, dyne/m^2

④ 가청음압범위

㉠ 최저가청음압한계 : $2\times10^{-5}N/m^2$(Pa), 20μPa, 2×10^{-4}dyne/cm^2

㉡ 최고가청음압한계 : $60N/m^2$(Pa)

⑤ 실효치(rms)

음압은 교류적 변동을 하고 교류의 크기는 통상 실효치로 표시한다.

$$P_{rms} = \frac{P_{max}}{\sqrt{2}}$$

여기서, P_{max} : 음압의 최고값(Peak = max = 진폭)

⑥ 관계식

$$Z = \frac{P}{v}\text{(rayls)} \Rightarrow P = Z(\rho C)\times v$$

여기서, $Z(\rho C)$: 고유음향 임피던스(rayls)
P : 음의 압력(실효치)(N/m^2=Pa)
v : 입자속도(실효치)(m/sec)

$$I = P \times v = \frac{P^2}{\rho C}(\text{W/m}^2) = \rho C v^2,\ \ P = \sqrt{\rho C \times I}$$

음압 및 입자속도는 일반적으로 실효치(rms)를 취한다.

(11) 음의 세기(Sound Intensity)

① **정의**
한 점에서 주어진 방향으로 단위시간에 단위면적을 통과하는 음에너지의 시간 평균치를 말하며 음의 진행방향에 직각이다.

② **표시기호** : I

③ **단위** : W/m^2

(12) 음의 출력(Acoustic Power)

① **정의**
음원에서 단위시간당 방사하는 총 음향에너지를 말하며 음원이 갖고 있는 고유 음향 출력으로서 위치가 변경되어도 변하지 않는다.

② **표시기호** : W or $Power$

③ **단위** : Watt

(13) 음의 세기와 음의 출력 관계

음향출력(W)의 무지향성 음원으로부터 r(m) 떨어진 점에서의 음의 세기(I)와의 관계식

$$W = I \times S \ \text{(Watt)}$$

여기서, S : 음의 전파 표면적(m^2)

음원이 구면파로 전파 시, 음의 세기(I)는 단위면적당 파워이며, 실효응답으로 음의 세기를 나타내면

$$I = \frac{W}{S} = \frac{W}{4\pi r^2} = \frac{P^2}{\rho C}$$

① 음원이 점음원

㉠ 음원이 자유공간(공중, 구면파 전파)에 위치할 때

$$W = I \times S = I \times 4\pi r^2$$

㉡ 음원이 반자유공간(바닥, 천장, 벽, 반구면파 전파)에 위치할 때

$$W = I \times S = I \times 2\pi r^2$$

② 음원이 선음원

㉠ 음원이 자유공간(공중, 구면파 전파)에 위치할 때

$$W = I \times S = I \times 2\pi r$$

㉡ 음원이 반자유공간(바닥, 천장, 벽, 반구면파 전파)에 위치할 때

$$W = I \times S = I \times \pi r$$

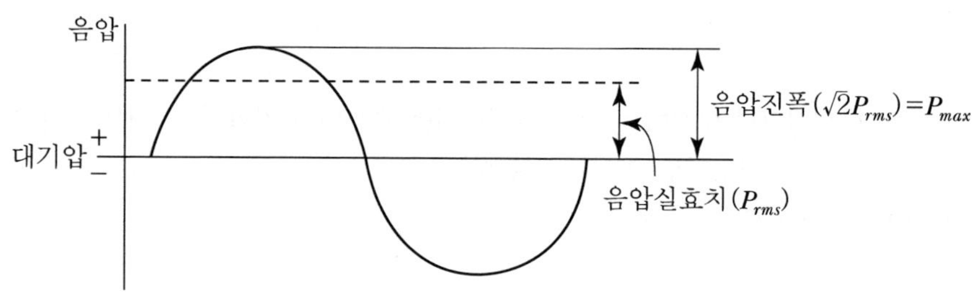

[음압의 크기]

必 수문제

01 매질 입자의 왕복운동을 1분 동안에 60,000번 일으키는 소리의 주파수(Hz)는?

풀이

주파수는 1초당 cycle 수

$$f = \frac{60{,}000\text{cycle}}{60\text{sec}} = 1{,}000\text{cycle/sec} = 1{,}000\text{Hz (1kHz)}$$

02 주파수가 500Hz인 음의 주기(sec)는?

풀이

$$f=\frac{1}{T}$$

$$T=\frac{1}{f}=\frac{1}{500\,(1/\text{sec})}=0.002\text{sec}\,(2\times10^{-3}\text{sec})$$

必 수문제

03 15℃ 공기 중에서 400Hz 음의 파장(cm)은 얼마인가?

풀이

$$C=f\times\lambda$$

$$\lambda=\frac{C}{f}$$

C(음속) $=331.42+(0.6\times t℃)=331.42+(0.6\times15℃)=340.42\text{m/sec}$

f(주파수) $=400\text{Hz}=400(1/\text{sec})$

$$=\frac{340.42\text{m/sec}}{400(1/\text{sec})}=0.85\text{m}\,(85\text{cm})$$

必 수문제

04 10℃ 공기 중에서 음의 전파속도(m/sec)는 얼마인가?

풀이

음의 전파속도(C)는 온도에 관계

$C=331.42+(0.6\times t℃)=331.42+(0.6\times10℃)=337.42\text{m/sec}$

必 수문제

05 상온 공기 중에서 500Hz인 정현파 음의 파장은 약 몇 cm인가?

풀이

상온(20℃)을 적용

$$C=f\times\lambda$$

$$\lambda=\frac{C}{f}=\frac{331.42+(0.6\times20℃)}{500(1/\text{sec})}=0.686\text{m}\,(≒69\text{cm})$$

必수문제

06 26℃ 공기 중에서 파장이 0.24m인 음의 주파수(Hz)는?

풀이

$C = f \times \lambda$

$f = \dfrac{C}{\lambda}$

C(음속)$= 331.42 + (0.6 \times t℃) = 331.42 + (0.6 \times 26℃) = 347.02\text{m/sec}$

λ(파장)$= 0.24\text{m}$

$= \dfrac{347.02\text{m/sec}}{0.24\text{m}} = 1{,}445.9\text{Hz}$

必수문제

07 0℃, 1기압의 공기 중에서 음속(m/sec)은 얼마인가?[단, 정압비열과 정적비열의 비(비열비) $K = 1.402$]

> 공기밀도(ρ)$= 1.293\text{kg/m}^3$
> 압력(P_0)$= 1{,}013\text{mbar} = 101{,}300\text{N/m}^2$

풀이

음속(C)$= \sqrt{\dfrac{KP_0}{\rho}}\ (\text{m/sec}) = \sqrt{\dfrac{1.402 \times 101{,}300}{1.293}} = 331.42\text{m/sec}$

必수문제

08 정상적인 청력을 갖고 있는 사람이 음을 구별할 수 있는 파장의 범위(m~m)를 구하시오. (단, 20℃, 1기압 기준)

풀이

정상적인 청력을 갖고 있는 가청음의 주파수 범위가 20~20,000Hz

- 주파수가 20Hz인 경우

$C = f \times \lambda$

$\lambda = \dfrac{C}{f} = \dfrac{331.42 + (0.6 \times 20℃)\text{m/sec}}{20(1/\text{sec})} = 17.17\text{m}$

- 주파수가 20,000Hz인 경우

$C = f \times \lambda$

$\lambda = \dfrac{C}{f} = \dfrac{331.42 + (0.6 \times 20℃)\text{m/sec}}{20{,}000(1/\text{sec})} = 0.017\text{m}\ (1.7\text{cm})$

범위 : 0.017m~17.17m

必수문제

09 25℃ 공기 중에서 음압진폭이 $22N/m^2$일 때 입자속도(m/sec)를 구하시오.

풀이

$$Z(\rho C) = \frac{P}{v}$$

$$v = \frac{P}{Z} = \frac{(22/\sqrt{2})}{400} = 0.04\text{m/sec}$$

必수문제

10 음압 실효치가 $5 \times 10^{-1}(N/m^2)$인 평면파의 음의 세기는 몇 W/m^2인가?(단, 고유음향 임피던스는 400rayls)

풀이

$$I = \frac{P^2}{\rho C} = \frac{(5 \times 10^{-1})^2}{400} = 0.000625\text{W/m}^2 (6.25 \times 10^{-4}\text{W/m}^2)$$

必수문제

11 음압의 피크치가 $3 \times 10^{-4}N/m^2$인 음의 세기(W/m^2)는?(단, $\rho C = 407N \cdot sec/m^3$)

풀이

$$I = \frac{P^2}{\rho C} = \frac{\left(\frac{3 \times 10^{-4}}{\sqrt{2}}\right)^2}{407} = 1.105 \times 10^{-10}\text{W/m}^2 \ \left(P_{rms} = \frac{P_{\max}}{\sqrt{2}} \ ; \max = \text{peak} = \text{진폭}\right)$$

必수문제

12 15℃ 공기 중에서 음압진폭이 $20N/m^2$일 때, 음의 세기(W/m^2)는 얼마인가?(단, 0℃ 공기의 밀도는 $1.293kg/m^3$)

풀이

$$I = \frac{\left(\frac{P_{\max}}{\sqrt{2}}\right)^2}{\rho C}$$

$$P_{\max} = 20\text{N/m}^2$$

$$C = 331.42 + (0.6 \times t℃) = 331.42 + (0.6 \times 15) = 340.42\text{m/sec}$$

$$\rho = 1.293 \times \frac{273}{(273 + t℃)} = 1.293 \times \frac{273}{273 + 15} = 1.226\text{kg/m}^3$$

$$= \frac{\left(\frac{20}{\sqrt{2}}\right)^2}{1.226 \times 340.42} = 0.48\text{W/m}^2$$

必수문제

13 **음압진폭이 2×10^{-2}N/m²일 때 음의 세기(W/m²)를 구하시오.(단, 공기밀도는 1.25kg/m³, 음속은 337m/sec)**

풀이

$$I=\frac{P^2}{\rho C}=\frac{\left(\frac{2\times10^{-2}}{\sqrt{2}}\right)^2}{1.25\times337}=4.74\times10^{-7}\mathrm{W/m^2}$$

必수문제

14 **20℃ 대기 중에 있는 강철에서 진동수 1,000Hz, 파장 3.44m인 음파가 발생하고 있다면, 이때의 음속은 대기일 때보다 약 몇 배나 빠른가?**

풀이

강철에서의 음속(C_1)

$C_1=f\times\lambda=1,000\times3.44=3,440\mathrm{m/sec}$

20℃ 대기에서의 음속(C_2)

$C_2=331.42+(0.6\times t℃)=331.42+(0.6\times20)=343.42\mathrm{m/sec}$

$\frac{C_1}{C_2}=\frac{3,440}{343.42}=10$배

必수문제

15 **소리의 세기가 10^{-12}W/m²이고, 공기의 임피던스가 400rayls일 때 음압(N/m²)은?**

풀이

$I=\frac{P^2}{\rho C}$

$P=\sqrt{\rho C\times I}=\sqrt{400\times10^{-12}}=0.00002\mathrm{N/m^2}\,(2\times10^{-5}\mathrm{N/m^2})$

必수문제

16 **음압이 20Pa이면 소리의 세기로 몇 W/m²인가?(단, 공기밀도는 1.2kg/m³, 음속은 340 m/sec이다.)**

풀이

$$I=\frac{P^2}{\rho C}=\frac{(20)^2}{1.2\times340}=0.98\mathrm{W/m^2}$$

必수문제

17 어떤 순음(Pure Tone)의 음압진폭이 $48N/m^2$이라면, 이 음의 음압실효치(rms)는 몇 N/m^2인가?

풀이

$$P_{rms} = \frac{P_{max}}{\sqrt{2}} = \frac{48}{\sqrt{2}} = 33.94\mathrm{N/m^2} \text{(진폭=max=Peak)}$$

必수문제

18 음향출력 10W인 점음원이 지면에 있을 때 10m 떨어진 지점에서의 음의 세기(W/m^2)는?

풀이

점음원이 반자유공간에 위치

$W = I \times S = I \times 2\pi r^2$

$$I = \frac{W}{2\pi r^2} = \frac{10}{2 \times 3.14 \times 10^2} = 0.0159\mathrm{W/m^2}$$

必수문제

19 어느 공장 바닥면 위에 점음원이 있다. 이 음원을 중심으로 반경 5m의 반구면상의 음의 세기가 $6 \times 10^{-4}W/m^2$일 때, 이 점음원의 음향출력(Acoustic Power)은 몇 Watt인가?

풀이

점음원이 반자유공간에 위치

$W = I \times S = I \times 2\pi r^2 = (6 \times 10^{-4}) \times (2 \times 3.14 \times 5^2) = 0.094\mathrm{Watt}$

必수문제

20 딱딱하고 평탄한 두 벽체가 수직으로 교차하는 곳에 0.55W의 소형 점음원이 있다. 이 음원으로부터 12m 떨어진 지점의 음의 세기(W/m^2)를 구하시오.

풀이

$W = I \times S$

$$I = \frac{W}{S} = \frac{W}{\pi r^2} = \frac{0.55}{3.14 \times (12)^2} = 0.00122\mathrm{W/m^2}$$

006 소음단위와 표현

(1) dB(DeciBel)

① 음압수준을 표시하는 한 방법으로 사용하는 단위로 dB로 표시하며 deci와 Bell의 합성어로 되어 있다.(deci는 10분의 1을 의미)

② dB이란 음의 전파방향에 수직한 단위면적을 단위시간에 통과하는 음의 세기량 또는 음의 압력량이며 소리(소음)의 크기를 나타내는 단위이다.

③ Weber－Fechner의 법칙에 의해 사람의 감각량(반응량)은 자극량(소리크기량)에 대수적으로 비례하여 변하는 것을 기본적인 이론으로 한다.

④ 사람이 들을 수 있는 음압은 2×10^{-5}~60N/m^2의 범위이며 이것을 dB로 표시하면 0~130dB이 된다.

(2) 음의 세기 레벨(SIL ; Sound Intensity Level)

기준음의 세기(I_0)에 대한 임의의 소리의 세기(I)가 그 몇 배인가를 대수로 표현한 값이다.

$$SIL = 10\log\left(\frac{I}{I_0}\right)(\text{dB})$$

여기서, I_0 : 정상청력을 가진 사람의 최소가청음의 세기(10^{-12}W/m^2)
I : 대상음의 세기(W/m^2)

(3) 음의 압력 레벨(SPL ; Sound Pressure Level)

① 음의 압력 레벨은 음압도, 음압수준의 용어와 같은 의미이다.

② 기준음압(P_0)을 기준치로 하여 임의의 소리의 음압(실효치)이 그 몇 배인가를 대수로 표현한 값이다.

$$SPL = 20\log\left(\frac{P}{P_0}\right)(\text{dB}) = 10\log\left(\frac{P}{P_0}\right)^2$$

여기서, P_0 : 정상청력을 가진 사람이 1,000Hz에서 가청할 수 있는 최소음압실효치
($2\times10^{-5}\text{N/m}^2 = 20\mu\text{Pa} = 0.00002\text{dyne/cm}^2$)
P : 대상음의 음압실효치(N/m^2)

(4) SIL과 SPL의 관계

SIL과 SPL은 $\rho C = 400$rayls일 경우 실용적으로 일치한다고 보고 SPL이 일반적으로 사용된다.

① 관계식

$$SIL = 10\log\left(\frac{I}{I_0}\right)\ (\text{dB}) \cdots\cdots (1)$$

$$I = P \times v = \frac{P^2}{\rho C}\ (\text{W/m}^2) \cdots\cdots (2)$$

(1)의 I에 (2)식을 대입하면

$$SIL = 10\log\left(\frac{P^2/\rho C}{I_0}\right)(\text{dB})$$

$\rho C = 400\text{rayls}$ $I_0 = 10^{-12}\text{W/m}^2$을 대입하면

$$SIL = 10\log\left(\frac{P^2/400}{10^{-12}}\right) = 10\log\left(\frac{P^2}{4\times10^{-10}}\right) = 10\log\left(\frac{P}{2\times10^{-5}}\right)^2$$

$$SIL = 20\log\left(\frac{P}{2\times10^{-5}}\right) = SPL$$

(5) 음향파워레벨(PWL ; Sound Power Level)

기준음의 파워(W_o)에 대한 임의의 소리의 파워(W)가 그 몇 배인가를 대수로 표현한 값이다.

$$PWL = 10\log\left(\frac{W}{W_0}\right)(\text{dB})$$

여기서, W_0 : 정상청력을 가진 사람의 최소가청음의 음향파워(10^{-12}W)
W : 대상음의 음향 파워(W)

(6) SPL과 PWL의 관계

SPL은 상대적인 특정위치에서 소음레벨이고, PWL은 측정대상의 총소음에너지를 의미한다.

① 관계식

$$PWL = 10\log\left(\frac{W}{W_0}\right)(\text{dB}) \cdots\cdots (1)$$

$$W = I \times S \cdots\cdots (2)$$

(1)식에 (2)식을 대입하면

$$PWL = 10\log\left(\frac{W}{W_0}\right) = 10\log\left(\frac{IS}{I_0 S_0}\right) = 10\log\frac{I}{I_0} + 10\log\frac{S}{S_0}$$

여기서, S : 구의 표면적(m^2)
S_0 : 기준 면적($1m^2$)

$$PWL = 10\log\left(\frac{I}{10^{-12}}\right) + 10\log S$$

$$PWL = SIL(SPL) + 10\log S$$

② 음원이 점음원

㉠ 음원이 자유공간(공중, 구면파 전파)에 위치할 때

$$\begin{aligned} SPL &= PWL - 10\log S \\ &= PWL - 10\log(4\pi r^2) \\ &= PWL - 20\log r - 11(\text{dB}) \end{aligned}$$

㉡ 음원이 반자유공간(바닥, 천장, 벽, 반구면파 전파)에 위치할 때

$$\begin{aligned} SPL &= PWL - 10\log S \\ &= PWL - 10\log(2\pi r^2) \\ &= PWL - 20\log r - 8(\text{dB}) \end{aligned}$$

③ 음원이 선음원

㉠ 음원이 자유공간(공중, 구면파 전파)에 위치할 때

$$\begin{aligned} SPL &= PWL - 10\log S \\ &= PWL - 10\log(2\pi r) \\ &= PWL - 10\log r - 8(\text{dB}) \end{aligned}$$

㉡ 음원이 반자유공간(바닥, 천장, 벽, 반구면파 전파)에 위치할 때

$$\begin{aligned} SPL &= PWL - 10\log S \\ &= PWL - 10\log(\pi r) \\ &= PWL - 10\log r - 5(\text{dB}) \end{aligned}$$

(7) 음의 크기 레벨(LL ; Loudness Level)

① 어떤 음을 귀로 들어 1,000Hz 순음의 크기와 평균적으로 같은 크기로 느껴질 때, 그 어떤 음의 크기를 1,000Hz 순음의 음세기레벨(음압레벨)로 나타낸 것이 음의 크기 레벨이다. 즉, 1,000Hz 순음을 기준으로 그 감각레벨과 같은 크기로 들리는 다른 주파수 순음의 감각레벨을 Loudness Level이라 한다.

② 40phon 곡선 1,000Hz의 40dB 소리와 같은 크기로 들리는 각주파수의 음연결을 말하며 단위는 phon으로 음의 크기를 나타낸다.

③ 1,000Hz를 기준으로 해서 나타난 dB을 phon이라 한다.

④ dB과 phon의 관계는 주파수에 따라 달라지나, 1,000Hz를 기준으로 해서 나타난 1dB을 1phon이라고 한다.

⑤ phon의 수치는 음의 크기의 대소관계를 나타낼 수 있지만 심리량으로서의 합, 비의 관계를 나타낼 수는 없다.

⑥ 음의 물리적 강약은 음압에 따라 변하지만, 사람의 귀로 듣는 음의 감각적 강약은 음압뿐만 아니라 주파수에 따라서도 변한다.

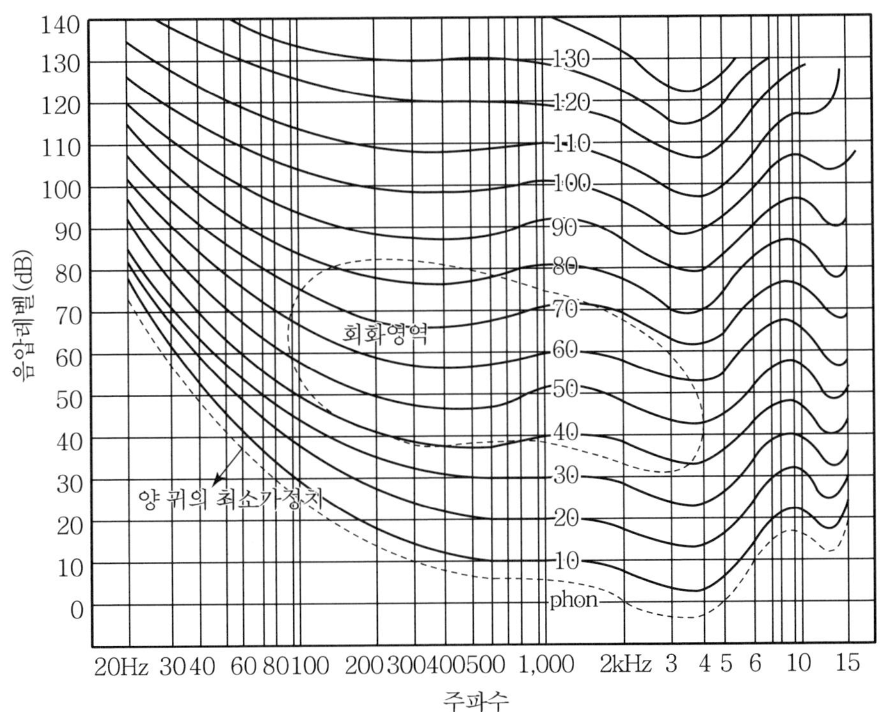

[등청감곡선]

(8) 음의 크기(Sone : Loudness)

① 1,000Hz 순음의 음의 세기 레벨 40dB의 음 크기를 1sone이라 한다.

② 1,000Hz 순음 40phon을 1sone이라 한다.

③ sone은 소음의 감각량을 나타내는 단위이다. 즉, sone 값이 2배, 3배로 증가하면 감각량의 크기도 2배, 3배로 증가한다.

④ 음의 크기를 결정할 때는 18~25세의 연령군을 대상으로 하며, 1,000Hz를 중심으로 시험한다. 청감은 4,000Hz 부근에서 가장 민감하게 나타난다.

⑤ phon과 sone의 관계식

$$S = 2^{\frac{(L_L - 40)}{10}} \quad \text{(sone)}$$

$$L_L = 33.3 \log S + 40 \quad \text{(phon)}$$

(9) 소음레벨(SL ; Sound Level)

① 어떤 음에 대한 소음계의 지시값이 소음레벨이다. 즉, 소음계의 청감보정회로 A, B, C, D 등을 통하여 측정한 값을 말한다.

② 소음계에는 청감보정회로가 내장되어 있는데(주로 A청감보정회로를 이용하여 계측) A청감보정회로를 통하여 측정한 레벨로서 단위는 dB(A)로 표시한다.

③ 소음레벨은 감각량을 나타내며 단위는 국제적으로 dB(A)이 사용되고 있다.

④ 관계식

$$\text{소음레벨}(SL) = SPL + \text{보정치(A)} \quad \text{[dB(A)]}$$

⑤ 보정치는 감각적인 음의 크기를 나타내는 phon의 크기에 따라 구분된다.

(10) 등청감곡선(Equal Loudness Curve)

① 1,000Hz 순음의 음압레벨과 같은 크기의 소리로 들리는 각 주파수별 음압수준을 실험적으로 나타낸 곡선이다. 즉, 정상청력을 가진 젊은 사람을 대상으로 한 주파수로 구성된 음에 대하여 느끼는 소리의 크기 (Loudness)를 실험한 곡선이 등청감곡선이다.

② 어떤 소리를 들었을 때 감각적으로 느껴지는 강약은 음압뿐만 아니라 주파수에 따라 다르다. 즉, 가청주파수 20~20,000Hz 범위에서 1kHz를 기준으로 각 주파수별 동일한 크기의 음을 이은 곡선이다.(60phon이라 함은 등청감곡선에서 1kHz인 순음의 음압레벨이 60dB이라는 것을 말한다.)

③ 청감은 4,000Hz 부근에서 가장 민감하고 저주파음에서 둔감하다.

④ 등청감곡선은 1kHz를 기준으로 상대적인 높낮이를 나타낸다.

⑤ 사람이 느끼는 크기는 음의 주파수에 따라 다르며, 동일한 크기를 느끼기 위해서 저주파음에서는 고주파음보다 높은 압력수준이 요구된다.

(11) 청감보정회로(Weighting Network)

① 등청감곡선에 가까운 보정회로를 의미하며 주파수보정회로라고도 한다.
② 소음계의 마이크로폰으로부터 지시계기까지의 종합주파수 특성을 청감에 근사시키기 위한 전기회로의 형식이다.
③ 어떤 음의 감각적인 크기레벨을 측정하기 위해 등청감곡선을 역으로 한 보정회로를 소음계에 내장시켜 근사적인 음의 크기레벨을 측정한다.
④ 실제의 소음계에는 40, 70, 85phon의 등청감곡선에 유사한 감도를 나타내도록 주파수 보정이 되어 있는데, 이것을 각각 순서대로 A, B, C 특성이라 부르며 소음측정은 원칙적으로 A특성을 사용한다.
⑤ 청감보정 A특성 : 40phon 등청감곡선[dB(A)]
청감보정 B특성 : 70phon 등청감곡선[dB(B)]
청감보정 C특성 : 85phon 등청감곡선[dB(C)]
㉠ A : 청감보정회로(A특성)
ⓐ 저음압레벨에 대한 청감음압을 나타낸다. 즉, 저음역대 신호를 많이 보정한 특징이 있다.
ⓑ 저주파음을 크게 낮추는 특성이 있다.
ⓒ 인간의 주관적 반응과 잘 맞아 가장 많이 이용된다.(사람의 청감에 맞춘 것으로 순차적으로 40phon 등청감곡선과 비슷하게 주파수에 따른 반응을 보정하여 측정한 음압수준을 말한다.)
ⓓ 환경오염공정시험기준에서 채용되고 있다.
ⓔ 주관적인 감각량과 좋은 상관관계를 보이고 있어 각종 소음평가기법의 기초척도가 된다.
㉡ B : 청감보정회로(B특성)
ⓐ 중음압레벨에 대한 청감음압을 나타낸다. 즉, 중음역대 신호보정에 이용되나 거의 사용하지는 않는다.
ⓑ Fletcher와 Munson의 등청감곡선의 70phon의 역특성을 채용하고 있고 미국에서는 60phon 또는 70phon 곡선의 특성을 채용하고 있는데 실용적으로는 잘 사용하고 있지 않다.
㉢ C : 청감보정회로(C특성)
ⓐ 실제적인 물리적인 음에 가까운 85phon의 등청감곡선과 비슷하게 보정하여 측정한 값이다.
ⓑ 주파수 변화에 따라 크게 변하지 않는다. 즉, 주파수 변화에 따라 상대응답도가

크게 변하지 않는다.

ⓒ 신호보정영역은 중음역이다.

ⓓ 전주파영역에서 거의 평탄한 주파수 특성이므로 주파수 분석(소음의 물리적 특성 파악), 소음등급파악을 할 때 사용하며 음압레벨과 근사한 값을 갖는다.

㉣ D : 청감보정회로(D특성)

ⓐ 소음의 시끄러움을 평가하기 위한 방법인 PNL을 근사적으로 측정하기 위한 것으로 주로 항공기소음평가를 위한 기초 척도로 사용된다.

ⓑ A특성회로처럼 저주파에너지를 많이 제거시키지 않으며 1,000~12,000Hz 범위의 고주파 음에너지를 보충시킨다.

ⓒ D특성으로 측정한 레벨은 A특성으로 측정한 레벨보다 항상 크다.

⑥ 소음계의 청감보정회로를 A 및 C에 넣고 측정한 소음레벨이 dB(A) 및 dB(C)라 할 때, 그 결과치가 dB(A) ≪ dB(C)일 경우 이 음은 저음성분(저주파음)이 많고, dB(A) = dB(C)일 경우 이 음은 고음성분(고주파음)이 주성분이다. 예를 들어 청감보정회로에서 어떤 특정소음을 A 및 C특성으로 측정한 결과, 측정치가 거의 같다면 그 소음에는 저주파음이 거의 포함되어 있지 않다고 볼 수 있다.

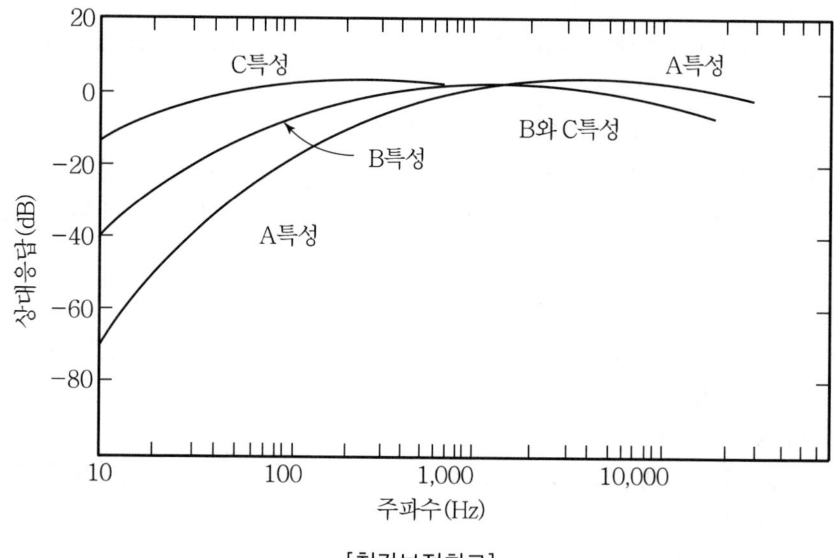

[청감보정회로]

[A특성 청감보정량(1/1 Octave Band)]

중심주파수 (Hz)	31.5	63	125	250	500	1,000	2,000	4,000	8,000
보정량(dB)	−39.4	−26.2	−16.1	−8.6	−3.2	0	+1.2	+1.0	−1.1

(12) 주파수 분석(Frequency analysis)

① 개요

소음의 방지책을 강구하는 경우나 청력손실, 청취방해 등의 영향을 알아야 할 경우에 소음레벨의 측정데이터만으로는 불충분하고 주파수 구성을 아는 것도 필요하다. 소음레벨 측정 시 대책음의 성분이 순음이 아니고 복합음으로 존재하기 때문에 이 복합음을 성분주파수별로 분석해야 하는데, 이를 주파수 분석이라 한다.

② 주파수 분석기(Frequency Filter)

㉠ 주파수 분석기에는 전기적으로 어느 특정 주파수 대역의 소음 혹은 진동을 통과시키는 필터가 내장되어, 소음의 특성(스펙트라)을 분석하여 방지기술에 활용하는 필수적인 장비이다.

㉡ 주파수 분석기에서 대역필터가 병렬로 된 것을 사용할 경우에는 모든 대역의 음압레벨을 동시에, 즉 실시간 분석할 수 있으며 대역필터가 직렬로 된 것은 일정소음 외에는 분석하기 어려운 단점이 있다.

㉢ 상한 및 하한 주파수의 관계에 따라 정비형과 정폭형이 있다.

ⓐ 정비형

대역(Band)의 하한 및 상한 주파수를 f_L 및 f_u라 할 때 어떤 대역에서도 f_u/f_L의 비가 일정한 필터이다.

$$\frac{f_u}{f_L} = 2^n$$

여기서, $n=1/1$이면 1/1 옥타브 밴드
$n=1/3$이면 1/3 옥타브 밴드

차단주파수는 하한 주파수와 상한 주파수의 범위를 의미한다.

구분	1/1 옥타브 밴드 분석기	1/3 옥타브 밴드 분석기
기본식	$f_u/f_L = 2^{\frac{1}{1}}$, $f_u = 2f_L$	$f_u/f_L = 2^{\frac{1}{3}}$, $f_u = 1.26f_L$
중심주파수 (f_c)	$f_c = \sqrt{f_L \cdot f_u} = \sqrt{f_L \cdot 2f_L}$ $= \sqrt{2}\,f_L$	$f_c = \sqrt{f_L \cdot f_u} = \sqrt{f_L \cdot 1.26f_L}$ $= \sqrt{1.26}\,f_L$
밴드 폭 (bw)	$bw = f_c\left(2^{\frac{n}{2}} - 2^{-\frac{n}{2}}\right) = f_c\left(2^{\frac{1}{2}} - 2^{-\frac{1}{2}}\right)$ $= 0.707f_c$	$bw = f_c\left(2^{\frac{n}{2}} - 2^{-\frac{n}{2}}\right) = f_c\left(2^{\frac{1/3}{2}} - 2^{-\frac{1/3}{2}}\right)$ $= 0.232f_c$

%밴드 폭 (%bw)	$\%bw = \frac{bw}{f_c} \times 100(\%)$ $= \left(2^{\frac{n}{2}} - 2^{-\frac{n}{2}}\right) = \left(2^{\frac{1}{2}} - 2^{-\frac{1}{2}}\right)$ $= 0.707 \times 100 = 70.7\%$ 하한 주파수 f_L의 2배 정도인 상한 주파수 f_u의 주파수 대역은 약 70%의 중심 주파수 대역폭	$\%bw = \frac{bw}{f_c} \times 100(\%)$ $= \left(2^{\frac{n}{2}} - 2^{-\frac{n}{2}}\right) = \left(2^{\frac{1/3}{2}} - 2^{-\frac{1/3}{2}}\right)$ $= 0.232 \times 100 = 23.2\%$ 하한 주파수 f_L의 1.25배 정도인 상한 주파수 f_u의 주파수 대역은 약 23%의 중심 주파수 대역폭

ⓑ 정폭형

각 대역의 밴드 폭(bw)이 일정한 필터, 즉 $bw = f_u - f_L$이 일정한 필터이다.

Reference 필터(Filter)

(1) 필터의 역할

① 음의 구성을 결정하기 위하여 각각의 개별주파수에서 음레벨을 결정하는 것이 필요하다.

② 음신호는 단지 하나의 주파수 또는 좁은 주파수 대역만을 통과 허용하는 필터를 통과하여 분석된 신호의 진폭은 그때의 특정 주파수에서 음레벨의 측정치다.

③ 옥타브필터(Octave Bandpass Filter)는 소음을 옥타브 밴드를 사용하여 분석하기 위해 해당 주파수 대역별로 소음신호를 필터링할 때 사용하는 필터를 말한다.

(2) 필터의 형태와 주파수 스케일

① 일정 대역폭 필터(Constant Bandwidth Filter) : 정폭형

㉠ 필터의 중심 주파수와 독립된 일정한 대역폭을 가진다.

㉡ 주파수축이 선형이므로 축상의 어디에서나 같은 폭을 가진다.

㉢ 회전 기계나 구조물 진동 해석, 하모닉 분석 등에 사용된다.

② 일정 백분율 대역폭 필터(Constant Percentage Bandwidth Filter) : 정비형

㉠ 대역폭 주파수와 중심 주파수 간에 일정 비율을 가진다.(중심 주파수가 커질수록 대역폭이 커짐)

㉡ 주파수축이 로그 스케일이다.

㉢ 음향 신호와 같은 광대역 신호의 주파수 분석에 사용된다.

㉣ 1/1 옥타브, 1/3 옥타브 필터 등이 있다.

③ 필터의 종류

㉠ 저대역 통과 필터 : 일정 주파수 이하의 주파수만 통과 허용

㉡ 고대역 통과 필터 : 일정 주파수 이상의 주파수만 통과 허용

㉢ 밴드 통과 필터 : 일정 대역폭 $B = f_2 - f_1$ 내에 있는 주파수만 통과 허용

㉣ 밴드 제거 필터 : 일정 대역폭 $B = f_2 - f_1$ 내에 있는 주파수만 제외하고 통과 허용

(13) 백색잡음 및 적색잡음

① 백색잡음(White Noise)

㉠ 연속스펙트라를 갖는 잡음으로 단위주파수 대역(1Hz)에 포함되는 성분의 강도가 주파수에 무관하게 일정한 성질을 갖는 잡음, 즉 단위주파수에서 음압레벨(음세기)이 일정한 음이다.

㉡ 고음역대로 갈수록 에너지 밀도가 높다.

㉢ 인간이 들을 수 있는 모든 소리를 혼합하면 주파수, 진폭, 위상이 균일하게 끊임없이 변하는 완전 랜덤 파형을 형성하며 이를 백색잡음이라 한다.

㉣ 보통 저음역과 주음역대의 음량이 상대적으로 고음역대의 음량보다 높아 인간의 청각면에서는 적색잡음이 백색잡음보다 모든 주파수대에 동일 음량으로 들린다.

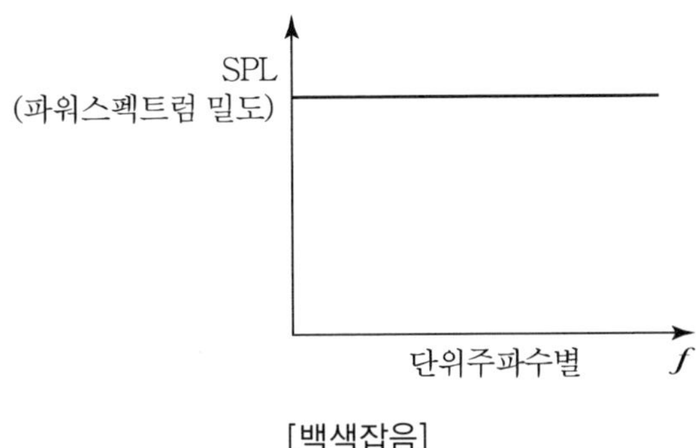

[백색잡음]

② 적색잡음(Pink Noise)

㉠ 연속스펙트라를 갖는 잡음으로 단위주파수 대역(1Hz)에 포함되는 성분의 강도가 주파수에 반비례하는 성질을 갖는 잡음, 즉 옥타브밴드 중심주파수별 음압레벨이 일정한 음이다.

㉡ 옥타브당 일정한 에너지를 갖는다.

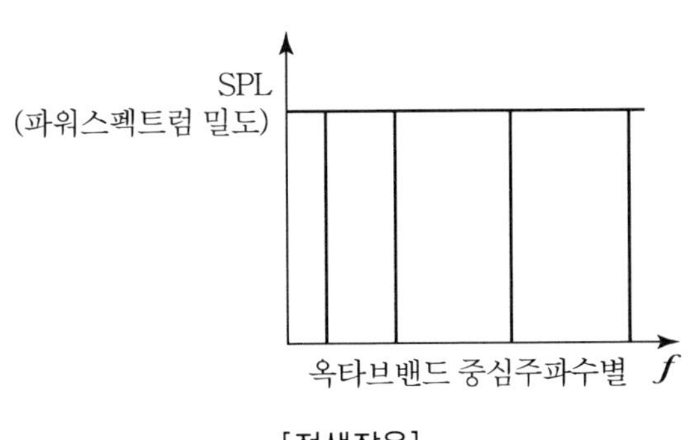

[적색잡음]

Reference 파형과 주파수

(1) 소리는 하나의 순음성분으로 구성될 수 있으나 대부분 다른 주파수와 진폭의 여러 가지 음색으로 구성된다.
(2) 하나의 소리(음)신호는 시간 t의 함수로써 파형으로 표시되거나 주파수 스펙트럼(또는 스펙트로그램)으로 표현한다.
(3) 주파수 스펙트럼에서 하나의 선은 특정 주파수에서 소리의 진폭이다.
(4) 전형적인 소리와 소음(음)신호
  ① 반복신호
  일정시간 간격으로 신호는 반복되고 주파수 스펙트럼은 하나의 음색을 나타낸다.
  (예 : 기계에서 발생되는 음)
  ② 랜덤신호
  임의의 진폭이고 시간에 따라 신호가 반복되지 않으므로 주파수 스펙트럼은 넓은 주파수 대역에서 에너지를 나타낸다.
  ③ 충격신호
  넓은 주파수 대역에서 에너지를 나타낸다.

必수문제

01 측정된 음압의 실효치가 30(N/m²)인 정현파의 음압레벨(dB)은?

풀이

$$SPL = 20\log\frac{P}{P_0} = 20\log\frac{30}{2\times 10^{-5}} = 123.5\text{dB}$$

必수문제

02 음원부터 방출되는 음원의 파워레벨(Power Level)이 80dB이었다면 음향파워(Watt)는?

풀이

$$PWL = 10\log\frac{W}{10^{-12}}$$

$$80 = 10\log\frac{W}{10^{-12}}$$

$$10^8 = \frac{W}{10^{-12}}$$

$$W = 10^8 \times 10^{-12} = 10^{-4}\text{Watt}$$

必수문제

03 어떤 장소에서 음을 측정한 결과 음의 세기레벨이 79dB이었다. 이 점에서의 음의 세기(W/m^2)는 대략 얼마인가?

풀이

$$SIL = 10\log\frac{I}{I_0} = 10\log\frac{I}{10^{-12}}$$

$$79 = 10\log\frac{I}{10^{-12}}$$

$$I = 10^{7.9}\times 10^{-12} = 0.000079\ (7.9\times 10^{-5})\text{W/m}^2$$

必수문제

04 무지향성 음원이 있다. 음의 세기를 2배로 하면 음세기레벨은 어떻게 되는가?

풀이

$$SIL = 10\log\frac{I}{I_0}$$

I가 $2I$로 되고 I_0는 동일하므로

$$\frac{SIL_2}{SIL_1} = \frac{10\log\left(\frac{2I}{I_0}\right)}{10\log\left(\frac{I}{I_0}\right)} = 10\log 2 = 3\text{dB}\ (\text{증가한다.})$$

必수문제

05 음의 세기레벨이 80dB에서 83dB로 증가되려면 음의 세기는 몇 %가 증가되어야 하는가?

풀이

$$SIL = 10\log\frac{I}{I_0}$$

$$80 = 10\log\frac{I_1}{10^{-12}},\ \ I_1 = 10^{8}\times 10^{-12} = 1\times 10^{-4}\text{W/m}^2$$

$$83 = 10\log\frac{I_2}{10^{-12}},\ \ I_2 = 10^{8.3}\times 10^{-12} = 1.995\times 10^{-4}\text{W/m}^2$$

$$\text{증가율}(\%) = \frac{I_2 - I_1}{I_1} = \frac{1.995\times 10^{-4} - 1\times 10^{-4}}{1\times 10^{-4}}\times 100 = 99.53\%$$

06 정상청력을 가진 사람의 가청음압범위가 2×10^{-5}~60N/m^2일 때 이것을 음압레벨로 표시하면?

풀이

- 가청음압이 $2\times10^{-5}\text{N/m}^2$일 경우

$$SPL = 20\log\frac{P}{2\times10^{-5}} = 20\log\frac{2\times10^{-5}}{2\times10^{-5}} = 0\text{dB}$$

- 가청음압이 60N/m^2일 경우

$$SPL = 20\log\frac{P}{2\times10^{-5}} = 20\log\frac{60}{2\times10^{-5}} = 129.4\text{dB}$$

07 어떤 점의 음압도가 79dB일 때 이 점의 음압실효치는 몇 N/m^2이 되겠는가?

풀이

$$SPL = 20\log\frac{P}{P_0}\,(\text{dB})$$

$$79 = 20\log\frac{P}{2\times10^{-5}}$$

$$P = 10^{\frac{79}{20}}\times(2\times10^{-5}) = 0.178\text{N/m}^2$$

必 수문제

08 공기밀도 및 음속이 1.18kg/m^3, 340m/sec이고 공기 중의 피크 입자속도가 5.58×10^{-3} m/sec일 때 SPL(dB)은?

풀이

$$SPL = 20\log\frac{P}{P_0}$$

$$P = v\cdot\rho C = \frac{(5.58\times10^{-3})}{\sqrt{2}}\times(1.18\times340) = 1.58\text{N/m}^2$$

$$= 20\log\frac{1.58}{2\times10^{-5}} = 98\text{dB}$$

必수문제

09 공기 중에서 입자속도의 실효치가 8×10^{-3}m/sec일 때 음압레벨(dB)은?(단, 공기밀도는 1.2kg/m³, 음속은 340m/sec)

풀이

$$SPL=20\log\frac{P}{P_0}$$

$$P=v\cdot\rho C=(8\times10^{-3})\times(1.2\times340)=3.264\text{N/m}^2$$

$$=20\log\frac{3.264}{2\times10^{-5}}=104.25\text{dB}$$

必수문제

10 소리의 세기가 10^{-8}W/m²이고 공기의 임피던스가 450rayls이다. 이때의 음압레벨(dB)은?

풀이

$$SPL=20\log\frac{P}{P_0}$$

$$P=\sqrt{\rho C\times I}=\sqrt{450\times10^{-8}}=2.1\times10^{-3}\text{N/m}^2$$

$$=20\log\frac{2.1\times10^{-3}}{2\times10^{-5}}=40.4\text{dB}$$

必수문제

11 음압이 10배로 증가하면 음압레벨은 몇 dB 증가하는가?

풀이

$SPL=20\log\left(\frac{P}{P_0}\right)$에서 P가 $10P$로 되어도 P_0는 동일하므로

$$SPL=\frac{20\log\left(\frac{10P}{P_0}\right)}{20\log\left(\frac{P}{P_0}\right)}=20\log10=20\text{dB (증가한다.)}$$

必수문제

12 음압진폭이 20Pa인 정현음파의 파형이 있다. 이 음파의 SPL은 몇 dB인가?

풀이

$$SPL = 20\log\frac{P}{P_0}$$

$$P_{rms} = \frac{P_{\max}}{\sqrt{2}} = \frac{20}{\sqrt{2}} = 14.14\mathrm{N/m^2(Pa)}$$

$$= 20\log\frac{14.14}{2\times10^{-5}} = 116.9\mathrm{dB}$$

必수문제

13 음향출력이 6.25×10^{-3}Watt일 때, 음향파워레벨(PWL)은?

풀이

$$PWL = 10\log\frac{W}{W_0} = 10\log\frac{6.25\times10^{-3}}{10^{-12}} = 97.9\mathrm{dB}$$

必수문제

14 PWL이 90dB일 때 음향출력(Watt)은?

풀이

$$PWL = 10\log\frac{W}{W_0}$$

$$90 = 10\log\frac{W}{10^{-12}}$$

$$W = 10^9\times10^{-12} = 0.001\mathrm{Watt}$$

必수문제

15 두 음원의 출력 Watt 비가 1 : 100일 때 두 음원의 Power Level의 차(dB)는?

풀이

출력이 1Watt일 때 $PWL_1 = 10\log\frac{W_1}{10^{-12}} = 10\log\frac{1}{10^{-12}} = 120\mathrm{dB}$

출력이 100Watt일 때 $PWL_2 = 10\log\frac{W_2}{10^{-12}} = 10\log\frac{100}{10^{-12}} = 140\mathrm{dB}$

$PWL_2 - PWL_1 = 140 - 120 = 20\mathrm{dB}$

必 수문제

16 발전용 터빈의 음향파워레벨은 140dB인데 이것은 전기자동차에 비해 음향파워레벨이 80dB이나 높다고 한다. 이때 발전용 터빈의 음향파워는 전기자동차 음향파워의 몇 배인가?

풀이

• 터빈의 음향파워(W_1)

$$PWL_1 = 10\log\frac{W_1}{10^{-12}},\quad 140 = 10\log\frac{W_1}{10^{-12}},\quad W_1 = 10^{14}\times10^{-12} = 10^2\text{Watt}$$

• 전기자동차의 음향파워(W_2)

$$PWL_2 = 10\log\frac{W_2}{10^{-12}},\quad 140-80 = 10\log\frac{W_2}{10^{-12}},\quad W_2 = 10^{6}\times10^{-12} = 10^{-6}\text{Watt}$$

$$\therefore \frac{W_1}{W_2} = \frac{10^2}{10^{-6}} = 10^8\text{배}$$

必 수문제

17 출력이 0.1Watt인 작은 점음원으로부터 100m 떨어진 지점에서의 SPL(dB)은?(단, 무지향성, 자유공간에 있는 것으로 가정)

풀이

점음원이 자유공간에 위치

$SPL = PWL - 20\log r - 11(\text{dB})$

$$PWL = 10\log\frac{W}{10^{-12}} = 10\log\frac{0.1}{10^{-12}} = 110\text{dB}$$

$r = 100\text{m}$

$= 110 - 20\log100 - 11 = 59\text{dB}$

必 수문제

18 면적이 10m²인 창문을 음압레벨이 120dB인 음파가 통과할 때, 이 창을 통과한 음파의 음향파워(W)는?

풀이

$SPL = PWL - 10\log S(\text{dB})$

$PWL = SPL + 10\log S$

$SPL = 120\text{dB},\ S = 10\text{m}^2$

$= 120 + 10\log10 = 130\text{dB}$

$$PWL = 10\log\frac{W}{10^{-12}},\quad 130 = 10\log\frac{W}{10^{-12}}$$

$W = 10^{13}\times10^{-12} = 10\text{Watt}$

必수문제

19 **무한히 넓은 콘크리트 바닥 위에 18W의 소음원이 설치되어 있다. 소음원으로부터 25m 떨어진 위치에서의 음압레벨은?**

풀이

점음원이 반자유공간에 위치

$SPL = PWL - 20\log r - 8$ (dB)

$$PWL = 10\log\frac{W}{10^{-12}} = 10\log\frac{18}{10^{-12}} = 132.5\text{dB}$$

$r = 25\text{m}$

$= 132.5 - 20\log 25 - 8 = 96.6\text{dB}$

必수문제

20 **그림과 같이 넓고 편평한 면 위에 있는 무지향성의 작은 점음원으로부터 8m 떨어진 지점에서의 음압레벨을 측정하였더니 80dB이었다. 이 음원의 파워레벨(dB)은?**

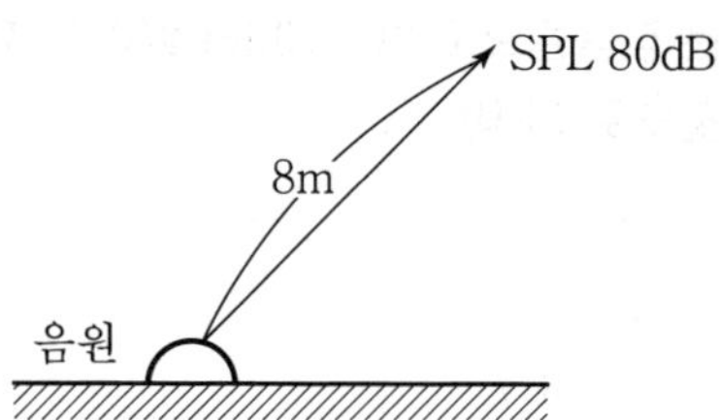

풀이

점음원이 반자유공간에 위치

$PWL = SPL + 20\log r + 8(\text{dB}) = 80 + 20\log 8 + 8 = 106.1\text{dB}$

必수문제

21 **굳고 단단한 넓은 평야지대를 기차가 달리고 있다. 철로와 주변 지대는 완전한 평면이며, 철로 중심으로부터 20m 떨어진 곳에서의 음압레벨이 70dB이었다면 이 음원의 음향파워레벨(dB)은?(단, 음파가 전파되는 데 방해되는 것은 없다고 가정)**

풀이

선음원이 반자유공간에 위치

$PWL = SPL + 10\log r + 5 = 70 + 10\log 20 + 5 = 88\text{dB}$

必수문제

22 **분당 회전속도가 1,000회이고 정격마력이 10HP인 소형전동기가 장애물이 없는 지면 위에서 가동 중에 있다. 전동기로부터 10m 떨어진 지점에서의 음압레벨(dB)은?(단, 전동기의 PWL 예측식은 다음과 같다고 가정함)**

$$PWL = 20\log(\mathrm{HP}) + 15\log(\mathrm{rpm}) + 13$$

풀이

점음원이 반자유공간에 위치

$SPL = PWL - 20\log r - 8(\mathrm{dB})$

$PWL = 20\log(\mathrm{HP}) + 15\log(\mathrm{rpm}) + 13$

$= 20\log 10 + 15\log 1{,}000 + 13 = 78\mathrm{dB}$

$r = 10\mathrm{m}$

$= 78 - 20\log 10 - 8 = 50\mathrm{dB}$

必수문제

23 **반자유공간에 있는 어떤 기계의 음향 Power를 측정하기 위해서 기계를 중심으로 반경 1m의 가상적인 반구면 위의 몇 개 위치에서 음압도를 측정한 결과 평균 80dB로 나타났다. 이 기계의 음향 Power(Watt)는?**

풀이

점음원이 반자유공간에 위치

$PWL = SPL + 20\log r + 8(\mathrm{dB})$

$SPL = 80\mathrm{dB}$

$r = 1\mathrm{m}$

$= 80 + 20\log 1 + 8 = 88\mathrm{dB}$

$PWL = 10\log\dfrac{W}{10^{-12}}$

$88 = 10\log\dfrac{W}{10^{-12}}$

$W = 10^{8.8} \times 10^{-12} = 0.0006309\ (6.31 \times 10^{-4})\mathrm{Watt}$

24 Power Level이 91dB인 A점음원(무지향성)이 지면에 놓여 있고 이로부터 10m 떨어진 곳에 위치한 B점음원의 음압 Level이 65dB로 측정되었다. B음원이 있는 지점에서 A음원과 B음원의 음압 Level 합계는?

풀이

- A점음원의 SPL_1(점음원이 반자유공간에 위치)

  $SPL_1 = PWL - 20\log r - 8 = 91 - 20\log 10 - 8 = 63\text{dB}$
- B점음원의 SPL_2

  $SPL_2 = 65\text{dB}$

음압 Level의 합계$(L_p) = 10\log\left(10^{\frac{n_1}{10}} + 10^{\frac{n_2}{10}}\right) = 10\log(10^{6.3} + 10^{6.5}) = 67.1\text{dB}$

25 46phon과 같은 크기를 갖는 음은 몇 sone인가?

풀이

$S(\text{sone}) = 2^{\frac{(L_L - 40)}{10}} = 2^{\frac{(46-40)}{10}} = 1.52\text{sone}$

必수문제

26 100sones인 음은 몇 phon인가?

풀이

$L_L = 33.3\log S + 40(\text{phon}) = (33.3 \times \log 100) + 40 = 106.6\text{phon}$

必수문제

27 정상청력을 가진 사람에게 20phon과 40phon 음을 폭로시켰을 때 후자는 전자보다 몇 배 시끄럽게 느끼겠는가?

풀이

phon은 대소관계만 나타낼 수 있으므로 합 · 비의 관계로 변환하여 비교한다.

- 20phon

  $S = 2^{\frac{(L_L - 40)}{10}} = 2^{\frac{(20-40)}{10}} = 0.25\text{sone}$
- 40phon

  $S = 2^{\frac{40-40}{10}} = 1\text{sone}$

40phon(1sone)이 20phon(0.25sone)보다 4배 더 시끄럽다.

必수문제

28 40phon의 소리와 60phon의 소리를 합치면 몇 sone의 크기로 들리는가?

풀이

- 40phon

$S=2^{\frac{40-40}{10}}=1\text{sone}$

- 60phon

$S=2^{\frac{60-40}{10}}=4\text{sone}$

sone은 합 · 비의 관계를 나타낼 수 있으므로 $1\text{sone}+4\text{sone}=5\text{sone}$

必수문제

29 1/1 옥타브 밴드 분석기에서 중심주파수가 500Hz일 때 주파수 밴드 폭은 몇 Hz인가?

풀이

밴드 폭$(bw)=f_c\times\left(2^{\frac{n}{2}}-2^{-\frac{n}{2}}\right)=f_c\times\left(2^{\frac{1}{2}}-2^{-\frac{1}{2}}\right)=0.707f_c=0.707\times500=353.5\text{Hz}$

必수문제

30 1/1 옥타브 대역의 하한 및 상한 주파수가 각각 355Hz, 710Hz라면 중심주파수(Hz)는?

풀이

중심주파수$(f_c)=\sqrt{f_L\times f_u}=\sqrt{355\times710}=502.0\text{Hz}$

必수문제

31 중심주파수가 2,500Hz인 경우 차단 주파수(하한~상한)를 구하시오.[단, 1/3 옥타브 필터(정비형) 기준]

풀이

f_c(중심 주파수)$=\sqrt{1.26}\,f_L$

f_L(하한 주파수)$=\dfrac{f_c}{\sqrt{1.26}}=\dfrac{2{,}500}{\sqrt{1.26}}=2{,}227.2\text{Hz}$

f_c(중심 주파수)$=\sqrt{f_L\times f_u}$

f_u(상한 주파수)$=\dfrac{{f_c}^2}{f_L}=\dfrac{(2{,}500)^2}{2{,}227.2}=2{,}806.2\text{Hz}$

차단 주파수는 하한 주파수와 상한 주파수의 범위를 의미하므로 2,227.2Hz~2,806.2Hz

SECTION ENGINEER NOISE & VIBRATION

007 소음 · 진동 측정 대상

(1) 환경소음 측정 대상

① 지역 대상 구분

㉠ 일반지역

ⓐ '가' 지역 : 도시지역 중 녹지지역, 관리지역 중 보전관리지역, 농림지역 중 보전관리지역, 주거지역 중 전용주거지역

ⓑ '나' 지역 : 관리지역 중 생산관리지역, 주거지역 중 일반주거지역 및 준주거지역

ⓒ '다' 지역 : 도시지역 중 상업지역, 관리지역 중 계획관리지역, 공업지역 중 준공업지역

ⓓ '라' 지역 : 공업지역 중 일반공업지역 및 전용공업지역

㉡ 도로변지역

ⓐ '가' 및 '나' 지역 : 도시지역 중 녹지지역, 관리지역 중 보전관리지역, 농림지역 중 보전관리지역, 주거지역 중 전용주거지역, 「의료법」에 따른 종합병원의 부지경계로부터 50미터 이내의 지역, 「초 · 중등교육법」 및 「고등교육법」에 따른 학교의 부지경계로부터 50미터 이내의 지역, 「도서관법」에 따른 공공도서관의 부지경계로부터 50미터 이내의 지역, 관리지역 중 생산관리지역, 주거지역 중 일반주거지역 및 준주거지역

ⓑ '다' 지역 : 도시지역 중 상업지역, 관리지역 중 계획관리지역, 공업지역 중 준공업지역

ⓒ '라' 지역 : 공업지역 중 일반공업지역 및 전용공업지역

② 환경기준

지역구분	적용대상지역	기준[단위 : Leq dB(A)]	
		낮(06:00~22:00)	밤(22:00~06:00)
일반지역	'가' 지역	50	40
	'나' 지역	55	45
	'다' 지역	65	55
	'라' 지역	70	65
도로변지역	'가' 및 '나' 지역	65	55
	'다' 지역	70	60
	'라' 지역	75	70

(2) 공장소음 · 진동 배출 측정 대상

① 소음배출시설 측정 대상

㉠ 동력기준 시설 및 기계 · 기구

(가) 7.5kW 이상의 압축기(나사식 압축기는 37.5kW 이상으로 한다.)

(나) 7.5kW 이상의 송풍기

(다) 7.5kW 이상의 단조기(기압식은 제외한다.)

(라) 7.5kW 이상의 금속절단기

(마) 7.5kW 이상의 유압식 외의 프레스 및 22.5kW 이상의 유압식 프레스(유압식 절곡기는 제외한다.)

(바) 7.5kW 이상의 탈사기

(사) 7.5kW 이상의 분쇄기(파쇄기와 마쇄기를 포함한다.)

(아) 22.5kW 이상의 변속기

(자) 7.5kW 이상의 기계체

(차) 15kW 이상의 원심분리기

(카) 37.5kW 이상의 혼합기(콘크리트 플랜트 및 아스팔트 플랜트의 혼합기는 15kW 이상으로 한다.)

(타) 37.5kW 이상의 공작기계

(파) 22.5kW 이상의 제분기

(하) 15kW 이상의 제재기

(갸) 15kW 이상의 목재가공기계

(냐) 37.5kW 이상의 인쇄기계(활판인쇄기계는 15kW 이상, 오프셋인쇄기계는 75kW 이상으로 한다.)

(댜) 37.5kW 이상의 압연기

(랴) 22.5kW 이상의 도정시설(「국토의 계획 및 이용에 관한 법률」에 따른 주거지역 · 상업지역 및 녹지지역에 있는 시설로 한정한다.)

(먀) 37.5kW 이상의 성형기(압출 · 사출을 포함한다.)

(뱌) 22.5kW 이상의 주조기계(다이캐스팅기를 포함한다.)

(샤) 15kW 이상의 콘크리트관 및 파일의 제조기계

(야) 15kW 이상의 펌프(「국토의 계획 및 이용에 관한 법률」에 따른 주거지역 · 상업지역 및 녹지지역에 있는 시설로 한정하며, 「소방법」에 따른 소화전은 제외한다.)

(쟈) 22.5kW 이상의 금속가공용 인발기(습식신선기 및 합사 · 연사기를 포함한다.)

(챠) 22.5kW 이상의 초지기

(캬) 7.5kW 이상의 연탄제조용 윤전기

(탸) 위의 (가)부터 (캬)까지의 규정에 해당되는 배출시설을 설치하지 아니한 사업장으로서 위 각 항목의 동력 규모 미만인 것들의 동력 합계가 37.5kW 이상(오프

셋인쇄기계를 포함할 경우 75kW 이상)인 경우(「국토의 계획 및 이용에 관한 법률」에 따른 주거지역 · 상업지역 및 녹지지역의 사업장으로 한정한다.)를 조사한다.

Reference

위 (타)에서 동력 합계 37.5kW 이상(오프셋인쇄기계를 포함할 경우 75kW 이상)인 경우란 소음배출시설의 최소동력기준이 7.5kW인 시설 및 기계 · 기구는 실제 동력에 1, 15kW인 시설 및 기계 · 기구는 실제 동력에 0.9, 22.5kW인 시설 및 기계 · 기구는 실제 동력에 0.8, 37.5kW 또는 75kW인 시설 및 기계 · 기구는 실제 동력에 0.7을 각각 곱하여 산정한 동력의 합계가 37.5kW 이상(오프셋인쇄기계를 포함할 경우 75kW 이상)인 경우를 조사한다.

㉡ 대수기준 시설 및 기계 · 기구
(가) 100대 이상의 공업용 재봉기
(나) 4대 이상의 시멘트벽돌 및 블록의 제조기계
(다) 자동제병기
(라) 제관기계
(마) 2대 이상의 자동포장기
(바) 40대 이상의 직기(편기는 제외한다.)
(사) 방적기계(합연사공정만 있는 사업장의 경우에는 5대 이상으로 한다.)

㉢ 그 밖의 시설 및 기계 · 기구 기준
(가) 낙하해머의 무게가 0.5톤 이상의 단조기
(나) 120kW 이상의 발전기(수력발전기는 제외한다.)
(다) 3.75kW 이상의 연삭기 2대 이상
(라) 석재 절단기(동력을 사용하는 것은 7.5kW 이상으로 한정한다.)

위 ㉠부터 ㉢까지의 규정에도 불구하고 기계 · 기구 및 시설 등이 다음 각 목의 어느 하나에 해당하는 경우로서 사업자가 특별자치시장 · 특별자치도지사 또는 시장 · 군수 · 구청장에게 제2호의 시험성적서를 제출하는 경우에는 소음배출시설로 보지 아니한다.
(가) 실내에 설치된 경우로서 음향파워레벨이 87dB(A) 이하인 경우
(나) 실외에 설치된 경우로서 음향파워레벨이 77dB(A) 이하인 경우

② **진동배출시설 측정 대상**
㉠ 15kW 이상의 프레스(유압식은 제외한다.)
㉡ 22.5kW 이상의 분쇄기(파쇄기와 마쇄기를 포함한다.)
㉢ 22.5kW 이상의 단조기
㉣ 22.5kW 이상의 도정시설(「국토의 계획 및 이용에 관한 법률」에 따른 주거지역 · 상업

지역 및 녹지지역에 있는 시설로 한정한다.)

ⓜ 22.5kW 이상의 목재가공기계

ⓗ 37.5kW 이상의 성형기(압출 · 사출을 포함한다.)

ⓢ 37.5kW 이상의 연탄제조용 윤전기

ⓞ 4대 이상 시멘트벽돌 및 블록의 제조기계

Reference

소음배출시설 및 진동배출시설의 시설 및 기계 · 기구의 동력은 1개 또는 1대로 하여 산정한다.

(3) 적합성 조사(소음환경기준)

① 적용범위 확인

② 분석기기 및 기구 확인

③ 시료채취 및 측정점 확인

④ 측정조건 확인

⑤ 측정사항 확인

⑥ 측정시간 및 측정지점 수 확인

⑦ 분석절차 확인

⑧ 측정한 결과보고서 작성

SECTION ENGINEER NOISE & VIBRATION

008 소음 · 진동 영향범위(전파경로 파악)

(1) 물리적 인자 파악

① 소음 파악 : 주파수, 음압
② 진동 파악 : 전신진동, 국소진동
③ 이상기온, 이상기압, 전리 및 비전리 방사선 파악

(2) 물리적 전파경로 파악(음원의 종류)

① 점음원 : 사람의 목소리, 사이렌 소리, 사업장 기계 등
② 선음원 : 도로소음, 철도소음 등
③ 면음원 : 실내체육관 및 공장의 외벽 등

(3) 구조적 전파경로 파악

① 충격 전파경로
㉠ 충격은 기계의 가장 큰 비중의 소음원 중의 하나이다.
㉡ 충격소음에서 가장 중요한 매개변수는 충격체의 크기 및 속도와 충격의 지속시간이다.
㉢ 충격 지속시간이 짧기 때문에 고주파가 지배적인 광음역 소음이 대부분이다.

② 롤링 전파경로 파악
㉠ 회전기계의 베어링, 컨베이어 장치 · 레일 등에서 롤링에 의한 소음이 발생된다.
㉡ 접촉부의 거칠기 또는 불균형의 결과인 롤링소음의 주파수 전파경로를 파악한다.

③ 관성 전파경로 파악
㉠ 물체의 가속은 충격, 구름, 마찰 또는 진동 등에 의한 소음을 유발하며, 관성에너지는 진동체 또는 불평형, 회전부품에 의해 발생된다.
㉡ 왕복동 압축기에서와 같은 크랭크 구조에서의 관성에너지는 다중 주파수가 있는 기계 구조 부품의 진동을 유발할 수 있다.
㉢ 구름 베어링이 관성에너지를 수반하는 경우에는 롤링소음의 전파경로를 파악한다.

④ 마찰 전파경로 파악
㉠ 마찰로 인해 슬립 현상이 발생하는 요소는 잠재적 소음의 원인이 되며, 여기서 발생하는 에너지의 변화는 구조의 공명을 유발한다.
㉡ 마찰소음은 재질의 선택, 표면거칠기 및 윤활에 의해 상당한 영향을 받는 것을 유의하여 전파경로를 파악한다.

⑤ 자계 전파경로 파악
㉠ 자계는 회전 구동 에너지를 발생시키는 전기모터 등에 이용된다.

㉡ 구동모터의 베어링 및 정지 부품에서 에너지를 변화시키는 1회전 동안, 발생되는 변화의 불균형 때문에 진동이 유발되는 전파경로를 파악한다.

(4) 음향학적 전파경로 파악

① 개별적인 소음원을 가진 기계의 소음 반응은 기계의 음향학적 모델을 시각적으로 나타낼 수 있다.

② 모델링을 하기 위해서는 먼저 기계를 능동소음과 수동소음의 구성요소로 구분한다.

③ 능동소음원은 기계의 요소 중 소음 발생의 직접적인 요소들로 구성되어 있으며, 수동소음원의 경우는 직접적인 소음 발생요인은 없지만 능동소음원으로부터 전달된 소음 및 진동을 공기 중으로 방사시키는 역할을 하는 요소들을 파악한다.

009 소음의 영향

(1) 소음(음)의 물리적 조건

① 소음도가 높을수록 시끄럽다. 즉, 인간에게 많은 영향을 미친다.
② 저주파보다는 고주파 성분이 많을 때 시끄럽다.
③ 충격성이 강할수록 시끄럽다.
④ 지속시간이 길수록 더 많은 영향을 받는다. 그러나 지속적인 소음보다는 연속적으로 반복되는 소음과 충격음의 영향을 더 많이 받는다.
⑤ 소음 발생이 낮시간대보다 밤시간대에 영향이 크다.
⑥ 배경소음과 주소음의 음압도의 차가 클수록 시끄럽다.

(2) 인간의 소음에 대한 감수성

① 건강한 사람보다는 환자나 임산부가 더 민감하다.
② 남성보다 여성이 민감하다.
③ 노인보다 젊은이들이 민감하다.
④ 개인에 따라 민감도가 다르다.
⑤ 노동하는 상태보다는 휴식을 취하고 있을 때 더 민감하다.
⑥ 소음을 발생시키고 있는 측과 소음 피해를 받고 있는 측이 서로 이해관계로 대립되어 있으면, 피해를 받고 있는 측이 심리적으로 감수성이 높아지게 된다.
⑦ 소음 발생으로 인한 첫 번째 반응은 놀람, 시끄러움, 대화방해, TV/라디오 청취방해, 독서방해 등 다양한 형태로 나타나거나 이들의 복합적인 형태로 나타난다.
⑧ 소음이 지속되면 심리적 불안이나 스트레스, 집중력 저하 등의 증상이 나타난다.
⑨ 수면방해를 유발하며, 계속 시 정신적 · 육체적 고통을 느낀다.

(3) 소음에 의한 학습 및 작업능률에 미치는 영향

① 불규칙한 폭발음은 일정한 소음보다 더 위해하기 때문에 90dB(A) 이하라도 때때로 작업을 방해하며 일정소음보다 더욱 위해하다.
② 1,000~2,000Hz 이상의 고주파역 소음은 저주파역 소음보다 작업방해를 크게 야기시킨다.
③ 단순작업보다 복잡한 작업이 소음에 의한 나쁜 영향을 받기 쉽다.
④ 특정음이 없고, 90dB(A)를 넘지 않는 일정소음도에서는 작업을 방해하지 않는 것으로 본다.
⑤ 소음은 작업의 총 작업량을 줄이기보다 작업의 정밀도를 저하시킬 수 있다.
⑥ 소음은 심리적, 생리적 영향뿐만 아니라 작업능률에도 영향을 미친다.

(4) 소음에 의한 인체의 생리적 영향

① 혈압 상승, 맥박 증가, 말초혈관 수축 등 자율신경계의 변화가 나타난다.
② 호흡횟수는 증가하나 호흡의 깊이는 감소한다.
③ 타액분비량의 증가, 위액산도 저하, 위수축운동 감소 등 위장의 기능을 감퇴시킨다.
④ 혈당도 상승, 백혈구 수 증가, 혈중 아드레날린 증가가 나타난다.
⑤ 두통, 불면, 기억력 감퇴 현상이 나타난다.
⑥ 소화기 계통이나 심장혈, 호르몬 변화, 신경성 쇠약, 심장박동의 변화 등을 유발한다.

(5) 음향자극에 대한 인체의 감각모델인자

① **인식** : 음향신호가 가진 정보를 아는 것이다.
② **감각** : 하나의 소리에 대해 그 크기, 높이 등을 판별하는 것이다.
③ **정서** : 음향신호를 희로애락으로 느끼는 것이다.
④ **지각** : 음악이나 언어를 음향신호로 파악하는 것이다.

(6) 소음의 불쾌감

① 소음이 인체에 미치는 영향 중 심리적, 정신적 피해의 대표적인 예이다.
② 단순히 소음으로 인한 시끄러움(Noisiness)이나 이로 인한 짜증스러움을 나타내는 것이 아니라 소음으로 인해서 발생하는 생활활동상의 방해나 업무효율의 저하 등을 모두 포함하는 의미를 가진다.
③ 소음으로 인한 심리적, 정신적, 행동상의 피해를 포함하며, 생리적인 피해의 경우 그 발병 확률이 매우 낮을 뿐만 아니라 소음 외적인 요인들이 너무 많기 때문에 이를 규명하기는 매우 어렵다.

010 음장의 종류와 특징

(1) 근음장(Near Field)

① 음원과 근접한 거리(일반적 1~2파장)에서 발생하는 음장이다.

② 입자속도는 음의 전파속도와 관련이 없고 위치에 따라 음압 변동이 심하여 음의 세기는 음압의 제곱과 비례관계가 거의 없는 음장이다.

③ 음압레벨이 음원의 크기, 주파수와 방사면의 위상에 큰 영향을 받는 음장이다.

(2) 원음장(Far Field)

① 음원에서 거리가 2배가 될 때마다 음압레벨이 6dB씩 감소(역2승법칙)가 시작되는 위치부터 원음장이라 한다.

② 입자속도는 음의 전파방향과 관련성이 있으며 음의 세기는 음압의 제곱에 비례하는 음장이다.

㉠ 자유음장(Free Field)

ⓐ 주위의 반사체에 의한 반사음이 음원으로부터의 직접음에 비해서 무시될 수 있는 공간이다.(음원으로부터 적어도 한 파장 이상 떨어진 공간)

ⓑ 음압레벨이 음원에서부터 거리가 2배로 되면 6dB씩 감소하는 음장, 즉 원음장 중 역2승법칙이 만족되는 구역이다.

ⓒ 음의 반사면이 없는 자유공간과 같이 전파된다.

㉡ 잔향음장(Reverberant Field)

음원에서 너무 멀리 떨어진 곳으로 반사음의 영향을 받는 공간이며 음원의 직접음과 벽에 의한 반사음이 중복되는 구역을 말한다.

③ **확산음장(Diffuse Field)**

㉠ 밀폐된 실내의 모든 표면에서 입사음이 거의 100% 반사되어 실내 모든 위치에서 음에너지 밀도가 일정하다.

㉡ 잔향음장에 속하며 잔향실이 대표적이다.

㉢ 음의 에너지 밀도가 각 위치에서 일정하다.

(3) 잔향실

① 실내표면의 흡음률을 0에 가깝게 하여 표면에 입사한 음을 완전히 반사시켜 확산음장이 형성되도록 만들어진 실이 잔향실이다. 즉, 긴 잔향시간을 가지는 균일한 음압분포의 확산음장이 존재할 수 있도록 방의 구조를 불규칙하게(부정형) 만든 실(Room)로 6개의 모든 면이 반사면으로 구성되어 있다.

② 잔향실 실내는 충분한 확산을 얻을 수 있도록 확산판을 사용한다.

③ 잔향실의 주요한 벽면은 평행이 되지 않게 하며 실내에 음에너지밀도가 일정하게 한다.

④ 잔향실의 용도

㉠ 흡음률 측정　　㉡ 음향출력 측정

㉢ 투과손실 측정　　㉣ 바닥충격음 측정

(4) 무향실

① 자유공간에서처럼 음원으로부터 거리가 멀어짐에 따라 일정하게 감쇠되는 역2승법칙이 성립하도록 인공적으로 만든 실을 무향실이라 한다.

② 무향실은 자유음장을 유지하기 위한 실, 즉 음의 반사가 없는(100% 흡음) 실을 말한다.

③ 반무향실은 무향실의 조건 중 바닥부만 반사면으로 구성되어 있고, 기타 면은 모두 흡음체로 구성된 시험실을 말한다.

④ 무향실의 용도

㉠ 음원의 방사지향성 측정

㉡ 음원의 음향파워 및 음압레벨 측정

㉢ 각종 재료의 차음성능 측정

㉣ 각종 음향기기의 특성시험 측정(음질평가)

㉤ 소음발생부위 탐사 및 소음원의 정확한 음향특성 측정

㉥ 청력검사

(5) 실내음장의 음에너지밀도

① 실내의 음장을 이해하는 수단으로 음에너지밀도가 이용된다.

② 관련식

$$\text{음에너지밀도}(\delta) = \frac{I}{C} = \frac{P^2}{\rho C^2}(\text{W} \cdot \text{sec/m}^3,\ \text{J/m}^3)$$

여기서, I : 음의 세기(W/m^2), C : 음속(m/sec)
P : 음의 압력(N/m^2), ρ : 음장의 밀도(kg/m^3)

㉠ 직접음장의 에너지밀도(δ_d)

$$\delta_d = \frac{QW}{4\pi r^2 C}$$

여기서, Q : 지향계수, W : 음향출력(Watt)
C : 음속(m/sec), r : 음원으로부터 거리(m)

㉡ 잔향음장의 에너지밀도(δ_r)

$$\delta_r = \frac{4W}{CR}$$

여기서, W : 음향출력(Watt)
C : 음속(m/sec)
R : 실정수(m^2 · sabin)

(6) 실반경

① 음원으로부터 어떤 거리 r(m) 떨어진 위치에서 직접음장 및 잔향음장에 의한 음압레벨이 같을 때 이 거리를 실반경이라 한다.

$SPL = PWL + 10\log\left(\dfrac{Q}{4\pi r^2} + \dfrac{4}{R}\right)$(dB)식에서

$\dfrac{Q}{4\pi r^2} = \dfrac{4}{R}$로부터 실반경 r을 구하면

$$r = \sqrt{\frac{QR}{16\pi}}\,(\text{m})$$

② 직접음과 잔향음이 같은 거리는 지향계수의 평방근에 비례한다.

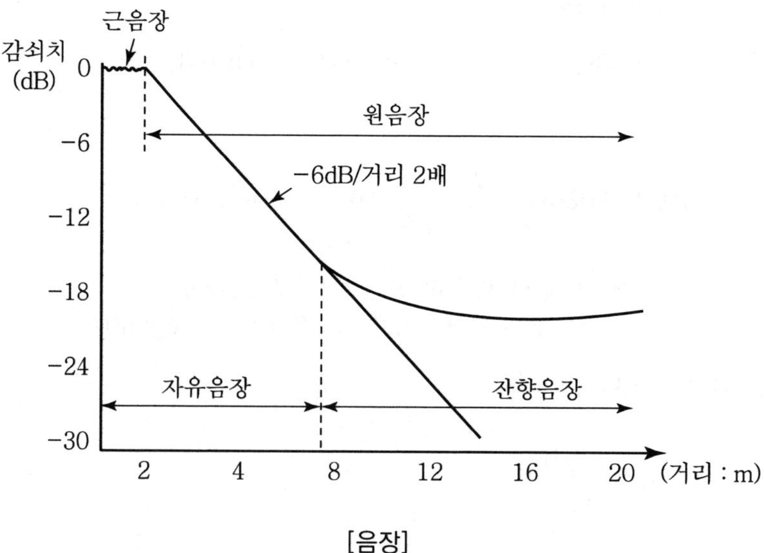

[음장]

(7) Dead Spots(Hot Spots)

직접음과 반사음의 시간차가 0.05초가 되어 두 가지 소리로 들리게 되므로 명료도가 저하하는 위치를 말한다.

必수문제

01 자유공간에서 지향성 음원의 지향계수가 2.0이고 이 음원의 음향파워레벨이 125dB일 때 이 음원으로부터 30m 떨어진 지점에서의 에너지 밀도(J/m³)는?(단, C=340m/sec이다.)

풀이

자유공간이므로 직접음장의 음에너지밀도를 구하면

$$\delta_d = \frac{QW}{4\pi r^2 C}(\text{J/m}^3)$$

$$Q=2,\ r=30\text{m},\ C=340\text{m/sec}$$

$$W:\ PWL = 10\log\frac{W}{10^{-12}},\ \ 125 = 10\log\frac{W}{10^{-12}},\ \ W=3.16\text{Watt}$$

$$= \frac{2\times 3.16}{4\times 3.14\times 30^2\times 340} = 0.000001645(1.645\times 10^{-6})\text{J/m}^3$$

必수문제

02 실효압력이 0.25N/m²일 때 실내 평균음향에너지밀도(J/m³)는?(ρC=411rayls, C=346 m/s)

풀이

음향에너지밀도(δ)

$$\delta = \frac{P^2}{\rho C^2} = \frac{P^2}{\rho C\times C} = \frac{0.25^2}{411\times 346} = 4.4\times 10^{-7}\text{J/m}^3$$

必수문제

03 공장 내부의 바닥 위에 점음원이 있다. 실정수가 316m²일 때 실반경(m)은?

풀이

$$r = \sqrt{\frac{QR}{16\pi}} = \sqrt{\frac{2\times 316}{16\times 3.14}} = 3.5\text{m}$$

必수문제

04 **가로 20m, 세로 20m, 높이 4m인 방 중앙 바닥에 PWL 90dB인 무지향성 점음원이 놓여 있다. 이 음원으로부터 10m 지점에서의 음향에너지밀도(W · sec/m³)는?(단, 실내의 평균흡음률은 0.1, 음속은 340m/s)**

풀이

음향에너지밀도(δ)

$$\delta=\delta_d+\delta_r=\frac{QW}{4\pi r^2 C}+\frac{4W}{RC}$$

$$R=\frac{\bar{\alpha}\cdot S}{1-\bar{\alpha}}=\frac{0.1\times 1{,}120}{1-0.1}=124.4\text{m}^2$$

$$S=(20\times 20\times 2)+(20\times 4\times 4)=1{,}120\text{m}^2$$

$$Q=2$$

$$PWL=10\log\frac{W}{10^{-12}},\ 90=10\log\frac{W}{10^{-12}}$$

$$W=10^{-12}\times 10^{9}=0.001\text{W}$$

$$=\left(\frac{2\times 0.001}{4\times 3.14\times 10^2\times 340}\right)+\left(\frac{4\times 0.001}{124.4\times 340}\right)$$

$$=9.9\times 10^{-8}\ \text{W}\cdot\text{sec/m}^3$$

011 소음의 발생과 특성

(1) 소음의 발생

① 기류음

고체진동을 수반하지 않는 소음, 즉 직접적인 공기의 압력 변화에 의한 유체역학적 원인에 의해 발생하는 음이며 난류음과 맥동음이 이에 속한다.

㉠ 난류음
- ⓐ 음의 변화가 일정하지 않으며 기체흐름에서 와류에 의해 발생한다.
- ⓑ 난류음 발생 종류
  - 송풍기
  - 밸브류
  - 빠른 유속
  - 관의 굴곡부 발생음

㉡ 맥동음
- ⓐ 음의 변화가 주기적이며 흡입 · 토출에 의해 발생한다.
- ⓑ 맥동음 발생 종류
  - 압축기의 배기음
  - 엔진의 배기음
  - 진공펌프

㉢ 기류음의 방지대책
- ⓐ 분출유속의 저감(흐트러짐 방지)
- ⓑ 관의 곡률 완화
- ⓒ 밸브의 다단화(압력의 다단저감)

② 고체음

기계의 운동(베어링 등의 마찰 · 충격)과 기계의 진동(프레임)에 의해 발생하며, 1차 고체음과 2차 고체음으로 분류한다.

㉠ 1차 고체음

기계장치의 내부에 있어서 강제력의 주기적인 반복에 의해 이것이 가진원이 되어 파동이 생겨 전파하고 기계면의 일부에서 고유진동수와 공진하여 지반진동을 수반하여 발생하는 음이다.

㉡ 2차 고체음

기계의 내부에서 소음이 발생하고 있어 그 음파에 의한 면의 공기가진으로 투과음이 방사되어, 즉 기계본체의 진동에 의해 방사하는 음이다.

㉢ 고체음의 방지대책
- ⓐ 가진력 억제(가진력의 발생원인 제거 및 저감방법 검토)

ⓑ 공명 방지(소음방사면 고유진동수 변경)

ⓒ 방사면 축소 및 제진처리(방사면의 방사율 저감)

ⓓ 방진(차진)

㉣ 송풍기의 소음발생원 및 소음대책

ⓐ 송풍기의 흡 · 토출구를 개방하여 운전할 경우 발생소음은 흡 · 토출구에서의 공기음, 바닥면 등의 1차 고체음 및 송풍기 면(Fan Casing)에서의 2차 고체음이 주된 것이다.

ⓑ 대책

- 공기음 : 흡 · 토출소음기
- 1차 고체음 : 진동절연구조물(차진, 방진)
- 2차 고체음 : 방음 Lagging(제진 : Damping)

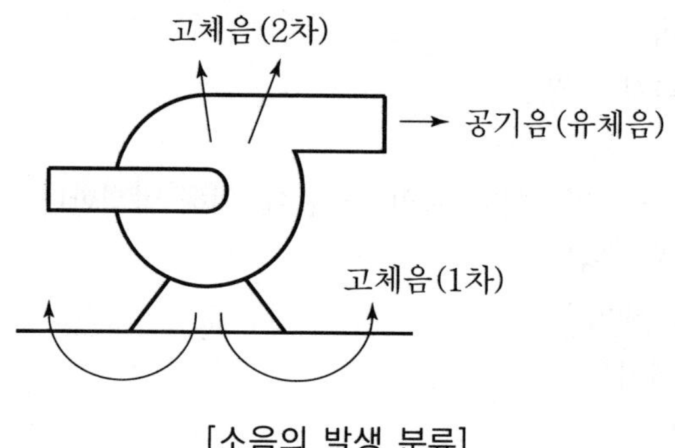

[소음의 발생 분류]

(2) 공명

공기를 매체로 해서 발생하며 진동하는 두 물체의 고유진동수가 같을 때 한쪽을 울리면 다른 한쪽도 울리는 현상을 말한다. 전기적 · 기계적 공명일 때는 공진이라고도 한다. 대표적인 예로 소리굽쇠를 들 수 있다.

① 개구관의 기본 공명음 주파수(f)

㉠ 일단개구관

$$f = \frac{C}{4L}$$

여기서, C : 공기 중의 음의 속도(m/sec)
L : 진동체의 길이(m)

㉡ 양단개구관

$$f = \frac{C}{2L}$$

② 봉의 기본 공명음 주파수(f)

㉠ 종 진동

$$f=\frac{1}{2L}\sqrt{\frac{E}{\rho}}$$

여기서, E : 영률(N/m^2), ρ : 재료의 밀도, L : 길이

㉡ 횡 진동

$$f=\frac{kd}{L^2}\sqrt{\frac{E}{\rho}}$$

여기서, k : 상수, d : 각 봉의 1변 또는 원봉의 지름

③ 주변 고정원판

$$f=\frac{k_2 t}{a^2}\sqrt{\frac{E}{\rho(1-\sigma^2)}}$$

여기서, k_2 : 상수, t : 판의 두께, σ : 푸아송비, a : 원판반경

(3) 고체음 방사 관련식

① 진동하는 원형판으로부터 방사하는 음압레벨(SPL)

$$SPL = VAL + 20\log\left(\frac{r^2}{L}\right) + 50\,(\text{dB})$$

여기서, SPL : L(cm)만큼 떨어진 거리에서의 SPL(dB)
VAL : 진동가속도레벨(dB)
r : 진동하는 원형판의 반경(m)

② 진동하는 판에서의 총음향파워레벨(PWL)

$$PWL = SPL + 10\log S - 20\log\left(\frac{r}{L}\right) + 3\,(\text{dB})$$

(단, 이 식은 $L \gg r$일 때 성립)

여기서, PWL : 진동판의 PWL(dB)
S : 진동판의 면적(m^2)

(4) 공기음 방사 관련식

① 원통이 공기 중에 돌출되어 있을 경우

$$X = \omega\left(0.6\frac{a \cdot \rho}{S}\right)$$

여기서, X : 리액턴스, ω : 각주파수($2\pi f$)(분출속도)
a : 개구부의 반경, ρ : 기체의 밀도
S : 개구부의 면적

② 분출음의 주파수(f)

㉠ 관계식

$$f = S_t\frac{W}{d}(\text{Hz})$$

여기서, f : 분출음 주파수(Hz), S_t : Strouhal 수(0.1~0.2)
W : 분출속도(m/sec), d : 개구부의 직경(m)

㉡ 분출구로부터 거리에 따른 주성분
개구부 직경을 d, 개구로부터의 거리를 r이라 하면
ⓐ $r < 4d$: 고주파 주성분(혼합역)
ⓑ $5d < r < 10d$: 저주파 주성분(난류역)

(5) 음의 지향성(방향성)

① 지향계수(Q)

㉠ 지향계수는 특정방향에 대한 음의 지향도를 나타내며 특정방향 에너지와 평균에너지의 비를 의미한다.

㉡ 관계식

$$\text{지향계수}(Q) = \log^{-1}\left(\frac{SPL_\theta - \overline{SPL}}{10}\right)$$

여기서, Q : 지향계수
SPL_θ : 등거리에서 어떤 특정방향의 SPL
$\overline{SPL}$: 음원에서 반경 r(m) 떨어진 구형면상의 여러 지점에서 측정한 SPL의 평균치

② 지향지수(DI)

㉠ 무지향성 점음원이라도 음원이 놓여 있는 위치에 따라 지향성을 갖는다.

㉡ 음원의 위치에 따른 지향계수(Q) 및 지향지수(DI)의 관계식

$$DI = SPL_\theta - \overline{SPL}(\text{dB}) = 10\log Q(\text{dB})$$

㉢ 지향계수(Q)와 지향지수(DI)의 예

ⓐ 음원이 자유공간에 위치 시 : Q(1), DI(0dB)

ⓑ 음원이 반자유공간에 위치 시 : Q(2), DI(3dB)

ⓒ 음원이 두 면이 접하는 구석에 위치 시 : Q(4), DI(6dB)

ⓓ 음원이 세 면이 접하는 구석에 위치 시 : Q(8), DI(9dB)

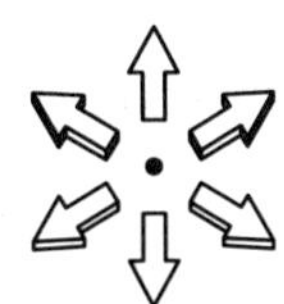

지향계수(Q) : 1
지향지수(DI) : 0dB
(음원 : 자유공간)

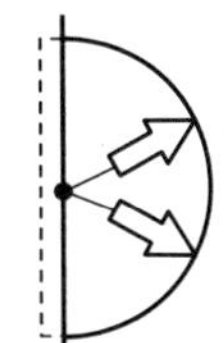

지향계수(Q) : 2
지향지수(DI) : 3dB
(음원 : 반자유공간)

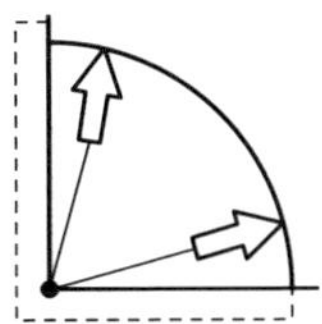

지향계수(Q) : 4
지향지수(DI) : 6dB
(음원 : 두 면이 접하는 공간)

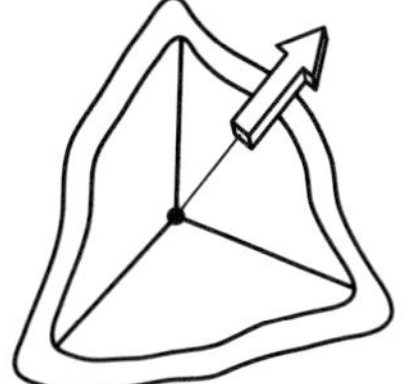

지향계수(Q) : 8
지향지수(DI) : 9dB
(음원 : 세 면이 접하는 공간)

[음원의 위치별 지향성]

必수문제

01 길이가 약 25cm인 양단이 열린 관의 공명 기본음의 주파수(Hz)를 구하면?(단, 음속은 340m/sec로 한다.)

풀이

양단개구관의 공명 기본음 주파수(f)

$$f = \frac{C}{2L}$$

C(음의 속도)=340m/sec, L(길이)=0.25m

$$= \frac{340\text{m/sec}}{2 \times 0.25\text{m}} = 680\text{Hz}$$

02 사람의 외이도 길이가 3cm이다. 18℃ 공기 중에서의 공명주파수(Hz)는?

풀이

외이도는 일단개구관의 형태이므로 일단개구관의 공명 기본음 주파수(f)

$$f = \frac{C}{4L}$$

C(음의 속도)$=331.42+(0.6\times t℃)=331.42+(0.6\times 18℃)=342.22$m/sec

L(길이)=0.03m

$$= \frac{342.22\text{m/sec}}{4 \times 0.03\text{m}} = 2{,}851.83\text{Hz}$$

03 15℃에서 444Hz의 공명기본음주파수를 가지는 양단개구관의 35℃에서의 공명기본음주파수(Hz)는 약 얼마인가?

풀이

우선 15℃, 공명기본음주파수 444Hz에서 길이를 구하고 35℃에서의 공명기본음주파수를 구함

- 15℃, 444Hz에서 길이(L) : 양단개구관

$$f = \frac{C}{2L}$$

$$L = \frac{C}{2 \times f} = \frac{331.42 + (0.6 \times 15)}{2 \times 444} = 0.38\text{m}$$

- 35℃, 0.38m에서 공명기본음주파수(f)

$$f = \frac{C}{2L} = \frac{331.42 + (0.6 \times 35)}{2 \times 0.38} = 463.7\text{Hz}$$

必수문제

04 **단순한 형상을 갖는 양단개구관의 기본(공명)음의 주파수가 100Hz이다. 이 양단개구관의 한 단을 닫아 일단개구관으로 만들면 기본공명음 주파수(Hz)는 얼마로 변하는가?**

풀이

일단개구관 기본공명음 주파수(f)

$$f=\frac{C}{4L}=\frac{C}{2L}\times\frac{1}{2}=100\times\frac{1}{2}=50\text{Hz}$$

必수문제

05 **소형기계가 공장 바닥 위에서 가동될 때보다 세 벽이 만나는 모서리에서 가동될 때 음에너지 밀도는 몇 배 증가하는가?**

풀이

공장 바닥(반자유공간)의 지향계수 $Q=2$

세 벽이 만나는 곳의 지향계수 $Q=8$

음에너지 밀도 변화$=\frac{8}{2}=4$배

必수문제

06 **지향지수(DI)가 +9dB일 때 지향계수(Q)는?**

풀이

$DI=10\log Q,\ \ 9=10\log Q,\ \ Q=10^{0.9}=7.94$

必수문제

07 **평균 음압이 3,515N/m^{2}이고, 특정 지향음압이 6,250N/m^{2}일 때 지향지수(dB)는?**

풀이

$$DI=SPL_\theta-\overline{SPL}(\text{dB})=\left(20\log\frac{6{,}250}{2\times10^{-5}}\right)-\left(20\log\frac{3{,}515}{2\times10^{-5}}\right)=4.99\text{dB}$$

必수문제

08 음원으로부터 10m 지점의 평균음압도는 101dB, 등거리에서 특정지향음압도는 108dB이다. 이때 지향계수는?

풀이

$DI = 10\log Q$

$Q = 10^{\frac{DI}{10}} = 10^{\frac{(SPL_\theta - \overline{SPL})}{10}} = 10^{\frac{(108-101)}{10}} = 5.01$

必수문제

09 자유음장에서 무지향성 점음원으로부터 같은 거리만큼 떨어진 위치에서 소음을 측정하여 다음 표와 같은 결과를 얻었다. 2번 위치 방향으로의 지향계수는 얼마인가?

측정위치	음압레벨(dB)
1	80
2	82
3	85
4	81
5	86

풀이

$Q = 10^{\frac{DI}{10}}$

$DI = SPL_\theta - \overline{SPL}$

$\overline{SPL} = 10\log\left[\frac{1}{5}(10^{8.0} + 10^{8.2} + 10^{8.5} + 10^{8.1} + 10^{8.6})\right] = 83.4\text{dB}$

$= 82 - 83.4 = -1.4\text{dB}$

$= 10^{\frac{-1.4}{10}} = 0.72$

012 소음의 거리감쇠

(1) 점음원

음원의 크기가 소리의 전파거리에 비해 아주 작은 음원을 점음원이라 한다. 점음원이 360° 방향(자유공간)으로 전파(구면파)되는 경우와 180° 방향(반자유공간)으로 전파(반구면파)되는 경우가 일반적이다.

① 음압레벨(SPL), 음향파워레벨(PWL), 지향계수(Q)의 관계식

$$\begin{aligned} SPL &= PWL - 20\log r - 11 + 10\log Q \\ &= PWL - 20\log r - 11 + DI \end{aligned}$$

㉠ 자유공간의 경우
$SPL = PWL - 20\log r - 11 + 0(DI = 0)$

㉡ 반자유공간의 경우
$SPL = PWL - 20\log r - 11 + 3(Q = 2,\ DI = 10\log 2 = 3\text{dB})$

② 두 점음원 사이의 거리감쇠식

$$SPL_1 - SPL_2 = 20\log\frac{r_2}{r_1}\ (r_2 > r_1)$$

여기서, SPL_1 : 음원으로부터 r_1(가까운 거리)만큼 떨어진 지점의 음압레벨(dB)
SPL_2 : 음원으로부터 r_2(먼 거리)만큼 떨어진 지점의 음압레벨(dB)

③ 역2승법칙
자유음장에서 점음원으로부터 거리가 2배 멀어질 때마다 음압레벨이 6dB(=20log2)씩 감쇠되는데, 이를 점음원의 역2승법칙이라 한다.

(2) 선음원

교통기관(고속도로의 자동차 소음, 철도 소음)처럼 여러 개의 점음원이 모여 하나의 선으로 연결되어 있는 음원을 선음원이라 한다. 일반적으로 180° 방향(반자유공간)으로 전파(반구면파)되는 경우이다.

① 두 선음원 사이의 거리감쇠식

$$SPL_1 - SPL_2 = 10\log\frac{r_2}{r_1}\ (r_2 > r_1)$$

② 선음원으로부터 거리가 2배 멀어질 때마다 음압레벨이 3dB(=10log2)씩 감쇠한다.

(3) 면음원

넓은 표면상으로 음이 전파하는 것을 면음원이라 한다.

① 원형 면음원

$$\begin{aligned} SPL &= PWL + 10\log\left(\frac{r}{l}\right)^2 - 3(\text{dB}) \\ &= PWL + 20\log\left(\frac{r}{l}\right) - 3 \\ &= PWL - 10\log S + 20\log\left(\frac{r}{l}\right) - 3 \end{aligned}$$

여기서, SPL : 원형 면음원으로부터 l만큼 떨어진 지점의 음압레벨(dB)
PWL : 원형 면음원의 음향파워레벨(dB)
r : 원형 면음원의 반경(m)
l : 원형 면음원에서 떨어진 거리(m)
S : 원형 면음원의 면적(m^2)

② 장방형 면음원

사각 장방형 면음원의 단변의 길이를 a, 장변의 길이를 b라 하고 음원으로부터 떨어진 거리(r)와 비교하여 다음 관계식 중 조건에 맞는 식을 적용한다.

㉠ $r < \dfrac{a}{3}$

$$SPL_1 - SPL_2 = 0$$

㉡ $\dfrac{a}{3} < r < \dfrac{b}{3}$

$$SPL_1 - SPL_2 = 10\log\left(\frac{3r}{a}\right)$$

㉢ $r > \dfrac{b}{3}$

$$SPL_1 - SPL_2 = 20\log\left(\frac{3r}{b}\right) + 10\log\left(\frac{b}{a}\right)$$

(4) 기상조건(대기조건)에 따른 감쇠

① 기상조건에 따른 공기흡음 감쇠치는 주파수는 클수록, 습도와 온도는 낮을수록 감쇠치는 증가한다.

② 관계식

$$A_a = 7.4 \times \left(\frac{f^2 \times r}{\phi}\right) \times 10^{-8} \text{ (dB)}$$

여기서, A_a : 감쇠치(dB), f : 주파수(Hz)
r : 음원과 관측점 사이 거리(m), ϕ : 상대습도(%)

(5) 지표면조건에 따른 감쇠

① 지표면에서의 소음에 대한 흡음효과는 음원에서 30~70m 이내의 거리에서는 무시할 수 있으며 일반적으로 수목에 의한 감음효과는 그 폭 10m당 약 3dB 정도이다.

② 초지나 농작물 등으로 지표면의 흡음성이 큰 경우는 역2승 감쇠보다 크게 감쇠하는 경향이 있다.

③ 관계식

㉠ 무성한 잔디나 관목 흡음에 의한 감쇠치(A)

$$A = (0.18f - 0.31) \times r(\text{dB})$$

여기서, f : 옥타브 밴드별 중심주파수(f)
r : 음원의 관측점과의 거리(m)

㉡ 산림의 흡음에 의한 감쇠치(A')

$$A' = 0.01(f)^{\frac{1}{3}} \times r(\text{dB})$$

必수문제

01 점음원의 출력이 2배로 증가함과 동시에 음원과 측정지점의 거리도 2배가 되면 음압도는 어떻게 변화되는가?

풀이

$$\Delta dB = 10\log\frac{W}{W_0} - 20\log\frac{r_2}{r_1} = 10\log2 - 20\log2 = -3\text{dB}\,(3\text{dB 감소})$$

必 수문제

02 지표면에 무지향성 점음원으로 볼 수 있는 소음원이 있다. 출력을 원래의 1/2로 하고 거리를 2배로 멀어지게 하면 SPL은 원래보다 몇 dB 감소하는가?

풀이

$$\Delta dB = 10\log\frac{W}{W_0} - 20\log\frac{r_2}{r_1} = 10\log 0.5 - 20\log 2 = -9\text{dB}$$ (9dB 감소)

必 수문제

03 벌판에 세워진 어느 공장으로부터 2m 떨어진 지점에서 소음도는 59dB이었다. 8m 떨어진 지점의 소음도는?

풀이

$$SPL_1 - SPL_2 = 20\log\frac{r_2}{r_1}$$

$$59 - SPL_2 = 20\log\frac{8}{2}$$

$$SPL_2 = 59 - 20\log 4 = 46.9\text{dB}$$

必 수문제

04 공장 내 지면 위에 소형선풍기가 있는데 여기서 발생하는 소음은 15m 떨어진 곳에서 70dB 이었다. 이것을 58dB 되게 하려면 이 선풍기를 약 얼마나 더 이동시켜야 하는가?(단, 대지와 지면에 의한 흡수는 무시한다.)

풀이

$$SPL_1 - SPL_2 = 20\log\frac{r_2}{r_1}$$

$$70 - 58 = 20\log\frac{r_2}{15}$$

$$12 = 20\log\frac{r_2}{15},\ r_2 = 10^{\frac{12}{20}} \times 15 = 59.7\text{m}$$

얼마나 더 이동시켜야 하는지를 묻는 문제이므로

$$r_2 - r_1 = 59.7 - 15 = 44.7\text{m}$$

必수문제

05 **단단하고 평평한 지상에 작은 음원이 있다. 음원에서 100m 떨어진 지점에서의 음압레벨은 55dB이었다. 공기의 흡음감쇠를 0.4dB/10m로 할 때 음원의 출력은 약 몇 W인가?**

풀이

$SPL = PWL - 20\log r - 8 - A(\text{dB})$ [A : 공기흡음에 의한 감쇠치]

$PWL = SPL + 20\log r + 8 + A$

$= 55 + 20\log 100 + 8 + (0.4\text{dB}/10\text{m} \times 100\text{m}) = 107\text{dB}$

$PWL = 10\log\dfrac{W}{10^{-12}}$

$107 = 10\log\dfrac{W}{10^{-12}}$

$W = 10^{\frac{107}{10}} \times 10^{-12} = 0.05\text{W}$

必수문제

06 **무한히 긴 선음원이 있다. 이 음원으로부터 50m 거리만큼 떨어진 위치에서의 음압레벨이 100dB이라면 5m 떨어진 곳에서의 음압레벨은 몇 dB인가?**

풀이

$SPL_1 - SPL_2 = 10\log\dfrac{r_2}{r_1}$

$SPL_1 - 100 = 10\log\dfrac{50}{5}$

$SPL_1 = 10\log 10 + 100 = 110\text{dB}$

必수문제

07 **가로 6m×세로 3m 벽면 밖에서의 음압레벨이 100dB이라면 17m 떨어진 곳은 몇 dB이겠는가?**

풀이

단변(a), 장변(b), 거리(r)의 관계에서

$r > \dfrac{b}{3}$; $17 > \dfrac{6}{3}$이 성립하므로

$SPL_1 - SPL_2 = 20\log\left(\dfrac{3r}{b}\right) + 10\log\left(\dfrac{b}{a}\right)(\text{dB})$

$100 - SPL_2 = 20\log\left(\dfrac{3 \times 17}{6}\right) + 10\log\left(\dfrac{6}{3}\right)$

$SPL_2 = 100 - 20\log\left(\dfrac{3 \times 17}{6}\right) - 10\log\left(\dfrac{6}{3}\right) = 78.4\text{dB}$

08 점음원과 선음원이 있다. 각 음원으로부터 32m 떨어진 거리에서의 음압레벨이 100dB이라고 할 때 1m 떨어진 위치에서의 각각의 음압레벨은(dB)?(단, 점음원 – 선음원 순서이다.)

풀이

- 점음원

$$SPL_1 - SPL_2 = 20\log\frac{r_2}{r_1},\quad SPL_1 - 100 = 20\log\frac{32}{1}$$

$$SPL_1 = 100 + 20\log 32 = 130.1\text{dB}$$

- 선음원

$$SPL_1 - SPL_2 = 10\log\frac{r_2}{r_1},\quad SPL_1 - 100 = 10\log\frac{32}{1}$$

$$SPL_1 = 100 + 10\log 32 = 115.1\text{dB}$$

09 점음원의 PWL이 115dB이고 그 점음원이 모퉁이에 놓여 있을 경우 15m 되는 지점의 음압레벨을 구하시오.

풀이

$$\begin{aligned} SPL &= PWL - 20\log r - 11 + 10\log Q \\ &= 115 - 20\log 15 - 11 + 10\log 8 \\ &= 89.51\,\text{dB} \end{aligned}$$

013 소음의 계산

(1) 순음의 합

① 주파수가 같은 순음 2개의 합성음

㉠ 합성음파의 실효치(P_{rms})

$$P_{rms} = \frac{2P_m}{\sqrt{2}} = \sqrt{2}\,P_m$$

여기서, P_m : 피크음압의 진폭

㉡ 위상과 음압레벨이 같은 순음 2개를 합성하면 6dB 상승하게 된다.

② 주파수가 다른 순음 2개의 합성음

㉠ 합성음파의 실효치(P_{rms})

$$P_{rms} = \sqrt{\left(\frac{P_{m1}}{\sqrt{2}}\right)^2 + \left(\frac{P_{m2}}{\sqrt{2}}\right)^2}$$

㉡ $P_{m1} = P_{m2}$라면 음압레벨이 한 개 소음만 있을 때보다 3dB 상승하게 된다.

③ 주파수가 다른 순음 여러 개의 합성음 실효치(P_{rms})

$$P_{rms} = \sqrt{\left(\frac{P_{m1}}{\sqrt{2}}\right)^2 + \left(\frac{P_{m2}}{\sqrt{2}}\right)^2 + \left(\frac{P_{m3}}{\sqrt{2}}\right)^2 + \cdots}$$

(2) 옴-헬름홀츠(Ohm-Helmholtz)의 법칙

인간의 귀는 순음이 아닌 여러 가지 복잡한 소리(파형)를 들어도 각기 순음의 성분으로 분해하여 들을 수 있는 능력을 갖고 있어 각 주파수 성분의 진폭이 서로 다른 음질로 듣게 된다는 법칙, 즉 음색에 관한 법칙이다.

(3) 소음 dB의 계산

웨버-페흐너(Weber-Fechner)의 법칙, 즉 감각량은 자극의 대수에 비례한다는 내용을 기본으로 하여 dB의 합, 차, 평균을 계산한다.

① dB의 합

합성소음도의 의미이다.(전체 가동 시, 동시 가동 시 경우)

㉠ 관계식

$$L_{(\text{합})} = 10\log(10^{\frac{L_1}{10}} + 10^{\frac{L_2}{10}} + \cdots + 10^{\frac{L_n}{10}})\ (\text{dB})$$

여기서, L_1, L_2, L_n : 각각의 소음도(dB)

㉡ 동일소음도(L_1) n개의 합성소음도

$$L_{(\text{합})} = L_1 + 10\log n$$

② dB의 차 관계식

$$L_{(\text{차})} = 10\log(10^{\frac{L_1}{10}} - 10^{\frac{L_2}{10}})\ (\text{dB})$$

여기서, L_1, L_2 : 각각의 소음도(dB)
($L_1 > L_2$의 관계 시 적용)

③ dB의 평균 관계식

$$\overline{L_{(\text{평})}} = 10\log[\frac{1}{n}(10^{\frac{L_1}{10}} + 10^{\frac{L_2}{10}} + \cdots + 10^{\frac{L_n}{10}})]\ (\text{dB})$$
$$= L_{(\text{합})} - 10\log n\ (\text{dB})$$

必수문제

01 어느 작업장 내에서 70dB의 소음을 내는 기계가 3대, 90dB의 소음을 내는 기계가 2대 있을 때, 같은 장소에서 동시에 이 기계들을 가동했을 때의 합성음 레벨은 약 몇 dB인가?

풀이

$$L_{(\text{합})} = 10\log(10^{\frac{L_1}{10}} + 10^{\frac{L_2}{10}} + \cdots + 10^{\frac{L_n}{10}})\ (\text{dB})$$
$$= 10\log[(3 \times 10^{\frac{70}{10}}) + (2 \times 10^{\frac{90}{10}})] = 93.0\text{dB}$$

必 수문제

02 $L_1 = 80\text{dB}, L_2 = 70\text{dB}$ 인 음들의 합, 평균, 차를 구하시오.

풀이

합성소음도 : $L_{(합)} = 10\log(10^{\frac{L_1}{10}} + 10^{\frac{L_2}{10}}) = 10\log(10^8 + 10^7) = 80.4\text{dB}$

평균소음도 : $\overline{L_{(평)}} = L_{(합)} - 10\log n = 80.4 - 10\log 2 = 77.4\text{dB}$

차소음도 : $L_{(차)} = 10\log(10^{\frac{L_1}{10}} - 10^{\frac{L_2}{10}}) = 10\log(10^8 - 10^7) = 79.5\text{dB}$

必 수문제

03 어떤 기계 한 대로부터 발생하는 음을 그 음원으로부터 일정거리 떨어진 지점에서 측정하면 65dB이다. 다음에 동일한 여러 대를 동시에 작동시켜 발생된 음을 전과 동일한 거리에서 측정하였더니 72dB이었다. 이때 동시에 작동시킨 기계의 대수는?

풀이

동일소음도(L_1) n개의 합성소음도$(L_{(합)})$

$L_{(합)} = L_1 + 10\log n$

$L_{(합)} - L_1 = 10\log n$

$(72 - 65)\text{dB} = 10\log n$

$n = 10^{0.7} = 5.01$(5대)

必 수문제

04 공장 집진기용 송풍기의 소음측정 결과, 가동 시에는 94dB, 가동중지상태에서는 85dB이었다. 이 송풍기만의 실제소음도(dB)는?

풀이

차소음도$(L_{(차)})$

$L_{(차)} = 10\log(10^{\frac{L_1}{10}} - 10^{\frac{L_2}{10}}) = 10\log(10^{9.4} - 10^{8.5}) = 93.4\text{dB}$

必 수문제

05 PWL 80dB인 기계 10대를 동시에 가동하면 몇 dB의 PWL을 갖는 기계 1대를 가동시키는 것과 같은가?

풀이

합성소음도 계산을 응용하여 풀면

$PWL = 10\log(10^8 \times n) = 10\log(10^8 \times 10) = 90\text{dB}$

014 소음의 평가 방법

(1) A보정 음압레벨(L_A : A Weighted Sound Level)

① 청감보정회로 A를 통하여 측정한 레벨이다.
② 실내소음 평가 시 최댓값이나 평균값을 사용한다.

(2) AI(Ariculation Index)

① 회화 명료도지수로서 회화 전송의 주파수 특성과 소음레벨에서 명료도를 예측한다.
② 회화전달시스템의 평가기준이다.

(3) 회화방해레벨(SIL ; Speech Interference Level)

① 소음을 600~1,200Hz, 1,200~2,400Hz, 2,400~4,800Hz의 3개 밴드로 분석한 음압레벨을 산술평균한 값이다.
② 실내소음에 의해 다른 사람의 말을 잘 이해하지 못할 때와 같이 소음에 의해서 대화에 방해되는 정도를 표현하기 위해 사용된다.
③ 명료도지수(AI)를 간략화한 회화방해에 관한 평가법이다.

(4) 우선회화방해레벨(PSIL ; Preferred Speech Interference Level)

소음을 1/1 옥타브 밴드로 분석한 중심주파수 500, 1,000, 2,000Hz의 음압레벨을 산술평균한 값이다.

(5) NC(Noise Criteria) 곡선

① 소음을 1/1 옥타브 밴드로 분석한 결과에 의해 실내소음을 평가하는 방법으로 실의 소음대책 설계목표치를 나타낼 때 주로 사용된다.
② 소음기준곡선 혹은 실내의 배경소음을 평가한다.
③ PNC(Preferred Noise Criteria) 곡선은 NC 곡선의 단점을 보완해서 저주파수 대역 및 고주파수 대역에서 엄격하게 평가되었으며, 음질에 대한 불쾌감을 고려한 곡선이다.
④ 공조기소음 등과 같은 광대역의 정상적인 소음을 평가하기 위해 베라넥(Beranek)이 제안한 것으로, 대상 소음을 옥타브 분석하여 대역음압레벨을 구한 후 NC 곡선에 밴드레벨을 기입하여 각 대역 중 최댓값을 구하여 NC값으로 한다.

(6) 소음평가지수(NRN ; Noise Rating Number) : NR(Noise Rating) 곡선

① 소음을 청력장애, 회화장애, 소란스러움의 3가지 관점에서 평가한 지표이다.
② NC, SIL 등을 총괄한 값이며 Sone, Noy 등과 같이 주파수 분석으로 구한다.

③ 음의 스펙트라, 피크펙터, 반복성, 습관성, 계절, 시간대, 배경소음, 지역별 등을 고려하여 구한다. 또한 NR 곡선은 NC 곡선을 기본으로 하고 있다.

④ 측정방법은 소음을 1/1 옥타브 밴드로 분석한 음압레벨을 NR 곡선에 Plotting하여 가장 큰 쪽의 곡선과 접하는 값을 구한 후 보정한다.

⑤ 측정된 소음이 반복성 연속음일 경우는 별도로 보정할 필요 없이 사용한다. 즉 NR 보정값은 0이다.

⑥ 측정된 소음에서 순음 성분이 많은 경우 +5dB의 보정을 한다.

⑦ 측정소음이 일반적인 습관성이 아닌 소음일 경우 보정할 필요가 없다. 즉 NR 보정값은 0이다.

⑧ 소음 피해에 대한 주민들의 반응이 NRN 40 이하이면 주민 반응이 없는 것으로 판단한다.

Reference

소음평가방법 중 NRN, Sone, Noy의 공통점은 어느 값이나 주파수 분석으로 구한다는 것이다.

(7) 교통소음지수(TNI ; Traffic Noise Index)

① 도로교통소음을 인간의 반응과 관련시켜 정량적으로 구한 값이다.

② 측정방법은 도로교통소음을 1시간마다 100초씩 24시간 측정하고 소음레벨 dB(A)의 L_{10}, L_{50}, L_{90}을 구한 후 각각의 24시간의 평균치를 구한다.

③ 관계식

$$TNI = 4(L_{10} - L_{90}) + L_{90} - 30$$

여기서, L_{10} : 전 샘플시간의 10%를 초과하는 소음레벨(80% 범위의 상단치)
L_{90} : 전 샘플시간의 90%를 초과하는 소음레벨(80% 범위의 하단치)

④ 상기 계산식의 값이 74 이상이면 주민의 50% 이상이 불만을 호소한다.

(8) 등가소음레벨(L_{eq} : Equivalent Continous Sound Level)

① 어떤 시간대에서 변동하는 소음레벨의 에너지를 동시간대의 정상소음의 에너지로 치환한 값, 즉 변동하는 소음의 에너지 평균레벨이다.

② 변동이 심한 소음의 평가방법으로 측정시간 동안의 변동소음에너지를 시간적으로 평균하여 이를 대수변환시킨 것이다.

③ **관계식**

$$L_{eq} = 10\log\left(\sum_{i=1}^{N} f_i \times 10^{\frac{L_i}{10}}\right) \text{ dB(A)}$$

여기서, f_i : 일정 소음레벨 L_i의 지속시간율
L_i : i번째의 소음레벨

④ 일반적으로 환경기준을 정할 때 이용된다. 즉, 환경소음평가법은 등가소음레벨이 널리 사용된다.

⑤ A청감 보정회로의 값을 기본으로 사용한다.

(9) 소음통계레벨(L_N : Percentage Noise Level)

① 총 측정시간의 N(%)를 초과하는 소음레벨, 즉 전체 측정기간 중 그 소음레벨을 초과하는 시간의 총합이 N%가 되는 소음레벨이다.

② L_{10}이란 총 측정시간의 10%를 초과하는 소음레벨이며 80% 범위(Range)의 상단치를 의미한다.

③ %가 클수록 작은 소음레벨을 나타낸다.($L_{10} > L_{50} > L_{90}$)

④ 소음레벨의 누적도수분포로부터 쉽게 구할 수 있다.

⑤ 일반적으로 L_{90}, L_{50}, L_{10} 값은 각각 배경소음, 중앙값, 침입소음의 레벨값을 나타낸다.

(10) 주야평균소음레벨(L_{dn} : Day－Night Average Sound Level)

① 하루의 매시간당 등가소음도를 측정한 후, 야간소음 레벨의 문제점을 고려하여 야간(22 : 00~07 : 00)의 매시간 측정치에 10dB의 벌칙레벨을 합산한 후 파워를 평균한 레벨이다.

② **관계식**

$$L_{dn} = 10\log\left[\frac{1}{24}\left\{15 \times 10^{\frac{L_d}{10}} + 9 \times 10^{\frac{L_n + 10}{10}}\right\}\right] \text{ dB(A)}$$

여기서, L_d : (07 : 00~22 : 00) 사이의 매시간 L_{eq} 값
L_n : (22 : 00~07 : 00) 사이의 매시간 L_{eq} 값

(11) 소음공해레벨(L_{NP} : Noise Pollution Level)

① 변동소음의 에너지와 소란스러움을 동시에 평가하는 방법, 즉 등가소음레벨과 소음레벨의

변동에 의해 발생하는 불만의 가중치를 합하여 표현하는 척도이다.

② 관계식

$$L_{NP} = L_{eq} + 2.56\sigma \, \mathrm{dB(NP)}$$
$$= L_{eq} + (L_{10} - L_{90}) = L_{50} + \frac{d^2}{60} + d$$

여기서, σ : 측정소음의 표준편차
d : $(L_{10} - L_{90})$

(12) 감각소음레벨(PNL ; Perceived Noise Level)

① 공항 주변의 항공기소음을 평가하는 기본지표이며 소음을 0.5초 이내의 간격으로 옥타브 분석하여 각 대역별 레벨을 구하여 사용한다.

② 관계식

$$PNL = 33.3\log(Nt) + 40PN\mathrm{dB} = \mathrm{dB(A)} + 13 = \mathrm{dB(D)} + 7$$

여기서, N_t : 총 noy 값

(13) NNI(Noise and Number Index)

① 영국의 항공기소음 평가방법의 지표이다.

② 관계식

$$NNI = \overline{PNL} + 15\log N - 80 (= \overline{PNL} + 16\log N - 80)$$

여기서, $\overline{PNL}$: 1일 중 항공기 통과 시 PNL의 파워평균값
N : 1일 중 항공기 총 이착륙 횟수

(14) EPNL(Effective PNL)

국제민간항공기구(ICAO)에서 제한한 항공기소음 평가치로 항공기소음 증명제도에 이용된다.

(15) NEF(Noise Exposure Forecast)

미국의 항공기소음 평가방법의 지표이다.

(16) WECPNL(Weighted Equivalent Continous Perceived Noise Level)

① 많은 항공기에 의해 장기간 연속 폭로된 소음척도이며, 국제민간항공기구 및 우리나라에서 채택하고 있는 항공기소음 평가량이다.

② **관계식**

$$WECPNL = \overline{\mathrm{dB(A)}} + 10\log[N_2 + 3N_3 + 10(N_1 + N_4)] - 27$$

여기서, $\overline{\mathrm{dB(A)}}$: 1일 중 각 항공기 통과소음의 피크치의 dB 파워평균치
N_1 : 0시~7시 사이의 비행횟수
N_2 : 7시~19시 사이의 비행횟수
N_3 : 19시~22시 사이의 비행횟수
N_4 : 22시~24시 사이의 비행횟수

Reference 명료도

(1) 정의
무의미한 음절을 무작위로 발성하여 청취자가 이것을 받아쓰고 바르게 알아들은 수치를 백분비(%)로 표시한 것을 언어의 명료도(%−articulation)라 한다.

(2) 관계식
명료도 $= 96 \times (K_e \cdot K_r \cdot K_n)$

여기서, K_e : 음의 세기에 의한 명료도의 저하율
K_r : 잔향시간에 의한 명료도의 저하율
K_n : 소음에 의한 명료도의 저하율

(3) 특징
① 잔향시간이 길면 언어의 명료도가 저하된다.(명료도는 실내의 잔향시간에 반비례)
② 상수 96은 완전한 실내환경에서 96%가 최대명료도임을 뜻하는 값이다.
③ 소음에 의한 명료도는 음압레벨과 소음레벨의 차이가 0dB일 때 K_n값은 0.67이며, 이 K_n은 두 음의 차이가 커짐에 따라 증가한다.
④ 음의 세기에 의한 명료도는 음압레벨이 70~80dB에서 가장 좋다.

Reference 소음 평가 방법 구분

(1) 실내소음 평가법
① A보정 음압레벨, ② AI(명료도지수), ③ 회화방해레벨(SIL), ④ NC 곡선, ⑤ PNC 곡선, ⑥ NR 곡선

(2) 환경소음 평가법
① 등가소음레벨(L_{eq}), ② 소음통계레벨(L_N), ③ 교통소음지수(TNI), ④ 주야평균소음레벨(L_{dn}), ⑤ 소음공해레벨(L_{NP}), ⑥ NNI, ⑦ 감각소음레벨(PNL)

必수문제

01 다음 측정결과는 도로변에서 도로교통소음을 측정한 것이다. 이 결과를 이용하여 교통소음지수(TNI)를 구하면?

$$L_{10} = 95\text{dB} \quad L_{50} = 75\text{dB} \quad L_{90} = 55\text{dB}$$

풀이

$TNI = 4(L_{10} - L_{90}) + L_{90} - 30 = 4(95-55) + 55 - 30 = 185$

必수문제

02 어떤 시간 동안 배경소음이 76dB(A)이고, 그 시간의 42% 동안 기계에서 84dB(A)의 소음이 발생하였다면 이때의 등가소음도는?

풀이

$L_{eq} = 10\log\left(\sum_{i=1}^{N} f_i \times 10^{\frac{L_i}{10}}\right)\text{dB(A)} = 10\log\frac{1}{100}\left[(58\times 10^{\frac{76}{10}}) + (42\times 10^{\frac{84}{10}})\right] = 81.1\text{dB(A)}$

必수문제

03 항공기 소음을 소음계의 D특성으로 측정한 값이 102dB(D)이었다. 이때 감각소음레벨(PNL)은 대략 몇 PN(dB)인가?

풀이

$PNL = \text{dB(D)} + 7 = 102 + 7 = 109\text{PN(dB)}$

必수문제

04 등가소음도가 60dB(A)이고, 표준편차가 2.8dB(A)일 때 소음공해레벨(L_{NP})은?

풀이

소음공해레벨(L_{NP})

$L_{NP} = L_{eq} + 2.56\sigma\text{dB(NP)} = 60 + (2.56\times 2.8) = 67.2\text{dB(NP)}$

必수문제

05 **도로변에서 측정한 소음도가 $L_{10}=73\text{dB(A)}$, $L_{50}=62\text{dB(A)}$, $L_{90}=53\text{dB(A)}$일 때 소음공해레벨(L_{NP})은?(단, 순간레벨의 분포가 정규레벨에 가깝다고 가정한다.)**

풀이

소음공해레벨(L_{NP})

$$L_{NP}=L_{eq}+2.56\sigma(\text{dB(NP)})=L_{eq}+(L_{10}-L_{90})=L_{50}+\frac{d^2}{60}+d$$

$$=62+\frac{(73-53)^2}{60}+(73-53)=88.7\text{dB(NP)}$$

必수문제

06 **낮시간대의 매시간 등가소음도가 65dB(A), 밤시간대의 매시간 등가소음도가 55dB(A)일 때, 주야간평균소음도[dB(A)]는?(단, 밤시간대는 22 : 00~07 : 00)**

풀이

$$L_{dn}=10\log\left[\frac{1}{24}\left(15\times10^{\frac{L_d}{10}}+9\times10^{\frac{L_n+10}{10}}\right)\right]\text{dB(A)}$$

$$=10\log\left[\frac{1}{24}\left(15\times10^{\frac{65}{10}}+9\times10^{\frac{55+10}{10}}\right)\right]$$

$$=65\text{dB(A)}$$

015 소음공해의 특징 및 발생원

(1) 소음공해의 특징

① 듣는 사람에 따라 주관적이다.
② 축적성이 없다.
③ 감각공해이다.
④ 국소적 · 다발적이다.
⑤ 다른 공해에 비해서 불평 발생(민원) 건수가 많다.
⑥ 대책 후 처리할 물질이 발생되지 않는다.
⑦ 불평의 대부분은 정신적 · 심리적 피해에 관한 것이다.
⑧ 피해의 정도는 피해자와 가해자의 이해관계에 의해서도 영향을 받는다.

(2) 소음공해 주 발생원

① 도로교통소음

㉠ 도로에서 발생되는 소음은 환경소음에 가장 큰 영향을 주고 있는 소음 중 하나이다.
㉡ 자동차에 의한 도로교통소음도의 증가 원인은 차량 대수의 증가, 자동차 엔진, 주행상태, 타이어 종류, 도로구조 등 복합적이다.
㉢ 자동차 주행속도가 2배가 되면 약 10dB(A), 통과 대수가 2배가 되면 약 5dB(A) 증가되는 경향이 있다. 특히 주행속도가 70km/hr 이상이 되면 타이어 소음이 발생한다.
㉣ 자동차 소음원은 엔진회전수와 관련된 소음과 주행소음으로 구분된다.
㉤ 엔진회전수에 관련된 소음원은 엔진소음, 흡기와 배기소음, 냉각팬 소음 등이 있고, 주행속도와 관련된 소음은 타이어 마찰소음과 공력소음이 있다.

Reference 국내 간선도로 소음 예측식

적용 대상 교통량 : 3,129~7,095(대/h)
적용 위치 : 도로단으로부터 10m 이격 거리 지점

$$L_{eq} = 8.55\log\left(\frac{QV}{I}\right) + 36.3 - 14.11\log r_a + C\,[\text{dB(A)}]$$

여기서, Q : 1시간 동안의 등가 교통량(대/h)
(=소형차 통행량+10×대형차 통행량)
V : 평균 차속(km/h)(41.4~83.1km/h)
I : 가상 주행선에서 도로단까지의 거리+도로단에서 기준 10m 지점까지의 거리(m)
r_a : 거리비(기준 10m 거리에 대한 도로단에서 10m 이상 떨어진 예측 지점까지의 거리)

C : 상수 $15,000 < Q$이면 $C = -2.0$
$10,000 < Q \leq 15,000$이면 $C = -1.5$
$5,000 < Q \leq 10,000$이면 $C = -1.0$
$2,000 < Q \leq 15,000$이면 $C = -0.5$
$Q \leq 2,000$이면 $C = 0$

② 자동차 소음원에 따른 대책

㉠ 엔진소음
엔진의 구조개선에 의한 소음저감

㉡ 배기계소음
배기계 관의 강성증대로 소음억제

㉢ 흡기계소음
흡기관의 길이, 단면적을 최적화시켜 흡기음압을 저감

㉣ 냉각팬소음
냉각성능을 저하시키지 않는 범위 내에서 팬회전수 낮춤

③ 철도소음

㉠ 철도 주행음은 차체 또는 차륜과 레일의 마찰, 레일의 이음부 충격 등에서 발생한다.
㉡ 방지대책으로는 궤도의 직선화, 철교 제진처리, 받침목의 중량화, 자갈층 및 방진고무 두께 확충 등이다.
㉢ 철도의 주행소음은 레일로부터 100m 되는 지점에서는 약 90dB(A)이고 레일의 연결 부분 통과 시에는 약 5dB(A) 정도 증가된다.
㉣ 열차속도가 2배가 되면 약 9~10dB 증가하고, 철교나 고가 밑에서는 약 100dB(A) 정도이다.
㉤ 철도진동의 대책으로는 장대레일, 레일표면 평활, 자갈도상, 레일패드 등이 있다.

Reference 철도 소음 관련식

(1) 철도 소음 예측식

$$L_{eq}(1\text{h}) = L_{\max} + 10\log10(N) - 32.6[\text{dB(A)}]$$

여기서, $L_{\max} = 10\log_{10}\left[\left(\frac{1}{N}\right)\left(\sum_{i=1}^{N} 10^{0.1\max}\right)\right]$

$N = 1$시간 동안의 열차 통행량[(왕복)대/h]
$L_{\max i} = i$번째 열차의 최고 소음도[dB(A)]

(2) 열차 속도와 소음도의 관계

$$L_{\max} = K\log V + C$$

여기서, V : 열차 속도(km/h), C : 상수

K : 중저속 범위 계수(20~40), 고속 주행 시(250km/h 이상) 계수(60)

- 새마을호 $L_{\max} = 21.76\log V + 47.74$[dB(A)]
- 무궁화호 $L_{\max} = 19.71\log V + 62.04$[dB(A)]

(3) 철도 소음 실측값과 예측값

$$L_{eq} = L_{\max} + 10\log\left(\frac{n \cdot T_e}{T}\right) - 15\log\gamma_a[\text{dB(A)}]$$

여기서, $L_{\max}$: 개별 열차 통과 시의 최고 소음도의 파워 평균값[dB(A)]

n : 관심 대상 열차의 시간당 통과대수(대/h)

T_e : 열차 1대당 최고 소음도 지속 시간(sec)

T : 관심 대상 시간(sec)

γ_a : 기존 거리에 대한 예측 거리의 비

④ 항공기소음

㉠ 항공기소음은 크게 추진계소음(엔진)과 기계의 공기동역학적 소음으로 구분된다.

㉡ 발생원이 주변지역에 미치는 기여도는 다르지만 소음대책은 이 · 착륙 시 소음을 주 대상으로 하고 있다.

㉢ 항공기는 금속성의 고주파음을 방출하고, 발생음량이 많으며, 소음원이 상공에서 이동하기 때문에 그 피해면적이 광범위하다.

㉣ 항공기의 소음발생 특성은 간헐적이고 충격적이다.

㉤ 제트기는 이착륙 시 발생하는 추진계의 소음으로 금속성의 고주파음을 포함한다.

㉥ 공항 부근에 민가가 많을 경우 문제가 된다.

㉦ PNL 값은 항공기소음 평가의 기본값으로 많이 사용되기도 하며 국제민간항공기구에서 채택하고 있는 항공기소음 평가량은 WECPNL을 이용한다.

㉧ 항공기 소음대책 중 음원대책으로는 엔진개량 등이 있고 운항대책으로는 소음경감운항방식의 채택으로 피해를 다소 완화시킬 수 있다.

㉨ 회전날개에 의해 발생된 소음은 고음 성분이 많으며 감각적으로 인간에게 큰 자극을 준다.

㉩ 회전날개의 선단속도가 음속 이상일 경우 회전날개 끝에 생기는 충격파가 고정된 날개에 부딪혀 소음을 발생시키고 음속 이하일 경우에는 날개 수에 회전수를 곱한 값의 정수배 순음을 발생시킨다.

Reference 항공기소음 예측 계산식

$$WECPNL = \overline{L_{max}} + 10\log N - 27\,[dB(A)]$$

여기서, $\overline{L_{max}}$: 1일 단위로서 계산한 당일 평균 최고 소음레벨

N : 1일간 항공기의 등가 통과 횟수

$N = N_2 + 3N_3 + 10(N_1 + N_4)$

N_1 : 0시에서 07시까지의 비행 횟수

N_2 : 07시에서 19시까지의 비행 횟수

N_3 : 19시에서 22시까지의 비행 횟수

N_4 : 22시에서 24시까지의 비행 횟수

⑤ 공장소음

㉠ 다른 소음공해에 비해 진정건수가 많다.

㉡ 특히 공장의 단조기는 소음피크레벨이 크며 충격적이고 진동을 수반할 때가 많다.

㉢ 배출허용규제기준이 있어 이에 따라 관리된다.

Reference 기계소음 관련식

(1) 팬(Fan) 소음 예측식

$$L_w = 10\log F_r + 20\log P_s + K_f\,(dB)$$

여기서, F_r : 유량(m^3/s), P_s : 전압(cmH_2O), K_f : 팬의 음향파워정수

〈원심 팬의 음향 파워 정수(K_f)〉

팬의 유형	K_f(dB)
축류, 튜브, Vane 및 원심력형, 방사	72
원심력(Airfoil Blade, Forward or Backward Curved Blade)	59
원심력(Tubular)	67
프로펠러	77

(2) 전동기(모터) 예측식

$$L_w = 20\log(HP) + 15\log(rpm) + K_m\,(dB)$$

여기서, HP : 정격마력(1~300HP), rpm : 정격회전속도

K_m : 전동기 정수(13dB)

(3) 펌프 예측식

$$L_w = 10\log(HP) + K_p\,(dB)$$

여기서, K_p : 펌프 정수(원심력형 : 95dB, 스크루형 : 100dB, 왕복형 : 105dB)

(4) 공기 압축기 예측식

$$L_w = 10\log(HP) + K_c\ (dB)$$

여기서, K_c : 공기 압축기 상수 : 86dB(정격 1~100HP일 때)

⑥ 건설소음

㉠ 건설소음은 일정기간 동안만 발생하고 비교적 단시간(충격적)이며 강한 진동을 수반할 때가 많다.

㉡ 장소가 특정되어 있다.

㉢ 특히 건설현장의 항타기소음은 소음피크레벨이 크며 충격적이고 진동을 수반할 때가 많다.

⑦ 생활소음

㉠ 생활소음은 주택가 내에 다양하게 산재하고 있어 주거환경을 저해한다.

㉡ 확성기에 의한 소음, 소규모공장 및 사업장의 작업소음, 심야의 계속적 · 반복적인 영업장소음, 이동소음원 등이 있다.

⑧ 발파소음

㉠ 주로 댐이나 도로 등의 큰 건설현장에서 일어나는 소음원이다.

㉡ 대책

ⓐ 지발당 장약량을 감소시킨다.

ⓑ 방음벽을 설치한다.

ⓒ 불량한 암질 풍화암 등에서 폭발가스가 새어나오지 않도록 조치한다.

ⓓ 도폭선 사용을 피하고 완전전색이 이루어져야 한다.

ⓔ 기폭방법에서 정기폭보다는 역기폭 방법을 사용한다.

ⓕ 천공지름을 작게 하여 발파시킨다.

㉢ 발파풍압 관계식

$$P = K\left(\frac{R}{W^{1/3}}\right)^n,\quad V = K\left(\frac{R}{W^b}\right)$$

여기서, P : 발파풍압

R : 폭원으로부터 측정대상물까지의 거리(m)

W : 지반당 장약량(kg/delays)

K, n : 지반조건에 의해 결정되는 입지상수

V : 지반진동속도(cm/sec : kine)

b : 장약지수($\frac{1}{2}$ or $\frac{1}{3}$)

⑨ **덕트소음**

㉠ 송풍기 정압이 증가할수록 소음은 증가하므로 공기분배시스템은 저항을 최소로 하는 방향으로 설계해야 한다.

㉡ 덕트계에서 소음을 효과적으로 흡수하기 위해 흡음재를 송풍기 흡입구나 플래넘에 설치한다.

㉢ 덕트 내의 소음 감소를 위한 흡음, 차음 등의 방법은 500Hz 이상의 고주파 영역에서 감쇠효과가 좋다.

㉣ 덕트 내의 소음감소를 위해 특별한 장치를 설치하지 않아도 덕트 내의 장애물이나 엘보, 덕트 출구에서의 음파 반사 등에 의해 실내로 나오는 소음을 상당부분 줄일 수 있다.

㉤ 덕트 취출구 소음대책

ⓐ 취출구 끝단에 소음기 장착

ⓑ 취출구 끝단에 철망 등을 설치하여 음의 진행을 세분 혼합하도록 함

ⓒ 취출구 면적을 가능한 크게 함

ⓓ 취출구 소음의 지향성을 변경

⑩ **공동주택의 급 · 배수 소음대책**

㉠ 급수압이 높을 경우에 공기실이나 수격방지기를 수전 가까운 부위에 설치한다.

㉡ 욕조의 하부와 바닥 사이에 완충재를 설치한다.

㉢ 거실, 침실벽에 배관을 고정하는 것을 피한다.

㉣ 배수방식은 천장배관방식을 피한다.

㉤ 발생원으로부터 가까운 배관계통에 플렉시블 조인트를 설치한다.

㉥ 벽 · 바닥은 배관이 관통하는 경우 그 부분의 관벽을 완충재 등에 의해 절연한다.

⑪ **공동주택의 상하층 간 바닥충격음 대책**

㉠ 뜬바닥 구조의 활용

㉡ 바닥슬래브의 중량화 및 강성 강화

㉢ 이중 천장의 설치

㉣ 유연한 바닥재료의 활용

⑫ **엘리베이터와 거실이 근접하는 경우 대책**

㉠ 기계는 건축물 보에 직접 지지하고, 승강로벽 및 승강로와 인접한 거실벽의 두께는 120mm 이상으로 한다.

㉡ 승강로를 2중벽으로 하여 그 사이에 흡음재로 시공한다.

㉢ 기계실과 최상층 거실 사이를 창고, 설비실 등으로 설계한다.

㉣ 승강로벽 부근에 화장실 등의 부대설비를 설치하고 거주공간은 승강로벽으로부터 떨어지게 배치한다.

016 소음의 음향파워레벨 측정

- 음향파워레벨은 음압레벨을 측정하여 식으로 산출되며, 주위 상황에 따라 음압분포가 달라지므로 그 상태에 따라 음향파워레벨 측정법이 다르게 된다.
- 음향파워레벨 측정은 음원이 놓여진 공간의 상태에 따라 다르다.

(1) 자유음장법

① 소음발생원이 옥외에 있는 경우에 적용한다.

② 관련식

$$PWL = SPL - 10\log\left(\frac{Q}{4\pi r^2}\right)(\text{dB})$$
$$= SPL + 20\log r + 11 - 10\log Q$$

여기서, PWL : 음향파워레벨(dB), SPL : 음압레벨(dB)
r : 소음원에서 측정점까지의 거리(m), Q : 지향계수

(2) 확산음장법

① 소음발생원이 반사율이 큰 실내(잔향실)에 있는 경우에 적용한다.

② 관련식

$$PWL = SPL - 10\log\left(\frac{4}{R}\right)(\text{dB})$$
$$= SPL + 10\log R - 6$$

여기서, R : 실정수

$$R = \left(\frac{\bar{\alpha} \cdot S}{1 - \bar{\alpha}}\right)(\text{m}^2,\ \text{sabin})$$

여기서, $\bar{\alpha}$: 실내의 평균흡음률
S : 실내의 전 표면적(m^2)

(3) 반확산음장법

① 소음발생원이 공장 내, 일반실 내에 있는 경우에 적용한다.

② 관련식

$$PWL = SPL - 10\log\left(\frac{Q}{4\pi r^2} + \frac{4}{R}\right)(\text{dB})$$

必수문제

01 **실정수가 $114m^2$인 방에 파워레벨이 100dB인 음원이 있을 때 실내(확산음장)의 평균음압레벨(dB)은?(단, 실내의 전체 내면의 반사음이 아주 큰 잔향실 기준)**

풀이

확산음장법 이론식

$PWL = SPL + 10\log R - 6$

$SPL = PWL - 10\log R + 6 = 100 - 10\log 114 + 6 = 85.4\text{dB}$

必수문제

02 **평균흡음률 $\bar{\alpha} = 0.1$, 실내의 전 표면적이 $360m^2$의 중앙에 음향출력(PWL)이 80dB인 음원이 있다. 이 음원의 실내평균음압도(확산음, dB)는?(단, 확산음장 기준)**

풀이

$SPL = PWL - 10\log R + 6$

$$R(\text{실정수}) = \frac{\bar{\alpha} \cdot S}{1-\bar{\alpha}} = \frac{0.1 \times 360}{1-0.1} = 40\text{m}^2$$

$= 80 - 10\log 40 + 6 = 70\text{dB}$

必수문제

03 **비교적 큰 공장 내부에 PWL이 100dB인 무지향성 소형음원이 있다. 이 음원은 공장 실내의 세 면이 만나는 구석바닥에 놓여져 가동되고 있다. 공장 내부의 실정수 R이 $10m^2$일 때 음원으로부터 10m 지점에서의 음압레벨(dB)은?**

풀이

공장 내부이므로 반확산음장법이론식을 적용한다.

$$SPL = PWL + 10\log\left(\frac{Q}{4\pi r^2} + \frac{4}{R}\right)\ (\text{dB})$$

$PWL = 100\text{dB}$

Q(세 면이 만나는 지점)$= 8$, $r = 10\text{m}$, $R = 10\text{m}^2$

$$= 100 + 10\log\left(\frac{8}{4 \times 3.14 \times 10^2} + \frac{4}{10}\right) = 96\text{dB}$$

必 수문제

04 가로 30m, 세로 40m, 천장높이 3m의 바닥중앙에 PWL 90dB인 기계를 설치하려고 한다. 기계(무지향성) 중심에서 8m 떨어진 곳의 음압레벨은?(단, 실내의 평균흡음률은 0.4이다.)

풀이

문제에 소음원의 위치에 대한 언급이 없는 경우 반확산음장법 이론식을 적용한다.

$$SPL = PWL + 10\log\left(\frac{Q}{4\pi r^2} + \frac{4}{R}\right)\ (\text{dB})$$

$PWL = 90\text{dB}$, Q(바닥중앙)$= 2$, $r = 8\text{m}$

$$R = \frac{\bar{\alpha} \cdot S}{1-\bar{\alpha}} = \frac{0.4 \times 2{,}820}{1-0.4} = 1{,}880\text{m}^2$$

$\bar{\alpha}=0.4$, $s = (30 \times 40) \times 2 + (30 \times 3) \times 2 + (40 \times 3) \times 2 = 2{,}820\text{m}^2$

$$= 90 + 10\log\left(\frac{2}{4 \times 3.14 \times 8^2} + \frac{4}{1{,}880}\right) = 66.6\text{dB}$$

必 수문제

05 점음원의 파워레벨이 100dB이고, 그 점음원이 모퉁이(세 면이 접하는 구석)에 놓여 있을 때, 10m 되는 지점에서의 음압레벨은?

풀이

문제에 주어진 조건을 보면 자유음장법 이론식 적용이 가능하다.

$$SPL = PWL - 20\log r - 11 + 10\log Q$$

$PWL = 100\text{dB}$, $r = 10\text{m}$, $Q = 8$

$$= 100 - 20\log 10 - 11 + (10\log 8) = 78\text{dB}$$

017 음향생리와 감각

인간의 귀는 외이, 중이, 내이로 구성되어 있다.

(1) 청각기관의 구조와 역할

① 외이의 구성 및 음전달 매질

㉠ 이개(귀바퀴)

음을 모으는 집음기 역할을 한다.

㉡ 외이도

ⓐ 한쪽이 고막으로 막힌 일단개구관의 형태를 가지며, 고막까지의 거리는 약 2.7 mm이다.

ⓑ 일종의 공명기로서 약 3kHz의 소리를 증폭시켜 고막에 전달하여 진동시킨다.

㉢ 고막

ⓐ 둥근 모양의 얇은 막으로 외이와 중이의 경계 사이에 위치한다.

ⓑ 마이크로폰의 진동판과 같은 역할을 한다.

ⓒ 고막의 진동은 망치뼈, 모루뼈, 등자뼈를 통하여 내이에 있는 난원창에 진동을 전달한다.

㉣ 외이의 음전달 매질 : 공기(기체)

② 중이의 구성 및 음전달 매질

㉠ 고실(빈 공간)

ⓐ 3개의 청소골(망치뼈, 모루뼈, 등자뼈=추골, 침골, 등골)을 담고 있는 공간이 고실이며, 청소골은 외이와 내이의 임피던스 매칭을 담당한다. 즉, 망치뼈(고막과 연결되어 있음)에서의 높은 임피던스를 등자뼈에서는 낮은 임피던스로 바꿈으로써 외이의 높은 압력을 내이의 유효한 속도성분으로 바꾸는 역할을 한다.

ⓑ 3개의 뼈들은 고막에서 전달되는 소리의 진폭을 작게 하는 대신 힘을 약 10~20배 증가시켜 준다.

ⓒ 고실의 넓이는 1~2cm^2로 이소골이 있으며 이소골은 진동음압(진폭의 힘)을 약 10~20배 정도 증폭하는 임피던스 변환기의 역할을 하며 뇌신경으로 전달한다.

ⓓ 이소골은 고막의 운동진폭을 감소시키며, 그 대신 진동력을 15~20배 정도 확대시켜 타원창에 전달하기도 하고 경우에 따라 감소시키기도 한다.(이소골은 고막의 진동을 고체진동으로 변환시켜 외이와 내이를 임피던스 매칭하는 역할을 한다.)

㉡ 이관(유스타키오관)

ⓐ 외이와 중이의 기압을 조정하여 고막의 진동을 쉽게 할 수 있도록 한다. 즉, 귀바깥 쪽 중이의 압력을 평형화시켜서 정확한 소리를 감지할 수 있도록 하는 기능을 가진 기관이다.

ⓑ 큰 음압에 대해서는 중이의 근육이 수축작용을 하여 진폭제한작용을 한다.

ⓒ 고막 내외의 기압을 같게 하는 기능이 있다.

㉢ 중이의 음전달 매질 : 고체

③ 내이의 구성 및 음전달 매질

㉠ 난원창(전정창)

난원창은 이소골의 진동을 와우각(달팽이관) 중의 림프액에 전달하는 진동판 역할을 한다.

㉡ 달팽이관(와우각)

ⓐ 지름이 3mm, 길이는 약 33~35mm 정도이고 약 3(3.5) 회전만큼 돌려져 있는 나선형 구조로 되어 있다.

ⓑ 달팽이관 내에는 기저막이 있고, 이 기저막에는 신경세포가 있어 소리의 감각을 대뇌에 전달시켜 준다. 즉, 실제음파에 대한 센서부분을 담당하는 곳은 기저막에 위치한 섬모세포이다.

ⓒ 상층 기저막을 덮고 있는 섬모를 림프액이 진동하면 청신경이 이를 대뇌에 전달하여 수음한다.

ⓓ 섬모(Hair Cell)는 약 23,000~24,000개 정도이며 감음기 역할을 한다.

ⓔ 음의 대소(세기)는 섬모가 받는 자극의 크기(기저막의 진폭의 크기)에 따라 결정된다.

ⓕ 음의 고저(주파수)는 와우각 내에서 자극받는 섬모의 위치(기저막의 진동위치)에 따라 결정된다.

ⓖ 고주파는 난원창의 가까이에서 최대점을 가지고 주파수가 감소됨에 따라 달팽이관 쪽으로 최대점이 이동한다.

ⓗ 내이의 세반고리관 및 전정기관은 초저주파소음의 전달과 진동에 따르는 인체의 평형을 담당한다.

ⓘ 달팽이관 내부는 청각의 핵심부라고 할 수 있는 코르티기관은 텍토리알막과 외부 섬모세포 및 나선형 섬모, 내부 섬모세포, 반경방향성 섬모, 청각신경, 나선형 인대로 이루어져 있다.

㉢ 원형창(고실창), 인두, 평형기, 청신경 등도 내이의 구성요소이다.

㉣ 내이의 음전달 매질 : 액체(림프액)

Reference 소리감지 전달경로

이개 → 고막 → 이소골 → 기저막

(2) 청력

① 음의 대소(크기)

음의 진폭(음압)의 크기에 따른다.

② 음의 고저

음의 주파수에 따라 구분하며 사람의 목소리는 100~10,000Hz(100~4,000Hz), 회화의 명료도는 200~6,000Hz, 회화의 이해를 위해서는 500~2,500Hz(300~3,000Hz)의 주파수 범위를 각각 갖는다.

㉠ 초저주파음(Infrasonic Sound)

ⓐ 0~20Hz 범위, 즉 20Hz보다 낮은 주파수 범위이다.

ⓑ 가청범위 주파수 범위(20~20,000Hz)가 아니지만 때때로 초저주파음을 느낄 수 있다.

ⓒ 초저주파음에 의한 일시적 가청변위는 거의 나타나지 않으며 나타난다 하더라도 원래의 레벨로 아주 빨리 회복된다.

ⓓ 초저주파음의 자연음원은 파도, 지진, 천둥, 회오리바람 등이며 인공음원으로는 냉 · 난방시스템, 제트비행기, 우주선 점화 시 등이 있다.

ⓔ 초저주파음에 의한 영향으로는 신경피로, 구역질, 균형상실 등이 나타난다.

ⓕ 초저주파음을 집중시키면 매우 큰 에너지가 방출되므로 그 통로에 놓인 건물이나 사람도 파괴할 수 있다.

㉡ 저주파음

ⓐ 가청범위의 주파수보다 낮은 범위를 포함하여 주파수가 낮은 음파로서 대부분 100Hz 전후보다 낮은 주파수의 음파를 말한다.

ⓑ 저주파음의 발생원은 대형 회전기계, 전동기계, 연소기계, 댐의 방류, 고속도로, 항공기 등이다.

㉢ 초음파(Ultrasonic Sound)

ⓐ 인간의 가청범위를 넘는 고주파음을 말하며, 대기중 초음파는 가청주파수의 음과 함께 전송된다.

ⓑ 약 20,000Hz 이상 주파수로 직진성이 크고, X선과 같이 상을 만들기 때문에 제트엔진, 세척장비 등에서 주로 활용된다.

ⓒ 발생원은 제트엔진, 고속드릴, 세척장비, 초음파 이용 특수공구 등이다.

ⓓ 태아의 심장운동 청취, 의학적 치료, 금속체의 결함검출 등에 이용한다.

ⓔ 초음파음은 공기에 의해 흡수가 잘 되므로 음원 근처에서 조사가 이루어져야 한다.

ⓕ 치료목적으로 초음파 사용 시 크기가 크면 신체조직에 손상을 줄 수 있으므로 주의해야 한다.

㉣ 충격음(Impulse Noise)

ⓐ 충격음은 지속시간이 극히 짧은, 즉 피크치에 이르는 상승시간이 100ms 이하이

고, 그 지속시간이 1sec 이내인 음이다.

ⓑ 타격, 폭발, 파열 등에 의해서 발생한다.

ⓒ 음압의 변화는 임펄스형 파형을 나타내며 충격음의 지속시간이 증가하면 피크 압력레벨은 감소한다.

ⓓ 발생횟수가 초당 10회를 넘으면 충격음 대신에 정상적인 소음으로 간주하여 단순하게 처리해도 무방하다.

㉤ 소닉 붐(Sonic Boom, 음향 폭음)

ⓐ 항공기가 음속을 초과하여 비행 시 음파는 항공기 앞으로 이동할 수 없이 원추모양의 충격파가 뱃머리에서 수면파가 진행하는 것과 유사한 형상을 이루는 충격음 또는 음파에 의한 폭발음이라고도 하고 압력의 변화가 N자형으로 되어 N파라고도 한다.

ⓑ 입사파에 의한 압력변화는 반사파 때문에 변화한 압력이 합산되며, 측정된 피크 과도압은 입사파의 대략 2배가 된다.

ⓒ 항공기가 초음속으로 비행하면 붐카페트는 충격 파면에 의해 지표면을 가로지르며 지나간다.

ⓓ 붐에너지의 대부분은 초저주파로 구조물이 가지고 있는 고유진동수와 일치하면 공명을 일으키거나 건물에 손상을 준다.

③ **청력손실**

청력손실이란 청력이 정상인 사람의 최소 가청치와 검사자(피검자)의 최소 가청치의 비를 dB로 나타낸 것이다. 이 청력손실이 옥타브밴드 중심주파수 500~2,000Hz 범위에서 25dB 이상이면 난청이라 평가한다.

㉠ 평균청력손실 4분법 평가방법

$$\text{평균청력손실} = \frac{a + 2b + c}{4}\ (\text{dB})$$

여기서, a : 옥타브밴드 중심주파수 500Hz에서의 청력손실(dB)
b : 옥타브밴드 중심주파수 1,000Hz에서의 청력손실(dB)
c : 옥타브밴드 중심주파수 2,000Hz에서의 청력손실(dB)
d : 옥타브밴드 중심주파수 4,000Hz에서의 청력손실(dB)

일반적으로 4분법에 의한 청력손실이 20dB(25dB) 이하이면 정상적으로 음성청취가 가능하다고 본다.

㉡ 평균청력손실 6분법 평가방법

$$\text{평균청력손실} = \frac{a + 2b + 2c + d}{6}\ (\text{dB})$$

(3) 난청

청력장애는 일시적 청력손실인 청각피로에서부터 회복과 치료가 불가능한 영구적 장애까지 있다. 특히 500Hz~2.5kHz 대역은 인간의 언어활동에 쓰이는 부분으로 이 주파수 대역에서의 과도한 청력손상은 결국 언어 소통의 장애를 가져온다.

① **일시적 청력손실(TTS ; NITTS)**

㉠ 소음성 일시적 역치 상승, 즉 110dB(A) 이상의 큰 소음에 일시적으로 폭로되면 일시적으로 청력이 저하되었다가 수초~수일 후에 정상 청력으로 회복이 가능한 일시성의 청력손실이다.(조용한 곳에서 적정시간이 지나면 정상이 될 수 있는 변위를 말한다.)

㉡ 강력한 소음에 노출되어 생기는 난청으로 소음에 노출된 지 2시간 이후부터 발생한다.

② **영구적 청력손실(PTS ; NIPTS)**

㉠ 소음성 난청이라고도 하며 일시적 난청으로부터 예측할 수 있다.

㉡ 4,000Hz 정도에서부터 난청이 진행된다.

㉢ 소음이 높은 공장에서 장기간 일하는 근로자들에게 나타나는 직업병이다.

㉣ 소음에 폭로된 후 2일~3주가 지나도 정상청력으로 회복되지 않는다. 즉, 비가역적 청력저하현상으로 청감역치가 영구적으로 변화하여 영구적인 난청을 유발하는 변위를 말한다.

㉤ 소음성 난청은 내이의 세포변성(내이 Corti기관의 섬모세포의 손상)이 주요한 원인이며 이 경우 음이 강해짐에 따라 정상인에 비해 음이 급격하게 크게 들리게 된다.

㉥ 소음성 난청은 대부분 음을 수감하는 와우각 내의 감각세포 이상으로 발생한다.

㉦ 장기간 큰 소음을 유발하는 직장에서 일한 사람은 특히 4,000Hz 부근에서의 청력손실이 현저하다. 즉, 청력저하는 고주파에 의한 것이 더 크다.

㉧ 소음성 난청 예방의 허용치는 폭로시간 8시간일 때 90dB(A)이다.

㉨ C_5 − dip현상

소음성 난청의 초기단계로서 C_5(4,096Hz)에서 청력손실이 현저히 커지는 현상이며, C_5 부근에서 청력손실이 커져서 dip은 점점 분명해지며 약의 부작용 등의 원인에 의해서도 일어날 수 있다.

㉩ 일반적으로 소음성난청은 장기간에 걸친 소음폭로로 기인되기 때문에 노인성난청도 가미된다.

③ **노인성 난청**

㉠ 노화에 의한 퇴행성 질환으로 감각신경성 청력손실이 양측 귀에 대칭적 · 점진적으로 발생하는 질환이다.

㉡ 노인성 난청은 소음성 난청보다 높은 6,000Hz 부근에서 청력손실이 일어난다. 즉, 난청이 시작된다는 의미이다.

PART 01
PART 02
PART 03
PART 04
PART 05
PART 06

(4) 양이 효과(Binaural Effect)

인간의 귀가 양쪽에 있기 때문에 한쪽 귀로 듣는 경우와 양쪽 귀로 듣는 경우 서로 다른 효과를 나타낸다.

(5) 소음에 대한 노출(폭로)기준

① 우리나라의 노출기준

8시간 노출에 대한 기준(고용노동부) : 90dB (5dB 변화율)

1일 노출시간(hr)	소음수준[dB(A)]
8	90
4	95
2	100
1	105
$\frac{1}{2}$	110
$\frac{1}{4}$	115

② 소음 노출(폭로)기준 평가

$\frac{C_1}{T_1}+\cdots+\frac{C_n}{T_n}$ 의 값이 1 이상이면 소음노출기준 '초과' 평가
1 미만이면 소음노출기준 '미만' 평가

여기서, $C_1 \sim C_n$: 각 소음노출시간(hr)
$T_1 \sim T_n$: 각 노출기준(소음수준)에 따른 노출시간(hr)

必수문제

01 옥타브밴드 중심주파수 500Hz, 1,000Hz, 2,000Hz의 청력손실이 각각 10dB, 20dB, 30dB이라 할 때 평균 청력손실은?

풀이

평균 청력손실(4분법)$=\frac{a+2b+c}{4}=\frac{10+(2\times 20)+30}{4}=20$dB

必수문제

02 A공장에서 근무하는 근로자의 청력을 검사하였다. 검사 주파수별 청력손실이 표와 같을 때 4분법 청력손실이 28dB이었다. 500Hz에서의 청력손실은?

검사주파수(Hz)	청력손실(dB)
63	2
125	5
250	8
500	( )
1k	30
2k	38
4k	56

풀이

평균 청력손실(4분법)$= \dfrac{a+2b+c}{4}$ (dB)

$28 = \dfrac{a+(2\times 30)+38}{4}$

a(500Hz에서 청력손실) = 14dB

必수문제

03 한 근로자가 91dB(A) 장소에서 2시간, 94dB(A) 장소에서 3시간 작업을 하였으며 3시간 동안은 소음에 폭로되지 않은 장소에서 작업했다면 소음폭로평가(NER)는?(단, 91dB(A)에서는 6시간, 94dB(A)에서는 6시간의 폭로시간이 허용된다.)

풀이

소음폭로평가(NER)$= \dfrac{C_1}{T_1}+\dfrac{C_2}{T_2}+\dfrac{C_3}{T_3}=\dfrac{2}{6}+\dfrac{3}{6}+0=\dfrac{5}{6}$

이 값이 1 미만이므로 '미만'으로 평가한다.

ENGINEER NOISE & VIBRATION

SECTION ENGINEER NOISE & VIBRATION

001 진동특성

(1) 정의

① 진동이란 기계나 기구의 사용으로 인하여 발생되는 강한 흔들림을 의미하며 기계의 사용으로 인하여 지반이나 건축물 또는 연결된 기계가 전후, 상하, 좌우방향으로 흔들리는 것을 의미한다.

② 사람에게 불쾌감을 주는 진동으로 사람의 건강 및 건물에 피해를 주는 진동을 공해진동이라고 한다.

③ 진동이 주변의 사람들에게 피해를 주지 않고 단순히 기계 자체에만 영향을 끼쳐서 고장을 일으키는 경우를 기계진동이라 한다.

(2) 공해진동 진동수(주파수) 범위

1~90(Hz)

(3) 공해진동레벨 범위

60~80dB [진도계로는 Ⅰ(미진)~Ⅲ(약진)]

(4) 진동역치

① 진동의 역치란 인간이 겨우 느낄 수 있는 진동레벨값이다.

② 진동역치 범위는 55±5dB이다.

③ 진동수 역치범위는 0.1~500Hz이다.

(5) 특징

① 일반적으로 연직(수직)진동이 수평진동보다 진동레벨이 크다.

② 대개의 경우 소음을 동시에 수반한다.

③ 지표진동의 크기와 그 장소에 있는 건물진동의 크기는 반드시 1 : 1로 대응하지는 않는다.

④ 주로 지반을 통하여 건축물에 전파되어 건물 안에 2차 소음을 발생시키고 파의 형태로 인체에 전파된다.

⑤ 공해진동은 수직진동 성분이 대부분을 점하고 있어, 우리나라 소음진동 관리법에서는 V특성으로 계측하도록 되어 있다.

⑥ 진동영향 측면에서 가장 중요한 진동원의 특성은 진동의 지속시간 및 진동의 발생빈도이다.

(6) 진동의 발생원

① 충격진동(폭발, 타격)

② 정상진동(일반산업장 기계의 지속적인 정상진동)

③ 중첩진동(충격 및 정상진동의 혼합)

(7) 진동의 구분

① **자유진동(Free Vibration)**

㉠ 외부에서 작용하는 힘 없이 일어나는 진동으로, 초기변위나 초기속도에 의하여 일어나는 진동을 말한다.

㉡ 외부의 힘이 제거된 후에 일어나는 진동을 말하며 계(System)의 특성에 따른 진동수를 갖는 진동이다.

② **강제진동(Forced Vibration)**

외력(가진력)에 의하여 일어나는 진동으로 강제진동은 주기적일 수도 있고 비주기적일 수도 있다.

③ **주기진동**

일정한 시간간격을 두고 반복하는 진동을 말한다.

(8) 진동원의 특징

① 진동의 전파거리는 예외적인 것을 제외하면 진동원에서 100m 이내(대부분 10~20m 이내)이다.

② 수직진동보다 수평진동이 더 많이 나타나고 일반적으로 진동수 범위는 1~90Hz 정도이다.

③ 연속진동, 일시진동, 지반진동 등으로 구분할 수 있다.

(9) 공장진동원

① **구분**

㉠ 점진동원(단조기계, 프레스기계, 사출성형기, 직기 등)

㉡ 면진동원(지반 밑에 설치되어 있는 기계기초 등)

㉢ 입체진동원(대형 단조프레스와 같이 지반 밑에 설치되어 있는 기계기초 등)

② **진동전달**

㉠ 수진지점의 진동레벨은 발생원의 진동레벨에서 거리감쇠량을 고려하여 구하며, 지반조건이나 진동파의 특성에 따라 감쇠량이 다르게 나타난다.

㉡ 관련식

$$VL = VL_o - 20\log\frac{r}{r_o}$$

여기서, VL : r(m) 떨어진 지점의 진동레벨[dB(V)]

VL_o : r_o(m) 떨어진 지점의 진동레벨[dB(V)]

n : 진동 파동에 따른 상수[표면(R)파 : 0.5, 실제(P, S)파 : 1.0, 2.0]

㉢ 발생진동량 추정방법
ⓐ 설치기계 자체의 실측치
ⓑ 설치기계의 사양으로부터 계산
ⓒ 동종기계의 진동실측치 집약 데이터
ⓓ 설치기계의 제조자로부터 얻은 진동데이터
ⓔ 유사사양, 상황 등이 비슷한 기계의 실측치

(10) 건설공사장 진동원

① 건설공사장 진동은 상대적으로 진동레벨이 크기 때문에 인근 주민에게 불안감과 피해를 주고 인접구조물 및 건설 중인 현장구조물에 심각한 손상을 준다.
② 건설진동 발생원은 진동레벨의 시간적 변동특성, 진동수, 진동시간 등에 의해 구분된다.
③ **시간적 변동특성에 의한 분류**
㉠ 진동레벨이 별로 변하지 않는 정상적인 진동원(공기압축기)
㉡ 충격력을 지속해서 발생하는 진동원(항타기계 등)
㉢ 진동레벨이 불규칙적으로 변동하는 진동원(불도저, 쇼벨 등)

(11) 도로·철로 진동원

① 도로나 철로에서 발생되는 진동은 도로 · 철로의 조건 및 운행조건 등에 따라 다르지만 상대적으로 진동레벨이 커, 지역주민 및 구조물에 영향을 준다.
② 도로상을 주행하는 차량과 철도 운행 시 자체 중량에 의하여 도로침하로 요철이 생기면서 진동이 발생한다.
③ 철도진동은 선진동원으로써 열차의 전 구간에 걸쳐 진동 시 동시에 발생, 즉 장주기 진동을 발생시키며 다른 진동과 비교하여 낮은 진동수를 갖게 되므로, 상대적으로 작은 진동에 의해서도 건축물 피해가 발생될 가능성이 높다.

002 진동의 크기를 나타내는 단위(진동크기 3요소)

(1) 변위(Displacement)

① 물체가 정상정지위치에서 일정시간 내에 도달하는 위치까지의 거리

② 단위 : mm(cm, m)

(2) 속도(Velocity)

① 변위의 시간 변화율이며 진동체가 진동의 상한 또는 하한에 도달하면 속도는 0이고 그 물체가 정상위치인 중심을 지날 때 그 속도의 최대가 된다.

② 단위 : cm/sec(kine), m/sec

(3) 가속도(Acceleration)

① 속도의 시간 변화율이며 측정이 간편하고 변위와 속도로 산출할 수 있기 때문에 진동의 크기를 나타내는 데 주로 사용한다.

② 단위 : $cm/sec^2(m/sec^2)$

(4) 진동량의 표현식

① **변위(x)**

$$x = A\sin\omega t \quad \text{or} \quad x = A\sin(\omega t + \phi)$$

여기서, x : 변위(m)

sin : 정현진동 의미(sin파)

ω : 각진동수($2\pi f$: rad/sec)

t : 시간에 대한 함수 의미

$(\omega t + \phi)$: 위상각$\left[\tan^{-1}\dfrac{2\xi(\omega/\omega_n)}{1-\left(\dfrac{\omega}{\omega_n}\right)^2}\right]$ 여기서, ξ : 감쇠비

ϕ : 초기위상(위상차)

A : 변위진폭(m)

② **속도(v)**

진동속도는 변위를 시간으로 미분한 값이다.($\dot{x}$)

$$v(\dot{x}) = \frac{dx}{dt} = \frac{d}{dt}(A\sin\omega t) = A\omega\cos\omega t = A\omega\sin\left(\omega t + \frac{\pi}{2}\right)$$

여기서, v : 속도(m/sec)

cos : 여현진동 의미(cos파)

$\frac{\pi}{2}$: 변위와 속도의 위상 차이

$A\omega$: 속도진폭(속도 최댓값 : m/sec)

③ 가속도(a)

진동가속도는 속도를 시간으로 미분한 값이다. ($\ddot{x}$; $\dot{v}$)

$$a(\dot{v}) = \frac{dv}{dt} = \frac{d}{dt}(A\omega\cos\omega t) = -A\omega^2\sin\omega t = -(2\pi f)^2 A\sin(2\pi f t)$$
$$= A\omega^2\sin(\omega t + \pi)$$

여기서, a : 가속도(m/sec²)

π : 변위와 가속도의 위상 차이

$A\omega^2$: 가속도진폭(가속도 최댓값 : m/sec²)

$A\omega^2 = A\omega \cdot \omega = V_{max} \cdot \omega$

④ 변위진폭(A)

$$A(\text{m})$$

⑤ 속도진폭(V_{max})

$$V_{max} = A\omega = A \times 2\pi f(\text{m/sec, cm/sec, kine})$$

⑥ 가속도진폭(a_{max})

$$a_{max} = A\omega^2 = A\omega \cdot \omega = V_{max} \cdot \omega = V_{max} \times 2\pi f(\text{m/sec}^2)$$

003 조화진동(조화운동)

(1) 정의

일정시간 동안에 같은 현상이 반복되는 진동이며, 주로 sin함수, cos함수로 표시한다.

(2) 용어

① 주기(T)

1회 진동하는 데 필요한 시간. 즉, 주기운동이 되풀이되는 데 필요한 시간이다.

② 진폭(A)

㉠ 진폭이란 진동의 크기를 말하며 진폭이 클수록 기계에 가해지는 움직임과 응력은 커지고 기계는 더 큰 결함이 발생한다. 즉, 진동진폭은 진동의 심각성을 나타내는 지표이다.

㉡ 변위의 최대치이며 sin곡선(정현파)을 수식으로 나타낸 식 $x = A\sin\omega t$에서 A값을 말한다.

㉢ 진동의 중심값에서의 최대변동값이다.

㉣ 진동의 공진현상이 일어나면 진동의 진폭이 증가하는 것을 의미한다.

㉤ 공진이란 어떤 진동계에 있어서 고유진동수(f_n)와 강제진동수(f)가 같을 때 발생하는 현상으로 진폭이 이상할 정도로 크게 나타나는 것이다.

㉥ 진동진폭은 진동 움직임의 크기, 움직임 속도, 움직임과 관련된 힘과 관계있다.

㉦ 대부분 속도 단위의 진폭이 기계 상태를 나타내는 데 가장 유용하게 사용된다.

③ 진동수(f)

㉠ 단위시간(1sec)당 반복횟수, 즉 완전한 사이클 수를 말한다.

㉡ 진동수가 크면 클수록 진동주기는 빨라진다.

㉢ 진동수는 주기 T의 역수로 $f = \frac{1}{T} = \frac{\omega}{2\pi}$가 성립한다.

㉣ 일반적으로 사용하는 단위는 CPS(Cycle Per Second), Hz를 사용하며 1Hz는 1CPS이다.

④ 각진동수(ω)

㉠ 단위시간에 움직이는 각도는 진동수의 2π배, 즉 단위시간에 나아가는 각도를 나타낸다.

㉡ 각진동수는 $\omega = 2\pi f$(rad/sec)로 표현된다.

⑤ 맥놀이(울림, Beat)

㉠ 진동수가 비슷한(≒1~7Hz 범위) 두 개의 조화운동을 합성할 때 강·약이 번갈아 나타나 울림의 형태로 나타난다.

㉡ 맥놀이(울림)의 주기는 두 진동수 절댓값의 차를 구하여 역수를 취하여 구한다.

⑥ **피크(Peak)와 실효치(Root－Mean－Square)**

피크는 정해진 기간 내에서 기계진동의 최대속도값을 나타내며 실효치는 기계에 작용하는 진동에너지를 의미한다.

⑦ **파형**

㉠ 파형은 시간이 경과함에 따라 진동진폭이 얼마나 변하는지를 그래프 형태로 표현한 것이다.

㉡ 파형이 가지는 정보량은 데이터 수집시간 및 분해능에 따라 달라진다.

㉢ 데이터 수집시간은 데이터를 분석하기 위한 파형을 얻은 시간이며 분해능은 데이터를 얼마나 상세하게 수집할 것인가에 따라 결정되는 것으로 파형의 모양을 결정짓는 데이터 개수와 샘플 수에 따라 달라진다.

⑧ **스펙트럼**

스펙트럼은 기계가 진동할 때 발생되는 진동수별 진폭을 그래프 형태로 표현한 것으로 진동성분을 진동수별로 세분한 것으로, 기계의 고장 결함을 분석하는 데 매우 유용한 도구이다.

(3) 2개 이상의 조화진동의 합성

$x = A\sin\omega t + B\sin\omega t + C\sin\omega t$

① **최대진폭**(A_m)

$$A_m = \sqrt{A^2 + B^2 + C^2}$$

② **변위실효치**(A_{rms})

$$A_{rms} = \sqrt{\left(\frac{A}{\sqrt{2}}\right)^2 + \left(\frac{B}{\sqrt{2}}\right)^2 + \left(\frac{C}{\sqrt{2}}\right)^2}$$

(4) 강제진동(Forced Vibration)

주기적인 외력에 의해 지속되는 진동을 말한다.

(5) 자유진동(Free Vibration)

① 외부의 힘이 제거된 후에 일어나는 진동을 말한다.

② System(계)의 특성에 따른 진동수를 갖는 진동이다.

SECTION 004 진자

(1) 용수철 진자

$$T = 2\pi\sqrt{\frac{m}{k}}$$

여기서, T : 용수철 진자의 주기
m : 질량
k : 탄성계수(용수철 상수)

$$F = -kx\text{(후크의 법칙)} \Rightarrow (F = kx = mg\text{의 관계 성립})$$

여기서, F : 용수철의 탄성력
$-$: 진동의 부 방향

(2) 단진자

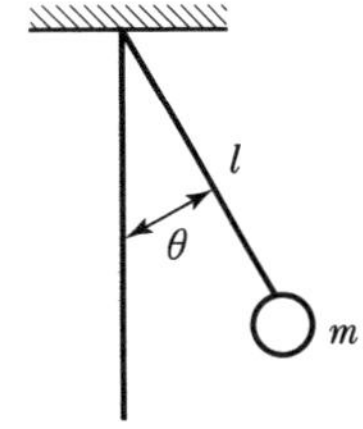

$$T = 2\pi\sqrt{\frac{l}{g}}, \ f_n = \frac{1}{2\pi}\sqrt{\frac{g}{l}}$$

여기서, T : 단진자의 주기
l : 진자의 길이
g : 중력가속도

① 단진자의 주기는 추의 질량(m)과 관계없다.
② 고유진동수는 l의 제곱근에 반비례한다.

(3) 막대진자

$$f_n = \frac{1}{2\pi}\sqrt{\frac{3g}{2l}}$$

여기서, f_n : 막대진자의 고유진동수
l : 막대길이
g : 중력가속도
(단, 수직으로 매달린 가늘고 긴 막대가 평면에서 진동하여 진폭은 작다고 가정함)

005 기타 진동계

(1) 비틀림 진동계

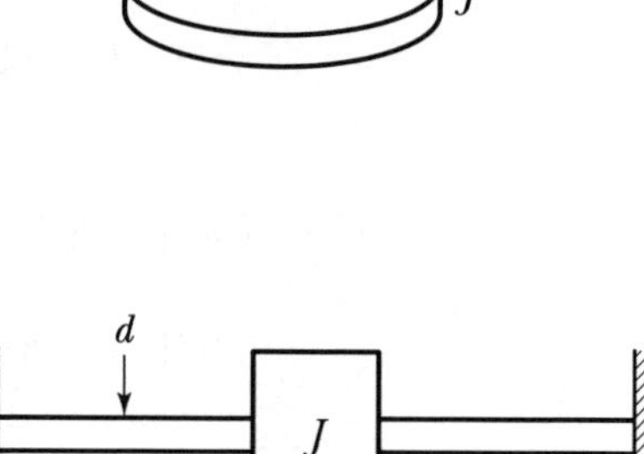

$$f_n = \frac{1}{2\pi}\sqrt{\frac{k}{J}}$$

여기서, f_n : 비틀림 진동의 고유진동수
d : 축의 직경, J : 관성모멘트
k : 비틀림 강성계수, d : 축의 직경

$$k = \frac{\pi d^4 G}{32 l}$$

(2) 비틀림 진동계

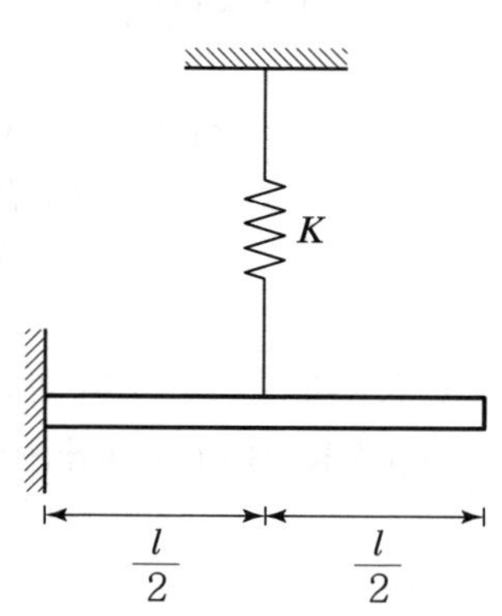

$$f_n = \frac{1}{2\pi}\sqrt{\frac{\pi d^2 G}{8Jl}}$$

(3) 외팔보 진동계(고정단)

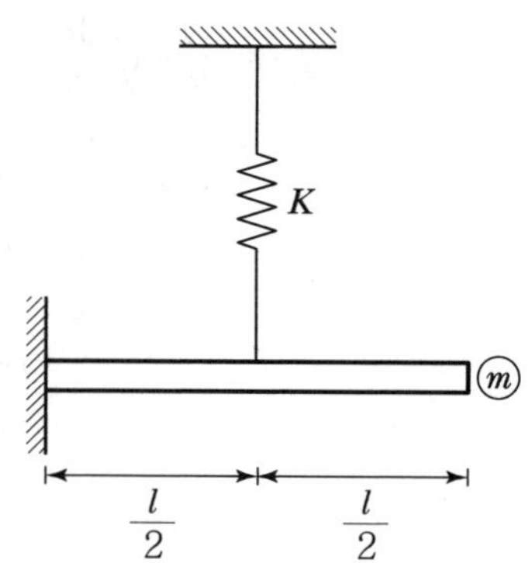

$$f_n = \frac{1}{4\pi}\sqrt{\frac{3K}{m}}$$

여기서, f_n : 외팔보 진동의 고유진동수
K : 외팔보의 강성계수
m : 외팔보의 질량

(4) 질량이 붙은 외팔보 진동계(고정단)

$$f_n = \frac{1}{4\pi}\sqrt{\frac{k}{m}}$$

(5) 질량이 붙은 외팔보 진동계(자유단)

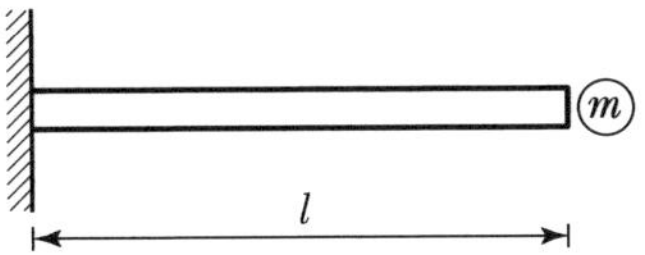

$$f_n = \frac{1}{2\pi}\sqrt{\frac{3EI}{ml^3}}$$

여기서, E : 재료의 세로 탄성계수
I : 보의 단면 2차 모멘트
EI : 보의 강성도
l : 보의 길이
m : 질량
K : 스프링 상수$\left(\frac{3EI}{l^3}\right)$

(6) U자관 내의 진동계

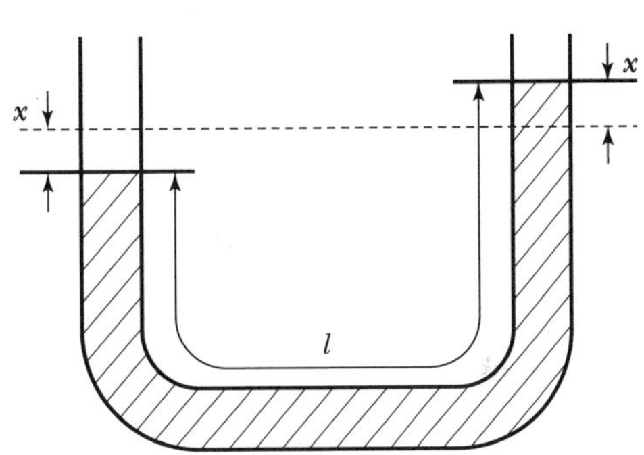

$$f_n = \frac{1}{2\pi}\sqrt{\frac{2g}{l}}$$

여기서, f_n : U자관 내의 액주, 고유진동수
l : 액주의 총 길이

(7) 연속체의 진동

연속체의 진동은 대상체 내의 힘과 모멘트의 평형을 이용하거나 계에 관련되는 변형 및 운동에너지를 활용하여 운동방정식을 유도하면 통상 2계 또는 4계 편미분방정식으로 되는 경우가 대부분이다. 특히 판의 진동은 주로 4계 편미분방정식으로 유도된다.

必수문제

01 $x(t) = A\sin(5\pi t + \frac{3}{2}\pi)$**로 표시되는 조화운동의 진동수(Hz)는?**

풀이

변위의 기본식 $x = A\sin(\omega t + \phi)$에서
진동수와 관련 있는 항목은 각진동수(ω)이므로
$\omega = 2\pi f = 5\pi$
$f = \frac{5\pi}{2\pi} = 2.5\text{Hz}$

必수문제

02 각진동수가 120rpm인 조화운동의 주기(sec)는?

풀이

$\omega = 2\pi f$

$f = \dfrac{\omega}{2\pi} = \dfrac{120/60}{2 \times 3.14} = 0.3185\text{Hz}$

$T = \dfrac{1}{f} = \dfrac{1}{0.3185} = 3.14\text{sec}$

必수문제

03 어떤 물체의 운동변위가 $x = \sin(2\pi t - \dfrac{\pi}{3})$cm로 표시될 때 진동의 주기(sec)는 얼마인가?

풀이

각진동수$(\omega) = 2\pi f$,　$f = \dfrac{\omega}{2\pi}$

진동주기$(T) = \dfrac{2\pi}{\omega} = \dfrac{2\pi}{2\pi} = 1\text{sec}$

必수문제

04 진동수 10Hz에서 최대진동가속도가 400mm/sec²이면 최대변위진폭(mm)은?

풀이

최대가속도$(a_{max}) = A\omega^2$

$A = \dfrac{a_{max}}{\omega^2} = \dfrac{400}{(2 \times 3.14 \times 10)^2} = 0.1\text{mm}$

必수문제

05 최대가속도 720cm/sec²인 물체가 360rpm으로 운동하고 있을 때 이 물체 진동의 변위진폭(cm)은?

풀이

$A = \dfrac{a_{max}}{\omega^2} = \dfrac{a_{max}}{(2\pi f)^2} = \dfrac{720}{(2 \times 3.14 \times \dfrac{360}{60})^2} = 0.51\text{cm}$

必수문제

06 **주어진 조화진동운동이 7.5cm의 변위진폭, 2.2초의 주기를 가진다고 할 때 최대진동속도(cm/sec)는?**

풀이

최대속도(V_{max})$= A\omega = A\times(2\pi f) = A\times\left(\frac{2\pi}{T}\right) = 7.5\times\left(\frac{2\times3.14}{2.2}\right) = 21.4\text{cm/sec}$

必수문제

07 **주기가 0.3초이고 가속도진폭이 0.2m/s²인 진동의 속도진폭은 몇 kine인가?**

풀이

가속도진폭(a_{max})$= A\omega^2 = V_{max}\times\omega = V_{max}\times\left(\frac{2\pi}{T}\right)$

속도진폭(V_{max})$= \frac{T}{2\pi}\times a_{max} = \frac{0.3}{2\times3.14}\times0.2 = 0.00955\text{m/sec} = 0.955\text{cm/sec(kine)}$

必수문제

08 **어떤 질점의 운동변위가 $x = 5\sin(10\pi t - \frac{\pi}{3})$cm로 표시될 때 가속도의 최대치(m/sec²)는 얼마인가?**

풀이

가속도 최대치(a_{max}) $= A\omega^2 = A\times(2\pi f)^2$

$A = 5\text{cm},\ f : \omega = 2\pi f,\ 10\pi = 2\pi f,\ f = 5\text{Hz}$

$= 5\times(2\times3.14\times5)^2 = 4{,}929.8\text{cm/sec}^2(49.3\text{m/sec}^2)$

必수문제

09 **상하로 각각 0.2mm 사이를 5Hz로 정현운동하고 있는 지면이 있다. 이때 가속도 실효치는 몇 mm/s²인가?**

풀이

$a_{max} = A\times\omega^2 = A\times(2\pi f)^2 = 0.2\times(2\times3.14\times5)^2 = 197.19\text{mm/s}^2$

가속도 실효치(a_{rms}) $= \frac{a_{max}}{\sqrt{2}} = \frac{197.19}{\sqrt{2}} = 139.4\text{mm/s}^2$

必수문제

10 진폭이 0.55mm이며, 7Hz로 정현진동하는 지면의 가속도 실효치(rms)는 몇 cm/sec^2인가?

풀이

$$a_{max} = A \times (2\pi f)^2 = 0.055 \times (2 \times 3.14 \times 7)^2 = 106.28 cm/sec^2$$

$$a_{rms} = \frac{a_{max}}{\sqrt{2}} = \frac{106.28}{\sqrt{2}} = 75.16 cm/sec^2$$

必수문제

11 기계를 기초에 고정하고 운전하였더니 기계의 상면 높이가 998mm부터 1,002mm 사이를 매분 240회 진동하였다. 이 진동의 가속도(m/sec^2)는?

풀이

$$a_{max} = A\omega^2 = A \times (2\pi f)^2$$

$$A = 2mm$$

$$f = \frac{240rpm}{60} = 4Hz$$

$$= 2 \times (2 \times 3.14 \times 4)^2 = 1{,}262 mm/sec^2 (1.26 m/sec^2)$$

必수문제

12 어떤 조화운동이 6cm의 진폭과 3초의 주기를 가질 경우, 이 조화운동의 최대가속도(cm/sec^2)는?

풀이

$$a_{max} = A \times (2\pi f)^2 = A \times (2\pi \times \frac{1}{T})^2 = 6 \times (2 \times 3.14 \times \frac{1}{3})^2 = 26.29 cm/sec^2$$

必수문제

13 진동수가 25Hz, 속도진폭의 최대치가 0.0011m/sec의 정현진동인 경우 가속도 진폭의 최대치(m/sec^2)는?

풀이

$$a_{max} = A\omega^2 = A\omega \times \omega = V_{max} \times \omega = V_{max} \times 2\pi f$$

$$= 0.0011 \times (2 \times 3.14 \times 25)$$

$$= 0.1727 m/sec^2 \ (1.73 \times 10^{-1} m/sec^2)$$

必 수문제

14 스프링에 매달려 있는 한 질량체가 주파수 10Hz, 진폭 5mm로 진동할 때 질량체의 속도진폭(m/sec)은?

풀이

속도진폭(V_{max}) $= A\times\omega = A\times 2\pi f = 0.005\times(2\times 3.14\times 10) = 0.314\text{m/sec}$

必 수문제

15 어떤 단순조화진동의 변위진폭이 0.1mm, 최대가속도는 20m/s²이다. 이 운동의 진동수 f(Hz)는?

풀이

최대가속도(a_{max}) $= A\omega^2$

$20 = 0.0001\times(2\times 3.14\times f)^2$

$f = \dfrac{\sqrt{20/0.0001}}{2\times 3.14} = 71.2\text{Hz}$

必 수문제

16 가속도계로 어떤 진동체의 최대가속도를 측정하였더니 중력가속도의 20배였다. 이때 진동체의 진동수가 480rpm이면 진동체의 진폭(cm)은?

풀이

$A = \dfrac{a_{max}}{\omega^2} = \dfrac{a_{max}}{(2\pi f)^2} = \dfrac{9.8\times 20}{\left(2\times 3.14\times \dfrac{480}{60}\right)^2} = 7.76\text{cm}$

必 수문제

17 $x_1 = 3\sin 40t$, $x_2 = 3\sin 41t$인 2개의 진동이 동시에 일어날 때 울림(Beat)의 주기는 얼마인가?

풀이

맥놀이(Beat) 진동수를 구하여 역수를 취한다.

$x_1 = 3\sin 40t$의 진동수 $\omega = 2\pi f = 40$, $f_1 = 6.37\text{Hz}$

$x_2 = 3\sin 41t$의 진동수 $\omega = 2\pi f = 41$, $f_2 = 6.53\text{Hz}$

맥놀이 진동수(f)$= |f_1 - f_2| = 0.16\text{Hz}$

맥놀이 주기(T)$= \dfrac{1}{f} = \dfrac{1}{0.16} = 6.25\text{sec}$

必수문제

18 $x(t) = x_0 \cos \omega_n t + \dfrac{v}{\omega_n} \sin \omega_n t$**의 자유진동 진폭크기는?**

풀이

최대진폭= $\sqrt{{x_0}^2 + \left(\dfrac{v}{\omega_n}\right)^2}$

必수문제

19 $x_1 = 4\cos 80t$, $x_2 = 5\cos 80t$**인 2개의 진동이 동시에 일어날 때 합성진동의 최대진폭(cm)은 얼마인가?(단, 진폭의 단위는 cm, t는 시간 변수)**

풀이

최대진폭= $\sqrt{4^2 + 5^2} = 6.4\text{cm}$

必수문제

20 진동발생원의 수직방향에 대한 주파수 분석결과 진동가속도 실효치가 2Hz : 3mm/s^2, 4Hz : 4mm/s^2, 8Hz : 5mm/s^2, 16Hz : 6mm/s^2라면, 합성파의 진동가속도 실효치(mm/sec^2)는?

풀이

문제에 주어진 값이 실효치이므로 최대진폭을 구하는 이론식을 적용하면 된다.

$x = A\sin\omega t + B\sin\omega t + C\sin\omega t + D\sin\omega t$

A, B, C, D가 진폭이지만 문제상 주어진 실효치 개념으로 생각한다.

진동가속도 실효치= $\sqrt{A_{rms}^2 + B_{rms}^2 + C_{rms}^2 + D_{rms}^2} = \sqrt{3^2 + 4^2 + 5^2 + 6^2} = 9.27\text{mm/sec}^2$

必수문제

21 어떤 진동 $x(t) = 3\cos 60t + \sin 60t$**의 최대진폭은?**

풀이

최대진폭$(A_m) = \sqrt{3^2 + 1^2} = \sqrt{10}$

必 수문제

22 **주기가 2초인 단진자의 실 길이(cm)는?**

풀이

단진자의 주기$(T)=2\pi\sqrt{\dfrac{l}{g}}$

$l=g\times\left(\dfrac{T}{2\pi}\right)^2=9.8\times\left(\dfrac{2}{2\times3.14}\right)^2=0.993\text{m}\,(99.3\text{cm})$

必 수문제

23 **단진자의 길이가 $\dfrac{1}{2}$이 되면 주기는 몇 배가 되는가?**

풀이

$T=2\pi\sqrt{\dfrac{l}{g}}$ 에서 $1l$이 $\sqrt{\dfrac{1}{2}}\,l$로 되는 것을 의미하므로 $T'=2\pi\sqrt{\dfrac{\frac{1}{2}l}{g}}$ 로 된다. 즉, 주기는 $\dfrac{1}{\sqrt{2}}$배로 변한다. 단진자에서 길이가 반으로 줄면 주기는 원주기의 약 70.71%로 빨라진다.

必 수문제

24 **200g의 추를 매달 때 길이가 20cm 늘어나는 용수철이 있다. 100g의 추를 매달아 진동시킬 때, 이 용수철 진자의 주기는 몇 초인가?**

풀이

용수철 진자의 주기(T)

$T=2\pi\sqrt{\dfrac{m}{k}}$

후크의 법칙에서 탄성계수를 구한 후 주기를 구한다.

$F=kx=mg,\ k=\dfrac{mg}{x}=\dfrac{0.2\times9.8}{0.2}=9.8\text{kg/sec}^2$

$=2\times3.14\times\sqrt{\dfrac{0.1}{9.8}}=0.63\text{sec}$

25 그림과 같은 비틀림 진동계에서 축의 직경을 4배로 할 때 계의 고유진동수 f_n은 어떻게 변화 되겠는가?(단, 축의 질량효과는 무시)

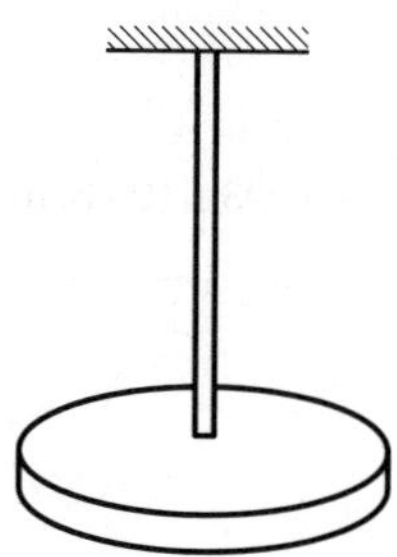

풀이

$$f_n = \frac{1}{2\pi}\sqrt{\frac{k}{J}}$$

$k = \dfrac{\pi d^4 G}{32l}$ 에서 $k = d^4 = 4^4 = 256$

$f_n = \sqrt{k} = \sqrt{256} = 16\text{Hz}$ (원래의 16배)

Reference 물 위에 수직 원동체의 운동주기(T)

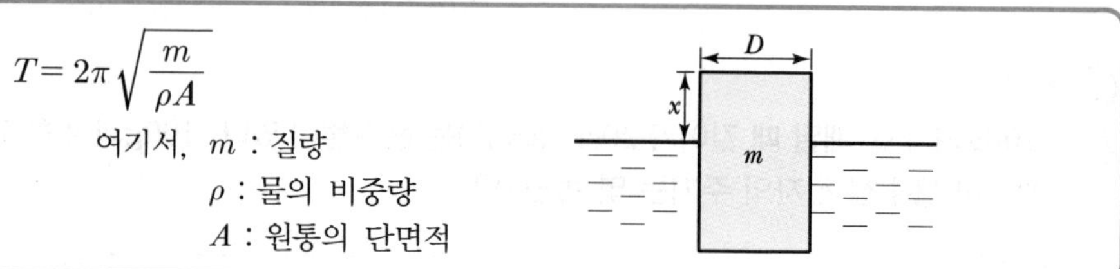

$$T = 2\pi\sqrt{\frac{m}{\rho A}}$$

여기서, m : 질량
ρ : 물의 비중량
A : 원통의 단면적

006 진동 크기 표현

(1) 진동가속도

① 단위시간당 속도의 변화량으로 나타낸 것이다.

② 단위는 cm/s^2($1cm/s^2 = 1Gal$) 및 m/s^2로 표시된다.

③ 인간이 일반적으로 느낄 수 있는 진동가속도 범위는 1~1,000Gal($0.01m/s^2$~$10m/s^2$)이다.

④ 진동가속도 최댓값(피크값)$= A\omega^2$

⑤ 진동가속도 실효치$(A_{rms}) = \dfrac{A\omega^2}{\sqrt{2}}$

(2) 진동표시법

① 피크값(Peak Level) : A_m(진동의 가속도 진폭)

② 피크－피크값(Peak to Peak Level) : $2A_m$

③ 실효치(rms)(Root Mean Square Value) : $\dfrac{A_m}{\sqrt{2}}$

④ 평균치(Average Value) : $\dfrac{2A_m}{\pi}$

(3) 진동가속도 레벨(VAL ; Vibration Acceleration Level)

① 음의 음압레벨에 상당하는 값으로 진동의 물리량을 dB값으로 나타낸 것이다.

② 관련식

$$VAL = 20\log\left(\frac{A_s}{A_0}\right)\text{dB}$$

여기서, A_{rms} : 측정대상 진동가속도 진폭의 실효치값

$$A_{rms} = \frac{A_{max}}{\sqrt{2}}(m/s^2)$$

A_0 : 기준진동의 가속도 실효치값

$A_0 = 10^{-5}m/s^2$ (0dB)

ISO : $10^{-6}m/s^2$

(4) 진동레벨(VL ; Vibration Level)

① VAL은 물리량의 레벨이므로 인체의 영향을 미치는 개념으로는 설명되지 못하여 진동가속도 레벨에 인체의 감각에 보정한 값을 진동레벨(VL)이라 한다.

② VL의 단위는 수직보정된 레벨 dB(V), 수평보정된 레벨 dB(H)을 사용하며 일반적으로 수직진동이 수평진동보다 진동레벨이 크다.

③ 관련식

$$진동레벨(VL) = VAL + W_n \ [\mathrm{dB(V)\ or\ dB(H)}]$$

여기서, VAL : 진동가속도레벨(dB)

W_n : 진동주파수별 인체감각보정치

$$W_n = -20\log\left(\frac{a}{10^{-5}}\right)$$

a : 주파수별 대역별 설정치의 물리량

• 수직보정의 경우

$1\mathrm{Hz} \le f \le 4\mathrm{Hz}$: $a = 2 \times 10^{-5} \times f^{-\frac{1}{2}}\,(\mathrm{m/s^2})$

$4\mathrm{Hz} \le f \le 8\mathrm{Hz}$: $a = 10^{-5}(\mathrm{m/s^2})$

$8\mathrm{Hz} \le f \le 90\mathrm{Hz}$: $a = 0.125 \times 10^{-5} \times f(\mathrm{m/s^2})$

• 수평보정의 경우

$1\mathrm{Hz} \le f \le 2\mathrm{Hz}$: $a = 10^{-5}(\mathrm{m/s^2})$

$2\mathrm{Hz} \le f \le 90\mathrm{Hz}$: $a = 0.5 \times 10^{-5} \times f(\mathrm{m/s^2})$

(5) 등감각곡선

① 인체의 진동에 대한 감각은 진동수에 따라 다르며 진동에 의한 물리적 자극은 주로 신경말단에서 느낀다.

② 등감각곡선에 기초하여 정해진 보정회로를 통한 레벨을 진동레벨이라 한다.

③ 횡축을 진동수, 종축을 진동가속도 실효치로 진동의 등감각곡선을 나타내며 수직진동은 4~8Hz 범위에서, 수평진동은 1~2Hz 범위에서 가장 민감하다.

④ 일반적으로 수직보정된 레벨(수직 진동레벨)을 많이 사용하며 dB(V)을 단위로 표시한다.

⑤ 산업현장에서 4~8Hz 사이의 수직진동에 근로자가 8시간 노출될 때 피로능률감퇴경계가 되는 진동의 크기는 $0.315\mathrm{m/sec^2}$이다.

必수문제

01 측정 대상 진동의 가속도 실효치가 1cm/sec²일 때 VAL(dB)은?

풀이

$$VAL = 20\log\left(\frac{A_{rms}}{A_0}\right) = 20\log\frac{0.01}{10^{-5}} = 60\text{dB}$$

必수문제

02 진동발생원의 진동을 측정한 결과, 가속도 진폭이 4×10^{-2}m/s²이었다. 이것을 진동가속도 레벨(VAL)로 나타내면 몇 dB인가?

풀이

진동가속도레벨(VAL)

$$VAL = 20\log\left(\frac{A_{rms}}{A_0}\right) \ (\text{dB})$$

A_{rms} : 가속도 진폭의 실효치(m/s²) $= \dfrac{A_{\max}}{\sqrt{2}} = \dfrac{4 \times 10^{-2}}{\sqrt{2}} = 0.028\text{m/s}^2$

A_0 : 기준 가속도 실효치(10^{-5}m/s²)

$$= 20\log\left(\frac{0.028}{10^{-5}}\right) = 68.9\text{dB}$$

必수문제

03 주파수 16Hz, 진동속도 진폭의 최대치 0.0001m/sec인 정현진동에서 진동가속도의 기준치를 10^{-5}(m/s²)으로 할 때 진동가속도 레벨(dB)은?

풀이

$$VAL = 20\log\frac{A_{rms}}{10^{-5}} \ (\text{dB})$$

$$A_{rms} = \frac{A_{\max}}{\sqrt{2}}$$

$$A_{\max} = A\omega^2 = A\omega \times \omega = V_{\max} \times \omega = V_{\max} \times (2\pi f)$$

$$= 0.0001 \times (2 \times 3.14 \times 16) = 0.010048\text{m/s}^2$$

$$= \frac{0.010048}{\sqrt{2}} = 0.0071\text{m/s}^2$$

$$= 20\log\frac{0.0071}{10^{-5}} = 57\text{dB}$$

必수문제

04 진동수 25Hz, 파형의 전진폭이 0.0002m/s인 정현진동의 진동가속도레벨(dB)은?(단, 기준 10^{-5}m/s²)

풀이

$$VAL = 20\log\frac{A_{rms}}{10^{-5}} \text{ (dB)}$$

$$A_{rms} = \frac{A_{\max}}{\sqrt{2}}$$

$$A_{\max} = V_{\max} \times \omega = V_{\max} \times (2\pi f)$$

$$V_{\max} = \frac{0.0002}{2} = 0.0001\text{m/sec}$$

$$= 0.0001 \times (2 \times 3.14 \times 25) = 0.0157\text{m/sec}^2$$

$$= \frac{0.0157}{\sqrt{2}} = 0.0111\text{m/sec}^2$$

$$= 20\log\frac{0.0111}{10^{-5}} = 60.9\text{dB}$$

必수문제

05 상하 각각 0.02mm를 5Hz로 정현진동하는 지면의 진동가속도레벨(dB)은?(단, 기준 10^{-5} m/sec²)

풀이

$$VAL = 20\log\frac{A_{rms}}{10^{-5}}$$

$$A_{rms} = \frac{A_{\max}}{\sqrt{2}}$$

$$A_{\max} = A\omega^2 = 0.00002 \times (2 \times 3.14 \times 5)^2 = 0.01972\text{m/sec}^2$$

$$= \frac{0.01972}{\sqrt{2}} = 0.01394\text{m/sec}^2$$

$$= 20\log\frac{0.01394}{10^{-5}} = 62.89\text{dB}$$

必수문제

06 **10Hz의 진동수를 갖는 조화진동의 변위진폭이 0.01m로 계측되었을 때 수직진동레벨 dB(V)은?**

풀이

$$VL = VAL + W_n$$

$$VAL = 20\log\frac{\left(\frac{0.01\times(2\times3.14\times10)^2}{\sqrt{2}}\right)}{10^{-5}} = 128.9\text{dB}$$

$$W_n = -20\log\left(\frac{a}{10^{-5}}\right) = -20\log\left(\frac{0.125\times10^{-5}\times f}{10^{-5}}\right) = -20\log(0.125\times10) = -1.94\text{dB}$$

$$= 128.9 - 1.94 = 126.97\text{dB(V)}$$

必수문제

07 **10Hz 진동수를 갖는 조화진동의 속도진폭이** $5\times10^{-3}\text{m/sec}$**였다. 이때 dB(V)을 구하시오.**

풀이

$$VL = VAL + W_n$$

$$VAL = 20\log\frac{\frac{(5\times10^{-3})\times(2\times3.14\times10)}{\sqrt{2}}}{10^{-5}} = 86.93\text{dB}$$

$$W_n = -20\log\left(\frac{a}{10^{-5}}\right) = -20\log\left(\frac{0.125\times10^{-5}\times f}{10^{-5}}\right) = -20\log(0.125\times10) = -1.94\text{dB}$$

$$= 86.93 - 1.94 = 84.99\text{dB(V)}$$

007 진동의 영향

(1) 인체에 대한 진동의 영향을 결정하는 물리적 인자(ISO)

① 주파수(진동수)
② 진동가속도
③ 진동의 방향
④ 지속시간(폭로시간)

Reference 일반적 진동에 의한 생체 영향 요인

① 진동 진폭
② 진동수
③ 폭로시간
④ 진동방향
⑤ 진동파형

(2) 진동의 물리적 영향에 대한 일반적 특징

① 인체에서의 진동 전달은 주파수(진동수)에 따라 다르다.
② 수직진동과 수평진동이 동시에 가해지면 자각현상이 2배가 된다.
③ 공진효과는 앉아 있을 때가 서 있을 때보다 현저하다. 즉, 사람이 서 있을 때와 앉아 있을 때의 진동전열효과는 다르다.
④ 발바닥이나 엉덩이에 가해진 진동이 머리에 전달될 때 주파수 20Hz까지는 5dB 정도 감쇠한다.
⑤ 공진현상이 일어나면 가해진 진동보다 크게 느끼고, 진동수가 증가함에 따라 감쇠는 급격히 감소한다.
⑥ 진동은 각각의 개인민감도, 연령, 성별 등에 의해서 개인적 차이가 있고 두통, 신경장애 등의 감각적 · 생리적 불안감을 초래한다.
⑦ 맥박수, 혈압, 심장박동량이 증가하고 말초혈관은 수축된다.
⑧ 위장내압의 증가, 복압상승, 내장하수, 척수와 청각장애, 시각장애 등을 유발한다.
⑨ 일상생활을 방해받거나 밤잠을 설쳐 정신적으로 불안정하게 되고, 주변이 산만하게 되어 일의 능률이 저감되고 생활이 무기력해진다.
⑩ 건물에 균열이 발생하고 기계 등은 마모나 비틀림 등이 생겨 수명이 단축되고 내진 설계비용이 발생한다.

(3) 각 진동수에 의한 인체의 반응

① 1차 공진현상 : 3~6Hz

② 2차 공진현상 : 20~30Hz(두개골 공명으로 시력 및 청력 장애 초래)
③ 3차 공진현상 : 60~90Hz(안구가 공명)
④ 3Hz 이하 : 차멀미(동요병)와 같은 동요감을 느낌
⑤ 1~3Hz : 호흡에 영향, 즉 호흡이 힘들고 산소(O_2) 소비가 증가
⑥ 6Hz : 허리, 가슴 및 등쪽에 심한 통증을 느낌
⑦ 13Hz : 머리, 안면에 심한 진동을 느낌
⑧ 4~14Hz : 복통을 느낌
⑨ 9~20Hz : 대소변 욕구
⑩ 12~16Hz : 음식물이 위아래로 오르락내리락하는 느낌을 9Hz에서 느끼고 12~16Hz에서는 아주 심하게 느낌
⑪ 공진현상은 앉아 있을 때가 서 있을 때보다 심하게 나타난다.

(4) 신체 장애

① **전신진동**

㉠ 인간의 신체는 1~90Hz(2~200Hz)의 진동수에 영향을 받으며, 특히 4~12Hz 진동수에서 가장 민감하다.(내장의 경우는 5~8Hz 정도)
㉡ 차량, 선박, 항공기 등 교통기관을 타거나 운전 시 일반적으로 다리 등을 통하여 전신에 전달된다.
㉢ 말초혈관 수축, 혈압상승, 맥박증가, 발한, 피부전기저항 저하 등의 생체반응이 나타난다.

② **국소진동**

㉠ 국소진동의 대표적 증상은 레이노씨 현상(Raynaud's Phenomenon)이다.
ⓐ 손가락에 있는 말초혈관운동의 장애로 인한 혈액순환이 방해를 받아 수지가 창백해지고 손이 차며 저리거나 통증이 오는 현상이다.
ⓑ 한랭작업조건에서 특히 증상이 악화된다.
ⓒ 착암기, 연마기 또는 해머 같은 진동 공구를 장기간 사용한 근로자의 손가락에 유발되기 쉬운 직업병이다.
ⓓ 공구사용법, 공구의 진동속도, 노출기간, 개인의 체질에 따라 문제시된다.
ⓔ Dead Finger(검은색 손가락 증상) 또는 White Finger라고도 하고 발증까지 약 5년 정도 걸린다.
㉡ 국소진동은 뼈 및 관절, 근육, 신경, 인대, 혈관 등의 연부조직에 많은 장해를 유발한다.
㉢ 8~1,500Hz의 진동수에 영향을 받으며 진동 공구를 사용할 때 일어난다.

③ 진동의 수용기관

㉠ 진동의 수용기관은 소음의 수용기관에 비해 명확하지 않다.

㉡ 진동에 의한 물리적 자극은 신경의 말단에서 수용된다.

㉢ 동물실험에 의하면 파시니안(Pacinian) 소체가 진동의 수용기인 것으로 알려져 있다.

㉣ 진동수용기로서 파치니소체는 나뭇잎 모양을 하고 있다.

(5) 지진의 명칭과 진동가속도레벨(dB)에 따른 물적 피해

진도	지진 명칭	현상	진동가속도 레벨(dB)
0	무감 (no Feeling)	• 인체에 느껴지지 않음 • 지진계에 기록될 정도	55 이하
Ⅰ	미진 (Slight)	• 약간 느낌, 즉 지진에 예민한 사람 정도만 느낄 정도	60±5
Ⅱ	경진 (Weak)	• 크게 느낌(창문이 약간 흔들림) • 많은 사람들이 느낄 정도	70±5
Ⅲ	약진 (Rather Strong)	• 가옥이 흔들리고, 특히 창문, 미닫이문이 흔들리고 진동음 발생	80±5
Ⅳ	중진 (Strong)	• 꽃병이 넘어지고 물이 넘침 • 많은 사람들이 밖으로 뛰어나올 정도	90±5
Ⅴ	강진 (Very Strong)	• 벽이 갈라지고 돌담 · 비석이 넘어짐	100±5
Ⅵ	열진 (Disastrous)	• 땅이 갈라지고 산이 붕괴됨 • 가옥 피해가 30% 이하	105~110
Ⅶ	격진 (Very Disastrous)	• 단층이 생김(산사태) • 가옥 피해가 30% 이상	110 이상

ENGINEER NOISE & VIBRATION

PART 02

소음측정 및 분석

001 소음측정

(1) 소음측정 목적 및 용어

① 소음으로 인한 피해를 방지하고 소음을 적정하게 관리하여 모든 국민이 조용하고 평온한 환경에서 생활할 수 있게 함을 목적으로 한다.

② 저소음 제품개발, 주거환경의 쾌적성 등을 추구하기 위하여 소음을 측정, 분석, 평가방법 등 현황을 조사 계획하고, 사전예측하여 개선하기 위한 목적으로 한다.

③ 소음측정이란 소음측정을 위한 주변환경을 조사하고, 소음 측정방법에 적합한 장비를 선정하여 대상소음 및 배경소음을 측정하는 것이며, 소음분석은 소음측정자료와 보정자료를 검토하고 소음분석장비와 분석프로그램 등을 이용하여 분석하는 것을 말한다.

(2) 소음측정자료의 적합성

① 적합성 검토는 규정된 요건을 만족하고 있음을 입증해 주는 행위를 말한다.

② 소음측정자료 항목이 환경기준, 배출허용기준(공장소음), 규제기준(생활소음), 관리기준(도로, 철도, 항공기) 등 관련 법규 및 기준에 따라 적합하게 수행되었는지에 대하여 판단하기 위한 것이 적합성 검토이다.

③ **적합성 검토 항목**

㉠ 측정 시 사용된 소음계의 관련 규정에서 정한 성능

㉡ 측정점 선정

㉢ 소음의 가동상태

㉣ 측정시간 및 측정지점수

㉤ 소음원의 주파수 분석

㉥ 적용된 측정 소음 발생시간 백분율

㉦ 충격음 존재 유무

(3) 소음측정대상 및 측정법

① **정상소음**(공장소음 등)

㉠ 소음레벨
측정준비 → 소음계, 기록계(필요시)

㉡ 주파수 분석
측정준비 → 소음계, 기록계, 녹음기 → 주파수 분석기, 기록계 → 측정결과 정리 → 해석

② **변동소음**(불규칙한 변동, 발생시간이 긴 소음(도로교통 소음 등))

㉠ 소음레벨
측정준비 → 소음계(녹음기) → 기록계 → 측정결과 정리 → 해석

㉡ 주파수 분석

측정준비 → 소음계, 녹음기 → 주파수 분석기, 기록계 → 측정결과 정리 → 해석

③ **충격소음**(폭발음, 프레스 및 항타기 등의 소음)

㉠ 소음레벨

측정준비 → 소음계(녹음기) → 오실로스코프(기록계) → 측정결과 정리 → 해석

순간지속시간이 0.25초 이하의 경우는 충격소음계 이용

㉡ 주파수 분석

측정준비 → 소음계(녹음기) → 주파수 분석기 → 오실로스코프(기록계) → 측정결과 정리 → 해석

(4) 소음측정장비

① **소음계 종류**

소음계의 종류별 특성을 파악하여 측정대상에 맞게 선택한다.

구분	적용 규격	소음도 범위	사용 주파수 범위	검정오차	용도
간이 소음계	KS C IEC 61672-1 및 -2 (2005)	35~130dB 이상	70~6,000Hz	-	소음을 개략적으로 확인
보통 소음계			31.5~8,000Hz	±2dB	측정자료의 신뢰도가 요구되는 측정
정밀 소음계			20~12,500Hz	±1dB	연구개발용이나 정밀평가 작업

② **주파수 분석계의 종류**

소음은 소음원에 따라 다수의 주파수 성분이 합성되어 있기 때문에 복잡한 파형으로 이루어져 있다. 따라서 그 특성을 분석하기 위해서는 소음을 측정하기 위한 주파수를 분석해야 한다. 이때 사용되는 장비가 주파수 분석계 또는 주파수 분석기이다.

사용 목적		필터	사용 주파수 분석기
소음 · 진동의 평가와 일반 대책	정비형	옥타브 대역 패스 필터	1/1 옥타브 분석기
		1/3 옥타브 대역 패스 필터	1/3 옥타브 분석기
			실시간 분석기
		협대역 필터	협대역 분석기
소음 · 진동원의 대책	정폭형	헤테로다인 방식	Tracking 분석기
			실시간 스펙트럼 분석기
		FFT 방식	실시간 스펙트럼 분석기

(5) 소음측정장비 교정

① 교정검사

㉠ 측정기기나 측정시스템이 지시하는 양의 값, 또는 물적 척도나 표준물질이 표시하는 값과 표준에 의해서 현시된 이들에 대응하는 값 사이의 관계를 지정된 조건하에서 확립하는 일련의 작업을 말한다.

㉡ 교정의 결과는 측정량에 대한 값을 지시값으로 정하거나 또는 지시값에 대한 보정을 가능하게 한다.

㉢ 교정은 또한 영향력의 효과와 같은 기타 측정학적 특성도 결정할 수 있다.

㉣ 교정 결과는 때때로 "교정 증명서" 또는 "교정 성적서"라고 불리는 문서로 기록될 수 있다.

② 교정검사 방법

㉠ 내부교정(전기신호에 의한 교정)

㉡ 음향교정기를 통한 교정

③ 저주파 교정기의 특징

㉠ 파장이 상대적으로 긴 저음에 사용된다.(장파장, 저주파수)

ⓐ 전파 시 직진성이 약하고, 회절성이 강하다.

ⓑ 매질에서의 감쇠도가 낮아 장거리 전파에 유리하다.

ⓒ 매질(장애물) 투과성은 높으나 틈(Void) 통과성은 낮다.

㉡ 청각 소음 감도는 낮으나 인체 진동 감도는 높다.

ⓐ 초저주파 영역에서는 진동만 느껴진다.

ⓑ 저주파 영역에서는 소음과 진동이 동시에 전달된다.

ⓒ 고주파음에 비해 진동에 의한 불쾌감이 상승한다.

ⓓ 층간 직접충격음의 최대 70%는 저주파 성분이다.

㉢ 상대적으로 차음보다 흡음, 제진보다 방진에 의한 방음효과가 우수하다.

④ 고주파 교정기의 특징

㉠ 파장이 상대적으로 짧은 고음에 사용된다.(단파장, 고주파수)

ⓐ 매질에서의 감쇠가 커 장거리 전파에 불리하다.

ⓑ 전파 시 직진성이 강하고, 회절성이 약하다.

ⓒ 틈에 대한 투과성이 높으나 진동 전달에는 불리하다.

ⓓ 상대적으로 흡음보다 차음, 제진, 방진에 의한 방음효과가 우수하다.

㉡ 청각 소음 감도는 높으나 인체 진동 감도는 낮다.

ⓐ 4,000Hz 전후에서 청각 감도가 가장 높다.

ⓑ 여성 · 어린이 소리 주파수는 200~9,000Hz, 남성에게는 100~7,000Hz를 적용한다.

002 청력보존프로그램 및 위험성 평가

(1) 용어

① 청력보존프로그램

소음성 난청을 예방하고 관리하기 위하여 소음노출평가, 노출기준 초과에 따른 공학적 대책, 청력보호구의 지급 및 착용, 소음의 유해성과 예방에 관한 교육, 정기적 청력검사 평가 및 사후관리, 문서 및 기록관리 등을 포함하여 수립한 종합적인 계획을 말한다.

② 소음작업

1일 8시간 작업을 기준으로 85dB(A) 이상의 소음이 발생하는 작업을 말한다.

③ 연속음과 충격음

연속음이란 소음발생 간격이 1초 미만을 유지하면서 계속적으로 발생되는 소음을 말하고, 충격음이란 소음이 1초 이상의 간격을 유지하면서 최대음압수준이 120dB(A) 이상의 소음을 말한다.

④ 청력보호구

청력을 보호하기 위하여 사용하는 귀마개와 귀덮개를 말한다.

⑤ 청력검사

순음청력검사기로 기도 및 골도 청력역치를 측정하는 것을 말한다.

(2) 청력보존프로그램의 목표

① 작업환경측정과 특수건강진단 등의 청력 손실방지를 위한 활동을 확장하여 보다 적극적인 소음성 난청의 예방과 청력보호

② 근로자의 청력을 보호함으로써 의료 · 보상비용의 절감, 근로일수의 손실방지 및 필요한 인적자원의 확보

(3) 청력보존프로그램의 기본내용

① 소음성 난청의 예방과 청력보호를 위한 교육의 제공

② 작업장 소음 수준의 정기적인 측정과 평가

③ 소음을 제어하기 위한 공학적인 관리와 소음노출을 줄이기 위한 작업관리

④ 청력보호구의 제공과 착용지도

⑤ 소음작업 근로자에 대한 배치 시 및 정기적 청력검사 · 평가와 사후관리

⑥ 청력보존프로그램의 수립 · 시행의 문서 및 기록관리

⑦ 청력보존프로그램의 수립 · 시행 결과에 대한 정기적인 평가와 보완

(4) 소음성 난청 예방 근로자 예방교육 내용

① 소음의 유해성과 인체에 미치는 영향
② 소음 측정과 평가, 소음의 초과 정도 및 소음 노출 저감방법
③ 청력보호구의 착용 목적, 장단점, 형태별 차음효과, 보호구 선정 · 착용방법 및 주의사항
④ 청력검사의 목적, 방법, 결과의 이해와 사후관리
⑤ 현재 시행되고 있는 당해 사업장의 청력보존프로그램의 내용 및 향후 대책
⑥ 소음성 난청의 예방과 청력보호를 위하여 근로자가 취하여야 할 조치

(5) 소음측정 및 노출 평가

① 소음측정 및 노출 평가의 목적
㉠ 청력보존프로그램에 포함시켜야 되는 대상 근로자의 확인
㉡ 소음이 발생하는지 여부 확인
㉢ 공학적인 개선대책 수립
㉣ 소음감소 방안의 우선순위 결정
㉤ 공학적 개선대책의 효과 평가
② 법에 정한 작업환경측정 이외의 소음 측정 및 노출 평가는 산업위생전문가가 실시하거나 산업위생전문가의 지도를 받아 추진팀이 실시한다.
③ 소음작업 근로자에 대한 소음노출 평가는 개인용 청력보호구의 사용과 무관하게 평가하여야 한다. 즉, 청력보호구의 사용에 따른 차음효과를 고려하지 않는다.
④ 청력보존프로그램을 운영하는 사업장은 80dB(A) 이상의 모든 연속음과 120dB(A) 이상의 충격음에 대하여 소음측정과 평가를 수행한다.
⑤ 사업주는 8시간 시간가중평균 90dB(A) 이상 노출된 근로자에게 그 결과를 통보한다.
⑥ 지역 소음 측정 결과에 따라 소음지도를 작성하거나 소음 수준에 따라 소음관리구역을 설정하고 표시한다. 소음 수준은 85dB(A) 미만(녹색지역), 85~90dB(A)(황색지역), 90~100 dB(A)(주황색지역), 100dB(A) 이상(적색지역) 등으로 구분한다.

(6) 공학적 대책

① 소음 노출기준을 초과할 가능성이 있는 경우에는 시설 · 설비, 작업방법 등을 점검한 후 개선하고, 소음 노출기준을 초과한 경우에는 시설 · 설비, 작업방법 등에 대한 개선대책을 수립하여 시행한다.
② 기계 · 기구 등의 대체, 시설의 밀폐, 흡음 또는 격리 등 공학적 대책을 적용한다.
③ 공장의 설계, 시공단계 및 도입 시설 장비의 설치 시 저소음 공정, 저소음 장비, 저소음 자재를 사용한다.
④ 기존의 작업소음에 대한 공학적 대책은 소음원의 수정, 소음 전파 경로의 수정 및 소음 노출 근로자에 대한 대책으로 구분한다.

㉠ 소음원의 수정 방법으로는 저소음 기계로의 교체를 통한 저소음화 및 마모된 부품의 교체 등 발생원인의 제거, 방음장치로서 방음실 · 방음 스크린 · 소음기 · 흡음덕트의 활용, 방진고무 · 스프링 · 제진재 활용을 통한 방진 · 제진, 공장 자동화 및 배치 변경 등의 운전방법의 개선을 적용한다.

㉡ 소음 전파 경로의 수정 방법으로는 배치 변경을 통한 거리 감쇠효과, 차폐물 · 방음벽의 차폐효과, 실내흡음처리를 통한 흡음 대책, 음원의 방향조정의 지향성 대책을 적용한다.

㉢ 소음 노출 근로자에 대한 대책으로는 방음감시실(Control Room)을 통한 차음방법을 적용한다.

⑤ 공학적 대책을 적용하기 곤란한 경우 근로자 노출시간의 저감, 순환근무의 실시 또는 개인 청력보호구의 착용 등 작업 관리적 대책을 시행한다.

(7) 청력보호구의 지급 및 착용

① 사업주는 소음작업 근로자에 대해 다양한 청력보호구를 제공하여 선택하도록 하고, 당해 근로자는 반드시 청력보호구를 착용한다.

② 소음측정 평가 결과 노출기준을 초과하는 작업장에는 청력보호구 착용에 관한 안전 · 보건 표지를 설치하거나 부착한다.

③ **청력보호구의 선택과 착용 및 효과에 대한 유의사항**

㉠ 여러 가지 청력보호구를 제공한 후 편안하고 착용하기 쉬운 청력보호구를 선택하여 착용하도록 지도하는 것이 청력보호구의 착용 순응도와 효과를 높일 수 있는 방법이다.

㉡ 청력보호구의 실제 차음효과는 제조회사에서 제시하는 수치보다는 작을 수 있다.

㉢ 소음작업장에서 작업하는 동안 청력보호구를 지속적으로 착용하지 않으면 소음감소 효과가 떨어지므로 작업 시 계속 착용하여야 한다.

④ 청력보호구는 근로자가 노출되고 있는 소음의 특성과 작업특성을 고려하여 선정 · 제공한다.

㉠ 청력보호구는 보호구의 착용으로 8시간 시간가중평균 90dB(A) 이하의 소음노출 수준이 되도록 차음효과가 있어야 한다. 단, 소음성 난청 유소견자나 유의한 역치변동이 있는 근로자에 대해서는 청력보호구의 착용효과로 소음노출 수준이 최소한 8시간 시간가중평균 85dB(A) 이하가 되어야 한다.

㉡ 작업장의 소음 수준이 증가하였을 때에는 이전보다 차음효과가 큰 청력보호구를 지급한다.

㉢ 한 종류의 청력보호구로 충분한 감쇠효과를 가질 수 없는 고소음 작업장에서는 귀마개와 귀덮개를 동시에 착용하여 차음효과를 높여 준다.

⑤ 근로자에게 청력보호구를 지급하는 때에는 올바른 선택과 착용 및 관리 방법에 대한 교육을 실시한다.

㉠ 귀마개는 개인의 신체적 조건에 맞는 모양과 크기의 것을 선택해야 하며 깨끗한 손으

로 외이도의 형태에 맞게 형태를 갖추어 삽입한다.

㉡ 폼(Foam)형의 귀마개는 가급적 일회용으로 자주 교체하여 항상 청결을 유지하여야만 귀의 염증을 예방할 수 있다.

㉢ 귀덮개는 귀 전체가 완전히 덮일 수 있도록 높낮이 조절을 적당히 한 후 착용한다.

㉣ 귀마개를 삽입하는 동안 착용하는 반대쪽 손을 머리 뒤로 하여 귓바퀴를 상외측으로 당기면 착용하기가 편리하다.

㉤ 귀마개를 재빨리 빼면 고막에 통증과 손상을 줄 수 있다. 따라서 귀마개를 뺄 때에는 끈을 잡아당기지 말고 귀에서 끝을 잡고 완만하게 비틀어서 빼낸다.

⑥ 지급한 청력보호구에 대하여는 상시 점검하여 이상이 있는 경우 이를 보수하거나 다른 것으로 교환하여 준다.

⑦ 경고나 알림 신호를 소리로 들어야 하는 청력보호구 착용 작업자에게는 사전 교육을 통해 경고음을 숙지하게 하되 가급적이면 시각적 경고 또는 알림 신호를 사용한다.

〈청력보호구의 사용 환경과 장단점〉

종류	귀마개	귀덮개
사용환경	• 덥고 습한 환경에 좋음 • 장시간 사용할 때 • 다른 보호구와 동시 사용할 때	• 간헐적으로 소음에 노출될 때 • 귀마개를 쓸 수 없을 때
장점	• 작아서 휴대하기에 간편함 • 안경이나 머리카락 등에 방해받지 않음 • 값이 저렴함	• 착용여부 확인이 용이함 • 귀에 이상이 있어도 착용 가능
단점	• 착용여부 파악이 곤란 • 착용 시 주의할 점이 많음 • 많은 시간과 노력이 필요 • 귀마개 오염 시 감염될 가능성 있음	• 장시간 사용 시 내부가 덥고, 무겁고, 둔탁함 • 보안경 사용 시 차음효과 감소 • 값이 비쌈

(8) 청력검사 · 평가 및 사후관리

① 청력검사는 KOSHA GUIDE 순음청력검사지침에 따른다.

② 청력보존프로그램을 시행하는 사업장의 소음작업에 첫 배치되는 근로자에 대해서는 배치 전에 기초청력검사를 시행하고, 이후 청력역치의 변동을 비교하기 위해 매년 정기적으로 청력검사를 실시한다.

③ 소음성 난청 유소견자나 요주의자에 대해서는 다음과 같이 적극적인 관리 조치를 한다.

㉠ 청력보호구를 사용하고 있지 않는 소음성 난청 유소견자나 요주의자에 대하여서는 적정한 청력보호구를 지급하고, 그 사용과 관리에 대하여 교육을 시킨 후 사용하게 한다.

㉡ 이미 청력보호구를 사용하고 있는 소음성 난청 유소견자나 요주의자에 대하여서는 청력

보호구 착용상태를 재점검하고, 필요한 경우 더 큰 차음력을 가지는 청력보호구를 제공한다.

㉢ 추가 검사가 필요한 경우, 산업의학적인 청력평가나 이비인후과 검사를 실시한다.

㉣ 작업과 무관한 청각장애의 경우, 사업주는 당해 근로자에게 이비인후과 검사, 치료 및 재활 필요가 있음을 통보한다.

(9) 청력보존프로그램의 평가

① 소음노출 평가방법 및 결과의 적정성

② 공학적 및 작업 관리적 대책 수립의 적합성

③ 작업특성에 따른 청력보호구의 선정, 사용 및 유지관리의 적정성

④ 청력검사와 평가 시스템의 적정성

⑤ 근로자에 대한 교육 · 훈련의 적정성 등

(10) 문서 및 기록 · 관리

① 청력보존프로그램을 수립 · 시행한 경우에는 해당 프로그램의 내용을 문서로 작성하여 보관한다.

② 문서로 작성하여 보관하여야 할 프로그램의 내용에 포함항목

㉠ 청력보존프로그램 수립 · 시행 계획서

㉡ 소음노출 평가 결과

㉢ 청력검사 자료(청력역치 결과, 청각도-오디오그램 등) 및 평가 결과

㉣ 공학적 및 관리적 대책 수립의 세부 내용

㉤ 청력보호구 지급 · 착용실태

㉥ 청력보존프로그램의 평가와 평가결과에 따른 대책

③ 소음노출 평가결과는 최소한 5년 이상 보관하며, 청력검사 자료는 퇴직 시까지 보관한다.

(11) 위험성 평가

① 정의

유해 · 위험요인을 파악하고 해당 유해 · 위험요인에 의한 부상 또는 질병의 발생가능성(빈도)과 중대성(강도)을 추정 · 결정하고 감소대책을 수립하여 실행하는 일련의 과정을 말한다.

② 위험성 평가 단계

㉠ 1단계 : 사전준비

㉡ 2단계 : 유해 · 위험요인 파악

㉢ 3단계 : 위험성 추정

㉣ 4단계 : 위험성 결정
㉤ 5단계 : 감소대책 수립 및 실행

(12) 소음에 의한 건강장해 예방기준(산업안전보건기준에 관한 규칙)

① 소음작업이란 1일 8시간 작업을 기준으로 85dB 이상의 소음이 발생하는 작업을 말한다.
② 강렬한 소음작업이란 다음의 어느 하나에 해당하는 작업을 말한다.
㉠ 90dB 이상의 소음이 1일 8시간 이상 발생하는 작업
㉡ 95dB 이상의 소음이 1일 4시간 이상 발생하는 작업
㉢ 100dB 이상의 소음이 1일 2시간 이상 발생하는 작업
㉣ 105dB 이상의 소음이 1일 1시간 이상 발생하는 작업
㉤ 110dB 이상의 소음이 1일 30분 이상 발생하는 작업
㉥ 115dB 이상의 소음이 1일 15분 이상 발생하는 작업
③ 충격소음작업이란 소음이 1초 이상의 간격으로 발생하는 작업으로서 다음의 어느 하나에 해당하는 작업을 말한다.
㉠ 120dB을 초과하는 소음이 1일 1만 회 이상 발생하는 작업
㉡ 130dB을 초과하는 소음이 1일 1천 회 이상 발생하는 작업
㉢ 140dB을 초과하는 소음이 1일 1백 회 이상 발생하는 작업

(13) 소음측정기 기기환경설정

① 목적
소음에 대한 작업환경측정 시 소음측정기의 기기환경설정 및 표준소음발생기를 이용한 소음측정기의 보정수행방법을 제시한다.

② 관리사항
㉠ 소음계 종류 및 주파수 범위별 허용오차

종류	주파수 범위(Hz)	허용 오차(dB)
간이 소음계	50~6,000	±2
보통 소음계	31.5~8,000	±2
정밀 소음계	20~12,500	±2

㉡ 소음측정기기는 기기 제조회사별로 조작방법 및 사용하는 용어의 차이가 있으니 반드시 사용 전에 제조회사가 제공하는 매뉴얼을 숙지한 후 사용해야 한다.
㉢ 작업환경 중의 변동소음에 대해 작업자의 누적소음노출량을 측정하기 위해서는 지시소음계가 아닌 누적소음노출량측정기를 사용해서 측정해야 한다.
㉣ 지시소음계는 소음원 확인, 소음발생작업장에 대한 소음 정도 스크린 또는 개선 대책 전후의 개선효과 판단 등에 사용하는 것이 좋다.

ⓜ 음의 물리적 강약은 음압에 따라 변하지만 사람이 귀로 듣는 음의 감각량은 음압뿐만 아니라 주파수에 따라 변한다. 따라서 같은 크기로 느끼는 순음을 주파수별로 구분한 것이 등청감곡선이다.

ⓑ 청감보정회로

ⓐ 어떤 음의 감각적인 크기 레벨을 측정하기 위해 등청감곡선을 역으로 한 보정회로를 소음계에 내장하여 근사적인 음의 크기를 측정한 것이 청감보정회로이다.

ⓑ dB(A)는 40phon, dB(B)는 70phon, 그리고 dB(C)는 85phon의 등청감곡선과 유사하도록 보정한 것이며, 현재 감각량과 관련하여 dB(A)가 가장 널리 사용된다.

ⓒ 소음계의 마이크로폰으로부터 지시계까지의 종합주파수 특성을 청감에 근사시키기 위한 전기회로의 형식이다.

ⓢ 등가소음도(L_{eq}, Energy Equivalent Sound Level)

측정시간 동안의 변동소음 에너지를 시간적으로 평균하여 이를 대수변환시킨 것으로 누적소음노출량측정기로 등가소음도를 측정하기 위해서는 ER를 3dB로 설정한 후 측정해야 한다.

ⓞ ER(Exchange Rate)

ⓐ 누적소음노출량측정기의 Dose양을 배로 증가시키거나 반으로 감소키는 데 필요한 소음량으로 3, 4, 5, 6dB의 ER이 주로 사용된다.

ⓑ 고용노동부와 미국 산업안전보건청(OSHA)의 소음기준을 평가하기 위해서는 ER을 5dB로 설정하여야 하고, 미국 ACGIH와 NIOSH의 소음기준을 평가하기 위해서는 3dB로 설정하여야 한다.

ⓩ **소음계 지시침**

Fast와 Slow 두 조건으로 설정할 수 있으며, Fast의 경우 123ms로 반응하며 Slow의 경우 1초 간격으로 반응한다.

ⓒ L_{avg}

ⓐ 누적소음노출량측정기의 측정설정조건에서 측정시간 동안 측정된 평균소음 수준이다.

ⓑ 하루 8시간 작업하는 경우 6시간을 측정하였다고 하자. 나머지 측정하지 않은 2시간의 평균소음수준은 6시간 측정한 평균소음수준과 동일하다고 가정하면 L_{avg} 값이 소음에 대한 8시간 TWA값이다.

ⓒ 만약, 하루 8시간 작업 중 6시간만 소음이 발생하고 나머지 두 시간은 소음이 발생하지 않는 작업장에서 소음이 발생되는 작업시간인 6시간만 측정하였다면 6시간에 대한 L_{avg}값과 나머지 두 시간은 값을 0으로 하여 등가소음도 공식을 이용하여 8시간 TWA소음을 계산하거나 기기에서 출력되는 값 중 TWA값을 사용해야 한다.

ⓚ TH(Threshold Level)

ⓐ 기기에 설정된 TH값 이하의 소음수준은 누적소음노출량측정기의 L_{eq}, L_{avg}, Dose

양에 포함되지 않는다는 의미이다. 즉, TH 이하의 소음수준은 측정에서 제외된다는 의미이다.

ⓑ 소음값은 로그값이므로 TH값 이하의 소음수준이 누적되지 않는다고 하여도 소음에 대한 노출기준 초과 여부를 판정하는 데 전혀 영향을 미치지는 않는다.

㉢ TWA(Prt : Projected Time Weight Average)

ⓐ 단시간의 측정치를 설정(Project)한 시간 동안의 평균소음으로 측정하는 방법이다.

ⓑ 예를 들어 하루 4시간 소음 발생 작업이 있는데, 이 4시간 동안의 소음 수준이 거의 비슷할 것이라는 판단이 들어 5분간만 측정하였다고 하자. 이때 이 기능을 사용하여 설정시간(Projected Time)을 4시간으로 설정한 후 5분 동안 측정한 후 이 값을 읽으면 소음이 발생되는 4시간 동안의 평균소음이 된다.

㉣ TWA

ⓐ 실 측정시간에 상관없이 모든 측정소음을 8시간의 시간가중평균소음으로 환산하여 나타내는 값이다.

ⓑ 하루 8시간 소음이 발생하는데 6시간만 측정하여 TWA값을 읽으면 나머지 측정하지 않는 2시간은 소음이 발생하지 않은 것으로 간주하여 계산된 소음을 읽게 되므로 주의해야 한다.

ⓒ 하루 8시간 발생소음에 대하여 8시간 측정하였다면 L_{avg}값이나 TWA값은 동일하다.

㉤ Criteria

ⓐ 누적소음노출량측정기의 기기설정 조건 중 Criteria라 함은 소음에 대한 노출기준을 말한다.

ⓑ 고용노동부의 소음노출기준을 평가하기 위해서는 이 값을 90dB로 설정하여야 한다.

㉮ 소음기에 대한 소음보정은 작업장에 대한 소음측정 전에 이루어져야 한다. 그러나 매일 같은 소음기를 사용하여 작업장에 대한 소음을 측정하는 경우라면 주기적(예를 들면 1주일 간격 등)으로 소음보정을 실시해도 된다.

㉯ 표준소음발생기는 주기적으로 검 · 교정받아야 되는 장비이다.

③ 고용노동부의 소음노출기준 초과여부 판정을 위한 기기환경설정방법

㉠ 지시소음계

ⓐ 지시침 동작 : Slow

ⓑ 청감보정회로 : A특성

㉡ 누적소음노출량측정기

ⓐ 지시침 동작 : Slow

ⓑ 청감보정회로 : A특성

㉢ Criteria : 90dB, Exchange Rate : 5dB, Threshold : 80dB

ⓐ 미국 OSHA 소음기준 : Criteria(90dB), ER(5dB), Threshold(90dB)

ⓑ 미국 ACGIH 소음기준 : Criteria(85dB), ER(3dB), Threshold(80dB)

(14) 소음분석프로그램

① **측정자료 분석용 소프트웨어**

주요 기능으로는 실시간 분석, 시간이력, 주파수 및 자료출력 기능 등이 있다.

② **분석자료의 종류**

소음 측정자료의 분석결과로는 소음 등고선(등음선도), 노출면적, 통계자료 등이 있다.

③ **측정자료 분석 방법**

㉠ 등음선도

등음선 작성의 원리는 두 소음도(점음원과 선음원) 간의 차이에 의한 합성이론이다.

㉡ 통계처리 기법

ⓐ 집중 경향 정도의 평가

- 평균값 : 측정 자료의 산술평균값
- 중앙값 : 자료를 크기의 순으로 나열할 때 가운데 놓이는 값
- 최빈값 : 측정 자료 중 가장 많이 나타나는 값

ⓑ 분산 경향 정도의 평가

- 편차 : 측정값과 측정값 산술평균과의 차이
- 평균편차 : 편차의 절댓값을 취하여 편차의 평균을 계산한 것
- 분산 : 편차 자승의 평균값
- 표준편차 : 분산의 제곱근

ⓒ 상대성 평가

- 4분위수(사분위 편차) : 측정값을 크기 순으로 나열하였을 때 4등분하는 위치에 오는 값
- 백분위수(백분위 편차) : 측정값을 크기 순으로 나열하였을 때 100등분하는 위치에 오는 값
- 점수 : 특정 값이 평균으로부터 표준편차의 몇 배만큼 떨어져 있는지를 나타내는 값

㉢ 스펙트럼 분석 이론

ⓐ 스펙트럼은 여러 주파수의 음이 합성하여 이루어진 소리를 원래 주파수의 소리(성분음)로 분해하고, 각각의 주파수에 대해 진폭을 함수 또는 그래프로 나타낸 것이다.

ⓑ 성분음은 1개의 스펙트럼이 되고, 주기적인 소리는 같은 주기를 가지는 성분음 및 그 정수배의 주파수를 가진 배음으로 된 선 스펙트럼이 되며, 비주기적인 소리는 주파수가 연속적으로 분포된 연속 스펙트럼이 된다.

(15) 소음측정 결과의 적합성 검토

① 적합성 검토

적합성 검토는 규정된 요건을 만족하고 있음을 입증해 주는 행위로서, 소음측정자료 항목이 환경기준, 배출허용기준(공장), 규제기준(생활소음, 발파소음, 동일건물 내 사업장 소음), 관리기준(도로, 철도, 항공기) 등 관련 법규 및 기준에 따라 적합하게 수행되었는지에 대하여 판단하기 위한 것이다.

② 적합성 검토 항목

㉠ 측정 시 사용된 소음계의 관련 규정에서 정한 성능
㉡ 측정점 선정
㉢ 소음원의 가동상태
㉣ 측정시간 및 측정지점수
㉤ 소음원의 주파수 분석
㉥ 적용된 측정 소음 발생시간 백분율
㉦ 충격음 존재 유무

③ 측정자료 항목의 적합성 검토순서

㉠ 사용 소음계의 적절성을 확인한다.
KS C IEC 6167－1에 정한 Class－2 또는 동등 이상의 사용 여부를 확인한다.
㉡ 측정점 위치 선정의 적절성을 확인한다.
배출허용기준의 측정점을 확인한다.
㉢ 측정 시 대상 배출시설의 소음 발생은 최대 출력으로 가동시킨 정상상태였는지의 여부를 확인한다.
㉣ 측정시간 및 측정지점수의 적절성 여부를 확인한다(주간, 2회).
ⓐ 5분 이상 측정하여 시간평균한 등가소음도로 하였는지, 최댓값(max)으로 하였는지의 여부를 확인한다.
ⓑ 2지점 이상의 지점 수를 검토한 것인지의 여부를 확인한다. 즉, 2지점 중 최댓값 지점으로 하였는지를 확인한다.
㉤ 대상 소음성상의 특성을 파악하기 위한 주파수 분석을 하였는지의 여부 등을 파악한다.
㉥ 보정값 적용 여부를 알아보기 위해 시간대별 측정 소음의 발생 시간 백분율을 확인한다.
「백분율에 따른 보정값을 확인한다.」
관련 시간대에 대한 측정소음 발생 시간은 낮의 경우에 관련 시간대는 8시간인데, 소음 발생 시간은 4시간이었다. 따라서 관련 시간대에 대한 측정 소음 발생 시간의 백분율은 $4 \div 8 \times 100 = 50\%$가 되어 관련 규정(공장 소음배출 허용 기준)에 따라 백분율 50% 이상에서는 별도의 보정값이 없다.
㉦ 발생 소음 성분 중 충격음 성분이 있는지 여부를 확인한다.

003 소음 방지계획

(1) 공장소음 방지계획

① 공장의 신설 및 증설의 경우

㉠ 지역구분에 따른 부지 경계선에서의 소음레벨이 규제기준 이하가 되도록 설계한다.

㉡ 특정 공장인 경우는 방지계획 및 설계도를 첨부한다.

㉢ 공장건축물, 구조물에 의한 방음설계, 기계 자체 및 조합에 의한 방음설계의 계획을 세운다.

② 기존 공장의 경우

㉠ 지역구분에 따른 부지 경계선에서의 소음레벨이 규제기준 이하가 되도록 설계한다.

㉡ 공장건축물, 구조물에 의한 방음설계, 기계 자체 및 조합에 의한 방음설계의 계획을 세운다.

㉢ 공장 내에서 기계의 배치를 바꾸든가, 소음레벨이 큰 기계를 부지경계선에서 먼 곳으로 이전 설치한다.

③ 방음설계 안전율

일반적으로 공장의 방음설계를 할 경우 소음필요량에 가하는 안전율은 5dB 정도이다.

④ 공장건설 시 공장소음 방지를 위한 고려사항

㉠ 주 소음원이 될 것으로 예상되는 것은 가급적 부지경계선에서 멀리 배치한다.

㉡ 개구부나 환기부는 주택가와 반대측에 설치하는 것이 바람직하다.

㉢ 거리감쇠도 소음 방지를 위해서 이용하는 편이 좋다.

㉣ 공장의 건물은 공장의 부지경계선과 가능한 이격시키는 것이 좋다.

(2) 도로교통소음 방지계획

① 기존 도로의 경우

㉠ 환경소음레벨을 초과하는 도로는 완전차폐 또는 방음벽을 계획한다.

㉡ 노면계획을 충분히 검토하여 설계한다.

㉢ 특히 문제되는 주거지역의 주거 밀집지대를 통과하는 고속도로 등은 부분적으로 속도제한을 실시할 계획을 세운다.

② 신설도로의 경우

㉠ 환경소음레벨을 초과하는 도로는 완전차폐 또는 방음벽을 계획한다.

㉡ 노면계획을 충분히 검토하여 설계하고, 특히 고가 고속도로의 경우 도로구조 설계를 충분히 검토한다.

㉢ 노선 설정 계획 시 인구 밀집지대를 피하든가, 이와 같은 과밀지대의 경우는 부분적인 지하차도로 한다.

(3) 건설작업소음 방지계획

① 기설구조의 제거 작업

충격파괴형과 같은 작업공정을 다른 공법으로 바꾼다.

② 신설작업의 경우

㉠ 특히 항타, 강철판 등을 직접 박는 공법이 많이 사용되고 있는데, 이를 어스드릴로 뚫은 후 항타 작업을 하든가, 진동 해머를 사용하는 공법으로 바꾼다.

㉡ 건설기계에 의한 소음은 차음 박스에 의해 방음계획을 하는 등의 방법을 세운다.

㉢ 특정 공사 승인신청 시에 작업시간 계획을 세울 때는 환경소음도가 높은 시간대를 선택한다.

004 방음자재

(1) 흡음재

① 성상

내부통로를 가진 경량의 다공성 자재이며, 차음재로는 바람직하지 않다.

② 기능

㉠ 음에너지를 열에너지로 변환시킨다.

㉡ 소음의 흡음 처리는 음파를 흡수하여 감쇠시키는 것이다. 음파를 흡수한다는 것은 음파의 파동에너지를 감소시켜 매질입자의 운동에너지를 열에너지로 전환한다는 것이다.

③ 용도

잔향음의 에너지 저감에 사용된다.

(2) 차음재

① 성상

상대적으로 고밀도이며 기공이 없고 흡음재료로는 바람직하지 않다.

② 기능

음에너지를 감쇠시킨다.

③ 용도

음의 투과율을 저감(투과손실 증가)에 사용된다.

(3) 제진재

① 성상

상대적으로 큰 내부손실을 가진 신축성이 있는 점탄성 자재이다.

② 기능

진동에너지의 변환, 즉 자재의 점성 흐름손실이나 내부마찰에 의해 열에너지로 변환되는 것을 의미한다.

③ 용도

㉠ 진동으로 패널이 떨려 발생하는 음에너지의 저감에 사용된다.

㉡ 공기전파음에 의해 발생하는 공진진폭의 저감에 사용된다.

㉢ 패널 가장자리나 구성요소 접속부의 진동에너지 전달의 저감에 사용된다.

(4) 차진재

① 성상
방진고무, 금속 및 공기스프링의 형태이다.

② 기능
구조적 진동과 진동 전달력을 저감시켜 진동에너지를 감소시킨다.

③ 용도
일반 회전기계류의 전달률 저감에 사용된다.

(5) 소음기

① 성상
반사작용이나 형태를 직렬 또는 병렬로 조합한 구조이다.

② 기능
기체의 정상흐름 상태에서 음에너지의 전환으로 감소시킨다.

③ 용도
덕트소음, 엔진의 흡배기음, 회전기계(송풍기, 터빈) 등에 사용하여 저감시킨다.

005 소음공정시험기준

(1) 개요

① 목적

이 시험기준은 환경분야 시험 · 검사 등에 관한 소음을 측정함에 있어서 측정의 정확성 및 통일성을 유지하기 위하여 필요한 제반사항에 대하여 규정함을 목적으로 한다.

② 적용범위

이 시험기준은 환경정책기본법에서 정하는 환경소음과 소음 · 진동관리법에서 정하는 배출허용기준, 규제기준 및 관리기준 등과 관련된 소음을 측정하기 위한 시험기준에서 사용되는 용어의 정의 및 측정기기에 대하여 규정한다.

(2) 용어정의

① 소음원

소음을 발생하는 기계 · 기구, 시설 및 기타 물체 또는 환경부령으로 정하는 사람의 활동을 말한다.

② 반사음

한 매질 중의 음파가 다른 매질의 경계면에 입사한 후 진행방향을 변경하여 본래의 매질 중으로 되돌아오는 음을 말한다.

③ 배경소음

한 장소에서의 특정 음을 대상으로 생각할 경우 대상소음이 없을 때 그 장소의 소음을 대상소음에 대한 배경소음이라 한다.

④ 대상소음

배경소음 외에 측정하고자 하는 특정 소음을 말한다.

⑤ 정상소음

시간적으로 변동하지 아니하거나 변동폭이 작은 소음을 말한다.

⑥ 변동소음

시간에 따라 소음도 변화폭이 큰 소음을 말한다.

⑦ 충격음

폭발음, 타격음과 같이 극히 짧은시간 동안에 발생하는 높은 세기의 음을 말한다.

⑧ 지시치

계기나 기록지상에서 판독한 소음도로서 실효치(rms값)를 말한다.

⑨ **소음도**

소음계의 청감보정회로를 통하여 측정한 지시치를 말한다.

⑩ **등가소음도**

임의의 측정시간 동안 발생한 변동소음의 총 에너지를 같은 시간 내의 정상소음의 에너지로 등가하여 얻어진 소음도를 말한다.

⑪ **측정소음도**

시험기준에서 정한 측정방법으로 측정한 소음도 및 등가소음도 등을 말한다.

⑫ **배경소음도**

측정소음도의 측정위치에서 대상소음이 없을 때 시험기준에서 정한 측정방법으로 측정한 소음도 및 등가소음도 등을 말한다.

⑬ **대상소음도**

측정소음도에 배경소음을 보정한 후 얻어진 소음도를 말한다.

⑭ **평가소음도**

대상소음도에 보정치를 보정한 후 얻어진 소음도를 말한다.

⑮ **지발(遲發)발파**

수초 내에 시간차를 두고 발파하는 것을 말한다.(단, 발파기를 1회 사용하는 것에 한한다.)

(3) 분석기기 및 기구

① 측정기기

㉠ 소음계

ⓐ 기본구조 중요내용

소음을 측정하는 데 사용되는 소음계로는 간이소음계, 보통소음계, 정밀소음계 등이 있으며, 최소한 아래 그림과 같은 구성이 필요하다.

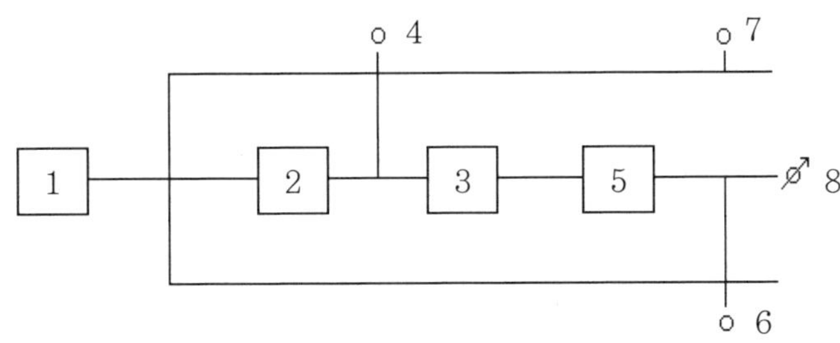

1. 마이크로폰
2. 레벨레인지 변환기
3. 증폭기
4. 교정장치
5. 청감보정회로
6. 동특성 조절기
7. 출력단자(간이소음계 제외)
8. 지시계기

[소음계의 구성도]

ⓑ 구조별 성능 *중요내용

- 마이크로폰(Microphone) : 음파의 압력변화를 전기적 신호로 변환한다. 마이크로폰은 지향성이 작은 압력형으로 하며, 기기의 본체와 분리가 가능하여야 한다.

Reference 마이크로폰

(1) 콘덴서형(용량형 : Condenser Microphone)
① 진동막과 백플레이트가 콘덴서 역할을 하며 진동막 전면에 작용하는 음파의 압력에 의해 진동막이 앞뒤로 움직인다. 이때 콘덴서 용량의 변화에 의해서 작용하는 음압에 비례하는 전압을 발생시키는 구조로 되어 있다.
② 주파수 특성이 매우 좋고, 감도가 높으며, 전동기, 변압기 등의 전기기계 주변에서 소음을 측정할 경우 가장 적합하여 일반적으로 사용된다.
③ 넓은 주파수 범위에 걸쳐 평탄특성을 가지며, 고감도 및 장기간 운용 시 안정하나 다습한 기후에서 측정 시 뒤판에 물이 응축되지 않도록 유의하여야 한다.

(2) 압전형(음향탐측자 : Piezoelectric Microphone)
① 콘덴서형에 비해 양호한 특성을 가지고 있지 않지만, 비교적 양질이다.
② 뒤판에 물이 응축되는 일이 일어나 극전압을 필요로 하지 않는다.
③ 아주 작은 크기로 가격이 저렴하며, 콘덴서형에 비하여 감도가 떨어진다.
④ 임피던스가 높기 때문에 마이크라인을 길게 연장하면 유도잡음 발생 및 고음역도 낮아진다.

Reference 음장 및 응답특성에 따른 마이크로폰

(1) 자유음장형(Free-Field)
① 음장에 놓이기 전에 존재하는 음압과 동형의 주파수 응답을 갖도록 설계한다.
② 음장 내에 마이크로폰이 놓이면 마이크로폰 몸체로부터 반사된 파에 의해 음장이 변화하게 되는데, 이와 같이 마이크로폰에 의한 음장의 외곡특성을 감안하여 제작한다.
③ IEC에서는 소음계에 자유음장형 마이크로폰을 사용한다.

(2) 압력형(Pressure)
① 마이크로폰에 의한 음장의 외곡특성을 감안하지 않고 실제 음압과 동일한 주파수 응답을 갖도록 설계한다.
② 밀폐된 좁은 공간에서의 음향 측정이나 결합기를 이용한 청력계나 보청기 등의 교정에 사용한다.
③ KS와 JIS에서는 소음계에 압력형 마이크로폰을 사용하도록 권장한다.

(3) 랜덤입사형(Random Incidence)
① 모든 각도로부터 동시에 도달하는 음향신호에 똑같이 응답할 수 있도록 설계한다.
② 잔향실과 같이 벽이나 천정 및 기타 실내의 물체로 인해 반사가 많이 생기는 옥내 측정에 주로 사용한다.
③ ANSI에서는 소음계에 랜덤 입사형 마이크로폰을 사용하도록 권장한다.

Reference 마이크로폰의 특성

① 주파수, 데시벨의 계측 범위
② 사용온도 조건
③ 감도, 지향성

- 증폭기(Amplifier)
  마이크로폰에 의하여 음향에너지를 전기에너지로 변환시킨 양을 증폭시키는 장치를 말한다.(마이크로폰으로부터의 약한 신호를 어느 정도 증폭)
- 레벨레인지 변환기
  - 측정하고자 하는 소음도가 지시계기의 범위 내에 있도록 하기 위한 감쇠기이다.
  - 유효눈금범위가 30dB 이하가 되는 구조의 것은 변환기에 의한 레벨의 간격이 10dB 간격으로 표시되어야 한다.
  - 다만, 레벨 변환 없이 측정이 가능한 경우 레벨레인지 변환기가 없어도 무방하다.
- 교정장치(Calibration Network Calibrator)
  - 소음측정기의 감도를 점검 및 교정하는 장치이다.
  - 자체에 내장되어 있거나 분리되어 있어야 한다.
  - 80dB(A) 이상이 되는 환경에서도 교정이 가능하여야 한다.
- 청감보정회로(Weighting Networks)
  - 인체의 청감각을 주파수 보정특성에 따라 나타낸다.
  - A특성을 갖춘 것이어야 한다.
  - 다만, 자동차 소음측정용은 C특성도 함께 갖추어야 한다.
- 동특성 조절기(Fast−Slow Switch)
  지시계기의 반응속도를 빠름 및 느림의 특성으로 조절할 수 있는 조절기를 가져야 한다.
- 출력단자(Monitor Out)
  소음신호를 기록기 등에 전송할 수 있는 교류단자를 갖춘 것이어야 한다.
- 지시계기(Meter)
  - 지시계기는 지침형 또는 디지털형이어야 한다.
  - 지침형에서는 유효지시범위가 15dB 이상이어야 하고, 각각의 눈금은 1dB 이하를 판독할 수 있어야 하며, 1dB 눈금간격이 1mm 이상으로 표시되어야 한다.
  - 다만, 디지털형에서는 숫자가 소수점 한 자리까지 표시되어야 한다.

ⓛ 기록기

자동 혹은 수동으로 연속하여 시간별 소음도, 주파수밴드별 소음도 및 기타 측정결과를 그래프 · 점 · 숫자 등으로 기록하는 기기를 말한다.

㉢ 주파수 분석기

소음의 주파수 성분을 분석하는 데 사용하는 기기로 1/1 옥타브밴드 분석기, 1/3 옥타브밴드 분석기 등이 있다.

㉣ 데이터 녹음기

소음계 등의 아날로그 또는 디지털 출력신호를 녹음 · 재생시키는 장비를 말한다.

② 부속장치

㉠ 방풍망(Windscreen)

ⓐ 소음을 측정할 때 바람으로 인한 영향을 방지하기 위한 장치이다.

ⓑ 소음계의 마이크로폰에 부착하여 사용한다.

㉡ 삼각대(Tripod)

마이크로폰을 소음계와 분리시켜 소음을 측정할 때 마이크로폰의 지지장치로 사용하거나 소음계를 고정할 때 사용하는 장치이다.

㉢ 표준음 발생기(Pistonphone, Calibrator) *중요내용

ⓐ 소음계의 측정감도를 교정하는 기기로서 발생음의 주파수와 음압도가 표시되어 있어야 한다.

ⓑ 발생음의 오차는 ±1dB 이내이어야 한다.

③ 사용기준

㉠ 간이소음계는 예비조사 등 소음도의 대략치를 파악하는 데 사용된다.

㉡ 소음을 규제, 인증하기 위한 목적으로 사용되는 측정기기로서는 KS C IEC 61672-1에 정한 클래스 2의 소음계 또는 이와 동등 이상의 성능을 가진 것으로서 dB 단위로 지시하는 것을 사용하여야 한다. *중요내용

㉢ 소음계는 견고하고 빈번한 사용에 견딜 수 있어야 하며, 항상 정도를 유지할 수 있어야 한다.

㉣ 성능 *중요내용

ⓐ 측정 가능 주파수 범위는 31.5Hz~8kHz 이상이어야 한다.

ⓑ 측정 가능 소음도 범위는 35~130dB 이상이어야 한다.(다만, 자동차소음 측정에 사용되는 것은 45~130dB 이상으로 한다.)

ⓒ 특성별(A특성 및 C특성) 표준 입사각의 응답과 그 편차는 KS C IEC 61672-1의 표 2를 만족하여야 한다.

ⓓ 레벨레인지 변환기가 있는 기기에 있어서 레벨레인지 변환기의 전환오차는 0.5dB 이내이어야 한다.

ⓔ 지시계기의 눈금오차는 0.5dB 이내이어야 한다.

SECTION ENGINEER NOISE & VIBRATION

006 환경기준 중 소음측정방법

(1) 개요

① 목적

이 시험기준은 환경분야 시험검사 등에 관한 소음을 측정함에 있어서 측정의 정확성 및 통일성을 유지하기 위하여 필요한 제반사항에 대하여 규정함을 목적으로 한다.

② 적용범위

이 시험기준은 환경정책기본법에서 정하는 환경기준과 관련된 소음을 측정하기 위한 시험기준에 대하여 규정한다.

(2) 분석기기 및 기구

① 사용 소음계

KS C IEC61672-1에 정한 클래스 2의 소음계 또는 동등 이상의 성능을 가진 것이어야 한다.

② 일반사항

㉠ 소음계와 소음도 기록기를 연결하여 측정 · 기록하는 것을 원칙으로 한다. 소음도 기록기가 없는 경우에는 소음계만으로 측정할 수 있다.

㉡ 소음계 및 소음도 기록기의 전원과 기기의 동작을 점검하고 매회 교정을 실시하여야 한다.(소음계의 출력단자와 소음도 기록기의 입력단자 연결)

㉢ 소음계의 레벨레인지 변환기는 측정지점의 소음도를 예비조사한 후 적절하게 고정시켜야 한다.

㉣ 소음계와 소음도 기록기를 연결하여 사용할 경우에는 소음계의 과부하 출력이 소음기록치에 미치는 영향에 주의하여야 한다.

③ 청감보정회로 및 동특성 *중요내용

㉠ 소음계의 청감보정회로는 A특성에 고정하여 측정하여야 한다.

㉡ 소음계의 동특성은 원칙적으로 빠름(Fast) 모드로 하여 측정하여야 한다.

(3) 시료채취 및 관리

① 측정점 *중요내용

㉠ 개요

ⓐ 옥외측정을 원칙으로 한다.

ⓑ '일반지역'은 당해 지역의 소음을 대표할 수 있는 장소로 한다.

ⓒ '도로변지역(주 1)'에서는 소음으로 인하여 문제를 일으킬 우려가 있는 장소를 택하여야 한다.

ⓓ 측정점 선정 시에는 당해 지역 소음평가에 현저한 영향을 미칠 것으로 예상되는 공장 및 사업장, 건설사업장, 비행장, 철도 등의 부지 내는 피해야 한다.

[주 1] 도로변지역의 범위는 도로단으로부터 차선 수×10m로 하고, 고속도로 또는 자동차 전용도로의 경우에는 도로단으로부터 150m 이내의 지역을 말한다.

㉡ 일반지역

가능한 한 측정점 반경 3.5m 이내에 장애물(담, 건물, 기타 반사성 구조물 등)이 없는 지점의 지면 위 1.2~1.5m로 한다.

㉢ 도로변 지역

ⓐ 장애물이나 주거, 학교, 병원, 상업 등에 활용되는 건물이 있을 때에는 이들 건축물로부터 도로방향으로 1.0m 떨어진 지점의 지면 위 1.2~1.5m 위치로 한다.

ⓑ 건축물이 보도가 없는 도로에 접해 있는 경우에는 도로단에서 측정한다.

㉣ 다만, 상시측정용 또는 연속측정(낮 또는 밤 시간대별로 7시간 이상 연속으로 측정)의 경우의 측정높이는 주변환경, 통행, 촉수 등을 고려하여 지면 위 1.2~5.0m 높이로 할 수 있다.

② 측정조건

㉠ 일반사항 *중요내용

ⓐ 소음계의 마이크로폰은 측정위치에 받침장치(삼각대 등)를 설치하여 측정하는 것을 원칙으로 한다.

ⓑ 손으로 소음계를 잡고 측정할 경우 소음계는 측정자의 몸으로부터 0.5m 이상 떨어져야 한다.

ⓒ 소음계의 마이크로폰은 주 소음원 방향으로 향하도록 한다.

ⓓ 풍속이 2m/s 이상일 때에는 반드시 마이크로폰에 방풍망을 부착하여야 하며, 풍속이 5m/s를 초과할 때에는 측정하여서는 안 된다.

ⓔ 진동이 많은 장소 또는 전자장(대형 전기기계, 고압선 근처 등)의 영향을 받는 곳에서는 적절한 방지책(방진, 차폐 등)을 강구하여야 한다.

㉡ 측정사항

요일별로 소음 변동이 적은 평일(월요일부터 금요일 사이)에 당해 지역의 환경소음을 측정하여야 한다.

③ 측정시간 및 측정지점 수

㉠ 낮시간대(06 : 00~22 : 00)

당해 지역 소음을 대표할 수 있도록 측정지점 수를 충분히 결정하고, 각 측정지점에서 2시간 이상 간격으로 4회 이상 측정하여 산술평균한 값을 측정소음도로 한다.

㉡ 밤시간대(22 : 00~06 : 00)

낮시간대에 측정한 측정지점에서 2시간 간격으로 2회 이상 측정하여 산술평균한 값을 측정소음도로 한다.

(4) 분석절차

① 측정자료 분석

- 측정자료는 다음의 경우에 따라 분석 · 정리하며, 소음도의 계산과정에서는 소수점 첫째 자리를 유효숫자로 한다.
- 측정소음도(최종값)는 소수점 첫째 자리에서 반올림한다.

㉠ 디지털 소음자동분석계를 사용할 경우 *중요내용

ⓐ 샘플주기를 1초 이내에서 결정하고 5분 이상 측정하여 자동 연산 · 기록한 등가소음도를 그 지점의 측정소음도로 한다.

ⓑ 다만, 연속 · 상시측정의 경우 1시간 이상 측정하여 자동연산 · 기록한 등가소음도를 그 지점의 측정소음도로 한다.

[등가소음도 계산방법]

① 5분 이상 측정한 값 중 5분 동안 측정 · 기록한 기록지상의 값을 5초 간격으로 60회 판독하여 〈소음 측정 기록지〉에 기록한다. *중요내용

② 위에서 기록한 60회의 소음도값을 다음 식에 적용하여 등가소음도(L_{eq})를 구한다.

$$L_{eq} = 10\log\left\{\frac{1}{60}(10^{0.1\times L_1} + 10^{0.1\times L_2} + \cdots + 10^{0.1\times L_{60}})\right\}$$

여기서, L_{eq} : 5분 등가소음도

$L_{1\sim60}$: 5초 간격으로 측정한 1~60회 소음도

소음 측정 기록지

<table>
<tr><th>횟수</th><th>소음도(L_i), dB(A)</th><th>등가소음도, dB(A)</th></tr>
<tr><td>1</td><td></td><td rowspan="7">계산식 :
$L_{eq} = 10\log\left\{\frac{1}{60}(10^{0.1\times L_1} + 10^{0.1\times L_2} + \cdots + 10^{0.1\times L_{60}})\right\}$</td></tr>
<tr><td>2</td><td></td></tr>
<tr><td>3</td><td></td></tr>
<tr><td>4</td><td></td></tr>
<tr><td>5</td><td></td></tr>
<tr><td>·
·
·
·
·
·</td><td>·
·
·
·
·
·</td></tr>
<tr><td>60</td><td></td></tr>
</table>

환경소음 측정자료 평가표
[일반( ), 연속( ), 상시( )]

작성연월일 : 년 월 일

1. 측정연월일	년 월 일 요일 시 분부터 시 분까지
2. 측정지역	소재지 :
3. 측정자	소속 : 직명 : 성명 : (인) 소속 : 직명 : 성명 : (인)
4. 측정기기	소음계명 : 소음도 기록기명 : 부속장치 : 삼각대, 방풍망
5. 측정환경	반사음의 영향 : 풍속 : 진동, 전자장의 영향 :

6. 소음측정현황

지역 구분	측정지점	측정시각	주요 소음원	측정지점 약도	이상소음 포함여부 등 특이사항
		시 분			

7. 측정자료 분석결과(기록지 첨부)
- 측정소음도 : dB(A)

SECTION ENGINEER NOISE & VIBRATION

007 배출허용기준 중 소음측정방법

(1) 개요

① 목적

이 시험기준은 환경분야 시험검사 등에 관한 소음을 측정함에 있어서 측정의 정확성 및 통일성을 유지하기 위하여 필요한 제반사항에 대하여 규정함을 목적으로 한다.

② 적용범위

이 시험기준은 소음 · 진동관리법에서 정하는 배출허용기준 중 소음을 측정하기 위한 시험기준에 대하여 규정한다.

(2) 분석기기 및 기구

① 사용 소음계 중요내용

KS C IEC61672－1에 정한 클래스 2의 소음계 또는 동등 이상의 성능을 가진 것이어야 한다.

② 일반사항

㉠ 소음계와 소음도 기록기를 연결하여 측정 · 기록하는 것을 원칙으로 한다. 소음도 기록기가 없는 경우에는 소음계만으로 측정할 수 있다.

㉡ 소음계 및 소음도 기록기의 전원과 기기의 동작을 점검하고 매회 교정을 실시하여야 한다.(소음계의 출력단자와 소음도 기록기의 입력단자 연결)

㉢ 소음계의 레벨레인지 변환기는 측정지점의 소음도를 예비조사한 후 적절하게 고정시켜야 한다.

㉣ 소음계와 소음도 기록기를 연결하여 사용할 경우에는 소음계의 과부하 출력이 소음기록치에 미치는 영향에 주의하여야 한다.

③ 청감보정회로 및 동특성

㉠ 소음계의 청감보정회로는 A특성에 고정하여 측정하여야 한다.

㉡ 소음계의 동특성은 원칙적으로 빠름(Fast) 모드로 하여 측정하여야 한다.

(3) 시료채취 및 관리

① 측정점 중요내용

㉠ 공장의 부지경계선(아파트형 공장의 경우에는 공장건물의 부지경계선) 중 피해가 우려되는 장소로서 소음도가 높을 것으로 예상되는 지점의 지면 위 1.2~1.5m 높이로 한다.

㉡ 공장의 부지경계선이 불명확하거나 공장의 부지경계선에 비하여 피해가 예상되는 자

의 부지경계선에서의 소음도가 더 큰 경우에는 피해가 예상되는 자의 부지경계선으로 한다.

㉢ 기타 사항

ⓐ 측정지점에 높이가 1.5m를 초과하는 장애물이 있는 경우에는 장애물로부터 소음원 방향으로 1.0~3.5m 떨어진 지점으로 한다.

ⓑ 다만, 장애물로부터 소음원 방향으로 1.0~3.5m 떨어지기 어려운 경우에는 장애물 상단 직상부로부터 0.3m 이상 떨어진 지점으로 할 수 있다.

ⓒ 그 장애물이 방음벽이거나 충분한 차음이 예상되는 경우에는 장애물 밖의 1.0~3.5m 떨어진 지점 중 암영대(暗影帶)의 영향이 적은 지점으로 한다.

㉣ 배경소음도는 측정소음도의 측정점과 동일한 장소에서 측정함을 원칙으로 한다.

㉤ 공장이 나중에 입지한 지역

ⓐ 피해가 우려되는 곳이 2층 이상의 건물인 경우 등으로서 피해가 우려되는 자의 부지경계선에 비하여 소음도가 더 높은 곳이 있는 경우에는 소음도가 높은 곳에서 소음원 방향으로 창문 · 출입문 또는 건물벽 밖의 0.5~1.0m 떨어진 지점으로 한다.

ⓑ 다만, 건축구조나 안전상의 이유로 외부측정이 불가능한 경우에 한하여 창문 등의 경계면 지점으로 하고, +1.5dB을 보정한다.

② 측정조건

㉠ 일반사항 *중요내용

ⓐ 소음계의 마이크로폰은 측정위치에 받침장치(삼각대 등)를 설치하여 측정하는 것을 원칙으로 한다.

ⓑ 손으로 소음계를 잡고 측정할 경우 소음계는 측정자의 몸으로부터 0.5m 이상 떨어져야 한다.

ⓒ 소음계의 마이크로폰은 주 소음원 방향으로 향하도록 한다.

ⓓ 풍속이 2m/s 이상일 때에는 반드시 마이크로폰에 방풍망을 부착하여야 하며, 풍속이 5m/s를 초과할 때에는 측정하여서는 안 된다.

ⓔ 진동이 많은 장소 또는 전자장(대형 전기기계, 고압선 근처 등)의 영향을 받는 곳에서는 적절한 방지책(방진, 차폐 등)을 강구하여야 한다.

㉡ 측정사항

ⓐ 측정소음도의 측정은 대상 배출시설의 소음발생기기를 가능한 한 최대출력으로 가동시킨 정상상태에서 측정하여야 한다.

ⓑ 배경소음도는 대상 배출시설의 가동을 중지한 상태에서 측정하여야 한다.

③ 측정시간 및 측정지점 수 *중요내용

피해가 예상되는 적절한 측정시각에 2지점 이상의 측정지점 수를 선정 · 측정하여 그중 가장 높은 소음도를 측정소음도로 한다.

(4) 분석절차

① 측정자료 분석 *중요내용

- 측정자료는 다음의 경우에 따라 분석 · 정리하며, 소음도의 계산과정에서는 소수점 첫째 자리를 유효숫자로 한다.
- 대상소음도(최종값)는 소수점 첫째 자리에서 반올림한다.

㉠ 디지털 소음자동분석계를 사용할 경우
샘플주기를 1초 이내에서 결정하고 5분 이상 측정하여 자동 연산 · 기록한 등가소음도를 그 지점의 측정소음도 또는 배경소음도로 한다.

② 배경소음 보정
측정소음도에 다음과 같이 배경소음을 보정하여 대상소음도로 한다.

㉠ 측정소음도가 배경소음보다 10dB 이상 크면 배경소음의 영향이 극히 작기 때문에 배경소음의 보정 없이 측정소음도를 대상소음도로 한다. *중요내용

㉡ 측정소음도가 배경소음보다 3.0~9.9dB 차이로 크면 배경소음의 영향이 있기 때문에 측정소음도에 아래의 [배경소음의 영향에 대한 보정표]에 의한 보정치를 보정한 후 대상소음도를 구한다.

[배경소음의 영향에 대한 보정표]

단위 : dB(A)

차이 (d)	.0	.1	.2	.3	.4	.5	.6	.7	.8	.9
3	−3.0	−2.9	−2.8	−2.7	−2.7	−2.6	−2.5	−2.4	−2.3	−2.3
4	−2.2	−2.1	−2.1	−2.0	−2.0	−1.9	−1.8	−1.8	−1.7	−1.7
5	−1.7	−1.6	−1.6	−1.5	−1.5	−1.4	−1.4	−1.4	−1.3	−1.3
6	−1.3	−1.2	−1.2	−1.2	−1.1	−1.1	−1.1	−1.0	−1.0	−1.0
7	−1.0	−0.9	−0.9	−0.9	−0.9	−0.9	−0.8	−0.8	−0.8	−0.8
8	−0.7	−0.7	−0.7	−0.7	−0.7	−0.7	−0.6	−0.6	−0.6	−0.6
9	−0.6	−0.6	−0.6	−0.5	−0.5	−0.5	−0.5	−0.5	−0.5	−0.5

$$\text{보정치} = -10\log(1-10^{-0.1d})$$ *중요내용

여기서, d : 측정소음도 − 배경소음도

다만, 배경소음도 측정 시 해당 공장의 공정상 일부 배출시설의 가동 중지가 어렵다고 인정되고, 해당 배출시설에서 발생한 소음이 배경소음에 영향을 미친다고 판단될 경우에는 배경소음도의 측정 없이 측정소음도를 대상소음도로 할 수 있다.

㉢ 측정소음도가 배경소음도보다 3dB 미만으로 크면 배경소음이 대상소음보다 크므로 ㉠ 또는 ㉡을 만족하는 조건에서 재측정하여 대상소음도를 구하여야 한다. 중요내용

㉣ 다만, 2회 이상의 재측정에서도 측정소음도가 배경소음도보다 3dB 미만으로 크면 〈공장소음 측정자료 평가표〉에 그 상황을 상세히 명기한다.

(5) 결과보고

① **평가**

㉠ 소음평가를 위한 보정

ⓐ 구한 대상소음도를 소음 · 진동관리법에 정한 보정치를 보정한 공장소음 배출허용기준과 비교한다.

ⓑ 다만, 피해가 예상되는 자의 부지경계선에서 측정할 때 측정지점의 지역 구분 적용 시 공장이 위치한 지역과 피해가 예상되는 자의 지역이 서로 다를 경우에는 지역별 적용을 대상 공장이 위치한 지역을 기준으로 적용한다.

㉡ 소음 · 진동관리법 시행규칙 별표 5 비고에 대한 보정 원칙 중요내용

ⓐ 관련 시간대에 대한 측정소음 발생시간의 백분율은 별표 5의 비고 5에 따른 낮, 저녁 및 밤의 각각의 정상가동시간(휴식, 기계수리 등의 시간을 제외한 실질적인 기계작동시간)을 구하고 시간 구분에 따른 해당 관련 시간대에 대한 백분율을 계산하여 당해 시간 구분에 따라 적용하여야 한다. 이때 시간의 구분은 보정표의 시간별 항목의 기준에 따라야 하며, 가동시간은 측정 당일 전 30일간의 정상가동시간을 산술평균하여 정하여야 한다. 다만, 신규배출업소의 경우에는 30일간의 예상가동시간으로 갈음한다.

ⓑ 측정소음도 및 배경소음도는 당해 시간별로 측정 · 보정함을 원칙으로 하나 배출시설이 변동 없이 낮 및 저녁시간, 밤 및 낮 시간 또는 24시간 가동한 경우에는 낮 시간대의 대상소음도를 저녁, 밤 시간의 대상소음도로 적용하여 각각 평가하여야 한다.

② **측정자료의 기록**

소음평가를 위한 자료는 〈공장소음 측정자료 평가표〉에 의하여 기록하며, 측정값에 대한 증빙자료(수기 제외)를 첨부한다.

공장소음 측정자료 평가표 중요내용

작성연월일 : 년 월 일

1. 측정연월일	년 월 일 요일 시 분부터 시 분까지
2. 측정대상업소	소재지 : 명 칭 : 사업주 :
3. 측정자	소속 : 직명 : 성명 : (인) 소속 : 직명 : 성명 : (인)
4. 측정기기	소음계명 : 소음도 기록기명 : 부속장치 : 삼각대, 방풍망
5. 측정환경	반사음의 영향 : 바람, 진동, 전자장의 영향 :

6. 측정대상업소의 소음원과 측정지점

소음원(기계명)	규격	대수	측정지점 약도

7. 측정자료 분석결과(기록지 첨부)
   가. 측정소음도 : dB(A)
   나. 배경소음도 : dB(A)
   다. 대상소음도 : dB(A)

8. 보정치 산정

항목	내용	보정치
관련 시간대에 대한 측정소음레벨발생시간의 백분율(%)		
충격음 성분		
보정치 합계 :		

008 규제기준 중 생활소음 측정방법

(1) 개요

① 목적

이 시험기준은 환경분야 시험검사 등에 관한 소음을 측정함에 있어서 측정의 정확성 및 통일성을 유지하기 위하여 필요한 제반사항에 대하여 규정함을 목적으로 한다.

② 적용범위

이 시험기준은 소음 · 진동관리법에서 정하는 규제기준 중 생활소음을 측정하기 위한 시험기준에 대하여 규정한다.

(2) 분석기기 및 기구

① 사용 소음계

KS C IEC61672－1에 정한 클래스 2의 소음계 또는 동등 이상의 성능을 가진 것이어야 한다.

② 일반사항

㉠ 소음계와 소음도 기록기를 연결하여 측정 · 기록하는 것을 원칙으로 한다. 소음도 기록기가 없는 경우에는 소음계만으로 측정할 수 있다.

㉡ 소음계 및 소음도 기록기의 전원과 기기의 동작을 점검하고 매회 교정을 실시하여야 한다.(소음계의 출력단자와 소음도 기록기의 입력단자 연결)

㉢ 소음계의 레벨레인지 변환기는 측정지점의 소음도를 예비조사한 후 적절하게 고정시켜야 한다.

㉣ 소음계와 소음도 기록기를 연결하여 사용할 경우에는 소음계의 과부하 출력이 소음기록치에 미치는 영향에 주의하여야 한다.

③ 청감보정회로 및 동특성

㉠ 소음계의 청감보정회로는 A특성에 고정하여 측정하여야 한다.

㉡ 소음계의 동특성은 원칙적으로 빠름(Fast) 모드로 하여 측정하여야 한다.

(3) 시료채취 및 관리

① 측정점

㉠ 측정점은 피해가 예상되는 자의 부지경계선 중 소음도가 높을 것으로 예상되는 지점의 지면 위 1.2~1.5m 높이로 한다.

㉡ 기타 사항 *중요내용

ⓐ 측정지점에 높이가 1.5m를 초과하는 장애물이 있는 경우에는 장애물로부터 소음원 방향으로 1.0~3.5m 떨어진 지점으로 한다.

ⓑ 다만, 장애물로부터 소음원 방향으로 1.0~3.5m 떨어지기 어려운 경우에는 장애물 상단 직상부로부터 0.3m 이상 떨어진 지점으로 할 수 있다.

ⓒ 그 장애물이 방음벽이거나 충분한 차음이 예상되는 경우에는 장애물 밖의 1.0~3.5m 떨어진 지점 중 암영대(暗影帶)의 영향이 적은 지점으로 한다.

ⓒ 위에 제시된 ㉠ 및 ㉡의 규정에도 불구하고 피해가 우려되는 곳이 2층 이상의 건물인 경우 등으로서 피해가 우려되는 자의 부지경계선에 비하여 소음도가 더 큰 장소가 있는 경우에는 소음도가 높은 곳에서 소음원 방향으로 창문 · 출입문 또는 건물벽 밖의 0.5~1.0m 떨어진 지점으로 한다. 중요내용

단, 건축구조나 안전상의 이유로 외부측정이 불가능한 경우에 한하여 창문 등의 경계면 지점으로 하고, +1.5dB을 보정한다.

㉣ 배경소음도는 측정소음도의 측정점과 동일한 장소에서 측정함을 원칙으로 한다.

② 측정조건

㉠ 일반사항

ⓐ 소음계의 마이크로폰은 측정위치에 받침장치(삼각대 등)를 설치하여 측정하는 것을 원칙으로 한다.

ⓑ 손으로 소음계를 잡고 측정할 경우 소음계는 측정자의 몸으로부터 0.5m 이상 떨어져야 한다.

ⓒ 소음계의 마이크로폰은 주 소음원 방향으로 향하도록 한다.

ⓓ 풍속이 2m/s 이상일 때에는 반드시 마이크로폰에 방풍망을 부착하여야 하며, 풍속이 5m/s를 초과할 때에는 측정하여서는 안 된다. 다만, 대상소음이 풍력발전기 소음일 경우 풍속 5m/s 초과 6m/s 이하에서 측정할 수 있고, 이때 풍속에 의한 영향을 최소화하기 위해 풍동시험에서 풍잡음이 측정하려는 대상소음보다 최소 3dB 이상 낮게 측정되는 성능의 방풍망을 부착하여야 한다.

ⓔ 진동이 많은 장소 또는 전자장(대형 전기기계, 고압선 근처 등)의 영향을 받는 곳에서는 적절한 방지책(방진, 차폐 등)을 강구하여야 한다.

㉡ 측정사항

ⓐ 측정소음도의 측정은 대상소음원의 일상적인 사용상태에서 정상적으로 가동시켜 측정하여야 한다.

ⓑ 배경소음도는 대상소음원의 가동을 중지한 상태에서 측정하여야 한다. 단, 대상소음원의 가동 중지가 어렵다고 인정되는 경우에는 배경소음도의 측정 없이 측정소음도를 대상소음도로 할 수 있다.

③ 측정시간 및 측정지점 수 중요내용

피해가 예상되는 적절한 측정시각에 2지점 이상의 측정지점 수를 선정 · 측정하여 그중 가장 높은 소음도를 측정소음도로 한다.

(4) 분석절차

① 측정자료 분석

- 측정자료는 다음 경우에 따라 분석 · 정리하며, 소음도의 계산과정에서는 소수점 첫째 자리를 유효숫자로 하고, 대상소음도(최종값)는 소수점 첫째 자리에서 반올림한다.
- 다만, 측정소음도 측정 시 대상소음이 공사장 소음에 한하여 발생시간이 5분 이내인 경우에는 그 발생시간 동안 측정 · 기록하되, 최소 2분 이상 측정하여야 한다.

㉠ 디지털 소음자동분석계를 사용할 경우 *중요내용
샘플주기를 1초 이내에서 결정하고 5분 이상 측정하여 자동 연산 · 기록한 등가소음도를 그 지점의 측정소음도 또는 배경소음도로 한다.

② 배경소음 보정

측정소음도에 다음과 같이 배경소음을 보정하여 대상소음도로 한다.

㉠ 측정소음도가 배경소음보다 10dB 이상 크면 배경소음의 영향이 극히 작기 때문에 배경소음의 보정 없이 측정소음도를 대상소음도로 한다.

㉡ 측정소음도가 배경소음보다 3.0~9.9dB 차이로 크면 배경소음의 영향이 있기 때문에 측정소음도에 아래의 보정표에 의한 보정치를 보정한 후 대상소음도를 구한다.

[배경소음의 영향에 대한 보정표]

단위 : dB(A)

차이 (d)	.0	.1	.2	.3	.4	.5	.6	.7	.8	.9
3	−3.0	−2.9	−2.8	−2.7	−2.7	−2.6	−2.5	−2.4	−2.3	−2.3
4	−2.2	−2.1	−2.1	−2.0	−2.0	−1.9	−1.8	−1.8	−1.7	−1.7
5	−1.7	−1.6	−1.6	−1.5	−1.5	−1.4	−1.4	−1.4	−1.3	−1.3
6	−1.3	−1.2	−1.2	−1.2	−1.1	−1.1	−1.1	−1.0	−1.0	−1.0
7	−1.0	−0.9	−0.9	−0.9	−0.9	−0.9	−0.8	−0.8	−0.8	−0.8
8	−0.7	−0.7	−0.7	−0.7	−0.7	−0.7	−0.6	−0.6	−0.6	−0.6
9	−0.6	−0.6	−0.6	−0.5	−0.5	−0.5	−0.5	−0.5	−0.5	−0.5

$$\text{보정치} = -10\log(1-10^{-0.1d})$$ *중요내용

여기서, d : 측정소음도 − 배경소음도

㉢ 측정소음도가 배경소음도보다 3dB 미만으로 크면 배경소음이 대상소음보다 크므로 ㉠ 또는 ㉡에 만족되는 조건에서 재측정하여 대상소음도를 구하여야 한다.

(5) 결과보고

① **평가**

구한 대상소음도를 생활소음 규제기준과 비교하여 판정한다.

② **측정자료의 기록**

소음평가를 위한 자료는 〈생활소음 측정자료 평가표〉에 의하여 기록하며, 측정값에 대한 증빙자료(수기 제외)를 첨부한다.

생활소음 측정자료 평가표 *중요내용

작성연월일 : 년 월 일

<table>
<tr><td>1. 측정연월일</td><td colspan="3">년 월 일 요일 시 분부터
시 분까지</td></tr>
<tr><td>2. 측정대상업소</td><td colspan="3">소재지 :
명 칭 :</td></tr>
<tr><td>3. 측정자</td><td colspan="3">소속 : 직명 : 성명 : (인)
소속 : 직명 : 성명 : (인)</td></tr>
<tr><td>4. 측정기기</td><td colspan="3">소음계명 :
기록기명 :
부속장치 : 삼각대, 방풍망</td></tr>
<tr><td>5. 측정환경</td><td colspan="3">반사음의 영향 :
풍속 :
진동, 전자장의 영향 :</td></tr>
<tr><td colspan="4">6. 측정대상업소의 소음원과 측정지점</td></tr>
<tr><td>소음원(기계명)</td><td>규격</td><td>대수</td><td>측정지점 약도</td></tr>
<tr><td></td><td></td><td></td><td>(지역 구분 :)</td></tr>
</table>

7. 측정자료 분석결과(기록지 첨부)

가. 측정소음도 : dB(A)

나. 배경소음도 : dB(A)

다. 대상소음도 : dB(A)

009 규제기준 중 발파소음 측정방법

(1) 개요

① 목적

이 시험기준은 환경분야 시험검사 등에 관한 소음을 측정함에 있어서 측정의 정확성 및 통일성을 유지하기 위하여 필요한 제반사항에 대하여 규정함을 목적으로 한다.

② 적용범위

이 시험기준은 소음 · 진동관리법에서 정하는 규제기준 중 발파소음을 측정하기 위한 시험기준에 대하여 규정한다.

(2) 분석기기 및 기구

① 사용 소음계

KS C IEC61672-1에 정한 클래스 2의 소음계 또는 동등 이상의 성능을 가진 것이어야 한다.

② 일반사항 *중요내용

㉠ 소음계와 소음도 기록기를 연결하여 측정 · 기록하는 것을 원칙으로 한다. 다만, 소음계만으로 측정할 경우에는 최고소음도가 고정(Hold)되는 것에 한한다.

㉡ 소음계 및 소음도 기록기의 전원과 기기의 동작을 점검하고 매회 교정을 실시하여야 한다.

㉢ 소음계의 레벨레인지 변환기는 측정소음도의 크기에 부응할 수 있도록 고정시켜야 한다.

㉣ 소음계와 소음도 기록기를 연결하여 사용할 경우에는 소음계의 과부하 출력이 소음기록치에 미치는 영향에 주의하여야 한다.

㉤ 소음도 기록기의 기록속도 등은 소음계의 동특성에 부응하게 조작한다.

③ 청감보정회로 및 동특성

㉠ 소음계의 청감보정회로는 A특성에 고정하여 측정하여야 한다.

㉡ 소음계의 동특성은 원칙적으로 빠름(Fast) 모드로 하여 측정하여야 한다.

(3) 시료채취 및 관리

① 측정점

㉠ 측정점은 피해가 예상되는 자의 부지경계선 중 소음도가 높을 것으로 예상되는 지점에서 지면 위 1.2~1.5m 높이로 한다.

㉡ 기타 사항

ⓐ 측정지점에 높이가 1.5m를 초과하는 장애물이 있는 경우에는 장애물로부터 소음

원 방향으로 1.0~3.5m 떨어진 지점으로 한다.

ⓑ 다만, 장애물로부터 소음원 방향으로 1.0~3.5m 떨어지기 어려운 경우에는 장애물 상단 직상부로부터 0.3m 이상 떨어진 지점으로 할 수 있다.

ⓒ 그 장애물이 방음벽이거나 충분한 차음이 예상되는 경우에는 장애물 밖의 1.0~3.5m 떨어진 지점 중 암영대(暗影帶)의 영향이 적은 지점으로 한다.

㉢ 위에서 제시한 ㉠ 및 ㉡의 규정에도 불구하고 피해가 우려되는 곳이 2층 이상의 건물인 경우 등으로서 피해가 우려되는 자의 부지경계선에 비하여 소음도가 더 큰 장소가 있는 경우에는 소음도가 높은 곳에서 소음원 방향으로 창문 · 출입문 또는 건물벽 밖의 0.5~1.0m 떨어진 지점으로 한다. *중요내용

단, 건축구조나 안전상의 이유로 외부측정이 불가능한 경우에 한하여 창문 등의 경계면 지정으로 하고, +1.5dB을 보정한다.

㉣ 배경소음도는 측정소음도의 측정점과 동일한 장소에서 측정함을 원칙으로 한다.

② 측정조건

㉠ 일반사항

ⓐ 소음계의 마이크로폰은 측정위치에 받침장치(삼각대 등)를 설치하여 측정하는 것을 원칙으로 한다.

ⓑ 손으로 소음계를 잡고 측정할 경우 소음계는 측정자의 몸으로부터 0.5m 이상 떨어져야 한다.

ⓒ 소음계의 마이크로폰은 주 소음원 방향으로 향하도록 한다.

ⓓ 풍속이 2m/s 이상일 때에는 반드시 마이크로폰에 방풍망을 부착하여야 하며, 풍속이 5m/s를 초과할 때에는 측정하여서는 안 된다.

ⓔ 진동이 많은 장소 또는 전자장(대형 전기기계, 고압선 근처 등)의 영향을 받는 곳에서는 적절한 방지책(방진, 차폐 등)을 강구하여야 한다.

㉡ 측정사항

ⓐ 측정소음도는 발파소음이 지속되는 기간 동안에 측정하여야 한다.

ⓑ 배경소음도는 대상소음(발파소음)이 없을 때 측정하여야 한다.

③ 측정시간 및 측정지점 수 *중요내용

작업일지 및 발파계획서 또는 폭약사용신고서를 참조하여 소음 · 진동관리법 시행규칙 별표 8에서 구분하는 각 시간대 중에서 최대발파소음이 예상되는 시각의 소음을 포함한 모든 발파소음을 1지점 이상에서 측정한다.

(4) 분석절차

① 측정자료 분석

• 측정자료는 다음 경우에 따라 분석 · 정리하며, 소음도의 계산과정에서는 소수점 첫째

자리를 유효숫자로 한다.

- 평가소음도(최종값)는 소수점 첫째 자리에서 반올림한다.

㉠ 측정소음도

ⓐ 디지털 소음자동분석계를 사용할 때에는 샘플주기를 0.1초 이하로 놓고 발파소음의 발생시간(수초 이내) 동안 측정하여 자동 연산 · 기록한 최고치(L_{max} 등)를 측정소음도로 한다. 중요내용

ⓑ 소음도 기록기를 사용할 때에는 기록지상의 지시치의 최고치를 측정소음도로 한다.

ⓒ 최고소음 고정(Hold)용 소음계를 사용할 때에는 당해 지시치를 측정소음도로 한다.

㉡ 배경소음도

ⓐ 디지털 소음자동분석계를 사용할 경우
샘플주기를 1초 이내에서 결정하고 5분 이상 측정하여 자동 연산 · 기록한 등가소음도를 그 지점의 배경소음도로 한다.

② 배경소음 보정

측정소음도에 다음과 같이 배경소음을 보정하여 대상소음도로 한다.

㉠ 측정소음도가 배경소음보다 10dB 이상 크면 배경소음의 영향이 극히 작기 때문에 배경소음의 보정 없이 측정소음도를 대상소음도로 한다.

㉡ 측정소음도가 배경소음보다 3.0~9.9dB 차이로 크면 배경소음의 영향이 있기 때문에 측정소음도에 아래의 보정표에 의한 보정치를 보정한 후 대상소음도를 구한다.

[배경소음의 영향에 대한 보정표]

단위 : dB(A)

차이 (d)	.0	.1	.2	.3	.4	.5	.6	.7	.8	.9
3	−3.0	−2.9	−2.8	−2.7	−2.7	−2.6	−2.5	−2.4	−2.3	−2.3
4	−2.2	−2.1	−2.1	−2.0	−2.0	−1.9	−1.8	−1.8	−1.7	−1.7
5	−1.7	−1.6	−1.6	−1.5	−1.5	−1.4	−1.4	−1.4	−1.3	−1.3
6	−1.3	−1.2	−1.2	−1.2	−1.1	−1.1	−1.1	−1.0	−1.0	−1.0
7	−1.0	−0.9	−0.9	−0.9	−0.9	−0.9	−0.8	−0.8	−0.8	−0.8
8	−0.7	−0.7	−0.7	−0.7	−0.7	−0.7	−0.6	−0.6	−0.6	−0.6
9	−0.6	−0.6	−0.6	−0.5	−0.5	−0.5	−0.5	−0.5	−0.5	−0.5

$$\text{보정치} = -10\log(1-10^{-0.1d})$$

여기서, d : 측정소음도−배경소음도

㉢ 측정소음도가 배경소음도보다 3dB 미만으로 크면 배경소음이 대상소음보다 크므로 ㉠ 또는 ㉡에 만족하는 조건에서 재측정하여 대상소음도를 구하여야 한다.

(5) 결과보고

① 평가

㉠ 구한 대상소음도에 시간대별 보정발파횟수(N)에 따른 보정량($+10\log N$; $N>1$)을 보정하여 평가소음도를 구한다. 이 경우, 지발발파는 보정발파횟수를 1회로 간주한다. 중요내용

㉡ 시간대별 보정발파횟수(N)는 작업일지 및 발파계획서 또는 폭약사용신고서 등을 참조하여 발파소음 측정 당일의 발파소음 중 소음도가 60dB(A) 이상인 횟수(N)를 말한다. 중요내용

㉢ 단, 여건상 불가피하게 측정 당일의 발파횟수만큼 측정하지 못한 경우에는 측정 시의 장약량과 같은 양을 사용한 발파는 같은 소음도로 판단하여 보정발파횟수를 산정할 수 있다.

② 측정자료의 기록

소음평가를 위한 자료는 〈발파소음 측정자료 평가표〉에 의하여 기록하며, 측정값에 대한 증빙자료(수기 제외)를 첨부한다.

발파소음 측정자료 평가표 *중요내용

작성연월일 : 　　년　　월　　일

1. 측정연월일	년　월　일　요일　　시　분부터 시　분까지		
2. 측정대상업소	소재지 : 명　칭 :		
3. 사업주	주소 :　　　　성명 :　　　(인)		
4. 측정자	소속 :　　직명 :　　성명 :　　(인) 소속 :　　직명 :　　성명 :　　(인)		
5. 측정기기	소음계명 : 기록기명 : 부속장치 :　　　삼각대, 방풍망		
6. 측정환경	반사음의 영향 : 풍속 : 진동, 전자장의 영향 :		
7. 측정대상업소의 소음원과 측정지점			
폭약의 종류	1회 사용량	발파횟수	측정지점 약도
	kg	낮 : 밤 :	(지역 구분 :　　　)

8. 측정자료 분석결과(기록지 첨부)
   가. 측정소음도 :　　　dB(A)
   나. 배경소음도 :　　　dB(A)
   다. 대상소음도 :　　　dB(A)
   라. 평가소음도 :　　　dB(A)

SECTION ENGINEER NOISE & VIBRATION

010 규제기준 중 동일 건물 내 사업장 소음 측정방법

(1) 개요

① 목적

이 시험기준은 환경분야 시험검사 등에 관한 소음을 측정함에 있어서 측정의 정확성 및 통일성을 유지하기 위하여 필요한 제반사항에 대하여 규정함을 목적으로 한다.

② 적용범위

이 시험기준은 소음 · 진동관리법에서 정하는 규제기준 중 동일 건물 내 사업장 소음을 측정하기 위한 시험기준에 대하여 규정한다.

(2) 분석기기 및 기구

① 사용 소음계

KS C IEC 61672-1에서 정한 클래스 2 소음계 또는 동등 이상의 성능을 가진 것이어야 한다.

② 일반사항

㉠ 소음계와 소음도 기록기를 연결하여 측정 · 기록하는 것을 원칙으로 한다. 소음도 기록기가 없을 경우에는 소음계만으로 측정할 수 있다.

㉡ 소음계 및 소음도 기록기의 전원과 기기의 동작을 점검하고 매회 교정을 실시하여야 한다.

㉢ 소음계의 레벨레인지 변환기는 측정점의 소음도를 예비 조사한 후 적절하게 조정하여야 한다.

㉣ 소음계와 소음도 기록기를 연결하여 사용할 경우에는 소음계의 과부하 출력이 소음기록치에 미치는 영향에 주의하여야 한다.

㉤ 소음도 기록기의 기록속도 등은 소음계의 동특성에 부응하게 조작한다.

③ 청감보정회로 및 동특성

㉠ 소음계의 청감보정회로는 A특성에 고정하여 측정하여야 한다.

㉡ 소음계의 동특성은 원칙적으로 빠름(Fast) 모드로 하여 측정하여야 한다.

(3) 시료채취 및 관리

① 측정점

㉠ 피해가 예상되는 실에서 소음도가 높을 것으로 예상되는 지점의 바닥 위 1.2~1.5m 높이로 한다. 중요내용

㉡ 측정점에 높이가 1.5m를 초과하는 장애물이 있는 경우에 장애물로부터 1.0m 이상 떨

어진 지점으로 한다.

㉢ 배경소음도는 측정소음도의 측정점과 동일한 장소에서 측정함을 원칙으로 한다.

② 측정조건

㉠ 일반사항

ⓐ 소음계의 마이크로폰은 측정위치에 받침장치(삼각대 등)를 설치하여 측정하는 것을 원칙으로 한다.

ⓑ 손으로 소음계를 잡고 측정할 경우 소음계는 측정자의 몸으로부터 0.5m 이상 떨어져야 한다.

ⓒ 소음계의 마이크로폰은 주 소음원 방향으로 향하도록 하여야 한다.

㉡ 측정사항

ⓐ 측정 소음도는 대상소음원의 일상적인 사용상태에서 정상적으로 가동시켜 측정하여야 한다.

ⓑ 측정은 대상 소음 이외의 소음이나 외부소음에 의한 영향을 배제하기 위하여 옥외 및 복도 등으로 통하는 창문과 문을 닫은 상태에서 측정하여야 한다.

ⓒ 배경소음도는 대상 소음원을 가동하지 않은 상태에서 측정하여야 한다. 단, 대상 소음원의 가동 중지가 어렵다고 인정되는 경우에는 배경소음도의 측정 없이 측정소음도를 대상소음도로 할 수 있다.

③ 측정시간 및 측정지점 수 *중요내용

피해가 예상되는 적절한 측정 시각에 2지점 이상의 측정지점 수를 선정하고 각각 2회 이상 측정하여 각 지점에서 산술 평균한 소음도 중 가장 높은 소음도를 측정 소음도로 한다.(단, 환경이 여의치 않은 경우에는 측정지점 수를 줄일 수 있다.)

(4) 분석절차

① 측정자료 분석

- 측정자료는 다음의 경우에 따라 분석 · 정리하며, 소음도의 계산과정에서는 소수점 첫째 자리를 유효숫자로 하고, 측정소음도(최종값)는 소수점 첫째 자리에서 반올림한다.
- 다만, 측정소음도 측정 시 대상 소음의 발생시간이 5분 이내인 경우에는 그 발생시간 동안 측정 · 기록한다.

㉠ 디지털 소음자동분석계를 사용할 경우 *중요내용

샘플주기를 1초 이내에서 결정하고 5분 이상 측정하여 자동 연산 · 기록한 등가소음도를 그 지점의 측정소음도 또는 배경소음도를 정한다.

② 배경소음 보정

측정소음도에 다음과 같이 배경소음을 보정하여 대상소음도로 한다.

㉠ 측정소음도가 배경소음보다 10dB 이상 크면 배경소음의 영향이 극히 작기 때문에 배경소음의 보정없이 측정소음도를 대상소음도로 한다.

㉡ 측정소음도가 배경소음보다 3.0~9.9dB 차이로 크면 배경소음의 영향이 있기 때문에 측정소음도에 다음의 보정표에 의한 보정치를 보정한 후 대상소음도를 구한다.

[배경소음의 영향에 대한 보정표]

단위 : dB(A)

차이 (d)	.0	.1	.2	.3	.4	.5	.6	.7	.8	.9
3	−3.0	−2.9	−2.8	−2.7	−2.7	−2.6	−2.5	−2.4	−2.3	−2.3
4	−2.2	−2.1	−2.1	−2.0	−2.0	−1.9	−1.8	−1.8	−1.7	−1.7
5	−1.7	−1.6	−1.6	−1.5	−1.5	−1.4	−1.4	−1.4	−1.3	−1.3
6	−1.3	−1.2	−1.2	−1.2	−1.1	−1.1	−1.1	−1.0	−1.0	−1.0
7	−1.0	−0.9	−0.9	−0.9	−0.9	−0.9	−0.8	−0.8	−0.8	−0.8
8	−0.7	−0.7	−0.7	−0.7	−0.7	−0.7	−0.6	−0.6	−0.6	−0.6
9	−0.6	−0.6	−0.6	−0.5	−0.5	−0.5	−0.5	−0.5	−0.5	−0.5

$$\text{보정치} = -10\log(1-10^{-0.1d})$$

여기서, d : 측정소음도 − 배경소음도

③ 측정소음도가 배경소음도보다 3dB 미만으로 크면 배경소음이 대상소음보다 크므로 ㉠ 또는 ㉡에 만족되는 조건에서 재측정하여 대상소음도를 구하여야 한다.

(5) 결과보고

① 평가

구한 대상 소음도를 소수점 첫째 자리에서 반올림하고, 동일 건물 내 사업장의 실내소음 규제기준과 비교하여 판정한다.

② 측정자료의 기록

소음평가를 위한 자료는 〈동일 건물 내 사업장 소음 측정자료 평가표〉에 의하여 기록하며, 측정값에 대한 증빙자료(수기 제외)를 첨부한다.

동일 건물 내 사업장 소음 측정자료 평가표

작성연월일 :　　연　월　일

<table>
<tr><td colspan="2">1. 측정연월일</td><td colspan="3">년　　월　　일　　요일　　　　　　시　　분부터
시　　분까지</td></tr>
<tr><td colspan="2">2. 측정대상</td><td colspan="3">건물 소재지 :
건물　명칭 :</td></tr>
<tr><td colspan="2">3. 관리자</td><td colspan="3"></td></tr>
<tr><td colspan="2">4. 측정자</td><td colspan="3">소속 :　　　직명 :　　　성명 :　　　(인)
소속 :　　　직명 :　　　성명 :　　　(인)</td></tr>
<tr><td colspan="2">5. 측정기기</td><td colspan="3">소음계명 :
기록기명 :
부속장치 :</td></tr>
<tr><td colspan="2">6. 측정환경</td><td colspan="3">주요 소음원 :</td></tr>
<tr><td colspan="5">7. 측정 소음도와 측정점 위치도</td></tr>
<tr><td rowspan="2">측
정
점</td><td>소음도 1</td><td>소음도 2</td><td colspan="2" rowspan="2">측정점 위치도</td></tr>
<tr><td colspan="2">산술평균 소음도</td></tr>
<tr><td rowspan="2">1</td><td></td><td></td><td colspan="2" rowspan="6">(지역 구분 :　　　　　)</td></tr>
<tr><td colspan="2"></td></tr>
<tr><td rowspan="2">2</td><td></td><td></td></tr>
<tr><td colspan="2"></td></tr>
<tr><td rowspan="2">3</td><td></td><td></td></tr>
<tr><td colspan="2"></td></tr>
</table>

8. 측정자료 분석결과(기록지 첨부)

가. 측정소음도 :　　　　dB(A)

나. 배경소음도 :　　　　dB(A)

다. 대상소음도 :　　　　dB(A)

011 도로교통소음 관리기준 측정방법

(1) 개요

① 목적

이 시험기준은 환경분야 시험검사 등에 관한 소음을 측정함에 있어서 측정의 정확성 및 통일성을 유지하기 위하여 필요한 제반사항에 대하여 규정함을 목적으로 한다.

② 적용범위

이 시험기준은 소음 · 진동관리법에서 정하는 소음 관리기준 중 도로교통소음을 측정하기 위한 시험기준에 대하여 규정한다.

(2) 분석기기 및 기구

① 사용 소음계

KS C IEC 61672－1에 정한 클래스 2의 소음계 또는 동등 이상의 성능을 가진 것이어야 한다.

② 일반사항

㉠ 소음계와 소음도 기록기를 연결하여 측정 · 기록하는 것을 원칙으로 한다. 소음도 기록기가 없는 경우에는 소음계만으로 측정할 수 있다.

㉡ 소음계 및 소음도 기록기의 전원과 기기의 동작을 점검하고 매회 교정을 실시하여야 한다.(소음계의 출력단자와 소음도 기록기의 입력단자 연결)

㉢ 소음계의 레벨레인지 변환기는 측정지점의 소음도를 예비조사한 후 적절하게 고정시켜야 한다.

㉣ 소음계와 소음도 기록기를 연결하여 사용할 경우에는 소음계의 과부하 출력이 소음기록치에 미치는 영향에 주의하여야 한다.

③ 청감보정회로 및 동특성

㉠ 소음계의 청감보정회로는 A특성에 고정하여 측정하여야 한다.

㉡ 소음계의 동특성은 원칙적으로 빠름(Fast) 모드로 하여 측정하여야 한다.

(3) 시료채취 및 관리

① 측정점

㉠ 측정점은 피해가 예상되는 자의 부지경계선 중 소음도가 높을 것으로 예상되는 지점의 지면 위 1.2~1.5m 높이로 한다.

㉡ 기타 사항

ⓐ 측정지점에 높이가 1.5m를 초과하는 장애물이 있는 경우에는 장애물로부터 소음

원 방향으로 1.0~3.5m 떨어진 지점으로 한다.

ⓑ 다만, 장애물로부터 소음원 방향으로 1.0~3.5m 떨어지기 어려운 경우에는 장애물 상단 직상부로부터 0.3m 이상 떨어진 지점으로 할 수 있다.

ⓒ 그 장애물이 방음벽이거나 충분한 차음이 예상되는 경우에는 장애물 밖의 1.0~3.5m 떨어진 지점 중 암영대(暗影帶)의 영향이 적은 지점으로 한다.

㉢ 위 ㉠ 및 ㉡의 규정에도 불구하고 피해가 우려되는 곳이 2층 이상의 건물인 경우 등으로서 피해가 우려되는 자의 부지경계선에 비하여 소음도가 더 큰 장소가 있는 경우에는 소음도가 높은 곳에서 소음원 방향으로 창문 · 출입문 또는 건물벽 밖의 0.5~1.0m 떨어진 지점으로 한다. 다만, 건축구조나 안전상의 이유로 외부측정이 불가능한 경우에 한하여 창문 등의 경계면 지점으로 하고, +1.5dB를 보정한다.

② 측정조건

㉠ 일반사항

ⓐ 소음계의 마이크로폰은 측정위치에 받침장치(삼각대 등)를 설치하여 측정하는 것을 원칙으로 한다.

ⓑ 손으로 소음계를 잡고 측정할 경우 소음계는 측정자의 몸으로부터 0.5m 이상 떨어져야 한다.

ⓒ 소음계의 마이크로폰은 주 소음원 방향을 향하도록 한다.

ⓓ 풍속이 2m/s 이상일 때에는 반드시 마이크로폰에 방풍망을 부착하여야 하며, 풍속이 5m/s를 초과할 때에는 측정하여서는 안 된다.

ⓔ 진동이 많은 장소 또는 전자장(대형 전기기계, 고압선 근처 등)의 영향을 받는 곳에서는 적절한 방지책(방진, 차폐 등)을 강구하여야 한다.

㉡ 측정사항

요일별로 소음 변동이 적은 평일(월요일부터 금요일까지)에 당해 지역의 도로교통소음을 측정하여야 한다. 단, 주말 또는 공휴일에 도로통행량이 증가되어 소음피해가 예상되는 경우에는 주말 및 공휴일에 도로교통 소음을 측정할 수 있다.

③ 측정시간 및 측정지점 수 중요내용

주간 시간대(06 : 00~22 : 00) 및 야간시간대(22 : 00~06 : 00)별로 소음피해가 예상되는 시간대를 포함하여 2개 이상의 측정지점 수를 선정하여 4시간 이상 간격으로 2회 이상 측정하여 산술평균한 값을 측정소음도로 한다.

(4) 분석절차

① 측정자료 분석

- 측정자료는 다음의 경우에 따라 분석 · 정리하며, 소음도의 계산과정에서는 소수점 첫째 자리를 유효숫자로 한다.

• 측정소음도(최종값)는 소수점 첫째 자리에서 반올림한다.

㉠ 디지털 소음자동분석계를 사용할 경우 중요내용
샘플주기를 1초 이내에서 결정하고 10분 이상 측정하여 자동 연산 · 기록한 등가소음도를 그 지점의 측정소음도로 한다.

㉡ 소음연속자동측정기를 사용할 경우
1초 이내에서 결정하고 1시간 이상 측정하여 자동 연산 · 기록한 등가소음도를 그 지점의 측정소음도로 한다.

(5) 결과보고

① **평가**
구한 측정소음도를 도로교통소음의 관리기준과 비교하여 평가한다.

② **측정자료의 기록**
소음평가를 위한 자료는 〈도로교통소음 측정자료 평가표〉에 의하여 기록하며, 측정값에 대한 증빙자료(수기 제외)를 첨부한다.

도로교통소음 측정자료 평가표 *중요내용

작성연월일 :　　년　월　일

<table>
<tr><td>1. 측정연월일</td><td colspan="2">년　월　일　요일　　시　분부터
시　분까지</td></tr>
<tr><td>2. 측정대상</td><td colspan="2">소재지 :
도로명 :</td></tr>
<tr><td>3. 관리자</td><td colspan="2"></td></tr>
<tr><td>4. 측정자</td><td colspan="2">소속 :　직명 :　성명 :　(인)
소속 :　직명 :　성명 :　(인)</td></tr>
<tr><td>5. 측정기기</td><td colspan="2">소음계명 :
기록기명 :
부속장치 :　삼각대, 방풍망</td></tr>
<tr><td>6. 측정환경</td><td colspan="2">반사음의 영향 :
풍속 :
진동, 전자장의 영향 :</td></tr>
<tr><td colspan="3">7. 측정대상과 측정지점</td></tr>
<tr><td>도로구조</td><td>교통특성</td><td>측정지점 약도</td></tr>
<tr><td>차 선 수 :
도로유형 :
구　배 :
기　타 :</td><td>시간당 교통량
(　대/hr)
대형차 통행량
(　대/hr)
평균차속
(　km/hr)</td><td>(지역 구분 :　)</td></tr>
</table>

8. 측정자료 분석결과(기록지 등 첨부)
- 측정소음도 :　dB(A)

012 철도소음 관리기준 측정방법

(1) 개요

① 목적

이 시험기준은 환경분야 시험검사 등에 관한 소음을 측정함에 있어서 측정의 정확성 및 통일성을 유지하기 위하여 필요한 제반사항에 대하여 규정함을 목적으로 한다.

② 적용범위

이 시험기준은 소음 · 진동관리법에서 정하는 소음 관리기준 중 철도소음을 측정하기 위한 시험기준에 대하여 규정한다.

(2) 분석기기 및 기구

① 사용 소음계

KS C IEC 61672-1에 정한 클래스 2의 소음계 또는 동등 이상의 성능을 가진 것이어야 한다.

② 일반사항

㉠ 소음계와 소음도 기록기를 연결하여 측정 · 기록하는 것을 원칙으로 한다. 소음도 기록기가 없는 경우에는 소음계만으로 측정할 수 있다.

㉡ 소음계 및 소음도 기록기의 전원과 기기의 동작을 점검하고 매회 교정을 실시하여야 한다.(소음계의 출력단자와 소음도 기록기의 입력단자 연결)

㉢ 소음계의 레벨레인지 변환기는 측정지점의 소음도를 예비조사한 후 적절하게 고정시켜야 한다.

㉣ 소음계와 소음도 기록기를 연결하여 사용할 경우에는 소음계의 과부하 출력이 소음기록치에 미치는 영향에 주의하여야 한다.

③ 청감보정회로 및 동특성

㉠ 소음계의 청감보정회로는 A특성에 고정하여 측정하여야 한다.

㉡ 소음계의 동특성은 원칙적으로 빠름(Fast) 모드로 하여 측정하여야 한다.

(3) 시료채취 및 관리

① 측정점 *중요내용

㉠ 옥외측정을 원칙으로 하며, 그 지역의 철도소음을 대표할 수 있는 장소나 철도소음으로 인하여 문제를 일으킬 우려가 있는 장소로서 지면 위 1.2~1.5m 높이로 한다.

㉡ 측정점에 장애물이나 주거, 학교, 병원, 상업 등에 활용되는 건물이 있을 때에는 건축물로부터 철도방향으로 1.0m 떨어진 지점의 지면 위 1.2~1.5m로 한다.

㉢ 위 ㉠ 및 ㉡의 규정에도 불구하고 피해가 우려되는 곳이 2층 이상의 건물인 경우 등으로서 위 지점에 비하여 소음도가 더 큰 장소가 있는 경우에는 소음도가 높은 곳에서 소음원 방향으로 창문 · 출입문 또는 건물벽 밖의 0.5~1m 떨어진 지점으로 한다. 다만, 건축구조나 안전상의 이유로 외부측정이 불가능한 경우에 한하여 창문 등의 경계면 지점으로 하고, +1.5dB을 보정한다.

② 측정조건

㉠ 일반사항 *중요내용

ⓐ 소음계의 마이크로폰은 측정위치에 받침장치(삼각대 등)를 설치하여 측정하는 것을 원칙으로 한다.

ⓑ 손으로 소음계를 잡고 측정할 경우 소음계는 측정자의 몸으로부터 0.5m 이상 떨어져야 한다.

ⓒ 소음계의 마이크로폰은 주 소음원 방향으로 향하도록 하여야 한다.

ⓓ 풍속이 2m/s 이상일 때에는 반드시 마이크로폰에 방풍망을 부착하여야 하며, 풍속이 5m/s를 초과할 때에는 측정하여서는 안 된다.

ⓔ 진동이 많은 장소 또는 전자장(대형 전기기계, 고압선 근처 등)의 영향을 받는 곳에서는 적절한 방지책(방진, 차폐 등)을 강구하여야 한다.

㉡ 측정사항

요일별로 소음 변동이 적은 평일(월요일부터 금요일까지)에 당해 지역의 철도소음을 측정한다. 단, 주말 또는 공휴일에 철도통행량이 증가되어 소음피해가 예상되는 요일에 철도소음을 측정할 수 있다.

③ 측정시간 및 측정지점 수 *중요내용

㉠ 기상조건, 열차운행횟수 및 속도 등을 고려하여 당해 지역의 1시간 평균 철도 통행량 이상인 시간대를 포함하여 주간 시간대는 2시간 간격을 두고 1시간씩 2회 측정하여 산술평균하며, 야간 시간대는 1회 1시간 동안 측정한다.

㉡ 배경소음도는 철도운행이 없는 상태에서 측정소음도의 측정점과 동일한 장소에서 5분 이상 측정한다. 단, 5분 이상 측정이 어려운 경우에는 측정시간을 줄일 수 있으나 가능한 한 5분에 가깝도록 측정한다.

(4) 분석절차

① 측정자료 분석

- 측정자료는 다음의 경우에 따라 분석 · 정리하며, 소음도의 계산과정에서는 소수점 첫째 자리를 유효숫자로 한다.
- 측정소음도(최종값)는 소수점 첫째 자리에서 반올림한다.

㉠ 샘플주기를 1초 내외로 결정하고 1시간 동안 연속 측정하여 자동 연산 · 기록한 등가소음도를 그 지점의 측정소음도로 한다. *중요내용
단, 1일 열차통행량이 30대 미만인 경우 측정소음도에 다음 표에 의한 보정치를 보정한 후 그 값을 측정소음도로 한다.

[최고소음도와 배경소음도 차이(d)에 따른 보정표]

단위 : dB(A)

차이(d)	보정값(dB)	차이(d)	보정값(dB)
10 이상~11 미만	+1.0	27 이상~28 미만	+2.5
11 이상~13 미만	+1.1	28 이상~29 미만	+2.7
13 미만~14 미만	+1.2	29 이상~30 미만	+2.8
14 미만~16 미만	+1.3	30 이상~31 미만	+3.0
16 이상~17 미만	+1.4	31 이상~32 미만	+3.1
17 이상~18 미만	+1.5	32 이상~33 미만	+3.3
18 이상~20 미만	+1.6	33 이상~34 미만	+3.5
20 이상~21 미만	+1.7	34 이상~35 미만	+3.7
21 이상~22 미만	+1.8	35 이상~36 미만	+3.9
22 이상~23 미만	+1.9	36 이상~37 미만	+4.1
23 이상~24 미만	+2.0	37 이상~38 미만	+4.3
24 이상~25 미만	+2.2	38 이상~39 미만	+4.5
25 이상~26 미만	+2.3	39 이상	+4.8
26 이상~27 미만	+2.4		

여기서, d : 최고소음도 - 배경소음도

㉡ 배경소음과의 차이를 측정하기 위한 최고소음도는 소음계의 동특성은 느림(Slow) 모드로 하고, 3대 이상의 최고소음도 평균으로 하며, 화물열차를 포함하여 측정하는 것을 원칙으로 한다. 단, 소음계의 동특성을 빠름(Fast) 모드로 하는 경우에는 열차가 통과하는 동안의 1초 등가소음도 중 가장 높은 소음도를 각 열차의 최고소음도로 할 수 있다.

$$\overline{L}_{\max} = 10\log\left[\frac{1}{N}\sum_{i=1}^{N}10^{0.1L_{\max i}}\right]$$

여기서, N : 1시간 동안의 열차통행량(왕복대수)
$\overline{L_{\max}}$: i번째 열차의 최고소음도[dB(A)]

ⓒ 위 ㉠의 규정에도 불구하고 배경소음과 철도의 최고소음의 차이가 10dB 이하인 경우 등 배경소음이 상당히 크다고 판단되는 경우에는 각 열차 통과 시의 소음노출레벨(L_{AEi})을 측정하고 1시간 등가소음도($L_{eq\cdot 1h}$)로 환산한 후, 소수점 첫째 자리에서 반올림한다.

$$L_{eq\cdot 1h} = 10\log\left[\frac{T_o}{T}\sum_{t=1}^{N}10^{0.1L_{AEi}}\right]$$

여기서, L_{AEi} : T초 동안 발생하는 n개의 열차소음 중 i번째 열차소음의 L_{AE}

T_o : 기준시간(1초)

T : 전체 측정시간(3,600초)

$$L_{AE} = 10\log\left(\frac{1}{t_o}\int_o^t \frac{P_A^2(t)}{P_o^{\ 2}}dt\right)\text{dB}$$

여기서, t : 각 열차가 통과하는 동안의 최고소음도에서 10dB 아래까지의 구간의 지속시간(초). 단, 최고소음도에서 10dB 아래의 구간을 설정할 수 없는 경우는 각 열차가 통과하기 직전의 배경소음 이상 구간의 지속시간(초)으로 한다.

t_o : 기준시간(1초)

$P_A(t)$: 시간 t에서의 A특성 음압

P_o : 기준음압(20μPa)

(5) 결과보고

① 평가

㉠ 구한 측정소음도를 철도소음의 관리기준과 비교하여 평가한다.

㉡ 철도소음관리기준을 적용하기 위하여 측정하고자 할 경우에는 철도보호지구 외의 지역에서 측정 · 평가한다.

② 측정자료의 기록

소음평가를 위한 자료는 〈철도소음 측정자료 평가표〉에 의하여 기록하며, 측정값에 대한 증빙자료(수기 제외)를 첨부한다.

철도소음 측정자료 평가표 중요내용

작성연월일 : 년 월 일

1. 측정연월일	년 월 일 요일 시 분부터 시 분까지
2. 측정대상	소 재 지 : 철도선명 :
3. 관리자	
4. 측정자	소속 : 직명 : 성명 : (인) 소속 : 직명 : 성명 : (인)
5. 측정기기	소음계명 : 기록기명 : 부속장치 : 삼각대, 방풍망
6. 측정환경	반사음의 영향 : 풍속 : 진동, 전자장의 영향 :

7. 측정대상과 측정지점		
철도구조	교통특성	측정지점 약도
철도선구분 : 구 배 : 기 타 :	시간당 교통량 : (대/hr) 평균 열차속도 : (km/hr)	(지역 구분 :)

8. 측정자료 분석결과(기록지 첨부)
- 측정소음도 : $L_{eq(1h)}$ dB(A)

013 항공기소음 관리기준 측정방법

(1) 개요

① 목적

이 시험기준은 환경분야 시험검사 등에 관한 소음을 측정함에 있어서 측정의 정확성 및 통일성을 유지하기 위하여 필요한 제반사항에 대하여 규정함을 목적으로 한다.

② 적용범위

이 시험기준은 소음 · 진동관리법에서 정하는 소음한도 중 항공기소음을 측정하기 위한 시험기준에 대하여 규정한다.

(2) 분석기기 및 기구

① 사용 소음계

KS C IEC61672-1에 정한 클래스 2의 소음계 또는 동등 이상의 성능을 가진 것이어야 한다.

② 일반사항

㉠ 소음계와 소음도 기록기를 연결하여 측정 · 기록하는 것을 원칙으로 한다. 소음도 기록기가 없는 경우에는 소음계만으로 측정할 수 있다.

㉡ 소음계 및 소음도 기록기의 전원과 기기의 동작을 점검하고 매회 교정을 실시하여야 한다.(소음계의 출력단자와 소음도 기록기의 입력단자 연결)

㉢ 소음계의 레벨레인지 변환기는 측정지점의 소음도를 예비조사한 후 적절하게 고정시켜야 한다.

㉣ 소음계와 소음도 기록기를 연결하여 사용할 경우에는 소음계의 과부하 출력이 소음기록치에 미치는 영향에 주의하여야 한다.

③ 청감보정회로 및 동특성 *중요내용

㉠ 소음계의 청감보정회로는 A특성에 고정하여 측정하여야 한다.

㉡ 소음계의 동특성을 느림(Slow) 모드로 하여 측정하여야 한다.

(3) 시료채취 및 관리

① 측정점

㉠ 옥외측정을 원칙으로 하며, 그 지역의 항공기소음을 대표할 수 있는 장소나 항공기소음으로 인하여 문제를 일으킬 우려가 있는 장소를 택하여야 한다. 다만, 측정지점 반경 3.5m 이내는 가급적 평활하고, 시멘트 등으로 포장되어 있어야 하며, 수풀, 수림, 관목 등에 의한 흡음의 영향이 없는 장소로 한다.

㉡ 측정점은 지면 또는 바닥면에서 1.2~1.5m 높이로 하며, 상시측정용의 경우에는 주변 환경, 통행, 타인의 촉수 등을 고려하여 지면 또는 바닥면에서 1.2~5.0m 높이로 할 수 있다. 한편, 측정위치를 정점으로 한 원추형 상부공간 내에는 측정치에 영향을 줄 수 있는 장애물이 있어서는 안 된다. *중요내용

㉢ 원추형 상부공간이란 측정위치를 지나는 지면 또는 바닥면의 법선에 반각 80°의 선분이 지나는 공간을 말한다. *중요내용

② 측정조건

㉠ 일반사항 *중요내용

ⓐ 소음계의 마이크로폰은 측정위치에 받침장치(삼각대 등)를 설치하여 측정하는 것을 원칙으로 한다.

ⓑ 손으로 소음계를 잡고 측정할 경우 소음계는 측정자의 몸으로부터 0.5m 이상 떨어져야 하며, 측정자는 비행경로에 수직하게 위치하여야 한다.

ⓒ 소음계의 마이크로폰은 소음원 방향으로 향하도록 하여야 한다.

ⓓ 바람(풍속 : 2m/s 이상)으로 인하여 측정치에 영향을 줄 우려가 있을 때는 반드시 방풍망을 부착하여야 한다. 다만, 풍속이 5m/s를 초과할 때는 측정하여서는 안 된다.(상시측정용 옥외마이크로폰은 그러하지 아니하다.)

ⓔ 진동이 많은 장소 또는 전자장(대형 전기기계, 고압선 근처 등)의 영향을 받는 곳에서는 적절한 방지책(방진, 차폐 등)을 강구하여 측정하여야 한다.

㉡ 측정사항 *중요내용

ⓐ 소음노출레벨(L_{AE})은 매 항공기 통과 시마다 배경소음보다 10dB 높은 구간의 시간 동안 측정하는 것을 원칙으로 하며, 소음노출레벨은 명시된 시간간격 또는 어떤 이벤트에 대하여 기준 음 노출(1초) 수준으로 나타내는 지시치를 말한다.

ⓑ 소음노출레벨(L_{AE})은 시간대별로 구분하여 조사하여야 하며, 07시에서 19시까지의 측정된 주간 소음노출레벨을 $L_{AE,\,d}$, 19시에서 22시까지의 저녁 소음노출레벨을 $L_{AE,\,e}$, 22시에서 24시, 0시에서 07시까지의 야간 소음노출레벨을 $L_{AE,\,n}$으로 표시하여 구분한다.

③ 측정시간 및 기간 *중요내용

㉠ 항공기의 비행상황, 풍향 등의 기상조건을 고려하여 당해 측정지점에서의 항공기소음을 대표할 수 있는 시기를 선정하여 원칙적으로 연속 7일간 측정한다.

㉡ 다만, 당해 지역을 통과하는 항공기의 종류, 비행횟수, 비행경로, 비행시각 등이 연간을 통하여 표준적인 조건일 경우 측정일수를 줄일 수 있다.

(4) 분석절차

① 측정자료 분석

측정자료는 다음 방법으로 분석 · 정리하여 항공기소음 평가레벨인 $\overline{L_{den}}$을 구하며, 소수점 첫째 자리에서 반올림한다.

㉠ 항공기 소음 자동분석계를 사용할 경우 *중요내용

샘플주기를 1초 이내에서 결정하고 7일간 연속 측정하여 ㉡의 절차에 준하여 자동연산 · 기록한 $\overline{L_{den}}$을 구한다.

㉡ 소음도 기록기를 사용할 경우

m(측정일수)일간 연속 측정 · 기록하여 다음 방법으로 그 지점의 $\overline{L_{den}}$을 구한다.

ⓐ 1일 단위로 매 항공기 통과 시에 측정 · 기록한 기록지상의 소음노출레벨(L_{AE})을 판독 · 기록하거나, 1초 단위의 등가소음도($L_{Aeq,\,ls}$)를 판독 · 기록하여 다음 식으로 소음노출레벨을 구할 수 있다.

$$L_{AE} = 10\log\left[\frac{E_A}{E_0}\right] \text{ dB(A)}$$

여기서, 음노출(E_A) : $E_A = \int_T p_A^2(t)\,dt$

T : 적분시간간격

$p_A(t)$: 시간 t에서의 A 특성 음압

$$L_{AE} = 10\log\left[\sum_{i=1}^{n} 10^{0.1L_{Aeq,\,ls,\,i}}\right] \text{ dB(A)}$$

여기서, n : 1초 단위의 등가소음도 측정횟수

$L_{Aeq,\,ls,\,i}$: i번째 항공기 통과 시 측정 · 기록한 1초 단위의 등가소음도

ⓑ 1일 단위의 L_{den}을 다음 식으로 구한다. *중요내용

$$L_{den} = 10\log\left\{\frac{T_0}{T}\left(\sum_i 10^{\frac{L_{AE,\,di}}{10}} + \sum_j 10^{\frac{L_{AE,\,ej}+5}{10}} + \sum_k 10^{\frac{L_{AE,\,nk}+10}{10}}\right)\right\}$$

여기서, T : 항공기소음 측정 시간(=86,400초)

T_0 : 기준 시간(=1초)

$L_{AE,\,di}$: 주간 시간대 i번째 측정 또는 계산된 소음노출레벨

$L_{AE,\,ej}$: 저녁 시간대 j번째 측정 또는 계산된 소음노출레벨

$L_{AE,\,nk}$: 야간 시간대 k번째 측정 또는 계산된 소음노출레벨

ⓒ m일간 평균 L_{den}인 $\overline{L_{den}}$을 다음 식으로 구한다. *중요내용

$$\overline{L_{den}} = 10\log\left[(1/m)\sum_{i=1}^{m}10^{0.1L_{den,i}}\right]$$

여기서, m은 항공기소음 측정일수이며, $L_{den,i}$는 i일째 L_{den}값이다.

다만, ㉠ 및 ㉡항의 대상 항공기소음은 원칙적으로 배경소음보다 10dB 이상 큰 것으로 한다. 여기서, 배경소음은 항공기소음이 발생하기 직전 또는 직후의 소음 수준을 말한다. *중요내용

㉢ 소음계만을 사용할 경우
7일간 연속하여 항공기가 통과할 때마다 L_{AE}를 판독하여 기록하고, 시간대별로 구분하여 조사한 후 ㉡의 절차에 따라 $\overline{L_{den}}$을 구한다.

(5) 결과보고

① 평가
측정소음도를 소수점 첫째 자리에서 반올림하고, 항공기소음도의 한도와 비교하여 평가한다.

② 측정자료의 기록
소음평가를 위한 자료는 다음 〈항공기소음 측정자료 평가표〉에 의하여 기록하며, 측정값에 대한 증빙자료(수기 제외)를 첨부한다.

항공기소음 측정자료 평가표 *중요내용

작성연월일 :　　년　월　일

<table>
<tr><td>1. 측정연월일</td><td colspan="4">년　월　일　요일　　　　　시　　　분부터
시　　　분까지</td></tr>
<tr><td>2. 측정대상</td><td colspan="4">소재지 :</td></tr>
<tr><td>3. 측정자</td><td colspan="4">소속 :　　직명 :　　성명 :　　(인)
소속 :　　직명 :　　성명 :　　(인)</td></tr>
<tr><td>4. 측정기기</td><td colspan="4">소음계명 :
기록기명 :
부속장치 :　　삼각대, 방풍망</td></tr>
<tr><td>5. 측정환경</td><td colspan="4">반사음의 영향 :
진동, 전자장의 영향 :</td></tr>
<tr><td colspan="5">6. 측정대상과 측정지점</td></tr>
<tr><td>지역 구분</td><td>측정지점</td><td>일별 L_{den}</td><td>비행횟수</td><td>측정지점 약도</td></tr>
<tr><td></td><td></td><td>1일차 :
2일차 :
3일차 :
4일차 :
5일차 :
6일차 :
7일차 :</td><td>낮 저녁 밤</td><td></td></tr>
</table>

7. 측정자료 분석결과(기록지 등 첨부)
   가. 항공기소음 평가레벨 :　　$\overline{L_{den}}$

(첨부) 측정값의 인쇄 자료 등 증빙자료

ENGINEER NOISE & VIBRATION

PART 03 진동측정 및 분석

001 진동측정

(1) 진동측정 목적

① 진동현황 파악

② 영향평가

③ 진동의 원인 규명

④ 기계의 고장 진단 및 구조물의 진동특성 파악

(2) 진동측정 및 분석 목적

공장 · 건설공사장 · 도로 · 철도 등으로부터 발생하는 진동으로 인한 피해를 방지하고 진동을 적정하게 관리하여 모든 국민이 조용하고 평온한 환경에서 생활할 수 있게 함을 목적으로 한다.

(3) 측정대상

① 소음 · 진동관리법에 명시되어 있는 소음 · 진동원의 종류(측정대상)

㉠ 공장

공장에서 발생하는 소음 · 진동원은 압축기, 송풍기, 단조기, 절단기, 프레스, 분쇄기, 변속기, 기계체, 혼합기, 공작기계, 제분기, 게재기, 목재가공기계, 인쇄기계, 압연기, 도정시설, 성형기, 주조기계, 인발기, 초지기, 펌프, 콘크리트관 및 파일제조기계, 자동 포장기, 방적기계, 연반 제조용 윤전기, 시멘트 벽돌/블록 제조기계, 발전기, 연삭기 등을 말한다.

㉡ 공사장

공사장에서 발생하는 소음 · 진동원은 트럭, 굴삭기, 불도저, 로더, 그레이더, 트랙터, 어스오거, 항타기, 천공기, 크롤러 드릴, 착암기, 펌프카, 믹서, 레미콘, 콘크리트 플랜트, 바이브레이터, 피니서, 브레이커, 압쇄기, 지게차, 살수차, 크레인 등을 말한다.

㉢ 교통기관

교통기관에서 발생하는 소음 · 진동원은 자동차(승용, 화물), 오토바이, 철도 차량, 항공기 등을 말한다.

㉣ 생활환경

생활환경에서 발생하는 소음 · 진동원은 스피커, 노래방 시설, 체력 단련장, 무도 학원장, 학원 및 교습소 등을 말한다.

② 소음 · 진동관리법에 명시되어 있지 않은 일반적인 그 밖의 소음 · 진동원(측정대상)

소음 · 진동관리법에 명시되어 있지 않은 일반적인 그 밖의 소음 · 진동원은 생활 가전,

군 관련 시설, 레저 시설, 사격장 등이 있다.

㉠ 생활 가전 : 가습기, 믹서기, 세탁기, 전자레인지, 진공청소기, 드라이기, 예초기 등

㉡ 군 관련 시설 : 사격 훈련장[전투(폭)기, 전차, 포, 소총 등], 장비 및 탱크 시운전 시험장 등

③ 측정대상의 진동원 종류

㉠ 공장 진동원

압축기, 단조기, 절단기, 프레스, 분쇄기, 변속기, 압연기, 성형기, 주조기계, 인발기, 펌프, 방적기계, 윤전기, 발전기, 연사기 등이 있으며 기타 회전체에 의한 모든 기계에서 진동을 발생

㉡ 공사장 진동원

항타기, 천공기, 크롤러 드릴, 착암기, 바이브레이터, 압축기, 발파 등

㉢ 교통기관 진동원

화물차, 트레일러, 철도 차량 등

(4) 진동측정장비 교정

① 교정(Calibration)

㉠ 규정된 조건하에서 측정기 또는 측정시스템이 지시하는 값과 표준기에 의하여 실현된 값 사이의 관계를 정하는 일련의 작업을 말한다.

㉡ 진동기의 교정하기란 표준진동 발생기를 사용하여 특정 주파수 대역에서 표준진동레벨을 확인하는 작업을 말한다.

② 소급성(Traceability)

국제적으로 정한 단위(SI) 측정값에 맞추어 국가에서 정한 측정표준과 산업체에서 수행하는 측정값이 일치되도록 국제적으로 인정받을 수 있도록 하는 것을 의미한다.

③ **진동레벨계 및 그 부속기기 정도검사 세부기준**(환경측정기기의 형식승인 · 정도검사 등에 관한 고시)

㉠ 구조 확인

측정기기는 형식승인을 받은 기기로 아래와 같은 기능을 만족하여야 한다.

ⓐ 진동레벨계는 진동픽업, 레벨레인지 절환기, 교정장치, 감각보정회로, 출력단자, 지시계기 등으로 구성되어야 하고, 원활하고 정확하게 작동되어야 하며, 취급이 용이하여야 한다.

ⓑ 부품의 조립상태 및 각종 측정기 배선 등이 기기의 성능에 영향이 없도록 견고하게 되어 있어야 한다.

ⓒ 기기의 금속면 등이 외부의 습기 및 기름 등에 부식되지 않도록 되어 있어야 한다.

㉡ 성능 확인

ⓐ 감각특성과 편차 : 기준레인지의 기준음압레벨을 기준으로 해당 주파수에서 시험하여 편차가 ±1.0dB 이내이어야 한다.

ⓑ 횡감도 : 3축의 센서를 가진 진동픽업의 횡감도는 규정주파수에서, 수감축(연직특성) 감도에 대한 차이가 15dB(V) 이상이어야 한다.

ⓒ 절환오차 : 레벨레인지 절환기가 있는 기기에 있어서 레벨레인지 절환기의 절환오차가 ±0.5dB 이내이어야 한다.

ⓓ 눈금오차 : 지시계기의 눈금오차는 ±0.5dB 이내이어야 한다.

㉢ 표시사항

형식승인표(수입신고표) 및 정도검사 증명서는 잘 보이는 곳에 부착되어 있어야 한다.

④ **가속도계의 교정방법**

㉠ 감도 차이 정도 검사하기(환경측정기기의 형식승인 · 정도검사 등에 관한 고시)

ⓐ 시험 전 준비사항

별도의 언급이 없는 한 레벨레인지 조정이 가능한 경우 기준음압레벨을 중간에 오도록 조정하고, 모든 시험은 기준 진동을 가하지 않은 상태에서 5분 이상 안정시킨 후 동일 레인지를 기준으로 한다.

ⓑ 감각특성과 편차를 확인한다.

- 상대응답 : 표준 가진기를 이용하여 6.3Hz, 31.5Hz에서 기준진동가속도레벨을 100dB로 하여 상대응답과 허용오차가 기준 리스폰스의 허용치를 만족하는지 측정한다.

상대응답(dB) = 측정진동레벨(Vibration Level)
− (기준진동가속도레벨 + 연직특성의 기준 리스폰스)

- 진동레벨계의 응답이 표준 레벨과 차이가 날 경우 교정장치를 이용하여 6.3Hz의 표준레벨에 일치시킨 후 6.3Hz, 31.5Hz의 정현진동 가진기를 이용하여 재시험한다.

ⓒ 진동픽업의 횡감도를 확인한다.

표준 가진기를 이용하여 가진기의 주파수를 6.3Hz로 가진하여 시료의 진동픽업 횡감도(X, Y축 각각에 대한)를 규정주파수에서, 수감축(연직특성) 감도에 대한 차이가 15dB 이상인지 측정한다.

ⓓ 레벨레인지 절환오차를 확인한다.

레벨레인지 절환기가 있는 기기의 경우, 표준 가진기를 이용하여 주파수를 6.3Hz로 가진하여 레벨레인지 절환기의 절환오차가 0.5dB 이하인지 확인한다.(6.3Hz의 정현진동 가진기로 시험한다.)

ⓔ 지시계기 눈금오차를 확인한다.
표준 가진기를 이용하여 주파수를 6.3Hz로 가진하여 지시계기의 눈금오차가 ±0.5 dB 이내인지 확인한다.

㉡ 가속도계 교정기 검사하기

ⓐ 정하여진 주파수에서의 기준 가속도계의 감도로 전하 증폭기의 이득(Gain)을 설정한다.(예 100mV/1 203pC)

ⓑ 정현파 발생기의 발진 주파수를 고정 주파수로 조정한다.(예 10Hz)

ⓒ 기준 가속도계와 진동계의 Pick-up이 일정한 가속도로 진동하도록 정현파 발생기의 출력레벨과 전력 증폭기의 이득을 조정한다. 이때 오실로스코프 또는 주파수 분석기로 진동 신호를 관찰할 때 파형에 왜곡이 없어야 한다.

ⓓ 진동계를 가속도 지시 모드로 설정한다.

ⓔ 전압계 지시값과 진동계의 가속도 지시값 및 진동 주파수를 동시에 읽는다.

ⓕ 6회 이상 반복한다.

ⓖ 진동계를 속도 지시 모드로 설정한다.

ⓗ 전압계 지시값과 진동계의 속도 지시값 및 진동 주파수를 동시에 읽는다.

ⓘ ⓗ를 6회 이상 반복한다.

ⓙ 진동계를 변위 지시 모드로 설정한다.

ⓚ 전압계 지시값과 진동계의 변위 지시값 및 진동 주파수를 동시에 읽는다.

ⓛ ⓚ를 6회 이상 반복한다.

ⓜ ⓐ~ⓛ의 과정을 전체 교정 주파수에 걸쳐 반복한다.

⑤ **성능시험하기**(환경측정기기의 형식승인 · 정도검사 등에 관한 고시)

㉠ 시험 전에 다음과 같이 준비한다.
모든 시험은 형식승인 대상 진동레벨계의 외부교정기 또는 내부교정기를 사용하여 진동레벨계의 진동레벨을 기준진동레벨로 교정한 후 측정한다. 또한, 별도의 언급이 없는 한 레벨레인지 조정이 가능한 경우 기준음압레벨을 중간에 오도록 조정하고, 모든 시험은 동일 레인지를 기준으로 한다.

㉡ 응답속도를 측정한다.
기준진동을 가하지 않은 상태에서 5분 이상 안정시킨 후, 6.3Hz에서 기준진동을 발생시킨다. 이때 기준값의 ±1dB 범위에 도달할 때까지의 시간을 기록한다. 같은 방법으로 3회의 측정값을 구하고 그때에 최대시간을 측정기의 응답시간으로 표기한다.

㉢ 측정 가능 주파수 범위를 측정한다.
표준 가진기를 이용하여 가진기의 주파수 범위를 1~90Hz로 하여 시료의 주파수 범위를 측정한다.

㉣ 진동레벨범위를 측정한다.
표준 가진기를 이용하여 가진기의 진동레벨을 45~120dB로 하여 시료의 진동레벨

범위를 측정한다.

㉤ 상대응답과 허용오차 만족도를 측정한다.
표준 가진기를 이용하여 기준 리스폰스에 해당하는 주파수에서 기준 진동 가속도레벨을 100dB로 하여 각 주파수에서 연직특성 및 평탄특성(Z축)의 상대응답과 허용오차가 기준 리스폰스를 만족하는지 측정한다.
   ⓐ 연직특성(Vertical Characteristic)(dB) = 진동레벨(Vibration Level) − 진동가속도레벨(Vibration Acceleration Level)
   ⓑ 평탄특성(Flat Characteristic)(dB) = 기준진동가속도레벨(Reference Vibration Acceleration Level) − 진동가속도레벨(Vibration Acceleration Level)

㉥ 횡감도를 측정한다.
표준 가진기를 이용하여 가진기의 주파수를 4Hz, 6.3Hz, 8Hz, 31.5Hz로 가진하여 시료의 진동픽업 횡감도(X, Y축 각각에 대한)를 규정주파수에서, 수감축(연직특성) 감도에 대한 차이가 15dB 이상인지 측정한다.

㉦ 절환오차를 측정한다.
레벨레인지 절환기가 있는 기기의 경우, 표준 가진기를 이용하여 주파수를 4Hz, 6.3Hz, 8Hz, 31.5Hz로 가진하여 레벨레인지를 변환시켜 '절환레인지의 측정값−기준레인지의 기준진동레벨' 중 절댓값이 큰 것을 측정값으로 기록한다.

㉧ 눈금오차를 측정한다.
표준 가진기를 이용하여 주파수를 4Hz, 6.3Hz, 8Hz, 31.5Hz로 가진하여 1분 동안의 지시값을 확인하고 측정값 중 최솟값과 최댓값의 차이를 기록한다. 단, 레벨레인지 절환기가 있는 기기의 경우, 모든 레인지에 대하여 측정한다.

㉨ 평가진동레벨을 측정한다.
표준 가진기를 이용하여 6.3Hz에서 70~100dB의 진동을 임의로 발생시킨 후, 측정기기의 데이터 주기는 1초로 하여, 5분 동안의 L_{10} 값 및 최댓값을 측정한다. L_{10}(1초 간격으로 기록계에 기록된 값의 누적도수를 이용하여 누적도 곡선을 그렸을 때, 누적도 곡선상의 90%에 해당하는 값)과 기기가 연산한 결과 값의 허용 오차는 ±1dB 이내이다. 최댓값은 5분간 측정한 값 중 최댓값과 비교한다. 같은 방법으로 3회의 측정값을 구하고 그때에 최대오차값을 기록한다.

㉩ 종합성능시험을 한다.
측정기기를 실험조건에 충분히 안정화시킨 후 2시간 간격으로 3회 4Hz, 6.3Hz, 8Hz, 31.5Hz에 대하여 표준진동발생기를 이용하여 100dB을 가한다. 이때의 측정값을 기록하고 측정값 중 최솟값과 최댓값의 차이를 확인한다.

(5) 기계진동 측정

① **목적**

기계상태의 동적 원활함의 확인, 기계설비 진동품질의 정도 검사 및 운전 중인 기계의 상태감시 판단의 자료로 사용하기 위함이며 일반적으로 대표적인 기계진동은 베어링 진동과 축진동을 측정하여 기계의 진동상태를 판단한다.

② **측정 순서**

㉠ 진동측정에 필요한 기계 선정

ⓐ 만약 고장이 나면 수리하는 데 비싸거나, 시간이 오래 걸리거나, 어려운 기계

ⓑ 생산에 직결되거나 발전소 운전에 필수적인 기계

ⓒ 빈번하게 고장이 발생되는 기계

ⓓ 신뢰성 증진을 위해서 필요한 기계

ⓔ 인간과 환경 안전에 영향을 미치는 기계

㉡ 진동 센서 선정

ⓐ 진동측정을 수행하기 전에, 진동이 발생되는 기계에 진동 센서를 부착해야 한다.

ⓑ 다양한 진동 센서가 적용 가능하지만, 다른 센서에 비해 많은 장점을 가지는 가속도계가 보통 사용된다.

ⓒ 가속도계에서 발생된 가속도 신호는 계측 장비에 의하여 속도 신호로 변환할 수 있으므로 가능한 한 사용자의 선택에 의하여 속도 파형 또는 속도 스펙트럼으로도 볼 수 있는 센터를 선정한다.

㉢ 가속도 센서 설치

ⓐ 진동측정은 보통 베어링 상부나 근처에서 측정한다. 즉, 가속도계를 가능한 한 베어링에 근접한 부위에 설치하며 왜곡된 신호가 수집되지 않도록 가능한 한 중심부에 설치한다.

ⓑ 가속도계는 진동부위와 별개로 떨어져 흔들리지 않도록 견고하게 부착되어야 한다.

ⓒ 센서 부착방법으로는 측정데이터 신뢰성과 사용자 편리성 측면에서 자석에 의한 부착방법이 좋다.

ⓓ 자석에 의한 설치방법은 사용자가 동일 센서를 사용하여 여러 대의 기계를 측정할 때에 탈 · 부착 시 최소한의 시간이 소요되고 견고하게 부착시킬 수 있다.

ⓔ 부착 시 주의사항

- 가속도계를 견고하게 부착하기 위해서는 부착면이 평평해야 한다.
- 부착면은 평평하고, 부착면에 이물질, 먼지 그리고 벗겨진 페인트 등이 없어야 한다.
- 부착면은 순수한 자성체(철, 니켈, 코발트 합금)이어야 하며, 철 위에 알루미늄 표면으로 된 부분이라도 부착하여서는 안 된다.

- 자성 성질을 잃지 않게 하기 위하여, 자성체를 떨어뜨리거나 열을 가해서는 안 된다.

ⓕ 가속도계를 올바른 방향으로 부착한다.

ⓖ 동일한 가속도계를 동일한 부위에 설치한다.

ⓗ 측정대상 기계에 적합한 센서를 선택한다.

㉣ 가속도계의 손상 방지

ⓐ 자석을 진동 측정부위에 부착 시에는 비스듬히 눕어서 부착해야 충격이 발생되지 않는다.

ⓑ 자석을 탈착할 때에도 마찬가지로 그냥 확 잡아당기지 않아야 하며, 옆으로 기울인 후 부착된 자석 부위를 적게 해서 탈착해야 한다.

ⓒ 가속도계 케이블도 심하게 구부러져서는 안 된다.

ⓓ 손상을 방지하기 위해서 적당하게 지지대를 설치하여 고정시킨다.

㉤ 안전 유의사항

ⓐ 움직이는 부분에 의한 부장

ⓑ 전기적인 충격

ⓒ 자석에 의한 손상

㉥ 측정변수 설정

ⓐ 측정변수(Measurement Parameter)는 어떻게 데이터를 측정할 것인가를 상세하게 설정해 놓은 것을 말한다.

ⓑ 측정변수 설정을 통하여 데이터를 어떻게 수집하고 처리할 것인가를 미리 설정한다.

㉦ 데이터 취득방법 결정

ⓐ 주어진 점검 주기에 취득해야 되는 모든 데이터 목록에는 측정대상기기, 측정지점, 측정방향, 측정변수를 총망라한다.

ⓑ 측정목록에서 측정대상기기 및 측정지점을 유일하고 의미 있는 명칭으로 관리한다.

ⓒ 잘못된 명칭을 피하기 위하여 측정목록상의 명칭과 실제 기계의 명칭과 일치시킨다.

ⓓ 데이터를 수집할 때 가속도계의 측정방향이 측정목록과 일치되도록 한다.

ⓔ 만약 측정목록에 어떤 기계나 어떤 측정 지점이 특별한 방법으로 데이터를 수집하게끔 되어 있다면, 이 기계나 지점에 꼬리표를 부착하여 별도로 데이터를 수집하도록 한다.

ⓕ 데이터 수집이 주기적으로 수행되기 위해서는 데이터 수집 일정 계획표를 만들어 일정 계획표에 맞추어 수집한다.

(6) 진동분석용 자료의 형식과 분류

① 정적 측정치

㉠ DC 형식의 측정치인데, 이는 측정된 변수를 하나의 특성이나 값으로 나타낼 수 있다.

㉡ 일반적으로 그 변화는 완만하게 발생한다.

㉢ 정적 측정치에는 온도, 반경 및 축방향 위치, 부하 및 축 회전속도 등이 있다.

② 동적 측정치

㉠ 전체진폭

ⓐ 진동과 같은 동적 신호를 나타내는 가장 간단한 방법은 AC를 DC로 변환하여 계측기나 막대그래프 등으로 나타내는 것이다.

ⓑ 전체 진동값을 계측기로부터 얻고 상태평가를 위해 허용 진동값과 비교한다.

㉡ 진폭, 주파수, 위상각

ⓐ 필터를 통과하거나 가공하지 않은 신호를 진폭, 주기 및 위상을 시간영역으로 표현할 수 있다.

ⓑ 신호를 주파수 영역으로 변환 가능하며, 수치 값은 커서의 위치를 조정하여 읽는다.

㉢ 시간영역

시간을 수평축에, 진폭을 수직축에 두는 것이 동적 신호를 표시하는 방법이다.

③ 정상상태에서의 자료의 형식과 분류

㉠ 경향감시

사소한 변화라도 감지하는 데 효과적인 방법이다. 진동진폭의 변화율은 진폭이 높을 때보다 낮을 때 더 크다.

ⓐ 사용자가 정한 시간 간격 내에서 설정치를 초과하는 값

ⓑ 미리 정해진 어떤 값을 초과하는 경향곡선의 기울기 값

ⓒ 가장 최근의 값과 비교한 백분율 변화치

ⓓ 미리 설정된 표준편차를 더하거나 뺀 계산된 값을 초과하는 현재의 값

㉡ 진폭과 위상 대 시간선도

진폭과 위상 대 시간은 기계적인 문제를 발견하는 데 유용하고, 이상상태를 진단하는 데 도움이 된다.

㉢ 축 중심선 경향

㉣ 스펙트럼

ⓐ 진동 주파수별 진동진폭 크기를 나타낸 것으로 세로축은 진폭, 가로축은 진동주파수를 나타낸다.

ⓑ 구성요소나 고장 원인에 따라 각기 고유한 주파수 진동을 발생하므로 진동 원인 규명에 유효한 데이터이다.

㉤ 주파수 진폭시간

④ 과도상태에서의 자료의 형식과 분류

과도상태의 자료들은 정상상태의 자료에서는 얻을 수 없는 과도현상 동안의 기계 상태에 대한 정보를 제공한다.

㉠ 진폭/위상각대 RPM

임계속도를 파악할 수 있고, 로터가 가지는 감쇠를 평가할 수 있다. 또, 밸런스 교정을 할 경우에 최적의 속도 결정이 가능하다.

㉡ 진폭대 위상각대 RPM

극좌표에서 축의 회전속도 함수로 그려진 진동벡터이다.

㉢ 주파수대 진폭대 RPM

(7) 진동분석장비 교정 및 운용

① 진동계

㉠ 교정내용

교정항목	교정범위	교정방법
가속도 속도 변위	10Hz~1kHz	진동계의 Pick-up을 기준가속도계와 Back-To-Back 볼트 결합하여 비교 측정

㉡ 교정 시 필요장비

기기명	성능
가진기(Vibration Exciter)	주파수 범위 : 10Hz~10kHz
정현파발생기(Sine Generator)	주파수 범위 : 10Hz~10kHz
전력증폭기(Power Amplifier)	주파수 범위 : 10Hz~10kHz
기준가속도계 (Reference Accelerometer)	주파수 범위 : 10Hz~10kHz 절대교정을 통해 교정불확도 1.0% 미만. Back-To-Back으로 결합이 가능할 것
신호증폭기(Signal Conditioner)	주파수 범위 : 10Hz~10kHz
정밀전압계(Digital Voltmeter)	주파수 범위 : 10Hz~10kHz
주파수측정기(Frequency Counter)	주파수 범위 : 10Hz~10kHz
방진테이블 (Vibration Isolation Table)	공진주파수 3Hz 이하 또는 가진기 무게의 10배 이상일 것

㉢ 교정조건

ⓐ 측정실 온도 : 23±3℃

ⓑ 상대습도 : 최대 75%

(8) 진동측정 결과 적합성

① 적합성 검토

규정된 요건을 만족하고 있음을 입증해 주고, 진동분석자료 항목이 환경기준, 배출허용기준(공장), 규제기준(생활진동, 발파진동), 관리기준(도로, 철도) 등 관련 법규 및 기준에 따라 적합하게 수행되었는지에 대하여 판단하기 위한 것이다.

② 적합성 검토 항목

㉠ 진동계의 성능
㉡ 측정지점
㉢ 진동발생 기계의 가동상태
㉣ 측정시간
㉤ 측정지점수
㉥ 진동원의 주파수 분석
㉦ 적용된 측정 진동발생 시간율

(9) 진동분석프로그램

① 파형분석

㉠ 기계의 결함을 진단하고, 운동특성을 연구하기 위해 진동의 파형을 관찰하는 것이 매우 효과적이다.
㉡ 파형의 수직축은 진폭이고 수평축은 시간을 나타낸다.
㉢ 기계에서 발생하는 진동파형을 오실로스코프에서 관찰하면 여러 가지 문제점들을 파악할 수 있다.

② Shaft Orbit 분석

㉠ 비접촉 픽업을 서로 90° 떨어지게 설치하여 자료를 얻는다.
㉡ 하나의 픽업에서 발생된 신호는 오실로스코프의 수평축에 입력되고 다른 하나는 수직축에 입력된다.
㉢ 불평형상태 및 베어링 마멸에서의 궤도에서 나타나는 정렬이 안 된 상태를 분석한다.

③ Mode Shape 분석

구조적인 개조에 앞서 공진 문제를 평가하는 데 유용할 뿐만 아니라 구조물의 이완 및 취약과 같은 구조적인 문제를 확인하는 데도 대단히 유용한 분석 방법이다.

④ 위상분석

위상각을 이용하면 로터의 균형, 축균열 검출, 축 또는 구조물의 공진 검출, 축의 Mode Shape, 진동의 방향 및 유체 유동에 의한 불안정 근원의 위치를 알아낼 수 있다.

(10) 분석결과의 통계적 처리방법

① 대푯값 설정

㉠ 평균값 : 측정자료 전체의 합을 측정횟수로 나눈 산술평균 값

$$X = \frac{x_1 + x_2 + \cdots + x_n}{n}$$

㉡ 중앙값 : 자료를 크기 순으로 나열했을 때 중앙에 위치하는 값

ⓐ n이 홀수일 때 : $m = X_{\frac{n+1}{2}}$

ⓑ n이 짝수일 때 : $m = \frac{1}{2}(X_{\frac{n}{2}} + X_{\frac{n}{2}+1})$

㉢ 최빈값 : 측정 자료에서 가장 많이 나타나는 값

② 분산과 표준편차

㉠ 편차 : 측정값 산술평균－측정값

㉡ 분산 : 편차제곱의 평균값

㉢ 표준편차 : 분산의 제곱근

(11) 측정불확도

① 정의

측정불확도란 측정결과에 관련하여 측정량을 합리적으로 추정한 값들의 분산특성을 나타내는 매개변수로 정의되며 측정결과의 타당성에 대한 의심을 나타내는 용어이다.

② 불확도 요인

㉠ 측정량에 대한 불완전한 정의

㉡ 측정량의 정의에 대한 불완전한 실현

㉢ 대표성이 없는 표본 추출

㉣ 측정환경의 효과에 대한 지식 부족 및 환경조건에 대한 불완전한 측정

㉤ 아날로그 기기에서의 개인적인 판독 차이

㉥ 기기의 분해능과 검출 한계

㉦ 측정표준과 표준물질의 부정확한 값

㉧ 자료에서 인용하여 데이터 분석에 사용한 상수와 파라미터의 부정확한 값

㉨ 측정방법과 측정과정에서 사용되는 근삿값과 여러 가지 가정

㉩ 외관상 같은 조건이지만 반복적인 측정에서 나타나는 변동

③ 불확도 평가 순서

㉠ A형 불확도를 평가한다.

ⓐ 연속적인 측정을 통해 얻은 관측값을 통계적으로 분석하여 불확도를 구하는 방법

이다.

ⓑ 표준불확도 값은 평균의 실험표준편차로 평가한다.

㉡ B형 불확도를 평가한다.

ⓐ 연속적인 측정의 통계적인 분석과는 다른 수단에 의해 불확도를 구하는 방법이다.

ⓑ 표준불확도 값은 모든 정보에 근거한 과학적인 판단에 의해 평가한다.

㉢ 합성표준불확도를 평가한다.

ⓐ 측정결과가 여러 개의 다른 입력량으로부터 구해질 때 이 측정결과의 표준불확도를 합성표준불확도라 한다.

ⓑ 여러 입력량들의 분산과 공분산 성분으로부터 얻어지는 합성 분산의 양의 제곱근으로서 불확도 전파 법칙에 의해 구하여 평가한다.

㉣ 확장불확도를 평가한다.

측정량의 합리적인 추정값이 이루는 분포의 대부분을 포함할 것으로 기대되는 측정결과 주위의 어떤 구간을 정의하는 양으로 평가한다.

002 진동방지 계획

(1) 방진설계 구분

① 발생원 방진설계

㉠ 질량 증가 및 강성을 크게 하는 구조로 한다.
질량 증가에 따른 임계점에 대하여 충분히 검토하여 설계한다.

㉡ 공진을 피하는 기구 및 구조로 한다.
공진에 의한 진폭 발생을 억제하기 위해 공진점을 피하여 설계하여야 한다.

㉢ 진동을 감쇠시키는 구조 및 기구(재료)로 한다.

ⓐ 기계적 시스템 댐핑(Damping), 구조상 댐핑, 재료에 의한 댐핑 방법을 선택하여 진동을 감쇠시킨다.

ⓑ 재료에 의한 진동 감쇠는 방진강판, 방진합금, 방진도료 등을 사용한다.

② 전파계의 방진설계

㉠ 기계기초 및 발생원 기초의 중량을 증가시키고 강성을 크게 하여 공진이 발생되지 않게 설계한다.

ⓐ 기초는 충분히 안정하고 부동침하가 없어야 한다.

ⓑ 충분히 반복하여 충격에너지를 흡진하는 구조로 설계한다.

㉡ 지반을 잘 다진 충분한 기초의 설계를 한다.
지반토질을 조사하여 항타 또는 지반개량등의 설계가 필요하다.

㉢ 발생원과 전파계 사이에 방진장치를 설치하는 설계를 하여 전파를 방지한다.

ⓐ 방진재를 기계진동수, 진폭, 주기 등의 자료를 기초로 하여 방진재료를 선정한다.

ⓑ 기계기초 간의 전파를 최소로 할 수 있도록 설계한다.

㉣ 지반에 전파 시 진동의 흡진, 차진 설계를 한다.

(2) 진동방지대책 순서

① 진동이 문제되는 수진점의 위치 확인

② 수진점 일대의 진동 실태조사

㉠ 발생원 진동레벨 결정

㉡ 주파수 분석

㉢ 해당 지역의 감쇠계수 결정

㉣ 지반 토질조사

③ 수진점의 진동 규제기준 확인

④ 특정치와 규제기준치의 차로부터 저감 목표레벨값의 설정

⑤ 발생원의 위치와 발생기계 확인

㉠ 발생원 감쇠값의 결정

㉡ 거리감쇠값의 결정

⑥ 적정 방지대책 선정

㉠ 기구 · 재질 구조 설계

㉡ 흡진 · 차진 설계

㉢ 기술구조물 방진설계

㉣ 차진벽 · 방진구 설계

㉤ 지반토질 개선 설계

⑦ 시공 및 재평가

003 방진자재

(1) 제진재

① 성상

상대적으로 큰 내부손실을 가진 신축성이 있는 점탄성 자재이다.

② 기능

진동에너지의 변환, 즉 자재의 점성 흐름손실이나 내부마찰에 의해 열에너지로 변환되는 것을 의미한다.

③ 용도

㉠ 진동으로 패널이 떨려 발생하는 음에너지의 저감에 사용된다.

㉡ 공기전파음에 의해 발생하는 공진진폭의 저감에 사용된다.

㉢ 패널 가장자리나 구성요소 접속부의 진동에너지 전달의 저감에 사용된다.

(2) 차진재

① 성상

방진고무, 금속 및 공기스프링의 형태이다.

② 기능

구조적 진동과 진동 전달력을 저감시켜 진동에너지를 감소시킨다.

③ 용도

일반 회전기계류의 전달률 저감에 사용된다.

004 진동공정시험기준

(1) 개요

① 목적

이 시험기준은 환경분야 시험검사 등에 관한 진동을 측정함에 있어서 측정의 정확성 및 통일성을 유지하기 위하여 필요한 제반사항에 대하여 규정함을 목적으로 한다.

② 적용범위

이 시험기준은 소음 · 진동관리법에서 정하는 배출허용기준, 규제기준 및 한도 등과 관련된 진동을 측정하기 위한 시험기준에서 사용되는 용어의 정의 및 측정기기에 대하여 규정한다.

(2) 용어정의 중요내용

① 진동원

진동을 발생하는 기계 · 기구와 시설 및 기타 물체를 말한다.

② 배경진동

한 장소에 있어서의 특정의 진동을 대상으로 생각할 경우 대상진동이 없을 때 그 장소의 진동을 대상진동에 대한 배경진동이라 한다.

③ 대상진동

배경진동 이외에 측정하고자 하는 특정의 진동을 말한다.

④ 정상진동

시간적으로 변동하지 아니하거나 또는 변동폭이 작은 진동을 말한다.

⑤ 변동진동

시간에 따른 진동레벨의 변화폭이 크게 변하는 진동을 말한다.

⑥ 충격진동

단조기의 사용, 폭약의 발파 시 등과 같이 극히 짧은 시간 동안에 발생하는 높은 세기의 진동을 말한다.

⑦ 지시치

계기나 기록지상에서 판독하는 진동레벨로서 실효치(rms값)를 말한다.

⑧ 진동레벨 중요내용

㉠ 진동레벨의 감각보정회로(수직)를 통하여 측정한 진동가속도레벨의 지시치를 말하며, 단위는 dB(V)로 표시한다.

㉡ 진동가속도레벨의 정의는 $20\log(a/a_o)$의 수식에 따르고, 여기서 a는 측정하고자 하는

진동의 가속도실효치(단위 m/s²)이며, a_o는 기준진동의 가속도실효치로, 10^{-5}m/s² 으로 한다.

⑨ **측정진동레벨**

이 시험기준에 정한 측정방법으로 측정한 진동레벨을 말한다.

⑩ **배경진동레벨**

측정진동레벨의 측정위치에서 대상진동이 없을 때 이 시험기준에서 정한 측정방법으로 측정한 진동레벨을 말한다.

⑪ **대상진동레벨**

측정진동레벨에 배경진동의 영향을 보정한 후 얻어진 진동레벨을 말한다.

⑫ **평가진동레벨**

대상진동레벨에 보정치를 보정한 후 얻어진 진동레벨을 말한다.

(3) 분석기기 및 기구

① **측정기기**

㉠ 진동레벨계

ⓐ 기본구조 *중요내용

진동을 측정하는 데 사용되는 진동레벨계는 최소한 아래 그림과 같은 구성이 필요하다.

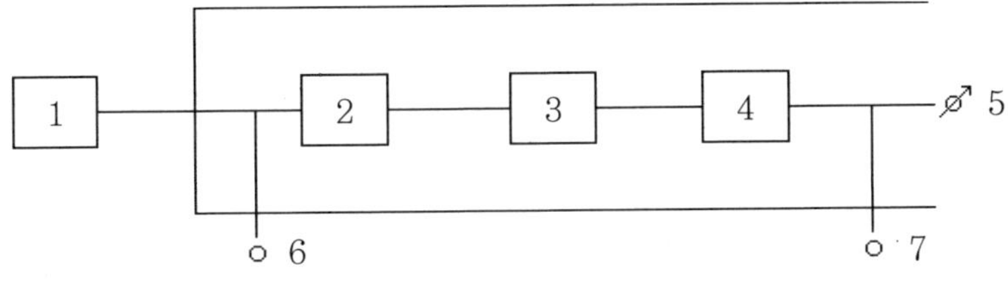

1. 진동픽업
2. 레벨레인지 변환기
3. 증폭기
4. 감각보정회로
5. 지시계기
6. 교정장치
7. 출력단자

[진동레벨계의 구성]

ⓑ 구조별 성능 *중요내용

- 진동픽업(Pick－up)
  - 지면에 설치할 수 있는 구조로서 진동신호를 전기신호로 바꾸어 주는 장치를 말한다.
  - 환경진동을 측정할 수 있어야 한다.

Reference 압전형 진동픽업

① 압전소자는 외부진동에 의한 추의 관성력에 의해 기계적 왜곡이 야기되고 이 왜곡에 비례하여 전하가 발생된다.
② 바람의 영향을 받으므로 바람을 막을 수 있는 차폐물의 설치가 필요하다.
③ 중고주파대역(10kHz 이하)의 가속도 측정
④ 충격, 온도, 습도 등의 영향을 받는다.
⑤ 케이블 용량에 의해 감도가 변화하고 출력임피던스가 크다.
⑥ 소형 경량임(수십 gram)

Reference 동전형 진동픽업

① 가동코일이 붙은 추가 스프링에 매달려 있는 구조로 진동에 의해 가동코일이 영구자석의 저계 내를 상하로 움직이면 코일에는 추의 상대속도에 비례하는 기전력이 유기된다.
② 저렴한 장점은 있으나 전동기, 변압기, 변전설비 부호 등 자장이 강하게 형성된 장소에서 측정 시 자장의 영향으로 진동측정이 부적합하다.
③ 중저주파대역(1kHz 이하)의 진동측정에 적합하다.(고유진동수가 낮으며 일반적으로 10~20Hz)
④ 감도가 안정적이고 픽업의 출력임피던스가 낮다.
⑤ 가동코일형의 동전형 진동픽업은 전자형이다.
⑥ 대형으로 중량임(수백 gram)

- 레벨레인지 변환기
  - 측정하고자 하는 진동이 지시계기의 범위 내에 있도록 하기 위한 감쇠기이다.
  - 유효눈금 범위가 30dB 이하 되는 구조의 것은 변환기에 의한 레벨의 간격이 10dB 간격으로 표시되어야 한다. 다만, 레벨 변환 없이 측정이 가능한 경우 레벨레인지 변환기가 없어도 무방하다.
- 증폭기(Amplifier)
  진동픽업에 의해 변환된 전기신호를 증폭시키는 장치를 말한다.
- 감각보정회로(Weighting Networks)
  인체의 수진감각을 주파수보정특성에 따라 나타내는 것으로 V특성(수직특성)을 갖춘 것이어야 한다.
- 지시계기(Meter)
  - 지시계기는 지침형 또는 디지털형이어야 한다.
  - 지침형에서 유효지시범위가 15dB 이상이어야 하고, 각각의 눈금은 1dB 이하를 판독할 수 있어야 하며, 1dB 눈금간격이 1mm 이상으로 표시되어야 한다.
  - 다만, 디지털형에서는 숫자가 소수점 한 자리까지 표시되어야 한다.
- 교정장치(Calibration Network Calibrator)
  진동측정기의 감도를 점검 및 교정하는 장치로서 자체에 내장되어 있거나 분리되어 있어야 한다.

- 출력단자(Output)

  진동신호를 기록기 등에 전송할 수 있는 교류출력단자를 갖춘 것이어야 한다.

㉡ 기록기

각종 출력신호를 자동 또는 수동으로 연속하여 그래프 · 점 · 숫자 등으로 기록하는 장비를 말한다.

㉢ 주파수 분석기

공해진동의 주파수 성분을 분석하는 데 사용되는 것으로 정폭형 또는 정비형 필터가 내장된 장비를 말한다.

㉣ 데이터 녹음기

진동레벨의 아날로그 또는 디지털 출력신호를 녹음 · 재생시키는 장비를 말한다.

② 부속장치

㉠ 표준진동 발생기(Calibrator) 중요내용

ⓐ 진동레벨계의 측정감도를 교정하는 기기이다.

ⓑ 발생진동의 주파수와 진동가속도레벨이 표시되어 있어야 하며, 발생진동의 오차는 ±1dB 이내이어야 한다.

③ 사용기준

㉠ 진동레벨계는 환경측정기기의 형식승인 · 정도검사 등에 관한 고시 중 진동레벨계의 구조 · 성능 세부기준 또는 이와 동등 이상의 성능을 가진 것이어야 하며, dB단위(ref $=10^{-5}$m/s^2)로 지시하는 것이어야 한다. 중요내용

(진동레벨계의 성능 중 감각특성의 상대응답과 허용오차에 대해 규정한 규격은 KSC −1507이다.)

㉡ 진동레벨계는 견고하고, 빈번한 사용에 견딜 수 있어야 하며, 항상 정도를 유지할 수 있어야 한다.

㉢ 성능 중요내용

ⓐ 측정 가능 주파수 범위는 1~90Hz 이상이어야 한다.

ⓑ 측정 가능 진동레벨의 범위는 45~120dB 이상이어야 한다.

ⓒ 감각 특성의 상대응답과 허용오차는 환경측정기기의 형식승인 · 정도검사 등에 관한 고시 중 진동레벨계의 구조 · 성능 세부기준의 연직진동 특성에 만족하여야 한다.

ⓓ 진동픽업의 횡감도는 규정주파수에서 수감축(연직특성) 감도에 대한 차이가 15dB 이상이어야 한다.

ⓔ 레벨레인지 변환기가 있는 기기에 있어서 레벨레인지 변환기의 전환오차가 0.5dB 이내이어야 한다.

ⓕ 지시계기의 눈금오차는 0.5dB 이내이어야 한다.

005 배출허용기준 중 진동측정방법

(1) 개요

① 목적

이 시험기준은 환경분야 시험검사 등에 관한 진동을 측정함에 있어서 측정의 정확성 및 통일성을 유지하기 위하여 필요한 제반사항에 대하여 규정함을 목적으로 한다.

② 적용범위

이 시험기준은 소음 · 진동관리법에서 정하는 배출허용기준 중 진동을 측정하기 위한 시험기준에 대하여 규정한다.

(2) 분석기기 및 기구

① 사용 진동레벨계

환경측정기기의 형식승인 · 정도검사 등에 관한 고시 중 진동레벨계의 구조 · 성능 세부기준에 정한 진동레벨계 또는 동등 이상의 성능을 가진 것이어야 한다.

② 일반사항

㉠ 진동레벨계와 진동레벨 기록기를 연결하여 측정 · 기록하는 것을 원칙으로 한다. 진동레벨 기록기가 없는 경우에는 진동레벨계만으로 측정할 수 있다.

㉡ 진동레벨계의 출력단자와 진동레벨 기록기의 입력단자를 연결한 후 전원과 기기의 동작을 점검하고 매회 교정을 실시하여야 한다.

㉢ 진동레벨계의 레벨레인지 변환기는 측정지점의 진동레벨을 예비조사한 후 적절하게 고정시켜야 한다.

㉣ 진동레벨계와 진동레벨 기록기를 연결하여 사용할 경우에는 진동레벨계의 과부하 출력이 진동기록치에 미치는 영향에 주의하여야 한다.

㉤ 진동픽업의 연결선은 잡음 등을 방지하기 위하여 지표면에 일직선으로 설치한다.

③ 감각보정회로

진동레벨계의 감각보정회로는 별도 규정이 없는 한 V특성(수직)에 고정하여 측정하여야 한다.

(3) 시료채취 및 관리

① 측정점 중요내용

㉠ 측정점은 공장의 부지경계선(아파트형 공장의 경우에는 공장 건물의 부지경계선) 중 피해가 우려되는 장소로서 진동레벨이 높을 것으로 예상되는 지점을 택하여야 한다.

㉡ 공장의 부지경계선이 불명확하거나 공장의 부지경계선에 비하여 피해가 예상되는 자의

부지경계선에서의 진동레벨이 더 큰 경우에는 피해가 예상되는 자의 부지경계선으로 한다.

㉢ 배경진동레벨은 측정진동레벨의 측정점과 동일한 장소에서 측정함을 원칙으로 한다.

② 측정조건

㉠ 일반사항 *중요내용

ⓐ 진동픽업(Pick-up)의 설치장소는 옥외지표를 원칙으로 하고 복잡한 반사, 회절현상이 예상되는 지점은 피한다.

ⓑ 진동픽업의 설치장소는 완충물이 없고, 충분히 다져서 단단히 굳은 장소로 한다.

ⓒ 진동픽업의 설치장소는 경사 또는 요철이 없는 장소로 하고, 수평면을 충분히 확보할 수 있는 장소로 한다.

ⓓ 진동픽업은 수직방향 진동레벨을 측정할 수 있도록 설치한다.

ⓔ 진동픽업 및 진동레벨계를 온도, 자기, 전기 등의 외부영향을 받지 않는 장소에 설치한다.

㉡ 측정사항 *중요내용

ⓐ 측정진동레벨은 대상 배출시설의 진동발생원을 가능한 한 최대출력으로 가동시킨 정상상태에서 측정한다.

ⓑ 배경진동레벨은 대상 배출시설의 가동을 중지한 상태에서 측정한다.

③ 측정시간 및 측정지점 수 *중요내용

피해가 예상되는 적절한 측정시각에 2지점 이상의 측정지점 수를 선정 · 측정하여 그중 높은 진동레벨을 측정진동레벨로 한다.

(4) 분석절차

① 측정자료 분석

- 측정자료는 다음 경우에 따라 분석 · 정리하며, 진동레벨의 계산과정에서는 소수점 첫째 자리를 유효숫자로 한다.
- 대상진동레벨(최종값)은 소수점 첫째 자리에서 반올림한다.

㉠ 디지털 진동자동분석계를 사용할 경우 *중요내용

샘플주기를 1초 이내에서 결정하고 5분 이상 측정하여 자동 연산 · 기록한 80% 범위의 상단치인 L_{10} 값을 그 지점의 측정진동레벨 또는 배경진동레벨로 한다.

㉡ 진동레벨 기록기를 사용하여 측정할 경우

5분 이상 측정 · 기록하여 다음 방법으로 그 지점의 측정진동레벨 또는 배경진동레벨을 정한다.

ⓐ 기록지상의 지시치에 변동이 없을 때에는 그 지시치

ⓑ 기록지상의 지시치의 변동폭이 5dB 이내일 때에는 구간 내 최대치부터 진동레벨의 크기 순으로 10개를 산술평균한 진동레벨 중요내용

ⓒ 기록지상의 지시치가 불규칙하고 대폭적으로 변하는 경우에는 진동레벨 계산방법에 의한 L_{10} 값을 구한다.

㉢ 진동레벨계만으로 측정할 경우 중요내용

계기조정을 위하여 먼저 선정된 측정위치에서 대략적인 진동의 변화양상을 파악한 후, 진동레벨계 지시치의 변화를 목측으로 5초 간격 50회 판독 · 기록하여 다음의 방법으로 그 지점의 측정진동레벨 또는 배경진동레벨을 결정한다.

ⓐ 진동레벨계의 지시치에 변동이 없을 때에는 그 지시치

ⓑ 진동레벨계의 지시치의 변화폭이 5dB 이내일 때에는 구간 내 최대치부터 진동레벨의 크기 순으로 10개를 산술평균한 진동레벨

ⓒ 진동레벨계 지시치가 불규칙하고 대폭적으로 변할 때에는 L_{10} 진동레벨 계산방법에 의한 L_{10} 값. 다만, L_{10} 진동레벨을 측정할 수 있는 진동레벨계를 사용할 때는 5분간 측정하여 진동레벨계에 나타난 L_{10} 값으로 한다.

[L_{10} 진동레벨 계산방법]

① 5초 간격으로 50회 판독한 판독치를 L_{10} 진동레벨 계산방법 표 〈진동레벨 기록지〉의 "가"에 기록한다.

② 레벨별 도수 및 누적도수를 L_{10} 진동레벨 계산방법 표 〈진동레벨 기록지〉 "나"에 기입한다.

③ L_{10} 진동레벨 계산방법 표 〈진동레벨 기록지〉 "나"의 누적도수를 이용하여 모눈종이상에 누적도곡선을 작성한 후(횡축에 진동레벨, 좌측 종축에 누적도수를, 우측 종축에 백분율을 표기) 90% 횡선이 누적도곡선과 만나는 교점에서 수선을 그어 횡축과 만나는 점의 진동레벨을 L_{10} 값으로 한다. 중요내용

④ 진동레벨계만으로 측정할 경우 진동레벨을 읽는 순간에 지시침이 지시판 범위 위를 벗어날 때(이때에 진동레벨계의 레벨범위는 전환하지 않음)에는 그 발생빈도를 기록하여 6회 이상이면 ③에서 구한 L_{10} 값에 2dB을 더해준다. 중요내용

진동레벨 기록지

가. 진동레벨 기록판

1	2	3	4	5	6	7	8	9	10

나. 도수 및 누적도수

끝	수	0	1	2	3	4	5	6	7	8	9
40dB(V)	도 수										
	누적도수										
50dB(V)	도 수										
	누적도수										
60dB(V)	도 수										
	누적도수										
70dB(V)	도 수										
	누적도수										
80dB(V)	도 수										
	누적도수										
90dB(V)	도 수										
	누적도수										
100dB(V)	도 수										
	누적도수										

② **배경진동 보정**

측정진동레벨에 다음과 같이 배경진동을 보정하여 대상진동레벨로 한다.

㉠ 측정진동레벨이 배경진동레벨보다 10dB 이상 크면 배경진동의 영향이 극히 작기 때문에 배경진동의 보정 없이 측정진동레벨을 대상진동레벨로 한다. *중요내용

㉡ 측정진동레벨이 배경진동레벨보다 3.0~9.9dB 차이로 크면 배경진동의 영향이 있기 때문에 측정진동레벨에 [배경진동의 영향에 대한 보정표]에 의한 보정치를 보정하여 대상진동레벨을 구한다.

[배경진동의 영향에 대한 보정표]

단위 : dB(V)

차이 (d)	.0	.1	.2	.3	.4	.5	.6	.7	.8	.9
3	−3.0	−2.9	−2.8	−2.7	−2.7	−2.6	−2.5	−2.4	−2.3	−2.3
4	−2.2	−2.1	−2.1	−2.0	−2.0	−1.9	−1.8	−1.8	−1.7	−1.7
5	−1.7	−1.6	−1.6	−1.5	−1.5	−1.4	−1.4	−1.4	−1.3	−1.3
6	−1.3	−1.2	−1.2	−1.2	−1.1	−1.1	−1.1	−1.0	−1.0	−1.0
7	−1.0	−0.9	−0.9	−0.9	−0.9	−0.9	−0.8	−0.8	−0.8	−0.8
8	−0.7	−0.7	−0.7	−0.7	−0.7	−0.7	−0.6	−0.6	−0.6	−0.6
9	−0.6	−0.6	−0.6	−0.5	−0.5	−0.5	−0.5	−0.5	−0.5	−0.5

$$보정치 = -10\log(1-10^{-0.1d})$$ *중요내용

여기서, d : 측정진동레벨−배경진동레벨

다만, 배경진동레벨 측정 시 해당 공장의 공정상 일부 배출시설의 가동 중지가 어렵다고 인정되고, 해당 배출시설에서 발생한 진동이 배경진동에 영향을 미친다고 판단될 경우에는 배경진동레벨 측정 없이 측정진동레벨을 대상진동레벨로 할 수 있다.

㉢ 측정진동레벨이 배경진동레벨보다 3dB 미만으로 크면 배경진동이 대상진동보다 크므로 ㉠ 또는 ㉡에 만족되는 조건에서 재측정하여 대상진동레벨을 구하여야 한다.

㉣ 다만, 2회 이상의 재측정에서도 측정소음도가 배경소음도보다 3dB 미만으로 크면 〈공장진동 측정자료 평가표〉에 그 상황을 상세히 명기한다.

(5) 결과보고

① 평가

㉠ 진동평가를 위한 보정

ⓐ 구한 대상진동레벨을 공장진동 배출허용기준 비고에 정한 보정치를 보정한 공장진동 배출허용기준과 비교한다.

ⓑ 다만, 피해가 예상되는 자의 부지경계선에서 측정할 때 측정지점의 지역 구분 적용 시 공장이 위치한 지역과 피해가 예상되는 자의 지역이 서로 다를 경우에는 지역별 적용을 대상 공장이 위치한 지역을 기준으로 적용한다.

㉡ 소음 · 진동관리법시행규칙 별표 5.2 비고에 대한 보정 원칙

ⓐ 관련 시간대에 대한 측정진동레벨 발생시간의 백분율은 낮, 밤의 각각의 정상 가동시간(휴식, 기계수리 등의 시간을 제외한 실질적인 기계작동시간)을 구하고 시간구분에 따른 해당 관련 시간대에 대한 백분율을 계산하여, 당해 시간 구분에 따라 적용하여야 한다. 이때 시간의 구분은 보정표의 시간별 항목의 기준에 따라야 하며, 가동시간은 측정 당일 전 30일간의 정상가동시간을 산술평균하여 정하여야 한다.(다만, 신규 배출업소의 경우에는 30일간의 예상 가동시간으로 갈음한다.)

ⓑ 측정진동레벨 및 배경진동레벨은 당해 시간별로 측정 보정함을 원칙으로 하나 배출시설이 변동 없이 낮 및 밤 또는 24시간 가동할 경우에는 낮 시간대의 대상진동레벨을 밤시간의 대상진동레벨로 적용하여 각각 평가하여야 한다.

② 측정자료의 기록

진동평가를 위한 자료는 〈공장진동 측정자료 평가표〉에 의하여 기록하며, 측정값에 대한 증빙자료(수기 제외)를 첨부한다.

누적도수 곡선에 의한 L_{10} 값 산정 예

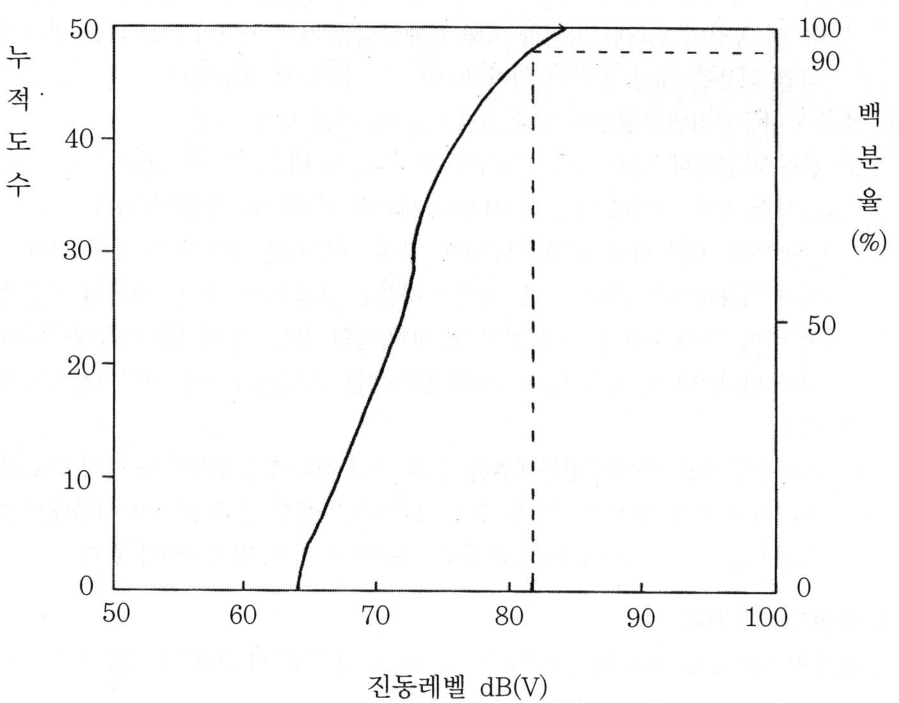

L_{10} 값 : 81dB(V)

공장진동 측정자료 평가표 *중요내용

작성연월일 : 년 월 일

<table>
<tr><td>1. 측정연월일</td><td colspan="3">년 월 일 요일 시 분부터
시 분까지</td></tr>
<tr><td>2. 측정대상업소</td><td colspan="3">소재지 :
명 칭 : 사업주 :</td></tr>
<tr><td>3. 측정자</td><td colspan="3">소속 : 직명 : 성명 : (인)
소속 : 직명 : 성명 : (인)</td></tr>
<tr><td>4. 측정기기</td><td colspan="3">진동레벨계명 :
진동레벨기록기명 :
기타 부속장치 :</td></tr>
<tr><td>5. 측정환경</td><td colspan="3">지면조건 :
반사 및 굴절진동의 영향 :
전자장 등의 기타 사항 :</td></tr>
<tr><td colspan="4">6. 측정대상업소의 진동원과 측정지점</td></tr>
<tr><td>진동원(기계명)</td><td>규 격</td><td>대 수</td><td>측 정 지 점 약 도</td></tr>
<tr><td></td><td></td><td></td><td></td></tr>
</table>

7. 측정자료 분석결과(기록지 첨부)
   가. 측정진동레벨 : dB(A)
   나. 배경진동레벨 : dB(A)
   다. 대상진동레벨 : dB(A)

8. 보정치 산정

항목	내용	보정치
관련 시간대에 대한 측정진동레벨발생시간의 백분율(%)		
충격음 성분		
보정치 합계 :		

규제기준 중 생활진동 측정방법

(1) 개요

① 목적

이 시험기준은 환경분야 시험검사 등에 관한 진동을 측정함에 있어서 측정의 정확성 및 통일성을 유지하기 위하여 필요한 제반사항에 대하여 규정함을 목적으로 한다.

② 적용범위

이 시험기준은 소음 · 진동관리법에서 정하는 규제기준 중 생활진동을 측정하기 위한 시험기준에 대하여 규정한다.

(2) 분석기기 및 기구

① 사용 진동레벨계

환경측정기기의 형식승인 · 정도검사 등에 관한 고시 중 진동레벨계의 구조 · 성능 세부기준에 정한 진동레벨계 또는 동등 이상의 성능을 가진 것이어야 한다.

② 일반사항

㉠ 진동레벨계와 진동레벨 기록기를 연결하여 측정 · 기록하는 것을 원칙으로 한다. 진동레벨 기록기가 없는 경우에는 진동레벨계만으로 측정할 수 있다.

㉡ 진동레벨계의 출력단자와 진동레벨 기록기의 입력단자를 연결한 후 전원과 기기의 동작을 점검하고 매회 교정을 실시하여야 한다.

㉢ 진동레벨계의 레벨레인지 변환기는 측정지점의 진동레벨을 예비조사한 후 적절하게 고정시켜야 한다.

㉣ 진동레벨계와 진동레벨 기록기를 연결하여 사용할 경우에는 진동레벨계의 과부하 출력이 진동기록치에 미치는 영향에 주의하여야 한다.

㉤ 진동픽업의 연결선은 잡음 등을 방지하기 위하여 지표면에 일직선으로 설치한다.

③ 감각보정회로 중요내용

진동레벨계의 감각보정회로는 별도 규정이 없는 한 V특성(수직)에 고정하여 측정하여야 한다.

(3) 시료채취 및 관리

① 측정점

측정점은 피해가 예상되는 자의 부지경계선 중 진동레벨이 높을 것으로 예상되는 지점을 택하여야 한다. 배경진동의 측정점은 동일한 장소에서 측정함을 원칙으로 한다.

② 측정조건

㉠ 일반사항 *중요내용

ⓐ 진동픽업(Pick－up)의 설치장소는 옥외지표를 원칙으로 하고 복잡한 반사, 회절현상이 예상되는 지점은 피한다.

ⓑ 진동픽업의 설치장소는 완충물이 없고, 충분히 다져서 단단히 굳은 장소로 한다.

ⓒ 진동픽업의 설치장소는 경사 또는 요철이 없는 장소로 하고, 수평면을 충분히 확보할 수 있는 장소로 한다.

ⓓ 진동픽업은 수직방향 진동레벨을 측정할 수 있도록 설치한다.

ⓔ 진동픽업 및 진동레벨계를 온도, 자기, 전기 등의 외부영향을 받지 않는 장소에 설치한다.

㉡ 측정사항

ⓐ 측정진동레벨은 대상 진동발생원의 일상적인 사용상태에서 정상적으로 가동시켜 측정하여야 한다.

ⓑ 배경진동레벨은 대상진동원의 가동을 중지한 상태에서 측정하여야 한다.(단, 대상진동원의 가동 중지가 어렵다고 인정되는 경우에는 배경진동의 측정 없이 측정진동레벨을 대상진동레벨로 할 수 있다.)

③ 측정시간 및 측정지점 수 *중요내용

피해가 예상되는 적절한 측정시각에 2지점 이상의 측정지점 수를 선정 · 측정하여 그중 높은 진동레벨을 측정진동레벨로 한다.

(4) 분석절차

① 측정자료 분석

- 측정자료는 다음 경우에 따라 분석 · 정리하며, 진동레벨의 계산과정에서는 소수점 첫째 자리를 유효숫자로 하고, 대상진동레벨(최종값)은 소수점 첫째 자리에서 반올림한다.
- 다만, 측정진동레벨 측정 시 대상진동이 공사장진동에 한하여 발생시간이 5분 이내인 경우에는 그 발생시간 동안 측정 · 기록한다.

㉠ 디지털 진동자동분석계를 사용할 경우 *중요내용

샘플주기를 1초 이내에서 결정하고 5분 이상 측정하여 자동 연산 · 기록한 80% 범위의 상단치인 L_{10} 값을 그 지점의 측정진동레벨 또는 배경진동레벨로 한다.

㉡ 진동레벨 기록기를 사용하여 측정할 경우 *중요내용

5분 이상 측정 · 기록하여 다음 방법으로 그 지점의 측정진동레벨 또는 배경진동레벨을 정한다.

ⓐ 기록지상의 지시치에 변동이 없을 때에는 그 지시치

ⓑ 기록지상의 지시치의 변동폭이 5dB 이내일 때에는 구간 내 최대치부터 진동레벨

의 크기 순으로 10개를 산술평균한 진동레벨

ⓒ 기록지상의 지시치가 불규칙하고 대폭적으로 변하는 경우에는 아래 L_{10} 진동레벨 계산방법에 의한 L_{10} 값

㉢ 진동레벨계만으로 측정할 경우

계기조정을 위하여 먼저 선정된 측정위치에서 대략적인 진동의 변화양상을 파악한 후, 진동레벨계 지시치의 변화를 목측으로 5초 간격 50회 판독 · 기록하여 다음의 방법으로 그 지점의 측정진동레벨 또는 배경진동레벨을 결정한다.

ⓐ 진동레벨계의 지시치에 변동이 없을 때에는 그 지시치

ⓑ 진동레벨계의 지시치의 변화폭이 5dB 이내일 때에는 구간 내 최대치부터 진동레벨의 크기 순으로 10개를 산술평균한 진동레벨

ⓒ 진동레벨계 지시치가 불규칙하고 대폭적으로 변할 때에는 L_{10} 진동레벨 계산방법에 의한 L_{10} 값(다만, L_{10} 진동레벨을 측정할 수 있는 진동레벨계를 사용할 때는 5분간 측정하여 진동레벨계에 나타난 L_{10} 값으로 한다.)

[L_{10} 진동레벨 계산방법]

① 5초 간격으로 50회 판독한 판독치를 L_{10} 진동레벨 계산방법 표 〈진동레벨 기록지〉의 "가"에 기록한다.

② 레벨별 도수 및 누적도수를 L_{10} 진동레벨 계산방법 표 〈진동레벨 기록지〉 "나"에 기입한다.

③ L_{10} 진동레벨 계산방법 표 〈진동레벨 기록지〉 "나"의 누적도수를 이용하여 모눈종이상에 누적도곡선을 작성한 후(횡축에 진동레벨, 좌측 종축에 누적도수를, 우측 종축에 백분율을 표기) 90% 횡선이 누적도곡선과 만나는 교점에서 수선을 그어 횡축과 만나는 점의 진동레벨을 L_{10} 값으로 한다. *중요내용

④ 진동레벨계만으로 측정할 경우 진동레벨을 읽는 순간에 지시침이 지시판 범위 위를 벗어날 때(이때에 진동레벨계의 레벨범위는 전환하지 않음)에는 그 발생빈도를 기록하여 6회 이상이면 ③에서 구한 L_{10} 값에 2dB을 더해준다.

진동레벨 기록지

가. 진동레벨 기록판

1	2	3	4	5	6	7	8	9	10

나. 도수 및 누적도수

끝　　수		0	1	2	3	4	5	6	7	8	9
40dB(V)	도　　수										
	누적도수										
50dB(V)	도　　수										
	누적도수										
60dB(V)	도　　수										
	누적도수										
70dB(V)	도　　수										
	누적도수										
80dB(V)	도　　수										
	누적도수										
90dB(V)	도　　수										
	누적도수										
100dB(V)	도　　수										
	누적도수										

② 배경진동 보정

측정진동레벨에 다음과 같이 배경진동을 보정하여 대상진동레벨로 한다.

㉠ 측정진동레벨이 배경진동레벨보다 10dB 이상 크면 배경진동의 영향이 극히 작기 때문에 배경진동 보정 없이 측정진동레벨을 대상진동레벨로 한다.

㉡ 측정진동레벨이 배경진동레벨보다 3.0~9.9dB 차이로 크면 배경진동의 영향이 있기 때문에 측정진동레벨에 [배경진동의 영향에 대한 보정표]에 의한 보정치를 보정하여 대상진동레벨을 구한다.

[배경진동의 영향에 대한 보정표]

단위 : dB(V)

차이 (d)	.0	.1	.2	.3	.4	.5	.6	.7	.8	.9
3	−3.0	−2.9	−2.8	−2.7	−2.7	−2.6	−2.5	−2.4	−2.3	−2.3
4	−2.2	−2.1	−2.1	−2.0	−2.0	−1.9	−1.8	−1.8	−1.7	−1.7
5	−1.7	−1.6	−1.6	−1.5	−1.5	−1.4	−1.4	−1.4	−1.3	−1.3
6	−1.3	−1.2	−1.2	−1.2	−1.1	−1.1	−1.1	−1.0	−1.0	−1.0
7	−1.0	−0.9	−0.9	−0.9	−0.9	−0.9	−0.8	−0.8	−0.8	−0.8
8	−0.7	−0.7	−0.7	−0.7	−0.7	−0.7	−0.6	−0.6	−0.6	−0.6
9	−0.6	−0.6	−0.6	−0.5	−0.5	−0.5	−0.5	−0.5	−0.5	−0.5

$$\text{보정치} = -10\log(1-10^{-0.1d})$$ 중요내용

여기서, d : 측정진동레벨 − 배경진동레벨

㉢ 측정진동레벨이 배경진동레벨보다 3dB 미만으로 크면, 배경진동이 대상진동레벨보다 크므로 ㉠ 또는 ㉡에 만족되는 조건에서 재측정하여 대상진동레벨을 구하여야 한다.

(5) 결과보고

① 평가

㉠ 진동평가를 위한 보정

구한 대상 진동레벨을 생활진동 규제기준과 비교하여 판정한다.

② 측정자료의 기록

진동평가를 위한 자료는 〈생활진동 측정자료 평가표〉에 의하여 기록하며, 측정값에 대한 증빙자료(수기 제외)를 첨부한다.

누적도수 곡선에 의한 L_{10} 값 산정 예

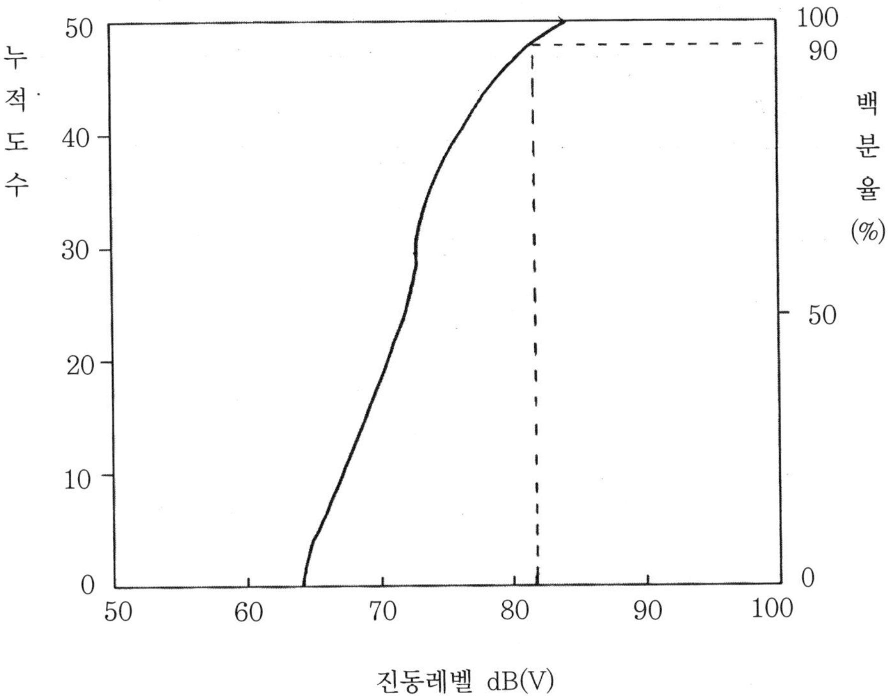

L_{10} 값 : 81dB(V)

생활진동 측정자료 평가표 ★중요내용

작성연월일 : 년 월 일

1. 측정연월일	년 월 일 요일 시 분부터 시 분까지		
2. 측정대상업소	소재지 : 명 칭 : 시공회사명 :		
3. 사업주 등	주소 : 성명 : (인)		
4. 측정자	소속 : 직명 : 성명 : (인) 소속 : 직명 : 성명 : (인)		
5. 측정기기	진동레벨계명 : 기록기명 : 기타 부속장치 :		
6. 측정환경	지면조건 : 전자장 등의 영향 : 반사 및 굴절진동의 영향 :		
7. 측정대상의 진동원과 측정지점			
진동발생원	규격	대수	측정지점 약도
			(지역 구분 :)

8. 측정자료 분석결과(기록지 첨부)
   가. 측정진동레벨 : dB(A)
   나. 배경진동레벨 : dB(A)
   다. 대상진동레벨 : dB(A)

007 규제기준 중 발파진동 측정방법

(1) 개요

① 목적

이 시험기준은 환경분야 시험검사 등에 관한 진동을 측정함에 있어서 측정의 정확성 및 통일성을 유지하기 위하여 필요한 제반사항에 대하여 규정함을 목적으로 한다.

② 적용범위

이 시험기준은 소음 · 진동관리법에서 정하는 규제기준 중 발파진동을 측정하기 위한 시험기준에 대하여 규정한다.

(2) 분석기기 및 기구

① 사용 진동레벨계

환경측정기기의 형식승인 · 정도검사 등에 관한 고시 중 진동레벨계의 구조 · 성능 세부기준에 정한 진동레벨계 또는 동등 이상의 성능을 가진 것이어야 한다.

② 일반사항

㉠ 진동레벨계와 진동레벨 기록기를 연결하여 측정 · 기록하는 것을 원칙으로 한다. 진동레벨계만으로 측정할 경우에는 최고 진동레벨이 고정(Hold)되는 것에 한한다. *중요내용

㉡ 진동레벨계의 출력단자와 진동레벨 기록기의 입력단자를 연결한 후 전원과 기기의 동작을 점검하고 매회 교정을 실시하여야 한다.

㉢ 진동레벨계의 레벨레인지 변환기는 측정지점의 진동레벨을 예비조사한 후 적절하게 고정시켜야 한다.

㉣ 진동레벨계와 진동레벨 기록기를 연결하여 사용할 경우에는 진동레벨계 기록기의 과부하 출력이 진동기록치에 미치는 영향에 주의하여야 한다.

㉤ 진동레벨 기록기의 기록속도 등은 진동레벨계의 동특성에 부응하게 조작한다.

㉥ 진동픽업의 연결선은 잡음 등을 방지하기 위하여 지표면에 일직선으로 설치한다.

③ 감각보정회로

진동레벨계의 감각보정회로는 별도 규정이 없는 한 V특성(수직)에 고정하여 측정하여야 한다.

(3) 시료채취 및 관리

① 측정점

측정점은 피해가 예상되는 자의 부지경계선 중 진동레벨이 높을 것으로 예상되는 지점을 택하여야 한다. 배경진동의 측정점은 동일한 장소에서 측정함을 원칙으로 한다.

② 측정조건

㉠ 일반사항 *중요내용

ⓐ 진동픽업(Pick-up)의 설치장소는 옥외지표를 원칙으로 하고 복잡한 반사, 회절현상이 예상되는 지점은 피한다.

ⓑ 진동픽업의 설치장소는 완충물이 없고, 충분히 다져서 단단히 굳은 장소로 한다.

ⓒ 진동픽업의 설치장소는 경사 또는 요철이 없고, 수평면을 충분히 확보할 수 있는 장소로 한다.

ⓓ 진동픽업은 수직방향 진동레벨을 측정할 수 있도록 설치한다.

ⓔ 진동픽업 및 진동레벨계를 온도, 자기, 전기 등의 외부영향을 받지 않는 장소에 설치한다.

㉡ 측정사항

ⓐ 측정진동레벨은 발파진동이 지속되는 기간 동안에 측정하여야 한다.

ⓑ 배경진동레벨은 대상진동(발파진동)이 없을 때 측정하여야 한다.

③ 측정시간 및 측정지점 수 *중요내용

작업일지 및 발파계획서 또는 폭약사용신고서를 참조하여 구분하는 각 시간대 중에서 최대발파진동이 예상되는 시각의 진동을 포함한 모든 발파진동을 1지점 이상에서 측정한다.

(4) 분석절차

① 측정자료 분석

- 측정자료는 다음 경우에 따라 분석 · 정리하며, 진동레벨의 계산과정에서는 소수점 첫째 자리를 유효숫자로 한다.
- 평가진동레벨(최종값)은 소수점 첫째 자리에서 반올림한다.

㉠ 측정진동레벨

ⓐ 디지털 진동자동분석계를 사용할 때에는 샘플주기를 0.1초 이하로 놓고 발파진동의 발생기간(수초 이내) 동안 측정하여 자동 연산 · 기록한 최고치를 측정진동레벨로 한다. *중요내용

ⓑ 진동레벨 기록기를 사용하여 측정할 때에는 기록지상의 지시치의 최고치를 측정진동레벨로 한다.

ⓒ 최고진동 고정(Hold)용 진동레벨계를 사용할 때에는 당해 지시치를 측정진동레벨로 한다.

㉡ 배경진동레벨

ⓐ 디지털 진동자동분석계를 사용할 경우 *중요내용

샘플주기를 1초 이내에서 결정하고 5분 이상 측정하여 자동 연산 · 기록한 80% 범위의 상단치인 L_{10} 값을 그 지점의 배경진동레벨로 한다.

ⓑ 진동레벨 기록기를 사용하여 측정할 경우
5분 이상 측정 · 기록하여 다음 방법으로 그 지점의 배경진동레벨을 정한다.
- 기록지상의 지시치에 변동이 없을 때에는 그 지시치
- 기록지상의 지시치의 변동폭이 5dB 이내일 때에는 구간 내 최대치부터 진동레벨의 크기 순으로 10개를 산술평균한 진동레벨
- 기록지상의 지시치가 불규칙하고 대폭적으로 변할 때에는 L_{10} 진동레벨 계산방법에 의한 L_{10} 값으로 구한다.

ⓒ 진동레벨계만으로 측정할 경우 *중요내용
계기조정을 위하여 먼저 선정된 측정위치에서 대략적인 진동레벨의 변화 양상을 파악한 후, 진동레벨계 지시치의 변화를 목측으로 5초 간격 50회 판독 · 기록하여 다음의 방법으로 그 지점의 배경진동레벨을 정한다.
- 진동레벨계의 지시치에 변동이 없을 때에는 그 지시치
- 진동레벨계의 지시치의 변화폭이 5dB 이내일 때에는 구간 내 최대치부터 진동레벨의 크기 순으로 10개를 산술평균한 진동레벨
- 진동레벨계 지시치가 불규칙하고 대폭적으로 변할 때에는 L_{10} 진동레벨 계산방법에 의한 L_{10} 값(다만, L_{10} 진동레벨을 측정할 수 있는 진동레벨계를 사용할 때는 5분간 측정하여 진동레벨계에 나타난 L_{10} 값으로 한다.)

[L_{10} 진동레벨 계산방법]

① 5초 간격으로 50회 판독한 판독치를 L_{10} 진동레벨 계산방법 표 〈진동레벨 기록지〉의 “가”에 기록한다.

② 레벨별 도수 및 누적도수를 L_{10} 진동레벨 계산방법 표 〈진동레벨 기록지〉의 “나”에 기입한다.

③ L_{10} 진동레벨 계산방법 표 〈진동레벨 기록지〉 “나”의 누적도수를 이용하여 모눈종이상에 누적도곡선을 작성한 후(횡축에 진동레벨, 좌측 종축에 누적도수를, 우측 종축에 백분율을 표기) 90% 횡선이 누적도곡선과 만나는 교점에서 수선을 그어 횡축과 만나는 점의 진동레벨을 L_{10} 값으로 한다.

④ 진동레벨계만으로 측정할 경우 진동레벨을 읽는 순간에 지시침이 지시판 범위 위를 벗어날 때(이때에 진동레벨계의 레벨범위는 전환하지 않음)에는 그 발생빈도를 기록하여 6회 이상이면 ③에서 구한 L_{10} 값에 2dB을 더해준다.

진동레벨 기록지

가. 진동레벨 기록판

1	2	3	4	5	6	7	8	9	10

나. 도수 및 누적도수

끝 수		0	1	2	3	4	5	6	7	8	9
40dB(V)	도 수										
	누적도수										
50dB(V)	도 수										
	누적도수										
60dB(V)	도 수										
	누적도수										
70dB(V)	도 수										
	누적도수										
80dB(V)	도 수										
	누적도수										
90dB(V)	도 수										
	누적도수										
100dB(V)	도 수										
	누적도수										

② 배경진동 보정

측정진동레벨에 다음과 같이 배경진동을 보정하여 대상진동레벨로 한다.

㉠ 측정진동레벨이 배경진동레벨보다 10dB 이상 크면 배경진동의 영향이 극히 작기 때문에 배경진동 보정 없이 측정진동레벨을 대상진동레벨로 한다.

㉡ 측정진동레벨이 배경진동레벨보다 3.0~9.9dB 차이로 크면 배경진동의 영향이 있기 때문에 측정진동레벨에 아래의 보정표에 의한 보정치를 보정하여 대상진동레벨을 구한다.

[배경진동의 영향에 대한 보정표]

단위 : dB(A)

차이 (d)	.0	.1	.2	.3	.4	.5	.6	.7	.8	.9
3	−3.0	−2.9	−2.8	−2.7	−2.7	−2.6	−2.5	−2.4	−2.3	−2.3
4	−2.2	−2.1	−2.1	−2.0	−2.0	−1.9	−1.8	−1.8	−1.7	−1.7
5	−1.7	−1.6	−1.6	−1.5	−1.5	−1.4	−1.4	−1.4	−1.3	−1.3
6	−1.3	−1.2	−1.2	−1.2	−1.1	−1.1	−1.1	−1.0	−1.0	−1.0
7	−1.0	−0.9	−0.9	−0.9	−0.9	−0.9	−0.8	−0.8	−0.8	−0.8
8	−0.7	−0.7	−0.7	−0.7	−0.7	−0.7	−0.6	−0.6	−0.6	−0.6
9	−0.6	−0.6	−0.6	−0.5	−0.5	−0.5	−0.5	−0.5	−0.5	−0.5

$$\text{보정치} = -10\log(1-10^{-0.1d})$$ *중요내용

여기서, d : 측정진동레벨 − 배경진동레벨

㉢ 측정진동레벨이 배경진동레벨보다 3dB 미만으로 크면 배경진동이 대상진동레벨보다 크므로 ㉠ 또는 ㉡에 만족되는 조건에서 재측정하여 대상진동레벨을 구하여야 한다.

(5) 결과보고

① 평가

㉠ 진동평가를 위한 보정

ⓐ 구한 대상진동레벨에 시간대별 보정발파횟수(N)에 따른 보정량($+10\log N$; $N > 1$)을 보정하여 평가진동레벨을 구한다. 이 경우, 지발발파는 보정발파횟수를 1회로 간주한다. *중요내용

ⓑ 시간대별 보정발파횟수(N)는 작업일지 및 발파계획서 또는 폭약사용신고서 등을 참조하여 발파진동 측정 당일의 발파진동 중 진동레벨이 60dB(V) 이상인 횟수(N)를 말한다. *중요내용

ⓒ 단, 여건상 불가피하게 측정 당일의 발파횟수만큼 측정하지 못한 경우에는 측정 시의 장약량과 같은 양을 사용한 발파는 같은 진동레벨로 판단하여 보정발파횟수를 산정할 수 있다.

② 측정자료의 기록

진동평가를 위한 자료는 〈발파진동 측정자료 평가표〉에 의하여 기록하며, 측정값에 대한 증빙자료(수기 제외)를 첨부한다.

누적도수 곡선에 의한 L_{10} 값 산정 예

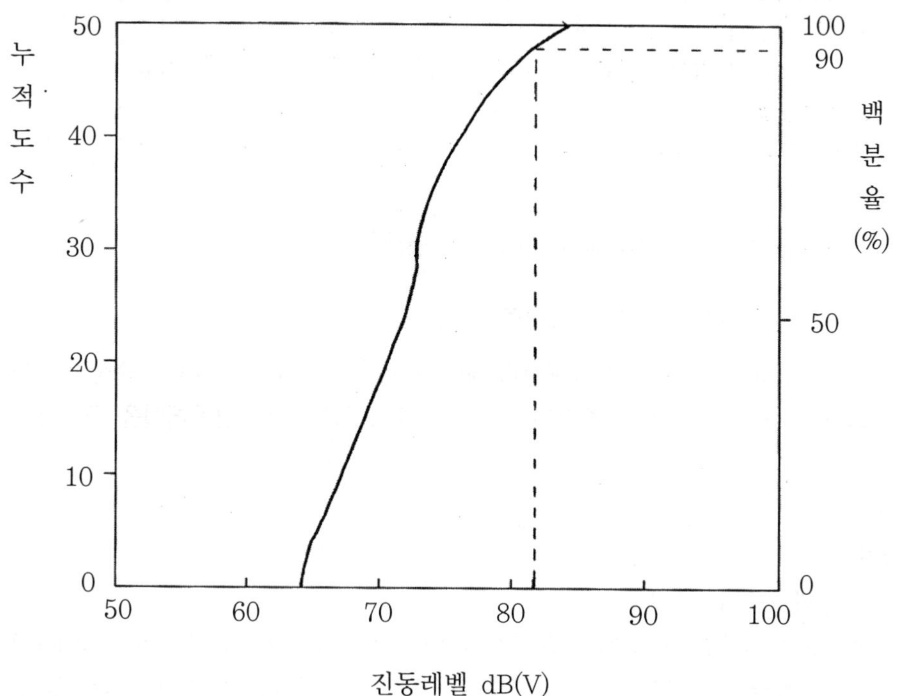

L_{10} 값 : 81dB(V)

발파진동 측정자료 평가표 중요내용

작성연월일 : 년 월 일

1. 측정연월일	년 월 일 요일		시 분부터 시 분까지
2. 측정대상업소	소재지 : 명 칭 :		
3. 사업주	주소 :	성명 : (인)	
4. 측정자	소속 : 직명 : 성명 : (인) 소속 : 직명 : 성명 : (인)		
5. 측정기기	진동레벨계명 : 기록기명 : 기타 부속장치 :		
6. 측정환경	지면조건 : 전자장 등의 영향 : 반사 및 굴절진동의 영향 :		
7. 측정대상의 진동원과 측정지점			
폭약의 종류	1회 사용량	발파횟수	측정지점 약도
	kg	낮 : 밤 :	(지역 구분 :)

8. 측정자료 분석결과(기록지 첨부)
   - 가. 측정진동레벨 : dB(A)
   - 나. 배경진동레벨 : dB(A)
   - 다. 대상진동레벨 : dB(A)
   - 라. 평가진동레벨 : dB(A)

008 도로교통진동 관리기준 측정방법

(1) 개요

① 목적

이 시험기준은 환경분야 시험검사 등에 관한 진동을 측정함에 있어서 측정의 정확성 및 통일성을 유지하기 위하여 필요한 제반사항에 대하여 규정함을 목적으로 한다.

② 적용범위

이 시험기준은 소음 · 진동관리법에서 정하는 진동관리기준 중 도로교통진동을 측정하기 위한 시험기준에 대하여 규정한다.

(2) 분석기기 및 기구

① 사용 진동레벨계

환경측정기기의 형식승인 · 정도검사 등에 관한 고시 중 진동레벨계의 구조 · 성능 세부기준에 정한 진동레벨계 또는 동등 이상의 성능을 가진 것이어야 한다.

② 일반사항

㉠ 진동레벨계와 진동레벨 기록기를 연결하여 측정 · 기록하는 것을 원칙으로 한다. 진동레벨 기록기가 없는 경우에는 진동레벨계만으로 측정할 수 있다.

㉡ 진동레벨계의 출력단자와 진동레벨 기록기의 입력단자를 연결한 후 전원과 기기의 동작을 점검하고 매회 교정을 실시하여야 한다.

㉢ 진동레벨계의 레벨레인지 변환기는 측정지점의 진동레벨을 예비조사한 후 적절하게 고정시켜야 한다.

㉣ 진동레벨계와 진동레벨 기록기를 연결하여 사용할 경우에는 진동레벨계의 과부하 출력이 진동기록치에 미치는 영향에 주의하여야 한다.

㉤ 진동픽업의 연결선은 잡음 등을 방지하기 위하여 지표면에 일직선으로 설치한다.

③ 감각보정회로

진동레벨계의 감각보정회로는 별도 규정이 없는 한 V특성(수직)에 고정하여 측정하여야 한다.

(3) 시료채취 및 관리

① 측정점

측정점은 피해가 예상되는 자의 부지경계선 중 진동레벨이 높을 것으로 예상되는 지점을 택하여야 한다.

② 측정조건

㉠ 일반사항 *중요내용

ⓐ 진동픽업(Pick－up)의 설치장소는 옥외지표를 원칙으로 하고 복잡한 반사, 회절현상이 예상되는 지점은 피한다.

ⓑ 진동픽업의 설치장소는 완충물이 없고, 충분히 다져서 단단히 굳은 장소로 한다.

ⓒ 진동픽업의 설치장소는 경사 또는 요철이 없는 장소로 하고, 수평면을 충분히 확보할 수 있는 장소로 한다.

ⓓ 진동픽업은 수직방향 진동레벨을 측정할 수 있도록 설치한다.

ⓔ 진동픽업 및 진동레벨계를 온도, 자기, 전기 등의 외부영향을 받지 않는 장소에 설치한다.

㉡ 측정사항

ⓐ 요일별로 진동 변동이 적은 평일(월요일부터 금요일 사이)에 당해 지역의 도로교통진동을 측정하여야 한다.

ⓑ 단, 주말 또는 공휴일에 도로교통량이 증가되어 진동피해가 예상되는 경우에는 주말 및 공휴일에 도로교통진동을 측정할 수 있다.

③ 측정시간 및 측정지점 수 *중요내용

시간대별로 진동피해가 예상되는 시간대를 포함하여 2개 이상의 측정지점 수를 선정하여 4시간 이상 간격으로 2회 이상 측정하여 산술평균한 값을 측정진동레벨로 한다.

(4) 분석절차

① 측정자료 분석

- 측정자료는 다음의 경우에 따라 분석 · 정리하며, 진동레벨의 계산과정에서는 소수점 첫째 자리를 유효숫자로 한다.
- 측정진동레벨(최종값)은 소수점 첫째 자리에서 반올림한다.

㉠ 디지털 진동자동분석계를 사용할 경우 *중요내용

샘플주기를 1초 이내에서 결정하고 5분 이상 측정하여 자동 연산 · 기록한 80% 범위의 상단치인 L_{10} 값을 그 지점의 측정진동레벨로 한다.

㉡ 진동레벨 기록기를 사용하여 측정할 경우 *중요내용

5분 이상 측정 · 기록하여 다음 방법으로 그 지점의 측정진동레벨을 정한다.

ⓐ 기록지상의 지시치에 변동이 없을 때에는 그 지시치

ⓑ 기록지상의 지시치의 변동폭이 5dB 이내일 때에는 구간 내 최대치부터 진동레벨의 크기 순으로 10개를 산술평균한 진동레벨

ⓒ 기록지상의 지시치가 불규칙하고 대폭적으로 변하는 경우에는 L_{10} 진동레벨 계

산방법에 의한 L_{10} 값

㉢ 진동레벨계만으로 측정할 경우

계기조정을 위하여 먼저 선정된 측정위치에서 대략적인 진동레벨의 변화양상을 파악한 후, 진동레벨계 지시치의 변화를 목측으로 5초 간격 60회 판독 · 기록하여 다음의 방법으로 그 지점의 측정진동레벨을 정한다.

ⓐ 진동레벨계의 지시치에 변동이 없을 때에는 그 지시치

ⓑ 진동레벨계의 지시치의 변화폭이 5dB 이내일 때에는 구간 내 최대치부터 진동레벨의 크기 순으로 10개를 산술평균한 진동레벨

ⓒ 진동레벨계 지시치가 불규칙하고 대폭적으로 변할 때에는 L_{10} 진동레벨 계산방법에 의한 L_{10} 값(다만, L_{10} 진동레벨을 측정할 수 있는 진동레벨계를 사용할 때는 5분간 측정하여 진동레벨계에 나타난 L_{10} 값으로 한다.)

[L_{10} 진동레벨 계산방법]

① 5초 간격으로 50회 판독한 판독치를 L_{10} 진동레벨 계산방법 표 〈진동레벨 기록지〉의 "가"에 기록한다.

② 레벨별 도수 및 누적도수를 L_{10} 진동레벨 계산방법 표 〈진동레벨 기록지〉 "나"에 기입한다.

③ L_{10} 진동레벨 계산방법 표 〈진동레벨 기록지〉 "나"의 누적도수를 이용하여 모눈종이상에 누적도곡선을 작성한 후(횡축에 진동레벨, 좌측 종축에 누적도수를, 우측 종축에 백분율을 표기) 90% 횡선이 누적도곡선과 만나는 교점에서 수선을 그어 횡축과 만나는 점의 진동레벨을 L_{10} 값으로 한다.

④ 진동레벨계만으로 측정할 경우 진동레벨을 읽는 순간에 지시침이 지시판 범위 위를 벗어날 때(이때에 진동레벨계의 레벨범위는 전환하지 않음)에는 그 발생빈도를 기록하여 6회 이상이면 ③에서 구한 L_{10} 값에 2dB을 더해준다.

진동레벨 기록지

가. 진동레벨 기록판

1	2	3	4	5	6	7	8	9	10

나. 도수 및 누적도수

끝 수		0	1	2	3	4	5	6	7	8	9
40dB(V)	도 수										
	누적도수										
50dB(V)	도 수										
	누적도수										
60dB(V)	도 수										
	누적도수										
70dB(V)	도 수										
	누적도수										
80dB(V)	도 수										
	누적도수										
90dB(V)	도 수										
	누적도수										
100dB(V)	도 수										
	누적도수										

(5) 결과보고

① **평가**

㉠ 진동평가를 위한 보정

구한 측정진동레벨을 도로교통진동의 관리기준과 비교하여 평가한다.

② **측정자료의 기록**

진동평가를 위한 자료는 〈도로교통진동 측정자료 평가표〉에 의하여 기록하며, 측정값에 대한 증빙자료(수기 제외)를 첨부한다.

누적도수 곡선에 의한 L_{10} 값 산정 예

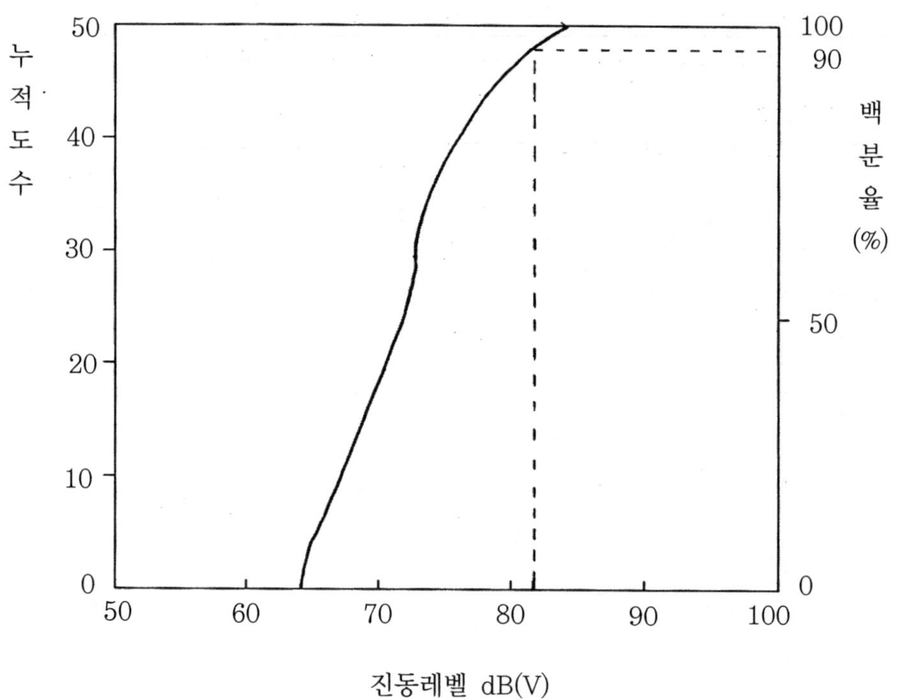

L_{10} 값 : 81dB(V)

도로교통진동 측정자료 평가표 *중요내용

작성연월일 : 년 월 일

1. 측정연월일	년 월 일 요일 시 분부터 시 분까지
2. 측정대상업소 등	소재지 : 명 칭 :
3. 관리자	
4. 측정자	소속 : 직명 : 성명 : (인) 소속 : 직명 : 성명 : (인)
5. 측정기기	진동레벨계명 : 기록기명 : 기타 부속장치 :
6. 측정환경	지면조건 : 전자장 등의 영향 : 반사 및 굴절진동의 영향 :

7. 측정대상의 진동원과 측정지점

도로구조	교통특성	측정지점 약도
차 선 수 : 도로유형 : 구 배 : 기 타 :	시간당 교통량 (대/hr) 대형차 통행량 (대/hr) 평균차속 (km/hr)	(지역 구분 :)

8. 측정자료 분석결과(기록지 첨부)
- 측정진동레벨 : dB(A)

009 철도진동 관리기준 측정방법

(1) 개요

① 목적

이 시험기준은 환경분야 시험검사 등에 관한 진동을 측정함에 있어서 측정의 정확성 및 통일성을 유지하기 위하여 필요한 제반사항에 대하여 규정함을 목적으로 한다.

② 적용범위

이 시험기준은 소음 · 진동관리법에서 정하는 진동 관리기준 중 철도진동을 측정하기 위한 시험기준에 대하여 규정한다.

(2) 분석기기 및 기구

① 사용 진동레벨계

환경측정기기의 형식승인 · 정도검사 등에 관한 고시 중 진동레벨계의 구조 · 성능 세부기준에 정한 진동레벨계 또는 동등 이상의 성능을 가진 것이어야 한다.

② 일반사항

㉠ 진동레벨계와 진동레벨 기록기를 연결하여 측정 · 기록하는 것을 원칙으로 한다. 진동레벨기록기가 없는 경우에는 진동레벨계만으로 측정할 수 있다.

㉡ 진동레벨계의 출력단자와 진동레벨 기록기의 입력단자를 연결한 후 전원과 기기의 동작을 점검하고 매회 교정을 실시하여야 한다.

㉢ 진동레벨계의 레벨레인지 변환기는 측정지점의 진동레벨을 예비조사한 후 적절하게 고정시켜야 한다.

㉣ 진동레벨계와 진동레벨 기록기를 연결하여 사용할 경우에는 진동레벨계의 과부하 출력이 진동기록치에 미치는 영향에 주의하여야 한다.

㉤ 진동픽업의 연결선은 잡음 등을 방지하기 위하여 지표면에 일직선으로 설치한다.

③ 감각보정회로

진동레벨계의 감각보정회로는 별도 규정이 없는 한 V특성(수직)에 고정하여 측정하여야 한다.

(3) 시료채취 및 관리

① 측정점

옥외측정을 원칙으로 하며, 그 지역의 철도진동을 대표할 수 있는 지점이나 철도진동으로 인하여 문제를 일으킬 우려가 있는 지점을 택하여야 한다.

② 측정조건

㉠ 일반사항 중요내용

ⓐ 진동픽업(Pick-up)의 설치장소는 옥외지표를 원칙으로 하고 복잡한 반사, 회절 현상이 예상되는 지점은 피한다.

ⓑ 진동픽업의 설치장소는 완충물이 없고, 충분히 다져서 단단히 굳은 장소로 한다.

ⓒ 진동픽업의 설치장소는 경사 또는 요철이 없고, 수평면을 충분히 확보할 수 있는 장소로 한다.

ⓓ 진동픽업은 수직방향 진동레벨을 측정할 수 있도록 설치한다.

ⓔ 진동픽업 및 진동레벨계를 온도, 자기, 전기 등의 외부영향을 받지 않는 장소에 설치한다.

㉡ 측정사항

ⓐ 요일별로 진동 변동이 적은 평일(월요일부터 금요일 사이)에 당해 지역의 철도진동을 측정하여야 한다.

ⓑ 단, 주말 또는 공휴일에 철도통행량이 증가되어 진동피해가 예상되는 경우에는 주말 및 공휴일에 철도진동을 측정할 수 있다.

③ 측정시간 중요내용

기상조건, 열차의 운행횟수 및 속도 등을 고려하여 당해 지역의 1시간 평균 철도 통행량 이상인 시간대에 측정한다.

(4) 분석절차

① 열차통과 시마다 최고진동레벨이 배경진동레벨보다 최소 5dB 이상 큰 것에 한하여 연속 10개 열차(상하행 포함) 이상을 대상으로 최고진동레벨을 측정 · 기록하고, 그중 중앙값 이상을 산술평균한 값을 철도진동레벨로 한다. 중요내용

② 다만, 열차의 운행횟수가 밤 · 낮 시간대별로 1일 10회 미만인 경우에는 측정열차 수를 줄여 그중 중앙값 이상을 산술평균한 값을 철도진동레벨로 할 수 있다. 중요내용

③ 진동레벨의 계산과정에서는 소수점 첫째 자리를 유효숫자로 하고, 측정진동레벨(최종값)은 소수점 첫째 자리에서 반올림한다.

(5) 결과보고

① 평가

㉠ 진동평가를 위한 보정

구한 측정진동레벨을 철도진동의 관리기준과 비교하여 평가한다.

② 측정자료의 기록

진동평가를 위한 자료는 〈철도진동 측정자료 평가표〉에 의하여 기록하며, 측정값에 대한 증빙자료(수기 제외)를 첨부한다.

철도진동 측정자료 평가표

작성연월일 :   년   월   일

1. 측정연월일	년 월 일 요일 시 분부터 시 분까지	
2. 측정대상	소 재 지 : 철도선명 :	
3. 관리자		
4. 측정자	소속 : 직명 : 성명 : (인) 소속 : 직명 : 성명 : (인)	
5. 측정기기	진동레벨계명 : 기록기명 : 기타 부속장치 :	
6. 측정환경	지면조건 : 전자장 등의 영향 : 반사 및 굴절진동의 영향 :	
7. 측정대상의 진동원과 측정지점		
철도 구조	교통 특성	측정지점 약도
철도선구분 : 레일길이 : 기　　타 :	열차 통행량 : (　　　　대/hr) 평균 열차속도 : (　　　　km/hr)	(지역 구분 :　　)

8. 측정자료 분석결과(기록지 첨부)
- 측정진동레벨 :   dB(A)

[부록] 환경측정기기 구조·성능 세부기준(소음·진동분야)

소음계 및 그 부속기기

1. 일반사항

소음측정기는 견고하고, 빈번한 사용에 견딜 수 있어야 하며, 항상 정도를 유지할 수 있어야 한다.

2. 적용범위

이 장소는 환경소음평가(시험)에 사용하는 소음계 및 그 부속기기에 적용한다.

(1) 소음계 등급의 구분

클래스 1과 클래스 2로 구분되며, 등급에 따라 측정 주파수 범위와 같은 중앙값에 대한 허용차가 다르다. 일반적으로, 클래스 2의 성능 허용한도값은 클래스 1보다 크다.

(2) 부속기기

측정 시 마이크에 장착하여 사용하는 방풍망, 방수장치 등과 측정값을 기록, 출력할 수 있는 레벨레코더에 적용한다.

3. 구조 및 기능

소음측정기는 마이크로폰, 레벨레인지 절환기, 교정장치, 청감보정회로, 동특성조절기, 출력단자, 지시계 등으로 구성되어야 하고, 원활하고 정확하게 작동되어야 하며, 취급이 용이하여야 한다. 단, 계기판의 작동 및 표시를 위한 언어표기는 한국어 또는 영어로 표기되어야 한다.

(1) 마이크로폰

마이크로폰은 지향성이 작아야 하고, 기기의 본체와 분리가 가능하여야 한다. 또한, 마이크로폰 크기는 1/2인치 또는 1/4인치이어야 한다. 다만, 마이크로폰 크기가 위와 다를 경우 어댑터를 포함하여야 한다.(어댑터 사용 시 제작사에서 제공하는 보정값이 있을 경우 적용하여 시험한다.)

(2) 레벨레인지 절환기

측정하고자 하는 소음도가 지시계기의 범위 내에 있도록 하기 위한 감쇠기로서 유효눈금범위가 30dB 이하 되는 구조의 것은 절환기에 의한 레벨의 간격은 10dB 간격으로 표시되어야 한다. 다만, 레벨변환 없이 측정이 가능한 경우 레벨레인지 절환기가 없어도 무방하다.

(3) **교정장치**

소음측정기의 감도를 점검 및 교정하는 장치로서 자체에 내장되어 있거나 분리되어 있어야 하고, 80dB(A) 이상이 되는 소음환경에서도 교정이 가능하여야 하며, 운반 · 보관 등에 의해 교정장치가 쉽게 움직이지 않는 구조로 되어 있어야 한다.

(4) **청감보정회로**

인체의 청감각을 주파수 보정특성에 따라 나타내는 것으로 A특성을 갖춘 것이어야 한다. 다만, 클래스 1과 자동차 소음 측정에 사용되는 것은 C특성도 함께 갖추어야 한다.

(5) **동특성조절기**

지시계기의 반응속도를 빠름 및 느림특성으로 조절할 수 있는 조절기를 가져야 한다.

(6) **출력단자**

소음신호를 기록기 등에 전송할 수 있는 출력단자를 갖춘 것이어야 한다.

(7) **지시계기**

지시계기는 숫자표시형으로 소수점 한 자리 이상 표시되어야 하고, 레벨레인지 절환기가 있는 기기의 경우, 측정값이 레벨레인지의 측정범위를 초과하면 레인지 초과 상태임을 표시할 수 있어야 한다.

(8) **레벨레코더**

측정값을 1초 이하의 간격으로 연속적으로 기록하고 출력할 수 있어야 한다. 이와 동등 이상의 성능을 가진 소프트웨어여도 좋다.

4. 성능

(1) 소음측정기 KS C IEC 61672-1에 정한 소음계 또는 이와 동등 이상의 성능을 가지는 것을 목적으로 하고, dB 단위로 지시하는 것이어야 한다. 또한 실시간 값을 표시할 수 있어야 하며, 이때의 응답속도는 기준음에 ±1dB 범위에 도달할 때까지 3초 이내에 지시할 수 있어야 한다.

(2) **주파수 범위**

측정 가능 주파수 범위는 클래스 1은 20Hz~12.5kHz 범위이어야 하며, 클래스 2는 31.5Hz~8kHz 범위이어야 한다. 단, 주파수 범위는 최솟값 이하와 최댓값 이상 측정하여도 된다.

(3) **소음 범위**

35~130dB 범위이어야 한다. 단, 소음 범위는 최솟값 이하와 최댓값 이상 측정하여도 된다.

(4) 동특성조절기

동특성을 빠름 및 느림특성으로 조절하였을 때의 감쇠율은 빠름 25dB/s 이상, 느림 3~6dB/s 범위 이내이어야 한다. 또한 빠름과 느림의 지시값의 차이는 ±0.3dB 이내이어야 한다.

(5) 샘플링 주기

샘플링 주기는 1초 이하로 조정할 수 있어야 한다. 단, 발파소음 측정용은 0.1초 이하로, 자동차소음 측정용은 0.3초 이하로 조정할 수 있어야 한다.

(6) 표준입사각 응답

각 특성별(A특성 및 C특성) 표준입사각의 응답은 다음 표 1의 허용한도를 만족하여야 한다.

[표 1. 주파수 가중에 따른 표준입사각의 응답과 허용한도]

공칭주파수 (Hz)	주파수 가중(dB)			허용한도값(dB) 클래스	
	A	C	Z	1	2
20	−50.5	−6.2	0.0	±2.5	−
31.5	−39.4	−3.0	0.0	±2.0	±3.5
63	−26.2	−0.8	0.0	±1.5	±2.5
125	−16.1	−0.2	0.0	±1.5	±2.0
250	−8.6	0.0	0.0	±1.4	±1.9
500	−3.2	0.0	0.0	±1.4	±1.9
1,000	0	0	0.0	±1.1	±1.4
2,000	+1.2	−0.2	0.0	±1.6	±2.6
4,000	+1.2	−0.8	0.0	±1.6	±3.6
8,000	−1.1	−3.0	0.0	+2.1, −3.1	±5.6
12,500	−4.3	−6.2	0.0	+3.0, −6.0	−

(7) 부속기기의 영향

부속기기의 영향은 위의 표 1의 허용한도를 만족하여야 한다.

(8) **지향특성**

표준입사각의 응답과 표준입사각에 대한 ±90° 범위 내 입사각 응답차를 나타내는 지향특성은 다음 표 2의 허용한도를 만족해야 한다.

[표 2. 측정의 확장불확도의 최댓값을 포함하는 지향특성의 허용한도값]

주파수 (kHz)	기준방향에서 $\pm\theta°$의 범위 안에 있는 임의의 두 입사각도에 대하여 표시된 사운드레벨값의 차의 절댓값에 대한 최댓값(dB)					
	$\theta=30°$		$\theta=90°$		$\theta=150°$	
	클래스					
	1	2	1	2	1	2
0.25~1	1.3	2.3	1.8	3.3	2.3	5.3
>1~2	1.5	2.5	2.5	4.5	4.5	7.5
>2~4	2.0	4.5	4.5	7.5	6.5	12.5
>4~8	3.5	7.0	8.0	13.0	11.0	17.0
>8~12.5	5.5	–	11.5	–	15.5	–

비고

이 표에 나타낸 허용한도값에 대한 적합성 평가에는 표시된 사운드레벨값의 데시벨 차의 절댓값의 최댓값을 측정의 확장불확도를 고려하여 확장한 값을 사용한다.

(9) **절환오차**

레벨레인지 절환기가 있는 기기에 있어서 레벨레인지 절환기의 절환오차가 ±0.5dB 이내이여야 한다.

(10) **눈금오차**

지시계기의 눈금오차는 최댓값에서 최솟값을 뺀 값이 0.5dB 이내이어야 한다.

(11) **평가소음레벨**

등가소음도와 최댓값을 나타낼 수 있어야 하며, 모든 범위에서 값을 만족하여야 한다.

(12) **자동차 가속주행 소음측정용도**

ISO 362 방법에 의한 자동차 가속주행 소음측정용 장비인 경우 클래스 1의 성능을 가진 것이어야 한다.

(13) **전압변동에 대한 안정성**

기기의 설명서에 기재된 전원 전압의 최댓값 및 최솟값의 조건에서 오차는 클래스 1에서는 ±0.3dB, 클래스 2에서는 ±0.4dB 이내이어야 한다. 단, 전지내장형의 경우에는 적용하지 않는다.

5. 표시사항

(1) 아래 각 호의 사항이 기재되어 있어야 한다.
  ① 제조회사명, 제작국, 제조연월일
  ② 측정기명, 기기형식, 기기번호(또는 제작번호)
  ③ 측정범위, 사용 주위 온도 · 습도 범위
  ④ 전원의 종류, 전압(V), 주파수(Hz) 및 소비전력
  ⑤ 마이크로폰 및 전치증폭기의 기기형식, 기기번호(또는 제작번호)

(2) 표시사항은 잘 보일 수 있는 곳에 표시(분산표시 가능)함을 원칙으로 한다.

6. 종합성능시험

소음계의 성능시험절차 규정에 따라 시험하는 기간에 모든 장치는 기준 성능을 만족하여야 하며, 이때의 표준입사각 응답의 오차는 ±0.2dB 이내이어야 한다.

소음연속자동측정기 및 그 부속기기

1. 일반사항

(1) 소음연속자동측정기는 견고하고, 연속적인 사용에 견딜 수 있어야 하며, 항상 정도를 유지할 수 있어야 한다.

(2) 부품의 조립상태 및 각종 감지기, 배선 및 배관 등 기기의 성능에 영향이 없도록 견고하게 되어 있어야 한다.

(3) 통상의 운전 상태에서 위험 발생이 없어야 하며, 원활하게 동작할 수 있어야 한다.

(4) 측정기를 구성하고 있는 각 부위 및 전기, 전자, 기계, 기구 등은 견고하게 조립되어 있어야 한다.

(5) 강우, 번개 등 계절에 영향에 의하여 측정에 지장을 초래하지 않는 구조이어야 하며, 보수, 점검을 위한 접근이 가능해야 한다.

(6) 사용상, 피로, 열화 등이 일어나지 않도록 방지장치가 되어 있어야 한다.

(7) 전원 · 전압공급 등이 원활히 안정되게 공급할 수 있도록 되어 있어야 한다.

2. 적용범위

이 장치는 옥외에 고정 · 설치되어 무인으로 주변에서 발생하는 소음을 연속적으로 측정할 수 있는 주파수와 시간에 대하여 가중 평균한 음압 레벨을 측정하는 소음계에 적용한다.

(1) **소음계 등급의 구분** : 클래스 1에 한한다.

(2) **부속기기** : 측정 시 마이크에 장착하여 사용하는 방풍망, 방수장치 등과 측정값을 기록, 출력할 수 있는 레벨레코더에 적용한다.

3. 구조 및 기능

소음측정기는 마이크로폰, 레벨레인지 절환기, 교정장치, 청감보정회로, 동특성조절기, 출력단자, 지시계, 옥외용 외부 보호부 등으로 구성되어야 하고, 원활하고 정확하게 작동되어야 하며, 취급이 용이하여야 한다. 단, 계기판의 작동 및 표시를 위한 언어표기는 한국어 또는 영어로 표기되어야 한다.

(1) **마이크로폰**

마이크로폰은 지향성이 작아야 하고, 기기의 본체와 분리가 가능하여야 한다. 또한, 마이크로폰 크기는 1/2인치 또는 1/4인치이어야 한다. 다만, 마이크로폰 크기가 위와 다를 경우 어댑터를 포함하여야 한다.(어댑터 사용 시 제작사에서 제공하는 보정값이 있을 경우 적용하여 시험한다.)

PART 01 PART 02 PART 03 PART 04 PART 05 PART 06

(2) 레벨레인지 절환기
측정하고자 하는 소음도가 지시계기의 범위 내에 있도록 하기 위한 감쇠기로서 유효눈금범위가 30dB 이하 되는 구조의 것은 변환기에 의한 레벨의 간격은 10dB 간격으로 표시되어야 한다. 다만, 연속으로 소음을 측정하는 경우 레벨레인지를 변환시켜 측정 가능 소음 범위를 제한해서는 안 되며, 측정 가능한 범위를 모두 나타낼 수 있어야 한다.

(3) 교정장치
소음측정기의 감도를 점검 및 교정하는 장치로서 자체에 내장되어 있거나 분리되어 있어야 하고, 80dB(A) 이상이 되는 소음환경에서도 교정이 가능하여야 하며, 운반 · 보관 등에 의해 교정장치가 쉽게 움직이지 않는 구조로 되어 있어야 한다.

(4) 청감보정회로
인체의 청감각을 주파수 보정특성에 따라 나타내는 것으로 A특성과 C특성을 함께 갖추어야 한다.

(5) 동특성조절기
지시계기의 반응속도를 빠름 및 느림특성으로 조절할 수 있는 조절기를 가져야 한다.

(6) 출력단자
소음신호를 기록기 등에 전송할 수 있는 출력단자를 갖춘 것이어야 한다.

(7) 지시계기
지시계기는 숫자표시형으로 소수점 한 자리 이상 표시되어야 한다.

(8) 옥외용 외부 보호부
비, 눈, 바람, 먼지, 급격한 온 · 습도 변화에도 내부 장치를 보호할 수 있는 구조이어야 한다. 또한, 번개, 고전압 등으로 인한 장비의 충격을 방지할 수 있는 접지를 갖춘 것이어야 한다.

(9) 레벨레코더
측정값을 1초 이하의 간격으로 연속적으로 기록하고 출력할 수 있어야 한다. 이와 동등 이상의 성능을 가진 소프트웨어여도 좋다.

4. 성능

(1) 소음측정기 KS C IEC 61672-1에 정한 소음계 또는 이와 동등 이상의 성능을 가지는 것을 목적으로 하고, dB 단위로 지시하는 것이어야 한다. 또한 실시간 값을 표시할 수 있어야 하며, 이때의 응답속도는 기준음에 ±1dB 범위에 도달할 때까지 3초 이내에 지시할 수 있어야 한다.

(2) 주파수 범위

측정 가능 주파수 범위는 20Hz~12.5kHz 범위이어야 한다. 단, 주파수 범위는 최솟값 이하와 최댓값 이상 측정하여도 된다.

(3) 소음 범위

35~130dB 범위이어야 한다. 단, 소음 범위는 최솟값 이하와 최댓값 이상 측정하여도 된다.

(4) 동특성조절기

동특성을 빠름 및 느림특성으로 조절하였을 때의 감쇠율은 빠름 25dB/s 이상, 느림 3~6dB/s 범위 이내이어야 한다. 또한 빠름과 느림의 지시값의 차이는 ±0.3dB 이내이어야 한다.

(5) 샘플링 주기

샘플링 주기는 1초 이하로 조정할 수 있어야 한다. 단, 항공기 소음 측정용은 0.5초 이하로 조정할 수 있어야 한다.

(6) 표준입사각 응답

각 특성별(A특성 및 C특성) 표준입사각의 응답은 다음 표 1의 허용한도를 만족하여야 한다.

[표 1. 주파수 가중에 따른 표준입사각의 응답과 허용한도]

공칭주파수 (Hz)	주파수 가중(dB)			허용한도값(dB)
	A	C	Z	
20	−50.5	−6.2	0.0	±2.5
31.5	−39.4	−3.0	0.0	±2.0
63	−26.2	−0.8	0.0	±1.5
125	−16.1	−0.2	0.0	±1.5
250	−8.6	0.0	0.0	±1.4
500	−3.2	0.0	0.0	±1.4
1,000	0	0	0.0	±1.1
2,000	+1.2	−0.2	0.0	±1.6
4,000	+1.2	−0.8	0.0	±1.6
8,000	−1.1	−3.0	0.0	+2.1, −3.1
12,500	−4.3	−6.2	0.0	+3.0, −6.0

(7) 부속기기의 영향

부속기기의 영향은 위의 표 1의 허용한도를 만족하여야 한다.

(8) **지향특성**

표준입사각의 응답과 표준입사각에 대한 ±150° 범위 내 입사각 응답차를 나타내는 지향특성은 다음 표 2의 허용한도를 만족해야 한다.

[표 2. 측정의 확장불확도의 최댓값을 포함하는 지향특성의 허용한도값]

주파수 (kHz)	기준방향에서 $\pm\theta°$의 범위 안에 있는 임의의 두 입사각도에 대하여 표시된 사운드레벨값의 차의 절댓값에 대한 최댓값(dB)		
	$\theta = 30°$	$\theta = 90°$	$\theta = 150°$
0.25~1	1.3	1.8	2.3
>1~2	1.5	2.5	4.5
>2~4	2.0	4.5	6.5
>4~8	3.5	8.0	11.0
>8~12.5	5.5	11.5	15.5

비고

이 표에 나타낸 허용한도값에 대한 적합성 평가에는 표시된 사운드레벨값의 데시벨 차의 절댓값의 최댓값을 측정의 확장불확도를 고려하여 확장한 값을 사용한다.

(9) **눈금오차**

지시계기의 눈금오차는 최댓값에서 최솟값을 뺀 값이 0.5dB 이내이어야 한다.

(10) **평가소음레벨**

등가소음도와 최댓값을 나타낼 수 있어야 하고, 모든 범위에서 값을 만족하여야 한다.

(11) **표준입사각 드리프트**

시간에 따른 표준입사각의 응답 드리프트는 1,000Hz의 기준음압레벨을 기준으로 ±0.2 dB을 만족해야 한다. 단, 어댑터가 필요한 경우 어댑터를 사용하여 시험한다.

(12) 절연사항은 2MΩ 이상이어야 한다.

(13) 내전압은 성능에 이상이 없어야 한다.

5. 표시사항

(1) 아래 각 호의 사항이 기재되어 있어야 한다.

① 제조회사명, 제작국, 제조연월일

② 측정기명, 기기형식, 기기번호(또는 제작번호)

③ 측정범위, 사용 주위 온도 · 습도 범위

④ 전원의 종류, 전압(V), 주파수(Hz) 및 소비전력

⑤ 마이크로폰 및 전치증폭기의 기기형식, 기기번호(또는 제작번호)

(2) 표시사항은 잘 보일 수 있는 곳에 표시(분산표시 가능)함을 원칙으로 한다.

6. 종합성능시험

측정기를 연속으로 168시간(7일) 동안 가동하여 이상이 없어야 하며, 이때의 표준입사각 응답의 오차는 ±0.5dB 이내이어야 한다.

ENGINEER NOISE & VIBRATION

PART 04

소음 · 진동 평가 및 대책

001 환경정책 기본법

정의(법 제3조) 중요내용

1. "환경"이란 자연환경과 생활환경을 말한다.
2. "자연환경"이란 지하 · 지표(해양을 포함한다) 및 지상의 모든 생물과 이들을 둘러싸고 있는 비생물적인 것을 포함한 자연의 상태(생태계 및 자연경관을 포함한다)를 말한다.
3. "생활환경"이란 대기, 물, 토양, 폐기물, 소음 · 진동, 악취, 일조(日照), 인공조명, 화학물질 등 사람의 일상생활과 관계되는 환경을 말한다.
4. "환경오염"이란 사업활동 및 그 밖의 사람의 활동에 의하여 발생하는 대기오염, 수질오염, 토양오염, 해양오염, 방사능오염, 소음 · 진동, 악취, 일조 방해, 인공조명에 의한 빛공해 등으로서 사람의 건강이나 환경에 피해를 주는 상태를 말한다.
5. "환경훼손"이란 야생동식물의 남획(濫獲) 및 그 서식지의 파괴, 생태계질서의 교란, 자연경관의 훼손, 표토(表土)의 유실 등으로 자연환경의 본래적 기능에 중대한 손상을 주는 상태를 말한다.
6. "환경보전"이란 환경오염 및 환경훼손으로부터 환경을 보호하고 오염되거나 훼손된 환경을 개선함과 동시에 쾌적한 환경 상태를 유지 · 조성하기 위한 행위를 말한다.
7. "환경용량"이란 일정한 지역에서 환경오염 또는 환경훼손에 대하여 환경이 스스로 수용, 정화 및 복원하여 환경의 질을 유지할 수 있는 한계를 말한다.
8. "환경기준"이란 국민의 건강을 보호하고 쾌적한 환경을 조성하기 위하여 국가가 달성하고 유지하는 것이 바람직한 환경상의 조건 또는 질적인 수준을 말한다.

국가 및 지방자치단체의 책무(법 제4조)

① 국가는 환경오염 및 환경훼손과 그 위해를 예방하고 환경을 적정하게 관리 · 보전하기 위하여 환경계획을 수립하여 시행할 책무를 진다.

② 지방자치단체는 관할 구역의 지역적 특성을 고려하여 국가의 환경계획에 따라 그 지방자치단체의 환경계획을 수립하여 이를 시행할 책무를 진다.

③ 국가 및 지방자치단체는 지속가능한 국토환경 유지를 위하여 환경계획과 지방자치단체의 환경계획을 수립할 때는 국토계획과의 연계방안 등을 강구하여야 한다.

④ 환경부장관은 환경계획과 국토계획의 연계를 위하여 필요한 경우에는 적용범위, 연계방법 및 절차 등을 국토교통부장관과 공동으로 정할 수 있다.

사업자의 책무(법 제5조)

사업자는 그 사업활동으로부터 발생하는 환경오염 및 환경훼손을 스스로 방지하기 위하여 필요한 조치를 하여야 하며, 국가 또는 지방자치단체의 환경보전시책에 참여하고 협력하여야 할 책무를 진다.

국민의 권리와 의무(법 제6조)

① 모든 국민은 건강하고 쾌적한 환경에서 생활할 권리를 가진다.
② 모든 국민은 국가 및 지방자치단체의 환경보전시책에 협력하여야 한다.
③ 모든 국민은 일상생활에서 발생하는 환경오염과 환경훼손을 줄이고, 국토 및 자연환경의 보전을 위하여 노력하여야 한다.

오염원인자 책임원칙(법 제7조)

자기의 행위 또는 사업활동으로 환경오염 또는 환경훼손의 원인을 발생시킨 자는 그 오염·훼손을 방지하고 오염·훼손된 환경을 회복·복원할 책임을 지며, 환경오염 또는 환경훼손으로 인한 피해의 구제에 드는 비용을 부담함을 원칙으로 한다.

보고(법 제11조)

① 정부는 매년 주요 환경보전시책의 추진상황에 관한 보고서를 국회에 제출하여야 한다.
② 보고서에는 다음 각 호의 사항이 포함되어야 한다.
  ❶ 환경오염·환경훼손 현황
  ❷ 국내외 환경 동향
  ❸ 환경보전시책의 추진상황
  ❹ 그 밖에 환경보전에 관한 주요 사항
③ 환경부장관은 보고서 작성에 필요한 자료의 제출을 관계 중앙행정기관의 장에게 요청할 수 있으며, 관계 중앙행정기관의 장은 특별한 사유가 없으면 이에 따라야 한다.

환경기준의 설정(법 제12조) *중요내용

① 국가는 생태계 또는 인간의 건강에 미치는 영향 등을 고려하여 환경기준을 설정하여야 하며, 환경 여건의 변화에 따라 그 적정성이 유지되도록 하여야 한다.
② 환경기준은 대통령령으로 정한다.
③ 특별시·광역시·특별자치시·도·특별자치도(이하 "시·도"라 한다)는 해당 지역의 환경적 특수성을 고려하여 필요하다고 인정할 때에는 해당 시·도의 조례로 환경기준보다 확대·강화된 별도의 환경기준(이하 "지역환경기준"이라 한다)을 설정 또는 변경할

수 있다.

④ 특별시장 · 광역시장 · 도지사 · 특별자치시장 · 특별자치도지사(이하 "시 · 도지사"라 한다)는 지역환경기준을 설정하거나 변경한 경우에는 이를 지체 없이 환경부장관에게 통보하여야 한다.

환경기준의 유지(법 제13조)

국가 및 지방자치단체는 환경에 관계되는 법령을 제정 또는 개정하거나 행정계획의 수립 또는 사업의 집행을 할 경우 환경기준이 적절히 유지되도록 다음 사항을 고려하여야 한다.

❶ 환경 악화의 예방 및 그 요인의 제거

❷ 환경오염지역의 원상회복

❸ 새로운 과학기술의 사용으로 인한 환경오염 및 환경훼손의 예방

❹ 환경오염방지를 위한 재원(財源)의 적정 배분

국가환경종합계획의 수립(법 제14조) *중요내용

① 환경부장관은 관계 중앙행정기관의 장과 협의하여 국가 차원의 환경보전을 위한 종합계획(이하 "국가환경종합계획"이라 한다)을 20년마다 수립하여야 한다.

② 환경부장관은 국가환경종합계획을 수립하거나 변경하려면 그 초안을 마련하여 공청회 등을 열어 국민, 관계 전문가 등의 의견을 수렴한 후 국무회의의 심의를 거쳐 확정한다.

③ 국가환경종합계획 중 대통령령으로 정하는 경미한 사항을 변경하려는 경우에는 제2항에 따른 절차를 생략할 수 있다.

국가환경종합계획의 내용(법 제15조) *중요내용

국가환경종합계획에는 다음 각 호의 사항이 포함되어야 한다.

❶ 인구 · 산업 · 경제 · 토지 및 해양의 이용 등 환경변화 여건에 관한 사항

❷ 환경오염원 · 환경오염도 및 오염물질 배출량의 예측과 환경오염 및 환경훼손으로 인한 환경의 질(質)의 변화 전망

❸ 환경의 현황 및 전망

❹ 환경정의 실현을 위한 목표 설정과 이의 달성을 위한 대책

❺ 환경보전 목표의 설정과 이의 달성을 위한 다음 각 목의 사항에 관한 단계별 대책 및 사업계획

가. 생물다양성 · 생태계 · 생태축(생물다양성을 증진시키고 생태계 기능의 연속성을 위하여 생태적으로 중요한 지역 또는 생태적 기능의 유지가 필요한 지역을 연결하는 생태적 서식 공간을 말한다) · 경관 등 자연환경의 보전에 관한 사항

나. 토양환경 및 지하수 수질의 보전에 관한 사항
다. 해양환경의 보전에 관한 사항
라. 국토환경의 보전에 관한 사항
마. 대기환경의 보전에 관한 사항
바. 물환경의 보전에 관한 사항
사. 수자원의 효율적인 이용 및 관리에 관한 사항
아. 상하수도의 보급에 관한 사항
자. 폐기물의 관리 및 재활용에 관한 사항
차. 화학물질의 관리에 관한 사항
카. 방사능오염물질의 관리에 관한 사항
타. 기후변화에 관한 사항
파. 그 밖에 환경의 관리에 관한 사항

❻ 사업의 시행에 드는 비용의 산정 및 재원 조달방법
❼ 직전 종합계획에 대한 평가
❽ 그 밖에 제1호 내지 제6호까지의 사항에 부대되는 사항

[소음환경기준] *중요내용

Leq dB(A)

지역 구분	적용대상 지역	기준	
		낮(06 : 00~22 : 00)	밤(22 : 00~06 : 00)
일반 지역	"가" 지역	50	40
	"나" 지역	55	45
	"다" 지역	65	55
	"라" 지역	70	65
도로변 지역	"가" 및 "나" 지역	65	55
	"다" 지역	70	60
	"라" 지역	75	70

비고

1. 지역 구분별 적용 대상지역의 구분은 다음과 같다.
   가. "가"지역
      1) 「국토의 계획 및 이용에 관한 법률」에 따른 녹지지역
      2) 「국토의 계획 및 이용에 관한 법률」에 따른 보전관리지역
      3) 「국토의 계획 및 이용에 관한 법률」에 따른 농림지역 및 자연환경보전지역
      4) 「국토의 계획 및 이용에 관한 법률」에 따른 전용주거지역
      5) 「의료법」에 따른 종합병원의 부지경계로부터 50m 이내의 지역
      6) 「초 · 중등교육법」 및 「고등교육법」에 따른 학교의 부지경계로부터 50m 이내의 지역
      7) 「도서관법」에 따른 공공도서관의 부지경계로부터 50m 이내의 지역
   나. "나"지역
      1) 「국토의 계획 및 이용에 관한 법률」에 따른 생산관리지역
      2) 「국토의 계획 및 이용에 관한 법률 시행령」에 따른 일반주거지역 및 준주거지역
   다. "다"지역
      1) 「국토의 계획 및 이용에 관한 법률」에 따른 상업지역 및 같은 항 제2호 다목에 따른 계획관리지역
      2) 「국토의 계획 및 이용에 관한 법률 시행령」에 따른 준공업지역
   라. "라"지역
      「국토의 계획 및 이용에 관한 법률 시행령」에 따른 전용공업지역 및 일반공업지역
2. "도로"란 자동차(2륜 자동차는 제외한다)가 한 줄로 안전하고 원활하게 주행하는 데에 필요한 일정 폭의 차선이 2개 이상 있는 도로를 말한다.
3. 이 소음환경기준은 항공기소음, 철도소음 및 건설작업 소음에는 적용하지 않는다.

002 소음 · 진동관리법

목적(법 제1조)

이 법은 공장 · 건설공사장 · 도로 · 철도 등으로부터 발생하는 소음 · 진동으로 인한 피해를 방지하고 소음 · 진동을 적정하게 관리하여 모든 국민이 조용하고 평온한 환경에서 생활할 수 있게 함을 목적으로 한다.

정의(법 제2조) *중요내용

1. "소음(騷音)"이란 기계 · 기구 · 시설, 그 밖의 물체의 사용 또는 공동주택 등 환경부령으로 정하는 사람의 활동으로 인하여 발생하는 강한 소리를 말한다.
2. "진동(振動)"이란 기계 · 기구 · 시설, 그 밖의 물체의 사용으로 인하여 발생하는 강한 흔들림을 말한다.
3. "소음 · 진동배출시설"이란 소음 · 진동을 발생시키는 공장의 기계 · 기구 · 시설, 그 밖의 물체로서 환경부령으로 정하는 것을 말한다.
4. "소음 · 진동방지시설"이란 소음 · 진동배출시설로부터 배출되는 소음 · 진동을 없애거나 줄이는 시설로서 환경부령으로 정하는 것을 말한다.
5. "방음시설(防音施設)"이란 소음 · 진동배출시설이 아닌 물체로부터 발생하는 소음을 없애거나 줄이는 시설로서 환경부령으로 정하는 것을 말한다.
6. "방진시설"이란 소음 · 진동배출시설이 아닌 물체로부터 발생하는 진동을 없애거나 줄이는 시설로서 환경부령으로 정하는 것을 말한다.
7. "공장"이란 「산업집적활성화 및 공장설립에 관한 법률」의 공장을 말한다. 다만, 「도시계획법」에 따라 결정된 공항시설 안의 항공기 정비공장은 제외한다.
8. "교통기관"이란 기차 · 자동차 · 전차 · 도로 및 철도 등을 말한다. 다만, 항공기와 선박은 제외한다.
9. "자동차"란 「자동차관리법」에 따른 자동차와 「건설기계관리법」에 따른 건설기계 중 환경부령으로 정하는 것을 말한다.
10. "소음발생건설기계"란 건설공사에 사용하는 기계 중 소음이 발생하는 기계로서 환경부령으로 정하는 것을 말한다.
11. "휴대용음향기기"란 휴대가 쉬운 소형 음향재생기기(음악재생기능이 있는 이동전화를 포함한다)로서 환경부령으로 정하는 것을 말한다.

❑ 소음발생장소(규칙 제2조) *중요내용

① 「주택법」에 따른 공동주택
② 「체육시설의 설치 · 이용에 관한 법률」에 따른 신고 체육시설업 중 체육도장업, 체력단련장업, 무도학원업 및 무도장업
③ 「학원의 설립 · 운영 및 과외교습에 관한 법률」에 따른 학원 및 교습소 중 음악교습을 위한 학원 및 교습소
④ 「식품위생법 시행령」에 따른 단란주점영업 및 유흥주점영업
⑤ 「음악산업진흥에 관한 법률」에 따른 노래연습장업
⑥ 「다중이용업소 안전관리에 관한 특별법 시행규칙」에 따른 콜라텍업

[소음 · 진동배출시설(규칙 제2조의2) : 별표 1] *중요내용

1. 소음배출시설
   가. 동력기준시설 및 기계 · 기구
      1) 7.5kW 이상의 압축기(나사식 압축기는 37.5kW 이상으로 한다)
      2) 7.5kW 이상의 송풍기
      3) 7.5kW 이상의 단조기(기압식은 제외한다)
      4) 7.5kW 이상의 금속절단기
      5) 7.5kW 이상의 유압식 외의 프레스 및 22.5kW 이상의 유압식 프레스(유압식 절곡기는 제외한다)
      6) 7.5kW 이상의 탈사기
      7) 7.5kW 이상의 분쇄기(파쇄기와 마쇄기를 포함한다)
      8) 22.5kW 이상의 변속기
      9) 7.5kW 이상의 기계체
      10) 15kW 이상의 원심분리기
      11) 37.5kW 이상의 혼합기(콘크리트플랜트 및 아스팔트플랜트의 혼합기는 15kW 이상으로 한다)
      12) 37.5kW 이상의 공작기계
      13) 22.5kW 이상의 제분기
      14) 15kW 이상의 제재기
      15) 15kW 이상의 목재가공기계
      16) 37.5kW 이상의 인쇄기계(활판인쇄기계는 15kW 이상, 오프셋인쇄기계는 75kW 이상으로 한다)
      17) 37.5kW 이상의 압연기
      18) 22.5kW 이상의 도정시설(「국토의 계획 및 이용에 관한 법률」에 따른 주거지역 · 상업지역 및 녹지지역에 있는 시설로 한정한다)
      19) 37.5kW 이상의 성형기(압출 · 사출을 포함한다)

20) 22.5kW 이상의 주조기계(다이캐스팅기를 포함한다)
21) 15kW 이상의 콘크리트관 및 파일의 제조기계
22) 15kW 이상의 펌프(「국토의 계획 및 이용에 관한 법률」에 따른 주거지역 · 상업지역 및 녹지지역에 있는 시설로 한정하며, 「화재예방, 소방시설 설치 · 유지 및 안전관리에 관한 법률 시행령」에 따른 소화전은 제외한다)
23) 22.5kW 이상의 금속가공용 인발기(습식신선기 및 합사 · 연사기를 포함한다)
24) 22.5kW 이상의 초지기
25) 7.5kW 이상의 연탄제조용 윤전기
26) 위의 1)부터 25)까지의 규정에 해당되는 배출시설을 설치하지 아니한 사업장으로서 위 각 항목의 동력 규모 미만인 것들의 동력 합계가 37.5kW 이상(오프셋인쇄기계를 포함할 경우 75kW 이상)인 경우(「국토의 계획 및 이용에 관한 법률」에 따른 주거지역 · 상업지역 및 녹지지역의 사업장으로 한정한다)

참고
위 26)에서 동력합계 37.5kW 이상(오프셋인쇄기계를 포함할 경우 75kW 이상)인 경우란 소음배출시설의 최소동력기준이 7.5kW인 시설 및 기계 · 기구는 실제동력에 1, 15kW인 시설 및 기계 · 기구는 실제동력에 0.9, 22.5kW인 시설 및 기계 · 기구는 실제동력에 0.8, 37.5kW 또는 75kW인 시설 및 기계 · 기구는 실제마력에 0.7을 각각 곱하여 산정한 동력의 합계가 37.5kW 이상(오프셋인쇄기계를 포함할 경우 75kW 이상)인 경우를 말한다.

나. 대수기준시설 및 기계 · 기구
1) 100대 이상의 공업용 재봉기
2) 4대 이상의 시멘트벽돌 및 블록의 제조기계
3) 자동제병기
4) 제관기계
5) 2대 이상의 자동포장기
6) 40대 이상의 직기(편기는 제외한다)
7) 방적기계(합연사공정만 있는 사업장의 경우에는 5대 이상으로 한다)

다. 그 밖의 시설 및 기계 · 기구
1) 낙하해머의 무게가 0.5톤 이상의 단조기
2) 120kW 이상의 발전기(수력발전기는 제외한다)
3) 37.5kW 이상의 연삭기 2대 이상
4) 석재 절단기(동력을 사용하는 것은 7.5kW 이상으로 한정한다)

2. 진동배출시설(동력을 사용하는 시설 및 기계 · 기구로 한정한다)
가. 15kW 이상의 프레스(유압식은 제외한다)
나. 22.5kW 이상의 분쇄기(파쇄기와 마쇄기를 포함한다)
다. 22.5kW 이상의 단조기
라. 22.5kW 이상의 도정시설(「국토의 계획 및 이용에 관한 법률」에 따른 주거지역 · 상업지역 및 녹지지역에 있는 시설로 한정한다)
마. 22.5kW 이상의 목재가공기계

바. 37.5kW 이상의 성형기(압출 · 사출을 포함한다)
사. 37.5kW 이상의 연탄제조용 윤전기
아. 4대 이상 시멘트벽돌 및 블록의 제조기계

참고
소음배출시설 및 진동배출시설의 시설 및 기계 · 기구의 동력은 1개 또는 1대를 기준으로 하여 산정한다.

[소음 · 진동방지시설 등(규칙 제3조) : 별표 2] 중요내용

1. 소음 · 진동방지시설
   가. 소음방지시설
      1) 소음기
      2) 방음덮개시설
      3) 방음창 및 방음실시설
      4) 방음외피시설
      5) 방음벽시설
      6) 방음터널시설
      7) 방음림 및 방음언덕
      8) 흡음장치 및 시설
      9) 1)부터 8)까지의 규정과 동등하거나 그 이상의 방지효율을 가진 시설
   나. 진동방지시설
      1) 탄성지지시설 및 제진시설
      2) 방진구시설
      3) 배관진동 절연장치 및 시설
      4) 1)부터 3)까지의 규정과 동등하거나 그 이상의 방지효율을 가진 시설

2. 방음시설
   가. 소음기
   나. 방음덮개시설
   다. 방음창 및 방음실시설
   라. 방음외피시설
   마. 방음벽시설
   바. 방음터널시설
   사. 방음림 및 방음언덕
   아. 흡음장치 및 시설
   자. 가.부터 아.까지의 규정과 동등하거나 그 이상의 방지효율을 가진 시설

3. 방진시설
   가. 탄성지지시설 및 제진시설

나. 방진구시설
다. 배관진동 절연장치 및 시설
라. 가.부터 다.까지의 규정과 동등하거나 그 이상의 방지효율을 가진 시설

[자동차의 종류(규칙 제4조) : 별표 3] 중요내용

종류	정의	규모	
경 자동차	사람이나 화물을 운송하기 적합하게 제작된 것	엔진배기량 1,000cc 미만	
승용 자동차	사람을 운송하기에 적합하게 제작된 것	소형	엔진배기량 1,000cc 이상 및 9인승 이하
		중형	엔진배기량 1,000cc 이상이고, 차량 총중량이 2톤 이하이며, 승차인원이 10인승 이상
		중대형	엔진배기량 1,000cc 이상이고, 차량 총중량이 2톤 초과 3.5톤 이하이며, 승차인원이 10인승 이상
		대형	엔진배기량 1,000cc 이상이고, 차량 총중량이 3.5톤 초과이며 승차인원이 10인승 이상
화물 자동차	화물을 운송하기에 적합하게 제작된 것	소형	엔진배기량 1,000cc 이상이고 차량 총중량이 2톤 이하
		중형	엔진배기량 1,000cc 이상이고 차량 총중량이 2톤 초과 3.5톤 이하
		대형	엔진배기량 1,000cc 이상이고 차량 총중량이 3.5톤 초과
이륜 자동차	자전거로부터 진화한 구조로서 사람 또는 소량의 화물을 운송하기 위한 것	엔진배기량 50cc 이상이고 차량 총중량이 1천킬로그램을 초과하지 않는 것	

참고
1. 승용자동차에는 지프(JEEP) · 왜건(WAGON) 및 승합차를 포함한다.
2. 화물자동차에는 밴(VAN)을 포함한다.
3. 화물자동차에 해당되는 건설기계의 종류는 환경부장관이 정하여 고시한다.
4. 이륜자동차는 측차를 붙인 이륜자동차 및 이륜차에서 파생된 3륜 이상의 최고속도 50km/h를 초과하는 이륜자동차를 포함한다.
5. 전기를 주동력으로 사용하는 자동차에 대한 종류의 구분은 위 표 중 규모란의 차량 총중량에 따르되, 차량 총중량이 1.5톤 미만에 해당되는 경우에는 경자동차로 분류한다.

휴대용음향기기의 종류(규칙 제5조의2)

휴대용음향기기의 종류는 다음과 같다.

❶ 이어폰이 함께 제공되는 음악파일 재생용 휴대용 기기[음성파일 변환기(MP3 Player) 및 휴대용 멀티미디어 재생장치(PMP)에 한정한다]

❷ 이어폰이 함께 제공되고 음악파일 재생 기능이 있는 휴대용 전화기

[소음발생건설기계의 종류(규칙 제5조) : 별표 4] 중요내용

1. 굴삭기(정격출력 19kW 이상 500kW 미만의 것으로 한정한다)
2. 다짐기계
3. 로더(정격출력 19kW 이상 500kW 미만의 것으로 한정한다)
4. 발전기(정격출력 400kW 미만의 실외용으로 한정한다)
5. 브레이커(휴대용을 포함하며, 중량 5톤 이하로 한정한다)
6. 공기압축기(공기토출량이 분당 2.83세제곱미터 이상의 이동식인 것으로 한정한다)
7. 콘크리트 절단기
8. 천공기
9. 항타 및 항발기

국가와 지방자치단체의 책무(법 제2조의2)

국가와 지방자치단체는 국민의 쾌적하고 건강한 생활환경을 조성하기 위하여 소음 · 진동으로 인한 피해를 예방 · 관리할 수 있는 시책을 수립 · 추진하여야 한다.

종합계획의 수립(법 제2조의3)

① 환경부장관은 소음 · 진동으로 인한 피해를 방지하고 소음 · 진동의 적정한 관리를 위하여 특별시장 · 광역시장 · 특별자치시장 · 도지사 또는 특별자치도지사(이하 "시 · 도지사"라 한다)의 의견을 들은 후 관계 중앙행정기관의 장과 협의를 거쳐 소음 · 진동관리종합계획(이하 "종합계획"이라 한다)을 5년마다 수립하여야 한다. 중요내용

② 종합계획에는 다음 각 호의 사항이 포함되어야 한다. 중요내용

❶ 종합계획의 목표 및 기본방향
❷ 소음 · 진동을 적정하게 관리하기 위한 방안
❸ 지역별 · 연도별 소음 · 진동 저감대책 추진현황
❹ 소음 · 진동 발생이 국민건강에 미치는 영향에 대한 조사 · 연구
❺ 소음 · 진동 저감대책을 추진하기 위한 교육 · 홍보 계획
❻ 종합계획 추진을 위한 재원의 조달 방안
❼ 그 밖에 소음 · 진동을 저감시키기 위하여 필요한 사항

③ 환경부장관은 종합계획의 변경이 필요하다고 인정하면 그 타당성을 검토하여 변경할 수 있다. 이 경우 미리 시 · 도지사의 의견을 듣고, 관계 중앙행정기관의 장과 협의하여야 한다.

④ 환경부장관은 종합계획을 수립하거나 변경한 경우에는 이를 관계 중앙행정기관의 장 및 시 · 도지사에게 통보하여야 한다.

⑤ 관계 중앙행정기관의 장은 종합계획에 따라 소관별로 연도별 시행계획(이하 "시행계획"이라 한다)을 수립·시행하고, 시·도지사는 종합계획 및 관계 중앙행정기관의 시행계획에 따라 해당 특별시·광역시·특별자치시·도 또는 특별자치도의 시행계획을 수립·시행하여야 한다.

⑥ 관계 중앙행정기관의 장 및 시·도지사는 제5항에 따른 다음 해의 시행계획 및 지난 해의 추진 실적을 대통령령으로 정하는 바에 따라 환경부장관에게 제출하여야 한다.

⑦ 종합계획 및 시행계획의 수립 등에 필요한 사항은 대통령령으로 정한다.

종합계획의 수립(영 제1조의2)

① 환경부장관은 소음진동관리종합계획(이하 "종합계획"이라 한다)을 수립하기 위하여 필요한 경우에는 소음·진동과 관련한 제도의 운영현황, 정책방향 및 기술현황 등에 관한 자료를 관계 중앙행정기관의 장에게 요청할 수 있다.

② 관계 중앙행정기관의 장은 연도별 시행계획(이하 "시행계획"이라 한다)을 매년 10월 31일까지 수립하고 그 내용을 특별시장·광역시장·특별자치시장·도지사 또는 특별자치도지사(이하 "시·도지사"라 한다)에게 통보하여야 한다.

③ 시·도지사는 종합계획 및 관계 중앙행정기관의 시행계획에 따라 매년 12월 31일까지 해당 특별시·광역시·특별자치시·도 또는 특별자치도(이하 "시·도"라 한다)의 시행계획을 수립하여야 한다.

④ 관계 중앙행정기관의 시행계획에는 해당 기관의 소관사항에 관한 소음·진동 관리 방안 및 저감 대책이 구체적으로 제시되어야 하고, 시·도의 시행계획에는 해당 지역에 관한 소음·진동 관리 방안 및 저감 대책이 구체적으로 제시되어야 한다.

⑤ 관계 중앙행정기관의 장 및 시·도지사는 시행계획의 수립에 필요한 경우에는 공청회 등을 개최하여 관계 전문가나 지역 주민 등의 의견을 들을 수 있다.

⑥ 관계 중앙행정기관의 장 및 시·도지사는 법 제2조의3제6항에 따라 지난 해의 추진 실적은 매년 2월 말일까지, 다음 해의 시행계획은 매년 12월 31일까지 환경부장관에게 제출하여야 한다.

⑦ 관계 중앙행정기관의 장 및 시·도지사는 다음 해의 시행계획을 환경부장관에게 제출한 경우에는 그 내용을 해당 기관의 홈페이지에 게시하는 등의 방법으로 공고하여야 한다.

상시 측정(법 제3조)

① 환경부장관은 전국적인 소음·진동의 실태를 파악하기 위하여 측정망을 설치하고 상시(常時) 측정하여야 한다. *중요내용

② 시·도지사는 해당 관할 구역의 소음·진동 실태를 파악하기 위하여 측정망을 설치하고 상시 측정하여 측정한 자료를 환경부령으로 정하는 바에 따라 환경부장관에게 보고하여야 한다.

③ 측정망을 설치하려면 관계 기관의 장과 미리 협의하여야 한다.

❑ 상시 측정자료의 제출(규칙 제6조) 중요내용

특별시장 · 광역시장 · 특별자치시장 · 도지사 또는 특별자치도지사(이하 "시 · 도지사"라 한다)는 법에 따라 상시(常時) 측정한 소음 · 진동에 관한 자료를 매분기 다음 달 말일까지 환경부장관에게 제출하여야 한다.

측정망 설치계획의 결정 · 고시(법 제4조)

① 환경부장관은 측정망의 위치, 범위, 구역 등을 명시한 측정망 설치계획을 결정하여 환경부령으로 정하는 바에 따라 고시하고 그 도면을 누구든지 열람할 수 있게 하여야 한다. 이를 변경한 경우에도 또한 같다.

② 시 · 도지사가 측정망을 설치하는 경우에는 제1항을 준용한다.

③ 국가는 시 · 도지사가 결정 · 고시한 측정망 설치계획이 목표 기간에 달성될 수 있도록 필요한 재정적 · 기술적 지원을 할 수 있다.

❑ 측정망설치계획의 고시(규칙 제7조)

① 환경부장관, 시 · 도지사가 고시하는 측정망설치계획에는 다음 각 호의 사항이 포함되어야 한다. 중요내용

❶ 측정망의 설치시기

❷ 측정망의 배치도

❸ 측정소를 설치할 토지나 건축물의 위치 및 면적

② 측정망설치계획의 고시는 최초로 측정소를 설치하게 되는 날의 3개월 이전에 하여야 한다. 중요내용

③ 시 · 도지사가 측정망설치계획을 결정 · 고시하려는 경우에는 그 설치위치 등에 관하여 환경부장관의 의견을 들어야 한다.

소음지도의 작성(법 제4조의2)

① 환경부장관 또는 시 · 도지사는 교통기관 등으로부터 발생하는 소음을 적정하게 관리하기 위하여 필요한 경우에는 환경부령으로 정하는 바에 따라 일정 지역의 소음의 분포 등을 표시한 소음지도(騷音地圖)를 작성할 수 있다.

② 환경부장관 또는 시 · 도지사는 소음지도를 작성한 경우에는 인터넷 홈페이지 등을 통하여 이를 공개할 수 있다.

③ 환경부장관은 소음지도를 작성하는 시 · 도지사에 대하여는 소음지도 작성 · 운영에 필요한 기술적 · 재정적 지원 등을 할 수 있다.

❏ 소음지도의 작성 등(규칙 제7조의2)

① 환경부장관 또는 시 · 도지사는 소음지도(이하 "소음지도"라 한다)를 작성하려는 경우에는 다음 각 호의 사항이 포함된 소음지도 작성계획을 고시하여야 한다. 다만, 시 · 도지사가 소음지도 작성계획을 고시하려는 경우에는 미리 환경부장관과 협의하여야 한다.

❶ 소음지도의 작성기간

❷ 소음지도의 작성범위

❸ 소음지도의 활용계획

② 소음지도의 작성기간의 시작일은 소음지도 작성계획의 고시 후 3개월이 경과한 날로 한다. *중요내용

③ 시 · 도지사는 소음지도의 작성을 마친 때에는 공개하기 전에 이를 환경부장관에게 제출하여야 한다. 이 경우 환경부장관은 작성된 소음지도에 대하여 의견을 제시할 수 있고, 시 · 도시자는 특별한 사유가 없는 한 그 의견을 소음지도에 반영하여야 한다.

④ 소음지도의 작성방법 등에 관한 구체적인 사항은 환경부장관이 정하여 고시한다.

♂ 다른 법률과의 관계(법 제5조)

① 환경부장관이나 시 · 도지사가 측정망 설치계획을 결정 · 고시하면 다음의 허가를 받은 것으로 본다. *중요내용

❶ 「하천법」에 따른 하천공사 시행의 허가 및 같은 법에 따른 하천점용의 허가

❷ 「도로법」에 따른 도로점용의 허가

❸ 「공유수면관리법」에 따른 공유수면의 점용 · 사용 허가

② 환경부장관이나 시 · 도지사는 측정망 설치계획에 제1항의 각 호에 해당하는 허가 사항이 포함되어 있으면 그 결정 · 고시 전에 해당 관계 기관의 장과 협의하여야 한다.

♂ 공장소음 · 진동 배출허용기준(법 제7조)

① 소음 · 진동 배출시설(이하 "배출시설"이라 한다)을 설치한 공장에서 나오는 소음 · 진동의 배출허용기준은 환경부령으로 정한다.

② 환경부장관은 환경부령을 정하려면 관계 중앙행정기관의 장과 협의하여야 한다.

③ 특별시 · 광역시 · 특별자치시 · 도(그 관할구역 중 인구 50만 이상 시는 제외) · 특별자치도 또는 특별시 · 광역시 및 특별자치시를 제외한 인구 50만 이상 시는 지역환경기준의 유지가 곤란하다고 인정되는 경우에는 조례로 배출허용기준보다 강화된 배출허용기준을 정할 수 있다.

④ 시 · 도지사 또는 대도시의 장은 배출허용기준을 설정 · 변경하는 경우에는 조례로 정하는 바에 따라 미리 주민 등 이해관계자의 의견을 듣고, 이를 반영하도록 노력하여야 한다.

[공장소음 · 진동의 배출허용기준(규칙 제8조) : 별표 5] 중요내용

1. 공장소음 배출허용기준

[단위 : dB(A)]

대상지역	시간대별		
	낮 (06:00~18:00)	저녁 (18:00~24:00)	밤 (24:00~06:00)
가. 도시지역 중 전용주거지역 및 녹지지역(취락지구 · 주거개발진흥지구 및 관광 · 휴양개발진흥지구만 해당한다), 관리지역 중 취락지구 · 주거개발진흥지구 및 관광 · 휴양개발진흥지구, 자연환경보전지역 중 수산자원보호구역 외의 지역	50 이하	45 이하	40 이하
나. 도시지역 중 일반주거지역 및 준주거지역, 도시지역 중 녹지지역(취락지구 · 주거개발진흥지구 및 관광 · 휴양개발진흥지구는 제외한다)	55 이하	50 이하	45 이하
다. 농림지역, 자연환경보전지역 중 수산자원보호구역, 관리지역 중 가목과 라목을 제외한 그 밖의 지역	60 이하	55 이하	50 이하
라. 도시지역 중 상업지역 · 준공업지역, 관리지역 중 산업개발진흥지구	65 이하	60 이하	55 이하
마. 도시지역 중 일반공업지역 및 전용공업지역	70 이하	65 이하	60 이하

비고

1. 소음의 측정 및 평가기준은 「환경분야 시험 · 검사 등에 관한 법률」 제6조제1항제2호에 해당하는 분야에 대한 환경오염공정시험기준에서 정하는 바에 따른다.
2. 대상 지역의 구분은 「국토의 계획 및 이용에 관한 법률」에 따른다.
3. 허용 기준치는 해당 공장이 입지한 대상 지역을 기준으로 하여 적용한다. 다만, 도시지역 중 녹지지역(취락지구 · 주거개발진흥지구 및 관광 · 휴양개발진흥지구는 제외한다)에 위치한 공장으로서 해당 공장 200m 이내에 위 표 가목의 대상지역이 위치한 경우에는 가목의 허용 기준치를 적용한다.
4. 충격음 성분이 있는 경우 허용 기준치에 −5dB을 보정한다.
5. 관련시간대(낮은 8시간, 저녁은 4시간, 밤은 2시간)에 대한 측정소음발생시간의 백분율이 12.5% 미만인 경우 +15dB, 12.5% 이상 25% 미만인 경우 +10dB, 25% 이상 50% 미만인 경우 +5dB, 50% 이상 75% 미만인 경우 +3dB을 허용 기준치에 보정한다.
6. 위 표의 지역별 기준에도 불구하고 다음 사항에 해당하는 경우에는 배출허용기준을 다음과 같이 적용한다.

가. 「산업입지 및 개발에 관한 법률」에 따른 산업단지에 대하여는 마목의 허용 기준치를 적용한다.
나. 「의료법」에 따른 종합병원, 「초 · 중등교육법」 및 「고등교육법」에 따른 학교, 「도서관법」에 따른 공공도서관, 「노인복지법」에 따른 노인전문병원 중 입소규모 100명 이상인 노인전문병원 및 「영유아보육법」에 따른 보육시설 중 입소규모 100명 이상인 보육시설(이하 "정온시설"이라 한다)의 부지경계선으로부터 50미터 이내의 지역에 대하여는 해당 정온시설의의 부지경계선에서 측정한 소음도를 기준으로 가목의 허용 기준치를 적용한다.
다. 가목에 따른 산업단지와 나목에 따른 정온시설의 부지경계선으로부터 50미터 이내의 지역이 중복되는 경우에는 특별자치도지사 또는 시장 · 군수 · 구청장이 해당 지역에 한정하여 적용되는 배출허용기준을 공장소음 배출허용기준 범위에서 정할 수 있다.

2. 공장진동 배출허용기준

[단위 : dB(V)]

대상 지역	시간대별	
	낮 (06:00~22:00)	밤 (22:00~06:00)
가. 도시지역 중 전용주거지역 · 녹지지역, 관리지역 중 취락지구 · 주거개발진흥지구 및 관광 · 휴양개발진흥지구, 자연환경보전지역 중 수산자원보호구역 외의 지역	60 이하	55 이하
나. 도시지역 중 일반주거지역 · 준주거지역, 농림지역, 자연환경보전지역 중 수산자원보호구역, 관리지역 중 가목과 다목을 제외한 그 밖의 지역	65 이하	60 이하
다. 도시지역 중 상업지역 · 준공업지역, 관리지역 중 산업개발진흥지구	70 이하	65 이하
라. 도시지역 중 일반공업지역 및 전용공업지역	75 이하	70 이하

비고
1. 진동의 측정 및 평가기준은 「환경분야 시험 · 검사 등에 관한 법률」에 해당하는 분야에 대한 환경오염공정시험기준에서 정하는 바에 따른다.
2. 대상 지역의 구분은 「국토의 계획 및 이용에 관한 법률」에 따른다.
3. 허용 기준치는 해당 공장이 입지한 대상 지역을 기준으로 하여 적용한다.
4. 관련시간대(낮은 8시간, 밤은 3시간)에 대한 측정진동발생시간의 백분율이 25% 미만인 경우 +10dB, 25% 이상 50% 미만인 경우 +5dB을 허용 기준치에 보정한다.
5. 위 표의 지역별 기준에도 불구하고 다음 사항에 해당하는 경우에는 배출허용기준을 다음과 같이 적용한다.
   가. 「산업입지 및 개발에 관한 법률」에 따른 산업단지에 대하여는 라목의 허용 기준치를 적용한다.
   나. 정온시설의 부지경계선으로부터 50미터 이내의 지역에 대하여는 해당 정온시설의 부지경계선에서 측정한 진동레벨을 기준으로 가목의 허용 기준치를 적용한다.
   다. 가목에 따른 산업단지와 나목에 따른 정온시설의 부지경계선으로부터 50미터 이내의 지역이 중복되는 경우에는 특별자치도지사 또는 시장 · 군수 · 구청장이 해당 지역에 한정하여 적용되는 배출허용기준을 공장진동 배출허용기준 범위에서 정할 수 있다.

배출시설의 설치 신고 및 허가 등(법 제8조) 중요내용

① 배출시설을 설치하려는 자는 대통령령으로 정하는 바에 따라 특별자치도지사 또는 시장 · 군수 · 구청장(자치구의 구청장을 말한다. 이하 같다)에게 신고하여야 한다. 다만, 학교 또는 종합병원의 주변 등 대통령령으로 정하는 지역은 특별자치도지사 또는 시장 · 군수 · 구청장의 허가를 받아야 한다.

② 신고를 한 자나 허가를 받은 자가 그 신고한 사항이나 허가를 받은 사항 중 환경부령으로 정하는 중요한 사항을 변경하려면 특별자치도지사 또는 시장 · 군수 · 구청장에게 변경신고를 하여야 한다.

③ 산업단지나 그 밖에 대통령령으로 정하는 지역에 위치한 공장에 배출시설을 설치하려는 자의 경우에는 신고 또는 허가 대상에서 제외한다. 이 경우 신고 또는 허가대상에서 제외된 자는 사업자로 본다.

④ 특별자치시장 · 특별자치도지사 또는 시장 · 군수 · 구청장은 신고 또는 변경신고를 받는 경우 그 내용을 검토하여 이 법에 적합하면 신고를 수리하여야 한다.

배출시설의 설치허가 등(영 제2조)

① 「소음 · 진동관리법」(이하 "법"이라 한다)에 따른 배출시설의 설치신고를 하거나 설치허가를 받으려는 자는 배출시설 설치신고서 또는 배출시설 설치허가신청서에 다음 각 호의 서류를 첨부하여 특별자치시장 · 특별자치도지사 또는 시장 · 군수 · 구청장(자치구의 구청장을 말한다. 이하 같다)에게 제출하여야 한다. 중요내용

1. 배출시설의 설치명세서 및 배치도(허가신청인 경우만 제출한다)
2. 방지시설의 설치명세서와 그 도면(신고의 경우 도면은 제외한다)
3. 법 제9조 각 호의 어느 하나에 해당하여 방지시설의 설치의무를 면제받으려는 경우에는 제2호의 서류를 갈음하여 이를 인정할 수 있는 서류

② 법 제8조제1항 단서에서 "학교 또는 종합병원의 주변 등 대통령령으로 정하는 지역"이란 다음 각 호의 어느 하나에 해당하는 지역을 말한다. 중요내용

1. 「의료법」에 따른 종합병원의 부지 경계선으로부터 직선거리 50미터 이내의 지역
2. 「도서관법」에 따른 공공도서관의 부지 경계선으로부터 직선거리 50미터 이내의 지역
3. 「초 · 중등교육법」 및 「고등교육법」에 따른 학교의 부지 경계선으로부터 직선거리 50미터 이내의 지역
4. 「주택법」에 따른 공동주택의 부지 경계선으로부터 직선거리 50미터 이내의 지역
5. 「국토의 계획 및 이용에 관한 법률」에 따른 주거지역 또는 같은 법에 따른 제2종 지구단위계획구역(주거형만을 말한다)

⑥ 「의료법」에 따른 요양병원 중 100개 이상의 병상을 갖춘 노인을 대상으로 하는 요양병원의 부지 경계선으로부터 직선거리 50미터 이내의 지역

⑦ 「영유아보육법」에 따른 어린이집 중 입소규모 100명 이상인 어린이집의 부지경계선으로부터 직선거리 50미터 이내의 지역

③ 특별자치시장 · 특별자치도지사 또는 시장 · 군수 · 구청장은 배출시설의 설치신고를 수리하거나 설치허가를 하면 신고증명서나 허가증을 신고인이나 허가신청인에게 발급하여야 한다.

④ 법에 따라 배출시설의 설치신고 또는 설치허가 대상에서 제외되는 지역은 다음 각 호와 같다. *중요내용

① 「산업입지 및 개발에 관한 법률」에 따른 산업단지

② 「국토의 계획 및 이용에 관한 법률 시행령」에 따라 지정된 전용공업지역 및 일반공업지역

③ 「자유무역지역의 지정 및 운영에 관한 법률」에 따라 지정된 자유무역지역

④ 제1호부터 제3호까지의 규정에 따라 지정된 지역과 유사한 지역으로 도지사가 환경부장관의 승인을 받아 지정 · 고시한 지역

[배출시설의 변경신고 등(규칙 제10조) : 별표 6] *중요내용

① 변경신고대상

1. 배출시설의 규모를 100분의 50 이상(신고 또는 변경신고를 하거나 허가를 받은 규모를 증설하는 누계를 말한다) 증설하는 경우
2. 사업장의 명칭이나 대표자를 변경하는 경우
3. 배출시설의 전부를 폐쇄하는 경우

참고

1. 배출시설의 규모는 동력기준시설 및 기계 · 기구는 총동력의 합계, 대수기준시설 및 기계 · 기구는 총대수의 합계, 기타 시설 및 기계 · 기구는 각각의 단위의 합계로 한다.
2. 하나의 사업장에 동력기준시설 및 기계 · 기구, 대수기준시설 및 기계 · 기구, 기타 시설 및 기계 · 기구가 섞여 있는 경우에는 각각의 증설비율에 따라 제1호를 적용한다.

② 변경신고를 하려는 자는 해당 시설의 변경 전(사업장의 명칭을 변경하거나 대표자를 변경하는 경우에는 이를 변경한 날부터 60일 이내)에 배출시설 변경신고서에 변경내용을 증명하는 서류와 배출시설 설치신고증명서 또는 배출시설 설치허가증을 첨부하여 특별자치시장 · 특별자치도지사 또는 시장 · 군수 · 구청장에게 제출하여야 한다.

❑ 특정공사의 사전신고 등(규칙 제21조)

[특정공사의 사전신고 대상 기계 · 장비의 종류 : 별표 9] *중요내용

1. 항타기 · 항발기 또는 항타항발기(압입식 항타항발기는 제외한다)
2. 천공기
3. 공기압축기(공기토출량이 분당 2.83세제곱미터 이상의 이동식인 것으로 한정한다)
4. 브레이커(휴대용을 포함한다)
5. 굴삭기
6. 발전기
7. 로더
8. 압쇄기
9. 다짐기계
10. 콘크리트 절단기
11. 콘크리트 펌프

① 법에서 "환경부령으로 정하는 특정공사"란 별표 9의 기계 · 장비를 5일 이상 사용하는 공사로서 다음 각 호의 어느 하나에 해당하는 공사를 말한다. 다만, 별표 9의 기계 · 장비로서 환경부장관이 저소음 · 저진동을 발생하는 기계 · 장비라고 인정하는 기계 · 장비를 사용하는 공사와 제20조제1항에 따른 지역에서 시행되는 공사는 제외한다. *중요내용

❶ 연면적이 1천 제곱미터 이상인 건축물의 건축공사 및 연면적이 3천 제곱미터 이상인 건축물의 해체공사

❷ 구조물의 용적 합계가 1천 세제곱미터 이상 또는 면적 합계가 1천 제곱미터 이상인 토목건설공사

❸ 면적 합계가 1천 제곱미터 이상인 토공사(土工事) · 정지공사(整地工事)

❹ 총연장이 200미터 이상 또는 굴착 토사량의 합계가 200세제곱미터 이상인 굴정공사

❺ 영 제2조제2항에 따른 지역에서 시행되는 공사

② 특정공사를 시행하려는 자(도급에 의하여 공사를 시행하는 경우에는 발주자로부터 최초로 공사를 도급받은 자를 말한다)는 해당 공사 시행 전(건설공사는 착공 전)까지 특정공사 사전신고서에 다음 각 호의 서류를 첨부하여 특별자치시장 · 특별자치도지사 또는 시장 · 군수 · 구청장에게 제출하여야 한다. 다만, 둘 이상의 시 · 군 · 구(자치구를 말한다. 이하 같다)에 걸쳐 있는 건설공사의 경우에는 해당 공사 지역의 면적이 가장 많이 포함되는 지역을 관할하는 특별자치시장 · 시장 · 군수 · 구청장에게 신고하여야 한다. *중요내용

❶ 특정공사의 개요(공사목적과 공사일정표 포함)
❷ 공사장 위치도(공사장의 주변 주택 등 피해 대상 표시)
❸ 방음 · 방진시설의 설치명세 및 도면
❹ 그 밖의 소음 · 진동 저감대책

③ 신고를 받은 특별자치시장 · 특별자치도지사 또는 시장 · 군수 · 구청장은 특정공사 사전신고증명서를 신고인에게 내주어야 한다. 이 경우 둘 이상의 시 · 군 · 구에 걸쳐 있는 건설공사의 경우에는 다른 공사지역을 관할하는 특별자치시장 · 시장 · 군수 · 구청장에게 그 신고내용을 알려야 한다.

④ 법 제22조제2항에서 "환경부령으로 정하는 중요한 사항(특정공사 변경신고 대상 기준)"이란 다음 각 호와 같다. 중요내용

❶ 특정공사 사전신고 대상 기계 · 장비의 30퍼센트 이상의 증가
❷ 특정공사 기간의 연장
❸ 방음 · 방진시설의 설치명세 변경
❹ 소음 · 진동 저감대책의 변경
❺ 공사 규모의 10퍼센트 이상 확대

⑤ 변경신고를 하려는 자는 특정공사 변경신고서에 다음 각 호의 서류를 첨부하여 특별자치시장 · 특별자치도지사 또는 시장 · 군수 · 구청장에게 제출하여야 한다. 다만, 제4항제2호에 해당하는 경우에는 사전신고증명서의 특정공사 기간이 종료되기 전까지 제출하여야 한다.

❶ 변경 내용을 증명하는 서류
❷ 특정공사 사전신고증명서
❸ 그 밖의 변경에 따른 소음 · 진동 저감대책

⑥ 공사장 방음시설의 설치기준은 별표 10과 같다.

⑦ 방음시설의 설치가 곤란한 경우는 다음 각 호의 어느 하나와 같다.

❶ 공사지역이 협소하여 방음벽시설을 사전에 설치하기 곤란한 경우
❷ 도로공사 등 공사구역이 광범위한 선형공사에 해당하는 경우
❸ 공사지역이 암반으로 되어 있어 방음벽시설의 사전 설치에 따른 소음 피해가 우려되는 경우
❹ 건축물의 해체 등으로 방음벽시설을 사전에 설치하기 곤란한 경우
❺ 천재지변 · 재해 또는 사고로 긴급히 처리할 필요가 있는 복구공사의 경우

⑧ 저감대책은 다음 각 호와 같다.

❶ 소음이 적게 발생하는 공법과 건설기계의 사용
❷ 이동식 방음벽시설이나 부분 방음시설의 사용
❸ 소음발생 행위의 분산과 건설기계 사용의 최소화를 통한 소음 저감

❹ 휴일 작업중지와 작업시간의 조정

[공사장 방음시설 설치기준 : 별표 10] *중요내용

1. 방음벽시설 전후의 소음도 차이(삽입손실)는 최소 7dB 이상 되어야 하며, 높이는 3m 이상 되어야 한다.
2. 공사장 인접지역에 고층건물 등이 위치하고 있어, 방음벽시설로 인한 음의 반사피해가 우려되는 경우에는 흡음형 방음벽시설을 설치하여야 한다.
3. 방음벽시설에는 방음판의 파손, 도장부의 손상 등이 없어야 한다.
4. 방음벽시설의 기초부와 방음판 · 지주 사이에 틈새가 없도록 하여 음의 누출을 방지하여야 한다.

참고
1. 삽입손실 측정을 위한 측정지점(음원 위치, 수음자 위치)은 음원으로부터 5m 이상 떨어진 노면 위 1.2m 지점으로 하고, 방음벽시설로부터 2m 이상 떨어져야 하며, 동일한 음량과 음원을 사용하는 경우에는 기준위치(Reference Position)의 측정은 생략할 수 있다.
2. 그 밖의 경우에 있어서의 삽입손실 측정은 "음향-옥외 방음벽의 삽입손실측정방법"(KS A ISO 10847) 중 간접법에 따른다.

방지시설의 설치(법 제9조)

배출시설의 설치 또는 변경에 대한 신고를 하거나 허가를 받은 자(이하 "사업자"라 한다)가 그 배출시설을 설치하거나 변경하려면 그 공장으로부터 나오는 소음 · 진동을 배출허용기준 이하로 배출되게 하기 위하여 소음 · 진동방지시설(이하 "방지시설"이라 한다)을 설치하여야 한다. 다만, 다음 각 호의 어느 하나에 해당하면 그러하지 아니하다. *중요내용

❶ 특별자치시장 · 특별자치도지사 또는 시장 · 군수 · 구청장이 그 배출시설의 기능 · 공정(工程) 또는 공장의 부지여건상 소음 · 진동이 항상 배출허용기준 이하로 배출된다고 인정하는 경우

❷ 소음 · 진동이 배출허용기준을 초과하여 배출되더라도 생활환경에 피해를 줄 우려가 없다고 환경부령으로 정하는 경우

□ 방지시설의 설치면제(규칙 제11조)

① 법 제9조제2호에서 "환경부령으로 정하는 경우"란 해당 공장의 부지 경계선으로부터 직선거리 200미터 이내에 다음 각 호의 시설 등이 없는 경우를 말한다. *중요내용

❶ 주택(사람이 살지 아니하는 폐가는 제외한다) · 상가 · 학교 · 병원 · 종교시설

❷ 공장 또는 사업장

❸ 「관광진흥법」에 따른 관광지 및 관광단지

❹ 그 밖에 특별자치시장 · 특별자치도지사 또는 시장 · 군수 · 구청장이 정하여 고시하는 시설 또는 지역

② 제1항 각 호에 해당되더라도 다음 각 호의 어느 하나에 해당될 경우에는 방지시설을 설치하여 소음 · 진동이 배출 허용기준 이내로 배출되도록 하여야 한다.

❶ 제1항 각 호의 시설이 새로 설치될 경우

❷ 해당 공장에서 발생하는 소음 · 진동으로 인한 피해 분쟁이 발생할 경우

❸ 그 밖에 특별자치시장 · 특별자치도지사 또는 시장 · 군수 · 구청장이 생활환경의 피해를 방지하기 위하여 필요하다고 인정할 경우

권리와 의무의 승계 등(법 제10조)

① 사업자가 배출시설 및 방지시설을 양도하거나 사망한 경우 또는 법인의 합병이 있는 경우에는 그 양수인 · 상속인 또는 합병 후 존속하는 법인이나 합병으로 설립되는 법인은 신고 · 허가 또는 변경 신고에 따른 사업자의 권리 · 의무를 승계한다. *중요내용

② 「민사집행법」에 따른 경매, 「채무자 회생 및 파산에 관한 법률」에 따른 환가나 「국세징수법」 · 「관세법」 또는 「지방세법」에 따른 압류재산의 매각, 그 밖에 이에 준하는 절차에 따라 사업자의 배출시설 및 방지시설을 인수한 자는 신고 · 허가 또는 변경 신고에 따른 종전 사업자의 권리 · 의무를 승계한다.

방지시설의 설계와 시공(법 제11조)

방지시설의 설치 또는 변경은 사업자 스스로가 설계 · 시공을 하거나 「환경기술 및 환경산업 지원법」에 따른 환경전문공사업자에게 설계 · 시공(「환경기술 및 환경산업 지원법」 환경전문공사업자의 경우에는 설계만 해당한다)을 하도록 하여야 한다.

공동 방지시설의 설치 등(법 제12조)

① 지식산업센터의 사업자나 공장이 밀집된 지역의 사업자는 공장에서 배출되는 소음 · 진동을 공동(共同)으로 방지하기 위하여 공동 방지시설을 설치할 수 있다. 이 경우 각 사업자는 공장별로 그 공장의 소음 · 진동에 대한 방지시설을 설치한 것으로 본다.

② 공동 방지시설의 배출허용기준은 배출허용기준과 다른 기준을 정할 수 있으며, 그 배출허용기준과 공동 방지시설의 설치 · 운영에 필요한 사항은 환경부령으로 정한다.

❑ 공동방지시설의 배출허용기준(규칙 제12조)

공동방지시설의 배출허용기준에 관하여는 제8조를 준용한다.

배출허용기준의 준수 의무(법 제14조)

사업자는 배출시설 또는 방지시설의 설치 또는 변경을 끝내고 배출시설을 가동(稼動)한 때에는 환경부령으로 정하는 기간 이내에 공장에서 배출되는 소음·진동이 소음·진동 배출허용기준(이하 "배출허용기준"이라 한다) 이하로 처리될 수 있도록 하여야 한다. 이 경우 환경부령으로 정하는 기간 동안에는 제15조, 제16조, 제17조제6호 및 제60조제2항제2호를 적용하지 아니한다.

❑ 배출시설의 설치확인 등(규칙 제14조) *중요내용

① 법 제14조에서 "환경부령으로 정하는 기간"이란 가동개시일부터 30일로 한다. 다만, 특별자치도지사 또는 시장·군수·구청장은 연간 조업일수가 90일 이내인 사업장으로서 가동개시일부터 30일 이내에 조업이 끝나 오염도검사가 불가능하다고 인정되는 사업장의 경우에는 기간을 단축할 수 있다.

② 특별자치도지사 또는 시장·군수·구청장은 제1항에 따른 기간이 지난 후 배출허용기준에 맞는지를 확인하기 위하여 필요한 경우 배출시설과 방지시설의 가동 상태를 점검할 수 있으며, 소음·진동검사를 하거나 다음 각 호의 어느 하나에 해당하는 검사기관으로 하여금 소음·진동검사를 하도록 지시하거나 검사를 의뢰할 수 있다.

❶ 국립환경과학원

❷ 특별시·광역시·도·특별자치도의 보건환경연구원

❸ 유역환경청 또는 지방환경청

❹ 「한국환경공단법」에 따른 한국환경공단

③ 특별자치시장·특별자치도지사 또는 시장·군수·구청장으로부터 사업장에 대한 소음·진동검사의 지시 또는 검사 의뢰를 받은 검사기관은 제1항의 기간이 지난 날부터 20일 이내에 소음·진동검사를 실시하고, 그 결과를 특별자치도지사 또는 시장·군수·구청장에게 통보하여야 한다. *중요내용

④ 검사 결과를 통보받은 특별자치시장·특별자치도지사 또는 시장·군수·구청장은 소음·진동검사 결과가 배출허용기준을 초과하는 경우에는 개선명령을 하여야 한다.

개선명령(법 제15조)

특별자치시장·특별자치도지사 또는 시장·군수·구청장은 조업 중인 공장에서 배출되는 소음·진동의 정도가 배출허용기준을 초과하면 환경부령으로 정하는 바에 따라 기간을 정하여 사업자에게 그 소음·진동의 정도가 배출허용기준 이하로 내려가는 데에 필요한 조치(이하 "개선명령"이라 한다)를 명할 수 있다.

❑ 개선기간(규칙 제15조) *중요내용

① 특별자치시장 · 특별자치도지사 또는 시장 · 군수 · 구청장은 개선명령을 하는 경우에는 개선에 필요한 조치, 기계 · 시설의 종류 등을 고려하여 1년의 범위에서 그 기간을 정하여야 한다.

② 특별자치시장 · 특별자치도지사 또는 시장 · 군수 · 구청장은 천재지변이나 그 밖의 부득이하다고 인정되는 사유로 기간에 명령받은 조치를 끝내지 못한 자에 대하여는 신청에 의하여 6개월의 범위에서 그 기간을 연장할 수 있다.

조업정지명령 등(법 제16조)

① 특별자치시장 · 특별자치도지사 또는 시장 · 군수 · 구청장은 개선명령을 받은 자가 이를 이행하지 아니하거나 기간 내에 이행은 하였으나 배출허용기준을 계속 초과할 때에는 그 배출시설의 전부 또는 일부에 조업정지를 명할 수 있다. 이 경우 환경부령으로 정하는 시간대별 배출허용기준을 초과하는 공장에는 시간대별로 구분하여 조업정지를 명할 수 있다. *중요내용

② 특별자치시장 · 특별자치도지사 또는 시장 · 군수 · 구청장은 소음 · 진동으로 건강상에 위해(危害)와 생활환경의 피해가 급박하다고 인정하면 환경부령으로 정하는 바에 따라 즉시 해당 배출시설에 대하여 조업시간의 제한 · 조업정지, 그 밖에 필요한 조치를 명할 수 있다.

✪ 보고(영 제13조)

① 유역환경청장 · 지방환경청장 또는 국립환경과학원장은 위임받은 사무를 처리한 때에는 환경부령으로 정하는 바에 따라 그 내용을 환경부장관에게 보고하여야 한다.

② 특별자치도지사 또는 시장 · 군수 · 구청장은 조업정지명령 또는 허가취소 등을 한 때에는 지체 없이 그 사실을 환경부장관, 관계 중앙행정기관의 장 및 시 · 도지사에게 보고하여야 한다.

❑ 조업기간의 제한 등(규칙 제16조)

특별자치도지사 또는 시장 · 군수 · 구청장은 명령을 하려면 소음 · 진동의 배출로 인하여 예상되는 위해(危害)와 피해의 정도에 따라 조업시간의 제한이나 변경, 조업의 일부 또는 전부를 정지하는 방법으로 하되 가장 큰 위해와 피해를 끼치는 배출시설부터 조치하여야 한다.

허가의 취소 등(법 제17조)

특별자치시장 · 특별자치도지사 또는 시장 · 군수 · 구청장은 사업자가 다음 각 호의 어느 하나에 해당하면 배출시설의 설치허가 취소(신고 대상 시설의 경우에는 배출시설의 폐쇄명령

을 말한다)를 하거나 6개월 이내의 기간을 정하여 조업정지를 명할 수 있다. 다만, 제1호에 해당하는 경우에는 배출시설의 설치허가를 취소하거나 폐쇄를 명하여야 한다. *중요내용

❶ 거짓이나 그 밖의 부정한 방법으로 허가를 받았거나 신고 또는 변경신고를 한 경우
❷ 변경신고를 하지 아니한 경우
❸ 방지시설을 설치하지 아니하고 배출시설을 가동한 경우
❹ 공장에서 배출되는 소음 · 진동을 배출허용기준 이하로 처리하지 아니한 경우
❺ 조업정지명령 등을 위반한 경우
❻ 환경기술인을 임명하지 아니한 경우

위법시설에 대한 폐쇄조치 등(법 제18조) *중요내용

특별자치시장 · 특별자치도지사 또는 시장 · 군수 · 구청장은 신고를 하지 아니하거나 허가를 받지 아니하고 배출시설을 설치하거나 운영하는 자에게 그 배출시설의 사용중지를 명하여야 한다. 다만, 그 배출시설을 개선하거나 방지시설을 설치 · 개선하더라도 그 공장에서 나오는 소음 · 진동의 정도가 배출허용기준 이하로 내려갈 가능성이 없거나 다른 법률에 따라 그 배출시설의 설치가 금지되는 장소이면 그 배출시설의 폐쇄를 명하여야 한다.

환경기술인(법 제19조)

① 사업자는 배출시설과 방지시설을 정상적으로 운영 · 관리하기 위하여 환경기술인을 임명하여야 한다. 다만, 다른 법률에 따라 환경기술인의 업무를 담당하는 자가 지정된 경우에는 그러하지 아니하다.
② 환경기술인(제1항 단서에 따라 지정된 자를 포함한다. 이하 같다)은 그 배출시설과 방지시설에 종사하는 자가 이 법이나 이 법에 따른 명령을 위반하지 아니하도록 지도 · 감독하여야 하며, 배출시설과 방지시설이 정상적으로 가동되어 소음 · 진동의 정도가 배출허용기준에 적합하도록 관리하여야 한다.
③ 사업자는 환경기술인이 그 관리 사항을 철저히 이행하도록 하는 등 환경기술인의 관리사항을 감독하여야 한다.
④ 사업자는 배출시설과 방지시설의 정상적인 운영 · 관리를 위한 환경기술인의 업무를 방해하여서는 아니 되며, 그로부터 업무수행상 필요한 요청을 받으면 정당한 사유가 없는 한 그 요청을 따라야 한다.
⑤ 환경기술인을 두어야 할 사업장의 범위, 환경기술인의 자격 기준과 임명(바꾸어 임명하는 것을 포함한다)의 시기는 환경부령으로 정한다. *중요내용

❑ 환경기술인의 자격기준 등(규칙 제18조)

① 환경기술인을 두어야 할 사업장 및 그 자격기준(별표 7) 중요내용

대상 사업장 구분	환경기술인 자격기준
1. 총동력합계 3,750kW 미만인 사업장	• 사업자가 해당 사업장의 배출시설 및 방지시설업무에 종사하는 피고용인 중에서 임명하는 자
2. 총동력합계 3,750kW 이상인 사업장	• 소음·진동산업기사 이상의 기술자격소지자 1명 이상 또는 해당 사업장의 관리책임자로 사업자가 임명하는 자

참고

1. 총동력 합계는 소음배출시설 중 기계·기구의 동력의 총합계를 말하며, 대수기준시설 및 기계·기구와 기타 시설 및 기계·기구는 제외한다.
2. 환경기술인 자격기준 중 소음·진동산업기사는 기계분야기사·전기분야기사 각 2급 이상의 자격소지자로서 환경 분야에서 2년 이상 종사한 자로 대체할 수 있다.
3. 방지시설 면제사업장은 대상 사업장의 소재지역 및 동력규모에도 불구하고 위 표 중 1.의 대상 사업장의 환경관리인 자격기준에 해당하는 환경관리인을 둘 수 있다.
4. 환경기술인으로 임명된 자는 해당 사업장에 상시 근무하여야 한다.

• 환경기술인의 임명시기는 다음 각 호의 구분에 따른다.

1. 임명하는 경우 : 배출시설 가동 개시일까지(최초로 배출시설을 설치하는 경우로 한정한다.)
2. 바꾸어 임명하는 경우 : 바꾸어 임명하는 사유가 발생한 날부터 5일 이내

② 환경기술인의 관리 사항은 다음 각 호와 같다. 중요내용

❶ 배출시설과 방지시설의 관리에 관한 사항

❷ 배출시설과 방지시설의 개선에 관한 사항

❸ 그 밖에 소음·진동을 방지하기 위하여 특별자치시장·특별자치도지사 또는 시장·군수·구청장이 지시하는 사항

명령의 이행보고 및 확인(법 제20조)

① 사업자는 조치명령·개선명령·조업정지명령 또는 사용중지명령 등을 이행한 경우에는 환경부령으로 정하는 바에 따라 그 이행결과를 지체 없이 특별자치시장·특별자치도지사 또는 시장·군수·구청장에게 보고하여야 한다.

② 특별자치시장·특별자치도지사 또는 시장·군수·구청장은 보고를 받으면 지체 없이 그 명령의 이행 상태나 개선 완료 상태를 확인하여야 한다.

생활소음과 진동의 규제(법 제21조)

① 특별자치시장 · 특별자치도지사 또는 시장 · 군수 · 구청장은 주민의 정온한 생활환경을 유지하기 위하여 사업장 및 공사장 등에서 발생하는 소음 · 진동(산업단지나 그 밖에 환경부령으로 정하는 지역에서 발생하는 소음과 진동은 제외하며, 이하 "생활소음 · 진동"이라 한다)을 규제하여야 한다.

② 생활소음 · 진동의 규제대상 및 규제기준은 환경부령으로 정한다.

층간소음기준(법 제21조의2)

① 환경부장관과 국토교통부장관은 공동으로 공동주택에서 발생되는 층간소음(인접한 세대 간 소음을 포함한다. 이하 같다)으로 인한 입주자 및 사용자의 피해를 최소화하고 발생된 피해에 관한 분쟁을 해결하기 위하여 층간소음기준을 정하여야 한다.

② 층간소음의 피해 예방 및 분쟁 해결을 위하여 필요한 경우 환경부장관은 대통령령으로 정하는 바에 따라 전문기관으로 하여금 층간소음의 측정, 피해사례의 조사 · 상담 및 피해조정지원을 실시하도록 할 수 있다.

③ 층간소음의 범위와 기준은 환경부와 국토교통부의 공동부령으로 정한다.

층간소음관리(영 제3조)

① 환경부장관은 다음 각 호의 어느 하나에 해당하는 기관으로 하여금 층간소음의 측정, 피해사례의 조사 · 상담 및 피해조정지원을 실시하도록 할 수 있다.

1. 「한국환경공단법」에 따른 한국환경공단(이하 "한국환경공단"이라 한다)
2. 환경부장관이 국토교통부장관과 협의하여 층간소음의 피해 예방 및 분쟁 해결에 관한 전문기관으로 인정하는 기관

② 층간소음의 측정, 피해사례의 조사 · 상담 및 피해조정지원에 관한 절차 및 방법 등 세부적인 사항은 환경부장관이 국토교통부장관과 협의하여 고시한다.

생활소음·진동의 규제(규칙 제20조)

① 법 제21조제1항에서 "환경부령으로 정하는 지역"이란 다음 각 호의 지역을 말한다.

❶ 「산업입지 및 개발에 관한 법률」에 따른 산업단지. 다만, 산업단지 중 「국토의 계획 및 이용에 관한 법률」에 따른 주거지역과 상업지역은 제외한다.

❷ 「국토의 계획 및 이용에 관한 법률 시행령」에 따른 전용공업지역

❸ 「자유무역지역의 지정 및 운영에 관한 법률」에 따라 지정된 자유무역지역

❹ 생활소음 · 진동이 발생하는 공장 · 사업장 또는 공사장의 부지 경계선으로부터 직선거리 300미터 이내에 주택(사람이 살지 아니하는 폐가는 제외한다), 운동 · 휴양시설 등이 없는 지역 *중요내용

② 생활소음 · 진동의 규제 대상은 다음 각 호와 같다.

❶ 확성기에 의한 소음(「집회 및 시위에 관한 법률」에 따른 소음과 국가비상훈련 및 공공기관의 대국민 홍보를 목적으로 하는 확성기 사용에 따른 소음의 경우는 제외한다)

❷ 배출시설이 설치되지 아니한 공장에서 발생하는 소음 · 진동

❸ 제1항 각 호의 지역 외의 공사장에서 발생하는 소음 · 진동

❹ 공장 · 공사장을 제외한 사업장에서 발생하는 소음 · 진동

[생활소음 · 진동의 규제기준 : 별표 8] 중요내용

1. 생활소음 규제기준

(단위 : dB(A))

대상 지역	소음원 \ 시간대별		아침, 저녁 (05:00~07:00, 18:00~22:00)	주간 (07:00~18:00)	야간 (22:00~05:00)
가. 주거지역, 녹지지역, 관리지역 중 취락지구 · 주거개발진흥지구 및 관광 · 휴양개발진흥지구, 자연환경보전지역, 그 밖의 지역에 있는 학교 · 종합병원 · 공공도서관	확성기	옥외설치	60 이하	65 이하	60 이하
		옥내에서 옥외로 소음이 나오는 경우	50 이하	55 이하	45 이하
	공장		50 이하	55 이하	45 이하
	사업장	동일 건물	45 이하	50 이하	40 이하
		기타	50 이하	55 이하	45 이하
	공사장		60 이하	65 이하	50 이하
나. 그 밖의 지역	확성기	옥외설치	65 이하	70 이하	60 이하
		옥내에서 옥외로 소음이 나오는 경우	60 이하	65 이하	55 이하
	공장		60 이하	65 이하	55 이하
	사업장	동일 건물	50 이하	55 이하	45 이하
		기타	60 이하	65 이하	55 이하
	공사장		65 이하	70이하	50 이하

비고
1. 소음의 측정 및 평가기준은 「환경분야 시험 · 검사 등에 관한 법률」에 따른 환경오염공정시험기준에서 정하는 바에 따른다.
2. 대상 지역의 구분은 「국토의 계획 및 이용에 관한 법률」에 따른다.
3. 규제기준치는 생활소음의 영향이 미치는 대상 지역을 기준으로 하여 적용한다.
4. 공사장 소음규제기준은 주간의 경우 특정공사 사전신고 대상 기계 · 장비를 사용하는 작업시간이 1일 3시간 이하일 때는 +10dB을, 3시간 초과 6시간 이하일 때는 +5dB을 규제기준치에 보정한다.
*중요내용
5. 발파소음의 경우 주간에만 규제기준치(광산의 경우 사업장 규제기준)에 +10dB을 보정한다.
6. 공사장의 규제기준 중 다음 지역은 공휴일에만 −5dB을 규제기준치에 보정한다.
   가. 주거지역
   나. 「의료법」에 따른 종합병원, 「초 · 중등교육법」 및 「고등교육법」에 따른 학교, 「도서관법」에 따른 공공도서관의 부지경계로부터 직선거리 50m 이내의 지역
7. "동일 건물"이란 「건축법」에 따른 건축물로서 지붕과 기둥 또는 벽이 일체로 되어 있는 건물을 말하며, 동일 건물에 대한 생활소음 규제기준은 다음 각 목에 해당하는 영업을 행하는 사업장에만 적용한다.
   가. 「체육시설의 설치 · 이용에 관한 법률」에 따른 체력단련장업, 체육도장업, 무도학원업 및 무도장업
   나. 「학원의 설립 · 운영 및 과외교습에 관한 법률」에 따른 학원 및 교습소 중 음악교습을 위한 학원 및 교습소
   다. 「식품위생법 시행령」에 따른 단란주점영업 및 유흥주점영업
   라. 「음악산업진흥에 관한 법률」에 따른 노래연습장업
   마. 「다중이용업소 안전관리에 관한 특별법」에 따른 콜라텍업

2. 생활진동 규제기준

(단위 : dB(V))

시간대별 / 대상 지역	주간 (06:00~22:00)	심야 (22:00~06:00)
가. 주거지역, 녹지지역, 관리지역 중 취락지구 · 주거개발진흥지구 및 관광 · 휴양개발진흥지구, 자연환경보전지역, 그 밖의 지역에 소재한 학교 · 종합병원 · 공공도서관	65 이하	60 이하
나. 그 밖의 지역	70 이하	65 이하

비고
1. 진동의 측정 및 평가기준은 「환경분야 시험 · 검사 등에 관한 법률」에 해당하는 분야에 대한 환경오염공정시험기준에서 정하는 바에 따른다.
2. 대상 지역의 구분은 「국토의 계획 및 이용에 관한 법률」에 따른다.
3. 규제기준치는 생활진동의 영향이 미치는 대상 지역을 기준으로 하여 적용한다.

4. 공사장의 진동 규제기준은 주간의 경우 특정공사 사전신고 대상 기계 · 장비를 사용하는 작업시간이 1일 2시간 이하일 때는 +10dB을, 2시간 초과 4시간 이하일 때는 +5dB을 규제기준치에 보정한다.
5. 발파진동의 경우 주간에만 규제기준치에 +10dB을 보정한다.

특정공사의 사전신고 등(법 제22조)

① 생활소음 · 진동이 발생하는 공사로서 환경부령으로 정하는 특정공사를 시행하려는 자는 환경부령으로 정하는 바에 따라 관할 특별자치도지사 또는 시장 · 군수 · 구청장에게 신고하여야 한다.
② 신고를 한 자가 그 신고한 사항 중 환경부령으로 정하는 중요한 사항을 변경하려면 특별자치도지사 또는 시장 · 군수 · 구청장에게 변경신고를 하여야 한다.
③ 특별자치시장 · 특별자치도지사 또는 시장 · 군수 · 구청장은 신고 또는 변경신고를 받은 날부터 4일 이내에 신고수리 여부를 신고인에게 통지하여야 한다.
④ 특별자치시장 · 특별자치도지사 또는 시장 · 군수 · 구청장이 정한 기간 내에 신고수리 여부 또는 민원 처리 관련 법령에 따른 처리기간의 연장을 신고인에게 통지하지 아니하면 그 기간이 끝난 날의 다음 날에 신고를 수리한 것으로 본다.
⑤ 특정공사를 시행하려는 자는 다음 각 호의 사항을 모두 준수하여야 한다.
  ❶ 환경부령으로 정하는 기준에 적합한 방음시설을 설치한 후 공사를 시작할 것. 다만, 공사현장의 특성 등으로 방음시설의 설치가 곤란한 경우로서 환경부령으로 정하는 경우에는 그러하지 아니하다.
  ❷ 공사로 발생하는 소음 · 진동을 줄이기 위한 저감대책을 수립 · 시행할 것
⑥ 저감대책을 수립하여야 하는 경우와 저감대책에 관한 사항은 환경부령으로 정한다.

❑ 특정공사의 사전신고 등(규칙 제21조)

① 법 제22조제1항에서 "환경부령으로 정하는 특정공사"란 별표 9의 기계 · 장비를 5일 이상 사용하는 공사로서 다음 각 호의 어느 하나에 해당하는 공사를 말한다. 다만, 별표 9의 기계 · 장비로서 환경부장관이 저소음 · 저진동을 발생하는 기계 · 장비라고 인정하는 기계 · 장비를 사용하는 공사와 제20조제1항에 따른 지역에서 시행되는 공사는 제외한다.
  ❶ 연면적이 1천 제곱미터 이상인 건축물의 건축공사 및 연면적이 3천 제곱미터 이상인 건축물의 해체공사
  ❷ 구조물의 용적 합계가 1천 세제곱미터 이상 또는 면적 합계가 1천 제곱미터 이상인 토목건설공사
  ❸ 면적 합계가 1천 제곱미터 이상인 토공사 · 정지공사

❹ 총연장이 200미터 이상 또는 굴착(땅파기) 토사량의 합계가 200세제곱미터 이상인 굴정(구멍뚫기)공사

❺ 영 제2조제2항에 따른 지역에서 시행되는 공사

② 특정공사를 시행하려는 자(도급에 의하여 공사를 시행하는 경우에는 발주자로부터 최초로 공사를 도급받은 자를 말한다)는 해당 공사 시행 전(건설공사는 착공 전)까지 특정공사 사전신고서에 다음 각 호의 서류를 첨부하여 특별자치시장 · 특별자치도지사 또는 시장 · 군수 · 구청장에게 제출하여야 한다. 다만, 둘 이상의 특별자치시 또는 시 · 군 · 구(자치구를 말한다. 이하 같다)에 걸쳐 있는 건설공사의 경우에는 해당 공사지역의 면적이 가장 많이 포함되는 지역을 관할하는 특별자치시장 · 시장 · 군수 · 구청장에게 신고하여야 한다.

❶ 특정공사의 개요(공사목적과 공사일정표 포함)

❷ 공사장 위치도(공사장의 주변 주택 등 피해 대상 표시)

❸ 방음 · 방진시설의 설치명세 및 도면

❹ 그 밖의 소음 · 진동 저감대책

③ 신고를 받은 특별자치시장 · 특별자치도지사 또는 시장 · 군수 · 구청장은 특정공사 사전신고증명서를 신고인에게 내주어야 한다. 이 경우 둘 이상의 특별자치시 또는 시 · 군 · 구에 걸쳐 있는 건설공사의 경우에는 다른 공사지역을 관할하는 특별자치시장 · 시장 · 군수 · 구청장에게 그 신고내용을 알려야 한다.

④ 법 제22조제2항에서 "환경부령으로 정하는 중요한 사항"이란 다음 각 호와 같다.

❶ 특정공사 사전신고 대상 기계 · 장비의 30퍼센트 이상의 증가

❷ 특정공사 기간의 연장

❸ 방음 · 방진시설의 설치명세 변경

❹ 소음 · 진동 저감대책의 변경

❺ 공사 규모의 10퍼센트 이상 확대

⑤ 변경신고를 하려는 자는 특정공사 변경신고서에 다음 각 호의 서류를 첨부하여 특별자치시장 · 특별자치도지사 또는 시장 · 군수 · 구청장에게 제출해야 한다. 다만, 제4항제2호에 해당하는 경우에는 제3항에 따른 사전신고증명서의 특정공사 기간이 종료되기 전까지 제출해야 한다.

❶ 변경 내용을 증명하는 서류

❷ 특정공사 사전신고증명서

❸ 그 밖의 변경에 따른 소음 · 진동 저감대책

⑥ 방음시설의 설치가 곤란한 경우는 다음 각 호의 어느 하나와 같다.

❶ 공사지역이 협소하여 방음벽시설을 사전에 설치하기 곤란한 경우

❷ 도로공사 등 공사구역이 광범위한 선형공사에 해당하는 경우

❸ 공사지역이 암반으로 되어 있어 방음벽시설의 사전 설치에 따른 소음 피해가 우려되는 경우
❹ 건축물의 해체 등으로 방음벽시설을 사전에 설치하기 곤란한 경우
❺ 천재지변 · 재해 또는 사고로 긴급히 처리할 필요가 있는 복구공사의 경우

⑦ 저감대책은 다음 각 호와 같다.
❶ 소음이 적게 발생하는 공법과 건설기계의 사용
❷ 이동식 방음벽시설이나 부분 방음시설의 사용
❸ 소음발생 행위의 분산과 건설기계 사용의 최소화를 통한 소음 저감
❹ 휴일 작업중지와 작업시간의 조정

공사장 소음측정기기의 설치 권고(법 제22조의2)

특별자치도지사 또는 시장 · 군수 · 구청장은 공사장에서 발생하는 소음을 적정하게 관리하기 위하여 필요한 경우에는 공사를 시행하는 자에게 소음측정기기를 설치하도록 권고할 수 있다.

생활소음 · 진동의 규제기준을 초과한 자에 대한 조치명령 등(법 제23조)

① 특별자치시장 · 특별자치도지사 또는 시장 · 군수 · 구청장은 생활소음 · 진동이 규제기준을 초과하면 소음 · 진동을 발생시키는 자에게 작업시간의 조정, 소음 · 진동 발생 행위의 분산 · 중지, 방음 · 방진시설의 설치, 환경부령으로 정하는 소음이 적게 발생하는 건설기계의 사용 등 필요한 조치를 명할 수 있다.

② 사업자는 조치명령 등을 이행한 경우에는 환경부령으로 정하는 바에 따라 그 이행결과를 지체 없이 특별자치도지사 또는 시장 · 군수 · 구청장에게 보고하여야 한다.

③ 특별자치시장 · 특별자치도지사 또는 시장 · 군수 · 구청장은 보고를 받으면 지체 없이 그 명령의 이행 상태나 개선 완료 상태를 확인하여야 한다.

④ 특별자치시장 · 특별자치도지사 또는 시장 · 군수 · 구청장은 조치명령을 받은 자가 이를 이행하지 아니하거나 이행하였더라도 규제기준을 초과한 경우에는 해당 규제대상의 사용금지, 해당 공사의 중지 또는 폐쇄를 명할 수 있다.

❑ 저소음 건설기계의 범위 등(규칙 제22조)

"환경부령으로 정하는 소음이 적게 발생하는 건설기계"란 다음 각 호의 어느 하나와 같다.

❶ 「환경기술 및 환경산업 지원법」에 따라 환경표지의 인증을 받은 건설기계
❷ 법(법률 제7293호에 의하여 개정되기 전의 것을 말한다)에 따른 소음도표지를 부착한 건설기계

이동소음의 규제(법 제24조) 중요내용

① 특별자치시장 · 특별자치도지사 또는 시장 · 군수 · 구청장은 이동소음의 원인을 일으키는 기계 · 기구[이하 "이동소음원(移動騷音源)"이라 한다]로 인한 소음을 규제할 필요가 있는 지역을 이동소음 규제지역으로 지정하여 이동소음원의 사용을 금지하거나 사용 시간 등을 제한할 수 있다.

② 이동소음원의 종류, 규제방법 및 규제에 필요한 사항은 환경부령으로 정한다.

③ 특별자치시장 · 특별자치도지사 또는 시장 · 군수 · 구청장은 이동소음 규제지역을 지정하면 그 지정 사실을 고시하고, 표지판 설치 등 필요한 조치를 하여야 한다. 이를 변경할 때에도 또한 같다.

❑ 이동소음의 규제(규칙 제23조)

① 이동소음원(移動騷音源)의 종류는 다음 각 호와 같다. 중요내용

❶ 이동하며 영업이나 홍보를 하기 위하여 사용하는 확성기

❷ 행락객이 사용하는 음향기계 및 기구

❸ 소음방지장치가 비정상이거나 음향장치를 부착하여 운행하는 이륜자동차

❹ 그 밖에 환경부장관이 고요하고 편안한 생활환경을 조성하기 위하여 필요하다고 인정하여 지정 · 고시하는 기계 및 기구

② 특별자치시장 · 특별자치도지사 또는 시장 · 군수 · 구청장은 고요하고 편안한 상태가 필요한 주요 시설, 주거 형태, 지역 여건 등을 고려하여 이동소음원의 사용금지 지역 · 대상 · 시간 등을 정하여 규제할 수 있다.

폭약의 사용으로 인한 소음 · 진동의 방지(법 제25조)

특별자치시장 · 특별자치도지사 또는 시장 · 군수 · 구청장은 폭약의 사용으로 인한 소음 · 진동피해를 방지할 필요가 있다고 인정하면 지방경찰청장에게 「총포 · 도검 · 화약류 등 단속법」에 따라 폭약을 사용하는 자에게 그 사용의 규제에 필요한 조치를 하여 줄 것을 요청할 수 있다. 이 경우 시 · 도경찰청장은 특별한 사유가 없으면 그 요청에 따라야 한다.

❑ 폭약 사용 규제 요청(규칙 제24조) 중요내용

특별자치시장 · 특별자치도지사 또는 시장 · 군수 · 구청장은 필요한 조치를 지방경찰청장에게 요청하려면 규제기준에 맞는 방음 · 방진시설의 설치, 폭약 사용량, 사용 시간, 사용 횟수의 제한 또는 발파공법(發破工法) 등의 개선 등에 관한 사항을 포함하여야 한다.

교통소음 · 진동의 관리기준(법 제26조) 중요내용

교통기관에서 발생하는 소음·진동의 관리기준(이하 "교통소음·진동 관리기준"이라 한다)은 환경부령으로 정한다. 이 경우 환경부장관은 미리 관계 중앙행정기관의 장과 교통소음·진동 관리기준 및 시행시기 등 필요한 사항을 협의하여야 한다.

[교통소음 · 진동의 관리기준(규칙 제25조) : 별표 11] 중요내용

1. 도로

대상지역	구분	한도	
		주간 (06:00~22:00)	야간 (22:00~06:00)
주거지역, 녹지지역, 관리지역 중 취락지구·주거개발진흥지구 및 관광·휴양개발진흥지구, 자연환경보전지역, 학교·병원·공공도서관 및 입소규모 100명 이상의 노인의료복지시설·영유아보육시설의 부지 경계선으로부터 50미터 이내 지역	소음 (Leq dB(A))	68	58
	진동 (dB(V))	65	60
상업지역, 공업지역, 농림지역, 관리지역 중 산업·유통개발진흥지구 및 관리지역 중 위의 대상지역에 포함되지 않는 그 밖의 지역, 미고시지역	소음 (Leq dB(A))	73	63
	진동(dB(V))	70	65

참고
1. 대상 지역의 구분은 「국토의 계획 및 이용에 관한 법률」에 따른다.
2. 대상 지역은 교통소음·진동의 영향을 받는 지역을 말한다.

2. 철도

대상지역	구분	한도	
		주간 (06:00~22:00)	야간 (22:00~06:00)
주거지역, 녹지지역, 관리지역 중 취락지구·주거개발진흥지구 및 관광·휴양개발진흥지구, 자연환경보전지역, 학교·병원·공공도서관 및 입소규모 100명 이상의 노인의료복지시설·영유아보육시설의 부지 경계선으로부터 50미터 이내 지역	소음 (Leq dB(A))	70	60
	진동 (dB(V))	65	60
상업지역, 공업지역, 농림지역, 관리지역 중 산업·유통개발진흥지구 및 관리지역 중 위의 대상지역에 포함되지 않는 그 밖의 지역, 미고시지역	소음 (Leq dB(A))	75	65
	진동(dB(V))	70	65

참고
1. 대상 지역의 구분은 「국토의 계획 및 이용에 관한 법률」에 따른다.
2. 정거장은 적용하지 아니한다.
3. 대상 지역은 교통소음 · 진동의 영향을 받는 지역을 말한다.

교통소음 · 진동 관리지역의 지정(법 제27조)

① 특별시장 · 광역시장 · 특별자치시장 · 특별자치도지사 또는 시장 · 군수(광역시의 군수는 제외한다. 이하 이 조에서 같다)는 교통기관에서 발생하는 소음 · 진동이 교통소음 · 진동 관리기준을 초과하거나 초과할 우려가 있는 경우에는 해당 지역을 교통소음 · 진동 관리지역(이하 "교통소음 · 진동 관리지역"이라 한다)으로 지정할 수 있다. 중요내용

② 환경부장관은 교통소음 · 진동의 관리가 필요하다고 인정하는 지역을 교통소음 · 진동 관리지역으로 지정하여 줄 것을 특별시장 · 광역시장 · 특별자치도지사 또는 시장 · 군수에게 요청할 수 있다. 이 경우 특별시장 · 광역시장 · 특별자치도지사 또는 시장 · 군수는 특별한 사유가 없으면 그 요청에 따라야 한다.

③ 교통소음 · 진동 관리지역의 범위는 환경부령으로 정한다.

④ 특별시장 · 광역시장 · 특별자치시장 · 특별자치도지사 또는 시장 · 군수는 교통소음 · 진동 관리지역을 지정한 경우에는 그 지정 사실을 고시하고 표지판 설치 등 필요한 조치를 하여야 한다. 이를 변경한 경우에도 또한 같다.

⑤ 특별시장 · 광역시장 · 특별자치시장 · 특별자치도지사 또는 시장 · 군수는 교통기관에서 발생하는 소음 · 진동이 교통소음 · 진동 관리기준을 초과하지 아니하거나 초과할 우려가 없다고 인정되면 교통소음 · 진동 관리지역의 지정을 해제할 수 있다.

❑ 교통소음 · 진동 관리지역의 범위(규칙 제26조)

① 교통소음 · 진동 관리지역의 범위(별표 12) 중요내용

❶ 「국토의 계획 및 이용에 관한 법률」에 따른 주거지역 · 상업지역 및 녹지지역
❷ 「국토의 계획 및 이용에 관한 법률」에 따른 준공업지역
❸ 「국토의 계획 및 이용에 관한 법률」에 따른 취락지구 및 관광 · 휴양개발진흥지구(관리지역으로 한정한다)
❹ 「의료법」에 따른 종합병원 주변지역, 「도서관법」에 따른 공공도서관의 주변지역, 「초 · 중등교육법」 또는 「고등교육법」에 따른 학교의 주변지역, 「노인복지법」에 따른 노인의료복지시설 중 입소규모 100명 이상인 노인의료복지시설 및 「영유아보육법」에 따른 보육시설 중 입소규모 100명 이상인 보육시설의 주변지역
❺ 그 밖에 환경부장관이 고요하고 편안한 생활환경 조성을 위하여 필요하다고 인정하여 지정 · 고시하는 지역

② 특별시장 · 광역시장 · 특별자치시장 · 특별자치도지사 또는 시장 · 군수(광역시의 군수는 제외한다. 이하 같다)는 교통소음 · 진동 관리지역을 지정할 때에는 고요하고 편안한 상태가 필요한 주요 시설, 주거 형태, 교통량, 도로 여건, 소음 · 진동 관리의 필요성 등을 고려하여 교통소음 · 진동의 관리기준을 초과하거나 초과할 우려가 있는 지역을 우선하여 관리지역으로 지정하여야 한다.

❑ 관계 기관과의 협의(규칙 제27조)

특별시장 · 광역시장 · 특별자치시장 · 특별자치도지사 또는 시장 · 군수가 철도변 지역에 대하여 교통소음 · 진동 관리지역을 지정하려면 해당 철도 관리기관의 장과 미리 협의하여야 한다.

자동차 운행의 규제(법 제28조)

특별자치시장 · 특별자치도지사 또는 시장 · 군수 · 구청장은 교통소음 · 진동 관리지역을 통행하는 자동차를 운행하는 자(이하 "자동차운행자"라 한다)에게 「도로교통법」에 따른 속도의 제한 · 우회 등 필요한 조치를 하여 줄 것을 시 · 도경찰청장에게 요청할 수 있다. 이 경우 시 · 도경찰청장은 특별한 사유가 없으면 지체 없이 그 요청에 따라야 한다.

방음 · 방진시설의 설치(법 제29조)

① 특별시장 · 광역시장 · 특별자치시장 · 특별자치도지사 또는 시장 · 군수(광역시의 군수는 제외한다)는 교통소음 · 진동 관리지역에서 자동차 전용도로, 고속도로 및 철도로부터 발생하는 소음 · 진동이 교통소음 · 진동 관리기준을 초과하여 주민의 조용하고 평온한 생활환경이 침해된다고 인정하면 스스로 방음 · 방진시설을 설치하거나 해당 시설관리기관의 장에게 방음 · 방진시설의 설치 등 필요한 조치를 할 것을 요청할 수 있다. 이 경우 해당 시설관리기관의 장은 특별한 사유가 없으면 그 요청에 따라야 한다. 중요내용

② 「도로법」에 따른 도로(자동차 전용도로와 고속도로는 제외한다) 중 학교 · 공동주택, 그 밖에 환경부령으로 정하는 시설의 주변 도로로부터 발생하는 소음 · 진동에 대하여는 제1항을 준용한다.

❑ 방음 · 방진시설의 설치(규칙 제28조)

법 제29조제2항에서 "환경부령으로하는 시설"이란 다음 각 호의 시설을 말한다.

❶ 「의료법」에 따른 종합병원

❷ 「도서관법」에 따른 공공도서관

❸ 「초 · 중등교육법」 또는 「고등교육법」에 따른 학교

❹ 「주택법」에 따른 공동주택

제작차 소음허용기준(법 제30조)

자동차를 제작(수입을 포함한다. 이하 같다)하려는 자(이하 "자동차제작자"라 한다)는 제작되는 자동차(이하 "제작차"라 한다)에서 나오는 소음이 대통령령으로 정하는 제작차 소음허용기준에 적합하도록 제작하여야 한다.

제작차 소음허용기준(영 제4조) *중요내용

제작차 소음허용기준은 다음 각 호의 자동차의 소음 종류별로 소음배출 특성을 고려하여 정하되, 소음 종류별 허용기준치는 관계 중앙행정기관의 장의 의견을 들어 환경부령으로 정한다.

1 가속주행소음
2 배기소음
3 경적소음

제작차에 대한 인증(법 제31조)

① 자동차제작자가 자동차를 제작하려면 미리 제작차의 소음이 제작차 소음허용기준에 적합하다는 환경부장관의 인증을 받아야 한다. 다만, 환경부장관은 군용 · 소방용 등 공용의 목적 또는 연구 · 전시목적 등으로 사용하려는 자동차 또는 외국에서 반입하는 자동차로서 대통령령으로 정하는 자동차는 인증을 면제하거나 생략할 수 있다. *중요내용

② 자동차제작자는 인증받은 자동차의 인증내용 중 환경부령으로 정하는 중요 사항을 변경하려면 변경인증을 받아야 한다.

③ 인증의 신청, 인증의 시험방법과 절차, 인증의 방법 및 인증의 면제와 생략에 필요한 사항은 환경부령으로 정한다.

인증의 면제 · 생략 자동차(영 제5조) *중요내용

① 인증을 면제할 수 있는 자동차는 다음 각 호와 같다.

1 군용 · 소방용 및 경호 업무용 등 국가의 특수한 공무용으로 사용하기 위한 자동차
2 주한 외국공관, 외교관, 그 밖에 이에 준하는 대우를 받는 자가 공무용으로 사용하기 위하여 반입하는 자동차로서 외교부장관의 확인을 받은 자동차
3 주한 외국군대의 구성원이 공무용으로 사용하기 위하여 반입하는 자동차
4 수출용 자동차나 박람회, 그 밖에 이에 준하는 행사에 참가하는 자가 전시를 목적으로 사용하는 자동차
5 여행자 등이 다시 반출할 것을 조건으로 일시 반입하는 자동차
6 자동차제작자 · 연구기관 등이 자동차의 개발이나 전시 등을 목적으로 사용하는

자동차

7 외국인 또는 외국에서 1년 이상 거주한 내국인이 주거를 이전하기 위하여 이주물품으로 반입하는 1대의 자동차

② 인증을 생략할 수 있는 자동차는 다음 각 호와 같다.

1 국가대표 선수용이나 훈련용으로 사용하기 위하여 반입하는 자동차로서 문화체육관광부장관의 확인을 받은 자동차

2 외국에서 국내의 공공기관이나 비영리단체에 무상으로 기증하여 반입하는 자동차

3 외교관, 주한 외국군인 또는 그 가족이 사용하기 위하여 반입하는 자동차

4 인증을 받지 아니한 자가 인증을 받은 자동차와 동일한 차종의 원동기 및 차대(車臺)를 구입하여 제작하는 자동차

5 항공기 지상조업용(地上操業用)으로 반입하는 자동차

6 국제협약 등에 따라 인증을 생략할 수 있는 자동차

7 다음 각 목의 요건에 해당되는 자동차로서 환경부장관이 정하여 고시하는 자동차

가. 제철소 · 조선소 등 한정된 장소에서 운행되는 자동차

나. 제설용 · 방송용 등 특수한 용도로 사용되는 자동차

다. 「관세법」에 따라 공매(公賣)되는 자동차

8 그 밖에 군용 · 소방용 등 공용의 목적 또는 연구 · 전시목적 등으로 사용하려는 자동차 또는 외국에서 반입하는 자동차로서 환경부장관이 인증을 생략할 필요가 있다고 인정하여 고시하는 자동차

[제작차 소음허용기준(규칙 제29조) : 별표 13] *중요내용

1. 제작자동차

2006년 1월 1일 이후에 제작되는 자동차

자동차 종류 \ 소음 항목			가속주행소음[dB(A)]		배기소음 [dB(A)]	경적소음 [dB(C)]
			가	나		
경자동차	가		74 이하	75 이하	100 이하	110 이하
	나		76 이하	77 이하		
승용 자동차	소형		74 이하	75 이하	100 이하	110 이하
	중형		76 이하	77 이하		
	중대형		77 이하	78 이하	100 이하	112 이하
	대형	원동기 출력 195마력 이하	78 이하	78 이하	103 이하	
		원동기 출력 195마력 초과	80 이하	80 이하	105 이하	

자동차 종류 \ 소음 항목			가속주행소음[dB(A)] 가	가속주행소음[dB(A)] 나	배기소음 [dB(A)]	경적소음 [dB(C)]
화물 자동차	소형		76 이하	77 이하	100 이하	110 이하
	중형		77 이하	78 이하		
	대형	원동기 출력 97.5마력 이하	77 이하	77 이하	103 이하	112 이하
		원동기 출력 97.5마력 초과 195마력 이하	78 이하	78 이하	103 이하	
		원동기 출력 195마력 초과	80 이하	80 이하	105 이하	
이륜 자동차	총배기량 175cc 초과		80 이하	80 이하	105 이하	110 이하
	총배기량 175cc 이하 80cc 초과		77 이하	77 이하		
	총배기량 80cc 이하		75 이하	75 이하	102 이하	

참고

1. 위 표 중 경자동차의 "가"의 규정은 주로 사람을 운송하기에 적합하게 제작된 자동차에 대하여 적용하고, 위 표 중 경자동차의 "나"의 규정은 그 밖의 자동차에 대하여 적용한다.
2. 위 표 중 가속주행소음의 "나"의 규정은 직접분사식(DI) 디젤원동기를 장착한 자동차에 대하여 적용하고, 위 표 중 가속주행소음의 "가"의 규정은 그 밖의 자동차에 대하여 적용한다.
3. 차량 총중량 2톤 이상의 환경부장관이 고시하는 오프로드(off-road)형 승용자동차 중, 원동기 출력 195마력 미만인 자동차에 대하여는 위 표의 가속주행소음기준에 1dB(A)를 가산하여 적용하며, 원동기 출력 195마력 이상인 자동차에 대하여는 위 표의 가속주행소음기준에 2dB(A)를 가산하여 적용한다.
4. 가속주행소음 기준은 국제표준화기구의 자동차 가속주행소음 측정방법에 따른 기준을 말한다.

2. 운행자동차

2006년 1월 1일 이후에 제작되는 자동차

자동차 종류 \ 소음 항목		배기소음[dB(A)]	경적소음[dB(C)]
경자동차		100 이하	110 이하
승용 자동차	소형	100 이하	110 이하
	중형	100 이하	110 이하
	중대형	100 이하	112 이하
	대형	105 이하	112 이하
화물 자동차	소형	100 이하	110 이하
	중형	100 이하	110 이하
	대형	105 이하	112 이하
이륜자동차		105 이하	110 이하

❑ 인증의 신청(규칙 제30조)

① 인증을 받으려는 자는 인증신청서에 다음 각 호의 서류를 첨부하여 환경부장관(외국에서 반입하는 자동차의 경우에는 국립환경과학원장을 말한다. 이하 제2항에서 같다)에게 제출하여야 한다. 다만, 외국의 제작자가 아닌 자로부터 자동차를 수입하는 자가 이미 인증을 받은 자동차와 같은 종류의 자동차를 수입하는 경우에는 다음 각 호의 서류를 첨부하지 아니할 수 있다. *중요내용

❶ 자동차의 제원명세(諸元明細)에 관한 서류

❷ 자동차소음 저감에 관한 서류

❸ 그 밖에 인증에 필요하여 환경부장관이 정하는 서류

② 인증생략을 받으려는 자는 인증생략신청서에 다음 각 호의 서류를 첨부하여 한국환경공단에 제출하여야 한다.

❶ 자동차의 제원명세에 관한 서류(영 제5조제2항제1호부터 제3호까지의 자동차 외의 자동차의 경우만 첨부한다)

❷ 인증의 생략 대상 자동차임을 확인할 수 있는 관계 서류

③ 인증을 받으려는 자가 구비하여야 할 서류의 작성방법과 그 밖에 필요한 사항은 환경부장관이 정하여 고시한다.

❑ 인증의 방법(규칙 제31조)

① 환경부장관이나 국립환경과학원장은 인증을 할 때에 다음 각 호의 사항을 검토하여야 한다. 이 경우 구체적인 인증방법은 환경부장관이 정하여 고시한다. *중요내용

❶ 소음 관련 부품의 구성 · 성능 등에 관한 기술적 타당성

❷ 제작차 소음허용기준 적합 여부에 관한 인증시험의 결과

❸ 인증 대상 자동차의 소음이 환경에 미치는 영향

② 인증시험은 다음 각 호의 시험으로 한다.

❶ 자동차의 가속주행소음 시험

❷ 자동차의 배기소음 및 경적소음 시험

③ 인증시험은 자동차제작자(수입의 경우 수입자와 외국의 제작자를 포함한다. 이하 같다)가 자체 인력과 장비를 갖추어 환경부장관이 고시하는 인증시험의 방법 및 절차에 따라 실시한다. 다만, 환경부장관이 고시하는 경우에는 한국환경공단이나 환경부장관이 지정하는 시험기관이 인증시험을 직접 실시하거나 시험기관의 참여하에 자동차제작자가 직접 실시한다.

④ 인증시험을 실시한 자동차제작자 등은 지체 없이 그 시험의 결과를 환경부장관(외국에서 반입하는 자동차의 경우에는 국립환경과학원장을 말한다)에게 보고하여야 한다.

✪ 권한의 위임(영 제12조) 중요내용

① 환경부장관은 다음 각 호의 권한을 국립환경과학원장에게 위임한다.

1 수입되는 자동차에 대한 다음 각 목의 권한

가. 제작차에 대한 인증 및 변경인증

나. 권리 · 의무 승계신고의 수리(受理)

다. 인증의 취소

라. 자동차제작자에 대한 보고명령 등 및 검사

마. 청문

바. 과태료의 부과 · 징수

2 변경인증(국내에서 제작되는 자동차로 한정한다)

3 제작차의 소음검사 및 소음검사의 생략

4 소음도 검사 및 소음도 검사의 면제

5 소음도 검사기관의 지정, 지정취소 및 업무의 전부 또는 일부의 정지

6 청문

② 환경부장관은 다음의 권한을 유역환경청장이나 지방환경청장에게 위임한다.

1 보고명령, 자료제출명령 및 검사. 다만, 법 제47조제1항제4호의 경우는 제외한다.

2 배출시설의 설치신고 또는 설치허가 대상 제외지역의 승인

❑ 인증서의 교부(규칙 제33조)

① 환경부장관이나 국립환경과학원장은 인증을 받은 자동차제작자에게는 자동차소음 인증서를 발급하여야 한다. 다만, 외국의 제작자가 아닌 자로부터 자동차를 수입하여 인증을 받은 자에게는 개별자동차소음 인증서를 발급하여야 한다.

② 한국환경공단은 인증생략을 받은 자에게는 자동차소음 인증생략서를 발급하여야 한다.

❑ 인증의 변경신청(규칙 제34조)

① 법 제31조제2항에서 "환경부령으로 정하는 중요한 사항"이란 다음 각 호의 어느 하나를 말한다.

❶ 차대동력계 시험차량에서 동력전달장치의 변속비, 감속비 및 차축수

❷ 소음기의 용량, 재질 및 내부구조

❸ 최고출력 또는 최고출력 시 회전수

❹ 환경부장관이 고시하는 소음 관련 부품의 교체

② 인증받은 내용을 변경하려는 자는 변경인증신청서에 다음 각 호의 서류 중 관계 서류를 첨부하여 국립환경과학원장에게 제출하여야 한다. 중요내용

❶ 동일 차종임을 입증할 수 있는 서류
❷ 자동차 제원명세서
❸ 변경된 인증 내용에 대한 설명서
❹ 인증 내용 변경 전후의 소음 변화에 대한 검토서

③ 제2항의 규정에도 불구하고 제1항 각 호의 항목을 변경하였어도 소음이 증가하지 않는 경우에는 해당 변경 사항을 국립환경과학원장에게 통보하여야 한다. 이 경우 변경인증을 받은 것으로 본다.

❑ 보고 및 검사 등(규칙 제71조)

① 법 제47조제1항 본문에서 "환경부령으로 정하는 경우"란 다음 각 호의 어느 하나에 해당하는 경우를 말한다.
❶ 조치명령 등의 이행 여부를 확인하려는 경우
❷ 제작차의 인증이나 법 제33조에 따른 제작차의 소음검사를 위하여 필요한 경우
❷의2. 타이어 소음도의 표시와 관련하여 확인이 필요한 경우
❷의3. 시정명령 등의 이행 여부를 확인하려는 경우
❸ 준수 사항의 준수 여부를 확인하려는 경우
❹ 소음도표지와 관련하여 확인이 필요한 경우
❺ 소음도 검사기관의 준수 사항과 관련하여 확인이 필요한 경우
❻ 환경부장관의 업무를 위탁받은 관계 전문기관의 해당 업무에 관한 계획 및 실적 등의 보고와 관련하여 필요한 경우
❼ 소음 · 진동의 적정한 관리를 위한 시 · 도지사 등의 지도 · 점검 계획에 의하는 경우
❽ 다른 기관의 정당한 요청이 있거나 민원이 제기된 경우

② 환경부장관, 특별자치시장 · 특별자치도지사 · 시장 · 군수 · 구청장, 유역환경청장, 지방환경청장 또는 국립환경과학원장은 사업자 등에 대한 출입 · 검사를 할 때 출입 · 검사의 대상 시설이나 사업장 등이 다음 각 호에 따른 출입 · 검사의 대상 시설이나 사업장 등과 동일한 경우에는 이들을 통합하여 출입 · 검사를 실시하여야 한다. 다만, 민원, 환경오염 사고, 광역 감시 활동 또는 기술인력, 장비운영상 통합 검사가 곤란하다고 인정되는 경우에는 그러하지 아니하다.
❶ 「대기환경보전법」 제82조
❷ 「물환경보전법」 제68조
❸ 「가축분뇨의 관리 및 이용에 관한 법」 제41조
❹ 「폐기물관리법」 제39조제1항
❺ 「화학물질관리법」 제45조제1항

인증시험대행기관의 지정(법 제31조의2)

① 인증에 필요한 시험(이하 "인증시험"이라 한다)을 효율적으로 수행하기 위하여 필요한 경우에는 전문기관을 지정하여 인증시험에 관한 업무를 수행하게 할 수 있다.

② 전문기관(이하 "인증시험대행기관"이라 한다) 및 그 업무에 종사하는 자는 다음 각 호의 어느 하나에 해당하는 행위를 하여서는 아니 된다.

❶ 다른 사람에게 자신의 명의로 인증시험을 하게 하는 행위

❷ 거짓이나 그 밖의 부정한 방법으로 인증시험을 하는 행위

❸ 그 밖에 인증시험과 관련하여 환경부령으로 정하는 준수사항을 위반하는 행위

③ 인증시험대행기관의 지정기준, 지정절차 등에 필요한 사항은 환경부령으로 정한다.

□ 인증시험대행기관의 지정(규칙 제34조의2)

① 인증시험(이하 "인증시험"이라 한다)업무를 수행하는 기관(이하 "인증시험대행기관"이라 한다)으로 지정받으려는 자는 인증시험대행기관의 검사장비 및 기술인력 기준을 갖추어 인증시험대행기관 지정신청서에 다음 각 호의 서류를 첨부하여 환경부장관에게 제출하여야 한다.

❶ 인증시험 검사시설의 평면도 및 구조 개요

❷ 인증시험 검사장비 명세

❸ 정관(법인인 경우만 해당한다)

❹ 인증시험업무에 관한 내부 규정

❺ 인증시험업무 대행에 관한 사업계획서 및 해당 연도의 수지예산서

② 환경부장관은 인증시험대행기관을 지정하는 경우에는 인증시험업무를 수행할 수 있는 검사 능력 등을 고려하여야 한다.

③ 환경부장관은 지정을 하는 경우에는 소음 인증시험대행기관 지정서를 발급하여야 한다.

[인증시험대행기관의 검사장비 및 기술인력 기준 : 별표 13의2]

1. 검사장비

장비명	기준
가. KSC1502에서 정한 보통소음계 또는 그와 동등하거나 그 이상의 성능을 지닌 소음계 및 부속기기	1조 이상
나. 차속측정장치 및 그 부속기기	1조 이상
다. 회전속도계	1대 이상
라. 국제표준화기구의 자동차 가속주행 소음시험도로에 관한 국제표준에 부합되는 시험도로 또는 1km 이상의 아스팔트 또는 콘크리트 주행시험로	1개 이상
마. 기상관측장비	1식 이상

2. 기술인력

자격	기준
가. 일반기계기사, 자동차검사기사, 건설기계정비기사, 소음진동산업기사 이상 및 대기환경산업기사 이상의 기술자격소지자	1인 이상
나. 자동차정비기능사 2급 이상, 자동차검사기능사 2급 이상, 전자기기기능사 2급 이상 및 환경기능사의 기술자격소지자	2인 이상

비고
제2호의 기술인력은 가목 및 나목의 기술인력을 각각 갖추어야 한다.

인증시험대행기관의 지정 취소(법 제31조의3)

환경부장관은 인증시험대행기관이 다음 각 호의 어느 하나에 해당하는 경우에는 그 지정을 취소하거나 6개월 이내의 기간을 정하여 업무의 전부나 일부의 정지를 명할 수 있다. 다만, 제1호에 해당하는 경우에는 그 지정을 취소하여야 한다.

❶ 거짓이나 그 밖의 부정한 방법으로 지정을 받은 경우
❷ 인증의 시험방법과 절차를 위반하여 인증시험을 한 경우
❸ 제31조의2제2항 각 호의 어느 하나에 해당하는 금지행위를 한 경우
❹ 지정기준을 충족하지 못한 경우

과징금처분(법 제31조의4)

① 환경부장관은 인증시험대행기관에 업무정지처분을 하는 경우로서 그 업무정지처분이 해당 업무의 이용자 등에게 심한 불편을 주거나 그 밖에 공익에 현저한 지장을 줄 우려가 있다고 인정하는 경우에는 그 업무정지처분을 갈음하여 5천만 원 이하의 과징금을 부과·징수할 수 있다.
② 과징금을 부과하는 위반행위의 종류·정도 등에 따른 과징금의 금액과 그 밖에 필요한 사항은 대통령령으로 정한다.
③ 환경부장관은 과징금을 내야 하는 자가 납부기한까지 과징금을 내지 아니하면 국세 체납처분의 예에 따라 징수한다.
④ 징수한 과징금은 환경개선특별회계의 세입으로 한다.

과징금의 부과기준(영 제5조의2)

과징금의 금액은 행정처분의 기준에 따른 업무정지 일수에 1인당 부과금액 20만 원을 곱하여 산정한다. 이 경우 업무정지 1개월은 30일을 기준으로 한다.

인증의 양도 · 양수 등(법 제32조)

① 인증 또는 변경인증을 받은 자동차제작자가 그 사업을 양도하거나 사망한 경우 또는 법인이 합병한 경우에는 제10조제1항을 준용한다.
② 권리 · 의무를 승계한 자는 환경부령으로 정하는 바에 따라 환경부장관에게 신고하여야 한다.

❑ 자동차제작자의 권리 · 의무승계신고(규칙 제35조) *중요내용

권리 · 의무의 승계신고를 하려는 자는 신고 사유가 발생한 날부터 30일 이내에 권리 · 의무 승계신고서에 인증서 원본과 그 승계 사실을 증명하는 서류를 첨부하여 환경부장관(외국에서 반입하는 자동차의 경우에는 국립환경과학원장을 말한다)에게 제출하여야 한다.

❑ 인증시험 수수료(규칙 제32조)

① 시험기관에 인증시험을 신청하는 자는 인증시험의 수수료를 부담하여야 한다. 다만, 시험기관의 참여하에 자동차제작자가 직접 인증시험을 실시하는 경우에는 인증시험의 수수료 중에서 시험장비의 사용에 드는 비용은 부담하지 아니하되, 시험기관의 출장에 드는 경비를 부담하여야 한다.
② 인증시험의 수수료는 「국립환경과학원 시험의뢰 규칙」으로 정한다.

제작차의 소음검사 등(법 제33조)

① 환경부장관은 인증을 받아 제작한 자동차의 소음이 제작차 소음허용기준에 적합한지를 확인하기 위하여 대통령령으로 정하는 바에 따라 검사를 실시하여야 한다.
② 환경부장관은 자동차제작자가 환경부령으로 정하는 인력 및 장비를 갖추어 환경부장관이 정하는 검사방법 및 절차에 따라 검사를 실시하면 대통령령으로 정하는 바에 따라 검사를 생략할 수 있다.
③ 환경부장관은 검사를 할 때에 특히 필요하면 환경부령으로 정하는 바에 따라 자동차제작자의 설비를 이용하거나 따로 지정하는 장소에서 검사할 수 있다.
④ 검사에 드는 비용은 자동차제작자의 부담으로 한다. *중요내용

✪ 제작차 소음허용기준 검사의 종류 등(영 제6조)

① 환경부장관은 다음 각 호의 구분에 따른 검사를 실시하여야 한다. *중요내용

1 수시검사

제작 중에 있는 자동차의 제작차 소음허용기준 적합 여부를 수시로 확인하기 위하여 필요한 경우에 실시하는 검사

② 정기검사

제작 중에 있는 자동차의 제작차 소음허용기준 적합 여부를 확인하기 위하여 자동차의 종류별로 제작 대수를 고려하여 일정 기간마다 실시하는 검사

② 검사 결과에 이의가 있는 자는 환경부령으로 정하는 바에 따라 재검사를 신청할 수 있다.

❑ 자동차제작자 검사의 인력·장비 등(규칙 제36조)

① 자동차제작자의 검사 · 인증시험 인력 및 장비(별표 14) 중요내용

인력	장비
장비를 관리 · 운영할 수 있는 소음 · 기계 또는 자동차 검사 분야의 「국가기술자격법」에 따른 산업기사 이상 1명	1. KSC1502에서 정한 보통소음계 또는 그와 동등하거나 그 이상의 성능을 지닌 소음계 및 그 부속기기 1조. 다만, 국제표준화기구의 자동차 가속주행소음 측정방법에 따라 측정하는 경우에는 IEC 60651에서 정한 Type I을 만족하는 소음계 및 그 부속기기 1조 2. 차속측정장치 및 그 부속기기 1조 3. 회전속도계 1대 4. 국제표준화기구의 자동차 가속주행소음 시험도로에 관한 국제표준에 맞는 시험도로 또는 1km 이상의 아스팔트 또는 콘크리트 주행시험로

참고

1. 장비사용에 관한 계약에 의하여 다른 사람의 장비를 이용하는 자는 검사 · 인증시험장비를 갖춘 것으로 본다.
2. 외국에서 반입하는 자동차의 외국제작자의 인력 및 장비의 기준은 환경부장관이 정하여 고시한다.

② 자동차제작자가 인력 및 장비를 갖추어 검사 또는 인증시험을 실시하는 경우에는 인력 및 장비보유 현황과 검사 결과 등을 환경부장관이 정하는 바에 따라 보고하여야 한다.

❑ 재검사의 신청 등(규칙 제37조)

재검사를 신청하려는 자는 재검사신청서에 다음 각 호의 서류를 첨부하여 한국환경공단에 제출하여야 한다.

❶ 재검사신청의 사유서

❷ 제작차 소음허용기준 초과 원인의 기술적 조사 내용에 관한 서류

❸ 개선계획 및 사후관리 대책에 관한 서류

✪ 제작차 소음허용기준 검사의 생략(영 제7조)

환경부장관은 자동차제작자가 법 제33조제2항에 따른 검사를 실시한 경우에는 정기검사를 생략한다.

❑ 자동차제작자의 설비 이용 등(규칙 제38조)

① 자동차제작자의 설비를 이용하여 검사할 수 있는 경우는 다음 각 호와 같다.

❶ 국가 검사장비가 설치되지 아니하여 검사를 할 수 없는 경우

❷ 검사 업무를 능률적으로 수행하기 위하여 제작자의 설비를 이용할 필요가 있는 경우

② 따로 지정하는 장소에서 검사할 수 있는 경우는 다음 각 호와 같다.

❶ 자동차제작자의 설비를 이용하여 검사할 수 없는 경우

❷ 검사 업무 수행상 부득이한 사유로 도로 등에서 주행시험을 할 필요가 있는 경우

❑ 제작차 소음허용기준 검사의 비용(규칙 제39조)

검사에 드는 비용은 수시검사와 정기검사에 드는 다음 각 호의 비용으로 한다.

❶ 검사용 자동차의 가속주행소음 시험 비용

❷ 검사용 자동차의 배기소음 및 경적소음 시험 비용

❸ 그 밖에 검사 업무와 관련하여 환경부장관이 필요하다고 인정하는 비용

❑ 타이어 소음허용기준 등(규칙 제39조의2)

① "환경부령으로 정하는 시험기관"이란 다음 각 호의 기관을 말한다.

❶ 공단

❷ 장비 및 인력을 보유한 기관으로서 타이어 소음도 측정 능력이 있다고 국립환경과학원장이 지정하여 고시하는 기관

❑ 타이어 소음도 측정결과의 신고절차(규칙 제39조의3)

① 자동차용 타이어를 제작 또는 수입하려는 자(이하 "타이어제작자 등"이라 한다)는 타이어 소음도 측정결과 신고서에 다음 각 호의 서류를 첨부하여 공단에 제출해야 한다.

❶ 타이어 소음도 측정결과서

❷ 타이어 모델별 정면 사진 및 트레드(타이어의 접지 부분의 고무층으로 노면과 접촉하는 부분을 말한다) 사진

❸ 장비 및 인력을 보유하였음을 증명할 수 있는 서류(타이어 소음도를 스스로 측정하는 경우로 한정한다)

② 신고서를 제출받은 공단은 제출받은 날부터 7일 이내에 타이어 소음도 측정결과 신고증명서를 타이어제작자 등에게 내주어야 한다.

③ 신고증명서를 받은 타이어제작자 등은 신고한 자동차용 타이어의 제작 또는 수입을 중단하는 경우 60일 이내에 그 사실을 공단에 알려야 한다.

❑ 타이어 소음도의 측정방법(규칙 제39조의4)

① 자동차용 타이어의 소음 측정방법은 다음 각 호와 같다.

❶ 측정장소는 타이어 소음 발생지점과 측정지점 간의 자유음장조건이 1데시벨 이하가 될 수 있는 곳으로 할 것

❷ 측정 장소 중앙으로부터 50미터 이내에 소음을 막는 물체가 없는 장소일 것

❸ 풍속 및 온도 등 기후의 영향이 적은 환경일 것

❹ 소음도는 측정차량이 시속 60킬로미터 이상 90킬로미터 이하에 해당하는 속도로 운행될 때 측정할 것

❺ 측정 당시 온도 등 환경을 고려한 보정값을 분석하여 최종 소음도 측정값에 반영할 것

② 자동차용 타이어 소음 측정방법에 대한 구체적인 사항은 국립환경과학원장이 정하여 고시한다.

③ 측정방법으로 타이어 소음도를 스스로 측정하거나 시험기관에 의뢰하여 측정한 타이어제작자 등은 타이어 소음도 측정결과서를 직접 작성하거나 시험기관으로부터 발급받은 후 측정결과서 관리대장에 이를 기록해야 한다.

❑ 타이어 소음허용기준 적합 여부의 조사 등(규칙 제39조의7)

① 법 제34조의3제4항에 따른 "환경부령으로 정하는 기관"이란 공단을 말한다.

② 공단은 타이어제작자 등이 신고한 자동차용 타이어가 타이어 소음허용기준에 적합한지 확인하기 위하여 타이어제작자 등의 사무소 또는 사업장 등을 방문하여 조사할 수 있다.

③ 조사를 하는 공단의 직원은 그 권한을 표시하는 증표를 지니고 이를 관계인에게 보여주어야 한다.

④ 조사 대상 타이어의 선정, 조사 대상 타이어의 소음도 측정방법 등 타이어 소음허용기준에 적합한지를 확인하기 위하여 필요한 사항은 국립환경과학원장이 정하여 고시한다.

♂ 인증의 취소(법 제34조)

① 환경부장관은 다음 각 호의 어느 하나에 해당하면 인증을 취소하여야 한다.

❶ 속임수나 그 밖의 부정한 방법으로 인증을 받은 경우

❷ 제작차에 중대한 결함이 발생되어 개선을 하여도 제작차 소음허용기준을 유지할 수 없을 경우

② 환경부장관은 검사 결과 제작차 소음허용기준에 부적합하면 그 제작 자동차의 개선 또는 판매중지를 명하여야 한다. 이 경우 판매중지 명령을 위반하면 그 제작자동차의 인증을

취소하여야 한다.

자동차용 타이어 소음허용기준 등(법 제34조의2)

① 자동차용 타이어를 제작 또는 수입하려는 자(이하 "타이어제작자 등"이라 한다)는 제작 또는 수입하는 자동차용 타이어에서 나오는 소음(이하 "타이어 소음도"라 한다)이 환경부령으로 정하는 허용기준(이하 "타이어 소음허용기준"이라 한다)에 적합하게 제작 또는 수입하여야 한다.

② 타이어제작자 등은 제작 또는 수입하는 자동차용 타이어가 타이어 소음허용기준에 적합한지 타이어 소음도를 스스로 측정하거나 환경부령으로 정하는 시험기관에 의뢰하여 측정하고 그 결과를 환경부장관에게 신고하여야 한다. 다만, 타이어제작자 등이 타이어 소음도를 스스로 측정하기 위해서는 환경부령으로 정하는 장비 및 인력을 보유하여야 한다.

③ 타이어제작자 등은 측정한 타이어 소음도를 해당 자동차용 타이어의 보기 쉬운 곳에 표시하여야 한다.

④ 제2항 및 제3항에서 규정한 사항 외에 자동차용 타이어의 소음 측정방법, 신고절차 및 타이어 소음도 표시의 기준 · 방법 등에 필요한 사항은 환경부령으로 정한다.

타이어 소음허용기준 초과에 따른 시정명령 등(법 제34조의3)

① 환경부장관은 신고한 자동차용 타이어가 타이어 소음허용기준을 초과하는 경우에는 해당 타이어제작자 등에게 그 시정을 명할 수 있다.

② 시정명령을 받은 자는 해당 시정명령을 이행하고 그 결과를 지체 없이 환경부장관에게 보고하여야 한다.

③ 환경부장관은 시정명령을 받은 자가 그 시정명령을 이행하지 아니한 경우에는 해당 자동차용 타이어의 제작 · 수입 · 판매 · 사용의 금지를 명할 수 있다.

④ 환경부장관은 신고한 자동차용 타이어가 타이어 소음허용기준에 적합한지를 확인하기 위하여 환경부령으로 정하는 기관으로 하여금 이에 대한 조사를 하게 할 수 있다.

⑤ 제1항부터 제4항까지에서 규정한 사항 외에 시정명령의 절차 및 이행결과의 보고 등에 필요한 사항은 환경부령으로 정한다.

❏ 인증시험대행기관의 운영 및 관리(규칙 제34조의3) *중요내용

① 인증시험대행기관은 검사장비 및 기술인력의 변경이 있으면 변경된 날부터 15일 이내에 그 내용을 환경부장관에게 알려야 한다.

② 인증시험대행기관은 인증시험대장을 작성 · 비치하여야 하며, 매 분기 종료일부터 15일 이내에 검사실적 보고서를 환경부장관에게 제출하여야 한다.

③ 인증시험대행기관은 다음 각 호의 사항을 준수하여야 한다.

❶ 시험결과의 원본자료와 일치하도록 인증시험대장을 작성할 것
❷ 시험결과의 원본자료와 인증시험대장을 3년 동안 보관할 것
❸ 검사업무에 관한 내부 규정을 준수할 것

④ 환경부장관은 인증시험대행기관에 대하여 매 반기마다 시험결과의 원본자료, 인증시험대장, 검사장비 및 기술인력의 관리상태를 확인하여야 한다.

운행차 소음허용기준(법 제35조)

자동차의 소유자는 그 자동차에서 배출되는 소음이 대통령령으로 정하는 운행차 소음허용기준에 적합하게 운행하거나 운행하게 하여야 하며, 소음기(消音器)나 소음덮개를 떼어 버리거나 경음기(警音器)를 추가로 붙여서는 아니 된다.

✪ 운행차 소음허용기준(영 제8조) *중요내용

운행차 소음허용기준은 다음 각 호의 자동차의 소음 종류별로 소음배출 특성을 고려하여 정하되, 소음 종류별 허용기준치는 관계 중앙행정기관의 장의 의견을 들어 환경부령으로 정한다.

1 배기소음
2 경적소음

운행차의 수시점검(법 제36조)

① 특별시장 · 광역시장 · 특별자치시장 · 특별자치도지사 또는 시장 · 군수 · 구청장은 다음 각 호의 사항을 확인하기 위하여 도로 또는 주차장 등에서 운행차를 점검할 수 있다.

❶ 운행차의 소음이 운행차 소음허용기준에 적합한지 여부
❷ 소음기나 소음덮개를 떼어 버렸는지 여부
❸ 경음기를 추가로 붙였는지 여부

② 자동차 운행자는 점검에 협조하여야 하며, 이에 따르지 아니하거나 지장을 주는 행위를 하여서는 아니 된다.

③ 점검방법 등에 필요한 사항은 환경부령으로 정한다.

❑ 운행차의 수시점검방법 등(규칙 제41조)

① 특별시장 · 광역시장 · 특별자치시장 · 특별자치도지사 또는 시장 · 군수 · 구청장(자치구의 구청장을 말한다. 이하 같다)은 점검 대상 자동차를 선정한 후 소음 및 그에 관련되는 부품 등을 점검하여야 한다.

② 점검의 기준 · 소음 측정방법과 그 밖에 필요한 사항은 환경부장관이 정하여 고시한다.

❑ 운행차 수시점검의 면제(규칙 제42조)

"「도로교통법」에 따른 긴급자동차 등 환경부령으로 정하는 자동차"란 다음 각 호의 자동차를 말한다.

❶ 환경부장관이 정하는 소음 저감장치 등을 그 유효기간 내에 교체하거나 설치한 후 운행차의 개선 결과 확인 업무를 행하는 자로부터 정비 · 점검 확인서를 발급받은 자동차

❷ 자동차제작자가 소음방지를 위하여 설치한 엔진소음차단시설 등이 임의로 변경되지 아니하거나 떼어지지 아니한 자동차

❸ 「도로교통법」에 따른 긴급자동차

❹ 군용 및 경호업무용 등 국가의 특수한 공용목적으로 사용되는 자동차

운행차의 정기검사(법 제37조)

① 자동차의 소유자는 「자동차관리법」, 「건설기계관리법」에 따른 정기검사를 받을 때에 다음 각 호의 사항 모두에 대하여 검사를 받아야 한다. *중요내용

❶ 해당 자동차에서 나오는 소음이 운행차 소음허용기준에 적합한지 여부

❷ 소음기나 소음덮개를 떼어버렸는지 여부

❸ 경음기를 추가로 붙였는지 여부

② 검사의 방법 · 대상항목 및 검사기관의 시설 · 장비 등에 필요한 사항은 환경부령으로 정한다.

③ 환경부장관이 제2항에 따라 환경부령을 정하려면 국토교통부장관과 협의하여야 한다.

④ 환경부장관은 검사의 결과에 관한 자료를 국토교통부장관에게 요청할 수 있다.

❑ 운행차의 정기검사 신청(규칙 제43조) *중요내용

운행차 정기검사 및 이륜자동차 정기검사를 받아야 하는 자는 「자동차관리법 시행규칙」, 「건설기계관리법 시행규칙」, 「대기환경보전법 시행규칙」에 따른 정기검사를 신청할 때는 운행차의 정기검사를 신청하여야 한다.

❑ 운행차의 정기검사방법 등(규칙 제44조)

① 운행차 정기검사의 방법 · 기준 및 대상 항목(별표 15) 중요내용

검사 대상 항목	검사기준	검사방법
1. 소음도 검사 전 확인	소음 저감시설이 다음의 조건에 적합한지를 확인할 것	
가. 소음덮개	출고 당시에 부착된 소음덮개가 떼어지거나 훼손되어 있지 아니할 것	소음덮개 등이 떼어지거나 훼손되었는지를 눈으로 확인
나. 배기관 및 소음기	배기관 및 소음기를 확인하여 배출가스가 최종 배출구 전에서 유출되지 아니할 것	자동차를 들어올려 배기관 및 소음기의 이음상태를 확인하여 배출가스가 최종 배출구 전에서 유출되는지를 확인
다. 경음기	경음기가 추가로 부착되어 있지 아니할 것	경음기를 눈으로 확인하거나 3초 이상 작동시켜 경음기를 추가로 부착하였는지를 귀로 확인
2. 소음도 측정	별표 13에 따른 운행 자동차의 소음허용기준에 맞을 것	
	배기소음측정	• 자동차의 변속장치를 중립 위치로 하고 정지가동상태에서 원동기의 최고 출력 시의 75% 회전속도로 4초 동안 운전하여 최대소음도를 측정. 다만, 원동기 회전속도계를 사용하지 아니하고 배기소음을 측정할 때에는 정지가동상태에서 원동기 최고 회전속도로 배기소음을 측정 • 이 경우 중량자동차는 5dB, 중량자동차 외의 자동차는 7dB을 측정치에서 뺀 값을 최종 측정치로 하며, 승용자동차 중 원동기가 차체 중간 또는 뒤쪽에 장착된 자동차는 8dB을 측정치에서 뺀 값을 최종 측정치로 함
	경적소음측정	자동차의 원동기를 가동시키지 아니한 정차상태에서 자동차의 경음기를 5초 동안 작동시켜 최대소음도를 측정. 이 경우 2개 이상의 경음기가 장치된 자동차는 경음기를 동시에 작동시킨 상태에서 측정

<table>
<tr>
<td></td>
<td>측정치의 산출</td>
<td>• 측정 항목별로 소음측정기 지시치(자동기록장치를 사용한 경우에는 자동기록장치의 기록치)의 최대치를 측정치로 하며, 배경소음은 지시치의 평균치로 함
• 소음측정은 자동기록장치를 사용하는 것을 원칙으로 하고 배기소음의 경우 2회 이상 실시하여 측정치의 차이가 2dB을 초과하는 경우에는 측정치를 무효로 하고 다시 측정함
• 배경소음 측정은 각 측정 항목별로 측정 직전 또는 직후에 연속하여 10초 동안 실시하며, 순간적인 충격음 등은 배경소음으로 취급하지 아니함
• 자동차소음과 배경소음의 측정치의 차이가 3dB 이상 10dB 미만인 경우에는 자동차로 인한 소음의 측정치로부터 아래의 보정치를 뺀 값을 최종 측정치로 하고, 차이가 3dB 미만일 때에는 측정치를 무효로 함
단위 : dB(A), dB(C)
<table>
<tr><td>자동차소음과 배경소음의 측정치 차이</td><td>3</td><td>4~5</td><td>6~9</td></tr>
<tr><td>보정치</td><td>3</td><td>2</td><td>1</td></tr>
</table>
• 자동차소음의 2회 이상 측정치(보정한 것을 포함한다) 중 가장 큰 값을 최종 측정치로 함</td>
</tr>
<tr>
<td colspan="3">참고
1. 위 표에서 정한 사항 외에 대하여는 운행차소음 측정방법에 관한 환경부장관의 고시를 준용한다.
2. 운행차정기검사대행자는 1999년 12월 31일까지는 검사대행자동차의 소음기 · 소음덮개 · 경음기 등의 임의변경 여부와 자동차의 노후상태 등을 관능 및 서류로 확인하여 기준초과 우려가 있는 차량에 대하여는 소음측정을 실시할 수 있다.</td>
</tr>
</table>

② 검사기관은 「자동차관리법」 및 「건설기계관리법」, 「대기환경보전법」에 따른 검사대행자 또는 「자동차관리법」에 따른 지정정비사업자 중 별표 16에 따른 검사장비 및 기술능력을 갖춘 자(이하 "운행차정기검사대행자"라 한다)로 한다.

[운행차정기검사대행자 및 확인검사대행자의 장비 · 기술능력 : 별표 16] 중요내용

구분	장비	기술능력
1. 운행차 정기검사대행자	가. KSC1502에서 정한 보통소음계 또는 그와 동등하거나 그 이상의 성능을 지닌 소음계 및 그 부속기기 1조 이상 나. 그 밖에 검사 업무 수행에 필요한 시설 및 장비	가. 자동차정비산업기사 이상, 건설기계정비산업기사 이상, 대기환경산업기사 이상 또는 소음 · 진동산업기사 이상 중 1명 나. 자동차정비기능사 이상 또는 건설기계기관정비기능사 또는 환경기능사 이상 중 1명
2. 확인검사대행자		가. 자동차정비산업기사 이상, 건설기계정비산업기사 이상, 대기환경산업기사 이상 또는 소음 · 진동산업기사 이상 중 1명 나. 자동차정비기능사 이상, 건설기계기관정비기능사 이상, 환경기능사 이상 중 1명

참고

1. 기술능력 및 장비는 「대기환경보전법 시행규칙」에 따른 운행차정기검사대행자 또는 확인검사대행자의 기술능력 및 장비와 중복되는 경우에는 그 기술능력 및 장비로 갈음할 수 있다.
2. 산업기사 이상 기술자격 소지자는 해당 기술 분야 기능사 기술자격의 취득 후 해당 기술 분야에서 5년 이상 근무한 경력이 있는 자로 대체할 수 있으며, 기능사 이상의 기술자격 소지자는 해당 기술 분야에서 5년 이상 근무한 경력이 있는 자로 대체할 수 있다.
3. 운행차정기검사대행자와 확인검사대행자로 동시에 지정을 받으려는 자는 장비 및 기술능력을 중복하여 갖추지 아니할 수 있다.
4. 운행차정기검사대행자의 기술능력란 중 2.의 기술능력은 「자동차관리법」 및 「건설기계관리법」에 따른 검사대행자 또는 「자동차관리법」에 따른 지정정비사업자로 지정을 받은 자에 대하여 이를 갖춘 것으로 본다.

❑ 자료의 요청 등(규칙 제45조)

① 환경부장관은 다음 각 호의 자료를 국토교통부장관에게 요청할 수 있다.

❶ 운행차정기검사대행자별로 검사한 운행차의 제작자 · 차종 · 연식 및 용도별 소음도 측정치

❷ 소음 관련 부품의 이상 유무 확인 결과

❸ 그 밖에 환경부장관이 자동차의 소음 저감대책을 수립하기 위하여 필요하다고 인정하는 자료

② 환경부장관은 자료를 검토한 결과 운행차정기검사대행자에 대한 검사가 필요하다고 인정되는 경우에는 「자동차관리법」 및 「건설기계관리법」에 따른 검사를 국토교통부장관에게 요청할 수 있다.

운행차의 개선명령(법 제38조)

① 특별시장 · 광역시장 · 특별자치시장 · 특별자치도지사 또는 시장 · 군수 · 구청장은 운행차에 대하여 점검 결과 다음 각 호의 어느 하나에 해당하는 경우에는 환경부령으로 정하는 바에 따라 자동차 소유자에게 개선을 명할 수 있다. *중요내용

❶ 운행차의 소음이 운행차 소음허용기준을 초과한 경우

❷ 소음기나 소음덮개를 떼어 버린 경우

❸ 경음기를 추가로 붙인 경우

② 개선명령을 하려는 경우 10일 이내의 범위에서 개선에 필요한 기간에 그 자동차의 사용정지를 함께 명할 수 있다. *중요내용

③ 개선명령을 받은 자는 특별자치시장 · 특별자치도지사 또는 시장 · 군수 · 구청장에게 등록한 자로부터 환경부령으로 정하는 바에 따라 개선 결과를 확인받은 후 특별시장 · 광역시장 · 특별자치시장 · 특별자치도지사 또는 시장 · 군수 · 구청장 등에게 보고하여야 한다.

❑ 운행차의 개선명령(규칙 제46조)

① 개선명령은 별지 서식에 따른다.

② 개선명령을 받은 자가 개선 결과를 보고하려면 확인검사대행자로부터 개선 결과를 확인하는 정비 · 점검 확인서를 발급받아 개선명령서를 첨부하여 개선명령일부터 10일 이내에 특별시장 · 광역시장 · 특별자치시장 · 특별자치도지사 또는 시장 · 군수 · 구청장에게 제출하여야 한다.

❑ 자동차의 사용정지명령(규칙 제47조)

① 특별시장 · 광역시장 · 특별자치시장 · 특별자치도지사 또는 시장 · 군수 · 구청장은 자동차의 사용정지를 명할 때에는 그 자동차 소유자에게 자동차 사용정지명령서를 발급하고, 자동차의 전면 유리창 오른 쪽 상단에 사용정지표지를 붙여야 한다. *중요내용

② 부착된 사용정지표지는 사용정지기간에는 부착 위치를 변경하거나 훼손하여서는 아니 된다.

[사용정지표지(별표 17)]

(앞면)

사용정지

자동차등록번호 : 　　　　　　　　　　점검 당시 누적주행거리 : 　　　km

사용정지기간 : 　　년 　월 　일부터 　　년 　월 　일까지

사용정지기간 중 주차 장소 :

위의 자동차는 「소음 · 진동관리법」에 따라 사용정지를 명함

[인]

134mm×190mm[인쇄용지(특급) 120g/m²]

(뒷면)

이 표지는 "사용정지기간" 내에는 제거하지 못함

참고 *중요내용

1. 바탕색은 노란색으로, 문자는 검은색으로 한다.
2. 이 표는 자동차의 전면유리창 오른쪽 상단에 붙인다.

유의 사항

1. 이 표지는 사용정지기간 내에는 부착위치를 변경하거나 훼손하여서는 아니 됩니다.
2. 이 표지의 제거는 사용정지기간이 지난 후에 담당 공무원이 제거하거나 담당공무원의 확인을 받아 제거하여야 합니다.
3. 이 자동차를 사용정지기간 중에 사용하는 경우에는 「소음 · 진동관리법」에 따라 6개월 이하의 징역 또는 500만 원 이하의 벌금에 처하게 됩니다.

❑ 운행차의 개선명령 기간(규칙 제48조) *중요내용

개선에 필요한 기간은 개선명령일부터 7일로 한다.

항공기 소음의 관리(법 제39조) *중요내용

① 환경부장관은 항공기 소음이 대통령령으로 정하는 항공기 소음의 한도를 초과하여 공항 주변의 생활환경이 매우 손상된다고 인정하면 관계 기관의 장에게 방음시설의 설치나

그 밖에 항공기 소음의 방지에 필요한 조치를 요청할 수 있다.
② 필요한 조치를 요청할 수 있는 공항은 대통령령으로 정한다.
③ 조치는 항공기 소음 관리에 관한 다른 법률이 있으면 그 법률로 정하는 바에 따른다.

✪ 항공기 소음의 한도 등(영 제9조)

① 항공기 소음의 한도는 공항 인근 지역은 가중등가소음도 L_{den} dB(A) 75로 하고, 그 밖의 지역은 61로 한다. *중요내용
② 제1항에 따른 공항 인근 지역과 그 밖의 지역의 구분은 환경부령으로 정한다.
③ 공항은 「공항소음 방지 및 소음대책지역 지원에 관한 법률」에 따른 공항으로 한다.

❑ 공항주변의 지역 구분(규칙 제49조)

공항 인근지역과 그 밖의 지역의 구분은 다음 각 호와 같다.

❶ 공항 인근지역 : 「공항소음 방지 및 소음대책지역 지원에 관한 법률」에 따른 제1종 구역 및 제2종 구역
❷ 그 밖의 지역 : 「공항소음 방지 및 소음대책지역 지원에 관한 법률」에 따른 제3종 구역

방음시설의 성능과 설치기준 등(법 제40조)

① 소음을 방지하기 위하여 방음벽 · 방음림(防音林) · 방음둑 등의 방음시설을 설치하는 자는 충분한 소리의 차단 효과를 얻을 수 있도록 설계 · 시공하여야 한다.
② 방음시설의 성능 · 설치기준 및 성능평가 등 사후관리에 필요한 사항(이하 "설치기준 등"이라 한다)은 환경부장관이 정하여 고시할 수 있다. 다만, 다른 법률이 방음시설의 설치기준 등을 달리 정하고 있으면 그 설치기준 등에 따른다.

확인검사대행자의 등록(법 제41조)

① 운행차의 개선 결과 확인업무를 행하려는 자는 환경부령으로 정하는 기술능력 및 장비 등을 갖추어 특별자치시장 · 특별자치도지사 또는 시장 · 군수 · 구청장에게 등록하여야 한다. 등록한 사항 중 환경부령으로 정하는 중요 사항을 변경하려는 때에도 또한 같다.
② 등록한 자(이하 "확인검사대행자"라 한다)의 준수사항 · 검사수수료, 그 밖에 필요한 사항은 환경부령으로 정한다.

❑ 확인검사대행자의 등록신청(규칙 제51조) *중요내용

① 확인검사대행자로 등록하려는 자는 특별자치도지사 또는 시장 · 군수 · 구청장에게 확인검사대행자 등록신청서에 다음 각 호의 서류를 첨부하여 제출하여야 한다.
❶ 기술능력과 장비가 기준에 맞다는 것을 입증하는 서류

❷ 자동차검사소의 대지와 건물에 대한 소유권 또는 사용권이 있음을 입증하는 서류

② 신청서를 받은 담당 공무원은 「전자정부법」에 따른 행정정보의 공동이용을 통하여 법인인 경우에는 법인등기부등본, 개인인 경우에는 사업자등록증을 확인하여야 한다. 다만, 사업자등록증의 경우 신청인이 확인에 동의하지 아니하는 경우에는 그 사본을 첨부하도록 하여야 한다.

❑ 확인검사대행자의 등록사항의 변경(규칙 제53조)

① 법 제41조제1항 후단에서 "환경부령으로 정하는 중요 사항"이란 다음 각 호의 사항을 말한다.

❶ 확인검사대행자의 양도 · 상속 또는 합병

❷ 사업장 소재지

❸ 상호 또는 대표자

② 변경등록을 하려는 자는 확인검사대행자 변경등록신청서에 다음 각 호의 서류를 첨부하여 특별자치시장 · 특별자치도지사 또는 시장 · 군수 · 구청장에게 제출하여야 한다.

❶ 변경 내용을 증명하는 서류

❷ 확인검사대행자 등록증

[확인검사대행자의 준수 사항(규칙 제54조) : 별표 18]

1. 확인검사대행자는 정기검사방법과 기준을 지켜야 한다.
2. 검사 업무는 반드시 기술요원이 실시하여야 하며, 거짓으로 검사하여서는 아니 된다.
3. 「환경분야 시험 · 검사 등에 관한 법률」에 따른 형식승인 및 정도검사를 받은 시험장비를 사용하여야 한다.

❑ 검사수수료(규칙 제55조)

① 확인검사에 필요한 수수료는 검사장비의 사용비용 · 재료비 등을 고려하여 환경부장관이 정하여 고시한다.

② 환경부장관은 수수료를 정하려는 경우에는 미리 환경부의 인터넷 홈페이지에 20일(긴급한 사유가 있는 경우에는 10일)간 그 내용을 게시하고 이해관계인의 의견을 들어야 한다.

③ 환경부장관은 수수료를 정하였을 때에는 그 내용과 산정내역을 환경부의 인터넷 홈페이지를 통하여 공개하여야 한다.

결격 사유(법 제42조) 중요내용

다음 각 호의 어느 하나에 해당하는 자는 확인검사대행자의 등록을 할 수 없다.

❶ 피성년후견인 또는 피한정후견인
❷ 파산선고를 받고 복권(復權)되지 아니한 자
❸ 확인검사대행자의 등록이 취소된 후 2년이 지나지 아니한 자
❹ 이 법이나 「대기환경보전법」, 「물환경보전법」을 위반하여 징역의 실형을 선고받고 그 형의 집행이 종료되거나 집행을 받지 아니하기로 확정된 후 2년이 지나지 아니한 자
❺ 임원 중 제1호부터 제4호까지의 규정 중 어느 하나에 해당하는 자가 있는 법인

등록취소 등(법 제43조) 중요내용

특별자치시장 · 특별자치도지사 또는 시장 · 군수 · 구청장은 확인검사대행자가 다음 각 호의 어느 하나에 해당하면 그 등록을 취소하거나 6개월 이내의 기간을 정하여 업무정지를 명할 수 있다. 다만, 제1호나 제2호에 해당하면 그 등록을 취소하여야 한다.

❶ 제42조 각 호의 어느 하나에 해당하는 경우. 다만, 법인의 임원 중 6개월 이내에 그 임원을 개임(改任)하면 그러하지 아니하다.
❷ 속임수나 그 밖에 부정한 방법으로 등록한 경우
❸ 다른 사람에게 등록증을 빌려준 경우
❹ 1년에 2회 이상 업무정지처분을 받은 경우
❺ 고의 또는 중대한 과실로 확인검사 대행업무를 부실하게 한 경우
❻ 등록 후 2년 이내에 업무를 시작하지 아니하거나 계속하여 2년 이상 업무실적이 없는 경우
❼ 등록기준에 미달하게 된 경우
❽ 제41조제2항에 따른 사항을 지키지 아니한 경우

❑ 확인검사대행자의 등록 등(규칙 제52조)

① 특별자치시장 · 특별자치도지사 또는 시장 · 군수 · 구청장은 확인검사대행자를 등록한 자에게 확인검사대행자 등록증을 발급하여야 한다.
② 특별자치시장 · 특별자치도지사 또는 시장 · 군수 · 구청장은 확인검사대행자로 등록하거나 등록을 취소한 경우에는 등록번호 · 업소명 · 대표자 · 소재지 및 검사 항목을 해당 특별시 · 광역시 · 도 또는 특별자치도의 공보에 공고하여야 한다. 확인검사대행자의 신청에 의하여 그 등록을 취소한 경우에도 또한 같다.

소음도 검사 등(법 제44조)

① 소음발생건설기계를 제작 또는 수입하려는 자(이하 "소음발생건설기계제작자 등"이라 한다)는 해당 소음발생건설기계를 판매 · 사용하기 전에 환경부장관이 실시하는 소음도(騷音度) 검사를 받아야 한다. 다만, 환경부장관은 「환경기술 및 환경산업 지원법」에 따른 환경표지의 인증을 받은 건설기계 등 대통령령으로 정하는 소음발생건설기계에 대하여는 소음도 검사를 면제할 수 있다.

② 소음발생건설기계에서 발생하는 소음의 관리기준(이하 "소음발생건설기계소음 관리기준"이라 한다)은 환경부령으로 정한다. 이 경우 환경부장관은 미리 관계 중앙행정기관의 장과 협의하여야 한다.

③ 환경부장관은 소음도를 검사한 결과 소음발생건설기계소음 관리기준을 초과한 소음발생건설기계제작자 등에게 소음을 줄이는 장치의 부착 등 환경부령으로 정하는 필요한 조치를 명할 수 있다.

④ 조치명령을 받은 소음발생건설기계제작자 등은 해당 조치명령을 이행한 경우에 그 이행결과를 지체 없이 환경부장관에게 보고하여야 한다.

⑤ 환경부장관은 보고를 받으면 지체 없이 소음도 검사의 재실시 등을 통하여 그 명령의 이행 상태나 개선 완료 상태를 확인하여야 한다.

⑥ 환경부장관은 조치명령을 받은 소음발생건설기계제작자 등이 이를 이행하지 아니하거나 이행하였더라도 소음발생건설기계소음 관리기준을 초과한 경우에는 해당 소음발생건설기계의 제작 · 수입 또는 판매 · 사용의 금지를 명할 수 있다.

⑦ 소음도 검사를 받은 소음발생건설기계제작자 등은 해당 소음발생건설기계에서 발생하는 소음의 정도를 표시하는 표지(이하 "소음도표지"라 한다)를 알아보기 쉬운 곳에 붙여야 한다.

⑧ 소음도 검사를 받으려는 자는 검사수수료를 내야 한다.

⑨ 소음도 검사방법, 이행결과보고의 방법, 소음도표지 및 검사수수료에 필요한 사항은 환경부령으로 정한다.

✪ 소음도 검사의 면제 대상(영 제9조의2)

법에서 "「환경기술 및 환경산업 지원법」에 따른 환경표지의 인증을 받은 건설기계 등 대통령령으로 정하는 소음발생건설기계"란 다음 각 호의 건설기계를 말한다.

1 「환경기술 및 환경산업 지원법」에 따른 환경표지의 인증을 받은 저소음건설기계
2 환경부장관이 제1호와 동등한 수준 이상이라고 고시한 외국의 저소음 관련 인증을 받은 저소음건설기계

❑ 소음도 검사의 신청(규칙 제56조)

① 소음도 검사를 받으려는 자는 소음도 검사신청서에 다음 각 호의 서류를 첨부하여 소음도 검사기관의 장(이하 "소음도 검사기관의 장"이라 한다)에게 제출하여야 한다.

❶ 해당 소음발생건설기계의 제원명세에 관한 서류
❷ 소음 저감에 관한 서류

② 소음도 검사를 면제받으려는 자는 소음도 검사면제 신청서에 다음 각 호의 서류를 첨부하여 소음도 검사기관의 장에게 제출하여야 한다.
❶ 해당 소음발생건설기계의 제원명세에 관한 서류
❷ 소음도 검사면제 대상임을 확인할 수 있는 서류 사본

③ 소음도 검사를 받으려는 자는 저소음표시 가전제품 소음도 검사신청서에 다음 각 호의 서류를 첨부하여 소음도 검사기관의 장에게 제출하여야 한다.
❶ 해당 가전제품의 제원명세에 관한 서류
❷ 소음 저감에 관한 서류

④ 소음도 검사를 받으려는 자는 휴대용음향기기 소음도 검사신청서에 다음 각 호의 서류를 첨부하여 소음도 검사기관의 장에게 제출하여야 한다.
❶ 해당 휴대용음향기기의 제원명세에 관한 서류
❷ 휴대용음향기기와 함께 제공되는 이어폰의 제원명세에 관한 서류

❑ 소음도 검사성적서의 발급 등(규칙 제57조)

① 소음도 검사기관의 장은 소음도 검사를 실시한 경우에는 소음도 검사성적서를 신청자에게 발급하여야 한다.

② 소음도 검사기관의 장은 소음도 검사를 실시한 경우에는 소음도 검사기록부를 작성하여야 한다.

③ 소음도 검사기관의 장은 소음도검사를 면제받은 자에게 소음도 검사면제 확인서를 발급하여야 한다.

④ 소음도 검사기관의 장은 소음도 검사를 실시한 경우에는 저소음표시 가전제품 소음도 검사성적서를 신청자에게 발급하여야 한다.

⑤ 소음도 검사기관의 장은 소음도 검사를 실시한 경우에는 저소음표시 가전제품 소음도 검사기록부를 작성하여야 한다.

⑥ 소음도 검사기관의 장은 소음도 검사를 실시한 경우에는 휴대용음향기기 소음도 검사성적서를 신청자에게 발급하여야 한다.

⑦ 소음도 검사기관의 장은 소음도 검사를 실시한 경우에는 휴대용음향기기 소음도 검사기록부를 작성하여야 한다.

❑ 소음도 검사방법(규칙 제58조)

① 소음도 검사방법은 다음 각 호와 같다.
❶ **소음도의 측정 환경** : 측정 장소는 소음도 검사기관의 장이 지정하는 장소로 하고, 측정 대상기계에 따라 측정 장소 지표면의 종류를 달리하여야 하는 등 정확한 소음측정이 보장되는 환경일 것

❷ **소음도의 측정 조건** : 소음측정이 풍속과 기후의 영향을 받지 아니하여야 하고, 측정 대상 기계가 가동 상태일 것

❸ **소음도의 측정기기 등** : 소음도의 측정기기는 「산업표준화법」에 따른 한국산업표준(KS)을 사용할 것

❹ **측정자료의 분석 · 평가** : 배경소음 · 환경 보정치(補正値)를 고려하는 등 측정자료의 정확한 분석이 이루어지도록 하고, 2대 이상을 측정하는 경우에는 소음도가 가장 높은 기계를 기준으로 분석 · 평가할 것

❺ **기계별 가동조건** : 기계의 엔진 자체 소음 및 작업으로 인하여 발생하는 모든 소음을 측정하여야 할 것

② 법 제44조의2제2항에 따른 소음도 검사방법은 다음 각 호와 같다.

❶ **소음도의 측정 환경** : 측정 장소는 배경소음이 20데시벨 이하인 무향실 · 반무향실 또는 잔향실 중 소음도 검사기관의 장이 지정하는 장소로 할 것

❷ **소음도의 측정 조건** : 소음측정이 풍속과 기후의 영향을 받지 아니하여야 하고, 측정 대상 기계의 작동을 최대로 할 것

❸ **소음도의 측정기기 등** : 소음도의 측정기기는 「산업표준화법」에 따른 한국산업표준(KS)을 지킨 것을 사용할 것

❹ **측정자료의 분석 · 평가** : 배경소음 · 환경 보정치(補正値) 등을 고려하여 측정자료를 분석 · 평가하고, 데이터 오류 등으로 2대 이상을 측정하는 경우에는 소음도가 가장 높은 기계의 측정 자료를 기준으로 분석 · 평가할 것

③ 법 제45조의3제3항에 따른 소음도 검사방법은 다음 각 호와 같다.

❶ **소음도의 측정 환경** : 측정 장소는 배경소음이 45데시벨 이하인 곳 중 소음도 검사기관의 장이 지정하는 장소로 할 것

❷ **소음도의 측정 조건** : 소음측정이 풍속과 기후의 영향을 받지 아니하여야 하고, 측정 대상 기계의 음량을 최대로 할 것

❸ **소음도의 측정기기 등** : 소음도의 측정기기는 「산업표준화법」에 따른 한국산업표준(KS)을 지킨 것을 사용할 것

❹ **측정자료의 분석 · 평가** : 배경소음 · 환경 보정치(補正値) 등을 고려하여 측정 자료를 분석 · 평가하고, 데이터 오류 등으로 2대 이상을 측정하는 경우에는 소음도가 가장 높은 기계의 측정 자료를 기준으로 분석 · 평가할 것

④ 소음도 검사는 지정된 소음도 검사기관에서 실시하여야 한다. 다만, 소음도 검사를 받아야 하는 건설기계 등을 소음도 검사기관으로 옮기기 곤란한 경우에는 소음도 검사기관 관계자의 참여하에 제작 또는 수입하는 자가 정하는 장소에서 실시할 수 있다.

⑤ 소음도 검사방법의 세부적인 사항은 환경부장관이 정하여 고시한다.

[소음도표지(규칙 제59조) : 별표 19] 중요내용

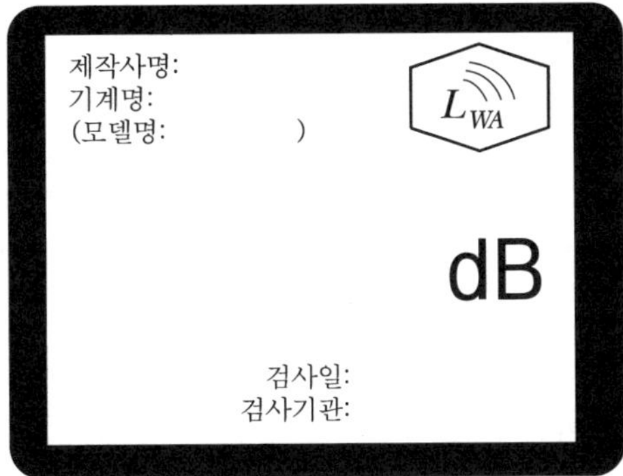

- 크기 : 80mm×80mm(기계의 크기와 부착 위치에 따라 조정합니다.)
- 색상 : 회색판에 검은색 문자를 씁니다.
- 재질 : 쉽게 훼손되지 아니하는 금속성이나 이와 유사한 강도의 재질이어야 합니다.
- 부착방법 : 기계별로 눈에 잘 띄고 작업으로 인한 훼손이 되지 아니하는 위치에 떨어지지 아니하도록 부착하여야 합니다.

❑ 확인서 발급(규칙 제59조의2)

① 환경부장관은 소음도 검사 결과가 저소음기준 이하인 경우 그 제품을 제작 또는 수입하려는 자에게 가전제품 저소음 확인서를 발급하여야 한다.

② 환경부장관은 소음도 검사 결과가 휴대용음향기기 최대음량기준 이하인 경우 그 제품을 제작 또는 수입하려는 자에게 휴대용음향기기 최대음량기준 적합 확인서를 발급하여야 한다.

[저소음표지(규칙 제59조의2) : 별표 19의2]

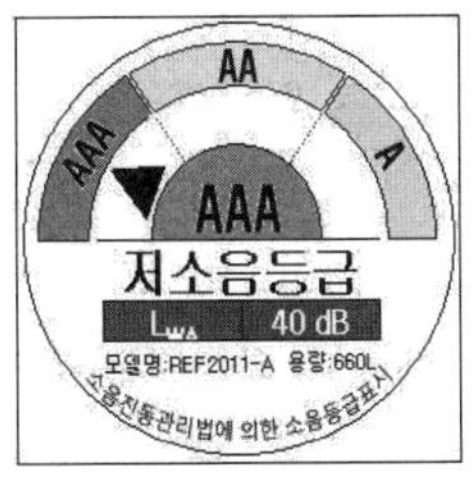

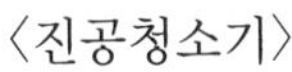
〈진공청소기〉

〈세탁기〉

- 크기 : 60mm×60mm(기계의 크기와 부착 위치에 따라 조정합니다)
- 재질 : 쉽게 떨어지거나 훼손되지 아니하는 코팅된 종이 재질이어야 합니다.
- 부착방법 : 기계별로 눈에 잘 띄고 기계 작동으로 인한 훼손이 되지 아니하는 위치에 떨어지지 아니하도록 부착하여야 합니다.

❑ 소음도 검사수수료(규칙 제60조)

① 소음도 검사수수료는 환경부장관이 정하여 고시하는 수수료 산정기준에 따라 소음도 검사기관의 장이 인건비와 장비의 사용비용 · 재료비 등 검사에 소요되는 비용을 고려하여 정한다.

② 소음도 검사기관의 장은 검사수수료를 정하려는 경우에는 미리 소음도 검사기관의 인터넷 홈페이지에 20일(긴급한 사유가 있는 경우에는 10일)간 그 내용을 게시하고 이해관계인의 의견을 들어야 한다.

③ 소음도 검사기관의 장은 수수료를 결정하였을 때에는 그 내용과 산정내역을 소음도 검사기관의 인터넷 홈페이지를 통하여 공개하여야 한다.

❑ 저소음표시 가전제품의 종류 및 저소음기준(규칙 제60조의2)

① 저소음표지를 부착할 수 있는 가전제품은 다음 각 호의 제품을 말한다.

❶ 진공청소기(정격출력 500와트 이상의 이동형 또는 수직형 전기 진공청소기를 말한다)

❷ 세탁기(세탁 용량이 5킬로그램 이상의 가정용 세탁기에 한정하며, 탈수 전용 또는 업소용 제품은 제외한다)

[가전제품 저소음기준(규칙 제60조의2) : 별표 19의3]

종류	저소음기준(dB(A))					
	A		AA		AAA	
진공청소기	73 초과~76 이하		70 초과~73 이하		70 이하	
세탁기	세탁	탈수	세탁	탈수	세탁	탈수
	55 초과~58 이하	60 초과~63 이하	52 초과~55 이하	57 초과~60 이하	52 이하	57 이하

가전제품 저소음표시 등(법 제44조의2)

① 환경부장관은 소비자에게 가전제품의 저소음에 대한 정보를 제공하고 저소음 가전제품의 생산 · 보급을 촉진하기 위하여 환경부령으로 정하는 바에 따라 저소음표지를 붙일 수 있도록 하는 가전제품 저소음표시제를 실시할 수 있다.

② 가전제품을 제조하거나 수입하는 자 중 저소음표지를 붙이려는 자는 환경부장관이 실시하는 소음도 검사를 받아 저소음기준에 적합한 경우에는 저소음표지를 가전제품에 붙일 수 있다.

③ 소음도 검사를 받으려는 자는 검사수수료를 내야 한다.

④ 소음도 검사방법, 저소음기준 및 검사수수료에 관하여 필요한 사항은 환경부령으로 정한다.

PART 01 PART 02 PART 03 PART 04 PART 05 PART 06

소음도 검사기관의 지정 및 취소 등(법 제45조)

① 환경부장관은 소음도 검사에 필요한 시설 및 기술능력 등을 갖춘 기관을 소음도 검사기관으로 지정하여 소음도 검사를 대행(代行)하게 할 수 있다.

② 소음도 검사기관의 시설 및 기술 능력 등 지정기준에 필요한 사항은 대통령령으로 정한다.

③ 소음도 검사기관은 소음도 검사를 하면 그 결과를 환경부장관에게 통보하여야 한다.

④ 소음도 검사기관은 검사방법 및 시설 · 시험장비의 관리 등 환경부령으로 정하는 사항을 지켜야 한다.

⑤ 환경부장관은 소음도 검사기관이 다음 각 호의 어느 하나에 해당하면 그 지정을 취소하거나 6개월 이내의 기간을 정하여 소음도 검사업무의 전부나 일부의 정지를 명할 수 있다. 다만, 제1호에 해당하면 그 지정을 취소하여야 한다.

❶ 거짓이나 그 밖의 부정한 방법으로 지정을 받은 경우
❷ 지정기준에 미달하게 된 경우
❸ 제4항에 따른 사항을 지키지 아니한 경우
❹ 고의 또는 중대한 과실로 소음도 검사 업무를 부실하게 한 경우

소음도 검사기관의 지정기준(영 제10조)

소음도 검사기관으로 지정받으려는 기관은 다음 각 호의 요건을 모두 갖추어야 한다.

1 별표 1에 따른 기술인력과 시설 · 장비를 갖출 것

2 다음 각 목의 어느 하나에 해당하는 기관일 것

가. 소음 · 진동과 관련된 분야에서 「국가표준기본법」 시험 · 검사기관으로 인정받은 기관

나. 「건설기계관리법」에 따라 국토교통부장관으로부터 건설기계의 확인검사 업무를 위탁받은 기관

[소음도 검사기관의 지정기준(영 제10조) : 별표 1] 중요내용

구 분	지정기준	
	기술인력	시설 및 장비
1. 소음발생 건설기계 소음도 검사기관	2명 이상의 기술직과 3명 이상의 기능직을 갖출 것	가. 면적이 900m^2 이상(가로 및 세로의 길이가 각각 30m 이상)인 검사장을 갖출 것 나. 다음의 장비를 갖출 것. 다만, 4)와 5)의 장비는 그 기능을 모두 갖춘 기기 1대 이상으로 대체할 수 있다. 1) 다기능 표준음발생기(31.5Hz 이상 16kHz 이하) 1대 이상 2) 다음의 표준음발생기 각 1대 이상. 다만, 가)와 나)의 기능을 모두 갖춘 기기 1대 이상으로 대체할 수 있다.

		가) 200Hz 이상 500Hz 이하 나) 1,000Hz 3) 마이크로폰 6대 이상 4) 녹음 및 기록장치(6채널 이상) 1대 이상 5) 주파수분석장비 : 50Hz 이상 8,000Hz 이하의 모든 음을 1/3옥타브대역으로 분석할 수 있는 기기 1대 이상 6) 삼각대 등 마이크로폰을 공중(높이 10m 이상)에 고정할 수 있는 장비 6대 이상 7) 평가기준음원(Reference Sound Source) 발생장치 1대 이상
2. 가전제품 소음도 검사기관		가. 배경소음이 20dB(A) 이하로서 다음의 기준을 충족하는 무향실(반무향실) 또는 잔향실의 검사장을 갖출 것 1) 무향실(반무향실) : KS A ISO 3745 부속서A 또는 부속서B의 무향실(반무향실) 적합성 기준 2) 잔향실 : KS A ISO 3741 부속서A의 잔향실 적합성 기준 나. 다음의 장비를 갖출 것. 다만, 4)와 5)의 장비는 그 기능을 모두 갖춘 기기 1대 이상으로 대체할 수 있다. 1) 다기능 표준음발생기(31.5Hz 이상 16kHz 이하) 1대 이상 2) 다음의 표준음발생기 각 1대 이상. 다만, 가)와 나)의 기능을 모두 갖춘 기기 1대 이상으로 대체할 수 있다. 가) 200Hz 이상 500Hz 이하 나) 1,000Hz 3) 마이크로폰 6대 이상 4) 녹음 및 기록장치(6채널 이상) 1대 이상 5) 주파수분석장비 : 50Hz 이상 8,000Hz 이하의 모든 음을 1/3옥타브대역으로 분석할 수 있는 기기 1대 이상 6) 삼각대 등 마이크로폰을 공중에 고정할 수 있는 장비 4대 이상 7) 평가기준음원 발생장치 1대 이상
3. 휴대용 음향기기 소음도 검사기관		가. 배경소음이 45dB(A) 이하인 검사장을 갖출 것 나. 다음의 장비를 갖출 것. 다만, 3)과 4)의 장비는 그 기능을 모두 갖춘 기기 1대 이상으로 대체할 수 있다. 1) 다음의 표준음발생기 각 1대 이상. 다만, 가)와 나)의 기능을 모두 갖춘 기기 1대 이상으로 대체할 수 있다. 가) 200Hz 이상 500Hz 이하 나) 1,000Hz 2) 마이크로폰 2대 이상

		3) 녹음 및 기록장치(2채널 이상) 1대 이상 4) 주파수분석장비 : 50Hz 이상 8,000Hz 이하의 모든 음을 1/3옥타브대역으로 분석할 수 있는 기기 1대 이상 5) 인체 귀 모형 측정시스템(Head and Torso System) 1대 이상

비고

기술인력란의 기술직 및 기능직의 자격요건은 다음 각 호와 같다.

1. 기술직 : 다음 각 목의 어느 하나에 해당하는 사람일 것
   가. 소음·진동 관련 분야 학위 취득자로서 다음의 어느 하나에 해당하는 사람
      1) 박사학위를 취득한 사람
      2) 석사학위 또는 학사학위를 취득하고, 해당 분야의 실무에 종사한 경력이 1년 이상인 사람
      3) 전문학사학위를 취득하고, 해당 분야의 실무에 종사한 경력이 3년 이상인 사람
   나. 소음·진동 관련 분야 자격 취득자로서 다음의 어느 하나에 해당하는 사람
      1) 기술사 자격을 취득한 사람
      2) 기사 자격을 취득하고, 해당 분야의 실무에 종사한 경력이 1년 이상인 사람
      3) 산업기사 자격을 취득하고, 해당 분야의 실무에 종사한 경력이 3년 이상인 사람
   다. 소음 · 진동 관련 분야가 아닌 분야의 학위 취득자로서 다음의 어느 하나에 해당하는 사람
      1) 학사학위를 취득하고, 소음 · 진동 관련 분야의 실무에 종사한 경력이 3년 이상인 사람
      2) 전문학사학위를 취득하고, 소음 · 진동 관련 분야의 실무에 종사한 경력이 5년 이상인 사람
2. 기능직 : 다음 각 목의 어느 하나에 해당하는 사람일 것
   가. 환경 및 기계 분야 기능사 자격을 취득하고, 소음 · 진동 분야의 실무에 종사한 경력이 1년 이상인 사람
   나. 「초 · 중등교육법」에 따른 고등학교를 졸업(같은 법 제27조의2에 따라 고등학교를 졸업한 사람과 동등한 학력이 인정되는 시험에 합격하거나 그 밖의 법령에 따라 고등학교를 졸업한 학력이 있다고 인정되는 경우를 포함한다)하고, 소음 · 진동 분야의 실무에 종사한 경력이 3년 이상인 사람

❏ 소음도 검사기관의 지정신청(규칙 제61조)

소음도 검사기관으로 지정받으려는 자는 국립환경과학원장에게 소음도 검사기관 지정신청서에 다음 각 호의 서류를 첨부하여 제출하여야 한다.

❶ 법인등기부등본

❷ 기술인력의 보유 현황 및 이를 증명하는 서류

❸ 검사장, 시설 · 장비의 보유 현황 및 이를 증명하는 서류

❏ 소음도 검사기관의 지정서 발급(규칙 제62조)

국립환경과학원장은 소음도 검사기관으로 지정한 경우에는 소음도 검사기관 지정서를 발급하여야 한다.

[소음도 검사기관의 준수 사항(규칙 제63조) : 별표 20]

1. 소음도 검사는 직접검사를 원칙으로 하며, 기술직 1명 이상을 참여시켜 검사를 실시하여야 한다. 소음도 검사신청자가 현장검사를 요구하는 경우에는 검사장 및 시설·장비 등이 적합한지를 확인하여 현장검사를 할 수 있다.
2. 소음도 검사기계·장비는 「환경분야 시험·검사 등에 관한 법률」에 따른 형식승인 및 정도검사를 받은 기계·장비를 사용하여야 한다.
3. 소음도 검사방법에 따라 소음도 검사를 실시하여야 한다.
4. 소음도 검사기관의 장은 다음 각 목의 서류를 작성하여 5년간 보존하여야 한다. *중요내용
   가. 소음도 검사 신청 서류
   나. 소음도 검사기록부
   다. 소음도 검사 관련 서류

철도차량에 대한 소음기준 권고(법 제45조의2)

환경부장관은 철도 주변 지역 주민의 피해를 예방하기 위하여 필요한 경우에는 철도차량에 대한 소음기준을 정하여 철도차량을 제작하거나 수입하는 자에게 이에 적합한 철도차량을 제작하거나 수입할 것을 권고할 수 있다.

❑ 철도차량에 대한 소음기준권고 등(규칙 제63조의2)

① 환경부장관은 소음권고기준을 정하는 경우에는 소음을 측정하는 소음 검사방법을 함께 정하여 고시하여야 한다.

② 철도차량을 제작하거나 수입하는 자는 환경부장관에게 그 철도차량이 소음권고기준에 합치되는지의 여부에 대한 검사를 요청할 수 있다. 이 경우 검사에 필요한 수수료를 납부하여야 한다.

휴대용음향기기의 최대음량기준(규칙 제63조의3)

휴대용음향기기의 최대음량기준은 100데시벨로 한다.

휴대용음향기기의 최대음량기준(법 제45조의3)

① 환경부장관은 휴대용음향기기 사용으로 인한 사용자의 소음성난청(騷音性難聽) 등 소음피해를 방지하기 위하여 환경부령으로 휴대용음향기기에 대한 최대음량기준을 정하여야 한다.

② 휴대용음향기기를 제조·수입하려는 자는 제1항의 기준에 적합한 휴대용음향기기를 제조하거나 수입하여야 한다.

③ 휴대용음향기기를 제조하거나 수입하는 자는 해당 제품을 판매하기 전에 환경부장관이 실시하는 소음도 검사를 받아야 한다.
④ 소음도 검사를 받으려는 자는 검사수수료를 내야 한다.
⑤ 소음도 검사방법 및 검사수수료에 관하여 필요한 사항은 환경부령으로 정한다.

환경기술인 등의 교육(법 제46조)

① 환경기술인을 두어야 하는 자는 환경부령으로 정하는 바에 따라 환경기술인에게 환경부장관 또는 시 · 도지사가 실시하는 교육을 받게 하여야 한다.
② 환경부장관 또는 시 · 도지사는 환경부령으로 정하는 바에 따라 제1항의 환경기술인 교육에 드는 경비를 교육 대상자를 고용한 자로부터 징수할 수 있다.

✪ 업무의 위탁 등(영 제14조)

① 환경부장관은 다음 각 호의 업무를 「한국환경공단법」에 따른 한국환경공단에 위탁한다.
  1 소음 · 진동의 측정망 설치 및 상시 측정
  2 인증의 생략
  3 타이어 소음도 측정결과 신고의 접수
② 환경부장관은 환경기술인의 교육업무를 「환경정책기본법」에 따른 환경보전협회의 장에게 위탁한다.
③ 한국환경공단의 이사장과 환경보전협회의 장은 위탁받은 업무를 처리한 경우에는 환경부령으로 정하는 바에 따라 그 내용을 환경부장관 또는 시 · 도지사에게 보고하여야 한다.

❑ 환경기술인의 교육(규칙 제64조) 중요내용

① 환경기술인은 3년마다 한 차례 이상 다음 각 호의 어느 하나에 해당하는 교육기관(이하 "교육기관"이라 한다)에서 실시하는 교육을 받아야 한다.
  ❶ 환경부장관이 교육을 실시할 능력이 있다고 인정하여 지정하는 기관
  ❷ 「환경정책기본법」에 따른 환경보전협회
② 교육기간은 5일 이내로 한다. 다만, 정보통신매체를 이용하여 원격 교육을 실시하는 경우에는 환경부장관이 인정하는 기간으로 한다.

❑ 교육계획(규칙 제65조) 중요내용

① 교육기관의 장은 매년 11월 30일까지 다음 해의 교육계획을 환경부장관에게 제출하여 승인을 받아야 한다.
② 제1항에 따른 교육 계획에는 다음 각 호의 사항이 포함되어야 한다.

❶ 교육의 기본방향
❷ 교육 수요 조사의 결과 및 교육수요 장기추계(長期推計)
❸ 교육의 목표 · 과목 · 기간 및 인원
❹ 교육 대상자 선발기준 및 선발계획
❺ 교재 편찬계획
❻ 교육 성적의 평가방법
❼ 그 밖에 교육을 위하여 필요한 사항

❑ 교육대상자의 선발 및 등록(규칙 제66조)

① 환경부장관은 교육계획을 매년 1월 31일까지 특별자치시장 · 특별자치도지사 또는 시장 · 군수 · 구청장에게 통보하여야 한다. 중요내용

② 특별자치시장 · 특별자치도지사 또는 시장 · 군수 · 구청장은 그 관할구역에서 다음 각 호의 교육과정 대상자를 선발하여 그 명단을 해당 교육과정 개시 15일 전까지 교육기관의 장에게 통보하여야 한다. 중요내용

❶ 환경기술인 과정
❷ 방지시설기술요원 과정
❸ 측정기술요원 과정

③ 특별자치시장 · 특별자치도지사 또는 시장 · 군수 · 구청장은 교육 대상자를 선발한 경우에는 해당 교육 대상자를 고용한 자에게 지체 없이 그 뜻을 알려야 한다.

④ 교육 대상자로 선발된 환경기술인은 해당 교육기관에 교육 개시 전까지 등록을 하여야 한다.

❑ 교육 결과의 보고(규칙 제67조) 중요내용

교육기관의 장은 교육을 실시한 경우에는 매년도의 교육 실적을 다음해 1월 31일까지 환경부장관에게 보고하여야 한다.

❑ 지도(규칙 제68조)

환경부장관은 필요한 경우 교육기관의 장에게 교육실시에 관한 보고를 하게 하거나 관련 자료를 제출하게 할 수 있으며, 소속 공무원으로 하여금 교육기관의 교육상황 · 시설과 그 밖에 교육에 관계되는 사항에 관한 지도를 하게 할 수 있다.

❑ 자료 제출 협조(규칙 제69조)

환경기술인을 고용하고 있는 자는 교육을 효과적으로 수행하기 위하여 특별자치시장 · 특별자치도지사 또는 시장 · 군수 · 구청장이 다음 각 호의 자료 제출을 요청한 경우에는 이에 협조하여야 한다.

❶ 환경기술인의 명단
❷ 교육 이수자의 실태
❸ 그 밖에 교육에 필요한 자료

❑ 교육경비(규칙 제70조)

교육기관은 교육을 실시하는 데에 드는 실비(實費)를 환경부장관이 정하여 고시하는 금액의 범위에서 해당 교육을 받는 환경관리인을 고용한 자로부터 징수할 수 있다.

보고와 검사 등(법 제47조)

① 환경부장관 · 특별자치시장 · 특별자치도지사 또는 시장 · 군수 · 구청장은 환경부령으로 정하는 경우에는 다음 각 호의 자에게 보고를 명하거나 자료를 제출하게 할 수 있으며, 관계 공무원이 해당 시설 또는 사업장 등에 출입해서 배출허용기준과 규제기준의 준수를 확인하기 위하여 소음과 진동 검사를 하게 하거나 관계 서류 · 시설 또는 장비 등을 검사하게 할 수 있다.

❶ 사업자
❷ 생활소음 · 진동의 규제대상인 자
❸ 폭약을 사용하는 자
❹ 자동차제작자
❺ 타이어제작자
❻ 확인검사대행자
❼ 소음발생건설기계제작자 등
❽ 소음도 검사기관
❾ 환경부장관의 업무를 위탁받은 자

② 환경부장관, 특별자치시장 · 특별자치도지사 또는 시장 · 군수 · 구청장은 소음 · 진동 검사를 환경부령으로 정하는 검사기관에 대행하게 할 수 있다.

③ 출입 · 검사를 행하는 공무원은 그 권한을 표시하는 증표를 지니고 이를 관계인에게 내보여야 한다.

관계 기관의 협조(법 제48조) 중요내용

환경부장관은 이 법의 목적을 달성하기 위하여 필요하다고 인정하면 다음 각 호에 해당하는 조치를 관계 기관의 장에게 요청할 수 있다. 이 경우 관계 기관의 장은 특별한 사유가 없으면 그 요청에 따라야 한다.

❶ 도시재개발사업의 변경
❷ 주택단지 조성의 변경
❸ 도로 · 철도 · 공항 주변의 공동주택 건축허가의 제한
❹ 그 밖에 대통령령으로 정하는 사항

✪ 관계 기관의 협조(영 제11조)

법 제48조제4호에서 "대통령령으로 정하는 사항"이란 다음 각 호의 사항을 말한다.

1. 도로의 구조개선 및 정비
2. 교통신호체제의 개선 등 교통소음을 줄이기 위하여 필요한 사항
3. 「전기용품 및 생활용품 안전관리법」 등 관련 법령에 따른 형식승인 및 품질인증과 관련된 소음 · 진동기준의 조정
4. 소음지도의 작성에 필요한 자료의 제출

행정처분의 기준(법 제49조)

이 법이나 이 법에 따른 명령을 위반한 행위에 대한 행정처분의 기준은 환경부령으로 정한다.

[행정처분기준(규칙 제73조) : 별표 21]

1. 일반기준
가. 위반행위가 둘 이상일 때에는 각 위반 행위에 따라 각각 처분한다.
나. 위반행위의 횟수에 따른 행정처분기준은 해당 위반행위가 있었던 날 이전 최근 1년(제2호가목 및 다목의 경우에는 최근 2년)간 같은 위반행위로 행정처분을 받은 경우에 적용하며, 위반횟수의 산정은 위반행위를 한 날을 기준으로 한다. *중요내용
다. 이 기준에 명시되지 아니한 사항으로서 처분의 대상이 되는 사항이 있을 때에는 이 기준 중 가장 유사한 사항에 따라 처분한다.
라. 처분권자는 위반행위의 동기 · 내용 · 횟수 및 위반의 정도 등 다음 사항에 해당하는 사유를 고려하여 그 처분(허가취소, 등록취소, 지정취소 또는 폐쇄명령인 경우는 제외한다)을 감경할 수 있다. 이 경우 그 처분이 조업정지, 업무정지 또는 영업정지인 경우에는 그 처분기준의 2분의 1의 범위에서 감경할 수 있다.
1) 위반행위가 고의나 중대한 과실이 아닌 사소한 부주의나 오류로 인한 것으로 인정되는 경우
2) 위반의 내용 · 정도가 경미하여 주변에 미치는 피해가 적거나 신속하게 사후조치를 하였다고 인정되는 경우
3) 위반 행위자가 처음 해당 위반행위를 한 경우로서 3년 이상 모범적으로 영업하여 온 사실이 인정되는 경우 *중요내용
4) 그 밖에 공익을 위하여 행정처분 기간을 줄일 필요가 있는 경우

2. 개별기준

가. 배출시설 및 방지시설 등과 관련된 행정처분기준 *중요내용

위반행위	근거 법령	행정처분기준			
		1차	2차	3차	4차
1) 법 제7조 및 제12조제2항에 따른 배출허용기준을 초과한 경우	법 제15조, 법 제16조	개선명령	개선명령	개선명령	조업정지
2) 법 제7조에 따른 배출허용기준을 초과한 공장에 대하여 개선명령을 하여도 당해 공장의 위치에서는 이를 이행할 수 없는 경우	법 제18조	폐쇄			
3) 법 제8조제1항에 따른 배출시설 설치의 신고를 하지 아니하거나 허가를 받지 아니하고 배출시설을 설치한 경우	법 제18조				
가) 해당 지역이 배출시설의 설치가 가능한 지역일 경우		사용중지 명령			
나) 해당 지역이 배출시설의 설치가 불가능한 지역일 경우		폐쇄			
4) 법 제8조제2항에 따른 배출시설변경신고를 이행하지 아니한 경우 *중요내용	법 제17조	경고	경고	조업정지 5일	조업정지 10일
5) 법 제8조제2항에 따른 배출시설변경신고를 이행하지 아니하였으나 배출시설의 폐쇄가 확인된 경우	법 제17조	폐쇄, 허가취소			
6) 법 제9조에 따른 방지시설을 설치하지 아니하고 배출시설을 가동한 경우	법 제17조	조업정지	허가취소		
7) 다음의 명령을 이행하지 아니한 경우	법 제17조				
가) 법 제15조에 따른 개선명령을 받은 자가 이를 이행하지 아니한 경우		조업정지	폐쇄, 허가취소		
나) 법 제16조 및 법 제17조에 따른 조업정지명령을 받은 자가 조업정지일 이후에 조업을 계속한 경우		조업정지 (조업정지 기간 중 조업한 기간)	폐쇄, 허가취소		
8) 법 제19조에 따른 환경기술인을 임명하지 아니한 경우	법 제17조	환경기술인 선임명령	경고	조업정지 5일	조업정지 10일

참고
1. 개선명령 및 조업정지명령기간은 해당 처분의 이행에 따른 시설의 규모, 기술능력, 기계 · 기술의 종류 등을 감안하여 정하되, 제15조 따른 기간을 초과하여서는 아니 된다.
2. 7)의 나)의 경우 1차 경고한 날부터 5일 이내에 사용중지명령 또는 조업정지명령의 이행상태를 확인하고, 그 결과에 따라 다음 단계의 조치를 하여야 한다.
3. 조업정지(사용중지를 포함한다. 이하 이 호에서 같다)기간은 조업정지처분서에 명시된 조업정지일부터 1) 및 7)의 가)는 해당 시설의 개선완료일까지, 6)은 방지시설설치 완료일까지, 3)의 가)는 가동개시일까지로 하되, 해당 위반행위를 확인한 날부터 5일 이내에 조업정지를 개시하도록 하여야 한다.
4. 행정처분기준을 적용함에 있어서 소음규제기준에 대한 위반행위와 진동 규제기준에 대한 위반행위는 합산하지 아니하고, 각각 산정하여 적용한다.

나. 생활소음 · 진동의 규제와 관련한 행정처분기준

위반행위	근거 법령	소음원	행정처분기준			
			1차	2차	3차	4차
1) 법 제21조제2항에 따른 생활소음 · 진동의 규제기준을 초과한 경우	법 제23조 제1항	공사장, 공장 · 사업장으로 한정함	작업시간의 조정, 소음 · 진동 발생행위의 분산, 방음 · 방진 시설의 설치, 저소음건설 기계의 사용 등의 명령	작업시간의 조정, 소음 · 진동 발생행위의 분산, 방음 · 방진 시설의 설치, 저소음건설 기계의 사용 등의 명령	작업시간의 조정, 소음 · 진동 발생행위의 분산, 방음 · 방진 시설의 설치, 저소음건설 기계의 사용 등의 명령	소음 · 진동 발생 행위의 중지명령
		확성기로 한정함	소리의 크기 조절, 확성기의 출력 · 설치 위치의 지정 등의 명령	소음 · 진동 발생행위의 중지명령		
2) 법 제23조제1항에 따른 작업시간 조정 등의 명령을 이행하지 아니하거나, 이행하였더라도 규제기준을 초과한 경우	법 제23조 제4항		규제 대상 소음원의 사용금지 명령	공사중지 명령		

3) 법 제24조에 따른 이동소음 규제지역에서 이동소음원을 사용한 경우	법 제24조 제1항		이동소음원의 사용금지, 소리의 크기 조절, 사용시간의 제한 등의 명령			

참고
1. 1)의 "저소음건설기계의 사용명령"은 공사장의 경우에만 적용한다.
2. 1)의 행정처분기간 중에는 규제기준 이하로 유지하도록 조치하여야 하고, 1)의 행정처분기준 중 "소음 · 진동발생행위의 중지명령"이란 공사장의 경우에는 특정공사 사전신고 대상 기계 · 장비의 사용을 금지하는 것을 말하며, 공장 · 사업장의 경우에는 규제기준 이하로 유지하도록 조치하는 것을 말하며, 확성기의 경우에는 확성기 사용의 중지를 말한다.
3. 2)의 "규제대상 소음원의 사용금지명령"이란 소음을 발생하는 기계나 장비의 사용을 금지하는 것을 말하며, 공사중지명령의 대상은 제21조에 따른 특정 공사에 한정한다.
4. 행정처분은 특별한 사유가 없는 한 위반행위를 확인한 날부터 5일 이내에 명하여야 한다.
5. 행정처분기준을 적용함에 있어서 소음규제기준에 대한 위반행위와 진동 규제기준에 대한 위반행위는 합산하지 아니하고, 각각 산정하여 적용한다.

다. 인증시험대행기관에 대한 행정처분

위반행위	근거 법령	행정처분기준			
		1차	2차	3차	4차
1) 거짓이나 그 밖의 부정한 방법으로 지정을 받은 경우	법 제31조의3제1호	지정 취소			
2) 법 제31조제3항에 따른 인증의 시험방법과 절차를 위반하여 인증시험을 한 경우	법 제31조의3제2호	업무 정지 6월	지정 취소		
3) 법 제31조의2제2항제1호에 따른 다른 사람에게 자신의 명의로 인증시험을 하게 하는 행위	법 제31조의3제3호	업무 정지 6월	지정 취소		
4) 법 제31조의2제2항제2호에 따른 거짓이나 그 밖의 부정한 방법으로 인증시험을 하는 행위	법 제31조의3제3호	업무 정지 6월	지정 취소		
5) 법 제31조제2항제3호에 따른 시험결과의 원본자료와 일치하도록 인증시험대장을 작성하지 아니한 경우	법 제31조의3제3호	업무 정지 3월	업무 정지 6월	지정 취소	
6) 법 제31조제2항제3호에 따른 시험결과의 원본자료와 인증시험대장을 3년 동안 보관하지 아니한 경우	법 제31조의3제3호	업무 정지 3월	업무 정지 6월	지정 취소	

7) 법 제31조제2항제3호에 따른 검사업무에 관한 내부 규정을 준수하지 아니한 경우	법 제31조의3제3호	경고	업무정지 1월	업무정지 3월	업무정지 6월
8) 법 제31조의2제3항에 따른 지정기준을 충족하지 못하게 된 경우	법 제31조의3제4호	업무정지 3월	업무정지 6월	지정취소	

라. 교통소음 · 진동의 규제와 관련한 행정처분기준

위반행위	근거 법령	행정처분기준			
		1차	2차	3차	4차
1) 속임수 그 밖의 부정한 방법으로 인증을 받은 경우	법 제34조 제1항제1호	인증취소			
2) 제작차에 중대한 결함이 발생되어 개선을 하여도 제작차 소음허용기준을 유지할 수 없는 경우	법 제34조 제1항제2호	인증취소			
3) 운행차 수시점검의 결과	법 제38조제1항				
가) 운행차의 소음이 운행차 소음허용기준을 초과한 경우		개선명령			
나) 소음기나 소음덮개를 떼어버리거나 경음기를 추가로 부착한 경우		개선명령			
다) 가) 및 나)에 동시에 해당하는 경우		개선명령 및 사용정지 2일			

마. 타이어제작자 등에 대한 행정처분기준

위반행위	근거 법령	행정처분기준			
		1차	2차	3차	4차
1) 법 제34조의2제2항에 따라 신고한 자동차용 타이어가 타이어 소음허용기준을 초과하는 경우	법 제34조의3 제1항	시정명령			
2) 법 제34조의3제1항에 따른 시정명령을 받은 자가 그 시정명령을 이행하지 않은 경우	법 제34조의3 제3항	제작 · 수입 · 판매 · 사용금지명령			

바. 확인검사대행자와 관련한 행정처분기준

위반행위	근거 법령	행정처분기준			
		1차	2차	3차	4차
1) 법 제42조 각 호의 어느 하나에 해당하는 경우	법 제43조 제1호	등록취소			
2) 속임수나 그 밖에 부정한 방법으로 등록한 경우	법 제43조 제2호	등록취소			
3) 다른 사람에게 등록증을 빌려준 경우	법 제43조 제3호	등록취소			
4) 1년에 2회 이상 업무정지처분을 받은 경우	법 제43조 제4호	등록취소			
5) 고의 또는 중대한 과실로 확인검사 대행업무를 부실하게 한 경우	법 제43조 제5호	업무정지 6일	등록취소		
6) 등록 후 2년 이내에 업무를 시작하지 아니하거나 계속하여 2년 이상 업무실적이 없는 경우	법 제43조 제6호	등록취소			
7) 법 제41조제1항에 따른 등록기준에 미달하게 된 경우	법 제43조 제7호				
가) 확인검사대행자가 보유하여야 할 기술능력이 부족한 경우		경고	경고	등록취소	
나) 확인검사대행자가 보유하여야 할 기술능력이 전혀 없는 경우		등록취소			
다) 확인검사대행자가 구비하여야 할 시험장비가 부족한 경우		경고	경고	등록취소	
라) 법 제41조제1항에 따른 확인검사대행자가 구비하여야 할 시험장비가 전혀 없는 경우		등록취소			
8) 법 제41조제2항에 따른 사항을 지키지 아니한 경우	법 제43조 제8호	경고	경고	경고	등록취소

사. 소음도 검사기관과 관련한 행정처분기준

위반행위	근거 법령	행정처분기준		
		1차	2차	3차
1) 거짓이나 그 밖의 부정한 방법으로 지정을 받은 경우	법 제45조 제5항제1호	지정취소		
2) 소음도 검사기관이 시설 및 기술능력 등 지정기준에 미달하게 된 경우	법 제45조 제5항제2호			
가) 소음도 검사기관이 보유하여야 할 기술인력이 부족한 경우		경고	경고	지정취소
나) 소음도 검사기관이 보유하여야 할 기술인력이 전혀 없는 경우		지정취소		
다) 소음도 검사기관이 구비하여야 할 검사장 및 시설·장비가 부족한 경우		경고	경고	지정취소
라) 소음도 검사기관이 구비하여야 할 검사장 및 시설·장비가 전혀 없는 경우		지정취소		
3) 소음도 검사기관 준수 사항을 위반한 경우	법 제45조 제5항제3호	경고	경고	지정취소
4) 고의 또는 중대한 과실로 소음도 검사를 부실하게 한 경우	법 제45조 제5항제4호	영업정지 1개월	영업정지 3개월	지정취소

행정처분 효과의 승계(법 제50조)

사업의 승계가 있으면 종전의 사업자에 대한 행정처분의 효과는 그 처분 기간이 끝나는 날까지 새로운 사업자에게 승계되며, 행정처분의 절차가 진행 중이면 새로운 사업자에게 그 절차를 속행할 수 있다. 다만, 새로운 사업자(상속에 의한 승계는 제외한다)가 그 사업을 승계 시에 그 처분 또는 위반 사실을 알지 못하였음을 증명하면 그러하지 아니하다.

청문(법 제51조)

환경부장관, 특별자치시장 · 특별자치도지사 또는 시장 · 군수 · 구청장은 다음 각 호의 어느 하나에 해당하는 처분을 하려면 청문을 실시하여야 한다.

❶ 배출시설의 허가취소 또는 폐쇄명령
❷ 해당 공사의 폐쇄명령
❷의2. 인증시험대행기관의 지정 취소 및 업무의 전부 또는 일부의 정지
❸ 인증의 취소
❸의2. 제작 · 수입 · 판매 · 사용 금지명령
❹ 등록취소 및 업무의 전부 또는 일부의 정지
❹의2. 제작 · 수입 또는 판매 · 사용 금지명령
❺ 소음도 검사기관의 지정취소 및 업무의 전부 또는 일부의 정지

연차보고서의 제출(법 제52조)

① 시 · 도지사는 매년 주요 소음 · 진동 관리시책의 추진 상황에 관한 보고서를 환경부장관에게 제출하여야 한다.
② 보고서의 작성 및 제출에 필요한 사항은 환경부령으로 정한다.

연차보고서의 제출(규칙 제74조) 중요내용

① 연차보고서에 포함될 내용은 다음 각 호와 같다.

❶ 소음 · 진동 발생원(發生源) 및 소음 · 진동 현황
❷ 소음 · 진동 저감대책 추진실적 및 추진계획
❸ 소요 재원의 확보계획

② 보고기한은 다음 연도 1월 31일까지로 하고, 보고 서식은 환경부장관이 정한다.

수수료(법 제53조)

① 배출시설의 설치 신고를 하거나 허가를 받으려는 자는 해당 특별자치시장 · 특별자치도 또는 시 · 군 · 구의 조례로 정하는 바에 따라 수수료를 내야 한다.
② 제작차 인증 · 변경인증 또는 인증생략을 신청하려는 자는 환경부령으로 정하는 수수료를 내야 한다.

❑ 수수료(규칙 제75조)

수수료는 다음 각 호와 같다.

❶ 법에 따른 인증
가. 자동차 제작자 : 300,000원
나. 이륜자동차 제작자 : 100,000원
다. 개별자동차 수입자 : 10,000원

❷ 법에 따른 인증생략 : 5,000원
❸ 법에 따른 변경인증
가. 자동차 제작자 : 30,000원
나. 이륜자동차 제작자 : 10,000원

권한의 위임 · 위탁(법 제54조)

① 이 법에 따른 환경부장관의 권한은 대통령령으로 정하는 바에 따라 그 일부를 시 · 도지사, 국립환경과학원장 또는 지방환경관서의 장에게 위임할 수 있다.
② 환경부장관은 이 법에 따른 업무의 일부를 대통령령으로 정하는 바에 따라 관계 전문기관에 위탁할 수 있다.

권한의 위임(영 제12조)

① 환경부장관은 다음 각 호의 권한을 국립환경과학원장에게 위임한다.
1. 수입되는 자동차에 대한 다음 각 목의 권한
가. 제작차에 대한 인증 및 변경인증
나. 권리 · 의무 승계신고의 수리
다. 인증의 취소
라. 자동차제작자에 대한 보고명령 등 및 검사
마. 청문
바. 과태료의 부과 · 징수
2. 변경인증(국내에서 제작되는 자동차로 한정한다)
3. 제작차의 소음검사 및 소음검사의 생략
4. 소음도 검사 및 소음도 검사의 면제
5. 소음도 검사기관의 지정, 지정취소 및 업무의 전부 또는 일부의 정지
6. 법에 따른 청문

벌칙 적용에서의 공무원 의제(법 제55조)

소음도 검사기관의 소음도 검사업무에 종사하는 자는 「형법」의 규정을 적용할 때에는 공무원으로 본다.

벌칙(법 제56조) 중요내용

다음 각 호의 어느 하나에 해당하는 자는 3년 이하의 징역 또는 3천만 원 이하의 벌금에 처한다.

❶ 거짓으로 배출시설 설치신고를 하여 폐쇄명령을 위반한 자
❷ 제작차 소음허용기준에 맞지 아니하게 자동차를 제작한 자
❸ 제작차 소음허용기준에 적합하다는 환경부장관의 인증을 받지 아니하고 자동차를 제작한 자
❹ 소음도 검사를 받지 아니하거나 거짓으로 소음도 검사를 받은 자

벌칙(법 제57조) 중요내용

다음 각 호의 어느 하나에 해당하는 자는 1년 이하의 징역 또는 1천만 원 이하의 벌금에 처한다.

❶ 허가를 받지 아니하고 배출시설을 설치하거나 그 배출시설을 이용해 조업한 자
❷ 거짓이나 그 밖의 부정한 방법으로 허가를 받은 자
❸ 조업정지명령 등을 위반한 자
❹ 사용금지, 공사중지 또는 폐쇄명령을 위반한 자
❺ 변경인증을 받지 아니하고 자동차를 제작한 자
❺의2. 금지행위를 한 자
❺의3. 제작 · 수입 또는 판매 · 사용금지명령을 위반한 자
❻ 소음도표지를 붙이지 아니하거나 거짓의 소음도표지를 붙인 자

벌칙(법 제58조) 중요내용

다음 각 호의 어느 하나에 해당하는 자는 6개월 이하의 징역 또는 500만 원 이하의 벌금에 처한다.

❶ 신고를 하지 아니하거나 거짓이나 부정한 방법으로 신고를 하고 배출시설을 설치하거나 그 배출시설을 이용해 조업한 자
❷ 규제기준을 초과하여 생활소음 · 진동을 발생시킨 사업자에게 작업시간 조정 등의 명령을 위반한 자
❸ 운행차 수시점검에 따르지 아니하거나 지장을 주는 행위를 한 자
❹ 자동차의 사용정지명령을 받은 자동차를 개선명령 또는 사용정지명령을 위반한 자

과태료(법 제60조) 중요내용

① 다음 각 호의 어느 하나에 해당하는 자에게는 2천만 원 이하의 과태료를 부과한다.
❶ 타이어 소음도 측정 결과를 신고하지 아니하거나 거짓으로 신고한 자
❷ 타이어 소음도를 표시하지 아니하거나 거짓으로 표시한 자

② 다음 각 호의 어느 하나에 해당하는 자에게는 300만 원 이하의 과태료를 부과한다.
❶ 환경기술인을 임명하지 아니한 자

❷ 환경기술인의 업무를 방해하거나 환경기술인의 요청을 정당한 사유 없이 거부한 자
❸ 기준에 적합하지 아니한 가전제품에 저소음표지를 붙인 자
❹ 기준에 적합하지 아니한 휴대용음향기기를 제조·수입하여 판매한 자

③ 다음 각 호의 어느 하나에 해당하는 자에게는 200만 원 이하의 과태료를 부과한다.
❶ 변경신고를 하지 아니하거나 거짓이나 그 밖의 부정한 방법으로 변경신고를 한 자
❷ 공장에서 배출되는 소음·진동을 배출허용기준 이하로 처리하지 아니한 자
❷의 2. 생활소음·진동 규제기준을 초과하여 소음·진동을 발생한 자
❷의 3. 신고 또는 변경신고를 하지 아니하거나 거짓이나 그 밖의 부정한 방법으로 신고 또는 변경신고를 한 자
❷의 4. 방음시설을 설치하지 아니하거나 기준에 맞지 아니한 방음시설을 설치한 자
❸ 저감대책을 수립·시행하지 아니한 자
❹ [제4호는 제2호의2로 이동]
❺ 이동소음원의 사용금지 또는 제한조치를 위반한 자
❻ 제35조를 위반한 자동차의 소유자
❼ 운행차 소음허용기준 초과와 관련하여 개선명령을 받은 자가 환경부령으로 정하는 바에 따라 개선결과를 확인받은 후 특별시장 등에게 보고를 하지 아니한 자
❽ 환경기술인 등의 교육을 받게 하지 아니한 자
❾ 보고를 하지 아니하거나 허위로 보고한 자 또는 자료를 제출하지 아니하거나 허위로 제출한 자
❿ 관계 공무원의 출입·검사를 거부·방해 또는 기피한 자

④ 제1항부터 제3항까지의 규정에 따른 과태료는 대통령령으로 정하는 바에 따라 환경부장관, 시·도지사 또는 시장·군수·구청장이 부과·징수한다.

[과태료 부과기준(영 제15조) : 별표 2]

1. 일반기준 *중요내용
   가. 위반행위의 횟수에 따른 과태료의 가중된 부과기준은 최근 1년간 같은 위반행위로 과태료 부과처분을 받은 경우에 적용한다. 이 경우 기간의 계산은 위반행위에 대하여 과태료 부과처분을 한 날과 그 처분 후 다시 같은 위반행위를 하여 적발된 날을 기준으로 한다.
   나. 가목에 따라 가중된 부과처분을 하는 경우 가중처분의 적용 차수는 그 위반행위 전 부과처분 차수(가목에 따른 기간 내에 과태료 부과처분이 둘 이상 있었던 경우에는 높은 차수를 말한다)의 다음 차수로 한다.
   다. 부과권자는 다음의 어느 하나에 해당하는 경우 과태료 금액의 2분의 1의 범위에서 그 금액을 줄일 수 있다. 다만, 과태료를 체납하고 있는 위반행위자의 경우에는 그렇지 않다.

1) 위반행위가 사소한 부주의나 오류로 인한 것으로 인정되는 경우
2) 위반행위자가 법 위반상태를 시정하거나 해소하기 위하여 노력한 사실이 인정되는 경우
3) 그 밖에 위반행위의 정도, 위반행위의 동기와 그 결과 등을 고려하여 줄일 필요가 있다고 인정되는 경우

2. 개별기준

(단위 : 만 원)

위반행위	해당 법조문	과태료 금액		
		1차 위반	2차 위반	3차 이상 위반
가. 변경신고를 하지 아니하거나 거짓이나 그 밖의 부정한 방법으로 변경신고를 한 경우	법 제60조 제3항제1호	60	80	100
나. 공장에서 배출되는 소음진동을 배출허용기준 이하로 처리하지 아니한 경우	법 제60조 제3항제2호	100	140	200
다. 환경기술인을 임명하지 아니한 경우	법 제60조 제2항제1호	200	250	300
라. 환경기술인의 업무를 방해하거나 환경기술인의 요청을 정당한 사유 없이 거부한 경우	법 제60조 제2항제2호	150	200	250
마. 생활소음 · 진동 규제기준을 초과하여 소음 · 진동을 발생한 경우	법 제60조 제3항 제2호의2			
1) 소음원이 공장, 사업장, 확성기, 특정공사 사전신고대상 외의 공사장인 경우		20	60	100
2) 소음원이 특정공사 사전신고대상 공사장인 경우		60	120	200
바. 신고 또는 변경신고를 하지 아니하거나 거짓이나 그 밖의 부정한 방법으로 신고 또는 변경신고를 한 경우	법 제60조 제3항 제2호의3			
1) 신고 대상 공사장인 경우		100	140	200
2) 변경신고 대상 공사장인 경우		60	80	100
사. 방음시설을 설치하지 아니하거나 기준에 맞지 아니한 방음시설을 설치한 경우	법 제60조 제3항 제2호의4	100	140	200
아. 저감대책을 수립 · 시행하지 아니한 경우	법 제60조 제3항제3호	100	140	200

자. 이동소음원의 사용금지 또는 제한조치를 위반한 경우	법 제60조 제3항제5호	10	10	10
차. 타이어 소음도 측정결과를 신고하지 않거나 거짓으로 표시한 경우	법 제60조 제1항제1호	500	1,000	2,000
카. 타이어 소음도를 표시하지 않거나 거짓으로 표시한 경우	법 제60조 제1항제2호	500	1,000	2,000
타. 자동차의 소유자가 위반한 경우	법 제60조 제3항제6호			
1) 배기소음허용기준을 2dB(A) 미만 초과한 경우		20	20	20
2) 배기소음허용기준을 2dB(A) 이상 4dB(A) 미만 초과한 경우		60	60	60
3) 배기소음허용기준을 4dB(A) 이상 초과하거나 경적소음허용기준을 초과한 경우		100	100	100
4) 배기소음허용기준을 초과한 경우로서 소음기(배기관을 포함한다) 또는 소음덮개를 훼손하거나 떼어버린 경우		100	100	100
5) 소음기 또는 소음덮개를 떼어버리거나 경음기를 추가로 부착한 경우		60	60	60
파. 법 제38조제3항에 따라 보고를 하지 아니한 경우	법 제60조 제3항제7호	10	10	10
하. 법 제44조의2제2항에 따른 기준에 적합하지 않은 가전제품에 저소음표지를 부착한 경우	법 제60조 제2항제3호	75	150	300
거. 법 제45조의3제2항에 따른 기준에 적합하지 않은 휴대용음향기기를 제조 · 수입하여 판매한 경우	법 제60조 제2항제4호	75	150	300
너. 법 제46조를 위반하여 환경기술인 등의 교육을 받게 하지 아니한 경우	법 제60조 제3항제8호	60	80	100
더. 법 제47조제1항에 따라 보고를 하지 아니하거나 허위로 보고한 경우 또는 자료를 제출하지 아니하거나 허위로 제출한 경우	법 제60조 제3항제9호	60	80	100
러. 법 제47조에 따른 관계 공무원의 출입 · 검사를 거부방해 또는 기피한 경우	법 제60조 제3항제10호	60	80	100

[방음시설의 성능 및 설치기준]

목적(법 제1조)

이 기준은 「소음 · 진동관리법」의 규정에 의한 방음시설의 성능 및 설치기준을 정함을 목적으로 한다.

적용범위(법 제2조)

이 기준은 교통소음 저감을 목적으로 설치되는 방음시설의 설치 및 유지관리에 적용하며, 공장소음 · 공사장소음 기타 생활소음 저감시설의 설치 및 유지관리에 준용할 수 있다.

용어의 정의(법 제3조)

이 기준에서 사용하는 용어의 정의는 다음과 같다.

1. "방음시설"이라 함은 교통소음을 저감하기 위하여 충분한 소리의 흡음 또는 차단효과를 얻을 수 있도록 설치하는 시설을 말하며, 방음시설에는 방음벽 · 방음터널 · 방음둑 등으로 구분된다.
2. "방음판"이라 함은 방음시설의 기초부와 지주 사이의 방음효과를 얻기 위한 구조물을 말한다.
3. "흡음률"이라 함은 입사음의 강도에 대한 흡수음의 강도의 백분율을 말한다.
4. "투과손실"이라 함은 소음에너지가 방음판을 투과하기 전과 투과한 후의 음압레벨의 차이를 말한다.
5. "삽입손실"이라 함은 동일조건에서 방음시설 설치 전후의 음압레벨 차이를 말한다.
6. "가시광선투과율"이라 함은 방음판에 입사하는 주광의 광속에 대하여 투과광속의 입사광속에 대한 백분율을 말한다.
7. "수음점"이라 함은 소음의 영향을 받는 위치로서 방음시설의 설계목표가 되는 지점을 말한다.
8. "회절감소치"라 함은 소음원에서 수음점까지의 전달경로상에 방음시설에 의한 회절로 인하여 음이 감쇠되는 것을 말한다.

소음저감 목표기준(법 제4조)

방음시설의 설치로 수음점에서의 소음저감 목표기준은 소음환경기준을 적용하고, 철도 및 운행 중인 도로는 교통소음관리기준을 적용할 수 있다. 다만, 상업지역 · 학교 · 도서관 등 주로 낮시간대에 이용되는 시설은 낮시간대의 기준을 적용한다.

방음시설 설치대상지역의 선정(법 제5조)

방음시설은 주택 · 학교 · 병원 · 도서관 · 휴양시설의 주변지역 등 조용한 환경을 요하는 지역(이하 "보호대상지역"이라 한다) 중 소음의 영향을 크게 받는 지역으로서 상주인구 밀도, 학생수, 병상수 등이 많고 소음이 환경기준을 초과하여 소음문제가 발생하거나 발생할 우려가 큰 지역부터 우선하여 설치한다.

재료, 시험방법 및 재질기준(법 제9조)

방음시설에 사용되는 재료, 시험방법 및 재질 등은 한국산업규격(KS)에서 정하는 방음판 종류별 규격에 적합하거나 동등 이상의 재료로 하여야 한다.

방음시설의 설계 시 기본적인 고려사항(법 제10조)

방음시설 발주자는 방음시설의 설계 시에는 다음 각 호의 사항을 고려하여야 한다.

❶ 소음발생원의 특성 및 보호대상지역의 용도를 조사하고 보호대상지역 주민의 의견을 수렴하여 적정한 방음시설을 선정한다.

❷ 방음시설은 전체적으로 주변경관과 조화를 잘 이루고 미적으로 우수하여야 하며 환경 · 생태친화적이어야 한다. 이를 위하여 도시경관관련 심의기구 또는 관계전문가의 자문을 받거나 환경영향평가 협의의견을 고려하여 방음시설의 유형 및 색상, 방음림(소음막이 숲) 조성, 넝쿨식물 식재, 방음벽의 단부 및 연결부에 화분 설치, 조류충돌 방지기능이 있는 문양의 방음판 사용 등 다양한 방안을 강구한다.

❸ 방음판은 파손부위를 쉽게 교체할 수 있는 구조로 해야 한다.

❹ 방음시설은 사고 시 대피 · 청소 · 유지관리 등을 위하여 적정간격으로 통로를 설치할 수 있다. 통로는 소음이 직접 밖으로 투과하지 않는 구조로 한다.

❺ 방음시설은 강풍 · 강우 · 진동에 의하여 변형 또는 파괴되지 않도록 안전한 구조로 하되, 국토교통부의 「도로교 표준시방서」에서 정하는 지역별 설계풍속을 적용할 수 있다.

❻ 방음시설은 가급적 방음효과가 우수하고 사후관리가 편리하며 내구성, 내화성이 좋은 것으로 한다.

음원결정(법 제11조)

① 교통소음에 대한 방음시설 설계 시 음원은 무한길이의 선음원으로 보며, 음원의 높이는 노면 위 0.5m를 표준으로 한다. 다만, 주 소음발생원이 노면보다 상당히 높은 경우에는 주 소음발생원의 위치로 한다.

② 소음원의 발생소음도는 실제 현장측정을 통하여 결정하는 것을 원칙으로 하며, 장래의 소음을 예측하여 평가하고자 하는 경우에는 예측식을 이용하여 결정할 수 있다.

③ 교통소음 예측방법은 소음지도의 작성방법의 소음원별 예측식을 활용하되, 소음원의 발생특성에 따라 국립환경과학원장이 검증한 별도의 예측식을 활용할 수 있다.

수음점 결정(법 제12조)

수음점은 보호대상지역 부지경계선 중 소음도가 소음저감 목표기준을 초과하는 지점으로 한다. 다만, 소음으로부터 보호받아야 할 시설이 2층 이상인 경우 등 부지경계선보다 소음도가 더 큰 장소가 있는 경우에는 그 곳에서 소음원 방향으로 창문 · 출입문 또는 건물벽 밖의 0.5m 내지 1m 떨어진 지점으로 한다.

방음시설의 선정기준(법 제13조)

① 도로 · 철도 등 소음원(이하 "소음원"이라 한다)의 양쪽 모두에 보호대상지역이 있거나 한쪽에만 방음시설을 설치할 경우 반대측 수음자에게 반사음의 영향이 우려되는 경우에는 흡음효과 또는 반사음 저감효과가 우수한 방음시설로 한다.

② 방음시설의 조망, 일조, 채광 등이 요구될 경우에는 투명방음판 또는 투명방음판과 다른 방음판을 조합한 것으로 한다. 다만, 방음시설 중 투명방음판을 사용하는 경우에는 조류충돌 등 생태적 영향이 최소화될 수 있는 방안을 강구하여야 한다.

③ 방음시설 발주자는 소음원 및 보호대상지역의 주변 지형여건상 방음시설로 적절한 방음효과를 얻기 어려운 지역은 방음시설 설치보다는 거리감쇠, 저소음포장, 차음동 건설 등 다른 방법을 강구하여야 한다. 다만, 부득이 방음시설을 설치하여야 하는 경우에는 여러 방음시설을 복합적으로 활용하고 이를 주민에게 충분히 홍보하여야 한다.

방음시설의 크기 결정(법 제14조)

① 방음시설의 높이는 방음시설에 의한 삽입손실에 따라 결정되며, 계획 시의 삽입손실은 방음시설 설치대상지역의 소음목표기준과 수음점의 소음실측치(또는 예측치)와의 차이 이상으로 한다.

② 방음시설의 길이는 방음시설 측단으로 입사하는 음의 영향을 고려하여 설계목표를 충분히 달성할 수 있는 길이로 결정하여야 한다.

방음시설의 설치지점 선정(법 제15조)

① 방음시설 발주자는 방음시설의 설치 가능한 장소 중 소음저감을 극대화할 수 있는 지점에 설치하여야 한다.

② 방음시설 발주자는 방음효과의 증대를 위하여 도로측면 외에 도로중앙분리대에도 방음벽을 설치할 수 있다.

Reference |

> 방음벽에서 음원까지의 거리는 가장 가까운 차선의 중심선까지의 거리와 가장 먼 차선의 중심선까지의 거리의 곱을 평방근한 값이다.

방음시설 설치 시 준수사항(법 제16조)

방음시설 설치 시에는 다음 각 호의 사항을 준수하여야 한다.

❶ 방음시설 설치 중 방음판의 파손, 도장부 손상 등이 없어야 한다.

❷ 방음시설 설치 후 기초부와 방음판, 지주와 방음판 및 방음판과 방음판 사이에 틈새가 없도록 하여야 하며, 특히 기초부와 최하단 방음판 사이에는 옥외 기후에도 내구성이 우수한 재료 및 모르타르, 발포고무판 등의 자재로 밀폐하여 음의 누출을 방지하여야 한다.

❸ 방음시설 설치에 사용되는 부품은 풀림 방지용 너트 등을 사용하여 단단히 조립하여야 하고 녹 발생이 억제되는 제품을 사용하여야 한다.

❹ 방음시설 외부에 날카로운 모서리 등 사람에게 상해를 입힐 수 있는 곳이 없도록 끝손질을 잘해야 한다.

❺ 재난, 사고 등으로 인하여 방음시설이 파손되더라도 방음판이 분리되어 흐트러지지 않는 구조로 하여 방음판의 비산 등으로 인한 2차 피해를 예방하여야 한다.

❻ 방음시설의 교차부분 또는 방음벽 밑부분이나 방음벽과 나란히 배수로를 설치하는 등 도로의 배수흐름을 방해하지 않도록 하여야 한다.

❼ 방음시설의 보호를 위하여 도로여건에 따라 필요한 경우에 한하여 방호책을 설치할 수 있다.

방음시설의 성능평가(법 제17조)

① 방음시설 발주자는 스스로 방음시설 시공 전·후의 성능을 평가하거나 방음시설을 설계·시공한 자로 하여금 방음시설 시공 전·후의 성능평가서를 제출하도록 하여 설계·시공의 적정성 여부를 검토하여야 한다.

② 방음시설 시공 후의 성능평가는 시공 전 성능평가서 수음점의 소음저감 목표기준과 비교하여 적합 여부로 판단한다.

③ 방음시설 발주자는 방음시설의 성능평가 결과 소음저감 목표기준을 초과한 경우에는 설계·시공의 적정성 및 원인을 분석하여 개선방안을 수립·시행하여야 한다.

④ 성능평가 및 성능평가 결과에 따른 원인분석 및 개선방안 마련 시에는 소음진동기술사 등 관계전문가를 적극 활용하여야 한다.

사후관리(법 제18조)

① 방음시설 관리자는 방음시설의 적정한 유지관리를 통하여 설치초기의 음향특성, 안전성, 가시광선투과율(투명방음벽에 한한다) 및 미관 등이 설계목표년도까지 항상 유지되도록 하여야 한다.

② 방음시설 관리자는 수시로 방음시설을 점검하여 이상을 발견한 때에는 당초 설계에 적합하게 보수하도록 조치하여야 하며, 정기적으로 청소를 실시하여 방음시설의 미관이 저해되지 않도록 하여야 한다.

③ 방음시설 관리자는 방음시설의 성능이 유지되는지 확인하기 위하여 설치 후 5년마다 성능평가를 실시하여 그 결과를 방음시설 관리카드에 기록 · 유지하고, 그 결과가 적합하지 않을 경우에는 그 원인을 분석하여 1년 이내에 적절한 대책으로 보완한 후 재평가를 실시하여야 한다. 다만, 실 교통량이 설계 교통량 이내일 경우에는 성능평가 실시기간을 2년 연장할 수 있다.

방음시설의 성능평가서(시공 전)

<table>
<tr><th>평가항목</th><th>검토항목</th><th>세부검토항목</th></tr>
<tr><td colspan="2">일반사항</td><td>1. 발주자, 설계 · 시공자, 확인자
2. 방음시설의 종류 및 구조
3. 부지 도면(수음점과 소음원과의 위치관계)
4. 방음시설 설치지점의 주변상황(지반상태 등 특이사항)</td></tr>
<tr><td colspan="2">음향 성능</td><td>5. 방음시설의 규모(높이, 설치길이 등)
6. 방음시설의 투과손실 및 흡음률(성적서 등 첨부)
7. 목표 수음점에서의 회절감쇠치, 삽입손실(음향감쇠치)
8. 기타 수음점에서의 소음도를 예측할 수 있는 성능자료</td></tr>
<tr><td colspan="2">기타 성능</td><td>9. 내구연한, 내구성, 내부식성, 내화성, 색변화, 재질, 충격강도, 빛의 반사도, 가시광선투과율 등 관련 성적서</td></tr>
<tr><td rowspan="2">환경 · 생태 · 미학적 성능</td><td>환경 · 생태적 고려</td><td>10. 자연환경과의 조화, 조류 충돌 방지 등 생태위해 저감 성능</td></tr>
<tr><td>시각적 효과 고려</td><td>11. 운전자 및 주변 주민 관점에서의 미적 성능
12. 디자인 측면의 성능</td></tr>
<tr><td>구조</td><td>구조 설계서</td><td>13. 풍하중, 기초공법, 통로 설치 여부 등</td></tr>
<tr><td>시공</td><td>시공도면</td><td>14. 시공계획서</td></tr>
<tr><td>안전성</td><td>안전 설계서</td><td>15. 화재 등 비상대책, 방호시설 설치 여부 등</td></tr>
<tr><td colspan="2" rowspan="2">측정 및 예측 성능평가</td><td>16. 소음원의 측정(예측) 주/야간 소음도
17. 목표 수음점별 설치 전 · 후의 소음도 평가</td></tr>
<tr><td>−설치 전 : 주간 dB(A), 야간 dB(A)
−목표(설계)기준 : 주간 dB(A), 야간 dB(A)</td></tr>
</table>

방음시설의 성능평가서(시공 후)

평가항목	검토항목	세부검토항목
설치 전 및 시공 후 방음벽 성능 관련 특이사항		1. 발주자, 설계 · 시공자, 확인자 2. 일반사항, 음향 성능, 기타 성능, 환경 · 생태 · 미학적 성능 관련 시공 후 특별히 변화된 특이사항 평가
구조	구조 설계서	3. 풍하중, 기초공법, 통로 설치 여부 적정성
시공	시공도면	4. 시공계획서에 따른 설치 적정성
안전성	안전 설계서	5. 화재 등 비상대책, 방호시설 설치 여부 적정성
설치 후 성능평가 (설치 전 측정 및 예측의 적정성)		6. 소음원의 주/야간 측정 소음도 7. 목표 수음점별 설치 후의 소음도 평가
		−설치 후 : 주간 dB(A), 야간 dB(A) −목표(설계)기준 : 주간 dB(A), 야간 dB(A) −차이 : 주간 dB(A), 야간 dB(A)
평가결과 부적정 시 원인 및 대책		

003 소음대책의 순서 및 공장 설계 시 고려사항

(1) 소음대책의 순서

① 소음이 문제되는 지점의 위치를 귀로 판단하여 확인한다.(대상음원 조사)

② 수음점에서 소음계, 주파수 분석기 등을 이용하여 실태를 조사한다.(소음레벨 측정 및 주파수 분석)

③ 수음점의 규제기준을 확인한다.

④ 대책의 목표레벨을 설정한다.(감쇠량 설정)

⑤ 문제 주파수의 발생원을 탐사(주파수 대역별 소음 필요량 산정)한다.(해석 검토)

⑥ 적정 방지기술을 선정한다.(방음설계 및 경제성 검토)

⑦ 시공 및 재평가

(2) 공장 건물 내부에 소음배출시설 설치 시 고려사항

① **소음원**

부지경계선에서 가장 멀리 이격시킨다.

② **부지경계선과의 거리**

현실적으로 큰 거리를 유지하기 어렵다.

③ **건물구조**

건물구조의 차음성은 TL(투과손실) 및 $\overline{TL}$(총합 투과손실)을 고려한 우수한 재료를 사용한다.

④ **개구부 위치**

개구부에 소음기를 부착하고 피해예상지역의 반대 측으로 설치한다.

⑤ **타 건물에 의한 차음**

부지경계선에서 목표기준치 이하로 저감이 불가능할 경우 건물(창고, 사무실)이나 방음벽을 설치하여 저감시킨다.

SECTION ENGINEER NOISE & VIBRATION

004 소음방지대책의 방법(방음대책 방안)

방음대책은 발생원, 전파경로 및 수음점 대책 등 가능한 모든 측면에서 검토하는 것이 바람직하다.

(1) 발생원(소음원) 대책

① 소음방지대책에서 가장 효과적인 것으로 음원인 기계와 설비에 대한 대책을 우선적으로 고려해야 한다.

② **음원(소음발생원) 밀폐(방음박스)**

㉠ 음원에 대한 발생원인 대책이 미흡할 때 음원을 밀폐하여 음의 방사를 방지하는 방법이다.

㉡ 일반적으로 단일벽 구조의 경우 15~25dB(A) 내외의 감쇠 효과를 얻을 수 있고, 특수 설계에 의한 방진과 이중벽 구조를 적용하면 30~50dB(A)의 감쇠량을 기대할 수 있다.

㉢ 밀폐 대책 시 주의사항

ⓐ 차음 효과가 충분한 차음재를 선정한다.

ⓑ 기계의 보수, 점검 및 조작상 지장이 없도록 한다.

ⓒ 기계의 진동이 밀폐 차음재에 전달되지 않도록 방진재를 적절하게 사용한다.

ⓓ 공정상 또는 환기상 흡·배기용 개구부가 필요할 때에는 되도록 면적을 최소화하여 소음이 전파되지 않도록 하고, 가능한 한 소음 처리가 병행되도록 한다.

ⓔ 시공 시 틈새가 생기지 않도록 최대한 주의하고, 부득이한 경우에는 코킹재를 사용하여 밀폐시킨다.

ⓕ 방음문의 차음성은 밀폐용 차음재와 동등한 정도가 되도록 하고, 설치 후 틈새가 생기지 않도록 주의한다.

ⓖ 배관, 덕트 등 외부와의 접촉부에는 플렉시블 조인트로 처리하여 진동을 절연하도록 한다.

ⓗ 기계 자체의 발열에 따른 문제가 생기지 않도록 실체적 및 흡·배기량에 유의한다.

ⓘ 음원을 밀폐하면 반사에 의하여 실내 음압이 높아지게 되므로 차음 효과가 낮아질 수 있다. 따라서 내면에는 흡음처리를 하여 반사 에너지를 저감해야 한다.

ⓙ 차음재의 유효 차음도는 실험 자료의 약 70% 정도로 판단하면 안전하다.

ⓚ 밀폐용 차음재는 단일 구조보다는 이중 구조가 더욱 효과적이며, 차음재와 차음재 간에는 서로 연결되어 있는 것보다 독립적으로 떨어져 있는 것이 더 효과적이다.

③ 소음기나 흡음덕트 등의 소음장치 사용

㉠ 흡·배기구 등의 개구부에서 소음 문제가 발생하는 경우에 사용한다.

㉡ 소음장치의 적용 시 주의사항

ⓐ 허용 압력손실 이하가 되도록 소음기의 압력손실을 고려하여 설계 및 시공한다.

ⓑ 덕트 외벽면으로부터 다른 소음이 유입되지 않도록 충분한 차음능력을 가진 재질을 선정한다.

ⓒ 음원의 진동이 덕트 및 접속 부분을 통하여 전달되면 새로운 소음 발생 요인이 되므로 진동 절연에 유의한다.

ⓓ 소음기 내부의 유속이 너무 빠르면 기류음이 발생할 수 있으므로 주의해야 한다.

ⓔ 흡입구나 배기구 등에 설치하는 루버에 의해서도 기류음이 발생하는 경우가 있으므로 설계할 때 적절한 유속이 되도록 조정하는 것이 필요하다.

④ 방진처리(15dB 정도 저감 효과)

⑤ 발생원 자체의 유속 저감, 마찰력 감소, 공진 · 방진

⑥ 음향출력의 저감(저소음 장비의 사용)

⑦ 운전스케줄의 변경

⑧ 소음원 대책의 유의사항

㉠ 소음이 발생되지 않도록 먼저 여러 측면으로 사고한다.

㉡ 고체음이나 공기음이 명확해지면 음원에 대한 적절한 대책을 세운다.

㉢ 기계 표면의 각부 진동가속도를 측정해야 한다.

㉣ 각부의 고유진동수를 찾아 공진을 피하여야 한다.

㉤ 진동이 심하여 고체음이 큰 기계는 밀폐에 의한 대책으로 진동을 억제하는 것은 비효과적이다.

㉥ 유체가 흐르는 소음기의 내면에 흡음재를 취부하면 마찰손실이 증가되어 소음을 증대시킨다.

⑨ 소음 · 진동 발생원인 제거의 예

발생원	대책
기계적 원인	• 저소음형 기계를 선정하여 소음원을 대체(예 소형 · 고속 → 대형 · 저속, 해머 → 프레스, 사각 전단기 → 회전 전단기, 기계 프레스 → 유압 프레스, 기어 구동 → 밸브 구동) • 소음원의 정비에 유의(예 불균형 · 마모품 → 균형 · 신품, 마찰부분 → 윤활) • 공정 및 가공 기법을 개선(예 충격식 리베팅 → 압축식 리베팅, 리베팅 → 용접, 냉연 가공 → 열연 가공, 압연 · 단조 → 프레스, 낙하식 → 낙하 높이 조절, 유압식 기류식 → 기계식) • 기계의 방진 및 제진 처리

발생원	대책
연소적 원인	버너의 경우에 연소 조건에 따라 소음의 차이가 심하므로 안정 연소가 되도록 조치
유체적 원인	• 흡 · 배기 소음기(내연기관류, 고압가스 방출부 등)를 설치 • 급격한 난류 생성부에 대하여 검토(예 서징, 캐비테이션의 발생 억제) • 소음원을 대체(예 소형 · 고속 송풍기 → 대형 · 저속 송풍기)
전자적 원인	유도 전동기의 경우에 전원 전압의 불평형 또는 전자적 흡인력과 반발력에 의하여 소음 발생이 크게 되는 경우가 있으므로 주의 요망

(2) 전파경로 대책

① 발생원으로부터 방사되는 소음 · 진동은 모든 물질을 전파해 가므로, 그 전파경로에 적절한 대책을 세워 소음을 방지하는 것을 말한다.

② 흡음처리

㉠ 벽면 또는 천장면 등에 흡음처리를 하면 반사음이 없어져 소음 감쇠 효과를 기대할 수 있다.

㉡ 흡음처리 시 주의사항

ⓐ 흡음처리에 따른 일반적인 소음 감쇠 기대 효과는 3~10dB(A) 내외이다.

ⓑ 소음원의 주파수 특성이 고주파 특성일 때에는 벽면(또는 천장면)에 밀착 시공하더라도 효과적이지만, 저주파 특성일 때에는 약간의 공기층을 띄우고 시공하면 추가 감쇠 효과를 기대할 수 있다.

ⓒ 흡음대책 시공 시 벽면 처리보다는 천장부 처리가 더 효과적일 수 있다.

ⓓ 흡음재의 표면 마감 상태는 흡음 성능에 지장이 없으며, 내화성, 내구성, 미관성 및 경제성 등을 고려하여 선정하도록 한다.

③ 차음처리

일반적으로 공장벽체의 차음성(투과손실)을 강화시켜 소음을 방지하는 것을 말한다.

④ 방음벽 또는 칸막이 설치

음원과 수음점 간에 방음벽이나 칸막이를 세우면 소음은 회절효과에 의하여 감쇠한다.

⑤ 거리 감쇠

㉠ 음원과 수음점까지의 거리를 충분하게 유지하면 소리 에너지가 감쇠되어 소음이 잘 들리지 않게 된다.

㉡ 공기 중에서 소리가 전파할 경우, 음원의 면적을 $a \times b$(단, $a < b$)라고 하면 음원의 위치에서 $\frac{a}{\pi}$ 되는 지점까지는 거의 감쇠가 되지 않으나, $\frac{a}{\pi}$로부터 $\frac{b}{\pi}$ 사이에서는

거리가 2배가 되면 감쇠량은 3dB이 되며, $\frac{b}{\pi}$ 이상에서는 거리가 2배가 되면 6dB씩 감쇠된다.

⑥ 지향성 변환
　㉠ 고주파음에 약 15dB 정도 저감효과가 있다.
　㉡ 고체나 액체 중에서 소리가 전파할 경우에는 음의 감쇠를 기대하기가 어려워 다른 대책을 검토해야 한다.

⑦ 주위에 잔디를 심어 음반사를 차단

(3) 수진점 대책

① 청력보호구(귀마개, 귀덮개 등) 착용 및 정기청력검사 실시
② 작업자의 전환배치 근무 등을 적용 및 작업방법 개선
③ 창문이나 출입문 및 기타 개구부 대책과 건물 마감 자재의 투과 손실을 증가시키는 방법을 검토

Reference 소음방지대책의 우선순위 판정 관련식

$$NCPF = \frac{NE \times LD \times EC \times SF \times PF}{CK}$$

여기서, NE : 소음 노출작업자 수
LD : 계속작업 시 작업자들에게 미치는 심각한 청력손실 가능성
EC : 환경특성인자
SF : 대책을 통한 해결성공 가능성 지수
PF : 생산성 지수
CK : 방음대책 비용

(4) 음향출력 및 음압레벨의 변화 이론식

소음이 많이 발생되고 있는 소음방사부에 소음장치를 부착하여 음향출력이 W에서 W'으로 변하고 음압레벨도 SPL에서 SPL'로 변하는 이론적인 식은 다음과 같다.

$$SPL' = 10\log W - 10\log\left(\frac{W}{W'}\right) + 10\log\left(\frac{Q}{4\pi r^2} + R_i\right) + 120(\text{dB})$$

Reference **능동소음제어**

① 원래의 소음에 제어음을 생성하여 두 음을 중첩, 상쇄시켜 의도한 위치에서의 음압을 감소시킨다.
② 원래의 소음 음장과 제어음장과의 상호 선형적인 성질이 있어야 한다.
③ 제어대상 소음과 제어음 사이에 180도의 위상차가 있어야 한다.
④ 500Hz 이하의 저주파수 영역의 소음 저감에 적합하다.

Reference **고주파 음에 대한 방음대책(소음 저감대책)**

① 차음벽 설치
② 흡음재 시공
③ 견고한 자재에 의한 밀폐상자 설치

Reference **실내설치 유체기계 소음발생 저감대책**

① 유속을 느리게 한다.
② 압력의 시간적 변화를 완만하게 한다.
③ 유체유동 시 유량밸브를 가능한 천천히 개폐시킨다.
④ 유체유동 시 공동현상이 발생하지 않도록 한다.

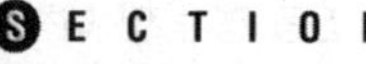

실내 평균흡음률 계산 방법

(1) 재료별 면적과 흡음률 계산에 의한 방법

① 평균흡음률($\overline{\alpha}$)

$$\overline{\alpha} = \frac{\Sigma S_i \alpha_i}{\Sigma S_i} = \frac{S_1\alpha_1 + S_2\alpha_2 + S_3\alpha_3 + \cdots}{S_1 + S_2 + S_3 + \cdots}$$

여기서, S_1, S_2, S_3 : 실내 각부의 면적(m^2)
일반적으로 실내는 천장, 바닥, 벽면을 고려
α_1, α_2, α_3 : 실내 각부의 흡음률

② 흡음력(A)

$$A = S\overline{\alpha} = \sum_{i=1}^{n} S_i \alpha_i (\text{m}^2, \text{ sabin})$$

여기서, S : 실내 내부의 전 표면적(m^2)
$\overline{\alpha}$: 평균흡음률
S_i, α_i : 각 흡음재의 면적과 흡음률

③ 실정수(R)

$$R = \frac{S\overline{\alpha}}{1 - \overline{\alpha}} (\text{m}^2, \text{ sabin})$$

여기서, S : 실내 내부의 전 표면적(m^2)
$\overline{\alpha}$: 평균흡음률

(2) 잔향시간 측정에 의한 방법

① 잔향시간(T)

㉠ 잔향시간은 실내에서 음원을 끈 순간부터 직선적으로 음압레벨이 60dB(에너지밀도가 10^{-6} 감소) 감쇠되는 데 소요되는 시간(sec)이다.
㉡ 잔향시간을 이용하면 대상 실내의 평균흡음률을 측정할 수 있다.
㉢ 일반적으로 잔향시간은 기록지의 레벨 감쇠곡선의 폭이 25dB(최소 5dB) 이상일 때 산출한다.

② 관계식

$$T = \frac{0.161\,V}{A} = \frac{0.161\,V}{S\,\overline{\alpha}}\,(\text{sec})$$

$$\overline{\alpha} = \frac{0.161\,V}{ST}$$

여기서, T : 잔향시간(sec)
V : 실의 체적(부피)(m^3)
A : 총 흡음력($\Sigma \alpha_i S_i$)(m^2, sabin)
S : 실내 내부의 전 표면적(m^2)

(3) 표준음원(파워레벨을 알고 있는 음원)에 의한 방법

$$\overline{\alpha} = \frac{\log^{-1}\left(\dfrac{PWL_0 - SPL_0 + 6}{10}\right)}{S + \log^{-1}\left(\dfrac{PWL_0 - SPL_0 + 6}{10}\right)}$$

여기서, PWL_0 : 표준음원의 음향파워레벨(dB)
SPL_0 : 표준음원에서 멀리 떨어진 곳에서의 음압레벨(dB)
S : 실내 내부의 전 표면적(m^2)

SECTION 006 흡음률 측정법

ENGINEER NOISE & VIBRATION

(1) 정재파법(관내법)

① 수직입사 흡음률 측정방법을 주로 이용한 것이다.

② 관의 한쪽 끝에 시료 충전 후, 다른 한쪽 끝에 부착된 스피커에 순음이 발생하면 관 내에 정재파가 생겨 $\lambda/4$ 간격으로 음압의 고저 차가 생긴다.

③ 음압 고저의 정재파비(n)

$$n = \frac{P_{\max}}{P_{\min}} = \frac{A+B}{A-B}$$

④ 흡음률(α_t)

$$\alpha_t = \frac{4}{n + \frac{1}{n} + 2} \left(= 1 - \frac{(1-n)^2}{(1+n)^2} \right)$$

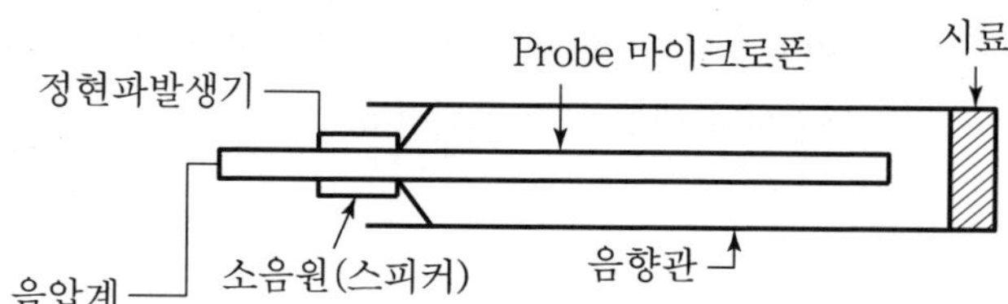

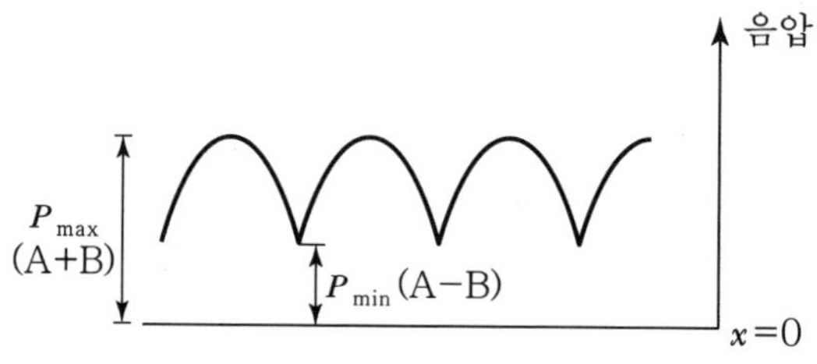

[정재파법의 흡음률 측정]

(2) 잔향실법

① 난입사 흡음률 측정법으로 실제 현장에서 적용되고 있다.

② 시료 부착 전 잔향실의 평균흡음률($\overline{\alpha}_0$)

$$\overline{\alpha}_0 = \frac{0.161\,V}{ST_0}$$

여기서, V : 실의 체적(m^3)
S : 잔향실 내부의 표면적(m^2)
T_0 : 시료 부착 전의 잔향시간(sec)

③ 시료 부착 후 시료의 흡음률(α_r)

$$\alpha_r = \frac{0.161\,V}{S'}\left(\frac{1}{T} - \frac{1}{T_0}\right) + \overline{\alpha}_0$$

여기서, T : 시료 부착 후의 잔향시간(sec)
S' : 시료의 면적(m^2)

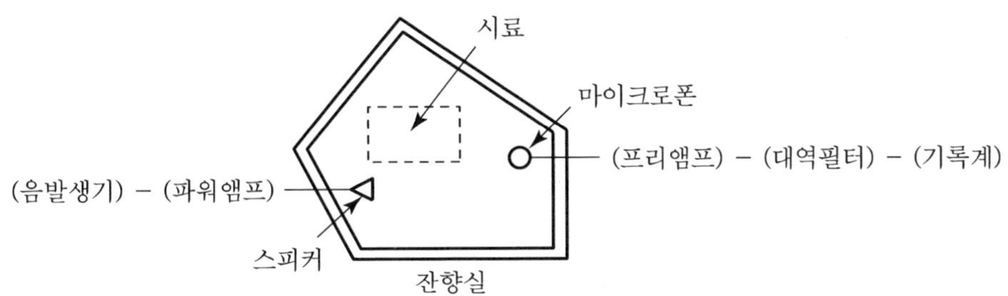

[잔향실법의 흡음률 측정]

必수문제

01 **바닥면적이 6m×7m이고 높이가 2.5m인 방이 있다. 바닥, 벽, 천장의 흡음률이 각각 0.1, 0.35, 0.55일 때 이 방의 평균흡음률은?**

풀이

$$\overline{\alpha} = \frac{S_{천}\alpha_{천} + S_{벽}\alpha_{벽} + S_{바}\alpha_{바}}{S_{천} + S_{벽} + S_{바}}$$

$S_{천} = 6 \times 7 = 42m^2$, $S_{바} = 6 \times 7 = 42m^2$

$S_{벽} = (6 \times 2.5 \times 2) + (7 \times 2.5 \times 2) = 65m^2$

$$= \frac{(42 \times 0.55) + (65 \times 0.35) + (42 \times 0.1)}{42 + 65 + 42} = 0.34$$

02 **가로, 세로, 높이가 각각 8m, 10m, 4m인 작업장의 바닥, 벽, 천장의 흡음률이 각각 0.01, 0.25, 0.3이다. 천장에 흡음 처리를 하여서 흡음률을 0.8로 증가시켰을 때 이 작업장 내부의 평균흡음률 증가량은?**

풀이

- 천장흡음률 증가 전 평균흡음률($\overline{\alpha}_1$)

$S_{천} = 8 \times 10 = 80\text{m}^2$, $S_{바} = 8 \times 10 = 80\text{m}^2$

$S_{벽} = (8 \times 4 \times 2) + (10 \times 4 \times 2) = 144\text{m}^2$

$$\overline{\alpha}_1 = \frac{(80 \times 0.3) + (144 \times 0.25) + (80 \times 0.01)}{80 + 144 + 80} = 0.2$$

- 천장흡음률 증가 후 평균흡음률($\overline{\alpha}_2$)

$$\overline{\alpha}_2 = \frac{(80 \times 0.8) + (144 \times 0.25) + (80 \times 0.01)}{80 + 144 + 80} = 0.33$$

∴ 증가량$= \overline{\alpha}_2 - \overline{\alpha}_1 = 0.33 - 0.2 = 0.13$

必 수문제

03 **바닥면적이 5m×5m이고 높이가 3m인 방이 있다. 바닥 및 천장의 흡음률이 0.3일 때 벽체에 흡음재를 부착하여 실내의 평균흡음률을 0.55 이상으로 하고자 한다면 벽체 흡음재의 흡음률은 얼마 정도가 되어야 하는가?**

풀이

$$\overline{\alpha} = \frac{S_{천}\alpha_{천} + S_{벽}\alpha_{벽} + S_{바}\alpha_{바}}{S_{천} + S_{벽} + S_{바}}$$

$S_{천} = 5 \times 5 = 25\text{m}^2$, $S_{벽} = 5 \times 3 \times 4 = 60\text{m}^2$, $S_{바} = 5 \times 5 = 25\text{m}^2$

$$0.55 = \frac{(25 \times 0.3) + (60 \times \alpha_{벽}) + (25 \times 0.3)}{25 + 60 + 25}$$

$\alpha_{벽} = 0.76$

必 수문제

04 **어느 작업장의 용적이 400m³, 표면적이 200m², 벽면의 평균흡음률이 0.1이면 잔향시간(sec)은?**

풀이

잔향시간(T)

$$T = \frac{0.161 \times V}{A} = \frac{0.161 \times V}{S\overline{\alpha}} = \frac{0.161 \times 400}{200 \times 0.1} = 3.22\text{sec}$$

必수문제

05 가로, 세로, 높이가 5m, 7m, 2m인 방의 벽, 바닥, 천장의 500Hz 밴드에서의 흡음률이 각각 0.25, 0.05, 0.15일 때 500Hz 음의 잔향시간(sec)은?

풀이

잔향시간(T)

$$T=\frac{0.161\times V}{S\bar{\alpha}}$$

S(실내 전 표면적) : $S_{벽}=(5\times2\times2)+(7\times2\times2)=48\text{m}^2$

$S_{바}=5\times7=35\text{m}^2$, $S_{천}=5\times7=35\text{m}^2$

$$\bar{\alpha}=\frac{(48\times0.25)+(35\times0.05)+(35\times0.15)}{48+35+35}=0.161$$

$$=\frac{0.161\times(5\times7\times2)}{(48+35+35)\times0.161}=0.59\text{sec}$$

必수문제

06 실내 총 표면적이 300m²인 회의실이 있다. 이 회의실의 벽체 면적은 100m²로 흡음률이 0.5이고, 나머지 바닥과 천장의 흡음률은 각각 0.2일 때, 이 회의실의 흡음력(m²)은?

풀이

흡음력(A)

$$A=S\cdot\bar{\alpha}$$

S(실내 전 표면적)$=300\text{m}^2$

$$\bar{\alpha}=\frac{(100\times0.5)+(100\times0.2)+(100\times0.2)}{300}=0.3$$

$=300\times0.3=90\text{m}^2$

必수문제

07 $4\text{m}^{L}\times5\text{m}^{W}\times3\text{m}^{H}$인 방에서 측정한 잔향시간이 500Hz에서 0.33초일 때 이 방의 평균흡음률은?

풀이

평균흡음률($\bar{\alpha}$)

$$\bar{\alpha}=\frac{0.161\,V}{S\cdot T}$$

V(실의 체적)$=4\times5\times3=60\text{m}^3$, T(잔향시간)$=0.33\text{sec}$

S(실내 전 표면적)$=(4\times5\times2)+(4\times3\times2)+(5\times3\times2)=94\text{m}^2$

$$=\frac{0.161\times60}{94\times0.33}=0.31$$

必수문제

08 **용적 $125m^3$, 표면적 $150m^2$인 잔향실의 잔향시간은 5.5초이다. 이 잔향실의 바닥에 $10m^2$의 흡음재를 부착하여 측정한 잔향시간이 3.2초 되었을 때, 이 흡음재의 흡음률은?**

풀이

시료 부착 후 시료의 흡음률(α_r)

$$\alpha_r = \frac{0.161V}{S'}\left(\frac{1}{T}-\frac{1}{T_0}\right)+\overline{\alpha_0}$$

V(실의 체적) $=125m^3$

S(실 내부 표면적) $=150m^2$

S'(시료의 면적) $=10m^2$

T(시료 부착 후 잔향시간) $=3.2$sec

T_0(시료 부착 전 잔향시간) $=5.5$sec

$\overline{\alpha_0}$(시료 부착 전 평균흡음률) $= \frac{0.161V}{ST_0} = \frac{0.161\times125}{150\times5.5} = 0.024$

$$= \frac{0.161\times125}{10}\left(\frac{1}{3.2}-\frac{1}{5.5}\right)+0.024 = 0.29$$

必수문제

09 **가로, 세로, 높이가 5m, 7m, 2m인 방의 벽, 바닥, 천장의 500Hz 밴드에서의 흡음률이 각각 0.25, 0.05, 0.15이다. 벽의 80%를 500Hz 밴드에서의 흡음률이 0.70인 재료로 처리했을 때 500Hz 음의 잔향시간(sec)은?**

풀이

잔향시간(T)

$$T = \frac{0.161\times V}{S\cdot\overline{\alpha}}$$

V(실의 체적) $=5\times7\times2=70m^3$

S(실 내부 표면적) $=(5\times7\times2)+(5\times2\times2)+(7\times2\times2)=118m^2$

$\overline{\alpha}$(평균흡음률) $= \frac{(9.6\times0.25)+(38.4\times0.7)+(35\times0.05)+(35\times0.15)}{118} = 0.307$

벽의 표면적 $=(5\times2\times2)+(7\times2\times2)=48m^2(48m^2\times0.8=38.4m^2)$

$$= \frac{0.161\times70}{118\times0.307} = 0.31\text{sec}$$

必수문제

10 어떤 공장 내에 아래의 조건을 만족하는 A실과 B실이 있다. A실의 잔향시간을 1초라 할 때, B실의 잔향시간은?

- 〈A실〉 실용적 240m^3, 건물 내부 표면적 256m^2
- 〈B실〉 실용적 1,920m^3, 건물 내부 표면적 1,024m^2
- 단, A실과 B실의 내벽은 동일 재료로 되어 있다.

풀이

- A실의 평균흡음률($\overline{\alpha}$)

$$\overline{\alpha}=\frac{0.161\,V}{ST}=\frac{0.161\times240}{256\times1}=0.151$$

- B실의 잔향시간(T)

$$T=\frac{0.161\,V}{S\overline{\alpha}}=\frac{0.161\times1{,}920}{1{,}024\times0.151}=2\mathrm{sec}$$

必수문제

11 확산음장으로 볼 수 있는 공장의 부피가 3,000m^3, 내부 표면적이 1,700m^2, 그 평균흡음률이 0.3일 때 평균자유행로(MFP, m), 실정수(m^2), 잔향시간(sec), 실내 평균음압레벨(dB)을 구하시오.(단, 실내 PWL은 90dB)

풀이

- 평균 자유 전파거리(평균자유행로 : P)

$$P=\frac{4\,V}{S}=\frac{4\times3{,}000}{1{,}700}=7.05\mathrm{m}$$

- 실정수(R)

$$R=\frac{S\cdot\overline{\alpha}}{1-\overline{\alpha}}=\frac{1{,}700\times0.3}{1-0.3}=728.6\mathrm{m}^2$$

- 잔향시간(T)

$$T=\frac{0.161\times V}{S\overline{\alpha}}=\frac{0.161\times3{,}000}{1{,}700\times0.3}=0.95\mathrm{sec}$$

- 실내 평균음압레벨(SPL)

$$SPL=PWL+10\log\left(\frac{4}{R}\right)=90+10\log\left(\frac{4}{728.6}\right)=67.4\mathrm{dB}$$

12 어느 전자공장 내 소음대책으로 다공질재료로 흡음매트공법을 벽체와 천장부에 각각 적용하였다. 작업장 규격은 25L × 12W × 5H(m)이고, 대책 전 바닥 벽체 및 천장부의 평균흡음률은 각각 0.02, 0.05와 0.1이었다면 잔향시간 비(대책 전/대책 후)는?(단, 흡음매트의 평균흡음률은 0.45로 한다.)

풀이

• 대책 전 잔향시간(T_1)

$$T_1 = \frac{0.161 \times V}{S\overline{\alpha}}$$

S(실내의 전 표면적) : $S_{바} = 25 \times 12 = 300\text{m}^2$

$S_{벽} = (25 \times 5 \times 2) + (12 \times 5 \times 2) = 370\text{m}^2$

$S_{천} = 25 \times 12 = 300\text{m}^2$

V(실내의 체적) $= 25 \times 12 \times 5 = 1{,}500\text{m}^3$

$$\overline{\alpha}(\text{평균흡음률}) = \frac{(300 \times 0.02) + (370 \times 0.05) + (300 \times 0.1)}{300 + 370 + 300} = 0.056$$

$$= \frac{0.161 \times 1{,}500}{970 \times 0.056} = 4.45\text{sec}$$

• 대책 후 잔향시간(T_2)

$$T_2 = \frac{0.161 \times V}{S\overline{\alpha}}$$

$$\overline{\alpha}(\text{평균흡음률}) = \frac{(300 \times 0.02) + (370 \times 0.45) + (300 \times 0.45)}{300 + 370 + 300} = 0.317$$

$$= \frac{0.161 \times 1{,}500}{970 \times 0.317} = 0.79\text{sec}$$

$$\therefore \frac{\text{대책 전 잔향시간}}{\text{대책 후 잔향시간}} = \frac{4.45}{0.79} = 5.63$$

必수문제

13 가로 × 세로 × 높이가 각각 20m × 15m × 5m인 방의 바닥 및 천장의 흡음률은 0.1이고, 벽이 흡음률은 0.3이다. 이 방의 바닥중앙에 음향파워레벨이 90dB인 무지향성 점음원이 있을 때 평균흡음률은 얼마인가?

풀이

평균흡음률($\overline{\alpha}$)

$$\overline{\alpha} = \frac{(300 \times 0.1) + (300 \times 0.1) + (350 \times 0.3)}{300 + 300 + 350} = 0.174$$

14 **가로×세로×높이가 각각 6m×7m×5m인 실내의 잔향시간이 2초였다. 이 실내에 음향파워레벨이 110dB인 음원이 있을 경우, 이 실내의 음압레벨(dB)은?**

풀이

실내의 음압레벨(SPL)

$$SPL = PWL + 10\log\left(\frac{4}{R}\right)$$

실정수(R)$= \dfrac{S \cdot \overline{\alpha}}{1-\overline{\alpha}}$

실내 전 표면적(S)$=(6\times7\times2)+(6\times5\times2)+(7\times5\times2)=214\text{m}^2$

잔향시간(T)$= \dfrac{0.161\times V}{S\cdot\overline{\alpha}}$

$$\overline{\alpha} = \frac{0.161\times V}{S\cdot T} = \frac{0.161\times210}{214\times2} = 0.079$$

$$= \frac{214\times0.079}{1-0.079} = 18.35\text{m}^2$$

$$= 110 + 10\log\left(\frac{4}{18.35}\right) = 103.4\text{dB}$$

15 **크기가 7m×8m×6m이고 3초의 잔향시간을 갖는 잔향실 내에 소음원을 가동시킨 후 측정한 평균음압레벨이 76dB이었다. 이 소음원의 음향파워는 몇 Watt인가?**

풀이

실내 음향파워레벨(PWL)

$$PWL = SPL - 10\log\left(\frac{4}{R}\right)$$

$$R = \frac{S\cdot\overline{\alpha}}{1-\overline{\alpha}}$$

$$T = \frac{0.161V}{S\cdot\overline{\alpha}}$$

$$\overline{\alpha} = \frac{0.161V}{S\cdot T} = \frac{0.161\times(7\times8\times6)}{[(7\times8\times2)+(7\times6\times2)+(8\times6\times2)]\times3} = 0.063$$

$$= \frac{292\times0.063}{1-0.063} = 19.63\text{m}^2$$

$$= 76 - 10\log\left(\frac{4}{19.63}\right) = 82.9\text{dB}$$

$$82.9 = 10\log\frac{W}{10^{-12}}$$

$$W = 0.000195(1.95\times10^{-4})\text{Watt}$$

必수문제

16 **2kHz 옥타브밴드에서 잔향시간이 3초의 공장지면 내에 음향파워레벨이 120dB인 소형 압축기가 가동되고 있다. 이 공장의 가로×세로×높이가 각각 5m×7m×2m일 때, 음원으로부터 4m 떨어진 곳에서의 음압레벨은?**

풀이

실내 일정거리의 음압레벨(SPL)

$$SPL = PWL + 10\log\left(\frac{Q}{4\pi r^2} + \frac{4}{R}\right)$$

$PWL = 120\text{dB},\ \ r = 4\text{m},\ \ Q = 2$(지면)

$$R = \frac{S \cdot \overline{\alpha}}{1 - \overline{\alpha}}$$

$$\overline{\alpha} = \frac{0.161 \times V}{S \cdot T} = \frac{0.161 \times (5 \times 7 \times 2)}{[(5 \times 7 \times 2) + (5 \times 2 \times 2) + (7 \times 2 \times 2)] \times 3} = 0.0318$$

$$= \frac{118 \times 0.0318}{1 - 0.0318} = 3.88\text{m}^2$$

$$= 120 + 10\log\left(\frac{2}{4 \times 3.14 \times 4^2} + \frac{4}{3.88}\right) = 120.1\text{dB}$$

必수문제

17 **공간이 큰 작업실의 바닥면 한가운데에 설치되어 있는 소형 기계의 음향파워레벨이 90dB이고, 이 기계로부터 4m 떨어진 점의 음압레벨이 74.7dB이라면 실내의 실정수(m^2)는 얼마인가?**

풀이

$$SPL = PWL + 10\log\left(\frac{Q}{4\pi r^2} + \frac{4}{R}\right)$$

$$74.7 = 90 + 10\log\left(\frac{2}{4 \times 3.14 \times 4^2} + \frac{4}{R}\right)$$

$$R = 204.5\text{m}^2$$

必수문제

18 **어느 재료의 흡음성능을 측정하기 위하여 정재파 관내법을 사용하였을 때 1,000Hz 순음인 sine파의 정재파 비가 1.7이었다면 이 흡음재의 흡음률은?**

풀이

흡음률(α_t)

$$\alpha_t = \frac{4}{n + \frac{1}{n} + 2} = \frac{4}{1.7 + \frac{1}{1.7} + 2} = 0.933$$

19 **관내법에 의한 시료의 흡음률 측정에서 입사음의 진폭이 2×10^{-1}Pa, 반사음의 진폭이 1×10^{-1}Pa일 때 이 시료의 흡음률은?**

풀이

$$정재파비(n)=\frac{P_{max}}{P_{min}}=\frac{A+B}{A-B}=\frac{(2\times10^{-1})+(1\times10^{-1})}{(2\times10^{-1})-(1\times10^{-1})}=3$$

$$흡음률(\alpha_t)=\frac{4}{n+\frac{1}{n}+2}=\frac{4}{3+\frac{1}{3}+2}=0.75$$

20 **실내의 평균흡음률을 구하기 위하여 이미 알고 있는 표준음원을 이용하였다. 표준음원의 음향파워레벨이 100dB, 실내의 평균음압레벨이 86dB, 실내의 표면적이 450m²일 때, 실내의 평균흡음률은?**

풀이

$$\bar{\alpha}=\frac{\log^{-1}\left(\frac{PWL_0-SPL_0+6}{10}\right)}{S+\log^{-1}\left(\frac{PWL_0-SPL_0+6}{10}\right)}$$

$$=\frac{\log^{-1}\left(\frac{100-86+6}{10}\right)}{450+\log^{-1}\left(\frac{100-86+6}{10}\right)}=\frac{(\log 2)^{-1}}{450+(\log 2)^{-1}}=\frac{3.3}{450+3.3}=0.0073$$

SECTION ENGINEER NOISE & VIBRATION

007 흡음기구(흡음재)의 종류와 특성

(1) 다공질형 흡음(Porocity Type)

① 흡음원리

다공질 흡음재료는 음파가 재료 중을 통과할 때 재료의 다공성에 따른 저항 때문에 에너지가 감쇠하는 원리, 즉 음에너지가 운동에너지로 바뀌어 열에너지로 전환된다.

② 흡음특성

중 · 고음역에서 흡음성이 좋다.

③ 종류

암면, 섬유 및 뿜칠섬유재료, 발포수지재료, 유리면, 흡음폼(Form)

④ 특징

㉠ 다공질 재료를 벽에 밀착할 경우 주파수가 높아질수록 일반적으로 흡음률이 증가되며 동일 재료의 두께 증가와 더불어 중저음역의 흡음률이 크게 된다.

㉡ 재료의 두께를 증가시키면 넓은 영역에서 흡음률이 증가한다. 또한 밀도를 증가시켜도 두께를 증가시키는 것과 같은 효과를 얻을 수 있다.

㉢ 벽과의 사이에 공기층을 두고 흡음재를 설치할 경우 그 두께에 따라 저주파영역까지 흡음효과가 증대된다.

㉣ 시공 시에는 벽면에 바로 부착하는 것보다 입자속도가 최대로 되는 1/4 파장의 홀수 배 간격으로 배후공기를 두고 설치하면 음파의 운동에너지를 가장 효율적 · 경제적으로 열에너지로 전환시킬 수 있으며, 저음역의 흡음률도 개선된다. 즉 입자속도가 최대로 되는 위치에 흡음재를 시공하는 이유는 입자속도가 최대로 되는 위치에서 음의 마찰 손실이 최대로 발생하기 때문이다.

㉤ 다공질 재료의 흡음특성은 통기저항, 두께, 배후 조건 등에 따라 크게 변화된다.

㉥ 12~15mm 정도 두께의 목모시멘트판을 배후에 공기층을 두어 시공하면 중고음역에서 상당한 흡음력을 나타낸다.

㉦ 다공판의 충진재로서 다공질 흡음재료를 사용하면 다공판의 상태, 배후공기층 등에 따른 공명흡음을 얻을 수 있다.

㉧ 다공질 흡음재료는 음파가 재료 중을 통과할 때 재료의 다공성에 따른 저항 때문에 음에너지가 감쇠하며 일반적으로 중 · 고음역의 흡음률이 높다.

㉨ 다공질 흡음재료에 음향적 투명재료를 표면재로 사용하면 흡음재료의 특성에 영향을 주지 않고 표면을 보호할 수 있다.

⑤ 섬유질 흡음재의 고유 유동저항(σ)

$$\sigma = \frac{Q \cdot L}{\Delta P \cdot S}$$

여기서, Q : 체적속도, L : 시료두께
ΔP : 시료 전후의 압력 차이, S : 시료단면적

(2) 판(막)진동형 흡음(Membrane Type)

① 흡음원리

벽에 공기층을 두고 통기성이 없는 판 또는 막을 팽팽하게 설치하면 판은 질량, 공기층의 탄성은 스프링으로 작용하는 공진계가 형성되며, 이때 판 자체의 내부손실이나 접합부의 마찰저항에 의해 진동에너지가 열에너지로 변환되어 흡음효과가 발생한다.

② 흡음특성

저음역(80~300Hz에서 최대흡음률 0.2~0.5)에서 흡음성이 좋다.

③ 종류

비닐시트, 석고보드, 석면슬레이트, 합판, 철판, 유리

④ 특징

㉠ 판은 진동에 민감하며, 얇고 가벼울수록 흡음률이 우수하다.
㉡ 판상재료의 판이 두껍거나 판 뒤에 배후공기층이 클수록 흡음특성은 저음역으로 이동한다.
㉢ 판상재료의 뒤에 공기층을 두면 판의 치수와 강성에 의한 고유진동으로 비교적 낮은 음을 흡수하기 쉽다.
㉣ 판상재료의 뒤에 둔 공기층에 다공질 흡음재료를 삽입하면 흡음 피크가 상당히 개선된다.

⑤ 관련식

$$\text{흡음주파수 } f = \frac{C}{2\pi}\sqrt{\frac{\rho}{m \cdot d}} = \frac{60}{\sqrt{m \cdot d}} \text{(Hz)}$$

여기서, f : 판, 막 흡음재의 흡음주파수(Hz), C : 음속(m/sec)
ρ : 공기밀도(kg/m^3), d : 공기층(m), m : 면밀도(kg/m^2)

(3) 공명기형 흡음(Resonator Type)

① 흡음원리

Helmholtz 공명기라 하며 목부분의 공기를 질량(공기밀도, 목의 길의, 목의 유효길이,

목단면적과 관계있음), 공동부의 공기를 탄성 스프링으로, 음이 입사될 때 공명이 일어나 목부분의 공기는 격하게 진동하며, 공기의 진동이 심하면 마찰에 의한 열에너지 변환율도 증대되어 흡음효과가 발생한다.

② **흡음특성**

저음역에서 흡음성이 좋다.

③ **종류**

단일공명기, 다공판(유공판) 공명기, 격자 및 슬릿 흡음공명기

④ **특징**

㉠ 공명흡음에서 구멍의 크기가 음의 파장에 비해 매우 작을 때에는 공명주파수 부근에서 흡음하며 공명주파수 저음역 부근에서는 날카롭고 뾰족한 산 형태의 특성을 가진다.

㉡ 공명주파수 부근에서만 흡음하게 되므로 매우 부자연스러운 실내음향특성이 조성될 수 있으므로 주의할 필요가 있다.

㉢ 유공판(다공판) 구조체 흡음일 경우 흡음특성을 규정하는 주된 요소는 흡음주파수 영역과 흡음 영역에서의 흡음률이고 흡음특성은 중음역이며 유공석고보드, 유공하드보드 등이 있다.

㉣ 유공판 구조체는 개구율에 따라 흡음특성이 달라지며 또한 판의 두께, 구멍의 피치, 직경 등에 따라 흡음특성이 달라진다.

㉤ 배후에 다공질 재료로 저항을 주면 흡음특성이 보다 넓어지므로 가능한 한 흡음재와 공기층을 두고 시공하면 좋다.

㉥ 유공보드의 경우 배후에 공기층을 두어 시공하면 공기층이 상당히 두꺼운 경우를 제외하고 일반적으로는 어느 주파수 영역을 중심으로 산형의 흡음특성을 보인다.

㉦ 슬릿에 의한 공명흡음도 배후공기층에 다공질 흡음재를 충진하면 흡음역이 고주파 측으로 이동한다.

(4) 흡음재의 선정 및 사용상 주의점

재료 선정 시 단열재와 구별되게 해야 하며 가능한 한 흡음률이 높은 흡음재를 선정하여 시공한다.

① 흡음률은 시공 시에 있어서 배후 공기층의 상황에 따라서 변화하는 것이므로 시공할 때와 동일한 조건인 흡음률 데이터를 이용해야 한다.

② 흡음재료를 벽면에 부착할 때는, 한 곳에 집중시키는 것보다 전벽에 분산시켜 부착하면 흡음력이 증가하고 반사음은 확산된다.

③ 실(방)의 모서리(구석)나 가장자리 부분에 흡음재를 부착하면 효과가 좋아진다.

④ 흡음재(흡음 Tex) 등은 다공질 재료로서의 흡음작용 외에, 판진동에 의한 흡음작용도 발생되므로 진동하기 쉬운 방법이 바람직하다. 예를 들면 전면을 접착재로 부착하는 것보다는 못으로 고정시키는 것이 좋다.

⑤ 다공질 재료는 산란하기 쉬우므로 표면에 얇은 직물로 피복을 하는 것이 바람직하고, 이로 인하여 흡음률이 저하되어서는 안 된다.(폴리에틸렌, 비닐 등 얇은 막다공질 재료의 표면처리는 두께 0.03mm 정도로 팽팽하지 않게 하여 붙인다.)
⑥ 비닐시트나 캔버스로 피복을 하는 경우에는 수백 Hz 이상의 고음역에서는 흡음률의 저하를 각오해야 하나 저음역에서는 판진동 때문에 오히려 흡음률이 증대하는 수가 많다.
⑦ 다공질 재료의 표면을 도장하면 고음역의 흡음률이 저하된다.
⑧ 막진동이나 판진동형의 흡음기구는 도장을 해도 지장이 없다.
⑨ 다공질 재료의 표면에 종이를 바르는 것은 피해야 한다.
⑩ 다공질 재료의 표면을 다공판으로 피복할 때에는 개구율은 20% 이상으로 하고 공명흡음의 경우에는 3~20%의 범위로 하는 것이 좋다.

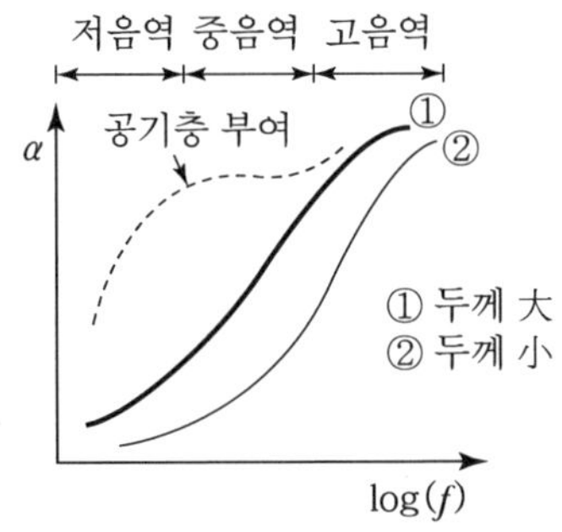

[다공질형 흡음재의 흡음특성]

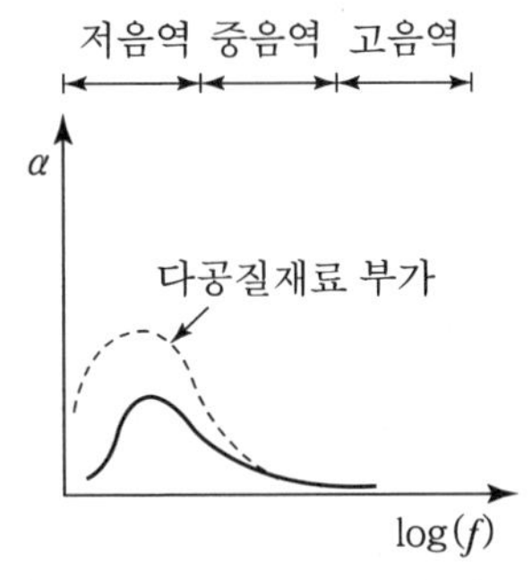

[판(막)진동형 흡음재의 흡음특성]

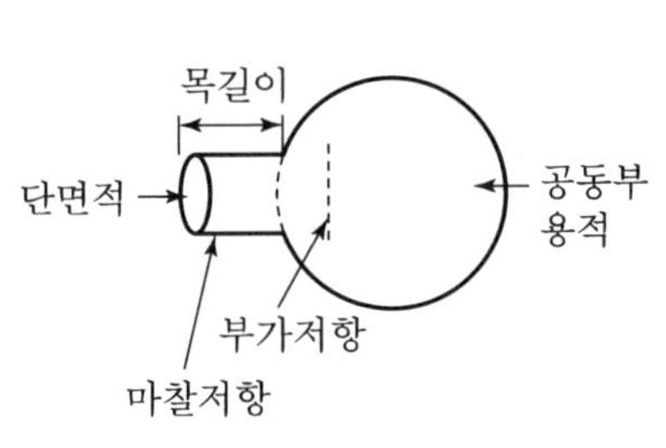

[단일공명기]

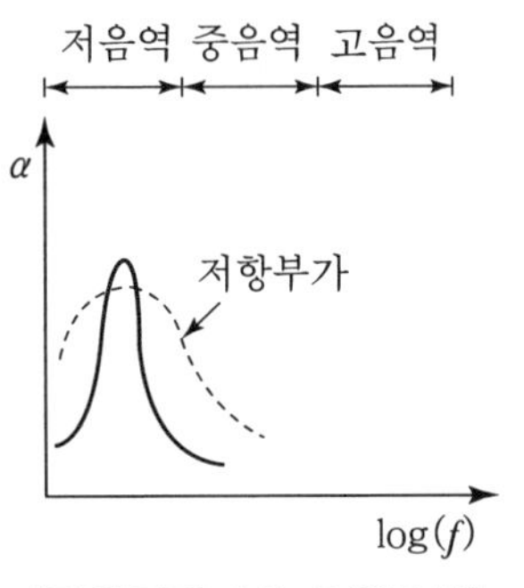

[단일공명기의 흡음특성]

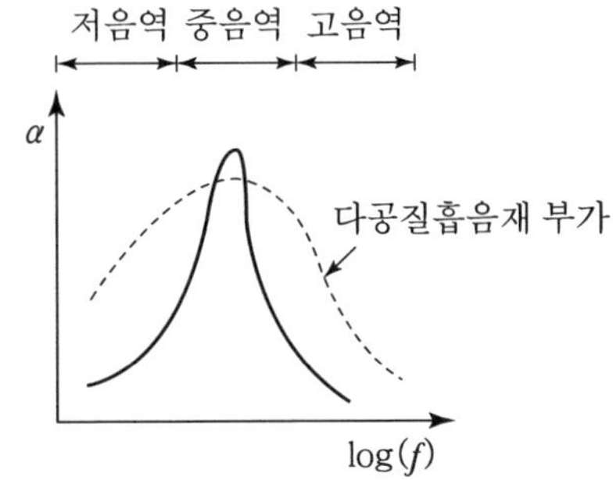

[유공판(다공판)의 흡음특성]

(5) 감음계수(소음저감계수 : NRC)

① 주파수에 따라 상이한 흡음률을 평균적으로 나타내는 방법이다.

② NRC는 1/3 옥타브 대역으로 측정한 중심주파수 250, 500, 1,000, 2,000Hz에서의 흡음률의 산술평균치이다.

③ 관련식

감음계수(NRC)

$$NRC = \frac{1}{4}(\alpha_{250} + \alpha_{500} + \alpha_{1,000} + \alpha_{2,000})$$

④ 집회장, 공연장, 공개홀, 공장건물 등 일반적으로 실내 벽면에 흡음대책을 세워 감음을 하고자 할 때 실내흡음대책에 의해 기대할 수 있는 경제적인 감음량의 한계는 5~10dB 정도이다.

(6) 흡음챔버

흡음챔버감쇠치(ΔL)

$$\Delta L = -10\log\left[S_0\left(\frac{\cos\theta}{2\pi d^2} + \frac{1-\overline{\alpha}}{\overline{\alpha}\cdot S_w}\right)\right]\text{dB}$$

여기서, $\overline{\alpha}$: 챔버 내부 흡음재의 평균흡음률
S_0 : 챔버 출구의 단면적(m^2)
S_w : 챔버 내부 전체 표면적(m^2)
d : 출구－입구 사이의 경사길이(m)
θ : 출구－입구 사이의 각도(θ)

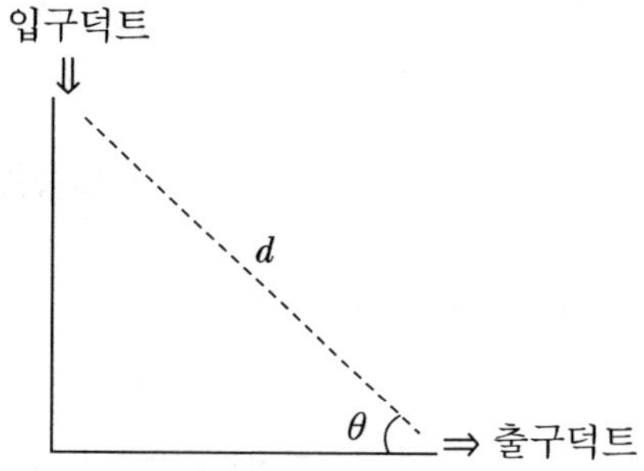

입구덕트
⇓
d
θ ⇒ 출구덕트

[흡음챔버의 입 · 출구]

必수문제

01 **막진동 흡음효과를 얻기 위해 면밀도 15kg/m²인 석면슬레이트를 기존 벽체로부터 0.06m 이격한 후 설치하였다. 이때 석면슬레이트에 의해 흡음되는 주파수(Hz)는?(단, 공기 중의 음속은 340m/sec, 공기밀도는 1.3kg/m³이다.)**

풀이

흡음주파수(f)

$$f=\frac{c}{2\pi}\sqrt{\frac{\rho}{m\cdot d}}=\frac{60}{\sqrt{m\cdot d}}(\text{Hz})$$

여기서, $c=340\text{m/sec}$, $\rho=1.3\text{kg/m}^3$, $m=15\text{kg/m}^2$, $d=0.06\text{m}$

$$=\frac{340}{2\pi}\sqrt{\frac{1.3}{15\times0.06}}=65\text{Hz}$$

(다른 방법)

$$f=\frac{60}{\sqrt{m\cdot d}}=\frac{60}{\sqrt{15\times0.06}}=63.2\text{Hz}$$

必수문제

02 **판진동에 의한 흡음주파수가 100Hz이다. 이 판의 면밀도가 10kg/m²일 때 판과 벽체의 최적 공기층 d는 몇 mm로 하는 것이 좋은가?(단, 음속은 340m/sec, 공기밀도는 1.23kg/m³이다.)**

풀이

$$f=\frac{c}{2\pi}\sqrt{\frac{\rho}{m\cdot d}}$$

$$100=\frac{340}{2\times3.14}\times\sqrt{\frac{1.23}{10\times d}}$$

$$\frac{1.23}{10\times d}=1.847^2$$

$$d=0.03605\text{m}\times1{,}000\text{mm/m}=36.05\text{mm}$$

必수문제

03 **$\frac{1}{3}$ 옥타브밴드로 측정한 각 중심주파수에서의 흡음률이 아래의 표와 같을 때 NRC값은 얼마인가?**

중심주파수(Hz)	125	250	500	1,000	2,000	4,000
흡음률(α)	0.2	0.3	0.7	0.9	0.9	0.8

풀이

$$NRC=\frac{1}{4}(\alpha_{250}+\alpha_{500}+\alpha_{1,000}+\alpha_{2,000})=\frac{1}{4}(0.3+0.7+0.9+0.9)=0.7$$

必수문제

04 **팬소음을 옥타브밴드 대역별로 측정하였더니, 중심주파수 2,000Hz에서 가장 높은 음압레벨이 측정되었다. 흡음형 소음기를 이용하여 소음대책을 수립하고자 한다면 경제적으로 가장 최적의 흡음재 두께(cm)는?(단, 표준상태 기준)**

풀이

입사파 파장의 $\frac{\lambda}{4}$에 부착하는 것이 바람직하다.

$c=\lambda\cdot f$

$$\lambda=\frac{c}{f}=\frac{331.42+(0.6\times 0℃)}{2,000}=0.17\text{m}$$

$$\frac{\lambda}{4}=\frac{0.17}{4}=0.0425\text{m}\,(4.25\text{cm})$$

必수문제

05 **소음을 저감시키기 위해 흡음챔버를 설계하고자 한다. 챔버 내의 전체 표면적이 20m²이고, 챔버 내부 평균흡음률이 0.7인 흡음재로 흡음처리하였다. 흡음챔버의 규격 등이 다음과 같을 때 이 흡음챔버에 의한 소음감쇠치는 몇 dB로 예상하는가?(단, 챔버 출구의 단면적 : 0.5m², 출구－입구 사이의 경사길이(d) : 5m, 출구－입구 사이의 각도(θ) : 30°)**

풀이

흡음챔버 감쇠치(ΔL)

$$\Delta L=-10\log\left[S_0\left(\frac{\cos\theta}{2\pi d^2}+\frac{1-\bar{\alpha}}{\bar{\alpha}\cdot S_w}\right)\right](\text{dB})$$

$$=-10\log\left[0.5\times\left(\frac{\cos 30°}{2\times 3.14\times 5^2}+\frac{1-0.7}{0.7\times 20}\right)\right]=18.7\text{dB}$$

SECTION 008 투과손실 및 총합 투과손실

(1) 투과손실(Transmission Loss)

투과손실은 투과율(τ)의 역수를 상용대수로 취한 후 10을 곱한 값으로 정의한다.

$$\text{투과손실}(TL) = 10\log\frac{1}{\tau} = 10\log\left(\frac{I_i}{I_t}\right)\ \text{(dB)}$$

$$\tau(\text{투과율}) = \frac{\text{투과음의 세기}(I_t)}{\text{입사음의 세기}(I_i)}\quad\left(\tau = 10^{-\frac{TL}{10}}\right)$$

(2) 총합 투과손실($\overline{TL}$)

벽이 여러 가지 재료로 구성되어 있는 경우 벽 전체의 투과손실을 총합 투과손실이라 한다.

$$\text{총합 투과손실}(\overline{TL}) = 10\log\frac{1}{\overline{\tau}}$$

$$\overline{\tau}\,(\text{평균투과율}) = \frac{\sum S_i\overline{\tau_i}}{\sum S_i} = \frac{S_1\overline{\tau_1} + S_2\overline{\tau_2} + \cdots}{S_1 + S_2 + \cdots}$$

$$= 10\log\frac{\sum S_i}{\sum S_i\overline{\tau}} = 10\log\frac{S_1 + S_2 + \cdots}{S_1\overline{\tau_1} + S_2\overline{\tau_2} + \cdots}$$

여기서, S_i : 벽체 각 구성부의 면적(m^2)

$\overline{\tau_i}$: 해당 각 벽체의 투과율

벽에 개구부가 있는 경우에는 그 면적이 작을지라도 투과율(τ)이 1이 되기 때문에 총합 투과손실은 현저히 저하된다.

(3) 차음구조 선정 시 주의사항

① 커다란 차음성능을 실현시키자면 중량이 있는 구조체가 필요하다.

② 커다란 차음구조를 실현시키자면 이중 이상의 복합구조가 필요하다.

③ 차음성능이 커질수록 틈에서 소리가 새어나오지 않으므로 차음성능의 증가가 현저하게 나타난다.

④ 차음구조를 설치하는 것은 통기성의 차단을 의미한다.

01 **투과손실이 30dB인 벽의 투과율은?**

풀이

$TL = 10\log\frac{1}{\tau}$

$\tau = 10^{-\frac{TL}{10}} = 10^{-\frac{30}{10}} = 0.001$

必수문제

02 **음파가 방음벽에 수직입사할 때 반사율 α_r이 0.9937이다. 이때 벽체의 투과손실(dB)은? (단, 경계면에서 음이 흡수되지 않는다.)**

풀이

$TL = 10\log\frac{1}{\tau}$, $\tau = 1 - 0.9937 = 0.0063$

$TL = 10\log\frac{1}{0.0063} = 22\text{dB}$

必수문제

03 **벽의 투과손실이 23dB이고 입사음의 세기가 1일 때 투과음의 세기는?**

풀이

$TL = 10\log\frac{I_i}{I_t}$, $23 = 10\log\frac{1}{I_t}$

$\frac{1}{I_t} = 10^{2.3}$, $I_t = 0.005$

必수문제

04 **차음재를 이용하여 투과음 세기를 입사음 세기의 $\frac{1}{10,000}$로 줄이고자 한다. 이때 이 차음재의 투과손실(dB)은?**

풀이

$TL = 10\log\frac{1}{\tau}$

투과음 세기를 입사음의 세기의 $\frac{1}{10,000}$; τ

$TL = 10\log\frac{1}{\left(\frac{1}{10,000}\right)} = 10\log 10,000 = 40\text{dB}$

必수문제

05 건물벽의 투과손실이 15dB인 경우 건물 내에서 입사음의 강도를 1이라 할 때, 건물 밖으로의 투과음의 강도는 입사음 강도의 몇 배가 되겠는가?(단, 건물벽의 투과손실만을 고려한다.)

풀이

$$TL = 10\log\frac{1}{\tau} = 10\log\left(\frac{I_i}{I_t}\right)$$

$$15 = 10\log\frac{1}{I_t},\quad I_t = 0.032\text{배}$$

必수문제

06 벽체면적 100m² 중 유리창의 면적이 20m²이다. 벽체의 투과손실은 35dB이고 유리창의 투과손실이 20dB이라고 할 때 총합 투과손실(dB)은 얼마인가?

풀이

$$\overline{TL} = 10\log\frac{1}{\tau} = 10\log\frac{S_1 + S_2}{S_1\tau_1 + S_2\tau_2}$$

구분	면적(m²)	투과손실(dB)	투과율
벽체	80	35	$10^{-\frac{35}{10}}$
유리창	20	20	$10^{-\frac{20}{10}}$

$$\overline{TL} = 10\log\frac{80+20}{\left(80\times 10^{-\frac{35}{10}}\right)+\left(20\times 10^{-\frac{20}{10}}\right)} = 26.5\text{dB}$$

必수문제

07 공장벽면(높이 5m, 폭 20m)이 콘크리트벽(면적 58m², $TL=50$dB), 유리(면적 40m², $TL=30$dB), 그리고 환기구(면적 2m², $TL=0$dB)로 구성되어 있다. 이 벽면의 총합 투과손실(dB)은?

풀이

$$\overline{TL} = 10\log\frac{1}{\tau} = 10\log\frac{S_1 + S_2 + S_3}{S_1\tau_1 + S_2\tau_2 + S_3\tau_3}$$

구분	면적(m²)	투과손실(dB)	투과율
콘크리트벽	58	50	$10^{-\frac{50}{10}}$
유리	40	30	$10^{-\frac{30}{10}}$
환기구	2	0	$10^{-\frac{0}{10}}$

$$\overline{TL} = 10\log\frac{58+40+2}{(58\times 10^{-5})+(40\times 10^{-3})+(2\times 10^{-0})} = 17\text{dB}$$

08 **어떤 벽체가 콘크리트벽(면적 150m², 투과손실 35dB)과 유리창(면적 : 50m², 투과손실 15dB)으로 구성되어 있는데 이 유리창의 10%가 파손되었을 때의 종합 투과손실(dB)을 구하면?**

풀이

$$\overline{TL} = 10\log\frac{1}{\tau} = 10\log\frac{S_1 + S_2 + S_3}{S_1\tau_1 + S_2\tau_2 + S_3\tau_3}$$

유리창의 10% 파손 의미 : 유리창 면적 50m² 중 10%, 즉 5m²이 열려 있으며 투과율은 1이다.

구분	면적(m²)	투과손실(dB)	투과율
콘크리트벽	150	35	$10^{-\frac{35}{10}}$
유리창	45	15	$10^{-\frac{15}{10}}$
열린 유리창	5	0	$10^{-\frac{0}{10}}$

$$\overline{TL} = 10\log\frac{150+45+5}{(150\times10^{-3.5})+(45\times10^{-1.5})+(5\times10^{-0})} = 14.9\text{dB}$$

必수문제

09 **어느 공장의 총 벽체면적 60m² 중 콘크리트 벽체 면적 및 투과손실은 50m², 45dB이고, 창문의 면적 및 투과손실이 10m², 25dB이다. 그중 창문이 1/2 정도 열려 있을 때 벽체 전체의 투과손실은 약 몇 dB인가?**

풀이

$$\overline{TL} = 10\log\frac{1}{\tau} = 10\log\frac{S_1 + S_2 + S_3}{S_1\tau_1 + S_2\tau_2 + S_3\tau_3}$$

구분	면적(m²)	투과손실(dB)	투과율
콘크리트벽	50	45	$10^{-\frac{45}{10}}$
창문	5	25	$10^{-\frac{25}{10}}$
열린 창문	5	0	$10^{-\frac{0}{10}}$

$$\overline{TL} = 10\log\frac{50+5+5}{(50\times10^{-4.5})+(5\times10^{-2.5})+(5\times10^{-0})} = 10.8\text{dB}$$

PART 01 PART 02 PART 03 PART 04 PART 05 PART 06

必 수문제

10 **40m × 12m인 콘크리벽의 투과손실은 47dB이며 이 벽 중앙의 크기 3m × 7m의 문을 닫아 총합 투과손실이 38dB 되게 하고자 할 때 이 문의 투과손실(dB)은?**

풀이

종합 투과손실($\overline{TL}$)

$$\overline{TL} = 10\log\frac{1}{\tau} = 10\log\left(\frac{\sum S_i}{\sum S_i\tau_i}\right)\text{dB}$$

$$38 = 10\log\left[\frac{480}{(459\times10^{-4.7}) + (21\times10^{-\frac{TL}{10}})}\right]$$

$$10^{-\frac{TL}{10}} = 3.18\times10^{-3}$$

$$TL = -\log(3.18\times10^{-3})\times10 = 24.98\text{dB}$$

必 수문제

11 **크기가 5m × 4m이고 투과손실이 40dB인 벽체에서 서류를 주고받기 위한 개구부를 설치하려고 한다. 이때 벽체의 투과손실을 20dB 정도로 유지하기 위해 필요한 개구부의 크기(m^2)는?**

풀이

$$\overline{TL} = 10\log\frac{1}{\tau}$$

$$20 = 10\log\left[\frac{20}{[(20-x)\times10^{-4.0}] + (x\times1)}\right]$$

$$\frac{20}{[(20-x)\times10^{-4}] + x} = 10^2,\ \ x(1-10^{-4}) = 0.198$$

$$x = 0.198\,\text{m}^2$$

단일벽 및 중공이중벽의 차음

(1) 단일벽 투과손실

① 음파가 수직입사할 경우

㉠ 단일 벽체의 전부가 피스톤 진동을 하고 양쪽 면에 입사하는 공기의 속도는 동일하다고 가정하면 단일벽 투과손실은 다음과 같다.

㉡ 관계식

$$TL = 20\log(m \cdot f) - 43(\text{dB})$$

여기서, TL : 투과손실(dB)
m : 벽체의 면밀도(kg/m^2)
f : 벽체에 수직입사되는 주파수(Hz)

㉢ 투과손실은 벽의 면밀도와 주파수의 곱의 대수값에 비례한다. 이것을 단일벽의 수직입사음에 대한 차음의 질량법칙(Mass Law)이라 한다.

㉣ 질량법칙은 주파수별 차음특성 중 재질의 면밀도에 의한 영향을 받는 영역에서 면밀도 또는 주파수가 2배가 되면 투과손실이 6dB씩 증가하는 것을 말한다.

② 음파가 난입사할 경우

㉠ 벽의 법선에 대한 음파의 입사각을 θ라 하면, $\theta = 0 \sim 90°$의 범위에서 TL의 평균치

$$TL_\alpha = TL - 10\log(0.23 \times TL)(\text{dB})$$

㉡ $\theta = 0 \sim 78°$일 때의 평균치

$$TL_\alpha = TL - 5(\text{dB})$$

이 식을 음장입사에 대한 질량법칙이라 한다.

㉢ 실용식

$$TL = 18\log(m \cdot f) - 44(\text{dB})$$

③ 일치효과(Coincidence Effect)

㉠ 벽체는 실제적으로 피스톤운동이 아닌 굴곡운동을 하기 때문에 투과손실은 질량법칙에 의한 값보다 현저히 감소한다.

㉡ 일치효과

벽체에 음파가 입사하면 음압의 강약에 의해 소밀파가 벽체에 발생하게 되는데 이로 인해 벽체에 굴곡진동이 발생한다. 만약 입사음의 파장과 굴곡파의 파장이 일치하면

벽체의 굴곡과 진폭은 입사파의 진폭과 동일하게 진동하는 일종의 공진상태가 되어 차음성능이 현저히 저하되는데 이를 일치효과(Coincidence Effect)라 한다.

㉢ 일치주파수(f_c)

$$f_c = \frac{C^2}{2\pi h \sin^2\theta} \cdot \frac{\sqrt{12 \cdot \rho(1-\sigma^2)}}{E}$$

여기서, C : 공기 중 음속(m/sec), h : 벽의 두께(m)
ρ : 벽의 밀도(kg/m^3), E : 영률(N/m^2)
σ : 푸아송비, θ : 입사각

㉣ 일치주파수는 입사각 θ에 따라 변화한다. sin90°일 때(평행입사에 가까워질 때) 일치주파수가 최저가 되는데 이때의 주파수를 일치효과의 한계주파수라고 하며 이 주파수보다 높은 주파수에서는 일치효과가 발생한다.

㉤ 벽체에 사용한 재료의 밀도가 클수록 일치주파수는 고음역으로 이동한다.

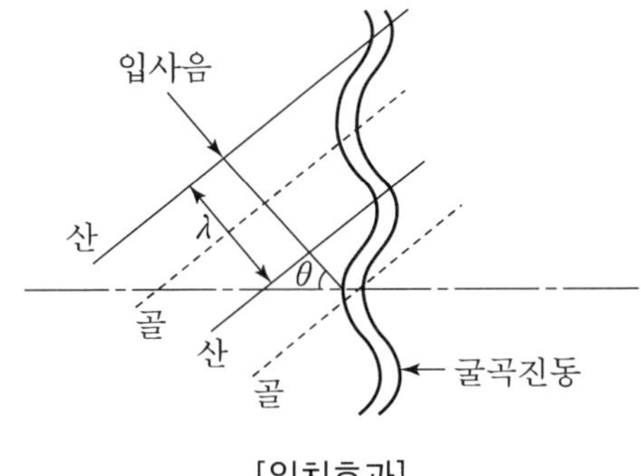

[일치효과]

④ **단일벽의 차음특성**

단일벽의 차음특성은 주파수에 따라 다음 세 영역으로 구분한다.

㉠ 강성제어영역

ⓐ 저주파 대역에서는 사용자재의 강성에 지배되는 공진영역이다.

ⓑ 공진영역이므로 차음성능이 저하된다.

ⓒ 공진주파수는 벽체의 면밀도, 벽체 길이, 벽체의 폭에 영향을 받는다.

㉡ 질량제어영역

ⓐ 질량법칙영역이다.

ⓑ 투과손실이 옥타브당 6dB씩 증가된다.

ⓒ 질량법칙에 의한 차음특성은 벽체의 면밀도 혹은 벽체에 입사되는 주파수가 증가할수록 투과손실이 크다.

㉢ 일치효과영역

ⓐ 일치효과 현상이 일어나는 영역이다.

ⓑ 일치효과에 의한 투과손실이 현저히 감소된다.

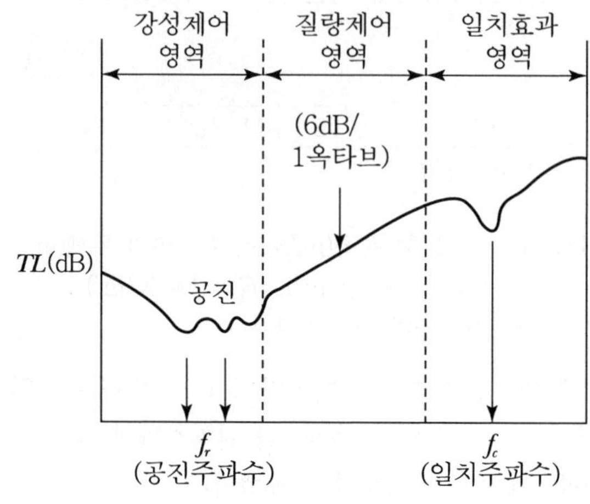

[단일벽의 차음특성]

(2) 중공이중벽 투과손실

① 두 벽을 독립시킨 중공이중벽 구조의 투과손실은 단일벽의 2배에 달한다.

② 중공이중벽은 일반적으로 동일 중량의 단일벽에 비해 5~10dB 정도 투과손실이 증가하는 경향이 있다. 또한 공기층 내에 다공질흡음재(암면, 유리솜 등)를 충전하면 3~10dB 정도 투과손실이 증가한다.(공명주파수 부근의 투과손실이 어느 정도 개선)

③ 중공이중벽은 공명주파수 부근에서 투과손실이 현저하게 저하된다.

④ 두 벽 사이의 내부공기층은 10cm 이상으로 하는 것이 바람직하다.

⑤ 설계 시에는 처음 목적주파수가 공명주파수와 일치주파수의 범위를 벗어나도록 하여야 한다.

⑥ $\sqrt{2}\times f_r$의 주파수에서는 질량법칙과 일치하는 투과손실을 갖는다.

㉠ 중공이중벽의 투과손실

$$TL = 18\log(2m \cdot f) - 44 \text{ (dB)}$$

벽 사이의 간격(d)이 10cm보다 클 때 투과손실

$$TL = [18\log(m \cdot f) - 44] \times 2 \text{ (dB)}$$

㉡ 저음역의 공명주파수(f_r)

ⓐ 두 벽의 면밀도가 같을 때($m_1 = m_2$)

$$f_r = \frac{c}{2\pi}\sqrt{\frac{2\rho}{m \cdot d}} \ (\text{Hz})$$

여기서, c : 공기 중 음속(m/sec)
ρ : 공기밀도(kg/m^3)
m : 면밀도(kg/m^2)
d : 두 벽 사이의 거리(m)

ⓑ 두 벽의 면밀도가 다를 때($m_1 \neq m_2$)

$$f_r = 60\sqrt{\frac{m_1 + m_2}{m_1 \times m_2} \cdot \frac{1}{d}} \ (\text{Hz})$$

여기서, m_1, m_2 : 두 벽 각각의 면밀도(kg/m^2)

㉢ 고음역에서 최소 및 최고 투과손실

ⓐ 최소 투과손실($TL_{\min}$)

$$TL_{\min} = 10\log\left[1 + \left(\frac{w \cdot m}{\rho c}\right)^2\right] \ (\text{dB})$$

공기층 두께(d)

$$d = \frac{n\lambda}{2} \ (\text{m})$$

고음역 통과주파수(f)

$$f = \frac{nc}{2d} \ (\text{Hz})$$

여기서, ω : $2\pi f$
m : 벽의 면밀도(kg/m^2), ρ : 공기의 밀도(kg/m^3)
c : 공기 중 음속(m/sec), d : 공기층 두께(m)
λ : 파장(m), n : 정수

ⓑ 최대 투과손실($TL_{\max}$)

$$TL_{\max} = 10\log\left[1 + \frac{1}{4}\left(\frac{w \cdot m}{\rho c}\right)^4\right] \ (\text{dB})$$

공기층 두께(d)

$$d = \frac{(2n-1)\lambda}{4} \text{ (m)}$$

고음역 통과주파수(f)

$$f = \frac{(2n-1)}{4} \cdot \frac{c}{d} \text{ (Hz)}$$

㉣ 중공이중벽의 차음특성

중공이중벽의 차음특성은 주파수에 따라 다음 네 영역으로 구분한다.

ⓐ I영역
- 2개의 벽체가 하나로 되어 진동하는 범위이다.
- 면밀도가 $m_1 + m_2$인 단일벽에 대한 질량법칙으로 계산되는 값이 된다.

ⓑ II영역

투과손실이 저하되는데 이는 2개의 벽체가 질량, 벽 사이의 공기는 스프링으로 진동계의 공진과 같은 현상이 일어나기 때문이다. 이러한 현상을 저음역에서의 공명투과라 하며 이중벽에서는 반드시 일어나는 현상이다.

ⓒ III영역

주파수에 따라 TL이 급속히 증대되어 면밀도가 $m_1 + m_2$인 단일벽의 TL보다 훨씬 크게 된다.

ⓓ IV영역
- III영역에 비해 주파수에 따른 TL 증가가 완만하게 된다.
- 각 벽체에서의 일치효과가 나타나므로 TL은 더욱 감소한다.

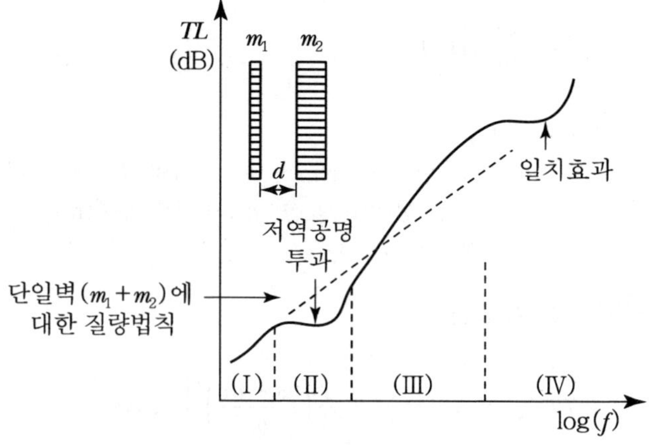

[중공이중벽의 차음특성]

(3) 벽체의 틈으로 새는 음

① 관련식

$$SPL_2 = SPL_1 - 10\log n \ (\text{dB})$$

여기서, SPL_1, SPL_2 : 벽 안, 밖에서의 음압레벨(dB)

n : 벽 전체 면적의 $\frac{1}{n}$만큼 틈새가 있을 경우의 의미

② 겨울철에 창문, 출입문의 틈새에서 강한 소음 발생 시 그 주원인은 실내 · 외의 밀도차에 의한 연돌효과 때문이다.

③ 벽 구성 중 가장 먼저 대책을 세워야 하는 곳은 틈새부분(환기구 등)이다. 왜냐하면 틈새부분의 TL이 0dB이기 때문이다.

必수문제

01 면밀도가 7.5kg/m²인 단일벽면에 550Hz의 순음이 수직입사한다고 할 때, 단일벽의 투과손실(dB)은?(단, 일치효과는 없다.)

풀이

수직입사 시 투과손실(TL)

$TL = 20\log(m \cdot f) - 43(\text{dB}) = 20\log(7.5 \times 550) - 43 = 29.3\text{dB}$

02 비중 2.25인 22cm 두께의 단일벽체에 500Hz 순음이 수직입사할 경우 벽체의 투과손실(dB)은?

풀이

$TL = 20\log(m \cdot f) - 43$

$m = 2.25\text{g/cm}^3 \times 22\text{cm} = 495\text{kg/m}^2$

$= 20\log(495 \times 500) - 43 = 64.87\text{dB}$

必수문제

03 **두께 0.1m, 밀도 0.28×10^{-2}kg/cm^{3}의 콘크리트 단일벽에 300Hz의 순음이 수직입사할 때 이 벽의 투과손실(dB)은?**

풀이

$TL = 20\log(m \cdot f) - 43$

$m = 0.28\times10^{-2}\text{kg/cm}^3 \times 10\text{cm} = 280\text{kg/m}^2$

$= 20\log(280\times300) - 43 = 55.49\text{dB}$

必수문제

04 **밀도가 950kg/m^{3}인 벽체(두께 : 25cm)에 600Hz의 순음이 통과할 때의 TL(dB)은?(단, 음파는 벽면에 난입사한다.)**

풀이

난입사 시 투과손실(TL)

$TL = 18\log(m \cdot f) - 44(\text{dB})$

m(면밀도) = 밀도 × 두께 = $950\text{kg/m}^3\times0.25\text{m} = 237.5\text{kg/m}^2$

$= 18\log(237.5\times600) - 44 = 48.8\text{dB}$

必수문제

05 **투과손실은 중심주파수 대역에서는 질량법칙(Mass Law)에 따라 변화한다. 음파가 단일벽면에 수직입사 시 면밀도가 2배 증가하면 투과손실은 어떻게 변화하는가?**

풀이

수직입사 투과손실(TL)

$TL = 20\log(m \cdot f) - 43(\text{dB}) = TL = 20\log2 = 6.0\text{dB}$

必수문제

06 **어떤 벽체의 두께를 10cm로 했을 때 면밀도가 25kg/m^{2}이다. 500Hz에서 두께 10cm의 벽 2개 사이에 충분한 공간을 두었을 때의 투과손실(dB)은?(단, 질량법칙을 적용한다.)**

풀이

$TL = [18\log(m \cdot f) - 44]\times2$

$= [18\log(25\times500) - 44]\times2 = 59.5\text{dB}$

必수문제

07 **건물벽 음향투과손실을 4dB 정도 증가시키고자 할 경우 벽두께는 기존 두께보다 약 몇 배로 증가시켜야 하는가?(단, 음파는 균일한 건물벽(단일벽)에 난입사한다.)**

풀이

난입사 투과손실(TL)

$TL = 18\log(m \cdot f) - 44(\text{dB})$, $4 = 18\log m$

$m = 10^{\frac{4}{18}} = 1.67(\text{배})$

必수문제

08 **중공이중벽의 공기층 두께가 30cm이고, 두 벽의 면밀도가 각각 100kg/m², 250kg/m²이라 할 때 저음역에서의 공명투과 주파수는 약 몇 Hz 정도에서 발생하는가?**

풀이

두 벽의 면밀도가 다를 때($m_1 \neq m_2$) 저음역 공명투과 주파수(f_r)

$$f_r = 60\sqrt{\frac{m_1 + m_2}{m_1 m_2} \cdot \frac{1}{d}}(\text{Hz}) = 60\sqrt{\frac{100+250}{100\times 250}\times\frac{1}{0.3}} = 12.9\text{Hz}$$

必수문제

09 **중공이중벽의 설계에 있어서 저음역의 공명주파수(f_0)를 70Hz로 설정하고자 한다. 두 벽의 면밀도 M_1, M_2가 각각 15kg/m², 10kg/m²이면 중간 공기층 두께를 몇 m로 해야 하는가?**

풀이

$$f_0 = 60\sqrt{\frac{m_1 + m_2}{m_1 \times m_2}\times\frac{1}{d}}(\text{Hz}),\quad 70 = 60\sqrt{\frac{15+10}{15\times 10}\times\frac{1}{d}}$$

$$\left(\frac{70}{60}\right)^2 = \frac{25}{150}\cdot\frac{1}{d},\quad d = 0.122\text{m}\ (12.2\text{cm})$$

必수문제

10 **동일한 재료(면밀도 200kg/m²)로 구성된 공기층의 두께가 16cm인 중공이중벽이 있다. 500Hz에서 단일벽체의 투과손실이 46dB일 때, 이 중공이중벽의 저음역에서의 공명주파수는 몇 Hz에서 발생되겠는가?(단, 음의 전파속도 343m/sec, 공기밀도 1.2kg/m³)**

풀이

$$f_r = \frac{C}{2\pi}\sqrt{\frac{2\rho}{m\cdot d}} = \frac{343}{2\times 3.14}\times\sqrt{\frac{2\times 1.2}{200\times 0.16}} = 14.96\text{Hz}$$

必수문제

11 **어떤 창문의 규격이 5m(L)×3m(H)이고 창문 안쪽에서의 음압레벨 SPL이 75dB이다. 창문 면적의 1/5을 열었을 경우 창문 외측에서의 음압레벨은 몇 dB인가?(단, 창문 이외의 다른 틈새나 벽체에 의한 영향은 무시)**

풀이

$SPL_2 = SPL_1 - 10\log n(\text{dB}) = 75 - 10\log 5 = 68\text{dB}$

必수문제

12 **0.9m×2.0m 출입문의 차음도를 20dB 이상으로 설치하고자 한다면 출입문 주위 틈새의 면적은 몇 m^2 이하로 해야 하는가?(단, 틈새 이외의 차음성능은 충분히 크다고 가정한다.)**

풀이

$SPL_1 - SPL_2 = 10\log n(\text{dB})$, n은 전체 면적의 $\frac{1}{n}$ 틈새면적

$20 = 10\log n$, $n = 10^{\frac{20}{10}} = 100$

출입문 면적$(S_1) = 0.9\times 2.0 = 1.8\text{m}^2$, 틈새의 면적을 S_2라 하면

$\frac{1}{n} = \frac{1}{100} = \frac{S_2}{S_1 + S_2} = \frac{S_2}{1.8 + S_2}$

$100S_2 = 1.8 + S_2$, $S_2 = \frac{1.8}{99} = 0.018\text{m}^2$

必수문제

13 **면밀도가 각각 100kg/m², 150kg/m²인 중공이중벽과 면밀도가 250kg/m²인 단일벽의 투과손실이 25Hz에서 일치한다고 할 때, 이중벽의 공기층 두께는 실용식 사용 시 몇 cm가 되겠는가?**

풀이

$\sqrt{2}\times f_r$의 주파수에서 질량법칙과 일치하는 투과손실을 갖는다.

$f_r = \frac{25}{\sqrt{2}} = 17.7\text{Hz}$

저역 공명주파수(f_r) : 실용식

$f_r = 60\sqrt{\frac{m_1 + m_2}{m_1\times m_2}\times\frac{1}{d}}$, $17.7 = 60\sqrt{\frac{100+150}{100\times 150}\times\frac{1}{d}}$

$d = 0.19\text{m}$ (19cm)

010 벽체의 투과손실 측정

(1) 잔향실 측정방법

인접한 두 개의 잔향실 경계벽에 마련된 시료설치부($10m^2$ 정도)에 시료를 넣고, 음원실의 음파가 시료에 난입사되게 한 후 음원실과 수음실의 여러 지점에서 음압레벨을 측정하여 평균음압레벨 SPL_1 및 SPL_2를 구한다.

$$TL = SPL_1 - SPL_2 - 10\log\left[\frac{\overline{\alpha} \cdot S}{s}\right] (\text{dB})$$

여기서, TL : 벽체의 투과손실(dB)
SPL_1 : 음원실의 음압레벨(dB)
SPL_2 : 수음실의 음압레벨(dB)
$\overline{\alpha}$: 수음실의 평균흡음률
S : 수음실의 내부 전 표면적(m^2)
s : 시료면적(m^2)

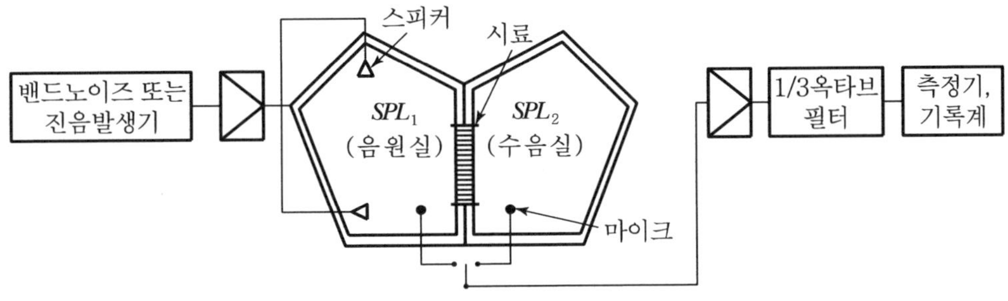

[투과손실의 잔향실 측정법]

(2) TL 계산방법

현장에서 실용적으로 많이 사용되는 방법이다.

① 벽체의 차음도

벽체(벽, 창, 출입문 등)가 개별 또는 복합적으로 구성되어 있는 경우에 적용한다.

$$NR = \overline{SPL_1} - \overline{SPL_2} = TL + 6, \quad TL = NR - 6(\text{dB})$$

여기서, NR : 차음도(dB)
$\overline{SPL_1}$: 실내 측 평균음압레벨(dB)
$\overline{SPL_2}$: 실외 측 평균음압레벨(dB)
TL : 투과손실(dB)

$TL = NR - 6$은 벽체의 한쪽 면은 실내, 다른 한쪽 면은 실외에 접한 경우 벽체의 TL과 벽체를 중심으로 한 현장에서 실내 · 외 간 음압레벨차(NR : 차음도)와의 실용관계식이다.

② 출입문, 창문, 환기구의 차음도

$$TL = NR\ (\text{dB})$$

(3) 두 실 경계벽에 의한 차음

경계벽을 사이에 두고 I실에서 II실로 음이 전파한다고 할 때 경계벽에 의한 차음도(NR)

$$NR = TL - 10\log\left(\frac{1}{4} + \frac{S_W}{R_2}\right)\ (\text{dB})$$

여기서, TL : 경계벽의 투과손실(dB)
S_W : 경계벽의 면적(m^2)
R_2 : II실의 실정수(m^2, sabin)

① 경계벽 근처의 음압레벨

$$\begin{aligned}\overline{SPL_2} &= \overline{SPL_1} - NR \\ &= \overline{SPL_1} - \left(TL - 10\log\left(\frac{1}{4} + \frac{S_W}{R_2}\right)\right) \\ &= \overline{SPL_1} - TL + 10\log\left(\frac{1}{4} + \frac{S_W}{R_2}\right)\ (\text{dB})\end{aligned}$$

여기서, $\overline{SPL_1}$: I실의 경계부 근처의 평균음압레벨(dB)
$\overline{SPL_2}$: II실의 경계부 근처의 평균음압레벨(dB)

② 경계벽에서 멀리 떨어진 곳의 음압레벨

$$\overline{SPL_3} = \overline{SPL_1} - TL + 10\log\left(\frac{S_W}{R_2}\right)\ (\text{dB})$$

여기서, $\overline{SPL_3}$: II실 내 멀리 떨어진 곳의 평균음압레벨(dB)

③ 외부에서 실내로 들어오는 소음

$$NR = TL + 10\log\left(\frac{A_2}{S}\right) - 6\ (\text{dB})$$

여기서, NR : 외부소음이 실의 창 등을 통해 실내로 유입 시 창의 차음도 $(SPL_1 - SPL_2)$

A_2 : 실내의 흡음력(m^2)

S : 차음면(창 등)의 면적(m^2)

(4) 차음재료의 선정과 사용방법의 문제점

① 차음에 가장 영향이 큰 것은 틈이므로 틈이나 파손된 것은 보수하고, 이음새는 여러 방법으로 메꾸도록 한다.

② 차음은 음에너지의 반사작용을 이용한 것으로 차음벽 뒤에는 음파가 발생되지 않도록 하는 것으로 흡음재와 혼동해서는 안 된다.

③ 서로 다른 재료가 혼용된 벽의 차음효과를 높이기 위해 $S_i\tau_i$ 차이가 서로 유사한 재료를 선택한다.

④ 차음벽에서 면의 진동은 위험하므로 가진력(기진력)이 큰 기계가 설치된 공장의 차음벽은 방진지지(탄성지지) 및 방진합금의 이용이나 Damping(제진) 처리 등을 검토한다. 즉, 진동에 의한 차음효과를 고려해야 한다.

⑤ 큰 차음효과를 바라는 경우에는 다공질 흡음재를 충진한 이중벽으로 하고 공명투과 주파수 및 일치주파수 등에 유의하여 설계하여야 한다.

⑥ 흡음도 차음에 많은 도움이 되므로 차음재의 음원 측에 흡음재료를 붙인다. 저주파에 대해서는 이중벽으로써 충분한 공기층을 유지시킨다.

⑦ 콘크리트 블록을 차음벽으로 사용하는 경우 표면에 모르타르 마감을 하는 것이 차음효과가 크다. 한쪽만 바를 때는 5dB, 양쪽을 다 바를 때는 10dB 정도 투과손실이 개선된다.

⑧ 투과손실의 수치는 잔향실에서 측정되는 것으로서 차음도와는 다르다. 벽의 차음도는 벽의 양측의 음압레벨의 차로 표시되는 값으로서 TL과 혼동하면 안 된다.

⑨ 차음재료를 선정할 때는 투과손실이 큰 것을 택할 필요가 있다.

⑩ 차음재료의 단위면적당 중량(면밀도)이 크고 주파수가 높을수록 투과손실은 커진다. 즉, 차음은 음에너지의 반사가 클수록 효과가 좋다는 점을 감안할 때 질량법칙에 의하여 벽체의 면밀도가 큰 재료를 선정하여야 한다.

(5) 차음재료의 차음성능표시

① 투과율(τ)

② 투과손실(TL)

③ 음압레벨차(NR : 차음도)

(6) 음향투과등급(STC ; Sound Transmission Class)

① 정의

STC는 잔향실에서 1/3 옥타브밴드 대역으로 측정한 차음자재의 투과손실을 단일 숫자로 나타낸 것이다.

② 평가방법(한계 기준)

㉠ 기준곡선 밑의 각 주파수 대역별 투과손실과 기준곡선과의 차의 산술평균이 2dB 이내이어야 한다. 즉, 모든 중심주파수에서의 음향투과손실과 STC 기준곡선 사이의 dB 차이의 합이 32dB를 초과해서는 안 된다.

㉡ 1/3 옥타브 대역 중심주파수에 해당하는 음향투과손실 중에서 단 하나의 투과손실값도 STC 기준곡선과 비교하여 밑으로 최대 차이가 8dB을 초과해서는 안 된다.

㉢ 위의 두 단계를 만족하는 조건에서 중심주파수 500Hz와 STC 기준선과 만나는 교점에서 수평선을 그어 이에 해당하는 음향투과 손실값이 피시험체의 STC 값이 된다.

㉣ 한계기준에 벗어날 경우 음향투과등급은 기준 곡선을 상하로 조정하여 결정한다.

01 공장 내의 평균음압도가 85dB이고 벽외부에서의 평균음압도가 68dB일 때 이 벽의 대략적 투과손실(dB)은?(단, 실내외벽 각각의 면으로부터 1m 정도에서 측정)

풀이

$TL = NR - 6(\text{dB}) = (\overline{SPL_1} - \overline{SPL_2}) - 6 = (85-68) - 6 = 11\text{dB}$

02 30m×4m의 공장벽으로부터 수직거리 40m 떨어진 지점이 부지경계선이다. 공장내벽 근처의 소음도는 90dB이고 부지경계선에서의 소음규제기준이 50dB일 때 이를 달성하기 위해 공장벽이 가져야 할 총 투과손실(dB)은 얼마인가?

풀이

공장외벽 근처의 소음도(SPL_1)를 면음원으로 구하면,

$r > \frac{b}{3}$ 이므로 $SPL_1 = SPL_2 + 20\log\left(\frac{3r}{b}\right) + 10\log\left(\frac{b}{a}\right)$

$$= 50 + 20\log\left(\frac{3\times 40}{30}\right) + 10\log\left(\frac{30}{4}\right) = 70.79\text{dB}$$

$TL = NR - 6 = (90 - 70.79) - 6 = 13.2\text{dB}$

必수문제

03 두 개의 방이 면적 $300m^2$, 투과손실이 30dB인 칸막이를 경계로 구성되어 있으며, 음원실에서 100dB의 소음이 발생되고 있다. 만일 수음실의 실정수가 $30m^2$라면 칸막이를 통하여 전달되는 수음실에서의 음압레벨(dB)은?(단, 수음실에서의 음압레벨은 직접음 및 반사음에 의한 영향을 모두 고려)

풀이

$$\overline{SPL_2} = \overline{SPL_1} - TL + 10\log\left(\frac{1}{4} + \frac{S_w}{R_2}\right)$$

여기서, SPL_1 : 음원실에서의 평균음압레벨(dB) = 100dB

TL : 투과손실(dB) = 30dB

S_w : 경계벽의 면적(m^2) = $300m^2$

R_2 : 수음실의 실정수(m^2) = $30m^2$

$$= 100 - 30 + 10\log\left(\frac{1}{4} + \frac{300}{30}\right) = 80.1\text{dB}$$

必수문제

04 벽체 외부로부터 확산음이 입사될 때 이 확산음의 음압레벨은 125dB이었다. 실내의 흡음력은 $30m^2$이고 벽의 투과손실은 30dB, 벽의 면적이 $20m^2$이면 실내의 음압레벨(dB)은?

풀이

$$SPL_1 - SPL_2 = TL + 10\log\left(\frac{A_2}{S}\right) - 6$$

$$SPL_2 = SPL_1 - TL - 10\log\left(\frac{A_2}{S}\right) + 6 = 125 - 30 - 10\log\left(\frac{30}{20}\right) + 6 = 99.2\text{dB}$$

必수문제

05 크기가 5m × 3m인 창 외부로부터 음압레벨 100dB의 음이 입사되고 있다. 이 벽면의 투과손실이 25dB이고 실내의 흡음력이 $30m^2$일 때 실내의 음압레벨(dB)은?

풀이

실내의 음압레벨(SPL_2)

$$SPL_2 = SPL_1 - TL - 10\log\left(\frac{A_2}{S}\right) + 6(\text{dB})$$

$$= 100 - 25 - 10\log\left(\frac{30}{5 \times 3}\right) + 6 = 78\text{dB}$$

011 방음벽

(1) 개요 및 특성

① 방음벽은 기본적으로 음의 회절감쇠를 이용한 것이고 고주파일수록 차음효과가 좋으며 음원과 수음점 사이 장애물이 위치해 있어 수음점에 도달하는 경로는 회절경로, 장애물을 투과하는 투과경로, 장애물의 반사경로 등으로 나눈다.

② 방음벽에 의한 소음감쇠량은 방음벽의 높이에 의하여 결정되는 회절감쇠가 대부분을 차지한다.

③ 방음벽은 벽면 또는 벽 상단의 음향 특성에 따라 흡음형, 반사형, 간섭형, 공명형 등으로 구분된다. 방음 벽면에 구멍이 뚫려 있고 내부에 공동이 있어 음파가 공명에 의하여 감쇠되는 형태는 공명형 방음벽이다.

④ 방음벽은 사용되는 재료에 따라 금속형, 투명형, 목제형 등으로 구분된다.

⑤ 방음벽에 의한 소음감쇠량은 방음벽의 높이와 길이에 의하여 결정된다.

⑥ 방음벽의 높이가 일정할 때 음원이나 수음점 가까이 세울수록 효과가 크다.

⑦ 방음벽에 사용되는 재료는 방음벽에서 기대하는 차음효과보다 10dB 이상 큰 투과손실을 갖는 재료가 필요하다.

⑧ 방음둑, 건물 등과 같이 두께가 큰 장벽은 같은 높이의 일반 방음벽보다 큰 차폐효과를 얻을 수 있다.

⑨ 방음벽은 일종의 차음대책의 예이며 방음벽을 설치할 경우 음원 측 소음도는 오히려 높아질 수 있다.

⑩ 음원과 수음점 사이에 방음벽을 설치하여 발생하는 삽입손실값은 방음벽 설치 전후에 동일 위치, 동일 조건에서 측정한 측정값의 차이로 설명된다.

(2) 방음벽 설계

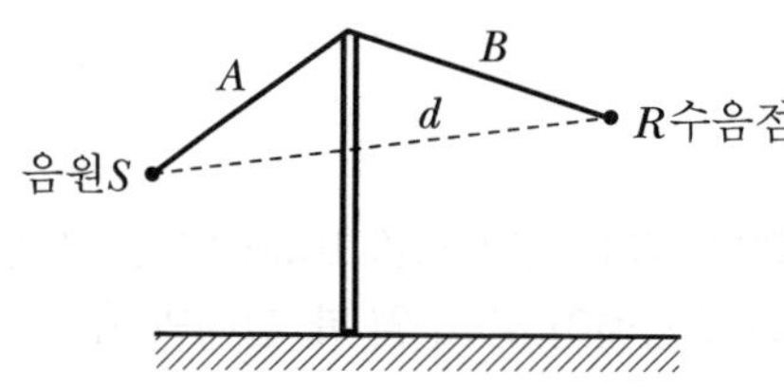

① 경로차(δ ; m) 계산

$$\delta = \text{회절음의 경로} - \text{직접음의 경로} = (A+B)-d$$

② Fresnel Number(N) 계산

$$N = \frac{2\delta}{\lambda} = \frac{\delta \cdot f}{170},\ f = \text{대상회절주파수(Hz)}$$

③ 감쇠치(ΔL : dB) 계산

식 or 그래프에 의해 구함

(3) 방음벽에 의한 회절감쇠치(ΔL_d)와 삽입손실치(ΔL_I)

① 회절감쇠치(ΔL_d)

방음벽의 투과손실치가 회절감쇠치보다 10dB 이상 큰 경우

$$\Delta L_d = -10\log(10^{-\frac{L_d}{10}} + 10^{-\frac{L_d'}{10}})\ (\text{dB})$$

여기서, ΔL_d : 회절감쇠치(dB)

L_d : 직접음에 의한 회절감쇠치(dB)

L_d' : 반사음에 의한 회절감쇠치(dB)

음원 및 수음 측의 반사음 고려

② 삽입손실치(ΔL_I)

방음벽의 투과손실치가 회절감쇠치보다 10dB 이내로 크거나 작을 경우

$$\Delta L_I = -10\log(10^{-\frac{\Delta L_d}{10}} + 10^{-\frac{TL}{10}})\ (\text{dB})$$

여기서, ΔL_I : 삽입손실치(dB)

ΔL_d : 회절감쇠치(dB)

TL : 방음벽의 투과손실(dB)

Reference 방음벽 및 방음실 관련식

1. Fresnel No.(N)에 따른 예측 계산식
   ① $D_B = 0[\text{dB(A)}]$ ($N \le -0.2$일 때)
   ② $D_B = 20\log\left(\dfrac{\sqrt{2\pi|N|}}{\tanh\sqrt{2\pi|N|}}\right) + 5[\text{dB(A)}]$ ($-0.2 < N \le 0$일 때)
   ③ $D_B = 20\log\left(\dfrac{\sqrt{2\pi|N|}}{\tanh\sqrt{2\pi|N|}}\right) + 5[\text{dB(A)}]$ ($0 < N \le 5.03$일 때)
   ④ $D_B = 20[\text{dB(A)}]$ ($N > 5.03$일 때)
2. 부분 방음실의 방음 성능 예측 계산식

   $IL = 10\log\dfrac{1}{1-\%A}(\text{dB})$

   여기서, $\%A$: 밀폐 면적률

3. 완전 방음실의 방음 성능 예측 계산식

$$IL = TL - 10\log\frac{1}{\overline{\alpha}} - 10\log S_0 \text{(dB)}$$

여기서, TL : 방음 패널의 투과손실(dB)
$\overline{\alpha}$: 방음실 내부의 평균 흡음률
S_0 : 개구부의 면적(m^2)

(4) 방음벽 설계 및 설치 시 유의점

① 방음벽 계산(설계)은 무지향성 음원으로 한 가정에 의거한 것이므로 음원의 지향성과 크기에 대해서 사전에 조사한다.

② 음원의 지향성이 수음측 방향으로 클 때에는 방음벽에 의한 감쇠치가 계산치보다 크게 된다.

③ 방음벽의 투과손실은 회절감쇠치보다 적어도 5dB 이상 크게 하는 것이 바람직하다.

④ 방음벽의 길이는 점음원일 때 벽 높이의 5배 이상, 선음원일 때 음원과 수음점 간의 직선거리의 2배 이상으로 하는 것이 바람직하다.

⑤ 방음벽에 의한 현실적 최대 회절감쇠치는 점음원의 경우 24dB(25dB), 선음원의 경우 22dB(21dB) 정도이며 실제적인 감쇠치는 5~15dB 정도이다.

⑥ 음원이 면음원일 때는 그 음원의 최상단에 점음원이 있는 것으로 간주하여 근사적인 회절감쇠값을 구한다.

⑦ 방음벽이 두꺼울 경우의 높이는 음원에서 벽의 내측 상단을 본 가시선과 수음점에서 벽의 외측 상단을 본 가시선이 서로 만나는 곳까지로 한다.

⑧ 방음벽의 안쪽은 될 수 있는 한 흡음성으로 해서 반사음을 방지하는 것이 좋다.(안쪽=음원 측 벽면)

⑨ 방음벽 대신 소음원 주위에 방음림(수림대)을 설치하는 것은 소음방지에 큰 효과를 기대할 수 없다. 통상 10m 폭의 수림대에서 3dB 정도 효과가 있다.

⑩ 방음벽에 사용되는 모든 재료는 인체에 유해한 물질을 함유하지 않아야 한다.

⑪ 방음벽의 도장은 주변환경과 어울리도록 하고 구분이 명확한 광택을 사용하는 것은 피한다.

⑫ 방음판은 하단부에 배수공(Drain Hole) 등을 설치하여 배수가 잘 되어야 한다.

⑬ 방음벽은 20년 이상 내구성이 보장되는 재료를 사용하여야 한다.

⑭ 방음벽을 계획하고 설계 시 음향적인 조건은 방음벽 높이 및 길이, 방음벽 위치, 방음벽 재료이며 비음향적인 조건은 방음벽의 안전성 및 유지, 보수, 미관 등이다.

⑮ 방음벽의 투과손실은 틈새에 의해 큰 영향을 받으므로 틈을 메울 때 블록벽에는 모르타르를, 연결부위에는 도료를 바르는 것이 바람직하다.

⑯ 점음원의 경우 방음벽의 길이가 높이의 5배 이상이면 길이의 영향은 고려하지 않아도 된다.

⑰ 방음벽 두께가 파장보다 작은 경우에는 그 영향은 무시되지만 파장보다 큰 두께인 경우에

는 감쇠를 계산치보다 크게 하는 것이 보통이다.

⑱ 방음벽의 설치는 교통소음의 영향을 크게 받는 지역으로 인구밀도가 높고, 소음기준을 크게 초과하는 곳부터 우선하여 설치한다.

⑲ 방음벽은 도로변의 지반상태를 감안하여 안전한 위치에 설치하여야 한다.

⑳ 수음점에서 음원으로의 가시선을 차단하지 않으면 감음효과가 거의 없다.

(5) 방음벽의 기대효과

① 이론상 최대 감쇠값은 25dB(A) 정도이다.

② 전파경로차(δ)가 크면 클수록 소음 감쇠효과는 크다.

③ 방음벽의 위치는 음원 또는 수음점에 가까이 설치할수록 소음 감쇠효과가 크다.

④ 방음벽의 길이(L)는 회절의 영향을 고려하여 높이(H)의 5배 정도 이상이 필요하다.

⑤ 방음벽을 음원 가까이 설치할 경우에 음원 측면을 흡음처리하면 반사음의 영향이 제거되어 더 효과를 볼 수 있다.

⑥ 틈새는 최대한 억제할수록 소음 감쇠효과가 크다.

⑦ 방음벽 재질의 차음량은 필요 감쇠량보다 10dB(A) 이상 큰 것이 바람직하지만, 수 dB(A) 이상이면 적절하다.

⑧ 실내에 칸막이를 설치하는 경우에는 천장면에서의 반사음의 영향을 고려하여 천장부를 흡음처리하면 보다 양호한 소음감쇠 결과를 얻을 수 있다.

必수문제

01 아래 그림과 같은 방음벽을 설계하였다. S는 음원이고 수음점은 P이다. 수음 측 지면이 완전반사일 경우의 경로차(m)는?

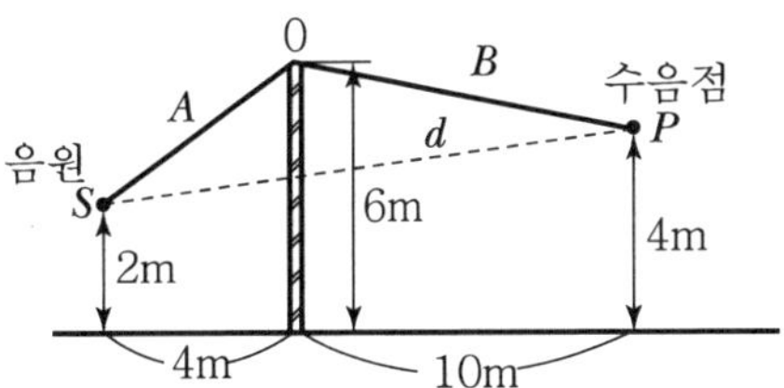

풀이

경로차(δ) $= A + B' - d'$

$A = \sqrt{4^2 + (6-2)^2} = 5.65\text{m}$

$B' = \sqrt{10^2 + (6+4)^2} = 14.14\text{m}$

$d' = \sqrt{14^2 + (4+2)^2} = 15.23\text{m}$

$= 5.65 + 14.14 - 15.23 = 4.56\text{m}$

必수문제

02 음원(S)과 수음점(R)이 자유공간에 있는 아래와 같은 방음벽에서 $A=15\text{m}$, $B=25\text{m}$, $d=35\text{m}$($S-R$ 사이)일 때 1,000Hz에서의 Fresnel Number는?(단, 음속은 340m/sec이고, 방음벽의 길이는 충분히 길다고 가정한다.)

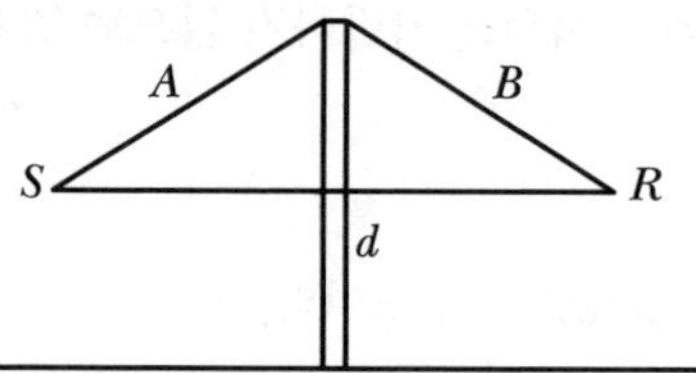

풀이

Fresnel Number(N)

$$N=\frac{\delta \cdot f}{170}$$

$\delta=A+B-d=15+25-35=5\text{m}$, $f=1{,}000\text{Hz}$

$$=\frac{5\times 1{,}000}{170}=29.41$$

必수문제

03 중심주파수 125Hz부터 10dB 이상의 소음을 차단할 수 있는 방음벽을 설계하고자 한다. 음원에서 수음점까지의 벽의 설치에 따른 전파경로의 차가 0.45m라 할 때, 중심주파수 125Hz에서의 Fresnel Number는?(단, 음속은 340m/sec)

풀이

Fresnel Number(N)

$$N=\frac{\delta \cdot f}{170}$$

δ(경로차) : 회절경로와 직접경로 간의 차이$=0.45\text{m}$

$f=125\text{ Hz}$

$$=\frac{0.45\times 125}{170}=0.33$$

必수문제

04 그림과 같은 차음벽에 1,500Hz의 음이 수직으로 입사할 때의 회절감쇠치는?(단, 그림에서 A는 4m, B는 5m, d는 7m이며 회절감쇠치 $L_d=10\log(N)+7(\text{dB})$이고 음속은 340m/s, 기타의 영향은 무시한다.)

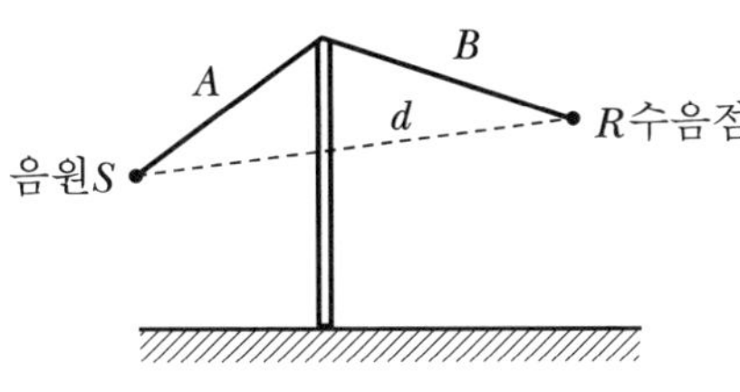

풀이

- 경로차(δ)

  δ = 회절음의 경로 − 직접음의 경로 = (4 + 5) − 7 = 2m
- Fresnel Number(N)

  $N = \dfrac{\delta \cdot f}{170} = \dfrac{2 \times 1,500}{170} = 17.64$
- 회절감쇠치(L_d)

  $L_d = 10\log N + 7 = 10\log 17.64 + 7 = 19.5\text{dB}$

05 그림과 같이 무한 방음벽을 설치하였다. 음원이 1,500Hz를 방출하고 있을 때 다음을 구하여라.(단, 회절감쇠치는 $10\log N + 7$을 적용, 지면반사 등은 무시)

(1) 음파경로차

(2) 회절감쇠치

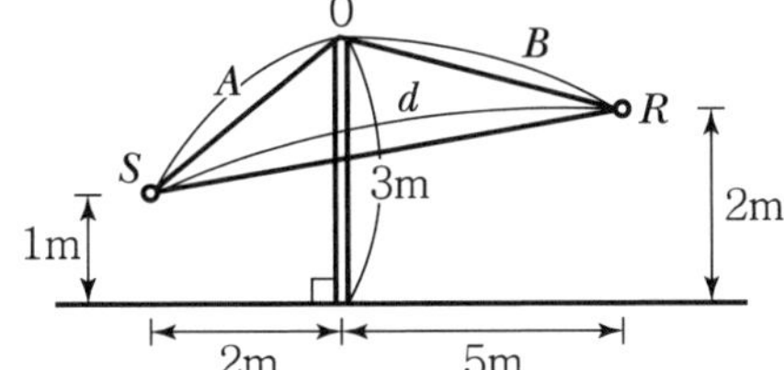

풀이

(1) 음파경로차(δ)

$\delta = A + B - d$

$A = \sqrt{2^2 + (3-1)^2} = 2.83\text{m}$

$B = \sqrt{5^2 + (3-2)^2} = 5.1\text{m}$

$d = \sqrt{7^2 + (2-1)^2} = 7.07\text{m}$

$= 2.83 + 5.1 - 7.07 = 0.86\text{m}$

(2) 회절감쇠치(L_d)

$N = \dfrac{\delta \cdot f}{170} = \dfrac{0.86 \times 1,500}{170} = 7.59$

$L_d = 10\log N + 7 = 10\log 7.59 + 7 = 15.8\text{dB}$

必수문제

06 **반무한 방음벽의 직접음 회절감쇠치가 15dB(A), 반사음 회절감쇠치가 18dB(A)이고 투과손실치가 20dB(A)일 때 이 벽에 의한 삽입손실치는 몇 dB(A)인가?**

풀이

삽입손실치(ΔL_I)

$$\Delta L_I = -10\log(10^{-\frac{L_d}{10}} + 10^{-\frac{L_d'}{10}} + 10^{-\frac{TL}{10}})$$

L_d(직접음 회절감쇠치) = 15dB(A)

L_d'(반사음 회절감쇠치) = 18dB(A)

TL(투과손실치) = 20dB(A)

$$= -10\log(10^{-\frac{15}{10}} + 10^{-\frac{18}{10}} + 10^{-\frac{20}{10}}) = 12.4\text{dB(A)}$$

必수문제

07 **높이에 비해서 무한히 긴 아래 그림의 방음울타리에서 500Hz의 음원에 대한 방음울타리의 효과(dB)는?(단, 방음울타리의 높이에 비하여 비교적 길이가 긴 경우 방음울타리 효과 $\Delta IL(\text{dB}) = -10\log\dfrac{340/f}{(3\times340)/f+20\delta}$를 이용하여 계산한다.)**

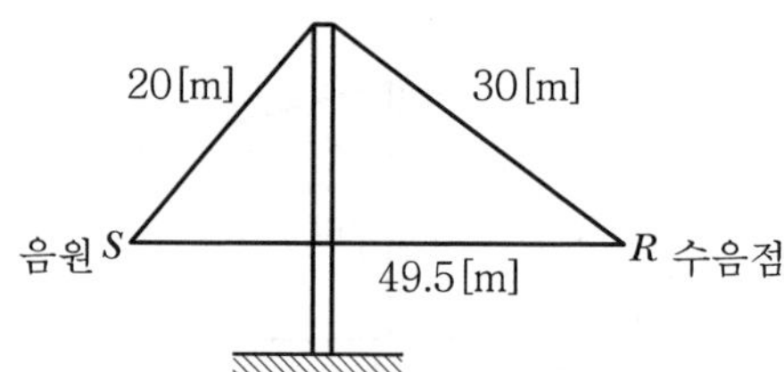

풀이

방음효과(ΔIL)

$$\Delta IL = -10\log\frac{340/f}{(3\times340)/f+20\delta}$$

$$\delta = A + B - d = 20 + 30 - 49.5 = 0.5\text{m}$$

$$= -10\log\frac{340/500}{(3\times340)/500+(20\times0.5)} = 12.48\text{dB}$$

必수문제

08 **방음벽에서 직접음의 회절감쇠치가 10dB(A), 반사음의 회절감쇠치가 13dB(A), 투과손실치가 15dB(A)이다. 직접음과 반사음을 모두 고려한 이 방음벽의 회절감쇠치[dB(A)]는?**

풀이

$$\text{회절감쇠치} = -10\log(10^{-\frac{L_d}{10}} + 10^{-\frac{L_d'}{10}}) = -10\log(10^{-1.0} + 10^{-1.3}) = 8.24\text{dB(A)}$$

012 실내소음 방지

(1) 실내의 평균음압레벨

① 반확산음장

㉠ 일반적 공장, 실내에서 적용

㉡ 관계식

$$\overline{SPL} = PWL + 10\log\left(\frac{Q}{4\pi r^2} + \frac{4}{R}\right)\ (\text{dB})$$

여기서, $\overline{SPL}$: 평균음압레벨(dB)
PWL : 실내음향 파워레벨(dB)
Q : 지향계수
r : 음원으로부터의 거리(m)
R : 실정수(m^2)

ⓐ 직접음 $SPL(SPL_d)$

$$SPL_d = PWL + 10\log\left(\frac{Q}{4\pi r^2}\right)\ (\text{dB})$$

ⓑ 간접음(잔향음) $SPL(SPL_r)$

$$SPL_r = PWL + 10\log\left(\frac{4}{R}\right)\ (\text{dB})$$

㉢ 실반경(r)

실내에서 음원으로부터 어떤 거리 r(m)만큼 떨어진 위치에서 직접음장 및 잔향음장에 의한 SPL이 같을 때 이 거리를 실반경이라 한다.

$\frac{Q}{4\pi r^2} = \frac{4}{R}$ 로부터

$$r = \sqrt{\frac{QR}{16\pi}}\ (\text{m})$$

② 확산음장

㉠ 잔향음장에 속하며 음장 내에 음의 에너지 밀도가 각 위치에서 일정하다.

㉡ 관계식

$$\overline{SPL} = PWL + 10\log\left(\frac{4}{R}\right)\ (\text{dB})$$
$$= PWL - 10\log R + 6$$

여기서, $\overline{SPL}$: 평균음압레벨(dB)
PWL : 실내음향 파워레벨(dB)
R : 실정수(m^2, sabin)

Reference 음향파워레벨 산정

① 음향파워레벨은 음압레벨을 측정하여 식으로 산출된다.
② 주위상황에 따라 음압분포가 달라지므로 그 상태에 따라 음향파워레벨 측정법이 다르게 된다.
③ 음향파워레벨 측정은 음원이 놓여진 공간의 상태에 따라 다르다.

(2) 실내소음 저감량($\varDelta L$, NR)

① 흡음대책에 의한 실내소음 저감량(감음량)은 흡음대책 전후의 실정수(R), 흡음력(A)으로 구한다.

② 관계식

$$\varDelta L = 10\log\frac{R_2}{R_1} = 10\log\frac{A_2}{A_1} = 10\log\frac{\overline{\alpha_2}(1-\overline{\alpha_1})}{\overline{\alpha_1}(1-\overline{\alpha_2})}\ (\text{dB})$$
$$= 10\log\left(\frac{A_1 + A_\alpha}{A_1}\right)\ (\text{dB})$$

여기서, $\varDelta L$: 실내소음 저감량(감음량)(dB)
R_1, R_2 : 흡음대책 전후의 실정수(m^2, sabin)
A_1, A_2 : 흡음대책 전후의 흡음력(m^2, sabin)
α_1, α_2 : 흡음대책 전후의 평균흡음률
A_α : 부가(증가)된 흡음력(m^2, sabin)

③ 일반적 흡음대책에 의해 목표로 하는 경제적인 감음량의 한계는 5~10dB이다.

④ 강당, 교회, 음악당과 같이 공개홀에서 연설자의 말이 중첩되면, 즉 전기적 음향에 의한 직접음과 반사음(간접음)의 시간차가 0.05초가 되면 그 위치를 Dead Spots 또는 Hot Spots 라고 한다.

⑤ 실내의 명료도(%)는 실내의 잔향시간(sec)에 반비례한다.

PART 01 PART 02 PART 03 PART 04 PART 05 PART 06

必 수문제

01 실정수 150m²인 공장 실내의 세 면이 만나는 구석에 음향파워레벨 90dB의 소형 기계가 설치되어 있다. 이 기계로부터 4m 떨어진 지점의 음압도(dB)는?

풀이

$$SPL = PWL + 10\log\left(\frac{Q}{4\pi r^2} + \frac{4}{R}\right)\ (\text{dB})$$

$$= 90 + 10\log\left(\frac{8}{4\times\pi\times 4^2} + \frac{4}{150}\right) = 78.2\text{dB}$$

必 수문제

02 실정수가 126m²인 방에 음향파워레벨이 115dB인 음원이 있을 때 실내(확산음장)의 평균음압레벨(dB)은?(단, 실내의 전체 내면의 반사율이 아주 큰 잔향실 기준)

풀이

확산음장

$$\overline{SPL} = PWL + 10\log\left(\frac{4}{R}\right)\ (\text{dB}) = 115 + 10\log\left(\frac{4}{126}\right) = 100\text{dB}$$

必 수문제

03 8×8×4(m)인 방이 있다. 이 방의 벽과 천장, 바닥은 모두 콘크리트로 되어 있으며 실내에 0.001W인 음원이 있을 때 실내의 음압레벨(dB)은?(단, 콘크리트면의 흡음률은 0.04이다.)

풀이

$$SPL = PWL + 10\log\left(\frac{4}{R}\right)(\text{dB})$$

$$R = \frac{S\cdot\overline{\alpha}}{1-\overline{\alpha}}$$

$$S = (8\times8\times2) + (8\times4\times2) + (8\times4\times2) = 256\text{m}^2$$

$$= \frac{256\times0.04}{1-0.04} = 10.67\text{m}^2$$

$$PWL = 10\log\frac{0.001}{10^{-12}} = 90\text{dB}$$

$$= 90 + 10\log\left(\frac{4}{10.67}\right) = 85.7\text{dB}$$

04 **가로 20m, 세로 20m, 높이 4m인 방이 있다. 이 방의 평균흡음률은 0.2이고, 방의 바닥 중앙에 음향파워레벨이 105dB인 무지향성 점음원이 놓여 있을 때, 직접음과 잔향음의 크기가 같은 음원으로부터의 거리(실반경, m)는?**

풀이

실반경(r)

$$r=\sqrt{\frac{QR}{16\pi}}\ (\mathrm{m})$$

$Q=2$(바닥중앙)

$$R=\frac{S\cdot\overline{\alpha}}{1-\overline{\alpha}}$$

$$S=(20\times20\times2)+(20\times4\times2)+(20\times4\times2)=1{,}120\mathrm{m}^2$$

$$=\frac{1{,}120\times0.2}{1-0.2}=280\mathrm{m}^2$$

$$=\sqrt{\frac{2\times280}{16\times3.14}}=3.3\mathrm{m}$$

必 수문제

05 **가로 5m, 세로 5m, 높이 5m인 방의 바닥 및 천장의 흡음률은 0.1이고, 벽의 흡음률은 0.4이다. 이 방의 바닥 중앙에 음향파워레벨이 90dB인 무지향성 점음원이 놓여 있을 때, 실반경에서의 직접음과 잔향음의 음압레벨의 크기를 구하시오.**

풀이

실반경에서는 직접음과 잔향음에 의한 SPL이 같기 때문에 문제상 확산음장에 의한(잔향음) 음압레벨을 구함

$$SPL=PWL+10\log\left(\frac{4}{R}\right)\ (\mathrm{dB})$$

$$R=\frac{S\cdot\overline{\alpha}}{1-\overline{\alpha}}$$

$$S=(5\times5\times2)+(5\times5\times2)+(5\times5\times2)=150\mathrm{m}^2$$

$$\overline{\alpha}=\frac{(25\times0.1)+(25\times0.1)+(100\times0.4)}{25+25+100}=0.3$$

$$=\frac{150\times0.3}{1-0.3}=64.3\mathrm{m}^2$$

$$=90+10\log\left(\frac{4}{64.3}\right)=77.9\mathrm{dB}$$

必수문제

06 공장 실내의 소음을 저감시키고자 한다. 저감 전의 실정수 $R_1=50\text{m}^2$이고, 저감 후의 실정수 $R_2=250\text{m}^2$으로 개선되었다고 할 때, 이 공장 실내의 흡음 전 · 후의 소음저감량은 약 몇 dB인가?

풀이

소음저감량(ΔL)

$$\Delta L=10\log\frac{R_2}{R_1}=10\log\frac{250}{50}=7\text{dB}$$

必수문제

07 음원기기를 실내면적 1m^2인 실내에서 흡음률이 같은 9m^2인 실내로 옮겼을 때 실내소음저감량(dB)은?(단, 실내의 평균흡음률은 0.3보다 크다.)

풀이

소음저감량(ΔL)

$$\Delta L=10\log\frac{9}{1}=9.5\text{dB}$$

必수문제

08 실내벽면에 대한 흡음대책 전후의 흡음력이 각각 500m^2, $1{,}500\text{m}^2$일 때 실내소음저감량(dB)은?(단, 평균흡음률은 0.3 미만이라 가정)

풀이

소음저감량(ΔL)

$$\Delta L=10\log\frac{A_2}{A_1}=10\log\frac{1{,}500}{500}=4.8\text{dB}$$

必수문제

09 평균흡음률이 0.02인 방을 방음 처리하여 평균흡음률을 0.27로 만들었다. 이때 흡음으로 인한 감음량은 몇 dB인가?

풀이

소음저감량(ΔL)

$$\Delta L=10\log\frac{R_2}{R_1}=10\log\frac{\overline{\alpha_2}(1-\overline{\alpha_1})}{\overline{\alpha_1}(1-\overline{\alpha_2})}=10\log\frac{0.27(1-0.02)}{0.02(1-0.27)}=12.5\text{dB}$$

必수문제

10 흡음재를 부착하여 실내소음을 6dB 저감시켰을 경우 평균흡음률은?(단, 감쇠량 $\Delta L = 10\log\frac{R_2}{R_1}$(dB)을 사용하여 계산하고 흡음 전 실정수는 50m², 실내의 전 표면적은 600m²)

풀이

$\Delta L = 10\log\frac{R_2}{R_1}$, $6 = 10\log\frac{R_2}{50}$, $R_2 = 10^{0.6}\times 50 = 199\text{m}^2$

$199 = \frac{S\cdot\bar{\alpha}}{1-\bar{\alpha}}$, $199(1-\bar{\alpha}) = 600\bar{\alpha}$

$\bar{\alpha} = 0.25$

必수문제

11 어떤 공장의 내부 표면적은 800m²이고 평균흡음률은 0.06일 때 이 공장의 평균음압레벨을 10dB 저감하기 위해서 필요한 평균흡음률은?(단, 저감량 $\Delta L = 10\log\frac{R_2}{R_1}$)

풀이

$\Delta L = 10\log\frac{R_2}{R_1}$

$10 = 10\log\frac{\bar{\alpha}_2(1-\bar{\alpha}_1)}{\bar{\alpha}_1(1-\bar{\alpha}_2)}$

$10^1 = \frac{\bar{\alpha}_2(1-\bar{\alpha}_1)}{\bar{\alpha}_1(1-\bar{\alpha}_2)} = \frac{\bar{\alpha}_2(1-0.06)}{0.06(1-\bar{\alpha}_2)}$

$\bar{\alpha}_2 = 0.39$

必수문제

12 평균흡음률을 0.04인 실내의 평균음압레벨을 85dB에서 80dB로 낮추기 위해서는 평균흡음률을 얼마로 해야 하는가?

풀이

$NR = 10\log\frac{\bar{\alpha}_2}{\bar{\alpha}_1}$, $85-80 = 10\log\frac{\bar{\alpha}_2}{0.04}$

$\bar{\alpha}_2 = 10^{0.5}\times 0.04 = 0.13$

13 가로, 세로, 높이가 각각 10m, 8m, 3m인 방의 벽, 천장, 바닥의 1kHz 밴드에서의 흡음률이 각각 0.1, 0.2, 0.3이다. 천장재를 1kHz 밴드에서의 흡음률이 0.7인 흡음재로 대체할 경우 감음량(dB)을 구하시오.

풀이

실내소음저감량(NR)

$$NR = 10\log\frac{R_2}{R_1} = 10\log\frac{\dfrac{S\overline{\alpha_1}}{1-\overline{\alpha_1}}}{\dfrac{S\overline{\alpha_2}}{1-\overline{\alpha_2}}}$$

- 대책 전

$$S = (10\times8\times2)+(10\times3\times2)+(8\times3\times2) = 268\text{m}^2$$

$$\overline{\alpha_1} = \frac{(108\times0.1)+(80\times0.2)+(80\times0.3)}{108+80+80} = 0.1896$$

- 대책 후

$$S = 268\text{m}^2$$

$$\overline{\alpha_2} = \frac{(108\times0.1)+(80\times0.7)+(80\times0.3)}{108+80+80} = 0.3388$$

$$NR = 10\log\frac{\left(\dfrac{268\times0.3388}{1-0.3388}\right)}{\left(\dfrac{268\times0.1896}{1-0.1896}\right)} = 3.4\text{dB}$$

013 소음기(Silencer)

(1) 소음기의 성능표시

① **삽입손실치(IL ; Insertion Loss)**

소음원에 소음기를 부착하기 전 · 후의 공간상의 어떤 특정위치에서 측정한 음압레벨의 차이와 그 측정위치로 정의한다.

② **동적삽입손실치(DIL ; Dynamic Insertion Loss)**

정격유속(Rated Flow) 조건하에서 소음원에 소음기를 부착하기 전과 후의 공간상의 어떤 특정위치에서 측정한 음압레벨의 차와 그 측정위치로 정의한다.

③ **감쇠치(ΔL ; Attenuation)**

소음기 내 두 지점 사이의 음향파워 감쇠치로 정의한다.

④ **감음량(NR ; Noise Reduction)**

소음기가 있는 그 상태에서 소음기의 입구 및 출구에서 측정된 음압레벨의 차로 정의한다.

⑤ **투과손실치(TL ; Transmission Loss)**

소음기를 투과한 음향출력에 대한 소음기에 입사된 음향출력의 비$\left(\dfrac{\text{입사음향출력}}{\text{투과음향출력}}\right)$를 상용대수 취한 후 10을 곱한 값으로 정의한다.

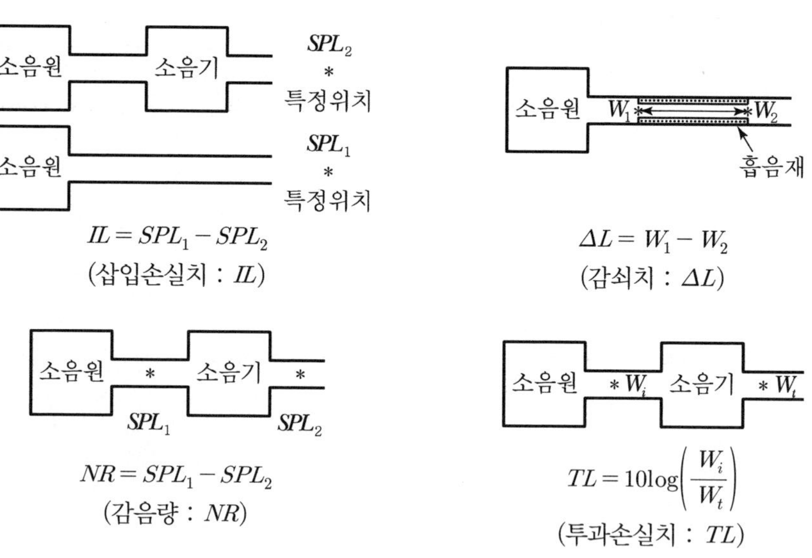

[소음기 성능평가방법]

(2) 소음기의 종류

① 흡음덕트형 소음기(흡음형 소음기)

㉠ 개요 및 원리

내부에서 에너지 흡수를 목적으로 하는 소음기, 즉 덕트 내(공동 내역)에 흡음재(유리면, 암면)를 부착하여 흡음재의 흡음효과에 의해 소음을 감쇠시킨다. 즉 기류소음의 음에너지를 열에너지로 변환시키는 원리이다.

㉡ 감음특성

중 · 고음역에서 좋다.

㉢ 최대감음 주파수는 다음 범위 내에 있어야 한다.

$$\frac{\lambda}{2} < D < \lambda$$

여기서, λ : 대상음의 파장(m), D : 덕트의 내경(m)

㉣ 덕트의 내부 직경이 대상음의 파장보다 큰 경우에는 덕트를 세분하여 Cell형이나 Splitter형으로 하여 소음을 감음시켜야 한다.

㉤ 감쇠치($\varDelta L$)

$$\varDelta L = K \cdot \frac{P \cdot L}{S} = 1.05\alpha^{1.4} \cdot \frac{P \cdot L}{S} \text{(dB)}$$

여기서, K : 흡음계수(흡음재의 흡음률에 따른 정수)

$K = \alpha - 0.1 = 1.05\alpha^{1.4}$

α : 흡음률(잔향실법 측정자료)

P : 덕트 내부 주장(기류 통과 단면적의 둘레, m)

S : 덕트 내부 단면적(기류 통과 단면적, m^2)

L : 덕트의 길이(m)

㉥ 특징

ⓐ 덕트의 최단 횡단길이는 고주파 Beam을 방해하는 크기여야 한다.

ⓑ Beam은 가장 작은 횡단길이의 7배보다 작은 파장의 주파수에서 발생한다.

ⓒ 통과유속은 20m/sec 이하로 하는 것이 좋다.

ⓓ 송풍기 소음을 방지하기 위한 흡음덕트 두께는 1″(1 inch), 흡음챔버 내의 흡음재는 2~4″ 두께로 부착하는 것이 좋다.

ⓔ 흡음덕트 내에서 기류가 음파와 같은 방향으로 이동할 경우에는 소음감쇠치의 정점은 고주파 측으로 이동하면서 그 크기는 낮아지고 반대방향으로 이동할 경우에는 소음감쇠치의 정점은 저주파 측으로 이동하면서 그 크기는 높아진다.

ⓕ 각 흐름통로의 길이는 그것의 가장 작은 횡단길이의 2배는 되어야 한다.

Reference **흡음형 소음기의 압력손실**

$$\Delta P = \frac{v^2}{2g}(\text{mmH}_2\text{O})$$

여기서, v : 면속도(유량/덕트 단면적), g : 중력가속도

② **팽창형 소음기**

㉠ 개요 및 원리

단면 불연속부의 음에너지 반사에 의해 감음하는 구조로 급격한 관경확대로 음파를 확대하고 유속을 낮추어 음향에너지 밀도를 희박화하고 공동단을 줄여서 감음하는 것으로 단면적비에 따라 감쇠량을 결정하는 소음기이다.

㉡ 감음특성

저 · 중음역에 좋으며 팽창부에 흡음재를 부착하면 고음역의 감음량이 증가한다.

㉢ 감쇠의 주파수(감음 주파수)는 소음기의 감쇠량이 최대로 되는 주파수이며, 이 주파수는 주로 팽창부의 길이(L)로 결정하고 주파수 성분을 가장 유효하게 감쇠시킬 수 있는 길이는 $L = \frac{\lambda}{4}$로 하면 좋다.

㉣ 최대 투과손실치($TL_{\max}$)

$$TL_{\max} = \frac{D_2}{D_1} \times 4(\text{dB})$$

단 $f < f_c$이며, f_c(한계주파수)$= 1.22\frac{C}{D_2}$(Hz)

여기서, D_1 : 팽창(확대) 전 직경(m)

D_2 : 팽창(확대) 후 직경(m)

㉤ 일반적 투과손실(TL)

$$TL = 10\log\left[1 + \frac{1}{4}\left(m - \frac{1}{m}\right)^2 \sin^2 KL\right](\text{dB})$$

$$= 10\log\left[1 + \left(\frac{1}{2}\left(m - \frac{1}{m}\right)\sin KL\right)^2\right](\text{dB})$$

여기서, m : 단면적 비$\left(\frac{A_2}{A_1} = \frac{\text{팽창 후 단면적}}{\text{팽창 전 단면적}}\right)$

K : 파수$\left(\frac{2\pi f}{c}\right)$

f는 대상주파수(Hz), π는 180°, c는 음속(m/sec)

L : 팽창부의 길이(m)

ⓗ 최대 투과손실은 발생 주파수(f)의 홀수배($3f$, $5f$, …)에서는 최대가 되나 짝수배($2f$, $4f$, …)에서는 0dB이 된다.

ⓢ 투과손실은 $L=\dfrac{n\lambda}{4}$일 때 최대($n=1$, 3, 5, …), $KL=n\pi$일 때 최소

ⓞ 팽창부에 흡음재 부착 시 투과손실(TL_α)

$$TL_\alpha = TL + \left(\frac{A_2}{A_1} + \alpha_r\right)\ (\text{dB})$$

여기서, α_r : 흡음률

ⓙ 단면적비(m)가 클수록 투과손실치는 커진다.(단면적비에 따라 감쇠량이 결정됨)

ⓒ 팽창부의 길이(L)가 커지면 협대역 감음, 즉 최대 투과손실은 변화가 없으나 통과대역의 수가 증가한다.

ⓚ 송풍기, 압축기, 디젤기관 등의 흡 · 배기부의 소음에 사용된다.

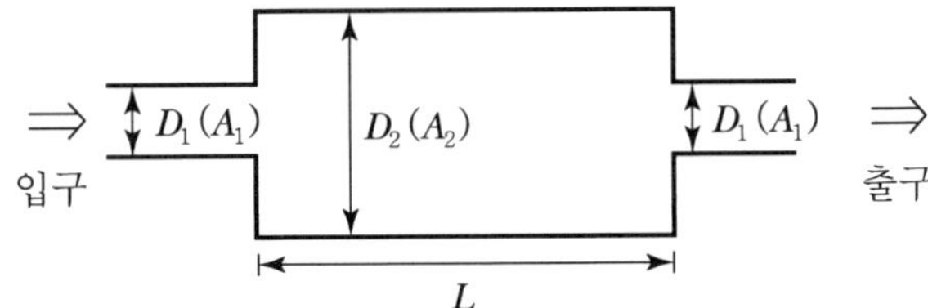

③ 간섭형 소음기

㉠ 개요 및 원리

음의 통로 구간을 둘로 나누어 각각의 경로차가 반파장($\lambda/2$)에 가깝게 하는 구조, 즉 서로 간의 위상차에 의해 소리의 에너지가 감쇠하는 원리를 이용한 것이다.

㉡ 감음특성

저 · 중음역의 탁월주파수 성분에 좋다.

㉢ 특징

ⓐ 감음주파수는 두 경로차(소음기 길이)에 따라 결정되며 경로차가 $\lambda/2$가 되게 하는 것이 좋다.

ⓑ 최대 투과손실치는 f(Hz)의 홀수배 주파수에서 일어나 이론적으로 무한대가 된다.

ⓒ 최대 투과손실치는 f(Hz)의 짝수배 주파수에서는 0dB이 된다.

ⓓ 최대 투과손실치는 실용적으로 20dB 내외이다.

ⓔ 압축기, 송풍기, 디젤기관 등의 흡 · 배기음의 소음에 사용된다.

④ **공명형 소음기**

㉠ 개요 및 원리

헬름홀츠 공명기의 원리를 응용한 것으로 공명주파수에서 감음하는 방식으로 관로 도중에 구멍을 판 공동과 조합한 구조, 즉 내관의 작은 구멍과 그 배후 공기층이 공명기를 형성하여 흡음한다. 즉, 공동의 공진주파수와 일치하는 음의 주파수를 목부에서 열에너지로 소산시킨다.

㉡ 감음특성

저 · 중음역의 탁월주파수 성분에 좋으며 소음기의 공동 내에 흡음재를 충진하면 저주파음 소거의 탁월현상이 완화된다.

㉢ 일반적으로 흐르는 배관이나 덕트의 선상에 부착하여 협대역(탁월) 저주파음을 방지하는 소음기 형식이다.

㉣ 최대 투과손실치(TL)가 일어나는 공명주파수(f_r)

최대 투과손실치는 공명주파수에서 일어나고 작은 관 내 공동 구멍 수가 많을수록 공명주파수는 커진다.

$$f_r = \frac{c}{2\pi}\sqrt{n \cdot \frac{S_p/l_p}{V}}\ (\mathrm{Hz})$$

여기서, f_r : 다공공명기형 소음기의 공명주파수
c : 소음기 내 음속(m/sec)
n : 내관 구멍 수
S_p : 내관 구멍 한 개의 단면적(m^2)
l_p : $L+1.6a$
L은 목의 두께(m)
a는 구멍의 반지름(m)
V : 공동(배후공기층) 부피(m^3)

㉤ 단일공명기형의 공명주파수(f_r)

$$f_r = \frac{c}{2\pi}\sqrt{\frac{A}{l \cdot V}}\ (\mathrm{Hz})$$

여기서, c : 소음기 내 음속(m/sec)
A : 목의 단면적(m^2)
L : 목의 두께(m)
V : 공동의 부피(m^3)
l : $L+0.8\sqrt{A}\,(L+0.8d)$

Reference **공명형 소음기의 투과손실 예측 계산식**

$$TL = 10\log\left[1+\left(\frac{\frac{\sqrt{nVS_p/K_p}}{2S_0}}{\frac{f}{f_r}-\frac{f_r}{f}}\right)^2\right](\text{dB})$$

여기서, 공명주파수 $f_r = \frac{C}{2\pi}\sqrt{\frac{A}{l \cdot V}}(\text{Hz})$

ⓑ 공동공명형 소음기의 공동 내에 흡음재를 충진할 경우에는 저주파음 소거의 탁월현상은 완화되지만 고주파까지 거의 평탄한 감음특성을 보인다.

ⓢ 구멍의 크기가 음의 파장에 비해 매우 작을 때 공명주파수(f_r) : 다공판

$$f_r = \frac{c}{2\pi}\sqrt{\frac{\beta}{(h+1.6a)\cdot d}}\ (\text{Hz})$$

여기서, c : 소음기 내 음속(m/sec)

β : 개공률($\beta = \frac{\pi a^2}{B^2}$)

B는 구멍 간 좌우, 상하 길이

h : 목(판)의 두께(m)

a : 구멍의 반지름(m)

d : 배후공기층(m)

ⓞ 공명주파수는 내관을 통하는 음속이 높을수록, 내관을 통하는 기체의 온도가 높을수록, 내관구멍의 단면적이 커질수록 증가하며 내관과 외관 사이의 부피가 증가하면 저하한다.

Reference **헬름홀츠 공명기**

① 강한 순음 성분을 가지는 소음을 감소시키는 데 적합하다.
② 목의 체적에 비해 상대적으로 큰 부피를 갖는 공동으로 이루어져 있다.
③ 구조적인 측면에서의 간략성 및 적용의 편의성으로 인해 주어진 공간이 한정되어 있는 경우 및 엔진의 배기 매니폴드 등의 소음 감쇠에 널리 사용되어 왔다.

(3) 소음기에 요구되는 일반적인 특성

① 저음역의 감쇠능력이 있어야 한다.
② 흡음재는 불연성이며, 내구성이 있어야 한다.
③ 공기저항이 비교적 작아야 한다.
④ 소음기 내부에서 기류에 의한 발생음이 생기지 않아야 한다.

⑤ 설계 시에는 고온, 기체종류, 특정가스, 임피던스 등에 유의해야 한다.
⑥ 수음자의 위치를 고려하여 소음기 개구부를 사람의 귀로부터 멀리 둔다.
⑦ 소음기의 설계 시에는 감음량을 고려할 뿐만 아니라 기계의 성능, 압력손실 등에 대해서도 신중히 검토해야 한다.

(4) 취출구 소음기

① 압축공기나 보일러의 고압증기의 대기방출, Jet Noise 등을 감소시키기 위해 사용하는 소음기이다.
② 소음기의 출구구경은 유속을 저하시키기 위해 반드시 입구보다 크게 하여야 한다.
③ 유체의 토출유속에 의해 발생된 소음은 가능한 한 음원을 취출부 부근에 집중시켜 그 음의 전파를 방지하고, 유속을 저하시킴으로써 저감시킬 수 있다.

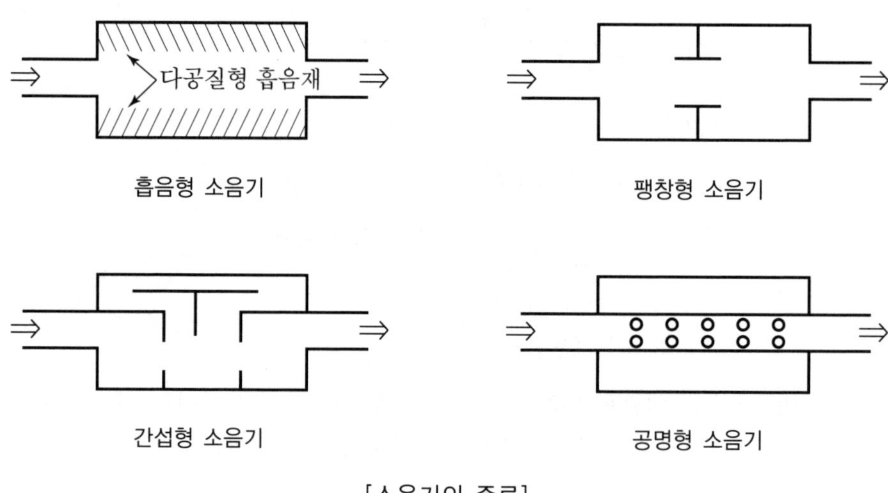

[소음기의 종류]

必수문제

01 덕트의 내부에 흡음재를 부착하여 덕트소음을 줄이고자 한다. 덕트의 내경이 0.2m인 경우 최대감음주파수의 범위(Hz)를 구하시오.

풀이

최대감음주파수의 범위

$\frac{\lambda}{2} < D < \lambda$

음속을 344m/sec라고 가정하면

$f = \frac{C}{\lambda} = \frac{344\text{m/sec}}{0.2\text{m}} = 1{,}720\text{Hz}$, $f = \frac{C}{\lambda/2} = \frac{344\text{m/sec}}{0.1\text{m}} = 3{,}440\text{Hz}$

02 어떤 흡음재를 사용하여 내경 30cm, 길이 3m의 원형직관 흡음덕트를 만들었다. 이 덕트의 감쇠량이 12dB일 때 흡음재의 흡음률은 얼마인가?(단, $K=\alpha-0.1$ 적용)

풀이

감쇠량(ΔL)

$$\Delta L = K \cdot \frac{P \cdot L}{S} = K \cdot \frac{\pi D \cdot L}{\frac{\pi}{4}D^2} = \frac{4K \cdot L}{D}$$

$$12 = \frac{4 \times K \times 3}{0.3}$$

$K = 0.3$, $K = \alpha - 0.1$

$\alpha = K + 0.1 = 0.3 + 0.1 = 0.4$

必수문제

03 공조기에서 발생되는 소음을 흡음덕트를 이용하여 감음시키고자 한다. 덕트의 길이는 1m이며 사각형 덕트이고 가로, 세로가 각각 30cm, 60cm이다. 덕트로 사용된 재료의 잔향실법에 의한 흡음률은 0.6일 때 감음량(dB)은?(단, $K = 1.05\alpha^{1.4}$)

풀이

감음량(ΔL)

$$\Delta L = K \cdot \frac{P \cdot L}{S} \text{ (dB)}$$

$K = 1.05\alpha^{1.4} = 1.05 \times 0.6^{1.4} = 0.513$, $P = (0.3 \times 2) + (0.6 \times 2) = 1.8\text{m}$

$S = 0.3 \times 0.6 = 0.18\text{m}^2$, $L = 1\text{m}$

$$= 0.513 \times \frac{1.8 \times 1}{0.18} = 5.13\text{dB}$$

必수문제

04 송풍기에 의해 방사되는 소음을 저감시키기 위해 가로×세로가 각각 30cm×30cm이고 길이가 2.5m인 장방형 덕트에 두께 3cm로 균일하게 흡음률이 0.4인 흡음재료를 부착하였을 때의 소음감쇠치(ΔL)는?

풀이

$$\Delta L = K \cdot \frac{P \cdot L}{S} \text{ (dB)}$$

$K = \alpha - 0.1 = 0.4 - 0.1 = 0.3$, $P = 0.24 \times 4 = 0.96\text{m}$

$S = 0.24 \times 0.24 = 0.0576\text{m}^2$, $L = 2.5\text{m}$

$$= 0.3 \times \frac{0.96 \times 2.5}{0.0576} = 12.5\text{dB}$$

必수문제

05 800Hz의 음파를 흡음덕트에 의해서 감음하고자 한다. 원통덕트의 내면에 흡음물을 부착했을 때 지름은 35cm, 흡음률은 0.35의 것을 이용한다고 하면 이 흡음덕트에서 30dB를 감음하기 위해서 필요한 최소한의 길이(m)는?

풀이

$$\Delta L = K \cdot \frac{P \cdot L}{S}\ (\text{dB})$$

$$L = \frac{\Delta L \times S}{K \times P}$$

$$\Delta L = 30\text{dB}$$

$$S = \frac{3.14 \times 0.35^2}{4} = 0.096\text{m}^2$$

$$K = 0.35 - 0.1 = 0.25,\ \ P = \pi \times D = 3.14 \times 0.35 = 1.099\text{m}$$

$$= \frac{30 \times 0.096}{0.25 \times 1.099} = 10.48\text{m}$$

必수문제

06 공조기에서 발생되는 소음을 감쇠시키기 위해 그림과 같은 단면의 소음기를 3.5m 길이로 설치할 경우 500Hz에서의 감음량은 몇 dB인가?(단, 잔향실법에 의한 흡음률은 0.55이다.)

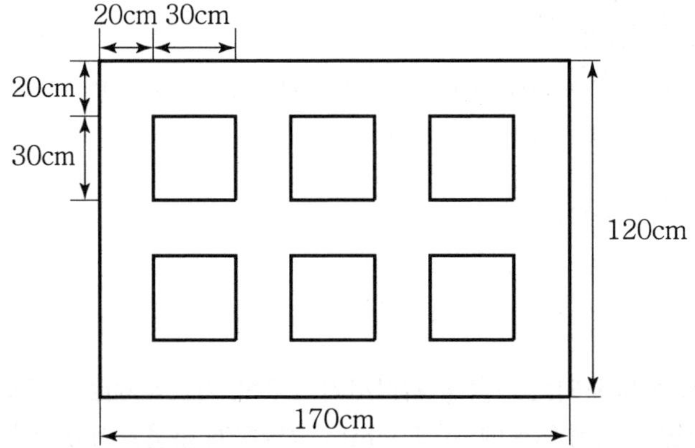

풀이

$$\Delta L = K \cdot \frac{PL}{S}\ (\text{dB})$$

$$K = \alpha - 0.1 = 0.55 - 0.1 = 0.45,\ \ P = (0.3 \times 4) \times 6 = 7.2\text{m}$$

$$S = (0.3 \times 0.3) \times 6 = 0.54\text{m}^2,\ \ L = 3.5\text{m}$$

$$= 0.45 \times \frac{7.2 \times 3.5}{0.54} = 21\text{dB}$$

必수문제

07 **관 내벽에 흡음재를 부착한 후의 내경이 24cm, 길이가 1.0m인 원형 흡음덕트의 감쇠량이 10dB이었다. 만약 내경이 30cm, 길이가 2m인 동종의 덕트로 바꾸면 감쇠량(dB)은 얼마나 개선되는가?(단, 덕트의 내경은 대상음의 파장보다 작다.)**

풀이

우선 흡음계수(K)를 구하여 적용한다.

$$\Delta L = K \cdot \frac{P \cdot L}{S}$$

$$K = \frac{\Delta L \times S}{P \times L} = \frac{10 \times 0.0453}{0.754 \times 1} = 0.6$$

$$= 0.6 \times \frac{0.942 \times 2}{0.07} \fallingdotseq 16.15\text{dB}$$

$16.15 - 10 = 6.15$dB 만큼 개선된다.

必수문제

08 **팽창형 소음기의 입구 및 팽창부의 직경이 각각 50cm, 120cm일 경우, 기대할 수 있는 최대 투과손실(dB)은?**

풀이

최대투과손실(TL)

$$TL = \frac{D_2}{D_1} \times 4 = \frac{120}{50} \times 4 = 9.6\text{dB}$$

必수문제

09 **단순 팽창형 소음기의 단면적 비가 6이고 $\sin^2 KL = 1.0$일 때 투과손실(dB)은?**

풀이

$$TL = 10\log\left[1 + \frac{1}{4}\left(m - \frac{1}{m}\right)^2 \sin^2 KL\right]\text{dB}$$

$$= 10\log\left[1 + \frac{1}{4}\left(6 - \frac{1}{6}\right)^2 \times 1\right]\text{dB} = 9.8\text{dB}$$

必수문제

10 **Fan의 날개 수가 60개인 송풍기가 1,000rpm으로 운전되고 있다. 이 송풍기의 출구에 단순 팽창형 소음기를 부착하여 송풍기에서 발생하는 기본음에 대하여 최대투과손실 20dB을 얻고자 할 때 소음기의 최적 팽창부의 길이(cm)는?(단, 관로 중 기체의 온도는 40℃이다.)**

풀이

- 대상주파수(f)

$$f=\frac{1{,}000\text{rpm}}{60}\times 60=1{,}000\text{Hz}$$

- 파장(λ)

$$\lambda=\frac{c}{f}=\frac{331.42+(0.6\times 40℃)}{1{,}000}=0.355\text{m}$$

- 최적 팽창부의 길이(L)

$$L=\frac{\lambda}{4}=\frac{0.355}{4}=0.0888\text{m}\times 100\text{cm/m}=8.89\text{cm}$$

必수문제

11 **팽창부의 길이가 50cm인 단순팽창형 소음기에서 최대투과손실이 발생하는 최저주파수(Hz)는?(단, 소음기 내의 온도는 60℃ 이고, 입구관과 확장관의 단면적 비는 1이 아님)**

풀이

TL이 최대가 될 때

$$L=\frac{n\lambda}{4}$$

$$L=\frac{\lambda}{4}=\frac{c/f}{4}$$

$$0.5=\frac{[331.42+(0.6\times 60)]/f}{4}$$

$$f=183.71\text{Hz}$$

必수문제

12 **그림과 같이 내경 6cm, 두께 2mm인 관 끝 무반사관 도중에 직경 1cm의 작은 구멍이 10개 뚫린 관을 내경 15cm, 길이 30cm의 공동과 조합할 때의 공명주파수(Hz)는?(단, 작은 구멍의 보정길이=내관두께+구멍의 반지름×1.6으로 하며 음속은 340m/sec)**

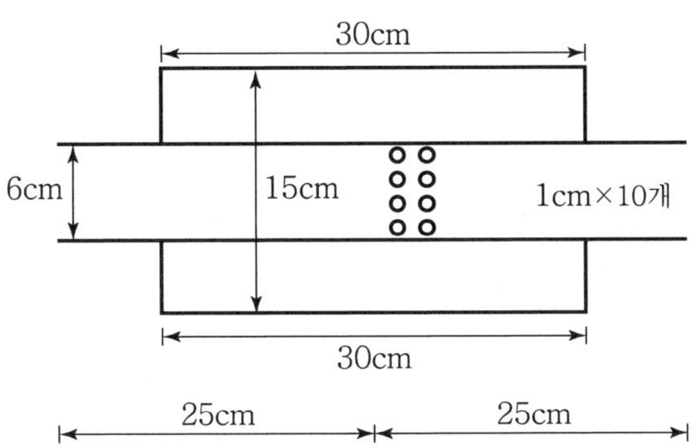

풀이

공명주파수(f_r)

$$f_r = \frac{c}{2\pi}\sqrt{\frac{A}{l \cdot V}}\,(\text{Hz})$$

A(목의 단면적)$=\left(\frac{3.14\times 1^2}{4}\right)\times 10 = 0.785\times 10 = 7.85\text{cm}^2$

l(목의 두께)$= 0.2 + \left(\frac{1}{2}\times 1.6\right) = 1.0\text{cm}$

V(공동 부피)$= 30\left[\frac{3.14\times 15^2}{4} - \frac{3.14\times(6+0.4)^2}{4}\right] = 4{,}334\text{cm}^3$

$$= \frac{34{,}000}{2\times 3.14}\sqrt{\frac{7.85}{1.0\times 4{,}334}} = 230.4\text{Hz}$$

必 수문제

13 **구멍직경 9mm, 구멍 간의 상하좌우 간격 22mm, 판두께 12mm인 다공판을 55mm의 배후공기층을 두고 설치할 경우 공명(흡음)주파수(Hz)는?(단, 기온은 14.5℃이고, 구멍의 크기는 음의 파장에 비해 매우 작다.)**

풀이

공명주파수(f_r)

$$f_r = \frac{C}{2\pi}\sqrt{\frac{\beta}{(h+1.6a)\cdot d}}$$

$C = 331.42 + (0.6\times 14.5) = 340.12\text{m/sec}\,(340.12\times 10^3\text{mm/sec})$

$\beta = \frac{\pi a^2}{B^2} = \frac{3.14\times 4.5^2}{22^2} = 0.13137$

$h + 1.6a = 12 + (1.6\times 4.5) = 19.2\text{mm}$

$d = 55\text{mm}$

$$= \frac{340.12\times 10^3}{2\times 3.14}\sqrt{\frac{0.13137}{19.2\times 55}} = 604.07\text{Hz}$$

SECTION ENGINEER NOISE & VIBRATION

014 밀폐상자

(1) 음원 밀폐 시 유의사항

저감시키고자 하는 주파수의 파장을 고려하여 밀폐상자의 크기를 설계한다.

① 방진(필요시 차음대책과 병행해서 방진 및 제진대책 실시)

② 차음

③ 흡음

④ 환기(밀폐상자 내의 온도 상승을 억제하기 위해 환기설비 설치)

⑤ 개구부의 소음(환기용 Fan 주위에 소음기 설치)

(2) 밀폐상자 내부의 저주파 음압레벨(SPL_1) : 파장에 비해 작은 밀폐상자의 경우

$$SPL_1 = PWL_s - 40\log f - 20\log V + 81 \text{ (dB)}$$

여기서, PWL_s : 음원의 파워레벨(dB)

f : 밀폐상자보다 파장이 큰 저주파(Hz)

V : 음원과 밀폐상자 간의 공간체적(m^3)

(3) 밀폐상자 내부의 고주파 음압레벨(SPL_1) : 파장에 비해 큰 밀폐상자의 경우

$$SPL_1 = PWL_s - 10\log R + 6 \text{ (dB)}$$

$$= PWL_s + 10\log\left(\frac{1-\bar{\alpha}}{S\bar{\alpha}}\right) + 6 \text{ (dB)}$$

여기서, PWL_s : 음원의 파워레벨(dB)

R : 밀폐상자 내부의 실정수(m^2)

S : 밀폐상자 내부의 전 표면적(m^2)

$\bar{\alpha}$: 밀폐상자 내부의 평균흡음률

(4) 밀폐상자 내외부의 파워레벨 차(ΔPWL) : 파장에 비해 작은 밀폐상자의 경우

$$\Delta PWL = 40\log f + 20\log V - 10\log S_p + TL - 81 \text{ (dB)}$$

여기서, S_p : 밀폐상자 음향 투과부의 면적(m^2)

TL : 밀폐상자의 투과손실(dB)

(5) 밀폐상자 내외부의 파워레벨 차(ΔPWL) : 파장에 비해 큰 밀폐상자의 경우

$$\Delta PWL = TL - 10\log\left[\frac{S_p}{S} \cdot \frac{1-\overline{\alpha}}{\overline{\alpha}}\right] \text{ (dB)}$$

(6) 밀폐상자에 의한 차음도(NR)

$$NR = SPL_1 - SPL_2 = 10\log\left(\frac{1}{\tau}\right) = TL \text{ (dB)}$$

여기서, SPL_1 : 밀폐상자 내부의 음압레벨(dB)
SPL_2 : 밀폐상자 외부의 음압레벨(dB)
τ : 밀폐상자의 투과율

(7) 밀폐상자에 의한 삽입손실치(IL)

$$IL = 10\log\left(\frac{\overline{\alpha}}{\overline{\tau}}\right)\text{(dB)} : \overline{\tau} \leq \overline{\alpha} \leq 1\text{인 조건에서 적용}$$

여기서, $\overline{\alpha}$: 밀폐상자 내의 평균흡음률
$\overline{\tau}$: 밀폐상자의 평균투과율

015 방음 Lagging(방음겉씌우개)

(1) 개요

① 송풍기, 덕트, 파이프의 외부 표면에서 소음이 방사될 때 진동부에 제진대책을 한 후 흡음재를 부착하고 그 다음에 차음재로 마감하는 방법을 Lagging이라 한다.

② 방진재 자신의 탄성진동의 고유진동수가 외력의 진동수와 공진하는 상태를 Surging이라고도 한다.

③ 구조

관(파이프) 내부 + Casing + 제진재 + 흡음재 + 차음재

④ 관이나 판 등으로부터 소음이 방사될 때 진동부에 점탄성 제진재를 이용하여 제진대책을 한 후 흡음재를 부착하고 그 다음에 차음재(구속층)를 설치하여 마감하는 것이 효과적이다.

⑤ 링주파수

일반적으로 파이프에서 발생하는 주파수를 의미한다.

$$f_r = \frac{C_L}{\pi d}(\text{Hz})$$

여기서, C_L : 종파 전파속도

d : 파이프 직경

必수문제

01 **밀폐상자를 이용하여 음원을 밀폐하려고 한다. 파장에 비해 큰 밀폐상자, 즉 밀폐상자보다 파장이 작은 고주파 음압레벨(dB)의 값은 얼마인가?(단, 음원의 파워레벨은 110dB이고, 밀폐상자 내의 전 표면적은 60m², 평균흡음률은 0.88이다.)**

풀이

파장에 비해 큰 밀폐상자에서 고주파 음압레벨(SPL_1)

$$SPL_1 = PWL_s + 10\log\left(\frac{1-\bar{\alpha}}{S\bar{\alpha}}\right) + 6(\text{dB})$$

$$= 110 + 10\log\left(\frac{1-0.88}{60\times 0.88}\right) + 6 = 89.6\text{dB}$$

PART 01 PART 02 PART 03 PART 04 PART 05 PART 06

必수문제

02 평균흡음률이 0.33이고 평균투과율이 0.026인 밀폐상자의 삽입손실(dB)(Insertion Loss)은?

풀이

$\bar{\tau} \le \bar{\alpha} \le 1$

$0.026 \le 0.33 \le 1$의 조건이므로

$IL = 10\log\left(\dfrac{\bar{\alpha}}{\bar{\tau}}\right)(\text{dB}) = 10\log\left(\dfrac{0.33}{0.026}\right) = 11\text{dB}$

必수문제

03 파이프 지름이 1m인 파이프 벽에서 전파되는 종파의 전파속도가 5,000m/sec인 경우 파이프의 링주파수는?

풀이

$f_r = \dfrac{C_L}{\pi d} = \dfrac{5,000}{3.14 \times 1} = 1,592.36\text{Hz}$

必수문제

04 250Hz의 소음을 발생시키는 장비를 방음상자로 밀폐하였다. 소음원의 음향파워레벨은 100dB이고 250Hz에서 차음벽체의 투과손실은 15dB, 방음상자 내의 공간체적은 10m^3, 방음상자 내부 표면적(음향투과 부분)은 10m^2일 때 방음상자를 투과한 후의 250Hz에서의 음향파워레벨(dB)은?(단, 파장에 비해 방음상자는 작다.)

풀이

$\Delta PWL = 40\log f + 20\log V - 10\log S_p + TL - 81$

$\quad = (40 \times \log 250) + (20 \times \log 10) - (10\log 10) + 15 - 81 = 40\text{dB}$

방음상자 투과 후 $PWL = 100 - 40 = 60\text{dB}$

016 가진력의 발생과 특징

(1) 가진력 구분

① **원심력**

기계 회전부 운동에 기인한 질량 불평형(불균형)에 의한 원심력

② **충격력**

충격과 기계의 직선왕복운동에 기인한 충격력

③ **자려(Self Exciting)진동**

시스템 스스로의 운동에 따라서 시스템 외부에서 에너지를 흡수하여, 진동으로 유체운동에 따라 고체의 충돌이 일어나서 발생하는 진동

(2) 충격력

① **개요**

질량 m인 기계가 속도 V로 운전될 때, 가진점에 스프링을 설치하여 진동을 시킬 경우 평형에너지 방정식은 다음과 같다.

$$\frac{1}{2}mV^2 = \frac{1}{2}F\delta \quad \cdots\cdots\cdots ㉠$$

여기서, F : 최대충격력
δ : 스프링의 최대변위
K : 스프링 정수

$$\delta = \frac{F}{K} \quad \cdots\cdots\cdots ㉡$$

㉠식에 ㉡식을 대입하여 정리하면 다음과 같다.

$$F = \sqrt{mKV^2}$$
$$W = m \cdot g$$
$$= V\sqrt{K \cdot \frac{W}{g}}$$

② **특징**

㉠ 충격력(F)은 속도(V)에 비례하고 스프링 정수(K), 중량(W)의 제곱근에 비례한다.

㉡ K를 $\frac{1}{4}$로 하면 F는 $\frac{1}{2}$로 되어 가진력은 $\frac{1}{2}$로 줄어든다.

ⓒ 프레스, 단조기, 항타기(말뚝 박는 기계), 파쇄기 등은 주로 충격에 의해 진동이 발생한다.

ⓓ 항타기 및 단조기는 중량물의 낙하충돌, 기계프레스 및 유압프레스 등은 소재의 전달 등으로 인해 압력이 순간적으로 변하여 충격가진력이 발생한다.

(3) 불평형력

① 회전운동

㉠ 개요

회전물체에는 원심력이 발생한다. 만일 그 중심이 편심되어 있다고 하면 불균형력이 발생하여 진동의 원인이 된다.

㉡ 원심력(F)

$$F = mr\omega^2$$

여기서, F : 원심력, m : 불균형 질량

r : 반지름(회전반경, 운동반경)

ω : 각진동수(매분당 회전수를 n으로 하면 $\omega = \frac{2\pi n}{60}$(rad/sec))

㉢ 정적 불균형

ⓐ 정적 불균형이란 회전부분의 무게중심이 축의 중심으로부터 편심된 위치에 있는 경우를 의미한다.

ⓑ 대책

불균형 질량과 반대되는 방향으로 $mr = m'r'$이 되도록 반지름 r'의 위치에 질량 m'를 부가하면 원심력이 상쇄되는데, 이를 정적 균형이라 한다.

ⓒ 전동기, 송풍기, 펌프 등의 회전기기는 질량 불평형에 의해 발생하는 가진력에 해당한다.

② 왕복운동

㉠ 개요

질량 불평형력에 의해 발생하는 가진력을 저감시켜 정적 균형이 이루어져 있어도 회전축에 직각되는 축 주변에 우력(M)이 작용하여 동적 불균형이 발생하기도 한다.

㉡ 동적 불균형

ⓐ 회전축을 중심으로 r만큼 떨어진 위치에 있는 불균형 질량 m이 회전수 n(rpm) 방향으로 회전할 때의 가진력 $F = mr\omega^2 l = mr\left(\frac{2\pi n}{60}\right)^2 l$ 으로 표현된다.

ⓑ 긴 회전축인 경우에는 불균형 모멘트(M)가 발생한다. 불균형 모멘트($M = mr\omega^2$)를 제거하지 않으면 안 되는데 이를 동적 불균형이라 한다.

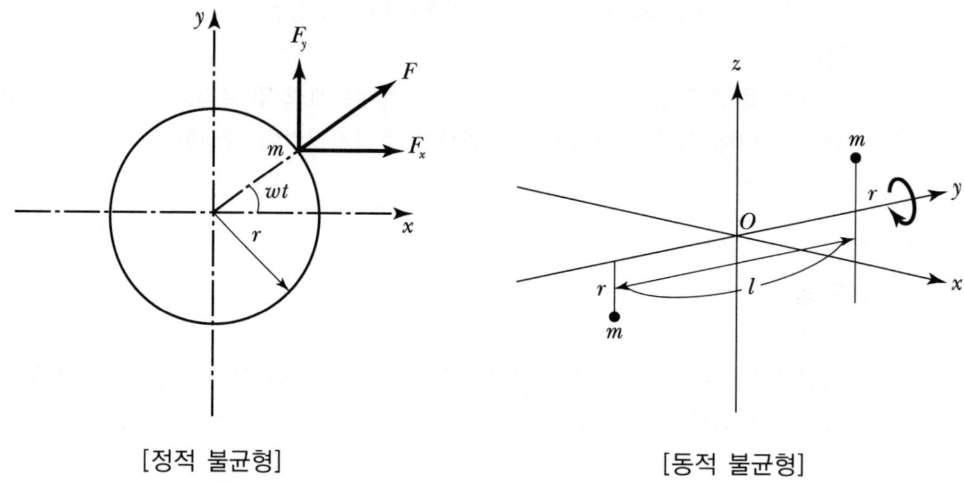

[정적 불균형] [동적 불균형]

(4) 회전기계에서 발생하는 강제진동 발생원인

① 기어의 치형오차 ② 기초의 여진 ③ 질량 불평형

(5) 회전기계의 진동을 억제하기 위한 대책

① 불평형력을 감소시켜 회전진동 감쇠
② 위험속도의 회피운전
③ 회전축의 정렬각 조정
④ 베어링 강성의 최소화

(6) 기계진동을 유발시키는 원인

① 반복적으로 가해지는 외력(질량 불평형, 축 정렬문제, 마모 또는 기계 구성품 간의 부적절한 구동)
② 기계구성품 간의 헐거움(Looseness)
③ 공진(Resonance)

(7) 기계진동의 표현방법

① 위험(Rough)
② 경고(Noticeable)
③ 보통(Negligible)

(8) 기계진동을 수치적으로 기술하는 데 중요한 인자

① 진폭 ② 진동수

017 방진대책

(1) 발생원 대책

① 가진력 감쇠(저감, 저진동기계로 교체)
② 불평력의 균형(평형)
③ 기초중량의 부가 및 경감
④ 탄성지지(방진 · 제진)
⑤ 동적 흡진
⑥ 진동원 정비(불균형 마모부분의 교정, 윤활)
⑦ 공정 및 가공기법 개선(예 낙하식 → 컨베이어식/유압식, 리베팅 → 용접)

(2) 전파경로 대책

① 진동원 위치를 멀리하여 거리감쇠를 크게 함
② 수진점 근방에 방진구를 팜(완충지역 설치)
③ 지중벽 설치
④ 차단층을 세움 : 진동 발생원과 수진점 사이에 차단층으로 지중 방진벽을 세우면 진동파는 매질에 따른 투과율이 달라짐으로써 차단된다.

(3) 수진 측 대책

① 수진 측의 탄성지지
② 수진 측의 강성 변경

Reference 방진(Isolation) 및 제진(Damping)

① 음원의 진동에 따른 고체 전달음(Solidborne Noise)은 가청 주파수의 진동 전파라 할 수 있으며, 이의 감쇠 방법에는 방진과 제진이 있다.
② 방진
기계의 진동을 탄성체(방진고무, 금속스프링, 공기스프링 등) 등으로 억제시키는 방법을 말한다.
③ 제진
진동체 표면에 다른 재료(예 납판, 흡진도료)를 부착하여 진동을 억제시키는, 즉 진동 에너지를 재료의 내부 마찰열로 교환시켜 진동을 제거하는 방법이다.
④ 차단층
진동발생원과 수진점 사이에 차단층으로 지중방진벽을 세우면 진동파는 매질에 따른 투과율이 달라짐으로써 차단된다.

Reference 방진구(방진도랑)

① 진동발생이 크지 않은 공장기계의 대표적인 지반진동차단 구조물이며, 개방식 방진구가 충전식 방진구보다 에너지 차단특성이 좋다.(개방식 방진구는 굴착벽의 함몰로 시공깊이에 제약이 따른다.)
② 진동이 전파하는 경로 중에 한 파장 정도의 깊이로 도랑(Trench)을 파면 방진효과를 기대할 수 있으나 실제로 진동의 파장이 10~30m에 이르는 것이 일반적이므로 현실적으로 제한적이다.
③ 방진구 외에 다른 대책이 없을 경우 가능한 수진점 근처의 도랑 깊이를 크게 하는 것이 바람직하다.
④ 방진구의 폭은 (파장/20)으로 하고 깊이는 (파장/40) 이상이 되도록 한다.
⑤ 6dB 효과를 얻기 위해서는 5~10m의 깊이가 필요하나 일반적으로 효과가 거의 없다.
⑥ 방진구의 가장 중요한 설계인자는 방진구의 깊이로서 표면파의 파장을 고려하여 결정하여야 한다.(트렌치의 폭, 형상, 위치 등의 영향은 경미함)
⑦ 지반진동 차단 구조물은 지반의 흙, 암반과는 응력파 저항 특성이 다른 재료를 이용한 매질층을 형성하여 지반진동파 에너지를 저감시키는 구조물이며, 강널말뚝을 이용하는 공법은 저주파수 진동차단에는 효과가 적다.
⑧ 수동차단은 진동원에서 비교적 멀리 떨어져 문제가 되는 특정 수진구조물 가까이 설치되는 경우를 말한다.
⑨ 공기층을 이용하는 개방식 방진구가 충진식 방진벽에 비해 파 에너지 차단(반사) 특성이 좋다.

Reference 건물에서의 진동방지 대책의 예

구분	대책	세부 내용
건물 구조부	강량화	기초를 중량화하고 부분적 강화 콘크리트 구조화(RC)를 전체 RC화
	강성 부여	바닥, 벽체, 기둥부 등에 대한 강성을 보강
	탄성 지지	방진 매트층을 방진 스프링(진동 절연)으로 교체
	에너지 흡수	제진재를 완충재로 교체
	골조 집약화	장대 기둥을 줄이고 기초를 이중화
	전달 차단공	구조체 내 절연을 기초, 기둥, 바닥부의 제진으로 교체
	기초 개량	광폭 기초를 강성 증대 기초로 변경
건물 주변부	진동 차단공	옹벽, 벽체로 보강을 방진구/방진벽을 설치하여 차단 효과를 기대
	지표면 대책	모래, 콘크리트판 억제 → 기초 일체화 → 두꺼운 포장
	인공 지반	2단판 계단을 단단한 기초 보강으로 변경
이전 및 재배치	부지 내 이전	배치 개선이나 방진 개축
	전면 이전	진동이 없는 지역으로 방음, 방진을 재고려
	이전 지역의 이용	건물의 집약화 · 통합화를 통하여 대규모 건물에 의한 차단 효과, 녹지화 등을 기대

018 진동방지계획

(1) 진동방지대책 순서

① 진동이 문제되는 수진점의 위치 확인
② 수진점 일대의 진동실태조사(레벨 및 주파수 분석)
③ 수진점의 진동규제기준 확인
④ 저감 목표레벨의 설정
⑤ 발생원의 위치와 발생기계 확인
⑥ 적정 방지대책 선정
⑦ 시공 및 재평가

(2) 가진력의 저감방안

① 가진력 발생의 예

㉠ 기계의 왕복운동에 의한 관성력(횡형 압축기, 활판인쇄기 등)
㉡ 기계회전부의 질량 불균형[회전기계(주로 송풍기) 중 회전부 중심이 맞지 않을 때]
㉢ 질량의 낙하운동에 의한 충격력(단조기)

② 가진력 저감의 예

㉠ 진동이 작은 기계로 교체(단조기를 단압프레스, 왕복운동압축기를 터보형 고속회전압축기로 교체)한다.
㉡ 자동차 바퀴의 연편을 부착하는 등 회전기계 회전부의 불평형은 정밀실험을 통해 평형을 유지한다.
㉢ 크랭크 기구를 가진 왕복운동기계는 복수 개의 실린더를 가진 것으로 교체한다.
㉣ 기계, 기초를 움직이는 가진력을 감소시키기 위해서는 탄성을 유지한다.
㉤ 기초부의 중량을 크게 또는 작게 하여 진동진폭을 감소시킨다.
㉥ 기계에서 발생하는 가진력은 지향성이 있으므로 기계의 설치방향을 바꾸는 등의 합리적 기계설치 방법이 필요하다.

必수문제

01 질량이 2ton인 기계가 속도 2m/sec로 운전될 때 진동을 모두 흡수시키고자, 가진점에 스프링을 설치하였다. 최대충격력이 80,000N이면 스프링의 최대변형량은 몇 cm인가?

풀이

$$\frac{1}{2}mv^2 = \frac{1}{2}F \cdot \delta$$

$$\delta = \frac{mv^2}{F} = \frac{2{,}000\text{kg} \times 4\text{ m}^2/\text{sec}^2}{80{,}000\text{kg} \cdot \text{m}/\text{sec}^2} = 0.1\text{m}\,(10\text{cm})$$

必수문제

02 원판 중심에서 1.5m 떨어진 위치에 20kg의 불균형 물체가 놓여 있어 진동이 발생하여 방진하려 한다. 원판이 500rpm으로 회전한다면 대응방향(원판 중심으로부터) 50cm 지점에 붙어야 할 추의 무게(kg)는?

풀이

$mr = m'r'$, $20 \times 1.5 = m' \times 0.5$

$m' = \dfrac{30}{0.5} = 60\text{kg}$

必수문제

03 정적 불균형 질량 2kg이 반지름 0.2m의 원주상을 600rpm으로 회전하는 경우 이 회전축에 직각방향으로 발생하는 가진력(N)은?(단, 기타 방향의 분력은 제외)

풀이

$F = mr\omega^2$

$m = 2\text{kg}$, $r = 0.2\text{m}$, $\omega = 2\pi \times \dfrac{600}{60} = 62.83\text{rad/sec}$

$= 2 \times 0.2 \times 62.83^2 = 1{,}579.0\text{N}$

必수문제

04 다음과 같은 회전기계에서 발생하는 원심력(N)은?(단, 불평형 질량 10g, 회전수 3,600rpm, 회전체의 중심에서 떨어진 거리는 0.05m)

풀이

$F = mr\omega^2$

$m = 0.01\text{kg}$, $r = 0.05\text{m}$, $\omega = 2\pi f = 2\pi \times \dfrac{3{,}600}{60} = 376.8\text{rad/sec}$

$= 0.01 \times 0.05 \times 376.8^2 = 70.99\text{N}$

019 탄성지지 이론

(1) 운동방정식

① 개요

운동방정식은 뉴턴(Newton)의 제2법칙을 이용하여 표시하며 운동방정식의 각 항은 진동계의 구성요소를 나타낸다.

② 관련식

$$m\ddot{x} + C_e\dot{x} + kx = F(t)$$

여기서, $m\ddot{x}$: 관성력(ma)

m은 질량(kg)이고, $\ddot{x}$는 변위(x)를 2번 미분한 가속도를 의미

$C_e\dot{x}$: 점성저항력$(C_e V)$

C_e는 감쇠계수(N/cm/s)이고, $\dot{x}$는 변위(x)를 1번 미분한 속도를 의미

kx : 스프링의 탄성력

k는 스프링 정수(N/cm)이고, x는 변위를 의미

$F(t)$: 외력(기진력, 가진력)

$F(t) = F = F_0 \sin\omega t$

㉠ 비감쇠 자유진동의 운동방정식

$$m\ddot{x} + kx = 0$$

㉡ 감쇠 자유진동의 운동방정식

$$m\ddot{x} + C_e\dot{x} + kx = 0$$

㉢ 비감쇠 강제진동의 운동방정식

$$m\ddot{x} + kx = F(t)$$

㉣ 감쇠 강제진동의 운동방정식

$$m\ddot{x} + C_e\dot{x} + kx = F(t)$$

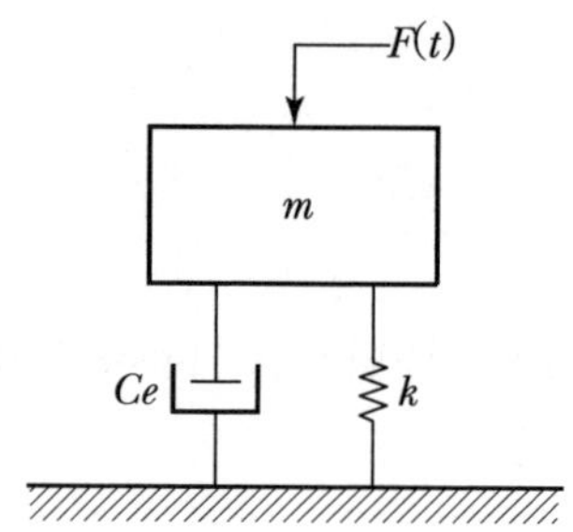

[1자유도 진동계]

Reference 자유진동의 해법

① Rayleigh 방법
기본개념은 탄성계가 기본정규모드로 진동하게 되면 계의 각 부분은 평형위치 주위에서 단순조화운동을 하게 된다는 것이다. 에너지보존원리에 따라 최대처짐위치에서의 변형에너지는 평형위치를 통과할 때의 운동에너지와 같게 되며, Rayleigh 방법은 이 최대에너지들을 구하여 이를 같다고 놓아 고유진동수를 구한다. 또한 실제와 약 30% 정도의 차이가 발생하여 매우 정확하지는 않다.

② Ritz 방법
Rayleigh 법을 개량화시킨 것이며 에너지를 계산하는 데 있어서 가정하는 처짐형태를 하나 또는 그 이상의 미정 파라미터를 가진 함수로 표현하며, 계산되는 주파수가 최소가 되도록 이 파라미터들을 조절하는 계산기법이다.

(2) 자유도

물체의 운동을 나타내기 위해 필요한 최소 독립좌표의 수이다.

① 1자유도

최소독립좌표의 수가 1개인 경우의 자유도, 즉 수직 또는 수평방향의 한 방향으로 진동하는 계(System)를 1자유도 진동계라 한다.

② 다자유도

최소 독립좌표의 수가 2 이상인 경우의 자유도이다.

(3) 1자유도 비감쇠 진동

① 운동방정식

$$m\ddot{x} + kx = 0$$

② 고유진동수(f_n)

$$f_n = \frac{1}{2\pi}\sqrt{\frac{k}{m}} = \frac{1}{2\pi}\sqrt{\frac{k \cdot g}{W}}\ (\text{Hz})$$

여기서, f_n : 고유진동수(Hz)
k : 스프링 정수(N/cm)
m : 질량(kg)
W : 중량 or 하중(N)

③ 고유각진동수(ω_n)

$$\omega_n = \sqrt{\frac{k}{m}} = \sqrt{\frac{k \cdot g}{W}} = 2\pi f_n(\text{rad/sec}),\ f_n = \frac{\omega_n}{2\pi}$$

④ 주기(T)

$$T = \frac{1}{f_n} = \frac{2\pi}{\omega_n}$$

⑤ 진폭(X)

$$X = A\sin\omega t + B\sin\omega t$$

$$X = \sqrt{A^2 + B^2}$$

⑥ 스프링 1개당 정적 수축량(정적 변위 : δ_{st})

$$\delta_{st} = \frac{W_{mp}}{K}(\text{cm})$$

여기서, W_{mp} : 스프링 1개가 지지하는 기계의 중량
$W_{mp} = \dfrac{W}{n}$, n은 스프링 지지의 수

⑦ 고유진동수(f_n)와 정적 수축량(δ_{st})의 관계

$$f_n = \frac{1}{2\pi}\sqrt{\frac{g}{\delta_{st}}} = 4.98\sqrt{\frac{1}{\delta_{st}}}\ (\text{Hz})$$

Reference 금속스프링의 질량을 무시할 수 없을 경우 고유진동수

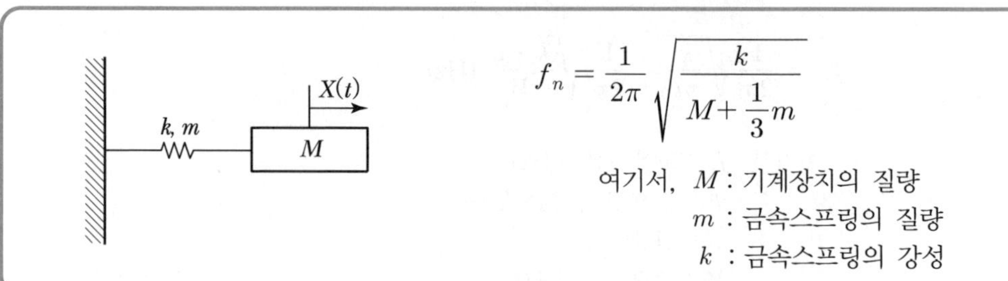

$$f_n = \frac{1}{2\pi}\sqrt{\frac{k}{M+\frac{1}{3}m}}$$

여기서, M : 기계장치의 질량
m : 금속스프링의 질량
k : 금속스프링의 강성

(4) 1자유도 감쇠진동

① 개요

감쇠는 물체운동의 반대방향으로 저항력이 발생하여 계의 운동에너지 또는 위치에너지를 다른 형태의 에너지(열 또는 음향에너지)로 변환하여 에너지를 소산시키는 역할을 한다. 즉, 진동에 의한 기계에너지를 열에너지로 변환시키는 기능이다.(질량의 진동속도에 대한 스프링의 저항력비)

② 감쇠의 분류(실제 계에서 발생하는 감쇠기구의 관찰특성에 따른 감쇠의 편의상 분류)

감쇠에는 감쇠기구의 관찰특성, 즉 물리적 거동에 따른 분류를 한다.

㉠ 점성감쇠

ⓐ 기계구조물의 진동 해석 시 흔히 가정되는 감쇠모형으로서 물체의 속도에 비례하는 크기의 저항력이 속도 반대방향으로 적용하는 경우이다.

ⓑ 유체감쇠라고도 하며 윤활유나 자동차의 충격흡수장치에 주입되는 유체에서 발생하는 에너지 감쇠현상이며, 유동과 수직방향으로의 유동의 상대적인 속도 차이에 비례한다.

㉡ 건마찰감쇠

ⓐ 윤활이 되지 않은 두 면 사이에 상대운동이 있을 때 물체의 운동방향과 반대방향으로 일정한 크기로 발생하는 저항력과 관련된다.

ⓑ 쿨롱감쇠라고도 하며 건조상태에서 미끄러지는 두 면 사이의 정전기력 때문에 생기며 운동에너지를 열로 소모시킨다.

㉢ 구조감쇠

ⓐ 구조물이 조화외력에 의해 변형할 때 외력에 의한 일이 열 또는 음향에너지로 소산하는 현상이다.

ⓑ 히스테리 감쇠라고도 하며, 별도의 감쇠장치가 없어도 움직이는 구조물 내부에서 자체적으로 에너지 손실이 발생한다.

㉣ 자기력감쇠

코일이나 진동체에 붙어 있는 알루미늄판에서 발생한 와전류가 자석의 두 극 사이를

흐를 때 운동에너지가 열로 소모되기 때문에 발생한다.

ⓜ 방사감쇠(일산감쇠)

복사감쇠라고도 하며, 전자와 같이 전기를 띠고 움직이는 입자의 진동에너지가 일단 전자기에너지로 변환된 후 전파적외선, 가시광선의 형태로 방출된다.

③ 운동방정식

$$m\ddot{x} + C_e\dot{x} + kx = 0$$

㉠ 감쇠계수

감쇠계수(C_e)는 질량 m의 진동속도(v)에 대한 스프링의 저항력(F_r)의 비로 나타낸다.

$$C_e = \frac{F_r}{v}(\text{N} \cdot \text{s/m})$$

㉡ 감쇠가 계(System)에서 갖는 기능

ⓐ 기초로의 진동에너지 전달의 감소

ⓑ 공진 시 진동진폭의 감소

ⓒ 충격 시 진동이나 자유진동의 감소

㉢ 감쇠비(ξ)

$$\xi = \frac{C_e}{C_c} = \frac{C_e}{2\sqrt{m \cdot k}} = \frac{C_e}{2m\omega_n} = \frac{C_e\omega_n}{2k}$$

여기서, C_e : 감쇠계수(단위속도당 감쇠력, N · s/m)
C_c : 임계감쇠계수(N · s/m)

$\xi = 1$인 경우 $C_e = C_c$

$$\xi = 1 = \frac{C_c}{2\sqrt{k \times m}}$$

$$C_e = 2\sqrt{k \times m} = 2m\omega_n = \frac{2k}{\omega_n}$$

④ 감쇠의 종류(유형)

감쇠비(ξ)의 크기에 따라 구분한다.

㉠ 부족감쇠(Under Damped)

$0 < \xi < 1$ ($C_e < C_c$)인 경우

ⓐ 감쇠진동의 고유진동수(f_n')

$$f_n' = f_n \sqrt{1-\xi^2}\ (\text{Hz})$$

여기서, f_n : 비감쇠 고유진동수(Hz)

$\sqrt{1-\xi^2}$: 감쇠가 있을 때가 없을 때에 비해 $\sqrt{1-\xi^2}$ 배로 진동수가 변화한다는 의미

ⓑ 감쇠진동의 주기(T')

$$T' = \frac{1}{f_n\sqrt{1-\xi^2}} = \frac{T}{\sqrt{1-\xi^2}}\ (\text{sec})$$

여기서, T : 비감쇠주기(sec)

ⓒ 대수감쇠율(Δ)

서로 이웃하는 2개의 진폭비의 자연대수이며, 자유진동의 진폭이 줄어드는 정도(비율)를 나타낸다.

$$\Delta = \ln\left(\frac{x_1}{x_2}\right) = \frac{2\pi\xi}{\sqrt{1-\xi^2}}$$

$\xi \ll 1$인 경우 $\Delta = 2\pi\xi$

$$\xi = \frac{\Delta}{\sqrt{4\pi^2 + \Delta^2}}$$

㉡ 임계감쇠(Critically Damped)

$\xi = 1$ ($C_e = C_c$)인 경우

$x = Ae^{-\xi\omega_n t} + Be^{-\xi\omega_n t}$

ⓒ 과감쇠(Over Damped)

$\xi > 1$ $(C_e > C_c)$인 경우

$$x = e^{-\xi\omega_n t}(Ae^{\sqrt{t_2 - 1}\cdot\omega_n t} + Be^{\sqrt{t_2 - 1}\cdot\omega_n t})$$

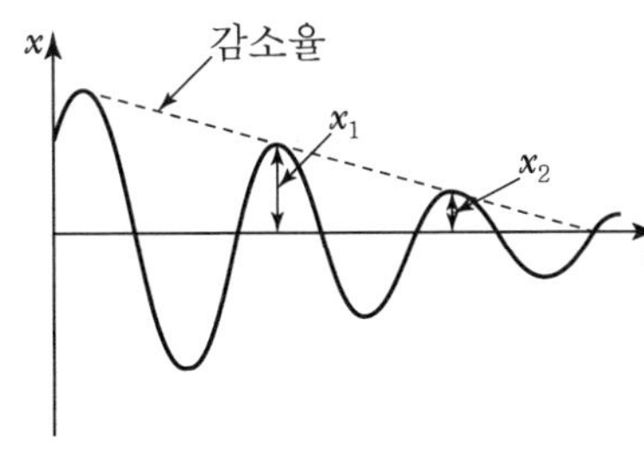

[부족감쇠(0 < ξ < 1)]

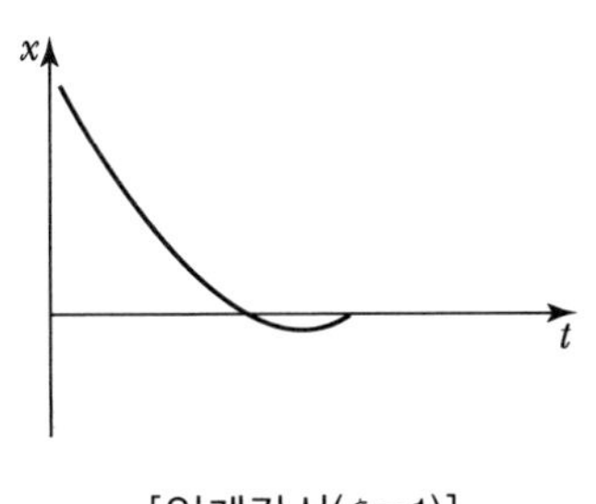

[임계감쇠(ξ=1)]

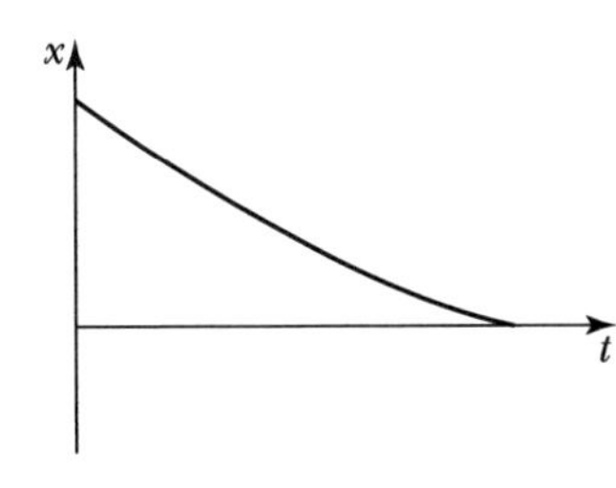

[과감쇠(ξ > 1)]

(5) 등가스프링 상수(K_{eq} : 등가스프링 정수)

① 병렬스프링

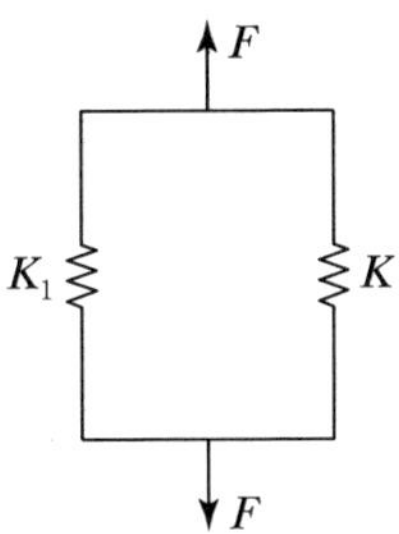

$$F = kx = (k_1 + k_2)x$$

여기서, F : 연속으로 가해진 힘

x : F가 가해질 때 신장 변위

k_1, k_2 : 스프링 각각의 정수(상수)

병렬스프링의 등가스프링 정수는 개개의 스프링 정수의 합과 같다.

$$K_{eq} = k_1 + k_2$$

② 직렬스프링

$$F = k_1 x_1 = k_2 x_2,\ x = x_1 + x_2$$

여기서, x : F가 가해질 때 개개의 스프링 신장 변위의 합

직렬스프링의 등가스프링 정수의 역수는 개개의 스프링 정수의 합과 같다.

$$\frac{1}{K_{eq}} = \frac{1}{k_1} + \frac{1}{k_2}$$

$$K_{eq} = \frac{k_1 k_2}{k_1 + k_2}$$

Reference 각 진동계의 고유진동수

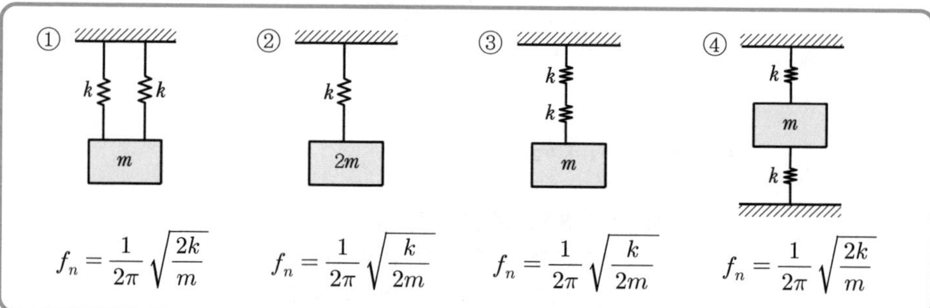

③ 단순지지 탄성보

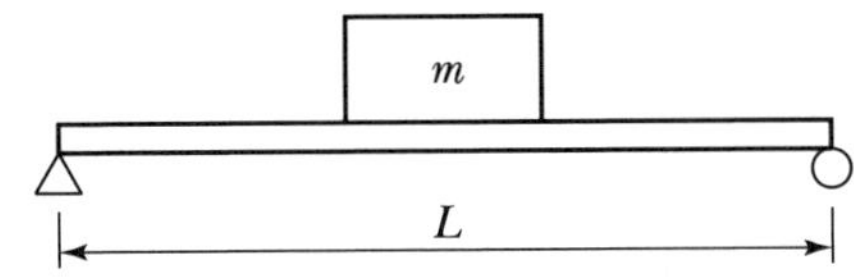

$$K_{eq} = \frac{W}{\delta} = \frac{48EI}{L^3}$$

여기서, E : 세로 탄성계수
I : 단면 2차 모멘트

④ 양단고정보

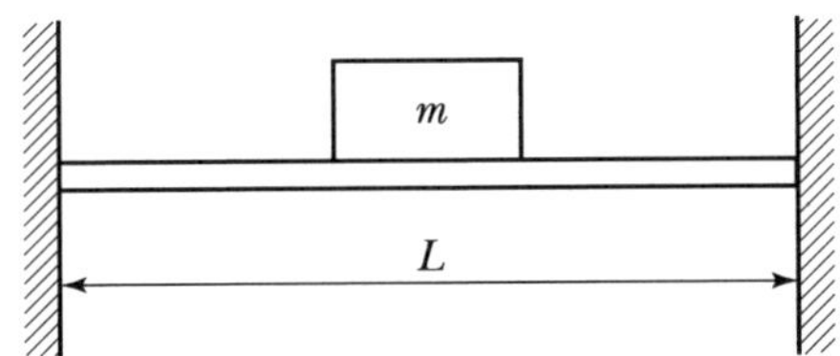

$$K_{eq} = \frac{192EI}{L^3}$$

여기서, E : 영률

Reference $a \neq b$ **일 경우 등가스프링 정수**

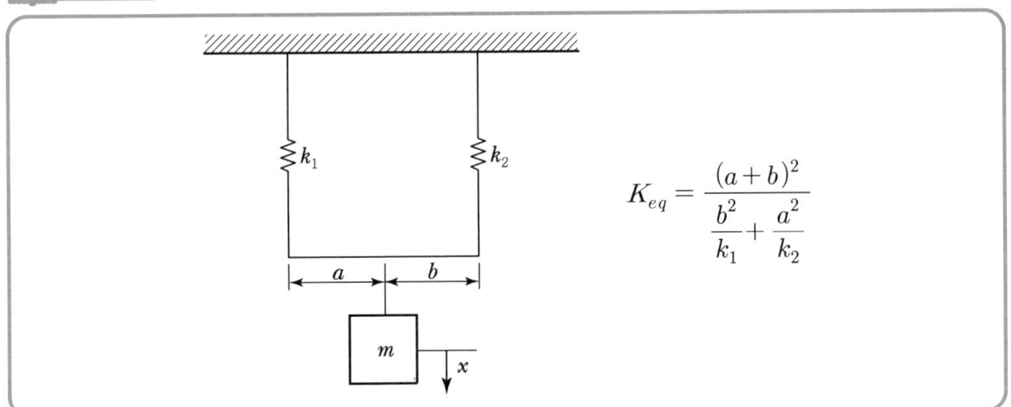

$$K_{eq} = \frac{(a+b)^2}{\frac{b^2}{k_1} + \frac{a^2}{k_2}}$$

(6) 1차 자유도 강제진동

① 비감쇠 강제진동

㉠ 운동방정식

$$m\ddot{x}+kx=f(t)$$

㉡ 스프링의 정적 수축량(정적 진폭 : x_{st})

$$x_{st}=\frac{F_0}{K}$$

여기서, F_0 : 외부 강제력($f(t)=F_0\sin\omega t$에서 F_0를 의미)
K : 스프링 정수

㉢ 진폭배율(확장계수 MF ; Magnification Factor)

$$MF=\frac{x_0}{x_{st}}=\frac{\frac{F_0}{k}\cdot\frac{1}{1-\left(\frac{\omega}{\omega_n}\right)^2}}{\frac{F_0}{k}}=\frac{1}{1-\left(\frac{\omega}{\omega_n}\right)^2}$$

여기서, x_0 : 동적 변위 진폭
$\frac{F_0}{k}\cdot\frac{1}{1-\left(\frac{\omega}{\omega_n}\right)^2}$: 진동변위
$\frac{\omega}{\omega_n}=\frac{f}{f_n}$: 진동수비(η), f는 강제진동수

㉣ 정상상태 진폭(x)

$$x=\frac{F_0}{k-m\omega^2}$$

㉤ 전달률(T)

$$T=\left|\frac{\text{전달력}}{\text{외력}}\right|=\left|\frac{kx}{F_0\sin\omega t}\right|=\frac{1}{\eta^2-1}=\frac{1}{\left(\frac{f}{f_n}\right)^2-1}=\left|\frac{1}{1-\left(\frac{\omega}{\omega_n}\right)^2}\right|$$

② 감쇠(부족감쇠) 강제진동

㉠ 운동방정식

$$m\ddot{x}+C_e\dot{x}+kx=f(t)$$

㉡ 전달률(T)

$$T=\left|\frac{\text{전달력}}{\text{외력}}\right|=\left|\frac{kx_0}{F}\right|=\frac{\sqrt{1+(2\xi\eta)^2}}{\sqrt{(1-\eta^2)^2+(2\xi\eta)^2}}$$

㉢ 점성감쇠 강제진동의 진폭이 최대가 되기 위한 진동수비는 $\sqrt{1-2\xi^2}$ 이다.

㉣ 점성감쇠를 갖는 강제진동의 위상각은 공진 시에는 90°이다.

㉤ 정상상태 진폭(x)

$$x=\frac{F_0}{\sqrt{(k-m\omega^2)^2+(C_e\omega)^2}}$$

여기서, F_0 : 외부 강제력 [$f(t)=F_0\sin\omega t$에서 F_0를 의미]
ω : 각진동수 [$f(t)=F_0\sin\omega t$에서 ω를 의미]

㉥ 정상상태 위상각(ϕ)

$$\phi=\tan^{-1}\frac{C_e\omega}{k-m\omega^2}$$

㉦ 진폭비($M \cdot F$)

$$MF=\frac{Kx}{F_0}=\frac{1}{\sqrt{(1-\eta^2)^2+(2\xi\eta)^2}}$$

여기서, η : 진동수비$\left(\frac{f}{f_n}=\frac{\omega}{\omega_n}\right)$
ξ : 감쇠비(감쇠율)

(7) 진동계, 음향계, 전기계의 대응

진동계	음향계	전기계
변위	체적변위	전기량
속도	체적속도	전류
힘	음압	전압
질량	음향질량	임피던스
스프링	음향질량	전기용량
점성저항	음향저항	전기저항

Reference 기계의 탄성지지(비연성 지지)

① 지지스프링 축의 방향을 기계의 관성구치에 평행하게 취한다.
② 각 좌표면 XY, YZ, ZX 간 각각의 대칭위치를 취한다.
③ 비연성 지지를 생각할 경우에는 기계는 6자유도의 계로 생각해야 한다.
④ 기계가 진동할 때, 그 진동의 원인으로 다른 진동을 유발시키는데, 이러한 현상을 진동의 연성이라고 한다.

必수문제

01 $m\ddot{x}+kx=0$으로 주어지는 비감쇠 자유진동에서 $\dfrac{k}{m}$=16이면 주기 T(sec)는 얼마인가?

풀이

$$f_n=\frac{1}{2\pi}\sqrt{\frac{k}{m}}$$

$$\frac{k}{m}=16$$

$$=\frac{1}{2\pi}\sqrt{16}=\frac{4}{2\pi}=\frac{2}{\pi}$$

$$T=\frac{1}{f_n}=\frac{1}{\frac{2}{\pi}}=\frac{\pi}{2}\text{ sec}$$

必수문제

02 $4\ddot{x}+9x=0$으로 주어지는 비감쇠 자유진동계에서 고유각진동수(ω_n)를 구하시오.

풀이

$$\omega_n=\sqrt{\frac{k}{m}}=\sqrt{\frac{9}{4}}=\frac{3}{2}$$

必수문제

03 그림과 같은 무시할 수 없는 스프링 질량이 있는 스프링 질량계에서 고유진동수는 얼마인가?(단, $k=48,000\,\text{N/m}$, $m=3\,\text{kg}$, $M=119\,\text{kg}$)

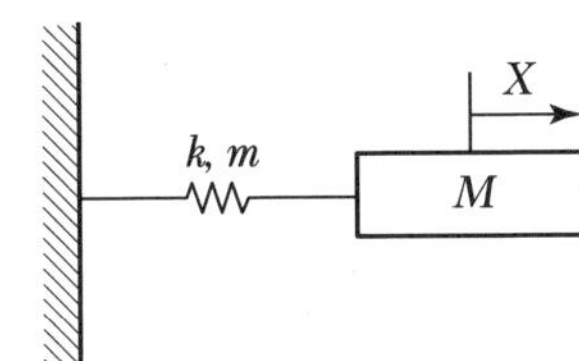

풀이

$$f_n=\frac{1}{2\pi}\sqrt{\frac{k}{M+\frac{1}{3}m}}=\frac{1}{2\pi}\sqrt{\frac{48,000}{120}}=3.18\,\text{Hz}$$

必수문제

04 무게 10N인 물체가 스프링 상수 10N/cm인 스프링에 의하여 매달려 있다. 이 계의 고유각진동수(ω_n ; rad/sec)는?

풀이

$$\omega_n=2\pi f_n$$
$$=2\pi\times\left(\frac{1}{2\pi}\sqrt{\frac{k\times g}{W}}\right)=\sqrt{\frac{k\times g}{W}}=\sqrt{\frac{10\times 980}{10}}=31.3\,\text{rad/sec}$$

必수문제

05 용수철 하단에 질량 50kg인 물체가 달려 있을 때 이 계의 고유진동수(Hz)는?(단, 스프링 상수는 200N/m)

풀이

$$f_n=\frac{1}{2\pi}\sqrt{\frac{k}{m}}=\frac{1}{2\pi}\sqrt{\frac{200\text{kg}\cdot\text{m/sec}^2\times 1/\text{m}}{50\text{kg}}}=\frac{2}{2\pi}=\frac{1}{\pi}\,\text{Hz}$$

必수문제

06 무게 10kg인 물체가 스프링 정수 20kg/cm인 스프링에 매달려 있다. 이 계의 자유진동의 주기(sec)는 얼마인가?

풀이

$$f_n = \frac{1}{2\pi}\sqrt{\frac{k}{m}} = \frac{1}{2\pi}\sqrt{\frac{k \times g}{W}} = \frac{1}{2\pi}\sqrt{\frac{20\text{kg/cm} \times 980\text{cm/sec}^2}{10\text{kg}}} = 7.05\text{ Hz}$$

$$T = \frac{1}{f_n} = \frac{1}{7.05/\text{sec}} = 0.14\text{ sec}$$

必수문제

07 스프링과 질량으로 구성된 진동계에서 스프링의 정적 처짐이 2cm이었다면 이 계의 주기(sec)는?

풀이

$$f_n = 4.98\sqrt{\frac{1}{\delta_{st}}} = 4.98\sqrt{\frac{1}{2}} = 3.52\text{ Hz}$$

$$T = \frac{1}{f_n} = \frac{1}{3.52\left(\frac{1}{\text{sec}}\right)} = 0.28\text{ sec}$$

必수문제

08 스프링 상수가 4.8N/cm인 4개의 동일한 스프링들이 어떤 기계를 받치고 있다. 만일 이들 스프링의 길이가 1cm 줄었다면, 이 기계의 무게(N)는?

풀이

$$\delta_{st} = \frac{W_{mp}}{k},\quad W_{mp} = \frac{W}{n} = \frac{W}{4}$$

$$1 = \frac{W/4}{4.8}$$

$$W = 19.2\text{ N}$$

必수문제

09 4ton 선반의 네 귀퉁이를 코일스프링으로 방진하였더니 정적 처짐이 2cm 발생하였다면 이 코일스프링의 스프링 정수(kg/cm)는?

풀이

$$\delta_{st} = \frac{W_{mp}}{k}$$

$$k = \frac{W_{mp}}{\delta_{st}} = \frac{\frac{4{,}000}{4}}{2} = 500\text{kg/cm}$$

必수문제

10 **어떤 기관이 2,400rpm에서 심한 진동을 발생시킨다. 이 진동을 방지하기 위해서 감쇠가 없는 동흡진기를 사용하고자 한다. 이 흡진기의 무게를 50Newton으로 할 때 사용해야 할 스프링의 강성(N/cm)은?**

풀이

$f_n = \frac{1}{2\pi}\sqrt{\frac{k \times g}{W}}$

2,400rpm에서 공진현상($f_n = f$), f : 강제진동수

$f_n = \frac{2{,}400\,\text{rpm}}{60} = 40\,\text{Hz}$

$40 = \frac{1}{2\pi}\sqrt{\frac{k \times 980}{50}}$

$k = 3{,}219\,\text{N/cm}$

必수문제

11 **스프링에 0.4kg의 질량을 매달았을 때 스프링이 0.2m 만큼 늘어난다. 이 평형점으로부터 0.2m 더 잡아늘인 다음 놓아주었을 때 스프링 정수(N/m)는?**

풀이

$k \times x = m \times g$

$k = \frac{m \times g}{x} = \frac{0.4\text{kg} \times 9.8\,\text{m/sec}^2}{0.2\,\text{m}} = 19.6\,\text{N/m}$

必수문제

12 **질량(m) 0.25kg인 물체가 스프링에 매달려 있다. 고유진동수(Hz)와 정적 변위량(mm)을 구하시오.(단, 이 스프링의 스프링 정수는 0.1533N/mm이다.)**

풀이

$f_n = \frac{1}{2\pi}\sqrt{\frac{k}{m}} = \frac{1}{2\pi}\sqrt{\frac{0.1533\,\text{N/mm}}{0.25\text{kg}}}$

$= \frac{1}{2\pi}\sqrt{\frac{0.1533\,\text{kg}\cdot\text{m/sec}^2 \times 1/\text{mm} \times 1{,}000\,\text{mm/m}}{0.25\,\text{kg}}} = 4\,\text{Hz}$

$f_n = 4.98\sqrt{\frac{1}{\delta_{st}}}$

$\delta_{st} = \left(\frac{4.98}{f_n}\right)^2 = \left(\frac{4.98}{4}\right)^2 = 1.55\text{cm} \times 10\text{mm/cm} = 15.5\text{mm}$

必수문제

13 방진고무 1개에 대하여 150kgf의 하중이 걸릴 때 정적 스프링 상수가 30kgf/mm인 방진고무를 사용하면 처짐량(mm)은?

풀이

$$f_n = \frac{1}{2\pi}\sqrt{\frac{k \cdot g}{W}} = \frac{1}{2\pi}\sqrt{\frac{30\,\text{kg}_\text{f}/\text{mm} \times 9{,}800\,\text{mm}/\text{sec}^2}{150\,\text{kg}_\text{f}}} = 7.05\,\text{Hz}$$

$$\delta_{st} = \left(\frac{4.98}{f_n}\right)^2 = \left(\frac{4.98}{7.05}\right)^2 = 0.49\,\text{cm} \times 10\,\text{mm/cm} = 4.9\,\text{mm}$$

必수문제

14 회전속도 2,500rpm의 원심팬이 있다. 방진고무로 탄성지지시켜 진동전달률을 0.185로 할 때 방진고무의 정적 수축량(cm)은?

풀이

$$\delta_{st} = \left(\frac{4.98}{f_n}\right)^2$$

$$f = \frac{2{,}500}{60} = 41.67\,\text{Hz}$$

$$f_n = \sqrt{\frac{T}{1+T}} \times f = \sqrt{\frac{0.185}{1+0.185}} \times 41.67 = 16.46\,\text{Hz}$$

$$= \left(\frac{4.98}{16.46}\right)^2 = 0.09\,\text{cm}$$

必수문제

15 질량 0.25kg인 물체가 스프링에 매달려 있다면 정적 변위(mm)는?(단, 스프링 정수는 0.155N/mm)

풀이

$$\delta_{st} = \frac{W(mg)}{k} = \frac{0.25\,\text{kg} \times 9.8\,\text{m/sec}^2}{0.155\,\text{N/mm}} = \frac{0.25\,\text{kg} \times 9.8\,\text{m/sec}^2}{0.155\,\text{kg} \cdot \text{m/sec}^2 \times 1/\text{mm}} = 15.81\,\text{mm}$$

必수문제

16 어떤 기계를 4개의 같은 스프링으로 지지했을 때 기계의 무게로 일정하게 1.7mm 압축되었다. 이 기계의 고유진동수(Hz)는?

풀이

$$f_n = 4.98\sqrt{\frac{1}{\delta_{st}}}$$

δ_{st} : 정적 수축량(cm)이므로 1.7mm(0.17cm) 적용

$$= 4.98\sqrt{\frac{1}{0.17}} = 12\,\text{Hz}$$

必수문제

17 스프링 상수 $k_1 = 20\,\text{N/m}$, $k_2 = 30\,\text{N/m}$인 두 스프링을 그림과 같이 직렬로 연결하고 질량 3kg을 매달았을 때 수직방향 진동의 고유진동수(Hz)는?

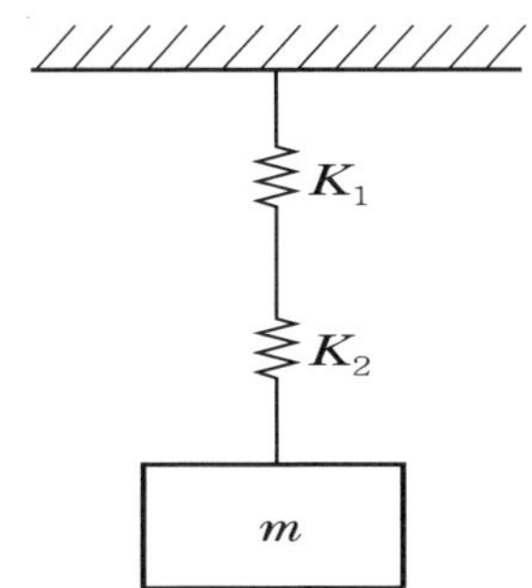

풀이

$$f_n = \frac{1}{2\pi}\sqrt{\frac{k}{m}}$$

$$k_{eq} = \frac{k_1 k_2}{k_1 + k_2} = \frac{20 \times 30}{20 + 30} = 12\,\text{N/m}$$

$$= \frac{1}{2\pi}\sqrt{\frac{12}{3}} = \frac{2}{2\pi} = \frac{1}{\pi}$$

必수문제

18 그림과 같은 진동계가 진동할 때의 고유진동수를 나타내시오.

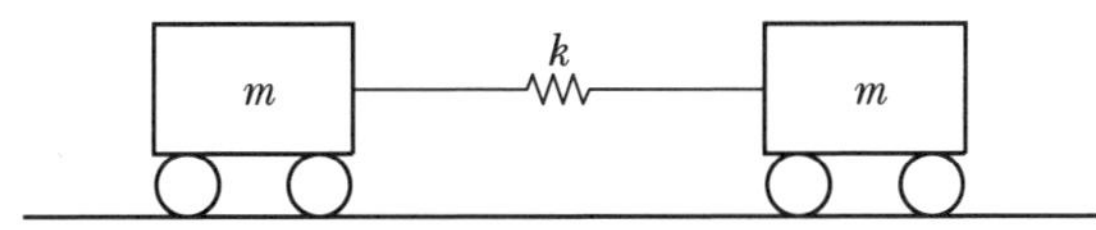

풀이

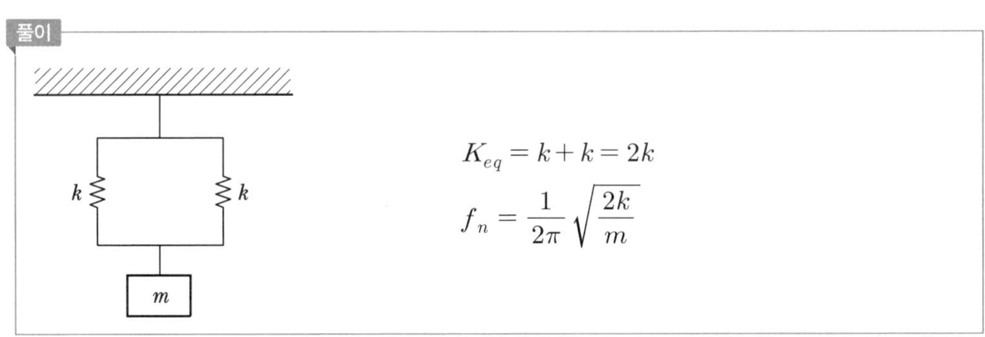

$$K_{eq} = k + k = 2k$$

$$f_n = \frac{1}{2\pi}\sqrt{\frac{2k}{m}}$$

必수문제

19 **스프링 정수가 21.5N/cm인 한 개의 스프링 위에 중량 55N의 기계가 지지되어 있을 때 이 계의 고유진동수(Hz)는?**

풀이

$$f_n = \frac{1}{2\pi}\sqrt{\frac{K \cdot g}{W}} = \frac{1}{2\pi}\sqrt{\frac{21.5 \times 980}{55}} = 3.1\,\text{Hz}$$

必수문제

20 **다음 질량−스프링계의 운동방정식을 나타내시오.(단, 질량 m은 3kg, 개별 스프링 정수 $k = 10\,\text{N/m}$, 감쇠는 무시한다.)**

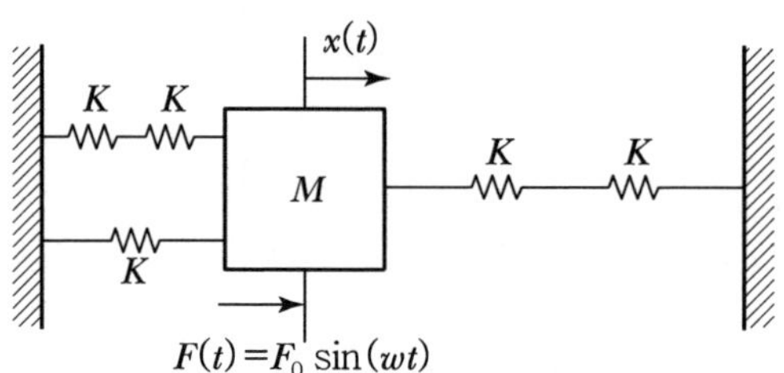

풀이

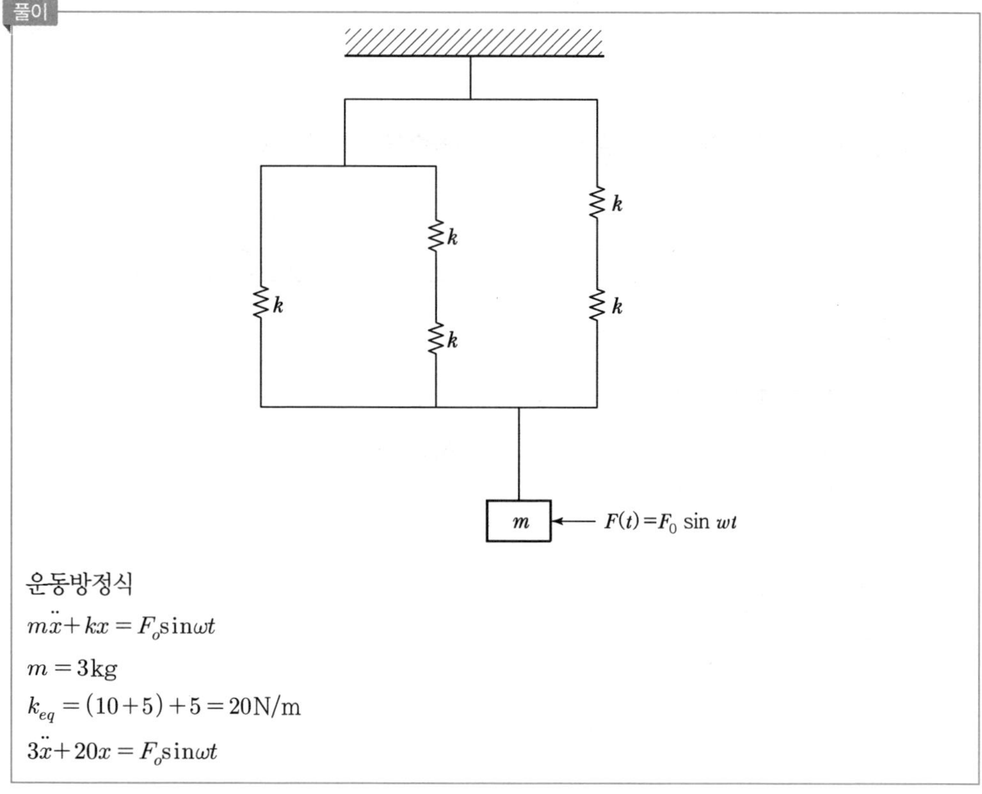

운동방정식

$m\ddot{x} + kx = F_o \sin\omega t$

$m = 3\text{kg}$

$k_{eq} = (10+5)+5 = 20\text{N/m}$

$3\ddot{x} + 20x = F_o \sin\omega t$

21 그림과 같은 진동계에 대하여 고유진동수를 구하면 얼마인가?

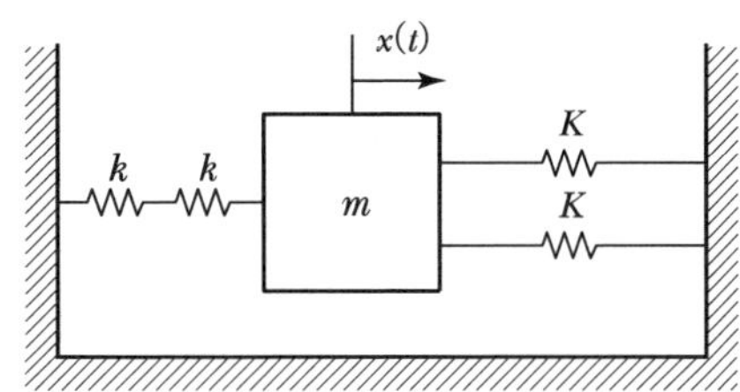

풀이

다음 그림으로 표현할 수 있다.

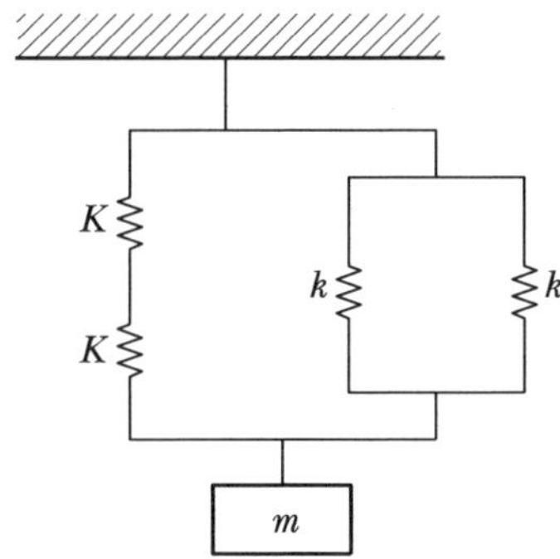

$f_n = \frac{1}{2\pi}\sqrt{\frac{k}{m}}$

k_{eq}을 먼저 구함

좌측 직렬스프링의 $k_{eq} = \frac{k^2}{k+k} = \frac{k}{2}$

우측 병렬스프링의 $k_{eq} = k+k = 2k$

좌측, 우측의 $k_{eq} = \frac{k}{2} + 2k = \frac{5}{2}k$

$f_n = \frac{1}{2\pi}\sqrt{\frac{\frac{5}{2}k}{m}} = \frac{1}{2\pi}\sqrt{\frac{5k}{2m}}$

必수문제

22 그림과 같은 진동계가 진동을 할 때 주기를 나타내는 식을 나타내시오.

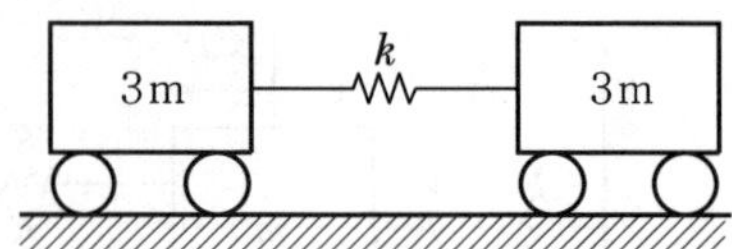

풀이

다음 그림으로 표현할 수 있다.

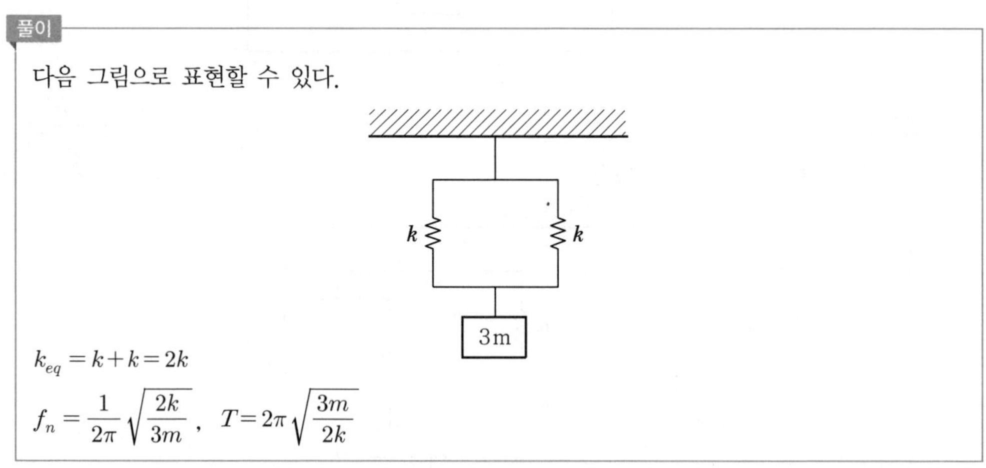

$k_{eq} = k + k = 2k$

$f_n = \dfrac{1}{2\pi}\sqrt{\dfrac{2k}{3m}}$, $T = 2\pi\sqrt{\dfrac{3m}{2k}}$

必수문제

23 그림과 같은 진동계에서 고유진동수를 나타내는 식을 구하시오.(단, C점은 $\overline{AB}$의 중앙이다.)

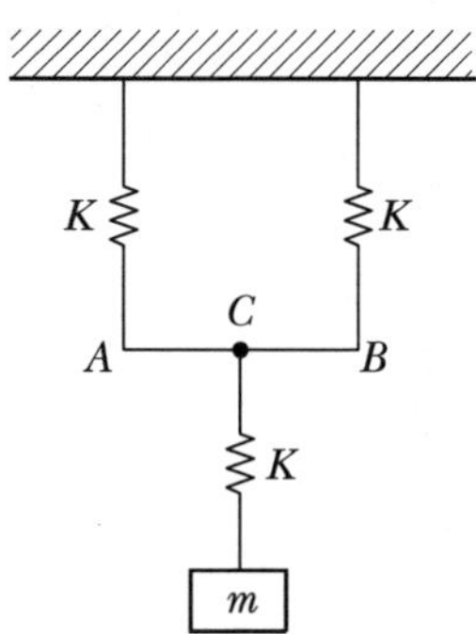

풀이

$f_n = \dfrac{1}{2\pi}\sqrt{\dfrac{k}{m}}$

k_{eq}을 구하면 병렬 $k_{eq} = k + k = 2k$

총 $k_{eq} = \dfrac{2k \times k}{2k + k} = \dfrac{2k^2}{3k} = \dfrac{2}{3}k$

$f_n = \dfrac{1}{2\pi}\sqrt{\dfrac{\frac{2}{3}k}{m}} = \dfrac{1}{2\pi}\sqrt{\dfrac{2k}{3m}}$

必수문제

24 그림과 같은 스프링-질량계의 경우에 등가스프링 상수는?

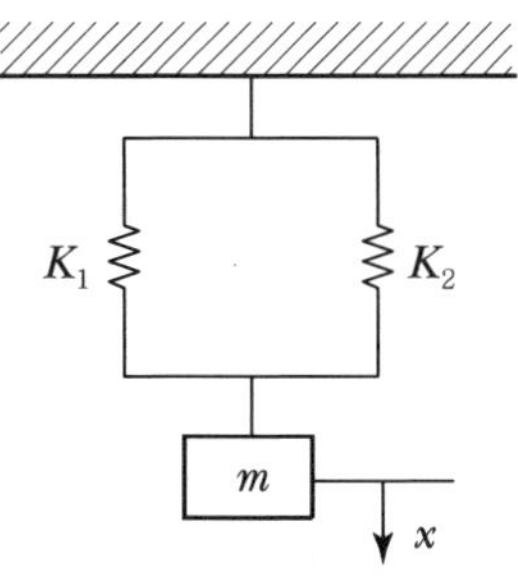

풀이

$k_{eq} = k_1 + k_2$

必수문제

25 그림과 같은 진동계에서 등가스프링 상수(k_{eq})가 $\frac{1}{6}k$가 되도록 하려면 k_1의 값을 얼마로 해야 하는가?

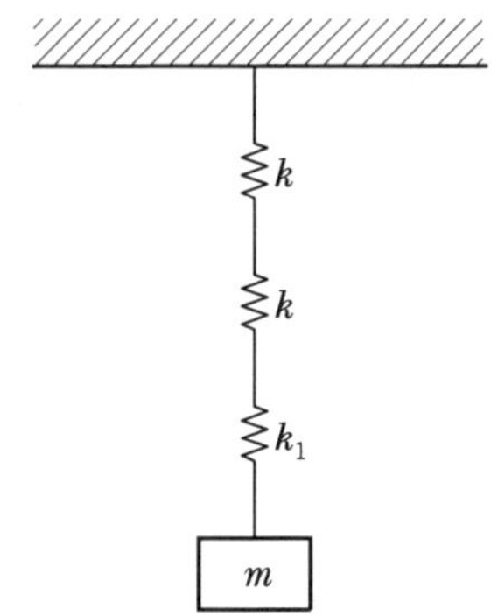

풀이

$$\frac{1}{k_{eq}} = \frac{1}{k_1} + \frac{1}{k} + \frac{1}{k} = \frac{6}{k}$$

$$\frac{1}{k_1} = \frac{6}{k} - \frac{2}{k} = \frac{4}{k}$$

$$k_1 = \frac{k}{4}$$

必수문제

26 **다음 진동계에서의 등가스프링 상수는?**

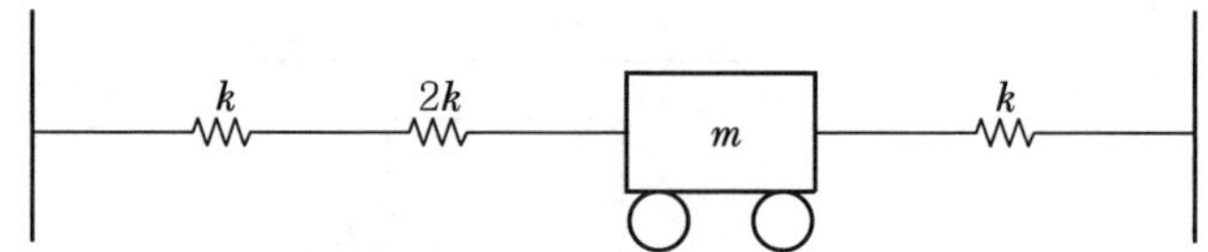

풀이

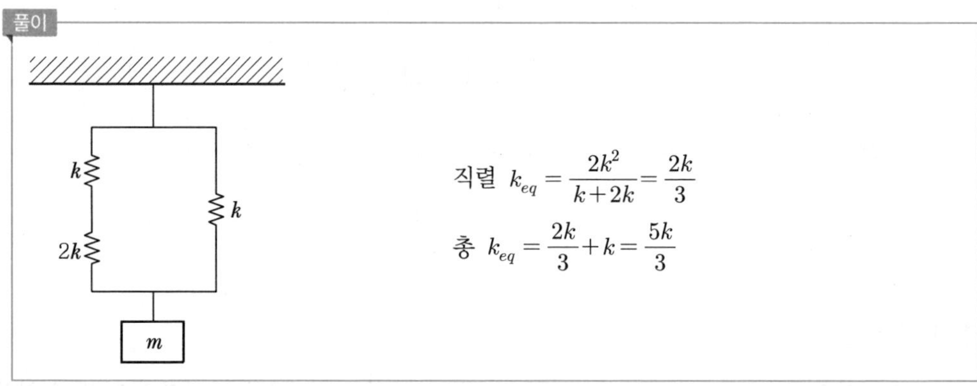

직렬 $k_{eq} = \dfrac{2k^2}{k+2k} = \dfrac{2k}{3}$

총 $k_{eq} = \dfrac{2k}{3} + k = \dfrac{5k}{3}$

必수문제

27 **방진고무의 정적 스프링 정수가 30kg/mm이다. 200kg의 하중이 걸릴 때 변형량(mm)은 얼마인가?**

풀이

변형량(정적 수축량 : δ_{st})$= \dfrac{W}{k} = \dfrac{200\,\text{kg}}{30\,\text{kg/mm}} = 6.67\,\text{mm}$

必수문제

28 **기기의 진동 방지를 위한 방진스프링의 경우 정적 수축량이 25cm였다면 고유진동수(Hz)는?**

풀이

$f_n = 4.98\sqrt{\dfrac{1}{\delta_{st}}} = 4.98 \times \sqrt{\dfrac{1}{25}} = 1\,\text{Hz}$

必 수문제

29 **추를 코일스프링으로 매단 1자유도 진동계에서 추의 질량을 2배로 하고, 스프링의 강도를 4배로 할 경우 작은 진폭에서 자유진동주기는 어떻게 되겠는가?**

풀이

$f_n = \dfrac{1}{2\pi}\sqrt{\dfrac{k}{m}} \Rightarrow T = 2\pi\sqrt{\dfrac{m}{k}}$

$f_n = \dfrac{1}{2\pi}\sqrt{\dfrac{4k}{2m}} \Rightarrow T = 2\pi\sqrt{\dfrac{m}{2k}}$

즉, 원래의 $\dfrac{1}{\sqrt{2}}$이 된다.

必 수문제

30 **감쇠자유진동을 하는 진동계에서 진폭이 3사이클 후에 50% 감소되었다면 이 계의 대수감쇠율은?**

풀이

대수감쇠율($\varDelta$)

$\varDelta = \dfrac{1}{n}\ln\left(\dfrac{x_1}{x_3}\right)$

진폭이 50% 감쇠 $\Rightarrow$ x_1(첫 번째 진폭)이 1일 때 x_3(세 번째 진폭)은 $0.5x_1$이 된다.
($x_3 = 0.5x_1$)

n은 진폭의 사이클 수 $\Rightarrow$ 3

$= \dfrac{1}{3}\ln\left(\dfrac{x_1}{0.5x_1}\right) = \dfrac{1}{3}\ln 2 = 0.23$

必 수문제

31 **$\ddot{x} + 4\dot{x} + 5x = 0$으로 진동하는 진동계에서 대수감쇠율은?**

풀이

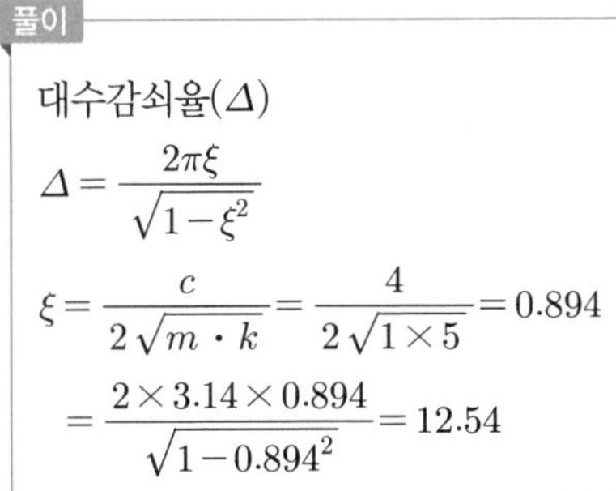

대수감쇠율($\varDelta$)

$\varDelta = \dfrac{2\pi\xi}{\sqrt{1-\xi^2}}$

$\xi = \dfrac{c}{2\sqrt{m \cdot k}} = \dfrac{4}{2\sqrt{1\times 5}} = 0.894$

$= \dfrac{2\times 3.14\times 0.894}{\sqrt{1-0.894^2}} = 12.54$

必수문제

32 **그림과 같은 응답 곡선에서 감쇠비는 얼마인가?**

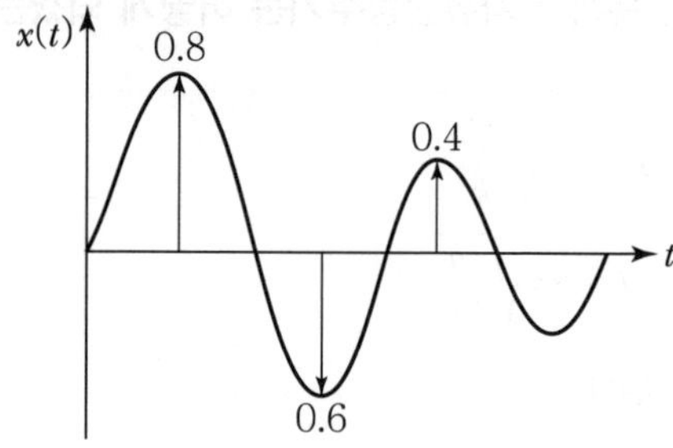

풀이

감쇠비(ξ)

$$\xi = \frac{\Delta}{\sqrt{4\pi^2 + \Delta^2}}$$

$$\Delta = \ln\left(\frac{x_1}{x_2}\right) = \ln\left(\frac{0.8}{0.4}\right) = 0.693$$

$$= \frac{0.693}{\sqrt{(4 \times 3.14^2) + 0.693^2}} = 0.109$$

必수문제

33 **감쇠자유진동을 하는 진동계에서 감쇠고유진동수가 15Hz, 비감쇠계의 고유진동수가 20Hz 이면 감쇠비는?**

풀이

감쇠진동의 고유진동수(f_n')

$$f_n' = f_n\sqrt{1-\xi^2},\ \ 15 = 20\sqrt{1-\xi^2}$$

$$\sqrt{1-\xi^2} = \frac{15}{20}$$

$$\xi = 0.66$$

必수문제

34 **감쇠자유진동을 하는 진동계에서 진폭이 5사이클 뒤에 50%만큼 감쇠됨을 관찰하였다. 이 계의 감쇠비는 얼마인가?**

풀이

대수감쇠율(Δ)

$$\Delta = \frac{1}{n}\ln\left(\frac{x_1}{x_5}\right)$$

진폭이 50% 감쇠 ⇒ $x_5 = 0.5x_1$

n은 진폭의 사이클 수 ⇒ 5

$$\Delta = \frac{1}{5}\ln\left(\frac{x_1}{0.5x_1}\right) = \frac{1}{5}\ln 2 = 0.1386$$

$0<\xi<1$일 때 $\Delta = 2\pi\xi$이므로

$0.1386 = 2\times\pi\times\xi$

$$\xi = \frac{0.1386}{2\times\pi} = 0.022$$

必수문제

35 **감쇠비가 0.2인 감쇠자유진동에서 감쇠고유진동수는 비감쇠고유진동수의 몇 배인가?**

풀이

$$f_n' = f_n\sqrt{1-\xi^2}$$

$$\frac{f_{n'}}{f_n} = \sqrt{1-\xi^2} = \sqrt{1-0.2^2} = 0.979$$

36 **중량 $W = 28.5$ N, 점성감쇠계수 $C_e = 0.055$ N · s/cm, 스프링 정수 $K = 0.468$ N/cm일 때, 이 계의 감쇠비는?**

풀이

$$\xi = \frac{C_e}{2\sqrt{m\times K}} = \frac{C_e}{2\sqrt{\dfrac{W}{g}\times K}} = \frac{0.055}{2\sqrt{\dfrac{28.5}{980}\times 0.468}} = 0.235$$

必수문제

37 질량 98kg의 기계가 용수철 상수 90kgf/cm의 용수철로 받쳐져 있으며, 진동속도 10cm/s당 6kgf 저항을 받고 있을 때의 감쇠비는?

풀이

$$\xi = \frac{C_e}{C_c}$$

$$C_e = \frac{F_r}{v} = \frac{6\text{kg}_\text{f}}{10\,\text{cm/s}} \times \frac{9.8\,\text{N}}{1\,\text{kg}_\text{f}} = 5.88\,\text{N}\cdot\text{sec/cm}$$

$$C_c = 2\sqrt{m \times k}$$

$$m = 98\,\text{kg}$$

$$k = \frac{90\,\text{kg}_\text{f}}{\text{cm}} = \frac{90\,\text{kg} \times 9.8\,\text{m/s}^2}{\text{cm} \times \dfrac{1\,\text{m}}{100\,\text{cm}}} = 88{,}200\,\text{kg/s}^2$$

$$= 2\sqrt{88{,}200\,\text{kg/s}^2 \times 98\,\text{kg}} = 5{,}880\,\text{kg/s} \times \frac{1\,\text{N}}{100\,\text{kg}\cdot\text{cm/s}^2}$$

$$= 58.8\,\text{N}\cdot\text{sec/cm}$$

$$= \frac{5.88}{58.8} = 0.1$$

必수문제

38 $\ddot{x} + 2\dot{x} + 3x = 0$의 진동계에서 감쇠고유진동수를 구하시오.

풀이

$m = 1$, $C_e = 2$, $k = 3$이므로

$$f_n' = f_n \cdot \sqrt{1-\xi^2}$$

$$f_n = \frac{1}{2\pi}\sqrt{\frac{k}{m}} = \frac{1}{2\pi}\sqrt{\frac{3}{1}} = 0.28\,\text{Hz},\quad \xi = \frac{C_e}{2\sqrt{m\cdot k}} = \frac{2}{2\sqrt{1\times 3}} = 0.577$$

$$= 0.28 \times \sqrt{1-0.577^2} = 0.23\,\text{Hz}$$

必수문제

39 고유진동수에 대한 강제진동수의 비가 4일 때 진동전달률 T는 얼마인가?(단, 감쇠는 없다.)

풀이

비감쇠 전달률(T)

$$T = \frac{1}{\eta^2 - 1} = \frac{1}{4^2 - 1} = \frac{1}{15} = 0.067$$

40 **감쇠가 없는 진동계에서 전달률을 15%로 하려면 진동수비$\left(\frac{\omega}{\omega_n}\right)$는?**

풀이

비감쇠 전달률(T)

$$T=\frac{1}{\eta^2-1}=\frac{1}{\left(\frac{\omega}{\omega_n}\right)^2-1}$$

$$0.15=\frac{1}{\left(\frac{\omega}{\omega_n}\right)^2-1}$$

$$\left(\frac{\omega}{\omega_n}\right)=2.77$$

必수문제

41 **고무절연기 위에 설치된 기계가 1,500rpm에서 22.5%의 전달률을 가질 때 평형상태에서 절연기의 정적 처짐(cm)은?**

풀이

정적 처짐(δ_{st})

$$f_n=4.98\sqrt{\frac{1}{\delta_{st}}}$$

$$\delta_{st}=\left(\frac{4.98}{f_n}\right)^2$$

$$f=\frac{1{,}500\text{rpm}}{60}=25\,\text{Hz}$$

$$T=0.225$$

$$f_n=\sqrt{\frac{T}{1+T}}\times f=\sqrt{\frac{0.225}{1+0.225}}\times 25=10.7\,\text{Hz}$$

$$=\left(\frac{4.98}{10.7}\right)^2=0.216\,\text{cm}$$

必수문제

42 정적 처짐이 0.6cm인 고무절연기 위에 엔진이 설치되어 있다. 엔진속도가 1,800rpm일 때 회전불균형력의 몇 %가 바닥에 전달되는가?

풀이

$$T=\frac{1}{\left(\frac{f}{f_n}\right)^2-1}$$

$$f=\frac{1{,}800\text{rpm}}{60}=30\,\text{Hz},\ \ f_n=4.98\sqrt{\frac{1}{0.6}}=6.43\,\text{Hz}$$

$$=\frac{1}{\left(\frac{30}{6.43}\right)^2-1}=0.048\times 100=4.8\,\%$$

必수문제

43 4개의 스프링에 의해 지지된 진동체가 있다. 이 계의 강제진동수 및 고유진동수가 각각 15Hz, 3Hz라 할 때 스프링에 의한 차진율(%)은?(단, 이 계는 비감쇠 1자유도이다.)

풀이

차진율 = 1 − 전달률

$$T=\frac{1}{\left(\frac{f}{f_n}\right)^2-1}=\frac{1}{\left(\frac{15}{3}\right)^2-1}=0.0416$$

$$=1-0.0416=0.9583\times 100=95.83\%$$

必수문제

44 질량 400kg인 물체가 4개의 지지점 위에서 평탄 진동할 때 정적 수축 1cm의 스프링으로 이 계를 탄성지지하고 90%의 절연율을 얻고자 한다면 최저 강제진동수는?

풀이

$$\eta=\frac{f}{f_n}$$

$$f=\eta\times f_n$$

$$T=\frac{1}{\eta^2-1}$$

$$\eta=\sqrt{\frac{1}{T}+1},\ \ T(\text{전달률})=1-\text{절연율}=1-0.9=0.1,\ \ \eta=\sqrt{\frac{1}{0.1}+1}=3.32$$

$$f_n=4.98\sqrt{\frac{1}{\delta_{st}}}=4.98\sqrt{\frac{1}{1}}=4.98\,\text{Hz}$$

$$=3.32\times 4.98=16.54\,\text{Hz}$$

必수문제

45 기계중량이 50kg$_f$인 왕복동 압축기가 있다. 600rpm으로 회전하며 상하방향의 불균형력(F_0)이 6kg$_f$ 발생되고 있다. 기초는 콘크리트 재질로서 탄성지지되어 있으며 진동전달력이 2kg$_f$이었다면, 계의 고유진동수(Hz)는?(단, 감쇠는 무시한다.)

풀이

$$T=\frac{1}{\left(\frac{f}{f_n}\right)^2-1}$$

$$f_n=\sqrt{\frac{T}{1+T}}\times f$$

$$f=\frac{600\text{rpm}}{60}=10\,\text{Hz},\quad T=\frac{\text{전달력}}{\text{외력}}=\frac{2}{6}=\frac{1}{3}=0.333$$

$$=\sqrt{\frac{0.333}{1+0.333}}\times 10=4.99\text{Hz}$$

必수문제

46 어떤 비감쇠 방진시스템의 진동전달률을 측정한 결과 강제 각진동수 $\omega=100\text{rad/sec}$에서 0.1로 나타났다. 이 시스템의 고유각진동수(rad/sec)는?

풀이

$$T=\frac{1}{\left(\frac{\omega}{\omega_n}\right)^2-1}$$

$$\omega_n=\sqrt{\frac{T}{1+T}}\times\omega=\sqrt{\frac{0.1}{1+0.1}}\times 100=30.15\,\text{rad/sec}$$

必수문제

47 어떤 기계를 방진고무 위에 설치할 때 정적 처짐량이 2mm였다. 이 기계에서 발생하는 기진력의 각진동수가 $\omega=210\,\text{rad/sec}$일 때, 진동전달률은 얼마가 되는가?

풀이

$$T=\frac{1}{\left(\frac{f}{f_n}\right)^2-1}$$

$$f_n=4.98\sqrt{\frac{1}{\delta_{st}}}=4.98\sqrt{\frac{1}{0.2}}=11.14\,\text{Hz}$$

$$2\pi f=210\,\text{rad/sec},\quad f=\frac{210}{2\pi}=33.4\,\text{Hz}$$

$$=\frac{1}{\left(\frac{33.4}{11.14}\right)^2-1}=0.125$$

必수문제

48 탄성블록 위에 설치된 기계가 2,400rpm으로 회전하고 있다. 이 계의 무게는 907N이며, 그 무게는 평탄 진동한다. 이 기계를 4개의 스프링으로 지지할 때 스프링 1개당 스프링 정수(N/cm)는?(단, 진동차진율은 90%로 하며 감쇠는 무시한다.)

풀이

전달률(T)=1−차진율=1−0.9=0.1

$T=\dfrac{1}{\eta^2-1}=0.1 \qquad \eta=3.3$

$\eta=\dfrac{f}{f_n}=\dfrac{2{,}400/60}{f_n} \qquad f_n=12.12\,\text{Hz}$

$f_n=\dfrac{1}{2\pi}\sqrt{\dfrac{k\cdot g}{W}} \qquad f_n=4.98\sqrt{\dfrac{k}{W}}$

$k=W\times\left(\dfrac{f_n}{4.98}\right)^2=907\times\left(\dfrac{12.12}{4.98}\right)^2=5{,}372.22\,\text{N/cm}$

1개당 스프링 상수$=\dfrac{5{,}372.22}{4}=1{,}343\,\text{N/cm}$

必수문제

49 무게가 565N인 기계가 스프링 지지에 의해 설치되어 있고 0.1초로 상하진동을 한다. 진동전달을 90% 차단하였을 경우, 스프링 정수(N/cm)는 약 얼마인가?(단, 스프링은 2개로 병렬지지한다.)

풀이

전달률(T)=1−차진율=1−0.9=0.1

$f=\dfrac{1}{T'}=\dfrac{1}{0.1}=10\,\text{Hz}$($T'$: 주기)

$T=\dfrac{1}{\left(\dfrac{f}{f_n}\right)^2-1}$

$f_n=\sqrt{\dfrac{T}{1+T}}\times f=\sqrt{\dfrac{0.1}{1+0.1}}\times 10=3.015\,\text{Hz}$

$k=W\times\left(\dfrac{f_n}{4.98}\right)^2=565\times\left(\dfrac{3.015}{4.98}\right)^2=207.10\,\text{Hz}$

스프링 2개가 병렬이므로 $\dfrac{207.10}{2}=103.5\,\text{N/cm}$

PART 01 PART 02 PART 03 PART 04 PART 05 PART 06

必수문제

50 **책상 위에 있는 스프링에 의해 소형 기계가 설치되어 있다. 이 계의 강제진동수 및 감쇠비가 각각 15Hz 및 0.2일 때 90% 진동차진율을 얻기 위한 고유진동수는?**

풀이

진동전달률(T) = 1 − 진동차진율 = 1 − 0.9 = 0.1

감쇠전달률(T)

$$T=\frac{\sqrt{1+(2\xi\eta)^2}}{\sqrt{(1-\eta^2)^2+(2\xi\eta)^2}}=0.1,\ \text{양변에 제곱}$$

$$\frac{1+(2\xi\eta)^2}{(1-\eta^2)^2+(2\xi\eta)^2}=0.01$$

$$\frac{1+(2\times0.2\times\eta)^2}{(1-\eta^2)^2+(2\times0.2\times\eta)^2}=0.01$$

$\eta=4.72$

$$f_n=\frac{f}{\eta}=\frac{15}{4.72}=3.18\text{Hz}$$

必수문제

51 **동일한 4개의 스프링으로 탄성지지한 기계로부터 스프링을 빼낸 후 16개의 스프링을 사용하여 지지점에 균등하게 탄성지지하여 고유진동수를 1/8로 낮추고자 할 때 1개의 스프링 정수는 원래 스프링 정수의 몇 배가 되어야 하는가?**

풀이

$$f_{n1}=\frac{1}{2\pi}\sqrt{\frac{4k_1}{m}},\quad f_{n2}=\frac{1}{2\pi}\sqrt{\frac{16k_2}{m}}$$

$$\frac{f_{n2}}{f_{n1}}=\frac{\frac{1}{2\pi}\sqrt{\frac{16k_2}{m}}}{\frac{1}{2\pi}\sqrt{\frac{4k_1}{m}}}=\frac{1}{8},\quad \frac{4k_2}{k_1}=\frac{1}{64}$$

$$k_1=256k_2\qquad k_2=\frac{1}{256}k_1\left(\text{원래의 }\frac{1}{256}\text{배}\right)$$

必수문제

52 **날개 수 6개의 송풍기가 1,500rpm으로 운전되고 있다면 기본음 주파수는?**

풀이

$$\text{기본음 주파수}=\frac{\text{rpm}}{60}\times\text{날개 수}=\frac{1{,}500}{60}\times6=150\text{Hz}$$

必수문제

53 **전기모터가 1,800rpm의 속도로 기계장치를 구동시키고, 기계는 고무깔개 위에 설치되어 있으며 고무깔개는 0.4cm의 정적 처짐을 나타내고 있다. 고무깔개의 감쇠비 ξ는 0.25, 진동수비 η는 3.8이라면 기초에 대한 힘의 전달률은?**

풀이

감쇠전달률(T)

$$T=\frac{\sqrt{1+(2\xi\eta)^2}}{\sqrt{(1-\eta^2)^2+(2\xi\eta)^2}}$$

$\eta=3.8,\ \xi=0.25$

$$=\frac{\sqrt{1+(2\times0.25\times3.8)^2}}{\sqrt{(1-3.8^2)^2+(2\times0.25\times3.8)^2}}=0.16$$

必수문제

54 **어떤 기초의 질량을 n배 하면 진동가속도레벨의 저감량(L_a)은 다음과 같다. 만일 감쇠가 없고, $\omega/\omega_n=0.9$라면, 질량을 절반으로 감소시킬 때 저감량(dB)은?(단, η : 진동수비, ξ : 감쇠비)**

$$L_a=20\log\sqrt{\frac{(1-n\eta^2)^2+n(2\xi\eta)^2}{(1-\eta^2)^2+(2\xi\eta)^2}}$$

풀이

감쇠가 없으므로 저감량은 다음과 같다.

$$L_a=20\log\sqrt{\frac{(1-n\eta^2)^2}{(1-\eta^2)^2}}$$

n(질량 절반)$=0.5$, η(진동수비)$=\frac{\omega}{\omega_n}=\frac{f}{f_n}=0.9$

$$=20\log\sqrt{\frac{(1-0.5\times0.9^2)^2}{(1-0.9^2)^2}}=9.92\text{dB}$$

必 수문제

55 **어떤 기계가 스프링 위에 지지되어 있으며 회전운동에 따른 진동을 발생하고 있다. 3,000rpm 에서 회전 불균형에 의한 강제외력이 500N이었다면, 이 기계 가동에 따른 진동전달력(N)은? (단, 계의 고유진동수는 11.3Hz, 감쇠계수는 0.2)**

풀이

감쇠전달률(T)

$$T = \frac{전달력}{외력} = \frac{\sqrt{1+(2\xi\eta)^2}}{\sqrt{(1-\eta^2)^2+(2\xi\eta)^2}}$$

외력 = 500N

강제진동수$(f) = \frac{3{,}000\text{rpm}}{60} = 50\text{Hz}$

고유진동수$(f_n) = 11.3\text{Hz}$

진동수비$(\eta) = \frac{f}{f_n} = \frac{50}{11.3} = 4.43$

감쇠비$(\xi) = 0.2$

$$\frac{전달력}{500} = \frac{\sqrt{1+(2\times0.2\times4.43)^2}}{\sqrt{(1-4.43^2)^2+(2\times0.2\times4.43)^2}}$$

전달력 = 54.3N

必 수문제

56 **중량 30N, 스프링 정수 20N/cm, 감쇠계수가 0.1N · s/cm인 자유진동계의 감쇠비는?**

풀이

감쇠비(ξ)

$$\xi = \frac{c}{2\sqrt{m\cdot k}} = \frac{0.1}{2\sqrt{\frac{30}{980}\times20}} = 0.06$$

必 수문제

57 **운동방정식이 $2\ddot{x}+20x=6\sin 3t$로 표시되는 진동계의 정상상태 진동의 진폭(cm)은 얼마인가?(단, 진폭단위 cm)**

풀이

$2x+20x=6\sin 3t$에서

$m=2,\ k=20,\ F_0=6,\ \omega=3$

진폭$(x_0) = \frac{F_0}{k-m\omega^2} = \frac{6}{20-(2\times3^2)} = 3\text{cm}$

58 **100kg 질량을 갖는 기계가 1,800rpm으로 회전하고 있다. 1회전 마다 불평형력이 상하방향으로 작용한다. 스프링 4개를 병렬연결하여 방진효과(진동전달 손실) 20dB을 얻고자 한다. 이때 스프링 1개의 스프링 정수(kN/m)는 약 얼마인가?(단, 스프링의 감쇠는 무시)**

풀이

방진효과(ΔV)

$$\Delta V = 20\log\frac{1}{T}$$

$$T = 10^{-\frac{\Delta V}{20}} = 10^{-\frac{20}{20}} = 0.1(\text{전달율})$$

$$T = \frac{1}{\eta^2 - 1} = 0.1$$

$$\eta = 3.3,\ \eta = \frac{f}{f_n},\ f_n = \frac{1{,}800/60}{3.3} = 9.09\text{Hz}$$

$$f_n = \frac{1}{2\pi}\sqrt{\frac{K}{m}}$$

$$9.09 = \frac{1}{2\pi}\sqrt{\frac{K}{100}}$$

$$K = 325{,}872\text{N/m}$$

$$\text{1개당 스프링 상수} = \frac{325{,}872\text{N/m}}{4} = 81{,}468\text{N/m}\,(81.47\text{kN/m})$$

59 **다음 조건으로 기초 위 가대에 기계에 의한 조화파형 상하진동이 작용할 때 정적 변위(cm) 값을 구하시오.**

- 기계 중량 : 3ton
- 기대 중량 : 9.6ton
- 회전수 : 900rpm
- 가진력 진폭 : 500kg
- 방진고무의 동적 스프링 정수 : 2ton/cm
- 방진고무 수량 : 6개
- 감쇠비 : 0.05

풀이

정적 변위(δ)

$$\delta = \frac{F_0}{K}$$

$$K = 2 \times 6 = 12\text{ton/cm}$$

$$F_0 = 0.5\text{ton}$$

$$= \frac{0.5}{12} = 0.0417\text{cm}\ (4.17 \times 10^{-2}\text{cm})$$

60 **스프링 탄성계수 $K = 1\text{kN/m}$, 질량 $m = 10\text{kg}$인 계의 비감쇠 자유진동 시 주기(sec)는?**

풀이

$$T = 2\pi\sqrt{\frac{m}{K}} = 2\times 3.14\times\sqrt{\frac{10}{1{,}000}} = 0.63\text{sec}$$

必수문제

61 **무게 1,710N, 회전속도 1,170rpm의 공기압축기가 있다. 방진고무의 지점을 6개로 하고, 진동수비가 2.9라 할 때 방진고무의 정적 수축량(cm)을 구하시오.**

풀이

정적 수축량(δ_{st})

$$\delta_{st} = \frac{W_{mp}}{K}$$

$$W_{mp} = \frac{W}{n} = \frac{1{,}710}{6} = 285\text{N}$$

$$K = W_{mp}\left(\frac{f_n}{4.98}\right)^2$$

$$f_n = \frac{f}{\eta} = \frac{(1{,}170/60)}{2.9} = 6.72\text{Hz}$$

$$= 285\times\left(\frac{6.72}{4.98}\right)^2 = 519\text{N/cm}$$

$$= \frac{285}{519} = 0.55\text{ cm}$$

020 탄성지지의 설계요소

(1) 강제각진동수(ω)와 고유각진동수(ω_n)의 관계에 따른 진동제어요소

① $\omega^2 \ll {\omega_n}^2$ ($f^2 \ll {f_n}^2$)인 경우

㉠ 스프링 강도로 제어하는 것이 유리하다.

㉡ 스프링 정수(K)를 크게 한다.

㉢ 응답진폭의 크기는 $x(\omega) = \dfrac{F_0}{k}$

② $\omega^2 \gg {\omega_n}^2$ ($f^2 \gg {f_n}^2$)인 경우

㉠ 진동계의 질량으로 제어하는 것이 유리하다.

㉡ 질량(m)을 부가한다.

㉢ 응답진폭의 크기는 $x(\omega) = \dfrac{F_0}{m\omega^2}$

③ $\omega^2 = {\omega_n}^2$ ($f^2 = {f_n}^2$)인 경우

㉠ 스프링감쇠 저항으로 제어하는 것이 유리하다.

㉡ 댐퍼(C)를 부착하여 감쇠비를 크게 한다. $x(\omega) = \dfrac{F_0}{C_e\omega}$

(2) 진동수비($\eta = \dfrac{f}{f_n}$), 감쇠비(ξ), 진동전달률(T)의 탄성지지

① $\dfrac{f}{f_n}$의 비에 따라 변화하는 T

㉠ $\dfrac{f}{f_n} = 1$ ($f = f_n$)

ⓐ 공진상태(진동계에서 가진력의 진동수와 진동계의 고유진동수가 일치하면 나타나는 현상으로 전달률이 최대가 된다.)

ⓑ 전달률 최대[진동차진율(절연율) 최소]

㉡ $\dfrac{f}{f_n} < \sqrt{2}$

ⓐ 전달력 > 외력

ⓑ 방진대책이 필요한 설계영역

㉢ $\dfrac{f}{f_n} > \sqrt{2}$

ⓐ 전달력 < 외력

ⓑ 차진이 유효한 영역

㉣ $\frac{f}{f_n} = \sqrt{2}$

ⓐ 전달력=외력

ⓑ ξ값에 관계없이 T는 항상 1이다.

② ξ와 $\frac{f}{f_n}$, T의 변화

㉠ $\frac{f}{f_n} < \sqrt{2}$

ⓐ ξ값이 커질수록 T가 작아진다.

ⓑ 방진대책상 ξ가 클수록 좋다.

㉡ $\frac{f}{f_n} > \sqrt{2}$

ⓐ ξ값이 작아질수록 T가 작아진다.

ⓑ 방진대책상 ξ가 작을수록 좋다.

(3) 방진대책 시 고려사항

① 방진대책은 될 수 있는 한 $\frac{f}{f_n} > 3$이 되도록 설계한다.(이 경우 진동전달률은 12.5% 이하가 된다.)

② $\frac{f}{f_n} < \sqrt{2}$로 될 때에는 $\frac{f}{f_n} < 0.4$가 되도록 설계한다.

③ 외력의 진동수가 0에서부터 증가 시 $\xi < 0.2$ (or $\xi = 0.2$)의 감쇠장치를 설치한다.

④ 가진력의 주파수가 고유진동수의 0.8~1.4배 정도일 때 공진이 커지므로 이 영역은 가능한 피한다.

(4) 절연율(차진율 ; %진동차진율 ; 진동감쇠량)

① 절연율$=(1-T)\times 100(\%)$; $T=$전달률

② 전달률에 따른 방진효과(ΔV)

$$\Delta V = 20\log\frac{1}{T}\ (\text{dB})$$

(5) 탄성지지에 필요한 설계인자

① 강제진동수(f)

$$\text{회전축의 경우 매초 회전수}\left(\frac{\text{rpm}}{60}\right)$$

㉠ 날개 수가 있는 경우(매초 회전수×날개 수)
㉡ 톱니 수가 있는 경우(매초 회전수×톱니 수)
㉢ 실린더 수가 있는 경우(매초 폭발회전수×실린더 수)

② 고유진동수(f_n)
③ 진폭
④ 스프링 정수(K)
⑤ 방진재료의 정적 수축량(δ_{st})
⑥ 감쇠비(ξ)

㉠ 자유진동 수축량(δ_{st})

$$\delta_{st} = \left(\frac{4.98}{f_n}\right)^2 \text{ (cm)}$$

㉡ 강제진동 수축량(δ_{st})

$$\delta_{st} = \frac{(1+T)\times 24.8}{Tf^2} \text{ (cm)}$$

(6) 동적 흡진

진동계에서 공진 발생 시 본 진동계 이외에 부가 질량, 부가 스프링으로 이루어진 별도의 진동계를 구성하여 본 진동계의 진폭을 저감시키는 것을 동적 흡진이라고 한다.

Reference 동흡진기

① 동흡진기는 진동하는 구조물에 질량 · 감쇠스프링계로 구성된 별도의 진동계를 취부하고 이를 공진시켜 이 진동의 관성력을 반력으로 하여 원래 구조물의 진동을 줄여주는 장치이다.
② 동흡진기 중 능동형은 구조물의 진동을 진동센서로 감지하고 이 신호를 받아 액추에이터에 연결된 보조질량의 운동을 최적제어하여 능동적으로 진동제어를 수행할 수 있는 기능을 가진 동흡진기를 말한다.
③ 개발된 대부분의 동흡진기는 진동수 추종형 또는 능동형 동흡진기이다.

(7) 기계 기초대 설계 시 공진에 대한 대책

큰 가진력을 발생하는 기계의 기초대를 설계할 경우 공진을 피하기 위해서는 기계의 기초대 진폭을 최대로 억제해야 한다.

① $f < f_n$인 경우

기초대의 밑면적을 증가시켜 지반과의 스프링 기능을 강화시키거나 기초대의 중량을 감소시키는 것이 유효하다.

② $f > f_n$인 경우

기초대의 중량을 크게 하여 f_n을 작게 하는 것이 좋다.

③ $\frac{f}{f_n} < 1$일 때는 진동원의 기초부를 부가하중법(관성블록 등)이나 강성증대법(앵커링, 세팅 등)으로 처리한다.

④ $\frac{f}{f_n} \gg 1.4$일 때는 고무패드나 스프링으로 탄성지지하면 방진대책 시 양호한 효과를 기대할 수 있다.

Reference

기계기초나 건물기초의 고유진동수를 작게 하기 위해서 토양의 지지압력을 크게 하면 된다.

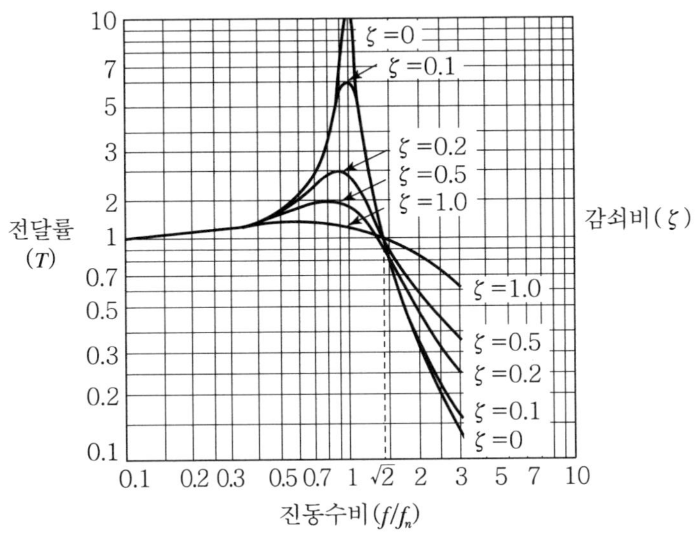

[1자유도계의 진동수비, 감쇠비, 전달률 관계곡선]

01 전달률이 0.5인 진동계가 있다. 이 계의 방진효과는 몇 dB 정도인가?

풀이

방진효과(ΔV)

$$\Delta V = 20\log\frac{1}{T} = 20\log\frac{1}{0.5} = 6.02\,\text{dB}$$

必수문제

02 중량 1,500N인 기계를 탄성지지시켜 25dB의 방진효과를 얻기 위한 진동전달률은?

풀이

방진효과(ΔV)

$$\Delta V = 20\log\frac{1}{T}$$

$$25 = 20\log\frac{1}{T}$$

$$T = 0.056$$

必수문제

03 날개 수 4개의 프로펠러형 송풍기가 1,800rpm으로 운전될 때 발생하는 소음의 기본음 주파수는?

풀이

기본음 주파수(강제주파수 : f)

$$f = \frac{\text{rpm}}{60} \times \text{날개 수} = \frac{1{,}800}{60} \times 4 = 120\,\text{Hz}$$

必수문제

04 12개의 임펠러를 가지는 원심펌프가 1,000rpm으로 회전하고 있다. 펌프 출구에서 생길 수 있는 물의 압력변화의 주기(sec)는?

풀이

기본음 주파수(f)

$$f = \frac{\text{rpm}}{60} \times \text{임펠러 수} = \frac{1{,}000}{60} \times 12 = 200\,\text{Hz}$$

$$T = \frac{1}{f} = \frac{1}{200} = 0.005\,\text{sec}$$

021 방진재료(탄성지지 재료)

(1) 개요

① 방진재료에는 공기스프링류, 금속스프링류, 방진고무류 등을 주로 많이 사용하고 있다.

② 방진재료의 선택은 계의 고유진동수에 맞게 적용하는 것이 일반적이다.

③ 방진재료로 기계를 지지할 때는 비연성 지지 상태가 되어야 한다.

④ 비연성 지지는 강체 중심과 탄성 중심을 일치시키고 주축에 대해 대칭적으로 방진재료를 설치하는 것이다.

⑤ 판스프링, 벨트, 스펀지 등도 가벼운 수진체의 방진 등에 이용할 수 있다.

(2) 종류

① **방진고무**

여러 형태의 고무를 금속의 판이나 관 등 사이에 끼워서 견고하게 고착시킨 것이 방진고무이다.

㉠ 고유진동수

ⓐ 4Hz 이상

ⓑ 5~100Hz(5~200Hz)

㉡ 동적 배율(α)

ⓐ 방진고무의 정확한 사용을 위해서 필요하며, 기계를 지지할 때는 동적 스프링 정수가 요구된다.

ⓑ 관계식

$$\alpha = \frac{K_d}{K_s} \text{ (보통 1보다 큰 값을 갖는다.)}$$

여기서, K_d : 동적 스프링 정수

K_s : 정적 스프링 정수$\left[=\frac{\text{하중(kg)}}{\text{정적수축량(cm)}}\right]$

방진고무의 경우, 일반적으로 $K_d > K_s$의 관계가 된다.

ⓒ 각 재료별 동적 배율(α)

- 금속(코일스프링) : $\alpha=1$
- 방진고무(천연) : α=1.0~1.6(약 1.2)
- 방진고무(클로로플렌계) : α=1.4~2.8(약 1.4~1.8)
- 방진고무(이토릴계) : α=1.5~2.5(약 1.4~1.8)

ⓓ 방진고무 영률에 따른 동적 배율(α)

- 영률 20 N/cm^2 : 1.1
- 영률 35 N/cm^2 : 1.3
- 영률 50 N/cm^2 : 1.6

ⓔ 방진고무의 고유진동수(f_n), 동적 배율(α), 정적 수축량(δ_{st})의 관계

$$f_n = 4.98\sqrt{\frac{\alpha}{\delta_{st}}}\ (\text{Hz})$$

㉢ 장점

ⓐ 설계 및 부착이 비교적 간결하고 금속과도 견고하게 접촉할 수 있다.

ⓑ 형상의 선택이 비교적 자유로워서 소형이나 중형 기계에 많이 사용된다.

ⓒ 압축, 전단, 나선 등의 사용방법에 따라 1개로 2축방향 및 회전방향의 스프링 정수를 광범위하게 선택할 수 있다.

ⓓ 고무 자체의 내부 마찰에 의해 저항을 얻을 수 있어 고주파 진동의 차진에 양호하다.(고주파 영역에 있어서 고체음 절연 성능이 있음)

ⓔ 내부감쇠 저항이 크기 때문에 추가적인 감쇄장치(댐퍼)가 필요하지 않다.

ⓕ 진동수비가 1 이상인 방진영역에서도 진동전달률이 크게 증대하지 않는다.

ⓖ 서징이 일어나지 않거나 매우 작다.

㉣ 단점

ⓐ 내부마찰에 의한 발열 때문에 열화 가능성이 크다.

ⓑ 내유, 내열, 내노화, 내열팽창성 등이 약하다.(내환경성에 대해서는 일반적으로 금속스프링에 비해 떨어진다.)

ⓒ 저온에서는 고무가 경화되므로 방진성능이 저하한다.

ⓓ 공기 중의 O_3(오존)에 의해 산화된다.

㉤ 적용 시 주의사항

ⓐ 정하중에 따른 수축량은 10~15% 이내가 좋다.

ⓑ 변화는 가능한 균일하게 하고 압력의 집중을 피한다.

ⓒ 사용온도는 50℃ 이하로 한다.(범위 : −30~120℃)

ⓓ 신장응력의 작용을 피한다.

ⓔ 고유진동수가 강제진동수의 1/3 이하인 것을 택한다.(적어도 70% 이하로 하여야 함)

㉥ 기타

ⓐ 방진고무의 감쇠비는 0.05 정도이며, 간결성이 우수하고 정적 변위의 제한은 최대두께의 10%까지이다.

ⓑ 내유성을 필요로 할 때는 천연고무보다는 합성고무를 선정해야 한다.
ⓒ 역학적 성질은 천연고무가 우수하지만 용도에 따라 합성고무도 사용된다.
ⓓ 내후성, 내유성 등의 내환경성에 대해서는 일반적으로 금속스프링에 비해 떨어진다.
ⓔ 방진고무는 방진재 자신의 탄성진동의 고유진동수가 외력의 진동수와 공진하는 상태가 잘 발생하지 않는다.

② 금속스프링

㉠ 고유진동수
ⓐ 4Hz 이하
ⓑ 코일형 금속스프링 : 1~10Hz(2~6Hz)
ⓒ 중판형 금속스프링 : 1.5~10Hz(2~5Hz)

㉡ 서징(Surging) 현상
코일스프링 자신의 탄성진동의 고유진동수가 외력의 진동수와 공진하는 상태로 이 진동수에서는 방진효과가 현저히 저하된다.

㉢ 장점
ⓐ 환경요소(온도, 부식, 용해 등)에 대한 저항성이 크고 부착이 용이하며 내구성이 좋아 보수가 거의 없다.
ⓑ 제품의 균일성, 하중 특성인 직진성, 즉 뒤틀리거나 오므라들지 않는다.
ⓒ 최대변위가 허용된다.
ⓓ 저주파 차진에 좋다.
ⓔ 가격이 비교적 안정적이고 하중의 대소에도 불구하고 사용 가능하다.
ⓕ 자동차의 현가스프링에 이용되는 중판스프링과 같이 스프링장치에 구조부분의 일부의 역할을 겸할 수 있다.

㉣ 단점
ⓐ 감쇠가 거의 없고 공진 시에 전달률이 매우 크다.
ⓑ 스프링 자체의 탄성진동의 영향으로 고주파 진동 시 단락된다. 즉, 고주파영역에서 서징현상이 발생된다.
ⓒ 로킹(Rocking)이 일어나지 않도록 주의해야 한다.

㉤ 단점 보완 대책
ⓐ 스프링의 감쇠비가 작을 때는 스프링과 병렬로 댐퍼를 넣는다.(금속 내부의 마찰은 대단히 작아 중판스프링이나 조합접시 스프링과 같이 구조상 마찰을 가진 경우를 제외하고는 감쇠기를 병용할 필요가 있다.)
ⓑ Rocking Motion을 억제하기 위해서는 스프링의 정적 수축량이 일정한 것을 사용한다.
ⓒ 기계 무게의 1~2배 무게의 가대를 부착시킨다.
ⓓ 계의 무게 중심을 낮게 하고 부하(하중)가 평형분포되도록 한다.

ⓔ 낮은 감쇠비로 일어나는 고주파 진동의 전달은 스프링과 직렬로 고무패드를 끼워 차단한다.

ⓕ 서징의 영향을 제거하기 위해 코일스프링의 양단에 그 스프링 정수의 10배 정도 보다 작은 스프링 정수를 가진 방진고무를 직렬로 삽입하는 것이 좋다.

ⓗ 코일스프링의 스프링 정수(k)

$$k = \frac{W}{\delta_{st}} = \frac{Gd^4}{8\pi D^3} \ \text{(N/mm)}$$

여기서, G : 전단탄성계수(횡탄성계수)
d : 소선직경
D : 평균 코일직경

ⓢ 코일스프링의 정적 수축량(δ_{st})

$$\delta_{st} = \frac{8WD^3n}{Gd^4}$$

여기서, W : 기계중량, n : 유효권선수

ⓞ 기타

ⓐ 금속스프링은 극단적으로 낮은 스프링 정수로 했을 때 지지장치를 소형, 경량으로 하기가 어렵다.

ⓑ 코일스프링을 제외하고 2축 또는 3축 방향의 스프링을 1개의 스프링으로 겸하게 하기가 곤란하다.

③ **공기스프링**

㉠ 고유진동수

1Hz 이하(10Hz 이하)

㉡ 장점

ⓐ 설계 시에 스프링의 높이, 스프링 정수, 내하력(하중)을 각각 독립적으로 자유롭게 광범위하게 선정할 수 있다.

ⓑ 높이 조절밸브를 병용하면 하중의 변화에 따른 스프링 높이를 조절하여 기계의 높이를 일정하게 유지할 수 있다.

ⓒ 하중의 변화에 따라 고유진동수를 일정하게 유지할 수 있다.

ⓓ 성능이 아주 우수한 편으로 부하능력이 광범위하고 자동제어가 가능하다.(1개의 스프링으로 동시에 횡강성도 이용할 수 있다.)

ⓔ 고주파 진동의 절연특성이 가장 우수하고 방음효과도 크다.

㉢ 단점

ⓐ 구조가 복잡하고 시설비가 많이 든다.(구조에 의해 설계상 제약 있음)

ⓑ 압축기 등 부대시설이 필요하다.

ⓒ 공기누출의 위험이 있다.

ⓓ 사용진폭이 작은 것이 많으므로 별도의 댐퍼가 필요한 경우가 많다.(공기스프링을 기계의 지지장치에 사용할 경우 스프링에 허용되는 동변위가 극히 작은 경우가 많으므로 내장하는 공기감쇠력으로 충분하지 않은 경우가 많음)

ⓔ 금속스프링으로 비교적 용이하게 얻어지는 고유진동수 1.5Hz 이상의 범위에서는 타 종류의 스프링에 비해 비싼 편이다.

㉣ 고유진동수(f_0)

$$f_0 = \frac{1}{2\pi}\sqrt{\frac{1.4A \cdot g}{V_1 + V_2}} = \frac{1}{2\pi}\sqrt{\frac{1.4P_0AG}{WH_0}}\ \text{(Hz)}$$

여기서, f_0 : 공기스프링의 고유진동수(Hz)
A : 지지부의 유효면적(수압면적)
V_1 : 공기스프링의 내부용적, V_2 : 보조탱크의 내부용적
g : 중력가속도, P_0 : 공기실내압
G : 전단 탄성률, W : 기계하중, H_0 : 압축길이

㉤ 스프링 정수(K)

$$K = \frac{1.4P_0A^2}{V_1 + V_2}$$

Reference 공기스프링의 스프링 정수(K)

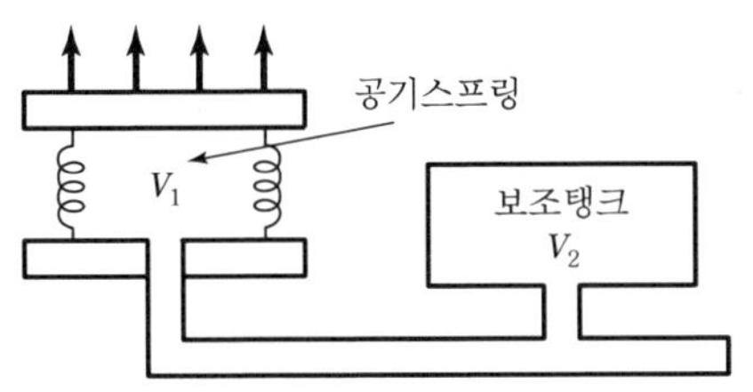

$$K = \frac{1.4P_0A^2}{V_1 + V_2} + \frac{\pi}{n}\frac{P_o - P_a}{D}A$$

여기서, V_1 : 주 공기실의 용적, V_2 : 보조탱크의 용적
A : 지지부의 유효면적, P_o : 정적 공기실 내압
P_a : 대기압, n : 주 공기실의 부풀린 단수
D : 공기실의 유효직경

④ 코르크

㉠ 고유진동수

40Hz 이상(20~30Hz)

㉡ 특징

ⓐ 정적 변위의 제한은 최대두께(10cm)의 6%까지이다.

ⓑ 정적 변위의 할증률은 1.8~5 범위이다.

ⓒ 감쇠비는 0.05~0.06이다.

ⓓ 간결성 · 내열성이 양호하다.

Reference 구조물의 방진설계

1. 내진설계
   ① 지진하중과 같은 수평하중을 견디도록 구조물의 강도를 증가시켜 진동을 저감하는 방법
   ② 구조물의 강성을 증가시켜 지진력에 저항하는 방법을 의미
2. 면진설계
   ① 건물과 지반 사이에 전단변형장치를 설치하여 지반과 건물을 분리시키는 방법
   ② 지진 발생 시 구조물의 고유주기를 인위적으로 길게 하여 지진과 구조물의 공진을 막아 지진력이 구조물에 상대적으로 약하게 전달되도록 하는 것을 의미
3. 제진설계
   ① 구조물의 내부나 외부에서 구조물의 진동에 대응한 제어력을 가하여 구조물의 진동을 저감시키거나, 구조물의 강성이나 감쇠 등을 변화시켜 구조물을 제어하는 방법
   ② 제진장치를 이용, 지진에너지를 소산시키는 것을 의미

022 진동절연과 제진합금

(1) 진동절연(제진)

① 개요

㉠ 진동절연이란 진동에너지 전달 시 전달매질의 임피던스를 변경하여 진동전달에너지를 차단하는 것을 의미하며 반사에너지가 발생하여 차단하는 것이다.

㉡ 진동차단은 공진을 피하고, 흡진기로 진동을 감소시키는 것도 포함한다.

② 관련식

제진 시의 진동감쇠량(ΔL)

$$\Delta L = -10\log(1 - T_r)\,(\text{dB})$$

여기서, T_r : 반사율

$$T_r = \left(\frac{Z_2 - Z_1}{Z_2 + Z_1}\right)^2 \times 100(\%)$$

Z_1, Z_2는 각 매질의 특성 임피던스(ρc)이다.

(2) 제진합금

제진합금은 금속 자체에 진동 흡수능력이 있는 것을 말한다.

① 복합형

㉠ 계면, 점성, 소성 유동에 의한 것

㉡ 종류

ⓐ 흑연 주철

ⓑ Al-Zn 합금(단, 40~78%의 Zn을 포함)

② 강자성형

㉠ 자기, 기계적 정이력에 의한 에너지 소비에 의한 것

㉡ 종류 : 12% 크롬강

③ 전위형

㉠ 전위운동에 따른 내부마찰에 의한 것

㉡ 종류

ⓐ Mg

ⓑ Mg-Zr의 합금(Zr 0.6%)

④ 쌍전형

㉠ 마텐자이트 변태에 의한 에너지 소비에 의한 것이므로 이 형태의 감쇠가 가장 크다.

㉡ 종류

ⓐ Mn−Cu계, Cu−Al−Ni계, Ti−Ni계

ⓑ Sonoston(Mn 50%, Cu 37%, Al 4.25%, Fe 3%, Ni 1.5%)은 두드려도 소리가 나지 않는 금속이다.

必수문제

01 방진고무의 동적 배율이 1.8이라면 동적 스프링 정수(ton/cm)는 얼마인가?(단, 방진고무의 정적 스프링 정수는 111.1kg/mm이다.)

풀이

동적 배율(α)

$$\alpha = \frac{k_d}{k_s}$$

$$k_d = \alpha \times k_s = 1.8 \times 111.1\,\mathrm{kg/mm} \times \mathrm{ton}/1{,}000\mathrm{kg} \times 10\mathrm{mm/cm} = 2\mathrm{ton/cm}$$

必수문제

02 무게가 150N인 기계를 방진고무 위에 올려 놓았더니 1.0cm가 수축되었다. 방진고무의 동적 배율이 1.2이라면 방진고무의 동적 스프링 정수(N/cm)는?

풀이

$$\alpha = \frac{k_d}{k_s}$$

$$k_d = \alpha \cdot k_s$$

$$k_s = \frac{W}{\Delta I} = \frac{150}{1.0} = 150\,\mathrm{N/cm}$$

$$= 1.2 \times 150 = 180\,\mathrm{N/cm}$$

必수문제

03 진동하는 금속면을 고무로 제진하였다. 이때 두 면에서의 파동에너지의 반사율이 90%였을 때 진동감쇠량(dB)은?

풀이

진동감쇠량(ΔL)

$$\Delta L = -10\log(1 - T_r) = -10\log(1 - 0.9) = 10\,\mathrm{dB}$$

04 특성 임피던스가 32×10^6kg/m^2 · sec인 금속관 플랜지 접속부에 특성 임피던스 3×10^4 kg/m^2 · sec인 고무를 넣어 진동절연할 때 진동감쇠량(dB)은?

풀이

진동감쇠량(ΔL)

$\Delta L = -10\log(1 - T_r)$

$$T_r = \left(\frac{Z_2 - Z_1}{Z_2 + Z_1}\right)^2 \times 100(\%)$$

$$= \left[\frac{(32 \times 10^6) - (3 \times 10^4)}{(32 \times 10^6) + (3 \times 10^4)}\right]^2 \times 100 = 0.9962(99.62\%)$$

$= -10\log(1 - 0.9962) = 24.2\,\text{dB}$

05 진동하는 금속면을 고무로 진동절연하여 진동의 감쇠량이 27dB이 되도록 하였다. 이때 진동의 반사율은?

풀이

$\Delta L = -10\log(1 - T_r)$

$27 = -10\log(1 - T_r)$

$T_r = 10^{-2.7} - 1 = -0.998$ (반사율 0.998)

SECTION 023 지반(지표)을 전파하는 파동

지표면에서 측정한 진동은 종파, 횡파, 레일리파가 합성된 것이다.

(1) 실체파(중심파, 체적파)

① 종파(P파)

㉠ 진동의 방향이 파동의 전파방향과 일치하는 파로 매질의 체적변화에 대한 저항의 원인이 되어 발생한다.

㉡ 압축파, 소밀파, P파(Primary Wave), 압력파라고도 한다.

㉢ 지반을 전파하는 파동 중 전파속도가 가장 빠르다.

㉣ P파의 진폭은 지표면에서는 r^2(r : 진동원으로부터 떨어진 거리)에 반비례하고, 지중에서는 r에 반비례한다. 즉, 거리감쇠는 거리가 2배로 되면 6dB 감소한다.(역2승법칙)

㉤ P파의 에너지비는 약 7% 정도로 레일리파(67%), 횡파(26%)보다 작다.

② 횡파(S파)

㉠ 진동의 방향이 파동의 전파방향과 직각인 파로 매질의 변형에 대한 저항의 원인이 되어 발생한다.

㉡ 전단파, S파(Secondary Wave)라고도 한다.

㉢ 전파속도는 레일리파보다 빠르고 종파보다는 느리다.

㉣ S파의 진폭은 지표면에서는 r^2에 반비례하고, 지중에서는 r에 반비례한다. 즉, 거리감쇠는 거리가 2배로 되면 6dB 감소한다.(역2승법칙)

㉤ S파의 에너지비는 약 26% 정도이다.

Reference

> S파와 P파의 도달시간 차이를 PS시라 하며 PS시를 이용하여 진원거리를 알 수 있다.

(2) 표면파

① 레일리파(R파 : Rayleigh Wave)

㉠ 지표면을 원통상으로 전파한다.

㉡ 지반을 전파하는 파동 중 전파속도가 가장 느리다.(표면파의 전파속도는 일반적으로 횡파의 92~96% 정도)

㉢ R파의 지표면에서는 그 진폭이 $\sqrt{r}$에 반비례하고 지중에서 1~2파장 정도의 깊이에서는 거의 소멸된다. 즉, 지표면에서 거리감쇠는 거리가 2배로 되면 3dB 감소한다. 계측에 의한 지표진동은 여러 파의 합성으로 이루어지지만 주 계측파는 R파이다.

㉣ R파의 에너지비는 약 67%로 가장 크다. 따라서 공해진동에 문제가 되는 것은 R파와 S파가 주 대상이 된다.(에너지비율 : R파 > S파 > P파)

② 러브파(L파)

㉠ 파동의 전파방향과 직교하는 수평성분의 파동이다.

㉡ 지층의 경계면에서 반사 또는 굴절되면서 전파되는 SH파에 의하여 형성된다.

024 진동파의 거리감쇠

(1) 개요

① 진동원으로부터 진동파 확산에 따른 에너지 분산과 지반흙의 마찰에 따른 감쇠를 고려하여 거리감쇠를 나타낸다.

② 관련식

진동원에서 거리 r만큼($r > r_0$) 떨어진 지점에서의 진동레벨(VL_r)

$$VL_r = VL_0 - 8.7\lambda(r-r_0) - 20 \cdot \log\left(\frac{r}{r_0}\right)^n \text{dB}$$

여기서, VL_0 : 진동원에서 r_0 떨어진 지점에서의 진동레벨(dB)

λ : 지반 전파의 감쇠정수

$$\lambda = \frac{2\pi hf}{V_s}$$

h : 지반 손실계수(지반 내부감쇠정수)
일반적으로 점토의 내부감쇠계수가 가장 크다.

f : 진동수(Hz), V_s : 횡파의 전파속도(m/sec)

n : 진동파 종류에 따라 결정되는 상수

- 표면파 : $\frac{1}{2}$
- 반무한 자유전파 실체파 : 2
- 무한탄성체 전파 실체파 : 1

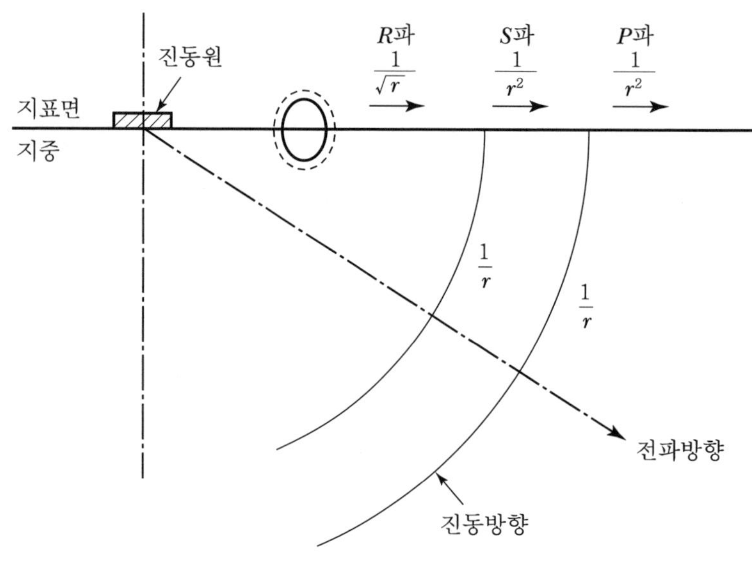

[진동파의 전파]

025 기타 진동

(1) 자려진동

① **개요**

가진원이 진동하지 않고 단순히 에너지원으로만 존재하는 경우에도 진동이 발생하는 것을 의미하며 자진자려진동은 강제진동과 자려진동 양쪽이 동시에 나타나는 것을 말한다.

② **예**

바이올린 현의 진동

③ **대책**

㉠ 자려력 제거
㉡ 감쇠력 부가
㉢ 마찰부분의 윤활

Reference 회전기계 발생 진동 구분

1. 자려진동
   ① 점성유체력에 의한 휘둘림
   ② 수차 및 프로펠러의 진동(서징)
   ③ 커플링 진동
2. 강제진동
   ① 구름베어링에 기인하는 진동
   ② 회전기계의 불평형에 의한 진동
   ③ 기어의 치형오차에 기인하는 진동

Reference 맥동, 수격현상 관련 진동

왕복동압축기, 윤활유펌프배관, 화학플랜트배관 등에 유체가 흐르고 있을 때 발생되는 진동

(2) 계수여진진동

① **개요**

진동주파수는 계의 고유진동수로서 가진력의 주파수가 그 계의 고유진동수의 두 배로 될 때에 크게 진동하는 특징을 가진다.

② **예**

㉠ 그네(그네가 1행정하는 동안 사람 몸의 자세는 2행정)
㉡ 회전하는 편평축의 진동
㉢ 왕복운동 기계의 크랭크축계의 진동

③ 대책

㉠ 근본적 대책은 질량 및 스프링 특성의 시간적 변동을 없애는 것

㉡ 강제진동수가 고유진동수의 2배가 되는 것을 피하는 것

㉢ 감쇠력 부가

(3) 발파

① 발파진동 분석을 위해서는 여러 성분을 측정해야 하는데 일반적으로 진행성분에는 P파가, 접선성분에는 S파가, 수직성분에는 R파가 우세한 것으로 알려져 있다.

② 발파풍압 감소방안

㉠ 지발당 장약량 감소

㉡ 기폭방법은 정기폭보다 역기폭 사용

㉢ 완전전색이 이루어지도록 함

㉣ 주택가에서는 부치기 발파를 하지 않음

③ 지반발파의 진동속도(V : cm/sec)

$$V = K\left(\frac{R}{W^b}\right)^n$$

여기서, K : 지질암반조건, 발파조건 등에 따른 상수
n : 감쇄지수
W : 지발당 장약량(kg)
R : 발파원으로부터의 거리(m)
b : 1/2 또는 1/3(장약지수)

(4) 자동차 진동

① 차체 고주파 진동

㉠ 진동은 약 90~150Hz 정도의 주파수 범위에서 발생되며 직렬 4기통 엔진을 탑재한 차량에서 심각하게 발생한다.

㉡ 대책

ⓐ 엔진의 가진력을 줄이기 위해서는 미쓰비시, 란체스터 형과 같은 카운터샤프트를 적용하여 2차 모멘트를 저감

ⓑ 동흡진기를 적용하여 배기계와 구동계의 진동모드를 제어

② 와인드 업(Wind Up) 진동

㉠ 정의

차량을 저속상태에서(엔진 회전수 약 1,000rpm) 주행하며 높은 단의 기어로 가속할 때 차량 전체가 심하게 진동하는 현상을 말한다.

㉡ 대책

ⓐ 차축과 현가계 전체의 Wind Up 고유진동수를 상용역에서의 엔진토크 변동 주파수보다 낮추어 공진을 피한다.

ⓑ 동흡진기를 장착하여 공진의 피크를 현저히 저감시킨다.

③ 시미(Shimmy) 진동

시속 100km 이상의 고속에서 조향핸들의 회전방향으로 발생하는 진동을 말한다.(차량이 평탄한 노면 위를 주행할 때 조향핸들이 그 축에 대한 회전모드로 진동을 수반하는 현상)

④ 서지(Surge) 진동

차량이 불균일한 노면 위를 정상주행상태에서 엔진의 부정연소에 의한 토크 변동 때문에 전후방향으로 매우 미세하게 진동하는 것을 말한다.(특히 후륜구동 차량에서 발생)

⑤ 저크(Jerk) 진동

주행 중 급가속 또는 변속 시에 발생하는 차량 전후방향의 진동현상을 말한다.

⑥ 셰이크(Shake) 진동

차량의 중속 및 고속주행 상태에서 차체가 약 15~25Hz 범위의 주파수로 진동하는 현상을 말하며 일반적으로 차체진동 또는 Floor 진동이라고 부르기도 한다.

⑦ 프론트엔드 진동(Front End Vibration)

㉠ 매우 안정된 조건, 즉 평탄하고 일정한 구배, 특정구간의 일정한 속도에서 장시간 주행할 경우에만 발생한다.

㉡ 초기에는 미약한 정도의 자려진동이 발산하는 양상을 보이며 증가하다가 어떤 정도가 되면 평형 상태를 유지한다.

㉢ 안정된 주행 조건이 깨지면 이 진동은 즉시 소멸한다.

必수문제

01 진동원에서 1m 떨어진 지점의 진동레벨을 100dB이라고 하면, 15m 떨어진 지점의 진동레벨(dB)은?(단, 이 진동파는 표면파($n=0.5$)이고, 지반전파의 감쇠정수는 0.05라 가정한다.)

풀이

$$VL_r = VL_0 - 8.7\lambda(r-r_0) - 20\log\left(\frac{r}{r_0}\right)^n \text{(dB)}$$

$$= 100 - [8.7 \times 0.05(15-1)] - \left[20\log\left(\frac{15}{1}\right)^{0.5}\right]$$

$$= 82.15\ \text{dB}$$

必수문제

02 주파수 5Hz의 표면파($n = 0.5$)가 전파속도 100m/sec로 지반의 내부감쇠정수 0.05의 지반을 전파할 때 진동원으로부터 20m 떨어진 지점의 진동레벨은 몇 dB인가?(단, 5m 떨어진 지점의 진동레벨은 80dB)

풀이

$$VL_r = VL_0 - 8.7\lambda(r-r_0) - 20\log\left(\frac{r}{r_0}\right)^n \text{(dB)}$$

$$\lambda = \frac{2\pi hf}{V_s} = \frac{2\times 3.14\times 0.05\times 5}{100} = 0.0157$$

$$= 80 - [8.7\times 0.0157(20-5)] - \left[20\log\left(\frac{20}{5}\right)^{0.5}\right]$$

$$= 71.93\ \text{dB}$$

ENGINEER NOISE & VIBRATION

PART 05

핵심 필수문제

01 소음을 이해하기 위한 역학적 관계 설명으로 알맞지 않은 것은?

① Newton의 제2법칙으로부터 어떤 물체의 질량에 가속도가 작용하면 힘(Force ; F)이 발생한다.
② 어떤 물체가 힘(F)에 의해 거리(L)만큼 이동하면 그 물체는 일을 받아 에너지를 갖게 된다.(에너지 =힘×이동거리)
③ 행하여진 일에 대한 시간율은 파워라 한다.(파워 =에너지×시간)
④ 일과 에너지는 가역적이다.

풀이 파워는 단위시간당 한 일을 의미, 즉 $W=\frac{E}{t}$이다.

02 파동에 관한 설명으로 틀린 것은?

① 종파를 소밀파라고도 부른다.
② 수면파와 전자기파는 횡파에 속한다.
③ 횡파는 매질이 있어야 전파된다.
④ 종파는 파동의 진행방향과 매질의 진동방향이 서로 평행하다.

풀이 횡파는 매질이 없어도 전파된다.

03 다음 중 소밀파에 해당하는 것은?

① 물결파 ② 전자기파
③ 음파 ④ 지진파의 S파

04 다음 중 물체의 체적변화에 의해 전달되는 소밀파에 해당하는 것은?

① 종파 ② 횡파
③ 표면파 ④ 고정파

풀이 종파는 물체의 체적변화에 의해, 횡파는 물체의 형상 탄성 변화에 의해 전파된다.

05 파동의 구분 중 횡파에 관한 설명으로 틀린 것은?

① 파동 및 매질의 진동방향이 서로 수직이다.
② 소밀파라고도 한다.
③ 매질이 없어도 전파된다.
④ 전자기파, 지진파의 S파 등을 말한다.

풀이 소밀파는 종파와 같은 의미이다.

06 음의 용어 및 성질에 관한 설명으로 알맞지 않은 것은?

① 정재파(Standing Wave) : 둘 또는 그 이상의 음파의 구조적 간섭에 의해 시간적으로 일정하게 음압의 최고와 최저가 반복되는 파이다.
② 진행파(Progressive Wave) : 음파의 진행방향으로 에너지를 전송하는 파이다.
③ 파면(Wavefronot) : 파동의 위상이 같은 점들을 연결한 면이다.
④ 음선(Soundray) : 음의 진행방향을 나타내는 선으로 파면에 수평한다.

풀이 음선은 음의 진행방향을 나타내는 선으로 파면에 수직한다.

07 음의 용어 및 성질에 관한 설명으로 가장 거리가 먼 것은?

① 발산파(Diverging Wave) : 음원으로부터 거리가 멀어질수록 더욱 넓은 면적으로 퍼져나가는 파이다.
② 구면파(Spherical Wave) : 공중에 있는 점음원과 같이 음원에서 모든 방향으로 동일한 에너지를 방출할 때 발생하는 파이다.
③ 맥놀이 : 주파수가 전혀 다른 두 소리가 보강간섭과 소멸간섭을 동시에 일으키는 현상으로 맥놀이 수는 두 음원의 음속차와 같다.
④ 음선(Soundray) : 음의 진행방향을 나타내는 선으로 파면에 수직한다.

정답 01 ③ 02 ③ 03 ③ 04 ① 05 ② 06 ④ 07 ③

풀이 맥놀이는 주파수가 약간 상이한 2개의 음원이 만날 때 보강간섭과 소멸간섭이 교대로 이루어져 큰 소리와 작은 소리가 주기적으로 반복되는 현상으로 맥놀이 수는 두 개 주파수 차이의 절대치이다.

08 음파의 회절현상에 관한 설명과 가장 거리가 먼 것은?

① 음파의 전파속도가 장소에 따라 변하고, 진행방향이 변하는 현상이다.
② 물체가 작을수록(구멍이 작을수록) 소리는 잘 회절된다.
③ 음파의 파장이 길수록 회절에 의한 물체 뒤에 소리의 그늘이 잘 발생된다.
④ 소리의 주파수는 파장에 반비례하므로 낮은 주파수는 고주파음에 비하여 회절하기가 쉽다.

풀이 음의 파장이 길수록 회절이 잘 되어 물체 뒤에 소리의 그늘(음영대)이 발생되지 않는다.

09 소리의 회절현상에 대한 설명으로 알맞은 것은?

① 파장이 크고 장애물이 클수록 회절은 잘된다.
② 파장이 크고 장애물이 작을수록 회절이 잘된다.
③ 파장이 작고 장애물이 클수록 회절은 잘된다.
④ 파장이 작고 장애물이 작을수록 회절은 잘된다.

10 음의 성질에 관한 설명으로 가장 거리가 먼 것은?

① 매질 자체가 이동하여 생기는 에너지의 전달을 파동이라 한다.
② 기공이 많은 자재는 반사음이 작기 때문에 흡음률이 대체로 크다.
③ 입사음의 파장이 자재표면의 요철에 비하여 클 때에는 정반사가 일어난다.
④ 음의 회절현상은 소음의 파장이 크고, 장애물이 작을수록 잘 이루어진다.

풀이 파동과 더불어 전달되는 것은 매질이 아니고 매질의 상태변화에 의하는 것이다.

11 Snell 법칙과 관련이 있는 음의 성질은?

① 투과 ② 굴절
③ 회절 ④ 반사

12 음의 굴절에 관한 설명으로 가장 거리가 먼 것은?

① 음의 파장이 크고 장애물이 작을수록 굴절이 잘된다.
② 음파가 한 매질에서 타 매질로 통과할 때 구부러지는 현상이다.
③ 굴절 전과 후의 음속차가 크면 굴절도 커진다.
④ 대기의 온도차에 의한 굴절은 온도가 낮은 쪽으로 굴절한다.

풀이 음의 파장이 크고 장애물이 작을수록 잘 나타나는 현상은 회절이다.

13 음의 굴절에 관한 설명으로 틀린 것은?

① 대기의 온도차에 의한 굴절인 경우 온도가 높은 쪽으로 굴절한다.
② 대기의 온도차에 의한 굴절인 경우, 낮에 거리감쇠가 커진다(지표부근 온도가 상공보다 고온임).
③ 음원보다 상공의 풍속이 클 때 풍상 측에서는 상공으로 굴절한다.
④ 음원보다 상공의 풍속이 클 때 풍하 측에서는 지면 쪽으로 굴절한다.

풀이 대기의 온도차에 의한 굴절인 경우 온도가 낮은 쪽으로 굴절한다.

정답 08 ③ 09 ② 10 ① 11 ② 12 ① 13 ①

14 바람에 의한 음압레벨 변동에 관한 설명 중 가장 거리가 먼 것은?

① 풍하에서는 암역(Shadow Zones) 경계에 가까운 곳에서 최대가 된다.
② 바람이 약하고 맑은 밤에는 레벨 변동이 5dB 정도이다.
③ 바람이 강한 맑은 주간에는 레벨 변동이 15~20 dB 정도이다.
④ 상공에서 지표면으로의 전반에는 빠른 변동과 함께 몇 초 이상의 주기로 큰 변동을 수반한다.

풀이 풍하에서는 암역 경계에 가까운 곳에서 최소가 된다.

15 음파의 반사에 관한 설명으로 틀린 것은?

① 관 내를 음파가 통과할 때 관의 단면적이 급변하면 음파의 반사가 일어난다.
② 2개의 매질의 경계면에서는 음향 임피던스가 급변하고 음파의 반사가 일어난다.
③ 파장에 비해 작은 요철면에서는 음파는 산란하고 정반사하지 않는다.
④ 파장에 비해 장애물의 크기가 작으면 음파는 방해 없이 통과한다.

풀이 파장에 비해 작은 요철면에서는 정반사한다.

16 다음 중 벽의 투과손실 TL(dB)에 관한 식은?(단, τ는 벽의 음 투과율)

① $TL(\text{dB}) = \frac{1}{10}\log\left(\frac{1}{\tau}\right)$
② $TL(\text{dB}) = \frac{100}{\log\tau}$
③ $TL(\text{dB}) = 10\log\frac{1}{\tau}$
④ $TL(\text{dB}) = \frac{1}{100}\log\tau$

17 충분히 넓은 벽면에 음파가 입사하여 일부가 투과할 때 입사음의 세기를 I_i, 투과음의 세기를 I_t라고 하면 투과손실(Transmission Loss)은?

① $TL = 10\log\frac{I_t}{I_i}$ (dB)
② $TL = 10\log\frac{I_i}{I_t}$ (dB)
③ $TL = 20\log\frac{I_t}{I_i}$ (dB)
④ $TL = 20\log\frac{I_i}{I_t}$ (dB)

18 청취명료도가 마스킹 현상으로 인하여 저하되는 경우 이는 음파의 어떤 효과 때문인가?

① 간섭 ② 굴절
③ 반사 ④ 투과

19 진동수가 약간 다른 두 음을 동시에 듣게 되면 합성된 음의 크기가 오르내린다. 이 현상을 무엇이라 하는가?

① 간섭 ② 공진
③ 회절 ④ 맥놀이

20 다음 설명 중 옳은 것은?

① 풍하 쪽에서는 음이 멀리 전파된다.
② 주간보다 야간에 음이 멀리 전파된다.
③ 공기에서보다 물에서 음이 더 빨리 전파된다.
④ 강철을 통해서 전달되는 음이 공기에서 전파되는 음보다 느리다.

풀이 매질이 강철인 경우 약 5,000m/sec의 음속을 나타내므로 공기인 경우(약 340m/sec)보다 빠르다.

정답 14 ① 15 ③ 16 ③ 17 ② 18 ① 19 ④ 20 ③

21 고유음향 임피던스가 각각 Z_1, Z_2인 두 매질의 경계면에 수직으로 입사하는 음파의 투과율은?

① $\dfrac{(Z_1-Z_2)}{(Z_1+Z_2)^2}$ ② $\left(\dfrac{Z_1+Z_2}{Z_1-Z_2}\right)^2$

③ $\dfrac{4(Z_1\times Z_2)}{(Z_1+Z_2)^2}$ ④ $\dfrac{(Z_1+Z_2)^2}{4(Z_1\times Z_2)}$

22 다음 중 흡음률(α)을 나타낸 식으로 옳은 것은?(단, I_i : 입사음의 세기, I_r : 반사음의 세기, I_a : 흡수음의 세기, I_t : 투과음의 세기)

① $\dfrac{(I_r-I_i)}{I_i}$ ② $\dfrac{I_t}{I_i}$

③ $1-\dfrac{I_a}{I_i}$ ④ $\dfrac{(I_a+I_t)}{I_i}$

23 음폐효과(Masking Effect)의 특징에 관한 다음 설명 중 옳지 못한 것은?

① 두 음의 주파수가 비슷할 때 크다.
② 음이 강하면 음폐되는 양도 크게 된다.
③ 주파수가 낮은 음은 높은 음을 잘 음폐한다.
④ 주파수가 높은 음에 대한 음폐량은 주파수가 낮은 음에 대한 음폐량보다 작게 된다.

풀이 고음에 대한 음폐량은 저음에 대한 음폐량보다 크게 된다.

24 마스킹(Masking) 효과에 관한 설명으로 가장 거리가 먼 것은?

① 크고 작은 두 소리를 동시에 들을 때, 큰소리만 듣고, 작은 소리는 듣지 못하는 현상으로 음파의 회절에 의해 일어난다.
② 두 음의 주파수가 같을 때에는 맥동현상에 의해 마스킹 효과가 감소한다.
③ 두 음의 주파수가 비슷할 때는 마스킹 효과가 대단히 커진다.
④ 저음이 고음을 잘 마스킹한다.

풀이 회절이 아니라 간섭에 의해 일어난다.

25 음의 마스킹 현상에 대한 설명 중 틀린 것은?

① 다른 음의 존재로 인해 최소 가청치가 상승하는 현상이다.
② 양적으로 dB로 표시한다.
③ 고음은 저음을 잘 마스크하지만 저음은 고음을 잘 마스크하지 못한다.
④ 두 음이 동시에 있을 때 한쪽이 큰 경우 작은 음은 더 작게 들리는 현상이다.

풀이 저음이 고음을 잘 마스킹한다.

26 발음원(또는 수음자)이 이동할 때 그 진행 방향 쪽으로는 원래 발음원의 음보다 고음으로, 진행 반대쪽에서는 저음으로 되는 현상이다. 위의 내용이 설명하는 것은?

① 옴 헬름홀츠 현상 ② 회절현상
③ 도플러 효과 ④ 휴젠스 원리

27 하나의 파면상의 모든 점이 파원이 되어 각각 2차적인 구면파를 사출하여 그 파면들을 둘러싸는 면이 새로운 파면을 만드는 현상과 가장 관계가 있는 것은?

① Masking 원리 ② Huyghens 원리
③ Doppler 원리 ④ Snell 원리

28 다음 주파수에 관한 설명 중 옳지 않은 것은?

① 주파수는 주기의 역수이다.
② 주파수는 파장에 반비례한다.
③ 고주파음일수록 회절효과가 크다.
④ 주파수란 1초 동안의 Cycle 수이다.

풀이 저주파음일수록 회절효과가 크다.

정답 21 ③ 22 ④ 23 ④ 24 ① 25 ③ 26 ③ 27 ② 28 ③

29 다음 중 가청음의 주파수범위로 가장 적합한 것은?

① 20~20,000Hz
② 20~200,000Hz
③ 20~2,000,000Hz
④ 20~20,000,000Hz

30 정현파의 파동에 따른 용어정의로 알맞지 않은 것은?

① 파장은 주파수에 반비례한다.
② 파장은 위상의 차이가 180°가 되는 거리를 말한다.
③ 주파수는 1초 동안의 Cycle 수를 말한다.
④ 주기는 한 파장이 전파되는 데 소요되는 시간을 말한다.

풀이 파장은 위상의 차이가 360°가 되는 거리를 말한다.

31 다음 설명 중 알맞지 않은 것은?

① 입자속도 : 시간에 대한 입자변위의 미분값으로 그 표시기호는 v, 단위는 m/sec이다.
② 변위 : 진동하는 입자(공기)의 어떤 순간에서의 위치로 그 표시기호는 D, 단위는 m이다.
③ 주파수 : 1초 동안 Cycle 수를 말하며 그 표시기호는 f, 단위는 Hz이다.
④ 파장 : 위상차이(정현파)가 360°가 되는 거리를 말하며 그 표시기호는 λ, 단위는 m이다.

풀이 변위는 진동하는 입자(공기)의 어떤 순간의 위치와 그것의 평균위치와의 거리로, 그 표시기호는 D, 단위는 m이다.

32 다음 설명 중 옳지 않은 것은?

① 파장 : 정현파의 파동에서 마루와 마루 간의 거리 또는 위상의 차이가 360°가 되는 거리를 말하며 그 표시기호는 λ, 단위는 m이다.
② 주파수 : 1초 동안의 Cycle 수를 말하며 그 표시기호는 f, 단위는 Hz이다.
③ 변위 : 진동하는 입자(공기)의 어떤 순간의 위치와 그것의 평균위치와의 거리로, 그 표시기호는 D, 단위는 m이다.
④ 입자속도 : 시간에 대한 입자변위의 적분값으로 그 표시기호는 v, 단위는 m/sec이다.

풀이 입자속도는 시간에 대한 입자변위의 미분값이다.

33 다음의 매질 중 소리전파 속도가 가장 느린 것은?

① 공기(20℃)　　② 수소
③ 헬륨　　④ 물

34 음속은 매질에 따라 달라진다. 다음 4개의 매질을 음속이 작은 것부터 큰 순서로 배열한 것 중 맞는 것은?

① 물－나무－유리－강철
② 유리－나무－물－강철
③ 나무－유리－물－강철
④ 유리－물－나무－강철

35 다음 중 고유음향 임피던스를 나타낸 것은?

① $\dfrac{\text{입자속도}}{\text{음압}}$　　② $\dfrac{\text{음압}}{\text{입자속도}}$
③ $\dfrac{\text{음압}}{\text{입자변위}}$　　④ $\dfrac{\text{입자변위}}{\text{음압}}$

풀이 고유음향 임피던스(Z)

$$Z = \rho c = \frac{P}{v}$$

정답 29 ① 30 ② 31 ② 32 ④ 33 ① 34 ① 35 ②

36 음압 실효치 P, 소리의 세기(Intensity) I, 고유 음향 임피던스 ρc 사이의 관계식으로 알맞은 것은?(단, ρ는 대기의 온도, c는 음파의 속도)

① $I=\frac{P}{\rho c}$　② $I^2=\frac{P}{\rho c}$
③ $I=\frac{\rho c}{P^2}$　④ $I=\frac{P^2}{\rho c}$

37 음의 세기 I, 매질의 밀도 ρ, 음속 c, 입자속도 v의 상호관계식을 바르게 나타낸 것은?

① $I=\rho cv$　② $I=\rho cv^2$
③ $I=\rho c^2v$　④ $I=\rho^2cv$

풀이 $I=\rho\times v=\frac{P^2}{\rho c}=\rho cv^2$

38 고체 및 액체 중에서의 음의 전달속도 C (m/sec)를 Young률 E(N/m²)과 매질의 밀도 ρ (kg/m³)로 나타내면?

① $C=\sqrt{\frac{E}{\rho}}$　② $C=\sqrt{\frac{\rho^2}{E}}$
③ $C=\sqrt{\frac{\rho}{E^2}}$　④ $C=\sqrt{\frac{\rho}{E}}$

39 다음 중 음압의 단위가 아닌 것은?

① μbar　② N/m²
③ dyne/m²　④ W/m²

풀이 W/m²은 음의 세기 단위이다.

40 음압에 관한 다음 설명 중 옳지 않은 것은?

① 음압은 입자속도에 비례한다.
② 음압은 음향임피던스의 2승에 비례한다.
③ 음압은 매질의 밀도에 비례한다.
④ 음압은 음의 전파속도에 비례한다.

풀이 $P=\sqrt{\rho c\times I}$
음압은 음향임피던스(ρc)의 제곱근에 비례한다.

41 정상적인 사람의 가청음압의 범위로 알맞은 것은?

① 10~30Pa　② 20~60Pa
③ 30~120Pa　④ 40~140Pa

42 음의 세기(강도)에 관한 다음 설명 중 옳지 않은 것은?

① 음의 세기는 입자속도에 비례한다.
② 음의 세기는 음압의 2승에 비례한다.
③ 음의 세기는 음향임피던스에 반비례한다.
④ 음의 세기는 전파속도의 2승에 반비례한다.

풀이 $I=\frac{P^2}{\rho c}$
음의 세기는 전파속도(c)에 반비례한다.

43 다음 설명 중 틀린 것은?

① 0dB은 소음이 없는 상태를 의미한다.
② 인간이 감지할 수 있는 최저가청음압은 약 20μPa이다.
③ 인간이 감지할 수 있는 최대가청음압은 약 60Pa이다.
④ 1N/m²은 1Pa이다.

풀이 • 0dB은 인간이 감지할 수 있는 최소가청소음도이다.
• 가청소음도는 0~130dB이다.

44 다음 중 단위를 데시벨(dB)로 사용하지 않는 것은?

① 음의 세기 레벨　② 음압 레벨
③ 소음 레벨　④ 음의 크기 레벨

정답 36 ④ 37 ② 38 ① 39 ④ 40 ② 41 ② 42 ④ 43 ① 44 ④

풀이 음의 크기 레벨(L_L)의 단위는 phon이다.

45 다음 중 음압레벨의 대수비와 음의 세기레벨의 대수비와의 관계식으로 맞는 것은?

① $20\log\frac{P}{P_o}=20\log\frac{I}{I_o}$

② $20\log\frac{P}{P_o}=10\log\frac{I}{I_o}$

③ $10\log\frac{P}{P_o}=10\log\frac{I}{I_o}$

④ $10\log\frac{P}{P_o}=20\log\frac{I}{I_o}$

46 음압레벨(음압도)에 관한 다음 설명 중 옳지 않은 것은?

① 정상 청력을 가진 사람이 1,000Hz에서 가청할 수 있는 최소 음압실효치는 2×10^{-5}N/m²이다.

② 음압레벨 0dB은 가청되지 않은 소리이다.

③ 음압실효치 60N/m²은 음압레벨 130dB에 상당한다.

④ 음압레벨은 음압의 비를 상용대수를 취한 후 20을 곱한 값이다.

47 최저 가청음압에 대한 표현으로 가장 거리가 먼 것은?

① $P=40$phon

② $P=2\times10^{-5}$N/m²

③ $P=20\mu$Pa

④ $SPL=0$dB

풀이 최저 가청음압을 phon으로 표현하면 0phon이다.

48 다음 설명 중 옳지 않은 것은?

① 음압이 10배 증가하면 음압레벨은 20dB 증가한다.

② 음의 세기가 2배로 되면 음의 세기레벨은 3dB 증가한다.

③ 음의 세기레벨이 10dB 증가하면 음의 세기는 20배가 된다.

④ 음압이 5배 증가할 때 음압레벨은 약 14dB 증가한다.

풀이 $SIL=10\log\frac{I}{I_o}$

$I=10^{\frac{SIL}{10}}\times I_o$에서 SIL이 10dB 증가하면 음세기는 10배가 된다.

49 다음 용어 중 dB 단위로 표시되지 않는 것은?

① 음의 세기

② 음향 파워레벨

③ 음압레벨

④ 주파수 대역 음압레벨

풀이 음의 세기 단위는 W/m²이다.

50 음향 파워레벨(Sound Power Level)에 관한 다음 기술 중 맞지 않는 것은?

① 음원의 출력을 dB로써 나타낸 것이다.

② 하나의 음원에는 하나밖에 없다.

③ 출력이 10배가 되면 20dB 크게 된다.

④ Power Level을 계산하기 위한 기준음향파워는 10^{-12}W이다.

풀이 $PWL=10\log\left(\frac{W}{W_o}\right)$

W가 $10\,W$로 되고 W_o는 동일하므로

$$\frac{PWL_2}{PWL_1}=\frac{10\log\left(\frac{10\,W}{W_o}\right)}{10\log\left(\frac{W}{W_o}\right)}$$

$=10\log\cdot10=10$dB(증가한다.)

정답 45 ② 46 ② 47 ① 48 ③ 49 ① 50 ③

51 음원의 음향파워레벨에 관한 다음 설명 중 옳지 못한 것은?

① 음원의 음향출력을 데시벨로 나타낸 것이다.
② 음원의 음향파워레벨은 측정방향에 따라 다르다.
③ 일반적으로 음향파워레벨이 큰 발생원을 우선하여 방음대책을 세우는 것이 좋다.
④ 음향출력이 10배로 되면 파워레벨은 10dB 커진다.

풀이 PWL은 발생원에서 발생하는 총 에너지의 개념이므로 측정방향에 관계없이 일정하다.

52 다음 중에서 소음 레벨에 관한 기술로서 올바른 것은?

① 소음 레벨은 음의 물리적 강도를 나타낸 것이다.
② 소음 레벨의 단위는 국제적으로 phon이 사용되고 있다.
③ 소음 레벨과 음의 크기의 레벨은 같은 값이다.
④ 소음 레벨은 어떤 음에 대한 소음계의 지시 값이다.

풀이
- 소음 레벨은 감각량을 나타내고 단위는 국제적으로 dB(A)이 사용된다.
- 소음 레벨은 음압 레벨에 보정치를 반영하여 나타낸 값이다.

53 등청감곡선에 관한 설명 중 옳지 않은 것은?

① 사람이 어떤 소리를 들었을 때 같은 크기로 느껴지는 순음을 주파수에 따라 구한 곡선이다.
② 사람의 청감은 약 3~4kHz 부근의 주파수에서 가장 민감하다.
③ 60phon이라 함은 등청감곡선에서 4kHz의 순음의 음압레벨이 60dB이라는 것을 말한다.
④ 사람은 음압레벨 0~130dB을 가청할 수 있다.

풀이 60phon이라 함은 등청감곡선에서 1kHz의 순음의 음압레벨이 60dB이라는 것을 말한다.

54 인간의 청각에서 가장 감도가 좋은 주파수(Hz)의 범위는?

① 20~200 ② 100~2,000
③ 2,000~5,000 ④ 8,000~12,000

55 다음 순음 중 인간의 귀로 가장 크게 느낄 수 있는 것은?

① 500Hz 60dB 순음 ② 1,000Hz 60dB 순음
③ 2,000Hz 60dB 순음 ④ 4,000Hz 60dB 순음

풀이 인간의 귀가 감지할 수 있는 청감은 4,000Hz 주위의 음에서 가장 예민하며, 100Hz 이하의 저주파음에서 둔하다.

56 다음은 음의 기준에 관한 것이다. 잘못 짝지어진 것은?

① 1,000Hz 순음 40phon을 1sone으로 정의한다.
② 청감보정 A특성 – 40phon 등감곡선
③ 청감보정 B특성 – 60phon 등감곡선
④ 청감보정 C특성 – 85phon 등감곡선

풀이 청감보정 B특성 – 70phon 등감곡선

57 다음은 청감보정회로에 관한 설명이다. 틀린 것은?

① A특성은 65phon의 등감곡선과 유사하며 소음 측정 시 주로 사용한다.
② C특성은 거의 평탄한 주파수 특성이므로 주파수를 분석할 때 사용한다.
③ A특성 및 C특성으로 측정한 값의 차이로서 대략적인 주파수 성분을 알 수 있다.
④ 사람이 느끼는 청감에 유사한 모양으로 측정신호를 변환시키는 장치로 소음계에 내장시킨 것을 말한다.

풀이 A특성은 40phon의 등감곡선과 유사하다.

정답 51 ② 52 ④ 53 ③ 54 ③ 55 ④ 56 ③ 57 ①

58 청감보정곡선에 대한 다음 설명 중 옳지 않은 것은?

① A－청감보정곡선은 저음압 레벨에 대한 청감응답이다.
② B－청감보정곡선은 중음압 레벨에 대한 청감응답이다.
③ C－청감보정곡선은 주파수변화에 따라 크게 변하지 않는 것이다.
④ D－청감보정곡선은 철도소음에 대한 청감응답으로 권장된다.

풀이 D－청감보정곡선은 항공기소음에 대한 청감응답으로 권장된다.

59 D특성 청감보정회로에 대한 기술로 옳지 않은 것은?

① A특성 청감보정회로처럼 저주파에너지를 많이 소거시키지 않는다.
② 15,000Hz 이상의 고주파 음에너지를 보충시킨 것이다.
③ A특성 청감보정곡선으로 측정한 레벨보다 항상 크다.
④ 항공기소음에 대하여 주로 적용하는 청감응답이다.

풀이 1,000~12,000Hz 범위의 음에너지를 보충시킨 것이다.

60 다음 중 A청감보정특성(중심주파수 : 1kHz)과 C청감보정특성과의 상대응답도(dB) 차이가 가장 큰 주파수 대역은?

① 31.5Hz ② 250Hz
③ 1,000Hz ④ 10,000Hz

풀이 A특성과 C특성의 상대응답도는 저주파대역 쪽으로 갈수록 차이가 많이 난다.

61 소음계로 어떤 소음을 측정하여 다음과 같은 결과를 얻었다. 다음 소음의 특징은?

> 동특성을 빠름에 놓고 측정한 경우 dB(A)≪dB(C), 동특성을 느림에 놓고 측정한 결과 dB(A)≪dB(C), 동특성을 빠름으로 측정한 경우 느림으로 측정한 경우보다 대단히 컸다.

① 충격성 음으로 고주파성분이 많다.
② 충격성 음으로 저주파성분이 많다.
③ 연속성 음으로 고주파성분이 많다.
④ 연속성 음으로 저주파성분이 많다.

62 소음계의 청감보정회로를 A 및 C에 놓고 측정한 소음레벨이 dB(A) 및 dB(C)라 할 때 그 결과치가 dB(A)≪dB(C)일 경우에 해당하는 설명으로 가장 적합한 것은?

① 이 음은 광대역 성분이 많다.
② 이 음은 저음성분(저주파음)이 많다.
③ 이 음은 고음성분(고주파음)이 많다.
④ 이 음은 중음성분이 많다.

풀이
- dB(A)≪dB(C) → 주성분이 저주파음
- dB(A)≃dB(C) → 주성분이 고주파음

63 어떤 소음을 A특성과 C특성 청감보정에 의해서 각각 측정한 결과 C특성 측정치가 A특성 측정치보다 10dB 이상 높게 나타났다. 이 결과에 대한 평가로서 옳은 것은?

① 이 소음은 저주파성분이 주성분이다.
② 이 소음은 고주파성분이 주성분이다.
③ 이 소음은 전 주파수대에 골고루 분포되어 있다.
④ C특성 측정치가 높다는 사실은 이 소음이 특히 인체에 해롭다는 것을 의미한다.

정답 58 ④ 59 ② 60 ① 61 ② 62 ② 63 ①

64 무지향성 점음원이 공장 내부 바닥 위에 있을 때의 음압레벨(SPL)은?(단, r은 점음원으로부터의 거리, PWL은 음향파워레벨)

① $SPL = PWL + 10\log 2 - 20\log r - 11$
② $SPL = PWL + 10\log 4 - 20\log r - 11$
③ $SPL = PWL - 10\log 2 - 20\log r - 11$
④ $SPL = PWL - 10\log 4 - 20\log r - 11$

65 $\frac{1}{3}$Octave Band의 하한 주파수를 f_1이라 하고, 상한주파수를 f_2라 할 때 중심주파수(f_c)는?

① $f_c = \sqrt{f_1 \times f_2}$　　② $f_c = \frac{f_1 + f_2}{2}$
③ $f_c = \sqrt[3]{f_1 \times f_2}$　　④ $f_c = \frac{f_1 + f_2}{3}$

66 다음 ( ) 안에 적합한 것은?

> $\frac{1}{3}$ 옥타브 대역은 상 · 하 대역의 주파수비 $\left(\frac{\text{상단주파수}}{\text{하단주파수}}\right)$가 ( )일 때를 말한다.

① 약 1.63　　② 약 1.45
③ 약 1.26　　④ 약 1.15

풀이 • $\frac{1}{1}$Octave Band : $\frac{f_u}{f_L} = 2^{\frac{1}{1}}$, $f_u = 2f_L$
• $\frac{1}{3}$Octave Band : $\frac{f_u}{f_L} = 2^{\frac{1}{3}}$, $f_u = 1.26f_L$

67 기계의 충격, 마찰, 타격 등에 의한 소리를 무엇이라 하는가?

① 고체음　　② 기계음
③ 맥동음　　④ 난류음

68 다음 소음 발생의 유형(원인)이 다른 것은?

① 엔진의 배기음　　② 압축기의 배기음
③ 베어링의 마찰음　　④ 관의 굴곡부 발생음

풀이 엔진의 배기음, 압축기의 배기음, 관의 굴곡부 발생음의 소음 발생 유형은 기류음이고 베어링의 마찰음은 고체음이다.

69 산업기계에서 발생하는 유체역학적 원인인 기류음의 방지대책과 가장 거리가 먼 것은?

① 분출유속의 저감　　② 관의 곡률완화
③ 방사면의 축소　　④ 밸브의 다단화

풀이 방사면의 축소는 고체음의 방지대책이다.

70 다음 중 맥동하는 기류음을 방출하는 기계는?

① 송풍기　　② 진공펌프
③ 시로코팬　　④ 선풍기

풀이 진공펌프는 맥동음이며 시로코팬은 송풍기의 종류 중 하나이다.

71 기체흐름에서 와류에 의해 발생하는 기류음을 난류음이라 한다. 난류음의 발생과 가장 거리가 먼 것은?

① 밸브　　② 빠른 유속
③ 관의 굴곡부　　④ 압축기

풀이 압축기는 기류음 중 맥동음에 분류된다.

72 다음 중 2개의 진동체(말굽쇠 등)의 고유 진동수가 같을 때 한쪽을 울리면 다른 쪽도 울리는 현상은?

① 감쇠　　② 울림
③ 공명　　④ 잔향

정답 64 ① 65 ① 66 ③ 67 ① 68 ③ 69 ③ 70 ② 71 ④ 72 ③

73 봉의 종진동 시 기본음(공명음)의 주파수 산출식으로 맞는 것은?(단, l : 길이, E : 영률, ρ : 재료의 밀도)

① $\frac{1}{4l}\sqrt{\frac{E}{\rho}}$　② $\frac{1}{2l}\sqrt{\frac{E}{\rho}}$

③ $\frac{1}{4l}\sqrt{\frac{\rho}{E}}$　④ $\frac{1}{2l}\sqrt{\frac{\rho}{E}}$

74 반경이 r(m)인 원판의 진동음을 l(m) 떨어진 점에서 음압레벨로 표시한다면?(단, 여기서 VAL은 진동가속도 레벨이다.)

① $VAL+10\log\left(\frac{l}{r^2}\right)-5$(dB)

② $VAL+20\log\left(\frac{r^2}{l}\right)+50$(dB)

③ $VAL+10\log\left(\frac{l}{r}\right)+3$(dB)

④ $VAL+20\log\left(\frac{4\pi r^2}{l}\right)+30$(dB)

75 음의 지향성에 관한 설명으로 옳지 않은 것은?

① 지향계수는 특정방향에 대한 음의 지향도를 나타낸 것이다.

② 지향계수 $=\log^{-1}\left(\frac{SPL_\theta-\overline{SPL}}{10}\right)$으로 나타내어진다.

③ 지향계수 $=10\log$(지향지수)(dB)로 나타내어진다.

④ 무지향성 점음원이라도 음원위치에 따라 지향성을 갖는다.

풀이 지향지수(DI) $=10\log Q$(지향계수)

76 다음 중 음의 지향지수(DI)가 가장 큰 경우는?

① 음원이 자유공간에 있을 때

② 음원이 세 면이 접하는 구석에 있을 때

③ 음원이 바닥 위(반자유공간)에 있을 때

④ 음원이 두 면이 접하는 구석에 있을 때

77 무지향성 점음원을 세 면이 접하는 구석에 위치시켰을 때 지향계수는?

① 8　② 9

③ +8dB　④ +9dB

78 점음원인 경우 거리가 2배 멀어질 때마다 소음감쇠치에 대한 일반적인 설명으로 옳은 것은?

① 음압레벨이 3dB씩 감소된다.

② 음압레벨이 4dB씩 감소된다.

③ 음압레벨이 6dB씩 감소된다.

④ 음압레벨이 9dB씩 감소된다.

풀이 점음원으로부터 거리가 2배 멀어질 때마다 음압레벨이 6dB씩 감소되는데 이를 점음원의 역이승법칙이라 한다. 또한 음의 전파형태는 구면파이다.

79 점음원에서 어떤 한 방향으로 같은 일직선상에 A, B, C 3개의 특정 지점을 설정하였다. 음원에서 거리가 A=100m, B=500m, C=1,000m 일 때 AB 간과 BC 간의 거리감쇠에 관한 다음 설명 중 옳은 것은?

① AB 간이 BC 간보다 4dB 크다.

② AB 간이 BC 간보다 8dB 크다.

③ BC 간이 AB 간보다 4dB 크다.

④ BC 간이 AB 간보다 8dB 크다.

정답 73 ② 74 ② 75 ③ 76 ② 77 ① 78 ③ 79 ②

풀이 • AB 간 거리감쇠

$$20\log\frac{r_2}{r_1}=20\log\frac{500}{100}=13.9\,\text{dB}$$

• BC 간 거리감쇠

$$20\log\frac{r_2}{r_1}=20\log\frac{1,000}{500}=6\,\text{dB}$$

∴ AB 간이 BC 간보다 8dB(13.9−6=8dB) 크다.

80 선음원의 거리가 2배될 때마다 음압레벨은 몇 dB씩 감소하는가?

① 2 ② 3
③ 6 ④ 9

81 반경 r(m)인 원판의 진동음을 l(m) 떨어진 점에서의 음향파워레벨의 근사식에 대한 표현으로 옳은 것은?(단, S는 진동판의 면적(m^2), $l \gg r$)

① $PWL \fallingdotseq SPL+10\log S+20\log\left(\frac{r}{l}\right)+3\text{dB}$

② $PWL \fallingdotseq SPL+10\log S-20\log\left(\frac{r}{l}\right)+3\text{dB}$

③ $PWL \fallingdotseq SPL+20\log S+20\log\left(\frac{r}{l}\right)+3\text{dB}$

④ $PWL \fallingdotseq SPL+20\log S-20\log\left(\frac{r}{l}\right)+3\text{dB}$

82 다음은 평탄한 지표면 상에 있는 공장 주변의 소음레벨을 거리에 따라 측정한 표이다. 다음 설명 중 가장 적합한 것은?

거리(m)	소음레벨(dB(A))
2.5	85
5	82
10	79
20	75
40	70
80	64
120	58

① 거리에 관계없이 선음원의 거리감쇠를 따른다고 볼 수 있다.
② 거리에 관계없이 점음원의 거리감쇠를 따른다고 볼 수 있다.
③ 가까운 곳은 점음원의 거리감쇠를, 먼 곳은 선음원의 거리감쇠를 따른다고 볼 수 있다.
④ 가까운 곳은 선음원의 거리감쇠를, 먼 곳은 점음원의 거리감쇠를 따른다고 볼 수 있다.

풀이 • 가까운 곳은 선음원의 거리감쇠 : $10\log r$ = 거리 2배 3dB 감소
• 먼 곳은 점음원의 거리감쇠 : $20\log r$ = 거리 2배 6dB 감소

83 기상조건이 공기흡음에 의해 일어나는 감쇠치에 미치는 일반적인 영향을 가장 알맞게 기술한 것은?(단, 바람은 고려하지 않음)

① 주파수는 작을수록, 기온이 높을수록, 습도가 높을수록 커진다.
② 주파수는 작을수록, 기온이 낮을수록, 습도가 높을수록 커진다.
③ 주파수는 커질수록, 기온이 낮을수록, 습도가 낮을수록 커진다.
④ 주파수는 커질수록, 기온이 높을수록, 습도가 낮을수록 커진다.

84 다음은 기상조건에서 공기흡음에 의해 일어나는 감쇠치에 관한 설명이다. ( ) 안에 알맞은 것은?(단, 바람은 무시하고, 기온은 20℃이다.)

> 감쇠치는 옥타브 밴드별 중심주파수(Hz)의 제곱에 (㉠)하고, 음원과 관측점 사이의 거리(m)에 (㉡)하며, 상대습도(%)에 (㉢)한다.

① ㉠ 비례 ㉡ 비례 ㉢ 반비례
② ㉠ 반비례 ㉡ 비례 ㉢ 비례
③ ㉠ 비례 ㉡ 반비례 ㉢ 반비례
④ ㉠ 반비례 ㉡ 비례 ㉢ 반비례

정답 80 ② 81 ② 82 ④ 83 ③ 84 ①

85 반자유공간상에 저음역을 발생하는 A공장과 고음역을 발생하는 B공장이 있다. 두 공장으로부터 각각 100m 떨어진 지점의 소음도에 관한 다음 기술 중 옳은 것은?(단, 두 공장의 음향파워레벨은 동일하고, 기타 조건은 무시한다.)

① A공장 소음도 > B공장 소음도
② A공장 소음도 < B공장 소음도
③ A공장 소음도 = B공장 소음도
④ 경우에 따라 다르다.

풀이 기상조건에 따른 공기흡음감쇠치(A_a)

$$A_a = 7.4 \times \left(\frac{f^2 \times 4}{\phi}\right) \times 10^{-8}(\text{dB})$$

상기 식에서 주파수의 2승에 감쇠치가 비례하므로 고음역대의 감쇠치가 커져 B공장 소음도가 작은 값을 나타낸다.

86 다음 중 흡음감쇠가 가장 큰 경우는?

	[주파수(Hz)]	[기온(℃)]	[상대습도(%)]
①	500	10	85
②	4,000	−10	50
③	2,000	0	50
④	1,000	−10	70

87 음파에 관한 다음 설명 중 가장 거리가 먼 것은?

① 공기에 의한 음파의 감쇠는 주파수가 낮을수록 커진다.
② 일반적인 습도(50~70%)의 범위에서는 습도가 내려갈수록 감쇠치가 증가하는 경향을 보인다.
③ 음원보다 상공의 풍속이 클 때 풍상 쪽이 풍하 쪽보다 감쇠치가 크다.
④ 상온(10~30℃)의 범위에서는 기온이 내려갈수록 감쇠치가 증가하는 경향을 보인다.

풀이 공기에 의한 음파의 감쇠는 주파수가 높을수록 커진다.

88 일반적으로 수목에 의한 감음효과는 그 폭 10m당 몇 dB 정도인가?

① 9dB ② 7dB
③ 5dB ④ 3dB

89 지표면 조건에 의한 소음의 감쇠효과에 관한 설명으로 가장 거리가 먼 것은?(단, f : 옥타브 밴드별 중심주파수(Hz), r : 음원과 관측점과의 거리(m))

① 무성한 잔디나 관목 흡음에 의한 감쇠치는 $(0.18f^{\frac{1}{3}} - 0.31) \times r$(dB)로 예측할 수 있다.
② 삼림의 흡음에 의한 감쇠치는 $0.01(f)^{\frac{1}{3}} \times r$(dB)로 예측할 수 있다.
③ 지면에서의 소음에 대한 흡음효과는 음원에서 30~70m 이내의 거리에서는 무시할 수 있다.
④ 초지나 농작물 등으로 지표면의 흡음성이 큰 경우는 역2승 감쇠보다 크게 감쇠하는 경향이 있다.

풀이 무성한 잔디나 관목 흡음에 의한 감쇠치는 $(0.18f - 0.31) \times r$(dB)로 예측할 수 있다.

90 다음의 그림 중 진동의 백색잡음에 해당하는 것은?(단, 여기서 S_{xx}는 파워스펙트럼 밀도함수, f는 주파수)

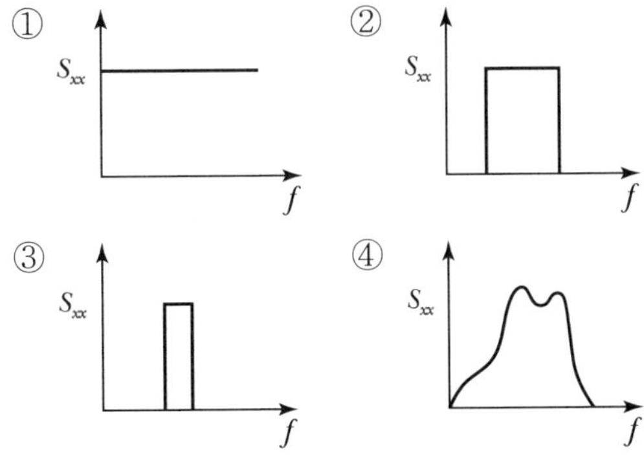

정답 85 ① 86 ② 87 ① 88 ④ 89 ① 90 ①

91 소리를 감지하기까지의 귀의 구성요소별 전달경로로서 옳은 것은?

① 이개－고막－기저막－이소골
② 이개－기저막－고막－이소골
③ 이개－고막－이소골－기저막
④ 이개－기저막－이소골－고막

92 다음은 인간 귀의 구성요소별 기능을 짝지은 것이다. 옳지 않은 것은?

① 이개－집음기
② 고막－진동판
③ 이관－내이의 기압조정
④ 외이도－일종의 공명기로 음을 증폭

풀이 이관－중이의 기압조정

93 다음 귀의 구성요소별 역할을 연결한 것 중 맞지 않는 것은?

① 외이도－공명기　　② 고막－진동판
③ 이관－기압조절　　④ 와우각－기체진동

풀이 와우각－액체(림프액)진동

94 소리가 귀에 들어가서 내이에 들어갈 때까지의 전달매질은 외이에서 고막까지는 (㉠) 전달, 고막에서 전정창까지는 (㉡) 전달, 내이에서는 (㉢) 전달에 의해 이루어진다. ( ) 안에 알맞은 것은?

① 기체－액체－고체　　② 기체－고체－액체
③ 기체－액체－액체　　④ 기체－고체－고체

95 외이도는 ( )의 소리를 가장 크게 증폭시켜 고막에 전달하여 진동시킨다. ( ) 안에 가장 알맞은 내용은?

① 약 1kHz　　② 약 2kHz
③ 약 3kHz　　④ 약 4kHz

96 귀의 기능에 관한 다음 설명 중 옳지 않은 것은?

① 내이의 난원창은 이소골의 진동을 와우각 중의 림프액에 전달하는 진동판의 역할을 한다.
② 음의 고저는 와우각 내에서 자극받는 섬모의 위치에 따라 결정된다.
③ 외이의 외이도는 일종의 공명기로 음을 증폭한다.
④ 중이의 이관은 고막의 과도한 진동을 방지한다.

풀이 중이의 이관은 중이의 기압을 조정하여 고막의 진동을 쉽게 할 수 있도록 한다.

97 인간의 귀 중 내이의 구성요소만으로 나열된 것은?

① 고막, 이소골, 난원창, 이관
② 난원창, 이관, 이소골, 외이도
③ 원형창, 청신경, 난원창, 인두
④ 인두, 고막, 난원창, 청신경

98 청각기관 중 소리를 감지하여 진동하는 고막이 위치한 곳은?

① 난원창과 이소골의 경계
② 중이와 내이의 경계
③ 외이와 중이의 경계
④ 와우각과 청신경의 경계

99 귀의 구성기관 중 이관의 역할은?

① 음을 증폭한다.
② 내이에 공기를 전달한다.
③ 고막의 진동을 쉽게 할 수 있도록 중이의 기압을 조정한다.
④ 내부에 림프액이 있어 청신경을 자극한다.

풀이 이관은 고막 내외의 기압을 같게 하는 역할도 한다.

정답 91 ③ 92 ③ 93 ④ 94 ② 95 ③ 96 ④ 97 ③ 98 ③ 99 ③

100 인간의 청각기관 중 중이에 관한 설명으로 틀린 것은?

① 음의 전달 매질은 기체이다.
② 망치뼈, 모루뼈, 등자뼈라는 3개의 뼈를 담고 있는 고실과 유스타키오관으로 이루어진다.
③ 고실의 넓이는 약 1~2cm²이다.
④ 이소골은 진동음압을 20배 정도 증폭하는 임피던스변환기의 역할을 한다.

풀이 중이의 음전달매질은 고체이다.

101 청각기관의 기능에 대한 설명으로 틀린 것은?

① 귀바퀴(이개)는 음을 모으는 집음기 역할을 한다.
② 고실은 중이에 속한다.
③ 고실은 고막의 진동을 액체진동으로 변환시켜 진동음압을 5배 정도로 증폭한다.
④ 유스타키오관은 외이와 중이의 기압을 조정한다.

풀이 고실은 진동음압을 20배 정도로 증폭한다.

102 다음은 청각기관의 구조에 관한 설명이다. ( ) 안에 알맞은 것은?

> 청각의 핵심부라고 할 수 있는 ( )은 텍토리알막과 외부섬모세포 및 나선형섬모, 내부섬모세포, 반경방향섬모, 청각신경, 나선형 인대로 이루어져 있다.

① 청소골　　② 난원창
③ 세반고리관　　④ 코르티기관

103 다음 귀의 부분 중 소음성 난청으로 주로 장애를 받는 부분은?

① 외이　　② 중이
③ 내이　　④ 대뇌청각역

104 초음파는 얼마 이상의 주파수를 갖는가?

① 40kHz　　② 100kHz
③ 200kHz　　④ 20kHz

105 다음 중 충격음과 가장 거리가 먼 것은?

① 총소리　　② 제트엔진음
③ 공사장 폭발음　　④ Sonic Boom

풀이 제트엔진음은 초음파의 발생원이다.

106 다음 중 초음파 발생원과 가장 거리가 먼 것은?

① 냉 · 난방시스템　　② 제트엔진
③ 고속드릴　　④ 세척장비

풀이 냉 · 난방시스템은 초저주파음의 발생원이다.

107 다음 중 초음파음을 이용하는 경우가 아닌 것은?

① 금속제의 결함 검출
② 수면기구
③ 의학적 치료
④ 태아심장운동 청취

108 청력에 관한 내용 중 알맞지 않은 것은?

① 음의 대소는 음파의 진폭(음압)의 크기에 따른다.
② 음의 고저는 음파의 주파수에 따라 구분된다.
③ 20,000Hz를 초과하는 것을 초음파라고 한다.
④ 청력손실이란 청력이 정상인 사람의 최대 가청치와 피검자의 최대 가청치와의 비를 dB로 나타낸 것이다.

풀이 청력손실이란 청력이 정상인 사람의 최소 가청치와 피검자의 최소 가청치와의 비를 dB로 나타낸 것이다.

정답 100 ① 101 ③ 102 ④ 103 ③ 104 ④ 105 ② 106 ① 107 ② 108 ④

109 일시적 난청(소음성 일시적 역치 상승)을 나타내는 약자는?

① PNL ② TTS
③ PTS ④ PSIL

풀이 • TTS(Temporary Threshold Shift) : 일시적 난청
• PTS(Permanent Threshold Shift) : 영구적 난청

110 옥타브 밴드 중심 주파수 500~2,000Hz 범위에서 청력손실이 몇 dB 이상이면 난청이라 하는가?

① 15 ② 20
③ 25 ④ 30

111 다음 중 상호연결이 맞지 않는 것은?

① 영구적 난청 : 4,000Hz 정도부터 시작
② 음의 크기레벨의 기준 : 1,000Hz 순음
③ 노인성 난청 : 2,000Hz 정도부터 시작
④ 가청주파수 범위 : 20~20,000Hz

풀이 노인성 난청은 6,000Hz부터 시작된다.

112 소음성 난청에 관한 다음 설명 중 옳지 않은 것은?

① 난청은 4,000Hz 부근에서 일어나는 경우가 많다.
② 소음이 높은 공장에서 일하는 근로자들에게 나타나는 직업병이다.
③ 1일 8시간 폭로의 경우 난청 방지를 위한 허용치는 130dB(A)이다.
④ 영구적 난청이라고도 하며, 소음에 폭로된 후 2일~2주 후에도 정상청력으로 회복되지 않는다.

풀이 1일 8시간 폭로의 경우 난청 방지를 위한 허용치는 90dB(A)이다.

113 NITTS에 대한 다음 설명 중 알맞은 것은?

① 음향외상에 따른 재해와 연관이 있다.
② NIPTS와 동일한 변위를 공유한다.
③ 조용한 곳에서 적정 시간이 지나면 정상이 될 수 있는 변위를 말한다.
④ 청감역치가 영구적으로 변화하여 영구적인 난청을 유발하는 변위를 말한다.

풀이 NITTS는 일시적 난청으로 가역적 현상이다.

114 소음성 난청에 관한 설명 중 맞는 것은?

① 일시적 난청은 영구성 난청으로부터 예측할 수 있다.
② 소음성 난청으로 인한 청력저하는 저주파에 의한 쪽이 더 크다.
③ 소음성 난청의 발생은 폭로시간에 관계없다.
④ 소음성 난청 예방의 허용치는 폭로시간 8시간일 때 90dB(A)이다.

풀이 ① 영구성 난청은 일시적 난청으로부터 예측할 수 있다.
② 소음성 난청으로 인한 청력저하는 고주파에 의한 쪽이 더 크다.
③ 소음성 난청의 발생은 폭로시간에 관계된다.

115 청력손실에 관한 설명으로 옳지 않은 것은?

① 청력손실이 옥타브 밴드 중심주파수 500~2,000Hz 범위에서 25dB 이상이면 난청이라 한다.
② 청력이 정상인 사람의 최소 가청치와 피검자의 최대 가청치와의 비를 dB로 나타낸 것이다.
③ 영구적 청력손실은 4,000Hz 정도에서부터 진행된다.
④ 평균청력손실은 $\frac{a+2b+c}{4}$dB로 나타낼 수 있다.

여기서, a : 옥타브 밴드 500Hz에서의 청력손실(dB)
b : 옥타브 밴드 1,000Hz에서의 청력손실(dB)
c : 옥타브 밴드 2,000Hz에서의 청력손실(dB)

정답 109 ② 110 ③ 111 ③ 112 ③ 113 ③ 114 ④ 115 ②

풀이 청력이 정상인 사람의 최소 가청치와 피검자의 최소 가청치와의 비를 dB로 나타낸 것이다.

116 소음의 영향에 관한 설명으로 가장 거리가 먼 것은?

① 노인성 난청은 소음성 난청보다 높은 8,000Hz 부근에서 청력손실이 일어나기 때문에 C_5－dip도 인정된다.
② 일반적으로 소음성 난청은 장기간에 걸친 소음폭로로 기인되기 때문에 노인성 난청도 가미된다.
③ 소음성 난청은 대개 음을 수감하는 와우각 내의 감각세포 고장으로 발생한다.
④ 110dB(A) 이상의 큰 소음에 일시적으로 폭로되면 회복 가능한 일시성의 청력손실이 일어나는데, 이를 소음성의 일시적 난청(TTS)이라 한다.

풀이 노인성 난청은 소음성 난청보다 높은 6,000Hz 부근에서 청력손실이 일어난다.

117 소음성 난청의 특성에 관한 다음 설명 중 가장 거리가 먼 것은?

① 장기간 큰 소음을 유발하는 직장에서 일한 사람은 특히 4,000Hz 부근에서의 청력손실이 현저하다.
② 난청이 진행되면서 C_5의 양측 주파수에서 청력손실이 커서 노화됨에 따라 낮은 주파수의 청력손실이 커지고 C_5 부근에 집중되어 dip은 점점 분명해진다.
③ C_5 dip은 약의 부작용 등의 원인에 의해서도 일어나는 수가 있다.
④ 소음성 난청은 내이의 세포변성이 주요한 요인이며 이 경우 음이 강해짐에 따라 정상인에 비해 음이 급격하게 크게 들리게 된다.

풀이 난청이 진행되면서 C_5의 양측 주파수에서 청력손실이 커서 노화됨에 따라 높은 주파수의 청력손실이 커지고 C_5 부근에 집중되어 dip은 점점 분명해진다.

118 소음공해의 특징이 아닌 것은?

① 감각공해이다.
② 국소적 · 다발적이다.
③ 축적성이다.
④ 대책 후 처리할 물질이 발생되지 않는다.

119 항공기의 소음에 관한 설명으로 틀린 것은?

① 발생원이 상공이기 때문에 피해면적이 넓다.
② 항공기 소음은 간헐적 · 충격적이다.
③ 항공기 소음대책 중 음원대책으로는 엔진개량 등이 있다.
④ 제트기의 소음은 금속성의 저주파수 성분이 주가 된다.

풀이 제트기의 소음은 금속성의 고주파수 성분이 주가 된다.

120 공장에서 발생하는 소음공해의 특징과 가장 거리가 먼 것은?

① 감각공해이다.
② 피해가 광역적이다.
③ 대책 후에 처리할 물질이 발생하지 않는다.
④ 다른 소음에 비해 진정이 많다.

풀이 피해가 국소적이다.

121 공장의 단조기 및 건설현장의 항타기소음이 주민의 진정을 많이 야기시키는 원인과 가장 거리가 먼 것은?

① 소음피크레벨이 크다.
② 규제기준이 없다.
③ 진동을 수반할 때가 많다.
④ 충격적이다.

풀이 규제기준이 있다.

정답 116 ① 117 ② 118 ③ 119 ④ 120 ② 121 ②

122 철도소음을 방지할 수 있는 대책으로 적절하지 않는 것은?

① 궤도의 직선화 및 철교의 제진처리
② 받침목의 경량화 및 접지면적 축소
③ 자갈층 및 방진고무의 두께 확충
④ 방음둑 및 수림대의 조성

풀이 받침목의 중량화로 철도소음을 저감할 수 있다.

123 발파소음의 감소대책으로 틀린 것은?

① 지발당 장약량을 감소시킨다.
② 방음벽을 설치함으로써 소리의 전파를 차단한다.
③ 불량한 암질, 풍화암 등에서 폭발가스가 새어 나오지 않도록 조치한다.
④ 소음원과 수음측 사이에서 도랑 등을 굴착함으로써 소음을 줄일 수 있다.

124 철도진동을 줄이기 위한 노력과 상반된 사항은?

① 짧은 레일
② 레일표면 평활화
③ 자갈도상
④ 레일 패드

풀이 짧은 레일 → 장대(긴) 레일

125 소음의 "시끄러움(Noisiness)"에 관한 다음 설명 중 틀린 것은?

① 배경소음과 주소음의 음압도의 차가 클수록 시끄럽다.
② 소음도가 높을수록 시끄럽다.
③ 충격성이 강할수록 시끄럽다.
④ 저주파성분이 많을수록 시끄럽다.

풀이 고주파성분이 많을수록 시끄럽다.

126 소음에 대한 일반적인 인간의 반응이다. 틀린 것은?

① 40대보다 20대가 민감하다.
② 남성보다 여성이 민감하다.
③ 건강한 사람이 환자보다 민감하다.
④ 개인에 따라 민감도가 다르다.

풀이 건강한 사람보다 환자가 더 민감하다.

127 소음이 인체에 미치는 영향으로 옳지 않은 것은?

① 혈압이 높아지고, 맥박이 증가하며, 말초혈관이 수축된다.
② 혈액의 혈당레벨이 상승하고, 백혈구 수가 증가하며 피속의 아드레날린이 증가한다.
③ 호흡횟수 및 호흡의 깊이가 증가한다.
④ 위액의 산도저하 및 위 수축 운동이 감퇴한다.

풀이 호흡의 깊이는 감소한다.

128 소음에 관한 다음 설명 중 옳지 않은 것은?

① 소음은 객관적인 물리량으로 정확히 정의된다.
② 소음은 듣는 사람에게 심리적 악영향을 주는 음이다.
③ 소음은 듣는 사람에게 생리적 악영향을 주는 음이다.
④ 어떤 음이 소음이냐 아니냐는 듣는 사람의 입장이나 심리상태 등에 따라 다르다.

풀이 소음은 주관적인 감각량으로 정의된다.

129 소음이 학습 및 작업능률에 미치는 일반적인 영향으로 가장 거리가 먼 것은?

① 불규칙한 폭발음은 일정 소음보다 더욱 위해하다.
② 1,000~2,000Hz 이상의 고주파역 소음은 저주파역 소음보다 작업방해를 크게 야기시킨다.
③ 단순작업이 복잡한 작업보다 소음에 의해 나쁜 영향을 받기가 쉽다.
④ 특정음이 없는 일정소음이 90dB(A)을 초과하지 않을 때는 작업을 방해하지 않는 것으로 보인다.

정답 122 ② 123 ④ 124 ① 125 ④ 126 ③ 127 ③ 128 ① 129 ③

풀이 단순작업보다 복잡한 작업이 소음에 의한 나쁜 영향을 받기 쉽다.

130 소음의 영향에 관한 설명 중 옳지 않은 것은?

① 소음레벨이 클수록 영향이 크다.
② 혈중 아드레날린 및 호흡의 깊이는 감소하고 호흡횟수가 증가한다.
③ 저주파보다 고주파성분이 많을수록 영향을 많이 받는다.
④ 노인보다 젊은 사람이, 남성보다 여성이 예민하다.

풀이 혈중 아드레날린의 양은 증가한다.

131 다음은 음향자극에 대한 인체의 감각 모델을 설명한 것이다. 옳지 않은 것은?

① 지각이란 음향신호를 음악이나 언어 등으로 파악하는 것을 말한다.
② 인식이란 음향신호가 가진 정보를 아는 것이다.
③ 감각이란 하나의 소리에 대해 그 크기, 높이 등을 판별하는 것이다.
④ 정서란 음향신호를 희로애락으로 느끼는 것이다.

풀이 지각이란 음악이나 언어를 음향신호로 파악하는 것이다.

132 600~1,200, 1,200~2,400, 2,400~4,800(Hz)의 3개의 밴드로 분석한 음압레벨을 산술평균한 값으로 소음을 평가하는 것은?

① PNC ② PSIL
③ SIL ④ NRN

133 우선회화방해레벨의 $\frac{1}{1}$ 옥타브 밴드 중심주파수에 해당되지 않는 주파수는?

① 250Hz ② 500Hz
③ 1,000Hz ④ 2,000Hz

134 소음을 옥타브 밴드로 분석한 결과에 의해 실내 소음을 평가하는 방법으로서 소음기준곡선 혹은 실내의 배경소음 평가방법을 나타내는 것은?

① NRN ② NC
③ SL ④ SIL

135 소음평가지수(NRN)에 대한 설명으로 적당하지 않은 것은?

① 측정된 소음이 반복성 연속음은 별도로 보정할 필요가 없이 사용한다.
② 측정된 소음에서 순음성분이 많은 경우에는 +5dB의 보정을 한다.
③ 측정소음이 일반적인 습관성이 아닌 소음은 보정할 필요가 없다.
④ 평가기준은 청력장애, 회화장애, 습관적인 면, 충격성분의 4가지 관점에서 평가한다.

풀이 NRN은 청력장애, 회화장애, 소란스러움의 3가지 관점에서 평가한다.

136 시간에 따라서 크게 변하는 소음을 평가할 때 가장 합리적인 방법은?

① 몇 개의 최고치를 측정해서 평균한다.
② 몇 개의 최고치와 최저치의 평균중간치를 구한다.
③ NRN을 구한다.
④ 에너지평균 등가소음도를 구한다.

정답 130 ② 131 ① 132 ③ 133 ① 134 ② 135 ④ 136 ④

137 소음통계레벨에 관한 내용 중 잘못된 것은?

① 전체 측정값 중 환경소음레벨을 초과하는 소음도 총합의 산술평균값을 말한다.
② 소음레벨의 누적도수분포로부터 쉽게 구할 수 있다.
③ %값이 낮을수록 큰 레벨을 나타내어 $L_{10} > L_{50} > L_{90}$의 관계가 있다.
④ 일반적으로 L_{90}, L_{50}, L_{10} 값은 각각 배경소음, 중앙값, 침입소음의 레벨값을 나타낸다.

풀이 소음통계레벨(L_N)은 총 측정시간의 N(%)를 초과하는 소음레벨이다.

138 다음 ( ) 안에 알맞은 것은?

> L_{dn}이란 하루의 매시간당 등가소음도를 측정한 후 야간의 매시간 측정치에 ( )dB의 벌칙레벨을 합산한 후 파워평균(dB합)한 레벨이다.

① 5　　② 10
③ 15　　④ 20

139 EPNL은 어떤 종류의 소음을 평가하기 위한 지표인가?

① 자동차소음　　② 공장소음
③ 철도소음　　④ 항공기소음

140 L_{dn}이란 무엇을 의미하는가?

① 주야간 평균소음레벨이다.
② 병원에서의 평균소음레벨이다.
③ 실내에서의 평균소음레벨이다.
④ 공장에서의 평균소음레벨이다.

141 소음용어에 대한 다음의 관련 중 잘못된 것은?

① NRN－소음평가지수
② SIL－회화방해레벨
③ NNI－항공소음평가지수
④ PNL－교통소음지수

풀이 PNL－감각소음레벨

142 NRN, Sone, Noy의 3종류의 소음평가방법의 공통된 사항으로 가장 적합한 것은?

① 모두 dB단위로 정의된다.
② 어느 값이나 귀로 들은 크기에 반비례한다.
③ 어느 값이나 주파수의 분석으로 구한다.
④ 철도소음평가를 위한 국제단위로 채용되고 있다.

143 소음의 영향 평가에 관한 용어 설명으로 적합한 것은?

① NC는 주로 실외소음 평가척도로 사용된다.
② L_N은 감각소음레벨을 의미한다.
③ NNI는 도로교통소음지수를 의미한다.
④ NEF는 항공기소음의 평가척도로 사용된다.

풀이 ① NC는 주로 실내소음 평가척도로 사용된다.
② L_N은 소음통계레벨이다.
③ NNI는 영국에서 사용되는 항공기소음의 평가방법이다.

144 소음평가방법에 관한 다음 설명 중 옳지 않은 것은?

① NC－옥타브 밴드 음압레벨로 주어진 실내의 소음을 평가하거나 실의 소음대책 설계목표치를 나타낼 때 주로 사용된다.
② L_{dn}－하루 매시간당 등가소음도를 측정(Data 24개)한 후, 야간(22 : 00~07 : 00)의 매시

정답 137 ① 138 ② 139 ④ 140 ① 141 ④ 142 ③ 143 ④ 144 ④

간 측정치에 10dB의 벌칙레벨을 합산한 후 파워평균(dB합)한 레벨이다.

③ L_{eq} – 변동이 심한 소음의 평가방법으로 측정시간 동안의 변동소음에너지를 시간적으로 평균하여 이를 대수변환시킨 것이다.

④ L_N – 총 측정시간의 N(%)을 초과하는 소음레벨로, %가 클수록 큰 소음레벨을 나타낸다.

풀이 L_N은 %가 클수록 작은 소음레벨을 나타낸다.

145 공장 내에서 음원으로부터 r(m) 떨어진 지점의 음압도(SPL, dB)를 알려고 한다. 관계식이 맞는 것은?(단, PWL은 음향 파워레벨, Q는 지향계수, R은 실정수)

① $SPL = PWL + 10\log\left(\dfrac{Q}{2\pi r^2} + \dfrac{4}{R}\right)$

② $SPL = PWL + 10\log\left(\dfrac{Q}{4\pi r^2} + \dfrac{4}{R}\right)$

③ $SPL = PWL - 10\log\left(\dfrac{Q}{2\pi r^2} + \dfrac{4}{R}\right)$

④ $SPL = PWL - 10\log\left(\dfrac{Q}{4\pi r^2} + \dfrac{4}{R}\right)$

풀이 문제 조건이 공장 내에 음원이 있으므로 반확산음장법에 해당하는 이론식

146 소음원(점음원)이 음향파워레벨(PWL)을 측정하는 방법에 대한 이론식 중 옳지 않은 것은?

① 확산음장법 : $PWL = SPL + 20\log R - 6\text{dB}$

② 자유음장법(자유공간) :
$PWL = SPL + 20\log r + 11\text{dB}$

③ 자유음장법(반자유공간) :
$PWL = SPL + 20\log r + 8\text{dB}$

④ 반확산음장법 :
$PWL = SPL - 10\log\left(\dfrac{Q}{4\pi r^2} + \dfrac{4}{R}\right)$

풀이 확산음장법 : $PWL = SPL + 10\log R - 6\text{dB}$

147 음장에 관한 다음 설명 중 가장 거리가 먼 것은?

① 확산음장은 잔향음장에 속하며 입사음이 거의 100% 반사된다면 실내음의 에너지 밀도는 각 위치마다 다르다.

② 근음장은 음원에서 근접한 거리에서 발생하며, 음원의 크기, 주파수, 방사면의 위상에 크게 영향을 받는 음장이다.

③ 자유음장은 원음장 중 역2승법칙이 만족되는 구역이다.

④ 잔향음장은 직접음과 벽에 의한 반사율이 중첩되는 구역이다.

풀이 확산음장은 실내의 모든 위치에서 음의 에너지밀도가 일정하다.

148 음장에 관한 다음 설명 중 틀린 것은?

① 실내음원 주위의 음장은 직접음장과 잔향음장으로 이루어진다.

② 원음장은 음원에서 거리가 2배로 되면 3dB씩 감소하고 음의 세기는 음압의 2승에 반비례한다.

③ 잔향음장은 음원의 직접음과 벽에 의한 반사음이 중첩되는 구역이다.

④ 자유음장은 원음장 중 역2승법칙이 만족되는 구역이다.

풀이 원음장은 음원에서 거리가 2배로 되면 6dB씩 감소하고 음의 세기는 음압의 2승에 비례한다.
$\left(I = \dfrac{P^2}{\rho c}\right)$

149 원거리 음장(Far Field)에 대한 설명 중 틀린 것은?

① 음장 내 확산음장에서는 역2승법칙이 만족된다.

② 음장 내 확산음장은 잔향음장에 속하며 음의 에너지 밀도가 각 위치에 일정한 것을 말한다.

③ 입자속도는 음의 전파방향과 개연성이 있다.

④ 음장 내 잔향음장은 음원의 직접음과 벽에 의한 반사음이 중첩되는 구역이다.

정답 145 ② 146 ① 147 ① 148 ② 149 ①

풀이 원음장 중 역2승법칙이 만족되는 음장은 자유음장이다.

150 음장의 종류 중 원음장과 가장 거리가 먼 것은?

① 자유음장 ② 잔향음장
③ 정현음장 ④ 확산음장

151 원음장에 관한 설명 중 옳지 않은 것은?

① 입자속도는 음의 전파방향과 개연성이 없고 방사면의 위상에 크게 영향을 받는 음장이다.
② 확산음장은 잔향음장에 속하며 잔향실이 대표적이다.
③ 잔향음장에서는 음압레벨이 음원에서부터 거리가 2배로 되면 6dB씩 감소하는 부분이다.
④ 잔향음장은 음원의 직접음과 벽에 의한 반사음이 중첩되는 구역이다.

풀이 ①은 근음장에 관한 설명이다.

152 다음 중 잔향실에 관한 설명으로 알맞은 것은?

① 실내표면의 흡음률은 0에 가깝게 하여 표면에 입사한 음을 완전히 반사시켜 잔향음장이 형성되도록 만든 곳
② 실내표면의 흡음률은 0에 가깝게 하여 표면에 입사한 음을 완전히 반사시켜 확산음장이 형성되도록 만든 곳
③ 실내표면의 흡음률은 0에 가깝게 하여 표면에 입사한 음을 완전히 흡수시켜 잔향음장이 형성되도록 만든 곳
④ 실내표면의 흡음률은 0에 가깝게 하여 표면에 입사한 음을 완전히 흡수시켜 확산음장이 형성되도록 만든 곳

153 잔향실의 특징을 맞게 설명한 것은?

① 벽면의 흡음률을 1에 가깝게 한다.
② 벽으로부터 반사파를 될 수 있는 대로 작게 하여 확산음장을 얻도록 한다.
③ 잔향실에는 실내에 충분한 확산을 얻을 수 있도록 확산판을 사용한다.
④ 잔향실의 주요한 벽면은 평행이 되도록 하고 각 대각선의 길이의 비가 5 이상이 되도록 한다.

풀이 벽면의 흡음률을 0에 가깝게 하기 위해 반사파를 될 수 있는 한 크게 하고 벽면은 평행이 되지 않게 하여야 한다.

154 다음은 잔향실에 관한 설명이다. (   ) 안에 알맞은 것은?

잔향실은 실내 표면의 흡음률을 (㉠)에 가깝게 하여 표면에 입사한 음을 완전히 반사시켜 (㉡)이 형성되도록 한 것이다.

① ㉠ 0, ㉡ 잔향음장
② ㉠ 1, ㉡ 잔향음장
③ ㉠ 0, ㉡ 확산음장
④ ㉠ 1, ㉡ 확산음장

155 자유공간에서처럼 음원으로부터 거리가 멀어짐에 따라 음압이 일정하게 감쇠되는 역2승법칙이 성립하도록 인공적으로 만든 실을 무엇이라 하는가?

① 반잔향실 ② 잔향실
③ Dead Room ④ 무향실

156 공해진동으로서 주로 문제가 되는 주파수 범위는 다음 중 어느 것인가?

① 1~90Hz ② 91~200Hz
③ 101~1,000Hz ④ 201~2,000Hz

정답 150 ③ 151 ① 152 ② 153 ③ 154 ③ 155 ④ 156 ①

157 일반적으로 공해진동의 대상으로 문제가 되는 진동 가속도레벨의 범위로 가장 알맞은 것은?

① 40~60dB ② 60~80dB
③ 80~100dB ④ 100~120dB

158 다음 중 진동의 역치범위로 가장 적합한 것은?

① 25±5dB ② 35±5dB
③ 45±5dB ④ 55±5dB

159 진동의 역치에 관한 설명으로 알맞은 것은?

① 인간이 견딜 수 있는 최소 진동레벨값
② 인간이 견딜 수 있는 최대 진동레벨값
③ 진동을 겨우 느낄 수 있는 진동레벨값
④ 진동을 최대로 느낄 수 있는 진동레벨값

160 공해진동에 관한 설명 중 틀린 것은?

① 주파수는 1~90Hz 범위이다.
② 진동레벨은 60~80dB 범위의 경우가 많다.
③ 사람에게 불쾌감을 주는 진동을 말한다.
④ 사람이 느끼는 최소 진동치는 45±5dB 정도이다.

풀이 진동의 역치는 55±5dB이다.

161 공해진동에 대한 설명 중 옳은 것은?

① 진동의 범위 : 20~90Hz
② 레벨의 범위 : 30~60Hz
③ 사람이 느끼는 최대 진동 역치 : 55±5dB
④ 사람에게 불쾌감을 주는 진동으로 사람의 건강 및 건물에 피해를 주는 진동이다.

풀이 ① 진동의 범위 : 1~90Hz
② 레벨의 범위 : 60~80dB
③ 진동역치는 사람이 느끼는 최소치이다.

162 공해진동의 특징에 대한 설명 중 틀린 것은?

① 주인에게 공해로 되는 지반진동은 예외적인 것을 제외하면 주파수로서 1~90Hz 범위의 진동이다.
② 일반적으로 연직진동이 수평진동보다 진동레벨이 크다.
③ 대개의 경우 소음을 동시에 수반한다.
④ 지표진동의 크기와 그 장소에 있는 건물진동의 크기는 반드시 1 : 1로 대응한다.

풀이 반드시 1 : 1로 대응하지 않고 각 진동수에 따라 다르게 대응한다.

163 진동수 f, 원진동수 ω, 주기 t의 상호관계식을 바르게 나타낸 것은?

① $\omega = 2\pi f$ ② $t = \frac{\omega}{2\pi}$
③ $f = \frac{\omega}{\pi}$ ④ $f = 2\pi\omega$

164 정현진동하는 경우 진동 속도의 진폭에 관한 설명으로 옳은 것은?

① 진동속도의 진폭은 진동주파수에 비례한다.
② 진동속도의 진폭은 진동주파수에 반비례한다.
③ 진동속도의 진폭은 진동주파수에 제곱에 비례한다.
④ 진동속도의 진폭은 진동주파수에 제곱에 반비례한다.

풀이 진동속도의 진폭은 속도 최댓값이므로
$V_{max} = A\omega(\text{m/sec}) = A \times (2\pi f)$ 이므로
속도 최댓값(V_{max})은 진동주파수(f)에 비례한다.

165 기계 진동을 측정한 결과 N(Hz)의 정현(Sine)파로 기록되었고 최대가속도가 a였다. 진폭은 얼마인가?(단, N은 매초당 회전수)

정답 157 ② 158 ④ 159 ③ 160 ④ 161 ④ 162 ④ 163 ① 164 ① 165 ②

① 진폭$=\dfrac{a}{(\pi N)^2}$　② 진폭$=\dfrac{a}{(2\pi N)^2}$

③ 진폭$=\dfrac{a}{2\pi N}$　④ 진폭$=\dfrac{a}{N^2}$

풀이 최대가속도$(a)=A\omega^2=A\times(2\pi f)^2$
N매회당 회전수는 진동수(f)이므로
$a=A\times(2\pi N)^2$, 진폭$(A)=\dfrac{a}{(2\pi N)^2}$

166 진동수 f, 변위 진폭이 A인 정현진동에서의 가속도 진폭은?

① $2\pi f^2 A$　② $2\pi fA$

③ $2\pi(fA)^2$　④ $(2\pi f)^2 A$

풀이 가속도진폭$(a)=A\omega^2=A(2\pi f)^2$

167 정현진동일 때 속도의 위상과 가속도 위상은 어느 정도 차이가 나는가?

① $\dfrac{\pi}{4}$　② $\dfrac{\pi}{2}$

③ π　④ 2π

풀이 변위$(X)=A\sin\omega t$
속도$(V)=A\omega\cos\omega t=A\omega\sin(\omega t+\dfrac{\pi}{2})$
가속도$(a)=-A\omega^2\sin\omega t=A\omega^2\sin(\omega t+\pi)$
속도의 위상$\left(\dfrac{\pi}{2}\right)$과 가속도의 위상$(\pi)$ 차이는 $\pi-\dfrac{\pi}{2}=\dfrac{\pi}{2}$이다.
한편, 변위의 위상과 가속도의 위상 차이는 $\pi-0=\pi$이다.

168 변위의 최대진폭을 x_o로 표시할 때, 다음 중 속도 진폭의 최대치를 나타낸 것은?(단, ω는 각진동수)

① x_o　② $x_o\omega$

③ $x_o\omega^2$　④ $\dfrac{x_o\omega^2}{\sqrt{2}}$

169 진동가속도와 변위의 위상 차이는?

① $\dfrac{\pi}{2}$　② π

③ $\dfrac{3\pi}{2}$　④ 4π

170 다음 중 정현진동의 진동변위를 나타낸 식으로 맞는 것은?(단, x : 진동변위(mm), x_o : 변위진폭(mm), f : 진동수(Hz))

① $x=x_o\sin 2\pi f$

② $x=x_o f\sin 2\pi ft$

③ $x=f\sin \pi x_o$

④ $x=x_o\sin 2\pi ft$

171 다음 ( ) 안에 들어갈 말로 옳은 것은?

> 정현진동의 변위 x가 $x_o\sin\omega t$일 때 진동속도 v는 (㉠)가 되고 진동가속도 a는 (㉡)가 된다.

① ㉠ $x_o\omega\cos\omega t$　㉡ $-x_o\omega^2\sin\omega t$

② ㉠ $x_o\omega\sin\omega t$　㉡ $-x_o\omega^2\cos\omega t$

③ ㉠ $-x_o\omega\cos\omega t$　㉡ $-x_o\omega^2\sin\omega t$

④ ㉠ $-x_o\omega\sin\omega t$　㉡ $-x_o\omega^2\cos\omega t$

172 진동의 공진현상이 일어나면 진동의 어느 성질이 증가하는가?

① 주파수　② 위상

③ 파장　④ 진폭

173 다음 중 진동량을 표시할 때 사용되는 것으로 적당하지 않은 것은?

① 진동수　② 진동속도

③ 진동변위　④ 진동가속도

정답 166 ④ 167 ② 168 ② 169 ② 170 ④ 171 ① 172 ④ 173 ①

174 어떤 진동계에서 고유진동수와 가진력의 진동수가 같을 때 발생하는 현상은?

① 공진현상 ② 강제진동현상
③ 감쇠현상 ④ 자유진동현상

풀이 가진력의 진동수는 강제(외력) 진동수를 의미한다.

175 진동수가 비슷한 두 개의 조화운동을 합성할 때 일어나는 현상을 무엇이라고 하는가?

① 울림 ② 공진
③ 증폭 ④ 회절

176 두 개의 조화운동 $y_1=\sin 10t$, $y_2=\sin 11t$를 합성할 때 어떤 현상이 나타나는가?

① 공진(Resonance)
② 맥놀이(Beat)
③ 과도현상(Transient)
④ 감쇠(Damping)

풀이 두 개의 조화운동의 진동수가 각각 10, 11Hz로 진동수가 비슷한 것을 합성 시 맥놀이(Beat) 현상이 일어난다.

177 조화운동을 아래의 삼각함수로 표시할 때 다음 중 주기를 올바르게 표시한 것은?

$$X=a\sin(\omega t+\alpha)$$

① $2\pi\omega$ ② $\frac{\omega}{2\pi}$
③ $\frac{2\pi}{\omega}$ ④ $(2\pi\omega)^2$

풀이 $X=a\sin(\omega t+\alpha)$ 식에서 주기와 관계있는 항목이 ω이므로 $\omega=2\pi f$, $f=\frac{\omega}{2\pi}$, $T=\frac{2\pi}{\omega}$

178 길이 l인 가벼운 봉의 끝에 질량 m인 물체를 매달았을 때 이 단진자의 고유진동수는?

① $2\pi\sqrt{\frac{l}{g}}$ ② $\frac{1}{2\pi}\sqrt{\frac{g}{l}}$
③ $2\pi\sqrt{\frac{g}{l}}$ ④ $\frac{1}{2\pi}\sqrt{\frac{l}{g}}$

풀이 단진자의 주기 $T=2\pi\sqrt{\frac{l}{g}}$ 이므로 진동수는 역수를 취한다.

179 인간이 느낄 수 있는 진동 가속도의 범위로 가장 알맞은 것은?

① 0.01~0.1Gal
② 0.1~1Gal
③ 0.1~100Gal
④ 1~1,000Gal

180 인간이 느낄 수 있는 진동가속도의 범위로 가장 알맞은 것은?

① 10~10,000m/s²
② 1.0~1,000m/s²
③ 0.1~100m/s²
④ 0.01~10m/s²

181 정현파 진동에서 진동가속도의 실효치와 최대치 사이의 관계식으로 맞는 것은?

① 실효치 = $\sqrt{2}$ 최대치
② 실효치 = $\frac{1}{\sqrt{2}}$ 최대치
③ 실효치 = $\frac{1}{2\sqrt{2}}$ 최대치
④ 실효치 = $\frac{1}{\sqrt{3}}$ 최대치

정답 174 ① 175 ① 176 ② 177 ③ 178 ② 179 ④ 180 ④ 181 ②

182 인간이 가장 민감하게 느끼는 것으로 알려진 인체의 수직진동의 주파수범위로 가장 적당한 것은?

① 1~2Hz ② 2~4Hz
③ 4~8Hz ④ 8~16Hz

183 인간에 있어서 수평방향의 진동가속도를 가장 민감하게 느낄 수 있는 주파수는?

① 1~2Hz ② 2~4Hz
③ 4~8Hz ④ 8~16Hz

184 진동의 등감각곡선에 대한 설명으로 알맞지 않은 것은?

① 수직진동은 4~8Hz 범위에서, 수평진동은 1~2Hz 범위에서 가장 민감하다.
② 등감각곡선에 기초하여 정해진 보정회를 통한 레벨을 진동레벨이라 한다.
③ 인체의 진동에 대한 감각은 진동수에 따라 다르다.
④ 일반적으로 수직 및 수평 보정된 레벨을 많이 사용하여 dB(V) 단위로 표기한다.

풀이 일반적으로 수직 보정된 레벨을 많이 사용하며 dB(V)을 단위로 사용한다.

185 공해진동 크기의 표현으로 옳은 것은?(단, VAL : 진동가속도 레벨, VL : 진동 레벨, ω_n : 주파수 대역별 인체감각에 대한 보정치)

① $VL = VAL \times \omega_n$
② $VAL = VL + \omega_n$
③ $VL = VAL + \omega_n$
④ $\omega_n = VAL + VL$

186 다음 중 인체감각에 대한 주파수별 보정값으로 틀린 것은?(단, 수평진동일 경우는 수평진동이 2~90Hz 기준)

	[진동구분]	[주파수범위]	[주파수별 보정값(dB)]
①	수직진동	$1 \le f \le 4$Hz	$10\log(0.25f)$
②	수직진동	$4 \le f \le 8$Hz	0
③	수직진동	$8 \le f \le 90$Hz	$10\log(8/f)$
④	수평진동	$2 \le f \le 90$Hz	$20\log(2/f)$

풀이 주파수별 인체감각에 대한 보정치(W_n)를 구하면

① 수직진동($1 \le f \le 4$Hz)

$$a = 2 \times 10^{-5} \times f^{-\frac{1}{2}}$$

$$W_n = -20\log\left(\frac{2 \times 10^{-5} \times f^{-\frac{1}{2}}}{10^{-5}}\right)$$

$$= -20\log\left(2 \times f^{-\frac{1}{2}}\right)$$

$$= 10\log(0.25f)\ (\text{dB})$$

② 수직진동($4 \le f \le 8$Hz)

$$a = 10^{-5}$$

$$W_n = -20\log\left(\frac{10^{-5}}{10^{-5}}\right) = 0\ (\text{dB})$$

③ 수직진동($8 \le f \le 90$Hz)

$$a = 0.125 \times 10^{-5} \times f$$

$$W_n = -20\log\left(\frac{0.125 \times 10^{-5} \times f}{10^{-5}}\right)$$

$$= -20\log(0.125 \times f)$$

$$= 20\log(8/f)\ (\text{dB})$$

④ 수평진동($2 \le f \le 90$Hz)

$$a = 0.5 \times 10^{-5} \times f$$

$$W_n = -20\log\left(\frac{0.5 \times 10^{-5} \times f}{10^{-5}}\right)$$

$$= -20\log(0.5 \times f)$$

$$= 20\log(2/f)\ (\text{dB})$$

정답 182 ③ 183 ① 184 ④ 185 ③ 186 ③

187 진동에 의한 생체영향요인으로 고려할 사항이 아닌 것은?

① 진동의 진폭 ② 진동의 주파수
③ 폭로시간 ④ 공명

풀이 진동이 생체에 영향을 미치는 일반적 물리적 인자는 진동의 폭로시간, 진동의 방향(수직, 수평, 회전), 진동의 파형(연속, 비연속), 진동수, 진동 진폭 등이다.

188 ISO에 의해서 정해진 전신진동폭로의 평가지침에 표시된 허용한계에 있어서, 인체에 영향을 결정하는 물리적 인자의 결합 중 바른 것은?

① 주파수－진동가속도－진동원에서의 거리－진동의 방향
② 주파수－진동가속도－진동의 방향－지속시간(폭로시간)
③ 주파수－진동가속도－1일당 폭로회수－변동성
④ 주파수－진동가속도－진동원에서의 거리－변동성

189 진동이 인체에 미치는 영향에 관한 설명 중 가장 거리가 먼 것은?

① 먹은 음식물이 위아래로 오르락내리락하는 느낌을 9Hz에서 느끼기 시작하여 12~16Hz에서는 아주 심하게 느낀다.
② 전신진동에 의한 신체 각 부위의 공진주파수는 내장의 경우 25~30Hz, 안구의 경우 13~18Hz이다.
③ 진동공구 사용에 따른 국소진동의 영향으로는 Raynaud씨 병을 들 수 있다.
④ 호흡에 영향을 주는 주파수의 범위는 1~3Hz이며, 복통을 느끼는 범위는 4~14Hz이다.

풀이 안구의 공진주파수는 60~90Hz이다.

190 진동에 의한 신체적 영향으로 가장 거리가 먼 것은?

① 1~3Hz에서 호흡이 힘들고, O_2 소비가 증가한다.
② 30Hz에서 머리에 가장 큰 진동을 느낀다.
③ 6Hz에서 허리 · 가슴 및 등쪽에 심한 통증을 느낀다.
④ 4~14Hz에서 복통을 느낀다.

풀이 머리에 가장 큰 진동을 주는 진동수는 13Hz 부근이다.

191 공해진동의 특징과 그 영향에 관한 다음 설명 중 틀린 것은?

① 공해진동의 진동수범위는 1~90Hz 범위의 진동이 많고 그 레벨은 60dB로부터 80dB까지가 많다.
② 공해진동은 수직진동성분이 대부분 정하고 있어, 우리나라 소음진동관리법에서 V특성으로 계측하도록 하고 있다.
③ 수직진동은 1~2Hz 범위에서 가장 민감하다.
④ 공진현상은 앉아 있을 때가 서 있을 때보다 심하게 나타난다.

풀이 수직진동은 4~8Hz 범위에서 민감하고 수평진동은 1~2Hz에 민감하다.

192 공해진동이 인체에 미치는 영향으로 가장 거리가 먼 것은?

① 공진현상이 일어나면 가해진 진동보다 작게 느끼고, 진동수가 증가함에 따라 감쇠는 급격히 감소한다.
② 손가락의 말초혈관 운동장애로 창백해지는 Raynaud씨 현상이 일어난다.
③ 수직 및 수평진동이 동시에 가해지면 자각현상이 2배가 된다.
④ 4~14Hz에서 복통을 느끼고, 9~20Hz에서는 대소변을 보고 싶어 하는 욕구를 느낀다.

정답 187 ④ 188 ② 189 ② 190 ② 191 ③ 192 ①

193 진동감각에 관한 다음 설명 중 옳지 않은 것은?

① 사람이 느끼는 최소 진동역치는 55±5dB 정도이다.
② 수직방향과 수평방향에 따라 진동의 느낌이 차이가 난다.
③ 진동수가 증가함에 따라 감쇠가 급격히 줄어들어 공진현상이 심화된다.
④ 공진현상은 앉아 있을 때가 서 있을 때보다 심하게 나타난다.

194 레이노씨 현상과 관계가 없는 것은?

① White Finger
② 더위에 폭로되면 이러한 현상은 더욱 악화
③ 압축공기를 사용하는 망치, 착암기
④ 혈액순환의 장애

풀이 레이노씨 현상은 작업환경이 추울 경우에 더욱 더 가중된다.

195 지진의 명칭과 진동가속도레벨(dB), 그리고 그에 따른 물적 피해에 대한 설명이 옳은 것은?

① 경진 : 60±5, 약간 느낌
② 약진 : 80±5, 창문 · 미닫이가 흔들리고 진동음 발생
③ 중진 : 100±5, 벽의 균열이나 비석이 넘어짐
④ 강진 : 110 이상, 단층, 산사태 발생

196 다음 진동현상에 관하여 ( ) 안에 가장 알맞은 것은?

> 차량이 정상주행상태에서 엔진의 부정연소에 의한 토크변동 때문에 전후방향으로 매우 미세하게 진동하는 것을 (㉠)라고 하며, 주행 중 급가속 또는 변속 시에 발생하는 차량 전후방향의 진동현상을 (㉡)라고 한다.

① ㉠ 셰이크 ㉡ 비트
② ㉠ 비트 ㉡ 셰이크
③ ㉠ 저크 ㉡ 서지
④ ㉠ 서지 ㉡ 저크

197 소음 대책의 순서로 적합한 것은?

> ㉠ 수음점에서 실태조사
> ㉡ 소음이 문제되는 지점(수음점)의 위치 확인
> ㉢ 수음점에서의 규제기준 확인
> ㉣ 문제주파수의 발생원 탐사
> ㉤ 적정방지기술의 선정
> ㉥ 시공 및 재평가
> ㉦ 대책의 목표레벨 설정

① ㉠→㉡→㉢→㉣→㉤→㉦→㉥
② ㉡→㉠→㉢→㉦→㉣→㉤→㉥
③ ㉣→㉠→㉡→㉢→㉦→㉥→㉤
④ ㉠→㉡→㉢→㉣→㉦→㉤→㉥

198 소음공해에 대한 대책을 세울 경우 다음 중 가장 먼저 해야 할 사항은 어느 것인가?

① 계기로 측정한다.
② 귀로 판단한다.
③ 방지방법을 선정한다.
④ 대책의 목표치를 설정한다.

199 소음대책 측면에서 공장건물 내부에 소음배출 시설 설치 시 배려하여야 할 사항이 아닌 것은?

① 부지경계선과의 거리
② 부지 선정
③ 건물구조
④ 개구부 위치

풀이 고려사항은 소음원, 부지경계선과의 거리, 건물구조, 개구부 위치 타 건물에 의한 차음 등이다.

정답 193 ③ 194 ② 195 ② 196 ④ 197 ② 198 ② 199 ②

200 다음 소음대책 방법 중 전파경로 대책과 거리가 먼 것은?

① 공장건물 내벽의 흡음처리
② 소음기 설치
③ 방음벽 설치
④ 공장벽체의 차음성 강화

풀이 소음기 설치는 발생원 대책이다.

201 소음원의 대책 중 직접적으로 소음을 차단하거나 흡수하지 않는 방법은 어느 것인가?

① 소음기 ② 진동처리
③ 흡음처리 ④ 차음처리

풀이 진동처리는 제진재 및 차진재를 사용한다. 즉, 진동으로 인한 소음방사 및 전달을 감소시키는 간접적 방법이다.

202 SPL을 저감시킬 수 있는 방법으로 가장 거리가 먼 것은?

① 소음기 설치
② 흡음덕트 설치
③ 소음발생원 방향고정
④ 소음발생원 밀폐

풀이 소음발생원의 방향을 피해측 반대방향으로 변환할 수 있어야 한다.

203 소음원 대책에 대한 유의사항이라 할 수 없는 것은?

① 소음이 발생되지 않도록 먼저 여러 측면으로 사고한다.
② 고체음이나 공기음이 명확해지면 음원에 대한 적절한 대책을 세운다.
③ 기계표면의 각 부 진동가속도를 측정해야 한다.
④ 각 부의 고유진동수를 찾아 공진을 유도해 상쇄시켜야 한다.

풀이 고유진동수를 찾아 공진을 피하여야 한다.

204 공장의 환기 덕트에서 나가는 출구가 민가 쪽으로 향해 있어서 문제가 되고 있다. 그 대책(환기덕트의 소음대책)으로 열거한 다음 각 항에서 맞지 않는 것은?

① 덕트 출구의 방향을 바꾼다.
② 덕트 출구에 사이렌서(소음기)를 부착한다.
③ 덕트 출구 앞에 흡음 덕트를 부착한다.
④ 덕트 출구의 면적을 작게 한다.

풀이 덕트 출구의 면적을 가능한 크게 하여 출구 유속을 낮추어야 한다.

205 옥외에 있는 소음원에 대해 방지 대책을 할 경우 일반적으로 방음효과가 제일 작은 것은?

① 소음원과 수음점과의 거리를 멀게 한다.
② 음원의 지향성을 변경한다.
③ 벽이나 건물로서 차폐한다.
④ 주위에 수림대를 조성한다.

206 소음제어를 위한 자재류의 특성으로 옳지 않은 것은?

① 흡음재 : 상대적으로 경량이며, 잔향음 에너지를 저감시킨다.
② 차음재 : 상대적으로 고밀도로서 음의 투과율을 저감시킨다.
③ 체진재 : 상대적으로 큰 내부손실을 가진 신축성이 있는 자재로, 진동으로 판넬이 떨려 발생하는 음에너지를 저감시킨다.
④ 차진재 : 탄성패드나 금속스프링으로서 구조적 진동을 증가시켜 진동에너지를 저감시킨다.

풀이 차진재는 탄성패드나 금속스프링으로서 구조적 진동 및 진동 전달력을 저감시킨다.

정답 200 ② 201 ② 202 ③ 203 ④ 204 ④ 205 ④ 206 ④

207 소음이 많이 발생되고 있는 소음방사부에 소음장치를 붙여 음향출력이 W에서 W'으로 변하고 음압레벨도 SPL에서 SPL'로 변하는 이론식은 어느 것인가?

① $SPL' = 10\log W + 10\log\left(\frac{W'}{W}\right) + 10\log\left(\frac{Q}{4\pi r^2} + R_i\right) + 120\text{dB}$

② $SPL' = 10\log W' + 10\log\left(\frac{W}{W'}\right) + 10\log\left(\frac{Q}{4\pi r^2} + R_i\right) + 120\text{dB}$

③ $SPL' = 10\log W' - 10\log\left(\frac{W'}{W}\right) + 10\log\left(\frac{Q}{4\pi r^2} + R_i\right) + 120\text{dB}$

④ $SPL' = 10\log W - 10\log\left(\frac{W}{W'}\right) + 10\log\left(\frac{Q}{4\pi r^2} + R_i\right) + 120\text{dB}$

208 다음 중 방음대책에 대한 설명으로 가장 적합한 것은?

① 진동이 심하여 고체음이 큰 기계는 밀폐에 의한 대책으로 진동을 억제하는 것이 가장 효과적이다.
② 유체가 흐르는 소음기의 내면에 흡음재료를 취부하면 마찰손실이 감소되어 소음을 억제시킨다.
③ 능동적 소음방지(ANC)대책은 소음의 파형 분석을 통해 보강간섭을 시키는 원리를 응용한 기술이다.
④ 방음벽은 일종의 차음대책의 예이며, 방음벽을 설치할 경우 음원측 소음도는 오히려 높아질 수 있다.

풀이 ① 밀폐에 의한 대책 → 절연(차진재)에 의한 대책
② 마찰손실이 감소 → 마찰손실이 증가
③ 보강간섭 → 소멸간섭

209 공장의 신설 및 증설 시 소음방지계획에 필히 참고해야 할 사항과 가장 거리가 먼 것은?

① 지역구분에 따른 부지경계선에서의 소음레벨이 규제기준 이하가 되도록 설계한다.
② 특정 공장인 경우는 방지계획 및 설계도를 첨부한다.
③ 공장건축물 · 구조물에 의한 방음설계, 기계자체 및 조합에 의한 방음설계의 계획을 세운다.
④ 공장 내에서 기계의 배치를 바꾸든가, 소음레벨이 큰 기계를 부지경계선에서 먼 곳으로 이전 설치한다.

풀이 ④는 기존 공장의 경우이다.

210 공장주변 부지경계선에서 소음을 주파수 분결과에 관련 수치를 보정하고 각 대역마다 소음필요량을 구했다. 일반적으로 방음설계를 할 경우 소음필요량에 가하는 안전율은 몇 dB 정도인가?

① 3dB ② 5dB
③ 10dB ④ 15dB

211 실내의 평균흡음률을 구하는 방법으로 거리가 먼 것은?

① 잔향시간 측정에 의한 방법
② 표준음원(파워레벨을 알고 있는 음원)에 의한 방법
③ 질량법칙에 의한 방법
④ 재료별 면적과 흡음률 계산에 의한 방법

212 실내의 잔향시간 T, 실부피 V, 내부표면적 S, 평균흡음률 α와의 관계로 옳은 것은?

① $T \propto \frac{\alpha S}{V}$ ② $T \propto \frac{V}{\alpha S}$
③ $T \propto \frac{\alpha V}{S}$ ④ $T \propto V\alpha S$

정답 207 ④ 208 ④ 209 ④ 210 ② 211 ③ 212 ②

213 잔향시간은 실내의 음원을 끈 순간부터 얼마만큼의 음압레벨이 감쇠되는 데 소요되는 시간을 의미하는가?

① 30dB ② 60dB
③ 90dB ④ 120dB

214 잔향시간에 대한 설명 중 옳지 않은 것은?

① 잔향시간을 이용하면 대상 실내의 평균흡음률을 측정할 수 있다.
② 반사음과 직접음의 양을 측정하는 데 사용되는 것이 잔향시간이다.
③ 잔향시간이란 실내에서 음원을 끈 순간부터 에너지 밀도가 10^{-6} 감소하는 데 소요되는 시간이다.
④ 잔향시간을 구하는 대표적인 식은 Sabine 식이 있으며 음압레벨이 60dB 감쇠되는 데 소요되는 시간을 말한다.

풀이 실내에서 반사음의 지속시간을 측정하는 데 사용되는 것이 잔향시간이다.

215 재료의 흡음률 측정법 중 난입사 흡음률 측정법으로 실제현장에서 적용되고 있는가?

① 투과손실법 ② 정재파법
③ 관내법 ④ 잔향실법

풀이 수직입사 흡음률 측정법은 정재파법(관내법)이다.

216 다음은 흡음대책에 관한 내용이다. 틀린 것은?

① 잔향시간이란 실내의 음원을 끈 순간부터 에너지 밀도가 100만분의 1 감쇠하는 데 소요되는 시간이다.
② 흡음이란 매질입자의 운동에너지를 열에너지로 변환시킨 것이다.
③ 흡음력(A)은 건물 내부의 표면적과 투과율의 곱으로 나타낸다.
④ 평균흡음률을 구하는 방법 중의 하나는 잔향시간을 이용한다.

풀이 흡음력(A)은 건물 내부의 표면적과 평균흡음률의 곱으로 나타낸다.

217 실내의 음향특성을 대표하는 실정수(Room Constant)를 잘못 설명한 것은?

① 실정수가 크면 클수록 실의 잔향성이 크다는 것을 의미한다.
② 실정수는 실의 표면적에 비례한다.
③ 실정수는 실의 평균흡음률과 관련 있다.
④ 실정수는 실의 잔향시간을 측정하여 구할 수 있다.

풀이 실정수가 크다는 의미는 실내의 흡음성이 좋다는 것이므로 잔향성(잔향시간)이 작다는 의미이다.

218 흡음기구의 종류와 흡음영역에 관한 설명으로 적절하지 않은 것은?

① 다공질형 흡음 : 중 · 고음역에서 흡음성이 좋다.
② 판(막) 진동형 흡음 : 80~300Hz 부근에서 최대 흡음률 0.2~0.5를 나타낸다.
③ 판(막) 진동형 흡음 : 배후공기층이 클수록 흡음영역이 저음역으로 이동한다.
④ 공명형 흡음 : 흡음영역이 고음역이며 공기층에 흡음재를 넣으면 저음역으로 확대된다.

풀이 공명형 흡음은 일반적으로 흡음영역이 저음역이며 공기층에 흡음재를 넣으면 흡음특성이 보다 넓어진다.

219 다음 중 흡음에 관한 설명으로 틀린 것은?

① 다공질형 흡음재는 음에너지를 운동에너지로 바꾸어 열에너지로 전환한다.
② 석면, 록울 등은 중 · 고음역에서 흡음성이 좋다.
③ 다공질 재료를 벽에 밀착할 경우 주파수가 낮을수록 흡음률이 증가되지만, 벽과의 사이에 공기층을 두면 그 두께에 따라 초저주파역까지 흡음효과가 증대된다.

정답 213 ② 214 ② 215 ④ 216 ③ 217 ① 218 ④ 219 ③

④ 판진동형 흡음은 대개 80~300Hz 부근에서 최대 흡음률이 0.2~0.5로 나타나며, 지나며 그 판이 두껍거나 공기층이 클수록 흡음특성은 저음역으로 이동한다.

풀이 다공질 재료를 벽에 밀착할 경우 주파수가 높을수록 흡음률이 증가되고 벽과의 사이에 공기층을 두면 그 두께에 따라 저주파역까지 흡음효과가 증대된다.

220 다공질형 흡음재 부착에 관한 설명이다. ( ) 안에 가장 알맞은 것은?

> 시공 시에는 벽면에 바로 부착하는 것보다 ( )의 홀수배 간격으로 배후 공기층을 두고 설치하면 음파의 운동에너지를 가장 효율적이며, 경제적으로 열에너지로 전환시킬 수 있고, 저음역의 흡음률도 개선된다.

① 입자속도가 최대로 되는 $\frac{1}{2}$ 파장

② 입자속도가 최대로 되는 $\frac{1}{3}$ 파장

③ 입자속도가 최대로 되는 $\frac{1}{4}$ 파장

④ 입자속도가 최대로 되는 $\frac{1}{6}$ 파장

221 흡음재료 중 다공질 재료의 사용상 설명으로 틀린 것은?

① 다공질 재료는 산란되기 쉬우므로 표면을 얇은 직물로 피복하는 것이 바람직하다.

② 다공질 재료의 표면을 도장하면 고음역에서 흡음률이 크게 증가한다.

③ 비닐시트나 캔버스 등으로 다공질 재료를 피복할 경우 저음역에서는 막진동에 의해 흡음률이 증가할 때가 많다.

④ 다공질 재료의 표면에 종이를 입히는 것은 피해야 한다.

풀이 다공질 재료의 표면을 도장하면 고음역에서 흡음률이 크게 저하(저감)한다.

222 흡음재료로 사용되는 다공질 재료의 표면을 다공판으로 피복할 때 다공판의 개공률은 최소한 몇 % 이상 되어야 하는가?

① 5% ② 10%

③ 15% ④ 20%

223 흡음기구의 특성에 대한 설명으로 옳지 않은 것은?

① 다공질 흡음재는 내부의 기공이 상호 연속되는 석면, 암면, 유리솜 등으로 중 · 고음역에서 흡음성이 좋다.

② 판진동형 흡음기구는 일반적으로 800~1,000Hz 부근에서 최대흡음률을 나타난다.

③ Helmholz 공명기의 원리를 이용한 공명기 흡음기구는 저음역에서 흡음성이 좋다.

④ 다공질 흡음재의 시공 시에 입자속도가 최대로 되는 $\frac{1}{4}$ 파장의 홀수배의 간격으로 배후 공기층을 두고 설치하면 저음역의 흡음률이 개선된다.

풀이 판 진동형 흡음기구는 일반적으로 80~300Hz의 저음역에서 흡음성이 좋다.

224 다음 흡음재에 관한 일반적인 기술 중 틀린 것은?

① 다공질 흡음재료는 대체로 저음역보다도 고음역에서 흡음성이 뛰어나다.

② 다공질 흡음재료의 배후에 공기층을 두면 저음역의 흡음성이 상승한다.

③ 판상재료에 뒤에 공기층을 두면 판의 치수와 강성에 의한 고유진동으로 비교적 낮은 음을 흡수하기 쉽다.

④ 판상재료의 뒤에 둔 공기층에 다공질흡음재료를 삽입하면 저음역에서 고음역으로 갈수록 흡음성이 상승한다.

정답 220 ③ 221 ② 222 ④ 223 ② 224 ④

풀이 판상재료의 뒤에 둔 공기층에 다공질흡음재료를 삽입하면 흡음피크가 상당히 개선된다.

225 다음 그림 중 일반적인 다공질형 흡음재의 흡음특성으로 옳은 것은?

①
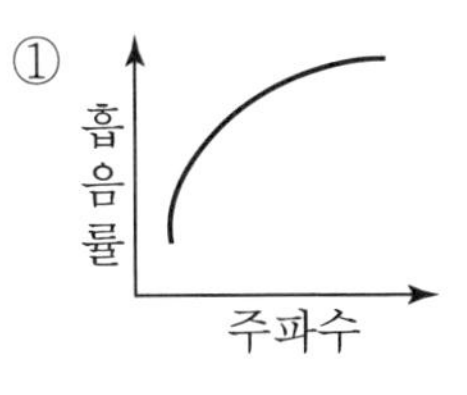

②
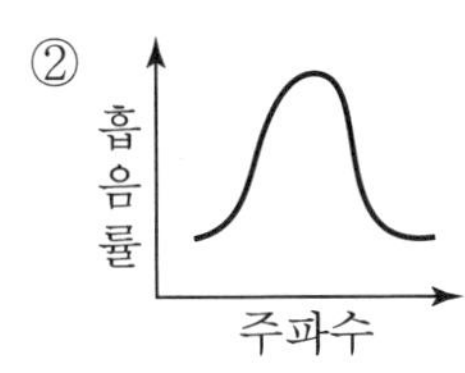

③
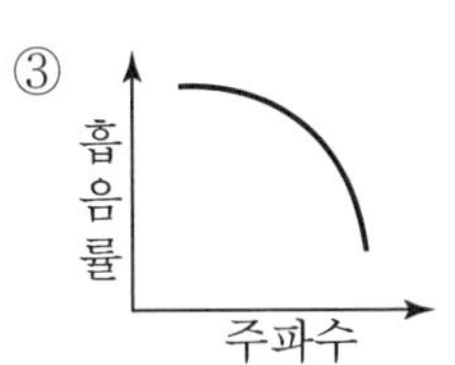

④
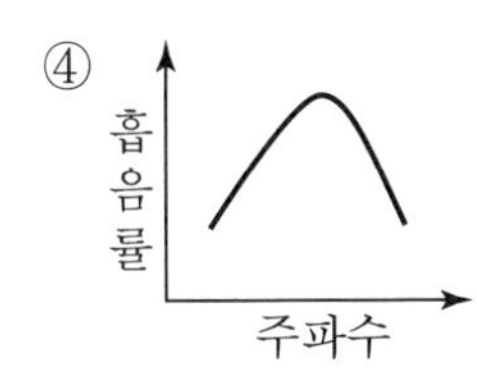

226 판상 흡음재에 관한 설명으로 옳은 것은?

① 판은 진동에 민감한 얇고 가벼울수록 흡음률이 우수하다.
② 판 배후의 공기층에 다공질 흡음재를 부착하면 흡음률이 증대되고, 흡음률의 최고점은 저주파음역으로 이동된다.
③ 저주파 측(63~250Hz)일 때 흡음률이 0.1이나 고주파 측(500~800Hz)은 0.3~0.75 정도로 고주파영역에서의 흡음률이 높다.
④ 흡음률의 최고점은 500Hz 정도에 있고, 판 두께와 배후 공기층이 클수록 고주파음역으로 이동한다.

227 흡음재료의 선택 및 사용상의 유의점으로 틀린 것은?

① 흡음재료를 벽면에 부착할 때 한 곳에 집중시키는 것보다 전체 내벽에 분산 부착하는 것이 흡음력 증가 및 반사용 확산에 유리하다.
② 흡음Tex 등은 다공질 재료에 의한 흡음작용뿐 아니라 판 진동에 의한 흡음작용도 발생하므로 못으로 시공하는 것보다 전면을 접착제로 부착하는 것이 좋다.
③ 다공질 재료의 표면을 도장하면 고음역에서 흡음률이 저하된다.
④ 다공질 재료의 표면을 다공판으로 피복할 때에는 될 수 있으면 개공률을 20% 이상으로 하고, 공명흡음의 경우는 3~20% 범위로 하는 것이 필요하다.

풀이 진동하기 쉬운 방법, 즉 전면을 접착제로 부착하는 것보다는 못으로 고정시키는 것이 좋다.

228 흡음재료 선택 및 사용상의 유의점에 관한 설명으로 옳지 않은 것은?

① 실의 모서리나 가장자리 부분에 흡음재를 부착시키면 효과가 좋아진다.
② 다공질 재료는 산란되기 쉬우므로 표면에 얇은 직물로 피복하는 것이 바람직하다.
③ 다공질 재료의 표면을 도장하면 고음역에서 흡음률이 개선된다.
④ 막진동이나 파진동형의 것은 도장해도 차이가 없다.

풀이 다공질 재료의 표면을 도장하면 고음역에서 흡음률이 저하된다.

229 공연장, 공개홀, 공장건물 내 등 실내벽면에 흡음대책을 세워 감음하고자 할 때 실내 흡음대책에 의해 기대할 수 있는 경제적인 감음량의 한계는 일반적으로 얼마인가?

① 5~10dB 정도
② 20~30dB 정도
③ 30~40dB 정도
④ 40~50dB 정도

정답 225 ① 226 ① 227 ② 228 ③ 229 ①

230 감음계수(NRC)는 $\frac{1}{3}$옥타브 대역으로 측정한 중심주파수 ( )에서의 흡음률의 산술평균치이다. ( ) 안에 알맞은 주파수(Hz)는?

① 125, 250, 500, 1,000
② 250, 500, 1,000, 2,000
③ 500, 1,000, 2,000, 4,000
④ 1,000, 2,000, 4,000, 8,000

231 균질의 단일벽에서 투과손실의 값이 가장 큰 경우는?(단, 일치효과 영역은 없는 것으로 한다.)

① 벽재료의 밀도만을 3배로 한다.
② 벽 두께를 2배로 한다.
③ 음원의 파워레벨을 10dB 감소시킨다.
④ 벽의 면밀도를 5배로 한다.

풀이 단일벽 투과손실(TL)

$TL = 20\log(m \cdot f) - 43(\text{dB})$

즉, 투과손실은 벽의 면밀도와 주파수의 곱의 대수값에 비례하므로 ④가 정답이 된다.

232 발전기실의 벽면에 발전기 발생음압이 입사하면 소밀파가 벽체에 발생한다. 만일 입사파와 소밀파의 파장이 일치하면 일종의 공진상태가 되어 차음성이 현저하게 저하되는데 이러한 현상을 무엇이라 하는가?

① 차음의 질량법칙
② 난입사 질량법칙
③ 일치효과
④ 음장입사 효과

233 단일벽 차음특성을 주파수에 따라 나눈 영역에 속하지 않는 것은?

① 강성제어 영역
② 공진효과 영역
③ 질량제어 영역
④ 일치효과 영역

234 단일벽의 일치효과에 관한 다음 설명 중 옳지 않은 것은?

① 입사파의 파장과 벽체를 전파하는 파장이 같을 때 일어난다.
② 벽체에 사용한 재료의 밀도가 클수록 일치주파수는 저음역으로 이동한다.
③ 벽체가 굴곡운동을 하기 때문에 일어난다.
④ 일종의 공진상태가 되어 차음성능이 현저히 저하한다.

풀이 벽체에 사용한 재료의 밀도가 클수록 일치주파수는 고음역으로 이동한다.

235 균질의 단일벽 두께를 2배로 할 경우 일치효과의 한계주파수는 몇 배로 되겠는가?(기타 조건은 일정함)

① $\frac{1}{4}$배
② $\frac{1}{2}$배
③ 2배
④ 4배

풀이 일치주파수(f_c)

$$f_c = \frac{c^2}{2\pi h \sin^2\theta} \cdot \sqrt{\frac{12 \cdot \rho(1-\sigma^2)}{4}}$$

기타 조건이 일정하므로 $f_c \fallingdotseq \frac{1}{h}$

두께(h)를 2배로 할 경우

$f_c \fallingdotseq \frac{1}{2}$

236 중공이중벽에 관한 설명으로 가장 거리가 먼 것은?

① 중공이중벽은 공명주파수 부근에서 투과손실이 현저하게 저하된다.
② 공기층은 10cm 이상으로 하는 것이 바람직하다.
③ 두 벽을 독립시킨 중공이중벽 구조의 투과손실은 단일벽의 2배에 달한다.
④ 중공이중벽은 일반적으로 동일 중량의 단일벽에 5~10dB 정도 투과손실이 감소하는 경향이 있다.

정답 230 ② 231 ④ 232 ③ 233 ② 234 ② 235 ② 236 ④

풀이 중공이중벽은 일반적으로 동일 중량의 단일벽에 5~10dB 정도 투과손실이 증가하는 경향이 있다.

237 가운데가 비어 있는 중공이중벽에서 소음의 투과손실이 최대로 되기 위해서는 벽 사이 공기층의 두께 d를 얼마로 하면 좋은가?(단, 고음역인 경우이며, λ : 음의 파장, n : 정수이다.)

① $d=\dfrac{(2n-1)}{4}\cdot\lambda$ ② $d=\dfrac{(2n-1)}{2}\cdot\lambda$

③ $d=\dfrac{(2n+1)\pi}{2}\cdot\lambda$ ④ $d=\dfrac{(2n+1)}{4}\cdot\lambda$

238 중공이중벽에서는 많은 공진 주파수가 발생하여 투과 손실의 골이 생긴다. 다음 중 중공이중벽에서 음의 주파수와 투과손실의 일반적인 관계를 나타낸 것은?(단, 점선은 질량법칙을 나타낸다.)

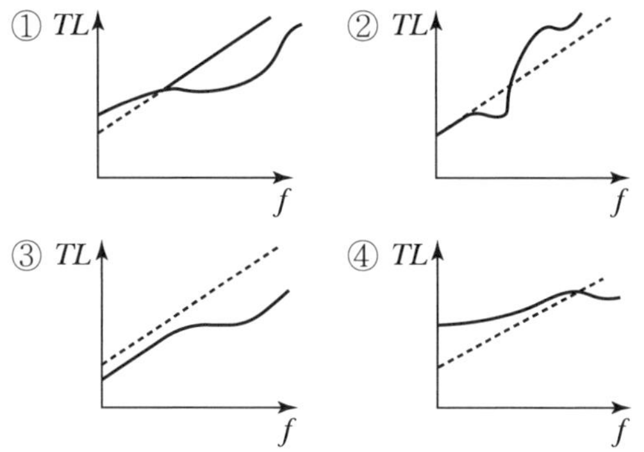

239 단일벽의 차음특성은 주파수에 따라 3개의 영역으로 구분된다. 다음 중 이 차음특성에 대한 설명으로 거리가 먼 것은?

① 저주파 대역에서는 자재의 강성에 의한 공진영역이 나타난다.
② 질량법칙이 만족되는 영역에서는 투과손실이 옥타브당 6dB씩 증가한다.
③ 질량법칙에 의한 차음특성은 벽체의 면밀도 혹은 벽체에 입사되는 주파수가 증가할수록 투과손실이 크다.
④ 일치효과 영역에서 입사각(θ)이 90°일 때일치주파수가 최대로 되며, 이 주파수보다 높은 주파수에서는 일치효과가 발생하지 않는다.

풀이 입사각(θ)이 90°일 때($\sin 90°=1$)의 주파수를 한계주파수라 하며 θ가 90°에 가까워질 때 일치주파수는 최저로 된다.

240 단일벽면에 일정 주파수의 순음이 난입사한다. 이 벽의 면밀도가 원래의 2배가 되고, 입사주파수는 원래의 $\frac{1}{2}$로 변화될 때 투과손실의 변화량은?(단, 다른 조건은 동일하다고 간주한다.)

① 변화 없음 ② 3dB 증가
③ 3dB 감소 ④ 6dB 증가

241 벽체의 한쪽 면은 실내, 다른 한쪽 면은 실외에 접한 경우 벽체의 투과손실 TL과 벽체를 중심으로 한 실내 · 외관 음압 레벨차 ΔL(차음도)과의 실용적인 관계식으로 적당한 것은?

① $TL=\Delta L-3$dB ② $TL=\Delta L-6$dB
③ $TL=\Delta L-9$dB ④ $TL=\Delta L-12$dB

242 A실과 B실 사이에 칸막이벽이 설치되어 있다. A실에 소음원이 있을 때 B실의 음압레벨을 5dB 낮추는 방법으로 옳지 않은 것은?(단, 칸막이벽 이외의 소음전파는 무시한다.)

① 소음원의 음향파워를 약 $\frac{1}{3}$로 낮춘다.
② 칸막이벽의 투과손실을 5dB 높인다.
③ B실의 흡음력을 약 3배로 증가시킨다.
④ A실의 흡음력을 약 $\frac{1}{3}$로 낮춘다.

풀이 A실의 흡음력을 약 3배로 증가시킨다.

정답 237 ① 238 ② 239 ④ 240 ④ 241 ② 242 ④

243 효과적인 차음을 위한 유의 사항 중 가장 거리가 먼 것은?

① 단위 면적당 질량이 큰 쪽이 차음효과가 크다.
② 서로 다른 재료가 혼용된 벽의 차음효과를 높이기 위해 $S_i\tau_i$ 차이가 큰 재료를 선택한다.
③ 콘크리트 블록의 차음벽으로 사용하는 경우 표면에 모르타르 마감을 하는 것이 차음효과가 크다.
④ 흡음도 차음에 많이 도움이 되므로 차음재의 음원 측에 흡음재료를 붙인다.

풀이 차음효과를 높이기 위해서는 $S_i\tau_i$ 값의 차이가 가능한 적은 재료가 좋다.
즉, 벽체 각 구성부의 면적과 당해 벽체의 $S_i\tau_i$ 값이 서로 비슷한 자재로 시공하는 것이 좋다는 의미이다.

244 차음벽을 설계 및 시공할 때에 유의할 점을 잘못 설명한 것은 어느 것인가?

① 차음에 가장 영향이 큰 것은 틈이므로 틈이 없도록 한다.
② 큰 차음효과를 원하는 경우에는 내부에 다공질 재료를 삽입한 이중벽 구조로 한다.
③ 콘크리트 블록의 차음효과를 위해서 모르타르로 처리할 경우 양면보다 한쪽 면을 두껍게 발라야 한다.
④ 가진력이 큰 기계가 있는 공장의 차음벽은 탄성지지, 방진 합금 이용이나 댐핑 처리를 해야 한다.

풀이 한쪽 면만 바를 경우 5dB, 양쪽 면을 모두 바를 때는 10dB 정도 투과손실이 개선된다.

245 STC란 무엇인가?

① 음압전달체계
② 2차음향 전달
③ 음향투과등급
④ 저감목표소음

246 차음목적으로 사용하는 재료의 차음성능을 표시하는 방법으로 가장 거리가 먼 것은?

① 음압 레벨차 ② 투과율
③ 음향투과손실 ④ 감쇠량

247 음향투과등급에 관한 설명 중 옳지 않은 것은?

① 잔향실에서 $\frac{1}{3}$옥타브 대역으로 측정한 투과손실로부터 구한다.
② 500Hz의 기준곡선의 값이 해당 자재의 음향투과등급이 된다.
③ 단 하나의 투과손실 값도 기준곡선 밑으로 8dB을 초과해서는 안 된다.
④ 기준곡선 밑의 각 주파수 대역별 투과손실과 기준곡선 값과의 차의 산술평균이 10dB 이내이어야 한다.

풀이 기준곡선 밑의 각 주파수 대역별 투과손실과 기준곡선 값과의 차의 산술평균이 2dB 이내이어야 한다.

248 주파수에 따른 방음벽의 차음효과에 관한 설명 중 맞는 것은?

① 고주파일수록 차음효과가 좋다.
② 저주파일수록 차음효과가 좋다.
③ 4kHz 이상에서는 차음효과가 없다.
④ 주파수에는 무관하다.

249 방음벽을 계획하고 설계하는 데 있어 음향적인 조건에 포함되지 않는 것은?

① 방음벽 높이 및 길이
② 방음벽 위치
③ 방음벽 재료
④ 방음벽의 안전성 및 유지 · 보수 · 미관

풀이 ④는 비음향적인 조건에 해당된다.

정답 243 ② 244 ③ 245 ③ 246 ④ 247 ④ 248 ① 249 ④

250 다음은 방음벽 설계 시 유의점에 관한 설명이다. ( ) 안에 가장 알맞은 것은?

> 벽의 길이는 점음원일 때 벽 높이의 (㉠)배 이상, 선음원일 때 음원과 수음점 간의 직선거리의 (㉡)배 이상으로 하는 것이 바람직하다.

① ㉠ 5, ㉡ 2　　② ㉠ 2.5, ㉡ 1
③ ㉠ 5, ㉡ 1　　④ ㉠ 2.5, ㉡ 2

251 방음벽 설치 시 유의점으로 가장 거리가 먼 것은?

① 음원의 지향성이 수음 측 방향으로 클 때에는 벽에 의한 감쇠치가 계산치보다 작게 된다.
② 음원측 벽면은 가급적 흡음 처리하여 반사음을 방지한다.
③ 점음원의 경우 벽의 길이가 높이의 5배 이상일 때에는 길이의 영향은 고려할 필요가 없다.
④ 면음원인 경우에는 그 음원의 최상단에 점음원이 있는 것으로 간주하여 근사적인 회절 감쇠치를 구한다.

풀이 음원의 지향성이 수음 측 방향으로 클 때에는 벽에 의한 감쇠치가 계산치보다 크게 된다.

252 방음벽 설치 시 유의점으로 가장 거리가 먼 것은?

① 음원의 지향성이 수음 측 방향으로 클 때에는 벽에 의한 감쇠치가 계산치보다 크게 된다.
② 벽의 투과손실은 틈새에 의해 큰 영향을 받으므로 틈을 메울 때 블록 벽은 모르타르를, 연결부위에는 도료를 바르는 것이 바람직하다.
③ 소음원 주변의 방음림도 소음방지에 효과적이며, 통상 30m 폭의 상록수림대에서 30dB 정도의 차음을 보인다.
④ 점음원의 경우 벽의 길이가 높이의 5배 이상일 때에는 길이의 영향을 고려하지 않아도 된다.

풀이 방음림(수림대) 설치는 소음방지에 큰 효과를 거둘 수 없고, 통상 10m당 3dB 정도의 효과가 있다.

253 방음벽에 대한 설명 중 옳지 않은 것은?

① 점음원의 경우 방음벽의 길이가 높이의 5배 이상이면 길이의 영향은 고려하지 않아도 된다.
② 방음벽의 높이가 일정할 때 음원과 수음점의 중간위치에 이를 세우는 경우가 가장 효과적이다.
③ 방음벽의 안쪽은 될 수 있는 한 흡음성으로 해서 반사음을 방지하는 것이 좋다.
④ 방음벽에 의한 현실적 최대 회절 감쇠치는 점음원의 경우 24dB, 선음원의 경우 22dB 정도로 본다.

풀이 방음벽의 높이가 일정할 때 음원이나 수음점 가까이 세울수록 효과가 크다.

254 다음 중 방음벽에 관한 내용으로 틀린 것은?

① 방음벽은 기본적으로 음의 굴절감쇠를 이용한 것이다.
② 방음벽은 벽면 또는 벽 상단의 음향특성에 따라 흡음형, 반사형, 간섭형, 공명형 등으로 구분된다.
③ 방음벽은 사용되는 재료에 따라 금속형, 투명형, 목제형 등으로 구분된다.
④ 방음벽에 의한 소음감쇠량은 방음벽의 높이와 길이에 의하여 결정된다.

풀이 방음벽은 음의 회절감쇠를 이용한 것이다.

255 방음벽 재료로는 음향특성 및 구조강도 이외에도 다음 사항을 고려하여야 한다. 해당하지 않는 것은?

① 방음벽에 사용되는 모든 재료는 인체에 유해한 물질을 함유하지 않아야 한다.
② 방음벽의 모든 도장은 주변 환경과 어울리도록 구분이 명확한 광택을 사용하는 것이 좋다.

정답 250 ① 251 ① 252 ③ 253 ② 254 ① 255 ②

③ 방음판은 하단부에 배수공(Drain Hole) 등을 설치하여 배수가 잘 되도록 해야 한다.
④ 방음벽은 20년 이상 내구성이 보장되는 재료를 사용하여야 한다.

풀이 방음벽의 도장은 주변환경과 잘 어울리도록 하고 광택소재는 가능한 피한다.

256 공개홀에서 연설자의 말이 서로 중첩되어 무슨 말인지 알아듣기 어려운 위치를 Dead Spots 또는 Hot Spots라고 한다. 이때 점음원과 반사음의 시간차는?

① 5초 ② 0.5초
③ 0.05초 ④ 0.005초

257 집회장, 공연장, 공개홀, 공장건물 내 등 실내 벽면에 흡음대책을 세워 감음을 하고자 할 때 실내 흡음 대책에 의해 기대할 수 있는 경제적인 감음량의 한계는?

① 5~10dB 정도 ② 15~20dB 정도
③ 25~30dB 정도 ④ 35~40dB 정도

258 다음 중 소음기의 성능을 나타내는 용어가 아닌 것은?

① Noise Rating Number
② Insertion Loss
③ Attenuation
④ Transmission Loss

풀이 소음기 성능표시
- 삽입손실치(Insertion Loss)
- 동적삽입손실치(Dynamic Insertion Loss)
- 감쇠치(Attenuation)
- 감음량(Noise Reduction)
- 투과손실치(Transmission Loss)

259 소음기의 성능을 나타내는 용어의 정의로 거리가 먼 것은?

① 삽입손실치－소음원에 소음기를 부착하기 전·후의 공간상의 어떤 특정위치에서 측정한 음압레벨의 차이와 그 측정위치
② 감쇠치－소음기 내의 두 지점 사이의 음향파워의 차이
③ 감음량－정격유속하에서 소음기 부착 전후의 공간상의 어떤 특정위치에서 측정한 음압레벨의 차이
④ 투과손실치－소음기를 투과한 음향출력에 대한 소음에 입사된 음향출력의 비를 상용대수 취한 후 10을 곱한 값

풀이 ③의 설명은 동적 삽입손실치의 내용이다.

260 흡음덕트형 소음기에 관한 설명 중 옳은 것은?

① 최대감음주파수는 $\lambda < D < 2\lambda$ 범위에 있다.
② 통과유속은 20m/sec 이하로 하는 것이 좋다.
③ 송풍기 소음을 방지하기 위한 흡음, Chamber 내의 흡음재 및 흡음덕트의 두께는 각각 1″ 및 2~4″ 두께로 하는 것이 이상적이다.
④ 감음특성은 저음역에서 좋다.

풀이 ① $\lambda < D < 2\lambda \rightarrow \frac{\lambda}{2} < D < \lambda$
③ 1″ 및 2~4″ → 2~4″ 및 1″
④ 저음역 → 고음역

261 흡음덕트형 소음기에 대한 설명으로 옳지 않은 것은?

① 각 흐름통로의 길이는 그것의 가장 작은 횡단길이의 2배는 되어야 한다.
② 감음특성은 중·고음역에서 좋다.
③ 통과유속은 20m/sec 이하로 하는 것이 좋다.
④ 덕트의 최단 횡단길이는 고주파 Beam을 방해하지 않는 크기여야 한다.

정답 256 ③ 257 ① 258 ① 259 ③ 260 ② 261 ④

풀이 덕트의 최단 횡단길이는 고주파 Beam을 방해하는 크기여야 한다.

262 흡음덕트 내에서 기류와 음파와 같은 방향으로 이동할 경우에 관한 설명으로 알맞은 것은?

① 소음감쇠치의 정점은 고주파 측으로 이동하면서 그 크기는 높아진다.
② 소음감쇠치의 정점은 고주파 측으로 이동하면서 그 크기는 낮아진다.
③ 소음감쇠치의 정점은 저주파 측으로 이동하면서 그 크기는 높아진다.
④ 소음감쇠치의 정점은 저주파 측으로 이동하면서 그 크기는 낮아진다.

263 스프리터형 소음기는 다음 어떤 형의 소음기에 속하는 것인가?

① 흡음형 소음기 ② 팽창형 소음기
③ 간섭형 소음기 ④ 공명형 소음기

풀이 Splitter 및 Cell형 소음기는 흡음형 소음기이다.

264 흡음덕트형 소음기의 통과 유속은 얼마로 하는 것이 적당한가?

① 20m/sec
② 20~40m/sec
③ 40~60m/sec
④ 60m/sec 이상

265 다음 중 급격한 관경확대로 유속을 낮추어 소음을 감소시키는 방식의 소음기는?

① 공명형 ② 팽창형
③ 간섭형 ④ 흡음형

266 팽창형 소음기에 대한 설명 중 옳지 않은 것은?

① 음파를 확대하여 음향에너지 밀도를 크게 하여 소음시키는 방식이다.
② 감음특성은 저 · 중음역에 유효하다.
③ 감쇠의 주파수특성은 팽창부의 길이에 관계한다.
④ 팽창부의 길이$(L) = \frac{\lambda}{4}$로 하는 것이 좋다.

풀이 음파를 확대하여 음향에너지 밀도를 희박화하여 소음시키는 방식이다.

267 팽창형 소음기의 감음특성으로 틀린 것은?

① 팽창부에 흡음재를 부착하면 고음역의 감음량이 증가한다.
② 감음주파수는 관의 직경비에 따라 결정된다.
③ 송풍기, 압축기, 디젤기관 등의 흡 · 배기부의 소음에 사용된다.
④ 감음의 특성은 저 · 중음역에 유효하다.

풀이 감음주파수는 팽창부의 길이에 따라 결정된다.
$L = \frac{\lambda}{4}$이 좋다.

268 단순팽창형 소음기에서 팽창부의 길이가 커지면 투과손실은 어떻게 되겠는가?(단, 단면팽창비는 일정하다.)

① 최대투과손실은 변화가 없으나 통과대역의 수가 증가한다.
② 최대투과손실 및 통과대역의 수가 감소한다.
③ 통과대역의 수는 변화가 없으나 최대투과손실이 증가한다.
④ 최대투과손실 및 통과대역의 수가 증가한다.

정답 262 ② 263 ① 264 ① 265 ② 266 ① 267 ② 268 ①

269 소음기 중 다음 그림과 같이 음파를 확대하려 음향에너지 밀도를 희박하게 하고 공동단을 줄여서 방음하는 방식은 어느 것인가?

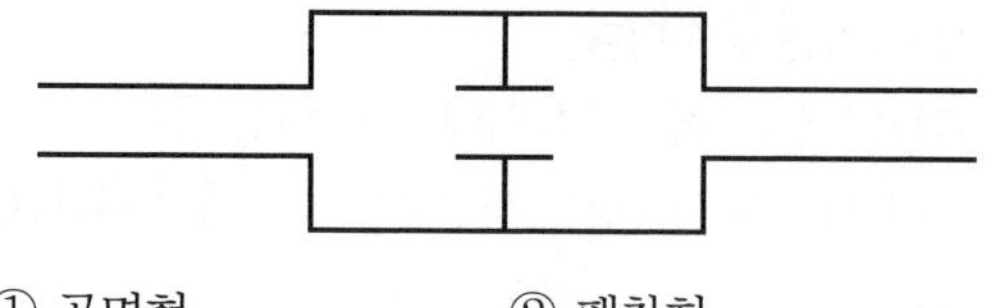

① 공명형 ② 팽창형
③ 흡음형 ④ 간섭형

270 연결관과 팽창실의 단면적이 각각 A_1, A_2인 팽창형 소음기의 투과손실 TL은?(단, $m=\frac{A_2}{A_1}$, $K=\frac{2\pi f}{c}$, L : 팽창부 길이, f : 대상주파수, c : 음속)

① $TL=10\log\left[1+0.2\left(m-\frac{1}{m}\right)^2\sin^2 KL\right]$dB
② $TL=10\log\left[1+4\left(m-\frac{1}{m}\right)^2\sin^2 KL\right]$dB
③ $TL=10\log\left[1+0.25\left(m-\frac{1}{m}\right)^2\sin^2 KL\right]$dB
④ $TL=10\log\left[1+4\left(m-\frac{1}{m}\right)^2\sin KL\right]$dB

271 간섭형 소음기에 관한 설명으로 옳지 않은 것은?

① 최대 투과손실치는 f(Hz)의 홀수배 주파수에서 일어나 이론적으로 무한대가 된다.
② 최대 투과손실치는 홀수배 주파수에서 0dB 이 된다.
③ 저 · 중음역의 탁월 주파수 성분에 유효하다.
④ 압축기, 송풍기, 디젤기관 등의 흡 · 배기음의 소음에 사용된다.

풀이 최대 투과손실치는 홀수배 주파수에서는 실용적으로 20dB 내외이다.

272 공명형 소음기는 다음 중 어떠한 원리를 이용하여 음의 에너지를 감쇠시키는가?

① 공명현상에 의한 음의 흡수
② 공명현상에 의한 음의 반사
③ 공명현상에 의한 음의 간섭
④ 공명현상에 의한 음의 투과

273 기체가 흐르는 배관이나 덕트의 선상에 부착하여 협대역 저주파소음을 방지하는 소음기 형식으로 적절한 것은?

① 간섭형 소음기
② 흡음 덕트형 소음기
③ 챔버 팽창형 소음기
④ 공동 공명기형 소음기

274 헬름홀츠 공명기는 어떤 원리를 이용하여 소음을 억제시키는 것인가?

① 입사한 음을 공동체적에 가둔다.
② 입사한 음을 공동체적 내에서 반사를 되풀이 하게 함으로써 음을 소멸시킨다.
③ 공동의 공진주파수와 일치하는 음의 주파수를 목부에서 열에너지로 소산시킨다.
④ 공동의 공진주파수와 일치하는 음의 주파수를 공동 내로 되반사시킨다.

275 주파수가 매우 낮고, 대역폭이 좁은 소음방지에 가장 탁월한 소음기는?

① 단순 팽창형 소음기
② 흡음형 소음기
③ 반사형 소음기
④ 헬름홀츠형 소음기

정답 269 ② 270 ③ 271 ② 272 ① 273 ④ 274 ③ 275 ④

276 공명형 소음기의 공명주파수에 관한 다음 설명 중 옳지 않은 것은?

① 공명주파수는 내관의 두께가 증가하면 저하된다.
② 공명주파수는 내관구멍의 면적이 증가하면 저하한다.
③ 공명주파수는 내관과 외관 사이의 부피가 증가하면 저하한다.
④ 공명주파수는 내관을 통하는 기체의 온도가 높아지면 증가한다.

풀이 공명주파수(f_r)

$f_r = \frac{c}{2\pi}\sqrt{\frac{n \cdot S_p/l_p}{V}}$ 에서 S_p(내관 구멍 1개의 단면적)이 증가하면 f_r(공명주파수)도 증가한다.

277 공명형 소음기에 관한 설명으로 가장 거리가 먼 것은?

① 작은 관 내 공동 구멍 수가 많을수록 공명주파수는 적어진다.
② 최대투과손실치는 공명주파수에서 일어난다.
③ 감음특성은 저 · 중음역의 탁월주파수 성분에 유효하다.
④ 내관의 작은 구멍과 그 배후 공기층이 공명기를 형성하여 흡음함으로써 감음한다.

풀이 $f_r = \frac{c}{2\pi}\sqrt{\frac{n \cdot S_p/l_p}{V}}$ 에서 n(관 내 공동 구멍 수)가 많을수록 공명주파수는 증가한다.

278 헬름홀츠 공명기의 목의 유효길이를 l, 단면적을 A, 공동체적을 V라고 할 때 공명주파수의 올바른 표현식은?(단, c는 소음기 내 음속)

① $\frac{c}{2\pi}\sqrt{\frac{A}{l \cdot V}}$ ② $\frac{2\pi}{c}\sqrt{\frac{A}{l \cdot V}}$
③ $\frac{c}{2\pi}\sqrt{\frac{l \cdot V}{A}}$ ④ $\frac{2\pi}{c}\sqrt{\frac{l \cdot V}{A}}$

279 공동공명기형 소음기의 공동 내에 흡음재를 충진할 경우에 감음특성으로 가장 적절한 내용은?

① 저주파음 소거의 탁월현상은 완화되지만 고주파까지 거의 평탄한 감음특성을 보인다.
② 저주파음 소거의 탁월현상은 향상되며 고주파까지 효과적인 감음특성을 보인다.
③ 고주파음 소거의 탁월현상은 완화되지만 저주파에서는 효과적인 감음특성을 보인다.
④ 고주파음 소거의 탁월현상은 향상되며 저주파에서는 일정한 감음특성을 보인다.

280 각 소음기에 대한 설명 중 가장 거리가 먼 것은?

① 흡음덕트형 소음기 : 덕트내경이 대상음의 파장보다 아주 작은 경우는 덕트를 세분하여 Cell형이나 Splitter형으로 하여 목적 주파수를 증가시켜야 한다.
② 간섭형 소음기 : 최대 투과손실치는 주파수의 홀수배 주파수에서 일어나 이론적으로 무한대가 되나 실용적으로 20dB 내외이다.
③ 팽창형 소음기 : 저 · 중음역에 유효하고, 팽창부에 흡음재를 부착하면 고음역의 감음량도 증가한다.
④ 공명형 소음기 : 공동공명형 소음기의 경우는 협대역 저주파 소음방지에 탁월하다.

풀이 흡음덕트형 소음기 : 덕트내경이 대상음의 파장보다 큰 경우는 덕트를 세분하여 Cell형이나 Splitter형으로 하여 목적 주파수를 증가시켜야 한다.

281 다음 중 소음기에 대한 설명으로 옳지 않은 것은?

① 내부에서 에너지 흡수를 목적으로 하는 소음기를 흡음형 소음기라 하고, 관로 내에서 에너지 흡수가 없거나 무시할 수 있는 목적으로 사용되는 소음기는 리액티브형 소음기이다.
② 공명형 소음기는 헬름홀츠 공명기의 원리를 응용한 것으로 공명주파수에서 감음하는 방식이다.

정답 276 ② 277 ① 278 ① 279 ① 280 ① 281 ③

③ 간섭형 소음기는 음파의 통로를 두 개로 나누어 각각의 경로 길이 차가 한 파장이 되도록 하여 감음하는 방식이다.
④ 흡음형 소음기는 공동 내부에 흡음재를 부착하여 흡음재의 흡음효과에 의해 소음을 감쇠시킨다.

풀이 간섭형 소음기는 음파의 통로를 두 개로 나누어 각각의 경로 길이 차가 $\frac{1}{2}$ 파장이 되도록 하여 감음하는 방식이다.

282 소음기에 관한 다음 설명 중 가장 거리가 먼 것은?

① 흡음덕트형 소음기는 저음역에서 감쇠효과가 좋다.
② 팽창형 소음기는 단면 불연속부의 음에너지 반사에 의해 감음하는 구조로, 팽창부에 흡음재를 부착하면 고음역의 감음량도 증가한다.
③ 간섭형 소음기는 음의 통로 구간을 둘로 나누어 각각의 경로차가 반파장$\left(\frac{\lambda}{2}\right)$에 가깝게 하는 구조이다.
④ 공동공명기형 소음기의 공동 내에 흡음재를 충진하면 저주파음 소거의 탁월현상이 완화된다.

풀이 흡음덕트형 소음기는 중 · 고음역에서 감쇠효과가 좋다.

283 소음기에 관한 설명 중 부적절한 것은?

① 소음기의 설계 시 감음량을 고려할 뿐만 아니라 기계의 성능, 압력손실 등에 대해서도 신중히 검토해야 한다.
② 단순팽창형 소음기의 감쇠량이 최대로 되는 주파수는 주로 팽창부의 길이 L로 결정하고 f(Hz) 성분을 가장 유효하게 감쇠시킬 수 있는 길이는 $L=\frac{c}{4f}$로 하면 좋다.
③ 간섭형 소음기는 음파의 간섭을 이용한 것으로 통로를 2개로 나누고 한쪽의 통로(L_1)를 다른 쪽의 통로(L_2)보다 파장의 $\frac{1}{4}$만큼 길게 하여 다시 통로를 하나로 합친 것이다.
④ 직관흡음 덕트의 감쇠량(R)은 덕트의 길이 L과 내장재의 흡음률 α에 따라 $R=1.05\alpha^{1.4}\frac{P}{S}L$로 구해진다.[단, S는 덕트 내부 면적(m^2), P는 덕트내부 주장(m)]

풀이 간섭형 소음기는 음파의 간섭을 이용한 것으로 통로를 2개로 나누고 한쪽의 통로(L_1)를 다른 쪽의 통로(L_2)보다 파장의 $\frac{1}{2}$만큼 길게 하여 다시 통로를 하나로 합친 것이다.

284 소음기에 요구되는 일반적인 특성으로 옳지 않은 것은?

① 저음역의 감쇠능력이 있을 것
② 흡음재는 불연성이며 내구성이 있을 것
③ 공기저항이 비교적 클 것
④ 소음기 내부에서 기류에 의한 발생음이 생기지 않을 것

풀이 공기저항이 비교적 작아야 한다.

285 음원을 밀폐 시 주의할 내용과 가장 거리가 먼 것은?

① 환기　　② 방진
③ 차음　　④ 잔향

풀이 음원 밀폐 시 유의할 사항은 방진, 차음, 흡음, 환기, 개구부의 소음 등이다.

286 음원을 밀폐상자로 씌우는 구조로 파장에 비해 작은 밀폐상자 내의 저주파 음압레벨 SPL_1를 구하는 공식은?(단, PWL_s=음원의 파워레벨(dB), f=밀폐상자보다 파장이 큰 저주파(Hz), V=음원과 상자 간의 공간체적(m^3))

① $SPL_1 = PWL_s - 20\log f - 20\log V + 81\,(\text{dB})$
② $SPL_1 = PWL_s + 20\log f - 20\log V + 81\,(\text{dB})$
③ $SPL_1 = PWL_s - 40\log f - 20\log V + 81\,(\text{dB})$
④ $SPL_1 = PWL_s + 40\log f - 20\log V + 81\,(\text{dB})$

정답 282 ① 283 ③ 284 ③ 285 ④ 286 ③

287 관이나 판 등으로부터 소음이 방사될 때 이에 대한 소음저감방법으로는 Damping재를 부착한 후 흡음재를 부착하고 그 다음에 차음재를 설치하는 것이 훨씬 효과적이다. 이러한 방법을 무엇이라 하는가?

① 방음차단　② 방음절연
③ 방음 Rocking　④ 방음 Lagging

288 가진력에 관한 다음 설명 중 가장 거리가 먼 것은?

① 전동기, 송풍기, 펌프 등의 회전기기는 질량 불평형에 의해 발생하는 가진력에 해당한다.
② 정적 불균형이란 회전부분의 무게중심이 축의 중심으로부터 편심된 위치에 있는 경우를 의미한다.
③ 정적 균형이 이루어져 있어도 회전축에 직각되는 축 주변에 우력이 작용하여 동작불균형이 발생하기도 한다.
④ 회전축을 중심으로 r만큼 떨어진 위치에 있는 불균형 질량 m이 회전수 n(rpm) 방향으로 회전할 때의 가진력 $F=mr^2\left(\frac{2\pi n}{60}\right)^2$으로 표현된다.

풀이 회전축을 중심으로 r만큼 떨어진 위치에 있는 불균형 질량 m이 회전수 n(rpm) 방향으로 회전할 때의 가진력 $F=mr\left(\frac{2\pi n}{60}\right)^2$으로 표현된다.

289 질량 m인 기계가 속도 v로 운전할 때, 가진점에 스프링을 설치하여 진동을 모두 흡수시켰다. 최대충격력 F, 최대변위 δ일 때 다음 중 올바른 평형방정식은?(단, 스프링정수는 K이고, 가속도는 a이다.)

① $\frac{mv}{2}=F\frac{\delta}{2}$　② $\frac{mv^2}{2}=F\frac{\delta}{2}$
③ $mv^2=FK$　④ $ma=F\delta K$

290 기계에서 발생하는 불평형력은 회전 및 왕복운동에 의한 관성력과 모멘트에 의해 발생한다. 다음 중 회전운동에 의해서 발생하는 관성력을 원심력(F)으로 옳게 나타낸 것은?(단, m : 질량, v : 회전속도, r : 회전반경, ω : 각진동수)

① $F=\frac{mv^2}{r^2}$　② $F=\frac{mv}{r}$
③ $F=mr\omega^2$　④ $F=mr\omega$

291 방진대책으로 발생원, 전파경로, 수진 측 대책을 들 수 있는데 발생원 대책으로 적당하지 않은 것은?

① 가진력 감쇠
② 기초중량의 부가 및 경감
③ 동적 흡진
④ 방진구 설치

풀이 방진구는 전파경로 대책이다.

292 다음 중 전파경로대책에 해당하는 것은?

① 기초중량을 부가 및 경감시킨다.
② 수진점 근방에 방진구를 판다.
③ 수진 측의 강성을 변경시킨다.
④ 가진력을 감쇠시킨다.

293 어떤 진동이 큰 기계에서 20m 떨어진 지점의 정밀기계에 미치는 진동방해를 10dB 정도 낮추고자 한다. 다음 방지대책 중 기대효과가 가장 없다고 생각되는 것은?

① 진동원의 기계를 방진지지한다.
② 정밀기계를 방진지지한다.
③ 진동원의 기계를 진동이 작은 것으로 교체한다.
④ 두 기계의 중앙선상에 깊이 1m 정도의 빈도랑을 만든다.

정답 287 ④ 288 ④ 289 ② 290 ③ 291 ④ 292 ② 293 ④

풀이 방진구는 수진점 근방에 설치하는 것이 좋고 깊이도 가능하면 깊게 하는 것이 효과적이다.

294 진동발생이 크지 않은 공장기계의 대표적인 지반진동 차단 구조물은 개방식 방진구이다. 이러한 방진구의 설계 시 가장 중요한 인자는?

① 트렌치 깊이 ② 트렌치 폭
③ 트렌치 형상 ④ 트렌치 위치

295 방진대책으로 거리가 먼 것은?

① 수진 측의 강성을 변경한다.
② 가진력을 감쇠시킨다.
③ 진동원의 위치를 가깝게 하여 거리감쇠를 작게 한다.
④ 탄성을 유지한다.

풀이 진동원의 위치를 가능한 멀리하여 거리감쇠를 크게 한다.

296 진동원에서 발생하는 가진력은 특성에 따라 기계회전부의 질량불평형, 기계의 왕복운동 및 충격에 의한 가진력 등으로 대별되는데 다음 중 가진력의 발생특성이 다른 것은?

① 단조기 ② 전동기
③ 송풍기 ④ 펌프

풀이 단조기는 충격에 의한 가진력 특성이고 진동기, 송풍기, 펌프의 가진력 특성은 기계회전부의 질량 불평형이다.

297 진동원에 따라 방진설계가 달라지는데 왕복동압축기, 윤활유 펌프배관, 화학플랜트배관 등에 유체가 흐르고 있을 때, 발생되는 진동으로 가장 알맞은 것은?

① 캐비테이션 관련 진동
② 기주진동과 서징 관련 진동
③ 맥동, 수격현상 관련 진동
④ 슬로싱(액면요동) 관련 진동

298 다음 중 가진력 저감의 예로 가장 거리가 먼 것은?

① 단압프레스를 단조기로 교체한다.
② 왕복운동압축기를 터보형 고속회전 압축기로 교체한다.
③ 크랭크기구를 가진 왕복운동기계는 복수개의 실린더를 가진 것으로 교체한다.
④ 기초부의 중량을 크게 하거나 작게 하여 진동진폭을 감소시킨다.

풀이 단조기를 단압프레스로 교체한다.

299 가진력 저감방안에 관한 내용으로 옳지 않은 것은?

① 기계, 기초를 움직이는 가진력을 감소시키기 위해서는 탄성을 유지한다.
② 회전기계의 회전부의 불평형은 정밀실험을 통해 평형을 유지한다.
③ 크랭크기구를 가진 왕복운동기계는 복수개의 실린더를 가진 것으로 교체한다.
④ 기계에서 발생되는 가진력은 지향성이 없으므로 합리적 기계설치 방법이 필요하다.

풀이 기계에서 발생되는 가진력은 지향성이 있으므로 합리적 기계설치 방법이 필요하다.

300 진동 방지대책의 유의점으로 알맞지 않은 것은?

① 진동원으로부터 지반으로 전달되는 진동파는, 지하로는 별로 깊게 전달되지 않고 주로 지표면을 따라서 주위에 전달된다.
② 수진위치의 근방에 도랑을 파는 것은 진동발생원 근방에 도랑을 파는 것에 비해 효과가 없다.
③ 방진지지가 되어 있을 때의 기초는 무거울수록 스프링계의 고유진동수가 낮아지고 방진효과를 높이는 경우가 많다.
④ 기초에 얹는 기계의 위치나 기초의 형상은 방진대책상 중요한 영향을 준다.

정답 294 ① 295 ③ 296 ① 297 ③ 298 ① 299 ④ 300 ②

풀이 수진위치의 근방에 도랑을 파는 것은 진동발생원 근방에 도랑을 파는 것에 비해 효과가 있다.

301 다음 중 진동방지계획 수립 시 일반적으로 가장 먼저 이루어지는 절차는?

① 수진점 일대의 진동 실태조사
② 발생원의 위치와 발생기계를 확인
③ 수진점의 진동규제기준 확인
④ 저감 목표레벨을 정함

302 진동방지 계획 수립의 순서를 올바르게 나열한 것은?

㉠ 진동이 문제되는 수진점의 위치 확인 ㉡ 수진점 일대의 진동실태조사 ㉢ 측정치와 규제기준치의 차로부터 저감목표레벨을 정함 ㉣ 적절한 개선대책 선정 ㉤ 수진점의 진동규제기준 확인

① ㉠→㉡→㉤→㉢→㉣
② ㉠→㉡→㉢→㉣→㉤
③ ㉢→㉠→㉡→㉣→㉤
④ ㉢→㉡→㉤→㉣→㉠

303 $m\ddot{x}+c\dot{x}+kx=F_0\sin\omega t$의 운동방정식을 만족시키는 진동은 다음 중 어느 진동에 해당하는가?

① 마찰진동　② 자유진동
③ 강제진동　④ 공진진동

풀이 문제상의 운동방정식은 감쇠 강제진동을 나타낸다. 자유진동과 강제진동의 구분은 초기 외력의 유무로 하고 감쇠진동과 비감쇠진동은 점성저항력의 유무로 한다.

304 다음 그림과 같은 진동계의 운동방정식으로 올바른 것은?

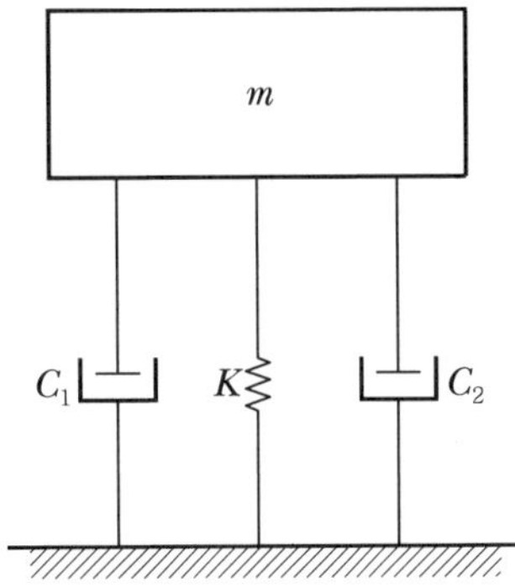

① $m\ddot{x}+\left(\dfrac{C_1C_2}{C_1+C_2}\right)\dot{x}+kx=0$
② $m\ddot{x}+2(C_1+C_2)\dot{x}+kx=0$
③ $m\ddot{x}+(C_1+C_2)\dot{x}+kx=0$
④ $m\ddot{x}+C_1\dot{x}+kx=0$

305 그림과 같은 1자유도계 진동계가 있다. 이 계가 수직방향 $X(t)$으로 진동하는 경우 이 진동계의 운동방정식으로 옳은 것은?(단, k=스프링 정수, c=감쇠계수, $f(t)$=외부가진력)

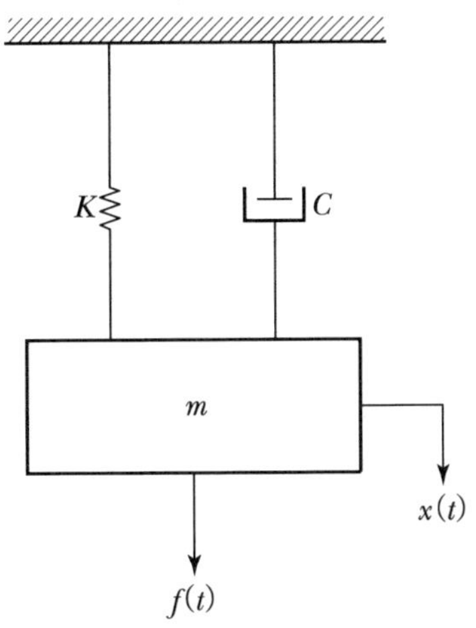

① $m\ddot{x}+c\dot{x}+kx=f(t)$
② $m\ddot{x}+c\dot{x}+mx=f(t)$
③ $c\ddot{x}+k\dot{x}+mx=f(t)$
④ $k\ddot{x}+c\dot{x}+mx+f(t)=0$

정답 301 ① 302 ① 303 ③ 304 ③ 305 ①

306 그림과 같은 진동계의 운동방정식을 올바르게 표시한 것은?(단, 질량에 가진력 F가 작용한다.)

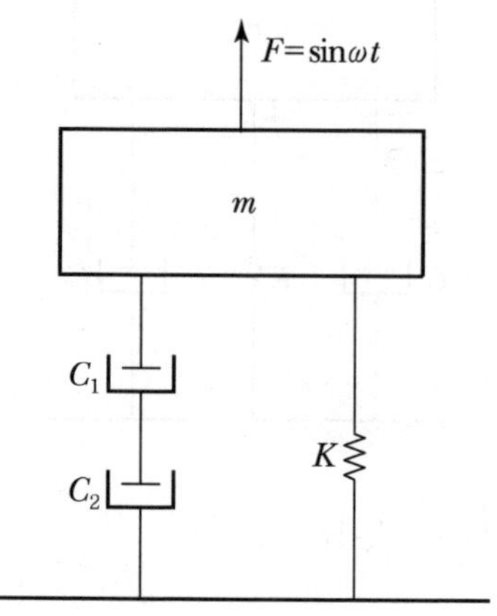

① $m\ddot{x}+(C_1+C_2)\dot{x}+(C_1C_2)x=0$

② $m\ddot{x}+\left(\frac{C_1C_2}{C_1+C_2}\right)\dot{x}+kx=\sin\omega t$

③ $m\ddot{x}+C_1C_2\dot{x}+kx=\cos\omega t$

④ $m\ddot{x}+(C_1+C_2)\dot{x}+kx=\sin\omega t$

307 아래 그림에서 질량 m은 평면 내에서 움직인다. 이 계의 자유도는?

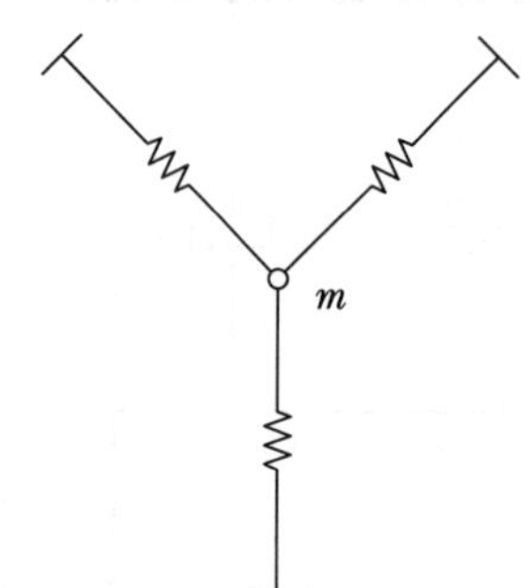

① 1자유도 ② 2자유도
③ 3자유도 ④ 0자유도

308 탄성계수 k인 스프링과 질량 m인 추로 이루어진 비감쇠 진동 시(자유진동) 고유진동수 f_n은?(단, 1자유도 진동계 기준)

① $f_n=\frac{1}{2\pi}\sqrt{\frac{k}{m}}$

② $f_n=\frac{1}{2\pi}\sqrt{\frac{m}{k}}$

③ $f_n=2\pi\sqrt{\frac{k}{m}}$

④ $f_n=2\pi\sqrt{\frac{m}{k}}$

풀이

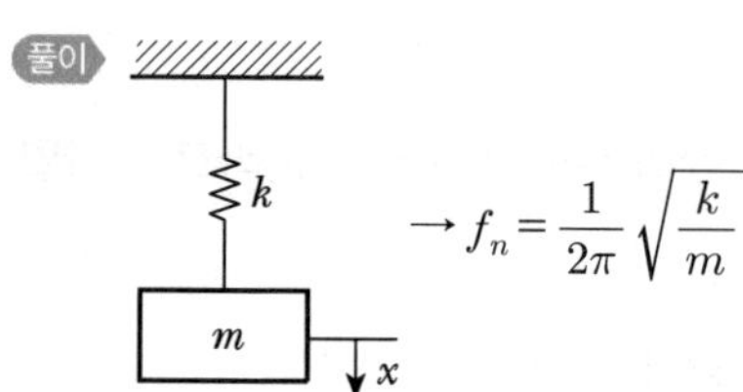

$\rightarrow f_n=\frac{1}{2\pi}\sqrt{\frac{k}{m}}$

309 현장에서 계의 고유진동수를 간단히 알 수 있는 방법은 질량 m인 물체를 탄성지지체에 올려놓았을 때 그 처짐량이 δ라면 어떤 식으로 계산이 되는가?

① $f_n=\frac{1}{2\pi}\sqrt{\frac{g}{\delta}}$

② $f_n=\frac{m}{2\pi}\sqrt{\frac{g}{\delta}}$

③ $f_n=\frac{1}{2\pi}\sqrt{\frac{1}{m}\cdot\frac{g}{\delta}}$

④ $f_n=\frac{1}{2\pi}\sqrt{\frac{mg}{\delta}}$

풀이 $f_n=\frac{1}{2\pi}\sqrt{\frac{g}{\delta_{st}}}=4.98\sqrt{\frac{1}{\delta_{st}}}$ (Hz)

정답 306 ② 307 ② 308 ① 309 ①

310 질량 m, 댐핑계수 c인 댐퍼 그리고 스프링상수 k인 기계구조에서 진동주파수(고유진동수, f_n)는?(단, 댐핑이 충분히 적을 경우)

① $f_n = \frac{1}{2\pi}\left(\frac{m}{k}\right)^{\frac{1}{2}}$

② $f_n = \frac{1}{2\pi}\left(\frac{k}{m}\right)^{\frac{1}{2}}$

③ $f_n = \frac{1}{2\pi}(k \cdot m)^{\frac{1}{2}}$

④ $f_n = \frac{1}{2\pi}(kmc)^{\frac{1}{2}}$

311 그림과 같은 계가 진동할 때 주기는?

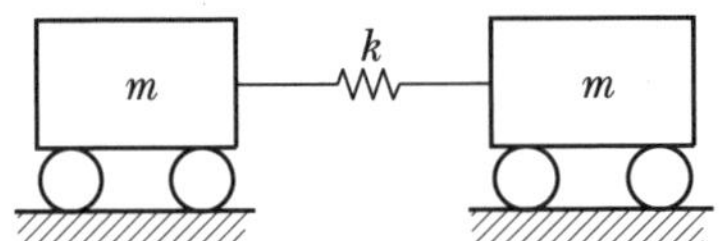

① $2\pi\sqrt{\frac{m}{k}}$ ② $2\pi\sqrt{\frac{2m}{k}}$

③ $2\pi\sqrt{\frac{m}{2k}}$ ④ $2\pi\sqrt{\frac{2m}{3k}}$

풀이 $f_n = \frac{1}{2\pi}\sqrt{\frac{k}{m}}$

$k = k + k = 2k$

$= \frac{1}{2\pi}\sqrt{\frac{2k}{m}}$

$T = \frac{1}{f_n} = 2\pi\sqrt{\frac{m}{2k}}$

312 그림과 같은 진동계의 총 스프링상수(k_t)는?

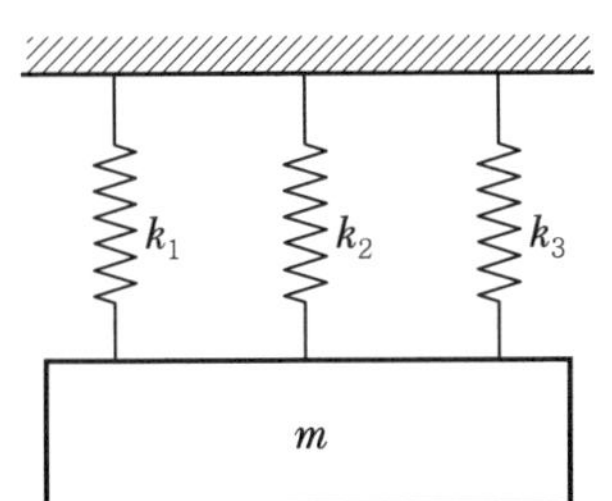

① $k_t = \frac{1}{k_1} + \frac{1}{k_2} + \frac{1}{k_3}$

② $k_t = k_1 + k_2 + k_3$

③ $\frac{1}{k_t} = \frac{1}{k_1} + \frac{1}{k_2} + \frac{1}{k_3}$

④ $k_t = k_1 \times k_2 \times k_3$

313 그림과 같이 질량이 작은 기계장치에 금속 스프링으로 방진지지를 할 경우에 금속 스프링의 질량을 무시할 수 없는 경우가 있다. 기계장치의 질량을 M, 금속스프링의 질량을 m, 금속스프링의 강성을 k라고 할 때, 금속스프링의 질량을 고려한 시스템의 고유진동수는(f_n)는?

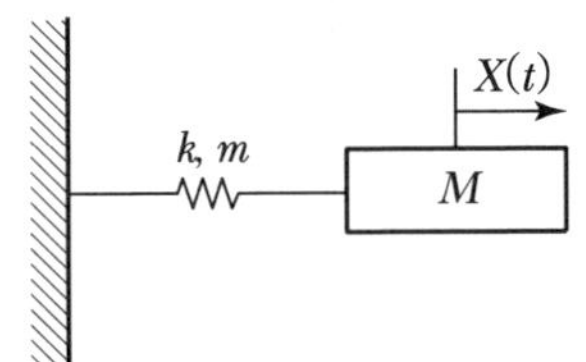

① $\frac{1}{2\pi}\sqrt{\frac{k}{M}}$ ② $\frac{1}{2\pi}\sqrt{\frac{k}{M+\frac{1}{m}}}$

③ $\frac{1}{2\pi}\sqrt{\frac{k}{M+m}}$ ④ $\frac{1}{2\pi}\sqrt{\frac{k}{M+\frac{1}{3}m}}$

314 그림과 같이 스프링 k_1, k_2, k_3를 직렬로 연결했을 때 등가스프링 계수 k_e는?

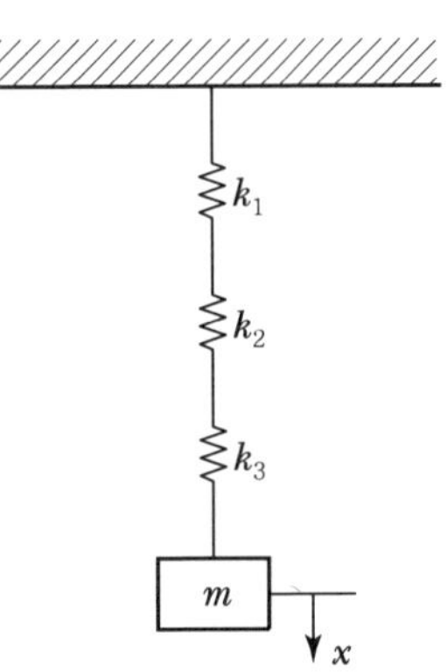

정답 310 ② 311 ③ 312 ② 313 ④ 314 ①

① $\frac{1}{k_e} = \frac{1}{k_1} + \frac{1}{k_2} + \frac{1}{k_3}$

② $k_e = k_1 + k_2 + k_3$

③ $k_e = \sqrt{k_1 + k_2 + k_3}$

④ $k_e = \frac{1}{k_1} + \frac{1}{k_2} + \frac{1}{k_3}$

315 그림과 같은 진동계에서 등가스프링 정수는?

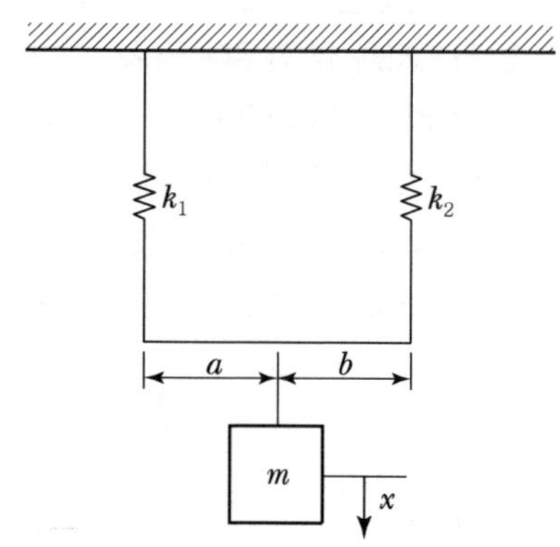

① $\frac{(a+b)}{k_1 \times k_2}$

② $\frac{(a+b)^2}{k_1 \times k_2}$

③ $\frac{(a+b)}{\frac{b}{k_1} + \frac{a}{k_2}}$

④ $\frac{(a+b)^2}{\frac{b^2}{k_1} + \frac{a^2}{k_2}}$

316 다음 그림과 같은 진동체의 등가스프링 정수는?

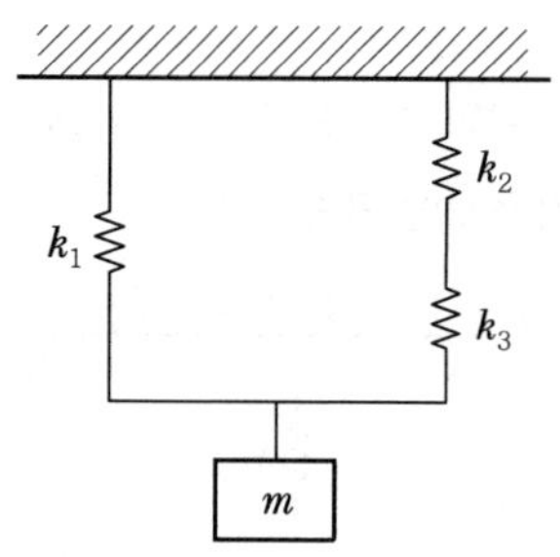

① $k_1 + k_2 + k_3$

② $2k_1 + k_2 + k_3$

③ $\frac{k_1 + k_2 + k_3}{k_1k_2 + k_2k_3 + k_3k_1}$

④ $\frac{k_1k_2 + k_2k_3 + k_3k_1}{k_2 + k_3}$

317 정지하고 있는 동안 심하게 진동하던 자동차가 달릴 때 오히려 진동하지 않는 경우가 있다. 이 차이는 다음 중 무엇과 관계된 것인가?

① 진동체의 고유 진동수 변화

② 진동체의 진동 감쇠율 증가

③ 가진력의 주파수 변화

④ 가진력 변화에 따른 공진 증가

풀이 가진력(외력) 변화에 따라서 가진력 주파수(강제진동수 : f)가 자동차 차체의 고유진동수(f_n)와 멀어짐으로써(공진가능성 적음) 승차감이 좋은 주행상태가 된다.
즉, f(진동수) 변화에 따른 $f_n \neq f_0$

318 질량이 m인 기기를 방진스프링에 연결시켰을 때 정적 수축량이 δ였다면 정적 스프링 정수는?

① $\frac{mg}{\delta}$

② $\frac{m}{\delta}$

③ $m\delta$

④ $\frac{\delta}{m}$

풀이 $k = \frac{W}{\delta} = \frac{m \cdot g}{\delta}$ (N/cm)

319 감쇠가 계에서 갖는 기능에 대해 설명한 것이 아닌 것은?

① 기초로의 진동에너지 전달의 감소

② 충격 시 진동이나 자유진동을 감소시킴

③ 공진 시 진동진폭의 감소

④ 가진력의 저항성 감소

320 감쇠에 관한 다음 설명 중 가장 거리가 먼 것은?

① 바닥으로 진동에너지의 전달을 감소시키는 기능을 한다.

② 공진 시에 진동진폭을 감소시키는 기능을 한다.

정답 315 ④ 316 ④ 317 ③ 318 ① 319 ④ 320 ④

③ 진동에 의한 기계에너지를 열에너지로 변환시키는 능력을 말한다.
④ 감쇠계수는 질량 m의 스프링 저항력에 대한 진동속도의 비를 의미한다.

풀이 감쇠계수는 질량 m의 진동속도(v)에 대한 스프링의 저항력(F_r)의 비를 의미한다.

$$\text{감쇠계수}(C_e) = \frac{F_r}{v}(\text{N}\cdot\text{s/cm})$$

321 운동방정식 $m\ddot{x} + c\dot{x} + kx = 0$로 표시되는 감쇠자유진동에서 임계감쇠가 되는 조건으로 맞는 것은 어느 것인가?

① $C > 2\sqrt{m\cdot k}$
② $C = 2\sqrt{m\cdot k}$
③ $C < 2\sqrt{m\cdot k}$
④ $C = 0$

풀이 임계감쇠는 $C = C_c\ (\xi = 1)$이므로

$$\xi = 1 = \frac{C_c}{2\sqrt{m\cdot k}}$$

$$C = 2\sqrt{m\cdot k}$$

322 감쇠가 있는 자유진동에서 임계감쇠계수 $C_c(\xi=1)$의 식으로 옳은 것은?(단, C_e : 감쇠계수, m : 질량, k : 스프링 상수, ω_n : 고유각진동수, ξ : 감쇠비)

① $C_c = 2C_e\xi$
② $C_c = \sqrt{m\cdot k}$
③ $C_c = m\omega_n$
④ $C_c = 2m\omega_n$

풀이 $C_c = 2\sqrt{m\cdot k} = 2m\omega_n = \frac{2k}{\omega_n}$

323 운동방정식이 $m\ddot{x} + c\dot{x} + kx = 0$로 표시되는 감쇠 자유진동에서 감쇠비($\xi$)를 나타내는 식으로 틀린 것은 다음 중 어느 것인가?(단, C : 감쇠계수, ω_n : 고유각진동수)

① $\frac{C\omega_n}{2k}$
② $\frac{C}{2k\omega_n}$
③ $\frac{C}{2m\omega_n}$
④ $\frac{C}{2\sqrt{mk}}$

풀이 $\xi = \frac{C}{C_c} = \frac{C}{2\sqrt{m\cdot k}} = \frac{C}{2m\omega_n} = \frac{C\omega_n}{2k}$

324 부족감쇠에서 대수감쇠율을 구하는 식으로 옳은 것은?(단, 감쇠비 ξ)

① $2\pi\xi\sqrt{1-\xi^2}$
② $2\pi\xi^2$
③ $\sqrt{\frac{2\pi\xi}{1-\xi^2}}$
④ $\frac{2\pi\xi}{\sqrt{1-\xi^2}}$

325 대수감쇠율이란?

① 비감쇠 강제진동 진폭에 대한 감쇠 강제진동 진폭의 비이다.
② 임계 감쇠계수에 대한 감쇠 계수의 비이다.
③ 전체에너지에 대한 사이클당 흡수되는 에너지의 비이다.
④ 자유진동의 진폭이 줄어듦을 나타내는 것이다.

326 다음 그림은 감쇠비(ξ)가 어떤 범위일 때인가?

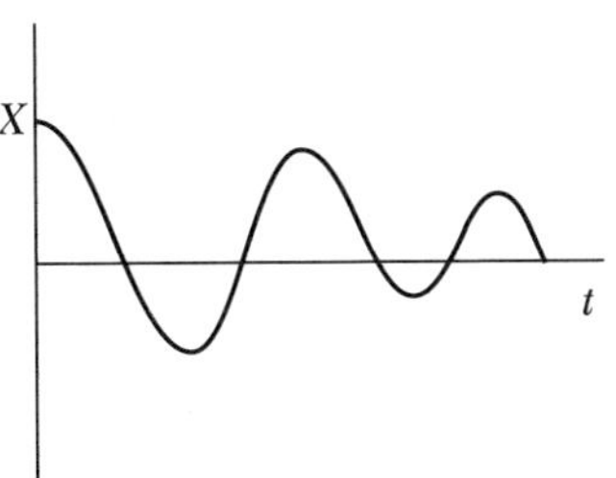

① $\xi = 0$
② $0 < \xi < 1$
③ $\xi = 1$
④ $\xi > 1$

정답 321 ② 322 ④ 323 ② 324 ④ 325 ④ 326 ②

327 어떤 진동체가 자유진동하는 동안 진폭이 그림과 같이 감소하고 있다. 이 진동체의 대수감쇠율을 바르게 정의한 것은?

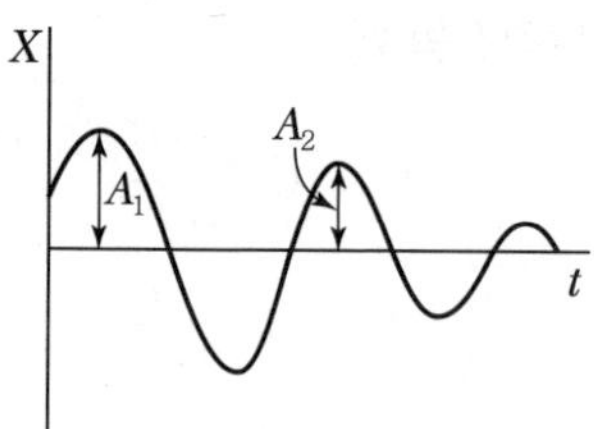

① $\ln\frac{A_1}{A_2}$　　② $\ln\frac{A_2}{A_1}$
③ $\log\frac{A_1}{A_2}$　　④ $\log\frac{A_2}{A_1}$

328 점성감쇠가 있는 1자유도 자유진동에서 과감쇠(Over Damping)란 감쇠비가 어떤 값을 갖는 경우인가?

① 0인 경우　　② 1인 경우
③ 1보다 작은 경우　　④ 1보다 큰 경우

329 감쇠가 있는 자유진동에서 주기적인 진동을 하는 경우는?

① 과감쇠　　② 임계감쇠
③ 부족감쇠　　④ 모든 감쇠운동

330 점성감쇠가 있는 1자유도 자유진동에서 임계감쇠란 감쇠비가 어떤 값을 갖는 경우인가?

① 0보다 큰 경우　　② 1보다 작은 경우
③ 1보다 큰 경우　　④ 1인 경우

331 다음 중에서 실제 계에서 감쇠기구의 관찰특성에 따른 감쇠의 편의상 분류와 가장 거리가 먼 것은?

① 지연감쇠　　② 점성감쇠
③ 건마찰감쇠　　④ 구조감쇠

332 강제진동에서 감쇠가 없는 경우 진동전달률(T)의 산정식으로 옳은 것은?(단, $r=\frac{\omega}{\omega_n}$는 진동수비이다.)

① $\left|\frac{1}{1-r^2}\right|$　　② $\left|\frac{1}{1-r}\right|$
③ $\left|\frac{1}{\sqrt{1-r^2}}\right|$　　④ $\left|\frac{r}{\sqrt{1-r^2}}\right|$

333 확장계수 $M \cdot F$는 다음 어느 식으로 표현되는가?(단, F_o=외력, k=스프링계수, $x(\omega)$=진동변위)

① $M \cdot F=\frac{x(\omega)}{F_o \cdot x}$　　② $MF=\frac{x(\omega)}{F_o/k}$
③ $MF=\frac{F_o/k}{x(\omega)}$　　④ $MF=\frac{F_o \cdot x}{x(\omega)}$

334 점성감쇠를 갖는 강제진동의 진폭이 최대가 되기 위해서는 진동수비는 어떤 식으로 표시하는가?(단, ξ=감쇠비)

① $\sqrt{1+2\zeta^2}$　　② $\frac{1}{\sqrt{1-2\zeta^2}}$
③ $\sqrt{1-2\zeta^2}$　　④ $\frac{1}{\sqrt{1+2\zeta^2}}$

335 질량 m인 물체가 스프링 정수 k인 스프링에 매달려 있다. 임계감쇠를 이루게 하는 C의 값은?(단, ω_n은 고유각진동수이다.)

① $\frac{\omega_n}{2m}$
② $2m\omega_n$
③ $\frac{\omega_n}{m}$
④ $m \cdot \omega_n$

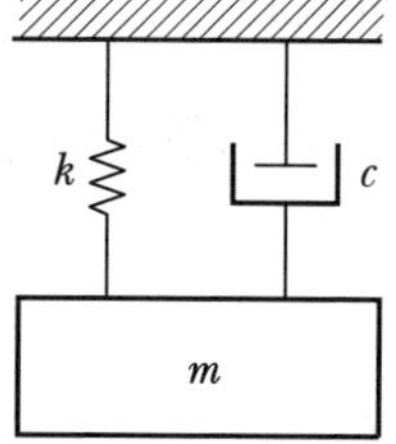

정답 327 ① 328 ④ 329 ③ 330 ④ 331 ① 332 ① 333 ② 334 ③ 335 ②

336 어떤 진동계에서 고유각진동수 ω_n과 강제각진동수 ω의 관계가 $\omega^2 \ll \omega_n^2$일 때 이 진동계의 진동을 제어하기 위한 요소로 가장 적합한 것은?

① 스프링의 강도제어
② 계의 질량제어
③ 스프링의 저항제어
④ 계의 저항제어

풀이 • $\omega^2 \ll \omega_n^2 \rightarrow$ 스프링의 강도제어
• $\omega^2 \gg \omega_n^2 \rightarrow$ 계의 질량제어
• $\omega^2 = \omega_n^2 \rightarrow$ 스프링의 저항제어

337 감쇠가 있는 스프링으로 기계를 지지할 때 공진을 방진하기 위한 방법으로 가장 적절한 것은? (단, 강제진동수가 고유진동수에 비해 아주 작은 경우)

① 감쇠가 큰 방진재나 댐퍼를 삽입하여야 한다.
② 기계의 가진력을 크게 하여야 한다.
③ 스프링상수를 크게 하여야 한다.
④ 기계의 무게를 키워야 한다.

338 진동계의 고유진동수와 가진력의 진동수가 같을 때 일어나는 현상은?

① 감쇠 ② 울림
③ 공진 ④ 강제진동

339 전달력은 항상 외력보다 작기 때문에 차진이 유효한 경우는?(단, f : 강제진동수, f_n : 고유진동수)

① $\frac{f}{f_n}=1$ ② $\frac{f}{f_n}<\sqrt{2}$
③ $\frac{f}{f_n}>\sqrt{2}$ ④ $\frac{f}{f_n}=\sqrt{2}$

340 외부에서 가해지는 강제진동수(f)와 계의 고유진동수(f_n)의 비에 따라 변화하는 진동전달률에 관한 설명으로 알맞지 않은 것은?

① $\frac{f}{f_n}=1$일 때 : 공진상태이므로 전달률이 최대가 된다.
② $\frac{f}{f_n}<\sqrt{2}$일 때 : 항상 전달력은 강제력보다 작다.
③ $\frac{f}{f_n}=\sqrt{2}$일 때 : 전달력은 외력과 같다.
④ $\frac{f}{f_n}>\sqrt{2}$일 때 : 차진이 유효한 영역이다.

풀이 $\frac{f}{f_n}<\sqrt{2}$일 때는 항상 전달력은 외력보다 크다.

341 $\frac{f}{f_n}>\sqrt{2}$일 때 전달력과 외력(강제력)의 관계를 알맞게 나타낸 것은?(단, 강제진동수 : f, 고유진동수 : f_n, 제1자유도계)

① 전달률이 최대가 된다.
② 항상 전달력은 외력(강제력)보다 크다.
③ 전달력은 외력과 같다.
④ 전달력은 외력보다 작거나 같다.

342 전달률이 1 이 되는 경우는 다음 중 어느 것인가?(단, r은 진동수비 $\frac{\omega}{\omega_n}$이다.)

① $r=1$ ② $r=\sqrt{2}$
③ $r=\frac{1}{\sqrt{2}}$ ④ $r=0$

343 감쇠비 ξ가 일정한 값을 갖고 전달률(TR)을 1 이하로 감소시키려면 진동수비 $\frac{\omega}{\omega_n}$는 얼마의 크기를 나타내어야 하는가?

① $\frac{\omega}{\omega_n}=0$ ② $0<\frac{\omega}{\omega_n}<1$
③ $1<\frac{\omega}{\omega_n}<2$ ④ $\sqrt{2}\leq\frac{\omega}{\omega_n}$

정답 336 ① 337 ③ 338 ③ 339 ③ 340 ② 341 ② 342 ② 343 ④

344 외부에서 가해지는 강제진동수 f와 계의 고유진동수 f_n의 비 및 감쇠비 ξ, 진동전달률 T의 관계로 알맞은 것은?

① $\frac{f}{f_n} < \sqrt{2}$ 인 범위 내에서 ξ값이 작을수록 전달률 T가 작아지므로 방진상 감쇠비가 작을수록 좋다.

② $\frac{f}{f_n} < \sqrt{2}$ 인 범위 내에서 ξ값이 클수록 전달률 T가 작아지므로 방진상 감쇠비가 클수록 좋다.

③ $\frac{f}{f_n} < \sqrt{2}$ 인 범위 내에서 ξ값이 작을수록 전달률 T가 커지므로 방진상 감쇠비가 작을수록 좋다.

④ $\frac{f}{f_n} < \sqrt{2}$ 인 범위 내에서 ξ값이 클수록 전달률 T가 커지므로 방진상 감쇠비가 클수록 좋다.

345 방진의 원리는 질량과 스프링 계수를 이용하여 어떻게 하는 것이 경제적으로 가장 옳은가?

① 고유진동수를 일정하게 유지
② 고유진동수를 증대
③ 고유진동수를 감소
④ 고유진동수를 1이 되도록 유지

풀이 방진대책상 $\frac{f}{f_n} > 3$이 되게 설계하므로 f_n이 감소하는 것이 좋다.

346 탄성지지설계에 대한 설명 중 맞는 것은?(단, f : 강제진동수, f_n : 고유진동수)

① 방진대책은 될 수 있는 한 $\frac{f}{f_n} > 3$ 이 되게 설계한다.

② $\frac{f}{f_n} < \sqrt{2}$ 로 될 때에는 $\frac{f}{f_n} < 1.0$이 되게 설계한다.

③ f_n은 질량 m의 증가에 의해서 감쇠가 이루어지지 않는다.

④ 외력의 진동수가 0에서부터 증가되는 경우 감쇠가 없는 장치를 넣는 것이 좋다.

풀이 ② $\frac{f}{f_n} < 0.4$가 되게 설계한다.
③ f_n은 질량 m의 증가에 의해서도 감소시킬 수 있다.
④ 외력의 진동수가 0에서부터 증가되는 경우 감쇠가 0.2 정도의 감쇠장치를 넣는 것이 좋다.

347 소음의 원인이 되는 진동을 감소시키기 위한 노력으로 부적당한 것은?

① 댐핑을 증가시킨다.
② 고유진동 주파수에 맞춘다.
③ 주기적인 힘을 감소시킨다.
④ 진동원으로부터 차단시킨다.

풀이 고유진동 주파수에 맞추게 되면 공진이 되어 진동이 증가된다.

348 스프링을 매개로 한 진동전달률에 관한 설명으로 알맞은 것은?(단, 진동전달률

$$T=\frac{F_t}{F_0}=\frac{\sqrt{1+\left(2\xi\frac{f}{f_0}\right)^2}}{\sqrt{\left(1-\left(\frac{f}{f_0}\right)^2\right)^2+\left(2\xi\frac{f}{f_0}\right)^2}}$$ 이다.)

① $\frac{f}{f_0}=0$인 경우는 기초에 전달되는 힘은 가진력의 $\sqrt{1+\left(\frac{1}{2\xi}\right)^2}$ 배가 된다.

② $\frac{f}{f_0}$가 커짐에 따라 가진력은 점점 작아진다.

③ $0<\frac{f}{f_0}<\sqrt{2}$ 범위에서 ξ가 클수록 기초에 전달되는 힘은 작다.

④ $\frac{f}{f_0}=1$인 경우는 기초에 전달되는 힘이 가진력과 같다.

정답 344 ② 345 ③ 346 ① 347 ② 348 ③

349 큰 가진력을 발생하는 기계의 기초대를 설계할 경우 공진을 피하기 위해서는 기계의 기초대 진폭을 최대한 억제해야 한다. 다음 중 가장 알맞은 것은?(단 f : 강제진동수, f_n : 고유진동수)

① f가 f_n보다 작은 경우에 기초대의 밑면적을 증가시켜 지반과의 스프링기능을 강화시키거나 기초대 중량을 증가
② f가 f_n보다 작은 경우에 기초대의 밑면적을 감소시켜 지반과의 스프링기능을 강화시키거나 기초대 중량을 증가
③ f가 f_n보다 작은 경우에 기초대의 밑면적을 증가시켜 지반과의 스프링기능을 강화시키거나 기초대 중량을 감소
④ f가 f_n보다 작은 경우에 기초대의 밑면적을 감소시켜 지반과의 스프링기능을 강화시키거나 기초대 중량을 증가

350 그림과 같은 진동계에서의 방진대책의 설계범위로 가장 적합한 것은?(단, f는 강제진동수, f_n은 고유진동수이며 이때 진동전달률은 12.5% 이하이다.)

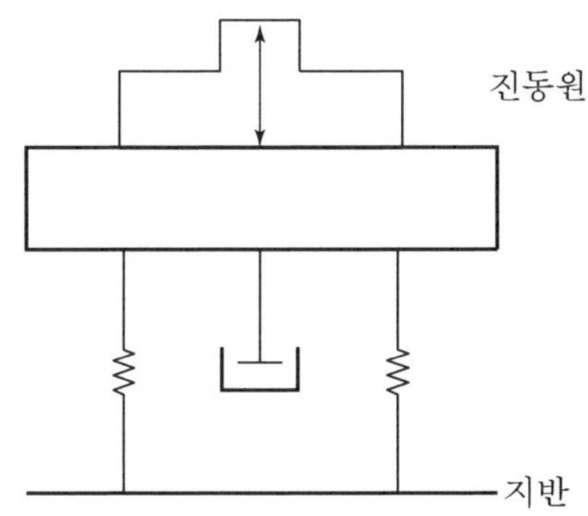

① $3f_n < f$　　② $1.4f_n < f < 3f_n$
③ $f_n < f < 1.4f_n$　　④ $f < \frac{1}{3}f_n$

풀이 일반적으로 방진대책 시 $\frac{f}{f_n} > 3$이 되도록 설계한다.

351 다음 선택기준을 가진 방진재료로 가장 적합한 것은?

- 고유진동수 : 5~100Hz
- 감쇠성능 : 있음
- 온도범위 : −30~120℃
- 고주파차진성 : 양호함

① 코일형 금속스프링　　② 방진고무
③ 공기스프링　　④ 중판형 금속스프링

352 방진고무에 관한 설명으로 가장 거리가 먼 것은?

① 내부감쇠저항이 크므로 추가적인 감쇠장치가 불필요하다.
② 내고온 · 내저온성은 금속스프링에 비해 우수하다.
③ 고주파영역에 있어서 고체음 절연성능이 우수하다.
④ 서징이 잘 발생하지 않는다.

풀이 내고온 · 내저온성은 금속스프링에 비해 좋지 않다.

353 방진고무의 특징에 대한 설명으로 틀린 것은?

① 고무 자체의 내부마찰에 의해 저항이 발생하기 때문에 고주파 진동의 차진에는 사용할 수 없다.
② 형상의 선택이 비교적 자유롭다.
③ 공기 중의 O_3에 의해 산화된다.
④ 내부마찰에 의한 발열 때문에 열화되고, 내유 및 내열성이 약하다.

풀이 방진고무는 고주파 차진에 양호하다.

354 다음 중 영률이 35N/cm^{2}일 때 방진고무의 동적 배율은?

① 1.1　　② 1.2
③ 1.3　　④ 1.4

정답 349 ③ 350 ① 351 ② 352 ② 353 ① 354 ③

355 방진고무에 관한 설명으로 옳지 않은 것은?

① 고무 자체의 내부마찰에 의해 저항을 얻을 수 있어 고주파 진동의 차진에 양호하다.
② 정하중에 따른 수축량은 30% 이상이 좋다.
③ 공기 중의 오존에 의해 산화된다.
④ 고유진동수가 강제진동수의 $\frac{1}{3}$ 이하인 것을 택하고 적어도 70% 이하로 하여야 한다.

풀이 정하중에 따른 수축량은 10~15% 이내가 좋다.

356 방진고무에 관한 설명 중 가장 거리가 먼 것은?

① 압축, 전단 등의 사용방법에 따라 1개로 2축 방향 및 회전방향의 스프링 정수를 광범위하게 선택할 수 있다.
② 내부마찰에 의한 발열 때문에 열화 가능성이 크다.
③ 동적 배율(정적 스프링 정수에 대한 동적 스프링 정수의 비)이 보통 1보다 작다.
④ 고유진동수가 강제진동수의 $\frac{1}{3}$ 이하인 것을 택한다.

풀이 동적 배율(정적 스프링 정수에 대한 동적 스프링 정수의 비)이 보통 1보다 크다.

357 방진고무의 특성 및 사용상 주의사항에 관한 설명으로 가장 거리가 먼 것은?

① 강제진동수가 고유진동수의 $\frac{1}{3}$ 이하인 것을 택하고 적어도 70% 이상으로 하여야 한다.
② 고무 자체의 내부마찰에 의해 저항을 얻을 수 있어 고주파 진동의 차진에 양호하다.
③ 내유 및 내열성이 약하며, 공기 중의 오존에 의해 산화가 잘 된다.
④ 정하중에 따른 수축량은 10~15% 이내로 하는 것이 좋다.

풀이 강제진동수가 고유진동수의 $\frac{1}{3}$ 이하인 것을 택하고 적어도 70% 이하로 하여야 한다.

358 방진고무의 정확한 사용을 위해서는 일반적으로 (㉠)을 알아야 하는데 그 값은 $\frac{(㉡)}{(㉢)}$로 나타낼 수 있다.

① ㉠ 동적 배율 ㉡ 동적 스프링 정수 ㉢ 정적 스프링 정수
② ㉠ 동적 배율 ㉡ 정적 스프링 정수 ㉢ 동적 스프링 정수
③ ㉠ 정적 배율 ㉡ 동적 스프링 정수 ㉢ 정적 스프링 정수
④ ㉠ 정적 배율 ㉡ 정적 스프링 정수 ㉢ 동적 스프링 정수

359 $\frac{K_d}{K_s}$를 동적 배율이라 한다. 동적 배율에 대한 다음 설명 중 잘못된 것은?(단, K_d : 동적 스프링 정수, K_s : 정적 스프링 정수)

① 동적 배율은 천연고무류가 합성고무류에 비하여 작다.
② 동적 배율은 방진고무의 영률 20N/cm^{2}에서 1.1 정도이다.
③ 동적 배율은 방진고무의 영률이 커짐에 따라 작아진다.
④ 동적 배율은 방진고무에서 1.0 이상의 값이 된다.

풀이 동적 배율은 방진고무의 영률이 커짐에 따라 커진다.

360 방진고무의 동적 스프링 상수를 K_d, 정적 스프링 상수를 K_s라 하면 K_d와 K_s의 관계로 가장 알맞은 것은?

① $K_d = K_s$
② $K_d < K_s$
③ $K_d > K_s$
④ 일정하지 않음

정답 355 ② 356 ③ 357 ① 358 ① 359 ③ 360 ③

361 다음 중 천연고무의 동적 배율($\alpha = \frac{K_d}{K_s}$) 범위로 적절한 것은?

① 1.0~1.6　② 1.6~2.3
③ 2.4~3.8　④ 3.8~4.5

362 방진고무의 정적 스프링 정수 K_s 를 나타낸 식으로 옳은 것은?(단, W : 하중(kg), ΔI : 수축 또는 휨량(cm))

① $K_s = \frac{W^2}{\Delta I}$　② $K_s = \frac{W}{\Delta I}$
③ $K_s = \frac{\Delta I}{W}$　④ $K_s = \sqrt{\frac{W}{\Delta I}}$

363 방진재료로 사용되는 금속스프링의 장점이 아닌 것은?

① 뒤틀리거나 오므라들지 않는다.
② 고주파 차진에 매우 효과적이다.
③ 환경요소(온도, 부식 등)에 대한 저항성이 크다.
④ 최대변위가 허용된다.

풀이 금속스프링은 저주파 차진에 좋다.

364 방진재인 금속스프링의 단점이 아닌 것은?

① 감쇠가 거의 없다.
② 저주파 차진이 어렵다.
③ 공진 시에 전달률이 매우 크다.
④ 로킹이 일어나지 않도록 주의해야 한다.

풀이 저주파 차진에 좋다.

365 다음 중 방진재료로 사용되는 금속스프링에 관한 설명으로 맞지 않는 것은?

① 저주파 차진에 좋다.
② 감쇠가 거의 없고 공진 시에 전달률이 매우 크다.
③ 로킹이 일어나지 않는다.
④ 최대변위가 허용된다.

366 스프링 자체의 탄성진동의 고유진동수가 외력의 진동수와 공진하는 상태를 무엇이라 하는가?

① Rocking　② Surging
③ Masking　④ Damping

367 금속스프링의 감쇠가 거의 없고, 고주파 진동 시 단락되기 쉬우며, 로킹현상이 일어나는 단점이 있다. 이를 보완하기 위한 설명 중 틀린 것은?

① 스프링의 정적 수축량이 일정한 것을 쓴다.
② 기계무게의 1~2배의 가대를 부착시킨다.
③ 스프링의 감쇠비가 클 경우에는 스프링과 병렬로 Damper를 넣고 사용한다.
④ 계의 중심을 낮게 하고 부하(하중)가 평형분포되도록 한다.

풀이 스프링의 감쇠비가 작을 경우에는 스프링과 병렬로 Damper를 넣고 사용한다.

368 금속스프링의 단점을 보완하기 위한 방법으로 가장 거리가 먼 것은?

① 금속의 내부마찰은 대단히 작으므로 중판스프링이나 조합접시스프링과 같이 구조상 마찰을 가진 경우에는 감쇠기를 병용해야 한다.
② 스프링의 감쇠비가 적을 때는 스프링과 병렬로 Damper를 넣는다.
③ 코일스프링에서 서징의 영향을 제거하기 위해 코일 스프링의 양단에 그 스프링정수의 10배 정도보다 작은 스프링 정수를 가진 방진고무를 직렬로 삽입하는 것이 좋다.
④ 낮은 감쇠비로 일어나는 고주파 진동의 전달은 스프링과 직렬로 고무패드를 끼워 차단한다.

정답 361 ① 362 ② 363 ② 364 ② 365 ③ 366 ② 367 ③ 368 ①

369 금속스프링의 단점 보완대책으로 가장 거리가 먼 것은?

① 스프링의 감쇠비가 적을 때는 스프링과 병렬로 댐퍼를 넣는다.
② Rocking Motion을 억제하기 위해서는 스프링의 정적 수축량이 일정한 것을 쓴다.
③ 낮은 감쇠비로 일어나는 고주파 진동의 전달은 스프링과 직렬로 고무패드를 끼워 차단할 수 있다.
④ Rocking Motion 억제를 위해서는 기계무게의 $\frac{1}{2}$ 정도의 가대를 부착시키고 중심에 부하가 분포하도록 한다.

풀이 Rocking Motion 억제를 위해서는 기계무게의 1~2배 정도의 가대를 부착시키고 중심에 부하가 분포하도록 한다.

370 다음 방진재 중 수명이 길며 내유성 및 제품의 균일성 면에서 가장 우수한 것은?

① 공기스프링 ② 방진고무
③ 코일스프링 ④ 강화코르크

371 다음의 방진재 중 고주파 차진성 및 방음효과가 가장 우수한 것은?

① 코일스프링 ② 공기스프링
③ 코르크 ④ 방진고무

372 다음 중 무게가 대단히 큰 물체의 방진에 사용하여 공진진동수를 가장 낮은 값으로 만들어 줄 수 있는 것은?

① 공기스프링 ② 방진고무
③ 펠트 ④ 코르크

373 방진재료 중 공기스프링은 다음 중 고유진동수가 몇 Hz 이하를 요구할 때 주로 사용하는가?

① 10Hz ② 100Hz
③ 250Hz ④ 500Hz

374 계의 고유진동수를 1Hz 이하로 만들기에 가장 적합한 방진재는?

① 방진고무 ② 금속스프링
③ 공기스프링 ④ 코르크

375 구조가 복잡하여도 성능이 좋아서 기계류나 특수실험실 등의 고급방진에 사용되는 것은?

① 금속스프링 ② 방진고무
③ 탄성블록 ④ 공기스프링

376 공기스프링에 관한 다음 설명 중 옳지 않은 것은?

① 하중의 변화에 따라 고유진동수를 일정하게 유지할 수 있다.
② 자동제어가 가능하다.
③ 공기누출의 위험성이 없다.
④ 사용진폭이 적은 것이 많으므로 별도의 댐퍼가 필요한 경우가 많다.

풀이 압축공기가 누출될 위험이 있다.

377 방진재 중 공기스프링의 단점이라 볼 수 없는 것은?

① 구조가 복잡하고 시설비가 많다.
② 부하능력범위가 비교적 좁다.
③ 공기누출의 위험이 있다.
④ 압축기 등 부대시설이 필요하다.

정답 369 ④ 370 ③ 371 ② 372 ① 373 ① 374 ③ 375 ④ 376 ③ 377 ②

378 Air Spring에 대한 아래의 설명 중 맞는 것은?

① 하중변화에 따라 고유진동수를 일정하게 유지할 수 있어 별도의 부대시설이 필요 없다.
② 사용진폭이 큰 것이 많이 사용되므로 스프링정수 범위가 광범위하다.
③ 에어스프링은 감쇠율이 높아 별도의 댐퍼시설이 필요 없어 효과적이다.
④ 에어스프링은 지지하중의 크기가 변하는 경우에도 조정밸브에 의해서 기계높이를 일정레벨 유지할 수 있다.

풀이 ① 별도의 부대시설이 필요하다.
② 사용진폭이 작은 것이 많이 사용되므로 스프링정수 범위가 광범위하다.
③ 진폭이 작은 경우가 많으므로 댐퍼를 함께 사용하여야 할 경우가 많다.

379 주공기실에 있는 공기스프링 작용을 이용한 것으로 기계하중이 작용할 때 실용적으로 그림과 같은 보조탱크가 있는 공기스프링의 스프링정수 K를 옳게 표현한 식은?(단, V_1 : 주공기실의 용적, V_2 : 보조탱크의 용적, A : 지지부의 유효면적, P_o : 정적 공기실 내압, P_a : 대기압, n : 주공기실의 부풀린 단수, D : 공기실의 유효직경이며, 단위는 적절함)

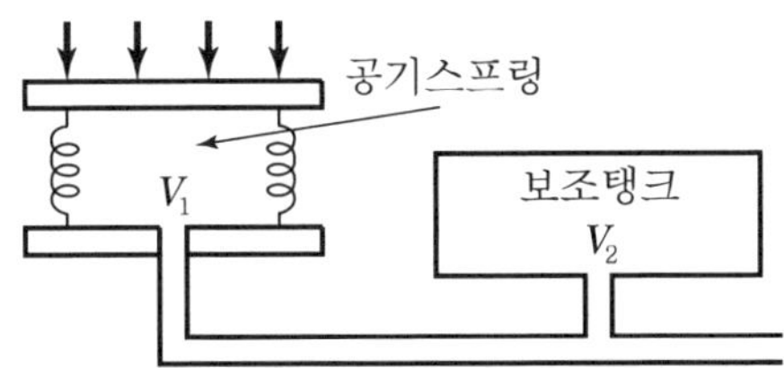

① $K=\dfrac{1.4P_o}{(V_1+V_2)A^2}+\dfrac{\pi}{n}\dfrac{P_o-P_a}{D}A$
② $K=\dfrac{1.4P_o^2A}{(V_1+V_2)}+\dfrac{\pi}{n}\dfrac{P_o-P_a}{D}A$
③ $K=\dfrac{(V_1+V_2)}{1.4P_o^2A}+\dfrac{\pi}{n}\dfrac{P_o-P_a}{D}A$
④ $K=\dfrac{1.4P_oA^2}{(V_1+V_2)}+\dfrac{\pi}{n}\dfrac{P_o-P_a}{D}A$

380 공기스프링의 고유진동수 f_0를 근사적으로 나타낸 식은 어느 것인가?(단, V_1 : 공기스프링의 내부용적, V_2 : 보조탱크의 내부용적, A : 수압면적, g : 중력가속도)

① $f_0=2\pi\sqrt{\dfrac{1.4A\cdot g}{V_1+V_2}}$
② $f_0=\dfrac{1}{2\pi}\sqrt{\dfrac{1.4A\cdot g}{V_1+V_2}}$
③ $f_0=2\pi\sqrt{\dfrac{V_1+V_2}{1.4A\cdot g}}$
④ $f_0=\dfrac{1}{2\pi}\sqrt{\dfrac{V_1+V_2}{1.4A\cdot g}}$

381 다음 방진재료 중 고유진동수가 틀린 것은?

① 공기스프링 : 10~30Hz
② 방진고무(전단형) : 4Hz 이상
③ 코일형 금속스프링 : 2~6Hz
④ 중판형 금속스프링 : 2~5Hz

풀이 공기스프링은 고유진동수가 1Hz(10Hz) 이하를 요구할 때 주로 사용한다.

382 방진재에 대한 다음 설명 중 틀린 것은?

① 판스프링, 벨트, 스펀지 등도 가벼운 수진체 방진에 이용할 수 있다.
② 코일스프링은 자신이 저항성분을 가지고 있으므로 별도의 제동장치는 필요하지 않다.
③ 공기스프링은 대형 기계나 차륜의 진동에 널리 쓰인다.
④ 여러 형태의 고무를 금속의 판이나 관 등 사이에 끼워서 견고하게 고착시킨 것이 방진고무이다.

풀이 코일스프링은 감쇠가 없기 때문에 댐퍼가 필요하다.

정답 378 ④ 379 ④ 380 ② 381 ① 382 ②

383 다음의 사용 특성을 만족하는 탄성지지 재료는?

> • 정적 변위의 제한 : 최대 두께의 6%
> • 정적 변위의 할증률 : 1.8~5
> • 유효고유진동수(Hz) : 40 이상

① 금속코일스프링 ② 방진고무
③ 코르크 ④ 펠트

384 진동절연의 목적으로서 맞지 않는 것은?

① 진동원을 없앤다.
② 진동을 차단한다.
③ 공진을 피한다.
④ 흡진기로 진동을 감소시킨다.

385 다음 중 진동절연의 개념을 바르게 나타낸 것은?

① 공진현상을 막는다.
② 진동의 전달을 막는다.
③ 가진력을 없앤다.
④ 감쇠장치로 진동을 흡수한다.

386 금속 자체에 진동흡수력을 갖는 제진합금의 분류 중 흑연 주철, Al−Zn 합금(단, 40~78%의 Zn을 포함)으로 이루어진 것은?

① 강자성형 ② 쌍전형
③ 전위형 ④ 복합형

387 제진합금 중 두드려도 소리가 나지 않는 금속으로 유명한 Sonoston에 가장 많이 함유되어 있는 물질은?

① Mn ② Cu
③ Al ④ Fe

388 제진합금의 분류 형태로 알맞지 않는 것은?

① 복합형 ② 단전형
③ 강자성형 ④ 전위형

389 금속 자체에 진동흡수 능력을 갖는 제진합금 중에서 감쇠계수가 크고 우수한 제진합금에 속하는 것은?

① Cu−Al−Ni 합금
② 청동
③ 스테인리스강
④ 0.6% 크롬강

390 다음 중 원통코일스프링의 스프링정수에 대한 설명으로 옳은 것은?

① 스프링정수는 평균코일 직경에 비례한다.
② 스프링정수는 평균코일 직경에 반비례한다.
③ 스프링정수는 평균코일 직경의 제곱에 비례한다.
④ 스프링정수는 평균코일 직경의 세제곱에 반비례한다.

391 다음 중 물체의 체적변화에 의해 전달되는 소일파에 해당하는 것은?

① 종파 ② 횡파
③ 표면파 ④ 고정파

392 지표면을 따라 나가는 파동 중 전파속도가 가장 빠른 것은?

① 종파 ② 횡파
③ 전단파 ④ Rayleigh파

풀이 지표면 파동의 전파속도
P파 > S파 > R파
(1 : 0.58 : 0.53)

정답 383 ③ 384 ① 385 ② 386 ④ 387 ① 388 ② 389 ① 390 ④ 391 ① 392 ①

393 레일리파에 관한 설명으로 옳은 것은?(단, 진동원으로부터 떨어진 거리 : r)

① 지표면에서는 그 진폭이 r^2에 반비례하여 감소한다.
② 지표면에서는 그 진폭이 r에 반비례하여 감소한다.
③ 지표면에서는 그 진폭이 $\sqrt{r}$ 에 반비례하여 감소한다.
④ 지표면에서는 그 진폭이 $\frac{r}{2}$ 에 반비례하여 감소한다.

394 진동원에서 발생한 진동이 지반에 전파되는 파동에 관한 설명으로 옳지 않은 것은?

① P파 : 진동의 방향이 파동의 전파방향과 일치하는 파로 전파속도가 제일 작다.
② S파 : 진동의 방향이 파동의 전파방향과 직각인 파이다.
③ 실체파 : 종파와 횡파를 총칭하는 파를 말한다.
④ 표면파 : 자유표면에 연결되어 전달되는 파로 R파와 L파가 있다.

풀이 P파의 전파속도가 제일 크다.

395 진동원에서 거리를 2배로 떨어뜨렸을 때 에너지 분산에 따른 감쇠는?(단, 무한 탄성체를 전파하는 실체파의 경우)

① 1dB ② 3dB
③ 6dB ④ 12dB

풀이 진동파의 거리감쇠 중 거리감쇠

$$20\log\left(\frac{r}{r_0}\right)^n = 20\log 2^1 = 6\text{dB}$$

($n=1$: 무한탄성체를 전파하는 실체파)

396 진동원에서 발생된 진동이 지반에 전파되는 파동에 관한 내용으로 알맞은 것은?

① 실체파는 종파와 횡파를 총칭하는 파이다.
② 횡파는 진동의 방향이 파동의 전파방향과 평행한 파이다.
③ 횡파는 소밀파 또는 압력파라고도 한다.
④ 전파속도는 표면파가 가장 빠르다.

풀이 ② 평행한 파 → 수직인 파
③ 소밀파 또는 압력파 → 전단파
④ 표면파 → P파

397 지표면 진동파의 종류에 따른 에너지비율로 옳은 것은?

구분	진동파의 종류	에너지비율(%)
㉠	종파	약 22
㉡	레일리파	약 15
㉢	횡파	약 26
㉣	실체파	약 2

① ㉠ ② ㉡
③ ㉢ ④ ㉣

풀이 진동파의 에너지비
R파 : 67%, S파 : 26%, P파 : 7%

398 다음 중 자려 진동의 예로 적절한 것은?

① 바이올린 현의 진동
② 회전하는 편평축의 진동
③ 왕복운동 기계의 크랭크축계의 진동
④ 단조기나 프레스에서 발생되는 진동

399 계수여진진동에 관한 설명으로 틀린 것은?

① 대표적인 예는 그네로서 그네가 1행정하는 동안 사람 몸의 자세는 2행정을 하게 된다.
② 가진력의 주파수와 계의 고유진동수(계수여진진동주파수)가 거의 같을 때 크게 진동한다.
③ 근본적인 대책은 질량 및 스프링 특성의 시간적 변동을 없애는 것이다.
④ 회전하는 편평축의 진동, 왕복운동계의 크랭크축계의 진동도 계수여진진동에 속한다.

풀이 가진력의 주파수가 그 계의 고유진동수의 두 배로 될 때 큰 진동이 발생한다.

정답 393 ③ 394 ① 395 ③ 396 ① 397 ③ 398 ① 399 ②

400 어떤 공장의 측정소음도가 90dB(A)이고, 배경소음도가 83dB(A)인 경우 보정치는?

① −3dB(A) ② −2dB(A)
③ −1dB(A) ④ −0.5dB(A)

풀이 배경소음 보정 시 우선 측정소음도와 배경소음의 차이(d)를 구한다.
측정소음도[90dB(A)] − 배경소음도[83dB(A)] = 7dB(A)

$$\text{보정치} = -10\log(1-10^{-0.1d}) = -10\log[1-10^{-(0.1\times7)}] = -0.97\text{dB(A)}$$

401 A공장 가동 시 측정한 측정소음도가 62dB(A)이고, 배경소음도가 59dB(A)이었다면 이 공장의 대상소음도는?

① 61dB(A) ② 60dB(A)
③ 59dB(A) ④ 62dB(A)

풀이 측정소음도와 배경소음도의 차이
62dB(A) − 59dB(A) = 3dB(A)
대상소음도 = 측정소음도 − 보정치

$$\text{보정치} = -10\log(1-10^{-0.1d}) = -10\log[1-10^{-(0.1\times3)}] = 3.02\text{dB(A)}$$

$$= 62 - 3.02 = 59\text{dB(A)}$$

402 그림과 같이 어떤 공장의 배기통 S에서 나오는 음을 수음점 P에서 측정하였을 때 68dB(A)이었고 배경소음은 65dB(A)이었다. S점에서의 파워레벨(PWL)은?(단, 지면과 벽면의 반사는 고려하지 않는다.)

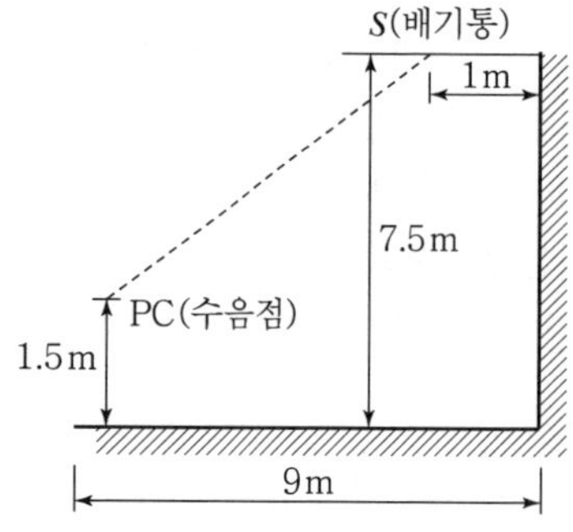

① 104dB(A) ② 100dB(A)
③ 96dB(A) ④ 92dB(A)

풀이 수음점에서 소음도(대상소음도)를 구하면
대상소음도 = 측정소음도 − 보정치

$$\text{보정치} = -10\log(1-10^{0.1d}) = -10\log[1-10^{-(0.1\times3)}] = 3.02\text{dB(A)}$$

$$= 68\text{dB(A)} - 3\text{dB(A)} = 65\text{dB(A)}$$

발생원(배기통)과 수음점 사이의 거리(r)

$$r = \sqrt{(9-1)^2 + (7.5-1.5)^2} = 10\text{m}$$

점음원 자유공간에서의 PWL

$$PWL = SPL + 20\log r + 11 = 65 + 20\log 10 + 11 = 96\text{dB(A)}$$

점음원, 자유공간에서의 SPL과 PWL의 식

$$PWL = SPL + 20\log r + 11(\text{dB}) = 65 + 20\log 10 + 11 = 96\text{dB(A)}$$

403 발파소음 평가 시, 대상소음도에 시간대별 보정발파횟수에 따른 보정량을 보정하여야 한다. 시간대별 평균발파횟수가 5회일 경우 보정하여야 하는 보정량은 얼마인가?

① 3dB ② 7dB
③ 9dB ④ 12dB

풀이 보정량 = $+10\log N$ (N : 시간대별 평균발파횟수)
$= +10\log 5 = 7\text{dB}$

404 낮시간대에 A지점에서 2시간 간격으로 1시간씩 2회 측정한 철도 소음도가 65dB(A)과 74dB(A)이었다면 A지점에서의 철도소음도는 얼마인가?

① 65dB(A) ② 69.5dB(A)
③ 74dB(A) ④ 79.5dB(A)

풀이 낮시간대는 2시간 간격을 두고 1시간씩 2회 측정하여 산술평균한다.

$$\text{철도소음도} = \frac{65+74}{2} = 69.5\text{dB(A)}$$

정답 400 ③ 401 ③ 402 ③ 403 ② 404 ②

405 배경소음보다 10dB 이상 큰 항공기소음의 평균지속시간이 63초일 때 보정량(WECPNL)값으로 옳은 것은?

① 1　② 3
③ 5　④ 7

풀이 보정량 $=+10\log\frac{\overline{D}}{20}=+10\log\left(\frac{63}{20}\right)$
$=4.98(≒5)$ WEPCNL

406 1일 동안의 평균최고소음도가 89dB(A)이고, N_1, N_2, N_3, N_4 항공기 통과횟수가 각각 50, 300, 40, 10회일 때 1일 단위의 WECPNL(dB)은?

① 약 92　② 약 99
③ 약 104　④ 약 109

풀이 1일 단위 WECPNL(dB)
$=\overline{L}_{max}+10\log N-27$
$N=N_2+3N_3+10(N_1+N_4)$
$=300+(3\times 40)+10(50+10)=1{,}020$
$=89$dB(A)$+10\log 1020-27$
$=92.08$WECPNL(dB)

407 7일간 항공기소음의 일별 WECPNL이 90, 91, 95, 93, 88, 78, 72인 경우 7일간의 평균 WECPNL은?

① 85　② 87
③ 91　④ 93

풀이 m일간 평균 WECPNL($\overline{WECPNL}$)

$$\overline{WECPNL}=10\log\left[\frac{1}{m}\sum_{i=1}^{m}10^{0.1\,WECPNLi}\right]$$
$$=10\log\left[\frac{1}{7}(10^6+10^{9.1}+10^{9.5}+10^{9.3}+10^{8.8}+10^{7.8}+10^{7.2})\right]$$
$$=90.65\text{WECPNL}$$

408 어떤 공장의 부지경계선에서 단조기를 가동하기 전과 후의 진동레벨이 79dB(V) 및 82dB(V)였다. 단조기의 진동레벨은 얼마인가?

① 82dB(V)　② 81dB(V)
③ 80dB(V)　④ 79dB(V)

풀이 측정진동레벨과 배경진동레벨의 차이
82dB(V) − 79dB(V) = 3dB(V)
대상진동레벨 = 측정진동레벨 − 보정치
보정치 $=-10\log(1-10^{-0.1\times 3})$
$=3$dB(V)
$=82-3=79$dB(V)

409 다음 그림에서 L_{10}진동레벨은 약 몇 dB(V)인가?

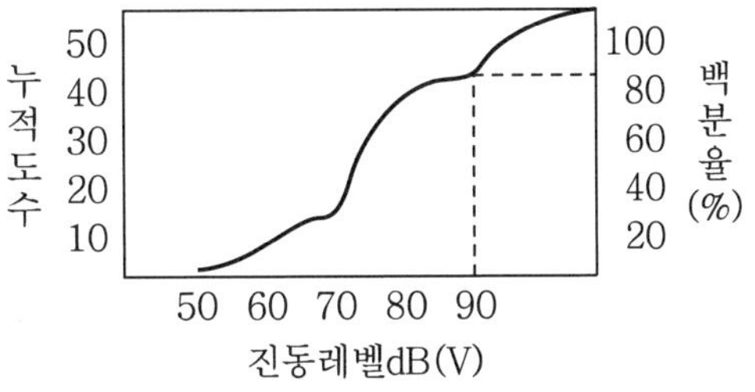

① 약 60dB(V)　② 약 70dB(V)
③ 약 80dB(V)　④ 약 90dB(V)

풀이 L_{10}진동레벨값, 즉 80% Range 상단값이므로 백분율 90%는 약 90dB(V)이 된다.

정답 405 ③ 406 ① 407 ③ 408 ④ 409 ④

ENGINEER NOISE & VIBRATION

PART 06

기출문제 풀이

001 2013년 1회 기사

1과목 소음진동개론

01 음장의 종류 및 특징에 관한 설명으로 옳지 않은 것은?

① 근음장에서 음의 세기는 음압의 2승에 비례하며, 입자속도는 음의 전파방향에 따라 개연성을 가진다.
② 자유음장은 원음장 중 역2승법칙이 만족되는 구역이다.
③ 확산음장은 잔향음장에 속한다.
④ 잔향음장은 음원의 직접음과 벽에 의한 반사음이 중첩되는 구역이다.

풀이 근음장의 입자속도는 음의 전파속도와 관련성이 없고 위치에 따라 음압변동이 심하여 음의 세기는 음압의 제곱과 비례관계가 거의 없는 음장이다.

02 NRN, Sone, Noy의 3종류의 소음 평가 방법의 공통된 사항으로 가장 적합한 것은?

① 모두 dB 단위로 정의된다.
② 어느 값이나 귀로 들은 크기에 반비례한다.
③ 어느 값이나 주파수의 분석으로 구한다.
④ 철도소음 평가를 위한 국제단위로 채용되고 있다.

03 배 위에서 사공이 물 속에 있는 해녀에게 큰 소리로 외쳤을 때 음파의 입사각은 60°, 굴절각은 45°였다. 이때 굴절률은?

① 1.5 ② 1.3333
③ 1.2247 ④ 0.75

풀이 굴절률 $=\dfrac{\sin\theta_1}{\sin\theta_2}=\dfrac{\sin 60°}{\sin 45°}=1.2247$

04 정비형 필터로서 1/1옥타브밴드 분석기의 중심 주파수(f_c) 식으로 옳은 것은?(단, 하한주파수 : f_1, 상한주파수 : f_2)

① $f_c=\sqrt[3]{f_1\cdot f_2}$ ② $f_c=\sqrt{\dfrac{f_1+f_2}{2}}$
③ $f_c=\sqrt{\dfrac{f_1+f_3}{2}}$ ④ $f_c=\sqrt{f_1\cdot f_2}$

05 음에 관한 다음 식 중 옳은 것은?(단, I : 음의 세기, P : 음압, ρ : 매질의 밀도, c : 음속)

① $P=\sqrt{I\rho c}$ ② $I=\dfrac{P}{\rho c}$
③ $P=\dfrac{\rho c}{I}$ ④ $I^2=\dfrac{P}{\rho c}$

06 음에 관련된 설명 중 옳지 않은 것은?

① 파장(Wavelength) : 정현파의 파동에서 마루와 마루 간의 거리 또는 위상의 차이가 360°가 되는 거리를 말한다.
② 입자속도(Particle Velocity) : 시간에 대한 입자변위의 미분값으로 그 표시 기호는 v, 단위는 m/sec이다.
③ 변위(Displacement) : 진동하는 입자(공기)의 어떤 순간의 속도와 그 실효속도를 말하며, 단위는 m/sec이다.
④ 주파수(Frequency) : 1초 동안의 Cycle 수를 말하며, 그 표시 기호는 f, 단위는 Hz이다.

풀이 변위는 진동하는 입자의 어느 순간의 위치와 그것의 평균위치 사이의 거리를 말하며 단위는 m이다.

정답 01 ① 02 ③ 03 ③ 04 ④ 05 ① 06 ③

07 정현진동하는 경우 진동속도의 진폭에 관한 다음 설명 중 옳은 것은?

① 진동속도의 진폭은 진동주파수에 반비례한다.
② 진동속도의 진폭은 진동주파수에 비례한다.
③ 진동속도의 진폭은 진동주파수의 제곱에 비례한다.
④ 진동속도의 진폭은 진동주파수의 제곱에 반비례한다.

08 사람의 청각기관 중 중이에 관한 설명으로 옳지 않은 것은?

① 음의 전달 매질은 기체이다.
② 망치뼈, 모루뼈, 등자뼈라는 3개의 뼈를 담고 있는 고실과 유스타키오관으로 이루어진다.
③ 고실의 넓이는 약 1~2cm^2 정도이다.
④ 이소골은 진동음압을 20배 정도 증폭하는 임피던스 변환기 역할을 한다.

풀이 중이의 음전달 매질은 고체이다.

09 다음은 청감보정회로의 특성을 나타낸 것이다. (　　) 안에 알맞은 것은?

청감보정회로	신호보정	용도
D특성	고음역대	항공기 소음 평가 시 주로 사용
(　　)	고음역대	소음등급평가, 물리적 특성 파악 시 이용

① A특성　② B특성
③ C특성　④ F특성

10 중심주파수가 3,150Hz일 때 1/3옥타브밴드 분석기의 밴드폭(Hz)은?

① 1,865　② 1,768
③ 731　④ 580

풀이 밴드폭(bw)

$$bw = f_c \times \left(2^{\frac{1/3}{2}} - 2^{-\frac{1/3}{2}}\right)$$
$$= f_c \times 0.203 = 3{,}150 \times 0.232 = 730.8\text{Hz}$$

11 기상조건에 의한 일반적인 흡음감쇠 효과에 관한 설명으로 가장 적합한 것은?

① 주파수가 작을수록, 기온이 높을수록, 습도가 높을수록 감쇠효과가 커진다.
② 주파수가 작을수록, 기온이 낮을수록, 습도가 낮을수록 감쇠효과가 커진다.
③ 주파수가 커질수록, 기온이 높을수록, 습도가 높을수록 감쇠효과가 커진다.
④ 주파수가 커질수록, 기온이 낮을수록, 습도가 낮을수록 감쇠효과가 커진다.

12 다음 용어 중 dB 단위로 표시되지 않는 것은?

① 음의 세기
② 음향 파워레벨
③ 음압 레벨
④ 주파수 대역(對域) 음압레벨

풀이 음의 세기 단위는 W/m^2이다.

13 아래의 명료도 산출식에 관한 다음 설명 중 옳지 않은 것은?

명료도 $= 96 \times (K_e \cdot K_r \cdot K_n)$
(단, K_e : 음의 세기에 의한 명료도의 저하율
K_r : 잔향시간에 의한 명료도의 저하율
K_n : 소음에 의한 명료도의 저하율)

① 음의 세기에 의한 명료도는 음압레벨이 40dB에서 가장 잘 들리고 40dB 이상에서는 급격히 저하된다.
② 잔향시간이 길면 언어의 명료도가 저하된다.
③ 상수 96은 완전한 실내 환경에서 96%가 최대 명료도임을 뜻하는 값이다.
④ 소음에 의한 명료도는 음압레벨과 소음레벨의 차이가 0dB일 때 K_n값은 0.67이며, 이 K_n은 두 음의 차이가 커짐에 따라 증가한다.

풀이 음의 세기에 의한 명료도는 음압레벨이 70~80dB에서 가장 좋다.

정답 07 ② 08 ① 09 ③ 10 ③ 11 ④ 12 ① 13 ①

14 50phon의 소리는 40phon의 소리에 비해 몇 배로 크게 들리는가?

① 1 ② 2
③ 3 ④ 5

풀이 ㉠ 50phon

$$S = 2^{\frac{50-40}{10}} = 2^1 = 2\text{sone}$$

㉡ 40phon

$$S = 2^{\frac{40-40}{10}} = 2^0 = 1\text{sone}$$

∴ 50phon은 40phon보다 2배 크게 들린다.

15 하나의 파면상의 모든 점이 파원이 되어 각각 2차적인 구면파를 사출하여 그 파면들을 둘러싸는 면이 새로운 파면을 만드는 현상과 관련된 것은?

① Masking 효과 ② Huyghens 원리
③ Doppler 효과 ④ Hass 효과

16 지반을 전파하는 파에 관한 설명으로 옳지 않은 것은?(단, r은 거리이다.)

① 압축파, 소밀파는 종파에 해당한다.
② R파는 P파에 비해 전파속도가 늦다.
③ 실체파는 종파와 횡파를 총칭하는 파를 말한다.
④ 지표면에 있어서 레일리파의 진폭은 r^2에 반비례하여 감쇠한다.

풀이 지표면에서 레일리파의 진폭은 $\sqrt{r}$에 반비례하여 감쇠한다.

17 그림과 같은 응답곡선에서 대수감쇠율은?

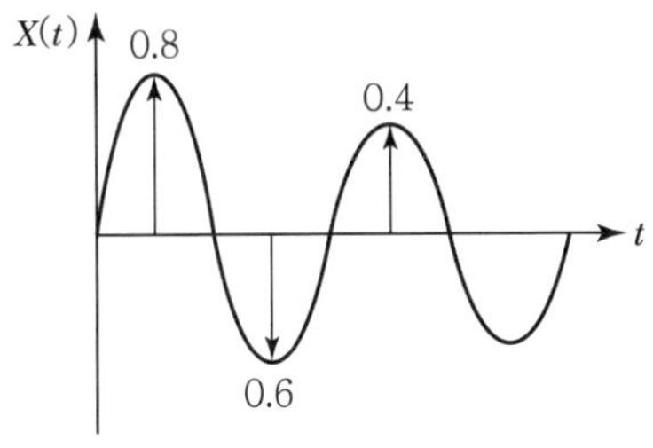

① 0.1 ② 0.3
③ 0.5 ④ 0.7

풀이 대수감쇠율(Δ)

$$\Delta = \ln\frac{A_1}{A_2} = \ln\frac{0.8}{0.4} = 0.69$$

18 음의 세기레벨이 84dB에서 88dB로 증가하면 음의 세기는 약 몇 % 증가하는가?

① 91% ② 111%
③ 131% ④ 151%

풀이

$$84 = 10\log\frac{I_1}{10^{-12}}$$

$$I_1 = 10^{8.4} \times 10^{-12} = 2.51 \times 10^{-4}\text{W/m}^2$$

$$88 = 10\log\frac{I_2}{10^{-12}}$$

$$I_2 = 10^{8.8} \times 10^{-12} = 6.31 \times 10^{-4}$$

$$\text{증가율}(\%) = \frac{I_2 - I_1}{I_1}$$

$$= \frac{6.31 \times 10^{-4} - 2.51 \times 10^{-4}}{2.51 \times 10^{-4}} \times 100$$

$$≒ 151\%$$

19 자유공간에서 출력 1.5W의 작은 점음원(무지향성)으로부터 17m 떨어진 지점의 음압레벨은?

① 72dB ② 78dB
③ 86dB ④ 108dB

풀이 $SPL = PWL - 20\log r - 11$

$$PWL = 10\log\frac{1.5}{10^{-12}} = 121.76\text{dB}$$

$$= 121.76 - 20\log 17 - 11$$

$$= 86.15\text{dB}$$

정답 14 ② 15 ② 16 ④ 17 ④ 18 ④ 19 ③

20 다음은 공해진동의 신체적 영향이다. (   ) 안에 가장 적합한 것은?

> (㉠) 부근에서 심한 공진현상을 보여, 가해진 진동보다 크게 느끼고, 2차적으로 (㉡) 부근에서 공진현상이 나타나지만 진동수가 증가함에 따라 감쇠가 급격하게 증가한다.

① ㉠ 1~2Hz, ㉡ 10~20Hz
② ㉠ 3~6Hz, ㉡ 10~20Hz
③ ㉠ 1~2Hz, ㉡ 20~30Hz
④ ㉠ 3~6Hz, ㉡ 20~30Hz

2과목 소음방지기술

21 용적 $175m^3$, 표면적 $150m^2$인 잔향실의 잔향시간은 4.5초이다. 만약 이 잔향실의 바닥에 $12m^2$의 흡음재를 부착하여 측정한 잔향시간이 3.1초가 되었을 때 잔향실법에 의한 흡음재의 흡음률은?

① 0.14 ② 0.20
③ 0.28 ④ 0.38

풀이 시료 부착 후 시료의 흡음률(α_r)

$$\alpha_r = \frac{0.161V}{S'}\left(\frac{1}{T} - \frac{1}{T_0}\right) + \overline{\alpha_0}$$

V(실의 체적) : $175m^3$
S'(시료의 면적) : $12m^2$
T(시료 부착 후 잔향시간) : 3.1sec
T_0(시료 부착 전 잔향시간) : 4.5sec
$\overline{\alpha_0}$(시료 부착 전 평균흡음률) : 0.0417
S(실 내부 표면적) : $150m^2$

$$\overline{\alpha_0} = \frac{0.161V}{ST_0} = \frac{0.161 \times 175}{150 \times 14.5} = 0.0417$$

$$= \frac{0.161 \times 175}{12}\left(\frac{1}{3.1} - \frac{1}{4.5}\right) + 0.0417$$

$= 0.28$

22 자동차 소음원에 따른 대책으로 가장 거리가 먼 것은?

① 엔진 소음 : 엔진의 구조 개선에 의한 소음저감
② 배기계 소음 : 배기계 관의 강성 감소로 소음억제
③ 흡기계 소음 : 흡기관의 길이, 단면적을 최적화 시켜 흡기음압을 저감
④ 냉각팬 소음 : 냉각성능을 저하시키지 않는 범위 내에서 팬회전수를 낮춤

풀이 자동차 배기계 소음의 대책으로는 배기계 관의 강성 증대로 소음을 억제시킨다.

23 유공판 구조체의 흡음특성에 대한 설명으로 가장 거리가 먼 것은?

① 유공파 구조체는 개구율에 따라 흡음특성이 달라진다.
② 유공판 구조체 판의 두께, 구멍의 피치, 직경 등에 따라 흡음특성은 달라진다.
③ 배후에 공기층을 두고 시공하면 그 공기층이 두꺼울수록 특정 주파수영역을 중심으로 뾰족한 산형(山形) 피크를 나타내고, 얇을수록 이중피크를 보인다.
④ 유공석고보드, 유공하드보드 등이 해당되며, 흡음영역은 일반적으로 중음역이다.

풀이 유공보드의 경우 배후에 공기층을 두어 시공하면 공기층이 상당히 두꺼운 경우를 제외하고 일반적으로는 어느 주파수 영역을 중심으로 산형의 흡음특성을 보인다.

24 다음 중 방음대책에 대한 설명으로 가장 적합한 것은?

① 진동이 심하여 고체음이 큰 기계는 밀폐에 의한 대책으로 진동을 억제하는 것이 가장 효과적이다.
② 유체가 흐르는 소음기의 내면에 흡음재를 취부하면 마찰손실이 감소되어 소음을 억제시킨다.

정답 20 ④ 21 ③ 22 ② 23 ③ 24 ④

③ 능동적 소음방지(ANC) 대책은 소음의 파형 분석을 통해 보강간섭을 시키는 원리를 응용한 기술이다.
④ 방음벽은 일종의 차음대책의 예이며, 방음벽을 설치할 경우 음원측 소음도는 오히려 높아질 수 있다.

25 자재의 흡음률 측정방법 중 정재파법으로 측정한 흡음률이 0.933이었을 때, 정재파 비는?

① 1.2 ② 1.5
③ 1.7 ④ 1.9

풀이 흡음률(α_t)

$$\alpha_t = \frac{4}{n+\frac{1}{n}+2}$$

$$0.933 = \frac{4}{n+\frac{1}{n}+2}$$

$$n+\frac{1}{n} = \frac{4}{0.933} - 2 = 2.287$$

$$n = 1.7$$

26 소음기의 종류에 따른 감음특성에 관한 설명으로 거리가 먼 것은?

① 흡음 덕트형 소음기 : 중 · 고음역에서 좋다.
② 팽창형 소음기 : 저 · 중음역에 유효하다.
③ 공명형 소음기 : 고음역의 탁월주파수 성분에 유효하다.
④ 간섭형 소음기 : 저 · 중음역의 탁월주파수 성분에 유효하다.

풀이 공명형 소음기는 저 · 중음역의 탁월 주파수 성분에 좋다.

27 공장의 기계 소음이 과도하여 인근 마을에서 민원의 대상이 되고 있다. 현재 공장 벽체의 두께만을 변경하여 마을에서 들리는 소음을 5dB 개선하려고 한다. 벽체의 두께를 현재의 약 몇 배로 하면 되는가?(단, 공장 벽체는 수직입사 질량법칙을 만족하며, 벽체두께 외의 기타 조건은 동일하다.)

① 1.38배 ② 1.78배
③ 3.16배 ④ 4.94배

풀이 수직입사 투과손실(TL)

$$TL = 20\log(m \cdot f) - 43$$

$$5 = 20\log m$$

$$m = 10^{\frac{5}{20}} = 1.78 \text{ 배}$$

28 음향투과등급(Sound Transmission Class)에 관한 설명으로 옳지 않은 것은?

① 잔향실에서 1/3옥타브대역으로 측정한 투과손실로부터 구한다.
② 500Hz의 기준곡선의 값이 해당 자재의 음향투과등급이 된다.
③ 단 하나의 투과손실 값도 기준곡선 밑으로 8dB을 초과해서는 안 된다.
④ 기준곡선 밑의 각 주파수 대역별 투과손실과 기준곡선 값과의 차의 산술평균이 10dB 이내이어야 한다.

풀이 ④ 10dB → 2dB

29 방음대책으로 가장 거리가 먼 것은?

① 소음기를 설치한다.
② 소음발생원의 방향을 고정한다.
③ 흡음덕트를 설치한다.
④ 소음발생원을 밀폐한다.

풀이 소음발생원의 방향을 변경한다.

30 차음대책 시 유의사항으로 거리가 먼 것은?

① 질량법칙에 의해 면밀도가 큰 재료를 선정토록 한다.
② 서로 다른 재료가 혼용된 경우 $S_1\tau_1$가 가능한 한 균일한 재료를 선택한다.

정답 25 ③ 26 ③ 27 ② 28 ④ 29 ② 30 ④

③ 차음뿐만 아니라 흡음 또한 차음에 많은 도움이 되므로 차음재의 음원 측에 흡음재를 붙인다.
④ 콘크리트 블록을 차음벽으로 사용하는 경우 더 높은 차음효과를 위해서는 표면에 모르타르 마감을 해서는 안 된다.

풀이 ④ 표면에 모르타르 마감을 하는 것이 좋다.

31 간섭형 소음기의 특징으로 거리가 먼 것은?

① 감음 주파수에서 실제 최대투과 손실치는 무한대이다.
② 감음 주파수는 음의 전파 경로 차이에 따라 결정된다.
③ 압축기의 흡배기음 저감에 사용된다.
④ 디젤기관, 송풍기 등의 흡배기음 저감에 사용된다.

풀이 최대 투과손실치는 f의 홀수배 주파수에서 일어나 이론적으로 무한대가 된다.

32 입사음의 75%는 흡음, 10%는 반사, 그리고 15%는 투과시키는 음향 재료를 이용하여 방음벽을 만들었다고 할 때, 이 방음벽의 투과손실(dB)은?

① 약 15dB ② 약 10dB
③ 약 8dB ④ 약 1dB

풀이 $TL = 10\log\frac{1}{\tau} = 10\log\frac{1}{0.15} = 8.24\text{dB}$

33 콘크리트와 유리창 그리고 합판으로 구성된 건물의 벽이 있다. 이 벽의 총합투과손실은?

- 콘크리트의 면적 30m^2, TL = 45dB
- 유리창의 면적 15m^2, TL = 15dB
- 합판의 면적 10m^2, TL = 12dB

① 15dB ② 17dB
③ 20dB ④ 24dB

풀이 총합투과손실($\overline{TL}$)

$$\overline{TL} = 10\log\frac{S_1+S_2+S_3}{S_1\tau_1+S_2\tau_2+S_3\tau_3}$$
$$= 10\log\frac{30+15+10}{(30\times10^{-4.5})+(15\times10^{-1.5})+(10\times10^{-1.2})}$$
$$= 16.97\text{dB}$$

34 음파가 단일 벽면에 수직입사할 때 벽의 투과손실을 구하는 공식으로 적합한 것은?[단, m은 벽체의 면밀도(kg/m^2), $\omega = 2\pi f$, f는 입사 주파수(Hz)이다.]

① $TL = 20\log[1+(\omega m/2\rho c)^2]\,\text{dB}$
② $TL = 10\log[1+(\omega m/2\rho c)^2]\,\text{dB}$
③ $TL = 20\log[1+(\omega m\cdot\cos\theta/2\rho c)]\,\text{dB}$
④ $TL = 10\log[1+(\omega m\cdot\sin\theta/2\rho c)]\,\text{dB}$

35 흡음재료의 선택 및 사용상 유의점으로 거리가 먼 것은?

① 막진동이나 판진동형의 것은 도장해도 별 차이가 없다.
② 다공질 재료의 표면에 종이를 입히는 것은 피해야 한다.
③ 다공질 재료 표면은 얇은 직물로 피복하는 것이 바람직하다.
④ 다공질 재료의 표면을 도장하면 고음역에서의 흡음률이 상승한다.

풀이 다공질 재료의 표면을 도장하면 고음역의 흡음률이 저하된다.

36 소음기의 성능을 나타내는 용어 중 삽입손실치에 대한 정의로 가장 적합한 것은?

① 소음원에 소음기를 부착하기 전과 후의 공간상의 어떤 특정위치에서 측정한 음압레벨의 차와 그 측정위치

정답 31 ① 32 ③ 33 ② 34 ② 35 ④ 36 ①

② 소음기 내의 두 지점 사이의 음향파워의 손실치
③ 소음기가 있는 그 상태에서 소음기의 입구 및 출구에서 측정된 음압레벨의 차
④ 소음기를 투과한 음향출력에 대한 소음기에 입사된 음향출력의 비(입사된 음향출력/투과된 음향출력)

37 다음은 판상재료의 흡음효과에 관한 설명이다. (　　) 안에 알맞은 것은?

> 석고보드, 석고 시멘트판 등은 대개 (㉠) 부근에서 최대흡음률 (㉡)를 지닌다.

① ㉠ 5~10Hz　㉡ 0.8~0.9
② ㉠ 5~10Hz　㉡ 0.2~0.5
③ ㉠ 80~300Hz　㉡ 0.8~0.9
④ ㉠ 80~300Hz　㉡ 0.2~0.5

38 공장 내 사무실과 작업공간 사이에 단일벽이 존재한다. 표는 단일벽 구성부의 차음특성을 보인다. 구성부에 차음대책을 보완할 때 가장 먼저 보완할 부분은?

구성부	출입문	유리창	환기구	콘크리트벽
투과손실(dB)	15	10	0	50

① 출입문　② 유리창
③ 환기구　④ 콘크리트벽

39 그림과 같은 방음벽에서 직접 음의 회절 감쇠치가 12dB(A), 반사음의 회절 감쇠치가 15dB(A), 투과손실치가 16dB(A)이다. 이 방음벽의 삽입 손실치는 몇 dB(A)인가?

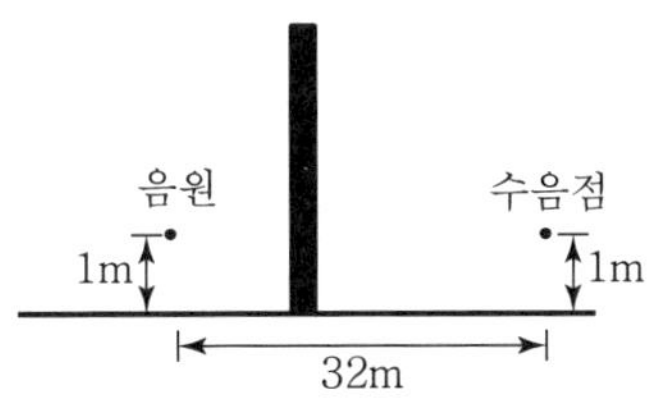

① 9.2dB(A)　② 11.2dB(A)
③ 14.2dB(A)　④ 16.2dB(A)

풀이 삽입손실치(ΔL_I)

$$\Delta L_I = -10\log\left(10^{-\frac{L_d}{10}} + 10^{-\frac{L_d'}{10}} + 10^{-\frac{TL}{10}}\right)$$
$$= -10\log\left(10^{-\frac{12}{10}} + 10^{-\frac{15}{10}} + 10^{-\frac{16}{10}}\right)$$
$$= 9.21\text{dB}$$

40 흡음 덕트형 소음기에 관한 설명으로 옳지 않은 것은?

① 통과 유속은 20m/s 이하로 하는 것이 좋다.
② 직각으로 구부러진 흡음덕트의 길이(L)는 덕트 내경(D)의 5~10배 정도로 하는 것이 좋다.
③ 단면 불연속부의 음에너지 반사에 의해 소음하는 구조이며, 덕트 내면에 흡음재 부착시 고음역 감음량이 증가한다.
④ 덕트 내경이 대상음 파장보다 큰 경우에는 cell형으로 하여 목적주파수를 감음한다.

풀이 단면불연속부의 음에너지 반사에 의해 소음하는 구조는 팽창형 소음기이다.

3과목 소음진동공정시험 기준

41 다음 중 소음 · 진동공정시험기준에서 정하는 용어의 정의로 옳지 않은 것은?

① 측정소음도란 이 시험기준에서 정한 측정방법으로 측정한 소음도 및 등가소음도 등을 말한다.
② 등가소음도란 임의의 측정시간 동안 발생한 변동소음의 총 에너지를 같은 시간 내의 정상소음의 에너지로 등가하여 얻어진 소음도를 말한다.
③ 지시치란 계기나 기록지 상에서 판독한 소음도로서 피크치를 말한다.
④ 충격음이란 폭발음, 타격음과 같이 극히 짧은 시간 동안에 발생하는 높은 세기의 음을 말한다.

정답 37 ④　38 ③　39 ①　40 ③　41 ③

풀이 지시치란 계기나 기록지상에서 판독한 소음도로서 실효치(RMS)를 말한다.

42 손으로 소음계를 잡고 측정할 경우 소음계는 측정자의 몸으로부터 최소 몇 m 이상 떨어져야 하는가?

① 0.2m 이상 ② 0.5m 이상
③ 1m 이상 ④ 1.2m 이상

43 배경소음보다 10dB 이상 큰 항공기소음의 평균지속시간이 100초일 때, 보정량(WECPNL)값으로 옳은 것은?

① 1 ② 3
③ 5 ④ 7

풀이 $보정량 = +10\log\left(\frac{\overline{D}}{20}\right)$

$= +10\log\left(\frac{100}{20}\right) = 7\text{WECPNL}$

44 다음은 배출허용기준 중 소음측정방법이다. ( ) 안에 알맞은 것은?

> 측정지점에 높이가 (㉠)m를 초과하는 장애물이 있는 경우에는 장애물로부터 소음원 방향으로 (㉡) m 떨어진 지점으로 한다. 다만, 장애물로부터 소음원 방향으로 (㉢)m 이상 떨어진 지점으로 할 수 있다.

① ㉠ 1.0, ㉡ 0.5~1.0, ㉢ 0.2
② ㉠ 1.0, ㉡ 1.0~1.5, ㉢ 0.3
③ ㉠ 1.5, ㉡ 0.5~1.0, ㉢ 0.2
④ ㉠ 1.5, ㉡ 1.0~3.5, ㉢ 0.3

45 도로교통진동한도 측정을 위해 디지털 진동 자동분석계를 사용하는 경우 측정자료 분석방법으로 옳은 것은?

① 샘플주기를 1초 이내에서 결정하고 5분 이상 측정하여 구간 최대치로부터 10개를 산술평균한 값을 그 지점의 측정진동레벨로 한다.
② 샘플주기를 0.1초 이내에서 결정하고 5분 이상 측정하여 구간 최대치로부터 10개를 산술평균한 값을 그 지점의 측정진동레벨로 한다.
③ 샘플주기를 1초 이내에서 결정하고 5분 이상 측정하여 자동 연산 · 기록한 80% 범위의 상단치인 L_{10} 값을 그 지점의 측정진동레벨로 한다.
④ 샘플주기를 0.1초 이내에서 결정하고 5분 이상 측정하여 자동 연산 · 기록한 80% 범위의 상단치인 L_{10} 값을 그 지점의 측정진동레벨로 한다.

46 대상소음도를 구하고자 할 때 보정치식으로 옳은 것은?(단, d : 측정소음도−배경소음도)

① $-10\log(1-10^{-0.1/d})$
② $-20\log(1-10^{-0.1/d})$
③ $-10\log(1-10^{-0.1d})$
④ $-20\log(1-10^{-0.1d})$

47 다음은 진동레벨계의 성능기준이다. ( ) 안에 알맞은 것은?

> 진동픽업의 (㉠)는 규정주파수에서 수감축 감도에 대한 차이가 (㉡)이어야 한다.(연직특성)

① ㉠ 종감도, ㉡ 5dB 이상
② ㉠ 종감도, ㉡ 15dB 이상
③ ㉠ 횡감도, ㉡ 5dB 이상
④ ㉠ 횡감도, ㉡ 15dB 이상

정답 42 ② 43 ④ 44 ④ 45 ③ 46 ③ 47 ④

48 진동레벨계에 있어서 소음계의 청감보정회로와 같은 기능을 하는 것은?

① Calibration Network Calibrator
② Weighting Networks
③ Pick－up
④ Calibrator

49 소음 · 진동공정시험기준상 진동가속도레벨의 정의식으로 알맞은 것은?
[단, a : 측정진동의 가속도 실효치(m/s^2),
a_o : 기준진동의 가속도 실효치(m/s^2)]

① $10\log(a/a_o)$ ② $20\log(a/a_o)$
③ $30\log(a/a_o)$ ④ $40\log(a/a_o)$

50 진동레벨계의 구조별 성능기준으로 옳지 않은 것은?

① 레벨레인지 변환기는 측정하고자 하는 진동이 지시계기의 범위 내에 있도록 하기 위한 감쇠기이다.
② 진동픽업은 지상에 설치할 수 있는 구조로서 전기신호를 진동신호로 바꾸어 주는 장치를 말하며, 교류출력단자를 갖춘 것이어야 한다.
③ 감각보정회로는 인체의 수진감각을 주파수보정특성에 따라 나타내는 것으로 V특성(수직특성)을 갖춘 것이어야 한다.
④ 지시계기 중 디지털형에서는 숫자가 소수점 한 자리까지 표시되어야 한다.

풀이 진동픽업은 지면에 설치할 수 있는 구조로서 진동신호를 전기신호로 바꾸어 주는 장치를 말한다.

51 다음 중 시간대별로 진동피해가 예상되는 시간대를 포함하여 2개 이상의 측정지점수를 선정하여 4시간 이상 간격으로 2회 이상 측정하여 산술평균한 값을 측정진동레벨로 하는 측정방법은?

① 진동한도 중 도로교통진동 측정방법
② 규제기준 중 생활진동 측정방법
③ 진동한도 중 철도진동 측정방법
④ 규제기준 중 발파진동 측정방법

52 생활소음 측정자료 평가표 서식에 반드시 기재해야 할 사항으로 거리가 먼 것은?

① 측정대상의 소음원과 측정지점
② 측정기기의 부속장치
③ 측정자의 소속과 직명
④ 측정에 투입된 총인원 수 및 기술사항

53 규제기준 중 발파소음 측정방법으로 옳지 않은 것은?

① 측정소음도는 발파소음이 지속되는 기간 동안에 측정하여야 하며, 배경소음도는 대상소음(발파소음)이 없을 때 측정하여야 한다.
② 측정지점에 높이가 1.5m를 초과하는 장애물이 있는 경우에는 장애물로부터 소음원 방향으로 1.0~3.5m 떨어진 지점으로 한다.
③ 풍속이 2m/s를 초과할 때에는 측정하여서는 안 된다.
④ 작업일지 및 발파계획서 또는 폭약사용신고서를 참조하여 소음 · 진동관리법 시행규칙에서 구분하는 각 시간대 중에서 최대발파소음이 예상되는 시각의 소음을 포함한 모든 발파소음을 1지점 이상에서 측정한다.

풀이 ③ 2m/sec → 5m/sec

54 도로교통진동 측정자료 평가표 서식에 기재되어야 하는 사항으로 가장 거리가 먼 것은?

① 시간당 교통량(대/hr)
② 도로유형
③ 관리자
④ 소형차 통행량(대/hr)

정답 48 ② 49 ② 50 ② 51 ① 52 ④ 53 ③ 54 ④

55 소음의 배출허용기준 측정방법 중 측정조건 등에 관한 설명으로 가장 거리가 먼 것은?

① 측정소음도는 대상 배출시설의 소음발생기기를 가능한 한 최대출력으로 가동시킨 정상상태에서 측정한다.
② 소음계의 마이크로폰은 측정위치에 삼각대 등을 설치하여 측정하는 것을 원칙으로 한다.
③ 적절한 측정시각에 3지점 이상의 측정지점수를 선정 · 측정하여 평균한 소음도를 측정소음도로 한다.
④ 소음계 및 소음도 기록기의 전원과 기기의 동작을 점검하고 매회 교정을 실시하여야 한다.

풀이 피해가 예상되는 적절한 측정시각에 2지점 이상의 측정지점수를 선정 · 측정하여 그 중 가장 높은 소음도를 측정소음도로 한다.

56 항공기소음한도 측정방법에 관한 설명으로 옳지 않은 것은?

① 사용 소음계는 KS C IEC61672－1에 정한 클래스 2의 소음계 또는 동등 이상의 성능을 가진 것이어야 한다.
② 소음계와 소음도 기록기를 연결하여 측정 · 기록하는 것을 원칙으로 한다.
③ 소음계의 동특성을 빠름(Fast) 모드로 하여 측정하여야 한다.
④ 옥외측정을 원칙으로 하며, 항공기 소음으로 인하여 문제를 일으킬 우려가 있는 장소를 택하여야 한다.

풀이 ③ 빠름(Fast) → 느림(Slow)

57 표준음 발생기에 관한 설명으로 옳지 않은 것은?

① 발생음의 음압도와 주파수가 표시되어야 한다.
② 100dB(A) 이상이 되는 환경에서도 교정이 가능하여야 한다.
③ 소음계의 측정감도를 교정하는 기기이다.
④ 발생음의 오차는 ±1dB 이내이어야 한다.

58 소음계의 청감보정회로에서 A 보정레벨을 사용하는 이유로 가장 적합한 것은?

① 측정치의 정확성을 기하기 위하여
② 측정치의 통계처리가 용이하기 때문에
③ 전 주파수 대역에서 평탄한 특성을 가지기 때문에
④ 인체의 청감각과 잘 대응하기 때문에

59 진동레벨기록기를 사용하여 배출허용기준 중 진동 측정 시 기록지상의 지시치의 변동폭이 5dB 이내일 때에 측정진동레벨로 정하는 기준으로 옳은 것은?

① 구간 내 최대치부터 진동레벨의 크기 순으로 10개를 산술평균한 값
② 구간 내 최대치부터 진동레벨의 크기 순으로 10개를 기하평균한 값
③ 구간 내 최대치부터 진동레벨의 크기 순으로 5개를 산술평균한 값
④ 구간 내 최대치부터 진동레벨의 크기 순으로 5개를 기하평균한 값

60 소음계의 지시계기 중 지침형의 유효지시범위는 얼마 이상이어야 하는가?

① 5dB ② 10dB
③ 15dB ④ 20dB

풀이 지침형에서는 유효지시범위가 15dB 이상이어야 하고 각각의 눈금은 1dB 이하를 판독할 수 있어야 하며, 1dB 눈금간격이 1mm 이상으로 표시되어야 한다.

정답 55 ③ 56 ③ 57 ② 58 ④ 59 ① 60 ③

4과목 진동방지기술

61 중량 30N, 스프링정수 20N/cm, 감쇠계수가 0.1N · s/cm인 자유진동계의 감쇠비는?

① 약 0.04 ② 약 0.06
③ 약 0.08 ④ 약 0.1

풀이 감쇠비(ξ)

$$\xi = \frac{C_e}{2\sqrt{m \cdot k}} = \frac{C_e}{2\sqrt{\frac{W}{g} \times k}}$$

$$= \frac{0.1}{2\sqrt{\frac{30}{980} \times 20}} = 0.064$$

62 방진재료 중 공기스프링은 다음 중 고유진동수가 몇 Hz 이하를 요구할 때 주로 사용하는가?

① 5Hz ② 100Hz
③ 150Hz ④ 200Hz

63 그림과 같은 비틀림 진동계에서 축의 직경을 4배로 할 때 계의 고유진동수 f_n은 어떻게 변화되겠는가?(단, 축의 질량효과는 무시)

① 원래의 $\frac{1}{16}$
② 원래의 $\frac{1}{4}$
③ 원래의 4배
④ 원래의 16배

축

풀이 $f_n = \frac{1}{2\pi}\sqrt{\frac{k}{j}}$

$k = \frac{\pi d^4 G}{32l}$에서 $k = d^4 = 4^4 = 256$

$f_n = \sqrt{k} = \sqrt{256} = 16\text{Hz}$ (원래의 16배)

64 방진대책을 발생원, 전파경로, 수진 측 대책으로 분류할 때 다음 중 발생원 대책과 거리가 먼 것은?

① 가진력을 감쇠시킨다.
② 기초중량을 부가 또는 경감시킨다.
③ 동적 흡진한다.
④ 수진점 근방에 방진구를 판다.

풀이 수진점 근방에 방진구를 파는 것은 전파경로 대책이다.

65 동적 흡진에 관한 설명으로 가장 적합한 것은?

① 진동의 지반 전파를 감소시키기 위해 차단벽 혹은 차단구멍을 설치하여 흡진한다.
② 진동계에 동일 체적을 가진 기초대를 추가하여 계의 고유진동수를 이동시켜 진동을 줄인다.
③ 대상계가 공진할 때 부가질량을 스프링으로 지지하여 대상계의 진동을 억제한다.
④ 진동원과 대상계의 거리를 멀게 하여 전파되는 진동을 줄인다.

66 그림과 같은 진동계에서 질량 5kg, 스프링정수 5,000N/m이다. 초기 진폭 후에 다음 진폭이 초기 진폭의 1/2로 될 때 감쇠계수 c는?

① 0.1N · sec/m
② 0.7N · sec/m
③ 34.7N · sec/m
④ 316.2N · sec/m

k c m X(t)

67 ( ) 안에 가장 적합한 진동은?

( )의 대표적인 예는 그네로서, 그네가 1행정 하는 동안 사람 몸의 자세는 2행정을 하게 된다. 이 외에 회전하는 편평축의 진동, 왕복운동 기계의 크랭크 축계의 진동 등을 들 수 있다.

① 과도진동 ② 자려진동
③ 강제자려진동 ④ 계수여진진동

정답 61 ② 62 ① 63 ④ 64 ④ 65 ③ 66 ③ 67 ④

68 $\ddot{x}+9x=3\sin 4t$로 표시되는 진동에서 정상상태 진동의 진폭은 얼마인가?(단, 진폭의 단위는 cm이다.)

① 0.23cm ② 0.33cm
③ 0.43cm ④ 0.53cm

풀이 $\ddot{x}+9x=3\sin 4t$

$m=1,\ k=9,\ F_0=3,\ W=4$

$$\text{진폭}(x_0)=\frac{F_0}{k-mw^2}=\frac{3}{9-(1\times 4^2)}=0.43\text{cm}$$

69 계의 고유진동수를 1Hz 이하로 만들기에 가장 적합한 방진재는?

① 방진고무 ② 금속스프링
③ 공기스프링 ④ 코르크

70 탄성지지설계에 관한 설명으로 옳은 것은?(단, f : 강제진동수, f_n : 고유진동수)

① 방진대책은 될 수 있는 한 $f/f_n > 3$이 되게 설계한다.
② $f/f_n < \sqrt{2}$로 될 때에는 $f/f_n < 1.0$이 되게 설계한다.
③ f_n은 질량 m의 증가에 의해서 감쇠가 이루어지지 않는다.
④ 외력의 진동수가 0에서부터 증가되는 경우 감쇠가 없는 장치를 넣는 것이 좋다.

풀이 ② $f/f_n < \sqrt{2}$로 될 때에는 $f/f_n < 0.4$가 되도록 설계한다.
③ f_n은 질량 m의 증가에 의해서 감쇠가 이루어진다.
④ 외력의 진동수가 0에서부터 증가 시 $\xi < 0.2$ (or $\xi = 0.2$)의 감쇠장치를 설치한다.

71 스프링과 질량으로 된 자유진동계에서 스프링 상수를 k, 스프링의 질량을 m_s, 물체의 질량을 m이라 할 때 고유진동수를 나타내는 식은?

① $\dfrac{1}{2\pi}\sqrt{\dfrac{k}{m+\frac{1}{2}m_s}}$

② $\dfrac{1}{2\pi}\sqrt{\dfrac{k}{m+\frac{1}{3}m_s}}$

③ $\dfrac{1}{2\pi}\sqrt{\dfrac{k}{m+\frac{1}{4}m_s}}$

④ $\dfrac{1}{2\pi}\sqrt{\dfrac{k}{m+m_s}}$

72 방진고무의 특성으로 거리가 먼 것은?

① 내부감쇠저항이 크므로 추가적인 감쇠장치가 불필요하다.
② 서징이 잘 발생하지 않는다.
③ 내유성, 내후성이 강하다.
④ 내유성 면에서는 천연고무보다 합성고무가 유리하다.

풀이 방진고무는 내유성, 내후성이 약하다.

73 회전기계에서 발생하는 진동의 종류를 강제진동과 자려진동으로 분류할 때, 다음 중 자려진동에 해당하는 것은?

① 점성유체력에 의한 휘돌림
② 비대칭 굽힘강성 회전축의 2차적 위험속도
③ 회전속도 변동에 기인하는 2차적 위험속도
④ 기초여진

정답 68 ③ 69 ③ 70 ① 71 ② 72 ③ 73 ①

74 가진력을 저감시키는 방법으로 옳지 않은 것은?

① 단조기는 단압프레스로 교체한다.
② 기계에서 발생하는 가진력의 경우 기계설치방향을 바꾼다.
③ 크랭크기구를 가진 왕복운동기계는 복수개의 실린더를 가진 것으로 교체한다.
④ 터보형 고속회전압축기는 왕복운동압축기로 교체한다.

풀이 왕복운동압축기를 터보형 고속회전 압축기로 교체한다.

75 감쇠가 없는 진동계에서 전달률을 0.15로 하려면 진동수비$\left(\dfrac{\omega}{\omega_a}\right)$는 얼마이어야 하는가?

① 0.55　② 1.66
③ 2.77　④ 3.88

풀이 전달음(T)

$$T=\frac{1}{\left(\dfrac{\omega}{\omega_n}\right)^2-1}$$

$$0.15=\frac{1}{\left(\dfrac{\omega}{\omega_n}\right)^2-1}$$

$$\frac{\omega}{\omega_n}=2.77$$

76 동적배율에 관한 설명으로 옳지 않은 것은?

① 정적스프링 정수에 대한 동적스프링 정수의 비를 말한다.
② 일반적으로 천연고무류는 1.2 정도이다.
③ 일반적으로 합성고무류는 1.0 이하이다.
④ 영률이 20N/cm^{2}인 방진고무는 1.1 정도이다.

풀이 일반적으로 합성고무류의 동적배율은 약 1.4~2.5 정도이다.

77 점성감쇠 강제진동의 진폭이 최대가 되기 위해서 진동수의 비는 어떤 식으로 표시되는가?(단, ξ=감쇠비)

① $\sqrt{1+2\xi^2}$　② $\dfrac{1}{\sqrt{1-2\xi^2}}$
③ $\sqrt{1-2\xi^2}$　④ $\sqrt{1+2\xi^2}$

78 $X(t)=X_0\cos\omega_n t+\dfrac{V_0}{\omega_n}\sin\omega_n t$의 자유진동 진폭의 크기는?

① X_0
② $\dfrac{V_0}{\omega_n}$
③ $X_0+\dfrac{V_0}{\omega_n}$
④ $\sqrt{{X_0}^2+\left(\dfrac{V_0}{\omega_n}\right)^2}$

79 쇠로 된 금속관 사이의 접속부에 고무를 넣어 진동을 절연하고자 한다. 파동에너지 반사율이 95%가 되면, 전달되는 진동의 감쇠량은 몇 dB이 되는가?

① 10dB　② 13dB
③ 16dB　④ 20dB

풀이 감쇠량(ΔL)

$$\Delta L=-10\log(1-T_r)$$
$$=-10\log(1-0.95)=13\text{dB}$$

80 어떤 기계를 방진고무 위에 설치할 때 정적처짐량이 2mm였다. 이 기계에서 발생하는 가진력의 각진동수가 ω=210rad/sec일 때, 진동전달률은 얼마가 되는가?(단, 감쇠의 영향을 무시한다.)

① 0.05　② 0.0785
③ 0.1　④ 0.125

정답 74 ④ 75 ③ 76 ③ 77 ③ 78 ④ 79 ② 80 ④

풀이 진동전달률(T)

$$T=\frac{1}{\left(\frac{f}{f_n}\right)^2-1}$$

$$f_n=4.98\sqrt{1/\delta_{st}}$$

$$=4.98\sqrt{1/0.2}=11.14\text{Hz}$$

$$2\pi f=210\text{rad/sec}$$

$$f=\frac{210}{2\pi}=33.4\text{Hz}$$

$$=\frac{1}{\left(\frac{33.4}{11.14}\right)^2-1}=0.125$$

5과목 소음진동관계법규

81 소음진동관리법규상 환경기술인이 환경보전협회 등에서 받아야 하는 교육주기 및 기간기준으로 옳은 것은?(단, 정보통신매체를 이용한 원격교육 제외)

① 3년마다 한 차례 이상 3일 이내
② 3년마다 한 차례 이상 5일 이내
③ 3년마다 한 차례 이상 7일 이내
④ 3년마다 한 차례 이상 14일 이내

82 소음진동관리법령상 항공기소음영향도(WECPNL) 기준으로 옳은 것은?

① 공항 인근 지역은 80, 그 밖의 지역은 70
② 공항 인근 지역은 90, 그 밖의 지역은 75
③ 공항 인근 지역은 80, 그 밖의 지역은 75
④ 공항 인근 지역은 90, 그 밖의 지역은 70

83 소음진동관리법령상 운행자동차 중 "중대형 승용자동차"의 배기소음 허용기준[dB(A)]으로 옳은 것은?(단, 2006년 1월 1일 이후에 제작되는 자동차 기준)

① 100 이하 ② 102 이하
③ 103 이하 ④ 105 이하

풀이 운행자동차
2006년 1월 1일 이후에 제작되는 자동차

자동차 종류 \ 소음 항목		배기소음 [dB(A)]	경적소음 [dB(C)]
경자동차		100 이하	110 이하
승용자동차	소형	100 이하	110 이하
	중형	100 이하	110 이하
	중대형	100 이하	112 이하
	대형	105 이하	112 이하

84 소음진동관리법규상 특정공사의 사전신고대상 기계 · 장비의 종류로 옳지 않은 것은?

① 로더
② 압입식 항타항발기
③ 콘크리트 펌프
④ 콘크리트 절단기

풀이 특정공사의 사전신고 대상 기계 · 장비의 종류
㉠ 항타기 · 항발기 또는 항타항발기(압입식 항타항발기는 제외한다)
㉡ 천공기
㉢ 공기압축기(공기토출량이 분당 2.83세제곱미터 이상의 이동식인 것으로 한정한다)
㉣ 브레이커(휴대용을 포함한다)
㉤ 굴삭기
㉥ 발전기
㉦ 로더
㉧ 압쇄기
㉨ 다짐기계
㉩ 콘크리트 절단기
㉪ 콘크리트 펌프

85 소음진동관리법규상 주거지역에서 옥외설치한 확성기의 주간(07:00~18:00) 생활소음 규제기준[dB(A)]은?(단, 기타조건은 고려하지 않음)

① 50 이하 ② 55 이하
③ 60 이하 ④ 65 이하

정답 81 ② 82 ② 83 ① 84 ② 85 ④

풀이 생활소음 규제기준 [단위 : dB(A)]

<table>
<tr><th colspan="3">시간대별
대상지역 / 소음원</th><th>아침, 저녁
(05:00~07:00,
18:00~22:00)</th><th>주간
(07:00~18:00)</th><th>야간
(22:00~05:00)</th></tr>
<tr><td rowspan="7">주거지역, 녹지지역, 관리지역 중 취락지구·주거개발진흥지구 및 관광·휴양개발진흥지구, 자연환경보전지역, 그 밖의 지역에 있는 학교·종합병원·공공도서관</td><td rowspan="2">확성기</td><td>옥외설치</td><td>60 이하</td><td>65 이하</td><td>60 이하</td></tr>
<tr><td>옥내에서 옥외로 소음이 나오는 경우</td><td>50 이하</td><td>55 이하</td><td>45 이하</td></tr>
<tr><td colspan="2">공장</td><td>50 이하</td><td>55 이하</td><td>45 이하</td></tr>
<tr><td rowspan="2">사업장</td><td>동일 건물</td><td>45 이하</td><td>50 이하</td><td>40 이하</td></tr>
<tr><td>기타</td><td>50 이하</td><td>55 이하</td><td>45 이하</td></tr>
<tr><td colspan="2">공사장</td><td>60 이하</td><td>65 이하</td><td>50 이하</td></tr>
</table>

86 소음진동관리법상 이 법의 목적을 가장 적합하게 표현한 것은?

① 소음·진동에 관한 국민의 권리·의무와 국가의 책무를 명확히 정하여 지속가능하게 개발·관리·보전함을 목적으로 한다.
② 공장·건설공사장·도로·철도 등으로부터 발생하는 소음·진동으로 인한 피해를 방지하고 소음·진동을 적정하게 관리하여 모든 국민이 조용하고 평온한 환경에서 생활할 수 있게 함을 목적으로 한다.
③ 소음·진동으로 인한 국민건강이나 환경에 관한 위해(危害)를 예방하고 국가가 보건환경활동을 활발하게 수행할 수 있게 하는 것을 목적으로 한다.
④ 사업활동 등으로 인하여 발생하는 소음·진동의 피해를 방지하고, 공공사업자 및 개인사업자가 지속발전 가능한 개발사업을 활발하게 영위하는 것을 목적으로 한다.

87 소음진동관리법규상 환경부령으로 정하는 교통소음·진동관리(규제)지역 범위에 해당되기 위해서는 노인복지법에 따른 노인의료복지시설의 경우 입소규모가 얼마 이상(기준)인 시설의 주변지역이 해당되는가?

① 50명 이상 ② 100명 이상
③ 250명 이상 ④ 500명 이상

풀이 교통소음·진동 관리지역의 범위

㉠ 「국토의 계획 및 이용에 관한 법률」에 따른 주거지역·상업지역 및 녹지지역
㉡ 「국토의 계획 및 이용에 관한 법률」에 따른 준공업지역
㉢ 「국토의 계획 및 이용에 관한 법률」에 따른 취락지구 및 관광·휴양개발진흥지구(관리지역으로 한정한다)
㉣ 「의료법」에 따른 종합병원 주변지역, 「도서관법」에 따른 공공도서관의 주변지역, 「초·중등교육법」 또는 「고등교육법」에 따른 학교의 주변지역, 「노인복지법」에 따른 노인의료복지시설 중 입소규모 100명 이상인 노인의료복지시설 및 「영유아보육법」에 따른 보육시설 중 입소규모 100명 이상인 보육시설의 주변지역
㉤ 그 밖에 환경부장관이 고요하고 편안한 생활환경 조성을 위하여 필요하다고 인정하여 지정·고시하는 지역

88 소음진동관리법규상 소음지도의 작성기간의 시작일은 소음지도 작성계획의 고시 후 얼마가 경과한 날로 하는가?

① 7일 ② 15일
③ 1개월 ④ 3개월

89 소음진동관리법규상 교통소음·진동관리(규제)지역에 해당되지 않는 지역범위는?(단, 그 밖에 환경부장관이 고요하고 편안한 생활환경 조성을 위하여 필요하다고 인정하여 지정·고시하는 지역 제외)

① 국토의 계획 및 이용에 관한 법률에 따른 주거지역·녹지지역·상업지역
② 국토의 계획 및 이용에 관한 법률에 따른 취락지구
③ 의료법에 따른 종합병원 주변지역
④ 환경정책기본법에 따른 환경특별대책지구

풀이 문제 87번 풀이 참조

정답 86 ② 87 ② 88 ④ 89 ④

90 다음은 소음진동관리법상 배출허용기준의 준수 의무에 관한 사항이다. 밑줄 친 기간기준으로 옳은 것은?

> 사업자는 배출시설 또는 방지시설의 설치 또는 변경을 끝내고 배출시설을 가동한 때에는 <u>환경부령으로 정하는 기간</u> 이내에 공장에서 배출되는 소음 · 진동이 소음 · 진동 배출허용기준 이하로 처리될 수 있도록 하여야 한다.

① 가동개시일부터 10일
② 가동개시일부터 15일
③ 가동개시일부터 30일
④ 가동개시일부터 60일

91 소음진동관리법령상 소음도 검사기관의 지정기준에서 기술인력의 자격요건으로 옳지 않은 것은?

① 기술직 : 전문대학 이상 졸업자로서 소음 · 진동 분야의 실무경력이 5년 이상인 자
② 기술직 : 소음 · 진동 관련 분야의 기사로서 소음 · 진동분야의 실무경력이 1년 이상인 자
③ 기능직 : 환경 및 기계분야의 기능사로서 소음 · 진동분야의 실무경력이 1년 이상인 자
④ 기능직 : 초 · 중등교육법에 따른 고등학교 이상 졸업자로서 소음 · 진동분야의 실무경력이 2년 이상인 자

풀이 ④ 2년 → 3년

92 소음진동관리법규상 자동차 사용정지표지의 바탕색상은?

① 노란색　② 녹색
③ 흰색　④ 검은색

93 소음진동관리법규상 이동소음원의 종류와 거리가 먼 것은?(단, 그 밖에 환경부장관이 고요하고 편안한 생활환경을 조성하기 위하여 필요하다고 인정하여 지정 · 고시하는 기계 및 기구 제외)

① 소음방지장치가 비정상적인 이륜자동차
② 행락객이 사용하는 음향기계 및 기구
③ 이동하며 영업을 하기 위하여 사용하는 확성기
④ 음향장치를 부착하여 운행하는 사륜자동차

풀이 ④ 음향장치를 부착하여 운행하는 이륜자동차

94 다음은 환경정책기본법상 환경기준 설정에 관한 사항이다. (　　) 안에 가장 적합한 것은?

> 특별시 · 광역시 · 도 · 특별자치도는 해당 지역의 환경적 특수성을 고려하여 필요하다고 인정할 때에는 해당 시 · 도의 조례로 별도의 (　　)을 설정 또는 변경할 수 있고, 이를 설정하거나 변경한 경우에는 지체 없이 환경부장관에게 보고하여야 한다.

① 규제기준
② 지역환경기준
③ 총량기준
④ 배출허용기준

95 소음진동관리법상 용어 중 "소음 · 진동배출시설이 아닌 물체로부터 발생하는 진동을 없애거나 줄이는 시설로서 환경부령으로 정하는 것을 말한다."로 정의되는 것은?

① 진동시설
② 방진시설
③ 방지시설
④ 진동방진시설

정답 90 ③ 91 ④ 92 ① 93 ④ 94 ② 95 ②

96 소음진동관리법규상 자동차 제작자의 검사 · 인증시험장비기준으로 가장 거리가 먼 것은?

① IEC 60651에서 정한 Type I을 만족하는 소음계 및 그 부속기기 1조(국제표준화기구의 자동차 가속주행소음 측정방법에 따라 측정하는 경우)
② 차속측정장치 및 그 부속기기 1조
③ 사이드슬립 측정장치 및 그 부속기기 1조
④ 회전속도계 1대

풀이 자동차제작자의 검사 · 인증시험 인력 및 장비

인력	장비
장비를 관리 · 운영할 수 있는 소음 · 기계 또는 자동차 검사분야의 「국가기술자격법」에 따른 산업기사 이상 1명	1. KSC1502에서 정한 보통소음계 또는 그와 동등하거나 그 이상의 성능을 지닌 소음계 및 그 부속기기 1조. 다만, 국제표준화기구의 자동차 가속주행 소음 측정방법에 따라 측정하는 경우에는 IEC 60651에서 정한 Type I 을 만족하는 소음계 및 그 부속기기 1조 2. 차속측정장치 및 그 부속기기 1조 3. 회전속도계 1대 4. 국제표준화기구의 자동차 가속주행 소음 시험도로에 관한 국제표준에 맞는 시험도로 또는 1 km 이상의 아스팔트 또는 콘크리트 주행시험로

97 환경정책기본법상 환경부장관은 관계 중앙행정기관의 장과 협의하여 국가차원의 환경보전을 위한 종합계획을 매 몇 년마다 수립하여야 하는가?

① 3년 ② 5년
③ 7년 ④ 10년

98 소음진동관리법상 벌칙기준 중 3년 이하의 징역 또는 1천 500만 원 이하의 벌금에 처할 수 있는 자는?

① 환경기술인을 임명하지 아니한 자
② 규정에 의한 제작차 소음허용기준에 맞지 아니하게 자동차를 제작한 자
③ 허가를 받지 아니하고 배출시설을 설치하거나 그 배출시설을 이용하여 조업한 자
④ 변경인증을 받지 아니하고 자동차를 제작한 자

99 소음진동관리법규상 공장진동 배출허용기준 적용을 위한 "밤 시간대" 기준으로 옳은 것은?

① 22:00~06:00 ② 24:00~06:00
③ 22:00~07:00 ④ 24:00~07:00

풀이 공장진동 배출허용기준 [단위 : dB(V)]

대상지역	시간대별	
	낮 (06:00~22:00)	밤 (22:00~06:00)
가. 도시지역 중 전용주거지역 · 녹지지역, 관리지역 중 취락지구 · 주거개발진흥지구 및 관광 · 휴양개발진흥지구, 자연환경보전지역 중 수산자원보호구역 외의 지역	60 이하	55 이하
나. 도시지역 중 일반주거지역 · 준주거지역, 농림지역, 자연환경보전지역 중 수산자원보호구역, 관리지역 중 가목과 다목을 제외한 그 밖의 지역	65 이하	60 이하
다. 도시지역 중 상업지역 · 준공업지역, 관리지역 중 산업개발진흥지구	70 이하	65 이하
라. 도시지역 중 일반공업지역 및 전용공업지역	75 이하	70 이하

100 소음진동관리법규상 도시지역 중 일반주거지역 및 준주거지역의 낮 시간대(06:00~18:00) 공장소음 배출허용기준[dB(A)]은?(단, 기타 조건은 고려하지 않음)

① 50 이하 ② 55 이하
③ 60 이하 ④ 65 이하

풀이 문제 99번 풀이 참조

정답 96 ③ 97 ④ 98 ② 99 ① 100 ②

002 2013년 2회 기사

1과목 소음진동개론

01 어느 점음원에서 5m 떨어진 위치에서의 음압레벨이 82dB이었다면 10m 떨어진 위치에서의 음압레벨은?

① 73dB ② 76dB
③ 79dB ④ 82dB

풀이 $SPL_1 - SPL_2 = 20\log\frac{r_2}{r_1}$

$SPL_2 = SPL_1 - 20\log\frac{r_2}{r_1}$

$= 82\text{dB} - 20\log\frac{10}{5} = 76\text{dB}$

02 건물에서 송풍기를 작동시킬 때, 송풍기의 날개통과주파수가 60Hz로 측정되었다. 이때 송풍기의 회전수가 1,800rpm이라면, 이 송풍기의 날개 수는?

① 1개 ② 2개
③ 3개 ④ 4개

풀이 $\text{날개통과주파수} = \frac{\text{rpm}}{60} \times \text{날개 수}$

$\text{날개 수} = \frac{60 \times 60\text{ Hz}}{1{,}800\text{ rpm}} = 2\text{개}$

03 점음원의 파워레벨이 115dB이고, 그 점음원이 모퉁이에 놓여있을 때 12m되는 지점에서의 음압레벨은?

① 82dB ② 85dB
③ 87dB ④ 91dB

풀이 $SPL = PWL - 20\log\gamma - 11 + 10\log Q$
$= 115\text{dB} - 20\log 12 - 11 + 10\log 8$
$= 91.45\text{dB}$

04 25℃ 공기 중에서 500Hz 음의 음속 및 파장은?

	[음속]	[파장]
①	331m/s	0.66m
②	331m/s	0.69m
③	346m/s	0.69m
④	346m/s	0.66m

풀이 $\text{음속}(C) = 331.42 + (0.6 \times t)$
$= 331.42 + (0.6 \times 25) = 346.42\text{m/sec}$

$\text{파장}(\lambda) = \frac{C}{f} = \frac{346.42\text{m/sec}}{500\ 1/\text{sec}} = 0.69\text{m}$

05 정상 청력을 가진 사람의 가청음압 범위가 아래와 같을 때, 이것을 음압레벨로 표시하면?(단, 범위 : $2 \times 10^{-5} \sim 60\text{N/m}^2$)

① 1~120.5dB ② 1~124.5dB
③ 0~129.5dB ④ 0~135.5dB

풀이 $SPL = 20\log\frac{2 \times 10^{-5}}{2 \times 10^{-5}} = 0\text{dB}$

$SPL = 20\log\frac{60}{2 \times 10^{-5}} = 129.5\text{dB}$

06 항공기 소음에 관한 설명으로 가장 거리가 먼 것은?

① 발생음량이 많고, 발생원이 상공이기 때문에 피해면적이 넓다.
② 간헐적이며, 충격적이다.
③ 구조물과 지반을 통하여 전달되는 저주파영역의 소음으로 우리나라에서는 NNL을 채택하고 있다.
④ 제트기는 이착륙 시 발생하는 추진계의 소음으로, 금속성의 고주파음을 포함한다.

풀이 항공기 소음은 금속성의 고주파 영역의 소음으로 우리나라에서는 WECPNL을 채택하고 있다.

정답 01 ② 02 ② 03 ④ 04 ③ 05 ③ 06 ③

07 음의 회절에 관한 설명으로 가장 적합한 것은?

① 굴절 전후의 음속차가 클수록 굴절이 감소한다.
② 대기온도 차에 따른 굴절은 높은 온도 쪽으로 굴절한다.
③ 장애물 뒤쪽에서도 음이 전파되는 현상을 의미한다.
④ 음원보다 상공의 풍속이 클 때 풍상 측에서는 아래쪽을 향하여 굴절한다.

08 음의 성질에 관한 설명으로 가장 거리가 먼 것은?

① 매질 자체가 이동하여 생기는 에너지의 전달을 파동이라 한다.
② 기공이 많은 자재는 반사음이 작기 때문에 흡음률이 대체로 크다.
③ 입사음의 파장이 자재 표면의 요철에 비하여 클 때에는 정반사가 일어난다.
④ 음의 회절현상은 소음의 파장이 크고, 장애물이 작을수록 잘 이루어진다.

풀이 매질 자체가 이동하는 것이 아니고 음이 전달되는 매질의 변화운동으로 이루어지는 에너지 전달이다.

09 음에 관한 설명으로 옳지 않은 것은?

① 임의의 음에 대한 음의 크기레벨 phon이란 그 음을 귀로 들어 1,000Hz 순음의 크기와 평균적으로 같은 크기로 느껴질 때 그 음의 크기를 1,000Hz 순음의 음세기레벨로 나타낸 것이다.
② 소음레벨은 소음계의 청감보정회로 A, B, C 등을 통하여 측정한 값을 말한다.
③ 음의 물리적 강약은 음압에 따라 변화하지만 사람이 귀로 듣는 음의 감각적 강약은 음압뿐만 아니라 주파수에 따라서도 변화한다.
④ 음의 크기(Loudness) 값이 2배, 3배 등으로 증가하면 감각량의 크기는 4배, 9배 등으로 증가한다.

풀이 음의 크기(Loudness) 값이 2배, 3배 등으로 증가하면 감각량의 크기도 2배, 3배로 증가한다.

10 음의 효과에 관한 설명으로 옳지 않은 것은?

① 마스킹 효과에서는 마스킹하는 음이 클수록 마스킹 효과는 커지나, 그 음보다 높은 주파수의 음은 낮은 주파수의 음보다 마스킹되기 쉽다.
② 하스 효과 또는 선행음 효과는 지연음이 원음에 비해 10dB 이하의 레벨을 갖고 있을 때 유효하다.
③ 양이 효과는 인간의 두 귀로 음원의 방향감과 임장감(臨場感)을 느끼게 하여 음의 입체감을 만들어낸다.
④ 칵테일 파티 효과는 감각레벨의 이동량과 관련되며, 최소가청값 상승값(+10dB)으로 순음과 복합음을 구분할 수 있다는 원리이다.

풀이 칵테일 파티 효과
다수의 음원이 공간적으로 산재하고 있을 때 그 안의 특정한 음원, 예를 들어 특정인의 음성에 주목하게 되면 여러 음원으로부터 분리되어 특정음만 들리게 되는 심리현상을 말한다.

11 주파수가 비슷한 두 소리가 간섭을 일으켜 보강간섭과 소멸간섭을 교대로 일으켜서 주기적으로 소리의 강약이 반복되는 현상을 일컫는 것은?

① 도플러 현상 ② 맥놀이
③ 마스킹 효과 ④ 일치 효과

12 주파수 및 청력에 대한 설명으로 가장 거리가 먼 것은?

① 일반적으로 주파수가 클수록 공기흡음에 의해 일어나는 소음의 감쇠치는 증가한다.
② 사람의 목소리는 대략 100~10,000Hz, 회화의 이해를 위해서는 500~2,500Hz의 주파수 범위를 갖는다.

정답 07 ③ 08 ① 09 ④ 10 ④ 11 ② 12 ③

③ 청력손실은 청력이 정상인 사람의 최대가청치와 피검자의 최대가청치와의 비를 dB로 나타낸 것이다.
④ 노인성 난청이 시작되는 주파수는 대략 6,000 Hz이다.

풀이 청력손실이란 청력이 정상인 사람이 최소가청치와 검사자(피검자)의 최소가청치의 비를 dB로 나타낸 것이다.

13 다음은 인간의 청각기관에 관한 설명이다. ( ) 안에 가장 적합한 것은?

(㉠)은 이소골의 진동을 와우각 중의 림프액에 전달하는 진동판 역할을 하며, 유스타키오관은 (㉡)의 기압을 조정하는 역할을 한다.

① ㉠ 고실 ㉡ 외이와 중이
② ㉠ 고실 ㉡ 중이와 내이
③ ㉠ 난원창 ㉡ 외이와 중이
④ ㉠ 난원창 ㉡ 중이와 내이

14 진동수 16Hz, 진동의 속도 진폭이 0.0002 m/s인 정현진동의 가속도진폭(m/s^2) 및 가속도레벨(dB)은?(단, 가속도 실효치 기준 $10^{-5}m/s^2$)

① $0.01m/s^2$, 57dB ② $0.02m/s^2$, 63dB
③ $0.03m/s^2$, 67dB ④ $0.04m/s^2$, 69dB

풀이 $VAL = 20\log\frac{A_{rms}}{10^{-5}}$ (dB)

$$A_{rms} = \frac{A_{\max}}{\sqrt{2}}$$

$$A_{\max} = A\omega^2 = A\omega \cdot \omega = V_{\max} \cdot \omega = 0.0002 \times (2 \times 3.14 \times 16) = 0.020096 m/s^2$$

$$= \frac{0.020096\ m/s^2}{\sqrt{2}} = 0.0142$$

$$= 20\log\frac{0.0142}{10^{-5}} = 63dB$$

15 NITTS에 관한 설명으로 옳은 것은?

① 음향외상에 따른 재해와 연관이 있다.
② NIPTS와 동일한 변위를 공유한다.
③ 조용한 곳에서 적정 시간이 지나면 정상이 될 수 있는 변위를 말한다.
④ 청감역치가 영구적으로 변화하여 영구적인 난청을 유발하는 변위를 말한다.

풀이 NITTS(일시적 청력손실)

16 감각소음이 55noy일 때 감각소음레벨(dB)은?

① 98 ② 86
③ 71 ④ 63

풀이 감각소음레벨(PNL)

$$= 33.3\log(N_t) + 40$$

$$= 33.3\log55 + 40 = 98dB$$

17 기차역에서 기차가 지나갈 때, 기차가 역 쪽으로 올 때에는 기차음이 고음으로 들리고 기차가 역을 지나친 후에는 기차음이 저음으로 들린다. 이와 같은 현상을 무엇이라고 하는가?

① Huyghens(호이겐스) 원리
② Doppler(도플러) 효과
③ Masking(마스킹) 효과
④ Binaural(양이) 효과

18 어느 지점의 PWL을 10분 간격으로 측정한 결과 100dB이 3회, 110dB이 3회였다면 이 지점의 평균 PWL은?

① 103dB ② 105dB
③ 107dB ④ 109dB

풀이 $\overline{L}(평) = 10\log\left[\frac{1}{n}\left(10^{\frac{L_1}{10}} + \cdots + 10^{\frac{L_n}{10}}\right)\right]$

$$= 10\log\left[\frac{1}{6}(3\times10^{10} + 3\times10^{11})\right]$$

$$= 107.4\ dB$$

정답 13 ③ 14 ② 15 ③ 16 ① 17 ② 18 ③

19 STC란 무엇인가?

① 음압전달체계 ② 2차 음향전달
③ 음향투과등급 ④ 저감목표소음

20 음파에 관한 설명으로 옳은 것은?

① 매질의 진동방향과 파동의 진행방향이 평행하면 횡파이다.
② 음파는 횡파에 해당한다.
③ 종파는 매질이 없어도 전파된다.
④ 물결파는 횡파에 해당한다.

2과목 소음방지기술

21 중공 이중벽의 설계에 있어서 저음역의 공명주파수(f_o)를 75Hz로 설정하고자 한다. 두 벽의 면밀도가 각각 15kg/m², 10kg/m²일 때 실용식으로 산출할 경우, 중간 공기층 두께는 얼마 정도로 해야 하는가?

① 5.5cm ② 10.7cm
③ 16.2cm ④ 19.8cm

풀이 저음역공명주파수(f_o) ; 실용식

$$f_r = 60\sqrt{\frac{m_1+m_2}{m_1\times m_2}\times\frac{1}{d}}$$

$$75 = 60\sqrt{\frac{15+10}{15\times 10}\times\frac{1}{d}}$$

$$24.49\sqrt{\frac{1}{d}} = 75$$

$$\frac{1}{d} = \left(\frac{75}{24.49}\right)^2$$

$$d = 0.107\text{m}\,(10.7\text{cm})$$

22 A공장의 콘크리트벽 면적이 75m²이고 투과손실이 35dB인 상태에서 이 벽의 일부에 투과손실이 15dB인 유리창을 설치할 때 종합투과손실 20dB을 유지하고자 한다. 이때 유리창의 면적(m²)은?

① 15.7m² ② 20.3m²
③ 23.2m² ④ 28.4m²

풀이 $\overline{TL} = 10\log\frac{1}{\tau}$

$$20 = 10\log\left[\frac{75}{[(75-x)\times 10^{-3.5}]+(x\times 10^{-1.5})}\right]$$

$$20 = 10\log\left[\frac{75}{75\times 10^{-3.5}-x(10^{-3.5}+10^{-1.5})}\right]$$

$$10^2 = \frac{75}{75\times 10^{-3.5}-x(10^{-3.5}+10^{-1.5})}$$

x(유리창 면적) $= 23.2\text{m}^2$

23 단일벽의 차음특성은 주파수에 따라 3개의 영역으로 구분된다. 다음 중 이 차음특성에 대한 설명으로 거리가 먼 것은?

① 저주파 대역에서는 자재의 강성에 의한 공진영역이 나타난다.
② 질량법칙이 만족되는 영역에서는 투과손실이 옥타브당 6dB씩 증가한다.
③ 질량법칙에 의한 차음 특성은 벽체의 면밀도 혹은 벽체에 입사되는 주파수가 증가할수록 투과손실이 크다.
④ 일치효과영역에서 입사각(θ)이 90°일 때, 일치주파수가 최대로 되며, 이 주파수보다 높은 주파수에서는 일치효과가 발생하지 않는다.

풀이 일치주파수는 입사각 θ에 따라 변화한다. sin90°일 때 일치주파수가 최저가 되는데 이때의 주파수를 일치효과의 한계주파수라고 하며 이 주파수보다 높은 주파수에서는 일치효과가 발생한다.

정답 19 ③ 20 ④ 21 ② 22 ③ 23 ④

24 중공이중벽의 공기층 두께가 22.5cm이고, 두 벽의 면밀도가 각각 240kg/m², 0.310ton/m²이라 할 때, 저음역의 공명주파수는 실용적으로 약 몇 Hz 정도에서부터 발생되겠는가?

① 7Hz ② 11Hz
③ 14Hz ④ 17Hz

풀이 $f_r = 60\sqrt{\dfrac{m_1+m_2}{m_1 \times m_2} \times \dfrac{1}{d}}$

$= 60\sqrt{\left(\dfrac{240+310}{240 \times 310}\right) \times \dfrac{1}{0.225}} = 10.88\text{Hz}$

25 A흡음재의 1/3옥타브대역으로 측정한 중심 주파수에서의 흡음률이 다음과 같을 경우 감음계수(NRC)는?

중심 주파수(Hz)	63	125	250	500	1,000	2,000	4,000
흡음률	0.60	0.62	0.70	0.85	0.83	0.60	0.30

① 0.45 ② 0.55
③ 0.65 ④ 0.75

풀이 $NRC = \dfrac{1}{4}(\alpha_{250} + \alpha_{500} + \alpha_{1,000} + \alpha_{2,000})$

$= \dfrac{1}{4}(0.7 + 0.85 + 0.83 + 0.6)$

$= 0.75$

26 방음벽 설치 시 유의점으로 가장 거리가 먼 것은?

① 음원의 지향성이 수음 측 방향으로 클 때에는 벽에 의한 감쇠치가 계산치보다 작게 된다.
② 음원 측 벽면은 가급적 흡음 처리하여 반사음을 방지한다.
③ 점음원의 경우 벽의 길이가 높이의 5배 이상일 때에는 길이의 영향은 고려할 필요가 없다.
④ 면음원인 경우에는 그 음원의 최상단에 점음원이 있는 것으로 간주하여 근사적인 회절감쇠치를 구한다.

풀이 음원의 지향성이 수음측 방향으로 클 때에는 방음벽에 의한 감쇠치가 계산치보다 크게 된다.

27 음원(S)과 수음점(R)이 자유공간에 있는 아래와 같은 방음벽에서 A=10m, B=20m, d=25m ($S-R$ 사이)일 때 500Hz에서의 Fresnel Number는?(단, 음속은 340m/sec이고 방음벽의 길이는 충분히 길다고 가정한다.)

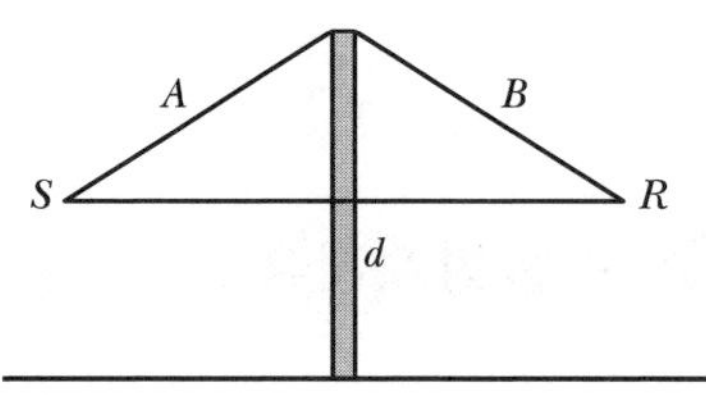

① 10.7 ② 14.7
③ 16.7 ④ 17.7

풀이 Fresnel Number(N)

$N = \dfrac{\delta \cdot f}{170}$

$\delta = A + B - d = 10 + 20 - 25 = 5\text{m}$

$f = 500\text{Hz}$

$= \dfrac{5 \times 500}{170} = 14.71$

28 표면적이 20m²이고, PWL 110dB인 소음원을 파장에 비해 큰 방음상자로 밀폐하였다. 방음상자의 표면적은 120m²이고, 방음상자 내의 평균흡음률이 0.6일 때 방음상자 내의 고주파 음압레벨은?

① 약 81dB ② 약 86dB
③ 약 90dB ④ 약 93dB

풀이 $SPL = PWL + 10\log\left(\dfrac{1-\bar{\alpha}}{S\bar{\alpha}}\right) + 6$

$= 110 + 10\log\left(\dfrac{1-0.6}{120 \times 0.6}\right) + 6$

$= 93.45\text{dB}$

정답 24 ② 25 ④ 26 ① 27 ② 28 ④

29 다음 벽 구성부 중 소음 방지대책을 가장 먼저 서둘러야 할 곳은?(단, (　　)는 투과손실(dB) 값이다.)

① 출입문(10)　② 환기구(0)
③ 유리창(14)　④ 블록벽(40)

30 균질의 단일벽 두께를 2배로 할 경우 일치효과의 한계주파수는 어떻게 변화되겠는가?(단, 기타 조건은 일정하다.)

① 처음의 $\frac{1}{4}$　② 처음의 $\frac{1}{2}$
③ 처음의 2배　④ 처음의 4배

풀이 일치효과 한계주파수 $= \frac{1}{h} = \frac{1}{2}$(처음의 $\frac{1}{2}$)

31 다음 중 흡음률(a)을 나타낸 식으로 옳은 것은?(단, I_i : 입사음의 세기, I_r : 반사음의 세기, I_a : 흡수음의 세기, I_t : 투과음의 세기)

① $\frac{(I_t - I_r)}{I_i}$　② $\frac{I_t}{I_i}$
③ $1 - \frac{I_a}{I_i}$　④ $\frac{(I_a + I_t)}{I_i}$

32 단일벽의 벽면에 직각으로 입사된 1kHz 순음이 있다. 단일벽의 면밀도를 7.5kg/m^{2}라고 하면 이 음의 투과 손실은?

① 25dB　② 35dB
③ 48dB　④ 55dB

풀이
$$TL = 20\log(mf) - 43 = 20\log(7.5 \times 1{,}000) - 43 = 34.5\text{dB}$$

33 공명형 소음기의 공명주파수에 관한 설명으로 옳은 것은?

① 공명주파수는 내관의 두께가 증가하면 증가한다.
② 공명주파수는 내관 구멍의 면적이 증가하면 감소한다.
③ 공명주파수는 내관과 외관 사이의 부피가 증가하면 증가한다.
④ 공명주파수는 내관을 통하는 기체의 온도가 높아지면 증가한다.

풀이 공명주파수는 내관을 통하는 음속이 높을수록, 내관을 통하는 기체의 온도가 높을수록, 내관구멍의 단면적이 커질수록 증가하며, 내관과 외관 사이의 부피가 증가하면 저하한다.

34 평균흡음률이 0.33이고, 평균투과율이 0.026인 밀폐상자의 삽입손실(Insertion Loss)은?

① 5dB　② 11dB
③ 16dB　④ 24dB

풀이
$$\text{삽입손실}(IL) = 10\log\left(\frac{\overline{\alpha}}{\overline{\tau}}\right) = 10\log\left(\frac{0.33}{0.026}\right) = 11\text{dB}$$

35 단일벽의 투과손실은 벽체의 면밀도가 2배가 되면 몇 dB 증가하는가?(단, 음파는 벽면에 수직입사하고, 다른 조건은 고려하지 않는다.)

① 2.6dB　② 5.4dB
③ 6dB　④ 8dB

풀이
$$TL = 20\log(m \cdot f) - 43$$
$$TL = 20\log 2 = 6\text{dB}$$

36 덕트 내부 주장(周長) 0.62m, 덕트의 내부 단면적 0.3844m^2 덕트의 길이 2.5m인 공조용 덕트 소음기로 방음시공할 경우 500Hz에서의 소음저감량은?(단, 덕트 내에 설치된 흡음재의 흡음률은 500 Hz에서 0.6이다.)

① 1.4dB　② 2.0dB
③ 2.9dB　④ 3.5dB

정답 29 ② 30 ② 31 ④ 32 ② 33 ④ 34 ② 35 ③ 36 ②

풀이 소음저감량(ΔL)

$$\Delta L = k \cdot \frac{P \cdot L}{S}$$

$$k = \alpha - 0.1 = 0.6 - 0.1 = 0.5$$

$$= 0.5 \times \frac{0.62 \times 2.5}{0.3844} = 2.0\text{dB}$$

37 가로 20m, 세로 20m, 높이 4m인 방이 있다. 이 방의 평균 흡음률은 0.2이고, 방의 바닥 중앙에 음향파워레벨이 105dB인 무지향성 점음원이 놓여 있을 때, 직접음과 잔향음의 크기가 같은 음원으로부터의 거리(실반경)는?

① 1.6m ② 3.3m
③ 6.7m ④ 13.4m

풀이 실반경(γ)

$$\gamma = \sqrt{\frac{QR}{16\pi}}$$

$$Q = 2$$

$$R = \frac{S \cdot \bar{\alpha}}{1 - \bar{\alpha}}$$

$$S = (20 \times 20 \times 2) + (20 \times 4 \times 4) = 1{,}120\text{m}^2$$

$$= \frac{1{,}120 \times 0.2}{1 - 0.2} = 280\text{m}^2$$

$$= \sqrt{\frac{2 \times 280}{16 \times 3.14}} = 3.33\text{m}$$

38 팽창형 소음기에 관한 설명으로 옳은 것은? [단, $m(>1)$은 단면적비(m_2/m_1)이고, L은 팽창부의 길이이다.]

① m이 클수록 투과손실이 커지며, L이 클수록 협대역 감음을 한다.
② m이 작을수록 투과손실이 커지며, L이 클수록 협대역 감음을 한다.
③ m이 클수록 투과손실이 커지며, L이 클수록 광대역 감음을 한다.
④ m이 클수록 투과손실이 작아지며, L이 클수록 광대역 감음을 한다.

39 외부로부터 면적이 23m²인 벽을 통하여 105 dB인 확산음이 실내로 입사되고 있다. 실내의 흡음력은 28m²이고 벽의 투과손실이 23dB이라면 실내의 음압레벨은?

① 75dB ② 81dB
③ 87dB ④ 92dB

풀이

$$SPL_2 = SPL_1 - TL - 10\log\left(\frac{A_2}{S}\right) + 6$$

$$= 105 - 23 - 10\log\left(\frac{28}{23}\right) + 6 = 87.15\text{dB}$$

40 구멍직경 8mm, 구멍 간의 상하좌우 간격 20 mm, 두께 10mm인 다공판을 45mm의 공기층을 두고 설치할 경우 공명주파수는?(단, 음속은 340 m/s이다.)

① 650Hz ② 673Hz
③ 685Hz ④ 706Hz

풀이 공명주파수(f_r)

$$f_r = \frac{C}{2\pi}\sqrt{\frac{\beta}{(h + 1.6a) \cdot d}}$$

$$C = 340\text{m/sec}$$

$$\beta = \frac{\pi a^2}{B^2} = \frac{3.14 \times 4^2}{20^2} = 0.1256$$

$$h + 1.6a = 10 + (1.6 \times 4) = 16.4\text{m}$$

$$d = 45\text{mm}$$

$$= \frac{340 \times 10^3}{2 \times 3.14} \times \sqrt{\frac{0.1256}{16.4 \times 45}} = 706.3\text{Hz}$$

3과목 소음진동공정시험 기준

41 소음 · 진동공정시험기준상 용어정의 중 측정진동레벨에 배경진동의 영향을 보정한 후 얻어진 진동레벨을 말하는 것은?

① 배경진동레벨 ② 대상진동레벨
③ 등가진동레벨 ④ 변동진동레벨

정답 37 ② 38 ① 39 ③ 40 ④ 41 ②

42 철도진동한도 측정방법으로 옳지 않은 것은?

① 요일별로 진동 변동이 적은 평일(월요일부터 금요일 사이)에 당해 지역의 철도진동을 측정하여야 한다.

② 열차통과 시마다 최고진동레벨이 배경진동레벨보다 최소 5dB 이상 큰 것에 한하여 연속 10개 열차(상하행 포함) 이상을 대상으로 최고진동레벨을 측정 · 기록하고, 그중 중앙값 이상을 산술평균한 값을 철도진동레벨로 한다.

③ 진동픽업의 설치장소는 완충물이 없고, 충분히 다져서 단단히 굳은 장소로 하며, 수평면을 충분히 확보할 수 있는 장소로 한다.

④ 기상조건, 열차의 운행횟수 및 속도 등을 고려하여 당해 지역의 30분 평균 철도 통행량 이상인 시간대에 측정한다.

풀이 기상조건, 열차의 운행횟수 및 속도 등을 고려하여 당해 지역의 1시간 평균 철도 통행량 이상인 시간대에 측정한다.

43 환경기준 중 소음측정 시 풍속이 몇 m/s 이상이면 반드시 마이크로폰에 방풍망을 부착하여야 하는가?

① 1m/s 이상 ② 2m/s 이상
③ 5m/s 이상 ④ 10m/s 이상

44 환경기준 중 소음측정방법에서 측정자료 분석 시 소음도 기록기 또는 소음계만을 사용하여 측정할 경우에는 계기조정을 위해 먼저 선정된 측정위치에서 대략적인 소음의 변화양상을 파악한 후, 소음계 지시치의 변화를 목측으로 얼마의 간격으로 몇 회 판독 · 기록하여 그 지점의 측정소음도를 정하는가?

① 5초 간격 10회 ② 5초 간격 30회
③ 5초 간격 50회 ④ 5초 간격 60회

45 항공기 소음을 7일간 연속으로 측정하여 일별 $WECPNL$ 값이 75, 77, 81, 85, 73, 75, 80일 경우 7일간 평균 $\overline{WECPNL}$ 값은?

① 78 ② 80
③ 82 ④ 84

풀이 $\overline{WECPNL} = 10\log\left[\left(\frac{1}{m}\right)\sum_{i-1}^{m} 10^{0.1\,WECPNLi}\right]$

$= 10\log\left[\frac{1}{n}\left(\begin{array}{c}10^{7.5}+10^{7.7}+10^{8.1}+10^{8.5}\\+10^{7.3}+10^{7.5}+10^{8.0}\end{array}\right)\right]$

$= 80$

46 다음은 항공기소음한도 측정방법이다. ( ) 안에 알맞은 것은?

측정자료는 $\overline{WECPNL}$로 구하며, 헬리포트 주변 등과 같이 배경소음보다 10dB 이상 큰 항공기 소음의 지속시간 평균치 $\overline{D}$가 (㉠) 이상일 경우에는 보정량 (㉡)을 $\overline{WECPNL}$에 보정하여야 한다.

① ㉠ 10초, ㉡ $[+10\log(\overline{D}/20)]$
② ㉠ 10초, ㉡ $[+20\log(\overline{D}/10)]$
③ ㉠ 30초, ㉡ $[+10\log(\overline{D}/20)]$
④ ㉠ 30초, ㉡ $[+20\log(\overline{D}/10)]$

47 소음계 중 지시계기의 성능기준으로 옳지 않은 것은?

① 지침형 또는 디지털형이어야 한다.

② 지침형에서는 유효지시범위가 10dB 이상이어야 하고, 각각의 눈금은 1dB 이하를 판독할 수 있어야 한다.

③ 1dB 눈금간격이 1mm 이상으로 표시되어야 한다.

④ 디지털형에서는 숫자가 소수점 한 자리까지 표시되어야 한다.

풀이 지침형에서는 유효지시범위가 15dB 이상이어야 하고, 각각의 눈금은 1dB 이하를 판독할 수 있어야 한다.

정답 42 ④ 43 ② 44 ④ 45 ② 46 ③ 47 ②

48 항공기소음한도 측정을 위한 측정점 선정에 관한 설명으로 옳지 않은 것은?

① 측정점에서 원추형 상부공간이란 측정위치를 지나는 지면 또는 바닥면의 법선에 반각 80°의 선분이 지나는 공간을 말한다.
② 측정점은 항공기 소음으로 인하여 문제를 일으킬 우려가 있는 장소를 택한다.
③ 상시측정용의 경우 측정점은 지면 또는 바닥면에서 5~10m 높이로 한다.
④ 측정지점 반경 3.5m 이내는 가급적 평활하고, 시멘트 등으로 포장되어 있어야 한다.

풀이 상시측정용의 경우 측정점은 주변 환경, 통행, 타인의 촉수 등을 고려하여 지면 또는 바닥면에서 1.2~5.0m 높이로 한다.

49 소음 배출허용기준의 측정 시 측정지점에서 높이가 1.5m를 초과하는 장애물이 있는 경우로서 그 장애물이 방음벽인 경우 측정점으로 가장 적합한 것은?

① 장애물 밖의 1.0~3.5m 떨어진 지점 중 암영대의 영향이 적은 지점
② 장애물 밖의 5~10m 떨어진 지점 중 암영대의 영향이 적은 지점
③ 장애물로부터 소음원 방향으로 0.3~3.5m 떨어진 지점
④ 장애물로부터 소음원 방향으로 5~10m 떨어진 지점

50 다음은 표준진동발생기에 관한 설명이다. ( ) 안에 가장 적합한 것은?

> 표준진동발생기는 진동레벨계의 측정감도를 교정하는 기기로서 ( )이(가) 표시되어 있어야 하며, 발생진동의 오차는 ±1dB 이내이어야 한다.

① 발생진동의 음압도와 진동속도레벨
② 발생진동의 음압도와 진동레벨
③ 발생진동의 발생시간과 진동속도
④ 발생진동의 주파수와 진동가속도레벨

51 소음 측정에 사용되는 소음측정기기의 성능 기준으로 옳지 않은 것은?

① 측정 가능 주파수 범위는 8~31.5Hz 이상이어야 한다.
② 측정 가능 소음도 범위는 35~130dB 이상이어야 한다.
③ 자동차 소음 측정을 위한 측정 가능 소음도 범위는 45~130dB 이상으로 한다.
④ 레벨레인지 변환기가 있는 기기에 있어서 레벨레인지 변환기의 전환오차가 0.5dB 이내이어야 한다.

풀이 측정 가능 주파수범위는 31.5Hz~8kHz 이상이어야 한다.

52 소음 · 진동공정시험기준상 다음 용어의 정의 중 옳지 않은 것은?

① 지시치 : 계기나 기록지상에서 판독한 소음도로서 실효치를 말한다.
② 소음원 : 소음을 발생하는 기계 · 기구, 시설 및 기타 물체 또는 환경부령으로 정하는 사람의 활동을 말한다.
③ 소음도 : 소음계의 감각보정회로를 통하여 측정된 실효치를 말한다.
④ 대상소음도 : 측정소음도에 배경소음을 보정한 후 얻어진 소음도를 말한다.

풀이 소음도란 소음계의 청감보정회로를 통하여 측정한 지시치를 말한다.

정답 48 ③ 49 ① 50 ④ 51 ① 52 ③

53 환경기준에서 소음측정방법 중 측정시간 및 측정지점 수 기준으로 옳은 것은?

① 낮 시간대(06:00~22:00)에는 당해 지역 소음을 대표할 수 있도록 측정지점 수를 충분히 결정하고, 각 측정지점에서 2시간 이상 간격으로 2회 이상 측정하여 산술평균한 값을 측정소음도로 한다.
② 낮 시간대(06:00~22:00)에는 당해 지역 소음을 대표할 수 있도록 측정지점 수를 충분히 결정하고, 각 측정지점에서 2시간 이상 간격으로 4회 이상 측정한 값 중 최댓값을 측정소음도로 한다.
③ 밤 시간대(22:00~06:00)에는 낮 시간대에 측정한 측정지점에서 4시간 간격으로 2회 이상 측정하여 산술평균한 값을 측정소음도로 한다.
④ 밤 시간대(22:00~06:00)에는 낮 시간대에 측정한 측정지점에서 2시간 간격으로 2회 이상 측정하여 산술평균한 값을 측정소음도로 한다.

54 측정소음도가 92dB(A), 배경소음도가 87dB(A)일 때 대상소음도는?

① 91.4dB(A) ② 90.3dB(A)
③ 89.3dB(A) ④ 88.4dB(A)

풀이 측정소음도와 배경소음도 차이

92dB(A) − 87dB(A) = 5dB(A)

대상소음도 = 측정음도 − 보정치

$$\text{보정치} = -10\log(1-10^{-0.1d}) = -10\log[1-10^{-(0.1\times5)}] = 1.65\text{dB(A)}$$

$$= 92 - 1.65 = 90.35\text{dB(A)}$$

55 발파진동의 측정방법 중 측정시간 및 측정지점 수 선정기준으로 가장 적합한 것은?

① 작업일지 및 발파계획서 또는 폭약사용신고서를 참조하여 전체 발파과정 중 평균발파진동이 예상되는 시점의 진동을 1지점 이상에서 측정한다.
② 적절한 측정시각에 3지점 이상의 측정지점 수를 선정·측정하여 평균발파진동을 나타내는 지점을 선정한다.
③ 적절한 측정시각에 2지점 이상의 측정지점 수를 선정·측정하여 평균발파진동을 나타내는 지점을 선정한다.
④ 작업일지 및 발파계획서 또는 폭약사용신고서를 참조하여 소음·진동관리법 시행규칙에서 구분하는 각 시간대 중에서 최대발파진동이 예상되는 시각의 진동을 포함한 모든 발파진동을 1지점 이상에서 측정한다.

56 다음 중 측정하고자 하는 소음도가 지시계기의 범위 내에 있도록 하기 위한 감쇠기는?

① 교정장치 ② 레벨레인지 변환기
③ 청감보정회로 ④ 동특성 조절기

57 소음·진동공정시험기준상 공장소음 측정자료 평가표 서식의 측정기기란에 기재되어야 할 항목으로 거리가 먼 것은?

① 부속장치 ② 소음도기록기명
③ 소음계명 ④ 소음계 교정일자

58 배출허용기준의 측정방법 중 측정조건에 있어서 손으로 소음계를 잡고 측정할 경우, 소음계는 측정자의 몸으로부터 얼마 이상 떨어져야 하는가?

① 0.2m 이상 ② 0.3m 이상
③ 0.4m 이상 ④ 0.5m 이상

59 환경기준의 소음측정 시 소음계의 청감보정회로와 동특성은 어디에 고정해서 측정하여야 하는가?

① A특성, Slow ② A특성, Fast
③ C특성, Slow ④ C특성, Fast

정답 53 ④ 54 ② 55 ④ 56 ② 57 ④ 58 ④ 59 ②

60 항공기 통과 시 1일 최고소음도 측정결과가 각각 99dB(A), 100dB(A), 101dB(A), 102dB(A), 103dB(A), 104dB(A), 105dB(A), 106dB(A), 107dB(A), 108dB(A)이었고, 0시~07시까지 1대, 07~19시까지 6대, 19시~22시까지 2대, 22시~24시까지 1대가 통과할 때 1일 단위의 WECPNL은?

① 92　　② 95
③ 97　　④ 99

풀이 1일 단위 $WECPNL$

$= \overline{L_{max}} + 10\log N - 27$

$\overline{L_{max}} = 10\log\left[\frac{1}{10}\left(10^{9.9} + 10^{10} + 10^{10.1} + 10^{10.2} + 10^{10.3} + 10^{10.4} + 10^{10.5}10^{10.6} + 10^{10.7} + 10^{10.8}\right)\right]$

$= 104.4\text{dB(A)}$

$N = N_2 + 3N_3 + 10(N_1 + N_4)$

$= 6 + (3\times 2) + [10\times(1+1)]$

$= 32$

$= 104.4 + 10\log 32 - 27 = 92.45$

4과목 진동방지기술

61 그림과 같이 스프링 K_1, K_2, K_3를 직렬로 연결했을 때 등가스프링 정수 K_e는?

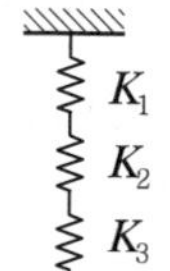

① $\frac{1}{K_e} = \frac{1}{K_1} + \frac{1}{K_2} + \frac{1}{K_3}$

② $K_e = K_1 + K_2 + K_3$

③ $K_e = \sqrt{K_1 + K_2 + K_3}$

④ $K_e = \frac{1}{K_1} + \frac{1}{K_2} + \frac{1}{K_3}$

62 공기스프링에 관한 설명으로 옳지 않은 것은?

① 하중의 변화에 따라 고유진동수를 일정하게 유지할 수 있다.
② 자동제어가 가능하다.
③ 공기 누출의 위험성이 없다.
④ 사용진폭이 적은 것이 많으므로 별도의 댐퍼가 필요한 경우가 많다.

풀이 공기스프링은 공기 누출의 위험이 있다.

63 중량 $W = 28.5$N, 점성감쇠계수 $C_e = 0.055$ N · s/cm, 스프링정수 $k = 0.468$N/cm일 때, 이 계의 감쇠비는?

① 0.21　　② 0.24
③ 0.32　　④ 0.39

풀이 $\text{감쇠비}(\zeta) = \frac{C_e}{2\sqrt{m\times k}} = \frac{C_e}{2\sqrt{\frac{W}{g}\times k}}$

$= \frac{0.055}{2\sqrt{\frac{28.5}{980}\times 0.468}} = 0.24$

64 진동계를 전기계로 대치할 때의 상호 대응관계로 옳은 것은?

① 질량(m)=전류(i)
② 변위(x)=임피던스(L)
③ 힘(F)=전압(E)
④ 스프링정수(k)=전기속도(R)

풀이 진동계 · 음향계 · 전기계의 대응

진동계	음향계	전기계
변위	체적변위	전기량
속도	체적속도	전류
힘	음압	전압
질량	음향질량	임피던스
스프링	음향질량	전기용량
점성저항	음향저항	전기저항

정답 60 ① 61 ① 62 ③ 63 ② 64 ③

65 다음 그림과 같이 진동계가 강제 진동을 하고 있으며, 그 진폭은 X일 때, 기초에 전달되는 최대 힘은?

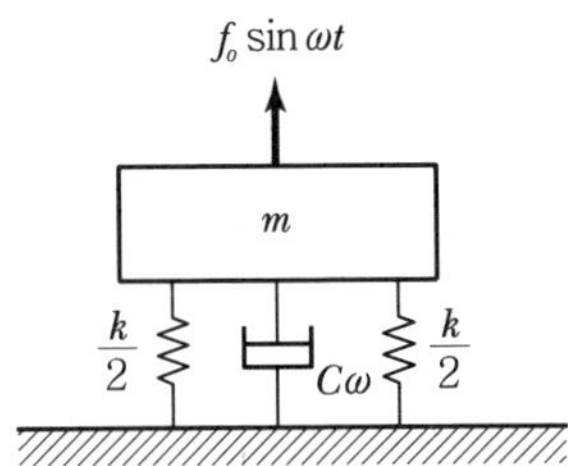

① $kX + C\omega X$ ② $\sqrt{kX + C\omega X}$
③ $kX^2 + C\omega X^2$ ④ $\sqrt{(kX)^2 + (C\omega X)^2}$

66 정적 처짐이 0.5cm인 상태이고, 절연기 위에 고속디젤엔진이 설치되어 있다. 이 고속디젤엔진과 커플링의 무게가 300N일 때 95% 절연을 가지려면 모터는 어느 속도 이상으로 운전되어야 하는가?(단, 감쇠는 무시한다.)

① 970rpm ② 1,590rpm
③ 1,940rpm ④ 3,890rpm

풀이 진동수비(η)

$\eta = \frac{f}{f_n}$, $T = \frac{1}{\eta^2 - 1}$

$\eta = \sqrt{\frac{1}{T} + 1} = \sqrt{\frac{1}{0.05} + 1} = 4.58$

전달률 = 1 − 절연율 = 1 − 0.95 = 0.05

$f_n = 4.98\sqrt{\frac{1}{\delta_{st}}} = 4.98\sqrt{\frac{1}{0.5}} = 7.04\text{Hz}$

$f = \eta \times f_n = 4.58 \times 7.04 = 32.24\text{Hz}$

회전수(rpm) $= f \times 60 = 32.24 \times 60$
$= 1{,}935\text{rpm}$

67 방진고무에 관한 설명 중 가장 거리가 먼 것은?

① 압축, 전단 등의 사용방법에 따라 1개로 2축 방향 및 회전방향의 스프링 정수를 광범위하게 선택할 수 있다.
② 내부마찰에 의한 발열 때문에 열화가능성이 크다.
③ 동적 배율(정적 스프링 정수에 대한 동적 스프링 정수의 비)이 보통 1보다 작다.
④ 고유진동수가 강제진동수의 $\frac{1}{3}$ 이하인 것을 택한다.

풀이 동적 배율(α)은 일반적으로 1보다 큰 값을 갖는다.

68 다음 중 금속코일스프링의 고유진동수(Hz) 범위로 가장 적합한 것은?

① 0.5~1Hz ② 2~6Hz
③ 10~50Hz ④ 50~100Hz

풀이 • 코일형 금속스프링 고유진동수 : 2~6Hz
• 중판형 금속스프링 고유진동수 : 2~5Hz

69 진동원에서 1m 떨어진 점의 진동레벨을 105 dB이라고 하면 10m 떨어진 지점의 레벨(dB)은? (단, 진동파는 표면파($n = 0.5$)이고, 지반전파의 감쇠정수 $\lambda = 0.05$이다.)

① 91dB ② 88dB
③ 86dB ④ 83dB

풀이 VL_r

$= VL_o - 8.7\lambda(r - r_o) - 20\log\left(\frac{r}{r_o}\right)^n$

$= 105 - [8.7 \times 0.05(10-1)] - \left[20\log\left(\frac{10}{1}\right)^{0.5}\right]$

$= 91.09\text{ dB}$

70 감쇠는 물체운동의 반대방향으로 저항력이 발생하여 계의 운동에너지 또는 위치에너지를 소산시키는 역할을 하는데, 다음 중 실제 계에서 발생하는 감쇠기구의 관찰특성에 따른 감쇠의 편의상 분류와 가장 거리가 먼 것은?

① 지연 감쇠 ② 점성 감쇠
③ 쿨롱 감쇠 ④ 구조 감쇠

정답 65 ④ 66 ③ 67 ③ 68 ② 69 ① 70 ①

풀이 감쇠의 분류(감쇠기구의 관찰특성에 따른 분류)
㉠ 점성 감쇠
㉡ 건마찰 감쇠(쿨롱 감쇠)
㉢ 구조 감쇠
㉣ 자기력 감쇠
㉤ 방사 감쇠

71 코일스프링의 스프링 정수에 관한 설명으로 옳지 않은 것은?

① 횡탄성계수에 비례한다.
② 코일 평균직경의 3승에 비례한다.
③ 소선직경의 4승에 비례한다.
④ 유효권수에 반비례한다.

풀이 코일스프링의 스프링정수는 코일 평균직경의 3승에 반비례한다.

72 방진대책 중 "동적 흡진", "가진력 감쇠" 등은 통상적으로 어디에 해당하는가?

① 발생원 대책
② 전파경로 대책
③ 수진 측 대책
④ 규제 대책

풀이 방진대책 중 발생원대책
㉠ 가진력 감쇠
㉡ 불평력의 균형(평형)
㉢ 기초중량의 부가 및 경감
㉣ 탄성지지
㉤ 동적 흡진

73 점성감쇠를 갖는 강제진동의 위상각은 공진 시에는 몇 도인가?

① 0° ② 90°
③ 180° ④ 270°

74 다음은 자동차 방진에 관한 용어 설명이다. ( ) 안에 가장 적합한 것은?

차량의 중속 및 고속주행 상태에서 차체가 약 15~25 Hz 범위의 주파수로 진동하는 현상을 ( )(이)라고 하며, 이는 일반적으로 차체진동 또는 플로어(Floor) 진동이라고 부르기도 한다.

① 와인더 업(Wind Up)
② 프론트엔드진동(Front end Vibration)
③ 브레이크 저더(Brake Judder)
④ 셰이크(Shake)

75 회전속도 2,500rpm의 원심팬이 있다. 방진고무로 탄성지지시켜 진동전달률을 0.185로 할 때 방진고무의 정적 수축량(cm)은?

① 0.09 ② 0.18
③ 0.21 ④ 0.34

풀이 강제진동 방진재료 수축량(δ_{st})

$$\delta_{st} = \frac{(1+T)\times 24.8}{Tf^2}$$

$T=0.185$

$$f=\frac{2{,}500\text{rpm}}{60}=41.67\text{Hz}$$

$$=\frac{(1+0.185)\times 24.8}{0.185\times 41.67^2}=0.09$$

76 금속 자체에 진동흡수력을 갖는 제진합금의 분류 중 Mg, Mg−0.6% Zr 합금 등으로 이루어진 형태는?

① 복합형 ② 전위형
③ 쌍전형 ④ 강자성형

77 특성 임피던스가 26×10^5kg/m^2 · s인 금속관의 플랜지 접속부에 특성 임피던스가 2.8×10^3 kg/m^2 · s의 고무를 넣어 제진(진동절연)할 때의 진동감쇠량은?

① 19dB ② 21dB
③ 24dB ④ 27dB

정답 71 ② 72 ① 73 ② 74 ④ 75 ① 76 ② 77 ③

풀이 진동감쇠량(ΔL)

$$\Delta L = -10\log(1-Tr)$$

$$Tr = \left(\frac{Z_2 - Z_1}{Z_2 + Z_1}\right)^2 \times 100$$

$$= \left[\frac{(26\times10^5)-(2.8\times10^3)}{(26\times10^5)+(2.8\times10^3)}\right]^2 \times 100$$

$$= 0.9957 \times 100 = 99.57\%$$

$$= -10\log(1-0.9957) = 23.67\text{ dB}$$

78 4개의 스프링에 의해 지지된 진동체가 있다. 이 계의 강제진동수 및 고유진동수가 각각 15Hz, 3Hz라 할 때 스프링에 의한 차진율은?

① 92.5% ② 94.6%
③ 95.8% ④ 98.6%

풀이 차진율 = 1 − 전달률

$$T = \frac{1}{\left(\frac{f}{f_n}\right)^2 - 1} = \frac{1}{\left(\frac{15}{3}\right)^2 - 1} = 0.0416$$

$$= 1 - 0.0416 = 0.9583 \times 100 = 95.83\%$$

79 정현진동에서 진동속도의 시간적 변화를 나타내는 진동가속도의 식으로 옳은 것은?(단 α는 진동가속도, X_o는 변위진폭이다.)

① $\alpha = 2\pi f^2 X_o \sin(2\pi f t)$
② $\alpha = -(2\pi f)^2 X_o \sin(2\pi f t)$
③ $\alpha = -(2\pi f)^2 \sin(2\pi f t)$
④ $\alpha = -(2\pi f)^2 \cos(2\pi f t)$

풀이 진동량의 표현식
㉠ 변위(x) : $x = A\sin\omega t$
㉡ 속도(v) : $v = A\omega\cos\omega t$
㉢ 가속도(a) : $a = -A\omega^2\sin\omega t$

80 아래 그림과 같은 스프링 질량계가 있다. 고유진동수 f와 질량에 의한 정적 처짐 Δx의 관계를 나타내는 식으로 옳은 것은?(단, g는 중력가속도)

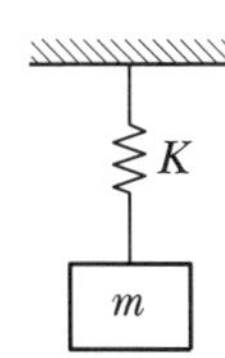

① $f = 2\pi\sqrt{\frac{g}{\Delta x}}$ ② $f = \frac{1}{2\pi}\sqrt{\frac{g}{\Delta x}}$
③ $f = 2\pi\sqrt{\frac{\Delta x}{g}}$ ④ $f = \frac{1}{2\pi}\sqrt{\frac{\Delta x}{g}}$

풀이 고유진동수(f_n)와 정적 수축량(δ_{st})의 관계

$$f_n = \frac{1}{2\pi}\sqrt{\frac{g}{\delta_{st}}} = 4.98\sqrt{\frac{1}{\delta_{st}}}\ (\text{Hz})$$

5과목 소음진동관계법규

81 소음진동관리법규상 방진시설로 가장 거리가 먼 것은?

① 탄성지지시설 및 제진시설
② 방진구시설
③ 배관진동 절연장치 및 시설
④ 방진실 및 방진벽

82 소음진동관리법규상 환경기술인의 관리사항으로 거리가 먼 것은?

① 배출시설의 구매 및 판매에 관한 사항
② 배출시설과 방지시설의 관리에 관한 사항
③ 배출시설과 방지시설의 개선에 관한 사항
④ 소음 · 진동을 방지하기 위하여 특별자치도지사 또는 시장 · 군수 · 구청장이 지시하는 사항

정답 78 ③ 79 ② 80 ② 81 ④ 82 ①

83 다음은 소음진동관리법규상 환경기술인의 교육에 관한 사항이다. (　　) 안에 알맞은 것은?

> 환경기술인은 (㉠) 한 차례 이상 환경부장관이 교육을 실시할 능력이 있다고 인정하여 지정하는 기관 또는 환경정책기본법에 따른 (㉡)에서 실시하는 교육을 받아야 한다.

① ㉠ 2년마다　㉡ 소음진동기술사협회
② ㉠ 3년마다　㉡ 소음진동기술사협회
③ ㉠ 2년마다　㉡ 환경보전협회
④ ㉠ 3년마다　㉡ 환경보전협회

84 소음진동관리법규상 배출시설 변경신고 대상으로 거리가 먼 것은?

① 배출시설의 규모를 100분의 50 이상(신고 또는 변경신고를 하거나 허가를 받은 규모를 증설하는 누계를 말한다) 증설하는 경우
② 사업장의 명칭이나 대표자를 변경하는 경우
③ 배출시설의 전부를 폐쇄하는 경우
④ 방지시설이 증설되는 경우

85 소음진동관리법규상 관리지역 중 산업개발진흥지구의 밤 시간대(22:00~06:00) 공장진동 배출허용기준은?

① 55dB(V) 이하　② 60dB(V) 이하
③ 65dB(V) 이하　④ 70dB(V) 이하

풀이 공장진동 배출허용기준 [단위 : dB(V)]

대상지역	시간대별 낮 (06:00~22:00)	시간대별 밤 (22:00~06:00)
가. 도시지역 중 전용주거지역 · 녹지지역, 관리지역 중 취락지구 · 주거개발진흥지구 및 관광 · 휴양개발진흥지구, 자연환경보전지역 중 수산자원보호구역 외의 지역	60 이하	55 이하
나. 도시지역 중 일반주거지역 · 준주거지역, 농림지역, 자연환경보전지역 중 수산자원보호구역, 관리지역 중 가목과 다목을 제외한 그 밖의 지역	65 이하	60 이하
다. 도시지역 중 상업지역 · 준공업지역, 관리지역 중 산업개발진흥지구	70 이하	65 이하
라. 도시지역 중 일반공업지역 및 전용공업지역	75 이하	70 이하

86 소음진동관리법상 확인검사대행자의 등록을 할 수 없는 자에 해당하지 않는 것은?

① 한정치산자
② 파산선고를 받고 복권되지 아니한 자
③ 확인검사대행자의 등록이 취소된 후 3년이 지나지 아니한 자
④ 대기환경보전법을 위반하여 징역의 실형을 선고받고 그 형의 집행이 종료되거나 집행을 받지 아니하기로 확정된 후 2년이 지나지 아니한 자

풀이 확인검사대행자의 등록이 취소된 후 2년이 지나지 아니한 자는 확인검사 대행자의 등록을 할 수 없다.

87 다음은 소음진동관리법규상 생활소음 규제기준 중 공사장 소음 규제기준이다. (　　) 안에 알맞은 것은?

> 공사장 소음 규제기준은 주간의 경우 특정공사 사전신고대상 기계 · 장비를 사용하는 작업시간이 1일 3시간 초과 6시간 이하일 때에는 (　　)을 규제기준치에 보정한다.

① +3dB　② +5dB
③ +10dB　④ +15dB

정답 83 ④ 84 ④ 85 ③ 86 ③ 87 ②

88 소음진동관리법상 환경부장관이나 시·도지사가 측정망 설치계획을 결정·고시하면 다음의 허가를 받은 것으로 보는데, 다음 중 이에 해당되지 않는 것은?

① 건축법에 따른 건축물의 건축 허가
② 하천법에 따른 하천공사 시행의 허가
③ 도로법에 따른 도로점용의 허가
④ 공유수면관리법에 따른 공유수면의 점용·사용 허가

89 소음진동관리법령상 소음도 검사기관의 지정기준 중 기술인력기준으로 옳지 않은 것은?

① 대학 이상 졸업자로서 소음·진동 분야의 실무경력이 3년 이상인 자는 기술적 인력요건에 해당한다.
② 전문대학 이상 졸업자로서 소음·진동 분야의 실무경력이 5년 이상인 자는 기술직 인력요건에 해당한다.
③ 환경 및 기계 분야의 기능사로서 소음·진동 분야의 실무경력이 1년 이상인 자는 기능직 인력요건에 해당한다.
④ 초·중등교육법에 따른 고등학교 이상 졸업자로서 소음·진동 분야의 실무경력이 2년 이상인 자는 기능직 인력요건에 해당한다.

풀이 초·중등교육법에 따른 고등학교 이상 졸업자로서 소음·진동분야의 실무경력이 3년 이상인 자는 기능직 인력요건에 해당한다.

90 환경정책기본법령상 도로변지역 준공업지역의 소음환경기준으로 옳은 것은?

① 낮 시간대(06:00 ~ 22:00)는 70Leq dB(A)
② 낮 시간대(06:00 ~ 22:00)는 75Leq dB(A)
③ 밤 시간대(22:00 ~ 06:00)는 65Leq dB(A)
④ 밤 시간대(22:00 ~ 06:00)는 70Leq dB(A)

풀이 소음환경기준 [단위 : Leq dB(A)]

지역 구분	적용대상 지역	기준	
		낮(06:00 ~22:00)	밤(22:00 ~06:00)
일반 지역	"가" 지역	50	40
	"나" 지역	55	45
	"다" 지역	65	55
	"라" 지역	70	65
도로변 지역	"가" 및 "나" 지역	65	55
	"다" 지역	70	60
	"라" 지역	75	70

91 다음은 소음진동관리법규상 배출시설의 변경신고 등에 관한 사항이다. ( ) 안에 알맞은 것은?

배출시설 변경신고를 하려는 자는 해당 시설의 변경 전(사업장의 명칭을 변경하거나 대표자를 변경하는 경우에는 이를 변경한 날부터 ( )에 배출시설 변경신고서에 변경내용을 증명하는 서류와 배출시설 설치신고증명서 또는 배출시설 설치허가증을 첨부하여 특별자치도지사 또는 시장·군수·구청장에게 제출하여야 한다.

① 1개월 이내 ② 2개월 이내
③ 3개월 이내 ④ 4개월 이내

92 소음진동관리법규상 특정공사의 사전신고 대상 기계·장비에 해당하지 않는 것은?

① 휴대용 브레이커
② 발전기
③ 공기압축기(공기토출량이 분당 2.83세제곱미터 이상의 이동식인 것으로 한정한다.)
④ 압입식 항타항발기

풀이 특정공사의 사전신고 대상 기계·장비의 종류
㉠ 항타기·항발기 또는 항타항발기(압입식 항타항발기는 제외한다)
㉡ 천공기
㉢ 공기압축기(공기토출량이 분당 2.83세제곱미터 이상의 이동식인 것으로 한정한다)
㉣ 브레이커(휴대용을 포함한다)

정답 88 ① 89 ④ 90 ① 91 ② 92 ④

ⓜ 굴삭기
ⓗ 발전기
ⓢ 로더
ⓞ 압쇄기
ⓙ 다짐기계
ⓒ 콘크리트 절단기
ⓚ 콘크리트 펌프

93 소음진동관리법상 부정한 방법으로 배출시설을 신고하여 받은 배출시설의 폐쇄명령을 위반한 자에 대한 벌칙기준으로 옳은 것은?

① 5년 이하의 징역 또는 3천만 원 이하의 벌금에 처한다.
② 3년 이하의 징역 또는 1천500만 원 이하의 벌금에 처한다.
③ 1년 이하의 징역 또는 1천만 원 이하의 벌금에 처한다.
④ 6개월 이하의 징역 또는 500만 원 이하의 벌금에 처한다.

94 소음진동관리법규상 kW 기준 소음배출시설에 해당되는 배출시설을 설치하지 아니한 사업장으로서 각 항목의 동력 규모 미만인 것들의 동력 합계가 500kW 이상인 경우에는 소음배출시설로 본다. 이때 다음 기계들을 보유한 사업장의 동력합계를 소음진동관리법규에서 제시한 방법으로 계산하면 얼마인가?(단, 30kW 공작기계 1대, 20kW 변속기 1대, 10kW 원심분리기 1대)

① 48kW　　② 52kW
③ 56kW　　④ 60kW

풀이 동력(kW)
$= (30 \times 0.8) + (20 \times 0.9) + (10 \times 1)$
$= 52\text{kW}$

95 소음진동관리법규상 소음지도의 작성기간의 시작일은 소음지도 작성계획의 고시 후 얼마가 경과한 날로 하는가?

① 1개월이 경과한 날
② 3개월이 경과한 날
③ 6개월이 경과한 날
④ 12개월이 경과한 날

96 소음진동관리법규상 생활소음 · 진동이 발생하는 공사로서 환경부령으로 정하는 특정공사를 시행하려는 자는 환경부령으로 정하는 바에 따라 관할 특별자치도지사 또는 시장 · 군수 · 구청장에게 신고하여야 하는데, 다음 중 "환경부령으로 정하는 특정공사" 중 굴정공사에 해당하는 기준으로 옳은 것은?(단, 해당 기계 · 장비를 5일 이상 사용하는 공사임)

① 총 연장이 50미터 이상 또는 굴착 토사량의 합계가 50세제곱미터 이상인 굴정공사
② 총 연장이 100미터 이상 또는 굴착 토사량의 합계가 100세제곱미터 이상인 굴정공사
③ 총 연장이 150미터 이상 또는 굴착 토사량의 합계가 150세제곱미터 이상인 굴정공사
④ 총 연장이 200미터 이상 또는 굴착 토사량의 합계가 200세제곱미터 이상인 굴정공사

풀이 환경부령으로 정하는 특정공사
㉠ 연면적이 1천 제곱미터 이상인 건축물의 건축공사 및 연면적이 3천 제곱미터 이상인 건축물의 해체공사
㉡ 구조물의 용적합계가 1천 세제곱미터 이상 또는 면적합계가 1천 제곱미터 이상인 토목건설공사
㉢ 면적합계가 1천 제곱미터 이상인 토공사 · 정지공사
㉣ 총 연장이 200미터 이상 또는 굴착 토사량의 합계가 200세제곱미터 이상인 굴정공사

정답 93 ② 94 ② 95 ② 96 ④

97 소음진동관리법규상 환경부장관, 시·도지사가 전국적인 소음진동의 실태를 파악하기 위하여 고시하는 측정망 설치계획에 포함되지 않아도 되는 것은?

① 측정망의 설치시기
② 측정망의 배치도
③ 측정망의 인가날짜
④ 측정소를 설치할 토지나 건축물의 위치 및 면적

98 소음진동관리법규상 운행자동차 배기소음 허용기준은?(단, 2006년 1월 1일 이후 제작되는 자동차로서, 소형 승용자동차임)

① 100dB(A) 이하
② 105dB(A) 이하
③ 110dB(A) 이하
④ 112dB(A) 이하

풀이 운행자동차 배기소음 허용기준
(2006년 1월 1일 이후에 제작되는 자동차)

자동차 종류 \ 소음 항목		배기소음 [dB(A)]	경적소음 [dB(C)]
경자동차		100 이하	110 이하
승용자동차	소형	100 이하	110 이하
	중형	100 이하	110 이하
	중대형	100 이하	112 이하
	대형	105 이하	112 이하

99 소음진동관리법규상 운행차 정기검사를 받아야 하는 자는 정기검사 신청을 누구에게 하는가?

① 시·도지사
② 환경부장관
③ 국토교통부장관
④ 시·도보건환경연구원장

100 소음진동관리법규상 도시지역 중 일반주거지역 및 준주거지역에서 낮 시간대(06:00~18:00) 공장소음 배출허용기준은?

① 50dB(A) 이하
② 55dB(A) 이하
③ 60dB(A) 이하
④ 65dB(A) 이하

풀이 공장소음 배출허용기준 [단위 : dB(A)]

대상지역	시간대별		
	낮 (06:00~18:00)	저녁 (18:00~24:00	밤 (24:00~06:00)
가. 도시지역 중 전용주거지역·녹지지역, 관리지역 중 취락지구·주거개발진흥지구 및 관광·휴양개발진흥지구, 자연환경보전지역 중 수산자원보호구역 외의 지역	50 이하	45 이하	40 이하
나. 도시지역 중 일반주거지역 및 준주거지역	55 이하	50 이하	45 이하
다. 농림지역, 자연환경보전지역 중 수산자원보호구역, 관리지역 중 가목과 라목을 제외한 그 밖의 지역	60 이하	55 이하	50 이하
라. 도시지역 중 상업지역·준공업지역, 관리지역 중 산업개발진흥지구	65 이하	60 이하	55 이하
마. 도시지역 중 일반공업지역 및 전용공업지역	70 이하	65 이하	60 이하

정답 97 ③ 98 ① 99 ③ 100 ②

003 2013년 4회 기사

1과목 소음진동개론

01 가로 7m, 세로 3.5m의 벽면 밖에서 음압레벨이 112dB이라면 15m 떨어진 곳은 몇 dB인가?(단, 면음원 기준)

① 76.4dB ② 85.8dB
③ 88.9dB ④ 92.8dB

풀이 단변(a), 장변(b), 거리(r)의 관계에서

$r > \frac{b}{a}$; $15 > \frac{7}{3}$이 성립하므로

$$SPL_1 - SPL_2 = 20\log\left(\frac{3r}{b}\right) + 10\log\left(\frac{b}{a}\right)(\text{dB})$$

$$112 - SPL_2 = 20\log\left(\frac{3\times 15}{7}\right) + 10\log\left(\frac{7}{3.5}\right)$$

$$SPL_2 = 112 - 20\log\left(\frac{3\times 15}{7}\right) - 10\log\left(\frac{7}{3.5}\right) = 92.83\text{dB}$$

02 소음의 영향으로 거리가 먼 것은?

① 말초혈관을 수축시키며, 맥박을 증가시킨다.
② 호흡 깊이를 감소시키며, 호흡횟수를 증가시킨다.
③ 타액분비량을 감소시키며, 위액산도를 증가시킨다.
④ 백혈구 수를 증가시키며, 혈중 아드레날린을 증가시킨다.

풀이 소음은 타액분비량의 증가, 위액산도 저하, 위수축운동 감소 등 위장의 기능을 감퇴시킨다.

03 지향지수가 6dB일 때 지향계수는?

① 4.60 ② 4.35
③ 3.98 ④ 3.5

풀이 $DI = 10\log Q$

$$Q = 10^{\frac{DI}{10}} = 10^{\frac{6}{10}} = 3.98$$

04 중심주파수가 750Hz일 때 1/1옥타브밴드 분석기(정비형 필터)의 상한주파수는?

① 841Hz ② 945Hz
③ 1,060Hz ④ 1,500Hz

풀이 $f_c = \sqrt{2} f_L$

$$f_L = \frac{f_c}{\sqrt{2}} = \frac{750}{\sqrt{2}} = 530.33\text{Hz}$$

$$f_u = \frac{f_c^2}{f_L} = \frac{750^2}{530.33} = 1{,}060.66\text{Hz}$$

05 진동의 영향에 관한 설명으로 옳은 것은?

① 4~14Hz에서 복통을 느끼고, 9~20Hz에서는 대소변을 보고 싶게 한다.
② 수직 및 수평진동이 동시에 가해지면 10배 정도의 자각현상이 나타난다.
③ 6Hz에서 머리는 가장 큰 진동을 느낀다.
④ 20~30Hz 부근에서 심한 공진현상을 보여 가해진 진동보다 크게 느끼고, 진동수 증가에 따라 감쇠는 급격히 감소한다.

풀이 ② 수직 및 수평진동이 동시에 가해지면 자각현상이 2배가 된다.
③ 6Hz에서 허리, 가슴 및 등 쪽에 심한 진동을 느낀다.
④ 20~30Hz에서는 2차 공진현상이 나타나며 두개골의 공명으로 시력 및 청력장애를 초래한다.

06 다음 중 흡음감쇠가 가장 큰 경우는?

	[주파수, Hz]	[기온, ℃]	[상대습도, %]
①	4,000	−10	50
②	2,000	0	50
③	1,000	−10	70
④	500	10	85

정답 01 ④ 02 ③ 03 ③ 04 ③ 05 ① 06 ①

풀이 기상조건(대기조건)에 따른 감쇠(A_a)

$A_a = 7.4 \times \left(\frac{f^2 \times r}{\phi} \right) \times 10^{-8}$(dB)에서 감쇠에 가장 큰 영향을 미치는 요소는 주파수(f)이다.

07 다음 주파수 범위(Hz) 중 인간의 청각에서 가장 감도가 좋은 것은?

① 20~100
② 100~500
③ 500~1,000
④ 2,000~5,000

풀이 인간 청감에 가장 민감한 주파수는 약 4,000Hz 주변이다.

08 다음은 자유진동의 해법 중 어떤 방법에 관한 설명인가?

> 이 방법은 Rayleigh법을 개량화시킨 것이며, 에너지를 계산하는 데 있어서 가정하는 처짐형태를 하나 또는 그 이상의 미정파라미터를 가진 함수로 표현하고, 계산되는 주파수가 최소가 되도록 이 파라미터들을 조절하는 계산기법이다.

① 완전해법
② 집중파라미터 표현법
③ Ritz법
④ Hamilton법

09 음파의 종류에 관한 설명으로 옳지 않은 것은?

① 정재파 : 둘 또는 그 이상의 음파의 구조적 간섭에 의해 시간적으로 일정하게 음압의 최고와 최저가 반복되는 패턴의 파
② 평면파 : 음파의 파면들이 서로 평행한 파
③ 구면파 : 음원에서 진행 방향으로 큰 에너지를 방출할 때 발생하는 파
④ 발산파 : 음원으로부터 거리가 멀어질수록 더욱 넓은 면적으로 퍼져나가는 파

풀이 구면파는 공중에 있는 점음원과 같이 음원에서 모든 방향으로 동일한 에너지를 방출할 때 발생하는 파이다.

10 다음은 인체의 귓구멍(외이도)을 나타낸 그림이다. 이때 공명 기본음 주파수 대역은?(단, 음속은 340m/s이다.)

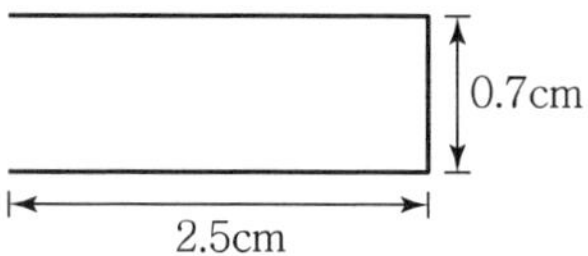

① 750Hz
② 3,400Hz
③ 6,800Hz
④ 12,143Hz

풀이 외이도(일단개구관)의 공명 기본음 주파수(f)

$$f = \frac{C}{4L} = \frac{340\text{m/sec}}{4 \times 0.025\text{m}} = 3{,}400\text{Hz}$$

11 지반을 전파하는 파에 관한 설명으로 옳지 않은 것은?

① 지표진동 시 주로 계측되는 파는 R파이다.
② R파는 역2승법칙으로 대략 감쇠된다.
③ 표면파의 전파속도는 일반적으로 횡파의 92~96% 정도이다.
④ 파동에너지비율은 R파가 S파 및 P파에 비해 높다.

풀이 R파의 지표면에서 거리감쇠는 거리가 2배로 되면 3dB 감소한다.

12 항공기 소음의 특징에 관한 설명으로 가장 거리가 먼 것은?

① 제트엔진으로부터 기체가 고속으로 배출될 때 발생하는 소음은 기체배출속도의 제곱근에 비례하여 증가한다.
② 회전날개의 선단속도가 음속 이상일 경우 회전날개 끝에 생기는 충격파가 고정된 날개에 부딪쳐 소음을 발생시킨다.
③ 회전날개에 의해 발생된 소음은 고음성분이 많으며 감각적으로 인간에게 큰 자극을 준다.
④ 회전날개의 선단속도가 음속 이하일 경우는 날개 수에 회전수를 곱한 값의 정수배 순음을 발생시킨다.

정답 07 ④ 08 ③ 09 ③ 10 ② 11 ② 12 ①

풀이 제트엔진으로부터 기체가 고속으로 배출될 때 발생하는 소음은 기체 배출속도의 제곱에 비례하여 증가한다.

13 진동레벨 산정 시 수직보정곡선에서 주파수 대역이 $8 \le f \le 90$Hz일 때 보정치 물리량(m/s²)은?

① $2\times10^{-5}\times f^{-\frac{1}{2}}$ ② 10^{-5}

③ $0.125\times10^{-5}\times f$ ④ $10^{-5}\times f^{-\frac{1}{2}}$

풀이 주파수별 보정치 물리량

㉠ 수직보정의 경우

- $1 \le f \le 4$Hz
  $a = 2\times10^{-5}\times f^{-\frac{1}{2}}$(m/s²)
- $4 \le f \le 8$Hz
  $a = 10^{-5}$(m/s²)
- $8 \le f \le 90$Hz
  $a = 0.125\times10^{-5}\times f$(m/s²)

㉡ 수평보정의 경우

- $1 \le f \le 2$Hz
  $a = 10^{-5}$(m/s²)
- $2 \le f \le 90$Hz
  $a = 0.5\times10^{-5}\times f$(m/s²)

14 청력에 관한 내용으로 옳지 않은 것은?

① 음의 대소는 음파의 진폭(음압)의 크기에 따른다.
② 음의 고저는 음파의 주파수에 따라 구분된다.
③ 4분법에 의한 청력손실이 옥타브밴드 중심주파수가 500~2,000Hz 범위에서 5dB 이상이면 난청이라 한다.
④ 청력손실이란 청력이 정상인 사람의 최소 가청치와 피검자의 최소 가청치의 비를 dB로 나타낸 것이다.

풀이 청력손실이 옥타브밴드 중심주파수가 500~2,000Hz 범위에서 25dB 이상이면 난청이라 한다.

15 그림과 같이 질량은 1kg, 100N/m 강성을 갖는 스프링 4개가 연결된 진동계가 있다. 이 진동계의 고유진동수(Hz)는?

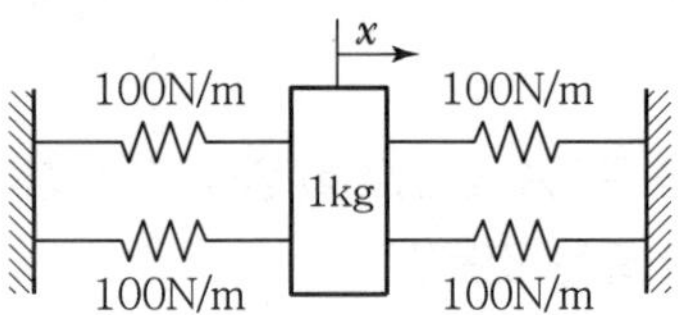

① 0.80 ② 1.59
③ 3.18 ④ 6.37

풀이 $f_n = \frac{1}{2\pi}\sqrt{\frac{k}{m}}$

$k_{eq} = 200\text{N/m} + 200\text{N/m} = 400\text{N/m}$

$= \frac{1}{2\pi}\sqrt{\frac{400}{1}} = 3.18\text{Hz}$

16 실정수 200m²인 실내 중앙의 바닥 위에 설치되어 있는 소형 기계의 파워레벨이 100dB이었다. 이 기계로부터 5m 떨어진 실내의 한 점에서의 음압레벨(SPL)은?

① 74dB ② 84dB
③ 94dB ④ 114dB

풀이 $SPL = PWL + 10\log\left(\frac{Q}{4\pi r^2} + \frac{4}{R}\right)$

$= 100 + 10\log\left(\frac{2}{4\times3.14\times5^2} + \frac{4}{200}\right)$

$= 84.21\text{dB}$

17 마스킹(Masking) 효과에 관한 설명으로 옳지 않은 것은?

① 음파의 간섭현상에 의한 것으로 저음이 고음을 잘 마스킹한다.
② 두 음의 주파수가 서로 거의 같을 때는 맥동현상에 의해 마스킹 효과가 감소한다.
③ 두 음의 주파수가 비슷할 때는 마스킹 효과가 대단히 커진다.

정답 13 ③ 14 ③ 15 ③ 16 ② 17 ④

④ 주파수가 비슷한 두 음원이 이동 시 진행방향 쪽에서는 원래 음보다 고음이 되어 마스킹 효과가 감소하는 현상을 의미한다.

풀이 ④는 도플러(Doppler) 효과에 대한 내용이다.

18 인체 귀의 구성요소 중 초저주파소음의 전달과 진동에 따르는 인체의 평형을 담당하고 있는 부분은?

① 3개의 청소골
② 유스타키오관
③ 세반고리관 및 전정기관
④ 고막과 섬모세포

19 아래 그림과 같이 진동하는 파의 감쇠특성으로 적합한 것은?(단, 감쇠비는 ξ이다.)

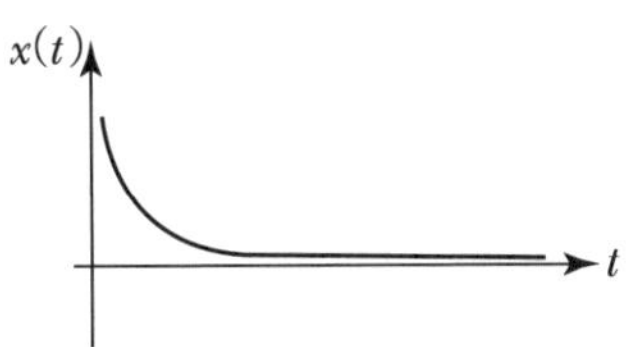

① $\xi=0$ ② $0<\xi<1$
③ $\frac{1}{2}<\xi<1$ ④ $\xi>1$

풀이 그림은 과감쇠($\xi>1$)를 나타낸다.

20 옥외의 자유공간에 설치된 무지향성 소음원의 음향파워레벨이 105dB이다. 이 소음원으로부터 20m 떨어진 곳에서의 음압레벨은?

① 68dB ② 71dB
③ 84dB ④ 87dB

풀이 $SPL = PWL - 20\log r - 11$
$= 105 - 20\log 20 - 11$
$= 68\text{dB}$

2과목 소음방지기술

21 콘크리트(면적 30m², TL=40dB)와 유리창(면적 10m², TL=15dB)으로 구성된 벽이 있을 때 유리창을 3m²만큼 열었다. 이때의 총합투과손실(dB)은?

① 11dB ② 13dB
③ 15dB ④ 17dB

풀이 $\overline{\pi} = 10\log\frac{1}{\tau} = 10\log\frac{S_1+S_2+S_3}{S_1\tau_1+S_2\tau_2+S_3\tau_3}$

$= 10\log\frac{30+7+3}{\left[\begin{array}{l}(30\times10^{-4.0})\\+(7\times10^{-1.5})+(3\times10^{-0})\end{array}\right]}$

$= 11\text{dB}$

22 평균 흡음률이 0.3이고, 내부표면적이 500m²인 건물의 실정수는?

① 150.2m² ② 183.4m²
③ 208.2m² ④ 214.3m²

풀이 $R = \frac{S\cdot\overline{\alpha}}{1-\overline{\alpha}} = \frac{500\times0.3}{1-0.3} = 214.29\text{m}^2$

23 구멍직경 8.5mm, 구멍 간 상하좌우 간격 22mm, 두께 15mm인 다공판을 30mm의 공기층을 두고 설치할 경우 공명주파수는 약 얼마인가?(단, 구멍의 크기가 음의 파장에 비해 매우 작고, 음속은 340m/s이다.)

① 561Hz ② 725Hz
③ 916Hz ④ 1,010Hz

풀이 $f_r = \frac{C}{2\pi}\sqrt{\frac{\beta}{(h+1.6a)\cdot d}}$

$C = 340\text{m/sec}\times1{,}000\text{mm/m}$
$= 340\times10^3\text{mm/sec}$

$\beta = \frac{\pi a^2}{B^2} = \frac{3.14\times4.25^2}{22^2} = 0.11718$

$h+1.6a = 15+(1.6\times4.25) = 21.8\text{mm}$

정답 18 ③ 19 ④ 20 ① 21 ① 22 ④ 23 ②

$d=30\text{mm}$

$=\dfrac{340\times10^3}{2\times3.14}\sqrt{\dfrac{0.11718}{21.8\times30}}$

$=724.7\text{Hz}$

24 균질의 단일벽 두께를 2배로 할 경우 일치효과의 한계주파수는 어떻게 변화되겠는가?(단, 기타 조건은 일정하다.)

① 처음의 $\frac{1}{4}$　② 처음의 $\frac{1}{2}$
③ 처음의 2배　④ 처음의 4배

풀이 한계주파수$(f_c) \fallingdotseq \dfrac{1}{h}=\dfrac{1}{2}$

25 직관 흡음 덕트형 소음기에 관한 설명으로 가장 거리가 먼 것은?

① 통과유속은 50m/s 이하로 하는 것이 좋다.
② 감음의 특성은 중 · 고음역에서 좋다.
③ 덕트의 내경이 대상음의 파장보다 큰 경우는 Cell형이나 Splitter형으로 하여 목적주파수를 감음시킨다.
④ 덕트의 최단 횡단길이는 고주파 Beam을 방해하는 크기여야 한다.

풀이 흡음 덕트형 소음기에서 통과유속은 20m/sec 이하로 하는 것이 좋다.

26 어떤 공장 내에 아래의 조건을 만족하는 A실과 B실이 있다. 잔향시간 측정방법에 의한 A실의 잔향시간을 3초라 할 때, B실의 잔향시간은?

〈A실〉
• 실용적 : 240m^3　• 실 표면적 : 256m^3
〈B실〉
• 실용적 : $1,920\text{m}^3$　• 실 표면적 : $1,024\text{m}^3$
(단, A실과 B실의 내벽은 공히 동일 재료로 되어 있다.)

① 2초　② 3초
③ 4초　④ 6초

풀이 A실의 평균흡음률$(\bar{\alpha})$

$\bar{\alpha}=\dfrac{0.161\,V}{ST}=\dfrac{0.161\times240}{256\times3}=0.05$

B실의 잔향시간(T)

$T=\dfrac{0.161\,V}{S\cdot\bar{\alpha}}=\dfrac{0.161\times1,920}{1,024\times0.05}=6.03\text{sec}$

27 $1.0\text{m}\times2.5\text{m}$ 출입문의 투과손실을 25dB 이상으로 설계하려고 한다. 출입문 주위 틈새의 면적은 몇 m^2 이하로 해야 되는가?(단, 틈새 이외의 벽체 부분은 차음성능이 충분히 크다고 가정한다.)

① 5.94×10^{-3}　② 6.94×10^{-3}
③ 7.94×10^{-3}　④ 8.94×10^{-3}

풀이 $SPL_1-SPL_2=10\log n$

n은 전체 면적의 $\dfrac{1}{n}$ 틈새 면적

$25=10\log n$

$n=10^{\frac{25}{10}}=316.23$

출입문 면적$(S_1)=1\times2.5=2.5\text{m}^2$, 틈새 면적을 S_2라 하면

$\dfrac{1}{n}=\dfrac{1}{316.23}=\dfrac{S_2}{S_1+S_2}=\dfrac{S_2}{2.5+S_2}$

$316.23S_2=2.5+S_2$

$S_2=\dfrac{2.5}{(316.23-1)}=7.93\times10^{-3}\text{m}^2$

28 파이프 반경이 0.5m인 파이프 벽에서 전파되는 종파의 전파속도가 5,326m/sec인 경우 파이프의 링 주파수는?

① 1,451.63Hz　② 1,591.55Hz
③ 1,695.32Hz　④ 1,845.97Hz

풀이 $f_r=\dfrac{C_L}{\pi d}=\dfrac{5,326}{3.14\times1}=1,696.18\text{Hz}$

정답 24 ② 25 ① 26 ④ 27 ③ 28 ③

29 벽체의 한쪽 면은 실내, 다른 한쪽 면은 실외에 접한 경우 벽체의 투과손실(TL)과 벽체를 중심으로 한 현장에서 실내 · 외 간 음압레벨 차(NR, 차음도)의 실용관계식으로 가장 적합한 것은?

① TL=NR−3dB ② TL=NR−6dB
③ TL=NR−9dB ④ TL=NR−12dB

30 면밀도가 각각 100kg/m^2, 150kg/m^{2}인 중공이중벽과 면밀도가 250kg/m^{2}인 단일벽의 투과손실이 25Hz에서 일치한다고 할 때, 이중벽의 공기층 두께는 실용식 사용 시 얼마가 되겠는가?

① 약 7cm ② 약 10cm
③ 약 19cm ④ 약 26cm

풀이 $\sqrt{2}\times f_r$의 주파수에서 질량법칙과 일치하는 투과손실을 갖는다.

$$f_r=\frac{25}{\sqrt{2}}=17.7\text{Hz}$$

저역 공명주파수(f_r) : 실용식

$$f_r=60\sqrt{\frac{m_1+m_2}{m_1\times m_2}\times\frac{1}{d}}$$

$$17.7=60\sqrt{\frac{100+150}{100\times150}\times\frac{1}{d}}$$

$d=0.19\text{m}\,(19\text{cm})$

31 음향투과등급(Sound Transmission Class ; STC)은 1/3옥타브대역으로 측정한 차음자재의 투과손실을 나타낸 것인데, 다음 중 음향투과등급을 평가하는 방법으로 옳지 않은 것은?

① 음향투과등급은 기준곡선을 상하로 조정하여 결정한다.
② 기준곡선 밑의 모든 주파수 대역별 투과손실과 기준곡선값의 차의 산술평균이 2dB 이내가 되도록 한다.
③ 단 하나의 투과손실값도 기준곡선 밑으로 5dB을 초과해서는 안 된다.
④ 음향투과등급은 기준곡선과의 조정을 거친 후 500 Hz를 지나는 STC 곡선의 값을 판독하면 된다.

풀이 1/3옥타브 대역 중심주파수에 해당하는 음향투과손실 중에서 단 하나의 투과손실값도 STC 기준곡선과 비교하여 밑으로 최대차이가 8dB을 초과해서는 안 된다.

32 반무한 방음벽의 회절감쇠치는 15dB, 투과손실치는 20dB일 때, 이 방음벽에 의한 삽입 손실치는?(단, 음원과 수음점이 지상으로부터 약간 높은 위치에 있다.)

① 11.5dB ② 13.8dB
③ 15.0dB ④ 20.0dB

풀이 $$\Delta LI=-10\log\left(10^{-\frac{\Delta Li}{10}}+10^{-\frac{TL}{10}}\right)$$
$$=-10\log\left(10^{-\frac{15}{10}}+10^{-\frac{20}{10}}\right)=13.8\text{dB}$$

33 팽창형 소음기의 입구 및 팽창부의 직경이 각각 55cm, 125cm일 경우 기대할 수 있는 최대투과손실은?

① 약 2dB ② 약 5dB
③ 약 9dB ④ 약 15dB

풀이 $$TL_{\max}=\frac{D_2}{D_1}\times4=\frac{125}{55}\times4=9.09\text{dB}$$

34 단일벽의 차음특성 커브에서 질량제어영역의 기울기 특성으로 옳은 것은?

① 투과손실이 2dB/Octave 증가
② 투과손실이 3dB/Octave 증가
③ 투과손실이 4dB/Octave 증가
④ 투과손실이 6dB/Octave 증가

정답 29 ② 30 ③ 31 ③ 32 ② 33 ③ 34 ④

35 소음을 저감시키기 위해 다음 그림과 같은 흡음챔버를 설계하고자 한다. 챔버 내의 전체 표면적이 $20m^2$이고, 챔버 내부를 평균흡음률이 0.53인 흡음재로 흡음처리하였다. 흡음챔버의 규격 등이 다음과 같을 때 이 흡음챔버에 의한 소음 감쇠치는 몇 dB로 예상되는가?
(단, 챔버출구의 단면적 : $0.5m^2$,
출구-입구 사이의 경사길이(d) : 5m,
출구-입구 사이의 각도(θ) : 30°)

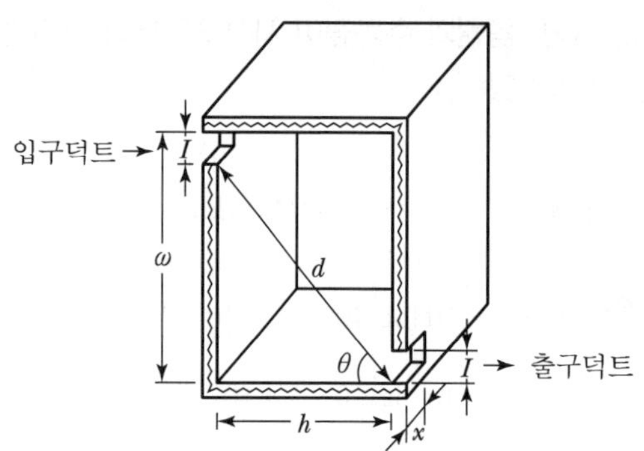

① 약 10dB ② 약 13dB
③ 약 16dB ④ 약 19dB

풀이 ΔL

$$= -10\log\left[S_o\left(\frac{\cos\theta}{2\pi d^2} + \frac{1-\bar{\alpha}}{\bar{\alpha}\cdot S_\omega}\right)\right]$$

$$= -10\log\left[0.5\left(\frac{\cos 30°}{2\times 3.14\times 5^2} + \frac{1-0.53}{0.53\times 20}\right)\right]$$

$$= 16.03\text{dB}$$

36 실내의 흡음성능을 높이기 위한 흡음재료 선택 및 사용에 관한 설명으로 가장 거리가 먼 것은?

① 다공질형 흡음재는 비산되기 쉬우므로 통기가 되지 않는 두꺼운 직물로 피복하는 것이 좋다.
② 전체 내벽에 분산하여 부착하는 것이 흡음력을 증가시키고 반사음을 확산시킨다.
③ 다공질 재료의 표면을 도장하면 고음역에서 흡음률이 떨어진다.
④ 전면을 옷으로 시공하는 것이 접착제로 부착하는 것보다 좋다.

풀이 다공질 재료는 산란하기 쉬우므로 표면에 얇은 직물로 피복하는 것이 바람직하고, 이로 인하여 흡음률이 저하되어서는 안 된다.

37 고음역의 중공이중벽 통과주파수대역에서 투과손실이 최대가 되기 위한 주파수(f)는?(단, c는 음속, d는 공기층의 두께, n은 정의 정수이다.)

① $f(\text{Hz}) = \dfrac{(2n-1)}{4}\cdot\dfrac{c}{d}$
② $f(\text{Hz}) = \dfrac{(2n-1)}{4}\cdot\dfrac{d}{c}$
③ $f(\text{Hz}) = \dfrac{nc}{2d}$
④ $f(\text{Hz}) = \dfrac{nc}{4d}$

38 다음 중 고체음에 대한 방지대책으로 거리가 먼 것은?

① 방사면의 축소 ② 가진력 억제
③ 공명 방지 ④ 밸브류 다단화

풀이 고체음의 방지대책
㉠ 가진력 억제(가진력의 발생원인 제거 및 저감방법 검토)
㉡ 공명 방지(소음방사면 고유진동수 변경)
㉢ 방사면 축소 및 제진 처리(방사면의 방사율 저감)
㉣ 방진(차진)

39 한 근로자가 서로 다른 세 장소에서 작업하고 있다. 88dB(A) 장소에서 2시간, 92dB(A) 장소에서 3시간 작업을 하였으며, 3시간 동안은 소음에 폭로되지 않은 장소에서 작업했다면 소음폭로평가(NER)는?[단, 88dB(A)에서는 6시간, 92dB(A)에서는 6시간의 폭로 시간이 허용된다.]

① $\dfrac{1}{3}$ ② $\dfrac{2}{3}$
③ $\dfrac{3}{5}$ ④ $\dfrac{5}{6}$

정답 35 ③ 36 ① 37 ① 38 ④ 39 ④

풀이 $NER=\frac{2}{6}+\frac{3}{6}=\frac{5}{6}$

40 블록벽, 유리창, 출입문, 문틈으로 구성된 벽체가 있다. 벽체 구성부의 면적과 투과율이 아래 표와 같을 때 출입문이 열리기 전과 완전히 열린 후 총합투과손실의 차이(dB)는?

구분	면적(m^2)	투과율
블록벽	70	10^{-4}
유리창	15	10^{-3}
출입문	10	10^{-2}
문틈	5	1

① 0 ② 2.7dB
③ 4.7dB ④ 8.7dB

풀이 $\overline{TL}=10\log\frac{1}{\tau}$

$=10\log\frac{S_1+S_2+S_3+S_4}{S_1\tau_1+S_2\tau_2+S_3\tau_3+S_4\tau_4}$

출입문 열리기 전($\overline{TL}$)

$=10\log\frac{70+15+10+5}{\left((70\times10^{-4})+(15\times10^{-3})+(10\times10^{-2})+(5\times1)\right)}$

$=12.9$dB

출입문 열린 후($\overline{TL}$)

$=10\log\frac{70+15+10+5}{\left((70\times10^{-4})+(15\times10^{-3})+(10\times1)+(5\times1)\right)}$

$=8.23$dB

$\overline{TL}$의 차이 $=12.9-8.23=4.67$dB

3과목 소음진동공정시험 기준

41 다음 중 배경소음에 해당하는 것은?

① 정상조업 중인 공장의 야간 소음도
② 소음발생원을 전부 가동시킨 상태에서 측정한 소음도
③ 공장의 가동을 중지한 상태에서 측정한 소음도
④ 대상공장의 주 · 야간 소음도의 차

42 발파소음 평가 시 대상소음도에 시간대별 보정발파횟수에 따른 보정량을 보정하여야 한다. 시간대별 보정발파횟수가 8회일 경우 보정량은 얼마인가?

① 3dB ② 7dB
③ 9dB ④ 11dB

풀이 보정량$=+10\log N=+10\log 8=9.03$dB

43 다음 소음계의 기본 구성도 중 각 부분의 명칭으로 가장 적합한 것은?(단, 1, 2, 3, 5 순이며, 4 교정장치, 6 동특성 조절기, 7 출력단자, 8 지시계기이다.)

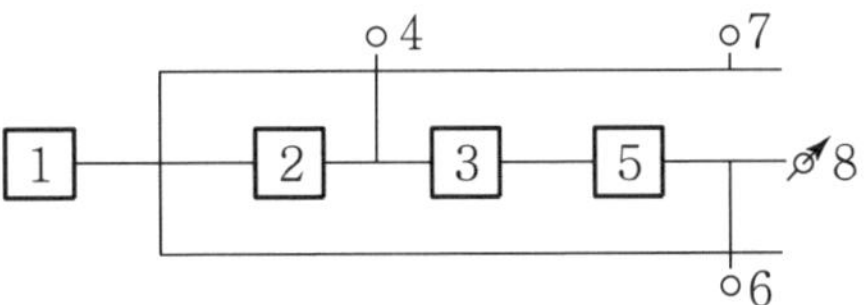

① 마이크로폰, 증폭기, 레벨레인지변환기, 청감보정회로
② 마이크로폰, 청감보정회로, 증폭기, 레벨레인지변환기
③ 마이크로폰, 레벨레인지변환기, 증폭기, 청감보정회로
④ 마이크로폰, 청감보정회로, 레벨레인지변환기, 증폭기

풀이 소음계의 기본구성도

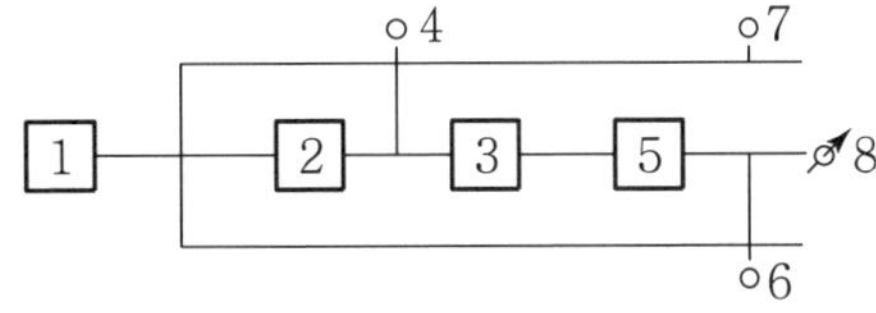

1. 마이크로폰 2. 레벨레인지 변환기
3. 증폭기 4. 교정장치
5. 청감보정회로 6. 동특성 조절기
7. 출력단자(간이소음계 제외)
8. 지시계기

정답 40 ③ 41 ③ 42 ③ 43 ③

44 항공기소음의 소음한도 측정조건으로 가장 거리가 먼 것은?

① 상시측정용 옥외마이크로폰의 경우 풍속이 5m/sec를 초과할 때에는 측정하여서는 안 된다.
② 손으로 소음계를 잡고 측정할 경우 소음계는 측정자의 몸으로부터 0.5m 이상 떨어져야 한다.
③ 풍속이 2m/sec 이상으로 측정치에 영향을 줄 우려가 있을 때에는 반드시 마이크로폰에 방풍망을 부착하여야 한다.
④ 측정자는 비행경로에 수직하게 위치하여야 한다.

풀이 ① 상시측정용 옥외마이크로폰은 그러하지 아니하다.

45 규제기준 중 발파진동측정에 관한 사항으로 옳지 않은 것은?

① 측정진동레벨은 발파진동이 지속되는 기간 동안에, 배경진동레벨은 대상진동(발파진동)이 없을 때 측정한다.
② 진동레벨계만으로 측정하는 경우에는 최고진동레벨이 고정(Hold)되지 않는 것으로 한다.
③ 진동레벨의 계산과정에서는 소수점 첫째 자리를 유효숫자로 하고, 평가진동레벨(최종값)은 소수점 첫째 자리에서 반올림한다.
④ 진동레벨계의 레벨레인지 변환기는 측정지점의 진동레벨을 예비조사한 후 적절하게 고정시켜야 한다.

풀이 진동레벨계만으로 측정할 경우에는 최고진동레벨이 고정(Hold)되는 것에 한한다.

46 다음 중 소음 측정기의 청감 보정회로를 C특성에 놓고 측정한 결과치가 A특성에 놓고 측정한 결과치보다 클 경우 소음의 주된 음역은?

① 저주파역 ② 중주파역
③ 고주파역 ④ 광대역

풀이 ㉠ dB(C) > dB(A) : 저주파역
㉡ dB(C) ≃ dB(A) : 고주파역

47 환경기준 중 소음측정방법에 관한 사항으로 옳지 않은 것은?

① 도로변 지역의 범위는 도로단으로부터 차선 수×15m로 한다.
② 사용 소음계는 KS C IEC61672－1에 정한 클래스 2의 소음계 또는 동등 이상의 성능을 가진 것이어야 한다.
③ 옥외측정을 원칙으로 한다.
④ 일반지역의 경우에는 가능한 한 측정점 반경 3.5m 이내에 장애물(담, 건물, 기타 반사성 구조물 등)이 없는 지점의 지면 위 1.2~1.5m를 측정점으로 한다.

풀이 도로변 지역의 범위는 도로단으로부터 차선 수×10m로 한다.

48 소음 · 진동 공정시험기준상 진동에 관한 총칙 중 진동레벨계의 지시치는 다음 중 어떤 값인가?

① 실효치 ② 평균치
③ 최대치 ④ Peak to Peak 치

49 항공기소음한도 측정결과 일일 단위의 WECPNL이 86이다. 일일 평균최고소음도가 93dB(A)일 때, 1일간 항공기의 등가통과횟수는?

① 100회 ② 110회
③ 120회 ④ 130회

풀이 $WECPNL = \overline{L_{max}} + 10\log N - 27$
$86 = 93 + 10\log N - 27$
$10\log N = 20$
$N = 10^2 = 100$회

정답 44 ① 45 ② 46 ① 47 ① 48 ① 49 ①

50 압전형 진동픽업의 특징에 관한 설명으로 옳지 않은 것은?(단, 동전형 진동픽업과 비교)

① 온도, 습도 등 환경조건의 영향을 받는다.
② 소형 경량이며, 중고주파대역(10kHz 이하)의 가속도 측정에 적합하다.
③ 고유진동수가 낮고(보통 10~20Hz), 감도가 안정적이다.
④ 픽업의 출력임피던스가 크다.

풀이 압전형 진동픽업은 압전소자는 외부진동에 의한 추의 관성력에 의해 기계적 왜곡이 야기되고 이 왜곡에 비례하여 전하가 발생, 감도가 안정적이지 못하다.

51 항공기소음한도 측정을 위한 소음계의 청감보정회로 및 동특성으로 옳은 것은?

① 청감보정회로 A특성, 동특성 느림(Slow)
② 청감보정회로 A특성, 동특성 빠름(Fast)
③ 청감보정회로 C특성, 동특성 느림(Slow)
④ 청감보정회로 C특성, 동특성 빠름(Fast)

52 항공기소음을 소음도 기록기를 사용할 경우에 1일 단위의 WECPNL을 구하는 공식에서 1일간 항공기의 등가통과횟수인 N을 구하는 식으로 옳은 것은? (단, N_1 : 0시에서 07시까지의 비행횟수,
N_2 : 07시에서 19시까지의 비행횟수,
N_3 : 19시에서 22시까지의 비행횟수,
N_4 : 22시에서 24시까지의 비행횟수)

① $N = N_2 + 3N_3 + 10(N_1 + N_4)$
② $N = N_2 + 3N_3 + 10(N_1 + 2N_4)$
③ $N = 2N_2 + 4N_3 + 10(N_1 + N_4)$
④ $N = 2N_2 + 4N_3 + 10(N_1 + N_4 + N_3)$

53 소음 · 진동 공정시험기준에 사용되는 용어의 정의로 옳지 않은 것은?

① 충격음은 폭발음, 타격음과 같이 극히 짧은 시간 동안에 발생하는 높은 세기의 음을 말한다.
② 지시치는 계기나 기록지상에서 판독한 소음도로서 실효치(rms값)를 말한다.
③ 반사음은 한 매질 중의 음파가 다른 매질의 경계면에 입사한 후 진행방향을 변경하여 본래의 매질 중으로 되돌아오는 음을 말한다.
④ 변동소음은 시간에 따라 소음도 변화폭이 작은 소음을 말한다.

풀이 변동소음은 시간에 따라 소음도 변화폭이 큰 소음을 말한다.

54 다음 중 마이크로폰을 소음계와 분리시켜 소음을 측정할 때 마이크로폰의 지지장치로 사용하거나 소음계를 고정할 때 사용하는 장치는?

① Calibration Network Calibrator
② Fast–Slow Switch
③ Tripod
④ Meter

55 다음 중 공장진동 측정자료 평가표 서식에 기재되어야 하는 사항으로 거리가 먼 것은?

① 측정 대상업소 소재지
② 진동레벨계 명칭
③ 지면조건
④ 충격진동 발생시간(h)

56 다음은 소음계 교정장치의 성능기준이다. (　　) 안에 가장 적합한 것은?

교정장치는 자체에 내장되어 있거나 분리되어 있어야 하며, (　　) 이상이 되는 환경에서도 교정이 가능하여야 한다.

① 30dB(A)　　② 50dB(A)
③ 60dB(A)　　④ 80dB(A)

정답 50 ③ 51 ① 52 ① 53 ④ 54 ③ 55 ④ 56 ④

57 소음의 환경기준 측정 시 밤 시간대(22:00~06:00)에는 낮 시간대에 측정한 측정지점에서 몇 시간 간격으로 몇 회 이상 측정하여 산술평균한 값을 측정소음도로 하는가?

① 4시간 간격, 2회 이상
② 4시간 간격, 4회 이상
③ 2시간 간격, 2회 이상
④ 2시간 간격, 4회 이상

58 진동레벨계의 성능기준으로 옳지 않은 것은?

① 측정 가능 주파수 범위는 1~90Hz 이상이어야 한다.
② 측정 가능 진동레벨의 범위는 45~120dB 이상이어야 한다.
③ 진동픽업의 횡감도는 규정주파수에서 수감축 감도에 대한 차이가 15dB 이상이어야 한다.(연직특성)
④ 레벨레인지 변환기가 있는 기기에 있어서 레벨레인지 변환기의 전환오차가 1dB 이내이어야 한다.

풀이 레벨레인지 변환기가 있는 기기에 있어서 레벨레인지 변환기의 전환오차가 0.5dB 이내이어야 한다.

59 진동배출허용기준 측정 시 진동픽업 설치장소로 부적당한 곳은?

① 복잡한 반사, 회절현상이 없는 장소
② 경사지지 않고, 완충물이 충분히 있는 장소
③ 단단히 굳고, 요철이 없는 장소
④ 수평면을 충분히 확보할 수 있는 장소

풀이 진동픽업의 설치장소는 완충물이 없고, 충분히 다져서 단단히 굳은 장소로 한다.

60 다음은 발파진동 측정과 관련한 배경진동 보정에 관한 기준이다. (　　) 안에 적합한 것은?

> 측정진동레벨이 배경진동레벨보다 (㉠)dB 차이로, 크면 배경진동의 영향이 있기 때문에 측정진동레벨에 보정치를 보정하여 대상진동레벨을 구하고, 보정치는 (㉡)이다.(단, d = 측정진동레벨 − 배경진동레벨)

① ㉠ 2~20　　㉡ $-10\log(1-10^{-0.1d})$
② ㉠ 2~20　　㉡ $-10\log(1+10^{-0.1d})$
③ ㉠ 3.0~9.9　　㉡ $-10\log(1-10^{-0.1d})$
④ ㉠ 3.0~9.9　　㉡ $-10\log(1+10^{-0.1d})$

4과목 진동방지기술

61 불균형 질량 1kg이 반지름 0.2m의 원주상을 매분 600회로 회전하는 경우 가진력의 최대치는?

① 약 395N　　② 약 790N
③ 약 1,185N　　④ 약 1,850N

풀이 $F = mr\omega^2$

$$\omega = 2\pi \times \frac{600}{60} = 62.83\,\text{rad/sec}$$

$$= 1 \times 0.2 \times 62.83^2 = 789.52\,\text{N}$$

62 8개의 임펠러를 가지는 원심펌프가 1,000rpm으로 회전하고 있다. 펌프 출구에서 생길 수 있는 물의 압력변화의 주기로 옳은 것은?

① 0.001sec　　② 0.005sec
③ 0.0075sec　　④ 0.010sec

풀이 $f = \frac{\text{rpm}}{60} \times n = \frac{1,000}{60} \times 8 = 133.33\,\text{Hz}$

$$T = \frac{1}{f} = \frac{1}{133.33} = 0.0075\,\text{sec}$$

정답 57 ③ 58 ④ 59 ② 60 ③ 61 ② 62 ③

63 가진력을 기계회전부의 질량불균형에 의한 가진력, 기계의 왕복운동에 의한 가진력, 충격에 의한 가진력으로 분류할 때, 다음 중 주로 충격가진력에 의해 진동이 발생하는 것은?

① 펌프　② 송풍기
③ 유도전동기　④ 단조기

64 공기 스프링의 특성으로 거리가 먼 것은?

① 설계 시에는 스프링 높이, 내하력, 스프링 정수를 각기 독립적으로 선정할 수 있다.
② 금속스프링으로 비교적 용이하게 얻어지는 고유진동수 1.5Hz 이상의 범위에서는 타종 스프링에 비해 비싼 편이다.
③ 기계의 지지장치에 사용할 경우 스프링에 허용되는 등변위가 극히 큰 경우가 많아 다른 댐퍼가 불필요한 경우가 많다.
④ 구조에 의해 설계상의 제약은 있으나 1개의 스프링으로 동시에 강성도 이용할 수 있다.

풀이 사용진폭이 적은 것이 많으므로 별도의 댐퍼가 필요한 경우가 많다.(공기스프링을 기계의 지지장치에 사용할 경우 스프링에 허용되는 동변위가 극히 작은 경우가 많으므로 내장하는 공기감쇠력으로 충분하지 않은 경우가 많음)

65 어떤 물체의 운동변위가 $X=3\sin\left(\pi t-\dfrac{\pi}{3}\right)$cm로 표시될 때의 주기는?

① 0.5초　② 1초
③ 2초　④ 4초

풀이 $\omega=2\pi f,\ f=\dfrac{\omega}{2\pi}$

$$T=\frac{2\pi}{\omega}=\frac{2\pi}{\pi}=2\text{sec}$$

66 $\ddot{x}+3\dot{x}+4x=0$으로 진동하는 진동계에서 감쇠고유진동수(Hz)는?

① 0.21　② 0.75
③ 7.12　④ 12.6

풀이 $m=1,\ C_e=3,\ k=4$이므로

$$f_n'=f_n\cdot\sqrt{1-\xi^2}$$

$$f_n=\frac{1}{2\pi}\sqrt{\frac{k}{m}}=\frac{1}{2\pi}\sqrt{\frac{4}{1}}=0.318\text{Hz}$$

$$\xi=\frac{C_e}{2\sqrt{m\cdot k}}=\frac{3}{2\sqrt{1\times 4}}=0.75$$

$$=0.318\times\sqrt{1-0.75^2}=0.21\text{Hz}$$

67 중량 19N, 스프링정수 20N/cm, 감쇠계수가 0.1N · s/cm인 자유진동계의 감쇠비는?

① 약 0.04　② 약 0.06
③ 약 0.08　④ 약 0.1

풀이 $$\xi=\frac{C_e}{2\sqrt{m\times k}}=\frac{C_e}{2\sqrt{\dfrac{W}{g}\times k}}$$

$$=\frac{0.1}{2\sqrt{\dfrac{19}{980}\times 20}}=0.08$$

68 방진재에 대한 다음 설명 중 옳지 않은 것은?

① 판스프링, 벨트, 스펀지 등도 가벼운 수진체의 방진 등에 이용할 수 있다.
② 공기스프링을 기계의 지지장치에 사용할 경우 스프링에 허용되는 동변위가 극히 작은 경우가 많으므로 내장하는 공기감쇠력으로 충분하지 않은 경우가 많다.
③ 코일스프링은 자신이 저항성분을 가지고 있으므로 별도의 제동장치는 불필요하다.
④ 여러 형태의 고무를 금속의 판이나 관 등 사이에 끼워서 견고하게 고착시킨 것이 방진고무이다.

풀이 코일스프링은 자신이 저항성분이 없으므로 별도의 제동장치(댐퍼)가 필요하다.

정답 63 ④ 64 ③ 65 ③ 66 ① 67 ③ 68 ③

69 주기가 0.25s, 가속도 진폭이 0.1m/s^2인 진동의 속도진폭(cm/s)은?

① 0.32　　② 0.40
③ 0.48　　④ 0.80

풀이 $a_{max} = A\omega^2 = V_{max} \times \omega = V_{max} \times \left(\frac{2\pi}{T}\right)$

$$V_{max} = \frac{T}{2\pi} \times \alpha_{max} = \frac{0.25}{2 \times 3.14} \times 0.1$$
$$= 0.00398\text{m/sec}(0.4\text{cm/sec})$$

70 방진고무의 특성으로 옳지 않은 것은?

① 내유성, 내후성 등의 내환경성에 대해서는 일반적으로 금속스프링에 비해 떨어진다.
② 고주파 영역에 있어서 고체음 절연성능이 있다.
③ 내유성을 필요로 할 때에는 합성고무보다는 천연고무를 선정해야 한다.
④ 서징이 잘 발생하지 않는다.

풀이 내유성을 필요로 할 때에는 천연고무보다는 합성고무를 선정해야 한다.

71 다음 중 항상 전달력이 외력보다 큰 경우는? (단, f : 강제진동수, f_n : 고유진동수)

① $f/f_n > \sqrt{2}$　　② $f/f_n < \sqrt{2}$
③ $f/f_n = \sqrt{2}$　　④ $f/f_n = 1$

72 감쇠가 없는 스프링-질량 진동계에서 진동전달률은 0.9였다. 스프링을 그대로 두고 질량만을 바꾸어 진동전달률을 0.2로 개선하고자 한다. 바꾼 질량은 처음 질량의 약 몇 배인가?

① 1.6배　　② 2.0배
③ 2.2배　　④ 2.8배

73 방진대책을 발생원 대책, 전파경로 대책, 수진 측 대책으로 분류했을 때, 다음 중 전파경로대책에 해당하는 것은?

① 기초중량을 부가 및 경감시킨다.
② 수진점 근방에 방진구를 판다.
③ 수진 측의 강성을 변경시킨다.
④ 가진력을 감쇠시킨다.

풀이 방진대책
㉠ 발생원 대책
- 가진력 감쇠(저감, 저진동기계로 교체)
- 불평력의 균형(평형)
- 기초중량의 부가 및 경감
- 탄성지지
- 동적 흡진

㉡ 전파경로 대책
- 진동원 위치를 멀리하여 거리감쇠를 크게 함
- 수진점 근방에 방진구를 팜
- 지중벽 설치

㉢ 수진 측 대책
- 수진 측의 탄성지지
- 수진 측의 강성 변경

74 다음 중 동적 흡진에 대한 설명으로 가장 적합한 것은?

① 불평형 질량을 부가하여 회전진동을 억제시킨다.
② 본 기계 외에 부가질량을 스프링으로 지지하여 진동을 저감한다.
③ 동적 배율이 큰 방진고무를 사용하여 탄성지지한다.
④ 점탄성 재질을 이용하여 진동변위를 저감시킨다.

75 그림과 같이 길이 L인 실 끝에 달려 있는 질량 m인 단진자가 작은 진폭으로 운동할 때의 주기는?(단, g는 중력가속도이다.)

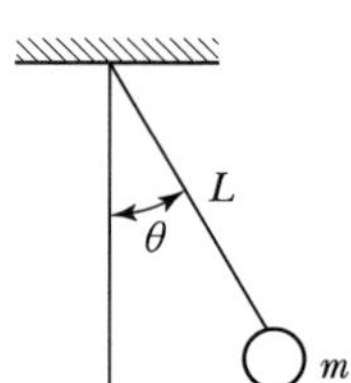

정답 69 ② 70 ③ 71 ② 72 ④ 73 ② 74 ② 75 ③

① $\frac{1}{2\pi}\sqrt{\frac{L}{g}}$　② $\frac{1}{2\pi}\sqrt{\frac{g}{L}}$

③ $2\pi\sqrt{\frac{L}{g}}$　④ $2\pi\sqrt{\frac{g}{L}}$

76 무게가 70N인 냉장고 유닛이 600rpm으로 작동하고 있다. 이때 4개의 같은 스프링으로 병렬로 냉장고 유닛을 지지한다면 전달률이 10%가 되게 하기 위한 스프링의 1개당 스프링정수는?(단, 감쇠는 무시)

① 3.2N/cm　② 6.4N/cm
③ 9.6N/cm　④ 12.8N/cm

풀이 $T=\frac{1}{\eta^2-1}=0.1,\ \eta=3.3$

$$\eta=\frac{f}{f_n}=\frac{\frac{600}{60}}{f_n}$$

$$3.3=\frac{10}{f_n},\ f_n=3.03\text{Hz}$$

$$k=\omega\times\left(\frac{f_n}{4.98}\right)^2=70\times\left(\frac{3.03}{4.98}\right)^2$$

$$=25.92\text{N/cm}$$

1개당 스프링 상수 $=\frac{25.92}{4}=6.48\text{N/cm}$

77 감쇠에 관한 설명으로 옳지 않은 것은?

① 진동에 의한 기계에너지를 열에너지로 변환시키는 기능이다.
② 질량의 진동속도에 대한 스프링의 저항력의 비이다.
③ 하중에 대해 원상태로 복원시키려는 힘이다.
④ 충격 시의 진동을 감소시킨다.

78 비감쇠 강제진동에서 전달률(Transmissibility)을 바르게 표시한 식은?

① $\left|\frac{1}{\sqrt{1-\left(\frac{\omega}{\omega_n}\right)}}\right|$　② $\left|\frac{\frac{\omega}{\omega_n}}{\sqrt{1-\left(\frac{\omega}{\omega_n}\right)}}\right|$

③ $\left|\frac{1}{1-\frac{\omega}{\omega_n}}\right|$　④ $\left|\frac{1}{1-\left(\frac{\omega}{\omega_n}\right)^2}\right|$

풀이 비감쇠 강제진동 전달률(T)

$$T=\left|\frac{\text{전달력}}{\text{외력}}\right|=\left|\frac{kx}{F_0\sin\omega t}\right|=\frac{1}{\eta^2-1}$$

$$=\frac{1}{\left(\frac{f}{f_n}\right)^2-1}=\left|\frac{1}{1-\left(\frac{\omega}{\omega_n}\right)^2}\right|$$

79 $m\ddot{x}+c\dot{x}+kx=F_0\sin\omega t$의 운동방정식을 만족시키는 진동은 다음 중 어느 진동에 해당하는가?

① 비감쇠진동　② 강제진동
③ 자유진동　④ 마찰진동

80 단조기가 있는 기계가공 공장(진동원)과 전자부품 공장(목표지점)이 인접해 있으며, 단조기로부터의 충격이 지반진동으로 전달되어 전자부품의 불량률이 높아 전자부품 공장 측에서 단조기에 의한 진동레벨을 5dB 더 낮추어 줄 것을 요구하였다. 그 방지책으로 기계가공 공장에서는 단조기를 보다 멀리 설치하여 진동레벨을 5dB 낮추고자 한다면 몇 m를 움직여야 하는가?(단, 단조기와 전자부품 공장의 거리는 20m, 지반전파의 감쇠정수는 0.03으로 계측되었으며, 주로 전파되는 파는 표면파로 가정한다.)

① 3　② 7
③ 12　④ 24

정답 76 ② 77 ③ 78 ④ 79 ② 80 ③

5과목 소음진동관계법규

81 소음진동관리법규상 농림지역의 야간 시간대의 철도교통 진동의 한도기준으로 옳은 것은?

① 60dB(V) ② 65dB(V)
③ 70dB(V) ④ 75dB(V)

풀이 철도교통진동 한도기준

대상지역	구분	한도	
		주간 (06:00~22:00)	야간 (22:00~06:00)
주거지역, 녹지지역, 관리지역 중 취락지구 · 주거개발진흥지구 및 관광 · 휴양개발진흥지구, 자연환경보전지역, 학교 · 병원 · 공공도서관 및 입소규모 100명 이상의 노인의료복지시설 · 영유아보육시설의 부지 경계선으로부터 50미터 이내 지역	소음 [Leq dB(A)]	70	60
	진동 [dB(V)]	65	60
상업지역, 공업지역, 농림지역, 생산관리지역 및 관리지역 중 산업 · 유통개발진흥지구, 미고시지역	소음 [Leq dB(A)]	75	65
	진동 [dB(V)]	70	65

82 소음진동관리법상 용어의 정의로 옳지 않은 것은?

① "공장"이란 「도시계획법」에 따라 결정된 공항시설 안의 항공기 정비공장과 「산업직접활성화 및 공장설립에 관한 법률」에 따른 공장을 말한다.
② "교통기관"이란 항공기와 선박을 제외한 기차 · 자동차 · 전차 · 도로 및 철도 등을 말한다.
③ "소음발생건설기계"란 건설공사에 사용하는 기계 중 소음이 발생하는 기계로서 환경부령으로 정하는 것을 말한다.
④ "방진시설"이란 소음 · 진동배출시설이 아닌 물체로부터 발생하는 진동을 없애거나 줄이는 시설로서 환경부령으로 정하는 것을 말한다.

풀이 "공장"이란 「산업집적활성화 및 공장설립에 관한 법률」의 공장을 말한다. 다만, 「도시계획법」에 따라 결정된 공항시설 안의 항공기 정비공장은 제외한다.

83 방음벽의 성능 및 설치기준에 의거 방음벽의 성능평가 시 "구조"에 대한 세부검토항목으로 가장 거리가 먼 것은?

① 풍하중 ② 시공계획서
③ 기초공법 ④ 통로설치여부

84 소음진동관리법규상 공사장 방음시설 설치기준 중 방음벽시설기준으로 옳은 것은?

① 방음벽시설 전후의 소음도 차이(삽입손실)는 최소 5dB 이상 되어야 하며, 높이는 1.5m 이상 되어야 한다.
② 방음벽시설 전후의 소음도 차이(삽입손실)는 최소 5dB 이상 되어야 하며, 높이는 3m 이상 되어야 한다.
③ 방음벽시설 전후의 소음도 차이(삽입손실)는 최소 7dB 이상 되어야 하며, 높이는 1.5m 이상 되어야 한다.
④ 방음벽시설 전후의 소음도 차이(삽입손실)는 최소 7dB 이상 되어야 하며, 높이는 3m 이상 되어야 한다.

85 소음진동관리법규상 운행자동차 중 경자동차의 배기소음허용기준으로 적절한 것은?(단, 2006년 1월 1일 이후에 제작되는 자동차)

① 100dB(A) 이하
② 105dB(A) 이하
③ 110dB(A) 이하
④ 112dB(A) 이하

정답 81 ② 82 ① 83 ② 84 ④ 85 ①

86 소음진동관리법규상 배출허용기준에 맞는지를 확인하기 위하여 소음진동 배출시설과 방지시설에 대하여 검사할 수 있도록 지정된 기관이라 볼 수 없는 것은?

① 국립환경과학원
② 특별시 · 광역시 · 도 · 특별자치도의 보건환경연구원
③ 유역환경청
④ 환경보전협회

풀이 소음진동 배출시설 · 방지시설 검사기관
㉠ 국립환경과학원
㉡ 특별시, 광역시, 도, 특별자치도의 보건환경연구원
㉢ 유역환경청 또는 지방환경청
㉣ 한국환경공단

87 소음진동관리법규상 공장소음 배출허용기준에서 다음 지역과 시간대 중 배출허용기준에서 다음 지역과 시간대 중 배출허용기준치가 가장 엄격한 것은?

① 도시지역 중 녹지지역의 낮 시간대
② 도시지역 중 일반주거지역의 저녁시간대
③ 농림지역의 밤 시간대
④ 도시지역 중 전용주거지역의 저녁시간대

88 소음진동관리법규상 관리지역 중 산업개발진흥지구에서의 낮 시간대 공장소음 배출허용기준은 65dB(A) 이하이다. 동일한 조건에서 충격음이 포함되어 있는 경우 보정치를 감안한 허용기준치로 옳은 것은?(단, 기타 조건은 고려 않음)

① 60dB(A) 이하
② 70dB(A) 이하
③ 75dB(A) 이하
④ 80dB(A) 이하

풀이 충격음 성분이 있는 경우 허용기준치에 −5dB 보정
65dB(A)−5dB(A)=60dB(A)

89 소음진동관리법규상 대형 화물자동차의 운행자동차 소음허용기준으로 옳은 것은?(단, 2006년 1월 1일 이후에 제작되는 자동차를 기준으로 하며, 배기소음과 경적소음의 단위는 각각 dB(A) 및 dB(C)로 한다.)

① 배기소음 : 100 이하, 경적소음 : 110 이하
② 배기소음 : 100 이하, 경적소음 : 112 이하
③ 배기소음 : 105 이하, 경적소음 : 110 이하
④ 배기소음 : 105 이하, 경적소음 : 112 이하

풀이 운행자동차 소음허용기준
(2006년 1월 1일 이후에 제작되는 자동차)

자동차 종류 \ 소음 항목		배기소음 [dB(A)]	경적소음 [dB(C)]
경자동차		100 이하	110 이하
승용 자동차	소형	100 이하	110 이하
	중형	100 이하	110 이하
	중대형	100 이하	112 이하
	대형	105 이하	112 이하
화물 자동차	소형	100 이하	110 이하
	중형	100 이하	110 이하
	대형	105 이하	112 이하
이륜자동차		105 이하	110 이하

90 소음진동관리법령상 배출시설 설치허가를 받아야 하는 대통령령으로 정하는 지역 중 학교 또는 종합병원 등은 그 부지경계선으로부터 직선거리 최대 얼마 이내의 지역인가?

① 30미터 이내 ② 50미터 이내
③ 100미터 이내 ④ 200미터 이내

91 소음진동관리법상 벌칙기준 중 1년 이하의 징역 또는 1천만 원 이하의 벌금에 처하는 경우에 해당하지 않는 것은?

① 배출시설 설치허가를 받지 아니하고 배출시설을 설치하거나 그 배출시설을 이용해 조업한 자
② 배출허용기준 초과와 관련한 조업정지명령 등을 위반한 자

정답 86 ④ 87 ④ 88 ① 89 ④ 90 ② 91 ③

③ 생활소음 진동의 규제기준 초과에 따른 작업시간 조정 등의 명령을 위반한 자
④ 소음도 검사를 받은 소음발생건설기계제작자가 소음도 표지를 붙이지 아니하거나 거짓의 소음도 표지를 붙인 자

풀이 ③항의 벌칙은 6개월 이하의 징역 또는 500만 원 이하의 벌금이다.

92 소음진동관리법규상 소음발생건설기계의 종류에 해당하지 않는 것은?

① 브레이커(휴대용을 포함하며, 중량 5톤 이하로 한정한다)
② 천공기
③ 발전기(정격출력 400kW 미만의 실외용으로 한정한다)
④ 콘크리트 믹서

93 소음진동관리법규상 소음배출시설기준 중 동력기준이 "7.5kW 이상"인 기계 · 기구가 아닌 것은?

① 제재기 ② 기계체
③ 탈사기 ④ 송풍기

풀이 제재기는 15kW 이상이다.

94 소음진동관리법규상 행정처분에 관한 사항으로 옳지 않은 것은?

① 처분권자는 위반행위의 동기 · 내용 · 횟수 및 위반의 정도 등에 해당 사유를 고려하여 그 처분(허가취소, 등록취소, 지정취소 또는 폐쇄명령인 경우는 제외한다)을 감경할 수 있다.
② 행정처분이 조업정지, 업무정지 또는 영업정지인 경우에는 그 처분기준의 2분의 1의 범위에서 감경할 수 있다.
③ 행정처분기준을 적용함에 있어서 소음규제기준에 대한 위반행위와 진동 규제기준에 대한 위반행위는 합산하지 아니하고, 각각 산정하여 적용한다.
④ 방지시설을 설치하지 아니하고 배출시설을 가동한 경우 1차 행정처분기준은 허가 취소, 2차 처분기준은 폐쇄이다.

풀이 방지시설을 설치하지 아니하고, 배출시설을 가동한 경우 1차 행정처분기준은 조업정지, 2차 행정처분기준은 허가 취소이다.

95 소음진동관리법상 운행차 소음허용기준 초과와 관련하여 운행차의 사용정지명령을 위반한 자에 대한 벌칙기준으로 옳은 것은?

① 3년 이하의 징역 또는 1천500만 원 이하의 벌금
② 1년 이하의 징역 또는 1천만 원 이하의 벌금
③ 6개월 이하의 징역 또는 500만 원 이하의 벌금
④ 300만 원 이하의 벌금

96 소음진동관리법규상 제작차 소음허용기준과 관련하여 재검사를 신청하고자 할 때 재검사 신청서에 첨부하여야 할 서류로 거리가 먼 것은?

① 재검사 신청 전의 검사서
② 재검사 신청의 사유서
③ 개선계획 및 사후관리대책에 관한 서류
④ 제작차 소음허용기준 초과원인의 기술적 조사내용에 관한 서류

97 소음진동관리법상 항공기 소음 관리에 관한 설명으로 옳지 않은 것은?

① 공항 인근 지역의 항공기 소음의 한도는 항공기소음영향도(WECPNL) 80이다.
② 공항 인근 지역이 아닌 그 밖의 지역의 항공기 소음의 한도는 항공기소음영향도(WECPNL) 75이다.

정답 92 ④ 93 ① 94 ④ 95 ③ 96 ① 97 ①

③ 환경부장관은 항공기 소음이 대통령령으로 정하는 항공기 소음의 한도를 초과하여 공항 주변의 생활환경이 매우 손상된다고 인정하면 관계 기관의 장에게 방음시설의 설치나 그 밖에 항공기 소음의 방지에 필요한 조치를 요청할 수 있다.
④ 공항 인근 지역과 그 밖의 지역의 구분은 환경부령으로 정한다.

풀이 공장 인근 지역은 항공기소음영향도(WECPNL) 90이다.

98 소음진동관리법규상 동력을 사용하는 시설 및 기계 · 기구에 속하는 진동배출시설기준에 해당하지 않는 것은?

① 2대 이상 시멘트벽돌 및 블록의 제조기계
② 유압식을 제외한 15kW 이상의 프레스
③ 파쇄기와 마쇄기를 포함한 22.5kW 이상의 분쇄기
④ 압출 · 사출을 포함한 37.5kW 이상의 성형기

풀이 진동배출시설(동력을 사용하는 시설 및 기계 · 기구로 한정한다)
㉠ 15kW 이상의 프레스(유압식은 제외한다)
㉡ 22.5kW 이상의 분쇄기(파쇄기와 마쇄기를 포함한다)
㉢ 22.5kW 이상의 단조기
㉣ 22.5kW 이상의 도정시설(「국토의 계획 및 이용에 관한 법률」에 따른 주거지역 · 상업지역 및 녹지지역에 있는 시설로 한정한다)
㉤ 22.5kW 이상의 목재가공기계
㉥ 37.5kW 이상의 성형기(압출 · 사출을 포함한다)
㉦ 37.5kW 이상의 연탄제조용 윤전기
㉧ 4대 이상 시멘트벽돌 및 블록의 제조기계

99 소음진동관리법규상 소음방지시설(기준)에 해당하지 않는 것은?

① 소음기
② 방음벽시설
③ 방음내피시설
④ 흡음장치 및 시설

풀이 소음방지시설
㉠ 소음기
㉡ 방음덮개시설
㉢ 방음창 및 방음실시설
㉣ 방음외피시설
㉤ 방음벽시설
㉥ 방음터널시설
㉦ 방음림 및 방음언덕
㉧ 흡음장치 및 시설

100 소음진동관리법령상 제작차에 대한 인증을 면제할 수 있는 자동차에 해당하지 않는 것은?

① 주한 외국군대의 구성원이 공무용으로 사용하기 위하여 반입하는 자동차
② 자동차제작자 · 연구기관 등이 자동차의 개발이나 전시 등을 목적으로 사용하는 자동차
③ 여행자 등이 다시 반출할 것을 조건으로 일사 반입하는 자동차
④ 외국에서 국내의 공공기관이나 비영리단체에 무상으로 기증하여 반입하는 자동차

풀이 인증을 면제할 수 있는 자동차
㉠ 군용 · 소방용 및 경호 업무용 등 국가의 특수한 공무용으로 사용하기 위한 자동차
㉡ 주한 외국공관, 외교관, 그 밖에 이에 준하는 대우를 받는 자가 공무용으로 사용하기 위하여 반입하는 자동차로서 외교부장관의 확인을 받은 자동차
㉢ 주한 외국군대의 구성원이 공무용으로 사용하기 위하여 반입하는 자동차
㉣ 수출용 자동차나 박람회, 그 밖에 이에 준하는 행사에 참가하는 자가 전시를 목적으로 사용하는 자동차
㉤ 여행자 등이 다시 반출할 것을 조건으로 일시 반입하는 자동차
㉥ 자동차제작자 · 연구기관 등이 자동차의 개발이나 전시 등을 목적으로 사용하는 자동차
㉦ 외국인 또는 외국에서 1년 이상 거주한 내국인이 주거를 이전하기 위하여 이주물품으로 반입하는 1대의 자동차

정답 98 ① 99 ③ 100 ④

SECTION ENGINEER NOISE & VIBRATION

004 2014년 1회 기사

1과목 소음진동개론

01 고유음향 임피던스가 각각 Z_1, Z_2인 두 매질의 경계면에 수직으로 입사하는 음파의 투과율은?

① $\dfrac{(Z_1-Z_2)^2}{(Z_1+Z_2)^2}$ ② $\left(\dfrac{Z_1+Z_2}{Z_1-Z_2}\right)^2$

③ $\dfrac{4Z_1Z_2}{(Z_1+Z_2)^2}$ ④ $\dfrac{(Z_1+Z_2)^2}{4Z_1Z_2}$

02 섭씨 55도 사막지방 공기 중에서의 음속은?

① 약 322m/s ② 약 344m/s
③ 약 364m/s ④ 약 389m/s

풀이 $C=331.42+(0.6\times t)$
$=331.42+(0.6\times 55)$
$=364.42\text{m/sec}$

03 주파수 15Hz, 진동속도 파형의 전 진폭이 0.0004m/s인 정현진동의 진동 가속도 레벨은?

① 68dB ② 63dB
③ 59dB ④ 57dB

풀이 $VAL=20\log\left(\dfrac{A_{rms}}{A_r}\right)$

$A_{rms}=\dfrac{A_{\max}}{\sqrt{2}}$

$A_{\max}=V_{\max}\cdot\omega=V_{\max}\times(2\pi f)$

$V_{\max}=\dfrac{0.0004}{2}$

$=0.0002\text{m/sec}$

$=0.0002\times(2\times3.14\times15)$

$=0.01884\text{m/sec}^2$

$=\dfrac{0.01884}{\sqrt{2}}=0.01332\text{m/sec}^2$

$=20\log\left(\dfrac{0.01332}{10^{-5}}\right)=62.49\text{dB}$

04 중심주파수가 500Hz일 때, 1/3옥타브밴드 분석기의 밴드폭(bw)은?

① 116Hz ② 232Hz
③ 354Hz ④ 708Hz

풀이 $bw=0.232\times f_c=0.232\times500=116\text{Hz}$

05 무지향성 자유공간에 있는 음향출력이 3W인 작은 선음원으로부터 125m 떨어진 곳에서의 음압레벨은?

① 88dB ② 92dB
③ 96dB ④ 100dB

풀이 $SPL=PWL-10\log r-8$

$PWL=10\log\dfrac{3}{10^{-12}}=124.77\text{dB}$

$=124.77-10\log125-8=95.8\text{dB}$

06 점음원의 출력이 8배가 되고, 측정점과 음원과의 거리가 4배가 되면 음압레벨은 어떻게 변하겠는가?

① 3dB 증가 ② 6dB 증가
③ 3dB 감소 ④ 6dB 감소

풀이 $\Delta dB=10\log\dfrac{W}{W_o}-20\log\dfrac{r_2}{r_1}$

$=10\log8-20\log4$

$=-3\text{dB}$ (3dB 감소)

정답 01 ③ 02 ③ 03 ② 04 ① 05 ③ 06 ③

07 항공기 소음을 소음계의 D특성으로 측정한 값이 97dB(D)이다. 감각소음도(Perceived Noise Level)는 대략 몇 PN−dB 인가?

① 104 ② 116
③ 132 ④ 154

풀이 PNL=dB(D)+7=97dB+7=104PNdB

08 다음 중 상온에서의 음속이 일반적으로 가장 느린 것은?

① 물 ② 철
③ 나무 ④ 유리

풀이 각 매질에서의 음속
㉠ 공기 : 약 340m/sec
㉡ 물 : 약 1,400m/sec
㉢ 나무 : 약 3,300m/sec
㉣ 유리 : 약 3,700m/sec
㉤ 강철 : 약 5,000m/sec

09 단진자의 길이가 0.5m일 때 그 주기(초)는?

① 1.24 ② 1.42
③ 1.69 ④ 1.94

풀이 $T=2\pi\sqrt{\frac{l}{g}}=2\times 3.14\sqrt{\frac{0.5}{9.8}}=1.42\text{sec}$

10 점음원과 선음원(무한장)이 있다. 각 음원으로부터 10m 떨어진 거리에서의 음압레벨이 100dB이라고 할 때, 1m 떨어진 위치에서의 각각의 음압레벨은?(단, 점음원−선음원 순서이다.)

① 120dB−110dB ② 110dB−120dB
③ 130dB−115dB ④ 115dB−130dB

풀이 ㉠ 점음원

$$SPL_1-SPL_2=20\log\frac{r_2}{r_1}$$

$$SPL_1=SPL_2+20\log\frac{r_2}{r_1}=100+20\log\frac{10}{1}=120\text{dB}$$

㉡ 선음원

$$SPL_1-SPL_2=10\log\frac{r_2}{r_1}$$

$$SPL_1=SPL_2+10\log\frac{r_2}{r_1}=100+10\log\frac{10}{1}=110\text{dB}$$

11 음의 세기(강도)에 관한 다음 설명 중 거리가 먼 것은?

① 음의 세기는 입자속도에 비례한다.
② 음의 세기는 음압의 2승에 비례한다.
③ 음의 세기는 음향임피던스에 반비례한다.
④ 음의 세기는 전파속도의 2승에 반비례한다.

풀이 $I=\frac{P^2}{\rho c}$
음의 세기는 전파속도에 반비례한다.

12 75phon의 소리는 55phon의 소리에 비해 몇 배 크게 들리는가?

① 2배 ② 4배
③ 8배 ④ 16배

풀이 ㉠ 75phon

Sone : $2^{\frac{L_L-40}{10}}=2^{\frac{75-40}{10}}=11.3\text{sone}$

㉡ 50phon

Sone : $2^{\frac{L_L-40}{10}}=2^{\frac{55-40}{10}}=2.8\text{sone}$

$\therefore \frac{11.3}{2.8}=4$, 즉 75phon은 55phon보다 4배 더 시끄럽다.

13 다음 중 음압의 단위에 해당하지 않는 것은?

① μbar ② W/m^2
③ dyne/m^2 ④ N/m^2

풀이 W/m^2은 음의 세기 단위이다.

정답 07 ① 08 ① 09 ② 10 ① 11 ④ 12 ② 13 ②

14 다음 중 인체감각에 대한 주파수별 보정값으로 틀린 것은?(단, 수평진동일 경우는 수평진동이 1~2Hz 기준)

	진동구분	주파수 범위	주파수별 보정값(dB)
㉠	수직진동	$1 \le f < 4$Hz	$10\log(0.25f)$
㉡	수직진동	$4 \le f \le 8$Hz	0
㉢	수직진동	$8 < f \le 90$Hz	$10\log(8/f)$
㉣	수평진동	$2 < f \le 90$Hz	$20\log(2/f)$

① ㉠ ② ㉡
③ ㉢ ④ ㉣

풀이 ㉠ 수직보정의 경우
- $1 \le f \le 4$Hz
  $a = 2 \times 10^{-5} \times f^{-\frac{1}{2}}$ (m/s²)
- $4 \le f \le 8$Hz
  $a = 10^{-5}$(m/s²)
- $8 \le f \le 90$Hz
  $a = 0.125 \times 10^{-5} \times f$(m/s²)

㉡ 수평보정의 경우
- $1 \le f \le 2$Hz
  $a = 10^{-5}$(m/s²)
- $2 \le f \le 90$Hz
  $a = 0.5 \times 10^{-5} \times f$(m/s²)

15 다음 소음의 "시끄러움(Noisiness)"에 관한 설명 중 틀린 것은?

① 배경소음과 주소음의 음압도의 차가 클수록 시끄럽다.
② 소음도가 높을수록 시끄럽다.
③ 충격성이 강할수록 시끄럽다.
④ 저주파 성분이 많을수록 시끄럽다.

풀이 저주파보다는 고주파성분이 많을 때 시끄럽다.

16 다음은 기상조건에서 공기흡음에 의해 일어나는 감쇠치에 관한 설명이다. ( ) 안에 알맞은 것은?(단, 바람은 무시하고, 기온은 20℃이다.)

> 감쇠치는 옥타브밴드별 중심주파수(Hz)의 제곱에 (㉠)하고, 음원과 관측점 사이의 거리(m)에 (㉡)하며, 상대습도(%)에 (㉢)한다.

① ㉠ 비례 ㉡ 비례 ㉢ 반비례
② ㉠ 반비례 ㉡ 비례 ㉢ 비례
③ ㉠ 비례 ㉡ 반비례 ㉢ 반비례
④ ㉠ 반비례 ㉡ 비례 ㉢ 반비례

풀이 기상조건에 따른 감쇠식

$$A_a = 7.4 \times \left(\frac{f^2 \times r}{\phi}\right) \times 10^{-8}(\text{dB})$$

여기서, A_a : 감쇠치(dB)
f : 주파수(Hz)
r : 음원과 관측점 사이 거리(m)
ϕ : 상대습도(%)

17 청력에 관한 설명으로 가장 거리가 먼 것은?

① 사람의 목소리는 10~100Hz, 회화의 명료도는 100~300Hz, 회화의 이해를 위해서는 300~500Hz의 주파수 범위를 각각 갖는다.
② 음의 대소(큰 소리, 작은 소리)는 음파의 진폭의 크기에 따른다.
③ 청력손실은 정상청력인의 최소가청치와 피검자의 최소가청치와의 비를 dB로 나타낸 것이다.
④ 일반적으로 4분법에 의한 청력손실이 옥타브밴드 중심주파수 500~2,000Hz 범위에서 25dB 이상이면 난청이라 한다.

18 인간이 느낄 수 있는 진동 가속도의 범위로 가장 알맞은 것은?

① 0.01~0.1gal ② 0.1~1gal
③ 0.1~100gal ④ 1~1,000gal

정답 14 ③ 15 ④ 16 ① 17 ① 18 ④

풀이 인간이 일반적으로 느낄 수 있는 진동 가속도의 범위는 1~1,000gal(0.01m/sec²~10m/sec²)이다.

19 사람의 외이도 길이는 3.5cm라 할 때, 25℃ 공기 중에서의 공명주파수는?

① 25Hz ② 50Hz
③ 2,474Hz ④ 4,949Hz

풀이 $f = \frac{C}{4L}$

$C = 331.42 + (0.6 \times t)$
$= 331.42 + (0.6 \times 25) = 346.42\text{m/sec}$
$L = 0.035\text{m}$
$= \frac{346.42}{4 \times 0.035} = 2{,}474.43\text{Hz}$

20 등감각곡선(Equal Perceived Acceleration Contour)에 관한 설명으로 옳지 않은 것은?

① 일반적으로 수직 보정된 레벨을 많이 사용하며 그 단위는 dB(V)이다.
② 수직진동은 4~8Hz 범위에서 가장 민감하다.
③ 등감각곡선에 기초하여 정해진 보정회로를 통한 레벨을 진동레벨이라 한다.
④ 수직보정곡선의 주파수 대역이 $4 \le f \le 8\text{Hz}$일 때 보정치의 물리량은 $2 \times 10^{-5} \times f^{-\frac{1}{2}}(\text{m/s}^2)$이다.

풀이 ㉠ 수직보정의 경우
- $1 \le f \le 4\text{Hz}$
  $a = 2 \times 10^{-5} \times f^{-\frac{1}{2}}(\text{m/s}^2)$
- $4 \le f \le 8\text{Hz}$
  $a = 10^{-5}(\text{m/s}^2)$
- $8 \le f \le 90\text{Hz}$
  $a = 0.125 \times 10^{-5} \times f(\text{m/s}^2)$

㉡ 수평보정의 경우
- $1 \le f \le 2\text{Hz}$
  $a = 10^{-5}(\text{m/s}^2)$
- $2 \le f \le 90\text{Hz}$
  $a = 0.5 \times 10^{-5} \times f(\text{m/s}^2)$

2과목 소음방지기술

21 소음 대책의 순서로 가장 적합한 것은?

1. 수음점에서 실태조사
2. 소음이 문제되는 지점(수음점)의 위치 확인
3. 수음점에서의 규제기준 확인
4. 문제 주파수의 발생원 탐사
5. 적정 방지기술의 선정
6. 시공 및 재평가
7. 대책의 목표레벨 설정

① 1→2→3→4→5→7→6
② 2→1→3→7→4→5→6
③ 4→1→2→3→7→6→5
④ 1→2→3→4→7→5→6

22 차음 목적으로 사용하는 재료의 차음성능을 표시하는 방법으로 가장 거리가 먼 것은?

① 음압레벨차 ② 투과율
③ 음향투과손실 ④ 감쇠량

23 방음벽 설계 시 유의점으로 가장 거리가 먼 것은?

① 음원의 지향성이 수음측 방향으로 클 때에는 벽에 의한 감쇠치가 계산치보다 작게 된다.
② 벽의 투과손실은 회절감쇠치보다 적어도 5dB 이상 크게 하는 것이 바람직하다.
③ 벽의 길이는 점음원일 때 벽높이의 5배 이상으로 하는 것이 바람직하다.
④ 방음벽에 의한 실용적인 삽입손실치의 한계는 점음원일 때 25dB, 선음원 일 때 21dB 정도이며, 실제는 5~15dB 정도이다.

풀이 음원의 지향성이 수음측 방향으로 클 때에는 방음벽에 의한 감쇠치가 계산치보다 크게 된다.

정답 19 ③ 20 ④ 21 ② 22 ④ 23 ①

24 저음역에서 중공 이중벽의 공명주파수를 계산할 때, 중공 이중벽의 공기층의 두께는 0.30m이고, 두 벽의 면밀도가 각각 m_1=100kg/m^2, m_2=150kg/m^2, 공기층의 두께 d=0.30m인 경우 실용식으로 계산한 저음역의 공명주파수(f_{rl})는?

① 44Hz ② 37Hz
③ 22Hz ④ 14Hz

풀이

$$f_{rl} = 60\sqrt{\frac{m_1+m_2}{m_1 \times m_2} \times \frac{1}{d}}$$

$$= 60\sqrt{\frac{100+150}{100 \times 150} \times \frac{1}{0.3}} = 14.14\text{Hz}$$

25 흡음덕트에 관한 설명으로 가장 거리가 먼 것은?

① 흡음덕트의 소음 감소는 덕트의 단면적, 흡음재의 흡음성능 및 두께, 설치면적 등에 의해 주로 영향을 받는다.
② 광대역 주파수 성분을 갖는 소음을 줄일 수 있다.
③ 고주파 영역보다는 저주파 영역에서 좋은 감음성능을 보인다.
④ 공기조화 시스템에 사용되는 덕트에서 팬(Fan)이나 그 밖의 소음에 의해 발생하는 소음을 줄이기 위해 사용된다.

풀이 저주파 영역보다는 고주파 영역에서 좋은 감음성능을 보인다.

26 높이 10m, 폭 10m, 길이 10m인 방의 잔향시간(sec)은?(단, 실내 평균흡음률은 0.2이다.)

① 0.35 ② 1.34
③ 15 ④ 140

풀이

$$T(\text{sec}) = \frac{0.161\,V}{S \times \bar{\alpha}}$$

$$V = 10\text{m} \times 10\text{m} \times 10\text{m} = 1{,}000\text{m}^3$$

$$S = (10\text{m} \times 10\text{m}) \times 6 = 600\text{m}^2$$

$$= \frac{0.161 \times 1{,}000}{600 \times 0.2} = 1.34$$

27 사무실을 1,000Hz에서 40dB의 투과손실을 갖는 칸막이벽으로 분리하고자 한다. 또한 칸막이벽에 동일 주파수에서 20dB의 투과손실을 갖는 유리창을 벽면적의 10% 크기로 설치하고자 한다. 1,000Hz에서 총합 투과손실은?

① 30dB ② 35dB
③ 40dB ④ 45dB

풀이

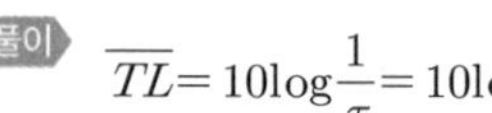

$$\overline{TL} = 10\log\frac{1}{\tau} = 10\log\frac{S_1+S_2}{S_1\tau_1+S_2\tau_2}$$

구분	면적(m^2)	투과손실(dB)	투과율
칸막이벽	90	40	$10^{-\frac{40}{10}}$
유리창	10	20	$10^{-\frac{20}{10}}$

(벽 전체 면적을 100m^{2}로 가정)

$$\overline{TL} = 10\log\frac{90+10}{(90 \times 10^{-4}) + (10 \times 10^{-2})}$$

$$= 29.63\text{dB}$$

28 겨울철에 빌딩의 창문 또는 출입문의 틈새에서 강한 소음이 발생한다. 소음발생의 주요인은?

① 실내외의 온도차로 인하여 음속차가 발생하기 때문에
② 실내외의 밀도차에 의한 연돌효과 때문에
③ 겨울철이 되면 주관적인 소음도가 높아지기 때문에
④ 실외의 온도강하로 인하여 음속이 빨라지기 때문에

29 판진동에 의한 흡음주파수가 100Hz이다. 판과 벽체와의 최적 공기층이 32mm일 때 이 판의 면밀도(kg/m^2)는?(단, 음속은 340m/s, 공기밀도는 1.23kg/m^{3}이다.)

① 11.3 ② 21.5
③ 31.3 ④ 41.5

정답 24 ④ 25 ③ 26 ② 27 ① 28 ② 29 ①

풀이 $f = \frac{c}{2\pi}\sqrt{\frac{\rho}{m \cdot d}}$

$100 = \frac{340}{2\times3.14}\times\sqrt{\frac{1.23}{m\times0.032}}$

$\frac{1.23}{m\times0.032} = 3.411$

$m = 11.27\text{kg/m}^2$

30 그림과 같은 방음벽에서 직접음의 회절 감쇠치가 12dB(A), 반사음의 회절 감쇠치가 15dB(A), 투과 손실치가 16dB(A)이다. 직접음과 반사음을 모두 고려한 이 방음벽의 회절 감쇠치는?

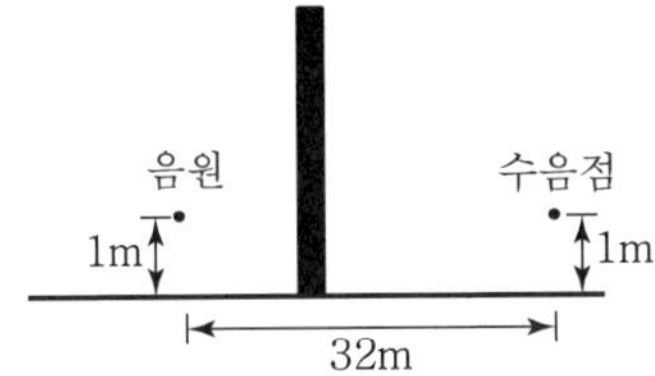

① 9.2dB(A) ② 10.2dB(A)
③ 11.2dB(A) ④ 12.5dB(A)

풀이 회절감쇠치 $= -10\log\left(10^{-\frac{L_d}{10}} + 10^{-\frac{L_d'}{10}}\right)$

$= -10\log\left(10^{-1.2} + 10^{-1.5}\right)$

$= 10.23\text{dB(A)}$

31 가로, 세로, 높이가 각각 6m×5m×3m인 방의 흡음률이 바닥 0.1, 천장 0.2, 벽 0.15이다. 이 방의 천장 및 벽을 흡음처리하여 그 흡음률을 각각 0.73, 0.62로 개선할 때의 실내소음 저감량은?

① 약 2.5dB ② 약 5dB
③ 약 8dB ④ 약 15dB

풀이 ㉠ 천장 · 벽 흡음률 증가 전 평균 흡음률($\overline{\alpha_1}$)

$S_{천} = 6\times5 = 30\text{m}^2$

$S_{벽} = (6\times3\times2)+(5\times3\times2) = 66\text{m}^2$

$S_{바} = 6\times5 = 30\text{m}^2$

$\overline{\alpha_1} = \frac{(30\times0.2)+(66\times0.15)+(30\times0.1)}{30+66+30}$

$= 0.15$

㉡ 천장 · 벽 흡음률 증가 후 평균 흡음률($\overline{\alpha_2}$)

$\overline{\alpha_2} = \frac{(30\times0.73)+(66\times0.62)+(30\times0.1)}{30+66+30}$

$= 0.52$

∴ 실내소음 저감량

$= 10\log\frac{R_2}{R_1} = 10\log\frac{\overline{\alpha_2}(1-\overline{\alpha_1})}{\overline{\alpha_1}(1-\overline{\alpha_2})}$

$= 10\log\frac{0.52(1-0.15)}{0.15(1-0.52)} = 7.88\text{dB}$

32 기어 잇수가 20, 회전수 7,200rpm일 때 기어의 기본음 주파수(f)는?

① 1,200Hz ② 2,400Hz
③ 4,800Hz ④ 7,200Hz

풀이 기본음 주파수 $= 20\times\frac{7{,}200}{60} = 2{,}400\text{Hz}$

33 정격 유속(Rated Flow) 조건하에서 소음원에 소음기를 부착하기 전과 후의 공간상의 어떤 특정위치에서 측정한 음압레벨의 차와 그 측정위치로 정의되는 소음기의 성능표시는?

① 삽입소실치 ② 동적삽입손실치
③ 감음량 ④ 투과손실치

풀이 소음기의 성능표시

㉠ 삽입손실치(IL ; Insertion Loss) : 소음원에 소음기를 부착하기 전후의 공간상의 어떤 특정위치에서 측정한 음압레벨의 차이와 그 측정위치로 정의한다.

㉡ 동적삽입손실치(DIL ; Dynamic Insertion Loss) : 정격유속(Rated Flow) 조건하에서 소음원에 소음기를 부착하기 전과 후의 공간상의 어떤 특정위치에서 측정한 음압레벨의 차와 그 측정위치로 정의한다.

㉢ 감쇠치(ΔL ; Attenuation) : 소음기 내 두 지점 사이의 음향파워 감쇠치로 정의한다.

㉣ 감음량(NR ; Noise Reduction) : 소음기가 있는 그 상태에서 소음기의 입구 및 출구에서 측정된 음압레벨의 차로 정의한다.

정답 30 ② 31 ③ 32 ② 33 ②

㉤ 투과손실치(TL ; Transmission Loss) : 소음기를 투과한 음향출력에 대한 소음기에 입사된 음향출력의 비로 정의한다.

34 방음벽 재료로 음향특성 및 구조강도 이외에 고려하여야 하는 사항으로 가장 거리가 먼 것은?

① 방음벽에서 사용되는 모든 재료는 인체에 유해한 물질을 함유하지 않아야 한다.
② 방음벽의 모든 도장은 주변환경과 어울리도록 구분이 명확한 광택을 사용하는 것이 좋다.
③ 방음판은 하단부에 배수공(Drain Hole) 등을 설치하여 배수가 잘 되어야 한다.
④ 방음벽은 20년 이상 내구성이 보장되는 재료를 사용하여야 한다.

풀이 방음벽의 도장은 주변환경과 어울리도록 하고 구분이 명확한 광택을 사용하는 것은 피한다.

35 가로 20m, 세로 20m, 높이 4m인 방 중앙 바닥에 PWL 90dB인 무지향성 점음원이 놓여 있다. 이 음원으로부터 10m 지점에서의 음향에너지 밀도(W · sec/m³)는?(단, 실내의 평균 흡음률은 0.1, 음속은 340m/s로 한다.)

① 10^{-7} ② 10^{-8}
③ 10^{-9} ④ 10^{-10}

풀이 음향에너지밀도(δ)

$$\delta=\delta_d+\delta_r$$
$$=\frac{QW}{4\pi r^2 C}+\frac{4W}{RC}$$
$$R=\frac{\bar{\alpha}\cdot S}{1-\bar{\alpha}}=\frac{0.1\times 1{,}120}{1-0.1}=124.4\text{m}^2$$
$$S=(20\times 20\times 2)+(20\times 4\times 4)=1{,}120\text{m}^2$$
$$Q=2$$
$$PWL=10\log\frac{W}{10^{-12}}$$
$$90=10\log\frac{W}{10^{-12}}$$
$$W=10^{-12}\times 10^{9}=0.001$$
$$=\left(\frac{2\times 0.001}{4\times 3.14\times 10^2\times 340}\right)+\left(\frac{4\times 0.001}{124.4\times 340}\right)$$
$$=9.9\times 10^{-8}\text{J/m}^3$$

36 소음제어를 위한 자재류의 특성으로 옳지 않은 것은?

① 흡음재 : 상대적으로 경량이며, 잔향음 에너지를 저감시킨다.
② 차음재 : 상대적으로 고밀도로서 음의 투과율을 저감시킨다.
③ 제진재 : 상대적으로 큰 내부손실을 가진 신축성이 있는 자재로, 진동으로 판넬이 떨려 발생하는 음에너지를 저감시킨다.
④ 차진재 : 탄성패드나 금속스프링으로서 구조적 진동을 증가시켜 진동에너지를 저감시킨다.

풀이 차진재는 구조적 진동과 진동 전달력을 저감시켜 진동에너지를 감소시킨다.

37 아래 그림과 같이 방음 울타리의 정점(0)와 음원(S), 수음점(R)이 일직선상에 있다고 할 때, 프레즈널 수(Fresnel Number) N은?

① 0
② 4
③ 6
④ 10

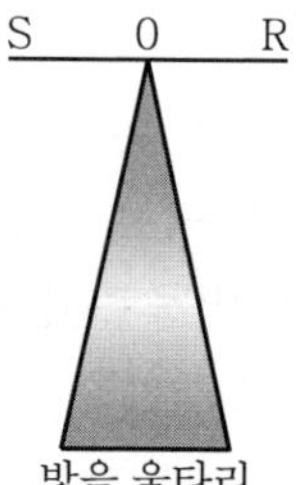

풀이 경로차가 없기 때문에 Fresnel Number의 값도 0이다.

38 날개수 6개의 송풍기가 90,000cycles/hr로 운전되고 있을 때 기본음 주파수는?

① 1,500Hz ② 500Hz
③ 250Hz ④ 150Hz

정답 34 ② 35 ① 36 ④ 37 ① 38 ④

풀이 기본음 주파수

$=6\times\frac{rpm}{60}$

$rpm=90{,}000cycle/hr\times hr/60min=1{,}500$

$=6\times\frac{1{,}500}{60}=150Hz$

39 25℃ 공기 중에서 길이가 55cm인 양단개구관의 공명기본음 주파수(Hz)는?

① 157Hz ② 206Hz
③ 302Hz ④ 315Hz

풀이 공명기본음 주파수

$=\frac{C}{2L}$

$C=331.42+(0.6\times t)$

$=331.42+(0.6\times 25)=346.42m/sec$

$=\frac{346.42}{2\times 0.55}=314.93Hz$

40 실내벽면에 대한 흡음대책 전후의 흡음력이 각각 $500m^2$, $1{,}500m^2$일 때 실내소음 저감량(dB)은? (단, 평균흡음률은 0.3 미만이라 가정)

① 약 10dB ② 약 5dB
③ 약 3dB ④ 약 1dB

풀이 실내소음 저감량$=10\log\frac{A_2}{A_1}=10\log\frac{1{,}500}{500}$

$=4.77dB$

3과목 소음진동공정시험 기준

41 발파진동 측정기기의 사용 및 조작에 대한 일반사항으로 옳지 않은 것은?

① 진동레벨기록기의 기록속도 등은 진동레벨계의 동특성에 부응하게 조작한다.
② 진동레벨계의 출력단자와 진동레벨기록기의 입력단자를 연결한 후 전원과 기기의 동작을 점검하고 매회 교정을 실시하여야 한다.
③ 진동레벨계만으로 측정할 경우에는 최고 진동레벨이 고정(Hold)되어서는 안된다.
④ 진동레벨계의 레벨레인지 변환기는 측정지점의 진동레벨을 예비조사한 후 적절하게 고정시켜야 한다.

풀이 진동레벨계와 진동레벨기록기를 연결하여 측정·기록하는 것을 원칙으로 한다. 진동레벨계만으로 측정할 경우에는 최고진동레벨이 고정(Hold)되는 것에 한한다.

42 항공기소음 측정에 관한 사항으로 옳지 않은 것은?

① 원칙적으로 연속 7일간 측정한다.
② 소음계의 청감보정회로는 A특성으로 하여 측정한다.
③ 소음계의 동특성은 빠름(Fast)으로 하여 측정한다.
④ 측정자는 비행경로에 수직하게 위치하여야 한다.

풀이 소음계의 동특성을 느림(Slow) 모드로 하여 측정하야여 한다.

43 항공기 소음한도 측정방법에서 항공기소음의 WECPNL 산출 시 비행횟수 N_2는 몇 시부터 몇 시까지의 비행횟수를 나타내는가?

① 07시~19시 ② 08시~20시
③ 09시~21시 ④ 10시~22시

풀이 비행횟수

㉠ N_1 : 0시~07시
㉡ N_2 : 07시~19시
㉢ N_3 : 19시~22시
㉣ N_4 : 22시~24시

정답 39 ④ 40 ② 41 ③ 42 ③ 43 ①

44 다음 중 측정소음도 및 배경소음도의 측정을 필요로 하는 기준은?

① 환경기준 및 배출허용기준
② 배출허용기준 및 동일건물 내 사업장소음 규제기준
③ 환경기준 및 생활소음 규제기준
④ 환경기준 및 항공기 소음한도기준

45 배출허용기준 중 진동측정 시 디지털 진동자동분석계를 사용하여 측정진동레벨로 산정하는 기준에 관한 설명이다. (　　) 안에 알맞은 것은?

> 샘플주기를 1초 이내에서 결정하고 5분 이상 측정하여 자동 연산 · 기록한 (　　)값을 그 지점의 측정진동레벨 또는 배경진동레벨로 한다.

① 90% 범위의 상단치의 L_{10}
② 90% 범위의 하단치의 L_{10}
③ 80% 범위의 상단치의 L_{10}
④ 80% 범위의 하단치의 L_{10}

46 철도진동 측정자료 평가표 서식에 반드시 기재되어야 하는 사항으로 거리가 먼 것은?

① 레일길이
② 승차인원(명/대)
③ 열차통행량(대/hr)
④ 평균 열차속도(km/hr)

풀이 공정시험기준 중 철도진동 측정자료 평가표 참조

47 다음은 규제기준 중 발파소음 측정평가에 관한 사항이다. (　　) 안에 알맞은 것은?

> 대상소음도에 시간대별 보정발파횟수(N)에 따른 보정량(㉠)을 보정하여 평가소음을 구한다. 이 경우, 지발발파는 보정발파횟수를(㉡)로 간주한다.

① ㉠ $+10\log N$; $N>1$, ㉡ 1회
② ㉠ $+10\log N$; $N>1$, ㉡ 2회
③ ㉠ $+20\log N$; $N>1$, ㉡ 1회
④ ㉠ $+20\log N$; $N>1$, ㉡ 2회

48 발파진동 평가를 위한 보정 시 시간대별 보정발파횟수(N)는 작업일지 등을 참조하여 발파진동 측정당일의 발파진동 중 진동레벨이 얼마 이상인 횟수(N)를 말하는가?

① 50dB(V) 이상　　② 55dB(V) 이상
③ 60dB(V) 이상　　④ 130dB(V) 이상

49 다음은 간이소음계의 사용기준에 관한 설명이다. (　　) 안에 알맞은 것은?

> 간이소음계는 예비조사 등 소음도의 대략치를 파악하는데 사용되며, 소음을 규제, 인증하기 위한 목적으로 사용되는 측정기기로서는 (　　) 또는 이와 동등 이상의 성능을 가진 것으로서 dB 단위로 지시하는 것을 사용하여야 한다.

① KS C IEC 61672-1에 정한 클래스 2의 소음계
② KS C IEC 61672-2에 정한 클래스 2의 소음계
③ KS C IEC 61692-1에 정한 클래스 2의 소음계
④ KS C IEC 62696-2에 정한 클래스 2의 소음계

50 압전형 진동픽업의 특징에 관한 설명으로 옳지 않은 것은?(단, 동전형 픽업과 비교)

① 온도, 습도 등 환경조건의 영향을 받는다.
② 소형 경량이며, 중고주파대역(10kHz 이하)의 가속도 측정에 적합하다.
③ 고유진동수가 낮고(보통 10~20Hz), 강도가 안정적이다.
④ 픽업의 출력임피던스가 크다.

풀이 압전형 진동픽업은 케이블용량에 의해 감도가 변화한다.

정답 44 ② 45 ③ 46 ② 47 ① 48 ③ 49 ① 50 ③

51 1일 동안의 평균 최고소음도가 101dB(A)이고, 1일간 항공기의 등가통과횟수가 505회일 때 1일 단위의 $WECPNL$(dB)은?

① 약 94 ② 약 98
③ 약 101 ④ 약 105

풀이 1일 단위 $WECPNL$(dB)
$= \overline{L}_{max} + 10\log N - 27$
$= 101\text{dB(A)} + 10\log 505 - 27 = 101.03\text{dB}$

52 진동픽업의 횡감도는 규정주파수에서 수감축 강도에 대한 차이가 얼마 이상이어야 하는가? (단, 연직특성)

① 1dB 이상 ② 10dB 이상
③ 15dB 이상 ④ 20dB 이상

53 발파소음측정에 관한 설명으로 옳지 않은 것은?

① 측정점은 피해가 예상되는 자의 부지경계선 중 소음도가 높을 것으로 예상되는 지점에서 지면 위 0.5~1.0m 높이로 한다.
② 측정소음도는 발파소음이 지속되는 기간 동안에 측정하여야 한다.
③ 소음도 기록기를 사용할 때에는 기록지상의 지시치의 최고치를 측정소음도로 한다.
④ 최고소음 고정용 소음계를 사용할 때에는 당해 지시치를 측정소음도로 한다.

풀이 발파소음측정은 피해가 예상되는 자의 부지경계선 중 소음도가 높을 것으로 예상되는 지점에서 지면 위 1.2~1.5m 높이로 한다.

54 측정소음도가 58.6dB(A), 배경소음도가 51.2 dB(A)일 경우 대상소음도를 구하기 위한 보정치 (dB(A)) 절댓값으로 옳은 것은?

① 0.9 ② 1.4
③ 1.6 ④ 1.9

풀이 보정치 $= -10\log(1 - 10^{-0.1d})$
$d = 58.6 - 51.2 = 7.4\text{dB(A)}$
$= -10\log(1 - 10^{-(0.1\times 7.4)})$
$= 0.87\text{dB(A)}$

55 다음은 소음도 기록기 또는 소음계만을 사용하여 측정할 경우의 등가소음도 계산방법이다. ( ) 안에 알맞은 것은?

> 5분 이상 측정한 값 중 5분 동안 측정 · 기록한 기록지상의 값을 ( )하여 소음측정기록지 표에 기록한다.

① 5초 간격으로 50회 판독
② 5초 간격으로 60회 판독
③ 6초 간격으로 50회 판독
④ 6초 간격으로 60회 판독

56 표준진동 발생기(Calibrator)의 발생진동의 오차는 얼마 이내이어야 하는가?

① ±0.1dB 이내
② ±0.5dB 이내
③ ±1dB 이내
④ ±10dB 이내

57 다음 그림과 같은 일반적인 진동레벨계 기본 구성에서 6에 해당하는 것은?

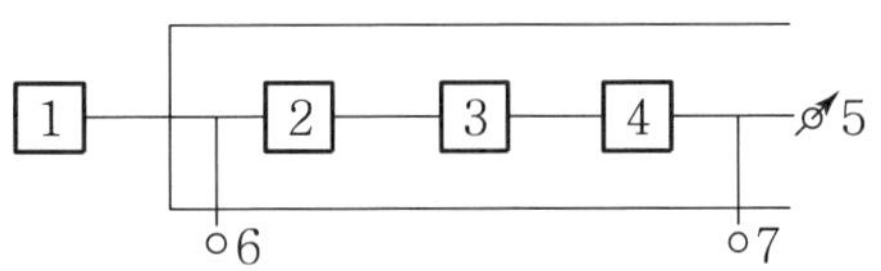

① Attenuator
② Calibration Network Calibrator
③ Weighting Networks
④ Data Recorder

정답 51 ③ 52 ③ 53 ① 54 ① 55 ② 56 ③ 57 ②

58 도로교통진동한도 측정방법에 관한 사항으로 가장 거리가 먼 것은?

① 요일별로 진동 변동이 큰 요일(월요일부터 일요일 사이)에 당해 지역의 도로교통진동을 측정하여야 한다.
② 진동픽업의 연결선은 잡음 등을 방지하기 위하여 지표면에 일직선으로 설치한다.
③ 시간대별로 진동피해가 예상되는 시간대를 포함하여 2개 이상의 측정지점수를 선정하여 4시간 이상 간격으로 2회 이상 측정하여 산술평균한 값을 측정진동레벨로 한다.
④ 측정진동레벨 산출 시 디지털 진동자동분석계를 사용할 경우에는 샘플주기를 1초 이내에서 결정하고 5분 이상 측정한다.

풀이 요일별로 진동 변동이 적은 평일(월요일부터 금요일사이)에 당해 지역의 도로교통진동을 측정하여야 한다.

59 소음계의 성능기준으로 옳은 것은?

① 지시계기의 눈금오차는 0.5dB 이내이어야 한다.
② 레벨레인지 변환기가 있는 기기에 있어서 레벨레인지 변환기의 전환오차가 1dB 이내이어야 한다.
③ 측정 가능 주파수 범위는 31.5kHz~8MHz 이상이어야 한다.
④ 측정 가능 소음도 범위는 0~100dB 이상이어야 한다.

풀이 성능기준
㉠ 측정 가능 주파수 범위는 31.5Hz~8kHz 이상이어야 한다.
㉡ 측정 가능 소음도 범위는 35~130dB 이상이어야 한다.(다만, 자동차소음 측정에 사용되는 것은 45~130dB 이상으로 한다.)
㉢ 특성별(A특성 및 C특성) 표준 입사각의 응답과 그 편차는 KS C IEC 61672-1의 표 2를 만족하여야 한다.
㉣ 레벨레인지 변환기가 있는 기기에 있어서 레벨레인지 변환기의 전환오차는 0.5dB 이내이어야 한다.
㉤ 지시계기의 눈금오차는 0.5dB 이내이어야 한다.

60 소음의 환경기준 측정방법 중 도로변지역의 범위(기준)로 옳은 것은?

① 2차선의 경우 도로단으로부터 30m 이내의 지역
② 4차선인 경우 도로단으로부터 100m 이내의 지역
③ 자동차전용도로의 경우 도로단으로부터 100m 이내의 지역
④ 고속도로의 경우 도로단으로부터 150m 이내의 지역

풀이 도로변지역의 범위는 도로단으로부터 차선수×10m로 하고, 고속도로 또는 자동차 전용도로의 경우에는 도로단으로부터 150m 이내의 지역을 말한다.

4과목 진동방지기술

61 고유진동수에 대한 강제진동수의 비가 2일 때, 진동전달률 T는?(단, 감쇠는 없다.)

① $\frac{1}{3}$　② $\frac{1}{4}$
③ $\frac{1}{8}$　④ $\frac{1}{15}$

풀이 $T=\frac{1}{\eta^2-1}=\frac{1}{2^2-1}=\frac{1}{3}$

62 $X_1=4\cos 80t$, $X_2=5\cos 80t$인 2개의 진동이 동시에 일어날 때, 이 합성진동의 최대진폭은 얼마인가?(단, 진폭의 단위는 cm로 하며, t는 시간변수이다.)

① 5.0cm　② 5.8cm
③ 6.4cm　④ 7.0cm

풀이 최대진폭 $=\sqrt{4^2+5^2}=6.4$cm

정답 58 ① 59 ① 60 ④ 61 ① 62 ③

63 다음 중 진동량을 표시할 때 사용되는 것으로 적당하지 않은 것은?

① 진동수　　② 진동속도
③ 진동변위　　④ 진동가속도

64 다음 중 가진력을 저감시키는 방법으로 적합하지 않은 것은?

① 터보형 고속회전 압축기는 왕복운동 압축기로 교체한다.
② 기계에서 발생하는 가진력은 지향성이 있으므로 기계의 설치 방향을 바꾼다.
③ 단조기는 단압프레스로 교체한다.
④ 자동차바퀴의 연편을 부착하는 등 회전기계의 회전부불평형은 정밀실험을 통해 평형을 유지한다.

풀이 왕복운동압축기를 터보형 고속회전압축기로 교체한다.

65 아래 그림 스프링 질량계의 경우 등가스프링 정수는?

① $k_1 + k_2$
② $k_1 k_2$
③ $(k_1 + k_2)/k_1 k_2$
④ $k_1 k_2/(k_1 + k_2)$

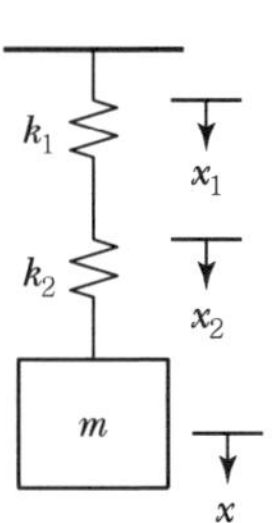

66 아래 그림 진동계의 고유 진동수는?

① $\frac{1}{2\pi}\sqrt{\frac{k}{2m}}$
② $\frac{1}{2\pi}\sqrt{\frac{2m}{k}}$
③ $\frac{1}{2\pi}\sqrt{\frac{2k}{m}}$
④ $\frac{1}{2\pi}\sqrt{\frac{m}{2k}}$

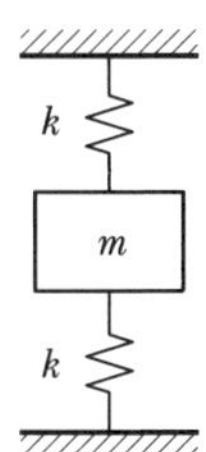

풀이
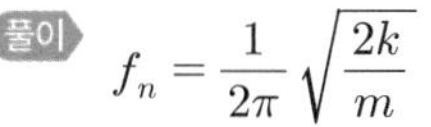
$f_n = \frac{1}{2\pi}\sqrt{\frac{2k}{m}}$

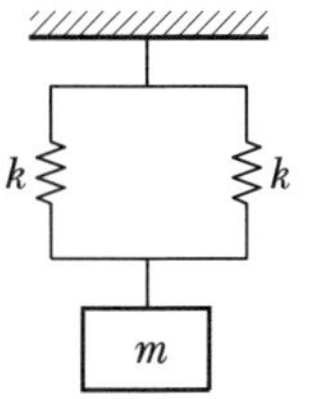

67 자동차진동 중 자체 고주파진동에 관한 설명으로 가장 거리가 먼 것은?

① 차량이 불균일한 노면위를 정상속도로 주행하는 상태에서 엔진이 부정연소하여 후륜구동 차량에서 격렬한 횡진동을 수반하는 것을 말한다.
② 진동은 약 90~150Hz 정도의 주파수 범위에서 발생되며, 직렬 4기통 엔진을 탑재한 차량에서 심각하게 발생한다.
③ 대책으로 엔진의 가진력을 줄이기 위해서는 미쓰비시, 란체스터 형과 같은 카운터샤프트를 적용하여 2차모멘트를 저감시킨다.
④ 동흡진기를 적용하여 배기계와 구동계의 진동모드를 제어하는 것도 효과적이다.

풀이 ①항의 내용은 서지(Surge) 진동이다.

68 금속자체에 진동 흡수력을 갖는 제진합금의 분류 중 흑연주철, Al-Zn합금(단, 40~78%의 Zn을 포함)으로 이루어진 것은?

① 강자성형　　② 쌍전형
③ 전위형　　④ 복합형

69 P-P치(전진폭)를 D, 속도진폭을 V라고 할 때, 가속도진폭 A를 구하는 식으로 옳은 것은?

① $A = 2\left(\frac{V^2}{D}\right)$　　② $A = \frac{1}{2}\left(\frac{D}{V^2}\right)$
③ $A = \frac{1}{2}\left(\frac{V^2}{D}\right)$　　④ $A = 2\left(\frac{D}{V^2}\right)$

정답 63 ① 64 ① 65 ④ 66 ③ 67 ① 68 ④ 69 ①

70 감쇠 강제 진동에서 고유각진동수가 2rad/sec 이고, 감쇠비가 0.5인 경우에 최대 진폭이 생기는 조화 가진력의 각진동수(rad/sec)는?

① $\frac{1}{\sqrt{2}}$　② $\frac{1}{\sqrt{3}}$
③ $\sqrt{2}$　④ $\sqrt{3}$

71 기계를 스프링으로 지지하여 고체음을 저하시켜 소음을 줄이고자 한다. 강제진동수가 40Hz인 경우 스프링의 정적수축량은?(단, 감쇠비=0, 진동전달률=0.3)

① 약 0.4cm　② 약 0.07cm
③ 약 0.10cm　④ 약 0.13cm

풀이 $\delta_{st} = \left(\frac{4.98}{f_n}\right)^2$

$$f_n = \sqrt{\frac{T}{1+T}} \times f$$

$$= \sqrt{\frac{0.3}{1+0.3}} \times 40 = 19.22\text{Hz}$$

$$= \left(\frac{4.98}{19.22}\right)^2 = 0.067\text{cm}$$

72 기계를 스프링으로 지지할 때 가진 주파수가 70Hz인 기계에 정적변위 4mm인 스프링을 쓰면 진동전달률은 얼마로 되는가?

① 0.0116　② 0.0128
③ 0.0178　④ 0.0251

풀이 $T = \frac{1}{\left(\frac{f}{f_n}\right)^2 - 1}$

$$f = 70\text{Hz}$$

$$f_n = 4.98\sqrt{1/\delta_{st}} = 4.98\sqrt{1/0.4} = 7.87\text{Hz}$$

$$= \frac{1}{\left(\frac{70}{7.87}\right)^2 - 1} = 0.0125$$

73 스프링에 0.4kg의 질량을 매달았을 때 스프링이 0.2m만큼 늘어났다. 이 평형점으로부터 0.2m 더 잡아 늘린 다음 놓아주었을 때 최대가속도는 얼마인가?(단, 중력가속도 g=9.8m/sec^{2}이다.)

① 49m/sec^2　② 9.8m/sec^2
③ 7m/sec^2　④ 1.4m/sec^2

풀이 $Q_{\max} = V_{\max} \times \omega_n$

$$K = \frac{W}{\delta_{st}} = \frac{m \cdot g}{\delta_{st}}$$

$$= \frac{0.4\text{ kg} \times 9.8\text{ m/sec}^2}{0.2\text{ m}} = 19.6\text{N/m}$$

$$V_{\max} = A\omega_n = A \times \sqrt{\frac{K}{m}}$$

$$= 0.2\text{m} \times \sqrt{\frac{19.6\text{kg/sec}^2}{0.4\text{kg}}}$$

$$= 1.4\text{m/sec}$$

$$= 1.4 \times \sqrt{\frac{19.6}{0.4}} = 9.8\text{m/sec}^2$$

74 다음 중 전달력은 항상 외력보다 작기 때문에 차진이 유효한 영역으로 가장 적합한 것은?

① f/f_n이 1이어야 한다.
② f/f_n이 $\sqrt{2}$ 이어야 한다.
③ f/f_n이 $\sqrt{2}$ 보다 작아야 한다.
④ f/f_n이 $\sqrt{2}$ 보다 커야 한다.

풀이 ① $\frac{f}{f_n} = 1$: 공진상태(전달률 최대)

② $\frac{f}{f_n} < \sqrt{2}$: 방진대책이 필요한 설계영역

③ $\frac{f}{f_n} > \sqrt{2}$: 차진이 유효한 영역

④ $\frac{f}{f_n} = 2$: 전달력=외력

정답 70 ④ 71 ② 72 ② 73 ② 74 ④

75 감쇠자유진동을 하는 진동계에서 진폭이 3사이클 후에 50% 감소되었다면, 이 계의 대수감쇠율은?

① 0.231 ② 0.347
③ 0.366 ④ 0.549

풀이 $\Delta = \frac{1}{n}\ln\left(\frac{x_1}{x_3}\right)$

$= \frac{1}{3}\ln\left(\frac{x_1}{0.5x_1}\right) = \frac{1}{3}\ln 2 = 0.231$

76 다음 ( ) 안에 들어갈 말로 옳은 것은?

방진고무의 정확한 사용을 위해서는 일반적으로 (㉠)을 알아야 하는데, 그 값은 $\frac{(\ ㉡\ )}{(\ ㉢\ )}$로 나타낼 수 있다.

① ㉠ 정적배율 ㉡ 동적 스프링 정수 ㉢ 정적 스프링 정수
② ㉠ 동적배율 ㉡ 정적 스프링 정수 ㉢ 동적 스프링 정수
③ ㉠ 동적배율 ㉡ 동적 스프링 정수 ㉢ 정적 스프링 정수
④ ㉠ 정적배율 ㉡ 정적 스프링 정수 ㉢ 동적 스프링 정수

77 금속스프링의 단점을 보완하기 위한 대책으로 가장 거리가 먼 것은?

① Rocking Motion을 억제하기 위해서는 스프링의 정적수축량이 일정한 것을 쓴다.
② Rocking Motion을 억제하기 위해서는 기계 무게의 1~2배의 가대를 부착하고 계의 중심을 낮게 한다.
③ 낙은 감쇠비로 일어나는 고주파 진동의 전달은 스프링과 직렬로 고무패드를 끼워 차단할 수 있다.
④ 스프링의 감쇠비가 적을 때는 스프링과 직렬로 Damper를 넣는다.

풀이 금속스프링의 감쇠비가 적을 때는 스프링과 병렬로 댐퍼를 넣는다.

78 진동방지대책을 발생원, 전파경로, 수진 측 대책으로 분류할 때 다음 중 발생원 대책으로 거리가 먼 것은?

① 기계의 가진력에 의한 전달을 감소하기 위해 방진스프링을 사용한다.
② 저진동 기계로 교체한다.
③ 장비에 운전하중을 고려하여 부가중량을 가한 관성베이스를 적용한다.
④ 수진점 근처에 방진구를 파고, 모래충진을 통해 지반개량을 한다.

풀이 ④항의 내용은 전파경로 대책이다.

79 지반진동 차단 구조물로서 대표적인 방진구에 있어서 다음 중 가장 중요한 설계 인자는?

① 트렌치의 깊이 ② 트렌치의 폭
③ 트렌치의 형상 ④ 트렌치의 위치

풀이 방진구의 가장 중요한 설계인자는 방진구의 깊이로서 표면파의 파장을 고려하여 결정하여야 한다.

80 무게 120N인 기계를 스프링 정수 30N/cm인 방진고무로 지지하고자 한다. 방진고무 4개로 4점 지지할 경우 방진고무의 정적수축량은?(단, 감쇠비는 무시)

① 7.5cm ② 4cm
③ 2cm ④ 1cm

풀이 $f_n = 4.98\sqrt{\frac{1}{\delta_{st}}}$

$\delta_{st} = \left(\frac{4.98}{f_n}\right)^2$

$f_n = \frac{1}{2\pi}\sqrt{\frac{k \cdot g}{W}} = \frac{1}{2\pi}\sqrt{\frac{980}{120}}$

$= 2.49\text{Hz}$

$= \left(\frac{4.98}{2.49}\right)^2 = 4\text{cm}$

$\frac{4\text{cm}}{4} = 1\text{cm}$

정답 75 ① 76 ③ 77 ④ 78 ④ 79 ① 80 ④

5과목 소음진동관계법규

81 소음진동관리법규상 소음방지시설이 아닌 것은?

① 방음외피시설
② 방음지지시설
③ 방음림 및 방음언덕
④ 흡음장치 및 시설

풀이 소음방지시설
㉠ 소음기
㉡ 방음덮개시설
㉢ 방음창 및 방음실시설
㉣ 방음외피시설
㉤ 방음벽시설
㉥ 방음터널시설
㉦ 방음림 및 방음언덕
㉧ 흡음장치 및 시설
㉨ ㉠부터 ㉧까지의 규정과 동등하거나 그 이상의 방지효율을 가진 시설

82 소음진동관리법규상 인증시험대행기관이 검사장비 및 기술인력의 변경이 있는 경우 얼마기간 내에 환경부장관에서 알려야 하는가?

① 변경된 날부터 7일 이내에
② 변경된 날부터 15일 이내에
③ 변경된 날부터 30일 이내에
④ 변경된 날부터 3개월 이내에

83 소음진동관리법규상 "미고시지역"의 야간시간대(22:00~06:00) 도로교통 소음한도기준 Leq dB(A)은?(단, 대상지역은 교통소음 · 진동의 영향을 받는 지역이며, 대상지역의 구분은 국토의 계획 및 이용에 관한 법률에 따른다.)

① 58 ② 60
③ 63 ④ 65

풀이 교통소음 관리기준(도로)

대상지역	구분	한도	
		주간 (06:00~22:00)	야간 (22:00~06:00)
주거지역, 녹지지역, 관리지역 중 취락지구 · 주거개발진흥지구 및 관광 · 휴양개발진흥지구, 자연환경보전지역, 학교 · 병원 · 공공도서관 및 입소규모 100명 이상의 노인의료복지시설 · 영유아보육시설의 부지 경계선으로부터 50미터 이내 지역	소음 [Leq dB(A)]	68	58
	진동 [dB(V)]	65	60
상업지역, 공업지역, 농림지역, 생산관리지역 및 관리지역 중 산업 · 유통개발진흥지구, 미고시지역	소음 [Leq dB(A)]	73	63
	진동 [dB(V)]	70	65

84 소음진동관리법상 규제기준을 초과하여 생활소음 · 진동을 발생시킨 사업자에게 작업시간의 조정 등을 명령하였으나, 이를 위반한 경우 벌칙기준으로 옳은 것은?

① 3년 이하의 징역 또는 1천 500만 원 이하의 벌금에 처한다.
② 1년 이하의 징역 또는 1천만 원 이하의 벌금에 처한다.
③ 6개월 이하의 징역 또는 500만 원 이하의 벌금에 처한다.
④ 300만 원 이하의 과태료를 부과한다.

풀이 소음진동관리법 제58조 참조

85 소음진동관리법규상 배출시설 및 방지시설과 관련된 개별기준 중 배출시설 변경신고 대상자가 이를 이행하지 아니한 경우 4차 행정처분기준으로 가장 적합한 것은?

① 조업정지 10일 ② 허가 취소
③ 조업정지 10일 ④ 경고

정답 81 ② 82 ② 83 ③ 84 ③ 85 ①

86 소음진동관리법규상 소음발생건설기계의 종류 중 공기압축기의 기준으로 옳은 것은?

① 공기토출량이 분당 2.83세제곱미터 이상의 이동식인 것으로 한정한다.
② 공기토출량이 시간당 2.83세제곱미터 이상의 이동식인 것으로 한정한다.
③ 공기토출량이 분당 2.83세제곱미터 이상의 고정식인 것으로 한정한다.
④ 공기토출량이 시간당 2.83세제곱미터 이상의 고정식인 것으로 한정한다.

풀이 소음발생건설기계의 종류
㉠ 굴삭기(정격출력 19kW 이상 500kW 미만의 것으로 한정한다)
㉡ 다짐기계
㉢ 로더(정격출력 19kW 이상 500kW 미만의 것으로 한정한다)
㉣ 발전기(정격출력 400kW 미만의 실외용으로 한정한다)
㉤ 브레이커(휴대용을 포함하며, 중량 5톤 이하로 한정한다)
㉥ 공기압축기(공기토출량이 분당 2.83세제곱미터 이상의 이동식인 것으로 한정한다)
㉦ 콘크리트 절단기
㉧ 천공기
㉨ 항타 및 항발기

87 소음진동관리법규상 생활소음 · 진동 규제기준에 관한 사항으로 옳지 않은 것은?

① 공사장의 진동 규제기준은 주간의 경우 특정공사 사전신고 대상 기계 · 장비를 사용하는 작업시간이 1일 2시간 이하일 때는 +10dB을 규제기준치에 보정한다.
② 공사자의 소음규제기준은 주간의 경우 특정공사 사전신고 대상 기계 · 장비를 사용하는 작업시간이 3시간 초과 6시간 이하일 때는 +5dB을 규제기준치에 보정한다.
③ 발파소음의 경우 주간에만 규제기준치(광산의 경우 사업장 규제기준)에 +5dB을 보정한다.
④ 공사장의 규제기준 중 주거지역은 공휴일에만 −5dB을 규제기준치에 보정한다.

풀이 발파소음의 경우 주간에만 규제기준치(광산의 경우 사업장 규제기준)에 +10dB을 보정한다.

88 소음진동관리법규상 특정공사의 사전신고 대상 기계 · 장비의 종류에 해당하지 않는 것은?

① 압입식 항타항발기
② 브레이커(휴대용을 포함한다.)
③ 다짐기계
④ 발전기

풀이 특정공사의 사전신고 대상 기계 · 장비의 종류
㉠ 항타기 · 항발기 또는 항타항발기(압입식 항타항발기는 제외한다)
㉡ 천공기
㉢ 공기압축기(공기토출량이 분당 2.83세제곱미터 이상의 이동식인 것으로 한정한다)
㉣ 브레이커(휴대용을 포함한다)
㉤ 굴삭기
㉥ 발전기
㉦ 로더
㉧ 압쇄기
㉨ 다짐기계
㉩ 콘크리트 절단기
㉪ 콘크리트 펌프

89 다음은 소음진동관리법에 명시된 사항이다. (　　) 안에 가장 적합한 것은?

(㉠)은(는) 항공기소음이 (㉡)으로 정하는 항공기 소음의 한도를 초과하여 공항 주면의 생활환경이 매우 손상된다고 인정하면 관계 기관의 장에게 방음시설의 설치나 그 밖에 항공기 소음의 방지에 필요한 조치를 (㉢)할 수 있다.

① ㉠ 시 · 도지사, ㉡ 환경부령, ㉢ 요청
② ㉠ 시 · 도지사, ㉡ 환경부령, ㉢ 명령
③ ㉠ 환경부장관, ㉡ 대통령령, ㉢ 요청
④ ㉠ 환경부장관, ㉡ 대통령령, ㉢ 명령

정답 86 ① 87 ③ 88 ① 89 ③

90 소음진동관리법규상 대형 승용자동차의 운행자동차 경적소음(dB(C))의 허용기준은?(단, 2006년 1월 1일 이후에 제작되는 자동차기준)

① 102 이하　② 110 이하
③ 112 이하　④ 115 이하

풀이

자동차 종류 \ 소음 항목		배기소음 [dB(A)]	경적소음 [dB(C)]
승용 자동차	소형	100 이하	110 이하
	중형	100 이하	110 이하
	중대형	100 이하	112 이하
	대형	105 이하	112 이하

91 소음진동관리법규상 환경기술인이 환경보전협회 등에서 실시하는 교육을 받아야 하는 교육기간기준은?(단, 정보통신매체를 이용하여 원경교육을 실시하는 경우 등을 제외)

① 3일 이내　② 5일 이내
③ 7일 이내　④ 10일 이내

92 소음진동관리법규상 특별시장 등이 운행차에 점검결과 소음기를 떼어버린 경우로서 환경부령으로 정하는 바에 따라 자동차 소유자에게 개선명령을 할 때, 개선에 필요한 기간기준으로 옳은 것은?

① 개선명령일부터 5일
② 개선명령일부터 7일
③ 개선명령일부터 10일
④ 개선명령일부터 14일

93 소음진동관리법규상 환경부장관이 측정망설치계획을 고시할 때 포함되어야 할 사항으로 가장 거리가 먼 것은?

① 측정망의 배치도
② 측정소에 설치될 소음계의 규격
③ 측정소를 설치할 토지의 위치
④ 측정소를 설치할 건축물의 면적

94 소음진동관리법에서 규정하는 교통기관에 해당하지 않는 것은?

① 기차　② 항공기
③ 전차　④ 철도

풀이 '교통기관'이란 기차 · 자동차 · 전차 · 도로 및 철도 등을 말한다. 다만, 항공기와 선박은 제외한다.

95 소음진동관리법규상 자동차의 사용정지명령을 받은 자동차를 사용정지기간 중에 사용하는 경우 벌칙기준으로 옳은 것은?

① 3년 이상의 징역 또는 1천500만 원 이하의 벌금에 처한다.
② 1년 이하의 징역 또는 1천만 원 이하의 벌금에 처한다.
③ 6개월 이하의 징역 또는 500만 원 이하의 벌금에 처한다.
④ 300만 원 이하의 벌금에 처한다.

풀이 소음진동관리법 제58조 참조

96 소음진동관리법규상 환경기술인을 두어야 할 사업장 및 그 자격기준에서 소음 · 진동기사 2급(산업기사) 이상의 기술자격 소지자를 두어야 하는 대상 사업장은 총동력 합계를 기준으로 할 때 몇 마력 이상인가?

① 1,500kW
② 2,250kW
③ 3,000kW
④ 3,750kW

풀이 총동력 합계 3,750kW 이상의 사업장 소음 · 진동기사 2급 이상의 기술자격 소지자 1명 이상 또는 해당 사업장의 관리책임자로 사업자가 임명한 자

정답 90 ③ 91 ② 92 ② 93 ② 94 ② 95 ③ 96 ④

97 소음진동관리법규상 시·도지사 등이 환경부장관에게 상시 측정한 소음진동 자료를 제출해야 할 시기기준으로 옳은 것은?

① 매분기 다음 달 말일까지
② 매분기 다음 달 15일까지
③ 매월 말일까지
④ 매월 15일까지

98 소음진동관리법규상 배출시설 및 방지시설 등과 관련된 행정처분기준 중 환경기술인을 임명해야 함에도 불구하고 임명하지 아니한 경우에 1차 행정처분기준은?

① 허가취소
② 조업정지 5일
③ 환경기술인 선임명령
④ 경고

풀이 환경기술인을 임명하지 아니한 경우 행정처분
㉠ 1차 : 환경기술인 선임명령
㉡ 2차 : 경고
㉢ 3차 : 조업정지 5일
㉣ 4차 : 조업정지 10일

99 소음진동관리법규상 농림지역의 낮 시간대(06:00~22:00) 공장진동 배출허용기준으로 옳은 것은?(단, 대상지역 구분은 국토의 계획 및 이용에 관한 법률에 따름)

① 50dB(V) 이하
② 55dB(V) 이하
③ 60dB(V) 이하
④ 65dB(V) 이하

풀이 공장진동 배출허용기준 [단위 : dB(V)]

대상지역	시간대별	
	낮 (06:00~22:00)	밤 (22:00~06:00)
가. 도시지역 중 전용주거지역·녹지지역, 관리지역 중 취락지구·주거개발진흥지구 및 관광·휴양개발진흥지구, 자연환경보전지역 중 수산자원보호구역 외의 지역	60 이하	55 이하
가. 도시지역 중 전용주거지역·녹지지역, 관리지역 중 취락지구·주거개발진흥지구 및 관광·휴양개발진흥지구, 자연환경보전지역 중 수산자원보호구역 외의 지역	60 이하	55 이하
나. 도시지역 중 일반주거지역·준주거지역, 농림지역, 자연환경보전지역 중 수산자원보호구역, 관리지역 중 가목과 다목을 제외한 그 밖의 지역	65 이하	60 이하
다. 도시지역 중 상업지역·준공업지역, 관리지역 중 산업개발진흥지구	70 이하	65 이하
라. 도시지역 중 일반공업지역 및 전용공업지역	75 이하	70 이하

100 소음진동관리법규상 진동배출시설기준으로 옳지 않은 것은?(단, 동력을 사용하는 시설 및 기계·기구로 한정한다.)

① 15kW 이상의 분쇄기
② 37.5kW 이상의 성형기(압출·사출을 포함한다.)
③ 22.5kW 이상의 단조기
④ 22.5kW 이상의 목재가공기계

풀이 진동배출시설
분쇄기(22.5kW 이상, 파쇄기와 미쇄기 포함)

정답 97 ① 98 ③ 99 ④ 100 ①

SECTION ENGINEER NOISE & VIBRATION

005 2014년 2회 산업기사

1과목 소음진동개론

01 다음은 진동파에 관한 설명이다. (　　) 안에 알맞은 것은?

> 지표면에서 측정한 진동은 종파, 횡파, Rayleigh파가 합성된 것이지만, 각 파의 에너지는 (　　) 비율로 분포되어 있다.

① 종파 67%, 횡파 26%, Rayleigh파 7%
② Rayleigh파 67%, 횡파 26%, 종파 7%
③ 횡파 67%, 종파 26%, Rayleigh파 7%
④ 종파 67%, Rayleigh파 26%, 횡파 7%

02 외이와 내이에서의 음의 전달매질의 연결로 옳은 것은?

① 외이 : 고체(뼈), 내이 : 기체(공기)
② 외이 : 고체(뼈), 내이 : 액체(림프액)
③ 외이 : 기체(공기), 내이 : 액체(림프액)
④ 외이 : 기체(공기), 내이 : 고체(뼈)

풀이 음의 전달매질
㉠ 외이 : 공기(기체)
㉡ 중이 : 고체
㉢ 내이 : 액체(림프액)

03 무지향성 음원 기준으로 선음원이 자유공간에 있을 때, 음압레벨(SPL)과 음향파워레벨(PWL)과의 관계는?(단, r은 음원으로부터의 거리)

① $SPL = PWL - 10 \times \log(2\pi r)$
③ $SPL = PWL - 10 \times \log(4\pi r^2)$
③ $SPL = PWL + 10 \times \log(4\pi r)$
④ $SPL = PWL + 10 \times \log(2\pi r)$

풀이 ㉠ 선음원 : 자유공간
$SPL = PWL - 10\log(2\pi r)$
㉡ 선음원 : 반자유공간
$SPL = PWL - 10\log(\pi r)$

04 평균음압이 3,450Pa이고 특정지향음압이 5,450Pa일 때 지향계수는?

① 5.5　　② 4.0
③ 3.5　　④ 2.5

풀이 $DI = SPL\theta - \overline{SPL}$

$$SPL\theta = 20\log\frac{5{,}450}{2\times10^{-5}} = 168.7\,\text{dB}$$

$$\overline{SPL} = 20\log\frac{3{,}450}{2\times10^{-5}} = 164.7\,\text{dB}$$

$DI = 10\log Q$

$$Q = 10^{\frac{DI}{10}} = 10^{\frac{(168.7-164.7)}{10}} = 2.51$$

05 다음은 잔향시간에 관한 설명이다. (　　) 안에 가장 적합한 것은?

> 잔향시간이란 실내에서 음원을 끈 순간부터 음압레벨이 (㉠) 감소되는 데 소요되는 시간을 말하며, 일반적으로 기록지의 레벨 감쇠곡선의 폭이 (㉡) 이상일 때 이를 산출한다.

① ㉠ 60dB, ㉡ 10dB(최소 5dB)
② ㉠ 60dB, ㉡ 25dB(최소 15dB)
③ ㉠ 120dB, ㉡ 10dB(최소 5dB)
④ ㉠ 120dB, ㉡ 25dB(최소 15dB)

06 중심주파수 16,000Hz인 1/1옥타브밴드 분석기의 하한주파수로 옳은 것은?

① 약 10,500Hz　　② 약 11,300Hz
③ 약 13,300Hz　　④ 약 14,300Hz

풀이 $f_c = \sqrt{2}\, f_L$

$$f_L = \frac{f_c}{\sqrt{2}} = \frac{16{,}000\text{Hz}}{\sqrt{2}} = 11{,}313.70\text{Hz}$$

정답 01 ② 02 ③ 03 ① 04 ④ 05 ② 06 ②

07 선음원으로부터 3m 거리에서 96dB이 측정되었다면 41m에서의 음압레벨은?

① 92dB ② 88dB
③ 85dB ④ 81dB

풀이 $SPL_1 - SPL_2 = 10\log\frac{r_2}{r_1}$

$96\text{dB} - SPL_2 = 10\log\frac{41}{3}$

$SPL_2 = 96\text{dB} - 10\log\frac{41}{3} = 84.64\text{dB}$

08 A음원의 음세기(I)가 $1\times10^{-10}\text{W/m}^2$이다. 이때의 음세기 레벨($SIL$)은?

① 5dB ② 10dB
③ 15dB ④ 20dB

풀이 $SIL = 10\log\frac{1\times10^{-10}}{10^{-12}} = 20\text{dB}$

09 소음과 작업능률의 일반적인 상관관계에 관한 설명으로 가장 거리가 먼 것은?

① 특정 음이 없고, 90dB(A)를 넘지 않는 일정 소음도에서는 작업을 방해하지 않는 것으로 본다.
② 불규칙한 폭발음은 90dB(A) 이하이면 작업방해를 받지 않는다.
③ 1,000~2,000Hz 이상의 고음역 소음은 저음역 소음보다 작업방해를 크게 유발한다.
④ 소음은 총 작업량의 저하보다는 정밀도를 저하시키기 쉽다.

풀이 불규칙한 폭발음은 일정한 소음보다 더 위해하기 때문에 90dB(A) 이하라도 때때로 작업을 방해하며 일정 소음보다 더욱 위해하다.

10 기온이 20℃, 음압실효치가 0.35N/m^2일 때, 평균음에너지 밀도는?

① $2.6\times10^{-7}\text{J/m}^3$ ② $5.6\times10^{-7}\text{J/m}^3$
③ $8.6\times10^{-7}\text{J/m}^3$ ④ $1.2\times10^{-6}\text{J/m}^3$

풀이 음향에너지 밀도(J/m^3)

$= \frac{P^2}{\rho C^2}$

$C = 331.42 + (0.6\times20) = 343.42\text{m/sec}$

$\rho = 1.293\times\frac{273}{273+20} = 1.2\text{kg/m}^3$

$= \frac{(0.35)^2}{1.2\times(343.42)^2} = 8.65\times10^{-7}\text{J/m}^3$

11 소음 평가에 관한 설명으로 옳지 않은 것은?

① NR곡선은 NC곡선을 기본으로 하고, 음의 스펙트라, 반복성, 계절, 시간대 등을 고려한 것으로 기본적으로 NC와 동일하다.
② NR곡선은 소음을 1/3옥타브밴드로 분석한 음압레벨을 NR−chart에 Plotting하여 그중 가장 낮은 NR곡선에 접하는 것을 판독한 값이 NR 값이다.
③ PNC는 NC곡선 중의 저주파부를 더 낮은 값으로 수정한 것이다.
④ NC는 공조기소음 등과 같은 실내소음을 평가하기 위한 척도로서 소음을 1/1옥타브밴드로 분석한 결과에 의해 실내소음을 평가하는 방법이다.

풀이 NR곡선은 소음을 1/1옥타브 밴드로 분석한 음압레벨을 NR곡선에 Plotting하여 가장 큰 쪽의 곡선과 접하는 값을 구한 후 보정한다.

12 음의 회절에 관한 내용으로 가장 적합한 것은?

① 장애물 뒤쪽으로 음이 전파하는 현상이다.
② 한 매질에서 타 매질로 통과할 때 구부러지는 현상을 의미하며, 음속비가 크면 회절도 크다.
③ 파장이 작으면 회절이 잘된다.
④ 물체의 틈구멍에 있어서는 그 틈구멍이 클수록 회절이 잘 된다.

풀이 ② 굴절의 내용에 해당한다.
③ 파장이 길수록 회절이 잘된다.
④ 물체가 작을수록(구멍이 작을수록) 회절이 잘 된다.

정답 07 ③ 08 ④ 09 ② 10 ③ 11 ② 12 ①

13 마루 위의 점음원이 반자유공간으로 음을 전파하고 있다. 음원에서 3.4m인 지점의 음압레벨이 92dB이라면 이 음원의 파워레벨은?

① 102.3dB ② 105.3dB
③ 110.6dB ④ 113.6dB

풀이 점음원, 반자유공간
$PWL = SPL + 20\log r + 8$
$= 92\text{dB} + 20\log 3.4 + 8 = 110.6\text{dB}$

14 고유진동수 f, 고유각진동수 ω, 주기 τ일 때 아래 관계식 중 옳은 것은?

① $\omega = 2\pi f$ ② $\tau = \dfrac{\omega}{2\pi}$
③ $f = \dfrac{\omega}{\pi}$ ④ $f = 2\pi\omega$

15 소음평가지수 NRN(Noise Rating Number)에 관한 설명으로 가장 거리가 먼 것은?

① 소음피해에 대한 주민들의 반응은 NRN으로 40 이하이면 보통 주민반응이 없는 것으로 판단할 수 있다.
② 순음 성분이 많은 경우에는 NR보정 값은 +5dB이다.
③ 반복성 연속음의 경우에는 NR보정 값은 +3dB이다.
④ 습관이 안 된 소음에 대해서는 NR보정 값은 0이다.

풀이 측정된 소음이 반복성 연속음일 경우는 별도로 보정할 필요 없이 사용한다.

16 건강한 사람에게 다음과 같은 순음의 음압레벨을 폭로시켰을 때 가장 예민하게 느끼는 것은?

① 200Hz, 70dB
② 1,000Hz, 70dB
③ 4,000Hz, 70dB
④ 8,000Hz, 70dB

17 진동이 인체에 미치는 영향 중 허리, 가슴 및 등 쪽에서 가장 심한 통증을 느끼는 주파수는?

① 1~2Hz ② 6Hz
③ 14~16Hz ④ 20Hz

풀이 각 진동수에 의한 인체의 반응
㉠ 1차 공진현상 : 3~6Hz
㉡ 2차 공진현상 : 20~30Hz(두개골 공명으로 시력 및 청력 장애 초래)
㉢ 3차 공진현상 : 60~90Hz(안구가 공명)
㉣ 3Hz 이하 : 차멀미(동요병)와 같은 동요감 느낌
㉤ 1~3Hz : 호흡에 영향, 즉 호흡이 힘들고 산소(O_2) 소비가 증가한다.
㉥ 6Hz : 허리, 가슴 및 등쪽에 심한 통증을 느낌
㉦ 13Hz : 머리, 안면에 심한 진동을 느낌
㉧ 4~14Hz : 복통을 느낌
㉨ 9~20Hz : 대소변 욕구
㉩ 12~16Hz : 음식물이 위아래로 오르락내리락하는 느낌을 9Hz에서 느끼고 12~16Hz에서는 아주 심하게 느낌

18 소리의 굴절에 관한 설명으로 옳지 않은 것은?(단, θ_1 : 첫 번째 매질에 대한 소리의 입사각, θ_2 : 두 번째 매질 내에서의 굴절각, R : 굴절도, c_1, c_2 : 각각 첫 번째, 두 번째 매질에서의 음속)

① snell의 법칙에 의해 $R = \dfrac{\sin\theta_2}{\sin\theta_1}$로 표현된다.A
② $R \propto \dfrac{c_1}{c_2}$이다.
③ 음원보다 상공의 풍속이 클 때 풍하 측에서는 지면 쪽으로 굴절한다.
④ 소리가 전파할 때 매질의 밀도변화로 인하여 음파의 진행방향이 변하는 것을 말한다.

풀이 Snell의 법칙(굴절의 법칙)
입사각과 굴절각의 sin비는 각 매질에서의 전파속도의 비와 같다.
$$\frac{c_1}{c_2} = \frac{\sin\theta_1}{\sin\theta_2}$$
여기서, c_1, θ_1 : 매질 Ⅰ에서 음속 및 입사각
c_2, θ_2 : 매질 Ⅱ에서 음속 및 입사각

정답 13 ③ 14 ① 15 ③ 16 ③ 17 ② 18 ①

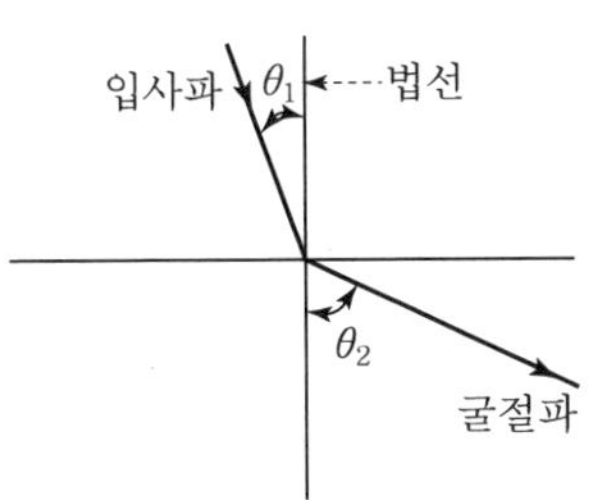

19 음향출력과 음향파워레벨과의 관계로 옳은 것은?

① $10^{12}\,W = 0\text{dB}$

② $10^{2}\,W = 0\text{dB}$

③ $10^{-12}\,W = 0\text{dB}$

④ $10^{-2}\,W = 0\text{dB}$

풀이 $PWL = 10\log\dfrac{10^{-12}}{10^{-12}} = 0\text{dB}$

20 음압진폭이 10N/m^2인 순음성분의 소음이 있다. 이 소음의 음압레벨은?

① 105dB ② 111dB
③ 115dB ④ 121dB

풀이 $SPL = 20\log\dfrac{(10/\sqrt{2})}{2\times10^{-5}} = 110.97\text{dB}$

2과목 소음진동공정시험 기준

21 환경기준 중 소음을 측정할 때, "도로변지역"의 범위기준으로 가장 적합한 것은?

① 도로단으로부터 차선수×10m

② 도로단으로부터 차선수×50m

③ 도로단으로부터 차선수×100m

④ 도로단으로부터 차선수×150m

풀이 환경기준 측정점 중 도로변지역의 범위는 도로단으로부터 차선수×10m로 하고, 고속도로 또는 자동차 전용도로의 경우에는 도로단으로부터 150m 이내의 지역을 말한다.

22 다음은 규제기준 중 생활진동 측정방법에서 진동레벨기록기를 사용하여 측정할 경우 측정자료 분석방법에 관한 사항이다. ( ) 안에 알맞은 것은?

> 5분 이상 측정 · 기록하여 기록지상의 지시치의 변동 폭이 (㉠)dB 이내일 때에는 구간 내 최대치부터 진동레벨의 크기순으로 (㉡)개를 산술평균한 진동레벨을 측정진동레벨로 한다.

① ㉠ 5, ㉡ 5 ② ㉠ 5, ㉡ 10
③ ㉠ 10, ㉡ 10 ④ ㉠ 10, ㉡ 20

23 환경기준 중 소음측정방법으로 옳지 않은 것은?

① 소음계와 소음도 기록기를 연결하여 측정 · 기록하는 것을 원칙으로 한다.

② 소음계의 레벨레인지 변환기는 측정지점의 소음도를 예비 조사한 후 적절하게 고정시켜야 한다.

③ 소음계의 청감보정회로는 A특성에 고정하여 측정하여야 한다.

④ 소음계의 동특성은 원칙적으로 느림(Slow) 모드로 하여 측정하여야 한다.

풀이 환경기준 소음계의 동특성은 원칙적으로 빠름(Fast) 모드로 하여 측정하여야 한다.

24 배출허용기준 중 진동측정방법에 관한 사항으로 가장 거리가 먼 것은?

① 진동레벨계의 감각보정회로는 별도 규정이 없는 한 V특성(수직)에 고정하여 측정하여야 한다.

② 진동픽업의 연결선은 잡음 등을 방지하기 위하여 지표면에 일직선으로 설치한다.

정답 19 ③ 20 ② 21 ① 22 ② 23 ④ 24 ③

③ 진동픽업(Pick-up)의 설치장소는 옥내지표를 원칙으로 하고 복잡한 반사, 회절현상이 예상되는 지점은 피한다.
④ 진동픽업의 설치장소는 완충물이 없고, 충분히 다져서 단단히 굳은 장소로 한다.

풀이 진동픽업(Pick-up)의 설치장소는 옥외지표를 원칙으로 하고 복잡한 반사, 회절현상이 예상되는 지점은 피한다.

25 다음은 소음계의 사용기준이다. ( ) 안에 알맞은 것은?

> 간이소음계는 예비조사 등 소음도의 대략치를 파악하는 데 사용되며, 소음을 규제, 인증하기 위한 목적으로 사용되는 측정기기로서는 ( )에 정한 클래스 2의 소음계 또는 이와 동등 이상의 성능을 가진 것으로서 DB 단위로 지시하는 것을 사용하여야 한다.

① KS C IEC 61672-1
② KS F IEC 61672-1
③ KS Q IEC 61672-1
④ KS E IEC 61672-1

26 다음은 레벨레인지 변환기에 관한 설명이다. ( ) 안에 가장 적합한 것은?

> 측정하고자 하는 소음도가 지시계기의 범위 내에 있도록 하기 위한 감쇠기로서 유효눈금범위가 (㉠) 이하가 되는 구조의 것은 변환기에 의한 레벨의 간격이 (㉡) 간격으로 표시되어야 한다. 다만, 레벨 변환 없이 측정이 가능한 경우 레벨레인지 변환기가 없어도 무방하다.

① ㉠ 10dB, ㉡ 5dB
② ㉠ 10dB, ㉡ 10dB
③ ㉠ 30dB, ㉡ 5dB
④ ㉠ 30dB, ㉡ 10dB

27 소음계의 구조별 성능기준으로 옳지 않은 것은?

① 증폭기(Amplifier)는 마이크로폰에 의하여 음향에너지를 전기에너지로 변환시킨 양을 증폭시키는 장치를 말한다.
② 청감보정회로(Weighting Networks)에서 자동차 소음측정용은 C특성도 함께 갖추어야 한다.
③ 마이크로폰(Microphone)은 지향성이 큰 압력형으로 하며, 기기의 본체와 분리되지 않아야 한다.
④ 출력단자(Monitor Out)는 소음신호를 기록기 등에 전송할 수 있는 교류단자를 갖춘 것이어야 한다.

풀이 마이크로폰은 지향성이 작은 압력형으로 하며, 기기의 본체와 분리 가능하여야 한다.

28 다음은 진동측정에 사용되는 진동레벨계의 성능기준이다. ( ) 안에 가장 적합한 것은?

> • 측정가능 주파수 범위는 (㉠)Hz 이상이어야 한다.
> • 측정가능 진동레벨의 범위는 (㉡)dB 이상이어야 한다.

① ㉠ 1~50, ㉡ 15~55
② ㉠ 1~50, ㉡ 45~120
③ ㉠ 1~90, ㉡ 15~55
④ ㉠ 1~90, ㉡ 45~120

29 다음 중 항공기소음 측정방법에서 1일 단위의 $WECPNL$을 구하는 식으로 옳은 것은?(단, $\overline{L_{max}}$ 당일의 평균 최고소음도, N : 1일간 항공기의 등가통과횟수)

① $WECPNL = \overline{L_{max}} + 10\log N - 27$
② $WECPNL = \overline{L_{max}} - 10\log N - 27$
③ $WECPNL = \overline{L_{max}} + 10\log N + 27$
④ $WECPNL = \overline{L_{max}} - 10\log N + 27$

정답 25 ① 26 ④ 27 ③ 28 ④ 29 ①

30 항공기 소음한도 측정 시 헬리포트 주변 등과 같이 배경소음보다 10dB 이상 큰 항공기소음의 지속시간 평균치 $\overline{D}$가 30초 이상일 경우 $\overline{WECPNL}$에 보정해야 하는 보정치로 옳은 것은?

① $\left[+10\log\left(\frac{\overline{D}}{10}\right)\right]$

② $\left[+10\log\left(\frac{\overline{D}}{20}\right)\right]$

③ $\left[+20\log\left(\frac{\overline{D}}{10}\right)\right]$

④ $\left[+20\log\left(\frac{\overline{D}}{20}\right)\right]$

31 소음계를 기본구조와 부속장치로 구분할 때 다음 중 부속장치에 해당하지 않는 것은?

① Wind Screen
② Tripod
③ Amplifier
④ Pistonphone, Calibrator

풀이 소음계의 부속장치
㉠ 방풍망(Wind Screen)
㉡ 삼각대(Tripod)
㉢ 표준음발생기(Pistonphone, Calibrator)

32 다음은 등가소음도 계산방법이다. (　) 안에 가장 적합한 것은?

> 소음도 기록기 또는 소음계만을 사용하여 측정할 경우 등가소음도는 (㉠)분 이상 측정한 값 중 (㉠)분 동안 측정 · 기록한 기록지상의 값을 (㉡)초 간격으로 60회 판독하여 소음측정기록지 표에 기록한다.

① ㉠ 1, ㉡ 5　② ㉠ 1, ㉡ 10
③ ㉠ 5, ㉡ 5　④ ㉠ 5, ㉡ 10

33 소음의 배출허용기준 측정방법 중 측정점 선정조건으로 거리가 먼 것은?

① 아파트형 공장의 경우에는 공장건물의 부지경계선 중 피해가 우려되는 장소로서 소음도가 높을 것으로 예상되는 지점의 지면 위 1.2~1.5m 높이로 한다.
② 공장의 부지경계선이 불명확할 경우에는 피해가 예상되는 자의 부지경계선으로 한다.
③ 공장의 부지경계선에 비하여 피해가 예상되는 자의 부지경계선에서의 소음도가 더 큰 경우에는 피해가 예상되는 자의 부지경계선으로 한다.
④ 장애물이 방음벽일 경우에는 장애물 밖의 5~10m 떨어진 지점 중 암영대(暗影帶)의 영향이 적은 지점으로 한다.

풀이 장애물이 방음벽이거나 충분한 차음이 예상되는 경우에는 장애물 밖의 1.0~3.5m 떨어진 지점 중 암영대의 영향이 적은 지점으로 한다.

34 규제기준 중 생활진동 측정방법 중 디지털 진동자동분석계를 사용할 경우 측정진동레벨로 정하는 기준으로 옳은 것은?

① 샘플주기를 0.1초 이내에서 결정하고 1분 이상 측정하여 자동 연산 · 기록한 80% 범위의 상단치인 L_{10}값
② 샘플주기를 0.1초 이내에서 결정하고 5분 이상 측정하여 자동 연산 · 기록한 80% 범위의 상단치인 L_{10}값
③ 샘플주기를 1초 이내에서 결정하고 1분 이상 측정하여 자동 연산 · 기록한 80% 범위의 상단치인 L_{10}값
④ 샘플주기를 1초 이내에서 결정하고 5분 이상 측정하여 자동 연산 · 기록한 80% 범위의 상단치인 L_{10}값

정답 30 ② 31 ③ 32 ③ 33 ④ 34 ④

35 소음계의 성능기준 중 레벨레인지 변환기의 전환오차는 얼마 이내이어야 하는가?

① 0.1dB　② 0.5dB
③ 1.0dB　④ 5dB

36 환경기준 중 소음측정 일반사항으로 가장 적합한 것은?

① 소음계의 마이크로폰은 측정위치에 받침장치(삼각대등)를 설치하지 않고 측정하는 것을 원칙으로 한다.
② 손으로 소음계를 잡고 측정할 경우 소음계는 측정자의 몸으로부터 0.1m 이상 떨어져야 한다.
③ 소음계의 마이크로폰은 주소음원 반대방향으로 향하도록 하여야 한다.
④ 풍속이 2m/s 이상일 때에는 반드시 마이크로폰에 방풍망을 부착하여야 한다.

풀이 환경기준 중 측정조건(일반사항)
㉠ 소음계의 마이크로폰은 측정위치에 받침장치(삼각대 등)를 설치하여 측정하는 것을 원칙으로 한다.
㉡ 손으로 소음계를 잡고 측정할 경우 소음계는 측정자의 몸으로부터 0.5m 이상 떨어져야 한다.
㉢ 소음계의 마이크로폰은 주 소음원 방향으로 향하도록 한다.
㉣ 풍속이 2m/s 이상일 때에는 반드시 마이크로폰에 방풍망을 부착하여야 하며, 풍속이 5m/s를 초과할 때에는 측정하여서는 안 된다.
㉤ 진동이 많은 장소 또는 전자장(대형 전기기계, 고압선 근처 등)의 영향을 받는 곳에서는 적절한 방지책(방진, 차폐 등)을 강구하여야 한다.

37 진동픽업의 종류 중 저렴한 장점은 있으나 전동기, 변압기, 변전설비 부근 등 자장이 강하게 형성된 장소에서 측정 시 자장의 영향으로 진동측정이 부적합한 것은?

① 동전형　② 압전형
③ 압축형　④ 접촉형

38 배출허용기준 중 소음측정방법에 관한 사항으로 옳지 않은 것은?

① 풍속이 5m/s를 초과할 때에는 측정하여서는 안 된다.
② 측정소음도의 측정은 대상 배출시설의 소음발생기기를 가능한 한 최대출력으로 가동시킨 정상상태에서 측정하여야 한다.
③ 피해가 예상되는 적절한 측정시각에 2지점 이상의 측정지점수를 선정 · 측정하여 그중 가장 높은 소음도를 측정소음도로 한다.
④ 손으로 소음계를 잡고 측정할 경우 소음계는 측정자의 몸으로부터 0.3m 이상 떨어져야 한다.

풀이 손으로 소음계를 잡고 측정할 경우 소음계는 측정자의 몸으로부터 0.5m 떨어져야 한다.

39 소음진동공정 시험기준상 용어의 정의로 옳지 않은 것은?

① 평가소음도 : 대상소음도에 보정치를 보정한 후 얻어진 소음도를 말한다.
② 지발(遲發)발파 : 수초 내에 시간차를 두고 발파하는 것을 말한다. 단, 발파기를 1회 사용하는 것에 한한다.
③ 등가소음도 : 임의의 측정시간 동안 발생한 변동소음의 총 에너지를 같은 시간 내에 정상소음의 에너지로 등가하여 얻어진 소음도를 말한다.
④ 소음도 : 계기나 기록지 상에서 판독한 실효치를 말한다.

풀이 소음도
소음계의 청감보정회로를 통하여 측정한 지시치를 말한다.

40 발파진동 측정자료 평가표 서식에 기재되어야 하는 사항으로 거리가 먼 것은?

① 폭약의 종류　② 폭약 제조사
③ 발파횟수(낮, 밤)　④ 측정지점 약도

정답 35 ② 36 ④ 37 ① 38 ④ 39 ④ 40 ②

풀이 발파진동 측정자료 평가표(측정대상의 진동원과 측정지점)

㉠ 폭약의 종류
㉡ 1회 사용량
㉢ 발파횟수
㉣ 측정지점 약도

3과목 소음진동방지기술

41 방진재 중 공기스프링의 단점으로 거리가 먼 것은?

① 구조가 복잡하고 시설비가 많은 편이다.
② 부하능력범위가 비교적 좁은 편이다.
③ 공기누출의 위험이 있다.
④ 압축기 등 부대시설이 필요하다.

풀이 공기스프링은 부하능력이 광범위하고 자동제어가 가능하다.

42 전기모터가 1,800rpm의 속도로 기계장치를 구동시키고 계(系)는 고무깔개 위에 설치되어 있으며, 고무깔개는 0.4cm의 정적 처짐을 나타내고 있다. 고무깔개의 감쇠비(ξ)는 0.23, 진동수비(η)는 3.8일 때 기초에 대한 힘의 전달률은?

① 0.11　② 0.13
③ 0.15　④ 0.18

풀이 감쇠전달률(T)

$$= \frac{\sqrt{1+(2\xi\eta)^2}}{\sqrt{(1-\eta^2)^2+(2\xi\eta)^2}}$$

$\eta = 3.8$

$\xi = 0.25$

$$= \frac{\sqrt{1+(2\times0.23\times3.8)^2}}{\sqrt{(1-3.8^2)^2+(2\times0.23\times3.8)^2}}$$

$= 0.15$

43 반무한 방음벽의 직접음 회절감쇠치가 15 dB(A), 반사음 회절감쇠치가 20dB(A)이고, 투과손실치가 21dB(A)일 때, 이 벽에 의한 삽입손실치는 몇 dB(A)인가?

① 약 13dB(A)　② 약 17dB(A)
③ 약 18dB(A)　④ 약 20dB(A)

풀이 삽입 손실치(ΔL_I)

$$\Delta L_I = -10\log\left(10^{-\frac{L_d}{10}} + 10^{-\frac{L_{d'}}{10}} + 10^{-\frac{TL}{10}}\right)$$

L_d(직접음 회절 감쇠치) : 15dB(A)

L_d'(반사음 회절 감쇠치) : 20dB(A)

TL : (투과 손실치) : 21dB(A)

$$= -10\log\left(10^{-\frac{15}{10}} + 10^{-\frac{20}{10}} + 10^{-\frac{21}{10}}\right)$$

$= 13.05\text{dB(A)}$

44 흡음기구에 관한 설명으로 옳지 않은 것은?

① 공명흡음에서 구멍의 크기가 음의 파장에 비해 매우 작을 때에는 공명주파수 부근에서 흡음한다.
② 막(판)진동 흡음은 대개 500~800Hz 부근에서 최대 흡음률 0.5~0.7 정도를 보인다.
③ 슬릿에 의한 공명흡음도 배후 공기층에 다공질 흡음재를 충진하면 흡음역이 고주파 측으로 이동한다.
④ 막(판)진동 흡음에서 판이 두껍거나 배후 공기층이 클수록 저음역으로 이동한다.

풀이 막(판)진동 흡음은 저음역(80~300Hz) 부근에서 최대 흡음률 0.2~0.5 정도를 보인다.

45 방음벽 설계 시 유의점으로 옳지 않은 것은?

① 벽의 회절 감쇠치는 투과손실치보다 적어도 5 dB 이상 크게 하는 것이 바람직하다.
② 벽의 길이는 점음원일 때 벽 높이의 5배 이상으로 하는 것이 바람직하다.
③ 음원의 지향성이 수음 측 방향으로 클 때에는 벽에 의한 감쇠치가 계산치보다 크게 된다.

정답 41 ② 42 ③ 43 ① 44 ② 45 ①

④ 벽의 길이는 선음원일 때 음원과 수음점 간의 직선거리의 2배 이상으로 하는 것이 바람직하다.

풀이 방음벽의 투과손실은 회절감쇠치보다 적어도 5dB 이상 크게 하는 것이 바람직하다.

46 실내 평균음압레벨을 구하는 아래 식에 관한 설명으로 틀린 것은?

$$SPL = PWL + 10\log\left(\frac{Q}{4\pi r^2} + \frac{4(1-\bar{a})}{S\bar{a}}\right)(\text{dB})$$

① PWL : 음원의 파워레벨(dB)을 나타낸다.
② r : 음원에서 수음점까지의 거리(m)이다.
③ Q : 지향지수(dB)를 나타낸다.
④ $S\bar{a}$: 흡음력(m^2)을 나타낸다.

풀이 Q : 지향계수를 나타낸다.

47 다음 중 금속스프링과 비교했을 때, 방진고무의 장점에 해당하는 것은?

① 고주파 진동의 차진에 좋다.
② 저주파 진동의 차진에 좋다.
③ 최대변위가 허용된다.
④ 쉽게 산화하여 열화된다.

풀이 방진고무는 고무 자체의 내부마찰에 의해 저항을 얻을 수 있어 고주파 진동의 차진에 양호하다.

48 흡음성능을 측정하기 위하여 정재파 관내법을 사용한 경우에 1kHz의 순음인 사인파의 정재파비가 1.5였다면 이 흡음재의 흡음률은?

① 0.85 ② 0.91
③ 0.96 ④ 0.99

풀이 $\text{흡음률} = \dfrac{4}{n + \dfrac{1}{n} + 2} = \dfrac{4}{1.5 + \dfrac{1}{1.5} + 2} = 0.96$

49 다음 중 판의 진동에 의한 소음을 방지하기 위하여 진동판에 제진대책을 행한 후 흡음재료를 놓고, 다시 그 위에 차음재(구속층)를 놓는 방음대책을 무엇이라고 하는가?

① 댐핑(Damping)
② 패킹(Packing)
③ 엔클로징(Enclosing)
④ 래깅(Lagging)

50 방진고무의 정적 스프링정수가 30kg/mm이다. 200kg의 하중이 걸릴 때 변형량은 얼마인가?

① $\dfrac{3}{20}$ mm ② $\dfrac{3}{10}$ mm
③ $\dfrac{10}{3}$ mm ④ $\dfrac{20}{3}$ mm

풀이 $\text{정적스프링상수} = \dfrac{\text{하중}}{\text{수축량}}$

$\text{수축량(변형량)} = \dfrac{200\text{kg}}{30\text{kg/mm}} = 6.67\text{mm}$

51 진동수가 45Hz, 속도 진폭의 피크치가 0.035 cm/s의 정현진동일 때 진동 가속도의 최대치는 몇 cm/s^2인가?

① $9.9\times10^{-1}\text{cm/s}^2$
② $9.9\times10^{0}\text{cm/s}^2$
③ $9.9\times10^{1}\text{cm/s}^2$
④ $9.9\times10^{2}\text{cm/s}^2$

풀이 진동가속도의 최대치(cm/sec^2)
$= A\omega^2 = A\omega \cdot A\omega \cdot \omega = V_{max} \cdot \omega$
$= V_{max} \cdot 2\pi f$
$= 0.035\text{cm/sec} \times (2\times3.14\times45)/\text{sec}$
$= 9.89\text{cm/sec}^2$

정답 46 ③ 47 ① 48 ③ 49 ④ 50 ④ 51 ②

52 소음제어를 위해 사용되는 자재류의 특성에 관한 설명으로 옳지 않은 것은?

① 차음재는 상대적으로 경량이며 음의 투과를 증가시킨다.
② 소음기(消音器)는 기체의 정상흐름 상태에서 음에너지를 전환시킨다.
③ 흡음재는 내부 통로를 가진 다공성 자재로 잔향음의 에너지 저감에 이용된다.
④ 제진재는 진동으로 패널이 떨려 발생하는 음에너지의 저감에 이용된다.

풀이 차음재
㉠ 성상 : 상대적으로 고밀도이며 가공이 없고 흡음재로는 바람직하지 않다.
㉡ 기능 : 음에너지를 감쇠시킨다.
㉢ 용도 : 음의 투과율을 저감(투과손실 증가)에 사용된다.

53 진동계의 고유진동수를 구하는 방법으로 1자유도계인 경우 그 계의 정적변위 δ_{st}(cm)만 가지고 고유주파수 f_n(Hz)를 구하는 식으로서 옳은 것은?

① $f_n = 4.98\sqrt{\dfrac{1}{\delta_{st}}}$

② $f_n = 4.98\sqrt{\delta_{st}}$

③ $f_n = 2\pi\sqrt{\dfrac{1}{\delta_{st}}}$

④ $f_n = 2\pi\sqrt{\delta_{st}}$

54 A공장 기계소음원(점음원)으로부터 20m 떨어진 곳에서의 음압레벨이 80dB이었다면 30m 떨어진 곳에서의 음압레벨은 얼마가 되겠는가?

① 72.6dB ② 73.5dB
③ 76.5dB ④ 78.2dB

풀이 점음원 거리감쇠

$$SPL_1 - SPL_2 = 20\log\frac{r_2}{r_1}$$

$$SPL_2 = SPL_1 - 20\log\frac{r_2}{r_1} = 80\text{ dB} - 20\log\frac{30}{20}$$

$$= 76.48\text{dB}$$

55 $\dfrac{f}{f_n}$와 진동전달률과의 관계에 대한 설명으로 옳지 않은 것은?(단, f : 외부에서 가해지는 강제진동수, f_n : 계의 고유진동수)

① $\dfrac{f}{f_n} > \sqrt{2}$ 인 경우 차진이 유효한 영역이다.

② $\dfrac{f}{f_n} = \sqrt{2}$ 일 때 진동전달력은 외력과 같다.

③ $\dfrac{f}{f_n} < \sqrt{2}$ 인 경우 항상 진동전달력은 외력보다 크다.

④ $\dfrac{f}{f_n} = 1$인 경우 진동전달률은 최소이다.

풀이 $\dfrac{f}{f_n} = 1\,(f = f_n)$은 공진상태로 전달률이 최대이다.

56 중량 W=25N, 점성감쇠계수 C=0.058N·s/cm, 스프링 정수 k=0.357N/cm일 때, 이 계의 감쇠비는?

① 0.28 ② 0.30
③ 0.32 ④ 0.35

풀이
$$\xi = \frac{C_e}{2\sqrt{m \times k}} = \frac{C_e}{2\sqrt{\dfrac{W}{g} \times k}}$$

$$= \frac{0.058}{2\sqrt{\dfrac{25}{980} \times 0.357}} = 0.30$$

정답 52 ① 53 ① 54 ③ 55 ④ 56 ②

57 흡음 덕트형 소음기에 관한 설명으로 옳지 않은 것은?(단, λ : 대상음의 파장(m), D : 덕트의 내경(m))

① 통과 유속은 20m/sec 이하로 하는 것이 좋다.
② 감음의 특성은 중 · 고음역에서 좋다.
③ 각 흐름 통로의 길이는 그것의 가장 작은 횡단길이의 0.5배는 되어야 한다.
④ 최대 감음 주파수는 $\frac{\lambda}{2} < D < \lambda$ 범위에 있다.

풀이 흡음 덕트형 소음기에서 각 흐름통로의 길이는 그것의 가장 작은 횡단길이의 2배는 되어야 한다.

58 $x_1 = 3\sin 5t$와 $x_2 = 3\sin 6t$의 두 조화진동을 합성하면 울림(Beat)현상이 일어나게 된다. 이때 울림주기는?

① 1sec ② 3.14sec
③ 4.71sec ④ 6.28sec

풀이 ㉠ $x_1 = 3\sin 5t$의 진동수 $\omega = 2\pi f = 5$
$f_1 = 0.79\text{Hz}$
㉡ $x_2 = 3\sin 6t$의 진동수 $\omega = 2\pi f = 6$
$f_2 = 0.96\text{Hz}$
㉢ 맥놀이 진동수$(f) = |f_1 - f_2| = 0.16\text{Hz}$
㉣ 맥놀이 주기$(T) = \frac{1}{f} = \frac{1}{0.16} = 0.25\text{sec}$

59 소음기의 성능표시를 나타내는 용어 중 소음기가 있는 그 상태에서 소음기의 입구 및 출구에서 측정된 음압레벨의 차로 정의되는 것은?

① 감음량 ② 삽입 손실치
③ 투과 손실치 ④ 감쇠치

60 중공이중벽 설계 시 저음역의 공명주파수를 66Hz로 설정하고자 한다. 두 벽의 면밀도는 각각 15kg/m^2, 20kg/m^2일 때, 중간 공기층 두께를 약 얼마 정도로 해야 하는가?

① 9.6cm ② 15.2cm
③ 18.2cm ④ 19.8cm

풀이 $f_o = 60\sqrt{\frac{m_1 + m_2}{m_1 \times m_2} \times \frac{1}{d}}\ (\text{Hz})$

$66 = 60\sqrt{\frac{15+20}{15\times 20} \times \frac{1}{d}}$

$\left(\frac{66}{60}\right)^2 = \frac{35}{300} \times \frac{1}{d}$

$d = 0.096\,\text{m}\ (9.6\,\text{cm})$

4과목 소음진동관계법규

61 소음진동관리법규상 소음배출시설기준에 해당하지 않는 것은?(단, 마력기준시설 및 기계 · 기구기준)

① 7.5kW 이상의 기계체
② 22.5kW 이상의 주조기계(다이캐스팅기를 포함한다.)
③ 15kW 이상의 초지기
④ 22.5kW 이상의 금속가공용 인발기(습식신선기 및 합사 · 연사기를 포함한다.)

풀이 초지기의 소음배출시설 기준은 22.5kW 이상이다.

62 소음진동관리법령상 소음발생건설기계 소음도 검사기관의 지정기준 중 검사장의 면적기준으로 옳은 것은?

① 900m^2 이상($30\text{m} \times 30\text{m}$ 이상)
② 625m^2 이상($25\text{m} \times 25\text{m}$ 이상)
③ 400m^2 이상($20\text{m} \times 20\text{m}$ 이상)
④ 225m^2 이상($15\text{m} \times 15\text{m}$ 이상)

정답 57 ③ 58 ④ 59 ① 60 ① 61 ③ 62 ①

63 다음은 소음진동관리법령상 항공기 소음의 한도기준에 관한 설명이다. (   ) 안에 알맞은 것은?

> 항공기 소음의 한도는 공항 인근 지역을 제외한 그 밖의 지역은 항공기소음영향도(WECPNL) (㉠)(으)로 한다. 공항 인근 지역과 그 밖의 지역의 구분은 (㉡)으로 정한다.

① ㉠ 90, ㉡ 국토교통부령
② ㉠ 75, ㉡ 국토교통부령
③ ㉠ 90, ㉡ 환경부령
④ ㉠ 75, ㉡ 환경부령

64 소음진동관리법규상 측정망 설치계획에 포함되어야 하는 고시사항으로 가장 거리가 먼 것은?

① 측정망의 설치시기
② 측정항목 및 기준
③ 측정망의 배치도
④ 측정소를 설치할 토지나 건축물의 위치 및 면적

65 소음진동관리법규상 시장 · 군수 · 구청장 등은 그 관할구역에서 환경기술인 과정 등의 각 교육과정별 대상자를 선발하여 그 명단을 해당 교육과정 개시 며칠 전까지 교육기관의 장에게 통보하여야 하는가?

① 7일 전까지 ② 15일 전까지
③ 30일 전까지 ④ 60일 전까지

66 소음진동관리법규상 배출시설 및 방지시설 등과 관련된 개별 행정처분기준 중 소음 · 진동 배출허용기준을 초과한 경우 해당 차수별 행정처분 기준으로 적합한 것은?

	(1차)	(2차)	(3차)	(4차)
①	경고	등록취소		
②	개선명령	개선명령	개선명령	조업정지
③	개선명령	허가취소		
④	개선명령	조업정지	폐쇄조치	경고

67 소음진동관리법규상 소음발생건설기계의 종류기준에 해당하지 않는 것은?

① 다짐기계
② 공기압축기(공기토출량이 분당 2.83세제곱미터 이상의 이동식인 것으로 한정한다.)
③ 로더(정격출력 400kW 미만의 실외용으로 한정한다.)
④ 발전기(정격출력 400kW 미만의 실외용으로 한정한다.)

풀이 소음발생건설기계의 종류기준
㉠ 굴삭기(정격출력 19kW 이상 500kW 미만의 것으로 한정한다.)
㉡ 다짐기계
㉢ 로더(정격출력 19kW 이상 500kW 미만의 것으로 한정한다.)
㉣ 발전기(정격출력 400kW 미만의 실외용으로 한정한다.
㉤ 브레이커(휴대용을 포함하며, 중량 5톤 이하로 한정한다.)
㉥ 공기압축기(공기토출량이 분당 2.83세제곱미터 이상의 이동식인 것으로 한정한다.)
㉦ 콘크리트 절단기
㉧ 천공기
㉨ 항타 및 항발기

68 소음진동관리법규상 사업자가 배출시설 또는 방지시설의 설치 또는 변경을 끝내고, 배출시설 가동 시 환경부령으로 정하는 기간 이내에 소음진동 배출허용기준에 적합하도록 처리하여야 하는데, 여기서 "환경부령으로 정하는 기간" 기준으로 옳은 것은?

① 가동개시일부터 7일
② 가동개시일부터 15일
③ 가동개시일부터 30일
④ 가동개시일부터 60일

정답 63 ④ 64 ② 65 ② 66 ② 67 ③ 68 ③

69 소음진동관리법상 생활소음 · 진동이 발생하는 공사로서 환경부령으로 정하는 특정 공사를 시행하고자 하는 자가 그 공사로 인해 발생하는 소음 · 진동을 줄이기 위한 저감대책을 수립 · 시행하지 아니한 경우 과태료 부과기준으로 옳은 것은?

① 300만 원 이하의 과태료를 부과한다.
② 200만 원 이하의 과태료를 부과한다.
③ 100만 원 이하의 과태료를 부과한다.
④ 50만 원 이하의 과태료를 부과한다.

70 소음진동관리법상 확인검사대행자의 등록을 취소하거나 6개월 이내의 기간을 정하여 업무정지를 명할 수 있는 경우에 해당하지 않는 것은?

① 파산선고를 받고 복권된 법인의 임원이 있는 경우
② 다른 사람에게 등록증을 빌려준 경우
③ 1년에 2회 이상 업무정지처분을 받은 경우
④ 등록 후 2년 이내에 업무를 시작하지 아니하거나 계속하여 2년 이상 업무실적이 없는 경우

71 소음진동관리법규상 운행자동차의 ㉠ 배기소음허용기준(dB(A))과 ㉡ 경적소음허용기준(dB(C))으로 옳은 것은?(단, 2006년 1월 1일 이후에 제작되는 중대형 승용자동차 기준)

㉠ ㉠ 100 이하, ㉡ 105 이하
② ㉠ 100 이하, ㉡ 112 이하
③ ㉠ 105 이하, ㉡ 110 이하
④ ㉠ 105 이하, ㉡ 112 이하

72 소음진동관리법규상 소음 · 진동검사를 의뢰할 수 있는 검사기관에 해당하지 않는 것은?

① 대구광역시 보건환경연구원
② 환경관리협회
③ 지방환경청
④ 유역환경청

풀이 소음 · 진동검사 의뢰검사기관
㉠ 국립환경과학원
㉡ 특별시 · 광역시 · 도 · 특별자치도의 보건환경연구원
㉢ 유역환경청 또는 지방환경청
㉣ 한국환경공단

73 소음진동관리법규상 교통소음 관리기준 중 농림지역의 도로교통소음 한도기준(LeqdB(A))으로 옳은 것은?[단, 주간(06:00~22:00) 기준]

① 58 ② 60
③ 63 ④ 73

풀이 교통소음 관리기준(도로)

대상지역	구분	한도	
		주간 (06:00~22:00)	야간 (22:00~06:00)
주거지역, 녹지지역, 관리지역 중 취락지구 · 주거개발진흥지구 및 관광 · 휴양개발진흥지구, 자연환경보전지역, 학교 · 병원 · 공공도서관 및 입소규모 100명 이상의 노인의료복지시설 · 영유아보육시설의 부지 경계선으로부터 50미터 이내 지역	소음 [Leq dB(A)]	68	58
	진동 [dB(V)]	65	60
상업지역, 공업지역, 농림지역, 생산관리지역 및 관리지역 중 산업 · 유통개발진흥지구, 미고시지역	소음 [Leq dB(A)]	73	63
	진동 [dB(V)]	70	65

74 다음은 방음벽 성능 및 설치기준 중 방음벽의 음향성능 및 재질기준이다. ( ) 안에 알맞은 것은?

흡음형 방음판의 흡음률은 시공 직전의 완제품 상태에서 250, 500, 1,000 및 2,000Hz의 음에 대한 흡음률의 평균이 ( )인 것을 표준으로 한다.

① 50% 이상 ② 60% 이상
③ 70% 이상 ④ 85% 이상

정답 69 ② 70 ① 71 ② 72 ② 73 ④ 74 ③

75 소음진동관리법규상 생활소음과 진동의 규제에서 환경부령으로 정하는 지역에서는 소음 · 진동에 대한 규제가 제외되는데, 다음 중 이 지역에 해당되지 않는 것은?

① 산업입지 및 개발에 관한 법률에 따른 산업단지(단, 산업단지 중 국토의 계획 및 이용에 관한 법률에 따른 주거지역과 상업지역은 제외)
② 국토의 계획 및 이용에 관한 법률 시행령에 따른 일반 공업지역
③ 자유무역지역의 지정 및 운영에 관한 법률에 따라 지정된 자유무역지역
④ 생활소음 · 진동이 발생하는 공장 · 사업장 또는 공사장의 부지경계선으로부터 직선거리 300미터 이내에 주택(사람이 살지 아니하는 폐가는 제외), 운동 · 휴양시설 등이 없는 지역

풀이 생활소음과 진동에 대한 규제가 제외되는 지역은 국토의 계획 및 이용에 관한 법률 시행령에 따른 전용공업지역이다.

76 소음진동관리법규상 관리지역 중 산업개발진흥지구의 밤 시간대(22:00~06:00) 공장진동 배출허용기준(dB(V))으로 옳은 것은?

① 55 이하
② 60 이하
③ 65 이하
④ 70 이하

풀이 공장진동 배출허용기준 [단위 : dB(V)]

대상지역	시간대별	
	낮 (06:00~22:00)	밤 (22:00~06:00)
가. 도시지역 중 전용주거지역 · 녹지지역, 관리지역 중 취락지구 · 주거개발진흥지구 및 관광 · 휴양개발진흥지구, 자연환경보전지역 중 수산자원보호구역 외의 지역	60 이하	55 이하
나. 도시지역 중 일반주거지역 · 준주거지역, 농림지역, 자연환경보전지역 중 수산자원보호구역, 관리지역 중 가목과 다목을 제외한 그 밖의 지역	65 이하	60 이하
다. 도시지역 중 상업지역 · 준공업지역, 관리지역 중 산업개발진흥지구	70 이하	65 이하
라. 도시지역 중 일반공업지역 및 전용공업지역	75 이하	70 이하

77 소음진동관리법규상 소음배출시설기준에 해당하지 않는 것은?(단, 대수기준시설 및 기계 · 기구기준)

① 40대 이상의 직기(편기는 제외한다.)
② 2대 이상의 시멘트벽돌 및 블록의 제조기계
③ 2대 이상의 자동포장기
④ 방적기계(합연사공정만 있는 사업장의 경우에는 5대 이상으로 한다.)

풀이 대수기준시설 및 기계 · 기구(소음배출 시설기준)
㉠ 100대 이상의 공업용 재봉기
㉡ 4대 이상의 시멘트벽돌 및 블록의 제조기계
㉢ 자동제병기
㉣ 제관기계
㉤ 2대 이상의 자동포장기
㉥ 40대 이상의 직기(편기는 제외한다.)
㉦ 방적기계(합연사공정만 있는 사업장의 경우에는 5대 이상으로 한다.)

78 소음진동관리법규상 환경부령으로 정하는 특정 공사의 공사장 방음시설 설치기준이다. ( ) 안에 가장 알맞은 것은?(단, 삽입손실 측정을 위한 측정지점(음원 위치, 수음자 위치)은 음원으로부터 5m 이상 떨어진 노면 위 1.2m 지점이며, 방음벽시설로부터 2m 이상 떨어져 있다.)

방음벽시설 전후의 소음도 차이(삽입손실)는 최소 (㉠) 되어야 하며, 높이는 (㉡) 되어야 한다.

정답 75 ② 76 ③ 77 ② 78 ③

① ㉠ 5dB 이상, ㉡ 3m 이상
② ㉠ 5dB 이상, ㉡ 10m 이상
③ ㉠ 7dB 이상, ㉡ 3m 이상
④ ㉠ 7dB 이상, ㉡ 10m 이상

79 소음진동관리법규상 자동차 종류 범위기준에 관한 설명으로 옳지 않은 것은?(단, 2006년 1월 1일부터 제작되는 자동차 기준)

① 이륜자동차는 주로 1명 또는 2명 정도의 사람을 운송하기에 적합하게 제작된 것으로서 엔진배기량 50cc 이상 및 빈 차 중량 0.5톤 미만을 말한다.
② 이륜자동차에는 옆 차붙이 이륜자동차 및 이륜차에서 파생된 3륜 이상의 최고속도 50km/h를 초과하는 이륜자동차를 포함하며, 빈 차 중량이 0.5톤 이상인 이륜자동차는 경자동차로 분류한다.
③ 화물자동차에는 밴(VAN)을 포함한다.
④ 승합자동차에는 지프(Jeep) · 왜건(Wagon), 루프(Loop)를 포함한다.

풀이 승용자동차는 지프(Jeep) : 왜건(Wagon) 및 승합차를 포함한다.

[자동차의 종류(규칙 제4조) : 별표 3]

종류	정의	규모	
경 자동차	사람이나 화물을 운송하기 적합하게 제작된 것	엔진배기량 1,000cc 미만	
승용 자동차	사람을 운송하기에 적합하게 제작된 것	소형	엔진배기량 1,000cc 이상 및 9인승 이하
		중형	엔진배기량 1,000cc 이상이고, 차량 총중량이 2톤 이하이며, 승차인원이 10인승 이상
		중대형	엔진배기량 1,000cc 이상이고, 차량 총중량이 2톤 초과 3.5톤 이하이며, 승차인원이 10인승 이상
		대형	엔진배기량 1,000cc 이상이고, 차량 총중량이 3.5톤 초과이며 승차인원이 10인승 이상
화물 자동차	화물을 운송하기에 적합하게 제작된 것	소형	엔진배기량 1,000cc 이상이고 차량 총중량이 2톤 이하
		중형	엔진배기량 1,000cc 이상이고 차량 총중량이 2톤 초과 3.5톤 이하
		대형	엔진배기량 1,000cc 이상이고 차량 총중량이 3.5톤 초과
이륜 자동차	자전거로부터 진화한 구조로서 사람 또는 소량의 화물을 운송하기 위한 것	엔진배기량 50cc 이상이고 차량 총중량이 1천킬로그램을 초과하지 않는 것	

[참고]
1. 승용자동차에는 지프(Jeep) · 왜건(Wagon) 및 승합차를 포함한다.
2. 화물자동차에는 밴(Van)을 포함한다.
3. 화물자동차에 해당되는 건설기계의 종류는 환경부장관이 정하여 고시한다.
4. 이륜자동차는 측차를 붙인 이륜자동차 및 이륜차에서 파생된 3륜 이상의 최고속도 50km/h를 초과하는 이륜자동차를 포함한다.
5. 전기를 주동력으로 사용하는 자동차에 대한 종류의 구분은 위 표 중 규모란의 차량 총중량에 따르되, 차량 총중량이 1.5톤 미만에 해당되는 경우에는 경자동차로 분류한다.

80 소음진동관리법상 이 법에서 사용하는 용어의 정의로 옳지 않은 것은?

① "자동차"란 「자동차분류관리법」에 따른 자동차와 「건설기계관리법」에 따른 건설기계 중 국토교통부령으로 정하는 것을 말한다.
② "교통기관"이란 기차 · 자동차 · 전차 · 도로 및 철도 등을 말한다. 다만, 항공기와 선박은 제외한다.
③ "소음발생건설기계"란 건설공사에 사용하는 기계 중 소음이 발생하는 기계로서 환경부령으로 정하는 것을 말한다.
④ "방진시설"이란 소음 · 진동배출시설이 아닌 물체로부터 발생하는 진동을 없애거나 줄이는 시설로서 환경부령으로 정하는 것을 말한다.

풀이 "자동차"란 「자동차관리법」에 따른 자동차와 「건설기계관리법」에 따른 건설기계 중 환경부령으로 정하는 것을 말한다.

정답 79 ④ 80 ①

006 2014년 4회 기사

1과목 소음진동개론

01 음의 발생은 고체음과 기류음으로 분류할 수 있다. 다음 중 주로 기류음에 해당하는 것은?

① 스피커에서 나오는 소리
② 폭발음
③ 북소리
④ 기계의 마찰에 의한 소리

02 2개의 작은 음원이 있다. 각각의 음향출력(W)의 비율이 1 : 25일 때, 이 2개 음원의 음향파워레벨의 차이는?

① 11dB　　② 14dB
③ 18dB　　④ 21dB

풀이 ㉠ 출력이 1watt일 때(PWL_1)

$$PWL_1 = 10\log\frac{W_1}{10^{-12}} = 10\log\frac{1}{10^{-12}} = 120\text{dB}$$

㉡ 출력이 25watt일 때(PWL_2)

$$PWL_2 = 10\log\frac{W_2}{10^{-12}} = 10\log\frac{25}{10^{-12}} = 134\text{dB}$$

$$\therefore PWL_2 - PWL_1 = 134 - 120 = 14\text{dB}$$

03 음파의 굴절에 관한 설명으로 옳지 않은 것은?

① 음파가 한 매질에서 다른 매질로 통과할 때 구부러지는 현상이다.
② 대기 온도차에 의한 굴절일 경우 주로 주간에는 상공 쪽으로 굴절한다.
③ 풍속차에 의한 굴절일 경우 음원보다 상공의 풍속이 클 때 풍하 측에서는 상공 쪽으로 굴절한다.
④ Snell의 법칙에 의하면 굴절 전과 후의 음속차가 크면 굴절도 커진다.

풀이 풍속차에 의한 굴절일 경우 음원보다 상공의 풍속이 클 때 풍하 측에서는 지표면으로 굴절하여 거리감쇠가 작아 음이 크게 들린다.

04 인간의 귀는 순음이 아닌 여러 가지 복잡한 파형의 소리를 들어도 각기 순음의 성분으로 분해하여 들을 수 있다는 음색에 관한 법칙은?

① 매스킹의 법칙
② 웨버 페히너의 법칙
③ 옴 헬름홀츠의 법칙
④ 큐잉의 법칙

05 60폰(phon)인 음은 몇 손(sone)인가?

① 2　　② 4
③ 8　　④ 16

풀이 $S = 2^{\frac{L_L - 40}{10}} = 2^{\frac{60-40}{10}} = 4\text{sone}$

06 길이가 약 58cm인 양단이 뚫린 관이 공명하는 기본음의 주파수는?(단, 15℃ 기준)

① 96Hz　　② 126Hz
③ 190Hz　　④ 293Hz

풀이 양단개구관의 공명기본음 주파수(f)

$$f = \frac{C}{2L} = \frac{331.42 + (0.6 \times 15)}{2 \times 0.58\text{m}} = 293.46\text{Hz}$$

07 소음의 거리 감쇠에 관한 일반적인 사항으로 가장 거리가 먼 것은?

① 습도가 낮을수록 소음의 거리 감쇠효과가 커진다.
② 주파수가 낮을수록 소음의 거리 감쇠효과가 커진다.

정답 01 ② 02 ② 03 ③ 04 ③ 05 ② 06 ④ 07 ②

③ 기온이 낮을수록 소음의 거리 감쇠효과가 커진다.
④ 무한 길이 선음원의 경우 거리가 2배 멀어질 때마다 음압레벨은 3dB씩 감쇠한다.

풀이 기상조건에 따른 공기흡음 감쇠치는 주파수가 클수록, 습도와 온도가 낮을수록 증가한다.

08 지향계수가 2.5이면 지향지수는?

① 3.0dB ② 4.0dB
③ 4.8dB ④ 5.5dB

풀이 $DI = 10\log Q = 10\log 2.5 = 3.98\text{dB}$

09 진동파 및 진폭의 거리 감쇠에 관한 설명으로 옳지 않은 것은?(단, r은 진동원으로부터의 거리)

① S파보다 P파의 전달속도가 빠르며, 이 P파는 구면 상태로 전파할 때 지표면에서는 r^2, 땅속에서는 r에 반비례하여 감쇠한다.
② 표면파에는 러브(L)파와 레일리(R)파가 있다.
③ R파는 원통상태로 전파되며 지표면에서는 $\sqrt{r}$에 반비례하여 감쇠한다.
④ 횡파는 구면 상태로 전파할 때 지표면에서는 r^2, 땅속에서는 $\sqrt{r}$에 반비례하여 감쇠한다.

풀이 횡파의 진폭은 지표면에서는 r^2에 반비례하고, 지중에서는 r에 반비례한다.

10 음의 용어 및 성질에 관한 설명으로 옳지 않은 것은?

① 음선(Soundray)은 음의 진행방향을 나타내는 선으로 파면에 평행하다.
② 파면(Wavefront)은 파동의 위상이 같은 점들을 연결한 면이다.
③ 평면파(Plane Wave)는 긴 실린더의 피스톤 운동에 의하여 발생하는 파와 같이 음파의 파면들이 서로 평행한 파를 말한다.
④ 파동(Wave Motion)은 매질 자체가 이동하는 것이 아니고 매질의 변형운동으로 이루어지는 에너지 전달을 말한다.

풀이 음선은 음의 진행방향을 나타내는 선으로 파면에 수직한다.

11 15℃의 공기 중에서 400Hz 음의 파장은?

① 70cm ② 75cm
③ 80cm ④ 85cm

풀이 $\lambda = \frac{c}{f} = \frac{331.42 + (0.6 \times 15)}{400}$
$= 0.85\text{m} \times 100\text{cm/m}$
$= 85\text{cm}$

12 A작업장 내에서 85dB의 소음을 내는 기계가 3대, 90dB의 소음을 내는 기계가 2대가 있을 때, 같은 장소에서 동시에 이 기계들을 가동했을 때의 합성음레벨은 약 몇 dB인가?

① 86 ② 90
③ 95 ④ 99

풀이 $L_{합} = 10\log\left[(10^{8.5} \times 3) + (10^{9.0} \times 2)\right]$
$= 95\text{dB}$

13 소음이 신체에 미치는 영향으로 거리가 먼 것은?

① 맥박수와 호흡횟수 증가
② 타액 분비량의 증가, 위액산도 저하
③ 혈압상승, 위수축운동 감퇴
④ 혈당도와 백혈구 수 감소

풀이 소음에 의해 혈당도 상승, 백혈구 수 증가, 혈중 아드레날린 증가가 나타난다.

14 추를 코일스프링으로 매단 1자유도 진동계에서 추의 질량을 2배로 하고, 스프링의 강도를 4배로 할 경우 작은 진폭에서 자유진동주기는 어떻게 되겠는가?

정답 08 ② 09 ④ 10 ① 11 ④ 12 ③ 13 ④ 14 ①

① 원래의 $\frac{1}{\sqrt{2}}$ ② 동일

③ 원래의 $\sqrt{2}$ 배 ④ 원래의 2배

풀이 $T=\frac{1}{f_n}$

$$f_n=\frac{1}{2\pi}\sqrt{\frac{k}{m}} \rightarrow f_n \propto \sqrt{\frac{k}{m}}$$

$$\frac{T_2}{T_1}=\frac{f_1}{f_2}=\frac{\sqrt{\frac{k}{m}}}{\sqrt{\frac{4k}{2m}}}=\frac{1}{\sqrt{2}}$$

원래의 $\frac{1}{\sqrt{2}}$ 이 된다.

15 다음 중 상호 연결이 맞지 않는 것은?

① 영구적 난청 : 4,000Hz 정도부터 시작
② 음의 크기레벨의 기준 : 1,000Hz 순음
③ 노인성 난청 : 2,000Hz 정도부터 시작
④ 가청주파수 범위 : 20~20,000Hz

풀이 노인성 난청은 6,000Hz에서부터 시작된다.

16 명료도(%)에 대한 설명으로 옳은 것은?

① 명료도(%)는 실내적 체적(V)의 제곱에 비례한다.
② 명료도(%)는 실내적 체적(V)의 세제곱에 비례한다.
③ 명료도(%)는 실내적 잔향시간(s)의 제곱에 반비례한다.
④ 명료도(%)는 실내적 잔향시간(s)에 반비례한다.

풀이 명료도는 실내의 잔향시간에 반비례, 즉 잔향시간이 길면 언어의 명료도가 저하된다.

17 어느 실내 공간이 직육면체로 이루어져 있으며, 가로 10m, 세로 20m, 높이 5m일 때 평균자유행로는?

① 2.17m ② 3.71m
③ 4.17m ④ 5.71m

풀이 평균자유행로 $=\frac{4V}{S}$

$$V=10\text{m}\times 20\text{m}\times 5\text{m}=1{,}000\,\text{m}^3$$

$$S=(10\times 20\times 2)\text{m}^2+(10\times 5\times 2)\text{m}^2+(20\times 5\times 2)\text{m}^2=700\,\text{m}^2$$

$$=\frac{4\times 1{,}000}{700}=5.71\text{m}$$

18 다음 순음 중 우리 귀로 가장 예민하게 느낄 수 있는 청감은?

① 500Hz 60dB 순음
② 1,000Hz 60dB 순음
③ 2,000Hz 60dB 순음
④ 4,000Hz 60dB 순음

19 다음 귀의 역할을 연결한 것 중 옳지 않은 것은?

① 외이도-공명기
② 고막-진동판
③ 이관-기압조절
④ 와우각-기체진동

풀이 와우각(달팽이관) 내에는 기저막이 있고, 이 기저막에는 신경세포가 있어 소리의 감각을 대뇌에 전달시켜 준다.

20 진동계에서 감쇠계수에 대한 설명으로 가장 적합한 것은?

① 질량의 진동속도에 대한 스프링 저항력의 비이다.
② 점성저항력에 대한 변위력의 비이다.
③ 질량의 열에너지에 대한 진동속도의 비이다.
④ 스프링 정수에 대한 무게의 비이다.

정답 15 ③ 16 ④ 17 ④ 18 ④ 19 ④ 20 ①

2과목 소음방지기술

21 A시료의 흡음성능 측정을 위해 정재파 관내법을 사용하였다. 1kHz에서 산정된 흡음률이 0.933이었다면 1kHz 순음인 사인파의 정재파비는?

① 1.1 ② 1.7
③ 2.1 ④ 2.6

풀이 $흡음률 = \dfrac{4}{n+\dfrac{1}{n}+2}$

$$0.933 = \frac{4}{n+\dfrac{1}{n}+2}$$

$$n+\frac{1}{n}+2 = 4.29$$

$$n = 1.7$$

22 중공 이중벽의 공기층 두께가 30cm, 두 벽의 면밀도가 각각 100kg/m², 225kg/m²이라 할 때, 저음역에서의 공명투과 주파수는 약 몇 Hz 정도에서 발생하는가?

① 7Hz ② 9Hz
③ 13Hz ④ 18Hz

풀이 두 벽의 면밀도가 다를 때($m_1 \neq m_2$) 공명 투과 주파수(f_r)

$$f_r = 60\sqrt{\frac{m_1+m_2}{m_1 \times m_2} \times \frac{1}{d}}$$

$$= 60\sqrt{\frac{100\times 225}{100+225} \times \frac{1}{0.3}} = 13\text{Hz}$$

23 방음겉씌우개(Lagging)에 관한 설명으로 옳지 않은 것은?

① 파이프에서의 방사음에 대한 대책으로 효과적이다.
② 관이나 판 등에 차음재를 부착한 후 흡음재를 씌운다.
③ 진동 발생부에 제진대책을 한 후 흡음재를 부착하면 더욱 효과적이다.
④ 파이프의 굴곡부 혹은 밸브 부위에 시공한다.

풀이 Lagging은 관이나 판 등으로부터 소음이 방사될 때 진동부에 제진대책을 한 후 흡음재를 부착하고 그 다음에 차음재를 설치하여 마감하는 것이 효과적이다.

24 다공질형 흡음재 시공 시 입자속도가 최대로 되는 $\frac{1}{4}$ 파장의 홀수 배 간격으로 배후 공기층을 두면 흡음 효과가 좋다. 다음 중 입자속도가 최대로 되는 위치에 흡음재를 시공하는 이유로 가장 적합한 것은?

① 입자속도가 최대로 되는 위치에서 음압이 최소이기 때문에
② 입자속도가 최대로 되는 위치에서 흡음재의 공진이 발생하기 때문에
③ 입자속도가 최대로 되는 위치에서 음의 마찰 손실이 최대로 발생하기 때문에
④ 입자속도가 최대로 되는 위치에서 음의 최대 반사가 발생하기 때문에

25 높이에 비해서 무한히 긴 아래 그림의 방음울타리에서 500Hz의 음원에 대한 방음울타리의 효과(dB)는?[단, 방음울타리의 높이에 비하여 비교적 길이가 긴 경우 방음울타리 효과 ΔIL(dB) $= -10\log\dfrac{340/f}{(3\times 340)/f+20\delta}$를 이용하여 계산한다.]

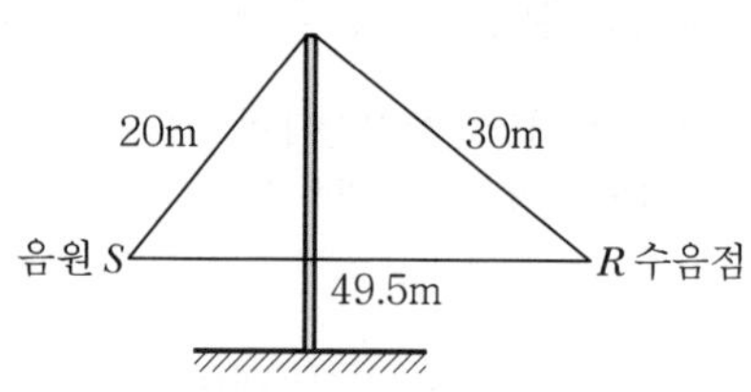

① 약 8 ② 약 12
③ 약 24 ④ 약 48

정답 21 ② 22 ③ 23 ② 24 ③ 25 ②

풀이 방음효과(ΔIL)

$$\Delta IL = -10\log\frac{\frac{340}{f}}{\frac{(3\times340)}{f+20\delta}}$$

$$\delta = A+B-d = 20+30-49.5 = 0.5\text{m}$$

$$= -10\log\frac{\frac{340}{500}}{\frac{3\times340}{500}+(20\times0.5)}$$

$$= 12.48\text{dB}$$

26 그림과 같이 내경 6cm, 두께 2mm인 관 끝 무반사관 도중에 직경 1cm의 작은 구멍이 10개 뚫린 관을 내경 15cm, 길이 30cm의 공동과 조합할 때의 공명주파수는?(단, 작은 구멍의 보정길이=내관두께+구멍 반지름×1.6으로 하며, 음속은 344m/s로 한다.)

① 187Hz
② 233Hz
③ 256Hz
④ 278Hz

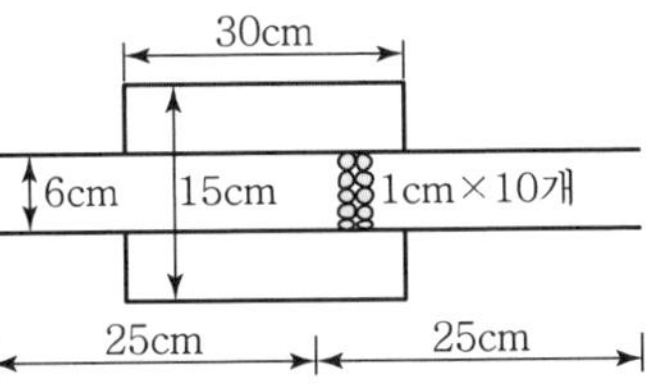

풀이 공명주파수(f_r)

$$f_r = \frac{c}{2\pi}\sqrt{\frac{A}{l\cdot V}}\ (\text{Hz})$$

$$A(\text{목의 단면적}) = \frac{3.14\times1^2}{4} = 0.785\times10 = 7.854\text{cm}^2$$

$$l(\text{목의 두께}) = 0.2+\left(\frac{1}{2}\times1.6\right) = 1.0\text{cm}$$

$$V(\text{공동 부피}) = 30\left[\frac{3.14\times15^2}{4} - \frac{3.14\times(6+0.4)^2}{4}\right] = 4{,}334\text{cm}$$

$$= \frac{34{,}400}{2\times3.14}\times\sqrt{\frac{7.854}{1.0\times4{,}334}} = 233\text{Hz}$$

27 다음 중 소음기의 성능을 표시하는 용어에 관한 정의로 옳지 않은 것은?

① 삽입 손실치(IL) : 소음원에 소음기를 부착하기 전과 후의 공간상 어떤 특정 위치에서 측정한 음압레벨의 차와 그 측정위치로 정의된다.
② 투과 손실치(TL) : 소음기에 입사한 음향출력에 대한 소음기에 투과된 음향출력의 비를 자연대수로 취한 값으로 정의된다.
③ 감쇠치(ΔL) : 소음기 내의 두 지점 사이의 음향 파워의 감쇠치로 정의된다.
④ 동적삽입손실치(DIL) : 정격유속(Rated Flow) 조건하에서 측정하는 것을 제외하고는 삽입 손실치와 똑같이 정의된다.

풀이 투과 손실치(TL) : 소음기를 투과한 음향출력에 대한 소음기에 입사된 음향출력의 비로 정의한다.

28 실정수가 126m²인 방에 음향파워레벨이 123dB인 음원이 있을 때 실내(확산음장)의 평균음압레벨(dB)은?(단, 음원은 전체 내면의 반사율이 아주 큰 잔향실 기준)

① 92dB ② 97dB
③ 100dB ④ 108dB

풀이 $SPL = PWL + 10\log\frac{4}{R}$

$$= 123\text{dB} + 10\log\frac{4}{126} = 108\text{dB}$$

29 40m×12m인 콘크리트 벽의 투과손실은 47dB이며, 이 벽의 중앙에 크기 3m×7m의 문을 달아 총합 투과손실이 38dB 되게 하고자 할 때 이 문의 투과손실은?

① 약 15dB ② 약 20dB
③ 약 25dB ④ 약 30dB

정답 26 ② 27 ② 28 ④ 29 ③

풀이 종합 투과손실($\overline{TL}$)

$$\overline{TL} = 10\log\frac{1}{\tau} = 10\log\left(\frac{\Sigma S_i}{\Sigma S_i \tau_i}\right)\text{dB}$$

$$38 = 10\log\left[\frac{480}{(459\times 10^{-4.7}) + \left(21\times 10^{-\frac{TL}{10}}\right)}\right]$$

$$10^{-\frac{TL}{10}} = -277.6$$

$$TL = \log 227.6 \times 10 = 23.57\text{dB}$$

30 다음은 간섭형 소음기에 관한 설명이다. ( ) 안에 가장 적합한 것은?

> 최대투과손실치는 f(Hz)의 홀수배 주파수에서 일어나 이론적으로 무한대가 되나, 실용적으로 (㉠) dB 내외이며, 짝수배 주파수에서는 (㉡)dB이 된다.

① ㉠ 5, ㉡ 50 ② ㉠ 5, ㉡ 0
③ ㉠ 20, ㉡ 50 ④ ㉠ 20, ㉡ 0

31 실내의 평균흡음률을 구하는 방법과 거리가 먼 것은?

① 계산에 의한 방법으로 실내의 평균흡음률을 계산한다.
② 잔향시간을 측정하는 방법으로 평균흡음률을 구한다.
③ 정재파법을 이용하여 실내의 평균흡음률을 구한다.
④ 이미 알고 있는 표준음원에 의한 방법으로 계산한다.

32 흡음률이 0.4인 흡음재를 사용하여 내경 40 cm의 원형직관 흡음덕트를 만들었다. 이 덕트의 감쇠량이 15dB일 때 흡음덕트의 길이는 대략 얼마인가?(단, $K=\alpha-0.1$ 적용)

① 3m ② 4m
③ 5m ④ 6m

풀이 $\Delta L = K\cdot\frac{PL}{S}$ (dB)

$$L = \frac{\Delta L\times S}{K\times P}$$

$\Delta L = 15\text{dB}$

$$S = \frac{3.14\times 0.4^2}{4} = 0.1256\text{m}^2$$

$K = 0.4 - 0.1 = 0.3$

$P = \pi\times D = 3.14\times 0.4 = 1.256\text{m}$

$$= \frac{15\times 0.1256}{0.3\times 1.256} = 5\text{m}$$

33 A공장의 내부 표면적은 800m^2, 평균흡음률은 0.06일 때 이 공장의 평균음압레벨을 10dB 저감하기 위해서 필요한 평균흡음률은?(단, 저감량 $\Delta L = 10\log\left(\frac{R_2}{R_1}\right)$(dB)를 이용한다.)

① 0.14 ② 0.27
③ 0.39 ④ 0.47

풀이 $\Delta L = 10\log\frac{R_2}{R_1}$

$$10 = 10\log\frac{\overline{\alpha_2}(1-\overline{\alpha_1})}{\overline{\alpha_1}(1-\overline{\alpha_2})}$$

$$10^1 = \frac{\overline{\alpha_2}(1-\overline{\alpha_1})}{\overline{\alpha_1}(1-\overline{\alpha_2})} = \frac{\overline{\alpha_2}(1-0.06)}{0.06(1-\overline{\alpha_2})}$$

$\overline{\alpha_2} = 0.39$

34 밀도가 950kg/m^3인 단일벽체(두께 : 25cm)에 600Hz의 순음이 통과할 때의 투과손실(TL)은?(단, 음파는 벽면에 난입사한다.)

① 49dB ② 52dB
③ 55dB ④ 58dB

풀이 $TL = 18\log(m\cdot f) - 44$ (dB)

$m = 950\text{kg/m}^3 \times 0.25\text{m} = 237.5\text{kg/m}^2$

$= 18\log(237.5\times 600) - 44 = 48.77\text{dB}$

정답 30 ④ 31 ③ 32 ③ 33 ③ 34 ①

35 차음대책 및 유의사항으로 가장 거리가 먼 것은?

① 벽체의 면밀도가 큰 재료를 선택하는 것이 유리하다.
② 흡음도 차음에 많은 도움이 되므로 차음재의 음원 측에 흡음재를 붙인다.
③ 콘크리트 블록을 차음벽으로 사용하는 경우에는 표면에 모르타르 마감을 하지 않는 것이 더욱 높은 차음효과를 기대할 수 있다.
④ 단일벽보다는 중공을 갖는 이중벽을 사용하는 것이 훨씬 더 효과적이나, 일치주파수와 공명주파수에 유의하여야 한다.

풀이 콘크리트 블록을 차음벽으로 사용하는 경우 표면에 모르타르 마감을 하는 것이 차음효과가 크다.

36 벽체 외부로부터 확산음이 입사되고 있고, 이 확산음의 음압레벨은 150dB이다. 실내의 흡음력은 $30m^2$, 벽의 투과손실은 30dB, 벽의 면적이 $20m^2$이면 실내의 음압레벨은?

① 96dB ② 100dB
③ 124dB ④ 135dB

풀이 $SPL_1 - SPL_2 = TL + 10\log\left(\frac{A_2}{S}\right) - 6$

$$SPL_2 = SPL_1 - TL - 10\log\left(\frac{A_2}{S}\right) + 6$$
$$= 150 - 30 - 10\log\left(\frac{30}{20}\right) + 6$$
$$= 124.24\,\text{dB}$$

37 두 개의 다른 재질로 된 벽 A, B가 있다. 벽 A의 면적은 $7m^2$, 벽 B의 면적은 $3m^2$이며, 각각의 투과손실은 30dB, 20dB이다. 벽 전체의 종합투과손실은?

① 21.7dB ② 24.3dB
③ 28.5dB ④ 34.3dB

풀이 $\overline{TL} = 10\log\frac{1}{\tau} = 10\log\frac{S_1 + S_2}{S_1\tau_1 + S_2\tau_2}$

$$= 10\log\frac{7+3}{\left(7\times 10^{-\frac{30}{10}}\right) + \left(3\times 10^{-\frac{20}{10}}\right)}$$
$$= 24.3\,\text{dB}$$

38 방음벽 설계 시 유의점에 관한 설명으로 가장 거리가 먼 것은?

① 방음벽에 의한 실용적인 삽입손실치의 한계는 점음원일 때 25dB, 선음원일 때 21dB 정도이며, 실제로는 5~15dB 정도이다.
② 음원의 지향성이 수음측 방향으로 클 때에는 벽에 의한 감쇠치가 계산치보다 크게 된다.
③ 벽의 투과손실은 회절감쇠치보다 적어도 5dB 이상 크게 하는 것이 바람직하다.
④ 벽의 길이는 점음원일 때 벽높이의 3배 이상, 선음원일 때 음원과 수음점 간의 직선거리 이상으로 하는 것이 바람직하다.

풀이 방음벽의 길이는 점음원일 때 벽높이의 5배 이상, 선음원일 때 음원과 수음점 간의 직선거리의 2배 이상으로 하는 것이 바람직하다.

39 건물벽 음향투과손실을 10dB 정도 증가시키고자 할 경우 벽두께는 기존 두께보다 약 몇 배로 증가시켜야 하는가?(단, 음파는 균일한 건물벽(단일벽)에 난입사한다.)

① 1.7배 ② 2.8배
③ 3.6배 ④ 4.8배

풀이 $TL = 18\log(m\cdot f) - 44\,(\text{dB})$

$$10 = 18\log m$$
$$m = 10^{\frac{10}{18}} = 3.59\text{배}$$

40 다음 흡음재료 중 동일 종류의 재료에서 두꺼울수록 중저음역의 흡음률이 높아지는 다공질 재료의 분류에 해당되지 않는 것은?

① 글라스울 ② 발포수지재료
③ 뿜칠섬유재료 ④ 유공알루미늄판

정답 35 ③ 36 ③ 37 ② 38 ④ 39 ③ 40 ④

풀이 유공알루미늄판은 공명흡음재료이다.

3과목 소음진동공정시험 기준

41 철도진동한도 측정방법으로 옳지 않은 것은?

① 진동레벨계의 감각보정회로는 별도 규정이 없는 한 V특성(수직)에 고정하여 측정하여야 한다.
② 열차통과 시마다 최고진동레벨이 배경진동레벨보다 최소 5dB 이상 큰 것에 한하여 연속 10개 열차(상하행 포함) 이상을 대상으로 최고진동레벨을 측정 · 기록하고, 그중 중앙값 이상을 산술평균한 값을 철도진동레벨로 한다.
③ 기상조건, 열차의 운행횟수 및 속도 등을 고려하여 당해 지역의 1시간 평균 철도 통행량 이상인 시간대에 측정한다.
④ 요일별로 진동 변동이 큰 평일(월요일부터 금요일 사이)에 당해 지역의 철도진동을 측정하여야 한다.

풀이 철도진동은 요일별로 진동 변동이 적은 평일(월요일부터 금요일 사이)에 당해 지역의 철도진동을 측정하여야 한다.

42 다음은 철도소음한도 측정방법 중 측정조건에 관한 사항이다. (   ) 안에 가장 알맞은 것은?

> 풍속이 (㉠)m/s 이상일 때에는 반드시 마이크로폰에 방풍망을 부착하여야 하며, 풍속이 (㉡) m/s를 초과할 때에는 측정하여서는 안 된다.

① ㉠ 0.5, ㉡ 2 ② ㉠ 1, ㉡ 2
③ ㉠ 1, ㉡ 5 ④ ㉠ 2, ㉡ 5

43 다음은 L_{10} 진동레벨 계산방법이다. (   ) 안에 알맞은 것은?

> 진동레벨기록지의 누적도수를 이용하여 모눈종이상에 누적도곡선을 작성한 후(횡축에 진동레벨, 좌측 종축에 누적도수를, 우측 종축에 백분율을 표기) (   )에서 누선을 그어 횡축과 만나는 점의 진동레벨을 L_{10} 값으로 한다.

① 10% 횡선이 누적도곡선과 만나는 교점
② 50% 횡선이 누적도곡선과 만나는 교점
③ 80% 횡선이 누적도곡선과 만나는 교점
④ 90% 횡선이 누적도곡선과 만나는 교점

44 환경기준 중 소음측정방법에서 측정점 선정기준으로 옳지 않은 것은?

① 옥외측정을 원칙으로 한다.
② "일반지역"은 당해지역의 소음을 대표할 수 있는 장소로 한다.
③ 건축물이 보도가 없는 도로에 접해 있는 경우에는 도로단에서 측정한다. 다만, 상시측정용의 경우 측정높이는 주변 환경, 통행, 촉수 등을 고려하여 지면 위 0.5m 높이로 한다.
④ "일반지역"의 경우에는 가능한 한 측정점 반경 3.5m 이내에 장애물(담, 건물, 기타 반사성 구조물 등)이 없는 지점의 지면 위 1.2~1.5m로 한다.

풀이 환경기준 측정 시 건축물이 보도가 없는 도로에 접해 있는 경우에는 도로단에서 측정한다. 다만, 상시측정용의 경우 측정 높이는 주변 환경, 통행, 촉수 등을 고려하여 지면 위 1.2~5.0m 높이로 할 수 있다.

45 소음 측정기기의 구조별 성능에 관한 설명으로 옳지 않은 것은?

① 출력단자(Monitor Out)는 소음신호를 기록기 등에 전송할 수 있는 교류단자를 갖춘 것이어야 한다.

정답 41 ④ 42 ④ 43 ④ 44 ③ 45 ②

② 지시계기(Meter)는 지침형인 경우 유효지시범위가 1dB 이상이어야 한다.
③ 교정장치(Calibration Network Calibrator)는 80dB(A) 이상이 되는 환경에서도 교정이 가능하여야 한다.
④ 청감보정회로(Weighting Networks)는 A특성을 갖춘 것이어야 한다.

풀이 소음측정기기의 지시계기는 지침형에서는 유효지시범위가 15dB 이상이어야 한다.

46 발파소음 측정자료 평가표 서식에 기재되어야 하는 사항으로 거리가 먼 것은?

① 천공장 깊이
② 폭약의 종류
③ 발파횟수
④ 측정기기의 부속장치

풀이 발파소음 측정자료 평가표(측정대상업소의 소음원과 측정지점)
㉠ 폭약의 종류　㉡ 1회 사용량
㉢ 발파횟수　㉣ 측정지점 약도

47 다음 중 소음배출 허용기준에 사용되는 단위는?

① dB(A)　② dV(V)
③ sone　④ W/m^2

48 다음은 항공기 소음한도 측정조건에 관한 설명이다. (　　) 안에 가장 적합한 것은?

> 손으로 소음계를 잡고 측정할 경우 소음계는 측정자의 몸으로부터 (㉠) m 이상 떨어져야 하며, 측정자는 비행경로에 (㉡)하게 위치하여야 한다.

① ㉠ 0.5, ㉡ 수평　② ㉠ 1.5, ㉡ 수평
③ ㉠ 0.5, ㉡ 수직　④ ㉠ 1.5, ㉡ 수직

49 규정에도 불구하고 생활소음 측정 시 피해가 예상되는 곳의 부지경계선보다 3층 거실에서 소음도가 더 클 경우 측정점은 거실창문 밖의 몇 m 떨어진 지점으로 하는 것이 가장 적합한가?

① 0.5~1.0m
② 2.0~2.5m
③ 2.5~3.0m
④ 3.5~5.0m

50 진동레벨 측정을 위한 성능기준 중 진동픽업의 횡감도의 성능기준은?

① 규정주파수에서 수감축 감도에 대한 차이가 1dB 이상이어야 한다(연직특성).
② 규정주파수에서 수감축 감도에 대한 차이가 5dB 이상이어야 한다(연직특성).
③ 규정주파수에서 수감축 감도에 대한 차이가 10dB 이상이어야 한다(연직특성).
④ 규정주파수에서 수감축 감도에 대한 차이가 15dB 이상이어야 한다(연직특성).

51 환경기준 중 소음측정을 위한 측정점 선정기준 중 도로변 지역범위 기준으로 옳은 것은?

① 도로단으로부터 차선수×5m로 하고, 고속도로 또는 자동차 전용도로의 경우에는 도로단으로부터 100m 이내의 지역을 말한다.
② 도로단으로부터 차선수×5m로 하고, 고속도로 또는 자동차 전용도로의 경우에는 도로단으로부터 150m 이내의 지역을 말한다.
③ 도로단으로부터 차선수×10m로 하고, 고속도로 또는 자동차 전용도로의 경우에는 도로단으로부터 100m 이내의 지역을 말한다.
④ 도로단으로부터 차선수×10m로 하고, 고속도로 또는 자동차 전용도로의 경우에는 도로단으로부터 150m 이내의 지역을 말한다.

정답 46 ① 47 ① 48 ③ 49 ① 50 ④ 51 ④

52 대상소음도를 구하기 위해 배경소음의 영향이 있는 경우, 그 보정치 산정식으로 옳은 것은? (단, d : 측정소음도 − 배경소음도)

① $-10\log(1-0.1^{-0.1/d})$
② $-10\log(1-0.1^{-0.1d})$
③ $-10\log(1-10^{-0.1/d})$
④ $-10\log(1-10^{-0.1d})$

53 배출허용기준 측정 시 진동픽업의 설치장소로 옳지 않은 곳은?

① 온도, 자기, 전기 등의 외부영향을 받지 않는 곳
② 완충물이 충분히 확보될 수 있는 곳
③ 경사 또는 요철이 없는 곳
④ 충분히 다져서 단단히 굳은 곳

풀이 진동픽업의 설치장소는 완충물이 없고 충분히 다져서 단단히 굳은 장소로 한다.

54 다음은 소음계의 성능이다. ( ) 안에 알맞은 것은?

> 레벨레인지 변환기가 있는 기기에 있어서 레벨레인지 변환기의 전환오차가 (㉠)dB 이내이어야 하고, 지시계기의 눈금오차는 (㉡)dB 이내이어야 한다.

① ㉠ 0.5, ㉡ 0.5　② ㉠ 0.5, ㉡ 1.0
③ ㉠ 1.0, ㉡ 0.5　④ ㉠ 1.0, ㉡ 1.0

55 도로교통진동한도를 디지털 진동자동분석계를 사용하여 측정자료를 분석하는 방법으로 옳은 것은?

① 샘플주기를 0.1초 이내에서 결정하고 5분 이상 측정하여 자동 연산 · 기록한 80% 범위의 상단치인 L_{10}값을 그 지점의 측정진동레벨로 한다.
② 샘플주기를 0.1초 이내에서 결정하고 5분 이상 측정하여 자동 연산 · 기록한 90% 범위의 상단치인 L_{10}값을 그 지점의 측정진동레벨로 한다.
③ 샘플주기를 1초 이내에서 결정하고 5분 이상 측정하여 자동 연산 · 기록한 80% 범위의 상단치인 L_{10}값을 그 지점의 측정진동레벨로 한다.
④ 샘플주기를 1초 이내에서 결정하고 5분 이상 측정하여 자동 연산 · 기록한 90% 범위의 상단치인 L_{10}값을 그 지점의 측정진동레벨로 한다.

56 총 50공의 발파공에 대해 각 공당 0.1초 간격으로 1회 지발발파하였다. 보정발파횟수(N)에 따른 소음도 보정량은?

① 0dB　② +3dB
③ +7dB　④ +10dB

풀이 보정량 $= +10\log N = +10\log 1 = 0\text{dB}$

57 표준음 발생기의 발생음의 오차범위기준으로 옳은 것은?

① ±10dB 이내　② ±5dB 이내
③ ±1dB 이내　④ ±0.1dB 이내

58 측정자료 분석 시 진동 레벨계만으로 측정할 경우, 레벨계 지시치의 변화폭이 5dB 이내일 때 구간 내 최대치부터 진동레벨의 크기 순으로 10개를 산술평균한 진동레벨을 측정진동레벨로 하지 않는 것은?

① 규제기준 중 생활진동 측정
② 배출허용기준 중 진동 측정
③ 진동한도 중 철도진동 측정
④ 진동한도 중 도로교통진동 측정

풀이 철도진동은 열차 통과 시마다 최고 진동레벨이 배경진동레벨보다 최소 5 dB 이상 큰 것에 한하여 연속 10개 열차(상하행 포함) 이상을 대상으로 최고 진동레벨을 측정 · 기록하고 그중 중앙값 이상을 산술평균한 값을 철도 진동레벨로 한다.

정답 52 ④ 53 ② 54 ① 55 ③ 56 ① 57 ③ 58 ③

59 다음 중 소음배출허용기준 측정을 위한 측정시각 및 측정지점수 선정기준으로 옳은 것은?

① 밤 시간대(22:00~06:00)에는 낮 시간대에 측정한 측정지점에서 2시간 간격으로 2회 이상 측정하여 산술평균한 값을 측정소음도로 한다.
② 적절한 측정시각에 5지점 이상의 측정지점수를 선정 · 측정하여 산술평균한 소음도를 측정소음도로 한다.
③ 피해가 예상되는 적절한 측정시각에 2지점 이상의 측정지점수를 선정 · 측정하여 그중 가장 높은 소음도를 측정소음도로 한다.
④ 낮 시간대는 2시간 간격을 두고 1시간씩 2회 측정하여 산술평균하며, 밤 시간대는 1회 1시간 동안 측정한다.

60 7일간의 항공기소음의 일별 WECPNL이 85, 86, 90, 88, 83, 73, 67인 경우 7일간의 평균 WECPNL은?

① 82　　② 84
③ 86　　④ 89

풀이 m일간 평균 $WECPNL(\overline{WECPNL})$

$$\overline{WECPNL} = 10\log\left[\left(\frac{1}{m}\right)\sum_{i=1}^{m}10^{0.1\,WECPNLi}\right]$$
$$= 10\log\left[\frac{1}{7}(10^{8.5}+10^{8.6}+10^{9.0}+10^{8.8}+10^{8.3}+10^{7.3}+10^{6.7})\right]$$
$$= 86\ WECPNL$$

4과목 진동방지기술

61 다음 방진재료에 대한 설명으로 가장 거리가 먼 것은?

① 방진고무의 역학적 성질은 천연고무가 가장 우수하지만 내유성을 필요로 할 때에는 천연고무가 바람직하지 않다.
② 금속스프링 사용 시 서징이 발생하기 쉬우므로 주의해야 한다.
③ 금속스프링은 저주파 차진에 좋다.
④ 금속스프링의 동적배율은 방진고무보다 높다.

풀이 재료별 동적배율(α)
㉠ 금속(코일스프링) : $\alpha=1$
㉡ 방진고무(천연) : $\alpha=1.0\sim1.6$
㉢ 방진고무(클로로플렌계) : $\alpha=1.4\sim2.8$
㉣ 방진고무(이토릴계) : $\alpha=1.5\sim2.5$

62 무게 10N인 물체가 스프링정수 15N/cm인 스프링에 매달려 있다고 한다. 이 계의 고유각진동수(ω_n)는?

① 28.3rad/sec　　② 32.3rad/sec
③ 38.3rad/sec　　④ 42.3rad/sec

풀이 $W_n = 2\pi f_n$

$$= 2\pi \times \left(\frac{1}{2\pi}\sqrt{\frac{k\times g}{W}}\right) = \sqrt{\frac{k\times g}{W}}$$
$$= \sqrt{\frac{10\times 980}{10}} = 31.3\,\text{rad/sec}$$

63 그림과 같이 스프링정수 k_1, k_2인 스프링을 막대 AB와 병렬 연결해서 막대를 a, b의 비로 나누는 점 0에 하중 W를 달 때 합성 스프링정수(k_o)는?

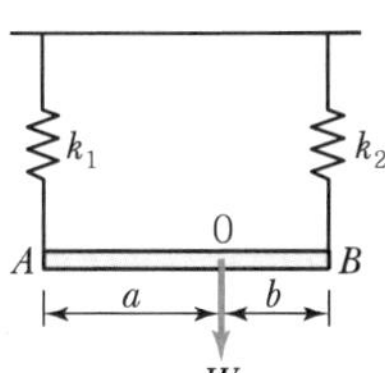

① $k_o = \dfrac{a^2}{k_2}+\dfrac{b^2}{k_1}$
② $k_o = (a+b)^2\left(\dfrac{1}{k_1}+\dfrac{1}{k_2}\right)$
③ $k_o = k_1+k_2$
④ $k_o = \dfrac{(a+b)^2}{\left(\dfrac{a^2}{k_2}+\dfrac{b^2}{k_1}\right)}$

정답 59 ③ 60 ③ 61 ④ 62 ③ 63 ④

64 무게 500N인 기계를 4개의 스프링으로 탄성 지지한 결과 스프링의 정적수축량이 2.5cm였다. 이 스프링의 스프링 정수를 구하면?

① 5N/mm ② 10N/mm
③ 50N/mm ④ 200N/mm

풀이 $k = \dfrac{W_{mp}}{\delta_{st}} = \dfrac{\left(\dfrac{500}{4}\right)\text{N}}{2.5\text{cm}}$
$= 50\,\text{N/cm} \times \text{cm}/10\,\text{mm} = 5\,\text{N/mm}$

65 아래 그림과 같이 놓여진 물체가 진동할 때의 고유진동수는?

① $\dfrac{1}{2\pi}\sqrt{\dfrac{k}{m}}$

② $\dfrac{1}{2\pi}\sqrt{\dfrac{k\sin\theta}{m}}$

③ $\dfrac{1}{2\pi}\sqrt{\dfrac{k\cos\theta}{m}}$

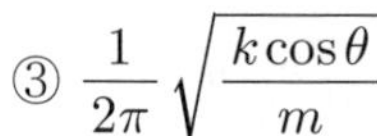

④ $\dfrac{1}{2\pi}\sqrt{\dfrac{k\sin\theta}{m}}$

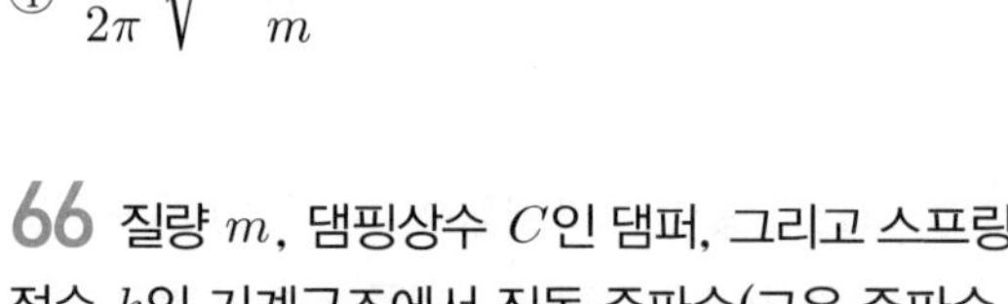

66 질량 m, 댐핑상수 C인 댐퍼, 그리고 스프링 정수 k인 기계구조에서 진동 주파수(고유 주파수, f_n)는?(단, 댐핑이 충분히 적을 경우)

① $f_n = \dfrac{1}{2\pi}\left(\dfrac{m}{k}\right)^{1/2}$ ② $f_n = \dfrac{1}{2\pi}\left(\dfrac{k}{m}\right)^{1/2}$
③ $f_n = \dfrac{1}{2\pi}(km)^{1/2}$ ④ $f_n = \dfrac{1}{2\pi}(kmC)^{1/2}$

67 감쇠가 없는 계에서 진폭이 이상할 정도로 크게 나타날 때의 원인은?

① 고유진동수와 강제진동수 간에 아무런 관계가 없다.
② 고유진동수가 강제진동수보다 현저하게 작다.
③ 고유진동수가 강제진동수보다 현저하게 크다.
④ 고유진동수와 강제진동수가 일치되어 있다.

68 $\ddot{x} + 9x = 3\sin 6t$로 표시되는 비감쇠 강제진동에서 정상 상태 진동의 진폭은?(단, 진폭의 단위는 cm이다.)

① 0.11cm ② 0.22cm
③ 0.33cm ④ 0.44cm

풀이 $\ddot{x} + 9x = 3\sin 6t$
$m = 1$
$k = 9$
$F_o = 3$
$\omega = 6$
진폭$(x_o) = \dfrac{F_o}{k - m\omega^2} = \dfrac{3}{9 - (1 \times 6^2)}$
$= 0.11\,\text{cm}$

69 다음 중 진동 절연재료로서 특성임피던스(Z)가 가장 낮은 것은?

① 고무 ② 콘크리트
③ 알루미늄 ④ 철

70 특성 임피던스가 $32 \times 10^6\text{kg/m}^2 \cdot \text{sec}$인 금속관 플랜지 접속부에 특성 임피던스 $3 \times 10^4\text{kg/m}^2 \cdot \text{sec}$인 고무를 넣어 진동 절연할 때 진동감쇠량(dB)은?

① 22 ② 24
③ 27 ④ 29

풀이 진동감쇠량(ΔL)
$\Delta L = -10\log(1 - T_r)$
$T_r = \left(\dfrac{Z_2 - Z_1}{Z_2 + Z_1}\right)^2 \times 100$
$= \left[\dfrac{(32 \times 10^6) - (3 \times 10^4)}{(32 \times 10^6) + (3 \times 10^4)}\right]^2 \times 100$
$= 0.9962(99.62\%)$
$= -10\log(1 - 0.9962) = 24.2\,\text{dB}$

정답 64 ① 65 ① 66 ② 67 ④ 68 ① 69 ① 70 ②

71 매분 600 회전으로 돌고 있는 차축의 정적 불균형력은 그림에서 반경 0.1m의 원주상을 1kg의 질량이 회전하고 있는 것에 상당한다고 할 때 등가 가진력의 최대치는 약 몇 N인가?

① 600
② 400
③ 200
④ 100

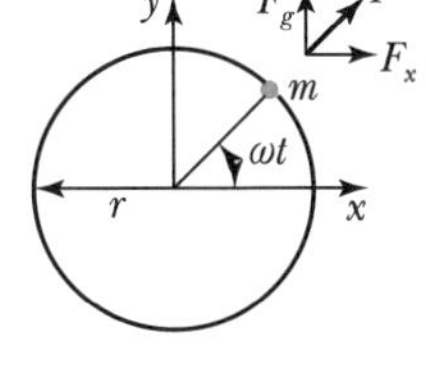

풀이 가진력$(F) = mr\omega^2$

$$\omega = 2\pi \times \frac{600}{60} = 62.83\,\text{rad/sec}$$

$$= 1 \times 0.1 \times 62.83^2$$

$$= 394.76\,\text{N}$$

72 외부에서 가해지는 강제진동수(f)와 계의 고유진동수(f_n)의 비에 따라 변화하는 진동전달률에 관한 설명으로 옳지 않은 것은?

① $\frac{f}{f_n} = 1$일 때 : 공진상태이므로 전달률이 최대가 된다.

② $\frac{f}{f_n} < \sqrt{2}$일 때 : 항상 전달력은 강제력보다 작다.

③ $\frac{f}{f_n} = \sqrt{2}$일 때 : 전달력은 외력과 같다.

④ $\frac{f}{f_n} > \sqrt{2}$일 때 : 차진이 유효한 영역이다.

풀이 $\frac{f}{f_n} < \sqrt{2}$ 일 때는 항상 전달력이 외력보다 크고 방진대책이 필요한 설계영역이다.

73 질량 125kg의 기계가 600rpm으로 운전되며, 1회전시마다 불평형력이 상하방향으로 작용한다. 스프링 4개를 병렬로 사용하여 진동전달손실 10dB를 얻고자 할 때 스프링 1개의 스프링정수(kN/cm)는?

① 62
② 123
③ 247
④ 493

풀이 $\Delta V = 20\log\frac{1}{T}$

$$20 = 20\log\frac{1}{T}$$

$$T = 0.316$$

$$T = \frac{1}{\eta^2 - 1} = 0.316, \quad \eta^2 = 4, \quad \eta = 2$$

$$f_n = \frac{f}{\eta} = \frac{\frac{600\,\text{rpm}}{60}}{2} = 5\,\text{Hz}$$

$$f_n = \frac{1}{2\pi}\sqrt{\frac{k}{m}}$$

$$5 = \frac{1}{2\pi}\sqrt{\frac{k}{125}}$$

$$k = 123{,}245\,\text{N/cm} \times \text{kN}/1{,}000\,\text{N}$$

$$= 123.245\,\text{kN/cm}$$

74 그림과 같이 물 위에 수직으로 떠있는 원통체의 지름을 D, 질량을 m이라 한다. 원통을 물속에 조금 밀어 넣었다가 놓아주면 이 운동의 주기(τ)는?(단, 원통의 단면적은 A, 물의 비중량은 ρ라 하고, 물의 기타 운동조건 등은 고려하지 않는다.)

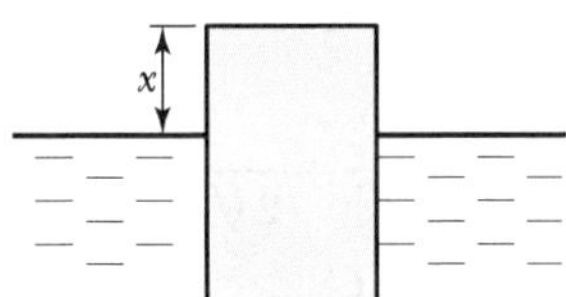

① $\tau = 2\pi\sqrt{\frac{m}{\rho A}}$
② $\tau = 2\pi\sqrt{\frac{\rho}{m}}$
③ $\tau = 2\pi\sqrt{\frac{m}{\rho}}$
④ $\tau = 2\pi\sqrt{\frac{\rho A}{m}}$

75 그림과 같이 질량 m인 물체가 외팔보의 자유단에 달려 있을 때 계의 진동의 고유진동수를 구하는 식으로 옳은 것은?(단, 보의 무게는 무시, 보의 길이는 L, 요곡강도는 EI)

정답 71 ② 72 ② 73 ② 74 ① 75 ①

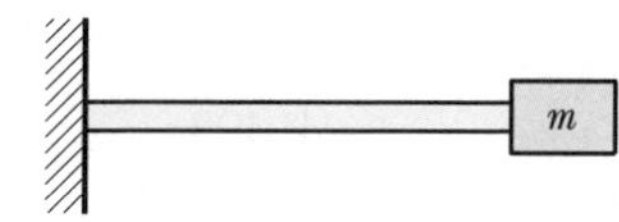

① $f_n = \frac{1}{2\pi}\sqrt{\frac{3EI}{mL^3}}$ ② $f_n = \frac{1}{2\pi}\sqrt{\frac{6EI}{mL^3}}$

③ $f_n = \frac{1}{2\pi}\sqrt{\frac{9EI}{mL^3}}$ ④ $f_n = \frac{1}{2\pi}\sqrt{\frac{12EI}{mL^3}}$

76 다음 중 내부 감쇠계수가 가장 큰 지반의 종류는?

① 점토 ② 모래
③ 자갈 ④ 암석

77 운동방정식이 $m\ddot{x} + C_e\dot{x} + kx = 0$으로 표시되는 감쇠 자유진동에서 감쇠비를 나타내는 식으로 옳지 않은 것은?(단, C_e : 감쇠계수, ω_n : 고유각진동수)

① $\frac{C_e\omega_n}{2k}$ ② $\frac{C_e}{2k\omega_n}$

③ $\frac{C_e}{2mk\omega_n}$ ④ $\frac{C_e}{2\sqrt{mk}}$

풀이 감쇠비$(\xi) = \frac{C_e}{C_c} = \frac{C_e}{2\sqrt{m \cdot k}}$
$= \frac{C_e}{2m\omega_n} = \frac{C_e\omega_n}{2k}$

78 정현진동의 가속도 진폭이 $3\times10^{-3}\text{m/s}^2$일 때 진동가속도레벨($VAL$)은?(단, 기준 10^{-5}m/s^2)

① 약 34dB ② 약 40dB
③ 약 47dB ④ 약 67dB

풀이 $VAL = 20\log\frac{A_{rms}}{A_r} = 20\log\frac{\frac{3\times10^{-3}}{\sqrt{2}}}{10^{-5}}$
$= 46.53\,\text{dB}$

79 계수여진진동에 관한 설명으로 옳지 않은 것은?

① 대표적인 예는 그네로서, 그네가 1행정하는 동안 사람 몸의 자세는 2행정을 하게 된다.
② 가진력의 주파수와 계의 고유진동수(계수여진진동 주파수)가 거의 같을 때 크게 진동한다.
③ 근본적인 대책은 질량 및 스프링 특성의 시간적 변동을 없애는 것이다.
④ 회전하는 편평축의 진동, 왕복운동기계의 크랭크축계의 진동도 계수여진진동에 속한다.

풀이 계수여진진동은 고유 진동수가 강제 진동수의 2배가 될 때에 크게 진동한다.

80 코일스프링의 스프링정수(N/mm)를 구하는 식으로 옳은 것은?(단, D : 코일의 평균직경(mm), d : 소선의 직경(mm), G : 소선의 전단탄성률(N/mm^2), n : 코일의 유효권수)

① $\frac{Gd^2}{8nD^3}$ ② $\frac{Gd^2}{8nD^4}$

③ $\frac{Gd^4}{8nD^3}$ ④ $\frac{Gd^4}{8nD^4}$

5과목 소음진동관계법규

81 환경정책기본법상 국가환경종합계획에 포함되어야 할 사항으로 가장 거리가 먼 것은?(단, 그 밖의 부대사항은 제외)

① 인구 · 산업 · 경제 · 토지 및 해양의 이용 등 환경변화 여건에 관한 사항
② 환경오염 배출업소 지도 · 단속 계획
③ 사업의 시행에 소요되는 비용의 산정 및 재원 조달방법
④ 환경오염원 · 환경오염도 및 오염물질 배출량의 예측과 환경오염 및 환경훼손으로 인한 환경질의 변화전망

정답 76 ① 77 ② 78 ③ 79 ② 80 ③ 81 ②

풀이 국가환경종합계획 포함사항

1. 인구 · 산업 · 경제 · 토지 및 해양의 이용 등 환경 변화 여건에 관한 사항
2. 환경오염원 · 환경오염도 및 오염물질 배출량의 예측과 환경오염 및 환경훼손으로 인한 환경의 질(質)의 변화 전망
3. 환경의 현황 및 전망
4. 환경보전 목표의 설정과 이의 달성을 위한 다음 각 목의 사항에 관한 단계별 대책 및 사업 계획
   가. 생물다양성 · 생태계 · 경관 등 자연환경의 보전에 관한 사항
   나. 토양환경 및 지하수 수질의 보전에 관한 사항
   다. 해양환경의 보전에 관한 사항
   라. 국토환경의 보전에 관한 사항
   마. 대기환경의 보전에 관한 사항
   바. 수질환경의 보전에 관한 사항
   사. 상 · 하수도의 보급에 관한 사항
   아. 폐기물의 관리 및 재활용에 관한 사항
   자. 유해 화학물질의 관리에 관한 사항
   차. 방사능오염물질의 관리에 관한 사항
   카. 그 밖에 환경의 관리에 관한 사항
5. 사업의 시행에 드는 비용의 산정 및 재원 조달 방법

82 소음진동관리법규상 옥외에 설치한 확성기의 생활소음 규제기준으로 옳은 것은?(단, 주거지역이며, 시간대는 22:00~05:00이다.)

① 60dB(A) 이하 ② 65dB(A) 이하
③ 70dB(A) 이하 ④ 80dB(A) 이하

풀이 생활소음 규제기준 [단위 : dB(A)]

대상지역	소음원 \ 시간대별		아침, 저녁 (05:00~07:00, 18:00~22:00)	주간 (07:00~18:00)	야간 (22:00~05:00)
주거지역, 녹지지역, 관리지역 중 취락지구 · 주거개발진흥지구 및 관광 · 휴양개발진흥지구, 자연환경보전지역, 그 밖의 지역에 있는 학교 · 종합병원 · 공공도서관	확성기	옥외설치	60 이하	65 이하	60 이하
		옥내에서 옥외로 소음이 나오는 경우	50 이하	55 이하	45 이하
	공장		50 이하	55 이하	45 이하
	사업장	동일 건물	45 이하	50 이하	40 이하
		기타	50 이하	55 이하	45 이하
	공사장		60 이하	65 이하	50 이하

83 소음진동관리법규상 소음도 표지의 색상기준으로 옳은 것은?

① 노란색 판에 검은색 문자
② 초록색 판에 검은색 문자
③ 흰색 판에 검은색 문자
④ 회색 판에 검은색 문자

84 소음진동관리법규상 특정 공사의 사전신고 대상 기계 · 장비의 종류에 해당되지 않는 것은?

① 항타항발기(압입식 항타항발기는 제외한다.)
② 덤프트럭
③ 공기압축기(공기토출량이 분당 2.83세제곱미터 이상의 이동식인 것으로 한정한다.)
④ 발전기

풀이 특정 공사의 사전신고 대상 기계 · 장비의 종류

㉠ 항타기 · 항발기 또는 항타항발기(압입식 항타항발기는 제외한다.)
㉡ 천공기
㉢ 공기압축기(공기토출량이 분당 2.83세제곱미터 이상의 이동식인 것으로 한정한다.)
㉣ 브레이커(휴대용을 포함한다.)
㉤ 굴삭기
㉥ 발전기
㉦ 로더
㉧ 압쇄기
㉨ 다짐기계
㉩ 콘크리트 절단기
㉪ 콘크리트 펌프

85 소음진동관리법규상 농림지역의 저녁시간대 공장소음 배출허용기준으로 옳은 것은?

① 60dB(A) 이하
② 55dB(A) 이하
③ 50dB(A) 이하
④ 45dB(A) 이하

정답 82 ① 83 ④ 84 ② 85 ②

풀이 공장소음 배출허용기준 [단위 : dB(A)]

대상지역	시간대별		
	낮 (06:00~18:00)	저녁 (18:00~24:00	밤 (24:00~06:00)
가. 도시지역 중 전용주거지역 · 녹지지역, 관리지역 중 취락지구 · 주거개발진흥지구 및 관광 · 휴양개발진흥지구, 자연환경보전지역 중 수산자원보호구역 외의 지역	50 이하	45 이하	40 이하
나. 도시지역 중 일반주거지역 및 준주거지역	55 이하	50 이하	45 이하
다. 농림지역, 자연환경보전지역 중 수산자원보호구역, 관리지역 중 가목과 라목을 제외한 그 밖의 지역	60 이하	55 이하	50 이하
라. 도시지역 중 상업지역 · 준공업지역, 관리지역 중 산업개발진흥지구	65 이하	60 이하	55 이하
마. 도시지역 중 일반공업지역 및 전용공업지역	70 이하	65 이하	60 이하

86 소음진동관리법령상 과태료 부과기준으로 옳지 않은 것은?

① 소음기 또는 소음덮개를 떼어버리거나 경음기를 추가로 부착한 경우 1차 위반 시 과태료 금액은 60만 원이다.
② 이동소음원의 사용금지 또는 제한조치를 위반한 경우 3차 위반 시 과태료 금액은 10만 원이다.
③ 위반행위의 횟수에 따른 부과기준은 최근 1년간 같은 위반행위로 부과처분을 받은 경우에 적용한다.
④ 부과권자는 위반행위의 동기와 그 결과 등을 고려하여 과태료 금액의 100% 범위에서 감경할 수 있다.

풀이 부과권자는 위반행위의 동기와 그 결과 등을 고려하여 과태료 금액의 $\frac{1}{2}$의 범위에서 감경할 수 있다.

87 소음진동관리법규상 소음발생건설기계의 종류기준으로 옳지 않은 것은?

① 발전기(정격출력 500kW 미만의 실외용으로 한정한다.)
② 굴삭기(정격출력 19kW 이상 500kW 미만의 것으로 한정한다.)
③ 로더(정격출력 19kW 이상 500kW 미만의 것으로 한정한다.)
④ 브레이커(휴대용을 포함하며, 중량 5톤 이하로 한정한다.)

풀이 소음발생건설기계의 종류

㉠ 굴삭기(정격출력 19kW 이상 500kW 미만의 것으로 한정한다.)
㉡ 다짐기계
㉢ 로더(정격출력 19kW 이상 500kW 미만의 것으로 한정한다.)
㉣ 발전기(정격출력 400kW 미만의 실외용으로 한정한다.)
㉤ 브레이커(휴대용을 포함하며, 중량 5톤 이하로 한정한다.)
㉥ 공기압축기(공기토출량이 분당 2.83세제곱미터 이상의 이동식인 것으로 한정한다.)
㉦ 콘크리트 절단기
㉧ 천공기
㉨ 항타 및 항발기

88 환경정책기본법령상 낮 시간대 전용공업지역의 소음환경기준은?(단, 지역구분은 일반지역에 한한다.)

① 50Leq dB(A) ② 55Leq dB(A)
③ 65Leq dB(A) ④ 70Leq dB(A)

풀이 소음환경기준 [Leq dB(A)]

지역 구분	적용대상 지역	기준	
		낮(06:00~22:00)	밤(22:00~06:00)
일반 지역	"가" 지역	50	40
	"나" 지역	55	45
	"다" 지역	65	55
	"라" 지역	70	65

정답 86 ④ 87 ① 88 ④

도로변 지역	"가" 및 "나" 지역	65	55
	"다" 지역	70	60
	"라" 지역	75	70

비고
1. 지역구분별 적용 대상지역의 구분은 다음과 같다.
   가. "가" 지역
      1) 「국토의 계획 및 이용에 관한 법률」에 따른 녹지지역
      2) 「국토의 계획 및 이용에 관한 법률」에 따른 보전관리지역
      3) 「국토의 계획 및 이용에 관한 법률」에 따른 농림지역 및 자연환경보전지역
      4) 「국토의 계획 및 이용에 관한 법률」에 따른 전용주거지역
      5) 「의료법」에 따른 종합병원의 부지경계로부터 50m 이내의 지역
      6) 「초 · 중등교육법」 및 「고등교육법」에 따른 학교의 부지경계로부터 50m 이내의 지역
      7) 「도서관법」에 따른 공공도서관의 부지경계로부터 50m 이내의 지역
   나. "나" 지역
      1) 「국토의 계획 및 이용에 관한 법률」에 따른 생산관리지역
      2) 「국토의 계획 및 이용에 관한 법률 시행령」에 따른 일반주거지역 및 준주거지역
   다. "다" 지역
      1) 「국토의 계획 및 이용에 관한 법률」에 따른 상업지역 및 같은 항 제2호 다목에 따른 계획관리지역
      2) 「국토의 계획 및 이용에 관한 법률 시행령」에 따른 준공업지역
   라. "라" 지역
      「국토의 계획 및 이용에 관한 법률 시행령」에 따른 전용공업지역 및 일반공업지역

89 소음진동관리법규상 환경기술인을 두어야 할 사업장 및 그 자격기준으로 옳지 않은 것은?

① 총동력합계 3,750kW 미만인 사업장은 사업자가 해당 사업장의 배출시설 및 방지시설업무에 종사하는 피고용인 중에서 임명하는 자를 환경기술인으로 둔다.
② 총동력 합계는 소음배출시설 중 기계 · 기구의 마력의 총합계와 대수기준시설 및 기계 · 기구와 기타 시설 및 기계 · 기구를 포함한다.
③ 환경기술인 자격기준 중 소음 · 진동기사 2급(산업기사)은 기계분야기사 · 전기분야기사 각 2급(산업기사) 이상의 자격 소지자로서 환경 분야에서 2년 이상 종사한 자로 대체할 수 있다.
④ 환경기술인으로 임명된 자는 해당 사업장에 상시 근무하여야 한다.

풀이 총동력합계는 소음배출시설 중 기계 · 기구의 마력의 총합계를 말하며, 대수기준시설 및 기계 기구와 기타 시설 및 기계 · 기구는 제외한다.

90 소음진동관리법상 자동차 제작자는 인증받은 자동차의 내용 중 환경부령으로 정하는 중요 사항을 변경하려면 변경인증을 받아야 하는데, 이 변경인증을 받지 아니하고 자동차를 제작한 자에 대한 벌칙기준은?

① 3년 이하의 징역 또는 3천만 원 이하의 벌금
② 1년 이하의 징역 또는 1천만 원 이하의 벌금
③ 6개월 이하의 징역 또는 500만 원 이하의 벌금
④ 500만 원 이하의 벌금

풀이 법 제57조 참조

91 다음은 소음진동관리법규상 운행차 정기검사의 방법 · 기준 및 대상 항목 중 경적소음측정에 관한 사항이다. (   ) 안에 가장 적합한 것은?

> 자동차의 원동기를 가동시키지 아니한 정차상태에서 자동차의 경음기를 (   )를 측정, 이 경우 2개 이상의 경음기가 장치된 자동차는 경음기를 동시에 작동시킨 상태에서 측정

① 5초 동안 작동시켜 최대소음도
② 10초 동안 작동시켜 최대소음도
③ 5초 동안 작동시켜 평균소음도
④ 10초 동안 작동시켜 평균소음도

정답 89 ② 90 ② 91 ①

92 소음진동관리법규상 운행자동차 중 중대형 승용자동차의 배기소음(dB(A)) 허용기준은?(단, 2006년 1월 1일 이후에 제작되는 자동차기준)

① 100 이하 ② 105 이하
③ 110 이하 ④ 112 이하

풀이 운행자동차
2006년 1월 1일 이후에 제작되는 자동차

자동차 종류 \ 소음 항목		배기소음 [dB(A)]	경적소음 [dB(C)]
경자동차		100 이하	110 이하
승용 자동차	소형	100 이하	110 이하
	중형	100 이하	110 이하
	중대형	100 이하	112 이하
	대형	105 이하	112 이하

93 소음진동관리법규상 배출시설 및 방지시설 등과 관련된 행정처분기준 중 1차행정처분기준이 조업정지에 해당되는 위반사항은?

① 배출시설 설치의 신고를 하지 아니하고 배출시설을 설치한 경우
② 배출시설 설치의 허가를 받지 아니하고 배출시설을 설치한 경우
③ 개선명령을 받은 자가 이를 이행하지 아니한 경우
④ 배출허용기준을 초과한 공장에 대하여 개선명령을 하여도 당해 공장의 위치에서는 이를 이행할 수 없는 경우

94 소음진동관리법규상 30마력 기준의 시설로서 진동배출시설 기준에 해당하지 않는 것은?(단, 동력을 사용하는 시설 및 기계 · 기구로 한정)

① 분쇄기(파쇄기와 마쇄기를 포함한다.)
② 목재가공기계
③ 연탄제조용 윤전기
④ 단조기

풀이 진동배출시설
(동력을 사용하는 시설 및 기계 · 기구로 한정한다.)
㉠ 15kW 이상의 프레스(유압식은 제외한다.)
㉡ 22.5kW 이상의 분쇄기(파쇄기와 마쇄기를 포함한다.)
㉢ 22.5kW 이상의 단조기
㉣ 22.5kW 이상의 도정시설(「국토의 계획 및 이용에 관한 법률」에 따른 주거지역 · 상업
㉤ 22.5kW 이상의 목재가공기계
㉥ 37.5kW 이상의 성형기(압출 · 사출을 포함한다.)
㉦ 37.5kW 이상의 연탄제조용 윤전기
㉧ 4대 이상 시멘트벽돌 및 블록의 제조기계

95 소음진동관리법규상 소음배출시설기준으로 옳지 않은 것은?(단, 마력기준시설 및 기계 · 기구)

① 7.5kW 이상의 송풍기
② 7.5kW 이상의 기계체
③ 7.5kW 이상의 원심분리기
④ 7.5kW 이상의 금속절단기

풀이 원심분리기의 소음배출시설 기준은 15kW 이상이다.

96 다음은 소음진동관리법규상 자동차의 종류 기준이다. ( ) 안에 가장 적합한 것은?

> 이륜자동차에는 옆 차붙이 이륜자동차 및 이륜차에서 파생된 3륜 이상의 최고속도 (㉠)를 초과하는 이륜자동차를 포함하며, 빈 차 중량이 0.5톤 이상인 이륜자동차는 경자동차로 분류한다. 전기를 주동력으로 사용하는 자동차에 대한 종류의 구분은 차량총중량에 의하되, 차량총중량이 (㉡)에 해당되는 경우에는 경자동차로 구분한다.

① ㉠ 30 km/h, ㉡ 0.5톤 미만
② ㉠ 30 km/h, ㉡ 1.5톤 미만
③ ㉠ 50 km/h, ㉡ 0.5톤 미만
④ ㉠ 50 km/h, ㉡ 1.5톤 미만

정답 92 ① 93 ③ 94 ③ 95 ③ 96 ④

풀이 [자동차의 종류(규칙 제4조) : 별표 3]

종류	정의	규모	
경 자동차	사람이나 화물을 운송하기 적합하게 제작된 것	엔진배기량 1,000cc 미만	
승용 자동차	사람을 운송하기에 적합하게 제작된 것	소형	엔진배기량 1,000cc 이상 및 9인승 이하
		중형	엔진배기량 1,000cc 이상이고, 차량 총중량이 2톤 이하이며, 승차인원이 10인승 이상
		중대형	엔진배기량 1,000cc 이상이고, 차량 총중량이 2톤 초과 3.5톤 이하이며, 승차인원이 10인승 이상
		대형	엔진배기량 1,000cc 이상이고, 차량 총중량이 3.5톤 초과이며 승차인원이 10인승 이상
화물 자동차	화물을 운송하기에 적합하게 제작된 것	소형	엔진배기량 1,000cc 이상이고 차량 총중량이 2톤 이하
		중형	엔진배기량 1,000cc 이상이고 차량 총중량이 2톤 초과 3.5톤 이하
		대형	엔진배기량 1,000cc 이상이고 차량 총중량이 3.5톤 초과
이륜 자동차	자전거로부터 진화한 구조로서 사람 또는 소량의 화물을 운송하기 위한 것	엔진배기량 50cc 이상이고 차량 총중량이 1천킬로그램을 초과하지 않는 것	

[참고]
1. 승용자동차에는 지프(Jeep)·왜건(Wagon) 및 승합차를 포함한다.
2. 화물자동차에는 밴(Van)을 포함한다.
3. 화물자동차에 해당되는 건설기계의 종류는 환경부장관이 정하여 고시한다.
4. 이륜자동차는 측차를 붙인 이륜자동차 및 이륜차에서 파생된 3륜 이상의 최고속도 50km/h를 초과하는 이륜자동차를 포함한다.
5. 전기를 주동력으로 사용하는 자동차에 대한 종류의 구분은 위 표 중 규모란의 차량 총중량에 따르되, 차량 총중량이 1.5톤 미만에 해당되는 경우에는 경자동차로 분류한다.

97 소음진동관리법상 자동차 소유자가 운행차에 대한 정기검사를 받을 때의 검사사항과 거리가 먼 것은?

① 해당 자동차에서 나오는 소음이 운행차 소음허용기준에 적합한지 여부
② 소음기나 소음덮개를 떼어버렸는지 여부
③ 소음기를 추가로 붙였는지의 여부
④ 경음기를 추가로 붙였는지의 여부

98 소음진동관리법규상 생활소음·진동이 발생하는 특정공사로서 "환경부령으로 정하는 중요한 사항" 변경으로 인한 특정공사 변경신고 대상기준에 해당하지 않는 것은?

① 특정공사 사전신고 대상 기계·장비의 20퍼센트 이상 증가
② 특정공사기간의 연장
③ 소음·진동 저감대책의 변경
④ 공사 규모의 10퍼센트 이상 확대

풀이 특정공사 변경신고 대상기준
㉠ 특정공사 사전신고 대상 기계·장비의 30퍼센트 이상의 증가
㉡ 특정공사 기간의 연장
㉢ 방음·방진시설의 설치명세 변경
㉣ 소음·진동 저감대책의 변경
㉤ 공사 규모의 10퍼센트 이상 확대

99 소음진동관리법령상 인증을 면제할 수 있는 자동차에 해당하는 것은?

① 국가대표 훈련용으로 사용하기 위하여 반입하는 자동차로서 문화체육관광부장관의 확인을 받은 자동차
② 주한 외국군인이 사용하기 위하여 반입하는 자동차
③ 외국에서 1년 이상 거주한 내국인이 주거를 이전하기 위하여 이주물품을 반입하는 1대의 자동차
④ 방송용 등 특수한 용도로 사용되는 자동차로서 환경부장관이 정하여 고시하는 자동차

풀이 인증을 면제할 수 있는 자동차
㉠ 군용·소방용 및 경호업무용 등 국가의 특수한 공무용으로 사용하기 위한 자동차
㉡ 주한 외국공관, 외교관, 그 밖에 이에 준하는 대우를 받는 자가 공무용으로 사용하기 위하여 반입하는 자동차로서 외교부장관의 확인을 받은 자동차
㉢ 주한 외국군대의 구성원이 공무용으로 사용하기 위하여 반입하는 자동차

정답 97 ③ 98 ① 99 ③

㉣ 수출용 자동차나 박람회, 그 밖에 이에 준하는 행사에 참가하는 자가 전시를 목적으로 사용하는 자동차
㉤ 여행자 등이 다시 반출할 것을 조건으로 일시 반입하는 자동차
㉥ 자동차제작자 · 연구기관 등이 자동차의 개발이나 전시 등을 목적으로 사용하는 자동차
㉦ 외국인 또는 외국에서 1년 이상 거주한 내국인이 주거를 이전하기 위하여 이주물품으로 반입하는 1대의 자동차

100 다음은 소음진동관리법규상 운행차 정기검사의 소음도 측정방법 중 배기소음 측정기준이다. (　　) 안에 알맞은 것은?

> 자동차의 변속장치를 중립위치로 하고 정지가동상태에서 원동기의 최고 출력 시의 (㉠)% 회전속도로 (㉡) 동안 운전하여 최대소음도를 측정한다.

① ㉠ 75, ㉡ 4초
② ㉠ 90, ㉡ 4초
③ ㉠ 75, ㉡ 30초
④ ㉠ 90, ㉡ 30초

정답 100 ①

007 2015년 1회 기사

1과목 소음진동개론

01 반자유공간에 있는 0.45W의 소형 점음원(Point Source)으로부터 10m 떨어진 지점의 음의 세기(W/m^2)는?

① 7.16×10^{-4}　② 3.58×10^{-4}
③ 7.16×10^{-3}　④ 1.43×10^{-2}

풀이 $SPL = PWL - 20\log r - 8$

$$PWL = 10\log\frac{0.45}{10^{-12}} = 116.5\text{dB}$$

$$= 116.5 - 20\log r - 8 = 88.5\text{dB}$$

$SPL = SIL$

$$88.5 = 10\log\frac{I}{10^{-12}}$$

$$I = 10^{\frac{88.5}{10}} \times 10^{-12} = 7.08\times10^{-4}\text{W/m}^2$$

02 음파에 대한 일반적인 성질로 옳지 않은 것은?

① 대기의 온도차에 의한 경우 주간(지표 부근의 온도가 상공보다 고온)에는 보통 지표 쪽으로 굴절한다.
② 음원보다 상공의 풍속이 클 때 풍하 측에서는 지면 쪽으로 굴절한다.
③ 낮은 주파수의 음은 고주파수 음에 비해 회절하기 쉽다.
④ 음의 굴절현상은 Snell의 법칙으로 설명될 수 있다.

풀이 대기의 온도차에 의한 경우 낮에는 지표면의 온도가 상공에 비해 높으므로 음선이 상공 쪽으로 굴절하여 거리감쇠가 커진다.

03 소음성 난청의 특성에 관한 다음 설명 중 가장 거리가 먼 것은?

① 장기간 큰 소음을 유발하는 직장에서 일한 사람은 특히 4,000Hz 부근에서의 청력 손실이 현저하다.
② 난청이 진행되면서 C_5의 양측 주파수에서 청력손실이 커서 노화됨에 따라 낮은 주파수의 청력손실이 커지고 C_5 부근에 집중되어 dip은 점점 분명해진다.
③ C_5 dip은 약 부작용 등의 원인에 의해서도 일어날 수가 있다.
④ 소음성 난청은 내이의 세포변성이 주요한 원인이며, 이 경우 음이 강해짐에 따라 정상인에 비해 음이 급격하게 크게 들리게 된다.

풀이 C_5 – dip은 소음성 난청의 초기단계로서 C_5에서 청력손실이 현저히 커지는 현상이다.

04 다음 중 진동가속도레벨과 인체, 건물 등의 피해사항의 연결로 가장 거리가 먼 것은?

① 20±5dB : 인체가 약간 느낌
② 70±5dB : 인체가 대부분 느끼며, 창문이 약간 흔들림
③ 90±5dB : 기울어 넘어지고 물이 넘침
④ 110dB 이상 : 가옥파괴 현상, 산사태 발생

풀이 진동가속도레벨이 55dB 이하이면 무감(No Feeling)이다.

05 $x_1 = \cos 6t$와 $x_2 = \cos 6.1t$를 합성하면 울림현상이 발생하는데 이때 울림진동수는?

① 0.016cps　② 0.032cps
③ 31.5cps　④ 62.8cps

풀이 맥놀이수(울림 진동수)는 2개 진동수 차이의 절댓값이다.

$x = \cos\omega t$

$\omega = 2\pi f$

$$f = \frac{\omega}{2\pi} = \frac{|6-6.1|}{2\pi} = 0.016\text{Hz(cps)}$$

정답 01 ① 02 ① 03 ② 04 ① 05 ①

06 횡파에 관한 설명으로 거리가 먼 것은?

① 매질이 없어도 전파된다.
② 파동의 진행방향과 매질의 진동방향이 수직한 파동이다.
③ 소밀파, 압력파라고도 한다.
④ 물결파(수면파), 전자기파(광파, 전파) 등이 해당한다.

풀이 소밀파, 압력파, P파는 종파이다.

07 다음은 음의 전달매질에 관한 설명이다. ( ) 안에 알맞은 것은?

> 소리가 외이에서 고막까지는 (㉠)전달, 중이에서는 (㉡)전달, 내이에서는 (㉢)전달에 의해 이루어진다.

① ㉠ 기체, ㉡ 액체, ㉢ 고체
② ㉠ 기체, ㉡ 고체, ㉢ 액체
③ ㉠ 기체, ㉡ 액체, ㉢ 액체
④ ㉠ 기체, ㉡ 고체, ㉢ 고체

08 공해진동에 관한 설명으로 옳지 않은 것은?

① 진동수의 범위는 1~90Hz이다.
② 진동레벨은 80~130dB 정도가 많다.
③ 사람의 건강 및 건물에 피해를 주는 진동이다.
④ 사람이 느끼는 최소진동역치는 55±5dB 정도이다.

풀이 공해진동레벨 범위는 60~80dB이다.

09 수직보정곡선의 주파수 범위(f, Hz)가 $4 \le f \le 8$일 때, 주파수대역별 보정치의 물리량(m/s²)으로 옳은 것은?

① $2 \times 10^{-5} \times f^{-\frac{1}{2}}$
② 10^{-5}
③ 1.25×10^{-5}
④ $0.125 \times 10^{-5} \times f$

풀이 진동레벨(VL)

$VL = VAL + W_n$ [dB(V) or dB(H)]

여기서, VAL : 진동가속도레벨(dB)

W_n : 진동주파수별 인체감각보정치

$$W_n = -20\log\left(\frac{a}{10^{-5}}\right)$$

a : 주파수별 대역별 설정치의 물리량

- 수직보정의 경우
  $1 \le f \le 4\text{Hz}$
  $: a = 2 \times 10^{-5} \times f^{-\frac{1}{2}}(\text{m/s}^2)$
  $4 \le f \le 8\text{Hz} : a = 10^{-5}(\text{m/s}^2)$
  $8 \le f \le 90\text{Hz}$
  $: a = 0.125 \times 10^{-5} \times f(\text{m/s}^2)$
- 수평보정의 경우
  $1 \le f \le 2\text{Hz} : a = 10^{-5}(\text{m/s}^2)$
  $2 \le f \le 90\text{Hz}$
  $: a = 0.5 \times 10^{-5} \times f(\text{m/s}^2)$

10 A공장 내 소음원에 대하여 소음도를 측정한 결과 각각 L_1=88dB, L_2=96dB, L_3=100dB이었다. 이 소음원을 동시에 가동시킬 때의 합성소음도는?

① 95dB ② 96dB
③ 102dB ④ 108dB

풀이 합성소음도 $= 10\log(10^{8.8} + 10^{9.6} + 10^{10})$
$= 101.6\text{dB}$

11 음향출력 50W의 점음원으로부터 구형파가 전파될 때 이 음원으로부터 8m 지점의 음세기레벨은?

① 108dB ② 111dB
③ 120dB ④ 123dB

풀이 $SPL(SIL) = PWL - 20\log r - 11$

$$PWL = 10\log\frac{50}{10^{-12}} = 137\text{dB}$$

$= 137 - 20\log 8 - 11 = 108\text{dB}$

정답 06 ③ 07 ② 08 ② 09 ② 10 ③ 11 ①

12 가로, 세로, 높이가 각각 5m인 실내의 1차원 모드의 고유진동수는?(단, 실내의 벽체는 모두 강벽이고, 공기의 온도는 20℃이다.)

① 17.2Hz ② 21.5Hz
③ 34.3Hz ④ 42.9Hz

풀이 $f=\frac{C}{\lambda}=\frac{331.42+(0.6\times 20)}{5+5}=34.34\text{Hz}$

13 청력손실에 관한 설명으로 옳지 않은 것은?

① 청력손실이 옥타브밴드 중심주파수 500~ 2,000Hz 범위에서 25dB 이상이면 난청이라 한다.
② 청력이 정상인 사람의 최소가청치와 피검자의 최대 가청치와의 비를 dB로 나타낸 것이다.
③ 영구적 청력손실은 4,000Hz 정도에서부터 진행된다.
④ 평균청력손실은 $\frac{(a+2b+c)}{4}$dB로 나타낼 수 있다.(여기서, a : 옥타브밴드 500Hz에서의 청력손실(dB), b : 옥타브밴드 1,000Hz에서의 청력손실(dB), c : 옥타브밴드 2,000Hz에서의 청력손실(dB)이다.)

풀이 청력손실이란 청력이 정상인 사람의 최소 가청치와 검사자(피검사)의 최소 가청치의 비를 dB로 나타낸 것이다.

14 잔향시간이란 실내에서 음원을 끈 순간부터 음압레벨이 얼마 감쇠되는 데 소요되는 시간을 의미하는가?

① 40dB ② 60dB
③ 80dB ④ 100dB

15 음과 관련한 법칙 및 용어설명으로 옳지 않은 것은?

① 백색잡음은 모든 주파수의 음압레벨이 일정한 음을 말한다.
② 옴-헬름홀츠법칙은 인간의 귀는 순음이 아닌 여러 가지 복잡한 파형의 소리도 각기의 순음의 성분으로 분해하여 들을 수 있다는 음색에 관한 법칙이다.
③ 스넬의 법칙은 음의 회절과 관련한 법칙으로 장애물이 클수록 회절량이 크다.
④ 웨버-훼이너법칙은 감각량은 자극의 대수에 비례한다는 법칙이다.

풀이 Snell의 법칙은 음의 굴절과 관련된 법칙으로 입사각과 굴절각의 sin비는 각 매질에서의 전파속도의 비와 같다.

16 벽체에 음파가 입사하면 음압의 강약에 의해 소밀파가 발생하는데, 이때 입사파와 소밀파의 파장이 일치하면 벽체의 굴곡운동과 진폭은 입사파의 진폭과 같은 크기로 진동함으로써 차음성능이 현저하게 저하되는 현상을 일컫는 용어는?

① 질량효과 ② 공명효과
③ 일치효과 ④ 마스킹효과

17 중심주파수가 500Hz일 때 1/1옥타브밴드 분석기(정비형 필터)의 상한 주파수는?

① 약 710Hz ② 약 760Hz
③ 약 810Hz ④ 약 860Hz

풀이 $f_c=\sqrt{2}f_L$

$f_L=\frac{500}{\sqrt{2}}=353.5\text{Hz}$

$f_u=\frac{{f_c}^2}{f_L}=\frac{500^2}{353.5}=707.2\text{Hz}$

18 실내온도가 20℃, 가로×세로×높이가 5.7×7.8×5.2(m^3)인 잔향실이 있다. 이 잔향실 내부에 아무것도 없는 상태에서 측정한 잔향시간이 9.5초이었다. 이 방에 3.1×3.7(m^2)의 흡음재를 바닥에 설치한 후 잔향시간을 측정하니 2.7초이었다. 이 흡음재의 흡음률은?

정답 12 ③ 13 ② 14 ② 15 ③ 16 ③ 17 ① 18 ④

① 약 0.55 ② 약 0.69
③ 약 0.78 ④ 약 0.88

풀이 시료 부착 후 시료의 흡음률(α_r)

$$\alpha_r = \frac{0.161V}{S'}\left(\frac{1}{T}-\frac{1}{T_0}\right)+\overline{\alpha_0}$$

V(실의 체적) : 5.7m×7.8m×5.2m
=231.19m^3
S' (시료의 면적) : 3.1m×3.7m=11.47m^2
T(시료 부착 후 잔향시간) : 2.7sec
T_0(시료 부착 전 잔향시간) : 9.5sec
$\overline{\alpha_0}$(시료 부착 전 평균흡음률) : 0.017
S(실 내부 표면적)
: (5.7m×7.8m×2)+(5.7m×5.2m×2)
+(7.8m×5.2m×2)=229.3m^2

$$\overline{\alpha_0}=\frac{0.161V}{ST_0}=\frac{0.161\times231.19}{229.3\times9.5}=0.017$$

$$=\frac{0.161\times231.19}{11.47}\left(\frac{1}{2.7}-\frac{1}{9.5}\right)+0.017$$

$=0.88$

19 음에 관한 설명 중 가장 적합한 것은?

① 맥놀이는 주파수가 비슷한 두 소리가 간섭을 일으켜 보강간섭과 소멸간섭을 교대로 일으켜 주기적으로 소리의 강약이 반복되는 현상을 말한다.
② 각 음파들의 주파수가 같은 경우 위상차가 $\pi/2$보다 큰 경우 서로 보강되니 $\pi/2$보다 작은 경우에는 서로 상쇄되어, 음의 회절현상을 나타낸다.
③ 정재파는 음압의 진폭이 최대점인 절(Node)과 최소점인 복(Loop)의 위치가 위상차이에 따라 유동적으로 변하는 경우를 뜻하며, 정상파라고도 한다.
④ 음원이 반사면이 있는 공간에 놓이는 경우 입사파와 반사파의 회절작용으로 정재파가 나타나며 벽면 가까이에서는 음압의 절(Node)이 나타난다.

20 진동수 10Hz, 진동속도의 진폭이 5×10^{-3} m/s인 정현진동의 진동가속도레벨(VAL)은?(단, 기준 10^{-5}m/s^2)

① 81dB ② 84dB
③ 87dB ④ 90dB

풀이 $VAL=20\log\frac{A_{rms}}{10^{-5}}$(dB)

$$A_{rms}=\frac{A_{\max}}{\sqrt{2}}$$

$$A_{\max}=A\omega^2=A\omega\cdot\omega$$
$$=V_{\max}\cdot\omega$$
$$=0.005\times(2\times3.14\times10)$$
$$=0.314\text{m/s}^2$$

$$=\frac{0.314}{\sqrt{2}}=0.222\text{m/s}^2$$

$$=20\log\frac{0.222}{10^{-5}}=87\text{dB}$$

2과목 소음방지기술

21 팽창형 소음기에 관한 설명으로 가장 적합한 것은?

① 전파경로상에 두 음의 간섭에 의해 소음을 저감시키는 원리를 이용한다.
② 고주파 대역에서 감음효과가 뛰어나다.
③ 단면 불연속부의 음에너지 반사에 의해 감음된다.
④ 감음주파수는 팽창부 단면적비에 의해 결정된다.

풀이 팽창형 소음기
단면 불연속부의 음에너지 반사에 의해 감음하는 구조로 급격한 관경 확대로 음파를 확대하고 유속을 낮추어 음향에너지 밀도를 희박화하고 공동단을 줄여서 감음하는 것으로 단면적비에 따라 감쇠량을 결정하는 소음기이다.

정답 19 ① 20 ③ 21 ③

22 다음 중 음향투과등급(STC)에 관한 설명으로 옳은 것은?

① 어떤 벽체의 STC값이 작다면 그 벽체의 차음성능은 우수하다.
② 모든 중심주파수에서의 음향투과손실과 STC 기준선 사이의 dB 차이의 합이 32dB를 초과하면 안 된다.
③ 중심주파수 1kHz와 STC 기준선과 만나는 교점에서의 음향투과손실값이 피시험체의 STC값이 된다.
④ 1/3옥타브대역 중심주파수에 해당하는 음향투과손실 중에서 하나의 값이라도 STC 기준선과 비교하여 최대 차이가 5dB를 초과하면 안 된다.

풀이 STC(음향투과 등급), 평가방법
㉠ 기준곡선 밑의 각 주파수 대역별 투과손실과 기준곡선과의 차의 산술평균이 2dB 이내이어야 한다. 즉, 모든 중심주파수에서의 음향투과손실과 STC 기준곡선 사이의 dB 차이의 합이 32dB를 초과해서는 안 된다.
㉡ 1/3옥타브대역 중심주파수에 해당하는 음향투과손실 중에서 단 하나의 투과손실값도 STC 기준곡선과 비교하여 밑으로 최대 차이가 8dB을 초과해서는 안 된다.
㉢ 500Hz의 기준곡선의 값이 해당 자재의 음향투과등급이 된다.
㉣ 한계기준에 벗어날 경우 음향투과등급은 기준 곡선을 상하로 조정하여 결정한다.

23 다공질 재료의 흡음률에 관한 설명으로 옳지 않은 것은?

① 배후 공기층의 두께가 크게 되는 만큼 저주파수 영역의 흡음률이 높게 된다.
② 동일재료의 두께 증가와 더불어 중저음역의 흡음률이 크게 된다.
③ 폴리에틸렌, 비닐 등 얇은 막 다공질 재료의 표면처리는 두께 0.03mm 정도로 팽팽하지 않게 하여 붙인다.
④ 동일 조건에서 주파수와 두께가 증가하면 흡음률은 일반적으로 직선적으로 낮아지는 경향을 나타낸다.

풀이 동일 조건에서 주파수와 두께가 증가하면 흡음률은 일반적으로 높아지는 경향을 나타낸다.

24 면밀도가 각각 10kg/m^2, 20kg/m^2으로 되어 있는 중공이중벽이 있다. 저음역 공명 주파수가 100Hz가 되도록 할 때 공기층의 간격은 얼마인가?(단, 두 벽의 면밀도가 다를 경우의 실용식을 이용하여 계산)

① 약 54mm ② 약 75mm
③ 약 85mm ④ 약 96mm

풀이

$$f_0 = 60\sqrt{\frac{m_1+m_2}{m_1\times m_2}\times\frac{1}{d}}\,(\text{Hz})$$

$$100 = 60\sqrt{\frac{10+20}{10\times 20}\times\frac{1}{d}}$$

$$\left(\frac{100}{60}\right)^2 = \frac{30}{200}\cdot\frac{1}{d}$$

$$d = 0.054\text{m}\,(54\text{mm})$$

25 20℃ 공기 중의 음원 S에서 발생한 소리가 콘크리트벽(밀도 $\rho=2{,}300\text{kg/m}^3$, 영률 $E=2.7\times10^{10}\text{N/m}^2$)에 수직입사할 때, 이 벽체의 투과손실은?

① 29dB ② 37dB
③ 51dB ④ 59dB

풀이 투과율$(\tau) = \dfrac{4(\rho_2C_2\times\rho_1C_1)}{(\rho_2C_2+\rho_1C_1)^2}$

$$\rho_1C_1 = 1.2\text{kg/m}^3\times[331.42+(0.6\times20℃)] = 412.1\text{rayls}$$

ρ_2 : $2{,}300\text{kg/m}^3$

$$C_2 = \sqrt{\frac{E}{\rho}} = \sqrt{\frac{2.7\times10^{10}\text{N/m}^2}{2{,}300\text{kg/m}^3}} = 3{,}426.24\text{m/sec}$$

정답 22 ② 23 ④ 24 ① 25 ②

$$\rho_2 C_2 = 2,300\text{kg/m}^3 \times 3,426.24\text{m/sec}$$
$$= 7,880,355.32 \text{ ralys}$$
$$\tau = \frac{4(7,880,355.32 \times 412.1)}{(7,880,355.32 + 412.1)^2}$$
$$= 0.00021$$
$$TL = 10\log\frac{1}{0.00021} = 36.8\text{dB}$$

26 실내의 잔향시간 T, 실부피 V, 내부표면적 S, 평균흡음률 α와의 관계로 옳은 것은?

① $T \propto \frac{\alpha S}{V}$　② $T \propto V\alpha S$
③ $T \propto \frac{\alpha V}{S}$　④ $T \propto \frac{V}{\alpha S}$

27 단일벽에서 음파가 벽면에 수직입사하고 있다. 벽체의 면밀도는 80kg/m^2, 입사되는 주파수는 500Hz일 경우 벽면의 투과손실은?(단, $\omega m \gg 2pc$인 경우)

① 39dB　② 49dB
③ 54dB　④ 69dB

풀이 $TL = 20\log(m \cdot f) - 43(\text{dB})$
$= 20\log(80 \times 500) - 43 = 49\text{dB}$

28 균질인 단일벽의 두께를 4배로 할 경우 일치효과의 한계주파수의 변화로 옳은 것은?(단, 기타 조건은 일정)

① 원래의 $\frac{1}{4}$　② 원래의 $\frac{1}{2}$
③ 원래의 2배　④ 원래의 4배

풀이 일치주파수(f_c)

$$f_c = \frac{c^2}{2\pi h \sin^2\theta} \cdot \sqrt{\frac{12 \cdot \rho(1-\sigma^2)}{E}}$$

기타 조건 일정

$$f_c \fallingdotseq \frac{1}{h} \fallingdotseq \frac{1}{4}$$

즉, 두께를 4배로 하면 일치주파수는 $\frac{1}{4}$이 된다.

29 공장 내 두 벽과 바닥이 만나는 모서리에 90dB의 소음을 유발하는 공기압축기가 있다. 이 공장의 내부체적은 200m^3, 실내 전표면적은 220m^2, 실내 평균흡음률은 0.4일 때 공장 내에서 직접음과 잔향음이 같은 지점은 공기압축기로부터 얼마나 떨어져 있는가?(단, 공장 내 소음원은 공기압축기 1대로 가정한다.)

① 2.1m　② 4.8m
③ 9.0m　④ 11.5m

풀이 $r = \sqrt{\frac{QR}{16\pi}}$

$Q = 8$

$$R = \frac{S \cdot \bar{\alpha}}{1-\bar{\alpha}} = \frac{220 \times 0.4}{1-0.4} = 146.67\text{m}^2$$
$$= \sqrt{\frac{8 \times 146.67}{16 \times 3.14}} = 4.83\text{m}$$

30 방음벽 설계 시 고려사항으로 가장 거리가 먼 것은?

① 점음원의 경우 방음벽의 길이가 높이의 5배 이상이면 길이의 영향은 고려하지 않아도 된다.
② 음원 측 벽면은 될 수 있는 한 흡음처리하여 반사음을 방지하는 것이 좋다.
③ 방음벽의 모든 도장은 전광택으로 반사율이 30% 이하여야 하고, 방음벽의 높이가 일정할 때 음원과 수음점의 중간위치에 세우는 경우가 가장 효과적이다.
④ 방음벽에 의한 현실적 최대 회절감쇠치는 점음원의 경우 24dB, 선음원의 경우 22dB 정도로 본다.

풀이 방음벽의 도장은 주변 환경과 어울리도록 하고 구분이 명확한 광택을 사용하는 것은 피하며, 방음벽의 높이가 일정할 때 음원이나 수음점 가까이 세울수록 효과가 크다.

정답 26 ④ 27 ② 28 ① 29 ② 30 ③

31 산업기계에서 기류음에 의한 소음 방지대책으로 가장 거리가 먼 것은?

① 밸브를 다단화한다.
② 관의 곡률부위를 완화시킨다.
③ 분출유속을 저감시킨다.
④ 가진력을 억제시킨다.

32 공장 실내의 총 표면적이 330m^2, 평균 흡음률이 0.28이라면 실정수는?

① 116.3m^2　　② 128.3m^2
③ 143.8m^2　　④ 152.5m^2

풀이 $R=\dfrac{S\cdot\overline{\alpha}}{1-\overline{\alpha}}=\dfrac{330\times0.28}{1-0.28}=128.3\text{m}^2$

33 옥외에 있는 소음원에 대한 소음방지 대책으로 그다지 효과가 없는 것은 다음 중 어느 것인가?

① 소음원과 수음지점 사이의 거리를 멀리한다.
② 음원에 방향성이 있는 경우에는 그 방향을 바꾼다.
③ 음원에 방음커버를 설치한다.
④ 수음지점 바로 주위에 몇 그루의 나무를 심어서 차폐한다.

풀이 수림에 의한 차폐효과는 거의 없다.

34 크기가 5m×3m인 창 외부로부터 음압레벨 100dB의 음이 입사되고 있다. 이 벽면의 투과손실이 25dB이고, 실내의 흡음력이 30m^{2}일 때, 실내의 음압레벨(dB)은?

① 70dB　　② 74dB
③ 78dB　　④ 82dB

풀이 $SPL_2=SPL_1-TL-10\log\left(\dfrac{A_2}{S}\right)+6\text{dB}$

$=100-25-10\log\left(\dfrac{30}{5\times3}\right)+6=78\text{dB}$

35 다음 중 흡음 덕트형, 소음기에서 최대 감음 주파수의 범위로 가장 적합한 것은?(단, λ : 대상음 파장, D : 덕트 내경)

① $\lambda/4<D<2\lambda$　　② $\lambda/2<D<\lambda$
③ $2\lambda<D<4\lambda$　　④ $4\lambda<D<8\lambda$

36 단일벽의 일치 효과에 관한 설명으로 옳지 않은 것은?

① 벽체의 굴곡운동에 의해 발생한다.
② 벽체의 두께가 상승하면 일치효과 주파수는 상승한다.
③ 벽체의 밀도가 상승하면 일치효과 주파수는 상승한다.
④ 일치효과 주파수는 벽체에 대한 입사음의 각도에 따라 변동한다.

풀이 벽의 두께와 일치주파수는 반비례한다.

37 소음 등의 제어를 위한 자재류의 기능에 관한 설명으로 가장 거리가 먼 것은?

① 소음기 : 기체의 비정상흐름에서 정상흐름으로 전환
② 차진재 : 구조적 진동과 진동 전달력 저감
③ 흡음재 : 음에너지의 전환(음에너지가 적기 때문에 소량의 열에너지로 변환)
④ 차음재 : 음에너지 감쇠

풀이 소음기의 기능은 기체의 정상흐름 상태에서 음에너지의 전환으로 감소시키는 것이다.

38 소음기 성능표시방법 중 소음원에 소음기를 부착하기 전과 후의 공간상의 어떤 특정위치에서 측정한 음압레벨의 차와 그 측정위치로 정의되는 것은?

① 삽입손실치(IL)　　② 감음량(NR)
③ 투과손실치(TL)　　④ 감음계수(NRC)

정답 31 ④ 32 ② 33 ④ 34 ③ 35 ② 36 ② 37 ① 38 ①

39 입구 및 팽창부의 직경이 각각 50cm, 120cm인 팽창형 소음기에 의해 기대할 수 있는 대략적인 최대투과손실치는?[단, 대상주파수는 한계주파수보다 작다.($f < f_c$ 범위)]

① 약 10dB ② 약 20dB
③ 약 30dB ④ 약 40dB

풀이 $TL = \frac{D_2}{D_1} \times 4 = \frac{120}{50} \times 4 = 9.6\text{dB}$

40 다음 중 실내 평균 흡음률을 구하는 방법에 해당하는 것은?

① 잔향시간 측정에 의한 방법
② 관내법
③ TL 산출법
④ 정재파법

풀이 실내평균 흡음률 구하는 방법
㉠ 재료별 면적과 흡음률 계산에 의한 방법
㉡ 잔향시간 측정에 의한 방법
㉢ 표준음원에 의한 방법

3과목 소음진동공정시험 기준

41 환경기준 중 소음 측정방법으로 가장 거리가 먼 것은?

① 소음계의 마이크로폰은 측정위치에 받침장치를 설치하지 않고 측정하는 것을 원칙으로 한다.
② 소음계의 마이크로폰은 주소음원 방향으로 향하도록 하여야 한다.
③ 풍속이 2m/s 이상일 때에는 반드시 마이크로폰에 방풍망을 부착하여야 한다.
④ 진동이 많은 장소 또는 전자장(대형 전기기계, 고압선 근처 등)의 영향을 받는 곳에서는 적절한 방치책(방진, 차폐 등)을 강구하여야 한다.

풀이 소음계의 마이크로폰은 측정위치에 받침장치(삼각대등)를 설치하여 측정하는 것을 원칙으로 한다.

42 규제기준 중 생활진동 측정방법으로 옳지 않은 것은?

① 진동레벨계의 감각보정회로는 별도 규정이 없는 한 V특성(수직)에 고정하여 측정하여야 한다.
② 측정점은 피해가 예상되는 자의 부지경계선 중 진동레벨이 높을 것으로 예상되는 지점을 택하여야 한다.
③ 진동픽업(Pick－up)의 설치장소는 옥외지표를 원칙으로 하고, 완충물이 없고, 충분히 다져서 단단히 굳은 장소로 하며, 수평면을 충분히 확보할 수 있는 장소로 한다.
④ 측정시간 및 측정지점수는 피해가 예상되는 적절한 측정시각에서 1개의 측정지점을 선택하여 측정한 진동레벨을 측정진동레벨로 한다.

풀이 측정시간 및 측정지점수는 피해가 예상되는 적절한 측정시각에 2지점 이상의 측정지점수를 선정, 측정하여 그중 높은 진동레벨을 측정진동레벨로 한다.

43 소음계를 기본구조와 부속장치로 구분할 때 다음 중 기본구조에 해당되지 않는 것은?

① 동특성 조절기 ② 지시계기
③ 레벨레인지 변환기 ④ 표준음 발생기

풀이 소음계 부속장치
㉠ 방풍망
㉡ 삼각대
㉢ 표준음 발생기

44 1일 동안의 평균 최고소음도가 92dB(A)이고, N_1, N_2, N_3, N_4 항공기 통과횟수가 각각 50, 300, 40, 10대일 때, 1일 단위의 WECPNL은?

① 86 ② 88
③ 91 ④ 95

정답 39 ① 40 ① 41 ① 42 ④ 43 ④ 44 ④

풀이 1일 단위 WECPNL(dB)

$= \overline{L_{max}} + 10\log N - 27$

$N = N_2 + 3N_3 + 10(N_1 + N_4)$

$= 300 + (3 \times 40) + [10(50+10)]$

$= 1{,}020$

$= 92\text{dB(A)} + 10\log 1{,}020 - 27$

$= 95\text{WECPNL(dB)}$

45 다음 중 각 기준(한도)이 명시되어 있는 법령의 연결로 옳지 않은 것은?

① 소음환경기준 : 환경정책기본법 시행령
② 공장소음배출허용기준 : 소음진동관리법 시행규칙
③ 도로교통진동한도 : 환경정책기본법 시행령
④ 생활소음규제기준 : 소음진동관리법 시행규칙

풀이 도로교통진동 한도 : 소음진동관리법 시행규칙

46 진동레벨계의 성능기준으로 옳은 것은?

① 진동픽업의 횡감도는 규정주파수에서 수감축 감도에 대한 차이가 15dB 이상이어야 한다.(연직특성)
② 레벨레인지 변환기가 있는 기기에 있어서 레벨레인지 변환기의 전환오차가 1dB 이내이어야 한다.
③ 지시계기의 눈금오차는 1dB 이내이어야 한다.
④ 측정가능 주파수 범위는 20~20,000Hz 이상이어야 한다.

풀이 진동픽업의 횡감도는 규정주파수에서 수감축 감도에 대한 차이가 15dB 이상이어야 한다.

47 진동레벨기록기를 사용하여 측정할 경우 기록지상의 지시치의 변동폭이 5dB 이내일 때 측정자료 분석이 다른 기준 또는 한도는?

① 도로교통진동한도 ② 철도진동한도
③ 생활진동규제기준 ④ 진동배출허용기준

풀이 철도진동 한도 분석은 열차 통과 시마다 최고진동 레벨이 배경진동 레벨보다 최소 5dB 이상 큰 것에 한하여 연속 10개 열차 이상을 대상으로 최고진동레벨을 측정기록하고, 그중 중앙값 이상을 산술평균한 값을 철도진동 레벨로 한다.

48 소음 · 진동공정시험기준상 "정상소음"의 정의로 옳은 것은?

① 시간적으로 변동폭이 일정한 소음을 말한다.
② 시간적으로 변동하지 아니하거나 또는 변동폭이 작은 소음을 말한다.
③ 장애물 등 소음에 영향을 미치는 요소 없이 발생되는 소음을 말한다.
④ 충격소음, 연속소음 외에 소음원으로부터 발생되는 소음을 말한다.

49 다음은 소음도 기록기 또는 소음계만을 사용하여 측정할 경우 등가소음도 계산방법이다. (　　) 안에 알맞은 것은?

> 5분 이상 측정한 값 중 5분 동안 측정 · 기록한 기록지상의 값을 (　　) 판독하여 소음측정기록지표에 기록한다.

① 5초 간격으로 60회 ② 10초 간격으로 30회
③ 15초 간격으로 20회 ④ 20초 간격으로 10회

50 다음은 규제기준 중 생활진동측정방법 중 측정자료분석방법이다. (　　) 안에 알맞은 것은?

> 디지털 진동자동분석계를 사용할 경우 샘플주기를 1초 이내에서 결정하고 5분 이상 측정하여 자동연산 · 기록한 (　　)을 그 지점의 측정진동레벨 또는 배경진동레벨로 한다.

① 80% 범위의 상단치인 L_{10}값
② 80% 범위의 하단치인 L_{10}값
③ 90% 범위의 상단치인 L_{10}값
④ 90% 범위의 하단치인 L_{10}값

정답 45 ③ 46 ① 47 ② 48 ② 49 ① 50 ①

51 규제기준 중 발파진동 평가를 위한 보정 시 보정값으로 옳은 것은?(단, N은 시간대별 보정발파횟수이다.)

① ($+5\log N$: $N>1$)
② ($+10\log N$: $N>1$)
③ ($+20\log N$: $N>1$)
④ ($+50\log N$: $N>1$)

52 진동 측정기기 중 지시계기의 눈금오차는 얼마 이내이어야 하는가?

① 0.5dB 이내 ② 1dB 이내
③ 5dB 이내 ④ 15dB 이내

53 다음은 진동레벨계의 부속장치에 관한 설명이다. ( ) 안에 알맞은 것은?

> (㉠)는 진동레벨계의 측정강도를 교정하는 기기로서 발생진동의 주파수와 진동가속도레벨이 표시되어 있어야 하며, 발생진동의 오차는 (㉡)dB 이내이어야 한다.

① ㉠ 표준진동 발생기, ㉡ ±1
② ㉠ 표준진동 발생기, ㉡ ±10
③ ㉠ 레벨레인지변환기, ㉡ ±1
④ ㉠ 레벨레인지변환기, ㉡ ±10

54 철도소음한도 측정방법으로 옳지 않은 것은?

① 밤 시간대는 1회 1시간 동안 측정한다.
② 손으로 소음계를 잡고 측정할 경우 소음계는 측정자의 몸으로부터 0.5m 이상 떨어져야 한다.
③ 소음계의 청감보정회로는 C특성에 고정하여 측정한다.
④ 소음계의 동특성은 원칙적으로 빠름(Fast)모드를 하여 측정한다.

풀이 철도소음한도 측정 소음계의 청감보정회로는 A특성에 고정하여 측정하여야 한다.

55 철도진동한도 측정자료 분석방법으로 가장 거리가 먼 것은?

① 열차통과시마다 최고진동레벨이 배경진동레벨보다 최소 5dB 이상 큰 것에 한하여 기록한다.
② 연속 10개 열차(상하행 포함) 이상을 대상으로 최고진동레벨을 측정 · 기록한다.
③ 열차의 운행횟수가 밤 · 낮 시간대별로 1일 50회 미만인 경우에는 측정열차 수를 줄여 그 중 중앙값 이상을 산술평균한 값을 철도진동레벨로 할 수 있다.
④ 기상조건, 열차의 운행횟수 및 속도 등을 고려하여 당해 지역의 1시간 평균 철도 통행량 이상인 시간대에 측정한다.

풀이 열차의 운행횟수가 밤 · 낮 시간대별로 1일 10회 미만인 경우에는 측정열차 수를 줄여 그중 중앙값 이상을 산술평균한 값을 철도진동레벨로 할 수 있다.

56 진동레벨계만으로 측정시 진동레벨을 읽는 순간에 지시침이 지시판 범위 위를 벗어날 때 그 발생빈도가 5회이었다. L_{10}이 75dB(V) 이라면 보정 후 L_{10}은?

① 75dB(V) ② 77dB(V)
③ 78dB(V) ④ 80dB(V)

풀이 진동레벨계만으로 측정할 경우 진동레벨을 읽는 순간에 지시침이 지시판 범위 위를 벗어날 때(이때에 진동레벨계의 레벨범위는 전환하지 않음)에는 그 발생 빈도를 기록하여 6회 이상이면 L_{10}값에 2dB을 더해준다. 따라서 5회이므로 75dB(V)이다.

57 다음은 소음측정기기 중 지시계기에 관한 성능기준이다. ( ) 안에 들어갈 내용으로 가장 적합한 것은?

> 지침형에서는 유효지시범위가 (㉠)이어야 하고, 각각의 눈금은 (㉡)를 판독할 수 있어야 한다.

정답 51 ② 52 ① 53 ① 54 ③ 55 ③ 56 ① 57 ②

① ㉠ 15dB 이상, ㉡ 0.5dB 이하
② ㉠ 15dB 이상, ㉡ 1dB 이하
③ ㉠ 20dB 이상, ㉡ 0.5dB 이하
④ ㉠ 20dB 이상, ㉡ 1dB 이하

58 다음은 배경소음 보정에 관한 내용이다. (　) 안에 가장 적합한 것은?

> 측정소음도가 배경소음보다 (　)차이로 크면 배경소음의 영향이 있기 때문에 측정소음도에서 보정치를 보정한 후 대상소음도를 구한다.

① 0.1~9.9dB　② 1.0~9.9dB
③ 2.0~9.9dB　④ 3.0~9.9dB

59 진동레벨계만으로 측정할 경우 진동레벨을 읽는 순간에 지시침이 지시판 범위 위를 벗어날 때 그 발생빈도와 보정치 기준으로 옳은 것은?

① 발생빈도가 5회 이상이면 L_{10}값에 2dB를 더해 준다.
② 발생빈도가 6회 이상이면 L_{10}값에 2dB를 더해 준다.
③ 발생빈도가 5회 이상이면 L_{10}값에 3dB를 더해 준다.
④ 발생빈도가 6회 이상이면 L_{10}값에 3dB를 더해 준다.

60 다음 중 발파진동 측정자료 평가표 서식에 명시되어 있지 않은 것은?

① 폭약의 종류
② 측정자의 소속, 성명
③ 도로구조 및 교통특성
④ 사업주 성명

풀이 도로구조 및 교통특성은 도로교통진동 측정자료 평가표의 내용이다.

4과목 진동방지기술

61 스프링정수 $K_1=80\text{N/m}$, $K_2=120\text{N/m}$인 두 스프링을 그림과 같이 직렬로 연결하고 질량 $m=3\text{kg}$을 매달았을 때, 수직방향 진동의 고유 진동수는?

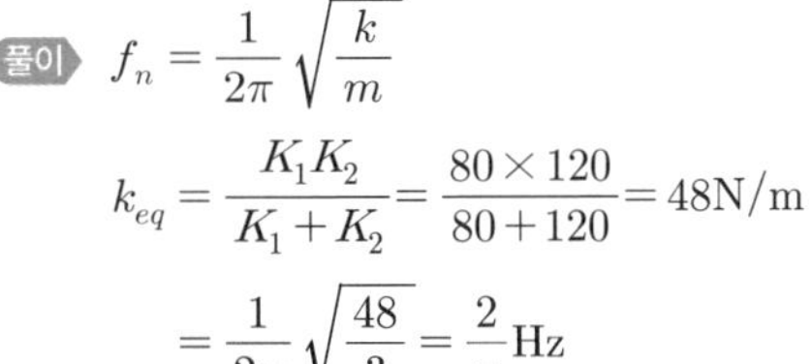

① $\frac{1}{\pi}$Hz
② $\frac{2}{\pi}$Hz
③ $\frac{3}{\pi}$Hz
④ $\frac{4}{\pi}$Hz

풀이 $f_n = \frac{1}{2\pi}\sqrt{\frac{k}{m}}$

$$k_{eq} = \frac{K_1 K_2}{K_1 + K_2} = \frac{80 \times 120}{80 + 120} = 48\text{N/m}$$

$$= \frac{1}{2\pi}\sqrt{\frac{48}{3}} = \frac{2}{\pi}\text{Hz}$$

62 지반진동 차단 구조물에 관한 설명으로 가장 거리가 먼 것은?

① 수동차단은 진동원에서 비교적 멀리 떨어져 문제가 되는 특정 수진 구조물 가까이 설치되는 경우를 말한다.
② 개방식 방진구는 굴착벽의 함몰로 시공깊이에 제약이 따른다.
③ 공기층을 이용하는 개방식 방진구가 충진식 방진벽에 비해 파 에너지 차단(반사)특성이 크게 떨어진다.
④ 방진구에서 가장 중요한 설계인자는 트렌치의 깊이로서 트렌치의 폭, 형상, 위치 등의 영향은 경미한 편이다.

풀이 공기층을 이용하는 개방식 방진구가 충진식 방진벽에 비해 파에너지 차단(반사)특성이 좋다.

정답 58 ④ 59 ② 60 ③ 61 ② 62 ③

63 점성감쇠를 갖는 강제 진동계에서 최대진폭이 생기는 진동수비는?(단, ξ는 감쇠비이다.)

① $\sqrt{1+2\xi^2}$ ② $\sqrt{1+\xi^2}$
③ $\sqrt{1-\xi^2}$ ④ $\sqrt{1-2\xi^2}$

64 발생메커니즘에 의한 분류 중 계수여진진동에 관한 설명으로 가장 적합한 것은?

① 대표적인 예는 바이올린 현의 진동이다.
② 회전하는 편평축의 진동, 왕복운동 기계의 크랭크축계의 진동도 계수여진진동에 해당한다.
③ 단조기나 프레스 등에서 발생하는 진동으로 물체의 힘이나 충격에 의한 진동이다.
④ 이 진동의 대책으로는 감쇠력을 제거하고, 강제진동수가 고유진동수의 2배로 되게 한다.

65 기계 중량 1,000N, 평균 코일직경 100mm, 소선의 지름 20mm, 재료의 전단 탄성률 80×10^3 N/mm^2, 유효권선의 수는 100일 때, 이 코일스프링의 정적 수축량은?

① 55.5mm ② 59.5mm
③ 62.5mm ④ 67.5mm

풀이 $\delta_{s\theta}=\dfrac{8WD^3n}{Gd^4}$

$=\dfrac{8\times1{,}000\times100^3\times100}{(80\times10^3)\times20^4}$

$=62.5\text{mm}$

66 진동수의 크기가 $\omega^2\le\omega_n{}^2$일 경우 응답진폭의 크기($x(\omega)$)로 옳은 것은?(단, C_e 감쇠계수, ω 강제각진동수, ω_n 고유각진동수)

① F_α/k ② $F_\alpha/m\omega^2$
③ $F_\alpha/C_e\omega$ ④ $F_\alpha/C_e\omega^2$

풀이 ㉠ $\omega^2\le\omega_n{}^2$경우 응답진폭 : $x(\omega)=F_0/k$
㉡ $\omega^2>\omega_n{}^2$경우 응답진폭 : $x(\omega)=F_0/m\omega^2$
㉢ $\omega^2=\omega_n{}^2$경우 응답진폭 : $x(\omega)=F_0/C_e\omega$

67 금속스프링의 특징에 관한 설명으로 옳지 않은 것은?

① 환경요소에 대한 저항성이 큰 편이다.
② 로킹(Rocking)이 일어나지 않도록 주의해야 한다.
③ 최대변위가 허용되며 저주파 차진에 좋다.
④ 감쇠능력이 현저하여 공진 시 전달률을 최소화할 수 있다.

68 전달력이 항상 외력보다 작기 때문에 차진이 유효한 영역으로 옳은 것은?(단, f : 외부에서 가해지는 강제진동수, f_n : 고유진동수)

① $f/f_n<\sqrt{2}$ ② $f/f_n>\sqrt{2}$
③ $f/f_n=\sqrt{2}$ ④ $f/f_n=1$

69 진동방지대책을 발생원대책, 전파경로대책, 수진대상대책으로 구분할 때, 다음 중 일반적으로 전파경로대책에 해당하는 것은?

① 완충지역 설치
② 진동전달감소장치 사용
③ 기초의 질량 및 강성증가
④ 건물구조 개조

풀이 완충지역(방진구, 지중벽)은 전파경로대책이다.

70 임계감쇠계수 C_c를 옳게 표시한 것은?(단, 감쇠비는 1, m : 질량, k : 스프링정수, ω_n : 고유각진동수)

① $C_c=\omega_n\cdot\sqrt{mk}$ ② $C_c=2\omega_n\cdot m$
③ $C_c=2\omega_n\cdot mk$ ④ $C_c=\sqrt{2mk}$

풀이 $C_c=2\sqrt{m\cdot k}=2m\omega_n=\dfrac{2k}{\omega_n}$

정답 63 ④ 64 ② 65 ③ 66 ① 67 ④ 68 ② 69 ① 70 ②

71 비감쇠강제진동에서 $\omega_1 = \frac{1}{2}\omega_n$일 때의 정상상태의 진폭을 X_1이라 하면, $\omega_2 = \frac{1}{4}\omega_n$일 때의 정상상태 진폭 X_2은?

① $X_2 = \frac{1}{2}X_1$ ② $X_2 = \frac{4}{5}X_1$
③ $X_2 = \frac{5}{4}X_1$ ④ $X_2 = 2X_1$

72 다음은 감쇠비(ξ)가 어떤 조건을 만족할 때의 그림인가?

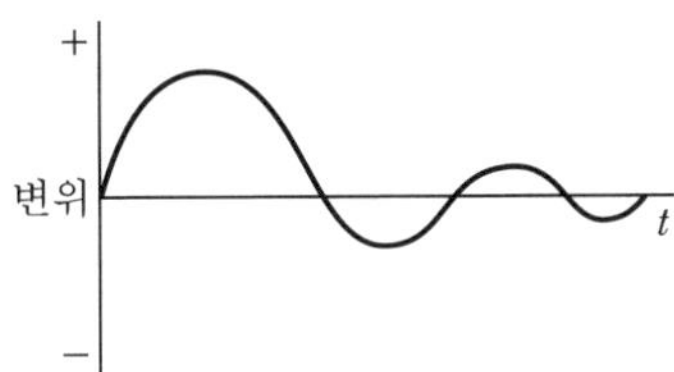

① $\xi=0$ ② $0<\xi<1$
③ $\xi=1$ ④ $\xi>1$

풀이 부족감쇠($0<\xi<1$) 이다.

73 진동하는 금속면을 고무로 진동절연하여 진동의 감쇠량이 27dB이 되도록 하였다. 이때 진동의 반사율은?

① 0.991 ② 0.995
③ 0.998 ④ 0.999

풀이 $\Delta L = -10\log(1-T_r)$
$27 = -10\log(1-T_r)$
$T_r = 10^{-2.7} - 1 = -0.998$ (반사율 0.998)

74 그림과 같이 U자관 내의 유체 운동은 자유진동으로 해석할 수 있다. 다음 중 유체운동의 주기는?(단, l은 유체기둥의 길이이다.)

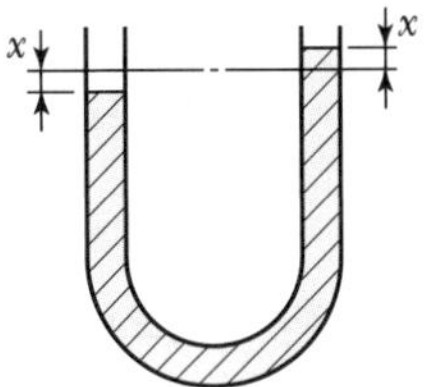

① $2\pi\sqrt{\frac{l}{g}}$ ② $2\pi\sqrt{\frac{l}{2g}}$
③ $2\pi\sqrt{\frac{g}{l}}$ ④ $2\pi\sqrt{\frac{g}{2l}}$

풀이 $f_n = \frac{1}{2\pi}\sqrt{\frac{2g}{l}}$
여기서, f_n : U자관 내의 액주, 고유진동수
l : 액주의 총 길이

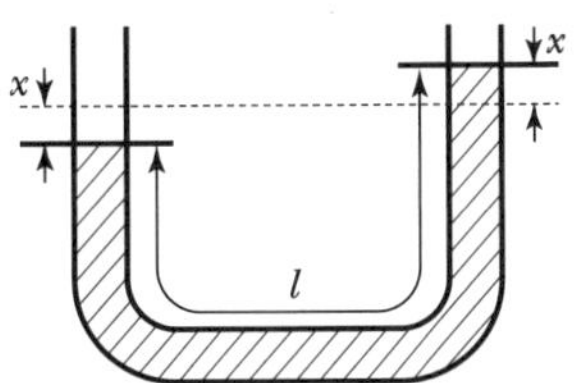

75 진동원에서 1m 떨어진 지점의 진동레벨을 150dB이라고 하면 10m 떨어진 지점의 진동레벨은?(단, 이 진동파는 표면파(n=0.5)이고, 지반전파의 감쇠정수 λ=0.05이다.)

① 136dB ② 105dB
③ 92dB ④ 87dB

풀이
$$VL_r = VL_0 - 8.7\lambda(r-r_0) - 20\log\left(\frac{r}{r_0}\right)^n \text{(dB)}$$
$$= 150 - [8.7\times0.05(10-1)] - \left[20\log\left(\frac{10}{1}\right)^{0.5}\right]$$
$$= 136\text{dB}$$

76 다음은 어떤 감쇠에 관한 설명인가?

기계구조물의 진동해석 시 흔히 가정되는 감쇠모형으로서, 물체의 속도에 비례하는 크기의 저항력이 속도 반대 방향으로 작용하는 경우를 말한다.

정답 71 ② 72 ② 73 ③ 74 ② 75 ① 76 ②

① 건미찰감쇠 ② 점성감쇠
③ 쿨롱감쇠 ④ 구조감쇠

77 방진고무에 관한 설명으로 옳지 않은 것은?

① 내부감쇠저항이 적으므로 추가로 감쇠장치가 필요하다.
② 역학적 성질은 천연고무가 우수하지만 용도에 따라 합성고무도 사용된다.
③ 내유성을 필요로 할 때에는 천연고무보다는 합성고무를 선정해야 한다.
④ 설계 및 부착이 비교적 간결하고 금속과도 견고하게 접착할 수 있다.

풀이 방진고무는 내부감쇠저항이 크기 때문에 댐퍼가 필요하지 않다.

78 그림과 같이 단진자가 진동할 때 단진자의 고유진동수와의 관계로 옳은 것은?(단, 단진자의 길이는 l, 질량은 m, θ의 각도로 회전한다.)

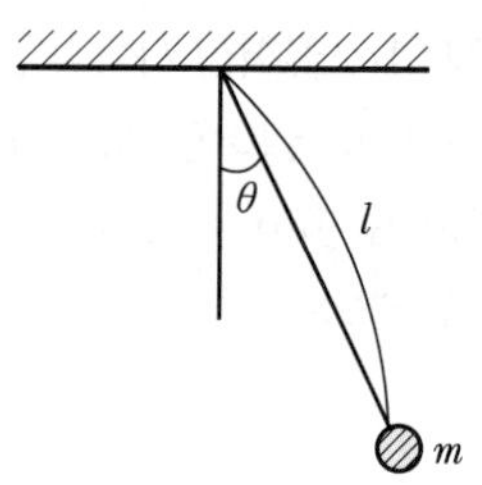

① 고유진동수는 m에 비례
② 고유진동수는 m에 반비례
③ 고유진동수는 l의 제곱근에 반비례
④ 고유진동수는 l에 반비례

풀이 단진자 $f_n = \frac{1}{2\pi}\sqrt{\frac{g}{l}}$

즉 고유진동수는 진진의 길이 l의 제곱근에 반비례한다.

79 진동원에서 발생하는 가진력은 특성에 따라 기계회전부의 질량 불평형, 기계의 왕복운동 및 충격에 의한 가진력 등으로 대별되는데 다음 중 발생 가진력이 주로 충격에 의해 발생하는 것은?

① 단조기 ② 전동기
③ 송풍기 ④ 펌프

풀이 단조기, 프레스, 항타기, 파쇄기 등은 주로 충격에 의해 진동이 발생한다.

80 비감쇠 강제진동의 전달률을 표시한 식으로 옳은 것은?(단, r=진동수비)

① $\left|\frac{1}{1-r}\right|$ ② $\left|\frac{1}{1-r^2}\right|$
③ $\left|\frac{1}{\sqrt{1-r}}\right|$ ④ $\left|\frac{1}{\sqrt{1-r^2}}\right|$

풀이 비감쇄 강제진동 전달률(T)

$$T = \left|\frac{\text{전달력}}{\text{외력}}\right| = \left|\frac{kx}{F_0 \sin\omega t}\right| = \frac{1}{\eta^2 - 1}$$

$$= \frac{1}{\left(\frac{f}{f_n}\right)^2 - 1} = \left|\frac{1}{1-\left(\frac{\omega}{\omega_n}\right)^2}\right|$$

5과목 소음진동관계법규

81 소음진동관리법규상 환경기술인을 두어야 하는 경우 환경정책기본법에 따른 환경기술인의 교육기관으로 옳은 것은?

① 국립환경과학원
② 환경보전협회
③ 국립환경인력개발원
④ 환경관리인협회

풀이 환경기술인은 3년마다 한 차례 이상 환경부장관이 교육을 실시할 능력이 있다고 인정하여 지정하는 기관 또는 환경정책기본법에 따른 환경보전협회에서 실시하는 교육을 받아야 한다.

정답 77 ① 78 ③ 79 ① 80 ② 81 ②

82 다음은 소음진동관리법규상 교육대상자의 선발 및 등록에 관한 사항이다. (　　) 안에 가장 적합한 것은?

> 환경부장관은 환경기술인 등에 대한 교육계획을 (㉠)까지 특별자치시장 등에게 통보하여야 하며, 특별자치시장 등은 그 관할구역에서 환경기술인과정, 방지시설기술요원과정, 측정기술요원과정으로 교육과정 대상자를 선발하여 그 명단을 해당 교육과정 개시(㉡)까지 교육기관의 장에게 통보하여야 한다.

① ㉠ 매년 11월 30일, ㉡ 15일 전
② ㉠ 매년 11월 30일, ㉡ 30일 전
③ ㉠ 매년 1월 31일, ㉡ 15일 전
④ ㉠ 매년 1월 31일, ㉡ 30일 전

83 소음진동관리법규상 소음발생건설기계의 소음도 검사성적서에 기재되는 인정내용으로 가장 거리가 먼 것은?

① 제작사　　② 최소출력
③ 제작국　　④ 음향파워레벨

풀이 소음도검사신청서 인정내용

㉠ 제작사　　㉡ 제작국
㉢ 기계명칭　　㉣ 최대출력
㉤ 상품명칭 및 모델번호　　㉥ 음향파워레벨
㉦ 용도

84 소음진동관리법규상 제작자동차의 배기소음허용기준(dB(A))으로 옳지 않은 것은?(단, 2006년 1월 1일 이후에 제작되는 자동차 기준)

① 소형 승용자동차 : 100 이하
② 대형 승용자동차(원동기출력 195마력 초과) : 105 이하
③ 대형 화물자동차(원동기출력 97.5마력 이하) : 112 이하
④ 이륜자동차(총 배기량 80cc 이하) : 102 이하

풀이 제작자동차

2006년 1월 1일 이후에 제작되는 자동차

자동차 종류 \ 소음 항목			가속주행소음 [dB(A)] 가	가속주행소음 [dB(A)] 나	배기소음 [dB(A)]	경적소음 [dB(C)]
화물자동차	소형		76 이하	77 이하	100 이하	110 이하
	중형		77 이하	78 이하		
	대형	원동기 출력 97.5마력 이하	77 이하	77 이하	103 이하	112 이하
		원동기 출력 97.5마력 초과 195마력 이하	78 이하	78 이하	103 이하	
		원동기 출력 195마력 초과	80 이하	80 이하	105 이하	

85 소음진동관리법규상 준공업지역의 시간대별 공장진동배출허용기준은?

① 낮 시간대 65dB(V) 이하
② 밤 시간대 65dB(V) 이하
③ 낮 시간대 60dB(V) 이하
④ 밤 시간대 60dB(V) 이하

풀이 공장진동 배출허용기준 [단위 : dB(V)]

대상지역	시간대별 낮 (06:00~22:00)	시간대별 밤 (22:00~06:00)
가. 도시지역 중 전용주거지역 · 녹지지역, 관리지역 중 취락지구 · 주거개발진흥지구 및 관광 · 휴양개발진흥지구, 자연환경보전지역 중 수산자원보호구역 외의 지역	60 이하	55 이하
나. 도시지역 중 일반주거지역 · 준주거지역, 농림지역, 자연환경보전지역 중 수산자원보호구역, 관리지역 중 가목과 다목을 제외한 그 밖의 지역	65 이하	60 이하
다. 도시지역 중 상업지역 · 준공업지역, 관리지역 중 산업개발진흥지구	70 이하	65 이하
라. 도시지역 중 일반공업지역 및 전용공업지역	75 이하	70 이하

정답 82 ③ 83 ② 84 ③ 85 ②

86 환경정책기본법령상 소음의 환경기준으로 옳은 것은?

① 낮 시간대 일반지역의 녹지지역 : $50L_{eq}$dB(A)
② 낮 시간대 도로변지역의 녹지지역 : $50L_{eq}$dB(A)
③ 밤 시간대 일반지역의 녹지지역 : $50L_{eq}$dB(A)
④ 밤 시간대 도로변지역의 녹지지역 : $50L_{eq}$dB(A)

풀이 소음환경기준 [Leq dB(A)]

지역 구분	적용대상 지역	기준	
		낮(06:00~22:00)	밤(22:00~06:00)
일반 지역	"가" 지역	50	40
	"나" 지역	55	45
	"다" 지역	65	55
	"라" 지역	70	65
도로변 지역	"가" 및 "나" 지역	65	55
	"다" 지역	70	60
	"라" 지역	75	70

일반지역의 녹지지역은 "가"지역이다.

87 소음진동관리법령상 인증을 면제할 수 있는 자동차에 해당하는 것은?

① 방송용 등 특수한 용도로 사용되는 자동차로서 환경부장관이 정하여 고시하는 자동차
② 외국에서 1년 이상 거주한 내국인이 주거를 이전하기 위하여 이주물품으로 반입하는 1대의 자동차
③ 관세법 규정에 따라 공매되는 자동차로서 환경부장관이 정하여 고시하는 자동차
④ 주한 외국군인 또는 그 가족이 사용하기 위하여 반입하는 자동차

풀이 인증을 면제할 수 있는 자동차
㉠ 군용 · 소방용 및 경호 업무용 등 국가의 특수한 공무용으로 사용하기 위한 자동차
㉡ 주한 외국공관, 외교관, 그 밖에 이에 준하는 대우를 받는 자가 공무용으로 사용하기 위하여 반입하는 자동차로서 외교부장관의 확인을 받은 자동차
㉢ 주한 외국군대의 구성원이 공무용으로 사용하기 위하여 반입하는 자동차
㉣ 수출용 자동차나 박람회, 그 밖에 이에 준하는 행사에 참가하는 자가 전시를 목적으로 사용하는 자동차
㉤ 여행자 등이 다시 반출할 것을 조건으로 일시 반입하는 자동차
㉥ 자동차제작자 · 연구기관 등이 자동차의 개발이나 전시 등을 목적으로 사용하는 자동차
㉦ 외국인 또는 외국에서 1년 이상 거주한 내국인이 주거를 이전하기 위하여 이주물품으로 반입하는 1대의 자동차

88 소음진동관리법규상 생활진동 규제기준 중 발파진동의 경우 보정기준으로 옳은 것은?

① 주간에만 규제기준치에 +5dB을 보정한다.
② 주간에만 규제기준치에 +10dB을 보정한다.
③ 야간에만 규제기준치에 +5dB을 보정한다.
④ 야간에만 규제기준치에 +10dB을 보정한다.

풀이 생활진동 규제기준의 보정
㉠ 공사장의 진동규제기준은 주간의 경우 특정공사 사전신고 대상 기계 · 장비를 사용하는 작업시간이 1일 2시간 이하일 때는 +10dB을, 2시간 초과 4시간 이하일 때는 +5dB을 규제기준치에 보정한다.
㉡ 발파진동의 경우 주간에만 규제기준치에 +10dB을 보정한다.

89 소음진동관리법규상 자동차제작자의 권리 · 의무의 승계를 신고하고자 하는 자는 그 신고 사유가 발생한 날부터 최대 며칠 이내에 인증서 원본과 그 승계 사실을 증명하는 서류 등을 환경부장관에게 제출하여야 하는가?

① 10일 이내
② 15일 이내
③ 30일 이내
④ 60일 이내

정답 86 ① 87 ② 88 ② 89 ③

90 소음진동관리법규상 환경부장관은 법에 의한 인증을 받아 제작한 자동차의 소음이 제작한 소음허용기준에 적합한지의 여부를 확인하기 위하여 대통령령으로 정하는 바에 따라 검사를 실시하여야 하는데, 이때 검사에 드는 비용은 누가 부담하는가?

① 국가 ② 지방자치단체
③ 자동차제작자 ④ 검사기관

91 소음진동관리법규상 소음배출시설기준으로 옳지 않은 것은?(단, 마력기준시설 및 기계 · 기구)

① 7.5kW 이상의 압축기(나사식 압축기는 37.5kW 이상으로 한다.)
② 7.5kW 이상의 연탄제조용 윤전기
③ 15kW 이상의 목재가공기계
④ 15kW 이상의 공작기계

풀이 공작기계의 소음배출시설기준은 37.5kW 이상이다.

92 소음진동관리법규상 운행자동차의 경적소음 허용기준으로 옳은 것은?(단, 2006년 1월 1일 이후에 제작되는 자동차로서 경자동차 기준)

① 100dB(C) 이하 ② 105dB(C) 이하
③ 110dB(C) 이하 ④ 112dB(C) 이하

풀이 운행자동차 소음허용기준
(2006년 1월 1일 이후에 제작되는 자동차)

자동차 종류 \ 소음 항목		배기소음 [dB(A)]	경적소음 [dB(C)]
경자동차		100 이하	110 이하
승용자동차	소형	100 이하	110 이하
	중형	100 이하	110 이하
	중대형	100 이하	112 이하
	대형	105 이하	112 이하
화물자동차	소형	100 이하	110 이하
	중형	100 이하	110 이하
	대형	105 이하	112 이하
이륜자동차		105 이하	110 이하

93 소음진동관리법규상 특별시장 등이 점검결과 운행차의 소음덮개를 떼어버린 경우로서 그 자동차 소유자에게 운행차 개선명령을 하려는 경우 그 개선에 필요한 기간은 개선명령일부터 며칠로 하는가?

① 5일 ② 7일
③ 10일 ④ 14일

94 소음진동관리법규상 사용되는 용어의 뜻으로 옳지 않은 것은?

① 교통기관 : 기차 · 자동차 · 전차 · 도로 및 철도 등을 말한다. 다만, 항공기와 선박은 제외
② 진동 : 기구 · 시설, 그 밖의 물체의 사용으로 인하여 발생하는 강한 흔들림
③ 방진시설 : 소음 · 진동배출시설이 아닌 물체로부터 발생하는 진동을 없애거나 줄이는 시설로서 환경부령으로 정하는 것
④ 소음발생건설기계 : 건설공사에 사용하는 기계 중 소음이 발생하는 기계로서 국토교통부령으로 정하는 것

풀이 "소음발생건설기계"란 건설공사에 사용하는 기계 중 소음이 발생하는 기계로서 환경부령으로 정하는 것을 말한다.

95 소음진동관리법규상 자동차의 종류기준에 관한 사항으로 옳지 않은 것은?(단, 2006년 1월 1일부터 제작되는 자동차기준)

① 경자동차는 주로 적은 수의 사람 또는 화물을 운송하기에 적합하게 제작된 것으로서 엔진배기량 1,000cc 미만이다.
② 이륜자동차에는 옆 차붙이 이륜자동차 및 이륜차에서 파생된 3륜 이상의 최고속도 50km/h를 초과하는 이륜자동차를 포함한다.
③ 전기를 주동력으로 사용하는 자동차는 차량총중량이 1.5톤 미만에 해당되는 경우에는 경자동차로 구분한다.

정답 90 ③ 91 ④ 92 ③ 93 ② 94 ④ 95 ④

④ 이륜자동차는 주로 1명 또는 2명 정도의 사람을 운송하기에 적합하게 제작된 것으로서 엔진배기량 100cc 이상 및 빈 차 중량 1톤 미만을 말한다.

풀이 [자동차의 종류(규칙 제4조) : 별표 3]

<table>
<tr><th>종류</th><th>정의</th><th colspan="2">규모</th></tr>
<tr><td>경자동차</td><td>사람이나 화물을 운송하기 적합하게 제작된 것</td><td colspan="2">엔진배기량 1,000cc 미만</td></tr>
<tr><td rowspan="4">승용자동차</td><td rowspan="4">사람을 운송하기에 적합하게 제작된 것</td><td>소형</td><td>엔진배기량 1,000cc 이상 및 9인승 이하</td></tr>
<tr><td>중형</td><td>엔진배기량 1,000cc 이상이고, 차량 총중량이 2톤 이하이며, 승차인원이 10인승 이상</td></tr>
<tr><td>중대형</td><td>엔진배기량 1,000cc 이상이고, 차량 총중량이 2톤 초과 3.5톤 이하이며, 승차인원이 10인승 이상</td></tr>
<tr><td>대형</td><td>엔진배기량 1,000cc 이상이고, 차량 총중량이 3.5톤 초과이며 승차인원이 10인승 이상</td></tr>
<tr><td rowspan="3">화물자동차</td><td rowspan="3">화물을 운송하기에 적합하게 제작된 것</td><td>소형</td><td>엔진배기량 1,000cc 이상이고 차량 총중량이 2톤 이하</td></tr>
<tr><td>중형</td><td>엔진배기량 1,000cc 이상이고 차량 총중량이 2톤 초과 3.5톤 이하</td></tr>
<tr><td>대형</td><td>엔진배기량 1,000cc 이상이고 차량 총중량이 3.5톤 초과</td></tr>
<tr><td>이륜자동차</td><td>자전거로부터 진화한 구조로서 사람 또는 소량의 화물을 운송하기 위한 것</td><td colspan="2">엔진배기량 50cc 이상이고 차량 총중량이 1천킬로그램을 초과하지 않는 것</td></tr>
</table>

[참고]

1. 승용자동차에는 지프(Jeep) · 왜건(Wagon) 및 승합차를 포함한다.
2. 화물자동차에는 밴(Van)을 포함한다.
3. 화물자동차에 해당되는 건설기계의 종류는 환경부장관이 정하여 고시한다.
4. 이륜자동차는 측차를 붙인 이륜자동차 및 이륜차에서 파생된 3륜 이상의 최고속도 50km/h를 초과하는 이륜자동차를 포함한다.
5. 전기를 주동력으로 사용하는 자동차에 대한 종류의 구분은 위 표 중 규모란의 차량 총중량에 따르되, 차량 총중량이 1.5톤 미만에 해당되는 경우에는 경자동차로 분류한다.

96 소음진동관리법규상 생활소음의 규제기준 중 아침시간대의 기준으로 옳은 것은?

① 05:00~07:00
② 05:00~08:00
③ 06:00~09:00
④ 06:00~08:00

풀이 생활소음 규제기준

㉠ 아침 → 05:00~07:00
㉡ 저녁 → 18:00~22:00
㉢ 주간 → 07:00~18:00
㉣ 야간 → 22:00~05:00

97 소음진동관리법규상 공사장 방음벽시설 설치기준으로 옳은 것은?

① 방음벽시설 전후의 소음도 차이(삽입손실)는 최소 5dB 이상 되어야 하며, 높이는 2m 이상 되어야 한다.
② 방음벽시설 전후의 소음도 차이(삽입손실)는 최소 7dB 이상 되어야 하며, 높이는 2m 이상 되어야 한다.
③ 방음벽시설 전후의 소음도 차이(삽입손실)는 최소 5dB 이상 되어야 하며, 높이는 3m이상 되어야 한다.
④ 방음벽시설 전후의 소음도 차이(삽입손실)는 최소 7dB 이상 되어야 하며, 높이는 3m 이상 되어야 한다.

98 소음진동관리법규상 가전제품을 제조하는 사업자 등은 환경부장관이 실시하는 소음도 검사를 받아 저소음기준에 적합한 경우에는 저소음표지를 부착할 수 있는데, 이 저소음표지의 규격(크기)기준으로 옳은 것은?

① 50mm×50mm
② 60mm×60mm
③ 70mm×70mm
④ 80mm×80mm

정답 96 ① 97 ④ 98 ②

99 소음진동관리법규상 생활소음 · 진동이 발생하는 공사로서 "환경부령으로 정하는 특정공사" 기준에 해당하는 공사가 아닌 것은?(단, 특정공사의 사전신고대상기계 · 장비를 5일 이상 사용하는 공사를 대상으로 한다.)

① 총연장이 100미터 이상 또는 굴착 토사량의 합계가 100세제곱미터 이상인 굴정공사
② 연면적이 1천 제곱미터 이상인 건축물의 건축공사 및 연면적이 3천 제곱미터 이상인 건축물의 해체공사
③ 면적 합계가 1천 제곱미터 이상인 토공사(土工事) · 정지공사(整地工事)
④ 구조물의 용적 합계가 1천 세제곱미터 이상 또는 면적합계가 1천 제곱미터 이상인 토목건설공사

풀이 환경부령으로 정하는 특정공사
㉠ 연면적이 1천 제곱미터 이상인 건축물의 건축공사 및 연면적이 3천 제곱미터 이상인 건축물의 해체공사
㉡ 구조물의 용적합계가 1천 세제곱미터 이상 또는 면적합계가 1천 제곱미터 이상인 토목건설공사
㉢ 면적합계가 1천 제곱미터 이상인 토공사 · 정지공사
㉣ 총 연장이 200미터 이상 또는 굴착 토사량의 합계가 200세제곱미터 이상인 굴정공사

100 소음진동관리법규상 진동배출시설기준으로 옳지 않은 것은?(단, 동력을 사용하는 시설 및 기계 · 기구로 한정한다.)

① 15kW 이상의 프레스(유압식은 제외한다.)
② 22.5kW 이상의 단조기
③ 22.5kW 이상의 목재가공기계
④ 22.5kW 이상의 연탄제조용 윤전기

풀이 진동배출시설(동력을 사용하는 시설 및 기계 · 기구로 한정한다.)
㉠ 15kW 이상의 프레스(유압식은 제외한다)
㉡ 22.5kW 이상의 분쇄기(파쇄기와 마쇄기를 포함한다.)
㉢ 22.5kW 이상의 단조기
㉣ 22.5kW 이상의 도정시설(「국토의 계획 및 이용에 관한 법률」에 따른 주거지역 · 상업지역 및 녹지지역에 있는 시설로 한정한다)
㉤ 22.5kW 이상의 목재가공기계
㉥ 37.5kW 이상의 성형기(압출 · 사출을 포함한다.)
㉦ 37.5kW 이상의 연탄제조용 윤전기
㉧ 4대 이상 시멘트벽돌 및 블록의 제조기계

정답 99 ① 100 ④

2015년 2회 기사

1과목 소음진동개론

01 소음은 직접적이거나 간접적으로 모든 사람들에게 피해를 준다. 소음에 노출되는 경우 작업자가 방해를 받는 피해에 관한 설명으로 가장 거리가 먼 것은?

① 불규칙적인 폭발음은 일정한 소음보다 사람에게 더욱 해롭다.
② 소음에 의한 피해는 전체 작업량보다는 작업에 정밀도를 저하시키기 쉽다.
③ 1,000~2,000Hz 이상의 고주파대역에 의한 소음은 저주파대역의 소음보다 작업방해가 크다.
④ 특정한 소음이 없는 상태에서 일정 소음이 130dB(A)를 초과하지 않으면 작업을 방해하지 않는 것으로 본다.

풀이 특정 음이 없고, 90dB(A)를 넘지 않는 일정 소음은 작업을 방해하지 않는 것으로 본다.

02 같은 소음일지라도 그 영향의 정도는 듣는 사람의 조건에 따라 다른데, 이에 관한 설명으로 거리가 먼 것은?

① 일반적으로 남성보다 여성이 민감하다.
② 건강한 사람보다는 환자 또는 임산부 등이 받는 영향이 크다.
③ 젊은 사람보다는 노인이 민감하다.
④ 지속적인 소음보다는 연속적으로 반복되는 소음과 충격음에 의한 영향을 많이 받는다.

풀이 노인보다 젊은이들이 민감하다.

03 음을 나타내는 관계식 중 옳은 것은?(단, I : 대상음의 세기, I_0 : 기준음세기, W : 대상음향파워, W_0 : 기준음향파워, P : 대상음압, P_0 : 기준음압, L_R : 청감보정회로에 의한 주파수대역별 보정치)

① $SIL = 20\log\left(\dfrac{I}{I_0}\right)\text{dB}$
② $PWL = 20\log\left(\dfrac{W}{W_0}\right)\text{dB}$
③ $SPL = 20\log\left(\dfrac{P}{P_0}\right)\text{dB}$
④ $SL = PWL + L_R\,\text{dB(A)}$

풀이 $SIL = 10\log\left(\dfrac{I}{I_0}\right)\text{dB}$

$PWL = 10\log\left(\dfrac{W}{W_0}\right)\text{dB}$

$SL = SPL + L_R\,\text{dB(A)}$

04 음이 전달되는 매질의 밀도 ρ, 미소체적 δv, 입자속도 u, 영률 E라고 할 때 음의 운동에너지의 표현식으로 옳은 것은?

① $\dfrac{1}{2}\sqrt{\dfrac{u}{\rho}\cdot\delta v}$
② $\dfrac{u}{2}\sqrt{\dfrac{E}{\rho}\cdot\delta v}$
③ $\dfrac{1}{2}\cdot\dfrac{E}{\rho}\cdot u\cdot\delta v$
④ $\dfrac{1}{2}\cdot\rho\cdot\delta v\cdot u^2$

05 중심 주파수가 2,000Hz일 때, 1/3옥타브밴드 분석기의 밴드폭(bw)은 몇 Hz인가?

① 230Hz
② 400Hz
③ 560Hz
④ 750Hz

풀이 $bw = 0.232f_c = 0.232\times 2{,}000\text{Hz} = 464\text{Hz}$

정답 01 ④ 02 ③ 03 ③ 04 ④ 05 ②

06 진동이 인체에 미치는 영향으로 옳지 않은 것은?

① 12~16Hz 정도에서 배 속의 음식물이 심하게 오르락내리락함을 느낀다.
② 1~3Hz 정도에서 호흡이 힘들고, O_2 소비가 증가한다.
③ 1~2Hz에서 심한 공진현상을 보이며, 가해진 진동보다 크게 느끼고, 진동수 증가에 따라 감쇠치는 감소한다.
④ 13Hz 정도에서 머리가 심하게 진동을 느낀다.

풀이 ㉠ 1차 공진현상 : 3~6Hz
㉡ 2차 공진현상 : 20~30Hz(두개골 공명으로 시력 및 청력 장애 초래)
㉢ 3차 공진현상 : 60~90Hz(안구가 공명)

07 다음 중 초음파에 관한 설명으로 가장 거리가 먼 것은?

① 대기 중 초음파는 가청주파수의 음과 함께 전송된다.
② 치료목적으로 초음파 사용 시 크기가 크면 신체 조직에 손상을 줄 수 있으므로 주의해야 한다.
③ 금속체의 결함 검출, 태아의 심장운동 청취 등에 사용된다.
④ 공기 중에서 흡수가 잘 되지 않으므로 특수한 부속장비를 이용하여 전파경로조사를 실시하여야 한다.

풀이 초음파음은 공기에 의해 흡수가 잘 되므로 음원근처에서 조사가 이루어져야 한다.

08 레이노씨 현상으로 가장 거리가 먼 것은?

① White Finger 증상이라고도 한다.
② 더위에 폭로되면 이러한 현상은 더욱 악화된다.
③ 착암기, 공기해머 등을 많이 사용하는 작업자의 손에서 유발될 수 있는 현상이다.
④ 말초혈관운동의 저하로 인한 혈액순환의 장애이다.

풀이 레이노씨 현상은 한랭에 폭로되면 현상이 더욱 악화된다.

09 다음 중 소음통계레벨에 관한 설명으로 옳지 않은 것은?

① 전체 측정값 중 환경소음레벨을 초과하는 소음도 총합의 산술평균값을 말한다.
② 소음레벨의 누적도수분포로부터 쉽게 구할 수 있다.
③ %값이 낮을수록 큰 레벨을 나타내어 $L_{10} > L_{50} > L_{90}$의 관계가 있다.
④ 일반적으로 L_{90}, L_{50}, L_{10} 값은 각각 배경소음, 중앙값, 침입소음의 레벨값을 나타낸다.

풀이 소음통계레벨은 총 측정시간의 $N(\%)$를 초과하는 소음레벨, 즉 전체 측정기간 중 그 소음레벨을 초과하는 시간의 총합이 $N(\%)$가 되는 소음레벨이다.

10 소음과 관련된 용어 설명으로 옳지 않은 것은?

① NC－공조기 소음 등과 같은 실내소음을 평가하기 위한 척도이다.
② TNI－도로교통소음평가에 사용된다.
③ NNI－항공기 소음평가에 사용된다.
④ PNL－철도교통소음평가의 기본값으로 사용된다.

풀이 PNL(감각소음레벨)은 공항 주변의 항공기 소음을 평가하는 기본 지표이다.

11 20℃ 공기 중에서 200Hz 음의 파장은?

① 343m ② 172m
③ 3.4m ④ 1.7m

풀이 $\lambda = \dfrac{C}{f}$

$$= \frac{331.42 + (0.6 \times 20)}{200 \cdot 1/\text{sec}} = 1.72\text{m}$$

12 공해진동의 특징과 그 영향에 관한 설명으로 옳지 않은 것은?

① 공해진동의 진동수 범위는 1~90Hz 범위의 진동이 많고, 그 레벨은 60dB로부터 80dB까지가 많다.

정답 06 ③ 07 ④ 08 ② 09 ① 10 ④ 11 ④ 12 ③

② 공해진동은 수직진동성분이 대부분을 점하고 있어, 우리나라 소음진동관리법에서는 V특성으로 계측하도록 하고 있다.
③ 수직진동은 1~2Hz 범위에서 가장 민감하다.
④ 공진현상은 앉아 있을 때가 서 있을 때보다 심하게 나타난다.

풀이 수직진동은 4~8Hz 범위에서 가장 민감하다.

13 소음진동과 관련된 단위의 연결로 옳지 않은 것은?

① 음의 크기레벨(L_L) : phon
② 진동가속도레벨(VAL) : dB
③ 소리의 에너지 밀도(E) : J/m^{-3}
④ 음압(P) : Pa

풀이 음에너지 밀도의 단위는 J/m^3($W \cdot sec/m^2$)이다.

14 자유공간에 있는 무지향성 점음원의 음향출력이 2배로 되고, 측정점과 음원의 거리도 2배로 되었다고 하면 음압레벨은 처음에 비해 얼마만큼 변화하는가?

① 2dB 감소　② 3dB 감소
③ 6dB 감소　④ 9dB 감소

풀이 $\Delta dB = 10\log 2 - 20\log 2$
$= -3\,dB\,(3\,dB$ 감소$)$

15 30phon에서 60phon으로 음의 크기레벨이 변하면 sone은 몇 배로 변화되겠는가?

① 2배　② 4배
③ 6배　④ 8배

풀이 ㉠ 30phon
$S = 2^{\frac{30-40}{10}} = 0.5\,sone$
㉡ 60phon
$S = 2^{\frac{60-40}{10}} = 4\,sone$
$\therefore$ sone의 변화$= \frac{4}{0.5} = 8$배

16 A순음(Pure Tone)의 음압진폭(피크치)이 79 N/m^2이라면, 이 음의 음압실효치(rms 값)는 몇 N/m^2인가?

① $34N/m^2$　② $42N/m^2$
③ $56N/m^2$　④ $68N/m^2$

풀이 $P_{rms} = \frac{P_{max}}{\sqrt{2}} = \frac{79\,N/m^2}{\sqrt{2}} = 55.86\,N/m^2$

17 어느 정도 큰 소음(110dB(A) 이상)을 들은 직후에 일시적으로 일어나는 청력저하로 수초~수일간의 휴식 후에 정상청력으로 돌아오는 것을 무엇이라 하는가?

① TTS　② PTS
③ 레이노드　④ TNI

풀이 TTS(NITTS)는 일시적 청력손실이다.

18 다음 재료 중 음의 매질에서의 전파속도가 가장 빠른 것은?(단, 매질의 온도는 20℃로서 같다.)

① 공기　② 나무
③ 유리　④ 강철

풀이 각 매질(재질)에서의 음속
㉠ 공기 : 약 340m/sec
㉡ 물 : 약 1,400m/sec
㉢ 나무 : 약 3,300m/sec
㉣ 유리 : 약 3,700m/sec
㉤ 강철 : 약 5,000m/sec

19 옥타브밴드 중심주파수 500Hz, 1,000Hz, 2,000Hz의 청력손실이 각각 10dB, 20dB, 30dB이라 할 때 평균청력손실은?

① 15dB　② 20dB
③ 25dB　④ 30dB

풀이 평균청력손실$= \frac{10 + (20 \times 2) + 30}{4} = 20\,dB$

정답 13 ③ 14 ② 15 ④ 16 ③ 17 ① 18 ④ 19 ②

20 다음 중 Snell의 법칙 표현으로 옳은 것은? (단, 매질 1에서의 입사각 및 음속은 θ_1 및 C_1, 매질 2에서의 굴절각 및 음속은 θ_2 및 C_2)

① $\frac{C_1}{C_2} = \frac{\sin\theta_2}{\sin\theta_1}$

② $\frac{C_1}{C_2} = \frac{\sin\theta_1}{\sin\theta_2}$

③ $\frac{C_1}{C_2} = \sin\theta_1 \times \sin\theta_2$

④ $\frac{C_1}{C_2} = \frac{1}{\sin\theta_1 \times \sin\theta_2}$

풀이 Snell의 법칙(굴절의 법칙)

$$\frac{C_1}{C_2} = \frac{\sin\theta_1}{\sin\theta_2}$$

2과목 소음방지기술

21 방음벽 설계 시 유의할 점으로 가장 거리가 먼 것은?

① 음원의 지향성이 수음측 방향으로 클 때에는 벽에 의한 감쇠치가 계산치보다 크게 된다.
② 벽의 투과손실은 회절감쇠치보다 5dB 이하로 적게 하는 것이 좋다.
③ 벽의 길이는 점음원일 때 벽 높이의 5배 이상으로 하는 것이 좋다.
④ 방음벽에 의한 실용적인 삽입손실치의 한계는 선음원일 때 21dB 정도, 점음원일 때 25dB 정도이며, 실제로는 5~15dB 정도이다.

풀이 방음벽의 투과손실은 회절감쇠치보다 적어도 5dB 이상 크게 하는 것이 바람직하다.

22 방음벽이 아래 그림과 같이 설치되어 있다. 이때 수음점에서 반사음에 대한 회절감쇠치는?(단, 음속은 340m/s 기준, 음원의 주파수는 1,000Hz 이고 회절감쇠치 $R = 10 + 10\log N$을 이용하며, 방음벽의 길이는 충분하다고 가정한다.)

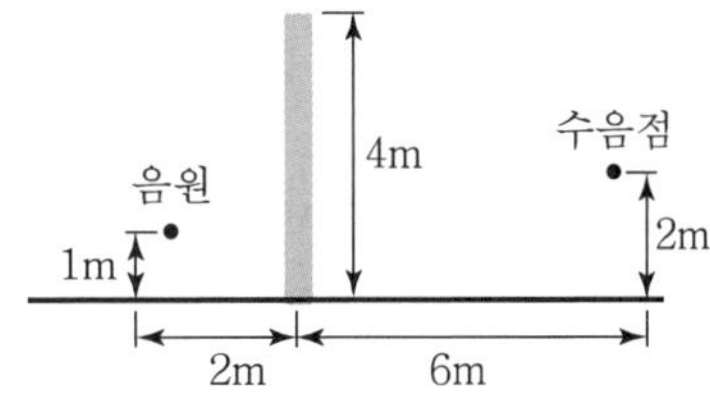

① 13.4dB　② 15.4dB
③ 18.9dB　④ 23.2dB

풀이 음파경로차(δ) $= \sqrt{2^2+3^2} + \sqrt{6^2+6^2} - \sqrt{3^2+8^2}$
$= 3.55\text{m}$

Fresnel Number(N) $= \frac{3.55 \times 1{,}000}{170} = 20.88$

반사음 회절감쇠치(L_d') $= 10 + 10\log N$
$= 10 + 10\log 20.88$
$= 23.2\text{dB}$

23 일반적으로 단면적의 비가 25인 단순팽창형 소음기의 최대 투과손실은?

① 14dB　② 22dB
③ 28dB　④ 34dB

풀이 $TL_{max} = 10\log\left[1 + \frac{1}{4}\left(m - \frac{1}{m}\right)^2\right]$
$= 10\log\left[1 + \frac{1}{4}\left(25 - \frac{1}{25}\right)^2\right]$
$= 21.93\,\text{dB}$

24 방음대책의 방법 중 전파경로 대책으로 가장 적합한 것은?

① 소음기 설치　② 방음 커버
③ 거리 감쇠　④ 방진

정답 20 ② 21 ② 22 ④ 23 ② 24 ③

풀이 전파경로 대책

㉠ 흡음(공장 건물 내벽의 흡음처리로 실내 SPL 저감)
㉡ 차음[공장 벽체의 차음성(투과손실) 강화]
㉢ 방음벽 설치
㉣ 거리 감쇠(소음원과 수음점의 거리를 멀리 띄움)
㉤ 지향성 변환(고주파음에 약 15dB 정도 저감 효과)
㉥ 주위에 잔디를 심어 음반사를 차단

25 흡음 덕트형 소음기에서 최대 감음 주파수의 범위로 가장 적합한 것은?(단, λ : 대상음의 파장(m), D : 덕트의 내경(m))

① $\frac{\lambda}{2} < D < \lambda$ ② $\lambda < D < 2\lambda$
③ $2\lambda < D < 4\lambda$ ④ $4\lambda < D < 8\lambda$

26 800Hz의 음파를 흡음덕트로 감음하고자 한다. 원통 덕트의 내면에 흡음물(吸音物)을 부착했을 때의 내부지름은 35cm, 흡음재의 흡음률은 0.35의 것을 이용한다고 하고, 이 흡음덕트에서 30dB를 감음하기 위해서 필요한 최소한의 길이(m)는?

① 9.5m ② 10.5m
③ 11.5m ④ 12.5m

풀이 $\Delta L = K \cdot \frac{P \cdot L}{S}$ (dB)

$$L = \frac{\Delta L \times S}{K \times P}$$

$\Delta L = 30\,\text{dB}$

$$S = \frac{3.14 \times 0.35^2}{4} = 0.096\,\text{m}^2$$

$K = 0.35 - 0.1 = 0.25$

$P = \pi \times D = 3.14 \times 0.35 = 1.099\,\text{m}$

$$= \frac{30 \times 0.096}{0.25 \times 1.099} = 10.48\,\text{m}$$

27 다음은 흡음재의 1/3옥타브대역에서 각 중심주파수에서의 흡음률 데이터이다. 이 흡음재의 감음계수는?

구분	1/3옥타브대역의 중심주파수(Hz)							
	63	125	250	500	1,000	2,000	4,000	8,000
흡음률	0.2	0.3	0.4	0.6	0.8	0.9	1.0	0.9

① 0.525 ② 0.638
③ 0.675 ④ 0.825

풀이 $NRC = \frac{1}{4}(0.4 + 0.6 + 0.8 + 0.9) = 0.675$

28 판상재료의 일치효과 한계주파수(f_c)를 2배로 하는 방법으로 옳지 않은 것은?(단, 한계주파수 $f_c = \frac{c^2}{2\pi}\sqrt{\frac{M}{B}}$ 이고, 평판의 경우 $M = \rho \cdot t$, $B = \frac{Et^3}{12}$ 이다.)

① E를 원래의 0.25로 한다.
② t를 원래의 0.5로 한다.
③ ρ를 원래의 4배로 한다.
④ $\frac{E}{\rho}$를 원래의 4배로 한다.

풀이 $\frac{E}{\rho}$를 원래의 1/4배로 한다.

29 크기가 5m×4m이고 투과손실이 40dB인 벽체에 서류를 주고받기 위한 개구부를 설치하려고 한다. 이때 이 벽체의 총합 투과손실을 20dB 정도로 유지하기 위해서는 개구부의 크기를 약 얼마 정도로 해야 하는가?

① 약 0.05m^2 ② 약 0.2m^2
③ 약 0.5m^2 ④ 약 0.55m^2

풀이 $\overline{TL} = 10\log\frac{1}{\tau}$

$$20 = 10\log\left[\frac{20}{[(20-x)\times 10^{-4.0}] + (x \times 1)}\right]$$

$$\frac{20}{[(20-x)\times 10^{-4}] + x} = 10^2$$

$x(1 - 10^{-4}) = 0.198$

$x = 0.198\,\text{m}^2$

정답 25 ① 26 ② 27 ③ 28 ④ 29 ②

30 차음벽체의 일치주파수를 상승시키기 위해 벽체의 두께를 변경하고자 한다. 벽체의 물성은 동일하다고 할 때 일치 주파수를 2배로 올리기 위해 두께는 어떻게 변화되어야 하는가?

① 원래의 1/4 ② 원래의 1/2
③ 원래의 2배 ④ 원래의 4배

풀이 일치주파수$(f_c) \simeq \dfrac{1}{h} = \dfrac{1}{2}$ (원래의 1/2)

31 작업장 내에 95dB의 소음을 발생시키는 기계가 2대, 90dB의 소음을 발생시키는 기계가 1대 있다. 만약, 작업장의 소음허용치가 96dB이라면 이 허용치를 만족시키기 위해 저감시켜야 할 최소 소음은 약 몇 dB인가?(단, 배경소음은 무시한다.)

① 0dB ② 1.5dB
③ 2.7dB ④ 5.6dB

풀이 $L_{합} = 10\log[(2\times10^{9.5}) + 10^{9.0}] = 98.65\,\text{dB}$
저감량$= 98.65 - 96 = 2.65\,\text{dB}$

32 투과손실이 50dB인 벽면적의 35%를 투과손실이 20dB인 유리창으로 변경하였다면 이 복합벽의 총합투과손실(TL)은?

① 22.6dB ② 24.6dB
③ 26.3dB ④ 28.8dB

풀이 $\overline{TL} = 10\log\dfrac{65+35}{(65\times10^{-5}) + (35\times10^{-2})}$
$= 24.55\,\text{dB}$

33 이미 알고 있는 표준음원에 의한 방법으로 실내의 평균 흡음률을 구하고자 한다. 표준음원의 음향파워레벨이 120dB이고 이 음원에서 충분히 떨어진 장소에서의 음압레벨이 100dB이었다. 이 경우 실내의 평균 흡음률은?(단, 실내의 표면적은 300m^2이다.)

① 0.57 ② 0.49
③ 0.42 ④ 0.36

풀이
$$\bar{\alpha} = \frac{\log^{-1}\left(\dfrac{PWL_0 - SPL_0 + 6}{10}\right)}{S + \log^{-1}\left(\dfrac{PWL_0 - SPL_0 + 6}{10}\right)}$$
$$= \frac{\log^{-1}\left(\dfrac{120-100+6}{10}\right)}{300 + \log^{-1}\left(\dfrac{120-100+6}{10}\right)}$$
$$= \frac{(\log 2.6)^{-1}}{300 + (\log 2.6)^{-1}} = \frac{2.41}{300 + 2.41}$$
$$= 0.57$$

34 도로의 방음벽 설계 시 적용하는 음원 및 수음점에 대한 가정으로 가장 거리가 먼 것은?

① 음원은 무한 길이의 선음원으로 가정한다.
② 음원의 높이는 노면에서 0.3~0.5m 정도의 높이로 한다.
③ 수음점의 높이는 지면 또는 보호 대상 지점의 바닥에서 1.2~1.5m 정도의 높이로 한다.
④ 방음벽에서 음원까지의 거리는 가장 가까운 차도의 중심선까지의 거리로 한다.

풀이 방음벽에서 음원까지의 거리는 가장 가까운 차선의 중심선까지의 거리와 가장 먼 차선의 중심선까지의 거리의 곱을 평방근한 값이다.

35 다음 중 소음기의 성능을 나타내는 용어와 가장 거리가 먼 것은?

① Transmission Loss
② Dynamic Insertion Loss
③ Noise Rating number
④ Attenuation

풀이 소음기의 성능표시
㉠ 삽입손실치(IL ; Insertion Loss)
㉡ 동적삽입손실치(DIL ; Dynamic Insertion Loss)
㉢ 감쇠치(ΔL ; Attenuation)
㉣ 감음량(NR ; Noise Reduction)
㉤ 투과손실치(TL ; Transmission Loss)

정답 30 ② 31 ③ 32 ② 33 ① 34 ④ 35 ③

36 무한히 넓은 콘크리트 바닥 위에 18W의 소음원이 설치되어 있다. 소음원으로부터 25m 떨어진 위치에서의 음압레벨은?(단, 무지향성 점음원으로 가정한다.)

① 102dB ② 97dB
③ 93dB ④ 90dB

풀이 $SPL = PWL - 20\log r - 8(\text{dB})$

$$PWL = 10\log\frac{18}{10^{-12}} = 132.55\,\text{dB}$$
$$= 132.55 - 20\log 25 - 8$$
$$= 96.6\,\text{dB}$$

37 차음대책에 관한 유의사항으로 가장 거리가 먼 것은?

① 차음은 음에너지의 반사가 클수록 효과가 좋다는 점을 감안할 때 질량법칙에 의하여 벽체의 면밀도가 큰 재료를 선정하여야 한다.
② 차음만이 아니라, 흡음 또한 차음에 많은 도움이 되므로 차음재의 음원 측에 흡음재를 붙인다.
③ 콘크리트 블록을 차음벽으로 사용할 경우 블록의 표면에 모르타르 마감 시 차음효과가 감소하므로 유의하여야 한다.
④ 큰 차음효과를 얻기 위해서는 단일벽보다 중공을 갖는 이중벽을 사용하는 것이 더 효과적이나 일치주파수와 공명주파수에 유의하여야 한다.

풀이 콘크리트 블록을 차음벽으로 사용하는 경우 표면에 모르타르 마감을 하는 것이 차음효과가 크다. 한쪽만 바를 때는 5dB, 양쪽 다 바를 때는 10dB 정도 투과손실이 개선된다.

38 발전기실의 벽면의 발전기에서 발생한 음압이 입사하면 굴곡파가 벽체에 발생한다. 만일 입사파와 굴곡파의 파장이 일치하면 일종의 공진상태가 되어 차음성능이 현저하게 저하되는데 이러한 현상을 무엇이라 하는가?

① 차음의 질량법칙 ② 난입사 질량법칙
③ 일치효과 ④ 음장입사효과

풀이 일치효과
벽체에 음파가 입사하면 음압의 강약에 의해 소밀파가 벽체에 발생하게 되는데 이로 인해 벽체에 굴곡진동이 발생한다. 만약 입사음의 파장과 굴곡파의 파장이 일치하면 벽체의 굴곡과 진폭은 입사파의 진폭과 동일하게 진동하는 일종의 공진상태가 되어 차음성능이 현저히 저하되는데 이를 일치효과(Coincidence Effect)라 한다.

39 두 개의 방이 면적 28m^2, 투과손실이 25dB인 칸막이로 구성되어 있으며, 음원실에서는 110dB의 소음이 발생되고 있다. 수음실의 실정수가 28m^2일 때 칸막이를 통하여 전달되는 수음실에서의 음압레벨(dB)은?(단, 수음실에서의 음압레벨은 직접음 및 반사음에 의한 영향을 모두 고려한다.)

① 78 ② 82
③ 86 ④ 92

풀이 $\overline{SPL_2} = \overline{SPL_1} - TL + 10\log\left(\frac{1}{4} + \frac{S_w}{R_2}\right)$

여기서, SPL_1 : 음원실에서의 평균음압레벨(dB) $= 110\text{dB}$
TL : 투과손실(dB) $= 25\text{dB}$
S_w : 경계벽의 면적(m^2) $= 28\text{m}^2$
R_2 : 수음실의 실정수(m^2) $= 28\text{m}^2$

$$\overline{SPL_2} = 110 - 25 + 10\log\left(\frac{1}{4} + \frac{28}{28}\right) = 86\text{dB}$$

40 가로, 세로, 높이가 5m, 7m, 2m인 방의 벽, 바닥, 천장의 500Hz 밴드에서의 흡음률이 각각 0.25, 0.05, 0.15이다. 벽의 80%를 500Hz 밴드에서의 흡음률이 0.70인 재료로 처리했을 때 500Hz 음의 잔향시간은?

① 0.31초 ② 0.58초
③ 0.76초 ④ 0.93초

풀이 잔향시간(T)

$$T = \frac{0.161 \times V}{S \cdot \overline{\alpha}}$$

V(실의 체적) $= 5 \times 7 \times 2 = 70\text{m}^3$

정답 36 ② 37 ③ 38 ③ 39 ③ 40 ①

S(실 내부 표면적) $=(5\times7\times2)+(5\times2\times2)+(7\times2\times2)$
$=118\text{m}^2$

$$\bar{\alpha}(\text{평균흡음률})=\frac{(9.6\times0.25)+(38.4\times0.7)+(35\times0.05)+(35\times0.15)}{118}=0.307$$

벽의 표면적 : $(5\times2\times2)+(7\times2\times2)=48\text{m}^2$
$(48\text{m}^2\times0.8=38.4\text{m}^2)$

$$T=\frac{0.161\times70}{118\times0.307}=0.31\,\text{sec}$$

3과목 소음진동공정시험 기준

41 소음계의 교정장치(Calibration Network Calibrator)는 몇 dB(A) 이상이 되는 소음환경에서도 기계 자체의 교정이 가능하여야 하는가? (단, 소음 · 진동 공정시험기준)

① 10dB(A) 이상 ② 20dB(A) 이상
③ 50dB(A) 이상 ④ 80dB(A) 이상

풀이 소음계의 교정장치는 80dB(A) 이상이 되는 환경에서도 교정이 가능하여야 한다.

42 다음은 소음 · 진동공정시험기준에서 정한 용어의 정의이다. (　　) 안에 알맞은 것은?

> (　　)은 단조기의 사용, 폭약의 발파 시 등과 같이 극히 짧은 시간 동안에 발생하는 높은 세기의 진동을 말한다.

① 발파진동 ② 폭파진동
③ 충격진동 ④ 폭발진동

43 철도소음한도 측정방법으로 옳지 않은 것은?

① 당해 지역의 1시간 평균 철도 통행량 이상인 시간대를 포함하여 낮 시간대는 2시간 간격을 두고 측정한다.
② 샘플주기를 1초 내외로 결정하고 1시간 동안 연속 측정한다.
③ 측정소음도를 철도소음의 한도와 비교하여 평가한다.
④ 철도소음한도를 적용하기 위하여 측정하고자 할 경우에는 철도보호지구 지역에서 측정 · 평가한다.

풀이 철도소음한도(철도소음관리기준)를 적용하기 위하여 측정하고자 할 경우에는 철도보호지구 외의 지역에서 측정 · 평가한다.

44 마이크로폰의 종류 중 콘덴서형에 비해 양호한 특성을 가지고 있지 않지만, 비교적 양질이며, 가격이 저렴한 편이고, 또한 뒤판에 물이 응축되는 일이 일어나 극전압을 필요로 하지 않는 것은?

① 동전형 ② 청감형
③ 압전형 ④ 보정형

45 배출허용기준 중 소음측정방법으로 옳은 것은?

① 피해가 예상되는 적절한 측정시각에 2지점 이상의 측정지점수를 선정 · 측정하여 그중 가장 높은 소음도를 측정소음도로 한다.
② 손으로 소음계를 잡고 측정할 경우 소음계는 측정자의 몸으로부터 0.3m 이상 떨어져야 한다.
③ 풍속이 5m/s를 초과할 때에는 반드시 마이크로폰에 방풍망을 부착하여 측정한다.
④ 측정소음도의 측정은 대상 배출시설의 소음발생기기를 가능한 한 중간출력으로 가동시킨 정상상태에서 측정하여야 한다.

풀이 ② 손으로 소음계를 잡고 측정할 경우 소음계는 측정자의 몸에서 0.5m 이상 떨어져야 한다.
③ 풍속이 2m/s 이상일 때에는 반드시 마이크로폰에 방풍망을 부착하여야 하며, 풍속이 5m/s를 초과할 때에는 측정하여서는 안 된다.
④ 측정소음도의 측정은 대상 배출시설의 소음발생기기를 가능한 한 최대출력으로 가동시킨 정상상태에서 측정하여야 한다.

정답 41 ④ 42 ③ 43 ④ 44 ③ 45 ①

46 항공기 소음측정자료 분석 시 헬리포트 주변 등에 대한 보정기준은?(단, 보정량은 $[+10\log($지속시간평균치/20)$]$이다.)

① 배경소음보다 5dB 이상 큰 항공기소음의 지속시간 평균치가 10초 이상일 경우
② 배경소음보다 5dB 이상 큰 항공기소음의 지속시간 평균치가 30초 이상일 경우
③ 배경소음보다 10dB 이상 큰 항공기소음의 지속시간 평균치가 10초 이상일 경우
④ 배경소음보다 10dB 이상 큰 항공기소음의 지속시간 평균치가 30초 이상일 경우

47 항공기소음한도 측정 시 일반사항으로 가장 적합한 것은?

① 소음계의 동특성을 느림(Slow) 모드로 하여 측정하여야 한다.
② 소음계와 소음도기록기를 별도 분리하여 측정 · 기록하는 것을 원칙으로 한다.
③ 소음도기록기가 없는 경우에는 소음계만으로는 측정할 수 없다.
④ 소음계 및 소음도기록기의 전원과 기기의 동작을 점검하고, 교정을 매회 실시할 필요 없다.

풀이 ② 소음계와 소음도기록기를 연결하여 측정 · 기록하는 것을 원칙으로 한다.
③ 소음도기록기가 없는 경우에는 소음계만으로 측정할 수 있다.
④ 소음계 및 소음도기록기의 전원과 기기의 동작을 점검하고, 매회 교정을 실시하여야 한다.

48 배경소음이 50dB(A)인 공장에서 압축기만 가동하였을 때 측정소음도는 55dB(A), 압축기와 송풍기를 동시에 가동하였을 경우 측정소음도는 60dB(A)였다. 압축기, 송풍기, 분쇄기를 동시에 가동하였을 때 측정소음도가 70dB(A)일 경우 대상소음도는 몇 dB(A)인가?

① 55 ② 60
③ 65 ④ 70

풀이 측정소음도가 배경소음보다 10dB 이상 크면 배경소음의 영향이 극히 작기 때문에 배경소음의 보정 없이 측정소음도를 대상소음도로 한다.

49 측정진동레벨이 75dB(V), 배경진동레벨이 71dB(V)일 경우 대상진동레벨은 약 얼마인가?

① 75dB(V) ② 74dB(V)
③ 73dB(V) ④ 72dB(V)

풀이 보정치$=-10\log(1-10^{-0.1\times4})=2.2\,\text{dB}$
대상진동레벨$=75-2.2=72.8\,\text{dB(V)}$

50 다음은 진동레벨계만으로 측정할 경우 L_{10} 진동레벨 계산방법이다. ( ) 안에 알맞은 것은?

> 진동레벨계만으로 측정할 경우 진동레벨을 읽는 순간에 지시침이 지시판 범위 위를 벗어날 때(이 때에 진동레벨계의 레벨범위는 전환하지 않음)에는 그 발생빈도를 기록하여 ( )이면 누적도 곡선을 작성한 후 90% 횡선이 누적도 곡선과 만나는 교점에서 수선을 그어 횡축과 만나는 점의 진동레벨 L_{10}값에 2dB을 더해준다.

① 2회 이상 ② 3회 이상
③ 5회 이상 ④ 6회 이상

51 발파소음 평가 시 시간대별 보정발파횟수(N) 산정기준으로 옳은 것은?

① 작업일지 및 발파계획서 또는 폭약사용신고서 등을 참조하여 발파소음 측정 당일의 발파소음 중 소음도가 20dB(A) 이상인 횟수(N)를 말한다.
② 작업일지 및 발파계획서 또는 폭약사용신고서 등을 참조하여 발파소음 측정 당일의 발파소음 중 소음도가 30dB(A) 이상인 횟수(N)를 말한다.
③ 작업일지 및 발파계획서 또는 폭약사용신고서 등을 참조하여 발파소음 측정 당일의 발파소음 중 소음도가 50dB(A) 이상인 횟수(N)를 말한다.

정답 46 ④ 47 ① 48 ④ 49 ③ 50 ④ 51 ④

④ 작업일지 및 발파계획서 또는 폭약사용신고서 등을 참조하여 발파소음 측정 당일의 발파소음 중 소음도가 60dB(A) 이상인 횟수(N)를 말한다.

52 소음 · 진동공정시험기준상 발파진동 측정자료평가표 서식에 기재되어 있는 항목이 아닌 것은?

① 폭약의 종류
② 발파횟수(낮)
③ 폭약의 제조회사
④ 폭약의 1회 사용량(kg)

풀이 발파진동 측정자료 평가표(측정대상의 진동원과 측정지점)
㉠ 폭약 종류
㉡ 1회 사용량
㉢ 발파횟수
㉣ 측정지점 약도

53 환경기준 중 소음측정방법에서 측정점 선정 시 도로변 지역의 범위기준으로 옳은 것은?

① 도로단으로부터 차선수 × 5m
② 도로단으로부터 차선수 × 10m
③ 도로단으로부터 차선수 × 15m
④ 도로단으로부터 차선수 × 20m

54 7일간의 항공기소음의 일별 WECPNL이 90, 91, 95, 93, 88, 78, 72인 경우 7일간의 평균 WECPNL은?

① 85 ② 87
③ 91 ④ 93

풀이 m일간 평균 WECPNL($\overline{\text{WECPNL}}$)

$$\overline{\text{WECPNL}} = 10\log\left[\left(\frac{1}{m}\right)\sum_{i=1}^{m}10^{0.1\,\text{WECPNL}\,i}\right]$$

$$= 10\log\left[\frac{1}{7}(10^{6}+10^{9.1}+10^{9.5}+10^{9.3}+10^{8.8}+10^{7.8}+10^{7.2})\right]$$

$$= 90.65$$

55 생활진동 규제기준 측정시간 및 측정지점수, 측정자료 분석에 관한 사항으로 옳지 않은 것은?

① 피해가 예상되는 적절한 측정시각에 2지점 이상의 측정지점수를 선정 · 측정한다.
② 진동레벨계만으로 측정할 경우 진동레벨계의 지시치 변화를 목측으로 30초 간격 5분 이상 판독 기록한다.
③ 디지털 진동자동분석계를 사용할 경우 샘플주기는 1초 이내에서 결정하여 자료를 분석한다.
④ 디지털 진동자동분석계를 사용할 경우 자동연산 기록한 80% 범위의 상단치를 그 지점의 측정진동레벨로 한다.

풀이 진동레벨계만으로 측정할 경우
계기조정을 위하여 먼저 선정된 측정위치에서 대략적인 진동의 변화양상을 파악한 후, 진동레벨계 지시치의 변화를 목측으로 5초 간격 50회 판독 · 기록한다.

56 표준음 발생기에 관한 설명으로 옳지 않은 것은?

① 소음계의 측정감도를 교정하는 기기이다.
② 발생음의 주파수와 음압도가 표시되어 있어야 한다.
③ 발생음의 오차는 ±1dB 이내이어야 한다.
④ 발생음을 기록기 등에 전송할 수 있는 교류단자를 갖춘 것이어야 한다.

풀이 ④는 출력단자(Monitor Out)에 관한 내용이다.

57 철도진동한도 측정자료 분석에 대한 설명 중 ( ) 안에 가장 적합한 것은?

열차의 운행횟수가 밤 · 낮 시간대별로 1일 (㉠)인 경우에는 측정열차수를 줄여 그중 (㉡) 이상을 산술평균한 값을 철도진동레벨로 할 수 있다.

① ㉠ 5회 미만 ㉡ 중앙값
② ㉠ 5회 미만 ㉡ 조화평균값

정답 52 ③ 53 ② 54 ③ 55 ② 56 ④ 57 ③

③ ㉠ 10회 미만　　㉡ 중앙값
④ ㉠ 10회 미만　　㉡ 조화평균값

58 소음계 중 지시계기의 성능기준에 관한 설명으로 옳지 않은 것은?

① 지시계기는 지침형 또는 디지털형이어야 한다.
② 지침형에서는 유효지시범위가 5dB 이상이어야 한다.
③ 디지털형에서는 숫자가 소수점 한 자리까지 표시되어야 한다.
④ 지침형에서는 1dB 눈금간격이 1mm 이상으로 표시되어야 한다.

풀이 지침형에서는 유효지시범위가 15dB 이상이어야 한다.

59 규제기준 중 생활진동을 진동레벨기록기를 사용하여 측정한 결과가 62dB(V), 63dB(V), 65dB(V), 61dB(V), 64dB(V), 62dB(V), 63dB(V), 64dB(V), 63dB(V), 64dB(V), 63dB(V), 65dB(V), 65dB(V)일 경우 측정진동레벨은?

① 62dB(V)　　② 63dB(V)
③ 64dB(V)　　④ 65dB(V)

풀이 기록지상의 지시치의 변동폭이 5dB 이내일 때에는 구간 내 최대치부터 진동레벨의 크기순으로 10개를 산술평균한 진동레벨을 측정진동레벨로 한다.

$$\text{측정진동레벨} = \frac{(65\times3)+(64\times3)+(63\times4)}{10} = 63.9\,\text{dB(V)}$$

60 항공기 소음한도 측정 시 1일 단위의 WECPNL을 구하는 식으로 옳은 것은?(단, $\overline{L}_A$: 당일의 평균 최고소음도, N : 1일간 항공기의 등가통과횟수)

① $\overline{L}_A - 10\log N - 27$
② $\overline{L}_A - 10\log N + 27$
③ $\overline{L}_A + 10\log N + 27$
④ $\overline{L}_A + 10\log N - 27$

4과목 진동방지기술

61 정적처짐이 0.7cm인 고무절연기 위에 엔진이 설치되어 있다. 엔진속도가 2,100rpm일 때 회전불균형력의 몇 %가 바닥에 전달되는가?

① 약 3%　　② 약 6%
③ 약 8%　　④ 약 10%

풀이 $T = \dfrac{1}{\left(\dfrac{f}{f_n}\right)^2 - 1}$

$f = \dfrac{2{,}100\,\text{rpm}}{60} = 35\,\text{Hz}$

$f_n = 4.98\sqrt{1/0.7} = 5.95\,\text{Hz}$

$= \dfrac{1}{\left(\dfrac{35}{5.95}\right)^2 - 1} = 0.0298\times100 = 2.98\%$

62 감쇠 자유진동을 하는 진동계에서 진폭이 4 사이클 뒤에 50%만큼 감쇠됨을 관찰하였다. 이 계의 감쇠비는?

① 0.017　　② 0.022
③ 0.028　　④ 0.173

풀이 대수감쇠율(Δ)

$\Delta = \dfrac{1}{n}\ln\left(\dfrac{x_1}{x_5}\right)$

진폭이 50% 감쇠 → $x_1 = 0.5x_1$

n은 진폭의 사이클 수 → 4

$\Delta = \dfrac{1}{4}\ln\left(\dfrac{x_1}{0.5x_1}\right) = \dfrac{1}{4}\ln2 = 0.1733$

$0 < \xi < 1$일 때 $\Delta = 2\pi\xi$이므로

$0.1733 = 2\times\pi\times\xi$

$\xi = \dfrac{0.1733}{2\times\pi} = 0.028$

정답 58 ② 59 ③ 60 ④ 61 ① 62 ③

63 감쇠가 없는 강제진동에서 전달률을 0.1로 하려고 한다. 강제각진동수가 100rad/sec일 때 고유각진동수(rad/sec)는?

① 12.2　② 18.2
③ 24.2　④ 30.2

풀이 $T=\dfrac{1}{\left(\dfrac{\omega}{\omega_n}\right)^2-1}$

$\omega_n=\sqrt{\dfrac{T}{1+T}}\times\omega$

$=\sqrt{\dfrac{0.1}{1+0.1}}\times 100=30.15\,\text{rad/sec}$

64 진동계의 운동방정식이 $\ddot{x}+6\dot{x}+16x=0$으로 주어질 때 감쇠비는?

① 0.16　② 0.35
③ 0.75　④ 0.96

풀이 $\xi=\dfrac{C_e}{2\sqrt{m\cdot k}}=\dfrac{6}{2\sqrt{1\times 16}}=0.75$

65 다음 (　) 안에 들어갈 진동의 종류로 가장 적합한 것은?

> (　)은(는) 매우 안정된 조건, 즉 평탄하고 일정한 구배, 특정구간의 일정한 속도에서 장시간 주행할 경우에만 발생하며 초기에는 미약한 정도의 자려진동이 발산하는 양상을 보이며 증가하다가 어떤 정도가 되면 평형상태를 유지한다. 위의 안정된 주행조건이 깨어지면 이 진동은 즉시 소멸된다.

① 저크(Jerk)
② 디스크 셰이킹(Disk Shaking)
③ 프런트 엔드 진동(Front End Vibration)
④ 아이들 진동(Idle Vibration)

66 일정 장력 T로 잡아 늘인 현(弦)이 미소횡진동을 하고 있을 때 단위길이당 질량을 ρ라 하면 전파속도 C를 나타낸 식으로 옳은 것은?

① $C=\sqrt{\dfrac{\rho}{T}}$　② $C=\sqrt{\dfrac{T}{\rho}}$
③ $C=\sqrt{\dfrac{T}{2\rho}}$　④ $C=\sqrt{\dfrac{2T}{\rho}}$

67 표면파가 지반을 전파할 때, 진동원으로부터 5m 떨어진 지점에서의 진동레벨은 90dB이었다. 10m 떨어진 지점에서의 진동레벨은?(단, 지반 전파의 감쇠정수는 0.005)

① 66dB　② 72dB
③ 79dB　④ 87dB

풀이 VL_r(dB)

$=VL_0-8.7\lambda(r-r_0)-20\log\left(\dfrac{r}{r_0}\right)^n$

$=90-[8.7\times 0.005(10-5)]-\left[20\log\left(\dfrac{10}{5}\right)^{0.5}\right]$

$=87$dB

68 방진고무의 정적 용수철 정수 K_s를 나타내는 식으로 적합한 것은?(단, W : 중량, ΔI : 정적 수축량)

① $K_s=W\times\Delta I$　② $K_s=W/\Delta I$
③ $K_s=\Delta IW$　④ $K_s=\Delta I/\sqrt{W}$

69 기계에서 발생하는 불평형력은 회전 및 왕복운동에 의한 관성력 및 모멘트에 의해 발생한다. 다음 중 회전운동에 의해서 발생하는 관성력을 원심력(F)으로 옳게 나타낸 식은?(단, m : 질량, v : 회전속도, r : 회전반경, ω : 각진동수)

① $F=\dfrac{mv^2}{r^2}$　② $F=\dfrac{mv}{r}$
③ $F=mr\omega$　④ $F=m\omega^2r$

정답 63 ④ 64 ③ 65 ③ 66 ② 67 ④ 68 ② 69 ④

70 무게 W인 물체가 스프링 상수 k인 스프링에 의해 지지되어 있을 때 운동방정식은 다음과 같다. 여기서 고유진동수(Hz)를 나타내는 식으로 옳은 것은?

$$\frac{W}{g}\ddot{x}+kx=0$$

① $2\pi\sqrt{\frac{W}{gk}}$ ② $\frac{1}{2\pi}\sqrt{\frac{gk}{W}}$
③ $\frac{1}{2\pi}\sqrt{\frac{W}{gk}}$ ④ $2\pi\sqrt{\frac{gk}{W}}$

풀이 $f_n=\frac{1}{2\pi}\sqrt{\frac{k}{m}}$
$=\frac{1}{2\pi}\sqrt{\frac{k}{W/g}}=\frac{1}{2\pi}\sqrt{\frac{k\cdot g}{W}}$

71 가진력 저감방안에 관한 설명으로 가장 거리가 먼 것은?

① 기계, 기초를 움직이는 가진력을 감소시키기 위해서는 탄성을 유지한다.
② 회전기계의 회전부의 불평형은 정밀실험을 통해 평형을 유지한다.
③ 크랭크 기구를 가진 왕복운동기계는 복수개의 실린더를 가진 것으로 교체한다.
④ 기계에서 발생되는 가진력은 지향성이 없으므로 합리적 기계설치 방법이 필요하다.

풀이 기계에서 발생하는 가진력은 지향성이 있으므로 기계의 설치방향을 바꾸는 등의 합리적 기계설치 방법이 필요하다.

72 감쇠(Damping)가 진동계에서 갖는 기능으로 거리가 먼 것은?

① 바닥으로 진동에너지 전달의 감소
② 공진 시 진동진폭의 감소
③ 진동수 비율의 감소
④ 충격 시의 진동이나 자유진동을 감소

73 강제진동수(f)가 계의 고유진동수(f_n)보다 월등히 클 경우 진동제어요소로 가장 적합한 것은?

① 계의 질량제어
② 스프링의 저항제어
③ 스프링의 강도제어
④ 스프링의 댐퍼(Damper)제어

풀이 $W^2 \gg W_n{}^2(f^2 \gg f_n{}^2)$의 경우 진동계의 질량으로 제어하는 것이 유리하다.

74 Cantilever 보의 자유단에 물체 A를 놓았더니 처짐이 11cm였다. 보의 질량을 무시하고 이 진동계의 고유진동수(Hz)를 구하면?

① 9.4 ② 4.7
③ 3.0 ④ 1.5

풀이 $f_n=4.98\sqrt{\frac{1}{11}}=1.5\,\text{Hz}$

75 동흡진기에 관한 설명으로 옳지 않은 것은?

① 동흡진기는 진동하는 구조물에 질량 · 감쇠 스프링계로 구성된 별도의 진동계를 취부하고 이를 공진시켜 이 진동의 관성력을 반력으로 하여 원래 구조물의 진동을 줄여주는 장치이다.
② 동흡진기 중 수동형은 기구는 복잡하나, 동흡진기의 진동수 및 감쇠특성 조정이 쉽다.
③ 동흡진기 중 능동형은 구조물의 진동을 진동센서로 감지하고 이 신호를 받아 액추에이터에 연결된 보조질량의 운동을 최적제어하여 능동적으로 진동제어를 수행할 수 있는 기능을 가진 동흡진기를 말한다.
④ 개발된 대부분의 동흡진기는 진동수 추종형 또는 능동형 동흡진기이다.

풀이 능동형 동흡기는 복잡하나 동흡진기의 진동수 및 감쇠특성 조정이 쉽다.

정답 70 ② 71 ④ 72 ③ 73 ① 74 ④ 75 ②

76 어떤 물체 100kg을 1개의 스프링에 매달았을 때와 200kg을 동일 스프링 4개를 사용하여 직렬로 매달았을 때 공진주파수(고유주파수)는 나중(200 kg 물체) 것이 처음(100kg) 것에 대해 어떻게 변화되는가?

① 처음 것의 $\frac{1}{2}$　② 처음 것의 $\frac{1}{\sqrt{2}}$
③ 처음 것과 동일　④ 처음 것의 $\sqrt{2}$

77 발파 시 지반의 진동속도(V)를 구하는 관계식으로 옳은 것은?(단, K, n : 지질암반조건, 발파조건 등에 따르는 상수, W : 지발당 장약량, R : 발파원으로부터의 거리, b : 1/2 또는 1/3)

① $V=K\left(\frac{R}{W^b}\right)^n$　② $V=K\left(\frac{W^b}{R}\right)^n$
③ $V=K\left(\frac{R^2}{W^b}\right)^n$　④ $V=K\left(\frac{R}{2W^b}\right)^n$

78 다음 진동의 차단방법 중 주로 전파경로 대책에 해당하는 것은?

① 기초의 질량 및 강성 증가
② 탄성지지
③ 방진구 설치
④ 동적흡진

풀이 전파경로 대책
㉠ 진동원 위치를 멀리하여 거리감쇠를 크게 함
㉡ 수진점 근방에 방진구 설치(완충지역 설치)
㉢ 지중벽 설치

79 다음 중 금속스프링의 장점으로 거리가 먼 것은?

① 온도, 부식, 용해 등에 대한 저항성이 크다.
② 저주파 차진에 좋다.
③ 하중의 변화에 따라 고유진동수를 일정하게 유지할 수 있고, 감쇠가 크다.
④ 뒤틀리거나 오므라들지 않는다.

풀이 금속스프링은 감쇠가 거의 없고, 하중의 변화에 따라 고유진동수를 일정하게 유지할 수 있는 것은 공기스프링이다.

80 공기스프링에 관한 설명으로 가장 적합한 것은?

① 구조가 간단하고 시설비가 적게 소요된다.
② 사용 진폭이 적어 별도의 댐퍼가 필요 없는 경우가 많다.
③ 부하능력의 범위가 작다.
④ 압축기 등의 부대시설이 필요하다.

풀이 ① 구조가 복잡하고 시설비가 많이 든다.
② 사용 진폭이 적은 것이 많으므로 별도의 댐퍼가 필요한 경우가 많다.
③ 부하능력이 광범위하다.

5과목 소음진동관계법규

81 다음은 소음진동관리법령상 과태료 부과기준 중 일반기준에 관한 설명이다. (　) 안에 가장 적합한 것은?

위반행위의 횟수에 따른 부과기준은 최근 (㉠) 같은 위반행위로 부과처분을 받은 경우에 적용하며, 부과권자는 위반행위의 동기와 그 결과 등을 고려하여 과태료 금액의 (㉡)의 범위에서 감경할 수 있다.

① ㉠ 1년간　㉡ 10분의 1
② ㉠ 1년간　㉡ 2분의 1
③ ㉠ 2년간　㉡ 10분의 1
④ ㉠ 2년간　㉡ 2분의 1

정답 76 ① 77 ① 78 ③ 79 ③ 80 ④ 81 ②

82 다음 환경정책기본법상 환경기준 설정에 관한 사항이다. ( ) 안에 가장 적합한 것은?

> 특별시 · 광역시 · 도 · 특별자치도는 해당 지역의 환경적 특수성을 고려하여 필요하다고 인정할 때에는 해당 시 · 도의 조례로 별도의 ( )을 설정 또는 변경할 수 있고, 이를 설정하거나 변경한 경우에는 지체 없이 환경부장관에게 보고하여야 한다.

① 규제기준　② 지역환경기준
③ 총량기준　④ 배출허용기준

풀이 환경기준의 설정
㉠ 국가는 환경기준을 설정하여야 하며, 환경 여건의 변화에 따라 그 적정성이 유지되도록 하여야 한다.
㉡ 환경기준은 대통령령으로 정한다.
㉢ 특별시 · 광역시 · 도 · 특별자치도(이하 "시 · 도"라 한다)는 해당 지역의 환경적 특수성을 고려하여 필요하다고 인정할 때에는 해당 시 · 도의 조례로 환경기준보다 확대 · 강화된 별도의 환경기준(이하 "지역환경기준"이라 한다)을 설정 또는 변경할 수 있다.
㉣ 특별시장 · 광역시장 · 도지사 · 특별자치도지사(이하 "시 · 도지사"라 한다)는 지역환경기준을 설정하거나 변경한 경우에는 이를 지체 없이 환경부장관에게 보고하여야 한다.

83 소음진동관리법규상 자동차 사용정지 명령을 받은 자동차 소유자가 부착하여야 하는 사용정지표지에 표시되는 내용으로 가장 거리가 먼 것은?

① 자동차 소유자명
② 사용정지기간 중 주차장소
③ 점검 당시 누적주행거리
④ 자동차등록번호

풀이 자동차 사용정지표지의 표기사항
㉠ 자동차등록번호
㉡ 점검 당시 누적주행거리
㉢ 사용정지기간
㉣ 사용정지기간 중 주차장소

84 소음진동관리법규상 옥외설치한 확성기의 야간시간대(22:00~05:00)의 생활소음 규제기준으로 옳은 것은?(단, 주거지역)

① 40dB(A) 이하　② 45dB(A) 이하
③ 50dB(A) 이하　④ 60dB(A) 이하

풀이 생활소음 규제기준 [단위 : dB(A)]

대상지역	소음원		아침, 저녁 (05:00~07:00, 18:00~22:00)	주간 (07:00~18:00)	야간 (22:00~05:00)
주거지역, 녹지지역, 관리지역 중 취락지구 · 주거개발진흥지구 및 관광 · 휴양개발진흥지구, 자연환경보전지역, 그 밖의 지역에 있는 학교 · 종합병원 · 공공도서관	확성기	옥외설치	60 이하	65 이하	60 이하
		옥내에서 옥외로 소음이 나오는 경우	50 이하	55 이하	45 이하
	공장		50 이하	55 이하	45 이하
	사업장	동일 건물	45 이하	50 이하	40 이하
		기타	50 이하	55 이하	45 이하
	공사장		60 이하	65 이하	50 이하

85 소음진동관리법상 확인검사대행자의 등록을 할 수 있는 자는?

① 피성년후견인
② 파산선고를 받고 복권되지 아니한 자
③ 임원 중 피성년후견인에 해당하는 자가 있는 법인
④ 확인검사대행자의 등록이 취소된 후 2년이 경과된 자

풀이 확인검사대행자의 등록을 할 수 없는 자
㉠ 피성년후견인 또는 피한정후견인
㉡ 파산선고를 받고 복권(復權)되지 아니한 자
㉢ 확인검사대행자의 등록이 취소된 후 2년이 지나지 아니한 자
㉣ 이 법이나 「대기환경보전법」, 「수질 및 수생태계 보전에 관한 법률」을 위반하여 징역의 실형을 선고받고 그 형의 집행이 종료되거나 집행을 받지 아니하기로 확정된 후 2년이 지나지 아니한 자
㉤ 임원 중 제1호부터 제4호까지의 규정 중 어느 하나에 해당하는 자가 있는 법인

정답 82 ② 83 ① 84 ④ 85 ④

86 소음진동관리법상 생활소음 · 진동이 발생하는 공사로서 환경부령으로 정하는 특정공사를 시행하려는 자가 그 특정공사로 발생하는 소음 · 진동을 줄이기 위한 저감대책을 수립 · 시행하지 아니한 경우 과태료부과기준은?

① 500만 원 이하의 과태료를 부과한다.
② 300만 원 이하의 과태료를 부과한다.
③ 200만 원 이하의 과태료를 부과한다.
④ 100만 원 이하의 과태료를 부과한다.

풀이 소음진동관리법 제60조제2항 참조

87 다음은 소음진동관리법규상 환경기술인의 교육기관에 관한 사항이다. (　　) 안에 가장 적합한 것은?

> 환경기술인은 아래 어느 하나에 해당하는 교육기관에서 실시하는 교육을 받아야 한다.
> 1. 환경부장관이 교육을 실시할 능력이 있다고 인정하여 지정하는 기관
> 2. 환경정책기본법 규정에 따른 (　　)

① 국립환경과학원
② 환경보전협회
③ 한국환경공단
④ 환경공무원연수원

88 소음진동관리법규상 배출시설의 설치가 불가능한 지역에서 규정에 의한 배출시설 설치허가를 받지 아니하고 배출시설을 설치한 경우 1차 행정처분기준은?(단, 예외사항 제외)

① 조업정지
② 사용중지 명령
③ 폐쇄
④ 허가취소

풀이 소음진동관리법 시행규칙 제73조 별표 21, 개별기준 가의 (3)항 참조

89 소음진동관리법규상 2006년 1월 1일 이후에 제작되는 경자동차(주로 사람을 운송하기에 적합한 자동차)의 경적소음허용기준은?

① 100dB(C) 이하　② 105dB(C) 이하
③ 110dB(C) 이하　④ 115dB(C) 이하

풀이 제작자동차

2006년 1월 1일 이후에 제작되는 자동차

<table>
<tr><th colspan="3" rowspan="2">소음 항목 / 자동차 종류</th><th colspan="2">가속주행소음 [dB(A)]</th><th rowspan="2">배기소음 [dB(A)]</th><th rowspan="2">경적소음 [dB(C)]</th></tr>
<tr><th>가</th><th>나</th></tr>
<tr><td rowspan="5">화물자동차</td><td colspan="2">소형</td><td>76 이하</td><td>77 이하</td><td>100 이하</td><td>110 이하</td></tr>
<tr><td colspan="2">중형</td><td>77 이하</td><td>78 이하</td><td></td><td></td></tr>
<tr><td rowspan="3">대형</td><td>원동기 출력 97.5마력 이하</td><td>77 이하</td><td>77 이하</td><td>103 이하</td><td>112 이하</td></tr>
<tr><td>원동기 출력 97.5마력 초과 195마력 이하</td><td>78 이하</td><td>78 이하</td><td>103 이하</td><td></td></tr>
<tr><td>원동기 출력 195마력 초과</td><td>80 이하</td><td>80 이하</td><td>105 이하</td><td></td></tr>
</table>

90 소음진동관리법규상 환경기술인이 환경부장관이 교육을 실시할 능력이 있다고 인정하여 지정하는 기관 등에서 받아야 하는 교육주기 및 기간기준으로 옳은 것은?(단, 정보통신매체를 이용한 원격교육 제외)

① 3년마다 한 차례 이상 3일 이내
② 3년마다 한 차례 이상 5일 이내
③ 3년마다 한 차례 이상 7일 이내
④ 3년마다 한 차례 이상 14일 이내

91 다음은 소음진동관리법상 배출허용기준의 준수의무에 관한 사항이다. 밑줄 친 기간기준으로 옳은 것은?

> 사업자는 배출시설 또는 방지시설의 설치 또는 변경을 끝내고 배출시설을 가동한 때에는 <u>환경부령으로 정하는 기간</u> 이내에 공장에서 배출되는 소음 · 진동이 소음 · 진동 배출허용기준 이하로 처리될 수 있도록 하여야 한다.

정답 86 ③ 87 ② 88 ③ 89 ③ 90 ② 91 ③

① 가동개시일부터 10일
② 가동개시일부터 15일
③ 가동개시일부터 30일
④ 가동개시일부터 60일

92 소음진동관리법령상 소음진동배출시설을 설치하고자 할 때 특별자치시장 · 특별자치도지사 또는 시장 · 군수 · 구청장의 허가를 받아야 하는 대통령령으로 정하는 지역기준과 거리가 먼 것은?

① 의료법에 따른 종합병원의 부지경계선으로부터 직선거리 50m 이내의 지역
② 도서관법에 따른 공공도서관의 부지경계선으로부터 직선거리 50m 이내의 지역
③ 영유아보육법에 따른 어린이집 중 입소규모 50명 이상인 어린이집의 부지경계선으로부터 직선거리 50m 이내의 지역
④ 주택법에 따른 공동주택의 부지경계선으로부터 직선거리 50m 이내의 지역

풀이 「영유아보육법」에 따른 어린이집 중 입소규모 100명 이상인 어린이집의 부지경계선으로부터 직선거리 50미터 이내의 지역

93 소음진동관리법규상 주거지역 내에 있는 평일 공사장의 주간(07:00~18:00) 생활소음규제기준은?(단, 작업시간, 특정공사 등에 따른 (특정공사 작업소음 등) 규제기준치 보정 등의 기타 경우는 고려하지 않음)

① 45dB(A) 이하
② 55dB(A) 이하
③ 65dB(A) 이하
④ 70dB(A) 이하

풀이 문제 84번 풀이 참조

94 소음진동관리법규상 주거지역과 상업지역의 야간시간대(22:00~06:00)의 도로교통소음의 한도기준은 각각 얼마인가?

① 65LeqdB(A), 73LeqdB(A)
② 60LeqdB(A), 65LeqdB(A)
③ 58LeqdB(A), 63LeqdB(A)
④ 55LeqdB(A), 60LeqdB(A)

풀이 교통소음 관리기준(도로)

대상지역	구분	한도	
		주간 (06:00~22:00)	야간 (22:00~06:00)
주거지역, 녹지지역, 관리지역 중 취락지구 · 주거개발진흥지구 및 관광 · 휴양개발진흥지구, 자연환경보전지역, 학교 · 병원 · 공공도서관 및 입소규모 100명 이상의 노인의료복지시설 · 영유아보육시설의 부지 경계선으로부터 50미터 이내 지역	소음 [Leq dB(A)]	68	58
	진동 [dB(V)]	65	60
상업지역, 공업지역, 농림지역, 생산관리지역 및 관리지역 중 산업 · 유통개발진흥지구, 미고시지역	소음 [Leq dB(A)]	73	63
	진동 [dB(V)]	70	65

95 소음진동관리법규상 생활진동 규제기준에 대한 설명으로 옳지 않은 것은?

① 주간 시간대에 주거지역의 생활진동 규제기준은 65dB(V) 이하이다.
② 발파진동의 경우 주간에만 규제기준치에 +10dB을 보정한다.
③ 공사장의 진동 규제기준은 주간의 경우 특정공사 사전신고 대상 기계 · 장비를 사용하는 작업시간이 1일 2시간 이하일 때는 +10dB을 규제기준치에 보정한다.
④ 심야시간대에 주거지역의 생활진동 규제기준은 55dB(V) 이하이다.

풀이 심야시간대에 주거지역의 생활진동 규제기준은 60dB(V)이다.

정답 92 ③ 93 ③ 94 ③ 95 ④

96 소음진동관리법규상 소음배출시설의 기준에 해당하지 않는 것은?(단, 마력기준시설 및 기계 · 기구)

① 15kW 이상의 초지기
② 15kW 이상의 원심분리기
③ 15kW 이상의 제재기
④ 15kW 이상의 목재가공기계

풀이 22.5kW 이상의 초지기가 소음배출시설기준에 해당된다.

97 소음진동관리법규상 시 · 도지사는 매년 주요 소음 · 진동 관리시책의 추진 상황에 관한 보고서를 환경부장관에게 제출하여야 한다. 이에 따른 연차보고서에 포함될 내용으로 거리가 먼 것은?

① 소음 · 진동 발생원 및 소음 · 진동 현황
② 소음 · 진동 저감대책 추진실적 및 추진계획
③ 소요 재원의 확보계획
④ 소음 · 진동 발생원 저감에 따른 지원 실적

98 소음진동관리법규상 소음도 표지판에 쓰는 색상기준으로 옳은 것은?

① 흰색 판에 검은색 문자
② 회색 판에 검은색 문자
③ 검은색 판에 흰색 문자
④ 검은색 판에 회색 문자

99 소음진동관리법규상 시장 · 군수 · 구청장 등은 배출허용기준에 맞는지 확인을 위해 배출시설과 방지시설의 가동상태를 점검할 수 있는데, 다음 중 점검을 위한 소음 · 진동검사를 지시하거나 의뢰할 수 있는 검사기관으로 옳지 않은 것은?

① 보건환경연구원
② 환경시험과학원
③ 유역환경청
④ 지방환경청

풀이 점검을 위한 소음 · 진동검사를 지시하거나 의뢰할 수 있는 검사기관
㉠ 국립환경과학원
㉡ 특별시 · 광역시 · 도 · 특별자치도의 보건환경연구원
㉢ 유역환경청 또는 지방환경청
㉣ 「한국환경공단법」에 따른 한국환경공단

100 소음진동관리법규상 공장소음 배출허용기준에 관한 설명으로 옳지 않은 것은?

① 저녁시간대는 18:00~24:00이다.
② 충격음 성분이 있는 경우 허용기준치에 －10dB을 보정한다.
③ 도시지역 중 전용주거지역의 낮의 배출허용기준은 50dB(A) 이하이다.
④ 관련시간대(낮은 8시간, 저녁은 4시간, 밤은 2시간)에 대한 측정소음발생시간의 백분율이 25% 이상 50% 미만의 경우 ＋5dB을 허용기준치에 보정한다.

풀이 충격음 성분이 있는 경우 허용기준치에 －5dB을 보정한다.

정답 96 ① 97 ④ 98 ② 99 ② 100 ②

009 2015년 4회 기사

1과목 소음진동개론

01 무한히 긴 선음원으로부터 88m 되는 거리에서의 음압레벨은 95dB이다. 3m 떨어진 곳에서의 음압레벨은?

① 약 100dB ② 110dB
③ 약 120dB ④ 130dB

풀이 $SPL_1 - SPL_2 = 10\log\frac{r_2}{r_1}$

$SPL_1 - 95\,\text{dB} = 10\log\frac{88}{3}$

$SPL_1 = 95\,\text{dB} + 10\log\frac{88}{3} = 109.67\text{dB}$

02 자유공간에서 두 점음원의 파워레벨비가 10 : 1일 때, 이 두 음원의 음압레벨의 차는 얼마인가? (단, 더 작은 음원의 파워레벨은 10dB로 한다.)

① 90dB ② 100dB
③ 110dB ④ 120dB

풀이 작은 음원 – $PWL = 10\,\text{dB}$
큰 음원 – $PWL = 100\,\text{dB}$
∴ 두 음원의 SPL 차이 $= 100 - 10 = 90\text{dB}$

03 굳고 단단한 넓은 평야지대를 기차가 달리고 있다. 철로와 주변지대는 완전한 평면이며, 철로 중심으로부터 20m 떨어진 곳에서의 음압레벨이 70 dB이었다면, 이 음원의 음향파워레벨은?(단, 음파가 전파되는 데 방해가 되는 것은 없다고 가정한다.)

① 약 107dB ② 약 104dB
③ 약 91dB ④ 약 88dB

풀이 선음원이 반자유공간에 위치
$PWL = SPL + 10\log r + 5$
$= 70 + 10\log 20 + 5 = 88\,\text{dB}$

04 진동이 인체에 미치는 영향에 관한 설명으로 옳지 않은 것은?

① 3~6Hz 부근에서 인체의 심한 공진이 나타난다.
② 인체 공진 현상은 서 있을 때가 앉아 있을 때보다 심하게 나타난다.
③ Raynaud씨 현상은 국소진동의 대표적인 증상이다.
④ 착암기, 연마기 등을 많이 사용하는 사람은 주로 국소진동의 피해를 받는다.

풀이 인체 공진 현상은 앉아 있을 때가 서 있을 때보다 현저하다. 즉, 사람이 서 있을 때와 앉아 있을 때의 진동 절연효과는 다르다.

05 평균 음압이 3,515N/m²이고, 특정 지향음압이 6,250N/m²일 때 지향지수는?

① 약 3.8dB ② 약 5.0dB
③ 약 6.3dB ④ 약 7.2dB

풀이 $DI = SPL_\theta - \overline{SPL}(\text{dB})$

$= \left(20\log\frac{6{,}250}{2\times10^{-5}}\right) - \left(20\log\frac{3{,}515}{2\times10^{-5}}\right)$

$= 4.99\,\text{dB}$

06 15℃에서 400Hz의 공명기음을 갖는 양단 개구관이 있다. 25℃에서는 대략 몇 Hz의 공명기음을 갖겠는가?

① 약 403Hz ② 약 407Hz
③ 약 414Hz ④ 약 422Hz

풀이 우선 15℃, 공명기본음주파수 400Hz에서 길이를 구하며 그 후, 25℃에서의 공명기본음주파수를 구한다.
15℃, 400Hz에서 길이(L) : 양단개구관

정답 01 ② 02 ① 03 ④ 04 ② 05 ② 06 ②

$$f = \frac{C}{2L}$$

$$L = \frac{C}{2 \times f} = \frac{331.42 + (0.6 \times 15)}{2 \times 400} = 0.425\,\text{m}$$

25℃, 0.425m에서 공명기본음주파수(f)

$$f = \frac{C}{2L} = \frac{331.42 + (0.6 \times 25)}{2 \times 0.425} = 407.55\,\text{Hz}$$

07 인체 청각기관의 기능에 관한 설명으로 옳지 않은 것은?

① 귀바퀴(이개)는 음을 모으는 집음기 역할을 한다.
② 고실은 중이에 속한다.
③ 고실은 고막의 진동을 액체진동으로 변환시켜 진동음압을 5배 정도로 증폭한다.
④ 유스타키오관은 외이와 중이의 기압을 조정한다.

풀이 고실의 이소골은 진동음압을 약 10~20배 정도 증폭하는 임피던스 변환기의 역할을 하며 이것은 뇌신경으로 전달된다.

08 1/1옥타브밴드 분석기의 중심주파수가 1,000Hz인 경우 하한주파수와 상한주파수는?

① 527.9Hz, 1,376.8Hz
② 685.4Hz, 1,545.3Hz
③ 707.1Hz, 1,414.2Hz
④ 890.9Hz, 1,122.4Hz

풀이 $f_c = \sqrt{2}\, f_L$

$$f_L = \frac{f_c}{\sqrt{2}} = \frac{1{,}000}{\sqrt{2}} = 707.1\,\text{Hz}$$

$$f_u = \frac{f_c^{\,2}}{f_L} = \frac{1{,}000^2}{707.1} = 1{,}414.2\,\text{Hz}$$

09 파워레벨 95dB인 점음원 4개, 80dB인 점음원 3개 등 7개의 소음원을 같은 장소에서 동시에 가동시켰을 때 PWL의 합은?

① 약 86dB ② 약 93dB
③ 약 98dB ④ 약 101dB

풀이 $PWL_{합} = 10\log\left[(4 \times 10^{9.5}) + (3 \times 10^{7.0})\right]$
$= 101.03\,\text{dB}$

10 소음 평가에 관한 설명으로 옳지 않은 것은?

① WECPNL(Weighted Equivalent Continuous Perceived Noise Level)은 국제민간항공기구에서 채택하고 있는 항공기소음평가량이다.
② NC(Noise Criteria)는 소음을 1/3옥타브밴드로 분석한 결과에 의해 실외소음을 평가하는 방법이다.
③ NEF(Noise Exposure Forecast)는 미국의 항공기소음평가방법이다.
④ EPNL(Effective PNL)은 국제민간항공기구에서 제안한 항공기소음 평가치로, 항공기 소음증명제도에 이용된다.

풀이 NC는 소음을 1/1옥타브밴드로 분석한 결과에 의해 실내소음을 평가하는 방법이다.

11 다음 중 A청감보정특성(중심주파수 : 1kHz)과 C청감보정특성의 상대응답도(dB) 차이가 가장 큰 주파수대역은?

① 10,000Hz ② 1,000Hz
③ 250Hz ④ 31.5Hz

풀이 저주파로 갈수록 A청감보정특성과 C청감보정특성의 상대응답 차이가 커진다.

12 각진동수가 ω이고 변위진폭의 최대치가 A인 정현진동에 있어 가속도 진폭은?

① A/ω ② ωA
③ ωA^2 ④ $\omega^2 A$

풀이 가속도 진폭($a_{\max}$)

$$a_{\max} = A\omega^2 = A\omega \cdot \omega = V_{\max} \cdot \omega$$
$$= V_{\max} \times 2\pi f\,(\text{m/sec}^2)$$

정답 07 ③ 08 ③ 09 ④ 10 ② 11 ④ 12 ④

13 두꺼운 콘크리트로 구성된 옥외 주차장의 바닥 위에 무지향성 점음원이 있으며, 이 점음원으로부터 20m 떨어진 지점의 음압레벨은 100dB이었다. 공기흡음에 의해 일어나는 감쇠치를 5dB/10m라고 할 때 이 음원의 음향파워는?

① 약 141dB　　② 약 144dB
③ 약 126W　　④ 약 251W

풀이 $SPL = PWL - 20\log r - 8 - A(\text{dB})$
여기서, A : 공기흡음에 의한 감쇠치
$PWL = SPL + 20\log r + 8 + A$
$= 100 + 20\log 20 + 8 + \left(\frac{5\text{dB}}{10\text{m}} \times 20\text{m}\right)$
$= 144\text{dB}$
$PWL = 10\log\frac{W}{10^{-12}}$
$144 = 10\log\frac{W}{10^{-12}}$
$W = 10^{\frac{144}{10}} \times 10^{-12} = 251.19\text{W}$

14 소음통계레벨에 관한 설명으로 옳은 것은?

① 총 측정시간의 N(%)를 초과하는 소음레벨을 의미한다.
② 변동이 심한 소음평가방법으로 측정시간 동안의 변동에너지를 시간적으로 평균하여 대수변환시킨 것이다.
③ 하루의 매 시간당 등가소음도 측정 후 야간에 매 시간 측정치에 벌칙레벨을 합산하여 파워평균한 값이다.
④ 소음을 1/1옥타브밴드로 분석한 음압레벨을 NR차트에 Plotting하여 그중 가장 높은 NR곡선에 접하는 것을 판독한 값이다.

풀이 소음통계레벨은 총 측정시간의 N(%)를 초과하는 소음레벨, 즉 전체 측정기간 중 그 소음레벨을 초과하는 시간의 총합이 N(%)가 되는 소음레벨이다.

15 80phon의 소리는 60phon의 소리에 비해 몇 배 크게 들리는가?

① 1배　　② 2배
③ 3배　　④ 4배

풀이 80phon : $S = 2^{\frac{80-40}{10}} = 16\text{sone}$
60phon : $S = 2^{\frac{60-40}{10}} = 4\text{sone}$
80phon은 60phon에 비해 4배 더 크게 들린다.

16 200g의 추를 매달았을 때 길이가 20cm 늘어나는 용수철을 이용하여 100g의 추를 매달아 진동시킨다면 이 용수철 진자의 주기는 몇 초인가?

① 0.53초　　② 0.63초
③ 0.73초　　④ 0.83초

풀이 용수철의 진자 주기(T)
$T = 2\pi\sqrt{\frac{m}{k}}$
훅의 법칙에서 탄성계수를 구한 후 주기를 구한다.
$F = kx = mg$
$k = \frac{mg}{x} = \frac{0.2 \times 9.8}{0.2} = 9.8\,\text{kg/sec}^2$
$T = 2 \times 3.14 \times \sqrt{\frac{0.1}{9.8}} = 0.63$초

17 소음원(점음원)의 음향파워레벨(PWL)을 측정하는 방법에 대한 이론식으로 옳지 않은 것은? (단, PWL : 음향파워레벨(dB), R : 유효실정수, SPL : 평균음압레벨(dB), Q : 지향계수, r : 음원에서 측정점까지의 거리(m))

① 확산음장법 :
$PWL = SPL + 20\log R - 6\text{dB}$
② 자유음장법(자유공간) :
$PWL = SPL + 20\log r + 11\text{dB}$
③ 자유음장법(반자유공간) :
$PWL = SPL + 20\log r + 8\text{dB}$

정답 13 ④ 14 ① 15 ④ 16 ② 17 ①

④ 반확산음장법 :

$$PWL = SPL - 10\log\left[\frac{Q}{4\pi r^2} + \frac{4}{R}\right]\text{dB}$$

풀이 확산음장법 이론식

$PWL = SPL + 10\log R - 6(\text{dB})$

18 1자유도 진동계의 고유진동수 f_n을 나타낸 식으로 옳지 않은 것은?(단, ω_n : 고유각진동수, m : 질량, k : 스프링 정수, W : 중량, g : 중력가속도)

① $4.98\sqrt{\frac{k}{W}}$ ② $\frac{1}{2\pi}\sqrt{k\frac{g}{W}}$

③ $\frac{1}{2\pi}\sqrt{\frac{m}{k}}$ ④ $\frac{\omega_n}{2\pi}$

풀이 고유진동수$(f_n) = \frac{1}{2\pi}\sqrt{\frac{k}{m}}$

19 봉의 횡진동에 있어서 기본음의 주파수 관계식으로 옳은 식은?(단, l : 길이, E : 영률, ρ : 재료의 밀도, k_1 : 상수, d : 각봉의 1변 또는 원봉의 직경, σ : 푸아송비)

① $\frac{k_1 d}{l^2}\sqrt{\frac{E}{\rho}}$ ② $\frac{k_1 d}{l}\sqrt{E\sigma\rho}$

③ $\frac{k_1 l^2}{d}\sqrt{\frac{E\sigma}{\rho}}$ ④ $\frac{k_1 d^2}{l}\sqrt{\frac{E\sigma}{\rho}}$

풀이 봉의 기본 공명음 주파수(f)

㉠ 종진동

$$f = \frac{1}{2l}\sqrt{\frac{E}{\rho}}$$

여기서, E : 영률(N/m^2)

ρ : 재료의 밀도

l : 길이

㉡ 횡진동

$$f = \frac{k_1}{l^2}\sqrt{\frac{E}{\rho}}$$

여기서, k_1 : 상수

d : 각봉의 1변 또는 원봉의 지름

20 소리를 감지하기까지의 귀(耳)의 구성요소별 전달 경로(순서)로 옳은 것은?

① 이개－고막－기저막－이소골

② 이개－기저막－고막－이소골

③ 이개－고막－이소골－기저막

④ 이개－기저막－이소골－고막

2과목 소음방지기술

21 공장 내 일부 공간에 면적 30m^2, 투과손실 30dB인 경계벽으로 된 수음실을 설치하였다. 음원실(경계벽 근처)에는 120dB의 소음이 발생하고 있다. 수음실의 실정수는 30m^2이고, 수음점의 측정 위치가 수음실 경계벽 근처일 때 이 측정점에서의 음압레벨은?

① 약 80dB ② 약 84dB

③ 약 87dB ④ 약 91dB

풀이 $\overline{SPL}_2 = \overline{SPL}_1 - TL + 10\log\left(\frac{1}{4} + \frac{S_w}{R_2}\right)$

$= 120 - 30 + 10\log\left(\frac{1}{4} + \frac{30}{30}\right)$

$= 90.97\text{dB}$

22 실정수가 120m^2인 공장에서 파워레벨이 85 dB인 소음원이 300Hz의 음을 방출시키고 있다. 이 확산 음장에 있어서의 음압레벨은 약 몇 dB이 되겠는가?

① 약 70dB ② 약 72dB

③ 약 74dB ④ 약 76dB

풀이 $SPL = PWL - 10\log R + 6$

$= 85 - 10\log 120 + 6$

$= 70.21\text{dB}$

정답 18 ③ 19 ① 20 ③ 21 ④ 22 ①

23 유공판 구조체의 흡음 특성에 대한 설명으로 가장 거리가 먼 것은?

① 유공판 구조체는 개구율에 따라 흡음 특성이 달라진다.
② 유공판 구조체 판의 두께, 구멍의 피치, 직경에 따라 흡음 특성은 달라진다.
③ 배후에 공기층을 두고 시공하면 그 공기층이 두꺼울수록 특정 주파수 영역을 중심으로 뾰족한 산형(山形) 피크를 나타내고, 얇을수록 이중 피크를 보인다.
④ 유공석고보드, 유공하드보드 등이 해당되며, 흡음영역은 일반적으로 중음역이다.

풀이 유공보드의 경우 배후에 공기층을 두어 시공하면 공기층이 상당히 두꺼운 경우를 제외하고 일반적으로는 어느 주파수 영역을 중심으로 산형의 흡음 특성을 보인다.

24 균질의 단일벽 두께를 4배로 할 경우 일치효과의 한계 주파수의 변화로 옳은 것은?(단, 기타 조건은 일정하다고 본다.)

① 원래의 $\frac{1}{16}$　② 원래의 $\frac{1}{4}$
③ 원래의 4배　④ 원래의 16배

풀이 일치주파수(f_c)

$$f_c = \frac{1}{h}\left(\text{원래의 } \frac{1}{4}\right)$$

25 목(Neck)과 공동(Cavity)으로 구성된 헬름홀츠(Helmholtz) 공명기에서 목 단면적 S, 목의 길이 L, 목의 유효길이 L_e, 공동의 단면적 A, 공동의 높이 H, 그리고 공기의 밀도를 ρ라 하면 이 공명기를 진동계의 스프링－질량－댐퍼 시스템과 등가시켰을 때, 질량과 관련 있는 인자로 옳게 나열된 것은?(단, 목의 음향저항은 무시한다.)

① ρ, L, S　② ρ, A, H
③ ρ, $(L+H)$, S　④ ρ, $(L+L_e)$, S

26 송풍기, 덕트 또는 파이프의 외부 표면에서 소음이 방사될 때 진동부에 제진대책을 한 후 흡음재를 부착하고 그 다음에 차음재로 마감하는 작업을 무엇이라고 하는가?

① LAGGING 작업　② LINING 작업
③ DAMPING 작업　④ INSULATION 작업

27 원형 흡음덕트의 흡음계수(K)가 0.29일 때, 직경 85cm, 길이 3.15m인 덕트에서의 감쇠량은?(단, 덕트 내 흡음재료의 두께는 무시한다.)

① 약 4.3dB　② 약 4.8dB
③ 약 5.3dB　④ 약 5.8dB

풀이 $$\Delta L = k \cdot \frac{P \cdot L}{S}\,(\text{dB})$$
$$= 0.29 \times \frac{(3.14 \times 0.85) \times 3.15}{\left(\frac{3.14 \times 0.85^2}{4}\right)}$$
$$= 4.3\,\text{dB}$$

28 밑면이 15m×20m, 높이가 5m인 공장 내에 중심주파수 2,000Hz, PWL 100dB인 무지향성 점음원의 두 면이 만나는 곳에 있다. 이 주파수에서 잔향시간이 2초일 때 이 음원으로부터 10m 떨어진 지점의 SPL(dB)은?(단, 반확산음장 기준)

① 약 85dB　② 약 88dB
③ 약 90dB　④ 약 93dB

풀이 $$SPL = PWL + 10\log\left(\frac{Q}{4\pi r^2} + \frac{4}{R}\right)$$

Q : 두 면이 만나는 곳=4

$$R = \frac{S \cdot \bar{\alpha}}{1-\bar{\alpha}}$$
$$\bar{\alpha} = \frac{0.161 \times V}{S \times T}$$
$$= \frac{0.161 \times (15 \times 20 \times 5)}{[(15 \times 20 \times 2) + (15 \times 5 \times 2) + (20 \times 5 \times 2)] \times 2}$$
$$= 0.1271$$

정답 23 ③ 24 ② 25 ④ 26 ① 27 ① 28 ①

$$= \frac{950 \times 0.1271}{1-0.1271} = 138.33\,\mathrm{m}^2$$

$$= 100 + 10\log\left(\frac{4}{4 \times 3.14 \times 10^2} + \frac{4}{138.33}\right)$$

$$= 85.06\,\mathrm{dB}$$

29 흡음 구조물을 시공 시 주의해야 할 사항 중 옳지 않은 항목은?

① 재료 선정 시 단열재와 구별되게 해야 하며 가능한 흡음률이 높은 흡음재를 선정하여 시공해야 한다.
② 흡음재의 표면에 페인트 칠이나 종이를 붙이는 것은 피한다.
③ 다공질 재료의 표면을 다공판으로 시공할 때는 개공률은 가능한 한 30% 이하가 되게 해야 한다.
④ 가능한 흡음재와 공기층을 두고 시공하면 좋다.

풀이 다공질 재료의 표면을 다공판으로 피복할 때에는 개구율은 20% 이상으로 하고 공명흡음의 경우에는 3~20%의 범위로 하는 것이 좋다.

30 다음 중 흡음률(α)을 나타낸 식으로 옳은 것은?(단, I_i : 입사음의 세기, I_r : 반사음의 세기, I_a : 흡수음의 세기, I_t : 투과음의 세기)

① $\dfrac{(I_t - I_r)}{I_i}$ ② $\dfrac{I_t}{I_i}$
③ $1 - \dfrac{I_a}{I_i}$ ④ $\dfrac{(I_a + I_t)}{I_i}$

풀이 흡수율(흡음률)
어떤 경계면에 대하여 반사되어 돌아오지 않는 비율을 말한다. 즉, 흡수음의 세기를 I_a라 하면 흡수율은 $\dfrac{(I_a + I_t)}{I_i}$로 표현된다.

31 원음장에 대한 설명 중 옳은 것은?

① 음원에서 거리가 2배 될 때마다 음압레벨이 6dB씩 감소되기 시작하는 위치부터 원음장이라 한다.
② 음원의 가장 가까운 면으로부터 음원의 가장 짧은 길이 이내의 영역을 원음장이라 한다.
③ 실내음향에서 실정수가 거리에 따라 일정한 값을 갖는 구간을 원음장이라 한다.
④ 음원의 가장 가까운 면으로부터 관심주파수의 한 파장 이내를 원음장이라 한다.

32 방음대책으로 가장 거리가 먼 것은?

① 소음기를 설치한다.
② 소음발생원의 방향을 고정한다.
③ 흡음덕트를 설치한다.
④ 소음발생원을 밀폐한다.

풀이 소음발생원의 지향성 변환을 통하여 고주파음 약 15dB 정도를 저감할 수 있다.

33 공조기에서 발생하는 소음을 감쇠시키기 위해 직경 30cm, 길이 3m의 원형 덕트 내부에 두께가 2cm인 흡음재를 부착하였다. 1kHz에서의 감음량은 얼마인가?(단, 1kHz에서의 흡음률은 0.3, $K = \alpha - 0.1$로 한다.)

① 5.3dB ② 7.1dB
③ 9.2dB ④ 11.4dB

풀이 감음량(ΔL)

$$\Delta L = k \cdot \frac{P \times L}{S}$$

$$k = \alpha - 0.1 = 0.3 - 0.1 = 0.2$$

$$P = \pi D = 3.14 \times 0.26\,\mathrm{m} = 0.8164\,\mathrm{m}$$

$$L = 3\,\mathrm{m}$$

$$S = \frac{\pi D^2}{4} = \left(\frac{3.14 \times 0.26^2}{4}\right)\mathrm{m}^2$$

$$= 0.053\,\mathrm{m}^2$$

$$= 0.2 \times \frac{0.8164 \times 3}{0.053} = 9.24\,\mathrm{dB}$$

정답 29 ③ 30 ④ 31 ① 32 ② 33 ③

34 직관 흡음 덕트형 소음기에 관한 설명으로 틀린 것은?

① 덕트의 최단 횡단길이는 고주파 Beam을 방해하지 않는 크기여야 한다.
② 감음의 특성은 중 · 고음역에서 좋다.
③ 덕트의 내경이 대상음의 파장보다 큰 경우는 덕트를 세분하여 Cell형이나 Splitter형으로 하여 목적 주파수를 감음시킨다.
④ 통과 유속은 20m/s 이하로 하는 것이 좋다.

풀이 덕트의 최단 횡단길이는 고주파 Beam을 방해하는 크기여야 한다.

35 단일 벽의 일치효과에 관한 설명 중 옳지 않은 것은?

① 입사파의 파장과 벽체를 전파하는 파장이 같을 때 일어난다.
② 벽체에 사용한 재료의 밀도가 클수록 일치주파수는 저음역으로 이동한다.
③ 벽체가 굴곡운동을 하기 때문에 일어난다.
④ 일종의 공진상태가 되어 차음성능이 현저히 저하한다.

풀이 벽체에 사용한 재료의 밀도가 클수록 일치주파수는 고음역으로 이동한다.

36 중공이중벽의 공기층 두께가 22.5cm이고, 두 벽의 면밀도가 각각 240kg/m^2, 310kg/m^{2}라 할 때, 저음역의 공명주파수는 실용적으로 약 몇 Hz 정도에서부터 발생되겠는가?

① 약 7Hz ② 약 11Hz
③ 약 14Hz ④ 약 17Hz

풀이 두 벽의 면밀도가 다를 때 저음역 공명투과주파수(f_r)

$$f_r = 60\sqrt{\frac{m_1+m_2}{m_1 m_2}\times\frac{1}{d}}$$

$$= 60\sqrt{\frac{240+310}{240\times310}\times\frac{1}{0.225}}$$

$$= 10.88\,\text{Hz}$$

37 반확산음장조건에서의 실내소음 저감대책에 대한 설명 중 가장 거리가 먼 것은?

① 소음원의 음향파워레벨은 적을수록 좋다.
② 소음원의 지향성을 높이면 직접음이 저감된다.
③ 실정수 값이 크면 반사음이 저감된다.
④ 소음원과 수음자 사이에 벽체가 있을 경우 벽체의 투과 손실이 클수록 수음점의 음압은 작아진다.

풀이 소음원의 지향성(Q)을 높이면 직접음이 증가된다.

38 공장부지 내 사무실로부터 15m 거리의 실외에 음향파워레벨이 120dB인 음원이 있다. 음원과 사무실의 전파경로에는 장애물이 없으며 소음 전달은 12m^{2}의 창문을 통해서만 내부로 전달되는 것으로 가정한다. 이때 이 사무실의 실내소음을 65dB로 하고자 한다면 실내 흡음 처리에 의한 소음감음량은 몇 dB을 더 감음 처리하면 되는가?(단, 건물 내부의 표면적은 200m^2, 창문의 투과손실은 20dB, 사무실 내부의 평균흡음률은 30%로 한다.)

① 약 0.5dB ② 약 2.5dB
③ 약 4.5dB ④ 약 7.5dB

풀이 $SPL_2 - SPL_1 = TL + 10\log\left(\frac{A_2}{S}\right) - 6$

$$SPL_2 = SPL_1 - TL - 10\log\left(\frac{A_2}{S}\right) + 6$$

$$SPL_1 = PWL - 20\log r - 8$$
$$= 120 - 20\log 15 - 8$$
$$= 88.5\,\text{dB}$$

$$= 88.5 - 20 - 10\log\left(\frac{0.3\times200}{12}\right) + 6$$
$$= 67.5\,\text{dB}$$

추가 소음감음량$= 67.5 - 65 = 2.5$dB

정답 34 ① 35 ② 36 ② 37 ② 38 ②

39 다음 벽 구성부 중 소음 방지대책을 가장 먼저 조치해야 할 곳은?[단, (　　)는 투과손실(dB) 값이다.]

① 출입문(10)　② 환기구(0)
③ 유리창(14)　④ 블록벽(40)

풀이 차음에 가장 영향이 큰 것은 틈(환기구 ; $TL=0$)이다. $TL=0$은 투과율이 1이라는 의미이다.

40 중공 이중벽의 설계에 있어서 저음역의 공명주파수(f_o)를 75Hz로 설정하고자 한다. 두 벽의 면밀도가 각각 15kg/m^2, 10kg/m^{2}일 때 실용식으로 산출할 경우, 중간 공기층 두께는 얼마 정도로 해야 하는가?

① 5.5cm　② 10.7cm
③ 16.2cm　④ 19.8cm

풀이 $f_0=60\sqrt{\dfrac{m_1+m_2}{m_1\times m_2}\times\dfrac{1}{d}}$

$75=60\sqrt{\dfrac{15+10}{15\times 10}\times\dfrac{1}{d}}$

$\left(\dfrac{75}{60}\right)^2=\dfrac{25}{150}\times\dfrac{1}{d}$

$d=0.107\text{m}=10.7\text{cm}$

3과목 소음진동공정시험 기준

41 소음진동공정시험 기준에서 사용되는 소음에 관련된 용어의 정의로 틀린 것은?

① 지시치－계기나 기록지상에 나타난 기록치를 말한다.
② 대상소음－배경소음 외에 측정하고자 하는 특정 소음을 말한다.
③ 변동소음－시간에 따라 소음도 변화폭이 큰 소음을 말한다.
④ 등가소음도－임의의 측정시간 동안 발생한 변동소음의 총 에너지를 같은 시간 내의 정상 소음의 에너지로 등가하여 얻어진 소음도를 말한다.

풀이 지시치란 계기나 기록지상에서 판독한 소음도로서 실효치(rms 값)를 말한다.

42 진동레벨계만으로 측정할 경우 진동레벨을 읽는 순간에 지시침이 지시판 범위 위를 벗어날 때 L_{10} 진동레벨 계산방법으로 옳은 것은?

① 범위 위를 벗어난 발생빈도를 기록하여 3회 이상이면 레벨별 도수 및 누적도수를 이용하여 산정된 L_{10} 값에 1dB을 더해준다.
② 범위 위를 벗어난 발생빈도를 기록하여 6회 이상이면 레벨별 도수 및 누적도수를 이용하여 산정된 L_{10} 값에 1dB을 더해준다.
③ 범위 위를 벗어난 발생빈도를 기록하여 3회 이상이면 레벨별 도수 및 누적도수를 이용하여 산정된 L_{10} 값에 2dB을 더해준다.
④ 범위 위를 벗어난 발생빈도를 기록하여 6회 이상이면 레벨별 도수 및 누적도수를 이용하여 산정된 L_{10} 값에 2dB을 더해준다.

43 L_{10} 진동레벨 계산을 위한 누적도수곡선 표기에 관한 다음 설명의 (　　) 안에 알맞은 내용으로 나열한 것은?

누적도수를 이용하여 모눈종이 상에 누적도곡선을 작성한 후[(　　)을(를) 표기] 90% 횡선이 누적도곡선과 만나는 교점에서 수선을 그어 횡축과 만나는 점의 진동레벨을 L_{10} 값으로 한다.

① 횡축에 누적도수, 좌측 종축에 진동레벨, 우측 종축에 백분율
② 횡축에 백분율, 좌측 종축에 누적도수, 우측 종축에 진동레벨

정답 39 ② 40 ② 41 ① 42 ④ 43 ③

③ 횡축에 진동레벨, 좌측 종축에 누적도수, 우측 종축에 백분율
④ 횡축에 백분율, 좌측 종축에 진동레벨, 우측 종축에 누적도수

풀이 횡축에 진동레벨, 좌측 종축에 누적도수, 우측 종축에 백분율을 표기한다.

44 규제기준 중 생활진동 측정방법에 의거 진동레벨계만으로 측정한 진동레벨의 크기(기록지상의 지시치 값)가 다음과 같을 때 측정 진동레벨은?

89dB(V), 90dB(V), 92dB(V), 93dB(V), 93dB(V), 89dB(V), 90dB(V), 92dB(V), 89dB(V), 91dB(V), 93dB(V), 93dB(V)

① 90.8dB(V) ② 91.2dB(V)
③ 91.6dB(V) ④ 93.0dB(V)

풀이 진동레벨계의 지시치의 변화폭이 5dB 이내일 때에는 구간 내 최대치부터 진동레벨의 크기순으로 10개를 산술평균하여 진동레벨을 구한다.

$$\text{진동레벨} = \frac{93+93+93+93+92+92+91+90+90+89}{10} = 91.6\text{dB}(V)$$

45 배출허용기준 중 소음 측정 시 소음계의 청감보정회로와 동특성은 원칙적으로 어디에 고정하여 측정하여야 하는가?

① A특성, 빠름(Fast) 모드
② A특성, 느림(Slow) 모드
③ C특성, 빠름(Fast) 모드
④ C특성, 느림(Slow) 모드

46 철도소음 측정자료 평가표 서식에 기재되어야 하는 사항으로 가장 거리가 먼 것은?

① 철도선 구분과 구배
② 최고 열차속도(km/hr)
③ 측정소음도($Leq_{(1h)}$ dB(A))
④ 시간당 교통량(대/hr)

풀이 철도소음 측정자료 평가표에는 평균열차속도(km/hr)를 기재한다.

47 배출허용기준 중 소음측정방법에 사용되는 소음계의 종류로 적합한 것은?

① KS C IEC1502에 정한 클래스 1의 소음계 또는 동등 이상
② KS F IEC61672－1에 정한 클래스 1의 소음계 또는 동등 이상
③ KS C IEC61672－1에 정한 클래스 2의 소음계 또는 동등 이상
ⓒ KS F IEC1502에 정한 클래스 2의 소음계 또는 동등 이상

48 생활진동 측정 시 측정사항 및 측정자료 분석방법으로 가장 적합한 것은?

① 측정진동레벨은 대상 진동발생원의 일상적인 사용상태에서 정상적으로 가동시켜 측정한다.
② 대상진동원의 가동 중지가 어렵다고 인정되는 경우라도 배경진동의 측정 없이 측정진동레벨을 대상진동레벨로 할 수는 없다.
③ 요일별로 진동 변동이 적은 평일에 측정하고, 진동레벨계 기록지상의 지시치의 변화치가 불규칙하고 대폭적으로 변하는 경우 그 값은 무시한다.
④ 대상 진동 이외의 진동 영향을 배제하기 위해 옥외 및 복도 등으로 통하는 문은 닫은 상태로 측정하고, 레벨계의 지시치가 변동이 없을 때는 변동값이 나타날 때까지 측정조작을 수 회 반복한다.

정답 44 ③ 45 ① 46 ② 47 ③ 48 ①

49 도로교통 소음관리기준에 따른 소음측정방법에 관한 설명으로 옳지 않은 것은?

① 소음도의 계산과정에서는 소수점 첫째 자리를 유효숫자로 하고, 측정소음도(최종값)는 소수점 첫째 자리에서 반올림한다.
② 소음계의 청감보정회로는 A특성에 고정하여 측정하여야 한다.
③ 디지털 소음자동분석계를 사용할 경우에는 샘플주기를 1초 이내에서 결정하고 10분 이상 측정하여 자동 연산 · 기록한 등가소음도를 그 지점의 측정소음도로 한다.
④ 소음도 기록기 또는 소음계만을 사용하여 측정할 경우에는 계기조정을 위하여 먼저 선정된 측정위치에서 대략적인 소음의 변화 양상을 파악한 후 소음계 지시치의 변화를 목측으로 5초 간격, 30회 판독 · 기록한다.

풀이 소음도 기록기 또는 소음계만을 사용한 측정방법
계기조정을 위하여 먼저 선정된 측정위치에서 대략적인 소음의 변화 양상을 파악한 후 소음계 지시치의 변화를 목측으로 5초 간격, 60회 판독 · 기록한다.

50 규제기준 중 생활진동 측정방법으로 가장 거리가 먼 것은?

① 피해가 예상되는 적절한 측정시각에 2지점 이상의 측정지점 수를 선정 · 측정하여 그중 높은 진동레벨을 측정진동레벨로 한다.
② 진동픽업의 연결선은 잡음 등을 방지하기 위하여 지표면에 일직선으로 설치한다.
③ 진동레벨계의 감각보정회로는 별도 규정이 없는 한 V특성(수직)에 고정하여 측정하여야 한다.
④ 진동픽업의 설치장소는 완충물이 넉넉하게 있는 곳으로 충분히 다져서 단단히 굳은 장소로 한다.

풀이 진동픽업의 설치장소는 완충물이 없고, 충분히 다져서 단단히 굳은 장소로 한다.

51 다음은 소음계의 구조에 관한 설명이다. ( ) 안에 알맞은 것은?

(㉠)은(는) 인체의 청감각을 (㉡) 보정 특성에 따라 나타내는 것으로 A특성을 갖춘 것이어야 한다. 다만, 자동차 소음 측정에 사용되는 C특성도 함께 갖추어야 한다.

① ㉠ Calibration Network Calibrator
㉡ 음압
② ㉠ Weighting Networks
㉡ 주파수
③ ㉠ Calibration Network Calibrator
㉡ 주파수
④ ㉠ Weighting Networks
㉡ 음압

52 다음 중 진동픽업(Pick－up) 설치 장소로 가장 적합한 곳은?

① 약간의 요철은 있으나 수직방향 측정이 가능한 곳
② 측정점의 온도는 높으나 완충물이 없고 반사현상을 유지할 수 있는 곳
③ 수평면이 확보되어 있고 수직방향 측정이 가능한 곳
④ 완충물이 충분하고 약간의 경사진 면

풀이 진동픽업의 설치기준
㉠ 진동픽업(Pick－up)의 설치장소는 옥외지표를 원칙으로 하고 복잡한 반사, 회절현상이 예상되는 지점은 피한다.
㉡ 진동픽업의 설치장소는 완충물이 없고, 충분히 다져서 단단히 굳은 장소로 한다.
㉢ 진동픽업의 설치장소는 경사 또는 요철이 없는 장소로 하고, 수평면을 충분히 확보할 수 있는 장소로 한다.
㉣ 진동픽업은 수직방향 진동레벨을 측정할 수 있도록 설치한다.
㉤ 진동픽업 및 진동레벨계를 온도, 자기, 전기 등의 외부영향을 받지 않는 장소에 설치한다.

정답 49 ④ 50 ④ 51 ② 52 ③

53 다음 진동레벨계의 구성도에서 ㉠~㉣의 명칭으로 가장 적합한 것은?(단, ㉤ 지시계기, ㉥ 교정장치, ㉦ 출력단자)

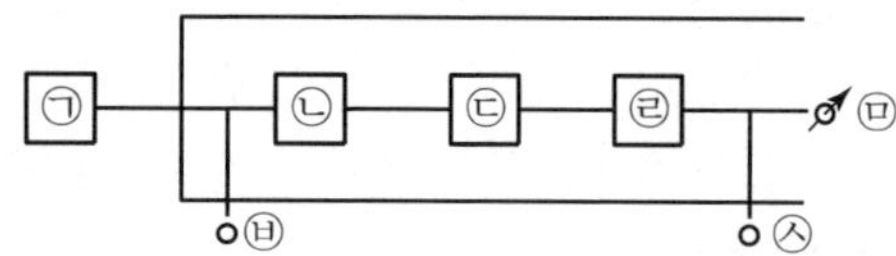

① ㉠ 진동픽업, ㉡ 증폭기, ㉢ 레벨레인지 변환기, ㉣ 감각보정회로
② ㉠ 진동픽업, ㉡ 레벨레인지 변환기, ㉢ 증폭기, ㉣ 감각보정회로
③ ㉠ 진동픽업, ㉡ 증폭기, ㉢ 감각보정회로, ㉣ 레벨레인지 변환기
④ ㉠ 진동픽업, ㉡ 감각보정회로, ㉢ 증폭기, ㉣ 레벨레인지 변환기

풀이 진동레벨계

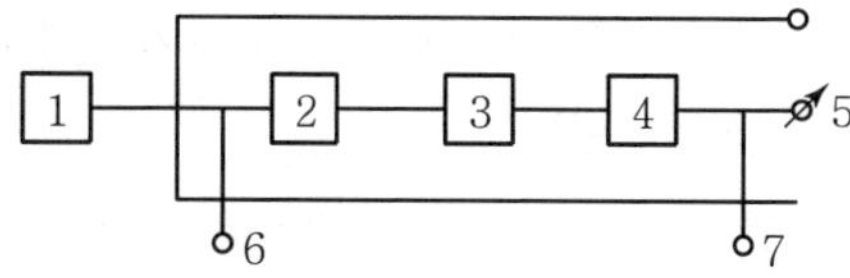

1 : 진동픽업(Pick-up)
2 : 레벨레인지 변환기(Attenuator)
3 : 증폭기(Amplifier)
4 : 감각보정회로(Weighting Network)
5 : 지시계기(Meter)
6 : 교정장치(Calibration Network Calibrator)
7 : 출력단자(Output)

54 규제기준 중 발파진동 측정방법에 관한 설명으로 옳지 않은 것은?

① 진동레벨기록기를 사용하여 측정할 때에는 기록지상의 지시치의 최고치를 측정진동레벨로 한다.
② 진동레벨계만으로 측정할 경우에는 최고 진동레벨이 고정(Hold)되어서는 안 된다.
③ 작업일지 및 발파계획서 또는 폭약사용신고서를 참조하여 소음진동관리법규에서 구분하는 각 시간대 중에서 최대발파진동이 예상되는 시각의 진동을 포함한 모든 발파진동을 1지점 이상에서 측정한다.
④ 진동레벨계의 출력단자와 진동레벨기록기의 입력단자를 연결한 후 전원과 기기의 동작을 점검하고 교정은 매회 실시하여야 한다.

풀이 진동레벨계만으로 측정하는 경우에는 최고 진동레벨이 고정(Hold)되는 것에 한한다.

55 디지털 진동자동분석계를 이용하여 배출허용기준 중 진동을 측정할 경우 분석방법으로 옳은 것은?

① 샘플주기를 1초 이내에서 결정하고 10분 이상 측정하여 자동 연산 · 기록한 80% 범위의 상단치인 L_{10} 값을 그 지점의 측정진동레벨 또는 배경진동레벨로 한다.
② 샘플주기를 1초 이내에서 결정하고 5분 이상 측정하여 자동 연산 · 기록한 80% 범위의 상단치인 L_{10} 값을 그 지점의 측정진동레벨 또는 배경진동레벨로 한다.
③ 샘플주기를 1초 이내에서 결정하고 10분 이상 측정하여 자동 연산 · 기록한 90% 범위의 상단치인 L_{10} 값을 그 지점의 측정진동레벨 또는 배경진동레벨로 한다.
④ 샘플주기를 1초 이내에서 결정하고 5분 이상 측정하여 자동 연산 · 기록한 90% 범위의 상단치인 L_{10} 값을 그 지점의 측정진동레벨 또는 배경진동레벨로 한다.

56 철도의 소음관리기준에 따른 철도소음 측정방법에 관한 설명으로 가장 거리가 먼 것은?

① 소음계의 동특성은 빠름(Fast)으로 하여 측정한다.
② 기상조건, 열차 운행횟수 및 속도 등을 고려하여 당해 지역의 1시간 평균 철도 통행량 이상인 시간대를 포함하여 야간 시간대는 1회 1시간 동안 측정한다.

정답 53 ② 54 ② 55 ② 56 ③

③ 철도소음관리기준을 적용하기 위하여 측정하고자 할 경우에는 철도보호지구지역 내에서 측정 · 평가한다.
④ 측정자료 분석 시 샘플주기를 1초 내외로 결정하고 1시간 동안 연속 측정하여 자동연산 · 기록한 등가소음도를 그 지점의 측정소음도로 한다.

풀이 철도소음관리기준을 적용하기 위하여 측정하고자 할 경우에는 철도보호지구 외의 지역에서 측정 · 평가한다.

57 동일 건물 내 사업장 소음 측정에 관한 설명으로 가장 거리가 먼 것은?

① 소음도 기록기가 없을 경우에는 소음계만으로 측정할 수 있다.
② 배경소음도는 측정소음도의 측정점과 동일한 장소에서 측정함을 원칙으로 한다.
③ 측정시간은 원칙적으로 적절한 측정 시각에 1지점 이상의 측정지점 수를 선정하고 1회 이상 측정한다.
④ 측정점에 높이가 1.5m를 초과하는 장애물이 있는 경우 장애물로부터 1.0m 이상 떨어진 지점을 측정점으로 한다.

풀이 피해가 예상되는 적절한 측정시각에 2지점 이상의 측정지점 수를 선정하고 각각 2회 이상 측정한다.

58 측정소음도와 배경소음도의 차가 6dB(A)일 때 보정치는?

① −2.8dB(A) ② −1.7dB(A)
③ −1.3dB(A) ④ −0.4dB(A)

풀이 보정치 $= -10\log(1-10^{-0.1\times 6})$
$= -1.26\text{dB(A)}$

59 측정진동레벨에 배경진동의 영향을 보정한 후 얻어진 진동레벨을 무엇이라 하는가?

① 대상진동레벨 ② 평가진동레벨
③ 배경진동레벨 ④ 정상진동레벨

60 공장에서 발생하는 소음이 배출허용기준에 적합한지 확인하기 위해서 측정할 때 측정지점으로 가장 적합한 것은?

① 공장의 부지경계선 중 피해가 우려되는 장소로서 소음도가 높을 것으로 예상되는 지점의 지면 위 1.0~1.2m 높이로 한다.
② 공장의 부지경계선 중 피해가 우려되는 장소로서 소음도가 높을 것으로 예상되는 지점의 지면 위 1.2~1.5m 높이로 한다.
③ 공장의 부지경계선 중 피해가 우려되는 장소로서 소음도가 높을 것으로 예상되는 지점의 지면 위 2.5~3.0m 높이로 한다.
④ 공장의 부지경계선 중 피해가 우려되는 장소로서 소음도가 높을 것으로 예상되는 지점의 지면 위 3.0~3.5m 높이로 한다.

4과목 진동방지기술

61 주어진 조화 진동운동이 8cm의 변위진폭, 2초의 주기를 가지고 있다면 최대 진동속도(cm/s)는?

① 약 14.8 ② 약 21.6
③ 약 25.1 ④ 약 29.3

풀이 최대속도(V_{max}) $= A\omega$
$= A\times(2\pi f)$
$= A\times\left(\frac{2\pi}{T}\right) = 8\times\left(\frac{2\times 3.14}{2}\right)$
$= 25.12\text{cm/sec}$

정답 57 ③ 58 ③ 59 ① 60 ② 61 ③

62 다음 그림과 같은 진동계의 고유진동수는?

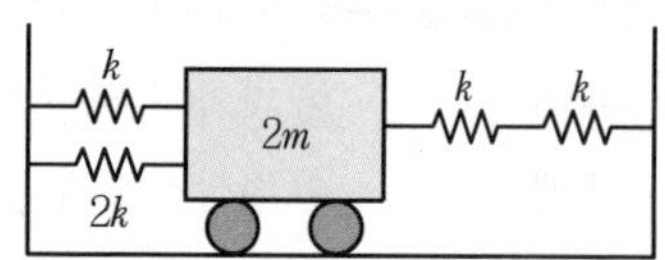

① $\frac{1}{2\pi}\sqrt{\frac{7k}{2m}}$ ② $\frac{1}{2\pi}\sqrt{\frac{5k}{2m}}$

③ $\frac{1}{2\pi}\sqrt{\frac{7m}{2k}}$ ④ $\frac{1}{2\pi}\sqrt{\frac{5m}{2k}}$

풀이 다음 그림으로 표현할 수 있다.

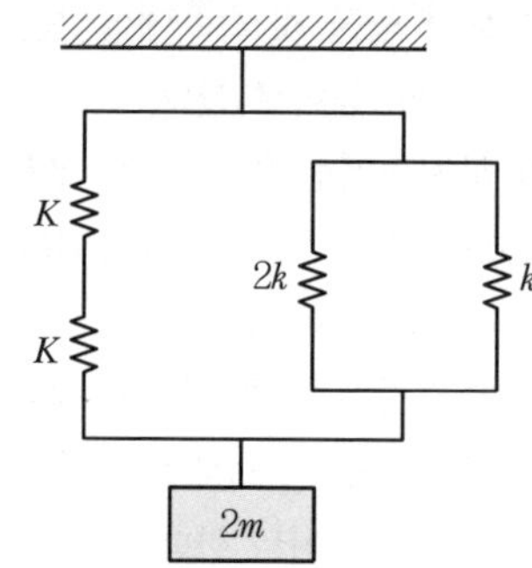

$f_n = \frac{1}{2\pi}\sqrt{\frac{k}{m}}$

k_{eq}을 먼저 구한다.

좌측 직렬스프링의 $k_{eq} = \frac{k^2}{k+k} = \frac{k}{2}$

우측 병렬스프링의 $k_{eq} = 2k + k = 3k$

좌측, 우측의 $k_{eq} = \frac{k}{2} + 3k = \frac{7}{2}k$

$f_n = \frac{1}{2\pi}\sqrt{\frac{\frac{7}{2}k}{2m}} = \frac{1}{2\pi}\sqrt{\frac{7k}{2m}}$

63 금속스프링의 특성으로 가장 거리가 먼 것은?

① 극단적으로 낮은 스프링 정수로 했을 때도 지지장치를 소형, 경량으로 하기 용이하다.
② 코일스프링을 제외하고 2축 또는 3축 방향의 스프링을 1개의 스프링으로 겸하기가 곤란하다.
③ 코일스프링은 고주파 진동의 절연이 고무 등에 비해 나쁘다.
④ 중판스프링이나 조합접시스프링과 같이 구조상 마찰을 가진 경우를 제외하고는 감쇠기를 병용할 필요가 있다.

풀이 금속스프링은 극단적으로 낮은 스프링 정수로 했을 때 지지장치를 소형, 경량으로 하기가 어렵다.

64 다음 강제진동수와 고유진동수 비의 관계 중 진동차진율(또는 진동절연율)이 최소인 경우는? (단, f : 강제진동수, f_n : 고유진동수)

① $f/f_n = 1$ ② $f/f_n < \sqrt{2}$

③ $f/f_n = \sqrt{2}$ ④ $f/f_n > \sqrt{2}$

풀이 $f/f_n = 1$은 공진상태로 전달률 최대, 즉 진동차진율이 최소가 된다.

65 질량이 2.5ton인 기계가 2m/s의 속도로 운전되고 있을 때 진동을 모두 흡수시키고자 가진점에 스프링을 설치하였다. 최대충격력이 80,000N이면 스프링의 최대 변형량(cm)은?

① 10.0 ② 12.5

③ 15.5 ④ 25.0

풀이 $\frac{1}{2}mv^2 = \frac{1}{2}F \cdot \delta$

$\delta = \frac{mv^2}{F} = \frac{2{,}500\text{kg} \times 4\text{m}^2/\text{sec}^2}{80{,}000\text{kg} \cdot \text{m}/\text{sec}^2}$

$= 0.125\text{m} = 12.5\text{cm}$

66 대수감쇠율이 1인 감쇠진동계의 감쇠비는?

① $\frac{1}{2\pi}$ ② $\frac{1}{\pi}$

③ $\frac{3}{2\pi}$ ④ $\frac{2}{\pi}$

풀이 대수감쇠비(Δ)$= 2\pi\xi$

감쇠비(ξ) $= \frac{1}{2\pi}$

정답 62 ① 63 ① 64 ① 65 ② 66 ①

67 연속체의 진동은 대상체 내의 힘과 모멘트의 평형을 이용하거나 계에 관련되는 변형 및 운동에너지를 활용하여 운동방정식을 유도하면 통상 2계 또는 4계 편미분방정식으로 되는 경우가 대부분인데, 다음 중 주로 4계 편미분방정식으로 유도되는 것은?

① 판의 진동 ② 봉의 종진동
③ 봉의 비틀림 진동 ④ 현의 진동

풀이 항타기 및 단조기는 중량물의 낙하충돌, 기계프레스 및 유압프레스 등은 같이 소재의 전달 등으로 인해 압력이 순간적으로 변하여 충격가진력이 발생한다.

68 진동의 원인이 되는 가진력은 크게 기계회전부의 질량 불평형에 의한 가진력, 기계의 왕복운동에 의한 가진력, 충격에 의한 가진력으로 분류된다. 다음 중 충격 가진력에 의해 진동이 발생하는 것은?

① 펌프 ② 송풍기
③ 유도전동기 ④ 단조기

69 방진고무의 특성에 관한 설명으로 옳지 않은 것은?

① 내부 감쇠저항이 적어, 추가적인 감쇠장치가 필요하다.
② 내유성을 필요로 할 때에는 천연고무는 바람직하지 못하고, 합성고무를 선정해야 한다.
③ 역학적 성질은 천연고무가 아주 우수하나 용도에 따라 합성고무도 사용된다.
④ 진동수비가 1 이상인 방진영역에서도 진동전달률은 거의 증대하지 않는다.

풀이 방진고무는 내부 감쇠저항이 크기 때문에 댐퍼가 필요하지 않다.

70 스프링 상수가 5.6N/cm인 4개의 동일한 스프링들이 어떤 기계를 받치고 있다. 만일 이들 스프링의 길이가 1cm 줄었다면, 이 기계의 무게는?

① 5.6N ② 11.2N
③ 19.2N ④ 22.4N

풀이 $\delta_{st} = \dfrac{W_{mp}}{k}$

$W_{mp} = \dfrac{W}{n} = \dfrac{W}{4}$

$1 = \dfrac{W/4}{5.6}$

$W = 22.4\,\mathrm{N}$

71 방진재료에 관한 설명으로 가장 거리가 먼 것은?

① 금속 코일스프링은 서징을 발생하는 등 스프링 자체의 탄성 진동의 영향도 있어 고주파진동의 절연이 고무 등에 비해 나쁘다.
② 방진고무는 방진재 자신의 탄성 진동의 고유진동수가 외력의 진동수와 공진하는 상태가 잘 발생하지 않는다.
③ 공기스프링은 진동계의 고유진동수를 1Hz 이하로 낮출 수 있다.
④ 방진고무는 진동수비가 1 이상인 방진영역에서 진동전달률이 비례적으로 증대하며, 내유성은 합성고무가 천연고무에 비해 떨어진다.

풀이 방진고무는 진동수비가 1 이상인 방진영역에서도 진동전달률이 크게 증대하지 않으며, 내유성을 필요로 할 때는 천연고무보다는 합성고무를 선정해야 한다.

72 $m\ddot{x} + kx = 0$로 주어지는 비감쇠 자유진동에서 $\dfrac{k}{m} = 4$이면 주기(sec)는?

① π ② 2π
③ 3π ④ 4π

풀이 $f_n = \dfrac{1}{2\pi}\sqrt{\dfrac{k}{m}} = \dfrac{1}{2\pi}\sqrt{4} = \dfrac{1}{\pi}$

$T = \dfrac{1}{f_n} = \dfrac{1}{\dfrac{1}{\pi}} = \pi$

정답 67 ① 68 ④ 69 ① 70 ④ 71 ④ 72 ①

73 감쇠비 ξ가 주어졌을 때 대수감쇠율을 옳게 표시한 것은?

① $2\pi\xi\sqrt{1-\xi}$　　② $\sqrt{\dfrac{2\pi\xi}{1-\xi}}$

③ $\dfrac{2\pi\xi}{\sqrt{1-\xi^2}}$　　④ $\dfrac{\xi}{2\pi\sqrt{1-\xi}}$

풀이 대수감쇠율$(\Delta)=\ln\left(\dfrac{x_1}{x_2}\right)=\dfrac{2\pi\xi}{\sqrt{1-\xi^2}}$

74 자동차 진동 중 플로워 진동이라고도 불리며, 차량의 중속 및 고속주행 상태에서 차체가 약 15~25Hz의 주파수 범위로 진동하는 현상을 의미하는 것은?

① 시미(Shimmy)　　② 셰이크(Shake)
③ 저크(Jerk)　　④ 와인드 업(Wind Up)

75 진동 발생이 크지 않은 공장기계의 대표적인 지반 진동 차단 구조물은 개방식 방진구이다. 이러한 방진구의 설계 시 다음 중 가장 중요한 인자는?

① 트렌치 폭　　② 트렌치 깊이
③ 트렌치 형상　　④ 트렌치 위치

풀이 방진구의 가장 중요한 설계인자는 방진구의 깊이로서 표면파의 파장을 고려 결정하여야 한다.

76 큰 가진력을 발생하는 기계의 기초대를 설계할 경우 공진을 피하기 위해서는 기계의 기초대진폭을 최대한 억제해야 한다. 다음 경우 중 가장 적합한 것은?(단, f : 강제진동수, f_n : 고유진동수)

① f가 f_n보다 작은 경우에 기초대의 밑면적을 증가시켜 지반과의 스프링 기능을 강화시키거나 기초대의 중량을 증가시키는 것이 유효하다.
② f가 f_n보다 작은 경우에 기초대의 밑면적을 감소시켜 지반과의 스프링 기능을 강화시키거나 기초대의 중량을 증가시키는 것이 유효하다.
③ f가 f_n보다 작은 경우에 기초대의 밑면적을 증가시켜 지반과의 스프링 기능을 강화시키거나 기초대의 중량을 감소시키는 것이 유효하다.
④ f가 f_n보다 작은 경우에 기초대의 밑면적을 감소시켜 지반과의 스프링 기능을 강화시키거나 기초대의 중량을 감소시키는 것이 유효하다.

풀이 기계 기초대 설계 시 공진에 대한 대책
㉠ $f < f_n$인 경우
기초대의 밑면적을 증가시켜 지반과의 스프링 기능을 강화시키거나 기초대의 중량을 감소시키는 것이 유효하다.
㉡ $f > f_n$인 경우
기초대의 중량을 크게 하여 f_n을 작게 하는 것이 좋다.

77 계수여진진동에 관한 설명으로 옳지 않은 것은?

① 가진력의 주파수가 그 계의 고유진동수와 같을 때 크게 진동하는 특징이 있다.
② 회전하는 편평축의 진동, 왕복운동기계의 크랭크축계의 진동 등이 계수여진진동이라 할 수 있다.
③ 대표적인 예는 그네로서 그네가 1행정 하는 동안 사람 몸의 자세는 2행정을 하게 된다.
④ 이 진동의 근본적인 대책은 질량 및 스프링 특성의 시간적 변동을 없애는 것이다.

풀이 계수여진진동은 가진력의 주파수가 그 계의 고유진동수의 두 배로 될 때에 크게 진동하는 특징을 가진다.

78 다음 중 제진합금의 분류형태에 속하지 않는 것은?

① 단성형　　② 복합형
③ 강자성형　　④ 전위형

풀이 제진합금의 분류
㉠ 복합형　　㉡ 강자성형
㉢ 전위형　　㉣ 쌍전형

정답 73 ③ 74 ② 75 ② 76 ③ 77 ① 78 ①

79 $\ddot{x}+3\dot{x}+5x=0$의 진동계에서 감쇠고유진동수는?

① 0.19Hz ② 0.21Hz
③ 0.26Hz ④ 0.32Hz

풀이 $m=1,\ C_e=3,\ k=5$

$$f_n' = f_n \times \sqrt{1-\xi^2}$$

$$f_n = \frac{1}{2\pi}\sqrt{\frac{5}{1}} = 0.356\,\text{Hz}$$

$$\xi = \frac{3}{2\sqrt{1\times 5}} = 0.67$$

$$= 0.356 \times \sqrt{1-0.67^2} = 0.26\,\text{Hz}$$

80 다음 중 구조가 복잡하여도 성능은 아주 좋은 편으로 부하능력이 광범위하며, 고주파진동에 대한 절연성이 좋은 방진재료는?

① 금속스프링 ② 공기스프링
③ 스펀지류 ④ 펠트류

5과목 소음진동관계법규

81 소음 · 진동관리법상 환경기술인을 두어야 할 사업장 및 그 자격기준에 관한 사항으로 옳지 않은 것은?

① 총 동력합계 3,750kW 미만인 사업장인 경우 사업자가 해당 사업장의 배출시설 및 방지시설 업무에 종사하는 피고용인 중에서 임명하는 자로 한다.
② 총 동력합계 3,750kW 이상인 사업장인 경우 소음 · 진동기사 2급 이상의 기술자격소지자 1명 이상으로 한다.
③ 환경기술인으로 임명된 자는 해당 사업장에 상시 근무하여야 한다.
④ 총 동력합계는 소음배출시설 중 기계 · 기구마력의 총합계를 말하며, 대수기준시설 및 기계 · 기구를 포함한다.

풀이 총 동력합계는 소음배출시설 중 기계 · 기구의 kW의 총 합계를 말하며, 대수기준시설 및 기계 · 기구와 기타 시설 및 기계 · 기구는 제외한다.

82 소음 · 진동관리법규상 방지시설 설치 면제 사업장은 소음 · 진동이 배출허용기준을 초과하여 배출되더라도 생활환경에 피해를 줄 우려가 없다고 환경부령으로 정하는 경우로서 해당 공장의 부지 경계선으로부터 직선거리 200미터 이내에 특정 시설이 없는 경우를 말하는데, 이 특정 시설과 거리가 먼 것은?(단, 그 밖의 사항 등은 제외한다.)

① 주택(사람이 살지 아니하는 폐가 포함)
② 상가
③ 「관광진흥법」에 따른 관광단지
④ 종교시설

풀이 특정 시설
㉠ 주택(사람이 살지 아니하는 폐가는 제외한다) · 상가 · 학교 · 병원 · 종교시설
㉡ 공장 또는 사업장
㉢ 「관광진흥법」에 따른 관광지 및 관광단지
㉣ 그 밖에 특별자치시장 · 특별자치도지사 또는 시장 · 군수 · 구청장이 정하여 고시하는 시설 또는 지역

83 소음 · 진동관리법상 인증을 생략할 수 있는 자동차가 아닌 것은?

① 외교관, 주한 외국군인 또는 그 가족이 사용하기 위하여 반입하는 자동차
② 항공기 지상조업용(地上操業用)으로 반입하는 자동차
③ 제철소 · 조선소 등 한정된 장소에서 운행되는 자동차로서 환경부장관이 정하여 고시하는 자동차
④ 여행자 등이 다시 반출할 것을 조건으로 일시 반입하는 자동차

정답 79 ③ 80 ② 81 ④ 82 ① 83 ④

풀이 인증을 생략할 수 있는 자동차

㉠ 국가대표 선수용이나 훈련용으로 사용하기 위하여 반입하는 자동차로서 문화체육관광부장관의 확인을 받은 자동차

㉡ 외국에서 국내의 공공기관이나 비영리단체에 무상으로 기증하여 반입하는 자동차

㉢ 외교관, 주한 외국군인 또는 그 가족이 사용하기 위하여 반입하는 자동차

㉣ 인증을 받지 아니한 자가 인증을 받은 자동차와 동일한 차종의 원동기 및 차대(車臺)를 구입하여 제작하는 자동차

㉤ 항공기 지상조업용(地上操業用)으로 반입하는 자동차

㉥ 국제협약 등에 따라 인증을 생략할 수 있는 자동차

㉦ 다음 각 목의 요건에 해당되는 자동차로서 환경부장관이 정하여 고시하는 자동차

- 제철소 · 조선소 등 한정된 장소에서 운행되는 자동차
- 제설용 · 방송용 등 특수한 용도로 사용되는 자동차
- 「관세법」에 따라 공매(公賣)되는 자동차

84 소음 · 진동관리법상 자동차의 종류에 관한 사항이다. ( ) 안에 알맞은 것은?(단, 2006년 1월 1일부터 제작된 자동차)

> 이륜자동차에는 옆 차붙이 이륜자동차 및 이륜차에서 파생된 3륜 이상의 최고속도 50km/h를 초과하는 이륜자동차를 포함하며, 빈 차 중량이 (㉠)인 이륜자동차는 경자동차로 분류한다. 전기를 주동력으로 사용하는 자동차는 차량총중량이 (㉡)에 해당되는 경우에는 경자동차로 구분한다.

① ㉠ 0.5톤 이상 ㉡ 2.0톤 미만
② ㉠ 0.5톤 이상 ㉡ 1.5톤 미만
③ ㉠ 1.5톤 이상 ㉡ 2.0톤 미만
④ ㉠ 1.5톤 이상 ㉡ 1.5톤 미만

85 소음 · 진동관리법상 원동기출력 97.5마력 초과 195마력 이하인 대형 화물자동차의 배기소음(dB(A)) 허용기준은?(단, 2006년 1월 1일 이후에 제작되는 제작자동차 기준)

① 103 이하 ② 105 이하
③ 110 이하 ④ 112 이하

풀이 제작자동차의 소음 허용기준

2006년 1월 1일 이후에 제작되는 자동차

자동차 종류 \ 소음 항목			가속주행소음 [dB(A)] 가	가속주행소음 [dB(A)] 나	배기소음 [dB(A)]	경적소음 [dB(C)]
화물자동차	소형		76 이하	77 이하	100 이하	110 이하
	중형		77 이하	78 이하		
	대형	원동기 출력 97.5마력 이하	77 이하	77 이하	103 이하	112 이하
		원동기 출력 97.5마력 초과 195마력 이하	78 이하	78 이하	103 이하	
		원동기 출력 195마력 초과	80 이하	80 이하	105 이하	

86 소음 · 진동관리법상 배출시설 및 방지시설 등과 관련된 개별 행정처분기준 중 배출시설설치신고를 하지 아니하거나 허가를 받지 아니하고 배출시설을 설치한 경우로서 해당 지역이 배출시설의 설치가 가능한 지역일 경우 1차 행정처분기준은?

① 사용중지명령 ② 허가취소
③ 폐쇄 ④ 조업정지 30일

풀이 배출시설 설치의 신고를 하지 아니하거나 허가를 받지 아니하고 배출시설을 설치한 경우 1차 행정처분기준

㉠ 해당 지역이 배출시설의 설치가 가능한 지역일 경우 사용중지명령

㉡ 해당 지역이 배출시설의 설치가 불가능한 지역일 경우 폐쇄

87 소음 · 진동관리법상 교통기관에서 제외되는 것으로만 옳게 나열된 것은?

① 선박과 항공기 ② 철도와 전차
③ 전차와 항공기 ④ 선박과 철도

풀이 '교통기관'이란 기차 · 자동차 · 전차 · 도로 및 철도 등을 말한다. 다만, 항공기와 선박은 제외한다.

정답 84 ② 85 ① 86 ① 87 ①

88 소음 · 진동관리법상 입소규모 100명 이상의 노인의료복지시설 · 영유아보육시설의 부지경계선으로부터 50미터 이내 지역의 도로 교통진동의 한도기준은?[단, 야간시간대, 단위는 dB(V)]

① 65　　② 60
③ 55　　④ 50

풀이 도로 교통진동 한도기준

대상지역	구분	한도	
		주간 (06:00~22:00)	야간 (22:00~06:00)
주거지역, 녹지지역, 관리지역 중 취락지구 · 주거개발진흥지구 및 관광 · 휴양개발진흥지구, 자연환경보전지역, 학교 · 병원 · 공공도서관 및 입소규모 100명 이상의 노인의료복지시설 · 영유아보육시설의 부지 경계선으로부터 50미터 이내 지역	소음 [Leq dB(A)]	68	58
	진동 [dB(V)]	65	60
상업지역, 공업지역, 농림지역, 생산관리지역 및 관리지역 중 산업 · 유통개발진흥지구, 미고시지역	소음 [Leq dB(A)]	73	63
	진동 [dB(V)]	70	65

89 소음 · 진동관리법상 공장소음 배출허용기준에서 관련 시간대(낮은 8시간, 저녁은 4시간, 밤은 2시간)에 대한 측정소음발생시간의 백분율이 12.5% 미만인 경우 허용 기준치에 행하는 보정치는? (단, 기타 사항은 고려하지 않는다.)

① +5dB　　② +10dB
③ +15dB　　④ +20dB

풀이 관련시간대(낮은 8시간, 저녁은 4시간, 밤은 2시간)에 대한 측정소음발생시간의 백분율이 12.5% 미만인 경우 +15dB, 12.5% 이상 25% 미만인 경우 +10dB, 25% 이상 50% 미만인 경우 +5dB을 허용 기준치에 보정한다.

90 소음 · 진동관리법상 과태료 부과기준에 관한 설명으로 옳지 않은 것은?

① 운행차 소음허용기준을 초과한 자동차 소유자로서 배기소음허용기준을 2dB(A) 미만 초과한 자에 대한 각 위반차수별 과태료 부과금액은 1차 위반은 20만 원, 2차 위반은 20만 원, 3차 이상 위반은 20만 원이다.
② 부과권자는 위반행위의 동기와 그 결과 등을 고려하여 과태료 금액의 2분의 1의 범위에서 감경할 수 있다.
③ 관계공무원의 출입 · 검사를 거부 · 방해 또는 기피한 자에 대한 각 위반차수별 과태료 부과금액은 1차 위반은 60만 원, 2차 위반은 80만 원, 3차 이상 위반은 100만 원이다.
④ 일반기준에 있어서 위반행위의 횟수에 따른 부과기준은 해당 위반행위가 있는 날 이전 최근 3년간 같은 위반행위로 부과처분을 받은 경우에 적용한다.

풀이 위반행위의 횟수에 따른 부과기준은 최근 1년간 같은 위반행위로 부과처분을 받은 경우에 적용한다.

91 소음 · 진동관리법규상 공장에서 배출되는 소음 · 진동배출허용기준 초과와 관련한 개선명령을 받고 동 시설을 개선하고자 할 때, 신청에 의한 연장기간을 포함한 최대 개선기간의 범위는?

① 2년 6개월　　② 2년
③ 1년 6개월　　④ 1년

92 소음 · 진동관리법상 운행차 소음허용기준을 정할 때 자동차의 소음종류별로 소음배출특성을 고려하여 정한다. 운행차 소음종류로만 옳게 나열한 것은?

① 배기소음, 브레이크소음
② 배기소음, 가속주행소음
③ 경적소음, 브레이크소음
④ 배기소음, 경적소음

정답 88 ② 89 ③ 90 ④ 91 ③ 92 ④

93 소음 · 진동관리법상 생활소음 규제기준에 명시된 시간대별 범위기준으로 옳은 것은?

① 아침, 저녁－07:00~09:00, 18:00~23:00
② 주간, 야간－08:00~18:00, 23:00~06:00
③ 주간, 야간－10:00~18:00, 22:00~06:00
④ 아침, 저녁－05:00~07:00, 18:00~22:00

풀이 생활소음 규제기준 시간대
㉠ 아침, 저녁－05:00~07:00, 18:00~22:00
㉡ 주간－07:00~18:00
㉢ 야간－22:00~05:00

94 소음 · 진동관리법상 주간(06:00~22:00)시간대의 주거지역의 생활진동 규제기준은?

① 75dB(V) 이하 ② 70dB(V) 이하
③ 65dB(V) 이하 ④ 60dB(V) 이하

풀이 생활진동 규제기준 (단위 : dB(V))

대상 지역 \ 시간대별	주간 (06:00 ~ 22:00)	심야 (22:00 ~ 06:00)
가. 주거지역, 녹지지역, 관리지역 중 취락지구 · 주거개발진흥지구 및 관광 · 휴양개발진흥지구, 자연환경보전지역, 그 밖의 지역에 소재한 학교 · 종합병원 · 공공도서관	65 이하	60 이하
나. 그 밖의 지역	70 이하	65 이하

95 소음 · 진동관리법상 공사장 방음시설의 설치기준이다. (　　) 안에 알맞은 것은?

> 삽입손실 측정을 위한 측정지점(음원 위치, 수음자 위치)은 음원으로부터 5m 이상 떨어진 노면 위 (㉠) 지점으로 하고, 방음벽 시설로부터 (㉡) 떨어져야 하며, 동일한 음량과 음원을 사용하는 경우에는 기준위치(Reference Position)의 측정은 생략할 수 있다.

① ㉠ 1.2m ㉡ 2m 이상
② ㉠ 1.2m ㉡ 1.5m 이상
③ ㉠ 3.5m ㉡ 2m 이상
④ ㉠ 3.5m ㉡ 1.5m 이상

96 소음 · 진동관리법상 운행차 소음허용기준을 초과한 자동차 소유자에게 운행차 개선명령을 한 경우, 개선명령을 받은 자는 정비 · 점검확인서와 개선명령서를 언제까지 시장 · 군수 · 구청장에게 제출하여야 하는가?

① 개선명령일부터 3일 이내에
② 개선명령일부터 5일 이내에
③ 개선명령일부터 7일 이내에
④ 개선명령일부터 10일 이내에

풀이 개선명령을 받은 자가 개선 결과를 보고하려면 확인검사대행자로부터 개선 결과를 확인하는 정비 · 점검 확인서를 발급받아 개선명령서를 첨부하여 개선명령일부터 10일 이내에 특별시장 · 광역시장 · 특별자치시장 · 특별자치도지사 또는 시장 · 군수 · 구청장에게 제출하여야 한다.

97 소음 · 진동관리법상 주거지역 심야시간대(22:00~06:00)의 생활진동 규제기준으로 옳은 것은?(단, 기타 사항 등은 고려하지 않음)

① 60dB(V) 이하 ② 65dB(V) 이하
③ 70dB(V) 이하 ④ 75dB(V) 이하

풀이 문제 94번 풀이 참조

98 소음 · 진동관리법상 진동배출시설 기준으로 옳지 않은 것은?(단, 동력을 사용하는 시설 및 기계 · 기구로 한정한다.)

① 15kW 이상의 프레스(유압식은 제외한다)
② 22.5kW 이상의 성형기(압출 · 사출을 포함한다)
③ 37.5kW 이상의 연탄 제조용 윤전기
④ 4대 이상의 시멘트벽돌 및 블록의 제조기계

풀이 성형기는 37.5kW 이상이 진동배출시설 기준이다.

정답 93 ④ 94 ③ 95 ① 96 ④ 97 ① 98 ②

99 소음 · 진동관리법상 생활진동의 규제기준 중 발파진동의 경우 보정치로 옳은 것은?

① 주간에만 규제기준치에 +5dB을 보정한다.
② 주간에만 규제기준치에 +10dB을 보정한다.
③ 주간에만 규제기준치에 +15dB을 보정한다.
④ 주간에만 규제기준치에 +20dB을 보정한다.

100 소음 · 진동관리법상 벌칙기준 중 6개월 이하의 징역 또는 500만 원 이하의 벌금에 처하는 경우는?

① 운행차의 소음이 운행차 소음허용기준을 초과하여 받은 개선명령을 위반한 경우
② 배출시설 설치허가 대상자가 허가를 받지 아니하고 배출시설을 설치한 경우
③ 소음 · 진동배출허용기준 초과와 관련하여 받은 개선명령의 미이행으로 받은 조업정지명령을 위반한 경우
④ 생활소음 · 진동의 규제기준을 초과하여 받은 조치명령의 미이행으로 받은 해당 공사중지명령을 위반한 경우

풀이 소음 · 진동관리법 제59조 참조

정답 99 ② 100 ①

010 2016년 1회 기사

1과목 소음진동개론

01 음향이론과 관련하여 다음 설명에 해당하는 것은?

> 일반적인 스테레오 시스템에서 좌우 두 개의 스피커로 주파수와 음압이 동일한 음을 동시에 재생하면 인간의 귀에는 두 소리가 정중앙에서 재생되는 것처럼 느껴지지만, 이 상태에서 우측 스피커의 신호를 약간 지연시키면 음상은 왼쪽 스피커 방향으로 옮겨간다.

① 마스킹 효과 ② 칵테일파티 효과
③ 선행음 효과 ④ 도플러 효과

풀이 선행음 효과(하스효과)
일반적인 스테레오 시스템에서 좌우 두 개의 스피커로 주파수와 음압이 동일한 음을 동시에재생할 경우 인간의 귀에는 두 소리가 정중앙에서 재생되는 것처럼 느껴지지만, 이 상태에서 우측 스피커의 신호를 약간 지연시키면 음상이 왼쪽 스피커 방향으로 옮겨가는 현상을 말하며 지연음이 원음에 비해 10dB 이하의 레벨을 갖고 있을 때 유효하다.

02 확산음장의 특징으로 옳은 것은?

① 근음장(Near Field)에 속한다.
② 무향실은 확산음장이 얻어지는 공간이다.
③ 위치에 따라 음압 변동이 매우 심하고 음원의 크기나 주파수, 방사면의 위상에 크게 영향을 받는다.
④ 밀폐된 실내의 모든 표면에서 입사음이 거의 100% 반사된다면 실내 모든 위치에서 음에너지 밀도가 일정하다.

풀이 확산음장
㉠ 원음장에 속한다.
㉡ 잔향실은 확산음장이 얻어지는 공간이다.
㉢ 입자속도는 음의 전파속도와 관련이 없고 위치에 따라 음압변동이 심하여 음의 세기는 음압의 제곱과 비례관계가 거의 없는 음장은 근음장이다.

03 진동의 수용기관에 관한 설명으로 옳지 않은 것은?

① 소음의 수용기관에 비해 진동의 수용 기관은 명확하지 않은 편이다.
② 진동에 의한 물리적 자극은 신경의 말단에서 수용된다.
③ 동물실험에 의하면 Pacinian소체가 진동의 수용기인 것으로 알려져 있다.
④ 진동자극은 유스타키오관을 통하여 시상에 도달한다.

풀이 유스타키오관은 외이와 중이의 기압을 조정하여 고막의 진동을 쉽게 할 수 있도록 한다.

04 음의 주파수에 관한 설명으로 옳지 않은 것은?

① 소음성 난청이 시작하는 주파수는 약 400Hz이다.
② 음성 주파수 범위는 약 100~4,000Hz이다.
③ 인간 가청 주파수 범위는 약 20~20,000Hz이다.
④ 회화를 이해하는 데 필요한 주파수 범위는 약 300~3,000Hz이다.

풀이 소음성 난청이 시작하는 주파수는 약 4,000Hz이다.

정답 01 ③ 02 ④ 03 ④ 04 ①

05 인간의 청각기관에 관한 설명으로 옳지 않은 것은?

① 중이에 있는 3개의 청소골은 외이와 내이의 임피던스 매칭을 담당하고 있다.
② 달팽이관에서 실제 음파에 대한 센서부분을 담당하는 곳은 기저막에 위치한 섬모세포이다.
③ 달팽이관은 약 3.5회전만큼 돌려져 있는 나선형 구조로 되어있다.
④ 약 66mm 정도의 길이를 갖는 달팽이관에는 약 1,000개에 달하는 작은 섬모세포가 분포한다.

풀이 달팽이관의 지름은 3mm, 길이는 약 33~35mm 정도이고, 약 23,000~24,000개 정도의 섬모(Hair Cell)가 있다.

06 어느 지점의 PWL을 10분 간격으로 측정한 결과 100dB이 3회, 110dB이 3회였다면 이 지점의 평균 PWL은?

① 약 103dB　　② 약 105dB
③ 약 107dB　　④ 약 109dB

풀이 일정시간 간격 소음도

$$= 10\log\frac{1}{6}[(10^{10}\times 3)+(10^{11}\times 3)]$$

$$= 107.4\,\text{dB}$$

07 음파의 회절에 관한 설명으로 가장 적합한 것은?

① 일반적으로 파장이 크고, 장애물이 작을수록 회절이 잘된다.
② 음파의 회절은 음파가 한 매질에서 타 매질로 통과할 때 구부러지는 현상이다.
③ 높은 주파수 음이 낮은 주파수 음에 비해 회절하기 쉬우므로 장애물이 있어도 높은 음은 잘 들린다.
④ 기온의 역전층 중에서는 회절에 의해 파면이 아랫방향으로 꺾이므로 먼 거리에서도 잘 들리는 현상과 관계가 깊다.

08 청감보정회로의 특성에 관한 설명으로 (　　) 에 알맞은 것은?

> (㉠)은 Fletcher와 Munson의 등청감곡선의 70폰의 역특성을 채용하고 있고, (㉡)은 소음의 시끄러움을 평가하기 위한 방법인 PNL을 근사적으로 측정하기 위한 것으로 주로 항공기소음평가를 위한 기초척도로 사용된다.

① ㉠ B 보정레벨　㉡ C 보정레벨
② ㉠ B 보정레벨　㉡ D 보정레벨
③ ㉠ C 보정레벨　㉡ D 보정레벨
④ ㉠ D 보정레벨　㉡ C 보정레벨

09 중심주파수 750Hz일 때 1/1옥타브밴드 분석기(정비형 필터)의 상한주파수는?

① 841Hz　　② 945Hz
③ 1,060Hz　　④ 1,500Hz

풀이 $f_c = \sqrt{2}\, f_L,\ f_L = \frac{750}{\sqrt{2}} = 530.3\,\text{Hz}$

$$f_u = \frac{f_c^{\,2}}{f_L} = \frac{750^2}{530.3} = 1,060.7\,\text{Hz}$$

10 다음 중 음의 전달경로로 옳은 것은?

① 외이도－고막－이소골－와우각
② 외이도－와우각－이관－이소골
③ 외이도－이소골－이개－와우각
④ 외이도－이관－고막－이소골

11 소음에 의한 작업방해에 대한 설명으로 옳지 않은 것은?

① 소음은 작업의 정밀도보다는 총 작업량이 저하되기 쉽다.
② 불규칙한 폭발음은 일정한 소음보다 더욱 위해하다.

정답 05 ④ 06 ③ 07 ① 08 ② 09 ③ 10 ① 11 ①

③ 특정 소음이 없는 상태에서 일정 소음이 90dB(A)를 초과하지 않으면 일반적으로 작업은 방해를 받지 않는다고 한다.
④ 일반적으로 1,000~2,000Hz 이상의 고주파역 소음은 저주파역 소음보다 작업방해를 크게 야기시킨다.

풀이 소음이 학습 및 작업능률에 미치는 영향
㉠ 불규칙한 폭발음은 일정한 소음보다 더 위해하기 때문에 90dB(A) 이하라도 때때로 작업을 방해하며 일정 소음보다 더욱 위해하다.
㉡ 1,000~2,000Hz 이상의 고주파역 소음은 저주파역 소음보다 작업방해를 크게 야기시킨다.
㉢ 단순작업보다 복잡한 작업이 소음에 의한 나쁜 영향을 받기 쉽다.
㉣ 특정음이 없고, 90dB(A)를 넘지 않는 일정소음도에서는 작업을 방해하지 않는 것으로 본다.
㉤ 소음은 작업의 총 작업량을 줄이기보다 작업의 정밀도를 저하시킬 수 있다.

12 항공기 소음에 관한 설명으로 가장 거리가 먼 것은?

① 간헐적이며 충격적이다.
② 발생음량이 많고, 발생원이 상공이기 때문에 피해면적이 넓다.
③ 구조물과 지반을 통하여 전달되는 저주파영역의 소음으로 우리나라에서는 NNL을 채택하고 있다.
④ 제트기는 이착륙 시 발생하는 추진계의 소음으로, 금속성의 고주파음을 포함한다.

풀이 항공기는 금속성의 고주파음을 방출하며 우리나라에서는 WECPNL을 채택하고 있다.

13 음향출력 10W인 점음원이 지면에 있을 때, 10m 떨어진 지점에서의 음의 세기는?

① 0.032W/m^2　② 0.016W/m^2
③ 0.008W/m^2　④ 0.004W/m^2

풀이 점음원이 반자유공간에 위치

$$W = I \times S = I \times 2\pi r^2$$

$$I = \frac{W}{2\pi r^2} = \frac{10}{2 \times 3.14 \times 10^2} = 0.0159\,\text{W/m}^2$$

14 A특성과 C특성 청감보정에 대한 설명으로 옳은 것은?

① 두 특성 모두 1kHz 이하에서는 비슷하지만, 1kHz에서는 저주파에서보다 상대응답의 차가 매우 크다.
② A특성 청감보정회로는 저주파 음에너지를 많이 소거시킨다.
③ C특성은 특히 낮은 음압의 소음평가에 적절하다.
④ A특성은 교통소음평가에, C특성은 항공기 소음평가에 주로 이용된다.

풀이 ① 두 특성 모두 1kHz 이상에서는 비슷하지만 저주파에서는 1kHz보다 상대응답의 차가 크다.
③ C특성은 주파수분석, 소음등급파악 시 사용하며 음압레벨과 근사값을 갖는다.
④ A특성은 인간의 주관적 반응과 잘 맞아 가장 많이 이용되며 항공기 소음 평가에는 주로 D특성이 이용된다.

15 50phon의 소리는 40phon의 소리에 비해 몇 배로 크게 들리는가?

① 1배　② 2배
③ 3배　④ 5배

풀이 ㉠ 40phon

$$S = 2^{\frac{40-40}{10}} = 1\,\text{sone}$$

㉡ 50phon

$$S = 2^{\frac{50-40}{10}} = 2\,\text{sone}$$

∴ 50phon(2sone)이 40phon(1sone)보다 2배 더 크게 들린다.

정답 12 ③ 13 ② 14 ② 15 ②

16 진동의 영향에 관한 설명으로 옳은 것은?

① 4~14Hz에서 복통을 느끼고, 9~20Hz에서는 대소변을 보고 싶게 한다.
② 수직 및 수평진동이 동시에 가해지면 10배 정도의 자각현상이 나타난다.
③ 6Hz에서 머리는 가장 큰 진동을 느낀다.
④ 20~30Hz 부근에서 심한 공진현상을 보여 가해진 진동보다 크게 느끼고, 진동수 증가에 따라 감쇠는 급격히 감소한다.

풀이 ② 수직진동과 수평진동이 동시에 가해지면 자각현상이 2배가 된다.
③ 6Hz에서 허리, 가슴 및 등쪽에 심한 통증을 느낀다.
④ 3~6Hz에서 가장 심한 공진현상을 보인다.

17 공장에서 현장소음을 이용하여 틈이 없는 단일벽체 내측 및 외측 각 1m 위치에서 동시에 측정한 평균음압도가 각각 87dB과 54dB일 때, 이 벽체의 투과손실은?

① 33dB ② 30dB
③ 27dB ④ 24dB

풀이 $TL = NR - 6$
$= (87 - 54) - 6 = 27\,\text{dB}$

18 용어에 관한 설명이 옳지 않은 것은?

① NNI : 항공기 소음의 척도
② NRN : 감각보정지수
③ TNI : 교통소음의 척도
④ SIL : 회화방해레벨

풀이 NRN(Noise Rating Number) : 소음평가지수

19 다음 중 잔향시간 측정에 관한 설명으로 가장 거리가 먼 것은?

① 잔향시간은 재료의 흡음률을 산정하는 데 이용된다.
② 잔향시간은 실내에서 음원을 끈 순간부터 음압레벨이 60dB 감소되는 데 소요되는 시간을 말한다.
③ 잔향시간은 일반적으로 기록지의 레벨 감쇠곡선의 폭이 25dB 이상일 때 이를 산출한다.
④ 난입사흡음률 측정법에 의한 정재파법은 일반적으로 잔향시간 측정범위가 2~5초 정도이다.

풀이 정재파법은 수직입사 흡음률 측정방법을 주로 이용한 것이다.

20 무한히 긴 선음원이 있다. 이 음원으로부터 50m 거리만큼 떨어진 위치에서의 음압레벨이 93dB이라면 5m 떨어진 곳에서의 음압레벨은?

① 130dB ② 120dB
③ 110dB ④ 103dB

풀이 $SPL_1 - SPL_2 = 10\log\frac{r_2}{r_1}$

$SPL_1 - 93 = 10\log\frac{50}{5}$

$SPL_1 = 10\log 10 + 93 = 103\,\text{dB}$

2과목 소음방지기술

21 공장의 환기 덕트에서 나가는 출구가 민가 쪽으로 향해 있어서 문제가 되고 있다. 환기 덕트의 소음대책으로 옳지 않은 것은?

① 덕트 출구의 면적을 작게 한다.
② 덕트 출구의 방향을 바꾼다.
③ 덕트 출구에 사이렌서를 부착한다.
④ 덕트 출구 앞에 흡음덕트를 부착한다.

풀이 덕트 출구의 면적을 크게 하여야 음에너지의 밀도가 작아진다.

정답 16 ① 17 ③ 18 ② 19 ④ 20 ④ 21 ①

22 다음 소음대책 중 가장 먼저 해야 할 것은?

① 문제 주파수의 발생원 탐사
② 수음점의 규제기준 확인
③ 수음점의 위치 확인
④ 수음점에서 실태 조사

풀이 소음대책의 순서
㉠ 소음이 문제되는 지점의 위치를 귀로 판단하여 확인한다.
㉡ 수음점에서 소음계, 주파수 분석기 등을 이용하여 실태를 조사한다.
㉢ 수음점의 규제기준을 확인한다.
㉣ 대책의 목표레벨을 설정한다.
㉤ 문제주파수의 발생원을 탐사(주파수 대역별 소음 필요량 산정)한다.
㉥ 적정 방지기술의 선정
㉦ 시공 및 재평가

23 벽체의 투과손실이 32dB일 때, 이 벽체의 투과율은?

① 3.3×10^{-3}　② 4.3×10^{-3}
③ 5.3×10^{-4}　④ 6.3×10^{-4}

풀이 투과율(τ)$=10^{-\frac{TL}{10}}=10^{-\frac{32}{10}}=6.3\times10^{-4}$

24 자유공간에서처럼 음원으로부터 거리가 멀어짐에 따라 음압이 일정하게 감쇠되는 역2승법칙이 성립하도록 인공적으로 만든 실은?

① 무향실　② 반무향실
③ 잔향실　④ 반잔향실

25 실내 총 표면적이 300m²인 회의실이 있다. 이 회의실의 벽체 면적은 100m²로 흡음률이 0.5이고, 나머지 바닥과 천장의 흡음률은 각각 0.2일 때, 이 회의실의 흡음력은?

① 80m²　② 85m²
③ 90m²　④ 95m²

풀이 흡음력(A)

$A=S\cdot\bar{\alpha}$

S(실내 전 표면적) : 300m²

$$\bar{\alpha}=\frac{\begin{pmatrix}(100\times0.5)+(100\times0.2)\\+(100\times0.2)\end{pmatrix}}{300}=0.3$$

$=300\times0.3=90\,\text{m}^2$

26 다음 표는 각 재질의 1/3옥타브대역으로 측정한 중심 주파수에서의 흡음률을 나타낸 것이다. 이들 재질 중 가장 큰 감음계수를 갖는 재질은?

주파수(Hz)	125	250	500	1,000	2,000	4,000
재질 1	0.65	0.75	0.89	0.78	0.70	0.55
재질 2	0.55	0.73	0.90	0.80	0.65	0.50
재질 3	0.40	0.60	0.76	0.83	0.92	0.81
재질 4	0.64	0.77	0.88	0.85	0.96	0.65

① 재질 1　② 재질 2
③ 재질 3　④ 재질 4

풀이 감음계수(NRC)

$=\frac{1}{4}(\alpha_{250}+\alpha_{500}+\alpha_{1,000}+\alpha_{2,000})$

$=\frac{1}{4}(0.77+0.88+0.85+0.96)$

$=0.865$ (계산 시 가장 높음)

27 공명형 소음기에 관한 설명으로 가장 거리가 먼 것은?

① 최대투과손실치는 공명주파수에서 일어난다.
② 작은 관 내 공동 구멍 수가 많을수록 공명주파수는 커진다.
③ 내관의 작은 구멍과 그 배후 공기층이 공명기를 형성하여 흡음함으로써 감음한다.
④ Helmholtz 공명기는 협대역 고주파 소음방지에 탁월하며, 공동 내에 흡음재를 충진 시 저주파까지 거의 평탄한 감음특성을 보인다.

정답 22 ③ 23 ④ 24 ① 25 ③ 26 ④ 27 ④

풀이 공명형 소음기의 감음특성
저 · 중음역의 탁월주파수 성분에 좋으며 소음기의 공동 내에 흡음재를 충진하면 저주파음 소거의 탁월현상이 완화된다.

28 소음대책방법 중 전파경로 대책과 가장 거리가 먼 것은?

① 방음벽 설치
② 소음기 설치
③ 공장건물 내벽의 흡음처리
④ 공장 벽체의 차음성 강화

풀이 소음기 설치는 발생원 대책이다.

29 발파작업은 댐이나 도로 등의 큰 건설현장에서 일어나는 소음원이다. 다음 중 발파소음의 감소대책으로 가장 거리가 먼 것은?

① 지발당 장약량을 감소시킨다.
② 전색효과가 좋은 전색물을 사용한다.
③ 단발뇌관으로 분할 발파하거나 천공길이, 천공지름을 작게 한다.
④ 도폭선을 사용하고, 소음원과 수음 측 사이에 도랑 등을 굴착함으로써 소음을 줄일 수 있다.

풀이 도폭선 사용을 피하고 완전전색이 이루어져야 발파소음을 감소할 수 있다.

30 흡음재료의 선택 및 사용 시 유의할 점으로 옳지 않은 것은?

① 실의 모서리나 가장자리 부분에 흡음재를 부착시키면 효과가 좋아진다.
② 흡음재는 한곳에 집중하는 것보다 전체 내부에 분산하여 부착하는 것이 좋다.
③ 막진동이나 판진동 흡음재는 도장을 하면 흡음률이 현저히 떨어진다.
④ 유리섬유와 같은 다공질 재료는 산란되기 쉽다.

풀이 막진동이나 판진동형의 흡구기구는 도장을 해도 지장이 없다.

31 음원실의 소음이 1,000,000분의 1로 에너지가 감쇠되어 수음실로 전달될 때 투과손실(TL)은?

① 60dB ② 40dB
③ 20dB ④ 10dB

풀이
$$TL = 10\log\frac{1}{\left(\frac{1}{1{,}000{,}000}\right)} = 10\log 1{,}000{,}000 = 60\text{dB}$$

32 STC 값을 평가하는 절차에 관한 설명 중 ( )에 알맞은 것은?

- 1/3옥타브대역 중심주파수에 해당하는 음향투과손실 중에서 하나의 값이라도 STC 기준선과 비교하여 최대 차이가 (㉠)dB를 초과해서는 안 된다.
- 모든 중심주파수에서의 음향투과손실과 STC 기준선 사이의 dB 차이의 합이 32dB을 초과해서는 안 된다.
- 위의 두 단계를 만족하는 조건에서 중심주파수 (㉡)Hz와 STC 기준선과 만나는 교점에서 수평선을 그어 이에 해당하는 음향투과손실 값이 피시험체의 STC 값이 된다.

① ㉠ 3, ㉡ 500 ② ㉠ 3, ㉡ 1,000
③ ㉠ 8, ㉡ 500 ④ ㉠ 8, ㉡ 1,000

33 소음제어를 위한 자재류의 특성에 관한 설명으로 가장 거리가 먼 것은?

① 흡음재는 일반적으로 내부통로를 가진 다공성 자재이며, 차음재로는 불량이다.
② 차음재는 상대적으로 경량(8.4~55.6kg/m^2)이며, 일반적으로 공기의 출입이 용이하다.
③ 흡음재는 잔향음의 에너지 저감에 사용된다.
④ 차음재는 음의 투과율을 저감시킨다.

정답 28 ② 29 ④ 30 ③ 31 ① 32 ③ 33 ②

풀이 차음재는 상대적으로 고밀도이며 기공이 없고 흡음 재료로는 바람직하지 않다.

34 벽면 또는 벽 상단의 음향특성에 따른 방음벽 구분으로 옳지 않은 것은?

① 공조형 ② 반사형
③ 간섭형 ④ 흡음형

풀이 방음벽은 벽면 또는 벽 상단의 음향특성에 따라 흡음형, 반사형, 간섭형, 공명형 등으로 구분된다.

35 방음벽 설계 시 유의할 점으로 옳지 않은 것은?

① 벽 대신에 소음원 주위에 나무를 심는 것은 소음 방지에 큰 효과를 기대할 수 없다.
② 방음벽의 안쪽은 될 수 있는 한 흡음성으로 해서 반사음을 방지하는 것이 좋다.
③ 음원이 지향성이 수음점 방향으로 강할 때는 방음벽에 의한 감쇠는 계산치보다 작게 된다.
④ 방음벽에 의한 실용적 삽입손실치의 한계는 점음원인 경우 24~25dB, 선음원인 경우 21~22dB 정도로 본다.

풀이 음원의 지향성이 수음측 방향으로 클 때에는 방음벽에 의한 감쇠치가 계산치보다 크게 된다.

36 길이 4m, 폭 5m, 높이 3m인 방에서 측정한 잔향시간이 500Hz에서 0.33초일 때, 이 방의 평균 흡음률은?

① 약 0.3 ② 약 0.4
③ 약 0.5 ④ 약 0.6

풀이 평균흡음률($\bar{\alpha}$)

$$\bar{\alpha} = \frac{0.161\,V}{S \cdot T}$$

V(실의 체적) : $4 \times 5 \times 3 = 60\text{m}^3$
T(잔향시간) : 0.33sec
S(실내 전 표면적) : $(4 \times 5 \times 2) + (4 \times 3 \times 2) + (5 \times 3 \times 2) = 94\text{m}^2$

$$= \frac{0.161 \times 60}{94 \times 0.33} = 0.31$$

37 음파가 벽면에 수직입사할 때, 단일 벽의 투과손실에 관한 설명으로 옳은 것은?

① 투과손실은 주파수 및 면밀도와는 무관하다.
② 벽체의 면밀도가 3배 증가할 때마다 투과손실은 3dB씩 증가한다.
③ 주파수가 2배 증가할 때마다 투과손실은 3dB씩 증가한다.
④ 벽체의 면밀도가 2배 증가할 때마다 투과손실은 6dB씩 증가한다.

풀이 $TL = 20\log(m \cdot f) - 43\,(\text{dB})$

38 A공장 총벽체 면적 60m^2 중 콘크리트 벽체 면적 및 투과 손실은 50m^2, 55dB이고, 창문의 면적 및 투과손실이 10m^2, 15dB이며, 그중 창문이 1/2 정도 열려 있을 때, 벽체 전체의 투과손실은?

① 6dB ② 11dB
③ 15dB ④ 18dB

풀이 $$\overline{TL} = 10\log\frac{1}{\tau} = 10\log\frac{S_1 + S_2 + S_3}{S_1\tau_1 + S_2\tau_2 + S_3\tau_3}$$

창문 $\frac{1}{2}$ open의 의미 : 창문 면적 10m^2 중 5m^2가 열려있는 것이며 투과율은 1이다.

구분	면적(m^2)	투과손실(dB)	투과율
콘크리트벽	50	55	$10^{-\frac{55}{10}}$
창문	5	15	$10^{-\frac{15}{10}}$
열린 창문	5	0	$10^{-\frac{0}{10}}$

$$\overline{TL} = 10\log\frac{50+5+5}{(50 \times 10^{-5.5}) + (5 \times 10^{-1.5}) + (5 \times 10^{-0})}$$

$$= 11\,\text{dB}$$

정답 34 ① 35 ③ 36 ① 37 ④ 38 ②

39 A시료 흡음성능 측정을 위해 정재파 관내법을 사용하여 측정한 흡음률이 0.933이었다. 이때 1,000Hz 순음의 정재파비는?

① 1.35 ② 1.7
③ 2.2 ④ 2.8

풀이 흡음률(α)

$$\alpha = \frac{4}{n + \frac{1}{n} + 2}$$

$$0.933 = \frac{4}{n + \frac{1}{n} + 2}$$

$$n = 1.7$$

40 곡물을 운송하는 배관표면에서 2차 고체음이 방사되어, 이에 방지대책으로 점탄성 제진재를 부착하고 흡음재와 차음재를 부착하고자 한다. 이러한 방법을 무엇이라 하는가?

① 흡음대책 ② 방음 LAGGING
③ 밀폐상자 ④ SURGING

3과목 소음진동공정시험 기준

41 소음기준 중 배경소음 측정이 필요하지 않은 것은?

① 소음환경기준 ② 소음배출허용기준
③ 생활소음규제기준 ④ 발파소음규제기준

풀이 소음환경기준은 배경소음 측정이 필요하지 않다.

42 소음 · 진동 공정시험기준에서 규정하고 있는 소음계의 측정 가능 소음도 범위기준은?(단, 자동차 소음을 제외한 일반적인 측정 가능 소음도 범위 기준)

① 1~90dB 이상 ② 20~90dB 이상
③ 35~130dB 이상 ④ 55~90dB 이상

풀이 소음계의 측정 가능 소음도 범위는 35~130dB 이상이어야 한다.(다만, 자동차 소음 측정에 사용되는 것은 45~130dB 이상으로 한다.)

43 배출허용기준 중 진동측정방법에서 배출시설의 진동발생원을 가능한 한 최대출력으로 가동시킨 정상상태에서 측정한 진동레벨은?

① 측정진동레벨 ② 대상진동레벨
③ 진동가속도레벨 ④ 평가진동레벨

44 소음 · 진동공정시험기준 중 철도소음 측정에 관한 설명으로 옳지 않은 것은?

① 요일별로 소음변동이 적은 평일에 측정한다.
② 주간시간대는 2시간 간격을 두고 1시간씩 2회 측정한다.
③ 철도소음관리기준을 적용하기 위하여 측정하고자 할 경우에는 철도보호지구 외의 지역에서 측정 · 평가한다.
④ 샘플주기를 0.1초 내외로 결정하고 1시간 동안 연속 측정하여 자동 연산 · 기록한 등가소음도를 그 지점의 측정소음도로 한다.

풀이 샘플주기를 1초 내외로 결정하고 1시간 동안 연속 측정하여 자동 연산 · 기록한 등가소음도를 그 지점의 측정소음도로 한다.

45 표준진동발생기에 대한 설명 중 ( )에 가장 알맞은 것은?

> 표준진동발생기(Calibrator)는 진동레벨계의 측정감도를 교정하는 기기로서 ( )이(가) 표시되어 있어야 하며, 발생진동의 오차는 ±1dB 이내이어야 한다.

① 발생진동의 음압도와 진동레벨
② 발생진동의 음압도와 진동속도레벨
③ 발생진동의 발생시간과 진동속도
④ 발생진동의 주파수와 진동가속도레벨

정답 39 ② 40 ② 41 ① 42 ③ 43 ① 44 ④ 45 ④

46 공장 가동 시 부지경계선에서 측정한 소음도가 67dB(A)이고, 가동을 중지한 상태에서 측정한 소음도가 61dB(A)일 경우 대상 소음도는?

① 63.0dB(A) ② 64.8dB(A)
③ 65.7dB(A) ④ 66.4dB(A)

풀이 측정소음도와 배경소음도 차이
67dB(A) − 61dB(A) = 6dB(A)
대상소음도 = 측정소음도 − 보정치

$$보정치 = -10\log(1-10^{-0.1d})$$
$$= -10\log[1-10^{-(0.1\times6)}]$$
$$= 1.26\,dB(A)$$
$$= 67-1.26 = 65.74\,dB(A)$$

47 소음 · 진동 공정시험기준상 용어의 정의로 옳지 않은 것은?

① 측정소음도 : 소음 · 진동 공정시험기준에서 정한 측정방법으로 측정한 소음도 및 등가소음도 등을 말한다.
② 정상소음 : 시간적으로 변동하지 아니하거나 또는 변동 폭이 작은 소음을 말한다.
③ 지발발파 : 수분 내에 시간차를 두고 발파하는 것을 말한다.
④ 지시치 : 계기나 기록지 상에서 판독한 소음도로서 실효치(rms값)를 말한다.

풀이 지발발파
수로 내에 시간차를 두고 발파하는 것을 말한다.(단, 발파기를 1회 사용하는 것에 한한다.)

48 공장진동 측정자료 평가표 서식에 기재되어야 하는 사항으로 거리가 먼 것은?

① 충격진동 발생시간(h)
② 측정 대상업소 소재지
③ 진동레벨계 명칭
④ 지면조건

풀이 공정시험기준 중 공장진동 측정자료 평가표 참조

49 청감보정회로 및 소음계의 동특성을 "A특성 − 느림(Slow)" 조건으로 하여 측정해야 하는 소음은?

① 생활소음 ② 발파소음
③ 도로교통소음 ④ 항공기소음

50 소음계의 구성순서로 옳은 것은?

① 마이크로폰 − 증폭기 − 레벨레인지 변환기 − 청감보정회로 − 지시계기
② 마이크로폰 − 청감보정회로 − 레벨레인지 변환기 − 증폭기 − 지시계기
③ 마이크로폰 − 레벨레인지 변환기 − 증폭기 − 청감보정회로 − 지시계기
④ 마이크로폰 − 증폭기 − 청감보정회로 − 레벨레인지 변환기 − 지시계기

풀이

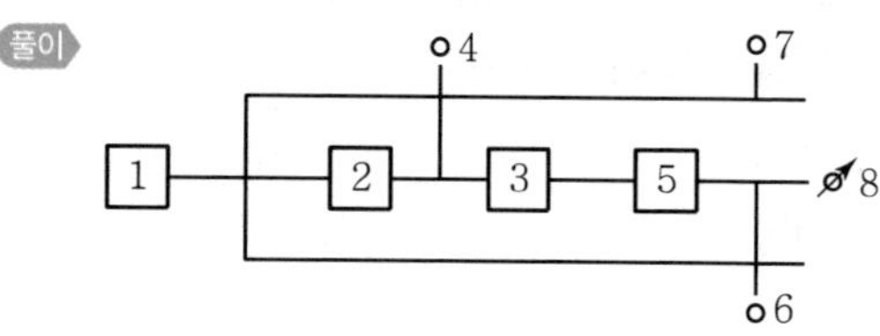

1. 마이크로폰
2. 레벨레인지 변환기
3. 증폭기
4. 교정장치
5. 청감보정회로
6. 동특성 조절기
7. 출력단자(간이소음계 제외)
8. 지시계기

51 소음한도 중 항공기소음의 측정자료 분석 시 배경소음보다 10dB 이상 큰 항공기 소음의 지속시간 평균치 $\overline{D}$가 63초일 경우 $\overline{WECPNL}$에 보정해야 할 보정량(dB)은?

① 4 ② 5
③ 6 ④ 7

정답 46 ③ 47 ③ 48 ① 49 ④ 50 ③ 51 ②

풀이 보정량 $=+10\log\frac{\overline{D}}{20}=+10\log\left(\frac{63}{20}\right)$
$=4.98\,\text{dB}$

52 소음계의 청감보정회로에서 자동차 소음 측정용은 A 특성 외에 어떤 특성도 함께 갖추어야 하는가?

① B 특성 ② C 특성
③ E 특성 ④ F 특성

풀이 청감보정회로(Weighting Networks)
㉠ 인체의 청감각을 주파수 보정 특성에 따라 나타낸다.
㉡ A특성을 갖춘 것이어야 한다.
㉢ 다만, 자동차 소음측정용은 C특성도 함께 갖추어야 한다.

53 공장의 부지경계선에서 측정한 진동레벨이 각 지점에서 각각 62dB(V), 65dB(V), 68dB(V), 71 dB(V), 64dB(V), 67dB(V)이다. 이 공장의 측정진동레벨은?

① 66dB(V) ② 68dB(V)
③ 69dB(V) ④ 71dB(V)

풀이 피해가 예상되는 적절한 측정시각에 2지점 이상의 측정지점 수를 선정 · 측정하여 그중 높은 진동레벨을 측정진동레벨로 한다.

54 마이크로폰을 소음계와 분리시켜 소음을 측정할 때 마이크로폰의 지지장치로 사용하거나 소음계를 고정할 때 사용하는 장치는?

① Calibration Network Calibrator
② Fast−Slow Switch
③ Tripod
④ Meter

55 진동레벨계의 성능기준으로 옳지 않은 것은?

① 측정가능 주파수 범위는 1~90Hz 이상이어야 한다.
② 지시계기의 눈금오차 범위는 1dB 이내이어야 한다.
③ 측정가능 진동레벨 범위는 45~120dB 이상이어야 한다.
④ 레벨레인지 변환기가 있는 기기에 있어서 레벨레인지 변환기의 전환오차가 0.5dB 이내이어야 한다.

풀이 진동레벨계 지시계기의 눈금오차는 0.5dB 이내이어야 한다.

56 진동배출허용기준 측정 시 측정기기의 사용 및 조작에 관한 설명으로 거리가 먼 것은?

① 진동레벨기록기가 없는 경우에는 진동레벨계만으로 측정할 수 있다.
② 진동레벨계의 출력단자와 진동레벨기록기의 입력단자를 연결한 후 전원과 기기의 동작을 점검하고 매회 교정을 실시하여야 한다.
③ 진동레벨계의 레벨레인지 변환기는 측정지점의 진동레벨을 예비조사한 후 적절하게 고정시켜야 한다.
④ 출력단자의 연결선은 회절음을 방지하기 위하여 지표면에 수직으로 설치하여야 한다.

풀이 진동픽업의 연결선은 잡음 등을 방지하기 위하여 지표면에 일직선으로 설치한다.

57 소음계에 의한 소음도 측정 시 반드시 마이크로폰에 방풍망을 부착하여 측정하여야 하는 경우는 풍속이 최소 얼마 이상일 때인가?(단, 상시측정용 옥외마이크로폰 제외)

① 10m/s ② 6m/s
③ 2m/s ④ 0.5m/s

정답 52 ② 53 ④ 54 ③ 55 ② 56 ④ 57 ③

58 측정진동레벨이 65dB(V)이고 배경진동이 54 dB(V)이었다면 대상진동레벨은?

① 54dB(V) ② 62dB(V)
③ 64dB(V) ④ 65dB(V)

풀이 측정진동레벨이 배경진동레벨보다 10dB 이상 크면 배경진동의 영향이 극히 작기 때문에 배경진동의 보정 없이 측정진동레벨을 대상진동레벨로 한다.

59 규제기준 중 생활진동 측정방법으로 옳지 않은 것은?

① 피해가 예상되는 적정한 측정시각에 2지점 이상의 측정지점수를 선정 · 측정하여 산술평균한 진동레벨을 측정진동레벨로 한다.
② 측정점은 피해가 예상되는 자의 부지경계선 중 진동레벨이 높을 것으로 예상되는 지점을 택하여야 하며 배경진동의 측정점은 동일한 장소에서 측정함을 원칙으로 한다.
③ 측정진동레벨은 대상 진동발생원의 일상적인 사용상태에서 정상적으로 가동시켜 측정하여야 한다.
④ 배경진동레벨은 대상진동원의 가동을 중지한 상태에서 측정하여야 하나, 가동중지가 어렵다고 인정되는 경우에는 배경진동의 측정 없이 측정진동레벨을 대상진동레벨로 할 수 있다.

풀이 피해가 예상되는 적절한 측정시각에 2지점 이상의 측정지점 수를 선정 · 측정하여 그중 높은 진동레벨을 측정진동레벨로 한다.

60 도로교통진동한도 측정을 위해 디지털 진동자동분석계를 사용하는 경우 측정자료 분석방법으로 옳은 것은?

① 샘플주기를 1초 이내에서 결정하고 5분 이상 측정하여 구간 최대치로부터 10개를 산술평균값을 그 지점의 측정진동레벨로 한다.
② 샘플주기를 0.1초 이내에서 결정하고 5분 이상 측정하여 구간 최대치로부터 10개를 산술평균한 값을 그 지점의 측정진동레벨로 한다.
③ 샘플주기를 1초 이내에서 결정하고 5분 이상 측정하여 자동 연산 · 기록한 80% 범위의 상단치인 L_{10} 값을 그 지점의 측정진동레벨로 한다.
④ 샘플주기를 0.1초 이내에서 결정하고 5분 이상 측정하여 자동 연산 · 기록한 80% 범위의 상단치인 L_{10} 값을 그 지점의 측정진동레벨로 한다.

4과목 진동방지기술

61 비감쇠 강제진동에서 계에서 발생하는 진동이 기초로 전달이 되는 전달률을 구하는 수식으로 틀린 것은?(단, $m\ddot{x}+kx=F_o\sin\omega t$, f_n=고유주파수, ω_n=고유각진동수)

① $T=\left|\dfrac{\text{전달력}}{\text{외력}}\right|$

② $T=\left|\dfrac{kx}{F_o\sin\omega t}\right|$

③ $T=\left|\dfrac{1}{1-(\omega_n/\omega)^2}\right|$

④ $T=\left|\dfrac{1}{1-(f/f_n)^2}\right|$

풀이 전달률(T)

$$T=\left|\frac{\text{전달력}}{\text{외력}}\right|=\left|\frac{kx}{F_0\sin\omega t}\right|=\frac{1}{\eta^2-1}$$
$$=\frac{1}{\left(\dfrac{f}{f_n}\right)^2-1}=\left|\frac{1}{1-\left(\dfrac{\omega}{\omega_n}\right)^2}\right|$$

62 진동수가 600rpm인 조화운동의 주기는?

① 0.1초 ② 0.2초
③ 0.5초 ④ 1초

풀이 진동수$(f)=\dfrac{600}{60}=10\,\text{Hz}$

주기$(T)=\dfrac{1}{f}=\dfrac{1}{10}=0.1\,\text{sec}$

정답 58 ④ 59 ① 60 ③ 61 ③ 62 ①

63 용수철 정수가 125kg/cm, 용수철의 질량이 5kg일 때 용수철 고유진동수에 해당되지 않는 것은?

① 2.5 ② 3
③ 5 ④ 10

64 그림과 같은 진동계에서 질량 5kg, 스프링정수 5,000N/m이다. 초기 진폭 후에 다음 진폭이 초기 진폭의 1/2로 될 때 감쇠계수 c는?

① 약 0.1N · sec/m
② 약 0.7N · sec/m
③ 약 34.7N · sec/m
④ 약 316.2N · sec/m

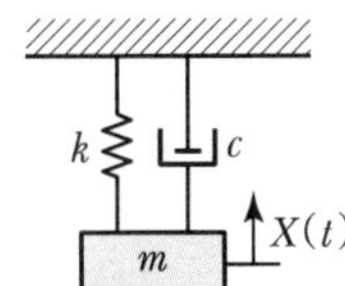

풀이 대수감쇠율을 $2\pi\xi$로 하면

$2\pi\xi = \ln 2$ (진폭이 50% 감쇠한다는 의미)

$$\xi = \frac{\ln 2}{2\pi} = 0.11$$

$$\xi = \frac{C}{2\sqrt{m \times k}}$$

$$C = \xi \times 2\sqrt{m \times k} = 0.11 \times 2\sqrt{5 \times 5{,}000} = 34.79\,\mathrm{N \cdot sec/m}$$

65 지반 진동파의 특징으로 옳지 않은 것은?

① 종파(P파)와 횡파(S파)는 체적파에 속한다.
② 표면파의 에너지 거리감쇠율은 거리의 제곱에 반비례한다.
③ 지반 진동파가 전파될 때 에너지의 양(비율)은 일반적으로 R파 > S파 > P파 순이다.
④ S파와 P파의 도달시간 차이를 PS시라 하며, PS시를 이용하여 진원거리를 알 수 있다.

풀이 R파의 지표면에서는 그 진폭이 $\sqrt{r}$에 반비례하고 지중에서는 1~2파장 정도의 깊이에서는 거의 소멸된다. 즉, 지표면에서 거리감쇠는 거리가 2배로 되면 3dB 감소한다. 즉, 계측에 의한 지표진동은 여러 파의 합성으로 이루어지지만 주 계측파는 R파이다.

66 방진재료로 금속스프링을 사용하는 경우 로킹모션(Rocking Motion)이 발생하기 쉽다. 이를 억제하기 위한 방법으로 틀린 것은?

① 기계 중량의 1~2배 정도의 가대를 부착한다.
② 하중을 평형분포시킨다.
③ 스프링의 정적 수축량이 일정한 것을 사용한다.
④ 길이가 긴 스프링을 사용하여 계의 무게중심을 높인다.

풀이 Rocking Motion을 억제하기 위해서는 계의 무게중심을 낮게 하여야 한다.

67 코일 스프링에서 스프링 정수에 관한 설명으로 옳은 것은?

① 스프링 재료의 직경에 비례한다.
② 스프링 재료 직경의 제곱에 비례한다.
③ 스프링 재료 직경의 3제곱에 비례한다.
④ 스프링 재료 직경의 4제곱에 비례한다.

풀이 코일스프링의 스프링 정수(k)

$$k = \frac{W}{\delta_{st}} = \frac{Gd^4}{8\pi D^3}\ (\mathrm{N/mm})$$

여기서, G : 전단탄성 계수(횡탄성 계수)
d : 소선직경
D : 평균코일직경

68 다음 그림과 같은 계에서 $X_1 = 3\cos 4t$일 때 X의 정상상태 진폭이 2였다. 스프링 상수 k 값은?

① $6.40m_1$
② $10.12m_1$
③ $10.67m_1$
④ $24.00m_1$

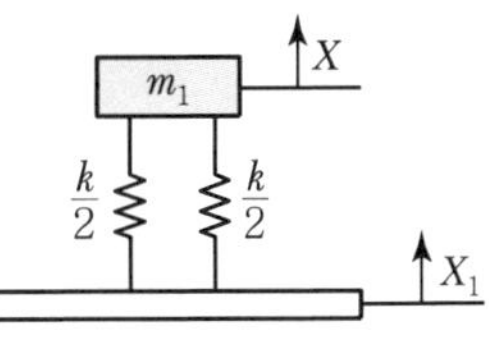

풀이 진폭$(x_0) = \dfrac{F_0}{k - m\omega^2}$

$$k = \frac{F_0}{x_0} + m\omega^2 = \frac{3}{2} + (m_1 \times 4^2) = 6.40m_1$$

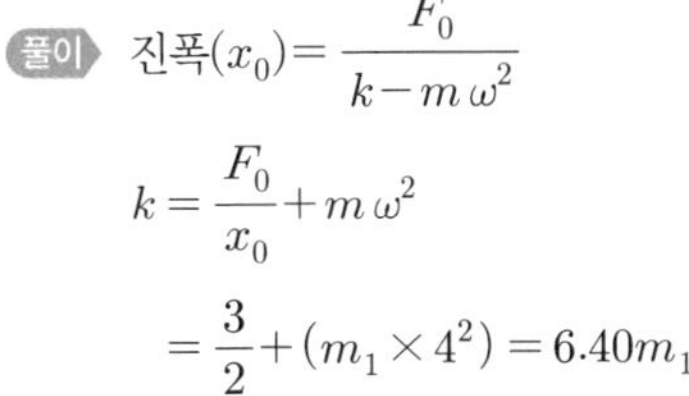

정답 63 ② 64 ③ 65 ② 66 ④ 67 ④ 68 ①

69 회전속도 2,500rpm의 원심팬을 방진고무로 탄성지지시켜 진동전달률을 0.185로 할 때 방진고무의 정적수축량은?

① 0.09cm ② 0.18cm
③ 0.21cm ④ 0.34cm

풀이 정적 처짐(δ_{st})

$$f_n = 4.98\sqrt{1/\delta_{st}}$$

$$\delta_{st} = \left(\frac{4.98}{f_n}\right)^2$$

$$T = \frac{1}{\left(\frac{f}{f_n}\right)^2 - 1}$$

$$f_n = \sqrt{\frac{T}{1+T}} \times f$$

$$f = \frac{2{,}500\,\text{rpm}}{60} = 41.67\text{Hz}$$

$$T = 0.185$$

$$= \sqrt{\frac{0.185}{1+0.185}} \times 41.67 = 16.46\,\text{Hz}$$

$$\therefore\ \delta_{st} = \left(\frac{4.98}{16.46}\right)^2 = 0.092\,\text{cm}$$

70 기계를 기초대 위에 완전히 고정시켜 설치하고 운전했더니 진동이 크게 되어서 기계의 상면 높이가 998mm에서 1,002mm 사이를 매분 240회로 흔들리는 것을 알았다면, 이 기계의 진동가속도 레벨은?

① 약 97dB ② 약 99dB
③ 약 101dB ④ 약 103dB

풀이 $VAL = 20\log\frac{A_{rms}}{10^{-5}}$

$$A_{rms} = \frac{A_{max}}{\sqrt{2}}$$

$$f = \frac{240\,\text{rpm}}{60} = 4\text{Hz}$$

$$A_{max} = A\omega^2$$

$$= 0.002 \times (2 \times 3.14 \times 4)^2$$

$$= 1.262\,\text{m/sec}^2$$

$$= \frac{1.262}{\sqrt{2}} = 0.8923\,\text{m/sec}^2$$

$$= 20\log\frac{0.8923}{10^{-5}} = 99\,\text{dB}$$

71 기초 구조물을 방진설계 시 내진, 면진, 제진 측면에서 볼 때 "내진설계"에 대한 설명으로 옳은 것은?

① 지진하중과 같은 수평하중을 견디도록 구조물의 강도를 증가시켜 진동을 저감하는 방법
② 지진 하중에 대한 반대되는 방향으로 인위적인 진동을 가하여 진동을 상쇄시키는 방법
③ 스프링, 고무 등으로 구조물을 지지하여 진동을 저감하는 방법
④ 에너지 흡수기와 같은 진동 저감장치를 이용하여 진동을 저감하는 방법

72 진동계를 전기계로 대치할 때의 상호 관계로 옳은 것은?

① 질량(m)=전류(i)
② 변위(x)=임피던스(L)
③ 힘(F)=전압(E)
④ 스프링정수(k)=전기속도(R)

풀이 진동계, 음향계, 전기계의 대응

진동계	음향계	전기계
변위	체적변위	전기량
속도	체적속도	전류
힘	음압	전압
질량	음향질량	임피던스
스프링	음향질량	전기용량
점성저항	음향저항	전기저항

정답 69 ① 70 ② 71 ① 72 ③

73 그림과 같이 외팔보의 끝에 질량 m이 달려 있다. 외팔보의 질량을 m이라 할 때 계의 등가스프링상수 k로 옳은 것은?

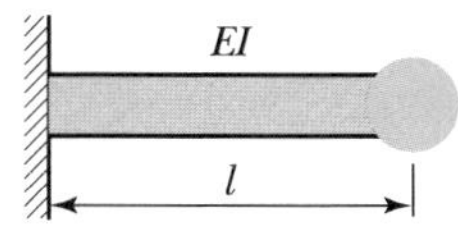

① $\dfrac{64EI}{l^3}$　② $\dfrac{48EI}{l^3}$

③ $\dfrac{6EI}{l^3}$　④ $\dfrac{3EI}{l^3}$

풀이 질량이 붙은 외팔보 진동계(자유단)

$$f_n = \frac{1}{2\pi}\sqrt{\frac{3EI}{ml^3}}$$

여기서, E : 재료의 세로 탄성계수
I : 보의 단면 2차 모멘트
EI : 보의 강성도
l : 보의 길이
m : 질량

$$k = \frac{3EI}{l^3}$$

74 시간(t)에 따른 변위량(진폭)의 변화 그래프 중 부족감쇠 자유진동을 나타내는 것은?

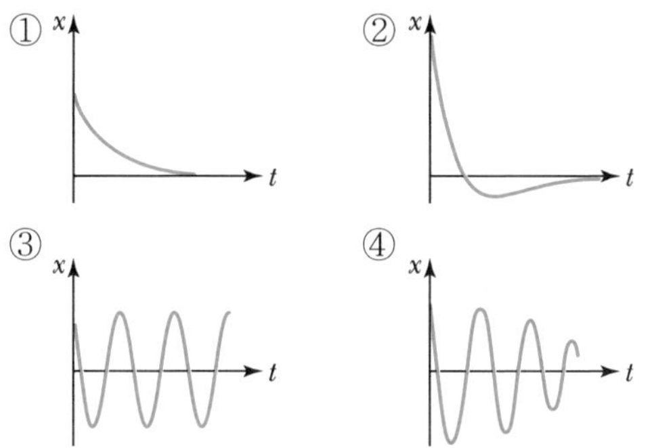

75 진동에 의한 기계에너지를 열에너지로 변환시키는 기능을 무엇이라 하는가?

① 자유진동　② 모멘트

③ 스프링　④ 감쇠

76 공기스프링의 장단점으로 가장 거리가 먼 것은?

① 압축기 등 부대시설이 필요하다.
② 내부 감쇠저항이 크므로 추가적인 감쇠장치가 불필요하다.
③ 하중의 변화에 따라 고유진동수를 일정하게 유지시킬 수 있다.
④ 설계 시에 비교적 자유스럽게 스프링 높이, 스프링 정수, 내하력 등을 선택할 수 있다.

풀이 공기스프링은 사용진폭이 적은 것이 많으므로 별도의 댐퍼가 필요한 경우가 많다.(공기스프링을 기계의 지지장치에 사용할 경우 스프링에 허용되는 동변위가 극히 작은 경우가 많으므로 내장하는 공기감쇠력으로 충분하지 않은 경우가 많음)

77 방진고무에 관한 설명으로 가장 거리가 먼 것은?

① 내부마찰에 의한 발열 때문에 열화 가능성이 크다.
② 고유진동수가 강제진동수의 1/3 이하인 것을 택한다.
③ 동적배율(정적스프링 정수에 대한 동적스프링 정수의 비)이 보통 1보다 작다.
④ 압축, 전단 등의 사용방법에 따라 1개로 2축 방향 및 회전방향의 스프링 정수를 광범위하게 선택할 수 있다.

풀이 $\alpha = \dfrac{K_d}{K_s}$ (보통 1보다 큰 값을 갖는다.)

여기서, K_d : 동적 스프링 정수
K_s : 정적 스프링 정수
[=하중(kg)/수축량(cm)]

방진고무의 경우, 일반적으로 $K_d > K_s$의 관계가 된다.

정답 73 ④ 74 ④ 75 ④ 76 ② 77 ③

78 주파수 5Hz의 표면파(n=0.5)가 전파속도 100m/s로 지반의 내부 감쇠정수 0.05의 지반을 전파할 때 진동원으로부터 20m 떨어진 지점의 진동레벨은?(단, 진동원에서 5m 떨어진 지점에서의 진동레벨은 80dB이다.)

① 약 66dB ② 약 69dB
③ 약 72dB ④ 약 75dB

풀이 VL_r

$$= VL_0 - 8.7\lambda(r-r_0) - 20\log\left(\frac{r}{r_0}\right)^n (\text{dB})$$

$$\lambda = \frac{2\pi hf}{V_s} = \frac{2\times 3.14\times 0.05\times 5}{100} = 0.0157$$

$$= 80 - [8.7\times 0.0157(20-5)] - \left[20\log\left(\frac{20}{5}\right)^{0.5}\right]$$

$$= 71.93\,\text{dB}$$

79 정현진동에서 진동속도의 시간적 변화를 나타내는 진동가속도로 옳은 것은?(단, α : 진동가속도)

① $\alpha = -2\pi f^2 X_o \sin(2\pi ft)$

② $\alpha = -(2\pi f)^2 X_o \cos(2\pi ft)$

③ $\alpha = -(2\pi f)^2 X_o \sin(2\pi ft)$

④ $\alpha = -(2\pi f)\sin(2\pi ft)$

풀이 진동가속도는 속도를 시간으로 미분한 값이다. ($\ddot{x} = \dot{v}$)

$$a(\dot{v}) = \frac{dv}{dt} = \frac{d}{dt}(A\omega\cos\omega t)$$

$$= -A\omega^2\sin\omega t = -(2\pi f)^2 A\sin(2\pi ft)$$

$$= A\omega^2\sin(\omega t+\pi)$$

여기서, a : 가속도(m/sec^2)

π : 변위와 가속도의 위상 차이

$A\omega^2$: 가속도진폭(가속도 최댓값 : m/sec^2)

$A\omega^2 = A\omega \cdot \omega = V_{max} \cdot \omega$

80 진동의 속도를 표시하는 단위인 kine의 물리적인 단위는?

① m/s ② cm/s
③ mm/s ④ μm/s

5과목 소음진동관계법규

81 소음진동관리법상 운행차의 개선명령에 관한 설명 중 (   )에 알맞은 것은?

> 특별시장 · 광역시장 또는 시장 · 군수 · 구청장은 운행차에 대한 수시점검 결과 운행차 소음허용기준을 초과하여 환경부령으로 정하는 바에 따라 자동차 소유자에게 개선명령을 하려는 경우 (   ) 이내의 범위에서 개선에 필요한 기간에 그 자동차의 사용정지를 함께 명할 수 있다.

① 7일 ② 10일
③ 15일 ④ 30일

82 시 · 도지사가 측정망설치계획을 결정 · 고시하려는 경우 그 설치위치 등에 관하여 누구의 의견을 들어야 하는가?

① 환경부장관
② 환경관리청장
③ 지방환경관리청장
④ 시장 · 군수 · 구청장

83 소음진동관리법상 소음발생 건설기계의 종류에 포함되지 않는 것은?

① 정격출력 75kW의 굴삭기
② 중량 500kg의 휴대용 브레이커
③ 고정식 공기압축기
④ 천공기

정답 78 ③ 79 ③ 80 ② 81 ② 82 ① 83 ③

풀이 소음발생건설기계의 종류

㉠ 굴삭기(정격출력 19kW 이상 500kW 미만의 것으로 한정한다.)
㉡ 다짐기계
㉢ 로더(정격출력 19kW 이상 500kW 미만의 것으로 한정한다.)
㉣ 발전기(정격출력 400kW 미만의 실외용으로 한정한다.)
㉤ 브레이커(휴대용을 포함하며, 중량 5톤 이하로 한정한다.)
㉥ 공기압축기(공기토출량이 분당 2.83세제곱미터 이상의 이동식인 것으로 한정한다.)
㉦ 콘크리트 절단기
㉧ 천공기
㉨ 항타 및 항발기

84 배기소음허용기준을 초과한 자동차로 소음기 또는 소음덮개를 훼손하거나, 떼어버린 경우 1차 위반 시 부과되는 과태료는?

① 150만 원 ② 100만 원
③ 60만 원 ④ 10만 원

풀이 영 제15조 : 별표 2의 개별기준 참조

85 자동차의 소유자가 배기소음 허용기준을 2dB(A) 이상 4dB(A) 미만 초과한 경우 1차 위반 시의 과태료는?

① 20만 원 이하 ② 40만 원 이하
③ 60만 원 이하 ④ 80만 원 이하

풀이 영 제15조 : 별표 2의 개별기준 참조

86 소음진동관리법령상 인증을 면제할 수 있는 자동차와 가장 거리가 먼 것은?

① 여행자 등이 다시 반출할 것을 조건으로 일시 반입하는 자동차
② 주한 외국공관이 공무용으로 사용하기 위하여 반입하는 자동차로서 외교부장관의 확인을 받은 자동차
③ 국제협약 등에 의하여 인증을 면제할 수 있는 자동차
④ 자동차제작자가 자동차의 개발이나 전시 등을 목적으로 사용하는 자동차

풀이 인증을 면제할 수 있는 자동차

㉠ 군용·소방용 및 경호업무용 등 국가의 특수한 공무용으로 사용하기 위한 자동차
㉡ 주한 외국공관, 외교관, 그 밖에 이에 준하는 대우를 받는 자가 공무용으로 사용하기 위하여 반입하는 자동차로서 외교부장관의 확인을 받은 자동차
㉢ 주한 외국군대의 구성원이 공무용으로 사용하기 위하여 반입하는 자동차
㉣ 수출용 자동차나 박람회, 그 밖에 이에 준하는 행사에 참가하는 자가 전시를 목적으로 사용하는 자동차
㉤ 여행자 등이 다시 반출할 것을 조건으로 일시 반입하는 자동차
㉥ 자동차제작자·연구기관 등이 자동차의 개발이나 전시 등을 목적으로 사용하는 자동차
㉦ 외국인 또는 외국에서 1년 이상 거주한 내국인이 주거를 이전하기 위하여 이주물품으로 반입하는 1대의 자동차

87 소음진동관리법규상 방진시설로 가장 거리가 먼 것은?

① 방진덮개시설 ② 방진구시설
③ 제진시설 ④ 배관진동 절연장치

풀이 방진시설

㉠ 탄성지지시설 및 제진시설
㉡ 방진구시설
㉢ 배관진동 절연장치 및 시설
㉣ ㉠부터 ㉢까지의 규정과 동등하거나 그 이상의 방지효율을 가진 시설

88 전국적인 소음진동의 실태를 파악하기 위하여 측정망을 설치하고 상시 측정하여야 하는 자는?

① 대통령 ② 환경부장관
③ 시·도지사 ④ 국회의원

정답 84 ② 85 ③ 86 ③ 87 ① 88 ②

89 소음 · 진동관리법상 과태료 부과대상으로 옳지 않은 것은?

① 부정한 방법으로 신고를 하고 소음진동배출시설을 설치한 자
② 생활소음 · 진동의 규제기준을 초과하여 소음 · 진동을 발생한 자
③ 소음 · 진동관리법 제19조 제1항을 위반하여 환경기술인을 임명하지 아니한 자
④ 소음 · 진동관리법 제24조 제1항에 따른 이동소음원의 사용금지 또는 제한조치를 위반한 자

풀이 ①항은 6개월 이하의 징역 또는 500만 원 이하의 벌금에 해당한다.

90 소음진동관리법상 이 법에서 사용하는 용어의 뜻으로 옳지 않은 것은?

① "소음발생건설기계"란 건설공사에 사용하는 기계 중 소음이 발생하는 기계로서 환경부령으로 정하는 것을 말한다.
② "소음 · 진동방지시설"이란 소음 · 진동배출시설로부터 배출되는 소음 · 진동을 없애거나 줄이는 시설로서 환경부령으로 정하는 것을 말한다.
③ "교통기관"이란 기차 · 자동차 · 도로 및 철도 등을 말한다. 다만, 항공기와 전차는 제외한다.
④ "진동(振動)"이란 기계 · 기구 · 시설, 그 밖의 물체의 사용으로 인하여 발생하는 강한 흔들림을 말한다.

풀이 "교통기관"이란 기차, 자동차, 전차, 도로 및 철도 등을 말한다. 다만, 항공기와 선박은 제외한다.

91 소음진동관리법령상 소음 · 진동 배출시설 설치 시 허가를 받아야 하는 지역으로서 "대통령령으로 정하는 지역" 기준으로 거리가 먼 것은?

① 의료법 규정에 따른 종합병원의 부지경계선으로부터 직선거리 50미터 이내의 지역
② 도서관법 규정에 따른 공공도서관의 부지경계선으로부터 직선거리 50미터 이내의 지역
③ 초 · 중등교육법 및 고등교육법 규정에 따른 학교의 부지경계선으로부터 직선거리 50미터 이내의 지역
④ 주택법 규정에 따른 단독주택의 부지경계선으로부터 직선거리 50미터 이내의 지역

풀이 주택법에 따른 공동주택의 부지경계선으로부터 직선거리 50미터 이내의 지역

92 소음진동관리법상 배출허용기준 준수 의무에 관한 사항이다. 밑줄 친 기간(기준)에 가장 알맞은 것은?

> 사업자는 배출시설 또는 방지시설의 설치 또는 변경을 끝내고 배출시설을 가동한 때에는 <u>환경부령으로 정하는 기간</u> 이내에 공장에서 배출되는 소음 · 진동이 소음 · 진동 배출허용기준 이하로 처리될 수 있도록 하여야 한다.

① 가동개시일
② 가동개시일부터 30일
③ 가동개시일부터 60일
④ 가동개시일부터 90일

93 소음진동관리법규상 관리지역 중 산업개발진흥지구에서의 낮 시간대 공장소음 배출허용기준은 65dB(A) 이하이다. 동일한 조건에서 충격음이 포함되어 있는 경우 보정치를 감안한 허용기준치로 옳은 것은?(단, 기타 조건은 고려하지 않는다.)

① 60dB(A) 이하
② 70dB(A) 이하
③ 75dB(A) 이하
④ 80dB(A) 이하

풀이 65dB(A) − [5dB(A) : 충격음 보정] = 60dB(A) 이하

정답 89 ① 90 ③ 91 ④ 92 ② 93 ①

94 소음진동관리법상 제작차 소음허용기준에 맞지 아니하게 자동차를 제작한 자에 대한 벌칙기준은?

① 6개월 이하의 징역 또는 500만 원 이하의 벌금
② 1년 이하의 징역 또는 1천만 원 이하의 벌금
③ 2년 이하의 징역 또는 1천만 원 이하의 벌금
④ 3년 이하의 징역 또는 3천만 원 이하의 벌금

풀이 법 제56조 벌칙 참조

95 소음도 표지에 대한 설명 중 옳지 않은 것은?

① 크기는 80mm×80mm로 한다.
② 기계별로 눈에 잘 띄고 작업으로 인한 훼손이 되지 아니하는 위치에 부착한다.
③ 쉽게 훼손되지 않는 금속성이나 이와 유사한 강도의 재질이어야 한다.
④ 노란색 판에 검은색 문자를 사용한다.

풀이 소음도 표지의 색상은 회색 판에 검은색 문자를 사용한다.

96 소음진동관리법에 의해 자동차 소유자에게 개선을 명할 수 있는 경우가 아닌 것은?

① 브레이크 작동소음이 발생하는 경우
② 소음기나 소음덮개를 떼어 버린 경우
③ 경음기를 추가로 붙인 경우
④ 운행차의 소음이 운행차 소음허용기준을 초과한 경우

97 소음진동관리법규상 환경기술인의 관리사항으로 가장 거리가 먼 것은?

① 배출시설과 방지시설의 관리에 관한 사항
② 배출시설과 방지시설의 개선에 관한 사항
③ 배출시설 및 방지시설의 설치도면 작성에 관한 사항
④ 그 밖에 소음·진동을 방지하기 위하여 시장·군수·구청장이 지시하는 사항

98 주거지역에 대한 철도 교통소음의 규제는 부지 경계선으로부터 몇 m 이내 지역에 해당되는가?

① 30m ② 50m
③ 100m ④ 200m

99 소음진동관리법규상 특정 공사의 사전신고 대상 기계·장비의 종류에 해당되지 않는 것은?

① 굴삭기
② 브레이커(휴대용을 포함)
③ 압쇄기
④ 압입식 항타항발기

풀이 특정 공사의 사전신고 대상 기계·장비의 종류
㉠ 항타기·항발기 또는 항타항발기(압입식 항타항발기는 제외한다.)
㉡ 천공기
㉢ 공기압축기(공기토출량이 분당 2.83세제곱미터 이상의 이동식인 것으로 한정한다.)
㉣ 브레이커(휴대용을 포함한다.)
㉤ 굴삭기
㉥ 발전기
㉦ 로더
㉧ 압쇄기
㉨ 다짐기계
㉩ 콘크리트 절단기
㉪ 콘크리트 펌프

100 소음진동관리법규상 공사장 방음시설 설치기준 중 방음벽 높이의 기준은?

① 1m 이상 되어야 한다.
② 1.5m 이상 되어야 한다.
③ 3m 이상 되어야 한다.
④ 10m 이상 되어야 한다.

풀이 공사장 방음시설은 방음시설 전후의 소음도 차이가 최소 7dB 이상 되어야 하며, 높이는 3m 이상 되어야 한다.

정답 94 ④ 95 ④ 96 ① 97 ③ 98 ② 99 ④ 100 ③

SECTION 011 2016년 2회 기사

1과목 소음진동개론

01 소음의 평가에 관한 설명으로 옳지 않은 것은?

① 등가소음도(L_{eq})는 임의의 측정시간 동안 발생한 변동소음의 총 에너지를 같은 시간 내의 정상소음의 에너지로 등가하여 얻어진 소음도이다.
② 주야 평균소음레벨(L_{dn})은 하루의 매시간당 등가소음도를 측정한 후, 야간(22:00~07:00)의 매시간 측정치에 15dB의 벌칙레벨을 합산한 후 파워평균(dB합)한 레벨이다.
③ 소음통계레벨(L_N)은 총 측정시간의 N(%)를 초과하는 소음레벨로, L_{10}이란 총 측정시간의 10(%)를 초과하는 소음레벨이다.
④ 소음공해레벨(L_{NP})은 변동 소음의 에너지와 소란스러움을 동시에 평가하는 방법이다.

풀이 주야 평균소음레벨(L_{dn} ; Day-Night Average Sound Level)
하루의 매시간당 등가소음도를 측정한 후, 야간(22:00~07:00)의 매시간 측정치에 10dB의 벌칙레벨을 합산한 후 파워를 평균한 레벨이다.

$$L_{dn} = 10\log\left[\frac{1}{24}\left(15\times10^{\frac{L_d}{10}}+9\times10^{\frac{L_n+10}{10}}\right)\right]\text{dB(A)}$$

여기서, L_d : 07:00~22:00 사이의 매시간 L_{eq} 값
L_n : 22:00~07:00 사이의 매시간 L_{eq} 값

02 출력이 0.1W인 작은 점음원으로부터 100m 떨어진 곳의 음압레벨(dB)은?(단, 무지향성 자유공간 기준)

① 약 59dB ② 약 62dB
③ 약 82dB ④ 약 85dB

풀이 $SPL = PWL - 20\log r - 11$

$$= \left(10\log\frac{0.1}{10^{-12}}\right) - 20\log 100 - 11$$

$= 59\text{dB}$

03 공장 부지 내의 지면에 소형 압축기가 있고, 그 음원에서 10m 떨어진 곳의 음압레벨이 80dB이었다. 이것을 70dB로 하기 위해서는 이 압축기를 얼마만큼 더 이동하면 되겠는가?

① 약 5.6m ② 약 10.6m
③ 약 15.6m ④ 약 21.6m

풀이 $SPL_1 - SPL_2 = 20\log\frac{r_2}{r_1}$

$80-70 = 20\log\frac{r_2}{10}$

$10 = 20\log\frac{r_2}{10}$

$r_2 = 10^{\frac{10}{20}}\times 10 = 31.62\text{m}$

이동거리 $= 31.6 - 10 = 21.6\text{m}$

04 마스킹 효과의 특성에 관한 설명으로 옳은 것은?

① 협대역폭의 소리가 같은 중심주파수를 갖는 같은 세기의 순음보다 더 작은 마스킹 효과를 갖는다.
② 마스킹 소음의 레벨이 커질수록 마스킹되는 주파수의 범위가 줄어든다.
③ 마스킹 효과는 마스킹 소음의 중심주파수보다 고주파대역에서 보다 작은 값을 갖게 되는 이중 대칭성을 갖고 있다.
④ 마스킹 소음의 대역폭은 어느 한계(한계대역폭) 이상에서는 그 중심주파수에 있는 순음에 대해 영향을 미치지 못한다.

정답 01 ② 02 ① 03 ④ 04 ④

풀이 마스킹 효과(음폐효과)

㉠ 두 음이 동시에 있을 때 한쪽이 큰 경우 작음 음은 더 작게 들리는 현상. 즉, 큰 음, 작은 음이 동시에 들릴 때, 큰 음만 듣고 작은 음은 잘 듣지 못하는 현상으로 음의 간섭에 의해 일어난다.

㉡ 마스킹 소음의 대역폭은 어느 한계(한계대역폭) 이상에서는 그 중심주파수에 있는 순음에 대해 영향을 미치지 못한다.

㉢ 마스킹 효과에서는 마스킹하는 음이 클수록 마스킹 효과는 커지나, 그 음보다 높은 주파수의 음은 낮은 주파수의 음보다 마스킹되기 쉽다.

05 소음을 600~1,200Hz, 1,200~2,400Hz, 2,400~4,800Hz의 3개 밴드로 분석한 음압레벨의 산술평균값은?

① NC ② SIL
③ NRN ④ PNC

풀이 회화방해레벨(SIL ; Speech Interference Level)

㉠ 소음을 600~1,200Hz, 1,200~2,400Hz, 2,400~4,800Hz의 3개의 밴드로 분석한 음압레벨을 산술평균한 값이다.

㉡ SIL은 소음에 의해서 대화에 방해되는 정도를 표현하기 위해 사용된다.

06 소음을 옥타브밴드로 분석한 결과에 의해 실내 소음을 평가하는 방법으로서, 소음기준곡선 혹은 실내의 배경소음 평가방법을 나타내는 것은?

① NRN ② NC
③ SL ④ SIL

풀이 NC(Noise Criteria)

㉠ 소음을 1/1옥타브밴드로 분석한 결과에 의해 실내소음을 평가하는 방법으로 실의 소음대책 설계 목표치를 나타낼 때 주로 사용된다.

㉡ 소음기준곡선 혹은 실내의 배경소음을 평가한다.

07 다음은 청각기관의 구조에 관한 설명이다. ( ) 안에 알맞은 것은?

청각의 핵심부라고 할 수 있는 ( )은 텍토리알 막과 외부섬모세포 및 나선형 섬모, 내부 섬모세포, 반경방향성 모, 청각신경, 나선형 인대로 이루어져 있다.

① 청소골 ② 난원창
③ 세반고리관 ④ 코르티 기관

풀이 달팽이관 내부

청각의 핵심부라고 할 수 있는 코르티 기관은 텍토리알 막과 외부섬모세포 및 나선형 섬모, 내부 섬모세포, 반경방향성 섬모, 청각신경, 나선형 인대로 이루어져 있다.

08 등청감곡선에 관한 설명으로 옳지 않은 것은?

① 1,000Hz 순음의 음압레벨과 같은 크기로 들리는 각 주파수의 음압레벨을 연결한 것이다.
② 음압레벨이 커질수록 등청감곡선에서의 주파수별 음압레벨차가 커진다.
③ 저주파일수록 청감에 둔해짐을 알 수 있다.
④ 청감은 4,000Hz 주위의 음에서 특히 예민하다.

풀이 등청감곡선은 1,000Hz를 기준으로 상대적인 높낮이를 나타낸다.

09 진동감각에 관한 설명으로 옳지 않은 것은?

① 수직 및 수평진동이 동시에 가해지면 2배의 자각현상이 나타난다.
② 15Hz 부근에서 심한 공진현상을 보이고, 2차적으로 40~50Hz 부근에서 공진현상을 나타내지만 진동수가 증가함에 따라 감쇠가 급격히 감소한다.
③ 진동가속도레벨이 55dB 이하인 경우, 인체는 거의 진동을 느끼지 못한다.
④ 진동에 의한 신체적 공진현상은 서 있을 때가 앉아 있을 때보다 약하게 느낀다.

정답 05 ② 06 ② 07 ④ 08 ② 09 ②

풀이 각 진동수에 의한 인체의 반응
㉠ 1차 공진현상 : 3~6Hz
㉡ 2차 공진현상 : 20~30Hz(두개골 공명으로 시력 및 청력 장애 초래)
㉢ 3차 공진현상 : 60~90Hz(안구가 공명)

10 85phon인 음은 몇 sone인가?

① 약 2.8　　② 약 5.6
③ 약 22.6　　④ 약 49.6

풀이 $2^{\frac{(L_L-40)}{40}}=2^{\frac{(85-40)}{10}}=2^{4.5}=22.63\,\text{sone}$

11 스프링상수 100N/m, 질량이 10kg인 점성감쇠계를 자유진동시킬 경우, 임계감쇠계수는?

① 약 18N · s/m　　② 약 33N · s/m
③ 약 63N · s/m　　④ 약 98N · s/m

풀이 $C_C=2\sqrt{m\times k}$

$=2\sqrt{10\,\text{kg}\times\left(\frac{100\,\text{kg}\cdot\text{m/sec}^2}{\text{m}}\right)}$

$=63.25\,\text{N}\cdot\text{sec/m}$

12 인체의 청각기관에 관한 설명으로 옳지 않은 것은?

① 음을 감각하기까지의 음의 전달매질은 고체 → 기체 → 액체 순이다.
② 고실과 이관은 중이에 해당하며, 망치뼈는 고막과 연결되어 있다.
③ 외이도는 일단개구관으로 동작되며 음을 증폭시키는 공명기 역할을 한다.
④ 이소골은 고막의 진동을 고체진동으로 변환시켜 외이와 내이를 임피던스 매칭하는 역할을 한다.

풀이 음의 전달매질
㉠ 외이 : 기체(공기)
㉡ 중이 : 고체
㉢ 내이 : 액체

13 1/3옥타브밴드 분석기(정비형 필터)의 중심주파수가 4,000Hz인 경우 다음 중 차단(하한~상한) 주파수 범위(Hz)로 가장 적합한 것은?

① 2,800~3,550　　② 3,174~5,040
③ 3,563~4,490　　④ 4,470~5,600

풀이 f_c(중심 주파수)$=\sqrt{1.26}\,f_L$

f_L(하한 주파수)$=f_c/\sqrt{1.26}=\frac{4,000}{\sqrt{1.26}}$

$=3,563.5\,\text{Hz}$

f_c(중심 주파수)$=\sqrt{f_L\times f_u}$

f_u(상한 주파수)$=\frac{{f_c}^2}{f_L}=\frac{(4,000)^2}{3,563.5}$

$=4,490\text{Hz}$

차단 주파수는 하한 주파수와 상한 주파수의 범위를 의미하므로 3,563.5~4,490Hz

14 음의 회절에 관한 설명으로 가장 적합한 것은?

① 굴절 전후의 음속차가 클수록 굴절이 감소한다.
② 대기온도 차에 따른 굴절은 온도가 높은 쪽으로 굴절한다.
③ 장애물 뒤쪽에도 음이 전파되는 현상을 의미한다.
④ 음원보다 상공의 풍속이 클 때 풍상 층에서는 아래쪽을 향하여 굴절한다.

풀이 음의 회절
음파의 진행속도가 장소에 따라 변하고 진행방향이 변하는 현상으로 차단벽이나 창문의 틈, 벽의 구멍을 통하여 전달되기 쉬운데, 이것을 회절이라 한다. 음장에 장애물이 있는 경우 장애물 뒤쪽으로 음이 전파되는 현상이다.

15 실내소음에 의해 다른 사람의 말을 잘 이해하지 못할 때와 같이 소음에 의해 회화가 방해되는 경우 등 회화방해에 대한 소음평가척도를 나타내는 것으로 가장 적절한 것은?

① TNI　　② PNL
③ EPNL　　④ SIL

풀이 문제 5번 풀이 참조

정답 10 ③ 11 ③ 12 ① 13 ③ 14 ③ 15 ④

16 소음성 난청 예방의 허용치는 얼마로 권장하고 있는가?

① 1일 폭로시간이 8시간일 때 90dB(A) 이하로 권장
② 1일 폭로시간이 10시간일 때 80dB(A) 이하로 권장
③ 1일 폭로시간이 12시간일 때 70dB(A) 이하로 권장
④ 1일 폭로시간이 14시간일 때 60dB(A) 이하로 권장

17 다음은 역2승법칙에 관한 설명이다. ( ) 안에 알맞은 것은?

> 점음원으로부터 거리가 (㉠)배 멀어지면 음압레벨은 (㉡)dB씩 저하된다.

① ㉠ 2, ㉡ 6　　② ㉠ 2, ㉡ 3
③ ㉠ 3, ㉡ 6　　④ ㉠ 3, ㉡ 3

풀이 역2승법칙
자유음장에서 점음원으로부터 거리가 2배 멀어질 때마다 음압레벨이 6dB(=20log2)씩 감쇠되는데, 이를 점음원의 역2승법칙이라 한다.

18 기계의 진동을 계측하였더니 진동수가 10Hz, 속도 진폭이 0.001m/s로 계측되었다. 이 진동가속도레벨은 얼마인가?(단, 기준진동의 가속도 실효치는 10^{-5}m/s^2)

① 약 37dB　　② 약 40dB
③ 약 73dB　　④ 약 76dB

풀이
$$VAL = 20\log\frac{A_{rms}}{10^{-5}}\,(\text{dB})$$
$$A_{rms} = \frac{A_{max}}{\sqrt{2}}$$
$$A_{max} = A\omega^2 = A\omega\times\omega = V_{max}\times\omega = 0.001\times(2\times3.14\times10) = 0.0628\,\text{m/sec}^2$$
$$= \frac{0.0628}{\sqrt{2}} = 0.0444\,\text{m/sec}^2$$
$$= 20\log\frac{0.0444}{10^{-5}} = 73\text{dB}$$

19 소음도(소음레벨)에 관한 설명으로 옳지 않은 것은?

① 낮은 주파수 성분이 많을수록 시끄럽다.
② 배경소음과의 레벨차가 클수록 시끄럽다.
③ 소음레벨이 클수록 시끄럽다.
④ 충격성이 강할수록 시끄럽다.

풀이 소음도는 저주파보다는 고주파 성분이 많을 때 시끄럽다.

20 항공기 소음의 평가방법 또는 평가치로 사용되지 않는 것은?

① NNI　　② EPNL
③ NEF　　④ PNC

풀이 ① NNI : 영국의 항공기 소음 평가방법
② EPNL : 국제민간항공기구(ICAO)에서 채택한 항공기 소음 평가치
③ NEF : 미국의 항공기 소음 평가방법

2과목 소음방지기술

21 어떤 공장 내에 아래의 조건을 만족하는 A실과 B실이 있다. 잔향시간 측정방법에 의한 A실의 잔향시간을 3초라 할 때, B실의 잔향시간은?(단, A실과 B실의 내벽은 동일 재료로 되어있다.)

〈A실〉	〈B실〉
• 실용적 : 240m^3	• 실용적 : 1,920m^3
• 실표면적 : 256m^2	• 실표면적 : 1,024m^2

① 약 2초　　② 약 3초
③ 약 4초　　④ 약 6초

풀이 ㉠ A실의 평균흡음률($\bar{\alpha}$)
$$\bar{\alpha} = \frac{0.161\,V}{ST} = \frac{0.161\times240}{256\times3} = 0.05$$
㉡ B실의 잔향시간(T)
$$T = \frac{0.161\,V}{ST} = \frac{0.161\times1{,}920}{1{,}024\times0.05} = 6\,\text{sec}$$

정답 16 ① 17 ① 18 ③ 19 ① 20 ④ 21 ④

22 흡음 덕트형 소음기에 관한 설명으로 옳지 않은 것은?

① 덕트의 최단 횡단길이는 고주파 Beam을 방해하지 않는 크기여야 한다.
② 각 흐름 통로의 길이는 그것의 가장 작은 횡단길이의 2배는 되어야 한다.
③ 통과유속은 20m/sec 이하로 하는 것이 좋다.
④ 감음의 특성은 중 · 고음역에서 좋다.

풀이 흡음 덕트형 소음기에서 덕트의 최단횡단길이는 고주파 Beam을 방해하는 크기여야 한다.

23 공장 내 사무실과 작업공간 사이에 단일벽이 존재한다. 아래 표는 단일벽 구성부의 차음특성을 나타낸 것이다. 구성부에 차음대책을 보완할 때 가장 먼저 보완할 부분은?

구성부	출입문	유리창	환기구	콘크리트벽
투과손실(dB)	15	10	0	50

① 출입문 ② 유리창
③ 환기구 ④ 콘크리트벽

풀이 환기구의 투과손실이 0dB이라는 것은 투과율이 1이라는 의미이므로 투과율이 1인 환기부부터 차음대책을 하여야 한다.

24 높이 5m, 폭 20m의 공장 벽면이 콘크리트벽(면적 $58m^2$, TL=50dB), 유리(면적 $40m^2$, TL=30dB), 그리고 환기구(면적 $2m^2$, TL=0dB)로 구성되어 있다. 이 벽면의 종합 투과손실은?

① 약 17dB ② 약 21dB
③ 약 23dB ④ 약 25dB

풀이 $\overline{TL} = 10\log\frac{1}{\tau} = 10\log\frac{S_1+S_2+S_3}{S_1\tau_1+S_2\tau_2+S_3\tau_3}$

구분	면적(m^2)	투과손실(dB)	투과율
콘크리트벽	58	50	$10^{-\frac{50}{10}}$
유리	40	30	$10^{-\frac{30}{10}}$
환기구	2	0	$10^{-\frac{0}{10}}$

$$\overline{TL} = 10\log\frac{58+40+2}{(58\times10^{-5})+(40\times10^{-3})+(2\times10^{-0})}$$
$$=17\text{dB}$$

25 투과손실이 45dB인 5m×3m의 벽체가 있다. 이 벽체 내에 $2m^2$ 크기의 출입문을 설치하고자 한다. 출입문 설치 후 이 벽체의 종합투과손실이 30dB이 되려면, 이 출입문의 투과손실은?(단, 출입문 $2m^2$ 이외의 틈새는 없다고 가정)

① 약 11dB ② 약 13dB
③ 약 18dB ④ 약 21dB

풀이 $\overline{TL} = 10\log\frac{1}{\tau}$

$$30 = 10\log\frac{15}{(13\times10^{-4.5})+(2\times x)}$$

$$10^3 = \frac{15}{(13\times10^{-4.5})+(2\times x)}$$

x(출입문 투과율)$=0.0073$

$$\text{출입문 투과손실} = 10\log\frac{1}{0.0073} = 21.34\text{dB}$$

26 중심주파수 대역이 500Hz인 실내 소음을 저감시키기 위해 실내 벽체에 두께 5cm의 다공질형 흡음재료를 적용하려고 한다. 흡음재 부착 시 가장 흡음효과가 양호한 이론적인 배후공기층의 두께는?

① 공기층 없음 ② 7cm
③ 17cm ④ 21cm

풀이 $C = f\times\lambda$

$$\lambda = \frac{340}{500} = 0.68\text{m}$$

입사파 파장의 $\frac{\lambda}{4}$에 부착

$$\text{배후공기층} = \frac{0.68}{4} = 0.17\text{m} = 17\text{cm}$$

정답 22 ① 23 ③ 24 ① 25 ④ 26 ③

27 부피가 $3,000m^2$, 내부표면적이 $1,700m^2$, 평균 흡음률이 0.3인 확산음장으로 볼 수 있는 공장에 관한 다음 설명 중 옳지 않은 것은?

① 실내에 파워레벨 90dB의 음원을 설치할 때 실내의 평균 음압레벨은 약 67dB이다.
② 실정수는 약 $730m^2$이다.
③ Sabine의 잔향시간은 약 0.95초이다.
④ 실내 음선의 평균 자유행로(Mean Free Path)는 약 11.8m이다.

풀이 평균 자유행로 $= \frac{4V}{S} = \frac{4 \times 3,000}{1,700} = 7.05\,\text{m}$

28 소음을 저감시키기 위해 아래 그림과 같은 흡음챔버를 설계하고자 한다. 챔버 내의 전체 표면적이 $20m^2$이고, 챔버 내부를 평균흡음률이 0.53인 흡음재로 흡음 처리하였다. 흡음챔버의 규격 등이 다음과 같을 때 이 흡음챔버에 의한 소음감쇠치는 몇 dB로 예상되는가?(단, 챔버 출구의 단면적 : $0.5m^2$, 출구－입구 사이의 경사길이(d) : 5m, 출구－입구 사이의 각도(θ) : 30°)

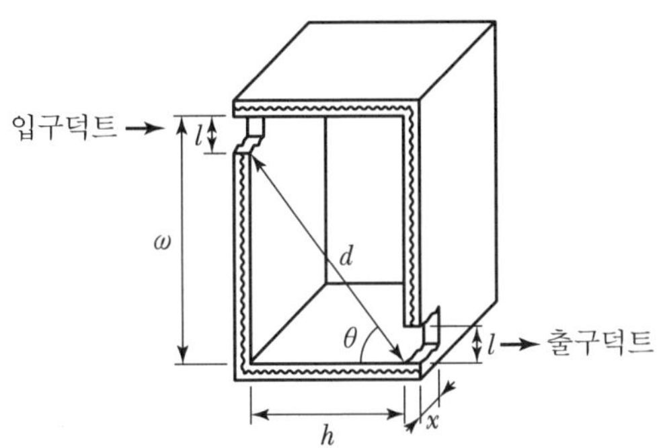

① 약 10dB ② 약 13dB
③ 약 16dB ④ 약 19dB

풀이 흡음챔버 감쇠치(ΔL)

$$\Delta L = -10\log\left[S_0\left(\frac{\cos\theta}{2\pi d^2} + \frac{1-\bar{\alpha}}{\bar{\alpha}\cdot S_w}\right)\right]\text{(dB)}$$

$$= -10\log\left[0.5\times\left(\frac{\cos 30°}{2\times 3.14\times 5^2} + \frac{1-0.53}{0.53\times 20}\right)\right]$$

$$= 16\text{dB}$$

29 차음재료 선정 및 사용상 유의할 사항으로 옳지 않은 것은?

① 여러 가지 재료로 구성된 벽의 차음효과를 높이기 위해서는 각 재료의 투과율이 서로 유사하지 않도록 주의한다.
② 큰 차음효과를 바라는 경우에는 다공질 흡음재를 충진한 이중벽으로 하고 공명투과주파수 및 일치주파수 등에 유의하여야 한다.
③ 차음벽 설치 시 저주파음을 감쇠시키기 위해서는 이중벽으로써 공기층을 충분히 유지시킨다.
④ 기진력이 큰 기계가 설치된 공장의 차음벽은 진동에 의한 차음효과 감소를 고려해야 한다.

풀이 서로 다른 재료가 혼용된 벽의 차음효과를 높이기 위해 $S_i\tau_i$ 차이가 서로 유사한 재료를 선택한다.

30 방음상자의 설계 시 검토해야 할 사항과 거리가 먼 것은?

① 저감시키고자 하는 주파수의 파장을 고려하여 밀폐상자의 크기를 설계한다.
② 필요시 차음대책과 병행해서 방진 및 제진대책을 세워야 한다.
③ 밀폐상자 내의 온도 상승을 억제하기 위해 환기설비를 한다.
④ 환기용 Fan 주위는 환기 효율에 영향을 주므로 소음기 등을 설치하면 안 된다.

풀이 환기용 Fan 주위는 개구부의 소음을 저감하기 위하여 소음기를 설치한다.

31 투과손실(TL)이 28dB인 벽의 투과율은?

① 0.00016 ② 0.0016
③ 0.016 ④ 0.16

풀이 $\tau = 10^{-\frac{TL}{10}} = 10^{-\frac{28}{10}} = 0.0016$

정답 27 ④ 28 ③ 29 ① 30 ④ 31 ②

32 다음 소음기의 성능을 표시하는 용어에 대한 설명에서 (   ) 안에 가장 알맞은 것은?

> 정격 유속(Rated Flow) 조건하에서 소음원에 소음기를 부착하기 전과 후의 공간상의 어떤 특정 위치에서 측정한 음압레벨의 차와 그 측정위치로 정의되는 것을 (   )(이)라고 한다.

① 동적 삽입손실치 ② 투과손실치
③ 감쇠치 ④ 감음량

풀이 동적 삽입손실치(DIL ; Dynamic Insertion Loss)
정격유속(Rated Flow) 조건하에서 소음원에 소음기를 부착하기 전과 후의 공간상의 어떤 특정 위치에서 측정한 음압레벨의 차와 그 측정위치로 정의한다.

33 중공 이중벽의 공기층 두께가 40cm, 두 벽의 면밀도가 각각 150kg/m², 200kg/m²일 때, 저음역에서의 공명주파수는?

① 약 7Hz ② 약 10Hz
③ 약 18Hz ④ 약 22Hz

풀이 두 벽의 면밀도가 다를 때($m_1 \neq m_2$) 저음역에서의 공명투과 주파수(f_r)

$$f_r = 60\sqrt{\frac{m_1+m_2}{m_1 \times m_2} \cdot \frac{1}{d}}\ (\text{Hz})$$
$$= 60\sqrt{\frac{150+200}{150 \times 200} \times \frac{1}{0.4}}$$
$$= 10\,\text{Hz}$$

34 단일벽의 투과손실은 벽체의 면밀도 2배가 되면 몇 dB 증가하는가?(단, 음파의 벽면에 수직입사하고, 다른 조건은 고려하지 않는다.)

① 2dB ② 3dB
③ 6dB ④ 12dB

풀이 수직입사 투과손실(TL)
$TL = 20\log(m \cdot f) - 43(\text{dB})$
$TL = 20\log 2 = 6.0\,\text{dB}$

35 청감보정회로 중에서 A특성은 Fletcher－Munson의 등청감곡선에서 몇 phon에 해당되는가?

① 40 ② 50
③ 60 ④ 70

풀이 ㉠ 청감보정 A특성 : 40phon 등청감곡선[dB(A)]
㉡ 청감보정 B특성 : 70phon 등청감곡선[dB(B)]
㉢ 청감보정 C특성 : 85phon 등청감곡선[dB(C)]

36 다음 방음대책 중에서 고주파 음에 대한 소음 저감대책이 아닌 것은?

① 차음벽 설치
② 흡음재 시공
③ 견고한 자재에 의한 밀폐상자 설치
④ 고무 방진을 통한 고체음 저감

풀이 고무 방진은 고무 자체의 내부마찰에 의해 저항을 얻을 수 있어 고주파 진동에 의한 차진에 양호하다.

37 다음 중 난입사 흡음률 측정법으로 가장 적절한 것은?

① 관내법 ② 잔향실법
③ 정재파법 ④ 관외법

풀이 ㉠ 난입사 흡음률 측정법 : 잔향실법
㉡ 수직입사 흡음률 측정법 : 정재파법(관내법)

38 소음기의 형식에 관한 설명으로 옳지 않은 것은?

① 공명형 : 관로 도중에 구멍을 판 공동과 조합한 구조로 되어 있다.
② 흡음형 : 덕트 내에 유리솜 등 흡음물을 사용하여 소음하는 방식이다.
③ 팽창형 : 음파를 확대하고 음향에너지 밀도를 크게 하여 소음하는 방식이다.
④ 간섭형 : 음파 간섭에 의해 소음하는 방식이다.

정답 32 ① 33 ② 34 ③ 35 ① 36 ④ 37 ② 38 ③

풀이 팽창형 소음기
단면 불연속부의 음에너지 반사에 의해 감음하는 구조이다. 급격한 관경 확대로 음파를 확대하고 유속을 낮추어 음향에너지 밀도를 희박화하며, 공동단을 줄여서 감음하는 것으로 단면적비에 따라 감쇠량을 결정하는 소음기이다.

39 집회장, 공연장, 공개홀, 공장건물 내 등 실내 벽면에 흡음대책을 세워 감음을 하고자 할 때, 실내 흡음대책에 의해 기대할 수 있는 경제적인 감음량의 한계는 일반적으로 얼마인가?

① 약 5~10dB 정도 ② 약 20~30dB 정도
③ 약 31~40dB 정도 ④ 약 41~50dB 정도

40 소음 방지대책을 소음원대책, 전달경로대책, 수음자대책으로 분류할 때, 다음 중 전달경로대책에 해당되는 것은?

① 충격이 발생하는 지점에 유연한 재료를 부착하여 장비로부터 발생하는 충격력을 저감시킨다.
② 기존 건물 내 소음원의 위치를 변경하여 소음원과 수음자 사이의 거리를 늘려 준다.
③ 작업공간에 방음 부스 등을 설치한다.
④ 작업자에게 귀마개 등 청력 보호장비의 착용을 의무화한다.

풀이 소음의 전파경로대책
㉠ 흡음(공장 건물 내벽의 흡음 처리로 실내 SPL 저감)
㉡ 차음[공장 벽체의 차음성(투과손실) 강화]
㉢ 방음벽 설치
㉣ 거리감쇠(소음원과 수음점의 거리를 멀리 띄움)
㉤ 지향성 변환(고주파음에 약 15dB 정도 저감 효과)
㉥ 주위에 잔디를 심어 음반사를 차단

3과목 소음진동공정시험 기준

41 고속도로 또는 자동차 전용도로의 도로변지역의 범위기준으로 옳은 것은?

① 도로단으로부터 10m 이내의 지역
② 도로단으로부터 50m 이내의 지역
③ 도로단으로부터 100m 이내의 지역
④ 도로단으로부터 150m 이내의 지역

풀이 도로변지역의 범위는 도로단으로부터 차선 수×10m로 하고, 고속도로 또는 자동차 전용도로의 경우에는 도로단으로부터 150m 이내의 지역을 말한다.

42 환경기준 중 소음측정방법에서 낮 시간대(06:00~22:00)의 측정시간 및 횟수 기준은?

① 30분 이상 간격으로 8회 이상
② 1시간 이상 간격으로 8회 이상
③ 1시간 이상 간격으로 4회 이상
④ 2시간 이상 간격으로 4회 이상

풀이 환경기준(측정시간 및 측정지점 수)
㉠ 낮 시간대(06:00~22:00)에는 당해 지역 소음을 대표할 수 있도록 측정지점 수를 충분히 결정하고, 각 측정지점에서 2시간 이상 간격으로 4회 이상 측정하여 산술평균한 값을 측정소음도로 한다.
㉡ 밤 시간대(22:00~06:00)에는 낮 시간대에 측정한 측정지점에서 2시간 간격으로 2회 이상 측정하여 산술평균한 값을 측정소음도로 한다.

43 다음은 소음진동공정시험 기준에 규정된 진동레벨계의 성능기준이다. (   )에 알맞은 것은?

측정 가능 주파수 범위는 (㉠)이어야 한다.
측정 가능 진동레벨의 범위는 (㉡)이어야 한다.

① ㉠ 1~90Hz 이상, ㉡ 25~65dB 이상
② ㉠ 1~90Hz 이상, ㉡ 45~120dB 이상
③ ㉠ 55~90Hz 이상, ㉡ 25~65dB 이상
④ ㉠ 55~90Hz 이상, ㉡ 45~120dB 이상

정답 39 ① 40 ② 41 ④ 42 ④ 43 ②

44 소음한도 측정방법 중 도로교통소음 측정에 관한 설명으로 옳지 않은 것은?

① 측정점은 피해가 예상되는 자의 부지경계선 중 소음도가 높을 것으로 예상되는 지점의 지면 위 1.2~1.5m 높이로 한다.
② 측정지점에 높이가 1.5m를 초과하는 장애물이 있는 경우에는 장애물로부터 소음원 방향으로 1.0~3.5m 떨어진 지점으로 한다.
③ 장애물이 방음벽이거나 충분한 차음이 예상되는 경우에는 장애물 밖의 1.0~3.5m 떨어진 지점 중 암영대(暗影帶)의 영향이 적은 지점으로 한다.
④ 요일별로 소음 변동이 적은 휴일(토요일, 일요일 등)에 당해 지역의 도로교통소음을 측정하여야 한다.

풀이 요일별로 소음 변동이 적은 평일(월요일부터 금요일까지)에 당해 지역의 도로교통소음을 측정하여야 한다.

45 소음계의 측정감도를 교정하는 기기인 표준음발생기(Pistonphone, Calibrator)의 발생오차 범위는?

① ±1dB 이내　　② ±3dB 이내
③ ±5dB 이내　　④ ±10dB 이내

풀이 표준음발생기(Pistonphone, Calibrator)
㉠ 소음계의 측정감도를 교정하는 기기로서 발생음의 주파수와 음압도가 표시되어 있어야 한다.
㉡ 발생음의 오차는 ±1dB 이내이어야 한다.

46 규제기준 중 동일 건물 내 사업장 소음 측정방법에 관한 설명으로 옳지 않은 것은?

① 소음계의 동특성은 원칙적으로 빠름(Fast)모드를 하여 측정하여야 한다.
② 소음도 기록기가 없을 경우에는 소음계만으로 측정할 수 있으며, 소음계와 소음도 기록기를 연결하여 측정 · 기록하는 것을 원칙으로 한다.
③ 측정점은 피해가 예상되는 실에서 소음도가 높을 것으로 예상되는 지점의 바닥 위 3~5m 높이로 한다.
④ 측정점에 높이가 1.5m를 초과하는 장애물이 있는 경우에는 장애물로부터 1.0m 이상 떨어진 지점으로 한다.

풀이 동일 건물 내 사업장 소음 측정점은 피해가 예상되는 실에서 소음도가 높을 것으로 예상되는 지점의 바닥 위 1.2~1.5m 높이로 한다.

47 다음은 소음도 기록기 또는 소음계만을 사용하여 측정할 경우 등가소음도 계산을 위한 판독방법이다. (　　)에 알맞은 것은?

> 5분 이상 측정한 값 중 (㉠)분 동안 측정 · 기록한 기록지상의 값을 (㉡)초 간격으로 60회 판독하여 소음측정기록지 표에 기록한다.

① ㉠ 1, ㉡ 5　　② ㉠ 1, ㉡ 10
③ ㉠ 5, ㉡ 5　　④ ㉠ 5, ㉡ 10

48 소음계 중 교정장치(Calibration Network Calibrator)에 관한 설명이다. (　　)에 알맞은 것은?

> 소음측정기의 감도를 점검 및 교정하는 장치로서 자체에 내장되어 있거나 분리되어 있어야 하며, (　　) 되는 환경에서도 교정이 가능하여야 한다.

① 50dB(A) 이상
② 60dB(A) 이상
③ 70dB(A) 이상
④ 80dB(A) 이상

정답 44 ④ 45 ① 46 ③ 47 ③ 48 ④

49 소음계의 일반적 성능기준으로 옳지 않은 것은?

① 측정 가능 소음도 범위는 35~130dB 이상이어야 한다.
② 측정 가능 주파수 범위는 8~31.5kHz 이상이어야 한다.
③ 지시계기의 눈금오차는 0.5dB 이내이어야 한다.
④ 레벨레인지 변환기가 있는 기기에 있어서 레벨레인지 변환기의 전환오차가 0.5dB 이내이어야 한다.

풀이 소음계의 측정 가능 주파수 범위는 31.5Hz~8kHz 이상이어야 한다.

50 진동배출허용기준의 측정방법 중 진동레벨계만으로 측정할 경우에 관한 설명으로 옳은 것은?

① 진동레벨계 지시치의 변화를 목측으로 30초 간격 10회 판독 · 기록한다.
② 진동레벨계 지시치의 변화를 목측으로 5초 간격 50회 판독 · 기록한다.
③ 진동레벨계의 샘플주기를 0.5초 이내에서 결정하고 5분 이상 측정하여 기록한다.
④ 진동레벨계의 샘플주기를 1초 이내에서 결정하고 5분 이상 측정하여 기록한다.

51 소음진동공정시험 기준에서 정한 각 소음측정을 위한 소음 측정지점 수의 선정기준으로 옳지 않은 것은?

① 배출허용기준－1지점 이상
② 생활소음－2지점 이상
③ 발파소음－1지점 이상
④ 도로교통소음－2지점 이상

풀이 **소음 배출허용기준의 측정시간 및 측정지점 수**
피해가 예상되는 적절한 측정시각에 2지점 이상의 측정지점 수를 선정 · 측정하여 그중 가장 높은 소음도를 측정소음도로 한다.

52 발파진동 측정방법에서 측정기기의 사용 및 조작에 관한 설명으로 가장 거리가 먼 것은?

① 진동레벨계와 진동레벨기록기를 연결하여 측정 · 기록하는 것을 원칙으로 한다.
② 진동레벨계만으로 측정할 경우에는 최저 진동레벨이 고정(Hold)되는 것에 한한다.
③ 진동레벨기록기의 기록속도 등은 진동레벨계의 동특성에 부응하게 조작한다.
④ 진동픽업의 연결선은 잡음 등을 방지하기 위하여 지표면에 일직선으로 설치한다.

53 7일간 측정한 WECPNL이 각각 62, 66, 64, 64, 65, 63, 64일 때 7일간의 평균 WECPNL 값은?

① 62 ② 64
③ 66 ④ 68

풀이 m 일간의 평균 WECPNL($\overline{\text{WECPNL}}$)

$$\overline{\text{WECPNL}} = 10\log\left[(1/m)\sum_{i=1}^{m}10^{0.1\text{WECPNLi}}\right]$$
$$= 10\log\left[\frac{1}{7}(10^{6.2}+10^{6.6}+10^{6.4}+10^{6.4}+10^{6.5}+10^{6.3}+10^{6.4})\right]$$
$$= 64$$

54 공장진동 측정 시 배경진동의 영향에 대한 보정치가 －2.4dB(V)일 때 공장의 측정진동레벨과 배경진동레벨과의 차(dB(V))는?

① 3.4 ② 3.7
③ 4.5 ④ 4.8

풀이 보정치$= -10\log(1-10^{-0.1\times d})$
$-2.4 = -10\log(1-10^{-0.1\times d})$
$10^{\frac{2.4}{10}} = (1-10^{-0.1\times d})$
d(차이)$= 3.7\,\text{dB(V)}$

정답 49 ② 50 ② 51 ① 52 ② 53 ② 54 ②

55 배경소음 보정방법에 관한 설명 중 옳지 않은 것은?

① 배경소음도 측정 시 해당 공장의 공정상 일부 배출시설의 가동 중지가 어렵다고 인정되고, 해당 배출시설에서 발생한 소음이 배경소음에 영향을 미친다고 판단될 경우에는 배경소음도 측정 없이 측정소음도를 대상소음도로 할 수 있다.
② 2회 이상의 재측정에서도 측정소음도가 배경소음도보다 3dB 미만으로 크면 소음진동공정시험기준 서식의 공장소음 측정자료 평가표에 그 상황을 상세히 명기한다.
③ 측정소음도가 배경소음도보다 10dB 이상 크면 배경소음을 보정하여 대상소음도를 구한다.
④ 측정소음도와 배경소음도 차이가 7.2dB인 경우 보정치는 −0.9dB이다.

풀이 측정소음도가 배경소음보다 10dB 이상 크면 배경소음의 영향이 극히 적기 때문에 배경소음의 보정 없이 측정소음도를 대상소음도로 한다.

56 배출허용기준 진동 측정 시 디지털 진동자동 분석계를 사용할 경우 배경진동레벨로 정하는 기준으로 옳은 것은?

① 샘플주기를 0.1초 이내에서 결정하고 5분 이상 측정하여 자동 연산 · 기록한 80% 범위의 상단치인 L_{10} 값
② 샘플주기를 0.1초 이내에서 결정하고 5분 이상 측정하여 자동 연산 · 기록한 90% 범위의 상단치인 L_{10} 값
③ 샘플주기를 1초 이내에서 결정하고 5분 이상 측정하여 자동 연산 · 기록한 80% 범위의 상단치인 L_{10} 값
④ 샘플주기를 1초 이내에서 결정하고 5분 이상 측정하여 자동 연산 · 기록한 90% 범위의 상단치인 L_{10} 값

57 일반적인 소음계 기본구성 순서상 증폭기 바로 뒤에 위치하는 것은?

① Monitor Out
② Weighting Networks
③ Microphone
④ Fast−slow Switch

풀이

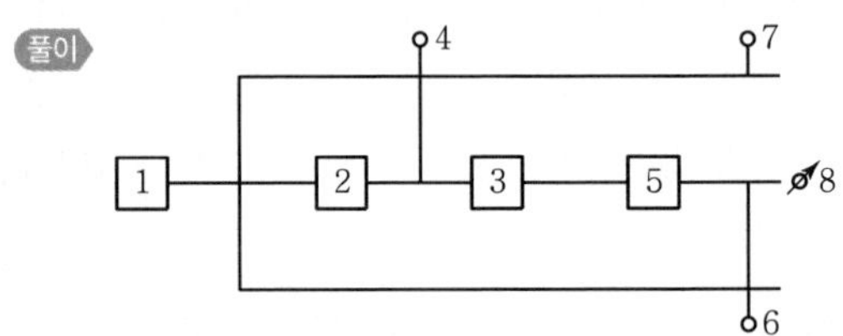

1. 마이크로폰
2. 레벨레인지 변환기
3. 증폭기
4. 교정장치
5. 청감보정회로(Weighting Networks)
6. 동특성 조절기
7. 출력단자(간이소음계 제외)
8. 지시계기

58 측정지점에서 측정한 진동레벨 중 가장 높은 진동레벨을 측정진동레벨로 하는 기준 또는 한도가 맞는 것은?

① 생활진동규제기준, 도로교통진동한도
② 배출허용기준, 철도진동한도
③ 배출허용기준, 도로교통진동한도
④ 생활진동규제기준, 배출허용기준

풀이 ㉠ 배출허용기준 : 피해가 예상되는 적절한 측정시각에 2지점 이상의 측정지점 수를 선정 · 측정하여 그중 가장 높은 소음도를 측정소음도로 한다.
㉡ 생활진동규제기준 : 피해가 예상되는 적절한 측정시각에 2지점 이상의 측정지점 수를 선정 · 측정하여 그중 가장 높은 소음도를 측정소음도로 한다.

정답 55 ③ 56 ③ 57 ② 58 ④

59 다음은 레벨레인지 변환기에 대한 설명이다. (　　)에 맞는 것은?

> 측정하고자 하는 소음도가 지시계기의 범위 내에 있도록 하기 위한 감쇠기로서 유효눈금범위가 30dB 이하가 되는 구조의 것은 변환기에 의한 레벨의 간격이 (　　) 간격으로 표시되어야 한다.

① 1dB　　② 5dB
③ 10dB　　④ 15dB

60 A공장의 측정소음도가 70dB(A)이고, 배경소음도가 59dB(A)이었다면 공장의 대상소음도는?

① 70dB(A)　　② 69dB(A)
③ 68dB(A)　　④ 67dB(A)

풀이 측정소음도와 배경소음도 차이
70dB(A) − 59dB(A) = 11dB(A)
측정소음도가 배경소음도보다 10dB 이상 크므로 측정소음도를 대상소음도(70dB(A))로 한다.

4과목 진동방지기술

61 감쇠요소에 관한 설명으로 옳은 것은?

① 보통 오일댐퍼의 부착자세는 자유롭지만 부착각도에는 제약이 있다.
② 오일댐퍼의 감쇠력은 넓은 진동수 범위에 걸쳐 안정되어 있다.
③ 마찰댐퍼의 구조는 복잡하나 오일댐퍼와 비교시 감쇠력은 안전하고 신뢰성이 높다.
④ 감쇠요소란 운동체에 저항을 주어 운동체의 위치에너지를 동적인 저항에너지로 변환시키는 장치이다.

풀이 오일댐퍼
㉠ 감쇠력이 크고 넓은 진동수 범위에 걸쳐 안정적임
㉡ 온도 · 주파수에 영향을 적게 받음
㉢ 높은 품질 안정성이 있고 Stroke 조절이 가능함

62 진동발생원의 진동을 측정한 결과, 가속도 진폭이 $2\times10^{-2}m/s^2$이었다면 진동가속도레벨(VAL)은?

① 54dB　　② 57dB
③ 60dB　　④ 63dB

풀이 진동가속도레벨(VAL)

$$VAL = 20\log\left(\frac{A_{rms}}{A_r}\right)(dB)$$

A_{rms} : 가속도 진폭의 실효치(m/s^2)

$$= \frac{A_{max}}{\sqrt{2}} = \frac{2\times10^{-2}}{\sqrt{2}} = 0.014\,m/s^2$$

A_r : 기준 가속도 실효치$(10^{-5})m/s^2$

$$= 20\log\left(\frac{0.014}{10^{-5}}\right) = 62.92\,dB$$

63 그림과 같은 진동계 전체의 등가스프링 상수(k_{eq})는?

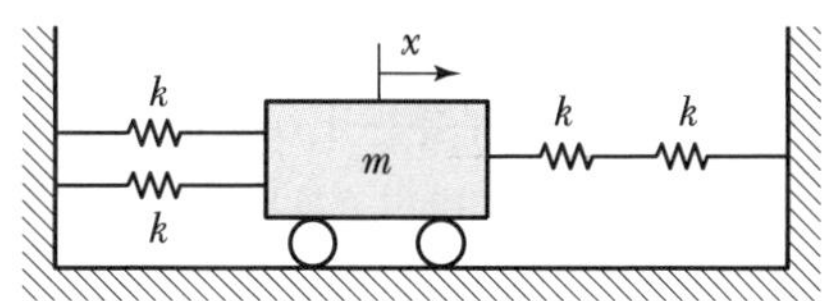

① $2k$　　② $3k$
③ $\frac{2}{3}k$　　④ $\frac{5}{2}k$

풀이 다음 그림으로 표현할 수 있다.

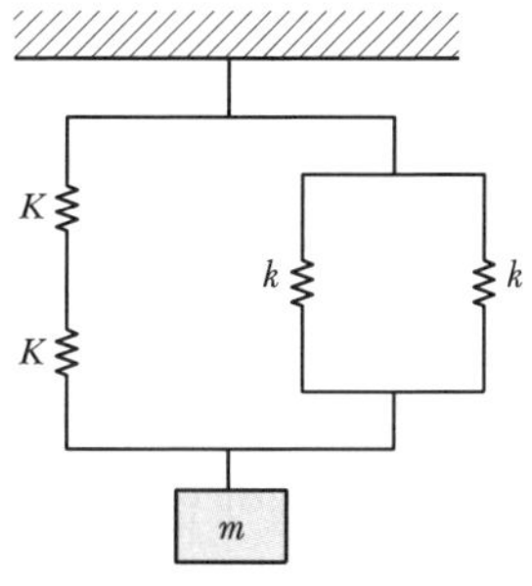

좌측 직렬스프링의 $k_{eq} = \frac{k^2}{k+k} = \frac{k}{2}$

우측 병렬스프링의 $k_{eq} = k+k = 2k$

좌측, 우측의 $k_{eq} = \frac{k}{2} + 2k = \frac{5}{2}k$

정답 59 ③ 60 ① 61 ② 62 ④ 63 ④

64 진동의 원인이 되는 가진력은 크게 진동 회전부의 질량 불평형에 의한 가진력, 기계의 왕복운동에 의한 가진력, 충격에 의한 가진력으로 분류된다. 다음 중 주로 질량 불평형에 의한 가진력으로 진동이 발생하는 것은?

① 파쇄기 ② 송풍기
③ 프레스 ④ 단조기

풀이 가진력 발생의 예
㉠ 기계의 왕복운동에 의한 관성력(횡형 압축기, 활판인쇄기 등)
㉡ 기계회전부의 질량 불균형(송풍기 등 회전기계 중 회전부 중심이 맞지 않을 때)
㉢ 질량의 낙하운동에 의한 충격력(단조기)

65 동적 배율에 관한 설명으로 옳지 않은 것은?

① 정적 스프링 정수에 대한 동적 스프링 정수의 비를 말한다.
② 일반적으로 천연고무류는 1.2 정도이다.
③ 일반적으로 합성고무류는 1.0 이하이다.
④ 영률이 20N/cm^{2}인 방진고무는 1.1 정도이다.

풀이 각 재료별 동적 배율(α)
㉠ 금속(코일스프링) : $\alpha=1$
㉡ 방진고무(천연) : $\alpha=1.0\sim1.6$(약 1.2)
㉢ 방진고무(클로로플렌계) : $\alpha=1.4\sim2.8$ (약 1.4~1.8)
㉣ 방진고무(이토릴계) : $\alpha=1.5\sim2.5$(약 1.4~1.8)

66 공기 스프링의 주요 특성에 해당되는 것은?

① 부하능력이 광범위하다.
② 자동제어가 불가능하다.
③ 공기 중 오존에 의해 산화된다.
④ 사용진폭이 작은 것이 많아 별도의 댐퍼가 필요 없다.

풀이 공기 스프링은 자동제어가 가능하며 사용진폭이 적은 것이 많으므로 별도의 댐퍼가 필요한 경우가 많고 공기 중 오존의 영향과는 관계가 없다.

67 금속스프링은 감쇠가 거의 없고, 고주파 진동 시 단락되기 쉬우며, 로킹(Rocking) 현상이 일어난다는 단점이 있다. 이를 보완하기 위한 대책으로 옳지 않은 것은?

① 스프링의 정적 수축량이 일정한 것을 쓴다.
② 기계 무게의 1~2배의 가대를 부착시킨다.
③ 계의 중심을 낮게 하고 부하(하중)가 평형분포되도록 한다.
④ 스프링의 감쇠비가 클 경우에는 스프링과 병렬로 Damper를 넣고 사용한다.

풀이 스프링의 감쇠비가 적을 때는 스프링과 병렬로 댐퍼를 넣는다.

68 점성감쇠가 있는 1 자유도 자유진동에서 부족감쇠(Under Damping)란 감쇠비가 어떤 값을 갖는 경우인가?

① 0이다. ② 1이다.
③ 1보다 작다. ④ 1보다 크다.

풀이 부족감쇠
㉠ 감쇠비(ξ) : $0<\xi<1$
㉡ C_e(감쇠계수)$<$ C_c(임계감쇠계수)

69 감쇠에 관한 설명으로 틀린 것은?

① 진동에 의한 기계에너지를 열에너지로 변환시키는 기능이다.
② 질량의 진동속도에 대한 스프링의 저항력의 비이다.
③ 하중에 대해 원상태로 복원시키려는 힘이다.
④ 충격 시의 진동을 감소시킨다.

풀이 감쇠는 에너지를 소산시키는 역할을 한다.

정답 64 ② 65 ③ 66 ① 67 ④ 68 ③ 69 ③

70 고유진동수 1Hz에서 감쇠비 0.5인 진동계가 있다. 측정할 물체가 50Hz 조화진동을 하고 있을 때 진동계의 진폭기록이 a이면 이 물체의 최대진폭은?

① 0.5a ② a
③ 1.5a ④ 2a

71 기계를 기초에 고정하고 운전하였더니 기계 상면의 높이가 990mm부터 998mm 사이를 매분 120회 진동하였다. 이 진동의 가속도는?

① $0.63m/sec^2$ ② $1.26m/sec^2$
③ $2.52m/sec^2$ ④ $3.78m/sec^2$

풀이 $\sigma_{max} = A\omega^2 = A \times (2\pi f)^2$

$A = 4mm$

$f = \frac{120rpm}{60} = 2Hz$

$= 4 \times (2 \times 3.14 \times 2)^2$

$= 631.01mm/sec^2 (0.631m/sec^2)$

72 자동차의 진동에 관한 설명 중 ( ) 안에 공통으로 들어가기에 가장 알맞은 것은?

> 차량을 저속 주행상태에서(엔진의 회전수 약 1,000 rpm) 주행하며 높은 단의 기어로 가속할 때 차량 전체가 심하게 진동하는 현상을 ( ) 진동이라고 한다. 이 ( ) 진동 저감을 위해 차축과 현가계 전체의 ( ) 고유진동수를 상용역(常用域)에서의 엔진토크 변동 주파수보다 낮추어 공진을 피하게 하거나 동흡진기를 장착하여 공진의 피크를 현저히 저감시키는 방법을 사용한다.

① 서지(Surge)
② 와인드 업(Wind Up)
③ 브레이크 저더(Brake Judder)
④ 란체스터(Lanchester)

73 회전기계에서 발생하는 진동의 종류를 강제진동과 자려진동으로 구분할 때 다음 중 주로 자려진동에 해당하는 것은?

① 기초여진
② 점성유체력에 의한 휘돌림
③ 구름베어링에 기인하는 진동
④ 기어의 치형오차에 기인하는 진동

풀이 ㉠ 자려진동
- 점성유체력에 의한 휘돌림
- 수차 및 프로펠러의 진동(서징)
- 커플링 진동

㉡ 강제진동
- 구름베어링에 기인하는 진동
- 회전기계의 불평형에 의한 진동
- 기어의 치형오차에 기인하는 진동

74 방진재에 대한 다음 설명 중 옳지 않은 것은?

① 판스프링, 벨트, 스펀지 등도 가벼운 수진체의 방진 등에 이용할 수 있다.
② 코일 스프링은 자신이 저항성분을 가지고 있으므로 별도의 제동장치는 불필요하다.
③ 여러 형태의 고무를 금속의 판이나 관 등의 사이에 끼워서 견고하게 고착시킨 것이 방진고무이다.
④ 공기스프링을 기계의 지지장치에 사용할 경우 스프링에 허용되는 동변위가 극히 작은 경우가 많으므로 내장하는 공기감쇠력으로 충분하지 않은 경우가 있다.

풀이 코일 스프링은 감쇠가 거의 없어 별도의 댐퍼가 필요하다.

75 지표면 진동파의 종류에 따른 에너지 비율로 옳은 것은?

구분	진동파의 종류	에너지 비율(%)
가	종파	약 22
나	실체파	약 2
다	횡파	약 14
라	레일리파	약 67

① 가 ② 나
③ 다 ④ 라

정답 70 ② 71 ① 72 ② 73 ② 74 ② 75 ④

풀이 지표면 진동파의 에너지 비율
㉠ 레일리파 : 67%
㉡ 횡파 : 26% ┐ 실체파
㉢ 종파 : 7% ┘

76 동적 흡진에 관한 설명으로 가장 옳은 것은?

① 진동의 지반 전파를 감소시키기 위해 차단벽 혹은 차단구멍을 설치하여 흡진한다.
② 대상계가 공진할 때 부가질량을 스프링으로 지지하여 대상계의 진동을 억제한다.
③ 진동원과 대상계의 거리를 멀게 하여 전파되는 진동을 줄인다.
④ 진동계에 동일 체적을 가진 기초대를 추가하여 계의 고유진동수를 이동시켜 진동을 줄인다.

풀이 동적 흡진
진동계에서 공진 발생 시 본 진동계 이외에 부가 질량, 부가 스프링으로 이루어진 별도의 진동계를 구성하여 본 진동계의 진폭을 저감시키는 것을 동적 흡진이라고 한다.

77 방진대책은 발생원, 전파경로, 수진 측 대책으로 분류된다. "수진점 근방에 방진구를 판다."는 일반적으로 위 대책 중 주로 어디에 해당하는가?

① 발생원 대책 ② 전파경로 대책
③ 수진 측 대책 ④ 해당 안 됨

풀이 전파경로 대책
㉠ 진동원 위치를 멀리하여 거리감쇠를 크게 함
㉡ 수진점 근방에 방진구를 팜(완충지역 설치)
㉢ 지중벽 설치

78 자유진동에서 감쇠비 ξ가 주어졌을 때의 대수감쇠율을 옳게 표시한 것은?

① $\dfrac{2\pi\xi}{\sqrt{1-\xi^2}}$ ② $\sqrt{\dfrac{2\pi\xi}{1-\xi^2}}$
③ $2\pi\xi\sqrt{1-\xi^2}$ ④ $2\pi\xi^2$

풀이 대수감쇠율

$$\Delta = \ln\left(\frac{x_1}{x_2}\right) = \frac{2\pi\xi}{\sqrt{1-\xi^2}}\ (\xi < 1\text{인 경우} = 2\pi\xi)$$

79 서징에 관한 설명으로 옳은 것은?

① 탄성 지지계에서 서징 발생 시 급격한 감쇠가 일어난다.
② 코일 스프링의 고유 진동수가 가진 진동수와 일치된 경우 일어난다.
③ 서징은 방진고무에서 주로 나타난다.
④ 서징이 일어나면 탄성지지계의 진동 전달률이 현저히 저하된다.

풀이 서징(Surging) 현상
코일스프링 자신의 탄성진동의 고유진동수가 외력의 진동수와 공진하는 상태로, 이 진동수에서는 방진효과가 현저히 저하된다.

80 진동원에서 1m 떨어진 지점의 진동레벨이 105dB일 때, 10m 떨어진 지점의 레벨(dB)은?(단, 진동파는 표면파(n=0.5)이고, 지반전파의 감쇠정수 ξ=0.05이다.)

① 약 91dB ② 약 88dB
③ 약 86dB ④ 약 83dB

풀이

$$VL_r = VL_0 - 8.7\lambda(r-r_0) - 20\log\left(\frac{r}{r_0}\right)^n (\text{dB})$$
$$= 105 - [8.7\times 0.05(10-1)] - \left[20\log\left(\frac{10}{1}\right)^{0.5}\right]$$
$$= 91.1\text{dB}$$

정답 76 ② 77 ② 78 ① 79 ② 80 ①

5과목 소음진동관계법규

81 소음 · 진동관리법상 인증을 생략할 수 있는 자동차가 아닌 것은?

① 외국에서 국내의 공공기관이나 비영리단체에 무상으로 기증하여 반입하는 자동차
② 외교관, 주한 외국군인 또는 그 가족이 사용하기 위하여 반입하는 자동차
③ 항공기 지상조업용(地上操業用)으로 반입하는 자동차
④ 여행자 등이 다시 반출할 것을 조건으로 일시 반입한 자동차

풀이 인증을 생략할 수 있는 자동차

㉠ 국가대표 선수용이나 훈련용으로 사용하기 위하여 반입하는 자동차로서 문화체육관광부장관의 확인을 받은 자동차
㉡ 외국에서 국내의 공공기관이나 비영리단체에 무상으로 기증하여 반입하는 자동차
㉢ 외교관, 주한 외국군인 또는 그 가족이 사용하기 위하여 반입하는 자동차
㉣ 인증을 받지 아니한 자가 인증을 받은 자동차와 동일한 차종의 원동기 및 차대(車臺)를 구입하여 제작하는 자동차
㉤ 항공기 지상조업용(地上操業用)으로 반입하는 자동차
㉥ 국제협약 등에 따라 인증을 생략할 수 있는 자동차
㉦ 다음 각 목의 요건에 해당되는 자동차로서 환경부장관이 정하여 고시하는 자동차
- 제철소 · 조선소 등 한정된 장소에서 운행되는 자동차
- 제설용 · 방송용 등 특수한 용도로 사용되는 자동차
- 「관세법」에 따라 공매(公賣)되는 자동차

82 소음 · 진동관리법상 용어의 정의로 옳지 않은 것은?

① "소음"이란 기계 · 기구 · 시설, 그 밖의 물체의 사용 또는 공동주택 등 환경부령으로 정하는 장소에서 사람의 활동으로 인하여 발생하는 강한 소리를 말한다.
② "소음 · 진동방지시설"이란 소음 · 진동배출시설이 아닌 물체로부터 발생하는 소음 · 진동을 없애는 시설로서 환경부장관이 국토교통부장관과 협의하여 고시하는 것을 말한다.
③ "방진시설"이란 소음 · 진동배출시설이 아닌 물체로부터 발생하는 진동을 없애거나 줄이는 시설로서 환경부령으로 정하는 것을 말한다.
④ "소음 · 진동배출시설"이란 소음 · 진동이 발생하는 공장의 기계 · 기구 · 시설, 그 밖의 물체로서 환경부령으로 정하는 것을 말한다.

풀이 "소음 · 진동방지시설"이란 소음 · 진동배출시설로부터 배출되는 소음 · 진동을 없애거나 줄이는 시설로서 환경부령으로 정하는 것을 말한다.

83 소음 · 진동관리법상 결격사유로 확인검사대행자의 등록을 할 수 없는 자에 해당되지 않는 것은?

① 확인검사대행자의 등록이 취소된 후 3년이 지나지 아니한 자
② 파산선고를 받고 복권되지 아니한 자
③ 피성년후견인 또는 피한정후견인
④ 수질 및 수생태계 보전에 관한 법률을 위반하여 징역의 실형을 선고받고 그 형의 집행이 종료되거나 집행을 받지 아니하기로 확정된 후 2년이 지나지 아니한 자

풀이 확인검사대행자의 등록을 할 수 없는 자

1. 피성년후견인 또는 피한정후견인
2. 파산선고를 받고 복권(復權)되지 아니한 자
3. 확인검사대행자의 등록이 취소된 후 2년이 지나지 아니한 자
4. 「소음 · 진동관리법」이나 「대기환경보전법」, 「수질 및 수생태계 보전에 관한 법률」을 위반하여 징역의 실형을 선고받고 그 형의 집행이 종료되거나 집행을 받지 아니하기로 확정된 후 2년이 지나지 아니한 자
5. 임원 중 제1호부터 제4호까지의 규정 중 어느 하나에 해당하는 자가 있는 법인

정답 81 ④ 82 ② 83 ①

84 소음 · 진동관리법상 소음 · 진동방지시설 중 진동방지시설에 해당하는 것은?

① 방음벽 시설
② 배관진동 절연장치 및 시설
③ 흡음장치 및 시설
④ 방음외피시설

풀이 진동방지시설
㉠ 탄성지지시설 및 제진시설
㉡ 방진구시설
㉢ 배관진동 절연장치 및 시설
㉣ ㉠~㉢까지의 규정과 동등하거나 그 이상의 방지효율을 가진 시설

85 소음 · 진동관리법상 소음도 검사기관의 지정기준 중 소음발생건설기계 소음도 검사기관의 시설 및 장비로서 옳은 것은?

① 평가기준음원 발생장치 1대 이상
② 마이크로폰 5대 이상
③ 녹음 및 기록장치(5채널용) 1대 이상
④ 표준음발생기(300~500Hz) 1대 이상

풀이 소음도검사기관의 시설 및 장비 기준
㉠ 다기능 표준음발생기(31.5Hz 이상 16kHz 이하) 1대 이상
㉡ 다음의 표준음발생기 각 1대 이상
㉢ 마이크로폰 6대 이상
㉣ 녹음 및 기록장치(6채널 이상) 1대 이상
㉤ 주파수분석장비 : 50Hz 이상 8,000Hz 이하의 모든 음을 1/3옥타브대역으로 분석할 수 있는 기기 1대 이상
㉥ 삼각대 등 마이크로폰을 공중(높이 10m 이상)에 고정할 수 있는 장비 6대 이상
㉦ 평가기준음원(Reference Sound Source) 발생장치 1대 이상

86 소음 · 진동관리법상 공사장 방음시설의 설치기준으로 옳지 않은 것은?

① 방음벽 시설 전후의 소음도 차이(삽입손실)는 최소 5dB 이상 되어야 하며, 높이는 2.5m 이상 되어야 한다.
② 공사장 인접지역에 고층건물 등이 위치하고 있어, 방음벽 시설로 인한 음의 반사피해가 우려되는 경우에는 흡음형 방음벽 시설을 설치하여야 한다.
③ 방음벽 시설에는 방음관의 파손, 도장부의 손상 등이 없어야 한다.
④ 방음벽 시설의 기초부와 방음판 · 지주 사이에 틈새가 없도록 하여 음의 누출을 방지하여야 한다.

풀이 방음벽 시설 전후의 소음도 차이(삽입손실)는 최소 7dB 이상 되어야 하며, 높이는 3m 이상 되어야 한다.

87 소음 · 진동관리법상 소음발생건설기계 중 굴삭기의 출력기준으로 옳은 것은?

① 정격출력 590kW 초과
② 정격출력 19kW 이상 500kW 미만
③ 정격출력 19kW 미만
④ 휴대용을 포함하며, 중량 5톤 이하

88 소음 · 진동관리법상 환경기술인과 관련된 설명 중 옳지 않은 것은?

① 환경기술인으로 임명된 자는 해당 사업장에 상시 근무하여야 한다.
② 총 동력합계 3,750kW 미만인 사업장은 사업자가 해당 사업장의 배출시설 및 방지시설업무에 종사하는 피고용인 중에서 임명하는 자로 한다.
③ 총 동력합계 3,750kW 이상인 사업장은 소음 · 진동기사 2급 이상의 기술자격소지자 1명 이상 또는 해당 사업장의 관리책임자로 사업자가 임명하는 자로 한다.

정답 84 ② 85 ① 86 ① 87 ② 88 ④

④ 환경기술인 자격기준 중 소음 · 진동기사 2급은 기계분야기사 · 전기분야기사 각 2급 이상의 자격소지자로서 환경 분야에서 5년 이상 종사한 자로 대체할 수 있다.

풀이 환경기술인 자격기준 중 소음 · 진동기사 2급은 기계분야기사 · 전기분야기사 각 2급 이상의 자격소지자로서 환경 분야에서 2년 이상 종사한 자로 대체할 수 있다.

89 소음 · 진동관리법 시행규칙 제2조 소음의 발생장소에 해당되는 업종이 아닌 것은?

① 콜라텍업
② 단란주점영업 및 유흥주점영업
③ 체육도장업, 체력단련장업
④ 이동판매업

풀이 소음발생장소 업종
㉠ 주택법에 따른 공동주택
㉡ 「체육시설의 설치 · 이용에 관한 법률」에 따른 체육도장업, 체력단련장업, 무도학원업 및 무도장업
㉢ 「학원의 설립 · 운영 및 과외교습에 관한 법률」에 따른 학원 및 교습소 중 음악교습을 위한 학원 및 교습소
㉣ 「식품위생법 시행령」에 따른 단란주점영업 및 유흥주점영업
㉤ 「음악산업진흥에 관한 법률」에 따른 노래연습장업
㉥ 「다중이용업소 안전관리에 관한 특별법 시행규칙」에 따른 콜라텍업

90 소음 · 진동관리법상 소음 · 진동관리 종합계획 및 시행계획의 수립 등에 필요한 사항은 다음 중 어느 법에 따르는가?

① 환경부령
② 대통령령
③ 시 · 도지사령
④ 특별자치도지사 또는 시장 · 군수 · 구청장령

풀이 소음 · 진동관리 종합계획 및 시행계획의 수립 등에 필요한 사항은 대통령령으로 정한다.

91 소음 · 진동관리법상 소음도 검사를 받은 소음발생건설기계 제작자 등은 소음도표지를 알아보기 쉬운 곳에 붙여야 하는데, 이 소음도표지를 붙이지 아니하거나 거짓의 소음도표지를 붙인 자에 대한 벌칙기준으로 옳은 것은?

① 300만 원 이하의 과태료를 부과한다.
② 6개월 이하의 징역 또는 500만 원 이하의 벌금에 처한다.
③ 1년 이하의 징역 또는 1천만 원 이하의 벌금에 처한다.
④ 3년 이하의 징역 또는 1천500만 원 이하의 벌금에 처한다.

풀이 소음 · 진동관리법 제57조 참조

92 소음 · 진동관리법상 생활소음 · 진동의 규제기준 중 주거지역에 위치한 동일 건물 내 사업장의 주간 생활소음 기준은 얼마인가?

① 40dB(A) 이하　② 45dB(A) 이하
③ 50dB(A) 이하　④ 55dB(A) 이하

풀이 생활소음 규제기준 [단위 : dB(A)]

대상지역	소음원 (시간대별)		아침, 저녁 (05:00~07:00, 18:00~22:00)	주간 (07:00~18:00)	야간 (22:00~05:00)
주거지역, 녹지지역, 관리지역 중 취락지구 · 주거개발진흥지구 및 관광 · 휴양개발진흥지구, 자연환경보전지역, 그 밖의 지역에 있는 학교 · 종합병원 · 공공도서관	확성기	옥외설치	60 이하	65 이하	60 이하
	확성기	옥내에서 옥외로 소음이 나오는 경우	50 이하	55 이하	45 이하
	공장		50 이하	55 이하	45 이하
	사업장	동일 건물	45 이하	50 이하	40 이하
	사업장	기타	50 이하	55 이하	45 이하
	공사장		60 이하	65 이하	50 이하

93 소음 · 진동관리법상 교통기관에 해당되지 않는 것은?

① 자동차　② 기차와 전차
③ 도로와 철도　④ 항공기와 선박

정답 89 ④ 90 ② 91 ③ 92 ③ 93 ④

풀이 "교통기관"이란 기차 · 자동차 · 전차 · 도로 및 철도 등을 말한다. 다만, 항공기와 선박은 제외한다.

94 소음 · 진동관리법상 항공기 소음의 한도 중 공항 인근 지역의 항공기 소음 영향도(WECPNL)는?

① 90 ② 80
③ 75 ④ 65

풀이 항공기 소음의 한도는 공항 인근 지역은 항공기소음영향도(WECPNL)를 90으로 하고, 그 밖의 지역은 75로 한다.

95 소음 · 진동관리법상 소음 · 진동배출시설 중 소음배출시설에 해당되지 않는 것은?

① 100대 이상의 공업용 재봉기
② 50마력 이상의 금속절단기
③ 자동제병기
④ 제관기계

풀이 10마력(7.5 kW) 이상의 금속절단기가 소음배출시설에 해당한다.

96 소음 · 진동관리법상 특정 공사의 사전신고 대상 기계 · 장비가 아닌 것은?

① 항타기 · 항발기 또는 항타항발기
② 천공기
③ 발전기
④ 송풍기

풀이 특정 공사의 사전신고 대상 기계 · 장비의 종류
㉠ 항타기 · 항발기 또는 항타항발기(압입식 항타항발기는 제외한다.)
㉡ 천공기
㉢ 공기압축기(공기토출량이 분당 2.83세제곱미터 이상의 이동식인 것으로 한정한다.)
㉣ 브레이커(휴대용을 포함한다.)
㉤ 굴삭기
㉥ 발전기
㉦ 로더
㉧ 압쇄기
㉨ 다짐기계
㉩ 콘크리트 절단기
㉪ 콘크리트 펌프

97 소음 · 진동관리법상 배출시설 변경신고 대상이 아닌 것은?

① 배출시설의 규모를 100분의 30 이상(신고 또는 변경신고를 하거나 허가를 받은 규모를 증설하는 누계를 말한다) 증설하는 경우
② 사업장의 명칭을 변경하는 경우
③ 사업장의 대표자를 변경하는 경우
④ 배출시설의 전부를 폐쇄하는 경우

풀이 배출시설 변경신고 대상
㉠ 배출시설의 규모를 100분의 50 이상(신고 또는 변경신고를 하거나 허가를 받은 규모를 증설하는 누계를 말한다.) 증설하는 경우
㉡ 사업장의 명칭이나 대표자를 변경하는 경우
㉢ 배출시설의 전부를 폐쇄하는 경우

98 소음 · 진동관리법상 소음도 검사기관의 장이 5년간 보존하여야 할 서류에 해당되지 않는 것은?

① 소음도 검사 신청 서류
② 소음도 검사 기록부
③ 소음도 검사 기계장비의 정도검사 서류
④ 소음도 검사 관련 서류

풀이 소음도 검사기관의 장은 다음 각 목의 서류를 작성하여 5년간 보존하여야 한다.
㉠ 소음도 검사 신청 서류
㉡ 소음도 검사 기록부
㉢ 소음도 검사 관련 서류

99 소음 · 진동관리법상 소음지도를 작성하고자 할 때 작성계획의 고시내용에 해당되지 않는 것은?

① 소음지도의 작성기간
② 소음지도의 작성범위
③ 소음지도의 작성비용
④ 소음지도의 활용계획

정답 94 ① 95 ② 96 ④ 97 ① 98 ③ 99 ③

풀이 소음지도 작성계획의 고시내용
㉠ 소음지도의 작성기간
㉡ 소음지도의 작성범위
㉢ 소음지도의 활동계획

100 소음 · 진동관리법상 관리지역 중 산업개발진흥지구의 밤 시간대(22:00~06:00)의 공장진동 배출허용기준은?

① 55dB(V) 이하 ② 60dB(V) 이하
③ 65dB(V) 이하 ④ 70dB(V) 이하

풀이 공장진동 배출허용기준 [단위 : dB(V)]

대상지역	시간대별	
	낮 (06:00~22:00)	밤 (22:00~06:00)
가. 도시지역 중 전용주거지역 · 녹지지역, 관리지역 중 취락지구 · 주거개발진흥지구 및 관광 · 휴양개발진흥지구, 자연환경보전지역 중 수산자원보호구역 외의 지역	60 이하	55 이하
나. 도시지역 중 일반주거지역 · 준주거지역, 농림지역, 자연환경보전지역 중 수산자원보호구역, 관리지역 중 가목과 다목을 제외한 그 밖의 지역	65 이하	60 이하
다. 도시지역 중 상업지역 · 준공업지역, 관리지역 중 산업개발진흥지구	70 이하	65 이하
라. 도시지역 중 일반공업지역 및 전용공업지역	75 이하	70 이하

정답 100 ③

012 2016년 4회 기사

1과목 소음진동개론

01 기계의 소음을 측정하였더니 그림과 같이 비감쇠 정현 음파의 소음이 계측되었다. 기계소음의 음압레벨(dB)은?

① 91dB
② 94dB
③ 96dB
④ 100dB

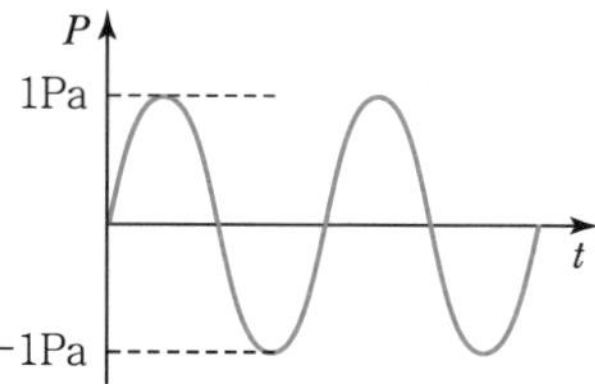

풀이 $SPL = 20\log\frac{P}{P_0}$

$= 20\log\frac{1/\sqrt{2}}{2\times10^{-5}} = 91\text{dB}$

02 대기조건에 따른 일반적인 소리의 감쇠효과에 관한 설명 중 옳지 않은 것은?

① 고주파일수록 감쇠가 커진다.
② 습도가 높을수록 감쇠가 커진다.
③ 기온이 낮을수록 감쇠가 커진다.
④ 음원보다 상공의 풍속이 클 때, 풍상 측에서 굴절에 따른 감쇠가 크다.

풀이 기상조건에 따른 공기흡음 감쇠치는 주파수가 클수록, 습도와 온도는 낮을수록 증가한다.

$A_a = 7.4\times\left(\frac{f^2\times r}{\phi}\right)\times10^{-8}\text{(dB)}$

여기서, A_a : 감쇠치(dB)
f : 주파수(Hz)
r : 음원과 관측점 사이 거리(m)
ϕ : 상대습도(%)

03 주파수가 비슷한 두 소리가 간섭을 일으켜 보강간섭과 소멸간섭이 교대로 이루어져 주기적으로 소리의 강약이 반복되는 현상을 일컫는 것은?

① 도플러 현상 ② 맥놀이
③ 마스킹 효과 ④ 일치 효과

풀이 맥놀이
주파수가 약간 상이한 2개의 음원이 만날 때 소리가 간섭을 일으켜 보강간섭과 소멸간섭이 교대로 이루어져 큰 소리와 작은 소리가 주기적으로 반복되는 것으로 주파수(진동수)가 약간 다른 두 음을 동시에 듣게 되면 합성된 음의 크기가 오르내리는 현상이다.

04 75phon의 소리는 55phon의 소리에 비해 몇 배 크게 들리는가?

① 2배 ② 4배
③ 8배 ④ 16배

풀이 ㉠ 75phon

$S = 2^{\frac{(L_L-40)}{10}} = 2^{\frac{(75-40)}{10}} = 11.3\text{sone}$

㉡ 55phon

$S = 2^{\frac{(L_L-40)}{10}} = 2^{\frac{(55-40)}{10}} = 2.8\text{sone}$

$\therefore \frac{11.3}{2.8} = 4$배

05 그림과 같은 질량은 1kg, 100N/m 강성을 갖는 스프링 4개가 연결된 진동계가 있다. 이 진동계의 고유진동수(Hz)는?

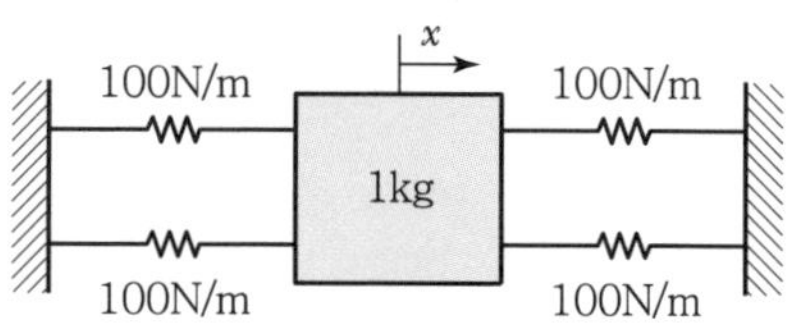

① 0.80 ② 1.59
③ 3.18 ④ 6.37

정답 01 ① 02 ② 03 ② 04 ② 05 ③

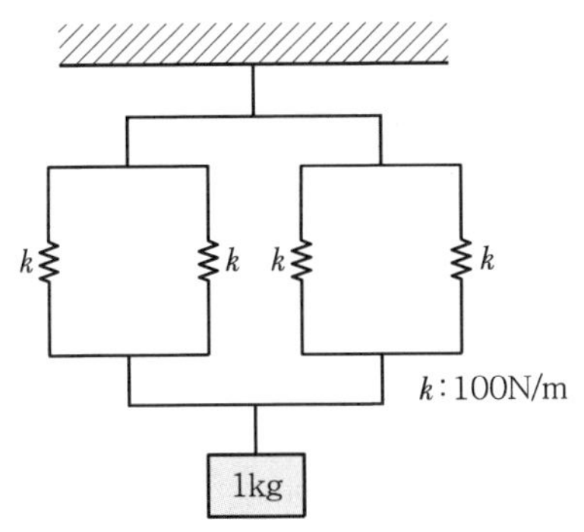

$k_{eq} = 2k + 2k = 4k = 4 \times 100\text{N/m} = 400\text{N/m}$

$f_n = \frac{1}{2\pi}\sqrt{\frac{4}{1}} = 3.18\text{Hz}$

06 백색잡음(White Noise)에 대한 설명으로 옳지 않은 것은?

① 단위 주파수 대역(1Hz)에 포함되는 성분의 세기가 전 주파수에 걸쳐 일정한 잡음을 말한다.
② 모든 주파수 대에 동일한 음량을 가지고 있는 것임에도 불구하고, 고음역 쪽으로 갈수록 에너지 밀도가 높다.
③ 인간이 들을 수 있는 모든 소리를 혼합하면 주파수, 진폭, 위상이 균일하게 끊임없이 변하는 완전 랜덤 파형을 형성하며 이를 백색잡음이라 한다.
④ 보통 저음역과 중음역대의 음이 상대적으로 고음역대보다 높아 인간의 청각 면에서는 백색잡음이 핑크잡음보다 모든 주파수대에 동일음량으로 들린다.

풀이 백색잡음은 보통 저음역과 중음역대의 음량이 상대적으로 고음역대의 음량보다 높아 인간의 청각면에서는 적색잡음(핑크잡음)이 백색잡음보다 모든 주파수대에 동일 음량으로 들린다.

07 교통량이 많은 도로변에서의 소음도를 조사하고자 한다. 도로변으로부터 50m 떨어진 곳으로부터 이 소음도가 75dB(A)이었다면 도로변으로부터 200m 떨어진 곳의 소음도는 얼마로 예상되겠는가?(단, 대기와 지면에 의한 흡음은 무시하며 선음원으로 간주한다.)

① 63dB(A) ② 66dB(A)
③ 69dB(A) ④ 72dB(A)

풀이 선음원의 거리감쇠

$SPL_1 - SPL_2 = 10\log\frac{r_2}{r_1}$

$SPL_2 = SPL_1 - 10\log\frac{r_2}{r_1}$

$= 75\text{dB(A)} - 10\log\frac{200}{50} = 69\text{dB(A)}$

08 10℃ 공기 중에서 파장이 0.32m인 음의 주파수는?

① 1,025Hz ② 1,055Hz
③ 1,067Hz ④ 1,083Hz

풀이 $f = \frac{C}{\lambda}$

$= \frac{[331.42 + (0.6 \times 10℃)]\text{m/sec}}{0.32\text{m}}$

$= 1,055\text{Hz}$

09 진동감각에 대한 설명 중 옳지 않은 것은?

① 진동에 의한 물리적 자극은 주로 신경말단에서 느낀다.
② 진동수용기로서 파치니소체는 나뭇잎 모양을 하고 있다.
③ 횡축을 주파수(Hz), 종축을 진동가속도(gal, 1gal $= 1\text{m/s}^2$)로 정리한 감각곡선은 Fechner에 의해 표준화되었다.
④ 가속도레벨로 55dB 이하는 인체가 거의 느끼지 못한다.

풀이 횡축을 진동수, 종축을 진동가속도(1gal = 1cm/sec^2) 실효치로 하여 진동의 등감각곡선을 나타낸다.

10 우리 귀의 구성요소 중 일종의 공명기로 음을 증폭하는 역할을 하는 것은?

① 외이도(外耳道) ② 이개(耳介)
③ 고실 ④ 달팽이관

정답 06 ④ 07 ③ 08 ② 09 ③ 10 ①

풀이 외이도

㉠ 일단개구관의 형태를 가지며, 고막까지의 거리는 약 2.7mm이다.

㉡ 일종의 공명기로서 약 3kHz의 소리를 증폭시켜 고막에 전달하여 진동시킨다.

11 항공기 소음의 특징에 관한 설명으로 가장 거리가 먼 것은?

① 제트엔진으로부터 기체가 고속으로 배출될 때 발생하는 소음은 기체배출속도의 제곱근에 비례하여 증가한다.

② 회전날개의 선단속도가 음속 이상일 경우 회전날개 끝에 생기는 충격파가 고정된 날개에 부딪쳐 소음을 발생시킨다.

③ 회전날개에 의해 발생된 소음은 고음 성분이 많으며 감각적으로 인간에게 큰 자극을 준다.

④ 회전날개의 선단속도가 음속 이하일 경우에는 날개 수에 회전수를 곱한 값의 정수배 순음을 발생시킨다.

12 단단하고 평평한 지면 위에 작은 음원이 있다. 음원에서 100m 떨어진 지점에서의 음압레벨은 75dB이었다. 공기의 흡음감쇠를 0.4dB/10m로 할 때 음원의 출력은 약 몇 W인가?

① 0.02W ② 0.05W
③ 1.0W ④ 5.0W

풀이 $SPL = PWL - 20\log r - 8 - A(\text{dB})$

여기서, A : 공기흡음에 의한 감쇠치

$$PWL = SPL + 20\log r + 8 + A$$
$$= 75 + 20\log 100 + 8 + \left(\frac{0.4\text{dB}}{10\text{m}} \times 100\text{m}\right)$$
$$= 127\text{dB}$$
$$PWL = 10\log\frac{W}{10^{-12}}$$
$$127 = 10\log\frac{W}{10^{-12}}$$
$$W = 10^{\frac{127}{10}} \times 10^{-12} = 5.0\text{W}$$

13 점음원으로부터 20m 떨어진 위치에서의 음압레벨이 75dB이라면, 거리가 100m 떨어진 곳의 음압레벨은?

① 15dB ② 20dB
③ 37dB ④ 61dB

풀이 점음원의 거리감쇠

$$SPL_1 - SPL_2 = 20\log\frac{r_2}{r_1}$$
$$75\text{dB} - SPL_2 = 20\log\frac{100}{20}$$
$$SPL_2 = 61\text{dB}$$

14 다음 설명 중 (　) 안에 가장 적합한 것은?

> 1/3옥타브대역(Octave Band)은 상하 대역의 끝 주파수 비(상단주파수/하단주파수)가 (　)일 때를 말한다.

① 약 1.15 ② 약 1.26
③ 약 1.45 ④ 약 1.63

풀이 1/3옥타브밴드

$f_u/f_L = 2^{1/3}$, $f_u = 1.26 f_L$

15 음의 세기레벨이 84dB에서 88dB로 증가하면 음의 세기는 약 몇 % 증가하는가?

① 91% ② 111%
③ 131% ④ 151%

풀이 $SIL = 10\log\frac{I}{I_0}$

$$84 = 10\log\frac{I_1}{10^{-12}}$$
$$I_1 = 10^{8.4} \times 10^{-12} = 2.51 \times 10^{-4}\text{W/m}^2$$
$$88 = 10\log\frac{I_2}{10^{-12}}$$
$$I_2 = 10^{8.8} \times 10^{-12} = 6.31 \times 10^{-4}\text{W/m}^2$$

정답 11 ① 12 ④ 13 ④ 14 ② 15 ④

$$\text{증가율}(\%) = \frac{I_2 - I_1}{I_1}$$
$$= \frac{6.31 \times 10^{-4} - 2.51 \times 10^{-4}}{2.51 \times 10^{-4}} \times 100$$
$$= 151.79\%$$

16 음파의 종류에 관한 설명으로 옳지 않은 것은?

① 정재파 : 둘 또는 그 이상의 음파의 구조적 간섭에 의해 시간적으로 일정하게 음압의 최고와 최저가 반복되는 패턴의 파
② 발산파 : 음원으로부터 거리가 멀어질수록 더욱 넓은 면적으로 퍼져나가는 파
③ 구면파 : 음원에서 진행방향으로 큰 에너지를 방출할 때 발생하는 파
④ 평면파 : 음파의 파면들이 서로 평행한 파

풀이 구면파는 공중에 있는 점음원과 같이 음원에서 모든 방향으로 동일한 에너지를 방출할 때 발생하는 파이다.

17 공해진동에 대한 설명 중 옳은 것은?

① 진동수 범위 : 20~90Hz
② 레벨의 범위 : 30~60dB
③ 사람이 느끼는 최대진동역치 : 55±5dB
④ 사람에게 불쾌감을 주는 진동으로 사람의 건강 및 건물에 피해를 주는 진동이다.

풀이 ① 공해진동수 범위 : 1~90Hz
② 공해진동레벨 범위 : 60~80dB
③ 사람이 느끼는 최소진동역치 : 55±5dB

18 음의 굴절에 관한 설명으로 옳지 않은 것은?

① 스넬의 법칙과 관련이 있다.
② 음파는 대기 온도가 높은 쪽으로 굴절한다.
③ 매질 간에 음속 차이가 클수록 굴절도 커진다.
④ 높이에 따른 풍속 차이가 클수록 굴절도 커진다.

풀이 대기의 온도차에 의한 음파는 대기 온도가 낮은 쪽으로 굴절한다.

19 난청에 관한 다음 설명 중 가장 거리가 먼 것은?

① 500Hz~2.5kHz 대역은 인간의 언어활동에 쓰이는 부분으로 이 주파수 대역에서의 과도한 청력 손상은 결국 언어소통에 장애를 가져온다.
② 일시적으로 강한 소리를 듣게 되면 잠시 동안 귀가 들리지 않는 현상을 TTS라 하며, 소음성 난청이 여기에 속한다.
③ 오랜 기간 동안 시끄러운 공장에서 일하는 공장의 작업자에게 주로 발생하는 청력 저하 현상을 PTS라 하며, 직업성 난청이 여기에 해당되고, 회복이 어렵다.
④ 노인성 난청은 주로 고주파음(6,000Hz)에서부터 난청이 시작된다.

풀이 영구적 청력 손실을 PTS라 하며 소음성 난청이라고도 한다.

20 자유공간 내에 무지향성 점음원이 있다. 이 점음원으로부터 4m 떨어진 지점의 음압레벨이 80 dB이라면 이 음원의 음향파워레벨은?

① 83dB ② 93dB
③ 103dB ④ 113dB

풀이
$$SPL = PWL - 20\log r - 11$$
$$PWL = SPL + 20\log r + 11$$
$$= 80\text{dB} + 20\log 4 + 11$$
$$= 103\text{dB}$$

정답 16 ③ 17 ④ 18 ② 19 ② 20 ③

2과목 소음방지기술

21 음압레벨(SPL)을 낮추기 위한 방법으로 거리가 먼 것은?

① 이격거리(r)를 크게 한다.
② 음향출력(W)을 작게 한다.
③ 지향성(Q)을 크게 한다.
④ 대책전후의 음향출력비(W/W')를 크게 한다.

풀이 지향성(Q)을 크게 하면 SPL 값은 증가한다.

22 흡음재료의 선택 및 사용상 유의할 점이 아닌 것은?

① 다공질 재료의 표면을 다공판으로 피복하는 경우에는 개공률을 20% 이상으로 하는 것이 바람직하다.
② 다공질 재료는 산란되기 쉬우므로 표면을 얇은 직물로 피복하는 것이 좋다.
③ 다공질 재료의 표면을 종이로 입히는 것은 피해야 한다.
④ 다공질 재료의 표면을 도장하면 표면의 난반사로 고음역에서 흡음률이 좋아진다.

풀이 다공질 재료의 표면을 도장하면 고음역의 흡음률이 저하된다.

23 자동차 소음원에 따른 대책으로 가장 거리가 먼 것은?

① 엔진 소음－엔진의 구조 개선에 의한 소음 저감
② 배기계 소음－배기계 관의 강성 감소로 소음 억제
③ 흡기계 소음－흡기관의 길이, 단면적을 최적화 시켜 흡기음압 저감
④ 냉각팬 소음－냉각성능을 저하시키지 않는 범위 내에서 팬회전수를 낮춤

풀이 배기계 소음－배기계 관의 강성 증대로 소음 억제

24 공장의 환기덕트 출구가 민가 쪽을 보고 있어 문제가 될 때 이에 대한 방음대책으로 적절하지 않은 것은?

① 덕트 출구의 방향 변경
② 덕트의 출구 면적 축소
③ 흡음덕트 부착
④ 소음기 부착

풀이 덕트의 출구 면적 확대로 음을 저감할 수 있다.

25 차음의 대책 및 유의사항에 대한 설명으로 옳지 않은 것은?

① 차음에서 가장 취약한 곳은 간극이므로 틈이나 파손된 곳이 없도록 해야 한다.
② 진동이 큰 곳에서는 차음벽의 탄성지지가 필요하다.
③ 차음은 흡음과는 달리 음에너지의 반사율이 작을수록 좋다.
④ 큰 차음효과를 얻기 위해 단일벽보다 중공을 갖는 이중벽을 사용하는 것이 좋다.

풀이 차음은 흡음과는 달리 음에너지의 반사율이 클수록 좋다.

26 아래 그림과 같은 방음벽을 설계하였다. S는 음원이고 수음점은 P이다. 수음 측 지면이 완전 반사일 경우 경로차는?

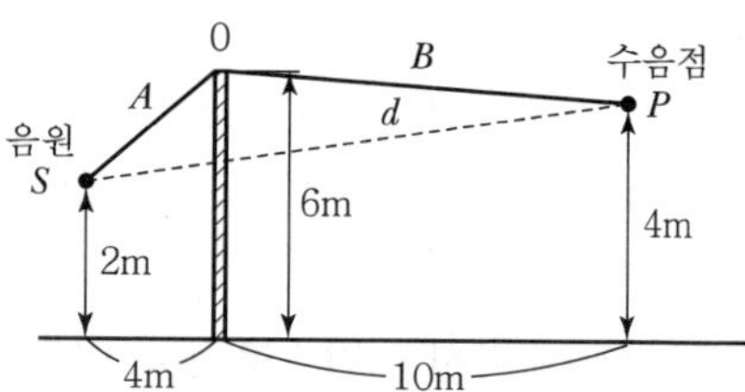

① 3.24m ② 4.57m
③ 5.43m ④ 7.87m

정답 21 ③ 22 ④ 23 ② 24 ② 25 ③ 26 ②

풀이 경로차(δ) $= A + B' - d'$

$$A = \sqrt{4^2 + (6-2)^2} = 5.65\text{m}$$
$$B' = \sqrt{10^2 + (6+4)^2} = 14.14\text{m}$$
$$d' = \sqrt{14^2 + (4+2)^2} = 15.23\text{m}$$
$$= 5.65 + 14.14 - 15.23 = 4.56\text{m}$$

27 방음벽 설치 시 유의점으로 가장 거리가 먼 것은?

① 음원의 지향성이 수음 측 방향으로 클 때에는 벽에 의한 감쇠치가 계산치보다 작게 된다.
② 음원 측 벽면은 가급적 흡음 처리하여 반사음을 방지한다.
③ 점음원의 경우 벽의 길이가 높이의 5배 이상일 때에는 길이의 영향은 고려할 필요가 없다.
④ 면음원인 경우에는 그 음원의 최상단에 점음원이 있는 것으로 간주하여 근사적인 회절감쇠치를 구한다.

풀이 음원의 지향성이 수음 측 방향으로 클 때에는 방음벽에 의한 감쇠치가 계산치보다 크게 된다.

28 평균 흡음률이 0.3이고, 내부표면적이 500m^2인 건물의 실정수는?

① 150.2m^2　② 183.4m^2
③ 208.2m^2　④ 214.3m^2

풀이 $R = \dfrac{S \times \overline{\alpha}}{1-\overline{\alpha}} = \dfrac{500 \times 0.3}{1-0.3} = 214.29\text{m}^2(\text{sabin})$

29 공동주택의 급배수 소음은 다른 가정에 큰 피해를 주는 경우가 많다. 다음 중 급배수 설비소음 저감대책으로 가장 거리가 먼 것은?

① 급수압이 높을 경우에 공기실이나 수격방지기를 수전 가까운 부위에 설치한다.
② 욕조의 하부와 바닥 사이에 완충재를 설치한다.
③ 배수방식을 천장배관방식으로 한다.
④ 거실, 침실 벽에 배관을 고정하는 것을 피한다.

풀이 배수방식은 천장배관방식을 피한다.

30 겨울철에 빌딩의 창문 또는 출입문의 틈새에서 강한 소음이 발생한다. 소음 발생의 주 요인은?

① 실내외의 온도차로 인하여 음속차가 발생하기 때문에
② 실내외의 밀도차에 의한 연돌효과 때문에
③ 겨울철이 되면 주관적인 소음도가 높아지기 때문에
④ 실외의 온도강하로 인하여 음속이 빨라지기 때문에

31 다음과 같은 재료로 단일벽을 구성할 때, 500Hz에서 투과손실치가 가장 큰 것은?(단, 모든 재료는 수직입사 질량법칙만을 고려한다.)

① 재료 A : 밀도 $7{,}800\text{kg/m}^3$, 두께 20mm
② 재료 B : 밀도 $2{,}000\text{kg/m}^3$, 두께 50mm
③ 재료 C : 밀도 $3{,}500\text{kg/m}^3$, 두께 30mm
④ 재료 D : 밀도 $3{,}800\text{kg/m}^3$, 두께 25mm

풀이 ① 재료 A
$TL = 20\log(7{,}800 \times 0.02) = 43.86\text{dB}$
② 재료 B
$TL = 20\log(2{,}000 \times 0.05) = 40\text{dB}$
③ 재료 C
$TL = 20\log(3{,}500 \times 0.03) = 40.42\text{dB}$
④ 재료 D
$TL = 20\log(3{,}800 \times 0.025) = 39.55\text{dB}$

32 공동주택에서 문제시되고 있는 내부 소음원 중 현재 빈번히 입주자와 시공사 간에 문제가 발생되고 있는 상하층 간 바닥 충격음에 대한 대책으로 가장 거리가 먼 것은?

① 뜬바닥 구조의 활용
② 바닥 슬래브의 경량화 및 저강성화
③ 이중 천장의 설치
④ 유연한 바닥 재료의 활용

정답 27 ① 28 ④ 29 ③ 30 ② 31 ① 32 ②

풀이 바닥 충격음을 저감하기 위해서는 바닥 슬래브의 중량화 및 강성을 크게 하여야 한다.

33 판진동형 흡음재의 특성으로 옳지 않은 것은?

① 판의 크기가 커지면 흡음 주파수는 작아진다.
② 판의 두께가 올라가면 흡음 주파수는 커진다.
③ 판과 벽과의 거리가 작아지면 흡음 주파수는 작아진다.
④ 판의 면밀도가 커지면 흡음 주파수는 작아진다.

풀이 판과 벽과의 거리가 클수록 흡음 주파수는 작아진다. 즉, 흡음 특성은 저음역으로 이동한다.

34 연결된 두 방(음원실과 수음실)의 경계벽의 면적은 $5m^2$이고, 수음실의 실정수는 $20m^2$이다. 음원실과 수음실의 음압차이를 30dB로 하고자 할 때, 경계벽 근처의 투과손실은?(단, 수음실의 측정 위치는 경계벽 근처로 한다.)

① 약 21dB ② 약 27dB
③ 약 33dB ④ 약 38dB

풀이 $TL = (\overline{SPL_1} - \overline{SPL_2}) + 10\log\left(\frac{1}{4} + \frac{S_w}{R^2}\right)$

$= 30dB + 10\log\left(\frac{1}{4} + \frac{5}{20}\right)$

$= 27dB$

35 다음 중 소음기에 대한 설명으로 옳지 않은 것은?

① 내부에서 에너지 흡수를 목적으로 하는 소음기를 흡음형 소음기라 하고, 관로 내에서 에너지 흡수가 없거나 무시할 수 있는 목적으로 사용되는 소음기는 리액티브형 소음기라 한다.
② 공명형 소음기는 헬름홀츠 공명기의 원리를 응용한 것으로 공명주파수에서 감음하는 방식이다.
③ 흡음형 소음기는 공동 내부에 흡음재를 부착하여 흡음재의 흡음효과에 의해 소음을 감쇠시킨다.
④ 간섭형 소음기는 음파의 통로를 두 개로 나누어 각각의 경로 길이 차가 한 파장이 되도록 하여 감음하는 방식이다.

풀이 간섭형 소음기는 음파의 통로를 두 개로 나누어 각각의 경로 길이 차가 반파장이 되도록 하여 감음하는 방식이다.

36 팽창형 소음기에 대한 설명으로 옳지 않은 것은?

① 음의 통로를 급격히 팽창시켜 소음을 감소시킨다.
② 감음주파수는 팽창부의 길이에 따라 결정된다.
③ 감음 특성은 주로 고음역에 유효하다.
④ 송풍기, 압축기, 디젤기관 등의 흡 · 배기부의 소음에 사용된다.

풀이 팽창형 소음기의 감음 특성은 저·중음역이다.

37 점음원의 파워레벨이 100dB이고, 그 점음원이 모퉁이(세 면이 접하는 구석)에 놓여 있을 때, 10m 되는 지점에서의 음압레벨은?

① 82dB ② 78dB
③ 72dB ④ 69dB

풀이 $SPL = PWL - 20\log r - 11 + 10\log Q$

$= 100dB - 20\log 10 - 11 + 10\log 8$

$= 78dB$

38 콘크리트와 유리창 그리고 합판으로 구성된 건물의 벽이 있다. 이 벽의 총합 투과손실은?(단, 콘트리트의 면적 $30m^2$, TL=45dB 유리창의 면적 $15m^2$, TL=15dB 합판의 면적 $10m^2$, TL=12dB)

① 15dB ② 17dB
③ 20dB ④ 24dB

풀이 $\overline{TL} = 10\log\frac{1}{\tau} = 10\log\frac{S_1 + S_2 + S_3}{S_1\tau_1 + S_2\tau_2 + S_3\tau_3}$

정답 33 ③ 34 ② 35 ④ 36 ③ 37 ② 38 ②

구분	면적(m^2)	투과손실(dB)	투과율
콘크리트벽	30	45	$10^{-\frac{45}{10}}$
유리창	15	15	$10^{-\frac{15}{10}}$
합판 벽	10	12	$10^{-\frac{12}{10}}$

$$\overline{TL} = 10\log\frac{30+15+10}{(30\times10^{-4.5})+(15\times10^{-1.5})+(10\times10^{-1.2})}$$
$$=17\text{dB}$$

39 1.0m×2.5m 크기의 출입문의 투과손실을 25dB 이상으로 설계하려고 한다. 출입문 주위 틈새의 면적은 몇 m^2 이하로 해야 되는가?(단, 틈새 이외의 벽체 부분은 차음성능이 충분히 크다고 가정한다.)

① 5.94×10^{-3} ② 6.94×10^{-3}
③ 7.94×10^{-3} ④ 8.94×10^{-3}

풀이 $SPL_1 - SPL_2 = 10\log n(\text{dB})$

n은 전체 면적의 $\frac{1}{n}$ 틈새 면적

$25 = 10\log n$

$n = 10^{\frac{25}{10}} = 316.23$

출입문 면적(S_1) $= 1.0\times2.5 = 2.5$m, 틈새 면적을 S_2라 하면

$$\frac{1}{n} = \frac{1}{316.23} = \frac{S_2}{S_1+S_2} = \frac{S_2}{2.5+S_2}$$

$316.23S_2 = 2.5 + S_2$

$$S_2 = \frac{2.5}{316.23} = 7.94\times10^{-3}\text{m}^2$$

40 방음벽에 의한 소음감쇠에 관한 설명 중 옳지 않은 것은?

① 방음벽은 음의 전파경로에 비해 그 폭이 매우 크므로 장애물에 의한 반사효과가 대부분을 차지한다.
② 방음 벽면에 구멍이 뚫려 있고 내부에 공동이 있어 음파가 공명에 의하여 감쇠되는 형태는 공명형 방음벽이다.
③ 음원과 수음점 사이에 방음벽 등을 설치하여 발생하는 삽입손실값은 방음벽 설치 전후에 동일 위치, 동일 조건에서 측정한 측정값의 차이로 설명된다.
④ 음원과 수음점 사이에 장애물이 위치해 있어 수음점에 도달하는 경로는 회절경로, 장애물을 통과하는 투과경로, 장애물의 반사경로 등으로 나눈다.

풀이 방음벽에 의한 소음감쇠량은 방음벽의 높이에 의하여 결정되는 회절감쇠가 대부분을 차지한다.

3과목 소음진동공정시험 기준

41 측정소음도가 92dB(A), 배경소음도가 87 dB(A)일 때 대상소음도는?

① 91.4dB(A) ② 90.3dB(A)
③ 89.3dB(A) ④ 88.4dB(A)

풀이 측정소음도 − 배경소음도 = 92 − 87 = 5dB(A)
대상소음도 = 측정소음도 − 보정치
보정치 $= -10\log(1-10^{-0.1d})$
$= -10\log(1-10^{-0.1\times5})$
$= 1.65\text{dB(A)}$
$= 92 - 1.65 = 90.35\text{dB(A)}$

42 다음은 L_{10} 진동레벨 계산기준에 관한 설명이다. ( ) 안에 가장 적합한 것은?

> 진동레벨계만으로 측정할 경우 진동레벨을 읽은 순간에 지시침이 지시판 범위 위를 벗어날 때(이때에 진동레벨계의 레벨범위는 전환하지 않음)에는 그 발생빈도를 기록하여 ( ) 이상이면 누적도수 곡선상에서 구한 L_{10} 값에 2dB을 더해준다.

정답 39 ③ 40 ① 41 ② 42 ②

① 3회 ② 6회
③ 9회 ④ 12회

43 항공기소음한도 측정을 위한 측정점 선정에 관한 설명으로 옳지 않은 것은?

① 측정점에서 원추형 상부공간이란 측정위치를 지나는 지면 또는 바닥면의 법선에 반각 80°의 선분이 지나는 공간을 말한다.
② 측정점은 항공기 소음으로 인하여 문제를 일으킬 우려가 있는 장소를 택한다.
③ 상시측정용의 경우 측정점은 지면 또는 바닥면에서 5~10m 높이로 한다.
④ 측정지점 반경 3.5m 이내는 가급적 평활하고, 시멘트 등으로 포장되어 있어야 한다.

풀이 상시측정용의 경우에는 주변환경, 통행, 타인의 촉수 등을 고려하여 지면 또는 바닥면에서 1.2~5.0m 높이로 할 수 있다.

44 소음의 배출허용기준 측정 시 자료분석방법에 관한 사항으로 옳은 것은?(단, 디지털 소음자동분석계를 사용할 경우)

① 샘플주기를 1초 이내에서 결정하고 5분 이상 측정하여 자동 연산 · 기록한 등가소음도를 그 지점의 측정소음도 또는 배경소음도로 한다.
② 샘플주기를 10초 이내에서 결정하고 5분 이상 측정하여 자동 연산 · 기록한 등가소음도를 그 지점의 측정소음도 또는 배경소음도로 한다.
③ 샘플주기를 10초 이내에서 결정하고 1분 이상 측정하여 자동 연산 · 기록한 등가소음도를 그 지점의 측정소음도 또는 배경소음도로 한다.
④ 샘플주기를 1초 이내에서 결정하고 1분 이상 측정하여 자동 연산 · 기록한 등가소음도를 그 지점의 측정소음도 또는 배경소음도로 한다.

45 철도소음 관리기준 측정에 관한 설명으로 옳지 않은 것은?

① 철도소음 관리기준을 적용하기 위하여 측정하고자 할 경우에는 철도보호지구에서 측정 · 평가한다.
② 샘플주기를 1초 내외로 결정하고 1시간 동안 연속 측정하여 자동 연산 · 기록한 등가소음도를 그 지점의 측정소음도로 한다.
③ 소음계의 동특성은 '빠름'으로 하여 측정한다.
④ 요일별로 소음 변동이 적은 평일(월요일부터 금요일까지)에 당해 지역의 철도소음을 측정한다.

풀이 철도소음 관리기준을 적용하기 위하여 측정하고자 할 경우에는 철도보호지구 외의 지역에서 측정 · 평가한다.

46 동일건물 내 사업장 소음을 측정하였다. 1지점에서의 측정치가 각각 70dB(A), 74dB(A), 2지점에서의 측정치가 각각 75dB(A), 79dB(A)로 측정되었을 때, 이 사업장의 측정소음도는?

① 72dB(A) ② 75dB(A)
③ 77dB(A) ④ 79dB(A)

풀이 각 지점에서 산술평균 소음도 중 가장 높은 소음도를 측정소음도로 한다.

$$1\text{지점} = \frac{70+74}{2} = 72\,\text{dB(A)}$$

$$2\text{지점} = \frac{75+79}{2} = 77\,\text{dB(A)}$$

즉, 77dB(A)가 측정소음도이다.

47 다음은 소음계에 관한 사항이다. ( ) 안에 가장 적합한 것은?

> 교정장치는 ( ) 이상이 되는 환경에서도 교정이 가능하여야 한다.

① 50dB(A) ② 60dB(A)
③ 70dB(A) ④ 80dB(A)

정답 43 ③ 44 ① 45 ① 46 ③ 47 ④

48 발파진동 측정 시 진동레벨기록기를 사용하여 측정할 경우 기록지상의 지시치의 변동폭이 몇 dB 이내일 때 구간 내 최대치부터 진동레벨의 크기순으로 10개를 산술평균한 진동레벨값을 취하는가?

① 5dB ② 10dB
③ 15dB ④ 20dB

49 환경기준 중 소음 측정 시 풍속이 몇 m/s 이상이면 반드시 마이크로폰에 방풍망을 부착하여야 하는가?

① 1m/s 이상 ② 2m/s 이상
③ 5m/s 이상 ④ 10m/s 이상

50 다음은 항공기소음한도 측정방법이다. ( ) 안에 알맞은 것은?

> 측정자료는 WECPNL로 구하며, 헬리포트 주변 등과 같이 배경소음보다 10dB 이상 큰 항공기 소음의 지속시간 평균치 D가 (㉠) 이상일 경우에는 보정량 (㉡)을 WECPNL에 보정하여야 한다.

① ㉠ 10초, ㉡ [+10log(D/20)]
② ㉠ 10초, ㉡ [+20log(D/10)]
③ ㉠ 30초, ㉡ [+10log(D/20)]
④ ㉠ 30초, ㉡ [+20log(D/10)]

51 소음의 환경기준 측정방법 중 도로변지역의 범위(기준)로 옳은 것은?

① 2차선인 경우 도로단으로부터 30m 이내의 지역
② 4차선인 경우 도로단으로부터 100m 이내의 지역
③ 자동차전용도로의 경우 도로단으로부터 100m 이내의 지역
④ 고속도로의 경우 도로단으로부터 150m 이내의 지역

52 소음 · 진동 공정시험기준상 자동차 소음측정에 사용되는 소음계의 소음도 범위기준으로 가장 적절한 것은?

① 60~120dB 이상 ② 55~130dB 이상
③ 50~120dB 이상 ④ 45~130dB 이상

53 다음은 철도진동의 측정자료 분석에 관한 설명이다. ( ) 안에 알맞은 것은?

> 열차 통과 시마다 최고진동레벨이 배경진동레벨보다 최소 ( ) 이상 큰 것에 한하여 연속 10개 열차(상하행 포함)이상을 대항으로 최고 진동레벨을 측정 · 기록하고, 그중 중앙값 이상을 산술평균한 값을 철도진동레벨로 한다.

① 3dB ② 5dB
③ 10dB ④ 15dB

54 생활소음의 규제기준 측정방법으로 옳은 것은?

① 측정점은 피해가 예상되는 자의 부지경계선 중 소음도가 높을 것으로 예상되는 지점의 지면 위 0.5~1.0m 높이로 한다.
② 소음계의 마이크로폰은 측정위치에 받침장치(삼각대 등)를 설치하지 않고 측정하는 것을 원칙으로 한다.
③ 측정지점에 높이가 1.5m를 초과하는 장애물이 있는 경우에는 장애물로부터 소음원 방향으로 1~3.5m 떨어진 지점을 측정점으로 한다.
④ 손으로 소음계를 잡고 측정할 경우 소음계는 측정자의 몸으로부터 0.3m 이상 떨어져야 한다.

55 진동픽업의 횡감도는 규정주파수에서 수감축감도에 대한 차이가 얼마 이상이어야 하는가? (단, 연직 특성)

① 1dB 이상 ② 10dB 이상
③ 15dB 이상 ④ 20dB 이상

정답 48 ① 49 ② 50 ③ 51 ④ 52 ④ 53 ② 54 ③ 55 ③

56 도로교통 진동 측정 시 디지털 진동자동분석계를 사용할 경우 어떤 값을 측정진동레벨로 하는가?

① 자동연산 · 기록한 80% 범위의 상단치
② 자동연산 · 기록한 80% 범위의 하단치
③ 자동연산 · 기록한 90% 범위의 상단치
④ 자동연산 · 기록한 90% 범위의 하단치

57 발파 시 소음이 77dB(A), 발파소음이 없을 때 소음이 73dB(A)이었다. 배경소음의 영향에 대한 보정치는?

① −1.6dB ② −1.8dB
③ −2.0dB ④ −2.2dB

풀이 보정치 $=-10\log(1-10^{-0.1d})$

$d=77-73=4\text{dB(A)}$

$=-10\log(1-10^{-0.1\times 4})$

$=-2.2\text{dB}$

58 발파진동 평가를 위한 보정 시 시간대별 보정발파횟수(N)는 작업일지 등을 참조하여 발파진동 측정 당일의 발파진동 중 진동레벨이 얼마 이상인 횟수(N)를 말하는가?

① 50dB(V) 이상
② 55dB(V) 이상
③ 60dB(V) 이상
④ 130dB(V) 이상

59 규제기준 중 발파소음평가 시에는 대상소음도에 시간대별 보정발파횟수(N)에 따른 보정량을 보정하여 평가소음도를 구하는데, 다음 중 그 보정량으로 옳은 것은?(단, $N>1$)

① $+10\log N^{1/10}$
② $+10\log N$
③ $+20\log N^{1/10}$
④ $+20\log N$

60 압전형과 동전형 진동픽업의 상대비교에 관한 설명으로 옳지 않은 것은?

① 압전형은 픽업의 출력임피던스가 크다.
② 압전형은 중고주파대역(10kHz 이하)에 적합하다.
③ 동전형은 감도가 안정적이다.
④ 동전형은 소형 경량(수십 gram)이다.

풀이 동전형 진동픽업은 대형으로 중량(수백 gram)이다.

4과목 진동방지기술

61 방진대책을 발생원, 전파경로, 수진 측 대책으로 구분할 때, 다음 중 발생원 대책과 거리가 먼 것은?

① 기초중량을 부가 및 경감시킨다.
② 수진점 근방에 방진구를 판다.
③ 탄성지지한다.
④ 가진력을 감쇠시킨다.

풀이 수진점 근방에 방진구를 설치하는 것은 전파경로 대책이다.

62 진동전달률(T)이 12.50% 이하가 되기 위한 진동수의 비는?(단, 비감쇠 진동계)

① $\eta>3$ ② $\eta=\sqrt{2}$
③ $\eta>\sqrt{2}$ ④ $\eta<\sqrt{2}$

풀이 $T=\dfrac{1}{\eta^2-1}$

$0.125=\dfrac{1}{\eta^2-1}$

$\eta^2=\dfrac{1}{0.125}+1=9$

$\eta=3$ (즉, 진동수비는 3보다 커야 한다.)

정답 56 ① 57 ④ 58 ③ 59 ② 60 ④ 61 ② 62 ①

63 진동원에 따라 방진설계가 달라지는데 왕복동압축기, 윤활유펌프배관, 화학플랜트배관 등에 유체가 흐르고 있을 때, 발생되는 진동으로 가장 적합한 것은?

① 캐비테이션 관련 진동
② 기주진동과 서징 관련 진동
③ 맥동, 수격현상 관련 진동
④ 슬로싱(액면요동) 관련 진동

64 공기스프링에 관한 설명으로 옳지 않은 것은?

① 하중의 변화에 따라 고유진동수를 일정하게 유지할 수 있다.
② 자동제어가 가능하다.
③ 공기 누출의 위험성이 없다.
④ 사용진폭이 적은 것이 많으므로 별도의 댐퍼가 필요한 경우가 많다.

풀이 공기스프링은 압축기 등 부대시설이 필요하며 공기 누출의 위험성이 있다.

65 방진고무를 지지장치로 사용했을 때의 장점이 아닌 것은?

① 내부 감쇠저항이 크므로 추가적인 댐퍼가 불필요하다.
② 진동수비가 1 이상인 방진영역에서도 진동전달률은 거의 증대하지 않는다.
③ 저주파 영역에서는 고체음 절연성능이 있다.
④ 서징(Surging)이 생기지 않거나 또는 극히 작다.

풀이 방진고무는 고주파 영역에 있어서 고체음 절연성능이 있다.

66 비감쇠 강제진동에서 전달률을 표시한 식으로 옳은 것은?(단, ω : 가진력의 각진동수, ω_n : 계의 고유각진동수)

① $\left|\dfrac{1}{\sqrt{1-\left(\dfrac{\omega}{\omega_n}\right)}}\right|$　② $\left|\dfrac{\dfrac{\omega}{\omega_n}}{\sqrt{1-\left(\dfrac{\omega}{\omega_n}\right)}}\right|$

③ $\left|\dfrac{1}{1-\dfrac{\omega}{\omega_n}}\right|$　④ $\left|\dfrac{1}{1-\left(\dfrac{\omega}{\omega_n}\right)^2}\right|$

67 기계 진동을 측정한 결과 N(Hz)의 정현파로 기록되었고 최대가속도는 a(m/s^2)일 때, 변위진폭(m)은?

① $\dfrac{a}{(\pi N)^2}$　② $\dfrac{a}{(2\pi N)^2}$

③ $\dfrac{a}{2\pi N}$　④ $\dfrac{a}{N^2}$

풀이 $a = A\omega^2$

$A(\text{변위진폭}) = \dfrac{a}{(2\pi N)^2}$

68 기기의 진동 방지를 위한 방진스프링의 정적 수축량이 25cm이었다면 고유 진동수는?

① 약 1Hz　② 약 5Hz
③ 약 10Hz　④ 약 100Hz

풀이 $f_n = 4.98\sqrt{\dfrac{1}{\delta_{st}}} = 4.98 \times \sqrt{\dfrac{1}{25}} = 1\text{Hz}$

69 동적 배율에 관한 일반적인 설명 중 옳지 않은 것은?

① 금속코일스프링의 동적 배율은 방진고무(합성고무)에 비하여 크다.
② 방진고무에서 영률(범위 : 20~50N/cm^2)이 클수록 동적 배율도 크다.
③ 동적 배율은 방진고무에서 보통 1.0 이상이다.
④ 동적 배율은 방진고무의 영률 35N/cm^{2}에서 1.3이다.

정답 63 ③ 64 ③ 65 ③ 66 ④ 67 ② 68 ① 69 ①

풀이 금속코일스프링의 동적 배율은 방진고무(합성고무)에 비하여 작다.

70 가속도 진폭이 4×10^{-2}m/s²일 때 진동가속도 레벨은?(단, 기준 10^{-5}m/s²)

① 60dB ② 65dB
③ 69dB ④ 74dB

풀이 $VAL = 20\log\frac{A_{rms}}{A_r} = 20\log\frac{\left(\frac{4\times10^{-2}}{\sqrt{2}}\right)}{10^{-5}}$
$= 69\text{dB}$

71 외부에서 가해지는 강제진동수를 f, 계의 고유진동수를 f_n이라고 할 때 전달력이 외력보다 항상 큰 경우는?

① $\frac{f}{f_n} > \sqrt{2}$ ② $\frac{f}{f_n} = \sqrt{2}$
③ $\frac{f}{f_n} < \sqrt{2}$ ④ $\frac{f}{f_n} = 1$

풀이 $\frac{f}{f_n} < \sqrt{2}$
㉠ 전달력 > 외력
㉡ 방진대책이 필요한 설계영역

72 가진력을 저감시키는 방법으로 옳지 않은 것은?

① 단조기는 단압프레스로 교체한다.
② 기계에서 발생하는 가진력의 경우 기계 설치 방향을 바꾼다.
③ 크랭크 기구를 가진 왕복운동기계는 복수개의 실린더를 가진 것으로 교체한다.
④ 터보형 고속회전압축기는 왕복운동압축기로 교체한다.

풀이 왕복운동압축기를 터보형 고속회전압축기로 교체한다.

73 아래 그림에서 질량 m은 평면 내에서 움직인다. 이 계의 자유도는?

① 1 자유도
② 2 자유도
③ 3 자유도
④ 0 자유도

풀이 최소 독립좌표의 수가 2개이므로 2 자유도이다.

74 다음 진동의 특성 또는 방진대책으로 옳지 않은 것은?

① 대표적인 자려진동으로 그네를 들 수 있으며, 이 진동을 방지하기 위해서는 감쇠력을 제거하는 것이 일반적이다.
② 자진자려진동은 강제진동과 자려진동 양쪽이 동시에 나타나는 것을 말한다.
③ 회전하는 편평축의 진동, 왕복운동기계의 크랭크축계의 진동 등은 계수여진진동에 해당한다.
④ 계수여진진동의 근본적인 대책은 질량 및 스프링 특성의 시간적 변동을 없애는 것이다.

풀이 자려진동의 대표적인 예는 바이올린 현의 진동이다.

75 기계의 가진력과 전달력에 대한 설명으로 옳지 않은 것은?

① 기계를 움직이는 전달력을 감소시키기 위해서는 기계에 탄성지지를 쓴다.
② 기계의 기초콘크리트를 크게 하는 것도 전달력을 저감시키는 방법 중 하나이다.
③ 기계에서 발생하는 가진력은 지향성이 없다.
④ 전달력을 최소화하기 위해서는 고유 주차수가 가능한 작은 장비를 구입한다.

풀이 기계에서 발생하는 가진력은 지향성이 있으므로 기계의 설치방향을 바꾸는 등의 합리적 기계 설치 방법이 필요하다.

정답 70 ③ 71 ③ 72 ④ 73 ② 74 ① 75 ③

76 지반전파의 감쇠정수가 0.016인 표면파(n =0.5)가 지반을 전반하는 경우 진동원에서 5m 거리의 진동레벨에 대한 25m 거리에서의 진동레벨 차는 약 몇 dB인가?

① 10　② 18
③ 26　④ 33

풀이
$$VL_o - VL_r = 8.7\lambda(r-r_o) + 20\log\left(\frac{r}{r_o}\right)^n$$
$$= [8.7 \times 0.016(25-5)] + \left[20\log\left(\frac{25}{5}\right)^{0.5}\right]$$
$$= 9.8\text{dB}$$

77 지반진동 차단 구조물에 관한 설명으로 옳지 않은 것은?

① 지반의 흙, 암반과는 응력파 저항 특성이 다른 재료를 이용한 매질층을 형성하여 지반진동파 에너지를 저감시키는 구조물이다.
② 개방식 방진구보다는 충진식 방진구가 에너지 차단 특성이 좋다.
③ 강널말뚝을 이용하는 공법은 저주파수 진동 차단에는 효과가 적다.
④ 방진구의 가장 중요한 설계인자는 방진구의 깊이로서 표면파의 파장을 고려하여 결정하여야 한다.

풀이 개방식 방진구보다는 충진식 방진구가 에너지 차단 특성이 좋지 않다.

78 질량이 0.25kg인 물체가 스프링에 매달려 있다면 정적 변위량(mm)은?(단, 스프링 정수는 0.155N/mm이다.)

① 약 8mm　② 약 16mm
③ 약 32mm　④ 약 64mm

풀이
$$\delta_{st} = \frac{W(mg)}{k} = \frac{0.25\text{kg} \times 9.8\text{m/sec}^2}{0.155\text{N/mm}}$$
$$= \frac{0.25\text{kg} \times 9.8\text{m/sec}^2}{0.155\text{kg} \cdot \text{m/sec}^2 \cdot \text{mm}}$$
$$= 15.81\text{mm}$$

79 다음 중 진동량을 표시할 때 사용되는 것으로 적당하지 않은 것은?

① 진동수　② 진동속도
③ 진동변위　④ 진동가속도

풀이 진동 크기 3요소
㉠ 변위
㉡ 속도
㉢ 가속도

80 동일한 4개의 스프링으로 탄성지지한 기계로부터 스프링을 빼낸 후 16개의 스프링을 사용하여 지지점에 균등하게 탄성지지하여 고유진동수를 1/8로 낮추고자 할 때 1개의 스프링 정수는 원래 스프링 정수의 몇 배가 되어야 하는가?

① 1/16　② 1/32
③ 1/64　④ 1/256

풀이
$$f_{n1} = \frac{1}{2\pi}\sqrt{\frac{4k_1}{m}}$$
$$f_{n2} = \frac{1}{2\pi}\sqrt{\frac{16k_2}{m}}$$
$$\frac{f_{n2}}{f_{n1}} = \frac{\frac{1}{2\pi}\sqrt{\frac{16k_2}{m}}}{\frac{1}{2\pi}\sqrt{\frac{4k_1}{m}}} = \frac{1}{8}$$
$$\frac{4k_2}{k_1} = \frac{1}{64}$$
$$k_1 = 256k_2$$
$$k_2 = \frac{1}{256}k_1 \left(\text{원래의 } \frac{1}{256}\text{배}\right)$$

정답 76 ① 77 ② 78 ② 79 ① 80 ④

5과목 소음진동관계법규

81 다음은 소음 · 진동관리법규상 소음도 측정을 위한 운행차 정기검사 기준이다. ( ) 안에 알맞은 것은?

> 배기소음 측정 시에는 자동차의 변속장치를 중립 위치로 하고 정지가동상태에서 원동기의 최고 출력 시의 (㉠) 회전속도로 (㉡) 동안 운전하여 최대소음도를 측정한다.

① ㉠ 50%, ㉡ 4초　② ㉠ 75%, ㉡ 4초
③ ㉠ 50%, ㉡ 15초　④ ㉠ 75%, ㉡ 15초

82 소음 · 진동관리법규상 소음방지시설에 해당하지 않는 것은?

① 방음벽시설　② 방음덮개시설
③ 소음기　④ 탄성지지시설

풀이 소음방지시설
㉠ 소음기　㉡ 방음덮개시설
㉢ 방음창 및 방음실시설　㉣ 방음외피시설
㉤ 방음벽시설　㉥ 방음터널시설
㉦ 방음림 및 방음언덕　㉧ 흡음장치 및 시설
㉨ ㉠~㉧의 규정과 동등하거나 그 이상의 방지효율을 가진 시설

83 소음 · 진동관리법규상 소음도 검사기관과 관련한 행정처분기준 중 소음도 검사기관이 보유하여야 할 기술인력이 부족한 경우 각 위반차수별(1~3차) 행정처분기준으로 옳은 것은?

① 조업정지 10일 → 조업정지 30일 → 경고
② 조업정지 30일 → 개선명령 → 등록취소
③ 경고 → 경고 → 지정취소
④ 개선명령 → 조업정지 30일 → 경고

풀이 소음 · 진동관리법 제49조 참조

84 소음 · 진동관리법상 확인검사대행자의 등록을 취소하거나 6개월 이내의 기간을 정하여 업무정지를 명할 수 있는 경우에 해당하지 않는 것은?

① 파산선고를 받고 복권된 법인의 임원이 있는 경우
② 다른 사람에게 등록증을 빌려준 경우
③ 1년에 2회 이상 업무정지처분을 받은 경우
④ 등록 후 2년 이내에 업무를 시작하지 아니하거나 계속하여 2년 이상 업무실적이 없는 경우

풀이 확인검사대행자의 등록을 취소하거나 6개월 이내의 업무정지를 명할 수 있는 경우
㉠ 다른 사람에게 등록증을 빌려준 경우
㉡ 1년에 2회 이상 업무정지처분을 받은 경우
㉢ 고의 또는 중대한 과실로 확인검사 대행업무를 부실하게 한 경우
㉣ 등록 후 2년 이내에 업무를 시작하지 아니하거나 계속하여 2년 이상 업무실적이 없는 경우
㉤ 등록기준에 미달하게 된 경우

85 소음 · 진동관리법규상 특별시장 등이 운행차의 점검결과 소음기를 떼어버린 경우로서 환경부령으로 정하는 바에 따라 자동차 소유자에게 개선명령을 할 때, 개선에 필요한 기간기준으로 옳은 것은?

① 개선명령일로부터 5일
② 개선명령일로부터 7일
③ 개선명령일로부터 10일
④ 개선명령일로부터 14일

풀이 개선에 필요한 기간은 개선명령일로부터 7일로 한다.

86 다음은 소음 · 진동관리법규상 환경기술인의 교육에 관한 사항이다. ( ) 안에 알맞은 것은?

> 환경기술인은 (㉠) 한 차례 이상 환경부장관이 교육을 실시할 능력이 있다고 인정하여 지정하는 기관 또는 환경정책기본법에 따른 (㉡)에서 실시하는 교육을 받아야 한다.

정답 81 ② 82 ④ 83 ③ 84 ① 85 ② 86 ④

① ㉠ 2년마다, ㉡ 소음진동기술사협회
② ㉠ 3년마다, ㉡ 소음진동기술사협회
③ ㉠ 2년마다, ㉡ 환경보전협회
④ ㉠ 3년마다, ㉡ 환경보전협회

87 소음 · 진동관리법령상 소음도 검사기관의 지정기준 중 기술인력기준으로 옳지 않은 것은?

① 학사학위를 취득하고, 소음 · 진동 관련 분야의 실무에 종사한 경력이 3년 이상인 사람은 기술직 인력요건에 해당한다.
② 전문학사학위를 취득하고, 소음 · 진동 관련 분야의 실무에 종사한 경력이 5년 이상인 사람은 기술직 인력요건에 해당한다.
③ 환경 및 기계 분야 기능사 자격을 취득하고, 소음 · 진동 분야의 실무에 종사한 경력이 1년 이상인 사람은 기능직 인력요건에 해당한다.
④ 초 · 중등교육법에 따른 고등학교를 졸업하고 소음 · 진동 분야의 실무경력이 2년 이상인 자는 기능직 인력요건에 해당한다.

풀이 초 · 중등교육법에 따른 고등학교를 졸업하고 소음 · 진동 분야의 실무경력이 3년 이상인 자는 기능직 인력요건에 해당한다.

88 다음은 배출시설의 설치확인 등에 관한 사항이다. ( ) 안에 알맞은 내용은?

> 소음 · 진동관리법규상 특별자치시장 · 특별자치도지사 또는 시장 · 군수 · 구청장으로부터 사업장에 대한 소음 · 진동검사지시 또는 검사의뢰를 받은 검사기관은 배출시설 및 방지시설을 정상운영해야 할 기간이 경과한 날부터 (㉠)이내에 소음 · 진동검사를 실시하고, 그 결과를 (㉡)에게 통보하여야 한다.

① ㉠ 20일, ㉡ 특별자치시장 · 특별자치도지사 또는 시장 · 군수 · 구청장
② ㉠ 30일, ㉡ 환경부장관
③ ㉠ 20일, ㉡ 환경부장관
④ ㉠ 30일, ㉡ 특별자치시장 · 특별자치도지사 또는 시장 · 군수 · 구청장

89 소음진동관리법규상 소음 · 진동검사를 의뢰할 수 있는 검사기관에 해당하지 않는 것은?

① 대구광역시 보건환경연구원
② 환경관리협회
③ 지방환경청
④ 유역환경청

풀이 소음 · 진동 검사기관
㉠ 국립환경과학원
㉡ 특별시 · 광역시 · 도 · 특별자치도의 보건환경연구원
㉢ 유역환경청 또는 지방환경청
㉣ 「한국환경공단법」에 따른 한국환경공단

90 소음 · 진동관리법규상 공사장 방음시설 설치기준 중 방음벽시설 전후의 소음도 차이(삽입손실) 기준으로 옳은 것은?

① 최소 2dB 이상 되어야 한다.
② 최소 3dB 이상 되어야 한다.
③ 최소 5dB 이상 되어야 한다.
④ 최소 7dB 이상 되어야 한다.

풀이 공사장 방음벽시설 전후의 소음도 차이(삽입손실)는 최소 7dB 이상 되어야 하며, 높이는 3m 이상 되어야 한다.

91 소음 · 진동관리법령상 과태료 부과기준 중 일반기준에서 위반행위의 횟수에 따른 부과는 최근 몇 년간 같은 위반행위로 부과처분을 받은 경우에 적용하는가?

① 6월간 ② 1년간
③ 2년간 ④ 3년간

정답 87 ④ 88 ① 89 ② 90 ④ 91 ②

풀이 과태료 부과기준

㉠ 위반행위의 횟수에 따른 부과기준은 최근 1년간 같은 위반행위로 부과처분을 받은 경우에 적용한다. 이 경우 위반행위에 대하여 과태료를 부과처분한 날과 다시 동일한 위반행위를 적발한 날을 각각 기준으로 하여 위반횟수를 계산한다.

㉡ 부과권자는 위반행위의 동기와 그 결과 등을 고려하여 과태료 금액의 2분의 1 범위에서 감경할 수 있다.

92 소음 · 진동관리법규상 관리지역 중 산업개발진흥지구의 밤 시간대 공장진동 배출허용기준으로 옳은 것은?

① 65dB(V) 이하 ② 60dB(V) 이하
③ 55dB(V) 이하 ④ 50dB(V) 이하

풀이 공장진동 배출허용기준 [단위 : dB(V)]

대상지역	시간대별	
	낮 (06:00~22:00)	밤 (22:00~06:00)
가. 도시지역 중 전용주거지역 · 녹지지역, 관리지역 중 취락지구 · 주거개발진흥지구 및 관광 · 휴양개발진흥지구, 자연환경보전지역 중 수산자원보호구역 외의 지역	60 이하	55 이하
나. 도시지역 중 일반주거지역 · 준주거지역, 농림지역, 자연환경보전지역 중 수산자원보호구역, 관리지역 중 가목과 다목을 제외한 그 밖의 지역	65 이하	60 이하
다. 도시지역 중 상업지역 · 준공업지역, 관리지역 중 산업개발진흥지구	70 이하	65 이하
라. 도시지역 중 일반공업지역 및 전용공업지역	75 이하	70 이하

93 다음 중 소음 · 진동관리법상 대통령령으로 정하는 사항이 아닌 것은?

① 운행차 소음 허용기준
② 항공기 소음의 한도
③ 공장 소음 · 진동의 배출허용기준
④ 소음도 검사기관의 시설 및 기술능력 등 지정기준에 필요한 사항

풀이 공장 소음 · 진동의 배출허용기준은 환경부령으로 정한다.

94 소음 · 진동관리법규상 진동배출시설기준으로 옳지 않은 것은?(단, 동력을 사용하는 시설 및 기계 · 기구로 한정한다.)

① 15kW 이상의 분쇄기
② 37.5kW 이상의 성형기(압출 · 사출을 포함한다.)
③ 22.5kW 이상의 단조기
④ 22.5kW 이상의 목재가공기계

풀이 분쇄기는 22.5kW 이상이 진동배출시설기준이다.

95 소음 · 진동관리법규상 승용차에 포함되지 않는 것은?(단, 2015년 12월 8일 이후 제작되는 자동차에 한한다.)

① 밴(Van) ② 지프(Jeep)
③ 왜건(Wagon) ④ 승합차

풀이 밴(Van)은 화물자동차로 분류된다.

96 소음 · 진동관리법규상 배출시설의 허가를 받은 자가 그 허가받은 사항을 변경하고자 할 때의 변경신고대상 기준으로 옳은 것은?

① 배출시설의 규모를 100분의 30 이상(신고 또는 변경신고를 하거나 허가를 받은 규모를 증감하는 누계) 증감하는 경우
② 배출시설의 규모를 100분의 50 이상(신고 또는 변경신고를 하거나 허가를 받은 규모를 증감하

정답 92 ① 93 ③ 94 ① 95 ① 96 ④

는 누계) 증감하는 경우

③ 배출시설의 규모를 100분의 30 이상(신고 또는 변경신고를 하거나 허가를 받은 규모를 증설하는 누계) 증설하는 경우

④ 배출시설의 규모를 100분의 50 이상(신고 또는 변경신고를 하거나 허가를 받은 규모를 증설하는 누계) 증설하는 경우

97 환경정책기본법령상 도로변지역의 소음환경기준으로 옳은 것은?[단, 낮(06:00~22:00), 주거지역 중 일반주거지역, 단위 : Leq dB(A)]

① 50 ② 55
③ 60 ④ 65

풀이 소음환경기준 [Leq dB(A)]

지역 구분	적용대상 지역	기준	
		낮(06:00 ~22:00)	밤(22:00 ~06:00)
일반 지역	"가" 지역	50	40
	"나" 지역	55	45
	"다" 지역	65	55
	"라" 지역	70	65
도로변 지역	"가" 및 "나" 지역	65	55
	"다" 지역	70	60
	"라" 지역	75	70

주거지역 중 일반주거지역은 "가"지역이다.

98 소음 · 진동관리법규상 운행자동차 중 "중대형 승용자동차"의 ㉠ 배기소음 및 ㉡ 경적소음 허용기준은?(단, 2006년 1월 1일 이후에 제작되는 자동차 기준)

① ㉠ 100dB(A) 이하, ㉡ 110dB(C) 이하
② ㉠ 100dB(A) 이하, ㉡ 112dB(C) 이하
③ ㉠ 105dB(A) 이하, ㉡ 110dB(C) 이하
④ ㉠ 105dB(A) 이하, ㉡ 112dB(C) 이하

풀이 운행자동차 소음허용기준

자동차 종류 \ 소음 항목		배기소음 [dB(A)]	경적소음 [dB(C)]
경자동차		100 이하	110 이하
승용 자동차	소형	100 이하	110 이하
	중형	100 이하	110 이하
	중대형	100 이하	112 이하
	대형	105 이하	112 이하
화물 자동차	소형	100 이하	110 이하
	중형	100 이하	110 이하
	대형	105 이하	112 이하
이륜자동차		105 이하	110 이하

※ 2006년 1월 1일 이후에 제작되는 자동차

99 소음 · 진동관리법규상 인증시험대행기관이 검사장비 및 기술인력의 변경이 있는 경우 얼마기간 내에 그 내용을 환경부장관에게 알려야 하는가?

① 변경된 날부터 7일 이내
② 변경된 날부터 15일 이내
③ 변경된 날부터 30일 이내
④ 변경된 날부터 3개월 이내

100 소음 · 진동관리법규상 환경부령이 정하는 생활소음 · 진동 규제 제외지역에 관한 설명이다. ( ) 안에 알맞은 것은?

> 생활소음 · 진동이 발생하는 공장 · 사업장 또는 공사장의 부지경계선으로부터 직선거리 ( ) 이내에 주택(사람이 살지 아니하는 폐가를 제외한다), 운동 · 휴양시설 등이 없는 지역

① 50미터 ② 100미터
③ 150미터 ④ 300미터

정답 97 ④ 98 ② 99 ② 100 ④

013 2017년 1회 기사

1과목 소음진동개론

01 지진의 명칭과 진동가속도레벨(dB), 그리고 그에 따른 물적 피해에 관한 설명으로 가장 적합한 것은?

① 경진(Weak) : 50±5, 약간 느낌
② 약진(Rather Strong) : 80±5, 창문, 미닫이가 흔들리고 진동음 발생
③ 중진(Strong) : 120±5, 벽의 균열이나 비석이 넘어짐
④ 강진(Very Strong) : 150 이상, 단층이나 산사태 등이 발생

풀이 지진의 명칭과 진동가속도레벨(dB)에 따른 물적 피해

진도	지진 명칭	현상	진동가속도레벨(dB)
0	무감 (no Feeling)	-인체에 느껴지지 않음 -지진계에 기록될 정도	55 이하
I	미진 (Slight)	-약간 느낌, 즉 지진에 예민한 사람들만 느낄 정도	60±5
II	경진 (Weak)	-크게 느낌(창문이 약간 흔들림) -많은 사람들이 느낄 정도	70±5
III	약진 (Rather Strong)	-가옥이 흔들리고, 특히 창문, 미닫이문이 흔들리고 진동음 발생	80±5
IV	중진 (Strong)	-꽃병이 넘어지고 물이 넘침 -많은 사람들이 밖으로 뛰어나올 정도	90±5
V	강진 (Very Strong)	-벽이 갈라지고 돌담·비석이 넘어짐	100±5
VI	열진 (Disastrous)	-땅이 갈라지고 산이 붕괴됨 -가옥 피해 30% 이하	105 ~110
VII	격진 (Very Disastrous)	-단층이 생김(산사태) -가옥 피해 30% 이상	110 이상

02 다음 청각기관 중 임피던스 변환기능을 가진 것은?

① 이소골　② 고막
③ 기저막　④ 외이도

풀이 이소골은 진동음압을 약 10~20배 정도 증폭하는 임피던스 변환기의 역할을 하며 뇌신경으로 전달한다.

03 다음 (　　) 안에 들어갈 주파수 대역으로 옳은 것은?

> 소음에 의한 청력 손상은 3~6kHz 범위에서 가장 크게 나타나고, 특히 (　　) 대역은 인간의 언어활동에 쓰이는 부분으로 이 주파수 대역에서의 과도한 청력 손상은 결국 언어소통의 장애로 이어진다.

① 50~100Hz　② 500Hz~2.5kHz
③ 5~8kHz　④ 10~100kHz

풀이 500Hz~2.5kHz 대역은 인간의 언어활동에 쓰이는 부분으로 이 주파수 대역에서의 과도한 청력손상은 결국 언어소통의 장애를 초래한다.

04 D특성 청감보정회로에 대한 설명으로 옳지 않은 것은?

① A특성 청감보정회로처럼 저주파 에너지를 많이 소거시키지 않는다.
② 1~12kHz 범위의 고주파음에 대하여 더 크게 보충시킨 구조이다.
③ 신호 보정은 중음역대이며, 소음등급 평가의 한정적인 부분에만 적용된다.
④ 항공기 소음에 대하여 많이 적용하는 청감응답이다.

풀이 D특성 청감보정회로의 신호보정은 고음역대이며 주로 항공기 소음평가를 위한 기초 척도로 사용된다.

정답 01 ② 02 ① 03 ② 04 ③

05 실내 공장 바닥 위에 점음원이 있다. 실정수가 316m²일 때 실반경(m)은?

① 2.5 ② 3.5
③ 5 ④ 7

풀이 실반경(r)

$$r=\sqrt{\frac{QR}{16\pi}}=\sqrt{\frac{2\times316}{16\times3.14}}=3.5\text{m}$$

06 다음은 인체의 귓구멍(외이도)을 나타낸 그림이다. 이때 공명 기본음 주파수 대역(Hz)은?(단, 음속은 340m/s이다.)

① 750
② 3,400
③ 6,800
④ 12,143

0.7cm
2.5cm

풀이 외이도(일단개구관) 공명 기본음 주파수(f)

$$f=\frac{C}{4L}=\frac{340\text{m/sec}}{4\times0.025\text{m}}=3,400\text{Hz}$$

07 청력에 관한 설명으로 가장 거리가 먼 것은?

① 음의 대소(큰 소리, 작은 소리)는 음파의 진폭(음압)의 크기에 따른다.
② 사람의 목소리는 100~10,000Hz, 회화의 명료도는 200~6,000Hz, 회화의 이해를 위해서는 500~2,500Hz의 주파수 범위를 각각 갖는다.
③ 20Hz 이하는 초저주파음, 20kHz를 초과하는 음은 초음파라 한다.
④ 4분법 청력손실이 옥타브밴드 중심주파수 500~2,000Hz 범위에서 15dB 이상이면 난청으로 분류한다.

풀이 4분법 청력손실이 옥타브밴드 중심주파수 500~2,000Hz 범위에서 25dB 이상이면 난청으로 평가한다.

08 음장의 종류 및 특징에 관한 설명으로 옳지 않은 것은?

① 근음장에서 음의 세기는 음압의 2승에 비례하며, 입자속도는 음의 전파방향에 따라 개연성을 가진다.
② 자유음장은 원음장 중 역2승법칙이 만족되는 구역이다.
③ 확산음장은 잔향음장에 속한다.
④ 잔향음장은 음원의 직접음과 벽에 의한 반사음이 중첩되는 구역이다.

풀이 원음장에서 음의 세기는 음압의 2승에 비례하며, 입자속도는 음의 전파방향과 관련성을 갖는다.

09 공조기 소음 등과 같은 광대역의 정상적인 소음을 평가하기 위해 Beranek이 제안한 것으로, 대상 소음을 옥타브 분석하여 대역 음압레벨을 구한 후 밴드레벨을 기입하여 각 대역 중 최댓값을 구하는 것은?

① NC ② L_{NP}
③ NEF ④ SL

풀이 NC(noise criteria)
공조기 소음 등과 같은 광대역의 정상적인 소음을 평가하기 위해 베라넥(Beranek)이 제안한 것으로, 대상 소음을 옥타브 분석하여 대역음압레벨을 구한 후 밴드레벨을 기입하여 각 대역 중 최댓값을 구하여 이를 NC값으로 한다.

10 음원으로부터 10m 지점의 평균음압도는 101dB, 동거리에서 특정지향음압도는 107dB이다. 이때 지향계수는?

① 2.11 ② 2.56
③ 3.98 ④ 5.01

풀이 지향지수(DI)

$$DI=10\log Q$$

$$Q=10^{\frac{DI}{10}}=10^{\frac{(SPL_\theta-\overline{SPL})}{10}}=10^{\frac{(107-101)}{10}}=3.98$$

정답 05 ② 06 ② 07 ④ 08 ① 09 ① 10 ③

11 실내 용적 485m³인 공장의 잔향시간이 0.5초라면 흡음력은?

① 156m² ② 254m²
③ 372m² ④ 506m²

풀이 잔향시간(T)

$$T = \frac{0.161V}{A}$$

$$A(\text{m}^2) = \frac{0.161V}{T} = \frac{0.161 \times 485\text{m}^2}{0.5\text{sec}}$$

$$= 156.17\text{m}^2$$

12 가로 6m, 세로 3m인 벽면 밖에서의 음압레벨이 100dB라면 17m 떨어진 곳은 몇 dB인가? (단, 면음원 기준)

① 약 88 ② 약 78
③ 약 62 ④ 약 42

풀이 단변(a), 장변(b), 거리(r)의 관계에서

$r > \frac{b}{3}$; $17 > \frac{6}{3}$ 이 성립하므로

$$SPL_1 - SPL_2 = 20\log\left(\frac{3r}{b}\right) + 10\log\left(\frac{b}{a}\right)(\text{dB})$$

$$100 - SPL_2 = 20\log\left(\frac{3 \times 17}{6}\right) + 10\log\left(\frac{6}{3}\right)$$

$$SPL_2 = 100 - 20\log\left(\frac{3 \times 17}{6}\right) - 10\log\left(\frac{6}{3}\right)$$

$$= 78.4\text{dB}$$

13 음의 용어 및 성질에 관한 설명으로 옳지 않은 것은?

① 음선(Soundray)은 음의 진행방향을 나타내는 선으로 파면에 평행하다.
② 파면(Wavefront)은 파동의 위상이 같은 점들을 연결한 면이다.
③ 평면파(Plane Wave)는 긴 실린더의 피스톤 운동에 의하여 발생하는 파와 같이 음파의 파면들이 서로 평행한 파를 말한다.
④ 파동(Wave Motion)은 매질 자체가 이동하는 것이 아니고 매질의 변형운동으로 이루어지는 에너지 전달을 말한다.

풀이 음선은 음의 진행방향을 나타내는 선으로 파면에 수직한다.

14 소음과 관련된 A와 B의 용어 연결로 옳지 않은 것은?

	A	B
㉠	교통소음지수	TNI
㉡	음의 세기레벨	SIL
㉢	항공기 소음 평가단위	WECPNL
㉣	90% 범위의 상단치	L10

① ㉠ ② ㉡
③ ㉢ ④ ㉣

풀이 L_{10}이란 총 측정시간의 10%를 초과하는 소음레벨이며 80% 범위(Range)의 상단치를 의미한다.

15 진동에 관련된 표현과 그 단위(Unit)를 연결한 것으로 옳지 않은 것은?

① 고유각진동수 → rad/s
② 진동가속도 → dB(A)
③ 감쇠계수 → N/(cm/s)
④ 스프링 정수 → N/cm

풀이 진동가속도의 단위는 cm/sec² 및 m/sec²으로 표시한다.

16 각 주파수에 대한 공해진동의 신체적 영향으로 가장 거리가 먼 것은?

① 1~3Hz : 호흡이 힘들고, 산소소비 증가
② 4~14Hz : 복통 느낌
③ 6Hz : 허리, 가슴 및 등쪽에 심한 통증을 느낌
④ 30~40Hz : 내장의 심한 공진

풀이 내장의 경우는 5~8Hz 정도에서 심한 공진이 나타난다.

정답 11 ① 12 ② 13 ① 14 ④ 15 ② 16 ④

17 평균흡음률이 0.02인 방을 방음처리하여 평균흡음률을 0.27로 만들었다. 이때 흡음으로 인한 감음량은 몇 dB인가?

① 7　② 11
③ 22　④ 25

풀이 감음량(NR)

$$NR = 10\log\frac{\overline{\alpha_2}}{\overline{\alpha_1}} = 10\log\frac{0.27}{0.02} = 11.3\text{dB}$$

18 다음 중 사람이 느끼는 최소 진동 역치 범위(dB)로 가장 적합한 것은?

① 10±5　② 25±5
③ 30±5　④ 55±5

19 항공기 소음을 소음계의 D특성으로 측정한 값이 104dB(D)였다. 이때 감각소음레벨(PNL)은 대략 몇 PNdB인가?

① 102　② 109
③ 111　④ 115

풀이 $PNL = \text{dB(D)} + 7 = 104 + 7 = 111\text{PNdB}$

20 중심주파수가 3,550Hz인 경우 차단주파수 범위로 가장 알맞은 것은?(단, 1/3옥타브필터(정비형) 기준)

① 3,106~4,252Hz　② 3,106~3,985Hz
③ 3,163~3,985Hz　④ 3,163~4,252Hz

풀이 $f_c = \sqrt{1.26}\, f_L$

$$f_L = f_c / \sqrt{1.26} = \frac{3{,}550}{\sqrt{1.26}} = 3{,}162.59\text{Hz}$$

$$f_c = \sqrt{f_L \times f_u}$$

$$f_u = \frac{{f_c}^2}{f_L} = \frac{(3{,}550)^2}{3{,}162.59} = 3{,}984.87\text{Hz}$$

차단주파수 범위 : 3,162.59~3,984.87Hz

2과목 소음방지기술

21 방음벽 재료로 음향특성 및 구조강도 이외에 고려하여야 하는 사항으로 가장 거리가 먼 것은?

① 방음벽에 사용되는 모든 재료는 인체에 유해한 물질을 함유하지 않아야 한다.
② 방음벽의 모든 도장은 광택을 사용하는 것이 좋다.
③ 방음판은 하단부에 배수공(Drain hole) 등을 설치하여 배수가 잘 되어야 한다.
④ 방음벽은 20년 이상 내구성이 보장되는 재료를 사용하여야 한다.

풀이 방음벽의 도장은 주변 환경과 어울리도록 하고 구분이 명확한 광택을 사용하는 것은 피한다.

22 다음 표는 어떤 자재의 1/3옥타브대역으로 측정한 중심주파수별 흡음률이다. 감음계수(NRC)는 얼마인가?

주파수(Hz)	32	63	125	250	500	1,000	2,000
흡음률	0.4	0.4	0.5	0.6	0.7	0.8	0.9

① 0.48　② 0.55
③ 0.65　④ 0.75

풀이 감음계수(NRC)

$$NRC = \frac{1}{4}(\alpha_{230} + \alpha_{500} + \alpha_{1000} + \alpha_{2000})$$
$$= \frac{1}{4}(0.6 + 0.7 + 0.8 + 0.9)$$
$$= 0.75$$

23 흡음재료 선택 및 사용상의 유의점에 관한 설명으로 옳지 않은 것은?

① 실(室)의 모서리나 가장자리 부분에 흡음재를 부착시키면 효과가 좋아진다.
② 다공질 재료는 산란되기 쉬우므로 표면을 얇은 직물로 피복하는 것이 바람직하다.

정답 17 ② 18 ④ 19 ③ 20 ③ 21 ② 22 ④ 23 ③

③ 다공질 재료의 표면을 도장하면 고음역에서 흡음률이 개선된다.
④ 막진동이나 판진동형의 것은 도장해도 차이가 거의 없다.

풀이 다공질 재료의 표면을 도장하면 고음역의 흡음률이 저하된다.

24 자유공간에서 중심주파수 125Hz로부터 10 dB 이상의 소음을 차단할 수 있는 방음벽을 설계하고자 한다. 음원에서 수음점까지의 음의 회절경로와 직접경로 간의 경로차가 0.55m라면 중심주파수 125Hz에서의 Fresnel Number는?(단, 음속은 340m/s)

① 0.25 ② 0.4
③ 0.49 ④ 1.2

풀이 Fresnel Number(N)

$$N=\frac{\delta\times f}{170}=\frac{0.55\times 125}{170}=0.4$$

25 산업기계에서 발생하는 유체역학적 원인인 기류음의 방지대책과 가장 거리가 먼 것은?

① 분출유속의 저감 ② 관의 곡률 완화
③ 방사면의 축소 ④ 밸브의 다단화

풀이 기류음의 방지대책
㉠ 분출유속의 저감(흐트러짐 방지)
㉡ 관의 곡률 완화
㉢ 밸브의 다단화(압력의 다단저감)

26 소형 기계가 세 벽이 만나는 모서리에 놓여서 가동될 때, 음에너지 밀도는 공장 바닥 위에 놓여서 가동될 때와 비교하여 어떻게 변화되는가?

① 2배 증가 ② 4배 증가
③ 8배 증가 ④ 16배 증가

풀이 바닥지향계수 : 2
세 벽이 만나는 모서리 지향계수 : 8

에너지밀도 비$=\frac{8}{2}=4$ → 4배 증가

27 6m×4m×5m의 방이 있다. 이 방의 평균 흡음률이 0.2일 때 잔향시간(초)은?

① 0.65 ② 0.86
③ 0.98 ④ 1.21

풀이 잔향시간(T)

$$T=\frac{0.161\,V}{A}=\frac{0.161\,V}{\bar{\alpha}\cdot S}$$

$V=6\times 4\times 5=120\text{m}^3$

$S=(6\times 4\times 2)+(6\times 5\times 2)+(4\times 5\times 2)=148\text{m}^2$

$$=\frac{0.161\times 120}{0.2\times 148}=0.65$$

28 음장입사 질량법칙이 만족되는 영역에서 면밀도 250kg/m²인 단일벽체에 1,000Hz의 음이 벽면에 난입사할 때, 이 벽체의 투과손실(dB)은?

① 37.1 ② 48.6
③ 53.2 ④ 65

풀이 난입사 투과손실(TL)

$TL=18\log(m\cdot f)-44$
$=18\log(250\times 1{,}000)-44$
$=53.16\text{dB}$

29 다음 중 방음벽에 관한 설명으로 가장 거리가 먼 것은?

① 방음벽에 의한 소음감쇠량은 주로 방음벽의 높이에 의하여 결정된다.
② 방음벽은 벽면 또는 벽 상단의 음향특성에 따라 흡음형, 반사형, 간섭형, 공명형 등으로 구분된다.
③ 방음벽은 사용되는 재료에 따라 금속제형, 투명형, PVC형 등으로 구분된다.
④ 방음벽은 기본적으로 음의 굴절감쇠를 이용한 것이다.

정답 24 ② 25 ③ 26 ② 27 ① 28 ③ 29 ④

풀이 방음벽은 기본적으로 음의 회절감쇠를 이용한 것이고 고주파일수록 차음효과가 좋다.

30 취출구 소음기의 직경이 100mm, 취출유속이 280m/sec에서 발생되는 주된 소음의 주파수는?

① 560Hz ② 780Hz
③ 960Hz ④ 1,020Hz

풀이 취출구 주파수 성분(f)

$$f = 0.2\left(\frac{V}{D}\right)$$
$$= 0.2 \times \left(\frac{280\text{m/sec}}{0.1\text{m}}\right) = 560\text{Hz}$$

31 음향파워레벨이 일정한 기계가 실내에서 운전되고 있다. 실내 음향특성 등의 변화에 따른 실내 소음의 변화특성으로 가장 적합한 것은?

① 실정수가 작을수록 실내소음은 작아진다.
② 평균흡음률이 클수록 실내소음은 커진다.
③ 기계로부터 거리의 역2승법칙으로 실내소음이 줄어든다.
④ 직접음과 잔향음이 같은 거리는 지향계수의 평방근에 비례한다.

풀이 ① 실정수가 작을수록 실내소음은 커진다.
② 평균흡음률이 클수록 실내소음은 작아진다.
③ 역2승법칙은 자유음장에서 성립된다.

32 팽창형 소음기의 입구 및 팽창부의 직경이 각각 55cm, 125cm일 때, 기대할 수 있는 최대투과손실(dB)은?

① 약 2 ② 약 5
③ 약 9 ④ 약 15

풀이 최대투과손실(TL)

$$TL = \frac{D_2}{D_1} \times 4 = \frac{125}{55} \times 4 = 9.09\text{dB}$$

33 흡음에 관한 설명으로 옳지 않은 것은?

① 다공질형 흡음재는 음에너지를 운동에너지로 바꾸어 열에너지로 전환한다.
② Asbestos, Rock Wool 등은 중 · 고음역에서 흡음성이 좋다.
③ 다공질 재료를 벽에 밀착할 경우 주파수가 낮을수록 흡음률이 증가되지만, 벽과의 사이에 공기층을 두면 그 두께에 따라 초저주파역까지 흡음효과가 증대된다.
④ 판진동형 흡음은 대개 80~300Hz 부근에서 최대 흡음률 0.2~0.5를 지니며, 그 판이 두껍거나 공기층이 클수록 흡음특성은 저음역으로 이동한다.

풀이 다공질형 흡음재료 특징
㉠ 다공질 재료를 벽에 밀착할 경우 주파수가 높아질수록 일반적으로 흡음률이 증가되며 동일 재료의 두께 증가와 더불어 중저음역의 흡음률이 크게 된다.
㉡ 재료의 두께를 증가시키면 넓은 영역에서 흡음률이 증가한다. 또한 밀도를 증가시켜도 두께를 증가시키는 것과 같은 효과를 얻을 수 있다.
㉢ 벽과의 사이에 공기층을 두고 흡음재를 설치할 경우 그 두께에 따라 저주파영역까지 흡음효과가 증대된다.

34 흡음 덕트형 소음기의 최대 감음 주파수의 범위로 가장 적합한 것은?(단, 덕트 내경=0.5m, 음속=340m/s 기준)

① 680Hz < f < 1,360Hz
② 170Hz < f < 340Hz
③ 200Hz < f < 400Hz
④ 100Hz < f < 200Hz

풀이 최대 감음 주파수

$$\frac{\lambda}{2} < D < \lambda$$
$$f = \frac{c}{\lambda} = \frac{340\text{m/sec}}{0.5\text{m}} = 680\text{Hz}$$
$$f = \frac{c}{(\lambda/2)} = \frac{340\text{m/sec}}{0.25\text{m}} = 1,360\text{Hz}$$

정답 30 ① 31 ④ 32 ③ 33 ③ 34 ①

35 부피 5,500m^3, 내부표면적 1,850m^{2}인 공장의 평균흡음률이 0.28일 때 평균자유행로(MFP, m)는?

① 7.6 ② 9.2
③ 11.9 ④ 14.7

풀이 평균자유행로(P)

$$P=\frac{4V}{S}=\frac{4\times 5{,}500}{1{,}850}=11.89\text{m}$$

36 균질의 단일벽 두께를 20% 올리면 일치효과의 한계주파수는 어떻게 변화하겠는가?(단, 기타 조건은 일정함)

① 약 20% 저하 ② 약 17% 저하
③ 약 9.5% 상승 ④ 약 20% 상승

풀이 일치주파수(f_c)

$f_c \fallingdotseq \frac{1}{h}=\frac{1}{1.2}=0.83\text{Hz}$ 이므로

일치주파수는 $1-0.83=0.17\times 100=17\%$ 정도 저하한다.

37 파이프 반경이 0.5m인 파이프 벽에서 전파되는 종파의 전파속도가 5,326m/s인 경우 파이프의 링 주파수(Hz)는?

① 1,451.63 ② 1,591.55
③ 1,695.32 ④ 1,845.97

풀이 링 주파수(f_r)

$$f_r=\frac{C_L}{\pi d}=\frac{5{,}326\text{m/sec}}{3.14\times 1.0\text{m}}=1{,}696.18\text{Hz}$$

38 구멍 직경 9mm, 구멍 간의 상하좌우 간격 22mm, 판 두께 12mm인 다공판을 55mm의 배후 공기층을 두고 설치할 경우 공명(흡음) 주파수(Hz)는?(단, 기온은 14.5℃이고, 구멍의 크기는 음의 파장에 비해 매우 작다.)

① 670 ② 604
③ 578 ④ 552

풀이 공명주파수(f_r)

$$f_r=\frac{C}{2\pi}\sqrt{\beta/(h+1.6a)\cdot d}$$

$C=331.42+(0.6\times 14.5)$

$=340.12\text{m/sec}=340.12\times 10^3\text{mm/sec}$

$\beta=\frac{\pi a^2}{B^2}=\frac{3.14\times 4.5^2}{22^2}=0.13137$

$h+1.6a=12+(1.6\times 4.5)=19.2\text{mm}$

$d=55\text{mm}$

$$=\frac{340.12\times 10^3}{2\times 3.14}\sqrt{\frac{0.13137}{19.2\times 55}}=604.07\text{Hz}$$

39 동일한 재료(면밀도 200kg/m^2)로 구성된 공기층의 두께가 16cm인 중공이중벽이 있다. 500Hz에서 단일벽체의 투과손실이 46dB일 때, 중공이중벽의 저음역에서의 공명 주파수는 약 몇 Hz에서 발생되겠는가?(단, 음의 전파속도는 343m/s, 공기의 밀도는 1.2kg/m^{3}이다.)

① 9 ② 15
③ 19 ④ 26

풀이

$$f_r=\frac{C}{2\pi}\sqrt{\frac{2\rho}{m\cdot d}}$$

$$=\frac{343}{2\times 3.14}\times\sqrt{\frac{2\times 1.2}{200\times 0.16}}=14.96\text{Hz}$$

40 용적 175m^3, 표면적 150m^{2}인 잔향실의 잔향시간은 4.5초이다. 만약 이 잔향실의 바닥에 12m^{2}의 흡음재를 부착하여 측정한 잔향시간이 3.1초가 된다면 잔향실법에 의한 흡음재의 흡음률은?

① 0.14 ② 0.20
③ 0.28 ④ 0.38

풀이 시료 부착 후 시료의 흡음률(α_r)

$$\alpha_r=\frac{0.161V}{S'}\left(\frac{1}{T}-\frac{1}{T_0}\right)+\overline{\alpha_0}$$

$$\overline{\alpha_0}=\frac{0.161V}{ST_0}=\frac{0.161\times 175}{150\times 4.5}=0.0417$$

$$=\frac{0.161\times 175}{12}\left(\frac{1}{3.1}-\frac{1}{4.5}\right)+0.0417$$

$=0.28$

정답 35 ③ 36 ② 37 ③ 38 ② 39 ② 40 ③

3과목 소음진동공정시험 기준

41 철도진동 측정자료평가표 서식에 반드시 기재되어야 하는 사항으로 거리가 먼 것은?

① 레일 길이
② 승차인원(명/대)
③ 열차통행량(대/hr)
④ 평균열차속도(km/hr)

풀이 철도진동 측정자료평가표 기재사항
㉠ 철도 구조
- 철도선 구분
- 레일 길이

㉡ 교통 특성
- 열차통행량
- 평균 열차 속도

㉢ 측정지점 약도

42 소음 측정기의 청감 보정회로를 C특성에 놓고 측정한 결과치가 A특성에 놓고 측정한 결과치보다 클 경우 소음의 주된 음역은?

① 저주파역　② 중주파역
③ 고주파역　④ 광대역

풀이 ㉠ dB(C) ≃ dB(A) : 고주파역
㉡ dB(C) > dB(A) : 저주파역

43 다음은 소음의 환경기준 측정방법 중 측정점에 관한 설명이다. (　) 안에 알맞은 것은?

> 도로변지역의 범위는 도로단으로부터 (㉠)m로 하고, 고속도로 또는 자동차 전용도로의 경우에는 도로단으로부터 (㉡)m 이내의 지역을 말한다.

① ㉠ 차선수×10　㉡ 100
② ㉠ 차선수×15　㉡ 100
③ ㉠ 차선수×10　㉡ 150
④ ㉠ 차선수×15　㉡ 150

44 도로교통진동 측정자료평가표 서식에 기재되어야 하는 사항으로 가장 거리가 먼 것은?

① 소형차 통행량(대/hr)
② 시간당 교통량(대/hr)
③ 도로유형
④ 관리자

풀이 도로교통진동 측정자료평가표 기재사항
㉠ 도로 구조
- 차선수
- 도로유형
- 구배

㉡ 교통 특성
- 시간당 교통량
- 대형차 통행량
- 평균차속

45 규제기준 중 생활진동 측정 시, 진동레벨계의 감각보정회로는 별도 규정이 없을 경우 어디에 고정하여 측정하여야 하는가?

① V특성(수직)
② X특성(수평)
③ Y특성(수평)
④ V특성(수직) 및 X, Y특성(수평)을 동시에 사용

풀이 생활진동 측정 시 진동레벨계의 감각보정회로는 별도 규정이 없는 한 V특성(수직)에 고정하여 측정하여야 한다.

46 도로교통소음을 측정하고자 할 때, 소음계의 동특성은 원칙적으로 어떤 모드로 측정하여야 하는가?

① 느림(Slow)　② 빠름(Fast)
③ 충격(Impulse)　④ 직선(Lin)

풀이 도로교통소음 측정 시 소음계의 청감보정회로는 A특성에 고정하여 측정하여야 한다.

정답 41 ② 42 ① 43 ③ 44 ① 45 ① 46 ②

47 표준음발생기의 용도로 가장 적합한 것은?

① 소음계의 주파수 전이
② 소음계의 측정감도 교정
③ 소음계의 밴드폭 교정
④ 소음계의 동특성 조정

풀이 표준음발생기는 소음계의 측정감도를 교정하는 기기로서 발생음의 주파수와 음압도가 표시되어야 한다.

48 측정하고자 하는 소음도가 지시계기의 범위 내에 있도록 하기 위한 감쇠기는?

① 교정장치 ② 레벨레인지 변환기
③ 청감보정회로 ④ 동특성 조절기

풀이 레벨레인지 변환기
㉠ 측정하고자 하는 소음도가 지시계기의 범위 내에 있도록 하기 위한 감쇠기이다.
㉡ 유효눈금범위가 30dB 이하가 되는 구조의 것은 변환기에 의한 레벨의 간격이 10dB 간격으로 표시되어야 한다.
㉢ 다만, 레벨 변환 없이 측정이 가능한 경우 레벨레인지 변환기가 없어도 무방하다.

49 표준진동 발생기(Calibrator)의 발생진동의 오차는 얼마 이내(기준)이어야 하는가?

① ±0.1dB 이내 ② ±0.5dB 이내
③ ±1dB 이내 ④ ±10dB 이내

풀이 표준음발생기 발생음의 오차는 ±1dB 이내이어야 한다.

50 A공장에서 기계를 가동시켜 진동레벨을 측정한 결과 81dB이었고, 기계를 정지하고 진동레벨을 측정하니 74dB이었다. 이때 기계의 대상진동레벨(dB)은?

① 78 ② 79
③ 80 ④ 81

풀이 대상진동레벨
= 측정진동레벨 − 보정치

$$보정치 = -10\log[1-10^{-(0.1\times d)}]$$
$$= -10\log[1-10^{-(0.1\times 7)}]$$
$$= 0.97\text{dB}$$
$$= 81-0.97 = 80.03\text{dB}$$

51 다음은 배경진동을 보정하여 대상진동레벨로 하는 기준이다. (　　) 안에 알맞은 것은?

> 측정진동레벨이 배경진동레벨보다 (　　) 이상 크면 배경진동의 영향이 극히 작기 때문에 배경진동의 보정 없이 측정진동레벨을 대상진동레벨로 한다.

① 3dB ② 7dB
③ 9dB ④ 10dB

52 환경기준 중 소음측정 시 밤 시간대(22:00~06:00) 측정소음도의 측정시간 간격 및 측정횟수 기준으로 옳은 것은?(단, 측정점은 낮 시간대에 측정한 지점과 동일)

① 2시간 간격으로 2회 이상 측정하여 산술평균한 값
② 2시간 간격으로 4회 이상 측정하여 산술평균한 값
③ 4시간 간격으로 2회 이상 측정하여 산술평균한 값
④ 4시간 간격으로 4회 이상 측정하여 산술평균한 값

풀이 환경기준 측정시간 및 측정지점수
㉠ 낮 시간대(06:00~22:00)에는 당해 지역 소음을 대표할 수 있도록 측정지점수를 충분히 결정하고, 각 측정지점에서 2시간 이상 간격으로 4회 이상 측정하여 산술평균한 값을 측정소음도로 한다.
㉡ 밤 시간대(22:00~06:00)에는 낮 시간대에 측정한 측정지점에서 2시간 간격으로 2회 이상 측정하여 산술평균한 값을 측정소음도로 한다.

정답 47 ② 48 ② 49 ③ 50 ③ 51 ④ 52 ①

53 진동배출 허용기준 측정 시 진동픽업의 설치 장소로 부적당한 곳은?

① 복잡한 반사, 회절현상이 없는 장소
② 경사지지 않고, 완충물이 충분히 있는 장소
③ 단단히 굳고, 요철이 없는 장소
④ 수평면을 충분히 확보할 수 있는 장소

풀이 진동픽업의 장소는 완충물이 없고, 충분히 다져서 단단히 굳은 장소로 한다.

54 진동레벨기록기를 사용하여 측정진동레벨을 측정할 때, 기록지상의 지시치가 불규칙적이고 대폭 변화하는 경우 도로교통진동 측정자료 분석에 사용되는 방법으로 옳은 것은?

① L_5 진동레벨 계산방법에 의한 L_5 값
② L_{10} 진동레벨 계산방법에 의한 L_{10} 값
③ L_{50} 진동레벨 계산방법에 의한 L_{50} 값
④ L_{90} 진동레벨 계산방법에 의한 L_{90} 값

풀이 진동레벨기록기를 사용하여 측정할 경우 기록지상의 지시치가 불규칙하고 대폭적으로 변하는 경우에는 L_{10} 진동레벨 계산방법에 의한 L_{10} 값으로 분석한다.

55 소음계의 구조별 성능기준에 관한 설명으로 옳지 않은 것은?

① Fast−slow Switch : 지시계기의 반응속도를 빠름 및 느림의 특성으로 조절할 수 있는 조절기를 가져야 한다.
② Amplifier : 동특성 조절기에 의하여 전기에너지를 음향에너지로 변환시킨 양을 증폭시키는 것을 말한다.
③ Weighting Networks : 인체의 청감각을 주파수 보정특성에 따라 나타내는 것으로, A특성과 자동차 소음 측정에 사용되는 C특성도 함께 갖추어야 한다.
④ Microphone : 지향성이 작은 압력형으로 하며, 기기의 본체와 분리가 가능하여야 한다.

풀이 증폭기(Amplifier)
마이크로폰에 의하여 음향에너지를 전기에너지로 변환시킨 양을 증폭시키는 장치를 말한다.

56 규제기준 중 발파소음 측정방법에 대한 설명으로 옳지 않은 것은?

① 소음도 기록기를 사용할 때에는 기록지상의 지시치의 최고치를 측정소음도로 한다.
② 최고소음 고정(Hold)용 소음계를 사용할 때에는 당해 지시치를 측정소음도로 한다.
③ 디지털 소음자동분석계를 사용할 때에는 샘플주기를 1초 이하로 놓고 발파소음의 발생시간 동안 측정하여 자동 연산 · 기록한 최고치를 측정소음도로 한다.
④ 소음계의 레벨레인지 변환기는 측정소음도의 크기에 부응할 수 있도록 고정시켜야 한다.

풀이 발파소음 측정 시 디지털 소음자동분석계를 사용할 경우 샘플주기를 1초 이내에서 결정하고 5분 이상 측정하여 자동 연산 · 기록한 등가소음도를 그 지점의 배경소음도로 한다.

57 발파소음 측정자료평가표 서식에 기록되어야 하는 사항으로 거리가 먼 것은?

① 폭약의 종류　② 1회 사용량
③ 발파횟수　④ 천공장의 깊이

풀이 발파소음 측정자료평가표 기재사항
㉠ 폭약의 종류
㉡ 1회 사용량
㉢ 발파횟수
㉣ 측정지점 약도

정답 53 ② 54 ② 55 ② 56 ③ 57 ④

58 진동레벨계의 성능에 관한 설명으로 옳지 않은 것은?

① 진동레벨계의 단위는 dB 단위(ref=10^{-5}m/s^2)로 지시하는 것이어야 한다.
② 진동픽업의 횡감도는 규정주파수에서 수감축감도에 대한 차이가 5dB 이상이어야 한다.(연직특성)
③ 레벨레인지 변환기가 있는 기기에 있어서 레벨레인지 변환기의 전환오차가 0.5dB 이내이어야 한다.
④ 지시계기의 눈금오차는 0.5dB 이내이어야 한다.

풀이 진동픽업의 횡감도는 규정주파수에서 수감축 감도에 대한 차이가 15dB 이상이어야 한다.

59 다음은 디지털 진동자동분석계를 사용할 경우 생활진동의 자료분석방법이다. (　　) 안에 알맞은 것은?

> (　　)하여 자동 연산 · 기록한 80% 범위의 상단치인 L10 값을 그 지점의 측정진동레벨 또는 배경진동레벨로 한다.

① 샘플주기를 1초 이내에서 결정하고 1분 이상 측정
② 샘플주기를 1초 이내에서 결정하고 5분 이상 측정
③ 샘플주기를 0.5초 이내에서 결정하고 1분 이상 측정
④ 샘플주기를 0.5초 이내에서 결정하고 5분 이상 측정

60 항공기 소음을 측정하여 구한 1일 WECPNL이 다음과 같을 때 7일간 평균 WECPNL은?

일수	1	2	3	4	5	6	7
WECPNL	75	77	74	82	76	75	72

① 73　　② 74
③ 76　　④ 77

풀이 $\overline{\text{WECPNL}}$

$$= 10\log\left[\frac{1}{7}(10^{7.5}+10^{7.7}+10^{7.4}+10^{8.2}+10^{7.6}+10^{7.5}+10^{7.2})\right]$$

$$= 77$$

4과목 진동방지기술

61 다음 방진대책 중 가진력 저감의 예로 적절치 않은 것은?

① 회전기계 회전부의 불평형은 정밀실험을 통해 평형을 유지한다.
② 크랭크 기구를 가지는 왕복운동기는 최대한 적은 실린더를 유지한다.
③ 기초에 전달되는 가진력을 저감시키기 위해서는 탄성지지를 한다.
④ 지향성이 있는 가진력을 저감시키기 위해서 기계설치방향을 변경한다.

풀이 크랭크 기구를 가진 왕복운동기계는 복수의 실린더를 가진 것으로 교체한다.

62 2개의 같은 스프링으로 탄성지지한 기계에서 스프링을 빼낸 후 4개의 지지점에 균등하게 탄성지지하여 고유진동수를 1/4로 낮추고자 할 때 1개의 스프링 정수는 어떻게 되어야 하는가?

① 원래의 1/32　　② 원래의 1/16
③ 원래의 1/8　　④ 원래의 1/4

풀이 $f_{n_1} = \frac{1}{2\pi}\sqrt{\frac{2k_1}{m}}$, $f_{n_2} = \frac{1}{2\pi}\sqrt{\frac{4k_2}{m}}$

$$\frac{f_{n_2}}{f_{n_1}} = \frac{\sqrt{\frac{4k_2}{m}}}{\sqrt{\frac{2k_1}{m}}} = \frac{1}{4}$$

정답 58 ② 59 ② 60 ④ 61 ② 62 ①

$$\frac{2k_2}{k_1} = \frac{1}{16}$$

$$k_1 = 32k_2,\ k_2 = \frac{1}{32}k_1\left(\text{원래의 } \frac{1}{32}\text{배}\right)$$

63 아래 그림 진동계의 고유 진동수는?

① 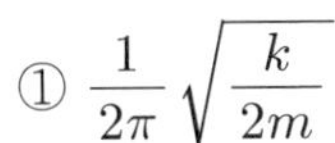 $\frac{1}{2\pi}\sqrt{\frac{k}{2m}}$

② 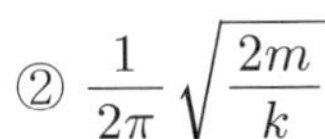 $\frac{1}{2\pi}\sqrt{\frac{2m}{k}}$

③ 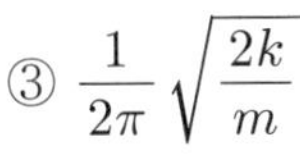 $\frac{1}{2\pi}\sqrt{\frac{2k}{m}}$

④ 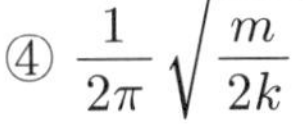 $\frac{1}{2\pi}\sqrt{\frac{m}{2k}}$

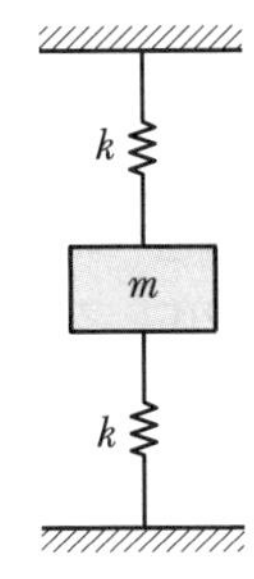

풀이 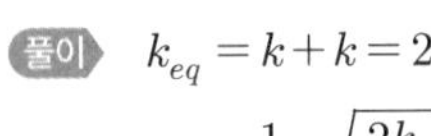 $k_{eq} = k + k = 2k$

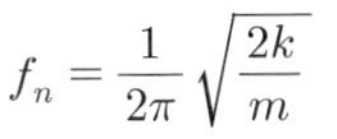 $f_n = \frac{1}{2\pi}\sqrt{\frac{2k}{m}}$

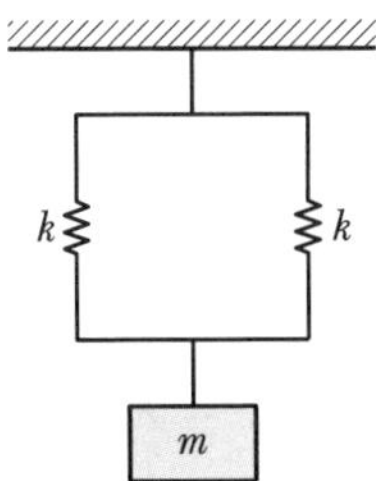

64 아래 그림과 같이 진동계가 강제진동을 하고 있으며, 그 진폭이 X일 때, 기초에 전달되는 최대 힘은?

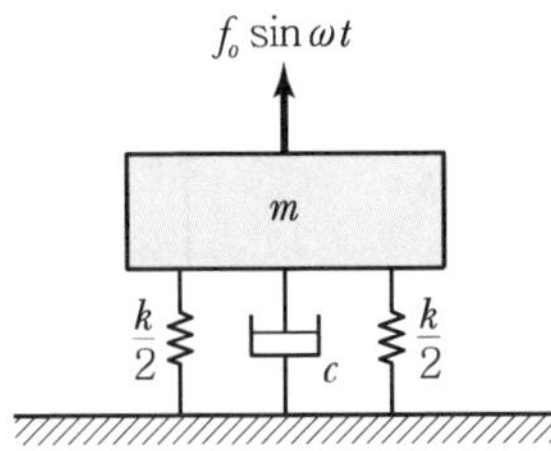

① $kX + cwX$

② $\sqrt{kX + cwX}$

③ $kX^2 + cwX^2$

④ $\sqrt{(kX)^2 + (C\omega X)^2}$

풀이 강제진동 최대 힘(F)

$$F = X\sqrt{k^2 + C^2\omega^2}$$

65 진동방지계획 수립 시 다음 보기 중 일반적으로 가장 먼저 이루어지는 것은?

① 측정치와 규제기준치의 차로부터 저감목표 레벨 설정

② 수진점 일대의 진동 실태 조사

③ 수진점의 진동규제기준 확인

④ 발생원의 위치와 발생 기계를 확인

풀이 진동방지대책 순서

㉠ 진동이 문제 되는 수진점의 위치 확인
㉡ 수진점 일대의 진동 실태 조사(레벨 및 주파수 분석)
㉢ 수진점의 진동규제기준 확인
㉣ 저감목표 레벨의 설정
㉤ 발생원의 위치와 발생 기계 확인
㉥ 적정 방지대책 선정
㉦ 시공 및 재평가

66 질량 400kg인 물체가 4개의 지지점 위에서 평탄진동할 때 정적 수축 1cm의 스프링으로 이계를 탄성지지하여 90%의 절연율을 얻고자 한다면 최저 강제진동수(Hz)는?(단, 감쇠비는 0임)

① 10.5 ② 12.5

③ 16.5 ④ 19.5

풀이 $\eta = \frac{f}{f_n}$

$f = \eta \times f_n$

$$T = \frac{1}{\eta^2 - 1}$$

$$\eta = \sqrt{\frac{1}{T} + 1}$$

전달률(T) = 1 − 절연율 = 1 − 0.9 = 0.1

$$= \sqrt{\frac{1}{0.1} + 1} = 3.32$$

$$f_n = 4.98\sqrt{\frac{1}{\delta_{st}}} = 4.98\sqrt{\frac{1}{1}} = 4.98\text{Hz}$$

$= 3.32 \times 4.98 = 16.54\text{Hz}$

정답 63 ③ 64 ④ 65 ② 66 ③

67 진동제진성능을 나타내는 파동에너지 반사율을 나타내는 수식으로 옳은 것은?(단, Z_1, Z_2는 각각 재료별 특성 임피던스이다.)

① $\left(\dfrac{Z_2 - Z_1}{Z_2 + Z_1}\right)^2 \times 100(\%)$

② $\left(\dfrac{Z_2 - Z_1}{Z_2 + Z_1}\right) \times 100(\%)$

③ $\left(\dfrac{Z_2 + Z_1}{Z_2 - Z_1}\right)^2 \times 100(\%)$

④ $\left(\dfrac{Z_2 + Z_1}{Z_2 - Z_1}\right) \times 100(\%)$

68 기계를 방진하기 위해서 사용되는 금속 스프링의 장점과 거리가 먼 것은?

① 온도, 부식과 같은 환경요소에 대한 저항성이 크다.
② 저주파 차진에 좋다.
③ 최대변위가 허용된다.
④ 감쇠율이 높고, 공진 시 전달률이 낮다.

풀이 금속스프링은 감쇠가 거의 없고 공진 시에 전달률이 매우 크다.

69 그림과 같은 1 자유도계 진동계가 있다. 이 계가 수직방향 $X(t)$로 진동하는 경우 이 진동계의 운동방정식으로 옳은 것은?(단, k=스프링정수, C=감쇠계수, $f(t)$=외부가진력)

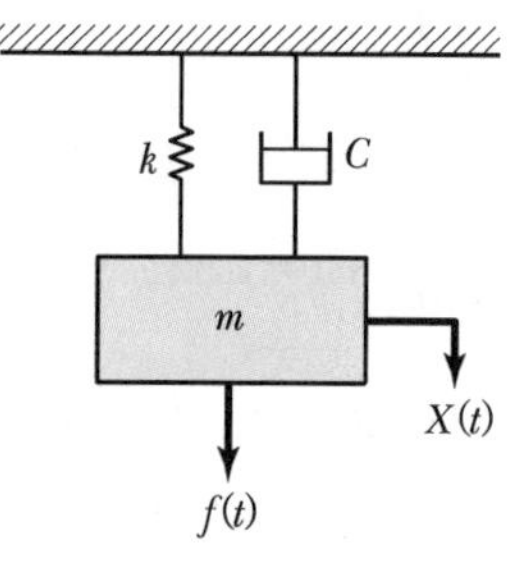

① $m\ddot{x} + c\dot{x} + kx = f(t)$
② $k\ddot{x} + c\dot{x} + mx = f(t)$
③ $c\ddot{x} + k\dot{x} + mx = f(t)$
④ $k\ddot{x} + c\dot{x} + mx + f(t) = 0$

풀이 감쇠(부족감쇠) 강제진동
$m\ddot{x} + C_e\dot{x} + kx = f(t)$

70 다음 질량-스프링계의 운동방정식을 옳게 나타낸 것은?(단, 질량 m은 3kg, 개별 스프링 정수 k=10N/m, 감쇠는 무시한다.)

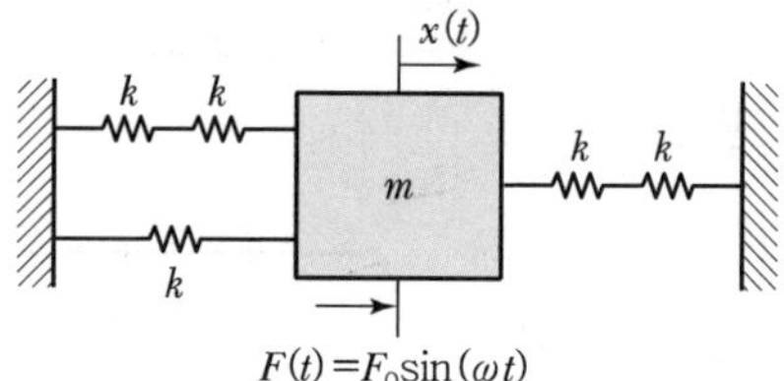

① $3\ddot{x} + 5x = F_0\sin(\omega t)$
② $3\ddot{x} + 20x = F_0\sin(\omega t)$
③ $3\ddot{x} + 5x = 0$
④ $3\ddot{x} + 20x = 0$

풀이

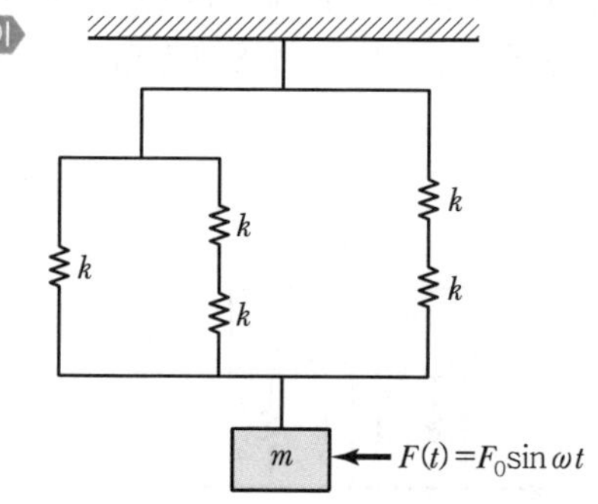

운동방정식
$m\ddot{x} + kx = F_0\sin\omega t$
$m = 3$
$k_{eq} = (10+5)+5 = 20$
$3\ddot{x} + 20x = F_0\sin\omega t$

정답 67 ① 68 ④ 69 ① 70 ②

71 고유진동수에 대한 강제진동수의 비가 2일 때, 진동전달률 T는?(단, 감쇠는 없다.)

① $\frac{1}{3}$　② $\frac{1}{4}$
③ $\frac{1}{8}$　④ $\frac{1}{15}$

풀이 $T=\frac{1}{\eta^2-1}=\frac{1}{2^2-1}=\frac{1}{3}$

72 진동수 25Hz, 파형의 전진폭이 0.0002m/s인 정현진동의 진동가속도레벨(dB)은?(단, 기준 10^{-5} m/s^2)

① 48　② 57
③ 61　④ 66

풀이 $VAL=20\log\frac{A_{rms}}{10^{-5}}(\text{dB})$

$A_{rms}=\frac{A_{max}}{\sqrt{2}}$

$A_{max}=V_{max}\cdot\omega$

$=V_{max}\times(2\pi f)$

$V_{max}=\frac{0.0002}{2}$

$=0.0001\text{m/sec}$

$=0.0001\times(2\times3.14\times25)$

$=0.0157\text{m/sec}^2$

$=\frac{0.0157}{\sqrt{2}}=0.0111\text{m/sec}^2$

$=20\log\frac{0.0111}{10^{-5}}=60.9\text{dB}$

73 정현파 진동에서 진동가속도의 실효치와 최대치 사이의 관계식으로 옳은 것은?

① 실효치$=\sqrt{2}$ 최대치
② 실효치$=\frac{1}{\sqrt{2}}$ 최대치
③ 실효치$=\frac{1}{2\sqrt{2}}$ 최대치
④ 실효치$=\frac{1}{\sqrt{3}}$ 최대치

74 그림과 같이 질량 m인 물체가 외팔보의 자유단에 달려 있을 때 계의 진동의 고유진동수를 구하는 식으로 옳은 것은?(단, 보의 무게는 무시, 보의 길이는 L, 강성계수 E, 면적관성모멘트 I)

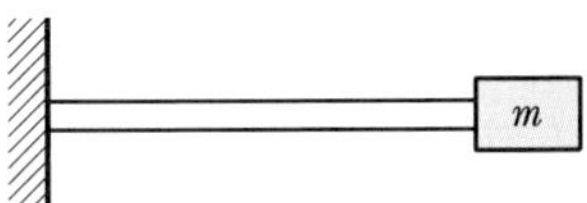

① $f_n=\frac{1}{2\pi}\sqrt{\frac{3EI}{mL^3}}$
② $f_n=\frac{1}{2\pi}\sqrt{\frac{6EI}{mL^3}}$
③ $f_n=\frac{1}{2\pi}\sqrt{\frac{9EI}{mL^3}}$
④ $f_n=\frac{1}{2\pi}\sqrt{\frac{12EI}{mL^3}}$

75 어떤 질점의 운동변위가 $x=7\sin(12\pi t-\frac{\pi}{3})$ cm로 표시될 때 가속도의 최대치(m/s^2)는?

① 4.93　② 9.95
③ 49.3　④ 99.5

풀이 가속도 최대치(a_{max})

$=A\omega^2$

$\omega=2\pi f$

$=A\times(2\pi f)^2$

$f=\frac{12\pi}{2\pi}=6\text{Hz}$

$=7\times(2\times3.14\times6)^2$

$=9{,}938.48\text{cm/sec}^2$

$=99.38\text{m/sec}^2$

정답 71 ① 72 ③ 73 ② 74 ① 75 ④

PART 01 PART 02 PART 03 PART 04 PART 05 PART 06

76 고무절연기 위에 설치된 기계가 1,500rpm에서 22.5%의 전달률을 가질 때 평형상태에서 절연기의 정적 처짐(cm)은?

① 0.14 ② 0.22
③ 0.42 ④ 0.64

풀이 $\delta_{st} = \left(\dfrac{4.98}{f_n}\right)^2$

$$T = \frac{1}{\left(\dfrac{f}{f_n}\right)^2 - 1}$$

$$f_n = \sqrt{\frac{T}{1+T}} \times f = \sqrt{\frac{0.225}{1+0.225}} \times \left(\frac{1,500}{60}\right) = 10.71\text{Hz}$$

$$= \left(\frac{4.98}{10.71}\right)^2 = 0.22\text{cm}$$

77 점성감쇠 강제진동의 진폭이 최대가 되기 위해서 진동수의 비는 어떤 식으로 표시되는가?(단, ξ=감쇠비)

① $\sqrt{1+2\xi^2}$ ② $\dfrac{1}{\sqrt{1-2\xi^2}}$
③ $\sqrt{1-2\xi^2}$ ④ $\dfrac{1}{\sqrt{1+2\xi^2}}$

78 2개의 조화운동 $x_1 = 9\cos\omega t$, $x_2 = 12\sin\omega t$를 합성하면 진폭(cm)은 얼마인가?(단, 진폭의 단위는 cm로 한다.)

① 3 ② 9
③ 12 ④ 15

풀이 합성진폭$= \sqrt{9^2 + 12^2} = 15$

79 무게 10N인 물체가 스프링정수 15N/cm인 스프링에 매달려 있다고 한다. 이 계의 고유각진동수(W_n, rad/s)는?

① 28.3 ② 32.3
③ 38.3 ④ 42.3

풀이 $\omega_n = 2\pi f_n$

$$= 2\pi \times \left(\frac{1}{2\pi}\sqrt{\frac{k \times g}{W}}\right) = \sqrt{\frac{k \times g}{W}}$$

$$= \sqrt{\frac{15 \times 980}{10}} = 38.34\text{rad/sec}$$

80 기계의 중량이 50N인 왕복동 압축기가 있다. 분당 회전수가 6,000이고, 상하방향 불평형력이 6N이며, 기초는 콘크리트 재질로 탄성지지되어 있으나, 진동전달력이 2N이었다면 진동계의 고유진동수(Hz)는?

① 30 ② 40
③ 50 ④ 60

풀이 $T = \dfrac{1}{\left(\dfrac{f}{f_n}\right)^2 - 1}$

$$f_n = \sqrt{\frac{T}{1+T}} \times f$$

$$f = \frac{6,000\text{rpm}}{60} = 100\text{Hz}$$

$$T = \frac{\text{전달력}}{\text{외력}} = \frac{2}{6} = 0.333$$

$$= \sqrt{\frac{0.333}{1+0.333}} \times 100 = 49.98\text{Hz}$$

5과목 소음진동관계법규

81 소음진동관리법규상 시 · 도지사가 법에 의하여 상시 측정한 소음 · 진동에 관한 자료를 환경부장관에게 제출하여야 하는 기간기준으로 옳은 것은?

① 매년 1월 31일까지
② 매분기 다음 달 말일까지
③ 매반기 다음 달 말일까지
④ 매년 다음 달 말일까지

정답 76 ② 77 ③ 78 ④ 79 ③ 80 ③ 81 ②

풀이 특별시장 · 광역시장 · 특별자치시장 · 도지사 또는 특별자치도지사(이하 "시 · 도지사"라 한다)는 법에 따라 상시(常時) 측정한 소음 · 진동에 관한 자료를 매분기 다음 달 말일까지 환경부장관에게 제출하여야 한다.

82 소음진동관리법상 용어의 뜻으로 옳지 않은 것은?

① 소음이란 기계 · 기구 · 시설, 그 밖의 물체의 사용 또는 공동주택 등 환경부령으로 정하는 장소에서 사람의 활동으로 인하여 발생하는 강한 소리를 말한다.
② 진동이란 기계 · 기구 · 시설, 그 밖의 물체의 사용으로 인하여 발생하는 강한 흔들림을 말한다.
③ 휴대용 음향기기란 휴대가 쉬운 소형 음향재생기기(음악재생기능이 있는 이동전화를 포함한다)로서 환경부령으로 정하는 것을 말한다.
④ 방음시설이란 소음배출시설인 물체로부터 발생하는 소음을 없애거나 줄이는 시설로서 환경부장관이 고시하는 것을 말한다.

풀이 방음시설이란 소음 · 진동배출시설이 아닌 물체로부터 발생하는 소음을 없애거나 줄이는 시설로서 환경부령으로 정하는 것을 말한다.

83 소음진동관리법령상 소음 · 진동 배출시설의 설치신고 또는 설치허가 대상에서 제외되는 지역과 가장 거리가 먼 것은?(단, 기타의 경우는 고려하지 않음)

① 산업입지 및 개발에 관한 법률에 따른 산업단지
② 국토의 계획 및 이용에 관한 법률 시행령에 따라 지정된 전용공업지역
③ 산업입지 및 개발에 관한 법률에 따른 준공업단지
④ 자유무역지역의 지정 및 운영에 관한 법률에 따라 지정된 자유무역지역

풀이 산업입지 및 개발에 관한 법률에 따른 산업단지는 배출시설의 설치신고 또는 설치허가 대상에서 제외되는 지역이다.

84 소음진동관리법령상 항공기소음영향도(WECPNL) 기준으로 옳은 것은?

① 공항 인근 지역은 80, 그 밖의 지역은 70
② 공항 인근 지역은 90, 그 밖의 지역은 75
③ 공항 인근 지역은 80, 그 밖의 지역은 75
④ 공항 인근 지역은 90, 그 밖의 지역은 70

풀이 항공기 소음의 한도는 공항 인근지역은 항공기 소음영향도(WECPNL) 90으로 하고 그 밖의 지역은 75로 한다.

85 소음진동관리법규상 특정공사의 사전신고대상 기계 · 장비의 종류에 해당하지 않는 것은?

① 천공기　　② 로더
③ 콘크리트 펌프　　④ 압입식 항타항발기

풀이 특정 공사의 사전신고 대상 기계 · 장비의 종류
㉠ 항타기 · 항발기 또는 항타항발기(압입식 항타항발기는 제외한다.)
㉡ 천공기
㉢ 공기압축기(공기토출량이 분당 2.83세제곱미터 이상의 이동식인 것으로 한정한다.)
㉣ 브레이커(휴대용을 포함한다.)
㉤ 굴삭기
㉥ 발전기
㉦ 로더
㉧ 압쇄기
㉨ 다짐기계
㉩ 콘크리트 절단기
㉪ 콘크리트 펌프

정답 82 ④ 83 ③ 84 ② 85 ④

86 소음진동관리법규상 과태료 부과기준으로 옳지 않은 것은?

① 위반행위의 횟수에 따른 일반적인 부과기준은 최근 1년간 같은 위반행위로 부과처분을 받은 경우에 적용하며, 이 경우 위반행위에 대하여 과태료 부과처분한 날과 다시 동일한 위반행위를 적발한 날을 각각 기준으로 하여 위반횟수를 계산한다.
② 부과권자는 위반행위의 동기와 그 결과 등을 고려하여 금액의 60% 범위에서 이를 감경한다.
③ 개별기준으로 규제기준 준수 확인을 위한 관계 공무원의 출입 · 검사를 거부 · 방해 또는 기피를 3차 이상 위반한 자의 과태료 부과금액은 100만원이다.
④ 개별기준으로 이동소음원의 사용금지 조치를 3차 이상 위반한 자의 과태료 부과금액은 10만원이다.

풀이 부과권자는 위반행위의 동기와 그 결과 등을 고려하여 과태료 금액의 2분의 1의 범위에서 감경할 수 있다.

87 소음진동관리법규상 운행차 정기검사 대행자의 기술능력기준에 해당하지 않는 자격소지자는?

① 건설안전산업기사
② 건설기계정비산업기사
③ 자동차정비산업기사
④ 대기환경산업기사

풀이 운행차 정기검사 대행자의 기술능력기준
㉠ 자동차정비 산업기사 이상
㉡ 자동차 검사 산업기사 이상
㉢ 건설기계정비 산업기사 이상
㉣ 대기환경 산업기사 이상
㉤ 소음 · 진동 산업기사 이상

88 소음진동관리법규상 철도진동의 관리기준으로 옳은 것은?[단, 상업지역, 야간(22:00~06:00)]

① 60dB(V) ② 65dB(V)
③ 70dB(V) ④ 75dB(V)

풀이 철도교통진동 한도기준

대상지역	구분	한도	
		주간 (06:00~22:00)	야간 (22:00~06:00)
주거지역, 녹지지역, 관리지역 중 취락지구 · 주거개발진흥지구 및 관광 · 휴양개발진흥지구, 자연환경보전지역, 학교 · 병원 · 공공도서관 및 입소규모 100명 이상의 노인의료복지시설 · 영유아보육시설의 부지 경계선으로부터 50미터 이내 지역	소음 [Leq dB(A)]	70	60
	진동 [dB(V)]	65	60
상업지역, 공업지역, 농림지역, 생산관리지역 및 관리지역 중 산업 · 유통개발진흥지구, 미고시지역	소음 [Leq dB(A)]	75	65
	진동 [dB(V)]	70	65

89 소음진동관리법상 환경부장관은 인증시험대행기관이 다른 사람에게 자신의 명의로 인증시험을 하게 한 경우에는 그 지정을 취소하거나 기간을 정하여 업무의 전부나 일부의 정지를 명할 수 있는데, 이때 명할 수 있는 업무정지기간은?

① 6개월 이내의 기간
② 1년 이내의 기간
③ 1년 6개월 이내의 기간
④ 2년 이내의 기간

정답 86 ② 87 ① 88 ② 89 ①

90 소음진동관리법규상 도시지역 중 일반공업지역 및 전용공업지역의 낮시간 공장소음 배출허용기준은 70dB(A) 이하이다. 충격음이 있는 경우의 기준은?

① 65dB(A) 이하 ② 70dB(A) 이하
③ 75dB(A) 이하 ④ 80dB(A) 이하

풀이 70dB(A) – [5dB(A) : 충격음] = 65dB(A)

91 소음진동관리법령상 운행차의 소음허용기준으로 정하고 있는 항목으로 옳은 것은?

① 배기소음, 주행소음
② 주행소음, 제동소음
③ 배기소음, 경적소음
④ 제동소음, 경적소음

92 소음진동관리법규상 소음지도의 작성기간의 시작일은 소음지도 작성계획의 고시 후 얼마가 경과한 날로 하는가?

① 1개월이 경과한 날
② 3개월이 경과한 날
③ 6개월이 경과한 날
④ 12개월이 경과한 날

93 소음진동관리법상 거짓의 소음도표지를 붙인 자에 대한 벌칙기준은?

① 6개월 이하의 징역 또는 500만 원 이하의 벌금
② 1년 이하의 징역 또는 1천만 원 이하의 벌금
③ 3년 이하의 징역 또는 1천 500만 원 이하의 벌금
④ 100만 원 이하의 과태료

풀이 소음 · 진동관리법 제57조 참조

94 다음 중 환경정책기본법령상 소음환경기준이 가장 낮은 지역은?

① 낮 시간대 도로변지역의 준공업지역
② 낮 시간대 도로변지역의 농림지역
③ 밤 시간대 일반지역의 준공업지역
④ 밤 시간대 일반지역의 농림지역

풀이 소음환경기준 [Leq dB(A)]

지역 구분	적용대상 지역	기준 낮(06:00~22:00)	기준 밤(22:00~06:00)
일반 지역	"가" 지역	50	40
	"나" 지역	55	45
	"다" 지역	65	55
	"라" 지역	70	65
도로변 지역	"가" 및 "나" 지역	65	55
	"다" 지역	70	60
	"라" 지역	75	70

95 소음진동관리법규상 방진시설로 보기 어려운 것은?

① 방음터널시설 ② 배관진동 절연장치
③ 방진구시설 ④ 제진시설

풀이 방진시설
㉠ 탄성지지시설 및 제진시설
㉡ 방진구시설
㉢ 배관진동 절연장치 및 시설
㉣ ㉠부터 ㉢까지의 규정과 동등하거나 그 이상의 방지효율을 가진 시설

96 소음진동관리법규상 환경부령이 정하는 특정공사의 기준으로 옳지 않은 것은?(단, 규정된 기계 · 장비를 5일 이상 사용하는 공사임)

① 연면적 1천 제곱미터 이상인 건축물의 건축공사
② 면적합계가 1천 제곱미터 이상인 토공사
③ 연면적이 1천 제곱미터 이상인 건축물의 해체공사
④ 굴착 토사량의 합계가 200세제곱미터 이상인 굴정공사

정답 90 ① 91 ③ 92 ② 93 ② 94 ④ 95 ① 96 ③

풀이 환경부령으로 정하는 특정공사
㉠ 연면적이 1천 제곱미터 이상인 건축물의 건축공사 및 연면적이 3천 제곱미터 이상인 건축물의 해체공사
㉡ 구조물의 용적합계가 1천 세제곱미터 이상 또는 면적합계가 1천 제곱미터 이상인 토목건설공사
㉢ 면적합계가 1천 제곱미터 이상인 토공사 · 정지공사
㉣ 총 연장이 200미터 이상 또는 굴착 토사량의 합계가 200세제곱미터 이상인 굴정공사

97 소음진동관리법규상 소음 · 진동이 배출허용기준을 초과하여 배출되더라도 생활환경에 피해를 줄 우려가 없다고 인정되어 방지시설의 설치면제를 받을 수 있는 "환경부령으로 정하는 경우"라 함은 해당 공장의 부지경계선으로부터 직선거리로 얼마 이내에 주택, 학교, 병원 등이 없는 경우인가?

① 100m 이내
② 200m 이내
③ 500m 이내
④ 1,000m 이내

98 소음진동관리법규상 배출시설 및 방지시설 등과 관련된 행정처분기준 중 공장에서 나오는 소음 · 진동의 배출허용기준을 초과한 경우에 3차 행정처분기준으로 가장 적합한 것은?

① 개선명령 ② 허가취소
③ 사용중지명령 ④ 폐쇄

풀이 배출허용기준을 초과한 경우 행정처분기준
㉠ 1차 : 개선명령
㉡ 2차 : 개선명령
㉢ 3차 : 개선명령
㉣ 4차 : 조업정지

99 소음진동관리법규상 교육기관의 장이 다음 해의 교육계획을 환경부장관에게 제출하여 승인을 받아야 하는 기간기준(㉠)과 환경기술인의 교육기간기준(㉡)으로 옳은 것은?(단, 규정에 의한 교육기관에 한하고, 정보통신매체를 이용하여 원격교육을 실시하는 경우는 제외한다.)

① ㉠ 매년 11월 30일까지, ㉡ 5일 이내
② ㉠ 매년 11월 30일까지, ㉡ 7일 이내
③ ㉠ 매년 12월 31일까지, ㉡ 5일 이내
④ ㉠ 매년 12월 31일까지, ㉡ 7일 이내

100 소음진동관리법에서 규정하는 교통기관에 해당하지 않는 것은?

① 기차
② 항공기
③ 전차
④ 철도

풀이 교통기관이란 기차 · 자동차 · 전차 · 도로 및 철도 등을 말한다. 다만, 항공기와 선반은 제외한다.

정답 97 ② 98 ① 99 ① 100 ②

SECTION 014 2017년 2회 산업기사

1과목 소음진동개론

01 도로변에서 교통소음 측정결과 L_{10}=95dB, L_{50}=75dB, L_{90}=60dB이었다. 이 경우 TNI 값은?

① 325　② 270
③ 170　④ 105

풀이 $TNI=4(L_{10}-L_{90})+L_{90}-30$
$=4(95-60)+60-30$
$=170$

02 자유공간에서 지향성 음원의 지향계수가 2이고, 이 음원의 음향 파워레벨이 122dB인 경우, 이 음원으로부터 25m 떨어진 지향점에서의 음에너지 밀도(J/m³)는?(단, 음속은 344m/s이다.)

① 1.17×10^{-6}　② 1.97×10^{-6}
③ 2.17×10^{-6}　④ 3.17×10^{-6}

풀이 $\delta_d=\dfrac{QW}{4\pi r^2c}(\text{J/m}^3)$

$PWL=10\log\dfrac{W}{10^{-12}}$

$122=10\log\dfrac{W}{10^{-12}}$, $W=1.58\text{Watt}$

$=\dfrac{2\times1.58}{4\times3.14\times25^2\times344}$

$=1.17\times10^{-6}\text{J/m}^3$

03 음의 크기(Loudness : S)에 관한 설명으로 옳지 않은 것은?

① 1,000Hz 순음의 음세기레벨 40dB의 음 크기를 1sone이라 한다.
② $S=\dfrac{2(\text{phon}-40)}{10}$dB로 계산될 수 있다.
③ S 값이 2배, 3배 등으로 증가하면 감각량의 크기도 2배, 3배 등으로 증가한다.
④ 1,000Hz 순음 40phon을 1sone으로 정의할 수 있다.

풀이 $S=2^{\frac{(L_L-40)}{10}}(\text{sone})$

04 마루 위에 있는 작은 점음원이 반자유공간으로 음을 발산하고 있다. 음원에서 4m인 점의 음압레벨이 88dB이라면, 음원에서 ㉠ 8m와 ㉡ 15m 떨어진 점의 음압레벨은 각각 몇 dB인가?

① ㉠ 80, ㉡ 74.5　② ㉠ 82, ㉡ 76.5
③ ㉠ 85, ㉡ 82.3　④ ㉠ 86, ㉡ 83.6

풀이 ㉠ 8m

$SPL_1-SPL_2=20\log\dfrac{r_2}{r_1}$

$88-SPL_2=20\log\dfrac{8}{4}$

$SPL_2=88-20\log\dfrac{8}{4}=82\text{dB}$

㉡ 15m

$SPL_2=88-20\log\dfrac{15}{4}=76.5\text{dB}$

05 중이(中耳) 중의 이소골은 고막의 진동을 고체진동으로 변환시키는데, 그 진동음압을 대략 몇 배 정도 증폭하는가?

① 5배　② 20배
③ 100배　④ 250배

풀이 이소골은 고막의 운동진폭을 감소시키며, 그 대신 진동력을 15~20배 정도 확대시켜 타원창에 전달하기도 하고 경우에 따라 감소시키기도 한다.

정답 01 ③ 02 ① 03 ② 04 ② 05 ②

06 15℃, 1기압 대기조건에서 음의 세기 I와 음압실효치 P의 관계로 옳은 것은?

① I : 8.6×10^{-6}(W/m^2), P : 6×10^{-2}(N/m^2)
② I : 7.6×10^{-6}(W/m^2), P : 5×10^{-3}(N/m^2)
③ I : 7.2×10^{-7}(W/m^2), P : 4×10^{-3}(N/m^2)
④ I : 6.1×10^{-8}(W/m^2), P : 3×10^{-3}(N/m^2)

풀이 $I=\dfrac{P^2}{\rho C}$ 의 관계에 맞는 것은 ①항이다.

07 실효압력이 25N/m^{2}일 때 실내 평균 음향에너지 밀도(J/m^3)는?(단, ρC=411rayls, C=346 m/s이다.)

① 2.4×10^{-5} ② 4.4×10^{-2}
③ 6.1×10^{-8} ④ 8.9×10^{-9}

풀이 음향에너지 밀도(δ)

$$\delta=\frac{P^2}{\rho C^2}=\frac{P^2}{\rho C\times C}=\frac{25^2}{411\times346}$$
$$=4.4\times10^{-2}\text{J/m}^3$$

08 음장의 종류 중 원음장과 가장 거리가 먼 것은?

① 자유음장 ② 잔향음장
③ 정현음장 ④ 확산음장

09 현재 기계의 측정된 음향파워레벨이 80dB이었다면, 이 기계의 음향파워는?

① 10^{-2}W ② 10^{-4}W
③ 10^{-8}W ④ 10^{-12}W

풀이 $PWL=10\log\dfrac{W}{W_0}$

$$80=10\log\frac{W}{10^{-12}}$$

$$W=10^8\times10^{-12}=10^{-4}\text{watt}$$

10 소음과 청력의 영향에 관한 설명으로 옳은 것은?

① TTS는 소음성 난청이라고도 한다.
② PTS는 어느 정도 큰 소음을 들은 직후 일시적으로 일어나는 청력 저하이다.
③ 노인성 난청은 고주파음(6,000Hz 정도)에서부터 난청이 시작된다.
④ TTS와 PTS 예측과는 상관관계가 없다.

풀이 ① TTS는 일시적 난청이라고도 한다.
② PTS는 영구적 난청이라고도 한다.
④ TTS와 PTS 예측과는 상관관계가 있다.

11 50phon의 소리는 몇 sone인가?

① 1sone ② 2sone
③ 3sone ④ 4sone

풀이 $S=2^{\frac{(L_L-40)}{10}}=2^{\frac{(50-40)}{10}}=2\text{sone}$

12 양단 개구관 진동체의 기본음 주파수는?(단, c : 공기 중의 음속, l : 길이)

① $\dfrac{c}{2l}$ ② $\dfrac{c}{4l}$
③ $\dfrac{2c}{l}$ ④ $\dfrac{4c}{l}$

13 반사율 1인 바닥 위에 있는 점음원을 중심으로 반경 5.5m의 반구면상의 음의 세기가 6.8×10^{-4} W/m^{2}일 때, 이 점음원의 음향출력(Acoustic Power)은?

① 0.04W ② 0.09W
③ 0.13W ④ 0.18W

풀이 $W=I\times S(2\pi r^2)$
$=6.8\times10^{-4}\times(2\times3.14\times5.5^2)$
$=0.13\text{watt}$

정답 06 ① 07 ② 08 ③ 09 ② 10 ③ 11 ② 12 ① 13 ③

14 음장에 관한 설명 중 가장 거리가 먼 것은?

① 확산음장 : 밀폐된 실내의 모든 표면에서 입사음이 거의 100% 반사된다고 할 때 실내의 모든 위치에서 음에너지 밀도가 일정한 음장
② 잔향음장 : 음원의 직접음과 벽에 의한 반사음이 중첩되는 구역의 음장
③ 근음장 : 입자속도는 음의 전파방향과 개연성이 없고, 위치에 따라 음압변동이 심하고, 음원의 크기, 주파수, 방사면의 위상에 크게 영향을 받는 음장
④ 자유음장 : 근음장에 속하며 역2승법칙이 만족되는 음장

풀이 자유음장은 원음장에 속하며 역2승법칙이 만족되는 구간이다.

15 음의 세기레벨이 90dB일 때, 이 음의 세기(W/m^2)는?

① 0.1 ② 0.01
③ 0.001 ④ 0.0001

풀이 $SIL = 10\log\frac{I}{I_0}$

$90 = 10\log\frac{I}{10^{-12}}$

$I = 10^9 \times 10^{-12} = 10^{-3}(0.001)\text{watt/m}^2$

16 기상조건에서 공기흡음에 따른 감쇠치에 관한 설명으로 옳지 않은 것은?

① 옥타브밴드별 중심주파수가 낮을수록 감쇠치가 작다.
② 감쇠치는 중심주파수의 제곱에 비례한다.
③ 음원과의 거리가 멀수록 감쇠치는 감소한다.
④ 상대습도가 낮을수록 감쇠치는 증가한다.

풀이 음원과 관측점 사이 거리가 멀수록 감쇠치는 증가한다.

17 소음공해로 나타나는 신체적(생리적) 영향으로 가장 거리가 먼 것은?

① 맥박수가 증가한다.
② 위 수축운동 감소 및 위액산도가 저하한다.
③ 혈당이 상승하고, 백혈구 수가 증가한다.
④ 타액 분비량이 감소하며, 호흡횟수가 감소한다.

풀이 소음공해는 타액 분비량과 호흡횟수를 증가시킨다.

18 날개가 2개인 회전익의 회전속도가 2,400rpm일 때의 BPF(Blade Passing Frequency)는?

① 60Hz ② 80Hz
③ 100Hz ④ 120Hz

풀이 $BPF = \frac{\text{rpm}}{60} \times n = \frac{2{,}400\text{rpm}}{60} \times 2$

$= 80\text{Hz}$

19 공해진동에 관한 설명으로 옳지 않은 것은?

① 공해진동의 진동수 범위는 1~90Hz이다.
② 진동레벨은 60~80dB(지진의 진도계로 대략 Ⅰ~Ⅲ)까지가 많다.
③ 사람이 느끼는 최소 진동역치는 55±5dB 정도이다.
④ 공해진동은 수직 및 수평 진동이 동시에 가해지면 상쇄현상으로 원래의 1/2의 자각현상이 일어난다.

풀이 수직진동과 수평진동이 동시에 가해지면 자각현상이 2배가 된다.

20 실내에서 음원으로부터 r(m) 떨어진 지점의 음압도를 알기 위해 사용하는 관계식으로 옳은 것은?(단, PWL은 음향파워레벨, Q는 지향계수, R은 실정수, 반확산음장 기준)

① $SPL(\text{dB}) = PWL + 10\log\left[\frac{Q}{4\pi r^2} + \frac{4}{R}\right]$

정답 14 ④ 15 ③ 16 ③ 17 ④ 18 ② 19 ④ 20 ①

② $SPL(\text{dB}) = PWL - 10\log\left[\frac{Q}{4\pi r^2} + \frac{4}{R}\right]$

③ $SPL(\text{dB}) = PWL + 10\log\left[\frac{Q}{2\pi r^2} + \frac{4}{R}\right]$

④ $SPL(\text{dB}) = PWL - 10\log\left[\frac{Q}{2\pi r^2} + \frac{4}{R}\right]$

2과목 소음진동공정시험 기준

21 다음은 소음진동관리법규의 공장소음 배출허용기준과 관련한 관련시간대에 관한 보정원칙이다. (　　) 안에 알맞은 것은?

> 관련시간대에 대한 측정소음 발생시간의 백분율을 구할 때 가동시간은 측정 당일 전 (　　)의 정상가동 시간을 산술평균하여 정하여야 한다.

① 7일간　② 10일간
③ 15일간　④ 30일간

22 다음은 진동 측정에 사용되는 진동레벨계의 성능기준이다. (　　) 안에 가장 적합한 것은?

> • 측정가능 주파수 범위는 (㉠)Hz 이상이어야 한다.
> • 측정가능 진동레벨의 범위는 (㉡)dB 이상이어야 한다.

① ㉠ 1~50 ㉡ 15~55
② ㉠ 1~50 ㉡ 45~120
③ ㉠ 1~90 ㉡ 15~55
④ ㉠ 1~90 ㉡ 45~120

23 항공기 소음 측정에 관한 설명으로 옳지 않은 것은?

① 측정위치를 정점으로 한 원추형 상부 공간 내에는 측정치에 영향을 줄 수 있는 장애물이 없어야 한다.
② 측정지점 반경 3.5m 이내는 가급적 시멘트 등으로 포장되어 있지 않아야 한다.
③ 항공기 소음으로 인하여 문제를 일으킬 우려가 있는 장소를 택하여야 한다.
④ 옥외측정을 원칙으로 한다.

풀이 측정지점 반경 3.5m 이내는 가급적 평활하고, 시멘트 등으로 포장되어 있어야 하며 수풀, 수림, 관목 등에 의한 흡음의 영향이 없는 장소로 한다.

24 소음계의 기본 구조 중 지시계기(Meter)의 성능기준으로 옳지 않은 것은?

① 지침형 지시계기 유효지시 범위는 15dB 이상이어야 한다.
② 지침형 지시계기의 각각의 눈금은 1dB 이하를 판독할 수 있어야 한다.
③ 지침형 지시계기의 1dB 눈금간격은 10mm 이하로 표시되어야 한다.
④ 디지털형 지시계기에서는 숫자가 소수점 한 자리까지 표시되어야 한다.

풀이 지시계기(Meter)
㉠ 지시계기는 지침형 또는 디지털형이어야 한다.
㉡ 지침형에서는 유효지시 범위가 15dB 이상이어야 하고, 각각의 눈금은 1dB 이하를 판독할 수 있어야 하며, 1dB 눈금간격이 1mm 이상으로 표시되어야 한다.
㉢ 다만, 디지털형에서는 숫자가 소수점 이하 한 자리까지 표시되어야 한다.

25 측정진동레벨과 배경진동레벨차가 최소 몇 dB(V) 이상일 때부터 배경진동의 보정 없이 측정진동레벨을 대상진동레벨로 할 수 있는가?

① 2dB(V)
② 3dB(V)
③ 6dB(V)
④ 10dB(V)

정답 21 ④ 22 ④ 23 ② 24 ③ 25 ④

26 환경기준 소음 측정을 위한 도로변지역 범위 기준으로 옳은 것은?

① 도로단으로부터 차선수×5m로 하고, 고속도로 또는 자동차 전용도로의 경우에는 도로단으로부터 100m 이내의 지역
② 도로단으로부터 차선수×10m로 하고, 고속도로 또는 자동차 전용도로의 경우에는 도로단으로부터 100m 이내의 지역
③ 도로단으로부터 차선수×5m로 하고, 고속도로 또는 자동차 전용도로의 경우에는 도로단으로부터 150m 이내의 지역
④ 도로단으로부터 차선수×10m로 하고, 고속도로 또는 자동차 전용도로의 경우에는 도로단으로부터 150m 이내의 지역

27 다음은 마이크로폰의 특성에 관한 설명이다. (　　) 안에 가장 적합한 것은?

> 마이크로폰의 종류 중 (　　)은 음압의 변화에 따라 자유롭게 반응하는 진동판과 고정전극 사이에서 발생하는 정전용량의 변화분을 전기신호로 변환하는 것으로, 넓은 주파수 범위에 걸쳐 평탄특성을 가지고 있다는 점과 고감도 및 장기간 운용 시의 안정성 때문에 옥외에서 소음을 측정하는 데 있어서 가장 적합한 변환기로 인식되고 있으나, 다습한 기후에서 측정할 때에는 뒷판에 물이 응축되지 않도록 유의하여야 한다.

① 콘덴서형　　② 압전형
③ 동전형　　④ 리본형

28 소음계에 있어서 진동레벨계의 진동픽업과 같은 기능을 하는 것은?

① 마이크로폰　　② 증폭기
③ 교정장치　　④ 출력단자

29 측정소음도가 75dB(A)이고 배경소음도가 62dB(A)일 경우 대상소음도는 몇 dB(A)인가?

① 67　　② 69
③ 73　　④ 75

풀이 대상소음도

$=$측정소음도$-$보정치

보정치$=-10\log[1-10^{-(0.1\times13)}]$

$=0.22$

$=75-0.22=74.78\text{dB(A)}$

30 생활진동 측정에 관한 설명으로 옳지 않은 것은?

① 진동픽업은 수직방향 진동레벨을 측정할 수 있도록 설치한다.
② 배경진동레벨은 대상진동원의 가동을 중지한 상태에서 측정한다.
③ 측정진동레벨은 대상 진동 발생원의 일상적인 사용상태에서 정상적으로 가동시켜 측정하여야 한다.
④ 진동픽업은 완충물이 충분히 확보된 곳에 설치한다.

풀이 진동픽업의 설치장소는 완충물이 없고, 충분히 다져서 단단히 굳은 장소로 한다.

31 소음의 배출허용기준 측정방법 중 측정점 선정조건으로 거리가 먼 것은?

① 아파트형 공장의 경우에는 공장건물의 부지경계선 중 피해가 우려되는 장소로서 소음도가 높을 것으로 예상되는 지점의 지면 위 1.2~1.5m 높이로 한다.
② 공장의 부지경계선이 불명확할 경우에는 피해가 예상되는 자의 부지경계선으로 한다.
③ 공장의 부지경계선에 비하여 피해가 예상되는 자의 부지경계선에서의 소음도가 더 큰 경우에는 피해가 예상되는 자의 부지경계선으로 한다.

정답 26 ④ 27 ① 28 ① 29 ④ 30 ④ 31 ④

④ 장애물이 방음벽일 경우에는 장애물 밖의 5~10m 떨어진 지점 중 암영대(暗影帶)의 영향이 적은 지점으로 한다.

풀이 장애물이 방음벽이거나 충분한 차음이 예상되는 경우에는 장애물 밖의 1.0~3.5m 떨어진 지점 중 암영대의 영향이 적은 지점으로 한다.

32 디지털 진동자동분석계를 사용하여 측정진동레벨을 정하는 방법 중 샘플주기를 0.1초 이하로 놓고 측정하여야 하는 것은?

① 배출허용기준 중 진동 측정
② 규제기준 중 생활진동 측정
③ 도로교통진동관리기준 측정
④ 규제기준 중 발파진동 측정

33 표준음 발생기에서 발생음의 오차는 몇 dB 이내이어야 하는가?

① ±1dB 이내 ② ±3dB 이내
③ ±5dB 이내 ④ ±10dB 이내

풀이 표준음 발생기(Piston phone, Calibrator)
㉠ 소음계의 측정감도를 교정하는 기기로서 발생음의 주파수와 음압도가 표시되어 있어야 한다.
㉡ 발생음의 오차는 ±1dB 이내이어야 한다.

34 A공장의 측정소음도와 배경소음도의 차가 3dB(A)이었다면 배경소음의 영향에 대한 보정치(dB(A))는?

① −1 ② −2
③ −3 ④ 0

풀이 $\text{보정치} = -10\log[1-10^{-(0.1\times 3)}]$
$= 3\text{dB}$

35 생활소음 규제기준 측정방법 중 일반적인 측정조건으로 옳지 않은 것은?

① 풍속이 2m/sec를 초과할 때는 측정해서는 안 된다.
② 소음계의 마이크로폰은 측정위치에 받침장치를 설치하여 측정하는 것을 원칙으로 한다.
③ 고압선 근처 등의 전자장 영향을 받는 곳에서는 적절한 방지책(방진, 차폐 등)을 강구하여 측정하여야 한다.
④ 손으로 소음계를 잡고 측정할 경우 소음계는 측정자의 몸으로부터 0.5m 이상 떨어져야 한다.

풀이 풍속이 2m/sec 이상일 때는 반드시 마이크로폰에 방풍망을 부착하여야 하며, 풍속이 5m/sec를 초과할 때는 측정하여서는 안 된다.

36 다음은 항공기소음관리기준 측정 시의 청감보정회로 및 동특성에 관한 설명이다. ( ) 안에 들어갈 말로 알맞은 것은?

> 소음계의 청감보정회로는 (㉠) 특성에 고정하고, 동특성은 (㉡) 모드를 사용하여 측정하여야 한다.

① ㉠ A, ㉡ 빠름(Fast)
② ㉠ A, ㉡ 느림(Slow)
③ ㉠ V, ㉡ 빠름(Fast)
④ ㉠ V, ㉡ 느림(Slow)

37 다음 중 항공기 소음 측정방법에서 1일 단위의 WECPNL을 구하는 식으로 옳은 것은?(단, $\overline{L_{max}}$: 당일의 평균 최고 소음도, N : 1일간 항공기의 등가통과횟수)

① $\text{WECPNL} = \overline{L_{max}} + 10\log N - 27$
② $\text{WECPNL} = \overline{L_{max}} - 10\log N - 27$
③ $\text{WECPNL} = \overline{L_{max}} + 10\log N + 27$
④ $\text{WECPNL} = \overline{L_{max}} - 10\log N + 27$

정답 32 ④ 33 ① 34 ③ 35 ① 36 ② 37 ①

38 환경기준 중 소음측정방법에서 측정점 및 측정조건으로 옳지 않은 것은?

① 옥외 측정을 원칙으로 한다.
② 요일별로 소음 변동이 적은 평일(월요일부터 금요일 사이)에 당해 지역의 환경소음을 측정하여야 한다.
③ 상시 측정용의 경우 측정높이는 주변환경 등을 고려하여 지면 위 1.2~5.0m 높이로 할 수 있다.
④ 일반지역의 경우에는 가능한 한 측정점 반경 5m 이내에 장애물(담, 건물, 기타 반사성 구조물 등)이 없는 지점의 지면 위 1.5~3.0m로 한다.

풀이 일반지역의 경우에는 가능한 한 측정점 반경 3.5m 이내에 장애물(담, 건물, 기타 반사성 구조물 등)이 없는 지점의 지면 위 1.2~1.5m로 한다.

39 철도소음관리기준 측정에 관한 설명으로 옳지 않은 것은?

① 사용소음계는 KS C IEC 61672−1에 정한 클래스 2의 소음계 또는 동등 이상의 성능을 가진 것이어야 한다.
② 소음계의 동특성은 빠름(Fast)으로 하여 측정한다.
③ 철도소음관리기준을 적용하기 위하여 측정하고자 할 경우에는 철도보호지구 내 지역에서 측정 · 평가한다.
④ 샘플주기를 1초 내외로 결정하고 1시간 동안 연속 측정하여 자동 연산 · 기록한 등가소음도를 그 지점의 측정소음도로 한다.

풀이 철도소음한도를 적용하기 위하여 측정하고자 할 경우에는 철도보호지구 외의 지역에서 측정 · 평가한다.

40 다음 풍속 중 마이크로폰에 방풍망을 부착하지 않고 측정할 수 있는 경우는?

① 풍속 1m/sec ② 풍속 3m/sec
③ 풍속 4m/sec ④ 풍속 6m/sec

3과목 소음진동방지기술

41 감쇠가 없는 강제진동에서 전달률을 0.33으로 하려고 할 때 진동수비 $\frac{\omega}{\omega_n}$의 값은?

① 2.0 ② 2.2
③ 2.6 ④ 2.8

풀이 $T=\frac{1}{\eta^2-1}=\frac{1}{\left(\frac{\omega}{\omega_n}\right)^2-1}$

$0.33=\frac{1}{\left(\frac{\omega}{\omega_n}\right)^2-1}$

$\frac{\omega}{\omega_n}=2.0$

42 금속스프링의 장점으로 거리가 먼 것은?

① 뒤틀리거나 오므라들지 않는다.
② 공진 시에 전달률이 매우 작다.
③ 최대 변위가 허용된다.
④ 저주파 차진에 좋다.

풀이 금속스프링은 감쇠가 거의 없고 공진 시에 전달률이 매우 크다.

43 어떤 진동이 큰 기계에서 20m 떨어진 지점의 정밀기계에 미치는 진동방해를 10dB 정도 낮추고자 한다. 다음 방지대책 중 기대효과가 가장 적은 것은?(단, 진동파의 파장은 3m 이상으로 충분히 크다.)

① 진동원의 기계를 방진지지로 한다.
② 정밀기계를 방진지지로 한다.
③ 진동원의 기계를 진동이 작은 것으로 교환한다.
④ 두 기계의 중앙선상에 깊이 1m 정도의 방진구(빈 도랑)를 만든다.

풀이 방진구 깊이에 따른 감쇠량은 크지 않으며 실제로 거의 효과는 나타나지 않으므로 방진구에 의한 대책은 완벽하지 않다.

정답 38 ④ 39 ③ 40 ① 41 ① 42 ② 43 ④

44 방진재 중 공기스프링의 단점으로 거리가 먼 것은?

① 구조가 복잡하고 시설비가 많은 편이다.
② 부하능력범위가 비교적 좁은 편이다.
③ 공기 누출의 위험이 있다.
④ 압축기 등 부대시설이 필요하다.

풀이 공기스프링은 부하능력이 광범위하고 자동제어가 가능하다.

45 방진재료로는 공기스프링류, 금속스프링류, 방진고무류 등을 많이 사용하고 있는데, 공기스프링류는 고유진동수 몇 Hz 이하를 요구할 때 주로 사용하는가?

① 10Hz 이하 ② 200Hz 이하
③ 500Hz 이하 ④ 1,000Hz 이하

풀이 공기스프링은 고유진동수 1Hz 이하(10Hz 이하) 요구 시 주로 사용한다.

46 진동원에서 발생한 진동이 지반을 전파하는 파동에너지의 비율이 큰 것부터 순서대로 나열된 것은?

① P파－R파－S파 ② P파－S파－R파
③ R파－S파－P파 ④ R파－P파－S파

풀이 파동에너지 비율
R파(67%) > S파(26%) > P파(7%)

47 벽면의 흡음률이 0에 가깝고, 벽으로부터의 반사파를 될 수 있는 한 크게 해서, 확산음장이 얻어지도록 만들어진 것은?

① 무향실 ② 반무향실
③ 잔향실 ④ 전파무향실

48 소음이 심하게 발생하는 공장에 새로이 흡음재를 부착하여 실내소음을 저감시키고자 한다. 흡음재 부착 전 흡음력은 $10m^2$이고, 새로 부가된 흡음력은 $15m^2$이라 할 때, 흡음에 따른 실내소음 저감량(dB)은?(단, 평균흡음률은 0.3보다 작다.)

① 약 2dB ② 약 4dB
③ 약 7dB ④ 약 10dB

풀이 실내소음 저감량(NR)

$$NR = 10\log\frac{\text{대책 후}}{\text{대책 전}}$$
$$= 10\log\frac{10+15}{10} = 3.98\text{dB}$$

49 공장에서 발생하는 냉각탑 소음으로 인해 민가로부터 소음에 대한 민원이 접수됐을 때 이 냉각탑의 방음대책으로 가장 거리가 먼 것은?

① 주위에 낮은 높이의 방음림을 설치한다.
② 토출부에 소음기를 설치한다.
③ 송풍기의 회전속도를 가능한 한 저속으로 한다.
④ 토출부를 민가와 반대방향으로 한다.

풀이 주위에 높은 방음벽을 설치한다.

50 흡음재료 선택 및 사용상의 주의사항으로 거리가 먼 것은?

① 다공질 재료는 산란하기 쉬우므로 표면을 얇은 직물로 피복하는 것이 바람직하고, 흡음률에는 전혀 영향을 미치지 않아야 한다.
② 비닐 시트나 캔버스 등으로 피복할 경우 수십 Hz 이하에서의 저음역에서의 흡음률 저하를 각오해야 하며, 고음역에서는 막진동에 의해 흡음률이 증가될 때가 많다.
③ 다공질 재료 표면에 종이를 입히는 것은 피해야 한다.
④ 다공질 재료의 표면을 다공판으로 피복할 때에는 개공률을 20% 이상으로 하고, 공명흡음의 경우에는 3~20% 범위로 하는 것이 바람직하다.

정답 44 ② 45 ① 46 ③ 47 ③ 48 ② 49 ① 50 ②

풀이 비닐 시트나 캔버스로 피복을 하는 경우에는 수백 Hz 이상의 고음역에서는 흡음률의 저하를 각오해야 하나 저음역에서는 판진동 때문에 오히려 흡음률이 증대하는 수가 많다.

51 그림과 같은 진동계의 등가스프링 정수(Kt)는?

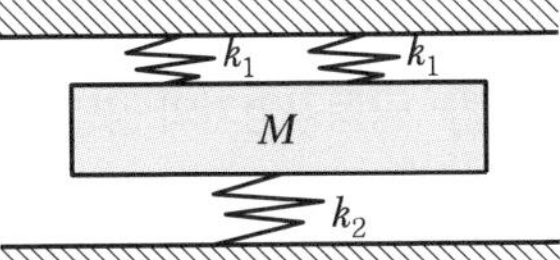

① $Kt = 2k_1 + k_2$

② $Kt = \frac{1}{k_1} + \frac{1}{k_1} + k_2$

③ $Kt = \frac{1}{2k_1} + \frac{1}{k_2}$

④ $\frac{1}{Kt} = \frac{1}{2k_1} + \frac{1}{k_2}$

풀이

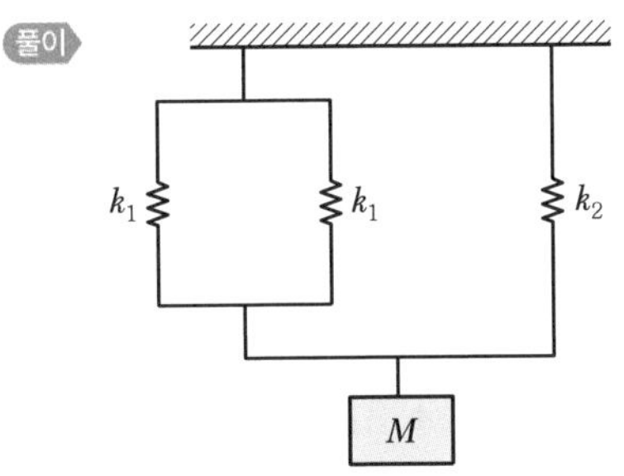

등가스프링 정수$= 2k_1 + k_2$

52 입구 부분의 직경이 10cm인 팽창형 소음기의 최대투과손실을 125Hz에서 12dB로 하고자 한다. 이때 팽창부분의 직경은 약 얼마로 하여야 하는가?[단, 소음기의 두께는 무시, 음속은 340m/s이며, $f < f_c$ (f_c : 한계주파수)가 항상 성립한다.]

① 약 10cm ② 약 15cm
③ 약 20cm ④ 약 30cm

풀이 $TL_{max} = \frac{D_2}{D_1} \times 4$

$12 = \frac{D_2}{10} \times 4$

$D_2 = 30\text{cm}$

53 외부에서 가해지는 강제진동수(f), 계의 고유진동수(f_n)의 비와 진동전달률의 관계를 설명한 것 중 옳지 않은 것은?

① $f/f_n < \sqrt{2}$일 때, 항상 전달력은 외력보다 크다.
② $f/f_n = 1$일 때 전달률이 최대가 된다.
③ $f/f_n = 1$이 되도록 방진설계하는 것이 바람직하다.
④ $f/f_n > \sqrt{2}$일 때, 전달력은 외력보다 작기 때문에 차진이 유효한 영역이다.

풀이 $f/f_n = 1$은 공진상태이므로 피하여 방진설계를 하는 것이 바람직하다.

54 영률이 20N/cm^2인 방진고무의 동적 배율 값으로 적절한 것은?

① 1.1 ② 1.3
③ 1.6 ④ 1.9

풀이 방진고무 영률에 따른 동적 배율(α)
㉠ 영률 20N/cm^2 : 1.1
㉡ 영률 35N/cm^2 : 1.3
㉢ 영률 50N/cm^2 : 1.6

55 작업장의 크기(가로×세로×높이)가 25m×12m×4m이며, 500Hz 옥타브대역에서 벽, 천장, 바닥의 흡음률이 각각 0.25, 0.05, 0.1이다. 이때 실내의 잔향시간은?

① 약 1.6초 ② 약 2.8초
③ 약 3.2초 ④ 약 4.2초

풀이 잔향시간(T)

$T = \frac{0.161\,V}{S\bar{\alpha}}$

$S = (25 \times 12 \times 2) + (25 \times 4 \times 2) + (12 \times 4 \times 2) = 600 + 200 + 96 = 896\text{m}^2$

정답 51 ① 52 ④ 53 ③ 54 ① 55 ①

$$\bar{\alpha}=\frac{(296\times0.25)+(300\times0.05)+(300\times0.1)}{896}$$

$$=0.133$$

$$=\frac{0.161\times1{,}200}{896\times0.133}=1.62\text{sec}$$

56 방음벽 설계 시 유의사항으로 옳지 않은 것은?

① 방음벽에 의한 실용적인 삽입손실치의 한계는 실제로 5~15dB 정도이다.
② 벽의 길이는 점음원일 때 벽높이의 5배 이상이 바람직하다.
③ 벽의 길이는 선음원일 때 음원과 수음점 간의 직선 거리의 2배 이상으로 하는 것이 바람직하다.
④ 벽의 투과손실은 회절감쇠치보다 작게 하는 것이 바람직하다.

풀이 방음벽의 투과손실은 회절감쇠치보다 적어도 5배 이상 크게 하는 것이 바람직하다.

57 팽창형 소음기에 관한 설명으로 옳지 않은 것은?

① 팽창부에 흡음재를 부착하면 고음역의 감음량이 증가한다.
② 감음주파수는 관의 직경비에 따라 결정된다.
③ 송풍기, 압축기, 디젤기관 등의 흡 · 배기부의 소음에 사용된다.
④ 감음의 특성은 저 · 중음역에 유효하다.

풀이 감쇠의 주파수(감음 주파수)는 소음기의 감쇠량이 최대로 되는 주파수이며, 이 주파수는 주로 팽창부의 길이(L)로 결정하고 주파수 성분을 가장 유효하게 감쇠시킬 수 있는 길이는 $L=\frac{\lambda}{4}$로 하면 좋다.

58 헬름홀츠 공명기(Helmholtz Resonator)형 소음기의 공명주파수를 높이기 위한 방안 중 가장 적절한 것은?

① 목부분의 단면적을 크게 한다.
② 목부분의 길이를 길게 한다.
③ 공동부의 용적을 크게 한다.
④ 소음기 내의 음속을 작게 한다.

풀이 공동공명기의 공명주파수(f_r)

$$f_r=\frac{C}{2\pi}\sqrt{\frac{A}{l\cdot V}}\,(\text{Hz})$$

여기서, C : 소음기 내 음속(m/sec)
A : 목의 단면적(m^2)
L : 목의 두께(m)
V : 공동의 부피(m^3)
$l : L+0.8\sqrt{A}\,(L+0.8d)$

59 주어진 조화 진동운동이 8.5cm 변위진폭, 2.5초의 주기를 가질 때 최대 진동속도는?

① 19.2cm/s ② 21.4cm/s
③ 28.6cm/s ④ 31.5cm/s

풀이 최대진동속도(V_{max})

$$=A\omega$$
$$=A\times(2\pi f)$$
$$=A\times\left(\frac{2\pi}{T}\right)$$
$$=8.5\times\left(\frac{2\times3.14}{2.5}\right)$$
$$=21.35\text{cm/sec}$$

60 진동수 f, 변위진폭의 최댓값 A의 정현진동에서의 가속도 진폭은?

① $2\pi f^2A$ ② $2\pi fA$
③ $2\pi(fA)^2$ ④ $(2\pi f)^2A$

풀이 가속도진폭(a_{max})

$$a_{max}=A\omega^2=A\omega\cdot\omega=V_{max}\cdot\omega$$
$$=V_{max}\times2\pi f(\text{m/sec}^2)$$

정답 56 ④ 57 ② 58 ① 59 ② 60 ④

4과목 소음진동관계법규

61 다음은 소음진동관리법규상 환경기술인의 교육사항에 관한 설명이다. ( ) 안에 알맞은 것은?

> 환경기술인의 교육기간은 5일 이내(정보통신매체를 이용한 원격교육은 환경부장관이 인정하는 기간)로 하며, 교육기관의 장은 (㉠) 다음 해의 교육계획을 환경부장관에게 제출하여 승인을 받아야 한다. 또한 환경부장관은 규정에 따른 교육계획을 (㉡) 시장 · 군수 · 구청장 등에게 통보하여야 한다.

① ㉠ 매년 12월 31일까지 ㉡ 매년 1월 31일까지
② ㉠ 매년 11월 30일까지 ㉡ 매년 1월 31일까지
③ ㉠ 매년 12월 31일까지 ㉡ 매년 3월 31일까지
④ ㉠ 매년 11월 30일까지 ㉡ 매년 12월 31일까지

62 소음진동관리법규상 공장소음 배출허용기준에서 다음 지역과 시간대 중 배출허용기준치가 가장 엄격한 것은?

① 도시지역 중 녹지지역의 낮 시간대
② 도시지역 중 일반주거지역의 저녁시간대
③ 농림지역의 밤 시간대
④ 도시지역 중 전용주거지역의 저녁시간대

풀이 공장소음 배출허용기준 [단위 : dB(A)]

대상지역	시간대별		
	낮 (06:00~18:00)	저녁 (18:00~24:00)	밤 (24:00~06:00)
가. 도시지역 중 전용주거지역 · 녹지지역, 관리지역 중 취락지구 · 주거개발진흥지구 및 관광 · 휴양개발진흥지구, 자연환경보전지역 중 수산자원보호구역 외의 지역	50 이하	45 이하	40 이하
나. 도시지역 중 일반주거지역 및 준주거지역	55 이하	50 이하	45 이하
다. 농림지역, 자연환경보전지역 중 수산자원보호구역, 관리지역 중 가목과 라목을 제외한 그 밖의 지역	60 이하	55 이하	50 이하
라. 도시지역 중 상업지역 · 준공업지역, 관리지역 중 산업개발진흥지구	65 이하	60 이하	55 이하
마. 도시지역 중 일반공업지역 및 전용공업지역	70 이하	65 이하	60 이하

63 소음진동 관리법규상 생활소음 · 진동이 발생하는 공사로서 "환경부령으로 정하는 특정공사"는 특정공사의 사전신고 대상 기계 · 장비의 사용시간 기준이 얼마인 공사인가?(단, 예외사항 제외)

① 3일 이상 ② 5일 이상
③ 7일 이상 ④ 10일 이상

64 방음시설의 성능 및 설치기준에서 사용되는 용어의 정의로 거리가 먼 것은?

① 수음점이라 함은 소음의 영향을 받는 위치로서 방음시설의 설계목표가 되는 지점을 말한다.
② 방음판이라 함은 방음시설의 기초부와 지주 사이의 방음효과를 얻기 위한 구조물을 말한다.
③ 흡음률이라 함은 입사음의 강도에 대한 흡수음의 강도의 백분율을 말한다.
④ 삽입손실이라 함은 소음에너지가 방음판을 투과하기 전과 투과한 후의 음세기레벨의 비를 말한다.

풀이 삽입손실이라 함은 동일 조건에서 방음시설 설치 전후의 음압레벨 차이를 말한다.

65 다음은 소음진동관리법상 항공기 소음의 관리에 관해 명시된 사항이다. ( ) 안에 가장 적합한 것은?

> (㉠)은(는) 항공기 소음이 (㉡)으로 정하는 항공기 소음의 한도를 초과하여 공항 주변의 생활환경이 매우 손상된다고 인정하면 관계기관의 장에게 방음시설의 설치나 그 밖에 항공기 소음의 방지에 필요한 조치를 (㉢)할 수 있다.

① ㉠ 시 · 도지사, ㉡ 환경부령, ㉢ 요청
② ㉠ 시 · 도지사, ㉡ 대통령령, ㉢ 명령

정답 61 ② 62 ④ 63 ② 64 ④ 65 ③

③ ㉠ 환경부장관, ㉡ 대통령령, ㉢ 요청
④ ㉠ 환경부장관, ㉡ 환경부령, ㉢ 명령

66 소음진동관리법규상 생활소음 · 진동 규제기준에 관한 사항으로 옳지 않은 것은?

① 공사장의 진동 규제기준은 주간의 경우 특정공사 사전신고 대상 기계 · 장비를 사용하는 작업시간이 1일 2시간 이하일 때는 +10dB을 규제기준치에 보정한다.
② 공사장 소음 규제기준은 주간의 경우 특정공사 사전신고 대상 기계 · 장비를 사용하는 작업시간이 3시간 초과 6시간 이하일 때는 +5dB을 규제기준치에 보정한다.
③ 발파소음의 경우 주간에만 규제기준치(광산의 경우 사업장 규제기준)에 +5dB을 보정한다.
④ 공사장 규제기준 중 주거지역은 공휴일에만 −5dB을 규제기준치에 보정한다.

풀이 발파소음의 경우 주간에만 규제기준치(광산의 경우 사업장 규제기준)에 +10dB를 보정한다.

67 환경정책기본법령상 도로변지역 준공업지역의 소음환경기준으로 옳은 것은?

① 낮 시간대(06:00~22:00) : 70Leq dB(A)
② 낮 시간대(06:00~22:00) : 75Leq dB(A)
③ 밤 시간대(22:00~06:00) : 65Leq dB(A)
④ 밤 시간대(22:00~06:00) : 70Leq dB(A)

풀이 소음환경기준 [Leq dB(A)]

지역 구분	적용대상 지역	기준	
		낮(06:00~22:00)	밤(22:00~06:00)
일반 지역	"가" 지역	50	40
	"나" 지역	55	45
	"다" 지역	65	55
	"라" 지역	70	65
도로변 지역	"가" 및 "나" 지역	65	55
	"다" 지역	70	60
	"라" 지역	75	70

도로변지역의 준공업지역은 "다"지역이다.

68 소음진동관리법규상 소음 · 진동이 배출허용기준을 초과하여 배출되더라도 생활환경에 피해를 줄 우려가 없어 환경부령으로 정하는 방지시설 설치면제를 받을 수 있는 경우(기준)는 해당 공장의 부지경계선으로부터 얼마 이내 공장, 사업장 등이 없는 경우인가?

① 직선거리 100m 이내
② 직선거리 200m 이내
③ 직선거리 500m 이내
④ 직선거리 1,000m 이내

69 소음진동관리법규상 소음발생 건설기계의 종류 기준으로 거리가 먼 것은?

① 굴삭기(정격출력 19kW 이상 500kW 미만의 것으로 한정한다.)
② 로더(정격출력 19kW 이상 500kW 미만의 것으로 한정한다.)
③ 발전기(정격출력 500kW 미만의 실내용으로 한정한다.)
④ 공기압축기(공기토출량이 분당 2.83세제곱미터 이상의 이동식인 것으로 한정한다.)

풀이 소음발생 건설기계의 종류
㉠ 굴삭기(정격출력 19kW 이상 500kW 미만의 것으로 한정한다.)
㉡ 다짐기계
㉢ 로더(정격출력 19kW 이상 500kW 미만의 것으로 한정한다.)
㉣ 발전기(정격출력 400kW 미만의 실외용으로 한정한다.)
㉤ 브레이커(휴대용을 포함하며, 중량 5톤 이하로 한정한다.)
㉥ 공기압축기(공기토출량이 분당 2.83세제곱미터 이상의 이동식인 것으로 한정한다.)
㉦ 콘크리트 절단기
㉧ 천공기
㉨ 항타 및 항발기

정답 66 ③ 67 ① 68 ② 69 ③

70 소음진동관리법규상 운행차 정기검사 대행자의 기술능력(인력) 자격기준에 해당하지 않는 자는?

① 건설기계정비산업기사
② 대기환경산업기사
③ 자동차정비산업기사
④ 전기기기산업기사

풀이 운행차 정기검사 대행자의 기술능력기준
㉠ 자동차정비 산업기사 이상
㉡ 자동차 검사 산업기사 이상
㉢ 건설기계정비 산업기사 이상
㉣ 대기환경 산업기사 이상
㉤ 소음 · 진동 산업기사 이상

71 소음진동관리법규상 운행자동차 중 경자동차의 배기소음 허용기준은?(단, 2006년 1월 1일 이후에 제작되는 자동차)

① 100dB(A) 이하 ② 105dB(A) 이하
③ 110dB(A) 이하 ④ 112dB(A) 이하

풀이 운행자동차 소음허용기준

자동차 종류 \ 소음 항목		배기소음 [dB(A)]	경적소음 [dB(C)]
경자동차		100 이하	110 이하
승용자동차	소형	100 이하	110 이하
	중형	100 이하	110 이하
	중대형	100 이하	112 이하
	대형	105 이하	112 이하
화물자동차	소형	100 이하	110 이하
	중형	100 이하	110 이하
	대형	105 이하	112 이하
이륜자동차		105 이하	110 이하

※ 2006년 1월 1일 이후에 제작되는 자동차

72 소음진동관리법규상 자동차 종류에 따른 규모기준으로 옳지 않은 것은?(단, 2015년 12월 8일 이후부터 제작되는 자동차 기준)

① 중형 승용자동차 : 사람을 운송하기 적합하게 제작된 것으로, 엔진배기량이 1,000cc 이상이고, 차량총중량 2톤 이하이며, 승차인원이 10인승 이하
② 중대형 승용자동차 : 사람을 운송하기 적합하게 제작된 것으로, 엔진배기량이 1,000cc 이상이고, 차량총중량 3.5톤 초과이며, 승차인원이 10인승 이상
③ 이륜자동차 : 자전거로부터 진화한 구조로서 사람 또는 소량의 화물을 운송하기 위한 것으로, 차량총중량이 1천 킬로그램을 초과하지 않는 것
④ 소형화물자동차 : 화물을 운송하기 적합하게 제작된 것으로, 엔진배기량이 1,000cc 이상이고, 차량총중량 2톤 이하

풀이 [자동차의 종류(규칙 제4조) : 별표 3]

종류	정의	규모	
경자동차	사람이나 화물을 운송하기 적합하게 제작된 것	엔진배기량 1,000cc 미만	
승용자동차	사람을 운송하기에 적합하게 제작된 것	소형	엔진배기량 1,000cc 이상 및 9인승 이하
		중형	엔진배기량 1,000cc 이상이고, 차량 총중량이 2톤 이하이며, 승차인원이 10인승 이상
		중대형	엔진배기량 1,000cc 이상이고, 차량 총중량이 2톤 초과 3.5톤 이하이며, 승차인원이 10인승 이상
		대형	엔진배기량 1,000cc 이상이고, 차량 총중량이 3.5톤 초과이며 승차인원이 10인승 이상
화물자동차	화물을 운송하기에 적합하게 제작된 것	소형	엔진배기량 1,000cc 이상이고 차량 총중량이 2톤 이하
		중형	엔진배기량 1,000cc 이상이고 차량 총중량이 2톤 초과 3.5톤 이하
		대형	엔진배기량 1,000cc 이상이고 차량 총중량이 3.5톤 초과
이륜자동차	자전거로부터 진화한 구조로서 사람 또는 소량의 화물을 운송하기 위한 것	엔진배기량 50cc 이상이고 차량 총중량이 1천킬로그램을 초과하지 않는 것	

[참고]
1. 승용자동차에는 지프(Jeep) · 왜건(Wagon) 및 승합차를 포함한다.
2. 화물자동차에는 밴(Van)을 포함한다.
3. 화물자동차에 해당되는 건설기계의 종류는 환경부장관이 정하여 고시한다.
4. 이륜자동차는 측차를 붙인 이륜자동차 및 이륜차에서 파생된 3륜 이상의 최고속도 50km/h를 초과하는 이륜자동차를 포함한다.
5. 전기를 주동력으로 사용하는 자동차에 대한 종류의 구분은 위 표 중 규모란의 차량 총중량에 따르되, 차량 총중량이 1.5톤 미만에 해당되는 경우에는 경자동차로 분류한다.

정답 70 ④ 71 ① 72 ②

73 소음진동관리법상 생활소음, 진동이 규제기준을 초과하여 작업시간의 조정명령을 받은 자가 그 명령을 위반한 경우 벌칙기준은?

① 3년 이하의 징역 또는 3천만 원 이하의 벌금
② 1년 이하의 징역 또는 1천만 원 이하의 벌금
③ 6개월 이하의 징역 또는 500만 원 이하의 벌금
④ 300만 원 이하의 과태료

풀이 소음 · 진동 관리법 제58조 참조

74 소음진동관리법규상 배출시설 및 방지시설 등과 관련된 행정처분기준 중 1차행정처분기준이 조업정지에 해당되는 위반사항은?

① 배출시설 설치의 신고를 하지 아니하고 배출시설을 설치한 경우
② 배출시설 설치의 허가를 받지 아니하고 배출시설을 설치한 경우
③ 배출허용기준 초과와 관련된 개선명령을 받은 자가 이를 이행하지 아니한 경우
④ 배출허용기준을 초과한 공장에 대하여 개선명령을 하여도 당해 공장의 위치에서는 이를 이행할 수 없는 경우

풀이 개선명령을 받은 자가 이를 이행하지 아니한 경우의 행정처분기준
㉠ 1차 : 조업정지
㉡ 2차 : 폐쇄, 허가취소

75 소음진동관리법규상 환경기술인을 두어야 할 사업장 및 그 자격기준으로 옳지 않은 것은?

① 총동력합계 3,750kW 미만인 사업장은 사업자가 해당 사업장의 배출시설 및 방지시설업무에 종사하는 피고용인 중에서 임명하는 자를 환경기술인으로 둔다.
② 총동력합계는 소음배출시설 중 기계 · 기구의 마력의 총합계와 대수기준시설 및 기계 · 기구와 기타 시설 및 기계 · 기구를 포함한다.
③ 총동력합계 3,750kW 이상인 사업장은 해당 사업장의 관리책임자로 사업자가 임명하는 자를 환경기술인으로 둘 수 있다.
④ 환경기술인으로 임명된 자는 해당 사업장에 상시 근무하여야 한다.

풀이 환경기술인의 자격기준

대상 사업장 구분	환경기술인 자격기준
1. 총동력합계 3,750kW 미만인 사업장	사업자가 해당 사업장의 배출시설 및 방지시설업무에 종사하는 피고용인 중에서 임명하는 자
2. 총동력합계 3,750kW 이상인 사업장	소음 · 진동기사 2급 이상의 기술자격소지자 1명 이상 또는 해당 사업장의 관리책임자로 사업자가 임명하는 자

76 소음진동관리법규상 행정처분기준 중 일반기준에서 처분권자는 위반 행위자에게 그 처분기준의 1/2범위에서 감경할 수 있는데, 다음 중 위반 행위자가가 처음 해당 위반행위를 한 경우로서 얼마 이상 모범적으로 영업하여 온 사실이 인정되는 경우 감경할 수 있는가?(단, 그 처분이 조업정지이다.)

① 6월 이상 ② 1년 이상
③ 2년 이상 ④ 3년 이상

77 소음진동관리법규상 생활소음 규제기준으로 옳은 것은?(단, 단위는 dB(A), 녹지지역에 있는 확성기(옥내에서 옥외로 소음이 나오는 경우)이며, 특정 소음 등에 따른 보정치는 고려하지 않는다.)

	아침, 저녁 (05:00~07:00, 18:00~22:00)	주간 (07:00 ~18:00)	야간 (22:00 ~05:00)
㉠	45 이하	50 이하	40 이하
㉡	50 이하	55 이하	45 이하
㉢	60 이하	65 이하	50 이하
㉣	70 이하	80 이하	60 이하

정답 73 ③ 74 ③ 75 ② 76 ④ 77 ②

① ㉠ ② ㉡
③ ㉢ ④ ㉣

풀이 생활소음 규제기준 [단위 : dB(A)]

<table>
<tr><th rowspan="2">대상지역</th><th colspan="2">시간대별 / 소음원</th><th>아침, 저녁 (05:00~07:00, 18:00~22:00)</th><th>주간 (07:00~18:00)</th><th>야간 (22:00~05:00)</th></tr>
<tr></tr>
<tr><td rowspan="6">주거지역, 녹지지역, 관리지역 중 취락지구 · 주거개발진흥지구 및 관광 · 휴양개발진흥지구, 자연환경보전지역, 그 밖의 지역에 있는 학교 · 종합병원 · 공공도서관</td><td rowspan="2">확성기</td><td>옥외설치</td><td>60 이하</td><td>65 이하</td><td>60 이하</td></tr>
<tr><td>옥내에서 옥외로 소음이 나오는 경우</td><td>50 이하</td><td>55 이하</td><td>45 이하</td></tr>
<tr><td colspan="2">공장</td><td>50 이하</td><td>55 이하</td><td>45 이하</td></tr>
<tr><td rowspan="2">사업장</td><td>동일 건물</td><td>45 이하</td><td>50 이하</td><td>40 이하</td></tr>
<tr><td>기타</td><td>50 이하</td><td>55 이하</td><td>45 이하</td></tr>
<tr><td colspan="2">공사장</td><td>60 이하</td><td>65 이하</td><td>50 이하</td></tr>
</table>

78 다음은 소음진동관리법상 허가의 취소 등에 관한 사항이다. (   ) 안에 가장 적합한 것은?

> 시장 · 군수 · 구청장은 사업자가 거짓이나 그 밖의 부정한 방법으로 배출시설 설치허가를 받았을 경우, 배출시설의 설치허가를 취소하거나 (㉠) 이내의 기간을 정해 (㉡)를(을) 명할 수 있다.

① ㉠ 6개월, ㉡ 사업장 이전
② ㉠ 6개월, ㉡ 조업정지
③ ㉠ 1년, ㉡ 개선
④ ㉠ 1년, ㉡ 폐쇄

79 소음진동관리법규상 농림지역의 낮 시간대(06:00~22:00) 공장진동 배출허용기준으로 옳은 것은?(단, 대상지역 구분은 국토의 계획 및 이용에 관한 법률에 따름)

① 50dB(V) 이하
② 55dB(V) 이하
③ 60dB(V) 이하
④ 65dB(V) 이하

풀이 공장진동 배출허용기준 [단위 : dB(V)]

<table>
<tr><th rowspan="2">대상지역</th><th colspan="2">시간대별</th></tr>
<tr><th>낮 (06:00~22:00)</th><th>밤 (22:00~06:00)</th></tr>
<tr><td>가. 도시지역 중 전용주거지역 · 녹지지역, 관리지역 중 취락지구 · 주거개발진흥지구 및 관광 · 휴양개발진흥지구, 자연환경보전지역 중 수산자원보호구역 외의 지역</td><td>60 이하</td><td>55 이하</td></tr>
<tr><td>나. 도시지역 중 일반주거지역 · 준주거지역, 농림지역, 자연환경보전지역 중 수산자원보호구역, 관리지역 중 가목과 다목을 제외한 그 밖의 지역</td><td>65 이하</td><td>60 이하</td></tr>
<tr><td>다. 도시지역 중 상업지역 · 준공업지역, 관리지역 중 산업개발진흥지구</td><td>70 이하</td><td>65 이하</td></tr>
<tr><td>라. 도시지역 중 일반공업지역 및 전용공업지역</td><td>75 이하</td><td>70 이하</td></tr>
</table>

80 소음진동관리법규상 소음배출시설기준으로 옳지 않은 것은?(단, 동력기준시설 및 기계 · 기구에 한함)

① 7.5kW 이상의 초지기
② 7.5kW 이상의 탈사기
③ 7.5kW 이상의 기계체
④ 15kW 이상의 목재가공기계

풀이 22.5kW 이상의 초지기가 소음배출시설이다.

정답 78 ② 79 ④ 80 ①

015 2017년 2회 기사

1과목 소음진동개론

01 점음원에서 발생되는 소음이 10m 떨어진 지점에서의 음압레벨이 100dB일 때 이 음원에서 25m 떨어진 지점에서의 음압레벨은?

① 88dB ② 92dB
③ 96dB ④ 104dB

풀이 $SPL_1 - SPL_2 = 20\log\frac{r_2}{r_1}$

$100 - SPL_2 = 20\log\frac{25}{10}$

$SPL_2 = 100 - 20\log\frac{25}{10} = 92.04\text{dB}$

02 총합투과율이 0.035인 벽체의 총합 투과손실은?

① 29.1dB ② 14.6dB
③ 7.3dB ④ 1.5dB

풀이 $\overline{TL} = 10\log\frac{1}{\overline{\tau}} = 10\log\frac{1}{0.035} = 14.56\text{dB}$

03 다음 중 인체감각에 대한 주파수별 보정값으로 틀린 것은?(단, 수평진동일 경우 수평진동 1~2Hz 기준)

	진동 구분	주파수 범위	주파수별 보정값(dB)
㉠	수직진동	$1 \le f < 4\text{Hz}$	$10\log(0.25f)$
㉡	수직진동	$4 \le f \le 8\text{Hz}$	0
㉢	수직진동	$8 < f \le 90\text{Hz}$	$10\log(8/f)$
㉣	수평진동	$2 < f \le 90\text{Hz}$	$20\log(2/f)$

① ㉠ ② ㉡
③ ㉢ ④ ㉣

풀이 수직진동

$8 \le f \le 90\text{Hz}$ 범위의 보정값은 $20\log\left(\frac{8}{f}\right)$이다.

04 음파에 관한 설명으로 옳지 않은 것은?

① 공기 등의 매질을 통하여 전파하는 소밀파(압력파)이다.
② 매질의 진동속도를 입자속도라고 하며 기체나 액체 중에서 입자속도는 음파의 진행방향과 항상 수직하므로 종파라고 한다.
③ 고체는 유체와 달리 전단응력이나 굽힘응력을 받을 수 있기 때문에 종파뿐 아니라 횡파도 전달할 수 있다.
④ 둘 또는 그 이상의 음파의 구조적 간섭에 의해 시간적으로 일정하게 음압의 최고와 최저가 반복되는 패턴의 파를 정재파라고 한다.

풀이 액체 · 기체에서는 음파의 진행방향에 수직한 방향의 탄성을 무시할 수 있기 때문에 횡파는 존재하지 않는다.

05 NITTS에 관한 설명으로 옳은 것은?

① 음향외상에 따른 재해와 연관이 있다.
② NIPTS와 동일한 변위를 공유한다.
③ 조용한 곳에서 적정시간이 지나면 정상이 될 수 있는 변위를 말한다.
④ 청감역치가 영구적으로 변화하여 영구적인 난청을 유발하는 변위를 말한다.

풀이 NITTS는 일시적 청력손실을 말한다.

정답 01 ② 02 ② 03 ③ 04 ② 05 ③

06 대표적인 소음 측정 설비인 무향실은 기준 주파수 이상 대역에서 만족해야 할 음장 조건이 있다. 이 필수적인 음장 조건은 무엇인가?

① 근음장　② 자유음장
③ 확산음장　④ 잔향음장

풀이 무향실
자유공간에서처럼 음원으로부터 거리가 멀어짐에 따라 일정하게 감쇠되는 역2승법칙이 성립하도록 인공적으로 만든 실을 무향실이라 한다.

07 등감각곡선에 기초하여 정해진 보정회로를 통한 진동레벨을 산출할 때 주파수 대역이 $1\text{Hz} \le f \le 4\text{Hz}$인 경우 수직보정곡선의 보정치의 물리량(a)은?

① $0.315 \times 10^{-5} \times f(\text{m/s}^2)$
② $10^{-5}(\text{m/s}^2)$
③ $0.125 \times 10^{-5} \times f^{-0.5}(\text{m/s}^2)$
④ $2 \times 10^{-5} \times f^{-0.5}(\text{m/s}^2)$

풀이 주파수 대역별 보정치의 물리량(수직 보정)
㉠ $1\text{Hz} \le f \le 4\text{Hz}$
$a = 2 \times 10^{-5} \times f^{-\frac{1}{2}}(\text{m/s}^2)$
㉡ $4\text{Hz} \le f \le 8\text{Hz}$
$a = 10^{-5}(\text{m/s}^2)$
㉢ $8\text{Hz} \le f \le 90\text{Hz}$
$a = 0.125 \times 10^{-5} \times f(\text{m/s}^2)$

08 낮 시간대의 매시간 등가소음도가 70dB(A), 밤 시간대의 매시간 등가소음도가 50dB(A)일 때, 주야간 평균소음도는?(단, 밤 시간대는 22:00~07:00이다.)

① 60dB(A)　② 63.2dB(A)
③ 65dB(A)　④ 68.2dB(A)

풀이 $L_{dn} = 10\log\left[\frac{1}{24}\left(15 \times 10^{\frac{70}{10}} + 9 \times 10^{\frac{50+10}{10}}\right)\right]$
$= 68.2\text{dB(A)}$

09 공기 중의 소리전파속도는 340m/s라고 한다. 약 몇 ℃를 기준으로 한 값인가?

① 0℃　② 15℃
③ 20℃　④ 30℃

풀이 $C = 331.42 + (0.6 \times 15) = 340.4\text{m/sec}$

10 다음 중 주로 항공기 소음 평가지표에 해당하는 것은?

① NNI　② TNI
③ NRN　④ PNC

풀이 NNI는 영국의 항공기 소음 평가방법의 지표이다.

11 진동파 및 진폭의 거리감쇠에 관한 설명으로 옳지 않은 것은?(단, r은 진동원으로부터의 거리)

① S파보다 P파의 전달속도가 빠르며, 이 P파는 구면상태로 전파할 때 지표면에서는 r^2, 땅속에서는 r에 반비례하여 감쇠한다.
② 표면파에는 러브(L)파와 레일리(R)파가 있다.
③ R파는 원통상태로 전파되며 지표면에서는 $\sqrt{r}$에 반비례하여 감쇠한다.
④ 횡파는 구면상태로 전파할 때 지표면에서는 r^2, 땅속에서는 $\sqrt{r}$에 반비례하여 감쇠한다.

풀이 횡파의 진폭은 지표면에서는 r^2에 반비례하고, 지중에서는 r에 반비례한다.

12 소음에 대한 일반적인 인간의 (감수성)반응으로 거리가 먼 것은?

① 70대보다 20대가 민감한 편이다.
② 남성보다 여성이 민감한 편이다.
③ 환자 또는 임산부보다는 건강한 사람이 받는 영향이 큰 편이다.
④ 노동상태보다는 휴식이나 잠잘 때 그 영향이 크게 차이 나는 편이다.

정답 06 ② 07 ④ 08 ④ 09 ② 10 ① 11 ④ 12 ③

풀이 소음에 대한 감수성은 건강한 사람보다는 환자나 임산부가 더 민감하다.

13 음압이 35Pa이면 소리의 세기로 몇 W/m^2인가? (단, 공기밀도는 $1.2kg/m^3$, 음속은 344m/sec이다.)

① 4.5 ② 3
③ 1.5 ④ 1

풀이 $I = \frac{P^2}{\rho c} = \frac{35^2}{1.2 \times 344} = 2.97W/m^2$

14 음압의 실효치가 $2 \times 10^{-2} N/m^2$일 때 음의 세기레벨(dB)은?(단, 고유음향 임피던스는 $400N \cdot sec/m^3$이다.)

① 60 ② 80
③ 120 ④ 140

풀이 $SPL = 20\log\frac{P}{P_0} = 20\log\frac{2 \times 10^{-2}}{2 \times 10^{-5}} = 60dB$

$400N \cdot sec/m^3$에서 $SPL = SIL$

$SIL = 60dB$

15 음의 크기(Loundness : S)에 관한 설명으로 옳지 않은 것은?

① 1,000Hz 순음 40phon을 1sone이라 한다.
② $S = [(phon - 10)]/40dB$로 나타낼 수 있다.
③ 1,000Hz 순음의 음세기레벨 40dB의 음의 크기를 1Sone이라 한다.
④ 음의 크기값이 2배, 3배 증가하면 감각량의 크기도 2배, 3배 증가한다.

풀이 $S = 10^{\frac{L_L - 40}{10}}$ 으로 나타낼 수 있다.

16 소음계 청감보정회로 중 A특성 및 C특성에 관한 설명으로 가장 적합한 것은?

① C특성은 주관적인 감각량과 잘 대응하며, A특성은 100Hz 대역에서 상대응답이 0이다.
② C특성은 Fletcher와 Munson의 등청감곡선의 70phon의 역특성을 이용한 것이다.
③ C특성은 항공기 소음 평가 시 주로 사용하고, A특성은 일반적인 소음도를 측정할 때 사용한다.
④ C특성은 전주파수 대역에서 평탄한 특성을 보이고, 소음의 물리적 특성 파악 시 이용된다.

풀이 ① C특성은 주관적인 감각량과 대응되지 않고 평탄특성을 갖는다.
② Fletcher와 Munson의 등청감곡선의 70phon의 역특성을 이용한 것은 B특성이다.
③ 항공기 소음평가 시 주로 사용하는 것은 D특성이다.

17 100Hz 음과 110Hz 음이 동시에 발생하여 맥놀이 현상을 일으킨다. 이때 맥놀이 수는?

① 5Hz ② 10Hz
③ 105Hz ④ 210Hz

풀이 맥놀이 수 $= |f_1 - f_2| = |110 - 100| = 10Hz$

18 150sone인 음은 몇 phon인가?

① 92.6 ② 105.4
③ 112.5 ④ 135.8

풀이 $L_L(phon) = 33.3\log S + 40$
$= 33.3\log 150 + 40$
$= 112.5phon$

19 딱딱하고 평탄한 세 벽체가 수직으로 교차하는 곳에 0.38W의 소형 점음원이 있다. 이 음원으로부터 18m 떨어진 지점의 음의 세기(W/m^2)는?

① 3.5×10^{-3} ② 5.3×10^{-3}
③ 3.7×10^{-4} ④ 9.3×10^{-4}

풀이 $W = I \times S$

$I = \frac{W}{S} = \frac{W}{\pi r^2} = \frac{0.38}{3.14 \times 18^2}$

$= 0.00037W/m^2 (3.7 \times 10^{-4} W/m^2)$

정답 13 ② 14 ① 15 ② 16 ④ 17 ② 18 ③ 19 ③

20 지반을 전파하는 파에 관한 설명으로 옳지 않은 것은?

① 계측에 의한 지표진동은 주로 P파이다.
② P파와 S파는 역2승 법칙으로 거리감쇠한다.
③ P파는 소밀파 또는 압력파라고도 한다.
④ P파는 S파보다 전파속도가 빠르다.

풀이 계측에 의한 지표진동은 주로 R파이다.

2과목 소음방지기술

21 반무한 방음벽의 직접음 회절감쇠치가 20dB(A), 반사음 회절감쇠치가 15dB(A), 투과손실치가 18dB(A)일 때, 이 벽에 의한 삽입손실치는 약 몇 dB(A)인가?(단, 음원과 수음점이 지상으로부터 약간 높은 위치에 있다.)

① 11.1dB ② 12.4dB
③ 14.3dB ④ 17.8dB

풀이 $\Delta L_I = -10\log\left(10^{-\frac{20}{10}} + 10^{-\frac{15}{10}} + 10^{-\frac{18}{10}}\right)$
$= 12.4\text{dB}(\text{A})$

22 4가지 자재의 물성을 조사한 결과가 다음과 같았다. 동일한 두께로 동일한 환경의 단일벽을 형성하였을 때 투과손실값이 가장 큰 자재는?(단, 투과손실값은 자재의 질량법칙만 고려하고, 면밀도로 환산 시 두께는 10mm로 한다.)

- 자재 A : 밀도 $2,000\text{kg/m}^3$
- 자재 B : 밀도 $3,000\text{kg/m}^3$
- 자재 C : 면밀도 40kg/m^2, 두께 10mm
- 자재 D : 면밀도 15kg/m^2, 두께 5mm

① 자재 A ② 자재 B
③ 자재 C ④ 자재 D

풀이 면밀도와 투과손실은 비례하므로 자재 C의 투과손실이 가장 크다.
㉠ 자재 A 면밀도 $= 2,000\text{kg/m}^3 \times 0.01\text{m} = 20\text{kg/m}^2$
㉡ 자재 B 면밀도 $= 3,000\text{kg/m}^3 \times 0.01\text{m} = 30\text{kg/m}^2$

23 무향실과 구별되는 잔향실의 특징으로 가장 적합한 것은?

① 실내의 벽면 흡음률을 0에 가깝게 설계한다.
② 공중의 한 점에서 방출되는 음은 모든 방향으로 역2승법칙에 따라 자유스럽게 확산하는 음장을 만족하는 실이다.
③ 자유음장 조건을 만족하는 실이다.
④ 주로 소음원의 정확한 음향특성 및 음향파워레벨조사, 소음 발생부위 탐사 등을 위해 활용된다.

풀이 ②, ③, ④항은 무향실에 대한 내용이다.

24 가로 20m, 세로 20m, 높이 4m인 방 중앙 바닥에 PWL 90dB인 무지향성 점음원이 놓여 있다. 이 음원으로부터 10m 지점에서의 음향에너지 밀도($\text{W}\cdot\text{sec/m}^3$)는?(단, 실내의 평균 흡음률은 0.1, 음속은 340m/s로 한다.)

① 10^{-7} ② 10^{-8}
③ 10^{-9} ④ 10^{-10}

풀이 음향에너지 밀도(δ)

$$\delta = \delta_d + \delta_r = \frac{QW}{4\pi r^2 C} + \frac{4W}{RC}$$

$$R = \frac{\bar{\alpha}\cdot S}{1-\bar{\alpha}} = \frac{0.1\times 1,120}{1-0.1} = 124.4\text{m}^2$$

$$S = (20\times20\times2)+(20\times4\times4) = 1,120\text{m}^2$$

$$Q = 2$$

$$PWL = 10\log\frac{W}{10^{-12}}$$

정답 20 ① 21 ② 22 ③ 23 ① 24 ①

$$90 = 10\log\frac{W}{10^{-12}}$$

$$W = 10^{-12} \times 10^{9} = 0.001\text{W}$$

$$= \left(\frac{2\times 0.001}{4\times 3.14\times 10^{2}\times 340}\right) + \left(\frac{4\times 0.001}{124.4\times 340}\right)$$

$$= 9.9\times 10^{-8}\text{J/m}^{3}\,(10^{-7}\text{J/m}^{3})$$

25 자유공간에서 지향성 음원의 지향계수가 2.0이고, 이 음원의 음향 파워레벨이 125dB일 때, 이 음원으로부터 30m 떨어진 지향점에서의 에너지 밀도는?(단, C=340m/sec로 한다.)

① $1.325\times 10^{-6}\text{J/m}^3$ ② $1.645\times 10^{-6}\text{J/m}^3$
③ $1.743\times 10^{-6}\text{J/m}^3$ ④ $1.875\times 10^{-6}\text{J/m}^3$

풀이

$$\delta_d = \frac{QW}{4\pi r^2 C}$$

$$W : PWL = 10\log\frac{W}{10^{-12}}$$

$$125 = 10\log\frac{W}{10^{-12}}$$

$$W = 3.16\text{watt}$$

$$= \frac{2\times 3.16}{4\times 3.14\times 30^{2}\times 340}$$

$$= 0.000001645\text{J/m}^{3} = 1.645\times 10^{-6}\text{J/m}^{3}$$

26 음이 수직 입사할 때 이 벽체의 반사율은 0.45이었다. 이 때의 투과손실(TL)은?(단, 경계면에서 음이 흡수되지 않는다고 가정한다.)

① 약 1.5dB ② 약 2.0dB
③ 약 2.6dB ④ 약 3.5dB

풀이 $TL = 10\log\frac{1}{0.55} = 2.6\text{dB}$

27 다음 소음대책 중 가장 먼저 하여야 할 사항은?

① 차음재 또는 흡음재 등 선정
② 어느 주파수 대역을 얼마만큼 저감시킬 것인가를 파악
③ 수음점에서의 규제기준 확인
④ 수음점의 위치 확인

28 벽체면적 120m^2 중 유리창의 면적이 30m^{2}이다. 벽체의 투과손실은 40dB이고 유리창의 투과손실이 25dB라고 할 때, 총합투과손실(TL)은?

① 20dB ② 24dB
③ 27dB ④ 31dB

풀이 $\overline{TL} = 10\log\frac{1}{\tau} = 10\log\frac{S_1 + S_2}{S_1\tau_1 + S_2\tau_2}$

구분	면적(m^2)	투과손실(dB)	투과율
벽체	90	40	$10^{-\frac{40}{10}}$
유리창	30	25	$10^{-\frac{25}{10}}$

$$\overline{TL} = 10\log\frac{90+30}{\left(90\times 10^{-\frac{40}{10}}\right) + \left(30\times 10^{-\frac{25}{10}}\right)}$$

$$= 31\text{dB}$$

29 소음제어 등을 위한 자재류 중 제진재의 특성과 가장 거리가 먼 것은?

① 큰 내부 손실이 있는 점탄성 자재를 이용한 방사음 저감
② 회전기계류의 진동전달력 저감
③ 판의 진동으로 발생하는 음에너지 저감
④ 공기전파음에 의해 발생하는 공진 진폭의 저감

풀이 회전기계류의 진동전달력 저감에는 소음기를 사용한다.

30 발파소음 감소를 위한 발파풍압 경감대책으로 가장 거리가 먼 것은?

① 기폭방법에서 정기폭(Top Hole Initiation)보다는 역기폭방법을 사용한다.
② 지발당 장약량을 감소시킨다.

정답 25 ② 26 ③ 27 ④ 28 ④ 29 ② 30 ③

③ 완전 전색이 이루어지지 않도록 한다.
④ 천공지름을 작게 하여 발파시킨다.

풀이 도폭선 사용을 피하고 완전 전색이 이루어져야 한다.

31 단일 벽의 차음특성 커브에서 질량제어영역의 기울기 특성으로 옳은 것은?

① 투과손실이 2dB/Octave 증가
② 투과손실이 3dB/Octave 증가
③ 투과손실이 4dB/Octave 증가
④ 투과손실이 6dB/Octave 증가

풀이 질량제어영역은 투과손실이 옥타브당 6dB씩 증가된다.

32 A시료의 흡음성능 측정을 위해 정재파 관내법을 사용하였다. 1,000Hz 순음인 Sine파의 정재파비가 1.8이었다면 이 흡음재의 흡음률은?

① 0.816　　② 0.894
③ 0.918　　④ 0.998

풀이 $\text{흡음률} = \dfrac{4}{n+\dfrac{1}{n}+2} = \dfrac{4}{1.8+\dfrac{1}{1.8}+2} = 0.918$

33 분홍색 잡음(Pink Noise)의 특징으로 가장 거리가 먼 것은?(단, White Noise와 비교 시)

① 옥타브당 일정한 에너지를 갖는다.
② 랜덤 노이즈(Random Noise)의 일종이다.
③ 단위 주파수 대역(1Hz)의 음에너지 강도가 주파수에 반비례한다.
④ 구조물의 진동실험에 흔히 사용된다.

풀이 구조물의 진동실험에 흔히 사용되는 것은 White Noise이다.

34 벽체의 한쪽 면은 실내, 다른 한쪽 면은 실외에 접한 경우 벽체의 투과손실(TL)과 벽체를 중심으로 한 현장에서 실내 · 외간 음압레벨차(NR, 차음도)와의 실용관계식으로 가장 적합한 것은?

① $TL = NR - 3\text{dB}$　　② $TL = NR - 6\text{dB}$
③ $TL = NR - 9\text{dB}$　　④ $TL = NR - 12\text{dB}$

35 공간이 큰 작업실의 바닥면 한가운데에 설치되어 있는 소형기계의 음향 파워레벨이 90dB이고, 이 기계로부터 4m 떨어진 점의 음압레벨이 74.7 dB이라면 실내의 실정수는 얼마인가?

① 약 100m^2　　② 약 200m^2
③ 약 300m^2　　④ 약 400m^2

풀이 $SPL = PWL + 10\log\left(\dfrac{Q}{4\pi r^2} + \dfrac{4}{R}\right)$

$74.7 = 90 + 10\log\left(\dfrac{2}{4\times 3.14\times 4^2} + \dfrac{4}{R}\right)$

$R = 200\text{m}^2$

36 한 근로자가 서로 다른 세 장소에서 작업하고 있다. 88dB(A) 장소에서 2시간, 92dB(A) 장소에서 3시간 작업을 하였으며, 3시간 동안은 소음에 폭로되지 않은 장소에서 작업했다면 소음폭로평가(NER)는?(단, 88dB(A)에서는 6시간, 92dB(A)에서는 6시간의 폭로시간이 허용된다.)

① 1/3　　② 2/3
③ 3/5　　④ 5/6

풀이 $\text{소음폭로평가(NER)} = \dfrac{2}{6} + \dfrac{3}{6} + 0 = \dfrac{5}{6}$

37 차음과 차음재료의 선정 및 사용상 유의점에 대한 설명으로 가장 거리가 먼 것은?

① 차음은 음의 에너지를 반사시켜 차음벽 밖으로 음파가 새어 나가지 않게 하는 것이다.

정답 31 ④ 32 ③ 33 ④ 34 ② 35 ② 36 ④ 37 ④

② 차음에서 영향이 큰 것은 틈이므로 틈이나 찢어진 곳을 보수하고 이음매는 칠해서 메꾸도록 한다.
③ 큰 차음효과($TL > 40$dB)를 원하는 경우에는 내부에 보통 다공질 재료를 끼운 이중벽을 시공한다.
④ 차음재를 흡음재(다공질 재료)와 붙여서 사용할 경우 차음재는 음원과 가까운 안쪽에, 흡음재는 바깥쪽에 붙인다.

풀이 차음재를 흡음재(다공질 재료)와 붙여서 사용할 경우 흡음재는 음원과 가까운 안쪽에, 차음재는 바깥쪽에 붙인다.

38 대형 작업장의 공조 덕트가 민가를 향해 있어 취출구 소음이 문제되고 있다. 이에 대한 대책으로 옳지 않은 것은?

① 취출구 끝단에 소음기를 장착한다.
② 취출구 끝단에 철망 등을 설치하여 음의 진행을 세분 혼합하도록 한다.
③ 취출구의 면적을 작게 한다.
④ 취출구 소음의 지향성을 바꾼다.

풀이 취출구의 면적을 크게 하여야 소음의 크기가 작아진다.

39 단일벽의 일치효과에 대한 설명으로 가장 거리가 먼 것은?

① 일치효과에 의해 차음성능이 현저히 감소한다.
② 일치주파수는 벽의 두께에 비례한다.
③ 일치주파수는 입사각에 따라 변화된다.
④ 일치효과의 한계주파수는 벽밀도의 제곱근에 비례한다.

풀이 일치주파수는 벽의 두께에 반비례한다.

40 소음방지대책을 소음원대책과 전파경로대책으로 구분할 때, 다음 중 소음원대책으로 가장 거리가 먼 것은?

① 장비를 구성하는 구조 부재의 감쇠력을 증가시킨다.
② 공장 벽체의 차음성을 강화한다.
③ 고소음 장비의 동시 운전을 피한다.
④ 주거지역 소음문제 발생 시 야간작업을 줄인다.

풀이 공장 벽체의 차음성을 강화하는 것은 전파경로 대책이다.

3과목 소음진동공정시험 기준

41 총 50공의 발파공에 대해 각 공당 0.1초 간격으로 1회 지발발파하였다. 보정발파횟수(N)에 따른 소음도 보정량은?

① 0dB ② +3dB
③ +7dB ④ +10dB

풀이 지발발파 보정량$= 10\log N = 10\log 1 = 0$dB

42 항공기 소음 관리기준 측정방법으로 옳은 것은?

① 상시측정용 측정점은 바닥면에서 5.0~10.0m 높이로 한다.
② 측정지점 반경 3.5m 이내는 가급적 평활하고 시멘트 등으로 포장되어 있어야 한다.
③ 항공기 소음은 넓은 범위에 영향을 미치기 때문에 측정 지점은 인적 없는 한적한 수풀, 수림, 관목 등이 우거진 장소를 선정한다.
④ 측정위치를 정점으로 한 원추형 상부 공간이란 지면 또는 바닥면의 법선에 반각 45° 선분이 지나는 공간을 말한다.

풀이 ① 상시측정용 측정점은 지면 또는 바닥면에서 1.2~5.0m 높이로 할 수 있다.
③ 측정지점은 수풀, 수림, 관목 등에 의한 흡음의 영향이 없는 장소로 한다.

정답 38 ③ 39 ② 40 ② 41 ① 42 ②

④ 원추형 상부 공간이란 측정위치를 지나는 지면 또는 바닥면의 법선에 반각 80°의 선분이 지나는 공간을 말한다.

43 규제기준 중 생활소음 측정 시 측정자료의 분석 및 평가방법으로 가장 적합한 것은?

① 디지털 소음자동분석계를 사용할 경우에는 샘플 주기를 1초 이내에서 결정하고 1분 이상 측정하여 자동 연산 · 기록한 등가소음도를 그 지점의 측정소음도로 한다.
② 측정소음도가 배경소음보다 3.0~9.9dB 차이로 크면 배경소음의 영향이 있기 때문에 측정소음도에 보정치를 보정한 후 대상 소음도를 구한다.
③ 측정소음도의 측정은 대상 소음원을 최대한의 출력으로 가동시켜 사용한 상태에서 측정하여야 한다.
④ 피해가 예상되는 적절한 측정시각에 1지점 이상의 측정지점수를 선정 · 측정하여 그중 가장 높은 소음도를 측정소음도로 한다.

풀이 ① 디지털 소음자동분석계를 사용할 경우에는 샘플 주기를 1초 이내에서 결정하고 5분 이상 측정하여 자동 연산 · 기록한 등가소음도를 그 지점의 측정소음도 또는 배경소음도로 한다.
③ 측정소음도의 측정은 대상소음원의 일상적인 사용상태에서 정상적으로 가동시켜 측정하여야 한다.
④ 피해가 예상되는 적절한 측정시각에 2지점 이상의 측정지점 수를 선정 · 측정하여 그중 가장 높은 소음도를 측정소음도로 한다.

44 진동측정과 관련된 장치 중 다음 설명에 해당하는 장치는?

진동레벨계의 측정감도를 교정하는 기기로서 발생진동의 주파수와 진동가속도레벨이 표시되어 있어야 하며, 발생진동의 오차는 ±1dB 이내이어야 한다.

① Calibrator
② Output
③ Data Recorder
④ Weighting Networks

45 다음은 철도진동관리기준 측정방법이다. ㉠, ㉡에 알맞은 것은?

열차 통과 시마다 최고진동레벨이 배경진동레벨보다 최소 (㉠) 이상 큰 것에 한하여 연속 (㉡)개 열차(상 · 하행 포함) 이상을 대상으로 최고진동레벨을 측정 · 기록하고, 그중 중앙값 이상을 산술평균한 값을 철도진동레벨로 한다.

① ㉠ 10dB, ㉡ 5　② ㉠ 10dB, ㉡ 10
③ ㉠ 5dB, ㉡ 5　④ ㉠ 5dB, ㉡ 10

46 공장의 부지경계선 4개 지점에서 측정한 진동레벨이 각각 68, 70, 74, 66dB(V)이었다. 이 공장의 측정진동레벨(dB(V))은?

① 70　② 74
③ 76　④ 77

풀이 가장 높은 진동레벨 74dB(V)를 측정진동 레벨로 한다.

47 다음은 규제기준 중 생활소음 측정방법 중 대상소음이 공사장 소음인 경우 측정자료 분석방법이다. ㉠, ㉡에 알맞은 것은?

측정소음도 측정 시 대상소음이 공사장 소음에 한하여 발생시간이 (㉠) 이내인 경우에는 그 발생시간 동안 측정 · 기록하되, 최소 (㉡) 이상 측정하여야 한다.

① ㉠ 5분, ㉡ 1분　② ㉠ 5분, ㉡ 2분
③ ㉠ 10분, ㉡ 5분　④ ㉠ 10분, ㉡ 10분

정답 43 ② 44 ① 45 ④ 46 ② 47 ②

48 철도소음관리기준 측정방법에서 측정자료 분석 시 샘플주기는 몇 초 내외로 결정하고, 몇 시간 동안 연속 측정하여야 하는가?

① 1초 내외, 1시간　② 1초 내외, 2시간
③ 2초 내외, 1시간　④ 2초 내외, 2시간

풀이 철도소음은 샘플 주기를 1초 내외로 결정하고 1시간 동안 연속측정하여 자동 연산 · 기록한 등가소음도를 그 지점의 측정소음도로 한다.

49 다음 중 배경 소음에 해당하는 것은?

① 정상조업 중인 공장의 야간 소음도
② 소음발생원을 전부 가동시킨 상태에서 측정한 소음도
③ 공장의 가동을 중지한 상태에서 측정한 소음도
④ 대상 공장의 주 · 야간 소음도의 차

풀이 배경 소음은 한 장소에서의 특정 음을 대상으로 생각할 경우 대상 소음이 없을 때 그 장소의 소음을 대상 소음에 대한 배경 소음이라 한다. 따라서 ③항의 내용이 해당된다.

50 배출허용기준 측정 시 진동픽업의 설치장소로 옳지 않은 것은?

① 온도, 자기, 전기 등의 외부영향을 받지 않는 곳
② 완충물이 충분히 확보될 수 있는 곳
③ 경사 또는 요철이 없는 곳
④ 충분히 다져서 단단히 굳은 곳

풀이 진동픽업의 설치는 완충물이 없고, 충분히 다져서 단단히 굳은 장소로 한다.

51 환경기준 중 소음 측정을 위한 측정점 선정기준 중 도로변 지역범위 기준으로 옳은 것은?

① 도로단으로부터 차선수×5m로 하고, 고속도로 또는 자동차 전용도로의 경우에는 도로단으로부터 100m 이내의 지역을 말한다.
② 도로단으로부터 차선수×5m로 하고, 고속도로 또는 자동차 전용도로의 경우에는 도로단으로부터 150m 이내의 지역을 말한다.
③ 도로단으로부터 차선수×10m로 하고, 고속도로 또는 자동차 전용도로의 경우에는 도로단으로부터 100m 이내의 지역을 말한다.
④ 도로단으로부터 차선수×10m로 하고, 고속도로 또는 자동차 전용도로의 경우에는 도로단으로부터 150m 이내의 지역을 말한다.

52 측정진동레벨과 배경진동레벨의 차가 9dB(V)일 때 보정치는?[단, 단위는 dB(V)]

① 0　② −0.6
③ −1.9　④ −3.4

풀이 보정치 $=-10\log[1-10^{-(0.1\times d)}]$
$=-10\log[1-10^{-(0.1\times 9)}]$
$=-0.58$

53 규제기준 중 발파진동 측정에 관한 사항으로 옳지 않은 것은?

① 측정진동레벨은 발파진동이 지속되는 기간 동안에, 배경진동레벨은 대상진동(발파진동)이 없을 때 측정한다.
② 진동레벨계만으로 측정하는 경우에는 최고진동레벨이 고정(Hold)되지 않는 것으로 한다.
③ 진동레벨의 계산과정에서는 소수점 첫째 자리를 유효숫자로 하고, 평가진동레벨(최종값)은 소수점 첫째 자리에서 반올림한다.
④ 진동레벨계의 레벨레인지 변환기는 측정지점의 진동레벨을 예비조사한 후 적절하게 고정시켜야 한다.

풀이 진동레벨계만으로 측정할 경우에는 최고진동레벨이 고정(Hold)되는 것에 한한다.

정답 48 ① 49 ③ 50 ② 51 ④ 52 ② 53 ②

54 철도진동 관리기준 측정방법에 관한 설명으로 옳지 않은 것은?

① 옥외 측정을 원칙으로 한다.
② 기상조건, 열차의 운행횟수 및 속도 등을 고려하여 당해 지역의 3시간 평균 철도통행량 이상인 시간대에 측정한다.
③ 그 지역의 철도 진동을 대표할 수 있는 지점이나 철도 진동으로 인하여 문제를 일으킬 우려가 있는 지점을 택하여야 한다.
④ 요일별로 진동 변동이 적은 평일(월요일부터 금요일 사이)에 당해 지역의 철도 진동을 측정하여야 한다.

풀이 기상조건, 열차의 운행횟수 및 속도 등을 고려하여 당해 지역의 1시간 평균철도통행량 이상인 시간대에 측정한다.

55 소음 배출허용기준의 측정 시 측정지점에 높이가 1.5m를 초과하는 방음벽 장애물이 있는 경우 측정점으로 가장 적합한 것은?

① 장애물 밖의 1.0~3.5m 떨어진 지점 중 암영대의 영향이 적은 지점
② 장애물 밖의 5~10m 떨어진 지점 중 암영대의 영향이 적은 지점
③ 장애물로부터 소음원 방향으로 0.3~3.5m 떨어진 지점
④ 장애물로부터 소음원 방향으로 5~10m 떨어진 지점

56 어느 소음레벨을 측정한 결과 85(76, 95)dB(A)로 표시될 때 다음 중 가장 적합하게 설명된 것은?

① 평균치가 85dB(A), 80% Range의 하단이 76dB(A), 상단이 95dB(A)라는 뜻이다.
② 중앙치가 85dB(A), 최저치가 76dB(A), 최고치가 95dB(A)라는 뜻이다.
③ 중앙치가 85dB(A), 90% Range의 하단이 76dB(A), 상단이 95dB(A)라는 뜻이다.
④ 평균치가 85dB(A), 최저치가 76dB(A), 최고치가 95dB(A)라는 뜻이다.

57 소음계의 지시계기 중 지침형의 유효지시 범위는 얼마 이상이어야 하는가?

① 5dB　② 10dB
③ 15dB　④ 20dB

풀이 지침형에서는 유효지시 범위가 15dB 이상이어야 하고, 각각의 눈금은 1dB 이하를 판독할 수 있어야 한다.

58 측정소음도가 72dB(A)이고 배경소음도가 65.3dB(A)일 때 대상소음도는?

① 73dB(A)　② 71dB(A)
③ 69dB(A)　④ 67dB(A)

풀이 대상소음도
=측정소음도−보정치
보정치$= -10\log[1-10^{-(0.1\times 6.7)}]$
$= 1.05$
$= 72 - 1.05 = 70.95$dB(A)

59 생활진동 측정자료평가표 서식의 "측정환경"란에 기재되어야 하는 내용으로 가장 거리가 먼 것은?

① 지면조건
② 전자장 등의 영향
③ 반사 및 굴절진동의 영향
④ 습도 및 온도의 영향

풀이 생활진동 측정자료평가표 중 측정환경 기재내용
㉠ 지면조건
㉡ 전자장 등의 영향
㉢ 반사 및 굴절진동의 영향

정답 54 ② 55 ① 56 ③ 57 ③ 58 ② 59 ④

60 진동에 관련한 용어 정의에 관한 설명으로 옳지 않은 것은?

① 진동레벨은 감각보정회로(수직)를 통하여 측정한 진동가속도레벨의 지시치를 말하며, 단위는 dB(V)로 표시한다.
② 진동가속도레벨의 정의는 $10\log(a/a_0)$의 수식에 따르고, 여기서 a는 측정하고자 하는 진동의 가속도 실효치(단위 m/s^2)이며, a_0는 기준진동의 가속도 실효치로 $10^{-5}m/s^2$으로 한다.
③ 변동진동은 시간에 따른 진동레벨의 변화폭이 크게 변하는 진동을 말한다.
④ 대상진동레벨은 측정진동레벨에 배경진동의 영향을 보정한 후 얻어진 진동레벨을 말한다.

풀이 진동가속도레벨의 정의는 $20\log(a/a_0)$의 수식에 따르고, 여기서 a는 측정하고자 하는 진동의 가속도 실효치(단위 m/s^2)이며, a_0는 기준진동의 가속도 실효치로, $10^{-5}m/s^2$으로 한다.

4과목 진동방지기술

61 코일스프링의 스프링 정수는 평균코일직경과 어떤 관계가 있는가?

① 평균코일직경에 반비례한다.
② 평균코일직경의 제곱에 반비례한다.
③ 평균코일직경의 세제곱에 반비례한다.
④ 평균코일직경의 네제곱에 반비례한다.

풀이 코일스프링의 스프링 정수(k)

$$k=\frac{W}{\delta_{st}}=\frac{Gd^4}{8\pi D^3}\,(\text{N/mm})$$

여기서, G : 전단탄성계수(횡탄성 계수)
d : 소선직경
D : 평균코일직경

62 그림과 같은 2자유도 진동계가 있다. 질량이 같은 두 물체를 평행 위치로부터 똑같이 반대방향으로 X_0만큼씩 변위를 준 후 놓았을 때의 진동수는?(단, 중력의 영향은 무시한다.)

① $\frac{1}{2\pi}\sqrt{\frac{K_1+2K_2}{m}}$ (Hz)
② $\frac{1}{2\pi}\sqrt{\frac{K_1+\frac{1}{2}K_2}{m}}$ (Hz)
③ $\frac{1}{2\pi}\sqrt{\frac{K_1+K_2}{m}}$ (Hz)
④ $\frac{1}{2\pi}\sqrt{\frac{2K_1+K_2}{m}}$ (Hz)

63 그림과 같이 길이 L인 실 끝에 달려 있는 질량 m인 단진자가 작은 진폭으로 운동할 때의 주기는?(단, g는 중력가속도이다.)

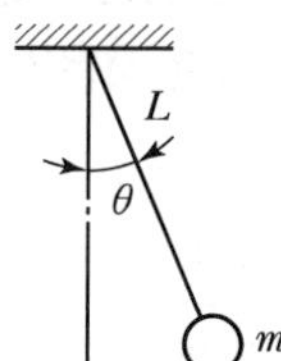

① $\frac{1}{2\pi}\sqrt{\frac{L}{g}}$
② $\frac{1}{2\pi}\sqrt{\frac{g}{L}}$
③ $2\pi\sqrt{\frac{L}{g}}$
④ $2\pi\sqrt{\frac{g}{L}}$

풀이 $T=2\pi\sqrt{\frac{l}{g}}$

여기서, T : 단진자의 주기
l : 진자의 길이
g : 중력가속도

단진자의 주기는 추의 질량(m)과 관계없다.

정답 60 ② 61 ③ 62 ① 63 ③

64 감쇠비가 0.1인 감쇠진동에서 대수감쇠율은?

① 약 0.31 ② 약 0.63
③ 약 1.31 ④ 약 1.63

풀이 대수감쇠율$(\Delta) = \dfrac{2\pi\xi}{\sqrt{1-\xi^2}}$
$= \dfrac{2\times 3.14\times 0.1}{\sqrt{1-0.1^2}} = 0.63$

65 $\ddot{x}+9x=3\sin 5t$로 표시되는 비감쇠 강제진동에서 정상상태 진동의 진폭은?(단, 진폭의 단위는 mm이고, t는 시간변수이다.)

① 약 0.19mm ② 약 0.38mm
③ 약 0.57mm ④ 약 0.76mm

풀이 $\ddot{x}+9x=3\sin 5t$
$m=1,\ k=9,\ F_0=3,\ \omega=5$
진폭$(x_0) = \dfrac{F_0}{k-m\omega^2} = \dfrac{3}{9-(1\times 5^2)}$
$=0.19\text{mm}$

66 1자유도계에서 외부에서 가해지는 강제진동수 f와 계의 고유진동수 f_n의 비 (f/f_n) 및 감쇠비 ξ, 진동전달률 T의 관계로 옳은 것은?

① $f/f_n < \sqrt{2}$ 인 범위 내에서는 ξ 값이 작을수록 T가 작아지므로 방진상 감쇠비가 작을수록 좋다.
② $f/f_n < \sqrt{2}$ 인 범위 내에서는 ξ 값이 커질수록 T가 작아지므로 방진상 감쇠비가 클수록 좋다.
③ $f/f_n > \sqrt{2}$ 인 범위 내에서는 ξ 값이 작을수록 T가 커지므로 방진상 감쇠비가 작을수록 좋다.
④ $f/f_n = 1$에서는 ξ 값과 상관없이 T가 1이다.

67 금속스프링의 장단점으로 가장 거리가 먼 것은?

① 온도, 부식, 용해 등 환경요소에 대한 저항성이 크다.
② 10Hz 이하의 저주파수 대역의 차진에 효과적이다.
③ 감쇠가 거의 없으며, 공진 시 전달률이 매우 크다.
④ 1개의 스프링으로 3축 방향의 스프링 정수를 광범위하게 선택할 수 있다.

풀이 ④항은 공기 스프링에 관한 내용이다.

68 질량 200kg 기계를 4개의 스프링으로 방진지지하고 있다. 차진율 90%를 얻어야 하며, 스프링의 정적 변위는 0.5cm여야 한다. 이때 강제진동수는 얼마이어야 하는가?(단, 감쇠는 무시한다.)

① 약 7.0Hz ② 약 23.4Hz
③ 약 37.0Hz ④ 약 53.4Hz

풀이 $f=\eta\times f_n$
$T=\dfrac{1}{\eta^2-1}$
$\eta = \sqrt{\dfrac{1}{T}+1}$
전달률$(T)=1-0.9=0.1$
$= \sqrt{\dfrac{1}{0.1}+1} = 3.32$
$f_n = 4.98\sqrt{1/\delta_{st}} = 4.98\sqrt{1/0.5}$
$=7.04\text{Hz}$
$=3.32\times 7.04 = 23.37\text{Hz}$

69 금속스프링의 단점을 보완하기 위한 방법으로 가장 거리가 먼 것은?

① 금속의 내부마찰은 대단히 작으므로 중판스프링과 같이 구조상 마찰을 가진 경우에는 감쇠기를 병용해야 한다.
② 스프링의 감쇠비가 적을 때는 스프링과 병렬로 Damper를 넣는다.
③ 코일스프링에서 서징의 영향을 제거하기 위해 코일스프링의 양단에 그 스프링 정수의 10배 정도보다 작은 스프링 정수를 가진 방진고무를 직렬로 삽입하는 것이 좋다.
④ 낮은 감쇠비로 일어나는 고주파 진동의 전달은 스프링과 직렬로 고무패드를 끼워 차단한다.

정답 64 ② 65 ① 66 ② 67 ④ 68 ② 69 ①

풀이 스프링의 감쇠비가 적을 때는 스프링과 병렬로 댐퍼를 넣는다.(중판스프링이나 조합접시 스프링과 같이 구조상 마찰을 가진 경우를 제외하고는 감쇠기를 병용할 필요가 있다.)

70 그림과 같은 보의 횡진동에서 좌단의 경계조건을 옳게 표시한 것은?

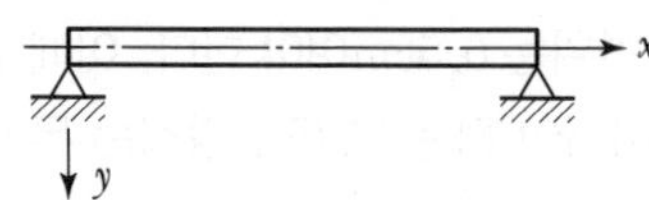

① $y=0,\ \dfrac{dy}{dx}=0$ ② $y=0,\ \dfrac{d^2y}{dx^2}=0$

③ $y=0,\ \dfrac{d^3y}{dx^3}=0$ ④ $y=0,\ \dfrac{d^4y}{dx^4}=0$

71 $9\ddot{x}+16x=0$으로 표시되는 운동방정식에서의 고유진동수는?

① $\dfrac{2}{3\pi}$Hz ② $\dfrac{4}{3\pi}$Hz

③ $\dfrac{2}{\pi}$Hz ④ $\dfrac{4}{\pi}$Hz

풀이 $f_n=\dfrac{1}{2\pi}\sqrt{\dfrac{k}{m}}=\dfrac{1}{2\pi}\sqrt{\dfrac{16}{9}}=\dfrac{4}{6\pi}=\dfrac{2}{3\pi}$Hz

72 $x_1=2\cos 6t$와 $x_2=2\cos(6+0.2)t$를 합성하면 맥놀이(Beat) 현상이 일어난다. 이때 울림진동수는?

① 0.0159Hz ② 0.0318Hz
③ 3.142Hz ④ 62.82Hz

풀이 $x_1=2\cos 6t,\ w_1=2\pi f_1=6,\ f_1=0.9554$Hz
$x_2=2\cos(6+0.2)t,\ w_2=2\pi f_2=6.2,$
$f_2=0.9873$Hz
맥놀이 진동수$=|f_1-f_2|=0.0318$Hz

73 방진대책 중 "가진력 감쇠"는 통상적으로 어디에 해당하는가?

① 발생원 대책 ② 전파경로 대책
③ 수진 측 대책 ④ 규제대책

풀이 발생원 대책
㉠ 가진력 감쇠
㉡ 불평형력의 균형
㉢ 기초중량의 부가 및 경감
㉣ 탄성지지
㉤ 동적 흡진

74 질량 m, 길이 l인 그림과 같은 막대 진자의 고유진동수는?(단, 수직으로 매달린 가늘고 긴 막대가 평면에서 진동하며 진폭은 작다고 가정한다.)

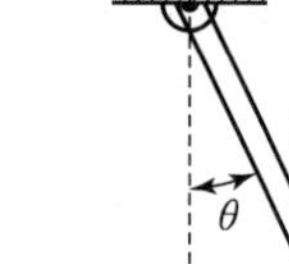

① $f_n=\dfrac{1}{2\pi}\sqrt{\dfrac{3g}{2l}}$

② $f_n=\dfrac{1}{2\pi}\sqrt{\dfrac{2l}{3g}}$

③ $f_n=\dfrac{1}{2\pi}\sqrt{\dfrac{g}{2l}}$

④ $f_n=\dfrac{1}{2\pi}\sqrt{\dfrac{2l}{g}}$

75 스프링을 매개로 한 진동전달률에 관한 설명으로 옳은 것은?(단, 진동전달률(T)은

$$T=\frac{F_t}{F_0}=\frac{\sqrt{1+\left(2\xi\dfrac{f}{f_0}\right)^2}}{\sqrt{\left(1-\left(\dfrac{f}{f_0}\right)^2\right)^2+\left(2\xi\dfrac{f}{f_0}\right)^2}}$$ 이다.)

① $f/f_0=0$인 경우 기초에 전달되는 힘은 가진력의 $\sqrt{1+(1/2\xi)^2}$ 배가 된다.
② f/f_0가 커짐에 따라 가진력은 점점 작아진다.
③ $f/f_0<\sqrt{2}$ 범위에서 ξ가 클수록 기초에 전달되는 힘은 작다.
④ $f/f_0=1$인 경우는 기초에 전달되는 힘은 가진력과 같다.

정답 70 ② 71 ① 72 ② 73 ① 74 ① 75 ③

풀이 ξ와 f/f_n, T의 변화

㉠ $f/f_n < \sqrt{2}$

- ξ값이 커질수록 T가 작아진다.
- 방진대책상 ξ가 클수록 좋다.

㉡ $f/f_n > \sqrt{2}$

- ξ값이 작아질수록 T가 작아진다.
- 방진대책상 ξ가 작을수록 좋다.

76 무게 1,710N, 회전속도 1,170rpm의 공기압축기가 있다. 방진고무의 지지점을 6개로 하고, 진동수비가 2.9라 할 때 고무의 정적수축량은?(단, 감쇠는 무시)

① 0.44cm　② 0.55cm
③ 0.63cm　④ 0.82cm

풀이 정적수축량(δ_{st})

$$\delta_{st} = \frac{W_{mp}}{K}$$

$$W_{mp} = \frac{W}{n} = \frac{1,710}{6} = 285\text{N}$$

$$K = W_{mp}\left(\frac{f_n}{4.98}\right)^2$$

$$f_n = \frac{f}{\eta} = \frac{(1,170/60)}{2.9} = 6.72\text{Hz}$$

$$= 285 \times \left(\frac{6.72}{4.98}\right)^2 = 519\text{N/cm}$$

$$= \frac{285}{519} = 0.55\text{cm}$$

77 방진대책으로 거리가 먼 것은?

① 수진 측을 탄성지지한다.
② 수진 측의 강성을 변경한다.
③ 가진력을 저감시킨다.
④ 진동원의 위치를 멀게 하여 거리감쇠를 작게 한다.

풀이 진동원의 위치를 멀게 하여 거리감쇠를 크게 한다.

78 스프링 정수 k가 100kg/cm인 스프링으로 100kg의 무게를 지지하였다고 하면 고유 진동수(Hz)는?

① 약 1Hz　② 약 3Hz
③ 약 5Hz　④ 약 7Hz

풀이 $f_n = \frac{1}{2\pi}\sqrt{\frac{k \cdot g}{W}}$

$$= \frac{1}{2\pi}\sqrt{\frac{100\text{kg/cm} \times 980\text{cm/sec}^2}{100\text{kg}}}$$

$$= 4.98\text{Hz}$$

79 점성감쇠를 갖는 강제진동의 위상각은 공진 시에는 몇 도인가?

① 0°　② 90°
③ 180°　④ 270°

80 $X(t) = A\sin\left(5\pi t + \frac{3}{2}\pi\right)$로 표시되는 조화운동의 진동수는?

① 2.5Hz　② 3.25Hz
③ 0.4Hz　④ 0.31Hz

풀이 변위의 기본식 $x = A\sin(\omega t + \phi)$에서 진동수와 관련 있는 항목은 각진동수($\omega$)이므로

$\omega = 2\pi f = 5\pi$

$f = \frac{5\pi}{2\pi} = 2.5\text{Hz}$

5과목 소음진동관계법규

81 소음진동관리법상 벌칙기준 중 3년 이하의 징역 또는 3천만 원 이하의 벌금에 처하는 경우는?

① 제작차 소음허용기준과 관련하여 환경부령으로 정하는 중요사항에 대한 변경인증을 받지 아니하고 자동차를 제작한 자

정답 76 ② 77 ④ 78 ③ 79 ② 80 ① 81 ④

② 생활소음 · 진동의 규제기준을 초과하여 받은 조치명령을 이행하지 않아 받은 해당 공사의 중지명령을 위반한 자
③ 거짓의 소음도표지를 붙인 자
④ 제작차 소음허용기준에 맞지 아니하게 자동차를 제작한 자

풀이 소음 · 진동관리법 제56조 참조

82 소음진동관리법규상 제작자동차의 배기소음 허용기준이 틀린 것은?[단, 2006년 1월 1일 이후에 제작되는 자동차를 기준으로 하며, 단위는 dB(A)]

① 총배기량 80cc 이하인 이륜자동차 : 102 이하
② 원동기출력 195마력을 초과하는 대형 화물자동차 : 105 이하
③ 소형 승용자동차 : 103 이하
④ 원동기출력 97.5마력 이하인 대형 화물자동차 : 103 이하

풀이 소형승용차 배기소음 허용기준은 100dB(A) 이하이다.

83 다음은 소음진동관리법규상 배출시설의 변경신고 등에 관한 사항이다. (　　) 안에 알맞은 것은?

> 배출시설 변경신고를 하려는 자는 해당 시설의 변경 전(사업장의 명칭을 변경하거나 대표자를 변경하는 경우에는 이를 변경한 날부터 (　　))에 배출시설 변경신고서에 변경내용을 증명하는 서류와 배출시설 설치신고증명서 또는 배출시설 설치허가증을 첨부하여 특별자치시장 · 특별자치도지사 등에게 제출하여야 한다.

① 30일 이내　　② 60일 이내
③ 90일 이내　　④ 120일 이내

84 소음진동관리법상 전국적인 소음 · 진동의 실태를 파악하기 위하여 측정망을 설치하고 상시 측정하여야 하는 자는?

① 국무총리　　② 유역환경청장
③ 환경부장관　　④ 지방환경청장

85 소음진동관리법규상 시 · 도지사가 환경부장관에게 제출하는 매년 주요 소음 · 진동 관리시책의 추진상황에 관한 연차보고서에 포함될 내용으로 가장 거리가 먼 것은?

① 소음 · 진동 전달경로 및 피해산정
② 소음 · 진동발생원 및 소음 · 진동현황
③ 소음 · 진동 저감대책 추진실적 및 추진계획
④ 소요 재원의 확보계획

풀이 연차보고서 포함내용
㉠ 소음 · 진동 발생원(發生源) 및 소음 · 진동 현황
㉡ 소음 · 진동 저감대책 추진실적 및 추진계획
㉢ 소요 재원의 확보계획

86 소음진동관리법규상 방지시설을 설치하여야 하는 사업장이 방지시설을 설치하지 아니하고 배출시설을 가동한 경우의 2차 행정처분 기준은?

① 조업정지　　② 사용금지명령
③ 폐쇄명령　　④ 허가취소

풀이 방지시설을 설치하지 아니하고 배출시설을 가동한 경우 행정처분기준
㉠ 1차 : 조업정지
㉡ 2차 : 허가취소

87 소음진동관리법규상 운행차에 경음기를 추가로 붙인 경우 등은 환경부령으로 정하는 바에 따라 자동차 소유자에게 개선을 명할 수 있다. 다음 중 개선에 필요한 기간기준은?

① 개선명령일부터 3일로 한다.
② 개선명령일부터 5일로 한다.
③ 개선명령일부터 7일로 한다.
④ 개선명령일부터 10일로 한다.

정답 82 ③ 83 ② 84 ③ 85 ① 86 ④ 87 ③

88 소음진동관리법규상 환경기술인을 두어야 할 사업장 및 그 자격기준에서 소음·진동기사 2급(산업기사) 이상의 기술자격 소지자를 두어야 하는 대상 사업장은 총동력 합계를 기준으로 할 때 몇 kW 이상인가?

① 1,000kW 이상 ② 2,550kW 이상
③ 3,250kW 이상 ④ 3,750kW 이상

풀이 환경기술인의 자격기준

대상 사업장 구분	환경기술인 자격기준
1. 총동력합계 3,750kW 미만인 사업장	사업자가 해당 사업장의 배출시설 및 방지시설업무에 종사하는 피고용인 중에서 임명하는 자
2. 총동력합계 3,750kW 이상인 사업장	소음·진동기사 2급 이상의 기술자격소지자 1명 이상 또는 해당 사업장의 관리책임자로 사업자가 임명하는 자

89 소음진동관리법규상 관리지역 중 산업개발진흥지구의 밤 시간대(22:00~06:00) 공장진동 배출허용기준(dB(V))으로 옳은 것은?

① 55 이하 ② 60 이하
③ 65 이하 ④ 70 이하

풀이 공장진동 배출허용기준 [단위 : dB(V)]

대상지역	시간대별	
	낮 (06:00~22:00)	밤 (22:00~06:00)
가. 도시지역 중 전용주거지역·녹지지역, 관리지역 중 취락지구·주거개발진흥지구 및 관광·휴양개발진흥지구, 자연환경보전지역 중 수산자원보호구역 외의 지역	60 이하	55 이하
나. 도시지역 중 일반주거지역·준주거지역, 농림지역, 자연환경보전지역 중 수산자원보호구역, 관리지역 중 가목과 다목을 제외한 그 밖의 지역	65 이하	60 이하
다. 도시지역 중 상업지역·준공업지역, 관리지역 중 산업개발진흥지구	70 이하	65 이하
라. 도시지역 중 일반공업지역 및 전용공업지역	75 이하	70 이하

90 소음진동관리법령상 인증을 생략할 수 있는 자동차에 해당하는 것은?

① 제철소·조선소 등 한정된 장소에서 운행되는 자동차로서 환경부장관이 정하여 고시하는 자동차
② 군용·소방용 및 경호 업무용 등 국가의 특수한 공무용으로 사용하기 위한 자동차
③ 여행자 등이 다시 반출할 것을 조건으로 일시 반입하는 자동차
④ 자동차제작자·연구기관 등이 자동차의 개발이나 전시 등을 목적으로 사용하는 자동차

풀이 인증을 생략할 수 있는 자동차

㉠ 국가대표 선수용이나 훈련용으로 사용하기 위하여 반입하는 자동차로서 문화체육관광부장관의 확인을 받은 자동차
㉡ 외국에서 국내의 공공기관이나 비영리단체에 무상으로 기증하여 반입하는 자동차
㉢ 외교관, 주한 외국군인 또는 그 가족이 사용하기 위하여 반입하는 자동차
㉣ 인증을 받지 아니한 자가 인증을 받은 자동차와 동일한 차종의 원동기 및 차대(車臺)를 구입하여 제작하는 자동차
㉤ 항공기 지상조업용(地上操業用)으로 반입하는 자동차
㉥ 국제협약 등에 따라 인증을 생략할 수 있는 자동차
㉦ 다음 각 목의 요건에 해당되는 자동차로서 환경부장관이 정하여 고시하는 자동차
- 제철소·조선소 등 한정된 장소에서 운행되는 자동차
- 제설용·방송용 등 특수한 용도로 사용되는 자동차
- 「관세법」에 따라 공매(公賣)되는 자동차

91 소음진동관리법규상 확인검사대행자와 관련한 행정처분기준 중 고의 또는 중대한 과실로 확인검사 대행업무를 부실하게 한 경우 1차 행정처분기준으로 옳은 것은?

① 경고
② 인증취소

정답 88 ④ 89 ③ 90 ① 91 ④

③ 개선명령 및 사용정지 2일
④ 업무정지 6일

풀이 고의 또는 중대한 과실로 확인검사 대행업무를 부실하게 한 경우 행정처분기준
㉠ 1차 : 업무정지 6일
㉡ 2차 : 등록취소

92 소음진동관리법규상 운행자동차 중 중대형 승용자동차의 배기소음(dB(A)) 허용기준은?(단, 2006년 1월 1일 이후에 제작되는 자동차 기준)

① 100 이하 ② 105 이하
③ 110 이하 ④ 112 이하

풀이 운행자동차 소음허용기준

자동차 종류 \ 소음 항목		배기소음 [dB(A)]	경적소음 [dB(C)]
경자동차		100 이하	110 이하
승용자동차	소형	100 이하	110 이하
	중형	100 이하	110 이하
	중대형	100 이하	112 이하
	대형	105 이하	112 이하
화물자동차	소형	100 이하	110 이하
	중형	100 이하	110 이하
	대형	105 이하	112 이하
이륜자동차		105 이하	110 이하

※ 2006년 1월 1일 이후에 제작되는 자동차

93 소음진동관리법규상 전기를 주동력으로 사용하는 자동차에 대한 종류는 무엇에 의해 구분하는가?

① 마력수 ② 차량총중량
③ 소모전기량(V) ④ 엔진배기량

풀이 전기를 주동력으로 사용하는 자동차에 대한 종류의 구분은 차량총중량에 의하되, 차량총중량이 1.5톤 미만에 해당하는 경우에는 경자동차로 구분한다.

94 소음진동관리법상 환경기술인을 임명하지 아니한 자에 대한 과태료 부과기준으로 옳은 것은?

① 200만 원 이하의 과태료
② 300만 원 이하의 과태료
③ 6개월 이하의 징역 또는 500만 원 이하의 과태료
④ 1년 이하의 징역 또는 500만 원 이하의 과태료

풀이 소음 · 진동관리법 제60조 참조

95 환경정책기본법상 국가 및 지방자치단체가 환경기준이 적절히 유지되도록 환경에 관한 법령의 재정과 행정계획의 수립 및 사업을 집행할 경우에 고려하여야 할 사항과 가장 거리가 먼 것은?

① 재원 조달방법의 홍보
② 새로운 과학기술의 사용으로 인한 환경훼손의 예방
③ 환경오염지역의 원상회복
④ 환경악화의 예방 및 그 요인의 제거

풀이 환경기준 유지를 위한 고려사항
㉠ 환경 악화의 예방 및 그 요인의 제거
㉡ 환경오염지역의 원상회복
㉢ 새로운 과학기술의 사용으로 인한 환경오염 및 환경훼손의 예방
㉣ 환경오염방지를 위한 재원(財源)의 적정 배분

96 다음은 소음진동관리법규상 운행차 정기검사의 방법 · 기준 및 대상 항목 중 경적소음 측정에 관한 사항이다. ( ) 안에 가장 적합한 것은?

> 자동차의 원동기를 가동시키지 아니한 정차상태에서 자동차의 경음기를 ( )를 측정. 이 경우 2개 이상의 경음기가 장치된 자동차는 경음기를 동시에 작동시킨 상태에서 측정

① 5초 동안 작동시켜 최대소음도
② 10초 동안 작동시켜 최대소음도
③ 5초 동안 작동시켜 평균소음도
④ 10초 동안 작동시켜 평균소음도

정답 92 ① 93 ② 94 ② 95 ① 96 ①

97 환경정책기본법상 용어의 정의로 옳지 않은 것은?

① "환경개선"이라 함은 환경오염 및 환경훼손으로부터 환경을 보호하고 오염되거나 훼손된 환경을 개선함과 동시에 쾌적한 환경의 상태를 유지·조성하기 위한 행위를 말한다.
② "자연환경"이라 함은 지하·지표(해양을 포함한다.) 및 지상의 모든 생물과 이들을 둘러싸고 있는 비생물적인 것을 포함한 자연의 상태(생태계 및 자연경관을 포함한다.)를 말한다.
③ "환경훼손"이라 함은 야생동식물의 남획 및 그 서식지의 파괴, 생태계 질서의 교란, 자연경관의 훼손, 표토의 유실 등으로 자연환경의 본래적 기능에 중대한 손상을 주는 상태를 말한다.
④ "생활환경"이라 함은 대기, 물, 토양, 폐기물, 소음·진동, 악취, 일조, 인공조명 등 사람의 일상생활과 관계되는 환경을 말한다.

풀이 ①항은 "환경보전"의 내용이다.

98 소음진동관리법에서 교통기관으로 정의되지 않은 것은?

① 선박　　② 도로
③ 전차　　④ 철도

풀이 교통기관은 기차·자동차·전차·도로 및 철도 등을 말하며 항공기와 선박은 제외한다.

99 소음진동관리법령상 공항 인근 지역이 아닌 그 밖의 지역의 항공기 소음 영향도(WECPNL) 기준으로 옳은 것은?

① 95　　② 90
③ 85　　④ 75

풀이 항공기 소음의 한도
㉠ 공항 인근지역 : 항공기 소음 영향도(WECPNL) 90
㉡ 그 밖의 지역 : 항공기 소음 영향도(WECPNL) 75

100 소음진동관리법규상 시장·군수·구청장 등은 그 관할구역에서 환경기술인 과정 등의 각 교육과정별 대상자를 선발하여 그 명단을 해당 교육과정 개시 며칠 전까지 교육기관의 장에게 통보하여야 하는가?

① 7일 전까지
② 15일 전까지
③ 30일 전까지
④ 60일 전까지

정답 97 ① 98 ① 99 ④ 100 ②

016 2017년 4회 기사

1과목 소음진동개론

01 수직보정곡선의 주파수 범위(f(Hz))가 $4 \le f \le 8$일 때, 주파수 대역별 보정치의 물리량(m/s^2)으로 옳은 것은?

① $2\times10^{-5}\times f^{-\frac{1}{2}}$　　② 10^{-5}
③ 1.25×10^{-5}　　④ $0.125\times10^{-5}\times f$

풀이 주파수 대역별 보정치의 물리량(수직보정)
㉠ $1\text{Hz} \le f \le 4\text{Hz}$
$a = 2\times10^{-5}\times f^{-\frac{1}{2}}(\text{m/s}^2)$
㉡ $4\text{Hz} \le f \le 8\text{Hz}$
$a = 10^{-5}(\text{m/s}^2)$
㉢ $8\text{Hz} \le f \le 90\text{Hz}$
$a = 0.125\times10^{-5}\times f(\text{m/s}^2)$

02 특수한 음의 영향에 관한 설명으로 옳지 않은 것은?

① 항공기 속도가 음속을 초과하면 음파가 항공기 앞으로 전파하지 못하므로 원추 모양의 충격파가 뱃머리에서 물결이 퍼져나가듯 전파된다.
② 초음파음은 공기에 의해 흡수가 잘되는 편이므로 음원 근처에서 조사가 이루어져야 한다.
③ 초음파음은 직진성이 크고, X선과 같이 상을 만든다.
④ 20Hz보다 낮은 초저주파음은 가청주파수가 아니므로 인체가 전혀 느끼지 못한다.

풀이 초저주파음에 의한 영향으로는 신경피로, 구역질, 균형상실 등이 나타난다.

03 다음 주파수 대역 중 인체가 가장 민감하게 느끼는 진동(수직 및 수평) 주파수 범위는?

① 1~10Hz　　② 1~2kHz
③ 2~4kHz　　④ 20kHz 이상

풀이 수직진동은 4~8Hz, 수평진동은 1~2Hz 범위에서 가장 민감하다.

04 인체의 청각기관에 관한 설명으로 옳지 않은 것은?

① 음의 대소는 섬모가 받는 자극의 크기에 따라 다르며, 음의 고저는 자극을 받는 섬모의 위치에 따라 결정된다.
② 귓바퀴는 집음기의 역할을 한다.
③ 난원창은 이소골의 진동을 달팽이관 중의 림프액에 전달하는 진동판의 역할을 한다.
④ 외이도는 임피던스 변환기의 역할을 한다.

풀이 외이도는 일종의 공명기로서 약 3kHz의 소리를 증폭시켜 고막에 전달하여 진동시키는 역할을 한다.

05 다음 귀의 부분 중 소음성 난청으로 주로 장애를 받는 부분은?

① 외이　　② 중이
③ 내이　　④ 대뇌청각역

06 레이노씨 현상에 관한 설명으로 옳지 않은 것은?

① 인체의 말초혈관운동 장애로 인한 혈액순환이 방해받는 현상이다.
② 국소진동의 영향으로 나타나며 착암기 공기해머 등을 많이 사용하는 사람의 손에서 나타나는 증상이다.

정답 01 ② 02 ④ 03 ① 04 ④ 05 ③ 06 ④

③ 검은색 손가락 증상이라고도 한다.
④ 주위 온도가 높아지면 이러한 증상이 악화된다.

풀이 레이노씨 현상은 주위 온도가 낮아지면 증상이 악화된다.

07 기차역에서 기차가 지나갈 때, 기차가 역 쪽으로 올 때에는 기차음이 고음으로 들리고 기차가 역을 지나친 후에는 기차음이 저음으로 들린다. 이와 같은 현상을 무엇이라고 하는가?

① Huyghens(호이겐스) 원리
② Doppler(도플러) 효과
③ Masking(마스킹) 효과
④ Binaural(양이) 효과

08 다음 중 Snell의 법칙 표현으로 옳은 것은? (단, 매질 1에서의 입사각 및 음속은 θ_1 및 C_1, 매질 2에서의 굴절각 및 음속은 θ_2 및 C_2)

① $\dfrac{C_1}{C_2}=\dfrac{\sin\theta_2}{\sin\theta_1}$

② $\dfrac{C_1}{C_2}=\dfrac{\sin\theta_1}{\sin\theta_2}$

③ $\dfrac{C_1}{C_2}=\sin\theta_1\times\sin\theta_2$

④ $\dfrac{C_1}{C_2}=\dfrac{1}{\sin\theta_1\times\sin\theta_2}$

09 음의 회절현상에 대한 설명 중 옳은 것은?

① 파장이 짧고, 장애물이 클수록 회절이 잘 일어난다.
② 슬릿의 구멍이 클수록 회절이 잘된다.
③ 높은 주파수의 음은 저주파음보다 회절하기가 쉽다.
④ 라디오의 전파가 큰 건물의 뒤쪽에서도 수신되는 현상과 관련이 있다.

풀이 음의 회절 특징
㉠ 파장이 길수록 회절이 잘 된다.
㉡ 소리의 주파수는 파장에 반비례하므로 낮은 주파수는 고주파음에 비하여 회절하기가 쉽다.
㉢ 물체가 작을수록(구멍이 작을수록) 소리는 잘 회절된다.
㉣ 음파는 회절현상에 의해 차음벽의 효과가 실험치보다 낮게 나타난다.
㉤ 라디오의 전파가 큰 건물의 뒤쪽에서도 수신되는 현상과 관련이 있다.

10 2개의 작은 음원이 있다. 각각의 음향출력(W)의 비율이 1 : 25일 때 이 2개 음원의 음향파워레벨의 차이는?

① 11dB ② 14dB
③ 18dB ④ 21dB

풀이 ㉠ 출력 1watt(PWL_1)

$$PWL_1=10\log\frac{1}{10^{-12}}=120\text{dB}$$

㉡ 출력 100watt(PWL_2)

$$PWL_2=10\log\frac{25}{10^{-12}}=134\text{dB}$$

∴ 차이 $=134-120=14\text{dB}$

11 둘 또는 그 이상의 같은 성질의 파동이 동시에 어느 한 점을 통과할 때 그 점에서의 진폭은 개개의 파동의 진폭을 합한 것과 같다. 이 원리와 거리가 먼 것은?

① 맥놀이 ② 음향 임피던스
③ 소멸간섭 ④ 보강간섭

풀이 음의 간섭
㉠ 보강간섭
㉡ 소멸간섭
㉢ 맥놀이

정답 07 ② 08 ② 09 ④ 10 ② 11 ②

12 대기조건에 따른 공기흡음 감쇠효과에 관한 설명으로 옳은 것은?

① 습도가 낮을수록 감쇠치는 증가한다.
② 주파수가 낮을수록 감쇠치는 증가한다.
③ 일반적으로 기온이 낮을수록 감쇠치는 작아진다.
④ 공기의 흡음감쇠는 음원과 관측점의 거리에 거의 영향을 받지 않는다.

풀이 기상조건에 따른 감쇠

$$A_a = 7.4 \times \left(\frac{f^2 \times r}{\phi}\right) \times 10^{-8}(\text{dB})$$

여기서, A_a : 감쇠치(dB)
f : 주파수(Hz)
r : 음원과 관측점 사이 거리(m)
ϕ : 상대습도(%)

13 자유공간에 있는 무지향성 점음원으로부터 15m 지점의 음압레벨이 75dB라면 이 음원으로부터 45m 떨어진 지점에서의 음압레벨은?

① 약 55dB ② 약 60dB
③ 약 65dB ④ 약 70dB

풀이 $SPL_1 - SPL_2 = 20\log\dfrac{r_2}{r_1}$

$75 - SPL_2 = 20\log\dfrac{45}{15}$

$SPL_2 = 65.46\text{dB}$

14 지반을 전파하는 파에 관한 설명으로 가장 거리가 먼 것은?

① S파는 거리가 2배로 되면 6dB 정도 감소한다.
② P파는 거리가 2배로 되면 6dB 정도 감소한다.
③ R파는 거리가 2배로 되면 3dB 정도 감소한다.
④ 표면파의 전파속도는 횡파의 40~45% 정도이다.

풀이 표면파의 전파속도는 일반적으로 횡파의 92~96% 정도이다.

15 다음 주파수 범위(Hz) 중 인간의 청각에서 가장 감도가 좋은 것은?

① 0~10 ② 10~50
③ 50~250 ④ 2,000~5,000

풀이 인간의 청각에서 가장 감도가 좋은 주파수는 4,000 Hz 부근이다.

16 자유음장에서 점음원으로부터 관측점까지의 거리를 2배로 하면 음압레벨은 어떻게 변화되는가?

① 1/2로 감소된다. ② 2배 증가한다.
③ 3dB 감소한다. ④ 6dB 감소한다.

풀이 역2승법칙
자유음장에서 점음원으로부터 거리가 2배 멀어질 때마다 음압레벨이 6dB(=20log2)씩 감쇠되는데, 이를 점음원의 역2승법칙이라 한다.

17 다음 중 음세기의 단위를 나타낸 것으로 옳은 것은?

① dB ② Pa
③ N/m^2 ④ W/m^2

18 청력에 관한 내용으로 옳지 않은 것은?

① 음의 대소는 음파의 진폭(음압) 크기에 따른다.
② 음의 고저는 음파의 주파수에 따라 구분된다.
③ 4분법에 의한 청력손실이 옥타브밴드 중심주파수가 500~2,000Hz 범위에서 10dB 이상이면 난청이라 한다.
④ 청력손실이란 청력이 정상인 사람의 최소 가청치와 피검자의 최소 가청치와의 비를 dB로 나타낸 것이다.

풀이 청력손실이 옥타브밴드 중심주파수 500~2,000 Hz 범위에서 25dB 이상이면 난청이라 평가한다.

정답 12 ① 13 ③ 14 ④ 15 ④ 16 ④ 17 ④ 18 ③

19 점음원이 자유진행파를 발생한다고 가정할 때 음원으로부터 6m 떨어진 지점의 음압레벨이 70dB이다. 이 음원의 음향파워레벨은?

① 86.6dB ② 96.6dB
③ 106.6dB ④ 116.6dB

풀이 $SPL = PWL - 20\log r - 11$
$70 = PWL - 20\log 6 - 11$
$PWL = 96.56\text{dB}$

20 음의 크기레벨에 관한 다음 설명 중 옳지 않은 것은?(단, S는 음의 크기, L_L은 음의 크기레벨)

① 음의 크기레벨은 phon으로 측정된다.
② $S = 2^{(L_L - 40)/10}$으로 나타낼 수 있다.
③ 1sone은 4,000Hz 순음의 음세기레벨 40dB의 음 크기로 정의된다.
④ 음의 크기레벨은 감각적인 음의 크기를 나타내는 양으로 같은 음압레벨이라도 주파수가 다르면 같은 크기로 감각되지 않는다.

풀이 1sone은 1,000Hz 순음의 음세기레벨 40dB의 음 크기로 정의된다.

2과목 소음방지기술

21 A차음재료의 투과손실이 40dB이라면 입사음 세기는 투과음 세기의 몇 배가 되겠는가?

① 1/10,000 ② 1/4
③ 4 ④ 10,000

풀이 $TL = 10\log\frac{1}{\tau}$
$\tau = 10^{-\frac{TL}{10}} = 10^{-\frac{40}{10}} = 0.0001$
(입사음 세기는 투과음 세기의 10,000배)

22 벽체 외부로부터 확산음이 입사될 때 이 확산음의 음압레벨은 90dB이다. 실내의 흡음력은 30m^{2}이고, 벽의 투과손실은 30dB, 그리고 벽의 면적이 20m^{2}이면 실내의 음압레벨(dB)은?

① 약 64dB ② 약 75dB
③ 약 79dB ④ 약 81dB

풀이 $SPL_1 - SPL_2 = TL + 10\log\left(\frac{A_2}{S}\right) - 6$
$SPL_2 = 90 - 30 - 10\log\left(\frac{30}{20}\right) + 6$
$= 64.24\text{dB}$

23 흡음률을 측정하기 위한 방법으로 잔향실을 이용하는 경우가 있다. 이 잔향실에 대한 특성으로 옳은 것은?

① 벽면의 흡음률을 1에 가깝게 한다.
② 벽면으로부터 반사파를 될 수 있는 한 작게 하여 확산음장을 얻도록 한다.
③ 잔향실에는 실내에 충분한 확산을 얻을 수 있도록 확산판을 사용한다.
④ 잔향실의 주요한 벽면은 평행이 되도록 설계하여야 하고, 8면체 대각선 길이의 비는 6~8 사이로 한다.

풀이 ① 벽면의 흡음률을 0에 가깝게 한다.
② 벽으로부터 반사파를 될 수 있는 한 크게 하며 확산음장을 얻도록 한다.
③ 잔향실 실내는 충분한 확산을 얻을 수 있도록 확산판을 사용한다.
④ 잔향실의 주요한 벽면은 평행이 되지 않게 하며 실내 음에너지 밀도가 일정하게 한다.

24 감음계수에 관한 설명으로 옳은 것은?

① NRN이라고도 하며 1/3옥타브대역으로 측정한 중심주파수 250, 500, 1,000, 2,000Hz에서의 흡음률의 기하평균치이다.

정답 19 ② 20 ③ 21 ④ 22 ① 23 ③ 24 ③

② NRN이라고도 하며 1/1옥타브대역으로 측정한 중심주파수 250, 500, 1,000, 2,000Hz에서의 흡음률의 산술평균치이다.
③ NRC라고도 하며 1/3옥타브대역으로 측정한 중심주파수 250, 500, 1,000, 2,000Hz에서의 흡음률의 산술평균치이다.
④ NRC라고도 하며 1/1옥타브대역으로 측정한 중심주파수 250, 500, 1,000, 2,000Hz에서의 흡음률의 기하평균치이다.

25 흡음률이 0.4인 흡음재를 사용하여 내경 40cm의 원형직관 흡음덕트를 만들었다. 이 덕트의 감쇠량이 15dB일 때 흡음덕트의 길이는 대략 얼마인가?(단, $K=\alpha-0.1$ 적용)

① 3m ② 4m
③ 5m ④ 6m

풀이 $\Delta L = K \cdot \dfrac{P \cdot L}{S}$

$$L = \frac{\Delta L \times S}{K \times P}$$

$$S = \frac{3.14 \times 0.4^2}{4} = 0.1256\text{m}^2$$

$$K = 0.4 - 0.1 = 0.3$$

$$P = 3.14 \times 0.4 = 1.256\text{m}$$

$$= \frac{15 \times 0.1256}{0.3 \times 1.256} = 5\text{m}$$

26 흡음 덕트형 소음기에 대한 설명으로 옳지 않은 것은?

① 중－고주파수의 음에 유효하게 사용된다.
② 흡음덕트 내에서 기류가 음파와 같은 방향으로 이동할 경우 소음의 감쇠치의 정점은 고주파수 측으로 이동하면서 그 크기는 낮아진다.
③ 흡음덕트 최대 감음 주파수는 $\lambda/2 < D < \lambda$ 범위에 있다.(D는 덕트의 내경)
④ 음향에너지의 밀도를 희박화하고 공동단을 줄여서 소음을 제어한다.

풀이 흡음 덕트형 소음기는 덕트 내에 흡음재를 부착하여 흡음재의 흡음효과에 의해 소음을 감쇠시킨다.

27 소음제어를 위한 자재류의 특성으로 옳지 않은 것은?

① 흡음재 : 상대적으로 경량이며 잔향음 에너지를 저감시킨다.
② 차음재 : 상대적으로 고밀도로서 음의 투과율을 저감시킨다.
③ 제진재 : 상대적으로 큰 내부손실을 가진 신축성이 있는 자재로, 진동으로 판넬이 떨려 발생하는 음에너지를 저감시킨다.
④ 차진재 : 탄성패드나 금속 스프링으로서 구조적 진동을 증가시켜 진동에너지를 저감시킨다.

풀이 차진재는 구조적 진동과 진동 전달력을 저감시켜 진동에너지를 감소시킨다.

28 차음재료 선정 및 사용상 유의점으로 옳지 않은 것은?

① 차음에 영향이 가장 큰 것은 틈이므로 틈이나 파손된 곳이 없도록 하여야 한다.
② 서로 다른 재료로 구성된 벽의 차음효과를 높이기 위해서는 벽체 각 구성부의 면적과 당해 벽체의 $S_i\tau_i$의 값이 다른 자재의 시공을 검토하는 것이 좋다.
③ 차음벽에서 면의 진동은 위험하므로 가진력이 큰 기계가 설치된 공장의 차음벽은 방진지지 및 방진합금의 이용이나 Damping 처리 등을 검토한다.
④ 콘크리트 블록을 차음벽으로 사용하는 경우에는 표면을 모르타르로 바르는 것이 좋다.

풀이 서로 다른 재료가 혼용된 벽의 차음효과를 높이기 위해 $S_i\tau_i$ 차이가 서로 유사한 재료를 선택한다.

정답 25 ③ 26 ④ 27 ④ 28 ②

29 가로 × 세로 × 높이가 각각 5m × 7m × 2m인 방의 벽, 바닥, 천장의 500Hz에서의 흡음률이 각각 0.25, 0.05, 0.15일 때, 500Hz 음의 잔향시간은?

① 0.31초 ② 0.59초
③ 0.74초 ④ 0.98초

풀이 잔향시간(T)

$$T=\frac{0.161\times V}{S\bar{\alpha}}$$

S(실내 전 표면적)

: $S_{벽}=(5\times2\times2)+(7\times2\times2)=48\text{m}^2$

$S_{바}=5\times7=35\text{m}^2$

$S_{천}=5\times7=35\text{m}^2$

$$\bar{\alpha}=\frac{(48\times0.25)+(35\times0.15)+(35\times0.05)}{48+35+35}=0.161$$

$$=\frac{0.161\times(5\times7\times2)}{(48+35+35)\times0.161}=0.59\text{sec}$$

30 그림과 같이 내경 6cm, 두께 2mm인 관 끝 무반사관 도중에 직경 1cm의 작은 구멍이 10개 뚫린 관을 내경 15cm, 길이 30cm의 공동과 조합할 때의 공명주파수는?(단, 작은 구멍의 보정길이=내관두께+구멍반지름×1.6으로 하며, 음속은 344m/s로 한다.)

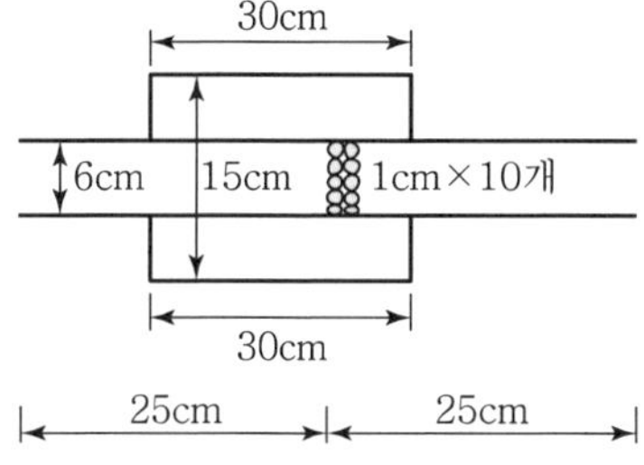

① 187Hz ② 233Hz
③ 256Hz ④ 278Hz

풀이 공명주파수(f_r)

$$f_r=\frac{C}{2\pi}\sqrt{\frac{A}{l\cdot V}}\text{(Hz)}$$

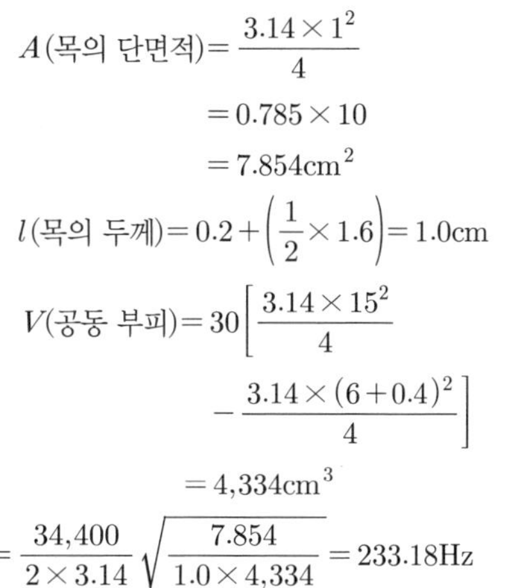

$$A(\text{목의 단면적})=\frac{3.14\times1^2}{4}=0.785\times10=7.854\text{cm}^2$$

$$l(\text{목의 두께})=0.2+\left(\frac{1}{2}\times1.6\right)=1.0\text{cm}$$

$$V(\text{공동 부피})=30\left[\frac{3.14\times15^2}{4}-\frac{3.14\times(6+0.4)^2}{4}\right]=4{,}334\text{cm}^3$$

$$=\frac{34{,}400}{2\times3.14}\sqrt{\frac{7.854}{1.0\times4{,}334}}=233.18\text{Hz}$$

31 음원(S)과 수음점(R)이 자유공간에 있는 아래와 같은 방음벽에서 A=10m, B=20m, d=25m($S-R$ 사이)일 때 500Hz에서의 Fresnel number는?(단, 음속은 340m/sec이고, 방음벽의 길이는 충분히 길다고 가정한다.)

① 10.7
② 14.7
③ 16.7
④ 17.7

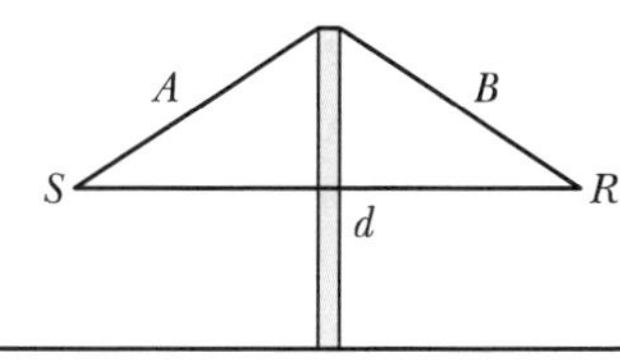

풀이 Fresnel Number(N)

$$N=\frac{\delta\times f}{170}$$

$\delta=A+B-d=10+20-25=5\text{m}$

$$=\frac{5\times500}{170}=14.71$$

32 다음 발파소음 감소대책 중 가장 거리가 먼 것은?

① 완전전색이 이루어져야 한다.
② 지발당 장약량을 감소시킨다.
③ 기폭방법에서 역기폭보다 정기폭을 사용한다.
④ 도폭선 사용을 피한다.

풀이 발파소음의 대책으로 기폭방법에서 정기폭보다는 역기폭 방법을 사용한다.

정답 29 ② 30 ② 31 ② 32 ③

33 다음 방음대책을 음원대책과 전파경로대책으로 구분할 때 주로 전파경로대책에 해당하는 것은?

① 소음기 설치　② 마찰력 감소
③ 공명방지　④ 방음벽 설치

풀이 전파경로대책
㉠ 흡음(공장건물 내벽의 흡음처리로 실내 SPL 저감)
㉡ 차음[공장 벽체의 차음성(투과손실) 강화]
㉢ 방음벽 설치
㉣ 거리감쇠(소음원과 수음점의 거리를 멀리 띄움)
㉤ 지향성 변환(고주파음에 약 15dB 정도 저감 효과)
㉥ 주위에 잔디를 심어 음반사 차단

34 음파가 벽면에 수직입사할 때 주파수가 1,000 Hz이고, 면밀도가 22kg/m^{2}인 단일벽체의 투과손실은?

① 34dB　② 40dB
③ 44dB　④ 48dB

풀이 $TL = 20\log(m \cdot f) - 43$
$= 20\log(22 \times 1{,}000) - 43$
$= 43.85\text{dB}$

35 재료의 흡음률 측정법 중 난입사 흡음률 측정법으로 실제 현장에서 적용되고 있는 것은?

① 투과손실법　② 정재파법
③ 관내법　④ 잔향실법

36 평균흡음률 0.04인 실내의 평균음압레벨을 85dB에서 80dB로 낮추기 위해서는 평균흡음률을 약 얼마로 해야 하는가?

① 0.05　② 0.13
③ 0.25　④ 0.31

풀이 $NR = 10\log\dfrac{\overline{\alpha_2}}{\overline{\alpha_1}}$

$85 - 80 = 10\log\dfrac{\overline{\alpha_2}}{0.04}$

$\overline{\alpha_2} = 10^{0.5} \times 0.04 = 0.13$

37 바닥 20m×20m, 높이 4m인 방의 잔향시간이 2초일 때, 이 방의 실정수(m^2)는?

① 115.5　② 121.3
③ 131.2　④ 145.5

풀이 $R = \dfrac{S \cdot \overline{\alpha}}{1 - \overline{\alpha}}$

$\overline{\alpha} = \dfrac{0.161 \times V}{T \times S} = \dfrac{0.161 \times 1{,}600}{2 \times 1{,}120}$
$= 0.115$

$S = (20 \times 20 \times 2) + (20 \times 4 \times 4)$
$= 1{,}120\text{m}^2$

$V = 20 \times 20 \times 4 = 1{,}600\text{m}^3$

$= \dfrac{1{,}120 \times 0.115}{1 - 0.115} = 145.54\text{m}^2$

38 3m×4m 크기의 차음벽을 두 잔향실 사이에 설치한 후, 음원실과 수음실에서 시간 및 공간 평균된 음압레벨을 측정하였더니 각각 90dB와 72dB이었다. 수음실의 흡음력을 20sabines이라고 하면 이 차음벽의 투과손실은?(단, 차음벽에서 충분히 떨어진 곳에서 측정)

① 15.8dB　② 13.5dB
③ 11.4dB　④ 10.6dB

풀이 $\overline{SPL_2} = \overline{SPL_1} - TL + 10\log\left(\dfrac{S_w}{R_2}\right)$

$TL = \overline{SPL_1} - \overline{SPL_2} + 10\log\left(\dfrac{S_w}{R_2}\right)$

$= 90 - 72 + 10\log\left(\dfrac{12}{20}\right)$

$= 15.78\text{dB}$

39 $8\text{m}^L \times 7\text{m}^W \times 3\text{m}^H$인 실내의 바닥, 천장, 벽의 흡음률이 각각 0.1, 0.3, 0.2일 때, 실내의 흡음력과 잔향시간으로 옳은 것은?

① 30sabines, 1.2초
② 30sabines, 0.7초
③ 40sabines, 1.2초
④ 40sabines, 0.7초

정답 33 ④ 34 ③ 35 ④ 36 ② 37 ④ 38 ① 39 ④

풀이 $A=\bar{\alpha}\times S$

$$\bar{\alpha}=\frac{(56\times0.1)+(56\times0.3)+(90\times0.2)}{56+56+90}$$

$$=0.2$$

$$=0.2\times202=40.4\text{sabin}(m^2)$$

$$T=\frac{0.161V}{A}=\frac{0.161\times168}{40.4}=0.67\text{sec}$$

40 음원을 밀폐상자로 씌우는 구조로 파장에 비해 작은 밀폐상자 내의 저주파 음압레벨 SPL_1을 구하는 공식은?[단, PWL_S=음원의 파워레벨(dB), f=밀폐상자보다 파장이 큰 저주파(Hz), V=음원과 상자 간의 공간체적(m^3)]

① $SPL_1=PWL_S-20\log f-20\log V+81\text{dB}$
② $SPL_1=PWL_S+20\log f-20\log V+81\text{dB}$
③ $SPL_1=PWL_S-40\log f-20\log V+81\text{dB}$
④ $SPL_1=PWL_S+40\log f-20\log V+81\text{dB}$

3과목 소음진동공정시험 기준

41 진동레벨기록기를 사용하여 배출허용기준 중 진동을 측정할 경우 "기록지상의 지시치가 불규칙하고 대폭적으로 변할 때" 측정진동레벨로 정하는 기준은?[단, 모눈종이 상에 누적도곡선(횡축에 진동레벨, 좌측 종축에 누적도수를, 우측종축에 백분율을 표기)을 이용하는 방법에 의한다.]

① 80% 횡선이 누적도곡선과 만나는 교점에서 수선을 그어 횡축과 만나는 점의 진동레벨을 L_{10} 값으로 한다.
② 85% 횡선이 누적도곡선과 만나는 교점에서 수선을 그어 횡축과 만나는 점의 진동레벨을 L_{10} 값으로 한다.
③ 90% 횡선이 누적도곡선과 만나는 교점에서 수선을 그어 횡축과 만나는 점의 진동레벨을 L_{10} 값으로 한다.
④ 95% 횡선이 누적도곡선과 만나는 교점에서 수선을 그어 횡축과 만나는 점의 진동레벨을 L_{10} 값으로 한다.

42 발파소음 측정자료평가표 서식에 기재되어야 하는 사항으로 거리가 먼 것은?

① 천공장 깊이　② 폭약의 종류
③ 발파횟수　④ 측정기기의 부속장치

풀이 발파소음 측정자료평가표 기재사항
㉠ 폭약의 종류
㉡ 1회 사용량
㉢ 발파횟수
㉣ 측정지점 약도

43 진동픽업의 설치장소 조건으로 옳지 않은 것은?

① 수직방향 진동레벨을 측정할 수 있도록 설치한다.
② 경사 또는 요철이 없는 장소로 하고, 수평면을 충분히 확보할 수 있는 장소로 한다.
③ 복잡한 반사, 회절현상이 예상되는 지점은 피한다.
④ 완충물이 풍부하고, 충분히 다져서 단단히 굳은 장소로 한다.

풀이 진동픽업의 설치장소는 완충물이 없고, 충분히 다져서 단단히 굳은 곳으로 한다.

44 소음배출허용기준 측정방법 중 측정점 선정에 관한 설명으로 가장 거리가 먼 것은?

① 공장의 부지경계선 중 피해가 우려되는 장소로서 소음도가 높을 것으로 예상되는 지점을 택한다.

정답 40 ③ 41 ③ 42 ① 43 ④ 44 ③

② 측정지점에 높이 1.5m를 초과하는 장애물이 있는 경우에는 장애물로부터 소음원 방향으로 1~3.5m 떨어진 지점을 측정점으로 한다.
③ 측정지점에 있는 장애물이 방음벽일 경우에는 장애물 안쪽으로 1~3.5m 떨어진 지점 중 암영대를 측정점으로 한다.
④ 측정은 지면으로부터 1.3m 높이에서 할 수 있다.

풀이 측정지점에 있는 장애물이 방음벽이거나 충분한 차음이 예상되는 경우에는 장애물 밖의 1.0~3.5m 떨어진 지점 중 암영대의 영향이 적은 지점으로 한다.

45 소음계의 마이크로폰 설치 및 소음측정조건에 관한 설명으로 가장 거리가 먼 것은?

① 측정위치에 받침장치를 설치하는 것을 원칙으로 한다.
② 측정점은 일반지역의 경우 장애물이 없는 지점의 지면 위 1.2~1.5m의 높이로 한다.
③ 풍속이 2m/s 미만인 상태에서는 방풍망 설치가 없어도 가능하다.
④ 풍속이 3m/s를 초과할 때에는 측정하여서는 안 된다.

풀이 풍속이 2m/sec 이상일 때에는 반드시 마이크로폰에 방풍망을 부착하여야 하며, 풍속이 5m/sec를 초과할 때에는 측정하여서는 안 된다.

46 측정소음도가 58.6dB(A), 배경소음도가 51.2 dB(A)일 경우 대상소음도를 구하기 위한 보정치(dB(A))의 절댓값으로 옳은 것은?

① 0.9 ② 1.4
③ 1.6 ④ 1.9

풀이 $\text{보정치} = -10\log[1-10^{-(0.1\times d)}]$
$= -10\log[1-10^{-(0.1\times 7.4)}]$
$= 0.87\text{dB(A)}$

47 다음은 소음도 기록기 또는 소음계만을 사용하여 측정할 경우 등가소음도 계산방법이다. ( ) 안에 알맞은 것은?

> 5분 이상 측정한 값 중 5분 동안 측정 · 기록한 기록지 상의 값을 ( ) 판독하여 소음측정기록지 표에 기록한다.

① 5초 간격으로 60회
② 10초 간격으로 30회
③ 15초 간격으로 20회
④ 20초 간격으로 10회

48 소음계를 기본구조와 부속장치로 구분할 때, 다음 중 기본구조에 해당하는 것으로만 옳게 나열된 것은?

① 표준음 발생기, 교정장치
② 지시계기, 표준음 발생기
③ 청감보정회로, 지시계기
④ 교정장치, 삼각대

풀이 소음계의 기본구조
㉠ 마이크로폰
㉡ 레벨레인지 변환기
㉢ 증폭기
㉣ 교정장치
㉤ 청감보정회로
㉥ 동특성 조절기
㉦ 출력단자(간이소음계 제외)
㉧ 지시계기

49 다음 중 소음배출 허용기준에 사용되는 단위는?

① dB(A) ② dV(V)
③ sone ④ W/m^2

정답 45 ④ 46 ① 47 ① 48 ③ 49 ①

50 다음은 도로교통진동관리기준 측정방법 중 측정시간 및 측정지점수에 관한 기준이다. (　　) 안에 알맞은 것은?

> 시간대별로 진동피해가 예상되는 시간대를 포함하여 (　　)하여 산술평균한 값을 측정진동레벨로 한다.

① 4개 이상의 측정지점수를 선정하여 2시간 이상 간격으로 2회 이상 측정
② 4개 이상의 측정지점수를 선정하여 2시간 이상 간격으로 4회 이상 측정
③ 2개 이상의 측정지점수를 선정하여 4시간 이상 간격으로 2회 이상 측정
④ 2개 이상의 측정지점수를 선정하여 2시간 이상 간격으로 4회 이상 측정

51 생활소음 규제기준 측정방법상 디지털 소음자동분석계를 사용할 경우 측정소음도로 하는 기준은?

① 샘플주기를 1초 이내에서 결정하고 1분 이상 측정하여 자동 연산 · 기록한 등가소음도
② 샘플주기를 1초 이내에서 결정하고 5분 이상 측정하여 자동 연산 · 기록한 등가소음도
③ 샘플주기를 5초 이내에서 결정하고 5분 이상 측정하여 자동 연산 · 기록한 등가소음도
④ 샘플주기를 5초 이내에서 결정하고 10분 이상 측정하여 자동 연산 · 기록한 등가소음도

52 다음 중 소음 · 진동공정시험기준에서 정하는 용어의 정의로 옳지 않은 것은?

① 측정소음도란 이 시험기준에서 정한 측정방법으로 측정한 소음도 및 등가소음도 등을 말한다.
② 등가소음도란 임의의 측정시간 동안 발생한 변동소음의 총 에너지를 같은 시간 내의 정상소음의 에너지로 등가하여 얻어진 소음도를 말한다.
③ 지시치란 계기나 기록지 상에서 판독한 소음도로서 피크치를 말한다.
④ 충격음이란 폭발음, 타격음과 같이 극히 짧은 시간 동안에 발생하는 높은 세기의 음을 말한다.

풀이 지시치란 계기나 기록지 상에서 판독한 소음도로서 실효치(rms 값)를 말한다.

53 철도소음관리기준 측정 시 측정자료의 분석에 관한 설명이다. (　　) 안에 들어갈 말로 옳은 것은?

> 샘플주기를 (㉠) 내외로 결정하고 (㉡) 동안 연속 측정하여 자동 연산 · 기록한 등가소음도를 그 지점의 측정소음도로 하며, 소수점 첫째 자리에서 반올림한다.

① ㉠ 1초　　㉡ 10분
② ㉠ 0.1초　　㉡ 1시간
③ ㉠ 1초　　㉡ 1시간
④ ㉠ 0.1초　　㉡ 10분

54 다음은 소음 · 진동공정시험기준의 진동측정기기의 성능기준이다. (　　) 안에 가장 알맞은 것은?

> 측정가능 주파수 범위는 (　　) 이상이어야 한다.

① 20~20,000Hz
② 45~120Hz
③ 20~50Hz
④ 1~90Hz

55 다음 중 충격진동을 발생하는 작업과 가장 거리가 먼 것은?

① 단조기 작업
② 항타기에 의한 항타작업
③ 폭약 발파작업
④ 발전기 사용

정답 50 ③ 51 ② 52 ③ 53 ③ 54 ④ 55 ④

56 다음은 진동레벨계의 구조 중 레벨레인지 변환기에 관한 설명이다. ( ) 안에 가장 알맞은 것은?

> 측정하고자 하는 진동이 지시계기의 범위 내에 있도록 하기 위한 감쇠기로서 유효눈금 범위가 (㉠)되는 구조의 것은 변환기에 의한 레벨의 간격이 (㉡) 간격으로 표시되어야 한다.

① ㉠ 30dB 초과 ㉡ 10dB
② ㉠ 30dB 이하 ㉡ 10dB
③ ㉠ 50dB 초과 ㉡ 5dB
④ ㉠ 50dB 이하 ㉡ 5dB

풀이 충격진동은 단조기의 사용, 폭약의 발파 시 등과 같이 극히 짧은 시간 동안에 발생하는 높은 세기의 진동을 말한다.

57 소음 · 진동공정시험기준에서 규정된 용어의 정의로 옳지 않은 것은?

① 소음원 : 소음을 발생하는 기계 · 기구, 시설 및 기타 물체 또는 환경부령으로 정하는 사람의 활동을 말한다.
② 정상소음 : 시간적으로 변동하지 아니하거나 또는 변동폭이 작은 소음을 말한다.
③ 반사음 : 한 매질 중의 음파가 다른 매질의 경계면에 입사한 후 진행방향을 변경하여 본래의 매질 중으로 되돌아오는 음을 말한다.
④ 지발발파 : 시간차를 두지 않고 연속적으로 발파하는 것을 말한다.

풀이 지발발파는 수초 내에 시간차를 두고 발파하는 것을 말한다.(단, 발파기를 1회 사용하는 것에 한한다.)

58 측정진동레벨이 배경진동레벨보다 3dB 미만으로 클 경우에 관한 설명으로 가장 적합한 것은?

① 측정진동레벨에 보정치 −1dB을 보정하여 대상진동레벨을 산정한다.
② 측정진동레벨에 보정치 −2dB을 보정하여 상진동레벨을 산정한다.
③ 배경진동이 대상진동보다 크므로, 재측정하여 대상진동레벨을 구한다.
④ 배경진동레벨이 대상진동레벨보다 매우 작다.

59 진동레벨계의 성능기준으로 옳지 않은 것은?

① 측정가능 주파수 범위는 31.5Hz~8kHz 이상이어야 한다.
② 측정가능 진동레벨 범위는 45~120dB 이상이어야 한다.
③ 지시계기의 눈금오차는 0.5dB 이내이어야 한다.
④ 레벨레인지 변환기가 있는 기기에 있어서 레벨레인지 변환기의 전환오차는 0.5dB 이내이어야 한다.

풀이 진동레벨계의 측정가능 주파수 범위는 1~90Hz 이상이어야 한다.

60 진동픽업에 관한 설명으로 가장 거리가 먼 것은?

① 가동 코일형의 동전형 진동픽업은 전자형이다.
② 동전형 진동픽업은 지르콘규산납($ZrPb-SiO_3$)의 소결체가 주로 사용된다.
③ 압전형 진동픽업은 바람의 영향을 받으므로 바람을 막을 수 있는 차폐물의 설치가 필요하다.
④ 동전형 진동픽업을 대형 전기기기 등에 설치할 때는 전자장의 영향을 받기 쉬우므로 특히 주의가 필요하다.

풀이 지르콘규산납의 소결체가 주로 사용되는 것은 압전형 진동픽업이다.

정답 56 ② 57 ④ 58 ③ 59 ① 60 ②

4과목 진동방지기술

61 중량 W=28.5N, 점성감쇠계수 C_e=0.055 N · s/cm, 스프링정수 K=0.468N/cm일 때, 이 계의 감쇠비는?

① 0.21 ② 0.24
③ 0.32 ④ 0.39

풀이 $\xi = \dfrac{C_e}{2\sqrt{m \times K}} = \dfrac{C_e}{2\sqrt{\dfrac{W}{g} \times K}}$

$= \dfrac{0.055}{2\sqrt{\dfrac{28.5}{980} \times 0.468}} = 0.24$

62 자동차 진동 중 차체 고주파 진동에 관한 설명으로 가장 거리가 먼 것은?

① 차량이 불균일한 노면 위를 정상속도로 주행하는 상태에서 엔진이 부정연소하여 후륜구동 차량에서 격렬한 횡진동을 수반하는 것을 말한다.
② 진동은 약 90~150Hz 정도의 주파수 범위에서 발생되며, 직렬 4기통 엔진을 탑재한 차량에서 심각하게 발생한다.
③ 대책의 일환으로 엔진의 가진력을 줄이기 위해서는 미쓰비시, 란체스터 형과 같은 카운터샤프트를 적용하여 2차 모멘트를 저감시킨다.
④ 동흡진기를 적용하여 배기계와 구동계의 진동모드를 제어하는 것도 효과적이다.

풀이 ①은 서지(Surge) 진동의 내용이다.

63 진동수가 120rpm인 조화운동의 주기는?

① 0.5sec ② 1sec
③ 2sec ④ 3.14sec

풀이 $T = \dfrac{1}{f}$

$f = \dfrac{120}{60} = 2\text{Hz}$

$= \dfrac{1}{2} = 0.5\text{sec}$

64 진동에서 질점의 변위가 다음 식으로 표시될 때 이 운동의 위상각 ϕ를 옳게 표시한 것은?

$$X = A\cos\omega t + B\sin\omega t = \sqrt{A^2 + B^2}\sin(\omega t + \phi)$$

① $\phi = \tan^{-1}\dfrac{B}{A}$

② $\phi = \cos^{-1}\dfrac{B}{A}$

③ $\phi = \sin^{-1}\dfrac{B}{A}$

④ $\phi = \tan^{-1}\dfrac{B}{A} + \cot^{-1}\dfrac{B}{A}$

65 어떤 기계를 방진고무 위에 설치할 때 정적 처짐량이 2mm였다. 이 기계에서 발생하는 가진력의 각진동수가 ω=210rad/sec일 때, 진동전달률은 얼마가 되는가?(단, 감쇠의 영향은 무시한다.)

① 0.05 ② 0.0785
③ 0.1 ④ 0.125

풀이 $T = \dfrac{1}{\left(\dfrac{f}{f_n}\right)^2 - 1}$

$f_n = 4.98\sqrt{1/\delta_{st}} = 4.98\sqrt{1/0.2}$

$= 11.14\text{Hz}$

$2\pi f = 210\text{rad/sec}$

$f = \dfrac{210}{2\pi} = 33.4\text{Hz}$

$= \dfrac{1}{\left(\dfrac{33.4}{11.14}\right)^2 - 1} = 0.125$

정답 61 ② 62 ① 63 ① 64 ① 65 ④

66 그림의 진동계가 강제 진동을 하고 있으며, 변위진폭이 X일 때 기초에 전달되는 최대 힘의 크기는?(단, $F(t)=f_0\sin\omega t$이다.)

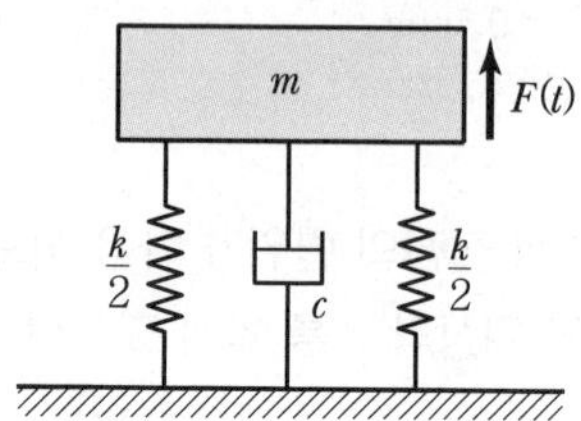

① $\sqrt{kX+c\omega X}$
② $kX+c\omega X$
③ $\sqrt{(kX)^2+(C\omega X)^2}$
④ $kX^2+c\omega X^2$

풀이 정상상태 진폭(x)

$$x=\frac{F_0}{\sqrt{(k-m\omega^2)^2+(C_e\omega)^2}}$$

여기서, F_0 : 외부강제력
[$f(t)=F_0\sin\omega t$에서 F_0를 의미]
ω : 각진동수
[$f(t)=F_0\sin\omega t$에서 ω를 의미]

67 다음은 감쇠(Damping)가 계에서 갖는 기능을 설명한 것이다. ( ) 안에 들어갈 말로 옳은 것은?

- 바닥으로 진동에너지 전달의 (㉠)
- 공진 시에 진동진폭의 (㉡)
- 충격 시의 진동이나 자유진동을 (㉢)시키는 것이다.

① ㉠ 증가 ㉡ 증가 ㉢ 증가
② ㉠ 감소 ㉡ 감소 ㉢ 증가
③ ㉠ 증가 ㉡ 증가 ㉢ 감소
④ ㉠ 감소 ㉡ 감소 ㉢ 감소

68 $m\ddot{x}+kx=F\sin\omega t$의 운동방정식을 만족시키는 진동이 일어나고 있을 때 고유각진동수는?

① $k\cdot m$
② $\sqrt{\dfrac{k}{m}}$
③ $\dfrac{k}{m}$
④ $\sqrt{\dfrac{m}{F}}$

풀이 고유각진동수(ω_n)

$$\omega_n=\sqrt{\frac{k}{m}}$$

69 감쇠 고유진동을 하는 계에서 감쇠 고유진동수는 20Hz이고, 이 진동계의 비감쇠 고유진동수는 30Hz일 때 감쇠비는?

① $\dfrac{\sqrt{3}}{2}$
② $\dfrac{\sqrt{5}}{2}$
③ $\dfrac{\sqrt{3}}{3}$
④ $\dfrac{\sqrt{5}}{3}$

풀이 감쇠진동 고유진동수$(f_n{}')$

$$f_n{}'=f_n\sqrt{1-\xi^2}$$
$$20=30\sqrt{1-\xi^2}$$
$$\sqrt{1-\xi^2}=\frac{20}{30}$$
$$\xi=\sqrt{\frac{5}{9}}=\frac{\sqrt{5}}{3}$$

70 그림과 같이 스프링 K_1, K_2, K_3를 직렬로 연결했을 때 등가 스프링 정수 K_e는?

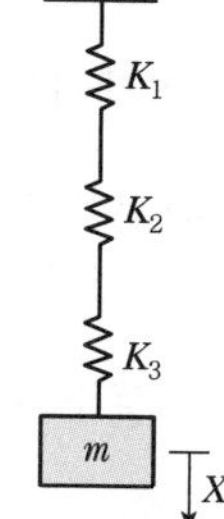

① $\dfrac{1}{K_e}=\dfrac{1}{K_1}+\dfrac{1}{K_2}+\dfrac{1}{K_3}$
② $K_e=K_1+K_2+K_3$
③ $K_e=\sqrt{K_1+K_2+K_3}$
④ $K_e=\dfrac{1}{K_1}+\dfrac{1}{K_2}+\dfrac{1}{K_3}$

풀이 금속 스프링은 극단적으로 낮은 스프링 정수로 했을 때에는 지지장치를 소형, 경량으로 하기가 곤란하다.

정답 66 ③ 67 ④ 68 ② 69 ④ 70 ①

71 금속 스프링에 관한 설명으로 가장 거리가 먼 것은?

① 서징의 영향을 제거하기 위해 코일스프링의 양단에 그 스프링 정수의 10배 정도보다 작은 스프링 정수를 가진 방진고무를 직렬로 삽입하는 것이 좋다.
② 코일스프링을 제외하고 2축 또는 3축 방향의 스프링을 1개의 스프링으로 겸하게 하기에 곤란한 면이 있다.
③ 일반적으로 부착이 용이하고, 내구성이 좋으며, 보수가 필요없는 경우가 많다.
④ 극단적으로 낮은 스프링 정수로 했을 때도 지지장치를 소형, 경량으로 하기가 용이하다.

72 다음 중 진동 절연재료로서 특성임피던스(Z)가 가장 낮은 것은?

① 고무 ② 콘크리트
③ 알루미늄 ④ 철

풀이 콘크리트, 알루미늄, 철보다 고무의 밀도는 700kg/m^3 정도로 가장 적다.

73 어떤 진동계에 $F = f_o \sin\omega t$의 가진력이 작용하였더니 변위가 $x = X\sin(\omega t - \phi)$로 표시되었다. 이때 계가 1사이클당 한 일은?

① $\pi f_o X\cos\phi$ ② $2\pi f_o X\cos\phi$
③ $\pi f_o X\sin\phi$ ④ $2\pi f_o X\cot\phi$

74 방진재료로 사용되는 금속 스프링의 장점으로 거리가 먼 것은?

① 고주파 차진에 매우 효과적이다.
② 내고온, 저온 및 기타의 내노화성 등에 우수하여 넓은 환경조건에서 안정된 특성의 유지가 가능하다.
③ 자동차의 현가스프링에 이용되는 중판스프링과 같이 스프링장치에 구조부분의 일부 역할을 겸할 수 있다.
④ 최대변위가 허용된다.

풀이 금속스프링은 저주파 차진에 효과적이다.

75 방진고무의 특징에 대한 설명으로 옳지 않은 것은?

① 고무 자체의 내부마찰에 의해 저항이 발생하기 때문에 고주파 진동의 차진에는 사용할 수 없다.
② 형상의 선택이 비교적 자유롭다.
③ 공기 중의 O_3에 의해 산화된다.
④ 내부마찰에 의한 발열 때문에 열화되고, 내유성 및 내열성이 약하다.

풀이 방진고무는 고무 자체의 내부마찰에 의해 저항을 얻을 수 있어 고주파 진동의 차진에 양호하다.

76 다음 중 감쇠에 대한 설명으로 옳지 않은 것은?

① 감쇠는 계의 운동이나 위치에너지의 일부를 다른 형태의 에너지(열 혹은 음향에너지)로 변환시켜 물체의 운동을 감소시킨다.
② 건마찰감쇠는 윤활이 되지 않은 두 면 사이에 상대운동이 있을 때 물체의 운동방향과 반대방향으로 일정한 크기로 발생하는 저항력과 관련된다.
③ 점성감쇠는 물체의 속도에 비례하는 크기의 저항력이 속도 반대방향으로 작용하는 경우이다.
④ 구조감쇠는 쿨롱감쇠라고도 하며, 구조물의 강성력으로 인해 에너지가 감소하는 경우를 말한다.

풀이 구조감쇠
㉠ 구조물이 조화외력에 의해 변형할 때 외력에 의한 일이 열 또는 음향에너지로 소산하는 현상이다.
㉡ 히스테리 감쇠라고도 하며, 별도의 감쇠장치가 없어도 움직이는 구조물 내부에서 자체적으로 에너지 손실이 발생한다.

정답 71 ④ 72 ① 73 ③ 74 ① 75 ① 76 ④

77 전달력이 항상 외력보다 작아 차진이 유효한 영역은?(단, f : 강제진동수, f_n : 고유진동수)

① $f/f_n = 1$　　② $f/f_n < \sqrt{2}$
③ $f/f_n = \sqrt{2}$　　④ $f/f_n > \sqrt{2}$

풀이 $\frac{f}{f_n} > \sqrt{2}$
㉠ 전달력 < 외력
㉡ 차진이 유효한 영역

78 회전원판의 중심에서 15m 떨어진 지점에 35g의 불균형 질량이 있다. 반대편에 100g의 평형추를 붙인다면 어느 지점에 위치하는 것이 가장 적합한가?

① 2.5m　　② 5.25m
③ 7.5m　　④ 9.25m

풀이 $mr = m'r'$
$35 \times 15 = 100 \times r'$
$r' = \frac{35 \times 15}{100} = 5.25\text{m}$

79 방진대책을 발생원, 전파경로, 수진 측 대책으로 구분할 때, 다음 중 전파경로대책에 해당하는 것은?

① 가진력을 감쇠시킨다.
② 동적 흡진한다.
③ 수진점 근처에 방진구를 판다.
④ 수진 측의 강성을 변경시킨다.

풀이 전파경로대책
㉠ 진동원 위치를 멀리하여 거리감쇠를 크게 한다.
㉡ 수진점 근방에 방진구를 판다.(완충지역 설치)
㉢ 지중벽을 설치한다.

80 다음 중 방진 시 고려사항으로 옳지 않은 것은?

① 강제진동수가 고유진동수에 비해 아주 작을 때, 스프링 정수를 크게 한다.
② 강제진동수가 고유진동수와 거의 같을 때, 감쇠가 작은 방진재를 사용하거나 dash pot 등을 제거한다.
③ 강제진동수가 고유진동수에 비해 아주 클 때, 기계의 질량을 크게 한다.
④ 가진력의 주파수가 고유진동수의 0.8~1.4배 정도일 때는 공진이 커지므로 이 영역은 가능한 한 피한다.

풀이 강제진동수가 고유진동수와 거의 같을 때, 감쇠가 큰 방진재료를 사용한다.

5과목 소음진동관계법규

81 소음진동관리법상 환경부장관이나 시 · 도지사가 측정망 설치계획을 결정 · 고시하면 다음의 허가를 받은 것으로 보는데, 다음 중 이에 해당되지 않는 것은?

① 건축법에 따른 건축물의 건축 허가
② 하천법에 따른 하천공사 시행의 허가
③ 도로법에 따른 도로점용의 허가
④ 공유수면관리법에 따른 공유수면의 점용 · 사용 허가

풀이 환경부장관이나 시 · 도지사가 측정망 설치계획을 결정 · 고시하면 다음의 허가를 받은 것으로 본다.
㉠ 「하천법」에 따른 하천공사 시행의 허가 및 같은 법에 따른 하천점용의 허가
㉡ 「도로법」에 따른 도로점용의 허가
㉢ 「공유수면관리법」에 따른 공유수면의 점용 · 사용 허가

정답 77 ④ 78 ② 79 ③ 80 ② 81 ①

82 소음진동관리법규상 소음 · 진동배출시설 설치허가 신청 시 구비서류로 거리가 먼 것은?

① 방지시설 배치도
② 방지시설 설치명세서와 그 도면
③ 방지시설의 의무를 면제받으려는 경우에는 면제를 인정할 수 있는 서류
④ 사업장 법인 등기부등본

83 환경정책기본법상 환경부장관은 확정된 국가환경종합계획의 종합적 · 체계적 추진을 위하여 몇 년마다 환경보전중기종합계획을 수립하여야 하는가?

① 3년　　② 5년
③ 7년　　④ 10년

84 소음진동관리법규상 옥외에 설치한 확성기의 생활소음 규제기준으로 옳은 것은?(단, 주거지역이며, 시간대는 22:00~05:00이다.)

① 60dB(A) 이하　　② 65dB(A) 이하
③ 70dB(A) 이하　　④ 80dB(A) 이하

풀이 생활소음 규제기준　　[단위 : dB(A)]

대상지역	소음원 \ 시간대별		아침, 저녁 (05:00~07:00, 18:00~22:00)	주간 (07:00~18:00)	야간 (22:00~05:00)
주거지역, 녹지지역, 관리지역 중 취락지구 · 주거개발진흥지구 및 관광 · 휴양개발진흥지구, 자연환경보전지역, 그 밖의 지역에 있는 학교 · 종합병원 · 공공도서관	확성기	옥외설치	60 이하	65 이하	60 이하
		옥내에서 옥외로 소음이 나오는 경우	50 이하	55 이하	45 이하
	공장		50 이하	55 이하	45 이하
	사업장	동일 건물	45 이하	50 이하	40 이하
		기타	50 이하	55 이하	45 이하
	공사장		60 이하	65 이하	50 이하

85 소음진동관리법규상 소음방지시설에 포함되지 않는 것은?

① 소음기　　② 방음림 및 방음언덕
③ 방진구 시설　　④ 방음터널 시설

풀이 소음방지 시설
㉠ 소음기
㉡ 방음덮개 시설
㉢ 방음창 및 방음실 시설
㉣ 방음외피 시설
㉤ 방음벽 시설
㉥ 방음터널 시설
㉦ 방음림 및 방음언덕
㉧ 흡음장치 및 시설
㉨ ㉠부터 ㉧까지의 규정과 동등하거나 그 이상의 방지효율을 가진 시설

86 다음은 소음진동관리법령상 항공기 소음의 한도기준에 관한 설명이다. (　) 안에 알맞은 것은?

> 항공기 소음의 한도는 공항 인근 지역을 제외한 그 밖의 지역은 항공기소음영향도(WECPNL)(㉠)(으)로 한다. 공항 인근 지역과 그 밖의 지역의 구분은 (㉡)으로 정한다.

① ㉠ 90, ㉡ 국토교통부령
② ㉠ 75, ㉡ 국토교통부령
③ ㉠ 90, ㉡ 환경부령
④ ㉠ 75, ㉡ 환경부령

87 환경정책기본법상 이 법에서 사용하는 용어의 뜻으로 옳지 않은 것은?

① 환경용량이란 일정한 지역에서 환경오염 또는 환경훼손에 대하여 환경이 스스로 수용, 정화 및 복원하여 환경의 질을 유지할 수 있는 한계를 말한다.
② 자연환경이란 지하 · 지표 및 지상의 모든 생물을 포함하고, 비생물적인 것은 제외한 자연의 상태를 말한다.

정답 82 ④ 83 ② 84 ① 85 ③ 86 ④ 87 ②

③ 생활환경이란 대기, 물, 토양, 폐기물, 소음 · 진동, 악취, 일조, 인공조명 등 사람의 일상생활과 관계되는 환경을 말한다.

④ 환경오염이란 사업활동 및 그 밖의 사람의 활동에 의하여 발생하는 대기오염, 수질오염, 토양오염, 해양오염, 방사능오염, 소음 · 진동, 악취, 일조 방해, 인공조명에 의한 빛공해 등으로서 사람의 건강이나 환경에 피해를 주는 상태를 말한다.

풀이 자연환경이란 지하 · 지표(해양을 포함한다) 및 지상의 모든 생물과 이들을 둘러싸고 있는 비생물적인 것을 포함한 자연의 상태(생태계 및 자연경관을 포함한다)를 말한다.

88 소음진동관리법규상 총배기량이 175cc를 초과하는 이륜자동차의 제작차 배기소음 허용기준은?(단, 2006년 1월 1일 이후에 제작되는 자동차 기준)

① 100dB(A) 이하　　② 102dB(A) 이하
③ 105dB(A) 이하　　④ 110dB(A) 이하

풀이 제작차 소음허용기준

소음 항목 / 자동차 종류		가속주행소음 [dB(A)] 가	가속주행소음 [dB(A)] 나	배기소음 [dB(A)]	경적소음 [dB(C)]
이륜자동차	총배기량 175cc 초과	80 이하	80 이하	105 이하	110 이하
	총배기량 175cc 이하 · 80cc 초과	77 이하	77 이하		
	총배기량 80cc 이하	75 이하	75 이하	102 이하	

89 소음진동관리법규상 공사장 방음시설 설치기준으로 옳지 않은 것은?

① 방음벽 시설 전후의 소음도 차이(삽입손실)는 최소 7dB 이상 되어야 하며, 높이는 3m 이상 되어야 한다.

② 공사장 인접지역에 고층건물 등이 위치하고 있어, 방음벽시설로 인한 음의 반사피해가 우려되는 경우에는 흡음형 방음벽 시설을 설치하여야 한다.

③ 삽입손실 측정을 위한 측정지점(음원 위치, 수음자 위치)은 음원으로부터 3m 이상 떨어진 노면 위 1.0m 지점으로 하고, 방음벽 시설로부터 2m 이상 떨어져야 한다.

④ 방음벽 시설의 기초부와 방음판 · 지주 사이에 틈새가 없도록 하여 음의 누출을 방지하여야 한다.

풀이 삽입손실 측정을 위한 측정지점(음원 위치, 수음자 위치)은 음원으로부터 5m 이상 떨어진 노면 위 1.2m 지점으로 하고, 방음벽 시설로부터 2m 이상 떨어져야 하며, 동일한 음량과 음원을 사용하는 경우 기준위치(Reference Position)의 측정은 생략할 수 있다.

90 소음진동관리법규상 철도 진동의 관리기준(한도)은?(단, 야간(22:00~06:00), 국토의 계획 및 이용에 관한 법률상 주거지역 기준)

① 50dB(V)　　② 55dB(V)
③ 60dB(V)　　④ 65dB(V)

풀이 철도교통진동 한도기준

대상지역	구분	한도 주간 (06:00~22:00)	한도 야간 (22:00~06:00)
주거지역, 녹지지역, 관리지역 중 취락지구 · 주거개발진흥지구 및 관광 · 휴양개발진흥지구, 자연환경보전지역, 학교 · 병원 · 공공도서관 및 입소규모 100명 이상의 노인의료복지시설 · 영유아보육시설의 부지 경계선으로부터 50미터 이내 지역	소음 [Leq dB(A)]	70	60
	진동 [dB(V)]	65	60
상업지역, 공업지역, 농림지역, 생산관리지역 및 관리지역 중 산업 · 유통개발진흥지구, 미고시지역	소음 [Leq dB(A)]	75	65
	진동 [dB(V)]	70	65

정답 88 ③ 89 ③ 90 ③

91 소음진동관리법규상 시·도지사 등은 배출허용기준 준수 확인 여부를 위해 배출시설과 방지시설의 가동상태를 점검할 수 있는데, 다음 중 점검을 위해 소음·진동검사를 의뢰할 수 있는 기관과 거리가 먼 것은?

① 보건환경연구원 ② 유역환경청
③ 환경과학시험원 ④ 국립환경과학원

풀이 소음·진동 검사기관
㉠ 국립환경과학원
㉡ 특별시·광역시·도·특별자치도의 보건환경연구원
㉢ 유역환경청 또는 지방환경청
㉣ 「한국환경공단법」에 따른 한국환경공단

92 소음진동관리법상 용어의 정의로 옳지 않은 것은?

① "소음(騷音)"이란 기계·기구·시설, 그 밖의 물체의 사용 또는 공동주택(주택법에 따른 공동주택) 등 환경부령으로 정하는 장소에서 사람의 활동으로 인하여 발생하는 강한 소리를 말한다.
② "소음·진동방지시설"이란 소음·진동배출시설로부터 배출되는 소음·진동을 없애거나 줄이는 시설로서 환경부령으로 정하는 것을 말한다.
③ "소음발생건설기계"란 건설공사에 사용하는 기계 중 소음이 발생하는 기계로서 환경부령으로 정하는 것을 말한다.
④ "교통기관"이란 기차·자동차·전차·도로 및 선박 등을 말한다. 다만, 항공기와 철도는 제외한다.

풀이 "교통기관"이란 기차·자동차·전차·도로 및 철도 등을 말한다. 다만, 항공기와 선박은 제외한다.

93 소음진동관리법규상 자동차 제작자의 권리·의무의 승계신고를 하려는 자는 그 신고 사유가 발생한 날부터 최대 며칠 이내에 인증서 원본과 그 승계 사실을 증명하는 서류 등을 환경부장관에게 제출하여야 하는가?

① 10일 이내 ② 15일 이내
③ 30일 이내 ④ 60일 이내

94 환경정책기본법상 국가환경종합계획에 반드시 포함되어야 하는 사항으로 가장 거리가 먼 것은?

① 인구·산업·경제·토지 및 해양의 이용 등 환경변화 여건에 관한 사항
② 환경오염원·환경오염도 및 오염물질 배출량의 예측과 환경오염 및 환경훼손으로 인한 환경의 질(質)의 변화 전망
③ 자연환경 오염피해 구제방법
④ 환경보전 목표의 설정과 이의 달성을 위한 국토환경 보전에 관한 사항의 단계별 대책 및 사업계획

풀이 국가환경종합계획 포함사항
1. 인구·산업·경제·토지 및 해양의 이용 등 환경변화 여건에 관한 사항
2. 환경오염원·환경오염도 및 오염물질 배출량의 예측과 환경오염 및 환경훼손으로 인한 환경의 질(質)의 변화 전망
3. 환경의 현황 및 전망
4. 환경보전 목표의 설정과 이의 달성을 위한 다음 각 목의 사항에 관한 단계별 대책 및 사업 계획
   가. 생물다양성·생태계·경관 등 자연환경의 보전에 관한 사항
   나. 토양환경 및 지하수 수질의 보전에 관한 사항
   다. 해양환경의 보전에 관한 사항
   라. 국토환경의 보전에 관한 사항
   마. 대기환경의 보전에 관한 사항
   바. 수질환경의 보전에 관한 사항
   사. 상·하수도의 보급에 관한 사항
   아. 폐기물의 관리 및 재활용에 관한 사항
   자. 유해화학물질의 관리에 관한 사항
   차. 방사능오염물질의 관리에 관한 사항
   카. 그 밖에 환경의 관리에 관한 사항
5. 사업의 시행에 드는 비용의 산정 및 재원 조달 방법

정답 91 ③ 92 ④ 93 ③ 94 ③

95 다음은 소음진동관리법규상 측정망 설치계획의 고시사항이다. ( ) 안에 가장 적합한 것은?

> 환경부장관, 시 · 도지사가 고시하는 측정망 설치계획에는 다음 각 호의 사항이 포함되어야 한다.
> 1. 측정망의 설치시기
> 2. 측정망의 배치도
> 3. (㉠)
> 측정망 설치계획의 고시는 최초로 측정소를 설치하게 되는 날의 (㉡)에 하여야 한다.

① ㉠ 측정소를 설치할 토지나 건축물의 위치 및 면적
㉡ 6개월 이전
② ㉠ 측정소를 설치할 토지나 건축물의 위치 및 면적
㉡ 3개월 이전
③ ㉠ 측정 오염물질항목
㉡ 6개월 이전
④ ㉠ 측정 오염물질항목
㉡ 3개월 이전

96 소음진동관리법규상 소음 · 진동배출시설 설치사업자가 배출허용기준을 초과한 경우 1~3차까지의 행정처분기준으로 옳은 것은?(단, 예외사항 제외)

① 1차 : 개선명령, 2차 : 개선명령, 3차 : 개선명령
② 1차 : 조업정지, 2차 : 허가취소, 3차 : 폐쇄
③ 1차 : 개선명령, 2차 : 조업정지 5일, 3차 : 허가취소
④ 1차 : 조업정지, 2차 : 경고, 3차 : 허가취소

풀이 소음 · 진동관리법 제49조 참조

97 소음진동관리법상 제작차 소음허용기준에 맞지 아니하게 자동차를 제작한 자에 대한 벌칙기준으로 옳은 것은?

① 300만 원 이하의 과태료
② 6개월 이하의 징역 또는 500만 원 이하의 벌금
③ 1년 이하의 징역 또는 1천만 원 이하의 벌금
④ 3년 이하의 징역 또는 3천만 원 이하의 벌금

풀이 소음 · 진동관리법 제56조 참조

98 소음진동관리법규상 중형 화물자동차의 규모기준으로 옳은 것은?(단, 2015년 12월 28일부터 제작되는 자동차기준)

① 엔진배기량 3,000cc 이상 및 차량 총중량 5톤 초과 10톤 이하
② 엔진배기량 2,500cc 이상 및 차량 총중량 5톤 초과 7.5톤 이하
③ 엔진배기량 2,000cc 이상 및 차량 총중량 3톤 초과 5톤 이하
④ 엔진배기량 1,000cc 이상 및 차량 총중량 2톤 초과 3.5톤 이하

풀이 [자동차의 종류(규칙 제4조) : 별표 3]

종류	정의	규모	
경자동차	사람이나 화물을 운송하기 적합하게 제작된 것	엔진배기량 1,000cc 미만	
승용자동차	사람을 운송하기에 적합하게 제작된 것	소형	엔진배기량 1,000cc 이상 및 9인승 이하
		중형	엔진배기량 1,000cc 이상이고, 차량 총중량이 2톤 이하이며, 승차인원이 10인승 이상
		중대형	엔진배기량 1,000cc 이상이고, 차량 총중량이 2톤 초과 3.5톤 이하이며, 승차인원이 10인승 이상
		대형	엔진배기량 1,000cc 이상이고, 차량 총중량이 3.5톤 초과이며 승차인원이 10인승 이상
화물자동차	화물을 운송하기에 적합하게 제작된 것	소형	엔진배기량 1,000cc 이상이고 차량 총중량이 2톤 이하
		중형	엔진배기량 1,000cc 이상이고 차량 총중량이 2톤 초과 3.5톤 이하
		대형	엔진배기량 1,000cc 이상이고 차량 총중량이 3.5톤 초과
이륜자동차	자전거로부터 진화한 구조로서 사람 또는 소량의 화물을 운송하기 위한 것	엔진배기량 50cc 이상이고 차량 총중량이 1천킬로그램을 초과하지 않는 것	

[참고]
1. 승용자동차에는 지프(Jeep) · 왜건(Wagon) 및 승합차를 포함한다.
2. 화물자동차에는 밴(Van)을 포함한다.

정답 95 ② 96 ① 97 ④ 98 ④

3. 화물자동차에 해당되는 건설기계의 종류는 환경부장관이 정하여 고시한다.
4. 이륜자동차는 측차를 붙인 이륜자동차 및 이륜차에서 파생된 3륜 이상의 최고속도 50km/h를 초과하는 이륜자동차를 포함한다.
5. 전기를 주동력으로 사용하는 자동차에 대한 종류의 구분은 위 표 중 규모란의 차량 총중량에 따르되, 차량 총중량이 1.5톤 미만에 해당되는 경우에는 경자동차로 분류한다.

99 소음진동관리법규상 자동차 사용정지표지에 관한 기준으로 옳지 않은 것은?

① 이 표는 자동차의 전면유리창 오른쪽 상단에 붙인다.

② 문자는 검은색으로 바탕색은 노란색으로 한다.

③ 자동차 사용정지명령을 받은 자동차를 사용정지 기간 중에 사용하는 경우에는 소음진동관리법에 따라 1년 이하의 징역 또는 1천만 원 이하의 벌금에 처한다.

④ 사용정지표지의 제거는 사용정지기간이 지난 후에 담당공무원이 제거하거나 담당공무원의 확인을 받아 제거하여야 한다.

풀이 자동차 사용정지 기간 중에 사용하는 경우에는 6개월 이하의 징역 또는 500만 원 이하의 벌금에 처한다.

100 소음진동관리 법규상 소음발생건설기계로 분류되지 않는 것은?

① 콘크리트 절단기

② 다짐기계

③ 브레이커(휴대용을 포함하며, 중량 5톤 이하로 한정한다.)

④ 콘크리트 펌프

풀이 소음발생건설기계의 종류

㉠ 굴삭기(정격출력 19kW 이상 500kW 미만의 것으로 한정한다.)

㉡ 다짐기계

㉢ 로더(정격출력 19kW 이상 500kW 미만의 것으로 한정한다.)

㉣ 발전기(정격출력 400kW 미만의 실외용으로 한정한다.)

㉤ 브레이커(휴대용을 포함하며, 중량 5톤 이하로 한정한다.)

㉥ 공기압축기(공기토출량이 분당 2.83세제곱미터 이상의 이동식인 것으로 한정한다.)

㉦ 콘크리트 절단기

㉧ 천공기

㉨ 항타 및 항발기

정답 99 ③ 100 ④

017 2018년 2회 기사

1과목 소음진동개론

01 가로 7m, 세로 3.5m의 벽면 밖에서 음압레벨이 112dB이라면 15m 떨어진 곳은 몇 dB인가? (단, 면음원 기준)

① 76.4dB ② 85.8dB
③ 88.9dB ④ 92.8dB

풀이 단변(a), 장변(b), 거리(r)

$r > \frac{b}{3} \Rightarrow 15 > \frac{7}{3}$ 성립

$$SPL_1 - SPL_2 = 20\log\left(\frac{3r}{b}\right) + 10\log\left(\frac{b}{a}\right)$$

$$112 - SPL_2 = 20\log\left(\frac{3\times 15}{7}\right) + 10\log\left(\frac{7}{3.5}\right)$$

$$SPL_2 = 112 - 20\log\left(\frac{3\times 15}{7}\right) - 10\log\left(\frac{7}{3.5}\right)$$

$$= 92.83\text{dB}$$

02 음이 전달되는 매질의 밀도 ρ, 미소체적 δv, 입자속도 u, 영률 E라고 할 때 음의 운동에너지의 표현식으로 옳은 것은?

① $\frac{1}{2}\sqrt{\frac{u}{\rho}\cdot \delta v}$ ② $\frac{u}{2}\sqrt{\frac{E}{\rho}\cdot \delta v}$

③ $\frac{1}{2}\cdot\frac{E}{\rho}\cdot u\cdot \delta v$ ④ $\frac{1}{2}\cdot \rho\cdot \delta v\cdot u^2$

풀이 음의 운동에너지(E)

$$E = \frac{1}{2}\rho\delta v u^2$$

여기서, ρ : 음 매질 밀도
δv : 음 매질 미소체적
u : 음 매질 입자속도

03 기계의 진동으로 인해 발생하는 피해와 가장 거리가 먼 것은?

① 구조물의 진동에 의한 구조물 표면에서의 소음 방사
② 인체 피로감 가중
③ 차량 배기 토출음에 의한 피해
④ 기계의 수명 단축

풀이 ③의 차량배기 토출음에 의한 피해는 소음 관련 내용이다.

04 진동가속도의 실효치가 10^{-3}m/s^{2}라면, 진동가속도레벨은 얼마인가?

① 80dB ② 60dB
③ 40dB ④ 20dB

풀이 진동가속도레벨(VAL)

$$VAL = 20\log\frac{A_{rms}}{A_o} = 20\log\frac{10^{-3}}{10^{-5}} = 40\text{dB}$$

05 기온이 22℃, 평균음 에너지 밀도가 4.4×10^{-7}J/m^{3}일 때 음압실효치는?

① 0.1N/m^2 ② 0.15N/m^2
③ 0.2N/m^2 ④ 0.25N/m^2

풀이 평균음 에너지 밀도(δ)$=\frac{P^2}{\rho c\times c}$

$$P = \sqrt{\delta\times\rho c\times c}$$

$c = 331.42 + (0.6\times 22) = 344.62\text{m/sec}$

$\rho c = 411\text{rayls}$

$$= \sqrt{4.4\times 10^{-7}\times 411\times 344.62}$$

$$= 0.25\text{N/m}^2$$

정답 01 ④ 02 ④ 03 ③ 04 ③ 05 ④

06 다음 중 기류음으로 가장 거리가 먼 것은?

① 엔진의 배기음
② 압축기의 배기음
③ 베어링 마찰음
④ 관의 굴착부 발생음

풀이 베어링 등의 마찰 · 충격에 의한 것은 고체음이다.

07 인간의 귀 중 내이(內耳)의 구성요소만으로 나열된 것은?

① 원형창, 청신경, 난원창, 인두
② 나원창, 이관, 이소골, 외이도
③ 고막, 이소골, 나원창, 이관
④ 인두, 고막, 난원창, 청신경

풀이 내이의 구성요소
㉠ 난원창(전정창) ㉡ 달팽이관(와우각)
㉢ 원형창(고실창) ㉣ 인두
㉤ 평형기 ㉥ 청신경

08 기상조건에서 공기흡음에 의해 일어나는 감쇠치를 가장 올바르게 표한한 식은?(단, f는 옥타브밴드별 중심주파수(Hz), r은 음원과 관측점 사이의 거리(m), ϕ는 상대습도(%)이며, 바람은 무시하고, 20℃를 기준으로 한다.)

① $7.4\times\left(\dfrac{f^2\times r}{\phi}\right)\times10^{-8}$dB

② $7.4\times\left(\dfrac{f\times r^{\frac{1}{2}}}{\phi^2}\right)\times10^{-8}$dB

③ $7.4\times\left(\dfrac{\phi\times r^{\frac{1}{2}}}{f^2}\right)\times10^{-8}$dB

④ $7.4\times\left(\dfrac{\phi^2\times r}{f}\right)\times10^{-8}$dB

풀이 기상조건(대기조건)에 따른 감쇠식

$$A_a=7.4\times\left(\frac{f^2\times r}{\phi}\right)\times10^{-8}\text{(dB)}$$

여기서, A_a : 감쇠치(dB)
f : 주파수(Hz)
r : 음원과 관측점 사이 거리(m)
ϕ : 상대습도(%)

09 다음 중 음에 관한 설명으로 옳지 않은 것은?

① 파면은 파동의 위상이 같은 점들을 연결한 면이다.
② 음선은 음의 진행방향으로 나타내는 선으로 파면과 평행하다.
③ 평면파는 음파의 파면들이 서로 평행한 파이다.
④ 자유 음장에 있는 점음원은 구면파를 발생시킨다.

풀이 음선은 음의 진행방향을 나타내는 선으로 파면에 수직한다.

10 감쇠 자유 진동계의 운동방정식이 $m\ddot{x}+C_e\dot{x}+kx=0$으로 표현된다. 이 진동계의 대수감쇠율은?(단, $m=3$kg, $C_e=5$N · S/m, K=30N/m이다.)

① 0.3 ② 1.7
③ 5.0 ④ 19.0

풀이 대수감쇠율($\varDelta$)

$$\varDelta=\frac{2\pi\xi}{\sqrt{1-\xi^2}}$$

$$\xi=\frac{c}{2\sqrt{m\cdot K}}=\frac{5}{2\sqrt{3\times30}}=0.2635$$

$$=\frac{2\times3.14\times0.2635}{\sqrt{1-0.2635^2}}=1.72$$

11 일반적으로 공해진동의 대상으로 문제가 되는 진동가속도레벨의 범위로 가장 알맞은 것은?

① 40~50dB
② 60~80dB
③ 100~120dB
④ 150~180dB

풀이 공해진동레벨 범위
60~80dB[진도계로는 Ⅰ(미진)~Ⅲ(약진)]

정답 06 ③ 07 ① 08 ① 09 ② 10 ② 11 ②

12 다음 중 흡음감쇠가 가장 큰 경우는?

	주파수, Hz	기온, ℃	상대습도, %
①	4,000	−10	50
②	2,000	0	50
③	1,000	−10	70
④	500	10	85

풀이 흡음감쇠치는 주파수 제곱에 비례, 기온, 상대습도에 반비례한다.

13 아래 그림과 같은 진동계에서 각각의 고유진동수로 옳은 것은?(단, S는 스프링 정수, M은 질량)

(a) (b) (c) (d)

① $\frac{1}{2\pi}\sqrt{\frac{2S}{M}}$, $\frac{1}{2\pi}\sqrt{\frac{S}{2M}}$, $\frac{1}{2\pi}\sqrt{\frac{S}{2M}}$, $\frac{1}{2\pi}\sqrt{\frac{2S}{M}}$

② $\frac{1}{2\pi}\sqrt{\frac{2S}{M}}$, $\frac{1}{2\pi}\sqrt{\frac{S}{2M}}$, $\frac{1}{2\pi}\sqrt{\frac{2S}{M}}$, $\frac{1}{2\pi}\sqrt{\frac{2S}{M}}$

③ $\frac{1}{2\pi}\sqrt{\frac{S}{2M}}$, $\frac{1}{2\pi}\sqrt{\frac{2S}{M}}$, $\frac{1}{2\pi}\sqrt{\frac{S}{2M}}$, $\frac{1}{2\pi}\sqrt{\frac{S}{2M}}$

④ $\frac{1}{2\pi}\sqrt{\frac{S}{2M}}$, $\frac{1}{2\pi}\sqrt{\frac{2S}{M}}$, $\frac{1}{2\pi}\sqrt{\frac{2S}{M}}$, $\frac{1}{2\pi}\sqrt{\frac{2S}{M}}$

14 50phon의 소리가 발생한다면 몇 sone의 크기로 들리는가?

① 2sone ② 4sone
③ 6sone ④ 8sone

풀이 $2^{\frac{L_L-40}{10}} = 2^{\frac{50-40}{10}} = 2\text{sone}$

15 우리가 소리를 듣기까지의 귀의 구성요소별(외이−중이−내이) 전달 매질로 옳은 것은?

① 기체−액체−액체 ② 기체−고체−액체
③ 기체−고체−고체 ④ 기체−액체−고체

16 어느 실내 공간이 직육면체로 이루어져 있으며, 가로 10m, 세로 20m, 높이 5m일 때 평균자유행로는?

① 2.17m ② 3.71m
③ 4.17m ④ 5.71m

풀이 평균자유행로(P)

$$P = \frac{4V}{S}$$

$V = 10\times20\times5 = 1{,}000\text{m}^3$

$S = (10\times20\times2)+(10\times5\times2)+(20\times5\times2) = 700\text{m}^2$

$$= \frac{4\times1{,}000}{700} = 5.71\text{m}$$

17 그림과 같은 응답곡선에서 감쇠비는 약 얼마인가?

① 0.008
② 0.017
③ 0.087
④ 0.110

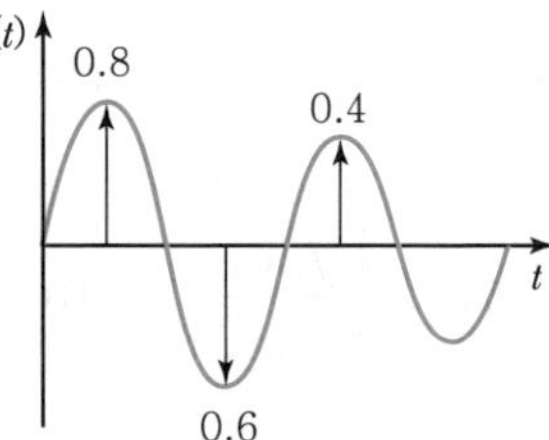

풀이 감쇠비(ξ)

$$\xi = \frac{\Delta}{\sqrt{4\pi^2+\Delta^2}}$$

$$\Delta = \ln\left(\frac{x_1}{x_2}\right) = \ln\left(\frac{0.8}{0.4}\right) = 0.693$$

$$= \frac{0.693}{\sqrt{(4\times3.14^2)+0.693^2}} = 0.109$$

정답 12 ① 13 ① 14 ① 15 ② 16 ④ 17 ④

18 레이노씨 현상(Raynaud's Phenomenon)으로 가장 거리가 먼 것은?

① White Finger 증상이라고도 한다.
② 더위에 폭로되면 이러한 현상은 더욱 악화된다.
③ 착암기, 공기해머 등을 많이 사용하는 작업자의 손에서 유발될 수 있는 현상이다.
④ 말초혈관운동의 저하로 인한 혈액순환의 장해이다.

풀이 레이노씨 현상은 한랭조건에 폭로되면 더욱 악화된다.

19 음향출력 50W의 점음원으로부터 구형파가 전파될 때 이 음원으로부터 8m 지점의 음세기레벨은?

① 108dB ② 111dB
③ 120dB ④ 123dB

풀이 점음원, 구형파(자유공간) 거리감쇠

$$SPL(SIL) = PWL - 20\log r - 11$$
$$= \left(10\log\frac{50}{10^{-12}}\right) - 20\log 8 - 11$$
$$= 107.93\text{dB}$$

20 다음 설명하는 청감보정의 특성은?

> 신호보정 영역은 중음역대이다.
> Fletcher와 Munson의 등청감곡선의 70폰의 역특성을 채용하고 있고 미국에서는 60폰 또는 70폰 곡선의 특성을 채용하고 있는데 실용적으로 잘 사용하고 있지 않다.

① B특성 ② C특성
③ D특성 ④ H특성

2과목 소음방지기술

21 단일 벽체의 차음 특성에 대한 설명으로 옳지 않은 것은?

① 단일 벽체의 차음 특성은 주파수에 따라 세 영역으로 구분한다.
② 질량법칙이 성립되는 영역에서는 투과손실이 옥타브당 3dB씩 증가한다.
③ 일치효과 영역에서는 투과손실이 현저히 감소한다.
④ 벽체의 공진 영역에서는 차음 성능이 저하된다.

풀이 질량법칙이 성립되는 영역에서는 투과손실이 옥타브당 6dB씩 증가한다.

22 동일한 재료(면밀도가 1kg/m²) 두 개의 벽 사이에 10cm의 공간을 두었다. 공명투과가 나타나서 차음성능이 단일벽에 비하여 떨어지게 되는 저음역의 공명주파수대역(Hz)은 약 얼마인가?(단, 공기의 음속은 343m/s, 공기의 밀도는 1.2kg/m³임)

① 33 ② 67
③ 134 ④ 268

풀이 두 벽의 면밀도가 같을 때 저음역 공명주파수(f_r)

$$f_r = \frac{C}{2\pi}\sqrt{\frac{2\rho}{m \times d}}$$
$$= \frac{343}{2 \times 3.14} \times \sqrt{\frac{2 \times 1.2}{1 \times 0.1}} = 267.57\text{Hz}$$

23 다음 중 방음벽에 의한 소음감쇠량의 대부분을 차지하는 것은?

① 방음벽의 높이에 의해 결정되는 회절감쇠
② 방음벽의 재질에 의해 결정되는 투과감쇠
③ 방음벽의 두께에 의해 결정되는 반사감쇠
④ 방음벽의 길이에 의해 결정되는 간섭감쇠

풀이 방음벽에 의한 소음감쇠량은 방음벽의 높이에 의하여 결정되는 회절감쇠가 대부분을 차지한다.

정답 18 ② 19 ① 20 ① 21 ② 22 ④ 23 ①

24 팽창형 소음기에 관한 설명으로 가장 적합한 것은?

① 전파경로상에 두 음의 간섭에 의해 소음을 저감시키는 원리를 이용한다.
② 고주파 대역에서 감음효과가 뛰어나다.
③ 단면 불연속부의 음에너지 반사에 의해 감음된다.
④ 감음주파수는 팽창부 단면적비에 의해 결정된다.

풀이 ① 간섭형 소음기에 대한 내용이다.
② 저 · 중음역 대역에서 감음효과가 뛰어나다.
④ 감음주파수는 주로 팽창부의 길이로 결정된다.

25 A시료의 흡음성능 측정을 위해 정재파 관내법을 사용하였다. 1kHz에서 산정된 흡음률이 0.933이었다면 1kHz 순음인 사인파의 정재파비는?

① 1.1 ② 1.7
③ 2.1 ④ 2.6

26 소음제어를 위한 자재류의 특성에 대한 설명으로 가장 거리가 먼 것은?

① 흡음재 : 잔향음의 에너지 저감에 사용된다.
② 차음재 : 음에너지를 열에너지로 변환시킨다.
③ 제진재 : 진동으로 판넬이 떨려 발생하는 음에너지의 저감에 사용된다.
④ 차진재 : 구조적 진동과 진동전달력을 저감시킨다.

풀이 차음재는 음의 반사를 이용해 음에너지를 감소시킨다.

27 흡음 덕트형 소음기에서 최대 감음 주파수의 범위로 가장 적합한 것은?(단, λ : 대상 음의 파장(m), D : 덕트의 내경(m))

① $\frac{\lambda}{2} < D < \lambda$ ② $\lambda < D < 2\lambda$
③ $2\lambda < D < 4\lambda$ ④ $4\lambda < D < 8\lambda$

풀이 흡음 덕트형 소음기 최대 감음 주파수 범위

$$\frac{\lambda}{2} < D < \lambda$$

여기서, λ : 대상 음의 파장(m)
D : 덕트의 내경(m)

28 다음 중 소음대책 순서로 가장 먼저 실시하여야 할 것은?

① 수음점에서의 규제기준 확인
② 문제 주파수의 발생원 탐사
③ 소음이 문제 되는 지점(수음점)의 위치 확인
④ 어느 주파수 대역을 얼마만큼 저감시킬 것인가를 파악

풀이 소음대책 순서
㉠ 소음이 문제 되는 지점의 위치를 귀로 판단하여 확인한다.
㉡ 수음점에서 소음계, 주파수 분석기 등을 이용하여 실태를 조사한다.
㉢ 수음점의 규제기준을 확인한다.
㉣ 대책의 목표레벨을 설정한다.
㉤ 문제주파수의 발생원을 탐사(주파수 대역별 소음 필요량 산정)한다.
㉥ 적정 방지기술의 선정
㉦ 시공 및 재평가

29 벽면 또는 벽 상단의 음향특성에 따라 일반적으로 분류한 방음벽의 종류에 해당하지 않는 것은?

① 확장형 ② 공명형
③ 간섭형 ④ 흡음형

풀이 방음벽은 벽면 또는 벽 상단의 음향특성에 따라 흡음형, 반사형, 간섭형, 공명형 등으로 구분된다.

30 반무한 방음벽의 회절감쇠치는 15dB, 투과손실치는 20dB일 때, 이 방음벽에 의한 삽입손실치는?(단, 음원과 수음점이 지상으로부터 약간 높은 위치에 있다.)

① 11.5dB ② 13.8dB
③ 15.0dB ④ 20.0dB

풀이 삽입손실치(ΔL_I)

$$\Delta L_I = -10\log\left(10^{-\frac{15}{10}} + 10^{-\frac{20}{10}}\right) = 13.81\text{dB}$$

정답 24 ③ 25 ② 26 ② 27 ① 28 ③ 29 ① 30 ②

31 10m(L)×10m(W)×4m(H)인 방이 있다. 벽과 천장, 바닥이 모두 흡음률 0.02인 콘크리트로 되어 있고 실내 중앙바닥에서 PWL 90dB인 소형 기계가 가동될 때, 이 기계로부터 3m 떨어진 실내 한 점에서의 음압레벨은?(단, 기계의 크기는 무시한다.)

① 87.5dB ② 93.5dB
③ 96.5dB ④ 101.5dB

풀이 $SPL = PWL + 10\log\left(\frac{Q}{4\pi r^2} + \frac{4}{R}\right)$

$$R = \frac{S \times \bar{\alpha}}{1 - \bar{\alpha}}$$

$$\bar{\alpha} = \frac{(100 \times 0.02) + (100 \times 0.02) + (160 \times 0.02)}{100 + 100 + 160} = 0.02$$

$$= \frac{360 \times 0.02}{1 - 0.02} = 7.347$$

$$= 90 + 10\log\left(\frac{2}{4 \times 3.14 \times 3^2} + \frac{4}{7.347}\right)$$

$$= 87.5\text{dB}$$

32 다음 중 기류음 저감대책으로 가장 거리가 먼 것은?

① 관의 곡류 완화 ② 분출유속의 저감
③ 공명 방지 ④ 밸브의 다단화

풀이 기류음의 저감대책
㉠ 분출유속의 저감(흐트러짐 방지)
㉡ 관의 곡률 완화
㉢ 밸브의 다단화(압력의 다단 저감)

33 원형 흡음소음기를 사용해 500Hz의 소음을 10dB 저감시키고자 한다. 소음기의 내부 지름이 1m, 길이가 5m일 때, 흡음재의 흡음률은 얼마여야 하는가?(단, $K = \alpha_x - 0.1$)

① 0.25 ② 0.4
③ 0.6 ④ 0.95

풀이 $\Delta L = K \times \frac{P \times L}{S}$

$$= K \times \frac{\pi D \times L}{\left(\frac{\pi D^2}{4}\right)} = \frac{4K \times L}{D}$$

$$10 = \frac{4 \times K \times 5}{1}$$

$K = 0.5$

$\alpha = K + 0.1 = 0.5 + 0.1 = 0.6$

34 팽창형 소음기의 팽창부와 입구의 직경이 각각 0.4m, 1m일 때 이 소음기의 최대투과손실은 약 얼마인가?

① 35dB ② 25dB
③ 10dB ④ 1dB

풀이 최대투과손실(TL)

$$= \frac{D_2}{D_1} \times 4 = \frac{1}{0.4} \times 4 = 10\text{dB}$$

35 다공질형 흡음재를 페인트로 도장하면 흡음 특성이 어떻게 바뀌는가?

① 고음역의 흡음률이 상승한다.
② 고음역의 흡음률이 저하된다.
③ 흡음률에 변화가 없다.
④ 저음역 및 고음역의 흡음률이 상승한다.

풀이 다공질 재료의 표면을 도장하면 고음역의 흡음률이 저하된다.

36 다음은 소음방지대책에 관한 설명이다. (   )에 가장 적합한 것은?

> 관이나 판 등으로부터 소음이 방사될 때 진동부에 제진대책을 한 후 흡음재를 부착하고 그 다음에 차음재(구속층)를 설치하여 마감하는 것이 효과적이다. 이와 같은 대책을 (   )이라 한다.

① 방진 ② 흡음
③ 차음 ④ 래깅

정답 31 ① 32 ③ 33 ③ 34 ③ 35 ② 36 ④

풀이 송풍기, 덕트, 파이프의 외부표면에서 소음이 방사될 때 진동부에 제진대책을 한 후 흡음재를 부착하고 그 다음에 차음재로 마감하는 작업을 Lagging이라 한다.

37 음파가 벽면에 수직입사할 때 단일벽의 투과손실을 구하는 실용식은?(단, m은 벽체의 면밀도(kg/m^2), f는 입사주파수(Hz)이다.)

① $18\log(m \cdot f)+44dB$
② $18\log(m \cdot f)-44dB$
③ $20\log(m \cdot f)+43dB$
④ $20\log(m \cdot f)-43dB$

38 실내소음을 저감시키기 위해 Glass Wool을 내벽에 부착하고자 한다. 경제적이고 효율적인 감음효과를 얻기 위한 Glass Wool의 부착위치로 가장 적합한 것은?(단, 입사음의 파장은 λ라 한다.)

① 벽면에 바로 부착한다.
② 벽면에서 λ만큼 떨어진 위치에 부착한다.
③ 벽면에서 $\lambda/2$만큼 떨어진 위치에 부착한다.
④ 벽면에서 $\lambda/4$만큼 떨어진 위치에 부착한다.

풀이 시공 시에는 벽면에 바로 부착하는 것보다 입자속도가 최대로 되는 1/4 파장의 홀수 배 간격으로 배후공기를 두고 설치하면 음파의 운동에너지를 가장 효율적 · 경제적으로 열에너지로 전환시킬 수 있으며, 저음역의 흡음률도 개선된다.

39 정상청력을 가진 사람이 1,000Hz에서 가청할 수 있는 최소음압실효치가 $2\times10^{-5}N/m^2$일 때, 어떤 대상 음압레벨이 126dB이었다면 이 대상 음의 음압실효치(N/m^2)는?

① 약 $20N/m^2$
② 약 $40N/m^2$
③ 약 $60N/m^2$
④ 약 $100N/m^2$

풀이 $SPL=20\log\dfrac{P}{P_o}$

$$126=20\log\frac{P}{2\times10^{-5}}$$

$$\frac{126}{20}=\log\frac{P}{2\times10^{-5}}$$

P(음압실효치) $=39.91N/m^2$

40 부피가 $2,500m^3$이고, 내부 표면적이 $1,250m^2$인 공장의 평균흡음률이 0.25일 때 음파의 평균자유행로는?

① 7.1m ② 8.0m
③ 8.9m ④ 10.6m

풀이 평균자유행로(P)

$$P=\frac{4V}{S}=\frac{4\times2,500}{1,250}=8.0m$$

3과목 소음진동공정시험 기준

41 규제기준 중 생활진동 측정방법에서 측정조건으로 거리가 먼 것은?

① 진동픽업(Pick-up)의 설치장소는 옥내지표를 원칙으로 하고 복잡한 반사, 회절현상이 예상되는 지점은 피한다.
② 진동픽업의 설치장소는 완충물이 없고, 충분히 다져서 단단히 굳은 장소로 한다.
③ 진동픽업은 수직방향 진동레벨을 측정할 수 있도록 설치한다.
④ 진동픽업의 설치장소는 경사 또는 요철이 없는 장소로 하고, 수평면을 충분히 확보할 수 있는 장소로 한다.

풀이 진동픽업의 설치장소는 옥외지표를 원칙으로 하고 복잡한 반사, 회절현상이 예상되는 지점은 피한다.

정답 37 ④ 38 ④ 39 ② 40 ② 41 ①

42 소음계의 성능기준 중 지시계기의 눈금오차는 몇 dB 이내로 규정하고 있는가?

① 0.5dB 이내　② 1dB 이내
③ 3dB 이내　④ 10dB 이내

풀이 소음계 지시계기의 눈금오차는 0.5dB 이내이어야 한다.

43 다음은 도로교통진동관리기준의 측정시간 및 측정지점수 기준이다. (　　) 안에 알맞은 것은?

> 시간대별로 진동피해가 예상되는 시간대를 포함하여 (㉠)의 측정지점수를 선정하여 (㉡) 측정하여 산술평균한 값을 측정진동레벨로 한다.

① ㉠ 2개 이상, ㉡ 4시간 이상 간격으로 2회 이상
② ㉠ 2개 이상, ㉡ 2시간 이상 간격으로 2회 이상
③ ㉠ 1개 이상, ㉡ 4시간 이상 간격으로 2회 이상
④ ㉠ 1개 이상, ㉡ 2시간 이상 간격으로 2회 이상

44 압전형 진동픽업의 특징에 관한 설명으로 옳지 않은 것은?(단, 동전형 진동픽업과 비교)

① 온도, 습도 등 환경조건의 영향을 받는다.
② 소형 경량이며, 중고주파대역(10kHz 이하)의 가속도 측정에 적합하다.
③ 교유진동수가 낮고(보통 10~20Hz), 감도가 안정적이다.
④ 픽업의 출력임피던스가 크다.

풀이 ③항은 동전형 진동픽업의 내용이다.

45 철도소음관리기준 측정방법에 관한 사항으로 거리가 먼 것은?

① 옥외측정을 원칙으로 하며, 그 지역의 철도소음을 대표할 수 있는 장소나 철도소음으로 인하여 문제를 일으킬 우려가 있는 장소로서 지면 위 0.3~0.5m 높이로 한다.
② 요일별로 소음반응이 적은 평일(월요일부터 금요일까지)에 당해지역의 철도소음을 측정한다.
③ 측정소음도는 기상조건, 열차운행횟수 등을 고려하여 당해 지역의 1시간 평균 철도 통행량 이상인 시간대를 포함하여 주간 시간대는 2시간 간격을 두고 1시간씩 2회 측정하여 산술평균한다.
④ 배경소음도는 철도운행이 없는 상태에서 측정소음도의 측정점과 동일한 장소에서 5분 이상 측정한다.

풀이 옥외측정을 원칙으로 하며, 그 지역의 철도소음을 대표할 수 있는 장소나 철도소음으로 인하여 문제를 일으킬 우려가 있는 장소로서 지면 위 1.2~1.5m 높이로 한다.

46 어떤 단조기의 대상진동레벨이 62dB(V)이다. 이 기계를 공장 내에서 가동하면서 측정한 진동레벨이 65dB(V)라 할 때 이 공장의 배경진동레벨은?

① 60dB(V)　② 61dB(V)
③ 62dB(V)　④ 63dB(V)

풀이 배경진동레벨
=측정진동레벨 − 보정치
=65dB(V) − 3dB(V)
=62dB(V)

47 소음계의 부속장치인 표준음 발생기에 관한 설명으로 옳지 않은 것은?

① 소음계의 측정감도를 교정하는 기기이다.
② 발생음의 오차는 ±0.1dB 이내이어야 한다.
③ 발생음의 오차는 음압도가 표시되어야 한다.
④ 발생음의 오차는 주파수가 표시되어야 한다.

풀이 표준음 발생기(Piston phone, Calibrator)
㉠ 소음계의 측정감도를 교정하는 기기로서 발생음의 주파수와 음압도가 표시되어 있어야 한다.
㉡ 발생음의 오차는 ±1dB 이내이어야 한다.

정답 42 ① 43 ① 44 ③ 45 ① 46 ③ 47 ②

48 소음측정기기 구성이 순서대로 옳게 배열된 것은?

① 마이크로폰 → 청감보정회로 → 지시계기 → 증폭기
② 마이크로폰 → 레벨레인지변환기 → 증폭기 → 청감보정회로 → 지시계기
③ 레벨레인지변환기 → 마이크로폰 → 지시계기 → 증폭기
④ 청감보정회로 → 증폭기 → 레벨레인지변환기 → 지시계기

풀이

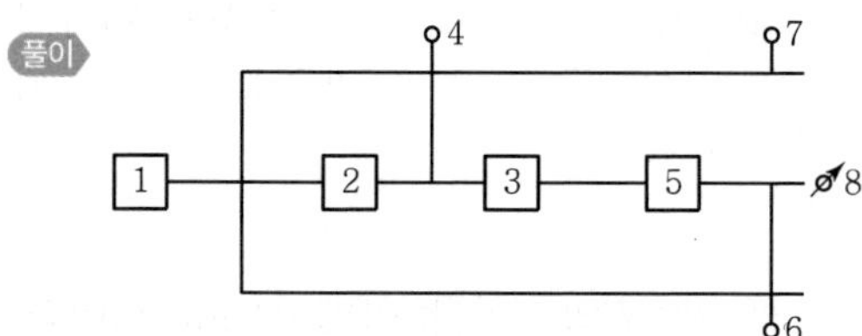

1. 마이크로폰
2. 레벨레인지 변환기
3. 증폭기
4. 교정장치
5. 청감보정회로(Weighting Networks)
6. 동특성 조절기
7. 출력단자(간이소음계 제외)
8. 지시계기

49 동일 건물 내 사업장 소음 규제기준 측정방법 중 측정시간 및 측정 지점수 기준으로 가장 적합한 것은?

① 피해가 예상되는 적절한 측정시각에 2지점 이상의 측정지점수를 선정 · 측정하여 등가한 소음도를 측정소음도로 한다.
② 당해지역 소음을 대표할 수 있도록 측정지점수를 충분히 결정하고, 각 측정지점에서 2시간 이상 간격으로 4회 이상 측정하여 산술평균한 값을 측정소음도로 한다.
③ 피해가 예상되는 적절한 측정 시각에 2지점 이상의 측정지점수를 선정하고 각각 2회 이상 측정하여 각 지점에서 산술 평균한 소음도 중 가장 높은 소음도를 측정소음도로 한다.
④ 각 시간대 중 최대소음이 예상되는 시각에 1지점 이상의 측정지점수를 택하여야 한다.

50 소음의 환경기준측정방법 중 측정점 선정에 관한 설명이다. 다음 ( ) 안에 들어갈 말로 옳은 것은?

> 도로변지역의 범위는 도로단으로부터 (㉠)m로 하고, 고속도로 또는 자동차 전용도로의 경우에는 도로단으로부터 (㉡)m 이내의 지역을 말한다.

① ㉠ 차선수×15 ㉡ 100
② ㉠ 차선수×10 ㉡ 100
③ ㉠ 차선수×15 ㉡ 150
④ ㉠ 차선수×10 ㉡ 150

51 7일간의 항공기 소음의 일별 WECPNL이 85, 86, 90, 88, 83, 73, 67인 경우 7일간의 평균 WECPNL은?

① 82　　② 84
③ 86　　④ 89

풀이 $\overline{WECPNL}$

$$= 10\log\left[\left(\frac{1}{m}\right)\sum_{i=1}^{m}10^{0.1\,WECPNL_i}\right]$$

$$= 10\log\left[\frac{1}{7}\left(10^{8.5}+10^{8.6}+10^{9.0}+10^{8.8}+10^{8.3}+10^{7.3}+10^{6.7}\right)\right]$$

$$= 85.65\,WECPNL$$

52 어느 공장의 측정소음도가 88dB(A)이고, 배경소음도가 83dB(A)이었다면 이 공장의 대상소음도는?

① 87.5dB(A)　　② 86.3dB(A)
③ 85.1dB(A)　　④ 84.3dB(A)

풀이 대상소음도
=측정소음도 − 보정치

정답 48 ② 49 ③ 50 ④ 51 ③ 52 ②

$$보정치 = -10\log\left[1-10^{-(0.1\times 5)}\right]$$
$$= 1.65\text{dB(A)}$$
$$= 88 - 1.65 = 86.35\text{dB(A)}$$

53 규제기준 중 발파진동 측정방법에서 진동평가를 위한 보정에 관한 설명으로 옳지 않은 것은? (단, N은 시간대별 보정발파횟수)

① 대상진동레벨에 시간대별 보정발파횟수에 따른 보정량을 보정하여 평가진동레벨을 구한다.
② 시간대별 보정발파횟수(N)는 작업일지 및 발파계획서 또는 폭약사용신고서 등을 참조로 하여 산정한다.
③ 여건상 불가피하게 측정 당일의 발파횟수만큼 측정하지 못한 경우에는 측정 시의 장약량과 같은 양을 사용한 발파는 같은 진동레벨로 판단하여 보정발파횟수를 산정할 수 있다.
④ 보정량($+0.1\log N$; $N > 5$)을 보정하여 평가진동레벨을 구한다.

풀이 구한 대상진동레벨에 시간대별 보정발파횟수(N)에 따른 보정량($+10\log N$; $N > 1$)을 보정하여 평가진동레벨을 구한다.

54 항공기소음관리기준 측정조건에서 가장 거리가 먼 것은?

① 상시측정용 옥외마이크로폰의 경우 풍속이 5m/sec를 초과할 때에는 측정하여서는 안된다.
② 손으로 소음계를 잡고 측정할 경우 소음계는 측정자의 몸으로부터 0.5m 이상 떨어져야 한다.
③ 풍속이 2m/sec 이상으로 측정치에 영향을 줄 우려가 있을 때에는 반드시 마이크로폰에 방풍망을 부착하여야 한다.
④ 측정자는 비행경로에 수직하게 위치하여야 한다.

풀이 바람(풍속 : 2m/sec 이상)으로 인하여 측정치에 영향을 줄 우려가 있을 때는 반드시 방풍망을 부착하여야 한다. 다만, 풍속이 5m/sec를 초과할 때는 측정하여서는 안 된다.(상사측정용 옥외마이크로폰은 그러하지 아니하다.)

55 규제기준 중 발파진동의 측정진동레벨 분석방법으로 가장 거리가 먼 것은?

① 디지털 진동자동분석계를 사용할 때에는 샘플주기를 0.1초 이하로 놓고 발파진동의 발생기간(수 초 이내) 동안 측정하여 자동 연산 · 기록한 최고치를 측정진동레벨로 한다.
② 진동레벨기록기를 사용하여 측정할 때에는 기록지상 지시치의 최고치를 측정진동레벨로 한다.
③ 최고진동 고정(hold)용 진동레벨계를 사용할 때에는 당해 지시치를 측정진동레벨로 한다.
④ L_{10} 진동레벨을 측정할 수 있는 진동레벨계를 사용할 때에는 10분간 측정하여 진동레벨계에 나타난 L_{10}값을 측정진동레벨로 한다.

풀이 L_{10} 진동레벨을 측정할 수 있는 진동레벨계를 사용할 때에는 5분간 측정하여 진동레벨계에 나타난 L_{10} 값을 측정진동레벨로 한다.

56 진동레벨계의 성능기준으로 옳지 않은 것은?

① 측정가능 주파수 범위는 1~90Hz 이상이어야 한다.
② 측정가능 진동레벨의 범위는 45~120dB 이상이어야 한다.
③ 진동픽업의 횡감도는 규정주파수에서 수감축 감도에 대한 차이가 15dB 이상이어야 한다.(연직특성)
④ 레벨레인지 변환기가 있는 기기에 있어서 레벨레인지 변환기의 전환오차가 1dB 이내이어야 한다.

풀이 레벨레인지 변환기가 있는 기기에서 레벨레인지 변환기의 전환오차는 0.5dB 이내이어야 한다.

정답 53 ④ 54 ① 55 ④ 56 ④

57 다음은 규제기준 중 발파소음 측정방법의 측정시간 및 측정지점수 기준이다. ( ) 안에 가장 적합한 것은?

> 작업일지 및 발파계획서 또는 폭약사용신고서를 참조하여 소음-진동관리법 시행 규칙에서 구분하는 각 시간대 중에서 (㉠)이 예상되는 시간의 소음을 포함한 모든 발파소음을 (㉡)에서 측정한다.

① ㉠ 평균발파소음, ㉡ 1지점 이상
② ㉠ 평균발파소음, ㉡ 5지점 이상
③ ㉠ 최대발파소음, ㉡ 1지점 이상
④ ㉠ 최대발파소음, ㉡ 5지점 이상

58 배출허용기준 중 진동을 디지털 진동자동분석계로 측정하고자 한다. 측정 지점에서의 측정진동레벨로 정하는 기준으로 옳은 것은?(단, 샘플주기를 1초 이내에서 결정하고 5분 이상 측정)

① 자동연산 · 기록한 90% 범위의 상단치인 L_{90} 값
② 자동연산 · 기록한 90% 범위의 상단치인 L_{10} 값
③ 자동연산 · 기록한 80% 범위의 상단치인 L_{80} 값
④ 자동연산 · 기록한 80% 범위의 상단치인 L_{10} 값

59 측정진동레벨에 배경진동의 영향을 보정한 후 얻어진 진동레벨을 무엇이라 하는가?

① 대상진동레벨 ② 평가진동레벨
③ 배경진동레벨 ④ 정상진동레벨

60 항공기소음관리기준 측정의 일반사항 중 소음계의 청감보정회로 및 동특성 측정조건으로 옳은 것은?

① 청감보정회로 : A특성, 동특성 : 빠름모드
② 청감보정회로 : A특성, 동특성 : 느림모드
③ 청감보정회로 : C특성, 동특성 : 빠름모드
④ 청감보정회로 : C특성, 동특성 : 느림모드

4과목 진동방지기술

61 방진재료에 관한 설명으로 가장 거리가 먼 것은?

① 방진고무는 설계 및 부착이 비교적 간결하고, 금속과도 견고하게 접착할 수 있다.
② 방진고무는 내유성, 내환경성 등에 대해서는 일반적으로 금속스프링보다 떨어지지만, 특히 저온에서는 금속스프링에 비해 유리하다.
③ 방진고무 사용 시 내유성을 필요로 할 때는 천연고무보다 합성고무가 좀 더 유리하다.
④ 금속스프링의 경우 극단적으로 낮은 스프링정수로 했을 때 지지장치를 소형, 경량으로 하기가 어렵다.

풀이 방진고무는 특히 저온에서 고무가 경화되므로 금속스프링에 비해 떨어진다.

62 기계의 탄성 지지에서 비연성 지지에 관한 설명으로 옳지 않은 것은?

① 지지스프링 축의 방향을 기계의 관성주축에 평행하게 취한다.
② 각 좌표면 XY, YZ, ZX 간 각각의 대칭위치를 취한다.
③ 비연성 지지를 생각할 경우에는 기계는 3자유도의 계로 생각해야 한다.
④ 기계가 진동할 때, 그 진동의 원인으로 다른 진동을 유발시키는데, 이러한 현상을 진동의 연성이라고 한다.

풀이 실제로 기계의 경우는 1자유도만이 아니라 X방향, Y방향, Z방향, X축회전, Y축회전, Z축회전 등 합계 6자유도계로 생각해야 한다.

63 $m\ddot{x} + kx = 0$으로 주어지는 비감쇠 자유진동에서 $k/m = 16$이면 주기 T(s)는 얼마인가?

① $\pi/2$ ② π
③ $3\pi/2$ ④ 2π

정답 57 ③ 58 ④ 59 ① 60 ② 61 ② 62 ③ 63 ①

풀이 $f_n = \frac{1}{2\pi}\sqrt{\frac{k}{m}}$

$$\frac{k}{m} = 16$$

$$= \frac{1}{2\pi}\sqrt{16} = \frac{4}{2\pi} = \frac{2}{\pi}$$

$$T = \frac{1}{f_n} = \frac{1}{\frac{2}{\pi}} = \frac{\pi}{2}\ \text{sec}$$

64 물체의 최대가속도가 630cm/s^2, 매분 360 사이클의 진동수로 조화운동을 하고 있는 물체진동의 변위진폭(cm)은?

① 0.88 ② 0.66
③ 0.44 ④ 0.22

풀이 변위진폭(A : cm)

$$= \frac{a_m}{W^2} = \frac{a_m}{(2\pi f)^2}$$

$$= \frac{630}{\left(2\times 3.14\times\frac{360}{60}\right)^2}$$

$$= 0.44\text{cm}$$

65 그림과 같은 진동계에서 방진대책의 설계범위로 가장 적합한 것은?(단, f는 강제진동수, f_n은 고유진동수이며, 이때 진동전달률은 12.5% 이하가 된다.)

① $f < \frac{1}{3}f_n$
② $1.4f_n < f < 3f_n$
③ $f_n < f < 1.4f_n$
④ $3f_n < f$

진동원
지반

풀이 방진대책 시 고려사항

㉠ 방진대책은 될 수 있는 한 $f/f_n > 3$이 되도록 설계한다.(이 경우 진동전달률은 12.5% 이하가 된다.)

㉡ $f/f_n < \sqrt{2}$로 될 때에는 $f/f_n < 0.4$가 되도록 설계한다.

㉢ 외력의 진동수가 0에서부터 증가 시 $\xi < 0.2$(or $\xi = 0.2$)의 감쇠장치를 설치한다.

㉣ 가진력의 주파수가 고유진동수의 0.8~1.4배 정도일 때 공진이 커지므로 이 영역은 가능한 피한다.

66 중량 W = 15.5N, 감쇠계수 C_e = 0.055 N · s/cm, 스프링정수 k = 0.468N/cm인 진동계의 감쇠비는?

① 0.21 ② 0.24
③ 0.32 ④ 0.39

풀이 $\xi = \frac{C_e}{2\sqrt{m\times K}}$

$$= \frac{C_e}{2\sqrt{\frac{W}{g}\times K}} = \frac{0.055}{2\sqrt{\frac{15.5}{980}\times 0.468}} = 0.32$$

67 무게가 70N인 냉장고 유닛이 600rpm으로 작동하고 있다. 이때 4개의 같은 스프링으로 병렬로 냉장고 유닛을 지지한다면 전달률이 10%가 되게 하기 위한 스프링 1개당 스프링정수는?(단, 감쇠는 무시)

① 3.2N/cm ② 6.4N/cm
③ 9.6N/cm ④ 12.8N/cm

풀이 $T = \frac{1}{\eta^2 - 1} = 0.1,\quad \eta = 3.3$

$$\eta = \frac{f}{f_n} = \frac{600/60}{f_n},\quad f_n = 3.03\text{Hz}$$

$$f_n = \frac{1}{2\pi}\sqrt{\frac{k\cdot g}{W}},\quad f_n = 4.98\sqrt{\frac{k}{W}}$$

$$K = W\times\left(\frac{f_n}{4.98}\right)^2 = 70\times\left(\frac{3.03}{4.98}\right)^2$$

$$= 25.91\text{N/cm}$$

$$1\text{개당 스프링정수} = \frac{25.91}{4} = 6.48\text{N/cm}$$

정답 64 ③ 65 ④ 66 ③ 67 ②

68 스프링과 질량으로 구성된 진동계에서 스프링의 정적 처짐이 2cm라면 이 계의 주기(s)는?

① 0.14 ② 0.28
③ 0.36 ④ 0.52

풀이 $f_n = 4.98\sqrt{\frac{1}{\delta_{st}}} = 4.98\sqrt{\frac{1}{2}} = 3.52\text{Hz}$

$T = \frac{1}{f_n} = \frac{1}{3.52} = 0.28\text{sec}$

69 부족감쇠(Under Damping)가 되도록 감쇠재료를 선택했을 때 그 진동계의 감쇠비(ξ)는 다음 중 어느 경우의 값을 갖는가?

① $\xi = 0$ ② $\xi = 1$
③ $\xi > 1$ ④ $0 < \xi < 1$

풀이 부족감쇠(Under Damped)
$0 < \xi < 1(C_e < C_c)$인 경우

70 전기모터가 기계장치를 구동시키고 계는 고무깔개 위에 설치되어 있으며, 고무깔개는 0.4cm의 정격처짐을 나타내고 있다. 고무깔개의 감쇠비(ξ)는 0.22, 진동수비(η)는 3.30이라면 기초에 대한 힘의 전달률은?

① 0.11 ② 0.14
③ 0.18 ④ 0.24

풀이 감쇠전달률(T)

$$T = \frac{\sqrt{1+(2\xi\eta)^2}}{\sqrt{(1-\eta^2)^2+(2\xi\eta)^2}}$$
$$= \frac{\sqrt{1+(2\times 0.22\times 3.3)^2}}{\sqrt{(1-3.3^2)^2+(2\times 0.22\times 3.3)^2}}$$
$$= 0.18$$

71 송풍기가 1,200rpm으로 운전되고 있고, 중심 회전축에서 30cm 떨어진 곳에 40g의 질량이 더해져 진동을 유발하고 있다. 이때 이 송풍기의 정적 불평형 가진력은?

① 약 14N ② 약 115N
③ 약 190N ④ 약 270N

풀이 가진력(F)

$F = mr\omega^2$

$m = 0.04\text{kg}$

$r = 0.3\text{m}$

$\omega = 2\pi f = 2\pi \times \frac{1,200}{60} = 125.6\text{rad/sec}$

$= 0.04 \times 0.3 \times 125.6^2 = 189.30\text{N}$

72 진동방지대책 중 발생원 대책으로 거리가 먼 것은?

① 동적흡진
② 가진력 감쇠
③ 탄성지지
④ 수진점 근방에 방진구를 판다.

풀이 ④항은 수진 측 대책이다.

73 감쇠가 없는 계에서 진폭이 이상할 정도로 크게 나타날 때의 원인은?

① 고유진동수와 강제진동수 간에 아무런 관계가 없다.
② 고유진동수가 강제진동수보다 현저하게 작다.
③ 고유진동수가 강제진동수보다 현저하게 크다.
④ 고유진동수가 강제진동수가 일치되어 있다.

풀이 f_n(고유진동수)와 f(강제진동수)가 일치되는 것을 공진($f_n = f$; 진폭 무한대)이라 한다.

74 계수여진진동(예 : 운전속도의 2배 성분으로 가진하는 경우)에 관한 설명으로 옳지 않은 것은?

① 대표적인 예는 그네로서, 그네가 1행정하는 동안 사람 몸의 자세는 2행정을 하게 된다.
② 가진력의 기초주파수와 계의 고유진동수가 거의 같을 때 공진하는 현상이다.
③ 근본적인 대책은 질량 및 스프링 특성의 시간적

정답 68 ② 69 ④ 70 ③ 71 ③ 72 ④ 73 ④ 74 ②

변동을 없애는 것이다.

④ 회전하는 편평축의 진동, 왕복운동기계의 크랭크축계의 진동도 계수여진진동에 속한다.

풀이 계수여진진동
진동주파수는 계의 고유진동수로서 가진력의 주파수가 그 계의 고유진동수의 두 배로 될 때에 크게 진동하는 특징을 가진다.

75 회전기계의 진동을 억제하기 위한 대책으로 가장 거리가 먼 것은?

① 위험속도의 회피운전
② 회전 축의 정렬각 조정
③ 베어링 강성의 최적화
④ 불평형력을 증대시켜 회전진동을 감쇠

풀이 회전기계의 진동을 억제하기 위해서는 불평형력을 감소시켜야 한다.

76 그림과 같은 무시할 수 없는 스프링 질량이 있는 스프링－질량계에서 고유진동수는 얼마인가?(단, $k=48,000$N/m, $m=3$kg, $M=119$kg)

① 2.14Hz
② 3.18Hz
③ 5.20Hz
④ 9.28Hz

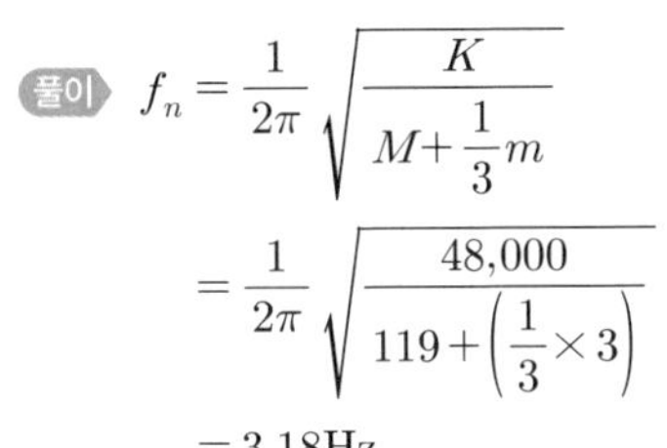

풀이 $f_n = \dfrac{1}{2\pi}\sqrt{\dfrac{K}{M+\dfrac{1}{3}m}}$

$= \dfrac{1}{2\pi}\sqrt{\dfrac{48,000}{119+\left(\dfrac{1}{3}\times 3\right)}}$

$= 3.18$Hz

77 중량 1,000N인 기계를 탄성지지시켜 32dB의 방진효과를 얻기 위한 진동전달률은?

① 0.025　② 0.05
③ 0.1　④ 0.2

풀이 $\Delta V = 20\log\dfrac{1}{T}$

$32 = 20\log\dfrac{1}{T}$

$T = 0.0025$

78 다음 선택기준을 가진 방진재로 가장 적합한 것은?

－고유진동수 : 5～100Hz
－감쇠성능 : 있음
－사용 온도범위 : －30～120℃
－고주파 차진성 : 양호함

① 코일형 금속스프링　② 방진고무
③ 공기 스프링　④ 중판형 금속스프링

79 다음 기계류 중 레이노씨 현상(Raynaud's Phenomenon)이 가장 쉽게 일어나는 것은?

① 단조기 등 열간에서 사용하는 기계
② 선반 등 중절삭 가공기계
③ 버스 등 고속운동기계
④ 착암기 등 압축공기를 이용한 기계

풀이 레이노씨 현상은 착암기, 연마기 또는 해머 같은 공구를 장기간 사용한 근로자에게 유발되기 쉬운 국소진동장애이다.

80 기계에서 발생하는 불평형력은 회전 및 왕복운동에 의한 관성력과 모멘트에 의해 발생한다. 회전운동에 의해서 발생되는 원심력 F의 공식으로 옳은 것은?(단, 불평형 질량은 m, 불평형 질량의 운동반경은 r, 각진동수는 ω이다.)

① $F=mr^2\omega$　② $F=mr\omega$
③ $F=m^2r\omega$　④ $F=mr\omega^2$

풀이 원심력(F)
$F=mr\omega^2$

정답 75 ④ 76 ② 77 ① 78 ② 79 ④ 80 ④

여기서, F : 원심력
m : 불평형 질량
r : 반지름(회전반경, 운동반경)
ω : 각진동수

5과목 소음진동관계법규

81 소음진동관리법령상 제작차 소음허용기준에서 자동차에서 측정해야 할 소음 종류로 거리가 먼 것은?

① 공력소음 ② 가속주행소음
③ 배기소음 ④ 경적소음

풀이 제작자동차의 소음허용기준 소음항목
㉠ 가속주행소음
㉡ 배기소음
㉢ 경적소음

82 소음진동관리법규상 시 · 도지사 등이 배출허용기준 초과와 관련하여 개선명령을 하였으나 천재지변 등 기타 부득이한 사정이 있어 개선기간 내에 조치를 끝내지 못한 자에 대해 신청에 의해 그 기간을 연장할 수 있는 범위기준은?

① 3개월의 범위 ② 6개월의 범위
③ 9개월의 범위 ④ 12개월의 범위

풀이 국토의 계획 및 이용에 관한 법률 시행령에 따라 지정된 전용공업지역 및 일반공업지역은 배출시설의 설치신고 또는 설치허가 대상에서 제외된다.

83 소음진동관리법령상 배출시설의 설치신고 또는 설치허가 대상에서 제외되는 지역에 해당하지 않는 것은?(단, 시 · 도지사가 환경부장관의 승인을 받아 지정 · 고시한 지역은 제외)

① 산업입지 및 개발에 관한 법률 규정에 따른 산업단지
② 국토의 계획 및 이용에 관한 법률 시행령에 따른 관리지역
③ 자유무역지역의 지정 및 운영에 관한 법률 규정에 따라 지정된 자유무역지역
④ 국토의 계획 및 이용에 관한 법률 시행령 규정에 따라 지정된 전용공업지역

84 다음은 소음진동관리법규상 공사장 방음시설 설치기준이다. (   ) 안에 알맞은 것은?

> 삽입손실 측정을 위한 측정지점(음원 위치, 수음자 위치)은 음원으로부터 (㉠)m 이상 떨어진 노면 위 1.2m 지점으로 하고, 방음벽 시설로부터 (㉡)m 이상 떨어져야 하며, 동일한 음량과 음원을 사용하는 경우에는 기준위치의 측정은 생략할 수 있다.

① ㉠ 3, ㉡ 1.5 ② ㉠ 3, ㉡ 2
③ ㉠ 5, ㉡ 1.5 ④ ㉠ 5, ㉡ 2

풀이 삽입손실 측정을 위한 측정지점(음원 위치, 수음자 위치)은 음원으로부터 5m 이상 떨어진 노면 위 1.2m 지점으로 하고, 방음벽 시설로부터 2m 이상 떨어져야 하며, 동일한 음량과 음원을 사용하는 경우 기준위치(Reference Position)의 측정은 생략할 수 있다.

85 다음은 소음진동관리법상 운행차의 개선명령에 관한 사항이다. (   ) 안에 가장 적합한 것은?

> (㉠)은 운행차에 대하여 규정에 따른 수시점검 결과 경음기를 추가로 붙인 경우 등은 환경부령으로 정하는 바에 따라 자동차 소유자에게 개선을 명할 수 있다. 이에 따라 개선명령을 하려는 경우 (㉡)의 범위에서 개선에 필요한 기간에 그 자동차의 사용정지를 함께 명할 수 있다.

① ㉠ 특별시장 · 광역시장 · 특별자치시장 · 특별자치도지사 또는 시장 · 군수 · 구청장
㉡ 10일 이내

정답 81 ① 82 ② 83 ② 84 ④ 85 ①

② ㉠ 특별시장 · 광역시장 · 특별자치시장 · 특별자치도지사 또는 시장 · 군수 · 구청장
㉡ 30일 이내
③ ㉠ 환경부장관, ㉡ 10일 이내
④ ㉠ 환경부장관, ㉡ 30일 이내

풀이 개선명령을 받은 자가 개선 결과를 보고하려면 확인검사대행자로부터 개선 결과를 확인하는 정비 · 점검 확인서를 발급받아 개선명령서를 첨부하여 개선명령일부터 10일 이내에 특별시장 · 광역시장 · 특별자치시장 · 특별자치도지사 또는 시장 · 군수 · 구청장에게 제출하여야 한다.

86 다음은 소음진동관리법규상 환경기술인을 두어야 할 사업장 및 그 자격기준이다. ( ) 안에 가장 적합한 것은?

총동력 합계 ( )인 사업장의 환경기술인 자격기준은 소음진동기사 2급(소음진동산업기사) 이상의 기술자격소지자 1명 이상 또는 해당 사업장의 관리책임자로 사업자가 임명하는 자로 한다.(단, 총동력 합계는 소음배출시설 중 기계 · 기구의 동력의 총합계를 말하며, 대수기준시설 및 기계 · 기구와 기타 시설 및 기계 · 기구는 제외한다.)

① 1,250kW 이상 ② 2,250kW 이상
③ 3,500kW 이상 ④ 3,750kW 이상

풀이 환경기술인의 자격기준

대상 사업장 구분	환경기술인 자격기준
1. 총동력합계 3,750kW 미만인 사업장	사업자가 해당 사업장의 배출시설 및 방지시설업무에 종사하는 피고용인 중에서 임명하는 자
2. 총동력합계 3,750kW 이상인 사업장	소음 · 진동기사 2급 이상의 기술자격소지자 1명 이상 또는 해당 사업장의 관리책임자로 사업자가 임명하는 자

87 소음진동관리법규상 공장의 배출허용기준에서 관련 시간대에 대한 측정소음 발생시간의 백분율 보정치로 옳지 않은 것은?(단, 관련시간대는 낮은 8시간, 저녁은 4시간, 밤은 2시간 기준이다.)

① 50% 이상 75% 미만 : +2dB
② 25% 이상 50% 미만 : +5dB
③ 12.5% 이상 25% 미만 : +10dB
④ 12.5% 미만 : +15dB

풀이 관련 시간대에 대한 측정소음 발생시간의 백분율이 50% 이상 75% 미만인 경우 +3dB를 허용기준치에 보정한다.

88 소음진동관리법규상 특정공사의 사전신고 대상 기계 · 장비의 종류에 해당하지 않는 것은?

① 공기토출량이 분당 2.83세제곱미터 이상의 이동식 공기압축기
② 휴대용 브레이커
③ 압쇄기
④ 압입식 항타항발기

풀이 특정공사의 사전신고 대상 기계 · 장비의 종류
㉠ 항타기 · 항발기 또는 항타항발기(압입식 항타항발기는 제외한다.)
㉡ 천공기
㉢ 공기압축기(공기토출량이 분당 2.83세제곱미터 이상의 이동식인 것으로 한정한다.)
㉣ 브레이커(휴대용을 포함한다.)
㉤ 굴삭기
㉥ 발전기
㉦ 로더
㉧ 압쇄기
㉨ 다짐기계
㉩ 콘크리트 절단기
㉪ 콘크리트 펌프

정답 86 ④ 87 ① 88 ④

89 다음은 환경정책기본법상 환경기준 설정에 관한 사항이다. (　　) 안에 가장 적합한 것은?

> 특별시 · 광역시 · 도 · 특별자치도는 해당 지역의 환경적 특수성을 고려하여 필요하다고 인정할 때에는 해당 시 · 도의 조례로 별도의 (　　)을 설정 또는 변경할 수 있고, 이를 설정하거나 변경한 경우에는 지체 없이 환경부장관에게 보고하여야 한다.

① 규제기준　② 지역환경기준
③ 총량기준　④ 배출허용기준

90 소음진동관리법상 생활소음 · 진동이 발생하는 공사로서 환경부령으로 정하는 특정공사를 시행하려는 자가 그 특정공사로 발생하는 소음 · 진동을 줄이기 위한 저감대책을 수립 · 시행하지 아니한 경우 과태료 부과기준은?

① 500만 원 이하의 과태료를 부과한다.
② 300만 원 이하의 과태료를 부과한다.
③ 200만 원 이하의 과태료를 부과한다.
④ 100만 원 이하의 과태료를 부과한다.

풀이 소음진동관리법 제60조 참조

91 소음진동관리법규상 시 · 도지사가 매년 환경부장관에게 제출하는 연차보고서에 포함되어야 할 내용으로 가장 거리가 먼 것은?

① 소음 · 진동 발생원 및 소음 · 진동 현황
② 소음 · 진동 행정처분실적 및 점검계획
③ 소음 · 진동 저감대책 추진실적 및 추진계획
④ 소요 재원의 확보계획

풀이 연차보고서 포함내용
㉠ 소음 · 진동 발생원(發生源) 및 소음 · 진동 현황
㉡ 소음 · 진동 저감대책 추진실적 및 추진계획
㉢ 소요 재원의 확보계획

92 소음진동관리법규상 운행차 사용정지표지에 관한 사항으로 옳은 것은?

① 자동차의 전면유리창 오른쪽 하단에 붙인다.
② 바탕색은 검은색으로, 문자는 노란색으로 한다.
③ 사용정지 자동차를 사용정지기간 중에 사용하는 경우 1년 이하의 징역 또는 1천만 원 이하의 벌금에 처한다.
④ 사용정지기간 중 주차장소도 기재되어야 한다.

풀이 ① 자동차의 전면유리창 오른쪽 상단에 붙인다.
② 바탕색은 노란색으로, 문자는 검은색으로 한다.
③ 사용정지 자동차를 사용정지기간 중에 사용하는 경우 6개월 이하의 징역 또는 500만 원 이하의 벌금에 처한다.

93 소음진동관리법규상 생활소음 · 진동과 관련하여 환경부령으로 정하는 특정공사의 사전신고를 한 자가 환경부령으로 정하는 중요한 사항을 변경하려면 시장 등에게 변경신고를 하여야 하는데, 이 "환경부령으로 정하는 중요한 사항"에 해당하지 않는 것은?

① 특정공사 기간의 연장
② 특정공사 사전신고 대상 기계 · 장비의 10퍼센트 이상의 증가
③ 방음 · 방진시설의 설치명세 변경
④ 공사 규모의 10퍼센트 이상 확대

풀이 환경부령으로 정하는 중요한 사항
㉠ 특정공사 사전신고 대상 기계 · 장비의 30퍼센트 이상의 증가
㉡ 특정공사 기간의 연장
㉢ 방음 · 방진시설의 설치명세 변경
㉣ 소음 · 진동 저감대책의 변경
㉤ 공사규모의 10퍼센트 이상 확대

정답 89 ② 90 ③ 91 ② 92 ④ 93 ②

94 소음진동관리법규상 측정망 설치계획에 포함되어야 하는 고시사항으로 가장 거리가 먼 것은?

① 측정망의 설치시기
② 측정항목 및 기준
③ 측정망의 배치도
④ 측정소를 설치할 토지나 건축물의 위치 및 면적

95 환경정책기본법령상 관리지역 중 보전관리지역의 밤 시간대의 소음환경기준은?(단, 일반지역)

① 40Leq dB(A) ② 45Leq dB(A)
③ 50Leq dB(A) ④ 55Leq dB(A)

풀이 소음환경기준 [Leq dB(A)]

지역 구분	적용대상 지역	기준	
		낮(06:00 ~22:00)	밤(22:00 ~06:00)
일반 지역	"가" 지역	50	40
	"나" 지역	55	45
	"다" 지역	65	55
	"라" 지역	70	65
도로변 지역	"가" 및 "나" 지역	65	55
	"다" 지역	70	60
	"라" 지역	75	70

비고
1. 지역구분별 적용 대상지역의 구분은 다음과 같다.
가. "가" 지역
1) 「국토의 계획 및 이용에 관한 법률」에 따른 녹지지역
2) 「국토의 계획 및 이용에 관한 법률」에 따른 보전관리지역
3) 「국토의 계획 및 이용에 관한 법률」에 따른 농림지역 및 자연환경보전지역
4) 「국토의 계획 및 이용에 관한 법률」에 따른 전용주거지역
5) 「의료법」에 따른 종합병원의 부지경계로부터 50m 이내의 지역
6) 「초 · 중등교육법」 및 「고등교육법」에 따른 학교의 부지경계로부터 50m 이내의 지역
7) 「도서관법」에 따른 공공도서관의 부지경계로부터 50m 이내의 지역
나. "나" 지역
1) 「국토의 계획 및 이용에 관한 법률」에 따른 생산관리지역
2) 「국토의 계획 및 이용에 관한 법률 시행령」에 따른 일반주거지역 및 준주거지역
다. "다" 지역
1) 「국토의 계획 및 이용에 관한 법률」에 따른 상업지역 및 같은 항 제2호 다목에 따른 계획관리지역
2) 「국토의 계획 및 이용에 관한 법률 시행령」에 따른 준공업지역
라. "라" 지역
「국토의 계획 및 이용에 관한 법률 시행령」에 따른 전용공업지역 및 일반공업지역

96 소음진동관리법상 배출시설의 설치허가를 받지 아니하고 배출시설을 설치한 자에 대한 벌칙기준으로 옳은 것은?

① 1년 이하의 징역 또는 1천만 원 이하의 벌금
② 2년 이하의 징역 또는 2천만 원 이하의 벌금
③ 3년 이하의 징역 또는 3천만 원 이하의 벌금
④ 5년 이하의 징역 또는 5천만 원 이하의 벌금

풀이 소음진동관리법 제57조 참조

97 소음진동관리법규상 배출시설 및 방지시설 등과 관련된 행정처분기준 중 환경기술인을 임명해야 함에도 불구하고 임명하지 아니한 경우에 1차 행정처분기준은?

① 허가취소
② 조업정지 5일
③ 환경기술인 선임명령
④ 경고

풀이 환경기술인을 임명하지 아니한 경우 행정처분
㉠ 1차 : 환경기술인 선임명령
㉡ 2차 : 경고
㉢ 3차 : 조업정지 5일
㉣ 4차 : 조업정지 10일

정답 94 ② 95 ① 96 ① 97 ③

98 소음진동관리법규상 진동배출시설(동력을 사용하는 시설 및 기계 · 기구로 한정한다.)기준으로 옳지 않은 것은?

① 15kW 이상의 프레스(유압식은 제외한다.)
② 15kW 이상의 단조기
③ 22.5kW 이상의 목재가공기계
④ 37.5kW 이상의 연탄제조용 윤전기

풀이 단조기는 22.5kW 이상이 진동배출시설기준이다.

99 소음진동관리법령상 배출시설 설치 시 허가를 받아야 하는 지역기준으로 옳은 것은?

① 의료법 규정에 의한 종합병원의 부지경계선으로부터 직선거리 100미터 이내의 지역
② 도서관법 규정에 의한 공공도서관의 부지경계선으로부터 직선거리 150미터 이내의 지역
③ 고등교육법 규정에 의한 학교의 부지경계선으로부터 직선거리 150미터 이내의 지역
④ 주택법 규정에 의한 공동주택의 부지경계선으로부터 직선거리 50미터 이내의 지역

풀이 ① 100미터 → 50미터
② 150미터 → 50미터
③ 150미터 → 50미터

100 소음진동관리법규상 운행차 정기검사의 방법 · 기준으로 옳지 않은 것은?

① 경음기는 눈으로 확인하거나 3초 이상 작동시켜 경음기를 추가로 부착하였는지를 귀로 확인한다.
② 배기소음 측정은 자동차의 변속장치를 중립위치로 하고 정지가동상태에서 원동기의 최고 출력시의 75% 회전속도로 4초 동안 운전하여 최대소음도를 측정한다.
③ 경적소음은 자동차의 원동기를 가동시키지 아니한 정차상태에서 자동차의 경음기를 3초 동안 작동시켜 최대소음도를 측정한다.
④ 측정치의 산출 시 소음 측정은 자동기록장치를 사용하는 것을 원칙으로 하고 배기소음의 경우 2회 이상 실시하여 측정치의 차이가 2dB을 초과하는 경우에는 측정치를 무효로 하고 다시 측정한다.

풀이 경적소음은 자동차의 원동기를 가동시키지 아니한 정차상태에서 자동차의 경음기를 5초 동안 작동시켜 최대소음도를 측정한다.

정답 98 ② 99 ④ 100 ③

018 2018년 4회 기사

1과목 소음진동개론

01 다음은 공해진동의 신체적 영향이다. (   ) 안에 가장 적합한 것은?

> (㉠) 부근에서 심한 공진현상을 보여 가해진 진동보다 크게 느끼고, 2차적으로 (㉡) 부근에서 공진현상이 나타나지만 진동수가 증가함에 따라 감쇠가 급격하게 증가한다.

① ㉠ 1~2Hz, ㉡ 10~20Hz
② ㉠ 3~6Hz, ㉡ 10~20Hz
③ ㉠ 1~2Hz, ㉡ 20~30Hz
④ ㉠ 3~6Hz, ㉡ 20~30Hz

풀이
- 1차 공진 진동수 : 3~6Hz
- 2차 공진 진동수 : 20~30Hz
- 3차 공진 진동수 : 60~90Hz

02 낮시간 동안의 매시간 등가소음도가 68dB(A), 밤시간 동안의 매시간 등가소음도가 55dB(A)라 할 때 주야간 평균소음도(L_{dn})는?(단, 밤시간은 9시간)

① 60dB(A)　　② 62dB(A)
③ 64dB(A)　　④ 67dB(A)

풀이 $L_{dn} = 10\log\left[\frac{1}{24}\left(15\times 10^{\frac{68}{10}} + 9\times 10^{\frac{55+10}{10}}\right)\right]$

$= 67\text{dB(A)}$

03 점음원인 경우, 거리가 2배 멀어질 때마다 소음 감쇠치에 대한 일반적인 설명으로 옳은 것은?

① 음압레벨이 3dB씩 감쇠된다.
② 음압레벨이 4dB씩 감쇠된다.
③ 음압레벨이 6dB씩 감쇠된다.
④ 음압레벨이 9dB씩 감쇠된다.

풀이 역2승법칙
자유음장에서 점음원으로부터 거리가 2배 멀어질 때마다 음압레벨이 6dB($20\log 2$)씩 감쇠되는데 이를 점음원의 역2승법칙이라 한다.

04 진동수 16Hz, 진동의 속도 진폭이 0.0002m/s인 정현진동의 가속도진폭(m/s^2) 및 가속도레벨(dB)은?(단, 가속도 실효치 기준 $10^{-5}\ \text{m/s}^2$)

① 0.01m/s^2, 57dB　　② 0.02m/s^2, 63dB
③ 0.03m/s^2, 67dB　　④ 0.04m/s^2, 69dB

풀이 VAL

$= 20\log\frac{A_{rms}}{10^{-5}}(\text{dB})$

$A_{rms} = \frac{A_{max}}{\sqrt{2}}$

$A_{max} = V_{max}\cdot\omega = V_{max}\times(2\pi f)$

$V_{max} = 0.0002\text{m/sec}$

$= 0.0002\times(2\times 3.14\times 16)$

$= 0.02\text{m/sec}^2$

$= \frac{0.02}{\sqrt{2}} = 0.01414\text{m/sec}^2$

$= 20\log\frac{0.01414}{10^{-5}} = 63.0\text{dB}$

05 PWL 80dB인 기계 10대를 동시에 가동하면 몇 dB의 PWL을 갖는 기계 1대를 가동시키는 것과 같은가?

① 86dB　　② 90dB
③ 93dB　　④ 95dB

풀이 $L_{합} = 10\log(10\times 10^8) = 90\text{dB}$

정답 01 ④ 02 ④ 03 ③ 04 ② 05 ②

06 다음 소음용어에 관한 설명 중 옳지 않은 것은?

① WECPNL－항공기소음의 평가레벨
② SPL－음압레벨
③ phon－음의 크기레벨
④ sone－음의 세기레벨

풀이 sone은 소음의 감각량을 나타내는 단위이다.

07 바닥면적이 $500m^2$이고 천장높이가 3.2m인 교실이 있다. 이 교실 바닥 면적이 받는 공기압력의 크기는?(단, 공기밀도 $1.25kg/m^3$)

① 31.24Pa ② 39.20Pa
③ 49.00Pa ④ 61.25Pa

풀이 압력(P)

$$=\frac{F}{A}$$

$F=m\times a$

a : 중력가속도 $9.8m/sec^2$

m : 질량 → $\rho=\frac{m}{V}$에서

$$m=\rho\cdot V$$
$$=1.25kg/m^3\times(500\times3.2)m^3$$
$$=2{,}000kg$$

$$=2{,}000kg\times9.8m/sec^2=19{,}600N$$

A : 면적$(500m^2)$

$$=\frac{19{,}600N}{500m^2}=39.20N/m^2(Pa)$$

08 사람의 청각기관 중 중이에 관한 설명으로 옳지 않은 것은?

① 음의 전달 매질은 기체이다.
② 망치뼈, 모루뼈, 등자뼈라는 3개의 뼈를 담고 있는 고실과 유스타키오관으로 이루어진다.
③ 고실의 넓이는 약 $1\sim2cm^2$ 정도이다.
④ 이소골은 진동음압을 20배 정도 증폭하는 임피던스 변환기 역할을 한다.

풀이 중이의 음 전달 매질은 고체이다.

09 음의 세기(강도)에 관한 설명으로 틀린 것은?

① 음의 세기는 입자속도에 비례한다.
② 음의 세기는 음압의 2승에 비례한다.
③ 음의 세기는 음향임피던스에 반비례한다.
④ 음의 세기는 전파속도의 2승에 반비례한다.

풀이 음의 세기$(I)=P\times v=\frac{P^2}{\rho C}$

음의 세기는 전파속도(C)에 반비례한다.

10 고유음향 임피던스가 각각 Z_1, Z_2인 두 매질의 경계면에 수직으로 입사하는 음파의 투과율은?

① $\left(\frac{Z_1-Z_2}{Z_1+Z_2}\right)^2$ ② $\left(\frac{Z_1+Z_2}{Z_1-Z_2}\right)^2$

③ $\frac{4Z_1Z_2}{(Z_1+Z_2)^2}$ ④ $\frac{(Z_1-Z_2)^2}{4Z_1Z_2}$

풀이 투과율(τ : 흡수율)

$$=\frac{I_t}{I_i}=\frac{I_i-I_r}{I_i}=1-\frac{I_r}{I_i}$$
$$=1-\left(\frac{\rho_2C_2-\rho_1C_1}{\rho_2C_2+\rho_1C_1}\right)^2$$
$$=\frac{4(\rho_2C_2\times\rho_1C_1)}{(\rho_2C_2+\rho_1C_1)^2}$$

$\rho C=Z$

11 중심주파수가 2,500Hz일 때 1/3옥타브밴드 분석기의 밴드폭은?

① 1,865Hz ② 1,768Hz
③ 775Hz ④ 580Hz

풀이 밴드폭(b_w)

$$=0.232f_c$$
$$=0.232\times2{,}500Hz=580Hz$$

정답 06 ④ 07 ② 08 ① 09 ④ 10 ③ 11 ④

12 음압실효치가 $8\times10^{-1}N/m^2$인 평면파의 음세기는 몇 W/m^2인가?(단, 공기온도 15℃, 공기밀도 $1.2kg/m^3$)

① 1.6×10^{-3} ② 2.3×10^{-2}
③ 4.7×10^{-3} ④ 8.0×10^{-2}

풀이 $I=\dfrac{P^2}{\rho C}$

$=\dfrac{(8\times10^{-1})^2}{1.2\times[331.42+(0.6\times15)]}$

$=1.6\times10^{-3}W/m^2$

13 아래의 명료도 산출식에 관한 다음 설명 중 옳지 않은 것은?

명료도$=96\times(K_e\cdot K_r\cdot K_n)$
(단, K_e : 음의 세기에 의한 명료도의 저하율
K_r : 잔향시간에 의한 명료도의 저하율
K_n : 소음에 의한 명료도의 저하율)

① 음의 세기에 의한 명료도는 음압레벨이 40dB에서 가장 잘 들리고 40dB 이상에서는 급격히 저하된다.
② 잔향시간이 길면 언어의 명료도가 저하된다.
③ 상수 96은 완전한 실내 환경에서 96%가 최대 명료도임을 뜻하는 값이다.
④ 소음에 의한 명료도는 음압레벨과 소음레벨의 차이가 0dB일 때 K_n 값은 0.67이며, 이 K_n은 두 음의 차이가 커짐에 따라 증가한다.

풀이 음의 세기에 의한 명료도는 음압레벨이 70~80dB에서 가장 좋다.

14 항공기 소음을 소음계의 D특성으로 측정한 값이 97dB(D)이다. 감각소음도(Perceived Noise Level)는 대략 몇 PN-dB인가?

① 104 ② 116
③ 132 ④ 154

풀이 $PNL=dB(D)+7=97dB(D)+7$
$=104PN-dB$

15 출력 15W의 작은 점음원이 단단하고 평탄한 지면 위에 있는 경우, 음원으로부터 10m 떨어진 지점에서의 음의 세기는?

① $0.012W/m^2$ ② $0.024W/m^2$
③ $0.239W/m^2$ ④ $0.477W/m^2$

풀이 점음원, 반자유공간에 위치
$W=I\times S=I\times2\pi r^2$

$I=\dfrac{W}{2\pi r^2}=\dfrac{15}{2\times3.14\times10^2}$

$=0.024W/m^2$

16 공해진동 크기의 표현으로 옳은 것은?(단, VAL : 진동가속도레벨, VL : 진동레벨, W_n : 주파수 대역별 인체감각에 대한 보정치)

① $VL=VAL\times W_n$
② $VAL=VL\times W_n$
③ $VL=VAL+W_n$
④ $W_n=VAL+VL$

17 다음 중 무지향성 점음원이 반자유공간에 있을 때 음압레벨(SPL) 산출식으로 옳은 것은?(단, PWL은 음향파워레벨, r는 거리)

① $SPL=PWL-10\log r-5dB$
② $SPL=PWL-10\log r-8dB$
③ $SPL=PWL-20\log r-11dB$
④ $SPL=PWL-20\log r-8dB$

18 다음은 인체의 청각기관에 관한 설명이다. ( ) 안에 알맞은 것은?

소리는 타원창이라고 하는 막에 의해 내이의 달팽이관 내의 (㉠)에 전달되며, 이 달팽이관 길이는 약 (㉡) 정도이고 내부에 기저막이 있다.

① ㉠ 기체, ㉡ 33mm ② ㉠ 기체, ㉡ 66mm
③ ㉠ 액체, ㉡ 33mm ④ ㉠ 액체, ㉡ 66mm

정답 12 ① 13 ① 14 ① 15 ② 16 ③ 17 ④ 18 ③

19 53phon과 같은 크기를 갖는 음은 몇 sone인가?

① 0.65 ③ 0.94
③ 1.52 ④ 2.46

풀이 $S=2^{\frac{L_L-40}{10}}=2^{\frac{53-40}{10}}=2.46\,\text{sone}$

20 진동감각에 관한 다음 설명 중 옳지 않은 것은?

① 사람이 느끼는 최소 진동역치는 55±5dB 정 도이다.
② 수직방향과 수평방향에 따라 진동의 느낌이 차이가 난다.
③ 진동수가 증가함에 따라 감쇠가 급격히 줄어들어 공진현상이 심화된다.
④ 공진현상은 앉아 있을 때가 서 있을 때보다 심하게 나타난다.

풀이 진동수가 증가함에 따라 감쇠가 줄어들어 공진현상이 저감된다.

2과목 소음방지기술

21 음압레벨 130dB의 음파가 면적 $6m^2$의 창을 통과할 때 음파의 에너지는 몇 W인가?

① 0.6W ② 6W
③ 60W ④ 600W

풀이 $SPL=PWL-10\log S$
$PWL=SPL+10\log S$
$=130+10\log 6=137.78\text{dB}$
$PWL=10\log\frac{W}{10^{-12}}$
$137.78=10\log\frac{W}{10^{-12}}$
$W=10^{13.78}\times 10^{-12}=60.26\text{watt}$

22 다음 중 흡음에 관한 설명으로 옳지 않은 것은?

① Glass Wool, Rock Wool 등은 중 · 고음역에서 흡음성이 좋다.
② 판진동 흡음은 대개 1,000~2,000Hz 부근에서 최대흡음률 0.7~0.8을 지니며, 판이 두껍거나 배후 공기층이 클수록 고음역으로 이동한다.
③ 유공보드의 경우 배후에 공기층을 두어 시공하면 공기층이 상당히 두꺼운 경우를 제외하고 일반적으로는 어느 주파수영역을 중심으로 한 산형(山形)의 흡음특성을 보인다.
④ 다공질형 흡음재는 음에너지를 운동에너지로 바꾸어 열에너지로 전환한다.

풀이 판진동 흡음은 대개 저음역(80~300Hz)에서 최대 흡음률 0.2~0.5를 지니며 판이 두껍거나 판 뒤의 배후공기층이 클수록 흡음특성은 저음역으로 이동한다.

23 길이가 40m, 폭 20m, 높이 4m인 주차장이 있다. 이 주차장 내에서의 잔향시간이 2.0초일 때 잔향시간 측정법에 의한 이 주차장의 평균 흡음률은 약 얼마인가?

① 0.03 ② 0.08
③ 0.12 ④ 0.19

풀이 $\bar{\alpha}=\frac{0.16\,V}{S\times T}$
$V=40\text{m}\times 20\text{m}\times 4\text{m}=3{,}200\text{m}^3$
$S=(40\text{m}\times 20\text{m}\times 2)$
$+(40\text{m}\times 4\text{m}\times 2)$
$+(20\text{m}\times 4\text{m}\times 2)$
$=2{,}080\text{m}^2$
$=\frac{0.161\times 3{,}200}{2{,}080\times 2.0}=0.12$

정답 19 ④ 20 ③ 21 ③ 22 ② 23 ③

24 작업장 내에 95dB의 소음을 발생시키는 기계가 2대, 90dB의 소음을 발생시키는 기계가 1대 있다. 만약, 작업장의 소음허용치가 96dB이라면 이 허용치를 만족시키기 위해 저감시켜야 할 최소소음은 약 몇 dB인가?(단, 배경소음은 무시한다.)

① 0dB ② 1.5dB
③ 2.7dB ④ 5.6dB

풀이 $L_{합} = 10\log[(10^{9.5} \times 2) + 10^{9.0}] = 98.7\text{dB}$
저감소음(dB) = 98.7 − 96 = 2.7dB

25 공장 내 두 벽과 바닥이 만나는 모서리에 90dB의 소음을 유발하는 공기압축기가 있다. 이 공장의 내부체적은 200m^3, 실내 전표면적은 220m^2, 실내 평균흡음률은 0.4일 때 공장 내에서 직접음과 잔향음이 같은 지점은 공기압축기로부터 얼마나 떨어져 있는가?(단, 공장 내 소음원은 공기압축기 1대로 가정한다.)

① 2.1m ② 4.8m
③ 9.0m ④ 11.5m

풀이 실반경$(r) = \sqrt{\dfrac{QR}{16\pi}}$

$$R = \frac{S \times \bar{\alpha}}{1-\alpha} = \frac{220 \times 0.4}{1-0.4} = 146.67\text{m}^2$$

Q : 세 면이 만나는 곳(8)

$$= \sqrt{\frac{8 \times 146.67}{16 \times 3.14}} = 4.83\text{m}$$

26 기계 장치의 취출구 소음을 줄이기 위한 대책으로 거리가 먼 것은?

① 취출구의 유속을 감소시킨다.
② 취출구 부위를 방음상자로 밀폐 처리한다.
③ 취출관의 내면을 흡음 처리한다.
④ 취출구에 소음기를 장착한다.

풀이 취출구 끝단에 철망 등을 설치하여 음의 진행을 세분혼합하도록 한다.

27 정상청력을 가진 사람이 1,000Hz에서 가청할 수 있는 최소음압실효치가 $2 \times 10^{-5}\text{N/m}^2$일 때, 어떤 대상음압 레벨이 96dB이었다면 이 대상음의 음압실효치(N/m^2)는?

① 0.76N/m^2 ② 1.26N/m^2
③ 8.4N/m^2 ④ 18.0N/m^2

풀이 $SPL = 20\log\dfrac{P}{2 \times 10^{-5}}$

$$96 = 20\log\frac{P}{2 \times 10^{-5}}$$

$P = 1.26\text{N/m}^2(\text{Pa})$

28 중심주파수 250Hz부터 10dB 이상의 소음을 차단할 수 있는 방음벽을 설계하려고 한다. 음원에서 수음점까지의 음의 회절경로와 직접경로 간의 경로차가 0.45m이면 중심주파수 250Hz에서의 Fresnel Number는?(단, 음속은 340m/s)

① 0.43 ② 0.66
③ 0.85 ④ 0.97

풀이 $N = \dfrac{\delta \times f}{170} = \dfrac{0.45 \times 250}{170} = 0.66$

29 벽체 외부로부터 확산음이 입사될 때 이확산음의 음압레벨은 115dB이다. 실내의 흡음력은 35m^2이고, 벽의 투과손실이 33dB, 벽의 면적이 22m^2일 경우 실내의 음압레벨은?

① 66dB ② 69dB
③ 74dB ④ 86dB

풀이 $SPL_1 - SPL_2 = TL + 10\log\left(\dfrac{A_2}{S}\right) - 6$

$$SPL_2 = SPL_1 - TL - 10\log\left(\frac{A_2}{S}\right) + 6$$

$$= 115 - 33 - 10\log\left(\frac{35}{22}\right) + 6$$

$$= 85.98\text{dB}$$

정답 24 ③ 25 ② 26 ② 27 ② 28 ② 29 ④

30 방음벽에 대한 설명으로 가장 거리가 먼 것은?

① 방음벽의 설치는 교통소음의 영향을 크게 받는 지역으로 인구밀도가 높고, 소음기준을 크게 초과하는 곳부터 우선하여 설치한다.
② 방음벽에 의해 얻을 수 있는 감음량은 대략 35dB 이상이다.
③ 방음벽은 도로변의 지반상태를 감안하여 안전한 위치에 설치하여야 한다.
④ 수음점에서 음원으로의 가시선을 차단하지 않으면 감음효과가 거의 없다.

풀이 방음벽에 의한 실제적인 감쇠치는 5~15dB 정도이다.

31 음향투과등급(Sound Transmission Class ; STC)은 1/3옥타브대역으로 측정한 차음자재의 투과손실을 나타낸 것인데, 다음 중 음향투과등급을 평가하는 방법으로 옳지 않은 것은?

① 음향투과등급은 기준곡선을 상하로 조정하여 결정한다.
② 모든 주파수 대역별 투과손실과 기준곡선값의 차의 산술평균이 2dB 이내가 되도록 한다.
③ 단 하나의 투과손실값도 기준곡선 밑으로 5dB을 초과해서는 안된다.
④ 음향투과등급은 기준곡선과의 조정을 거친 후 500Hz를 지나는 STC곡선의 값을 판독하면 된다.

풀이 단 하나의 투과손실값도 STC기준곡선과 비교하여 밑으로 최대차이가 8dB을 초과해서는 안 된다.

32 크기가 $5\text{m} \times 4\text{m}$이고 투과손실이 40dB인 벽체에 서류를 주고 받기 위한 개구부를 설치하려고 한다. 이때 이 벽체의 총합투과손실을 20dB 정도로 유지하기 위해서는 개구부의 크기를 약 얼마 정도로 해야 하는가?

① 약 0.05m^2 ② 약 0.2m^2
③ 약 0.5m^2 ④ 약 0.55m^2

풀이 $\overline{TL} = 10\log\frac{1}{\tau}$

$$20 = 10\log\left[\frac{20}{[(20-x)\times 10^{-4.0}] + (x \times 1)}\right]$$

$$\frac{20}{[(20-x)\times 10^{-4}] + x} = 10^2$$

$$x(1-10^{-4}) = 0.198$$

$$x = 0.198\,\text{m}^2$$

33 균질의 단일벽에서 음파가 벽면에 난입사할 때의 실용식으로 알맞은 것은?(단, f : 입사되는 주파수(Hz), M : 벽의 면밀도(kg/m^2))

① $TL = 10\log(f \cdot M) - 44$
② $TL = 10\log(f \cdot M) + 44$
③ $TL = 18\log(f \cdot M) - 44$
④ $TL = 18\log(f \cdot M) + 44$

풀이 ㉠ 수직입사
$TL = 20\log(M \cdot f) - 43(\text{dB})$
㉡ 난입사
$TL = 18\log(M \cdot f) - 44(\text{dB})$

34 소음원에 소음기를 부착하기 전과 후의 공간상 어떤 특정 위치에서 측정한 음압레벨의 차와 그 측정위치로 정의되는 것으로 가장 적합한 것은?

① 동적 삽입손실치(DIL)
② 투과손실(TL)
③ 삽입손실치(IL)
④ 감음량(NR)

풀이 삽입손실치(IL ; Insertion Loss)
소음원에 소음기를 부착하기 전 · 후의 공간상의 어떤 특정 위치에서 측정한 음압레벨의 차이와 그 측정위치로 정의한다.

정답 30 ② 31 ③ 32 ② 33 ③ 34 ③

35 다음 설명에 해당하는 소음기로 가장 적합한 것은?

강한 순음(Pure Tone)성분을 가지는 소음을 감소시키는 데 적합하며, 목의 체적에 비해 상대적으로 큰 부피를 갖는 공동으로 이루어져 있으며 구조적인 측면에서의 간략성 및 적용의 편의성으로 인해 주어진 공간이 한정되어 있는 경우 및 엔진의 배기 매니폴드 등의 소음감쇠에 널리 사용되어 왔다.

① 단순 팽창형 소음기 ② 헬름홀츠 공명기
③ 역류형 소음기 ④ 측지 공명기

풀이 공명형 소음기
헬름홀츠 공명기의 원리를 응용한 것으로 공명주파수에서 감음하는 방식으로 관로 도중에 구멍을 판 공동과 조합한 구조, 즉 내관의 작은 구멍과 그 배후 공기층이 공명기를 형성하여 흡음한다. 즉, 공동의 공진주파수와 일치하는 음의 주파수를 목부에서 열에너지로 소산시킨다.

36 다음 ( ) 안에 알맞은 것은?

"Dead" Spots 또는 "Hot" Spots이란 직접음과 반사음의 시간차가 ( )가 되어 두 가지 소리로 들리게 되므로 명료도가 저하하는 위치를 말한다.

① 0.05초 ② 1초
③ 5초 ④ 15초

37 판넬이 떨려 발생하는 소음을 방지하는 데 가장 적합한 자재로서 공기전파음에 의해 발생하는 공진진폭의 저감과 판넬 가장자리나 구성요소 접속부의 진동에너지 전달의 저감에 사용되는 것은?

① 흡음재 ② 차음재
③ 제진재 ④ 차진재

풀이 제진재
㉠ 성상 : 상대적으로 큰 내부손실을 가진 신축성이 있는 점탄성 자재이다.
㉡ 기능 : 진동에너지의 변환, 즉 자재의 점성 흐름 손실이나 내부마찰에 의해 열에너지로 변환되는 것을 의미한다.
㉢ 용도
- 진동으로 판넬이 떨려 발생하는 음에너지의 저감에 사용된다.
- 공기전파음에 의해 발생하는 공진진폭의 저감에 사용된다.
- 판넬 가장자리나 구성요소 접속부의 진동에너지 전달의 저감에 사용된다.

38 방음대책을 음원대책과 전파경로대책으로 분류할 때 다음 중 음원대책에 해당하는 것은?

① 공장건물 내벽의 흡음처리
② 방음벽 설치
③ 거리감쇠
④ 방사율의 저감

풀이 방사율의 저감은 발생원에서 소음에 대한 대책이다.

39 단일벽의 차음특성은 주파수에 따라 3개의 영역으로 구분된다. 다음 중 이 차음특성에 대한 설명으로 거리가 먼 것은?

① 저주파 대역에서는 자재의 강성에 의한 공진영역에 나타난다.
② 질량법칙이 만족되는 영역에서는 투과손실이 옥타브당 6dB씩 증가한다.
③ 질량법칙에 의한 차음 특성은 벽체의 면밀도 혹은 벽체에 입사되는 주파수가 증가할수록 투과손실이 크다.
④ 일치효과영역에서 입사각(θ)이 90°일 때, 일치주파수가 최대로 되며, 이 주파수보다 높은 주파수에서는 일치효과가 발생하지 않는다.

풀이 일치주파수는 입사각 θ에 따라 변화한다. sin90°일 때(평행입사에 가까워질 때) 일치주파수가 최저가 되는데 이때의 주파수를 일치효과의 한계주파수라고 하며 이 주파수보다 높은 주파수에서는 일치효과가 발생한다.

정답 35 ② 36 ① 37 ③ 38 ④ 39 ④

40 공조기에서 발생되는 소음을 감쇠시키기 위해 그림과 같은 단면의 소음기를 3.5m 길이로 설치할 경우 500Hz에서의 감음량은 몇 dB인가?(단, 잔향실법에 의한 흡음률은 0.55이다.)

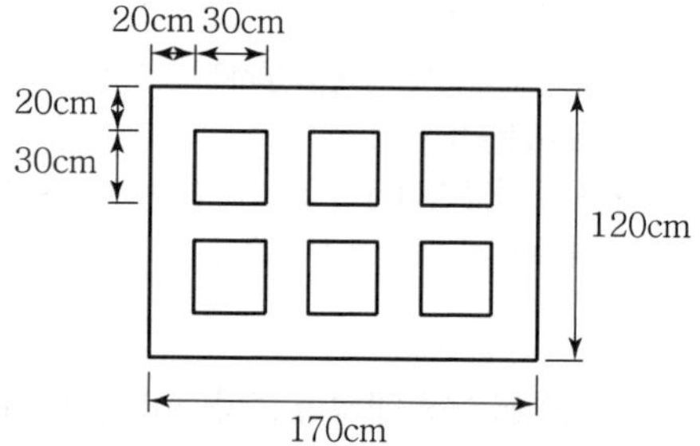

① 16dB ② 19dB
③ 21dB ④ 24dB

풀이 $\Delta L = K \cdot \dfrac{PL}{S}$ (dB)

$K = \alpha - 0.1 = 0.55 - 0.1 = 0.45$

$P = (0.3 \times 4) \times 6 = 7.2\text{m}$

$S = (0.3 \times 0.3) \times 6 = 0.54\text{m}^2$

$L = 3.5\text{m}$

$= 0.45 \times \dfrac{7.2 \times 3.5}{0.54} = 21\text{dB}$

3과목 소음진동공정시험 기준

41 주간시간대에 A지점에서 2시간 간격을 두고 1시간씩 2회 측정한 철도소음도가 65dB(A)과 74 dB(A)이었다면 A지점에서의 철도소음도는 얼마인가?

① 65dB(A) ② 69.5dB(A)
③ 74dB(A) ④ 79.5dB(A)

풀이 철도소음도(주간대)$= \dfrac{65+74}{2} = 69.5\text{dB(A)}$

42 다음 중 주파수 특성이 매우 좋고, 감도가 높으며, 전동기, 변압기 등의 주변에서 소음을 측정하고자 할 때 가장 적합한 마이크로폰은?

① 자기형 ② 다이나믹형
③ 크리스탈형 ④ 콘덴서형

풀이 콘덴서형
㉠ 주파수 특성이 매우 좋고, 감도가 높으며, 전동기, 변압기 등의 전기기계 주변에서 소음을 측정할 경우 가장 적합하다.
㉡ 넓은 주파수 범위에 걸쳐 평탄특성을 가지며, 고감도 및 장기간 운용 시 안정하나 다습한 기후에서 측정 시 뒤판에 물이 응축되지 않도록 유의하여야 한다.

43 진동배출원 부지경계선의 측정진동레벨이 배경진동레벨보다 1dB(V) 클 때에 관한 설명으로 가장 적합한 것은?

① 배경진동이 대상진동보다 크므로 재측정하여 대상진동레벨을 구한다.
② 대상진동레벨은 측정진동레벨보다 1dB(V) 낮다.
③ 대상진동레벨은 측정진동레벨보다 1dB(V) 높다.
④ 대상진동레벨은 측정진동레벨보다 5dB(V) 높다.

풀이 측정진동레벨이 배경진동레벨보다 3dB(V) 미만으로 크면 배경진동이 대상진동보다 크므로 재측정하여 대상진동레벨을 구하여야 한다.

44 다음은 소음의 환경기준 측정방법 중 측정조건에 관한 설명이다. ( ) 안에 알맞은 것은?

풍속이 (㉠) 이상일 때에는 반드시 마이크로폰에 방풍망을 부착하여야 하며, 풍속이 (㉡)를 초과할 때에는 측정하여서는 안 된다.

① ㉠ 1m/sec, ㉡ 3m/sec
② ㉠ 2m/sec, ㉡ 3m/sec
③ ㉠ 1m/sec, ㉡ 5m/sec
④ ㉠ 2m/sec, ㉡ 5m/sec

정답 40 ③ 41 ② 42 ④ 43 ① 44 ④

45 발파소음측정에 관한 설명으로 옳지 않은 것은?

① 측정점은 피해가 예상되는 자의 부지경계선 중 소음도가 높을 것으로 예상되는 지점에서 지면 위 0.5~1.0m 높이로 한다.
② 측정소음도는 발파소음이 지속되는 기간 동안에 측정하여야 한다.
③ 소음도 기록기를 사용할 때에는 기록지상의 지시치 최고치를 측정소음도로 한다.
④ 최고소음 고정용 소음계를 사용할 때에는 당해 지시치를 측정소음도로 한다.

풀이 측정점은 피해가 예상되는 자의 부지경계선 중 소음도가 높을 것으로 예상되는 지점에서 지면 위 1.2~1.5m 높이로 한다.

46 다음은 규제기준 중 동일 건물 내 사업장소음 측정을 위한 측정시간 및 측정지점수기준이다. ( ) 안에 가장 적합한 것은?

> 피해가 예상되는 적절한 측정 시각에 (㉠)의 측정 지점수를 선정하고 각각 (㉡) 측정하여 각 지점에서 산술평균한 소음도 중 가장 높은 소음도를 측정 소음도로 한다. 단, 환경이 여의치 않은 경우에는 측정지점수를 줄일 수 있다.

① ㉠ 2지점 이상, ㉡ 2회 이상
② ㉠ 2지점 이상, ㉡ 4회 이상
③ ㉠ 4지점 이상, ㉡ 2회 이상
④ ㉠ 4지점 이상, ㉡ 4회 이상

47 소음 · 진동 공정시험기준에서 정하는 용어의 정의로 옳지 않은 것은?

① 반사음은 한 매질 중의 음파가 다른 매질의 경계면에 입사한 후 진행방향을 변경하여 본래의 매질 중으로 되돌아오는 음을 말한다.
② 지발(遲發)발파는 시간차를 두지 않고 발파하는 것을 말한다. 단, 발파기를 1회 사용하는 것에 한한다.
③ 소음도는 소음계의 청감보정회로를 통하여 측정한 지시치를 말한다.
④ 배경소음도는 측정소음도의 측정위치에서 대상 소음이 없을 때, 소음 · 진동 공정시험기준에서 정한 측정방법으로 측정한 소음도 및 등가소음도 등을 말한다.

풀이 지발발파
수 초 내에 시간차를 두고 발파하는 것을 말한다.(단, 발파기를 1회 사용하는 것에 한한다.)

48 소음계의 청감보정회로로 A 보정레벨을 사용하는 이유로 가장 적합한 것은?

① 측정치의 정확성을 기하기 위하여
② 측정치의 통계처리가 용이하기 때문에
③ 전 주파수 대역에서 평탄한 특성을 가지기 때문에
④ 인체의 청감각과 잘 대응하기 때문에

풀이 청감보정회로(Weighting Networks)
㉠ 인체의 청감각을 주파수 보정특성에 따라 나타낸다.
㉡ A특성을 갖춘 것이어야 한다.
㉢ 다만, 자동차 소음측정용은 C특성도 함께 갖추어야 한다.

49 발파진동 측정 시 디지털 진동자동분석계를 사용하여 측정진동레벨을 분석할 때 샘플주기는 최대 얼마 이하로 해야 하는가?

① 0.1초 ② 0.5초
③ 1.0초 ④ 5.0초

풀이 디지털 진동자동분석계를 사용할 때에는 샘플주기를 0.1초 이하로 놓고 발파진동의 발생기간(수 초 이내) 동안 측정하여 자동 연산 · 기록한 최고치를 측정진동레벨로 한다.

정답 45 ① 46 ① 47 ② 48 ④ 49 ①

50 규제기준 중 발파소음 측정평가 시 대상소음도에 시간대별 보정발파횟수에 따른 보정량을 보정하여 평가소음도를 구하는데, 지발발파의 경우는 보정발파횟수를 몇 회로 간주하는가?

① 1회 ② 3회
③ 5회 ④ 10회

풀이 대상소음도에 시간대별 보정발파횟수(N)에 따른 보정량($+10\log N$; $N>1$)을 보정하여 평가소음도를 구한다. 이 경우, 지발발파는 보정발파횟수를 1회로 간주한다.

51 다음 중 진동레벨계의 구성 요소가 아닌 것은?

① 진동픽업 ② 레벨레인지 변환기
③ 동특성조절기 ④ 감각보정회로

풀이 진동레벨계의 구성요소

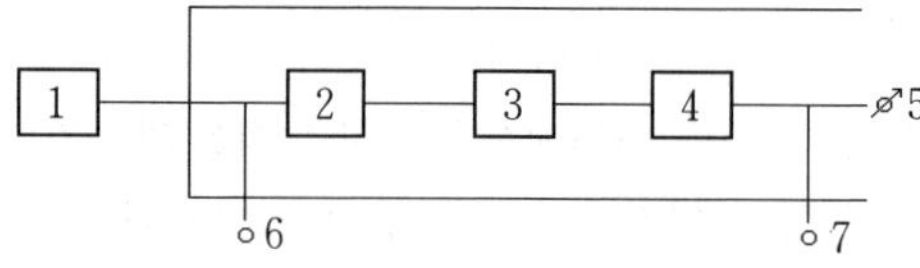

1. 진동픽업
2. 레벨레인지 변환기
3. 증폭기
4. 감각보정회로
5. 지시계기
6. 교정장치
7. 출력단자

52 도로교통소음관리기준 측정방법으로 옳지 않은 것은?

① 요일별로 소음변동이 적은 평일(월요일부터 금요일 사이)에 당해 지역의 도로교통소음을 측정하여야 한다.
② 당해 지역 도로교통소음을 대표할 수 있는 시각에 4개 이상의 측정지점수를 선정하여 각 측정지점에서 2시간 이상 간격으로 4회 이상 측정하여 산술평균한 값을 측정소음도로 한다.
③ 디지털 소음자동분석계를 사용할 경우 샘플주기를 1초 이내에서 결정하고 10분 이상 측정하여 자동 연산 · 기록한 등가소음도를 그 지점의 측정소음도로 한다.
④ 측정자료는 계산과정에서는 소수점 첫째 자리를 유효숫자로 하고, 측정소음도(최종값)는 소수점 첫째 자리에서 반올림한다.

풀이 시간대별로 소음피해가 예상되는 시간대를 포함하여 2개 이상의 측정지점수를 선정하여 4시간 이상 간격으로 2회 이상 측정하여 산술평균한 값을 측정소음도로 한다.

53 다음은 L_{10} 진동레벨 계산방법이다. (　　) 안에 알맞은 것은?

> 진동레벨기록지의 누적도수를 이용하여 모눈종이상에 누적도곡선을 작성한 후(횡축에 진동레벨, 좌측 종축에 누적도수를, 우측종축에 백분율을 표기) (　　)에서 수선을 그어 횡축과 만나는 점의 진동레벨을 L_{10} 값으로 한다.

① 10% 횡선이 누적도곡선과 만나는 교점
② 50% 횡선이 누적도곡선과 만나는 교점
③ 80% 횡선이 누적도곡선과 만나는 교점
④ 90% 횡선이 누적도곡선과 만나는 교점

54 표준음 발생기에 관한 다음 설명 중 (　　) 안에 알맞은 것은?

> 표준음 발생기는 (　　　)이(가) 표시되어 있어야 한다.

① 발생음의 주파수와 음압도
② 표준음의 종류와 음향파워레벨
③ 표준음의 종류와 음의 투과도
④ 음향파워레벨과 음의 투과도

정답 50 ① 51 ③ 52 ② 53 ④ 54 ①

55 다음 중 넓은 주파수 범위에 걸쳐 평탄특성을 가지며 고감도 및 장기간 운용 시 안정하나, 다습한 기후에서 측정 시 뒷판에 물이 응축되지 않도록 유의해야 할 마이크로폰은?

① 콘덴서형 ② 다이나믹형
③ 크리스탈형 ④ 자기형

풀이 콘덴서형
㉠ 주파수 특성이 매우 좋고, 감도가 높으며, 전동기, 변압기 등의 전기기계 주변에서 소음을 측정할 경우 가장 적합하다.
㉡ 넓은 주파수 범위에 걸쳐 평탄특성을 가지며, 고감도 및 장기간 운용 시 안정하나 다습한 기후에서 측정 시 뒤판에 물이 응축되지 않도록 유의하여야 한다.

56 7일간의 항공기 소음의 일별 WECPNL이 85, 87, 69, 77, 82, 83, 80인 경우 7일간의 평균 WECPNL은?

① 81 ② 83
③ 85 ④ 86

풀이 m일간 평균 WECPNL($\overline{\text{WECPNL}}$)

$$\overline{\text{WECPNL}} = 10\log\left[(1/m)\sum_{i=1}^{m}10^{0.1\,WECPNL_i}\right]$$
$$= 10\log\left[\frac{1}{7}(10^{8.5}+10^{8.7}+10^{6.9}+10^{7.7}+10^{8.2}+10^{8.3}+10^{8.0})\right]$$
$$= 83$$

57 표준음 발생기의 발생음 오차기준으로 옳은 것은?

① ±0.1dB 이내 ② ±0.5dB 이내
③ ±1dB 이내 ④ ±5dB 이내

풀이 표준음 발생기(Pistonphone, Calibrator)
㉠ 소음계의 측정감도를 교정하는 기기로서 발생음의 주파수와 음압도가 표시되어 있어야 한다.
㉡ 발생음의 오차는 ±1dB 이내이어야 한다.

58 항공기소음 관리기준 측정방법에서 항공기 소음 측정점 선정 시 원추형 상부공간이 의미하는 것은?

① 측정위치를 지나는 지면 또는 바닥면의 법선에 반각 80°의 선분이 지나는 공간을 말한다.
② 측정위치를 지나는 지면 또는 바닥면의 법선에 반각 60°의 선분이 지나는 공간을 말한다.
③ 측정위치를 지나는 지면 또는 바닥면의 법선에 반각 45°의 선분이 지나는 공간을 말한다.
④ 측정위치를 지나는 지면 또는 바닥면의 법선에 반각 30°의 선분이 지나는 공간을 말한다.

59 항공기 통과 시 1일 최고소음도 측정결과가 각각 99dB(A), 100dB(A), 101dB(A), 102dB(A), 103dB(A), 104dB(A), 105dB(A), 106dB(A), 107dB(A), 108dB(A)이었고, 0시~07시까지 1대, 07시~19시까지 6대, 19시~22시까지 2대, 22시~24시까지 1대가 통과할 때 1일 단위의 WECPNL은?

① 92 ② 95
③ 97 ④ 99

풀이 1일 단위 WECPNL $= \overline{L_{max}} + 10\log N - 27$

$$\overline{L_{max}} = 10\log\left[\frac{1}{10}(10^{9.9}+10^{10}+10^{10.1}+10^{10.2}+10^{10.3}+10^{10.4}+10^{10.5}+10^{10.6}+10^{10.7}+10^{10.8})\right]$$
$$= 104.41\text{dB(A)}$$
$$N = N_2 + 3N_3 + 10(N_1+N_4)$$
$$= 6 + (3\times 2) + (10\times 2) = 32$$
1일 단위 WECPNL $= 104.41 + 10\log 32 - 27$
$$= 92.46$$

60 소음 측정기기의 구조별 성능에 관한 설명으로 옳지 않은 것은?

① Microphone : 지향성이 작은 압력형으로 하며 기기의 본체와 분리가 가능하여야 한다.
② Amplifier : 전기에너지를 음향에너지로 변환시킨 양을 증폭시키는 것을 말한다.

정답 55 ① 56 ② 57 ③ 58 ① 59 ① 60 ②

③ Weighting Networks : A특성을 갖춘 것이어야 하며, 자동차 소음측정용은 C특성도 함께 갖추어야 한다.
④ Monitor Out : 소음신호를 기록기 등에 전송할 수 있는 교류단자를 갖춘 것이어야 한다.

풀이 Amplifier(증폭기)
마이크로폰에 의하여 음향에너지를 전기에너지로 변환시킨 양을 증폭시키는 장치를 말한다.

4과목 진동방지기술

61 무게가 150N인 기계를 방진고무 위에 올려 놓았더니 1.0cm가 수축되었다. 방진고무의 동적배율이 1.2이라면 방진고무의 동적 스프링 정수는?

① 94N/cm ② 120N/cm
③ 180N/cm ④ 240N/cm

풀이 $\alpha = \dfrac{k_d}{k_s}$

$k_d = \alpha \cdot k_s$

$k_s = \dfrac{W}{\Delta I} = \dfrac{150}{1.0} = 150\,\text{N/cm}$

$= 1.2 \times 150 = 180\,\text{N/cm}$

62 전기모터가 1,800rpm의 속도로 기계장치를 구동시킨다. 이 시스템은 고무깔개 위에 설치되어 있고 고무깔개는 0.5cm의 정적처짐을 나타내며 고무깔개의 감쇠비는 0.2이다. 기초에 대한 힘의 전달률을 구하면?

① 약 0.08 ② 약 0.11
③ 약 0.16 ④ 약 0.21

풀이 $T = \dfrac{\sqrt{1+(2\xi\eta)^2}}{\sqrt{(1-\eta^2)^2+(2\xi\eta)^2}}$

$\eta = \dfrac{f}{f_n} = \dfrac{(1{,}800/60)}{4.98\sqrt{1/0.5}} = 4.56$

$= \dfrac{\sqrt{1+(2\times0.2\times4.56)^2}}{\sqrt{(1-4.56^2)^2+(2\times0.2\times4.56)^2}}$

$= 0.11$

63 불균형 질량 1kg이 반지름 0.2m의 원주상을 매분 600회로 회전하는 경우 가진력의 최대치는?

① 약 395N ② 약 790N
③ 약 1,185N ④ 약 1,850N

풀이 $F = mr\omega^2$

$m = 1\text{kg}$

$r = 0.2\text{m}$

$\omega = 2\pi f = 2\pi \times \dfrac{600}{60} = 62.83\text{rad/sec}$

$= 1\times0.2\times(62.83)^2 = 789.52\text{N}$

64 운동변위가 다음과 같을 때 진동의 주기는?

$$x = 6\sin\left(4\pi t - \frac{\pi}{3}\right)\text{cm}$$

① 0.3초 ② 0.5초
③ 1.0초 ④ 1.2초

풀이 $\omega = 2\pi f,\ f = \dfrac{\omega}{2\pi}$

$T = \dfrac{2\pi}{\omega} = \dfrac{2\pi}{4\pi} = 0.5\text{sec}$

65 다음 방진대책 중 발생원 대책으로 적당하지 않은 것은?

① 가진력 감쇠
② 기초중량의 부가 및 경감
③ 동적흡진
④ 방진구 설치

풀이 수진점 근방에 방진구를 설치하는 것은 전파경로대책이다.

정답 61 ③ 62 ② 63 ② 64 ② 65 ④

66 금속스프링의 특징에 관한 설명으로 옳지 않은 것은?

① 환경요소에 대한 저항성이 큰 편이다.
② 로킹(Rocking)이 일어나지 않도록 주의해야 한다.
③ 최대변위가 허용되며 저주파 차진에 좋다.
④ 감쇠능력이 현저하여 공진 시 전달률을 최소화할 수 있다.

풀이 금속스프링은 감쇠가 거의 없고 공진 시에 전달률이 매우 크다.

67 무게가 850N인 기계가 600rpm으로 운전되고 있다. 동일한 스프링 4개를 이용하여 20dB을 방진하려고 할 때, 스프링 1개당 스프링 정수(N/cm)는?(단, 스프링은 병렬연결)

① 55 ② 78
③ 111 ④ 125

풀이 방진효과$(\Delta V) = 20\log\frac{1}{T}$

$$T = 10^{-\frac{\Delta V}{20}} = 10^{-\frac{20}{20}} = 0.1$$

$$T = \frac{1}{\eta^2 - 1} = 0.1$$

$$\eta = 3.3$$

$$f_n = \frac{f}{\eta} = \frac{600/60}{3.3} = 3.03\text{Hz}$$

$$k = W \times \left(\frac{f_n}{4.98}\right)^2 = 850 \times \left(\frac{3.03}{4.98}\right)^2$$

$$= 314\text{N/cm}$$

스프링 4개가 병렬이므로 스프링 1개당 스프링정수는

$$\frac{314}{4} = 78.66\text{N/cm}$$

68 일정장력 T로 잡아 늘인 현(弦)이 미소횡진동을 하고 있을 때 단위길이당 질량을 ρ라 하면 전파속도 C를 나타낸 식으로 옳은 것은?

① $C = \sqrt{\frac{\rho}{T}}$ ② $C = \sqrt{\frac{T}{\rho}}$
③ $C = \sqrt{\frac{T}{2\rho}}$ ④ $C = \sqrt{\frac{2T}{\rho}}$

풀이 현의 미소횡진동 시 전파속도(C)

$$C = \sqrt{\frac{T}{\rho}}$$

여기서, T : 장력
ρ : 단위길이당 질량

69 그림과 같이 단진자가 진동할 때 단진자의 고유진동수와의 관계로 옳은 것은?(단, 단진자의 길이는 l, 질량은 m, θ의 각도로 회전한다.)

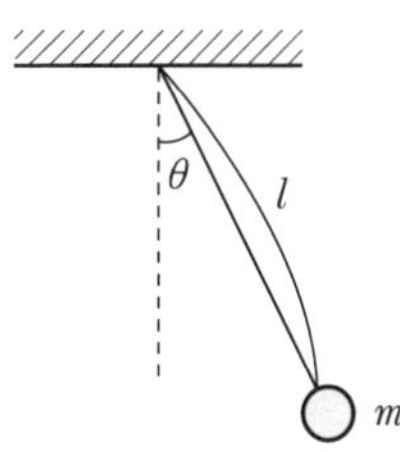

① 고유진동수는 m에 비례
② 고유진동수는 m에 반비례
③ 고유진동수는 l의 제곱근에 반비례
④ 고유진동수는 l에 반비례

풀이 단진자 고유진동수(f_n)

$$f_n = \frac{1}{2\pi}\sqrt{\frac{g}{l}}$$

70 다음 중 고주파 차진성 및 방음효과가 뛰어나고 부하능력이 광범위하며 자동제어가 가능하나, 압축기 등 부대시설이 필요하고, 구조가 복잡하며 시설비가 많은 것은?

① 공기스프링 ② 코일스프링
③ 펠트 ④ 콜크

풀이 공기스프링 장단점

㉠ 장점

- 설계 시에 스프링의 높이, 스프링 정수, 내하력(하중)을 각각 독립적으로 자유롭게 광범위하게 선정할 수 있다.

정답 66 ④ 67 ② 68 ② 69 ③ 70 ①

- 높이 조절밸브를 병용하면 하중의 변화에 따른 스프링 높이를 조절하여 기계의 높이를 일정하게 유지할 수 있다.
- 하중의 변화에 따라 고유진동수를 일정하게 유지할 수 있다.
- 부하능력이 광범위하고 자동제어가 가능하다.(1개의 스프링으로 동시에 횡강성도 이용할 수 있다.)
- 고주파 진동의 절연특성이 가장 우수하고 방음효과도 크다.

㉡ 단점

- 구조가 복잡하고 시설비가 많이 든다.(구조에 의해 설계상 제약 있음)
- 압축기 등 부대시설이 필요하다.
- 공기누출의 위험이 있다.
- 사용진폭이 적은 것이 많으므로 별도의 댐퍼가 필요한 경우가 많다.(공기스프링을 기계의 지지장치에 사용할 경우 스프링에 허용되는 동변위가 극히 작은 경우가 많으므로 내장하는 공기감쇠력으로 충분하지 않은 경우가 많음)
- 금속스프링으로 비교적 용이하게 얻어지는 고유진동수 1.5Hz 이상의 범위에서는 타 종류의 스프링에 비해 비싼 편이다.

71 강제각진동수와 고유각진동수가 같을 때 진동제어 요소와 응답진폭크기의 연결로 옳은 것은?

① 감쇠, $x(\omega)=F_0/k$

② 스프링의 강성, $x(\omega)=F_0/(m\omega^2)$

③ 스프링의 강성, $x(\omega)=F_0/k$

④ 감쇠, $x(\omega)=F_0/(Ce\omega_n)$

풀이 강제각진동수(ω)와 고유각진동수(ω_n)의 관계에 따른 진동제어요소

㉠ $\omega^2 \ll {\omega_n}^2 (f^2 \ll {f_n}^2)$ 경우
- 스프링 강도로 제어하는 것이 유리하다.
- 스프링 정수(K)를 크게 한다.
- 응답진폭의 크기는 $x(\omega)=F_0/k$

㉡ $\omega^2 \gg {\omega_n}^2 (f^2 \gg {f_n}^2)$ 경우
- 진동계의 질량으로 제어하는 것이 유리하다.
- 질량(m)을 부가한다.
- 응답진폭의 크기는 $x(\omega)=F_0/m\omega^2$

㉢ $\omega^2 = {\omega_n}^2 (f^2 = {f_n}^2)$ 경우
- 스프링감쇠 저항으로 제어하는 것이 유리하다.
- 댐퍼(C)를 부착하여 감쇠비를 크게 한다.
  $x(\omega)=F_0/C_e\omega$

72 자유낙하 하는 물체에 의하여 발생하는 충돌속도는 낙하높이가 2배 높아지면 초기와 비교하여 어떻게 변하는가?

① $\sqrt{2}$배　② 2배
③ 4배　④ 9배

풀이 자유낙하 공식
$2gH=V^2$
$V=\sqrt{2gH}$에서 낙하높이(H)가 2배 높아지면 $\sqrt{2g(2H)}=\sqrt{2}\sqrt{2gH}=\sqrt{2}V$이므로 속도는 $\sqrt{2}$배가 된다.

73 전달률이 1이 되는 경우는?(단, η : 진동수비)

① $\eta=1$　② $\eta=\sqrt{2}$
③ $\eta=\frac{1}{\sqrt{2}}$　④ $\eta=2$

풀이 $\eta=\frac{f}{f_n}=\sqrt{2}$

㉠ 전달력=외력
㉡ ξ 관계없이 전달력은 항상 1이다.

74 그림(a)와 같은 진동계의 스프링을 압축하여 그림(b)와 같이 만들었다. 압축된 후의 고유진동수는 처음에 비해 어떻게 변하는가?(단, 다른 조건은 변함없다고 가정한다.)

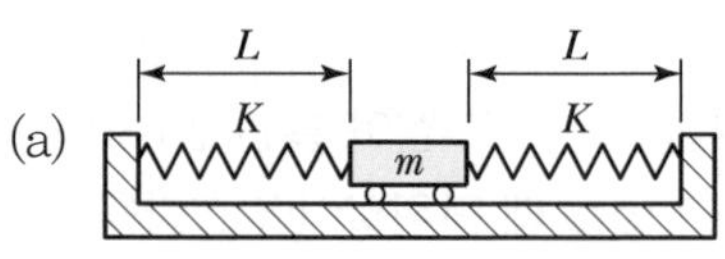

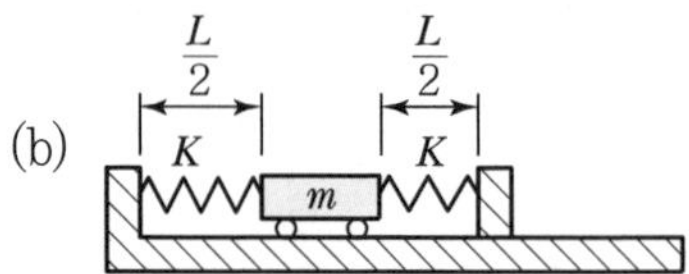

정답 71 ④ 72 ① 73 ② 74 ④

① 2배로 된다. ② $\sqrt{2}$ 배로 된다.
③ $\frac{1}{\sqrt{2}}$ 로 된다. ④ 변하지 않는다.

풀이

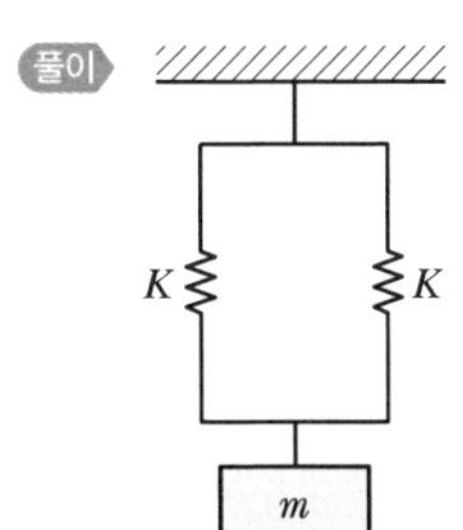

$K_{eq} = K + K = 2K$

$f_n = \frac{1}{2\pi}\sqrt{\frac{2K}{m}}$

고유진동수는 스프링(K)의 길이에 관계없이 일정하다.

75 아래 그림은 감쇠비(ξ)가 어떤 범위일 때 인가?

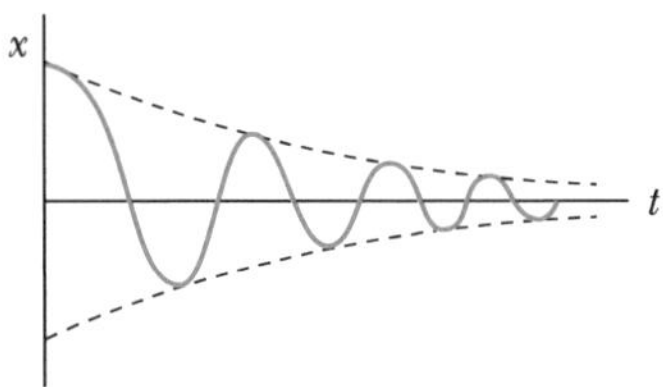

① $0 < \xi < 1$ ② $0 \leq \xi \leq 1$
③ $\xi = 1$ ④ $\xi > 1$

풀이 부족감쇠($0 < \xi < 1$)

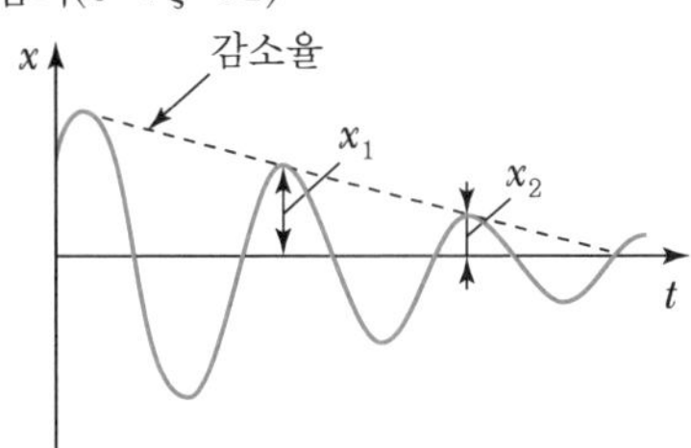

76 차량이 평탄한 노면 위를 주행할 때 조향핸들이 그 축에 대한 회전모드로 진동을 수반하는 현상은?

① Damping ② Lagging
③ Shimmy ④ Surging

풀이 시미(Shimmy) 진동
시속 100 km 이상의 고속에서 회전방향으로 발생하는 조향핸들의 진동을 말한다.

77 진동하는 표면을 고무로 제진 처리하여 90%의 반사율을 얻었다. 이때 감쇠량은?

① 5dB ② 10dB
③ 15dB ④ 20dB

풀이 진동감쇠량(ΔL)
$\Delta L = -10\log(1 - T_r)$
$= -10\log(1 - 0.9) = 10\text{dB}$

78 연속체의 진동은 대상체 내의 힘과 모멘트의 평형을 이용하거나 계에 관련되는 변형 및 운동에너지를 활용하여 운동방정식을 유도하면 통상 2계 또는 4계 편미분방정식으로 되는 경우가 대부분인데, 다음 중 주로 4계 편미분방정식으로 유도되는 것은?

① 판의 진동 ② 봉의 종진동
③ 봉의 비틀림진동 ④ 현의 진동

79 가진력 저감이 가능한 경우와 거리가 먼 것은?

① 기초를 움직이는 가진력을 감소시키기 위해서는 탄성을 유지한다.
② 왕복운동압축기는 터보형 고속회전압축기 등으로 진동이 작은 기계로 교체한다.
③ 필요 시 기계의 설치방향을 바꾼다.
④ 크랭크기구를 가진 왕복운동기계는 단수의 실린더를 가진 것으로 교체한다.

풀이 크랭크 기구를 가진 왕복운동기계는 복수 개의 실린더를 가진 것으로 교체한다.

정답 75 ① 76 ③ 77 ② 78 ① 79 ④

80 $X_1 = 4\sin 80t$, $X_2 = 5\cos 80t$인 2개의 진동이 동시에 일어날 때, 이 합성진동의 최대진폭은 얼마인가?(단, 진폭의 단위는 cm, t는 시간변수이다.)

① 5.0cm ② 5.8cm
③ 6.4cm ④ 7.0cm

풀이 최대진폭$= \sqrt{4^2+5^2} = 6.4$cm

5과목 소음진동관계법규

81 소음진동관리법규상 특별자치시장 등이 폭약의 사용으로 인한 소음진동 피해를 방지할 필요가 있다고 인정하여 지방경찰청장에게 폭약사용을 규제 요청할 때, 포함되어야 할 사항으로 가장 거리가 먼 것은?

① 폭약 사용량 ② 폭약 사용시간
③ 폭약의 원료 ④ 발파공법의 개선

풀이 폭약사용규제 요청 시 포함사항
㉠ 규제기준에 맞는 방음 · 방진시설의 설치
㉡ 폭약사용량
㉢ 사용시간
㉣ 사용횟수의 제한
㉤ 발파공법 등의 개선

82 방음시설 성능 및 설치기준에서 사용하는 용어의 정의 중 ( ) 안에 가장 적합한 것은?

( )(이)라 함은 방음판에 입사하는 주광의 광속에 대하여 투과 광속의 입사 광속에 대한 백분율을 말한다.

① 삽입 손실 ② 회절감쇠치
③ 가시광선투과율 ④ 투과손실치

83 소음진동관리법상 환경부장관은 소음 · 진동 관리종합계획을 몇 년마다 수립하여야 하는가?

① 1년 ② 3년
③ 5년 ④ 10년

84 소음진동관리법상 환경기술인의 업무를 방해하거나 환경기술인의 요청을 정당한 사유 없이 거부한 자에 대한 과태료 부과기준은?

① 100만 원 이하의 과태료
② 300만 원 이하의 과태료
③ 6개월 이하의 징역 또는 500만 원 이하의 과태료
④ 1년 이하의 징역 또는 1천만 원 이하의 과태료

풀이 소음진동관리법 제60조 참조

85 소음진동관리법규상 이동소음원의 규제에 따른 이동소음원의 종류와 거리가 먼 것은?(단, 그 밖의 사항 등은 제외)

① 저공으로 비행하는 항공기
② 이동하며 영업을 하기 위하여 사용하는 확성기
③ 행락객이 사용하는 음향기계
④ 소음방지장치가 비정상이거나 음향장치를 부착하여 운행하는 이륜자동차

풀이 이동소음원 종류
㉠ 이동하며 영업이나 홍보를 하기 위하여 사용하는 확성기
㉡ 행락객이 사용하는 음향기계 및 기구
㉢ 소음방지장치가 비정상이거나 음향장치를 부착하여 운행하는 이륜자동차
㉣ 그 밖에 환경부장관이 고요하고 편안한 생활환경을 조성하기 위하여 필요하다고 인정하여 지정 · 고시하는 기계 및 기구

86 소음진동관리법규상 현재 제작되는 자동차의 소음허용기준 설정항목(소음항목)으로만 모두 옳게 나열된 것은?(단, 2006년 1월 1일 이후에 제작되는 자동차 기준)

정답 80 ③ 81 ③ 82 ③ 83 ③ 84 ② 85 ① 86 ③

① 배기소음
② 배기소음, 경적소음
③ 배기소음, 경적소음, 가속주행소음
④ 배기소음, 경적소음, 주행소음, 가속주행소음

풀이 제작차 소음허용기준

자동차 종류 \ 소음 항목		가속주행소음 [dB(A)] 가	가속주행소음 [dB(A)] 나	배기소음 [dB(A)]	경적소음 [dB(C)]
이륜자동차	총배기량 175cc 초과	80 이하	80 이하	105 이하	110 이하
	총배기량 175cc 이하 · 80cc 초과	77 이하	77 이하		
	총배기량 80cc 이하	75 이하	75 이하	102 이하	

87 다음은 소음진동관리법규상 제작차 소음허용기준과 관련된 사항이다. ( ) 안에 알맞은 것은?(단, 2006년 1월 1일 이후에 제작되는 자동차)

> 차량 총중량 2톤 이상의 환경부장관이 고시하는 오프로드(Off-road)형 승용자동차 및 화물자동차 중 원동기출력 195마력 미만인 자동차에 대하여는 규정에 의한 가속주행소음기준에 ( )를 가산하여 적용한다.

① 1dB(A) ② 2dB(A)
③ 3dB(A) ④ 5dB(A)

88 환경정책기본법령상 일반지역 중 전용주거지역의 낮 시간대 소음환경기준으로 옳은 것은?

① 40Leq dB(A) ② 45Leq dB(A)
③ 50Leq dB(A) ④ 55Leq dB(A)

풀이 소음환경기준 [Leq dB(A)]

지역 구분	적용대상 지역	기준 낮(06:00~22:00)	기준 밤(22:00~06:00)
일반 지역	"가" 지역	50	40
	"나" 지역	55	45
	"다" 지역	65	55
	"라" 지역	70	65
도로변 지역	"가" 및 "나" 지역	65	55
	"다" 지역	70	60
	"라" 지역	75	70

일반지역의 전용주거지역은 "가"지역이다.

89 소음진동관리법규상 소음방지시설(기준)에 해당하지 않는 것은?

① 소음기 ② 방음벽시설
③ 방음내피시설 ④ 흡음장치 및 시설

풀이 소음방지 시설
㉠ 소음기
㉡ 방음덮개 시설
㉢ 방음창 및 방음실 시설
㉣ 방음외피 시설
㉤ 방음벽 시설
㉥ 방음터널 시설
㉦ 방음림 및 방음언덕
㉧ 흡음장치 및 시설
㉨ ㉠부터 ㉧까지의 규정과 동등하거나 그 이상의 방지효율을 가진 시설

90 소음진동관리법령상 환경부장관이 소음진동관리를 위해 "대통령령으로 정하는 사항"으로 관계기관의 협조를 구할 때 그 대상 사항으로 가장 거리가 먼 것은?

① 도로의 구조개선 및 정비
② 소음지도의 작성에 필요한 자료의 제출
③ 소음 · 진동의 상시 측정망 설치 인증생략
④ 교통신호체제의 개선 등 교통소음을 줄이기 위하여 필요한 사항

풀이 대통령령으로 정하는 관계기관 협조사항
㉠ 도로의 구조개선 및 정비
㉡ 교통신호체제의 개선 등 교통소음을 줄이기 위하여 필요한 사항
㉢ 관련 법령에 따른 형식승인 및 품질인증과 관련된 소음 · 진동기준의 조정
㉣ 소음지도의 작성에 필요한 자료의 제출

정답 87 ① 88 ③ 89 ③ 90 ③

91 환경정책기본법령상 낮 시간대 전용공업지역의 소음환경기준은?(단, 지역구분은 일반지역에 한한다.)

① 50Leq dB(A) ② 55Leq dB(A)
③ 65Leq dB(A) ④ 70Leq dB(A)

풀이 소음환경기준 [Leq dB(A)]

지역 구분	적용대상 지역	기준	
		낮(06:00~22:00)	밤(22:00~06:00)
일반 지역	"가" 지역	50	40
	"나" 지역	55	45
	"다" 지역	65	55
	"라" 지역	70	65
도로변 지역	"가" 및 "나" 지역	65	55
	"다" 지역	70	60
	"라" 지역	75	70

일반지역의 전용주거지역은 "가"지역이다.

92 소음진동관리법규상 주간 철도소음관리기준(한도)으로 옳은 것은?(단, 대상지역은 관광 · 휴양개발진흥지구, 단위는 (Leq dB(A))

① 60 ② 65
③ 70 ④ 75

풀이 철도소음진동관리기준

대상지역	구분	한도	
		주간(06:00~22:00)	야간(22:00~06:00)
주거지역, 녹지지역, 관리지역 중 취락지구 · 주거개발진흥지구 및 관광 · 휴양개발진흥지구, 자연환경보전지역, 학교 · 병원 · 공공도서관 및 입소규모 100명 이상의 노인의료복지시설 · 영유아보육시설의 부지 경계선으로부터 50미터 이내 지역	소음 [Leq dB(A)]	70	60
	진동 [dB(V)]	65	60
상업지역, 공업지역, 농림지역, 생산관리지역 및 관리지역 중 산업 · 유통개발진흥지구, 미고시지역	소음 [Leq dB(A)]	75	65
	진동 [dB(V)]	70	65

93 소음진동관리법규상 방진시설이 아닌 것은?(단, 그 밖의 사항 등은 제외)

① 탄성지지시설 ② 공진지지시설
③ 방진구시설 ④ 배관진동 절연장치

풀이 방진시설
㉠ 탄성지지시설 및 제진시설
㉡ 방진구시설
㉢ 배관진동 절연장치 및 시설
㉣ ㉠부터 ㉢까지의 규정과 동등하거나 그 이상의 방지효율을 가진 시설

94 소음진동관리법상 교통기관 등으로부터 발생하는 소음을 적정하게 관리하기 위한 소음지도 작성에 관한 사항으로 거리가 먼 것은?

① 환경부장관 또는 시 · 도지사는 소음지도를 작성한 경우에는 인터넷 홈페이지 등을 통하여 이를 공개할 수 있다.
② 환경부장관은 소음지도를 작성하는 시 · 도지사에 대하여는 소음지도 작성 · 운영에 필요한 기술적 지원을 할 수 있다.
③ 환경부장관은 소음지도를 작성하는 시 · 도지사에 대하여는 소음지도 작성 · 운영에 필요한 재정적 지원을 할 수 있다.
④ 환경부장관은 소음을 적정하게 관리하기 위하여 대통령령으로 정하는 바에 따라 소음지도를 작성한다.

풀이 환경부장관 또는 시 · 도지사는 교통기관 등으로부터 발생하는 소음을 적정하게 관리하기 위하여 필요한 경우에는 환경부령으로 정하는 바에 따라 일정 지역의 소음의 분포 등을 표시한 소음지도를 작성할 수 있다.

정답 91 ④ 92 ③ 93 ② 94 ④

95 소음진동관계법규상 자동차의 사용정지명령을 받은 차량의 소유자는 사용정지표지를 자동차의 어느 부위에 부착해야 하는가?

① 전면 유리창 왼쪽 상단
② 전면 유리창 오른쪽 상단
③ 전면 유리창 왼쪽 하단
④ 전면 유리창 오른쪽 하단

96 소음진동관리법규상 환경부장관이 확인검사대행자의 등록을 위해 확인검사에 필요한 검사수수료를 정하여 고시할 때, 환경부의 인터넷 홈페이지에 며칠간 그 내용을 게시하고 이해관계인의 의견을 들어야 하는가?(단, 긴급한 사유가 아닌 경우임)

① 7일 ② 14일
③ 20일 ④ 60일

풀이 환경부장관은 수수료를 정하려는 경우에는 미리 환경부의 인터넷 홈페이지에 20일(긴급한 사유가 있는 경우에는 10일)간 그 내용을 게시하고 이해관계인의 의견을 들어야 한다.

97 소음진동관리법규상 특정공사의 사전신고대상 기계 · 장비의 종류로 옳지 않은 것은?

① 로더
② 압입식 항타항발기
③ 콘크리트 펌프
④ 콘크리트 절단기

풀이 특정공사의 사전신고대상 기계 · 장비의 종류
㉠ 항타기 · 항발기 또는 항타항발기(압입식 항타항발기는 제외한다.)
㉡ 천공기
㉢ 공기압축기(공기토출량이 분당 2.83세제곱 미터 이상의 이동식인 것으로 한정한다.)
㉣ 브레이커(휴대용을 포함한다.)
㉤ 굴삭기 ㉥ 발전기
㉦ 로더 ㉧ 압쇄기
㉨ 다짐기계 ㉩ 콘크리트 절단기
㉪ 콘크리트 펌프

98 소음진동관리법규상 22.5kW 이상의 시설로서 진동배출시설 기준에 해당하지 않는 것은?(단, 동력을 사용하는 시설 및 기계 · 기구로 한정)

① 분쇄기(파쇄기와 마쇄기를 포함한다.)
② 목재가공기계
③ 연탄제조용 윤전기
④ 단조기

풀이 진동배출시설(동력을 사용하는 시설 및 기계 · 기구로 한정)
㉠ 15kW 이상의 프레스(유압식은 제외한다.)
㉡ 22.5kW 이상의 분쇄기(파쇄기와 마쇄기를 포함한다.)
㉢ 22.5kW 이상의 단조기
㉣ 22.5kW 이상의 도정시설(「국토의 계획 및 이용에 관한 법률」에 따른 주거지역 · 상업지역 및 녹지지역에 있는 시설로 한정한다.)
㉤ 22.5kW 이상의 목재가공기계
㉥ 37.5kW 이상의 성형기(압출 · 사출을 포함한다.)
㉦ 37.5kW 이상의 연탄제조용 윤전기
㉧ 4대 이상 시멘트벽돌 및 블록의 제조기계

99 소음진동관리법규상 배출시설의 변경신고를 하여야 하는 규모기준으로 옳은 것은?

① 배출시설의 규모를 100분의 50 이상(신고 또는 변경신고를 하거나 허가를 받은 규모를 증설하는 누계를 말한다.) 증설하는 경우
② 배출시설의 규모를 100분의 30 이상(신고 또는 변경신고를 하거나 허가를 받은 규모를 증설하는 누계를 말한다.) 증설하는 경우
③ 배출시설의 규모를 100분의 25 이상(신고 또는 변경신고를 하거나 허가를 받은 규모를 증설하는 누계를 말한다.) 증설하는 경우
④ 배출시설의 규모를 100분의 20 이상(신고 또는 변경신고를 하거나 허가를 받은 규모를 증설하는 누계를 말한다.) 증설하는 경우

정답 95 ② 96 ③ 97 ② 98 ③ 99 ①

풀이 변경신고대상

㉠ 배출시설의 규모를 100분의 50 이상(신고 또는 변경신고를 하거나 허가를 받은 규모를 증설하는 누계를 말한다.) 증설하는 경우

㉡ 사업장의 명칭이나 대표자를 변경하는 경우

㉢ 배출시설의 전부를 폐쇄하는 경우

100 소음진동관리법규상 소음발생건설기계의 종류 중 공기압축기의 기준으로 옳은 것은?

① 공기토출량이 분당 2.83세제곱미터 이상의 이동식인 것으로 한정한다.

② 공기토출량이 시간당 2.83세제곱미터 이상의이동식인 것으로 한정한다.

③ 공기토출량이 분당 2.83세제곱미터 이상의 고정식인 것으로 한정한다.

④ 공기토출량이 시간당 2.83세제곱미터 이상의고정식인 것으로 한정한다.

풀이 소음발생건설기계의 종류

㉠ 굴삭기(정격출력 19kW 이상 500kW 미만의 것으로 한정한다.)

㉡ 다짐기계

㉢ 로더(정격출력 19kW 이상 500kW 미만의 것으로 한정한다.)

㉣ 발전기(정격출력 400kW 미만의 실외용으로 한정한다.)

㉤ 브레이커(휴대용을 포함하며, 중량 5톤 이하로 한정한다.)

㉥ 공기압축기(공기토출량이 분당 2.83세제곱미터 이상의 이동식인 것으로 한정한다.)

㉦ 콘크리트 절단기

㉧ 천공기

㉨ 항타 및 항발기

정답 100 ①

019 2019년 2회 산업기사

1과목 소음진동개론

01 다음 중 항공기 소음평가와 가장 관계가 적은 것은?

① WECPNL ② NRN
③ NEF ④ NNI

풀이 NRN(Noise Rating Number)은 소음평가지수로 소음을 청력장애, 회화장애, 소란스러움의 3가지 관점에서 평가한 지표이다.

02 수평진동의 경우, 사람에게 가장 민감한 주파수 범위는?(단, 등감각곡선 기준)

① 1~2Hz ② 4~8Hz
③ 10~15Hz ④ 15~20Hz

풀이 수직진동은 4~8Hz 범위에서, 수평진동은 1~2Hz 범위에서 가장 민감하다.

03 소음공해에 따른 인간 감수성의 일반적인 설명으로 가장 거리가 먼 것은?

① 건강한 사람보다 임산부나 환자가 더 많은 영향을 받는 편이다.
② 남성보다 여성이 소음에 대해 더 민감한 편이다.
③ 노동하고 있는 상태보다 휴식을 취하거나 취침을 하고 있을 때 감수성이 높은 편이다.
④ 젊은이보다 노인이 소음에 대해 더 민감한 편이다.

풀이 노인보다 젊은이가 소음에 대해 더 민감한 편이다.

04 음향파워가 0.5W일 때 PWL은?

① 81dB ② 101dB
③ 117dB ④ 234dB

풀이 $PWL = 10\log\dfrac{0.5}{10^{-12}} = 117\text{dB}$

05 노인성 난청에 있어서 청력손실이 일어나기 시작하는 주파수 영역으로 가장 적합한 것은?

① 500Hz ② 1,000Hz
③ 4,000Hz ④ 6,000Hz

풀이 노인성 난청은 소음성 난청보다 높은 6,000Hz 부근에서 청력손실이 일어난다.

06 음의 세기레벨이 80dB에서 83dB로 증가하면 음의 세기는 몇 % 증가하는가?

① 약 100% ② 약 130%
③ 약 200% ④ 약 300%

풀이 $SIL = 10\log\dfrac{I}{I_0}$

$80 = 10\log\dfrac{I_1}{10^{-12}}$

$I_1 = 10^8 \times 10^{-12} = 1 \times 10^{-4}(\text{W/m}^2)$

$83 = 10\log\dfrac{I_2}{10^{-12}}$

$I_2 = 10^{8.3} \times 10^{-12}$
$= 1.995 \times 10^{-4}(\text{W/m}^2)$

$\text{증가율}(\%) = \dfrac{I_2 - I_1}{I_1}$
$= \dfrac{1.995 \times 10^{-4} - 1 \times 10^{-4}}{1 \times 10^{-4}} \times 100$
$= 99.53\%$

07 투과손실이 25dB인 벽체의 투과율은?

① 3.162×10^{-2} ② 3.162×10^{-3}
③ 3.162×10^{-5} ④ 3.162×10^{-7}

정답 01 ② 02 ① 03 ④ 04 ③ 05 ④ 06 ① 07 ②

풀이 $TL = 10\log\frac{1}{\tau}$

$$\tau = 10^{-\frac{TL}{10}} = 10^{-\frac{25}{10}} = 3.162\times10^{-3}$$

08 "진동의 역치"를 가장 잘 표현한 것은?

① 인간이 견딜 수 있는 최소 진동레벨값
② 인간이 견딜 수 있는 최대 진동레벨값
③ 진동을 겨우 느낄 수 있는 진동레벨값
④ 진동을 최대로 느낄 수 있는 진동레벨값

풀이 진동의 역치 : 55±5dB

09 기온이 20℃인 거실에 걸린 시계추가 100Hz로 단진동할 때, 시계추에 의해 발생되는 음파의 파장은?

① 1.25m ② 2.34m
③ 3.43m ④ 4.52m

풀이 $\lambda = \frac{C}{f} = \frac{[331.42 + (0.6\times 20℃)]\text{m/sec}}{100\frac{1}{\text{sec}}}$

$= 3.43\text{m}$

10 40phon의 소리는 20phon의 소리의 몇 배로 크게 들리는가?

① 1배 ② 2배
③ 3배 ④ 4배

풀이 40phon $\rightarrow 2^{\frac{40-40}{10}} = 2^0 = 1\text{sone}$

20phon $\rightarrow 2^{\frac{20-40}{10}} = 0.25\text{sone}$

40phon이 20phon보다 4배 더 크게 들린다.

11 진동수가 약간 다른 두 음을 동시에 듣게 되면 합성된 음의 크기가 오르내린다. 이 현상을 무엇이라고 하는가?

① Doppler ② Resonance
③ Diffraction ④ Beat

12 음원에서 모든 방향으로 동일한 에너지를 방출할 때 발생하는 파를 무엇이라고 하는가?

① 평면파 ② 발산파
③ 초음파 ④ 구면파

13 기상조건이 공기흡음에 의해 일어나는 감쇠치에 미치는 일반적인 영향을 가장 알맞게 설명한 것은?(단, 바람은 고려하지 않음)

① 주파수는 작을수록, 기온이 높을수록, 습도가 높을수록 감쇠치가 커진다.
② 주파수는 커질수록, 기온이 낮을수록, 습도가 낮을수록 감쇠치가 커진다.
③ 주파수는 작을수록, 기온이 낮을수록, 습도가 높을수록 감쇠치가 커진다.
④ 주파수는 커질수록, 기온이 높을수록, 습도가 낮을수록 감쇠치가 커진다.

풀이 감쇠치$(A_a) = 7.4\times\left(\frac{f^2\times r}{\phi}\right)\times10^{-8}(\text{dB})$

14 음파의 회절현상에 관한 설명 중 옳지 않은 것은?

① 음의 회절은 파장과 장애물의 크기에 따라 다르다.
② 물체의 틈 구멍이 작을수록 소리는 잘 회절된다.
③ 파장이 짧을수록 잘 회절된다.
④ 소리의 주파수는 파장에 반비례하므로 낮은 주파수는 고주파음에 비하여 회절하기가 쉽다.

풀이 파장이 길수록 회절이 잘된다.

15 송풍기의 날개가 5개 달려 있고, 600rpm으로 가동한다고 할 때, 이 송풍기로부터 나오는 소음의 기본주파수(Hz)는?

① 10Hz ② 50Hz
③ 250Hz ④ 500Hz

풀이 기본주파수$= \frac{600\text{rpm}}{60}\times5 = 50\text{Hz}$

정답 08 ③ 09 ③ 10 ④ 11 ④ 12 ④ 13 ② 14 ③ 15 ②

16 귀의 기능에 관한 다음 설명 중 옳지 않은 것은?

① 내이의 난원창은 이소골의 진동을 와우각 중의 림프액에 전달하는 진동판의 역할을 한다.
② 음의 고저는 와우각 내에서 자극받는 섬모의 위치에 따라 결정된다.
③ 외이의 외이도는 일종의 공명기로 음을 증폭한다.
④ 중이의 음의 전달매질은 기체이다.

풀이 중이의 음의 전달매질은 고체이다.

17 소음이 작업능률에 미치는 일반적인 영향으로 가장 거리가 먼 것은?

① 소음은 작업의 정밀도 저하보다는 총 작업량을 저하시키기 쉽다.
② 1,000~2,000Hz 이상의 고주파역 소음은 저주파역 소음보다 작업방해를 크게 야기시킨다.
③ 복잡한 작업은 단순작업보다 소음에 의해 나쁜 영향을 받기 쉽다.
④ 특정 음이 없는 일정 소음이 90dB(A)를 초과하지 않을 때 작업을 방해하지 않는 것으로 보인다.

풀이 소음은 작업의 총 작업량을 줄이기보다 작업의 정밀도를 저하시킬 수 있다.

18 기온이 20℃, 음압실효치가 $0.35N/m^2$일 때 평균 음에너지밀도는?

① $8.6\times10^{-6}J/m^3$　② $8.6\times10^{-7}J/m^3$
③ $8.6\times10^{-8}J/m^3$　④ $8.6\times10^{-9}J/m^3$

풀이 음에너지밀도(δ)

$$\delta=\frac{P^2}{\rho C^2}=\frac{P^2}{\rho C\times C}$$

$$C=331.42+(0.6\times20℃)=343.42m/sec$$

$$=\frac{0.35^2}{411\times343.42}=8.67\times10^{-7}J/m^3$$

19 지반을 전파하는 파에 관한 설명으로 옳지 않은 것은?

① 계측되는 진동은 주로 표면파인 R파로 알려져 있다.
② P파는 역2승법칙으로 대략 감쇠된다.
③ R파는 역2승법칙으로 대략 감쇠된다.
④ S파는 역2승법칙으로 대략 감쇠된다.

풀이 R파는 역1승법칙으로 대략 감소한다.(지표면에서의 거리감쇠는 거리가 2배로 되면 3dB 감소)

20 초저주파음(Infrasound)에 관한 설명으로 옳지 않은 것은?

① 자연 음원으로, 해변에서 밀려드는 파도, 천둥, 회오리바람 등이 그 예이다.
② 인공 음원으로는 온 · 냉방 시스템, 제트비행기, 점화될 때 우주선에서 발생하는 소리 등이 그 예이다.
③ 20,000Hz보다 낮은 주파수의 음을 말한다.
④ 초저주파음을 집중시키면 매우 큰 에너지가 방출되므로 그 통로에 놓인 건물이나 사람도 파괴할 수 있다.

풀이 초저주파음은 0~20Hz 범위, 즉 20Hz보다 낮은 주파수 범위이다.

2과목 소음진동공정시험 기준

21 배출허용기준 중 진동의 일반적인 측정조건으로 거리가 먼 것은?

① 진동픽업의 설치장소는 옥외지표를 원칙으로 한다.
② 진동픽업의 설치장소는 완충물이 충분하게 확보된 장소로 한다.

정답 16 ④ 17 ① 18 ② 19 ③ 20 ③ 21 ②

③ 진동픽업의 설치장소는 경사 또는 요철이 없는 장소로 한다.
④ 진동픽업의 설치장소는 수평면을 충분히 확보할 수 있는 장소로 한다.

풀이 진동픽업의 설치장소는 완충물이 없고, 충분히 다져서 단단히 굳은 장소로 한다.

22 다음은 교정장치에 관한 성능기준이다. ( ) 안에 가장 적합한 것은?

소음측정기의 감도를 점검 및 교정하는 장치로서, 자체에 내장되어 있거나 분리되어 있어야 하며, ( )이 되는 환경에서도 교정이 가능하여야 한다.

① 20dB(A) 이상 ② 50dB(A) 이상
③ 60dB(A) 이상 ④ 80dB(A) 이상

23 철도진동관리기준 측정방법에 관한 설명으로 옳지 않은 것은?

① 요일별로 진동 변동이 적은 평일(월요일부터 금요일 사이)에 당해지역의 철도진동을 측정하여야 한다.
② 기상조건, 열차의 운행횟수 및 속도 등을 고려하여 당해지역의 1시간 평균 철도 통행량 이상인 시간대에 측정한다.
③ 열차 통과 시마다 최고진동레벨이 배경진동레벨보다 최소 10dB 이상 큰 것에 한하여 연속 10개 열차(상하행 포함) 이상을 대상으로 최고진동레벨을 측정 · 기록한다.
④ 열차의 운행횟수가 밤 · 낮 시간대별로 1일 10회 미만인 경우에는 측정 열차 수를 줄여 그중 중앙값 이상을 산술평균한 값을 철도진동레벨로 할 수 있다.

풀이 열차 통과 시마다 최고진동레벨이 배경진동레벨보다 최소 5dB 이상 큰 것에 한하여 연속 10개 열차(상하행 포함) 이상을 대상으로 최고진동레벨을 측정 · 기록한다.

24 소음의 배출허용기준 측정 시 측정지점에 2m 높이의 담이 있어 방해를 받을 경우, 측정점으로 가장 적합한 곳은?(단, 기타 조건은 제외)

① 장애물로부터 소음원 방향으로 0.5m 떨어진 지점
② 장애물로부터 소음원 방향으로 2m 떨어진 지점
③ 장애물로부터 소음원 방향으로 5m 떨어진 지점
④ 장애물로부터 소음원 방향으로 10m 떨어진 지점

25 다음은 진동레벨계의 기본구성 중 무엇의 성능기준에 관한 설명인가?

지면에 설치할 수 있는 구조로서 진동 신호를 전기신호로 바꾸어 주는 장치를 말하며, 환경진동을 측정할 수 있어야 한다.

① 레벨레인지 변환기(Attenuator)
② 진동픽업(Pick－up)
③ 감각보정회로(Weighting Networks)
④ 교정장치(Calibration Network Calibrator)

26 공장을 가능한 최대출력으로 가동시킨 상태에서 측정한 소음도가 73dB(A)이고, 가동을 끄고 측정한 소음도가 65dB(A)일 때 대상소음도는 약 얼마인가?

① 73dB(A) ② 72dB(A)
③ 70dB(A) ④ 68dB(A)

풀이 측정소음도－배경소음도＝73－65＝8dB(A)
대상소음도＝측정소음도－보정치

$$\text{보정치} = -10\log(1-10^{-0.1d})$$
$$= -10\log(1-10^{-(0.1\times 8)})$$
$$= 0.75\text{dB(A)}$$
$$= 73 - 0.75 = 72.25\text{dB(A)}$$

정답 22 ④ 23 ③ 24 ② 25 ② 26 ②

27 규제기준 중 발파소음 측정방법으로 가장 거리가 먼 것은?

① 소음계와 소음도 기록기를 연결하여 측정 · 기록하는 것을 원칙으로 하되, 소음계만으로 측정할 경우에는 최고소음도가 고정(Hold)되는 것에 한한다.
② 소음계의 동특성을 원칙적으로 빠름(Fast)모드를 하여 측정하여야 한다.
③ 측정시간 및 측정지점수는 작업일지 등을 참조하여 소음진동관리법규에서 구분하는 각 시간대 중에서 평균발파소음이 예상되는 시각의 발파소음을 3지점 이상에서 측정한 값을 기준으로 한다.
④ 측정소음도는 발파소음이 지속되는 기간 동안에 측정하여야 한다.

풀이 측정시간 및 측정지점수는 작업일지 등을 참조하여 소음진동관리법규에서 구분하는 각 시간대 중에서 최대 발파소음이 예상되는 시각의 발파소음을 포함한 모든 발파소음을 1지점 이상에서 측정한다.

28 소음계의 성능기준 중 레벨레인지 변환기의 전환오차는 얼마 이내이어야 하는가?

① 0.1dB ② 0.5dB
③ 1.0dB ④ 5dB

29 다음은 소음계 구조별 기능을 설명한 것이다. 옳지 않은 것은?

① 마이크로폰은 음향에너지를 전기에너지로 변환한다.
② 출력단자는 기록기 등에 소음신호를 보내는 단자이다.
③ 레벨레인지 변환기는 15dB 간격으로 표시되어야 한다.
④ 디지털형 지시계기는 소수점 한 자리까지 표시되어야 한다.

풀이 레벨레인지 변환기는 10dB 간격으로 표시되어야 한다.

30 소음 · 진동 공정시험 기준상 "정상소음"의 정의로 옳은 것은?

① 시간에 따라 소음도 변화 폭이 큰 소음
② 계기나 기록지상에서 판독한 소음도 실효치(rms 값)
③ 배경소음 외에 측정하고자 하는 특정의 소음
④ 시간적으로 변동하지 아니하거나 또는 변동폭이 작은 소음

31 배출허용기준 중 소음측정방법으로 옳지 않은 것은?

① 소음계의 동특성은 원칙적으로 빠름(fast) 모드로 하여 측정하여야 한다.
② 풍속이 2m/s 이상일 때에는 반드시 마이크로폰에 방풍망을 부착하여야 하며, 풍속이 5m/s를 초과할 때에는 측정하여서는 안 된다.
③ 피해가 예상되는 적절한 측정시각에 2지점 이상의 측정지점수를 선정 · 측정하여 그중 가장 높은 소음도를 측정소음도로 한다.
④ 공장의 부지경계선(아파트형 공장의 경우에는 공장건물의 부지경계선) 중 피해가 우려되는 장소로서 소음도가 높을 것으로 예상되는 지점의 지면 위 5~10m 높이로 한다.

풀이 공장의 부지경계선(아파트형 공장의 경우에는 공장건물의 부지경계선) 중 피해가 우려되는 장소로서 소음도가 높을 것으로 예상되는 지점의 지면 위 1.2~1.5m 높이로 한다.

32 누적도수곡선에서 L10 진동레벨은 몇 %의 횡선이 누적도곡선과 만나는 교점에서 수선을 그어 횡축과 만나는 점의 진동레벨을 말하는가?

① 50% ② 80%
③ 90% ④ 100%

정답 27 ③ 28 ② 29 ③ 30 ④ 31 ④ 32 ③

33 다음 중 발파진동 평가 시 시간대별 보정발파 횟수(N)에 따른 보정량으로 옳은 것은?

① $+100\log N$ ② $+20\log(N)^2$
③ $+10\log(N)^2$ ④ $+10\log N$

34 규제기준 중 생활진동 측정 시 디지털 진동자동분석계를 사용할 경우 측정진동레벨로 정하는 기준으로 옳은 것은?

① 샘플주기를 1초 이내에서 결정하고 5분 이상 측정하여 자동 연산 · 기록한 80% 범위의 상단치인 L10 값
② 샘플주기를 0.1초 이내에서 결정하고 5분 이상 측정하여 자동 연산 · 기록한 80% 범위의 상단치인 L10 값
③ 샘플주기를 1초 이내에서 결정하고 5분 이상 측정하여 자동 연산 · 기록한 90% 범위의 상단치인 L10 값
④ 샘플주기를 0.1초 이내에서 결정하고 5분 이상 측정하여 자동 연산 · 기록한 90% 범위의 상단치인 L10 값

35 7일간 항공기소음의 일별 WECPNL이 80, 82, 85, 78, 68, 74, 88인 경우 7일간의 평균 WECPNL은?

① 79 ② 80
③ 83 ④ 75

풀이

$$\overline{\text{WECPNL}} = 10\log\left[\frac{1}{7}(10^{8.0}+10^{8.2}+10^{8.5}+10^{7.8}+10^{6.8}+10^{7.4}+10^{8.8})\right] = 83$$

36 생활소음 규제기준 측정 시 측정시간 및 측정지점수에 따른 측정소음도 선정기준으로 옳은 것은?

① 피해가 예상되는 적절한 측정시각에 2지점 이상의 측정지점수를 선정 · 측정하여 그중 가장 높은 소음도를 측정소음도로 한다.
② 피해가 예상되는 적절한 측정시각에 4지점 이상의 측정지점수를 선정하고 각각 4회 이상 측정하여 각 지점에서 산술평균한 소음도 중 가장 높은 소음도를 측정소음도로 한다.
③ 낮 시간대에는 당해지역 소음을 대표할 수 있도록 측정지점수를 충분히 결정하고, 각 측정지점에서 2시간 이상 간격으로 4회 이상 측정하여 산술평균한 값을 측정소음도로 한다.
④ 각 시간대별로 최대소음이 예상되는 시각에 1지점 이상의 측정지점수를 선정하여 측정소음도로 한다.

37 도로변지역의 범위에 해당하지 않는 것은?

① 2차선은 도로단으로부터 20m 이내 지역
② 4차선은 도로단으로부터 40m 이내 지역
③ 자동차 전용도로는 도로단으로부터 150m 이내 지역
④ 고속도로는 도로단으로부터 200m 이내 지역

풀이 고속도로 또는 자동차 전용도로는 도로단으로부터 150m 이내 지역

38 발파소음 측정자료 평가서 서식 중 "측정환경"란에 기재되어야 하는 항목으로 가장 거리가 먼 것은?

① 반사음의 영향 ② 풍속
③ 풍향 ④ 진동, 전자장의 영향

풀이 발파소음 측정자료 평가표 중 '측정환경'란 포함 항목
㉠ 반사음의 영향
㉡ 풍속
㉢ 진동, 전자장의 영향

정답 33 ④ 34 ① 35 ③ 36 ① 37 ④ 38 ③

39 1일 동안 평균 최고소음도가 92dB(A), 1일간 항공기의 등가통과횟수가 480회인 경우 1일 단위 WECPNL은?

① 92dB ② 90dB
③ 88dB ④ 86dB

풀이 1일 단위 WECPNL
$= \overline{L_{max}} + 10\log N - 27$
$= 92\text{dB(A)} + 10\log 480 - 27$
$= 91.81$

40 소음진동공정시험 기준에서 다음의 내용으로 정의되는 용어는?

수 초 내에 시간차를 두고 발파하는 것을 말한다. 단 발파기는 1회 사용하는 것에 한한다.

① 지발발파 ② 자연발파
③ 간격발파 ④ 시차발파

3과목 소음진동방지기술

41 자유공간 내에서 소음의 거리감쇠에 대한 다음 설명 중 옳지 않은 것은?(단, 선음원은 무한 길이 선음원으로 본다.)

① 점음원인 경우 거리가 2배로 되면 약 6dB 감쇠한다.
② 점음원인 경우 거리가 10배로 되면 약 20dB 감쇠한다.
③ 선음원인 경우 거리가 10배로 되면 약 10dB 감쇠한다.
④ 선음원인 경우 거리가 5배로 되면 약 5dB 감쇠한다.

풀이 선음원인 경우 거리가 5배가 되면 약 7dB 감쇠한다.($10\log 5 = 7\text{dB}$)

42 고유진동수에 대한 강제진동수의 비가 2.5일 경우 진동전달률은?(단, 비감쇠)

① 0.14 ② 0.19
③ 0.24 ④ 0.29

풀이 $T = \dfrac{1}{\eta^2 - 1} = \dfrac{1}{\left(\dfrac{f}{f_n}\right)^2 - 1} = \dfrac{1}{2.5^2 - 1} = 0.19$

43 다음 중 소음문제 해결을 위한 소음대책의 일반적인 순서의 흐름으로 가장 적합한 것은?

① 귀로 판단－계기에 의한 측정－규제기준 확인－적정 방지기술 선정－시공 및 재평가
② 귀로 판단－계기에 의한 측정－적정 방지기술 선정－규제기준 확인－시공 및 재평가
③ 계기에 의한 측정－적정 방지기술 선정－대책의 목표치 설정－귀로 판단－시공 및 재평가
④ 계기에 의한 측정－대책의 목표치 설정－적정 방지기술 선정－귀로 판단－시공 및 재평가

44 중량 25N, 스프링 정수 20N/cm, 감쇠계수 0.1N·s/cm인 자유진동계의 감쇠비는?

① 0.05 ② 0.06
③ 0.07 ④ 0.9

풀이 $\zeta = \dfrac{C_e}{2\sqrt{m \times K}} = \dfrac{C_e}{2\sqrt{\dfrac{W}{g} \times K}}$
$= \dfrac{0.1}{2\sqrt{\dfrac{25}{980} \times 20}} = 0.07$

45 바닥 면적이 5m×5m이고, 높이가 3m인 방이 있다. 바닥 및 천장의 흡음률이 0.3일 때 벽체에 흡음재를 부착하여 실내의 평균흡음률을 0.55 이상으로 하고자 한다면 벽체 흡음제의 흡음률은 얼마 정도가 되어야 하는가?

① 0.52 ② 0.59
③ 0.67 ④ 0.76

정답 39 ① 40 ① 41 ④ 42 ② 43 ① 44 ③ 45 ④

풀이 $\overline{\alpha}=\dfrac{S_{천}\alpha_{천}+S_{벽}\alpha_{벽}+S_{바}\alpha_{바}}{S_{천}+S_{벽}+S_{바}}$

$$S_{천}=5\times5=25\text{m}^2$$

$$S_{벽}=5\times3\times4=60\text{m}^2$$

$$S_{바}=5\times5=25\text{m}^2$$

$$0.55=\frac{(25\times0.3)+(60\times\alpha_{벽})+(25\times0.3)}{25+60+25}$$

$$\therefore\ \alpha_{벽}=0.76$$

46 고무절연기 위에 설치된 기계가 90rpm에서 20%의 전단률을 가진다면 평형상태에서 절연기의 정적 처짐은 얼마인가?

① 0.45cm ② 0.56cm
③ 0.66cm ④ 0.74cm

풀이 $\delta_{st}=\left(\dfrac{4.98}{f_n}\right)^2$

$$T=\frac{1}{\left(\frac{f}{f_n}\right)^2-1}$$

$$f_n=\sqrt{\frac{T}{1+T}}\times f$$

$$=\sqrt{\frac{0.2}{1+0.2}}\times\left(\frac{900}{60}\right)$$

$$=6.12\text{Hz}$$

$$=\left(\frac{4.98}{6.12}\right)^2=0.66\text{cm}$$

47 점성감쇠진동에서 처음 진폭을 X_o라 하고, m 사이클 후의 진폭을 X_m이라고 할 때 대수감쇠율은?

① $m\ln\dfrac{X_o}{X_m}$ ② $m\ln\dfrac{X_m}{X_o}$
③ $\dfrac{1}{m}\ln\dfrac{X_o}{X_m}$ ④ $\dfrac{1}{m}\ln\dfrac{X_m}{X_o}$

48 그림과 같은 스프링-질량계의 경우, 등가 스프링 정수는?

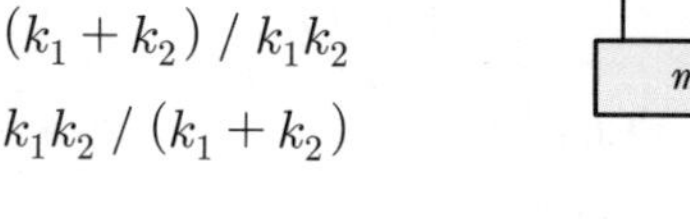

① k_1+k_2
② k_1k_2
③ $(k_1+k_2)\ /\ k_1k_2$
④ $k_1k_2\ /\ (k_1+k_2)$

풀이 병렬 : $K_{eq}=k_1+k_2$

49 감쇠가 계에서 갖는 기능으로 거리가 먼 것은?

① 공진 시에 진동 진폭을 감소시킨다.
② 충격 시의 진동을 감소시킨다.
③ 기초로의 진동에너지 전달을 감소시킨다.
④ 복원력을 상승시켜 진동을 감소시킨다.

50 다음 중 고체음의 소음 저감대책으로 거리가 먼 것은?

① 가진력 억제
② 방사면 축소 및 제진처리
③ 공명 방지
④ 밸브의 다단화

풀이 밸브의 다단화는 기류음의 방지대책이다.

51 바닥 면적이 4m×5m인 방의 잔향실법에 의한 평균흡음률이 0.30이고 잔향시간이 0.48sec이었다면 이 방의 높이는?

① 약 3.4m ② 약 5.2m
③ 약 7.4m ④ 약 9.2m

52 금속 스프링에 대한 설명으로 거리가 먼 것은?

① 내고온, 저온 및 기타 내노화성 등에 취약한 편이므로 넓은 환경조건에서는 안정된 스프링 특성의 유지가 어렵다.

정답 46 ③ 47 ③ 48 ① 49 ④ 50 ④ 51 ④ 52 ①

② 일반적으로 부착이 용이하고, 내구성이 좋으며 보수가 거의 불필요하다.

③ 자동차의 현가 스프링에 이용되는 중판 스프링과 같이 스프링 장치에 구조부분의 일부 역할을 겸하여 할 수 있다.

④ 금속 내부의 마찰은 대단히 작아 중판 스프링이나 조합 접시 스프링과 같이 구조상 마찰을 가진 경우를 제외하고는 감쇠기를 병용할 필요가 있다.

풀이 금속 스프링은 환경요소(온도, 부식, 용해 등)에 대한 저항성이 크고 넓은 환경조건에서 안정된 스프링 특성의 유지가 용이하다.

53 방음벽 설계 시 유의사항으로 거리가 먼 것은?

① 음원의 지향성이 수음 측 방향으로 클 때에는 벽에 의한 감쇠치가 계산치보다 작게 된다.

② 벽의 투과손실은 회절감쇠치보다 적어도 5dB 이상 크게 하는 것이 바람직하다.

③ 벽의 길이는 선음원일 때 음원과 수음점 간의 직선거리의 2배 이상으로 하는 것이 바람직하다.

④ 방음벽에 의한 삽입손실치는 실제로는 5~15dB 정도이다.

풀이 음원의 지향성이 수음 측 방향으로 클 때에는 방음벽에 의한 감쇠치가 계산치보다 크게 된다.

54 질량 m인 추를 스프링상수 k인 스프링에 매달았을 때의 고유 진동수를 f_o라 하면 스프링상수 k인 스프링 2개를 병렬로 하여 질량 $4m$의 추를 매달았을 때의 고유진동수의 변화는?

① $\frac{1}{\sqrt{2}}f_o$　　② f_o

③ $\sqrt{2}f_o$　　④ $2f_o$

풀이 $f_o = \frac{1}{2\pi}\sqrt{\frac{k}{m}}$

$f_n = \frac{1}{2\pi}\sqrt{\frac{2k}{4m}} = f_o\frac{1}{\sqrt{2}}$

55 방진고무로 지지한 진동계의 고유진동수가 8.3Hz일 때 이 방진고무의 정적 수축량은?

① 0.26cm　　② 0.36cm

③ 0.66cm　　④ 0.88cm

풀이 $\delta_{st} = \left(\frac{4.98}{f_n}\right)^2 = \left(\frac{4.98}{8.3}\right)^2 = 0.36\text{cm}$

56 차음재료의 선정과 사용 시 유의점을 설명한 내용으로 옳지 않은 것은?

① 차음에서 가장 영향이 큰 것은 틈이기 때문에 틈이나 찢어진 곳은 보수하고 이음매는 메꾸어야 한다.

② 콘크리트 블록을 차음벽으로 이용하는 경우는 표면을 모르타르 등으로 마감하는 것이 좋다.

③ 벽면의 진동 등은 차음벽에 영향을 미치지 않으므로 방진, 제진 등의 처리가 불필요하다.

④ 큰 차음효과를 기대할 경우에는 차음벽의 내부에 다공질 재료 등을 끼운 2중 벽을 고려한다.

풀이 벽면의 진동 등은 차음벽에 영향을 미치므로 방진, 제진 등의 처리가 필요하다.

57 소음기에 관한 설명으로 거리가 먼 것은?

① 간섭형 소음기는 고음역의 탁월주파수 성분에 유효하다.

② 간섭형 소음기의 최대 투과손실치는 f(Hz)의 홀수 배 주파수에서 일어나 이론적으로 무한대가 되나, 실용적으로는 20dB 내외이다.

③ 취출구 소음기에서 소음기의 출구 구경은 유속을 저하시키기 위해 반드시 입구보다 크게 하여야 한다.

④ 팽창형 소음기에서 감음주파수는 팽창부의 길이에 따라 결정된다.

풀이 간섭형 소음기는 저 · 중음역의 탁월주파수 성분에 유효하다.

정답 53 ① 54 ① 55 ② 56 ③ 57 ①

58 다음 중 방진대책에 사용되는 방진재료와 유효 고유진동수(Hz)의 연결로 거리가 가장 먼 것은?

① 금속 코일스프링 − 4Hz 이하
② 방진고무 − 4Hz 이상
③ 코르크 − 40Hz 이상
④ 펠트 − 4Hz 이하

풀이 펠트의 고유진동수는 40Hz 이상이다.

59 단일 벽면에 일정 주파수의 순음이 난입사한다. 이 벽의 면밀도가 원래의 2배가 되고, 입사 주파수는 원래의 1/2로 변화될 때 투과손실의 변화량은?

① 변화 없음 ② 3dB 증가
③ 3dB 감소 ④ 6dB 증가

풀이 면밀도 2배 증가 시 : $TL = 18\log 2 = 5.42\text{dB}$

주파수 $\frac{1}{2}$로 변화 시 : $TL = 18\log 0.5$

$= -5.42\text{dB}$

즉, 투과손실 변화는 없다.

60 점성감쇠가 있는 1자유도계에서 임계감쇠란 감쇠비가 어떤 값을 갖는 것인가?

① 0 ② 1
③ $\sqrt{2}$ ④ $\frac{1}{\sqrt{2}}$

풀이 임계감쇠는 ζ(감쇠비)가 1인 경우를 말한다.
$(C_e = C_c)$

4과목 소음진동관계법규

61 환경정책기본법령상 아래 조건의 소음 환경기준(Leq dB(A))으로 옳은 것은?

− 도로변지역
− 준공업지역
밤 시간대(22:00 ~ 06:00)

① 60 ② 65
③ 70 ④ 75

풀이 소음환경기준 [Leq dB(A)]

지역 구분	적용대상 지역	기준 낮(06:00 ~22:00)	기준 밤(22:00 ~06:00)
일반 지역	"가" 지역	50	40
	"나" 지역	55	45
	"다" 지역	65	55
	"라" 지역	70	65
도로변 지역	"가" 및 "나" 지역	65	55
	"다" 지역	70	60
	"라" 지역	75	70

[비고]
1. 지역구분별 적용 대상지역의 구분은 다음과 같다.
가. "가" 지역
1) 「국토의 계획 및 이용에 관한 법률」에 따른 녹지지역
2) 「국토의 계획 및 이용에 관한 법률」에 따른 보전관리지역
3) 「국토의 계획 및 이용에 관한 법률」에 따른 농림지역 및 자연환경보전지역
4) 「국토의 계획 및 이용에 관한 법률」에 따른 전용주거지역
5) 「의료법」에 따른 종합병원의 부지경계로부터 50m 이내의 지역
6) 「초 · 중등교육법」 및 「고등교육법」에 따른 학교의 부지경계로부터 50m 이내의 지역
7) 「도서관법」에 따른 공공도서관의 부지경계로부터 50m 이내의 지역
나. "나" 지역
1) 「국토의 계획 및 이용에 관한 법률」에 따른 생산관리지역
2) 「국토의 계획 및 이용에 관한 법률 시행령」에 따른 일반주거지역 및 준주거지역

정답 58 ④ 59 ① 60 ② 61 ①

다. “다” 지역
 1) 「국토의 계획 및 이용에 관한 법률」에 따른 상업지역 및 같은 항 제2호 다목에 따른 계획관리지역
 2) 「국토의 계획 및 이용에 관한 법률 시행령」에 따른 준공업지역

라. “라” 지역
 「국토의 계획 및 이용에 관한 법률 시행령」에 따른 전용공업지역 및 일반공업지역

62 소음진동관리법규상 생활소음의 규제기준 중 아침시간대의 기준으로 옳은 것은?

① 05:00~07:00 ② 05:00~08:00
③ 06:00~09:00 ④ 06:00~08:00

풀이 생활소음 규제기준
㉠ 아침시간 : 05:00~07:00
㉡ 저녁시간 : 18:00~22:00

63 소음진동관리법상 환경기술인을 임명하지 아니한 자에 대한 과태로 부과기준은?

① 600만 원 이하의 과태료
② 300만 원 이하의 과태료
③ 200만 원 이하의 과태료
④ 100만 원 이하의 과태료

풀이 소음진동관리법 제60조 참조

64 소음진동관리법규상 생활소음 규제기준 중 공사장의 소음규제기준 보정기준으로 옳은 것은? (단, 작업시간은 특정 공사의 사전신고 대상 기계·장비를 사용하는 시간이다.)

① 야간 작업시간이 1일 3시간 이하일 때 +5dB을 규제기준치에 보정한다.
② 주간 작업시간이 1일 3시간 이상일 때 +10dB을 규제기준치에 보정한다.
③ 주·야간 작업시간에 관계없이 1일 3시간 이하일 때 +10dB을, 3시간 초과 시 +5dB을 규제기준치에 보정한다.
④ 주간 작업시간이 1일 3시간 초과 6시간 이하일 때 +5dB을 규제기준치에 보정한다.

풀이 공사장 소음규제기준은 주간의 경우 특정 공사 사전신고 대상 기계·장비를 사용하는 작업시간이 1일 3시간 이하일 때는 +10dB을, 3시간 초과 6시간 이하일 때는 +5dB을 규제기준치에 보정한다.

65 소음진동관리법령상 인증을 면제할 수 있는 자동차에 해당하지 않는 것은?

① 여행자 등이 다시 반출할 것을 조건으로 일시 반입하는 자동차
② 항공기 지상조업용(地上操業用)으로 반입하는 자동차
③ 자동차제작자·연구기관 등이 자동차의 개발이나 전시 등을 목적으로 사용하는 자동차
④ 군용·소방용 및 경호업무용 등 국가의 특수한 공무용으로 사용하기 위한 자동차

풀이 인증을 면제할 수 있는 자동차
㉠ 군용·소방용 및 경호업무용 등 국가의 특수한 공무용으로 사용하기 위한 자동차
㉡ 주한 외국공관, 외교관, 그 밖에 이에 준하는 대우를 받는 자가 공무용으로 사용하기 위하여 반입하는 자동차로서 외교부장관의 확인을 받은 자동차
㉢ 주한 외국군대의 구성원이 공무용으로 사용하기 위하여 반입하는 자동차
㉣ 수출용 자동차나 박람회, 그 밖에 이에 준하는 행사에 참가하는 자가 전시를 목적으로 사용하는 자동차
㉤ 여행자 등이 다시 반출할 것을 조건으로 일시 반입하는 자동차
㉥ 자동차제작자·연구기관 등이 자동차의 개발이나 전시 등을 목적으로 사용하는 자동차
㉦ 외국인 또는 외국에서 1년 이상 거주한 내국인이 주거를 이전하기 위하여 이주물품으로 반입하는 1대의 자동차

정답 62 ① 63 ② 64 ④ 65 ②

66 소음진동관리법규상 학교 · 병원 · 공공도서관 및 입소규모 100명 이상의 노인의료복지시설 · 영유아보육시설의 부지 경계선으로부터 50미터 이내 지역의 도로교통소음의 관리기준[Leq dB(A)]의 한도로 옳은 것은?

① 58 ② 60
③ 63 ④ 65

풀이 도로교통소음 한도기준

대상지역	구분	한도	
		주간 (06:00~22:00)	야간 (22:00~06:00)
주거지역, 녹지지역, 관리지역 중 취락지구 · 주거개발진흥지구 및 관광 · 휴양개발진흥지구, 자연환경보전지역, 학교 · 병원 · 공공도서관 및 입소규모 100명 이상의 노인의료복지시설 · 영유아보육시설의 부지 경계선으로부터 50미터 이내 지역	소음 [Leq dB(A)]	68	58
	진동 [dB(V)]	65	60
상업지역, 공업지역, 농림지역, 생산관리지역 및 관리지역 중 산업 · 유통개발진흥지구, 미고시지역	소음 [Leq dB(A)]	73	63
	진동 [dB(V)]	70	65

67 환경정책기본법령상 도시지역 중 생산관리지역의 낮(06:00~22:00)과 밤(22:00~06:00)의 소음환경기준(Leq dB(A))으로 옳은 것은?

① 낮 : 50, 밤 : 40 ② 낮 : 55, 밤 : 45
③ 낮 : 65, 밤 : 55 ④ 낮 : 70, 밤 : 65

풀이 소음환경기준 [단위 : Leq dB(A)]

지역 구분	적용대상 지역	기준	
		낮(06:00~22:00)	밤(22:00~06:00)
일반 지역	"가" 지역	50	40
	"나" 지역	55	45
	"다" 지역	65	55
	"라" 지역	70	65
도로변 지역	"가" 및 "나" 지역	65	55
	"다" 지역	70	60
	"라" 지역	75	70

[비고]
1. 지역구분별 적용 대상지역의 구분은 다음과 같다.
   가. "가" 지역
      1) 「국토의 계획 및 이용에 관한 법률」에 따른 녹지지역
      2) 「국토의 계획 및 이용에 관한 법률」에 따른 보전관리지역
      3) 「국토의 계획 및 이용에 관한 법률」에 따른 농림지역 및 자연환경보전지역
      4) 「국토의 계획 및 이용에 관한 법률」에 따른 전용주거지역
      5) 「의료법」에 따른 종합병원의 부지경계로부터 50m 이내의 지역
      6) 「초 · 중등교육법」 및 「고등교육법」에 따른 학교의 부지경계로부터 50m 이내의 지역
      7) 「도서관법」에 따른 공공도서관의 부지경계로부터 50m 이내의 지역
   나. "나" 지역
      1) 「국토의 계획 및 이용에 관한 법률」에 따른 생산관리지역
      2) 「국토의 계획 및 이용에 관한 법률 시행령」에 따른 일반주거지역 및 준주거지역
   다. "다" 지역
      1) 「국토의 계획 및 이용에 관한 법률」에 따른 상업지역 및 같은 항 제2호 다목에 따른 계획관리지역
      2) 「국토의 계획 및 이용에 관한 법률 시행령」에 따른 준공업지역
   라. "라" 지역
      「국토의 계획 및 이용에 관한 법률 시행령」에 따른 전용공업지역 및 일반공업지역

68 소음진동관리법규상 소음발생건설기계의 소음도 표지의 규격(크기) 기준은?

① 100mm×100mm ② 80mm×80mm
③ 70mm×70mm ④ 40mm×40mm

풀이 크기 : 80mm×80mm(기계의 크기와 부착 위치에 따라 조정한다.)

69 소음진동관리법상 이 법에서 사용하는 용어의 뜻으로 옳지 않은 것은?

① "소음(騷音)"이란 기계 · 기구 · 시설, 그 밖의 물체의 사용 또는 공동주택 등 환경부령으로 정하는 장소에서 사람의 활동으로 인하여 발생하는 강한 소리를 말한다.

정답 66 ① 67 ③ 68 ② 69 ③

② "진동(振動)"이란 기계 · 기구 · 시설, 그 밖의 물체의 사용으로 인하여 발생하는 강한 흔들림을 말한다.
③ "소음발생건설기계"란 건설공사에 사용하는 기계 중 소음이 발생하는 기계로서 국토교통부령으로 정하는 것을 말한다.
④ "교통기관"이란 기차 · 자동차 · 전차 · 도로 및 철도 등을 말한다. 다만, 항공기와 선박은 제외한다.

풀이 "소음발생건설기계"란 건설공사에 사용하는 기계 중 소음이 발생하는 기계로서 환경부령으로 정하는 것을 말한다.

70 다음은 소음진동관리법규상 환경관리인의 교육기관에 관한 사항이다. ( ) 안에 가장 적합한 것은?

환경기술인은 아래 어느 하나에 해당하는 교육기관에서 실시하는 교육을 받아야 한다.
1. 환경부장관이 교육을 실시할 능력이 있다고 인정하여 지정하는 기관
2. 환경정책기본법 규정에 따른 ( )

① 국립환경과학원 ② 환경보전협회
③ 한국환경공단 ④ 환경공무원연수원

71 소음진동관리법규상 소음도 검사기관과 관련한 행정처분기준 중 "고의 또는 중대한 과실로 소음도 검사를 부실하게 한 경우" 1차－2차－3차 행정처분기준으로 옳은 것은?

① 영업정지 1개월－영업정지 3개월－지정취소
② 업무정지 6일－경고－등록취소
③ 경고－경고－지정취소
④ 개선명령－경고－지정취소

72 다음은 소음진동관리법규상 환경기술인을 두어야 할 사업장 및 그 자격기준에 관한 사항이다. ( ) 안에 알맞은 것은?

총동력합계 (㉠)인 사업장은 소음 · 진동기사 2급(소음진동산업기사) 이상의 기술자격 소지자 1명 이상 또는 해당 사업장의 관리책임자로 사업자가 임명하는 자로 한다.
여기서, 소음 · 진동기사 2급(소음진동산업기사)은 기계분야기사 · 전기분야기사 각 2급(산업기사) 이상의 자격 소지자로서 환경 분야에서 (㉡) 종사한 자로 대체할 수 있다.

① ㉠ 3,750kW 이상, ㉡ 1년 이상
② ㉠ 3,750kW 이상, ㉡ 2년 이상
③ ㉠ 1,250kW 이상, ㉡ 1년 이상
④ ㉠ 1,250kW 이상, ㉡ 2년 이상

73 소음진동관리법규상 소음배출시설에 해당하지 않는 것은?(단, 대수 기준 시설 및 기계 · 기구)

① 4대 이상의 시멘트벽돌 및 블록의 제조기계
② 100대 이상의 공업용 재봉기
③ 2대 이상의 자동포장기
④ 20대 이상의 직기(편기 포함)

풀이 40대 이상의 직기(편기는 제외한다.)

74 다음은 소음진동관리법령상 항공기 소음의 한도에 관한 사항이다. ( ) 안에 알맞은 것은?

항공기 소음의 한도는 공항 인근 지역은 항공기 소음 영향도(WECPNL) (㉠)(으)로 하고, 그 밖의 지역은 (㉡)(으)로 한다.

① ㉠ 70, ㉡ 80 ② ㉠ 80, ㉡ 90
③ ㉠ 80, ㉡ 70 ④ ㉠ 90, ㉡ 75

정답 70 ② 71 ① 72 ② 73 ④ 74 ④

75 소음진동관리법규상 특정 공사의 사전신고 대상 기계 · 장비의 종류에 해당되지 않는 것은?

① 항타항발기(압입식 항타항발기는 제외한다.)
② 덤프트럭
③ 공기압축기(공기토출량이 분당 2.83세제곱 미터 이상의 이동식인 것으로 한정한다.)
④ 발전기

풀이 특정 공사의 사전신고 대상 기계 · 장비의 종류
㉠ 항타기 · 항발기 또는 항타항발기(압입식 항타항발기는 제외한다.)
㉡ 천공기
㉢ 공기압축기(공기토출량이 분당 2.83세제곱미터 이상의 이동식인 것으로 한정한다.)
㉣ 브레이커(휴대용을 포함한다.)
㉤ 굴삭기
㉥ 발전기
㉦ 로더
㉧ 압쇄기
㉨ 다짐기계
㉩ 콘크리트 절단기
㉪ 콘크리트 펌프

76 소음진동관리법규상 소음도 표지의 색상기준으로 옳은 것은?

① 노란색 판에 검은색 문자
② 초록색 판에 검은색 문자
③ 흰색 판에 검은색 문자
④ 회색 판에 검은색 문자

77 소음진동관리법규상 소형 승용자동차의 소음허용기준으로 옳은 것은?(단, 2006년 1월 1일 이후에 제작되는 자동차 기준이며, 가속주행소음의 "나"의 규정은 직접분사식(DI) 디젤원동기를 장착한 자동차에 대하여 적용하고, "가"의 규정은 그 밖의 자동차에 대하여 적용한다.)

	가속주행소음(dB(A))		배기소음 (dB(A))	경적소음 (dB(A))
	"가"	"나"		
㉠	74 이하	75 이하	100 이하	110 이하
㉡	76 이하	77 이하	100 이하	110 이하
㉢	77 이하	78 이하	100 이하	112 이하
㉣	78 이하	80 이하	103 이하	112 이하

① ㉠ ② ㉡
③ ㉢ ④ ㉣

78 소음진동관리법규상 배출시설 및 방지시설 등과 관련된 행정처분기준 중 조업 중인 공장에서 배출되는 소음 · 진동의 정도가 배출허용기준을 초과하여 개선명령을 받은 자가 이를 이행하지 아니한 경우의 1차 행정처분 기준으로 옳은 것은?

① 허가취소 ② 조업정지
③ 경고 ④ 폐쇄명령

풀이 개선명령을 받은 자가 이를 이행하지 아니한 경우의 행정처분 기준
㉠ 1차 : 조업정지
㉡ 2차 : 폐쇄, 허가취소

79 소음진동관리법규상 교육기관의 장이 다음 해의 교육계획을 환경부장관에게 제출하여 승인을 받아야 하는 기간 기준(㉠)과 환경기술인의 교육기간 기준(㉡)으로 옳은 것은?

① ㉠ 매년 11월 30일까지, ㉡ 5일 이내
② ㉠ 매년 11월 30일까지, ㉡ 7일 이내
③ ㉠ 매년 12월 31일까지, ㉡ 5일 이내
④ ㉠ 매년 12월 31일까지, ㉡ 7일 이내

정답 75 ② 76 ④ 77 ① 78 ② 79 ①

80 소음진동관리법규상 생활진동의 규제기준치는 생활진동의 영향이 미치는 대상 지역을 기준으로 하여 적용하는데 발파진동의 경우 보정기준으로 옳은 것은?

① 주간에만 규제기준치에 +5dB을 보정한다.
② 주간에만 규제기준치에 +10dB을 보정한다.
③ 주간에는 규제기준치에 +5dB을, 야간에는 규제기준치에 +10dB을 보정한다.
④ 주간에는 규제기준치에 +10dB을, 야간에는 규제기준치에 +5dB을 보정한다.

정답 80 ②

020 2019년 2회 기사

1과목 소음진동개론

01 진동발생원의 진동을 측정한 결과, 진동가속도 진폭이 $2\times10^{-2}\text{m/sec}^2$이었다. 이를 진동가속도레벨(VAL)로 나타내면?

① 57dB ② 60dB
③ 63dB ④ 67dB

풀이 $VAL = 20\log\frac{a}{a_o}$

$$= 20\log\frac{\left(\frac{2\times10^{-2}}{\sqrt{2}}\right)}{10^{-5}} = 63.01\text{dB}$$

02 일반적으로 송풍기 소음의 기본주파수(f, Hz)를 구하는 식으로 옳은 것은?[단, n : 회전날개수, R : 회전수(rpm)]

① $f = n\times R\times60$ ② $f = \frac{n\times R}{60}$
③ $f = \frac{R}{n\times60}$ ④ $f = \frac{60}{n\times R}$

03 소음공해의 특징과 가장 거리가 먼 것은?

① 감각적 공해이다.
② 대책 후에 처리할 물질이 거의 발생되지 않는다.
③ 광범위하고, 단발적이다.
④ 축적성이 없다.

풀이 소음공해는 국소 · 다발적이다.

04 소음의 영향에 관한 설명으로 가장 거리가 먼 것은?

① 노인성 난청은 소음성 난청보다 높은 8,000Hz 부근에서 청력손실이 일어나기 때문에 $C_5-\text{dip}$도 인정된다.
② 일반적으로 소음성 난청은 장기간에 걸친 소음폭로로 기인되기 때문에 노인성 난청도 가미된다.
③ 소음성 난청은 대개 음을 수감하는 와우각 내의 감각세포 고장으로 발생한다.
④ 110dB(A) 이상의 큰 소음에 일시적으로 폭로되면 회복 가능한 일시성의 청력손실이 일어나는데, 이를 소음성의 일시적 난청(TTS)이라 한다.

풀이 노인성 난청은 소음성 난청보다 높은 6,000Hz 부근에서 청력손실이 일어난다. 즉 난청이 시작된다는 의미이다.

05 귀의 각 기관과 그 기능으로 옳지 않은 것은?

① 고막 : 진동판 ② 외이도 : 공명기
③ 이관 : 기압조정 ④ 와우각 : 음압증폭

풀이 와우각(달팽이관)은 감음기 역할을 한다.

06 평균 음압이 $3,515\text{N/m}^2$이고, 특정 지향음압이 $6,250\text{N/m}^2$일 때 지향지수는?

① 약 3.8dB ② 약 5.0dB
③ 약 6.3dB ④ 약 7.2dB

풀이 $DI = SPL_\theta - \overline{SPL}(\text{dB})$

$$= \left(20\log\frac{6,250}{2\times10^{-5}}\right) - \left(20\log\frac{3,515}{2\times10^{-5}}\right)$$
$$= 4.99\text{dB}$$

07 음장에 관한 설명 중 가장 거리가 먼 것은?

① 확산음장은 잔향음장에 속하며, 밀폐된 실내의 모든 표면에서 입사음이 거의 100% 반사된다면 실내의 모든 위치에서 음의 에너지밀도는 일정하다.
② 근음장은 음원에서 근접한 거리에서 발생하며, 음원의 크기, 주파수, 방사면의 위상에 크게 영향을 받는 음장이다.

정답 01 ③ 02 ② 03 ③ 04 ① 05 ④ 06 ② 07 ③

③ 자유음장은 근음장 중 역2승법칙이 만족되는 구역이다.
④ 근음장에서의 입자속도는 음의 전파방향과 개연성이 없고, 음의 세기는 음압의 2승과 비례관계가 거의 없다.

풀이 자유음장은 원음장 중 역2승법칙이 만족되는 구역이다.

08 충분히 넓은 벽면에 음파가 입사하여 일부가 투과할 때 입사음의 세기를 I_A, 투과음의 세기를 I_B라고 하면 투과손실(TL ; Transmission Loss)은?

① $TL = 10\log(I_A/I_B)$[dB]
② $TL = 10\log(I_A/I_B)$[dB]
③ $TL = 20\log(I_A/I_B)$[dB]
④ $TL = 20\log(I_A/I_B)$[dB]

풀이 $TL = 10\log\frac{1}{\tau} = 10\log\frac{1}{\left(\frac{I_B}{I_A}\right)}$

$= 10\log\frac{I_A}{I_B}(\text{dB})$

09 다음은 기상조건에서 공기흡음에 의해 일어나는 감쇠치에 관한 설명이다. ( ) 안에 알맞은 것은?(단, 바람은 무시하고, 기온은 20℃이다.)

감쇠치는 옥타브밴드별 중심주파수(Hz)의 제곱에 (㉠)하고, 음원과 관측점 사이의 거리(m)에 (㉡)하며, 상대습도(%)에 (㉢) 한다.

① ㉠ 비례, ㉡ 비례, ㉢ 반비례
② ㉠ 반비례, ㉡ 비례, ㉢ 비례
③ ㉠ 비례, ㉡ 반비례, ㉢ 반비례
④ ㉠ 반비례, ㉡ 비례, ㉢ 반비례

풀이 기상조건(대기조건)에 따른 감쇠식

$$A_a = 7.4 \times \left(\frac{f^2 \times r}{\phi}\right) \times 10^{-8}(\text{dB})$$

여기서, A_a : 감쇠치(dB)
f : 주파수(Hz)
r : 음원과 관측점 사이 거리(m)
ϕ : 상대습도(%)

10 소음의 영향 · 평가에 관한 용어 설명으로 적합한 것은?

① NC는 주로 실외소음 평가척도로 사용된다.
② L_N은 감각소음레벨을 의미한다.
③ NNI는 도로교통 소음지수를 의미한다.
④ NEF는 항공기소음의 평가척도로 사용된다.

풀이 ① NC는 주로 실내소음 평가척도로 사용된다.
② L_N은 소음통계레벨을 의미한다.
③ NNI는 영국의 항공기소음 평가방법의 지표이다.

11 다음 중 소음통계레벨에 관한 설명으로 옳지 않은 것은?

① 전체 측정값 중 환경소음레벨을 초과하는 소음도 총합의 산술평균 값을 말한다.
② 소음레벨의 누적도수분포로부터 쉽게 구할 수 있다.
③ %값이 낮을수록 큰 레벨을 나타내어 $L_{10} > L_{50} > L_{90}$의 관계가 있다.
④ 일반적으로 L_{90}, L_{50}, L_{10} 값은 각각 배경소음, 중앙값, 침입소음의 레벨값을 나타낸다.

풀이 소음통계레벨은 총 측정기간 중 그 소음레벨을 초과하는 시간의 총합이 N%가 되는 소음레벨이다.

12 백색잡음(White Noise)에 관한 설명으로 옳지 않은 것은?

① 보통 저음역과 중음역대의 음이 상대적으로 고음역보다 음량이 높아 인간의 청각면에서는 핑크잡음이 백색잡음보다 모든 주파수대에 동일음량으로 들린다.
② 인간이 들을 수 있는 모든 소리를 혼합하면 주파수, 진폭, 위상이 균일하게 끊임없이 변하는 완전 랜덤 파형을 형성하며 이를 백색잡음이라 한다.

정답 08 ① 09 ① 10 ④ 11 ① 12 ④

③ 단위 주파수 대역(1Hz)에 포함되는 성분의 세기가 전 주파수에 걸쳐 일정한 잡음을 말한다.
④ 모든 주파수 대에 동일한 음량을 가지고 있는 것임에도 불구하고, 저음역 쪽으로 갈수록 에너지 밀도가 높아 저음역 쪽의 음성분이 더 많은 것으로 들린다.

풀이 ④는 적색잡음(Pink Noise)의 내용이다.

13 중심주파수가 500Hz일 때 1/1옥타브밴드 분석기(정비형 필터)의 상한 주파수는?

① 약 710Hz ② 약 760Hz
③ 약 810Hz ④ 약 860Hz

풀이 $f_c = \sqrt{2} f_l$

$f_l = \dfrac{500}{\sqrt{2}} = 353.55\text{Hz}$

$f_u = 353.55 \times 2 = 707.11\text{Hz}$

14 소음원의 PWL이 각각 69dB, 75dB, 79dB, 84dB일 때 소음의 POWER 평균치는?

① 77dB ② 80dB
③ 84dB ④ 86dB

풀이 $L_{합} = 10\log(10^{6.9} + 10^{7.5} + 10^{7.9} + 10^{8.4})$

$= 85.68\text{dB}$

$L_{평} = L_{합} - 10\log n$

$= 85.68 - 10\log 4 = 79.66\text{dB}$

15 굳고 단단한 넓은 평야지대를 기차가 달리고 있다. 철로와 주변지대는 완전한 평면이며, 철로 중심으로부터 20m 떨어진 곳에서의 음압레벨이 70dB이었다면, 이 음원의 음향파워레벨은?(단, 음파가 전파되는 데 방해가 되는 것은 없다고 가정)

① 약 107dB ② 약 104dB
③ 약 91dB ④ 약 88dB

풀이 선음원이 반자유공간에 위치하므로

$PWL = SPL + 10\log r + 5$

$= 70 + 10\log 20 + 5 = 88\text{dB}$

16 다음 매질 중 일반적으로 소리전파 속도가 가장 느린 것은?

① 공기(20℃) ② 수소
③ 헬륨 ④ 물

풀이 ① 공기 : 약 40m/sec
② 수소 : 약 1,300m/sec
③ 헬륨 : 약 1,000m/sec
④ 물 : 약 1,400m/sec

17 자유공간에 있는 무지향성 점음원의 음향출력이 2배로 되고, 측정점과 음원의 거리도 2배로 되었다고 하면 음압레벨은 처음에 비해 얼마만큼 변화하는가?

① 2dB 감소 ② 3dB 감소
③ 6dB 감소 ④ 9dB 감소

풀이 $SPL = 10\log 2 - 20\log 2$

$= -3.0\text{dB}$ (3dB 감소)

18 음압의 실효치가 70N/m^2인 평면파의 경우 음의 세기는 약 몇 W/m^2이 되는가?(단, 표준대기에서 $\rho c = 406\text{kg/m}^2 \cdot \text{s}$로 계산할 것)

① 16 ② 12
③ 8 ④ 4

풀이 $I = \dfrac{P^2}{\rho c}$

$= \dfrac{70^2}{406} = 12.07\,\text{W/m}^2$

19 청각기관에 관한 설명 중 옳지 않은 것은?

① 중이에서 음의 전달매질은 고체이다.
② 추골, 침골, 등골은 중이에 해당한다.
③ 외이도는 일종의 공명기로 소리를 증폭, 고막을 진동시킨다.
④ 내이의 고실은 소리의 진폭과 힘(진동음압)을 약 10~20배 정도 증가시켜 뇌신경으로 전달한다.

정답 13 ① 14 ② 15 ④ 16 ① 17 ② 18 ② 19 ④

풀이 중이의 고실은 소리의 진폭과 힘(진동음압)을 약 10~20배 정도 증가시켜 뇌신경으로 전달한다.

20 진동에 의한 생체 영향 요인으로 고려할 사항과 거리가 먼 것은?

① 진동의 진폭
② 진동의 주파수
③ 폭로시간
④ 공명

풀이 진동에 의한 생체 영향 요인
㉠ 진동의 진폭
㉡ 진동의 주파수
㉢ 폭로시간
㉣ 진동의 방향

2과목 소음방지기술

21 A실의 규격이 10m(L)×10m(W)×5m(H)이다. 이 실의 잔향시간이 1.5초일 때, 실내 흡음력(m^2)은?

① $54m^2$　② $64m^2$
③ $74m^2$　④ $84m^2$

풀이 $T=\dfrac{0.161V}{A}$

$A=\dfrac{0.161V}{T}=\dfrac{0.161\times(10\times10\times5)}{1.5}$

$=53.67m^2$

22 A콘크리트 벽체의 면적이 $1,000m^2$이고, 이 벽체의 투과손실은 40dB이다. 이 벽체에 벽체면적의 1/100을 환기구로 할 때 종합 투과손실은?

① 50dB　② 30dB
③ 20dB　④ 10dB

풀이 $\overline{TL}=10\log\dfrac{1}{\tau}=10\log\dfrac{S_1+S_2}{S_1\tau_1+S_2\tau_2}$

$=10\log\dfrac{990+10}{(990\times10^{-4.0})+(10\times10^{-0})}$

$=19.96\text{dB}$

23 날개수 12개인 송풍기가 1,200rpm으로 운전되고 있다. 이 송풍기의 출구에 단순 팽창형 소음기를 부착하여 송풍기에서 발생하는 기본음에 대하여 최대투과손실 20dB을 얻고자 한다. 이때 소음기의 팽창부 길이는?(단, 관로 중의 기체온도는 22℃이다.)

① 0.32m　② 0.36m
③ 0.41m　④ 0.43m

풀이 대상주파수(f)

$f=\dfrac{1,200\text{rpm}}{60}\times12=240\text{Hz}$

$\lambda=\dfrac{C}{f}=\dfrac{331.42+(0.6\times22℃)}{240}=1.44\text{m}$

$L=\dfrac{\lambda}{4}=\dfrac{1.44\text{m}}{4}=0.36\text{m}$

24 다음과 같이 방음벽을 설치한다고 할 때 경로차(δ)는 약 얼마인가?

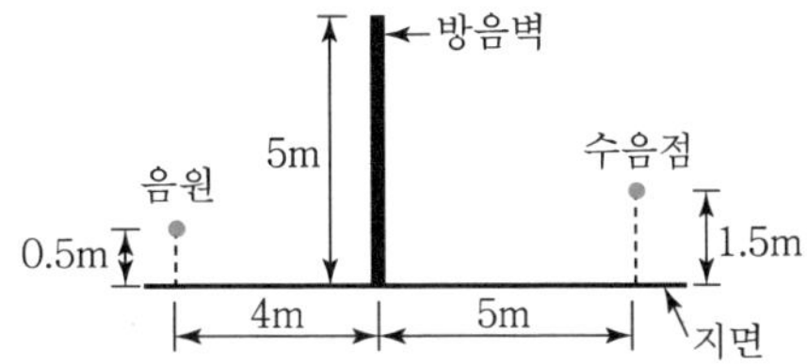

① 3.0m　② 3.5m
③ 4.0m　④ 4.6m

풀이 경로차(δ)$=A+B-d$

$A=\sqrt{4^2+4.5^2}=6.02\text{m}$

$B=\sqrt{5^2+3.5^2}=6.10\text{m}$

$d=\sqrt{9^2+1^2}=9.06\text{m}$

$\delta=6.02+6.10-9.06=3.06\text{m}$

정답 20 ④ 21 ① 22 ③ 23 ② 24 ①

25 Fan 날개수가 30개인 송풍기가 1,000rpm으로 운전하고 있을 때 이 송풍기의 기본음 주파수는?

① 125Hz ② 250Hz
③ 500Hz ④ 1,000Hz

풀이 기본음 주파수$= \frac{1{,}000\text{rpm}}{60} \times 30 = 500\text{Hz}$

26 그림과 같이 방음 울타리의 정점(O)과 음원(S), 수음점(R)이 일직선상에 있다고 할 때, 프레즈널 수(Fresnel Number) N은?

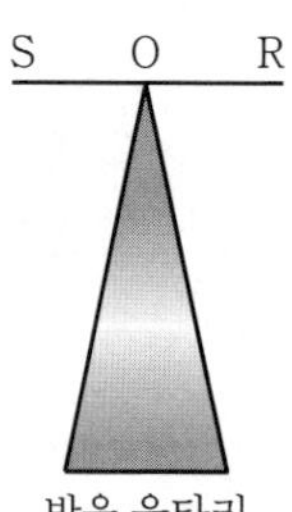

① 0 ② 4
③ 6 ④ 10

풀이 Fresnel Number(N)$= \frac{2\sigma}{\lambda}$
경로차(δ)가 0이므로 N도 0이다.

27 다음 중 소음기의 성능을 표시하는 용어에 관한 정의로 옳지 않은 것은?

① 삽입손실치(IL) : 소음원에 소음기를 부착하기 전과 후의 공간상 어떤 특정 위치에서 측정한 음압레벨의 차와 그 측정위치로 정의된다.
② 투과손실치(TL) : 소음기에 입사한 음향출력에 대한 소음기에 투과된 음향출력의 비를 자연대수로 취한 값으로 정의된다.
③ 감쇠치(ΔL) : 소음기 내의 두 지점 사이의 음향파워의 감쇠치로 정의된다.
④ 동적삽입손실치(DIL) : 정격유속(Rated Flow) 조건하에서 측정하는 것을 제외하고는 삽입손실치와 똑같이 정의된다.

풀이 투과손실치(TL)
소음기를 투과한 음향출력에 대한 소음기에 입사한 음향출력의 비로 정의한다.

28 다음 중 섬유질 흡음재의 고유 유동저항 σ을 구하는 관계식으로 옳은 것은?(단, S는 시료단면적, L은 시료두께, Q는 체적속도, ΔP는 시료 전후의 압력차이다.)

① $\sigma = \frac{\Delta P \cdot S}{Q \cdot L}$ ② $\sigma = \frac{S \cdot L}{\Delta P \cdot Q}$
③ $\sigma = \frac{\Delta P \cdot L}{Q \cdot S}$ ④ $\sigma = \frac{Q \cdot L}{\Delta P \cdot S}$

29 방음벽은 벽면 또는 벽 상단의 음향특성에 따라 종류별 분류가 가능하다. 다음 중 방음벽 분류에 해당하지 않는 것은?

① 반사형 ② 간섭형
③ 공명형 ④ 팽창형

풀이 방음벽은 벽면 또는 벽 상단의 음향특성에 따라 흡음형, 반사형, 간섭형, 공명형 등으로 구분된다.

30 음향투과등급(Sound Transmission Class)에 설명으로 옳지 않은 것은?

① 잔향실에서 1/3옥타브대역으로 측정한 투과손실로부터 구한다.
② 500Hz의 기준곡선값이 해당 자재의 음향투과등급이 된다.
③ 단 하나의 투과손실값도 기준곡선 밑으로 8dB을 초과해서는 안 된다.
④ 기준곡선 밑의 각 주파수 대역별 투과손실과 기준곡선값과의 차의 산술평균이 10dB 이내이어야 한다.

풀이 기준곡선 밑의 각 주파수 대역별 투과손실과 기준곡선값과의 차의 산술평균이 2dB 이내이어야 한다.

정답 25 ③ 26 ① 27 ② 28 ① 29 ④ 30 ④

31 입사음의 75%는 흡음, 10%는 반사, 그리고 15%는 투과시키는 음향 재료를 이용하여 방음벽을 만들었다고 할 때, 이 방음벽의 투과손실(dB)은?

① 약 15dB ② 약 10dB
③ 약 8dB ④ 약 1dB

풀이 $T_l = 10\log\frac{1}{\tau} = 10\log\frac{1}{0.15} = 8.24\text{dB}$

32 무한 선음원인 도로변에 설치한 유한길이 방음벽 500Hz에서의 투과손실치(TL)가 30dB, 회절감쇠치(L_{da})가 15dB이고 방음벽으로 차음된 관측각(ϕ)을 120°라 할 때, 방음벽 설치에 따른 차음효과(ΔL)는?

① 15dB ② 9.5dB
③ 7.3dB ④ 4.4dB

33 실내에 설치되어 있는 유체기계에서 유체유동으로 소음을 발생시키고 있다. 이에 대한 소음 저감대책으로 적당하지 않은 것은?

① 유속을 느리게 한다.
② 압력의 시간적 변화를 완만하게 한다.
③ 유체유동 시 유량밸브를 가능한 빨리 개폐시킨다.
④ 유체유동 시 공동현상이 발생하지 않도록 한다.

풀이 유체유동 시 유량밸브를 가능한 천천히 개폐시킨다.

34 관로 내에서 음향에너지를 흡수시켜 출구로 방출되는 음향파워레벨을 작게 하는 소음기는?

① 흡음 덕트형 소음기
② 팽창형 소음기
③ 간섭형 소음기
④ 공명형 소음기

35 균질인 단일벽의 두께를 4배로 할 경우 일치효과의 한계주파수 변화로 옳은 것은?(단, 기타 조건은 일정)

① 원래의 $\frac{1}{4}$ ② 원래의 $\frac{1}{2}$
③ 원래의 2배 ④ 원래의 4배

풀이 일치주파수(f_c) $\simeq \frac{1}{h} \simeq \frac{1}{4}$ (원래의 $\frac{1}{4}$)

36 흡음재료의 선택 및 사용상 유의점으로 옳은 것은?

① 흡음재료를 벽면에 부착 시 전체 내벽에 분산 부착하는 것보다 한 곳에 집중하는 것이 좋다.
② 흡음 Tex 등은 못으로 시공하는 것보다 전면을 접착제로 부착하는 것이 좋다.
③ 다공질 재료의 경우 표면에 종이를 입혀 사용하도록 한다.
④ 다공질 재료의 표면을 도장하면 고음역에서 흡음률이 저하한다.

풀이 ① 흡음재료를 벽면에 부착 시 한 곳에 집중시키는 것보다 전벽에 분산시켜 부착하면 흡음력이 증가한다.
② 흡음 Tex 등은 전면을 접착재로 부착하는 것보다는 못으로 고정시키는 것이 좋다.
③ 다공질 재료의 표면에 종이를 바르는 것은 피해야 한다.

37 연결관과 팽창실의 단면적이 각각 A_1, A_2인 팽창형 소음기의 투과손실 TL은?(단, $m = A_2/A_1$, $k = (2\pi f/c)$, L : 팽창부 길이, f : 대상주파수, c : 음속)

① $TL = 10\log[l + 0.25m - (l/m^2)\sin^2 kL]\text{dB}$
② $TL = 10\log[l + 4m - (l/m)\sin^2 kL]\text{dB}$
③ $TL = 10\log[l + 0.25m - (l/m)^2\sin^2 kL]\text{dB}$
④ $TL = 10\log[l + 4m - (l/m)\sin kL]\text{dB}$

정답 31 ③ 32 ④ 33 ③ 34 ① 35 ① 36 ④ 37 ③

38 외부로부터 면적이 20m^{2}인 벽을 통하여 음압레벨이 100dB인 확산음이 실내로 입사되고 있다. 실내의 흡음력은 25m^{2}이고, 벽의 투과손실이 38 dB일 때, 실내의 음압레벨은?

① 52dB ② 61dB
③ 67dB ④ 73dB

풀이 $SPL_2 = SPL_1 - TL - 10\log\left(\frac{A_2}{S}\right) + 6$

$= 100 - 38 - 10\log\left(\frac{25}{20}\right) + 6$

$= 67.03\text{dB}$

39 흡음 덕트형 소음기에 관한 설명으로 옳은 것은?

① 최대감음 주파수는 $\lambda < D < 2\lambda$ 범위에 있다.
[λ : 대상음의 파장(m), D : 덕트 내경(m)]
② 통과유속은 20m/s 이하로 하는 것이 좋다.
③ 송풍기 소음을 방지하기 위한 흡음 Chamber 내의 흡음재 두께는 1인치로 하는 것이 이상적이다.
④ 감음 특성은 저음역에서 좋다.

풀이 ① 최대감음 주파수는 $\frac{\lambda}{2} < D < \lambda$ 범위에 있다.
③ 송풍기 소음을 방지하기 위한 흡음챔버 내의 흡음재는 2~4″ 두께로 부착하는 것이 좋다.
④ 감음 특성은 중 · 고음역에서 좋다.

40 흡음 덕트형 소음기에서 기류의 영향에 관한 설명으로 가장 적합한 것은?

① 음파와 같은 방향으로 기류가 흐르면 소음감쇠치의 정점은 고주파측으로 이동하면서 그 크기는 낮아진다.
② 음파와 반대방향으로 기류가 흐르면 소음감쇠치의 정점은 고주파측으로 이동하면서 그 크기는 높아진다.
③ 음파와 같은 방향으로 기류가 흐르면 소음감쇠치의 크기는 속도의 제곱에 비례하여 커진다.
④ 음파와 반대방향으로 기류가 흐르면 소음감쇠치의 크기는 속도의 세제곱에 반비례하여 작아진다.

풀이 ② 음파와 반대방향으로 이동할 경우에는 소음감쇠치의 정점은 저주파측으로 이동하면서 그 크기는 높아진다.
③ 음파와 같은 방향으로 기류가 흐르면 소음감쇠치의 크기는 작아진다.
④ 음파와 반대방향으로 기류가 흐르면 소음감쇠치의 크기는 커진다.

3과목 소음진동공정시험 기준

41 진동레벨계만으로 측정할 경우 진동레벨을 읽는 순간에 지시침이 지시판 범위 위를 벗어날 때 L_{10} 진동레벨 계산방법으로 옳은 것은?

① 범위 위를 벗어난 발생빈도를 기록하여 3회 이상이면 레벨별 도수 및 누적도수를 이용하여 산정된 L_{10}에 1dB을 더해준다.
② 범위 위를 벗어난 발생빈도를 기록하여 6회 이상이면 레벨별 도수 및 누적도수를 이용하여 산정된 L_{10} 값에 1dB을 더해준다.
③ 범위 위를 벗어난 발생빈도를 기록하여 3회 이상이면 레벨별 도수 및 누적도수를 이용하여 산정된 L_{10} 값에 2dB을 더해준다.
④ 범위 위를 벗어난 발생빈도를 기록하여 6회 이상이면 레벨별 도수 및 누적도수를 이용하여 산정된 L_{10} 값에 2dB을 더해준다.

42 진동레벨계만으로 측정 시 진동레벨을 읽는 순간에 지시침이 지시판 범위 위를 벗어날 때 그 발생빈도가 5회이었다. L_{10}이 75dB(V)이라면 보정 후 L_{10}은?

① 75dB(V) ② 77dB(V)
③ 78dB(V) ④ 80dB(V)

정답 38 ③ 39 ② 40 ① 41 ④ 42 ①

풀이 진동레벨계만으로 측정할 경우 진동레벨을 읽는 순간에 지시침이 지시판 범위 위를 벗어날 때(이때에 진동레벨계의 레벨범위는 전환하지 않음)에는 그 발생빈도를 기록하여 6회 이상이면 L_{10}값에 2dB을 더해준다. 따라서 5회이므로 75dB(V)이다.

43 표준음 발생기의 발생음의 오차 범위기준으로 옳은 것은?

① ±10dB 이내　② ±5dB 이내
③ ±1dB 이내　④ ±0.1dB 이내

44 진동레벨계의 성능기준에 관한 설명으로 옳지 않은 것은?

① 측정가능 주파수 범위는 1~90Hz 이상이어야 한다.
② 측정가능 진동레벨 범위는 45~120dB 이상이어야 한다.
③ 진동픽업의 횡감도는 규정주파수에서 수감축 감도에 대한 차이가 10dB 이상이어야 한다(연직특성).
④ 레벨레인지 변환기가 있는 기기에 있어서 레벨레인지 변환기의 전환오차는 0.5dB 이내이어야 한다.

풀이 진동픽업의 횡감도는 규정주파수에서 수감축 감도에 대한 차이가 15dB 이상이어야 한다.

45 환경기준 중 소음측정방법 중 측정시간 및 측정지점수 기준으로 옳은 것은?

① 낮 시간대(06:00~22:00)에는 당해지역 소음을 대표할 수 있도록 측정지점수를 충분히 결정하고, 각 측정지점에서 2시간 이상 간격으로 2회 이상 측정하여 산술평균한 값을 측정소음도로 한다.
② 낮 시간대(06:00~22:00)에는 당해지역 소음을 대표할 수 있도록 측정지점수를 충분히 결정하고, 각 측정지점에서 2시간 이상 간격으로 4회 이상 측정한 값 중 최댓값을 측정소음도로 한다.
③ 밤 시간대(22:00~06:00)에는 낮 시간대에 측정한 측정지점에서 4시간 간격으로 2회 이상 측정하여 산술평균한 값을 측정소음도로 한다.
④ 밤 시간대(22:00~06:00)에는 낮 시간대에 측정한 측정지점에서 2시간 간격으로 2회 이상 측정하여 산술평균한 값을 측정소음도로 한다.

풀이 환경기준(측정시간 및 측정지점수)
㉠ 낮 시간대(06:00~22:00)에는 당해지역 소음을 대표할 수 있도록 측정지점수를 충분히 결정하고, 각 측정지점에서 2시간 이상 간격으로 4회 이상 측정하여 산술평균한 값을 측정소음도로 한다.
㉡ 밤 시간대(22:00~06:00)에는 낮 시간대에 측정한 측정지점에서 2시간 간격으로 2회 이상 측정하여 산술평균한 값을 측정소음도로 한다.

46 소음진동공정시험 기준상 발파진동 측정자료 평가표 서식에 기재되어 있는 항목이 아닌 것은?

① 폭약의 종류
② 발파횟수
③ 폭약의 제조회사
④ 폭약의 1회 사용량(kg)

풀이 발파진동 측정자료 평가표(측정대상의 진동원과 측정지점)
㉠ 폭약 종류　㉡ 1회 사용량
㉢ 발파횟수　㉣ 측정지점 약도

47 열차통과 시 배경진동레벨이 65dB(V)이고, 최고진동레벨을 측정한 결과 72dB(V), 73dB(V), 71dB(V), 69dB(V), 74dB(V), 75dB(V), 67dB(V), 77dB(V), 80dB(V), 82dB(V), 76dB(V), 79dB(V), 78dB(V)이다. 철도진동레벨은?

① 74dB(V)　② 75dB(V)
③ 77dB(V)　④ 79dB(V)

정답 43 ③ 44 ③ 45 ④ 46 ③ 47 ④

풀이 열차통과 시마다 최고진동레벨이 배경진동레벨보다 최소 5dB 이상 큰 것에 한하여 연속 10개 열차 이상을 대상으로 최고진동레벨을 측정 · 기록하고 그 중 중앙값 이상을 산술평균한 값을 철도진동레벨로 한다.

㉠ 중앙값 산출(순서로 나열하여 가운데 값) : 단위 dB(V)
71, 72, 73, 74, 75, 76, 77, 78, 79, 80, 82
중앙값 → 76dB(V)

㉡ 철도진동레벨 $= \dfrac{76+77+78+79+80+82}{6}$
$= 78.67\text{dB(V)}$

48 다음은 철도진동 측정자료 분석에 관한 설명이다. (   ) 안에 가장 적합한 것은?

> 열차통과 시마다 최고진동레벨이 배경진동 레벨보다 최소 (㉠)dB 이상 큰 것에 한하여 연속 (㉡)개 열차(상하행 포함) 이상을 대상으로 최고진동레벨을 측정 · 기록한다.

① ㉠ 10 ㉡ 5　② ㉠ 10 ㉡ 10
③ ㉠ 5 ㉡ 5　④ ㉠ 5 ㉡ 10

49 다음 중 항공기소음 측정자료 평가표 서식에 기재되어야 하는 사항으로 가장 거리가 먼 것은?

① 비행횟수　② 비행속도
③ 측정자의 소속　④ 풍속

풀이 항공기소음 측정자료 평가표 기재사항
㉠ 비행횟수, 지역구분, 측정지점, 일별 WECPNL, 측정지점 약도
㉡ 측정자(소속, 직명, 성명)
㉢ 측정환경(반사음의 영향, 풍속, 진동, 전자장의 영향)
㉣ 측정연월일, 측정대상, 측정자, 측정기기

50 동전형 픽업에 관한 설명으로 거리가 먼 것은?(단, 압전형 픽업과 비교 시)

① 픽업의 출력임피던스가 큼
② 중저주파역(1kHz 이하)의 진동 측정(속도, 변위)에 적합함
③ 고유진동수가 낮음(일반적으로 10~20Hz)
④ 변압기 등에 의해 자장이 강하게 형성된 장소에서의 진동측정은 부적합함

풀이 동전형 픽업은 감도가 안정적이고 픽업의 출력임피던스가 낮다.

51 다음은 "지발발파"의 용어 정의이다. (   ) 안에 알맞은 것은?

> (㉠) 내에 시간차를 두고 발파하는 것을 말하며, 단, 발파기를 (㉡) 사용하는 것에 한한다.

① ㉠ 수 초, ㉡ 1회
② ㉠ 수 초, ㉡ 3회
③ ㉠ 수 시간, ㉡ 1회
④ ㉠ 수 시간, ㉡ 3회

52 다음은 항공기소음관리기준 측정방법 중 측정자료 분석에 관한 설명이다. (   ) 안에 알맞은 것은?

> 헬리포트 주변 등과 같이 배경소음보다 (㉠) 큰 항공기소음의 지속시간 평균치 $\overline{D}$가 30초 이상일 경우에는 보정량 (㉡)을 $\overline{\text{WECPNL}}$에 보정하여야 한다.

① ㉠ 5dB 이상, ㉡ $[+10\log(\overline{D}/20)]$
② ㉠ 10dB 이상, ㉡ $[+10\log(\overline{D}/20)]$
③ ㉠ 5dB 이상, ㉡ $[+20\log(\overline{D}/10)]$
④ ㉠ 10dB 이상, ㉡ $[+20\log(\overline{D}/10)]$

정답 48 ④ 49 ② 50 ① 51 ① 52 ②

53 항공기소음한도 측정결과 일일 단위의 WECPNL이 86이다. 일일 평균최고소음도가 93dB(A)일 때, 1일간 항공기의 등가통과횟수는?

① 100회 ② 110회
③ 120회 ④ 130회

풀이 $WECPNL = \overline{L_{max}} + 10\log N - 27$

$86 = 93 + 10\log N - 27$

$10\log N = 20$

$N = 10^2 = 100$회

54 항공기소음관리기준 측정방법 중 측정점에 관한 설명으로 옳지 않은 것은?

① 그 지역의 항공기소음을 대표할 수 있는 장소나 항공기 소음으로 인하여 문제를 일으킬 우려가 있는 장소를 택하여야 한다.
② 측정지점 반경 3.5m 이내는 가급적 평활하고, 시멘트 등으로 포장되어 있어야 하며, 수풀, 수림, 관목 등에 의한 흡음의 영향이 없는 장소로 한다.
③ 측정점은 지면 또는 바닥면에서 5~10m 높이로 한다.
④ 상시측정용의 경우에는 주변환경, 통행, 타인의 촉수 등을 고려하여 지면 또는 바닥면에서 1.2~5.0m 높이로 할 수 있다.

풀이 상시측정용의 경우 측정점은 주변 환경, 통행, 타인의 촉수 등을 고려하여 지면 또는 바닥면에서 1.2~5.0m 높이로 한다.

55 배출허용기준 중 소음 측정조건에 있어서 손으로 소음계를 잡고 측정할 경우 소음계는 측정자의 몸으로부터 얼마 이상 떨어져야 하는가?

① 0.2m 이상 ② 0.3m 이상
③ 0.4m 이상 ④ 0.5m 이상

56 소음계 중 지시계기의 성능기준에 관한 설명으로 옳지 않은 것은?

① 지시계기는 지침형 또는 디지털형이어야 한다.
② 지침형에서는 유효지시범위가 5dB 이상이어야 한다.
③ 디지털형에서는 숫자가 소수점 한 자리까지 표시되어야 한다.
④ 지침형에서는 1dB 눈금간격이 1mm 이상으로 표시되어야 한다.

풀이 지침형에서는 유효지시범위가 15dB 이상이어야 한다.

57 소음진동공정시험 기준상 소음과 관련된 용어의 정의로 옳지 않은 것은?

① 지시치 : 계기나 기록지 상에서 판독한 소음도로서 실효치(rms값)를 말한다.
② 소음도 : 소음계의 청감보정회로를 통하여 측정한 지시치를 말한다.
③ 평가소음도 : 측정소음도에 배경소음을 정한 후 얻어진 소음도를 말한다.
④ 등가소음도 : 임의의 측정시간동안 발생한 변동소음의 총 에너지를 같은 시간 내의 정상소음의 에너지로 등가하여 얻어진 소음도를 말한다.

풀이 평가소음도
대상소음도에 보정치를 보정한 후 얻어진 소음도를 말한다.

58 배출허용기준 진동측정방법 중 시간의 구분은 보정표의 시간별 항목의 기준에 따라야 하는데 가동시간으로 가장 적합한 것은?

① 측정 당일 전 30일간의 정상가동시간을 산술평균한다.
② 측정 3일 전 20일간의 정상가동시간을 산술평균한다.

정답 53 ① 54 ③ 55 ④ 56 ② 57 ③ 58 ①

③ 측정 5일 전 30일간의 정상가동시간을 산술평균 한다.
④ 측정 7일 전 20일간의 정상가동시간을 산술평균 한다.

59 환경기준 중 소음측정방법에서 "도로변지역"에 관한 설명으로 옳은 것은?

① 도로단으로부터 차선수×10m로 한다.
② 도로단으로부터 차선수×15m로 한다.
③ 고속도로 또는 자동차 전용도로의 경우에는 도로단으로부터 200m 이내의 지역을 말한다.
④ 고속도로 또는 자동차 전용도로의 경우에는 도로단으로부터 250m 이내의 지역을 말한다.

60 발파진동 측정 시 디지털 진동자동분석계를 사용할 경우 배경진동레벨을 정하는 기준으로 옳은 것은?

① 샘플주기 0.1초 이하로 놓고 5분 이상 측정하여 연산 · 기록한 80% 범위의 상단치인 L_{10} 값을 그 지점의 배경진동레벨로 한다.
② 샘플주기를 0.1초 이하로 놓고 발파진동의 발생기간 동안 측정하여 자동 연산 · 기록한 최고치를 그 지점의 배경진동레벨로 한다.
③ 샘플주기를 1초 이내에서 결정하고 5분 이상 측정하여 자동 연산 · 기록한 80% 범위의 상단치인 L_{10} 값을 그 지점의 배경진동레벨로 한다.
④ 샘플주기를 1초 이내에서 결정하고 발파진동의 발생기간 동안 측정하여 자동 연산 · 기록한 최고치를 그 지점의 배경진동레벨로 한다.

4과목 진동방지기술

61 공기스프링에 관한 설명으로 옳지 않은 것은?

① 하중의 변화에 따라 고유진동수를 일정하게 유지할 수 있다.
② 자동제어가 가능하다.
③ 공기누출의 위험성이 없다.
④ 사용진폭이 적은 것이 많으므로 별도의 댐퍼가 필요한 경우가 많다.

풀이 공기스프링은 공기누출의 위험성이 있다.

62 감쇠비를 ξ라 할 때, 대수감쇠율을 나타낸 식은?

① $\xi / \sqrt{1-\xi^2}$ ② $\xi / \sqrt{1-2\xi}$
③ $2\pi\xi / \sqrt{1-\xi^2}$ ④ $2\pi\xi / \sqrt{1+\xi^2}$

풀이 대수감쇠율

$$\Delta = \ln\left(\frac{x_1}{x_2}\right) = \frac{2\pi\xi}{\sqrt{1-\xi^2}} \quad (\xi < 1\text{인 경우 } 2\pi\xi)$$

63 무게 1,950N, 회전속도 1,170rpm의 공기압축기가 있다. 방진고무의 지지점을 6개로 하고, 진동수비가 2.9라 할 때 고무의 정적수축량은? (단, 감쇠는 무시)

① 0.35cm ② 0.40cm
③ 0.55cm ④ 0.75cm

풀이 정적수축량$(\delta_{st}) = \dfrac{W_{mp}}{K}$

$$W_{mp} = \frac{W}{n} = \frac{1{,}950}{6} = 325\text{N}$$

$$f_n = 4.98\sqrt{\frac{K}{W_{mp}}}$$

$$K = W_{mp}\left(\frac{f_n}{4.98}\right)^2 = 325 \times \left(\frac{6.72}{4.98}\right)^2 = 591.78\text{N/cm}$$

$$f_n = \frac{f}{\eta} = \frac{(1{,}170/60)}{2.9} = 6.72$$

$$\delta_{st} = \frac{325\text{N}}{591.78\text{N/cm}} = 0.55\text{cm}$$

정답 59 ① 60 ③ 61 ③ 62 ③ 63 ③

64 다음 (   ) 안에 들어갈 말로 옳은 것은?

방진고무의 정확한 사용을 위해서는 일반적으로 (㉠)을 알아야 하는데, 그 값은 $\dfrac{(\ ㉡\ )}{(\ ㉢\ )}$로 나타낼 수 있다.

① ㉠ 정적배율
 ㉡ 동적 스프링 정수
 ㉢ 정적 스프링 정수
② ㉠ 동적배율
 ㉡ 정적 스프링 정수
 ㉢ 동적 스프링 정수
③ ㉠ 동적배율
 ㉡ 동적 스프링 정수
 ㉢ 정적 스프링 정수
④ ㉠ 정적배율
 ㉡ 정적 스프링 정수
 ㉢ 동적 스프링 정수

풀이 $\alpha = \dfrac{K_d}{K_s}$ (보통 1보다 큰 값을 갖는다.)
여기서, K_d : 동적 스프링 정수
K_s : 정적 스프링 정수
[=하중(kg)/수축량(cm)]
방진고무의 경우, 일반적으로 $K_d > K_s$의 관계가 된다.

65 발파 시 지반의 진동속도 V(cm/s)를 구하는 관계식으로 옳은 것은?(단, K, n : 지질암반조건, 발파조건 등에 따르는 상수, W : 지발당 장약량(kg), R : 발파원으로부터의 거리(m), b : 1/2 또는 1/3)

① $V = K\left(\dfrac{R^2}{W^b}\right)^n$ ② $V = K\left(\dfrac{R}{2W^b}\right)^n$

③ $V = K\left(\dfrac{R}{W^b}\right)^n$ ④ $V = K\left(\dfrac{W^b}{R}\right)^n$

66 진동방지대책을 발생원, 전파경로, 수진 측 대책으로 분류할 때, 다음 중 발생원 대책으로 거리가 먼 것은?

① 기계의 가진력에 의한 전달을 감소한기 위해 방진스프링을 사용한다.
② 저진동 기계로 교체한다.
③ 장비에 운전하중을 고려하여 부가중량을 가한 관성 베이스를 적용한다.
④ 수진점 근처에 방진구를 파고, 모래충진을 통해 지반을 개량한다.

풀이 수진점 근방에 방진구를 파는 것은 전파경로 대책이다.

67 그림과 같이 질량이 m인 물체가 양단고정보의 중앙에 달려 있을 때 이 계의 등가스프링 정수는?

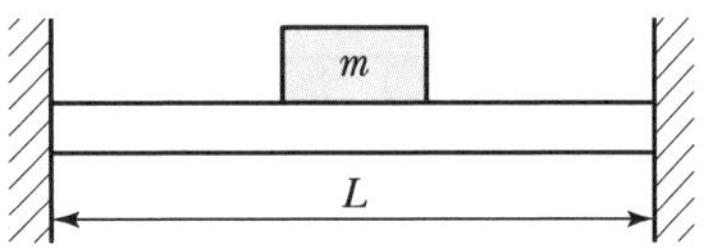

① $\dfrac{3EI}{L^3}$ ② $\dfrac{48EI}{L^3}$

③ $\dfrac{96EI}{L^3}$ ④ $\dfrac{192EI}{L^3}$

68 감쇠가 있는 자유진동에서 임계감쇠계수 C_c ($\xi = 1$)를 표현한 식으로 옳은 것은?(단, C_e : 감쇠계수, m : 질량, k : 스프링 정수, ω_n : 고유각진동수, ξ : 감쇠비)

① $C_c = 2C_e\xi$ ② $C_c = \sqrt{mk}$
③ $C_c = m\omega_n$ ④ $C_c = 2m\omega_n$

풀이 $C_c = 2\sqrt{m \cdot k} = 2m\omega_n = \dfrac{2k}{\omega_n}$

정답 64 ③ 65 ③ 66 ④ 67 ④ 68 ④

69 방진재료로 금속스프링을 사용하는 경우 로킹 모션(Rocking Motion)이 발생하기 쉽다. 이를 억제하기 위한 방법으로 틀린 것은?

① 기계 중량의 1~2배 정도의 가대를 부착한다.
② 하중을 평형분포 시킨다.
③ 스프링의 정적 수축량이 일정한 것을 사용한다.
④ 길이가 긴 스프링을 사용하여 계의 무게중심을 높인다.

풀이 Rocking Motion을 억제하기 위해서는 계의 무게중심을 낮게 하여야 한다.

70 그림과 같은 진동계 전체의 등가스프링 상수(K_{eq})는?

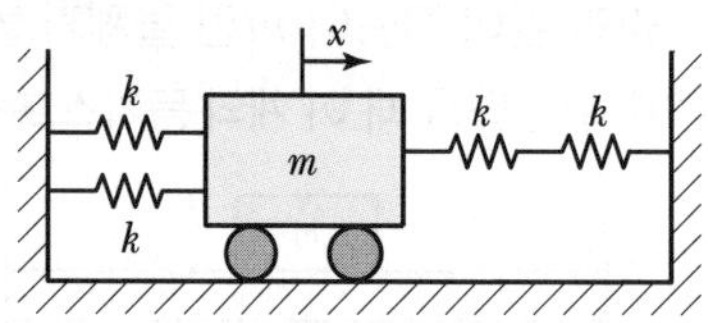

① $2k$　　② $3k$
③ $\frac{2}{3}k$　　④ $\frac{5}{2}k$

풀이 다음 그림으로 표현할 수 있다.

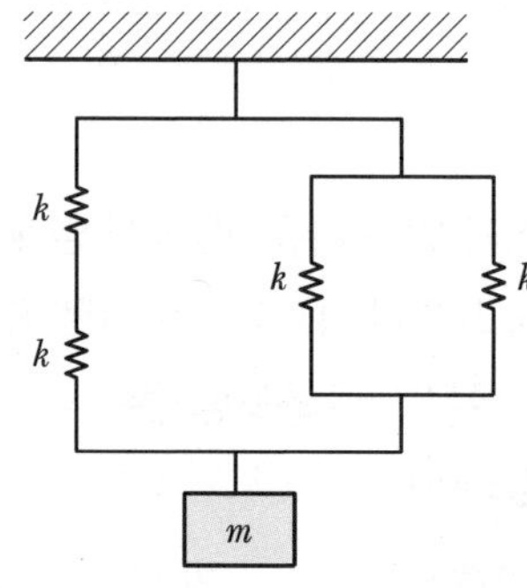

좌측 직렬스프링의 $K_{eq}=\frac{k^2}{k+k}=\frac{k}{2}$
우측 병렬스프링의 $K_{eq}=k+k=2k$
좌측, 우측의 $K_{eq}=\frac{k}{2}+2k=\frac{5}{2}k$

71 항상 전달력이 외력보다 큰 경우는?(단, f_n : 고유진동수, f : 강제진동수)

① $f/f_n<\sqrt{2}$　　② $f/f_n>\sqrt{2}$
③ $f/f_n=\sqrt{2}$　　④ $f/f_n=1$

풀이 $\frac{f}{f_n}<\sqrt{2}$
㉠ 전달력 > 외력
㉡ 방진대책이 필요한 설계영역

72 원통형 코일스프링의 스프링 정수에 관한 설명으로 옳은 것은?

① 스프링 정수는 전단탄성률에 반비례한다.
② 스프링 정수는 유효권수에 비례한다.
③ 스프링 정수는 소선 직경의 4제곱에 비례한다.
④ 스프링 정수는 평균코일 직경의 3제곱에 비례한다.

풀이 코일스프링의 스프링 정수(k)

$$k=\frac{W}{\delta_{st}}=\frac{Gd^4}{8\pi D^3}\ (\text{N/mm})$$

여기서, G : 전단탄성계수(횡탄성 계수)
d : 소선 직경
D : 평균 코일 직경

73 기계에너지를 열에너지로 변환시키는 감쇠기구의 종류와 거리가 먼 것은?

① 점성감쇠(Viscous Damping)
② 상대감쇠(Relative Damping)
③ 마찰감쇠(Coulomb Damping)
④ 일산감쇠(Radiation Damping)

74 충격에 의해서 가진력이 발생하고 있다. 충격력을 처음의 50%로 감소시키려면 계의 스프링 정수는 어떻게 변화되어야 하는가?(단, k는 처음의 스프링 정수)

① $2k$　　② $\frac{1}{2}k$
③ $\frac{1}{3}k$　　④ $\frac{1}{4}k$

정답 69 ④ 70 ④ 71 ① 72 ③ 73 ② 74 ④

풀이 충격력(F)은 속도(V)에 비례하고 스프링 정수(k)는 중량의 제곱근에 비례하므로 F를 $\frac{1}{2}$로 하면 k는 $\frac{1}{4}$로 줄어든다.

75 지반진동 차단 구조물에 관한 설명으로 옳지 않은 것은?

① 지반의 흙, 암반과는 응력파 저항 특성이 다른 재료를 이용한 매질층을 형성하여 지반진동파 에너지를 저감시키는 구조물이다.
② 개방식 방진구보다는 충진식 방진구가 에너지 차단특성이 좋다.
③ 강널말뚝을 이용하는 공법은 저주파수 진동차단에는 효과가 적다.
④ 방진구의 가장 중요한 설계인자는 방진구의 깊이로서 표면파의 파장을 고려하여 결정하여야 한다.

풀이 공기층을 이용하는 개방식 방진구가 충진식 방진벽에 비해 파에너지 차단(반사)특성이 좋다.

76 진동수 40Hz, 최대가속도 100m/s²인 조화진동의 진폭은?

① 0.158cm ② 0.316cm
③ 0.436cm ④ 0.537cm

풀이 $a_{\max} = Aw^2$

$$A = \frac{a_{\max}}{w^2} = \frac{100\text{m/sec}^2 \times 100\text{cm/m}}{(2 \times 3.14 \times 40)^2/\text{sec}^2}$$

$= 0.158\text{cm}$

77 스프링정수 $K_1 = 20\text{N/m}$, $K_2 = 30\text{N/m}$인 두 스프링을 그림과 같이 직렬로 연결하고 질량 $m = 3\text{kg}$을 매달았을 때, 수직방향 진동의 고유 진동수는?

① $\frac{1}{\pi}$
② $\frac{2}{\pi}$
③ $\frac{4}{\pi}$
④ $\frac{8}{\pi}$

풀이 $f_n = \frac{1}{2\pi}\sqrt{\frac{k}{m}}$

$$k_{eq} = \frac{k_1 k_2}{k_1 + k_2} = \frac{20 \times 30}{20 + 30} = 12\,\text{N/m}$$

$$= \frac{1}{2\pi}\sqrt{\frac{12}{3}} = \frac{2}{2\pi} = \frac{1}{\pi}$$

78 금속스프링의 특징에 관한 설명으로 옳지 않은 것은?

① 고주파 진동 시 단락되지 않으나, 잦은 보수가 필요하다.
② 일반적으로 부착이 용이하며, 정적 및 동적으로 유연한 스프링을 용이하게 설계할 수 있다.
③ 저주파 차진에 좋다.
④ 최대변위가 허용된다.

풀이 고주파 진동 시 단락되어, 낮은 보수가 필요하다.

79 시간(t)에 따른 변위량(진폭)의 변화 그래프 중 부족감쇠 자유진동과 가장 가까운 것은?

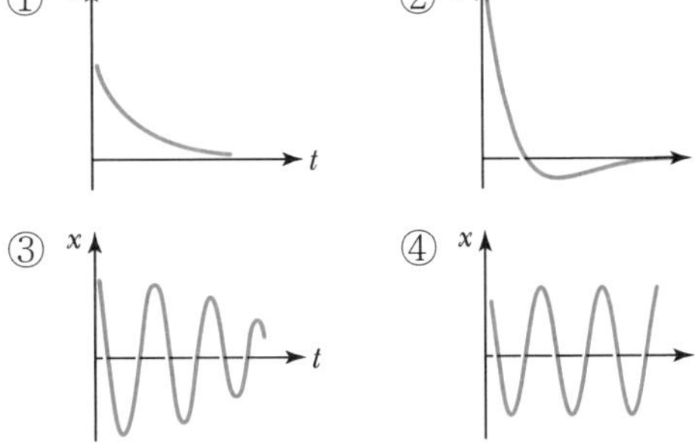

정답 75 ② 76 ① 77 ① 78 ① 79 ③

풀이 부족감쇠($0 < \xi < 1$)

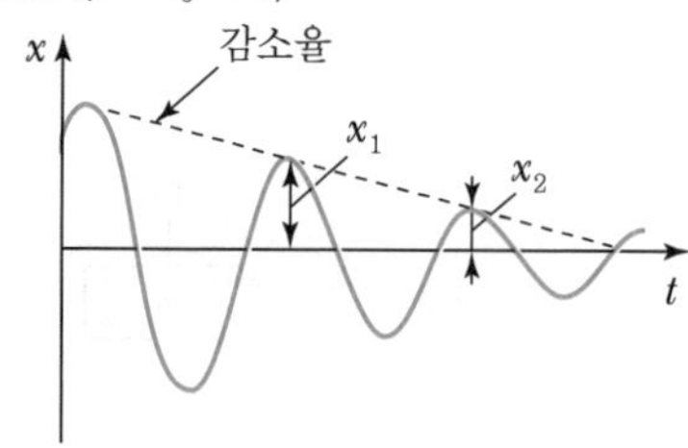

80 쇠로 된 금속관 사이의 접속부에 고무를 넣어 진동을 절연하고자 한다. 파동에너지 반사율이 95%가 되면, 전달되는 진동의 감쇠량(dB)은?

① 10 ② 13
③ 16 ④ 20

풀이 진동감쇠량(Δl)$=-10\log(1-T_r)$
$=-10\log(1-0.95)$
$=13\text{dB}$

5과목 소음진동관계법규

81 소음진동관리법령상 운행차 소음허용기준을 정할 때 자동차의 소음종류별로 소음배출특성을 고려하여 정한다. 운행차 소음종류로만 옳게 나열한 것은?

① 배기소음, 브레이크소음
② 배기소음, 가속주행소음
③ 경적소음, 브레이크소음
④ 배기소음, 경적소음

풀이 운행자동차 소음허용기준

자동차 종류 \ 소음 항목		배기소음 [dB(A)]	경적소음 [dB(C)]
경자동차		100 이하	110 이하
승용 자동차	소형	100 이하	110 이하
	중형	100 이하	110 이하
	중대형	100 이하	112 이하
	대형	105 이하	112 이하
화물 자동차	소형	100 이하	110 이하
	중형	100 이하	110 이하
	대형	105 이하	112 이하
이륜자동차		105 이하	110 이하

※ 2006년 1월 1일 이후에 제작되는 자동차

82 소음진동관리법령상 인증을 면제할 수 있는 자동차에 해당하지 않는 것은?

① 주한 외국군대의 구성원이 공무용으로 사용하기 위하여 반입하는 자동차
② 여행자 등이 다시 반출할 것을 조건으로 일시 반입하는 자동차
③ 연구기관 등이 자동차의 개발이나 전시 등을 목적으로 사용하는 자동차
④ 외국에서 국내의 공공기관이나 비영리단체에 무상으로 기증하여 반입하는 자동차

풀이 인증을 면제할 수 있는 자동차

㉠ 군용 · 소방용 및 경호업무용 등 국가의 특수한 공무용으로 사용하기 위한 자동차
㉡ 주한 외국공관, 외교관, 그 밖에 이에 준하는 대우를 받는 자가 공무용으로 사용하기 위하여 반입하는 자동차로서 외교부장관의 확인을 받은 자동차
㉢ 주한 외국군대의 구성원이 공무용으로 사용하기 위하여 반입하는 자동차
㉣ 수출용 자동차나 박람회, 그 밖에 이에 준하는 행사에 참가하는 자가 전시를 목적으로 사용하는 자동차
㉤ 여행자 등이 다시 반출할 것을 조건으로 일시 반입하는 자동차
㉥ 자동차제작자 · 연구기관 등이 자동차의 개발이나 전시 등을 목적으로 사용하는 자동차
㉦ 외국인 또는 외국에서 1년 이상 거주한 내국인이 주거를 이전하기 위하여 이주물품으로 반입하는 1대의 자동차

정답 80 ② 81 ④ 82 ④

83 다음은 소음진동관리법규상 자동차의 종류에 관한 사항이다. ( ) 안에 가장 적합한 것은? (단, 2015년 12월 8일 이후 제작되는 자동차)

> 이륜자동차는 측차를 붙인 이륜자동차와 이륜자동차에서 파생된 삼륜 이상의 최고속도 (㉠)를 초과하는 이륜자동차를 포함하며, 전기를 주 동력으로 사용하는 자동차는 차량 총중량이 (㉡)에 해당되는 경우에는 경자동차로 분류한다.

① ㉠ 40km/h, ㉡ 2.0톤 미만
② ㉠ 40km/h, ㉡ 1.5톤 미만
③ ㉠ 50km/h, ㉡ 2.0톤 미만
④ ㉠ 50km/h, ㉡ 1.5톤 미만

84 소음진동관리법규상 소음지도 작성기간의 시작일은 소음지도 작성계획의 고시 후 얼마가 경과한 날로 하는가?

① 7일 ② 15일
③ 1개월 ④ 3개월

85 소음진동관리법규상 시·도지사 등은 배출시설에 대한 배출허용기준에 적합한지 여부를 확인하기 위하여 필요한 경우 가동상태를 점검할 수 있으며 이를 검사기관으로 하여금 소음·진동검사를 하도록 지시할 수 있는 바, 이를 검사할 수 있는 기관으로 거리가 먼 것은?

① 국립환경과학원
② 광역시·도의 보건환경연구원
③ 지방환경청
④ 환경보전협회

풀이 소음·진동 검사기관
㉠ 국립환경과학원
㉡ 특별시·광역시·도·특별자치도의 보건환경연구원
㉢ 유역환경청 또는 지방환경청
㉣ 「한국환경공단법」에 따른 한국환경공단

86 소음진동관리법규상 운행자동차 종류에 따른 ㉠ 배기소음과 ㉡ 경적소음의 허용기준으로 옳은 것은?(단, 2006년 1월 1일 이후에 제작되는 자동차 기준)

① 경자동차 : ㉠ 100dB(A) 이하,
㉡ 100dB(C) 이하
② 소형승용자동차 : ㉠ 100dB(A) 이하,
㉡ 110dB(C) 이하
③ 중형화물자동차 : ㉠ 105dB(A) 이하,
㉡ 110dB(C) 이하
④ 이륜자동차 : ㉠ 105dB(A) 이하,
㉡ 112dB(C) 이하

풀이 운행자동차 소음허용기준

자동차 종류 \ 소음 항목		배기소음 [dB(A)]	경적소음 [dB(C)]
경자동차		100 이하	110 이하
승용자동차	소형	100 이하	110 이하
	중형	100 이하	110 이하
	중대형	100 이하	112 이하
	대형	105 이하	112 이하
화물자동차	소형	100 이하	110 이하
	중형	100 이하	110 이하
	대형	105 이하	112 이하
이륜자동차		105 이하	110 이하

※ 2006년 1월 1일 이후에 제작되는 자동차

87 소음진동관리법규상 측정망 설치계획에 관한 사항으로 거리가 먼 것은?

① 측정망설치계획에는 측정소를 설치할 건축물의 위치가 명시되어 있어야 한다.
② 측정망설치계획의 고시는 최초로 측정소를 설치하게 되는 날의 1개월 이전에 하여야 한다.
③ 측정망설치계획에는 측정망의 배치도가 명시되어 있어야 한다.
④ 시·도지사가 측정망설치계획을 결정·고시하려는 경우에는 그 설치위치 등에 관하여 환경부장관의 의견을 들어야 한다.

정답 83 ④ 84 ④ 85 ④ 86 ② 87 ②

풀이 측정망 설치계획의 고시는 최초로 측정소를 설치하게 되는 날의 3개월 이전에 하여야 한다.

88 소음진동관리법규상 소음배출시설기준에 해당하지 않는 것은?(단, 동력기준시설 및 기계 · 기구)

① 22.5kW 이상의 변속기
② 15kW 이상의 공작기계
③ 22.5kW 이상의 제분기
④ 37.5kW 이상의 압연기

풀이 37.5kW 이상의 공작기계

89 소음진동관리법규상 소음도표지에 관한 사항으로 거리가 먼 것은?

① 색상 : 회색판에 검은색 문자를 쓴다.
② 크기 : 75mm×75mm를 원칙으로 한다.
③ 재질 : 쉽게 훼손되지 아니하는 금속성이나 이와 유사한 강도의 재질을 쓴다.
④ 제작사명, 모델명도 소음도표지에 기재되어야 한다.

풀이 크기 : 80mm×80mm(기계의 크기와 부착 위치에 따라 조정한다.)

90 소음진동관리법규상 소음진동배출시설의 설치신고 또는 설치허가 대상에서 제외되는 지역이 아닌 것은?(단, 별도로 시 · 도지사가 환경부장관의 승인을 받아 지정 · 고시한 지역 등은 제외)

① 산업입지 및 개발에 관한 법률에 따른 산업단지
② 국토의 계획 및 이용에 관한 법률 시행령에 따라 지정된 전용공업지역
③ 자유무역지역의 지정 및 운영에 관한 법률에 따라 지정된 자유무역지역
④ 도시 및 주거환경개선법률에 따라 지정된 광역도시개발지역

풀이 설치신고 또는 설치허가 대상에서 제외되는 지역
㉠ 산업단지
㉡ 전용공업지역 및 일반공업지역
㉢ 자유무역지역
㉣ 도지사가 환경부장관의 승인을 받아 지정 · 고시한 지역

91 소음진동관리법규상 시장 · 군수 · 구청장 등이 폭약의 사용으로 인한 소음 · 진동피해를 방지할 필요가 있다고 인정하여 지방경찰청장에게 폭약사용 규제요청을 할 때 포함하여야 할 사항으로 가장 거리가 먼 것은?

① 폭약의 종류
② 사용 시간
③ 사용 횟수의 제한
④ 발파공법 등의 개선

풀이 폭약사용규제 요청 시 포함사항
㉠ 규제기준에 맞는 방음 · 방진시설의 설치
㉡ 폭약사용량
㉢ 사용시간
㉣ 사용횟수의 제한
㉤ 발파공법 등의 개선

92 다음은 소음진동관리법규상 운행차 정기검사의 소음도 측정방법 중 배기소음 측정기준이다. ( ) 안에 알맞은 것은?

> 자동차의 변속장치를 중립위치로 하고 정지가동상태에서 원동기의 최고 출력 시의 (㉠) 회전속도로 (㉡) 동안 운전하여 최대소음도를 측정한다.

① ㉠ 75%, ㉡ 4초
② ㉠ 90%, ㉡ 4초
③ ㉠ 75%, ㉡ 30초
④ ㉠ 90%, ㉡ 30초

정답 88 ② 89 ② 90 ④ 91 ① 92 ①

93 소음진동관리법규상 소음진동배출허용기준 초과와 관련하여 시·도지사 등이 개선명령을 하고자 할 때, 천재지변 등으로 인해 개선명령 기간 내에 명령받은 조치를 완료하지 못한 자는 그 신청에 의해 얼마의 범위 내에서 그 기간을 연장할 수 있는가?

① 6개월의 범위 ② 1년의 범위
③ 1년 6개월의 범위 ④ 2년의 범위

94 소음진동관리법상 사용되는 용어의 뜻으로 옳지 않은 것은?

① 교통기관 : 기차·자동차·전차·도로 및 철도 등을 말한다. 다만, 항공기와 선박은 제외
② 진동 : 기계·기구·시설, 그 밖의 물체의 사용으로 인하여 발생하는 강한 흔들림
③ 방진시설 : 소음·진동배출시설이 아닌 물체로부터 발생하는 진동을 없애거나 줄이는 시설로서 환경부령으로 정하는 것
④ 소음발생건설기계 : 건설공사에 사용하는 기계 중 소음이 발생하는 기계로서 국토교통부령으로 정하는 것

풀이 "소음발생건설기계"란 건설공사에 사용하는 기계 중 소음이 발생하는 기계로서 환경부령으로 정하는 것을 말한다.

95 소음진동관리법상 시·도지사 등이 생활소음·진동의 규제기준을 초과한 자에게 작업시간의 조정 등을 명령하였으나, 이를 위반한 자에 대한 벌칙기준으로 옳은 것은?

① 6개월 이하의 징역 또는 500만 원 이하의 벌금에 처한다.
② 1년 이하의 징역 또는 1천만 원 이하의 벌금에 처한다.
③ 2년 이하의 징역 또는 2천만 원 이하의 벌금에 처한다.
④ 3년 이하의 징역 또는 3천만 원 이하의 벌금에 처한다.

풀이 소음진동관리법 제58조 참조

96 소음진동관리법규상 야간 철도진동의 관리기준(한도)으로 옳은 것은?(단, 공업지역)

① 60dB(V) ② 65dB(V)
③ 70dB(V) ④ 75dB(V)

풀이 철도소음진동관리기준

대상지역	구분	한도	
		주간 (06:00~22:00)	야간 (22:00~06:00)
주거지역, 녹지지역, 관리지역 중 취락지구·주거개발진흥지구 및 관광·휴양개발진흥지구, 자연환경보전지역, 학교·병원·공공도서관 및 입소규모 100명 이상의 노인의료복지시설·영유아보육시설의 부지 경계선으로부터 50미터 이내 지역	소음 [Leq dB(A)]	70	60
	진동 [dB(V)]	65	60
상업지역, 공업지역, 농림지역, 생산관리지역 및 관리지역 중 산업·유통개발진흥지구, 미고시지역	소음 [Leq dB(A)]	75	65
	진동 [dB(V)]	70	65

97 소음진동관리법상 300만 원 이하의 과태료 부과대상에 해당되는 위반사항으로 거리가 먼 것은?

① 환경기술인을 임명하지 아니한 자
② 환경기술인의 업무를 방해하거나 환경기술인의 요청을 정당한 사유 없이 거부한 자
③ 기준에 적합하지 아니한 휴대용음향기기를 제조·수입하여 판매한 자
④ 환경기술인 등의 교육을 받게 하지 아니한 자

풀이 소음진동관리법 제60조 참조

정답 93 ① 94 ④ 95 ① 96 ② 97 ④

98 소음진동관리법규상 환경기술인을 두어야 할 사업장 및 그 자격기준으로 옳지 않은 것은?(단, 기사 2급은 산업기사로 본다.)

① 환경기술인 자격기준 중 소음 · 진동기사 2급은 기계분야기사 · 전기분야기사 각 2급 이상의 자격소지자로서 환경분야에서 1년 이상 종사한 자로 대체할 수 있다.
② 방지시설 면제사업장은 대상 사업장의 소재지역 및 동력규모에도 불구하고 해당 사업장의 배출시설 및 방지시설업무에 종사하는 피고용인 중에서 임명할 수 있다.
③ 총동력합계는 소음배출시설 중 기계 · 기구 동력의 총합계를 말하며, 대수기준시설 및 기계 · 기구와 기타 시설 및 기계 · 기구는 제외한다.
④ 환경기술인으로 임명된 자는 당해 사업장에 상시 근무하여야 한다.

풀이 환경기술인 자격기준 중 소음 · 진동기사 2급은 기계분야기사 · 전기분야기사 각 2급 이상의 자격소지자로서 환경 분야에서 2년 이상 종사한 자로 대체할 수 있다.

99 소음진동관리법상 환경부장관은 법에 의한 인증을 받아 제작한 자동차의 소음이 제작차 소음허용기준에 적합한지의 여부를 확인하기 위하여 대통령령으로 정하는 바에 따라 검사를 실시하여야 하는데, 이때 검사에 드는 비용은 누가 부담하는가?

① 국가
② 지방자치단체
③ 자동차제작자
④ 검사기관

100 소음진동관리법규상 도시지역 중 상업지역의 낮(06:00~22:00) 시간대 공장진동 배출허용기준은?

① 60dB(V) 이하 ② 65dB(V) 이하
③ 70dB(V) 이하 ④ 75dB(V) 이하

풀이 공장진동 배출허용기준 [단위 : dB(V)]

대상지역	시간대별	
	낮 (06:00~22:00)	밤 (22:00~06:00)
가. 도시지역 중 전용주거지역 · 녹지지역, 관리지역 중 취락지구 · 주거개발진흥지구 및 관광 · 휴양개발진흥지구, 자연환경보전지역 중 수산자원보호구역 외의 지역	60 이하	55 이하
나. 도시지역 중 일반주거지역 · 준주거지역, 농림지역, 자연환경보전지역 중 수산자원보호구역, 관리지역 중 가목과 다목을 제외한 그 밖의 지역	65 이하	60 이하
다. 도시지역 중 상업지역 · 준공업지역, 관리지역 중 산업개발진흥지구	70 이하	65 이하
라. 도시지역 중 일반공업지역 및 전용공업지역	75 이하	70 이하

정답 98 ① 99 ③ 100 ③

021 2019년 4회 기사

1과목 소음진동개론

01 추를 코일스프링으로 매단 1자유도 진동계에서 추의 질량을 2배로 하고, 스프링의 강도를 4배로 할 경우 작은 진폭에서 자유진동주기는 어떻게 되겠는가?

① 원래의 $\frac{1}{\sqrt{2}}$　② 동일
③ 원래의 $\sqrt{2}$ 배　④ 원래의 2배

풀이 $T=2\pi\sqrt{\frac{m}{k}} \rightarrow T=2\pi\sqrt{\frac{2m}{4k}}$

자유진동주기는 원래의 $\frac{1}{\sqrt{2}}$ 이다.

02 진동이 인체에 미치는 영향에 관한 설명으로 가장 거리가 먼 것은?

① 수직 및 수평 진동이 동시에 가해지면 2배의 자각현상이 나타난다.
② 6Hz 정도에서 허리, 가슴 및 등 쪽에 매우 심한 통증을 느낀다.
③ 4~14Hz 범위에서는 복통을 느낀다.
④ 20~30Hz 범위에서는 호흡이 힘들고, 순환기에 대한 영향으로는 맥박 수가 감소한다.

풀이 20~30Hz에서 2차 공진현상이 나타나며 두개골의 공명으로 시력 및 청력장애를 초래한다.

03 10℃ 공기 중에서 파장이 0.32m인 음의 주파수는?

① 1,025Hz　② 1,055Hz
③ 1,067Hz　④ 1,083Hz

풀이 $f=\frac{c}{\lambda}=\frac{[331.42+(0.6\times 10)\text{m/sec}]}{0.32\text{m}}$

$=1{,}054.44\text{Hz}$

04 다음 중 상호 연결이 맞지 않는 것은?

① 영구적 난청 : 4,000Hz 정도부터 시작
② 음의 크기 레벨의 기준 : 1,000Hz 순음
③ 노인성 난청 : 2,000Hz 정도부터 시작
④ 가청주파수 범위 : 20~20,000Hz

풀이 노인성 난청은 소음성 난청보다 높은 6,000Hz 부근에서 청력손실이 일어난다. 즉, 난청이 시작된다는 의미이다.

05 선음원으로부터 5m 떨어진 거리에서 96dB이 측정되었다면 39m 떨어진 거리에서의 음압레벨은 약 몇 dB인가?

① 82　② 87
③ 91　④ 95

풀이 선음원 거리감쇠

$$SPL_1-SPL_2=10\log\frac{r_2}{r_1}$$

$$SPL_2=SPL_1-10\log\frac{r_2}{r_1}$$

$$=96\text{dB}-10\log\frac{39}{5}=87.08\text{dB}$$

06 50phon의 소리는 40phon의 소리에 비해 어떻게 들리겠는가?

① 동일하게　② 1.25배 크게
③ 2배 크게　④ 5배 크게

풀이 ㉠ 40phon

$$S=2^{\frac{40-40}{10}}=1\text{sone}$$

정답 01 ① 02 ④ 03 ② 04 ③ 05 ② 06 ③

㉡ 50phon

$S=2^{\frac{50-40}{10}}=2\text{sone}$

∴ 50phon(2sone)이 40phon(1sone)보다 2배 더 크게 들린다.

07 그림과 같이 질량 1kg, 100N/m의 강성을 갖는 스프링 4개가 연결된 진동계가 있다. 이 진동계의 고유진동수(Hz)는?

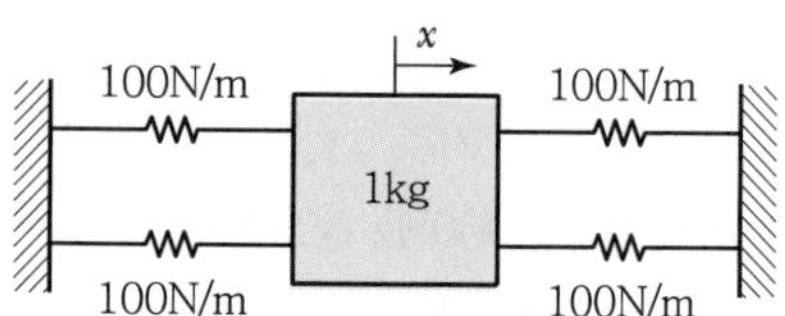

① 0.80 ② 1.59
③ 3.18 ④ 6.37

풀이

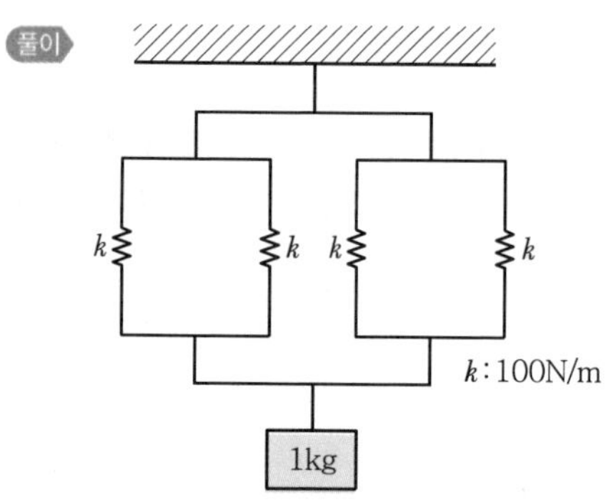

$k_{eq}=2k+2k=4k=4\times100\text{N/m}=400\text{N/m}$

$f_n=\frac{1}{2\pi}\sqrt{\frac{400}{1}}=3.18\text{Hz}$

08 근음장(Near Field)에 관한 설명으로 옳지 않은 것은?

① 일반적으로 이 영역은 관심대상음의 수파장 내에 위치한다.
② 입자속도가 음의 전파방향과 개연성이 있고, 잔향실이 대표적이다.
③ 음의 세기는 음압의 2승과 비례관계가 거의 없다.
④ 음원의 크기, 주파수와 방사면의 위상 등에 크게 영향을 받는다.

풀이 입자속도는 음의 전파방향과 개연성이 없다.

09 다음 중 상온에서의 음속이 일반적으로 가장 빠른 것은?(단, 다른 조건은 동일하다.)

① 물 ② 공기
③ 유리 ④ 금

풀이 각 매질(재질)에서의 음속
㉠ 공기 : 약 340m/sec
㉡ 물 : 약 1,400m/sec
㉢ 나무 : 약 3,300m/sec
㉣ 유리 : 약 3,700m/sec
㉤ 강철 : 약 5,000m/sec

10 각진동수가 ω이고 변위진폭의 최대치가 A인 정현진동에 있어 가속도 진폭은?

① A/ω ② ωA
③ ωA^2 ④ $\omega^2 A$

풀이 가속도 진폭($a_{\max}$)

$$a_{\max}=A\omega^2=A\omega\cdot\omega=V_{\max}\cdot\omega$$
$$=V_{\max}\times2\pi f(\text{m/sec}^2)$$

11 음의 굴절에 관한 설명으로 옳지 않은 것은?

① 한 매질에서 타 매질로 음파가 전파될 때 매질 중의 음속은 서로 다르며, 음속 차가 클수록 굴절도 증가한다.
② 대기온도에 따른 굴절은 온도가 높은 쪽으로 굴절한다.
③ 스넬(Snell)의 법칙은 굴절과 관련되는 법칙이다.
④ 음원보다 상공의 풍속이 큰 경우 풍상 측에서는 상공을 향하여 굴절하고, 풍하 측에서는 지면을 향하여 굴절하므로 풍하 측에 비해 풍상 측의 감쇠가 큰 편이다.

풀이 대기의 온도차에 의한 음파는 대기온도가 낮은 쪽으로 굴절한다.

정답 07 ③ 08 ② 09 ③ 10 ④ 11 ②

12 봉의 횡진동에 있어서 기본음의 주파수 관계식으로 옳은 식은?(단, l : 길이, E : 영률, ρ : 재료의 밀도, k_1 : 상수, d : 각봉의 1변 또는 원봉의 직경, σ : 푸아송비)

① $\frac{k_1 d}{l^2}\sqrt{\frac{E}{\rho}}$ ② $\frac{k_1 d}{l}\sqrt{E\sigma\rho}$

③ $\frac{k_1 l^2}{d}\sqrt{\frac{E\sigma}{\rho}}$ ④ $\frac{k_1 d^2}{l}\sqrt{\frac{E\sigma}{\rho}}$

풀이 봉의 기본 공명음 주파수(f)

㉠ 종진동

$$f=\frac{1}{2l}\sqrt{\frac{E}{\rho}}$$

여기서, E : 영률(N/m^2)

ρ : 재료의 밀도

l : 길이

㉡ 횡진동

$$f=\frac{k_1}{l^2}\sqrt{\frac{E}{\rho}}$$

여기서, k_1 : 상수

d : 각봉의 1변 또는 원봉의 지름

13 고유 음향 임피던스를 나타낸 식으로 옳은 것은?

① $\frac{\text{음압}}{\text{입자속도}}$ ② $\frac{\text{입자속도}}{\text{음압}}$

③ $\frac{\text{음압}}{\text{입자변위}}$ ④ $\frac{\text{입자변위}}{\text{음압}}$

풀이 $Z=\frac{P}{v}(\text{rayls}) \rightarrow P=Z(\rho C)\times v$

여기서, $Z(\rho C)$: 고유음향 임피던스(rayls)

P : 음의 압력(실효치, N/m^2=Pa)

v : 입자속도(실효치, m/sec)

14 다음 중 흡음률, 잔향시간 측정에 관한 설명으로 가장 거리가 먼 것은?

① 잔향시간은 재료의 흡음률을 산정하는 데 이용된다.

② 잔향시간은 실내에서 음원을 끈 순간부터 음압레벨이 60dB 감소되는 데 소요되는 시간을 말한다.

③ 잔향시간은 일반적으로 기록지의 레벨 감쇠곡선의 폭이 25dB 이상일 때 이를 산출한다.

④ 난입사 흡음률 측정법에 의한 정재파법은 일반적으로 잔향시간 측정범위가 2~5초 정도이다.

풀이 정재파법은 수직입사 흡음률 측정방법을 주로 이용한 것이다.

15 고체 및 액체 중에서의 음의 전달속도(C)와 영률(E) 및 매질밀도(ρ)의 관계식으로 옳은 것은?(단, 단위는 모두 적절하다고 가정한다.)

① $C=\sqrt{\frac{\rho}{E}}$ ② $C=\sqrt{\frac{\rho^2}{E}}$

③ $C=\sqrt{\frac{E}{\rho}}$ ④ $C=\sqrt{\frac{E}{\rho^2}}$

16 스프링과 질량으로 구성된 진동계에서 스프링의 정적처짐이 2.5cm인 경우 이 계의 주기는?

① 0.16s ② 0.32s

③ 3.15s ④ 6.25s

풀이 $f_n=4.98\sqrt{1/\delta_{st}}=4.98\sqrt{1/2.5}=3.15\text{Hz}$

$$T=\frac{1}{f_n}=\frac{1}{3.15(1/\text{sec})}=0.32\text{sec}$$

17 특정방향에 대한 음의 지향도를 나타내는 지향계수(Q, Directivity Factor)를 나타낸 식으로 옳은 것은?(단, SPL_θ : 등거리에서 어떤 특정방향의 SPL, $\overline{SPL}$: 음원에서 반경 r(m) 떨어진 구형면상의 여러 지점에서 측정한 SPL의 평균치)

① $Q=SPL_\theta-\overline{SPL}$

② $Q=\frac{SPL_\theta}{\overline{SPL}}$

정답 12 ① 13 ① 14 ④ 15 ③ 16 ② 17 ④

③ $Q = 33.3 \log SPL_\theta - 40$

④ $Q = \log^{-1}\left(\dfrac{SPL_\theta - \overline{SPL}}{10}\right)$

풀이 지향계수(Q)
지향계수는 특정방향에 대한 음의 지향도를 나타내며 특정방향에너지와 평균에너지의 비를 의미한다.

지향계수(Q)$= \log^{-1}\left(\dfrac{SPL_\theta - \overline{SPL}}{10}\right)$

여기서, Q : 지향계수
SPL_θ : 등거리에서 어떤 특정방향의 SPL
$\overline{SPL}$: 음원에서 반경 r(m) 떨어진 구형면상의 여러 지점에서 측정한 SPL의 평균치

18 두꺼운 콘크리트로 구성된 옥외 주차장의 바닥 위에 무지향성 점음원이 있으며, 이 점음원으로부터 20m 떨어진 지점의 음압레벨은 100dB이었다. 공기 흡음에 의해 일어나는 감쇠치를 5dB/10m라고 할 때, 이 음원의 음향파워는?

① 약 141dB ② 약 144dB
③ 약 126W ④ 약 251W

풀이 $SPL = PWL - 20\log r - 8 - A(\text{dB})$
여기서, A : 공기흡음에 의한 감쇠치

$PWL = SPL + 20\log r + 8 + A$
$= 100 + 20\log 20 + 8$
$+ (5\text{dB}/10\text{m} \times 20\text{m}) = 144\text{dB}$

$PWL = 10\log\dfrac{W}{10^{-12}}$

$144 = 10\log\dfrac{W}{10^{-12}}$

$W = 10^{\frac{144}{10}} \times 10^{-12} = 251.19\text{W}$

19 파에 관한 설명으로 옳지 않은 것은?

① 종파(소밀파)는 매질이 없어도 전파되며, 물결(수면)파, 지진파(S파)에 해당한다.
② 구면파는 음원에서 모든 방향으로 동일한 에너지를 방출할 때 발생하는 파로서 공중에 있는 점음원이 해당한다.
③ 둘 또는 그 이상의 음파의 구조적 간섭에 의해 시간적으로 일정하게 음압의 최고와 최저가 반복되는 패턴의 파를 정재파라고 한다.
④ 파면은 파동의 위상이 같은 점들을 연결한 면을 말한다.

풀이 종파(소밀파)는 매질이 있어야만 전파되며 음파, 지진파(P파)에 해당한다.

20 자유공간(공중)에 무지향성 점음원이 있다. 이 점음원으로부터 4m 떨어진 지점의 음압레벨이 80dB이라면 이 음원의 음향파워레벨은?

① 83dB ② 93dB
③ 103dB ④ 113dB

풀이 자유공간에서 점음원의 음향파워레벨
$PWL = SPL + 20\log r + 11(\text{dB})$
$= 80\text{dB} + 20\log 4 + 11$
$= 103.04\text{dB}$

2과목 소음방지기술

21 음압레벨이 110dB(음원으로부터 1m 이격지점)인 점음원으로부터 30m 이격된 지점에서 소음으로 인한 문제가 발생되어 방음벽을 설치하였다. 방음벽에 의한 회절감쇠치가 10dB이고, 방음벽의 투과손실이 16dB이라면 수음점에서의 음압레벨(dB)은?

① 68.4dB ② 71.4dB
③ 73.4dB ④ 75.4dB

풀이 삽입손실치(ΔL_I)$= -10\log\left(10^{-\frac{10}{10}} + 10^{-\frac{16}{10}}\right)$
$= 9\text{dB}$

$SPL = (110 - 9) - 20\log 30$
$= 71.46\text{dB}$

정답 18 ④ 19 ① 20 ③ 21 ②

22 흡음덕트에 관한 설명으로 가장 거리가 먼 것은?

① 흡음덕트의 소음 감소는 덕트의 단면적, 흡음재의 흡음성능 및 두께, 설치면적 등에 의해 주로 영향을 받는다.
② 광대역 주파수 성분을 갖는 소음을 줄일 수 있다.
③ 고주파 영역보다는 저주파 영역에서 감음 성능이 탁월하게 좋다.
④ 공기조화 시스템에 사용되는 덕트에서 fan이나 그 밖의 소음에 의해 발생하는 소음을 줄이기 위해 사용된다.

풀이 저주파 영역보다는 고주파 영역에서 감음 성능이 좋다.

23 방음대책을 음원대책과 전파경로대책으로 분류할 때, 다음 중 전파경로대책으로 가장 거리가 먼 것은?

① 소음기 설치 ② 거리 감쇠
③ 지향성 변환 ④ 방음벽 설치

풀이 소음기 설치는 발생원에서 소음에 대한 대책이다.

24 소음기 성능표시 중 "소음원에 소음기를 부착하기 전과 후의 공간상의 어떤 특정위치에서 측정한 음압레벨의 차와 그 측정위치"로 정의되는 것은?

① 삽입손실치(IL) ② 감음량(NR)
③ 투과손실치(TL) ④ 감음계수(NRC)

풀이 삽입손실치(IL ; Insertion Loss)
소음원에 소음기를 부착하기 전후의 공간상의 어떤 특정위치에서 측정한 음압레벨의 차이와 그 측정위치로 정의한다.

25 자재의 수직입사 흡음률 측정방법으로서 관의 한쪽 끝에 시료를 충진하고 다른 한쪽 끝에 부착된 스피커를 사용하는 것은?

① 실내 평균 흡음률 계산방법
② 관내법(정재파법)
③ 표준 음원에 의한 측정방법
④ 등가소음레벨 측정방법

풀이 ㉠ 난입사 흡음률 측정법 : 잔향실법
㉡ 수직입사 흡음률 측정법 : 정재파법(관내법)

26 자동차 소음원에 따른 대책으로 가장 거리가 먼 것은?

① 엔진 소음 – 엔진의 구조 개선에 의한 소음 저감
② 배기계 소음 – 배기계 관의 강성 감소로 소음 억제
③ 흡기계 소음 – 흡기관의 길이, 단면적을 최적화시켜 흡기음압 저감
④ 냉각팬 소음 – 냉각성능을 저하시키지 않는 범위 내에서 팬 회전수를 낮춤

풀이 배기계 소음 – 배기계 관의 강성 증대로 소음 억제

27 송풍기, 덕트 또는 파이프의 외부 표면에서 소음이 방사될 때 진동부에 제진대책을 한 후 흡음재를 부착하고 그 다음에 차음재로 마감하는 작업을 무엇이라고 하는가?

① Lagging 작업 ② Lining 작업
③ Damping 작업 ④ Insulation 작업

풀이 송풍기, 덕트, 파이프의 외부표면에서 소음이 방사될 때 진동부에 제진대책을 한 후 흡음재를 부착하고 그 다음에 차음재로 마감하는 작업을 Lagging이라 한다.

28 방음벽 재료로 음향특성 및 구조강도 이외에 고려하여야 하는 사항으로 가장 거리가 먼 것은?

① 방음벽에 사용되는 모든 재료는 인체에 유해한 물질을 함유하지 않아야 한다.
② 방음벽의 모든 도장은 광택을 사용하는 것이 좋다.
③ 방음판은 하단부에 배수공(Drain Hole) 등을 설치하여 배수가 잘 되어야 한다.
④ 방음벽은 20년 이상 내구성이 보장되는 재료를 사용하여야 한다.

정답 22 ③ 23 ① 24 ① 25 ② 26 ② 27 ① 28 ②

풀이 방음벽의 도장은 주변 환경과 어울리도록 하고 구분이 명확한 광택을 사용하는 것은 피한다.

29 밀도가 950kg/m^{3}인 단일 벽체(두께 : 25cm)에 600Hz의 순음이 통과할 때의 TL(dB)은?(단, 음파는 벽면에 난입사한다.)

① 48.8 ② 52.6
③ 60.0 ④ 66.8

풀이 $TL = 18\log(m \cdot f) - 44$
$= 18\log(950\text{kg/m}^3 \times 0.25\text{m} \times 600) - 44$
$= 48.77\text{dB}$

30 다음 중 소음대책을 세울 때 가장 먼저 하여야 하는 것은?

① 대책의 목표레벨을 설정한다.
② 문제주파수의 발생원을 탐사(주파수 대역별 소음 필요량 산정)한다.
③ 수음점의 규제기준을 확인한다.
④ 소음이 문제되는 지점의 위치를 귀로 판단하여 확인한다.

풀이 소음대책 순서
㉠ 소음이 문제되는 지점의 위치를 귀로 판단하여 확인한다.
㉡ 수음점에서 소음계, 주파수 분석기 등을 이용하여 실태를 조사한다.
㉢ 수음점의 규제기준을 확인한다.
㉣ 대책의 목표레벨을 설정한다.
㉤ 문제 주파수의 발생원을 탐사(주파수 대역별 소음 필요량 산정)한다.
㉥ 적정 방지기술을 선정한다.
㉦ 시공 및 재평가한다.

31 덕트소음 대책과 관련한 설명 중 가장 거리가 먼 것은?

① 송풍기 정압이 증가할수록 소음은 감소하므로 공기분배시스템은 저항을 최소로 하는 방향으로 설계해야 한다.
② 덕트계에서 소음을 효과적으로 흡수하기 위해 흡음재를 송풍기 흡입구나 플레넘에 설치한다.
③ 덕트 내의 소음 감소를 위한 흡음, 차음 등의 방법은 500Hz 이상의 고주파 영역에서 감쇠효과가 좋다.
④ 덕트 내의 소음 감소를 위해 특별한 장치를 설치하지 않아도 덕트 내의 장애물이나 엘보, 덕트 출구에서의 음파 반사 등에 의해 실내로 나오는 소음을 상당 부분 줄일 수 있다.

풀이 송풍기 정압이 증가할수록 소음도 증가한다.

32 다음 중 실내의 흡음대책에 의해 기대할 수 있는 경제적인 감음량의 한계범위로 가장 적당한 것은?

① 5~10dB 정도 ② 50~80dB 정도
③ 100~150dB 정도 ④ 200~300dB 정도

33 방음벽 설계 시 유의할 점으로 거리가 먼 것은?

① 음원의 지향성이 수음 측 방향으로 클 때에는 벽에 의한 감쇠치가 계산치보다 작게 된다.
② 벽의 투과손실은 회절감쇠치보다 적어도 5dB 이상 크게 하는 것이 좋다.
③ 벽의 길이는 선음원일 때에는 음원과 수음점 간의 직선거리의 2배 이상으로 하는 것이 바람직하다.
④ 방음벽 설계는 무지향성 음원으로 가정한 것이므로 음원의 지향성과 크기에 대한 상세한 조사가 필요하다.

풀이 음원의 지향성이 수음 측 방향으로 클 때에는 방음벽에 의한 감쇠치가 계산치보다 크게 된다.

34 투과손실은 중심주파수 대역에서는 질량법칙(Mass Law)에 따라 변화한다. 음파가 단일벽면에 수직입사 시 면밀도가 4배 증가하면 투과손실은 어떻게 변화하는가?

정답 29 ① 30 ④ 31 ① 32 ① 33 ① 34 ④

① 3dB 증가 ② 6dB 증가
③ 9dB 증가 ④ 12dB 증가

풀이 $TL = 20\log(m \cdot f) - 43$에서
$TL = 20\log 4 = 12.04\text{dB}$ 증가

35 팽창형 소음기의 입구 및 팽창부의 직경이 각각 55cm, 125cm일 경우, 기대할 수 있는 최대 투과손실(dB)은?[단, $f < f_c$이며, f_c(한계주파수) $= 1.22 \cdot \dfrac{c}{D_2}$(Hz)이다.]

① 약 4 ② 약 9
③ 약 15 ④ 약 20

풀이 최대 투과손실(TL)$= \dfrac{D_2}{D_1} \times 4 = \dfrac{125}{55} \times 4$
$= 9.1\text{dB}$

36 차음재료 선정 및 사용상 유의할 점으로 거리가 먼 것은?

① 틈이나 파손이 없도록 하여야 한다.
② 서로 다른 재료로 구성된 벽의 차음효과를 효율적으로 하기 위해서는 $S_i\tau_i$치를 같게 하는 것이 좋다.
③ 콘크리트 블록을 차음벽으로 사용하는 경우에는 표면에 모르타르를 발라서는 안 된다.
④ 큰 차음효과를 원하는 경우에는 내부에 다공질 재료를 삽입한 이중벽 구조로 한다.

풀이 콘크리트 블록을 차음벽으로 사용하는 경우 표면에 모르타르 마감을 하는 것이 차음효과가 크다. 한쪽만 바를 때는 5dB, 양쪽을 다 바를 때는 10dB 정도 투과손실이 개선된다.

37 균질의 단일벽 두께를 2배로 할 경우 일치효과의 한계주파수는 어떻게 변화되겠는가?(단, 기타 조건은 일정하다.)

① 처음의 1/4 ② 처음의 1/2
③ 처음의 2배 ④ 처음의 4배

풀이 일치주파수(f_c) $\simeq \dfrac{1}{n} \simeq \dfrac{1}{2}$ $\left(\text{처음의 } \dfrac{1}{2}\right)$

38 다음 소음대책 중 기류음 저감대책으로 가장 적합한 것은?

① 가진력 억제
② 방사면 축소 및 제진처리
③ 밸브의 다단화
④ 방진

풀이 기류음의 저감대책
㉠ 분출유속의 저감(흐트러짐 방지)
㉡ 관의 곡률 완화
㉢ 밸브의 다단화(압력의 다단 저감)

39 연결된 두 방(음원실과 수음실)의 경계벽의 면적은 5m^2이고, 수음실의 실정수는 20m^2이다. 음원실과 수음실의 음압차이를 30dB로 하고자 할 때, 경계벽 근처의 투과손실은?(단, 수음실 측정위치는 경계벽 근처로 한다.)

① 약 21dB ② 약 27dB
③ 약 33dB ④ 약 38dB

풀이 $TL = (\overline{SPL_1} - \overline{SPL_2}) + 10\log\left(\dfrac{1}{4} + \dfrac{S_w}{R_2}\right)$
$= 30\text{dB} + 10\log\left(\dfrac{1}{4} + \dfrac{5}{20}\right)$
$= 27\text{dB}$

40 다음 중 양질의 음향특성을 확보하기 위한 권장 잔향시간 중 통상적으로 가장 긴 시간이 요구되는 실은?

① 교회음악 연주실 ② 회의실
③ 설교실 ④ TV 스튜디오

풀이 회의실, 설교실, TV 스튜디오는 명료도를 요구하므로 잔향시간이 짧아야 하며, 교회음악 연주실은 잔향시간이 어느 정도 길어야 음악이 아름답게 청취된다.

정답 35 ② 36 ③ 37 ② 38 ③ 39 ② 40 ①

3과목 소음진동공정시험 기준

41 다음은 도로교통진동 측정자료 분석에 관한 사항이다. ( ) 안에 들어갈 알맞은 것은?

디지털 진동자동분석계를 사용할 경우 샘플주기를 (㉠)에서 결정하고 (㉡) 측정하여 자동 연산 · 기록한 80% 범위의 상단치인 L_{10} 값을 그 지점의 측정진동레벨로 한다.

① ㉠ 0.1초 이내, ㉡ 1분 이상
② ㉠ 0.1초 이내, ㉡ 5분 이상
③ ㉠ 1초 이내, ㉡ 1분 이상
④ ㉠ 1초 이내, ㉡ 5분 이상

42 환경기준에서 소음측정방법 중 측정점 선정 방법으로 가장 거리가 먼 것은?

① 도로변지역은 소음으로 인하여 문제를 일으킬 우려가 있는 장소로 한다.
② 일반지역은 당해 지역의 소음을 대표할 수 있는 장소로 한다.
③ 일반지역의 경우 가급적 측정점 반경 5m 이내에 장애물(담, 건물 등)이 없는 지점의 지면 위 1.5~2.0m로 한다.
④ 도로변지역의 경우 장애물이 있을 때에는 장애물로부터 도로 방향으로 1.0m 떨어진 지점의 지면 위 1.2~1.5m 위치로 한다.

풀이 일반지역의 경우 가능한 한 측정점 반경 3.5m 이내에 장애물(담, 건물, 기타 반사성 구조물 등)이 없는 지점의 지면 위 1.2~1.5m로 한다.

43 대상소음도를 구하기 위해 배경소음의 영향이 있는 경우, 보정치 산정식으로 옳은 것은?(단, d = 측정소음도 − 배경소음도이다.)

① $-10\log(1-0.1^{-0.1/d})$
② $-10\log(1-0.1^{-0.1d})$
③ $-10\log(1-10^{-0.1/d})$
④ $-10\log(1-10^{-0.1d})$

44 소음계의 성능기준으로 옳은 것은?

① 지시계기의 눈금오차는 0.5dB 이내이어야 한다.
② 레벨레인지 변환기가 있는 기기에 있어서 레벨레인지 변환기의 전환오차가 1dB 이내이어야 한다.
③ 측정 가능 주파수 범위는 31.5kHz~8MHz 이상이어야 한다.
④ 측정 가능 소음도 범위는 0~100dB 이상이어야 한다.

풀이 소음계의 성능기준
㉠ 측정 가능 주파수 범위는 31.5Hz~8kHz 이상이어야 한다.
㉡ 측정 가능 소음도 범위는 35~130dB 이상이어야 한다.(다만, 자동차소음 측정에 사용되는 것은 45~130dB 이상으로 한다.)
㉢ 특성별(A특성 및 C특성) 표준 입사각의 응답과 그 편차는 KS C IEC 61672−1의 표 2를 만족하여야 한다.
㉣ 레벨레인지 변환기가 있는 기기에 있어서 레벨레인지 변환기의 전환오차는 0.5dB 이내이어야 한다.
㉤ 지시계기의 눈금오차는 0.5dB 이내이어야 한다.

45 다음은 규제기준 중 발파진동 측정시간 및 측정 지점수 기준이다. ( ) 안에 들어갈 가장 알맞은 것은?

작업일지 및 발파계획서 또는 폭약사용신고서를 참조하여 소음진동관리법규에서 구분하는 각 시간대 중 (㉠)진동이 예상되는 시각의 진동을 포함한 모든 발파 진동을 (㉡)에서 측정한다.

① ㉠ 평균발파, ㉡ 3지점 이상
② ㉠ 평균발파, ㉡ 1지점 이상
③ ㉠ 최대발파, ㉡ 3지점 이상
④ ㉠ 최대발파, ㉡ 1지점 이상

정답 41 ④ 42 ③ 43 ④ 44 ① 45 ④

46 항공기 소음시간 보정치인 1일간 항공기의 등가통과횟수(N)를 옳게 나타낸 것은?(단, 소음도 기록기를 사용한 경우이며, 비행횟수는 시간대별로 구분하여, 0시에서 07시까지의 비행횟수를 N_1, 07시에서 19시까지의 비행횟수를 N_2, 19시에서 22시까지의 비행횟수를 N_3, 22시에서 24시까지의 비행횟수를 N_4라 한다.)

① $N=N_2+3N_3+10(N_1+N_4)$
② $N=N_1+3N_2+10(N_3+N_4)$
③ $N=N_4+5N_3+10(N_1+N_2)$
④ $N=N_3+5N_4+10(N_1+N_2)$

47 공장진동 측정자료 평가표 서식에 기재되어야 하는 사항으로 거리가 먼 것은?

① 충격진동의 발생시간(h)
② 측정 대상업소의 소재지
③ 진동레벨계명
④ 지면 조건

풀이 공정시험기준 중 공장진동 측정자료 평가표 참조

48 배출허용기준의 소음측정방법 중 배경소음 보정방법에 관한 설명으로 옳지 않은 것은?

① 측정소음도가 배경소음도보다 10dB 이상 크면 배경소음의 영향이 극히 적기 때문에 배경소음의 보정 없이 측정소음도를 대상소음도로 한다.
② 측정소음도에 배경소음을 보정하여 대상소음도로 한다.
③ 측정소음도가 배경소음도보다 3dB 미만으로 크면 배경소음이 대상소음보다 크므로 재측정하여 대상소음도를 구하여야 한다.
④ 배경소음도 측정 시 해당 공장의 공정상 일부 배출시설의 가동 중지가 어렵거나 해당 배출시설에서 발생한 소음이 배경소음에 영향을 미친다고 판단될 경우라도 배경소음도 측정 없이 측정소음도를 대상소음도로 할 수 없다.

풀이 배경소음도 측정 시 해당 공장의 공정상 일부 배출시설의 가동 중지가 어렵다고 인정되고, 해당 배출시설에서 발생한 소음이 배경소음에 영향을 미친다고 판단될 경우에는 배경소음도의 측정 없이 측정소음도를 대상소음도로 할 수 있다.

49 환경기준 중 소음측정 시 청감보정회로 및 동특성 측정조건으로 옳은 것은?

① 소음계의 청감보정회로는 A특성에 고정, 동특성은 원칙적으로 느림(Slow) 모드로 하여 측정하여야 한다.
② 소음계의 청감보정회로는 C특성에 고정, 동특성은 원칙적으로 느림(Slow) 모드로 하여 측정하여야 한다.
③ 소음계의 청감보정회로는 A특성에 고정, 동특성은 원칙적으로 빠름(Fast) 모드로 하여 측정하여야 한다.
④ 소음계의 청감보정회로는 C특성에 고정, 동특성은 원칙적으로 빠름(Fast) 모드로 하여 측정하여야 한다.

50 소음계의 구조별 성능기준에 관한 설명으로 옳지 않은 것은?

① 마이크로폰 : 지향성이 작은 압력형으로 한다.
② 레벨레인지 변환기 : 음향에너지를 전기에너지로 변환 · 증폭시킨다.
③ 동특성 조절기 : 지시계기의 반응속도를 빠름 및 느림의 특성으로 조절할 수 있는 조절기를 가져야 한다.
④ 출력단자 : 소음신호를 기록기 등에 전송할 수 있는 교류단자를 갖춘 것이어야 한다.

풀이 레벨레인지 변환기
측정하고자 하는 소음도가 지시계기의 범위 내에 있도록 하기 위한 감쇠기이다.

정답 46 ① 47 ① 48 ④ 49 ③ 50 ②

51 다음은 소음계의 구성도를 나타낸 것이다. 각 부분의 명칭으로 옳은 것은?

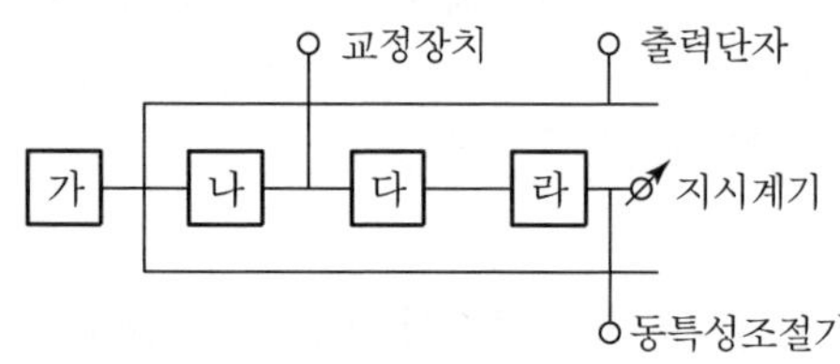

① 가 : Fast－slow Switch
② 나 : Weighting Networks
③ 다 : Amplifier
④ 라 : Microphone

풀이 소음측정기기의 구성 및 순서

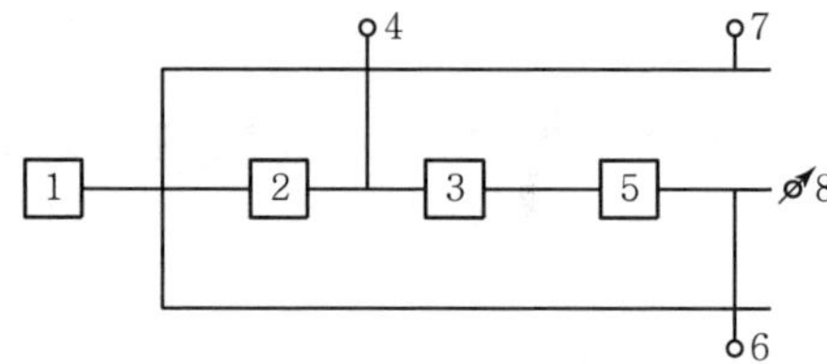

1. 마이크로폰
2. 레벨레인지 변환기
3. 증폭기
4. 교정장치
5. 청감보정회로(Weighting Networks)
6. 동특성 조절기
7. 출력단자(간이소음계 제외)
8. 지시계기

52 도로교통소음 관리기준 측정방법에 관한 설명으로 옳지 않은 것은?

① 소음도의 계산과정에서는 소수점 첫째 자리를 유효숫자로 하고, 측정소음도(최종값)는 소수점 첫째 자리에서 반올림한다.
② 소음계의 청감보정회로는 A특성에 고정하여 측정하여야 한다.
③ 디지털 소음자동분석계를 사용할 경우에는 샘플 주기를 1초 이내에서 결정하고 10분 이상 측정하여 자동 연산 · 기록한 등가소음도를 그 지점의 측정소음도로 한다.
④ 소음도 기록기 또는 소음계만을 사용하여 측정할 경우에는 계기조정을 위하여 먼저 선정된 측정위치에서 대략적인 소음의 변화양상을 파악한 후 소음계 지시치의 변화를 목측으로 5초 간격 30회 판독 · 기록한다.

풀이 소음도 기록기 또는 소음계만으로 측정 시 방법
계기조정을 위하여 먼저 선정된 측정위치에서 대략적인 소음의 변화양상을 파악한 후 소음계 지시치의 변화를 목측으로 5초 간격 60회 판독 · 기록하여 그 지점의 측정소음도를 정한다.

53 도로교통소음을 측정하고자 할 때, 소음계의 동특성은 원칙적으로 어떤 모드로 측정하여야 하는가?

① 느림(Slow) ② 빠름(Fast)
③ 충격(Impulse) ④ 직선(Lin)

풀이 도로교통소음 측정 시 소음계의 청감보정회로는 A특성에 고정, 동특성은 빠름(Fast)으로 하여 측정하여야 한다.

54 환경기준 중 소음측정 시 풍속이 몇 m/s 이상이면 반드시 마이크로폰에 방풍망을 부착하여야 하는가?

① 1m/s 이상 ② 2m/s 이상
③ 5m/s 이상 ④ 10m/s 이상

풀이 풍속이 2m/sec 이상일 때에는 반드시 마이크로폰에 방풍망을 부착하여야 하며, 풍속이 5m/sec를 초과할 때에는 측정하여서는 안 된다.

55 다음 중 도로교통진동 측정자료 평가표 서식에 기재하여야 할 사항으로 가장 거리가 먼 것은?

① 관리자 ② 보정치 합계
③ 측정지점 약도 ④ 측정자

풀이 공정시험기준 중 도로교통진동 측정자료 평가표 참조

정답 51 ③ 52 ④ 53 ② 54 ② 55 ②

56 다음은 소음진동공정시험 기준상 용어의 정의이다. (　　) 안에 들어갈 알맞은 것은?

> (　　)이란 시간적으로 변동하지 아니하거나 또는 변동폭이 작은 진동을 말한다.

① 변동진동　② 정상진동
③ 극소진동　④ 배경진동

57 A위치에서 기계의 소음을 측정한 결과 기계 가동 후의 측정소음도가 89dB(A), 기계 가동 전의 소음도가 85dB(A)로 계측되었다. 이때 배경소음 영향을 보정한 대상소음도는?

① 84.4dB(A)　② 85.4dB(A)
③ 86.8dB(A)　④ 88.7dB(A)

풀이 대상소음도
=측정소음도 − 보정치
보정치 $= -10\log[1-10^{-(0.1\times4)}]$
$= 2.2\text{dB(A)}$
$= 89-2.2 = 86.8\text{dB(A)}$

58 철도진동관리기준 측정방법에 관한 사항으로 옳은 것은?

① 진동픽업의 설치장소는 완충물이 없고, 충분히 다져서 단단히 굳은 장소로 한다.
② 요일별로 진동 변동이 큰 평일(월요일부터 일요일 사이)에 당해 지역의 철도진동을 측정하여야 한다.
③ 기상조건, 열차의 운행횟수 및 속도 등을 고려하여 당해 지역의 30분 평균 철도통행량 이상인 시간대에 측정한다.
④ 진동픽업(Pick−up)의 설치장소는 옥내지표를 원칙으로 하고 반사, 회절현상이 예상되는 지점을 선정한다.

풀이 ② 요일별로 진동 변동이 적은 평일(월요일부터 금요일 사이)에 당해 지역의 철도진동을 측정하여야 한다.
③ 기상조건, 열차의 운행횟수 및 속도 등을 고려하여 당해 지역의 1시간 평균 철도 통행량 이상인 시간대에 측정한다.
④ 진동픽업(Pick−up)의 설치장소는 옥외지표를 원칙으로 하고 복잡한 반사, 회절현상이 예상되는 지점은 피한다.

59 당해 지역의 소음을 대표할 수 있는 주간 시간대는 2시간 간격을 두고 1시간씩 2회 측정하여 산술평균하며, 야간 시간대는 1회 1시간 동안 측정하는 소음은?

① 도로교통소음　② 철도소음
③ 발파소음　④ 항공기소음

풀이 측정시간 및 측정지점 수(철도소음)
기상조건, 열차운행횟수 및 속도 등을 고려하여 당해 지역의 1시간 평균 철도 통행량 이상인 시간대를 포함하여 낮 시간대에는 2시간 간격을 두고 1시간씩 2회 측정하여 산술평균하며, 밤 시간대에는 1회 1시간 동안 측정한다.

60 7일간 측정한 WECPNL 값이 각각 76, 78, 77, 78, 80, 79, 77dB일 경우 7일간 평균 WECPNL(dB)은?

① 77　② 78
③ 79　④ 80

풀이 $\overline{\text{WECPNL}}$
$= 10\log\left[\frac{1}{7}(10^{7.6}+10^{7.8}+10^{7.7}+10^{7.8}+10^{8.0}+10^{7.9}+10^{7.7})\right]$
$= 78\text{WECPNL(dB)}$

정답 56 ② 57 ③ 58 ① 59 ② 60 ②

4과목 진동방지기술

61 탄성블록 위에 설치된 기계가 2,400rpm으로 회전하고 있다. 이 계의 무게는 907N이며, 그 무게는 평탄 진동한다. 이 기계를 4개의 스프링으로 지지할 때 스프링 1개당 스프링정수는 약 얼마인가? (단, 진동차진율은 90%로 하며, 감쇠는 무시한다.)

① 1,150N/cm ② 1,330N/cm
③ 1,610N/cm ④ 1,740N/cm

풀이 $T=\dfrac{1}{\eta^2-1}=0.1,\ \eta=3.3$

$$\eta=\frac{f}{f_n}=\frac{\left(\dfrac{2,400}{60}\right)}{f_n}$$

$$3.3=\frac{40}{f_n},\ f_n=12.12\text{Hz}$$

$$k=W\times\left(\frac{f_n}{4.98}\right)^2$$

$$=907\times\left(\frac{12.12}{4.98}\right)^2=5,372.22\text{N/cm}$$

$$\therefore \text{1개당 스프링정수}=\frac{5,372.22}{4}=1,343.05\text{N/cm}$$

62 어떤 질점의 운동변위(x)가 다음 표와 같이 표시될 때, 가속도의 최대치(m/s^2)는?

$$x=7\sin\left(12\pi t-\frac{\pi}{3}\right)\text{cm}$$

① 4.93 ② 9.95
③ 49.3 ④ 99.5

풀이 가속도 최대치($a_{\max}$)

$=A\omega^2$

$\omega=2\pi f$

$=A\times(2\pi f)^2$

$f=\dfrac{12\pi}{2\pi}=6\text{Hz}$

$=7\times(2\times3.14\times6)^2$

$=9,938.48\text{cm/sec}^2=99.38\text{m/sec}^2$

63 다음은 자동차의 방진과 관련된 용어의 설명이다. (   ) 안에 들어갈 알맞은 것은?

> 차량의 중속 및 고속주행 상태에서 차체가 약 15~25Hz 범위의 주파수로 진동하는 현상을 (   )(이)라고 하며, 일반적으로 차체진동 또는 Floor 진동이라고 부르기도 한다.

① 와인드업 ② 셰이크
③ 시미 ④ 프론트엔드

64 강제진동수(f)가 계의 고유진동수(f_n)보다 월등히 클 경우 진동제어요소로 가장 적합한 것은?

① 계의 질량제어
② 스프링의 저항제어
③ 스프링의 강도제어
④ 스프링의 댐퍼(damper)제어

풀이 강제각진동수(ω)와 고유각진동수(ω_n)의 관계에 따른 진동제어요소

㉠ $\omega^2 \ll \omega_n^{\ 2}$ ($f^2 \ll f_n^{\ 2}$) 경우
- 스프링 강도로 제어하는 것이 유리하다.
- 스프링 정수(K)를 크게 한다.
- 응답진폭의 크기 $x(\omega)=F_0/k$

㉡ $\omega^2 \gg \omega_n^{\ 2}$ ($f^2 \gg f_n^{\ 2}$) 경우
- 진동계의 질량으로 제어하는 것이 유리하다.
- 질량(m)을 부가한다.
- 응답진폭의 크기 $x(\omega)=F_0/m\omega^2$

㉢ $\omega^2=\omega_n^{\ 2}$ ($f^2=f_n^{\ 2}$) 경우
- 스프링감쇠 저항으로 제어하는 것이 유리하다.
- 댐퍼(C)를 부착하여 감쇠비를 크게 한다.
- 응답진폭의 크기 $x(\omega)=F_0/C_e\omega$

정답 61 ② 62 ④ 63 ② 64 ①

65 그림과 같은 U자관 내의 유체운동은 자유진동으로 해석할 수 있다. 다음 중 유체운동의 주기는?(단, l은 유체기둥의 길이이다.)

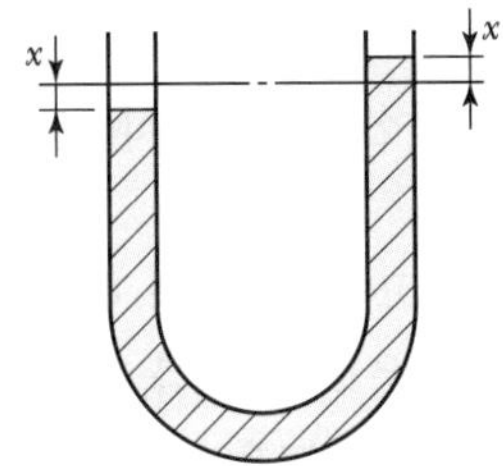

① $2\pi\sqrt{\frac{l}{g}}$　　② $2\pi\sqrt{\frac{l}{2g}}$

③ $2\pi\sqrt{\frac{g}{l}}$　　④ $2\pi\sqrt{\frac{g}{2l}}$

풀이 $f_n = \frac{1}{2\pi}\sqrt{\frac{2g}{l}}$

여기서, f_n : U자관 내의 액주, 고유진동수

l : 액주의 총 길이

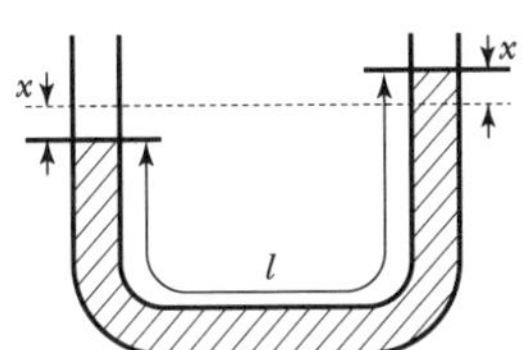

66 주어진 조화 진동운동이 8cm의 변위진폭, 2초의 주기를 가지고 있다면 최대 진동속도(cm/s)는?

① 약 14.8　　② 약 21.6

③ 약 25.1　　④ 약 29.3

풀이 최대 진동속도(V_{max})

$= A\omega$

$= A\times 2\pi f$

$= A\times\left(\frac{2\pi}{T}\right)$

$= 8\times\left(\frac{2\times 3.14}{2}\right)$

$= 25.12\text{cm/sec}$

67 지반진동 차단 구조물인 방진구에 있어서 다음 중 가장 중요한 설계인자는?

① 트렌치의 깊이　　② 트렌치의 폭

③ 트렌치의 형상　　④ 트렌치의 위치

풀이 방진구 설계 시 가장 중요한 인자는 트렌치의 깊이로, 표면파의 파장을 고려하여 결정하여야 한다.

68 스프링과 질량으로 구성된 진동계에서 스프링의 정적처짐이 4.2cm인 경우 이 계의 주기(s)는?

① 0.41　　② 0.68

③ 1.47　　④ 2.43

풀이 $T = \frac{1}{f_n}$

$f_n = 4.98\sqrt{1/\delta_{st}} = \sqrt{1/4.2} = 2.43\text{Hz}$

$= \frac{1}{2.43} = 0.41\text{sec}$

69 어떤 조화운동이 5cm의 진폭을 가지고 3sec의 주기를 갖는다면, 이 조화운동의 최대 가속도는?

① 15.2cm/s²　　② 21.9cm/s²

③ 24.7cm/s²　　④ 30.1cm/s²

풀이 $a_{max} = A\omega^2$

$= A\times\left(\frac{2\pi}{T}\right)^2 = 5\times\left(\frac{2\times 3.14}{3}\right)^2$

$= 21.91\text{cm/sec}^2$

70 주파수 5Hz의 표면파($n = 0.5$)가 전파속도 100m/s로 지반의 내부 감쇠정수 0.05의 지반을 전파할 때, 진동원으로부터 20m 떨어진 지점의 진동레벨은?(단, 진동원에서 5m 떨어진 지점에서의 진동레벨은 80dB이다.)

① 약 66dB　　② 약 69dB

③ 약 72dB　　④ 약 75dB

정답 65 ② 66 ③ 67 ① 68 ① 69 ② 70 ③

풀이 $VL_r = VL_0 - 8.7\lambda(r-r_0) - 20\log\left(\frac{r}{r_0}\right)^n$ (dB)

$$\lambda = \frac{2\pi hf}{V_s} = \frac{2\times 3.14\times 0.05\times 5}{100}$$

$$= 0.0157$$

$$= 80 - [8.7\times 0.0157(20-5)] - \left[20\log\left(\frac{20}{5}\right)^{0.5}\right]$$

$$= 71.93\text{dB}$$

71 동적 배율에 관한 설명으로 옳지 않은 것은?

① 동적 배율은 천연고무류가 합성고무류에 비하여 작은 편이다.

② 동적 배율은 방진고무의 영률 20N/cm^2에서 1.1 정도이다.

③ 동적 배율은 방진고무의 영률이 커짐에 따라 작아진다.

④ 동적 배율은 방진고무에서 통상 1.0 이상의 값을 나타낸다.

풀이 방진고무 영률에 따른 동적 배율(α)

㉠ 영률 20N/cm^2 : 1.1

㉡ 영률 35N/cm^2 : 1.3

㉢ 영률 50N/cm^2 : 1.6

72 가진력 저감을 위한 방진대책으로 가장 거리가 먼 것은?

① 단조기는 단압프레스로 교체한다.

② 기계에서 발생하는 가진력은 지향성이 있으므로 기계의 설치 방향을 바꾼다.

③ 크랭크 기구를 가진 왕복운동기계는 1개의 실린더를 가진 것으로 교체한다.

④ 왕복운동압축기는 터보형 고속회전압축기로 교체한다.

풀이 크랭크 기구를 가진 왕복운동기계는 복수 개의 실린더를 가진 것으로 교체한다.

73 다음 중 방진 시 고려사항으로 옳지 않은 것은?

① 강제진동수가 고유진동수에 비해 아주 작을 때에는 스프링 정수를 크게 한다.

② 강제진동수가 고유진동수와 거의 같을 때에는 감쇠가 작은 방진재를 사용하거나 Dash Pot 등을 제거한다.

③ 강제진동수가 고유진동수에 비해 아주 클 때에는 기계의 질량을 크게 한다.

④ 가진력의 주파수가 고유진동수의 0.8~1.4배 정도일 때에는 공진이 커지므로 이 영역은 가능한 한 피한다.

풀이 강제진동수가 고유진동수와 거의 같을 때에는 스프링감쇠 저항으로 제어하는 것이 유리하다.

74 어떤 기계를 4개의 같은 스프링으로 지지했을 때 기계의 무게로 일정하게 3.88mm 압축되었다. 이 기계의 고유진동수(Hz)는?

① 18Hz ② 12Hz

③ 8Hz ④ 4Hz

풀이 $f_n = 4.98\sqrt{1/\delta_{st}} = 4.98\times\sqrt{1/0.388} = 8\text{Hz}$

75 기계의 중량이 50N인 왕복동 압축기가 있다. 분당 회전수가 6,000이고, 상하 방향 불평형력이 6N이며, 기초는 콘크리트 재질로 탄성지지 되어 있고, 진동전달력이 2N이라면 이 진동계의 고유진동수(Hz)는?

① 30 ② 40

③ 50 ④ 60

풀이 $T = \dfrac{1}{\left(\dfrac{f}{f_n}\right)^2 - 1}$ 에서

$$f_n = \sqrt{\frac{T}{1+T}}\times f$$

$$f = \frac{6{,}000\text{rpm}}{60} = 100\text{Hz}$$

정답 71 ③ 72 ③ 73 ② 74 ③ 75 ③

$$T = \frac{전달력}{외력} = \frac{2}{6} = 0.333$$

$$= \sqrt{\frac{0.333}{1+0.333}} \times 100 = 49.98\text{Hz}$$

76 그림과 같은 1 자유도계 진동계가 있다. 이 계가 수직방향 $x(t)$로 진동하는 경우 이 진동계의 운동방정식으로 옳은 것은?(단, m = 질량, k = 스프링정수, C = 감쇠계수, $f(t)$ = 외부가진력이다.)

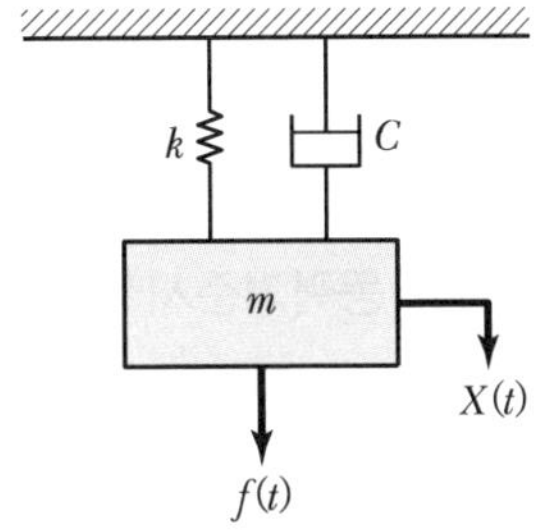

① $m\ddot{x} + C\dot{x} + kx = f(t)$
② $k\ddot{x} + C\dot{x} + mx = f(t)$
③ $C\ddot{x} + k\dot{x} + mx = f(t)$
④ $k\ddot{x} + C\dot{x} + mx = f(t) = 0$

풀이 감쇠(부족감쇠) 강제진동

$m\ddot{x} + C_e\dot{x} + kx = f(t)$

77 금속 자체에 진동흡수력을 갖는 제진합금의 분류 중 Mg, Mg−0.6% Zr 합금 등으로 이루어진 형태는?

① 복합형 ② 전위형
③ 쌍전형 ④ 강자성형

풀이 전위형

㉠ 전위운동에 따른 내부마찰에 의한 것
㉡ 종류
- Mg
- Mg−Zr의 합금(Zr 0.6%)

78 공해진동의 특정을 대역 분석하기 위해 옥타브대역별 중심주파수가 필요하다. 다음 중 1/1옥타브대역 중심주파수가 아닌 것은?

① 2.0Hz ② 3.15Hz
③ 8.0Hz ④ 63Hz

풀이 1/1옥타브밴드 중심주파수

- 2Hz
- 4Hz
- 8Hz
- 16Hz
- 31.5Hz
- 63Hz
- 125Hz
- 250Hz
- 500Hz
- 1,000Hz
- 2,000Hz
- 4,000Hz
- 8,000Hz
- 16,000Hz

79 정현진동의 가속도 진폭이 $3 \times 10^{-3}\text{m/s}^2$일 때 진동 가속도 레벨($VAL$)은?(단, 기준 10^{-5}m/s^2이다.)

① 약 34dB ② 약 40dB
③ 약 47dB ④ 약 67dB

풀이 $VAL = 20\log\frac{a}{a_0}$

$$= 20\log\frac{(3\times 10^{-3}/\sqrt{2})}{10^{-5}} = 46.53\text{dB}$$

80 다음의 사용 특성을 만족하는 탄성지지 재료로 가장 적합한 것은?

- 정적 변위의 제한 : 최대 두께의 6%
- 정적 변위의 할증률 : 1.8~5
- 유효 고유진동수(Hz) : 40 이상

① 금속코일스프링 ② 방진고무
③ 코르크 ④ 펠트

정답 76 ① 77 ② 78 ② 79 ③ 80 ③

5과목 소음진동관계법규

81 소음진동관리법상 소음덮개를 떼어 버린 자동차 소유자에게 개선명령을 하려는 경우 얼마 이내의 범위에서 개선에 필요한 기간에 그 자동차의 사용정지를 함께 명할 수 있는가?

① 10일 이내　② 14일 이내
③ 15일 이내　④ 30일 이내

풀이 개선명령을 받은 자가 개선 결과를 보고하려면 확인검사대행자로부터 개선 결과를 확인하는 정비 · 점검 확인서를 발급받아 개선명령서를 첨부하여 개선명령일부터 10일 이내에 특별시장 · 광역시장 · 특별자치시장 · 특별자치도지사 또는 시장 · 군수 · 구청장에게 제출하여야 한다.

82 소음진동관리법규상 소음도 검사기관의 장이 수수료 산정기준에 따른 소음도 검사수수료를 정하고자 할 때, 미리 소음도 검사기관의 인터넷 홈페이지에 얼마 동안 그 내용을 게시하고 이해관계인의 의견을 들어야 하는가?

① 5일(긴급한 사유가 있는 경우에는 3일)간
② 7일(긴급한 사유가 있는 경우에는 5일)간
③ 14일(긴급한 사유가 있는 경우에는 7일)간
④ 20일(긴급한 사유가 있는 경우에는 10일)간

풀이 환경부장관은 수수료를 정하려는 경우에는 미리 환경부의 인터넷 홈페이지에 20일(긴급한 사유가 있는 경우에는 10일)간 그 내용을 게시하고 이해관계인의 의견을 들어야 한다.

83 다음은 소음진동관리법규상 공사장 방음시설설치기준이다. ( ) 안에 들어갈 알맞은 것은?

> 삽입손실 측정을 위한 측정지점(음원 위치, 수음자 위치)은 음원으로부터 5m 이상 떨어진 노면 위 (㉠) 지점으로 하고, 방음벽 시설로부터 (㉡) 떨어져야 하며, 동일한 음량과 음원을 사용하는 경우에는 기준위치(Reference Position)의 측정은 생략할 수 있다.

① ㉠ 1.2m, ㉡ 2m 이상
② ㉠ 1.2m, ㉡ 1.5m 이상
③ ㉠ 3.5m, ㉡ 2m 이상
④ ㉠ 3.5m, ㉡ 1.5m 이상

풀이 삽입손실 측정을 위한 측정지점(음원 위치, 수음자 위치)은 음원으로부터 5m 이상 떨어진 노면 위 1.2m 지점으로 하고, 방음벽 시설로부터 2m 이상 떨어져야 하며, 동일한 음량과 음원을 사용하는 경우 기준위치(Reference Position)의 측정은 생략할 수 있다.

84 소음진동관리법규상 소음배출시설에 해당하지 않는 것은?(단, 동력기준시설 및 기계 · 기구이다.)

① 22.5kW 이상의 제분기
② 22.5kW 이상의 압연기
③ 22.5kW 이상의 변속기
④ 22.5kW 이상의 초지기

풀이 37.5kW 이상의 압연기

85 소음진동관리법규상 시 · 도지사가 매년 환경부장관에게 제출하여야 하는 주요 소음 · 진동관리시책의 추진상황에 관한 연차보고서에 포함될 내용으로 가장 거리가 먼 것은?

① 소음 · 진동 발생원 및 소음 · 진동 현황
② 소음 · 진동 저감대책 추진계획
③ 소음 · 진동 저감 결과보고서 및 익년 배출시설 증설계획
④ 소요 재원의 확보계획

풀이 **연차보고서 포함내용**
㉠ 소음 · 진동 발생원(發生源) 및 소음 · 진동 현황
㉡ 소음 · 진동 저감대책 추진실적 및 추진계획
㉢ 소요 재원의 확보계획

정답 81 ① 82 ④ 83 ① 84 ② 85 ③

86 다음은 소음진동관리법규상 배출시설 변경신고를 하는 경우에 관한 사항이다. (㉠) 안에 들어갈 가장 알맞은 것은?

> 변경신고를 하려는 자는 해당 시설의 변경 전[사업장의 명칭을 변경하거나 대표자를 변경하는 경우에는 이를 변경한 날부터 (㉠)]에 법에서 규정하는 서류를 첨부하여 시장 · 군수 · 구청장 등에게 제출하여야 한다.

① 7일 이내 ② 15일 이내
③ 30일 이내 ④ 60일 이내

87 소음진동관리법상 교통기관에 속하지 않는 것은?

① 기차 ② 전차
③ 자동차 ④ 항공기

풀이 "교통기관"이란 기차 · 자동차 · 전차 · 도로 및 철도 등을 말한다. 다만, 항공기와 선박은 제외한다.

88 소음진동관리법규상 주거지역, 공사장, 야간 조건에서의 생활소음 규제기준은?(단, 기타 사항 등은 고려하지 않는다.)

① 50dB(A) 이하 ② 60dB(A) 이하
③ 65dB(A) 이하 ④ 70dB(A) 이하

풀이 생활소음 규제기준 [단위 : dB(A)]

대상지역	소음원 (시간대별)		아침, 저녁 (05:00~07:00, 18:00~22:00)	주간 (07:00~18:00)	야간 (22:00~05:00)
주거지역, 녹지지역, 관리지역 중 취락지구 · 주거개발진흥지구 및 관광 · 휴양개발진흥지구, 자연환경보전지역, 그 밖의 지역에 있는 학교 · 종합병원 · 공공도서관	확성기	옥외설치	60 이하	65 이하	60 이하
	확성기	옥내에서 옥외로 소음이 나오는 경우	50 이하	55 이하	45 이하
	공장		50 이하	55 이하	45 이하
	사업장	동일 건물	45 이하	50 이하	40 이하
	사업장	기타	50 이하	55 이하	45 이하
	공사장		60 이하	65 이하	50 이하

89 소음진동관리법상 소음도표지를 붙이지 아니하거나 거짓의 소음도표지를 붙인 자에 대한 벌칙기준은?

① 3년 이하의 징역 또는 3천만 원 이하의 벌금
② 1년 이하의 징역 또는 1천만 원 이하의 벌금
③ 6개월 이하의 징역 또는 500만 원 이하의 벌금
④ 500만 원 이하의 벌금

풀이 소음진동관리법 제57조 참조

90 소음진동관리법규상 확인검사대행자와 관련한 행정처분기준 중 고의 또는 중대한 과실로 확인검사 대행업무를 부실하게 한 경우 2차 행정처분기준으로 옳은 것은?

① 경고 ② 업무정지 1월
③ 업무정지 3월 ④ 등록취소

풀이 고의 또는 중대한 과실로 확인검사 대행업무를 부실하게 한 경우 행정처분기준
㉠ 1차 : 업무정지 6월
㉡ 2차 : 등록취소

91 다음은 소음진동관리법규상 폭약 사용규제 요청에 관한 사항이다. ( ) 안에 들어갈 가장 적합한 것은?

> 시장 · 군수 · 구청장 등은 법에 따라 필요한 조치를 (㉠)에게 요청하려면 규제기준에 맞는 방음 · 방진시설의 설치, 폭약 사용량, 사용 시간, 사용 횟수의 제한 또는 발파공법 등의 개선 등에 관한 사항을 포함하여야 한다.

① 지방경찰청장
② 국토교통부장관
③ 환경부장관
④ 파출소장

정답 86 ④ 87 ④ 88 ① 89 ② 90 ④ 91 ①

92 소음진동관리법규상 자동차 사용정지표지의 색상기준으로 옳은 것은?

① 바탕색은 흰색으로, 문자는 검은색으로 한다.
② 바탕색은 노란색으로, 문자는 파란색으로 한다.
③ 바탕색은 흰색으로, 문자는 파란색으로 한다.
④ 바탕색은 노란색으로, 문자는 검은색으로 한다.

93 소음진동관리법규상 대형 승용 자동차의 소음허용기준으로 옳은 것은?(단, 운행자동차로서 2006년 1월 1일 이후 제작되는 자동차이다.)

① 배기소음 : 100dB(A) 이하
경적소음 : 110dB(C) 이하
② 배기소음 : 100dB(A) 이하
경적소음 : 112dB(C) 이하
③ 배기소음 : 105dB(A) 이하
경적소음 : 110dB(C) 이하
④ 배기소음 : 105dB(A) 이하
경적소음 : 112dB(C) 이하

풀이 운행자동차 소음허용기준

자동차 종류 \ 소음 항목		배기소음 [dB(A)]	경적소음 [dB(C)]
경자동차		100 이하	110 이하
승용 자동차	소형	100 이하	110 이하
	중형	100 이하	110 이하
	중대형	100 이하	112 이하
	대형	105 이하	112 이하
화물 자동차	소형	100 이하	110 이하
	중형	100 이하	110 이하
	대형	105 이하	112 이하
이륜자동차		105 이하	110 이하

※ 2006년 1월 1일 이후에 제작되는 자동차

94 소음진동관리법규상 생활진동 규제기준에 대한 설명으로 옳지 않은 것은?

① 주간 시간대에 주거지역의 생활진동 규제 기준은 65dB(V) 이하이다.
② 발파진동의 경우 주간에만 규제기준치에 +10dB을 보정한다.
③ 공사장의 진동 규제기준은 주간의 경우 특정공사 사전신고대상 기계 · 장비를 사용하는 작업시간이 1일 2시간 이하일 때는 +10dB을 규제기준치에 보정한다.
④ 심야 시간대에 주거지역의 생활진동 규제기준은 55dB(V) 이하이다.

풀이 생활진동 규제기준 [단위 : dB(V)]

대상 지역 \ 시간대별	주간 (06:00 ~ 22:00)	심야 (22:00 ~ 06:00)
가. 주거지역, 녹지지역, 관리지역 중 취락지구 · 주거개발진흥지구 및 관광 · 휴양개발진흥지구, 자연환경보전지역, 그 밖의 지역에 소재한 학교 · 종합병원 · 공공도서관	65 이하	60 이하
나. 그 밖의 지역	70 이하	65 이하

95 환경정책기본법상 국가환경종합계획에 포함되어야 할 사항으로 가장 거리가 먼 것은?(단, 그 밖의 부대사항은 제외한다.)

① 인구 · 산업 · 경제 · 토지 및 해양의 이용 등 환경변화 여건에 관한 사항
② 환경오염 배출업소 지도 · 단속 계획
③ 사업의 시행에 소요되는 비용의 산정 및 재원 조달방법
④ 환경오염원 · 환경오염도 및 오염물질 배출량의 예측과 환경오염 및 환경훼손으로 인한 환경 질의 변화 전망

풀이 국가환경종합계획 포함사항
㉠ 인구 · 산업 · 경제 · 토지 및 해양의 이용 등 환경변화 여건에 관한 사항
㉡ 환경오염원 · 환경오염도 및 오염물질 배출량의 예측과 환경오염 및 환경훼손으로 인한 환경의 질(質)의 변화 전망
㉢ 환경의 현황 및 전망

정답 92 ④ 93 ④ 94 ④ 95 ②

㉣ 환경보전 목표의 설정과 이의 달성을 위한 다음 각 목의 사항에 관한 단계별 대책 및 사업 계획
- 생물다양성 · 생태계 · 경관 등 자연환경의 보전에 관한 사항
- 토양환경 및 지하수 수질의 보전에 관한 사항
- 해양환경의 보전에 관한 사항
- 국토환경의 보전에 관한 사항
- 대기환경의 보전에 관한 사항
- 수질환경의 보전에 관한 사항
- 상 · 하수도의 보급에 관한 사항
- 폐기물의 관리 및 재활용에 관한 사항
- 유해화학물질의 관리에 관한 사항
- 방사능오염물질의 관리에 관한 사항
- 그 밖에 환경의 관리에 관한 사항

㉤ 사업의 시행에 드는 비용의 산정 및 재원 조달 방법

96 소음진동관리법령상 소음발생건설기계 소음도검사기관의 지정기준 중 검사장의 면적기준으로 옳은 것은?

① $100m^2$ 이상(가로 및 세로의 길이가 각각 10m 이상)
② $225m^2$ 이상(가로 및 세로의 길이가 각각 15m 이상)
③ $400m^2$ 이상(가로 및 세로의 길이가 각각 20m 이상)
④ $900m^2$ 이상(가로 및 세로의 길이가 각각 30m 이상)

97 소음진동관리법령상 인증을 생략할 수 있는 자동차에 해당하는 것은?

① 주한 외국군대의 구성원이 공무용으로 사용하기 위하여 반입하는 자동차
② 여행자 등이 다시 반출할 것을 조건으로 일시 반입하는 자동차
③ 외국에서 1년 이상 거주한 내국인이 주거를 이전하기 위하여 이주물품으로 반입하는 1대의 자동차
④ 항공기 지상조업용(地上操業用)으로 반입하는 자동차

풀이 인증을 생략할 수 있는 자동차

㉠ 국가대표 선수용이나 훈련용으로 사용하기 위하여 반입하는 자동차로서 문화체육관광부장관의 확인을 받은 자동차
㉡ 외국에서 국내의 공공기관이나 비영리단체에 무상으로 기증하여 반입하는 자동차
㉢ 외교관, 주한 외국군인 또는 그 가족이 사용하기 위하여 반입하는 자동차
㉣ 인증을 받지 아니한 자가 인증을 받은 자동차와 동일한 차종의 원동기 및 차대(車臺)를 구입하여 제작하는 자동차
㉤ 항공기 지상조업용(地上操業用)으로 반입하는 자동차
㉥ 국제협약 등에 따라 인증을 생략할 수 있는 자동차
㉦ 다음 각 목의 요건에 해당되는 자동차로서 환경부장관이 정하여 고시하는 자동차
- 제철소 · 조선소 등 한정된 장소에서 운행되는 자동차
- 제설용 · 방송용 등 특수한 용도로 사용되는 자동차
- 「관세법」에 따라 공매(公賣)되는 자동차

98 소음진동관리법령상 과태료 부과기준에 관한 설명으로 옳지 않은 것은?

① 운행차 소음허용기준을 초과한 자동차 소유자로서 배기소음허용기준을 2dB(A) 미만 초과한 자에 대한 각 위반차수별 과태료 부과금액은 1차 위반은 20만 원, 2차 위반은 20만 원, 3차 이상 위반은 20만 원이다.
② 부과권자는 위반행위의 동기와 그 결과 등을 고려하여 과태료 금액의 2분의 1의 범위에서 감경할 수 있다
③ 관계공무원의 출입 · 검사를 거부 · 방해 또는 기피한 자에 대한 각 위반차수별 과태료 부과금액은 1차 위반은 60만 원, 2차 위반은 80만 원, 3차 이상 위반은 100만 원이다.
④ 일반기준에 있어서 위반행위의 횟수에 따른 부과기준은 해당 위반행위가 있은 날 이전 최근 3년간 같은 위반행위로 부과처분을 받은 경우에 적용한다.

정답 96 ④ 97 ④ 98 ④

풀이 과태료 부과기준

㉠ 위반행위의 횟수에 따른 부과기준은 최근 1년간 같은 위반행위로 부과처분을 받은 경우에 적용한다. 이 경우 위반행위에 대하여 과태료를 부과처분한 날과 다시 동일한 위반행위를 적발한 날을 각각 기준으로 하여 위반횟수를 계산한다.

㉡ 부과권자는 위반행위의 동기와 그 결과 등을 고려하여 과태료 금액의 2분의 1 범위에서 감경할 수 있다.

99 소음진동관리법상 용어의 정의로 옳지 않은 것은?

① "방진시설"이란 소음 · 진동배출시설이 아닌 물체로부터 발생하는 진동을 없애거나 줄이는 시설로서 환경부령으로 정하는 것을 말한다.

② "소음발생건설기계"란 건설공사에 사용하는 기계 중 소음이 발생하는 기계로서 환경부령으로 정하는 것을 말한다.

③ "공장"이란 「산업집적활성화 및 공장설립에 관한 법률」 규정의 공장과 「국토의 계획 및 이용에 관한 법률」 규정에 따라 결정된 공항시설 안의 항공기 정비공장을 말한다.

④ "자동차"란 「자동차관리법」 규정에 따른 자동차와 「건설기계관리법」 규정에 따른 건설기계 중 환경부령으로 정하는 것을 말한다.

풀이 "공장"이란 「산업집적활성화 및 공장설립에 관한 법률」의 공장을 말한다. 다만, 「도시계획법」에 따라 결정된 공항시설 안의 항공기 정비공장은 제외한다.

100 소음진동관리법규상 "생활소음 · 진동의 규제와 관련한 행정처분기준"에서 행정처분은 특별한 사유가 없는 한 위반행위를 확인한 날부터 얼마 이내에 명하여야 하는가?

① 5일 이내　② 10일 이내
③ 15일 이내　④ 30일 이내

풀이 행정처분은 특별한 사유가 없는 한 위반행위를 확인한 날부터 5일 이내에 명하여야 한다.

정답 99 ③ 100 ①

022 2020년 통합 1 · 2회 산업기사

1과목 소음진동개론

01 음의 굴절에 관한 설명으로 가장 거리가 먼 것은?

① 대기의 온도 차에 의한 굴절은 온도가 낮은 쪽으로 굴절한다.
② 음파가 한 매질에서 타 매질로 통과할 때 구부러지는 현상이다.
③ 굴절 전과 후의 음속차가 크면 굴절도 커진다.
④ 음의 파장이 크고, 장애물이 작을수록 굴절이 잘 된다.

풀이 ④항은 회절에 대한 설명이다.

02 잔향시간은 흡음률과 건물의 용적, 건물 내의 표면적과 관계가 있다. 그 관계를 올바르게 표현한 것은?(단, T : 잔향시간, V : 용적, S : 표면적, $\bar{\alpha}$: 평균 흡음률이다.)

① $T \propto \dfrac{S}{V\bar{\alpha}}$ ② $T \propto \dfrac{1}{SV\bar{\alpha}}$
③ $T \propto \dfrac{S\bar{\alpha}}{V}$ ④ $T \propto \dfrac{V}{S\bar{\alpha}}$

풀이 $T = \dfrac{0.161\,V}{A} = \dfrac{0.161\,V}{S\,\bar{\alpha}}(\text{sec})$

$\bar{\alpha} = \dfrac{0.161\,V}{ST}$

여기서, T : 잔향시간(sec)
V : 실의 체적(부피)(m^3)
A : 총 흡음력($\Sigma\alpha_i S_i$)(m^2, Sabin)
S : 실내 내부의 전 표면적(m^2)

03 청각기관의 역할에 관한 설명으로 틀린 것은?

① 외이도는 한쪽이 고막으로 막힌 일단개구관으로 동작되며, 일종의 공명기로 음을 증폭시킨다.
② 음의 고저는 자극을 받는 내이의 섬모위치에 따라 결정된다.
③ 이소골은 진동음압을 20배 정도 증폭하는 임피던스 변환기 역할을 한다.
④ 와우각은 고막의 진동을 쉽게 하도록 중이와 내이의 기압을 조정한다.

풀이 고막의 진동을 쉽게 하도록 중이와 내이의 기압을 조정하는 역할을 하는 기관은 이관이다.

04 음량이론 중 인간은 두 귀를 가지고 있기 때문에 다수의 음원이 공간적으로 배치되어 있을 경우, 각각의 음원을 공간적으로 따로따로 분리하여 듣고 특정인의 말을 알아듣는 것이 용이하다는 것과 관련된 것은?

① 맥놀이 효과 ② 스넬 효과
③ 칵테일파티 효과 ④ 하스 효과

풀이 칵테일파티 효과
다수의 음원이 공간적으로 산재하고 있을 때 그 안의 특정한 음원, 예를 들어 특정인의 음성에 주목하게 되면 여러 음원으로부터 분리되어 특정음만 들리게 되는 심리현상을 말한다.

05 120sone 음은 몇 폰(phon)인가?

① 85.6 ② 109.2
③ 115.7 ④ 130.5

풀이 $L_L(\text{phon}) = 33.3\log S + 40$
$= 33.3\log 120 + 40$
$= 109.24\text{phon}$

정답 01 ④ 02 ④ 03 ④ 04 ③ 05 ②

06 선음원으로부터 3m 거리에서 음압레벨이 96 dB로 측정되었다면 41m에서의 음압레벨은 약 얼마인가?

① 92dB ② 88dB
③ 85dB ④ 81dB

풀이 $SPL_1 - SPL_2 = 10\log\frac{r_2}{r_1}$

$SPL_2 = SPL_1 - 10\log\frac{r_2}{r_1}$

$= 96 - 10\log\frac{41}{3} = 84.64\text{dB}$

07 음의 구분과 청력에 관한 설명으로 옳지 않은 것은?

① 음의 대소는 음파의 진폭(음압)의 크기에 따른다.
② 20kHz 이하는 초저주파음이라 한다.
③ 회화의 이해를 위해서는 500~2,500Hz의 주파수 범위를 가진다.
④ 청력손실이란 청력이 정상인 사람의 최소가청치와 피검자의 최소가청치와의 비를 dB로 나타낸 것이다.

풀이 20kHz 이상은 초고주파음이라 한다.

08 인체의 진동감각에 관한 설명으로 옳지 않은 것은?

① 3~6Hz 부근에서 심한 공진현상을 보여 가해진 진동보다 크게 느낀다.
② 공진현상은 앉아 있을 때가 서 있을 때보다 심하게 나타난다.
③ 수직진동에서는 1~2Hz, 수평진동에서는 4~8 Hz의 범위에서 가장 민감하다.
④ 9~20Hz에서는 대소변을 보고 싶게 하고, 무릎에 탄력감이나 땀이 난다거나 열이 나는 느낌을 받는다.

풀이 수직진동에서는 4~8Hz, 수평진동에서는 1~2Hz의 범위에서 가장 민감하다.

09 구면으로 방사하는 출력, 2.4W의 작은 음원이 있다. 이 음원에서 20m 떨어진 곳에서의 음압레벨은 약 얼마인가?(단, 자유공간이다.)

① 56dB ② 66dB
③ 77dB ④ 87dB

풀이 $SPL = PWL - 20\log r - 11$

$= \left(10\log\frac{2.4}{10^{-12}}\right) - 20\log 20 - 11$

$= 86.78\text{dB}$

10 일단개구관과 양단개구관의 공명음 주파수(f) 산출식을 올바르게 나열된 것은?(단, L : 길이, C : 공기 중의 음속이다.)

① 일단개구관 : $f = C/4L$,
양단개구관 : $f = C/2L$
② 일단개구관 : $f = C/2L$,
양단개구관 : $f = C/4L$
③ 일단개구관 : $f = C/L$,
양단개구관 : $f = C/4L$
④ 일단개구관 : $f = C/4L$,
양단개구관 : $f = C/L$

풀이 개구관의 기본 공명음 주파수(f)

㉠ 일단개구관

$f = \frac{C}{4L}$

㉡ 양단개구관

$f = \frac{C}{2L}$

여기서, C : 공기 중의 음의 속도(m/sec)
L : 진동체의 길이(m)

11 항공기소음에 관한 설명으로 옳지 않은 것은?

① 피해지역이 광범위하며, 다른 소음원에 비해 음향출력이 매우 크다.
② 공장소음의 음원차폐, 자동차 · 철도소음의 흡음판 · 차음벽 등과 같이 소음대책이 곤란한 편이다.

정답 06 ③ 07 ② 08 ③ 09 ④ 10 ① 11 ④

③ 공항 주변이나 비행코스의 가까이에서는 간헐소음이 된다.

④ 소음은 무지향성이며, 저주파음을 많이 포함한다.

풀이 항공기소음은 금속성의 고주파 영역이다.

12 기상조건에서 공기흡음에 의해 일어나는 감쇠치를 나타낸 식으로 옳은 것은?(단, f : 옥타브 밴드별 중심주파수(Hz), r : 음원과 관측점 사이의 거리(m), ϕ : 상대습도(%)이다.)

① $7.4\times\left(\frac{f^2\times r}{\phi}\right)\times 10^{-8}$dB

② $7.4\times\left(\frac{\phi^2\times r}{f^2}\right)\times 10^{-8}$dB

③ $7.4\times\left(\frac{f\times r^2}{\phi}\right)\times 10^{-8}$dB

④ $7.4\times\left(\frac{\phi^2\times f}{r}\right)\times 10^{-8}$dB

풀이 기상조건에 따른 감쇠식

$$A_a = 7.4\times\left(\frac{f^2\times r}{\phi}\right)\times 10^{-8}(\text{dB})$$

여기서, A_a : 감쇠치(dB)
f : 주파수(Hz)
r : 음원과 관측점 사이 거리(m)
ϕ : 상대습도(%)

13 가로 7m, 세로 4m인 장방형의 면음원으로부터 수직으로 20m 떨어진 지점의 음압레벨은?(단, 면음원 바로 바깥면에서의 음압레벨은 89dB이다.)

① 76dB ② 68dB
③ 63dB ④ 59dB

풀이 a(단변), b(장변), r(거리)

$r > \frac{b}{3}$; $20 > \frac{7}{3}$ 성립

$$SPL_1 - SPL_2 = 20\log\left(\frac{3r}{b}\right) + 10\log\left(\frac{b}{a}\right)$$

$$SPL_2 = 89 - 20\log\left(\frac{3\times 20}{7}\right) - 10\log\left(\frac{7}{4}\right)$$

$= 67.91$dB

14 원음장(Far Field)에 관한 설명으로 옳지 않은 것은?

① 입자속도는 음의 전파방향과 개연성이 없고, 방사면의 위상에 크게 영향을 받는 음장이다.

② 확산음장은 잔향음장에 속하며, 잔향실이 대표적이다.

③ 자유음장은 원음장 중 역2승법칙이 만족되는 구역이다.

④ 잔향음장은 음원의 직접음과 벽에 의한 반사음이 중첩되는 구역이다.

풀이 ①항은 근음장에 대한 설명이다.

15 자유공간 내의 점음원의 거리감쇠에 관한 설명으로 옳은 것은?

① 거리가 2배가 되면 3dB 작아진다.

② 거리가 2배가 되면 6dB 작아진다.

③ 거리가 2배가 되면 9dB 작아진다.

④ 거리가 2배가 되면 12dB 작아진다.

풀이 역2승법칙
자유음장에서 점음원으로부터 거리가 2배 멀어질 때마다 음압레벨이 6dB(=20log2)씩 감쇠되는데, 이를 점음원의 역2승법칙이라 한다.

16 감각소음이 55Noy일 때 감각소음레벨은?

① 62dB ② 73dB
③ 98dB ④ 115dB

풀이 감각소음레벨(PNL)
$= 33.3\log(N_t) + 40$
$= 33.3\log 55 + 40 = 98$dB

정답 12 ① 13 ② 14 ① 15 ② 16 ③

17 평균음압이 3,500N/m², 특정 지향음압이 7,000N/m²일 때 지향지수는?

① 2dB ② 4dB
③ 6dB ④ 8dB

풀이 $DI = SPL_\theta - \overline{SPL}\,(\text{dB})$

$$= \left(20\log\frac{7{,}000}{2\times10^{-5}}\right) - \left(20\log\frac{3{,}500}{2\times10^{-5}}\right)$$

$$= 6.02\text{dB}$$

18 1/3옥타브밴드에서 중심주파수 1,000Hz가 가지는 상한 주파수와 하한 주파수를 올바르게 나타낸 것은?

① 1,122Hz, 891Hz ② 1,262Hz, 748Hz
③ 1,320Hz, 693Hz ④ 1,414Hz, 707Hz

풀이 $f_c = \sqrt{1.26}\,f_L$

$$f_L = \frac{f_c}{\sqrt{1.26}} = \frac{1{,}000}{\sqrt{1.26}} = 890.87\text{Hz}$$

$$f_c = \sqrt{f_L \times f_u}$$

$$f_u = \frac{{f_c}^2}{f_L} = \frac{1{,}000^2}{890.87} = 1{,}122.50\text{Hz}$$

19 진동수가 125Hz, 전파속도가 25m/s인 파동의 파장은?

① 0.2m ② 0.5m
③ 2m ④ 5m

풀이 $c = \lambda \times f$

$$\lambda = \frac{c}{f} = \frac{25\text{m/sec}}{125\ \ 1/\text{sec}} = 0.2\text{m}$$

20 지향지수(DI)가 +9dB일 때 지향계수(Q)는?

① 약 1 ② 약 2
③ 약 4 ④ 약 8

풀이 $DI = 10\log Q$

$$Q(\text{지향계수}) = 10^{\frac{DI}{10}} = 10^{0.9} = 7.94\ (\text{약 }8)$$

2과목 소음진동공정시험 기준

21 측정소음도가 78dB(A), 배경소음도가 72dB(A)인 공장의 대상소음도는 약 얼마인가?

① 73dB(A) ② 75dB(A)
③ 77dB(A) ④ 79dB(A)

풀이 대상소음도

=측정소음도−보정치

보정치$= -10\log\left[1-10^{-(0.1\times6)}\right]$

$= 1.26\text{dB(A)}$

$= 78 - 1.26 = 76.74\text{dB(A)}$

22 소음계의 동특성을 느림(Slow)모드를 사용하여 측정하여야 하는 소음은?

① 항공기소음 ② 철도소음
③ 도로교통소음 ④ 생활소음

23 소음계의 지시계기에 관한 내용으로 옳지 않은 것은?

① 유효지시범위 − 15dB 이상
② 눈금판독범위 − 10dB 이상
③ 숫자표시(디지털형) − 소수점 한 자리까지 표시
④ 1dB 눈금간격 − 1mm 이상으로 표시

풀이 지침형에서는 유효지시범위가 15dB 이상이어야 하고 각각의 눈금은 1dB 이하를 판독할 수 있어야 하며, 1dB 눈금간격이 1mm 이상으로 표시되어야 한다.

24 규제기준 중 생활진동 측정 시 측정지점 수는 피해가 예상되는 적절한 측정시각에 최소 몇 지점 이상의 측정지점 수를 선정·측정하여 그중 높은 진동레벨을 측정진동레벨로 하는가?

① 10지점 이상 ② 6지점 이상
③ 3지점 이상 ④ 2지점 이상

정답 17 ③ 18 ① 19 ① 20 ④ 21 ③ 22 ① 23 ② 24 ④

풀이 피해가 예상되는 적절한 측정시각에 2지점 이상의 측정지점 수를 선정 · 측정하여 그중 높은 진동레벨을 측정진동레벨로 한다.

25 압전형 진동픽업의 특징으로 옳지 않은 것은?(단, 동전형 진동픽업과 비교한다.)

① 소형 경량(수십 Gram)이다.
② 픽업의 출력임피던스가 낮다.
③ 중고주파대역(10kHz 이하)의 가속도 측정에 적합하다.
④ 충격, 온도, 습도, 바람 등의 영향을 받는다.

풀이 동전형 픽업이 감도가 안정적이고 픽업의 출력임피던스가 낮다.

26 진동을 측정하는 데 사용되는 진동레벨계는 최소 아래와 같은 구성이 필요하다. 다음 중 [4]에 해당하는 것은?

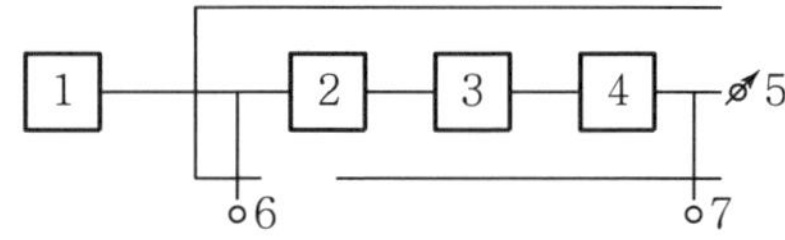

① 진동픽업 ② 레벨레인지 변환기
③ 감각보정회로 ④ 출력단자

풀이 진동레벨계의 구성요소

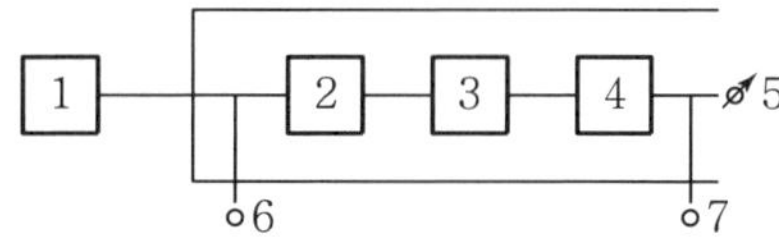

1. 진동픽업
2. 레벨레인지 변환기
3. 증폭기
4. 감각보정회로
5. 지시계기
6. 교정장치
7. 출력단자

27 환경기준 중 소음측정방법으로 옳지 않은 것은?

① 소음계와 소음도기록기를 연결하여 측정 · 기록하는 것을 원칙으로 한다.
② 소음계의 레벨레인지 변환기는 측정지점의 소음도를 예비조사한 후 적절하게 고정시켜야 한다.
③ 소음계의 청감보정회로는 A특성에 고정하여 측정하여야 한다.
④ 소음계의 동특성은 원칙적으로 느림(Slow)모드로 하여 측정하여야 한다.

풀이 환경기준 소음계의 동특성은 원칙적으로 빠름(Fast) 모드로 하여 측정하여야 한다.

28 다음 중 1일 단위의 WECPNL을 구하는 식으로 옳은 것은?(단, $\overline{L}_{max}$: 당일의 평균 최고소음도, N : 1일간 항공기의 등가통과횟수이다.)

① $\overline{L}_{max} - 10\log N - 27$
② $\overline{L}_{max} - 10\log N + 27$
③ $\overline{L}_{max} + 10\log N - 27$
④ $\overline{L}_{max} + 10\log N + 27$

29 진동계기의 성능기준과 관련된 설명으로 옳지 않은 것은?

① 측정 가능 진동레벨의 범위는 45~120dB 이상이어야 한다.
② 지시계기의 눈금오차는 0.5dB 이내이어야 한다.
③ 진동픽업은 공중에 설치할 수 있는 구조로서 전기신호를 진동신호로 바꾸어 주는 장치를 말하며, 환경진동을 측정할 수 없다.
④ 측정 가능 주파수 범위는 1~90Hz 이상이어야 한다.

풀이 진동레벨계의 성능
㉠ 측정 가능 주파수 범위는 1~90Hz 이상이어야 한다.

정답 25 ② 26 ③ 27 ④ 28 ③ 29 ③

㉡ 측정 가능 진동레벨의 범위는 45~120dB 이상이어야 한다.
㉢ 감각 특성의 상대응답과 허용오차는 환경측정기기의 형식승인 · 정도검사 등에 관한 고시 중 진동레벨계의 구조 · 성능 세부기준의 연직진동 특성에 만족하여야 한다.
㉣ 진동픽업의 횡감도는 규정주파수에서 수감축 감도에 대한 차이가 15dB 이상이어야 한다.(연직특성)
㉤ 레벨레인지 변환기가 있는 기기에 있어서 레벨레인지 변환기의 전환오차가 0.5dB 이내이어야 한다.
㉥ 지시계의 눈금오차는 0.5dB 이내이어야 한다.

30 항공기소음 관리기준 측정 시 헬리포트 주변 등과 같이 배경소음보다 10dB 이상 큰 항공기소음 지속시간의 평균치($\overline{D}$)가 최소 얼마 이상인 경우 규정에 따른 보정량을 $\overline{WECPNL}$에 보정하는가?

① 10초 이상　② 20초 이상
③ 30초 이상　④ 5분 이상

31 다음은 규제기준 중 발파진동의 배경진동레벨 측정방법이다. (　　) 안에 가장 적합한 것은?

> 디지털 진동자동분석계를 사용할 경우 샘플주기를 (㉠)에서 결정하고 (㉡) 측정하여 자동 연산 · 기록한 80% 범위의 상단치인 L_{10}값을 그 지점의 배경진동레벨로 한다.

① ㉠ 1초 이내, ㉡ 5분 이상
② ㉠ 1초 이내, ㉡ 1분 이상
③ ㉠ 0.1초 이내, ㉡ 5분 이상
④ ㉠ 0.1초 이내, ㉡ 1분 이상

32 다음은 소음계의 사용기준이다. (　　) 안에 알맞은 것은?

> 간이소음계는 예비조사 등 소음도의 대략치를 파악하는 데 사용되며, 소음을 규제, 인증하기 위한 목적으로 사용되는 측정기기로서는 (　　)에 정한 클래스 2의 소음계 또는 이와 동등 이상의 성능을 가진 것으로서 dB단위로 지시하는 것을 사용하여야 한다.

① KS C IEC 61672-1
② KS F IEC 61672-1
③ KS Q IEC 61672-1
④ KS E IEC 61672-1

풀이 성능기준
㉠ 측정 가능 주파수 범위는 31.5Hz~8kHz 이상이어야 한다.
㉡ 측정 가능 소음도 범위는 35~130dB 이상이어야 한다.(다만, 자동차소음 측정에 사용되는 것은 45~130dB 이상으로 한다.)
㉢ 특성별(A특성 및 C특성) 표준 입사각의 응답과 그 편차는 KS C IEC 61672-1의 표 2를 만족하여야 한다.
㉣ 레벨레인지 변환기가 있는 기기에 있어서 레벨레인지 변환기의 전환오차는 0.5dB 이내이어야 한다.
㉤ 지시계기의 눈금오차는 0.5dB 이내이어야 한다.

33 다음은 환경기준 중 소음의 측정시간 및 측정지점 수 기준이다. (　　) 안에 가장 적합한 것은?

> 낮 시간대(06:00~22:00)에는 당해지역 소음을 대표할 수 있도록 측정지점 수를 충분히 결정하고, 각 측정지점에서 2시간 이상 간격으로 (　　) 이상 측정하여 산술평균한 값을 측정소음도로 한다.

① 2회　② 4회
③ 6회　④ 8회

정답 30 ③ 31 ① 32 ① 33 ②

풀이 환경기준(측정시간 및 측정지점 수)

㉠ 낮 시간대(06:00~22:00)에는 당해지역 소음을 대표할 수 있도록 측정지점 수를 충분히 결정하고, 각 측정지점에서 2시간 이상 간격으로 4회 이상 측정하여 산술평균한 값을 측정소음도로 한다.

㉡ 밤 시간대(22:00~06:00)에는 낮 시간대에 측정한 측정지점에서 2시간 간격으로 2회 이상 측정하여 산술평균한 값을 측정소음도로 한다.

34 측정진동레벨이 75dB(V)이고 배경진동레벨이 65dB(V)일 경우 대상진동레벨은?

① 75dB(V) ② 72dB(V)
③ 70dB(V) ④ 67dB(V)

풀이 측정진동레벨이 배경진동레벨보다 10dB(V) 이상 크므로 측정진동레벨을 대상진동레벨[75dB(A)]로 한다.

35 다음은 철도진동 측정자료의 분석에 관한 설명이다. ( ) 안에 알맞은 것은?

> 열차통과 시마다 최고진동레벨이 배경진동레벨보다 최소 (㉠) 큰 것에 한하여 연속 (㉡) 열차(상 · 하행 포함) 이상을 대상으로 최고진동레벨을 측정 · 기록하고, 그중 중앙값 이상을 산술평균한 값을 철도진동레벨로 한다.

① ㉠ 5dB 이상, ㉡ 5개
② ㉠ 5dB 이상, ㉡ 10개
③ ㉠ 10dB 이상, ㉡ 5개
④ ㉠ 10dB 이상, ㉡ 10개

36 환경기준 중 소음측정을 위한 측정점 선정조건으로 옳지 않은 것은?

① 도로변지역에서는 소음으로 인하여 문제를 일으킬 우려가 있는 정소를 택하여야 한다.
② 측정점 선정 시에는 당해지역 소음평가에 현저한 영향으로 미칠 것으로 예상되는 공장 및 사업장, 건설사업장, 비행장, 철도 등의 부지를 대상으로 하여야 한다.
③ 일반지역의 경우에는 가능한 한 측정점 반경 3.5m 이내에 장애물(담, 건물, 기타 반사성 구조물 등)이 없는 지점의 지면 위 1.2~1.5m로 한다.
④ 도로변지역의 경우 장애물이나 주거, 학교, 병원, 상업 등에 활용되는 건물이 있을 때에는 이들 건축물로부터 도로방향으로 1.0m 떨어진 지점의 지면 위 1.2~1.5m 위치로 한다.

풀이 측정점 선정 시에는 당해지역 소음평가에 현저한 영향을 미칠 것으로 예상되는 공장 및 사업장, 건설사업장, 비행장, 철도 등의 부지 내는 피해야 한다.

37 표준음 발생기의 발생음의 오차범위기준으로 적합한 것은?

① ±1dB 이내 ② ±2dB 이내
③ ±3dB 이내 ④ ±5dB 이내

풀이 표준음 발생기(Pistonphone, Calibrator)

㉠ 소음계의 측정감도를 교정하는 기기로서 발생음의 주파수와 음압도가 표시되어 있어야 한다.

㉡ 발생음의 오차는 ±1dB 이내이어야 한다.

38 배출허용기준 중 소음측정방법에 관한 사항으로 옳지 않은 것은?

① 풍속이 5m/s를 초과할 때에는 측정하여서는 안 된다.
② 측정소음도의 측정은 대상 배출시설의 소음발생기기를 가능한 한 최대출력으로 가동시킨 정상상태에서 측정하여야 한다.
③ 피해가 예상되는 적절한 측정시간에 2지점 이상의 측정지점 수를 선정 · 측정하여 그중 가장 높은 소음도를 측정소음도로 한다.
④ 손으로 소음계를 잡고 측정할 경우 소음계는 측정자의 몸으로부터 0.3m 이상 떨어져야 한다.

풀이 손으로 소음계를 잡고 측정할 경우 소음계는 측정자의 몸으로부터 0.5m 떨어져야 한다.

정답 34 ① 35 ② 36 ② 37 ① 38 ④

39 배출허용기준 중 공장소음을 측정을 하고자 한다. 측정지점에 높이가 1.5m를 초과하는 장애물이 있는 경우에는 장애물로부터 소음원 방향으로 얼마 떨어진 곳에서 측정하여야 하는가?

① 1.0~3.5m ② 3~5m
③ 5~10m ④ 10~15m

40 진동픽업의 횡감도는 규정주파수에서 수감축감도에 대한 차이가 얼마 이상이어야 하는가? (단, 연직특성이다.)

① 1dB 이상 ② 5dB 이상
③ 10dB 이상 ④ 15dB 이상

3과목 소음진동방지기술

41 다음 중 판진동에 의한 소음을 방지하기 위하여 진동판에 제진대책을 행한 후 흡음재료를 놓고, 다시 그 위에 차음재(구속층)를 놓는 방음대책을 무엇이라고 하는가?

① 댐핑(Damping)
② 패킹(Packing)
③ 인클로징(Enclosing)
④ 래깅(Lagging)

풀이 래깅(Lagging)
송풍기, 덕트, 파이프의 외부표면에서 소음이 방사될 때 진동부에 제진대책을 한 후 흡음재를 부착하고 그 다음에 차음재로 마감하는 작업을 말한다.

42 저음역에서 중공이중벽에 관한 설명으로 옳지 않은 것은?

① 중공이중벽은 공명주파수 부근에서 투과손실이 현저히 커지므로 유리솜 등을 공기 내 충전시키면 약 20~50dB 정도 투과손실이 감소된다.
② 설계 시에는 차음 목적 주파수를 공명 주파수와 일치주파수의 범위 안에 들게 하는 것이 필요하다.
③ 중공이중벽은 일반적으로 동일 중량의 단일벽에 비해 5~10dB 정도 투과손실이 증가한다.
④ 중공이중벽에서 공기층은 10cm 이상으로 하는 것이 바람직하다.

풀이 중공이중벽은 공명주파수 부근에서 투과손실이 현저히 저하되며 유리솜 등을 공기 내 충전시키면 약 3~10dB 정도 투과손실이 증가된다.

43 음압레벨이 88dB(음원으로부터 1m 이격지점)인 점음원으로부터 30m 이격된 지점에서 소음으로 인한 문제가 발생되어 방음벽을 설치하였다. 방음벽에 의한 회절감쇠치가 10dB 이고, 방음벽의 투과손실이 16dB이라면 수음점에서의 음압레벨은 약 몇 dB인가?

① 49 ② 55
③ 61 ④ 67

풀이 삽입손실치(ΔL_I)$= -10\log\left(10^{-\frac{10}{10}} + 10^{-\frac{16}{10}}\right)$
$= 9\text{dB}$
$SPL = (88-9)\text{dB} - 20\log 30 = 49.46\text{dB}$

44 날개수가 10개이고 3,000rpm으로 회전하는 송풍기가 있다. 이 송풍기에서 발생하는 날개 통과주파수는 몇 Hz인가?

① 250 ② 380
③ 450 ④ 500

풀이 날개통과주파수$= \dfrac{3{,}000\text{rpm}}{60} \times 10 = 500\text{Hz}$

45 진동발생이 그리 크지 않은 공장기계의 대표적인 지반진동 차단구조물은 개방식 방진구이다. 이러한 방진구의 가장 중요한 설계인자는?

① 트렌치의 폭 ② 트렌치의 깊이
③ 트렌치의 형상 ④ 트렌치의 위치

정답 39 ① 40 ④ 41 ④ 42 ① 43 ① 44 ④ 45 ②

풀이 방진구 설계 시 가장 중요한 인자는 트렌치의 깊이로, 표면파의 파장을 고려하여 결정하여야 한다.

46 실의 길이가 0.5m인 단진자의 주기는 몇 초인가?(단, 중력가속도는 9.8m/s²)이다.

① 0.70 ② 1.16
③ 1.42 ④ 2.32

풀이 단진자 고유진동수(f_n)

$$f_n = \frac{1}{2\pi}\sqrt{\frac{g}{l}} = \frac{1}{2\times 3.14}\times\sqrt{\frac{9.8}{0.5}} = 0.705\text{Hz}$$

$$T = \frac{1}{f_n} = \frac{1}{0.705} = 1.42\text{sec}$$

47 헬름홀츠(Helmholtz) 공명기의 공명주파수(Hz)를 나타낸 식으로 옳은 것은?[단, C : 소음기 내의 음속(m/s), A : 목의 단면적(m²), l : 목의 유효길이(m), V : 공동의 부피(m³)이다.]

① $\frac{C}{2\pi}\sqrt{\frac{lV}{A}}$ ② $\frac{C}{2\pi}\sqrt{\frac{A}{lV}}$
③ $\frac{C}{2\pi}\sqrt{\frac{Al}{V}}$ ④ $\frac{C}{2\pi}\sqrt{\frac{V}{Al}}$

48 스프링에 의해 지지되는 비감쇠 강제진동계에서 강제진동수 및 고유진동수가 30Hz 및 3Hz라면 스프링에 의한 절연율은 약 몇 %인가?

① 75.85 ② 90.00
③ 98.99 ④ 100

풀이 절연율(%) = (1 − 전달률) × 100

$$\text{전달률} = \frac{1}{\eta^2 - 1}\times 100 = \frac{1}{\left(\frac{30}{3}\right)^2 - 1}\times 100 = 0.01010\times 100 = 1.01\%$$

$$= 100 - 1.01 = 98.99\%$$

49 실정수 400m²인 실내 중앙의 바닥 위에 설치되어 있는 기계의 파워레벨이 100dB이다. 반확산 음장법을 이용하여 기계로부터 10m 떨어진 실내한 점의 음압레벨은 약 몇 dB인가?

① 76 ② 81
③ 86 ④ 91

풀이 $SPL = PWL + 10\log\left(\frac{Q}{4\pi r^2} + \frac{4}{R}\right)$

$$= 100 + 10\log\left(\frac{2}{4\times 3.14\times 10^2} + \frac{4}{400}\right) = 80.64\text{dB}$$

50 임계감쇠계수 C_c의 표현식으로 옳은 것은?(단, 감쇠비=1, 질량=m, 스프링정수=k이다.)

① $\sqrt{m/k}$ ② $2\sqrt{m/k}$
③ $2\sqrt{km}$ ④ $2km$

풀이 $C_c = 2\sqrt{m\cdot k} = 2m\omega_n = \frac{2k}{\omega_n}$

51 수직입사 흡음률 측정방법으로 A시료의 흡음성능을 측정하였다. 1kHz 순음의 정재파비(n)가 1.5라면 이 흡음재의 흡음률은?

① 0.96 ② 0.86
③ 0.76 ④ 0.66

풀이 $\text{흡음률} = \frac{4}{n + \frac{1}{n} + 2} = \frac{4}{1.5 + \frac{1}{1.5} + 2} = 0.96$

52 5m×5m×5m인 잔향실의 잔향시간은 5.5초이다. 만약 이 실의 바닥에 5m²의 흡음재를 부착하여 잔향시간이 3.2초로 되었다면 이 흡음재의 흡음률은?

① 0.25 ② 0.35
③ 0.45 ④ 0.55

정답 46 ③ 47 ② 48 ③ 49 ② 50 ③ 51 ① 52 ④

풀이 시료부착 후 시료의 흡음률(α_r)

$$\alpha_r = \frac{0.161V}{S'}\left(\frac{1}{T} - \frac{1}{T_o}\right) + \overline{\alpha_o}$$

$$\overline{\alpha_o} = \frac{0.161V}{ST_o} = \frac{0.161 \times 125}{150 \times 5.5} = 0.024$$

$$= \frac{0.161 \times 125}{5} \times \left(\frac{1}{3.2} - \frac{1}{5.5}\right) + 0.024$$

$$= 0.55$$

53 무게가 120N인 기계를 방진고무 위에 올려 놓았더니 0.8cm가 수축되었다. 방진고무의 동적 배율이 1.2라면 방진고무의 동적 스프링정수는 몇 N/cm인가?

① 150 ② 180
③ 210 ④ 240

풀이 $\alpha = \frac{K_d}{K_s}$

$$K_d = \alpha \times K_s$$

$$K_s = \frac{W}{\Delta l} = \frac{120}{0.8} = 150\text{N/cm}$$

$$= 1.2 \times 150 = 180\text{N/cm}$$

54 불균형 질량 2kg이 반지름 0.3m의 원주상을 300rpm으로 회전하는 경우 가진력의 최댓값은 약 몇 N인가?

① 352 ② 414
③ 437 ④ 592

풀이 $F = mr\omega^2$

$$\omega = 2\pi f = 2\pi \times \frac{300}{60} = 31.4\text{rad/sec}$$

$$= 2 \times 0.3 \times (31.4)^2 = 591.58\text{N}$$

55 방음벽에 관한 설명으로 옳지 않은 것은?

① 방음벽에 의한 차음효과는 벽이 소음원이나 수음점에 가까울수록 효과적이다.
② 음원의 지향성이 수음 측 방향으로 클 때에는 벽에 의한 감쇠치가 계산치보다 작게 된다.
③ 벽의 길이는 점음원일 때 벽 높이의 5배 이상으로 하는 것이 바람직하다.
④ 방음벽의 투과손실은 회절감쇠치보다 적어도 5dB 이상 큰 것이 좋다.

풀이 음원의 지향성이 수음 측 방향으로 클 때에는 방음벽에 의한 감쇠치가 계산치보다 크게 된다.

56 공기스프링에 관한 설명으로 가장 거리가 먼 것은?

① 하중이 크기가 달라지더라도 높이 조정밸브를 사용하여 높이를 일정하게 유지할 수 있다.
② 압축기 등 부대시설이 필요하다.
③ 공기스프링 용적의 내압을 항상 1기압으로 유지하여 사용한다.
④ 스프링 역할을 하는 주 공기실과 보조공기실로 되어 있다.

풀이 공기스프링 용적의 내압은 항상 1기압으로 유지되지 않는다.

57 각 소음기에 관한 설명으로 옳지 않은 것은?

① 흡음 덕트형 소음기는 급격한 관경 확대로 유속을 낮추어 감음하는 방식으로 저 · 중음역에서 감음특성이 좋다.
② 팽창형 소음기의 감음특성은 저 · 중음역에 유효하고, 팽창부에 흡음재를 부착하면 고음역의 감음량도 증가한다.
③ 간섭형 소음기는 음의 통로 구간을 둘로 나누어 그 경로차가 반파장에 가깝게 하는 구조이다.
④ 공명형 소음기는 내관의 작은 구멍과 그 배후 공기층이 공명기를 형성하여 감음하는 방식으로 감음특성은 저 · 중음역의 탁월주파수 성분에 유효하다.

풀이 흡음 덕트형 소음기는 덕트 내에 흡음재를 부착하여 흡음재의 흡음효과에 의해 소음을 감쇠시키는 방식으로 중 · 고음역에서 감음특성이 좋다.

정답 53 ② 54 ④ 55 ② 56 ③ 57 ①

58 다음 흡음재료 중 주요 흡음영역이 저음역대인 것은?

① 석고보드 ② 펠트
③ 암면 ④ 유리섬유

풀이 석고보드는 판 · 막 진동형 흡음재료(주요 흡음영역 : 저음역)이다.

59 교실의 단일벽 면밀도가 200kg/m²이었다. 여기에 100Hz 순음이 입사할 때의 단일벽의 투과손실은 약 몇 dB인가?(단, 음파는 벽면에 난입사한다.)

① 24 ② 27
③ 33 ④ 43

풀이 $TL = 18\log(m \cdot f) - 44$
$= 18\log(200\text{kg/m}^2 \times 100\ 1/\text{sec}) - 44$
$= 33.42\text{dB}$

60 방진고무의 정적 스프링정수 K_s를 나타낸 식으로 옳은 것은?(단, W : 하중, $\triangle E$: 처짐량이다.)

① $K_s = \sqrt{W/\triangle E}$
② $K_s \sqrt{\triangle E/W}$
③ $K_s = W \times \triangle E$
④ $K_s = W/\triangle E$

풀이 $\alpha = \frac{K_d}{K_s}$ (보통 1보다 큰 값을 갖는다.)
여기서, K_d : 동적 스프링정수
K_s : 정적 스프링정수
[=하중(kg)/수축량(cm)]
방진고무의 경우, 일반적으로 $K_d > K_s$의 관계가 된다.

4과목 소음진동관계법규

61 소음 · 진동관리법령상 소음발생 건설기계의 소음도 표지에 관한 기준으로 거리가 먼 것은?

① 크기 : 100mm×100mm
② 색상 : 회색 판에 검은색 문자를 씁니다.
③ 재질 : 쉽게 훼손되지 아니하는 금속성이나 이와 유사한 강도의 재질이어야 합니다.
④ 부착방법 : 기계별로 눈에 잘 띄고 작업으로 인한 훼손이 되지 아니하는 위치에 떨어지지 아니하도록 부착하여야 합니다.

풀이 크기 : 80mm×80mm(기계의 크기와 부착 위치에 따라 조정한다.)

62 소음 · 진동관리법령상 생활소음 규제기준 중 주거지역의 공사장 소음규제기준은 공휴일에만 규제기준치에 보정한다. 다음 중 그 보정치로 옳은 것은?

① −5dB ② −3dB
③ −2dB ④ −1dB

63 소음 · 진동관리법령상 배출허용기준에 맞는지를 확인하기 위하여 소음진동 배출시설과 방지시설에 대하여 검사할 수 있도록 지정된 기관이라 볼 수 없는 것은?

① 국립환경과학원
② 유역환경청
③ 환경보전협회
④ 특별시 · 광역시 · 도 · 특별자치도의 보건환경연구원

풀이 소음 · 진동 검사기관
㉠ 국립환경과학원
㉡ 특별시 · 광역시 · 도 · 특별자치도의 보건환경연구원
㉢ 유역환경청 또는 지방환경청
㉣ 「한국환경공단법」에 따른 한국환경공단

정답 58 ① 59 ③ 60 ④ 61 ① 62 ① 63 ③

64 소음 · 진동관리법령상 벌칙기준 중 6개월 이하의 징역 또는 500만 원 이하의 벌금에 처하는 경우가 아닌 것은?

① 생활소음 · 진동의 규제기준 초과에 따른 작업시간 조정 등의 명령을 위반한 자
② 운행차 소음허용기준에 적합한지의 여부를 점검하는 운행차 수시점검에 지장을 주는 행위를 한 자
③ 배출시설 설치신고 대상자가 신고를 하지 아니하고 배출시설을 설치한 자
④ 이동소음 규제지역에서 이동소음원의 사용금지 또는 제한조치를 위반한 자

풀이 소음진동관리법 제58조 참조

65 소음 · 진동관리법령상 교통소음 · 진동의 관리(규제)기준을 적용받는 지역 중 학교, 병원, 공공도서관의 경우는 부지경계선으로부터 몇 미터 이내 지역을 기준으로 하는가?

① 10미터 이내 ② 20미터 이내
③ 50미터 이내 ④ 100미터 이내

66 소음 · 진동관리법령상 도시지역 중 일반주거지역의 저녁(18:00~24:00) 시간대의 공장소음 배출허용기준으로 옳은 것은?

① 45dB(A) 이하 ② 50dB(A) 이하
③ 55dB(A) 이하 ④ 60dB(A) 이하

풀이 공장소음 배출허용기준 [단위 : dB(A)]

대상지역	시간대별		
	낮 (06:00~18:00)	저녁 (18:00~24:00)	밤 (24:00~06:00)
가. 도시지역 중 전용주거지역 · 녹지지역, 관리지역 중 취락지구 · 주거개발진흥지구 및 관광 · 휴양개발진흥지구, 자연환경보전지역 중 수산자원보호구역 외의 지역	50 이하	45 이하	40 이하
나. 도시지역 중 일반주거지역 및 준주거지역	55 이하	50 이하	45 이하
다. 농림지역, 자연환경보전지역 중 수산자원보호구역, 관리지역 중 가목과 라목을 제외한 그 밖의 지역	60 이하	55 이하	50 이하
라. 도시지역 중 상업지역 · 준공업지역, 관리지역 중 산업개발진흥지구	65 이하	60 이하	55 이하
마. 도시지역 중 일반공업지역 및 전용공업지역	70 이하	65 이하	60 이하

67 소음 · 진동관리법령상 200만 원 이하의 과태료 부과기준에 해당하는 위법행위가 아닌 것은?

① 배출시설의 변경신고를 하지 아니하거나 거짓이나 그 밖의 부정한 방법으로 변경신고를 한 자
② 환경기술인의 업무를 방해하거나 환경기술인의 요청을 정당한 사유 없이 거부한 자
③ 공장에서 배출되는 소음 · 진동을 배출허용기준 이하로 처리하지 아니한 자
④ 생활소음 · 진동 규제기준을 초과하여 소음 · 진동을 발생한 자

풀이 소음진동관리법 제60조 참조

68 다음은 소음 · 진동관리법령상 폭약의 사용으로 인한 소음 · 진동의 방지에 관한 사항이다. ( )에 가장 적합한 것은?

> 특별자치도지사 등은 폭약의 사용으로 인한 소음 · 진동피해를 방지할 필요가 있다고 인정하면 (㉡)에게 (㉠)에 따라 폭약을 사용하는 자에게 그 사용의 규제에 필요한 조치를 하여 줄 것을 요청할 수 있다. 이 경우 (㉡)은 특별한 사유가 없으면 그 요청에 따라야 한다.

① ㉠ 총포 · 도검 · 화약류 등 단속법, ㉡ 폭약협회장
② ㉠ 총포 · 도검 · 화약류 등 단속법, ㉡ 지방경찰청장
③ ㉠ 폭약류관리법, ㉡ 폭약협회장
④ ㉠ 폭약류관리법, ㉡ 지방경찰청장

정답 64 ④ 65 ③ 66 ② 67 ① 68 ②

69 소음 · 진동관리법령상 자연환경보전지역 중 수산자원보호구역 내에 있는 공장의 밤 시간대 공장진동 배출허용기준은?

① 40dB(V) 이하 ② 50dB(V) 이하
③ 60dB(V) 이하 ④ 70dB(V) 이하

풀이 공장진동 배출허용기준 [단위 : dB(V)]

대상지역	시간대별	
	낮 (06:00~22:00)	밤 (22:00~06:00)
가. 도시지역 중 전용주거지역 · 녹지지역, 관리지역 중 취락지구 · 주거개발진흥지구 및 관광 · 휴양개발진흥지구, 자연환경보전지역 중 수산자원보호구역 외의 지역	60 이하	55 이하
나. 도시지역 중 일반주거지역 · 준주거지역, 농림지역, 자연환경보전지역 중 수산자원보호구역, 관리지역 중 가목과 다목을 제외한 그 밖의 지역	65 이하	60 이하
다. 도시지역 중 상업지역 · 준공업지역, 관리지역 중 산업개발진흥지구	70 이하	65 이하
라. 도시지역 중 일반공업지역 및 전용공업지역	75 이하	70 이하

70 소음 · 진동관리법령상 제작차에 대한 인증을 면제할 수 있는 자동차에 해당하지 않는 것은?

① 수출용 자동차나 박람회, 그 밖에 이에 준하는 행사에 참가하는 자가 전시를 목적으로 사용하는 자동차
② 자동차제작자 · 연구기관 등이 자동차의 개발이나 전시 등을 목적으로 사용하는 자동차
③ 여행자 등이 다시 반출할 것을 조건으로 일시 반입하는 자동차
④ 외국에서 국내의 공공기관이나 비영리단체에 무상으로 기증하여 반입하는 자동차

풀이 인증을 면제할 수 있는 자동차
㉠ 군용 · 소방용 및 경호업무용 등 국가의 특수한 공무용으로 사용하기 위한 자동차
㉡ 주한 외국공관, 외교관, 그 밖에 이에 준하는 대우를 받는 자가 공무용으로 사용하기 위하여 반입하는 자동차로서 외교부장관의 확인을 받은 자동차
㉢ 주한 외국군대의 구성원이 공무용으로 사용하기 위하여 반입하는 자동차
㉣ 수출용 자동차나 박람회, 그 밖에 이에 준하는 행사에 참가하는 자가 전시를 목적으로 사용하는 자동차
㉤ 여행자 등이 다시 반출할 것을 조건으로 일시 반입하는 자동차
㉥ 자동차제작자 · 연구기관 등이 자동차의 개발이나 전시 등을 목적으로 사용하는 자동차
㉦ 외국인 또는 외국에서 1년 이상 거주한 내국인이 주거를 이전하기 위하여 이주물품으로 반입하는 1대의 자동차

71 소음 · 진동관리법령상 환경기술인이 환경보전협회 등에서 실시하는 교육을 받아야 하는 교육기관 기준은?(단, 정보통신매체를 이용하여 원격교육을 실시하는 경우는 제외한다.)

① 3일 이내 ② 5일 이내
③ 7일 이내 ④ 10일 이내

72 소음 · 진동관리법령상 측정망설치계획의 고시에 관한 설명으로 거리가 먼 것은?

① 측정망설치계획에는 측정망의 설치시기나, 측정망의 배치도가 포함되어야 한다.
② 시 · 도지사가 측정망설치계획을 결정 · 고시하려는 경우에는 그 설치위치 등에 관하여 환경부장관의 의견을 들어야 한다.
③ 측정망설치계획의 고시는 최초로 측정소를 설치하게 되는 날의 30일 이전에 하여야 한다.
④ 측정망설치계획에는 측정소를 설치할 토지나 건축물의 면적이 포함되어야 한다.

풀이 측정망 설치계획의 고시는 최초로 측정소를 설치하게 되는 날의 3개월 이전에 하여야 한다.

정답 69 ③ 70 ④ 71 ② 72 ③

73 소음 · 진동관리법령상에서 정의하는 교통기관에 해당되지 않는 것은?

① 기차 ② 전차
③ 도로 및 철도 ④ 항공기

풀이 "교통기관"이란 기차 · 자동차 · 전차 · 도로 및 철도 등을 말한다. 다만, 항공기와 선박은 제외한다.

74 소음 · 진동관리법령상 용어 중 "소음 · 진동 배출시설이 아닌 물체로부터 발생하는 진동을 없애거나 줄이는 시설로서 환경부령으로 정하는 것을 말한다."로 정의되는 것은?

① 진동시설 ② 방진시설
③ 방지시설 ④ 흡진시설

75 소음 · 진동관리법령상 운행자동차의 배기소음(㉠) 및 경적소음(㉡) 허용기준은?(단, 2006년 1월 1일 이후에 제작되는 이륜자동차 기준이다.)

① ㉠ 100dB(A) 이하, ㉡ 110dB(C) 이하
② ㉠ 100dB(A) 이하, ㉡ 112dB(C) 이하
③ ㉠ 105dB(A) 이하, ㉡ 110dB(C) 이하
④ ㉠ 105dB(A) 이하, ㉡ 112dB(C) 이하

풀이 운행자동차 소음허용기준

자동차 종류 \ 소음 항목		배기소음 [dB(A)]	경적소음 [dB(C)]
경자동차		100 이하	110 이하
승용자동차	소형	100 이하	110 이하
	중형	100 이하	110 이하
	중대형	100 이하	112 이하
	대형	105 이하	112 이하
화물자동차	소형	100 이하	110 이하
	중형	100 이하	110 이하
	대형	105 이하	112 이하
이륜자동차		105 이하	110 이하

※ 2006년 1월 1일 이후에 제작되는 자동차

76 소음 · 진동관리법령상 소음방지시설과 가장 거리가 먼 것은?

① 소음기 ② 방음터널시설
③ 방음림 및 방음언덕 ④ 방음내피시설

풀이 소음방지시설
㉠ 소음기
㉡ 방음덮개시설
㉢ 방음창 및 방음실시설
㉣ 방음외피시설
㉤ 방음벽시설
㉥ 방음터널시설
㉦ 방음림 및 방음언덕
㉧ 흡음장치 및 시설
㉨ ㉠~㉧의 규정과 동등하거나 그 이상의 방지효율을 가진 시설

77 소음 · 진동관리법령상 시 · 도지사 등이 환경부장관에게 상시 측정한 소음 · 진동에 관한 자료를 제출해야 할 시기의 기준으로 옳은 것은?

① 매분기 다음 달 말일까지
② 매분기 다음 달 15일까지
③ 매월 말일까지
④ 매월 15일까지

78 소음 · 진동관리법령상 제작자동차 소음허용기준에서 고려하는 소음 종류에 해당하지 않는 것은?

① 가속주행소음 ② 정속소음
③ 배기소음 ④ 경적소음

풀이 제작자동차의 소음허용기준 소음항목
㉠ 가속주행소음
㉡ 배기소음
㉢ 경적소음

정답 73 ④ 74 ② 75 ③ 76 ④ 77 ① 78 ②

79 소음 · 진동관리법령상 행정처분에 관한 사항으로 옳지 않은 것은?

① 처분권자는 위반행위의 동기 · 내용 · 횟수 및 위반의 정도 등에 해당사유를 고려하여 그 처분(허가취소, 등록취소, 지정취소 또는 폐쇄명령인 경우는 제외한다.)을 감경할 수 있다.
② 행정처분이 조업정지, 업무정지 또는 영업정지인 경우에는 그 처분기준이 2분의 1의 범위에서 감경할 수 있다.
③ 행정처분기준을 적용함에 있어서 소음규제기준에 대한 위반행위와 진동규제기준에 대한 위반행위는 합산하지 아니하고, 각각 산정하여 적용한다.
④ 방지시설을 설치하지 아니하고 배출시설을 가동한 경우 1차 행정처분기준은 허가취소, 2차 처분기준은 폐쇄이다.

풀이 방지시설을 설치하지 아니하고 배출시설을 가동한 경우의 행정처분은 1차 조업정지, 2차 허가취소이다.

80 소음 · 진동관리법령상 교통소음 · 진동관리(규제)지역의 범위에 해당하지 않는 지역은?(단, 그 밖의 사항 등은 고려하지 않는다.)

① 노인복지법에 따른 노인의료복지시설 중 입소규모 50명인 노인의료복지시설
② 국토의 계획 및 이용에 관한 법률에 따른 준공업지역
③ 초 · 중등교육법에 따른 학교 주변지역
④ 국토의 계획 및 이용에 관한 법률에 따른 녹지지역

풀이 노인복지법에 따른 노인의료복지시설 중 입소규모 100명 이상인 노인의료복지시설이 관리지역의 범위에 해당한다.

정답 79 ④ 80 ①

023 2020년 통합 1 · 2회 기사

1과목 소음진동개론

01 M.K.S. 단위계를 사용하는 감쇠 자유 진동계의 운동방정식이 $3\ddot{x}+5\dot{x}+30x=0$으로 표현될 때 이 진동계의 대수감쇠율은?

① 0.3 ② 1.7
③ 5.0 ④ 19.0

풀이 대수감쇠율(Δ)

$$\Delta=\frac{2\pi\xi}{\sqrt{1-\xi^2}}$$

$$\xi=\frac{c}{2\sqrt{m\cdot K}}=\frac{5}{2\sqrt{3\times30}}=0.2635$$

$$=\frac{2\times3.14\times0.2635}{\sqrt{1-0.2635^2}}=1.72$$

02 주파수 및 청력에 대한 설명으로 가장 거리가 먼 것은?

① 일반적으로 주파수가 클수록 공기흡음에 의해 일어나는 소음의 감쇠치는 증가한다.
② 청력손실은 청력이 정산인 사람의 최대가청치와 피검자의 최대가청치와의 비를 dB로 나타낸 것이다.
③ 사람의 목소리는 대략 100~10,000Hz, 회화의 이해를 위해서는 500~2,500Hz의 주파수 범위를 갖춘다.
④ 노인성 난청이 시작되는 주파수는 대략 6,000Hz이다.

풀이 청력손실
청력이 정상인 사람의 최소가청치와 피검자의 최소가청치의 비를 dB로 나타낸 것이다.

03 기계의 진동을 계측하였더니 진동수가 10Hz, 속도 진폭이 0.001m/s로 계측되었다. 이 진동의 진동가속도레벨은 약 몇 dB인가?(단, 기준진동의 가속도실효치는 10^{-5}m/s^{2}이다.)

① 37 ② 40
③ 73 ④ 76

풀이 진동가속도레벨(VAL)

$$VAL=20\log\frac{A_{rms}}{10^{-5}}$$

$$A_{rms}=\frac{A_{\max}}{\sqrt{2}}$$

$$A_{\max}=A\omega^2=A\omega\times\omega$$
$$=V_{\max}\times\omega$$
$$=0.001\times(2\times3.14\times10)$$
$$=0.0628\text{m/sec}^2$$

$$=\frac{0.0628}{\sqrt{2}}=0.0444\text{m/sec}^2$$

$$=20\log\frac{0.0444}{10^{-5}}=72.95\text{dB}$$

04 실내 소음을 평가하기 위해 1/1옥타브 밴드로 분석한 음압레벨이 다음 표와 같다. 우선회화 방해레벨($PSIL$)은 몇 dB인가?

중심주파수(Hz)	음압레벨(dB)
250	60
500	65
1,000	62
2,000	68
4,000	63

① 60 ② 62
③ 65 ④ 68

풀이 $PSIL=\frac{65+62+68}{3}=65\text{dB}$

정답 01 ② 02 ② 03 ③ 04 ③

05 인체의 청각기관에 관한 설명으로 옳지 않은 것은?

① 음을 감각하기까지의 음의 전달매질은 고체 → 기체 → 액체의 순이다.
② 고실과 이관은 중이에 해당하며, 망치뼈는 고막과 연결되어 있다.
③ 외이도는 일단개구관으로 동작되며 음을 증폭시키는 공명기 역할을 한다.
④ 이소골은 고막의 진동을 고체진동으로 변환시켜 외이와 내이를 임피던스 매칭하는 역할을 한다.

풀이 음의 전달매질
㉠ 외이 : 기체(공기)
㉡ 중이 : 고체
㉢ 내이 : 액체

06 대기조건에 따른 일반적인 소리의 감쇠효과에 관한 설명으로 옳지 않은 것은?

① 고주파일수록 감쇠가 커진다.
② 습도가 높을수록 감쇠가 커진다.
③ 기온이 낮을수록 감쇠가 커진다.
④ 음원보다 상공의 풍속이 클 때, 풍상 측에서 굴절에 따른 감쇠가 크다.

풀이 기상조건에 따른 감쇠식

$$A_a = 7.4 \times \left(\frac{f^2 \times r}{\phi}\right) \times 10^{-8}(\text{dB})$$

여기서, A_a : 감쇠치(dB)
f : 주파수(Hz)
r : 음원과 관측점 사이 거리(m)
ϕ : 상대습도(%)

07 소음의 "시끄러움(Noisiness)"에 관한 설명으로 옳지 않은 것은?

① 배경소음과 주소음의 음압도의 차가 클수록 시끄럽다.
② 소음도가 높을수록 시끄럽다.
③ 충격성이 강할수록 시끄럽다.
④ 저주파 성분이 많을수록 시끄럽다.

풀이 저주파보다는 고주파 성분이 많을 때 시끄럽다.

08 다음 중 소음의 영향으로 거리가 먼 것은?

① 타액 분비량을 감소시키며, 위액산도를 증가시킨다.
② 말초혈관을 수축시키며, 맥박을 증가시킨다.
③ 호흡 깊이를 감소시키며, 호흡 횟수를 증가시킨다.
④ 백혈구 수를 증가시키며, 혈중 아드레날린을 증가시킨다.

풀이 소음의 영향으로 타액 분비량이 증가되고, 위액산도가 저하된다.

09 진동에 관련된 표현과 그 단위(Unit)를 연결한 것으로 옳지 않은 것은?

① 고유각진동수 : rad/s
② 진동가속수 : dB(A)
③ 감쇠계수 : N/(cm/s)
④ 스프링 정수 : N/cm

풀이 진동가속도 단위
m/sec^2 (cm/sec^2)

10 중심주파수가 3,150Hz일 때 1/3옥타브밴드 분석기의 밴드폭(Hz)은 약 얼마인가?

① 1,860 ② 1,769
③ 730 ④ 580

풀이 밴드폭(bw)

$$bw = f_c\left(2^{\frac{n}{2}} - 2^{-\frac{n}{2}}\right)$$
$$= 3{,}150 \times \left(2^{\frac{1/3}{2}} - 2^{-\frac{1/3}{2}}\right)$$
$$= 730\text{Hz}$$

정답 05 ① 06 ② 07 ④ 08 ① 09 ② 10 ③

11 다음 중 재질별 음속이 가장 빠른 것은?(단, 온도는 20℃이다.)

① 공기 ② 담수
③ 나무 ④ 강철

풀이 각 매질에서의 음속
㉠ 공기 : 약 340m/sec
㉡ 물 : 약 1,400m/sec
㉢ 나무 : 약 3,300m/sec
㉣ 유리 : 약 3,700m/sec
㉤ 강철 : 약 5,000m/sec

12 소리를 듣는 데 있어 이관(유스타키오관)의 역할에 대한 설명으로 가장 적합한 것은?

① 고막의 진동을 쉽게 하도록 기압을 조정한다.
② 음을 약화시켜 듣기 쉽게 한다.
③ 내이에 공기를 보낸다.
④ 소리를 증폭시킨다.

풀이 이관(유스타키오관)
외이와 중이의 기압을 조정하여 고막의 진동을 쉽게 할 수 있도록 한다. 즉, 고막 내외의 기압을 같게 하는 기능이 있다.

13 공장의 한쪽 벽면이 가로 8m, 세로 3m일 때 벽 바깥면에서의 음압레벨이 87dB이다. 이 벽면에서 25m 떨어진 지점에서의 음압레벨은 약 몇 dB인가?

① 53 ② 58
③ 63 ④ 68

풀이 a(단변), b(장변), r(거리)

$r > \frac{b}{3}$; $25 > \frac{8}{3}$ 성립

$SPL_1 - SPL_2 = 20\log\left(\frac{3r}{b}\right) + 10\log\left(\frac{b}{a}\right)$

$SPL_2 = 87 - 20\log\left(\frac{3\times 25}{8}\right) - 10\log\left(\frac{8}{3}\right)$

$= 63.30\text{dB}$

14 배 위에서 사공이 물속에 있는 해녀에게 큰소리로 외쳤을 때 음파의 입사각은 60°, 굴절각이 45°였다면 이때의 굴절률은?

① $\sqrt{\frac{3}{2}}$ ② $\frac{1}{\sqrt{2}}$
③ $\frac{3}{2}$ ④ $\frac{1}{2}$

풀이 굴절률$= \frac{\sin\theta_1}{\sin\theta_2} = \frac{\sin 60°}{\sin 45°} = 1.2247\left(\sqrt{\frac{3}{2}}\right)$

15 스프링상수 100N/m, 질량이 10kg인 점성감쇠계를 자유진동시킬 경우, 임계감쇠계수는 약 몇 N · s/m인가?

① 18 ② 33
③ 63 ④ 98

풀이 $C_c = 2\sqrt{m\times K} = 2\sqrt{10\times 100}$
$= 63.25\text{N} \cdot \text{s/m}$

16 그림과 같이 진동하는 파의 감쇠 특성에 해당하는 것은?(단, ξ는 감쇠비이다.)

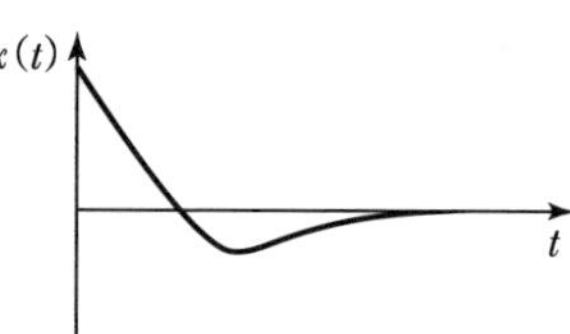

① ξ=0 ② ξ=0.3
③ ξ=0.5 ④ ξ=1

풀이

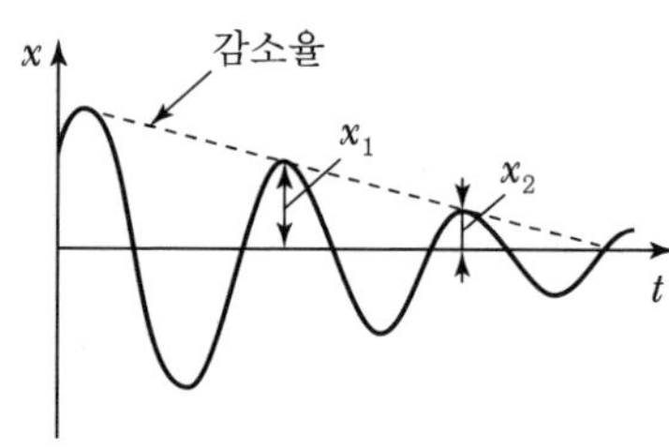

[부족감쇠($0 < \xi < 1$)]

정답 11 ④ 12 ① 13 ③ 14 ① 15 ③ 16 ④

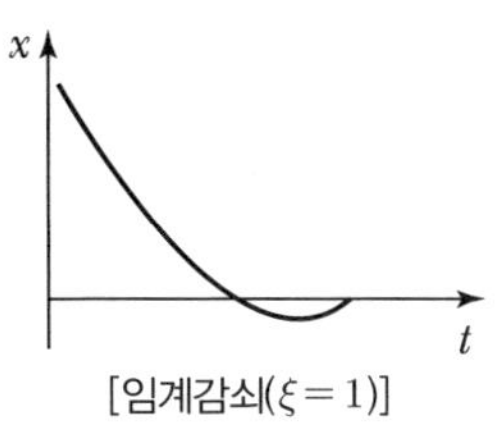

[임계감쇠($\xi=1$)]

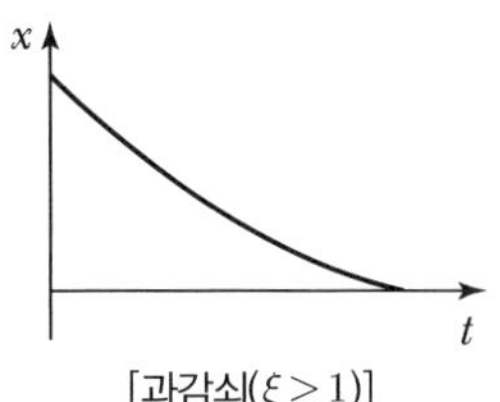

[과감쇠($\xi>1$)]

17 진동의 영향에 대한 설명으로 가장 적합한 것은?

① 배 속 음식물이 심하게 오르락내리락하는 느낌은 1~3Hz에서 주로 느낀다.
② 1~3Hz에서 주로 호흡이 힘들고, O_2 소비가 증가한다.
③ 허리 · 가슴 및 등 쪽에 아주 심한 통증을 느끼는 범위는 주로 13Hz이다.
④ 대소변을 보고 싶게 하는 범위는 주로 1~3Hz이다.

풀이 ① 배 속 음식물이 심하게 오르락내리락하는 느낌은 9Hz에서 느끼고 12~16Hz에서는 아주 심하게 느낀다.
③ 허리, 가슴 및 등 쪽에 아주 심한 통증을 느끼는 범위는 주로 6Hz이다.
④ 대소변을 보고 싶게 하는 범위는 주로 9~ 20Hz이다.

18 옴의 법칙에 관한 다음 설명 중 옳지 않은 것은?

① 옴-헬름홀츠(Ohm-Helmholtz) 법칙 : 인간의 귀는 순음이 아닌 소리를 들어도 각 주파수 성분으로 분해하여 들을 수 있는 능력이 있다.
② 웨버-페히너(Weber-Fechner) 법칙 : 감각량은 자극의 대수에 비례한다.
③ 양이효과(Binaural Effect) : 인간의 귀는 양쪽에 있기 때문에 한쪽 귀로 듣는 경우와 양쪽 귀로 듣는 경우 서로 다른 효과를 나타낸다.
④ 도플러(Doppler) 효과 : 하나의 파면상의 모든 점이 파원이 되어 각각 2차적인 구면파를 산출하여 그 파면 등을 둘러싸는 면이 새로운 파면을 만드는 현상을 말한다.

풀이 도플러(Doppler) 효과
음원이 움직일 때 들리는 소리의 주파수가 음원의 주파수와 다르게 느껴지는 효과이다. 즉, 발음원이 이동 시 그 진행방향 쪽에서는 원래 발음원의 음보다 고음이 되고, 반대쪽에서는 저음이 되는 현상이다.

19 항공기 소음에 관한 설명으로 가장 거리가 먼 것은?

① 구조물과 지반을 통하여 전달되는 저주파 영역의 소음으로 우리나라에서는 NNL을 채택하고 있다.
② 간헐적이며 충격적이다.
③ 발생음량이 많고 발생원이 상공이기 때문에 피해 면적이 넓다.
④ 제트기는 이착륙 시 발생하는 추진계의 소음으로 금속성의 고주파음을 포함한다.

풀이 항공기 소음은 금속성의 고주파 영역의 소음으로 우리나라에서는 WECPNL을 채택하고 있다.

20 A공장 내 소음원에 대해 소음도를 측정한 결과 각각 92dB, 95dB, 100dB이었다. 이 소음원을 동시에 가동시킬 때의 합성 소음도는 약 몇 dB인가?

① 92 ② 96
③ 102 ④ 106

풀이 $L_{합} = 10\log(10^{9.2}+10^{9.5}+10^{10})$
$= 101.69\text{dB}$

정답 17 ② 18 ④ 19 ① 20 ③

2과목 소음방지기술

21 벽면 또는 벽 상단의 음향특성에 따라 분류한 방음벽의 유형으로 옳지 않은 것은?

① 밀착형 ② 반사형
③ 공명형 ④ 흡음형

풀이 방음벽은 벽면 또는 벽 상단의 음향특성에 따라 흡음형, 반사형, 간섭형, 공명형 등으로 구분된다.

22 자유공간에서 중심주파수 125Hz로부터 10 dB 이상의 소음을 차단할 수 있는 방음벽을 설계하고자 한다. 음원에서 수음점까지의 음의 회절경로와 직접경로 간의 경로차가 0.67m라면 중심주파수 125Hz에서의 Fresnel Number는?(단, 음속은 340m/s이다.)

① 0.25 ② 0.39
③ 0.49 ④ 0.69

풀이 Fresnel Number(N)

$$N=\frac{\delta\times f}{170}=\frac{0.67\times 125}{170}=0.49$$

23 덕트 소음대책 시 고려사항으로 거리가 먼 것은?

① 공기분배시스템은 저항을 최대로 하는 방향으로 설계해야 한다.
② 송풍기 선정 시 최소 소음레벨을 갖는 송풍기를 선정해야 한다.
③ 익의 개수가 적은 송풍기일수록 순음에 가깝고 이 순음이 스펙트럼 전반에 지배적이다.
④ 송풍기 입구와 출구에서 덕트를 연결할 때에는 공기 유동이 균일하고 회전이 없도록 해야 한다.

풀이 송풍기 정압이 증가할수록 소음도 증가하므로 공기분배시스템은 저항을 최소로 하는 방향으로 설계해야 한다.

24 방음벽 설계 시 고려사항으로 가장 거리가 먼 것은?

① 방음벽에 의한 현실적 최대 회절감쇠치는 점음원의 경우 24dB, 선음원의 경우 22dB 정도로 본다.
② 점음원의 경우 방음벽의 길이가 높이의 5배 이상이면 길이의 영향은 고려하지 않아도 된다.
③ 음원 측 벽면은 될 수 있는 한 흡음처리하여 반사음을 방지하는 것이 좋다.
④ 방음벽의 모든 도장은 전광택으로 반사율이 30% 이하여야 한다.

풀이 방음벽의 도장은 주변 환경과 어울리도록 하고 구분이 명확한 광택을 사용하는 것은 피한다.

25 공동주택의 급배수 설비소음 저감대책으로 가장 거리가 먼 것은?

① 급수압이 높을 경우에 공기실이나 수격방지기를 수전 가까운 부위에 설치한다.
② 욕조의 하부와 바닥과의 사이에 완충재를 설치한다.
③ 거실, 침실의 벽에 배관을 고정하는 것을 피한다.
④ 배수방식을 천장배관방식으로 한다.

풀이 배수방식은 천장배관방식을 피한다.

26 STC 값을 평가하는 절차에 관한 설명 중 ( ) 안에 알맞은 것은?

- 1/3옥타브대역 중심주파수에 해당하는 음향투과손실 중에서 하나의 값이라도 STC 기준선과 비교하여 최대 차이가 (㉠)dB를 초과해서는 안 된다.
- 모든 중심주파수에서의 음향투과손실과 STC 기준선 사이의 dB 차이의 합이 32dB을 초과해서는 안 된다.
- 위의 두 단계를 만족하는 조건에서 중심주파수 (㉡)Hz와 STC 기준선과 만나는 교점에서 수평선을 그어 이어 이에 해당하는 음향투과손실 값이 피시험체의 STC 값이 된다.

정답 21 ① 22 ④ 23 ① 24 ④ 25 ④ 26 ③

① ㉠ 3, ㉡ 500　② ㉠ 3, ㉡ 1,000
③ ㉠ 8, ㉡ 500　④ ㉠ 8, ㉡ 1,000

풀이 STC(음향투과 등급) 평가방법

㉠ 기준곡선 밑의 각 주파수 대역별 투과손실과 기준곡선의 차의 산술평균이 2dB 이내이어야 한다. 즉, 모든 중심주파수에서의 음향투과손실과 STC 기준곡선 사이의 dB 차이의 합이 32dB을 초과해서는 안 된다.

㉡ 1/3옥타브대역 중심주파수에 해당하는 음향투과손실 중에서 단 하나의 투과손실값도 STC 기준곡선과 비교하여 밑으로 최대 차이가 8dB을 초과해서는 안 된다.

㉢ 500Hz의 기준곡선의 값이 해당 자재의 음향투과등급이 된다.

㉣ 한계기준에서 벗어날 경우 음향투과등급은 기준 곡선을 상하로 조정하여 결정한다.

27 소음기의 성능을 나타내는 용어 중 소음기가 있는 그 상태에서 소음기의 입구 및 출구에서 측정된 음압레벨의 차로 정의되는 것은?

① 동적 삽입손실치　② 투과손실치
③ 감쇠치　④ 감음량

풀이 소음기의 성능표시

㉠ 삽입손실치(IL ; Insertion Loss) : 소음원에 소음기를 부착하기 전후의 공간상의 어떤 특정위치에서 측정한 음압레벨의 차이와 그 측정위치로 정의한다.

㉡ 동적삽입손실치(DIL ; Dynamic Insertion Loss) : 정격유속(Rated Flow) 조건하에서 소음원에 소음기를 부착하기 전후의 공간상의 어떤 특정위치에서 측정한 음압레벨의 차와 그 측정위치로 정의한다.

㉢ 감쇠치(ΔL ; Attenuation) : 소음기 내 두 지점 사이의 음향파워 감쇠치로 정의한다.

㉣ 감음량(NR ; Noise Reduction) : 소음기가 있는 그 상태에서 소음기의 입구 및 출구에서 측정된 음압레벨의 차로 정의한다.

㉤ 투과손실치(TL ; Transmission Loss) : 소음기를 투과한 음향출력에 대한 소음기에 입사된 음향출력의 비로 정의한다.

28 단일벽의 일치 효과에 관한 설명으로 옳지 않은 것은?

① 벽체의 굴곡운동에 의해 발생한다.
② 벽체의 두께가 상승하면 일치효과 주파수는 상승한다.
③ 벽체의 밀도가 상승하면 일치효과 주파수는 상승한다.
④ 일치효과 주파수는 벽체에 대한 입사음의 각도에 따라 변동한다.

풀이 벽의 두께와 일치 주파수는 반비례하므로 벽체의 두께가 상승하면 일치효과 주파수는 감소한다.

29 팽창형 소음기의 입구 및 팽창부의 직경이 각각 55cm, 125cm일 때, 기대할 수 있는 최대투과손실은 약 몇 dB인가?

① 2.6　② 5.6
③ 8.6　④ 15.6

풀이 $TL_{max} = \dfrac{D_2}{D_1} \times 4 = \dfrac{125}{55} \times 4 = 9.09\text{dB}$

30 판진동에 의한 흡음주파수가 100Hz이다. 판과 벽체 사이 최적 공기층이 32mm일 때, 이 판의 면밀도는 약 몇 kg/m²인가?(단, 음속은 340m/s, 공기밀도는 1.23kg/m³이다.)

① 11.3　② 21.5
③ 31.3　④ 41.5

풀이 $f = \dfrac{C}{2\pi}\sqrt{\dfrac{P}{m \times d}}$

$100 = \dfrac{340}{2 \times 3.14} \times \sqrt{\dfrac{1.23}{m \times 0.032}}$

$\dfrac{1.23}{m \times 0.032} = 1.847^2$

$m = 11.27\text{kg/m}^2$

정답 27 ④ 28 ② 29 ③ 30 ①

31 그림과 같은 방음벽에서 직접음의 회절감쇠치가 12dB(A), 반사음의 회절 감쇠치가 15dB(A), 투과 손실치가 16dB(A)이다. 이 방음벽의 삽입손실치는 약 몇 dB(A)인가?

① 9.2
② 11.2
③ 14.2
④ 16.2

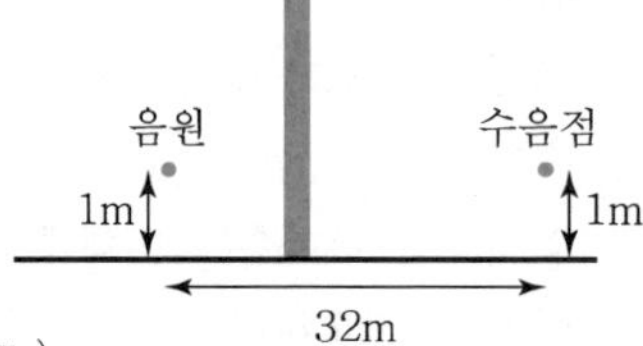

풀이 삽입손실치(ΔL_I)

$$\Delta L_I = -10\log\left(10^{-\frac{L_d}{10}} + 10^{-\frac{L_d'}{10}} + 10^{-\frac{TL}{10}}\right)$$
$$= -10\log\left(10^{-\frac{12}{10}} + 10^{-\frac{15}{10}} + 10^{-\frac{16}{10}}\right)$$
$$= 9.21\text{dB}$$

32 두께 0.25m, 밀도 0.18×10^{-2}kg/cm^{3}의 콘크리트 단일벽에 63Hz의 순음이 수직입사할 때, 이 벽의 투과손실은 약 몇 dB인가?(단, 질량법칙이 만족된다고 본다.)

① 26　② 36
③ 46　④ 56

풀이 $TL = 20\log(m \cdot f) - 43$

$$m = 0.18\times10^{-2}\text{kg/cm}^3 \times 0.25\text{m} \times 10^6\text{cm}^3/\text{m}^3 = 450\text{kg/m}^2$$
$$= 20\log(450\times63) - 43 = 46.05\text{dB}$$

33 공동공명기형 소음기의 공동 내에 흡음재를 충진할 경우에 감음특성으로 가장 적합한 것은?

① 저주파음 소거의 탁월현상이 증가되며 고주파까지 효과적인 감음특성을 보인다.
② 저주파음 소거의 탁월현상은 완화되지만 고주파까지 거의 평탄한 감음특성을 보인다.
③ 고주파음 소거의 탁월현상은 완화되지만 저주파까지 효과적인 감음특성을 보인다.
④ 고주파음 소거의 탁월현상이 증가되며 저주파에서는 일정한 감음특성을 보인다.

풀이 공명형 소음기의 감음특성
저 · 중음역의 탁월주파수 성분에 좋으며 소음기의 공동 내에 흡음재를 충진하면 저주파음 소거의 탁월현상이 완화된다.

34 파이프 반경이 0.5m인 파이프 벽에서 전파되는 종파의 전파속도가 5,326m/s인 경우 파이프의 링 주파수는 약 몇 Hz인가?

① 1,451.6　② 1,591.5
③ 1,695.3　④ 1,845.9

풀이 $f_r = \dfrac{C_L}{\pi d} = \dfrac{5{,}326}{3.14\times1} = 1{,}696.18\text{Hz}$

35 발파소음의 감소대책으로 옳지 않은 것은?

① 완전 전색이 이루어지도록 하여야 한다.
② 기폭방법에서는 역기폭보다는 정기폭을 사용한다.
③ 도폭선 사용을 피한다.
④ 주택가에서는 소할발파에 부치기발파를 하지 않아야 한다.

풀이 기폭방법은 정기폭보다 역기폭을 사용한다.

36 엘리베이터와 거실이 근접하여 있는 경우 소음대책으로 적당하지 않은 것은?

① 기계는 건축물 보에 지지하지 말고, 거실벽에 직접 지지하고, 승강로벽 및 승강로와 인접한 거실벽의 두께는 120mm 이상으로 한다.
② 승강로를 2중벽으로 하여 그 사이에 흡음재로 시공한다.
③ 기계실과 최상층 거실 사이에 창고, 설비실 등으로 설계한다.
④ 승강로벽 부근에 화장실 등의 부대설비를 설치하고 거주공간은 승강로벽으로부터 떨어지게 배치한다.

풀이 기계는 건축물 보에 직접 지지하여야 한다.

정답 31 ① 32 ③ 33 ② 34 ③ 35 ② 36 ①

37 가로×세로×높이가 각각 6m×7m×5m인 실내의 잔향시간이 1.7초였다. 이 실내에 음향파워레벨이 98dB인 음원이 있을 경우 이 실내의 음압레벨은 약 몇 dB인가?

① 85.6 ② 90.6
③ 100.4 ④ 105.4

풀이 $SPL = PWL + 10\log\left(\frac{4}{R}\right)$

$$R = \frac{S \cdot \bar{\alpha}}{1-\bar{\alpha}}$$

$$S = (6\times7\times2) + (6\times5\times2) + (7\times5\times2) = 214\text{m}^2$$

$$\bar{\alpha} = \frac{0.161\times V}{S\times T}$$

$$V = 6\times7\times5 = 210\text{m}^3$$

$$= \frac{0.161\times210}{214\times1.7} = 0.093$$

$$= \frac{214\times0.093}{1-0.093} = 21.94\text{m}^2$$

$$= 98 + 10\log\left(\frac{4}{21.94}\right) = 90.61\text{dB}$$

38 소음대책을 전달경로 대책과 수음자 대책으로 구분할 때, 다음 중 수음자 대책에 주로 해당하는 것은?

① 차음벽 등을 설치하여 소음의 전달경로를 바꾸어 준다.
② 흡음재를 부착하여 음향에너지의 감쇠를 증가시킨다.
③ 공기조화 장치의 덕트에 흡 · 차음재를 부착한다.
④ 작업공간에 방음부스 등을 설치한다.

풀이 작업공간에 방음부스 등을 설치하는 것은 수음자 대책이다.

39 유공판 구조체의 흡음특성에 대한 설명으로 가장 거리가 먼 것은?

① 유공판 구조체는 개구율에 따라 흡음특성이 달라진다.
② 유공판 구조체의 판의 두께, 구멍의 피치, 직경 등에 따라 흡음특성은 달라진다.
③ 유공석고보드, 유공하드보드 등이 해당되며, 흡음영역은 일반적으로 중음역이다.
④ 배후에 공기층을 두고 시공하면 그 공기층이 두꺼울수록 특정 주파수영역을 중심으로 뾰족한 산형 피크를 나타내고, 얇을수록 이중 피크를 보인다.

풀이 유공보드의 경우 배후에 공기층을 두어 시공하면 공기층이 상당히 두꺼운 경우를 제외하고 일반적으로는 어느 주파수 영역을 중심으로 산형의 흡음특성을 보인다.

40 어느 시료의 흡음성능을 측정하기 위해 정재파 관내법을 사용하였다. 1,000Hz 순음인 사인파의 정재파비가 1.6이었다면 이 흡음재의 흡음률은?

① 0.913 ② 0.931
③ 0.947 ④ 0.968

풀이 흡음률(α_t)

$$\alpha_t = \frac{4}{n + \frac{1}{n} + 2} = \frac{4}{1.6 + \frac{1}{1.6} + 2} = 0.947$$

3과목 소음진동공정시험 기준

41 압전형 진동픽업의 특징에 관한 설명으로 옳지 않은 것은?(단, 동전형 픽업과 비교한다.)

① 온도, 습도 등 환경조건의 영향을 받는다.
② 소형 경량이며, 중고주파 대역(10kHz 이하)의 가속도 측정에 적합하다.
③ 고유진동수가 낮고(보통 10~20Hz), 감도가 안정적이다.
④ 픽업의 출력임피던스가 크다.

풀이 ③항은 동전형 픽업에 대한 설명이다.

정답 37 ② 38 ④ 39 ④ 40 ③ 41 ③

42 다음은 규제기준 중 발파소음 측정평가에 관한 사항이다. (　　) 안에 알맞은 것은?

> 대상소음도에 시간대별 보정발파횟수(N)에 따른 보정량(㉠)을 보정하여 평가소음도를 구한다. 이 경우 지발발파는 보정발파횟수를 (㉡)로 간주한다.

① ㉠ $+10\log N$; $N>1$, ㉡ 1회
② ㉠ $+10\log N$; $N>1$, ㉡ 2회
③ ㉠ $+20\log N$; $N>1$, ㉡ 1회
④ ㉠ $+20\log N$; $N>1$, ㉡ 2회

풀이 대상소음도에 시간대별 보정발파횟수(N)에 따른 보정량($+10\log N$; $N>1$)을 보정하여 평가소음도를 구한다. 이 경우 지발발파는 보정발파횟수를 1회로 간주한다.

43 다음은 도로교통진동관리기준의 측정시간 및 측정지점수 기준이다. (　　) 안에 알맞은 것은?

> 시간대별로 진동피해가 예상되는 시간대를 포함하여 (㉠)의 측정지점 수를 선정하여 (㉡) 측정하여 산술평균한 값을 측정진동레벨로 한다.

① ㉠ 2개 이상, ㉡ 4시간 이상 간격으로 2회 이상
② ㉠ 2개 이상, ㉡ 2시간 이상 간격으로 2회 이상
③ ㉠ 1개 이상, ㉡ 4시간 이상 간격으로 2회 이상
④ ㉠ 1개 이상, ㉡ 2시간 이상 간격으로 2회 이상

풀이 시간대별로 진동피해가 예상되는 시간대를 포함하여 2개 이상의 측정지점 수를 선정하여 4시간 이상 간격으로 2회 이상 측정하여 산술평균한 값을 측정진동레벨로 한다.

44 소음 · 진동공정시험기준상 진동가속도레벨의 정의식으로 알맞은 것은?(단, a : 측정진동의 가속도 실효치(m/s^2), a_0 : 기준진동의 가속도 실효치(m/s^2)로 10^{-5}m/s^{2}한다.)

① $10\log(a/a_0)$　　② $20\log(a/a_0)$
③ $30\log(a/a_0)$　　④ $40\log(a/a_0)$

풀이 진동가속도레벨의 정의는 $20\log(a/a_0)$의 수식에 따르고, 여기서 a는 측정하고자 하는 진동의 가속도 실효치(단위 m/s^2)이며, a_0는 기준진동의 가속도 실효치로, 10^{-5}m/s^{2}으로 한다.

45 환경기준 중 소음을 측정할 때 소음계를 손으로 잡고 측정할 경우 소음계는 측정자의 몸으로부터 얼마 이상 떨어져야 하는가?

① 0.1m 이상　　② 0.3m 이상
③ 0.5m 이상　　④ 1.0m 이상

풀이 손으로 소음계를 잡고 측정할 경우 소음계는 측정자의 몸으로부터 0.5m 이상 떨어져야 한다.

46 항공기소음한도 측정방법에 관한 설명으로 옳지 않은 것은?

① KS C IEC 61672-1에 정한 클래스 2의 소음계 또는 동등 이상의 성능을 가진 것이어야 한다.
② 소음계의 청감보정회로는 A특성에 고정하여 측정하여야 한다.
③ 소음계와 소음도기록기를 연결하여 측정 · 기록하는 것을 원칙으로 하되, 소음도기록기가 없는 경우에는 소음계만으로 측정할 수 있다.
④ 소음계의 동특성을 빠름(Fast) 모드로 하여 측정하여야 한다.

풀이 소음계의 동특성은 느림(Slow) 모드로 하여 측정하여야 한다.

47 다음은 배경소음 보정에 관한 내용이다. (　　) 안에 가장 적합한 것은?

> 측정소음도가 배경소음보다 (　　) 차이로 크면, 배경소음의 영향이 있기 때문에 측정소음도에서 보정치를 보정한 후 대상소음도를 구한다.

① 0.1~9.9dB　　② 1.0~9.9dB
③ 2.0~9.9dB　　④ 3.0~9.9dB

정답 42 ① 43 ① 44 ② 45 ③ 46 ④ 47 ④

48 철도진동한도 측정자료 분석에 대한 설명 중 ( ) 안에 가장 적합한 것은?

열차의 운행횟수가 밤 · 낮 시간대별로 1일 (㉠)인 경우에는 측정열차 수를 줄여 그중 (㉡) 이상을 산술평균한 값을 철도진동레벨로 할 수 있다.

① ㉠ 5회 미만, ㉡ 중앙값
② ㉠ 5회 미만, ㉡ 조화평균값
③ ㉠ 10회 미만, ㉡ 중앙값
④ ㉠ 10회 미만, ㉡ 조화평균값

풀이 열차의 운행횟수가 밤 · 낮 시간대별로 1일 10회 미만인 경우에는 측정열차 수를 줄여 그중 중앙값 이상을 산술평균한 값을 철도진동레벨로 할 수 있다.

49 소음계의 구조별 성능기준에 관한 설명으로 옳지 않은 것은?

① Fast-slow Switch : 지시계기의 반응속도를 빠름 및 느림의 특성으로 조절할 수 있는 조절기를 가져야 한다.
② Amplifier : 동특성조절기에 의하여 전기에너지를 음향에너지로 변환시킨 양을 증폭시키는 것을 말한다.
③ Weighting Networks : 인체의 청감각을 주파수 보정특성에 따라 나타내는 것으로 A특성을 갖춘 것이어야 한다. 다만, 자동차 소음측정용은 C특성도 함께 갖추어야 한다.
④ Microphone : 지향성이 작은 압력형으로 하며, 기기의 본체와 분리가 가능하여야 한다.

풀이 Amplifier(증폭기)
마이크로폰에 의하여 음향에너지를 전기에너지로 변환시킨 양을 증폭시키는 장치를 말한다.

50 다음 중 측정소음도 및 배경소음도의 측정을 필요로 하는 기준은?

① 배출허용기준 및 동일 건물 내 사업장소음 규제기준
② 환경기준 및 배출허용기준
③ 환경기준 및 생활소음 규제기준
④ 환경기준 및 항공기소음 한도기준

51 진동레벨 측정을 위한 성능기준 중 진동픽업의 횡감도의 성능기준은?

① 규정주파수에서 수감축 감도에 대한 차이가 1dB 이상이어야 한다.(연직특성)
② 규정주파수에서 수감축 감도에 대한 차이가 5dB 이상이어야 한다.(연직특성)
③ 규정주파수에서 수감축 감도에 대한 차이가 10dB 이상이어야 한다.(연직특성)
④ 규정주파수에서 수감축 감도에 대한 차이가 15dB 이상이어야 한다.(연직특성)

풀이 진동픽업의 횡감도의 성능기준
규정주파수에서 수감축 감도에 대한 차이가 15dB 이상이어야 한다.

52 소음측정에 사용되는 소음측정기기의 성능기준으로 옳지 않은 것은?

① 측정 가능 주파수 범위는 8~31.5Hz 이상이어야 한다.
② 측정 가능 소음도 범위는 35~130dB 이상이어야 한다.
③ 자동차 소음측정을 위한 측정가능 소음도 범위는 45~130dB 이상으로 한다.
④ 레벨레인지 변환기가 있는 기기에 있어서 레벨레인지 변환기의 전환오차가 0.5dB 이내이어야 한다.

풀이 소음계의 성능기준
㉠ 측정 가능 주파수 범위는 31.5Hz~8kHz 이상이어야 한다.
㉡ 측정 가능 소음도 범위는 35~130dB 이상이어야 한다.(다만, 자동차소음 측정에 사용되는 것은 45~130dB 이상으로 한다.)
㉢ 특성별(A특성 및 C특성) 표준 입사각의 응답과 그 편차는 KS C IEC 61672-1의 표 2를 만족하여야 한다.

정답 48 ③ 49 ② 50 ① 51 ④ 52 ①

㉣ 레벨레인지 변환기가 있는 기기에 있어서 레벨레인지 변환기의 전환오차는 0.5dB 이내이어야 한다.
㉤ 지시계기의 눈금오차는 0.5dB 이내이어야 한다.

53 환경기준 중 소음측정방법에서 디지털 소음자동분석계를 사용할 경우 샘플주기는 몇 초 이내에서 결정하고, 몇 분 이상 측정하여야 하는가?

① 1초 이내, 5분 이상
② 5초 이내, 5분 이상
③ 5초 이내, 10분 이상
④ 10초 이내, 10분 이상

54 다음은 소음 · 진동공정시험기준에서 정한 용어의 정의이다. (　　) 안에 알맞은 것은?

> (　　)은 단조기의 사용, 폭약의 발파 시 등과 같이 극히 짧은 시간 동안에 발생하는 높은 세기의 진동을 말한다.

① 발파진동　② 폭파진동
③ 충격진동　④ 폭발진동

55 발파소음 측정자료 평가표 서식에 기록되어야 하는 사항으로 거리가 먼 것은?

① 폭약의 종류　② 1회 사용량
③ 발파횟수　④ 천공장의 깊이

풀이 발파소음 측정자료 평가표 기재사항
㉠ 폭약의 종류
㉡ 1회 사용량
㉢ 발파횟수
㉣ 측정지점 약도

56 규제기준 중 생활진동 측정방법에서 진동레벨기록기를 사용하여 측정할 경우 기록지상의 지시치의 변동폭이 5dB 이내일 때 배경진동레벨을 정하는 기준은?

① 구간 내 최대치부터 진동레벨의 크기순으로 5개를 산술평균한 진동레벨
② 구간 내 최대치부터 진동레벨의 크기순으로 10개를 산술평균한 진동레벨
③ L_{10} 진동레벨 계산방법에 의한 L_{10}값
④ L_5 진동레벨 계산방법에 의한 L_5값

57 진동배출허용기준 측정 시 측정기기의 사용 및 조작에 관한 설명으로 거리가 먼 것은?

① 진동레벨기록기가 없는 경우에는 진동레벨계만으로 측정할 수 있다.
② 진동레벨계의 출력단자와 진동레벨기록기의 입력단자를 연결한 후 전원과 기기의 동작을 점검하고 매회 교정을 실시하여야 한다.
③ 진동레벨계의 레벨레인지 변환기는 측정지점의 진동레벨을 예비조사한 후 적절하게 고정시켜야 한다.
④ 출력단자의 연결선은 회절음을 방지하기 위하여 지표면에 수직으로 설치하여야 한다.

풀이 진동픽업의 연결선은 잡음 등을 방지하기 위하여 지표면에 일직선으로 설치한다.

58 소음한도 중 항공기소음의 측정자료 분석 시 배경소음보다 10dB 이상 큰 항공기소음의 지속시간 평균치 $\overline{D}$가 63초일 경우 $\overline{WECPNL}$에 보정해야 할 보정량(dB)은?

① 4　② 5
③ 6　④ 7

풀이 보정량(dB) $= +10\log\left(\frac{\overline{D}}{20}\right)$

$= +10\log\left(\frac{63}{20}\right) = 5.0\text{dB}$

정답 53 ① 54 ③ 55 ④ 56 ② 57 ④ 58 ②

59 배출허용기준 중 소음측정 시 측정시간 및 측정지점 수 기준으로 옳은 것은?

① 피해가 예상되는 적절한 측정시각에 1지점을 선정 · 측정한 값을 측정소음도로 한다.
② 피해가 예상되는 적절한 측정시각에 2지점 이상의 측정지점 수를 선정 · 측정하여 그중 가장 높은 소음도를 측정소음도로 한다.
③ 피해가 예상되는 적절한 측정시각에 3지점 이상의 측정지점 수를 선정 · 측정하여 산술평균한 소음도를 측정소음도로 한다.
④ 피해가 예상되는 적절한 측정시각에 4지점 이상의 측정지점 수를 선정 · 측정하여 산술평균한 소음도를 측정소음도로 한다.

풀이 소음 배출허용기준의 측정시간 및 측정지점 수
피해가 예상되는 적절한 측정시각에 2지점 이상의 측정지점 수를 선정 · 측정하여 그중 가장 높은 소음도를 측정소음도로 한다.

60 다음 소음계의 기본 구성도 중 각 부분의 명칭으로 가장 적합한 것은?(단, [1], [2], [3], [5] 순이며, 4 : 교정장치, 6 : 동특성 조절기 7 : 출력단자, 8 : 지시계기이다.)

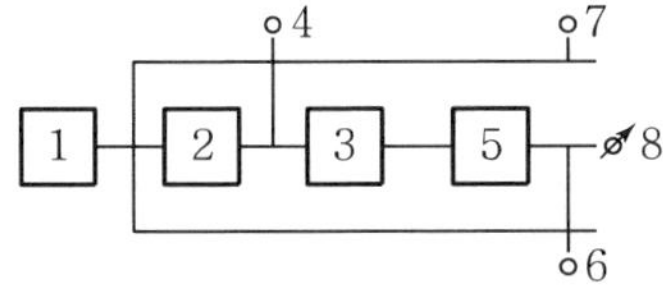

① 마이크로폰, 증폭기, 레벨레인지 변환기, 청감보정회로
② 마이크로폰, 청감보정회로, 증폭기, 레벨레인지 변환기
③ 마이크로폰, 레벨레인지 변환기, 증폭기, 청감보정회로
④ 마이크로폰, 청감보정회로, 레벨레인지 변환기, 증폭기

풀이 소음측정기기의 구성 및 순서

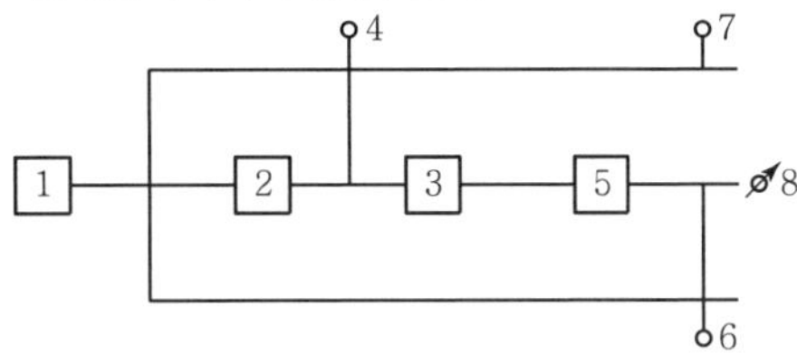

1. 마이크로폰
2. 레벨레인지 변환기
3. 증폭기
4. 교정장치
5. 청감보정회로(Weighting Networks)
6. 동특성 조절기
7. 출력단자(간이소음계 제외)
8. 지시계기

4과목 진동방지기술

61 운동방정식이 $m\ddot{x}+C_e\dot{x}+kx=0$으로 표시되는 감쇠 자유진동에서 감쇠비를 나타내는 식으로 옳지 않은 것은?(단, C_e : 감쇠계수, ω_n : 고유 각진동수이다.)

① $\dfrac{C_e\omega_n}{2k}$　　② $\dfrac{C_e}{2k\omega_n}$
③ $\dfrac{C_e}{2m\omega_n}$　　④ $\dfrac{C_e}{2\sqrt{mk}}$

풀이 $\xi=\dfrac{C_e}{C_c}=\dfrac{C_e}{2\sqrt{m\cdot k}}=\dfrac{C_e}{2m\omega_n}=\dfrac{C_e\omega_n}{2k}$

62 비감쇠 진동계에서 전달률 T를 10%로 하려면 진동수 비(ω/ω_n)는 얼마로 하여야 하는가?

① 1.5　　② 2.7
③ 3.3　　④ 4.2

정답 59 ② 60 ③ 61 ② 62 ③

풀이

$$T=\frac{1}{\eta^2-1}$$

$$0.1=\frac{1}{\eta^2-1}$$

$$\eta^2=\frac{1}{0.1}+1=11$$

$$\eta=\sqrt{11}=3.32$$

63 다음 중 물리적 거동에 따른 감쇠의 분류에 해당하지 않는 것은?

① 점성감쇠　　② 구조감쇠
③ 부족감쇠　　④ 건마찰감쇠

풀이 감쇠의 분류(감쇠기구의 관찰특성에 따른 분류)
㉠ 점성감쇠
㉡ 건마찰감쇠(쿨롱감쇠)
㉢ 구조감쇠
㉣ 자기력감쇠
㉤ 방사감쇠

64 진동원에서 발생하는 가진력은 특성에 따라 기계회전부의 질량 불평형, 기계의 왕복운동 및 충격에 의한 가진력 등으로 대별되는데 다음 중 발생 가진력이 주로 충격에 의해 발생하는 것은?

① 단조기　　② 전동기
③ 송풍기　　④ 펌프

풀이 가진력 발생의 예
㉠ 기계의 왕복운동에 의한 관성력(횡형 압축기, 활판인쇄기 등)
㉡ 기계회전부의 질량 불균형(송풍기 등 회전기계 중 회전부 중심이 맞지 않을 때)
㉢ 질량의 낙하운동에 의한 충격력(단조기)

65 다음 조건으로 기초 위 가대에 기계에 의한 조화파형 상하진동이 작용할 때 정적 변위는 약 몇 cm인가?

- 기계중량 : 3t
- 가대 중량 : 9.6t
- 회전수 : 900rpm
- 가진력 진폭 : 500kg
- 방진고무의 동적 스프링 정수 : 2t/cm
- 방진고무 수량 : 6개
- 감쇠비 : 0.05

① 3.56×10^{-2}　　② 4.17×10^{-2}
③ 5.56×10^{-3}　　④ 6.89×10^{-3}

풀이 정적 변위(δ)

$$\delta=\frac{F_o}{k}$$

$$k=2\times6=12\text{ton/cm}$$

$$F_o=0.5\text{ton}$$

$$=\frac{0.5}{12}=0.0417\text{cm}=4.17\times10^{-2}\text{cm}$$

66 기계기초나 건물기초의 고유진동수를 작게 하기 위한 토양의 지지압력은?

① 토양의 지지압력을 크게 하면 된다.
② 토양의 지지압력을 작게 하면 된다.
③ 토양의 지지압력과 관계 없다.
④ 토양의 지지압력을 일정히 한다.

67 그림과 같은 비틀림 진동계에서 축의 직경을 4배로 할 때 계의 고유진동수 f_n은 어떻게 변화되겠는가?(단, 축의 질량효과는 무시한다.)

① 원래의 1/16
② 원래의 1/4
③ 원래의 4배
④ 원래의 16배

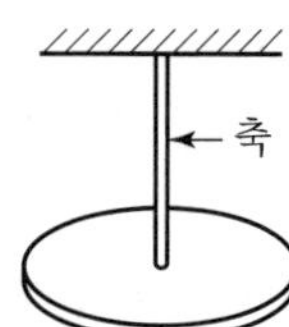

풀이

$$f_n=\frac{1}{2\pi}\sqrt{\frac{k}{j}}$$

$k=\dfrac{\pi d^4 G}{32l}$에서 $k\propto d^4=4^4=256$

$f_n\propto\sqrt{k}=\sqrt{256}=16$ (원래의 16배)

정답 63 ③ 64 ① 65 ② 66 ① 67 ④

68 정현진동에 있어서 진동의 정량적 크기를 표시하는 방법 중 가장 수치가 큰 것은?

① 평균치(Average)
② 전진폭(Peak to Peak)
③ 실효치(Root Mean Square)
④ 진폭(Peak)

69 서징에 관한 설명으로 옳은 것은?

① 탄성지지계에서 서징 발생 시 급격한 감쇠가 일어난다.
② 코일스프링의 고유진동수가 가진 진동수가 일치된 경우 일어난다.
③ 서징은 방진고무에서 주로 나타난다.
④ 서징이 일어나면 탄성지지계의 진동 전달률이 현저히 저하된다.

풀이 서징(Surging) 현상
코일스프링 자신의 탄성진동의 고유진동수가 외력의 진동수와 공진하는 상태로, 이 진동수에서는 방진효과가 현저히 저하된다.

70 공기스프링에 관한 설명으로 옳은 것은?

① 부하능력이 거의 없다.
② 압축기 등 부대시설이 필요하다.
③ 공기 누출의 위험이 없다.
④ 사용진폭이 커서 별도의 댐퍼를 필요로 하지 않는다.

풀이 공기스프링의 장단점
㉠ 장점
- 설계 시에 스프링의 높이, 스프링 정수, 내하력(하중)을 각각 독립적으로 자유롭고 광범위하게 선정할 수 있다.
- 높이 조절밸브를 병용하면 하중의 변화에 따른 스프링 높이를 조절하여 기계의 높이를 일정하게 유지할 수 있다.
- 하중의 변화에 따라 고유진동수를 일정하게 유지할 수 있다.
- 부하능력이 광범위하고 자동제어가 가능하다.(1개의 스프링으로 동시에 횡강성도 이용할 수 있다.)
- 고주파 진동의 절연특성이 가장 우수하고 방음효과도 크다.

㉡ 단점
- 구조가 복잡하고 시설비가 많이 든다.(구조에 의해 설계상 제약 있음)
- 압축기 등 부대시설이 필요하다.
- 공기누출의 위험이 있다.
- 사용진폭이 작은 것이 많으므로 별도의 댐퍼가 필요한 경우가 많다.(공기스프링을 기계의 지지장치에 사용할 경우 스프링에 허용되는 동변위가 극히 작은 경우가 많으므로 내장하는 공기 감쇠력으로 충분하지 않은 경우가 많음)
- 금속스프링으로 비교적 용이하게 얻는 고유진동수 1.5Hz 이상의 범위에서는 타 종류의 스프링에 비해 비싼 편이다.

71 기초 구조물을 방진설계 시 내진, 면진, 제진 측면에서 볼 때 "내진설계"에 대한 설명으로 옳은 것은?

① 지진하중과 같은 수평하중을 견디도록 구조물의 강도를 증가시켜 진동을 저감하는 방법
② 지진 하중에 대한 반대되는 방향으로 인위적인 진동을 가하여 진동을 상쇄시키는 방법
③ 스프링, 고무 등으로 구조물을 지지하여 진동을 저감하는 방법
④ 에너지 흡수기와 같은 진동 저감장치를 이용하여 진동을 저감하는 방법

풀이 내진설계
㉠ 지지하중과 같은 수평하중을 견디도록 구조물의 강도를 증가시켜 진동을 저감하는 방식이다.
㉡ 구조물의 강성을 증가시켜 지진력에 저항하는 방법을 의미한다.

72 자동차 진동 후 플로워 진동이라고도 불리며, 차량의 중속 및 고속주행 상태에서 차체가 약 15~25Hz 주파수 범위로 진동하는 현상은?

① 시미(Shimmy) ② 저크(Jerk)
③ 셰이크(Shake) ④ 와인드 업(Wind up)

정답 68 ② 69 ② 70 ② 71 ① 72 ③

73 방진을 위한 가진력 저감에 관한 설명으로 옳지 않은 것은?

① 회전기계 회전부의 불평형은 정밀 실험을 통해 교정한다.
② 기계, 기초를 움직이는 가진력을 감소시키기 위해 탄성지지 한다.
③ 복수 개의 실린더를 가진 크랭크를 왕복동단일 실린더 기계로 교체한다.
④ 단조기를 단압프레스로 교체하여 가진력을 감소시킨다.

풀이 크랭크 기구를 가진 왕복운동기계는 복수 개의 실린더를 가진 것으로 교체한다.

74 방진고무의 특성에 관한 설명으로 옳지 않은 것은?

① 내부 감쇠저항이 작아, 추가적인 감쇠장치가 필요하다.
② 내유성을 필요로 할 때에는 천연고무는 바람직하지 못하고, 합성고무를 선정해야 한다.
③ 역학적 성질은 천연고무가 아주 우수하나 용도에 따라 합성고무도 사용된다.
④ 진동수 비가 1 이상인 방진영역에서도 진동전달률은 거의 증대하지 않는다.

풀이 방진고무는 내부 감쇠저항이 크기 때문에 추가적인 감쇠장치(댐퍼)가 필요하지 않다.

75 무게 120N인 기계를 스프링 정수 30N/cm인 방진고무로 지지하고자 한다. 방진고무 4개로 4점 지지할 경우 방진고무의 정적 수축량은 몇 cm인가?(단, 감쇠비는 무시한다.)

① 7.5　　② 4
③ 2　　④ 1

풀이 $f_n = 4.98\sqrt{\dfrac{1}{\delta_{st}}}$

$$\delta_{st} = \left(\frac{4.98}{f_n}\right)^2$$

$$f_n = \frac{1}{2\pi}\sqrt{\frac{k \cdot g}{W}} = \frac{1}{2\pi}\sqrt{\frac{30 \times 980}{120}} = 2.49\text{Hz}$$

$$= \left(\frac{4.98}{2.49}\right)^2 = 4\text{cm}/4 = 1\text{cm}$$

76 스프링 상수 k_1=35N/m, k_2=45N/m인 두 스프링을 그림과 같이 직렬로 연결하고 질량 m =4.5kg을 매달았을 때, 연직방향의 고유진동수는 몇 Hz인가?

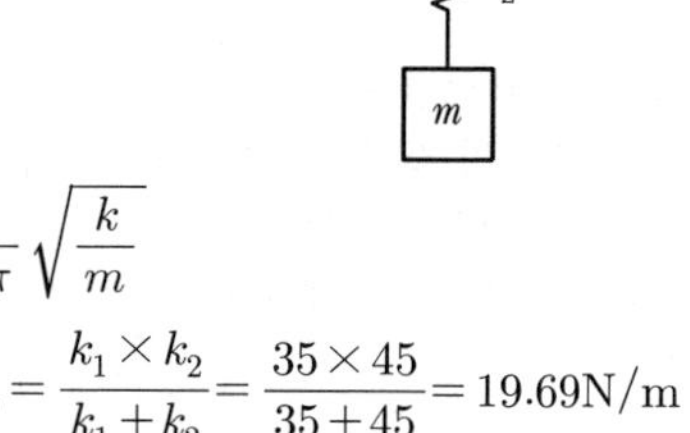

① $1.05/\pi$
② 1.05π
③ $1.16/\pi$
④ 1.16π

풀이 $f_n = \dfrac{1}{2\pi}\sqrt{\dfrac{k}{m}}$

$$k_{eq} = \frac{k_1 \times k_2}{k_1 + k_2} = \frac{35 \times 45}{35 + 45} = 19.69\text{N/m}$$

$$= \frac{1}{2\pi}\sqrt{\frac{19.69}{4.5}} = \frac{1.05}{\pi}\text{Hz}$$

77 아래 그림과 같이 진동계가 강제 진동을 하고 있으며, 그 진폭은 X일 때, 기초에 전달되는 최대 힘은?

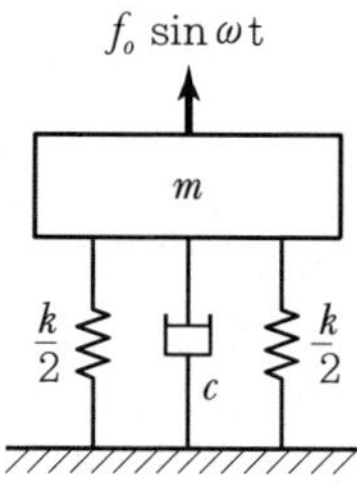

① $kX + c\omega X$　　② $\sqrt{kX + c\omega X}$
③ $kX^2 + c\omega X^2$　　④ $\sqrt{kX^2 + c\omega X^2}$

정답 73 ③ 74 ① 75 ④ 76 ① 77 ④

78 진동에 의한 기계에너지를 열에너지로 변환시키는 기능은?

① 자유진동　② 모멘트
③ 스프링　④ 감쇠

풀이 감쇠는 물체운동의 반대 방향으로 저항력이 발생하여 계의 운동에너지 또는 위치에너지를 다른 형태의 에너지(열 또는 음향에너지)로 변환하여 에너지를 소산시키는 역할을 한다.

79 그림과 같이 길이 l, 강성도 EI인 외팔보의 자유단에 질량 m이 있는 경우 이 계의 고유진동수는?(단, 보의 무게는 무시한다.)

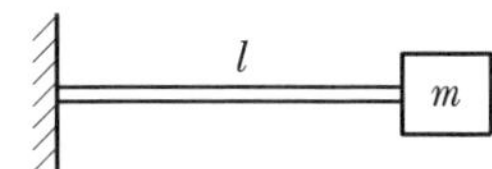

① $\frac{1}{2\pi}\sqrt{\frac{EI}{2ml^3}}$　② $\frac{1}{2\pi}\sqrt{\frac{2EI}{ml^3}}$
③ $\frac{1}{2\pi}\sqrt{\frac{EI}{3ml^3}}$　④ $\frac{1}{2\pi}\sqrt{\frac{3EI}{ml^3}}$

풀이 질량이 붙은 외팔보 진동계(자유단)

$$f_n = \frac{1}{2\pi}\sqrt{\frac{3EI}{ml^3}}$$

여기서, E : 재료의 세로 탄성계수
I : 보의 단면 2차 모멘트
EI : 보의 강성도
l : 보의 길이
m : 질량
$k = \frac{3EI}{l^3}$

80 감쇠자유진동을 하는 진동계에서 진폭이 3 사이클 뒤에 50% 감소되었다면, 이 계의 대수감쇠율은?

① 0.231　② 0.347
③ 0.366　④ 0.549

풀이 대수감쇠율(Δ)

$$\Delta = \frac{1}{n}\ln\left(\frac{x_1}{x_3}\right)$$

진폭이 50% 감쇠 → $x_3 = 0.5x_1$
n은 진폭의 사이클 수 → 3

$$\Delta = \frac{1}{3}\ln\left(\frac{x_1}{0.5x_1}\right) = \frac{1}{3}\ln 2 = 0.231$$

5과목 소음진동관계법규

81 환경정책기본법령상 용어의 정의 중 "일정한 지역에서 환경오염 또는 환경훼손에 대하여 환경이 스스로 수용, 정화 및 복원하여 환경의 질을 유지할 수 있는 한계"를 뜻하는 것은?

① 환경순화　② 환경기준
③ 환경용량　④ 환경영향한계

82 소음 · 진동관리법령상 자동차의 종류에 관한 기준으로 옳지 않은 것은?(단, 2006년 1월 1일부터 제작되는 자동차 기준이다.)

① 이륜자동차에는 뒤 차붙이 이륜자동차 및 이륜차에서 파생된 3륜 이상의 최고속도 40km/h를 초과하는 이륜자동차를 포함한다.
② 화물자동차에 해당되는 건설기계의 종류는 환경부장관이 정하여 고시한다.
③ 빈 차 중량이 0.5톤 이상인 이륜자동차는 경자동차로 분류한다.
④ 승용자동차에는 지프(Jeep) · 왜건(Wagon) 및 승합차를 포함한다.

풀이 이륜자동차에는 옆 차붙이 이륜자동차 및 이륜차에서 파생된 3륜 이상의 최고속도 50km/hr를 초과하는 이륜자동차를 포함하며, 빈 차 중량이 0.5톤 이상인 이륜자동차는 경자동차로 분류한다.

정답 78 ④ 79 ④ 80 ① 81 ③ 82 ①

83 소음 · 진동관리법령상 규정에 의한 환경기술인을 임명하지 아니한 경우의 행정처분기준의 순서로 옳은 것은?(단, 1차－2차－3차－4차 위반 순이다.)

① 경고－조업정지 5일－조업정지 10일－조업정지 30일
② 경고－조업정지 10일－조업정지 30일－허가취소
③ 환경기술인 선임명령－경고－조업정지 5일－조업정지 10일
④ 환경기술인 선임명령－조업정지 5일－조업정지 10일－경고

풀이 환경기술인을 임명하지 아니한 경우 행정처분
㉠ 1차 : 환경기술인 선임명령
㉡ 2차 : 경고
㉢ 3차 : 조업정지 5일
㉣ 4차 : 조업정지 10일

84 소음 · 진동관리법령상 특정 공사의 사전신고 대상 기계 · 장비에 해당하지 않는 것은?

① 휴대용 브레이커
② 발전기
③ 공기압축기(공기토출량이 분당 2.83세제곱미터 이상의 이동식인 것으로 한정한다)
④ 압입식 항타항발기

풀이 특정 공사의 사전신고 대상 기계 · 장비의 종류
㉠ 항타기 · 항발기 또는 항타항발기(압입식 항타항발기는 제외한다.)
㉡ 천공기
㉢ 공기압축기(공기토출량이 분당 2.83세제곱미터 이상의 이동식인 것으로 한정한다.)
㉣ 브레이커(휴대용을 포함한다.)
㉤ 굴삭기
㉥ 발전기
㉦ 로더
㉧ 압쇄기
㉨ 다짐기계
㉩ 콘크리트 절단기
㉪ 콘크리트 펌프

85 소음 · 진동관리법령상 방지시설을 설치하여야 하는 사업장이 방지시설을 설치하지 아니하고 배출시설을 가동한 경우의 2차 행정처분 기준은?

① 조업정지 ② 사용금지명령
③ 폐쇄명령 ④ 허가취소

풀이 방지시설을 설치하지 아니하고 배출시설을 가동한 경우 행정처분기준
㉠ 1차 : 조업정지
㉡ 2차 : 허가취소

86 소음 · 진동관리법령상 이 법의 목적을 가장 적합하게 표현한 것은?

① 소음 · 진동에 관한 국민의 권리 · 의무와 국가의 책무를 명확히 정하여 지속 가능하게 개발 · 관리 · 보전함을 목적으로 한다.
② 공장 · 건설공사장 · 도로 · 철도 등으로부터 발생하는 소음 · 진동으로 인한 피해를 방지하고 소음 · 진동을 적정하게 관리하여 모든 국민이 조용하고 평온한 환경에서 생활할 수 있게 함을 목적으로 한다.
③ 소음 · 진동으로 인한 국민건강이나 환경에 관한 위해(危害)를 예방하고 국가가 보건환경활동을 활발하게 수행할 수 있게 하는 것을 목적으로 한다.
④ 사업활동 등으로 인하여 발생하는 소음 · 진동의 피해를 방지하고, 공공사업자 및 개인사업자가 지속 발전 가능한 개발사업을 활발하게 영위하는 것을 목적으로 한다.

87 소음 · 진동관리법령상 진동방지시설로 가장 거리가 먼 것은?

① 탄성지지시설 및 제진시설
② 배관진동 절연장치 및 시설
③ 방진터널시설
④ 방진구시설

정답 83 ③ 84 ④ 85 ④ 86 ② 87 ③

풀이 방진시설

㉠ 탄성지지시설 및 제진시설
㉡ 방진구시설
㉢ 배관진동 절연장치 및 시설
㉣ ㉠부터 ㉢까지의 규정과 동등하거나 그 이상의 방지효율을 가진 시설

88 소음 · 진동관리법령상 환경부장관은 인증시험대행기관이 다른 사람에게 자신의 명의로 인증시험을 하게 하는 행위를 한 경우에는 그 지정을 취소하거나 기간을 정하여 업무의 전부나 일부의 정지를 명할 수 있는데, 이때 명할 수 있는 업무정지 기간은?

① 6개월 이내의 기간
② 1년 이내의 기간
③ 1년 6개월 이내의 기간
④ 2년 이내의 기간

89 소음 · 진동관리법령상 소음발생건설기계 중 굴착기의 출력기준으로 옳은 것은?

① 정격출력 500kW 초과
② 정격출력 19kW 이상 500kW 미만
③ 정격출력 19kW 미만
④ 휴대용을 포함하며, 중량 5톤 이하

풀이 소음발생건설기계의 종류

㉠ 굴삭기(정격출력 19kW 이상 500kW 미만의 것으로 한정한다.)
㉡ 다짐기계
㉢ 로더(정격출력 19kW 이상 500kW 미만의 것으로 한정한다.)
㉣ 발전기(정격출력 400kW 미만의 실외용으로 한정한다.)
㉤ 브레이커(휴대용을 포함하며, 중량 5톤 이하로 한정한다.)
㉥ 공기압축기(공기토출량이 분당 2.83세제곱미터 이상의 이동식인 것으로 한정한다.)
㉦ 콘크리트 절단기
㉧ 천공기
㉨ 항타 및 항발기

90 환경정책기본법령상 소음의 환경기준으로 옳은 것은?

① 낮 시간대 일반지역의 녹지지역 : 50L_{eq}dB(A)
② 낮 시간대 도로변지역의 녹지지역 : 50L_{eq}dB(A)
③ 밤 시간대 일반지역의 녹지지역 : 50L_{eq}dB(A)
④ 밤 시간대 도로변지역의 녹지지역 : 50L_{eq}dB(A)

풀이 소음환경기준 [Leq dB(A)]

지역 구분	적용대상 지역	기준	
		낮(06:00 ~22:00)	밤(22:00 ~06:00)
일반 지역	"가" 지역	50	40
	"나" 지역	55	45
	"다" 지역	65	55
	"라" 지역	70	65
도로변 지역	"가" 및 "나" 지역	65	55
	"다" 지역	70	60
	"라" 지역	75	70

[비고]
1. 지역구분별 적용 대상지역의 구분은 다음과 같다.
 가. "가" 지역
  1) 「국토의 계획 및 이용에 관한 법률」에 따른 녹지지역
  2) 「국토의 계획 및 이용에 관한 법률」에 따른 보전관리지역
  3) 「국토의 계획 및 이용에 관한 법률」에 따른 농림지역 및 자연환경보전지역
  4) 「국토의 계획 및 이용에 관한 법률」에 따른 전용주거지역
  5) 「의료법」에 따른 종합병원의 부지경계로부터 50m 이내의 지역
  6) 「초 · 중등교육법」 및 「고등교육법」에 따른 학교의 부지경계로부터 50m 이내의 지역
  7) 「도서관법」에 따른 공공도서관의 부지경계로부터 50m 이내의 지역
 나. "나" 지역
  1) 「국토의 계획 및 이용에 관한 법률」에 따른 생산관리지역
  2) 「국토의 계획 및 이용에 관한 법률 시행령」에 따른 일반주거지역 및 준주거지역
 다. "다" 지역
  1) 「국토의 계획 및 이용에 관한 법률」에 따른 상업지역 및 같은 항 제2호 다목에 따른 계획관리지역
  2) 「국토의 계획 및 이용에 관한 법률 시행령」에 따른 준공업지역

정답 88 ① 89 ② 90 ①

라. "라" 지역
「국토의 계획 및 이용에 관한 법률 시행령」에 따른 전용공업지역 및 일반공업지역

91 다음은 소음 · 진동관리법령상 과태료 부과기준 중 일반기준에 관한 설명이다. (   ) 안에 가장 적합한 것은?

> 위반행위의 횟수에 따른 과태료의 가중된 부과기준은 최근 (㉠) 같은 위반행위로 과태료 부과처분을 받은 경우에 적용한다. 부과권자는 위반행위가 사소한 부주의나 오류로 인한 것으로 인정되는 경우 과태료 금액의 (㉡)의 범위에서 감경할 수 있다.

① ㉠ 1년간, ㉡ 10분의 1
② ㉠ 1년간, ㉡ 2분의 1
③ ㉠ 2년간, ㉡ 10분의 1
④ ㉠ 2년간, ㉡ 2분의 1

풀이 과태료 부과기준
㉠ 위반행위의 횟수에 따른 부과기준은 최근 1년간 같은 위반행위로 부과처분을 받은 경우에 적용한다. 이 경우 위반행위에 대하여 과태료를 부과 처분한 날과 다시 동일한 위반행위를 적발한 날을 각각 기준으로 하여 위반횟수를 계산한다.
㉡ 부과권자는 위반행위의 동기와 그 결과 등을 고려하여 과태료 금액의 2분의 1 범위에서 감경할 수 있다.

92 소음 · 진동관리법령상 거짓이나 부정한 방법으로 배출시설 설치신고를 하고 배출시설을 설치한 자에 대한 벌칙기준은?

① 3년 이하의 징역 또는 1천500만 원 이하의 벌금
② 1년 이하의 징역 또는 1천만 원 이하의 벌금
③ 6개월 이하의 징역 또는 500만 원 이하의 벌금
④ 300만 원 이하의 과태료

풀이 소음진동관리법 제58조 참조

93 소음 · 진동관리법령상 운행차 정기검사의 방법 · 기준 및 대상 항목에서 소음도 측정 중 배기소음 측정 검사방법으로 옳은 것은?

① 자동차의 변속장치를 중립 위치로 하고 정지가동상태의 원동기의 최고 출력 시의 100% 회전속도로 10초 동안 운전하여 최대소음도를 측정한다.
② 자동차의 변속장치를 운행 위치로 하고 정지가동상태에서 원동기의 최고 출력 시의 85% 회전속도로 10초 동안 운전하여 최대소음도를 측정한다.
③ 자동차의 변속장치를 운행 위치로 하고 정지가동상태에서 원동기의 최고 출력 시의 80% 회전속도로 5초 동안 운전하여 최대소음도를 측정한다.
④ 자동차의 변속장치를 중립 위치로 하고 정지가동상태에서 원동기의 최고 출력 시의 75% 회전속도로 4초 동안 운전하여 최대소음도를 측정한다.

94 소음 · 진동관리법령상 거짓의 소음도표지를 붙인 자에 대한 벌칙기준은?

① 6개월 이하의 징역 또는 500만 원 이하의 벌금
② 1년 이하의 징역 또는 1천만 원 이하의 벌금
③ 3년 이하의 징역 또는 1천500만 원 이하의 벌금
④ 100만 원 이하의 과태료

풀이 소음진동관리법 제57조 참조

95 환경정책기본법령상 환경부장관은 확정된 국가환경종합계획의 종합적 · 체계적 추진을 위하여 몇 년마다 환경보전중기종합계획을 수립하여야 하는가?

① 3년 ② 5년
③ 7년 ④ 10년

정답 91 ② 92 ③ 93 ④ 94 ② 95 ②

96 소음 · 진동관리법령상 인증을 면제할 수 있는 자동차에 해당하는 것은?

① 박람회용 전시 자동차
② 국가대표 선수용으로 사용하기 위하여 반입하는 자동차로서 문화체육관광부장관의 확인을 받은 자동차
③ 외국에서 국내의 비영리단체에 무상으로 기증하여 반입하는 자동차
④ 항공기 지상조업용으로 반입하는 자동차

풀이 인증을 면제할 수 있는 자동차
㉠ 군용 · 소방용 및 경호업무용 등 국가의 특수한 공무용으로 사용하기 위한 자동차
㉡ 주한 외국공관, 외교관, 그 밖에 이에 준하는 대우를 받는 자가 공무용으로 사용하기 위하여 반입하는 자동차로서 외교부장관의 확인을 받은 자동차
㉢ 주한 외국군대의 구성원이 공무용으로 사용하기 위하여 반입하는 자동차
㉣ 수출용 자동차나 박람회, 그 밖에 이에 준하는 행사에 참가하는 자가 전시를 목적으로 사용하는 자동차
㉤ 여행자 등이 다시 반출할 것을 조건으로 일시 반입하는 자동차
㉥ 자동차제작자 · 연구기관 등이 자동차의 개발이나 전시 등을 목적으로 사용하는 자동차
㉦ 외국인 또는 외국에서 1년 이상 거주한 내국인이 주거를 이전하기 위하여 이주물품으로 반입하는 1대의 자동차

97 다음은 소음 · 진동관리법령상 생활소음의 규제기준이다. ( ) 안에 알맞은 것은?

공사장 소음규제기준은 주간의 경우 특정공사 사전신고대상 기계 · 장비를 사용하는 작업시간이 1일 3시간 초과 6시간 이하일 때는 ( )을 규제기준치에 보정한다.

① +1dB ② +3dB
③ +5dB ④ +10dB

풀이 공사장 소음규제기준은 주간의 경우 특정 공사 사전신고 대상 기계 · 장비를 사용하는 작업시간이 1일 3시간 이하일 때는 +10dB을, 3시간 초과 6시간 이하일 때는 +5dB을 규제기준치에 보정한다.

98 소음 · 진동관리법령상 측정망 설치계획을 고시할 때 포함되지 않아도 되는 사항은?

① 측정망의 설치시기
② 측정망의 배치도
③ 측정망의 수
④ 측정소를 설치한 건축물의 위치 및 면적

풀이 측정망 설치계획고시 포함사항
㉠ 측정망의 설치시기
㉡ 측정망의 배치도
㉢ 측정소를 설치한 건축물의 위치와 면적

99 소음 · 진동관리법령상 특정공사 사전신고를 한 자가 변경신고를 하기 위한 사항 중 "환경부령으로 정하는 중요한 사항"에 해당하지 않는 것은?

① 특정공사 사전신고 대상 기계 · 장비의 10퍼센트 이상의 증가
② 특정공사 기간의 연장
③ 공사 규모의 10퍼센트 이상 확대
④ 소음 · 진동 저감대책의 변경

풀이 환경부령으로 정하는 중요한 사항
㉠ 특정공사 사전신고 대상 기계 · 장비의 30퍼센트 이상의 증가
㉡ 특정공사 기간의 연장
㉢ 방음 · 방진시설의 설치명세 변경
㉣ 소음 · 진동 저감대책의 변경
㉤ 공사규모의 10퍼센트 이상 확대

정답 96 ① 97 ③ 98 ③ 99 ①

100 소음 · 진동관리법령상 운행자동차의 경적소음 허용기준으로 옳은 것은?(단, 2006년 1월 1일 이후에 제작되는 자동차이며, 중대형 승용자동차 기준이다.)

① 100dB(C) 이하 ② 105dB(C) 이하
③ 110dB(C) 이하 ④ 112dB(C) 이하

풀이 운행자동차 소음허용기준

자동차 종류 \ 소음 항목		배기소음 [dB(A)]	경적소음 [dB(C)]
경자동차		100 이하	110 이하
승용자동차	소형	100 이하	110 이하
	중형	100 이하	110 이하
	중대형	100 이하	112 이하
	대형	105 이하	112 이하
화물자동차	소형	100 이하	110 이하
	중형	100 이하	110 이하
	대형	105 이하	112 이하
이륜자동차		105 이하	110 이하

※ 2006년 1월 1일 이후에 제작되는 자동차

정답 100 ④

024 2020년 4회 기사

1과목 소음진동개론

01 진동의 영향에 관한 설명으로 옳은 것은?

① 4~14Hz에서 복통을 느끼고, 9~20Hz에서는 대소변을 보고 싶게 한다.
② 수직 및 수평 진동이 동시에 가해지면 10배 정도의 자각현상이 나타난다.
③ 6Hz에서 머리는 가장 큰 진동을 느낀다.
④ 20~30Hz 부근에서 심한 공진현상을 보여 가해진 진동보다 크게 느끼고, 진동수 증가에 따라 감쇠는 급격히 감소한다.

풀이 ② 수직 및 수평 진동이 동시에 가해지면 2배 정도의 자각현상이 나타난다.
③ 6Hz에서 허리, 가슴 및 등 쪽에 심한 통증을 느낀다.
④ 3~6Hz 부근에서 심한 공진현상을 보여 가해진 진동보다 크게 느끼고, 진동수가 증가함에 따라 감쇠는 급격히 감소한다.

02 다음 중 구조 감쇠에 관한 설명으로 가장 적합한 것은?

① 구조물이 조화 외력에 의해 변형할 때 외력에 의한 일이 열 또는 음향 에너지로 소산하는 현상
② 윤활이 되지 않는 두 면 사이의 상대 운동에 의해 에너지가 소산하는 현상
③ 구조물이 운동할 때 유체의 점성에 의해 에너지가 소산하는 현상
④ 구조물의 임피던스 부정합에 의해 빛에너지가 소산하여 가진되는 현상

03 소음의 영향에 관한 다음 설명 중 거리가 먼 것은?

① 소음의 신체적 영향으로는 혈당도 상승, 백혈구 수 증가, 혈중 아드레날린 증가 등이 있다.
② 4분법 청력손실이 옥타브밴드 중심주파수 500~2,000Hz 범위에서 15dB 이상이 되면 난청이라 한다.
③ 소음성 난청은 내이의 세포변성이 주요한 원인이다.
④ 영구적 청력손실(PTS)을 소음성 난청이라고도 한다.

풀이 청력손실이 옥타브밴드 중심주파수 500~2,000Hz 범위에서 25dB 이상이면 난청이라 평가한다.

04 수직보정곡선의 주파수 범위(f(Hz))가 $4 \le f \le 8$일 때, 주파수 대역별 보정치의 물리량(m/s^2)으로 옳은 것은?

① $2\times10^{-5}\times f^{-\frac{1}{2}}$　② 10^{-5}
③ 1.25×10^{-5}　④ $0.125\times10^{-5}\times f$

풀이 주파수 대역별 보정치의 물리량(수직보정)
㉠ $1 \le f \le 4$Hz
$a = 2\times10^{-5}\times f^{-\frac{1}{2}}(m/s^2)$
㉡ $4 \le f \le 8$Hz
$a = 10^{-5}(m/s^2)$
㉢ $8 \le f \le 90$Hz
$a = 0.125\times10^{-5}\times f(m/s^2)$

05 중심주파수가 500Hz일 때, 1/3옥타브밴드 분석기의 밴드폭(bw)은?

① 116Hz　② 232Hz
③ 354Hz　④ 708Hz

풀이 밴드폭$(bw) = 0.232 f_c$
$= 0.232\times500 = 116$Hz

정답 01 ① 02 ① 03 ② 04 ② 05 ①

06 확산음장의 특징으로 옳은 것은?

① 근음장(Near Field)에 속한다.
② 무향실은 확산음장이 얻어지는 공간이다.
③ 위치에 따라 음압 변동이 매우 심하고 음원의 크기나 주파수, 방사면의 위상에 크게 영향을 받는다.
④ 밀폐된 실내의 모든 표면에서 입사음이 거의 100% 반사된다면 실내 모든 위치에서 음에너지밀도가 일정하다.

풀이 확산음장
㉠ 원음장에 속한다.
㉡ 잔향실은 확산음장이 얻어지는 공간이다.
㉢ 입자속도는 음의 전파속도와 관련이 없고, 위치에 따라 음압변동이 심하여 음의 세기가 음압의 제곱과 비례관계가 거의 없는 근음장이다.

07 15℃에서 444Hz의 공명기본음 주파수를 가지는 양단개구관의 35℃에서의 공명기본음 주파수는 약 얼마인가?

① 402Hz ② 414Hz
③ 427Hz ④ 460Hz

풀이 15℃, 444Hz에서 길이(L) : 양단개구관

$$f=\frac{C}{2L}$$

$$L=\frac{C}{2\times f}=\frac{331.42+(0.6\times 15)}{2\times 444}=0.383\text{m}$$

35℃, 0.383m에서 공명기본음 주파수(f)

$$f=\frac{C}{2L}=\frac{331.42+(0.6\times 35)}{2\times 0.383}=460.08\text{Hz}$$

08 지반을 전파하는 파에 관한 설명으로 가장 거리가 먼 것은?

① S파는 거리가 2배로 되면 6dB 정도 감소한다.
② P파는 거리가 2배로 되면 6dB 정도 감소한다.
③ R파는 거리가 2배로 되면 3dB 정도 감소한다.
④ 표면파의 전파속도는 횡파의 40~45% 정도이다.

풀이 표면파의 전파속도는 일반적으로 횡파의 92~96% 정도이다.

09 측정소음의 표준편차가 3.5dB(A)이고, 소음공해레벨(L_{NP}, dB(NP))이 77일 때 등가소음도(L_{eq}, dB(A))는?

① 63 ② 68
③ 73 ④ 78

풀이 소음공해레벨(L_{NP})

$$L_{NP}=L_{eq}+2.56\sigma\text{dB}(\text{NP})$$

$$L_{eq}=L_{NP}-2.56\sigma$$

$$=77-(2.56\times 3.5)$$

$$=68.04\text{dB}(\text{A})$$

10 발음원이 이동할 때 그 진행방향 쪽에서는 원래 발음원의 음보다 고음으로, 진행 반대쪽에서는 저음으로 되는 현상을 일컫는 효과(법칙)는?

① 맥놀이 효과 ② 도플러 효과
③ 휴젠스 효과 ④ 히싱 효과

11 2개의 작은 음원이 있다. 각각의 음향출력(W)의 비율이 1 : 25일 때, 이 2개 음원의 음향파워레벨의 차이는?

① 11dB ② 14dB
③ 18dB ④ 21dB

풀이 ㉠ 출력이 1watt일 때(PWL_1)

$$PWL_1=10\log\frac{W_1}{10^{-12}}=10\log\frac{1}{10^{-12}}=120\text{dB}$$

㉡ 출력이 25watt일 때(PWL_2)

$$PWL_2=10\log\frac{W_2}{10^{-12}}=10\log\frac{25}{10^{-12}}=134\text{dB}$$

$$\therefore PWL_2-PWL_1=134-120=14\text{dB}$$

12 진동수 10Hz, 진동속도의 진폭이 5×10^{-3}m/s인 정현진동의 진동가속도레벨(VAL)은?(단, 기준은 10^{-5}m/s^{2}이다.)

① 81dB ② 84dB
③ 87dB ④ 90dB

정답 06 ④ 07 ④ 08 ④ 09 ② 10 ② 11 ② 12 ③

풀이 $VAL = 20\log\frac{A_s}{10^{-5}}(\text{dB})$

$$A_{rms} = \frac{A_{max}}{\sqrt{2}}$$

$$A_{max} = V_{max} \cdot \omega = V_{max} \times 2\pi f = 5 \times 10^{-3} \times (2 \times 3.14 \times 10) = 0.314\text{m/sec}^2$$

$$= \frac{0.314}{\sqrt{2}} = 0.2220\text{m/sec}^2$$

$$= 20\log\frac{0.2220}{10^{-5}} = 86.93\text{dB}$$

13 음장의 종류 중 음원의 직접음과 벽에 의한 반사음이 중첩되는 구역을 무엇이라고 하는가?

① 근접음장 ② 확산음장
③ 근음장 ④ 잔향음장

14 청력에 관한 내용으로 옳지 않은 것은?

① 음의 대소는 음파의 진폭(음압) 크기에 따른다.
② 음의 고저는 음파의 주파수에 따라 구분된다.
③ 4분법에 의한 청력손실이 옥타브밴드 중심주파수가 500~2,000Hz 범위에서 10dB 이상이면 난청이라 한다.
④ 청력손실이란 청력이 정상인 사람의 최소 가청치와 피검자의 최소 가청치와의 비를 dB로 나타낸 것이다.

풀이 청력손실이 옥타브밴드 중심주파수 500~2,000Hz 범위에서 25dB 이상이면 난청이라 평가한다.

15 1자유도 진동계의 고유진동수 f_n을 나타낸 식으로 옳지 않은 것은?(단, ω_n : 고유각진동수, m : 질량, k : 스프링 정수, W : 중량, g : 중력가속도)

① $4.98\sqrt{\frac{k}{W}}$ ② $\frac{1}{2\pi}\sqrt{k\frac{g}{W}}$
③ $\frac{1}{2\pi}\sqrt{\frac{m}{k}}$ ④ $\frac{\omega_n}{2\pi}$

풀이 고유진동수$(f_n) = \frac{1}{2\pi}\sqrt{\frac{k}{m}}$

16 EPNL은 어떤 종류의 소음을 평가하기 위한 지표인가?

① 자동차 소음 ② 공장 소음
③ 철도 소음 ④ 항공기 소음

풀이 항공기 소음 평가
- NNI : 영국의 항공기 소음 평가방법
- EPNL : 국제민간항공기구(ICAO)에서 채택한 항공기 소음 평가치
- NEF : 미국의 항공기 소음 평가방법

17 외부에서 가해지는 강제진동수 f와 계의 고유진동수 f_n의 비(Ratio) 관계에서 전달력과 외력이 같은 경우는?

① $\frac{f}{f_n} = 1$ ② $\frac{f}{f_n} < \sqrt{2}$
③ $\frac{f}{f_n} = \sqrt{2}$ ④ $\frac{f}{f_n} > \sqrt{2}$

풀이 전달력 = 외력

$$\frac{f}{f_n} = \sqrt{2}$$

ξ(감쇠비)에 관계없이 T(전달률)는 항상 1이다.

18 인체의 청각기관에 관한 설명 중 거리가 먼 것은?

① 이소골은 초저주파 소음의 전달과 진동에 따르는 인체의 평형을 담당한다.
② 외이는 귓바퀴, 귓구멍, 귀청 혹은 고막으로 구성된다.
③ 중이는 3개의 청소골, 빈 공간 및 유스타키오관으로 구성된다.

정답 13 ④ 14 ③ 15 ③ 16 ④ 17 ③ 18 ①

④ 청소골은 망치뼈에 있어서의 높은 임피던스를 등자뼈에서는 낮은 임피던스로 바꿈으로써 외이의 높은 압력을 내이의 유효한 속도 성분으로 바꾸는 역할을 한다.

풀이 이소골은 진동음압을 약 10~20배 정도 증폭하는 임피던스 변환기의 역할을 하며 뇌신경으로 전달한다.

19 지향계수가 2.5이면 지향지수는?

① 3.0dB ② 4.0dB
③ 4.8dB ④ 5.5dB

풀이 지향지수$(DI) = 10\log Q = 10\log 2.5 = 3.98\text{dB}$

20 A공장 내 소음원에 대하여 소음도를 측정한 결과 각각 L_1=88dB, L_2=96dB, L_3=100dB이었다. 이 소음원을 동시에 가동시킬 때의 합성 소음도는?

① 95dB ② 96dB
③ 102dB ④ 108dB

풀이 합성소음도$= 10\log(10^{8.8} + 10^{9.6} + 10^{10})$
$= 101.6\text{dB}$

2과목 소음방지기술

21 가로, 세로, 높이가 각각 6m × 5m × 3m인 방의 흡음률이 바닥 0.1, 천장 0.2, 벽 0.15이다. 이 방의 천장 및 벽을 흡음 처리하여 그 흡음률을 각각 0.73, 0.62로 개선할 때의 실내소음 저감량은 약 몇 dB인가?

① 2.5 ② 5
③ 8 ④ 15

풀이 ㉠ 천장 · 벽 흡음률 증가 전 평균 흡음률$(\bar{\alpha}_1)$

$S_{천} = 6 \times 5 = 30\text{m}^2$

$S_{벽} = (6 \times 3 \times 2) + (5 \times 3 \times 2) = 66\text{m}^2$

$S_{바} = 6 \times 5 = 30\text{m}^2$

$$\bar{\alpha}_1 = \frac{(30 \times 0.2) + (66 \times 0.15) + (30 \times 0.1)}{30 + 66 + 30} = 0.15$$

㉡ 천장 · 벽 흡음률 증가 후 평균 흡음률$(\bar{\alpha}_2)$

$$\bar{\alpha}_2 = \frac{(30 \times 0.73) + (66 \times 0.62) + (30 \times 0.1)}{30 + 66 + 30} = 0.52$$

∴ 실내소음 저감량

$$= 10\log\frac{R_2}{R_1} = 10\log\frac{\bar{\alpha}_2(1-\bar{\alpha}_1)}{\bar{\alpha}_1(1-\bar{\alpha}_2)}$$

$$= 10\log\frac{0.52(1-0.15)}{0.15(1-0.52)} = 7.88\text{dB}$$

22 동일 백색잡음을 주파수 분석할 경우 1/1옥타브밴드 중심주파수 1,000Hz의 음압레벨은 1/3옥타브밴드 중심주파수 250Hz의 음압레벨보다 몇 dB 높겠는가?

① 4.8 ② 6.2
③ 8.4 ④ 10.9

풀이 백색잡음은 모든 주파수의 음압레벨이 일정한 음을 말한다.

㉠ 1/1옥타브밴드

$bw = 0.707 f_c = 0.707 \times 1{,}000 = 707\text{Hz}$

$$SIL_1 = 10\log\left(\frac{I_1}{I_0}\right) = 10\log\left(\frac{707I}{I_0}\right)$$

㉡ 1/3옥타브밴드

$bw = 0.232 f_c = 0.232 \times 250 = 58\text{Hz}$

$$SIL_2 = 10\log\left(\frac{I_2}{I_0}\right) = 10\log\left(\frac{58I}{I_0}\right)$$

∴ $\Delta L = SIL_1 - SIL_2$

$$= 10\log\left(\frac{707I}{I_0}\right) - 10\log\left(\frac{58I}{I_0}\right)$$

$$= 10\log\left(\frac{707}{58}\right) = 10.86\text{dB}$$

정답 19 ② 20 ③ 21 ③ 22 ④

23 겨울철에 빌딩의 창문 또는 출입문의 틈새에서 강한 소음이 발생한다. 소음 발생의 주요인은?

① 실내외의 밀도 차에 의한 연돌효과 때문에
② 실내외의 온도차로 인하여 음속 차가 발생하기 때문에
③ 겨울철이 되면 주관적인 소음도가 높아지기 때문에
④ 실외의 온도 강하로 인하여 음속이 빨라지기 때문에

24 다음 중 고체음에 대한 방지대책으로 거리가 먼 것은?

① 방사면의 축소　② 가진력 억제
③ 밸브류 다단화　④ 공명 방지

풀이 고체음의 방지대책
㉠ 가진력 억제(가진력의 발생원인 제거 및 저감방법 검토)
㉡ 공명 방지(소음방사면 고유진동수 변경)
㉢ 방사면 축소 및 제진 처리(방사면의 방사율 저감)
㉣ 방진(차진)

25 감음계수에 관한 설명으로 옳은 것은?

① NRN이라고도 하며 1/3옥타브대역으로 측정한 중심주파수 250, 500, 1,000, 2,000Hz에서의 흡음률의 기하평균치이다.
② NRN이라고도 하며 1/1옥타브대역으로 측정한 중심주파수 250, 500, 1,000, 2,000Hz에서의 흡음률의 산술평균치이다.
③ NRC라고도 하며 1/3옥타브대역으로 측정한 중심주파수 250, 500, 1,000, 2,000Hz에서의 흡음률의 산술평균치이다.
④ NRC라고도 하며 1/1옥타브대역으로 측정한 중심주파수 250, 500, 1,000, 2,000Hz에서의 흡음률의 기하평균치이다.

26 다음 중 방음벽에 의한 소음감쇠량의 대부분을 차지하는 것은?

① 방음벽의 높이에 의해 결정되는 회절감쇠
② 방음벽의 재질에 의해 결정되는 투과감쇠
③ 방음벽의 두께에 의해 결정되는 반사감쇠
④ 방음벽의 길이에 의해 결정되는 간섭감쇠

풀이 방음벽에 의한 소음감쇠량은 방음벽의 높이에 의하여 결정되는 회절감쇠가 대부분을 차지한다.

27 차음과 차음재료의 선정 및 사용상 유의점에 대한 설명으로 가장 거리가 먼 것은?

① 차음은 음의 에너지를 반사시켜 차음벽 밖으로 음파가 새어 나가지 않게 하는 것이다.
② 차음에서 영향이 큰 것은 틈이므로 틈이나 찢어진 곳을 보수하고 이음매는 칠해서 메우도록 한다.
③ 큰 차음효과(40dB 이상)를 원하는 경우에는 내부에 보통 다공질 재료를 끼운 이중벽을 시공한다.
④ 차음재를 흡음재(다공질 재료)와 붙여서 사용할 경우 차음재는 음원과 가까운 안쪽에, 흡음재는 바깥쪽에 붙인다.

풀이 차음재를 흡음재(다공질 재료)와 붙여서 사용할 경우 흡음재는 음원과 가까운 안쪽에, 차음재는 바깥쪽에 붙인다.

28 평균흡음률 0.04인 실내의 평균음압레벨을 85dB에서 80dB로 낮추기 위해서는 평균흡음률을 약 얼마로 해야 하는가?

① 0.05　② 0.13
③ 0.25　④ 0.31

풀이 $NR = 10\log\frac{\overline{\alpha}_2}{\overline{\alpha}_1}$

$$85 - 80 = 10\log\frac{\overline{\alpha}_2}{0.04}$$

$$\overline{\alpha}_2 = 10^{0.5} \times 0.04 = 0.13$$

정답 23 ① 24 ③ 25 ③ 26 ① 27 ④ 28 ②

29 입구 및 팽창부의 직경이 각각 50cm, 120cm인 팽창형 소음기에 의해 기대할 수 있는 대략적인 최대투과손실치는 약 몇 dB인가?[단, 대상주파수는 한계주파수보다 작다.($f < f_c$ 범위이다.)]

① 10 ② 20
③ 30 ④ 40

풀이 최대투과손실치(TL)

$$= \frac{D_2}{D_1} \times 4 = \frac{120}{50} \times 4 = 9.6\text{dB}$$

30 가로, 세로, 높이가 3m, 5m, 2m인 방의 평균흡음률이 0.2일 때 실정수는 약 몇 m^2인가?

① 5.5 ② 10.5
③ 15.5 ④ 20.5

풀이 $R = \dfrac{S \times \bar{\alpha}}{1 - \bar{\alpha}}$

$$S = (3 \times 5 \times 2) + (3 \times 2 \times 2) + (5 \times 2 \times 2) = 62\text{m}^2$$

$$= \frac{62 \times 0.2}{1 - 0.2} = 15.5\text{m}^2$$

31 단일 벽의 일치효과에 관한 설명 중 옳지 않은 것은?

① 벽체에 사용한 재료의 밀도가 클수록 일치주파수는 저음역으로 이동한다.
② 입사파의 파장과 벽체를 전파하는 파장이 같을 때 일어난다.
③ 벽체가 굴곡운동을 하기 때문에 일어난다.
④ 일종의 공진상태가 되어 차음성능이 현저히 저하한다.

풀이 벽체에 사용한 재료의 밀도가 클수록 일치주파수는 고음역으로 이동한다.

32 방음겉씌우개(Lagging)에 관한 설명으로 옳지 않은 것은?

① 관이나 판 등에 차음재를 부착한 후 흡음재를 씌운다.
② 파이프에서의 방사음에 대한 대책으로 효과적이다.
③ 진동 발생부에 제진대책을 한 후 흡음재를 부착하면 더욱 효과적이다.
④ 파이프의 굴곡부 혹은 밸브 부위에 시공한다.

풀이 송풍기, 덕트, 파이프의 외부표면에서 소음이 방사될 때 진동부에 제진대책을 한 후 흡음재를 부착하고 그 다음에 차음재로 마감하는 작업을 Lagging이라 한다.

33 흡음재료의 선택 및 사용상 유의점으로 거리가 먼 것은?

① 막진동이나 판진동형의 것은 도장해도 별 차이가 없다.
② 다공질 재료의 표면에 종이를 입히는 것은 피해야 한다.
③ 다공질 재료 표면은 얇은 직물로 피복하는 것이 바람직하다.
④ 다공질 재료의 표면을 도장하면 고음역에서의 흡음률이 상승한다.

풀이 다공질 재료의 표면에 도장하면 고음역에서의 흡음률이 저하한다.

34 공장의 벽체가 다음 표와 같이 구성되어 있다. 벽체의 통합 투과 손실은 약 몇 dB인가?

구분	창문	출입문	콘크리트벽
면적(m^2)	20	20	60
전달손실(dB)	20	10	40

① 14.7 ② 16.5
③ 18.4 ④ 21.8

풀이 $\overline{TL} = 10\log\dfrac{1}{\tau}$

$$= 10\log\frac{20+20+60}{(20 \times 10^{-2}) + (20 \times 10^{-1}) + (60 \times 10^{-4})}$$

$$= 10\log 45.33 = 16.56\text{dB}$$

정답 29 ① 30 ③ 31 ① 32 ① 33 ④ 34 ②

35 동일한 재료(면밀도 200kg/m^2)로 구성된 공기층의 두께가 16cm인 중공 이중벽이 있다. 500Hz에서 단일벽체의 투과손실이 46dB일 때, 이 중공이중벽의 저음역에서의 공명주파수는 약 몇 Hz에서 발생되겠는가?(단, 음의 전파속도는 343m/s, 공기의 밀도는 1.2kg/m^{3}이다.)

① 9 ② 15
③ 19 ④ 26

풀이 저음역 공명주파수(f_r)

$$f_r = \frac{C}{2\pi}\sqrt{\frac{2\rho}{m \cdot d}}$$
$$= \frac{343}{2 \times 3.14}\sqrt{\frac{2 \times 1.2}{200 \times 0.16}} = 15\text{Hz}$$

36 공장소음을 방지하기 위해서 공장 건설시 고려해야 할 사항으로 가장 거리가 먼 것은?

① 주 소음원이 될 것으로 예상되는 것은 가급적 부지경계선에서 멀리 배치한다.
② 개구부나 환기부는 기류의 흐름을 위해 주택가 측에 설치하는 것이 바람직하다.
③ 공장의 건물은 공장의 부지경계선과 맞닿아 건축하는 것이 바람직하지 않다.
④ 거리감쇠도 소음 방지를 위해서 이용하는 편이 좋다.

풀이 공장의 건물은 공장의 부지경계선과 가능한 한 이격시켜 건축하는 것이 바람직하다.

37 표면적이 20m^{2}이고, PWL_s 110dB인 소음원을 파장에 비해 큰 방음상자로 밀폐하였다. 방음상자의 표면적은 120m^{2}이고 방음상자 내의 평균 흡음률이 0.6일 때 방음상자 내의 고주파 음압레벨은 약 몇 dB인가?

① 81 ② 86
③ 90 ④ 93

풀이 밀폐상자 내부의 고주파 음압레벨(SPL)

$$SPL = PWL_s + 10\log\left(\frac{1-\bar{\alpha}}{S\bar{\alpha}}\right) + 6$$
$$= 110 + 10\log\left(\frac{1-0.6}{120 \times 0.6}\right) + 6$$
$$= 93.45\text{dB}$$

38 파워레벨이 77dB인 기계 4대, 75dB인 기계 1대가 동시에 가동할 때 파워레벨의 합은 몇 dB인가?

① 85.7 ② 83.7
③ 81.7 ④ 79.7

풀이 $PWL = 10\log[(10^{7.7} \times 4) + (10^{7.5})]$
$= 83.7\text{dB}$

39 단일벽의 차음특성 커브에서 질량제어영역의 기울기 특성으로 옳은 것은?

① 투과손실이 2dB/octave 증가
② 투과손실이 3dB/octave 증가
③ 투과손실이 4dB/octave 증가
④ 투과손실이 6dB/octave 증가

풀이 질량제어영역은 투과손실이 옥타브당 6dB씩 증가된다.

40 팽창형 소음기의 특성이 아닌 것은?

① 급격한 관경 확대로 유속을 낮추어서 소음을 감소시키는 소음기이다.
② 감음특성은 중 · 고음역대에서 유효하고, 고음역대의 감음량을 증가시키기 위해서 내부에 격막을 설치한다.
③ 감음주파수는 팽창부의 길이에 따라 결정이 된다.
④ 단면 불연속부의 음에너지반사에 의해 소음하는 구조이다.

풀이 감음특성은 저 · 중음역에서 좋으며 팽창부에 흡음재를 부착하면 고음역의 감음량이 증가한다.

정답 35 ② 36 ② 37 ④ 38 ② 39 ④ 40 ②

3과목 소음진동공정시험 기준

41 규제기준 중 발파진동 측정 시 디지털 진동자동분석계를 사용할 때의 샘플 주기는 얼마로 놓는가?(단, 측정진동레벨 분석이다.)

① 10초 이하　　② 5초 이하
③ 1초 이하　　④ 0.1초 이하

42 다음은 소음의 배출허용기준 측정 시 측정지점 수 선정기준에 관한 설명이다. (　　) 안에 알맞은 것은?

> 피해가 예상되는 적절한 측정시각에 (㉠)지점 이상의 측정지점 수를 선정 · 측정하여 (㉡)을/를 측정소음도로 한다.

① ㉠ 1　㉡ 그 값
② ㉠ 2　㉡ 산술평균한 소음도
③ ㉠ 2　㉡ 그중 가장 높은 소음도
④ ㉠ 5　㉡ 기하평균한 소음도

풀이 소음 배출허용기준의 측정시간 및 측정지점 수
피해가 예상되는 적절한 측정시각에 2지점 이상의 측정지점 수를 선정 · 측정하여 그중 가장 높은 소음도를 측정소음도로 한다.

43 규정에도 불구하고 규제기준 중 생활소음 측정 시 피해가 우려되는 곳의 부지경계선보다 3층 거실에서 소음도가 더 클 경우 측정점은 거실창문 밖의 몇 m 떨어진 지점으로 해야 하는 것이 가장 적합한가?

① 0.5~1.0m
② 3.0~3.5m
③ 4~5m
④ 5~10m

44 다음은 철도진동관리기준 측정방법 중 분석절차에 관한 기준이다. (㉠) 안에 알맞은 것은?

> 열차 통과 시마다 최고진동레벨이 배경진동레벨보다 최소 (㉠) 이상 큰 것에 한하여 연속 10개 열차(상하행 포함) 이상을 대상으로 최고진동레벨을 측정 · 기록하고, 그중 중앙값 이상을 산술평균한 값을 철도진동레벨로 한다.

① 1dB　　② 5dB
③ 10dB　　④ 15dB

45 소음계의 구성부분 중 진동레벨계의 진동픽업에 해당되는 것은?

① Microphone
② Amplifier
③ Calibration Network Calibrator
④ Weighting Networks

풀이 소음계의 마이크로폰은 진동계의 진동픽업에 해당된다.

46 동일 건물 내 사업장 소음을 측정하였다. 1지점에서의 측정치가 각각 70dB(A), 74dB(A), 2지점에서의 측정치가 각각 75dB(A), 79dB(A)로 측정되었을 때, 이 사업장의 측정소음도는?

① 72dB(A)　　② 75dB(A)
③ 77dB(A)　　④ 79dB(A)

풀이 피해가 예상되는 적절한 측정시각에 2지점 이상의 측정지점 수를 선정하고 각각 2회 이상 측정하여 각 지점에서 산술평균한 소음도 중 가장 높은 소음도를 측정소음도로 한다.

$$\text{측정소음도} = \frac{75+79}{2} = 77\text{dB(A)}$$

정답 41 ④ 42 ③ 43 ① 44 ② 45 ① 46 ③

47 다음은 레벨레인지 변환기에 대한 설명이다. (　　) 안에 알맞은 것은?

> 측정하고자 하는 소음도가 지시계기의 범위 내에 있도록 하기 위한 감쇠기로서 유효눈금범위가 30dB 이하가 되는 구조의 것은 변환기에 의한 레벨의 1간격이 (　　) 간격으로 표시되어야 한다.

① 1dB　② 5dB
③ 10dB　④ 15dB

48 환경기준 중 소음측정방법에 따라 소음을 측정할 때 밤 시간대(22:00~06:00)에는 낮 시간대에 측정한 측정지점에서 몇 시간 간격으로 몇 회 이상 측정하여 산술평균한 값을 측정소음도로 하는가?

① 4시간 이상 간격, 4회 이상
② 4시간 이상 간격, 2회 이상
③ 2시간 이상 간격, 4회 이상
④ 2시간 이상 간격, 2회 이상

풀이 환경기준(측정시간 및 측정지점 수)
㉠ 낮 시간대(06:00~22:00)에는 당해 지역 소음을 대표할 수 있도록 측정지점 수를 충분히 결정하고, 각 측정지점에서 2시간 이상 간격으로 4회 이상 측정하여 산술평균한 값을 측정소음도로 한다.
㉡ 밤 시간대(22:00~06:00)에는 낮 시간대에 측정한 측정지점에서 2시간 간격으로 2회 이상 측정하여 산술평균한 값을 측정소음도로 한다.

49 소음진동공정시험 기준에서 정한 각 소음측정을 위한 소음 측정지점 수 선정기준으로 옳지 않은 것은?

① 배출허용기준－1지점 이상
② 생활소음－2지점 이상
③ 발파소음－1지점 이상
④ 도로교통소음－2지점 이상

풀이 배출허용기준의 측정지점은 피해가 예상되는 적절한 측정시각에 2지점 이상으로 한다.

50 다음은 L_{10} 진동레벨 계산기준에 관한 설명이다. (　　) 안에 가장 적합한 것은?

> 진동레벨계만으로 측정할 경우 진동레벨을 읽는 순간에 지시침이 지시판 범위 위를 벗어날 때(이때에 진동레벨계의 레벨범위는 전환하지 않음)에는 그 발생빈도를 기록하여 (　　) 이상이면 누적도수곡선상에서 구한 L10 값에 2dB을 더해준다.

① 3회　② 6회
③ 9회　④ 12회

51 규제기준 중 발파진동 측정방법에 관한 설명으로 옳지 않은 것은?

① 진동레벨기록기를 사용하여 측정할 때에는 기록지상의 지시치의 최고치를 측정진동레벨로 한다.
② 진동레벨계만으로 측정할 경우에는 최고진동레벨이 고정(hold)되어서는 안 된다.
③ 작업일지 및 발파계획서 또는 폭약사용신고서를 참조하여 소음 · 진동관리법규에서 구분하는 각 시간대 중에서 최대발파진동이 예상되는 시각의 진동을 포함한 모든 발파진동을 1지점 이상에서 측정한다.
④ 진동레벨계의 출력단자와 진동레벨기록기의 입력단자를 연결한 후 전원과 기기의 동작을 점검하고 매회 교정을 실시하여야 한다.

풀이 진동레벨계만으로 측정할 경우에는 최고진동레벨이 고정(Hold)되는 것에 한한다.

52 다음 중 소음과 관련한 용어의 정의로 옳지 않은 것은?

① 소음도 : 소음계의 청감보정회로를 통하여 측정한 지시치를 말한다.
② 배경소음도 : 측정소음도의 측정위치에서 대상소음이 없을 때 이 시험기준에서 정한 측정방법으로 측정한 소음도 및 등가소음도 등을 말한다.

정답 47 ③ 48 ④ 49 ① 50 ② 51 ② 52 ④

③ 반사음 : 한 매질 중의 음파가 다른 매질의 경계면에 입사한 후 진행방향을 변경하여 본래의 매질 중으로 되돌아오는 음을 말한다.
④ 지발발파 : 발파기를 3회 사용하며, 수 초 내에 시간 차를 두고 발파하는 것을 말한다.

풀이 **지발발파**
수 초 내에 시간 차를 두고 발파하는 것을 말한다. (단, 발파기를 1회 사용하는 것에 한한다.)

53 환경기준 중 소음측정방법에 관한 사항으로 옳지 않은 것은?

① 도로변지역의 범위는 도로단으로부터 차선수 × 15m로 한다.
② 사용 소음계는 KS C IEC 61672－1에 정한 클래스 2의 소음계 또는 동등 이상의 성능을 가진 것이어야 한다.
③ 옥외측정을 원칙으로 한다.
④ 일반지역의 경우에는 가능한 한 측정점 반경 3.5m 이내에 장애물(담, 건물, 기타 반사성 구조물 등)이 없는 지점의 지면 위 1.2~1.5m를 측정점으로 한다.

풀이 도로변지역의 범위는 도로단으로부터 차선수×10m로 하고 고속도로 또는 자동차전용도로의 경우에는 도로단으로부터 150m 이내의 지역을 말한다.

54 1일 동안의 평균 최고소음도가 101dB(A)이고, 1일간 항공기의 등가통과횟수가 505회일 때 1일 단위의 *WECPNL*(dB)은?

① 약 94 ② 약 98
③ 약 101 ④ 약 105

풀이 1일 단위 *WECPNL*(dB)
$= \overline{L}_{max} + 10\log N - 27$
$= 101\,\text{dB(A)} + 10\log 505 - 27$
$= 101.03\,\text{dB}$

55 다음 진동레벨계의 구성 중 4번에 해당하는 장치는?

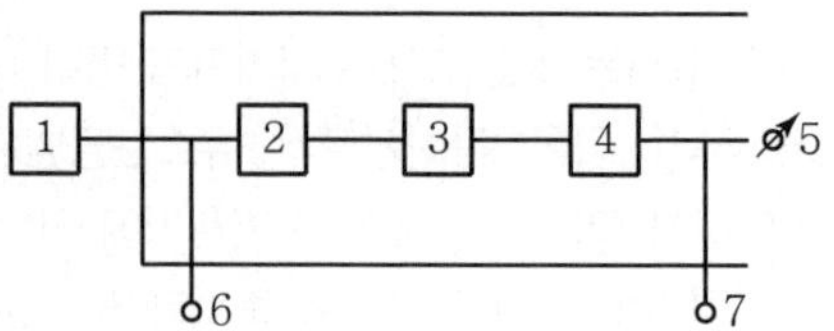

① 증폭기 ② 교정장치
③ 레벨레인지 변환기 ④ 감각보정회로

풀이

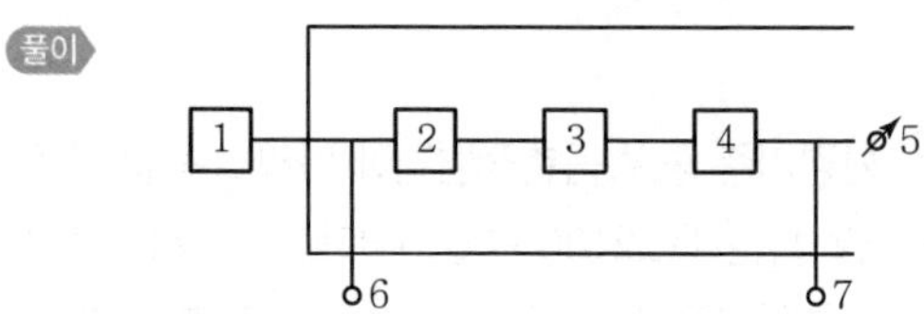

1. 진동픽업
2. 레벨레인지 변환기
3. 증폭기
4. 감각보정회로
5. 지시계기
6. 교정장치
7. 출력단자

56 방직공장의 측정소음도가 72dB(A)이고 배경소음이 68dB(A)라면 대상소음도는 약 몇 dB(A)가 되겠는가?

① 76dB(A) ② 72dB(A)
③ 70dB(A) ④ 68dB(A)

풀이 대상소음도＝측정소음도－보정치
보정치 $= -10\log[1 - 10^{-(0.1 \times 4)}]$
$= 2.20\,\text{dB(A)}$
$= 72 - 2.20 = 69.8\,\text{dB(A)}$

57 소음계의 성능기준에 대한 설명으로 옳은 것은?

① 측정 가능 주파수 범위는 1~16Hz 이상이어야 한다.
② 측정 가능 소음도 범위는 35~130dB 이상이어야 한다.
③ 레벨레인지 변환기가 있는 기기에 있어서 레벨레인지 변환기의 전환오차가 1dB 이내이어야 한다.
④ 지시계기의 눈금오차는 1dB 이내이어야 한다.

정답 53 ① 54 ③ 55 ④ 56 ③ 57 ②

풀이 성능기준

㉠ 측정 가능 주파수 범위는 31.5Hz~8kHz 이상이어야 한다.
㉡ 측정 가능 소음도 범위는 35~130dB 이상이어야 한다.(다만, 자동차소음 측정에 사용되는 것은 45~130dB 이상으로 한다.)
㉢ 특성별(A특성 및 C특성) 표준 입사각의 응답과 그 편차는 KS C IEC 61672-1의 표 2를 만족하여야 한다.
㉣ 레벨레인지 변환기가 있는 기기에 있어서 레벨레인지 변환기의 전환오차는 0.5dB 이내이어야 한다.
㉤ 지시계기의 눈금오차는 0.5dB 이내이어야 한다.

58 진동레벨기록기를 사용하여 측정할 경우 기록지상의 지시치의 변동폭이 5dB 이내일 때 측정자료 분석기준이 다른 것은?

① 도로교통진동 관리기준
② 철도진동 관리기준
③ 생활진동 규제기준
④ 진동의 배출허용기준

풀이 철도진동 관리기준은 열차 통과 시마다 최고진동레벨이 배경진동레벨보다 최소 5dB 이상 큰 것에 한하여 연속 10개 열차 이상을 대상으로 최고진동레벨을 측정 · 기록하고, 그중 중앙값 이상을 산술평균한 값을 철도진동레벨로 한다.

59 공장의 부지경계선에서 측정한 진동레벨이 각 지점에서 각각 62dB(V), 65dB(V), 68dB(V), 71dB(V), 64dB(V), 67dB(V)이다. 이 공장의 측정진동레벨은?

① 66dB(V) ② 68dB(V)
③ 69dB(V) ④ 71dB(V)

풀이 가장 높은 진동레벨 71dB(V)를 측정진동레벨로 한다.

60 진동레벨계의 사용기준 중 진동픽업의 횡감도는 규정주파수에서 수감축 감도에 대하여 최소 몇 dB 이상의 차이가 있어야 하는가? (단, 연직특성이다.)

① 5dB ② 10dB
③ 15dB ④ 20dB

풀이 진동픽업의 횡감도는 규정주파수에서 수감축 감도에 대한 차이가 15dB 이상이어야 한다.

4과목 진동방지기술

61 다음 방진재료에 대한 설명으로 가장 거리가 먼 것은?

① 방진고무의 역학적 성질은 천연고무가 가장 우수하지만 내유성을 필요로 할 때에는 천연고무가 바람직하지 않다.
② 금속스프링 사용 시 서징이 발생하기 쉬우므로 주의해야 한다.
③ 금속스프링은 저주파 차진에 좋다.
④ 금속스프링의 동적 배율은 방진고무보다 높다.

풀이 각 재료별 동적 배율(α)

㉠ 금속(코일스프링) : $\alpha=1$
㉡ 방진고무(천연) : $\alpha=1.0\sim1.6$(약 1.2)
㉢ 방진고무(클로로프렌계) : $\alpha=1.4\sim2.8$ (약 1.4~1.8)
㉣ 방진고무(이토릴계) : $\alpha=1.5\sim2.5$(약 1.4~1.8)

62 회전속도가 1,200rpm인 원심팬이 있다. 방진스프링으로 탄성지지를 시켰더니 1cm의 정적처짐이 발생하였다. 이때 진동전달률은 약 몇 %인가?(단, 스프링의 감쇠는 무시한다.)

① 4.2 ② 6.6
③ 10.4 ④ 15.3

정답 58 ② 59 ④ 60 ③ 61 ④ 62 ②

풀이 $T = \dfrac{1}{\left(\dfrac{f}{f_n}\right)^2 - 1}$

$f = \dfrac{1{,}200\text{rpm}}{60} = 20\text{Hz}$

$f_n = 4.98\sqrt{1/1} = 4.98\text{Hz}$

$= \dfrac{1}{\left(\dfrac{20}{4.98}\right)^2 - 1}$

$= 0.06609 \times 100 = 6.61\%$

63 진동방지대책을 세우고자 한다. 다음 중 일반적으로 가장 먼저 해야 할 것은?

① 적정 방지대책 선정
② 수진점의 진동규제기준 확인
③ 발생원의 위치와 발생기계 확인
④ 진동이 문제가 되는 수진점의 위치 확인

풀이 진동방지대책 순서
㉠ 진동이 문제되는 수진점의 위치 확인
㉡ 수진점 일대의 진동실태 조사(레벨 및 주파수 분석)
㉢ 수진점의 진동규제기준 확인
㉣ 저감 목표레벨의 설정
㉤ 발생원의 위치와 발생기계 확인
㉥ 적정 방지대책 선정
㉦ 시공 및 재평가

64 다음 중 내부 감쇠계수가 가장 큰 지반의 종류는?

① 점토 ② 모래
③ 자갈 ④ 암석

풀이 일반적으로 점토의 내부 감쇠계수가 가장 크다.

65 무게 W인 물체가 스프링 상수 k인 스프링에 의해 지지되어 있을 때 운동 방정식은 다음과 같다. 여기서 고유진동수(Hz)를 나타내는 식으로 옳은 것은?

$$\frac{W}{g}\ddot{x} + kx = 0$$

① $\dfrac{1}{2\pi}\sqrt{\dfrac{gk}{W}}$ ② $\dfrac{1}{2\pi}\sqrt{\dfrac{W}{gk}}$
③ $2\pi\sqrt{\dfrac{W}{gk}}$ ④ $2\pi\sqrt{\dfrac{gk}{W}}$

풀이 $f_n = \dfrac{1}{2\pi}\sqrt{\dfrac{k}{m}}$

$m = \dfrac{W}{g}$

$= \dfrac{1}{2\pi}\sqrt{\dfrac{g \cdot k}{W}}$

66 정현진동의 가속도 최대진폭이 $3\times10^{-2}\text{m/s}^2$일 때, 진동가속도 레벨($VAL$)은 약 몇 dB인가? (단, 기준은 10^{-5}m/s^2이다.)

① 57 ② 61
③ 67 ④ 72

풀이 $VAL = 20\log\dfrac{a}{a_0} = 20\log\dfrac{\left(\dfrac{3\times10^{-2}}{\sqrt{2}}\right)}{10^{-5}}$

$= 66.53\text{dB}$

67 어떤 질점의 운동변위가 아래와 같을 때 최대속도를 구하면 약 몇 cm/s인가?

$$x = 5\sin\left(2\pi t - \frac{\pi}{3}\right)\text{cm}$$

① 15.7 ② 31.4
③ 47.1 ④ 197.4

풀이 최대속도(ω_{max})

$= A\omega = A \times 2\pi f$

$f = \dfrac{2\pi}{2\pi} = 1\text{Hz}$

$= 5 \times (2 \times 3.14 \times 1)$

$= 31.4\text{cm/sec}$

정답 63 ④ 64 ① 65 ① 66 ③ 67 ②

68 진동발생이 크지 않은 공장기계의 대표적인 지반진동 차단 구조물은 개방식 방진구이다. 이러한 방진구의 설계 시 다음 중 가장 중요한 인자는?

① 트렌치 폭 ② 트렌치 깊이
③ 트렌치 형상 ④ 트렌치 위치

풀이 방진구 설계 시 가장 중요한 인자는 트렌치의 깊이로, 표면파의 파장을 고려하여 결정하여야 한다.

69 쇠로 된 금속관 사이의 접속부에 고무를 넣어 진동 절연하고자 한다. 파동에너지 반사율이 95%가 되면, 전달되는 진동의 감쇠량은 대략 몇 dB가 되는가?

① 10 ② 13
③ 16 ④ 20

풀이 진동감쇠량(Δl) $= -10\log(1-T_r)$
$= -10\log(1-0.95)$
$= 13\text{dB}$

70 현장에서 계의 고유진동수를 간단히 알 수 있는 방법은 질량 m인 물체를 탄성 지지체에 올려 놓고 처짐량(δ_{st})를 측정하는 것이다. 고유진동수(f_n)를 구하는 식으로 옳은 것은?

① $f_n = \dfrac{1}{2\pi}\sqrt{\dfrac{g}{\delta_{st}}}$

② $f_n = \dfrac{m}{2\pi}\sqrt{\dfrac{g}{\delta_{st}}}$

③ $f_n = \dfrac{1}{2\pi}\sqrt{\dfrac{1}{m}\times\dfrac{g}{\delta_{st}}}$

④ $f_n = \dfrac{1}{2\pi}\sqrt{\dfrac{m\cdot g}{\delta_{st}}}$

풀이 $f_n = \dfrac{1}{2\pi}\sqrt{\dfrac{g}{\delta_{st}}} = 4.98\sqrt{\dfrac{1}{\delta_{st}}}\,(\text{Hz})$

71 금속 스프링을 이용하여 방진지지 할 때, 로킹(Rocking)이 일어나지 않도록 하기 위한 조치로 가장 거리가 먼 것은?

① 계의 중심을 낮게 한다.
② 기계 무게의 1~2배의 질량을 부가한다.
③ 스프링의 정적 수축량을 일정하게 한다.
④ 로킹이 일어나는 방향으로 하중을 분포시킨다.

풀이 Rocking Motion을 억제하기 위해서는 계의 무게중심을 낮게 하여야 한다.

72 금속관의 플랜지부에 고무를 부착하여 제진하려고 한다. 금속관의 특성 임피던스는 $40\times10^6\text{kg/m}^2\cdot\text{s}$, 고무의 특성 임피던스는 $4\times10^4\text{kg/m}^2\cdot\text{s}$이라고 할 때, 진동감쇠량은 약 몇 dB인가?

① 21 ② 24
③ 27 ④ 30

풀이 진동감쇠량(ΔL)

$$\Delta L = -10\log(1-T_r)$$

$$T_r = \left(\frac{z_2 - z_1}{z_2 + z_1}\right)^2 \times 100$$

$$= \left[\frac{(40\times10^6)-(4\times10^4)}{(40\times10^6)+(4\times10^4)}\right]^2 \times 100$$

$$= 99.6\%$$

$$= -10\log(1-0.996)$$

$$= 23.98\text{dB}$$

73 가진력을 기계 회전부의 질량 불균형에 의한 가진력, 기계의 왕복운동에 의한 가진력, 충격에 의한 가진력으로 분류할 때, 다음 중 주로 충격 가진력에 의해 진동이 발생하는 것은?

① 펌프 ② 송풍기
③ 유도전동기 ④ 단조기

풀이 가진력 발생의 예
㉠ 기계의 왕복운동에 의한 관성력(횡형 압축기, 활판인쇄기 등)

정답 68 ② 69 ② 70 ① 71 ④ 72 ② 73 ④

㉡ 기계 회전부의 질량 불균형(송풍기 등 회전기계 중 회전부 중심이 맞지 않을 때)
㉢ 질량의 낙하운동에 의한 충격력(단조기)

74 외부에서 가해지는 강제진동수를 f라 하고 계의 고유진동수를 f_n이라 할 때, 가진되는 외력보다 전달력이 항상 작게 되는 영역은?

① $f/f_n = 1$ ② $f/f_n < \sqrt{2}$
③ $f/f_n = \sqrt{2}$ ④ $f/f_n > \sqrt{2}$

풀이 $\frac{f}{f_n} > \sqrt{2}$
㉠ 전달력 < 외력
㉡ 차진이 유효한 영역

75 감쇠 자유진동을 하는 진동계에서 진폭이 3사이클 후 50% 감소되었을 때 이 계의 대수감쇠율은?

① 0.13 ② 0.17
③ 0.23 ④ 0.32

풀이 $\Delta = \frac{1}{n}\ln\left(\frac{x_1}{x_3}\right)$
$= \frac{1}{3}\ln\left(\frac{x_1}{0.5x_1}\right) = \frac{1}{3}\ln 2 = 0.231$

76 공기스프링에 관한 설명으로 가장 적합한 것은?

① 지지하중의 크기가 변하는 경우에도, 조정밸브에 의해서 기계 높이를 일정 레벨로 유지할 수 있다.
② 하중 변화에 따라 고유진동수를 일정하게 유지할 수 있고, 별도의 부대시설은 필요 없다.
③ 사용진폭이 큰 것이 많고, 부하능력은 좁은 편이다.
④ 공기 누출의 위험이 없으며, 별도의 댐퍼시설이 필요 없어 효과적이다.

풀이 공기스프링의 장단점
㉠ 장점
- 설계 시에 스프링의 높이, 스프링 정수, 내하력(하중)을 각각 독립적으로 자유롭게 광범위하게 선정할 수 있다.
- 높이 조절 밸브를 병용하면 하중의 변화에 따른 스프링 높이를 조절하여 기계의 높이를 일정하게 유지할 수 있다.
- 하중의 변화에 따라 고유진동수를 일정하게 유지할 수 있다.
- 부하능력이 광범위하고 자동제어가 가능하다.(1개의 스프링으로 동시에 횡강성도 이용할 수 있다.)
- 고주파 진동의 절연특성이 가장 우수하고 방음효과도 크다.

㉡ 단점
- 구조가 복잡하고 시설비가 많이 든다.(구조에 의해 설계상 제약 있음)
- 압축기 등 부대시설이 필요하다.
- 공기 누출의 위험이 있다.
- 사용진폭이 작은 것이 많으므로 별도의 댐퍼가 필요한 경우가 많다.(공기스프링을 기계의 지지장치에 사용할 경우 스프링에 허용되는 동변위가 극히 작은 경우가 많으므로 내장하는 공기감쇠력으로 충분하지 않은 경우가 많음)
- 금속스프링으로 비교적 용이하게 얻어지는 고유진동수 1.5Hz 이상의 범위에서는 타 종류의 스프링에 비해 비싼 편이다.

77 지반진동 차단 구조물에 관한 설명으로 가장 거리가 먼 것은?

① 수동차단은 진동원에서 비교적 멀리 떨어져 문제가 되는 특정 수진 구조물 가까이 설치되는 경우를 말한다.
② 개방식 방진구는 굴착벽의 함몰로 시공깊이에 제약이 따른다.
③ 공기층을 이용하는 개방식 방진구가 충진식 방진벽에 비해 파 에너지 차단(반사) 특성이 크게 떨어진다.
④ 가장 대표적인 지반진동 차단 구조물은 개방식 방진구이다.

정답 74 ④ 75 ③ 76 ① 77 ③

풀이 공기층을 이용하는 개방식 방진구가 충진식 방진벽에 비해 파 에너지 차단(반사) 특성이 좋다.

78 감쇠비 ξ가 주어졌을 때 대수감쇠율을 옳게 표시한 것은?

① $2\xi\sqrt{1-\xi}$ ② $\sqrt{\dfrac{2\pi\xi}{1-\xi}}$

③ $\dfrac{2\pi\xi}{\sqrt{1-\xi^2}}$ ④ $\dfrac{\xi}{2\pi\sqrt{1-\xi}}$

풀이 대수감쇠율

$$\Delta = \ln\left(\frac{x_1}{x_2}\right) = \frac{2\pi\xi}{\sqrt{1-\xi^2}} \ (\xi < 1\text{인 경우} = 2\pi\xi)$$

79 스프링 탄성계수 $K = 1\text{kN/m}$, 질량 $m = 8\text{kg}$인 계의 비감쇠 자유진동 시 주기는 약 몇 s인가?

① 0.56 ② 1.12
③ 2.24 ④ 4.48

풀이 $f_n = \dfrac{1}{2\pi}\sqrt{\dfrac{1,000}{8}} = 1.78\text{Hz}$

$T = \dfrac{1}{f_n} = \dfrac{1}{1.78} = 0.56\text{sec}$

80 다음 (　　) 안에 들어갈 진동의 종류로 가장 적합한 것은?

> (　　)은(는) 매우 안정된 조건, 즉 평탄하고 일정한 구배, 특정 구간의 일정한 속도에서 장시간 주행할 경우에만 발생하며 초기에는 미약한 정도의 자려진동이 발산하는 양상을 보이며 증가하다가 어떤 정도가 되면 평형상태를 유지한다. 위의 안정된 주행조건이 깨어지면 이 진동은 즉시 소멸된다.

① 저크(Jerk)
② 디스크 셰이킹(Disk Shaking)
③ 프론트엔드 진동(Front End Vibration)
④ 아이들 진동(Idle Vibration)

5과목 소음진동관계법규

81 소음 · 진동관리법령상 공사장 소음규제기준 중 주간의 경우 특정공사 사전신고 대상 기계 · 장비를 사용하는 작업시간이 1일 3시간 이하일 때 공사장 소음규제기준의 보정 값은?

① +10dB ② +6dB
③ +5dB ④ +3dB

풀이 공사장 소음규제기준은 주간의 경우 특정공사 사전신고 대상 기계 · 장비를 사용하는 작업시간이 1일 3시간 이하일 때는 +10dB을, 3시간 초과 6시간 이하일 때는 +5dB을 규제기준치에 보정한다.

82 소음 · 진동관리법령상 인증을 생략할 수 있는 자동차에 해당되지 않는 것은?

① 제설용 · 방송용 등 특수한 용도로 사용되는 자동차로서 환경부장관이 정하여 고시하는 자동차
② 외국에서 국내의 공공기관에 무상으로 기증하여 반입하는 자동차
③ 여행자 등이 다시 반출할 것을 조건으로 일시 반입하는 자동차
④ 항공기 지상조업용으로 반입하는 자동차

풀이 인증을 생략할 수 있는 자동차
㉠ 국가대표 선수용이나 훈련용으로 사용하기 위하여 반입하는 자동차로서 문화체육관광부장관의 확인을 받은 자동차
㉡ 외국에서 국내의 공공기관이나 비영리단체에 무상으로 기증하여 반입하는 자동차
㉢ 외교관, 주한 외국군인 또는 그 가족이 사용하기 위하여 반입하는 자동차
㉣ 인증을 받지 아니한 자가 인증을 받은 자동차와 동일한 차종의 원동기 및 차대(車臺)를 구입하여 제작하는 자동차
㉤ 항공기 지상조업용(地上操業用)으로 반입하는 자동차
㉥ 국제협약 등에 따라 인증을 생략할 수 있는 자동차
㉦ 다음 각 목의 요건에 해당되는 자동차로서 환경부장관이 정하여 고시하는 자동차

정답 78 ③ 79 ① 80 ③ 81 ① 82 ③

- 제철소 · 조선소 등 한정된 장소에서 운행되는 자동차
- 제설용 · 방송용 등 특수한 용도로 사용되는 자동차
- 「관세법」에 따라 공매(公賣)되는 자동차

83 다음은 소음 · 진동관리법령상 과징금의 부과기준이다. (　　) 안에 알맞은 것은?

> 환경부장관은 인증시험대행기관에 업무정지처분을 하는 경우로서 그 처분이 공익에 현저한 지장을 줄 우려가 있다고 인정하는 경우에는 그 업무정지처분을 갈음하여 과징금을 부과 · 징수할 수 있는데, 이에 따라 부과하는 과징금의 금액은 행정처분기준에 따른 업무정지일수에 1일당 부과금액 (　　)한다.

① 10만 원을 곱하여 산정
② 20만 원을 곱하여 산정
③ 10만 원을 더하여 산정
④ 20만 원을 더하여 산정

풀이 과징금의 금액은 행정처분의 기준에 따른 업무정지일수에 1일당 부과금액 20만 원을 곱하여 산정한다.

84 소음 · 진동관리법령상 소음방지시설에 해당하지 않는 것은?

① 방음벽시설　② 방음덮개시설
③ 소음기　④ 탄성지지시설

풀이 소음방지시설
㉠ 소음기
㉡ 방음덮개 시설
㉢ 방음창 및 방음실 시설
㉣ 방음외피 시설
㉤ 방음벽 시설
㉥ 방음터널 시설
㉦ 방음림 및 방음언덕
㉧ 흡음 장치 및 시설
㉨ ㉠부터 ㉧까지의 규정과 동등하거나 그 이상의 방지효율을 가진 시설

85 환경정책기본법상 국가 및 지방자치단체가 환경기준이 적절히 유지되도록 환경에 관한 법령의 재정과 행정계획의 수립 및 사업을 집행할 경우에 고려하여야 할 사항과 가장 거리가 먼 것은?

① 재원 조달방법의 홍보
② 새로운 과학기술의 사용으로 인한 환경훼손의 예방
③ 환경오염지역의 원상회복
④ 환경악화의 예방 및 그 요인의 제거

풀이 환경기준 유지를 위한 고려사항
㉠ 환경악화의 예방 및 그 요인의 제거
㉡ 환경오염지역의 원상회복
㉢ 새로운 과학기술의 사용으로 인한 환경오염 및 환경훼손의 예방
㉣ 환경오염방지를 위한 재원(財源)의 적정 배분

86 소음 · 진동관리법령상 공사장 방음시설 설치기준으로 옳지 않은 것은?

① 삽입손실 측정 시 동일한 음량과 음원을 사용하는 경우에는 기준위치(Reference Position)의 측정은 생략할 수 있다.
② 삽입손실 측정을 위한 측정지점(음원 위치, 수음자 위치)은 음원으로부터 5m 이상 떨어진 노면 위 1.2m 지점으로 한다.
③ 방음벽시설 전후의 소음도 차이(삽입손실)는 최소 5dB 이상 되어야 한다.
④ 방음벽시설의 높이는 3m 이상 되어야 한다.

풀이 공사장 방음벽시설 전후의 소음도 차이(삽입손실)는 최소 7dB 이상 되어야 하며, 높이는 3m 이상 되어야 한다.

87 소음 · 진동관리법령상에서 사용하는 용어의 뜻으로 옳지 않은 것은?

① "소음 · 진동방지시설"이란 소음 · 진동배출시설로부터 배출되는 소음 · 진동을 없애거나 줄이는 시설로서 환경부령으로 정하는 것을 말한다.

정답 83 ② 84 ④ 85 ① 86 ③ 87 ④

② "방진시설"이란 소음 · 진동배출시설이 아닌 물체로부터 발생하는 진동을 없애거나 줄이는 시설로서 환경부령으로 정하는 것을 말한다.
③ "교통기관"이란 기차 · 자동차 · 전차 · 도로 및 철도 등을 말한다. 다만, 항공기와 선박은 제외한다.
④ "휴대용 음향기기"란 휴대가 쉬운 소형 음향재생기기(음악재생기능이 있는 이동전화는 제외)로서 산업통상자원부령으로 정하는 것을 말한다.

풀이 "휴대용 음향기기"란 휴대가 쉬운 소형 음향재생기기(음악재생기능이 있는 이동전화를 포함한다)로서 환경부령으로 정하는 것을 말한다.

88 소음 · 진동관리법령상 소음발생건설기계 소음도 검사기관의 지정기준 중 시설 및 장비기준으로 옳지 않은 것은?

① 검사장 : 면적 400m^2 이상(20m×20m 이상)
② 장비 : 다기능 표준음발생기(31.5Hz 이상 16kHz 이하) 1대 이상
③ 장비 : 삼각대 등 마이크로폰을 높이 1.5m 이상의 공중에 고정할 수 있는 장비 4대 이상, 높이 10m 이상의 공중에 고정할 수 있는 장비 2대 이상
④ 장비 : 녹음 및 기록장치(6채널 이상) 1대 이상

풀이 소음도 검사기관의 지정기준

기술 인력	시설 및 장비
기술직 2명 기능직 3명	가. 검사장 : 면적 900 m^2 이상(30×30 m 이상) 나. 장비 1) 다기능표준음발생기(중심주파수대역 : 31.5Hz~16kHz) 1대 2) 표준음발생기 가) 200~500Hz 1대 나) 1,000Hz 1대 ※ 주 : 가)와 나)의 기능이 모두 있는 기기 1대로 대체할 수 있다. 3) 마이크로폰 6개 4) 녹음 및 기록장치 1대(6채널용) 5) 주파수분석장비 : 50~8,000Hz 범위의 모든 음을 1/3옥타브대역으로 분석할 수 있는 기기 1대 ※ 주 : 4)와 5)의 기능이 모두 있는 기기 1대로 대체할 수 있다. 6) 삼각대 6대(높이 10m 이상) 등 마이크로폰을 공중에 고정할 수 있는 장비 7) 평가기준음원 (Reference Sound Source)

89 소음 · 진동관리법령상 항공기 소음의 한도기준에 관한 설명으로 옳은 것은?

① 공항 인근지역은 항공기소음영향도(WECPNL) 95로 하고, 그 밖의 지역은 80으로 한다.
② 공항 인근지역은 항공기소음영향도(WECPNL) 95로 하고, 그 밖의 지역은 75로 한다.
③ 공항 인근지역은 항공기소음영향도(WECPNL) 90으로 하고, 그 밖의 지역은 80으로 한다.
④ 공항 인근지역은 항공기소음영향도(WECPNL) 90으로 하고, 그 밖의 지역은 75로 한다.

풀이 항공기 소음의 한도
㉠ 공항 인근지역
항공기소음영향도(WECPNL) 90
㉡ 그 밖의 지역
항공기소음영향도(WECPNL) 75

90 소음 · 진동관리법령상 진동배출시설에 해당하는 것은?(단, 동력을 사용하는 시설 및 기계 · 기구로 한정한다.)

① 20kW의 프레스(유압식 제외)
② 20kW의 성형기
③ 20kW의 연탄제조용 윤전기
④ 2대의 시멘트벽돌 및 블록의 제조기계

풀이 진동배출시설(동력을 사용하는 시설 및 기계 · 기구로 한정)
㉠ 15kW 이상의 프레스(유압식은 제외한다.)
㉡ 22.5kW 이상의 분쇄기(파쇄기와 마쇄기를 포함한다.)
㉢ 22.5kW 이상의 단조기
㉣ 22.5kW 이상의 도정시설(「국토의 계획 및 이용에 관한 법률」에 따른 주거지역 · 상업지역 및 녹지지역에 있는 시설로 한정한다.)

정답 88 ① 89 ④ 90 ①

ⓜ 22.5kW 이상의 목재가공기계
ⓑ 37.5kW 이상의 성형기(압출 · 사출을 포함한다.)
ⓢ 37.5kW 이상의 연탄제조용 윤전기
ⓞ 4대 이상 시멘트벽돌 및 블록의 제조기계

91 소음 · 진동관리법령상 행정처분기준에 관한 사항으로 옳지 않은 것은?

① 위반행위가 둘 이상일 때에는 각 위반 행위에 따라 각각 처분한다.
② 위반횟수의 산정은 위반행위를 한 날을 기준으로 한다.
③ 처분권자는 위반행위의 동기 · 내용 · 횟수 및 위반의 정도 등을 고려하여 그 처분(허가취소, 등록취소, 지정취소 또는 폐쇄명령인 경우는 제외한다)을 감경할 수 있는데, 이 경우 그 처분이 조업정지, 업무정지 또는 영업정지인 경우에는 그 처분기준의 2분의 1의 범위에서 감경할 수 있다.
④ 법에 따른 방지시설을 설치하지 아니하고 배출시설을 가동한 경우 1차 행정처분기준은 사업장 "폐쇄"이다.

풀이 방지시설을 설치하지 아니하고 배출시설을 가동한 경우 행정처분기준
㉠ 1차 : 조업정지
㉡ 2차 : 허가취소

92 소음 · 진동관리법령상 자동차 사용정지표지에 관한 사항으로 옳은 것은?

① 표지규격은 210mm×297mm로 한다.(인쇄용지(특급) 180g/m²)
② 바탕색은 흰색으로, 문자는 검은색으로 한다.
③ 이 표지는 자동차의 전면유리창 왼쪽 하단에 붙인다.
④ 사용정지기간 중에 자동차를 사용하는 경우에는 소음진동관리법에 따라 6개월 이하의 징역 또는 500만 원 이하의 벌금에 처한다.

풀이 ㉠ 표지규격은 134mm×190mm로 한다.(인쇄용지(특급) 120g/m²)
㉡ 바탕색은 노란색으로, 문자는 검은색으로 한다.
㉢ 이 표지는 자동차의 전면유리창 오른쪽 상단에 붙인다.

93 소음 · 진동관리법령상 녹지지역의 주간시간대의 철도소음의 관리(한도)기준은?

① 60 Leq dB(A) ② 65 Leq dB(A)
③ 70 Leq dB(A) ④ 75 Leq dB(A)

풀이 철도소음진동관리기준

대상지역	구분	한도	
		주간 (06:00~22:00)	야간 (22:00~06:00)
주거지역, 녹지지역, 관리지역 중 취락지구 · 주거개발진흥지구 및 관광 · 휴양개발진흥지구, 자연환경보전지역, 학교 · 병원 · 공공도서관 및 입소규모 100명 이상의 노인의료복지시설 · 영유아보육시설의 부지 경계선으로부터 50미터 이내 지역	소음 [Leq dB(A)]	70	60
	진동 [dB(V)]	65	60
상업지역, 공업지역, 농림지역, 생산관리지역 및 관리지역 중 산업 · 유통개발진흥지구, 미고시지역	소음 [Leq dB(A)]	75	65
	진동 [dB(V)]	70	65

94 소음 · 진동관리법령상 소음발생건설기계의 종류에 해당하지 않는 것은?

① 굴착기(정격출력 19kW 이상 500kW 미만의 것으로 한정한다.)
② 발전기(정격출력 500kW 이상의 실내용으로 한정한다.)
③ 공기압축기(공기토출량이 분당 2.83세제곱미터 이상의 이동식인 것으로 한정한다.)
④ 항타 및 항발기

풀이 소음발생건설기계의 종류
㉠ 굴삭기(정격출력 19kW 이상 500kW 미만의 것으로 한정한다.)
㉡ 다짐기계
㉢ 로더(정격출력 19kW 이상 500kW 미만의 것으로 한정한다.)

정답 91 ④ 92 ④ 93 ③ 94 ②

㉣ 발전기(정격출력 400kW 미만의 실외용으로 한정한다.)
㉤ 브레이커(휴대용을 포함하며, 중량 5톤 이하로 한정한다.)
㉥ 공기압축기(공기토출량이 분당 2.83세제곱미터 이상의 이동식인 것으로 한정한다.)
㉦ 콘크리트 절단기
㉧ 천공기
㉨ 항타 및 항발기

95 다음은 소음 · 진동관리법령상 상시 측정자료의 제출에 관한 사항이다. ( ) 안에 가장 적합한 것은?

> 시 · 도지사는 해당 관할구역의 소음 · 진동 실태를 파악하기 위하여 측정망을 설치하고 상시 측정한 소음 · 진동에 관한 자료를 ( )까지 환경부장관에게 제출하여야 한다.

① 매월 말일 ② 매 분기 다음 달 말일
③ 매 반기 다음 달 말일 ④ 매년 말일

96 다음은 소음 · 진동관리법령상 자동차제작자의 권리 · 의무승계신고에 관한 사항이다. ( ) 안에 알맞은 것은?

> 법에 따라 권리 · 의무의 승계신고를 하려는 자는 신고 사유가 발생한 날부터 ( ) 권리 · 의무 승계신고서에 인증서 원본과 그 승계 사실을 증명하는 서류를 첨부하여 환경부장관 등에게 제출하여야 한다.

① 7일 이내에 ② 10일 이내에
③ 15일 이내에 ④ 30일 이내에

97 소음 · 진동관리법령상 운행차 정기검사 대행자의 기술능력기준에 해당하지 않는 자격은?

① 건설안전산업기사
② 건설기계정비산업기사
③ 자동차정비산업기사
④ 대기환경산업기사

풀이 운행차 정기검사 대행자의 기술능력기준
㉠ 자동차정비 산업기사 이상
㉡ 자동차 검사 산업기사 이상
㉢ 건설기계정비 산업기사 이상
㉣ 대기환경 산업기사 이상
㉤ 소음 · 진동 산업기사 이상

98 소음 · 진동관리법령상 환경기술인을 임명하지 아니한 자에 대한 과태료 부과기준으로 옳은 것은?

① 200만 원 이하의 과태료
② 300만 원 이하의 과태료
③ 6개월 이하의 징역 또는 500만 원 이하의 과태료
④ 1년 이하의 징역 또는 500만 원 이하의 과태료

풀이 소음 · 진동관리법 제60조 참조

99 소음 · 진동관리법령상 제작차의 소음배출특성을 참작하기 위한 소음 종류와 가장 거리가 먼 것은?

① 경적소음 ② 가속주행소음
③ 주행소음 ④ 배기소음

풀이 제작자동차의 소음허용기준 소음항목
㉠ 가속주행소음
㉡ 배기소음
㉢ 경적소음

100 소음 · 진동관리법령상 시 · 도지사 등은 운행차의 소음이 운행차 소음허용기준을 초과한 경우 그 자동차 소유자에 대하여 개선을 명할 수 있는데, 이때 개선에 필요한 기간은 개선명령일부터 며칠로 하는가?

① 5일 ② 7일
③ 15일 ④ 30일

풀이 개선에 필요한 기간은 개선명령일로부터 7일로 한다.

정답 95 ② 96 ④ 97 ① 98 ② 99 ③ 100 ②

025 2021년 2회 기사

1과목 소음진동개론

01 다음 1자 유도진동계의 운동방정식 $f(t) = m\ddot{x} + C_e\dot{x} + kx$에서 $m\ddot{x}$는 무엇을 나타내는가?(단, m : 질량, C_e : 감쇠계수, k : 스프링정수, $f(t)$: 외력의 가진함수이다.)

① 스프링의 복원력　　② 정적 수축량
③ 점성저항력　　④ 관성력

풀이 운동방정식 $f(t) = m\ddot{x} + C_e\dot{x} + kx$

여기서, $m\ddot{x}$: 관성력

$C_e\dot{x}$: 점성저항력

kx : 스프링 복원력(탄성력)

02 아래 그림과 같은 진동계에서 각각의 고유진동수 계산식으로 옳은 것은?(단, S는 스프링 정수, M은 질량이다.)

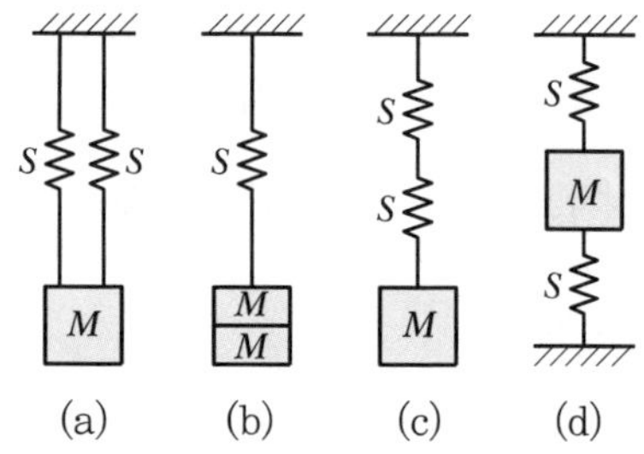

① $\frac{1}{2\pi}\sqrt{\frac{2S}{M}}$, $\frac{1}{2\pi}\sqrt{\frac{S}{2M}}$, $\frac{1}{2\pi}\sqrt{\frac{S}{2M}}$, $\frac{1}{2\pi}\sqrt{\frac{2S}{M}}$

② $\frac{1}{2\pi}\sqrt{\frac{2S}{M}}$, $\frac{1}{2\pi}\sqrt{\frac{S}{2M}}$, $\frac{1}{2\pi}\sqrt{\frac{2S}{M}}$, $\frac{1}{2\pi}\sqrt{\frac{2S}{M}}$

③ $\frac{1}{2\pi}\sqrt{\frac{S}{2M}}$, $\frac{1}{2\pi}\sqrt{\frac{2S}{M}}$, $\frac{1}{2\pi}\sqrt{\frac{S}{2M}}$, $\frac{1}{2\pi}\sqrt{\frac{S}{2M}}$

④ $\frac{1}{2\pi}\sqrt{\frac{S}{2M}}$, $\frac{1}{2\pi}\sqrt{\frac{2S}{M}}$, $\frac{1}{2\pi}\sqrt{\frac{2S}{M}}$, $\frac{1}{2\pi}\sqrt{\frac{2S}{M}}$

03 다음 중 인체감각에 대한 주파수별 보정값으로 틀린 것은?(단, 수평진동일 경우는 수평진동이 1~2Hz 기준)

	진동 구분	주파수 범위	주파수별 보정값(dB)
㉠	수직 진동	$1 \le f < 4$Hz	$10\log(0.25f)$
㉡	수직 진동	$4 \le f \le 8$Hz	0
㉢	수직 진동	$8 < f \le 90$Hz	$10\log(8/f)$
㉣	수직 진동	$2 < f \le 90$Hz	$20\log(2/f)$

① ㉠　　② ㉡
③ ㉢　　④ ㉣

풀이 수직진동

$8 \le f \le 90$Hz 범위의 보정값은 $20\log\left(\frac{8}{f}\right)$이다.

04 기계의 소음을 측정하였더니 그림과 같이 비감쇠 정현 음파의 소음이 계측되었다. 기계 소음의 음압레벨(dB)은 약 얼마인가?

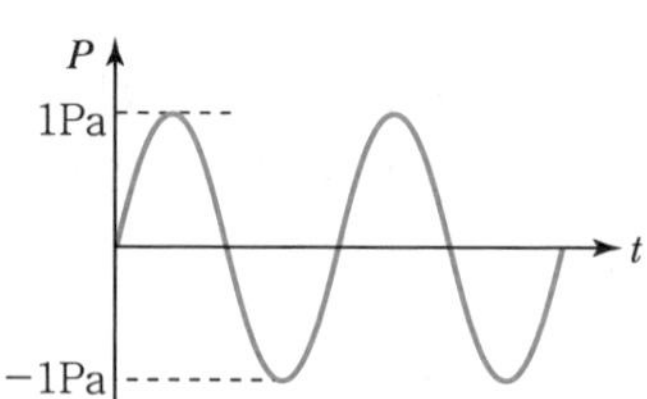

정답 01 ④ 02 ① 03 ③ 04 ①

① 91　　② 94
③ 96　　④ 100

풀이 $SPL = 20\log\frac{P}{P_0}$

$$= 20\log\frac{1/\sqrt{2}}{2\times10^{-5}} = 91\text{dB}$$

05 소음에 대한 일반적인 인간의(감수성) 반응으로 가장 거리가 먼 것은?

① 70대보다 20대가 민감한 편이다.
② 남성보다 여성이 민감한 편이다.
③ 환자 또는 임산부보다는 건강한 사람이 받는 영향이 큰 편이다.
④ 노동 상태보다는 휴식이나 잠잘 때 그 영향이 큰 편이다.

풀이 소음에 대한 감수성은 건강한 사람보다는 환자나 임산부가 더 민감하다.

06 다음 순음 중 우리 귀로 가장 예민하게 느낄 수 있는 청감으로 가장 적절한 것은?

① 100Hz 60dB 순음　② 500Hz 60dB 순음
③ 1,000Hz 60dB 순음　④ 4,000Hz 60dB 순음

풀이 인간의 청각에서 가장 감도가 좋은 주파수는 4,000 Hz 부근이다.

07 진동발생원의 진동을 측정한 결과, 가속도 진폭이 $4\times10^{-2}\text{m/s}^2$이었다. 이것을 진동가속도레벨($VAL$)로 나타내면 약 몇 dB인가?

① 69　　② 72
③ 76　　④ 79

풀이 $VAL = 20\log\frac{a}{a_o} = 20\log\frac{\left(\frac{4\times10^{-2}}{\sqrt{2}}\right)}{10^{-5}} = 69\text{dB}$

08 정현 진동하는 경우 진동속도의 진폭에 관한 설명으로 옳은 것은?

① 진동속도의 진폭은 진동주파수에 반비례한다.
② 진동속도의 진폭은 진동주파수에 비례한다.
③ 진동속도의 진폭은 진동주파수의 제곱에 비례한다.
④ 진동속도의 진폭은 진동주파수의 제곱에 반비례한다.

풀이 진동속도(V)$= A\omega\cos\omega t$
속도진폭($A\omega$)은 진동주파수($\omega = 2\pi f$)에 비례한다.

09 투과손실 40dB인 콘크리트 벽 50m^2와 투과손실 20dB인 유리창 10m^2로 구성된 벽의 총합 투과손실(dB)은?

① 35　　② 31
③ 28　　④ 23

풀이 $\overline{TL} = 10\log\frac{1}{\tau} = 10\log\frac{S_1+S_2}{S_1\tau_1+S_2\tau_2}$

$$= 10\log\frac{50+10}{(50\times10^{-4})+(10\times10^{-2})}$$

$$= 27.57\text{dB}$$

10 소음의 영향으로 틀린 것은?

① 소음이 순환계에 미치는 영향으로 맥박이 감소하고, 말초혈관이 확장되는 것이 있다.
② 노인성 난청은 6,000Hz 정도에서부터 시작된다.
③ 소음에 폭로된 후 2일~3주 후에도 정상청력으로 회복되지 않으면 소음성 난청이라 부른다.
④ 어느 정도 큰 소음을 들은 직후에 일시적으로 청력이 저하되었다가 수 초~수일 후에 정상청력으로 돌아오는 현상을 TTS라고 한다.

풀이 맥박 증가와 말초혈관 수축 등 자율신경계의 변화가 나타난다.

정답 05 ③ 06 ④ 07 ① 08 ② 09 ③ 10 ①

11 귀의 역할에 대한 설명으로 틀린 것은?

① 외이도는 일종의 공명기로서 소리를 증폭시켜 기저막을 진동시킨다.
② 음의 대소는 기저막의 섬모가 받는 자극의 크기에 따른다.
③ 음의 고저는 기저막이 자극받는 섬모의 위치에 따라 결정된다.
④ 중이(中耳)의 음의 전달 매질은 고체이다.

풀이 외이도는 일종의 공명기로서 약 3kHz의 소리를 증폭시켜 고막에 전달하여 진동시키는 역할을 한다.

12 지반을 전파하는 파에 관한 설명으로 틀린 것은?

① 계측에 의한 지표진동은 주로 P파이다.
② P파와 S파는 역2승법칙으로 거리 감쇠한다.
③ P파는 소밀파 또는 압력파라고도 한다.
④ P파는 S파보다 전파속도가 빠르다.

풀이 계측되는 진동은 표면파인 R파이다.

13 음의 크기에 관한 설명으로 틀린 것은?

① 음의 크기레벨은 phon으로 측정된다.
② 음의 크기레벨(LL)과 음의 크기(S)의 관계는 "$LL = 33.3\log S + 40$"으로 정의된다.
③ 1sone은 4,000Hz 순음의 음세기레벨 40dB의 음의 크기로 정의된다.
④ 음의 크기레벨은 감각적인 음의 크기를 나타내는 양으로 같은 음압레벨이라도 주파수가 다르면 같은 크기로 감각되지 않는다.

풀이 1,000Hz 순음의 음세기레벨 40dB의 음 크기를 1sone이라 한다.

14 소음통계레벨에 관한 설명으로 옳은 것은?

① 총 측정시간의 N(%)를 초과하는 소음레벨을 의미한다.
② 변동이 심한 소음평가방법으로 측정시간 동안의 변동 에너지를 시간적으로 평균하여 대수 변환시킨 것이다.
③ 하루의 매시간당 등가소음도 측정 후 야간에 매시간 측정치에 벌칙레벨을 합산하여 파워 평균한 값이다.
④ 소음을 1/1옥타브밴드로 분석한 음압레벨을 NR 차트에 Plotting 하여 그중 가장 높은 NR 곡선에 접하는 것을 판독한 값이다.

풀이 소음통계레벨은 총 측정시간의 N(%)를 초과하는 소음레벨, 즉 전체 측정기간 중 그 소음레벨을 초과하는 시간의 총합이 N(%)가 되는 소음레벨이다.

15 53phon과 같은 크기를 갖는 음은 몇 sone인가?

① 0.65 ② 0.94
③ 1.52 ④ 2.46

풀이 $S = 2^{\frac{L_L - 40}{10}} = 2^{\frac{53-40}{10}} = 2.46\text{sone}$

16 그림과 같이 진동하는 파의 감쇠특성으로 옳은 것은?(단, ξ는 감쇠비이다.)

① $\xi = 0$
② $0 < \xi < 1$
③ $\xi = 1$
④ $\xi > 1$

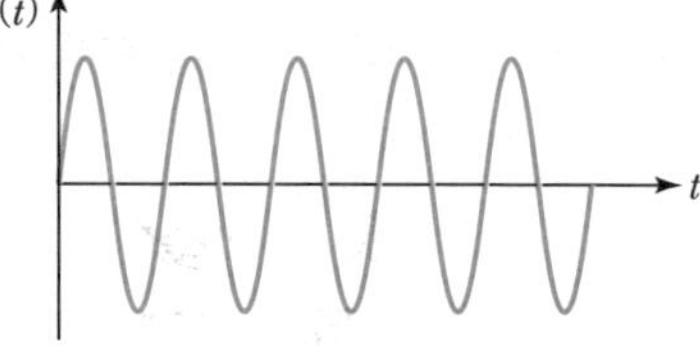

풀이 감쇠가 없는 경우이므로 $\xi = 0$이다.

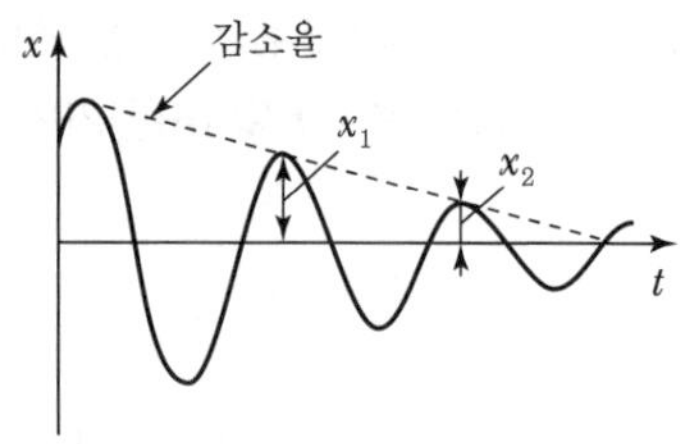

[부족감쇠($0 < \xi < 1$)]

정답 11 ① 12 ① 13 ③ 14 ① 15 ④ 16 ①

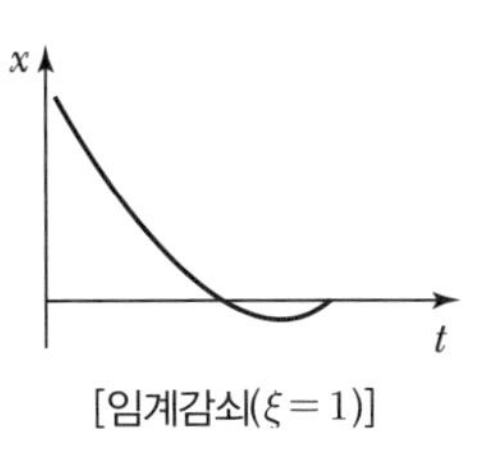
[임계감쇠($\xi=1$)]

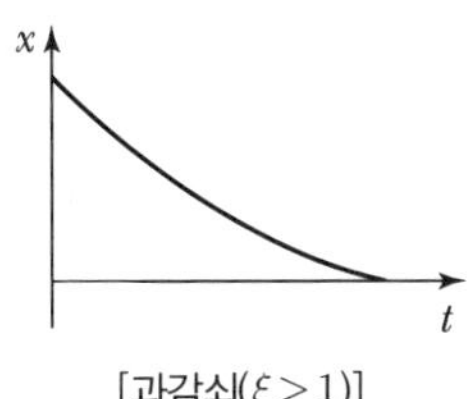
[과감쇠($\xi>1$)]

17 자유음장에서 점음원으로부터 관측점까지의 거리를 2배로 하면 음압레벨은 어떻게 변화되는가?

① 1/2로 감소된다. ② 2배 증가한다.
③ 3dB 감소한다. ④ 6dB 감소한다.

풀이 역2승법칙
자유음장에서 점음원으로부터 거리가 2배 멀어질 때마다 음압레벨이 6dB(20log2)씩 감쇠되는데 이를 점음원의 역2승법칙이라 한다.

18 다음 설명 중 (　　) 안에 가장 적합한 것은?

1/3옥타브대역(Octave Band)은 상하 대역의 끝 주파수 비(상단주파수/하단주파수)가 (　　)일 때를 말한다.

① 약 1.15 ② 약 1.26
③ 약 1.45 ④ 약 1.63

풀이 1/3옥타브밴드 분석기
$f_u/f_l = 2^{1/3}$, $f_u = 1.26 f_l$

19 소리를 감지하기까지의 귀(耳)의 구성요소별 전달경로(순서)로 옳은 것은?

① 이개－고막－기저막－이소골
② 이개－기저막－고막－이소골
③ 이개－고막－이소골－기저막
④ 이개－기저막－이소골－고막

20 실내온도가 20℃, 가로×세로×높이가 5.7×7.8×5.2(m^3)인 잔향실이 있다. 이 잔향실 내부에 아무것도 없는 상태에서 측정한 잔향시간이 9.5s이었다. 이 방에 3.1×3.7(m^2)의 흡음재를 바닥에 설치한 후 잔향시간을 측정하니 2.7s이었다. 이 흡음재의 흡음률은?

① 0.55 ② 0.69
③ 0.78 ④ 0.88

풀이 시료 부착 후 시료의 흡음률(α_r)

$$\alpha_r = \frac{0.161V}{S'}\left(\frac{1}{T}-\frac{1}{T_0}\right)+\overline{\alpha_0}$$

V(실의 체적) : 5.7m×7.8m×5.2m=231.19m^3
S'(시료의 면적) : 3.1m×3.7m=11.47m^2
T(시료 부착 후 잔향시간) : 2.7sec
T_0(시료 부착 전 잔향시간) : 9.5sec
$\overline{\alpha_0}$(시료 부착 전 평균흡음률) : 0.017
S(실 내부 표면적)
: (5.7m×7.8m×2)+(5.7m×5.2m×2)+(7.8m×5.2m×2)=229.3m^2

$$\overline{\alpha_0} = \frac{0.161V}{ST_0} = \frac{0.161\times 231.19}{229.3\times 9.5} = 0.017$$

$$\alpha_r = \frac{0.161\times 231.19}{11.47}\left(\frac{1}{2.7}-\frac{1}{9.5}\right)+0.017 = 0.88$$

2과목 소음방지기술

21 주파수 대역별 목표 소음레벨을 구하는 공식으로 옳은 것은?(단, n은 주파수 대역수이다.)

① 주파수 대역별 음압레벨$-10\log n$dB(A)
② 목표레벨(규제치)$-10\log n$dB(A)
③ 대상 음압레벨$-10\log n$dB(A)
④ 음향파워레벨$-10\log n$dB(A)

정답 17 ④ 18 ② 19 ③ 20 ④ 21 ②

22 팬의 날개수가 5개이고 3,600rpm으로 회전하고 있다면 이 팬이 작동할 때 기본음의 주파수 성분은 몇 Hz인가?

① 5 ② 60
③ 300 ④ 3,600

풀이 기본음 주파수 $= n \times \dfrac{rpm}{60} = 5 \times \dfrac{3{,}600}{60}$
$= 300\text{Hz}$

23 원형 흡음덕트의 흡음계수(K)가 0.29일 때, 직경 85cm, 길이 3.15m인 덕트에서의 감쇠량은 약 몇 dB인가?(단, 덕트 내 흡음재료의 두께는 무시한다.)

① 4.3 ② 4.8
③ 5.3 ④ 5.8

풀이 $\Delta L = k \cdot \dfrac{P \cdot L}{S}(\text{dB})$

$= 0.29 \times \dfrac{(3.14 \times 0.85) \times 3.15}{\left(\dfrac{3.14 \times 0.85^2}{4}\right)}$

$= 4.3\,\text{dB}$

24 바닥 20m×20m, 높이 4m인 방의 잔향시간이 2초일 때, 이 방의 실정수는 약 몇 m^2인가?

① 115.5 ② 121.3
③ 131.2 ④ 145.5

풀이 $R = \dfrac{S \cdot \bar{\alpha}}{1 - \bar{\alpha}}$

$S = (20 \times 20 \times 2) + (20 \times 4 \times 4)$
$= 1{,}120\text{m}^2$

$\bar{\alpha} = \dfrac{0.161 \times V}{T \times S}$

$V = 20 \times 20 \times 4 = 1{,}600\text{m}^3$

$= \dfrac{0.161 \times 1{,}600}{2 \times 1{,}120}$

$= 0.115$

$= \dfrac{1{,}120 \times 0.115}{1 - 0.115} = 145.54\text{m}^2$

25 밀도가 150kg/m^3이고 두께가 5mm인 합판을 벽체로부터 50mm의 공기층을 두고 설치할 경우 판 진동에 의한 흡음 주파수는 약 몇 Hz인가?(단, 공기밀도는 1.2kg/m^3, 기온은 20℃이다.)

① 309 ② 336
③ 374 ④ 394

풀이 흡음 주파수(f)

$f = \dfrac{C}{2\pi}\sqrt{\dfrac{\rho}{m \cdot d}}$

$C = 331.42 + (0.6 \times 20) = 343.42\text{m/sec}$

$m = 150\text{kg/m}^3 \times 0.005\text{m} = 0.75\text{kg/m}^2$

$= \dfrac{343.42}{2\pi}\sqrt{\dfrac{1.2}{0.75 \times 0.05}} = 309.34\text{Hz}$

26 실내의 평균 흡음률을 구하는 방법으로 틀린 것은?

① 반확산음장법을 이용하여 구하는 방법
② 실내의 잔향시간을 측정하여 구하는 방법
③ 재료별 면적과 흡음률을 계산하여 구하는 방법
④ 음향파워레벨을 알고 있는 표준 음원을 이용하여 구하는 방법

27 실정수가 126m^2인 방에 음향파워레벨이 123 dB인 음원이 있을 때 실내(확산음장)의 평균 음압레벨은 몇 dB인가?(단, 음원은 전체 내면의 반사율이 아주 큰 잔향실 기준이다.)

① 92 ② 97
③ 100 ④ 108

풀이 확산음장 평균 음압레벨(SPL)

$SPL = PWL + 10\log\left(\dfrac{4}{R}\right)$

$= 123 + 10\log\left(\dfrac{4}{126}\right)$

$= 108.02\text{dB}$

정답 22 ③ 23 ① 24 ④ 25 ① 26 ① 27 ④

28 방음대책의 방법에서 전파경로 대책에 대한 설명으로 틀린 것은?

① 거리감쇠
② 저주파음에 대해서는 지향성을 변환시킴
③ 공장 벽체의 차음성 강화
④ 공장건물의 내벽에 흡음처리

풀이 전파경로대책
㉠ 흡음(공장건물 내벽의 흡음처리로 실내 SPL 저감)
㉡ 차음[공장 벽체의 차음성(투과손실) 강화]
㉢ 방음벽 설치
㉣ 거리감쇠(소음원과 수음점의 거리를 멀리 띄움)
㉤ 지향성 변환(고주파음에 약 15dB 정도 저감 효과)
㉥ 주위에 잔디를 심어 음 반사 차단

29 방음벽 설치 시 유의점으로 가장 거리가 먼 것은?

① 음원의 지향성이 수음 측 방향으로 클 때에는 벽에 의한 감쇠치가 계산치보다 작게 된다.
② 음원 측 벽면은 가급적 흡음 처리하여 반사음을 방지한다.
③ 점음원의 경우 벽의 길이가 높이의 5배 이상일 때에는 길이의 영향은 고려할 필요가 없다.
④ 면음원인 경우에는 그 음원의 최상단에 점음원이 있는 것으로 간주하여 근사적인 회절감쇠치를 구한다.

풀이 음원의 지향성이 수음 측 방향으로 클 때에는 방음벽에 의한 감쇠치가 계산치보다 크게 된다.

30 다음 발파소음 감소대책으로 가장 거리가 먼 것은?

① 완전전색이 이루어져야 한다.
② 지발당 장약량을 감소시킨다.
③ 기폭방법에서 역기폭보다 정기폭을 사용한다.
④ 도폭선 사용을 피한다.

풀이 기폭방법은 정기폭보다 역기폭을 사용한다.

31 기류음에 대한 방지대책으로 적절하지 않은 것은?

① 밸브의 다단화 ② 분출 유속의 저감
③ 표면 제진처리 ④ 관의 곡률 완화

풀이 기류음의 저감대책
㉠ 분출유속의 저감(흐트러짐 방지)
㉡ 관의 곡률 완화
㉢ 밸브의 다단화(압력의 다단 저감)

32 구멍직경 8mm, 구멍 간의 상하좌우 간격 20mm, 두께 10mm인 다공판을 45mm의 공기층을 두고 설치할 경우 공명주파수는 약 몇 Hz인가? (단, 음속은 340m/s이다.)

① 650 ② 673
③ 685 ④ 706

풀이 공명주파수(f_r)

$$f_r = \frac{C}{2\pi}\sqrt{\frac{\beta}{(h+1.6a)\cdot d}}$$

$C = 340$ m/sec

$$\beta = \frac{\pi a^2}{B^2} = \frac{3.14\times 4^2}{20^2} = 0.1256$$

$h+1.6a = 10+(1.6\times 4) = 16.4\text{mm}$

$d = 45\text{mm}$

$$= \frac{340\times 10^3}{2\times 3.14}\times\sqrt{\frac{0.1256}{16.4\times 45}} = 706.3\text{Hz}$$

33 음이 수직 입사할 때 이 벽체의 반사율은 0.45이었다. 이때의 투과손실(TL)은 약 몇 dB인가? (단, 경계면에서 음이 흡수되지 않는다고 가정한다.)

① 1.5 ② 2.0
③ 2.6 ④ 3.5

풀이 $TL = 10\log\frac{1}{\tau} = 10\log\frac{1}{1-0.45} = 2.6\text{dB}$

정답 28 ② 29 ① 30 ③ 31 ③ 32 ④ 33 ③

34 다음 중 옥외에 있는 소음원에 대한 소음방지 대책으로 가장 적절하지 않은 것은?

① 소음원과 수음지점 사이의 거리를 멀리 한다.
② 음원에 방향성이 있는 경우에는 그 방향을 바꾼다.
③ 수음지점 바로 주위에 몇 그루의 나무를 심어서 차폐한다.
④ 음원에 방음커버를 설치한다.

35 다음 중 흡음 덕트형 소음기에서 최대 감음 주파수의 범위로 가장 적합한 것은?(단, λ : 대상음 파장, D : 덕트 내경이다.)

① $\lambda/4 < D < 2\lambda$　② $\lambda/2 < D < \lambda$
③ $2\lambda < D < 4\lambda$　④ $4\lambda < D < 8\lambda$

풀이 흡음 덕트형 소음기 최대 감음 주파수 범위

$$\frac{\lambda}{2} < D < \lambda$$

여기서, λ : 대상 음의 파장(m)
D : 덕트의 내경(m)

36 그림과 같은 방음벽에서 직접음의 회절감쇠치가 12dB(A), 반사음의 회절감쇠치가 15dB(A), 투과손실치가 16dB(A)이다. 직접음과 반사음을 모두 고려한 이 방음벽의 회절감쇠치는 약 몇 dB(A)인가?

① 9.2
② 10.2
③ 11.2
④ 12.5

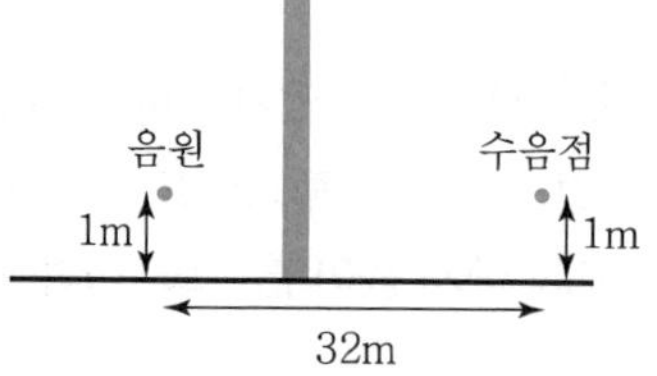

풀이 삽입손실치(ΔL_I)

$$\Delta L_I = -10\log\left(10^{-\frac{L_d}{10}} + 10^{-\frac{L_d'}{10}} + 10^{-\frac{TL}{10}}\right)$$
$$= -10\log\left(10^{-\frac{12}{10}} + 10^{-\frac{15}{10}} + 10^{-\frac{16}{10}}\right)$$
$$= 9.21\text{dB}$$

37 정격유속(Rated Flow) 조건하에서 측정하는 것을 제외하고는 소음원에 소음기를 부착하기 전과 후의 공간상의 어떤 특정 위치에서 측정한 음압레벨의 차와 그 측정위치로 정의되는 소음기의 성능표시는?

① 동적 삽입손실치　② 투과손실치
③ 삽입손실치　④ 감음량

38 방음상자의 설계 시 검토해야 할 사항과 거리가 먼 것은?

① 저감시키고자 하는 주파수의 파장을 고려하여 밀폐상자의 크기를 설계한다.
② 필요시 차음 대책과 병행해서 방진 및 제진대책을 세워야 한다.
③ 밀폐상자 내의 온도 상승을 억제하기 위해 환기설비를 한다.
④ 환기용 팬 주위는 환기 효율에 영향을 주므로 소음기 등을 설치하면 안 된다.

풀이 환기용 Fan 주위는 개구부의 소음을 저감하기 위하여 소음기를 설치한다.

39 목(Neck)과 공동(Cavity)으로 구성된 헬름홀츠(Helmholtz) 공명기를 진동계의 스프링-질량-댐퍼 시스템과 등가시켰을 때, 질량과 관련 있는 인자로 옳게 나열된 것은?(단, 목의 음향저항은 무시하며, 목 단면적 : S, 목의 길이 : L, 목의 유효길이 : Le, 공동의 단면적 : A, 공동의 높이 : H, 공기의 밀도 : ρ이다.)

① ρ, L, S
② ρ, A, H
③ ρ, $(L+H)$, S
④ ρ, $(L+Le)$, S

정답 34 ③ 35 ② 36 ① 37 ① 38 ④ 39 ④

40 면적 S_1, S_2에서 투과율이 각각 τ_1, τ_2의 2 부분으로 되어 있는 벽의 총합투과손실(TL)을 아래와 같이 나타낼 때, 투과손실 20dB의 창 10m²와 투과손실 30dB의 벽 부분 100m²인 벽의 총투과손실은 약 몇 dB인가?

$$TL = 10\log\frac{S_1 + S_2}{\tau_1 S_1 + \tau_2 S_2}$$

① 25 ② 27
③ 29 ④ 31

풀이 $TL = 10\log\frac{110}{(10\times10^{-2})+(100\times10^{-3})}$
$= 27\text{dB}$

3과목 소음진동공정시험 기준

41 도로교통소음한도 측정방법에서 디지털 소음자동분석계를 사용할 경우 측정자료 분석방법으로 옳은 것은?

① 샘플주기를 0.1초 이내에서 결정하고 1분 이상 측정하여 자동 연산 · 기록한 등가소음도를 그 지점의 측정소음도로 한다.
② 샘플주기를 0.1초 이내에서 결정하고 5분 이상 측정하여 자동 연산 · 기록한 등가소음도를 그 지점의 측정소음도로 한다.
③ 샘플주기를 1초 이내에서 결정하고 1분 이상 측정하여 자동 연산 · 기록한 등가소음도를 그 지점의 측정소음도로 한다.
④ 샘플주기를 1초 이내에서 결정하고 10분 이상 측정하여 자동 연산 · 기록한 등가소음도를 그 지점의 측정소음도로 한다.

42 진동측정기기 중 지시계기의 눈금오차는 얼마 이내이어야 하는가?

① 0.5dB 이내 ② 1dB 이내
③ 5dB 이내 ④ 10dB 이내

풀이 진동레벨계의 성능
㉠ 측정 가능 주파수 범위는 1~90Hz 이상이어야 한다.
㉡ 측정 가능 진동레벨의 범위는 45~120dB 이상이어야 한다.
㉢ 감각 특성의 상대응답과 허용오차는 환경측정기기의 형식승인 · 정도검사 등에 관한 고시 중 진동레벨계의 구조 · 성능 세부기준의 연직진동 특성에 만족하여야 한다.
㉣ 진동픽업의 횡감도는 규정주파수에서 수감축 감도에 대한 차이가 15dB 이상이어야 한다.(연직특성)
㉤ 레벨레인지 변화기가 있는 기기에 있어서 레벨레인지 변환기의 전환오차가 0.5dB 이내이어야 한다.
㉥ 지시계의 눈금오차는 0.5dB 이내이어야 한다.

43 소음 · 진동공정시험기준상 공장소음 측정자료평가표 서식의 측정기기란에 기재되어야 할 항목으로 거리가 먼 것은?

① 소음계 교정일자 ② 소음도기록기명
③ 부속장치 ④ 소음계명

풀이 공장소음 측정자료평가표의 측정기기란 포함 항목
㉠ 소음계명
㉡ 소음도기록기명
㉢ 부속장치

44 철도소음관리기준 측정 시 측정자료의 분석에 관한 설명이다. ( ) 안에 들어갈 내용으로 옳은 것은?

샘플 주기를 (㉠) 내외로 결정하고 (㉡) 동안 연속 측정하여 자동 연산 · 기록한 등가소음도를 그 지점의 측정소음도로 한다.

정답 40 ② 41 ④ 42 ① 43 ① 44 ③

① ㉠ 1초 ㉡ 10분
② ㉠ 0.1초 ㉡ 1시간
③ ㉠ 1초 ㉡ 1시간
④ ㉠ 0.1초 ㉡ 10분

풀이 디지털 소음자동분석계를 사용할 때에는 샘플 주기를 0.1초 이하로 놓고 발파소음의 발생시간(수 초 이내) 동안 측정하여 자동 연산 · 기록한 최고치(L_{max} 등)를 측정소음도로 한다.

45 다음 중 진동레벨계의 구조별 성능기준으로 가장 거리가 먼 것은?

① Calibration Network Calibrator는 진동측정기의 감도를 점검 및 교정하는 장치로서 자체에 내장되어 있거나 분리되어 있어야 한다.
② Pick-up은 지면에 설치할 수 있는 구조로서 진동신호를 전기신호로 바꾸어 주는 장치를 말하며, 레벨의 간격이 10dB 간격으로 표시되어야 한다.
③ Weighting Networks는 인체의 수진감각을 주파수 보정 특성에 따라 나타내는 것으로 V특성(수직특성)을 갖춘 것이어야 한다.
④ Amplifier는 진동픽업에 의해 변환된 전기신호를 증폭시키는 장치를 말한다.

풀이 진동픽업(Pick-up)
㉠ 지면에 설치할 수 있는 구조로서 진동신호를 전기신호로 바꾸어 주는 장치를 말한다.
㉡ 환경진동을 측정할 수 있어야 한다.

46 규제기준 중 발파소음 측정방법에 대한 설명으로 틀린 것은?

① 소음도 기록기를 사용할 때에는 기록지상의 지시치의 최고치를 측정소음도로 한다.
② 최고소음고정(Hold)용 소음계를 사용할 때에는 당해 지시치를 측정소음도로 한다.
③ 디지털 소음자동분석계를 사용할 때에는 샘플 주기를 1초 이하로 놓고 발파소음의 발생시간 동안 측정하여 자동 연산 · 기록한 최고치를 측정소음도로 한다.
④ 소음계의 레벨레인지 변환기는 측정소음도의 크기에 부응할 수 있도록 고정시켜야 한다.

47 소음의 환경기준 측정방법 중 도로변지역의 범위(기준)로 옳은 것은?

① 2차선인 경우 도로단으로부터 30m 이내의 지역
② 4차선인 경우 도로단으로부터 100m 이내의 지역
③ 자동차전용도로의 경우 도로단으로부터 100m 이내의 지역
④ 고속도로의 경우 도로단으로부터 150m 이내의 지역

풀이 도로변지역의 범위는 도로단으로부터 차선수×10m로 하고 고속도로 또는 자동차전용도로의 경우에는 도로단으로부터 150m 이내의 지역을 말한다.

48 등가소음도에 대한 설명으로 옳은 것은?

① 환경오염 공정시험기준의 측정방법으로 측정한 소음도를 말한다.
② 측정소음도에 배경소음을 보정한 후 얻어진 소음도를 말한다.
③ 임의의 측정시간 동안 발생한 변동소음의 총 에너지를 같은 시간 내의 정상소음의 에너지로 등가하여 얻어진 소음도를 말한다.
④ 대상소음도에 충격음, 관련 시간대에 대한 측정소음 발생시간의 백분율, 시간별, 지역별 등의 보정치를 보정한 후 얻어진 소음도를 말하다.

49 소음계의 레벨레인지 변환기에 관한 설명으로 가장 거리가 먼 것은?

① 측정하고자 하는 소음도가 지시계기의 범위 내에 있도록 하기 위한 감쇠기이다.
② 지향성이 작은 압력형으로 하며, 기기의 본체와 분리가 가능하여야 한다.

정답 45 ② 46 ③ 47 ④ 48 ③ 49 ②

③ 레벨 변환 없이 측정이 가능한 경우 레벨레인지 변환기가 없어도 된다.
④ 유효눈금범위가 30dB 이하가 되는 구조의 것은 변환기에 의한 레벨의 간격이 10dB 간격으로 표시되어야 한다.

풀이 레벨레인지 변환기
㉠ 측정하고자 하는 소음도가 지시계기의 범위 내에 있도록 하기 위한 감쇠기이다.
㉡ 유효눈금범위가 30dB 이하가 되는 구조의 것은 변환기에 의한 레벨의 간격이 10dB 간격으로 표시되어야 한다.
㉢ 다만, 레벨 변환 없이 측정이 가능한 경우 레벨레인지 변환기가 없어도 무방하다.

50 마이크로폰을 소음계와 분리시켜 소음을 측정할 때 마이크로폰의 지지장치로 사용하거나 소음계를 고정할 때 사용하는 장치는?

① Tripod
② Meter
③ Fast－Slow Switch
④ Calibration Network Calibrator

풀이 Tripod는 부속장치 중 삼각대를 말한다.

51 청감보정회로 및 주파수분석기에 관한 설명으로 옳지 않은 것은?

① 청감보정회로에서 어떤 특정 소음을 A 및 C 특성으로 측정한 결과, 측정치가 거의 같다면 그 소음에는 저주파음이 거의 포함되어 있지 않다고 볼 수 있다.
② 청감보정회로에서 A특성 측정치는 D특성 측정치보다 항상 높은 값을 나타낸다.
③ 주파수분석기에서 대역필터가 직렬로 된 것은 일정 소음 외에는 분석하기 어려운 단점이 있다.
④ 주파수분석기에서 대역필터가 병렬로 된 것을 사용할 경우에는 모든 대역의 음압레벨을 동시에, 즉 실시간 분석할 수 있다.

풀이 청감보정회로에서 D특성 측정치는 A특성 측정치보다 항상 높은 값을 나타낸다.

52 소음계 중 교정장치에 관한 설명이다. ( ) 에 알맞은 것은?

소음측정기의 감도를 점검 및 교정하는 장치로서 자체에 내장되어 있거나 분리되어 있어야 하며, ( )이 되는 환경에서도 교정이 가능하여야 한다.

① 50dB(A) 이상 ② 60dB(A) 이상
③ 70dB(A) 이상 ④ 80dB(A) 이상

풀이 소음계의 교정장치는 80dB(A) 이상이 되는 환경에서도 교정이 가능하여야 한다.

53 발파진동 평가를 위한 보정 시 시간대별 보정 발파횟수(N)는 작업일지 등을 참조하여 발파진동 측정 당일의 발파진동 중 진동레벨이 얼마 이상인 횟수(N)를 말하는가?

① 50dB(V) 이상 ② 55dB(V) 이상
③ 60dB(V) 이상 ④ 130dB(V) 이상

54 배출허용기준 중 진동측정을 위한 측정조건으로 틀린 것은?

① 진동픽업은 수직면을 충분히 확보할 수 있고, 외부환경 영향에 민감한 곳에 설치한다.
② 진동픽업은 수직 방향 진동레벨을 측정할 수 있도록 설치한다.
③ 진동픽업의 설치장소는 옥외지표를 원칙으로 한다.
④ 진동픽업의 설치장소는 완충물이 없는 장소로 한다.

풀이 진동픽업의 설치기준
㉠ 진동픽업(Pick－up)의 설치장소는 옥외지표를 원칙으로 하고 복잡한 반사, 회절현상이 예상되는 지점은 피한다.

정답 50 ① 51 ② 52 ④ 53 ③ 54 ①

㉡ 진동픽업의 설치장소는 완충물이 없고, 충분히 다져서 단단히 굳은 장소로 한다.
㉢ 진동픽업의 설치장소는 경사 또는 요철이 없는 장소로 하고, 수평면을 충분히 확보할 수 있는 장소로 한다.
㉣ 진동픽업은 수직 방향 진동레벨을 측정할 수 있도록 설치한다.
㉤ 진동픽업 및 진동레벨계를 온도, 자기, 전기 등의 외부 영향을 받지 않는 장소에 설치한다.

55 환경기준 중 소음측정방법으로 옳지 않은 것은?

① 소음도 기록기가 없는 경우에는 소음계만으로 측정할 수 있으나, 통상 소음계와 소음도 기록기를 연결하여 측정 · 기록하는 것을 원칙으로 한다.
② 소음계의 레벨레인지 변환기는 측정지점의 소음도를 예비조사한 후 적절하게 고정시켜야 한다.
③ 옥외측정을 원칙으로 하며, 측정점 선정 시에는 당해 지역 소음평가에 현저한 영향을 미칠 것으로 예상되는 공장 및 사업장, 철도 등의 부지 내는 피해야 한다.
④ 일반지역의 경우에는 가능한 한 측정점 반경 10m 이내에 장애물(담, 건물, 기타 반사성 구조물 등)이 없는 지점의 지면 위 3~5m로 한다.

풀이 일반지역의 경우 가능한 한 측정점 반경 3.5m 이내에 장애물(담, 건물, 기타 반사성 구조물 등)이 없는 지점의 지면 위 1.2~1.5m로 한다.

56 환경기준 중 소음측정방법에 있어 낮 시간대에는 각 측정지점에서 2시간 이상 간격으로 몇 회 이상 측정하여 산술평균한 값을 측정소음도로 하는가?

① 2회 이상 ② 3회 이상
③ 4회 이상 ④ 5회 이상

풀이 환경기준(측정시간 및 측정지점 수)
㉠ 낮 시간대(06:00~22:00)에는 당해 지역 소음을 대표할 수 있도록 측정지점 수를 충분히 결정하고, 각 측정지점에서 2시간 이상 간격으로 4회 이상 측정하여 산술평균한 값을 측정소음도로 한다.
㉡ 밤 시간대(22:00~06:00)에는 낮 시간대에 측정한 측정지점에서 2시간 간격으로 2회 이상 측정하여 산술평균한 값을 측정소음도로 한다.

57 배출허용기준 중 소음측정방법으로 옳지 않은 것은?

① 공장의 부지경계선에 비하여 피해가 예상되는 자의 부지경계선에서의 소음도가 더 큰 경우에는 피해가 예상되는 자의 부지경계선을 측정점으로 한다.
② 측정지점에 높이가 1.5m를 초과하는 장애물이 있는 경우에는 장애물로부터 소음원 방향으로 1.0~3.5m 떨어진 지점으로 한다.
③ 측정소음도의 측정은 대상 배출시설의 소음발생기기를 가능한 한 최대 출력으로 가동시킨 정상상태에서 측정하여야 한다.
④ 피해가 예상되는 적절한 측정시각에 측정지점 수 1지점을 선정 · 측정하여 측정 소음도로 한다.

풀이 피해가 예상되는 적절한 측정시각에 2지점 이상의 측정지점 수를 선정 · 측정하여 그중 가장 높은 소음도를 측정소음도로 한다.

58 다음 진동레벨계 기본구조에서 "6"은 무엇인가?

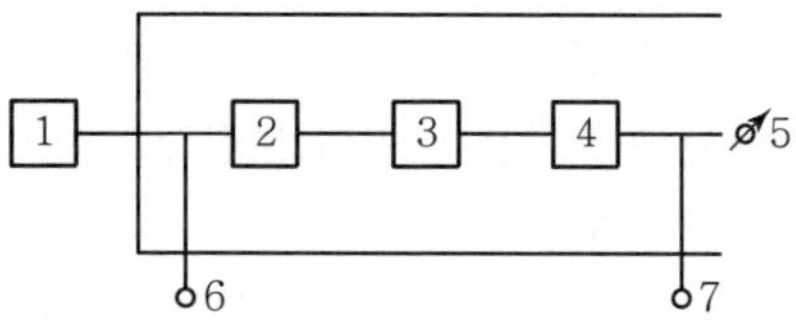

① 진동픽업 ② 교정장치
③ 지시계기 ④ 증폭기

풀이 1. 진동픽업 2. 레벨레인지 변환기
3. 증폭기 4. 감각보정회로
5. 지시계기 6. 교정장치
7. 출력단자

정답 55 ④ 56 ③ 57 ④ 58 ②

59 철도소음의 소음관리기준에서 측정방법에 관한 설명으로 가장 거리가 먼 것은?

① 소음계의 동특성은 빠름(Fast)으로 하여 측정한다.
② 기상조건, 열차운행횟수 및 속도 등을 고려하여 당해 지역의 1시간 평균 철도통행량 이상인 시간대를 포함하여 야간 시간대는 1회 1시간 동안 측정한다.
③ 철도소음관리기준을 적용하기 위하여 측정하고자 할 경우에는 철도보호지구지역 내에서 측정 · 평가한다.
④ 측정자료 분석 시 1일 열차통행량이 30대 미만인 경우에는 측정소음도를 보정한 후 그 값을 측정소음도로 한다.

풀이 철도소음관리기준을 적용하기 위하여 측정하고자 할 경우에는 철도보호지구 외의 지역에서 측정 · 평가한다.

60 규제기준 중 생활진동 측정방법으로 옳지 않은 것은?

① 피해가 예상되는 적절한 측정시각에 2지점 이상의 측정지점수를 선정 · 측정하여 산술평균한 진동레벨을 측정진동레벨로 한다.
② 측정점은 피해가 예상되는 자의 부지경계선 중 진동레벨이 높을 것으로 예상되는 지점을 택하여야 하며 배경진동의 측정점은 동일한 장소에서 측정함을 원칙으로 한다.
③ 측정진동레벨은 대상 진동발생원의 일상적인 사용상태에서 정상적으로 가동시켜 측정하여야 한다.
④ 배경진동레벨은 대상 진동원의 가동을 중지한 상태에서 측정하여야 하나, 가동 중지가 어렵다고 인정되는 경우에는 배경진동의 측정 없이 측정진동레벨을 대상진동레벨로 할 수 있다.

풀이 피해가 예상되는 적절한 측정시각에 2지점 이상의 측정지점 수를 선정 · 측정하여 그중 높은 진동레벨을 측정진동레벨로 한다.

4과목 진동방지기술

61 공해진동의 범위에서 인체의 진동에 대한 감각도를 나타낸 등감각곡선에서 수직진동을 가장 잘 느끼는 주파수의 범위는?

① 1~4Hz ② 4~8Hz
③ 8~12Hz ④ 8~90Hz

풀이 횡축을 진동수, 종축을 진동가속도실효치로 진동의 등감각곡선을 나타내며 수직진동은 4~ 8Hz 범위에서, 수평진동은 1~2Hz 범위에서 가장 민감하다.

62 공기 스프링의 특징에 대한 설명으로 옳은 것은?

① 부대시설이 필요 없으며 공기 누출의 위험이 없다.
② 공기 스프링은 지지하중의 크기가 변화할 경우에도 높이 조정 밸브로 기계 높이를 일정하게 유지할 수 있다.
③ 사용진폭이 적은 것이 많아 별도의 댐퍼가 필요치 않다.
④ 하중의 변화에 따른 고유진동수의 변화가 커 부하 능력 범위가 적다.

풀이 공기스프링의 장단점

㉠ 장점
- 설계 시에 스프링의 높이, 스프링 정수, 내하력(하중)을 각각 독립적으로 자유롭게 광범위하게 선정할 수 있다.
- 높이 조절 밸브를 병용하면 하중의 변화에 따른 스프링 높이를 조절하여 기계의 높이를 일정하게 유지할 수 있다.
- 하중의 변화에 따라 고유진동수를 일정하게 유지할 수 있다.
- 부하능력이 광범위하고 자동제어가 가능하다.(1개의 스프링으로 동시에 횡강성도 이용할 수 있다.)
- 고주파 진동의 절연특성이 가장 우수하고 방음효과도 크다.

정답 59 ③ 60 ① 61 ② 62 ②

㉡ 단점

- 구조가 복잡하고 시설비가 많이 든다.(구조에 의해 설계상 제약 있음)
- 압축기 등 부대시설이 필요하다.
- 공기누출의 위험이 있다.
- 사용진폭이 적은 것이 많으므로 별도의 댐퍼가 필요한 경우가 많다.(공기스프링을 기계의 지지장치에 사용할 경우 스프링에 허용되는 동변위가 극히 작은 경우가 많으므로 내장하는 공기감쇠력으로 충분하지 않은 경우가 많음)
- 금속스프링으로 비교적 용이하게 얻어지는 고유진동수 1.5Hz 이상의 범위에서는 타 종류의 스프링에 비해 비싼 편이다.

63 다음 그림과 같은 계에서 $X_1 = 3\cos 4t$일 때 X의 정상상태 진폭이 2였다. 스프링 상수 k 값은?

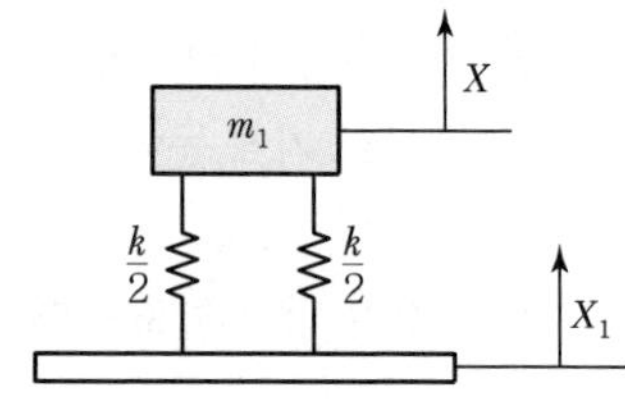

① $6.40m_1$ ② $10.12m_1$
③ $10.67m_1$ ④ $24.00m_1$

풀이 진폭 $x_0 = \dfrac{F_0}{k - m\omega^2}$

$$k = \frac{F_0}{x_0} + m\omega^2$$

$$= \frac{3}{2} + (m_1 \times 4^2) = 6.40m_1$$

64 방진대책은 발생원, 전파경로, 수진 측 대책으로 분류된다. 모터 구동 세탁기에는 일반적으로 수평조절용 장치가 하부에 설치되어 있다. 이는 무슨 대책에 해당하는가?

① 발생원 ② 전파경로
③ 수진 측 ④ 해당 안 됨

65 매분 600회전으로 돌고 있는 차축의 정적불균형력은 그림에서 반경 0.1m의 원주상을 1kg의 질량이 회전하고 있는 것에 상당한다고 할 때 등가 가진력의 최대치는 약 몇 N인가?

① 100
② 200
③ 400
④ 600

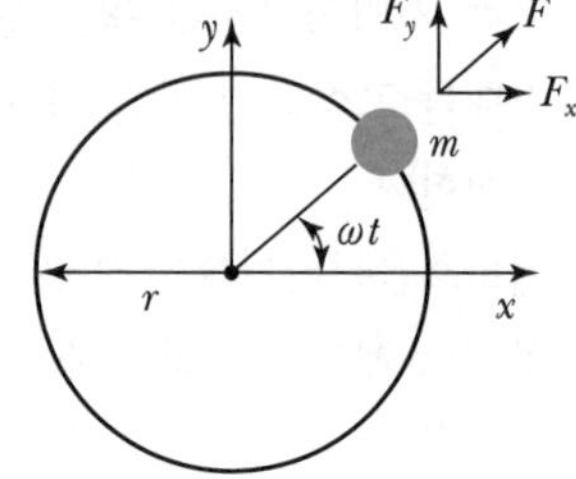

풀이 가진력

$$F = mr\omega^2$$

$$\omega = 2\pi \times \frac{600}{60} = 62.83\,\text{rad/sec}$$

$$= 1 \times 0.1 \times 62.83^2$$

$$= 394.76\,\text{N}$$

66 다음은 자동차 방진에 관한 용어 설명이다. (　　) 안에 가장 적합한 것은?

> 차량의 중속 및 고속 주행 상태에서 차체가 약 15에서 25Hz 범위의 주파수로 진동하는 현상을 (　　)(이)라고 하며, 이는 일반적으로 차체진동 또는 플로어(Floor) 진동이라고 부르기도 한다.

① 와인드 업(Wind Up)
② 프론트 엔드 진동(Front End Vibration)
③ 브레이크 져더(Brake Judder)
④ 셰이크(Shake)

67 방진대책을 발생원, 전파경로, 수진 측 대책으로 분류할 때 다음 중 발생원 대책과 거리가 먼 것은?

① 가진력을 감쇠시킨다.
② 기초중량을 부가 또는 경감시킨다.
③ 동적 흡진한다.
④ 수진점 근방에 방진구를 설치한다.

풀이 수진점 근방에 방진구를 파는 것은 전파경로 대책이다.

정답 63 ① 64 ① 65 ③ 66 ④ 67 ④

68 기계에서 발생하는 불평형력은 회전 및 왕복운동에 의한 관성력, 모멘트에 의해 발생한다. 회전운동에 의해서 발생되는 원심력 F의 공식으로 옳은 것은?(단, 불평형 질량은 m, 불평형 질량의 운동반경은 r, 각진동수는 ω이다.)

① $F=mr^2\omega$ ② $F=mr\omega$
③ $F=m^2r\omega$ ④ $F=mr\omega^2$

풀이 원심력(F)

$F=mr\omega^2$

여기서, F : 원심력
m : 불평형 질량
r : 반지름(회전반경, 운동반경)
ω : 각진동수

69 진동의 원인이 되는 가진력 중 주로 질량불평형에 의한 가진력으로 진동이 발생하는 것은?

① 파쇄기 ② 송풍기
③ 프레스 ④ 단조기

풀이 가진력의 발생

㉠ 기계의 왕복운동에 의한 관성력(횡형 압축기, 활판인쇄기 등)
㉡ 기계 회전부의 질량 불균형[회전기계(송풍기 등)의 회전부 중심이 맞지 않을 때]
㉢ 질량의 낙하운동에 의한 충격력(단조기)

70 특성 임피던스가 32×10^6kg/m^2·s인 금속관 플랜지의 접속부에 특성 임피던스가 3×10^4 kg/m^2·s인 고무를 넣어 진동 절연할 때 진동감쇠량은 약 몇 dB인가?

① 21 ② 24
③ 27 ④ 30

풀이 진동감쇠량(ΔL)

$\Delta L = -10\log(1-T_r)$

$$T_r = \left(\frac{Z_2-Z_1}{Z_2+Z_1}\right)^2\times100$$

$$=\left[\frac{(32\times10^6)-(3\times10^4)}{(32\times10^6)+(3\times10^4)}\right]^2\times100$$

$=0.9962(99.62\%)$

$=-10\log(1-0.9962)=24.2\,\text{dB}$

71 진동절연의 문제에서 전달률을 사용하는데 여기서 말하는 전달률을 바르게 표시한 것은?(단, ω : 가진력의 각진동수, ω_n : 계의 고유각진동수이다.)

① $\dfrac{1}{\left[1-\left(\dfrac{\omega}{\omega_n}\right)^2\right]}$ ② $\dfrac{1}{\left[1+\left(\dfrac{\omega}{\omega_n}\right)^2\right]}$

③ $\dfrac{2}{\left[1-\left(\dfrac{\omega}{\omega_n}\right)^3\right]}$ ④ $\dfrac{2}{\left[1+\left(\dfrac{\omega}{\omega_n}\right)^3\right]}$

풀이 전달률(T)

$$T=\left|\frac{\text{전달력}}{\text{외력}}\right|=\left|\frac{kx}{F_0\sin\omega t}\right|=\frac{1}{\eta^2-1}$$

$$=\frac{1}{\left(\dfrac{f}{f_n}\right)^2-1}=\left|\frac{1}{1-\left(\dfrac{\omega}{\omega_n}\right)^2}\right|$$

72 기계를 스프링으로 지지하여 고체음을 저하시켜 소음을 줄이고자 한다. 강제진동수가 40Hz인 경우 스프링의 정적 수축량은 약 몇 cm인가?(단, 감쇠비는 0이고, 진동전달률은 0.3이다.)

① 0.046 ② 0.067
③ 0.107 ④ 0.137

풀이 $\delta_{st}=\left(\dfrac{4.98}{f_n}\right)^2$

$$f_n=\sqrt{\frac{T}{1+T}}\times f$$

$$=\sqrt{\frac{0.3}{1+0.3}}\times40=19.22\ \text{Hz}$$

$$=\left(\frac{4.98}{19.22}\right)^2=0.067\ \text{cm}$$

정답 68 ④ 69 ② 70 ② 71 ① 72 ②

73 외부에서 가해지는 강제진동수를 f, 계의 고유진동수를 f_n이라고 할 때 전달력이 외력보다 항상 큰 경우는?

① $\frac{f}{f_n} > \sqrt{2}$　② $\frac{f}{f_n} = \sqrt{2}$

③ $\frac{f}{f_n} < \sqrt{2}$　④ $\frac{f}{f_n} = 1$

풀이 $\frac{f}{f_n} < \sqrt{2}$

㉠ 전달력>외력

㉡ 방진대책이 필요한 설계영역

74 전기모터가 기계장치를 구동시키고 계는 고무깔개 위에 설치되어 있으며, 고무깔개는 0.4cm의 정적 처짐을 나타내고 있다. 고무깔개의 감쇠비(ξ)는 0.22, 진동수비(η)는 3.3이라면 기초에 대한 힘의 전달률은?

① 0.11　② 0.14

③ 0.18　④ 0.24

풀이 감쇠전달률(T)

$$T = \frac{\sqrt{1+(2\xi\eta)^2}}{\sqrt{(1-\eta^2)^2+(2\xi\eta)^2}}$$

$$= \frac{\sqrt{1+(2\times 0.22\times 3.3)^2}}{\sqrt{(1-3.3^2)^2+(2\times 0.22\times 3.3)^2}}$$

$$= 0.18$$

75 서징(Surging)에 관한 설명으로 옳은 것은?

① 코일스프링을 사용한 탄성지지계에서는 스프링의 서징과 공진 시의 감쇠 증대가 문제된다.
② 서징이라는 것은 코일스프링 자신의 탄성진동의 고유진동수가 외력의 진동수와 공진하는 상태이다.
③ 서징은 방진고무에서 주로 많이 대두된다.
④ 코일스프링이 서징을 일으키면 탄성지지계의 진동전달률이 현저히 저하한다.

풀이 서징(Surging) 현상

코일스프링 자신의 탄성진동의 고유진동수가 외력의 진동수와 공진하는 상태로, 이 진동수에서는 방진효과가 현저히 저하된다.

76 $m\ddot{x}+kx = F\sin\omega t$의 운동방정식을 만족시키는 진동이 일어나고 있을 때 고유각진동수는?

① $k\cdot m$　② $\frac{k}{m}$

③ $\sqrt{\frac{k}{m}}$　④ $\sqrt{\frac{m}{F}}$

풀이 고유각진동수(ω_n)

$$\omega_n = \sqrt{\frac{k}{m}}$$

77 4개의 같은 스프링으로 탄성 지지한 기계에서 스프링을 빼낸 후 8개의 지점에 균등하게 탄성지지하여 고유진동수를 1/2로 낮추고자 할 때 1개의 스프링 정수는 어떻게 변화되어야 하는가?

① 원래의 $\frac{1}{8}$　② 원래의 $\frac{1}{16}$

③ 원래의 $\frac{1}{32}$　④ 원래의 $\frac{1}{64}$

풀이 $f_{n1} = \frac{1}{2\pi}\sqrt{\frac{4k_1}{m}}$, $f_{n2} = \frac{1}{2\pi}\sqrt{\frac{8k_2}{m}}$

$$\frac{f_{n2}}{f_{n1}} = \frac{\sqrt{\frac{8k_2}{m}}}{\sqrt{\frac{4k_1}{m}}} = \frac{1}{2}$$

$$\frac{2k_2}{k_1} = \frac{1}{4}$$

$$k_1 = 8k_2,\ k_2 = \frac{1}{8}k_1 \left(\text{원래의 } \frac{1}{8}\right)$$

정답 73 ③ 74 ③ 75 ② 76 ③ 77 ①

78 방진에 사용하는 금속 스프링의 장점이 아닌 것은?

① 온도, 부식과 같은 환경요소에 대한 저항성이 크다.
② 저주파 차진에 좋다.
③ 최대 변위가 허용된다.
④ 감쇠율이 높고 공진 전달률이 낮다.

풀이 금속 스프링은 감쇠가 거의 없고 공진 시에 전달률이 매우 크다.

79 무게 500N인 기계를 4개의 스프링으로 탄성 지지한 결과 스프링의 정적 수축량이 2.5cm였다. 이 스프링의 스프링 정수는 몇 N/mm인가?

① 5 ② 10
③ 50 ④ 200

풀이
$$k = \frac{W_{mp}}{\delta_{st}} = \frac{\left(\frac{500}{4}\right)\text{N}}{2.5\text{cm}}$$
$$= 50\text{N/cm} \times \text{cm}/10\text{mm} = 5\text{N/mm}$$

80 임계감쇠(Critically Damped)란 감쇠비(ζ)가 어떤 값을 가질 때인가?

① $\zeta = 1$ ② $\zeta > 1$
③ $\zeta < 1$ ④ $\zeta = 0$

풀이 임계감쇠는 ζ(감쇠비)가 1인 경우를 말한다. $(C_e = C_c)$

5과목 소음진동관계법규

81 소음 · 진동관리법령상 규제기준을 초과하여 생활소음 · 진동을 발생시킨 사업자에게 작업시간의 조정 등을 명령하였으나, 이를 위반한 경우 벌칙 기준으로 옳은 것은?

① 3년 이하의 징역 또는 1천 500만 원 이하의 벌금에 처한다.
② 1년 이하의 징역 또는 1천만 원 이하의 벌금에 처한다.
③ 6개월 이하의 징역 또는 500만 원 이하의 벌금에 처한다.
④ 300만 원 이하의 과태료를 부과한다.

풀이 소음진동관리법 제58조 참조

82 소음 · 진동관리법령상 공사장 방음시설 설치기준으로 틀린 것은?

① 방음벽시설 전후의 소음도 차이(삽입손실)는 최소 7dB 이상 되어야 하며, 높이는 3m 이상 되어야 한다.
② 공사장 인접지역에 고층건물 등이 위치하고 있어, 방음벽시설로 인한 음의 반사 피해가 우려되는 경우에는 흡음형 방음벽시설을 설치하여야 한다.
③ 삽입손실 측정을 위한 측정지점(음원 위치, 수음자 위치)은 음원으로부터 3m 이상 떨어진 노면 위 1.0m 지점으로 하고, 방음벽시설로부터 2m 이상 떨어져야 한다.
④ 방음벽시설의 기초부와 방음판 · 기둥 사이에 틈새가 없도록 하여 음의 누출을 방지하여야 한다.

풀이 공사장 방음시설 설치기준
㉠ 방음벽시설 전후의 소음도 차이(삽입손실)는 최소 7dB 이상 되어야 하며, 높이는 3m 이상 되어야 한다.
㉡ 공사장 인접 지역에 고층건물 등이 위치하고 있어, 방음벽시설로 인한 음의 반사 피해가 우려되는 경우에는 흡음형 방음벽시설을 설치하여야 한다.
㉢ 방음벽시설에는 방음판의 파손, 도장부의 손상 등이 없어야 한다.
㉣ 방음벽시설의 기초부와 방음판 · 지주 사이에 틈새가 없도록 하여 음의 누출을 방지하여야 한다.

정답 78 ④ 79 ① 80 ① 81 ③ 82 ③

83 소음 · 진동관리법령상 교통소음 관리기준 중 농림지역의 도로교통소음한도기준[Leq dB(A)]으로 옳은 것은?[단, 주간(06:00~22:00) 기준이다.]

① 58 ② 60
③ 63 ④ 73

풀이 교통소음 관리기준

대상지역	구분	한도	
		주간 (06:00~22:00)	야간 (22:00~06:00)
주거지역, 녹지지역, 관리지역 중 취락지구 · 주거개발진흥지구 및 관광 · 휴양개발진흥지구, 자연환경보전지역, 학교 · 병원 · 공공도서관 및 입소규모 100명 이상의 노인의료복지시설 · 영유아보육시설의 부지 경계선으로부터 50미터 이내 지역	소음 [Leq dB(A)]	68	58
	진동 [dB(V)]	65	60
상업지역, 공업지역, 농림지역, 생산관리지역 및 관리지역 중 산업 · 유통개발진흥지구, 미고시지역	소음 [Leq dB(A)]	73	63
	진동 [dB(V)]	70	65

84 소음 · 진동관리법령상 시장 · 군수 · 구청장이 배출시설 및 방지시설의 가동상태를 점검하기 위하여 소음 · 진동검사를 의뢰할 수 있는 기관이 아닌 것은?

① 환경보전협회
② 한국환경공단
③ 국립환경과학원
④ 특별시 · 광역시 · 도의 보건환경연구원

풀이 소음 · 진동 검사기관

㉠ 국립환경과학원
㉡ 특별시 · 광역시 · 도 · 특별자치도의 보건환경연구원
㉢ 유역환경청 또는 지방환경청
㉣ 「한국환경공단법」에 따른 한국환경공단

85 환경정책기본법령상 도로변지역 밤 시간대의 소음환경기준[Leq dB(A)]으로 옳은 것은?(단, 적용대상지역은 주거지역 중 전용주거지역이며, 시간은 이 법령 기준에 의한 밤 시간대로 한다.)

① 40 ② 45
③ 50 ④ 55

풀이 소음환경기준 [Leq dB(A)]

지역 구분	적용대상 지역	기준	
		낮(06:00~22:00)	밤(22:00~06:00)
일반 지역	"가" 지역	50	40
	"나" 지역	55	45
	"다" 지역	60	55
	"라" 지역	70	65
도로변 지역	"가" 및 "나" 지역	65	55
	"다" 지역	70	60
	"라" 지역	75	70

[비고]
1. 지역구분별 적용대상지역의 구분은 다음과 같다.
 가. "가" 지역
  1) 「국토의 계획 및 이용에 관한 법률」에 따른 녹지지역
  2) 「국토의 계획 및 이용에 관한 법률」에 따른 보전관리지역
  3) 「국토의 계획 및 이용에 관한 법률」에 따른 농림지역 및 자연환경보전지역
  4) 「국토의 계획 및 이용에 관한 법률」에 따른 전용주거지역
  5) 「의료법」에 따른 종합병원의 부지경계로부터 50m 이내의 지역
  6) 「초 · 중등교육법」 및 「고등교육법」에 따른 학교의 부지경계로부터 50m 이내의 지역
  7) 「도서관법」에 따른 공공도서관의 부지경계로부터 50m 이내의 지역
 나. "나" 지역
  1) 「국토의 계획 및 이용에 관한 법률」에 따른 생산관리지역
  2) 「국토의 계획 및 이용에 관한 법률 시행령」에 따른 일반주거지역 및 준주거지역
 다. "다" 지역
  1) 「국토의 계획 및 이용에 관한 법률」에 따른 상업지역 및 같은 항 제2호 다목에 따른 계획관리지역
  2) 「국토의 계획 및 이용에 관한 법률 시행령」에 따른 준공업지역
 라. "라" 지역
  「국토의 계획 및 이용에 관한 법률 시행령」에 따른 전용공업지역 및 일반공업지역

정답 83 ④ 84 ① 85 ④

86 소음 · 진동관리법령상 운행차 정기검사의 방법 · 기준 및 대상항목 중 소음도 측정기준에 관한 사항으로 옳지 않은 것은?

① 소음측정은 자동기록장치를 사용하는 것을 원칙으로 하고 배기소음의 경우 4회 이상 실시하여 측정치의 차이가 5dB을 초과하는 경우에는 측정치를 무효로 하고 다시 측정한다.
② 측정 항목별로 소음측정기 지시치(자동기록장치를 사용한 경우에는 자동기록장치의 기록치)의 최대치를 측정치로 하며, 암소음은 지시치의 평균치로 한다.
③ 암소음 측정은 각 측정항목별로 측정 직전 또는 직후에 연속하여 10초 동안 실시하며, 순간적인 충격음 등은 암소음으로 취급하지 않는다.
④ 자동차소음과 암소음의 측정치의 차이가 3dB 이상 10dB 미만인 경우에는 자동차로 인한 소음의 측정치로부터 보정치를 뺀 값을 최종 측정치로 하고, 그 차이가 3dB 미만일 때에는 측정치를 무효로 한다.

풀이 소음측정은 자동기록장치를 사용하는 것을 원칙으로 하고 배기소음의 경우 2회 이상 실시하여 측정치의 차이가 2dB을 초과하는 경우에는 측정치를 무효로 하고 다시 측정한다.

87 소음 · 진동관리법령상 전기를 주 동력으로 사용하는 자동차에 대한 종류는 무엇에 의해 구분하는가?

① 마력수
② 차량총중량
③ 소모전기량(V)
④ 엔진배기량

풀이 전기를 주 동력으로 사용하는 자동차에 대한 종류의 구분은 차량총중량에 의하되, 차량총중량이 1.5톤 미만에 해당하는 경우에는 경자동차로 구분한다.

88 소음 · 진동관리법령상 환경기술인이 환경부장관이 교육을 실시할 능력이 있다고 인정하며 지정하는 기관 등에서 받아야 하는 교육의 기간 기준은 3년마다 한 차례 이상 며칠 이내인가?(단, 정보통신매체를 이용한 원격교육은 제외한다.)

① 3일　　② 5일
③ 7일　　④ 14일

89 소음 · 진동관리법령상 자동차 종류 범위기준에 관한 설명으로 옳지 않은 것은?(단, 2015년 12월 8일 이후 제작되는 자동차 기준이다.)

① 이륜자동차는 자전거로부터 진화한 구조로서 사람 또는 소량의 화물을 운송하기 위한 것이며, 엔진배기량이 50cc 이상이고, 차량총중량이 1천 킬로그램을 초과하지 않는다.
② 이륜자동차는 운반차를 붙인 이륜자동차와 이륜자동차에서 파생된 삼륜 이상의 최고속도 50km/h를 초과하는 이륜자동차를 포함한다.
③ 경자동차의 엔진배기량은 1,000cc 미만이다.
④ 승용차에는 지프(Jeep), 왜건(Wagon), 밴(Van) 및 승합차를 포함한다.

풀이 승용자동차에는 지프, 왜건 및 승합차를 포함한다. 화물자동차에는 밴을 포함한다.

90 다음은 소음 · 진동관리법령상 항공기 소음의 관리에 관한 사항이다. (　　) 안에 알맞은 것은?

> (　　)은/는 항공기 소음이 대통령령으로 정하는 항공기 소음의 한도를 초과하여 공항 주변의 생활환경이 매우 손상된다고 인정하면 관계 기관의 장에게 방음시설의 설치나 그 밖에 항공기 소음의 방지에 필요한 조치를 요청할 수 있다.

① 지방환경청장　　② 특별시장
③ 환경부장관　　④ 시 · 도지사

정답 86 ① 87 ② 88 ② 89 ④ 90 ③

91 소음 · 진동관리법령상 운행자동차 중 경자동차의 배기소음허용기준은?(단, 2006년 1월 1일 이후에 제작되는 자동차이다.)

① 100dB(A) 이하 ② 105dB(A) 이하
③ 110dB(A) 이하 ④ 112dB(A) 이하

풀이 운행자동차 소음허용기준

자동차 종류 \ 소음 항목		배기소음 [dB(A)]	경적소음 [dB(C)]
경자동차		100 이하	110 이하
승용 자동차	소형	100 이하	110 이하
	중형	100 이하	110 이하
	중대형	100 이하	112 이하
	대형	105 이하	112 이하
화물 자동차	소형	100 이하	110 이하
	중형	100 이하	110 이하
	대형	105 이하	112 이하
이륜자동차		105 이하	110 이하

※ 2006년 1월 1일 이후에 제작되는 자동차

92 다음은 소음 · 진동관리법령상 환경기술인을 두어야 할 사업장 및 그 자격기준이다. (　　) 안에 알맞은 것은?

> 총동력합계 (　　)kW 이상인 사업장의 환경기술인 자격기준은 소음 · 진동기사 2급 이상의 기술자격 소지자 1명 이상 또는 해당 사업장의 관리책임자로 사업자가 임명하는 자로 한다. (단, 총동력합계는 소음배출시설 중 기계 · 기구의 동력의 총합계를 말하며, 대수기준시설 및 기계 · 기구와 기타 시설 및 기계 · 기구는 제외한다.)

① 1,250 ② 2,250
③ 3,500 ④ 3,750

풀이 환경기술인의 자격기준

대상 사업장 구분	환경기술인 자격기준
1. 총동력합계 3,750kW 미만인 사업장	사업자가 해당 사업장의 배출시설 및 방지시설업무에 종사하는 피고용인 중에서 임명하는 자
2. 총동력합계 3,750kW 이상인 사업장	소음 · 진동기사 2급 이상의 기술자격 소지자 1명 이상 또는 해당 사업장의 관리책임자로 사업자가 임명하는 자

93 소음 · 진동관리법령상 소음배출시설 기준으로 옳지 않은 것은?(단, 동력기준시설과 대수기준시설을 제외한 그 밖의 시설 및 기계 · 기구 기준이다.)

① 낙하 해머의 무게가 0.3톤 이상의 단조기
② 120kW 이상의 발전기(수력발전기는 제외)
③ 3.75kW 이상의 연삭기 2대 이상
④ 석재 절단기(동력을 사용하는 것은 7.5kW 이상으로 한정)

풀이 7.5kW 이상의 단조기(기압식은 제외)가 소음배출시설이다.

94 소음 · 진동관리법령상 배출시설과 방지시설을 정상적으로 운영 · 관리하기 위한 환경기술인을 임명하지 아니한 자에 대한 벌칙(또는 과태료) 기준으로 옳은 것은?

① 200만 원 이하의 과태료
② 300만 원 이하의 과태료
③ 6개월 이하의 징역 또는 500만 원 이하의 벌금
④ 1년 이하의 징역 또는 1천만 원 이하의 벌금

풀이 소음 · 진동관리법 제60조 참조

95 소음 · 진동관리법령상 시 · 도지사가 매년 환경부장관에게 제출하는 소음 · 진동 관리시책의 추진상황에 관한 연차보고서에 포함되어야 하는 내용으로 가장 거리가 먼 것은?

① 소음 · 진동 발생원 및 소음 · 진동 현황
② 소음 · 진동 저감대책 추진실적 및 추진계획
③ 소음 · 진동 발생원에 대한 행정처분 및 지원실적
④ 소요 재원의 확보계획

풀이 연차보고서 포함 내용
㉠ 소음 · 진동 발생원(發生源) 및 소음 · 진동 현황
㉡ 소음 · 진동 저감대책 추진실적 및 추진계획
㉢ 소요 재원의 확보계획

정답 91 ① 92 ④ 93 ① 94 ② 95 ③

96 소음 · 진동관리법령상 시장 · 군수 등이 환경부령으로 정하는 바에 따라 자동차 소유자에게 운행차 개선명령을 하려는 경우, 그 기간 기준에 관한 사항이다. (　　) 안에 알맞은 것은?

(　　)일 이내의 범위에서 개선에 필요한 기간에 그 자동차의 사용정지를 함께 명할 수 있다.

① 10　　② 15
③ 30　　④ 60

풀이 개선명령을 받은 자가 개선 결과를 보고하려면 확인검사대행자로부터 개선 결과를 확인하는 정비 · 점검 확인서를 발급받아 개선명령서를 첨부하여 개선명령일부터 10일 이내에 특별시장 · 광역시장 · 특별자치시장 · 특별자치도지사 또는 시장 · 군수 · 구청장에게 제출하여야 한다.

97 소음 · 진동관리법령상 생활소음 · 진동이 발생하는 공사로서 "환경부령으로 정하는 특정공사"는 특정공사의 사전신고 대상 기계 · 장비의 사용기간 기준이 얼마인 공사인가?(단, 예외사항은 제외한다.)

① 3일 이상　　② 5일 이상
③ 7일 이상　　④ 10일 이상

98 소음 · 진동관리법령상 공장소음 배출허용기준에 관한 설명으로 틀린 것은?

① 저녁 시간대는 18:00 ~ 24:00이다.
② 충격음 성분이 있는 경우 허용기준치에 −10dB을 보정한다.
③ 도시지역 중 전용주거지역의 낮 배출허용기준은 50dB(A) 이하이다.
④ 관련 시간대(낮은 8시간, 저녁은 4시간, 밤은 2시간)에 대한 측정소음발생시간의 백분율이 25% 이상 50% 미만인 경우 +5dB을 허용기준치에 보정한다.

풀이 충격음 성분이 있는 경우 허용기준치에 −5dB을 보정한다.

99 소음 · 진동관리법령상 위반사항에 대한 행정처분기준으로 틀린 것은?(단, 예외사항은 제외한다.)

① 방지시설을 설치하지 아니하고 배출시설을 가동한 경우의 1차 행정처분기준은 "조업정지"이다.
② 배출시설 설치 신고를 하지 아니하고 배출시설을 설치한 경우의 1차 행정처분기준은 "사용중지명령"이다.(단, 해당 지역이 배출시설의 설치가 가능한 지역이다.)
③ 배출시설 설치신고를 한 자가 환경부령으로 정하는 중요사항에 대한 배출시설변경신고를 이행하지 아니한 경우 1차 행정처분기준은 "조업정지 5일"이다.
④ 환경기술인을 임명하지 아니한 경우의 2차 행정처분기준은 "경고"이다.

풀이 배출시설변경신고를 이행하지 아니한 경우 행정처분기준
㉠ 1차 : 경고
㉡ 2차 : 경고
㉢ 3차 : 조업정지 5일
㉣ 4차 : 조업정지 10일

100 소음 · 진동관리법령상 생활소음 · 진동이 발생하는 공사로서 환경부령으로 정하는 특정공사를 시행하고자 하는 사업자가 해당 공사 시행 전까지 시장 · 군수 · 구청장 등에게 제출하는 특정공사사전신고서에 첨부되어야 하는 서류로 틀린 것은?

① 방음 · 방진시설의 설치명세 및 도면
② 특정공사의 개요(공사목적과 공사일정표 포함)
③ 공사장 위치도(공사장의 주변 주택 등 피해대상 표시)
④ 피해예상지역 주민동의서

풀이 특정공사사전신고서 첨부서류
㉠ 특정공사의 개요(공사목적과 공사일정표 포함)
㉡ 공사장 위치도(공사장의 주변 주택 등 피해대상 표시)
㉢ 방음 · 방진시설의 설치명세 및 도면
㉣ 그 밖의 소음 · 진동 저감대책

정답 96 ① 97 ② 98 ② 99 ③ 100 ④

026 2021년 4회 기사

1과목 소음진동개론

01 A공장에서 근무하는 근로자의 청력을 검사하였다. 검사 주파수별 청력손실이 표와 같을 때, 4분법 청력손실이 28dB이었다. 500Hz에서의 청력손실은 몇 dB인가?

검사주파수(Hz)	청력손실(dB)
63	2
125	5
250	8
500	(　　)
1k	30
2k	38
4k	56

① 10　　② 12
③ 14　　④ 19

풀이 평균 청력손실(4분법)$=\dfrac{a+2b+c}{4}$ (dB)

$$28=\frac{a+(2\times 30)+38}{4}$$

a(500Hz에서 청력손실) = 14dB

02 진동감각에 관한 설명으로 틀린 것은?

① 15Hz 부근에서 심한 공진현상을 보이고, 2차적으로 40~50Hz 부근에서 공진현상이 나타나지만 진동수가 증가함에 따라 감쇠가 급격히 감소한다.
② 수직 및 수평진동이 동시에 가해지면 2배의 자각현상이 나타난다.
③ 진동가속도레벨이 55dB 이하인 경우, 인체는 거의 진동을 느끼지 못한다.
④ 진동에 의한 신체적 공진현상은 서 있을 때가 앉아 있을 때보다 약하게 느낀다.

풀이 3~6Hz 부근에서 심한 공진현상을 보여 가해진 진동보다 크게 느끼고 2차적으로 20~30Hz 부근에서 공진현상이 나타나지만 진동수가 증가함에 따라 감쇠가 급격하게 증가한다.

03 청력에 관한 설명으로 가장 거리가 먼 것은?

① 음의 대소(큰 소리, 작은 소리)는 음파의 진폭(음압)의 크기에 따른다.
② 사람 간 회화의 명료도는 200~6,000Hz의 주파수 범위를 갖는다.
③ 20Hz 이하는 초저주파음, 20kHz를 초과하는 것은 초음파라고 한다.
④ 4분법 청력손실이 옥타브밴드 중심주파수 500~2,000Hz 범위에서 15dB 이상이면 난청으로 분류한다.

풀이 청력손실이 옥타브밴드 중심주파수 500~2,000Hz 범위에서 25dB 이상이면 난청이라 평가한다.

04 음과 관련한 법칙 및 용어의 설명으로 틀린 것은?

① 백색잡음은 모든 주파수의 음압레벨이 일정한 음을 말한다.
② 호이겐스 원리는 하나의 파면상의 모든 점이 파원이 되어 각각 2차적인 구면파를 사출하여 그 파면들을 둘러싸는 면이 새로운 파면을 만드는 현상이다.
③ 스넬의 법칙은 음의 회절과 관련한 법칙으로 장애물이 클수록 회절량이 크다.
④ 웨버-페흐너 법칙은 감각량은 자극의 대수에 비례한다는 법칙이다.

풀이 Snell의 법칙은 음의 굴절과 관련된 법칙으로 입사각과 굴절각의 sin비는 각 매질에서의 전파속도의 비와 같다.

정답 01 ③ 02 ① 03 ④ 04 ③

05 다음 정재파(Standing Wave)에 관한 설명으로 가장 적합한 것은?

① 음원에서 모든 방향으로 동일한 에너지를 방출할 때 발생하는 파
② 둘 또는 그 이상의 음파의 구조적 간섭에 의해 시간적으로 일정하게 음압의 최고와 최저가 반복되는 패턴의 파
③ 음파의 진행방향으로 에너지를 전송하는 파
④ 음원으로부터 거리가 멀어질수록 더욱 넓은 면적으로 퍼져나가는 파

06 대기조건에 따른 공기흡음 감쇠효과에 관한 설명으로 옳은 것은?

① 습도가 낮을수록 감쇠치는 증가한다.
② 주파수가 낮을수록 감쇠치는 증가한다.
③ 일반적으로 기온이 낮을수록 감쇠치는 작아진다.
④ 공기의 흡음감쇠는 음원과 관측점의 거리에 거의 영향을 받지 않는다.

풀이 기상조건에 따른 감쇠식

$$A_a = 7.4 \times \left(\frac{f^2 \times r}{\phi}\right) \times 10^{-8}(\text{dB})$$

여기서, A_a : 감쇠치(dB)
f : 주파수(Hz)
r : 음원과 관측점 사이 거리(m)
ϕ : 상대습도(%)

07 지반을 전파하는 파에 관한 설명으로 틀린 것은?

① 지표진동 시 주로 계측되는 파는 R파이다.
② R파는 역2승법칙으로 대략 감쇠된다.
③ 표면파의 전파속도는 일반적으로 횡파의 92~96% 정도이다.
④ 파동에너지비율은 R파가 S파 및 P파에 비해 높다.

풀이 R파의 지표면에서 거리감쇠는 거리가 2배로 되면 3dB 감소한다.

08 점음원이 있는데 음원으로부터 32m의 거리에서 음압레벨이 100dB이었다. 1m 벌어진 위치에서의 음압레벨은 약 몇 dB인가?

① 100 ② 110
③ 120 ④ 130

풀이 $SPL_1 - SPL_2 = 20\log\left(\frac{r_2}{r_1}\right)$

$SPL_1 = SPL_2 + 20\log\left(\frac{r_2}{r_1}\right)$

$= 100 + 20\log\left(\frac{32}{1}\right) = 130\text{dB}$

09 인간의 청각기관에 관한 설명으로 틀린 것은?

① 중이에 있는 3개의 청소골은 외이와 내이의 임피던스 매칭을 담당하고 있다.
② 달팽이관에서 실제 음파에 대한 센서부분을 담당하는 곳은 기저막에 위치한 섬모세포이다.
③ 약 66mm 정도의 길이를 갖는 달팽이관에는 약 1,000개에 달하는 작은 섬모세포가 분포한다.
④ 달팽이관은 약 3.5회전만큼 돌려져 있는 나선형 구조로 되어 있다.

풀이 달팽이관의 지름은 3mm, 길이는 약 33~35mm 정도이고, 약 23,000~24,000개 정도의 섬모(Hair Cell)가 있다.

10 잔향시간이란 실내에서 음원을 끈 순간부터 음압레벨이 얼마 감쇠되는 데 소요되는 시간을 의미하는가?

① 40dB ② 60dB
③ 80dB ④ 100dB

풀이 잔향시간이란 실내에서 음원을 끈 순간부터 음압레벨이 60dB 감소되는 데 소요되는 시간을 말하며, 일반적으로 기록지의 레벨 감쇠곡선의 폭이 10dB(최소 5dB) 이상일 때 이를 산출한다.

정답 05 ② 06 ① 07 ② 08 ④ 09 ③ 10 ②

11 길이가 약 55cm인 양단이 뚫린 관이 공명하는 기본음의 주파수는 약 몇 Hz인가?(단, 15℃ 기준이다.)

① 309 ② 416
③ 619 ④ 832

풀이 양단개구관 공명기본음 주파수(f_r)

$$f_r = \frac{C}{2L} = \frac{331.42 + (0.6 \times 15)}{2 \times 0.55} = 309.47\text{Hz}$$

12 등감각곡선(Equal Perceived Acceleration Contour)에 관한 설명으로 옳지 않은 것은?

① 일반적으로 수직 보정된 레벨을 많이 사용하며 그 단위는 dB(V)이다.
② 수직진동은 4~8Hz 범위에서 가장 민감하다.
③ 등감각곡선에 기초하여 정해진 보정회로를 통한 레벨을 진동레벨이라 한다.
④ 수직보정곡선의 주파수 대역이 $4 \le f \le 8\text{Hz}$일 때 보정치의 물리량은 $2 \times 10^{-5} \times f^{-\frac{1}{2}}(\text{m/s}^2)$이다.

풀이 주파수 대역별 보정치의 물리량(수직보정)
㉠ $1 \le f \le 4\text{Hz}$
$a = 2 \times 10^{-5} \times f^{-\frac{1}{2}}(\text{m/s}^2)$
㉡ $4 \le f \le 8\text{Hz}$
$a = 10^{-5}(\text{m/s}^2)$
㉢ $8 \le f \le 90\text{Hz}$
$a = 0.125 \times 10^{-5} \times f(\text{m/s}^2)$

13 가로 7m, 세로 3.5m의 벽면 밖에서 음압레벨이 112dB이라면 15m 떨어진 곳은 몇 dB인가?(단, 면음원 기준이다.)

① 76.4 ② 85.8
③ 88.9 ④ 92.8

풀이 단변(a), 장변(b), 거리(r)

$r > \frac{b}{3} \rightarrow 15 > \frac{7}{3}$ 성립

$$SPL_1 - SPL_2 = 20\log\left(\frac{3r}{b}\right) + 10\log\left(\frac{b}{a}\right)$$

$$112 - SPL_2 = 20\log\left(\frac{3 \times 15}{7}\right) + 10\log\left(\frac{7}{3.5}\right)$$

$$SPL_2 = 112 - 20\log\left(\frac{3 \times 15}{7}\right) - 10\log\left(\frac{7}{3.5}\right) = 92.83\text{dB}$$

14 소음원(점음원)의 음향파워레벨(PWL)을 측정하는 방법에 대한 이론식으로 틀린 것은?(단, PWL : 음향파워레벨(dB), R : 유효실정수, SPL : 평균음압레벨(dB), Q : 지향계수, r : 음원에서 측정점까지의 거리(m)이다.)

① 확산음장법 : $PWL = SPL + 20\log R - 6\text{dB}$
② 자유음장법(자유공간) :
$PWL = SPL + 20\log r + 11\text{dB}$
③ 자유음장법(반자유공간) :
$PWL = SPL + 20\log r + 8\text{dB}$
④ 반확산음장법 :
$PWL = SPL + 10\log\left(\frac{Q}{4\pi r^2} + \frac{4}{R}\right)\text{dB}$

풀이 확산음장법 이론식
$PWL = SPL + 10\log R - 6\text{dB}$

15 다음 소음 용어의 표시로 옳은 것은?

① PNL : 철도소음 평가지수
② WECPNL : 항공기 소음 평가량
③ NRN : 소음통계레벨
④ Leq : 주야 평균소음레벨

풀이 ① PNL : 감각소음레벨
③ NRN : 소음평가지수
④ Leq : 등가소음레벨

16 종파에 관한 설명으로 틀린 것은?

① 파동의 진행방향과 매질의 진동방향이 일치한다.
② 매질이 없어도 전파된다.

정답 11 ① 12 ④ 13 ④ 14 ① 15 ② 16 ②

③ 음파와 지진파의 P파가 해당한다.
④ 물체의 체적 변화에 의해 전달된다.

풀이 종파(소밀파)는 매질이 있어야만 전파되며 음파, 지진파의 P파에 해당한다.

17 진동계에서 감쇠계수에 대한 설명으로 가장 적합한 것은?

① 질량의 진동속도에 대한 스프링 저항력의 비이다.
② 점성 저항력에 대한 변위력의 비이다.
③ 질량의 열에너지에 대한 진동속도의 비이다.
④ 스프링 정수에 대한 무게의 비이다.

18 28℃ 공기 중에서 음압진폭이 32N/m^{2}일 때 입자속도는 약 몇 m/s인가?

① 0.025　② 0.035
③ 0.055　④ 0.085

풀이 입자속도(v)

$$= \frac{P}{\rho c}$$

$$P = \frac{32}{\sqrt{2}} = 22.63\text{N/m}^2$$

$$\rho = 1.293\text{kg/m}^3 \times \frac{273}{273+28}$$

$$= 1.173\text{kg/m}^3$$

$$c = 331.42 + (0.6 \times 28)$$

$$= 348.22\text{m/sec}$$

$$= \frac{22.63}{1.173 \times 348.22} = 0.055\text{m/sec}$$

19 다음은 청각기관의 구조에 관한 설명이다. (　　)에 알맞은 것은?

청각의 핵심부라고 할 수 있는 (　　)은 텍토리알막과 외부섬모세포 및 나선형 섬모, 내부섬모세포, 반경방향섬모, 청각신경, 나선형 인대로 이루어져 있다.

① 청소골　② 난원창
③ 세반고리관　④ 코르티 기관

풀이 달팽이관 내부
청각의 핵심부라고 할 수 있는 코르티 기관은 텍토리알막과 외부섬모세포 및 나선형 섬모, 내부섬모세포, 반경방향섬모, 청각신경, 나선형 인대로 이루어져 있다.

20 다음 주파수 대역 중 인체가 가장 민감하게 느끼는 진동(수직 및 수평) 주파수 범위는?

① 1~10Hz
② 1~2kHz
③ 2~4kHz
④ 20kHz 이상

풀이 수직진동에서는 4~8Hz, 수평진동에서는 1~2Hz의 범위에서 가장 민감하다.

2과목 소음방지기술

21 실정수 400m^{2}인 옥내 중앙의 바닥 위에 설치되어 있는 소형기계의 파워레벨이 80dB이다. 이 기계로부터 6m 떨어진 실내 한 점에서의 음압레벨(dB)은 얼마인가?

① 50.1　② 58.7
③ 61.5　④ 65.8

풀이 $$SPL = PWL + 10\log\left(\frac{Q}{4\pi r^2} + \frac{4}{R}\right)$$

$$= 80 + 10\log\left(\frac{2}{4 \times 3.14 \times 6^2} + \frac{4}{400}\right)$$

$$= 61.59\text{dB}$$

22 다음은 흡음재의 1/3옥타브대역에서 각 중심주파수에서의 흡음률 데이터이다. 이 흡음재의 감음계수(NRC)는 얼마인가?

정답 17 ① 18 ③ 19 ④ 20 ① 21 ③ 22 ③

구분	1/3옥타브대역의 중심주파수(Hz)							
	63	125	250	500	1,000	2,000	4,000	8,000
흡음률	0.2	0.3	0.4	0.6	0.8	0.9	1.0	0.9

① 0.525　　② 0.638
③ 0.675　　④ 0.825

풀이 $NRC=\frac{1}{4}(0.4+0.6+0.8+0.9)=0.675$

23 흡음 덕트형 소음기에서 최대 감음 주파수의 범위로 가장 적합한 것은?(단, λ : 대상 음의 파장(m), D : 덕트의 내경(m)이다.)

① $\frac{\lambda}{2}<D<\lambda$　　② $\lambda<D<2\lambda$
③ $2\lambda<D<4\lambda$　　④ $4\lambda<D<8\lambda$

풀이 흡음 덕트형 소음기의 최대 감음 주파수 범위

$$\frac{\lambda}{2}<D<\lambda$$

여기서, λ : 대상 음의 파장(m)
D : 덕트의 내경(m)

24 2kHz의 음향파워가 100dB인 소음원에 방음상자를 설치하였다. 방음상자를 투과한 후에 2kHz의 음향파워가 70dB이었을 때 방음상자의 투과손실(TL)은 약 몇 dB인가?(단, 방음상자 음향투과부의 면적은 100m^2, 방음상자 내부 전 표면적은 150 m^2, 방음상자 내 평균흡음률은 0.5이다.)

① 25.4　　② 28.2
③ 30.8　　④ 35.7

풀이 $\Delta PWL=TL-10\log\left[\frac{S_p}{S}\times\frac{1-\bar{\alpha}}{\bar{\alpha}}\right](\text{dB})$

$$TL=\Delta PWL+10\log\left[\frac{S_p}{S}\times\frac{1-\bar{\alpha}}{\bar{\alpha}}\right]$$
$$=(100-70)+10\log\left[\frac{100}{150}\times\frac{1-0.5}{0.5}\right]$$
$$=28.24\text{dB}$$

25 어느 전자공장 내 소음대책으로 다공질 재료로 흡음매트공법을 벽체와 천장부에 각각 적용하였다. 작업장 규격은 25L×12W×5H(m)이고, 대책 전 바닥, 벽체, 천장부의 평균 흡음률은 각각 0.02, 0.05, 0.1이라면 잔향시간비(대책 전 / 대책 후)는 얼마인가?(단, 흡음매트의 평균 흡음률은 0.45이다.)

① 2.9　　② 4.3
③ 5.7　　④ 6.2

풀이 ㉠ 대책 전 잔향시간(T_1)

$$T_1=\frac{0.161\times V}{S\bar{\alpha}}$$

S(실내의 전 표면적) :

$S_{바}=25\times12=300\text{m}^2$

$S_{벽}=(25\times5\times2)+(12\times5\times2)$
$=370\text{m}^2$

$S_{천}=25\times12=300\text{m}^2$

V(실내의 체적) :

$25\times12\times5=1{,}500\text{m}^3$

$\bar{\alpha}$(평균 흡음률) :

$$\bar{\alpha}=\frac{(300\times0.02)+(370\times0.05)+(300\times0.1)}{300+370+300}$$
$$=0.056$$
$$=\frac{0.161\times1{,}500}{970\times0.056}=4.45\text{sec}$$

㉡ 대책 후 잔향시간(T_2)

$$T_2=\frac{0.161\times V}{S\bar{\alpha}}$$

$\bar{\alpha}$(평균 흡음률) :

$$\bar{\alpha}=\frac{(300\times0.02)+(370\times0.45)+(300\times0.45)}{300+370+300}$$
$$=0.317$$
$$=\frac{0.161\times1{,}500}{970\times0.317}=0.79\text{sec}$$

$$\therefore \frac{\text{대책 전 잔향시간}}{\text{대책 후 잔향시간}}=\frac{4.45}{0.79}=5.63$$

정답 23 ① 24 ② 25 ③

26 반무한 방음벽의 직접음 회절감쇠치가 20 dB(A), 반사음 회절감쇠치가 15dB(A), 투과손실치가 18dB(A)일 때, 이 벽에 의한 삽입손실치는 약 몇 dB(A)인가?(단, 음원과 수음점이 지상으로부터 약간 높은 위치에 있다.)

① 11.1dB ② 12.4dB
③ 14.3dB ④ 17.8dB

풀이 $\Delta L_I = -10\log\left(10^{-\frac{20}{10}} + 10^{-\frac{15}{10}} + 10^{-\frac{18}{10}}\right)$
$= 12.4\text{dB(A)}$

27 기계 장치의 취출구 소음을 줄이기 위한 대책으로 가장 적절하지 않은 것은?

① 취출구의 유속을 감소시킨다.
② 취출구 부위를 방음상자로 밀폐 처리한다.
③ 취출관의 내면을 흡음 처리한다.
④ 취출구에 소음기를 장착한다.

풀이 관(Tube) 토출 시 취출음 대책
㉠ 취출구 유속 저하
㉡ 취출구에 소음기 부착
㉢ 취출관 내면을 흡음 처리
㉣ 음원을 취출구 부근에 집중(음의 전파를 방지)

28 공기 중의 어떤 음원에서 발생한 소리가 콘크리트벽($\rho=900\text{kg/m}^3$, $E=2.0\times10^9\text{N/m}^2$)에 수직입사할 때, 이 벽체의 반사율은 약 얼마인가?(단, 공기밀도 1.2kg/m^3, 음속 340m/s이다.)

① 0.4 ② 0.6
③ 0.8 ④ 1.0

풀이 반사율$=\left(\frac{\rho_2 C_2 - \rho_1 C_1}{\rho_2 C_2 + \rho_1 C_1}\right)^2$

$\rho_1 C_1$: 공기의 고유음향 임피던스
$1.2\text{kg/m}^3 \times 340\text{m/sec} = 408\text{rayls}$

$\rho_2 C_2$: 콘크리트벽의 고유음향 임피던스
$\rho_2 = 900\text{kg/m}^3$

$C_2(\text{음속}) = \sqrt{\frac{E}{\rho}}$, E : 영률(N/m^2)
$= \sqrt{\frac{2.0\times10^9\text{N/m}^2}{900\text{kg/m}^3}}$
$= 1{,}490.7\text{m/sec}$

$\rho_2 C_2 = 900\text{kg/m}^3 \times 1{,}490.7\text{m/sec}$
$= 1{,}341{,}630\text{rayls}$

반사율$=\left(\frac{1{,}341{,}630-408}{1{,}341{,}630+408}\right)^2 = 0.99 ≒ 1.0$

29 다공질형 흡음제 부착에 관한 설명이다. ( ) 안에 가장 알맞은 것은?

> 시공 시에는 벽면에 바로 부착하는 것보다 ( )의 홀수배 간격으로 배후 공기층을 두고 설치하면 음과의 운동에너지를 가장 효율적이며, 경제적으로 열에너지로 전환시킬 수 있으며, 저음역의 흡음률도 개선된다.

① 입자속도가 최대로 되는 1/2 파장
② 입자속도가 최대로 되는 1/3 파장
③ 입자속도가 최대로 되는 1/4 파장
④ 입자속도가 최대로 되는 1/6 파장

풀이 시공 시에는 벽면에 바로 부착하는 것보다 입자속도가 최대로 되는 1/4 파장의 홀수배 간격으로 배후공기를 두고 설치하면 음파의 운동에너지를 가장 효율적·경제적으로 열에너지로 전환시킬 수 있으며, 저음역의 흡음률도 개선된다.

30 어느 공장의 소음원에 대한 소음방지대책의 방지계획을 아래의 순서와 같이 세우고자 한다. A~E 안의 내용으로 알맞은 것은?

> 대상 음원의 조사 – (A) – (B) – 환경 감쇠량의 측정 – (C) – 해석검토 – (D) – (E) – 시공

① (A) 소음레벨 측정 – (B) 주파수 분석 – (C) 감쇠량의 설정 – (D) 방음설계 – (E) 경제성 검토
② (A) 소음레벨 측정 – (B) 주파수 분석 – (C) 감쇠량의 설정 – (D) 경제성 검토 – (E) 방음설계

정답 26 ② 27 ② 28 ④ 29 ③ 30 ①

③ (A) 감쇠량의 설정－(B) 소음레벨 측정－(C) 주파수 분석－(D) 경제성 검토－(E) 방음설계
④ (A) 소음레벨 측정－(B) 감쇠량 설정－(C) 주파수 분석－(D) 방음설계－(E) 경제성 검토

31 차음재료 선정 및 사용상 유의사항으로 틀린 것은?

① 여러 가지 재료로 구성된 벽의 차음효과를 높이기 위해서는 각 재료의 투과율이 서로 유사하지 않도록 주의한다.
② 큰 차음효과를 바라는 경우에는 다공질 흡음재를 충진한 이중벽으로 하고 공명투과주파수 및 일차주파수 등에 유의하여야 한다.
③ 차음벽 설치 시 저주파음을 감쇠시키기 위해서는 이중벽으로서 공기층을 충분히 유지시킨다.
④ 기진력이 큰 기계가 설치된 공장의 차음벽은 진동에 의한 차음효과 감소를 고려해야 한다.

풀이 서로 다른 재료가 혼용된 벽의 차음효과를 높이기 위해 $S_i\tau_i$ 차이가 서로 유사한 재료를 선택한다.

32 대형 작업장의 공조 덕트가 민가를 향해 있어 취출구 소음이 문제되고 있다. 이에 대한 대책으로 틀린 것은?

① 취출구 끝단에 소음기를 장착한다.
② 취출구 끝단에 철망 등을 설치하여 음의 진행을 세분 혼합하도록 한다.
③ 취출구의 면적을 작게 한다.
④ 취출구 소음의 지향성을 바꾼다.

풀이 취출구의 면적을 작게 하면 소음이 증가한다.

33 공장의 신설 및 증설 시 소음방지계획에 필히 참고를 하여야 할 사항으로 가장 거리가 먼 것은?

① 지역구분에 따른 부지경계선에서의 소음레벨이 규제기준 이하가 되도록 설계한다.
② 특정 공장인 경우는 방지계획 및 설계도를 첨부한다.
③ 공장건축물, 구조물에 의한 방음설계, 기계 자체 및 조합에 의한 방음설계의 계획을 세운다.
④ 공장 내에서 기계의 배치를 변경하든지 또는 소음레벨이 큰 기계를 부지경계선에서 먼 곳으로 이전 설치한다.

풀이 ④는 기존 공장의 소음방지계획에 필히 참고할 사항이다.

34 벽체의 한쪽 면은 실내, 다른 한쪽 면은 실외에 접한 경우 벽체의 투과손실(TL)과 벽체를 중심으로 한 현장에서 실내외 간 음압레벨 차(NR, 차음도)와의 실용관계식으로 가장 적합한 것은?

① $TL = NR - 3\text{dB}$
② $TL = NR - 6\text{dB}$
③ $TL = NR - 9\text{dB}$
④ $TL = NR - 12\text{dB}$

35 가로, 세로, 높이가 모두 4m인 무향실 내에 소음원이 설치되어 있고 관심 주파수 영역에서 무향실의 흡음률은 1.0이다. 소음원이 무향실 모서리가 맞닿는 구석에 위치한다면 이때 지향계수는 얼마인가?

① 1 ② 2
③ 4 ④ 8

풀이 무향실이므로 소음원 위치와 관계없이 지향계수는 1이다.

36 다음 중 실내 평균 흡음률을 구하는 방법에 해당하는 것은?

① 잔향시간 측정에 의한 방법
② 관내법
③ TL 산출법
④ 정재파법

정답 31 ① 32 ③ 33 ④ 34 ② 35 ① 36 ①

풀이 실내 평균 흡음률을 구하는 방법
㉠ 재료별 면적과 흡음률 계산에 의한 방법
㉡ 잔향시간 측정에 의한 방법
㉢ 표준음원에 의한 방법

37 실내에서 직접음과 잔향음의 크기가 같은 음원으로부터의 거리를 나타내는 실반경(Room Radius, γ)을 구하는 식으로 옳은 것은?(단, Q는 음원의 지향계수, R은 실정수이다.)

① $\gamma = \sqrt{\frac{Q}{16\pi R}}$ (m) ② $\gamma = \sqrt{\frac{QR}{8\pi}}$ (m)
③ $\gamma = \sqrt{\frac{QR}{16\pi}}$ (m) ④ $\gamma = \sqrt{\frac{Q}{8\pi R}}$ (m)

38 기체가 흐르는 배관이나 덕트의 선상에 부착하여 협대역 저주파 소음을 방지하는 데 탁월한 소음기 형식으로 적절한 것은?

① 간섭형 소음기
② 흡음 덕트형 소음기
③ 챔버 팽창형 소음기
④ 공동 공명기형 소음기

39 주변이 고정된 얇은 금속원판의 두께 및 직경을 각각 2배로 하였을 경우 공명기본음 주파수는 어떻게 되는가?

① 1/4배 감소 ② 2배 증가
③ 1/2배 감소 ④ 변화 없다.

풀이 공명기본음 주파수 $\simeq \sqrt{\frac{1}{L+2d}}$ 이므로
$\frac{\sqrt{L+2d}}{\sqrt{2L+4d}} \rightarrow \frac{1}{2}$배 감소

40 소음원에 소음기를 부착하기 전과 후의 공간상 어떤 특정위치에서 측정한 음압레벨의 차와 그 측정위치를 의미하는 것을 무엇이라고 하는가?

① 동적 삽입손실치(DIL)
② 투과손실(TL)
③ 삽입손실치(IL)
④ 감음량(NR)

풀이 소음기의 성능표시
㉠ 삽입손실치(IL ; Insertion Loss) : 소음원에 소음기를 부착하기 전후의 공간상의 어떤 특정위치에서 측정한 음압레벨의 차이와 그 측정위치로 정의한다.
㉡ 동적 삽입손실치(DIL ; Dynamic Insertion Loss) : 정격유속(Rated Flow) 조건하에서 소음원에 소음기를 부착하기 전후의 공간상의 어떤 특정위치에서 측정한 음압레벨의 차와 그 측정위치로 정의한다.
㉢ 감쇠치(ΔL ; Attenuation) : 소음기 내 두 지점 사이의 음향파워 감쇠치로 정의한다.
㉣ 감음량(NR ; Noise Reduction) : 소음기가 있는 그 상태에서 소음기의 입구 및 출구에서 측정된 음압레벨의 차로 정의한다.
㉤ 투과손실치(TL ; Transmission Loss) : 소음기를 투과한 음향출력에 대한 소음기에 입사된 음향출력의 비로 정의한다.

3과목 소음진동공정시험기준

41 소음기준 중 배경소음 측정이 필요하지 않은 것은?

① 소음환경기준 ② 소음배출허용기준
③ 생활소음규제기준 ④ 발파소음규제기준

풀이 소음환경기준은 배경소음 측정이 필요하지 않다.

42 측정하고자 하는 진동레벨이 지시계기의 범위 내에 있도록 조정할 수 있는 장치로 10dB 간격으로 표시되어 있는 것은?

① 픽업 ② 레벨레인지 변환기
③ 증폭기 ④ 교정장치

정답 37 ③ 38 ④ 39 ③ 40 ③ 41 ① 42 ②

풀이 레벨레인지 변환기
㉠ 측정하고자 하는 진동이 지시계기의 범위 내에 있도록 하기 위한 감쇠기이다.
㉡ 유효눈금 범위가 30dB 이하 되는 구조의 것은 변환기에 의한 레벨의 간격이 10dB 간격으로 표시되어야 한다. 다만, 레벨 변환 없이 측정이 가능한 경우 레벨레인지 변환기가 없어도 무방하다.

43 규제기준 중 생활진동 측정방법에서 측정시간 및 측정지점수 기준으로 옳은 것은?

① 당해 측정지점에서의 진동을 대표할 수 있는 시기를 선정하여 원칙적으로 연속 7일간 측정한다.
② 소음진동관리법 시행규칙에서 구분하는 각 시간대 중에서 최대진동이 예상되는 시각에 1지점 이상에서 측정한다.
③ 시간대별로 진동피해가 예상되는 시간대를 포함하여 2개 이상의 측정지점수를 선정하여 4시간 이상 간격으로 2회 이상 측정하여 산술평균한 값을 측정진동레벨로 한다.
④ 피해가 예상되는 적절한 측정시각에 2지점 이상의 측정지점수를 선정 · 측정하여 그중 높은 진동레벨을 측정진동레벨로 한다.

풀이 측정시간 및 측정지점수는 피해가 예상되는 적절한 측정시각에 2지점 이상의 측정지점수를 선정 · 측정하여 그중 높은 진동레벨을 측정진동레벨로 한다.

44 배출허용기준을 적용하기 위해 소음을 측정할 때 측정점에 담, 건물 등 장애물이 있을 때는 장애물로부터 소음원 방향으로 1~3.5m 떨어진 지점에서 소음을 측정하게 되어 있다. 이 경우는 장애물의 높이가 최소 몇 m를 초과할 때인가?

① 1.2 ② 1.5
③ 2.0 ④ 2.5

풀이 배출허용기준 중 소음측정방법과 측정점
㉠ 측정지점에 높이가 1.5m를 초과하는 장애물이 있는 경우에는 장애물로부터 소음원 방향으로 1.0~3.5m 떨어진 지점으로 한다.
㉡ 다만, 장애물로부터 소음원 방향으로 1.0~3.5m 떨어지기 어려운 경우에는 장애물 상단 직상부로부터 0.3m 이상 떨어진 지점으로 할 수 있다.
㉢ 그 장애물이 방음벽이거나 충분한 차음이 예상되는 경우에는 장애물 밖의 1.0~3.5m 떨어진 지점 중 암영대의 영향이 적은 지점으로 한다.

45 철도진동 측정자료 평가표에 반드시 기재되어야 하는 사항으로 가장 거리가 먼 것은?

① 철도 레일길이
② 평균 승차인원(명/대)
③ 열차통행량(대/hr)
④ 평균 열차속도(km/hr)

풀이 철도진동 측정자료 평가표 기재사항
㉠ 철도 구조
• 철도선 구분
• 레일길이
㉡ 교통 특성
• 열차통행량
• 평균 열차속도
㉢ 측정지점 약도

46 소음진동공정시험기준 중 철도소음 측정에 관한 설명으로 틀린 것은?

① 요일별로 소음변동이 적은 평일(월요일부터 금요일까지)에 측정한다.
② 주간 시간대는 2시간 이상 간격을 두고 1시간씩 2회 측정한다.
③ 철도소음관리기준을 적용하기 위하여 측정하고자 할 경우에는 철도보호지구 외의 지역에서 측정 · 평가한다.
④ 샘플주기를 0.1초 내외로 결정하고 1시간 동안 연속 측정하여 자동 연산 · 기록한 등가소음도를 그 지점의 측정소음도로 한다.

풀이 샘플주기를 1초 내외로 결정하고 1시간 동안 연속 측정하여 자동 연산 · 기록한 등가소음도를 그 지점의 측정소음도로 한다.

정답 43 ④ 44 ② 45 ② 46 ④

47 규제기준 중 발파진동 측정방법으로 틀린 것은?

① 진동레벨계만으로 측정할 경우에는 최고 진동레벨을 고정(Hold)하지 않는다.
② 디지털 진동자동분석계로 측정진동레벨 측정 시 샘플주기를 0.1초 이하로 놓는다.
③ 디지털 진동자동분석계로 배경진동레벨 측정 시 샘플주기를 1초 이내에서 결정하고 5분 이상 측정한다.
④ 최대발파진동이 예상되는 시각의 진동을 포함한 모든 발파진동을 1지점 이상에서 측정한다.

풀이 진동레벨계만으로 측정할 경우에는 최고진동레벨이 고정(Hold)되는 것에 한한다.

48 도로교통소음관리기준상의 측정방법으로 틀린 것은?

① 요일별로 소음변동이 적은 평일(월요일부터 금요일 사이)에 당해 지역의 도로교통소음을 측정하여야 한다.
② 당해 지역 도로교통소음을 대표할 수 있는 시각에 4개 이상의 측정지점수를 선정하여 각 측정지점에서 2시간 이상 간격으로 4회 이상 측정하여 산술평균한 값을 측정소음도로 한다.
③ 디지털 소음자동분석계를 사용할 경우 샘플주기를 1초 이내에서 결정하고 10분 이상 측정하여 자동 연산 · 기록한 등가소음도를 그 지점의 측정소음도로 한다.
④ 소음도의 계산과정에서는 소수점 첫째 자리를 유효숫자로 하고, 측정소음도(최종값)는 소수점 첫째 자리에서 반올림한다.

풀이 시간대별로 소음피해가 예상되는 시간대를 포함하여 2개 이상의 측정지점수를 선정하여 4시간 이상 간격으로 2회 이상 측정하여 산술평균한 값을 측정소음도로 한다.

49 소음진동공정시험기준상 소음과 관련된 용어의 정의로 틀린 것은?

① 지시치 : 계기나 기록지상에서 판독한 소음도로서 실효치(rms값)를 말한다.
② 소음도 : 소음계의 청감보정회로를 통하여 측정한 지시치를 말한다.
③ 평가소음도 : 측정소음도에 배경소음을 보정한 후 얻어진 소음도를 말한다.
④ 등가소음도 : 임의의 측정시간 동안 발생한 변동소음의 총 에너지를 같은 시간 내의 정상소음의 에너지로 등가하여 얻어진 소음도를 말한다.

풀이 평가소음도
대상소음도에 보정치를 보정한 후 얻어진 소음도를 말한다.

50 기상조건 등을 고려하여 당해 지역의 소음을 대표할 수 있는 주간 시간대는 2시간 이상 간격을 두고 1시간씩 2회 측정하여 산술평균하며, 야간 시간대는 1회 1시간 동안 측정하는 소음은?

① 환경소음 ② 철도소음
③ 발파소음 ④ 생활소음

풀이 철도소음 측정시간 및 측정지점수
㉠ 기상조건, 열차운행횟수 및 속도 등을 고려하여 당해 지역의 1시간 평균 철도 통행량 이상인 시간대를 포함하여 주간 시간대는 2시간 간격을 두고 1시간씩 2회 측정하여 산술평균하며, 야간 시간대는 1회 1시간 동안 측정한다.
㉡ 배경소음도는 철도 운행이 없는 상태에서 측정소음도의 측정점과 동일한 장소에서 5분 이상 측정한다.

51 항공기 통과 시 1일 최고소음도 측정결과가 각각 99dB(A), 100dB(A), 101dB(A), 102dB(A), 103dB(A), 104dB(A), 105dB(A), 106dB(A), 107dB(A), 108dB(A)이었고, 0시~07시까지 1대, 07~19시까지 6대, 19시~22시까지 2대, 22시~24시까지 1대가 통과할 때 1일 단위의 WECPNL은?

정답 47 ① 48 ② 49 ③ 50 ② 51 ①

① 92　　② 95
③ 97　　④ 99

풀이 1일 단위 WECPNL $= \overline{L}_{max} + 10\log N - 27$

$$\overline{L}_{max} = 10\log\left[\frac{1}{10}(10^{9.9} + 10^{10} + 10^{10.1} + 10^{10.2} + 10^{10.3} + 10^{10.4} + 10^{10.5} + 10^{10.6} + 10^{10.7} + 10^{10.8})\right]$$
$$= 104.41\text{dB(A)}$$

$$N = N_2 + 3N_3 + 10(N_1 + N_4)$$
$$= 6 + (3\times 2) + (10\times 2) = 32$$

1일 단위 WECPNL $= 104.41 + 10\log 32 - 27$
$= 92.46$WECPNL

52 소음진동공정시험기준상 공장소음 측정자료 평가표에 기재해야 하는 항목으로 가장 거리가 먼 것은?

① 측정대상업소 소재지
② 평균소음도
③ 측정대상업소의 소음원(기계명)
④ 측정 소음계명

풀이 공장소음 측정자료 평가표상 측정자료 분석결과는 측정소음도, 배경소음도, 대상소음도로 표시한다.

53 표준음 발생기의 발생음의 오차 범위기준으로 옳은 것은?

① ±10dB 이내
② ±5dB 이내
③ ±1dB 이내
④ ±0.1dB 이내

풀이 표준음 발생기(Pistonphone, Calibrator)
㉠ 소음계의 측정감도를 교정하는 기기로서 발생음의 주파수와 음압도가 표시되어 있어야 한다.
㉡ 발생음의 오차는 ±1dB 이내이어야 한다.

54 소음 측정기의 청감 보정회로를 C특성에 놓고 측정한 결과치가 A특성에 놓고 측정한 결과치보다 클 경우 소음의 주된 음역은?

① 저주파역　　② 중주파역
③ 고주파역　　④ 광대역

풀이 ㉠ dB(C) ≃ dB(A) : 고주파역
㉡ dB(C) > dB(A) : 저주파역

55 소음진동공정시험기준상 소음계의 구조별 성능기준으로 가장 거리가 먼 것은?

① 마이크로폰은 기기의 본체와 분리가 가능하여야 한다.
② 증폭기는 마이크로폰에 의하여 음향에너지를 전기에너지로 변환시킨 양을 증폭시키는 장치를 말한다.
③ 동특성조절기는 지시계기의 반응속도를 빠름 및 느림의 특성으로 조절할 수 있는 조절기를 가져야 한다.
④ 출력단자는 소음신호를 기록기 등에 전송할 수 있는 직류 단자를 갖춘 것이어야 한다.

풀이 출력단자(Monitor Out)는 소음신호를 기록기 등에 전송할 수 있는 교류단자를 갖춘 것이어야 한다.

56 다음은 항공기소음 한도 측정자료 분석에 관한 설명이다. (　　) 안에 알맞은 것은?

> 측정자료는 헬리포트 주변 등과 같이 배경소음보다 10dB 이상 큰 항공기소음의 지속시간 평균치 $\overline{D}$가 (㉠)초 이상일 경우에는 보정량 (㉡)을 $\overline{\text{WECPNL}}$에 보정하여야 한다.

① ㉠ 10, ㉡ $[+10\log(\overline{D}/20)]$
② ㉠ 10, ㉡ $[+20\log(\overline{D}/10)]$
③ ㉠ 30, ㉡ $[+10\log(\overline{D}/20)]$
④ ㉠ 30, ㉡ $[+20\log(\overline{D}/10)]$

정답 52 ② 53 ③ 54 ① 55 ④ 56 ③

57 A단조공장의 부지경계선에서 측정한 측정진동레벨이 배경진동레벨보다 12dB 크게 나타났다. 이때 대상진동레벨로 정하는 기준으로 옳은 것은?

① 대상진동레벨은 배경진동레벨과 같다.
② 측정진동레벨이 대상진동레벨이 된다.
③ 대상진동레벨은 측정진동레벨에 10dB을 보정한 값이다.
④ 재측정하여 그 차가 9dB 이하가 되도록 보정한다.

풀이 측정소음도가 배경소음보다 10dB 이상 크면 배경소음의 영향이 극히 적기 때문에 배경소음의 보정 없이 측정소음도를 대상소음도로 한다.

58 A기계를 가동시킨 후 측정진동레벨이 79dB(V)이었고, 이 기계를 정지시키고 배경진동레벨을 측정하였더니 74dB(V)이었다. 이 경우 대상진동레벨(dB(V))은?

① 75
② 77
③ 78
④ 79

풀이 보정치 $= -10\log(1-10^{-0.1\times5}) = 1.65\text{dB(V)}$
대상진동레벨 $= 79 - 1.65 = 77.35\text{dB(V)}$

59 배출허용기준 진동측정방법 중 시간의 구분은 보정표의 시간별 항목의 기준에 따라야 하는데 가동시간으로 가장 적합한 것은?

① 측정 당일 전 30일간의 정상가동시간을 산술평균한다.
② 측정 3일 전 20일간의 정상가동시간을 산술평균한다.
③ 측정 5일 전 30일간의 정상가동시간을 산술평균한다.
④ 측정 7일 전 20일간의 정상가동시간을 산술평균한다.

60 생활소음 측정자료 평가표에 반드시 기재해야 할 사항으로 가장 거리가 먼 것은?

① 측정대상의 소음원과 측정지점
② 측정기기의 부속장치
③ 측정자의 소속과 직명, 성명
④ 측정에 투입된 총 인원수 및 기술사항

풀이 공정시험기준 중 생활소음 측정자료 평가표 참조

4과목 진동방지기술

61 진동방지대책을 발생원대책, 전파경로대책, 수진대상대책으로 구분할 때, 다음 중 일반적으로 전파경로대책에 해당하는 것은?

① 완충지역 설치
② 진동전달감소장치 사용
③ 기초의 질량 및 강성 증가
④ 건물구조 개조

풀이 전파경로대책
㉠ 진동원 위치를 멀리하여 거리감쇠를 크게 함
㉡ 수진점 근방에 방진구 설치(완충지역 설치)
㉢ 지중벽 설치

62 방진재료로 금속스프링을 사용하는 경우 로킹모션(Rocking Motion)이 발생하기 쉽다. 이를 억제하기 위한 방법으로 틀린 것은?

① 기계 중량의 1~2배 정도의 가대를 부착한다.
② 하중이 평형분포되도록 한다.
③ 스프링의 정적 수축량이 일정한 것을 사용한다.
④ 길이가 긴 스프링을 사용하여 계의 무게중심을 높인다.

풀이 Rocking Motion을 억제하기 위해서는 계의 무게중심을 낮게 하여야 한다.

정답 57 ② 58 ② 59 ① 60 ④ 61 ① 62 ④

63 진동원이 지표상에서 전파할 때 진동파의 특성별로 에너지 비의 크기가 다르다. 다음 중 지표상에서 진동전파 에너지의 순서가 크기 순으로 올바르게 나열된 것은?

① S파＞P파＞R파　② S파＞R파＞P파
③ R파＞S파＞P파　④ R파＞P파＞S파

풀이 파동에너지 비율
R파(67%)＞S파(26%)＞P파(7%)

64 다음 중 진동에 공진현상이 일어나면 어느 진동특성이 증가하는가?

① 주파수　② 위상
③ 파장　④ 진폭

풀이 공진현상(진동계에서 강제진동수와 고유진동수가 일치하면 나타나는 현상)이 일어나면 전달률이 최대가 되고 진폭이 증가한다.

65 다음 가속도레벨에 대한 설명으로 틀린 것은?

① 가속도형 진동픽업은 진동가속도에 비례한 출력을 얻는 픽업이다.
② 가속도레벨은 진동가속도의 실효값을 대수표시한 양이다.
③ 가속도레벨의 단위는 dB이다.
④ 가속도레벨의 기준 진동가속도(0dB)는 10^{-3}m/s^{2}이다.

풀이 가속도레벨(VAL)의 기준 진동가속도(0dB)는 10^{-5} m/s^{2}이다.

66 2개의 조화운동 $x_1 = 9\cos\omega t$, $x_2 = 12\sin\omega t$를 합성하면 최대진폭(cm)은 얼마인가?(단, 진폭의 단위는 cm로 한다.)

① 3　② 9
③ 12　④ 15

풀이 최대진폭$=\sqrt{9^2+12^2}=15$cm

67 다음 중 하중의 변화에 따라 고유진동수를 일정하게 할 수 있고, 부하능력이 광범위하고 자동제어가 가능한 방진시설은?

① 공기 스프링　② 방진고무
③ 금속 스프링　④ 진동절연

풀이 공기스프링의 장단점
㉠ 장점
- 설계 시에 스프링의 높이, 스프링 정수, 내하력(하중)을 각각 독립적으로 자유롭게 광범위하게 선정할 수 있다.
- 높이 조절 밸브를 병용하면 하중의 변화에 따른 스프링 높이를 조절하여 기계의 높이를 일정하게 유지할 수 있다.
- 하중의 변화에 따라 고유진동수를 일정하게 유지할 수 있다.
- 부하능력이 광범위하고 자동제어가 가능하다.(1개의 스프링으로 동시에 횡강성도 이용할 수 있음)
- 고주파 진동의 절연특성이 가장 우수하고 방음효과도 크다.

㉡ 단점
- 구조가 복잡하고 시설비가 많이 든다.(구조에 의해 설계상 제약 있음)
- 압축기 등 부대시설이 필요하다.
- 공기 누출의 위험이 있다.
- 사용진폭이 작은 것이 많으므로 별도의 댐퍼가 필요한 경우가 많다.(공기스프링을 기계의 지지장치에 사용할 경우 스프링에 허용되는 동변위가 극히 작은 경우가 많으므로 내장하는 공기감쇠력으로 충분하지 않은 경우가 많음)
- 금속스프링으로 비교적 용이하게 얻어지는 고유진동수 1.5Hz 이상의 범위에서는 타 종류의 스프링에 비해 비싼 편이다.

68 20℃의 공기 중 밀도 2,300kg/m^3, 푸아송비 0.17, 영률 2.7×10^{10}N/m^2, 두께 10cm인 콘크리트 벽의 최저 일치 주파수(Hz)는 얼마인가?

① 461.6　② 375.7
③ 283.1　④ 186.5

정답 63 ③ 64 ④ 65 ④ 66 ④ 67 ① 68 ④

풀이 $f_c = \frac{C^2}{2\pi h \sin^2\theta} \times \sqrt{\frac{12 \times \rho \times (1-\sigma^2)}{E}}$

$C = 331.42 + (0.6 \times 20) = 343.43\text{m/sec}$

$h = 0.1\text{m}$

sin90°일 때 일치 주파수가 최저

$= \frac{343.43^2}{2 \times 3.14 \times 0.1 \times 1} \times \sqrt{\frac{12 \times 2{,}300 \times (1-0.17^2)}{2.7 \times 10^{10}}}$

$= 187.06\text{Hz}$

69 방진재료 중 공기스프링은 다음 중 고유진동수가 몇 Hz 이하를 요구할 때 주로 사용하는가?

① 5Hz　② 100Hz
③ 150Hz　④ 200Hz

풀이 공기스프링은 고유진동수가 1Hz 이하(10Hz 이하)를 요구할 때 주로 사용된다.

70 특성 임피던스가 $26 \times 10^5\text{kg/m}^2 \cdot \text{s}$인 금속관의 플랜지 접속부에 특성 임피던스가 $2.8 \times 10^3\text{kg/m}^2 \cdot \text{s}$의 고무를 넣어 제진(진동절연)할 때의 진동감쇠량(dB)은 얼마인가?

① 19.4　② 21.1
③ 23.7　④ 27.8

풀이 진동감쇠량(ΔL)

$\Delta L = -10\log(1 - T_r)$

$T_r = \left(\frac{z_2 - z_1}{z_2 + z_1}\right)^2 \times 100$

$= \left[\frac{(26 \times 10^5) - (2.8 \times 10^3)}{(26 \times 10^5) + (2.8 \times 10^3)}\right]^2 \times 100$

$= 99.57\%$

$= -10\log(1 - 0.9957)$

$= 23.67\text{dB}$

71 그림 (a)와 같은 진동계의 스프링을 압축하여 그림 (b)와 같이 만들었다. 압축된 후의 고유진동수는 처음에 비해 어떻게 변하는가?(단, 다른 조건은 변함없다고 가정한다.)

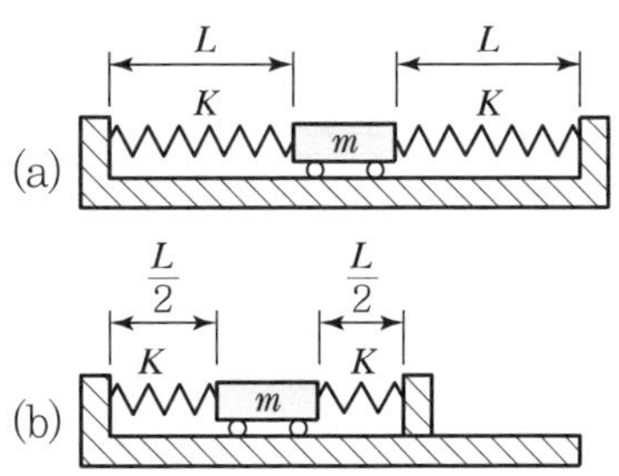

① 2배로 된다.　② $\sqrt{2}$ 배로 된다.
③ $\frac{1}{\sqrt{2}}$ 로 된다.　④ 변하지 않는다.

풀이 $K_{eq} = K + K = 2K$

$f_n = \frac{1}{2\pi}\sqrt{\frac{2K}{m}}$

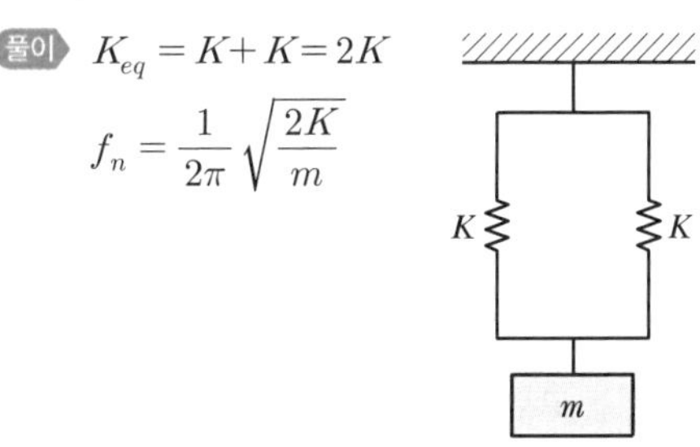

고유진동수는 스프링(K)의 길이에 관계없이 일정하다.

72 비감쇠 강제진동에서 진동 전달률이 0.1이 되기 위해 진동수비$\left(\frac{\omega}{\omega_n}\right)$는 얼마이어야 하는가?

① 2.08　② 2.45
③ 3.32　④ 4.58

풀이 $T = \frac{1}{\eta^2 - 1}$

$0.1 = \frac{1}{\eta^2 - 1}$

$\eta^2 = \frac{1}{0.1} + 1 = 11$

$\eta = \sqrt{11} = 3.32$

정답 69 ① 70 ③ 71 ④ 72 ③

73 가진력을 저감시키는 방법으로 틀린 것은?

① 단조기는 단압프레스로 교체한다.
② 기계에서 발생하는 가진력의 경우 기계 설치 방향을 바꾼다.
③ 크랭크 기구를 가진 왕복운동기계는 복수개의 실린더를 가진 것으로 교체한다.
④ 터보형 고속회전압축기는 왕복운동압축기로 교체한다.

풀이 왕복운동압축기를 터보형 고속회전압축기로 교체한다.

74 방진고무의 특징에 대한 설명으로 틀린 것은?

① 고무 자체의 내부마찰에 의해 저항이 발생하기 때문에 고주파 진동의 차진에는 사용할 수 없다.
② 형상의 선택이 비교적 자유롭다.
③ 공기 중의 O_3에 의해 산화된다.
④ 내부마찰에 의한 발열 때문에 열화되고, 내유 및 내열성이 약하다.

풀이 방진고무는 고무 자체의 내부마찰에 의해 저항을 얻을 수 있어 고주파 진동의 차진에 양호하다.

75 그림과 같은 보의 횡진동에서 좌단의 경계조건을 옳게 표시한 것은?

① $y=0,\ \dfrac{dy}{dx}=0$

② $y=0,\ \dfrac{d^2y}{dx^2}=0$

③ $y=0,\ \dfrac{d^3y}{dx^3}=0$

④ $y=0,\ \dfrac{d^4y}{dx^4}=0$

76 그림과 같이 질량 m인 물체가 외팔보의 자유단에 달려 있을 때 계의 진동의 고유진동수(f_n)를 구하는 식으로 옳은 것은?(단, 보의 무게는 무시, 보의 길이는 L, 강성계수는 E, 면적관성모멘트는 I이다.)

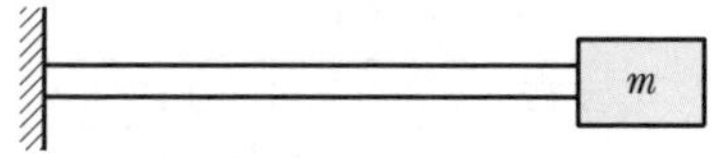

① $f_n=\dfrac{1}{2\pi}\sqrt{\dfrac{3EI}{mL^3}}$ ② $f_n=\dfrac{1}{2\pi}\sqrt{\dfrac{6EI}{mL^3}}$

③ $f_n=\dfrac{1}{2\pi}\sqrt{\dfrac{9EI}{mL^3}}$ ④ $f_n=\dfrac{1}{2\pi}\sqrt{\dfrac{12EI}{mL^3}}$

풀이 질량이 붙은 외팔보 진동계(자유단)

$$f_n=\frac{1}{2\pi}\sqrt{\frac{3EI}{ml^3}}$$

여기서, E : 재료의 세로 탄성계수
I : 보의 단면 2차 모멘트
EI : 보의 강성도
l : 보의 길이
m : 질량
$k=\dfrac{3EI}{l^3}$

77 전기모터가 1,800rpm의 속도로 기계장치를 구동시킨다. 이 시스템은 고무깔개 위에 설치되어 있고 고무깔개는 0.5cm의 정적 처짐을 나타내며, 고무깔개의 감쇠비는 0.2이다. 기초에 대한 힘의 전달률은 얼마인가?

① 0.08 ② 0.11
③ 0.16 ④ 0.21

풀이 $T=\dfrac{\sqrt{1+(2\xi\eta)^2}}{\sqrt{(1-\eta^2)^2+(2\xi\eta)^2}}$

$$\eta=\frac{f}{f_n}=\frac{\left(\dfrac{1{,}800}{60}\right)}{4.98\sqrt{\dfrac{1}{0.5}}}=4.56$$

$$=\frac{\sqrt{1+(2\times0.2\times4.56)^2}}{\sqrt{(1-4.56^2)^2+(2\times0.2\times4.56)^2}}$$

$=0.11$

정답 73 ④ 74 ① 75 ② 76 ① 77 ②

78 진동감쇠에 관한 설명이다. (　　) 안에 들어갈 내용으로 옳은 것은?

> 건설공사를 할 때 진동레벨은 거리가 멀어지면 감쇠한다. 거리감쇠는 역이승법칙에 따르며, 거리가 2배로 되면 (　　)dB 감쇠한다.

① 2　　② 4
③ 6　　④ 8

79 충격에 의해서 가진력이 발생하고 있다. 충격력을 처음의 50%로 감소시키려면 계의 스프링 정수는 어떻게 변화되어야 하는가?(단, k는 처음의 스프링 정수)

① $2k$　　② $\frac{1}{2}k$
③ $\frac{1}{3}k$　　④ $\frac{1}{4}k$

풀이 충격력(F)은 속도(V)에 비례하고 스프링 정수(k)는 중량의 제곱근에 비례하므로 F를 $\frac{1}{2}$로 하면 k는 $\frac{1}{4}$로 줄어든다.

80 송풍기가 1,200rpm으로 운전하고 있다. 중심회전축에서 30cm 떨어진 곳에 40g의 질량이 더해서 진동을 유발하고 있다. 이때 이 송풍기의 정적 불평형 가진력(N)은?

① 97.3　　② 115.3
③ 189.5　　④ 270.1

풀이 가진력(F)

$F = mr\omega^2$

$m = 0.04\text{kg}$

$r = 0.3\text{m}$

$\omega = 2\pi f = 2\pi \times \frac{1,200}{60} = 125.6\text{rad/sec}$

$= 0.04 \times 0.3 \times 125.6^2 = 189.30\text{N}$

5과목 소음진동관계법규

81 소음 · 진동관리법령상 교통소음 · 진동의 규제와 관련한 행정처분기준 중 운행차 수시점검의 결과 소음기나 소음덮개를 떼어버리거나 경음기를 추가로 부착한 경우의 1차 행정처분기준으로 옳은 것은?

① 인증취소　　② 폐쇄명령
③ 개선명령　　④ 허가취소

풀이 소음기나 소음덮개를 떼어버리거나 경음기를 추가로 부착하는 경우 1차 행정처분기준은 개선명령이다.

82 환경정책기본법령상 「의료법」에 따른 종합병원의 부지경계로부터 50미터 이내의 지역에서 낮 시간대(06:00~22:00) 소음환경기준[Leq dB(A)]으로 옳은 것은?(단, 지역은 일반지역이다.)

① 70　　② 65
③ 55　　④ 50

풀이 소음환경기준　　[Leq dB(A)]

지역 구분	적용대상 지역	기준	
		낮(06:00~22:00)	밤(22:00~06:00)
일반 지역	"가" 지역	50	40
	"나" 지역	55	45
	"다" 지역	60	55
	"라" 지역	70	65
도로변 지역	"가" 및 "나" 지역	65	55
	"다" 지역	70	60
	"라" 지역	75	70

[비고]
1. 지역구분별 적용 대상지역의 구분은 다음과 같다.
   가. "가" 지역
      1) 「국토의 계획 및 이용에 관한 법률」에 따른 녹지지역
      2) 「국토의 계획 및 이용에 관한 법률」에 따른 보전관리지역
      3) 「국토의 계획 및 이용에 관한 법률」에 따른 농림지역 및 자연환경보전지역
      4) 「국토의 계획 및 이용에 관한 법률」에 따른 전용주거지역
      5) 「의료법」에 따른 종합병원의 부지경계로부터 50m 이내의 지역

정답 78 ③ 79 ④ 80 ③ 81 ③ 82 ④

6) 「초 · 중등교육법」 및 「고등교육법」에 따른 학교의 부지경계로부터 50m 이내의 지역
7) 「도서관법」에 따른 공공도서관의 부지경계로부터 50m 이내의 지역

나. "나" 지역
1) 「국토의 계획 및 이용에 관한 법률」에 따른 생산관리지역
2) 「국토의 계획 및 이용에 관한 법률 시행령」에 따른 일반주거지역 및 준주거지역

다. "다" 지역
1) 「국토의 계획 및 이용에 관한 법률」에 따른 상업지역 및 같은 항 제2호 다목에 따른 계획관리지역
2) 「국토의 계획 및 이용에 관한 법률 시행령」에 따른 준공업지역

라. "라" 지역
「국토의 계획 및 이용에 관한 법률 시행령」에 따른 전용공업지역 및 일반공업지역

83 소음 · 진동관리법령상 야간시간대(22:00~06:00)에 주거지역과 상업지역의 도로교통소음 한도기준[Leq dB(A)]은 각각 얼마인가?

① 주거지역 : 65, 상업지역 : 73
② 주거지역 : 60, 상업지역 : 65
③ 주거지역 : 58, 상업지역 : 63
④ 주거지역 : 55, 상업지역 : 60

풀이 도로교통소음 한도기준

대상지역	구분	한도	
		주간(06:00~22:00)	야간(22:00~06:00)
주거지역, 녹지지역, 관리지역 중 취락지구 · 주거개발진흥지구 및 관광 · 휴양개발진흥지구, 자연환경보전지역, 학교 · 병원 · 공공도서관 및 입소규모 100명 이상의 노인의료복지시설 · 영유아보육시설의 부지경계선으로부터 50미터 이내 지역	소음(Leq dB(A))	68	58
	진동(dB(V))	65	60
상업지역, 공업지역, 농림지역, 생산관리지역 및 관리지역 중 산업 · 유통개발진흥지구, 미고시지역	소음(Leq dB(A))	73	63
	진동(dB(V))	70	65

84 주택건설기준 등에 관한 규정상 소음방지대책의 수립과 소음 등으로부터의 보호에 관련된 기준으로 틀린 것은?

① 사업주체는 공동주택을 건설하는 지점의 소음도가 65데시벨 미만이 되도록 한다.
② 실외소음도와 실내소음도의 소음측정기준은 국토교통부장관이 결정하여 고시한다.
③ 공동주택 등은 「대기환경보전법」에 따른 특정대기유해물질을 배출하는 공장으로부터 수평거리 50미터 이상 떨어진 곳에 배치해야 한다.
④ 공동주택 등을 배치하려는 지점에서 동 법령으로 정하는 바에 따라 측정한 공장(소음배출시설이 설치됨)의 소음도가 50데시벨 이하로서 공동주택 등에 영향을 미치지 않으면, 공동주택 등은 해당 공장으로부터 수평거리 50미터 이내에 배치할 수 있다.

풀이 실외소음도와 실내소음도의 소음측정기준은 국토교통부장관이 환경부장관과 협의하여 고시한다.

85 방음시설의 성능 및 설치기준상 방음시설의 설치에 대한 설명으로 틀린 것은?

① 방음시설의 높이는 방음시설에 의한 삽입손실에 따라 결정되며, 계획 시의 삽입손실은 방음시설 설치대상지역의 소음목표기준과 수음점의 소음실측치(또는 예측치)와의 차이 이상으로 한다.
② 방음시설의 길이는 방음시설 측단으로 입사하는 음의 영향을 고려하여 설계목표를 충분히 달성할 수 있는 길이로 결정하여야 한다.
③ 방음시설 발주자는 방음시설의 설치 가능한 장소 중 소음저감을 극대화할 수 있는 지점에 설치하여야 한다.
④ 방음시설 발주자는 방음효과의 증대를 위하여 방음벽 설치위치를 도로 측면으로 한정한다.

풀이 방음시설 발주자는 방음효과의 증대를 위하여 도로 측면 외에 도로 중앙분리대에도 방음벽을 설치할 수 있다.

정답 83 ③ 84 ② 85 ④

86 소음 · 진동관리법령상 철도진동의 관리기준[한도, dB(V)]은?[단, 야간(22:00~06:00), 국토의 계획 및 이용에 관한 법률상 주거지역 기준]

① 50 ② 55
③ 60 ④ 65

풀이 철도소음진동 관리기준

대상지역	구분	한도	
		주간(06:00~22:00)	야간(22:00~06:00)
주거지역, 녹지지역, 관리지역 중 취락지구 · 주거개발진흥지구 및 관광 · 휴양개발진흥지구, 자연환경보전지역, 학교 · 병원 · 공공도서관 및 입소규모 100명 이상의 노인의료복지시설 · 영유아보육시설의 부지 경계선으로부터 50미터 이내 지역	소음[Leq dB(A)]	70	60
	진동[dB(V)]	65	60
상업지역, 공업지역, 농림지역, 생산관리지역 및 관리지역 중 산업 · 유통개발진흥지구, 미고시지역	소음[Leq dB(A)]	75	65
	진동[dB(V)]	70	65

87 환경정책기본법령상 용어의 정의로 거리가 먼 것은?

① "환경개선"이란 환경오염 및 환경훼손으로부터 환경을 보호하고 오염되거나 훼손된 환경을 개선함과 동시에 쾌적한 환경의 상태를 유지 · 조성하기 위한 행위를 말한다.
② "자연환경"이란 지하 · 지표(해양을 포함한다) 및 지상의 모든 생물과 이들을 둘러싸고 있는 비생물적인 것을 포함한 자연의 상태(생태계 및 자연경관을 포함한다)를 말한다.
③ "환경훼손"이란 야생 동식물의 남획 및 그 서식지의 파괴, 생태계 질서의 교란, 자연경관의 훼손, 표토의 유실 등으로 자연환경의 본래적 기능에 중대한 손상을 주는 상태를 말한다.
④ "생활환경"이란 대기, 물, 토양, 폐기물, 소음 · 진동, 악취, 일조, 인공조명, 화학물질 등 사람의 일상생활과 관계되는 환경을 말한다.

풀이 ①의 내용은 환경보전과 관련이 있다.

88 소음 · 진동관리법령상 소음을 방지하기 위한 방음시설의 성능 · 설치기준 및 성능평가 등 사후관리에 필요한 사항을 정하여 고시할 수 있는 사람은?

① 환경부장관
② 시 · 도지사
③ 시장 · 군수 · 구청장
④ 국토교통부장관

89 소음 · 진동관리법령상 소음발생장소로서 "환경부령으로 정하는 장소"가 아닌 것은?

① 「체육시설의 설치 · 이용에 관한 법률」에 따른 체육도장업
② 「학원의 설립 · 운영 및 과외교습에 관한 법률」에 따른 외국어 교습을 위한 학원
③ 「식품위생법 시행령」에 따른 단란주점영업
④ 「음악산업진흥에 관한 법률」에 따른 노래연습장업

풀이 소음발생장소
㉠ 「주택법」에 따른 공동주택
㉡ 「체육시설의 설치 · 이용에 관한 법률」에 따른 체육도장업, 체력단련장업, 무도학원업 및 무도장업
㉢ 「학원의 설립 · 운영 및 과외교습에 관한 법률」에 따른 학원 및 교습소 중 음악교습을 위한 학원 및 교습소
㉣ 「식품위생법 시행령」에 따른 단란주점영업 및 유흥주점영업
㉤ 「음악산업진흥에 관한 법률」에 따른 노래연습장업
㉥ 「다중이용업소 안전관리에 관한 특별법 시행규칙」에 따른 콜라텍업

정답 86 ③ 87 ① 88 ① 89 ②

90 다음은 소음 · 진동관리법령상 배출시설의 변경신고 등에 관한 사항이다. ( ) 안에 알맞은 것은?

> 사업장의 명칭을 변경하거나 대표자를 변경하는 경우, 배출시설의 변경신고를 하려는 자는 이를 변경한 날부터 ( )일 이내에 배출시설 변경신고서에 변경내용을 증명하는 서류와 배출시설 설치신고증명서 또는 배출시설 설치허가증을 첨부하여 특별자치시장 · 특별자치도지사 또는 시장 · 군수 · 구청장에게 제출하여야 한다.

① 30　② 60
③ 90　④ 120

91 소음 · 진동관리법령상 인증시험대행기관과 관련한 행정처분기준 중 거짓이나 그 밖의 부정한 방법으로 지정을 받은 경우 1차 행정처분기준으로 옳은 것은?

① 지정취소　② 업무정지 6월
③ 업무정지 3월　④ 업무정지 1월

풀이 인증시험대행기관에 대한 행정처분기준 중 거짓이나 그 밖의 부정한 방법으로 지정을 받은 경우 1차 행정처분기준은 지정취소이다.

92 소음 · 진동관리법령상 공장소음 배출허용기준에서 다음 지역과 시간대 중 배출허용기준치가 가장 엄격한 조건은?(단, 예외조항은 무시하고 일반적인 기준치로 본다.)

① 도시지역 중 녹지지역(취락지구)의 낮 시간대
② 도시지역 중 일반주거지역의 저녁시간대
③ 농림지역의 밤 시간대
④ 도시지역 중 전용주거지역의 저녁시간대

풀이 공장소음 배출허용기준 [단위 : dB(A)]

대상지역	시간대별		
	낮 (06:00~18:00)	저녁 (18:00~24:00)	밤 (24:00~06:00)
가. 도시지역 중 전용주거지역 · 녹지지역, 관리지역 중 취락지구 · 주거개발진흥지구 및 관광 · 휴양개발진흥지구, 자연환경보전지역 중 수산자원보호구역 외의 지역	50 이하	45 이하	40 이하
나. 도시지역 중 일반주거지역 및 준주거지역	55 이하	50 이하	45 이하
다. 농림지역, 자연환경보전지역 중 수산자원보호구역, 관리지역 중 가목과 라목을 제외한 그 밖의 지역	60 이하	55 이하	50 이하
라. 도시지역 중 상업지역 · 준공업지역, 관리지역 중 산업개발진흥지구	65 이하	60 이하	55 이하
마. 도시지역 중 일반공업지역 및 전용공업지역	70 이하	65 이하	60 이하

93 소음 · 진동관리법령상 소음 · 진동 배출시설을 설치한 공장에서 나오는 소음 · 진동의 배출허용기준을 초과한 경우 행정처분기준으로 옳은 것은?

① 1차－개선명령　② 2차－경고
③ 3차－조업정지　④ 4차－폐쇄

풀이 배출허용기준을 초과한 경우의 행정처분
㉠ 1차 : 개선명령
㉡ 2차 : 개선명령
㉢ 3차 : 개선명령
㉣ 4차 : 조업정지

94 소음 · 진동관리법령상 시장 · 군수 · 구청장의 허가를 받아 배출시설을 설치하여야 하는 지역의 범위로 옳은 것은?

① 「의료법」에 따른 종합병원의 부지경계선으로부터 직선거리 200미터 이내의 지역
② 「도서관법」에 따른 공공도서관의 부지경계선으로부터 직선거리 50미터 이내의 지역

정답 90 ② 91 ① 92 ④ 93 ① 94 ②

③ 「초 · 중등교육법」 및 「고등교육법」에 따른 학교의 부지 경계선으로부터 직선거리 100미터 이내의 지역
④ 「주택법」에 따른 공동주택의 부지경계선으로부터 직선거리 150미터 이내의 지역

풀이 ① 「의료법」에 따른 종합병원의 부지경계선으로부터 직선거리 50미터 이내의 지역
③ 「초 · 중등교육법」 및 「고등교육법」에 따른 학교의 부지경계선으로부터 직선거리 50미터 이내의 지역
④ 「주택법」에 따른 공동주택의 부지경계선으로부터 직선거리 50미터 이내의 지역

95 소음 · 진동관리법령상 운행차 수시점검에 따르지 아니하거나 지장을 주는 행위를 한 자에 대한 벌칙기준으로 옳은 것은?

① 3년 이하의 징역 또는 1,500만 원 이하의 벌금
② 1년 이하의 징역 또는 1,000만 원 이하의 벌금
③ 6개월 이하의 징역 또는 500만 원 이하의 벌금
④ 300만 원 이하의 벌금

풀이 소음 · 진동관리법 제58조 참조

96 소음 · 진동관리법령상 소음방지시설이 아닌 것은?

① 방음외피시설 ② 방음지지시설
③ 방음림 및 방음언덕 ④ 흡음장치 및 시설

풀이 소음방지시설
㉠ 소음기
㉡ 방음덮개시설
㉢ 방음창 및 방음실 시설
㉣ 방음외피시설
㉤ 방음벽시설
㉥ 방음터널시설
㉦ 방음림 및 방음언덕
㉧ 흡음장치 및 시설
㉨ 위의 규정과 동등하거나 그 이상의 방지효율을 가진 시설

97 소음 · 진동관리법령상 환경부장관은 이 법의 목적을 달성하기 위하여 관계 기관의 장에게 요청할 수 없는 조치는?

① 도시재개발사업의 변경
② 주택단지 조성의 변경
③ 산업단지 조성의 제한
④ 도로 · 철도 · 공항 주변의 공동주택 건축허가의 제한

풀이 환경부장관은 이 법의 목적을 달성하기 위하여 필요하다고 인정하면 다음에 해당하는 조치를 관계 기관의 장에게 요청할 수 있다. 이 경우 관계 기관의 장은 특별한 사유가 없으면 그 요청에 따라야 한다.
㉠ 도시재개발사업의 변경
㉡ 주택단지 조성의 변경
㉢ 도로 · 철도 · 공항 주변의 공동주택 건축허가의 제한
㉣ 그 밖에 대통령령으로 정하는 사항

98 소음 · 진동관리법령상 자동차의 종류 중 이륜자동차의 규모기준으로 옳은 것은?(단, 2015년 12월 8일 이후 제작되는 자동차 기준이다.)

① 엔진배기량이 50cc 이상이고, 차량 총중량이 5백킬로그램을 초과하지 않는 것
② 엔진배기량이 50cc 이상이고, 차량 총중량이 1천킬로그램을 초과하지 않는 것
③ 엔진배기량이 80cc 이상이고, 차량 총중량이 5백킬로그램을 초과하지 않는 것
④ 엔진배기량이 80cc 이상이고, 차량 총중량이 1천킬로그램을 초과하지 않는 것

풀이 이륜자동차
㉠ 정의 : 자전거로부터 진화한 구조로서 사람 또는 소량의 화물을 운송하기 위한 것
㉡ 규모 : 엔진배기량이 50cc 이상이고 차량 총중량이 1천킬로그램을 초과하지 않는 것

정답 95 ③ 96 ② 97 ③ 98 ②

99 소음 · 진동관리법령상 대수기준시설 및 기계 · 기구 중 소음배출시설에 해당하는 기준이 아닌 것은?

① 자동제병기
② 30대 이상의 직기(편기는 제외)
③ 4대 이상의 시멘트벽돌 및 블록의 제조기계
④ 제관기계

풀이 대수기준시설 및 기계 · 기구(소음배출 시설기준)
㉠ 100대 이상의 공업용 재봉기
㉡ 4대 이상의 시멘트벽돌 및 블록의 제조기계
㉢ 자동제병기
㉣ 제관기계
㉤ 2대 이상의 자동포장기
㉥ 40대 이상의 직기(편기는 제외한다.)
㉦ 방적기계(합연사공정만 있는 사업장의 경우에는 5대 이상으로 한다.)

100 소음 · 진동관리법령상 소음도 검사기관의 지정기준에 있는 기술인력 중 기술직에 해당되지 않는 자는?(단, 해당 분야는 소음 · 진동 관련 분야이다.)

① 해당 분야가 아닌 분야의 전문학사학위를 취득하고, 소음 · 진동 관련 분야의 실무에 종사한 경력이 3년 이상인 사람
② 해당 분야의 기술사 자격을 취득한 사람
③ 해당 분야 학사학위를 취득하고, 해당 분야의 실무에 종사한 경력이 1년 이상인 사람
④ 해당 분야의 기사 자격을 취득하고, 해당 분야의 실무에 종사한 경력이 1년 이상인 사람

풀이 해당 분야가 아닌 분야의 전문학사학위를 취득하고 소음 · 진동 관련 분야의 실무에 종사한 경력이 5년 이상인 사람

정답 99 ② 100 ①

027 2022년 2회 기사

1과목 소음진동 계획

01 A공장 장방형 벽체의 가로×세로가 8m×4m이다. 벽면 밖에서의 SPL이 83dB이었다면 15m 떨어진 지점에서의 SPL은 몇 dB인가?

① 56dB ② 59dB
③ 62dB ④ 65dB

풀이 a(단변), b(장변), r(거리)

$r > \frac{b}{3}$: $15 > \frac{8}{3}$ 성립

$SPL_1 - SPL_2 = 20\log\left(\frac{3r}{b}\right) + 10\log\left(\frac{b}{a}\right)$

$SPL_2 = 83 - 20\log\left(\frac{3\times15}{8}\right) - 10\log\left(\frac{8}{4}\right)$

$= 64.99\text{dB}$

02 진동의 등감각곡선에 대한 설명으로 틀린 것은?

① 진동계에서 등감각곡선에 기초한 보정회로를 통한 레벨을 진동레벨이라 한다.
② 일반적으로 수직 보정된 레벨을 많이 사용한다.
③ 수평진동은 9~12Hz 범위에서 가장 예민하다.
④ 수직진동은 4~8Hz 범위에서 가장 예민하다.

풀이 수직진동에서는 4~8Hz, 수평진동에서는 1~2Hz의 범위에서 가장 민감하다.

03 80dB(A)의 소음도에 7시간, 70dB(A)의 소음도에 3시간 노출된 지점의 등가소음도는 약 몇 dB(A)인가?

① 75 ② 79
③ 81 ④ 82

풀이 Leq(dB(A))

$= 10\log\frac{1}{10}\left[\left(7\times10^{\frac{80}{10}}\right)+\left(3\times10^{\frac{70}{10}}\right)\right]$

$= 78.63\text{dB(A)}$

04 백색잡음에 관한 설명으로 틀린 것은?

① 보통 저음역과 중음역대의 음량이 상대적으로 고음역대보다 높아 인간의 청각면에서는 적색잡음이 백색잡음보다 모든 주파수대에 동일음량으로 들린다.
② 인간이 들을 수 있는 모든 소리를 혼합하면 주파수, 진폭, 위상이 균일하게 끊임없이 변하는 완전 랜덤 파형이 형성되며 이를 백색잡음이라 한다.
③ 단위주파수 대역(1Hz)에 포함되는 성분의 세기가 전 주파수에 걸쳐 일정한 잡음을 의미한다.
④ 모든 주파수대에 동일한 음량을 가지고 있는 것임에도 불구하고, 저음역대로 갈수록 에너지 밀도가 높아 저음역대 쪽의 음성분이 더 많은 것으로 들린다.

풀이 ④는 적색잡음(Pink Noise)의 내용이다.

05 음의 크기(Loudness)를 결정하는 방법으로 틀린 것은?

① 18~25세의 연령군을 대상으로 한다.
② 1,000Hz를 중심으로 시험한다.
③ 청감이 가장 민감한 주파수는 약 4,000Hz이다.
④ 50phon은 100Hz에서 50dB이다.

풀이 50phon은 1,000Hz에서 50dB이다.

정답 01 ④ 02 ③ 03 ② 04 ④ 05 ④

06 주파수 15Hz, 진동속도 파형의 전진폭이 0.0004m/s인 정현진동의 진동가속도레벨(dB)은 얼마인가?

① 68.2 ② 62.5
③ 59.3 ④ 57.7

풀이 $VAL = 20\log\left(\dfrac{A_{rms}}{A_r}\right)$

$$A_{rms} = \frac{A_{\max}}{\sqrt{2}}$$

$$A_{\max} = V_{\max} \cdot \omega = V_{\max} \times (2\pi f)$$

$$V_{\max} = \frac{0.0004}{2} = 0.0002\text{m/sec}$$

$$= 0.0002 \times (2 \times 3.14 \times 15) = 0.01884\text{m/sec}^2$$

$$= \frac{0.01884}{\sqrt{2}} = 0.01332\text{m/sec}^2$$

$$= 20\log\left(\frac{0.01332}{10^{-5}}\right) = 62.49\text{dB}$$

07 음압진폭이 2×10^{-2}N/m^{2}일 때 음의 세기의 실효치(W/m^2)는 얼마인가?(단, 공기밀도 1.25kg/m^3, 음속 337m/s이다.)

① 4.75×10^{-5}
② 4.75×10^{-6}
③ 4.75×10^{-7}
④ 4.75×10^{-8}

풀이 $$I = \frac{P^2}{\rho C} = \frac{\left(\dfrac{2\times10^{-2}}{\sqrt{2}}\right)^2}{1.25\times337} = 4.75\times10^{-7}\text{W/m}^2$$

08 사람의 청각기관 중 중이에 관한 설명으로 틀린 것은?

① 음의 전달매질은 기체이다.
② 망치뼈, 모루뼈, 등자뼈라는 3개의 뼈를 담고 있는 고실과 유스타키오관으로 이루어진다.
③ 고실의 넓이는 약 1~2cm^2 정도이다.
④ 이소골은 진동음압을 20배 정도 증폭하는 임피던스 변환기 역할을 한다.

풀이 음의 전달매질
㉠ 외이 : 기체(공기)
㉡ 중이 : 고체
㉢ 내이 : 액체

09 음장에 관한 설명으로 틀린 것은?

① 확산음장은 잔향음장에 속하며, 밀폐된 실내의 모든 표면에서 입사음이 거의 100% 반사된다면 실내의 모든 위치에서 음의 에너지밀도는 일정하다.
② 근음장은 음원에서 근접한 거리에서 발생하며, 음원의 크기, 주파수, 방사면의 위상에 크게 영향을 받는 음장이다.
③ 자유음장은 근음장 중 역2승법칙이 만족되는 구역이다.
④ 근음장에서의 입자속도는 음의 전파방향과 개연성이 없다.

풀이 자유음장은 원음장 중 역2승법칙이 만족되는 구역이다.

10 음의 마스킹 효과에 대한 설명으로 틀린 것은?

① 크고, 작은 두 소리를 동시에 들을 때 큰 소리만 듣고 작은 소리는 듣지 못하는 현상이다.
② 두 음의 주파수가 비슷할 때는 마스킹 효과가 대단히 커진다.
③ 작업장 안에서의 배경음악은 마스킹 효과를 이용한 것이다.
④ 고음이 저음을 잘 마스킹한다.

풀이 저음이 고음을 잘 마스킹한다.

정답 06 ② 07 ③ 08 ① 09 ③ 10 ④

11 소음의 특징으로 가장 거리가 먼 것은?

① 감각적이다.
② 대책 후에 처리할 물질이 거의 발생되지 않는다.
③ 모든 소음은 광범위하고, 단발적이다.
④ 축적성이 없다.

풀이 모든 소음은 국소다발적이다.

12 음파의 진행방향에 장애물이 있을 경우 장애물 뒤쪽으로 음이 전파되는 현상을 무엇이라 하는가?

① 반사 ② 회절
③ 굴절 ④ 방음

풀이 음의 회절
음파의 진행속도가 장소에 따라 변하고 진행방향이 변하는 현상으로 차단벽이나 창문의 틈, 벽의 구멍을 통하여 전달되기 쉬운데, 이것을 회절이라 한다. 음장에 장애물이 있는 경우 장애물 뒤쪽으로 음이 전파되는 현상이다.

13 점음원과 선음원(무한장)이 있다. 각 음원으로부터 10m 떨어진 거리에서의 음압레벨이 100dB이라고 할 때, 1m 떨어진 위치에서의 각각의 음압레벨은 얼마인가?(단, 점음원－선음원 순서이다.)

① 120dB－110dB ② 120dB－120dB
③ 130dB－110dB ④ 130dB－120dB

풀이 ㉠ 점음원

$$SPL_1 - SPL_2 = 20\log\frac{r_2}{r_1}$$

$$SPL_1 = SPL_2 + 20\log\frac{r_2}{r_1}$$

$$= 100 + 20\log\frac{10}{1} = 120\,\text{dB}$$

㉡ 선음원

$$SPL_1 - SPL_2 = 10\log\frac{r_2}{r_1}$$

$$SPL_1 = SPL_2 + 10\log\frac{r_2}{r_1}$$

$$= 100 + 10\log\frac{10}{1} = 110\,\text{dB}$$

14 평균음압이 3,515N/m²이고, 특정 지향음압이 6,250N/m²일 때 지향지수(dB)는 얼마인가?

① 3.8 ② 5.0
③ 6.3 ④ 7.2

풀이

$$DI = SPL_\theta - \overline{SPL}(\text{dB})$$

$$= \left(20\log\frac{6{,}250}{2\times10^{-5}}\right) - \left(20\log\frac{3{,}515}{2\times10^{-5}}\right)$$

$$= 4.99\,\text{dB}$$

15 A공장의 측정소음도가 70dB(A)이고, 배경소음도가 59dB(A)이었다면 공장의 대상소음도는 얼마인가?

① 70dB(A) ② 69dB(A)
③ 68dB(A) ④ 67dB(A)

풀이 측정소음도와 배경소음도 차이
70dB(A)－59dB(A)＝11dB(A)
측정소음도가 배경소음도보다 10dB 이상 크므로 측정소음도를 대상소음도(70dB(A))로 한다.

16 소음성 난청에 관한 설명으로 틀린 것은?

① 난청은 4,000Hz 부근에서 일어나는 경우가 많다.
② 소음이 높은 공장에서 일하는 근로자들에게 나타나는 직업병이다.
③ 1일 8시간 폭로의 경우 난청방지를 위한 허용치는 130dB(A)이다.
④ 영구적 난청이라고도 하며, 소음에 폭로된 후 2일~3주 후에도 정상청력으로 회복되지 않는다.

풀이 소음성 난청 예방의 허용치는 폭로시간 8시간일 때 90dB(A)이다.

17 마스킹 효과에 대한 설명으로 옳은 것은?

① 협대역폭의 소리가 같은 중심주파수를 갖는 같은 세기의 순음보다 더 작은 마스킹 효과를 갖는다.
② 마스킹 소음의 레벨이 커질수록 마스킹되는 주파수의 범위는 점점 줄어든다.

정답 11 ③ 12 ② 13 ① 14 ② 15 ① 16 ③ 17 ④

③ 마스킹 효과는 마스킹 소음의 중심주파수보다 고주파수 대역에서 보다 작은 값을 갖게 되는 이중대칭성을 갖고 있다.
④ 마스킹 소음의 대역폭은 어느 한계(한계대역폭) 이상에서는 그 중심주파수에 있는 순음에 대해 영향을 미치지 못한다.

풀이 마스킹 효과(음폐효과)
㉠ 두 음이 동시에 있을 때 한쪽이 큰 경우 작은 음은 더 작게 들리는 현상이다. 즉, 큰 음, 작은 음이 동시에 들릴 때, 큰 음만 듣고 작은 음은 잘 듣지 못하는 현상으로 음의 간섭에 의해 일어난다.
㉡ 마스킹 소음의 대역폭은 어느 한계(한계대역폭) 이상에서는 그 중심주파수에 있는 순음에 대해 영향을 미치지 못한다.
㉢ 마스킹 효과에서는 마스킹하는 음이 클수록 마스킹 효과는 커지나, 그 음보다 높은 주파수의 음은 낮은 주파수의 음보다 마스킹되기 쉽다.

18 직경 d, 길이 l인 축의 중앙에 관성모멘트 J인 계가 비틀림 진동을 할 때의 비틀림 진동의 주기를 구하는 계산식으로 옳은 것은?(단, 축의 전단탄성계수를 G로 한다.)

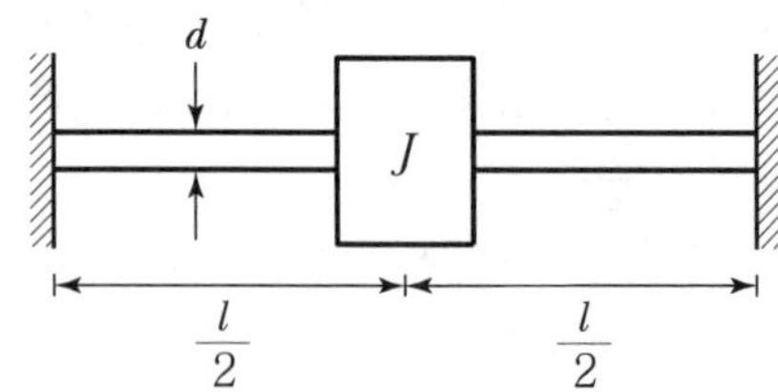

① $2\pi\sqrt{\frac{2Jl}{\pi d^4 G}}$　　② $2\pi\sqrt{\frac{4Jl}{\pi d^4 G}}$
③ $2\pi\sqrt{\frac{8Jl}{\pi d^4 G}}$　　④ $2\pi\sqrt{\frac{16Jl}{\pi d^4 G}}$

19 다음 그림에서 (a), (b) 진동계의 고유진동수를 구하는 계산식으로 옳은 것은?(단, S는 스프링 정수, M은 질량이다.)

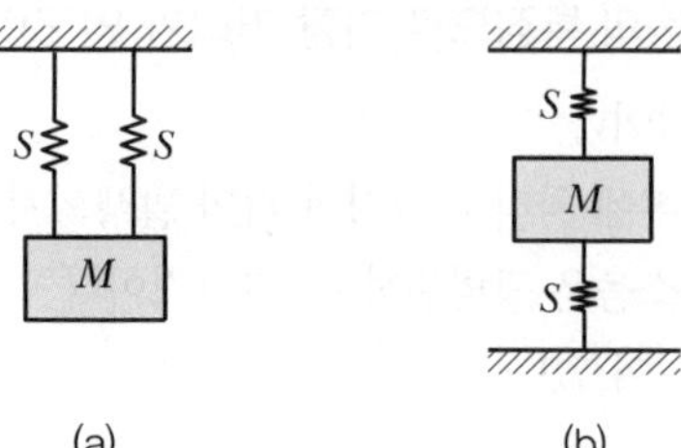

① (a) : $\frac{1}{2\pi}\sqrt{\frac{2S}{M}}$,　(b) : $\frac{1}{2\pi}\sqrt{\frac{2S}{M}}$
② (a) : $\frac{1}{2\pi}\sqrt{\frac{2S}{M}}$,　(b) : $\frac{1}{2\pi}\sqrt{\frac{S}{2M}}$
③ (a) : $\frac{1}{2\pi}\sqrt{\frac{S}{2M}}$,　(b) : $\frac{1}{2\pi}\sqrt{\frac{2S}{M}}$
④ (a) : $\frac{1}{2\pi}\sqrt{\frac{S}{2M}}$,　(b) : $\frac{1}{2\pi}\sqrt{\frac{S}{2M}}$

20 어떤 소리의 세기가 단위면적당 10^{-2}W/m^{2}일 때 소리의 세기레벨은 몇 dB인가?

① 80dB　　② 100dB
③ 110dB　　④ 120dB

풀이 $SIL = 10\log\frac{I}{I_0} = 10\log\frac{10^{-2}}{10^{-12}} = 100\text{dB}$

2과목 소음측정 및 분석

21 생활소음의 규제기준 측정방법으로 옳은 것은?

① 측정점은 피해가 예상되는 자의 부지경계선 중 소음도가 높은 것으로 예상되는 지점의 지면 위 0.5~1.0m 높이로 한다.
② 소음계의 마이크로폰은 측정위치에 받침장치(삼각대 등)를 설치하지 않고 측정하는 것을 원칙으로 한다.

정답 18 ③　19 ①　20 ②　21 ③

③ 측정지점에 높이가 1.5m를 초과하는 장애물이 있는 경우에는 장애물로부터 소음원 방향으로 1.0~3.5m 떨어진 지점을 측정점으로 한다.
④ 손으로 소음계를 잡고 측정할 경우 소음계는 측정자의 몸으로부터 0.1m 이상 떨어져야 한다.

풀이 ① 측정점은 피해가 예상되는 자의 부지경계선 중 소음도가 높을 것으로 예상되는 지점의 지면 위 1.2~1.5m 높이로 한다.
② 소음계의 마이크로폰은 측정위치에 받침장치(삼각대 등)를 설치하여 측정하는 것을 원칙으로 한다.
④ 손으로 소음계를 잡고 측정할 경우 소음계는 측정자의 몸으로부터 0.5m 이상 떨어져야 한다.

22 흡음재료에 관한 설명으로 틀린 것은?

① 다공판의 충진재로서 다공질 흡음재료를 사용하면 다공판의 상태, 배후공기층 등에 따른 공명흡음을 얻을 수 있다.
② 다공질 흡음재료는 음파가 재료 중을 통과할 때 재료의 다공성에 따른 저항 때문에 음에너지가 감쇠하며 일반적으로 중 · 고음역의 흡음률이 높다.
③ 다공질 흡음재료에 음향적 투명재료를 표면재로 사용하면 흡음재료의 특성에 영향을 주지 않고 표면을 보호할 수 있다.
④ 판상재료의 충진재로서 다공질 흡음재료를 사용하면 저음역보다 중 · 고음역의 흡음특성이 좋아진다.

풀이 판상재료의 충진재로서 다공질 흡음재료를 사용하면 중 · 고음역보다 저음역의 흡음특성이 좋아진다.

23 배출허용기준을 적용하기 위해 소음을 측정할 때 측정점에 담, 건물 등 장애물이 있는 경우에는 장애물로부터 소음원 방향으로 1~3.5m 떨어진 지점에서 소음을 측정하게 되어 있다. 이때 기준에 적용되는 장애물의 높이는 최소 몇 m를 초과할 때인가?

① 1.2　　② 1.5
③ 2.0　　④ 2.5

풀이 배출허용기준 중 소음측정방법과 측정점
㉠ 측정지점에 높이가 1.5m를 초과하는 장애물이 있는 경우에는 장애물로부터 소음원 방향으로 1.0~3.5m 떨어진 지점으로 한다.
㉡ 다만, 장애물로부터 소음원 방향으로 1.0~3.5m 떨어지기 어려운 경우에는 장애물 상단 직상부로부터 0.3m 이상 떨어진 지점으로 할 수 있다.
㉢ 그 장애물이 방음벽이거나 충분한 차음이 예상되는 경우에는 장애물 밖의 1.0~3.5m 떨어진 지점 중 암영대의 영향이 적은 지점으로 한다.

24 항공기소음한도 측정에 관한 설명으로 옳은 것은?

① 소음계의 동특성은 느림(Slow)모드를 하여 측정하여야 한다.
② 소음계와 소음도기록기를 별도 분리하여 측정 · 기록하는 것을 원칙으로 한다.
③ 소음도기록기가 없는 경우에는 소음계만으로는 측정할 수 없다.
④ 소음계 및 소음도기록기의 전원과 기기의 동작을 점검하고, 분기마다 1회 교정을 실시하여야 한다.

풀이 항공기 소음계의 동특성은 느림(Slow)모드로 하여 측정하여야 한다.

25 규제기준 중 발파소음 측정평가 시 대상소음도에 시간대별 보정발파횟수에 따른 보정량을 보정하여 평가소음도를 구하는데, 지발발파의 경우는 보정발파횟수를 몇 회로 간주하는가?

① 1회　　② 3회
③ 5회　　④ 10회

풀이 대상소음도에 시간대별 보정발파횟수(N)에 따른 보정량($+10\log N$; $N>1$)을 보정하여 평가소음도를 구한다. 이 경우, 지발발파는 보정발파횟수를 1회로 간주한다.

정답 22 ④ 23 ② 24 ① 25 ①

26 A지역에서 연속해서 110분간 소음을 측정한 결과, 평가 보정을 한 소음레벨이 50dB(A) 25분, 60dB(A) 30분, 70dB(A) 25분, 80dB(A) 30분으로 계측되었다. 이때의 등가소음레벨은 얼마인가?

① 73.2dB(A) ② 74.7dB(A)
③ 75.6dB(A) ④ 77.3dB(A)

풀이 Leq(dB(A))

$$= 10\log\frac{1}{110}\left[(25\times10^5)+(30\times10^6)+(25\times10^7)+(30\times10^8)\right]$$
$$=74.7\,\text{dB(A)}$$

27 다음 중 항공기소음 측정자료 평가표 서식에 기재되어야 하는 사항으로 가장 거리가 먼 것은?

① 비행횟수 ② 비행속도
③ 측정자의 소속 ④ 풍속

풀이 항공기소음 측정자료 평가표 기재사항
㉠ 비행횟수, 지역구분, 측정지점, 일별 WECPNL, 측정지점 약도
㉡ 측정자(소속, 직명, 성명)
㉢ 측정환경(반사음의 영향, 풍속, 진동, 전자장의 영향)
㉣ 측정연월일, 측정대상, 측정자, 측정기기

28 다음 중 넓은 주파수 범위에 걸쳐 평탄특성을 가지며 고감도 및 장기간 운용 시 안정하나, 다습한 기후에서 측정 시 뒤판에 물이 응축되지 않도록 유의해야 할 마이크로폰은?

① 콘덴서형 ② 다이나믹형
③ 크리스탈형 ④ 자기형

풀이 콘덴서형
㉠ 주파수 특성이 매우 좋고, 감도가 높으며, 전동기, 변압기 등의 전기기계 주변에서 소음을 측정할 경우 가장 적합하다.
㉡ 넓은 주파수 범위에 걸쳐 평탄특성을 가지며, 고감도 및 장기간 운용 시 안정하나 다습한 기후에서 측정 시 뒤판에 물이 응축되지 않도록 유의하여야 한다.

29 환경기준 중 소음측정방법에 있어 낮시간대에는 각 측정지점에서 2시간 이상 간격으로 몇 회 이상 측정하여 산술평균한 값을 측정소음도로 하는가?

① 2회 이상 ② 3회 이상
③ 4회 이상 ④ 5회 이상

풀이 환경기준(측정시간 및 측정지점 수)
㉠ 낮시간대(06:00~22:00)에는 당해 지역 소음을 대표할 수 있도록 측정지점 수를 충분히 결정하고, 각 측정지점에서 2시간 이상 간격으로 4회 이상 측정하여 산술평균한 값을 측정소음도로 한다.
㉡ 밤시간대(22:00~06:00)에는 낮 시간대에 측정한 측정지점에서 2시간 간격으로 2회 이상 측정하여 산술평균한 값을 측정소음도로 한다.

30 어떤 기계의 측정소음도가 85dB(A)이고 대상소음도가 82dB(A)일 때 배경소음도는 얼마인가?

① 82dB(A) ② 83dB(A)
③ 84dB(A) ④ 85dB(A)

풀이 배경소음도 $= 10\log(10^{8.5}-10^{8.2}) = 82\,\text{dB(A)}$

31 환경소음의 측정조건에 관한 설명으로 옳은 것은?

① 요일별로는 공휴일을 택하여 측정한다.
② 당해 지역 소음평가에 현저한 영향을 미칠 것으로 예상되는 부지 내에서 실시한다.
③ 소음변동이 큰 평일(월요일부터 금요일 사이)에 당해 지역에서 측정한다.
④ 소음변동이 적은 평일(월요일부터 금요일 사이)에 당해 지역에서 측정한다.

풀이 ①, ③ 요일별로 소음변동이 적은 평일에 당해 지역의 환경소음을 측정한다.
② 측정점 선정 시에는 당해 지역 소음평가에 현저한 영향을 미칠 것으로 예상되는 공장 및 사업장, 건설사업장, 비행장, 철도 등의 부지 내는 피해야 한다.

정답 26 ② 27 ② 28 ① 29 ③ 30 ① 31 ④

32 다음은 소음계의 성능기준이다. ( ) 안의 내용으로 알맞은 것은?

> 측정 가능 주파수 범위는 (㉠) 이상이어야 하고, 지시계기의 눈금오차는 (㉡) 이내이어야 한다.

① ㉠ 31.5Hz~8kHz, ㉡ 0.5dB
② ㉠ 31.5Hz~8kHz, ㉡ 1dB
③ ㉠ 8Hz~31.5kHz, ㉡ 0.5dB
④ ㉠ 8Hz~31.5kHz, ㉡ 1dB

풀이 성능기준
㉠ 측정 가능 주파수 범위는 31.5Hz~8kHz 이상이어야 한다.
㉡ 측정 가능 소음도 범위는 35~130dB 이상이어야 한다.(다만, 자동차소음 측정에 사용되는 것은 45~130dB 이상으로 한다.)
㉢ 특성별(A특성 및 C특성) 표준 입사각의 응답과 그 편차는 KS C IEC 61672-1의 표 2를 만족하여야 한다.
㉣ 레벨레인지 변환기가 있는 기기에 있어서 레벨레인지 변환기의 전환오차는 0.5dB 이내이어야 한다.
㉤ 지시계기의 눈금오차는 0.5dB 이내이어야 한다.

33 환경기준에 의한 소음측정 시 디지털 소음자동분석계를 사용하여 측정할 때 일정한 샘플주기 결정 후, 몇 분 이상 측정하여 산정한 등가소음도를 그 지점의 측정소음도로 하는가?

① 1분　② 5분
③ 10분　④ 30분

풀이 디지털 소음자동분석계를 사용할 경우(환경기준) 샘플주기를 1초 이내에서 결정하고 5분 이상 측정하여 자동 연산 · 기록한 등가소음도를 그 지점의 측정소음도로 한다.

34 철도소음의 측정시각 및 측정횟수 기준에 대한 내용이다. ( ) 안의 내용으로 알맞은 것은?

> 기상조건, 열차운행횟수 및 속력 등을 고려하여 당해 지역의 1시간 평균철도통행량 이상인 시간대를 포함하여 주간 시간대는 ( ) 측정하여 산술평균한다.

① 2시간 이상 간격을 두고 1시간씩 2회
② 3시간 이상 간격을 두고 1시간씩 3회
③ 4시간 이상 간격을 두고 2시간씩 2회
④ 2시간 이상 간격을 두고 2시간씩 1회

풀이 철도소음 측정시간 및 측정지점수
㉠ 기상조건, 열차운행횟수 및 속도 등을 고려하여 당해 지역의 1시간 평균 철도 통행량 이상인 시간대를 포함하여 주간 시간대는 2시간 간격을 두고 1시간씩 2회 측정하여 산술평균하며, 야간 시간대는 1회 1시간 동안 측정한다.
㉡ 배경소음도는 철도 운행이 없는 상태에서 측정소음도의 측정점과 동일한 장소에서 5분 이상 측정한다.

35 다음은 철도소음관리기준 측정방법에 관한 내용이다. ( ) 안의 내용으로 알맞은 것은?

> 철도소음관리기준 측정 시 샘플주기를 (㉠) 내외로 결정하고 (㉡) 동안 연속 측정하여 자동 연산 · 기록한 등가소음도를 그 지점의 측정소음도로 한다.

① ㉠ 0.1초, ㉡ 1시간
② ㉠ 0.1초, ㉡ 12시간
③ ㉠ 1초, ㉡ 1시간
④ ㉠ 1초, ㉡ 12시간

풀이 철도소음은 샘플주기를 1초 내외로 결정하고 1시간 동안 연속 측정하여 자동 연산 · 기록한 등가소음도를 그 지점의 측정소음도로 한다.

36 소음배출허용기준 측정을 위한 측정시간 및 측정지점수 선정기준으로 옳은 것은?

① 밤시간대(22:00~06:00)에는 낮시간대에 측정한 측정지점에서 2시간 간격으로 2회 이상 측정하여 산술평균한 값을 측정소음도로 한다.

정답 32 ① 33 ② 34 ① 35 ③ 36 ④

② 적절한 측정시간에 5지점 이상의 측정지점수를 선정 · 측정하여 산술평가한 소음도를 측정소음도로 한다.

③ 피해가 예상되는 적절한 측정시각에 2지점 이상의 측정지점수를 선정 · 측정하여 그중 가장 높은 소음도를 측정소음도로 한다.

④ 낮시간대는 2시간 간격을 두고 1시간씩 2회 측정하여 산술평균하며, 밤시간대는 1회 1시간 동안 측정한다.

37 소음계의 부속장치인 표준음 발생기에 관한 설명으로 틀린 것은?

① 소음계의 측정감도를 교정하는 기기이다.

② 발생음의 오차는 ±0.1dB 이내이어야 한다.

③ 발생음의 음압도가 표시되어 있어야 한다.

④ 발생음의 주파수가 표시되어 있어야 한다.

풀이 표준음 발생기(Pistonphone, Calibrator)

㉠ 소음계의 측정감도를 교정하는 기기로서 발생음의 주파수와 음압도가 표시되어 있어야 한다.

㉡ 발생음의 오차는 ±1dB 이내이어야 한다.

38 항공기소음한도 측정을 위한 소음계의 청감보정회로 및 동특성으로 옳은 것은?

① 청감보정회로 A특성, 동특성 느림(Slow)

② 청감보정회로 A특성, 동특성 빠름(Fast)

③ 청감보정회로 C특성, 동특성 느림(Slow)

④ 청감보정회로 C특성, 동특성 빠름(Fast)

39 노래연습장 소음으로 동일건물 내 소음측정을 하였다. 측정지역 및 시간, 규제기준으로 옳은 것은?

① 주거지역 – 주간(08:00~18:00) – 50dB(A) 이하

② 녹지지역 – 주간(07:00~18:00) – 50dB(A) 이하

③ 주거지역 – 야간(22:00~06:00) – 40dB(A) 이하

④ 녹지지역 – 야간(22:00~05:00) – 55dB(A) 이하

풀이 생활소음 규제기준 [단위 : dB(A)]

대상지역	소음원 (시간대별)		아침, 저녁 (05:00~07:00, 18:00~22:00)	주간 (07:00~18:00)	야간 (22:00~05:00)
주거지역, 녹지지역, 관리지역 중 취락지구 · 주거개발진흥지구 및 관광 · 휴양개발진흥지구, 자연환경보전지역, 그 밖의 지역에 있는 학교 · 종합병원 · 공공도서관	확성기	옥외설치	60 이하	65 이하	60 이하
	확성기	옥내에서 옥외로 소음이 나오는 경우	50 이하	55 이하	45 이하
	공장		50 이하	55 이하	45 이하
	사업장	동일 건물	45 이하	50 이하	40 이하
	사업장	기타	50 이하	55 이하	45 이하
	공사장		60 이하	65 이하	50 이하

40 소음계의 구조별 성능에 관한 설명으로 틀린 것은?

① 지시계기 : 지침형 지시계기는 유효지시범위가 30dB 이상이어야 하고, 1dB 눈금간격은 2mm 이상으로 표시되어야 한다.

② 청감보정회로 : A특성을 갖추어야 하며, 자동차 소음측정용은 C특성도 함께 갖추어야 한다.

③ 레벨레인지 변환기 : 측정하고자 하는 소음도가 지시계기의 범위 내에 있도록 하기 위한 감쇠기이다.

④ 마이크로폰 : 지향성이 작은 압력형으로 하며 기기의 본체와 분리가 가능하여야 한다.

풀이 지침형에서는 유효지시범위가 15dB 이상이어야 하고 각각의 눈금은 1dB 이하를 판독할 수 있어야 하며, 1dB 눈금간격이 1mm 이상으로 표시되어야 한다.

3과목 진동 측정 및 분석

41 진동레벨계의 표준진동발생기에 관한 설명으로 틀린 것은?

① 진동레벨계의 측정감도를 교정하는 기기이다.

② 발생진동의 주파수가 표시되어야 한다.

정답 37 ② 38 ① 39 ② 40 ① 41 ③

③ 발생진동의 진동레벨이 표시되어야 한다.
④ 발생진동의 오차는 ±1dB 이내이어야 한다.

풀이 표준진동발생기는 발생진동의 주파수와 진동가속도레벨이 표시되어야 한다.

42 진동측정기기 중 지시계기의 눈금오차는 얼마 이내이어야 하는가?

① 0.5dB 이내 ② 1dB 이내
③ 5dB 이내 ④ 15dB 이내

풀이 진동레벨계의 성능
㉠ 측정 가능 주파수 범위는 1~90Hz 이상이어야 한다.
㉡ 측정 가능 진동레벨의 범위는 45~120dB 이상이어야 한다.
㉢ 감각 특성의 상대응답과 허용오차는 환경측정기기의 형식승인 · 정도검사 등에 관한 고시 중 진동레벨계의 구조 · 성능 세부기준의 연직진동 특성에 만족하여야 한다.
㉣ 진동픽업의 횡감도는 규정주파수에서 수감축 감도에 대한 차이가 15dB 이상이어야 한다.(연직특성)
㉤ 레벨레인지 변화기가 있는 기기에 있어서 레벨레인지 변환기의 전환오차가 0.5dB 이내이어야 한다.
㉥ 지시계의 눈금오차는 0.5dB 이내이어야 한다.

43 진동방지계획 수립 시 다음 보기 중 일반적으로 가장 먼저 이루어지는 것은?

① 측정치와 규제기준치의 차로부터 저감목표레벨 설정
② 수진점 일대의 진동실태 조사
③ 수진점의 진동규제기준 확인
④ 발생원의 위치와 발생기계를 확인

풀이 진동방지계획 수립 순서
① 진동이 문제되는 수진점의 위치 확인
② 수진점 일대의 진동실태 조사
③ 수진점의 진동규제기준 확인
④ 측정치와 규제기준치의 차로부터 저감목표레벨 설정
⑤ 발생원의 위치와 발생기계 확인
⑥ 적정방지대책 선정
⑦ 시공 및 재평가

44 발파진동 측정자료 분석 시 평가진동레벨(최종값)은 소수점 몇 째 자리에서 반올림하는가?

① 첫째 자리
② 둘째 자리
③ 셋째 자리
④ 넷째 자리

풀이 발파진동 측정자료 분석 시 평가진동레벨(최종값)은 소수점 첫째 자리에서 반올림한다.

45 배출허용기준 중 진동측정방법으로 진동픽업의 설치조건으로 틀린 것은?

① 수직방향 진동레벨을 측정할 수 있도록 설치한다.
② 경사 또는 요철이 없는 장소로 하고, 수평면을 충분히 확보할 수 있는 장소로 한다.
③ 복잡한 반사, 회절현상이 예상되는 지점은 피한다.
④ 완충물이 풍부하고, 충분히 다져서 단단히 굳은 장소로 한다.

풀이 진동픽업의 설치기준
㉠ 진동픽업(Pick-up)의 설치장소는 옥외지표를 원칙으로 하고 복잡한 반사, 회절현상이 예상되는 지점은 피한다.
㉡ 진동픽업의 설치장소는 완충물이 없고, 충분히 다져서 단단히 굳은 장소로 한다.
㉢ 진동픽업의 설치장소는 경사 또는 요철이 없는 장소로 하고, 수평면을 충분히 확보할 수 있는 장소로 한다.
㉣ 진동픽업은 수직방향 진동레벨을 측정할 수 있도록 설치한다.
㉤ 진동픽업 및 진동레벨계를 온도, 자기, 전기 등의 외부영향을 받지 않는 장소에 설치한다.

정답 42 ① 43 ② 44 ① 45 ④

46 일정장력 T로 잡아 늘인 현(弦)이 미소횡진동을 하고 있을 때 단위길이당 질량을 ρ라 하면 전파속도 C를 나타낸 식으로 옳은 것은?

① $C=\sqrt{\dfrac{\rho}{T}}$　② $C=\sqrt{\dfrac{T}{\rho}}$

③ $C=\sqrt{\dfrac{T}{2\rho}}$　④ $C=\sqrt{\dfrac{2T}{\rho}}$

풀이 현의 미소횡진동 시 전파속도(C)

$$C=\sqrt{\frac{T}{\rho}}$$

여기서, T : 장력
ρ : 단위길이당 질량

47 규제기준 중 생활진동 측정방법으로 틀린 것은?

① 피해가 예상되는 적절한 측정시각에 2지점 이상의 측정지점수를 선정 · 측정하여 그중 높은 진동레벨을 측정진동레벨로 한다.
② 진동픽업의 연결선은 잡음 등을 방지하기 위하여 지표면에 일직선으로 설치한다.
③ 진동레벨계의 감각보정회로는 별도 규정이 없는 한 V특성(수직)에 고정하여 측정하여야 한다.
④ 진동레벨계의 출력단자와 진동레벨기록기의 입력단자를 연결한 후 전원과 기기의 동작을 점검하고 분기마다 1회 교정을 실시하여야 한다.

풀이 진동레벨계의 출력단자와 진동레벨기록기의 입력단자를 연결한 후 전원과 기기의 동작을 점검하고 매회 교정을 실시하여야 한다.

48 철도진동관리기준 측정방법에 관한 설명으로 틀린 것은?

① 옥외측정을 원칙으로 한다.
② 기상조건, 열차의 운행횟수 및 속도 등을 고려하여 당해 지역의 3시간 평균철도통행량 이상인 시간대에 측정한다.
③ 그 지역의 철도진동을 대표할 수 있는 지점이나 철도진동으로 인하여 문제를 일으킬 우려가 있는 지점을 택하여야 한다.
④ 요일별로 진동변동이 적은 평일(월요일부터 금요일 사이)에 당해 지역의 철도진동을 측정하여야 한다.

풀이 기상조건, 열차의 운행횟수 및 속도 등을 고려하여 당해 지역의 1시간 평균철도통행량 이상인 시간대에 측정한다.

49 진동레벨계의 지시계기(Meter) 성능기준 중 지침형에서의 유효지시범위는 얼마 이상이어야 하는가?

① 5dB 이상　② 10dB 이상
③ 15dB 이상　④ 20dB 이상

풀이 지침형에서 유효지시범위가 15dB 이상이어야 하고, 각각의 눈금은 1dB 이하를 판독할 수 있어야 하며, 1dB 눈금간격이 1mm 이상으로 표시되어야 한다.

50 진동레벨계의 성능기준으로 옳은 것은?

① 진동픽업의 횡감도는 규정주파수에서 수감축 감도에 대한 차이가 15dB 이상이어야 한다.(연직특성)
② 레벨레인지 변환기가 있는 기기에 있어서 레벨레인지 변환기의 전환오차가 1dB 이내이어야 한다.
③ 지시계기의 눈금오차는 1dB 이내이어야 한다.
④ 측정가능 주파수 범위는 20~20,000Hz 이상이어야 한다.

풀이 ② 레벨레인지 변환기가 있는 기기에 있어서 레벨레인지 변환기의 전환오차가 0.5dB 이내이어야 한다.
③ 지시계기의 눈금오차는 0.5dB 이내이어야 한다.
④ 측정가능 주파수 범위는 1~90Hz 이상이어야 한다.

정답 46 ② 47 ④ 48 ② 49 ③ 50 ①

51 (   ) 안에 가장 적합한 진동은?

(   )의 대표적인 예는 그네로서 그네가 1행정 하는 동안 사람 몸의 자세는 2행정을 하게 된다. 이 외에 회전하는 편평축의 진동, 왕복운동기계의 크랭크축계의 진동 등을 들 수 있다.

① 과도진동　② 자려진동
③ 강제자려진동　④ 계수여진진동

풀이 계수여진진동
진동주파수는 계의 고유진동수로서 가진력의 주파수가 그 계의 고유진동수의 두 배로 될 때에 크게 진동하는 특징을 가진다.

52 외부로부터 힘을 받았을 때 진동을 일으키는 최소한의 인자는?

① 질량과 댐퍼
② 질량과 스프링
③ 스프링과 댐퍼
④ 질량, 댐퍼와 스프링

풀이 진동을 일으키는 최소한의 인자는 질량(관성력)과 스프링(탄성력)이다.

53 측정진동레벨에 배경진동의 영향을 보정한 후 얻어진 진동레벨을 무엇이라 하는가?

① 대상진동레벨　② 평가진동레벨
③ 배경진동레벨　④ 정상진동레벨

54 다음 (   ) 안에 들어갈 내용으로 알맞은 것은?

방진고무의 정확한 사용을 위해서는 일반적으로 (㉠)을 알아야 하는데, 그 값은 $\dfrac{(\ ㉡\ )}{(\ ㉢\ )}$로 나타낼 수 있다.

① ㉠ 정적배율
　㉡ 동적 스프링 정수
　㉢ 정적 스프링 정수
② ㉠ 동적배율
　㉡ 정적 스프링 정수
　㉢ 동적 스프링 정수
③ ㉠ 동적배율
　㉡ 동적 스프링 정수
　㉢ 정적 스프링 정수
④ ㉠ 정적배율
　㉡ 정적 스프링 정수
　㉢ 동적 스프링 정수

풀이 $\alpha = \dfrac{K_d}{K_s}$ (보통 1보다 큰 값을 갖는다.)
여기서, K_d : 동적 스프링 정수
K_s : 정적 스프링 정수
[=하중(kg)/수축량(cm)]
방진고무의 경우, 일반적으로 $K_d > K_s$의 관계가 된다.

55 제진재에 대한 설명으로 옳은 것은?

① 상대적으로 경량이고 잔향음의 에너지 저감용으로 사용한다.
② 상대적으로 신축성이 있는 점탄성 재질로 진동에너지의 전환 기능이다.
③ 상대적으로 고밀도이고 기공이 없는 재질이다.
④ 반작용이나 전환요소를 직렬이나 병렬조합으로 만들고 공기에 의해 전파되는 음의 저감에 이용한다.

풀이 제진재
㉠ 성상
상대적으로 큰 내부손실을 가진 신축성이 있는 점탄성 자재(재질)이다.
㉡ 기능
진동에너지의 전환(변환), 즉 자재의 점성흐름이나 내부마찰에 의해 열에너지로 전환하는 것을 의미한다.

정답 51 ④ 52 ② 53 ① 54 ③ 55 ②

56 원통형 코일스프링의 스프링 정수에 관한 설명으로 옳은 것은?

① 스프링 정수는 전단탄성률에 반비례한다.
② 스프링 정수는 유효권수에 비례한다.
③ 스프링 정수는 소선직경의 4제곱에 비례한다.
④ 스프링 정수는 평균코일직경의 3제곱에 비례한다.

풀이 코일스프링의 스프링 정수(k)

$$k=\frac{W}{\delta_{st}}=\frac{Gd^4}{8\pi D^3}\ (\text{N/mm})$$

여기서, δ_{st} : 정적수축량
W : 기계중량
G : 전단탄성계수
d : 소선직경
D : 평균코일직경

57 L_{10} 진동레벨 계산을 위한 누적도곡선 표기에 관한 내용이다. ( )에 들어갈 내용으로 알맞은 것은?

누적도수를 이용하여 모눈종이상에 누적도곡선을 작성한 후[( )을(를) 표기] 90% 횡선이 누적도곡선과 만나는 교점에서 수선을 그어 횡축과 만나는 점의 진동레벨을 L_{10} 값으로 한다.

① 횡축에 누적도수, 좌측 종축에 진동레벨, 우측 종축에 백분율
② 횡축에 백분율, 좌측 종축에 누적도수, 우측 종축에 진동레벨
③ 횡축에 진동레벨, 좌측 종축에 누적도수, 우측 종축에 백분율
④ 횡축에 백분율, 좌측 종축에 진동레벨, 우측 종축에 누적도수

풀이 횡축에 진동레벨, 좌측 종축에 누적도수, 우측 종축에 백분율을 표기한다.

58 도로교통진동의 진동한도 측정방법에 관한 설명이다. ( ) 안에 알맞은 것은?

진동레벨기록기를 사용하여 측정할 경우, 5분 이상 측정 · 기록하여 기록지상의 지시치가 불규칙하고 대폭적으로 변할 때에는 ( ) 계산방법에 의한 값을 측정진동레벨로 한다.

① L_{50} 진동레벨 ② L_{dn} 진동레벨
③ L_{10} 진동레벨 ④ 산술평균 진동레벨

풀이 진동레벨기록기를 사용하여 측정할 경우 기록지상의 지시치가 불규칙하고 대폭적으로 변하는 경우에는 L_{10} 진동레벨 계산방법에 의한 L_{10} 값으로 분석한다.

59 진동배출원의 부지경계선에서 측정한 측정진동레벨을 보정 없이 대상진동레벨로 하는 경우의 기준으로 가장 적합한 것은?

① 측정진동레벨이 배경진동레벨보다 10dB 이상 크다.
② 측정진동레벨이 배경진동레벨보다 9dB 이상 크다.
③ 측정진동레벨이 배경진동레벨보다 6dB 이상 크다.
④ 측정진동레벨이 배경진동레벨보다 3dB 이상 크다.

60 생활진동 측정자료 평가표에 기재할 사항으로 가장 거리가 먼 것은?

① 사업주 ② 진동레벨계명
③ 누적도수 ④ 지면조건

풀이 생활진동 측정자료 평가표 기재사항
㉠ 측정연월일
㉡ 측정대상업소(소재지, 명칭, 시공회사명)
㉢ 사업주
㉣ 측정자(소속, 직명, 성명)
㉤ 측정기기(진동레벨명, 기록기명, 기타 부속장치)

정답 56 ③ 57 ③ 58 ③ 59 ① 60 ③

ⓑ 측정환경(지면조건, 전자장 등의 영향, 반사 및 굴절진동의 영향)
ⓢ 측정대상의 진동원과 측정지점(진동발생원, 규격, 대수, 측정지점 약도)

4과목 소음진동 평가 및 대책

61 판넬이 떨려 발생하는 소음을 방지하는 데 가장 적합한 자재로서 공기전파음에 의해 발생하는 공진진폭의 저감과 판넬 가장자리나 구성요소 접속부의 진동에너지 전달의 저감에 사용되는 것은?

① 흡음재 ② 차음재
③ 제진재 ④ 차진재

62 6m×4m×5m의 방이 있다. 이 방의 평균 흡음률이 0.2일 때 잔향시간(초)은 얼마인가?

① 0.65 ② 0.86
③ 0.98 ④ 1.21

풀이 잔향시간(T)

$$T=\frac{0.161\,V}{A}=\frac{0.161\,V}{\bar{\alpha}\cdot S}$$

$$V=6\times4\times5=120\text{m}^3$$

$$S=(6\times4\times2)+(6\times5\times2)+(4\times5\times2)=148\text{m}^2$$

$$=\frac{0.161\times120}{0.2\times148}=0.65$$

63 소음 · 진동관리법령상 이동소음원의 규제에 따른 이동소음원의 종류로 가장 거리가 먼 것은? (단, 그 밖의 사항 등은 제외한다.)

① 저공으로 비행하는 항공기
② 이동하며 영업이나 홍보를 하기 위하여 사용하는 확성기
③ 행락객이 사용하는 음향기계 및 기구
④ 소음방지장치가 비정상이거나 음향장치를 부착하여 운행하는 이륜자동차

풀이 이동소음원 종류
㉠ 이동하며 영업이나 홍보를 하기 위하여 사용하는 확성기
㉡ 행락객이 사용하는 음향기계 및 기구
㉢ 소음방지장치가 비정상이거나 음향장치를 부착하여 운행하는 이륜자동차
㉣ 그 밖에 환경부장관이 고요하고 편안한 생활환경을 조성하기 위하여 필요하다고 인정하여 지정 · 고시하는 기계 및 기구

64 환경정책기본법령상 공업지역 중 전용공업지역 및 일반공업지역의 도로변지역에서의 소음환경기준은?[단, 낮시간(06:00~22:00) 기준이다.]

① 60Leq dB(A) ② 65Leq dB(A)
③ 70Leq dB(A) ④ 75Leq dB(A)

풀이 소음환경기준 [Leq dB(A)]

지역 구분	적용대상 지역	기준	
		낮(06:00 ~22:00)	밤(22:00 ~06:00)
일반지역	"가" 지역	50	40
	"나" 지역	55	45
	"다" 지역	60	55
	"라" 지역	70	65
도로변지역	"가" 및 "나" 지역	65	55
	"다" 지역	70	60
	"라" 지역	75	70

[비고]
1. 지역구분별 적용대상지역의 구분은 다음과 같다.
가. "가" 지역
1) 「국토의 계획 및 이용에 관한 법률」에 따른 녹지지역
2) 「국토의 계획 및 이용에 관한 법률」에 따른 보전관리지역
3) 「국토의 계획 및 이용에 관한 법률」에 따른 농림지역 및 자연환경보전지역
4) 「국토의 계획 및 이용에 관한 법률」에 따른 전용주거지역
5) 「의료법」에 따른 종합병원의 부지경계로부터 50m 이내의 지역
6) 「초 · 중등교육법」 및 「고등교육법」에 따른 학교의 부지경계로부터 50m 이내의 지역
7) 「도서관법」에 따른 공공도서관의 부지경계로부터 50m 이내의 지역
나. "나" 지역
1) 「국토의 계획 및 이용에 관한 법률」에 따른 생산

정답 61 ③ 62 ① 63 ① 64 ④

관리지역
2) 「국토의 계획 및 이용에 관한 법률 시행령」에 따른 일반주거지역 및 준주거지역

다. "다" 지역
1) 「국토의 계획 및 이용에 관한 법률」에 따른 상업지역 및 같은 항 제2호 다목에 따른 계획관리지역
2) 「국토의 계획 및 이용에 관한 법률 시행령」에 따른 준공업지역

라. "라" 지역
「국토의 계획 및 이용에 관한 법률 시행령」에 따른 전용공업지역 및 일반공업지역

65 소음 · 진동관리법령상 주거지역의 주간(06:00~22:00) 도로소음의 한도는 얼마인가?

① 58Leq dB(A) ② 60Leq dB(A)
③ 68Leq dB(A) ④ 73Leq dB(A)

풀이 도로교통소음 한도기준

대상지역	구분	한도	
		주간 (06:00~22:00)	야간 (22:00~06:00)
주거지역, 녹지지역, 관리지역 중 취락지구 · 주거개발진흥지구 및 관광 · 휴양개발진흥지구, 자연환경보전지역, 학교 · 병원 · 공공도서관 및 입소규모 100명 이상의 노인의료복지시설 · 영유아보육시설의 부지 경계선으로부터 50미터 이내 지역	소음 (Leq dB(A))	68	58
	진동 (dB(V))	65	60
상업지역, 공업지역, 농림지역, 생산관리지역 및 관리지역 중 산업 · 유통개발진흥지구, 미고시지역	소음 (Leq dB(A))	73	63
	진동 (dB(V))	70	65

66 아래 그림에서 질량 m은 평면 내에서 움직인다. 이 계의 자유도는?

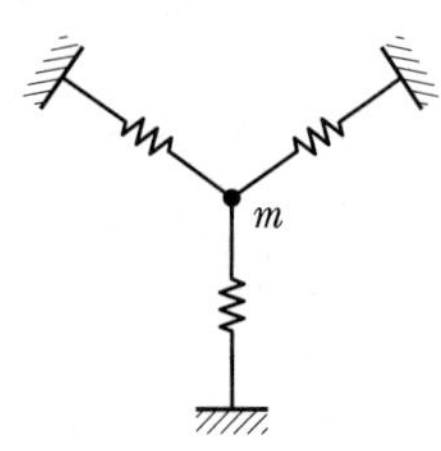

① 1자유도 ② 2자유도
③ 3자유도 ④ 0자유도

풀이 최소 독립좌표의 수가 2개이므로 2자유도이다.

67 임계감쇠는 감쇠비(ζ)가 어떤 값을 가질 때인가?

① $\zeta = 1$ ② $\zeta > 1$
③ $\zeta < 1$ ④ $\zeta = 0$

풀이 임계감쇠는 ζ(감쇠비)가 1인 경우를 말한다.
$(C_e = C_c)$

68 어떤 소음원에서 방음장치를 하여 방사소음을 30dB 줄일 수 있었다. 방음장치를 설치하기 전후의 소리의 세기 비율은 얼마인가?

① $\dfrac{1}{10}$ ② $\dfrac{1}{100}$
③ $\dfrac{1}{1,000}$ ④ $\dfrac{1}{10,000}$

풀이
$$TL = 10\log\frac{1}{\tau}$$
$$\tau = 10^{-\frac{TL}{10}} = 10^{-\frac{30}{10}} = 0.001\left(=\frac{1}{1,000}\right)$$

69 방진재료로 금속스프링을 사용하는 경우 로킹모션(Rocking Motion)이 발생하기 쉽다. 이를 억제하기 위한 방법으로 틀린 것은?

① 기계 중량의 1~2배 정도의 가대를 부착한다.
② 하중을 평형분포시킨다.
③ 스프링의 정적 수축량이 일정한 것을 사용한다.
④ 길이가 긴 스프링을 사용하여 계의 무게중심을 높인다.

풀이 Rocking Motion을 억제하기 위해서는 계의 무게중심을 낮게 하여야 한다.

정답 65 ③ 66 ② 67 ① 68 ③ 69 ④

70 소음 · 진동관리법령상 시 · 도지사가 매년 환경부장관에게 제출하여야 하는 연차보고서에 포함되어야 하는 내용에 해당되지 않는 것은?

① 소음 · 진동 발생원 및 소음 · 진동 현황
② 소음 · 진동 행정처분실적 및 점검계획
③ 소음 · 진동 저감대책 추진실적 및 추진계획
④ 소요 재원의 확보계획

풀이 연차보고서 포함 내용
㉠ 소음 · 진동 발생원(發生源) 및 소음 · 진동 현황
㉡ 소음 · 진동 저감대책 추진실적 및 추진계획
㉢ 소요 재원의 확보계획

71 기계장치의 취출구 소음을 줄이기 위한 대책으로 가장 적절하지 않은 것은?

① 취출구의 유속을 감소시킨다.
② 취출구 부위를 방음상자로 밀폐 처리한다.
③ 취출관의 내면을 흡음 처리한다.
④ 취출구에 소음기를 장착한다.

풀이 관(Tube) 토출 시 취출음 대책
㉠ 취출구 유속 저하
㉡ 취출구에 소음기 부착
㉢ 취출관 내면을 흡음 처리
㉣ 음원을 취출구 부근에 집중(음의 전파를 방지)

72 정격유속(Rated Flow) 조건하에서 소음원에 소음기를 부착하기 전과 후의 공간상의 어떤 특정 위치에서 측정한 음압레벨의 차를 의미하는 것은?

① 감쇠치
② 감응량
③ 투과손실치
④ 동적 삽입손실치

풀이 소음기의 성능표시
㉠ 삽입손실치(IL : Insertion Loss) : 소음원에 소음기를 부착하기 전후의 공간상의 어떤 특정위치에서 측정한 음압레벨의 차이와 그 측정위치로 정의한다.
㉡ 동적 삽입손실치(DIL : Dynamic Insertion Loss) : 정격유속(Rated Flow) 조건하에서 소음원에 소음기를 부착하기 전후의 공간상의 어떤 특정위치에서 측정한 음압레벨의 차와 그 측정위치로 정의한다.
㉢ 감쇠치(ΔL : Attenuation) : 소음기 내 두 지점 사이의 음향파워 감쇠치로 정의한다.
㉣ 감음량(NR : Noise Reduction) : 소음기가 있는 그 상태에서 소음기의 입구 및 출구에서 측정된 음압레벨의 차로 정의한다.
㉤ 투과손실치(TL : Transmission Loss) : 소음기를 투과한 음향출력에 대한 소음기에 입사된 음향출력의 비로 정의한다.

73 소음 · 진동관리법령에 따라 소음 · 진동이 배출허용기준을 초과하여 배출되더라도 생활환경에 피해를 줄 우려가 없어 해당 공장의 부지 경계선으로부터 직선거리 200미터 이내에 특정시설이 없다면 소음 · 진동방지시설의 설치를 면제받을 수 있다. 이때 특정시설에 해당되지 않는 것은?

① 공장 또는 사업장
② 주택(폐가 제외), 학교, 종교시설
③ 관광지 및 관광단지
④ 소음 · 진동피해분쟁 발생지역

풀이 방지시설의 설치면제 시설
㉠ 주택(폐가 제외) 상가, 학교, 병원, 종교시설
㉡ 공장 또는 사업장
㉢ 관광지 및 관광단지
㉣ 그 밖에 특별자치시장, 특별자치도지사 또는 시장, 군수, 구청장이 정하여 고시하는 시설 또는 지역

74 소음 · 진동관리법령에 따른 용어의 정의로 틀린 것은?

① "소음(騷音)"이란 기계 · 기구 · 시설, 그 밖의 물체의 사용 또는 공동주택 등 환경부령으로 정하는 장소에서 사람의 활동으로 인하여 발생하는 강한 소리를 말한다.

정답 70 ② 71 ② 72 ④ 73 ④ 74 ③

② "진동(振動)"이란 기계 · 기구 · 시설, 그 밖의 물체의 사용으로 인하여 발생하는 강한 흔들림을 말한다.
③ "소음발생건설기계"란 건설공사에 사용하는 기계 중 소음이 발생하는 기계로서 국토교통부령으로 정하는 것을 말한다.
④ "교통기관"이란 기차 · 자동차 · 전차 · 도로 및 철도 등을 말한다. 다만, 항공기와 선박은 제외한다.

풀이 "소음발생건설기계"란 건설공사에 사용하는 기계 중 소음이 발생하는 기계로서 환경부령으로 정하는 것을 말한다.

75 소음 · 진동관리법령상 6개월 이하의 징역 또는 500만 원 이하의 벌금기준에 해당하는 사항은?

① 제작차에 대한 변경인증을 받지 아니하고 자동차를 제작한 자
② 소음도표지를 붙이지 아니한 자
③ 작업시간 조정 등의 명령을 위반한 자
④ 조업정지명령 등을 위반한 자

풀이 소음 · 진동관리법 제58조 참고

76 음원에서 거리가 2배로 멀어짐에 따라 6dB의 음압레벨이 감소하는 음원의 종류와 음파의 전파 형태가 올바르게 짝지어진 것은?

① 점음원－평면파
② 점음원－구면파
③ 면음원－구면파
④ 선음원－원통파

풀이 역2승법칙
자유음장(구면파 전파)에서 점음원으로부터 거리가 2배 멀어질 때마다 음압레벨이 6dB(20log2)씩 감쇠되는데, 이를 점음원의 역2승법칙이라 한다.

77 소음 · 진동관리법령에 따라 자동차제작자는 제작차의 소음허용기준 적합인증을 받아야 한다. 이 중 인증을 생략할 수 있는 자동차가 아닌 것은?

① 외교관, 주한 외국군인 또는 그 가족이 사용하기 위하여 반입하는 자동차
② 항공기 지상조업용(地上操業用)으로 반입하는 자동차
③ 제철소 · 조선소 등 한정된 장소에서 운행되는 자동차로서 환경부장관이 정하여 고시하는 자동차
④ 여행자 등이 다시 반출할 것을 조건으로 일시 반입하는 자동차

풀이 인증을 생략할 수 있는 자동차
㉠ 국가대표 선수용이나 훈련용으로 사용하기 위하여 반입하는 자동차로서 문화체육관광부장관의 확인을 받은 자동차
㉡ 외국에서 국내의 공공기관이나 비영리단체에 무상으로 기증하여 반입하는 자동차
㉢ 외교관, 주한 외국군인 또는 그 가족이 사용하기 위하여 반입하는 자동차
㉣ 인증을 받지 아니한 자가 인증을 받은 자동차와 동일한 차종의 원동기 및 차대(車臺)를 구입하여 제작하는 자동차
㉤ 항공기 지상조업용(地上操業用)으로 반입하는 자동차
㉥ 국제협약 등에 따라 인증을 생략할 수 있는 자동차
㉦ 다음 각 목의 요건에 해당되는 자동차로서 환경부장관이 정하여 고시하는 자동차
- 제철소 · 조선소 등 한정된 장소에서 운행되는 자동차
- 제설용 · 방송용 등 특수한 용도로 사용되는 자동차
- 「관세법」에 따라 공매(公賣)되는 자동차

78 팽창형 소음기에 관한 설명으로 옳은 것은?

① 전파경로상에 두 음의 간섭에 의해 소음을 저감시키는 원리를 이용한다.
② 고주파 대역에서 감음효과가 뛰어나다.
③ 단면 불연속부의 음에너지 반사에 의해 감음된다.
④ 감음주파수는 팽창부 단면적비에 의해 결정된다.

정답 75 ③ 76 ② 77 ④ 78 ③

풀이 ① 간섭형 소음기에 대한 내용이다.
② 저 · 중음역 대역에서 감음효과가 뛰어나다.
④ 감음주파수는 주로 팽창부의 길이로 결정된다.

79 발파 시 지반의 진동속도 V(cm/s)를 구하는 관계식으로 옳은 것은?(단, K, n : 지질암반조건, 발파조건 등에 따르는 상수, W : 지발당 장약량(kg), R : 발파원으로부터의 거리(m), b : 1/2 또는 1/3 이다.)

① $V = K\left(\frac{R^2}{W^b}\right)^n$　② $V = K\left(\frac{R}{2W^b}\right)^n$

③ $V = K\left(\frac{R}{W^b}\right)^n$　④ $V = K\left(\frac{W^b}{R}\right)^n$

80 그림과 같이 질량이 작은 기계장치에 금속스프링으로 방진 지지를 할 경우 금속스프링의 질량을 무시할 수 없는 경우가 있다. 기계장치의 질량을 M, 금속스프링의 질량을 m, 금속스프링의 강성을 k라고 할 때, 금속스프링의 질량을 고려한 시스템의 고유진동수(f_n)를 구하는 계산식으로 옳은 것은?

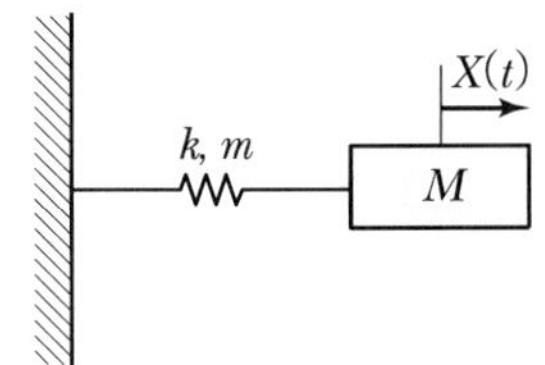

① $\frac{1}{2\pi}\sqrt{\frac{k}{M}}$　② $\frac{1}{2\pi}\sqrt{\frac{k}{M+\frac{1}{m}}}$

③ $\frac{1}{2\pi}\sqrt{\frac{k}{M+m}}$　④ $\frac{1}{2\pi}\sqrt{\frac{k}{M+\frac{1}{3}m}}$

정답 79 ③ 80 ④

028 2022년 4회 기사

1과목 소음진동개론

01 음장의 종류 및 특징에 관한 설명으로 옳지 않은 것은?

① 근음장에서 음의 세기는 음압의 2승에 비례하며, 입자속도는 음의 전파방향에 따라 개연성을 가진다.
② 자유음장은 원음장 중 역2승법칙이 만족되는 구역이다.
③ 확산음장은 잔향음장에 속한다.
④ 잔향음장은 음원의 직접음과 벽에 의한 반사음이 중첩되는 구역이다.

풀이 근음장의 입자속도는 음의 전파속도와 관련성이 없고 위치에 따라 음압변동이 심하여 음의 세기는 음압의 제곱과 비례관계가 거의 없는 음장이다.

02 음에 관련된 설명 중 옳지 않은 것은?

① 파장(Wavelength) : 정현파의 파동에서 마루와 마루 간의 거리 또는 위상의 차이가 360°가 되는 거리를 말한다.
② 입자속도(Particle Velocity) : 시간에 대한 입자변위의 미분값으로 그 표시 기호는 v, 단위는 m/sec이다.
③ 변위(Displacement) : 진동하는 입자(공기)의 어떤 순간의 속도와 그 실효속도를 말하며, 단위는 m/sec이다.
④ 주파수(Frequency) : 1초 동안의 Cycle 수를 말하며, 그 표시 기호는 f, 단위는 Hz이다.

풀이 변위는 진동하는 입자의 어느 순간의 위치와 그것의 평균위치 사이의 거리를 말하며 단위는 m이다.

03 기상조건에 의한 일반적인 흡음감쇠 효과에 관한 설명으로 가장 적합한 것은?

① 주파수가 작을수록, 기온이 높을수록, 습도가 높을수록 감쇠효과가 커진다.
② 주파수가 작을수록, 기온이 낮을수록, 습도가 낮을수록 감쇠효과가 커진다.
③ 주파수가 커질수록, 기온이 높을수록, 습도가 높을수록 감쇠효과가 커진다.
④ 주파수가 커질수록, 기온이 낮을수록, 습도가 낮을수록 감쇠효과가 커진다.

04 지반을 전파하는 파에 관한 설명으로 옳지 않은 것은?(단, r은 거리이다.)

① 압축파, 소밀파는 종파에 해당한다.
② R파는 P파에 비해 전파속도가 늦다.
③ 실체파는 종파와 횡파를 총칭하는 파를 말한다.
④ 지표면에 있어서 레일리파의 진폭은 r^2에 반비례하여 감쇠한다.

풀이 지표면에서 레일리파의 진폭은 $\sqrt{r}$에 반비례하여 감쇠한다.

05 어느 점음원에서 5m 떨어진 위치에서의 음압레벨이 82dB이었다면 10m 떨어진 위치에서의 음압레벨은?

① 73dB ② 76dB
③ 79dB ④ 82dB

풀이 $SPL_1 - SPL_2 = 20\log\frac{r_2}{r_1}$

$$SPL_2 = SPL_1 - 20\log\frac{r_2}{r_1}$$
$$= 82\text{dB} - 20\log\frac{10}{5} = 76\text{dB}$$

정답 01 ① 02 ③ 03 ④ 04 ④ 05 ②

06 항공기 소음에 관한 설명으로 가장 거리가 먼 것은?

① 발생음량이 많고, 발생원이 상공이기 때문에 피해면적이 넓다.
② 간헐적이며, 충격적이다.
③ 구조물과 지반을 통하여 전달되는 저주파영역의 소음으로 우리나라에서는 NNL을 채택하고 있다.
④ 제트기는 이착륙 시 발생하는 추진계의 소음으로, 금속성의 고주파음을 포함한다.

풀이 항공기 소음은 금속성의 고주파 영역의 소음으로 우리나라에서는 WECPNL을 채택하고 있다.

07 주파수가 비슷한 두 소리가 간섭을 일으켜 보강간섭과 소멸간섭을 교대로 일으켜서 주기적으로 소리의 강약이 반복되는 현상을 일컫는 것은?

① 도플러 현상 ② 맥놀이
③ 마스킹 효과 ④ 일치 효과

08 감각소음이 55noy일 때 감각소음레벨(dB)은?

① 98 ② 86
③ 71 ④ 63

풀이 감각소음레벨(PNL)

$= 33.3\log(N_t) + 40$

$= 33.3\log 55 + 40 = 98\text{dB}$

09 가로 7m, 세로 3.5m의 벽면 밖에서 음압레벨이 112dB이라면 15m 떨어진 곳은 몇 dB인가?(단, 면음원 기준)

① 76.4dB ② 85.8dB
③ 88.9dB ④ 92.8dB

풀이 단변(a), 장변(b), 거리(r)의 관계에서

$r > \frac{b}{a}$; $15 > \frac{7}{3}$이 성립하므로

$$SPL_1 - SPL_2 = 20\log\left(\frac{3r}{b}\right) + 10\log\left(\frac{b}{a}\right)(\text{dB})$$

$$112 - SPL_2 = 20\log\left(\frac{3\times15}{7}\right) + 10\log\left(\frac{7}{3.5}\right)$$

$$SPL_2 = 112 - 20\log\left(\frac{3\times15}{7}\right) - 10\log\left(\frac{7}{3.5}\right)$$

$= 92.83\text{dB}$

10 다음 중 흡음감쇠가 가장 큰 경우는?

	[주파수, Hz]	[기온, ℃]	[상대습도, %]
①	4,000	−10	50
②	2,000	0	50
③	1,000	−10	70
④	500	10	85

풀이 기상조건(대기조건)에 따른 감쇠(A_a)

$A_a = 7.4\times\left(\frac{f^2\times r}{\phi}\right)\times10^{-8}$(dB)에서 감쇠에 가장 큰 영향을 미치는 요소는 주파수(f)이다.

11 지반을 전파하는 파에 관한 설명으로 옳지 않은 것은?

① 지표진동 시 주로 계측되는 파는 R파이다.
② R파는 역2승법칙으로 대략 감쇠된다.
③ 표면파의 전파속도는 일반적으로 횡파의 92~96% 정도이다.
④ 파동에너지비율은 R파가 S파 및 P파에 비해 높다.

풀이 R파의 지표면에서 거리감쇠는 거리가 2배로 되면 3dB 감소한다.

12 실정수 200m²인 실내 중앙의 바닥 위에 설치되어 있는 소형 기계의 파워레벨이 100dB이었다. 이 기계로부터 5m 떨어진 실내의 한 점에서의 음압레벨(SPL)은?

① 74dB ② 84dB
③ 94dB ④ 114dB

풀이 $SPL = PWL + 10\log\left(\frac{Q}{4\pi r^2} + \frac{4}{R}\right)$

$$= 100 + 10\log\left(\frac{2}{4\times3.14\times5^2} + \frac{4}{200}\right)$$

$= 84.21\text{dB}$

정답 06 ③ 07 ② 08 ① 09 ④ 10 ① 11 ② 12 ②

13 고유음향 임피던스가 각각 Z_1, Z_2인 두 매질의 경계면에 수직으로 입사하는 음파의 투과율은?

① $\dfrac{(Z_1-Z_2)^2}{(Z_1+Z_2)^2}$　② $\left(\dfrac{Z_1+Z_2}{Z_1-Z_2}\right)^2$

③ $\dfrac{4Z_1Z_2}{(Z_1+Z_2)^2}$　④ $\dfrac{(Z_1+Z_2)^2}{4Z_1Z_2}$

14 점음원의 출력이 8배가 되고, 측정점과 음원과의 거리가 4배가 되면 음압레벨은 어떻게 변하겠는가?

① 3dB 증가　② 6dB 증가
③ 3dB 감소　④ 6dB 감소

풀이 $\Delta dB = 10\log\dfrac{W}{W_o} - 20\log\dfrac{r_2}{r_1}$
$= 10\log 8 - 20\log 4$
$= -3\text{dB}$ (3dB 감소)

15 음의 세기(강도)에 관한 다음 설명 중 거리가 먼 것은?

① 음의 세기는 입자속도에 비례한다.
② 음의 세기는 음압의 2승에 비례한다.
③ 음의 세기는 음향임피던스에 반비례한다.
④ 음의 세기는 전파속도의 2승에 반비례한다.

풀이 $I = \dfrac{P^2}{\rho c}$
음의 세기는 전파속도에 반비례한다.

16 다음은 기상조건에서 공기흡음에 의해 일어나는 감쇠치에 관한 설명이다. ( ) 안에 알맞은 것은?(단, 바람은 무시하고, 기온은 20℃이다.)

> 감쇠치는 옥타브밴드별 중심주파수(Hz)의 제곱에 (㉠)하고, 음원과 관측점 사이의 거리(m)에 (㉡)하며, 상대습도(%)에 (㉢)한다.

① ㉠ 비례　㉡ 비례　㉢ 반비례
② ㉠ 반비례　㉡ 비례　㉢ 비례
③ ㉠ 비례　㉡ 반비례　㉢ 반비례
④ ㉠ 반비례　㉡ 비례　㉢ 반비례

풀이 기상조건에 따른 감쇠식

$$A_a = 7.4\times\left(\frac{f^2\times r}{\phi}\right)\times 10^{-8}(\text{dB})$$

여기서, A_a : 감쇠치(dB)
f : 주파수(Hz)
r : 음원과 관측점 사이 거리(m)
ϕ : 상대습도(%)

17 다음은 진동파에 관한 설명이다. ( ) 안에 알맞은 것은?

> 지표면에서 측정한 진동은 종파, 횡파, Rayleigh파가 합성된 것이지만, 각 파의 에너지는 ( ) 비율로 분포되어 있다.

① 종파 67%, 횡파 26%, Rayleigh파 7%
② Rayleigh파 67%, 횡파 26%, 종파 7%
③ 횡파 67%, 종파 26%, Rayleigh파 7%
④ 종파 67%, Rayleigh파 26%, 횡파 7%

18 중심주파수 16,000Hz인 1/1옥타브밴드 분석기의 하한주파수로 옳은 것은?

① 약 10,500Hz
② 약 11,300Hz
③ 약 13,300Hz
④ 약 14,300Hz

풀이 $f_c = \sqrt{2}\,f_L$

$$f_L = \frac{f_c}{\sqrt{2}} = \frac{16{,}000\text{Hz}}{\sqrt{2}} = 11{,}313.70\text{Hz}$$

정답 13 ③ 14 ③ 15 ④ 16 ① 17 ② 18 ②

19 소음 평가에 관한 설명으로 옳지 않은 것은?

① NR곡선은 NC곡선을 기본으로 하고, 음의 스펙트라, 반복성, 계절, 시간대 등을 고려한 것으로 기본적으로 NC와 동일하다.
② NR곡선은 소음을 1/3옥타브밴드로 분석한 음압레벨을 NR-chart에 Plotting하여 그중 가장 낮은 NR곡선에 접하는 것을 판독한 값이 NR값이다.
③ PNC는 NC곡선 중의 저주파부를 더 낮은 값으로 수정한 것이다.
④ NC는 공조기소음 등과 같은 실내소음을 평가하기 위한 척도로서 소음을 1/1옥타브밴드로 분석한 결과에 의해 실내소음을 평가하는 방법이다.

풀이 NR곡선은 소음을 1/1옥타브 밴드로 분석한 음압레벨을 NR곡선에 Plotting하여 가장 큰 쪽의 곡선과 접하는 값을 구한 후 보정한다.

20 건강한 사람에게 다음과 같은 순음의 음압레벨을 폭로시켰을 때 가장 예민하게 느끼는 것은?

① 200Hz, 70dB ② 1,000Hz, 70dB
③ 4,000Hz, 70dB ④ 8,000Hz, 70dB

2과목 소음방지기술

21 흡음기구의 종류와 흡음영역에 관한 설명으로 적절하지 않은 것은?

① 다공질형 흡음 : 중 · 고음역에서 흡음성이 좋다.
② 판(막) 진동형 흡음 : 80~300Hz 부근에서 최대 흡음률 0.2~0.5를 나타낸다.
③ 판(막) 진동형 흡음 : 배후공기층이 클수록 흡음영역이 저음역으로 이동한다.
④ 공명형 흡음 : 흡음영역이 고음역이며 공기층에 흡음재를 넣으면 저음역으로 확대된다.

풀이 공명형 흡음은 일반적으로 흡음영역이 저음역이며 공기층에 흡음재를 넣으면 흡음특성이 보다 넓어진다.

22 소음기준 중 배경소음 측정이 필요하지 않은 것은?

① 소음환경기준
② 소음배출허용기준
③ 생활소음규제기준
④ 발파소음규제기준

풀이 소음환경기준은 배경소음 측정이 필요하지 않다.

23 청감보정회로 및 소음계의 동특성을 "A특성-느림(Slow)" 조건으로 하여 측정해야 하는 소음은?

① 생활소음
② 발파소음
③ 도로교통소음
④ 항공기소음

24 소음계 중 지시계기의 성능기준에 관한 설명으로 옳지 않은 것은?

① 지시계기는 지침형 또는 디지털형이어야 한다.
② 지침형에서는 유효지시범위가 5dB 이상이어야 한다.
③ 디지털형에서는 숫자가 소수점 한 자리까지 표시되어야 한다.
④ 지침형에서는 1dB 눈금간격이 1mm 이상으로 표시되어야 한다.

풀이 지침형에서는 유효지시범위가 15dB 이상이어야 한다.

정답 19 ② 20 ③ 21 ④ 22 ① 23 ④ 24 ②

25 소음계의 구성순서로 옳은 것은?

① 마이크로폰－증폭기－레벨레인지 변환기－청감보정회로－지시계기
② 마이크로폰－청감보정회로－레벨레인지 변환기－증폭기－지시계기
③ 마이크로폰－레벨레인지 변환기－증폭기－청감보정회로－지시계기
④ 마이크로폰－증폭기－청감보정회로－레벨레인지 변환기－지시계기

풀이

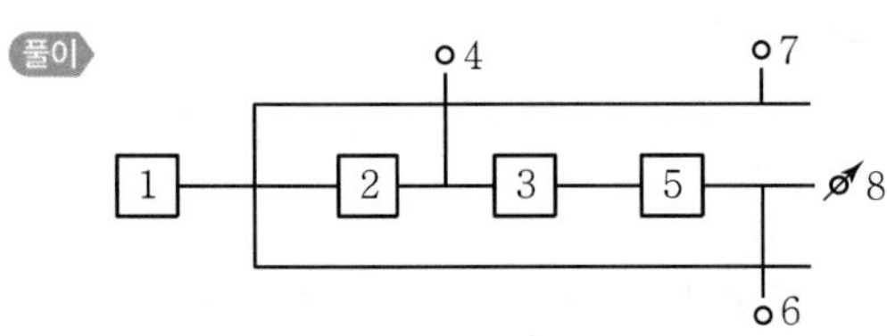

1. 마이크로폰
2. 레벨레인지 변환기
3. 증폭기
4. 교정장치
5. 청감보정회로
6. 동특성 조절기
7. 출력단자(간이소음계 제외)
8. 지시계기

26 항공기 소음시간 보정치인 1일간 항공기의 등가통과횟수(N)를 옳게 나타낸 것은?(단, 소음도 기록기를 사용한 경우이며, 비행횟수는 시간대별로 구분하여, 0시에서 07시까지의 비행횟수를 N_1, 07시에서 19시까지의 비행횟수를 N_2, 19시에서 22시까지의 비행횟수를 N_3, 22시에서 24시까지의 비행횟수를 N_4라 한다.)

① $N = N_2 + 3N_3 + 10(N_1 + N_4)$
② $N = N_1 + 3N_2 + 10(N_3 + N_4)$
③ $N = N_4 + 5N_3 + 10(N_1 + N_2)$
④ $N = N_3 + 5N_4 + 10(N_1 + N_2)$

27 다음은 소음계의 구성도를 나타낸 것이다. 각 부분의 명칭으로 옳은 것은?

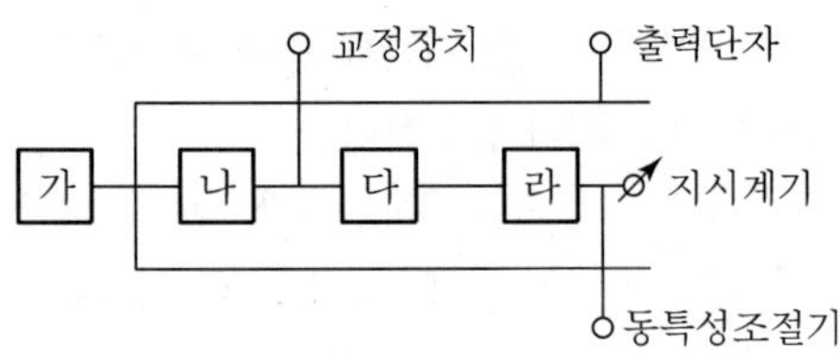

① 가 : Fast－slow Switch
② 나 : Weighting Networks
③ 다 : Amplifier
④ 라 : Microphone

풀이 소음측정기기의 구성 및 순서

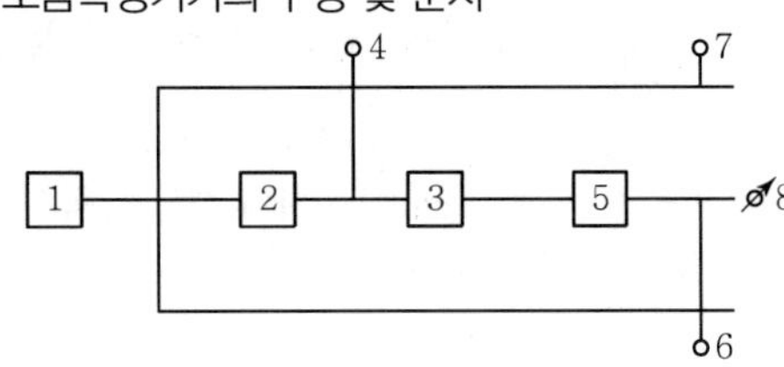

1. 마이크로폰
2. 레벨레인지 변환기
3. 증폭기
4. 교정장치
5. 청감보정회로(Weighting Networks)
6. 동특성 조절기
7. 출력단자(간이소음계 제외)
8. 지시계기

28 고속도로 또는 자동차 전용도로의 도로변지역의 범위기준으로 옳은 것은?

① 도로단으로부터 10m 이내의 지역
② 도로단으로부터 50m 이내의 지역
③ 도로단으로부터 100m 이내의 지역
④ 도로단으로부터 150m 이내의 지역

풀이 도로변지역의 범위는 도로단으로부터 차선 수×10m로 하고, 고속도로 또는 자동차 전용도로의 경우에는 도로단으로부터 150m 이내의 지역을 말한다.

정답 25 ③ 26 ① 27 ③ 28 ④

29 소음계의 측정감도를 교정하는 기기인 표준음발생기(Pistonphone, Calibrator)의 발생오차 범위는?

① ±1dB 이내　② ±3dB 이내
③ ±5dB 이내　④ ±10dB 이내

풀이 표준음발생기(Pistonphone, Calibrator)
㉠ 소음계의 측정감도를 교정하는 기기로서 발생음의 주파수와 음압도가 표시되어 있어야 한다.
㉡ 발생음의 오차는 ±1dB 이내이어야 한다.

30 항공기소음한도 측정방법에 관한 설명으로 옳지 않은 것은?

① KS C IEC 61672-1에 정한 클래스 2의 소음계 또는 동등 이상의 성능을 가진 것이어야 한다.
② 소음계의 청감보정회로는 A특성에 고정하여 측정하여야 한다.
③ 소음계와 소음도기록기를 연결하여 측정 · 기록하는 것을 원칙으로 하되, 소음도기록기가 없는 경우에는 소음계만으로 측정할 수 있다.
④ 소음계의 동특성을 빠름(Fast) 모드로 하여 측정하여야 한다.

풀이 소음계의 동특성은 느림(Slow) 모드로 하여 측정하여야 한다.

31 소음계 중 교정장치(Calibration Network Calibrator)에 관한 설명이다. (　　)에 알맞은 것은?

소음측정기의 감도를 점검 및 교정하는 장치로서 자체에 내장되어 있거나 분리되어 있어야 하며, (　　) 되는 환경에서도 교정이 가능하여야 한다.

① 50dB(A) 이상　② 60dB(A) 이상
③ 70dB(A) 이상　④ 80dB(A) 이상

32 소음계의 일반적 성능기준으로 옳지 않은 것은?

① 측정 가능 소음도 범위는 35~130dB 이상이어야 한다.
② 측정 가능 주파수 범위는 8~31.5kHz 이상이어야 한다.
③ 지시계기의 눈금오차는 0.5dB 이내이어야 한다.
④ 레벨레인지 변환기가 있는 기기에 있어서 레벨레인지 변환기의 전환오차가 0.5dB 이내이어야 한다.

풀이 소음계의 측정 가능 주파수 범위는 31.5Hz~8kHz 이상이어야 한다.

33 일반적인 소음계 기본구성 순서상 증폭기 바로 뒤에 위치하는 것은?

① Monitor Out
② Weighting Networks
③ Microphone
④ Fast−slow Switch

풀이

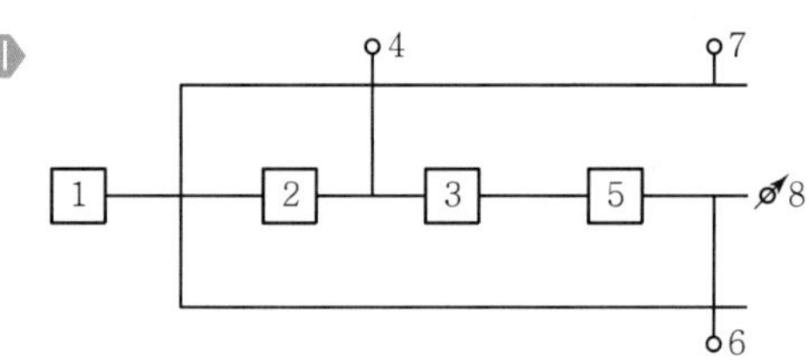

1. 마이크로폰
2. 레벨레인지 변환기
3. 증폭기
4. 교정장치
5. 청감보정회로(Weighting Networks)
6. 동특성 조절기
7. 출력단자(간이소음계 제외)
8. 지시계기

정답 29 ① 30 ④ 31 ④ 32 ② 33 ②

34 동일 건물 내 사업장 소음을 측정하였다. 1지점에서의 측정치가 각각 70dB(A), 74dB(A), 2지점에서의 측정치가 각각 75dB(A), 79dB(A)로 측정되었을 때, 이 사업장의 측정소음도는?

① 72dB(A)
② 75dB(A)
③ 77dB(A)
④ 79dB(A)

풀이 피해가 예상되는 적절한 측정시각에 2지점 이상의 측정지점 수를 선정하고 각각 2회 이상 측정하여 각 지점에서 산술평균한 소음도 중 가장 높은 소음도를 측정소음도로 한다.

$$\text{측정소음도} = \frac{75+79}{2} = 77\text{dB(A)}$$

35 A공장의 측정소음도가 70dB(A)이고, 배경소음도가 59dB(A)이었다면 공장의 대상소음도는?

① 70dB(A)
② 69dB(A)
③ 68dB(A)
④ 67dB(A)

풀이 측정소음도와 배경소음도 차이
70dB(A) − 59dB(A) = 11dB(A)
측정소음도가 배경소음도보다 10dB 이상 크므로 측정소음도를 대상소음도[70dB(A)]로 한다.

36 방직공장의 측정소음도가 72dB(A)이고 배경소음이 68dB(A)라면 대상소음도는 약 몇 dB(A)가 되겠는가?

① 76dB(A)
② 72dB(A)
③ 70dB(A)
④ 68dB(A)

풀이 대상소음도 = 측정소음도 − 보정치

$$\text{보정치} = -10\log[1-10^{-(0.1\times4)}] = 2.20\text{dB(A)}$$

$$= 72 - 2.20 = 69.8\text{dB(A)}$$

37 도로교통소음한도 측정방법에서 디지털 소음자동분석계를 사용할 경우 측정자료 분석방법으로 옳은 것은?

① 샘플주기를 0.1초 이내에서 결정하고 1분 이상 측정하여 자동 연산 · 기록한 등가소음도를 그 지점의 측정소음도로 한다.
② 샘플주기를 0.1초 이내에서 결정하고 5분 이상 측정하여 자동 연산 · 기록한 등가소음도를 그 지점의 측정소음도로 한다.
③ 샘플주기를 1초 이내에서 결정하고 1분 이상 측정하여 자동 연산 · 기록한 등가소음도를 그 지점의 측정소음도로 한다.
④ 샘플주기를 1초 이내에서 결정하고 10분 이상 측정하여 자동 연산 · 기록한 등가소음도를 그 지점의 측정소음도로 한다.

38 규제기준 중 발파소음 측정방법에 대한 설명으로 틀린 것은?

① 소음도 기록기를 사용할 때에는 기록지상의 지시치의 최고치를 측정소음도로 한다.
② 최고소음고정(Hold)용 소음계를 사용할 때에는 당해 지시치를 측정소음도로 한다.
③ 디지털 소음자동분석계를 사용할 때에는 샘플주기를 1초 이하로 놓고 발파소음의 발생시간 동안 측정하여 자동 연산 · 기록한 최고치를 측정소음도로 한다.
④ 소음계의 레벨레인지 변환기는 측정소음도의 크기에 부응할 수 있도록 고정시켜야 한다.

풀이 디지털 소음자동분석계를 사용할 때에는 샘플 주기를 0.1초 이하로 놓고 발파소음의 발생시간(수 초 이내) 동안 측정하여 자동 연산 · 기록한 최고치(L_{max} 등)를 측정소음도로 한다.

정답 34 ③ 35 ① 36 ③ 37 ④ 38 ③

39 청감보정회로 및 주파수분석기에 관한 설명으로 옳지 않은 것은?

① 청감보정회로에서 어떤 특정 소음을 A 및 C 특성으로 측정한 결과, 측정치가 거의 같다면 그 소음에는 저주파음이 거의 포함되어 있지 않다고 볼 수 있다.
② 청감보정회로에서 A특성 측정치는 D특성 측정치보다 항상 높은 값을 나타낸다.
③ 주파수분석기에서 대역필터가 직렬로 된 것은 일정 소음 외에는 분석하기 어려운 단점이 있다.
④ 주파수분석기에서 대역필터가 병렬로 된 것을 사용할 경우에는 모든 대역의 음압레벨을 동시에, 즉 실시간 분석할 수 있다.

풀이 청감보정회로에서 D특성 측정치는 A특성 측정치보다 항상 높은 값을 나타낸다.

40 환경기준 중 소음측정방법에 있어 낮 시간대에는 각 측정지점에서 2시간 이상 간격으로 몇 회 이상 측정하여 산술평균한 값을 측정소음도로 하는가?

① 2회 이상
② 3회 이상
③ 4회 이상
④ 5회 이상

풀이 환경기준(측정시간 및 측정지점 수)
㉠ 낮 시간대(06:00~22:00)에는 당해 지역 소음을 대표할 수 있도록 측정지점 수를 충분히 결정하고, 각 측정지점에서 2시간 이상 간격으로 4회 이상 측정하여 산술평균한 값을 측정소음도로 한다.
㉡ 밤 시간대(22:00~06:00)에는 낮 시간대에 측정한 측정지점에서 2시간 간격으로 2회 이상 측정하여 산술평균한 값을 측정소음도로 한다.

3과목 소음진동공정시험 기준

41 진동레벨계만으로 측정할 경우 진동레벨을 읽는 순간에 지시침이 지시판 범위 위를 벗어날 때 L_{10} 진동레벨 계산방법으로 옳은 것은?

① 범위 위를 벗어난 발생빈도를 기록하여 3회 이상이면 레벨별 도수 및 누적도수를 이용하여 산정된 L_{10} 값에 1dB을 더해준다.
② 범위 위를 벗어난 발생빈도를 기록하여 6회 이상이면 레벨별 도수 및 누적도수를 이용하여 산정된 L_{10} 값에 1dB을 더해준다.
③ 범위 위를 벗어난 발생빈도를 기록하여 3회 이상이면 레벨별 도수 및 누적도수를 이용하여 산정된 L_{10} 값에 2dB을 더해준다.
④ 범위 위를 벗어난 발생빈도를 기록하여 6회 이상이면 레벨별 도수 및 누적도수를 이용하여 산정된 L_{10} 값에 2dB을 더해준다.

42 다음은 철도진동 측정자료 분석에 관한 설명이다. (　　) 안에 가장 적합한 것은?

> 열차통과 시마다 최고진동레벨이 배경진동 레벨보다 최소 (㉠)dB 이상 큰 것에 한하여 연속 (㉡)개 열차(상하행 포함) 이상을 대상으로 최고진동레벨을 측정 · 기록한다.

① ㉠ 10, ㉡ 5
② ㉠ 10, ㉡ 10
③ ㉠ 5, ㉡ 5
④ ㉠ 5, ㉡ 10

정답 39 ② 40 ③ 41 ④ 42 ④

43 다음은 도로교통진동 측정자료 분석에 관한 사항이다. ( ) 안에 들어갈 알맞은 것은?

> 디지털 진동자동분석계를 사용할 경우 샘플주기를 (㉠)에서 결정하고 (㉡) 측정하여 자동 연산 · 기록한 80% 범위의 상단치인 L_{10} 값을 그 지점의 측정진동레벨로 한다.

① ㉠ 0.1초 이내, ㉡ 1분 이상
② ㉠ 0.1초 이내, ㉡ 5분 이상
③ ㉠ 1초 이내, ㉡ 1분 이상
④ ㉠ 1초 이내, ㉡ 5분 이상

44 철도진동관리기준 측정방법에 관한 사항으로 옳은 것은?

① 진동픽업의 설치장소는 완충물이 없고, 충분히 다져서 단단히 굳은 장소로 한다.
② 요일별로 진동 변동이 큰 평일(월요일부터 일요일 사이)에 당해 지역의 철도진동을 측정하여야 한다.
③ 기상조건, 열차의 운행횟수 및 속도 등을 고려하여 당해 지역의 30분 평균 철도통행량 이상인 시간대에 측정한다.
④ 진동픽업(Pick－up)의 설치장소는 옥내지표를 원칙으로 하고 반사, 회절현상이 예상되는 지점을 선정한다.

풀이 ② 요일별로 진동 변동이 적은 평일(월요일부터 금요일 사이)에 당해 지역의 철도진동을 측정하여야 한다.
③ 기상조건, 열차의 운행횟수 및 속도 등을 고려하여 당해 지역의 1시간 평균 철도 통행량 이상인 시간대에 측정한다.
④ 진동픽업(Pick－up)의 설치장소는 옥외지표를 원칙으로 하고 복잡한 반사, 회절현상이 예상되는 지점은 피한다.

45 진동레벨 측정을 위한 성능기준 중 진동픽업의 횡감도의 성능기준은?

① 규정주파수에서 수감축 감도에 대한 차이가 1dB 이상이어야 한다.(연직특성)
② 규정주파수에서 수감축 감도에 대한 차이가 5dB 이상이어야 한다.(연직특성)
③ 규정주파수에서 수감축 감도에 대한 차이가 10dB 이상이어야 한다.(연직특성)
④ 규정주파수에서 수감축 감도에 대한 차이가 15dB 이상이어야 한다.(연직특성)

풀이 진동픽업의 횡감도의 성능기준
규정주파수에서 수감축 감도에 대한 차이가 15dB 이상이어야 한다.

46 다음은 철도진동관리기준 측정방법 중 분석절차에 관한 기준이다. (㉠) 안에 알맞은 것은?

> 열차 통과 시마다 최고진동레벨이 배경진동레벨보다 최소 (㉠) 이상 큰 것에 한하여 연속 10개 열차(상하행 포함) 이상을 대상으로 최고진동레벨을 측정 · 기록하고, 그중 중앙값 이상을 산술평균한 값을 철도진동레벨로 한다.

① 1dB ② 5dB
③ 10dB ④ 15dB

47 발파소음 측정자료평가표 서식에 기재되어야 하는 사항으로 거리가 먼 것은?

① 천공장 깊이 ② 폭약의 종류
③ 발파횟수 ④ 측정기기의 부속장치

풀이 발파소음 측정자료평가표 기재사항
㉠ 폭약의 종류
㉡ 1회 사용량
㉢ 발파횟수
㉣ 측정지점 약도

정답 43 ④ 44 ① 45 ④ 46 ② 47 ①

48 배출허용기준 중 진동측정을 위한 측정조건으로 틀린 것은?

① 진동픽업은 수직면을 충분히 확보할 수 있고, 외부환경 영향에 민감한 곳에 설치한다.
② 진동픽업은 수직 방향 진동레벨을 측정할 수 있도록 설치한다.
③ 진동픽업의 설치장소는 옥외지표를 원칙으로 한다.
④ 진동픽업의 설치장소는 완충물이 없는 장소로 한다.

풀이 진동픽업의 설치기준

㉠ 진동픽업(Pick-up)의 설치장소는 옥외지표를 원칙으로 하고 복잡한 반사, 회절현상이 예상되는 지점은 피한다.
㉡ 진동픽업의 설치장소는 완충물이 없고, 충분히 다져서 단단히 굳은 장소로 한다.
㉢ 진동픽업의 설치장소는 경사 또는 요철이 없는 장소로 하고, 수평면을 충분히 확보할 수 있는 장소로 한다.
㉣ 진동픽업은 수직 방향 진동레벨을 측정할 수 있도록 설치한다.
㉤ 진동픽업 및 진동레벨계를 온도, 자기, 전기 등의 외부 영향을 받지 않는 장소에 설치한다.

49 금속 자체에 진동흡수력을 갖는 제진합금의 분류 중 흑연 주철, Al-Zn 합금(단, 40~78%의 Zn을 포함)으로 이루어진 것은?

① 강자성형 ② 쌍전형
③ 전위형 ④ 복합형

50 공장의 부지경계선에서 측정한 진동레벨이 각 지점에서 각각 62dB(V), 65dB(V), 68dB(V), 71dB(V), 64dB(V), 67dB(V)이다. 이 공장의 측정진동레벨은?

① 66dB(V) ② 68dB(V)
③ 69dB(V) ④ 71dB(V)

풀이 피해가 예상되는 적절한 측정시각에 2지점 이상의 측정지점 수를 선정·측정하여 그중 높은 진동레벨을 측정진동레벨로 한다.

51 도로교통진동한도 측정을 위해 디지털 진동자동분석계를 사용하는 경우 측정자료 분석방법으로 옳은 것은?

① 샘플주기를 1초 이내에서 결정하고 5분 이상 측정하여 구간 최대치로부터 10개를 산술평균값을 그 지점의 측정진동레벨로 한다.
② 샘플주기를 0.1초 이내에서 결정하고 5분 이상 측정하여 구간 최대치로부터 10개를 산술평균한 값을 그 지점의 측정진동레벨로 한다.
③ 샘플주기를 1초 이내에서 결정하고 5분 이상 측정하여 자동 연산·기록한 80% 범위의 상단치인 L_{10} 값을 그 지점의 측정진동레벨로 한다.
④ 샘플주기를 0.1초 이내에서 결정하고 5분 이상 측정하여 자동 연산·기록한 80% 범위의 상단치인 L_{10} 값을 그 지점의 측정진동레벨로 한다.

52 배출허용기준 진동 측정 시 디지털 진동자동분석계를 사용할 경우 배경진동레벨로 정하는 기준으로 옳은 것은?

① 샘플주기를 0.1초 이내에서 결정하고 5분 이상 측정하여 자동 연산·기록한 80% 범위의 상단치인 L_{10} 값
② 샘플주기를 0.1초 이내에서 결정하고 5분 이상 측정하여 자동 연산·기록한 90% 범위의 상단치인 L_{10} 값
③ 샘플주기를 1초 이내에서 결정하고 5분 이상 측정하여 자동 연산·기록한 80% 범위의 상단치인 L_{10} 값
④ 샘플주기를 1초 이내에서 결정하고 5분 이상 측정하여 자동 연산·기록한 90% 범위의 상단치인 L_{10} 값

정답 48 ① 49 ④ 50 ④ 51 ③ 52 ③

53 진동픽업의 횡감도는 규정주파수에서 수감축감도에 대한 차이가 얼마 이상이어야 하는가? (단, 연직 특성)

① 1dB 이상
② 10dB 이상
③ 15dB 이상
④ 20dB 이상

54 철도진동 측정자료평가표 서식에 반드시 기재되어야 하는 사항으로 거리가 먼 것은?

① 레일 길이
② 승차인원(명/대)
③ 열차통행량(대/hr)
④ 평균열차속도(km/hr)

풀이 철도진동 측정자료평가표 기재사항
㉠ 철도 구조
• 철도선 구분
• 레일 길이
㉡ 교통 특성
• 열차통행량
• 평균 열차 속도
㉢ 측정지점 약도

55 다음은 배경진동을 보정하여 대상진동레벨로 하는 기준이다. (　　) 안에 알맞은 것은?

> 측정진동레벨이 배경진동레벨보다 (　　) 이상 크면 배경진동의 영향이 극히 작기 때문에 배경진동의 보정 없이 측정진동레벨을 대상진동레벨로 한다.

① 3dB
② 7dB
③ 9dB
④ 10dB

56 진동측정과 관련된 장치 중 다음 설명에 해당하는 장치는?

> 진동레벨계의 측정감도를 교정하는 기기로서 발생진동의 주파수와 진동가속도레벨이 표시되어 있어야 하며, 발생진동의 오차는 ±1dB 이내이어야 한다.

① Calibrator
② Output
③ Data Recorder
④ Weighting Networks

57 규제기준 중 발파진동 측정에 관한 사항으로 옳지 않은 것은?

① 측정진동레벨은 발파진동이 지속되는 기간 동안에, 배경진동레벨은 대상진동(발파진동)이 없을 때 측정한다.
② 진동레벨계만으로 측정하는 경우에는 최고진동레벨이 고정(Hold)되지 않는 것으로 한다.
③ 진동레벨의 계산과정에서는 소수점 첫째 자리를 유효숫자로 하고, 평가진동레벨(최종값)은 소수점 첫째 자리에서 반올림한다.
④ 진동레벨계의 레벨레인지 변환기는 측정지점의 진동레벨을 예비조사한 후 적절하게 고정시켜야 한다.

풀이 진동레벨계만으로 측정할 경우에는 최고진동레벨이 고정(Hold)되는 것에 한한다.

58 진동픽업의 설치장소 조건으로 옳지 않은 것은?

① 수직방향 진동레벨을 측정할 수 있도록 설치한다.
② 경사 또는 요철이 없는 장소로 하고, 수평면을 충분히 확보할 수 있는 장소로 한다.
③ 복잡한 반사, 회절현상이 예상되는 지점은 피한다.
④ 완충물이 풍부하고, 충분히 다져서 단단히 굳은 장소로 한다.

정답 53 ③ 54 ② 55 ④ 56 ① 57 ② 58 ④

풀이 진동픽업의 설치장소는 완충물이 없고, 충분히 다져서 단단히 굳은 곳으로 한다.

59 측정진동레벨이 배경진동레벨보다 3dB 미만으로 클 경우에 관한 설명으로 가장 적합한 것은?

① 측정진동레벨에 보정치 −1dB을 보정하여 대상진동레벨을 산정한다.
② 측정진동레벨에 보정치 −2dB을 보정하여 상진동레벨을 산정한다.
③ 배경진동이 대상진동보다 크므로, 재측정하여 대상진동레벨을 구한다.
④ 배경진동레벨이 대상진동레벨보다 매우 작다.

60 압전형 진동픽업의 특징에 관한 설명으로 옳지 않은 것은?(단, 동전형 진동픽업과 비교)

① 온도, 습도 등 환경조건의 영향을 받는다.
② 소형 경량이며, 중고주파대역(10kHz 이하)의 가속도 측정에 적합하다.
③ 교유진동수가 낮고(보통 10~20Hz), 감도가 안정적이다.
④ 픽업의 출력임피던스가 크다.

풀이 ③항은 동전형 진동픽업의 내용이다.

4과목 진동방지기술

61 A실의 규격이 $10\text{m}(L)\times10\text{m}(W)\times5\text{m}(H)$이다. 이 실의 잔향시간이 1.5초일 때, 실내 흡음력(m^2)은?

① 54m^2 ② 64m^2
③ 74m^2 ④ 84m^2

풀이 $T=\dfrac{0.161\,V}{A}$

$A=\dfrac{0.161\,V}{T}=\dfrac{0.161\times(10\times10\times5)}{1.5}$

$=53.67\text{m}^2$

62 흡음덕트에 관한 설명으로 가장 거리가 먼 것은?

① 흡음덕트의 소음 감소는 덕트의 단면적, 흡음재의 흡음성능 및 두께, 설치면적 등에 의해 주로 영향을 받는다.
② 광대역 주파수 성분을 갖는 소음을 줄일 수 있다.
③ 고주파 영역보다는 저주파 영역에서 감음 성능이 탁월하게 좋다.
④ 공기조화 시스템에 사용되는 덕트에서 fan이나 그 밖의 소음에 의해 발생하는 소음을 줄이기 위해 사용된다.

풀이 저주파 영역보다는 고주파 영역에서 감음 성능이 좋다.

63 송풍기, 덕트 또는 파이프의 외부 표면에서 소음이 방사될 때 진동부에 제진대책을 한 후 흡음재를 부착하고 그 다음에 차음재로 마감하는 작업을 무엇이라고 하는가?

① Lagging 작업
② Lining 작업
③ Damping 작업
④ Insulation 작업

풀이 송풍기, 덕트, 파이프의 외부표면에서 소음이 방사될 때 진동부에 제진대책을 한 후 흡음재를 부착하고 그 다음에 차음재로 마감하는 작업을 Lagging이라 한다.

정답 59 ③ 60 ③ 61 ① 62 ③ 63 ①

64 다음 중 소음기의 성능을 표시하는 용어에 관한 정의로 옳지 않은 것은?

① 삽입손실치(IL) : 소음원에 소음기를 부착하기 전과 후의 공간상 어떤 특정 위치에서 측정한 음압레벨의 차와 그 측정위치로 정의된다.
② 투과손실치(TL) : 소음기에 입사한 음향출력에 대한 소음기에 투과된 음향출력의 비를 자연대수로 취한 값으로 정의된다.
③ 감쇠치(ΔL) : 소음기 내의 두 지점 사이의 음향파워의 감쇠치로 정의된다.
④ 동적삽입손실치(DIL) : 정격유속(Rated Flow) 조건하에서 측정하는 것을 제외하고는 삽입손실치와 똑같이 정의된다.

풀이 투과손실치(TL) : 소음기를 투과한 음향출력에 대한 소음기에 입사한 음향출력의 비로 정의한다.

65 관로 내에서 음향에너지를 흡수시켜 출구로 방출되는 음향파워레벨을 작게 하는 소음기는?

① 흡음 덕트형 소음기 ② 팽창형 소음기
③ 간섭형 소음기 ④ 공명형 소음기

66 무게 1,950N, 회전속도 1,170rpm의 공기압축기가 있다. 방진고무의 지지점을 6개로 하고, 진동수비가 2.9라 할 때 고무의 정적수축량은? (단, 감쇠는 무시)

① 0.35cm ② 0.40cm
③ 0.55cm ④ 0.75cm

풀이 정적수축량$(\delta_{st})=\dfrac{W_{mp}}{K}$

$$W_{mp}=\frac{W}{n}=\frac{1{,}950}{6}=325\text{N}$$

$$f_n=4.98\sqrt{\frac{K}{W_{mp}}}$$

$$K=W_{mp}\left(\frac{f_n}{4.98}\right)^2=325\times\left(\frac{6.72}{4.98}\right)^2$$
$$=591.78\text{N/cm}$$

$$f_n=\frac{f}{\eta}=\frac{(1{,}170/60)}{2.9}=6.72$$

$$\delta_{st}=\frac{325\text{N}}{591.78\text{N/cm}}=0.55\text{cm}$$

67 공기스프링에 관한 설명으로 옳지 않은 것은?

① 하중의 변화에 따라 고유진동수를 일정하게 유지할 수 있다.
② 자동제어가 가능하다.
③ 공기누출의 위험성이 없다.
④ 사용진폭이 적은 것이 많으므로 별도의 댐퍼가 필요한 경우가 많다.

풀이 공기스프링은 공기누출의 위험성이 있다.

68 소음진동관리법령상 운행차 소음허용기준을 정할 때 자동차의 소음종류별로 소음배출특성을 고려하여 정한다. 운행차 소음종류로만 옳게 나열한 것은?

① 배기소음, 브레이크소음
② 배기소음, 가속주행소음
③ 경적소음, 브레이크소음
④ 배기소음, 경적소음

풀이 운행자동차 소음허용기준

자동차 종류 \ 소음 항목		배기소음 [dB(A)]	경적소음 [dB(C)]
경자동차		100 이하	110 이하
승용자동차	소형	100 이하	110 이하
	중형	100 이하	110 이하
	중대형	100 이하	112 이하
	대형	105 이하	112 이하
화물자동차	소형	100 이하	110 이하
	중형	100 이하	110 이하
	대형	105 이하	112 이하
이륜자동차		105 이하	110 이하

※ 2006년 1월 1일 이후에 제작되는 자동차

정답 64 ② 65 ① 66 ③ 67 ③ 68 ④

69 음압레벨이 110dB(음원으로부터 1m 이격지점)인 점음원으로부터 30m 이격된 지점에서 소음으로 인한 문제가 발생되어 방음벽을 설치하였다. 방음벽에 의한 회절감쇠치가 10dB이고, 방음벽의 투과손실이 16dB이라면 수음점에서의 음압레벨(dB)은?

① 68.4dB ② 71.4dB
③ 73.4dB ④ 75.4dB

풀이 삽입손실치(ΔL_I)$= -10\log\left(10^{-\frac{10}{10}} + 10^{-\frac{16}{10}}\right)$

$= 9\text{dB}$

$SPL = (110-9) - 20\log 30$

$= 71.46\text{dB}$

70 연결된 두 방(음원실과 수음실)의 경계벽의 면적은 5m²이고, 수음실의 실정수는 20m²이다. 음원실과 수음실의 음압차이를 30dB로 하고자 할 때, 경계벽 근처의 투과손실은?(단, 수음실 측정위치는 경계벽 근처로 한다.)

① 약 21dB ② 약 27dB
③ 약 33dB ④ 약 38dB

풀이 $TL = (\overline{SPL_1} - \overline{SPL_2}) + 10\log\left(\frac{1}{4} + \frac{S_w}{R_2}\right)$

$= 30\text{dB} + 10\log\left(\frac{1}{4} + \frac{5}{20}\right)$

$= 27\text{dB}$

71 소음진동관리법규상 소음배출시설기준에 해당하지 않는 것은?(단, 동력기준시설 및 기계 · 기구)

① 22.5kW 이상의 변속기
② 15kW 이상의 공작기계
③ 22.5kW 이상의 제분기
④ 37.5kW 이상의 압연기

풀이 37.5kW 이상의 공작기계

72 주파수 5Hz의 표면파($n = 0.5$)가 전파속도 100m/s로 지반의 내부 감쇠정수 0.05의 지반을 전파할 때, 진동원으로부터 20m 떨어진 지점의 진동레벨은?(단, 진동원에서 5m 떨어진 지점에서의 진동레벨은 80dB이다.)

① 약 66dB ② 약 69dB
③ 약 72dB ④ 약 75dB

풀이 $VL_r = VL_0 - 8.7\lambda(r-r_0) - 20\log\left(\frac{r}{r_0}\right)^n (\text{dB})$

$\lambda = \frac{2\pi hf}{V_s} = \frac{2\times 3.14\times 0.05\times 5}{100}$

$= 0.0157$

$= 80 - [8.7\times 0.0157(20-5)]$

$- \left[20\log\left(\frac{20}{5}\right)^{0.5}\right]$

$= 71.93\text{dB}$

73 소음진동관리법규상 야간 철도진동의 관리기준(한도)으로 옳은 것은?(단, 공업지역)

① 60dB(V) ② 65dB(V)
③ 70dB(V) ④ 75dB(V)

풀이 철도소음진동관리기준

대상지역	구분	한도	
		주간(06:00~22:00)	야간(22:00~06:00)
주거지역, 녹지지역, 관리지역 중 취락지구 · 주거개발진흥지구 및 관광 · 휴양개발진흥지구, 자연환경보전지역, 학교 · 병원 · 공공도서관 및 입소규모 100명 이상의 노인의료복지시설 · 영유아보육시설의 부지 경계선으로부터 50미터 이내 지역	소음 [Leq dB(A)]	70	60
	진동 [dB(V)]	65	60
상업지역, 공업지역, 농림지역, 생산관리지역 및 관리지역 중 산업 · 유통개발진흥지구, 미고시지역	소음 [Leq dB(A)]	75	65
	진동 [dB(V)]	70	65

정답 69 ② 70 ② 71 ② 72 ③ 73 ②

74 다음 중 물리적 거동에 따른 감쇠의 분류에 해당하지 않는 것은?

① 점성감쇠 ② 구조감쇠
③ 부족감쇠 ④ 건마찰감쇠

풀이 감쇠의 분류(감쇠기구의 관찰특성에 따른 분류)
㉠ 점성감쇠
㉡ 건마찰감쇠(쿨롱감쇠)
㉢ 구조감쇠
㉣ 자기력감쇠
㉤ 방사감쇠

75 다음은 소음진동관리법규상 공사장 방음시설설치기준이다. ( ) 안에 들어갈 알맞은 것은?

> 삽입손실 측정을 위한 측정지점(음원 위치, 수음자 위치)은 음원으로부터 5m 이상 떨어진 노면 위 (㉠) 지점으로 하고, 방음벽 시설로부터 (㉡) 떨어져야 하며, 동일한 음량과 음원을 사용하는 경우에는 기준위치(Reference Position)의 측정은 생략할 수 있다.

① ㉠ 1.2m, ㉡ 2m 이상
② ㉠ 1.2m, ㉡ 1.5m 이상
③ ㉠ 3.5m, ㉡ 2m 이상
④ ㉠ 3.5m, ㉡ 1.5m 이상

풀이 삽입손실 측정을 위한 측정지점(음원 위치, 수음자 위치)은 음원으로부터 5m 이상 떨어진 노면 위 1.2m 지점으로 하고, 방음벽 시설로부터 2m 이상 떨어져야 하며, 동일한 음량과 음원을 사용하는 경우 기준위치(Reference Position)의 측정은 생략할 수 있다.

76 소음진동관리법규상 주거지역, 공사장, 야간 조건에서의 생활소음 규제기준은?(단, 기타 사항 등은 고려하지 않는다.)

① 50dB(A) 이하
② 60dB(A) 이하
③ 65dB(A) 이하
④ 70dB(A) 이하

풀이 생활소음 규제기준 [단위 : dB(A)]

대상지역	소음원		아침, 저녁 (05:00~07:00, 18:00~22:00)	주간 (07:00~18:00)	야간 (22:00~05:00)
주거지역, 녹지지역, 관리지역 중 취락지구 · 주거개발진흥지구 및 관광 · 휴양개발진흥지구, 자연환경보전지역, 그 밖의 지역에 있는 학교 · 종합병원 · 공공도서관	확성기	옥외설치	60 이하	65 이하	60 이하
	확성기	옥내에서 옥외로 소음이 나오는 경우	50 이하	55 이하	45 이하
	공장		50 이하	55 이하	45 이하
	사업장	동일 건물	45 이하	50 이하	40 이하
	사업장	기타	50 이하	55 이하	45 이하
	공사장		60 이하	65 이하	50 이하

77 소음진동관리법규상 생활진동 규제기준에 대한 설명으로 옳지 않은 것은?

① 주간 시간대에 주거지역의 생활진동 규제 기준은 65dB(V) 이하이다.
② 발파진동의 경우 주간에만 규제기준치에 +10dB을 보정한다.
③ 공사장의 진동 규제기준은 주간의 경우 특정공사 사전신고대상 기계 · 장비를 사용하는 작업시간이 1일 2시간 이하일 때는 +10dB을 규제기준치에 보정한다.
④ 심야 시간대에 주거지역의 생활진동 규제기준은 55dB(V) 이하이다.

풀이 생활진동 규제기준 [단위 : dB(V)]

대상 지역 \ 시간대별	주간 (06:00 ~ 22:00)	심야 (22:00 ~ 06:00)
가. 주거지역, 녹지지역, 관리지역 중 취락지구 · 주거개발진흥지구 및 관광 · 휴양개발진흥지구, 자연환경보전지역, 그 밖의 지역에 소재한 학교 · 종합병원 · 공공도서관	65 이하	60 이하
나. 그 밖의 지역	70 이하	65 이하

정답 74 ③ 75 ① 76 ① 77 ④

78 소음진동관리법규상 "생활소음 · 진동의 규제와 관련한 행정처분기준"에서 행정처분은 특별한 사유가 없는 한 위반행위를 확인한 날부터 얼마 이내에 명하여야 하는가?

① 5일 이내 ② 10일 이내
③ 15일 이내 ④ 30일 이내

풀이 행정처분은 특별한 사유가 없는 한 위반행위를 확인한 날부터 5일 이내에 명하여야 한다.

79 탄성블록 위에 설치된 기계가 2,400rpm으로 회전하고 있다. 이 계의 무게는 907N이며, 그 무게는 평탄 진동한다. 이 기계를 4개의 스프링으로 지지할 때 스프링 1개당 스프링정수는 약 얼마인가? (단, 진동차진율은 90%로 하며, 감쇠는 무시한다.)

① 1,150N/cm ② 1,330N/cm
③ 1,610N/cm ④ 1,740N/cm

풀이 $T=\frac{1}{\eta^2-1}=0.1,\ \eta=3.3$

$$\eta=\frac{f}{f_n}=\frac{\left(\frac{2,400}{60}\right)}{f_n}$$

$$3.3=\frac{40}{f_n},\ f_n=12.12\text{Hz}$$

$$k=W\times\left(\frac{f_n}{4.98}\right)^2$$

$$=907\times\left(\frac{12.12}{4.98}\right)^2=5,372.22\text{N/cm}$$

$$\therefore \text{1개당 스프링정수}=\frac{5,372.22}{4}$$

$$=1,343.05\text{N/cm}$$

80 두께 0.25m, 밀도 0.18×10^{-2}kg/cm^{3}의 콘크리트 단일벽에 63Hz의 순음이 수직입사할 때, 이 벽의 투과손실은 약 몇 dB인가?(단, 질량법칙이 만족된다고 본다.)

① 26 ② 36
③ 46 ④ 56

풀이 $TL=20\log(m\cdot f)-43$

$$m=0.18\times10^{-2}\text{kg/cm}^3\times0.25\text{m}\times10^6\text{cm}^3/\text{m}^3$$

$$=450\text{kg/m}^2$$

$$=20\log(450\times63)-43=46.05\text{dB}$$

정답 78 ① 79 ② 80 ③

029 2023년 2회 기사

1과목 소음진동개론

01 NRN, Sone, Noy의 3종류의 소음 평가 방법의 공통된 사항으로 가장 적합한 것은?

① 모두 dB 단위로 정의된다.
② 어느 값이나 귀로 들은 크기에 반비례한다.
③ 어느 값이나 주파수의 분석으로 구한다.
④ 철도소음 평가를 위한 국제단위로 채용되고 있다.

02 정현진동하는 경우 진동속도의 진폭에 관한 다음 설명 중 옳은 것은?

① 진동속도의 진폭은 진동주파수에 반비례한다.
② 진동속도의 진폭은 진동주파수에 비례한다.
③ 진동속도의 진폭은 진동주파수의 제곱에 비례한다.
④ 진동속도의 진폭은 진동주파수의 제곱에 반비례한다.

03 다음 용어 중 dB 단위로 표시되지 않는 것은?

① 음의 세기
② 음향 파워레벨
③ 음압 레벨
④ 주파수 대역(對域) 음압레벨

풀이 음의 세기 단위는 W/m^2이다.

04 그림과 같은 응답곡선에서 대수감쇠율은?

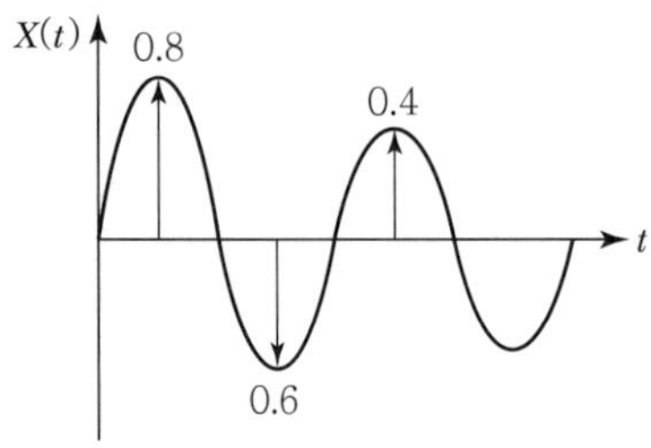

① 0.1　　② 0.3
③ 0.5　　④ 0.7

풀이 대수감쇠율(Δ)

$$\Delta = \ln\frac{A_1}{A_2} = \ln\frac{0.8}{0.4} = 0.69$$

05 건물에서 송풍기를 작동시킬 때, 송풍기의 날개통과주파수가 60Hz로 측정되었다. 이때 송풍기의 회전수가 1,800rpm이라면, 이 송풍기의 날개 수는?

① 1개　　② 2개
③ 3개　　④ 4개

풀이 날개통과주파수 $= \frac{\text{rpm}}{60} \times$ 날개 수

$$\text{날개 수} = \frac{60 \times 60\ \text{Hz}}{1{,}800\ \text{rpm}} = 2\text{개}$$

06 음의 회절에 관한 설명으로 가장 적합한 것은?

① 굴절 전후의 음속차가 클수록 굴절이 감소한다.
② 대기온도 차에 따른 굴절은 높은 온도 쪽으로 굴절한다.
③ 장애물 뒤쪽에서도 음이 전파되는 현상을 의미한다.
④ 음원보다 상공의 풍속이 클 때 풍상 측에서는 아래쪽을 향하여 굴절한다.

07 주파수 및 청력에 대한 설명으로 가장 거리가 먼 것은?

① 일반적으로 주파수가 클수록 공기흡음에 의해 일어나는 소음의 감쇠치는 증가한다.
② 사람의 목소리는 대략 100~10,000Hz, 회화의 이해를 위해서는 500~2,500Hz의 주파수 범위를 갖는다.

정답 01 ③ 02 ② 03 ① 04 ④ 05 ② 06 ③ 07 ③

③ 청력손실은 청력이 정상인 사람의 최대가청치와 피검자의 최대가청치와의 비를 dB로 나타낸 것이다.
④ 노인성 난청이 시작되는 주파수는 대략 6,000 Hz이다.

풀이 청력손실이란 청력이 정상인 사람이 최소가청치와 검사자(피검자)의 최소가청치의 비를 dB로 나타낸 것이다.

08 기차역에서 기차가 지나갈 때, 기차가 역 쪽으로 올 때에는 기차음이 고음으로 들리고 기차가 역을 지나친 후에는 기차음이 저음으로 들린다. 이와 같은 현상을 무엇이라고 하는가?

① Huyghens(호이겐스) 원리
② Doppler(도플러) 효과
③ Masking(마스킹) 효과
④ Binaural(양이) 효과

09 소음의 영향으로 거리가 먼 것은?

① 말초혈관을 수축시키며, 맥박을 증가시킨다.
② 호흡 깊이를 감소시키며, 호흡횟수를 증가시킨다.
③ 타액분비량을 감소시키며, 위액산도를 증가시킨다.
④ 백혈구 수를 증가시키며, 혈중 아드레날린을 증가시킨다.

풀이 소음은 타액분비량의 증가, 위액산도 저하, 위수축운동 감소 등 위장의 기능을 감퇴시킨다.

10 다음 주파수 범위(Hz) 중 인간의 청각에서 가장 감도가 좋은 것은?

① 20~100 ② 100~500
③ 500~1,000 ④ 2,000~5,000

풀이 인간 청감에 가장 민감한 주파수는 약 4,000Hz 주변이다.

11 항공기 소음의 특징에 관한 설명으로 가장 거리가 먼 것은?

① 제트엔진으로부터 기체가 고속으로 배출될 때 발생하는 소음은 기체배출속도의 제곱근에 비례하여 증가한다.
② 회전날개의 선단속도가 음속 이상일 경우 회전날개 끝에 생기는 충격파가 고정된 날개에 부딪쳐 소음을 발생시킨다.
③ 회전날개에 의해 발생된 소음은 고음성분이 많으며 감각적으로 인간에게 큰 자극을 준다.
④ 회전날개의 선단속도가 음속 이하일 경우는 날개 수에 회전수를 곱한 값의 정수배 순음을 발생시킨다.

풀이 제트엔진으로부터 기체가 고속으로 배출될 때 발생하는 소음은 기체 배출속도의 제곱에 비례하여 증가한다.

12 마스킹(Masking) 효과에 관한 설명으로 옳지 않은 것은?

① 음파의 간섭현상에 의한 것으로 저음이 고음을 잘 마스킹한다.
② 두 음의 주파수가 서로 거의 같을 때는 맥동현상에 의해 마스킹 효과가 감소한다.
③ 두 음의 주파수가 비슷할 때는 마스킹 효과가 대단히 커진다.
④ 주파수가 비슷한 두 음원이 이동 시 진행방향 쪽에서는 원래 음보다 고음이 되어 마스킹 효과가 감소하는 현상을 의미한다.

풀이 ④는 도플러(Doppler) 효과에 대한 내용이다.

13 섭씨 55도 사막지방 공기 중에서의 음속은?

① 약 322m/s ② 약 344m/s
③ 약 364m/s ④ 약 389m/s

풀이 $C = 331.42 + (0.6 \times t)$
$= 331.42 + (0.6 \times 55)$
$= 364.42\text{m/sec}$

정답 08 ② 09 ③ 10 ④ 11 ① 12 ④ 13 ③

14 항공기 소음을 소음계의 D특성으로 측정한 값이 97dB(D)이다. 감각소음도(Perceived Noise Level)는 대략 몇 PN−dB인가?

① 104　　② 116
③ 132　　④ 154

풀이 $PNL = dB(D) + 7 = 97dB + 7 = 104PNdB$

15 75phon의 소리는 55phon의 소리에 비해 몇 배 크게 들리는가?

① 2배　　② 4배
③ 8배　　④ 16배

풀이 ㉠ 75phon

Sone : $2^{\frac{L_L-40}{10}} = 2^{\frac{75-40}{10}} = 11.3\text{sone}$

㉡ 50phon

Sone : $2^{\frac{L_L-40}{10}} = 2^{\frac{55-40}{10}} = 2.8\text{sone}$

$\therefore \frac{11.3}{2.8} = 4$

즉 75phon은 55phon보다 4배 더 시끄럽다.

16 청력에 관한 설명으로 가장 거리가 먼 것은?

① 사람의 목소리는 10~100Hz, 회화의 명료도는 100~300Hz, 회화의 이해를 위해서는 300~500 Hz의 주파수 범위를 각각 갖는다.
② 음의 대소(큰 소리, 작은 소리)는 음파의 진폭의 크기에 따른다.
③ 청력손실은 정상청력인의 최소가청치와 피검자의 최소가청치와의 비를 dB로 나타낸 것이다.
④ 일반적으로 4분법에 의한 청력손실이 옥타브밴드 중심주파수 500~2,000Hz 범위에서 25dB 이상이면 난청이라 한다.

17 외이와 내이에서의 음의 전달매질의 연결로 옳은 것은?

① 외이 : 고체(뼈), 내이 : 기체(공기)
② 외이 : 고체(뼈), 내이 : 액체(림프액)
③ 외이 : 기체(공기), 내이 : 액체(림프액)
④ 외이 : 기체(공기), 내이 : 고체(뼈)

풀이 음의 전달매질
㉠ 외이 : 공기(기체)
㉡ 중이 : 고체
㉢ 내이 : 액체(림프액)

18 선음원으로부터 3m 거리에서 96dB이 측정되었다면 41m에서의 음압레벨은?

① 92dB　　② 88dB
③ 85dB　　④ 81dB

풀이 $SPL_1 - SPL_2 = 10\log\frac{r_2}{r_1}$

$96\text{dB} - SPL_2 = 10\log\frac{41}{3}$

$SPL_2 = 96\text{dB} - 10\log\frac{41}{3} = 84.64\text{dB}$

19 음의 회절에 관한 내용으로 가장 적합한 것은?

① 장애물 뒤쪽으로 음이 전파하는 현상이다.
② 한 매질에서 타 매질로 통과할 때 구부러지는 현상을 의미하며, 음속비가 크면 회절도 크다.
③ 파장이 작으면 회절이 잘된다.
④ 물체의 틈구멍에 있어서는 그 틈구멍이 클수록 회절이 잘 된다.

풀이 ② 굴절의 내용에 해당한다.
③ 파장이 길수록 회절이 잘된다.
④ 물체가 작을수록(구멍이 작을수록) 회절이 잘 된다.

20 진동이 인체에 미치는 영향 중 허리, 가슴 및 등 쪽에서 가장 심한 통증을 느끼는 주파수는?

① 1~2Hz　　② 6Hz
③ 14~16Hz　　④ 20Hz

정답 14 ①　15 ②　16 ①　17 ③　18 ③　19 ①　20 ②

풀이 각 진동수에 의한 인체의 반응

㉠ 1차 공진현상 : 3~6Hz
㉡ 2차 공진현상 : 20~30Hz(두개골 공명으로 시력 및 청력 장애 초래)
㉢ 3차 공진현상 : 60~90Hz(안구가 공명)
㉣ 3Hz 이하 : 차멀미(동요병)와 같은 동요감 느낌
㉤ 1~3Hz : 호흡에 영향, 즉 호흡이 힘들고 산소(O_2) 소비가 증가한다.
㉥ 6Hz : 허리, 가슴 및 등쪽에 심한 통증을 느낌
㉦ 13Hz : 머리, 안면에 심한 진동을 느낌
㉧ 4~14Hz : 복통을 느낌
㉨ 9~20Hz : 대소변 욕구
㉩ 12~16Hz : 음식물이 위아래로 오르락내리락하는 느낌을 9Hz에서 느끼고 12~16Hz에서는 아주 심하게 느낌

2과목 소음방지기술

21 다음 중 흡음에 관한 설명으로 틀린 것은?

① 다공질형 흡음재는 음에너지를 운동에너지로 바꾸어 열에너지로 전환한다.
② 석면, 록울 등은 중 · 고음역에서 흡음성이 좋다.
③ 다공질 재료를 벽에 밀착할 경우 주파수가 낮을수록 흡음률이 증가되지만, 벽과의 사이에 공기층을 두면 그 두께에 따라 초저주파역까지 흡음효과가 증대된다.
④ 판진동형 흡음은 대개 80~300Hz 부근에서 최대 흡음률이 0.2~0.5로 나타나며, 지나며 그 판이 두껍거나 공기층이 클수록 흡음특성은 저음역으로 이동한다.

풀이 다공질 재료를 벽에 밀착할 경우 주파수가 높을수록 흡음률이 증가되고 벽과의 사이에 공기층을 두면 그 두께에 따라 저주파역까지 흡음효과가 증대된다.

22 소음 · 진동 공정시험기준에서 규정하고 있는 소음계의 측정 가능 소음도 범위기준은?(단, 자동차 소음을 제외한 일반적인 측정 가능 소음도 범위 기준)

① 1~90dB 이상 ② 20~90dB 이상
③ 35~130dB 이상 ④ 55~90dB 이상

풀이 소음계의 측정 가능 소음도 범위는 35~130dB 이상이어야 한다. 다만, 자동차 소음 측정에 사용되는 것은 45~130dB 이상으로 한다.

23 다음은 항공기소음관리기준 측정방법 중 측정자료 분석에 관한 설명이다. ( ) 안에 알맞은 것은?

> 헬리포트 주변 등과 같이 배경소음보다 (㉠) 큰 항공기소음의 지속시간 평균치 $\overline{D}$가 30초 이상일 경우에는 보정량 (㉡)을 $\overline{WECPNL}$ 에 보정하여야 한다.

① ㉠ 5dB 이상, ㉡ $[+10\log(\overline{D}/20)]$
② ㉠ 10dB 이상, ㉡ $[+10\log(\overline{D}/20)]$
③ ㉠ 5dB 이상, ㉡ $[+20\log(\overline{D}/10)]$
④ ㉠ 10dB 이상, ㉡ $[+20\log(\overline{D}/10)]$

24 소음진동공정시험 기준상 소음과 관련된 용어의 정의로 옳지 않은 것은?

① 지시치 : 계기나 기록지 상에서 판독한 소음도로서 실효치(rms값)를 말한다.
② 소음도 : 소음계의 청감보정회로를 통하여 측정한 지시치를 말한다.
③ 평가소음도 : 측정소음도에 배경소음을 정한 후 얻어진 소음도를 말한다.
④ 등가소음도 : 임의의 측정시간동안 발생한 변동소음의 총 에너지를 같은 시간 내의 정상소음의 에너지로 등가하여 얻어진 소음도를 말한다.

풀이 평가소음도란 대상소음도에 보정치를 보정한 후 얻어진 소음도를 말한다.

정답 21 ③ 22 ③ 23 ② 24 ③

25 환경기준에서 소음측정방법 중 측정점 선정방법으로 가장 거리가 먼 것은?

① 도로변지역은 소음으로 인하여 문제를 일으킬 우려가 있는 장소로 한다.
② 일반지역은 당해 지역의 소음을 대표할 수 있는 장소로 한다.
③ 일반지역의 경우 가급적 측정점 반경 5m 이내에 장애물(담, 건물 등)이 없는 지점의 지면 위 1.5~2.0m로 한다.
④ 도로변지역의 경우 장애물이 있을 때에는 장애물로부터 도로 방향으로 1.0m 떨어진 지점의 지면 위 1.2~1.5m 위치로 한다.

풀이 일반지역의 경우 가능한 한 측정점 반경 3.5m 이내에 장애물(담, 건물, 기타 반사성 구조물 등)이 없는 지점의 지면 위 1.2~1.5m로 한다.

26 소음한도 중 항공기소음의 측정자료 분석 시 배경소음보다 10dB 이상 큰 항공기 소음의 지속시간 평균치 $\overline{D}$가 63초일 경우 $\overline{WECPNL}$에 보정해야 할 보정량(dB)은?

① 4 ② 5
③ 6 ④ 7

풀이 보정량 $=+10\log\dfrac{\overline{D}}{20}=+10\log\left(\dfrac{63}{20}\right)=4.98\,\text{dB}$

27 도로교통소음 관리기준 측정방법에 관한 설명으로 옳지 않은 것은?

① 소음도의 계산과정에서는 소수점 첫째 자리를 유효숫자로 하고, 측정소음도(최종값)는 소수점 첫째 자리에서 반올림한다.
② 소음계의 청감보정회로는 A특성에 고정하여 측정하여야 한다.
③ 디지털 소음자동분석계를 사용할 경우에는 샘플주기를 1초 이내에서 결정하고 10분 이상 측정하여 자동 연산 · 기록한 등가소음도를 그 지점의 측정소음도로 한다.
④ 소음도 기록기 또는 소음계만을 사용하여 측정할 경우에는 계기조정을 위하여 먼저 선정된 측정위치에서 대략적인 소음의 변화양상을 파악한 후 소음계 지시치의 변화를 목측으로 5초 간격 30회 판독 · 기록한다.

풀이 소음도 기록기 또는 소음계만으로 측정 시 방법
계기조정을 위하여 먼저 선정된 측정위치에서 대략적인 소음의 변화양상을 파악한 후 소음계 지시치의 변화를 목측으로 5초 간격 60회 판독 · 기록하여 그 지점의 측정소음도를 정한다.

28 A위치에서 기계의 소음을 측정한 결과 기계 가동 후의 측정소음도가 89dB(A), 기계 가동 전의 소음도가 85dB(A)로 계측되었다. 이때 배경소음 영향을 보정한 대상소음도는?

① 84.4dB(A) ② 85.4dB(A)
③ 86.8dB(A) ④ 88.7dB(A)

풀이 대상소음도
=측정소음도−보정치
보정치 $=-10\log[1-10^{-(0.1\times4)}]$
$=2.2\text{dB(A)}$
$=89-2.2=86.8\text{dB(A)}$

29 다음은 규제기준 중 발파소음 측정평가에 관한 사항이다. (　　) 안에 알맞은 것은?

> 대상소음도에 시간대별 보정발파횟수(N)에 따른 보정량(㉠)을 보정하여 평가소음도를 구한다. 이 경우 지발발파는 보정발파횟수를 (㉡)로 간주한다.

① ㉠ $+10\log N$; $N>1$, ㉡ 1회
② ㉠ $+10\log N$; $N>1$, ㉡ 2회
③ ㉠ $+20\log N$; $N>1$, ㉡ 1회
④ ㉠ $+20\log N$; $N>1$, ㉡ 2회

풀이 대상소음도에 시간대별 보정발파횟수(N)에 따른 보정량($+10\log N$; $N>1$)을 보정하여 평가소음도를 구한다. 이 경우 지발발파는 보정발파횟수를 1회로 간주한다.

정답 25 ③ 26 ② 27 ④ 28 ③ 29 ①

30 다음은 배경소음 보정에 관한 내용이다. (　) 안에 가장 적합한 것은?

> 측정소음도가 배경소음보다 (　) 차이로 크면, 배경소음의 영향이 있기 때문에 측정소음도에서 보정치를 보정한 후 대상소음도를 구한다.

① 0.1~9.9dB　　② 1.0~9.9dB
③ 2.0~9.9dB　　④ 3.0~9.9dB

31 소음측정에 사용되는 소음측정기기의 성능기준으로 옳지 않은 것은?

① 측정 가능 주파수 범위는 8~31.5Hz 이상이어야 한다.
② 측정 가능 소음도 범위는 35~130dB 이상이어야 한다.
③ 자동차 소음측정을 위한 측정가능 소음도 범위는 45~130dB 이상으로 한다.
④ 레벨레인지 변환기가 있는 기기에 있어서 레벨레인지 변환기의 전환오차가 0.5dB 이내이어야 한다.

풀이 소음계의 성능기준
㉠ 측정 가능 주파수 범위는 31.5Hz~8kHz 이상이어야 한다.
㉡ 측정 가능 소음도 범위는 35~130dB 이상이어야 한다. 다만, 자동차소음 측정에 사용되는 것은 45~130dB 이상으로 한다.
㉢ 특성별(A특성 및 C특성) 표준 입사각의 응답과 그 편차는 KS C IEC 61672-1의 표 2를 만족하여야 한다.

32 소음진동공정시험 기준에서 정한 각 소음측정을 위한 소음 측정지점 수의 선정기준으로 옳지 않은 것은?

① 배출허용기준-1지점 이상
② 생활소음-2지점 이상
③ 발파소음-1지점 이상
④ 도로교통소음-2지점 이상

풀이 소음 배출허용기준의 측정시간 및 측정지점 수
피해가 예상되는 적절한 측정시각에 2지점 이상의 측정지점 수를 선정 · 측정하여 그중 가장 높은 소음도를 측정소음도로 한다.

33 다음은 소음의 배출허용기준 측정 시 측정지점 수 선정기준에 관한 설명이다. (　) 안에 알맞은 것은?

> 피해가 예상되는 적절한 측정시각에 (㉠)지점 이상의 측정지점 수를 선정 · 측정하여 (㉡)을/를 측정소음도로 한다.

① ㉠ 1,　㉡ 그 값
② ㉠ 2,　㉡ 산술평균한 소음도
③ ㉠ 2,　㉡ 그중 가장 높은 소음도
④ ㉠ 5,　㉡ 기하평균한 소음도

풀이 소음 배출허용기준의 측정시간 및 측정지점 수
피해가 예상되는 적절한 측정시각에 2지점 이상의 측정지점 수를 선정 · 측정하여 그중 가장 높은 소음도를 측정소음도로 한다.

34 다음은 레벨레인지 변환기에 대한 설명이다. (　) 안에 알맞은 것은?

> 측정하고자 하는 소음도가 지시계기의 범위 내에 있도록 하기 위한 감쇠기로서 유효눈금 범위가 30dB 이하가 되는 구조의 것은 변환기에 의한 레벨의 1간격이 (　) 간격으로 표시되어야 한다.

① 1dB
② 5dB
③ 10dB
④ 15dB

정답 30 ④　31 ①　32 ①　33 ③　34 ③

35 다음 중 소음과 관련한 용어의 정의로 옳지 않은 것은?

① 소음도 : 소음계의 청감보정회로를 통하여 측정한 지시치를 말한다.
② 배경소음도 : 측정소음도의 측정위치에서 대상소음이 없을 때 이 시험기준에서 정한 측정방법으로 측정한 소음도 및 등가소음도 등을 말한다.
③ 반사음 : 한 매질 중의 음파가 다른 매질의 경계면에 입사한 후 진행방향을 변경하여 본래의 매질 중으로 되돌아오는 음을 말한다.
④ 지발발파 : 발파기를 3회 사용하며, 수 초 내에 시간 차를 두고 발파하는 것을 말한다.

풀이 지발발파
수 초 내에 시간 차를 두고 발파하는 것을 말한다. (단, 발파기를 1회 사용하는 것에 한한다.)

36 소음계의 성능기준에 대한 설명으로 옳은 것은?

① 측정 가능 주파수 범위는 1~16Hz 이상이어야 한다.
② 측정 가능 소음도 범위는 35~130dB 이상이어야 한다.
③ 레벨레인지 변환기가 있는 기기에 있어서 레벨레인지 변환기의 전환오차가 1dB 이내이어야 한다.
④ 지시계기의 눈금오차는 1dB 이내이어야 한다.

풀이 성능기준
㉠ 측정 가능 주파수 범위는 31.5Hz~8kHz 이상이어야 한다.
㉡ 측정 가능 소음도 범위는 35~130dB 이상이어야 한다.(다만, 자동차소음 측정에 사용되는 것은 45~130dB 이상으로 한다.)
㉢ 특성별(A특성 및 C특성) 표준 입사각의 응답과 그 편차는 KS C IEC 61672−1의 표 2를 만족하여야 한다.
㉣ 레벨레인지 변환기가 있는 기기에 있어서 레벨레인지 변환기의 전환오차는 0.5dB 이내이어야 한다.
㉤ 지시계기의 눈금오차는 0.5dB 이내이어야 한다.

37 측정소음도가 92dB(A), 배경소음도가 87dB(A)일 때 대상소음도는?

① 91.4dB(A) ② 90.3dB(A)
③ 89.3dB(A) ④ 88.4dB(A)

풀이 측정소음도 − 배경소음도 = 92 − 87 = 5dB(A)
대상소음도 = 측정소음도 − 보정치

$$\text{보정치} = -10\log(1-10^{-0.1d})$$
$$= -10\log(1-10^{-0.1\times5})$$
$$= 1.65\text{dB(A)}$$
$$= 92 - 1.65 = 90.35\text{dB(A)}$$

38 소음의 환경기준 측정방법 중 도로변지역의 범위(기준)로 옳은 것은?

① 2차선인 경우 도로단으로부터 30m 이내의 지역
② 4차선인 경우 도로단으로부터 100m 이내의 지역
③ 자동차전용도로의 경우 도로단으로부터 100m 이내의 지역
④ 고속도로의 경우 도로단으로부터 150m 이내의 지역

풀이 도로변지역의 범위는 도로단으로부터 차선 수×10m로 하고 고속도로 또는 자동차전용도로의 경우에는 도로단으로부터 150m 이내의 지역을 말한다.

39 소음계 중 교정장치에 관한 설명이다. ( ) 에 알맞은 것은?

소음측정기의 감도를 점검 및 교정하는 장치로서 자체에 내장되어 있거나 분리되어 있어야 하며, ( )이 되는 환경에서도 교정이 가능하여야 한다.

① 50dB(A) 이상
② 60dB(A) 이상
③ 70dB(A) 이상
④ 80dB(A) 이상

풀이 소음계의 교정장치는 80dB(A) 이상이 되는 환경에서도 교정이 가능하여야 한다.

정답 35 ④ 36 ② 37 ② 38 ④ 39 ④

40 배출허용기준 중 소음측정방법으로 옳지 않은 것은?

① 공장의 부지경계선에 비하여 피해가 예상되는 자의 부지경계선에서의 소음도가 더 큰 경우에는 피해가 예상되는 자의 부지경계선을 측정점으로 한다.
② 측정지점에 높이가 1.5m를 초과하는 장애물이 있는 경우에는 장애물로부터 소음원 방향으로 1.0~3.5m 떨어진 지점으로 한다.
③ 측정소음도의 측정은 대상 배출시설의 소음발생기기를 가능한 한 최대 출력으로 가동시킨 정상상태에서 측정하여야 한다.
④ 피해가 예상되는 적절한 측정시각에 측정지점 수 1지점을 선정 · 측정하여 측정 소음도로 한다.

풀이 피해가 예상되는 적절한 측정시각에 2지점 이상의 측정지점 수를 선정 · 측정하여 그중 가장 높은 소음도를 측정소음도로 한다.

3과목 소음진동공정시험 기준

41 진동레벨계만으로 측정 시 진동레벨을 읽는 순간에 지시침이 지시판 범위 위를 벗어날 때 그 발생빈도가 5회이었다. L_{10}이 75dB(V)이라면 보정 후 L_{10}은?

① 75dB(V)
② 77dB(V)
③ 78dB(V)
④ 80dB(V)

풀이 진동레벨계만으로 측정할 경우 진동레벨을 읽는 순간에 지시침이 지시판 범위 위를 벗어날 때(이때에 진동레벨계의 레벨범위는 전환하지 않음)에는 그 발생빈도를 기록하여 6회 이상이면 L_{10} 값에 2dB을 더해준다. 따라서 5회이므로 75dB(V)이다.

42 동전형 픽업에 관한 설명으로 거리가 먼 것은?(단, 압전형 픽업과 비교 시)

① 픽업의 출력임피던스가 큼
② 중저주파역(1kHz 이하)의 진동 측정(속도, 변위)에 적합함
③ 고유진동수가 낮음(일반적으로 10~20Hz)
④ 변압기 등에 의해 자장이 강하게 형성된 장소에서의 진동측정은 부적합함

풀이 동전형 픽업은 감도가 안정적이고 픽업의 출력임피던스가 낮다.

43 다음은 규제기준 중 발파진동 측정시간 및 측정 지점수 기준이다. (   ) 안에 들어갈 가장 알맞은 것은?

> 작업일지 및 발파계획서 또는 폭약사용신고서를 참조하여 소음진동관리법규에서 구분하는 각 시간대 중 (㉠)진동이 예상되는 시각의 진동을 포함한 모든 발파 진동을 (㉡)에서 측정한다.

① ㉠ 평균발파, ㉡ 3지점 이상
② ㉠ 평균발파, ㉡ 1지점 이상
③ ㉠ 최대발파, ㉡ 3지점 이상
④ ㉠ 최대발파, ㉡ 1지점 이상

44 압전형 진동픽업의 특징에 관한 설명으로 옳지 않은 것은?(단, 동전형 픽업과 비교한다.)

① 온도, 습도 등 환경조건의 영향을 받는다.
② 소형 경량이며, 중고주파 대역(10kHz 이하)의 가속도 측정에 적합하다.
③ 고유진동수가 낮고(보통 10~20Hz), 감도가 안정적이다.
④ 픽업의 출력임피던스가 크다.

풀이 ③은 동전형 픽업에 대한 설명이다.

정답 40 ④ 41 ① 42 ① 43 ④ 44 ③

45 다음은 소음 · 진동공정시험기준에서 정한 용어의 정의이다. ( ) 안에 알맞은 것은?

> ( )은 단조기의 사용, 폭약의 발파 시 등과 같이 극히 짧은 시간 동안에 발생하는 높은 세기의 진동을 말한다.

① 발파진동 ② 폭파진동
③ 충격진동 ④ 폭발진동

46 다음은 L_{10} 진동레벨 계산기준에 관한 설명이다. ( ) 안에 가장 적합한 것은?

> 진동레벨계만으로 측정할 경우 진동레벨을 읽는 순간에 지시침이 지시판 범위 위를 벗어날 때(이때에 진동레벨계의 레벨범위는 전환하지 않음)에는 그 발생빈도를 기록하여 ( ) 이상이면 누적도수 곡선상에서 구한 L_{10} 값에 2dB을 더해준다.

① 3회 ② 6회
③ 9회 ④ 12회

47 진동레벨계의 사용기준 중 진동픽업의 횡감도는 규정주파수에서 수감축 감도에 대하여 최소 몇 dB 이상의 차이가 있어야 하는가?(단, 연직특성이다.)

① 5dB ② 10dB
③ 15dB ④ 20dB

풀이 진동픽업의 횡감도는 규정주파수에서 수감축 감도에 대한 차이가 15dB 이상이어야 한다.

48 다음 진동레벨계 기본구조에서 "6"은 무엇인가?

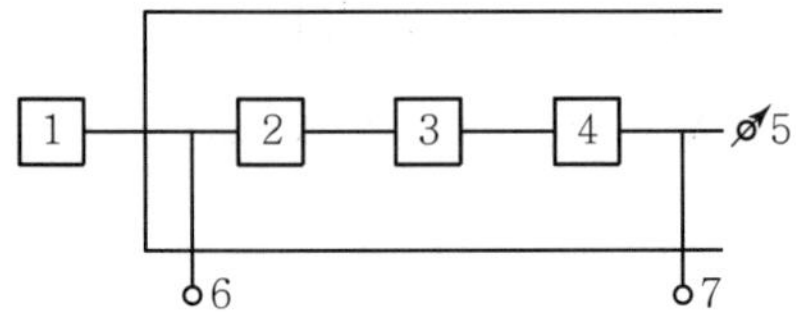

① 진동픽업 ② 교정장치
③ 지시계기 ④ 증폭기

풀이 1. 진동픽업 2. 레벨레인지 변환기
3. 증폭기 4. 감각보정회로
5. 지시계기 6. 교정장치
7. 출력단자

49 제진합금 중 두드려도 소리가 나지 않는 금속으로 유명한 Sonoston에 가장 많이 함유되어 있는 물질은?

① Mn ② Cu
③ Al ④ Fe

50 진동레벨계의 성능기준으로 옳지 않은 것은?

① 측정가능 주파수 범위는 1~90Hz 이상이어야 한다.
② 지시계기의 눈금오차 범위는 1dB 이내이어야 한다.
③ 측정가능 진동레벨 범위는 45~120dB 이상이어야 한다.
④ 레벨레인지 변환기가 있는 기기에 있어서 레벨레인지 변환기의 전환오차가 0.5dB 이내이어야 한다.

풀이 진동레벨계 지시계기의 눈금오차는 0.5dB 이내이어야 한다.

51 다음은 소음진동공정시험 기준에 규정된 진동레벨계의 성능기준이다. ( )에 알맞은 것은?

> • 측정 가능 주파수 범위는 (㉠)이어야 한다.
> • 측정 가능 진동레벨의 범위는 (㉡)이어야 한다.

① ㉠ 1~90Hz 이상, ㉡ 25~65dB 이상
② ㉠ 1~90Hz 이상, ㉡ 45~120dB 이상
③ ㉠ 55~90Hz 이상, ㉡ 25~65dB 이상
④ ㉠ 55~90Hz 이상, ㉡ 45~120dB 이상

정답 45 ③ 46 ② 47 ③ 48 ② 49 ① 50 ② 51 ②

52 측정지점에서 측정한 진동레벨 중 가장 높은 진동레벨을 측정진동레벨로 하는 기준 또는 한도가 맞는 것은?

① 생활진동규제기준, 도로교통진동한도
② 배출허용기준, 철도진동한도
③ 배출허용기준, 도로교통진동한도
④ 생활진동규제기준, 배출허용기준

풀이 ㉠ 배출허용기준 : 피해가 예상되는 적절한 측정시각에 2지점 이상의 측정지점 수를 선정 · 측정하여 그중 가장 높은 소음도를 측정소음도로 한다.
㉡ 생활진동규제기준 : 피해가 예상되는 적절한 측정시각에 2지점 이상의 측정지점 수를 선정 · 측정하여 그중 가장 높은 소음도를 측정소음도로 한다.

53 도로교통 진동 측정 시 디지털 진동자동분석계를 사용할 경우 어떤 값을 측정진동레벨로 하는가?

① 자동연산 · 기록한 80% 범위의 상단치
② 자동연산 · 기록한 80% 범위의 하단치
③ 자동연산 · 기록한 90% 범위의 상단치
④ 자동연산 · 기록한 90% 범위의 하단치

54 도로교통진동 측정자료평가표 서식에 기재되어야 하는 사항으로 가장 거리가 먼 것은?

① 소형차 통행량(대/hr)
② 시간당 교통량(대/hr)
③ 도로유형
④ 관리자

풀이 도로교통진동 측정자료평가표 기재사항
㉠ 도로 구조
- 차선수
- 도로유형
- 구배

㉡ 교통 특성
- 시간당 교통량
- 대형차 통행량
- 평균차속

55 진동배출 허용기준 측정 시 진동픽업의 설치장소로 부적당한 곳은?

① 복잡한 반사, 회절현상이 없는 장소
② 경사지지 않고, 완충물이 충분히 있는 장소
③ 단단히 굳고, 요철이 없는 장소
④ 수평면을 충분히 확보할 수 있는 장소

풀이 진동픽업의 장소는 완충물이 없고, 충분히 다져서 단단히 굳은 장소로 한다.

56 다음은 철도진동관리기준 측정방법이다. ㉠, ㉡에 알맞은 것은?

> 열차 통과 시마다 최고진동레벨이 배경진동레벨보다 최소 (㉠) 이상 큰 것에 한하여 연속 (㉡)개 열차(상 · 하행 포함) 이상을 대상으로 최고진동레벨을 측정 · 기록하고, 그중 중앙값 이상을 산술평균한 값을 철도진동레벨로 한다.

① ㉠ 10dB, ㉡ 5　　② ㉠ 10dB, ㉡ 10
③ ㉠ 5dB, ㉡ 5　　④ ㉠ 5dB, ㉡ 10

57 철도진동 관리기준 측정방법에 관한 설명으로 옳지 않은 것은?

① 옥외 측정을 원칙으로 한다.
② 기상조건, 열차의 운행횟수 및 속도 등을 고려하여 당해 지역의 3시간 평균 철도통행량 이상인 시간대에 측정한다.
③ 그 지역의 철도 진동을 대표할 수 있는 지점이나 철도 진동으로 인하여 문제를 일으킬 우려가 있는 지점을 택하여야 한다.
④ 요일별로 진동 변동이 적은 평일(월요일부터 금요일 사이)에 당해 지역의 철도 진동을 측정하여야 한다.

풀이 기상조건, 열차의 운행횟수 및 속도 등을 고려하여 당해 지역의 1시간 평균 철도통행량 이상인 시간대에 측정한다.

정답 52 ④ 53 ① 54 ① 55 ② 56 ④ 57 ②

58 다음은 도로교통진동관리기준 측정방법 중 측정시간 및 측정지점수에 관한 기준이다. ( ) 안에 알맞은 것은?

> 시간대별로 진동피해가 예상되는 시간대를 포함하여 ( )하여 산술평균한 값을 측정진동레벨로 한다.

① 4개 이상의 측정지점수를 선정하여 2시간 이상 간격으로 2회 이상 측정
② 4개 이상의 측정지점수를 선정하여 2시간 이상 간격으로 4회 이상 측정
③ 2개 이상의 측정지점수를 선정하여 4시간 이상 간격으로 2회 이상 측정
④ 2개 이상의 측정지점수를 선정하여 2시간 이상 간격으로 4회 이상 측정

59 진동레벨계의 성능기준으로 옳지 않은 것은?

① 측정가능 주파수 범위는 31.5Hz~8kHz 이상이어야 한다.
② 측정가능 진동레벨 범위는 45~120dB 이상이어야 한다.
③ 지시계기의 눈금오차는 0.5dB 이내이어야 한다.
④ 레벨레인지 변환기가 있는 기기에 있어서 레벨레인지 변환기의 전환오차는 0.5dB 이내이어야 한다.

풀이 진동레벨계의 측정가능 주파수 범위는 1~90Hz 이상이어야 한다.

60 어떤 단조기의 대상진동레벨이 62dB(V)이다. 이 기계를 공장 내에서 가동하면서 측정한 진동레벨이 65dB(V)라 할 때 이 공장의 배경진동레벨은?

① 60dB(V) ② 61dB(V)
③ 62dB(V) ④ 63dB(V)

풀이 배경진동레벨 = 측정진동레벨 − 보정치
= 65dB(V) − 3dB(V)
= 62dB(V)

4과목 진동방지기술

61 A콘크리트 벽체의 면적이 1,000m^{2}이고, 이 벽체의 투과손실은 40dB이다. 이 벽체에 벽체면적의 1/100을 환기구로 할 때 총합 투과손실은?

① 50dB ② 30dB
③ 20dB ④ 10dB

풀이 $\overline{T_L} = 10\log\frac{1}{\tau} = 10\log\frac{S_1+S_2}{S_1\tau_1+S_2\tau_2}$

$= 10\log\frac{990+10}{(990\times10^{-4.0})+(10\times10^{-0})}$

$= 19.96\text{dB}$

62 방음대책을 음원대책과 전파경로대책으로 분류할 때, 다음 중 전파경로대책으로 가장 거리가 먼 것은?

① 소음기 설치
② 거리 감쇠
③ 지향성 변환
④ 방음벽 설치

풀이 소음기 설치는 발생원에서 소음에 대한 대책이다.

63 방음벽 재료로 음향특성 및 구조강도 이외에 고려하여야 하는 사항으로 가장 거리가 먼 것은?

① 방음벽에 사용되는 모든 재료는 인체에 유해한 물질을 함유하지 않아야 한다.
② 방음벽의 모든 도장은 광택을 사용하는 것이 좋다.
③ 방음판은 하단부에 배수공(Drain Hole) 등을 설치하여 배수가 잘 되어야 한다.
④ 방음벽은 20년 이상 내구성이 보장되는 재료를 사용하여야 한다.

풀이 방음벽의 도장은 주변 환경과 어울리도록 하고 구분이 명확한 광택을 사용하는 것은 피한다.

정답 58 ③ 59 ① 60 ③ 61 ③ 62 ① 63 ②

64 다음 중 섬유질 흡음재의 고유 유동저항 σ을 구하는 관계식으로 옳은 것은?(단, S는 시료단면적, L은 시료두께, Q는 체적속도, ΔP는 시료 전후의 압력차이다.)

① $\sigma = \dfrac{\Delta P \cdot S}{Q \cdot L}$ ② $\sigma = \dfrac{S \cdot L}{\Delta P \cdot Q}$

③ $\sigma = \dfrac{\Delta P \cdot L}{Q \cdot S}$ ④ $\sigma = \dfrac{Q \cdot L}{\Delta P \cdot S}$

65 균질인 단일벽의 두께를 4배로 할 경우 일치효과의 한계주파수 변화로 옳은 것은?(단, 기타 조건은 일정)

① 원래의 $\dfrac{1}{4}$ ② 원래의 $\dfrac{1}{2}$

③ 원래의 2배 ④ 원래의 4배

풀이 일치주파수$(f_c) \simeq \dfrac{1}{h} \simeq \dfrac{1}{4}$(원래의 $\dfrac{1}{4}$)

66 그림과 같은 진동계 전체의 등가스프링 상수(K_{eq})는?

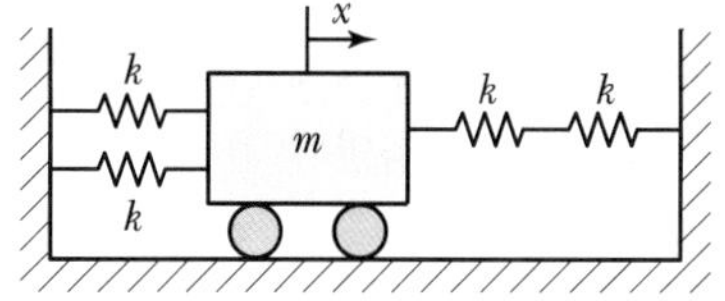

① $2k$ ② $3k$

③ $\dfrac{2}{3}k$ ④ $\dfrac{5}{2}k$

풀이 다음 그림으로 표현할 수 있다.

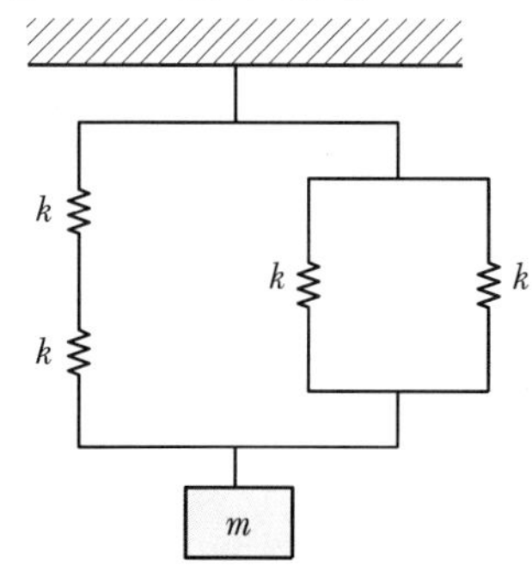

좌측 직렬스프링의 $K_{eq} = \dfrac{k^2}{k+k} = \dfrac{k}{2}$

우측 병렬스프링의 $K_{eq} = k+k = 2k$

좌측, 우측의 $K_{eq} = \dfrac{k}{2} + 2k = \dfrac{5}{2}k$

67 감쇠비를 ξ라 할 때, 대수감쇠율을 나타낸 식은?

① $\xi / \sqrt{1-\xi^2}$ ② $\xi / \sqrt{1-2\xi}$

③ $2\pi\xi / \sqrt{1-\xi^2}$ ④ $2\pi\xi / \sqrt{1+\xi^2}$

풀이 대수감쇠율

$$\Delta = \ln\left(\frac{x_1}{x_2}\right) = \frac{2\pi\xi}{\sqrt{1-\xi^2}} \quad (\xi < 1\text{인 경우 } 2\pi\xi)$$

68 소음진동관리법령상 인증을 면제할 수 있는 자동차에 해당하지 않는 것은?

① 주한 외국군대의 구성원이 공무용으로 사용하기 위하여 반입하는 자동차

② 여행자 등이 다시 반출할 것을 조건으로 일시 반입하는 자동차

③ 연구기관 등이 자동차의 개발이나 전시 등을 목적으로 사용하는 자동차

④ 외국에서 국내의 공공기관이나 비영리단체에 무상으로 기증하여 반입하는 자동차

풀이 인증을 면제할 수 있는 자동차

㉠ 군용 · 소방용 및 경호업무용 등 국가의 특수한 공무용으로 사용하기 위한 자동차

㉡ 주한 외국공관, 외교관, 그 밖에 이에 준하는 대우를 받는 자가 공무용으로 사용하기 위하여 반입하는 자동차로서 외교부장관의 확인을 받은 자동차

㉢ 주한 외국군대의 구성원이 공무용으로 사용하기 위하여 반입하는 자동차

㉣ 수출용 자동차나 박람회, 그 밖에 이에 준하는 행사에 참가하는 자가 전시를 목적으로 사용하는 자동차

㉤ 여행자 등이 다시 반출할 것을 조건으로 일시 반입하는 자동차

㉥ 자동차제작자 · 연구기관 등이 자동차의 개발이

정답 64 ① 65 ① 66 ④ 67 ③ 68 ④

나 전시 등을 목적으로 사용하는 자동차
ⓢ 외국인 또는 외국에서 1년 이상 거주한 내국인이 주거를 이전하기 위하여 이주물품으로 반입하는 1대의 자동차

69 밀도가 950kg/m³인 단일 벽체(두께 : 25cm)에 600Hz의 순음이 통과할 때의 TL(dB)은?(단, 음파는 벽면에 난입사한다.)

① 48.8　　② 52.6
③ 60.0　　④ 66.8

풀이 $TL = 18\log(m \cdot f) - 44$
$= 18\log(950\text{kg/m}^3 \times 0.25\text{m} \times 600) - 44$
$= 48.77\text{dB}$

70 자유공간에서 중심주파수 125Hz로부터 10 dB 이상의 소음을 차단할 수 있는 방음벽을 설계하고자 한다. 음원에서 수음점까지의 음의 회절경로와 직접경로 간의 경로차가 0.67m라면 중심주파수 125Hz에서의 Fresnel Number는?(단, 음속은 340m/s이다.)

① 0.25　　② 0.39
③ 0.49　　④ 0.69

풀이 Fresnel Number(N)

$$N = \frac{\delta \times f}{170} = \frac{0.67 \times 125}{170} = 0.49$$

71 소음진동관리법규상 소음도표지에 관한 사항으로 거리가 먼 것은?

① 색상 : 회색판에 검은색 문자를 쓴다.
② 크기 : 75mm×75mm를 원칙으로 한다.
③ 재질 : 쉽게 훼손되지 아니하는 금속성이나 이와 유사한 강도의 재질을 쓴다.
④ 제작사명, 모델명도 소음도표지에 기재되어야 한다.

풀이 크기 : 80mm×80mm(기계의 크기와 부착 위치에 따라 조정한다.)

72 어떤 기계를 4개의 같은 스프링으로 지지했을 때 기계의 무게로 일정하게 3.88mm 압축되었다. 이 기계의 고유진동수(Hz)는?

① 18Hz　　② 12Hz
③ 8Hz　　④ 4Hz

풀이 $f_n = 4.98\sqrt{1/\delta_{st}} = 4.98 \times \sqrt{1/0.388} = 8\text{Hz}$

73 소음진동관리법규상 환경기술인을 두어야 할 사업장 및 그 자격기준으로 옳지 않은 것은?(단, 기사 2급은 산업기사로 본다.)

① 환경기술인 자격기준 중 소음 · 진동기사 2급은 기계분야기사 · 전기분야기사 각 2급 이상의 자격소지자로서 환경분야에서 1년 이상 종사한 자로 대체할 수 있다.
② 방지시설 면제사업장은 대상 사업장의 소재지역 및 동력규모에도 불구하고 해당 사업장의 배출시설 및 방지시설업무에 종사하는 피고용인 중에서 임명할 수 있다.
③ 총동력합계는 소음배출시설 중 기계 · 기구 동력의 총합계를 말하며, 대수기준시설 및 기계 · 기구와 기타 시설 및 기계 · 기구는 제외한다.
④ 환경기술인으로 임명된 자는 당해 사업장에 상시 근무하여야 한다.

풀이 환경기술인 자격기준 중 소음 · 진동기사 2급은 기계분야기사 · 전기분야기사 각 2급 이상의 자격소지자로서 환경 분야에서 2년 이상 종사한 자로 대체할 수 있다.

74 진동원에서 발생하는 가진력은 특성에 따라 기계회전부의 질량 불평형, 기계의 왕복운동 및 충격에 의한 가진력 등으로 대별되는데 다음 중 발생 가진력이 주로 충격에 의해 발생하는 것은?

① 단조기　　② 전동기
③ 송풍기　　④ 펌프

정답 69 ① 70 ④ 71 ② 72 ③ 73 ① 74 ①

풀이 가진력 발생의 예

㉠ 기계의 왕복운동에 의한 관성력(횡형 압축기, 활판인쇄기 등)
㉡ 기계회전부의 질량 불균형(송풍기 등 회전기계 중 회전부 중심이 맞지 않을 때)
㉢ 질량의 낙하운동에 의한 충격력(단조기)

75 소음진동관리법규상 소음배출시설에 해당하지 않는 것은?(단, 동력기준시설 및 기계 · 기구이다.)

① 22.5kW 이상의 제분기
② 22.5kW 이상의 압연기
③ 22.5kW 이상의 변속기
④ 22.5kW 이상의 초지기

풀이 37.5kW 이상의 압연기

76 소음진동관리법규상 확인검사대행자와 관련한 행정처분기준 중 고의 또는 중대한 과실로 확인검사 대행업무를 부실하게 한 경우 2차 행정처분기준으로 옳은 것은?

① 경고　② 업무정지 1월
③ 업무정지 3월　④ 등록취소

풀이 고의 또는 중대한 과실로 확인검사 대행업무를 부실하게 한 경우 행정처분기준

㉠ 1차 : 업무정지 6일
㉡ 2차 : 등록취소

77 환경정책기본법상 국가환경종합계획에 포함되어야 할 사항으로 가장 거리가 먼 것은?(단, 그 밖의 부대사항은 제외한다.)

① 인구 · 산업 · 경제 · 토지 및 해양의 이용 등 환경변화 여건에 관한 사항
② 환경오염 배출업소 지도 · 단속 계획
③ 사업의 시행에 소요되는 비용의 산정 및 재원 조달방법
④ 환경오염원 · 환경오염도 및 오염물질 배출량의 예측과 환경오염 및 환경훼손으로 인한 환경 질의 변화 전망

풀이 국가환경종합계획 포함사항

㉠ 인구 · 산업 · 경제 · 토지 및 해양의 이용 등 환경변화 여건에 관한 사항
㉡ 환경오염원 · 환경오염도 및 오염물질 배출량의 예측과 환경오염 및 환경훼손으로 인한 환경의 질(質)의 변화 전망
㉢ 환경의 현황 및 전망

78 소음 · 진동관리법령상 규정에 의한 환경기술인을 임명하지 아니한 경우의 행정처분기준의 순서로 옳은 것은?(단, 1차−2차−3차−4차 위반 순이다.)

① 경고−조업정지 5일−조업정지 10일−조업정지 30일
② 경고−조업정지 10일−조업정지 30일−허가취소
③ 환경기술인 선임명령−경고−조업정지 5일−조업정지 10일
④ 환경기술인 선임명령−조업정지 5일−조업정지 10일−경고

풀이 환경기술인을 임명하지 아니한 경우 행정처분

㉠ 1차 : 환경기술인 선임명령
㉡ 2차 : 경고
㉢ 3차 : 조업정지 5일
㉣ 4차 : 조업정지 10일

79 어떤 질점의 운동변위(x)가 다음 표와 같이 표시될 때, 가속도의 최대치(m/s^2)는?

$$x = 7\sin\left(12\pi t - \frac{\pi}{3}\right)\text{cm}$$

① 4.93　② 9.95
③ 49.3　④ 99.5

정답 75 ② 76 ④ 77 ② 78 ③ 79 ④

풀이 가속도 최대치(a_{max})

$= A\omega^2$

$\omega = 2\pi f$

$= A \times (2\pi f)^2$

$f = \frac{12\pi}{2\pi} = 6\text{Hz}$

$= 7 \times (2 \times 3.14 \times 6)^2$

$= 9{,}938.48\text{cm/sec}^2 = 99.38\text{m/sec}^2$

80 파이프 반경이 0.5m인 파이프 벽에서 전파되는 종파의 전파속도가 5,326m/s인 경우 파이프의 링 주파수는 약 몇 Hz인가?

① 1,451.6 ② 1,591.5
③ 1,695.3 ④ 1,845.9

풀이 $f_r = \frac{C_L}{\pi d} = \frac{5{,}326}{3.14 \times 1} = 1{,}696.18\text{Hz}$

정답 80 ③

030 2023년 4회 기사

1과목 소음진동개론

01 배 위에서 사공이 물 속에 있는 해녀에게 큰 소리로 외쳤을 때 음파의 입사각은 60°, 굴절각은 45°였다. 이때 굴절률은?

① 1.5 ② 1.3333
③ 1.2247 ④ 0.75

풀이 굴절률$=\dfrac{\sin\theta_1}{\sin\theta_2}=\dfrac{\sin 60°}{\sin 45°}=1.2247$

02 사람의 청각기관 중 중이에 관한 설명으로 옳지 않은 것은?

① 음의 전달 매질은 기체이다.
② 망치뼈, 모루뼈, 등자뼈라는 3개의 뼈를 담고 있는 고실과 유스타키오관으로 이루어진다.
③ 고실의 넓이는 약 1~2cm^2 정도이다.
④ 이소골은 진동음압을 20배 정도 증폭하는 임피던스 변환기 역할을 한다.

풀이 중이의 음전달 매질은 고체이다.

03 아래의 명료도 산출식에 관한 다음 설명 중 옳지 않은 것은?

명료도$=96\times(K_e\cdot K_r\cdot K_n)$
단, K_e : 음의 세기에 의한 명료도의 저하율
K_r : 잔향시간에 의한 명료도의 저하율
K_n : 소음에 의한 명료도의 저하율

① 음의 세기에 의한 명료도는 음압레벨이 40dB에서 가장 잘 들리고 40dB 이상에서는 급격히 저하된다.
② 잔향시간이 길면 언어의 명료도가 저하된다.
③ 상수 96은 완전한 실내 환경에서 96%가 최대 명료도임을 뜻하는 값이다.
④ 소음에 의한 명료도는 음압레벨과 소음레벨의 차이가 0dB일 때 K_n 값은 0.67이며, 이 K_n은 두 음의 차이가 커짐에 따라 증가한다.

풀이 음의 세기에 의한 명료도는 음압레벨이 70~80dB에서 가장 좋다.

04 음의 세기레벨이 84dB에서 88dB로 증가하면 음의 세기는 약 몇 % 증가하는가?

① 91% ② 111%
③ 131% ④ 151%

풀이 $84=10\log\dfrac{I_1}{10^{-12}}$

$I_1=10^{8.4}\times10^{-12}=2.51\times10^{-4}\text{W/m}^2$

$88=10\log\dfrac{I_2}{10^{-12}}$

$I_2=10^{8.8}\times10^{-12}=6.31\times10^{-4}$

$$\text{증가율}(\%)=\frac{I_2-I_1}{I_1}=\frac{6.31\times10^{-4}-2.51\times10^{-4}}{2.51\times10^{-4}}\times100\fallingdotseq 151\%$$

05 점음원의 파워레벨이 115dB이고, 그 점음원이 모퉁이에 놓여있을 때 12m되는 지점에서의 음압레벨은?

① 82dB ② 85dB
③ 87dB ④ 91dB

풀이
$$\begin{aligned}SPL&=PWL-20\log\gamma-11+10\log Q\\&=115\text{dB}-20\log12-11+10\log8\\&=91.45\text{dB}\end{aligned}$$

정답 01 ③ 02 ① 03 ① 04 ④ 05 ④

06 음의 성질에 관한 설명으로 가장 거리가 먼 것은?

① 매질 자체가 이동하여 생기는 에너지의 전달을 파동이라 한다.
② 기공이 많은 자재는 반사음이 작기 때문에 흡음률이 대체로 크다.
③ 입사음의 파장이 자재 표면의 요철에 비하여 클 때에는 정반사가 일어난다.
④ 음의 회절현상은 소음의 파장이 크고, 장애물이 작을수록 잘 이루어진다.

풀이 매질 자체가 이동하는 것이 아니고 음이 전달되는 매질의 변화운동으로 이루어지는 에너지 전달이다.

07 다음은 인간의 청각기관에 관한 설명이다. (　　) 안에 가장 적합한 것은?

(㉠)은 이소골의 진동을 와우각 중의 림프액에 전달하는 진동판 역할을 하며, 유스타키오관은 (㉡)의 기압을 조정하는 역할을 한다.

① ㉠ 고실, ㉡ 외이와 중이
② ㉠ 고실, ㉡ 중이와 내이
③ ㉠ 난원창, ㉡ 외이와 중이
④ ㉠ 난원창, ㉡ 중이와 내이

08 어느 지점의 PWL을 10분 간격으로 측정한 결과 100dB이 3회, 110dB이 3회였다면 이 지점의 평균 PWL은?

① 103dB　　② 105dB
③ 107dB　　④ 109dB

풀이 $\overline{L}(\text{평}) = 10\log\left[\frac{1}{n}\left(10^{\frac{L_1}{10}} + \cdots + 10^{\frac{L_n}{10}}\right)\right]$

$= 10\log\left[\frac{1}{6}\left(3\times10^{10} + 3\times10^{11}\right)\right]$

$= 107.4\text{dB}$

09 지향지수가 6dB일 때 지향계수는?

① 4.60　　② 4.35
③ 3.98　　④ 3.5

풀이 $DI = 10\log Q$

$Q = 10^{\frac{DI}{10}} = 10^{\frac{6}{10}} = 3.98$

10 다음은 자유진동의 해법 중 어떤 방법에 관한 설명인가?

이 방법은 Rayleigh법을 개량화시킨 것이며, 에너지를 계산하는 데 있어서 가정하는 처짐형태를 하나 또는 그 이상의 미정파라미터를 가진 함수로 표현하고, 계산되는 주파수가 최소가 되도록 이 파라미터들을 조절하는 계산기법이다.

① 완전해법　　② 집중파라미터 표현법
③ Ritz법　　④ Hamilton법

11 진동레벨 산정 시 수직보정곡선에서 주파수 대역이 $8 \le f \le 90\text{Hz}$일 때 보정치 물리량 (m/s^2)은?

① $2\times10^{-5}\times f^{-\frac{1}{2}}$　　② 10^{-5}
③ $0.125\times10^{-5}\times f$　　④ $10^{-5}\times f^{-\frac{1}{2}}$

풀이 주파수별 보정치 물리량
㉠ 수직보정의 경우
• $1 \le f \le 4\text{Hz}$
$a = 2\times10^{-5}\times f^{-\frac{1}{2}}(\text{m/s}^2)$
• $4 \le f \le 8\text{Hz}$
$a = 10^{-5}(\text{m/s}^2)$
• $8 \le f \le 90\text{Hz}$
$a = 0.125\times10^{-5}\times f(\text{m/s}^2)$
㉡ 수평보정의 경우
• $1 \le f \le 2\text{Hz}$
$a = 10^{-5}(\text{m/s}^2)$
• $2 \le f \le 90\text{Hz}$
$a = 0.5\times10^{-5}\times f(\text{m/s}^2)$

정답 06 ① 07 ③ 08 ③ 09 ③ 10 ③ 11 ③

12 인체 귀의 구성요소 중 초저주파소음의 전달과 진동에 따르는 인체의 평형을 담당하고 있는 부분은?

① 3개의 청소골
② 유스타키오관
③ 세반고리관 및 전정기관
④ 고막과 섬모세포

13 주파수 15Hz, 진동속도 파형의 전 진폭이 0.0004m/s인 정현진동의 진동 가속도 레벨은?

① 68dB ② 63dB
③ 59dB ④ 57dB

풀이 $VAL = 20\log\left(\frac{A_{rms}}{A_r}\right)$

$$A_{rms} = \frac{A_{\max}}{\sqrt{2}}$$

$$A_{\max} = V_{\max} \cdot \omega = V_{\max} \times (2\pi f)$$

$$V_{\max} = \frac{0.0004}{2}$$

$$= 0.0002\text{m/sec}$$

$$= 0.0002 \times (2 \times 3.14 \times 15)$$

$$= 0.01884\text{m/sec}^2$$

$$= \frac{0.01884}{\sqrt{2}} = 0.01332\text{m/sec}^2$$

$$= 20\log\left(\frac{0.01332}{10^{-5}}\right) = 62.49\text{ dB}$$

14 다음 중 상온에서의 음속이 일반적으로 가장 느린 것은?

① 물 ② 철
③ 나무 ④ 유리

풀이 각 매질에서의 음속
㉠ 공기 : 약 340m/sec
㉡ 물 : 약 1,400m/sec
㉢ 나무 : 약 3,300m/sec
㉣ 유리 : 약 3,700m/sec
㉤ 강철 : 약 5,000m/sec

15 다음 중 음압의 단위에 해당하지 않는 것은?

① μbar ② W/m^2
③ $dyne/m^2$ ④ N/m^2

풀이 W/m^2은 음의 세기 단위이다.

16 인간이 느낄 수 있는 진동 가속도의 범위로 가장 알맞은 것은?

① 0.01~0.1gal
② 0.1~1gal
③ 0.1~100gal
④ 1~1,000gal

풀이 인간이 일반적으로 느낄 수 있는 진동 가속도의 범위는 1~1,000gal($0.01m/sec^2$~$10m/sec^2$)이다.

17 무지향성 음원 기준으로 선음원이 자유공간에 있을 때, 음압레벨(SPL)과 음향파워레벨(PWL)과의 관계는?(단, r은 음원으로부터의 거리)

① $SPL = PWL - 10 \times \log(2\pi r)$
③ $SPL = PWL - 10 \times \log(4\pi r^2)$
③ $SPL = PWL + 10 \times \log(4\pi r)$
④ $SPL = PWL + 10 \times \log(2\pi r)$

풀이 ㉠ 선음원 : 자유공간
$SPL = PWL - 10\log(2\pi r)$
㉡ 선음원 : 반자유공간
$SPL = PWL - 10\log(\pi r)$

18 A음원의 음세기(I)가 $1 \times 10^{-10}W/m^2$이다. 이때의 음세기 레벨(SIL)은?

① 5dB ② 10dB
③ 15dB ④ 20dB

풀이 $SIL = 10\log\frac{1 \times 10^{-10}}{10^{-12}} = 20\text{dB}$

정답 12 ③ 13 ② 14 ① 15 ② 16 ④ 17 ① 18 ④

19 마루 위의 점음원이 반자유공간으로 음을 전파하고 있다. 음원에서 3.4m인 지점의 음압레벨이 92dB이라면 이 음원의 파워레벨은?

① 102.3dB ② 105.3dB
③ 110.6dB ④ 113.6dB

풀이 점음원, 반자유공간

$PWL = SPL + 20\log r + 8$
$= 92\text{dB} + 20\log 3.4 + 8 = 110.6\text{dB}$

20 소리의 굴절에 관한 설명으로 옳지 않은 것은?(단, θ_1 : 첫 번째 매질에 대한 소리의 입사각, θ_2 : 두 번째 매질 내에서의 굴절각, R : 굴절도, c_1, c_2 : 각각 첫 번째, 두 번째 매질에서의 음속)

① Snell의 법칙에 의해 $R = \dfrac{\sin\theta_2}{\sin\theta_1}$로 표현된다.
② $R \propto \dfrac{c_1}{c_2}$이다.
③ 음원보다 상공의 풍속이 클 때 풍하 측에서는 지면 쪽으로 굴절한다.
④ 소리가 전파할 때 매질의 밀도변화로 인하여 음파의 진행방향이 변하는 것을 말한다.

풀이 Snell의 법칙(굴절의 법칙)

입사각과 굴절각의 sin비는 각 매질에서의 전파속도의 비와 같다.

$\dfrac{c_1}{c_2} = \dfrac{\sin\theta_1}{\sin\theta_2}$

여기서, c_1, θ_1 : 매질 Ⅰ에서 음속 및 입사각
c_2, θ_2 : 매질 Ⅱ에서 음속 및 입사각

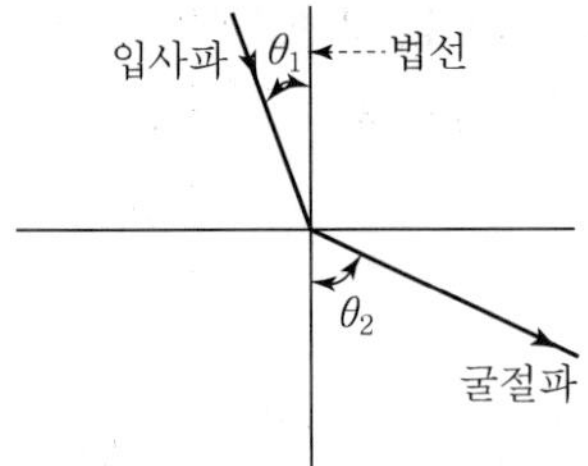

2과목 소음방지기술

21 대상소음도를 구하기 위해 배경소음의 영향이 있는 경우, 보정치 산정식으로 옳은 것은?(단, d = 측정소음도 − 배경소음도이다.)

① $-10\log(1-0.1^{-0.1/d})$
② $-10\log(1-0.1^{-0.1d})$
③ $-10\log(1-10^{-0.1/d})$
④ $-10\log(1-10^{-0.1d})$

22 흡음재료 중 다공질 재료의 사용상 설명으로 틀린 것은?

① 다공질 재료는 산란되기 쉬우므로 표면을 얇은 직물로 피복하는 것이 바람직하다.
② 다공질 재료의 표면을 도장하면 고음역에서 흡음률이 크게 증가한다.
③ 비닐시트나 캔버스 등으로 다공질 재료를 피복할 경우 저음역에서는 막진동에 의해 흡음률이 증가할 때가 많다.
④ 다공질 재료의 표면에 종이를 입히는 것은 피해야 한다.

풀이 다공질 재료의 표면을 도장하면 고음역에서 흡음률이 크게 저하(저감)한다.

23 항공기소음한도 측정결과 일일 단위의 WECPNL이 86이다. 일일 평균최고소음도가 93dB(A)일 때, 1일간 항공기의 등가통과횟수는?

① 100회 ② 110회
③ 120회 ④ 130회

풀이 $WECPNL = \overline{L_{max}} + 10\log N - 27$

$86 = 93 + 10\log N - 27$
$10\log N = 20$
$N = 10^2 = 100$회

정답 19 ③ 20 ① 21 ④ 22 ② 23 ①

24 소음 · 진동공정시험기준 중 철도소음 측정에 관한 설명으로 옳지 않은 것은?

① 요일별로 소음변동이 적은 평일에 측정한다.
② 주간시간대는 2시간 간격을 두고 1시간씩 2회 측정한다.
③ 철도소음관리기준을 적용하기 위하여 측정하고자 할 경우에는 철도보호지구 외의 지역에서 측정 · 평가한다.
④ 샘플주기를 0.1초 내외로 결정하고 1시간 동안 연속 측정하여 자동 연산 · 기록한 등가소음도를 그 지점의 측정소음도로 한다.

풀이 샘플주기를 1초 내외로 결정하고 1시간 동안 연속 측정하여 자동 연산 · 기록한 등가소음도를 그 지점의 측정소음도로 한다.

25 대상소음도를 구하기 위해 배경소음의 영향이 있는 경우, 보정치 산정식으로 옳은 것은?(단, d = 측정소음도 − 배경소음도이다.)

① $-10\log(1-0.1^{-0.1/d})$
② $-10\log(1-0.1^{-0.1d})$
③ $-10\log(1-10^{-0.1/d})$
④ $-10\log(1-10^{-0.1d})$

26 배출허용기준의 소음측정방법 중 배경소음 보정방법에 관한 설명으로 옳지 않은 것은?

① 측정소음도가 배경소음도보다 10dB 이상 크면 배경소음의 영향이 극히 적기 때문에 배경소음의 보정 없이 측정소음도를 대상소음도로 한다.
② 측정소음도에 배경소음을 보정하여 대상소음도로 한다.
③ 측정소음도가 배경소음도보다 3dB 미만으로 크면 배경소음이 대상소음보다 크므로 재측정하여 대상소음도를 구하여야 한다.
④ 배경소음도 측정 시 해당 공장의 공정상 일부 배출시설의 가동 중지가 어렵거나 해당 배출시설에서 발생한 소음이 배경소음에 영향을 미친다고 판단될 경우라도 배경소음도 측정 없이 측정소음도를 대상소음도로 할 수 없다.

풀이 배경소음도 측정 시 해당 공장의 공정상 일부 배출시설의 가동 중지가 어렵다고 인정되고, 해당 배출시설에서 발생한 소음이 배경소음에 영향을 미친다고 판단될 경우에는 배경소음도의 측정 없이 측정소음도를 대상소음도로 할 수 있다.

27 도로교통소음을 측정하고자 할 때, 소음계의 동특성은 원칙적으로 어떤 모드로 측정하여야 하는가?

① 느림(Slow)
② 빠름(Fast)
③ 충격(Impulse)
④ 직선(Lin)

풀이 도로교통소음 측정 시 소음계의 청감보정회로는 A 특성에 고정, 동특성은 빠름(Fast)으로 하여 측정하여야 한다.

28 소음계에 의한 소음도 측정 시 반드시 마이크로폰에 방풍망을 부착하여 측정하여야 하는 경우는 풍속이 최소 얼마 이상일 때인가?(단, 상시측정용 옥외마이크로폰 제외)

① 10m/s ② 6m/s
③ 2m/s ④ 0.5m/s

29 환경기준 중 소음측정방법에서 낮 시간대(06:00~22:00)의 측정시간 및 횟수 기준은?

① 30분 이상 간격으로 8회 이상
② 1시간 이상 간격으로 8회 이상
③ 1시간 이상 간격으로 4회 이상
④ 2시간 이상 간격으로 4회 이상

정답 24 ④ 25 ④ 26 ④ 27 ② 28 ③ 29 ④

풀이 환경기준(측정시간 및 측정지점 수)

㉠ 낮 시간대(06:00~22:00)에는 당해 지역 소음을 대표할 수 있도록 측정지점 수를 충분히 결정하고, 각 측정지점에서 2시간 이상 간격으로 4회 이상 측정하여 산술평균한 값을 측정소음도로 한다.

㉡ 밤 시간대(22:00~06:00)에는 낮 시간대에 측정한 측정지점에서 2시간 간격으로 2회 이상 측정하여 산술평균한 값을 측정소음도로 한다.

30 규제기준 중 동일 건물 내 사업장 소음 측정방법에 관한 설명으로 옳지 않은 것은?

① 소음계의 동특성은 원칙적으로 빠름(Fast)모드를 하여 측정하여야 한다.

② 소음도 기록기가 없을 경우에는 소음계만으로 측정할 수 있으며, 소음계와 소음도 기록기를 연결하여 측정 · 기록하는 것을 원칙으로 한다.

③ 측정점은 피해가 예상되는 실에서 소음도가 높을 것으로 예상되는 지점의 바닥 위 3~5m 높이로 한다.

④ 측정점에 높이가 1.5m를 초과하는 장애물이 있는 경우에는 장애물로부터 1.0m 이상 떨어진 지점으로 한다.

풀이 동일 건물 내 사업장 소음 측정점은 피해가 예상되는 실에서 소음도가 높을 것으로 예상되는 지점의 바닥 위 1.2~1.5m 높이로 한다.

31 환경기준 중 소음측정방법에서 디지털 소음 자동분석계를 사용할 경우 샘플주기는 몇 초 이내에서 결정하고, 몇 분 이상 측정하여야 하는가?

① 1초 이내, 5분 이상

② 5초 이내, 5분 이상

③ 5초 이내, 10분 이상

④ 10초 이내, 10분 이상

32 소음한도 중 항공기소음의 측정자료 분석 시 배경소음보다 10dB 이상 큰 항공기소음의 지속시간 평균치 $\overline{D}$가 63초일 경우 $\overline{WECPNL}$에 보정해야 할 보정량(dB)은?

① 4 ② 5

③ 6 ④ 7

풀이
$$\text{보정량(dB)} = +10\log\left(\frac{\overline{D}}{20}\right)$$
$$= +10\log\left(\frac{63}{20}\right) = 5.0\text{dB}$$

33 규정에도 불구하고 규제기준 중 생활소음 측정 시 피해가 우려되는 곳의 부지경계선보다 3층 거실에서 소음도가 더 클 경우 측정점은 거실창문 밖의 몇 m 떨어진 지점으로 해야 하는 것이 가장 적합한가?

① 0.5~1.0m ② 3.0~3.5m

③ 4~5m ④ 5~10m

34 소음 · 진동공정시험기준에서 규정된 용어의 정의로 옳지 않은 것은?

① 소음원 : 소음을 발생하는 기계 · 기구, 시설 및 기타 물체 또는 환경부령으로 정하는 사람의 활동을 말한다.

② 정상소음 : 시간적으로 변동하지 아니하거나 또는 변동폭이 작은 소음을 말한다.

③ 반사음 : 한 매질 중의 음파가 다른 매질의 경계면에 입사한 후 진행방향을 변경하여 본래의 매질 중으로 되돌아오는 음을 말한다.

④ 지발발파 : 시간차를 두지 않고 연속적으로 발파하는 것을 말한다.

풀이 지발발파는 수초 내에 시간차를 두고 발파하는 것을 말한다.(단, 발파기를 1회 사용하는 것에 한한다.)

정답 30 ③ 31 ① 32 ② 33 ① 34 ④

35 환경기준 중 소음측정방법에 관한 사항으로 옳지 않은 것은?

① 도로변지역의 범위는 도로단으로부터 차선 수×15m로 한다.
② 사용 소음계는 KS C IEC 61672-1에 정한 클래스 2의 소음계 또는 동등 이상의 성능을 가진 것이어야 한다.
③ 옥외측정을 원칙으로 한다.
④ 일반지역의 경우에는 가능한 한 측정점 반경 3.5m 이내에 장애물(담, 건물, 기타 반사성 구조물 등)이 없는 지점의 지면 위 1.2~1.5m를 측정점으로 한다.

풀이 도로변지역의 범위는 도로단으로부터 차선 수×10m로 하고 고속도로 또는 자동차전용도로의 경우에는 도로단으로부터 150m 이내의 지역을 말한다.

36 항공기소음한도 측정을 위한 측정점 선정에 관한 설명으로 옳지 않은 것은?

① 측정점에서 원추형 상부공간이란 측정위치를 지나는 지면 또는 바닥면의 법선에 반각 80°의 선분이 지나는 공간을 말한다.
② 측정점은 항공기 소음으로 인하여 문제를 일으킬 우려가 있는 장소를 택한다.
③ 상시측정용의 경우 측정점은 지면 또는 바닥면에서 5~10m 높이로 한다.
④ 측정지점 반경 3.5m 이내는 가급적 평활하고, 시멘트 등으로 포장되어 있어야 한다.

풀이 상시측정용의 경우에는 주변환경, 통행, 타인의 축수 등을 고려하여 지면 또는 바닥면에서 1.2~5.0m 높이로 할 수 있다.

37 소음 · 진동공정시험기준상 공장소음 측정자료평가표 서식의 측정기기란에 기재되어야 할 항목으로 거리가 먼 것은?

① 소음계 교정일자 ② 소음도기록기명
③ 부속장치 ④ 소음계명

풀이 공장소음 측정자료평가표의 측정기기란 포함 항목
㉠ 소음계명
㉡ 소음도기록기명
㉢ 부속장치

38 등가소음도에 대한 설명으로 옳은 것은?

① 환경오염 공정시험기준의 측정방법으로 측정한 소음도를 말한다.
② 측정소음도에 배경소음을 보정한 후 얻어진 소음도를 말한다.
③ 임의의 측정시간 동안 발생한 변동소음의 총에너지를 같은 시간 내의 정상소음의 에너지로 등가하여 얻어진 소음도를 말한다.
④ 대상소음도에 충격음, 관련 시간대에 대한 측정소음 발생시간의 백분율, 시간별, 지역별 등의 보정치를 보정한 후 얻어진 소음도를 말하다.

39 동일건물 내 사업장 소음을 측정하였다. 1지점에서의 측정치가 각각 70dB(A), 74dB(A), 2지점에서의 측정치가 각각 75dB(A), 79dB(A)로 측정되었을 때, 이 사업장의 측정소음도는?

① 72dB(A) ② 75dB(A)
③ 77dB(A) ④ 79dB(A)

풀이 각 지점에서 산술평균 소음도 중 가장 높은 소음도를 측정소음도로 한다.

$$1지점=\frac{70+74}{2}=72\text{dB(A)}$$

$$2지점=\frac{75+79}{2}=77\text{dB(A)}$$

즉, 77dB(A)가 측정소음도이다.

40 다음은 소음계에 관한 사항이다. ( ) 안에 가장 적합한 것은?

> 교정장치는 ( ) 이상이 되는 환경에서도 교정이 가능하여야 한다.

① 50dB(A) ② 60dB(A)
③ 70dB(A) ④ 80dB(A)

정답 35 ① 36 ③ 37 ① 38 ③ 39 ③ 40 ④

3과목 소음진동공정시험 기준

41 진동레벨계의 성능기준에 관한 설명으로 옳지 않은 것은?

① 측정가능 주파수 범위는 1~90Hz 이상이어야 한다.
② 측정가능 진동레벨 범위는 45~120dB 이상이어야 한다.
③ 진동픽업의 횡감도는 규정주파수에서 수감축 감도에 대한 차이가 10dB 이상이어야 한다(연직특성).
④ 레벨레인지 변환기가 있는 기기에 있어서 레벨레인지 변환기의 전환오차는 0.5dB 이내이어야 한다.

풀이 진동픽업의 횡감도는 규정주파수에서 수감축 감도에 대한 차이가 15dB 이상이어야 한다.

42 다음은 "지발발파"의 용어 정의이다. (　　) 안에 알맞은 것은?

> (㉠) 내에 시간차를 두고 발파하는 것을 말하며, 단, 발파기를 (㉡) 사용하는 것에 한한다.

① ㉠ 수 초, ㉡ 1회
② ㉠ 수 초, ㉡ 3회
③ ㉠ 수 시간, ㉡ 1회
④ ㉠ 수 시간, ㉡ 3회

43 공장진동 측정자료 평가표 서식에 기재되어야 하는 사항으로 거리가 먼 것은?

① 충격진동의 발생시간(h)
② 측정 대상업소의 소재지
③ 진동레벨계명
④ 지면 조건

풀이 공정시험기준 중 공장진동 측정자료 평가표 참조

44 다음은 도로교통진동관리기준의 측정시간 및 측정지점수 기준이다. (　　) 안에 알맞은 것은?

> 시간대별로 진동피해가 예상되는 시간대를 포함하여 (㉠)의 측정지점 수를 선정하여 (㉡) 측정하여 산술평균한 값을 측정진동레벨로 한다.

① ㉠ 2개 이상, ㉡ 4시간 이상 간격으로 2회 이상
② ㉠ 2개 이상, ㉡ 2시간 이상 간격으로 2회 이상
③ ㉠ 1개 이상, ㉡ 4시간 이상 간격으로 2회 이상
④ ㉠ 1개 이상, ㉡ 2시간 이상 간격으로 2회 이상

풀이 시간대별로 진동피해가 예상되는 시간대를 포함하여 2개 이상의 측정지점 수를 선정하여 4시간 이상 간격으로 2회 이상 측정하여 산술평균한 값을 측정진동레벨로 한다.

45 규제기준 중 생활진동 측정방법에서 진동레벨기록기를 사용하여 측정할 경우 기록지상의 지시치의 변동폭이 5dB 이내일 때 배경진동레벨을 정하는 기준은?

① 구간 내 최대치부터 진동레벨의 크기순으로 5개를 산술평균한 진동레벨
② 구간 내 최대치부터 진동레벨의 크기순으로 10개를 산술평균한 진동레벨
③ L_{10} 진동레벨 계산방법에 의한 L_{10} 값
④ L_5 진동레벨 계산방법에 의한 L_5 값

46 규제기준 중 발파진동 측정방법에 관한 설명으로 옳지 않은 것은?

① 진동레벨기록기를 사용하여 측정할 때에는 기록지상의 지시치의 최고치를 측정진동레벨로 한다.
② 진동레벨계만으로 측정할 경우에는 최고진동레벨이 고정(Hold)되어서는 안 된다.
③ 작업일지 및 발파계획서 또는 폭약사용신고서를 참조하여 소음 · 진동관리법규에서 구분하는 각 시간대 중에서 최대발파진동이 예상되는 시각의 진동을 포함한 모든 발파진동을 1지점 이상에서 측정한다.

정답 41 ③ 42 ① 43 ① 44 ① 45 ② 46 ②

④ 진동레벨계의 출력단자와 진동레벨기록기의 입력단자를 연결한 후 전원과 기기의 동작을 점검하고 매회 교정을 실시하여야 한다.

풀이 진동레벨계만으로 측정할 경우에는 최고진동레벨이 고정(Hold)되는 것에 한한다.

47 진동측정기기 중 지시계기의 눈금오차는 얼마 이내이어야 하는가?

① 0.5dB 이내 ② 1dB 이내
③ 5dB 이내 ④ 10dB 이내

풀이 진동레벨계의 성능
㉠ 측정 가능 주파수 범위는 1~90Hz 이상이어야 한다.
㉡ 측정 가능 진동레벨의 범위는 45~120dB 이상이어야 한다.
㉢ 감각 특성의 상대응답과 허용오차는 환경측정기기의 형식승인 · 정도검사 등에 관한 고시 중 진동레벨계의 구조 · 성능 세부기준의 연직진동 특성에 만족하여야 한다.
㉣ 진동픽업의 횡감도는 규정주파수에서 수감축 감도에 대한 차이가 15dB 이상이어야 한다.(연직특성)
㉤ 레벨레인지 변환기가 있는 기기에 있어서 레벨레인지 변환기의 전환오차가 0.5dB 이내이어야 한다.
㉥ 지시계의 눈금오차는 0.5dB 이내이어야 한다.

48 규제기준 중 생활진동 측정방법으로 옳지 않은 것은?

① 피해가 예상되는 적절한 측정시각에 2지점 이상의 측정지점수를 선정 · 측정하여 산술평균한 진동레벨을 측정진동레벨로 한다.
② 측정점은 피해가 예상되는 자의 부지경계선 중 진동레벨이 높을 것으로 예상되는 지점을 택하여야 하며 배경진동의 측정점은 동일한 장소에서 측정함을 원칙으로 한다.
③ 측정진동레벨은 대상 진동발생원의 일상적인 사용상태에서 정상적으로 가동시켜 측정하여야 한다.
④ 배경진동레벨은 대상 진동원의 가동을 중지한 상태에서 측정하여야 하나, 가동 중지가 어렵다고 인정되는 경우에는 배경진동의 측정 없이 측정진동레벨을 대상진동레벨로 할 수 있다.

풀이 피해가 예상되는 적절한 측정시각에 2지점 이상의 측정지점 수를 선정 · 측정하여 그중 높은 진동레벨을 측정진동레벨로 한다.

49 배출허용기준 중 진동측정방법에서 배출시설의 진동발생원을 가능한 한 최대출력으로 가동시킨 정상상태에서 측정한 진동레벨은?

① 측정진동레벨
② 대상진동레벨
③ 진동가속도레벨
④ 평가진동레벨

50 진동배출허용기준 측정 시 측정기기의 사용 및 조작에 관한 설명으로 거리가 먼 것은?

① 진동레벨기록기가 없는 경우에는 진동레벨계만으로 측정할 수 있다.
② 진동레벨계의 출력단자와 진동레벨기록기의 입력단자를 연결한 후 전원과 기기의 동작을 점검하고 매회 교정을 실시하여야 한다.
③ 진동레벨계의 레벨레인지 변환기는 측정지점의 진동레벨을 예비조사한 후 적절하게 고정시켜야 한다.
④ 출력단자의 연결선은 회절음을 방지하기 위하여 지표면에 수직으로 설치하여야 한다.

풀이 진동픽업의 연결선은 잡음 등을 방지하기 위하여 지표면에 일직선으로 설치한다.

정답 47 ① 48 ① 49 ① 50 ④

51 진동배출허용기준의 측정방법 중 진동레벨계만으로 측정할 경우에 관한 설명으로 옳은 것은?

① 진동레벨계 지시치의 변화를 목측으로 30초 간격 10회 판독 · 기록한다.
② 진동레벨계 지시치의 변화를 목측으로 5초 간격 50회 판독 · 기록한다.
③ 진동레벨계의 샘플주기를 0.5초 이내에서 결정하고 5분 이상 측정하여 기록한다.
④ 진동레벨계의 샘플주기를 1초 이내에서 결정하고 5분 이상 측정하여 기록한다.

52 다음은 L_{10}진동레벨 계산기준에 관한 설명이다. ( ) 안에 가장 적합한 것은?

> 진동레벨계만으로 측정할 경우 진동레벨을 읽은 순간에 지시침이 지시판 범위 위를 벗어날 때(이때에 진동레벨계의 레벨범위는 전환하지 않음)에는 그 발생빈도를 기록하여 ( ) 이상이면 누적도수 곡선상에서 구한 L_{10} 값에 2dB을 더해준다.

① 3회 ② 6회
③ 9회 ④ 12회

53 발파진동 평가를 위한 보정 시 시간대별 보정 발파횟수(N)는 작업일지 등을 참조하여 발파진동 측정 당일의 발파진동 중 진동레벨이 얼마 이상인 횟수(N)를 말하는가?

① 50dB(V) 이상 ② 55dB(V) 이상
③ 60dB(V) 이상 ④ 130dB(V) 이상

54 규제기준 중 생활진동 측정 시, 진동레벨계의 감각보정회로는 별도 규정이 없을 경우 어디에 고정하여 측정하여야 하는가?

① V특성(수직)
② X특성(수평)
③ Y특성(수평)
④ V특성(수직) 및 X, Y특성(수평)을 동시에 사용

풀이 생활진동 측정 시 진동레벨계의 감각보정회로는 별도 규정이 없는 한 V특성(수직)에 고정하여 측정하여야 한다.

55 진동레벨기록기를 사용하여 측정진동레벨을 측정할 때, 기록지상의 지시치가 불규칙적이고 대폭 변화하는 경우 도로교통진동 측정자료 분석에 사용되는 방법으로 옳은 것은?

① L_5 진동레벨 계산방법에 의한 L_5 값
② L_{10} 진동레벨 계산방법에 의한 L_{10} 값
③ L_{50} 진동레벨 계산방법에 의한 L_{50} 값
④ L_{90} 진동레벨 계산방법에 의한 L_{90} 값

풀이 진동레벨기록기를 사용하여 측정할 경우 기록지상의 지시치가 불규칙하고 대폭적으로 변하는 경우에는 L_{10} 진동레벨 계산방법에 의한 L_{10} 값으로 분석한다.

56 공장의 부지경계선 4개 지점에서 측정한 진동레벨이 각각 68, 70, 74, 66dB(V)이었다. 이 공장의 측정진동레벨[dB(V)]은?

① 70 ② 74
③ 76 ④ 77

풀이 가장 높은 진동레벨 74dB(V)를 측정진동레벨로 한다.

57 생활진동 측정자료평가표 서식의 "측정환경"란에 기재되어야 하는 내용으로 가장 거리가 먼 것은?

① 지면조건
② 전자장 등의 영향
③ 반사 및 굴절진동의 영향
④ 습도 및 온도의 영향

풀이 생활진동 측정자료평가표 중 측정환경 기재내용
㉠ 지면조건
㉡ 전자장 등의 영향
㉢ 반사 및 굴절진동의 영향

정답 51 ② 52 ② 53 ③ 54 ① 55 ② 56 ② 57 ④

58 다음은 소음 · 진동공정시험기준의 진동측정 기기의 성능기준이다. ( ) 안에 가장 알맞은 것은?

측정가능 주파수 범위는 ( ) 이상이어야 한다.

① 20~20,000Hz ② 45~120Hz
③ 20~50Hz ④ 1~90Hz

59 진동픽업에 관한 설명으로 가장 거리가 먼 것은?

① 가동 코일형의 동전형 진동픽업은 전자형이다.
② 동전형 진동픽업은 지르콘규산납($ZrPb-SiO_3$)의 소결체가 주로 사용된다.
③ 압전형 진동픽업은 바람의 영향을 받으므로 바람을 막을 수 있는 차폐물의 설치가 필요하다.
④ 동전형 진동픽업을 대형 전기기기 등에 설치할 때는 전자장의 영향을 받기 쉬우므로 특히 주의가 필요하다.

풀이 지르콘규산납의 소결체가 주로 사용되는 것은 압전형 진동픽업이다.

60 규제기준 중 발파진동 측정방법에서 진동평가를 위한 보정에 관한 설명으로 옳지 않은 것은? (단, N은 시간대별 보정발파횟수)

① 대상진동레벨에 시간대별 보정발파횟수에 따른 보정량을 보정하여 평가진동레벨을 구한다.
② 시간대별 보정발파횟수(N)는 작업일지 및 발파계획서 또는 폭약사용신고서 등을 참조로 하여 산정한다.
③ 여건상 불가피하게 측정 당일의 발파횟수만큼 측정하지 못한 경우에는 측정 시의 장약량과 같은 양을 사용한 발파는 같은 진동레벨로 판단하여 보정발파횟수를 산정할 수 있다.
④ 보정량($+0.1\log N$; $N>5$)을 보정하여 평가진동레벨을 구한다.

풀이 구한 대상진동레벨에 시간대별 보정발파횟수(N)에 따른 보정량($+10\log N$; $N>1$)을 보정하여 평가진동레벨을 구한다.

4과목 진동방지기술

61 날개수 12개인 송풍기가 1,200rpm으로 운전되고 있다. 이 송풍기의 출구에 단순 팽창형 소음기를 부착하여 송풍기에서 발생하는 기본음에 대하여 최대투과손실 20dB을 얻고자 한다. 이때 소음기의 팽창부 길이는?(단, 관로 중의 기체온도는 22℃이다.)

① 0.32m ② 0.36m
③ 0.41m ④ 0.43m

풀이 대상주파수(f)

$$f=\frac{1,200\text{rpm}}{60}\times 12=240\text{Hz}$$

$$\lambda=\frac{C}{f}=\frac{331.42+(0.6\times 22℃)}{240}=1.44\text{m}$$

$$L=\frac{\lambda}{4}=\frac{1.44\text{m}}{4}=0.36\text{m}$$

62 소음기 성능표시 중 "소음원에 소음기를 부착하기 전과 후의 공간상의 어떤 특정위치에서 측정한 음압레벨의 차와 그 측정위치"로 정의되는 것은?

① 삽입손실치(IL)
② 감음량(NR)
③ 투과손실치(TL)
④ 감음계수(NRC)

풀이 삽입손실치(IL ; Insertion Loss)
소음원에 소음기를 부착하기 전후의 공간상의 어떤 특정위치에서 측정한 음압레벨의 차이와 그 측정위치로 정의한다.

정답 58 ④ 59 ② 60 ④ 61 ② 62 ①

63 다음 중 소음대책을 세울 때 가장 먼저 하여야 하는 것은?

① 대책의 목표레벨을 설정한다.
② 문제주파수의 발생원을 탐사(주파수 대역별 소음 필요량 산정)한다.
③ 수음점의 규제기준을 확인한다.
④ 소음이 문제되는 지점의 위치를 귀로 판단하여 확인한다.

풀이 소음대책 순서
㉠ 소음이 문제되는 지점의 위치를 귀로 판단하여 확인한다.
㉡ 수음점에서 소음계, 주파수 분석기 등을 이용하여 실태를 조사한다.
㉢ 수음점의 규제기준을 확인한다.
㉣ 대책의 목표레벨을 설정한다.
㉤ 문제 주파수의 발생원을 탐사(주파수 대역별 소음 필요량 산정)한다.
㉥ 적정 방지기술을 선정한다.
㉦ 시공 및 재평가한다.

64 방음벽은 벽면 또는 벽 상단의 음향특성에 따라 종류별 분류가 가능하다. 다음 중 방음벽 분류에 해당하지 않는 것은?

① 반사형 ② 간섭형
③ 공명형 ④ 팽창형

풀이 방음벽은 벽면 또는 벽 상단의 음향특성에 따라 흡음형, 반사형, 간섭형, 공명형 등으로 구분된다.

65 흡음재료의 선택 및 사용상 유의점으로 옳은 것은?

① 흡음재료를 벽면에 부착 시 전체 내벽에 분산 부착하는 것보다 한 곳에 집중하는 것이 좋다.
② 흡음 Tex 등은 못으로 시공하는 것보다 전면을 접착제로 부착하는 것이 좋다.
③ 다공질 재료의 경우 표면에 종이를 입혀 사용하도록 한다.
④ 다공질 재료의 표면을 도장하면 고음역에서 흡음률이 저하한다.

풀이 ① 흡음재료를 벽면에 부착 시 한 곳에 집중시키는 것보다 전벽에 분산시켜 부착하면 흡음력이 증가한다.
② 흡음 Tex 등은 전면을 접착재로 부착하는 것보다는 못으로 고정시키는 것이 좋다.
③ 다공질 재료의 표면에 종이를 바르는 것은 피해야 한다.

66 진동수 40Hz, 최대가속도 100m/s^2인 조화진동의 진폭은?

① 0.158cm ② 0.316cm
③ 0.436cm ④ 0.537cm

풀이 $a_{\max} = Aw^2$

$$A = \frac{a_{\max}}{w^2} = \frac{100\text{m/sec}^2 \times 100\text{cm/m}}{(2 \times 3.14 \times 40)^2/\text{sec}^2} = 0.158\text{cm}$$

67 다음 ( ) 안에 들어갈 말로 옳은 것은?

> 방진고무의 정확한 사용을 위해서는 일반적으로 (㉠)을 알아야 하는데, 그 값은 $\frac{(㉡)}{(㉢)}$로 나타낼 수 있다.

① ㉠ 정적배율
㉡ 동적 스프링 정수
㉢ 정적 스프링 정수
② ㉠ 동적배율
㉡ 정적 스프링 정수
㉢ 동적 스프링 정수
③ ㉠ 동적배율
㉡ 동적 스프링 정수
㉢ 정적 스프링 정수
④ ㉠ 정적배율
㉡ 정적 스프링 정수
㉢ 동적 스프링 정수

정답 63 ④ 64 ④ 65 ④ 66 ① 67 ③

풀이 $\alpha = \dfrac{K_d}{K_s}$ (보통 1보다 큰 값을 갖는다.)

여기서, K_d : 동적 스프링 정수

K_s : 정적 스프링 정수

[=하중(kg)/수축량(cm)]

방진고무의 경우, 일반적으로 $K_d > K_s$의 관계가 된다.

68 소음진동관리법규상 시·도지사 등은 배출시설에 대한 배출허용기준에 적합한지 여부를 확인하기 위하여 필요한 경우 가동상태를 점검할 수 있으며 이를 검사기관으로 하여금 소음·진동검사를 하도록 지시할 수 있는 바, 이를 검사할 수 있는 기관으로 거리가 먼 것은?

① 국립환경과학원
② 광역시·도의 보건환경연구원
③ 지방환경청
④ 환경보전협회

풀이 소음·진동 검사기관

㉠ 국립환경과학원
㉡ 특별시·광역시·도·특별자치도의 보건환경연구원
㉢ 유역환경청 또는 지방환경청
㉣ 「한국환경공단법」에 따른 한국환경공단

69 투과손실은 중심주파수 대역에서는 질량법칙(Mass Law)에 따라 변화한다. 음파가 단일벽면에 수직입사 시 면밀도가 4배 증가하면 투과손실은 어떻게 변화하는가?

① 3dB 증가
② 6dB 증가
③ 9dB 증가
④ 12dB 증가

풀이 $TL = 20\log(m \cdot f) - 43$에서

$TL = 20\log 4 = 12.04\text{dB}$ 증가

70 팽창형 소음기의 입구 및 팽창부의 직경이 각각 55cm, 125cm일 때, 기대할 수 있는 최대투과손실은 약 몇 dB인가?

① 2.6　　② 5.6
③ 8.6　　④ 15.6

풀이 $TL_{\max} = \dfrac{D_2}{D_1} \times 4 = \dfrac{125}{55} \times 4 = 9.09\text{dB}$

71 소음진동관리법규상 소음진동배출시설의 설치신고 또는 설치허가 대상에서 제외되는 지역이 아닌 것은?(단, 별도로 시·도지사가 환경부장관의 승인을 받아 지정·고시한 지역 등은 제외)

① 산업입지 및 개발에 관한 법률에 따른 산업단지
② 국토의 계획 및 이용에 관한 법률 시행령에 따라 지정된 전용공업지역
③ 자유무역지역의 지정 및 운영에 관한 법률에 따라 지정된 자유무역지역
④ 도시 및 주거환경개선법률에 따라 지정된 광역도시개발지역

풀이 설치신고 또는 설치허가 대상에서 제외되는 지역

㉠ 산업단지
㉡ 전용공업지역 및 일반공업지역
㉢ 자유무역지역
㉣ 도지사가 환경부장관의 승인을 받아 지정·고시한 지역

72 기계의 중량이 50N인 왕복동 압축기가 있다. 분당 회전수가 6,000이고, 상하 방향 불평형력이 6N이며, 기초는 콘크리트 재질로 탄성지지 되어 있고, 진동전달력이 2N이라면 이 진동계의 고유진동수(Hz)는?

① 30　　② 40
③ 50　　④ 60

풀이 $T = \dfrac{1}{\left(\dfrac{f}{f_n}\right)^2 - 1}$에서

정답 68 ④ 69 ④ 70 ③ 71 ④ 72 ③

$$f_n=\sqrt{\frac{T}{1+T}}\times f$$

$$f=\frac{6,000\text{rpm}}{60}=100\text{Hz}$$

$$T=\frac{\text{전달력}}{\text{외력}}=\frac{2}{6}=0.333$$

$$=\sqrt{\frac{0.333}{1+0.333}}\times 100=49.98\text{Hz}$$

73 소음진동관리법규상 도시지역 중 상업지역의 낮(06:00~22:00) 시간대 공장진동 배출허용기준은?

① 60dB(V) 이하
② 65dB(V) 이하
③ 70dB(V) 이하
④ 75dB(V) 이하

풀이 공장진동 배출허용기준 [단위 : dB(V)]

대상지역	시간대별	
	낮 (06:00~22:00)	밤 (22:00~06:00)
가. 도시지역 중 전용주거지역 · 녹지지역, 관리지역 중 취락지구 · 주거개발진흥지구 및 관광 · 휴양개발진흥지구, 자연환경보전지역 중 수산자원보호구역 외의 지역	60 이하	55 이하
나. 도시지역 중 일반주거지역 · 준주거지역, 농림지역, 자연환경보전지역 중 수산자원보호구역, 관리지역 중 가목과 다목을 제외한 그 밖의 지역	65 이하	60 이하
다. 도시지역 중 상업지역 · 준공업지역, 관리지역 중 산업개발진흥지구	70 이하	65 이하
라. 도시지역 중 일반공업지역 및 전용공업지역	75 이하	70 이하

74 서징에 관한 설명으로 옳은 것은?

① 탄성지지계에서 서징 발생 시 급격한 감쇠가 일어난다.
② 코일스프링의 고유진동수가 가진 진동수가 일치된 경우 일어난다.
③ 서징은 방진고무에서 주로 나타난다.
④ 서징이 일어나면 탄성지지계의 진동 전달률이 현저히 저하된다.

풀이 서징(Surging) 현상
코일스프링 자신의 탄성진동의 고유진동수가 외력의 진동수와 공진하는 상태로, 이 진동수에서는 방진효과가 현저히 저하된다.

75 소음진동관리법규상 시 · 도지사가 매년 환경부장관에게 제출하여야 하는 주요 소음 · 진동관리시책의 추진상황에 관한 연차보고서에 포함될 내용으로 가장 거리가 먼 것은?

① 소음 · 진동 발생원 및 소음 · 진동 현황
② 소음 · 진동 저감대책 추진계획
③ 소음 · 진동 저감 결과보고서 및 익년 배출시설 증설계획
④ 소요 재원의 확보계획

풀이 연차보고서 포함내용
㉠ 소음 · 진동 발생원(發生源) 및 소음 · 진동 현황
㉡ 소음 · 진동 저감대책 추진실적 및 추진계획
㉢ 소요 재원의 확보계획

76 다음은 소음진동관리법규상 폭약 사용규제 요청에 관한 사항이다. ( ) 안에 들어갈 가장 적합한 것은?

> 시장 · 군수 · 구청장 등은 법에 따라 필요한 조치를 (㉠)에게 요청하려면 규제기준에 맞는 방음 · 방진시설의 설치, 폭약 사용량, 사용 시간, 사용 횟수의 제한 또는 발파공법 등의 개선 등에 관한 사항을 포함하여야 한다.

① 지방경찰청장
② 국토교통부장관
③ 환경부장관
④ 파출소장

정답 73 ③ 74 ② 75 ③ 76 ①

77 소음진동관리법령상 소음발생건설기계 소음도검사기관의 지정기준 중 검사장의 면적기준으로 옳은 것은?

① $100m^2$ 이상(가로 및 세로의 길이가 각각 10m 이상)
② $225m^2$ 이상(가로 및 세로의 길이가 각각 15m 이상)
③ $400m^2$ 이상(가로 및 세로의 길이가 각각 20m 이상)
④ $900m^2$ 이상(가로 및 세로의 길이가 각각 30m 이상)

78 소음 · 진동관리법령상 특정 공사의 사전신고 대상 기계 · 장비에 해당하지 않는 것은?

① 휴대용 브레이커
② 발전기
③ 공기압축기(공기토출량이 분당 2.83세제곱미터 이상의 이동식인 것으로 한정한다)
④ 압입식 항타항발기

풀이 특정 공사의 사전신고 대상 기계 · 장비의 종류
㉠ 항타기 · 항발기 또는 항타항발기(압입식 항타항발기는 제외한다.)
㉡ 천공기
㉢ 공기압축기(공기토출량이 분당 2.83세제곱미터 이상의 이동식인 것으로 한정한다.)
㉣ 브레이커(휴대용을 포함한다.)
㉤ 굴삭기
㉥ 발전기
㉦ 로더
㉧ 압쇄기
㉨ 다짐기계
㉩ 콘크리트 절단기
㉪ 콘크리트 펌프

79 주어진 조화 진동운동이 8cm의 변위진폭, 2초의 주기를 가지고 있다면 최대 진동속도(cm/s)는?

① 약 14.8　② 약 21.6
③ 약 25.1　④ 약 29.3

풀이 최대 진동속도(V_{max})
$$= A\omega = A\times 2\pi f = A\times\left(\frac{2\pi}{T}\right) = 8\times\left(\frac{2\times 3.14}{2}\right) = 25.12\text{cm/sec}$$

80 가로×세로×높이가 각각 6m×7m×5m인 실내의 잔향시간이 1.7초였다. 이 실내에 음향파워레벨이 98dB인 음원이 있을 경우 이 실내의 음압레벨은 약 몇 dB인가?

① 85.6　② 90.6
③ 100.4　④ 105.4

풀이 $SPL = PWL + 10\log\left(\frac{4}{R}\right)$

$$R = \frac{S\cdot\bar{\alpha}}{1-\bar{\alpha}}$$

$$S = (6\times7\times2)+(6\times5\times2)+(7\times5\times2) = 214m^2$$

$$\bar{\alpha} = \frac{0.161\times V}{S\times T}$$

$$V = 6\times7\times5 = 210m^3$$

$$= \frac{0.161\times210}{214\times1.7} = 0.093$$

$$= \frac{214\times0.093}{1-0.093} = 21.94m^2$$

$$= 98 + 10\log\left(\frac{4}{21.94}\right) = 90.61\text{dB}$$

정답 77 ④ 78 ④ 79 ③ 80 ②

031 2024년 2회 기사

1과목 소음진동개론

01 정비형 필터로서 1/1옥타브밴드 분석기의 중심 주파수(f_c) 식으로 옳은 것은?(단, 하한주파수 : f_1, 상한주파수 : f_2)

① $f_c = \sqrt[3]{f_1 \cdot f_2}$ ② $f_c = \sqrt{\dfrac{f_1 + f_2}{2}}$

③ $f_c = \sqrt{\dfrac{f_1 + f_3}{2}}$ ④ $f_c = \sqrt{f_1 \cdot f_2}$

02 다음은 청감보정회로의 특성을 나타낸 것이다. ( ) 안에 알맞은 것은?

청감보정회로	신호보정	용도
D특성	고음역대	항공기 소음 평가 시 주로 사용
( )	고음역대	소음등급평가, 물리적 특성 파악 시 이용

① A특성 ② B특성
③ C특성 ④ F특성

03 50phon의 소리는 40phon의 소리에 비해 몇 배로 크게 들리는가?

① 1 ② 2
③ 3 ④ 5

풀이 ㉠ 50phon

$$S = 2^{\frac{50-40}{10}} = 2^1 = 2\text{sone}$$

㉡ 40phon

$$S = 2^{\frac{40-40}{10}} = 2^0 = 1\text{sone}$$

∴ 50phon은 40phon보다 2배 크게 들린다.

04 자유공간에서 출력 1.5W의 작은 점음원(무지향성)으로부터 17m 떨어진 지점의 음압레벨은?

① 72dB ② 78dB
③ 86dB ④ 108dB

풀이 $SPL = PWL - 20\log r - 11$

$$PWL = 10\log\frac{1.5}{10^{-12}} = 121.76\text{dB}$$

$$= 121.76 - 20\log 17 - 11 = 86.15\text{dB}$$

05 25℃ 공기 중에서 500Hz 음의 음속 및 파장은?

	[음속]	[파장]
①	331m/s	0.66m
②	331m/s	0.69m
③	346m/s	0.69m
④	346m/s	0.66m

풀이 음속$(C) = 331.42 + (0.6 \times t)$

$$= 331.42 + (0.6 \times 25) = 346.42\text{m/sec}$$

$$\text{파장}(\lambda) = \frac{C}{f} = \frac{346.42\text{m/sec}}{500\ 1/\text{sec}} = 0.69\text{m}$$

06 음에 관한 설명으로 옳지 않은 것은?

① 임의의 음에 대한 음의 크기레벨 phon이란 그 음을 귀로 들어 1,000Hz 순음의 크기와 평균적으로 같은 크기로 느껴질 때 그 음의 크기를 1,000Hz 순음의 음세기레벨로 나타낸 것이다.
② 소음레벨은 소음계의 청감보정회로 A, B, C 등을 통하여 측정한 값을 말한다.
③ 음의 물리적 강약은 음압에 따라 변화하지만 사람이 귀로 듣는 음의 감각적 강약은 음압뿐만 아니라 주파수에 따라서도 변화한다.
④ 음의 크기(Loudness) 값이 2배, 3배 등으로 증가하면 감각량의 크기는 4배, 9배 등으로 증가한다.

정답 01 ④ 02 ③ 03 ② 04 ③ 05 ③ 06 ④

풀이 음의 크기(Loudness) 값이 2배, 3배 등으로 증가하면 감각량의 크기도 2배, 3배로 증가한다.

07 진동수 16Hz, 진동의 속도 진폭이 0.0002m/s인 정현진동의 가속도진폭(m/s^2) 및 가속도레벨(dB)은?(단, 가속도 실효치 기준 $10^{-5}m/s^2$)

① $0.01m/s^2$, 57dB ② $0.02m/s^2$, 63dB
③ $0.03m/s^2$, 67dB ④ $0.04m/s^2$, 69dB

풀이 $VAL = 20\log\frac{A_{rms}}{10^{-5}}$(dB)

$$A_{rms} = \frac{A_{\max}}{\sqrt{2}}$$

$$\begin{aligned} A_{\max} &= A\omega^2 \\ &= A\omega \cdot \omega = V_{\max} \cdot \omega \\ &= 0.0002 \times (2 \times 3.14 \times 16) \\ &= 0.020096\,m/s^2 \end{aligned}$$

$$= \frac{0.020096\ m/s^2}{\sqrt{2}} = 0.0142$$

$$= 20\log\frac{0.0142}{10^{-5}} = 63\,dB$$

08 STC란 무엇인가?

① 음압전달체계
② 2차 음향전달
③ 음향투과등급
④ 저감목표소음

09 중심주파수가 750Hz일 때 1/1옥타브밴드 분석기(정비형 필터)의 상한주파수는?

① 841Hz ② 945Hz
③ 1,060Hz ④ 1,500Hz

풀이 $f_c = \sqrt{2} f_L$

$$f_L = \frac{f_c}{\sqrt{2}} = \frac{750}{\sqrt{2}} = 530.33\,Hz$$

$$f_u = \frac{f_c^2}{f_L} = \frac{750^2}{530.33} = 1{,}060.66\,Hz$$

10 음파의 종류에 관한 설명으로 옳지 않은 것은?

① 정재파 : 둘 또는 그 이상의 음파의 구조적 간섭에 의해 시간적으로 일정하게 음압의 최고와 최저가 반복되는 패턴의 파
② 평면파 : 음파의 파면들이 서로 평행한 파
③ 구면파 : 음원에서 진행 방향으로 큰 에너지를 방출할 때 발생하는 파
④ 발산파 : 음원으로부터 거리가 멀어질수록 더욱 넓은 면적으로 퍼져나가는 파

풀이 구면파는 공중에 있는 점음원과 같이 음원에서 모든 방향으로 동일한 에너지를 방출할 때 발생하는 파이다.

11 청력에 관한 내용으로 옳지 않은 것은?

① 음의 대소는 음파의 진폭(음압)의 크기에 따른다.
② 음의 고저는 음파의 주파수에 따라 구분된다.
③ 4분법에 의한 청력손실이 옥타브밴드 중심주파수가 500~2,000Hz 범위에서 5dB 이상이면 난청이라 한다.
④ 청력손실이란 청력이 정상인 사람의 최소 가청치와 피검자의 최소 가청치의 비를 dB로 나타낸 것이다.

풀이 청력손실이 옥타브밴드 중심주파수가 500~2,000Hz 범위에서 25dB 이상이면 난청이라 한다.

12 아래 그림과 같이 진동하는 파의 감쇠특성으로 적합한 것은?(단, 감쇠비는 ξ이다.)

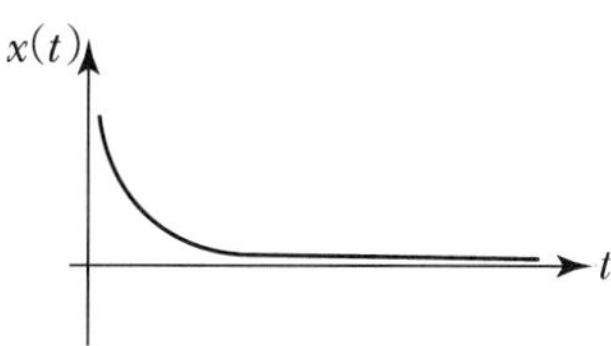

① $\xi = 0$ ② $0 < \xi < 1$
③ $\frac{1}{2} < \xi < 1$ ④ $\xi > 1$

풀이 그림은 과감쇠($\xi > 1$)를 나타낸다.

정답 07 ② 08 ③ 09 ③ 10 ③ 11 ③ 12 ④

13 중심주파수가 500Hz일 때, 1/3옥타브밴드 분석기의 밴드폭(bw)은?

① 116Hz ② 232Hz
③ 354Hz ④ 708Hz

풀이 $bw = 0.232 \times f_c = 0.232 \times 500 = 116\text{Hz}$

14 단진자의 길이가 0.5m일 때 그 주기(초)는?

① 1.24 ② 1.42
③ 1.69 ④ 1.94

풀이 $T = 2\pi\sqrt{\frac{l}{g}} = 2 \times 3.14\sqrt{\frac{0.5}{9.8}} = 1.42\text{sec}$

15 다음 중 인체감각에 대한 주파수별 보정값으로 틀린 것은?(단, 수평진동일 경우는 수평진동이 1~2Hz 기준)

	진동구분	주파수 범위	주파수별 보정값(dB)
㉠	수직진동	$1 \le f < 4\text{Hz}$	$10\log(0.25f)$
㉡	수직진동	$4 \le f \le 8\text{Hz}$	0
㉢	수직진동	$8 < f \le 90\text{Hz}$	$10\log(8/f)$
㉣	수평진동	$2 < f \le 90\text{Hz}$	$20\log(2/f)$

① ㉠ ② ㉡
③ ㉢ ④ ㉣

풀이 ㉠ 수직보정의 경우
- $1 \le f \le 4\text{Hz}$
  $a = 2 \times 10^{-5} \times f^{-\frac{1}{2}}(\text{m/s}^2)$
- $4 \le f \le 8\text{Hz}$
  $a = 10^{-5}(\text{m/s}^2)$
- $8 \le f \le 90\text{Hz}$
  $a = 0.125 \times 10^{-5} \times f(\text{m/s}^2)$

㉡ 수평보정의 경우
- $1 \le f \le 2\text{Hz}$
  $a = 10^{-5}(\text{m/s}^2)$
- $2 \le f \le 90\text{Hz}$
  $a = 0.5 \times 10^{-5} \times f(\text{m/s}^2)$

16 사람의 외이도 길이는 3.5cm라 할 때, 25℃ 공기 중에서의 공명주파수는?

① 25Hz ② 50Hz
③ 2,474Hz ④ 4,949Hz

풀이 $f = \frac{C}{4L}$

$C = 331.42 + (0.6 \times t)$
$= 331.42 + (0.6 \times 25) = 346.42\text{m/sec}$
$L = 0.035\text{m}$
$= \frac{346.42}{4 \times 0.035} = 2{,}474.43\text{Hz}$

17 평균음압이 3,450Pa이고 특정지향음압이 5,450Pa일 때 지향계수는?

① 5.5 ② 4.0
③ 3.5 ④ 2.5

풀이 $DI = SPL\theta - \overline{SPL}$

$SPL\theta = 20\log\frac{5{,}450}{2 \times 10^{-5}} = 168.7\text{dB}$

$\overline{SPL} = 20\log\frac{3{,}450}{2 \times 10^{-5}} = 164.7\text{dB}$

$DI = 10\log Q$

$Q = 10^{\frac{DI}{10}} = 10^{\frac{(168.7-164.7)}{10}} = 2.51$

18 소음과 작업능률의 일반적인 상관관계에 관한 설명으로 가장 거리가 먼 것은?

① 특정 음이 없고, 90dB(A)를 넘지 않는 일정 소음도에서는 작업을 방해하지 않는 것으로 본다.
② 불규칙한 폭발음은 90dB(A) 이하이면 작업방해를 받지 않는다.
③ 1,000~2,000Hz 이상의 고음역 소음은 저음역 소음보다 작업방해를 크게 유발한다.
④ 소음은 총 작업량의 저하보다는 정밀도를 저하시키기 쉽다.

풀이 불규칙한 폭발음은 일정한 소음보다 더 위해하기 때문에 90dB(A) 이하라도 때때로 작업을 방해하며 일정 소음보다 더욱 위해하다.

정답 13 ① 14 ② 15 ③ 16 ③ 17 ④ 18 ②

19 고유진동수 f, 고유각진동수 ω, 주기 τ일 때 아래 관계식 중 옳은 것은?

① $\omega = 2\pi f$ ② $\tau = \dfrac{\omega}{2\pi}$

③ $f = \dfrac{\omega}{\pi}$ ④ $f = 2\pi\omega$

20 음향출력과 음향파워레벨과의 관계로 옳은 것은?

① $10^{12}\,W = 0\text{dB}$

② $10^{2}\,W = 0\text{dB}$

③ $10^{-12}\,W = 0\text{dB}$

④ $10^{-2}\,W = 0\text{dB}$

풀이 $PWL = 10\log\dfrac{10^{-12}}{10^{-12}} = 0\text{dB}$

2과목 소음방지기술

21 흡음기구의 특성에 대한 설명으로 옳지 않은 것은?

① 다공질 흡음재는 내부의 기공이 상호 연속되는 석면, 암면, 유리솜 등으로 중·고음역에서 흡음성이 좋다.

② 판진동형 흡음기구는 일반적으로 800~1,000 Hz 부근에서 최대흡음률을 나타난다.

③ Helmholz 공명기의 원리를 이용한 공명기 흡음기구는 저음역에서 흡음성이 좋다.

④ 다공질 흡음재의 시공 시에 입자속도가 최대로 되는 $\frac{1}{4}$파장의 홀수배의 간격으로 배후 공기층을 두고 설치하면 저음역의 흡음률이 개선된다.

풀이 판 진동형 흡음기구는 일반적으로 80~300Hz의 저음역에서 흡음성이 좋다.

22 다음 중 항공기소음 측정자료 평가표 서식에 기재되어야 하는 사항으로 가장 거리가 먼 것은?

① 비행횟수 ② 비행속도

③ 측정자의 소속 ④ 풍속

풀이 항공기소음 측정자료 평가표 기재사항

㉠ 비행횟수, 지역구분, 측정지점, 일별 WECPNL, 측정지점 약도

㉡ 측정자(소속, 직명, 성명)

㉢ 측정환경(반사음의 영향, 풍속, 진동, 전자장의 영향)

㉣ 측정연월일, 측정대상, 측정자, 측정기기

23 항공기소음관리기준 측정방법 중 측정점에 관한 설명으로 옳지 않은 것은?

① 그 지역의 항공기소음을 대표할 수 있는 장소나 항공기 소음으로 인하여 문제를 일으킬 우려가 있는 장소를 택하여야 한다.

② 측정지점 반경 3.5m 이내는 가급적 평활하고, 시멘트 등으로 포장되어 있어야 하며, 수풀, 수림, 관목 등에 의한 흡음의 영향이 없는 장소로 한다.

③ 측정점은 지면 또는 바닥면에서 5~10m 높이로 한다.

④ 상시측정용의 경우에는 주변환경, 통행, 타인의 촉수 등을 고려하여 지면 또는 바닥면에서 1.2~5.0m 높이로 할 수 있다.

풀이 상시측정용의 경우 측정점은 주변 환경, 통행, 타인의 촉수 등을 고려하여 지면 또는 바닥면에서 1.2~5.0m 높이로 한다.

24 환경기준 중 소음측정방법에서 "도로변지역"에 관한 설명으로 옳은 것은?

① 도로단으로부터 차선 수×10m로 한다.

② 도로단으로부터 차선 수×15m로 한다.

③ 고속도로 또는 자동차 전용도로의 경우에는 도로단으로부터 200m 이내의 지역을 말한다.

④ 고속도로 또는 자동차 전용도로의 경우에는 도로단으로부터 250m 이내의 지역을 말한다.

정답 19 ① 20 ③ 21 ② 22 ② 23 ③ 24 ①

25 소음계의 성능기준으로 옳은 것은?

① 지시계기의 눈금오차는 0.5dB 이내이어야 한다.
② 레벨레인지 변환기가 있는 기기에 있어서 레벨레인지 변환기의 전환오차가 1dB 이내이어야 한다.
③ 측정 가능 주파수 범위는 31.5kHz~8MHz 이상이어야 한다.
④ 측정 가능 소음도 범위는 0~100dB 이상이어야 한다.

풀이 소음계의 성능기준

㉠ 측정 가능 주파수 범위는 31.5~8kHz 이상이어야 한다.
㉡ 측정 가능 소음도 범위는 35~130dB 이상이어야 한다.(다만, 자동차소음 측정에 사용되는 것은 45~130dB 이상으로 한다.)
㉢ 특성별(A특성 및 C특성) 표준 입사각의 응답과 그 편차는 KS C IEC 61672-1의 표 2를 만족하여야 한다.
㉣ 레벨레인지 변환기가 있는 기기에 있어서 레벨레인지 변환기의 전환오차는 0.5dB 이내이어야 한다.
㉤ 지시계기의 눈금오차는 0.5dB 이내이어야 한다.

26 환경기준 중 소음측정 시 청감보정회로 및 동특성 측정조건으로 옳은 것은?

① 소음계의 청감보정회로는 A특성에 고정, 동특성은 원칙적으로 느림(Slow) 모드로 하여 측정하여야 한다.
② 소음계의 청감보정회로는 C특성에 고정, 동특성은 원칙적으로 느림(Slow) 모드로 하여 측정하여야 한다.
③ 소음계의 청감보정회로는 A특성에 고정, 동특성은 원칙적으로 빠름(Fast) 모드로 하여 측정하여야 한다.
④ 소음계의 청감보정회로는 C특성에 고정, 동특성은 원칙적으로 빠름(Fast) 모드로 하여 측정하여야 한다.

27 환경기준 중 소음측정 시 풍속이 몇 m/s 이상이면 반드시 마이크로폰에 방풍망을 부착하여야 하는가?

① 1m/s 이상 ② 2m/s 이상
③ 5m/s 이상 ④ 10m/s 이상

풀이 풍속이 2m/sec 이상일 때에는 반드시 마이크로폰에 방풍망을 부착하여야 하며, 풍속이 5m/sec를 초과할 때에는 측정하여서는 안 된다.

28 당해 지역의 소음을 대표할 수 있는 주간 시간대는 2시간 간격을 두고 1시간씩 2회 측정하여 산술평균하며, 야간 시간대는 1회 1시간 동안 측정하는 소음은?

① 도로교통소음 ② 철도소음
③ 발파소음 ④ 항공기소음

풀이 측정시간 및 측정지점 수(철도소음)
기상조건, 열차운행횟수 및 속도 등을 고려하여 당해 지역의 1시간 평균 철도 통행량 이상인 시간대를 포함하여 낮 시간대에는 2시간 간격을 두고 1시간씩 2회 측정하여 산술평균하며, 밤 시간대에는 1회 1시간 동안 측정한다.

29 소음한도 측정방법 중 도로교통소음 측정에 관한 설명으로 옳지 않은 것은?

① 측정점은 피해가 예상되는 자의 부지경계선 중 소음도가 높을 것으로 예상되는 지점의 지면 위 1.2~1.5m 높이로 한다.
② 측정지점에 높이가 1.5m를 초과하는 장애물이 있는 경우에는 장애물로부터 소음원 방향으로 1.0~3.5m 떨어진 지점으로 한다.
③ 장애물이 방음벽이거나 충분한 차음이 예상되는 경우에는 장애물 밖의 1.0~3.5m 떨어진 지점 중 암영대(暗影帶)의 영향이 적은 지점으로 한다.
④ 요일별로 소음 변동이 적은 휴일(토요일, 일요일 등)에 당해 지역의 도로교통소음을 측정하여야 한다.

정답 25 ① 26 ③ 27 ② 28 ② 29 ④

풀이 요일별로 소음 변동이 적은 평일(월요일부터 금요일까지)에 당해 지역의 도로교통소음을 측정하여야 한다.

30 소음계의 구조별 성능기준에 관한 설명으로 옳지 않은 것은?

① Fast-slow Switch : 지시계기의 반응속도를 빠름 및 느림의 특성으로 조절할 수 있는 조절기를 가져야 한다.
② Amplifier : 동특성조절기에 의하여 전기에너지를 음향에너지로 변환시킨 양을 증폭시키는 것을 말한다.
③ Weighting Networks : 인체의 청감각을 주파수 보정특성에 따라 나타내는 것으로 A특성을 갖춘 것이어야 한다. 다만, 자동차 소음측정용은 C특성도 함께 갖추어야 한다.
④ Microphone : 지향성이 작은 압력형으로 하며, 기기의 본체와 분리가 가능하여야 한다.

풀이 Amplifier(증폭기)
마이크로폰에 의하여 음향에너지를 전기에너지로 변환시킨 양을 증폭시키는 장치를 말한다.

31 다음은 소음도 기록기 또는 소음계만을 사용하여 측정할 경우 등가소음도 계산을 위한 판독방법이다. ( )에 알맞은 것은?

5분 이상 측정한 값 중 (㉠)분 동안 측정 · 기록한 기록지상의 값을 (㉡)초 간격으로 60회 판독하여 소음측정기록지 표에 기록한다.

① ㉠ 1, ㉡ 5　　② ㉠ 1, ㉡ 10
③ ㉠ 5, ㉡ 5　　④ ㉠ 5, ㉡ 10

32 배출허용기준 중 소음측정 시 측정시간 및 측정지점 수 기준으로 옳은 것은?

① 피해가 예상되는 적절한 측정시각에 1지점을 선정 · 측정한 값을 측정소음도로 한다.
② 피해가 예상되는 적절한 측정시각에 2지점 이상의 측정지점 수를 선정 · 측정하여 그중 가장 높은 소음도를 측정소음도로 한다.
③ 피해가 예상되는 적절한 측정시각에 3지점 이상의 측정지점 수를 선정 · 측정하여 산술평균한 소음도를 측정소음도로 한다.
④ 피해가 예상되는 적절한 측정시각에 4지점 이상의 측정지점 수를 선정 · 측정하여 산술평균한 소음도를 측정소음도로 한다.

풀이 소음 배출허용기준의 측정시간 및 측정지점 수
피해가 예상되는 적절한 측정시각에 2지점 이상의 측정지점 수를 선정 · 측정하여 그중 가장 높은 소음도를 측정소음도로 한다.

33 배경소음 보정방법에 관한 설명 중 옳지 않은 것은?

① 배경소음도 측정 시 해당 공장의 공정상 일부 배출시설의 가동 중지가 어렵다고 인정되고, 해당 배출시설에서 발생한 소음이 배경소음에 영향을 미친다고 판단될 경우에는 배경소음도 측정 없이 측정소음도를 대상소음도로 할 수 있다.
② 2회 이상의 재측정에서도 측정소음도가 배경소음도보다 3dB 미만으로 크면 소음진동공정시험기준 서식의 공장소음 측정자료 평가표에 그 상황을 상세히 명기한다.
③ 측정소음도가 배경소음도보다 10dB 이상 크면 배경소음을 보정하여 대상소음도를 구한다.
④ 측정소음도와 배경소음도 차이가 7.2dB인 경우 보정치는 −0.9dB이다.

풀이 측정소음도가 배경소음보다 10dB 이상 크면 배경소음의 영향이 극히 적기 때문에 배경소음의 보정 없이 측정소음도를 대상소음도로 한다.

34 소음진동공정시험 기준에서 정한 각 소음측정을 위한 소음 측정지점 수 선정기준으로 옳지 않은 것은?

① 배출허용기준−1지점 이상
② 생활소음−2지점 이상
③ 발파소음−1지점 이상
④ 도로교통소음−2지점 이상

정답 30 ② 31 ③ 32 ② 33 ③ 34 ①

풀이 배출허용기준의 측정지점은 피해가 예상되는 적절한 측정시각에 2지점 이상으로 한다.

35 1일 동안의 평균 최고소음도가 101dB(A)이고, 1일간 항공기의 등가통과횟수가 505회일 때 1일 단위의 $WECPNL$(dB)은?

① 약 94　② 약 98
③ 약 101　④ 약 105

풀이 1일 단위 $WECPNL$(dB)
$= \overline{L}_{max} + 10\log N - 27$
$= 101\text{ dB(A)} + 10\log 505 - 27 = 101.03\text{ dB}$

36 소음의 배출허용기준 측정 시 자료분석방법에 관한 사항으로 옳은 것은?(단, 디지털 소음자동분석계를 사용할 경우)

① 샘플주기를 1초 이내에서 결정하고 5분 이상 측정하여 자동 연산 · 기록한 등가소음도를 그 지점의 측정소음도 또는 배경소음도로 한다.
② 샘플주기를 10초 이내에서 결정하고 5분 이상 측정하여 자동 연산 · 기록한 등가소음도를 그 지점의 측정소음도 또는 배경소음도로 한다.
③ 샘플주기를 10초 이내에서 결정하고 1분 이상 측정하여 자동 연산 · 기록한 등가소음도를 그 지점의 측정소음도 또는 배경소음도로 한다.
④ 샘플주기를 1초 이내에서 결정하고 1분 이상 측정하여 자동 연산 · 기록한 등가소음도를 그 지점의 측정소음도 또는 배경소음도로 한다.

37 철도소음관리기준 측정 시 측정자료의 분석에 관한 설명이다. (　) 안에 들어갈 내용으로 옳은 것은?

> 샘플 주기를 (㉠) 내외로 결정하고 (㉡) 동안 연속 측정하여 자동 연산 · 기록한 등가소음도를 그 지점의 측정소음도로 한다.

① ㉠ 1초,　㉡ 10분
② ㉠ 0.1초,　㉡ 1시간
③ ㉠ 1초,　㉡ 1시간
④ ㉠ 0.1초,　㉡ 10분

38 소음계의 레벨레인지 변환기에 관한 설명으로 가장 거리가 먼 것은?

① 측정하고자 하는 소음도가 지시계기의 범위 내에 있도록 하기 위한 감쇠기이다.
② 지향성이 작은 압력형으로 하며, 기기의 본체와 분리가 가능하여야 한다.
③ 레벨 변환 없이 측정이 가능한 경우 레벨레인지 변환기가 없어도 된다.
④ 유효눈금범위가 30dB 이하가 되는 구조의 것은 변환기에 의한 레벨의 간격이 10dB 간격으로 표시되어야 한다.

풀이 레벨레인지 변환기
㉠ 측정하고자 하는 소음도가 지시계기의 범위 내에 있도록 하기 위한 감쇠기이다.
㉡ 유효눈금범위가 30dB 이하가 되는 구조의 것은 변환기에 의한 레벨의 간격이 10dB 간격으로 표시되어야 한다.
㉢ 레벨 변환 없이 측정이 가능한 경우 레벨레인지 변환기가 없어도 무방하다.

39 소음의 환경기준 측정방법 중 도로변지역의 범위(기준)로 옳은 것은?

① 2차선인 경우 도로단으로부터 30m 이내의 지역
② 4차선인 경우 도로단으로부터 100m 이내의 지역
③ 자동차전용도로의 경우 도로단으로부터 100m 이내의 지역
④ 고속도로의 경우 도로단으로부터 150m 이내의 지역

정답 35 ③ 36 ① 37 ③ 38 ② 39 ④

40 철도소음의 소음관리기준에서 측정방법에 관한 설명으로 가장 거리가 먼 것은?

① 소음계의 동특성은 빠름(Fast)으로 하여 측정한다.
② 기상조건, 열차운행횟수 및 속도 등을 고려하여 당해 지역의 1시간 평균 철도통행량 이상인 시간대를 포함하여 야간 시간대는 1회 1시간 동안 측정한다.
③ 철도소음관리기준을 적용하기 위하여 측정하고자 할 경우에는 철도보호지구지역 내에서 측정 · 평가한다.
④ 측정자료 분석 시 1일 열차통행량이 30대 미만인 경우에는 측정소음도를 보정한 후 그 값을 측정소음도로 한다.

풀이 철도소음관리기준을 적용하기 위하여 측정하고자 할 경우에는 철도보호지구 외의 지역에서 측정 · 평가한다.

3과목 소음진동공정시험 기준

41 소음진동공정시험 기준상 발파진동 측정자료 평가표 서식에 기재되어 있는 항목이 아닌 것은?

① 폭약의 종류 ② 발파횟수
③ 폭약의 제조회사 ④ 폭약의 1회 사용량(kg)

풀이 발파진동 측정자료 평가표(측정대상의 진동원과 측정지점)
㉠ 폭약 종류 ㉡ 1회 사용량
㉢ 발파횟수 ㉣ 측정지점 약도

42 배출허용기준 진동측정방법 중 시간의 구분은 보정표의 시간별 항목의 기준에 따라야 하는데 가동시간으로 가장 적합한 것은?

① 측정 당일 전 30일간의 정상가동시간을 산술평균한다.
② 측정 3일 전 20일간의 정상가동시간을 산술평균한다.
③ 측정 5일 전 30일간의 정상가동시간을 산술평균한다.
④ 측정 7일 전 20일간의 정상가동시간을 산술평균한다.

43 다음 중 도로교통진동 측정자료 평가표 서식에 기재하여야 할 사항으로 가장 거리가 먼 것은?

① 관리자 ② 보정치 합계
③ 측정지점 약도 ④ 측정자

풀이 공정시험기준 중 도로교통진동 측정자료 평가표 참조

44 소음 · 진동공정시험기준상 진동가속도레벨의 정의식으로 알맞은 것은?[단, a : 측정진동의 가속도 실효치(m/s^2), a_0 : 기준진동의 가속도 실효치(m/s^2)로 10^{-5}m/s^{2}한다.]

① $10\log(a/a_0)$ ② $20\log(a/a_0)$
③ $30\log(a/a_0)$ ④ $40\log(a/a_0)$

풀이 진동가속도레벨의 정의는 $20\log(a/a_0)$의 수식에 따르고, 여기서 a는 측정하고자 하는 진동의 가속도 실효치(단위 m/s^2)이며, a_0는 기준진동의 가속도 실효치로, 10^{-5}m/s^{2}으로 한다.

45 진동배출허용기준 측정 시 측정기기의 사용 및 조작에 관한 설명으로 거리가 먼 것은?

① 진동레벨기록기가 없는 경우에는 진동레벨계만으로 측정할 수 있다.
② 진동레벨계의 출력단자와 진동레벨기록기의 입력단자를 연결한 후 전원과 기기의 동작을 점검하고 매회 교정을 실시하여야 한다.
③ 진동레벨계의 레벨레인지 변환기는 측정지점의 진동레벨을 예비조사한 후 적절하게 고정시켜야 한다.
④ 출력단자의 연결선은 회절음을 방지하기 위하여 지표면에 수직으로 설치하여야 한다.

정답 40 ③ 41 ③ 42 ① 43 ② 44 ② 45 ④

풀이 진동픽업의 연결선은 잡음 등을 방지하기 위하여 지표면에 일직선으로 설치한다.

46 다음 진동레벨계의 구성 중 4번에 해당하는 장치는?

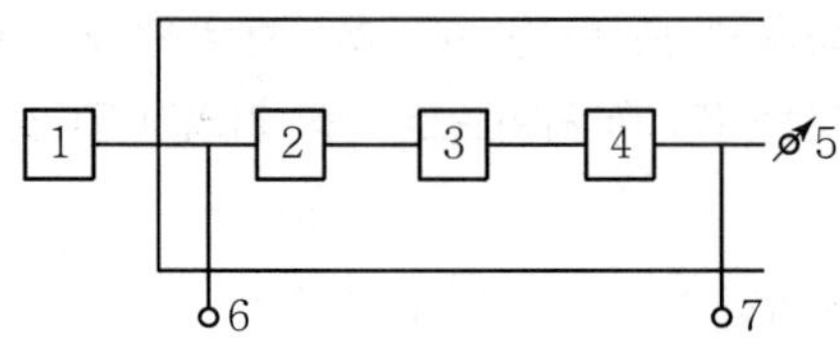

① 증폭기
② 교정장치
③ 레벨레인지 변환기
④ 감각보정회로

풀이

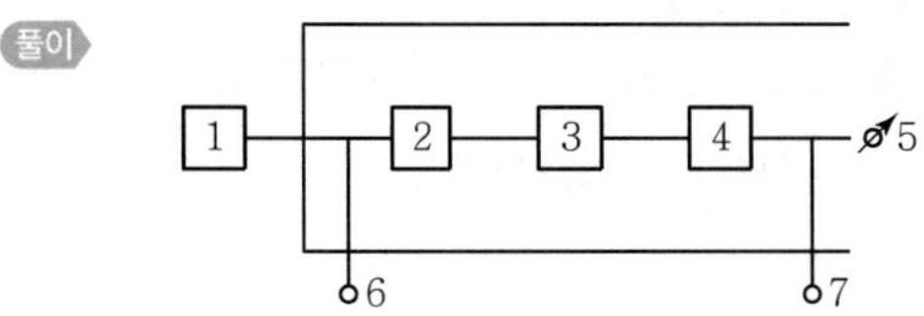

1. 진동픽업 2. 레벨레인지 변환기
3. 증폭기 4. 감각보정회로
5. 지시계기 6. 교정장치
7. 출력단자

47 다음 중 진동레벨계의 구조별 성능기준으로 가장 거리가 먼 것은?

① Calibration Network Calibrator는 진동측정기의 감도를 점검 및 교정하는 장치로서 자체에 내장되어 있거나 분리되어 있어야 한다.
② Pick－up은 지면에 설치할 수 있는 구조로서 진동신호를 전기신호로 바꾸어 주는 장치를 말하며, 레벨의 간격이 10dB 간격으로 표시되어야 한다.
③ Weighting Networks는 인체의 수진감각을 주파수 보정 특성에 따라 나타내는 것으로 V특성(수직특성)을 갖춘 것이어야 한다.
④ Amplifier는 진동픽업에 의해 변환된 전기신호를 증폭시키는 장치를 말한다.

풀이 진동픽업(Pick－up)
㉠ 지면에 설치할 수 있는 구조로서 진동신호를 전기신호로 바꾸어 주는 장치를 말한다.
㉡ 환경진동을 측정할 수 있어야 한다.

48 진동절연의 목적으로서 맞지 않는 것은?

① 진동원을 없앤다.
② 진동을 차단한다.
③ 공진을 피한다.
④ 흡진기로 진동을 감소시킨다.

49 표준진동발생기에 대한 설명 중 ( )에 가장 알맞은 것은?

표준진동발생기(Calibrator)는 진동레벨계의 측정감도를 교정하는 기기로서 ( )이(가) 표시되어 있어야 하며, 발생진동의 오차는 ±1dB 이내이어야 한다.

① 발생진동의 음압도와 진동레벨
② 발생진동의 음압도와 진동속도레벨
③ 발생진동의 발생시간과 진동속도
④ 발생진동의 주파수와 진동가속도레벨

50 측정진동레벨이 65dB(V)이고 배경진동이 54dB(V)이었다면 대상진동레벨은?

① 54dB(V)
② 62dB(V)
③ 64dB(V)
④ 65dB(V)

풀이 측정진동레벨이 배경진동레벨보다 10dB 이상 크면 배경진동의 영향이 극히 작기 때문에 배경진동의 보정 없이 측정진동레벨을 대상진동레벨로 한다.

정답 46 ④ 47 ② 48 ① 49 ④ 50 ④

51 발파진동 측정방법에서 측정기기의 사용 및 조작에 관한 설명으로 가장 거리가 먼 것은?

① 진동레벨계와 진동레벨기록기를 연결하여 측정 · 기록하는 것을 원칙으로 한다.
② 진동레벨계만으로 측정할 경우에는 최저 진동레벨이 고정(Hold)되는 것에 한한다.
③ 진동레벨기록기의 기록속도 등은 진동레벨계의 동특성에 부응하게 조작한다.
④ 진동픽업의 연결선은 잡음 등을 방지하기 위하여 지표면에 일직선으로 설치한다.

52 발파진동 측정 시 진동레벨기록기를 사용하여 측정할 경우 기록지상의 지시치의 변동폭이 몇 dB 이내일 때 구간 내 최대치부터 진동레벨의 크기순으로 10개를 산술평균한 진동레벨값을 취하는가?

① 5dB ② 10dB
③ 15dB ④ 20dB

53 규제기준 중 발파소음평가 시에는 대상소음도에 시간대별 보정발파횟수(N)에 따른 보정량을 보정하여 평가소음도를 구하는데, 다음 중 그 보정량으로 옳은 것은?(단, $N>1$)

① $+10\log N^{1/10}$
② $+10\log N$
③ $+20\log N^{1/10}$
④ $+20\log N$

54 표준진동 발생기(Calibrator)의 발생진동의 오차는 얼마 이내(기준)이어야 하는가?

① ±0.1dB 이내 ② ±0.5dB 이내
③ ±1dB 이내 ④ ±10dB 이내

풀이 표준음발생기 발생음의 오차는 ±1dB 이내이어야 한다.

55 진동레벨계의 성능에 관한 설명으로 옳지 않은 것은?

① 진동레벨계의 단위는 dB 단위(ref=10^{-5}m/s^2)로 지시하는 것이어야 한다.
② 진동픽업의 횡감도는 규정주파수에서 수감축감도에 대한 차이가 5dB 이상이어야 한다.(연직특성)
③ 레벨레인지 변환기가 있는 기기에 있어서 레벨레인지 변환기의 전환오차가 0.5dB 이내이어야 한다.
④ 지시계기의 눈금오차는 0.5dB 이내이어야 한다.

풀이 진동픽업의 횡감도는 규정주파수에서 수감축 감도에 대한 차이가 15dB 이상이어야 한다.

56 배출허용기준 측정 시 진동픽업의 설치장소로 옳지 않은 것은?

① 온도, 자기, 전기 등의 외부영향을 받지 않는 곳
② 완충물이 충분히 확보될 수 있는 곳
③ 경사 또는 요철이 없는 곳
④ 충분히 다져서 단단히 굳은 곳

풀이 진동픽업의 설치는 완충물이 없고, 충분히 다져서 단단히 굳은 장소로 한다.

57 진동에 관련한 용어 정의에 관한 설명으로 옳지 않은 것은?

① 진동레벨은 감각보정회로(수직)를 통하여 측정한 진동가속도레벨의 지시치를 말하며, 단위는 dB(V)로 표시한다.
② 진동가속도레벨의 정의는 $10\log(a/a_0)$의 수식에 따르고, 여기서 a는 측정하고자 하는 진동의 가속도 실효치(단위 m/s^2)이며, a_0는 기준진동의 가속도 실효치로 10^{-5}m/s^{2}으로 한다.
③ 변동진동은 시간에 따른 진동레벨의 변화폭이 크게 변하는 진동을 말한다.
④ 대상진동레벨은 측정진동레벨에 배경진동의 영향을 보정한 후 얻어진 진동레벨을 말한다.

정답 51 ② 52 ① 53 ② 54 ③ 55 ② 56 ② 57 ②

풀이 진동가속도레벨의 정의는 $20\log(a/a_0)$의 수식에 따르고, 여기서 a는 측정하고자 하는 진동의 가속도 실효치(단위 m/s^2)이며, a_0는 기준진동의 가속도 실효치로, $10^{-5}m/s^2$으로 한다.

58 다음 중 충격진동을 발생하는 작업과 가장 거리가 먼 것은?

① 단조기 작업
② 항타기에 의한 항타작업
③ 폭약 발파작업
④ 발전기 사용

59 규제기준 중 생활진동 측정방법에서 측정조건으로 거리가 먼 것은?

① 진동픽업(Pick-up)의 설치장소는 옥내지표를 원칙으로 하고 복잡한 반사, 회절현상이 예상되는 지점은 피한다.
② 진동픽업의 설치장소는 완충물이 없고, 충분히 다져서 단단히 굳은 장소로 한다.
③ 진동픽업은 수직방향 진동레벨을 측정할 수 있도록 설치한다.
④ 진동픽업의 설치장소는 경사 또는 요철이 없는 장소로 하고, 수평면을 충분히 확보할 수 있는 장소로 한다.

풀이 진동픽업의 설치장소는 옥외지표를 원칙으로 하고 복잡한 반사, 회절현상이 예상되는 지점은 피한다.

60 규제기준 중 발파진동의 측정진동레벨 분석방법으로 가장 거리가 먼 것은?

① 디지털 진동자동분석계를 사용할 때에는 샘플 주기를 0.1초 이하로 놓고 발파진동의 발생기간(수 초 이내) 동안 측정하여 자동 연산 · 기록한 최고치를 측정진동레벨로 한다.
② 진동레벨기록기를 사용하여 측정할 때에는 기록지상 지시치의 최고치를 측정진동레벨로 한다.
③ 최고진동 고정(Hold)용 진동레벨계를 사용할 때에는 당해 지시치를 측정진동레벨로 한다.
④ L_{10} 진동레벨을 측정할 수 있는 진동레벨계를 사용할 때에는 10분간 측정하여 진동레벨계에 나타난 L_{10} 값을 측정진동레벨로 한다.

풀이 L_{10} 진동레벨을 측정할 수 있는 진동레벨계를 사용할 때에는 5분간 측정하여 진동레벨계에 나타난 L_{10} 값을 측정진동레벨로 한다.

4과목 진동방지기술

61 다음과 같이 방음벽을 설치한다고 할 때 경로차(δ)는 약 얼마인가?

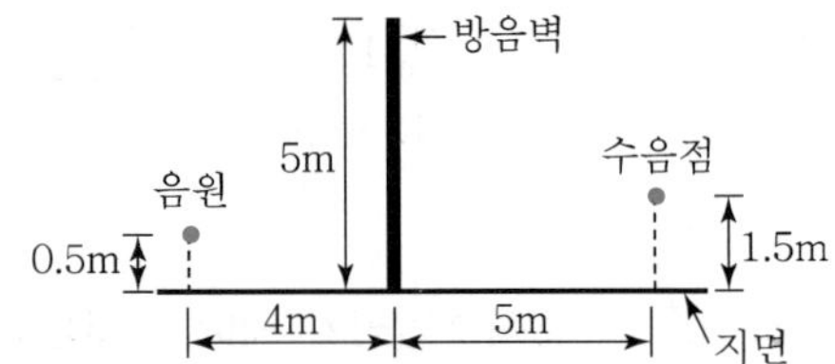

① 3.0m ② 3.5m
③ 4.0m ④ 4.6m

풀이 경로차(δ) $= A + B - d$

$A = \sqrt{4^2 + 4.5^2} = 6.02m$

$B = \sqrt{5^2 + 3.5^2} = 6.10m$

$d = \sqrt{9^2 + 1^2} = 9.06m$

$\delta = 6.02 + 6.10 - 9.06 = 3.06m$

62 자재의 수직입사 흡음률 측정방법으로서 관의 한쪽 끝에 시료를 충진하고 다른 한쪽 끝에 부착된 스피커를 사용하는 것은?

① 실내 평균 흡음률 계산방법
② 관내법(정재파법)
③ 표준 음원에 의한 측정방법
④ 등가소음레벨 측정방법

정답 58 ④ 59 ① 60 ④ 61 ① 62 ②

풀이 ㉠ 난입사 흡음률 측정법 : 잔향실법
㉡ 수직입사 흡음률 측정법 : 정재파법(관내법)

63 덕트소음 대책과 관련한 설명 중 가장 거리가 먼 것은?

① 송풍기 정압이 증가할수록 소음은 감소하므로 공기분배시스템은 저항을 최소로 하는 방향으로 설계해야 한다.
② 덕트계에서 소음을 효과적으로 흡수하기 위해 흡음재를 송풍기 흡입구나 플레넘에 설치한다.
③ 덕트 내의 소음 감소를 위한 흡음, 차음 등의 방법은 500Hz 이상의 고주파 영역에서 감쇠효과가 좋다.
④ 덕트 내의 소음 감소를 위해 특별한 장치를 설치하지 않아도 덕트 내의 장애물이나 엘보, 덕트 출구에서의 음파 반사 등에 의해 실내로 나오는 소음을 상당 부분 줄일 수 있다.

풀이 송풍기 정압이 증가할수록 소음도 증가한다.

64 음향투과등급(Sound Transmission Class)에 설명으로 옳지 않은 것은?

① 잔향실에서 1/3옥타브대역으로 측정한 투과손실로부터 구한다.
② 500Hz의 기준곡선값이 해당 자재의 음향투과등급이 된다.
③ 단 하나의 투과손실값도 기준곡선 밑으로 8dB을 초과해서는 안 된다.
④ 기준곡선 밑의 각 주파수 대역별 투과손실과 기준곡선값과의 차의 산술평균이 10dB 이내이어야 한다.

풀이 기준곡선 밑의 각 주파수 대역별 투과손실과 기준곡선값과의 차의 산술평균이 2dB 이내이어야 한다.

65 연결관과 팽창실의 단면적이 각각 A_1, A_2인 팽창형 소음기의 투과손실 TL은?[단, $m=A_2/A_1$, $k=(2\pi f/c)$, L : 팽창부 길이, f : 대상주파수, c : 음속]

① $TL=10\log[l+0.25m-(l/m^2)\sin^2 kL]$dB
② $TL=10\log[l+4m-(l/m)\sin^2 kL]$dB
③ $TL=10\log[l+0.25m-(l/m)^2\sin^2 kL]$dB
④ $TL=10\log[l+4m-(l/m)\sin kL]$dB

66 스프링정수 $K_1=20\text{N/m}$, $K_2=30\text{N/m}$인 두 스프링을 그림과 같이 직렬로 연결하고 질량 $m=3$kg을 매달았을 때, 수직방향 진동의 고유 진동수는?

k_1
k_2
m

① $\frac{1}{\pi}$
② $\frac{2}{\pi}$
③ $\frac{4}{\pi}$
④ $\frac{8}{\pi}$

풀이 $f_n=\frac{1}{2\pi}\sqrt{\frac{k}{m}}$

$$k_{eq}=\frac{k_1k_2}{k_1+k_2}=\frac{20\times30}{20+30}=12\text{ N/m}$$

$$=\frac{1}{2\pi}\sqrt{\frac{12}{3}}=\frac{2}{2\pi}=\frac{1}{\pi}$$

67 방진재료로 금속스프링을 사용하는 경우 로킹 모션(Rocking Motion)이 발생하기 쉽다. 이를 억제하기 위한 방법으로 틀린 것은?

① 기계 중량의 1~2배 정도의 가대를 부착한다.
② 하중을 평형분포 시킨다.
③ 스프링의 정적 수축량이 일정한 것을 사용한다.
④ 길이가 긴 스프링을 사용하여 계의 무게중심을 높인다.

정답 63 ① 64 ④ 65 ③ 66 ① 67 ④

풀이 Rocking Motion을 억제하기 위해서는 계의 무게중심을 낮게 하여야 한다.

68 소음진동관리법규상 운행자동차 종류에 따른 ㉠ 배기소음과 ㉡ 경적소음의 허용기준으로 옳은 것은?(단, 2006년 1월 1일 이후에 제작되는 자동차 기준)

① 경자동차 : ㉠ 100dB(A) 이하,
㉡ 100dB(C) 이하
② 소형승용자동차 : ㉠ 100dB(A) 이하,
㉡ 110dB(C) 이하
③ 중형화물자동차 : ㉠ 105dB(A) 이하,
㉡ 110dB(C) 이하
④ 이륜자동차 : ㉠ 105dB(A) 이하,
㉡ 112dB(C) 이하

풀이 운행자동차 소음허용기준

자동차 종류 \ 소음 항목		배기소음 [dB(A)]	경적소음 [dB(C)]
경자동차		100 이하	110 이하
승용 자동차	소형	100 이하	110 이하
	중형	100 이하	110 이하
	중대형	100 이하	112 이하
	대형	105 이하	112 이하
화물 자동차	소형	100 이하	110 이하
	중형	100 이하	110 이하
	대형	105 이하	112 이하
이륜자동차		105 이하	110 이하

※ 2006년 1월 1일 이후에 제작되는 자동차

69 팽창형 소음기의 입구 및 팽창부의 직경이 각각 55cm, 125cm일 경우, 기대할 수 있는 최대 투과손실(dB)은?[단, $f < f_c$이며, f_c(한계주파수) $= 1.22 \cdot \dfrac{c}{D_2}$ (Hz)이다.]

① 약 4　② 약 9
③ 약 15　④ 약 20

풀이 최대 투과손실$(TL) = \dfrac{D_2}{D_1} \times 4 = \dfrac{125}{55} \times 4$
$= 9.1\text{dB}$

70 판진동에 의한 흡음주파수가 100Hz이다. 판과 벽체 사이 최적 공기층이 32mm일 때, 이 판의 면밀도는 약 몇 kg/m²인가?(단, 음속은 340m/s, 공기밀도는 1.23kg/m³이다.)

① 11.3　② 21.5
③ 31.3　④ 41.5

풀이 $f = \dfrac{C}{2\pi}\sqrt{\dfrac{P}{m \times d}}$

$100 = \dfrac{340}{2 \times 3.14} \times \sqrt{\dfrac{1.23}{m \times 0.032}}$

$\dfrac{1.23}{m \times 0.032} = 1.847^2$

$m = 11.27\text{kg/m}^2$

71 소음진동관리법규상 시장 · 군수 · 구청장 등이 폭약의 사용으로 인한 소음 · 진동피해를 방지할 필요가 있다고 인정하여 지방경찰청장에게 폭약사용 규제요청을 할 때 포함하여야 할 사항으로 가장 거리가 먼 것은?

① 폭약의 종류
② 사용 시간
③ 사용 횟수의 제한
④ 발파공법 등의 개선

풀이 폭약사용규제 요청 시 포함사항
㉠ 규제기준에 맞는 방음 · 방진시설의 설치
㉡ 폭약사용량
㉢ 사용시간
㉣ 사용횟수의 제한
㉤ 발파공법 등의 개선

정답 68 ② 69 ② 70 ① 71 ①

72 정현진동의 가속도 진폭이 3×10^{-3}m/s²일 때 진동 가속도 레벨(VAL)은?(단, 기준 10^{-5}m/s²이다.)

① 약 34dB ② 약 40dB
③ 약 47dB ④ 약 67dB

풀이 $VAL = 20\log\dfrac{a}{a_0}$

$$= 20\log\frac{(3\times10^{-3}/\sqrt{2})}{10^{-5}} = 46.53\text{dB}$$

73 소음진동관리법상 소음덮개를 떼어 버린 자동차 소유자에게 개선명령을 하려는 경우 얼마 이내의 범위에서 개선에 필요한 기간에 그 자동차의 사용정지를 함께 명할 수 있는가?

① 10일 이내 ② 14일 이내
③ 15일 이내 ④ 30일 이내

풀이 개선명령을 받은 자가 개선 결과를 보고하려면 확인검사대행자로부터 개선 결과를 확인하는 정비 · 점검 확인서를 발급받아 개선명령서를 첨부하여 개선명령일부터 10일 이내에 특별시장 · 광역시장 · 특별자치시장 · 특별자치도지사 또는 시장 · 군수 · 구청장에게 제출하여야 한다.

74 공기스프링에 관한 설명으로 옳은 것은?

① 부하능력이 거의 없다.
② 압축기 등 부대시설이 필요하다.
③ 공기 누출의 위험이 없다.
④ 사용진폭이 커서 별도의 댐퍼를 필요로 하지 않는다.

풀이 공기스프링의 장단점

㉠ 장점
- 설계 시에 스프링의 높이, 스프링 정수, 내하력(하중)을 각각 독립적으로 자유롭고 광범위하게 선정할 수 있다.
- 높이 조절밸브를 병용하면 하중의 변화에 따른 스프링 높이를 조절하여 기계의 높이를 일정하게 유지할 수 있다.
- 하중의 변화에 따라 고유진동수를 일정하게 유지할 수 있다.
- 부하능력이 광범위하고 자동제어가 가능하다.(1개의 스프링으로 동시에 횡강성도 이용할 수 있다.)
- 고주파 진동의 절연특성이 가장 우수하고 방음효과도 크다.

㉡ 단점
- 구조가 복잡하고 시설비가 많이 든다.(구조에 의해 설계상 제약 있음)
- 압축기 등 부대시설이 필요하다.
- 공기누출의 위험이 있다.
- 사용진폭이 작은 것이 많으므로 별도의 댐퍼가 필요한 경우가 많다.(공기스프링을 기계의 지지장치에 사용할 경우 스프링에 허용되는 동변위가 극히 작은 경우가 많으므로 내장하는 공기감쇠력으로 충분하지 않은 경우가 많음)
- 금속스프링으로 비교적 용이하게 얻는 고유진동수 1.5Hz 이상의 범위에서는 타 종류의 스프링에 비해 비싼 편이다.

75 다음은 소음진동관리법규상 배출시설 변경신고를 하는 경우에 관한 사항이다. (㉠) 안에 들어갈 가장 알맞은 것은?

변경신고를 하려는 자는 해당 시설의 변경 전[사업장의 명칭을 변경하거나 대표자를 변경하는 경우에는 이를 변경한 날부터 (㉠)]에 법에서 규정하는 서류를 첨부하여 시장 · 군수 · 구청장 등에게 제출하여야 한다.

① 7일 이내 ② 15일 이내
③ 30일 이내 ④ 60일 이내

76 소음진동관리법규상 자동차 사용정지표지의 색상기준으로 옳은 것은?

① 바탕색은 흰색으로, 문자는 검은색으로 한다.
② 바탕색은 노란색으로, 문자는 파란색으로 한다.
③ 바탕색은 흰색으로, 문자는 파란색으로 한다.
④ 바탕색은 노란색으로, 문자는 검은색으로 한다.

정답 72 ③ 73 ① 74 ② 75 ④ 76 ④

77 소음진동관리법령상 과태료 부과기준에 관한 설명으로 옳지 않은 것은?

① 운행차 소음허용기준을 초과한 자동차 소유자로서 배기소음허용기준을 2dB(A) 미만 초과한 자에 대한 각 위반차수별 과태료 부과금액은 1차 위반은 20만 원, 2차 위반은 20만 원, 3차 이상 위반은 20만 원이다.
② 부과권자는 위반행위의 동기와 그 결과 등을 고려하여 과태료 금액의 2분의 1의 범위에서 감경할 수 있다
③ 관계공무원의 출입 · 검사를 거부 · 방해 또는 기피한 자에 대한 각 위반차수별 과태료 부과금액은 1차 위반은 60만 원, 2차 위반은 80만 원, 3차 이상 위반은 100만 원이다.
④ 일반기준에 있어서 위반행위의 횟수에 따른 부과기준은 해당 위반행위가 있은 날 이전 최근 3년간 같은 위반행위로 부과처분을 받은 경우에 적용한다.

풀이 과태료 부과기준
㉠ 위반행위의 횟수에 따른 부과기준은 최근 1년간 같은 위반행위로 부과처분을 받은 경우에 적용한다. 이 경우 위반행위에 대하여 과태료를 부과처분한 날과 다시 동일한 위반행위를 적발한 날을 각각 기준으로 하여 위반횟수를 계산한다.
㉡ 부과권자는 위반행위의 동기와 그 결과 등을 고려하여 과태료 금액의 2분의 1 범위에서 감경할 수 있다.

78 소음 · 진동관리법령상 방지시설을 설치하여야 하는 사업장이 방지시설을 설치하지 아니하고 배출시설을 가동한 경우의 2차 행정처분 기준은?

① 조업정지 ② 사용금지명령
③ 폐쇄명령 ④ 허가취소

풀이 방지시설을 설치하지 아니하고 배출시설을 가동한 경우 행정처분기준
㉠ 1차 : 조업정지
㉡ 2차 : 허가취소

79 스프링과 질량으로 구성된 진동계에서 스프링의 정적처짐이 4.2cm인 경우 이 계의 주기(s)는?

① 0.41 ② 0.68
③ 1.47 ④ 2.43

풀이 $T=\dfrac{1}{f_n}$

$$f_n=4.98\sqrt{1/\delta_{st}}=\sqrt{1/4.2}=2.43\text{Hz}$$

$$=\frac{1}{2.43}=0.41\text{sec}$$

80 어느 시료의 흡음성능을 측정하기 위해 정재파 관내법을 사용하였다. 1,000Hz 순음인 사인파의 정재파비가 1.6이었다면 이 흡음재의 흡음률은?

① 0.913 ② 0.931
③ 0.947 ④ 0.968

풀이 흡음률(α_t)

$$\alpha_t=\frac{4}{n+\dfrac{1}{n}+2}=\frac{4}{1.6+\dfrac{1}{1.6}+2}=0.947$$

정답 77 ④ 78 ④ 79 ① 80 ③

032 2024년 3회 기사

1과목 소음진동개론

01 음에 관한 다음 식 중 옳은 것은?(단, I : 음의 세기, P : 음압, ρ : 매질의 밀도, c : 음속)

① $P=\sqrt{I\rho c}$　② $I=\dfrac{P}{\rho c}$

③ $P=\dfrac{\rho c}{I}$　④ $I^2=\dfrac{P}{\rho c}$

02 중심주파수가 3,150Hz일 때 1/3옥타브밴드 분석기의 밴드폭(Hz)은?

① 1,865　② 1,768

③ 731　④ 580

풀이 밴드폭(bw)

$$bw=f_c\times\left(2^{\frac{1/3}{2}}-2^{-\frac{1/3}{2}}\right)$$
$$=f_c\times 0.232=3{,}150\times 0.232=730.8\text{Hz}$$

03 하나의 파면상의 모든 점이 파원이 되어 각각 2차적인 구면파를 사출하여 그 파면들을 둘러싸는 면이 새로운 파면을 만드는 현상과 관련된 것은?

① Masking 효과　② Huyghens 원리

③ Doppler 효과　④ Hass 효과

04 다음은 공해진동의 신체적 영향이다. (　) 안에 가장 적합한 것은?

> (㉠) 부근에서 심한 공진현상을 보여, 가해진 진동보다 크게 느끼고, 2차적으로 (㉡) 부근에서 공진현상이 나타나지만 진동수가 증가함에 따라 감쇠가 급격하게 증가한다.

① ㉠ 1~2Hz, ㉡ 10~20Hz

② ㉠ 3~6Hz, ㉡ 10~20Hz

③ ㉠ 1~2Hz, ㉡ 20~30Hz

④ ㉠ 3~6Hz, ㉡ 20~30Hz

05 정상 청력을 가진 사람의 가청음압 범위가 아래와 같을 때, 이것을 음압레벨로 표시하면?(단, 범위 : $2\times10^{-5}\sim 60\text{N/m}^2$)

① 1~120.5dB　② 1~124.5dB

③ 0~129.5dB　④ 0~135.5dB

풀이 $SPL=20\log\dfrac{2\times10^{-5}}{2\times10^{-5}}=0\text{ dB}$

$SPL=20\log\dfrac{60}{2\times10^{-5}}=129.5\text{ dB}$

06 음의 효과에 관한 설명으로 옳지 않은 것은?

① 마스킹 효과에서는 마스킹하는 음이 클수록 마스킹 효과는 커지나, 그 음보다 높은 주파수의 음은 낮은 주파수의 음보다 마스킹되기 쉽다.

② 하스 효과 또는 선행음 효과는 지연음이 원음에 비해 10dB 이하의 레벨을 갖고 있을 때 유효하다.

③ 양이 효과는 인간의 두 귀로 음원의 방향감과 임장감(臨場感)을 느끼게 하여 음의 입체감을 만들어낸다.

④ 칵테일 파티 효과는 감각레벨의 이동량과 관련되며, 최소가청값 상승값(+10dB)으로 순음과 복합음을 구분할 수 있다는 원리이다.

풀이 칵테일 파티 효과
다수의 음원이 공간적으로 산재하고 있을 때 그 안의 특정한 음원, 예를 들어 특정인의 음성에 주목하게 되면 여러 음원으로부터 분리되어 특정음만 들리게 되는 심리현상을 말한다.

정답 01 ① 02 ③ 03 ② 04 ④ 05 ③ 06 ④

07 NITTS에 관한 설명으로 옳은 것은?

① 음향외상에 따른 재해와 연관이 있다.
② NIPTS와 동일한 변위를 공유한다.
③ 조용한 곳에서 적정 시간이 지나면 정상이 될 수 있는 변위를 말한다.
④ 청감역치가 영구적으로 변화하여 영구적인 난청을 유발하는 변위를 말한다.

풀이 NITTS(일시적 청력손실)

08 음파에 관한 설명으로 옳은 것은?

① 매질의 진동방향과 파동의 진행방향이 평행하면 횡파이다.
② 음파는 횡파에 해당한다.
③ 종파는 매질이 없어도 전파된다.
④ 물결파는 횡파에 해당한다.

09 진동의 영향에 관한 설명으로 옳은 것은?

① 4~14Hz에서 복통을 느끼고, 9~20Hz에서는 대소변을 보고 싶게 한다.
② 수직 및 수평진동이 동시에 가해지면 10배 정도의 자각현상이 나타난다.
③ 6Hz에서 머리는 가장 큰 진동을 느낀다.
④ 20~30Hz 부근에서 심한 공진현상을 보여 가해진 진동보다 크게 느끼고, 진동수 증가에 따라 감쇠는 급격히 감소한다.

풀이 ② 수직 및 수평진동이 동시에 가해지면 자각현상이 2배가 된다.
③ 6Hz에서 허리, 가슴 및 등 쪽에 심한 진동을 느낀다.
④ 20~30Hz에서는 2차 공진현상이 나타나며 두개골의 공명으로 시력 및 청력장애를 초래한다.

10 다음은 인체의 귓구멍(외이도)을 나타낸 그림이다. 이때 공명 기본음 주파수 대역은?(단, 음속은 340m/s이다.)

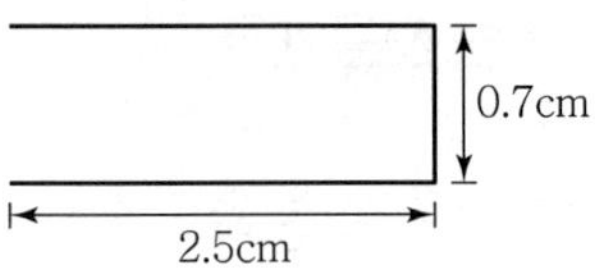

① 750Hz ② 3,400Hz
③ 6,800Hz ④ 12,143Hz

풀이 외이도(일단개구관)의 공명 기본음 주파수(f)

$$f=\frac{C}{4L}=\frac{340\text{m/sec}}{4\times0.025\text{m}}=3{,}400\text{Hz}$$

11 그림과 같이 질량은 1kg, 100N/m 강성을 갖는 스프링 4개가 연결된 진동계가 있다. 이 진동계의 고유진동수(Hz)는?

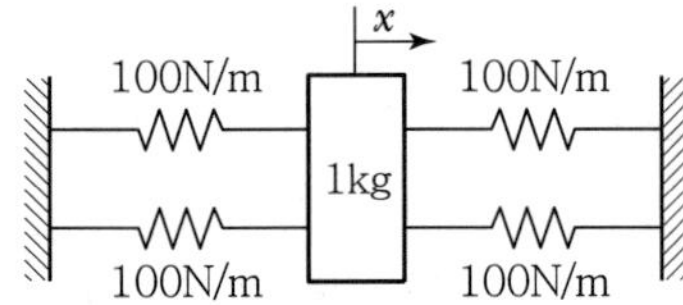

① 0.80 ② 1.59
③ 3.18 ④ 6.37

풀이 $f_n=\frac{1}{2\pi}\sqrt{\frac{k}{m}}$

$k_{eq}=200\text{N/m}+200\text{N/m}=400\text{N/m}$

$=\frac{1}{2\pi}\sqrt{\frac{400}{1}}=3.18\text{Hz}$

12 옥외의 자유공간에 설치된 무지향성 소음원의 음향파워레벨이 105dB이다. 이 소음원으로부터 20m 떨어진 곳에서의 음압레벨은?

① 68dB ② 71dB
③ 84dB ④ 87dB

풀이 $SPL=PWL-20\log r-11$

$=105-20\log 20-11$

$=68\text{dB}$

정답 07 ③ 08 ④ 09 ① 10 ② 11 ③ 12 ①

13 무지향성 자유공간에 있는 음향출력이 3W인 작은 선음원으로부터 125m 떨어진 곳에서의 음압레벨은?

① 88dB ② 92dB
③ 96dB ④ 100dB

풀이 $SPL = PWL - 10\log r - 8$

$$PWL = 10\log\frac{3}{10^{-12}} = 124.77\text{dB}$$
$$= 124.77 - 10\log 125 - 8 = 95.8\text{dB}$$

14 점음원과 선음원(무한장)이 있다. 각 음원으로부터 10m 떨어진 거리에서의 음압레벨이 100dB이라고 할 때, 1m 떨어진 위치에서의 각각의 음압레벨은?(단, 점음원－선음원 순서이다.)

① 120dB－110dB ② 110dB－120dB
③ 130dB－115dB ④ 115dB－130dB

풀이 ㉠ 점음원

$$SPL_1 - SPL_2 = 20\log\frac{r_2}{r_1}$$
$$SPL_1 = SPL_2 + 20\log\frac{r_2}{r_1}$$
$$= 100 + 20\log\frac{10}{1} = 120\text{dB}$$

㉡ 선음원

$$SPL_1 - SPL_2 = 10\log\frac{r_2}{r_1}$$
$$SPL_1 = SPL_2 + 10\log\frac{r_2}{r_1}$$
$$= 100 + 10\log\frac{10}{1} = 110\text{dB}$$

15 다음 소음의 "시끄러움(Noisiness)"에 관한 설명 중 틀린 것은?

① 배경소음과 주소음의 음압도의 차가 클수록 시끄럽다.
② 소음도가 높을수록 시끄럽다.
③ 충격성이 강할수록 시끄럽다.
④ 저주파 성분이 많을수록 시끄럽다.

풀이 저주파보다는 고주파성분이 많을 때 시끄럽다.

16 등감각곡선(Equal Perceived Acceleration Contour)에 관한 설명으로 옳지 않은 것은?

① 일반적으로 수직 보정된 레벨을 많이 사용하며 그 단위는 dB(V)이다.
② 수직진동은 4~8Hz 범위에서 가장 민감하다.
③ 등감각곡선에 기초하여 정해진 보정회로를 통한 레벨을 진동레벨이라 한다.
④ 수직보정곡선의 주파수 대역이 $4 \le f \le 8\text{Hz}$일 때 보정치의 물리량은 $2\times10^{-5}\times f^{-\frac{1}{2}}(\text{m/s}^2)$이다.

풀이 ㉠ 수직보정의 경우
- $1 \le f \le 4\text{Hz}$
  $a = 2\times10^{-5}\times f^{-\frac{1}{2}}(\text{m/s}^2)$
- $4 \le f \le 8\text{Hz}$
  $a = 10^{-5}(\text{m/s}^2)$
- $8 \le f \le 90\text{Hz}$
  $a = 0.125\times10^{-5}\times f(\text{m/s}^2)$

㉡ 수평보정의 경우
- $1 \le f \le 2\text{Hz}$
  $a = 10^{-5}(\text{m/s}^2)$
- $2 \le f \le 90\text{Hz}$
  $a = 0.5\times10^{-5}\times f(\text{m/s}^2)$

17 다음은 잔향시간에 관한 설명이다. (　　) 안에 가장 적합한 것은?

> 잔향시간이란 실내에서 음원을 끈 순간부터 음압레벨이 (㉠) 감소되는 데 소요되는 시간을 말하며, 일반적으로 기록지의 레벨 감쇠곡선의 폭이 (㉡) 이상일 때 이를 산출한다.

① ㉠ 60dB, ㉡ 10dB(최소 5dB)
② ㉠ 60dB, ㉡ 25dB(최소 15dB)
③ ㉠ 120dB, ㉡ 10dB(최소 5dB)
④ ㉠ 120dB, ㉡ 25dB(최소 15dB)

정답 13 ③ 14 ① 15 ④ 16 ④ 17 ②

18 기온이 20℃, 음압실효치가 0.35N/m^2일 때, 평균음에너지 밀도는?

① 2.6×10^{-7}J/m^3
② 5.6×10^{-7}J/m^3
③ 8.6×10^{-7}J/m^3
④ 1.2×10^{-6}J/m^3

풀이 음향에너지 밀도(J/m^3)

$$= \frac{P^2}{\rho C^2}$$

$$C = 331.42 + (0.6 \times 20) = 343.42\text{m/sec}$$

$$\rho = 1.293 \times \frac{273}{273+20} = 1.2\text{kg/m}^3$$

$$= \frac{(0.35)^2}{1.2 \times (343.42)^2} = 8.65 \times 10^{-7}\text{J/m}^3$$

19 소음평가지수 NRN(Noise Rating Number)에 관한 설명으로 가장 거리가 먼 것은?

① 소음피해에 대한 주민들의 반응은 NRN으로 40 이하이면 보통 주민반응이 없는 것으로 판단할 수 있다.
② 순음 성분이 많은 경우에는 NR보정 값은 +5dB 이다.
③ 반복성 연속음의 경우에는 NR보정 값은 +3dB 이다.
④ 습관이 안 된 소음에 대해서는 NR보정 값은 0이다.

풀이 측정된 소음이 반복성 연속음일 경우는 별도로 보정할 필요 없이 사용한다.

20 음압진폭이 10N/m^2인 순음성분의 소음이 있다. 이 소음의 음압레벨은?

① 105dB ② 111dB
③ 115dB ④ 121dB

풀이 $SPL = 20\log\frac{(10/\sqrt{2})}{2 \times 10^{-5}} = 110.97\text{dB}$

2과목 소음방지기술

21 환경기준 중 소음측정방법 중 측정시간 및 측정지점수 기준으로 옳은 것은?

① 낮 시간대(06:00~22:00)에는 당해지역 소음을 대표할 수 있도록 측정지점수를 충분히 결정하고, 각 측정지점에서 2시간 이상 간격으로 2회 이상 측정하여 산술평균한 값을 측정소음도로 한다.
② 낮 시간대(06:00~22:00)에는 당해지역 소음을 대표할 수 있도록 측정지점수를 충분히 결정하고, 각 측정지점에서 2시간 이상 간격으로 4회 이상 측정한 값 중 최댓값을 측정소음도로 한다.
③ 밤 시간대(22:00~06:00)에는 낮 시간대에 측정한 측정지점에서 4시간 간격으로 2회 이상 측정하여 산술평균한 값을 측정소음도로 한다.
④ 밤 시간대(22:00~06:00)에는 낮 시간대에 측정한 측정지점에서 2시간 간격으로 2회 이상 측정하여 산술평균한 값을 측정소음도로 한다.

풀이 환경기준(측정시간 및 측정지점수)
㉠ 낮 시간대(06:00~22:00)에는 당해지역 소음을 대표할 수 있도록 측정지점수를 충분히 결정하고, 각 측정지점에서 2시간 이상 간격으로 4회 이상 측정하여 산술평균한 값을 측정소음도로 한다.
㉡ 밤 시간대(22:00~06:00)에는 낮 시간대에 측정한 측정지점에서 2시간 간격으로 2회 이상 측정하여 산술평균한 값을 측정소음도로 한다.

22 판상 흡음재에 관한 설명으로 옳은 것은?

① 판은 진동에 민감한 얇고 가벼울수록 흡음률이 우수하다.
② 판 배후의 공기층에 다공질 흡음재를 부착하면 흡음률이 증대되고, 흡음률의 최고점은 저주파 음역으로 이동된다.
③ 저주파 측(63~250Hz)일 때 흡음률이 0.1이나 고주파 측(500~800Hz)은 0.3~0.75 정도로 고주파영역에서의 흡음률이 높다.
④ 흡음률의 최고점은 500Hz 정도에 있고, 판 두께와 배후 공기층이 클수록 고주파음역으로 이동한다.

정답 18 ③ 19 ③ 20 ② 21 ④ 22 ①

23 배출허용기준 중 소음 측정조건에 있어서 손으로 소음계를 잡고 측정할 경우 소음계는 측정자의 몸으로부터 얼마 이상 떨어져야 하는가?

① 0.2m 이상 ② 0.3m 이상
③ 0.4m 이상 ④ 0.5m 이상

24 공장 가동 시 부지경계선에서 측정한 소음도가 67dB(A)이고, 가동을 중지한 상태에서 측정한 소음도가 61dB(A)일 경우 대상 소음도는?

① 63.0dB(A) ② 64.8dB(A)
③ 65.7dB(A) ④ 66.4dB(A)

풀이 측정소음도와 배경소음도 차이

67dB(A) − 61dB(A) = 6dB(A)

대상소음도 = 측정소음도 − 보정치

$$\text{보정치} = -10\log(1-10^{-0.1d}) = -10\log[1-10^{-(0.1\times 6)}] = 1.26\,\text{dB(A)}$$

$$= 67 - 1.26 = 65.74\,\text{dB(A)}$$

25 소음계의 청감보정회로에서 자동차 소음 측정용은 A 특성 외에 어떤 특성도 함께 갖추어야 하는가?

① B 특성 ② C 특성
③ E 특성 ④ F 특성

풀이 청감보정회로(Weighting Networks)

㉠ 인체의 청감각을 주파수 보정 특성에 따라 나타낸다.
㉡ A특성을 갖춘 것이어야 한다.
㉢ 다만, 자동차 소음측정용은 C특성도 함께 갖추어야 한다.

26 소음계의 구조별 성능기준에 관한 설명으로 옳지 않은 것은?

① 마이크로폰 : 지향성이 작은 압력형으로 한다.
② 레벨레인지 변환기 : 음향에너지를 전기에너지로 변환·증폭시킨다.
③ 동특성 조절기 : 지시계기의 반응속도를 빠름 및 느림의 특성으로 조절할 수 있는 조절기를 가져야 한다.
④ 출력단자 : 소음신호를 기록기 등에 전송할 수 있는 교류단자를 갖춘 것이어야 한다.

풀이 레벨레인지 변환기

측정하고자 하는 소음도가 지시계기의 범위 내에 있도록 하기 위한 감쇠기이다.

27 마이크로폰을 소음계와 분리시켜 소음을 측정할 때 마이크로폰의 지지장치로 사용하거나 소음계를 고정할 때 사용하는 장치는?

① Calibration Network Calibrator
② Fast−Slow Switch
③ Tripod
④ Meter

28 7일간 측정한 WECPNL 값이 각각 76, 78, 77, 78, 80, 79, 77dB일 경우 7일간 평균 WECPNL(dB)은?

① 77 ② 78
③ 79 ④ 80

풀이

$$\overline{WECPNL} = 10\log\left[\frac{1}{7}(10^{7.6}+10^{7.8}+10^{7.7}+10^{7.8}+10^{8.0}+10^{7.9}+10^{7.7})\right] = 78\text{WECPNL(dB)}$$

29 환경기준 중 소음을 측정할 때 소음계를 손으로 잡고 측정할 경우 소음계는 측정자의 몸으로부터 얼마 이상 떨어져야 하는가?

① 0.1m 이상 ② 0.3m 이상
③ 0.5m 이상 ④ 1.0m 이상

풀이 손으로 소음계를 잡고 측정할 경우 소음계는 측정자의 몸으로부터 0.5m 이상 떨어져야 한다.

정답 23 ④ 24 ③ 25 ② 26 ② 27 ③ 28 ② 29 ③

30 다음 중 측정소음도 및 배경소음도의 측정을 필요로 하는 기준은?

① 배출허용기준 및 동일 건물 내 사업장소음 규제기준
② 환경기준 및 배출허용기준
③ 환경기준 및 생활소음 규제기준
④ 환경기준 및 항공기소음 한도기준

31 발파소음 측정자료 평가표 서식에 기록되어야 하는 사항으로 거리가 먼 것은?

① 폭약의 종류
② 1회 사용량
③ 발파횟수
④ 천공장의 깊이

풀이 발파소음 측정자료 평가표 기재사항
㉠ 폭약의 종류
㉡ 1회 사용량
㉢ 발파횟수
㉣ 측정지점 약도

32 다음 소음계의 기본 구성도 중 각 부분의 명칭으로 가장 적합한 것은?(단, [1], [2], [3], [5] 순이며, 4 : 교정장치, 6 : 동특성 조절기 7 : 출력단자, 8 : 지시계기이다.)

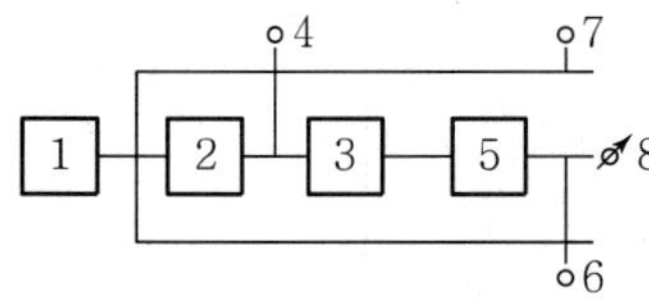

① 마이크로폰, 증폭기, 레벨레인지 변환기, 청감보정회로
② 마이크로폰, 청감보정회로, 증폭기, 레벨레인지 변환기
③ 마이크로폰, 레벨레인지 변환기, 증폭기, 청감보정회로
④ 마이크로폰, 청감보정회로, 레벨레인지 변환기, 증폭기

풀이 소음측정기기의 구성 및 순서

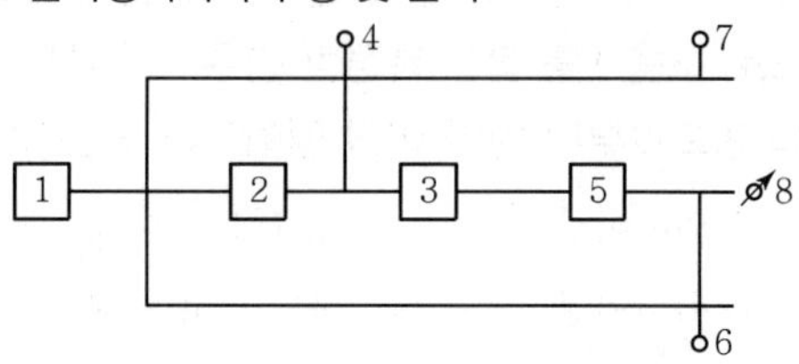

1. 마이크로폰
2. 레벨레인지 변환기
3. 증폭기
4. 교정장치
5. 청감보정회로(Weighting Networks)
6. 동특성 조절기
7. 출력단자(간이소음계 제외)
8. 지시계기

33 소음계의 구성부분 중 진동레벨계의 진동픽업에 해당되는 것은?

① Microphone
② Amplifier
③ Calibration Network Calibrator
④ Weighting Networks

풀이 소음계의 마이크로폰은 진동계의 진동픽업에 해당된다.

34 다음은 레벨레인지 변환기에 대한 설명이다. ( ) 안에 알맞은 것은?

측정하고자 하는 소음도가 지시계기의 범위 내에 있도록 하기 위한 감쇠기로서 유효눈금범위가 30dB 이하가 되는 구조의 것은 변환기에 의한 레벨의 간격이 ( ) 간격으로 표시되어야 한다.

① 1dB
② 5dB
③ 10dB
④ 15dB

정답 30 ① 31 ④ 32 ③ 33 ① 34 ③

35 철도소음 관리기준 측정에 관한 설명으로 옳지 않은 것은?

① 철도소음 관리기준을 적용하기 위하여 측정하고자 할 경우에는 철도보호지구에서 측정 · 평가한다.
② 샘플주기를 1초 내외로 결정하고 1시간 동안 연속 측정하여 자동 연산 · 기록한 등가소음도를 그 지점의 측정소음도로 한다.
③ 소음계의 동특성은 '빠름'으로 하여 측정한다.
④ 요일별로 소음 변동이 적은 평일(월요일부터 금요일까지)에 당해 지역의 철도소음을 측정한다.

풀이 철도소음 관리기준을 적용하기 위하여 측정하고자 할 경우에는 철도보호지구 외의 지역에서 측정 · 평가한다.

36 환경기준 중 소음 측정 시 풍속이 몇 m/s 이상이면 반드시 마이크로폰에 방풍망을 부착하여야 하는가?

① 1m/s 이상
② 2m/s 이상
③ 5m/s 이상
④ 10m/s 이상

37 다음은 항공기소음한도 측정방법이다. ( ) 안에 알맞은 것은?

> 측정자료는 WECPNL로 구하며, 헬리포트 주변 등과 같이 배경소음보다 10dB 이상 큰 항공기 소음의 지속시간 평균치 D가 (㉠) 이상일 경우에는 보정량 (㉡)을 WECPNL에 보정하여야 한다.

① ㉠ 10초, ㉡ [+10log(D/20)]
② ㉠ 10초, ㉡ [+20log(D/10)]
③ ㉠ 30초, ㉡ [+10log(D/20)]
④ ㉠ 30초, ㉡ [+20log(D/10)]

38 마이크로폰을 소음계와 분리시켜 소음을 측정할 때 마이크로폰의 지지장치로 사용하거나 소음계를 고정할 때 사용하는 장치는?

① Tripod
② Meter
③ Fast−Slow Switch
④ Calibration Network Calibrator

풀이 Tripod는 부속장치 중 삼각대를 말한다.

39 환경기준 중 소음측정방법으로 옳지 않은 것은?

① 소음도 기록기가 없는 경우에는 소음계만으로 측정할 수 있으나, 통상 소음계와 소음도 기록기를 연결하여 측정 · 기록하는 것을 원칙으로 한다.
② 소음계의 레벨레인지 변환기는 측정지점의 소음도를 예비조사한 후 적절하게 고정시켜야 한다.
③ 옥외측정을 원칙으로 하며, 측정점 선정 시에는 당해 지역 소음평가에 현저한 영향을 미칠 것으로 예상되는 공장 및 사업장, 철도 등의 부지 내는 피해야 한다.
④ 일반지역의 경우에는 가능한 한 측정점 반경 10m 이내에 장애물(담, 건물, 기타 반사성 구조물 등)이 없는 지점의 지면 위 3~5m로 한다.

풀이 일반지역의 경우 가능한 한 측정점 반경 3.5m 이내에 장애물(담, 건물, 기타 반사성 구조물 등)이 없는 지점의 지면 위 1.2~1.5m로 한다.

40 소음 · 진동 공정시험기준상 자동차 소음측정에 사용되는 소음계의 소음도 범위기준으로 가장 적절한 것은?

① 60~120dB 이상
② 55~130dB 이상
③ 50~120dB 이상
④ 45~130dB 이상

정답 35 ① 36 ② 37 ③ 38 ① 39 ④ 40 ④

3과목 소음진동공정시험 기준

41 열차통과 시 배경진동레벨이 65dB(V)이고, 최고진동레벨을 측정한 결과 72dB(V), 73dB(V), 71 dB(V), 69dB(V), 74dB(V), 75dB(V), 67dB(V), 77 dB(V), 80dB(V), 82dB(V), 76dB(V), 79dB(V), 78 dB(V)이다. 철도진동레벨은?

① 74dB(V) ② 75dB(V)
③ 77dB(V) ④ 79dB(V)

풀이 열차통과 시마다 최고진동레벨이 배경진동레벨보다 최소 5dB 이상 큰 것에 한하여 연속 10개 열차 이상을 대상으로 최고진동레벨을 측정 · 기록하고 그중 중앙값 이상을 산술평균한 값을 철도진동레벨로 한다.

㉠ 중앙값 산출(순서로 나열하여 가운데 값) : 단위 dB(V)
71, 72, 73, 74, 75, 76, 77, 78, 79, 80, 82
중앙값 → 76dB(V)

㉡ 철도진동레벨 $= \dfrac{76+77+78+79+80+82}{6}$
$= 78.67\text{dB(V)}$

42 발파진동 측정 시 디지털 진동자동분석계를 사용할 경우 배경진동레벨을 정하는 기준으로 옳은 것은?

① 샘플주기 0.1초 이하로 놓고 5분 이상 측정하여 연산 · 기록한 80% 범위의 상단치인 L_{10} 값을 그 지점의 배경진동레벨로 한다.
② 샘플주기를 0.1초 이하로 놓고 발파진동의 발생기간 동안 측정하여 자동 연산 · 기록한 최고치를 그 지점의 배경진동레벨로 한다.
③ 샘플주기를 1초 이내에서 결정하고 5분 이상 측정하여 자동 연산 · 기록한 80% 범위의 상단치인 L_{10} 값을 그 지점의 배경진동레벨로 한다.
④ 샘플주기를 1초 이내에서 결정하고 발파진동의 발생기간 동안 측정하여 자동 연산 · 기록한 최고치를 그 지점의 배경진동레벨로 한다.

43 다음은 소음진동공정시험 기준상 용어의 정의이다. ( ) 안에 들어갈 알맞은 것은?

> ( )이란 시간적으로 변동하지 아니하거나 또는 변동폭이 작은 진동을 말한다.

① 변동진동 ② 정상진동
③ 극소진동 ④ 배경진동

44 철도진동한도 측정자료 분석에 대한 설명 중 ( ) 안에 가장 적합한 것은?

> 열차의 운행횟수가 밤 · 낮 시간대별로 1일 (㉠)인 경우에는 측정열차 수를 줄여 그중 (㉡) 이상을 산술평균한 값을 철도진동레벨로 할 수 있다.

① ㉠ 5회 미만, ㉡ 중앙값
② ㉠ 5회 미만, ㉡ 조화평균값
③ ㉠ 10회 미만, ㉡ 중앙값
④ ㉠ 10회 미만, ㉡ 조화평균값

풀이 열차의 운행횟수가 밤 · 낮 시간대별로 1일 10회 미만인 경우에는 측정열차 수를 줄여 그중 중앙값 이상을 산술평균한 값을 철도진동레벨로 할 수 있다.

45 규제기준 중 발파진동 측정 시 디지털 진동자동분석계를 사용할 때의 샘플 주기는 얼마로 놓는가?(단, 측정진동레벨 분석이다.)

① 10초 이하 ② 5초 이하
③ 1초 이하 ④ 0.1초 이하

46 진동레벨기록기를 사용하여 측정할 경우 기록지상의 지시치의 변동폭이 5dB 이내일 때 측정자료 분석기준이 다른 것은?

① 도로교통진동 관리기준
② 철도진동 관리기준
③ 생활진동 규제기준
④ 진동의 배출허용기준

정답 41 ④ 42 ③ 43 ② 44 ③ 45 ④ 46 ②

풀이 철도진동 관리기준은 열차 통과 시마다 최고진동레벨이 배경진동레벨보다 최소 5dB 이상 큰 것에 한하여 연속 10개 열차 이상을 대상으로 최고진동레벨을 측정 · 기록하고, 그중 중앙값 이상을 산술평균한 값을 철도진동레벨로 한다.

47 발파진동 평가를 위한 보정 시 시간대별 보정 발파횟수(N)는 작업일지 등을 참조하여 발파진동 측정 당일의 발파진동 중 진동레벨이 얼마 이상인 횟수(N)를 말하는가?

① 50dB(V) 이상
② 55dB(V) 이상
③ 60dB(V) 이상
④ 130dB(V) 이상

48 다음 중 진동절연의 개념을 바르게 나타낸 것은?

① 공진현상을 막는다.
② 진동의 전달을 막는다.
③ 가진력을 없앤다.
④ 감쇠장치로 진동을 흡수한다.

49 공장진동 측정자료 평가표 서식에 기재되어야 하는 사항으로 거리가 먼 것은?

① 충격진동 발생시간(h)
② 측정 대상업소 소재지
③ 진동레벨계 명칭
④ 지면조건

풀이 공정시험기준 중 공장진동 측정자료 평가표 참조

50 규제기준 중 생활진동 측정방법으로 옳지 않은 것은?

① 피해가 예상되는 적정한 측정시각에 2지점 이상의 측정지점수를 선정 · 측정하여 산술평균한 진동레벨을 측정진동레벨로 한다.
② 측정점은 피해가 예상되는 자의 부지경계선 중 진동레벨이 높을 것으로 예상되는 지점을 택하여야 하며 배경진동의 측정점은 동일한 장소에서 측정함을 원칙으로 한다.
③ 측정진동레벨은 대상 진동발생원의 일상적인 사용 상태에서 정상적으로 가동시켜 측정하여야 한다.
④ 배경진동레벨은 대상진동원의 가동을 중지한 상태에서 측정하여야 하나, 가동중지가 어렵다고 인정되는 경우에는 배경진동의 측정 없이 측정진동레벨을 대상진동레벨로 할 수 있다.

풀이 피해가 예상되는 적절한 측정시각에 2지점 이상의 측정지점 수를 선정 · 측정하여 그중 높은 진동레벨을 측정진동레벨로 한다.

51 공장진동 측정 시 배경진동의 영향에 대한 보정치가 −2.4dB(V)일 때 공장의 측정진동레벨과 배경진동레벨과의 차[dB(V)]는?

① 3.4　② 3.7
③ 4.5　④ 4.8

풀이 보정치$=-10\log(1-10^{-0.1\times d})$

$-2.4=-10\log(1-10^{-0.1\times d})$

$10^{\frac{2.4}{10}}=(1-10^{-0.1\times d})$

d(차이)$=3.7\,\text{dB(V)}$

52 다음은 철도진동의 측정자료 분석에 관한 설명이다. (　) 안에 알맞은 것은?

> 열차 통과 시마다 최고진동레벨이 배경진동레벨보다 최소 (　) 이상 큰 것에 한하여 연속 10개 열차(상하행 포함)이상을 대항으로 최고 진동레벨을 측정 · 기록하고, 그중 중앙값 이상을 산술평균한 값을 철도진동레벨로 한다.

① 3dB　② 5dB
③ 10dB　④ 15dB

정답 47 ③ 48 ② 49 ① 50 ① 51 ② 52 ②

53 압전형과 동전형 진동픽업의 상대비교에 관한 설명으로 옳지 않은 것은?

① 압전형은 픽업의 출력임피던스가 크다.
② 압전형은 중고주파대역(10kHz 이하)에 적합하다.
③ 동전형은 감도가 안정적이다.
④ 동전형은 소형 경량(수십 gram)이다.

풀이 동전형 진동픽업은 대형으로 중량(수백 gram)이다.

54 A공장에서 기계를 가동시켜 진동레벨을 측정한 결과 81dB이었고, 기계를 정지하고 진동레벨을 측정하니 74dB이었다. 이때 기계의 대상진동레벨(dB)은?

① 78　　② 79
③ 80　　④ 81

풀이 대상진동레벨
= 측정진동레벨 − 보정치
보정치 $= -10\log[1-10^{-(0.1\times d)}]$
$= -10\log[1-10^{-(0.1\times 7)}]$
$= 0.97\text{dB}$
$= 81 - 0.97 = 80.03\text{dB}$

55 다음은 디지털 진동자동분석계를 사용할 경우 생활진동의 자료분석방법이다. (　　) 안에 알맞은 것은?

> (　　)하여 자동 연산 · 기록한 80% 범위의 상단치인 L10 값을 그 지점의 측정진동레벨 또는 배경진동레벨로 한다.

① 샘플주기를 1초 이내에서 결정하고 1분 이상 측정
② 샘플주기를 1초 이내에서 결정하고 5분 이상 측정
③ 샘플주기를 0.5초 이내에서 결정하고 1분 이상 측정
④ 샘플주기를 0.5초 이내에서 결정하고 5분 이상 측정

56 측정진동레벨과 배경진동레벨의 차가 9dB(V)일 때 보정치는?[단, 단위는 dB(V)]

① 0　　② −0.6
③ −1.9　　④ −3.4

풀이 보정치 $= -10\log[1-10^{-(0.1\times d)}]$
$= -10\log[1-10^{-(0.1\times 9)}]$
$= -0.58$

57 진동레벨기록기를 사용하여 배출허용기준 중 진동을 측정할 경우 "기록지상의 지시치가 불규칙하고 대폭적으로 변할 때" 측정진동레벨로 정하는 기준은?[단, 모눈종이 상에 누적도곡선(횡축에 진동레벨, 좌측 종축에 누적도수를, 우측종축에 백분율을 표기)을 이용하는 방법에 의한다.]

① 80% 횡선이 누적도곡선과 만나는 교점에서 수선을 그어 횡축과 만나는 점의 진동레벨을 L_{10} 값으로 한다.
② 85% 횡선이 누적도곡선과 만나는 교점에서 수선을 그어 횡축과 만나는 점의 진동레벨을 L_{10} 값으로 한다.
③ 90% 횡선이 누적도곡선과 만나는 교점에서 수선을 그어 횡축과 만나는 점의 진동레벨을 L_{10} 값으로 한다.
④ 95% 횡선이 누적도곡선과 만나는 교점에서 수선을 그어 횡축과 만나는 점의 진동레벨을 L_{10} 값으로 한다.

58 다음은 진동레벨계의 구조 중 레벨레인지 변환기에 관한 설명이다. (　　) 안에 가장 알맞은 것은?

> 측정하고자 하는 진동이 지시계기의 범위 내에 있도록 하기 위한 감쇠기로서 유효눈금 범위가 (㉠)되는 구조의 것은 변환기에 의한 레벨의 간격이 (㉡) 간격으로 표시되어야 한다.

① ㉠ 30dB 초과,　㉡ 10dB
② ㉠ 30dB 이하,　㉡ 10dB
③ ㉠ 50dB 초과,　㉡ 5dB
④ ㉠ 50dB 이하,　㉡ 5dB

정답 53 ④　54 ③　55 ②　56 ②　57 ③　58 ②

풀이 충격진동은 단조기의 사용, 폭약의 발파 시 등과 같이 극히 짧은 시간 동안에 발생하는 높은 세기의 진동을 말한다.

59 다음은 도로교통진동관리기준의 측정시간 및 측정지점수 기준이다. ( ) 안에 알맞은 것은?

> 시간대별로 진동피해가 예상되는 시간대를 포함하여 (㉠)의 측정지점수를 선정하여 (㉡) 측정하여 산술평균한 값을 측정진동레벨로 한다.

① ㉠ 2개 이상, ㉡ 4시간 이상 간격으로 2회 이상
② ㉠ 2개 이상, ㉡ 2시간 이상 간격으로 2회 이상
③ ㉠ 1개 이상, ㉡ 4시간 이상 간격으로 2회 이상
④ ㉠ 1개 이상, ㉡ 2시간 이상 간격으로 2회 이상

60 진동레벨계의 성능기준으로 옳지 않은 것은?

① 측정가능 주파수 범위는 1~90Hz 이상이어야 한다.
② 측정가능 진동레벨의 범위는 45~120dB 이상이어야 한다.
③ 진동픽업의 횡감도는 규정주파수에서 수감축 감도에 대한 차이가 15dB 이상이어야 한다.(연직특성)
④ 레벨레인지 변환기가 있는 기기에 있어서 레벨레인지 변환기의 전환오차가 1dB 이내이어야 한다.

풀이 레벨레인지 변환기가 있는 기기에서 레벨레인지 변환기의 전환오차는 0.5dB 이내이어야 한다.

4과목 진동방지기술

61 Fan 날개수가 30개인 송풍기가 1,000rpm으로 운전하고 있을 때 이 송풍기의 기본음 주파수는?

① 125Hz ② 250Hz
③ 500Hz ④ 1,000Hz

풀이 기본음 주파수 $= \frac{1,000\text{rpm}}{60} \times 30 = 500\text{Hz}$

62 자동차 소음원에 따른 대책으로 가장 거리가 먼 것은?

① 엔진 소음－엔진의 구조 개선에 의한 소음 저감
② 배기계 소음－배기계 관의 강성 감소로 소음 억제
③ 흡기계 소음－흡기관의 길이, 단면적을 최적화시켜 흡기음압 저감
④ 냉각팬 소음－냉각성능을 저하시키지 않는 범위 내에서 팬 회전수를 낮춤

풀이 배기계 소음－배기계 관의 강성 증대로 소음 억제

63 방음벽 설계 시 유의할 점으로 거리가 먼 것은?

① 음원의 지향성이 수음 측 방향으로 클 때에는 벽에 의한 감쇠치가 계산치보다 작게 된다.
② 벽의 투과손실은 회절감쇠치보다 적어도 5dB 이상 크게 하는 것이 좋다.
③ 벽의 길이는 선음원일 때에는 음원과 수음점 간의 직선거리의 2배 이상으로 하는 것이 바람직하다.
④ 방음벽 설계는 무지향성 음원으로 가정한 것이므로 음원의 지향성과 크기에 대한 상세한 조사가 필요하다.

풀이 음원의 지향성이 수음 측 방향으로 클 때에는 방음벽에 의한 감쇠치가 계산치보다 크게 된다.

64 실내에 설치되어 있는 유체기계에서 유체유동으로 소음을 발생시키고 있다. 이에 대한 소음 저감대책으로 적당하지 않은 것은?

① 유속을 느리게 한다.
② 압력의 시간적 변화를 완만하게 한다.
③ 유체유동 시 유량밸브를 가능한 빨리 개폐시킨다.
④ 유체유동 시 공동현상이 발생하지 않도록 한다.

풀이 유체유동 시 유량밸브를 가능한 천천히 개폐시킨다.

정답 59 ① 60 ④ 61 ③ 62 ② 63 ① 64 ③

65 흡음 덕트형 소음기에 관한 설명으로 옳은 것은?

① 최대감음 주파수는 $\lambda < D < 2\lambda$ 범위에 있다.
[λ : 대상음의 파장(m), D : 덕트 내경(m)]
② 통과유속은 20m/s 이하로 하는 것이 좋다.
③ 송풍기 소음을 방지하기 위한 흡음 Chamber 내의 흡음재 두께는 1인치로 하는 것이 이상적이다.
④ 감음 특성은 저음역에서 좋다.

풀이 ① 최대감음 주파수는 $\frac{\lambda}{2} < D < \lambda$ 범위에 있다.
③ 송풍기 소음을 방지하기 위한 흡음챔버 내의 흡음재는 2~4″ 두께로 부착하는 것이 좋다.
④ 감음 특성은 중 · 고음역에서 좋다.

66 쇠로 된 금속관 사이의 접속부에 고무를 넣어 진동을 절연하고자 한다. 파동에너지 반사율이 95%가 되면, 전달되는 진동의 감쇠량(dB)은?

① 10 ② 13
③ 16 ④ 20

풀이 진동감쇠량(Δl)$=-10\log(1-T_r)$
$=-10\log(1-0.95)$
$=13\text{dB}$

67 원통형 코일스프링의 스프링 정수에 관한 설명으로 옳은 것은?

① 스프링 정수는 전단탄성률에 반비례한다.
② 스프링 정수는 유효권수에 비례한다.
③ 스프링 정수는 소선 직경의 4제곱에 비례한다.
④ 스프링 정수는 평균코일 직경의 3제곱에 비례한다.

풀이 코일스프링의 스프링 정수(k)

$$k=\frac{W}{\delta_{st}}=\frac{Gd^4}{8\pi D^3}(\text{N/mm})$$

여기서, G : 전단탄성계수(횡탄성 계수)
d : 소선 직경
D : 평균 코일 직경

68 소음진동관리법규상 측정망 설치계획에 관한 사항으로 거리가 먼 것은?

① 측정망설치계획에는 측정소를 설치할 건축물의 위치가 명시되어 있어야 한다.
② 측정망설치계획의 고시는 최초로 측정소를 설치하게 되는 날의 1개월 이전에 하여야 한다.
③ 측정망설치계획에는 측정망의 배치도가 명시되어 있어야 한다.
④ 시 · 도지사가 측정망설치계획을 결정 · 고시하려는 경우에는 그 설치위치 등에 관하여 환경부장관의 의견을 들어야 한다.

풀이 측정망 설치계획의 고시는 최초로 측정소를 설치하게 되는 날의 3개월 이전에 하여야 한다.

69 균질의 단일벽 두께를 2배로 할 경우 일치효과의 한계주파수는 어떻게 변화되겠는가?(단, 기타 조건은 일정하다.)

① 처음의 1/4 ② 처음의 1/2
③ 처음의 2배 ④ 처음의 4배

풀이 일치주파수(f_c) $\simeq \frac{1}{n} \simeq \frac{1}{2}$ $\left(\text{처음의 } \frac{1}{2}\right)$

70 그림과 같은 방음벽에서 직접음의 회절감쇠치가 12dB(A), 반사음의 회절 감쇠치가 15dB(A), 투과 손실치가 16dB(A)이다. 이 방음벽의 삽입손실치는 약 몇 dB(A)인가?

① 9.2
② 11.2
③ 14.2
④ 16.2

풀이 삽입손실치(ΔL_I)

$$\Delta L_I = -10\log\left(10^{-\frac{L_d}{10}}+10^{-\frac{L_d'}{10}}+10^{-\frac{TL}{10}}\right)$$
$$= -10\log\left(10^{-\frac{12}{10}}+10^{-\frac{15}{10}}+10^{-\frac{16}{10}}\right)$$
$$= 9.21\text{dB}$$

정답 65 ② 66 ② 67 ③ 68 ② 69 ② 70 ①

71 소음진동관리법상 사용되는 용어의 뜻으로 옳지 않은 것은?

① 교통기관 : 기차 · 자동차 · 전차 · 도로 및 철도 등을 말한다. 다만, 항공기와 선박은 제외
② 진동 : 기계 · 기구 · 시설, 그 밖의 물체의 사용으로 인하여 발생하는 강한 흔들림
③ 방진시설 : 소음 · 진동배출시설이 아닌 물체로부터 발생하는 진동을 없애거나 줄이는 시설로서 환경부령으로 정하는 것
④ 소음발생건설기계 : 건설공사에 사용하는 기계 중 소음이 발생하는 기계로서 국토교통부령으로 정하는 것

풀이 "소음발생건설기계"란 건설공사에 사용하는 기계 중 소음이 발생하는 기계로서 환경부령으로 정하는 것을 말한다.

72 그림과 같은 1 자유도계 진동계가 있다. 이 계가 수직방향 $x(t)$로 진동하는 경우 이 진동계의 운동방정식으로 옳은 것은?(단, m = 질량, k = 스프링정수, C = 감쇠계수, $f(t)$ = 외부가진력이다.)

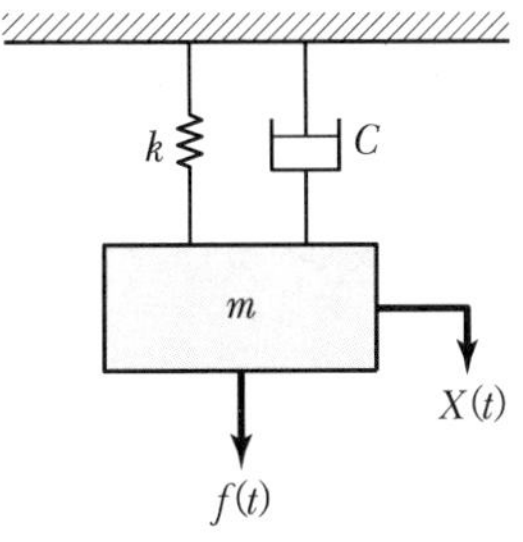

① $m\ddot{x} + C\dot{x} + kx = f(t)$
② $k\ddot{x} + C\dot{x} + mx = f(t)$
③ $C\ddot{x} + k\dot{x} + mx = f(t)$
④ $k\ddot{x} + C\dot{x} + mx = f(t) = 0$

풀이 감쇠(부족감쇠) 강제진동
$m\ddot{x} + C_e\dot{x} + kx = f(t)$

73 소음진동관리법규상 소음도 검사기관의 장이 수수료 산정기준에 따른 소음도 검사수수료를 정하고자 할 때, 미리 소음도 검사기관의 인터넷 홈페이지에 얼마 동안 그 내용을 게시하고 이해관계인의 의견을 들어야 하는가?

① 5일(긴급한 사유가 있는 경우에는 3일)간
② 7일(긴급한 사유가 있는 경우에는 5일)간
③ 14일(긴급한 사유가 있는 경우에는 7일)간
④ 20일(긴급한 사유가 있는 경우에는 10일)간

풀이 환경부장관은 수수료를 정하려는 경우에는 미리 환경부의 인터넷 홈페이지에 20일(긴급한 사유가 있는 경우에는 10일)간 그 내용을 게시하고 이해관계인의 의견을 들어야 한다.

74 방진고무의 특성에 관한 설명으로 옳지 않은 것은?

① 내부 감쇠저항이 작아, 추가적인 감쇠장치가 필요하다.
② 내유성을 필요로 할 때에는 천연고무는 바람직하지 못하고, 합성고무를 선정해야 한다.
③ 역학적 성질은 천연고무가 아주 우수하나 용도에 따라 합성고무도 사용된다.
④ 진동수 비가 1 이상인 방진영역에서도 진동전달률은 거의 증대하지 않는다.

풀이 방진고무는 내부 감쇠저항이 크기 때문에 추가적인 감쇠장치(댐퍼)가 필요하지 않다.

75 소음진동관리법상 교통기관에 속하지 않는 것은?

① 기차 ② 전차
③ 자동차 ④ 항공기

풀이 "교통기관"이란 기차 · 자동차 · 전차 · 도로 및 철도 등을 말한다. 다만, 항공기와 선박은 제외한다.

정답 71 ④ 72 ① 73 ④ 74 ① 75 ④

76 소음진동관리법규상 대형 승용 자동차의 소음허용기준으로 옳은 것은?(단, 운행자동차로서 2006년 1월 1일 이후 제작되는 자동차이다.)

① 배기소음 : 100dB(A) 이하
경적소음 : 110dB(C) 이하
② 배기소음 : 100dB(A) 이하
경적소음 : 112dB(C) 이하
③ 배기소음 : 105dB(A) 이하
경적소음 : 110dB(C) 이하
④ 배기소음 : 105dB(A) 이하
경적소음 : 112dB(C) 이하

풀이 운행자동차 소음허용기준

소음 항목 / 자동차 종류		배기소음 [dB(A)]	경적소음 [dB(C)]
경자동차		100 이하	110 이하
승용 자동차	소형	100 이하	110 이하
	중형	100 이하	110 이하
	중대형	100 이하	112 이하
	대형	105 이하	112 이하
화물 자동차	소형	100 이하	110 이하
	중형	100 이하	110 이하
	대형	105 이하	112 이하
이륜자동차		105 이하	110 이하

※ 2006년 1월 1일 이후에 제작되는 자동차

77 소음진동관리법상 용어의 정의로 옳지 않은 것은?

① "방진시설"이란 소음 · 진동배출시설이 아닌 물체로부터 발생하는 진동을 없애거나 줄이는 시설로서 환경부령으로 정하는 것을 말한다.
② "소음발생건설기계"란 건설공사에 사용하는 기계 중 소음이 발생하는 기계로서 환경부령으로 정하는 것을 말한다.
③ "공장"이란 「산업집적활성화 및 공장설립에 관한 법률」 규정의 공장과 「국토의 계획 및 이용에 관한 법률」 규정에 따라 결정된 공항시설 안의 항공기 정비공장을 말한다.
④ "자동차"란 「자동차관리법」 규정에 따른 자동차와 「건설기계관리법」 규정에 따른 건설기계 중 환경부령으로 정하는 것을 말한다.

풀이 "공장"이란 「산업집적활성화 및 공장설립에 관한 법률」의 공장을 말한다. 다만, 「도시계획법」에 따라 결정된 공항시설 안의 항공기 정비공장은 제외한다.

78 소음 · 진동관리법령상 진동방지시설로 가장 거리가 먼 것은?

① 탄성지지시설 및 제진시설
② 배관진동 절연장치 및 시설
③ 방진터널시설
④ 방진구시설

풀이 방진시설
㉠ 탄성지지시설 및 제진시설
㉡ 방진구시설
㉢ 배관진동 절연장치 및 시설
㉣ ㉠부터 ㉢까지의 규정과 동등하거나 그 이상의 방지효율을 가진 시설

79 어떤 조화운동이 5cm의 진폭을 가지고 3sec의 주기를 갖는다면, 이 조화운동의 최대 가속도는?

① 15.2cm/s^2
② 21.9cm/s^2
③ 24.7cm/s^2
④ 30.1cm/s^2

풀이
$$a_{\max} = A\omega^2 = A \times \left(\frac{2\pi}{T}\right)^2 = 5 \times \left(\frac{2 \times 3.14}{3}\right)^2 = 21.91\text{cm/sec}^2$$

80 바닥 20m×20m, 높이 4m인 방의 잔향시간이 2초일 때, 이 방의 실정수는 약 몇 m^2인가?

① 115.5 ② 121.3
③ 131.2 ④ 145.5

정답 76 ④ 77 ③ 78 ③ 79 ② 80 ④

풀이 $R = \dfrac{S \cdot \overline{\alpha}}{1 - \overline{\alpha}}$

$$S = (20 \times 20 \times 2) + (20 \times 4 \times 4)$$
$$= 1{,}120\text{m}^2$$
$$\overline{\alpha} = \frac{0.161 \times V}{T \times S}$$
$$V = 20 \times 20 \times 4 = 1{,}600\text{m}^3$$
$$= \frac{0.161 \times 1{,}600}{2 \times 1{,}120}$$
$$= 0.115$$
$$= \frac{1{,}120 \times 0.115}{1 - 0.115} = 145.54\text{m}^2$$

정답

참고문헌

01. NCS 학습 모듈 소음 · 진동 측정계획 수립
02. NCS 학습 모듈 소음측정
03. NCS 학습 모듈 소음분석
04. NCS 학습 모듈 소음평가
05. NCS 학습 모듈 진동측정
06. NCS 학습 모듈 진동분석
07. NCS 학습 모듈 진동평가
08. NCS 학습 모듈 보고서 작성
09. NCS 학습 모듈 소음 · 진동 측정
10. NCS 학습 모듈 소음 · 진동 예측평가
11. NCS 학습 모듈 방음 · 방진시설 시험검사
12. NCS 학습 모듈 방음 · 방진시설 설계
13. NCS 학습 모듈 방음 · 방진시설 제작
14. NCS 학습 모듈 방음 · 방진시설 시공
15. 환경측정기기의 형식승인 · 정도검사 등에 관한 고시

소음·진동 기사·산업기사 필기

발행일 | 2013. 6. 30 초판 발행
2014. 4. 30 개정 1판1쇄
2015. 3. 30 개정 2판1쇄
2016. 4. 30 개정 3판1쇄
2017. 3. 10 개정 4판1쇄
2018. 1. 10 개정 5판1쇄
2018. 3. 10 개정 5판2쇄
2019. 3. 10 개정 6판1쇄
2019. 8. 20 개정 7판1쇄
2020. 1. 20 개정 8판1쇄
2020. 6. 30 개정 9판1쇄
2021. 1. 15 개정 10판1쇄
2022. 3. 10 개정 11판1쇄
2023. 2. 10 개정 12판1쇄
2024. 1. 30 개정 13판1쇄
2024. 4. 30 개정 13판2쇄
2025. 1. 30 개정 14판1쇄

저 자 | 서영민
발행인 | 정용수
발행처 | 예문사

주 소 | 경기도 파주시 직지길 460(출판도시) 도서출판 예문사
TEL | 031) 955 - 0550
FAX | 031) 955 - 0660
등록번호 | 11 - 76호

정가 : 45,000원

ISBN 978-89-274-5691-9 13530